標 準 遺 伝 暗 号

最初の位置 (5′末端)	2番目の位置				3番目の位置 (3′末端)
	U	C	A	G	
U	Phe	Ser	Tyr	Cys	U
	Phe	Ser	Tyr	Cys	C
	Leu	Ser	終止	終止	A
	Leu	Ser	終止	Trp	G
C	Leu	Pro	His	Arg	U
	Leu	Pro	His	Arg	C
	Leu	Pro	Gln	Arg	A
	Leu	Pro	Gln	Arg	G
A	Ile	Thr	Asn	Ser	U
	Ile	Thr	Asn	Ser	C
	Ile	Thr	Lys	Arg	A
	Met	Thr	Lys	Arg	G
G	Val	Ala	Asp	Gly	U
	Val	Ala	Asp	Gly	C
	Val	Ala	Glu	Gly	A
	Val	Ala	Glu	Gly	G

アミノ酸の1文字略号と3文字略号

アミノ酸	1文字略号	3文字略号
アスパラギン(asparagine)	N	Asn
アスパラギン酸(aspartic acid)	D	Asp
アラニン(alanine)	A	Ala
アルギニン(arginine)	R	Arg
イソロイシン(isoleucine)	I	Ile
グリシン(glycine)	G	Gly
グルタミン(glutamine)	Q	Gln
グルタミン酸(glutamic acid)	E	Glu
システイン(cysteine)	C	Cys
セリン(serine)	S	Ser
チロシン(tyrosine)	Y	Tyr
トリプトファン(tryptophan)	W	Trp
トレオニン(threonine)	T	Thr
バリン(valine)	V	Val
ヒスチジン(histidine)	H	His
フェニルアラニン(phenylalanine)	F	Phe
プロリン(proline)	P	Pro
メチオニン(methionine)	M	Met
リシン(lysine)	K	Lys
ロイシン(leucine)	L	Leu
不特定または不明なアミノ酸	X	Xaa

Laurence A. Moran
University of Toronto

H. Robert Horton
North Carolina State University

K. Gray Scrimgeour
University of Toronto

Marc D. Perry
University of Toronto

ホートン 生化学

鈴木紘一・笠井献一・宗川吉汪 監訳
榎森康文・川崎博史・宗川惇子 訳

第 5 版

PEARSON

東京化学同人

PRINCIPLES OF
BIOCHEMISTRY FIFTH EDITION

Authorized translation from the English language edition, entitled PRINCIPLES OF BIOCHEMISTRY, 5th Edition, ISBN: 0321707338 by MORAN, LAURENCE A.; HORTON, H. ROBERT; SCRIMGEOUR, K. GRAY; PERRY, MARC D., published by Pearson Education, Inc., Copyright © 2012 Pearson Education, Inc.

All rights reserved. No part of this book may be reproduced or transmitted in any form or by any means, electronic or mechanical, including photocopying, recording or by any information storage retrieval system, without permission from Pearson Education, Inc.

JAPANESE language edition published by TOKYO KAGAKU DOZIN CO., LTD., Copyright © 2013.

本書は，Pearson Education, Inc. が出版した英語版 MORAN, LAURENCE A.；HORTON, H. ROBERT；SCRIMGEOUR, K. GRAY；PERRY, MARC D. 著 PRINCIPLES OF BIOCHEMISTRY, 5th Edition, ISBN：0321707338 の同社との契約に基づく日本語版である．Copyright © 2012 Pearson Education, Inc.

全権利を権利者が保有し，本書のいかなる部分も，フォトコピー，データバンクへの取込みを含む一切の電子的，機械的複製および送信を，Pearson Education, Inc. の許可なしに行ってはならない．

本書の日本語版は株式会社東京化学同人から刊行された．
Copyright © 2013.

PEARSON

科学はできるだけ単純でなければならないが，
単純すぎてはいけない

—— Albert Einstein ——

学生の皆さんへ

生化学は生命を分子レベルで学ぶ学問です．この刺激的で躍動感にあふれる学問に足を踏み入れると，多くの未知の素晴らしいものに出会えます．酵素なしではほとんど進まないような反応が，酵素触媒のおかげで理論的な限界に近い速さで進む，その理由を学ぶでしょう．生体分子の構造を保持する力について学び，その中の最も弱い力でさえも生命を支えていることがわかるでしょう．また，生化学が，日常生活 —— 医学，創薬，栄養，科学捜査，農業や工業 —— のさまざまな面に利用されていることも学ぶでしょう．つまり，皆さんは，どのようにして生化学が生命を可能にし，かつ改善してきたかを発見する旅に出発しようとしているのです．

始めにいくつか助言をしておきます．

事実をただ暗記するのではなく，原理を理解しよう

本書では，生化学の最も重要な原理の明示に心がけています．生化学的知識の領域は広がり続けているので，生化学を理解するにはその基本となる原理を把握する必要があります．本書は，化学や生物学の講義で皆さんがすでに習得している基礎を発展させ，新しい現象に出会ったときにそれが理解できるように生化学の大枠を示すことを意図しています．

新しい用語の習熟に心がけよう

生化学的事象を理解するには，生化学の用語に習熟する必要があります．用語の中には多数の重要な分子の化学構造が含まれます．これらの分子は構造と機能からファミリーに分類できます．各ファミリーに分類された分子同士の見分け方や，小さな分子がどのように結合してタンパク質や核酸のような巨大な分子をつくるかについて学ぶでしょう．

理解度を確かめよう

生化学を本当にマスターするには，知識の応用および問題解答の方法を学ぶ必要があります．各章の最後には，基本原理がどのくらい理解できているかを試せるように工夫した問題が付いています．これらの問題の多くは，実際に生化学領域で出会いそうな難問のちょっとした課題研究になっています．

生化学の基礎的な練習問題を解いてみるなど，もっと勉強したい人には，Scott Lefler, Allen J. Scism 著 "The Study Guide for Principles of Biochemistry" を推薦します．この本には多くの補足的な練習問題があって，非常に役に立ちます．ウェブサイト TheChemistryPlace® (http://www.chemplace.com) にも別の問題を載せておきました*．

立体的に見るようにしよう

生化学物質は三次元的なものです．生化学反応で起こる出来事を分子レベルで理解するには，それらを三次元的に"見る"ことができる必要があります．簡単な分子の三次元構造を立体的にわかってもらえるように，いくとおりかの描き方で示しました．本書の図の他に，ウェブサイトにはアニメーションや対話方式の分子モデルが多数あります*．ぜひこれらの動画を見て，付属の練習問題を解くと同時に，分子の可視化プログラムを実際に使ってみてください．

フィードバック

最後に，本書を使って間違いや抜けているところに気づいたら，ぜひお知らせください．つぎの版に対する希望があれば教えてください．皆さんの協力で，本書をさらに良くするよう心がけていきます．"まえがき"の最後に私たち著者のメールアドレスを付けました．頑張って，そして楽しんでください．

---

* **本書に対応するウェブについての注意**：このウェブサイトは，原出版社により英語版読者のために運営されており，日本語版読者への使用は保証されていません．

まえがき

　生化学の項目をあげるにあたり，その広がりの範囲や方法の多様性を考慮して，柔軟性と組織性をもたせるように，できるだけ単元形式になるように心がけました．大きな項目はそれぞれを一つの節にしました．反応機構の多くは本書の主要な道筋から切離し，詳しいことを必要としない人には読み飛ばせるようにしてあります．また，各内容が相互に十分参照できるようにしました．そのことにより，先生方にとっては章立てを簡単に組替えることができますし，学生にはさまざまな項目の相互関係がわかりやすくなり，理解がさらに深まるものと思います．

　本書は急速に拡大しつつある生化学を初めて学ぶ初心者用につくられています．本書の目的は，学生が批判的に考え，科学の知識そのものを正しく評価できるようにすることです．第Ⅰ部と第Ⅱ部はしっかりした化学的知識を土台として，学生が代謝や遺伝の動的側面を，単に記憶するのではなく，理解できるようにしています．ここでは一般化学や有機化学の必須コースで習得してきた知識，たとえば，カルボン酸，アミン，アルコール，アルデヒドなどの初歩的な知識があることを前提としています．とはいえ，重要な官能基や各種生体分子の化学的性質については，その構造や機能が出てきたときに丁寧に説明するようにしました．

　また，学生が生物学のコースで進化や細胞生物学，遺伝学，地球生物の多様性などについてすでに学習していることを前提にしています．とはいえ，できるだけ簡潔にこれらの科目を復習できるようにしておきました．

本版の新しい特徴

　これまでに出版された第1～4版についていただいた情報に感謝します．この第5版では以下の改良を加えました．

- **キーコンセプト** 学生が知っておくべき基本概念や原理を強調するため，節や項の終わりにまとめました．
- **BOX** BOXを更新し追加しました．この第5版では45％が新しくなっています．BOXで，トピックスを詳しく説明したり，特別な例を用いて原理を解説したり，科学に関する学生の好奇心を喚起したり，生化学の応用を例示したり，臨床との関連を説明したりしました．生化学に関する誤った理解や応用について学生に注意するためのBOXもいくつか追加しました．たとえば，血漿と海水，アミノ酸のラセミ化を利用した化石の年代測定，胚性ヘモグロビンと胎児ヘモグロビン，衣類の洗剤，"完全酵素"とは？，スーパーマウス，複合酵素の進化，大失態，Mendelの種子の色の突然変異，地球大気の酸素"公害"，エキストラバージンオリーブオイル，消えたビタミン，DNAを引っ張る，などです．
- **新しい教材** 全体的に以下のような新しい教材を付け加えました．初期進化の説明の増補（生命の網），タンパク質-タンパク質相互作用のさらなる強調，天然変性タンパク質に関する新たな項，ギブズ自由エネルギーと反応速度との区別についての簡明な説明，などです．組換えDNAに関する最後の章は削除し，その話題の多くは前の方の章に組込みました．多くの新しいタンパク質構造の説明を追加し，それらを，構造と機能，多酵素複合体という二つの主要テーマを土台にして統合的に説明しました．16章の脂肪酸シンターゼ複合体がその最も良い例です．

　新しく書き直す必要もいくつかありました．近年の発見によっていくつかの反応や反応経路が見直されたからです．たとえば，以前の版の尿酸異化経路は正確ではなかったので，正しい経路を図18.23に示しました．

　これまでの第1～4版で確立した概念や原理を支持し拡大するものでなければ，あまり詳しい説明をしないように心がけました．同様に，先の版では取上げなかった新しい概念を説明するのでなければ，新たな事項は付け加えないようにしました．本書の目標は，あくまで，学生が理解しなければならない基礎に焦点を当てることです．本書は教育の主目標からそれたあまり意味のない情報を羅列した百科全書にならないことを目指しています．

- **参考文献** 各章の最後に付した参考文献は最新の文献です．必要に応じて更新し増補しました．新しい文献を120以上追加し，不要なものの多くを削除しました．これまでも教育的文献を引用してきましたが，今回この種の引用はごくわずかしか追加しませんでした．今日では，学生が教育的文献を捜すのは容易になっていて，しかもこの種の文献の方が本格的な最先端の科学的文献より情報が多いことがよくあります．
- **図版** 図は優れた教科書の重要な要素です．本文で説明される概念を示す多くの新しい写真，新規に更新されたリボンモデル，多くの図の改良など，本書の図版はこれまでも広範囲にわたって改訂してきました．新しい写真の多くは，学生をひき付けるようにデザインされています．これらの図は記憶を大いに助けるでしょう．他の教科書にはないやり方で話題をライトアップしたところがいくつもあります（たとえば170ページの写真）．本書の外観や雰囲気は，これまでの版の特徴であった厳密さや正確さをまったく損なわずに，学生に対してさらに魅力的になるようにいっそう改善されたと信じています．

原理に焦点を合わせる

　生化学の教科書には基本的に二つのタイプがあります．参考書的なものと講義用のものです．1冊の本が両方を兼

ねることは困難です．専門家が満足するような詳しい内容では，初めて森を探検しようとする初心者を迷わせるだけです．本書はまぎれもなく講義用です．学生の理解する力を育てるのが目的で，生化学の百科全書ではありません．本書は基本原理と概念を教えることに明確に焦点を合わせ，各基本原理を選び抜かれた実例で説明しています．学生が木を見て森を見ない，そのようなことにならないよう心がけました．

基本原理に焦点を当てているので，特定の章や節を省略することなく，2学期で本書の教材を終了することができます．いくつかの課題を省いて生化学の特定の分野に集中させれば，本書を1学期のコースに用いることも可能です．先生方はこれで基本原理と概念を完全に正確に説明できると確信してよいでしょう．

化学に焦点を合わせる

本書を執筆するにあたり，強調したい基本原理を化学の言葉で説明するようにしました．実際，学生に示す原理の一つは，生命は物理や化学の基本法則に従っているということです．そのため，記載したほとんどの生化学反応に対し，反応機構を含め，詳しい化学的な説明を付けました．これは，どうして，なぜ起こるかを学生に教えるためです．

私たちは，酸化還元反応の説明に特に自信をもっています．これは多くの場面できわめて重要です．始めの方の章で電子の移動を述べ，10章で還元電位を説明し，そしてこの知識を用いて，14章（電子伝達とATP合成）で化学浸透圧説やプロトン駆動力について述べるようにしました．この概念は光合成の章でさらに深められます．

生物学に焦点を合わせる

私たちは化学を重要視していますが，"バイオ（生）"も合わせて強調しています．生化学的システムは進化すること，ある生物種で起こる反応はより広義の反応の変形であることを指摘しました．この第5版では，原核生物システムと真核生物システムの類似性をさらに重視していますが，一方では，少数の生物種で起こる反応をすべての生物に一般化しないようにしました．

進化的あるいは比較生化学的なとらえ方で生化学を教えると，基礎的概念に注目するようになります．進化的なとらえ方は，たとえば栄養代謝に重点をおいた教育法とはかなり異なります．進化的なとらえ方の場合，単純な原理・経路・反応の記述から始めるのがふつうです．これらのうち細菌で発見されたものが少なからずあります．授業が進むにつれて，他の生物種では複雑性が増していることを説明します．そして最終的に，ヒトのような複雑な多細胞生物にしかみられない独特な反応の特徴を説明するようにしています．

私たちのやり方は，他の教科書に比べていろいろな点で違っています．たとえば，脂質代謝，アミノ酸代謝，ヌクレオチド代謝の章を開始するにあたって，多くの教科書では，それらの分子がヒトの食物になるかどうかというところから始めます．私たちは生合成経路から始めます．それがすべての生物にとっての基本だからです．それから分解経路を説明し，最後に，それらが栄養代謝とどのように関連するかを述べます．最初に生合成を説明するという構成は，細胞のすべての主要な成分（タンパク質，ヌクレオチド，核酸，脂質，アミノ酸）に適用されています．ただし糖質は例外です．糖新生に先立って解糖について述べました．しかしながら，糖新生は起源的で原始的な経路であり，解糖は後に進化したことを強調するようにしています．

このようなやり方は，DNA複製，転写，翻訳を教える際にいつも適用されてきたことです．本書で，私たちは，この効果的な戦略を生化学の他の課題のすべてに適用したのです．光合成に関する章は，それがいかに有効かを示したとても良い例です．

いろいろな場面で，進化を強調することによって，複雑なシステムの存在理由をもっと深く理解できるようになります．クエン酸回路を例にとってみましょう．この回路が機能するには，あらかじめ部品が全部そろっていなければならないのですから，このような経路が進化の産物であるはずがないと説明される場合がよくあります．この経路が段階を追って進化してきたことを§13.9で説明しましょう．

正確さに焦点を合わせる

本書が科学的に最も正確な教科書であることに私たちは誇りをもっています．記載した事実の正確さや，基本概念の説明が現役研究者の総意を反映しているかどうかについて時間をかけて確認してきました．私たちが成功できたのは，査読や編集にかかわった多くの方々のご尽力のおかげです．

正確さを強調できるのは，IUPAC/IUBMBに照らして本書の反応や命名法をチェックしたからです．その結果，正確な生成物と基質，正確な化学命名法でバランスよく反応を記述できました．一例をあげると，本書は，クエン酸回路の反応のすべてを正確に記述したきわめて数少ない教科書の一つになりました．本書のこれまでの版はウェブサイト Biochemical howlers [bip.cnrs-mrs.fr/bip10/howler.htm] で常に高い評価を得ていました．この版が満点を取れるものと自信をもっています．

私たちはいくつかの難しい概念を正確に記述するために時間を費やし努力してきました．たとえば，定常状態におけるギブズ自由エネルギー変化があります．そこでは大部分の反応が平衡に近い状態（$\Delta G = 0$）にあります．また，分子生物学のセントラルドグマを正確に定義しました．一方，生物の3ドメイン説やリゾチームの反応機構のように，本質的ではあってもいまだに科学的に完全な合意が得られていない領域も，避けずに取上げました．

構造と機能に焦点を合わせる

生化学は三次元的な科学です．コンピューターによる最新の図を挿入したのは，分子の形態と機能をわかりやすく

示し，構造と機能の関係を学生によく認識してもらうためです．この第5版のタンパク質の図の多くは新しいものです．これらはAlberta大学Jonathan Parrishの見事な腕前の作品です．

この他にもさまざまな工夫をこらしました．コンピューターが使える学生のために，すべてのタンパク質の図のもとになっているプロテインデータバンク（Protein Data Bank；PDB）の登録番号を付け，自分で構造を検索できるようにしてあります．さらに，Chimeなどの分子可視化プログラムを使って見ることができるPDBファイルの画像集があり，TheChemistryPlace®ウェブサイト[chemplace.com]に掲示しました．同じサイトでChimeを使って，重要な動的過程のアニメーションや可視化教材も見ることができます（vページの脚注を参照）．

タンパク質/酵素の構造に重点をおくことは，構造と機能に関する課題にとって重要です．これは生化学の最も重要な概念です．構造・機能の関連については，以前の版よりいっそう発展させるように，本版のさまざまな部分でそれを強調する材料を追加しました．たとえばQサイクルのような，細胞にとってきわめて重要な反応を正しく理解するためには，それを触媒する酵素の構造の理解が欠かせません．同様に，二重らせんDNAの性質の理解は，いかにしてDNAが生物情報の貯蔵庫になっているかを理解するのに必須です．

視覚教材の特徴概観
題　材

生化学は，医学や科学捜査，バイオテクノロジー，生物工学を含む多くの関連ある科学のルーツです．興味ある話題がたくさんあります．本書全体を通して，生化学と他のトピックスを結び付けたBOXに出会うでしょう．ユーモラスで，学生が題材になじみやすいように工夫されているものもあります．

キーコンセプト

それぞれの概念における重要な情報に学生が到達できるよう，節や項の最後にまとめて，その情報を強調しました．

> ❗ ギブズ自由エネルギー変化（ΔG）は，反応における生成物のギブズ自由エネルギーと反応物（基質）のギブズ自由エネルギーとの差である．
> ❗ 標準状態のギブズ自由エネルギー変化（$\Delta G°'$）は，すべての生成物と反応物の濃度が1Mであるときの反応の方向性を示す．この状態は生きた細胞内では存在しない．生化学者は，通常0に近いような実際のギブズ自由エネルギー変化（ΔG）に興味をもつ．

化学による完璧な説明

典型的な生物には数千もの代謝反応があります．それらを記憶しようとしても覚えられるものではありません．そ

BOX 8.1　猫の問題

甘いのが糖類の特徴である．スクロース（砂糖）はもちろん甘いが，フルクトースやラクトースも甘いことは読者も知っているだろう．その他の糖や誘導体も甘いが，だからといって生化学の研究室へ行って，棚に並んだ白いプラスチック瓶の糖類を全部なめてみようなんて思わないほうがよい．

甘さは分子の物理的性質とは関係がない．ある化学物質と口の中の味覚受容体との相互作用にもとづいている．味覚受容体は5種類ある．甘味，酸味，塩味，苦味，うま味（グルタミン酸一ナトリウム中のグルタミン酸イオンの味）である．甘いという感覚を生じさせるには，スクロースなどの分子が甘味受容体に結合して，脳にそれを伝えるための応答を誘発させねばならない．スクロースは標準的な甘さにふさわしい適度な強さの応答を誘発させる．フルクトースの応答はスクロースのほぼ2倍，ラクトースの応答はスクロースのほぼ5分の1である．サッカリン，スクラロース，アスパルテームなどの人工甘味料も甘味受容体に結合して，甘いと感じさせる．これらはスクロースの何百倍も甘い．

甘味受容体は$Tas1r2$, $Tas1r3$という二つの遺伝子でコード化されている．活発に研究されている分野ではあるが，スクロースやその他のリガンドが受容体にどのように結合するのかまだわかっていない．スクロースと人工甘味料では分子構造がまるで違うのになぜ甘いと感じるのだろうか．

ネコ科動物（ライオン，トラ，チータも含む）には機能をもつ$Tas1r2$遺伝子がない．エキソン3に247 bpの欠失があり偽遺伝子になってしまったからである．読者のペットのネコはおそらく甘さという味覚を一度も味わったことがない．ネコにまつわるいろいろなことがこれで説明がつく．

スクラロース　　サッカリン

アスパルテーム

▲ネコは肉食である　おそらく甘みを感じていない．

のうえ，これまで出会ったことのないような状況に遭遇した場合，記憶は役に立ちません．本書には，酵素触媒反応の基本的反応機構のいくつかが示されていますが，これは以前に有機化学で学習したものの応用です．もしこの反応機構が理解できたら，化学も理解できたことになるでしょう．覚えるべきことを絞れば，効率良く情報を保持できるものです．

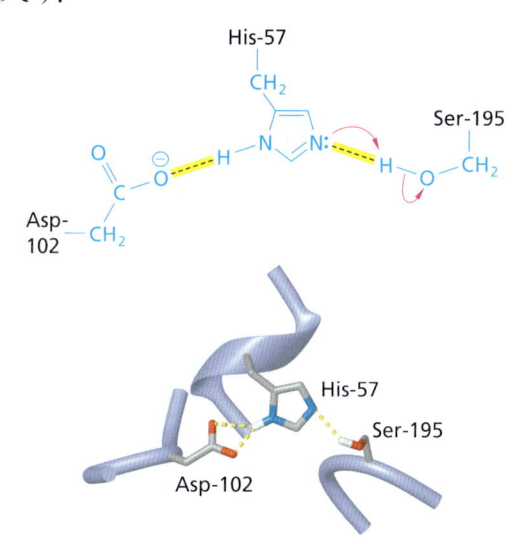

色で示した注

生化学には数多くの細かい課題が存在します．しかし，森と木の両方を見て欲しいと思います．先に述べてあったこと，あるいは後でもう一度取上げることなどと相互に参照する必要が生じたとき，それを色で示した注にしました．後ろ向き参照は，忘れてしまったような概念を思い出させます．前向き参照は，全体像を見やすくします．

> 通常の情報の流れと分子生物学のセントラルドグマの間の違いについては，§1.1 と 21 章の序で説明している．

図　版

生化学は三次元の科学です．抽象的概念や小さすぎて目では見えない分子を視覚化することに重点を置きました．情報量が豊富でしかも美しい挿絵を作るように心がけました．

実 例 計 算

本書全体を通して，模範解答の計算例を出して，必要な計算について解説しました．

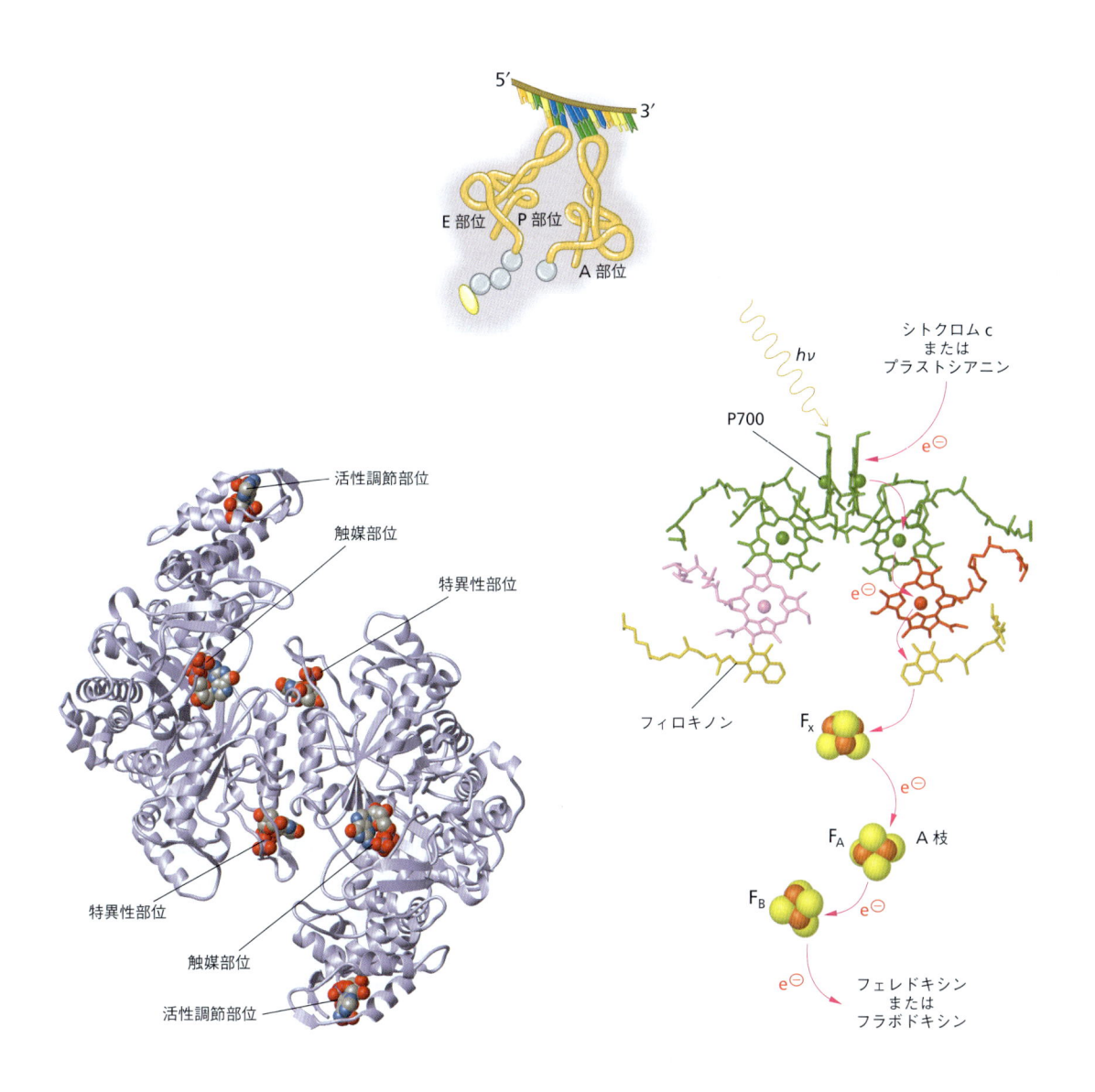

> **実例計算 10.2 ギブズ自由エネルギー変化**
>
> **問** ラット肝細胞で，ATP, ADP, P_i の濃度が，それぞれ 3.4 mM, 1.3 mM, 4.8 mM だとする．この細胞内で ATP を加水分解するときのギブズ自由エネルギー変化を計算せよ．標準ギブズ自由エネルギー変化とはどう関連するか．
>
> **答** 実際のギブズ自由エネルギー変化は 10.10 式で計算できる．
>
> $$\Delta G_{反応} = \Delta G°_{反応} + RT \ln \frac{[ADP][P_i]}{[ATP]}$$
>
> $$= \Delta G°_{反応} + 2.303\, RT \log \frac{[ADP][P_i]}{[ATP]}$$
>
> pH 7.0, 25℃と仮定して，与えられた値（モル濃度で表されている）と定数を代入すると，以下のようになる．
>
> $$\Delta G = -32000\, J \cdot mol^{-1} + (8.31\, J \cdot K^{-1} \cdot mol^{-1}) \times (298\, K) \left[2.303 \log \frac{(1.3 \times 10^{-3})(4.8 \times 10^{-3})}{(3.4 \times 10^{-3})} \right]$$
>
> $$\Delta G = -32000\, J \cdot mol^{-1} + (2480\, J \cdot mol^{-1})[2.303 \log(1.8 \times 10^{-3})]$$
>
> $$\Delta G = -32000\, J \cdot mol^{-1} - 16000\, J \cdot mol^{-1}$$
>
> $$\Delta G = -48000\, J \cdot mol^{-1} = -48\, kJ \cdot mol^{-1}$$
>
> 実際のギブズ自由エネルギー変化は，標準ギブズ自由エネルギー変化の 1.5 倍である．

本書の構成

本書では項目を構成するにあたり，代謝から始める方法をとりました．これはタンパク質と酵素から始めて，つぎに糖と脂質を述べる，ということです．つづいて，中間代謝と生体エネルギー論について述べました．核酸の構造はヌクレオチド代謝の章の後にし，情報伝達に関する章は最後にしました．

この順序で課題を教えることは大変有効であると思いますが，授業の最初の方で情報伝達を教える方を好む先生がいるのも承知しています．核酸，DNA 複製，転写，翻訳について，それ以前の章とは比較的独立した形で最後の四つの章（19～22 章）をつくりました．しかし，登場する酵素の性質は，4 章，5 章，6 章が土台になっています．最後の四つの章から始めたい先生は，酵素の説明をした後で始めたら良いと思います．

他の大部分の生化学教科書と違って，本書では補酵素に一つの章（7 章）を当てています．補酵素（それにビタミン）の機能を重視することは重要であると思います．これが酵素に関する二つの章のすぐ後に補酵素の章をもってきた理由です．補酵素が別の場面で特別な例として登場したとき，それぞれの補酵素を説明する方を選ぶ先生が多いと思います．私たちも同じです．本書は，先生方が必要なときはいつでも 7 章に戻って参照できるように構成されています．

学生用の補助教材

The Study Guide for Principles of Biochemistry

Scott Lefler（Arizona 州立大学），Allen J. Scism（Central Missouri 州立大学）著

誰でもこの役立つ教材を使わずにすませるべきではありません．以下のような内容になっています．

- 短答式問題，択一式問題，高度な問題を含む各章ごとに入念につくった練習問題
- 全問題に対する段階的でわかりやすい解答と解説
- 生化学を学ぶ際に必要になる一般化学，有機化学をまとめた補習用の章 ── 代謝経路と関係づけて話題をわかりやすく解説
- 必須な資料のデータ表

ホートン生化学のための TheChemistryPlace®

学生用のオンラインのツールで，各章の重要な課題を調べるために生化学や MediaLab を可視化するのに役立つ三次元モジュールが入っています．http://www.chemplace.com を開けてください．（v ページの脚注を参照．）

謝 辞

本書の作成にあたりご支援をいただいた有能かつ親切な多数の校閲者に感謝します．

第 5 版を校閲していただいた方々

正確さに関する校閲者

Barry Ganong, Mansfield University
Scott Lefler, Arizona State
Kathleen Nolta, University of Michigan

内容の校閲者

Michelle Chang, University of California, Berkeley
Kathleen Comely, Providence College
Ricky Cox, Murray State University
Michel Goldschmidt-Clermont, University of Geneva
Phil Klebba, University of Oklahoma, Norman
Kristi McQuade, Bradley University
Liz Roberts-Kirchoff, University of Detroit, Mercy
Ashley Spies, University of Illinois
Dylan Taatjes, University of Colorado, Boulder
David Tu, Pennsylvania State University
Jeff Wilkinson, Mississippi State University
Lauren Zapanta, University of Pittsburgh

第 4 版を校閲していただいた方々

正確さに関する校閲者

Neil Haave, University of Alberta
David Watt, University of Kentucky

内容の校閲者

Consuelo Alvarez, Longwood University
Marilee Benore Parsons, University of Michigan
Gary J. Blomquist, University of Nevada, Reno
Albert M. Bobst, University of Cincinnati
Kelly Drew, University of Alaska, Fairbanks
Andrew Feig, Indiana University

Giovanni Gadda, Georgia State University
Donna L. Gosnell, Valdosta State University
Charles Hardin, North Carolina State University
Jane E. Hobson, Kwantlen University College
Ramji L. Khandelwal, University of Saskatchewan
Scott Lefler, Arizona State
Kathleen Nolta, University of Michigan
Jeffrey Schineller, Humboldt State University
Richard Shingles, Johns Hopkins University
Michael A. Sypes, Pennsylvania State University
Martin T. Tuck, Ohio University
Julio F. Turrens, University of South Alabama
David Watt, University of Kentucky
James Zimmerman, Clemson University

本教科書の基礎を築いた J. David Rawn に感謝します．また，これまでに章の教材を提供していただいた下記の方々にも感謝します．これらの方々の入念な仕事は本書にも受け継がれています．
Roy Baker, University of Toronto
Roger W. Brownsey, University of British Columbia
Willy Kalt, Agriculture Canada
Robert K. Murray, University of Toronto
Ray Ochs, St. John's University

Morgan Ryan, American Scientist
Frances Sharom, University of Guelph
Malcolm Watford, Rutgers, The State University of New Jersey

本書がまとまったのは共同作業の賜物で，このプロジェクトの完成を助けていただいたチームの多数のメンバーに感謝します：Jonathan Parrish, Jay McElroy, Lisa Shoemaker，および Prentice Hall 社の美術担当の方々；編集助手の Lisa Tarabokjia，副編集者の Jessica Neumann，補遺編集の副責任者の Lisa Pierce，メディア編集責任者の Lauren Layn，販売主任の Erin Gardner，製作責任者の Wendy Perez．また，Prentice Hall 社の代表責任者 Jeanne Zalesky にも感謝します．

最後に，フィードバック，すなわち，情報を返してくださることをお願いします．私たち著者が最大限に努力しても（また，前の版がいかに素晴らしい実績をもっていても），この大きさの仕事にミスは避けられません．私たち著者は本書を最も優れた生化学の教科書にしようとして努力しています．どんなコメントでもかまいませんので，お寄せください．

Laurence A. Moran l.moran@utoronto.ca
Marc D. Perry marc.perry@utoronto.ca

著者について

Laurence A. Moran

Moran教授は，Princeton大学で1974年に博士号（Ph.D.）を取得後，スイスGeneve大学に4年間滞在した．1978年以来Toronto大学生化学部門の教職にある．専門は分子生物学と分子進化学で，熱ショック遺伝子に関する研究成果を多くの専門雑誌に発表している．（l.moran@utoronto.ca）

H. Robert Horton

Horton博士は，Missouri大学で1962年に博士号（Ph.D.）を取得した．現在は，30年以上にわたって教職にあったNorth Carolina州立大学生化学部門のWilliam Neal Reynolds名誉教授および校友会功労名誉教授である．Horton教授のおもな研究は，タンパク質と酵素反応機構に関するものである．

K. Gray Scrimgeour

Scrimgeour教授は，1961年Washington大学で博士号を取得後，30年以上Toronto大学で教職にある．"The Chemistry and Control of Enzymatic Reactions"（1977, Academic Press）の著者で，この40年間に50種類以上の専門誌に酵素系に関する研究論文を発表している．1984〜1992年にかけて *Biochemistry and Cell Biology* 誌の編集者を務めた．（gray@scrimgeour.ca）

Marc D. Perry

Perry博士は，1988年にToronto大学で博士号（Ph.D.）を取得し，Colorado大学で線虫（*C. elegans*）の性決定に関する研究を行った．1994年にToronto大学に戻り，分子医学遺伝学部門の教職についた．彼の研究の中心は発生遺伝学，減数分裂，生命情報科学である．2008年からOntario癌研究所に勤務している．（marc.perry@utoronto.ca）

第5版で新しく追加された問題と解答はToronto大学Laurence A. Moranが作った．その他の問題と解答はSan Francisco州立大学Robert N. Lindquist博士，およびToronto大学のMarc Perry博士とDiane M. De Abreu博士が作った．

訳者まえがき

　1960年代から70年代にかけて，タンパク質構造と酵素機能との関係が明らかにされ，さらに核酸を中心とした遺伝情報伝達の仕組みが解明された．これらにより，科学としての生化学の体系が革命的変化を遂げた．今日では生化学の教科書はいずれも，タンパク質の構造と機能，生体エネルギーと代謝，遺伝情報の伝達の3本柱を中心に構成されている．生化学のキーワードは，タンパク質と酵素機能，糖とエネルギー，脂質と膜，核酸と遺伝情報，それに水の五つであり，キーコンセプトは"構造と機能"である．そしてこの現代生化学の体系は，化学熱力学の基礎であるJ. W. Gibbsの自由エネルギー変化の概念，ならびに生物学の基礎であるC. R. Darwinの自然選択説にしっかりと支えられている．

　"ホートン生化学"第2版の翻訳が出版されたのは1998年で，以来，ほぼ5年ごとに改訂を重ね，今回，第5版を刊行することになった．多くの教科書・参考書では改版ごとにページが増えるのを常としているが，本書第5版は，むしろ先の第4版の約90%に圧縮されている．それは教科書として，4単位の履修コースで本書のすべての教材を終了することを目的にしているためである．

　ページ数を増やすことなく版を重ねてきたことは，とりもなおさず，それだけ内容が精選され，教科書としての完成度が高まってきたことを意味する．第4版にあった組換えDNAに関する最後の章は今回削除され，その内容の多くは前の方の章に組込まれた．代わりに多くの新しいタンパク質についての構造と機能の説明がつけ加えられた．どのページを繰っても立体構造の美しい図が目に飛び込んでくる．これまでの版に比べて，構造と機能の関連がなおいっそう強調された．

　"ホートン生化学"の特徴は，分子の化学構造と代謝の化学反応を詳しく書き込んであること，進化的見方に沿って記述されていることである．生合成がすべての生物にとって基本であることから，脂質代謝，アミノ酸代謝，ヌクレオチド代謝の章では，生合成経路から始めて，その後で分解経路が，化学反応の観点から詳しく説明されている．一方，糖代謝では糖新生に先立って解糖を説明するという伝統的な順番が採用されているが，進化的には糖新生の方が起源的であることを繰返し述べている．光合成の章では，起源的な細菌の光化学系から説き起こしている．

　どの生化学の教科書・参考書をひもといても，関連した興味深いトピックスを解説したBOXが設けられ，彩りを添えている．何をBOXに取上げるか，それこそ著者の工夫のしどころである．本書では，今回新たに38項目が追加され，全部で85項目のBOXがある．たとえば，pHの小文字の"p"，開花はシス/トランススイッチで制御されている，鋼鉄よりも強い，Kornbergの十戒，トランス脂肪酸とマーガリン，辛いトウガラシ，ヒ酸の毒性，例外のない規則はない，生きることの高いコスト，遺伝子組換え作物，などなど，読んで楽しく，ためになる話題満載である．

　本書の随所に出てくる生化学の発展に寄与した研究者の紹介もなかなかユニークだ．L. Pauling (p.79) の持っているプラカードには"(核)実験する権利はない"と書かれている．M. Menten (p.120) の写真の横にある記念碑には"卓越した医学研究者であるMaud Mentenはポートランブトンに生まれた．1907年，トロント大学医学部を卒業し，4年後，医学博士を取得した最初のカナダ女性の一人になった．1913年，ドイツにおいてLeonor Michaelisと共同で酵素反応を研究し，ミカエリス・メンテンの式を導いた，云々"とある．そういえば，本書の4人の著者のうちH. Horton以外の3人はトロント大学教授である．G. N. Ramachandran (p.100) が示しているαらせんは右巻きではなく左巻きだ．G. Cori (p.309) の記念切手にあるコリエステルの構造式は間違っている．田中耕一氏 (p.61) が紹介されているのは嬉しい．

　本書の中には著者たちの遊び心が散見されて楽しい．たとえば，黄色のFADと書かれたブイの写真 (p.170) はフラビンではなく魚を捕るFish Aggregating Deviceである．京都の水温に適応したキンギョの写真 (p.231) の横には米国の大手食品メーカーの人気スナック"Goldfish®"がある．また，メープルシロップ (p.388) とポテトのファーストフードのプーティン (p.390) は両方とも著者たちゆかりのカナダの食べ物だ．

　どのような学問分野でもそれに精通するためにはその分野特有の専門用語に慣れる必要がある．巻末に生化学用語集があるので折に触れ参照してほしい．用語は現在最も一般に使われているものを採用するようにした．

　本書の翻訳にあたり東京化学同人の高木千織さんと植村信江さんには大変お世話になった．本書の出来栄えはすばらしいと自画自賛しているが，それはすべてお二人の丁寧な校正のおかげである．心からの謝意を表したい．

2013年8月

訳　者

翻訳者

鈴木　紘一　元東京大学教授，理学博士，医学博士（1～3，7章）

笠井　献一　帝京大学名誉教授，理学博士（3，7～14，19章）

宗川　吉汪　京都工芸繊維大学名誉教授，理学博士（1，2，15～18章，用語集）

榎森　康文　前東京大学大学院理学系研究科准教授，理学博士（5，6章）

川崎　博史　横浜市立大学大学院生命医科学研究科 准教授，理学博士（4章）

宗川　惇子　前関西医科大学職員，理学博士（20～22章）

要約目次

第 I 部 序　　論
1. 生化学入門
2. 水

第 II 部 生体分子の構造と機能
3. アミノ酸とタンパク質の一次構造
4. タンパク質：三次元構造と機能
5. 酵素の特性
6. 酵素の反応機構
7. 補酵素とビタミン
8. 糖　質
9. 脂質と生体膜

第 III 部 代謝と生体エネルギー論
10. 代謝についての序論
11. 解　糖
12. 糖新生，ペントースリン酸経路，グリコーゲン代謝
13. クエン酸回路
14. 電子伝達と ATP 合成
15. 光合成
16. 脂質代謝
17. アミノ酸代謝
18. ヌクレオチド代謝

第 IV 部 生物情報の流れ
19. 核　酸
20. DNA 複製, 修復, 組換え
21. 転写と RNA プロセシング
22. タンパク質合成

目 次

第 I 部 序 論

1. 生化学入門 ... 3
- 1.1 生化学は現代の科学である ... 3
- 1.2 生命の化学元素 ... 5
- 1.3 多くの重要な高分子はポリマーである ... 7
  - A．タンパク質 ... 7
  - B．多糖類 ... 8
  - C．核　酸 ... 9
  - D．脂質と膜 ... 10
- 1.4 生命のエネルギー論 ... 11
  - A．反応速度と平衡 ... 11
  - B．熱力学 ... 12
  - C．平衡定数と標準ギブズ自由エネルギー変化 ... 13
  - D．ギブズ自由エネルギーと反応速度 ... 13
- 1.5 生化学と進化 ... 14
- 1.6 細胞は生命の基本単位である ... 15
- 1.7 原核細胞：構造の特徴 ... 16
- 1.8 真核細胞：構造の特徴 ... 17
  - A．核 ... 17
  - B．小胞体とゴルジ体 ... 18
  - C．ミトコンドリアと葉緑体 ... 19
  - D．特殊な小胞 ... 20
  - E．細胞骨格 ... 20
- 1.9 生きている細胞の様子 ... 21
- 1.10 生化学は複合領域の学問である ... 21
- 補足/参考文献 ... 24

2. 水 ... 25
- 2.1 水分子は極性である ... 25
- 2.2 水の中の水素結合 ... 26
  - BOX 2.1　高度好熱菌 ... 28
- 2.3 水は素晴らしい溶媒である ... 28
  - A．イオン性物質や極性物質は水に溶ける ... 28
  - B．細胞内の濃度と拡散 ... 29
  - C．浸透圧 ... 29
- 2.4 非極性の物質は水に溶けない ... 30
  - BOX 2.2　血漿と海水 ... 31
- 2.5 非共有結合性相互作用 ... 32
  - A．電荷-電荷相互作用 ... 32
  - B．水素結合 ... 32
  - C．ファンデルワールス力 ... 33
  - D．疎水性相互作用 ... 33
- 2.6 水は求核的である ... 34
  - BOX 2.3　水の濃度 ... 35
- 2.7 水のイオン化 ... 35
- 2.8 pH 表示 ... 36
  - BOX 2.4　pH の小文字の "p" ... 37
- 2.9 弱酸の酸解離定数 ... 37
  - 実例計算 2.1　弱酸溶液の pH の計算 ... 39
- 2.10 緩衝液は pH の変化を妨げる ... 40
  - 実例計算 2.2　緩衝液の調製 ... 41
- 要約/問題/参考文献 ... 42

第 II 部 生体分子の構造と機能

3. アミノ酸とタンパク質の一次構造 ... 47
- 3.1 アミノ酸の一般構造 ... 47
  - BOX 3.1　アミノ酸のラセミ化を利用した化石の年代測定 ... 49
- 3.2 20種の標準アミノ酸の構造 ... 50
  - BOX 3.2　もう一つの命名法 ... 50
  - A．脂肪族 R 基 ... 50
  - B．芳香族 R 基 ... 51
  - C．硫黄を含む R 基 ... 52
  - D．アルコール性ヒドロキシ基をもつ側鎖 ... 52
  - E．正に荷電する R 基 ... 52
  - F．負に荷電する R 基とそのアミド誘導体 ... 53
  - BOX 3.3　アミノ酸の慣用名 ... 53
  - G．アミノ酸の側鎖の疎水性 ... 54
- 3.3 その他のアミノ酸とアミノ酸誘導体 ... 54
- 3.4 アミノ酸のイオン化 ... 55
- 3.5 ペプチド結合はタンパク質中のアミノ酸をつなぐ ... 57
- 3.6 タンパク質の精製技術 ... 59
- 3.7 分析技術 ... 60
- 3.8 タンパク質のアミノ酸組成 ... 62
- 3.9 アミノ酸残基の配列決定 ... 63
- 3.10 タンパク質の配列決定の手順 ... 64
- 3.11 タンパク質の一次構造を比較すると進化の関係がわかる ... 67
- 要約/問題/参考文献 ... 69

4. タンパク質：三次元構造と機能 ... 72
- 4.1 タンパク質の構造には四つの階層がある ... 73
- 4.2 タンパク質の構造を決定する方法 ... 74
- 4.3 ペプチド原子団のコンホメーション ... 76
  - BOX 4.1　開花はシス/トランススイッチで制御されている ... 77
- 4.4 α ヘリックス ... 79
- 4.5 β ストランドと β シート ... 82
- 4.6 ループとターン ... 83
- 4.7 タンパク質の三次構造 ... 84
  - A．超二次構造 ... 84
  - B．ドメイン ... 85
  - C．ドメインの構造，機能と進化 ... 87
  - D．天然変性タンパク質 ... 87
- 4.8 四次構造 ... 87

4.9	タンパク質-タンパク質相互作用 ……………… 92		B．	切断反応 ……………………………………… 137
4.10	タンパク質の変性と再生 ……………………… 94		C．	酸化還元反応 ………………………………… 137
4.11	タンパク質の折りたたみと安定性 …………… 96	6.2	触媒は遷移状態を安定化する ………………… 137	
	A．疎水性効果 ………………………………… 97	6.3	酵素触媒作用の化学的様式 …………………… 139	
	B．水素結合 …………………………………… 97		A．	活性部位にある極性アミノ酸残基 ………… 139
	C．ファンデルワールス力と電荷-電荷相互作用 … 98		B．	酸塩基触媒作用 ……………………………… 140
	D．タンパク質の折りたたみは分子シャペロンに		C．	共有結合触媒作用 …………………………… 140
	よって介助される ………………………… 98		BOX 6.1 部位特異的突然変異誘発は	
	BOX 4.2 CASP：タンパク質折りたたみゲーム … 98		酵素を修飾する …………………………… 141	
4.12	繊維状タンパク質のコラーゲン ……………… 100		D．	酵素反応速度に対するpHの効果 …………… 142
	BOX 4.3 鋼鉄よりも強い ……………………… 101	6.4	拡散律速反応 …………………………………… 143	
4.13	ミオグロビンとヘモグロビンの構造 ………… 102		A．	トリオースリン酸イソメラーゼ …………… 143
	BOX 4.4 胚性ヘモグロビンと胎児ヘモグロビン … 104		BOX 6.2 "完全酵素"とは？ ………………… 145	
4.14	ミオグロビンとヘモグロビンへの酸素結合 … 105		B．	スーパーオキシドジスムターゼ …………… 145
	A．酸素は可逆的にヘムに結合する ………… 105	6.5	酵素触媒作用の結合様式 ……………………… 146	
	B．ミオグロビンとヘモグロビンの酸素結合曲線 … 105		A．	近接効果 ……………………………………… 147
	C．ヘモグロビンはアロステリックタンパク質		B．	基質の酵素への弱い結合 …………………… 147
	である …………………………………… 107		C．	誘導適合 ……………………………………… 149
4.15	抗体は特異的な抗原を結合する ……………… 109		D．	遷移状態の安定化 …………………………… 150
	要約/問題/参考文献 …………………………………… 110	6.6	セリンプロテアーゼ …………………………… 151	
			BOX 6.3 Kornbergの十戒 …………………… 152	
5. 酵素の特性 ……………………………………… 114			A．	チモーゲンとは不活性な酵素前駆体のことである … 152
5.1	酵素の六つの分類 ……………………………… 115		B．	セリンプロテアーゼの基質特異性 ………… 153
	BOX 5.1 酵素番号 ……………………………… 116		C．	セリンプロテアーゼは触媒作用の化学的様式と
5.2	酵素の性質は反応速度論実験によって			結合様式の両方を使っている …………… 154
	知ることができる ………………………… 117		BOX 6.4 衣類の洗剤 …………………………… 155	
	A．化学反応速度論 …………………………… 117		BOX 6.5 収れん進化 …………………………… 155	
	B．酵素反応速度論 …………………………… 118	6.7	リゾチーム ……………………………………… 158	
5.3	ミカエリス・メンテンの式 …………………… 119	6.8	アルギニンキナーゼ …………………………… 160	
	A．ミカエリス・メンテンの式の誘導 ……… 120		要約/問題/参考文献 …………………………………… 160	
	B．触媒定数 k_{cat} ……………………………… 121			
	C．K_m の測定 ………………………………… 121	**7. 補酵素とビタミン** ……………………………… 164		
5.4	反応速度論の定数から	7.1	多くの酵素は無機陽イオンを必要とする …… 164	
	酵素活性と触媒機能効率がわかる ……… 122	7.2	補酵素の分類 …………………………………… 165	
5.5	K_m と V_{max} の測定 ………………………… 123	7.3	ATPとその他のヌクレオチド補助基質 ……… 166	
	BOX 5.2 双曲線対直線 ………………………… 123		BOX 7.1 消えたビタミン ……………………… 166	
5.6	多基質反応における反応速度論 ……………… 124	7.4	NAD^+ と $NADP^+$ ……………………………… 168	
5.7	可逆的な酵素阻害 ……………………………… 124		BOX 7.2 NAD^+ と脱水素酵素の結合 ………… 169	
	A．競合阻害 …………………………………… 125	7.5	FAD と FMN …………………………………… 170	
	B．不競合阻害 ………………………………… 126	7.6	補酵素Aおよびアシルキャリヤータンパク質 … 171	
	C．非競合阻害 ………………………………… 126	7.7	チアミン二リン酸 ……………………………… 172	
	D．酵素阻害の利用 …………………………… 127	7.8	ピリドキサールリン酸 ………………………… 174	
5.8	不可逆的な酵素阻害 …………………………… 127	7.9	ビタミンC ……………………………………… 175	
5.9	酵素活性の制御 ………………………………… 128	7.10	ビオチン ………………………………………… 176	
	A．ホスホフルクトキナーゼはアロステリック酵素		BOX 7.3 一遺伝子：一酵素 …………………… 177	
	である …………………………………… 129	7.11	テトラヒドロ葉酸 ……………………………… 178	
	B．アロステリック酵素の一般的な性質 …… 130	7.12	コバラミン ……………………………………… 179	
	C．アロステリック制御に関する二つのモデル … 131	7.13	リポアミド ……………………………………… 181	
	D．共有結合修飾による制御 ………………… 132	7.14	脂溶性ビタミン ………………………………… 181	
5.10	多酵素複合体および多機能酵素 ……………… 132		A．ビタミンA ………………………………… 181	
	要約/問題/参考文献 …………………………………… 133		B．ビタミンD ………………………………… 182	
			C．ビタミンE ………………………………… 182	
6. 酵素の反応機構 ………………………………… 136			D．ビタミンK ………………………………… 182	
6.1	反応機構に関する化学の用語 ………………… 136		BOX 7.4 殺鼠剤 ………………………………… 183	
	A．求核置換 …………………………………… 136	7.15	ユビキノン ……………………………………… 183	

7.16 タンパク質補酵素 183
7.17 シトクロム 184
要約/問題/参考文献 185
　　BOX 7.5　ビタミンと補酵素に対するノーベル賞 186

8. 糖　質 189
8.1 単糖のほとんどはキラル化合物である 189
8.2 アルドースとケトースの環化 192
8.3 単糖の立体配座 194
8.4 単糖の誘導体 196
　　A．糖リン酸 196
　　B．デオキシ糖 196
　　C．アミノ糖 197
　　D．糖アルコール 197
　　E．糖　酸 197
8.5 二糖とその他のグリコシド 198
　　A．二糖の構造 198
　　B．還元糖と非還元糖 199
　　C．ヌクレオシドとその他のグリコシド 199
8.6 多　糖 200
　　BOX 8.1　猫の問題 200
　　A．デンプンとグリコーゲン 201
　　B．セルロース 202
　　C．キチン 203
8.7 複合糖質 203
　　A．プロテオグリカン 203
　　BOX 8.2　根粒形成因子はリポオリゴ糖である 204
　　B．ペプチドグリカン 205
　　C．糖タンパク質 207
　　BOX 8.3　ABO 血液型 209
要約/問題/参考文献 210

9. 脂質と生体膜 213
9.1 多種多様な脂質の構造と機能 213
9.2 脂肪酸 213
　　BOX 9.1　脂肪酸の慣用名 215
9.3 トリアシルグリセロール 217
　　BOX 9.2　トランス脂肪酸とマーガリン 217
9.4 グリセロリン脂質 218
9.5 スフィンゴ脂質 220
9.6 ステロイド 222
9.7 生物にとって重要なその他の脂質 223
9.8 生体膜 224
　　BOX 9.3　Mendel とジベレリン 225
　　A．脂質二重層 225
　　B．膜タンパク質の三つの型 225
　　BOX 9.4　新しい脂質顆粒，リポソーム 227
　　C．生体膜の流動モザイクモデル 228
　　BOX 9.5　膜に珍しい脂質を含む生物がいる 228
9.9 脂質二重層と膜は動的構造体である 229
9.10 膜輸送 231
　　A．膜輸送の熱力学 232
　　B．透過孔とチャネル 233
　　C．受動輸送と促進拡散 234
　　D．能動輸送 235
　　E．エンドサイトーシスとエキソサイトーシス 236
9.11 細胞外シグナルの伝達 237
　　A．レセプター 237
　　BOX 9.6　辛いトウガラシ 237
　　B．シグナルのトランスデューサー 238
　　BOX 9.7　細菌毒素と G タンパク質 239
　　C．アデニル酸シクラーゼシグナル伝達経路 ... 239
　　D．イノシトール-リン脂質シグナル伝達経路 ... 240
　　E．レセプターチロシンキナーゼ 242
要約/問題/参考文献 243

第 III 部　代謝と生体エネルギー論

10. 代謝についての序論 249
10.1 代謝とは反応のネットワークである 249
10.2 代謝経路 251
　　A．代謝経路はつながった反応である 251
　　B．代謝はいくつもの段階から成る 252
　　C．代謝経路は制御されている 252
　　D．代謝経路の進化 254
10.3 細胞内の主要な経路 255
10.4 区画化および器官間の代謝 257
10.5 標準ギブズ自由エネルギー変化ではなく，
　　　実際のギブズ自由エネルギー変化が
　　　代謝反応の自発性を決める 258
　実例計算 10.1　生成エネルギーから
　　　標準ギブズ自由エネルギー変化を計算する 258
10.6 ATP 加水分解の自由エネルギー 259
　　BOX 10.1　波　線 261
　実例計算 10.2　ギブズ自由エネルギー変化 262
10.7 代謝における ATP の役割 262
　　A．リン酸基転移 263
　　B．リン酸基転移による ATP の生産 264
　　C．ヌクレオチド基転移 264
10.8 チオエステルの加水分解の
　　　ギブズ自由エネルギー変化は大きい 265
10.9 還元型補酵素が生体酸化によるエネルギーを
　　　保存する 266
　　A．ギブズ自由エネルギー変化と還元電位とは
　　　　関連している 266
　　B．NADH からの電子伝達が自由エネルギー
　　　　を供給する 267
　　BOX 10.2　NAD$^+$ と NADH の
　　　紫外線吸収スペクトルは異なる 268
10.10 代謝研究のための実験法 268
要約/問題/参考文献 269

11. 解　糖 272
11.1 解糖の酵素反応 273
11.2 解糖における 10 段階の酵素触媒反応 273
　　BOX 11.1　解糖系の簡単な歴史 277
　　BOX 11.2　赤血球での 2,3-ビスホスホ
　　　グリセリン酸の形成 282
　　BOX 11.3　ヒ酸の毒性 282

11.3　ピルビン酸の運命 ··· 283
　　A．ピルビン酸からエタノールへの代謝 ········· 283
　　B．ピルビン酸から乳酸への還元 ····················· 284
　　BOX 11.4　長距離ランナーの乳酸イオン ········ 285
11.4　解糖におけるギブズ自由エネルギー変化 ········· 285
11.5　解糖の調節 ··· 286
　　A．ヘキソース輸送の調節 ······························ 286
　　BOX 11.5　グルコース6-リン酸は
　　　　　　　肝臓において代謝のかなめの役割を果たす ········· 287
　　B．ヘキソキナーゼの調節 ······························ 288
　　C．6-ホスホフルクトキナーゼの調節 ·············· 288
　　D．ピルビン酸キナーゼの調節 ······················· 289
　　E．パスツール効果 ······································· 289
11.6　他の糖も解糖に入りうる ······························ 290
　　A．スクロースは単糖に分解される ················· 290
　　B．フルクトースはグリセルアルデヒド3-リン酸に
　　　　変換される ··· 290
　　BOX 11.6　秘密の素材 ·································· 291
　　C．ガラクトースはグルコース1-リン酸に
　　　　変換される ··· 291
　　D．マンノースはフルクトース6-リン酸に
　　　　変換される ··· 292
11.7　細菌におけるエントナー・ドゥドロフ経路 ····· 292
要約/問題/参考文献 ··· 293

12. 糖新生，ペントースリン酸経路，
　　　　グリコーゲン代謝 ································· 296

12.1　糖新生 ··· 296
　　A．ピルビン酸カルボキシラーゼ ···················· 297
　　B．ホスホエノールピルビン酸カルボキシキナーゼ ······ 298
　　BOX 12.1　スーパーマウス ··························· 298
　　C．フルクトース-1,6-ビスホスファターゼ ······ 299
　　D．グルコース-6-ホスファターゼ ··················· 299
12.2　糖新生の前駆体 ·· 299
　　A．乳　酸 ·· 300
　　B．アミノ酸 ··· 300
　　BOX 12.2　グルコースはしばしば
　　　　　　　ソルビトールに変換される ············ 300
　　C．グリセロール ·· 301
　　D．プロピオン酸と乳酸 ································· 301
　　E．酢　酸 ·· 302
12.3　糖新生の調節 ··· 302
　　BOX 12.3　複合酵素の進化 ··························· 303
12.4　ペントースリン酸経路 ································ 304
　　A．酸化的段階 ··· 305
　　B．非酸化的段階 ·· 305
　　BOX 12.4　ヒトのグルコース-6-リン酸
　　　　　　　デヒドロゲナーゼ欠損症 ··············· 306
　　C．トランスケトラーゼとトランスアルドラーゼが
　　　　触媒する相互変換 ···································· 307
12.5　グリコーゲン代謝 ······································· 307
　　A．グリコーゲン合成 ···································· 307
　　BOX 12.5　頭を伸ばす機構と尾を伸ばす機構 ········· 309
　　B．グリコーゲン分解 ···································· 310
12.6　哺乳類のグリコーゲン代謝の調節 ················ 311
　　A．グリコーゲンホスホリラーゼの調節 ·········· 312
　　B．ホルモンがグリコーゲン代謝を調節する ····· 314
　　C．ホルモンが糖新生と解糖を調節する ··········· 315
12.7　哺乳類におけるグルコース濃度の維持 ·········· 316
12.8　糖原病 ·· 318
要約/問題/参考文献 ··· 318

13. クエン酸回路 ··· 321

13.1　ピルビン酸からアセチルCoAへの変換 ········ 322
　　BOX 13.1　大失態 ·· 322
　　実例計算 13.1 ··· 324
　　BOX 13.2　電子はどこからくるのか？ ··········· 325
13.2　クエン酸回路はアセチルCoAを酸化する ····· 326
13.3　クエン酸回路の諸酵素 ································ 328
　　BOX 13.3　クエン酸 ···································· 329
　　BOX 13.4　プロキラルな基質の酵素に対する
　　　　　　　3点結合 ····································· 331
　　BOX 13.5　名前について ······························ 331
　　BOX 13.6　ワールドワイドウェブ（www）
　　　　　　　の正確さ ······································ 334
13.4　ピルビン酸のミトコンドリア内への移動 ······ 335
　　BOX 13.7　酵素を別の酵素に変える ·············· 335
13.5　還元型補酵素はATP生産の燃料となる ······· 337
13.6　クエン酸回路の調節 ··································· 337
13.7　クエン酸回路はいつでも"回路"
　　　というわけではない ···································· 339
　　BOX 13.8　安価な抗癌薬？ ··························· 339
13.8　グリオキシル酸経路 ··································· 340
13.9　クエン酸回路の進化 ··································· 342
要約/問題/参考文献 ··· 343

14. 電子伝達とATP合成 ································ 346

14.1　膜会合電子伝達とATP合成の概観 ·············· 346
14.2　ミトコンドリア ··· 346
　　BOX 14.1　例外のない規則はない ················· 348
14.3　化学浸透圧説とプロトン駆動力 ··················· 348
　　A．歴史的背景：化学浸透圧説 ······················· 349
　　B．プロトン駆動力 ······································· 350
14.4　電子伝達 ··· 351
　　A．複合体Ⅰ〜Ⅳ ··· 351
　　B．電子伝達の補因子 ···································· 352
14.5　複合体Ⅰ ·· 353
14.6　複合体Ⅱ ·· 354
14.7　複合体Ⅲ ·· 355
14.8　複合体Ⅳ ·· 357
14.9　複合体Ⅴ：ATPシンターゼ ························ 358
　　BOX 14.2　プロトンの漏れと熱の発生 ··········· 360
14.10　ミトコンドリア膜を横断するATP, ADP, P_iの
　　　　能動輸送 ··· 361
14.11　P/O比 ·· 361
14.12　真核生物におけるNADHシャトル機構 ······ 361
14.13　その他の最終電子受容体と供与体 ·············· 363
　　BOX 14.3　生きることの高いコスト ············· 363
14.14　スーパーオキシドアニオン ························ 364
要約/問題/参考文献 ··· 364

15. 光合成 ... 367

- 15.1 集光性色素 ... 367
  - A．クロロフィルの構造 ... 367
  - B．光エネルギー ... 368
  - C．特殊ペアとアンテナクロロフィル ... 369
  - BOX 15.1　Mendelの種子の色の突然変異 ... 369
  - D．補助色素 ... 370
- 15.2 細菌の光化学系 ... 371
  - A．光化学系Ⅱ ... 371
  - B．光化学系Ⅰ ... 373
  - C．共役光化学系とシトクロム bf ... 375
  - D．光合成における還元電位とギブズ自由エネルギー ... 377
  - BOX 15.2　地球大気の酸素"公害" ... 378
  - E．光合成は内膜で行われる ... 379
- 15.3 植物の光合成 ... 379
  - A．葉緑体 ... 380
  - B．植物の光化学系 ... 381
  - C．葉緑体光化学系の構成 ... 381
  - BOX 15.3　バクテリオロドプシン ... 382
- 15.4 CO_2の固定：カルビン回路 ... 382
  - A．カルビン回路 ... 383
  - B．Rubisco：リブロース-1,5-ビスリン酸カルボキシラーゼ/オキシゲナーゼ ... 383
  - C．リブロース 1,5-ビスリン酸の酸素添加 ... 386
  - BOX 15.4　もっと能率の高いRubiscoをつくる ... 386
  - D．カルビン回路：還元と再生の段階 ... 386
- 15.5 植物のスクロースとデンプンの代謝 ... 387
  - BOX 15.5　Mendelのしわの寄ったエンドウ ... 388
- 15.6 付加的な炭酸固定経路 ... 389
  - A．細菌における区画化 ... 390
  - B．C_4経路 ... 390
  - C．ベンケイソウ型有機酸代謝（CAM）... 391
- 要約/問題/参考文献 ... 392

16. 脂質代謝 ... 395

- 16.1 脂肪酸合成 ... 395
  - A．マロニルACPとアセチルACPの合成 ... 396
  - B．脂肪酸合成の初期反応 ... 396
  - C．脂肪酸合成の延長反応 ... 397
  - D．脂肪酸の活性化 ... 398
  - E．脂肪酸の延長と不飽和化 ... 398
- 16.2 トリアシルグリセロールとグリセロリン脂質の合成 ... 400
  - BOX 16.1　sn-グリセロール 3-リン酸 ... 402
- 16.3 エイコサノイドの合成 ... 403
  - BOX 16.2　アスピリン置換体の研究 ... 404
- 16.4 エーテル脂質の合成 ... 405
- 16.5 スフィンゴ脂質の合成 ... 407
- 16.6 コレステロールの合成 ... 407
  - A．第一段階：アセチルCoAからイソペンテニル二リン酸へ ... 407
  - B．第二段階：イソペンテニル二リン酸からスクアレンへ ... 407
  - C．第三段階：スクアレンからコレステロールへ ... 408
  - D．イソプレノイド代謝の他の生成物 ... 408
  - BOX 16.3　コレステロール濃度の調節 ... 410
- 16.7 脂肪酸の酸化 ... 411
  - A．脂肪酸の活性化 ... 411
  - B．β酸化反応 ... 411
  - BOX 16.4　β酸化の三機能酵素 ... 413
  - C．脂肪酸合成とβ酸化 ... 413
  - D．脂肪酸アシルCoAのミトコンドリアへの輸送 ... 414
  - E．脂肪酸酸化によるATP生成 ... 414
  - F．奇数鎖脂肪酸と不飽和脂肪酸のβ酸化 ... 415
- 16.8 真核生物の脂質はさまざまな部位で合成される ... 417
- 16.9 哺乳類の脂質代謝はホルモンによって調節される ... 417
  - BOX 16.5　リソソーム蓄積病 ... 418
- 16.10 哺乳類における燃料脂質の吸収と代謝 ... 419
  - A．食脂質の吸収 ... 421
  - BOX 16.6　エキストラバージンオリーブオイル ... 421
  - B．リポタンパク質 ... 422
  - C．血清アルブミン ... 424
  - BOX 16.7　リポタンパク質リパーゼと冠動脈性心疾患 ... 424
- 16.11 ケトン体は燃料分子である ... 424
  - A．ケトン体は肝臓で合成される ... 425
  - B．ケトン体はミトコンドリアで酸化される ... 426
  - BOX 16.8　糖尿病における脂質代謝 ... 426
- 要約/問題/参考文献 ... 426

17. アミノ酸代謝 ... 430

- 17.1 窒素循環と窒素固定 ... 430
- 17.2 アンモニアの取込み ... 433
  - A．アンモニアがグルタミン酸とグルタミンに取込まれる ... 433
  - B．アミノ基転移反応 ... 433
- 17.3 アミノ酸の合成 ... 434
  - A．アスパラギン酸とアスパラギン ... 435
  - B．リシン，メチオニン，トレオニン ... 435
  - BOX 17.1　小児の急性リンパ芽球性白血病はアスパラギナーゼで治療できる ... 436
  - C．アラニン，バリン，ロイシン，イソロイシン ... 437
  - D．グルタミン酸，グルタミン，アルギニン，プロリン ... 438
  - E．セリン，グリシン，システイン ... 438
  - F．フェニルアラニン，チロシン，トリプトファン ... 439
  - BOX 17.2　遺伝子組換え作物 ... 440
  - G．ヒスチジン ... 442
- 17.4 代謝前駆体としてのアミノ酸 ... 442
  - A．グルタミン酸，グルタミン，アスパラギン酸に由来する産物 ... 443
  - B．セリンとグリシン由来の産物 ... 443
  - C．アルギニンからの一酸化窒素の合成 ... 443
  - BOX 17.3　動物の必須アミノ酸と非必須アミノ酸 ... 443
  - D．フェニルアラニンからリグニンの合成 ... 444
  - E．メラニンはチロシンから合成される ... 445
- 17.5 タンパク質の代謝回転 ... 446
  - BOX 17.4　アポトーシス —— プログラム細胞死 ... 446

17.6 アミノ酸異化 447
   A. アラニン，アスパラギン，アスパラギン酸，グルタミン酸，グルタミン 448
   B. アルギニン，ヒスチジン，プロリン 449
   C. グリシンとセリン 449
   D. トレオニン 450
   E. 分枝アミノ酸 450
   F. メチオニン 452
   G. システイン 453
   H. フェニルアラニン，トリプトファン，チロシン 453
   BOX 17.5　チロシン合成欠損によるフェニルケトン尿症 454
   I. リシン 454
17.7 尿素回路はアンモニアを尿素に変換する 454
   BOX 17.6　アミノ酸代謝疾患 455
   A. カルバモイルリン酸の合成 456
   B. 尿素回路の反応 456
   C. 尿素回路の補助的反応 458
17.8 腎臓のグルタミン代謝が炭酸水素イオンをつくる 459
要約/問題/参考文献 459

18. ヌクレオチド代謝 462
18.1 プリンヌクレオチドの合成 462
   BOX 18.1　塩基の慣用名 465
18.2 他のプリンヌクレオチドはIMPから合成される 466
18.3 ピリミジンヌクレオチドの合成 467
   A. ピリミジン合成経路 467
   B. ピリミジン合成の調節 469
   BOX 18.2　酵素はいかにしてグルタミンからアンモニアを移動させるか 469
18.4 CTPはUMPから合成される 470
18.5 リボヌクレオチドからデオキシリボヌクレオチドへの還元 471
   BOX 18.3　リボヌクレオチドの還元におけるラジカル 471
18.6 dUMPのメチル化でdTMPが生成する 473
   BOX 18.4　抗癌剤はdTMP合成を阻害する 473
18.7 修飾ヌクレオチド 475
18.8 プリンとピリミジンのサルベージ 475
18.9 プリンの異化 477
18.10 ピリミジンの異化 478
要約/問題/参考文献 479
   BOX 18.5　レッシュ・ナイハン症候群と痛風 480

第IV部　生物情報の流れ

19. 核　酸 485
19.1 ヌクレオチドは核酸を組立てるためのブロックである 486
   A. リボースとデオキシリボース 486
   B. プリンとピリミジン 486
   C. ヌクレオシド 487
   D. ヌクレオチド 488
19.2 DNAは二本鎖である 489
   A. ヌクレオチドは3′-5′ホスホジエステル結合で連結される 490
   B. 2本の逆平行の鎖が二重らせんをつくる 491
   C. 二重らせんは弱い力で安定化されている 493
   D. 二本鎖DNAのコンホメーション 494
19.3 DNAは超らせんをつくることができる 495
   BOX 19.1　DNAを引っ張る 496
19.4 細胞は数種類のRNAを含む 496
19.5 ヌクレオソームとクロマチン 497
   A. ヌクレオソーム 497
   B. クロマチンのさらに高度な構造 499
   C. 細菌のDNAの格納 500
19.6 ヌクレアーゼと核酸の加水分解 500
   A. RNAのアルカリ加水分解 500
   B. リボヌクレアーゼが触媒するRNAの加水分解 500
   C. 制限酵素 501
   D. EcoRIはDNAにしっかりと結合する 503
19.7 制限酵素の利用 504
   A. 制限地図 504
   B. DNAフィンガープリント 504
   C. 組換えDNA 505
要約/問題/参考文献 506

20. DNA複製，修復，組換え 509
20.1 DNAの複製は二方向に進む 510
20.2 DNAポリメラーゼ 511
   A. 鎖伸長反応はヌクレオチド基転移反応である 512
   B. DNAポリメラーゼIIIは複製フォークに結合したままである 512
   C. 校正機能が重合反応の誤りを訂正する 514
20.3 DNAポリメラーゼは2本のDNA鎖を同時に合成する 515
   A. ラギング鎖のDNA合成は不連続である 515
   B. 岡崎フラグメントはいずれもRNAプライマーから始まる 515
   C. 岡崎フラグメントはDNAポリメラーゼIとDNAリガーゼの作用により連結される 516
20.4 レプリソームのモデル 518
20.5 DNA複製の開始と終結 521
20.6 DNA複製を用いる技術 521
   A. ポリメラーゼ連鎖反応はDNAポリメラーゼを用いて特定のDNA配列を増幅する 521
   B. ジデオキシヌクレオチドを使用するDNA塩基配列決定法 521
   C. 1塩基合成反応による大量並行DNA配列決定法 523
20.7 真核生物におけるDNA複製 524
20.8 損傷を受けたDNAの修復 526
   A. 光二量化反応後の修復：直接修復の一例 526
   B. 除去修復 527
   BOX 20.1　メチルシトシンの問題 528
20.9 相同組換え 529
   A. 一般組換えのホリデイモデル 529
   B. 大腸菌における組換え 530
   C. 組換えは修復の一形態であるらしい 531

	BOX 20.2　DNA修復と乳癌との分子的関連 ……………… 532
	要約/問題/参考文献 ……………………………………………… 532

21. 転写とRNAプロセシング ……………………………… 535
21.1　RNAの種類 ………………………………………………… 536
21.2　RNAポリメラーゼ ………………………………………… 536
　　　A．RNAポリメラーゼはオリゴマータンパク質である …… 537
　　　B．鎖伸長反応 ……………………………………………… 537
21.3　転写開始 …………………………………………………… 538
　　　A．遺伝子は5′→3′の方向性をもつ ……………………… 538
　　　B．転写複合体はプロモーターで組立てられる ………… 539
　　　C．σサブユニットがプロモーターを認識する ………… 540
　　　D．RNAポリメラーゼのコンホメーションは変化する …… 541
21.4　転写終結 …………………………………………………… 541
21.5　真核生物における転写 …………………………………… 544
　　　A．真核生物のRNAポリメラーゼ ……………………… 544
　　　B．真核生物の転写因子 ………………………………… 545
　　　C．真核生物の転写におけるクロマチンの役割 ………… 546
21.6　遺伝子の転写は調節されている ………………………… 546
21.7　*lac*オペロン，正と負の調節機構の一例 ………………… 547
　　　A．*lac*リプレッサーは転写を抑える …………………… 548
　　　B．*lac*リプレッサーの構造 ……………………………… 549
　　　C．cAMP調節タンパク質は転写を活性化する ………… 550
21.8　RNAの転写後修飾 ………………………………………… 551
　　　A．tRNAのプロセシング ………………………………… 551
　　　B．rRNAのプロセシング ………………………………… 553
21.9　真核生物mRNAのプロセシング ………………………… 553
　　　A．真核生物のmRNA分子は修飾末端をもつ ………… 553
　　　B．真核生物のmRNA前駆体にはスプライシングされるものもある …… 556
要約/問題/参考文献 ……………………………………………… 558

22. タンパク質合成 ……………………………………………… 561
22.1　遺伝暗号 …………………………………………………… 561
22.2　tRNA ……………………………………………………… 563
　　　A．tRNA分子の三次構造 ………………………………… 563
　　　B．tRNAのアンチコドンはmRNAのコドンと塩基対合する …… 564
22.3　アミノアシル-tRNAシンテターゼ ……………………… 566
　　　A．アミノアシル-tRNAシンテターゼの反応 …………… 566
　　　B．アミノアシル-tRNAシンテターゼの特異性 ………… 567
　　　C．アミノアシル-tRNAシンテターゼの校正機能 ……… 567
22.4　リボソーム ………………………………………………… 568
　　　A．リボソームはrRNAとタンパク質から構成される …… 568
　　　B．リボソームは2個のアミノアシルtRNA結合部位をもつ …… 569
22.5　翻訳の開始 ………………………………………………… 569
　　　A．開始tRNA ……………………………………………… 569
　　　B．開始複合体は開始コドンで組立てられる …………… 570
　　　C．開始因子は開始複合体の形成を助ける ……………… 571
　　　D．真核生物における翻訳開始 …………………………… 572
22.6　タンパク質合成における鎖伸長は3段階の小サイクルで行われる …… 573
　　　A．伸長因子はアミノアシルtRNAをA部位に引き込む …… 573
　　　B．ペプチジルトランスフェラーゼがペプチド結合の形成を触媒する …… 575
　　　C．リボソームはトランスロケーションの間に1コドン分移動する …… 575
22.7　翻訳の終結 ………………………………………………… 577
22.8　タンパク質合成はエネルギー的に高価である ………… 577
22.9　タンパク質合成の調節 …………………………………… 577
　　　A．大腸菌のリボソームタンパク質合成はリボソーム構築と連携する …… 578
　　　BOX 22.1　抗生物質にはタンパク質合成を抑制するものがある …… 578
　　　B．グロビン合成はヘム供給に依存する ………………… 579
　　　C．大腸菌*trp*オペロンは抑制と転写減衰により調節される …… 580
22.10　翻訳後のプロセシング …………………………………… 582
　　　A．シグナル仮説 ………………………………………… 582
　　　B．タンパク質のグリコシル化 …………………………… 584
要約/問題/参考文献 ……………………………………………… 585

問題の解答 ………………………………………………………… 587
用　語　集 ………………………………………………………… 615
掲載図出典 ………………………………………………………… 635
和　文　索　引 …………………………………………………… 637
欧　文　索　引 …………………………………………………… 649

I

序　論

I

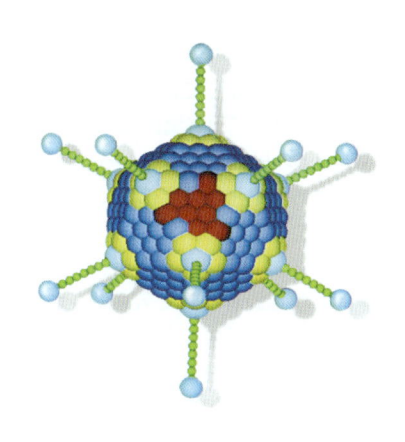

生化学入門

大腸菌で真実であると発見されたことは象でも真実である.
Jacques Monod

　生化学は,化学の原理と言葉を使った生物学である.過去100年以上にわたって生化学者は,細菌,植物,ヒトのような互いに遠縁の生物の中に,同一の化学物質と同一の代謝主要経路を見いだしてきた.今日,生化学の基本原理はすべての生物に共通である,ということが明らかにされた.一般に,科学者はある特定の生物に研究を集中するが,研究成果は他の多くの生物にも当てはまる.

　本書を生化学の原理(Principles of Biochemistry)と名づけたのは,生化学で最も重要かつ基本的な概念に焦点を絞ったからである.基本概念は,ほとんどすべての生物種に共通である.特別な生物種を識別するための特徴は,必要に応じて指摘する.

　多くの学生や研究者は,特にヒトの生化学に関心をもつ.たとえば,病気の原因や栄養の重要性は生化学の中でも魅力的な課題である.筆者らも同じ考えで,本書でヒトの生化学を多数取上げた.一方で,読者がヒト以外の生物種の生化学にも興味がもてるように心がけた.生物に共通な問題やパターンを知るために多くの異なる生物種について学習するが,それは明らかに生化学の基本原理を理解しやすくする.しかしながら,ヒト以外の生物種に関する知識や正しい理解は,生化学の学習の援助にとどまらない.それは,また,生命の基本的な特徴を分子レベルで理解し,生物が共通の祖先から進化してきた道筋を知るのに役立つ.本書の将来の改訂版では他の惑星における生命の生化学に1章を設けたい.その時まで,私たちの惑星における生命の多様性を学ぶことで満足せざるをえない.

　この入門の章では,まず初めに生化学の歴史における重要事項のいくつかを紹介する.つぎに本書に登場する化合物の基や分子について簡単に記す.後半で,生化学の学習の準備として細胞の構造を概観する.

1.1　生化学は現代の科学である

　生化学は,この100年間で一つの独立した科学として登場した.しかしながら,生化学が新しい科学として現れる基盤は前世紀から準備されていた.1900年に至るまで,反応速度論や分子の原子組成のような基本的な化学の原理の理解が急速に進んでいた.生物がつくる多くの化学物質は19世紀の終わりまでに同定されていた.それ以来,生化学は一つの組織化された学問となり,生化学者は生命の数多くの化学反応を解明してきた.21世紀においても,生化学は成長を続け,他の学問領域に影響を与え続けるだろう.

　1828年,Friedrich Wöhler は無機物のシアン酸アンモニウムを熱して有機化合物の尿素を合成した.

$$NH_4(OCN) \xrightarrow{加熱} H_2N-\overset{\overset{O}{\|}}{C}-NH_2 \quad (1.1)$$

この実験はありふれた無機化合物から生物にしか存在しない化合物が合成できることを示した最初の例である.今日,私たちは生

▲Friedrich Wöhler (1800〜1882)　Wöhler は生化学の創始者の一人である.Wöhler は尿素を合成することによって,生物に見いだされる化合物が無機物から実験室で合成できることを明らかにした.

＊ カット:アデノウイルス.ウイルスはタンパク質の殻で覆われた核酸分子から成る.

体物質の合成や分解が，生物学の領域を越えて支配する化学や物理学と同じ法則に従うことを知っている．生命を分子レベルで理解するのに，特別な，すなわち"生気論的な"過程を必要としない．多くの科学者は Wöhler の尿素の合成をもって生化学の始まりとしているが，大学に最初の生化学の学部ができるまでにはその後 75 年が経過した．

Louis Pasteur（1822～1895）は，微生物学の創始者として，また胚種説の積極的な推進論者として名高い．さらに Pasteur は立体異性体の発見などで生化学にも多大な貢献をした．

生化学の歴史で特筆すべき二つの発見がある —— 触媒として働く酵素の発見，ならびに情報を伝達する分子としての核酸の発見である．タンパク質や核酸は巨大分子なので，20 世紀初頭に可能な方法ではそれらの性質を調べることは困難であった．新しい技術の開発によって，タンパク質や核酸の構造と生物機能との関係の解明が進んだ．

最初の突破口 —— 酵素が生体反応の触媒であることの証明 —— の一つは Eduard Buchner の研究である．1897 年 Buchner は，酵母細胞の抽出液がグルコース（糖）からアルコールと二酸化炭素への発酵を触媒することを示した．それまで科学者たちは，このような複雑な生体反応は生きた細胞にしか触媒できないと信じていた．

生体触媒の性質は，Buchner の同時代人である Emil Fischer によって研究された．Fischer は，酵母の酵素が，簡単な反応の一

▲ **Emil Fischer**（1852～1919） Fischer は生体分子の構造と機能を理解するのに多大な貢献をした．"糖とプリン合成に関する研究"への並外れた寄与が認められ，1902 年ノーベル化学賞を受賞した．

つであるスクロース（砂糖）の加水分解に及ぼす触媒効果を調べた．Fischer は，触媒反応過程で，酵素と反応物質である基質とが結合し，中間体が形成されると提唱した．同時に，適切な構造をもつ分子のみが特定の酵素の基質になりうる，と主張した．Fischer は酵素を固い鋳型あるいは鍵穴，そして基質をそれに合う鍵と考えた．ほどなく，生体反応のほとんどすべてが酵素によって触媒されることが認識された．酵素反応の鍵と鍵穴説は修正された形で，現代生化学の中心的な理論として今でも残っている．

酵素反応のもう一つの重要な性質は，生物学的反応が，触媒のない状態に比べて著しく速くなることである．反応速度の加速に加えて，酵素触媒の収率は非常に高く，副産物はきわめて少ない．有機化学の多くの触媒反応では収率が 50～60% なら妥当と見なされる．それに比べて，生化学反応ははるかに効率的でなければならない．副産物は細胞にとって有毒である可能性があり，副産物の生成は貴重なエネルギーの無駄になるからである．触媒のメカニズムについては 5 章で述べる．

20 世紀の後半には構造生物学，特にタンパク質構造の領域が爆発的に進歩した．タンパク質の構造は 1950 年代から 60 年代にかけて John C. Kendrew と Max Perutz の率いたケンブリッジ大学（英国）の科学者らによって最初に解明された．以来，数千のタンパク質の三次元構造が決定され，複雑なタンパク質の生化学的理解が格段に進歩した．このような急速な進歩は，それまで簡単な計算機を使って手で行っていた多数の計算が，巨大で速いコンピューターと新しいソフトウェアを使って行えるようになったおかげである．最近の生化学はコンピューターに依存することが多い．

生化学の歴史における第二の突破口 —— 核酸が情報物質であることの証明 —— は Buchner と Fischer の実験から半世紀遅れて出現した．1944 年，Oswald Avery, Colin MacLeod, Maclyn McCarty は肺炎球菌（*Streptococcus pneumoniae*）の有毒株からデオキシリボ核酸（DNA）を抽出し，その DNA を同じ細菌の無毒株と混合した．この操作で，無毒株は遺伝的に形質転換して有毒株になった．この実験は DNA が遺伝物質であることを示す最初の決定的な証拠となった．1953 年，James D. Watson と Francis H. C.

▲ Louis Pasteur がパリの研究室で使った実験器具の一部

▲ **Eduard Buchner**（1860～1917） Buchner は"生化学の研究と無細胞系における発酵の発見"によって 1907 年ノーベル化学賞を受賞した．

1.2 生命の化学元素

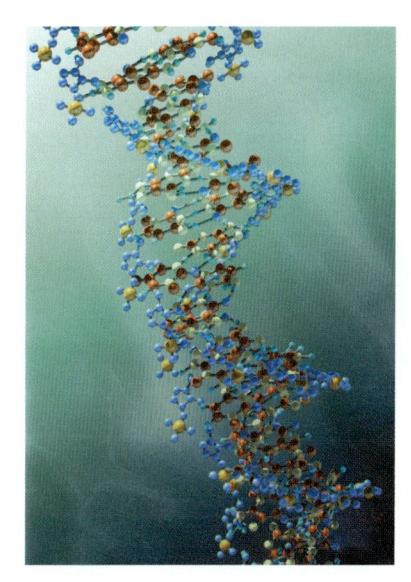

▲ DNA は細胞に必要な情報のほとんどをコードする.

Crick によって DNA の三次元構造が提唱された. Watson と Crick は DNA の構造から, DNA の自分自身の再生, すなわち自己複製の方法にすぐに気づいた. それはつまり, 次世代への生体情報の伝達方法である. その後の研究から, DNA に暗号化された情報がリボ核酸（RNA）に転写され, つぎにタンパク質に翻訳されることが示された.

> RNA 合成（転写）とタンパク質合成（翻訳）はそれぞれ 21 章と 22 章で述べる.

核酸分子レベルでの遺伝学の研究は分子生物学の領域の一部であり, 分子生物学は生化学の領域の一部である. 核酸が遺伝情報をどのように保存し伝達するかを知るには, 核酸の構造だけでなく情報伝達における役割を理解する必要がある. 酵素や核酸が生命の化学にとっていかに重要であるかを考察することに, 読者の生化学学習の多くが当てられるだろう.

Crick が 1958 年に予言したように, 核酸からタンパク質への情報の正常な流れは可逆的ではない. 彼は, この一方向の情報の流れを分子生物学のセントラルドグマとよんだ. "セントラルドグマ"は誤って理解されやすい. 厳密にいえば, セントラルドグマは図に示した情報の流れ全体を表しているのではない. そうではなく, 核酸の情報がいったんタンパク質に伝わると, その情報はタンパク質から核酸へと後戻りはしないという事実を述べているのである.

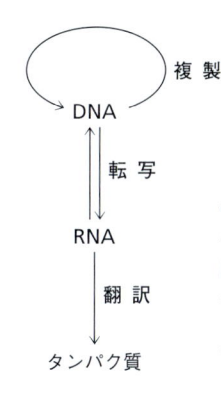

```
      複製
    ┌──┐
    ↓  │
   DNA─┘
    │
    │ 転写
    ↓
   RNA
    │
    │ 翻訳
    ↓
  タンパク質
```

◀ 分子生物学の情報の流れ 情報の流れは通常, DNA から RNA の方向である. RNA の一部（mRNA）が翻訳される. 一部の RNA は DNA に逆転写されるが, Crick が提唱した分子生物学のセントラルドグマに従うと, 核酸（mRNA）からタンパク質への情報伝達は不可逆である.

1.2 生命の化学元素

ほとんどの生物の重量の 97% 以上は, わずか 6 個の非金属元素（炭素 C, 水素 H, 窒素 N, 酸素 O, リン P, 硫黄 S）で占められている. これらの元素はいずれも安定な共有結合をつくることができる. これら 6 種の元素の相対量は生物によって異なる. 細胞の主要成分は水で, 酸素含量（重量当たり）が高いのはこの

▲ 図1.1 元素の周期表 生きている細胞に存在する重要な元素を色づけで示した. 6個の多量元素（CHNOPS）を赤, 5個の必須元素を紫, 微量元素を濃い青（普遍性が高いもの）と淡い青（普遍性が低いもの）で示した.

ためである．生物の炭素含量は，宇宙の物質の中で生物以外のものに比べずっと高い．逆に，ケイ素 Si，アルミニウム Al，鉄 Fe などの元素は地殻に多量に存在するが，細胞には微量しかない．生物には，標準的な6個の元素 (CHNOPS) の他に23種類の元素が存在する（図1.1）．この中にはすべての生物に必須な5種類のイオン，カルシウムイオン Ca^{2+}，カリウムイオン K^+，ナトリウムイオン Na^+，マグネシウムイオン Mg^{2+}，塩化物イオン Cl^- が含まれる．注意してほしいのは，これら23種の元素は生物の重量のわずか3％を占めるにすぎないことである．

細胞の固形物の大部分は炭素を含む化合物である．炭素化合物の研究は有機化学の領域である．有機化学と生化学では重複する領域が多く，有機化学の課程は生化学の理解に役立つ．有機化学者は実験室で起こる反応に興味を示すが，生化学者は，細胞の中で反応がどのようにして起こるかを理解しようとする．

生化学でよく出てくる有機化合物の種類を図1.2 (a) に示した．これらの化合物は本書でこれからも繰返し登場するので，それらの名称に親しんでほしい．

生化学の反応には，官能基（図1.2 b）とよばれる分子の一部（特定の化学結合）が関与する．生化学によく登場する結合をいくつかまとめた（図1.2 c）．これらの結合にはすべて，限られたいくつかの原子ならびに原子間固有の結合が含まれることに注意してほしい．これらの化合物，官能基，結合は本書の随所に見いだされる．エステル結合やエーテル結合は脂肪酸や脂質によくみられる．アミド結合はタンパク質に，リン酸エステル結合やリン酸無水物結合はヌクレオチドにある．

生化学の主要テーマは，細胞内で起こる化学反応が化学実験室で起こる反応と同種であるということである．最も大きな違いは，生細胞で起こるほとんどすべての反応は酵素によって触媒され，したがって，非常に速い速度で進むことである．本書のおもな目的の一つは，有機化学の基本反応原理に反することなく，酵素がどのようにして反応速度を上げるかを説明することである．

酵素の触媒効率は酵素と反応物を試験管内に取出した場合にも観察できる．生化学反応では，生物の中 (in vivo) で起こる反応と実験室条件 (in vitro) で起こる反応とを区別することが有用な場合が多い．

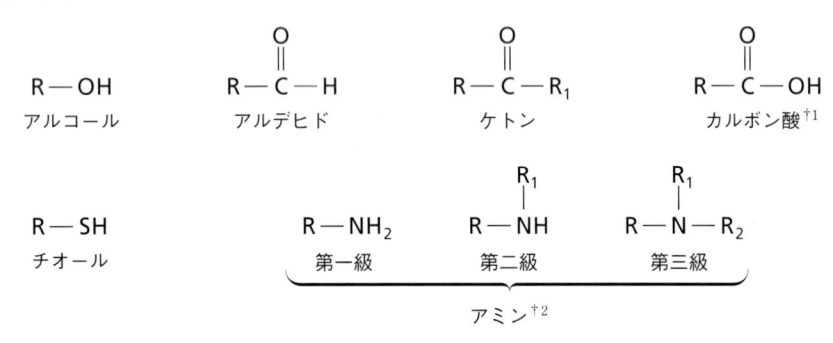

◀図1.2 生化学でよく使われる (a) 有機化合物，(b) 官能基，(c) 結合の一般式．R はアルキル基 (CH_3—$(CH_2)_n$—) を示す．

(a) 有機化合物

R—OH アルコール
R—CHO アルデヒド
R—CO—R₁ ケトン
R—COOH カルボン酸[†1]

R—SH チオール
R—NH₂ 第一級
R—NHR₁ 第二級
R—NR₁R₂ 第三級
アミン[†2]

(b) 官能基

—OH ヒドロキシ
—C(=O)—R アシル
—C(=O)— カルボニル
—C(=O)—O⁻ カルボキシ

—SH スルファニル（チオール）
—NH₂ または —NH₃⁺ アミノ
—O—P(=O)(O⁻)—O⁻ リン酸
—P(=O)(O⁻)—O⁻ ホスホノ

(c) 生化学的化合物の結合

—C—O—C— エステル結合
—C—O—C— エーテル結合
—N—C(=O)— アミド結合

—C—O—P(=O)(O⁻)—O⁻ リン酸エステル結合
—O—P(=O)(O⁻)—O—P(=O)(O⁻)—O— リン酸無水物結合

†1 ほとんどの生物学的条件ではカルボン酸はカルボン酸陰イオン，R—C(=O)—O⁻ として存在する．

†2 ほとんどの生物学的条件ではアミンはアンモニウムイオン，R—NH₃⁺，R—NH₂R₁⁺，R—NHR₁R₂⁺ として存在する．

! 大部分の生物の重さの97％以上は，炭素，水素，窒素，酸素，リン，硫黄（CHNOPS；クノープス，シュナップスなどと読むこともある）のわずか6個の元素からできている．
! 生物は物理と化学の通常の法則に従う．分子レベルでは生命の説明に"生命"力は必要ない．

1.3 多くの重要な高分子はポリマーである

数多くの低分子に加えて，生化学では高分子とよばれる巨大分子を扱うことが多い．生体高分子は普通，多数の小さな有機分子（単量体）が縮合（水分子が除かれること）してできたポリマーの形になっている．ある種の糖では，1種類の単量体が多数回繰返される．また，タンパク質や核酸の場合には多種類の単量体が特定の配列で並ぶ．ポリマー中の単量体は同じ酵素触媒反応の繰返しで連結される．そのため，生体高分子中のすべての単量体（残基）は同じ方向に並び，生体高分子の両端は化学的には区別できる．

高分子の性質は，それを構成する単量体の性質とは大きく異なる．たとえば，デンプンは糖のグルコースから構成されたポリマーであるが，水に溶けず甘くない．このような観察から，生命は階層的に組織化されているという一般原理が導かれた．それぞれの階層レベルで，その前の階層の性質からは予測できない新しい性質が生まれる．複雑さのレベルを小さい方から並べると，原子，分子，高分子，細胞小器官，細胞，組織，臓器，個体となる．（これらの階層のいくつかが欠けている生物も多いことに注意．たとえば，単細胞生物には組織や臓器はない．）この節では続いて高分子の主要なタイプと，それを構成する残基の配列や三次元の形が，どのようにして高分子に固有の性質を付与するかについて要約する．

分子や高分子を議論する際，物質の**分子量**（molecular weight）がしばしば引用される．分子量はより正確にいえば**相対分子質量**（relative molecular mass，略号 M_r）である．相対分子質量は炭素の同位体 ^{12}C の質量の 1/12 を基準にした相対質量である．〔^{12}C の原子量を正確に 12 u（u は統一原子質量単位）と定義する．周期表の炭素の原子量は ^{13}C や ^{14}C などいくつかの炭素の同位体の平均値であることに注意．〕M_r は相対値で，無次元であり，数値には単位をつけない．たとえば，典型的なタンパク質の相対分子質量は 38000（M_r=38000）である，などという．物質を絶対質量で表すと，大きさは分子量と同じになるが，ドルトン（Da）または u という単位が付くところが異なる（1 Da=1 u）．分子質量をモル質量ともよぶ．それは，1モルまたは 6.023×10^{23} 個の分子の質量（グラムで測定）を表すからである．タンパク質の分子質量が 38000 Da であるということは，1モルの重さは 38 キログラムであることを意味する．混乱のおもな原因は，"分子量"という用語が，実際には相対質量を意味し，重さを意味しないにもかかわらず，生化学の領域では共通の専門用語として使われるからである．分子量をドルトンで表示する誤りがよくみられるが，分子量はあくまで無次元である．多くの場合，これはあまり重大な間違いではないが，用語の正しい使い方を知っておくべきである．

分子の相対分子質量（M_r）は無次元で，炭素の同位体 ^{12}C の原子質量の 1/12 を基準にした分子の相対質量を表す．相対分子質量は分子量ともいう．

A. タンパク質

すべての細胞のタンパク質には20種類の共通のアミノ酸が組込まれている．アミノ酸はアミノ基とカルボキシ基のほか，各アミノ酸に固有の側鎖（R基）をもつ（図1.3a）．タンパク質の合成では，一つのアミノ酸のアミノ基と別のアミノ酸のカルボキシ基が縮合して，図1.3bに示すアミド結合をつくる．一つのアミノ酸の炭素原子と次のアミノ酸の窒素原子の間のアミド結合をペプチド結合とよぶ．多数のアミノ酸が末端と末端で結合すれば，数百のアミノ酸残基から成る直鎖のポリペプチドができる．機能をもつタンパク質には1本のポリペプチド鎖のものもあり，何本かのポリペプチド鎖が固く結合して，より複雑な構造をつくるものもある．

(a) $H_3\overset{+}{N}-\overset{COO^-}{\underset{R}{C}}-H$ (b) $H_3\overset{+}{N}-\underset{R}{CH}-\overset{O}{C}-\underset{H}{N}-\underset{R}{CH}-COO^-$

▲図1.3 アミノ酸とジペプチドの構造　(a) すべてのアミノ酸はアミノ基（青）とカルボキシ基（赤）をもつ．アミノ酸の種類によって側鎖（—R で示す）が異なる．(b) 一つのアミノ酸のアミノ基が別のアミノ酸のカルボキシ基と反応してペプチド結合（赤）ができるとジペプチドが生じる．

多くのタンパク質は酵素として働く．細胞や生物の構造成分として働くものもある．直鎖のポリペプチド鎖が折りたたまれて特有な三次元的な形になる．この形はおもにアミノ酸残基の配列で決まる．タンパク質のアミノ酸配列の情報はタンパク質の遺伝子にコードされている．タンパク質の機能は三次元構造，すなわちコンホメーションによって決まる．

多くのタンパク質の構造が決定され，構造と機能の相関を支配するいくつかの原理が明らかにされた．たとえば，多くの酵素には，反応基質を結合する裂け目（溝）がある．このくぼみは酵素の活性部位（化学反応が起こる部位）を含む．図1.4(a)に特定の糖質ポリマーの加水分解を触媒する酵素であるリゾチームの構造を示す．図1.4(b)に裂け目に基質が結合したリゾチームの構

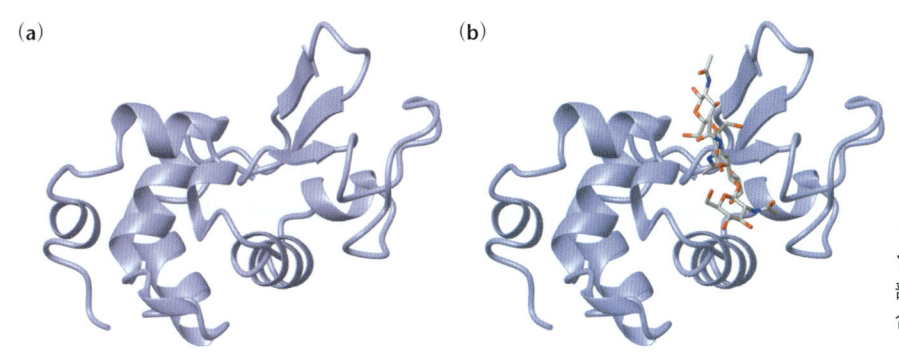

◀図1.4　ニワトリ（*Gallus gallus*）卵白のリゾチーム　(a) 遊離のリゾチーム．酵素の活性部位を含む特徴的な溝に注意．(b) 基質を結合したリゾチーム．［PDB 1LZC］

造が示されている．タンパク質の構造と機能の関係については，後に 4～6 章でさらに詳しく討論する．

タンパク質のような生体高分子の三次元構造を示す方法にはいろいろある．図 1.4 のリゾチーム分子では，ポリペプチド鎖のコンホメーションを，針金・らせん状リボン・幅広矢印などの組合わせで示した．以下の章ではタンパク質の構造を示すのに，個々の原子の位置を示す画像も用いる．このような画像作成に使用するコンピュータープログラムはインターネットで無料で入手できるし，タンパク質の構造データは多くのデータベースサイトから検索できる．誰でも少し練習すれば，これらの分子をコンピューターのモニター上で見ることができる．

> ! 生化学分子は三次元的物質である．

B. 多糖類

糖質（炭水化物）はおもに炭素，酸素，水素からなる．この一群の化合物には単一の糖（単糖）と単糖のポリマー（多糖）が含まれる．すべての単糖類，および多糖類のすべての残基は，数個のヒドロキシ基をもつ多価アルコールである．最も一般的な単糖類は 5 個または 6 個の炭素原子をもつ．

糖の構造はいろいろな方式で表せる．たとえば，リボース（最も一般的な五炭糖）は 4 個のヒドロキシ基と 1 個のアルデヒド基をもつ直鎖状分子として書くことができる（図 1.5 a）．この直鎖状の表記法を Emil Fischer にちなんでフィッシャー投影式とよぶ．普通の生化学の表し方では，リボースの構造は，図 1.5(b) に示すように，アルデヒド基の炭素（C-1）と C-4 ヒドロキシ基の酸素が共有結合した環状である．環状形は，ごく一般的にはハース投影式で表示する（図 1.5 c）．この投影式はリボースの実際の構造をより正確に示す．ハース投影式は，フィッシャー投影式を 90°回転させ，一辺（太線で示す）が紙面から突き出すように糖の環を平面状に書く．しかし，リボース環は実際には平面状ではなく，多種類の異なる立体配座（コンホメーション）をとることができ，このとき，環を構成するいくつかの原子は平面から外れる．たとえば図 1.5(d) では，リボースの C-2 原子は環を構成する他の原子がつくる平面より上にある．

> フィッシャー投影式による分子の描き方は §8.1 で述べる．

リボース分子は多数の立体配座をとりうるが，そのうちのいくつかの安定性が他のものより大きいので大部分のリボース分子の立体配座を一つまたは二つで代表することができる．しかし，ほとんどの生体分子に立体配座が異なる一連の構造があることを記憶にとどめてほしい．立体配座の変化には共有結合の切断はいらない．これに対し，糖の二つの基本構造，直鎖状構造と環状構造の変換には共有結合の切断と生成が必要である．

> 単糖の立体配座は，§8.3 で詳しく述べる．

グルコースは最も多量に存在する六炭糖である（図 1.6 a）．グルコースは構造多糖類であるセルロースの単量体単位であり，貯蔵多糖類のグリコーゲンやデンプンの単量体単位でもある．これらの多糖類ではグルコース残基は次のグルコース残基と共有結合で結ばれる．すなわち，一つのグルコースの C-1 と別のグルコースのヒドロキシ基の一つが共有結合する．この結合をグリコシド結合とよぶ．セルロースでは，各グルコースの C-1 がつぎのグルコースの C-4 のヒドロキシ基と結合する（図 1.6 b）．隣接するセルロース鎖のヒドロキシ基は非共有結合的に相互作用して不溶性の強い繊維をつくる．セルロースは，木の幹をはじめ顕花植物の茎の主要成分なので，地球上でおそらく最も多量に存在する生体高分子であろう．糖質については 8 章でさらに論じる．

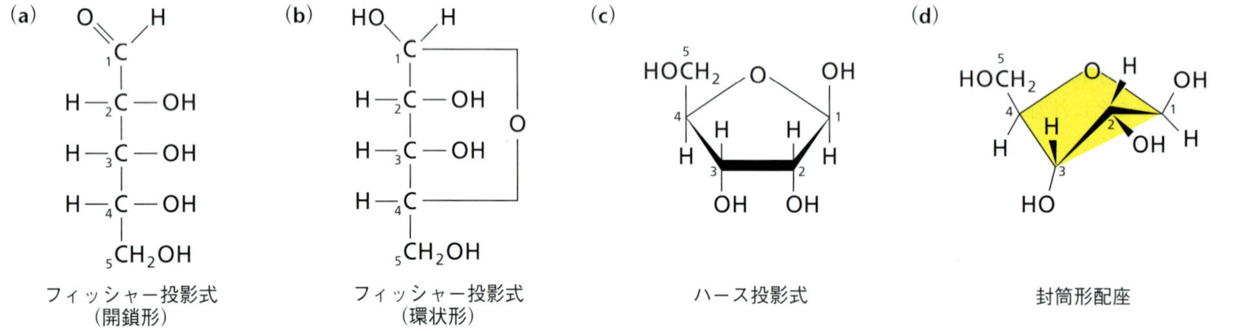

▲図 1.5　リボースの構造の表示法　(a) フィッシャー投影式ではリボースを直鎖状の分子として描く．(b) 通常の生化学の表示ではリボース分子は環状である．ここではフィッシャー投影式で示した．(c) ハース投影式では環を紙面に垂直に描く（太線で示した結合がいちばん手前にある）．(d) リボース環は実際には平面状ではなく，特定の原子が平面から外れた 20 個の可能な立体配座をとる．ここに示した立体配座では C-2 は他の原子がつくる平面の上部にある．

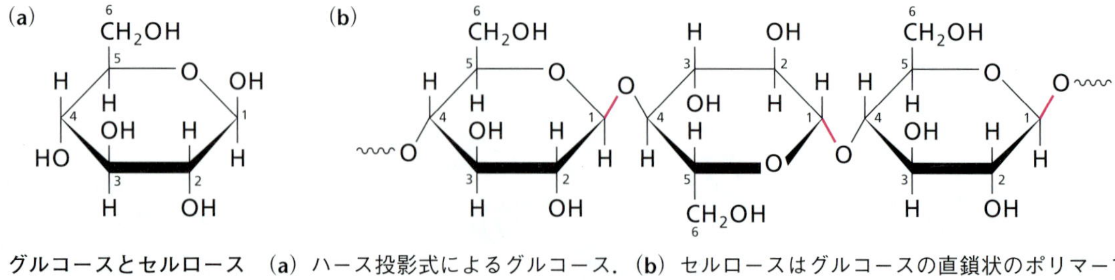

▲図 1.6　グルコースとセルロース　(a) ハース投影式によるグルコース．(b) セルロースはグルコースの直鎖状のポリマーである．各残基はグリコシド結合（赤）でつながっている．

C. 核　酸

核酸はヌクレオチドという単量体から成る大きな高分子である．ポリヌクレオチドという表記は，1分子の核酸をより正確に表現する用語である．アミノ酸残基から成る1分子のタンパク質を表現するのにポリペプチドの方がふさわしいのと同じである．核酸というよび方は，このポリヌクレオチドが真核細胞の核に存在する酸性の分子として最初に検出されたことに由来する．核酸は今では，真核生物の核に限定されず，細胞質にも，核をもたない原核生物にも多量に存在することが知られている．

ヌクレオチドは，五炭糖，複素環の窒素塩基，および少なくとも1個のリン酸基から成る．リボヌクレオチドの糖はリボースで，デオキシリボヌクレオチドではリボースの誘導体デオキシリボースである（図1.7）．ヌクレオチドの窒素塩基にはプリンとピリミジンとして知られる2種類がある．おもなプリンはアデニン（A）とグアニン（G）で，おもなピリミジンはシトシン（C），チミン（T），ウラシル（U）である．ヌクレオチドでは，塩基は糖のC-1炭素に結合し，リン酸基は糖のC-1以外の炭素の一つ（通常C-5）に結合する．

◀図1.7　デオキシリボースはデオキシリボヌクレオチドに含まれる糖であるデオキシリボースはC-2にヒドロキシ基がない．

核酸の構造は19章で述べる．

ヌクレオチドのアデノシン三リン酸（adenosine triphosphate; ATP）の構造を図1.8に示す．ATPはリボースにグリコシド結合でつながったアデニン部分を含む．3個のリン酸基（α，β，γとよぶ）がリボースのC-5ヒドロキシ基にエステル結合する．リボースとα-リン酸基の結合は，炭素とリン原子を含むのでリン酸エステル結合であるが，ATP中のβ-とγ-リン酸基は炭素原子を含まないリン酸無水物結合でつながる（図1.2参照）．リン酸無水物はすべて高い化学ポテンシャルエネルギーをもつ．ATPも例外ではない．ATPは生細胞の主要なエネルギー運搬体である．ATPの加水分解に付随するポテンシャルエネルギーは，生体反応に直接使われたり，他の反応と共役して間接的に使われたりする．

生化学反応におけるATPの役割は§10.7で述べる．

ポリヌクレオチドでは，一つのヌクレオチドのリン酸基が他のヌクレオチドの糖のC-3酸素原子と共有結合し，第二のリン酸エステル結合をつくる．隣接するヌクレオチドの炭素間の結合全体は，二つのリン酸エステル結合を含むので，ホスホジエステル結合（リン酸ジエステル結合）という（図1.9）．核酸は多数のヌクレオチド残基から成り，その特徴は糖とリン酸が交互に連なった骨格をもつことである．DNAでは2本の別々のポリヌクレオチド鎖上の塩基が相互作用し，ヘリックス（らせん）構造をとる．

▲図1.9　ジヌクレオチドの構造　片方のデオキシリボヌクレオチド残基（上）はピリミジンのチミンをもち，もう一方（下）はプリンのアデニンをもつ．両残基は2個のデオキシリボースを結ぶホスホジエステル結合でつながっている．（デオキシリボースの炭素原子はチミンやアデニン塩基の炭素原子と区別するために'を付けた数字で示す．）

核酸の構造を描く方法は何種類もあり，核酸のどの特徴を描くかによって異なる．図1.10に示した球棒モデルは，個々の原子を見たり，糖や塩基の環状構造を見るのに適している．この図では，2本のヘリックスを追跡するには，4個の赤い酸素原子に囲まれた紫色のリン原子で強調されている糖-リン酸の骨格をなぞっていけばよい．ここでは分子内の個々の塩基対を分子の内側

▲図1.8　アデノシン三リン酸（ATP）の構造　窒素塩基アデニン（青）はリボース（黒）に結合する．3個のリン酸基（赤）もリボースに結合する．

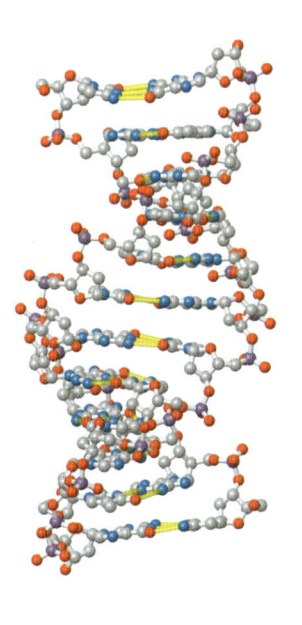

◀図1.10　DNAの短い断片　2本の別々のポリヌクレオチド鎖が会合して二重らせんをつくる．らせんの内側にある塩基対の配列が遺伝情報を運ぶ．

の端にあるように見ている．19章で別のいくつかの DNA モデルを考察する．

RNA はデオキシリボースではなくリボースを含み，通常，一本鎖のポリヌクレオチドである．RNA 分子には 4 種類ある．メッセンジャー RNA（mRNA）は DNA からタンパク質への情報伝達に直接関与する．転移 RNA（tRNA）はタンパク質合成に必要な比較的小さい分子である．リボソーム RNA（rRNA）はリボソームの主成分である．さらに細胞はさまざまな機能をもつ種類の異なる低分子 RNA を含む．21 章と 22 章では，これらの RNA 分子がどのように違い，それらの構造が機能にどのように反映されるかを考察する．

D. 脂質と膜

"脂質"とは，炭素と水素に富むが酸素原子は比較的少ない多種類の分子を意味する．ほとんどの脂質は水に溶けないが，ある種の有機溶媒には溶ける．脂質には極性の親水性（水を好む）の頭部と，非極性の疎水性（水を嫌う）の尾部が含まれることが多い（図 1.11）．水溶液環境では，このような脂質の疎水性尾部は会合し，一方，親水性頭部は水の方を向き脂質二重層とよばれるシート（層）をつくる．脂質二重層はあらゆる生体膜の構造的基盤である．膜はほとんどの水溶性化合物を通さない隔壁として働き，細胞や細胞内区画を周りの環境から隔てている．脂質二重層は非共有結合による力で安定化しているので，膜は柔軟性をもつ．

> 疎水性相互作用については 2 章で述べる．

最も単純な脂質は脂肪酸であり，長い炭化水素の一端にカルボキシ基をもつ．脂肪酸は一般に，グリセロール 3-リン酸と 2 個の脂肪酸アシル基をもつグリセロリン脂質とよばれる大きな分子の一部である（図 1.12）．グリセロリン脂質は生体膜の主成分である．

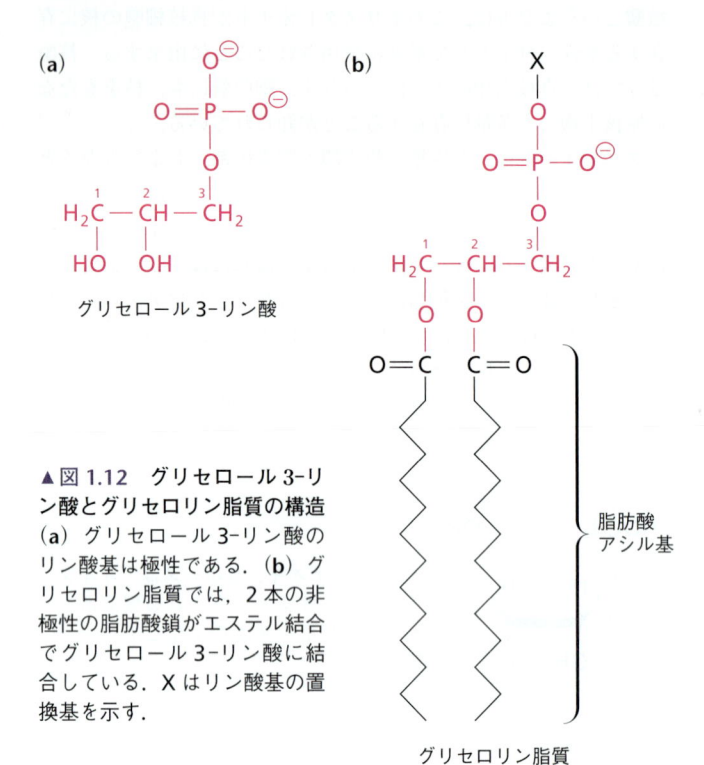

▲図 1.12　グリセロール 3-リン酸とグリセロリン脂質の構造　(a) グリセロール 3-リン酸のリン酸基は極性である．(b) グリセロリン脂質では，2 本の非極性の脂肪酸鎖がエステル結合でグリセロール 3-リン酸に結合している．X はリン酸基の置換基を示す．

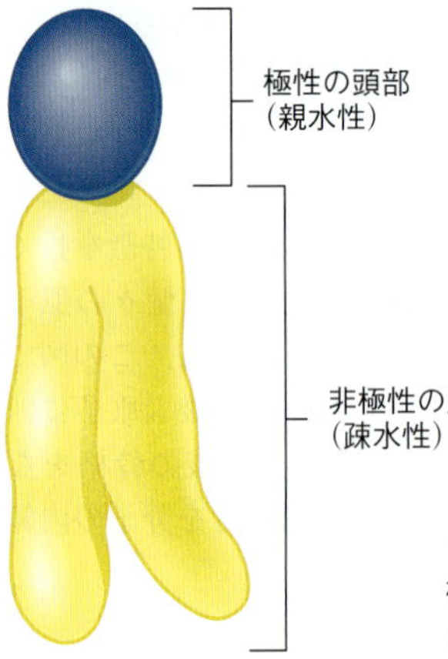

◀図 1.11　膜脂質のモデル　分子は極性の頭部（青）と非極性の尾部（黄）からできている．

ステロイドやろうもこれとは別種の脂質である．ステロイドはコレステロールや多くの性ホルモンと似た分子である．ろうは植物や動物によくみられるが，最も身近な例はみつろうや耳垢の主成分であろう．

膜は最も大きくかつ複雑な細胞構造物である．厳密にいえば，膜はポリマーではなく，会合体である．しかし，脂質分子同士の会合によってできた構造は，個々の構成分子にはみられない性質を示す．水に対する脂質の不溶性と脂質会合体の柔軟性は，生体膜のさまざまな特徴の基礎をなす．

生体膜は図 1.13 に示すようにタンパク質を含む．膜タンパク質の中には，チャネルとして働き，栄養分の取込みや不要物の排泄に役立つものもある．また，膜表面で特異的に起こる反応を触

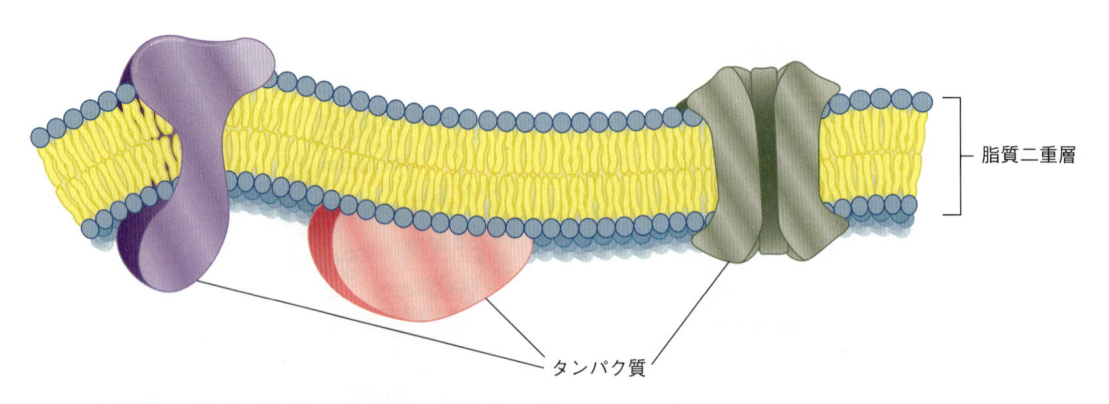

▲図 1.13　生体膜の一般的な構造　生体膜はタンパク質が結合した脂質二重層からできている．個々の脂質分子の疎水性尾部は会合して，膜の中心部をつくる．親水性頭部は膜の両側で水層と接する．膜タンパク質の大部分は脂質二重層を貫通するが，一部は膜表面にさまざまな様式で会合する．

媒するタンパク質もある．膜タンパク質は多くの重要な生化学反応が起こる場である．脂質と生体膜については9章で詳細に解説する．

1.4 生命のエネルギー論

　生物の活動は，前節で述べた生体分子あるいは細胞内の多数の小分子やイオンだけに依存しているわけではない．生命にはエネルギーの投入も必要である．生物は，自身の維持，成長，生殖作用のために，常にエネルギーを有効な仕事に変換する．ほとんどすべてのエネルギーは最終的には太陽から供給される．

　太陽光は植物，藻類，光合成細菌で捕捉され，生体物質の合成に使われる．光合成生物は，原生動物，菌類，非光合成細菌や動物などの生物によって食物として摂取され，成分分子は分解される．これら非光合成生物は太陽光を有効な生化学エネルギーに直接変換できない．光合成生物や非光合成生物による有機物質の分解はエネルギーを生み出し，そのエネルギーは新しい分子や高分子の合成に使われる．

　光合成は，動物を含む多くの生物種にとって間接的な利益にすぎないが，生命にとっては必須で重要な生化学過程の一つである．酸素は光合成の副産物の一つである．地球誕生の最初の数十億年の間に，地球の大気は酸素をつくる光合成細菌によって一変したと思われる〔自然による惑星改造（テラフォーミング）の一例〕．15章では，太陽光を捕捉し，それを生体高分子の合成に使う一連の見事な反応について解説する．

　代謝という用語は，有機化合物が合成・分解され，有効なエネルギーが抽出・貯蔵・消費される種々さまざまな反応のことを指す．代謝反応に伴うエネルギー変化の研究を**生体エネルギー論**という．生体エネルギー論は，エネルギー変化を扱う物理科学の一部門，熱力学の一つの領域である．生化学者は，非生物系でのエネルギーの流れに適用される熱力学の基本的な原理が，生命の化学にも当てはまることを明らかにしてきた．

◀ **熱帯雨林の日光**　植物は太陽光と無機栄養素を有機化合物に転換する．

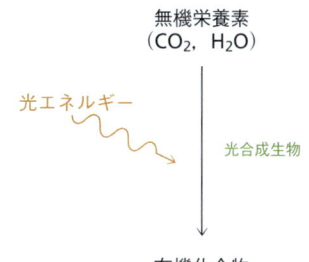

◀ **エネルギーの流れ**　光合成生物は太陽光のエネルギーを捕らえて，それを有機化合物を合成するのに利用する．光合成生物および非光合成生物による有機化合物の分解はエネルギーを生みだし，高分子の合成やその他の細胞の需要を満たすのに使われる．

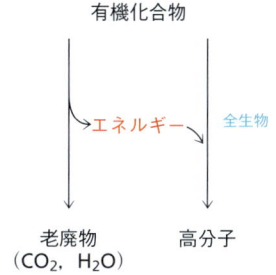

　熱力学は複雑かつ高度に洗練された学問であるが，熱力学の複雑な所や細かい点をすべて習得しなくても生化学の理解に熱力学がどのように役立つかは理解できる．本書では，熱力学の難しい所を避けながら，熱力学を応用して生化学の原理を述べることにする（10章で論じる）．

! 生命に必要なエネルギーの大部分は太陽の光から供給される．

A. 反応速度と平衡

　反応速度，すなわち化学反応の速さは反応物の濃度に依存する．分子Aが分子Bと衝突して生成物CとDができる簡単な化学反応を考えてみよう．

$$A + B \longrightarrow C + D \tag{1.2}$$

この反応の速度はAとBの濃度によって決まる．濃度が高いと反応物は衝突しやすいが，濃度が低いと反応には長時間を要する．反応分子の濃度は，化合物を［　］で囲んで示す．したがって，[A]は"Aの濃度"を意味し，通常，1リットル中のモル数（M）で表す．反応速度はAとBの濃度の積に正比例する．速度は比例定数kで記述できる．kは普通，速度定数とよばれる．

$$\text{反応速度} \propto [A][B] \qquad \text{反応速度} = k[A][B] \tag{1.3}$$

ほとんどすべての生化学反応は可逆的である．すなわち，CとDが衝突してAとBが生じる反応が進むことを意味する．逆反応の速度はCとDの濃度に比例し，異なる速度定数で表す．通常，正反応の速度定数をk_1，逆反応の速度定数をk_{-1}と表す．1.4式は1.2式をより正確に示したものである．

$$A + B \underset{k_{-1}}{\overset{k_1}{\rightleftarrows}} C + D \tag{1.4}$$

高濃度のAとBを試験管中で混ぜたとき，CとDの初濃度は0なので，反応はもっぱら左から右に進む．初期反応の速度はAとBの初濃度と速度定数k_1に依存する．反応が進むとAとBの濃度は減少し，CとDの濃度が増加する．生成物が蓄積すると逆反応が意味をもつようになる．逆反応の速度はCとDの濃度と速度定数k_{-1}によって決まる．

　反応のある点で，正反応と逆反応の速度が等しくなり，A，B，C，Dの濃度はもはや変わらなくなる．言い換えると，反応は平衡に達したことになる．平衡状態では，

$$k_1[\text{A}][\text{B}] = k_{-1}[\text{C}][\text{D}] \tag{1.5}$$

反応が平衡に達すると，反応物と生成物の最終濃度が問題になる場合が多い．反応物濃度に対する生成物濃度の比が平衡定数 K_{eq} を決定する．平衡定数は正反応と逆反応の速度定数の比にも等しい．k_1 と k_{-1} は定数であるから K_{eq} も定数である．1.5 式を書き換えると，

$$\frac{k_1}{k_{-1}} = \frac{[\text{C}][\text{D}]}{[\text{A}][\text{B}]} = K_{eq} \tag{1.6}$$

理論的には，反応が平衡状態に達したとき生成物と反応物の濃度が等しくなることがある．このとき，$K_{eq}=1$ で，正逆反応の速度定数は等しくなる．ほとんどの場合，平衡定数は 10^{-3}〜10^3 で，これは片方の反応が他方の反応よりずっと速いことを意味する．$K_{eq}=10^3$ なら，反応はほとんど右に進み，CとDの最終濃度はAとBの濃度よりはるかに高くなる．この場合，正反応の速度定数 (k_1) は逆反応の速度定数 (k_{-1}) より 1000 倍も大きい．これは，CとDが衝突して起こる化学反応が，AとBが衝突して起こる化学反応よりはるかに起こりにくいことを意味する．

> ! 化学反応速度は反応物の濃度に依存する．濃度が高ければ高いほど反応は速くなる．
> ! ほとんどすべての生化学反応は可逆的である．正逆反応が等しくなったとき，反応は平衡状態になる．

B. 熱力学

反応や過程に伴うエネルギー変化がわかれば，平衡濃度が予測できる．また，もし反応物と生成物の初濃度がわかれば，反応の方向も予測できる．この情報を与える熱力学的量をギブズ自由エネルギー (G) という．この名前は，1878 年にこの熱力学量を最初に記述した J. Willard Gibbs にちなんでつけられたものである．

溶液中の分子は，温度，圧力，濃度，その他の状態で決まるある種のエネルギーをもつ．反応のギブズ自由エネルギー変化 (ΔG) は，反応物と生成物のギブズ自由エネルギーの差である．ギブズ自由エネルギー変化の総和は，エンタルピー変化 (ΔH, 熱量の変化) とエントロピー変化 (ΔS, 無秩序さの変化) の二つの項を含む．生化学過程は熱を発生するか，あるいは外界から熱を吸収する．同様に，生化学過程は，反応物の無秩序さ（ランダムさ）の度合いの増加または減少を伴う．

反応物と生成物を含む最初の溶液から出発して，反応が生成物をさらに生産するように進行するなら，ΔG は 0 より小さくなる ($\Delta G<0$)．化学的にいえば，反応は自発的で，ギブズ自由エネルギーの放出があるということである．ΔG が 0 より大きいと ($\Delta G>0$)，反応の進行には外部からのギブズ自由エネルギーが必要で，それ以上の生成物の生産はない．実際，逆反応が有利になるためには，より多くの反応物が蓄積しなければならないだろう．ΔG が 0 ($\Delta G=0$) なら反応は平衡状態にあって，正方向と逆方向の反応速度は等しく，生成物と反応物の濃度はもはや変化しない．

> ΔG と濃度との関係の重要性は §10.5 で説明する．

私たちはギブズ自由エネルギー変化の総和に最も興味がある．それは以下のように表せる．

$$\Delta G = \Delta H - T\Delta S \tag{1.7}$$

ここで，T はケルビン単位の温度である．

細胞の代謝経路のように連続した一連の反応は，ギブズ自由エネルギー変化の総和が負のときにのみ進行する．エントロピー増加とエンタルピー減少が伴うとき，生化学の反応や過程は，大規模かつ急速に進行しやすくなる．

生成物と反応物のおのおののギブズ自由エネルギーがわかっていれば，1.8 式を使って反応のギブズ自由エネルギー変化が簡単に計算できる．

$$\Delta G_{反応} = \Delta G_{生成物} - \Delta G_{反応物} \tag{1.8}$$

残念ながら，各生化学分子のギブズ自由エネルギーの絶対的な値はほとんどわからない．知りうるのは，簡単な前駆体から生化学分子が生成する際の熱力学的パラメーターである．たとえば，グルコースは水と二酸化炭素からつくることができる．水と二酸化炭素からグルコースをつくる際に必要なエンタルピーとエントロピーの量を計算するのに，水と二酸化炭素のギブズ自由エネル

▲ **Josiah Willard Gibbs** (1839〜1903)　Gibbs は 19 世紀アメリカの最も偉大な科学者の一人である．現代の化学熱力学の領域の基礎を築いた．

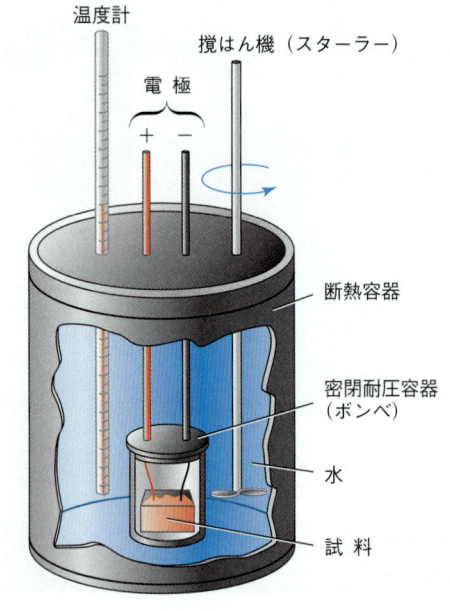

▲ 反応で放出される熱量は，高感度熱量計の中で反応させることで測定できる．

ギーの絶対的な値はわからなくてもよい．現実には，逆反応（グルコースが分解して二酸化炭素と水になる）で放出される熱量が熱量計で測定できる．これからグルコースが生成する際のエンタルピー変化（ΔH）がわかる．この反応のエントロピー変化（ΔS）も求められる．これらの値を使って反応の自由エネルギー変化が求められる．生成に伴う真の自由エネルギー変化 $\Delta_f G$ は，グルコースの絶対自由エネルギーと炭素・酸素・水素など元素の絶対自由エネルギーとの差である．

ほとんどの生化学物質の生成に伴うギブズ自由エネルギーの値は表にまとめられている．これらの値を使えば，1.8 式で絶対的な値を使うのと同じようにして，特定反応のギブズ自由エネルギー変化が計算できる．

$$\Delta G_{反応} = \Delta_f G_{生成物} - \Delta_f G_{反応物} \qquad (1.9)$$

$\Delta_f G$ 値は計算上，絶対的な値と同じように扱えるので，本書では，$\Delta_f G$ をある化合物のギブズ自由エネルギーとみなすときがある．"自由"を省いて単に"ギブズエネルギー"ともよぶこともある．

今までふれなかったが，もう一つ複雑な事情がある．グルコースの分解を含むどんな反応でも実際の自由エネルギー変化は反応物と生成物の濃度に依存する．1.2 式に示した仮想的な反応を考えてみよう．もし，A と B がある濃度存在し，生成物 C と D が存在しない所から反応が始まったとすれば，少なくとも初期には，反応は明らかに一方向にのみ進む．熱力学的には，このような条件で $\Delta G_{反応}$ は有利になる．A と B の濃度が高ければ高いほど反応は起こりやすくなる．反応時の実際のギブズ自由エネルギー変化は反応物と生成物の濃度に依存する．これは非常に重要な点で，これから生化学を学ぶ際に，しばしばここに戻る．

ここで必要になるのは，濃度に対して調整可能な ΔG の標準値である．ある特定の条件で測定したギブズ自由エネルギー変化が標準値になる．慣習的には，標準状態とは，25℃（298 K），1 気圧（標準大気圧），すべての生成物，反応物の濃度が 1.0 M のときである．ほとんどの生化学反応では H^+ 濃度が重要で，次章で述べるように，これは pH で表示される．生化学反応の標準状態は pH=7.0 で，これは 10^{-7} M の H^+ に相当する（他の反応物や生成物が 1.0 M であるのとは違う）．このような標準状態のギブズ自由エネルギー変化を $\Delta G^{\circ\prime}$ の記号で表す．

実際のギブズ自由エネルギーと標準ギブズ自由エネルギーとの関係は次式で示される．

$$\Delta G_A = \Delta G_A^{\circ\prime} + RT \ln[A] \qquad (1.10)$$

ここで，R は普遍的な気体定数（8.314 J·K^{-1}·mol^{-1}）で，T はケルビン単位の温度である．ギブズ自由エネルギーは kJ·mol^{-1} で表す．（以前の単位は kcal·mol^{-1} で，これは 4.184 kJ·mol^{-1} に相当する．）$RT \ln[A]$ の項は $2.303 RT \log[A]$ と記載するときもある．

> ❗ ギブズ自由エネルギー変化（ΔG）は，反応における生成物のギブズ自由エネルギーと反応物（基質）のギブズ自由エネルギーとの差である．
> ❗ 標準状態のギブズ自由エネルギー変化（ΔG°）は，すべての生成物と反応物の濃度が 1 M であるときの反応の方向性を示す．この状態は生きた細胞内では存在しない．生化学者は，通常 0 に近いような実際のギブズ自由エネルギー変化（ΔG）に興味をもつ．

C. 平衡定数と標準ギブズ自由エネルギー変化

1.2 式で示すような反応について，実際のギブズ自由エネルギー変化は，次式によって標準ギブズ自由エネルギー変化と関係づけられる．

$$\Delta G_{反応} = \Delta G_{反応}^{\circ\prime} + RT \ln \frac{[C][D]}{[A][B]} \qquad (1.11)$$

反応が平衡に達すると，1.11 式の最終項中の濃度比は定義から平衡定数（K_{eq}）になる．反応が平衡になると反応物と生成物の正味の濃度は変化しないので，実際のギブズ自由エネルギー変化は 0 である（$\Delta G_{反応}=0$）．このことから，標準ギブズ自由エネルギー変化と平衡定数の関係式を導くことができる．したがって，平衡状態では，

$$\Delta G_{反応}^{\circ\prime} = -RT \ln K_{eq} = -2.303 RT \log K_{eq} \qquad (1.12)$$

この重要な式は，熱力学と反応の平衡を関係づける．ギブズ自由エネルギー変化と関係づけられているのは反応の平衡定数であって，1.5 式や 1.6 式で示される個々の速度定数ではないことに注意してほしい．個々の速度定数の絶対的な値ではなく，それらの比が重要なのである．正反応と逆反応の速度が，ともに非常に遅かったり非常に速かったりしても，その比は変わらない．

> ❗ $\Delta G = \Delta G^{\circ\prime} + RT \ln \frac{[C][D]}{[A][B]}$
> 平衡状態では，$\Delta G^{\circ\prime} + RT \ln K_{eq} = 0$
> ❗ 標準ギブズ自由エネルギー変化（$\Delta G^{\circ\prime}$）は，反応が平衡に達したときの反応物と生成物の濃度比を表す．

D. ギブズ自由エネルギーと反応速度

熱力学的な考察から，反応が進む方向はわかるが，反応が進む速さはわからない．たとえば，鉄はさび，銅には緑青ができるが，この反応が数秒で起こることもあり，何年もかかることもある．反応速度は他の因子，たとえば活性化エネルギーなどに依存しているからである．

活性化エネルギーは，反応が左から右に進行するダイヤグラムの山（障壁）で表現される．図 1.14 に，反応が反応物から生成物に進む際の反応の各段階におけるギブズ自由エネルギーをプロットした．この進行は反応座標とよばれる．

ギブズ自由エネルギー変化の総和は，図 1.14 の左に示したように負になる場合も，右のように正になる場合もある．いずれの場合でも，反応の進行には余分なエネルギーが要求される．エネルギーの山の頂点と，反応物あるいは生成物のエネルギーとの差は，最も大きなギブズ自由エネルギーをもつことになるが，それは活性化エネルギー（$\Delta G^{\ddagger}$）として知られている．

反応速度は反応の性質によって決まる．1.2 式の例で，もし A と B の衝突のすべてが有効なら，反応速度は大きいだろう．一方，もし反応が起きるためには各分子の配向が正確に右方向でなければならないとしたら，衝突の多くは非生産的になり，反応速度は小さくなるだろう．配向に加えて，反応速度は個々の分子の運動エネルギーに依存する．ある温度で衝突する際，分子がゆっくり動いていると，反応のために十分なエネルギーがないことになる．速く動く分子は大きな運動エネルギーをもつ．

活性化エネルギーはこれらのパラメーターを反映している．それは反応が起きる確率を表す．活性化エネルギーは温度に依存する——温度が高ければ低くなる．また，反応物の濃度に依存す

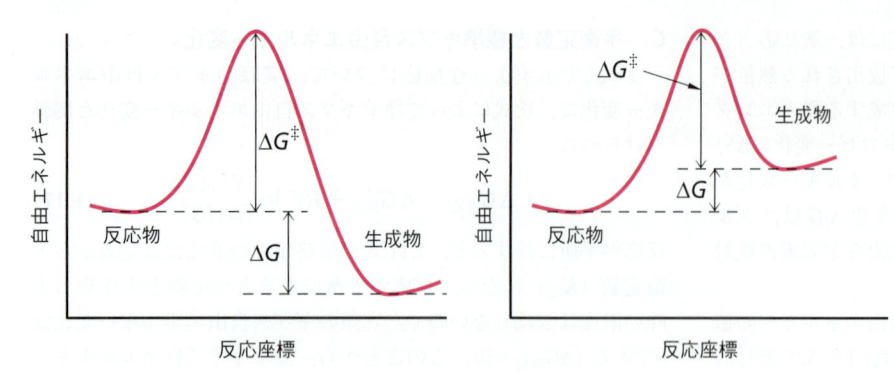

▶図 1.14 反応の進行方向を左（反応物）から右（生成物）に示す　左の座標では，生成物のギブズ自由エネルギーが反応物のそれより小さいので全体のギブズ自由エネルギー変化は負である．反応の進行には，反応物は活性化エネルギー障壁（$\Delta G^{\ddagger}$）を越えなければならない．右の座標では，反応の全体のギブズ自由エネルギー変化は正で，最小の活性化エネルギーは正反応より小さくなる．これは逆反応が正反応より速く進行することを示す．

— 濃度が高ければ，衝突が多く起こり，反応速度は大きくなるだろう．

重要な点は，反応速度はギブズ自由エネルギー変化の総和からは予測できないことである．たとえば，鉄や銅の酸化反応は，活性化エネルギーが高いために非常に遅い．

細胞内で起こる大部分の反応は，熱力学的には可能であっても試験管の中では非常にゆっくり進む．普通はゆっくり進む反応が細胞内では酵素によって加速される．酵素によって触媒される反応は，触媒がないときに比べ 10^{20} 倍にも加速される場合がある．酵素がどのように働くかについてはさらに詳しく述べる．これは生化学で最も興味ある話題の一つだからである．

! 反応速度はギブズ自由エネルギー変化からは求められない．

1.5　生化学と進化

有名な遺伝学者，Theodosius Dobzhansky は，かつて"進化を考慮に入れない生物学は意味がない"といったことがある．これは生化学にも当てはまる．生化学者や分子生物学者は進化を分子レベルで説明するのに大いに貢献した．彼らがこれまで明らかにしてきた証拠は，比較解剖学，集団遺伝学，古生物学の知識を確認し，さらに発展させた．Charles Darwin によって 19 世紀半ばに初めてまとめられた進化の最初の証拠から考えると長い道のりであった．

生命の歴史ならびに多種類の現生生物種の相互関係の大筋についての現在の知見は，きわめて信頼性の高いものである．最初の生物は，今日，おそらく原核生物として分類される単細胞であった．原核生物すなわち細菌は，膜で囲まれた核をもたない．原始的な細菌様の生物の化石は少なくとも 30 億年前の地層中に発見されている．現在の細菌の種は，光合成のできるシアノバクテリアから熱い温泉のように過酷な環境にすむ好熱菌にまで広がっている．

真核生物は，明瞭な核を始め，複雑な内部構造をもつ細胞から構成される．一般に，真核細胞は原核細胞に比べてずっと複雑で大きい．典型的な真核生物の組織細胞は直径が 25 μm（25000 nm）であるが，原核細胞の大きさは通常その 1/10 である．しかし，進化によって著しく多様化し，典型的な大きさから大きく逸脱したものもある．たとえば，単細胞の真核生物の中には肉眼で見える程度に大きいものもある．また，脊椎動物の脊柱の神経細胞には，長さは数十 cm のものがある．たいていの真核細胞より大きな巨大細菌も存在する．

地球上のすべての細胞（原核生物と真核生物）は 30 億年以上前に存在した共通の祖先から進化したと思われる．共通の祖先から進化した証拠は，すべての生物において，生化学的に共通の構造単位があること，代謝経路が大筋で同じであること，共通の遺伝暗号（まれには少し変化している）があること，などである．本書全体を通して共通の祖先を示す証拠が多く登場する．原始的細胞の基本的な仕組みが，数十億年の進化を経て，見事な器用さ

▲ **Charles Darwin**（1809〜1882）　Darwin は 1859 年に『種の起源』を発表した．自然選択による進化理論は適応進化を説明する．

▲ バージェス頁岩動物群　多くの地質時代の化石が，過去数世紀にわたって明らかにされてきた基本的な生命の歴史を支持する．ピカイア（左）は，約 5 億 3000 万年前のカンブリア紀の大爆発で登場した原始的脊索動物である．右はオパビニアで，原始的無脊椎動物である．

で精巧なものにつくり上げられてきた．

　生化学を十分に理解するのに，進化の重要性をどれだけ評価したとしても評価しすぎることはない．より原始的なものから進化してきたということを認識することで，初めて意味をもつような多数の代謝経路や過程に出会うだろう．分子レベルにおける進化の証拠は遺伝子やタンパク質の配列に保存されている．これからの生化学の学習でそのような遺伝子やタンパク質を学ぶ．生化学の基本原理を十分に習得するには，細菌をはじめ，真核生物のモデル生物である酵母，ショウジョウバエ，顕花植物，マウスやヒトを含む多様な生物種における生化学的経路や過程を調べる必要がある．比較生化学の重要性は100年以上にわたって認められてきたが，完全なゲノム配列が報告されたここ10年間でその重要性がさらに一段と増してきた．今では多くの生物種で生化学経路の全部が比較できるようになっている．

　現生生物種の遺伝子やタンパク質の配列を比較することで，太古の生命形態との関連を判断することができる．最近の証拠から，単細胞生命体である初期生物は頻繁に遺伝子を交換して，遺伝子類縁関係の複雑なネットワークを形成していたことが示されている．最終的にさまざまな系統の細菌と古細菌が原始的真核生物を伴って出現した．真核生物が細菌と共生関係を形成し，ミトコンドリアや葉緑体が発生した．そのことで真核生物がさらに進化した．

　進化の"生命の網"（図1.15）の新しい考え方が，原核生物が真正細菌（バクテリア）と古細菌（アーキア）とよばれる二つの完全に分離したドメイン（超界）に分かれたとする比較的最近の考え方に置き換わった．このようなドメインの特徴は，何百ものゲノム配列のデータから支持されていない．現在，原核生物は，多様なサブグループを含む単一の大きなグループとみなされている．サブグループのいくつかを図に示した．また明らかに真核生物は，古い古細菌に近縁な少数の遺伝子とともに古い真正細菌に近縁度の高い多くの遺伝子を含んでいる．生命の初期の歴史では，種間の激しい遺伝子交換が支配的であった．ここから"生命の樹"というよりむしろ"生命の網"という見方が導かれる．

　多くの学生はヒトの生化学，とりわけ健康や病気に関連した分野に興味をもっている．これは生化学の刺激的分野であるが，私たちは何者なのかについて深く理解するためには，私たちはどこから来たのかを知る必要がある．私たちがビタミンやアミノ酸のいくつかを合成できない理由，人によって血液型や乳製品に対する耐性が違う理由，これらの説明に進化論的見方が役立つ．動物は代謝燃料の材料として他の生物を利用するように適応してきたが，進化論はまた，動物のこのユニークな生理学をも説明する．

1.6　細胞は生命の基本単位である

　すべての生物は単細胞か多細胞で構成される．細胞の形や大きさは驚くほど多様であるが，真核生物か原核生物の細胞に分類できる．しかしながら，原核生物を真正細菌と古細菌の二つのドメインに分類する分類学者もいる．

　単純な細胞は，水滴が細胞膜で囲まれたものとして描くことができる．この水滴は，溶解または懸濁したタンパク質，多糖類，核酸などの物質を含む．膜は，脂質含量が高いので柔軟で，閉じた構造をしている．膜は大きな分子や電荷をもつものを通さない障壁になる．膜のこの性質によって細胞内の生体分子の濃度が外界の媒質の濃度よりずっと高く保たれる．

　細胞膜で囲まれた細胞成分を細胞質とよぶ．細胞質には高分子の大きな構造体や細胞内膜系に結合した細胞小器官などが存在す

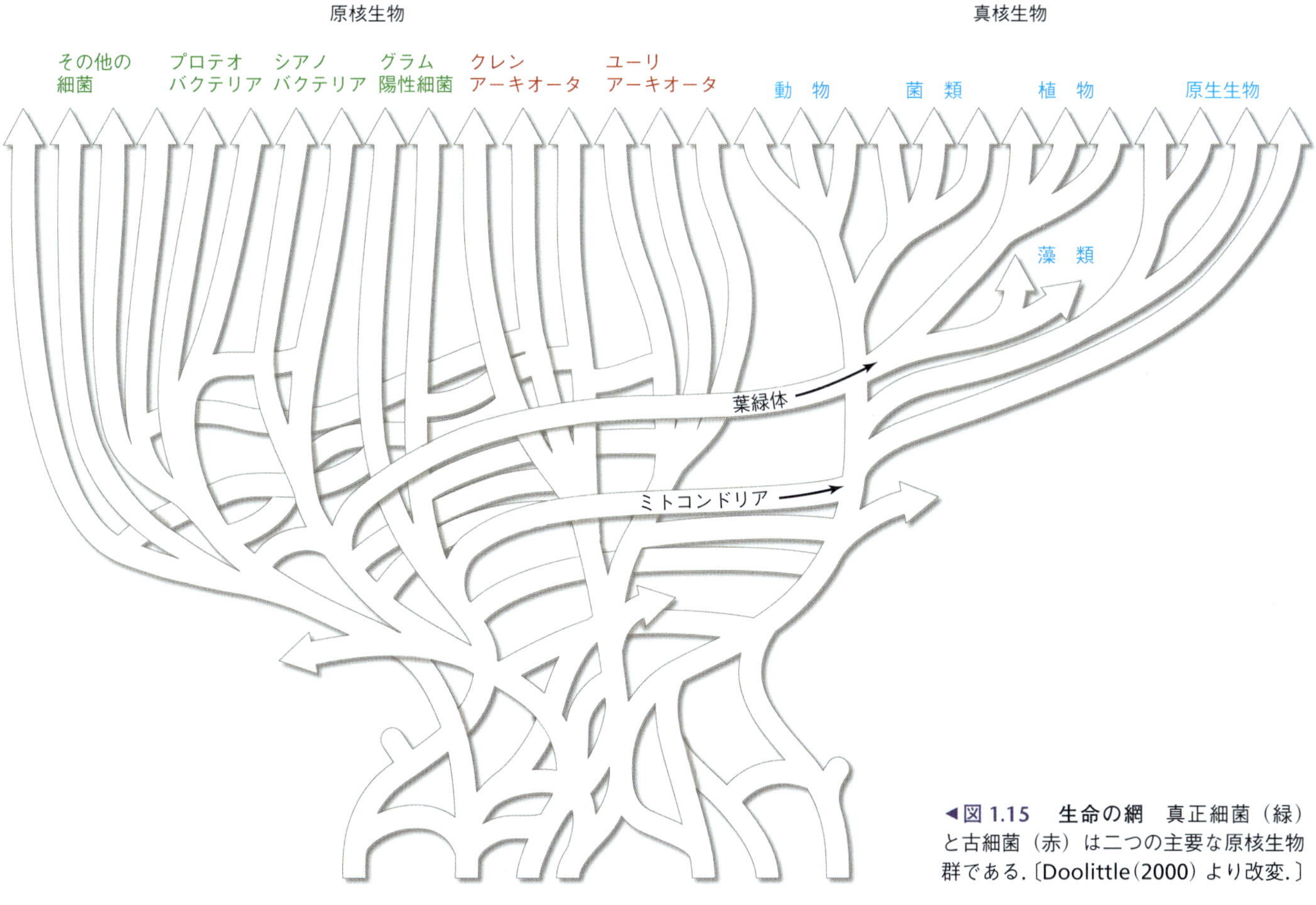

◀図1.15　生命の網　真正細菌（緑）と古細菌（赤）は二つの主要な原核生物群である．〔Doolittle（2000）より改変.〕

ることがある．細胞質から細胞内の構造物を除いた水溶性部分を細胞質ゾルとよぶ．真核細胞は，細胞質中に核，ならびに内膜に囲まれた細胞小器官をもつ．

ウイルスは細胞より小さい感染性粒子である．ウイルスはタンパク質の殻で囲まれた核酸分子から成り，膜をもつ場合もある．ウイルスの核酸は少ない場合は3個の，多い場合は数百個の遺伝子から成る．ウイルスは独立した代謝反応ができないので，生物学的に重要ではあるが，正しくは細胞ではない．宿主細胞の複製装置を乗っ取って，新しいウイルスをつくるように仕向けることで増殖する．ある意味で，ウイルスは寄生遺伝子といえる．

何千種類ものウイルスがある．原核細胞に感染するものを普通，バクテリオファージまたはファージとよぶ．生化学の多くの知見が，ウイルスやバクテリオファージの研究，あるいはそれらが感染する細胞との相互作用の研究からもたらされた．たとえば，イントロンは，この章の冒頭に示したヒトのアデノウイルスで見いだされ，遺伝子の詳細な地図はバクテリオファージT4で初めて示された．

以下の2節では，典型的な原核細胞ならびに真核細胞の構造的な特徴を探ることにする．

1.7 原核細胞：構造の特徴

原核生物は通常，単細胞生物である．すべての生物の中で最もよく研究されているのが大腸菌（*Escherichia coli*）である（図1.16）．大腸菌は半世紀にわたって生物学のモデル系になってきた．後述する生化学反応の多くは大腸菌で最初に発見されたものである．大腸菌はかなり典型的な細菌であるが，ヒトが珪藻類やラッパズイセン，トンボと大きく異なるくらい，細菌の中には大腸菌と大きく違うものがある．このような多様性の多くは分子レベルでみないとわからない（原核生物のおもなグループの名称については図1.15を参照）．

原核生物は，海底の熱い硫黄泉から，比較的大きな細胞の中まで，地球上で考えられるほとんどすべての環境で見いだされている．原核生物は地球上のバイオマスのかなりの量を占める．

原核生物は互いに非常に違ってはいるものの，共通する特徴が多くみられる．原核生物は核をもたない——原核生物のDNAは核様体とよばれる細胞質の領域に詰め込まれている．多くの細菌種はたかだか1000個の遺伝子しかもたない．生化学者の視点でみると，細菌で最も興味深いことの一つは，細菌染色体の遺伝子の数が比較的少ないにもかかわらず，ヒトを含むすべての細胞でみられる基本的な生化学反応のほとんどが行われていることである．数百の細菌ゲノムの配列が完全に決定されたので，いまや生命に必須な最小の酵素数を決めることができるようになった．

多くの例外があるが，大部分の細菌には細胞内膜で区切られた区画がない．細胞膜は普通，糖質とペプチド鎖が共有結合してできた固い網目構造から成る細胞壁で囲まれている．細胞壁は個々の細菌の種類に特徴的な形態を決定する．細胞壁は機械的には強いが，多孔質である．大腸菌を含むほとんどの細菌に，細胞壁のほかに，脂質，タンパク質，多糖類結合脂質から構成された外膜がある．内側の細胞膜と外膜との間の空間を細胞周辺腔とよぶ．

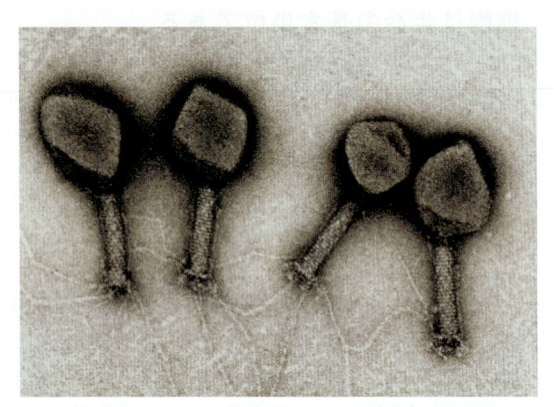

▲バクテリオファージT4　現在の生化学的知見の多くが，バクテリオファージT4のような細菌ウイルスの研究からもたらされた．

▲ Max Delbrück と Salvador Luria　1953年，コールドスプリングハーバー研究所における Max Delbrück（前）と Salvador Luria（後）．Delbrück と Luria は"ファージグループ"の基礎を築いた．このグループの科学者たちは，1940年代，50年代，60年代に細菌とバクテリオファージの遺伝学ならびに生化学の研究を行った．

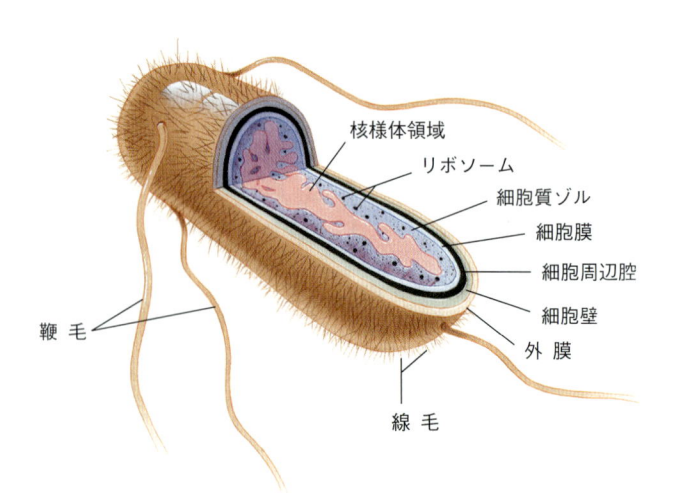

▲図1.16　大腸菌（*Escherichia coli*）　大腸菌の細胞は，直径約0.5 μm，長さ約1.5 μmである．鞭毛とよぶタンパク質性の繊維が回転して細胞を前進させる．短い線毛（ピリ）は性接合の目的で，大腸菌が表面で接着するのを助けている．細胞周辺腔は細胞膜と外膜を隔てる親水性の区画である．

ここは細菌の主要な膜関連区画で，いくつかの重要な生化学反応で必須の役割を果たす．

多くの細菌は外膜の表面にタンパク質でできた線毛とよぶ繊維をもつ．この線毛は細胞と細胞が相互作用する際に接着部位として働く．多くの細菌種には1本または多数の鞭毛がある．鞭毛は長い鞭のような構造をして，モーターボートのプロペラのように回転する．それにより細菌は液体の中を進むことができる．

原核生物は小さいので，体積に対する表面積の比が高くなる．したがって，細胞内に栄養を行き渡らせるのには単純な拡散で十分である．細胞質中の顕著な高分子構造の一つがリボソーム ── 大きな RNA-タンパク質複合体でタンパク質合成に必須 ── である．すべての生細胞はリボソームをもつが，後述するように細菌のリボソームは真核生物のリボソームとは細部で著しく異なる．

1.8 真核細胞：構造の特徴

真核生物には植物，動物，菌類，原生生物が含まれる．原生生物の多くは小さく，単細胞生物で，他のクラスに分類できない．ごく普通の分類法に従えば，これらの4種類の生物は，細菌とともに5界を構成する．真核生物の4界を残して，細菌を真正細菌と古細菌に分ける分類法もある．

私たちは動物界の一員なので動物に注目しがちである．また，比較的大型の生物なので，大きな目盛りに焦点を当てる．それゆえ，植物とかキノコは知っているのに顕微鏡的生物は知らないことになる．

真核生物の最新の系統樹は原生生物界の多様性を印象づける．図 1.17 に示すように，動物，植物，菌類などの"界"は，生命の真核生物系統樹で比較的小さな枝を占めるにすぎない．

細菌は通常，二重膜をもつのに対し，真核細胞は一重の細胞膜で囲まれている．真核生物と原核生物を区別する最も明らかな特徴は，真核生物には膜に囲まれた核が存在することである．実際，真核生物（eukaryote）は核の存在で定義される（ギリシャ語の eu- は"真"，karuon は"木の実"あるいは"粒"を意味する）．

前述のように，真核細胞は一般的に細菌の細胞よりずっと大きく，通常，体積で 1000 倍以上ある．したがって，細胞内での，あるいは細胞内と周囲との間の素早い輸送や情報のやり取りのために，複雑な内部構造や仕組みが必要になる．細胞骨格とよばれるタンパク質繊維の網目が細胞内に張り巡らされ，細胞の形態を制御し，細胞内輸送を管理する．

ほとんどすべての真核細胞はこれ以外に，細胞小器官とよばれる膜で囲まれた区画をもつ．それぞれの細胞小器官がもつ機能は，その物理的な性質や構造と密接に関係することが多い．しかし，それでも，多くの特徴的な生化学反応は細胞質で行われていて，細胞質も細胞小器官と同様，高度に組織化されている．

真核細胞の内部には細胞内膜ネットワークが存在する．核，ミトコンドリア，葉緑体のような独立した細胞小器官は，細胞全体に張り巡らされた膜系の中に埋め込まれている．物質は膜壁や小管で区切られた通路の中を流れる．区画の間の物質の細胞内輸送は，急速かつ高度に選択的で，厳密に調節されている．

図 1.18 に，典型的な動物と植物の細胞を示した．両者とも核，ミトコンドリア，細胞骨格をもつ．植物細胞は葉緑体や液胞も含み，固い細胞壁で囲まれていることが多い．葉緑体は藻類やある種の原生生物にも含まれ，光合成の場となる．植物細胞壁は主としてセルロース（§1.3 B で述べた多糖類の一つ）から成る．

多細胞真核生物の大部分は組織をもつ．組織を形成する類似の特殊化した細胞群は，タンパク質と多糖類から成る細胞外マトリックスに囲まれている．マトリックスは物理的に組織を支え，時には細胞の増殖や運動を支配する．

! 動物は系統樹では比較的小さな高度に特殊化した枝である．

A. 核

核は真核細胞の中で，通常，最も目立つ構造である．核の輪郭は核膜によってつくられる．核膜は2層の膜で，タンパク質で裏

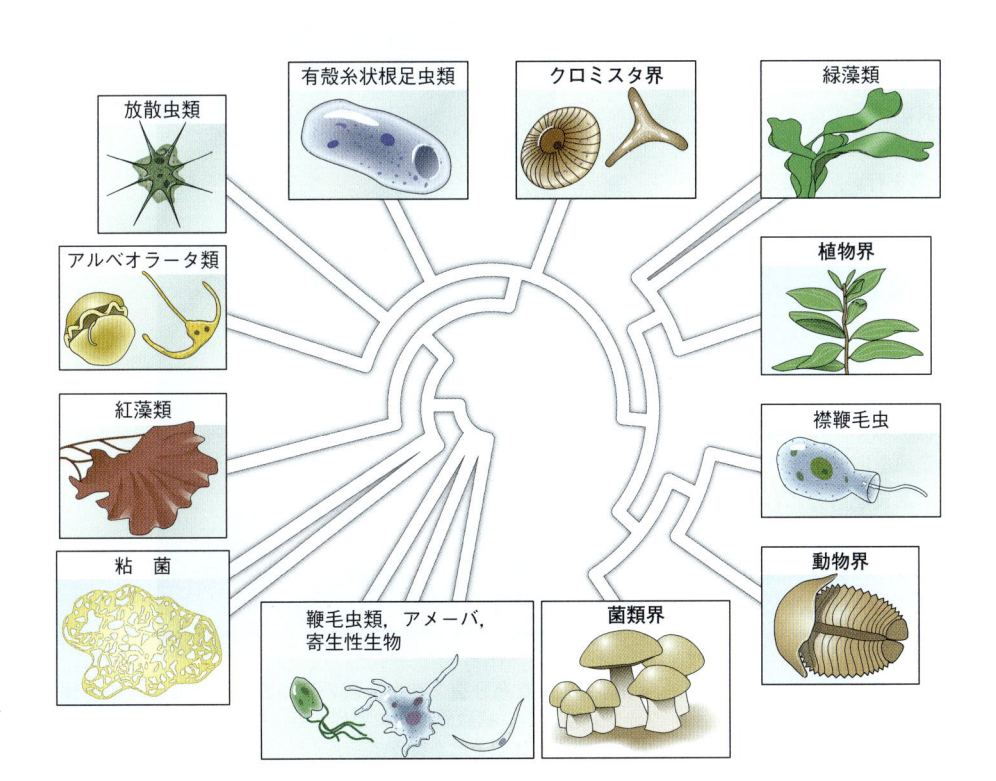

◀ 図 1.17 **真核生物の系統樹** 伝統的な植物界，動物界，菌類界はより大きな"界"である原生生物の分岐したものである．

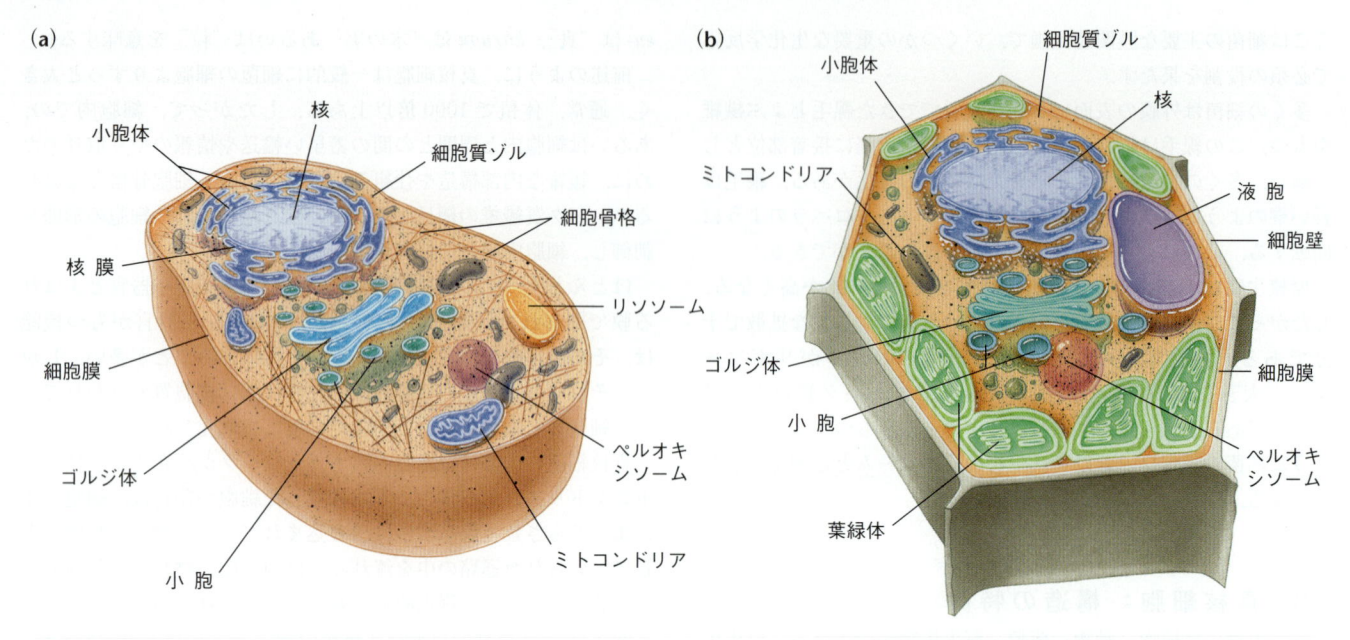

▲図 1.18　**真核細胞**　(a) 動物細胞の模式図．動物細胞は原生生物，菌類，植物にも見られる細胞小器官や構造物をもつ典型的な真核細胞である．(b) 植物細胞の模式図．植物細胞のほとんどは，植物や藻類で光合成の場となる葉緑体，溶質や細胞の老廃物を含む液体で満たされた大きな細胞小器官である液胞，主としてセルロースからできた堅い細胞壁などをもつ．

打ちされた核膜孔で2枚がつながる．核膜は小胞体と連結している（後述）．核は細胞のコントロールセンターで，DNA の 95% を含む．DNA は正に荷電したタンパク質ヒストンと一緒に密に固められ，らせん状に巻いてクロマチンとよぶ高密度の固まりになる．DNAの複製や，DNAからRNAへの転写は核の中で起こる．多くの真核生物では核の中に核小体とよぶ密度の高い固まりがある．核小体は RNA 合成の主要な場所で，リボソーム会合の場でもある．

多くの真核生物は原核生物よりはるかに多量の DNA を含む．原核生物の遺伝物質，すなわちゲノムは通常 1 本の環状の DNA 分子であるのに対し，真核生物のゲノムは複数の直鎖状の染色体から成る．真核生物の細胞では，新しい DNA とヒストンが細胞分裂の準備の際に合成され，染色体物質は凝集し，2組の同一な染色体セットに分離する．この過程を有糸分裂という（図 1.19）．細胞はその後くびれて二つになり，細胞分裂が終了する．

真核生物のほとんどは二倍体である．つまり，染色体の完全セットを2組もつ．真核生物はときおり，減数分裂を行い，結果としてそれぞれ単一セットの染色体をもつ4個の一倍体ができる．2個の一倍体，たとえば卵と精子が融合すると，典型的な二倍体細胞が再生する．この過程は，真核生物の性的生殖の重要な特徴の一つである．

B. 小胞体とゴルジ体

小胞体は平面状あるいは小管状の膜の網状組織で，核の外膜から伸びている．小胞体で囲まれた親水性の領域を内腔という．多くの細胞では，小胞体の表面の一部はタンパク質を活発に合成しているリボソームで覆われている．タンパク質が合成されるにつれて，タンパク質は膜を通って内腔に移動する．細胞外に放出される運命にあるタンパク質は，膜を通って内腔に完全に押し出され，そこで膜小胞内に取込まれる．このような小胞は細胞内を進んで細胞膜と融合し，細胞外に内容物を放出する．細胞質ゾルにとどまるタンパク質の合成は，小胞体に結合していないリボソーム上で行われる．

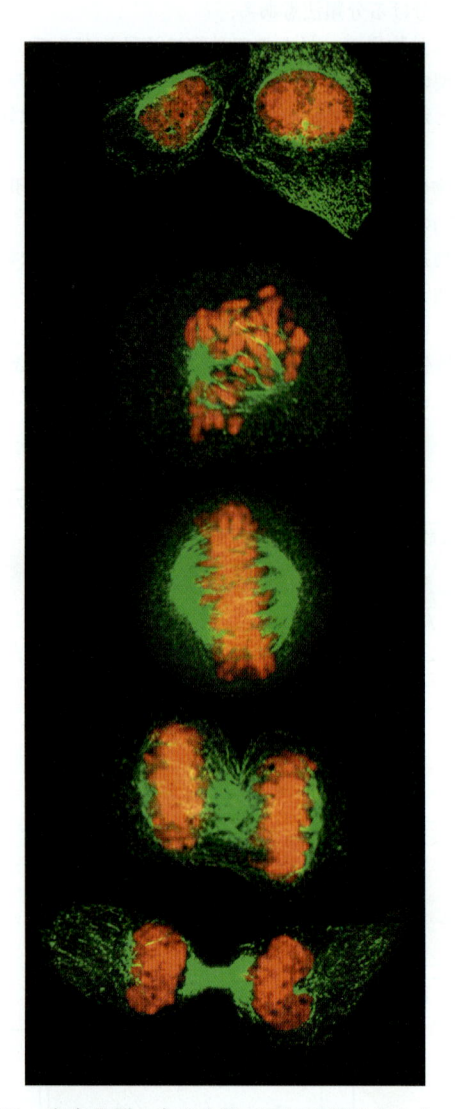

▲図 1.19　**有糸分裂**　有糸分裂の五つの期を示した．染色体（赤）は凝縮し，細胞の中心に整列する．紡錘糸（緑）はできたての重複染色体の分離を行う．

1.8 真核細胞：構造の特徴

細胞質ゾル
小胞体
リボソーム
核膜孔
内腔
核
核膜

◂真核細胞の核膜と小胞体

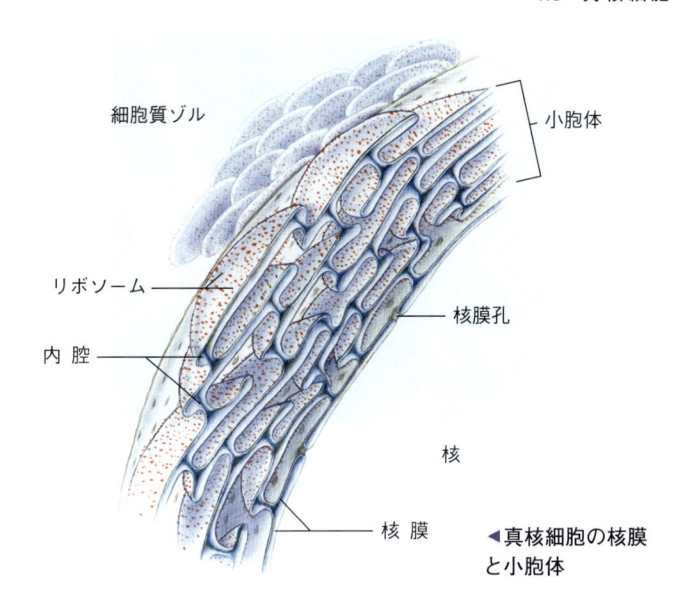

小胞体と核の近傍にゴルジ体（ゴルジ装置）とよばれる平坦で，溶液が詰まった膜状の袋の集合体がみられることが多い．小胞体から出芽した小胞はゴルジ体と融合する．小胞内のタンパク質は層状のゴルジ体を通過する途中で化学的に修飾されることがある．修飾されたタンパク質は，分別され，新しい小胞に梱包されて，細胞内または細胞外へと，それぞれ固有の行き先に運ばれる．ゴルジ体は19世紀に Camillo Golgi（1906年ノーベル生理学・医学賞受賞）によって発見された．それにもかかわらず，タンパク質の分泌におけるその役割が確立するまでに何十年も経過した．

> タンパク質の合成，分別，分泌は22章で述べる．

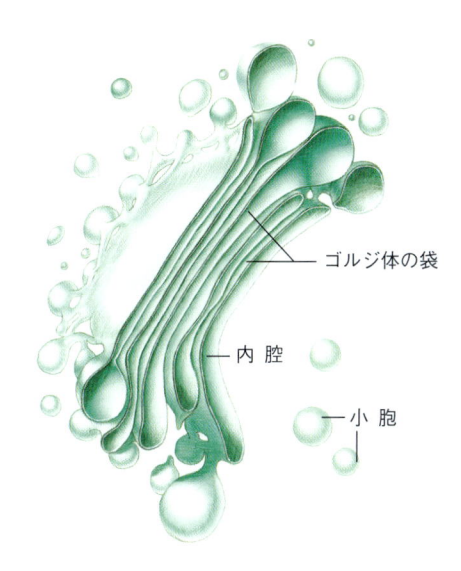

ゴルジ体の袋
内腔
小胞

▲ゴルジ体　ゴルジ体はタンパク質の修飾や選別を行う．タンパク質は小胞体から小胞によってゴルジ体に輸送される．ゴルジ体から出芽した小胞は修飾されたタンパク質を細胞内外の決められた場所に運ぶ．

C. ミトコンドリアと葉緑体

ミトコンドリアと葉緑体はエネルギー伝達で中心的な役割を果たす．ミトコンドリアは酸化的エネルギー代謝の主要な場で，ほとんどすべての真核細胞にみられる．葉緑体は植物や藻類の光合成の場である．

ミトコンドリアは内膜と外膜をもつ．内膜は高度に折りたたまれているため，表面積は外膜の3〜5倍ある．内膜はイオンや多くの代謝物を通さない．内膜で囲まれた水相をミトコンドリアマトリックスとよぶ．好気的エネルギー代謝に関係する多くの酵素は内膜とマトリックスに存在する．

ミトコンドリアにはさまざまな大きさや形がある．下図に示した典型的なジェリービーンズ型のミトコンドリアは多くの細胞のタイプでみられるが，球状あるいは不定形のミトコンドリアもある．

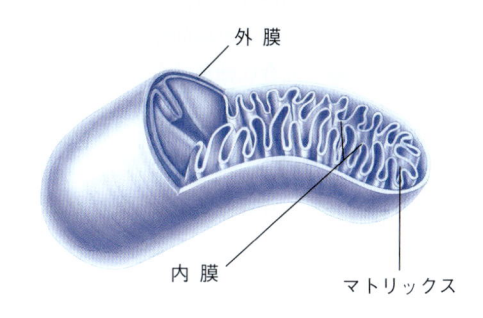

外膜
内膜
マトリックス

▲ミトコンドリア　ミトコンドリアは好気性真核細胞がエネルギー変換を行う主要な場である．糖質，脂肪酸，アミノ酸がこの細胞小器官で代謝される．

ミトコンドリアの最も重要な機能は，有機酸，脂肪酸，アミノ酸を二酸化炭素と水に酸化することである．この際に放出されたエネルギーの大半は内膜を境としたプロトンの濃度勾配の形で蓄えられる．この保存されたエネルギーは，14章で述べるリン酸化反応により，アデノシン二リン酸（ADP）と無機リン酸（P_i）を高エネルギー分子ATPに変換するのに使われる．つぎに，細胞はATPを使うことで，生合成，濃度勾配や電荷勾配に逆らった分子やイオンの輸送，運動や筋収縮のような機械的な力の発生など，エネルギーを必要とする過程を遂行する．細胞中のミトコンドリアの数は多様である．ミトコンドリアを数個しかもたない真核細胞もある一方で，何千個ももつ細胞もある．

光合成をする植物細胞はミトコンドリアとともに葉緑体をもつ．ミトコンドリア同様，葉緑体には外側の二重膜の他に，チラコイド膜とよばれる高度に折りたたまれた内膜がある．内膜の一部はグラナとよばれる平らな袋系を形成する．親水性のストロマに浮かぶチラコイド膜は，光エネルギーの捕捉に関係するクロロフィルや他の色素を含む．リボソームやいくつかの環状DNA分子もストロマ中に浮かんでいる．葉緑体では，光から捕捉したエ

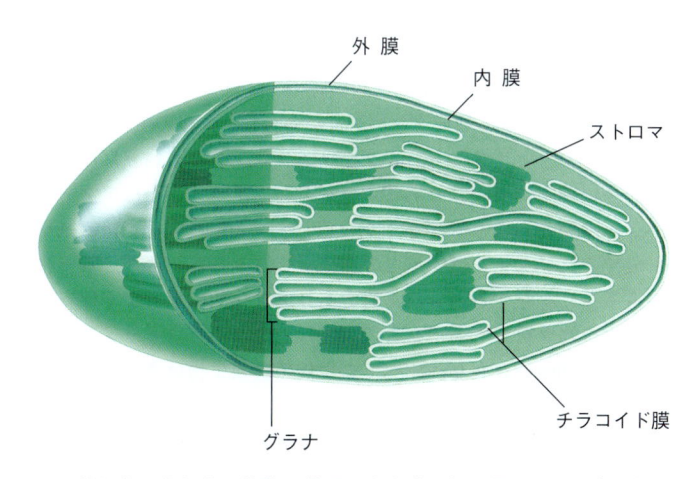

外膜
内膜
ストロマ
チラコイド膜
グラナ

▲葉緑体　葉緑体は植物と藻類が光合成を行う場である．光エネルギーはチラコイド膜に結合している色素で捕捉され，二酸化炭素と水を糖質に変換するのに使われる．

ネルギーを使って二酸化炭素と水から糖質を合成する.

ミトコンドリアと葉緑体は，10億年以上の昔，原始真核細胞に取込まれて共生関係になった細菌に由来する．ミトコンドリアと葉緑体が内部共生に由来する証拠として，これらの小器官における，細菌に似た独自の小さなゲノムや特別なリボソームの存在があげられる．最近，ミトコンドリアや葉緑体の遺伝子（それにタンパク質）の配列とさまざまな細菌種の遺伝子配列とが比較された．このような分子進化の研究から，ミトコンドリアはプロテオバクテリアという一群の細菌の原始的な仲間に由来することが示された．葉緑体は遠縁の光合成細菌，シアノバクテリアに由来する．

D. 特殊な小胞

真核細胞は消化に特化したリソソームとよぶ小胞をもつ．この小胞は一重膜で囲まれ，内部は強い酸性である．内部の酸性度は膜に埋込まれたプロトンポンプで保たれている．リソソームはタンパク質や核酸などの細胞の生体高分子の分解を触媒する多種類の酵素を含む．リソソームは，役目を終えたミトコンドリア，細胞が貪食した細菌など，大型粒状物も消化できる．リソソーム酵素の活性は，細胞質中のほぼ中性pH領域ではリソソーム内の酸性条件下に比べてはるかに弱い．区画に閉じ込められていることで，細胞質の中で生体高分子はリソソーム酵素と万一出会っても分解されないようになっている．

ペルオキシソームは，すべての動物細胞と多くの植物細胞に存在する．リソソーム同様，一重膜で覆われている．ペルオキシソームは酸化反応を行う．中には毒性の化合物である過酸化水素 (H_2O_2) が生じる反応もある．過酸化水素の一部は他の化合物の酸化に使われる．過剰な過酸化水素はペルオキシソーム酵素のカタラーゼの作用で分解される．カタラーゼは，過酸化水素を水とO_2に転換する反応を触媒する．

液胞は一重の膜で囲まれた，液体で満たされた小胞である．液胞は成熟した植物細胞や原生生物によくみられる．液胞は水，イオン，グルコースなどの栄養素の貯蔵庫である．代謝老廃物を含むものや，植物にとって不要となった高分子を分解する酵素を含むものもある．

E. 細 胞 骨 格

細胞骨格は細胞の支え，内部構造，運動などにも必要なタンパク質性の足場である．ある種の動物細胞は密集した細胞骨格をもつが，それ以外の多くの真核細胞にはそれほど目立ったものはない．細胞骨格には，アクチンフィラメント，微小管，中間径フィラメントなど3種類のタンパク質繊維（フィラメント）がある．これら3種はいずれも構成タンパク質が会合した糸状の繊維である．

アクチンフィラメント（ミクロフィラメントともいう）は最も量が多い細胞骨格成分である．アクチンフィラメントはアクチンタンパク質からなり，アクチンは直径約7 nmのロープ状の糸を形成する．アクチンはすべての真核細胞にみられ，普通，細胞に最も多量に存在するタンパク質であり，進化的に最もよく保存されたタンパク質でもある．この事実は，アクチンフィラメントが原始真核細胞に存在し，すべての現代の真核生物はその子孫であることの証拠である．

微小管は強く堅い繊維で，しばしば集合して束をつくる．束の直径は約22 nmで，アクチンフィラメントよりずっと太い．微小管はチューブリンとよばれるタンパク質から構成される．微小管は細胞質の一種の内部骨格として働くが，有糸分裂の際には紡錘体を形成する．さらに，微小管は繊毛のように方向性のある動きをする構造もつくることができる．精子細胞を前進させる鞭毛は非常に長い繊毛の一種である．微小管の繊毛は細菌の鞭毛とは無関係である．繊毛の波打ち運動はATPのエネルギーを使って行われる．

中間径フィラメントはほとんどの真核細胞の細胞質にみられる．繊維の直径は約10 nmで，アクチンフィラメントや微小管に比べると中間の太さである．中間径フィラメントは核膜の内側を裏打ちし，核から外側に出て細胞の周辺部にまで伸びている．中間径フィラメントは細胞が外から加わる機械的な力に耐えるのに役立つ．

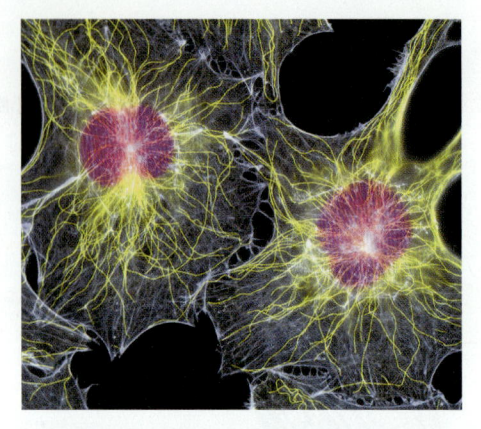

▲哺乳類細胞中のアクチンフィラメントと微小管を蛍光標識した顕微鏡写真　（左）ラット筋肉細胞のアクチンフィラメント．（右）ヒト内皮細胞の微小管．

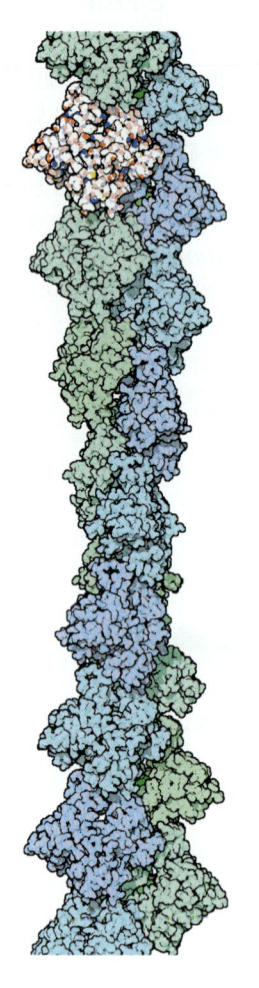

◀アクチン　アクチンフィラメントはアクチンタンパク質のサブユニットから成る構造体である．

1.9 生きている細胞の様子

これまで細胞の中にみられる主要な構造とその役割を述べてきた．これらの構造は，本書でこれから取上げる分子や高分子に比べると巨大なものである．細胞は何千もの代謝中間体や何百万もの分子を含んでいる．各細胞の細胞質ゾルには数百種類の酵素があり，個々の酵素はわずか1種，あるいはせいぜい数種の代謝中間体にのみ特異的に作用する．1個の細胞中に10万分子もある酵素もあれば，数分子しかない酵素もある．それぞれの酵素は基質になるものだけと反応する．

分子生物学者であり芸術家でもある David S. Goodsell は，大腸菌細胞に含まれる分子を50万倍に拡大した魅力的な画像をつくった（図1.20）．この大きさの立方体1200個が大腸菌細胞の体積に相当する．この倍率では，個々の原子は文字 i の点ほどの大きさで，小さな代謝中間体は米粒より小さく，タンパク質は小さなゼリービーンズくらいの大きさである．

細胞中の分子の絵を見ると，細胞質に分子が非常に高密度に詰め込まれていることがわかるが，原子レベルでどう活動しているかはわからない．細胞内ではすべての分子は常に動いて衝突している．分子間の衝突は完全に弾性的である —— 衝突のエネルギーは反発後のエネルギーに保存される．分子は互いに跳ね返るので，著しく折れ曲がった経路をとりながら空間を移動する．これを拡散のランダムウォーク（酔歩，乱歩）という．水のような小さな分子では，分子が衝突するまでに進む平均距離は分子の直径より小さく，進行方向は何回も逆転する．経路は複雑であるが，水分子は 1/10 秒で大腸菌細胞の長さに相当する距離を拡散できる．

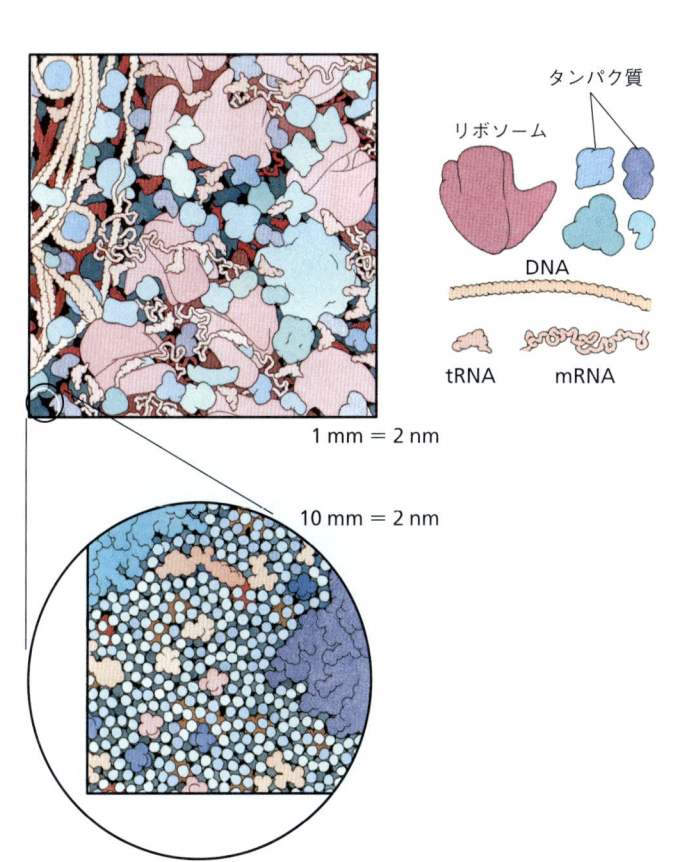

▲ 図 1.20　大腸菌細胞の細胞質の一部　上図は内容物を50万倍に拡大したもので，100 nm × 100 nm の枠に相当する．タンパク質は青と緑で，核酸はピンクで色づけした．大きな構造物はリボソームで，水や小さな代謝物は表示していない．丸い挿入枠の中味は500万倍に拡大したもので，水や小さな分子を示す．

酵素と小分子は1秒間に100万回もぶつかり合う．このような条件下では，約1000回の衝突に1回の割合で反応が起これば，多くの酵素で普通にみられる触媒の速度は達成できる．そうはいっても，1000回の衝突につき1回の反応よりずっと効率的に反応を触媒する酵素もある．事実，いくつかの酵素は，活性部位に衝突したほとんどすべての基質分子の反応を触媒する．これは酵素触媒反応の驚異的な能力を示す一例といえる．酵素の反応速度を研究する学問，酵素反応速度論は，生化学の最も基本的な分野の一つである．これについては5章で取扱う．

膜内の脂質も，脂質二重層という二次元平面内に限定はされているが活発に拡散する．脂質分子は膜内の隣合う分子と1秒間に600万回も位置を交換する．膜のタンパク質の中にも膜内を速い速度で拡散できるものがある．

大きな分子は小さな分子に比べてゆっくり拡散する．真核細胞では，酵素のような大きな分子の拡散は細胞骨格の複雑な網の目によってさらに制限される．大きな分子が一定の距離を拡散する速度は，細胞質中では水中より10倍ほど遅い．

細胞質がどのように組織化されているかについては完全にはまだわかっていない．多くのタンパク質や酵素は大きな複合体を形成し，一連の反応を行っている．このような複合体の例が，これから代謝を学ぶ際にいくつか登場する．複合体はタンパク質装置とよばれることが多い．タンパク質装置の形で配置されていると，代謝中間体は一つの酵素からつぎの酵素へと，細胞質ゾル中に拡散することなく直接に移動できる利点がある．これまで長い間，細胞質ゾルにおける活動は単純な溶液化学の法則で説明できるとされてきたが，そのイメージとは異なり，細胞質ゾルはただ単に可溶性の分子が混然と混ざっているものではなく，高度に組織化されているという説が有力になっている．細胞質ゾルが高度に組織化されているという概念は生化学では比較的新しい考え方で，細胞が分子レベルでどのように働くかについての重要な新情報をもたらす可能性がある．

1.10 生化学は複合領域の学問である

生化学の目標の一つは，膨大な知見を集めて生命を分子レベルで説明することである．このことはこれまでずっと挑戦的な研究テーマであったし，今後もそうあり続けるであろう．しかし挑戦が続くとしても，生化学はこれまですでに，すべての細胞に共通する基本反応の解明と理解に向けて大きく前進してきた．

生化学は学問として隔絶されているわけではない．物理学，化学，細胞生物学，進化論が，生化学の理解にいかに役立つかについてはすでに述べた通りである．関連領域の学問である，生理学，遺伝学もまた重要である．実際，多くの科学者は，もはや自分自身を単なる生化学者ではなく，いくつかの関連した領域に精通していると考えている．

生化学のすべての考え方が互いに入り組んでいるので，一つの話題を述べるのに他の話題にふれないわけにはいかない．たとえば，機能は構造と密接に関係しているし，個々の酵素活性の制御は一連の関連した反応を考慮して初めて評価できる．生化学の項目が相互に関係していることが，生化学の入門コースで学生と教員の双方に難題を突きつける．教材は論理的かつ順序立てて話す必要があるが，すべての授業，すべての学生に通用するような項目の順序があるわけではない．しかし幸い，生化学の基本原理の理解のための大枠については広く合意されている．そこで本書もその枠組に従い，水に関する導入の章から本書を始める．ついで

|⟼| = 200 nm

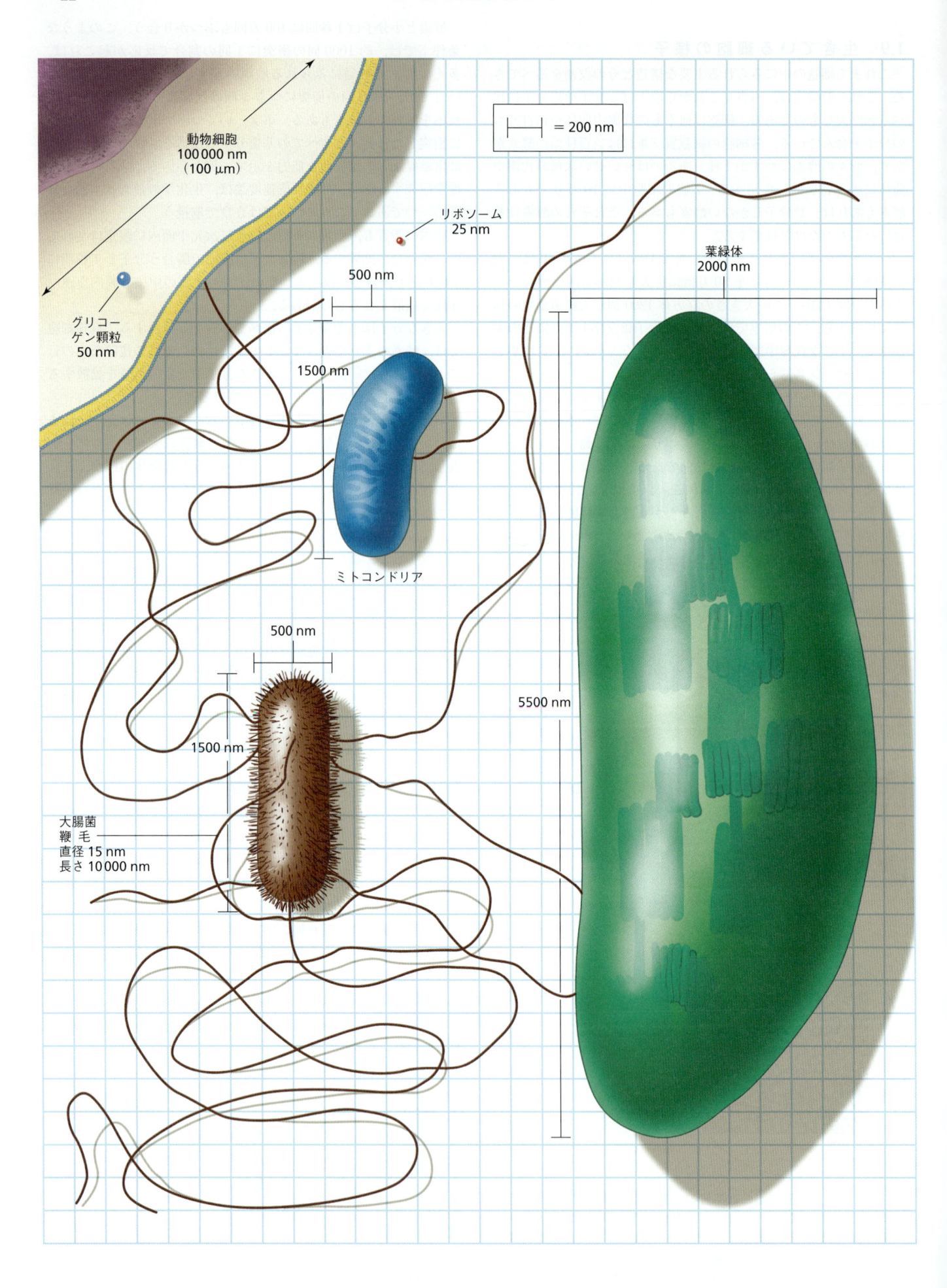

動物細胞
100 000 nm
(100 μm)

リボソーム
25 nm

グリコーゲン顆粒
50 nm

500 nm

1500 nm

ミトコンドリア

葉緑体
2000 nm

5500 nm

500 nm

1500 nm

大腸菌
鞭毛
直径 15 nm
長さ 10 000 nm

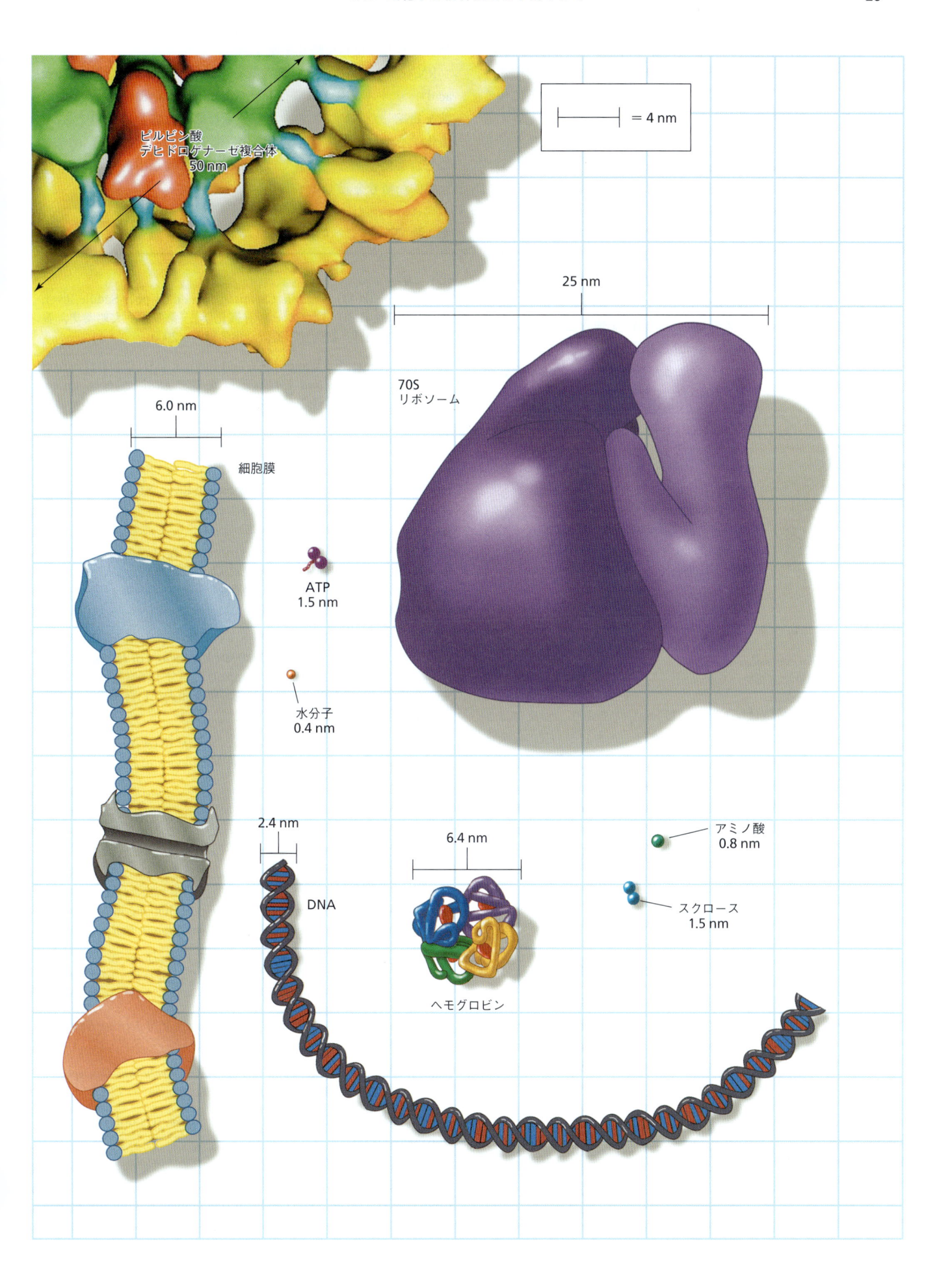

1.10 生化学は複合領域の学問である

|⊢——⊣ = 4 nm

ピルビン酸
デヒドロゲナーゼ複合体
50 nm

25 nm
70S
リボソーム

6.0 nm
細胞膜

ATP
1.5 nm

水分子
0.4 nm

2.4 nm

6.4 nm

アミノ酸
0.8 nm

DNA

ヘモグロビン

スクロース
1.5 nm

タンパク質・酵素の構造と機能，糖質，脂質について述べる．本書の第Ⅲ部では，構造の知見を基にして代謝とその制御を記す．最後に，核酸ならびに生物情報の保存と伝達について検討する．

授業によっては，たとえば，核酸の構造を代謝の項の前にするなど，教材の順序を変更することは可能である．各章を記述するにあたり，学生の特定のニーズや興味に従って，章の順序をできるだけ変えられるように工夫した．

補足　生化学の特別な用語

ほとんどの生化学量は SI 単位（国際単位）で示す．よく使用する SI 単位を表 1.1 にまとめた．伝統的な単位は科学の文献から急速になくなりつつあるが，たとえば，タンパク質化学者は原子間距離を表すのにオングストローム（Å）を使うことがある（推奨される SI 単位では 1 Å は 0.1 nm に相当する）．カロリー（cal）をジュール（J）の代わりに使うことがある．1 cal は 4.184 J に等しい．

表 1.1　生化学でよく使う SI 単位

物理量	SI 単位の名称	記号
長さ	メートル	m
質量	グラム	g
物質量	モル	mol
体積	リットル	L[†1]
エネルギー	ジュール	J
電位差	ボルト	V
時間	秒	s
熱力学的温度	ケルビン	K[†2]

† 1　1 L = 1000 cm^3（立方センチメートル）
† 2　273 K = 0 ℃

温度の SI 基本単位はケルビン（kelvin）であるが，温度はほとんど摂氏（℃）で表される．摂氏 1 度は 1 ケルビン（K）と大きさとしては同じであるが，摂氏の目盛りは 1 atm の下で，水が凍る温度（0 ℃）から始めて，水が沸騰する温度を 100 ℃ としている．この目盛は百分度目盛（centigrade scale，centi = 1/100）とよぶことが多い．絶対零度は −273 ℃ で，0 K に等しい．恒温動物の哺乳類では生化学反応は体温（ヒトでは 37 ℃）で起こる．

非常に大きい，あるいは小さい数値は SI 単位では接頭語を付けてよぶことがある．表 1.2 によく使われる接頭語と記号をまとめた．すべての学問領域で使われる SI 基本単位の他に，生化学には独自の用語がある．たとえば，生化学者は長い名前の生化学物質に対して便利な略号を使う．

RNA や DNA がその良い例である．これはリボ核酸（ribonucleic acid），デオキシリボ核酸（deoxyribonucleic acid）という長い名前を短縮したものである．このような略号は非常に便利である．生化学を学ぶには，略号とその化学構造とを結び付けて記憶することが必要である．本書では，新しい化合物が出てくるたびに，一般的な略号を記すことにする．

表 1.2　SI 単位とともによく使う接頭語

接頭語	記号	倍　数
ギガ	G	10^9
メガ	M	10^6
キロ	k	10^3
デシ	d	10^{-1}
センチ	c	10^{-2}
ミリ	m	10^{-3}
マイクロ	μ	10^{-6}
ナノ	n	10^{-9}
ピコ	p	10^{-12}
フェムト	f	10^{-15}

参 考 文 献

化　学

Bruice, P. Y. (2011). *Organic Chemistry*, 6th ed. (Upper Saddle River, NJ: Prentice Hall).〔『ブルース有機化学』，第 5 版，大船泰史，香月 勗，西郷和彦，富岡 清 監訳，化学同人（2009）．〕

Tinoco, I., Sauer, K., Wang, J. C., and Puglisi, J. D. (2002). *Physical Chemistry: Principles and Applications in Biological Sciences*, 4th ed. (Upper Saddle River, NJ: Prentice Hall).〔『バイオサイエンスのための物理化学』猪飼 篤 監訳，櫻井 実，佐藤 衛，中西 守，伏見 譲 訳，東京化学同人（2004）．〕

van Holde, K. E., Johnson, W. C., and Ho, P. S. (2005). *Principles of Physical Biochemistry*, 2nd ed. (Upper Saddle River, NJ: Prentice Hall).

細　胞

Alberts, B., Bray, D., Hopkin, K., Johnson, A., Lewis, J., Raff, M., Roberts, K., and Walter, P. (2010). *Essential Cell Biology*, 3rd ed. (New York: Garland).〔『エッセンシャル細胞生物学』，原書第 3 版，中村桂子，松原謙一 監訳，南江堂（2011）．〕

Lodish, H., Berk, A., Kaiser, C. A., Krieger, M., Scott, M. P., Bretscher, A., Ploegh, H., and Matsudaira, P. (2008). *Molecular Cell Biology*, 6th ed. (New York: W. H. Freeman and Company).〔『分子細胞生物学』，第 6 版，石浦章一，榎森康文，堅田利明，須藤和夫，仁科博史，山本啓一 訳，東京化学同人（2010）．〕

Goodsell, D. S. (1993). *The Machinery of Life* (New York: Springer-Verlag).〔『生命のメカニズム —— The Machinery of Life ——』，野田春彦 訳，裳華房（1994）．〕

進化と生命の多様性

Doolittle, W. F. (2000). Uprooting the tree of life. *Sci. Am.* 282 (2):90-95.〔W. F. ドゥーリトル '生命のルーツはひとつなのか'，日経サイエンス，**30**(5)，64〜71(2000)．〕

Doolittle, W. F. (2009). Eradicating topological thinking in prokaryotic systematics and evolution. *Cold Spr. Hbr. Symp. Quant. Biol.*

Margulis, L., and Schwartz, K. V. (1998). *Five Kingdoms*, 3rd ed. (New York: W. H. Freeman).〔『図説・生物界ガイド 五つの王国』，原書第 1 版，川島 誠一郎，根平 邦人 訳，日経サイエンス社（1987）．〕

Graur, D., and Li, W. -H. (2000). *Fundamentals of Molecular Evolution* (Sunderland, MA: Sinauer).

Sapp, J. (Ed.) (2005). *Microbial Phylogeny and Evolution: Concept and Controversies*. (Oxford, UK: Oxford University Press).

Sapp, J. (2009). *The New Foundation of Evolution*. (Oxford, UK: Oxford University Press).

科 学 史

Kohler, R. E. (1975). The History of Biochemistry, a Survey. *J. Hist. Biol* 8:275-318.

CHAPTER 2

水

> 水より柔らかく弱いものはない．それにもかかわらず攻撃に適うもので水ほど固くて強いものはない．だからこれに代わるものはない．
>
> 老子（紀元前約550年）

地球上の生命は，しばしば炭素を基盤にした現象として説明される．しかし，水を基盤にした現象ということもできる．生命はおそらく30億年以上前に水の中で誕生した．そして今なお，すべての生細胞は水に依存して生きている．ほとんどの細胞の中で最も多い分子は水で，細胞質量の60〜90％を占める．例外的に種子や胞子のような水が排除された細胞がある．種子や胞子は水が入って生き返るまで長期間休眠状態でいることができる．

生命はおよそ5億年前に海から陸地に拡散した．生命の歴史におけるこの大移動に際して，陸上生命が水の少ない環境で生き残れるために特別な適応が必要であった．本書の随所にこの適応の例が登場する．

▲ユリーカ砂丘のマツヨイグサ（*Oenothera californica*） この植物種はカリフォルニアのデスヴァレー国立公園の砂丘にだけ生育する．水を保持するための特別な機構を進化させた．

水と水の性質を理解することは生化学を学ぶために重要である．細胞の高分子成分（タンパク質，多糖類，核酸，膜）は水に応答して独特な形態をとると考えられている．たとえば，ある種の分子は水と強く相互作用し，結果として水によく溶ける．一方，水に溶けにくい分子は，水を避けるために互いに会合する．水は溶媒として必須なことから，細胞の多くの代謝装置は水のある環境で作動しなくてはならない．

まず，水の性質を調べることから生命の化学を詳しく学習することにする．水がイオン性物質や他の極性物質の溶媒になるのは水の物理的性質であり，水が水分子同士あるいは他の分子と弱い結合をつくるのは水の化学的性質による．水の化学的性質は高分子の機能や細胞全体および生物の機能と結び付いている．このような相互作用が高分子や大きな細胞の構造を安定化する重要な要因となる．水に溶けにくい物質同士の相互作用に水がどのように影響するかについて検討する．そして水のイオン化を調べ，さらに酸-塩基の化学を論じる．これらは後の章で出てくる分子や代謝過程を理解する基礎になる．水は単に不活性な溶媒ではなく，多くの細胞反応にとって基質にもなる．このことは重要で，心に留めておこう．

2.1 水分子は極性である

水分子（H_2O）はV字形（図2.1a）で，二つの共有結合（O-H）の結合角は104.5°である．水の重要な性質のいくつかは，この折れ線形と，水分子同士が分子間結合できることに起因する．酸素原子は8個の電子をもち，原子核には8個の陽子と8個の中性子がある．内殻に2個の電子が，外殻に6個の電子がある．外殻は，一つのs軌道と三つのp軌道に4対の電子を受け入れることができる．しかし，水の構造や性質は，外殻電子が四つのsp^3混成軌道にあると仮定した方がよく説明できる．中央の酸素原子を囲む四面体の四つの頂点がこれら四つの軌道で占められていると考えればよい．sp^3混成軌道のうちの二つはそれぞれ1対の電子をもち，他の二つはそれぞれ1個の電子をもつ．このことは，酸素が他の原子と電子を共有して一つの電子軌道を満たし，共有

---

* カット：宇宙から見た地球．地球は水の惑星で，水はあらゆる生命の化学で中心的な役割を果たす．

2. 水

子も永久双極子をもつ（図2.2b）．したがって，水と気体状アンモニアは電気的には中性であっても，両分子とも極性である．極性のアンモニア分子が水によく溶けるのは，極性の水分子と強く相互作用するからである．アンモニアの水に対する溶解度は"似たものは似たものを溶かす"の原理を示している．

すべての分子が極性ではない．たとえば，二酸化炭素は極性の共有結合をもつが，結合が直線状で逆向きであるため，極性が相殺される（図2.2c）．そのため，二酸化炭素は正味の双極子をもたず，アンモニアよりずっと水に溶けにくい．

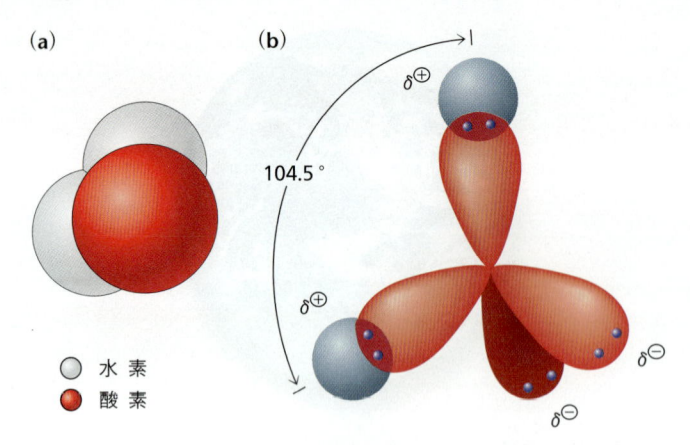

▲図2.1 水の構造 （a）水分子の空間充填モデル．（b）水分子の共有結合間の角度．酸素原子の二つのsp³混成軌道は水素原子のs軌道と共有結合をつくる．残りの二つのsp³軌道は非共有電子対が占める．

結合が形成されることを意味する．水の共有結合には2個の水素原子が関与し，それぞれ1個の電子を酸素原子と共有する．図2.1(b)では，各電子は青点で示されており，酸素原子のsp³混成軌道は水素原子と共有する電子を含む2個の電子でそれぞれ占められている．水素原子の内殻も共有結合の2個の共有電子で満たされている．

遊離の水分子のH–O–H結合角は104.5°だが，もし，電子軌道が四面体の四つの頂点を指すとすれば，角度は109.5°になるはずである．この違いについての一般的な説明は，非共有電子対間に強い反発があり，それが共有結合を近づけて角度を109.5°から104.5°に小さくする，というものである．

酸素原子は水素原子より電気陰性度が大きい．なぜなら，酸素原子核が水素原子核中の1個の陽子よりも強く電子を求引するからである．そのため，水分子のO–H結合では電荷の分布が不均一になり，酸素は部分的に負電荷（δ^-）を帯び，水素は部分的に正電荷（δ^+）を帯びる．結合内部での電荷の不均等な分布は双極子として知られ，結合は極性であるという．

分子の極性は，共有結合の極性と幾何学的な構造の両方に依存する．極性をもつ水のO–H結合が折れ線形なので，図2.2(a)に示すように，分子全体として永久双極子になる．アンモニア分

! 極性分子は不均衡な電荷分布をもつ分子である．そのため，分子の一端がより負，他端がより正になる．

2.2 水の中の水素結合

水分子の極性により生じる重要な結果の一つは，水分子が互いに引き合うことである．1個の水分子中の弱く正に荷電した水素原子と，別の水分子の一つのsp³混成軌道にある弱く負に荷電した電子対とが引き合って水素結合ができる（図2.3）．二つの水分子間の**水素結合**（hydrogen bond）では，水素原子は，水素供与体である酸素原子に共有結合した状態で，同時に，水素受容体とよばれる別の酸素分子に引き付けられている．その結果，水素原子は二つの酸素原子の間で（不均等に）分けられている．水素原子から水素受容体となる酸素原子までの距離はH–O共有結合の長さの約2倍になる．

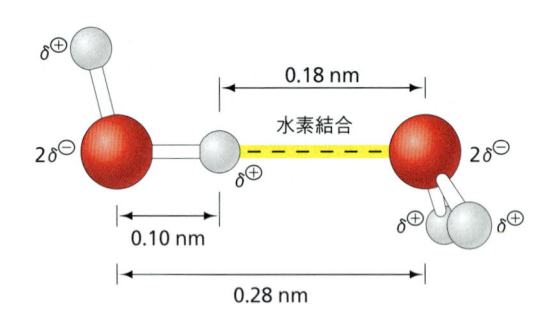

▲図2.3 2個の水分子間の水素結合 第一の水分子の部分的に正電荷（δ^+）を帯びた水素原子が，部分的に負電荷（$2\delta^-$）を帯びた第二の水分子の酸素原子を引き付け，水素結合をつくる．氷中の二つの水分子の原子間距離を示す．ここでは水素結合を破線で示し，黄色で強調した．本書では以後も同様に表示する．

水素結合をつくれる分子は水だけではない．このような相互作用は一つの電気陰性原子と，もう一つの電気陰性原子に結合した水素原子との間で起こりうる．（§2.5Bで別の水素結合の例を検討する．）水素結合は典型的な共有結合よりずっと弱い．水や溶液中での水素結合の強さを直接測るのは難しいが，約20 kJ・mol⁻¹と見積もられている．

$$\text{H–O–H} + \text{H–O–H} \rightleftharpoons \underset{\underset{H}{|}}{\text{O–H}}\cdots\underset{\underset{H}{|}}{\text{O}}\overset{H}{\underset{}{}} \quad (2.1)$$

$$\Delta H_f = -20 \text{ kJ·mol}^{-1}$$

標準状態下で水中で水分子が水素結合を形成するとき，約20 kJ・mol⁻¹の熱が失われる．〔標準状態とは1気圧，温度25℃，であることを思い出してほしい．〕この値は標準生成エンタル

▲図2.2 小さな分子の極性 （a）酸素原子は部分的に負電荷（$2\delta^-$と表示）を，水素原子は部分的に正電荷（δ^+と表示）を帯びるために，水分子の極性共有結合の形状は永久双極子をつくる．（b）アンモニア分子のピラミッド形も永久双極子をつくる．（c）二酸化炭素の一直線上にある極性は互いに相殺しあう．そのため，CO_2は極性でない．（矢印は負電荷に向く双極子を示し，正電荷末端に十字を付けた．）

ピー（ΔH_f）に等しい．このことは，水素結合が生成するときのエンタルピー変化は水 1 mol につき約 -20 kJ であることを意味する．2.1 式に示した反応の逆を考えて，水分子間の水素結合を切るのに $+20$ kJ·mol^{-1} の熱エネルギーを必要とするといっても同じことである．この値は水素結合の種類に依存する．これに対し，共有結合 O−H の切断に必要なエネルギーは約 460 kJ·mol^{-1} であり，共有結合 C−H の切断に必要なエネルギーは 410 kJ·mol^{-1} である．したがって，水素結合の強さは，典型的な共有結合の強さの 5% 未満である．水素結合は共有結合に比べて弱い相互作用である．

水素結合ではその配向性が重要である．図 2.3 に示したように，水素原子とそれに結合する二つの電気陰性原子（水の場合には 2 個の酸素原子）が直線になるように並んだとき，水素結合は最も安定になる．1 分子の水は最大 4 個の水分子と水素結合し，4 個の O−H−O をつくることができる．それゆえ水分子は独特である（図 2.4）．1 個の水分子は 2 個の水素原子を他の 2 分子の水に与え，他の 2 分子の水から 2 個の水素原子を受取る．各水素原子は 1 個の水素結合に関与するのみである．

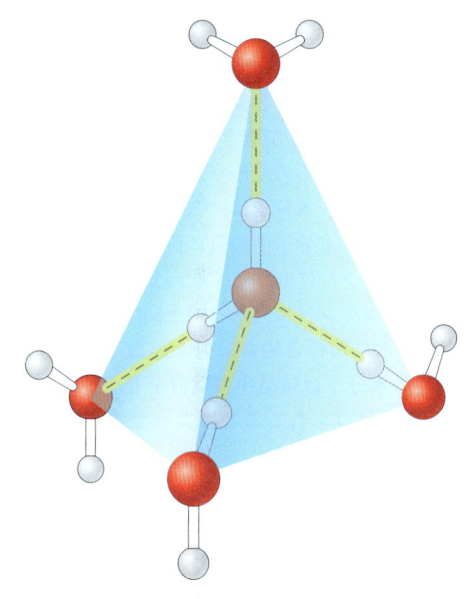

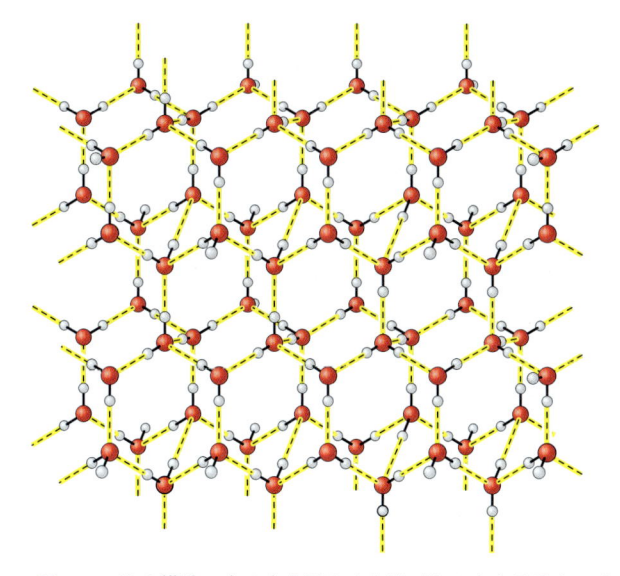

▲図 2.5 **氷の構造** 氷の水分子はすき間がある六方晶系をつくり，各水分子は 4 分子の他の水と水素結合をつくる．氷の結晶が強いのは水素結合が規則正しく配置しているからである．氷の水素結合は液体の水の場合より規則的である．液体の水の完全な構造はまだ決まっていない．

の水素結合をつくれるが，しかし，ある時点をとると大部分は 2 個ないし 3 個が結合するだけである．これは液体の水の構造が氷に比べて不規則になることを意味する．液体の水の流動性は，おもに，水素結合が切断・再結合を繰返して，その位置が常に変動することに起因する．ある瞬間では，多くの水分子は他の水分子と 2 個，3 個，あるいは 4 個の水素結合をつくる．1 個しかつくらなかったり，まったくつくらない水分子も多くある．これこそが水の動的な構造である．水中の水素結合の平均寿命はわずか 10 ピコ秒（10^{-11} s）にすぎない．

大部分の物質では，密度は凍ると増大する．分子の動きが遅くなり，密に詰まった結晶ができるからである．水の密度も温度が下がると増加する――3.98 ℃ で最大の 0.999973 g·cm^{-3} になる．

▲図 2.4 **水分子による水素結合の形成** 水分子は最大 4 個の水素結合をつくる．水分子の酸素原子は 2 個の水素原子の受容体になり，各 O−H 基は水素供与体になる．

液体の水の三次元的相互作用を研究するのは難しいが，氷の結晶構造解析から多くのことがわかってきた（図 2.5）．通常の氷では，各水分子は予想されるように 4 本の水素結合に関与する．各水素結合は隣接する水分子の酸素原子に向かう．そして隣接した四つの水素結合でつながった酸素原子は四面体の頂点を占める．この配置は，結合角がすべて等しくなる（109.5°）以外は，図 2.1 に示した水の構造と一致する．結合角が等しくなるのは，結合角をゆがませていた個々の水分子の極性が，水素結合の存在によって相殺されるからである．氷のおのおのの水素結合を切るのに必要な平均のエネルギーは 23 kJ·mol^{-1} と見積もられ，水中でできる水素結合より少し強い．

氷の中の水分子が 4 本の水素結合をつくれることと，その水素結合が強いことが氷の融点を異常に高くする．水素結合で結ばれた氷の格子を壊すには，大量のエネルギーが熱の形で要求されるからである．氷が溶けても，大部分の水素結合は液体の水の中でも保存される．水分子は液体状態では隣接する水分子と最大 4 本

▲**氷山** 氷は水より密度が小さいために浮く．しかし，氷の密度は水に比べてわずかしか小さくないので，氷山の大部分は水中にある．

(もともとは最大密度にする 1 mL の水の重さを 1 g と定義した.) さらに,温度が 3.98 ℃ より低くなると水は膨張する. この膨張は,各水分子が 4 分子の水と固い水素結合で結ばれて,すき間が広がった氷の結晶をつくるために起こる. その結果,動き回ることで密に詰まった状態になる液体の水に比べて氷はわずかに密度が小さくなる〔0.917 g·cm^{-3}(0 ℃, 1 気圧)〕. 氷の密度は液体の水より小さいので,氷は浮かび,水は表面から下に向けて凍る. このことは生物学的に重要な意味をもつ. 池の氷の層がそれより下にいる生物を極低温から保護するからである.

水素結合をつくる特性と関連した水の性質が他に二つある——比熱容量と蒸発熱である. 物質の比熱容量とは単位重量の物質を単位温度(1 K)上昇させるのに必要な熱量である. 水分子の運動エネルギーの増加には,各水分子のつくる複数の水素結合が切断される必要がある. そのため,水の温度を上げるためには比較的多量の熱が要求される. すべての大きな多細胞生物の細胞や組織が多量の水を含むことは,細胞内の温度の変動が最小になることを意味する. この性質は,ほとんどの生化学反応の速度が温度に敏感なので,生物学的にもきわめて重要である.

水の蒸発熱(約 2260 J·g^{-1})もまた他の多くの液体に比べてずっと高い. 水分子が互いに解離して気体になるには水素結合を切る必要があるから,水を液体から気体に変えるには多量の熱を必要とする. 水が蒸発するのに多量の熱を吸収するので,発汗は体温を下げる有効な方法になる.

> ! 水素結合は,部分的に正電荷(δ^+)をもつ水素原子が二つの電気陰性度の高い($2\delta^-$)原子の間にあるとき形成される. 水素結合は共有結合に比べてはるかに弱い.

2.3 水は素晴らしい溶媒である

水のさまざまな物理的な性質の共同作業により,水は素晴らしい溶媒になっている. 水分子が極性であることをこれまでみてきたが,この性質が重要な意味をもつことを以下に述べる. さらに,水は,水に溶けた分子の動きをあまり妨げない低い固有粘度をもつこと,そして,水分子自体はエタノールやベンゼンなどの他の溶媒に比べ分子が小さいこと,を述べる. 水分子は小さいため,多数の水分子が溶質粒子と会合する. そのことが溶質をさらに溶けやすくする.

A. イオン性物質や極性物質は水に溶ける

水は極性の化合物やイオン化する物質と相互作用してこれらを溶解する. イオン化に伴い,電子あるいは H$^+$ の獲得や喪失が起こり,その結果,原子や分子が実効電荷をもつ. 解離してイオンを生じる化合物を**電解質**(electrolyte)とよぶ. 水に溶けやすい物質を**親水性**(hydrophilic)とよぶ(疎水性,つまり水に溶けにくい物質については,§2.4 で取上げる).

なぜ電解質は水に溶けるのだろうか? 水分子は極性であることを思い出してほしい. 水分子は,電解質から生じるイオンの周りに並ぶ. その結果,水分子中の負に荷電した酸素原子は電解質の陽イオン(カチオン)に向かって配向し,正に荷電した水素原子は陰イオン(アニオン)に向かって配向する. 塩化ナトリウム結晶(NaCl)が水に溶ける場合に何が起こるかを考えてみよう(図 2.6). 極性の水分子は結晶中の電荷をもつイオンに引き付けられる. 水が引き付けられることによって結晶の表面の Na$^+$ と

BOX 2.1 高度好熱菌

ある種の生物は,0 ℃ にきわめて近い温度やそれより低い温度でも成育し繁殖する. たとえば,0 ℃ 以下の大洋温度(塩のために水の凝固点降下が起こる)で生存する冷血魚が存在する.

他の極端な例は,平均温度が 80 ℃ 以上の温泉に住む細菌である. ある種の細菌は,平均温度が 100 ℃ 以上もあるような深海の熱水噴出孔(ブラックスモーカーという)近くの環境に住む.(大洋の底の高い圧力が水の沸点上昇を起こす.)

高度好熱菌の記録保持者は,121 ℃ で成育・繁殖する古細菌の一種,Strain 121 である. これら高度好熱菌は"生命の網"で最も初期に枝分かれした系統である. 最初の生細胞が深海の噴出口近くで誕生した可能性がある.

▲深海の熱水噴出孔

(a) NaCl 結晶

● ナトリウム
● 塩 素

(b)

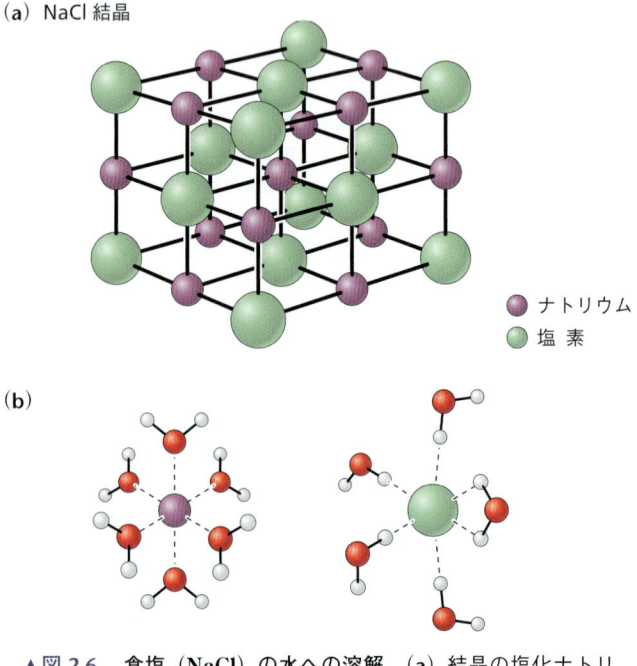

▲図 2.6 食塩(NaCl)の水への溶解 (a)結晶の塩化ナトリウムイオンは静電力で集合している.(b)水は陽イオンと陰イオンの相互作用を弱め,結晶は溶解する. 溶けた Na$^+$ と Cl$^-$ はそれぞれ溶媒圏で囲まれる. ここでは 1 層の溶媒分子のみを示した. イオンと水分子間の相互作用は破線で示した.

Cl⁻は互いに解離し，結晶は溶解し始める．溶解したNa⁺とCl⁻は多数の極性の水分子によって取囲まれるので，これらのイオンの反対電荷による相互作用は元の結晶の中よりずっと弱くなる．水分子との相互作用の結果，結晶からのイオンの溶解は溶液が飽和になるまで続く．飽和状態では，溶け出た電解質イオンの濃度が十分高くなり，固相の電解質に再度結合し，結晶化するようになる．このようにして解離と結晶化の間で平衡状態が成立する．

溶解したNa⁺は数分子の水の負電荷を帯びた部分を引きつけ，Cl⁻は数分子の水の正電荷を帯びた部分を引き付ける（図2.6 b）．各イオンを囲む水分子の殻を溶媒圏とよぶ．溶媒圏は通常数層の溶媒分子から成る．溶媒分子が分子やイオンを囲むことを**溶媒和**（solvation）という．水が溶媒の場合は**水和**（hydration）という．

水に溶ける親水性の物質は電解質だけではない．極性分子はすべて水分子で水和されやすい．さらに，多くの有機物の溶解度は，水分子と水素結合をつくることにより高くなる．イオン性の有機化合物，たとえばカルボン酸やプロトン化したアミンの水に対する溶解度は極性の官能基で決まる．水溶性を付与するこの他の官能基として，アミノ基，ヒドロキシ基，カルボニル基がある．このような官能基をもつ分子は，極性基が水分子と水素結合をつくることで水分子中に分散する．

有機分子中の極性基の数が増えると，水に対する溶解度が増加する．糖質のグルコースは5個のヒドロキシ基と1個の環内の酸素をもち（図2.7），水に非常によく溶ける（17.5℃では100 mLの水に83 gのグルコースが溶ける）．グルコースの各酸素原子は水と水素結合をつくる．後の章で学ぶことであるが，糖質が脂質やヌクレオシド中の塩基などの溶けにくい分子に結合すると，それらの物質の溶解度が増加する．

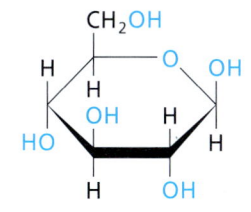

◀図2.7 **グルコースの構造** グルコースは5個のヒドロキシ基と環内の酸素を1個もち，これらの各酸素は水と水素結合をつくることができる．

B. 細胞内の濃度と拡散

David Goodsellの描いた絵（図1.20）から想像されるように，細胞の中は非常に混み合っている．細胞質中の溶質の挙動は単純な水溶液の中の挙動とは違うだろう．最も重要な違いの一つは細胞の中では拡散速度が遅くなることである．

細胞質の中で溶質がなぜゆっくり拡散するかについて三つの理由があげられている．

1. 糖質など多数の溶質が存在するため，細胞質の粘度は水の粘度より高い．しかしこれは重要な要因ではない．最近の測定によれば，細胞質の粘度は，密に詰まった細胞小器官でも水よりほんの少し大きいだけである．
2. 細胞内では荷電した分子は相互に一時的に結合しあい，分子の動きを妨げる．拡散速度に対して，この結合効果は小さいが重要な影響を与える．
3. 拡散を阻害するのは，他の分子との衝突である．この効果を**分子クラウディング**（molecular crowding, 分子混み合い）という．これが細胞質で拡散が遅くなるおもな理由である．

小さな分子については，細胞内の拡散速度は純水中の速度のほぼ4分の1程度である．タンパク質のような大きな分子については，細胞質中の拡散速度は水中の速度のほぼ5～10%である．この減速はおもに分子クラウディングによる．

個々の分子の水中の20℃における拡散速度は拡散係数（$D_{20,w}$）で表される．タンパク質ミオグロビンでは，$D_{20,w} = 11.3 \times 10^{-7}$ cm²·s⁻¹，である．この値から，細胞（約10 μm×10 μm）での拡散の平均時間を求めると，約0.88秒となる．

しかし，この拡散時間は純水中のものである．細胞の混み合った環境では約10倍（9 s）かかる．速度が遅くなるのは，ミオグロビンのようなタンパク質が他の大きな分子に絶えず衝突するからである．それでも9秒は短い時間である．ここから，比較的小さな代謝生成物やイオンを含め大部分の分子が細胞の中で絶えず会合するという模式図が描ける（図2.8）．しかし最近，細胞中の拡散が直接測定され，分子クラウディングの効果が以前考えられていたほどには大きくないことが明らかになった．

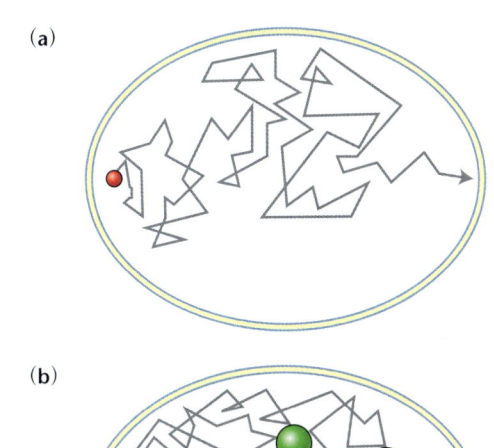

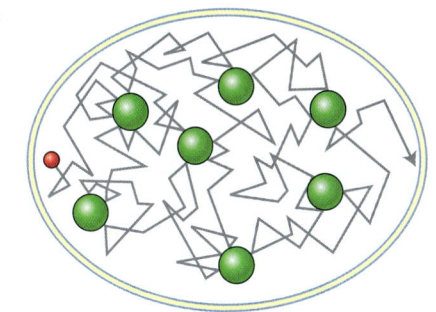

▲図2.8 **拡散** （a）もし細胞質が単純に水でできているとしたら，1個の小分子（赤）は細胞の一端から他端までランダムウォークで拡散するだろう．（b）大きな分子（緑）で混み合った細胞質では平均時間は約10倍は長くなるだろう．

C. 浸 透 圧

溶解した物質（溶質）の濃度が異なる二つの溶液が，溶媒を通す膜で仕切られていると，溶媒分子は濃度の低い溶液からより高い溶液へ向かって拡散する．この過程を**浸透**（osmosis）という．溶媒の流れを止めるのに必要な圧力を**浸透圧**（osmotic pressure）という．溶液の浸透圧は，溶質の全モル濃度に依存し，溶質の化学的な性質には依存しない．

水を通す膜が細胞質ゾルを外側の溶液から隔てている．細胞内の溶液の組成は細胞外の溶液の組成とはまったく異なり，ある物質の濃度は細胞内で高く，またあるものの濃度は低い．細胞内の溶質の濃度は，細胞外の水環境の溶質濃度より一般にはるかに高い．水分子は細胞膜を通過して移動し，細胞内の溶液を薄めようとする．水の流入は細胞の体積を増やす原因となる．しかし，その膨張は細胞膜によって妨げられる．赤血球を純水中に入れて希釈するような極端な場合，内部圧によって細胞は破れてしまう．植物や細菌のような生物種は膜の膨張を防ぐことのできる固い細

胞壁をもつ．これらの細胞は高い内部圧をもつように進化した．

大部分の細胞は，浸透圧が高くなりすぎて細胞が破裂するのを防ぐためにさまざまな戦略を用いる．一つの戦略は，個々の分子を縮合して高分子にすることである．たとえば，グルコースを貯蔵する動物細胞は，約50000のグルコース残基を含むグリコーゲンとよばれるポリマーとしてグルコースを一まとめにする．もし，グルコース分子が1分子のグリコーゲン分子に縮合されなければ，グルコース分子のそれぞれを溶かすのに必要な水が流入し，細胞は膨潤して破裂してしまうだろう．他の戦略は，水の正味の流入や流出を打ち消すことのできる等張液で細胞を取り囲むことである．たとえば血漿は，赤血球の中と同じ浸透圧になるように塩やその他の分子を含む（BOX 2.2 参照）．

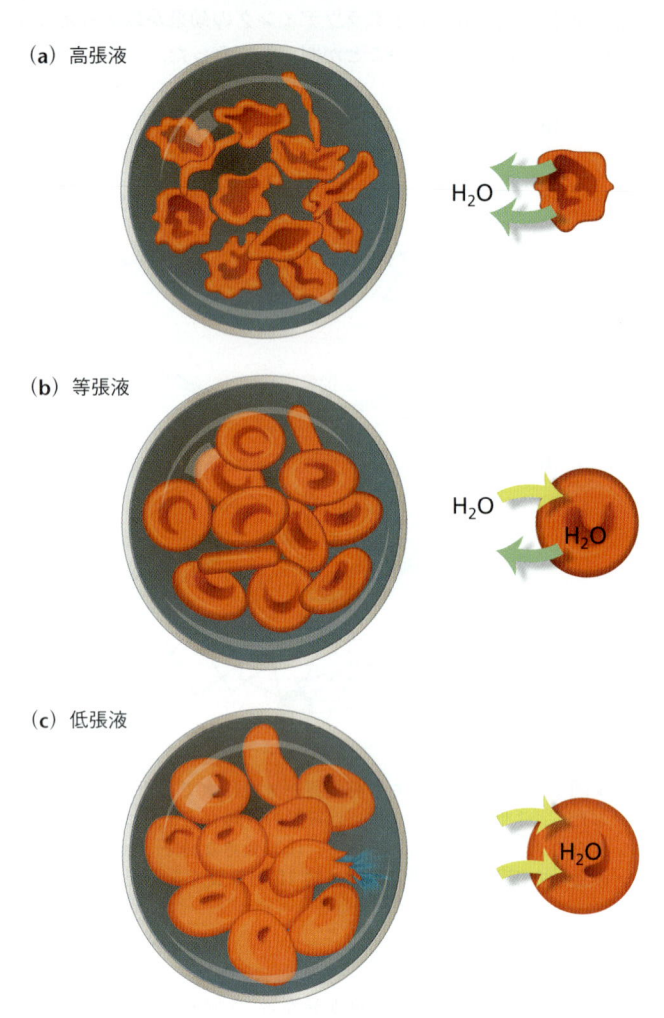

(a) 高張液

(b) 等張液

(c) 低張液

▲高張液（a），等張液（b），低張液（c）の中の赤血球

2.4 非極性の物質は水に溶けない

炭化水素やその他の非極性の物質は水に対する溶解度が非常に低い．それは水分子が非極性の物質と相互作用する以上に他の水分子と相互作用しやすいからである．その結果，水分子は非極性物質を排除し，非極性物質同士を会合させる．たとえば，激しく振って水中に分散させた小さな油滴は，合体して1個の油滴をつくろうとする．それにより二つの物質（水と油）の接触面積が最小になる．サラダにかける前にサラダドレッシングを放置しておくと油が分離するのはこの理由である．

非極性分子は**疎水性**（hydrophobic）であるといわれる．そして水が非極性物質を排除する現象を**疎水性効果**（hydrophobic effect）とよぶ．疎水性効果はタンパク質の折りたたみや生体膜の分子集合にとって決定的である．

分子の極性基の数は水への溶解度に影響する．溶解度は，また，分子中の極性基と非極性基の比に依存する．たとえば，1炭素，2炭素あるいは3炭素のアルコールはそれぞれ水と混和できる．しかし，1個のヒドロキシ基しかもたない大きな炭化水素はきわめて水に溶けにくくなる（表2.1）．大きな分子では，分子の非極性炭化水素部分の性質が極性アルコール基の性質に勝り，溶解度を制限する．

表 2.1　短鎖アルコールの水に対する溶解度

アルコール	構　造	水に対する溶解度 (モル/100 g H_2O, 20℃)†
メタノール	CH_3OH	∞
エタノール	CH_3CH_2OH	∞
プロパノール	$CH_3(CH_2)_2OH$	∞
ブタノール	$CH_3(CH_2)_3OH$	0.11
ペンタノール	$CH_3(CH_2)_4OH$	0.030
ヘキサノール	$CH_3(CH_2)_5OH$	0.0058
ヘプタノール	$CH_3(CH_2)_6OH$	0.0008

† 無限大（∞）は水に対するアルコールの溶解度に限度がないことを示す．

洗剤（界面活性剤ともいう）は親水性と疎水性の両方を併せもつ分子である．通常，それらは炭素原子12個以上の長さの疎水性の鎖と，イオン性または極性の末端をもつ．このような分子を**両親媒性**（amphipathic）という．長鎖脂肪酸のアルカリ金属塩であるセッケンは洗剤の一つのタイプである．たとえば，セッケンであるパルミチン酸ナトリウム［$CH_3(CH_2)_{14}COO^-Na^+$］は親水性のカルボキシ基と疎水性の尾部をもつ．生化学で最も頻繁に使われる合成洗剤の一つはドデシル硫酸ナトリウム（sodium dodecyl sulfate；SDS）で，炭素12個の尾部と極性の硫酸基をもつ（図2.9）．

▲図2.9　合成洗剤のドデシル硫酸ナトリウム（SDS）

洗剤の炭化水素部分は非極性の有機物質に溶け，極性基は水に溶ける．洗剤を水の表面に広げると，洗剤分子の疎水性・非極性尾部が空中に突き出した単分子層がミセルの形に会合する．ミセルでは，親水性・イオン性頭部は水和して水中に広がる（図2.10）．十分に高い濃度の洗剤は，表面に単分子層をつくらず水中に分散する．一般的なミセルの形の一つでは，洗剤分子の非極性尾部はミセルの中心で相互に会合し，水分子との接触を最小にする．尾部は柔軟性に富むので，ミセルの中心は液体炭化水素である．イオン性頭部は水溶液中に突き出して，水和する．小さく密なミセルはおよそ80〜100個の洗剤分子を含むこともある．

セッケンや洗剤の洗浄作用は，水に不溶な油脂や油をミセル内部の疎水性部分に取込めるからである．SDSや同様の合成洗剤は，洗濯洗剤によくある有効成分である．非極性化合物をミセルに取込んで水中に懸濁することを**可溶化**という．非極性分子の可溶化は極性化合物の溶解とは異なる過程である．本書で後に登場

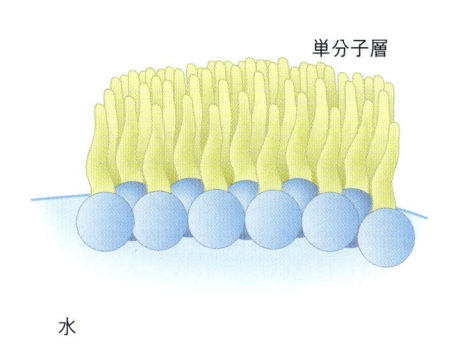

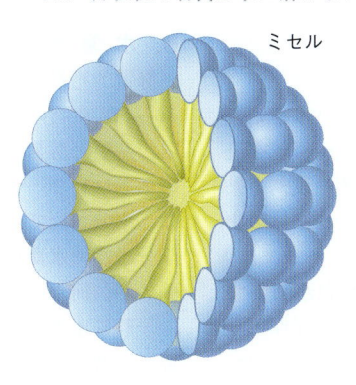

◀ 図 2.10　**洗剤が水の中でつくる構造の断面図**　洗剤は空気-水の界面で単分子層をつくる．洗剤は分子が集合したミセル構造もつくる．ミセルでは洗剤分子の炭化水素の尾部（黄）は内部で会合して水を避け，極性の頭部（青）は水和している．

するタンパク質や生体膜などの多くの構造物は，疎水性の中心部と親水性の表面をもつ点でミセルに似ている．

水に溶けた SCN^-（チオシアン酸イオン）や ClO_4^-（過塩素酸イオン）は**カオトロープ**（chaotrope）という．これらのイオンは NH_4^+，SO_4^{2-}，$H_2PO_4^-$ のようなイオンに比べて溶媒和の程度が低い．カオトロープは水分子の秩序を乱して（どのようにして乱すかについての一致した見解はない）非極性化合物の水への溶解度を増す．タンパク質や核酸の変性あるいは三次元構造を論じるとき，グアニジニウムイオンとか非イオン性化合物の尿素など他のカオトロピック試薬の例が登場する．

BOX 2.2　血漿と海水

血漿のイオン組成が海水と似ていると信じられていた時代があった．原始的生物が大洋に生息していて，陸生の動物は大洋の塩の組成を保持した系を進化させたに違いないと思われたからである．

20世紀初頭に塩の組成が詳しく調べられた結果，大洋の塩濃度は血漿よりはるかに高いことが判明した．生化学者の中には，血漿の組成は今日の海水に似ているのではなく，多細胞動物が出現した数億年前の古代の海水の組成に似ていると仮定することでこの違いを説明しようとした人もいた．

今日，大洋の塩辛さは30億年以上前に形成された時代からそれほど大きく変わっていないことがわかっている．血漿と海水の塩辛さには直接の関係はない．主要なイオン（Na^+，K^+，Cl^-）の濃度が大きく違っているだけでなく，さまざまな他のイオンもかなり違う．

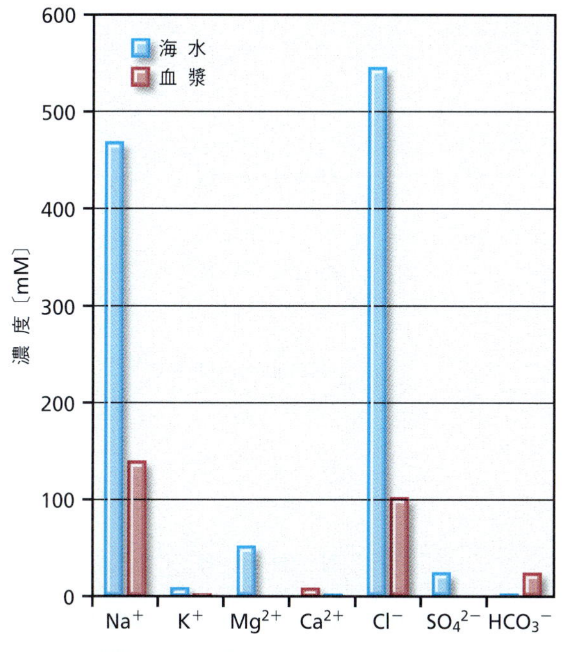

リンゲル液（輸液）は，炭素源として乳酸イオンを含んでいるが，血漿のイオン組成にできるだけ似せてつくられている．リンゲル液は，患者が出血あるいは脱水状態のとき，血漿の代わりとして一時的に使用される．

	血　漿〔mM〕	リンゲル液〔mM〕
Na^+	140	130
K^+	4	4
Cl^-	103	109
Ca^{2+}	2	2
乳酸イオン	5	28

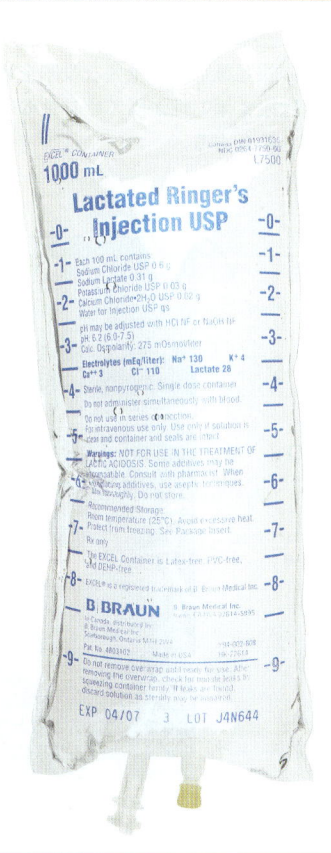

▲海水（青）とヒト血漿（赤）中の種々のイオン濃度を比較した．海水はずっと塩辛く，マグネシウムイオン，硫酸イオンの割合が高い．血漿は炭酸水素イオンに富んでいる（§2.10参照）．

2.5 非共有結合性相互作用

本章ではこれまで，二つの非共有結合性相互作用 —— 水素結合と疎水性相互作用を解説してきた．生体高分子の構造や機能を決定するうえで，このような弱い相互作用が非常に重要な役割を果たす．弱い力は高分子が他の生体高分子を識別する際や，反応物が酵素と結合する場合にも関係する．

実際には，4種類の主要な非共有結合，すなわち力が関与する．水素結合と疎水性相互作用のほかに，電荷-電荷相互作用とファンデルワールス力がある．電荷-電荷相互作用，水素結合，およびファンデルワールス力は，より一般的には**静電的相互作用**（electrostatic interaction）とよばれる力の一種である．

A. 電荷-電荷相互作用

電荷-電荷相互作用（charge-charge interaction）は二つの電荷を帯びた粒子間の静電的相互作用である．この相互作用は，非共有結合性相互作用の中で，潜在的に最も強く，他の非共有結合性相互作用に比べ遠距離にまで及ぶ．Na^+とCl^-の間のイオン間相互作用によるNaCl結晶の安定化は電荷-電荷相互作用の一例である．溶液中での電荷-電荷相互作用の強さは溶媒の種類に依存する．水はこのような相互作用を著しく弱めるため，水溶媒の環境にある生体高分子の安定性に電荷-電荷相互作用はそれほど重要ではないが，影響はある．タンパク質における電荷-電荷相互作用の例は，反対電荷を帯びた官能基同士が引き合う場合である．この相互作用（塩結合）はときに**塩橋**（salt bridge）ともよばれ，通常，タンパク質の疎水性内部に埋め込まれていて水分子では壊せない．このような相互作用により**イオン対**（ion pair）が生じる．

電荷-電荷相互作用は，同じ電荷をもつイオン基同士の反発にも関与する．電荷の反発は，個々の生体高分子の構造や，生体高分子と他の荷電分子との相互作用にも影響を与える．

大きな分子の安定化への寄与は比較的小さいものの，電荷-電荷相互作用は分子間の相互識別では重要な役割を果たす．たとえば，ほとんどの酵素は陰イオン性か陽イオン性の部位をもち，反対電荷をもつ反応物を結合する．

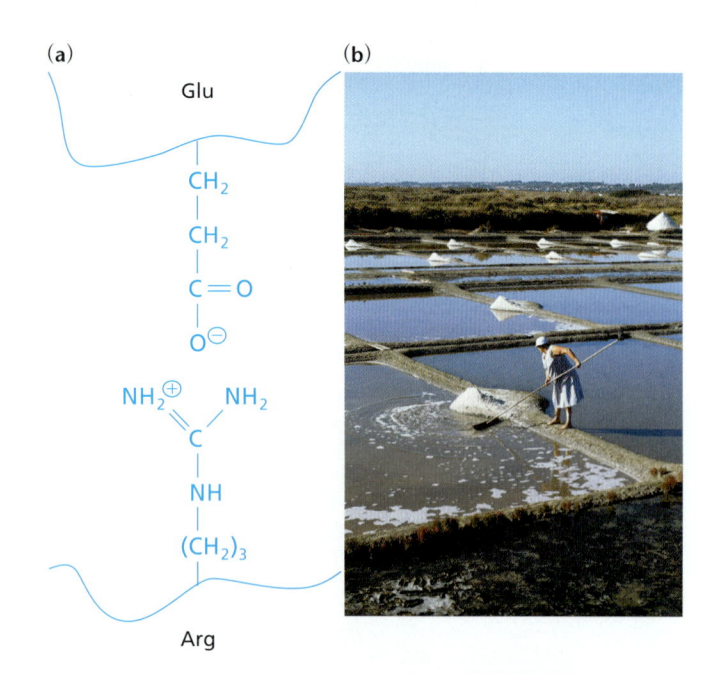

B. 水素結合

静電的相互作用の一種でもある水素結合は多くの生体高分子にみられ，生物系の非共有結合性相互作用では最も強い部類に属する．基質と酵素間，あるいはDNAの塩基間でみられる水素結合の強さは約 $25〜30\,kJ\cdot mol^{-1}$ と見積もられる．これらの水素結合は，水分子間で形成されるもの（§2.2）よりいくぶん強い．生化学分子中の水素結合は，構造の安定性をもたらす程度には十分に強いが，簡単に切断される程度には弱い．

一般に水素結合は，窒素，酸素，硫黄などの電気陰性度の高い原子に共有結合した水素原子が，非共有電子対をもつ他の高い電気陰性原子と約 0.2 nm の距離にあるときにのみ形成される．水分子間の水素結合の際に記したように，共有結合した原子〔図2.11(a)でDと記載〕は水素供与体で，そのプロトンを引き付ける原子〔図2.11(a)でAと記載〕は水素受容体である．水素結合に関与する二つの電気陰性原子間の全体の距離は一般に 0.27〜0.30 nm である．図2.11(b)に一般的な水素結合の例をいくつか示した．

水素結合は共有結合の特徴をいくつも備えているが，ずっと弱い．水素結合は電子を部分的に共有すると考えてよい．（真の共有結合では1対の電子が二つの原子で共有されている．）水素結合に関係する三つの原子は普通一直線に並び，水素原子の中心は二つの電気陰性原子を結ぶ直線上にくる．このような直線上の並びから少し外れる場合もあるが，そのような水素結合は標準的な水素結合より弱くなる．

図2.11に示したすべての官能基は，また，水分子と水素結合をつくることができる．実際，これらの基が水にさらされると，水分子の濃度が非常に高いので，水分子とはるかに相互作用しやすい．生体高分子間，あるいは高分子内で水素結合ができるため

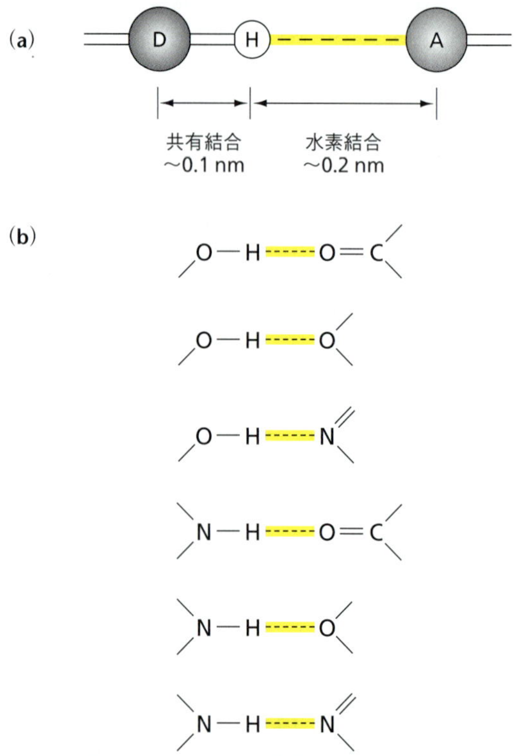

▲塩橋 (a) 塩橋の一種. (b) 別の種類の塩橋.

▲図2.11 水素結合 (a) −D−H基（水素供与体）と電気陰性原子A−（水素受容体）の間の水素結合．典型的な水素結合は長さ約 0.2 nm で，窒素，酸素，硫黄と水素との間の共有結合よりほぼ2倍長い．したがって，一つの水素結合に関与する二つの電気陰性原子間の合計距離は約 0.3 nm になる．(b) 生物学的に重要な水素結合の実例．

には，供与基と受容基が水から隔離されていなければならない．通常，官能基は水が進入できない高分子の疎水性内部に埋もれているので，隔離されている．たとえば，DNAでは相補的塩基対間の水素結合は二本鎖の中心にある（図 2.12）．

▲図 2.12　DNA 中の相補的な塩基，グアニンとシトシン間の水素結合

> 二本鎖 DNA の塩基対間の水素結合は，DNA の安定性にはわずかしか寄与しない．§19.2 C で述べる．

! 生体分子間および分子内の水素結合は水分子との競合で容易に破壊される．

C. ファンデルワールス力

第三の弱い力は，2個の分子の永久双極子あるいは一過性の双極子間の相互作用にかかわる．このような力は短い距離でしか働かず，弱い．それぞれ約 $1.3\ \mathrm{kJ \cdot mol^{-1}}$ と $0.8\ \mathrm{kJ \cdot mol^{-1}}$ である．

このような静電的相互作用は，オランダの物理学者 Johannes Diderik van der Waals の名にちなんで**ファンデルワールス力**（van der Waals force）とよばれる．これは原子が互いに非常に接近したときにのみ生じる力である．ファンデルワールス力は引力と斥力の両方に関与する．ロンドンの分散力としても知られる引力は，正に荷電した核の周りを負に荷電した電子が動く無秩序運動によって原子に誘起される微小な双極子に由来する．したがって，ファンデルワールス力は原子や分子の核と，他の原子や分子の電子との間の双極子的あるいは静電的な引力である．メタンのような非極性分子に一過的に誘起される双極子間相互作用の力は，核間距離が 0.3 nm のとき約 $0.4\ \mathrm{kJ \cdot mol^{-1}}$ である．ファンデルワールス力と水素結合はともに似たような距離で働くにもかかわらず，前者は後者に比べてずっと弱い．

ファンデルワールス力には反発する成分もある．二つの原子が押しつけられると，それぞれの軌道の電子は互いに反発する．この反発は原子が押しつけられるに従って指数関数的に増加し，非常に接近すると，ある距離以上近づけなくなる．

ファンデルワールス力の引力と斥力成分を合わせると，図 2.13 に示すようなエネルギー図になる．二つの原子間の核間距離が大きいと相互作用はなく，原子間には引力も斥力も働かない．原子が互いに近づくと（図で左に向かって進む）引力が増す．この引力は，原子周囲の電子雲が非局在化するためである．一つの原子の周りの電子が動いて，近づいてくる他の反対側に集まろうとする図を思い浮かべればよい．この移動によって局所的な双極子ができ，原子の片側が弱い正電荷を帯び，もう一方の側が弱い負電荷を帯びる．弱く正に荷電した側は他の負に荷電した原子を引き付ける．原子がさらに近づくと，この双極子効果は減り，負に荷

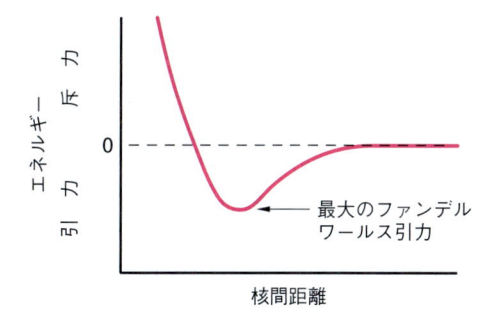

▲図 2.13　**ファンデルワールス力に及ぼす核間距離の効果**　ファンデルワールス力は核間距離が短いと強い斥力となり，核間距離が長くなると非常に弱くなる．二つの原子がファンデルワールス半径の和だけ離れているとき，ファンデルワールス引力は最大になる．

電した電子雲の全体的な効果がより重要になってくる．もっと近い所では原子は互いに反発する．

最適な充塡距離は引力が最大になる距離である．この距離は図 2.13 でエネルギーの谷に相当し，二つの原子のファンデルワールス半径の和に等しい．二つの原子がおのおののファンデルワールス半径の和の距離にあるとき，両者はファンデルワールス接触にあるという．いくつかの原子の典型的なファンデルワールス半径を表 2.2 に示した．

表 2.2　原子のファンデルワールス半径

原　子	半径〔nm〕
水　素	0.12
酸　素	0.14
窒　素	0.15
炭　素	0.17
硫　黄	0.18
リ　ン	0.19

電子の移動が別の原子の接近によって影響を受ける場合がある．これが誘起双極子である．電子の非局在化は，水の場合にみたように，分子に恒久的な性質を与える場合もある（§2.1）．このような永久双極子もファンデルワールス力を生み出す．

個々のファンデルワールス力は弱いが，タンパク質，核酸，生体膜の内部では原子が密集しているので，これらの弱い相互作用が多数形成される．これらの弱い力の集合は，いったん形成されると分子の構造維持に重要な役割を果たす．たとえば，核酸の複素環塩基は DNA の二重らせんの中でつぎつぎに積み重なる（スタッキング）．このような配置は多種類の非共有結合性相互作用，特にファンデルワールス力によって安定化される．このような力を総称してスタッキング（積み重なり）相互作用という（19 章）．

D. 疎水性相互作用

比較的非極性な性質をもつ分子や基が，他の非極性分子と相互作用することを**疎水性相互作用**（hydrophobic interaction）という．疎水性相互作用は疎水"結合"とよばれることもあるが，このいい方は正しくない．非極性分子や基が凝集するのは互いに引き合うからではなく，非極性化合物の周りを取り囲む極性の水分子が非極性分子とではなく，むしろ水分子同士が互いに会合しようとするからである（§2.4）．たとえば，ミセル（図 2.10）は疎水性相互作用で安定化される．

水の水素結合パターンは非極性分子があると乱される．溶液中で極性の弱い分子を囲んだ水分子は，他の水分子との相互作用がより制限される．このような水分子はあまり動けなくなり，秩序立ってくる．これは表面にある水分子が，表面張力というよく知られた現象で規則的になるのと同じである．しかし，溶媒相の大部分の水分子はもっとずっと可動的，すなわち非規則的である．熱力学的にいえば，非極性基が凝集してそれを囲んでいた水が規則的な状態から解放されると，溶媒と非極性溶質のエントロピーの和は増大する．

疎水性相互作用は，水素結合と同じように共有結合よりずっと弱いが，ファンデルワールス力よりはずっと強い．たとえば，$-CH_2-$基を疎水性環境から水溶液環境に移すのに必要なエネルギーは約 $3\ kJ \cdot mol^{-1}$ である．

個々の疎水性相互作用は弱いにもかかわらず，多くの疎水性相互作用が集積すると高分子の安定性に重要な意味をもつ．たとえば，ほとんどのタンパク質の三次元構造は，ポリペプチド鎖が自然に折りたたまれる間につくられる疎水性相互作用によってかなり決まる．水分子はタンパク質の外側の表面には結合するが，ほとんどの非極性基が存在するタンパク質の内部には入れない．

ここで取上げた四つの相互作用すべては共有結合に比べると単独では弱い．しかし，このような弱い相互作用が多く集合すると効果はかなり大きくなる．生体分子で最も重要な非共有結合性相互作用を図 2.14 に示す．

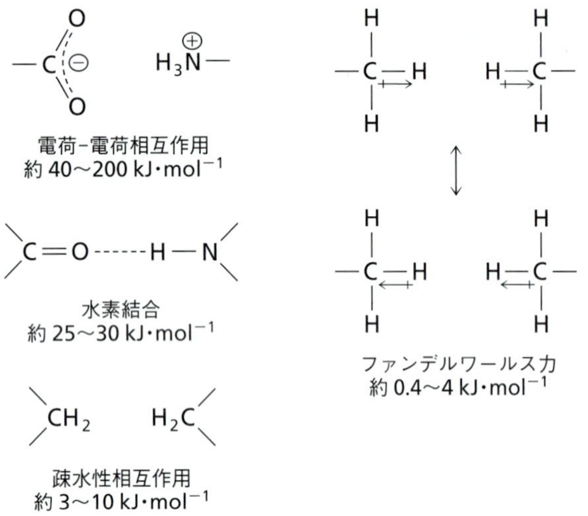

▲図 2.14　**生体分子の典型的な非共有結合性相互作用**　電荷–電荷相互作用，水素結合，ファンデルワールス力は静電的な相互作用である．疎水性相互作用は非極性基同士の直接の引力というより，むしろそれを囲む水分子のエントロピーの増大に依存する．比較のために示せば，C–H や C–C などの共有結合の解離エネルギーは約 $340 \sim 450\ kJ \cdot mol^{-1}$ である．

! 弱い相互作用は個々には微弱であるが，多数になったときの集合効果は重要な組織化された力になる．

2.6　水は求核的である

水分子は生体分子と反応できるので，生化学では水の物理的な性質に加えて化学的な性質も重要である．電子に富む酸素原子が，化学反応における水の反応性の多くを決めている．電子に富む化学薬品は **求核剤**（求核試薬；nucleophile，核を好むものの意）とよばれるが，それは，**求電子剤**（求電子試薬；electrophile，電子を好むものの意）とよばれる正に荷電（電子が欠乏）した化学薬品を求めるからである．求核剤は，負に荷電しているか，非共有電子対をもっているかのいずれかである．求核剤は置換反応や付加反応で求電子剤を攻撃する．生物学で最もおなじみの求核性の原子は，酸素，窒素，硫黄，炭素である．

水の酸素原子は 2 個の非共有電子対をもつので求核性である．水は比較的弱い求核剤ではあるが，細胞内での濃度が非常に高いので，結果としてきわめて反応性が高くなると考えられる．多くの高分子が水による求核攻撃を受けて容易に分解されると思われる．事実この予想は正しい．たとえば，タンパク質は加水分解され，単量体のアミノ酸を遊離する（図 2.15）．タンパク質加水分解の最終的な平衡は著しく分解の方に偏っている．言い換えると，すべてのタンパク質は加水分解で最終的には壊れる運命にある．

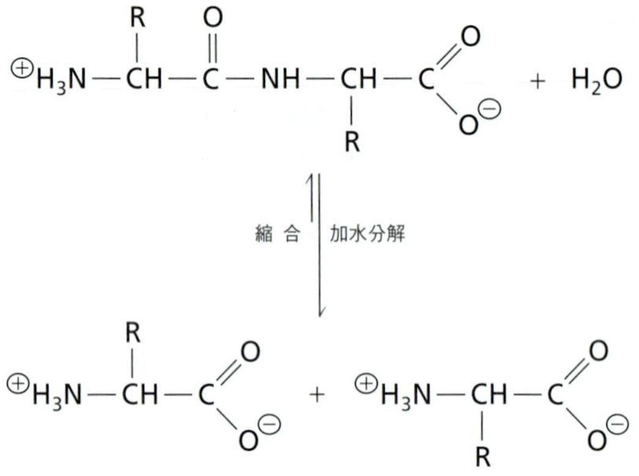

▲図 2.15　**ペプチドの加水分解**　水のある所では，タンパク質やペプチドのペプチド結合は加水分解される．加水分解の逆反応である縮合は熱力学的に起こりにくい．

細胞内にそれほど多量の水がありながら，なぜ生体高分子は速やかに分解されないのだろうか．同様に，もし平衡が分解に偏っているなら，水溶媒の環境でどのようにして生合成されるのだろうか．細胞はいくつかの方法でこれらの問題を回避している．たとえば，細胞内の pH や温度の溶液中でタンパク質のアミド結合（ペプチド結合）や DNA のエステル結合のような生体高分子の単量体間の結合は，水の存在にもかかわらず比較的安定である．この場合，結合の安定性とは，水中における加水分解速度のことで熱力学的な安定性のことではない．

水の化学的性質は，水の濃度が高いこととあいまって，加水分解のギブズ自由エネルギー（ΔG）が負であることを意味する．このことは，すべての加水分解反応は熱力学的には起こりやすいことを意味する．しかしながら，細胞内で起こる反応速度は非常に遅いので，細胞の平均寿命のうちに高分子が自然の加水分解で壊れることはほとんどない．ギブズ自由エネルギー変化で示される反応が起こりやすい方向と，速度定数で示される反応の速さとを区別することが肝要である（§1.4 D）．ここで重要なことは，活性化エネルギーのために，反応物と生成物の最終的な平衡濃度と反応速度との間には直接的関係がないということである．

縮合反応（加水分解の逆）は熱力学的には不利であるにもかかわらず，細胞は高分子を水溶媒の環境下で合成することができる．細胞は ATP の化学ポテンシャルエネルギーを使って熱力学的に不利な障壁を乗り越え，合成を行う．さらに，このような反応を触媒する酵素は，合成反応が起こる活性部位から水を排除する．合成反応は，通常，加水分解の逆反応とは異なり 2 段階の化学反応

BOX 2.3　水の濃度

水の密度は温度によって変わる．3.98℃で0.999973 g·cm^{-3}となる．0℃では0.999840，25℃では0.997047である．

通常の形をした大部分の水の分子量は18.01056である．3.98℃の純水の濃度は55.5 M（1000÷18.01）である．

水は，多くの生化学反応に反応物あるいは生成物として関与する．また，高濃度の水は反応の平衡に影響を与える．

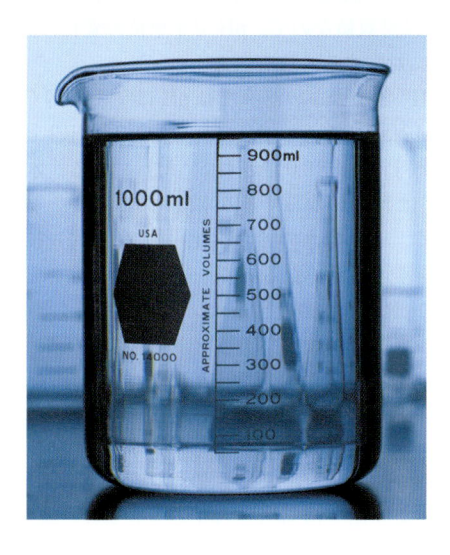

で進む．たとえば，図2.15に示した単純な縮合経路は生きた細胞中では使われていない．なぜなら，水の濃度が高いので，直接の縮合反応は非常に起こりにくいからである．熱力学的に困難な合成反応の最初の段階では，転移される分子はATPと反応して反応性に富む中間体を形成する．次の段階で，活性化された基は攻撃してくる求核剤に容易に転移される．22章で学ぶことであるが，タンパク質合成の場合の反応性に富む反応中間体は，ATPの関与する反応で生成するアミノアシルtRNAである．生合成反応の正味の結果は，縮合をATPの加水分解と共役させることである．

> 共役反応におけるATPの役割については§10.7で述べる．

> ! 反応速度と熱力学的有利さとの間には違いがある．生体分子の自発的な加水分解反応の速度が遅いため，分子は安定である．

2.7　水のイオン化

水の重要な性質の一つは，弱いながらもイオン化の傾向がみられることである．純粋な水は，低濃度のヒドロキソニウムイオン（H_3O^+）と同濃度の水酸化物イオン（OH^-）を含む．ヒドロキソニウムイオンと水酸化物イオンは，隣接する水分子の一つのプロトンに酸素が求核的に攻撃して形成される．

(2.2)
$$H_2O + H_2O \rightleftharpoons H_3O^\oplus + OH^\ominus$$

2.2式の赤矢印は電子対の動きを示す．これらの矢印は反応機構を示すために描くが，本書でもこのような図式をよく使う．酸素の非共有電子対の一つは，ヒドロキソニウムイオンの酸素原子と，水分子から引き抜かれたプロトン（H^+）との間に新しいO－H共有結合ができるのに寄与する．この反応で一つのO－H共有結合は壊れるが，その結合の電子対は水酸化物イオンの酸素原子に付いたままになる．

ヒドロキソニウムイオンに含まれる原子は，11個の正に荷電した陽子（酸素原子中の8個と，水素由来の3個の陽子）と，10個の負に荷電した電子（酸素原子の内殻軌道の1個の電子対，酸素原子に付いた1個の非共有電子対，各共有結合に付随する3対の電子対）を含む．この結果，正味で正の電荷をもつようになるので，これを陽イオン（カチオン）とよぶ．正電荷は，通常，酸素原子に付随するように描くが，実際には水素原子の上にも部分的に存在する．同じように，水酸化物イオン（アニオン）は正味で負の電荷をもつ．それは水酸化物イオンが10個の電子をもつのに対し，酸素と水素の原子核は全部で9個の正に荷電した陽子（プロトン）しかもたないからである．

イオン化の反応は典型的な可逆反応である．プロトン化と脱プロトンは非常に速く起こる．水酸化物イオンの水中での寿命は短く，ヒドロキソニウムイオンも同様である．水分子自体ですら瞬間的な存在でしかない．平均的な水分子は約1ミリ秒（10^{-3} s）しか存在しないと考えられ，プロトンを失って水酸化物イオンになるか，プロトンを獲得してヒドロキソニウムイオンになる．それでも水分子の寿命は水素結合の寿命より8桁（10^8）も大きいことに注意せよ．

ヒドロキソニウムイオン（H_3O^+）は他のイオンにプロトンを供給できる．Brønsted–Lowryの酸塩基説によれば，このようにプロトンを供給するものを**酸**（acid）とよぶ．反応式を単純化するためにヒドロキソニウムイオンをしばしば単にH^+（遊離プロトンまたは水素イオン）と書く．これは生化学反応ではH^+が主要なプロトン供給源であることを反映している．それゆえ，水のイオン化は1分子の水から単純にプロトンが解離するように書ける．

$$H_2O \rightleftharpoons H^\oplus + OH^\ominus \quad (2.3)$$

2.3式は水のイオン化を示す便利な方法だが，プロトン供与体の真の構造（実際にはヒドロキソニウムイオンである）を示していない．2.2式に示すように水のイオン化は実際には二つの別個の水分子が関与する2分子反応であるが，2.3式はこの事実をわかりにくくしている．幸いなことに，水の解離は適切な近似で，水の性質に関する計算や理解に影響を及ぼすものではない．本書ではこれからこの仮定を使っていく．

水酸化物イオンはプロトンを受容でき，水分子に戻ることができる．プロトン受容体を**塩基**（base）という．2.2式が示すように，水は酸としても，また塩基としても働くことができる．

水のイオン化は定量的に分析できる．ある反応の反応物と生成物の濃度は，ついには濃度の正味の変化が起こらない平衡に到達することを思い出してほしい．これら平衡濃度の比を平衡定数（K_{eq}）と定義する．水のイオン化の場合，

$$K_{eq} = \frac{[H^\oplus][OH^\ominus]}{H_2O} \qquad K_{eq}[H_2O] = [H^\oplus][OH^\ominus] \quad (2.4)$$

水のイオン化の平衡定数は標準状態（1気圧，温度25℃）で定量されている．その数値は1.8×10^{-16} Mである．純水の溶液中

のプロトンと水酸化物イオンは多くの生化学反応に関与することから，これらのイオンの濃度が必要である．これらの数値は平衡時の水の濃度（[H_2O]）がわかれば，2.4式から計算できる．25℃の純水の濃度はおおよそ55.5 Mになる（BOX 2.3参照）．イオン化反応が平衡に達したとき，水分子が解離してH^+とOH^-になる割合はきわめて低く，これが平衡時の水分子の最終濃度に与える影響はごくわずかである．2.4式で水の濃度を55.5 Mと仮定して計算を簡単にできる．この値と平衡定数を代入すると，

$$(1.8 \times 10^{-16} M)(55.5 M) = 1.0 \times 10^{-14} M^2 = [H^{\oplus}][OH^{\ominus}] \quad (2.5)$$

> 水の密度は温度によって変化する（BOX 2.3）．イオン積も同様である．通常の生きた細胞の温度条件ではそれほど変化がないので，すべての温度で10^{-14}の値を適用してよい．（章末の問題17を参照せよ．）

プロトンと水酸化物イオンの濃度の積（[H^+][OH^-]）を**水のイオン積**（ion product for water）とよぶ．この定数をK_w（水のイオン積定数）と書く．25℃ではK_wの値は，

$$K_w = [H^{\oplus}][OH^{\ominus}] = 1.0 \times 10^{-14} M^2 \quad (2.6)$$

この数値が不便な端数をもたず，うまい具合に切りのよい数字なのは幸運な偶然の一致で，イオン濃度の計算が非常に簡単になる．純水は電気的には中性なので，イオン化すると同数のプロトンと水酸化物イオンができる（[H^+] = [OH^-]）．純水の場合，2.6式を書き換えると，

$$K_w = [H^{\oplus}]^2 = 1.0 \times 10^{-14} M^2 \quad (2.7)$$

2.7式の平方根をとれば，

$$[H^{\oplus}] = 1.0 \times 10^{-7} M \quad (2.8)$$

[H^+] = [OH^-]なので，純水のイオン化で10^{-7} M H^+と10^{-7} M OH^-ができる．同濃度のH^+とOH^-をもつ純水や水溶液を中性という．もちろん，すべての水溶液が同濃度のH^+とOH^-をもつわけではない．酸を水に溶かすと[H^+]が増加し，その溶液は酸性とよばれる．酸を水に溶かしたとき，プロトン濃度が増加し，一方，水酸化物イオン濃度が減少することに注意しよう．なぜなら，水のイオン積（K_w）は変わらず（すなわち一定），H^+とOH^-の濃度の積は標準状態では常に$1.0 \times 10^{-14} M^2$にならなければならないからである（2.5式）．水に塩基を溶かすと[H^+]が減り，[OH^-]が増えて1×10^{-7} Mを超え，塩基性（アルカリ性）溶液になる．

2.8 pH 表示

血液中の酸素の運搬，酵素による触媒反応，呼吸や光合成による代謝エネルギーの生成など多くの生化学の過程はH^+の濃度により大きな影響を受ける．細胞内のH^+（またはH_3O^+）の濃度は水の濃度に比べると小さい．しかし，水溶液中の[H^+]の範囲は非常に大きいので，H^+の濃度の尺度としてはpHとよぶ対数値を使うのが便利である．pHは[H^+]の対数にマイナスを付けたものと定義する．

$$pH = -\log[H^{\oplus}] = \log \frac{1}{[H^{\oplus}]} \quad (2.9)$$

純水では [H^+] = [OH^-] = 1.0×10^{-7} M（2.7式と2.8式）である．先にも述べたように，純水は正に荷電した水素イオンと負に荷電した水酸化物イオンの濃度が等しいことから，全体のイオン電荷については"中性である"といわれる．中性溶液のpH値は7.0である（$\log 10^{-7}$の負の値は7.0）．酸性溶液には，H^+を供給する溶質があるのでH^+が過剰に存在する．たとえば，0.01 M HCl溶液のH^+濃度は，HClが完全にH^+とCl^-に解離するので，0.01 M（10^{-2} M）になる．この溶液のpHは $-\log 10^{-2} = 2.0$ である．したがって，H^+の濃度が高ければ高いほど，溶液のpHは低くなる．pH表示は対数値なので，pHで1単位の変化はH^+濃度では10倍の変化に対応する．

純水よりH^+数が少ない溶液ではpHは7より高くなる．たとえば，0.01 M NaOH溶液のOH^-は，NaOHがHClと同様に水中で100%解離するので0.01 M（10^{-2} M）になる．水のイオン化で生じるH^+はNaOHからできる水酸化物イオンと結合して水分子を再生する．これは水のイオン化平衡（2.3式）に影響を与える．プロトン濃度が低くなるので，生じる溶液は非常に塩基性になる．実際のpHは，水酸化物イオン濃度を水のイオン積K_w（2.6式）に代入して求められる．OH^-とH^+の濃度の積は10^{-14} Mなので，10^{-2} M OH^-溶液のH^+濃度は10^{-12} Mになり，溶液のpHは12である．表2.3はpHとH^+およびOH^-の濃度の関係を示したものである．

塩基性溶液のpHは7.0より大きく，酸性溶液のpHは7.0よりも小さくなる．図2.16はさまざまなありふれた溶液のpHを図示したものである．正確なpHを測定するには，通常，[H^+]に対して鋭敏かつ選択的な透過性をもつガラス電極を備えた測定機器であるpHメーターを使う．pHの測定は，時には病気の診断にも役立つ．ヒトの血液の正常なpHは7.4である —— しばしば生理的なpHとよばれる．糖尿病などある種の病気の患者の血液のpHは低いことがあり，この状況をアシドーシスという．血液のpHが7.4より高い状態をアルカローシスといい，長時間続く嘔吐（胃酸の消失）や過呼吸（炭酸が二酸化炭素として必要以上に消失する）の際に起こる．

> ❗ pHはプロトン（H^+）濃度の対数にマイナスを付けたものである．

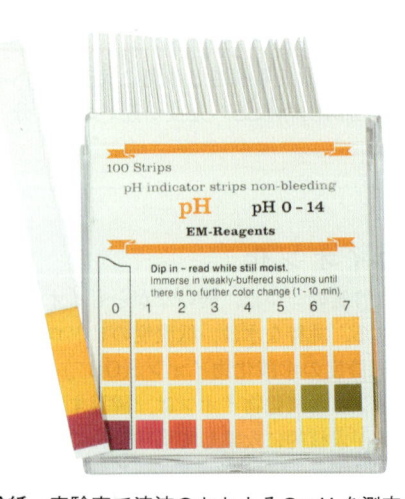

▲**pH試験紙** 実験室で溶液のおおよそのpHを測定するのに液滴をpH試験紙に垂らす．種々の指示薬を浸ませた紙型をプラスチック試験紙に圧着させている．指示薬はH^+濃度の違いで色が変化し，変色の組合わせでほぼ正確なpHがわかる．ここに示した試験紙では0から14のすべてのpHが読み取れるが，もっと狭い範囲をカバーする試験紙もある．

表 2.3 [H⁺] と [OH⁻] の pH との関係

pH	[H⁺]〔M〕	[OH⁻]〔M〕
0	1	10^{-14}
1	10^{-1}	10^{-13}
2	10^{-2}	10^{-12}
3	10^{-3}	10^{-11}
4	10^{-4}	10^{-10}
5	10^{-5}	10^{-9}
6	10^{-6}	10^{-8}
7	10^{-7}	10^{-7}
8	10^{-8}	10^{-6}
9	10^{-9}	10^{-5}
10	10^{-10}	10^{-4}
11	10^{-11}	10^{-3}
12	10^{-12}	10^{-2}
13	10^{-13}	10^{-1}
14	10^{-14}	1

BOX 2.4　pH の小文字の "p"

術語 pH はデンマークのカールスベルク研究所の所長だった Søren Peter Lauritz Sørensen が 1909 年に初めて用いた．Sørensen は小文字の "p" が何を意味するかにはふれなかった（"H" は明らかに水素である）．ずっと後になってから化学の教科書を書いた何人かの科学者が "p" を "累乗（power）" や "ポテンシャル（potential）" と結び付けはじめた．これは Sørensen のいくつかの初期の論文に基づくことがわかっているが，根拠はそれほど強くない．Jens G. Nøby による歴史的記述に関する最近の研究によれば，Sørensen は未知の変数を示すのに，今日私たちが x や y を使うように，p や q を使用したことから，小文字の "p" は任意に選ばれたことに基づくという．

歴史的な起源は何であったとしても，pH の記号は水素イオン濃度の対数にマイナスを付けたものを意味することを覚えておくことは重要である．

▲ Søren Peter Lauritz Sørensen （1868〜1939）

2.9　弱酸の酸解離定数

塩酸や水酸化ナトリウムのように，水の中で完全に解離する酸や塩基を強酸および強塩基という．これら以外の多くの酸や塩基，たとえば，タンパク質をつくるアミノ酸あるいは DNA および RNA をつくるプリンやピリミジンなどは，水の中で完全には解離しない．このような物質を弱酸あるいは弱塩基という．

酸と塩基の関係を理解するために水中での HCl の解離を考えてみよう．酸はプロトンを供与する分子で，塩基はプロトンの受容体であるという定義（§2.7）を思い出してほしい．プロトンの供与体ごとにプロトンの受容体がなければならないから酸と塩基は常に対になる．解離反応式の両側に酸と塩基が存在するはずである．それゆえ，HCl の完全解離の平衡式は，

$$HCl + H_2O \rightleftharpoons Cl^{\ominus} + H_3O^{\oplus} \quad (2.10)$$
$$\text{酸}\quad\text{塩基}\quad\text{塩基}\quad\text{酸}$$

HCl はプロトンを与えるので酸である．この場合，プロトンの受容体は水で，この平衡反応では塩基に相当する．平衡のもう一方の側には塩化物イオン（Cl^-）とヒドロキソニウムイオン（H_3O^+）がある．塩化物イオンは塩基で，プロトンを離した HCl に対応する．Cl^- は HCl の**共役塩基**（conjugate base）とよばれるが，このことは Cl^- が塩基（すなわちプロトンを受容できる）であり，酸塩基対（すなわち，HCl/Cl^-）を構成する部分であるということを意味する．同様に，平衡反応の右側では，H_3O^+ は酸（プロトン供与体）でプロトンを供与する．H_3O^+ は H_2O の**共役酸**（conjugate acid）である．どの塩基にも対応する共役酸があり，どの酸にも対応する共役塩基がある．したがって，HCl は Cl^- の共役酸で，H_2O は H_3O^+ の共役塩基である．H_2O/OH^- 酸塩基対を考えれば，H_2O は OH^- の共役酸になることに注意してほしい．

本書ではほとんどの場合，2.10 式のような反応では水の寄与を無視し，ヒドロキソニウムイオンの代わりに簡単にプロトンを用いて簡略化する．

$$HCl \rightleftharpoons H^{\oplus} + Cl^{\ominus} \quad (2.11)$$

これは生化学では標準的な約束だが，平衡反応の両側にはプロト

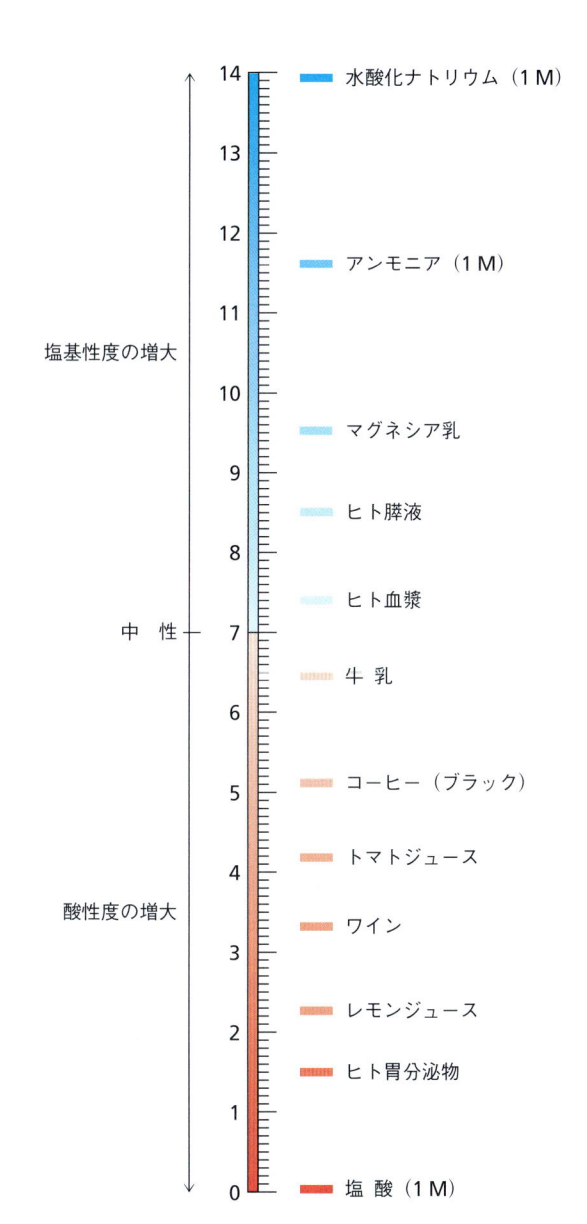

▲ 図 2.16　25℃におけるさまざまな液体の pH 値　低い値は酸性溶液に，高い値は塩基性溶液に相当する．

(図中ラベル：塩基性度の増大／中性／酸性度の増大；水酸化ナトリウム（1 M），アンモニア（1 M），マグネシア乳，ヒト膵液，ヒト血漿，牛乳，コーヒー（ブラック），トマトジュース，ワイン，レモンジュース，ヒト胃分泌物，塩酸（1 M））

ン供与体とプロトン受容体がなければならないという規約に表面的には違反する．注意してほしいのは，このような反応の中にプロトン受容体としての水分子の寄与と真のプロトン供与体としてのヒドロキソニウムイオンの寄与が含まれているということである．ほとんどすべての場合，水の寄与は無視できる．これは1分子の水の寄与を無視して簡略化した水の解離反応（§2.7）に適用した原則と同じである．

HClがなぜ強酸かといえば，HClは水の中で完全に解離し，2.11式で平衡が著しく右に偏るからである．換言すれば，水に溶かすとHClはプロトンを与える傾向が強いということである．このことはまた，その共役塩基Cl^-がプロトンをほとんど受取らない非常に弱い塩基であることを意味する．

酢酸は食酢に含まれる弱酸である．酢酸のイオン化の平衡式は，

$$CH_3COOH \underset{}{\overset{K_a}{\rightleftharpoons}} H^{\oplus} + CH_3COO^{\ominus} \quad (2.12)$$
酢酸（弱酸）　　　　　酢酸イオン（共役塩基）

ここでは，反応を簡略化するために水分子の寄与を除いている．酢酸イオンは酢酸の共役塩基であることがわかる．（酢酸を酢酸イオンの共役酸ということもできる．）

水中で酸からプロトンが解離する平衡定数を**酸解離定数**（K_a; acid dissociation constant）という．反応が平衡に到達したとき，それは非常に速い反応であるが，酸解離定数は生成物の濃度を反応物の濃度で除したものに等しくなる．2.12式の酸解離定数は，

$$K_a = \frac{[H^{\oplus}][CH_3COO^{\ominus}]}{[CH_3COOH]} \quad (2.13)$$

酢酸の25℃のK_aは1.76×10^{-5} Mである．K_aの値が小さく計算には不便なので対数値を用いる．pHと同じようにパラメーターpK_aを定義する．

$$pK_a = -\log K_a = \log \frac{1}{K_a} \quad (2.14)$$

pH値は溶液の酸性度の目盛りであるが，pK_a値は問題としている物質の酸としての強さの目盛りである．酢酸のpK_aは4.8である．

塩基の場合，2.13式を使うためにはプロトン化した型を考える必要がある．このような共役酸は非常に弱い酸である．計算を簡単にし，比較しやすくするため，弱塩基の共役酸からのプロトンの解離の平衡定数（K_a）を測定する．たとえば，アンモニウムイオン（NH_4^+）は解離して塩基のアンモニア（NH_3）とH^+になる．

$$NH_4^{\oplus} \rightleftharpoons NH_3 + H^{\oplus} \quad (2.15)$$

この平衡の酸解離定数（K_a）は水溶液中の塩基（アンモニア，NH_3）の強さの尺度になる．いくつかの一般的な物質のK_a値を表2.4にまとめた．

2.13式から，酢酸のK_aは，H^+の濃度ならびに酢酸イオンと非解離型酢酸の濃度比に関係することがわかる．共役酸をHA，共役塩基をA^-と書き，反応の対数を取れば酸塩基対に対する一般式が得られる．

$$HA \rightleftharpoons H^{\oplus} + A^{\ominus} \quad \log K_a = \log \frac{[H^{\oplus}][A^{\ominus}]}{[HA]} \quad (2.16)$$

$\log(xy) = \log x + \log y$なので，2.16式はつぎのように書き換えられる．

$$\log K_a = \log[H^{\oplus}] + \log \frac{[A^{\ominus}]}{[HA]} \quad (2.17)$$

表2.4　25℃の水溶液における弱酸の解離定数とpK_a値

酸	K_a [M]	pK_a
HCOOH（ギ酸）	1.77×10^{-4}	3.8
CH_3COOH（酢酸）	1.76×10^{-5}	4.8
$CH_3CHOHCOOH$（乳酸）	1.37×10^{-4}	3.9
H_3PO_4（リン酸）	7.52×10^{-3}	2.2
$H_2PO_4^-$（リン酸二水素イオン）	6.23×10^{-8}	7.2
HPO_4^{2-}（リン酸一水素イオン）	2.20×10^{-13}	12.7
H_2CO_3（炭酸）	4.30×10^{-7}	6.4
HCO_3^-（炭酸水素イオン）	5.61×10^{-11}	10.2
NH_4^+（アンモニウムイオン）	5.62×10^{-10}	9.2
$CH_3NH_3^+$（メチルアンモニウムイオン）	2.70×10^{-11}	10.7

2.17式を書き換えると，

$$-\log[H^{\oplus}] = -\log K_a + \log \frac{[A^{\ominus}]}{[HA]} \quad (2.18)$$

2.18式中の対数にマイナスが付いた項はpHおよびpK_aとすでに定義されているので（おのおの2.9式，2.14式），

$$pH = pK_a + \log \frac{[A^{\ominus}]}{[HA]} \quad (2.19)$$

あるいは，

$$pH = pK_a + \log \frac{[プロトン受容体]}{[プロトン供与体]} \quad (2.20)$$

2.20式は**ヘンダーソン・ハッセルバルヒの式**（Henderson-Hasselbalch equation）の一つの変形である．この式は溶液のpHを酸塩基対の弱酸のpK_a，および解離型の分子種（共役塩基）とプロトン化した分子種（弱酸）の濃度比の対数を使って表したものである．プロトン供与体（弱酸）の濃度に比べてプロトン受容体（共役塩基）の濃度が高くなればH^+の濃度は低くなり，pHは高くなる．（pHはH^+濃度の対数にマイナスを付けたものであり，高いH^+濃度は低いpHを意味することを思い出してほしい．）単純な解離反応では，A^-の濃度はH^+の濃度に等しいからこのことは直感的にわかる．HAがさらに解離すると，A^-の濃度が高くなり，H^+の濃度も高くなる．弱酸とその共役塩基の濃度がちょうど等しければ，溶液のpHは酸のpK_aに等しくなる（濃度比は1.0に等しく，1.0の対数は0だからである）．

実例計算2.1の酢酸の例で示したように，ヘンダーソン・ハッセルバルヒの式は，弱酸の解離が平衡に達した最終のpHを求めるのに使える．この計算はHClのような強酸の場合よりずっと複雑である．§2.8で記したように，HCl溶液のpHは存在するHClの量から容易に求められる．H^+の最終濃度は溶液をつくった際のHCl初濃度に等しいからである．一方，弱酸は水の中で部分的にしか解離しないので，pHはその酸の解離定数に依存することになる．水にさらに弱酸を加えていくとpHは下がる（H^+が多くなる）が，H^+の増加はHAの初濃度と直線関係にはない．それは2.16式の分数の分子が$[H^+]$と$[A^-]$の積だからである．

ヘンダーソン・ハッセルバルヒの式は弱酸だけでなく，その他の酸塩基の組合わせにも応用できる．たとえば，弱塩基の場合，2.20式の分子と分母はそれぞれ［弱塩基］と［共役酸］になる．覚えておくべき重要な点は，プロトン受容体の濃度をプロトン供与体の濃度で割った項が式に関係していることである．

弱酸のpK_a値は滴定で求められる．酢酸の滴定曲線を図2.17に示す．ここの例では，酢酸の溶液に濃度既知の強塩基を少量ず

2.9 弱酸の酸解離定数

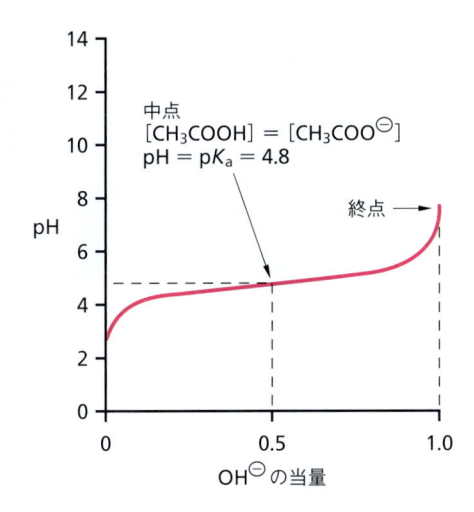

▲図 2.17 **水溶液中の塩基（OH⁻）による酢酸（CH₃COOH）の滴定** 滴定の中点に変曲点（傾きが最小な点）があり，酢酸溶液に 0.5 当量の塩基を加えたときである．この点では [CH₃COOH]＝[CH₃COO⁻] で pH＝pK_a である．酢酸の pK_a は 4.8 である．終点では酢酸分子はすべて滴定されて共役塩基の酢酸イオンになっている．

実例計算 2.1　弱酸溶液の pH の計算

問　0.1 M 酢酸溶液の pH を求めよ．
答　酢酸の酸解離定数は $1.76×10^{-5}$ M である．酢酸は水中で酢酸イオンと H⁺ を生じる．必要なのは，反応が平衡に達したときの [H⁺] である．

最終の H⁺ 濃度を未知量 x で表す．平衡時には酢酸イオンの濃度もまた x で，酢酸の最終濃度は $[0.1\,\mathrm{M}-x]$ になる．したがって，

$$1.76 \times 10^{-5} = \frac{[\mathrm{H}^{\oplus}][\mathrm{CH_3COO^-}]}{[\mathrm{CH_3COOH}]} = \frac{x^2}{(0.1-x)}$$

書き換えると，

$$1.76 \times 10^{-6} - 1.76 \times 10^{-5}x = x^2$$
$$x^2 + 1.76 \times 10^{-5}x - 1.76 \times 10^{-6} = 0$$

この式は典型的な ax^2+bx+c の形をした二次方程式で，ここで，$a=1$, $b=1.76×10^{-5}$, $c=-1.76×10^{-6}$ である．解の公式を使って x を解くと，

$$x = \frac{-b \pm \sqrt{(b^2-4ac)}}{2a}$$
$$= \frac{-1.76 \times 10^{-5} \pm \sqrt{((1.76 \times 10^{-5})^2 - 4(-1.76 \times 10^{-6}))}}{2}$$

$x = 0.00132$ または -0.00135（負の解は捨てる）

水素イオン濃度は 0.00132 M になり，pH は，

$$\mathrm{pH} = -\log[\mathrm{H}^{\oplus}] = -\log(0.00132) = -(-2.88) = 2.9$$

水の解離に基づく水素イオン濃度（10^{-7}）は，酢酸からの水素イオン濃度に比べると数桁低いことに注意してほしい．弱酸の初濃度が 0.001 M より大きい場合，ほとんどの計算で水の解離を無視するのが一般的なやり方である．

解離して H⁺ と CH₃COO⁻ になる酢酸の濃度は，初濃度が 0.1 M であれば 0.0013 M である．これはわずか 1.3 % の酢酸分子が解離し，酢酸の最終濃度（[CH₃COOH]）は初濃度の 98.7 % であることを意味する．一般に，弱酸の希薄な溶液の解離の度合いは 10 % 未満なので，弱酸の最終濃度は初濃度と同じと見なすのは妥当である．このように近似しても pH の計算値にほんのわずかな影響しか及ぼさないし，二次方程式を使わずにすむ利点がある．

平衡時の CH₃COOH の濃度は 0.1 M で，H⁺ 濃度は x であると仮定すれば，

$$K_a = 1.76 \times 10^{-5} = \frac{x^2}{0.1} \quad x = 1.33 \times 10^{-3}$$
$$\mathrm{pH} = -\log(1.33 \times 10^{-3}) = 2.88 = 2.9$$

つ加えて滴定している．溶液の pH を測り，それを滴定の際に加えた強塩基の当量に対してプロットする．酢酸の解離基は一つ（カルボキシ基）なので，酢酸を共役塩基である酢酸陰イオンにまで完全に滴定するのに必要な強塩基は 1 当量である．酸が 1/2 当量の塩基で滴定されたとき，非解離型の酢酸の濃度は，酢酸陰イオンの濃度にちょうど等しくなる．このときの pH である 4.8 が実験的に求めた酢酸の pK_a になる．

理想的な滴定曲線を描くことは，pH と弱酸のイオン化状態との関係をよく知るための練習になる．ヘンダーソン・ハッセルバルヒの式を使えば，NaOH などの強塩基をイミダゾリウムイオン（pK_a＝7.0）などの弱酸に少しずつ添加したときの pH が計算できる．塩基を加えると，イミダゾリウムイオンは共役塩基のイミダゾールになる（図 2.18）．共役塩基と酸の濃度比が 0.01, 0.1, 1, 10, 100 のときの pH を計算すれば，滴定曲線の形を簡単に知ることができる．それ以外の濃度比のときの pH 値を計算すれば，曲線が中点近くは比較的平らで，端の方で急勾配になるのがわかるだろう．

◀図 2.18　イミダゾリウムイオンの滴定

表 2.4 にあげた 5 個の一塩基酸（イオン化する基が一つしかない酸）についてもそれぞれ同様な滴定曲線を描くことができる．いずれの場合も図 2.17 と似たような形になるが，滴定の中点（1/2 当量が滴定される点）は，強い酸（ギ酸や乳酸など）ではより低い pH 側に，弱い酸（アンモニウムイオンやメチルアンモニウムイオンなど）ではより高い pH 側にくる．

弱酸の滴定曲線からヘンダーソン・ハッセルバルヒの式の第二の重要な用途がわかる．この場合の最終の pH は弱酸（HA）と強塩基（OH⁻）を混ぜた結果である．塩基は H⁺ と結合して水分子（H₂O）になる．これは H⁺ の濃度を減少させ pH を上げる．弱酸の滴定が進むと，弱酸は解離して OH⁻ と H₂O との平衡を戻そうとする．この正味の結果として，pH が水中での弱酸の解離（すなわち，H₂O 中の HA 溶液）だけに依存する単純な場合に比べ，A⁻ の最終濃度がずっと高くなり，HA の濃度はずっと低くなる．

リン酸（H₃PO₄）は多塩基酸である．リン酸は三つの異なる水素原子をもち，解離して H⁺ と負電荷を 1, 2, 3 個もつ共役塩基を生じる．水溶液では最初のプロトンの解離は簡単に起こり，大きな酸解離定数 $7.53×10^{-3}$ M と pK_a 2.2 をもつ．第二と第三のプロトンの解離はすでに負電荷をもつ分子からの解離なので，次第

40　　　2. 水

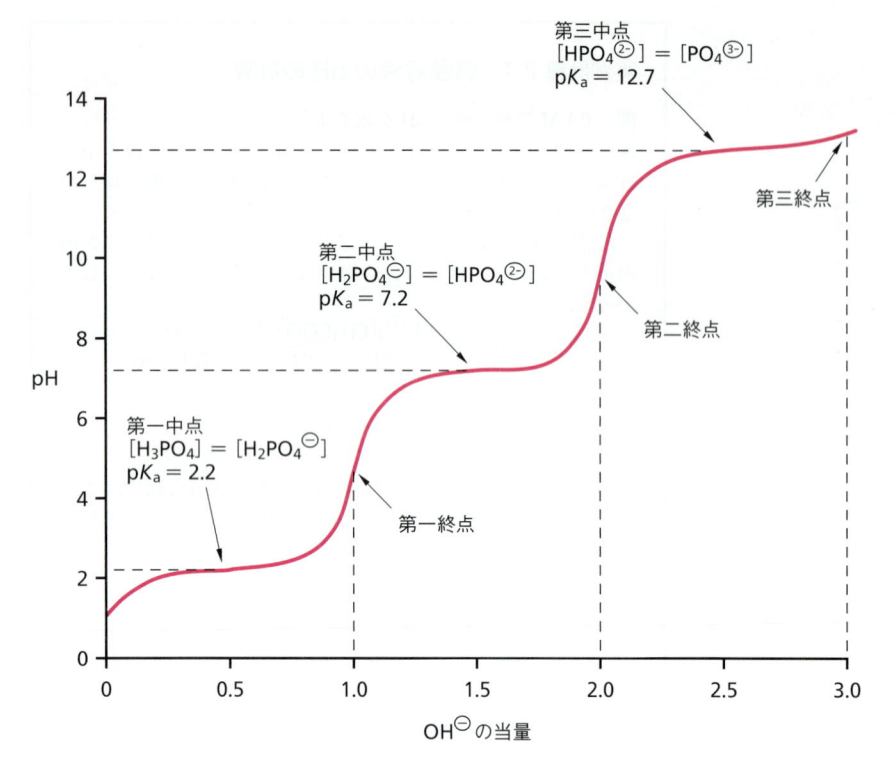

```
                        第三中点
                        [HPO₄²⁻]＝[PO₄³⁻]
                        pKa = 12.7
                                                     第三終点
        第二中点
        [H₂PO₄⁻]＝[HPO₄²⁻]
        pKa = 7.2
                                      第二終点
  第一中点
  [H₃PO₄]＝[H₂PO₄⁻]
  pKa = 2.2
                      第一終点
```

▲図 2.19　リン酸（H_3PO_4）の滴定曲線　三つの変曲点（0.5, 1.5 および 2.5 当量の強塩基を加えた点）はリン酸の三つの pK_a 値（2.2, 7.2, 12.7）に相当する．

▲コーラ飲料には酸味料としてリン酸が含まれている．リン酸濃度は約 1 mM である．この濃度は，他に酸味料の成分がなければ，pH を約 3 にする．

に起こりにくくなる．

　リン酸を完全に滴定するには 3 当量の強塩基が必要で，滴定曲線から三つの pK_a 値がはっきりわかる（図 2.19）．3 個の pK_a 値は三つの平衡定数を示し，したがって，無機リン酸の可能な四つのイオン種（共役酸と共役塩基）があることを示している．生理的な pH（7.4）での無機リン酸のおもな分子種は $H_2PO_4^-$ と HPO_4^{2-} である．pH 7.2 ではこの二つの分子種の濃度は等しくなる．pH 7.4 では，H_3PO_4 と PO_4^{3-} の濃度は非常に低いので無視できる．一般に，pH が pK_a より 2 単位以上離れていればその微量成分は無視できる．

$$\text{HO}-\overset{\overset{O}{\|}}{\underset{\underset{OH}{|}}{P}}-\text{OH} \underset{2.2}{\overset{pK_1}{\rightleftarrows}} \text{HO}-\overset{\overset{O}{\|}}{\underset{\underset{OH}{|}}{P}}-\text{O}^{\ominus} \underset{7.2}{\overset{pK_2}{\rightleftarrows}} {}^{\ominus}\text{O}-\overset{\overset{O}{\|}}{\underset{\underset{OH}{|}}{P}}-\text{O}^{\ominus} \underset{12.7}{\overset{pK_3}{\rightleftarrows}} {}^{\ominus}\text{O}-\overset{\overset{O}{\|}}{\underset{\underset{O^{\ominus}}{|}}{P}}-\text{O}^{\ominus}$$
$$+ \quad\quad +\quad\quad +$$
$$H^{\oplus}\quad H^{\oplus}\quad H^{\oplus}$$

(2.21)

　3 章に記載したアミノ酸を含め，生物学的に重要な酸や塩基の多くは 2 個以上の解離基をもつものが多い．このような物質の pK_a 値の数は解離基の数と等しく，pK_a 値は滴定で実験的に求められる．

> ❗弱酸ならびに弱塩基は水中で部分的にしか解離しない化合物である．
> ❗大部分の酸/塩基解離反応の中に水の寄与が含まれている．
> ❗平衡にある弱酸あるいは弱塩基の溶液の pH は，イオン化反応の pK_a とプロトン受容体と供与体の最終濃度を組合わせて計算できる．

2.10　緩衝液は pH の変化を妨げる

　少量の強酸や強塩基を加えても溶液の pH がほとんど変化しないとき，その溶液は緩衝作用を受けている（**緩衝液**；buffer）．pH の変化を妨げる溶液の能力を緩衝能という．酢酸（図 2.17）やリン酸（図 2.19）の滴定曲線を見ると，最も強い緩衝作用は，曲線上で傾斜が最も小さい領域として示されているが，それは，弱酸とその共役塩基の濃度が等しくなるところ，言い換えれば，pH が pK_a に等しいときに起こる．弱酸とその共役塩基の混合物が最も効果的な緩衝作用を示すのは，通常，pK_a より 1 pH 単位下から 1 pH 単位上までの範囲である．

　精製分子や細胞抽出物，あるいは細胞そのものを使うほとんどの試験管内の生化学実験は pH を安定に保つために適当な緩衝液中で行う．さまざまな pK_a 値をもつ多くの合成化合物が緩衝液を調製するのに使われる．また天然化合物も緩衝液として使われる．たとえば，酢酸と酢酸ナトリウム（pK_a=4.8）の混合物は 4〜6 の pH 範囲で（図 2.20），KH_2PO_4 と K_2HPO_4（pK_a=7.2）の混合物は 6〜8 の範囲で使用される．アミノ酸グリシン（pK_a=9.8）は 9〜11 の範囲でよく使われる．

```
          CH₂OH
           |
   HOH₂C—C—NH₂
           |
          CH₂OH
```

◀**トリス緩衝液**　トリスすなわちトリス（ヒドロキシメチル）アミノメタンは，生化学実験室でよく使われる緩衝液である．pK_a が 8.06 であることから生理学的範囲の緩衝液の調製に好適である．

　緩衝液の調製では，酸の溶液（たとえば，酢酸）はプロトンを供給し，いくつかのプロトンは共役塩基（たとえば，酢酸イオン）と結合して受容される．共役塩基は塩の溶液（たとえば，酢酸ナトリウム）として加える．塩は溶液中で完全に解離し，遊離の共役塩基を与えてプロトンを与えない．実例計算 2.2 に緩衝液

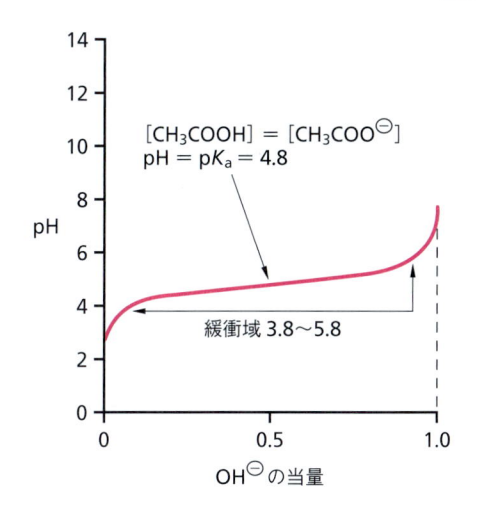

▲図 2.20 酢酸の緩衝域　$CH_3COOH + CH_3COO^-$ では pK_a は 4.8 であり，最適の緩衝域は pH 3.8〜5.8 である．

を調製する一つの方法を示した．

哺乳類の血漿の pH は驚くほど一定に保たれているが，これは緩衝能のすばらしさを示す一例である．少量の強酸を血漿に加えたときと，少量の強酸を生理的食塩水（0.15 M NaCl）や水に加えたときの実験結果を考えてみよう．10 M HCl（塩酸）1 mL を pH 7.0 の生理的食塩水または水 1 L に加えると，pH は 2.0 に下がる．（言い換えると，塩酸の [H^+] は 10^{-2} M に薄まったことになる）．しかし，10 M HCl 1 mL を pH 7.4 のヒト血漿 1 L に加えると，pH は 7.2 までしか下がらない．これは生理的な緩衝作用の効果を印象づける実例である．

血液の pH は二酸化炭素-炭酸-炭酸水素イオン緩衝系でおもに制御されている．炭酸（H_2CO_3）と共役塩基の百分率を pH に対してプロットしたものを図 2.21 に示す．pH 7.4 での主要な成分は炭酸と炭酸水素イオンであることに注意してほしい．

血液の緩衝能は，気相の二酸化炭素（肺の気腔にある），水相の二酸化炭素（呼吸組織で発生して血液に溶け込んだもの），炭酸，および炭酸水素イオンの間の平衡に依存する．図 2.21 に示すように，炭酸水素イオン（HCO_3^-）とその共役塩基の炭酸イオン（CO_3^{2-}）の間の平衡は，血液の緩衝能にはあまり関係しない．なぜなら，炭酸水素イオンの pK_a は 10.2 で生理的な pH から大きく離れ，血液の緩衝作用には影響を与えないからである．

二酸化炭素-炭酸-炭酸水素イオン緩衝系に関係する三つの平衡の最初のものは，炭酸の炭酸水素イオンへの解離で，

$$H_2CO_3 \rightleftharpoons H^+ + HCO_3^- \quad (2.22)$$

実例計算 2.2　緩衝液の調製

問　酢酸の pK_a は 4.8 である．pH 5.8 の 0.1 M の緩衝液を 1 L つくるのに，0.1 M 酢酸と 0.1 M 酢酸ナトリウムはそれぞれ何 mL 必要か．

答　pK_a と望む pH 値をヘンダーソン・ハッセルバルヒの式（2.20 式）に代入する．

$$5.8 = 4.8 + \log\frac{[酢酸イオン]}{[酢\ 酸]}$$

酢酸イオンと酢酸の比を求める．

$$\log\frac{[酢酸イオン]}{[酢\ 酸]} = 5.8 - 4.8 = 1.0$$

$$[酢酸イオン] = 10[酢\ 酸]$$

酢酸 1 体積につき 10 体積の酢酸イオンを加える必要がある（両イオン種の体積の合計は 11 体積になる）．各分子種の割合を必要な体積にかける．

必要な酢酸　　$\dfrac{1}{11} \times 1000$ mL $= 91$ mL

必要な酢酸イオン　$\dfrac{10}{11} \times 1000$ mL $= 909$ mL

[共役塩基] の [共役酸] に対する比が 10:1 のとき，pH は pK_a より正確に 1 単位高くなることに注目せよ．比が 1:10 であれば，pH は pK_a より 1 単位低くなる．

この平衡は，溶けた状態の二酸化炭素と，水和した型である炭酸との間に成り立つ第二の平衡によって影響を受ける．

$$CO_2(水相) + H_2O \rightleftharpoons H_2CO_3 \quad (2.23)$$

これらの二つの式は一つの平衡式にまとめることができる．ここで酸は水に溶けた CO_2 で表す．

$$CO_2(水相) + H_2O \rightleftharpoons H^+ + HCO_3^- \quad (2.24)$$

この酸の pK_a は 6.4 である．

最後に，CO_2（気相）は CO_2（水相）と平衡状態にある．

$$CO_2(気相) \rightleftharpoons CO_2(水相) \quad (2.25)$$

これらの三つの平衡によって決まる血液の pH の制御を図 2.22 に模式的に示した．もし，ある代謝過程で過剰の H^+ が生じ血液の pH が低下すると，H_2CO_3 の濃度は一時的に上昇するが，H_2CO_3 は速やかに水を失って溶けた CO_2（水相）になる．これは肺で気相に入り，CO_2（気相）として吐き出される．肺から空気中に吐き出される CO_2 の分圧（pCO_2）の上昇が水素イオンの上昇を埋め合わせる．逆に，もし血液の pH が上昇すると，HCO_3^-

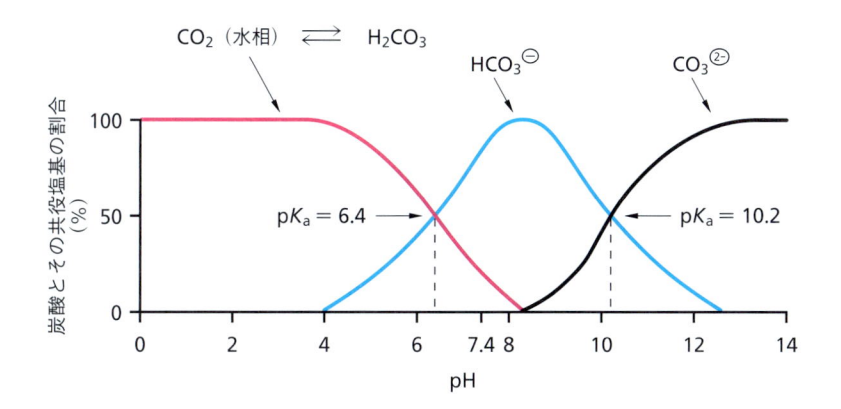

◀図 2.21　さまざまな pH における炭酸とその共役塩基の百分率　pH 7.4（血液の pH）の水溶液では炭酸（H_2CO_3）と炭酸水素イオン（HCO_3^-）の濃度は大きいが，炭酸イオン（CO_3^{2-}）の濃度は無視できる．

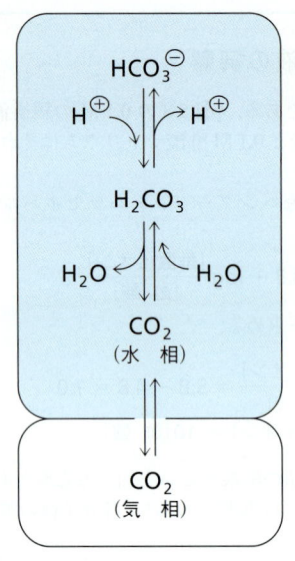

▲図 2.22　哺乳類の血液の pH の制御　血液の pH は [HCO_3^-] と肺の気腔の pCO_2 の比によって制御される．過剰の [H^+] によって血液の pH が下がると，肺の pCO_2 が上昇し，平衡を元に戻す．血液の pH が上昇して [HCO_3^-] が上がると，CO_2（気相）が血液に溶け込み，再び平衡を元に戻す．

の濃度は一時的に上昇するが，呼吸の速度が変化して肺の CO_2（気相）が CO_2（水相）に変わり，ついで肺の毛細管の H_2CO_3 になるので，pH は急速に元に戻る．肺の CO_2 の分圧が変わることで，血液緩衝系の平衡はすぐ元に戻る．

細胞の中では，タンパク質と無機リン酸が細胞内の緩衝作用に役立っている．血液中では二酸化炭素-炭酸-炭酸水素イオン緩衝系を別にすると，ヘモグロビンが最も強い緩衝系である．前にも述べたように，生理的な pH での無機リン酸の主要な成分は，リン酸の第二の pK_a（pK_2）値が 7.2 であることを反映して，$H_2PO_4^-$ と HPO_4^{2-} である．

要　約

1. O–H 結合の電荷の分布が不均等で結合に角度があるため，水分子は永久双極子をもつ．
2. 水分子は互いに水素結合をつくる．この水素結合のため，水の比熱容量や蒸発熱が高くなる．
3. 水は極性なのでイオンを溶かすことができる．水分子は溶けたイオンの周りに溶媒圏をつくる．水分子と水素結合形成可能なイオン性あるいは極性官能基をもつ有機分子は水に溶けることもある．
4. 疎水性効果とは，水分子が非極性物質を排除することである．疎水性と親水性の両方の部分をもつ界面活性剤は水に懸濁するとミセルを形成する．このミセルは内部の疎水性の部分に不溶性の物質を取込む．カオトロープは水に対する非極性物質の溶解度を高める．
5. 生体分子の構造や機能を決めるおもな非共有結合性相互作用は，静電的相互作用と疎水性相互作用である．静電的相互作用には電荷-電荷相互作用，水素結合，ファンデルワールス力がある．
6. 細胞の中では水の濃度が高いにもかかわらず，生体高分子は自然には分解されない．特別な酵素が加水分解を触媒し，別の酵素がエネルギーを必要とする生合成を触媒する．
7. 25℃では，プロトン濃度 [H^+] と水酸化物イオン濃度 [OH^-] の積は $1.0 \times 10^{-14} M^2$ で，K_w とよぶ定数である（水のイオン積）．純水はイオン化して 10^{-7} M H^+ と 10^{-7} M OH^- ができる．
8. 水溶液の酸性度と塩基性度は H^+ の濃度で決まり，pH 値で表す．pH は水素イオン濃度の対数にマイナスを付けたものである．
9. 弱酸の強さは pK_a 値で表す．ヘンダーソン・ハッセルバルヒの式は，弱酸溶液の pH を pK_a 値と弱酸およびその共役塩基の濃度で表したものである．
10. 緩衝液は pH 変化に抵抗する．ヒトの血液では二酸化炭素-炭酸-炭酸水素イオン緩衝系で pH が一定の 7.4 に保たれている．

問　題

1. アミノ酸の側鎖には，水溶液中で水素結合をつくりやすい官能基をもつものがある．次のアミノ酸側鎖が水との間でつくる水素結合を書け．
   (a) —CH_2OH
   (b) —$CH_2C(O)NH_2$
   (c) —CH_2—（イミダゾール環）

2. つぎの化合物はそれぞれ極性か，両親媒性か，水に溶けやすいかを述べよ．
   (a) $HO-CH_2-CH(OH)-CH_2-OH$　グリセロール
   (b) $CH_3(CH_2)_{14}-CH_2-OPO_3^{2-}$　ヘキサデカノイルリン酸
   (c) $CH_3-(CH_2)_{10}-COO^-$　ラウリン酸
   (d) $H_3N^+-CH_2-COO^-$　グリシン

3. 浸透圧溶解は動物細胞を壊して細胞内のタンパク質を取出す穏やかな方法である．この方法では，溶質の全モル濃度が通常の細胞内部の濃度に比べてはるかに低い溶液に細胞を懸濁する．この方法でなぜ細胞が破裂するか説明せよ．

4. つぎの分子をそれぞれ（a）pH=2 と（b）pH=11 の緩衝液に溶かした．各分子について電荷をもつ成分が優勢となる溶液はどちらかを示せ．（添加した分子が溶液の pH をそれほど変化させなかったと仮定せよ．）
   (a) フェニル乳酸　$pK_a=4$
      C₆H₅—$CH_2CH(OH)COOH$
   (b) イミダゾール　$pK_a=7$
   (c) O-メチル-γ-アミノ酪酸　$pK_a=9.5$
      $CH_3OCCH_2CH_2CH_2-NH_3^+$
   (d) フェニルサリチル酸　$pK_a=9.6$

5. 図2.16を使って，つぎのものの [H⁺] と [OH⁻] を求めよ．
   (a) トマトジュース
   (b) ヒト血漿
   (c) 1 M アンモニア
6. 溶液中で2分子（またはそれ以上の数の分子）は特異的な水素結合により相互作用することがある．ホルボールエステルは酵素であるプロテインキナーゼCの特定のアミノ酸残基に結合して発癌プロモーターとして働く．発癌プロモーターであるホルボールとプロテインキナーゼCのグリシン残基（−NH-CH₂C(O)−）との間で形成される複合体の中で予想される水素結合を記せ．

   ホルボール

7. 0.25 M CH₃CH(OH)COOH と 0.15 M CH₃CH(OH)COO⁻ を含む乳酸緩衝液（pK_a=3.9）の濃度，およびこの緩衝液のpHはいくつか．
8. 溶液A（0.02 M Na₂HPO₄）50 mL と溶液B（0.02 M NaH₂PO₄）50 mL を混ぜて 100 mL の 0.02 M リン酸ナトリウム緩衝液，pH 7.2，100 mL をつくれと指示された．表2.4を見ながら，指定されたpHと濃度の緩衝液がこの方法でつくれる理由を説明せよ．
9. MOPS（3-(N-モルホリノ)プロパンスルホン酸）とSHS（コハク酸水素ナトリウム）の効果的な緩衝域はどこか．

   MOPS
   SHS

   MOPSの窒素原子はプロトン化が可能であり（pK_a=7.2），SHSのカルボキシ基はイオン化が可能である（pK_a=5.5）．各緩衝液のpH 6.5における塩基と酸の成分の比を計算せよ．
10. 糖の代謝中間体としてリン酸化された糖（糖のリン酸エステル）が数多くある．リボースのモノリン酸エステル（リボース5-リン酸）のリン酸基の2個の−OH解離基のpK_a値は1.2と6.6である．α-D-リボース5-リン酸が完全にプロトン化したものはつぎに示す構造をもつ．

    α-D-リボース5-リン酸

    (a) このリン酸化された糖を pH 0.0 から pH 10.0 まで滴定したときにできるイオン種を順番に記せ．
    (b) リボース5-リン酸の滴定曲線を描け．
11. 気相 CO_2 は，普通は肺で効率良く排出される．閉塞性肺疾患である肺気腫などの状態では肺胞換気が損なわれる．結果として体内に過剰の CO_2 が発生し，呼吸性アシドーシス（過剰の酸が体液に蓄積する状態）を起こす．過剰の CO_2 が呼吸性アシドーシスを起こす理由を述べよ．

12. 動物の食餌中の有機化合物は塩基性イオンの源になり，非呼吸性アシドーシスの予防に役立つ．多くの果物や野菜は有機酸塩を含み，下に示す乳酸ナトリウムの場合のように代謝される．食餌中の酸の塩がどのようにして代謝性アシドーシスを軽減するのに役立つか説明せよ．

    $CH_3-CH(OH)-COO^{\ominus} Na^{\oplus} + 3 O_2 \longrightarrow Na^{\oplus} + 2 CO_2 + HCO_3^{\ominus} + 2 H_2O$

13. 胃と小腸における食物の吸収は分子が細胞膜を透過して血流に入る能力によって決まる．疎水性分子は親水性や電荷をもつ分子より吸収されやすいので，経口投与した薬の吸収は，薬のpK_a値と消化器官のpHで決まる．アスピリン（アセチルサリチル酸）はイオン化するカルボキシ基（pK_a=3.5）をもつ．胃（pH=2.0）と小腸（pH=5.0）で吸収できる非解離型のアスピリンの百分率を計算せよ．

    アスピリン

14. 何パーセントのグリシンアミド，⁺H₃NCH₂CONH₂（pK_a=8.20）が (a) pH 7.5，(b) pH 8.2，(c) pH 9.0 でプロトン化していないか．
15. つぎの表と滴定曲線を見て，表のどの化合物が滴定曲線に描かれているかを決めよ．

化合物	pK_1	pK_2	pK_3
リン酸	2.15	7.20	12.66
酢酸	4.76		
コハク酸	4.21	5.64	
ホウ酸	9.24	12.74	
グリシン	2.40	9.80	

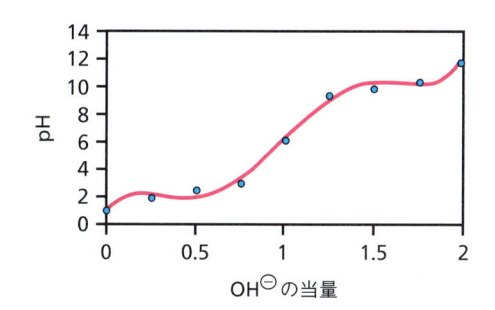

16. つぎのどの物質が水に可溶か，推定せよ．
    (a) ビタミンC   (b) ビタミンA

(c) β-カロテン

17. 水のイオン積は，0℃で 1.14×10^{-15}，100℃でおよそ 4.0×10^{-13} である．0℃と 100℃で成育する極限環境微生物の実際の中性 pH はいくつか．

18. 6 M の HCl 溶液の pH はおよそいくつか．このような溶液の pH が図 2.16 の尺度に適合しないのはなぜか．

参 考 文 献

水

Chaplin, M. F. (2001). Water, its importance to life. *Biochem. and Mol. Biol. Education* 29:54-59.

Dix, J. A. and Verkman, A. S. (2008). Crowding effects on diffusion in solution and cells. *Annu. Rev. Biophys.* 37:247-263.

Stillinger, F. H. (1980). Water revisited. *Science* 209:451-457.

Verkman, A. S. (2001). Solute and macromolecular diffusion in cellular aqueous compartments. *Trends Biochem. Sci.* 27:27-33.

非共有結合性相互作用

Fersht, A. R. (1987). The hydrogen bond in molecular recognition. *Trends Biochem. Sci.* 12:301-304.

Frieden, E. (1975). Non-covalent interactions. *J. Chem. Educ.* 52:754-761.

Tanford, C. (1980). *The Hydrophobic Effect: Formation of Micelles and Biological Membranes*, 2nd ed. (New York: John Wiley & Sons).

生化学計算法

Montgomery, R., and Swenson, C. A. (1976). *Quantitative Problems in Biochemical Sciences*, 2nd ed. (San Francisco: W. H. Freeman).

Segel, I. H. (1976). *Biochemical Calculations: How to Solve Mathematical Problems in General Biochemistry*, 2nd ed. (New York: John Wiley & Sons).〔『シーゲル 生化学計算法』，第 2 版，永井 裕，石倉久之，林 利彦 訳，廣川書店（1979）．〕

pH と緩衝液

Stoll, V. S., and Blanchard, J. S. (1990). Buffers: principles and practice. *Methods Enzymol.* 182:24-38.

Nørby, J. G. (2000). The origin and meaning of the little p in pH. *Trends Biochem. Sci.* 25:36-37.

II

生体分子の構造と機能

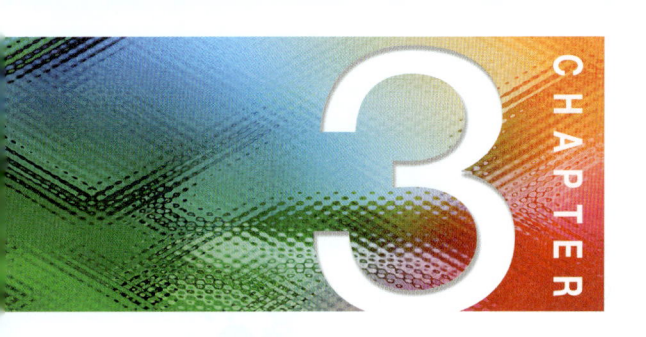

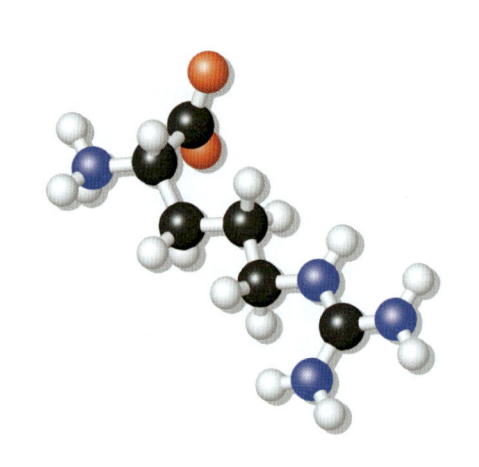

アミノ酸とタンパク質の一次構造

アミノ酸は文字通り空から降ってくる．これが些細なことだというのなら，何が大切なことだというのか私にはわからない．

Max Bernstein,
SETI Institute（地球外知的生命体探査研究所）

　生化学の基本をなすものは，構造と機能をつなぐ関係である．しかし，その重要さにもかかわらず，このような概念は実例をみれば自明に思えるので，構造と機能の関係を指摘するのを忘れがちである．構造の研究がいかに機能をよりよく理解させるか，折にふれて読者の注意を促そうと思う．タンパク質を学ぶ際にはこのことがとりわけ重要である．

　この章とつぎの章で，タンパク質の構造の基本的な法則を取上げる．5章と6章では酵素がどのように働くのか，酵素の構造が酵素の作用機構にどのように貢献するのかを学ぶ．

　まず始めに，さまざまなタンパク質を概観してみよう．以下のリストは，完璧ではないが，タンパク質の重要な生物機能のほとんどをカバーしている．

1. 多くのタンパク質は酵素，つまり，生化学の触媒として働く．酵素は生物中で起こるほとんどすべての反応を触媒する．
2. 他の分子と結合してそれを運搬したり貯蔵したりするタンパク質がある．たとえば，ヘモグロビンは赤血球内で酸素（O_2）と二酸化炭素（CO_2）を結合して運搬し，他のタンパク質は脂肪酸や脂質を結合する．
3. 膜に透過孔やチャネルをつくらせるタンパク質は荷電した低分子を通過させる．
4. チューブリン，アクチン，コラーゲンなどのタンパク質は細胞の支えとなり，形を決め，その結果，組織や器官ができる．
5. タンパク質の集合体は機械的な仕事，たとえば，鞭毛運動，有糸分裂時の染色体の分離，筋肉の収縮を行う．
6. 細胞内で情報伝達の役割をもつ多数のタンパク質がある．翻訳にかかわるものや，核酸に結合して遺伝子の発現を制御する機能をもつものなどがある．
7. ホルモンとして，標的細胞や標的組織の生化学活性を制御するタンパク質もある．
8. 細胞表面のタンパク質は，さまざまなリガンドに対する受容体として，また細胞と細胞の相互作用を制御するものとして働く．
9. 非常に特殊な働きをするタンパク質もある．たとえば，抗体は脊椎動物を細菌やウイルスの感染から防護し，一方細菌が出す毒素は大形の生物を殺すことができる．

　タンパク質を構成するアミノ酸の構造と化学的な性質を調べることからタンパク質の勉強を始めたい．本章では，ポリペプチドの精製，分析，配列解析についても議論する．

! 生化学的分子の機能は，その構造がわかって初めて理解できる．
! 代謝および細胞構造にかかわる多様な役割をもつ多様なタンパク質が存在する．

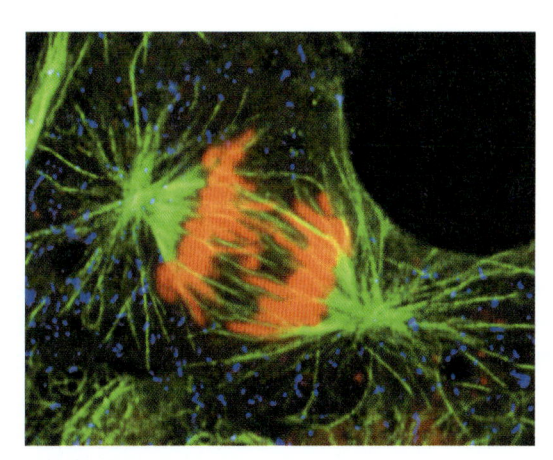

▲ 紡錘糸　紡錘糸（緑）は細胞分裂に際して染色体が分かれるのを助ける．この糸は構造タンパク質であるチューブリンでできた細い管である．

3.1 アミノ酸の一般構造

　すべての生物は同じ20種類のアミノ酸を基本単位にしてタンパク質分子を組立てている．これらの20種類のアミノ酸を共通

---

*　カット：20種類の標準アミノ酸の一つであるL-アルギニン．

アミノ酸，あるいは**標準アミノ酸**という．アミノ酸の種類は限られているが，20種類の標準アミノ酸が種々の組合わせで結合することにより膨大な種類のポリペプチドができる．

アミノ酸（amino acid）がそうよばれるのは，カルボン酸のアミノ誘導体だからである．20種類の標準アミノ酸では，アミノ基とカルボキシ基は同じ炭素，すなわちα炭素原子に結合している．したがって，タンパク質を構成する標準アミノ酸はすべてα-アミノ酸である．α炭素には他に二つの置換基がある——水素原子とアミノ酸ごとに異なる側鎖（R）である．アミノ酸の化学名では，炭素原子はカルボキシ基の炭素原子から始まる数字で区別される．〔正しい化学名，すなわち体系名は国際純正・応用化学連合（International Union of Pure and Applied Chemistry；IUPAC）と国際生化学分子生物学連合（International Union of Biochemistry and Molecular Biology；IUBMB）によって定められた規則に従っている．〕R基が$-CH_3$の場合，アミノ酸の体系名は2-アミノプロパン酸である．（プロパン酸はCH_3-CH_2-COOHである．）$CH_3-CH(NH_2)-COOH$の慣用名はアラニンである．古い命名法ではギリシャ文字を使ってα炭素原子と側鎖の炭素原子を区別する．この命名法では，カルボキシ基を基準にして炭素原子を名付けるので，カルボキシ基の炭素原子は特に名前をつけない．これに対し系統的な命名法の番号付けではカルボキシ基の炭素原子は1番になる．生化学者たちは伝統的には古い方の命名法を使ってきた．

▲ **アミノ酸の炭素の番号付けに関する規定** 慣用的な命名では，カルボキシ基に続く炭素原子を順番にギリシャ文字でα，β，γなどと名付ける．一方，IUPAC/IUBMBの化学名，すなわち体系名ではカルボキシ基の炭素原子を1番と名付け，それに続く炭素原子に順に番号を付ける．したがって，慣用名でのα炭素は体系名では炭素原子2番になる．

> アミノ酸とペプチドの命名法と表記法についてのIUPAC/IUBMBのウェブサイト：www.chem.qmul.ac.uk/iupac/AminoAcid/.

細胞内の正常な生理的条件では，アミノ基はプロトン化している（$-NH_3^+$）．これはアミノ基のpK_aが9に近いからである．カルボキシ基はイオン化している（$-COO^-$）．これはカルボキシ基のpK_aが3以下だからである（表3.2参照）．そのため，生理的なpH範囲の6.8〜7.4では，たとえアミノ酸の正味の電荷が0であっても，アミノ酸は**両性イオン**（zwitterion）または双極子イオンである．側鎖にもイオン化するものがあることは§3.4で述べる．生化学者はアミノ酸の構造を常に生物学的に意味をもつ形で書くので，これ以降の図では両性イオンとして表示する．

図3.1（a）にアミノ酸の一般構造を示す．図3.1（b）は代表的なアミノ酸の一つ，セリンの球棒モデル表示である．セリンの側鎖は$-CH_2OH$である．カルボキシ基の炭素原子に直接に結合している最初の炭素原子がα炭素なので，側鎖の炭素原子は順番にβ，γ，δ，εとなるが，新しい命名法ではおのおの3，4，5，6位の炭素に相当する．セリンの系統名は2-アミノ-3-ヒドロキシプロパン酸である．

20種類の標準アミノ酸のうち19種類はα炭素が**キラル**（chiral）すなわち不斉である．α炭素に四つの異なる基が結合しているからである．例外はグリシンで，この場合，R基は簡単な水素原子

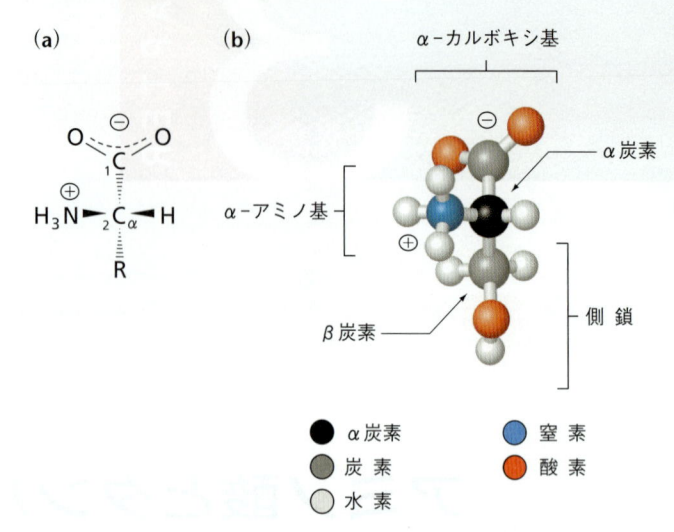

▲ **図3.1 中性pHにおけるL-アミノ酸の二つの表示法 （a）**一般構造．アミノ酸はカルボキシ基（この炭素原子をC-1とする），アミノ基，水素原子，側鎖（またはR基）をもち，これらはすべてC-2（α炭素）に結合している．濃いくさび形は紙面から上方に突き出す結合を，破線のくさび形は紙面の下方に向かう結合を示す．くさび形の太い末端は，細い端より手前にある．**（b）**セリン（Rは$-CH_2OH$）の球棒モデル表示．

である．この分子がキラルでないのは，α炭素原子に二つの同じ基，水素原子が結合しているからである．一方，19種類のアミノ酸には立体異性体が存在する．**立体異性体**（stereoisomer）とは，同じ分子式をもちながら，原子の空間配置，すなわち**立体配置**（configuration）が異なる化合物である．二つの立体異性体は異なる分子で，簡単には相互変換できない．立体配置を変えるには結合を一つ以上切断しなければならない．アミノ酸の立体異性体は重ね合わせられない鏡像関係にある．このような立体異性体を**鏡像異性体**（enantiomer）とよぶ．19種類のキラルなアミノ酸のうち，イソロイシンとトレオニンの二つは2個のキラルな炭素原子をもち，それぞれ4種類の立体異性体をもつ．

鏡像関係にあるアミノ酸はD形（ラテン語の右 dexter に由来するdextroを表す），L形（ラテン語の左 laevus に由来するlevoを表す）とよぶ習慣になっている．図3.1（a）のアミノ酸の立体配置はLで，その鏡像体がDである．立体化学上の名称を決めるには，アミノ酸をα-カルボキシ基を上に，側鎖を下にして垂直に書く．両方とも見ている者の反対側に向くようにする．このように配置すると，図3.2に示すように，L異性体のα-アミノ基はα炭素の左側に，D異性体の場合は右側になる．（α炭素に結合した四つの原子は四面体の4隅を占め，図2.4でみられたように，水の中で水素原子が酸素に結合する場合に非常によく似ている．）

> 詳しい立体異性体図示法（フィッシャー投影式）は§8.1を参照．

天然にもD-アミノ酸は少しあるが，タンパク質をつくるのに使われる19種のキラルなアミノ酸はすべてL形である．そのため，特にD形と断らないかぎり，アミノ酸はL形とみなすことになっている．L-アミノ酸の構造は，特に立体化学の正確な表示が必要でない議論の場合には，立体化学的にはあいまいに書くことが多い．

すべての生物がタンパク質を合成するとき同じ標準アミノ酸を使う事実は，地球上のすべての生物種が同一の祖先から生まれた

3.1 アミノ酸の一般構造

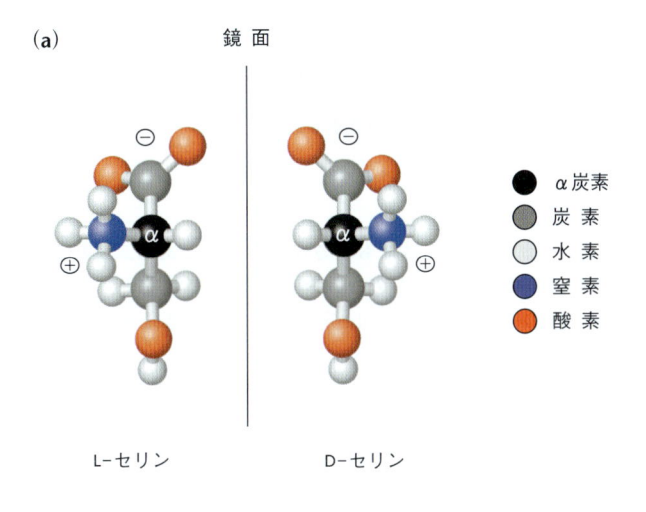

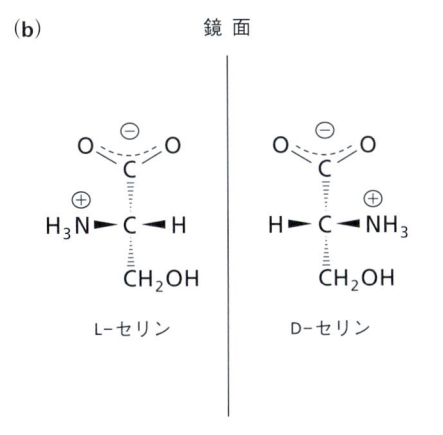

(a) 鏡面

L-セリン D-セリン

● α炭素
● 炭素
○ 水素
● 窒素
● 酸素

(b) 鏡面

```
      O   O              O   O
       \ //                \ //
        C                   C
        |                   |
  H₃N⁺─C─H            H─C─NH₃⁺
        |                   |
       CH₂OH             CH₂OH
    L-セリン            D-セリン
```

▲ 図 3.2 **鏡像関係にある 1 対のアミノ酸** (a) 球棒モデルで示した L-セリンと D-セリン．二つの分子は同じではない．二つを重ね合わせることはできない．(b) L-セリンと D-セリン．標準アミノ酸の立体配置はすべて L 型である．

▲ **隕石とアミノ酸** 1969 年オーストラリアのマーチソン付近に落ちたマーチソン隕石．これと似た炭素性の隕石はたくさんあり，その多くに自然に生成したアミノ酸が含まれ，その中にはタンパク質中にある標準アミノ酸もみられる．隕石から見つかるこれらのアミノ酸は L 型と D 型がほぼ等量混ざっている．

証拠である．現代の生物と同様に，直近の共通祖先は D-アミノ酸ではなく，L-アミノ酸を使っていたはずである．地球上に最初に生命が出現した 40 億年前の状態を真似た条件では，L-アミノ酸と D-アミノ酸の混合物ができ，隕石中や星の近くでは鏡像異性体が両方とも見いだされている．生命が最初に現れたときに存在していたと思われる鏡像異性体の混合物の中から，原始的な生命体がどのようにして，また，なぜ L-アミノ酸を選択したのかはわかっていない．初期のタンパク質は少数の単純なアミノ酸からできていたと思われ，D-アミノ酸ではなく L-アミノ酸が選択されたのは偶然の出来事であろう．現代の生物では十分量合成さ

BOX 3.1 アミノ酸のラセミ化を利用した化石の年代測定

アミノ酸は D 型から L 型へ，L 型から D 型へと立体配置が自然に転換する．これはカルボアニオン中間体を経由して起こる化学反応である．

```
   O   O              O   O              O   O
    \ //               \ //               \ //
     C                  C                  C
     |                  |                  |
H₃N⁺─C─H  ⇌  H₃N⁺─C⁻  H⁺  ⇌  H─C─NH₃⁺
     |                  |                  |
     R                  R                  R
 L-アミノ酸         カルボアニオン       D-アミノ酸
```

ラセミ化反応は本来非常に遅い反応であるが，高温では加速する．たとえば L-アスパラギン酸が D-アスパラギン酸へ転換する半減期は，100 ℃ ではほぼ 30 日，37 ℃ ではほぼ 350 年，18 ℃ では 50000 年である．

環境の平均気温がわかっているか推定できる場合，哺乳類の歯のエナメル質のアミノ酸組成が化石の年代を決めるのに利用できる．アミノ酸が最初に生合成されたときには，すべて L 型の立体配置である．時間経過とともに D 型の鏡像異性体が増える．その D/L 比は正確に測定できる．

アミノ酸のラセミ化による化石の年代測定はもっと信頼できる方法に取って代わられつつあるが，遅い化学反応の興味深い例といえる．ある種の生物には，L-アミノ酸と D-アミノ酸との相互変換を触媒する特異的なラセマーゼがある．たとえば，細菌は L-アラニンを D-アラニンに転換させるアラニンラセマーゼをもつ（§8.7 B）．こうした酵素は 1 秒当たり何千回もの反応を触媒する．

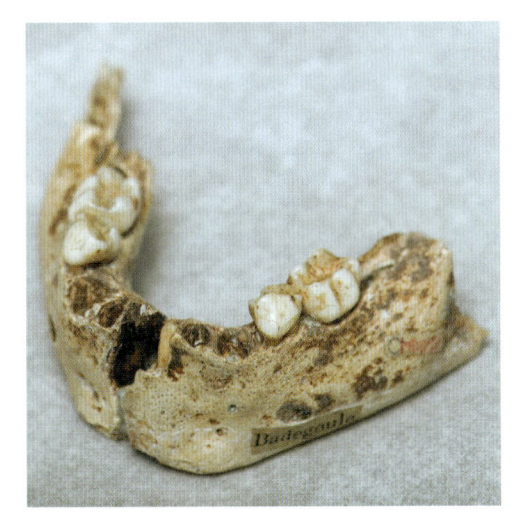

▲ **バドグール（フランスのドルドーニュ県）で発見された石器時代の若いヒトのあご骨（リヨン自然史博物館，フランス）．**

れているのは L-アミノ酸だけであり，混合物から L-アミノ酸を選択しているわけではない．したがって，現代の生物種に L-アミノ酸が多いのは，D-アミノ酸ではなく，L-アミノ酸を生成する代謝経路が進化したためである（17章）．

3.2　20種の標準アミノ酸の構造

タンパク質中に普通にみられる 20 種のアミノ酸の構造を，フィッシャー投影式で以下に示していく．フィッシャー投影式ではキラル中心の水平な結合は見ている者の方に，垂直な結合は反対の方に向く（図 3.1 と 3.2）．構造を見れば，20 種のアミノ酸の側鎖には大きな違いがあることがわかる．非極性で疎水性の側鎖もあるが，極性があり中性 pH でイオン化し，そのため親水性を示す側鎖もある．側鎖の性質はタンパク質全体の三次元の形，つまりコンホメーションに大きな影響を与える．たとえば，可溶性タンパク質では，ほとんどの疎水性の側鎖は分子内部に包み込まれるため，タンパク質の形はコンパクトな球形になる．

図には各アミノ酸の 3 文字と 1 文字の略号を示した．3 文字の略号はわかりやすいが，1 文字の略号は少しわかりにくい．同じ文字で始まるアミノ酸があるので，区別するために別のアルファベット文字を使う必要がある．たとえば，トレオニン＝T，チロシン＝Y，トリプトファン＝W である．このような記号は覚えなければならない．

標準アミノ酸の構造はタンパク質の構造，酵素，タンパク質の合成の章で頻繁に出てくるので，覚えておく必要がある．以下の各項では，側鎖の一般的な性質と化学構造から標準アミノ酸をグループ分けした．側鎖は化学的につぎの種類に分けられる．脂肪族，芳香族，含硫黄，アルコール，正電荷をもつもの，負電荷をもつもの，およびアミドである．20 種のアミノ酸のうち 5 種は高度に疎水性（青），7 種は高度に親水性（赤）に分けられる．R 基の分類を理解すれば，構造と名前が覚えやすい．

> 標準的でないアミノ酸は §3.3 で取上げる．

A．脂肪族 R 基

グリシン（Gly, G）は最も小さなアミノ酸である．R 基が単純な水素なので，グリシンの α 炭素はキラルではない．グリシンの α 炭素の 2 個の水素原子は分子の疎水性にはほとんど寄与していない．グリシンは側鎖が小さいため，他のアミノ酸が入れないすき間にも入り込むことができ，多くのタンパク質の構造に対して独特の役割を果たしている．

$$H_3\overset{+}{N}-\underset{H}{\overset{COO^-}{\underset{|}{\overset{|}{C}}}}-H$$

グリシン [G]
(Gly)

4 個のアミノ酸，アラニン（Ala, A），バリン（Val, V），ロイシン（Leu, L），ロイシンの異性体であるイソロイシン（Ile, I）は飽和脂肪族側鎖をもつ．アラニンの側鎖はメチル基であるが，バリンは 3 炭素の分枝状側鎖，ロイシンとイソロイシンは 4 炭素の分枝状側鎖をもつ．イソロイシンの α 炭素と β 炭素はともに不斉である．イソロイシンには二つのキラル中心があるので，4 個の立体異性体がある．タンパク質中で使われている立体異性体はすべて L-イソロイシンで，β 炭素の所が違うものは L-アロイソロイシンである（図 3.3）．その他の 2 種類の立体異性体は D-イソロイシンと D-アロイソロイシンである．

BOX 3.2　もう一つの命名法

アミノ酸のキラル中心を記載するのに，立体配置の RS 表示法も使われる．RS 表示法は，キラルな炭素原子に結合した 4 個の基の優先順位に基づいて決める．基の優先順位がいったん決まれば，それを使って分子の立体配置が決まる．優先順位はつぎの規則に従って 1〜4 位を決める．

1. キラルな炭素に直接結合した原子については，原子量が最小のものは優先順位が最低とする（4 番目）．
2. キラルな炭素に 2 個の同一原子が結合している場合，その原子のつぎに結合した原子の質量で決まる．たとえば，水素は臭素より原子量が小さいので，−CH$_3$ は −CH$_2$Br より順位が低い．
3. 原子が二重または三重結合で結合している場合，その原子は単結合 1 本当たり 1 個結合していると考える．したがって，−CHO は −CH$_2$OH より優先順位が高い．（−CHO は −C に H が 1 個，O が 2 個付いていると考える．）ごく一般的な基の優先順位は低い方から順に，−H，−CH$_3$，−C$_6$H$_5$，−CH$_2$OH，−CHO，−COOH，−COOR，−NH$_2$，−NHR，−OH，−OR，−SH である．

これらの規則を念頭に置き，分子を車のハンドルにたとえる．優先順位が最も低い基（4 番目）を自分から遠ざかるように置き（ハンドルの軸の位置），その他の 3 個の基をハンドルの輪の上に置く．優先順位が最も高いものから優先順位の低いもの（1, 2, 3）に向けてハンドルの輪をなぞる．このとき，時計回りなら R 配置（ラテン語の rectus，右回りから），反時計回りなら S 配置（ラテン語の sinster，左回りから）である．図では L-セリンが RS 表示法で S 配置になることを示した．L-システインは逆の配置，R になる．タンパク質中のすべてのアミノ酸が同じ RS 表示にならないので，生化学では DL 表示法の方がよく使われる．

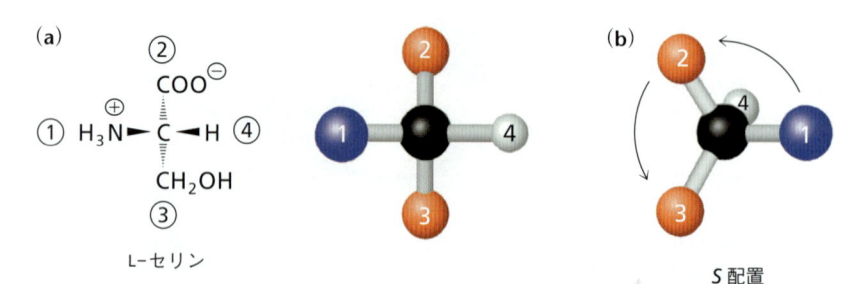

◀ RS 表示法による立体配置の同定．(a) キラルな炭素に結合している各基は原子量に基づいて優先順位を決める．(b) 順位 4 の基を自分から遠ざかるように置く（キラル炭素の後ろ側に）．順位が高い方から低い方へなぞれば立体配置が決められる．1, 2, 3 が時計回りなら立体配置は R である．1, 2, 3 が反時計回りなら立体配置は S である．L-セリンの立体配置は S である．

3.2 20種の標準アミノ酸の構造

[アラニン [A] (Ala)]

[バリン [V] (Val)]

[ロイシン [L] (Leu)]

[イソロイシン [I] (Ile)]

アラニン,バリン,ロイシン,イソロイシンは水を避けて集合する傾向があるので,タンパク質の三次元構造を形成し保持するのに重要な役割を果たす.バリン,ロイシン,イソロイシンは炭素原子の側鎖が枝分かれしているので,分枝アミノ酸という.これらの3種類のアミノ酸は高度に疎水的で,生合成と分解の経路が共通している(17章).

プロリン(Pro, P)は他の19種類のアミノ酸とは違っている.というのは,炭素3個の側鎖がα炭素に結合するだけでなく,α-アミノ基の窒素にも結合して環状分子になるからである.そのため,プロリンは第一級ではなく,第二級アミノ基をもつ.プロリンのピロリジン複素環はポリペプチドの空間配置に制約を与え,ペプチド鎖の方向を急に変えることがある.プロリンは環状構造をとるので,バリン,ロイシン,イソロイシンよりずっと疎水性が低くなる.

[プロリン [P] (Pro)]

B. 芳香族 R 基

フェニルアラニン(Phe, F),チロシン(Tyr, Y),トリプトファン(Trp, W)は側鎖に芳香族基をもつ.フェニルアラニンは疎水性のベンジル基を側鎖にもつ.チロシンは構造的にはフェニルアラニンに似ている.フェニルアラニンのパラ位の水素がチロシンではヒドロキシ基(−OH)に置き換わっており,チロシンはフェノールである.チロシンのヒドロキシ基はイオン化しうるが,普通の生理的状態では水素が付いている.トリプトファンの側鎖は二つの環から成るインドール基をもつ.チロシンとトリプトファンは側鎖に極性基をもつので,フェニルアラニンほど疎水性ではない(表3.1参照).

[フェニルアラニン [F] (Phe)]

[チロシン [Y] (Tyr)]

[トリプトファン [W] (Trp)]

芳香族アミノ酸は飽和脂肪族アミノ酸とは違い,非局在化π電子をもつので,これらの3種のアミノ酸はすべて紫外線(UV)を吸収する.中性pHでは,トリプトファンとチロシンは波長280 nmの光を吸収するが,フェニルアラニンは280 nmの光は吸収せず,260 nmの光を弱く吸収する.たいていのタンパク質はトリプトファンとチロシンを含むので,280 nmの光を吸収する.280 nmの吸収は溶液中のタンパク質の濃度の目安として日常的に使われている.

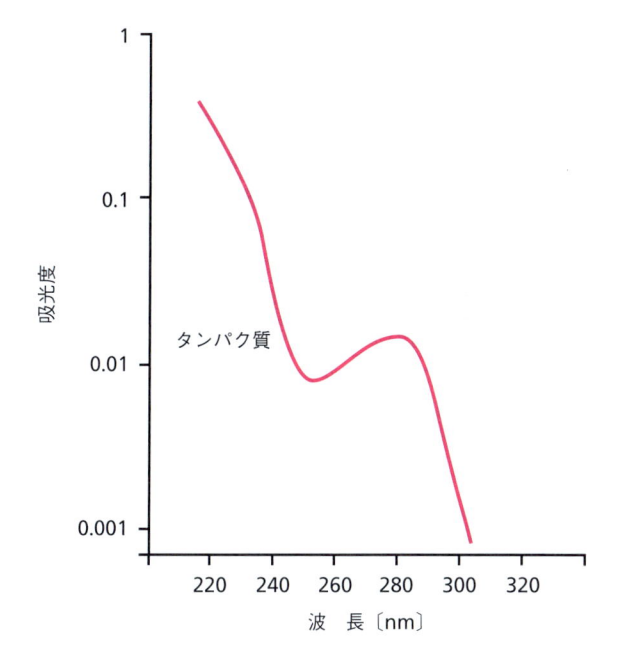

▲ **タンパク質の紫外線吸収** 多くのタンパク質の光吸収スペクトルのピークは280 nmである.このような吸収はおもにタンパク質中に存在するトリプトファンとチロシンによっている.

[L-イソロイシン] [D-イソロイシン] [L-アロイソロイシン] [D-アロイソロイシン]

◀ **図3.3 イソロイシンの立体異性体** 標準アミノ酸の中でイソロイシンとトレオニンの二つだけが,キラル中心を1個以上もつ.イソロイシンのもう一つの異性体のDLのペアはアロイソロイシンとよばれる.L-イソロイシンでは−NH$_3^+$と−CH$_3$がいずれも左側に書かれるが,D-イソロイシンではいずれも右側に書かれる.つまりD-イソロイシンとL-イソロイシンは鏡像関係である.

C. 硫黄を含むR基

メチオニン（Met, M）とシステイン（Cys, C）の二つは側鎖に硫黄を含むアミノ酸である．メチオニンは側鎖に非極性のメチルチオ基をもつので，疎水性の高いアミノ酸の一つである．メチオニンはほとんど常に，生合成途上のポリペプチド鎖の最初にあるアミノ酸なので，タンパク質合成では特別な役割をもっている．システインの構造はアラニンに似ているが，水素原子がスルフヒドリル基（−SH）に置換している．

メチオニン [M]　　システイン [C]
（Met）　　　　　　（Cys）

システインの側鎖はやや疎水性ではあるが，非常に反応性に富んでいる．その硫黄原子は分極しうるので，システインのSH基は酸素や窒素と弱い水素結合をつくりうる．そのうえ，タンパク質中のシステイン残基のSH基は弱酸で，プロトンを失って負に荷電したチオレートイオンになる．（遊離アミノ酸のときのシステインのSH基のpK_aは8.3だが，タンパク質中では5～10の間の値をとりうる．）

タンパク質を加水分解するとシスチンという化合物が単離できる場合がある．シスチンは2分子のシステインが酸化されてジスルフィド結合をつくってつながったものである（図3.4）．システイン分子のSH基の酸化は，SH基が解離しやすくなる弱塩基性のpHで起こりやすい．ジスルフィド結合ができるには，二つのシステインの側鎖が三次元空間で近くになければならないが，ポリペプチド鎖のアミノ酸配列の上で近くにある必要はない．二つのシステイン側鎖が別のポリペプチド鎖上にある場合もある．ジスルフィド結合，またはジスルフィド架橋は，ペプチド鎖のシステイン残基を共有結合で架橋することでタンパク質の三次元構造を安定化する．細胞の内部は酸化反応に適していないので，ジスルフィド架橋をもたないタンパク質も多い．しかし，分泌タンパク質，すなわち細胞外タンパク質の多くはジスルフィド架橋をもっている．

▲硫黄の橋　アルゼンチン，メンドサのプエンテ・デル・インカ（インカの橋）とよばれる自然にできた石橋．何年もかかって橋は硫黄沈着物で覆われた．

D. アルコール性ヒドロキシ基をもつ側鎖

セリン（Ser, S）とトレオニン（Thr, T）にはβ-ヒドロキシ基を含む電荷をもたない極性側鎖がある．アルコール性ヒドロキシ基が脂肪族側鎖に親水性を与えている．もっと酸性度が強いチロシンのフェノール性側鎖と違い，セリンとトレオニンのヒドロキシ基は第一級および第二級アルコールなので，イオン化する性質はかなり弱い．セリンのヒドロキシメチル基（−CH$_2$OH）は水溶液でほとんど解離しない．しかし，多くの酵素の活性部位ではこのアルコールはあたかもイオン化しているかのように反応する．トレオニンはイソロイシンと同じように2個のキラル中心，αとβ炭素原子をもつ．タンパク質の中で共通してみられるのは4種類の立体異性体のなかのL-トレオニンだけである．（この他の立体異性体はD-トレオニン，L-アロトレオニン，D-アロトレオニンである．）

セリン [S]　　トレオニン [T]
（Ser）　　　　（Thr）

▲図3.4　シスチンの生成　酸化によって二つのシステイン分子のSH基が結合すると，シスチンというジスルフィド化合物ができる．

E. 正に荷電するR基

ヒスチジン（His, H），リシン（Lys, K），アルギニン（Arg, R）は，窒素を含む塩基である親水性の側鎖をもつ．この側鎖は生理的なpHで正に荷電する．

ヒスチジンの側鎖はイミダゾール環の置換体である．この環がプロトン化した型をイミダゾリウムイオンという（§3.4）．pH 7

ではほとんどのヒスチジンは図に示すように中性（塩基型）であるが，正に荷電した側鎖も存在し，やや低いpHではもっと優勢になる．

リシンはジアミノ酸で，α-とε-アミノ基をもつ．ε-アミノ基は中性pHではアルキルアンモニウムイオン（−CH$_2$−NH$_3^+$）として存在し，タンパク質に正電荷を与える．アルギニンは，細胞内で普通にみられるすべての条件下で側鎖がプロトン化してグアニジニウムイオンになっているので，20種類のアミノ酸の中で最も塩基性が強い．アルギニンの側鎖もタンパク質の正電荷に寄与している．

ヒスチジン [H]
(His)

リシン [K]
(Lys)

アルギニン [R]
(Arg)

F. 負に荷電するR基とそのアミド誘導体

アスパラギン酸（Asp, D）とグルタミン酸（Glu, E）はジカルボン酸で，pH 7では負に荷電している親水性側鎖をもつ．α-カルボキシ基のほかに，アスパラギン酸はβ-カルボキシ基を，グルタミン酸はγ-カルボキシ基をもつ．アスパラギン酸とグルタミン酸の側鎖はpH 7でイオン化しているので，タンパク質に負電荷を与えている．アスパラギン酸とグルタミン酸は英語ではaspartate, glutamateとふつう表記される．これは，ほとんどの生理的な条件では共役塩基として存在するので，他のカルボン酸と同じように接尾語（-ate）を付けるからである．グルタミン酸は食物のうま味調味料として使われる一ナトリウム塩，グルタミン酸一ナトリウムとしておなじみだろう．

アスパラギン酸 [D]
(Asp)

グルタミン酸 [E]
(Glu)

アスパラギン（Asn, N）とグルタミン（Gln, Q）はそれぞれ，アスパラギン酸とグルタミン酸のアミドである．アスパラギンとグルタミンの側鎖は電荷はもたないが，これらのアミノ酸は極性が強く，多くの場合タンパク質の表面にあって水分子と相互作用する．アスパラギンとグルタミンの極性のアミド基は他の極性アミノ酸の側鎖の原子と水素結合をつくりうる．

アスパラギン [N]
(Asn)

グルタミン [Q]
(Gln)

BOX 3.3 アミノ酸の慣用名

アラニン alanine おそらく<u>al</u>dehyde（アルデヒド）+an（便宜上つけたもの）+am<u>ine</u>（アミン）(1849年)

アルギニン arginine 銀塩として結晶化，ラテン語の*argentum*（銀）による (1886年)

アスパラギン asparagine 最初にアスパラス（asparagus）から単離された (1813年)

アスパラギン酸 aspartate アスパラギンと同様 (1836年)

グルタミン酸 glutamate 最初に植物タンパク質グルテン（gluten）の中に同定された (1866年)

グルタミン glutamine グルタミン酸と同様 (1866年)

グリシン glycine ギリシャ語の*glykys*（甘い）から．甘い味 (1848年)

システイン cysteine ギリシャ語の*kystis*（膀胱），膀胱結石の中で発見 (1882年)

ヒスチジン histidine チョウザメの精子から最初に単離され，ギリシャ語の*histidin*（組織）に基づき命名 (1896年)

イソロイシン isoleucine ロイシンの異性体（isomer）

ロイシン leucine ギリシャ語の*leukos*（白い）による．白色の結晶になる (1820年)

リシン lysine タンパク質の加水分解物から．ギリシャ語の*lysis*（ゆるめる，加水分解）(1891年)

メチオニン methionine 側鎖は<u>meth</u>yl（メチル）基をもつ硫黄（ギリシャ語の*theion*）原子 (1928年)

フェニルアラニン phenylalanine フェニル基をもつアラニン (1883年)

プロリン proline ピロリジン環をもつので，"pyrrolidine"から転訛 (1904年)

セリン serine ラテン語の*sericum*（絹）から．セリンは絹に多く含まれる (1865年)

トレオニン threonine 四炭糖のthreose（トレオース）に似ている (1936年)

トリプトファン tryptophan タンパク質のtrypsin（トリプシン）分解物から単離+ギリシャ語の*phanein*（現れる）(1890年)

チロシン tyrosine チーズから発見，ギリシャ語の*tyros*（チーズ）から (1890年)

バリン valine *Valeriana*（植物の属）からとれたvaleric acid（吉草酸）の誘導体 (1906年)

出典：*Oxford English Dictionary* 2nd ed., およびLeung, S. H. (2000) Amino acids, aromatic compounds, and carboxylic acids: how did they get their common names? *J. Chem. Educ.* 77:48-49.

G. アミノ酸の側鎖の疎水性

アミノ酸の側鎖は疎水性が強いもの，弱い極性のもの，親水性が強いものなどさまざまである．各アミノ酸の相対的な疎水性度，または親水性度を**ヒドロパシー**（hydropathy）という．

ヒドロパシーを測る方法はいくつかあるが，ほとんどの場合，親水性の環境に比べて疎水性の環境をどれだけ好むかの傾向を計算して求めている．よく使うヒドロパシーの尺度を表3.1に示した．大きな正のヒドロパシー値をもつアミノ酸は疎水性で，大きな負の値をもつものは親水性である．尺度の中央近くのアミノ酸残基のヒドロパシー値を確定するのは難しい．たとえば，トリプトファンのインドール基の親水性度については意見が一致しておらず，表によってはトリプトファンのヒドロパシー値はもっと低くなる．

疎水性の側鎖はタンパク質の内部に集まりやすく，親水性の残基は通常は分子の表面にあるので，ヒドロパシーはタンパク質の鎖の折りたたみを決める重要な一つの因子である（§4.11）．しかし，ある特定の残基がタンパク質の非水的な内部にあるか，それとも溶媒に接する表面にあるかを正確に予測するのはまだ難しい．遊離アミノ酸のヒドロパシーの測定値は，膜貫通タンパク質のどの部分が疎水性の脂質二重層に埋まっている可能性が高いかを予測するのには役立っている（9章）．

表3.1 アミノ酸残基のヒドロパシーの尺度

アミノ酸残基		転移に伴う自由エネルギー変化[†1] [kJ·mol^{-1}]
高度疎水性	イソロイシン	3.1
	フェニルアラニン	2.5
	バリン	2.3
	ロイシン	2.2
	メチオニン	1.1
低度疎水性	トリプトファン	1.5[†2]
	アラニン	1.0
	グリシン	0.67
	システイン	0.17
	チロシン	0.08
	プロリン	−0.29
	トレオニン	−0.75
	セリン	−1.1
高度親水性	ヒスチジン	−1.7
	グルタミン酸	−2.6
	アスパラギン	−2.7
	グルタミン	−2.9
	アスパラギン酸	−3.0
	リシン	−4.6
	アルギニン	−7.5

[†1] アミノ酸残基を脂質二重層の内部から水に移すときの自由エネルギー変化．
[†2] 他の尺度ではトリプトファンのヒドロパシー値はもっと低い．
[Eisenberg, D., Weiss, R. M., Terwilliger, T. C., Wilcox, W. (1982). Hydrophobic moments in protein structure. *Faraday Symp. Chem. Soc.* 17:109–120 より改変．]

3.3 その他のアミノ酸とアミノ酸誘導体

生物には200種以上のアミノ酸が見いだされている．ここまでに説明した20種の標準アミノ酸に加えて，生合成に際してタンパク質に取込まれる3種のアミノ酸がある．21番目のアミノ酸はN-ホルミルメチオニンである．細菌におけるタンパク質合成の際，開始アミノ酸として働く（§22.5）．22番目のアミノ酸はセレノシステインで，システインの硫黄の位置にセレンがある．ほとんどすべての生物種のいくつかのタンパク質に生合成に際して取込まれる．23番目のアミノ酸は古細菌（アーキア）のいくつかの種で見つかったピロリシンである．ピロリシンはリシンが修飾されたもので，翻訳装置で合成中のポリペプチド鎖に付加される前に合成される．

N-ホルミルメチオニン，セレノシステイン，ピロリシンは特定のコドンの位置に取込まれる．そのためタンパク質の前駆体の標準的なメンバーに加えられているのである．多くの完成タンパク質には，翻訳後に行われる修飾により，タンパク質合成で使われる23種の標準アミノ酸よりももっと多種類のアミノ酸が含まれている．

タンパク質に取込まれる標準23アミノ酸の他にも，すべての生物種に多様なL-アミノ酸が含まれている．それらは，標準アミノ酸の前駆体か，生化学代謝経路の中間体である．ホモシステイン，ホモセリン，オルニチン，シトルリンなどがその例である（17章）．S-アデノシルメチオニン（S-adenosylmethionine; SAM）は多数の生化学経路でメチル基の共通の供与体になる（§7.3）．多種類の細菌や菌類が，細胞壁やアクチノマイシンDのような複雑なペプチド性抗生物質をつくるのに使われるD-アミノ酸を合成する．

標準アミノ酸の中には，化学的に修飾されて生物学的に重要なアミンとなるものもある．アミンは脱炭酸や脱アミノを含む酵素触媒反応でつくられる．たとえば哺乳類の脳では，グルタミン酸は神経伝達物質であるγ-アミノ酪酸（γ-aminobutyric acid; GABA）に変換される（図3.5a）．哺乳類はヒスチジンからヒスタミンも合成する（図3.5b）．ヒスタミンは血管の収縮や胃酸の分泌を制御する．副腎髄質ではチロシンがアドレナリン（エピネフリン）に代謝される（図3.5c）．アドレナリンとその前駆体であるノルアドレナリン（アミノ基にメチル置換基がないもの）は哺乳類の代謝制御にかかわるホルモンである．チロシンは甲状腺ホルモンであるチロキシンとトリヨードチロニンの前駆体でもある（図3.5d）．甲状腺ホルモンの生合成にはヨウ化物が必要である．食物中のヨウ化物の不足から起こる甲状腺腫，すなわち甲状

(a) ⁻OOC—CH₂—CH₂—CH₂—NH₃⁺

γ-アミノ酪酸（GABA）

(b) イミダゾール-CH₂—CH₂—NH₃⁺

ヒスタミン

(c) HO-(ベンゼン環-HO,OH)-CH(OH)—CH₂—NH₂⁺—CH₃

アドレナリン（エピネフリン）

(d) HO-(ベンゼン環-I,(I))-O-(ベンゼン環-I,I)-CH₂—CH(NH₃⁺)—COO⁻

チロキシン/トリヨードチロニン

▲図 3.5　標準アミノ酸に由来する化合物　(a) γ-アミノ酪酸，グルタミン酸の誘導体．(b) ヒスタミン，ヒスチジンの誘導体．(c) アドレナリン，チロシンの誘導体．(d) チロキシンとトリヨードチロニン，チロシンの誘導体．チロキシンはトリヨードチロニンよりヨウ素原子を一つ多く（括弧内）含む．

腺機能低下症を防ぐのに，米国などでは食卓塩によく少量のヨウ化ナトリウムを添加している．

ポリペプチドに組込まれた後に化学修飾を受けるアミノ酸もある．実際に数百種類の翻訳後修飾が知られている．たとえば，タンパク質コラーゲン中のプロリン残基のいくつかはヒドロキシプロリンに酸化される（§4.12）．その他のよくみられる修飾としては，グリコシル化として知られる複雑な糖鎖の付加がある（8，22章）．多くのタンパク質はセリン，トレオニン，チロシンの側鎖にリン酸基が付加するリン酸化を受ける（ヒスチジン，リシン，システイン，アスパラギン酸，グルタミン酸もリン酸化されう

る）．1対のシステイン残基が酸化されてシスチンをつくる反応も，ポリペプチド鎖が合成された後に起こる．

3.4　アミノ酸のイオン化

アミノ酸の物理的な性質は α-カルボキシ基，α-アミノ基，および側鎖のイオン化する基のイオン化状態によって影響を受ける．イオン化する基はプロトン化型と脱プロトン型が同じ濃度になる pH に相当する固有の pK_a 値をもつ（§2.9）．溶液の pH が pK_a 値より低ければプロトン化型が多くなり，アミノ酸はプロトン供与体として働く真の酸になる．溶液の pH が解離基の pK_a 値より高ければ，脱プロトン型の基が多くなり，アミノ酸はプロトン受容体として働く共役塩基として存在する．各アミノ酸は α-カルボキシ基と α-アミノ基の解離に対応する少なくとも二つの pK_a 値をもつ．さらに，7 個の標準アミノ酸はこの他にも測定可能な pK_a 値の解離性の側鎖をもつ．pK_a 値はアミノ酸ごとに違う．そのため，ある特定 pH におけるアミノ酸の実効電荷は異なることが多い．修飾を受けたアミノ酸の多くはさらにイオン化しうる基をもち，タンパク質中に多様な荷電したアミノ酸側鎖をもたらす．たとえばホスホセリンやホスホチロシンは負に荷電するようになる．

アミノ酸側鎖のイオン化状態を知ることは二つの理由で重要である．第一は，アミノ酸の側鎖のイオン化状態がタンパク質の折りたたみとタンパク質の三次元構造に影響を与えるからである（§4.11）．第二は，酵素の活性部位にあるアミノ酸のイオン的な性質を理解することは酵素の反応機構を理解するのに役立つからである（6 章）．

アミノ酸の pK_a 値は 2 章に出てきた滴定曲線から求められる．アラニンの滴定曲線を図 3.6 に示す．アラニンは二つのイオン化可能な基をもつ——α-カルボキシ基とプロトン化した α-アミノ基である．アラニンの酸性溶液に塩基を加えていくと，滴定曲線は pH 2.4 と pH 9.9 に二つの pK_a 値があることを示す．各 pK_a 値は，塩基を加えても溶液の pH が少ししか変化しない緩衝域にある．

解離基の pK_a は滴定曲線の中点に相当する．その pH で酸（プロトン供与体）の濃度が共役塩基（プロトン受容体）の濃度に等しくなる．図 3.6 に示した例では，pH 2.4 でアラニンの正電荷型

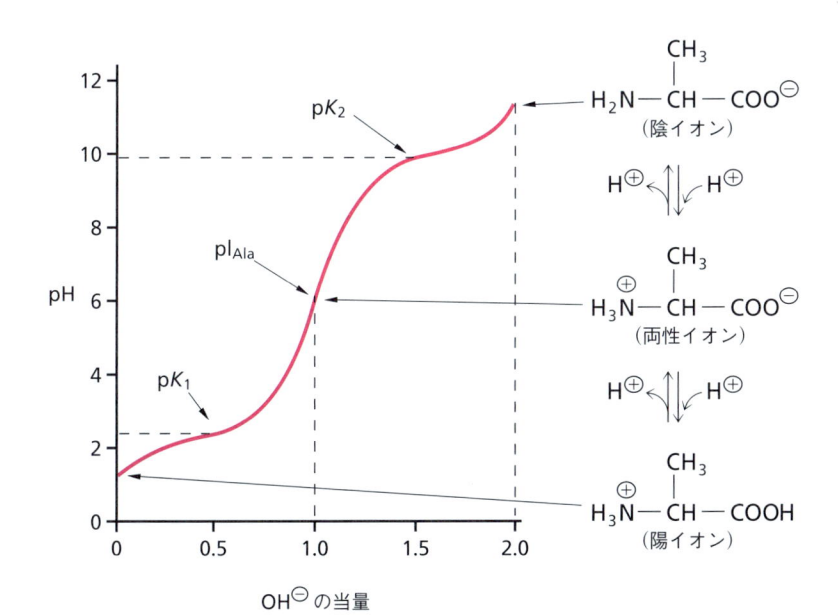

◀図 3.6　アラニンの滴定曲線　第一の pK_a 値は 2.4 で，第二は 9.9 である．pI_{Ala} はアラニンの等電点を示す．

と両性イオンの濃度が等しくなる．

$$\overset{\oplus}{NH_3}-\underset{\underset{CH_3}{|}}{CH}-COOH \rightleftharpoons \overset{\oplus}{NH_3}-\underset{\underset{CH_3}{|}}{CH}-COO^{\ominus} + H^{\oplus} \quad (3.1)$$

pH 9.9 では両性イオンの濃度は負電荷型の濃度に等しくなる．

$$\overset{\oplus}{NH_3}-\underset{\underset{CH_3}{|}}{CH}-COO^{\ominus} \rightleftharpoons NH_2-\underset{\underset{CH_3}{|}}{CH}-COO^{\ominus} + H^{\oplus} \quad (3.2)$$

第一の平衡（3.1 式）における酸-塩基の組合わせでは，両性イオンがアラニンの酸型の共役塩基であることに注意してほしい．第二の平衡（3.2 式）では，高い pH で優勢になる塩基型に対して，両性イオンがプロトン供与体，すなわち共役酸になる．

アラニン分子の実効電荷は，pH 2.4 では平均すると +0.5 である．中性の両性イオン（+/−）と陽イオン（+）の量が等しいからである．pH 9.9 では −0.5 になる．pH 2.4 と pH 9.9 の中点の pH 6.15 では，溶液中のアラニン分子の平均の実効電荷は 0 になる．このため，pH 6.15 をアラニンの等電点（pI）または等電 pH という．pI より低い pH でアラニンに電場をかけると，実効電荷は正なので（言い換えると，陽イオン型が主成分），陰極（カソード）に向けて移動する．pI より高い pH ではアラニンの実効電荷は負なので陽極（アノード）に向けて移動する．等電点（pH=6.15）では，アラニンはどちらの方向にも動かない．

ヒスチジンにはイオン化する側鎖がある．ヒスチジンの滴定曲線には側鎖の pK_a に相当するもう一つの変曲点がある（図 3.7 a）．アラニンの場合のように，第一の pK_a（1.8）は α-COOH のイオン化を表し，最も塩基性の pK_a 値（9.3）は α-アミノ基のイオン化に対応する．中間の pK_a（6.0）はヒスチジンの側鎖のイミダゾリウムイオンの脱プロトンに対応する（図 3.7 b）．pH 7.0 では，イミダゾール（共役塩基）とイミダゾリウムイオン（共役酸）との割合は 10:1 である．そのため，生理的 pH 付近では，ヒスチジンの側鎖はプロトン化型と中性型の両者がかなりの濃度で存在する．タンパク質中の個々のヒスチジンの側鎖は，そのタンパク質内における近傍の環境によりプロトン化するかしないかが決まる．言い換えると，側鎖の実際の pK_a 値は溶液中の遊離アミノ酸の場合とは違うことがある．この性質があるので，ヒスチジンの側鎖は酵素の触媒部位でプロトンを移動させるには理想的である．（§6.7 C で有名な例について述べる．）

2 個のイオン化基（α-アミノ基と α-カルボキシ基）しかもたないアミノ酸の等電点は二つの pK_a 値の平均である（すなわち，pI=(pK_1+pK_2)/2）．しかし，三つのイオン化する基があるヒスチジンのようなアミノ酸では，各イオン種の実効電荷を考慮する必要がある．ヒスチジンの等電点は実効電荷をもたない分子種の両側の pK_a 値の中間にある．すなわち，6.0 と 9.3 の中点，7.65 である．

表 3.2 に示すように，遊離アミノ酸の α-カルボキシ基の pK_a 値は 1.8～2.5 の間にある．この値は酢酸（pK_a=4.8）のような典型的なカルボン酸の pK_a 値より低い．それは，近くにある −NH$_3^+$ 基がカルボン酸の電子を引き付けるので，α-カルボキシ基がプロトンを失いやすいためである．側鎖，つまり R 基もまた α-カルボキシ基の pK_a 値に影響を与える．アミノ酸が種々の

表 3.2 遊離アミノ酸の 25℃ における酸性および塩基性基の pK_a 値

アミノ酸	α-カルボキシ基	α-アミノ基	側鎖
グリシン	2.4	9.8	
アラニン	2.4	9.9	
バリン	2.3	9.7	
ロイシン	2.3	9.7	
イソロイシン	2.3	9.8	
メチオニン	2.1	9.3	
プロリン	2.0	10.6	
フェニルアラニン	2.2	9.3	
トリプトファン	2.5	9.4	
セリン	2.2	9.2	
トレオニン	2.1	9.1	
システイン	1.9	10.7	8.4
チロシン	2.2	9.2	10.5
アスパラギン	2.1	8.7	
グルタミン	2.2	9.1	
アスパラギン酸	2.0	9.9	3.9
グルタミン酸	2.1	9.5	4.1
リシン	2.2	9.1	10.5
アルギニン	1.8	9.0	12.5
ヒスチジン	1.8	9.3	6.0

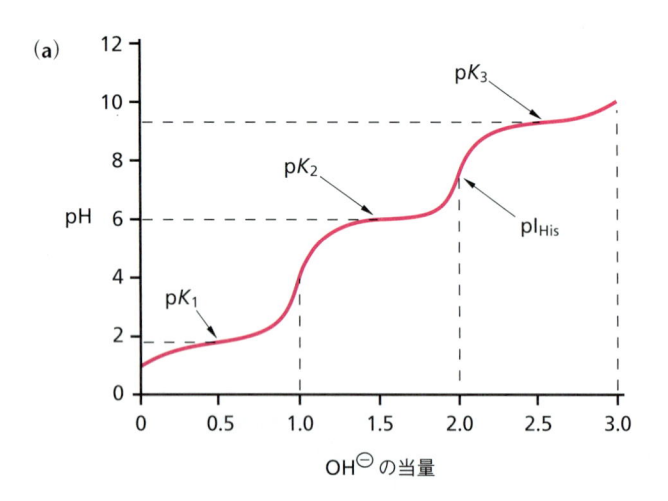

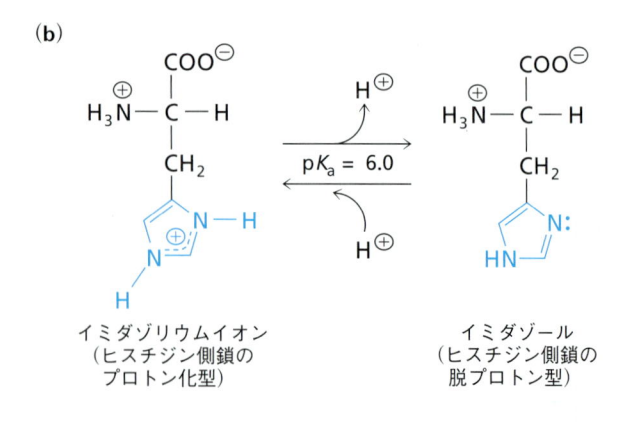

▲図 3.7 ヒスチジンのイオン化　(a) ヒスチジンの滴定曲線．3 個の pK_a 値は 1.8, 6.0, 9.3 である．pI$_{His}$ はヒスチジンの等電点を示す．(b) ヒスチジン側鎖のイミダゾリウム環の脱プロトン．

pK_a 値をもつのはこのためである．（ヒスチジンとアラニンで値が違うことをすでにみた．）

アミノ酸の α-COOH 基は弱酸である．そのため，ヘンダーソン・ハッセルバルヒの式（§2.9）を使って，特定の pH でイオン化している基の割合を計算できる．

$$pH = pK_a + \log \frac{[プロトン受容体]}{[プロトン供与体]} \quad (3.3)$$

典型的なアミノ酸で α-COOH 基の pK_a が 2.0 である場合，pH 7.0 におけるプロトン受容体（カルボン酸陰イオン）のプロトン供与体（カルボン酸）に対する比を，ヘンダーソン・ハッセルバルヒの式を使って計算できる．

$$7.0 = 2.0 + \log \frac{[RCOO^\ominus]}{[RCOOH]} \quad (3.4)$$

この場合，カルボン酸陰イオンとカルボン酸の割合は，100 000：1 である．これは細胞内の通常の条件ではカルボン酸陰イオンが主成分であることを意味する．

遊離アミノ酸の α-アミノ基は遊離アミン，$-NH_2$（プロトン受容体），またはプロトン化したアミン，$-NH_3^+$（プロトン供与体）として存在しうる．pK_a 値は表 3.2 に示すように 8.7〜10.7 の範囲にある．α-アミノ基の pK_a 値が 10.0 のアミノ酸の場合，プロトン受容体とプロトン供与体の割合は pH 7.0 では 1：1000 である．言い換えると，生理的条件では α-アミノ基は大部分がプロトン化し正に荷電している．遊離アミノ酸は中性 pH ではほとんどが両性イオンであると前に述べたが，それがこの計算から正しいとわかる．また，このことからアミノ酸の構造を $-COOH$ 基と $-NH_2$ 基を付けて書くのは不適切であるとわかる．かなりの分子が，プロトンが付いたカルボキシ基とプロトンが付いていないアミノ基をもつような pH はありえないからである（問題 19 参照）．プロリンの第二級アミノ基（pK_a=10.6）も中性 pH ではプロトン化している．したがって，プロリンも —— 側鎖が α-アミノ基に結合していても —— pH 7 では両性イオンである．

側鎖にイオン化基をもつ 7 種の標準アミノ酸は，アスパラギン酸，グルタミン酸，ヒスチジン，システイン，チロシン，リシン，アルギニンである．これらの基のイオン化は α-アミノ基や α-カルボキシ基と同じ原理に従い，それぞれのイオン化にはヘンダーソン・ハッセルバルヒの式が適用できる．グルタミン酸の γ-カルボキシ基（pK_a=4.1）のイオン化を図 3.8（a）に示す．γ-カルボキシ基は α-アンモニウムイオンから遠く離れていて影響を受けないので，pK_a=4.1 の弱酸として挙動する．このため，酢酸と似た強さ（pK_a=4.8）になる．これに対し，α-カルボキシ基はもっと強い酸（pK_a=2.1）である．図 3.8（b）に強塩基性溶液中でのアルギニン側鎖のグアニジニウムイオンの脱プロトンを示した．グアニジニウムイオンは電荷が非局在化して安定化するので，pK_a 値が 12.5 にまで高くなる．

前にも述べたように，タンパク質中ではイオン化する側鎖の pK_a 値は遊離アミノ酸のそれとは違うことがある．二つの要因でイオン化定数が変動する．第一に，α-アミノ基と α-カルボキシ基はタンパク質中でペプチド結合でつながると電荷を失う．そのため，近くの側鎖に与える誘起効果は弱くなる．第二に，タンパク質の三次元構造中では，イオン化しうる側鎖の位置が pK_a 値に影響する．たとえば，酵素リボヌクレアーゼ A には 4 個のヒスチジン残基があるが，各残基の周囲の環境，すなわち微小環境の違いで側鎖の pK_a 値は少しずつ異なっている．

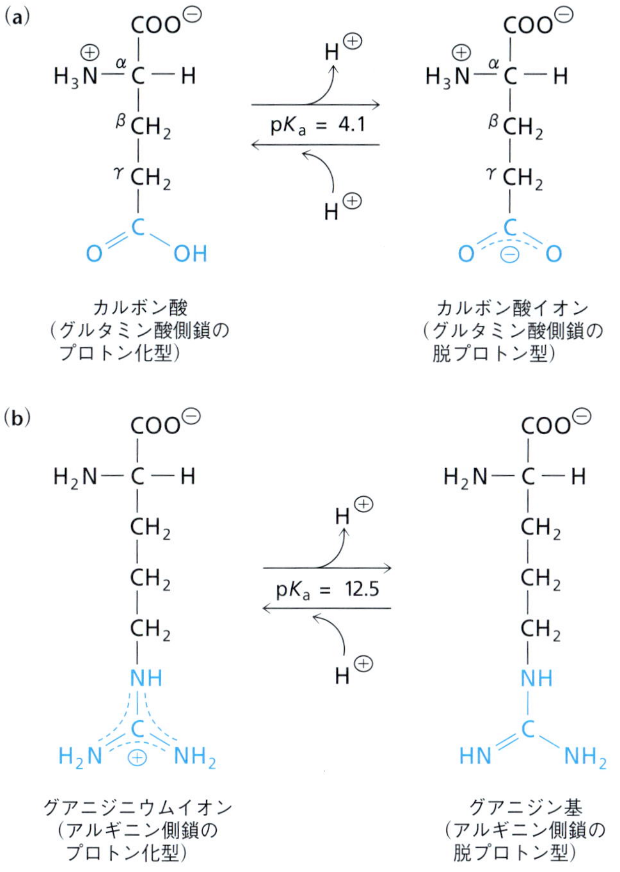

▲図 3.8 アミノ酸側鎖のイオン化 （a）グルタミン酸のプロトン化した γ-カルボキシ基のイオン化．カルボン酸陰イオンの負電荷は非局在化している．（b）アルギニン側鎖のグアニジニウムイオンの脱プロトン．正電荷は非局在化している．

❗ すべての酸塩基対で，pK_a とはこの二つの型の濃度が等しくなる pH である．

❗ アミノ酸側鎖のイオン化状態は，その pK_a とそれが置かれた環境の pH によって決まる．

3.5 ペプチド結合はタンパク質中のアミノ酸をつなぐ

ポリペプチド鎖中のアミノ酸の線状の配列をタンパク質の**一次構造**（primary structure）という．さらに高次の構造を二次構造，三次構造，四次構造という．タンパク質の構造は次章でもっと詳しく取扱うが，ペプチド結合と一次構造を理解することが本章の後半の話題を議論するのに重要である．

> ペプチド結合の構造は §4.3 に記載する．

アミノ酸間の結合はアミド結合の一種で**ペプチド結合**（peptide bond）とよばれる（図 3.9）．この結合は一つのアミノ酸の α-カルボキシ基ともう一つのアミノ酸の α-アミノ基の単純な縮合でできると考えてよい．縮合する二つのアミノ酸から 1 個の水分子が除去される．（§2.6 を思い出そう．このような単純な縮合反応は，水分子が大過剰にあるために，水溶液中では非常に起こりにくい．実際のタンパク質合成過程では，この制約を乗り越えるために反応性が高い中間体を使っている．）溶液中の遊離アミノ酸のカルボキシ基やアミノ基とは違い，ペプチド結合に組込まれたアミノ基やカルボキシ基はイオン電荷をもたない．

▲図3.9 2個のアミノ酸間のペプチド結合 ペプチド結合の構造は一つのアミノ酸のα-カルボキシ基が，別のアミノ酸のα-アミノ基と縮合した反応の産物とみなすことができる．その結果，アミノ酸がペプチド結合でつながったジペプチドができる．図では，アラニンがセリンと縮合してアラニルセリンができることを示す．

> タンパク質合成（翻訳）は22章に記載する．

ポリペプチド鎖中に組込まれたアミノ酸部分をアミノ酸残基という．アミノ酸残基の名前は接尾語のイン (-ine) やエート (-ate) をイル (-yl) に変えてつくる．たとえば，ポリペプチド中のグリシン残基はグリシル，グルタミン酸残基はグルタミルとよぶ．アスパラギン（asparagine），グルタミン（glutamine），システイン（cysteine）の場合は，アミノ酸の最後の -e を -yl に変えて，それぞれアスパラギニル，グルタミニル，システイニル残基となる．接尾語 -yl はその残基がアシル単位（カルボキシ基のヒドロキシを欠く構造）であることを示す．図 3.9 に示したジペプチドはアラニルセリンとよぶ．アラニンはアシル単位に変わっているが，アミノ酸のセリンはカルボキシ基をもつからである．

ペプチド鎖の両端にある遊離アミノ基と遊離カルボキシ基をそれぞれN末端（アミノ末端），C末端（カルボキシ末端）とよぶ．中性 pH では両末端はいずれも電荷をもつ．ペプチド鎖中のアミノ酸残基は N 末端から C 末端に向けて番号を付け，左から右に向けて書く習慣になっている．この書き方はタンパク質合成（§22.6）の方向と一致している．タンパク質合成は N 末端アミノ酸〔ほとんどの場合メチオニン（§22.5）〕から C 末端方向に向かって 1 回ごとに 1 残基ずつ結合して順番に進む．

ペプチドやポリペプチド中のアミノ酸配列を書くのに，アミノ酸の標準の 3 文字略号（たとえば，Gly-Arg-Phe-Ala-Lys）と 1 文字略号（たとえば，GRFAK）の両方を使う．そのため，両方の略号を知っておくことが重要である．ジペプチド，トリペプチド，オリゴペプチド，ポリペプチドは，それぞれ 2 個，3 個，少数（ほぼ 20 個まで），多数（普通 20 個以上）のアミノ酸残基から成る鎖を意味する．ジペプチドは 1 個，トリペプチドは 2 個，等々のペプチド結合をもつ．一般則として，長さによらずペプチド鎖は 1 個の遊離 α-アミノ基と 1 個の遊離 α-カルボキシ基をもつ．（例外として，末端が共有結合で修飾されたペプチドや環状ペプチドがある．）ペプチド結合ができると，遊離アミノ酸にあるイオン化可能な α-アミノ基と α-カルボキシ基がなくなることに注意しよう．そのため，タンパク質分子の電荷の大部分はアミノ酸の側鎖に由来する．このことは，タンパク質の溶解度やイオン的な性質のほとんどがアミノ酸組成によって決まることを意味している．また，残基の側鎖同士が相互作用し，この相互作用がタンパク質分子の三次元的な形や安定性を決めている（4 章）．

生物学的に重要なさまざまなペプチドがあるので，ペプチド化学は活発な研究領域である．ペプチド性のホルモンもある．たとえば，エンドルフィンは脊椎動物の痛みを調節する天然分子である．食品添加物として役立つ非常に簡単なペプチドもある．たとえば，甘味料のアスパルテームはアスパルチルフェニルアラニンのメチルエステルである（図 3.10）．アスパルテームは砂糖より約 200 倍甘く，ダイエット飲料に広く使われている．ヘビ毒や毒キノコに含まれるペプチドのように，ペプチド性毒素もたくさんある．

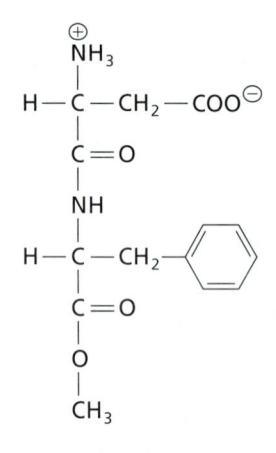

◀図 3.10 アスパルテーム（アスパルチルフェニルアラニンメチルエステル）

◀米国の一方通行の標識．ポリペプチドの配列を正しく書く方法は一つだけ．N 末端から C 末端への一方通行である．

▲グリーンマンバ（*Dendroapsis angusticeps*） この毒ヘビの毒の一つは大きなタンパク質で，その配列は MICYSHKTPQPSA-TITCEEKTCYKKSVRKLPAVVAGRGCGCPSKEMLVAIHCCRSD-KCNE〔Viljoen and Botes (1974), *J. Biol. Chem.* 249:366〕

3.6 タンパク質の精製技術

ある一つのタンパク質を研究室で研究しようとするときには，まず似ているタンパク質が含まれている細胞構成成分全体から，目的タンパク質を分離しなければならない．精製前の細胞タンパク質混合物には何百（もしくは何千）種類ものタンパク質が含まれるので，使える分析法は少ない．タンパク質ごとに精製工程はみな異なる．さまざまな方法を試し，生物活性を保持した高純度のタンパク質が再現性よく得られる方法を確立しなければならない．精製法の各段階で，タンパク質の溶解度，実効電荷，大きさ，結合の特異性などの微妙な差を利用する．本節では，タンパク質を精製する一般的な方法をいくつか取上げる．タンパク質の分解や変性（ペプチド鎖のほぐれ）のような温度依存性の反応を最小限にするため，ほとんどの精製法は0～4℃の間で行う．

タンパク質精製の最初の段階は，目的タンパク質を含む溶液を用意することである．タンパク質の抽出材料として，目的タンパク質が全乾燥重量の0.1％未満しかない細胞を丸ごと使うことが多い．細胞内タンパク質を精製するには細胞を緩衝液に懸濁してホモジナイズしたり，破壊して細胞断片にする必要がある．このような条件でほとんどのタンパク質が可溶化する．（おもな例外として，特殊な精製法が必要な膜タンパク質がある．）この溶液中にある多数のタンパク質中の一つが目的タンパク質であると仮定しよう．

タンパク質を精製するつぎの段階は，ある程度おおまかに分離，つまり分画することが多く，それには塩類溶液に対するタンパク質の溶解度の差を利用する．このような分画には硫安（硫酸アンモニウム）がよく使われる．タンパク質の溶液に適量の硫安を混ぜ，溶解度の低い不純物を沈殿させて遠心して除く．目的タンパク質とそれ以外のもっと溶解度が高いタンパク質は上清画分とよぶ溶液中に残る．つぎに目的タンパク質が沈殿するまでさらに硫安を加える．混合物を遠心して液体を除き，沈殿を最少量の緩衝液に溶かす．硫安を使う分画では普通2～3倍の精製ができる（こうして得られた濃縮タンパク質溶液画分では，1/2～2/3の不要なタンパク質が除かれたことになる）．この時点で，残った硫安を含む溶媒を透析して，クロマトグラフィーに適した緩衝液に置換する．

透析ではタンパク質溶液を筒状のセロハンチューブに封じ込めて，大量の緩衝液の中に浮かべる．セロハン膜は半透性なので，高分子量のタンパク質は大きすぎて膜の穴が通れずに中に残り，低分子量の溶質（この場合，アンモニウムイオンと硫酸イオン）は拡散して緩衝液中の溶質と置き換わる．

カラムクロマトグラフィー（column chromatography）は，タンパク質混合物をさらに分画するのによく使う．セルロース繊維の誘導体や合成樹脂などの不溶性担体を円筒状のカラムに詰める．タンパク質の混合物をカラムに添加し，溶離液を加えて不溶性担体を洗う．溶離液がカラムを通って流れ出したら，溶出液（カラムの下端から出てくる液体）を多数の画分に分けて回収する．図3.11（a）にはその一部の画分を示した．担体を通ってタンパク質が移動する速度はタンパク質と担体の相互作用で決まる．カラムを使えば，異なるタンパク質はそれぞれ異なる速度で溶出

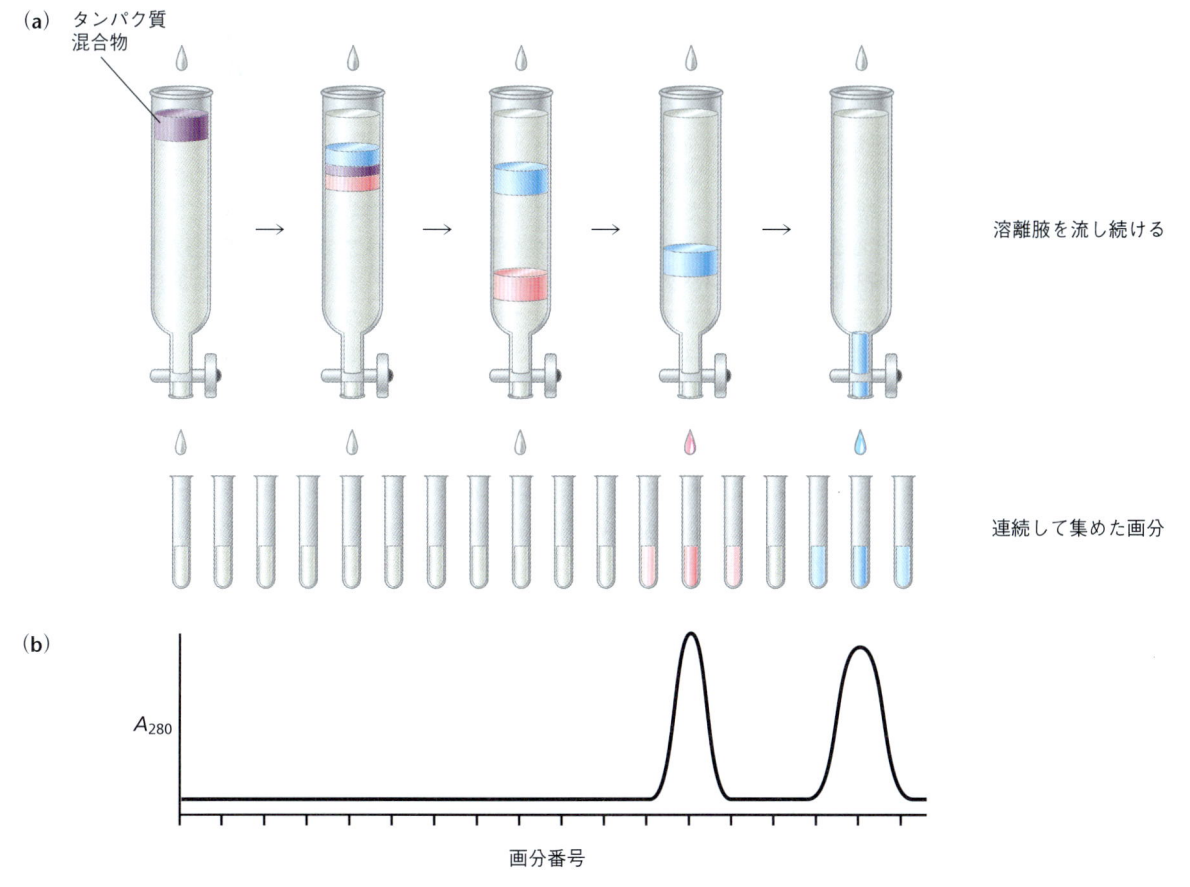

▲図3.11　カラムクロマトグラフィー　（a）固相の担体が入ったカラムにタンパク質の混合液を加える．つぎに貯留槽から溶離液をカラムに流す．各タンパク質（赤と青のバンドで示す）は溶離液で流され，担体との相互作用によって異なる速さでカラム中を移動する．溶出液を連続的に画分に分取する．そのうちの一部を示した．（b）各画分のタンパク質濃度は，280 nmの吸収を測定して求める．ピークは（a）に示したタンパク質のバンドの溶出に相当する．つぎに各画分に目的タンパク質が含まれているか調べる．

される．各画分のタンパク質の濃度は溶出液の 280 nm の吸収を測ればわかる（図 3.11 b）．（§3.2 B で述べたように，チロシンとトリプトファンは中性 pH では 280 nm の紫外線を吸収する．）目的タンパク質の溶出位置を知るには，タンパク質を含む画分の生物活性やその他の特徴的な性質の検査，試験をしなければならない．カラムクロマトグラフィーは高密度に充填した小さなカラムに高圧で溶離液を流し，かつコンピューターで溶離液の流れを調節して行うこともできる．この方法を **HPLC**（high-performance liquid chromatography；高速液体クロマトグラフィー）という．

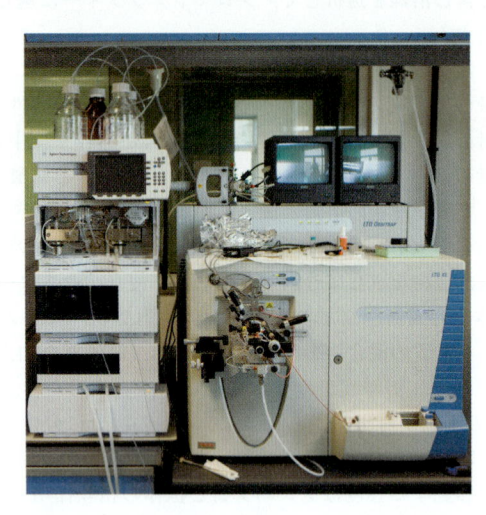

▲ 研究室によくある HPLC 装置（左）．右の大きな装置は質量分析機．（イタリア，ミラノ，薬学研究所）

クロマトグラフィーの方法は担体の種類によって分類する．**イオン交換クロマトグラフィー**（ion-exchange chromatography）では，担体は正電荷（陰イオン交換樹脂）か負電荷（陽イオン交換樹脂）をもつ．陰イオン交換担体は負に荷電したタンパク質を結合して担体中に保持し，その後で溶出させる．逆に，陽イオン交換担体は正に荷電したタンパク質を結合する．結合したタンパク質は溶離液中の塩濃度を徐々に上げることで順次溶出できる．塩濃度を上げていくと，塩類イオンが担体に対するタンパク質の結合を壊す濃度に到達する．この濃度になるとタンパク質は遊離して溶出液中に集められる．結合した個々のタンパク質はそれぞれ異なる塩濃度で溶出されるので，イオン交換クロマトグラフィーはタンパク質の精製における強力な武器となる．

ゲル沪過クロマトグラフィー（gel-filtration chromatography）は分子の大きさに従ってタンパク質を分離する．ゲルは多孔性粒子の担体である．平均の孔半径より小さなタンパク質は担体粒子内部に入りこむ．したがって，緩衝液がカラムを通るときに担体内で遅れる．タンパク質が小さければ小さいほどカラムからの溶出は遅くなる．タンパク質分子が大きくなると入り込める孔は少なくなる．そのため，最も大きなタンパク質は担体粒子の外側を通過して最初に溶出する．

アフィニティークロマトグラフィー（affinity chromatography）は最も選択的なカラムクロマトグラフィーである．アフィニティークロマトグラフィーは，目的タンパク質と，カラム担体に共有結合で固定化した分子との間の特異的な相互作用に基づいている．担体に固定化させる分子としては，生体内でタンパク質に結合する基質やリガンド，目的タンパク質を認識する抗体，細胞内で目的タンパク質と結合することが知られている別のタンパク質などがある．タンパク質の混合物がカラムの中を通過するとき，目的のタンパク質だけが特異的に担体に結合する．つぎにそのカラムを緩衝液で何回か洗って非特異的に結合したタンパク質を除く．最後に，目的タンパク質とカラム担体との間の相互作用を壊す高濃度の塩を含む溶離液でカラムを洗えば目的タンパク質を溶出できる．溶離液に過剰のリガンドを加えて，結合したタンパク質をアフィニティーカラムから選択的に遊離させられる場合もある．目的タンパク質が，不溶性カラム担体に固定化された低濃度のリガンドに結合したままでいるより，溶液中のリガンドに結合しようとするからである．この方法はリガンドが小分子の場合に最も効果がある．アフィニティークロマトグラフィーだけでタンパク質を 1000～10000 倍まで精製できることもある．

3.7 分析技術

電気泳動はタンパク質を電場の中で移動させて分離する．**ポリアクリルアミドゲル電気泳動**（polyacrylamide gel electrophoresis；**PAGE**）では，架橋に富んだポリアクリルアミドでつくったゲル担体の上にタンパク質試料を置いて電場をかける．担体は弱塩基性 pH の緩衝液を含むので，多くのタンパク質が陰イオンとなって，陽極に向かって移動する．複数の試料を標準物質とともに一度に泳動する．ゲル担体は大きな分子が電場の中を移動する際に移動を遅らせる．そのため，タンパク質は電荷と質量の双方に依存して分離する．

標準的な電気泳動の変法の一つに，負に荷電した界面活性剤，ドデシル硫酸ナトリウム（sodium dodecyl sulfate；SDS）を使ってタンパク質を負電荷で覆い，タンパク質が質量だけに依存して分離するようにしたものがある．SDS-ポリアクリルアミドゲル電気泳動（**SDS-PAGE**）はタンパク質の純度を評価したり，分子量を見積もるのに使われる．SDS-PAGE では界面活性剤を担体と試料タンパク質溶液の両方に加える．還元剤も加えてジスルフィド結合があれば還元して切断する．疎水性の長い尾をもつドデシル硫酸陰イオン（$CH_3(CH_2)_{11}OSO_3^-$，図 2.9）は，ポリペプチド鎖中のアミノ酸残基の疎水性側鎖に結合する．普通のタンパク質の場合，SDS はアミノ酸 2 残基当たりほぼ 1 分子の割合で結合する．大きなタンパク質ほど相対的に多くの SDS を結合するので，電荷と質量の比がどのタンパク質でもほぼ一定になる．SDS-タンパク質複合体のすべてが多数の負電荷を帯び，図 3.12（a）の図のように陽極に向けて移動する．しかし，ゲル内での移動度は質量の対数に逆比例する——大きなタンパク質ほど大きな抵抗を受けるので，小さなタンパク質よりゆっくりと移動する．このふるい効果はゲル沪過クロマトグラフィーの場合とは違う．ゲル沪過では大きな分子はゲルの孔から排除されるので速く移動する．SDS-PAGE ではすべての分子がゲルの孔に入るので，最も大きな分子がいちばん遅く移動する．この移動度の差から生じるタンパク質のバンドは染色すれば可視化できる（図 3.13）．未知のタンパク質の分子量は，同じゲルで泳動させた標準タンパク質の移動度と比較して見積もることができる．

SDS-PAGE は元来は分析用の手法であるが，タンパク質の精製にも使えるようになった．SDS-PAGE ゲル中にある変性したタンパク質はバンドを切出して回収できる．つぎに，ゲルに電流をかけて，電気溶出によってタンパク質をゲルから緩衝液中に溶出させる．濃縮して塩を除けば，構造分析や抗体作成，その他の目的にタンパク質試料として使うことができる．

質量分析法（mass spectrometry）は名前が示すように分子の質量を決める技術である．最も基本的な質量分析計では，気体状

3.7 分析技術

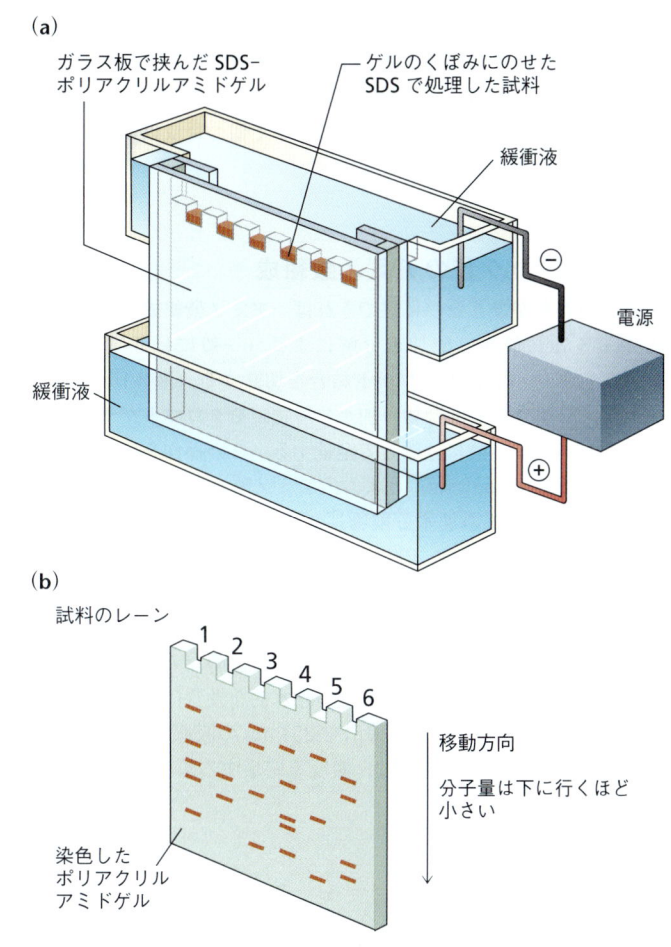

(a)
- ガラス板で挟んだSDS-ポリアクリルアミドゲル
- ゲルのくぼみにのせたSDSで処理した試料
- 緩衝液
- 電源
- 緩衝液

(b)
- 試料のレーン
- 移動方向 分子量は下に行くほど小さい
- 染色したポリアクリルアミドゲル

▲図 3.12 **SDS-PAGE** (a) 電気泳動装置は 2 枚のガラス板に挟まれた SDS-ポリアクリルアミドゲルと上下の水槽に入れた緩衝液から成る．試料をゲルのくぼみに入れ，電圧をかける．SDS と結合したタンパク質は負電荷を帯びるので陽極に向けて移動する．(b) タンパク質のバンドは電気泳動が終わってから染色して見ることができる．小さなタンパク質は速く移動するので，分子量のいちばん小さなタンパク質はゲルの下端にくる．

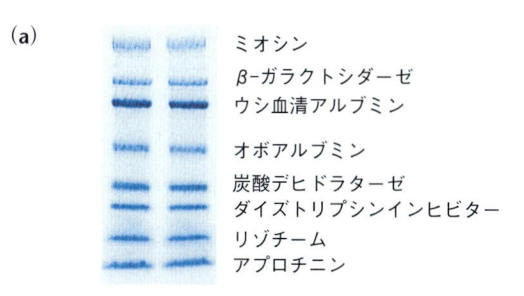

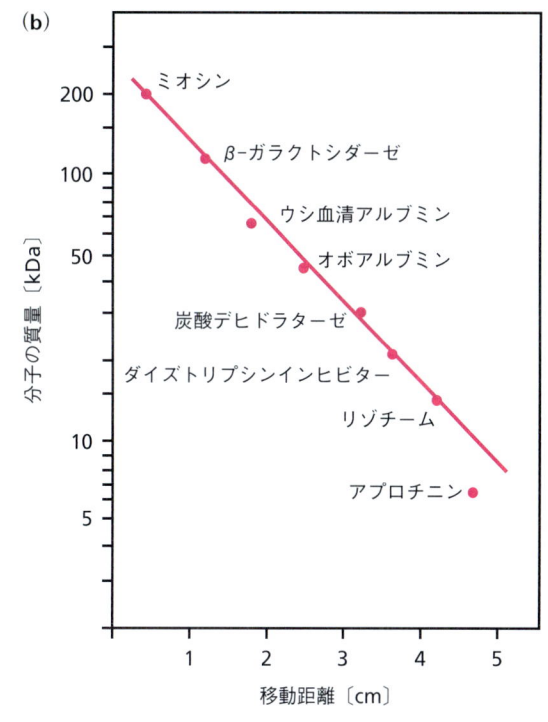

(a)
- ミオシン
- β-ガラクトシダーゼ
- ウシ血清アルブミン
- オボアルブミン
- 炭酸デヒドラターゼ
- ダイズトリプシンインヒビター
- リゾチーム
- アプロチニン

(b) 分子の質量 [kDa] vs 移動距離 [cm]

▲図 3.13 **SDS-ポリアクリルアミドゲルで分離した染色タンパク質** (a) 分離後に染色されたタンパク質．大きい分子量のものが上端にある．(b) タンパク質の分子量と，ゲル中での移動距離の関係を示すグラフ．

態にした荷電分子が注入された点から高感度検出器に到達するまでに要する時間を測定する．この時間は分子の電荷と質量に依存し，結果は質量/電荷比で示される．この技術は化学の分野では100 年近くにわたって使われてきたが，最近まで荷電したタンパク質分子を分散させてガス状の粒子の流れとすることができなかったため，タンパク質への応用はほとんどできなかった．

この問題は，1980 年代後半に二つの新しい質量分析法が発達して解決された．**エレクトロスプレー質量分析法**（electrospray mass spectrometry）では，タンパク質の溶液を高電圧のもとで金属針から吹き出させて小さな液滴をつくらせる．溶媒は真空中で急速に蒸発し，荷電したタンパク質は磁場によって検出器上に焦点化される．第二の技術は**マトリックス支援レーザー脱離イオン化法**（matrix-assisted laser desorption ionization；**MALDI**）とよばれる．この方法ではタンパク質をマトリックスとよばれる化学物質と混ぜ，その混合物を金属基盤の上に滴下する．マトリックスは小さな有機分子で，特定の波長の光を吸収する．その波長のレーザーをパルスとして照射するとマトリックスを介してエネルギーがタンパク質分子にも与えられる．タンパク質は瞬時に基盤から脱離（desorbed）し，検出器へ向かう（図 3.14）．飛行時間（time-of-flight；TOF）を測定する場合，この技術を MALDI-TOF とよぶ．

質量分析実験の生データは図 3.14 に示すように非常に単純である．1 個の電荷をもつ 1 種類の分子種なら，質量/電荷比から直接に質量がわかる．そうでない場合，特にエレクトロスプレー質量分析法の場合には，スペクトルはもっと複雑になる．電荷が

▲ John B. Fenn（1917～2010, 左）と田中耕一（1959～，右）は"質量分析のために生体高分子をイオン化して遊離させる温和な方法を開発"したことにより，2002 年のノーベル化学賞を受賞した．

法とともに，ソフトウェアの開発によるところも大きい．

質量分析法は非常に高感度できわめて正確である．タンパク質の質量はSDS-PAGEから単離したピコモル量（10^{-12} mol）の試料でも決められることが多い．プロトン1個の質量以下の高い精度で質量が求められる．

3.8 タンパク質のアミノ酸組成

タンパク質がひとたび単離できれば，アミノ酸組成を決めることができる．最初に酸加水分解により（一般には6M HClを使って）タンパク質のペプチド結合を切断する（図3.15）．つぎに，加水分解された混合物（加水分解物）をクロマトグラフィーの手法で各アミノ酸に分離して定量する．この操作を**アミノ酸分析**（amino acid analysis）とよぶ．アミノ酸分析の方法の一つとして，タンパク質の加水分解物にフェニルイソチオシアネート（phenylisothio cyanate；PITC）をpH 9.0で作用させ，フェニルチオカルバモイル（phenylthiocarbamoyl；PTC）アミノ酸誘導体にするものがある（図3.16）．PTCアミノ酸の混合物を，短い炭化水素鎖を結合させた細かいシリカ粒子を詰めたカラムを使ったHPLCにかける．アミノ酸は側鎖の疎水的な性質に従って分離する．PTCアミノ酸誘導体の溶出を254 nmの吸収（PTC部分の極大吸収）を測定して検出し，濃度を定量する．異なるPTCア

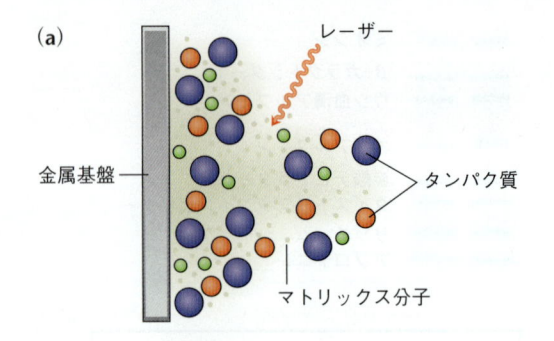

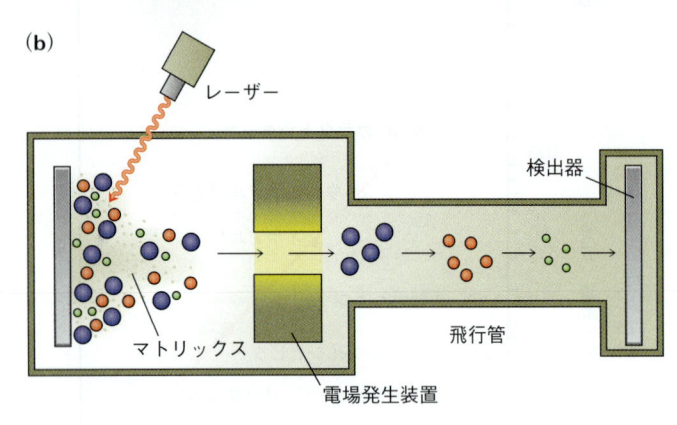

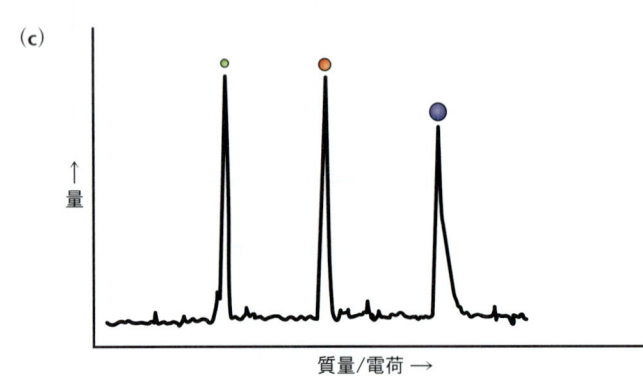

▲図3.14 **MALDI-TOF質量分析法** (a) 光照射によりタンパク質がマトリックスから遊離する．(b) 荷電したタンパク質は電場により検出器に向かう．(c) 検出器に到達するまでの時間はタンパク質の質量と電荷で決まる．

違う分子がいくつもある場合，分子のグループを電荷+1, +2, +3などで割り算して正しい分子量を計算する必要がある．試料がさまざまなタンパク質の混合物の場合，複雑なスペクトルになることもある．幸い，そのデータを解析して正しい分子量を算出できる精巧なコンピュータープログラムがある．質量分析法が今よく使われているのは，新しいハードウェアや新しい試料の調製

▲図3.16 **アミノ酸のフェニルイソチオシアネート（PITC）処理** アミノ酸のα-アミノ基はフェニルイソチオシアネートと反応してフェニルチオカルバモイルアミノ酸（PTCアミノ酸）ができる．

図3.15 ▶ **酸によるペプチドの加水分解** 6M HCl，110℃で16〜72時間処理すると，ペプチドを構成するアミノ酸は遊離する．

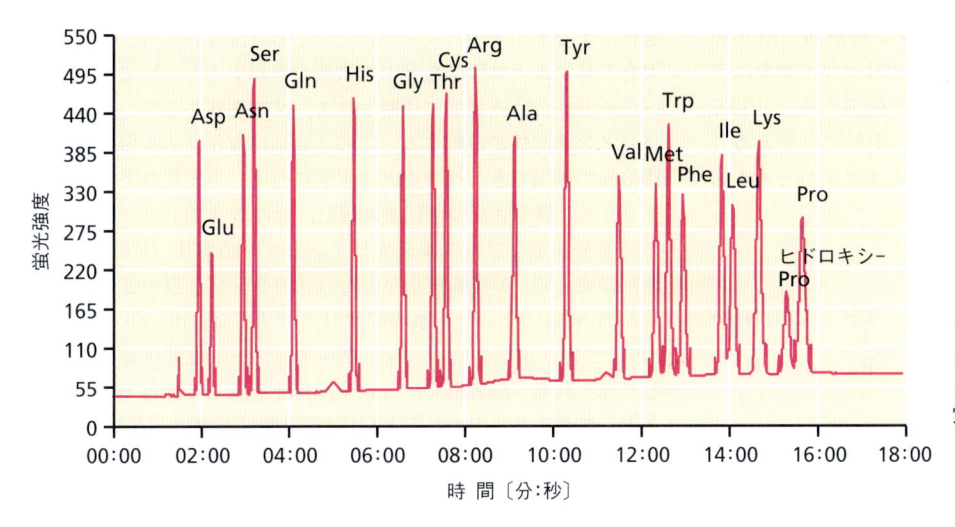

◀図3.17　HPLCによるアミノ酸の分離
タンパク質を酵素で分解して得られたアミノ酸をo-フタルアルデヒドと反応させて蛍光標識し，HPLCで分離する．

ミノ酸誘導体は異なる速度で溶出されるので，カラムからアミノ酸誘導体が溶出される時間を標準物と比べてアミノ酸の同定ができる．加水分解物中の各アミノ酸の量はピークの面積に比例する．この方法では，約200残基のタンパク質の場合，1ピコモル程度の量でアミノ酸分析ができる．

酸加水分解は有用ではあるが，完全なアミノ酸組成は求められない．アスパラギンやグルタミンの側鎖はアミド結合を含むので，タンパク質のペプチド結合を切るのに使う酸が，アスパラギンをアスパラギン酸へ，グルタミンをグルタミン酸へと変換してしまう．その他の酸加水分解法の難点として，セリン，トレオニンおよびチロシンが少し失われる．さらに，トリプトファンの側鎖は酸加水分解によってほぼ完全に破壊される．これらの難点を克服する方法もいくつかある．たとえば酸加水分解の代わりに，酵素でタンパク質を分解することもできる．得られた遊離アミノ酸に蛍光を発する化合物を結合させて，標識されたアミノ酸をHPLCで分析する（図3.17）．

多くのタンパク質の完全なアミノ酸組成が，さまざまな分析法によって決められている．アミノ酸組成は驚くほど違うが，これは20種類のアミノ酸の組合わせによって膨大な多様性が生み出されることを示している．

タンパク質のアミノ酸組成（と配列）は遺伝子の配列からも決められる．事実，今日ではタンパク質を精製して配列を決めるより，DNAをクローニングして配列を決める方がずっとやさしい．表3.3にはタンパク質データベースに納められている1000種類以上の異なるタンパク質のアミノ酸の平均存在比を示した．最も多量に存在するアミノ酸はロイシン，アラニン，グリシンで，ついでセリン，バリン，グルタミン酸である．トリプトファン，システイン，ヒスチジンは典型的なタンパク質では最も少ないアミノ酸である．

> タンパク質中のアミノ酸の存在割合はそれぞれのアミノ酸のコドンの数に関係している（§22.1）．

表3.4にあるアミノ酸の分子量を使えば，アミノ酸組成がわかっているタンパク質の分子量を計算できる．ペプチド結合一つにつき水1分子の分子量を引くことを忘れないように（§3.5）．タンパク質のおおよその分子量を知りたければ，1残基当たりの平均の分子量（約110）から計算すればよい．アミノ酸650残基から成るタンパク質のおおよその相対質量は71500（分子量71500）になる．

表3.3　タンパク質のアミノ酸組成

アミノ酸		タンパク質中の存在割合（％）
高度疎水性	Ile（I）	5.2
	Val（V）	6.6
	Leu（L）	9.0
	Phe（F）	3.9
	Met（M）	2.4
低度疎水性	Ala（A）	8.3
	Gly（G）	7.2
	Cys（C）	1.7
	Trp（W）	1.3
	Tyr（Y）	3.2
	Pro（P）	5.1
	Thr（T）	5.8
	Ser（S）	6.9
高度親水性	Asn（N）	4.4
	Gln（Q）	4.0
酸　性	Asp（D）	5.3
	Glu（E）	6.2
塩基性	His（H）	2.2
	Lys（K）	5.7
	Arg（R）	5.7

表3.4　アミノ酸の分子量

アミノ酸	分子量	アミノ酸	分子量
Ala（A）	89	Leu（L）	131
Arg（R）	174	Lys（K）	146
Asn（N）	132	Met（M）	149
Asp（D）	133	Phe（F）	165
Cys（C）	121	Pro（P）	115
Gln（Q）	146	Ser（S）	105
Glu（E）	147	Thr（T）	119
Gly（G）	75	Trp（W）	204
His（H）	155	Tyr（Y）	181
Ile（I）	131	Val（V）	117

3.9　アミノ酸残基の配列決定

アミノ酸分析によってタンパク質の組成に関する情報は得られるが，一次構造（残基の配列）に関する情報は得られない．1950年，Pehr Edmanはタンパク質のN末端から一度に1残基ずつ切

離して同定する方法を開発した．この**エドマン分解法**（Edman degradation procedure）では，タンパク質やポリペプチドをエドマン試薬としても知られる PITC で pH 9.0 で処理する．（PITC は図 3.16 に示したように，遊離のアミノ酸の定量にも使える．）PITC は鎖の遊離 N 末端と反応してフェニルチオカルバモイル誘導体，すなわち PTC ペプチドをつくる（図 3.18）．PTC ペプチドをトリフルオロ酢酸などの無水酸で処理すると，N 末端残基のペプチド結合は選択的に切断されて，N 末端残基のアニリノチアゾリノン誘導体が遊離する．この誘導体は塩化ブチルのような有機溶媒で抽出でき，ペプチドは水層に残る．不安定なアニリノチアゾリノン誘導体をつぎに酸処理し，元の N 末端残基であったアミノ酸を安定なフェニルチオヒダントイン誘導体（PTH アミノ酸）に変える．1 残基短くなった（元のタンパク質の 2 番目の残基が N 末端になった）水相のポリペプチドは，pH 9.0 に戻して PITC と再び反応させる．シークエネーター（配列決定装置）として知られる自動装置で，この全操作を連続して繰返すことができる．各サイクルで生じる PTH アミノ酸はクロマトグラフィー，通常は HPLC で同定できる．

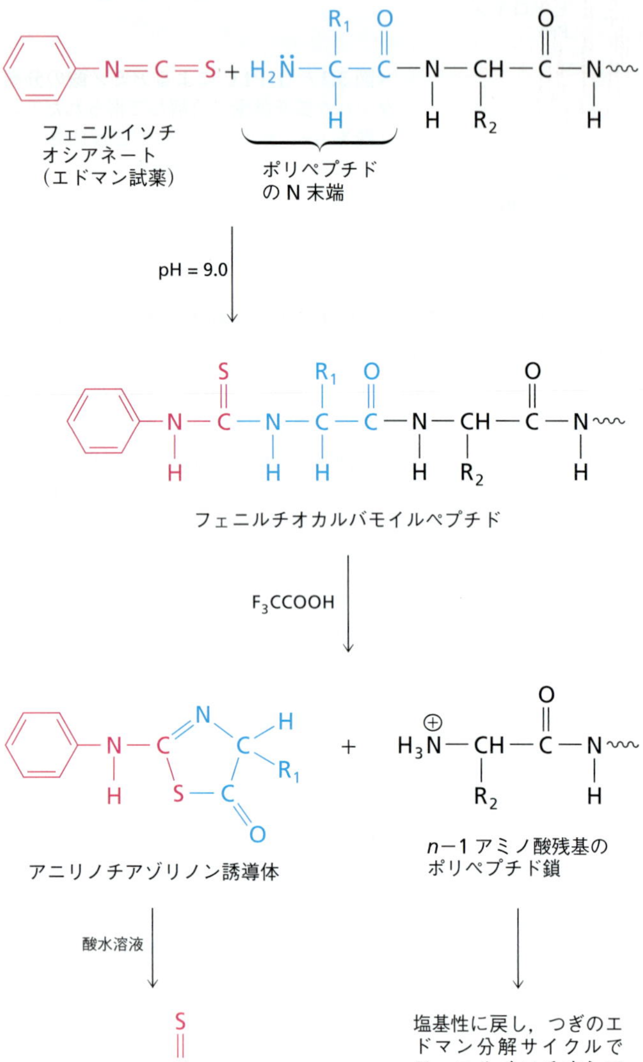

　注意深く制御した条件の下では，エドマン分解法の収率は 100％に近い．各サイクルごとに未反応で残る試料が累積して，それ以上の同定を妨げるようになるまでに，数ピコモルのタンパク質試料で 30 残基またはそれ以上の配列を決めることができる．たとえば，エドマン分解の操作が 98％の効率であったとすると，30 サイクル目の累積の収率は 0.98^{30}，すなわち，0.55 である．言い換えれば，30 サイクル目で生じる PTH アミノ酸のほぼ半分だけが N 末端より 30 番目のアミノ酸から由来したものになる．

3.10　タンパク質の配列決定の手順

　ほとんどのタンパク質では残基が多すぎてエドマン分解法を N 末端から行っただけでは完全な構造は決まらない．そのため，プロテアーゼ（タンパク質中のペプチド結合を加水分解する酵素）や化学試薬を使ってタンパク質中のいくつかのペプチド結合を選択的に切る必要がある．その後，生じる小さなペプチド断片を単離してエドマン分解法でアミノ酸配列を決める．

　臭化シアン（BrCN）はメチオニン残基と特異的に反応してペプチド結合を切断し，ホモセリンラクトン残基を C 末端残基にもつペプチドと新しい N 末端残基をもつペプチドを生成する（図 3.19）．ほとんどのタンパク質ではメチオニン残基が比較的少ないので，臭化シアン処理で少数のペプチド断片しかできない．たとえば，内部に 3 個のメチオニンがある 1 本のポリペプチドに臭化シアンを反応させると，4 個のペプチド断片ができる．各断片は N 末端から配列決定できる．

　タンパク質の配列を決めるために断片化するとき，さまざまなプロテアーゼを利用できる．たとえば，トリプシンは側鎖に正の電荷をもつリシンとアルギニンのカルボニル側のペプチド結合の選択的な加水分解を触媒する（図 3.20 a）．黄色ブドウ球菌（*Staphylococcus aureus*）が産出する V8 プロテアーゼは，負に荷電した残基（グルタミン酸とアスパラギン酸）のカルボニル側のペプチド結合の切断を触媒する．この酵素は適切な条件（50 mM 炭酸アンモニウム）の下では，グルタミン酸の結合だけを切断する．キモトリプシンは特異性がやや低いプロテアーゼで，フェニルアラニン，チロシン，トリプトファンなどの芳香族，または大きな疎水性の側鎖をもつ，電荷のないアミノ酸残基のカルボニル側のペプチド結合を切断する（図 3.20 b）．

　臭化シアン，トリプシン，黄色ブドウ球菌 V8 プロテアーゼ，キモトリプシンを個々のタンパク質試料にうまく作用させることにより，種々の大きさの多数のペプチド断片が得られる．これらの断片を分離し，エドマン分解で配列を決める．配列決定の最終段階では，図 3.20（c）に示したように，同じ配列をもつ重なり

▲ **図 3.18　エドマン分解**　ポリペプチド鎖の N 末端はフェニルイソチオシアネートと反応して，フェニルチオカルバモイルペプチドができる．この誘導体をトリフルオロ酢酸（F_3CCOOH）で処理すると，N 末端アミノ酸残基のアニリノチアゾリノン誘導体が遊離する．このアニリノチアゾリノンを抽出し，酸水溶液で処理すると，安定なフェニルチオヒダントイン誘導体に変わるので，それをクロマトグラフィーで同定する．残りのポリペプチド鎖は，もともと 2 番目だったアミノ酸が新しい N 末端になっているが，つぎのエドマン分解サイクルに回す．

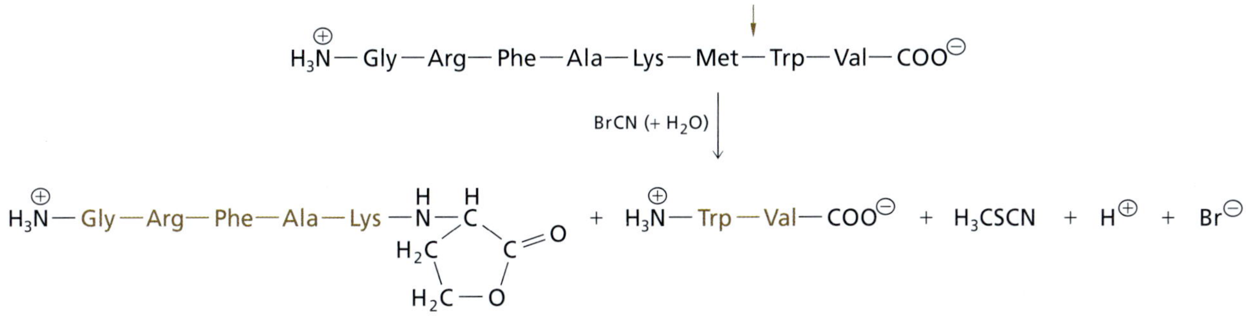

$$\overset{\oplus}{H_3N}-Gly-Arg-Phe-Ala-Lys-Met-Trp-Val-COO^{\ominus}$$

BrCN (+ H₂O) ↓

$$\overset{\oplus}{H_3N}-Gly-Arg-Phe-Ala-Lys-\text{(ホモセリンラクトン環)} + \overset{\oplus}{H_3N}-Trp-Val-COO^{\ominus} + H_3CSCN + H^{\oplus} + Br^{\ominus}$$

ペプチジルホモセリンラクトン

▲図 3.19 **臭化シアン (BrCN) によるタンパク質の切断** 臭化シアンはポリペプチド鎖をメチオニン残基の C 末端側で切断する．この反応によってペプチジルホモセリンラクトンができ，新しい N 末端が生じる．

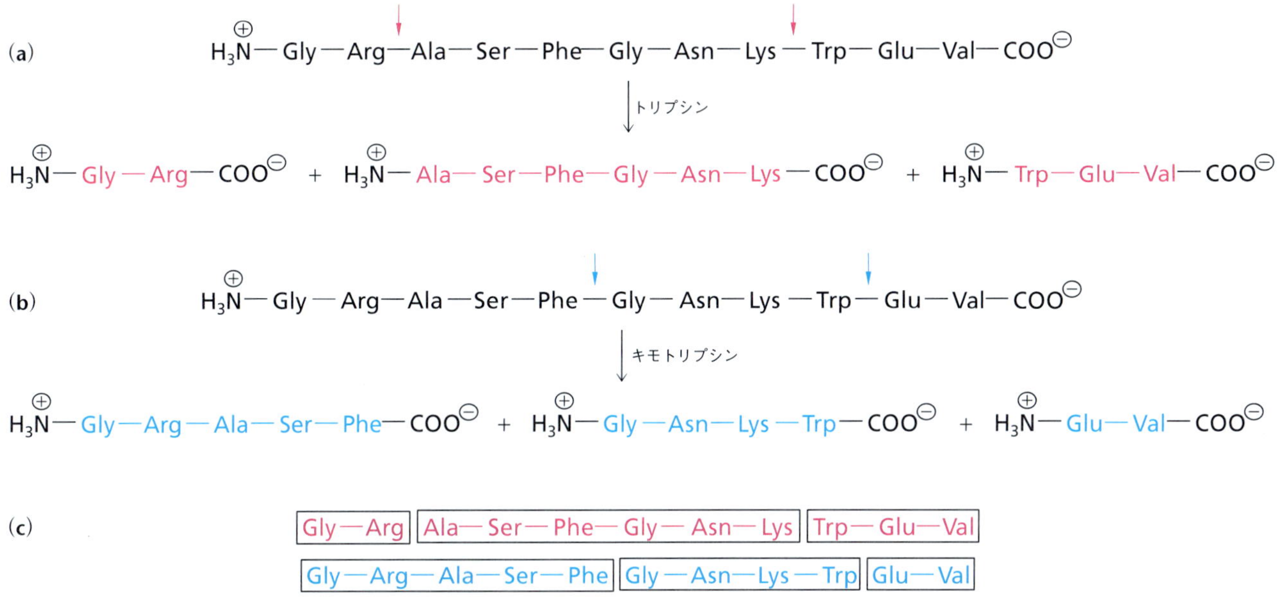

(a) $\overset{\oplus}{H_3N}-Gly-Arg-Ala-Ser-Phe-Gly-Asn-Lys-Trp-Glu-Val-COO^{\ominus}$

↓ トリプシン

$\overset{\oplus}{H_3N}-Gly-Arg-COO^{\ominus} + \overset{\oplus}{H_3N}-Ala-Ser-Phe-Gly-Asn-Lys-COO^{\ominus} + \overset{\oplus}{H_3N}-Trp-Glu-Val-COO^{\ominus}$

(b) $\overset{\oplus}{H_3N}-Gly-Arg-Ala-Ser-Phe-Gly-Asn-Lys-Trp-Glu-Val-COO^{\ominus}$

↓ キモトリプシン

$\overset{\oplus}{H_3N}-Gly-Arg-Ala-Ser-Phe-COO^{\ominus} + \overset{\oplus}{H_3N}-Gly-Asn-Lys-Trp-COO^{\ominus} + \overset{\oplus}{H_3N}-Glu-Val-COO^{\ominus}$

(c)
| Gly—Arg | Ala—Ser—Phe—Gly—Asn—Lys | Trp—Glu—Val |
| Gly—Arg—Ala—Ser—Phe | Gly—Asn—Lys—Trp | Glu—Val |

▲図 3.20 **オリゴペプチドの切断と配列決定** (a) トリプシンは塩基性残基のアルギニンとリシンのカルボニル側のペプチド結合を選択的に切断する．(b) キモトリプシンはフェニルアラニン，チロシン，トリプトファンなどの芳香族，または大きな疎水性の側鎖をもつ，電荷のないアミノ酸のカルボニル側のペプチド結合を切断する．(c) 各断片（ボックスで囲んで強調したもの）の配列をエドマン分解を使って決め，重なり合う配列を基にして断片が並ぶ順を推定し，最終的にオリゴペプチドの全体の配列が導き出される．

合うペプチドを並べれば，大きなポリペプチドのアミノ酸配列が推定できる．配列中の順序がわかっているアミノ酸残基を指すときは，残基の略号の後に配列番号を付けるのが普通である．たとえば，図 3.20 のペプチドの第三番目の残基は Ala-3 となる．

ペプチド断片にしてから配列を決める操作は，N 末端がふさがれているタンパク質の配列情報を得るためにきわめて重要である．たとえば，多くの細菌のタンパク質では，N 末端の α-アミノ基がホルミル化されているため，エドマン分解法を行ってもまったく反応しない．選択的な分解によって N 末端がふさがれていないペプチド断片が得られれば，それを分離して配列を決めることで，少なくともそのタンパク質の内部の配列がわかる．

ジスルフィド結合をもつタンパク質では，ジスルフィド結合の位置が確定するまでは完全な構造が決まったとはいえない．ジスルフィド結合の位置は，還元処理をしていないタンパク質を断片化し，ペプチドを単離して，どの断片がシスチン残基をもつかを決めることで決定できる．結合の位置決定は，タンパク質がジスルフィド結合を数個もつ場合には非常に複雑になる．

遺伝子の配列から特定のタンパク質のアミノ酸配列を推定することで（図 3.21），直接分析法に伴ういくつかの技術的限界を克服できる．たとえば，トリプトファンの量が決められ，アスパラギン酸残基とアスパラギン残基を区別できる．これらのアミノ酸が異なるコドンでコードされるからである．しかし，それでもタンパク質の直接配列決定は重要である．修飾アミノ酸が存在するか，タンパク質合成が終わってからアミノ酸残基が取除かれたかどうかを決めうる唯一の方法だからである．

研究者なら誰でも未知のタンパク質の正体を知りたくなる．ヒトの血清タンパク質を SDS ゲル上で分離したら，67 kDa の位置にタンパク質のバンドが検出されたとしよう．このタンパク質は

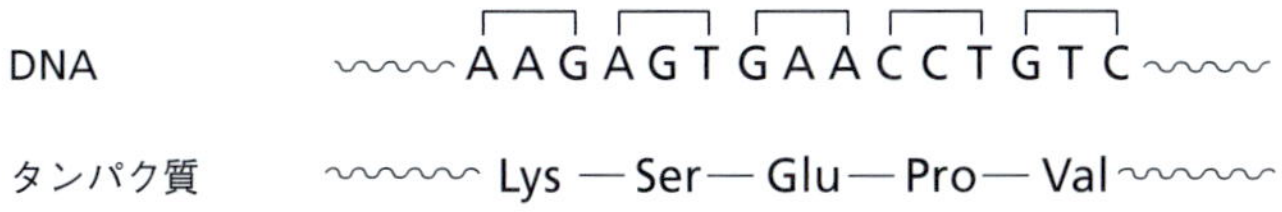

DNA ～～～AAGAGTGAACCTGTC～～～

タンパク質 ～～～ Lys — Ser — Glu — Pro — Val ～～～

▲図 3.21 **DNA とタンパク質の配列** タンパク質のアミノ酸配列はその遺伝子のヌクレオチド配列から推定できる．ヌクレオチド 3 個の配列がアミノ酸一つを決める．A, C, G, T は DNA のヌクレオチド残基を表す．

何だろうか．未知のタンパク質を同定する仕事は，最近発展した二つの方法のおかげでかなり容易になった．高感度質量分析とゲノム配列である．どのようにするのかみてみよう．

まず未知のタンパク質のバンドを切り抜いて，67 kDa タンパク質を溶出させる．つぎに特定の位置で切断するプロテアーゼで消化する．トリプシンなら，アルギニン（R）あるいはリシン（K）の後ろのペプチド結合を切断するから，アルギニンかリシンをC末端とする数十のペプチド断片が得られる．

つぎにこのペプチド混合物の質量分析を行う．たとえば，MALDI-TOF を使えばペプチドの正確な分子量が決められる．図3.22 に得られたスペクトルを示す．こうして未知タンパク質の"指紋"，つまりトリプシン消化産物すべての分子量を示すデータが得られる．

多くの研究室で，質量分析を使う方法がエドマン分解を使う化学的配列決定法に取って替わった．図3.22 に示したそれぞれのペプチドの配列を決めたいとすれば，つぎの段階としてそれらをもう一度，さまざまな大きさに断片化し，それぞれの正確な分子量を質量分析機で決めることになる．

質量データはペプチド配列を決めるのに利用できる．たとえば，図3.22 に示した分子量 1226.59 のトリプシン断片を取上げてみよう．このペプチドから得られたある大きな断片の分子量が 1079.5 だったとする．この差（1226.6−1079.5=147.1）は Phe（F）残基に相当する．つまり，このトリプシンペプチドのどちらか片方の端は Phe（F）残基だということになる．別の大きな断片の分子量が 1098.5 だったとすると，差（1226.6−1098.5）は Lys（K）の分子量に正確に一致する．したがって Lys（K）がペプチドのもう片方の端ということになる．トリプシンはリシンあるいはアルギニンの後ろで切断するのだから，リシンはC末端にあったはずである．こうしたやり方で断片全部の質量を調べれば，ペプチドの正確な配列がわかる．ある断片の質量が 258.0 だったとするとジペプチドの Glu-Glu（EE）であることはほぼ間違いない．（実際の分析はもっと複雑だが，原理は同じである．）

しかし，未知のタンパク質の同定に2回目の質量分析は必要ないことも多い．扱っている未知タンパク質が，完全にゲノム配列が解明されている生物種に由来するものだったら，そのゲノムでコードされているすべてのタンパク質から予測される指紋と，トリプシン分解による指紋とを比較すればよい．アミノ酸配列をもとにして，すべてのタンパク質について，得られるはずの断片のペプチド配列を集積したデータベースがある．そこにはアミノ酸配列はわかっているが機能がわかっていないタンパク質も含まれている．ほとんどの場合，データベース内の遺伝子でコードされるタンパク質のうちで，未知タンパク質由来のペプチドの質量データと一致するものは一つしかない．

ここで例として取上げたものと一致するのは，よく知られているヒト血清アルブミンである（図3.23）．実験で得られたいくつかのペプチドの質量は，アミノ酸配列の図上に赤字で書いた予測されるペプチドの質量と一致している．たとえば，トリプシン消化による指紋のうちの分子量 1226.59 のペプチドは，残基 35〜44（FKDLGEENFK）のペプチドの予測質量とぴったり一致する．（34番のアルギニン残基の後ろでトリプシンで1回切断され，44番のリシンの後ろでもう1回切断される．）

一致するペプチドが一つだけでは，未知タンパク質を同定するのに十分とはいえない．しかしここに示した例では，24個のペプチド断片がヒト血清アルブミンのアミノ酸配列と一致している．これなら文句なしに同定できたといえるだろう．

▲ **Frederick Sanger**（1918〜） Sanger はタンパク質の配列を決める仕事で 1958 年，ノーベル化学賞を得た．1980 年，DNA の配列決定法の開発で2度目のノーベル化学賞を受賞した．

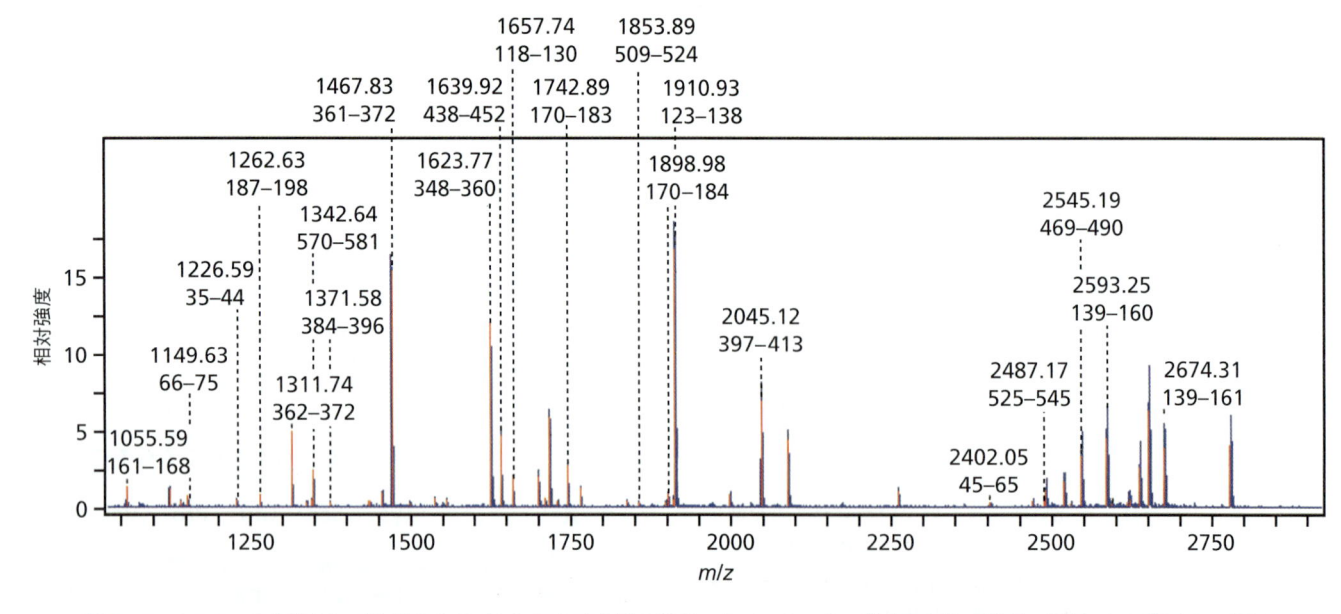

▲ 図3.22 **67 kDa の血清タンパク質のトリプシンによる分解の指紋** 各ピークの上の数字は断片の質量．質量の下の数字は，図3.23 に示した残基に対応している．[Detlevuvkaw, Wikipedia entry on peptide mass fingerprinting より改変．]

```
       10         20         30         40         50         60         70         80
MKWVTFISLL FLFSSAYSRG VFRRDAJKSE VAHRFKDLGE ENFKALVLIA FAQYLQQCPF EDHVKLVNEV TEKAKTCVAD
       90        100        110        120        130        140        150        160
ESAENCDKSL HTLFGDKLCT VATLRETYGE MADCCAKQEP ERNECFLQHK DDNPNLPRLV RPEVDMCTA  FHDNEETFLK
      170        180        190        200        210        220        230        240
KYLYEIARRH PYFYAPELLF FAKRYKAAFT ECCQAADKAA CLLPKLDELR DEGKASSAKQ RLKCASLQKF GERAFKAWAV
      250        260        270        280        290        300        310        320
ARLSQRFPKA EFAEVSKLVT DLTKVHTECC HGDLLECADD RADLAKYICE NQDSISSKLK ECCEKPLLEK SHCIAEVEND
      330        340        350        360        370        380        390        400
EMPADLPSLA ADFVESKDVC KNYAEAKDVF LGMFLYEYAR RHPDYSVVLL LRLAKTYETT LEKCCAAADP HECYAKVFDE
      410        420        430        440        450        460        470        480
FKPLVEEPQN LIKQNCELFE QLGEYKFQNA LLVRYTKKVP QVSTPTLVEV SRNLGKVGSK CCKHPEAKRM PCAEDYLSVV
      490        500        510        520        530        540        550        560
LNQLCVLHEK TPVSDRVTKC CTESLVNRRP CFSALEVDET YVPKEFNAET FTFHADICTL SEKERQIKKQ TALVELVKHK
      570        580        590        600        610
PKATKEQLKA VMDDFAAFVE KCCKADDKET CFAEEPTMRI RERK
```

▲ 図 3.23 ヒト血清アルブミンのアミノ酸配列 赤字の残基は予測されるトリプシン分解ペプチド．トリプシン分解指紋（図 3.22）中に確認されたペプチドには下にバーをつけた．

Frederick Sanger は，1953 年，タンパク質（インスリン）の構造を決定した最初の科学者となった．この仕事で彼には 1958 年にノーベル化学賞が与えられた．22 年後，Sanger は核酸の配列決定法の開拓者として 2 回目のノーベル化学賞を得た．今日では，何千というタンパク質のアミノ酸配列がわかっている．これらの配列で個々のタンパク質の詳細な構造が明らかになっただけでなく，関連するタンパク質ファミリーを同定し，新しく発見されたタンパク質の三次元構造，時には機能の予測が可能になった．

3.11 タンパク質の一次構造を比較すると進化の関係がわかる

研究者は種々の生物の相同タンパク質の配列を決めることが多い．その結果，近縁生物のタンパク質のアミノ酸配列は非常によく似ているが，遠縁生物のタンパク質では配列の相同性がずっと低いことがわかった．このような配列の違いは共通の祖先タンパク質からの進化による変化を反映している．決定された配列が増えてくると，類似性を樹の形で表すことができ，これが形態の比較や化石の記録に基づいてつくった系統樹とよく似ていることがすぐにわかった．分子のデータから得られた証拠によって，生命の歴史が独立に確認されつつある．

配列に基づく最初の系統樹はほぼ 50 年前に発表された．最初期の例の一つが，約 104 個のアミノ酸から成る 1 本のポリペプチドであるシトクロム c の系統樹であり，分子レベルでの進化を示す見事な実例である．シトクロム c はあらゆる好気性生物にあり，ヒトと細菌のように遠く離れた生物種のタンパク質のアミノ酸配列でも，それらが相同（homologous）と確信できるほどよく似ている．（共通の祖先に由来するタンパク質や遺伝子を相同という．相同性の根拠になるのは配列の類似度である．）

> シトクロム c の機能は §14.7 で述べる．

進化的な相関性を明らかにする第一段階は，多くの生物種のタンパク質のアミノ酸配列を並べてみることである．シトクロム c の配列を並べて比較した例を図 3.24 に示す．配列を並べることで特定の位置の残基が非常によく保存されているのがわかる．たとえば，どの配列も 30 番目にはプロリンを含み，80 番目にはメチオニンがある．一般的に，保存されている残基はタンパク質の構造の安定性に寄与したり，機能に必須である．

このようにアミノ酸が不変の位置については，アミノ酸の置換に抵抗する選択圧が働いている．さらに，アミノ酸の置換が数種類に限定されている位置もある．そこではアミノ酸の置換はほとんどの場合，類似の性質をもつものに限られている．たとえば，94 番の位置は，ロイシン，イソロイシン，あるいはバリンである——これらはすべて疎水性の残基である．同様に，さまざまな極性残基が占める位置も多い．その他の位置では変動が大きいが，このような位置のアミノ酸残基はタンパク質の構造や機能にはほとんど寄与しない．相同タンパク質間でみられるアミノ酸の置換の大半は，自然選択に対して中立である．進化の間に，これらの位置で置換が固定されるのは，ランダムな遺伝的変動の結果である．こうして系統樹は，アミノ酸配列が異なっていても機能は変わらないタンパク質で構成されることになる．

ヒトとチンパンジーのシトクロム c の配列は同じである．これは両者が進化的に近い関係にあることを反映している．クモザルとマカク（短尾のサル）の配列はヒトやチンパンジーの配列と非常によく似ている．これら四つの種は霊長類なので予測どおりである．同様に，植物のシトクロム c 分子同士は他の生物のものに比べてよく似ている．

図 3.25 はシトクロム c の配列の類似性を系統樹として示したもので，枝分かれの長さはタンパク質のアミノ酸配列の相違数と比例している．近縁の生物種はタンパク質の配列がよく似ているので，系統樹の同じ枝に集まる．進化的に大きく離れていると，相違数は非常に大きくなる．たとえば，細菌の配列は真核生物の配列とはかなり違う．これは，数十億年前に生きていた共通の祖先からお互いに遠く離れてしまったことを示している．この系統樹は真核生物に三つの主要な界，菌類，動物，植物があることをはっきり示している．（単純化するために，この系統樹には原生生物の配列は入れていない．）

共通の祖先から分かれた後すべての生物種が変化していることに注目しよう．

生物種	1-10	11-20	21-30	31-40	41-50	51-60	61-70	71-80	81-90	91-100	101-
ヒト	GDVEKGKKIF	IMKCSQCHTV	EKGGKHKTGP	NLHGLFGRKT	GQAPGYSYTA	ANKNKGIIWG	EDTLMEYLEN	PKKYIPGTKM	IFVGIKKKEE	RADLIAYLKK	ATNE
チンパンジー	GDVEKGKKIF	IMKCSQCHTV	EKGGKHKTGP	NLHGLFGRKT	GQAPGYSYTA	ANKNKGIIWG	EDTLMEYLEN	PKKYIPGTKM	IFVGIKKKEE	RADLIAYLKK	ATNE
クモザル	GDVFKGKRIF	IMKCSQCHTV	EKGGKHKTGP	NLHGLFGRKT	GQASGFTYTE	ANKNKGITWG	EDTLMEYLEN	PKKYIPGTKM	IFVGIKKKEE	RADLIAYLKK	ATNE
マカク（サル）	GDVEKGKKIF	IMKCSQCHTV	EKGGKHKTGP	NLHGLFGRKT	GQAPGYSYTA	ANKNKGITWG	EDTLMEYLEN	PKKYIPGTKM	IFAGIKKKGE	REDLIAYLKK	ATNE
ウシ	GDVEKGKKIF	VQKCAQCHTV	EKGGKHKTGP	NLHGLFGRKT	GQAPGFSYTD	ANKNKGITWG	EDTLMEYLEN	PKKYIPGTKM	IFAGIKKKTGE	RADLIAYLKK	ATNE
イヌ	GDVEKGKKIF	VQKCAQCHTV	EKGGKHKTGP	NLHGLFGRKT	GQAPGFSYTD	ANKNKGITWG	EDTLMEYLEN	PKKYIPGTKM	IFAGIKKKTGE	RADLIAYLKK	ATNE
コククジラ	GDVEKGKKIF	VQKCAQCHTV	EKGGKHKTGP	NLHGLFGRKT	GQAVGFSYTD	ANKNKGITWG	EDTLMEYLEN	PKKYIPGTKM	IFAGIKKKGE	RADLIAYLKK	ATNE
ウマ	GDVEKGKKIF	VQKCAQCHTV	EKGGKHKTGP	NLHGLFGRKT	GQAPGFTYTD	ANKNKGITWK	EDTLMEYLEN	PKKYIPGTKM	IFAGIKKKTE	REDLIAYLKK	ATNE
シマウマ	GDVEKGKKIF	VQKCAQCHTV	EKGGKHKTGP	NLHGLFGRKT	GQAPGFSYTD	ANKNKGITWK	EDTLMEYLEN	PKKYIPGTKM	IFAGIKKKTE	REDLIAYLKK	ATNE
ウサギ	GDVEKGKKIF	VQKCAQCHTV	EKGGKHKTGP	NLHGLFGRKT	GQAVGFSYTE	ANKNKGITWG	EDTLMEYLEN	PKKYIPGTKM	IFAGIKKKDE	RADLIAYLKK	ATNE
カンガルー	GDVEKGKKIF	VQKCAQCHTV	EKGGKHKTGP	NLHGIFGRKT	GQAPGFTYTD	ANKNKGIIWG	EDTLMEYLEN	PKKYIPGTKM	IFAGIKKKGE	RADLIAYLKK	ATAK
アヒル	GDIEKGKKIF	VQKCAQCHTV	EKGGKHKTGP	NLHGLFGRKT	GQAEGFSYTE	ANKNKGITWG	EDTLMEYLEN	PKKYIPGTKM	IFAGIKKKSE	RVDLIAYLKD	ATSK
シチメンチョウ	GDIEKGKKIF	VQKCAQCHTV	EKGGKHKTGP	NLHGLFGRKT	GQAEGFSYTD	ANKNKGITWG	EDTLMEYLEN	PKKYIPGTKM	IFAGIKKKSE	RADLIAYLKD	ATSK
ニワトリ	GDIEKGKKIF	VQKCAQCHTV	EKGGKHKTGP	NLHGLFGRKT	GQAEGFSYTD	ANKNKGITWG	EDTLMEYLEN	PKKYIPGTKM	IFAGIKKKAE	RADLIAYLKQ	ATAK
ハト	GDIEKGKKIF	VQKCAQCHTV	EKGGKHKTGP	NLHGLFGRKT	GQAEGFSYTD	ANKNKGITWG	EDTLMEYLEN	PKKYIPGTKM	IFAGIKKKAE	RADLIAYLKK	ATSN
オサガメヘビ	GDVEKGKKIF	VQKCAQCHTV	EKGGKHKTGP	NLHGIFGRKT	GQAEGFSYTE	ANKNKGITWG	EDTLMEYLEN	PKKYIPGTKM	IFAGIKKKPE	RADLIAYLKE	ATSS
カミツキガメ	GDVEKGKKIF	VQKCAQCHTV	EKGGKHKVGP	NLHGLIGRKT	GQAAGFSYTE	ANKNKGITWG	EDTLMEYLEN	PKKYIPGTKM	IFAGIKKKGE	RQDLIAYLKS	ACSK
ウシガエル	GDVEKGKKIF	VQKCAQCHTV	EKGGKHVGP	NLYGLIGRKT	GQAEGYSYTE	ANKSKGIVWN	EDTLMEYLEN	PKKYIPGTKM	IFAGIKKKGE	RQDLVAYLKS	ATS
マグロ	GDVAKGKKTF	VQKCAQCHTV	ENGGKHKVGP	NLWGLFGRKT	GQAEGYSYTD	ANKSKGITWQ	QETLR IYLEN	PKKYIPGTKM	IFAGIKKKSE	RQDLIAYLKK	TAAS
サメ	GDVEKGKKVF	VQKCAQCHTV	ENGGKHKTGP	NLSGLFGRKT	GQAQGFSYTD	ANKSKGITWQ	NETLFEYLEN	PKKYIPGTKM	IFAGIKKPE	RQDLIAYLEA	ATK
ヒトデ	GDVEKGKKIF	VQRCAQCHTV	EKAGKHKTGP	NLNGILGRKT	GQAAGFSYTD	ANRNKGITWK	EDTLFEYLEN	PKKYIPGTKM	IFAGLKKQKE	RQDLIAYLKS	ATK
ショウジョウバエ	GVEKGKKLF	VQRCAQCHTV	EAGGKHKVGP	NLHGLIGRKT	GQAAGFAYTD	ANKAKGITWN	EDTLFEYLEN	PKKYIPGTKM	IFAGLKKANE	RGDLIAYLKS	STK
カイコ	GNAENGKIF	VQRCAQCHTV	EAGGKHKVGP	NLHGFYGRKT	GQAPGFSYSN	ANKNRAVIWE	DDTLFEYLLN	PKKYIPGTKM	VFAGLKKANE	RADLIAYLKE	ATA
カボチャ	GNSKAGEKIF	KTKCAQCHTV	DKGAGHKQGP	NLNGLFGRQS	GTTPGYSYSA	ANKNMAVNWG	EKTLYDYLLN	PKKYIPGTKM	VFPGLKKPQD	RADLIAYLKD	ATA
トマト	GNPKAGEKIF	KTKCAQCHTV	EKGAGHKEGP	NLHGLFGRQS	GTTAGYSYSA	ANKNMAVNWG	ENTLYDYLLN	PKKYIPGTKM	VFPGLKKPQE	RNDLITYLKE	ETK
シロイヌナズナ	GDAKKGANLF	KTRCAQCHTL	KAGEGNKIGP	ELHGLFGRQS	GSVAGYSYTD	ANKQKGIEWK	DDTLFEYLEN	PKKYIPGTKM	AFGGLKKPKD	RNDLITFLEE	STA
ヤエナリ（マメ）	GNSKSGEKIF	KTKCAQCHTV	DKGAGHKQGP	NLNGLIGRQS	GTTAGYSYST	ANKNMAVIWE	ENTLYDYLLN	PKKYIPGTKM	VFPGLKKPQD	RADLIAYLKE	STA
コムギ	GNPDAGAKIF	KTKCAQCHTV	DAGAGHKQGP	NLHGLFGRQS	GTTAGYSYSA	ANKNRAVEWE	ENTLYDYLLN	PKKYIPGTKM	VFPGLKKPQD	RADLIAYLKE	ATSS
ヒマワリ	GNPTTGEKIF	KTKCAQCHTV	EKGAGHKVGP	NLNGLFGRQS	GTTPGYSYSA	GNKNKAVIWE	ENTLYDYLLN	PKKYIPGTKM	VFPGLKKPQE	RADLIAYLKT	STA
パン酵母	GSAKKGATLF	KTRCLQCHTV	EKGGPHKVGP	NLHGIFGRHS	GQAEGYSYTD	ANIKKNVLWD	ENNMSEYLTN	PKKYIPGTKM	AFGGLKKEKD	RNDLITYLKK	ACE
子嚢胞子酵母	GSEKKGANLF	KTRCLQCHTV	EKGGPHKVGP	NLHGVVGRTS	GQAQGFSYTD	ANKKKGVEWT	EQDLSDYLEN	PKKYIPGTKM	AFGGLKKAKD	RNDLITYLVK	ATK
カンジダ	GSEKKGATLF	KTRCLQCHTV	EKGGPHKVGP	NLHGVFGRKS	GLAEGYSYTD	ANKKKGVEWT	EQTMSDYLEN	PKKYIPGTKM	AFGGLKKPKD	RNDLVTYLKK	ATS
コウジカビ	GDAK GAKLF	QTRCAQCHT	EAGGPHKVGP	NLHGLFGRKT	GQSEGYAYTD	ANKQAGVTWD	ENT LFSYLEN	PKKFIPGTKM	AFGGLKKGKE	RNDLITYLKE	STA
紅色非硫黄光合成細菌	GDPVKGEQVF	KQ-CKICHQV	GPTAKNGVGP	EQNDVFQKA	GARPGFNYSD	ANIKKNVLWD	EAT LDKYLEN	PKAVVPGTKM	AFGGLKKGKE	RADVIAYLKQ	LSGK
硝酸菌	GDVEAGKAAF	NK-CKACHEI	GESAKNKVGP	ELDGLDGRHS	GAVEGYAYSP	AMKNSGLTWD	EAEFKEYIKD	PKAKVPGTKM	VFAGIKKDSE	LDNLWAYVSQ	FDKD
アグロバクテリア	GDVAKGEAAF	KR-CSACHAI	GEAKNKVGP	QLNGIIGRTA	GGDPDYNYSN	AMKKAGLVWT	PQELRDFLSA	PKAKKIPGNKM	ALAGISKPEE	LDNLIAYLIF	SASSK
紅色非硫黄細菌	GDPVEGKHLF	HTICLICHT-	DIKGRNKVGP	SLYGVVGRHS	GIEPGNYSE	ANIKSGIVWT	PDVLFKYIEH	PQIVPGTKM	GYPG-QPDQK	RDIIAYLET	LK

▲図 3.24 シトクロム c の配列　さまざまな生物種のシトクロム c とタンパク質の相同性がわかるように並べた。相同性を高めるためにギャップ（—で示す）を入れたものもある。ギャップはタンパク質をコードする遺伝子の欠失や挿入を示す。生物種によっては、配列の最後に付いている付加配列を省略したものもある。疎水性の残基を青、極性性の残基を赤で示した。

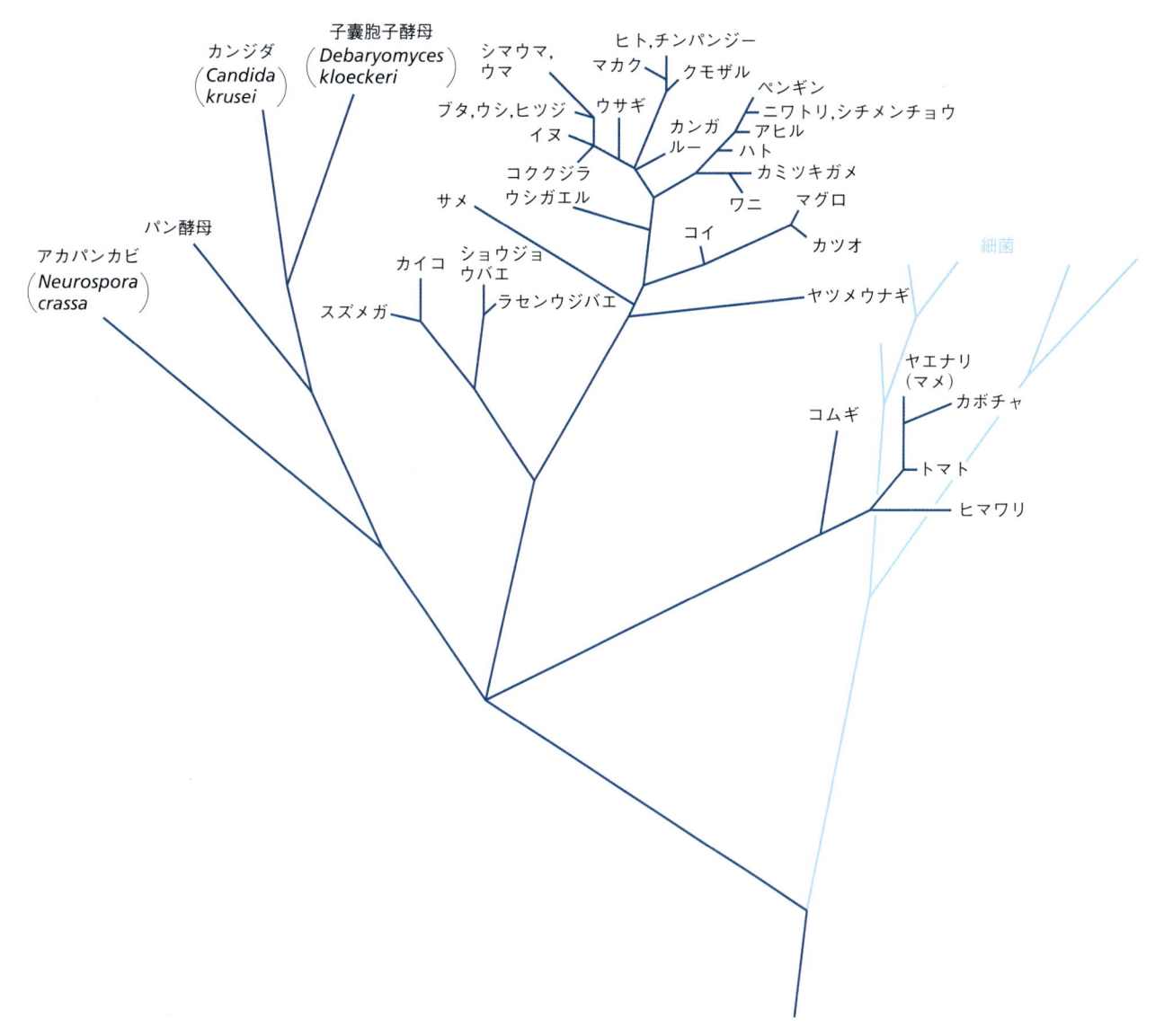

▲図 3.25 **シトクロム c の系統樹** 枝の長さはシトクロム c 配列間の相違数を反映している．[Schwartz, R. M. and Dayhoff, M. O. (1978). Origins of prokaryotes, eukaryotes, mitochondria, and chloroplasts. *Science* 199:395-403 より改変．]

> ❗ 相同性とは配列の類似度などを根拠にした結論である．相同タンパク質は共通の祖先タンパク質の子孫であり，それらの間の配列がどのくらい似ているかは数字で表現できる（たとえば75％の一致）．しかし相同性とは"そうであるか，そうでないか"という結論的概念であり，相同であるか，相同でないかのどちらかしかない．

要　約

1. タンパク質は20種類の標準アミノ酸からできている．各アミノ酸はアミノ基，カルボキシ基，および側鎖，R基をもつ．キラルな炭素をもたないグリシンを除き，タンパク質中のすべてのアミノ酸はL型である．
2. アミノ酸の側鎖はその化学構造によって分類できる．脂肪族，芳香族，含硫黄，アルコール，塩基，酸，およびアミドである．側鎖によってさらに，高度に疎水性，あるいは高度に親水性に分けられるアミノ酸もある．アミノ酸の側鎖の性質はタンパク質の構造と機能の重要な決定因子である．
3. 細胞にはタンパク質合成には使われない別のアミノ酸も含まれる．アミノ酸の中には化学的に修飾され，ホルモンや神経伝達物質として働く化合物もある．また，ポリペプチドの中に組込まれてから修飾されるものもある．
4. pH 7でアミノ酸の α-カルボキシ基は負に荷電（−COO$^-$）し，α-アミノ基は正に荷電（−NH$_3^+$）している．イオン化できる側鎖の荷電はpHとpK_aの両方の値で決まる．
5. タンパク質中のアミノ酸残基はペプチド結合で結ばれている．残基の並び方をタンパク質の一次構造という．
6. タンパク質は溶解度，実効電荷，大きさ，結合の性質などそれぞれのタンパク質の性質の違いを利用した方法で精製する．
7. SDS-PAGEや質量分析法のような分析技術により分子量等のタンパク質の特性がわかる．
8. タンパク質のアミノ酸組成は，ペプチド結合を加水分解し，加水分解物をクロマトグラフィーで分析して定量的に決めることができる．
9. ポリペプチド鎖の配列はエドマン分解法でN末端残基を逐次的に切離して同定することで決定できる．
10. アミノ酸配列がよく似ているタンパク質同士を相同という．それらは共通の祖先タンパク質の子孫である．
11. 異なる生物種由来の配列を比較すると進化の関係がわかる．

問 題

1. L-システインの立体化学構造を書き,基に番号を記せ.BOX 3.2 を参照して R か S かを区別せよ.
2. 普通のトレオニンのフィッシャー投影式(52 ページ右段の図)が $(2S, 3R)$-トレオニンに相当することを示せ.トレオニンの他の三つの異性体の化学構造を書け.
3. 皮膚癌(黒色腫)の患者には抗癌薬と一緒にヒスタミン二塩酸塩を投与するが,それは癌細胞の薬剤感受性を高めるためである.ヒスタミン二塩酸塩の化学構造を書け.
4. 食塩と亜硝酸塩を使った魚の干物は突然変異誘発物質 2-クロロ-4-メチルチオ酪酸を含むことが知られている.2-クロロ-メチルチオ酪酸はどのアミノ酸からできるか.

$$H_3C-S-CH_2-CH_2-CH(Cl)-C(=O)-OH$$

5. つぎに示す修飾されたアミノ酸側鎖の元のアミノ酸は何か.また,どんな化学修飾が起こったか.
   (a) $-CH_2OPO_3^{2-}$
   (b) $-CH_2CH(COO^-)_2$
   (c) $-(CH_2)_4-NH-C(O)CH_3$
6. トリペプチドのグルタチオン(GSH)(γ-Glu-Cys-Gly)は好気的な代謝過程で生じる有害な過酸化物を壊すので,動物に対し防御作用をもつ.グルタチオンの化学構造を書け.注意:γの記号は Glu と Cys のペプチド結合が Glu の γ-カルボキシ基と Cys のアミノ基の間でできることを示す.
7. メリチンは 26 残基のポリペプチドでハチ毒に含まれる.メリチンは単量体の状態で脂質に富む膜構造に潜り込むと考えられる.この性質はメリチンのアミノ酸配列からどのように説明できるか.

$\overset{+}{H_3N}$-Gly-Ile-Gly-Ala-Val-Leu-Lys-Val-Leu-Thr-Thr-Gly-Leu-Pro-Ala-Leu-Ile-Ser-Trp-Ile-Lys-Arg-Lys-Arg-Gln-Gln-NH$_2^{26}$

8. (a) アルギニンと (b) グルタミン酸の等電点を計算せよ.
9. オキシトシンはノナペプチド(9 残基のペプチド)ホルモンで,授乳中の哺乳類の母乳分泌応答に関係している.合成したオキシトシンの構造をつぎに示した.このペプチドの (a) pH 2.0,(b) pH 8.5,(c) pH 10.7 での実効電荷はいくらか.イオン化する基の pK_a 値は表 3.2 に示した値と仮定する.pH 2.0,pH 8.5,pH 10.7 でジスルフィド結合は安定である.C 末端はアミド化されていることに注意せよ.

Cys—Phe—Ile—Glu—Asn—Cys—Pro—His—Gly—NH$_2$
    └————————S—S————————┘

10. エドマンのペプチド分解法の際に生じる下記の構造を書け.
    (a) PTC-Leu-Ala (b) PTH-Ser (c) PTH-Pro
11. つぎのペプチドに (a)〜(c) で処理をした場合に生じる断片を予想せよ.(a) トリプシン,(b) キモトリプシン,(c) 黄色ブドウ球菌 V8 プロテアーゼ.

    Gly-Ala-Trp-Arg-Asp-Ala-Lys-Glu-Phe-Gly-Gln

12. ヒスチジンの滴定曲線は下に示すとおりである.pK_a 値は 1.8(−COOH),6.0(側鎖),9.3(−NH$_3^+$)である.

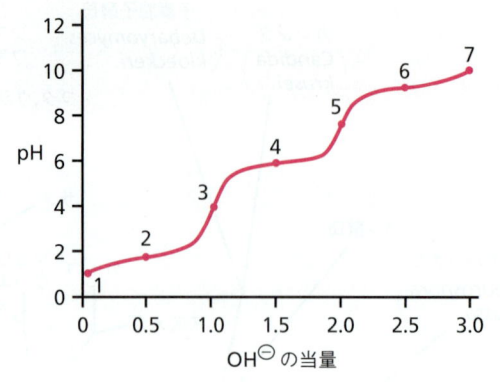

    (a) 各イオン化段階におけるヒスチジンの構造を書け.
    (b) 四つのイオン種に対応する滴定曲線上の点はどれか.
    (c) 平均の実効電荷が +2,+0.5,−1 の点はどれか.
    (d) pH が側鎖の pK_a に等しくなる点はどれか.
    (e) 側鎖が完全に滴定される点はどれか.
    (f) ヒスチジンが良い緩衝液になる pH 領域はどこか.
13. 抗癌活性をもつ FP というデカペプチド(10 残基のペプチド)を単離した.つぎの情報からペプチドの配列を決めよ.(配列が不明なときはアミノ酸をカンマで区切る.)
    (a) FP のエドマン分解の 1 サイクル目で 2 mol の PTH アスパラギン酸が FP 1 mol 当たりできた.
    (b) FP 水溶液を 2-メルカプトエタノールで処理し,つぎにトリプシンを加えたら,つぎの組成をもつ 3 個のペプチドができた.(Ala, Cys, Phe),(Arg, Asp),(Asp, Cys, Gly, Met, Phe).ペプチド(Ala, Cys, Phe)はエドマン分解で第一サイクルで PTH システインを与えた.
    (c) 1 mol の FP をカルボキシペプチダーゼ(ペプチドから C 末端残基を切出す)で処理したところ,2 mol のフェニルアラニンを生じた.
    (d) ペンタペプチド(Asp, Cys, Gly, Met, Phe)を BrCN で処理すると,(ホモセリンラクトン, Asp)と(Cys, Gly, Phe)の組成をもつペプチドができた.ペプチド(Cys, Gly, Phe)はエドマン分解の 1 サイクル目で PTH グリシンを生じた.
14. ワニとウシガエルのシトクロム c の部分アミノ酸配列が下に示してある(図 3.24 参照).

    アミノ酸 31〜50 番
    ワニ: NLHGLIGRKT GQAPGFSYTE
    ウシガエル: NLYGLIGRKT GQAAGFSYTD

    (a) 類似アミノ酸による置換の例を示せ.
    (b) 上よりも過激な置換の例を示せ.
15. いくつかの標準アミノ酸は修飾されて生物学的に重要なアミンができる.セロトニンは脳で合成される生物学的に重要な神経伝達物質である.脳内のセロトニン濃度の低下が,抑鬱性,攻撃性,過敏性といった症状と関係する.セロトニンはどんなアミノ酸に由来するか.そのアミノ酸とセロトニンの構造の違いを記せ.

16. 甲状腺刺激ホルモン放出ホルモン（TRH）の構造を示す．TRH は視床下部の抽出液から最初に取出されたペプチドホルモンである．

(a) TRH の中に何個のペプチド結合があるか．
(b) TRH はどんなトリペプチドからできたか．
(c) 修飾はアミノ末端とカルボキシ末端の電荷にどんな結果をもたらすか．

17. キラリティーは新しい薬剤の開発で重要な役割をもつ．パーキンソン病の患者では脳のドーパミン濃度が不足する．患者のドーパミン濃度を高めるために，脳でドーパミンに変わる薬，L-ドーパが患者に投与される．純品の L-ドーパ鏡像異性体が市販されている．
(a) L-ドーパの RS 配置を決めよ．
(b) L-ドーパとドーパミンは何のアミノ酸に由来するか．

18. 生化学を学ぶ学生は代々にわたって，最終試験で以下のような問題を解かされてきた．0.01 M のアラニン溶液中で荷電をもたないアラニンの（a）pH 2.4，（b）pH 6.15，（c）pH 9.9 におけるおおよその濃度を計算せよ．

解答を盗み見せずに，この問いに答えられるだろうか．

19. 0.01 M のアラニン溶液に NaOH を加えて pH を 2.4 にした．この溶液中の両性イオンの濃度はどのくらいか．pH が 4.0 ならばどうなるか．

参 考 文 献

一　般

Creighton, T. E. (1993). *Proteins: Structures and Molecular Principles*, 2nd ed. (New York: W. H. Freeman), pp.1-48.

Greenstein, J. P., and Winitz, M. (1961). *Chemistry of the Amino Acids*. (New York: John Wiley & Sons).

Kreil, G. (1997). D-Amino Acids in Animal Peptides. *Annu. Rev. Biochem.* 66:337-345.

Meister, A. (1965). *Biochemistry of the Amino Acids*, 2nd ed. (New York: Academic Press).

タンパク質の精製と分析

Hearn, M. T. W. (1987). General strategies in the separation of proteins by high-performance liquid chromatographic methods. *J. Chromatogr.* 418:3-26.

Mann, M., Hendrickson, R. C., and Pandry, A. (2001). Analysis of Proteins and Proteomes by Mass Spectrometry. *Annu. Rev. Biochem.* 70:437-473.

Sherman, L. S., and Goodrich, J. A. (1985). The historical development of sodium dodecyl sulfate-polyacrylamide gel electrophoresis. *Chem. Soc. Rev.* 14:225-236.

Stellwagen, E. (1990). Gel filtration. *Methods Enzymol.* 182:317-328.

アミノ酸分析とアミノ酸配列

Doolittle, R. F. (1989). Similar amino acid sequences revisited. *Trends Biochem. Sci.* 14:244-245.

Han, K.-K., Belaiche, D., Moreau, O., and Briand, G. (1985). Current developments in stepwise Edman degradation of peptides and proteins. *Int. J. Biochem.* 17:429-445.

Hunkapiller, M. W., Strickler, J. E., and Wilson, K. J. (1984). Contemporary methodology for protein structure determination. *Science* 226:304-311.

Ozols, J. (1990). Amino acid analysis. *Methods Enzymol.* 182:587-601.

Sanger, F. (1988). Sequences, sequences, and sequences. *Annu. Rev. Biochem.* 57:1-28.

タンパク質：三次元構造と機能

中央に近い部分のスポットの強度から，タンパク質分子は，比較的密な球状の構造をとっていて，その構造はおそらく共有結合でつながっているが，いずれにせよ水を含んだ比較的大きな空間によって分断されていることが推察される．より離れた部分のスポットの強度から，タンパク質内部の原子の配置は，繊維状タンパク質を特徴づけている周期性はないのだが，完全に確定した状態であることを推察することが可能である．観察されることは，直径が25Åと35Åの扁平な回転楕円体の分子が六角形にらせん対称軸で配置されている場合と矛盾はない．今の段階では，以上の考えは単なる推測でしかないが，タンパク質の結晶から，X線写真が撮れることが明らかになった今，私たちは，それを解析する手段をもっており，また，すべてのタンパク質の結晶の構造を調べることによって，これまでの物理的あるいは化学的方法よりも，タンパク質の構造に関してより詳細な結論へ到達する手段を得たことは明らかである．

Dorothy Crowfoot Hodgkin (1934)

前章で，タンパク質は，アミノ酸がペプチド結合によってある特定の順番でつながった鎖とみなせることを学んだ．しかしながら，ポリペプチド鎖は単純にまっすぐな鎖ではなく，コイル，ジグザグ，ターンやループなどから成るコンパクトな形へと折りたたまれる．過去50年以上にわたって，千以上のタンパク質の三次元的な形，つまりコンホメーションが明らかにされてきた．**コンホメーション**（conformation）とは，結合の回転によって決まる原子の空間的な配置である．タンパク質のような分子のコンホメーションは共有結合を切断しなくても変化するが，分子のさまざまな**立体配置**（configuration）は，共有結合をいったん切断し，再度形成させないかぎり変えられない．（アミノ酸のL型とD型が，異なった立体配置に相当することを思い出してみよう．）一つのタンパク質がとることができるコンホメーションの数は天文学的な数になる．個々のアミノ酸残基が多くのコンホメーションをとることができるうえに，タンパク質が多くのアミノ酸残基を含むからである．にもかかわらず，生理的な条件下では，それぞれのタンパク質はその天然型のコンホメーションである単一の安定した形をとっている．天然型のコンホメーションでは，ポリペプチド鎖内の共有結合における回転が多くの因子によって制限されている．アミノ酸残基間の水素結合や他の弱い相互作用などが因子の例である．タンパク質の生物学的な機能は，その天然型の三次元コンホメーションに依存している．

タンパク質は単一のポリペプチド鎖のこともあり，また，お互いに弱い相互作用で結合したいくつかのポリペプチド鎖から成ることもある．いくつかの興味深い例外はあるものの，一般に，それぞれのポリペプチド鎖は一つの遺伝子にコードされている．遺伝子の大きさや遺伝子がコードするポリペプチドの大きさには，2桁以上の多様性がある．あるポリペプチドは100個のアミノ酸から成り，相対分子質量（分子量）が11000である（タンパク質中のアミノ酸残基の平均分子量は110である）．一方で，大きなポリペプチド鎖は2000個以上のアミノ酸残基を含む（分子量220000）こともある．

いくつかの生物種では，すべてのポリペプチドの長さと配列はゲノムの配列から決定できる．大腸菌（*Escherichia coli*）には，平均で約300個のアミノ酸から成る（分子量33000），約4000種の異なるポリペプチドが存在する．ショウジョウバエ（*Drosophila melanogaster*）には，平均した大きさが大腸菌とほぼ同じ大きさのポリペプチドが約14000種含まれている．ヒトやその他の哺乳類には約20000種類のポリペプチドが存在する．細胞が生産するタンパク質全体のような非常に大きなタンパク質集団についての研究は，**プロテオミクス**（proteomics）とよばれる研究領域の一分野である．

タンパク質はさまざまな形をとる．多くは水溶性でコンパクトな球形に近い高分子で，それらのポリペプチド鎖はきっちりと折りたたまれている．これらのタンパク質は，伝統的に**球状タンパク質**（globular protein）とよばれているが，その特徴として疎水的な内部と親水的な表面をもっている．球状タンパク質は，他の化合物を特異的に認識し，一過的に結合するへこみや裂け目をもっており，選択的に他の分子を結合することによって，これらのタンパク質は生物学的な働きにおける動的な役割を担っている．多くの球状タンパク質は細胞の生化学的触媒である酵素である．大腸菌のポリペプチドの約31％は以下の数章で述べるような古典的な代謝系の酵素である．タンパク質にはそのほかにいろ

---

* カット：オオツノヒツジ．皮膚，毛や角は主として繊維状タンパク質からできている．

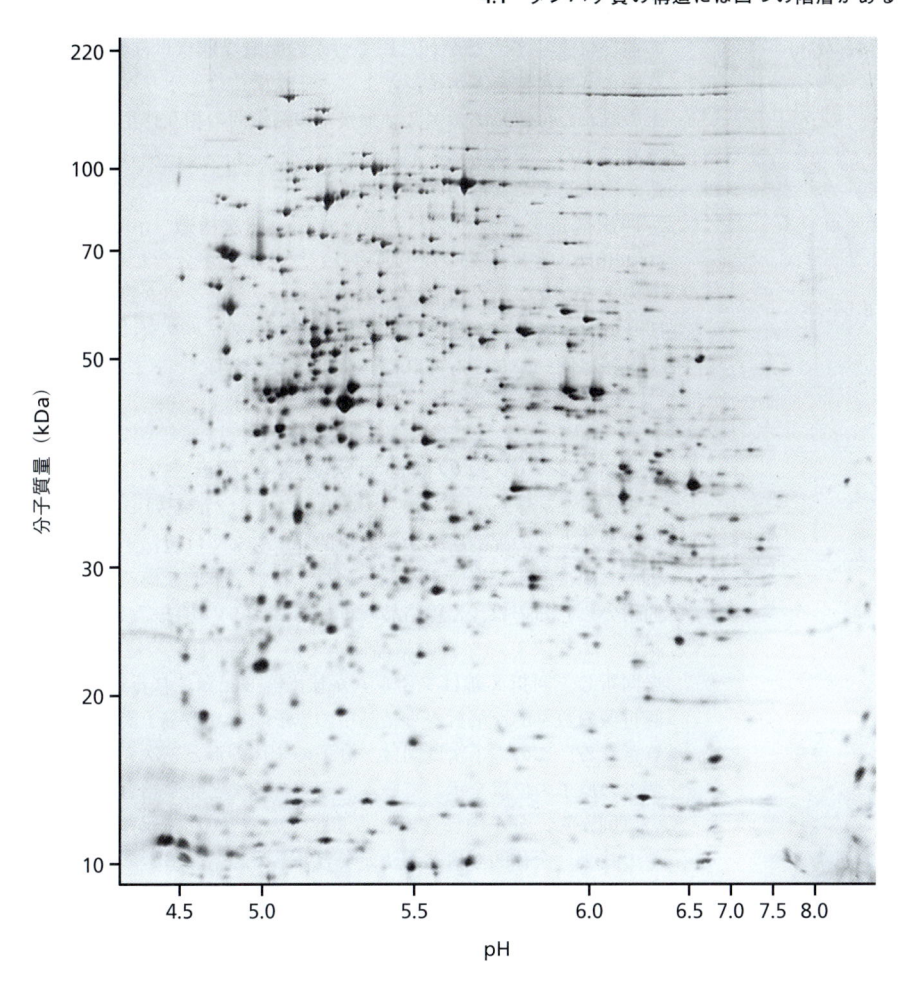

◀ **大腸菌（*Escherichia coli*）タンパク質**
大腸菌細胞のタンパク質が二次元ゲル電気泳動で分離されている．一次元目は pH 勾配によってタンパク質をそれぞれの等電点へ移動させて分離する．二次元目は SDS-ポリアクリルアミドゲル電気泳動で，タンパク質は大きさによって分離されている．それぞれのスポットは単一のポリペプチドに対応する．大腸菌には約 4000 の異なったタンパク質が存在するが，そのうちのいくつかは非常に少量なので，この 2D ゲルには見えない．この図は，Swiss-2D PAGE データベースのものである．このサイトにアクセスしてスポットのどれかをクリックすれば，個々のタンパク質についてさらに情報を得ることができる．

いろな因子，キャリヤータンパク質や調節タンパク質が含まれ，これらは大腸菌で確認されているタンパク質の 12％ を占める．

> タンパク質のクラスについては，3 章の序で解説した．酵素のさまざまな種類については，§5.1 で解説する．

　ポリペプチドは，リボソーム，鞭毛や繊毛，筋肉，クロマチンのような細胞内や細胞外の大きな構造物の構成要素であることもある．**繊維状タンパク質**（fibrous protein）は，細胞や生物体を機械的に支持している構造タンパク質の特別な種類である．繊維状タンパク質は通常，太い綱や糸に組上げられている．繊維状タンパク質の例としては，毛や爪の主要な構成要素である α ケラチン，それに腱，皮膚，骨，歯の主要な構成要素であるコラーゲンがある．構造タンパク質の他の例としては，ウイルス，バクテリオファージ，胞子や花粉をつくっているタンパク質成分がある．生体膜に結合していたり，その構成要素になったりしているタンパク質も多い．このようなタンパク質は大腸菌のポリペプチドの少なくとも 16％ を占め，真核生物ではもっと高い割合を占めている．

> 球状タンパク質と繊維状タンパク質という用語は，最近の科学的な文献ではあまり使用されていない．この分類のいずれにも属さない多くのタンパク質が存在する．

　本章ではタンパク質の分子構築について述べる．ペプチド結合のコンホメーションについて探究し，二つの単純な形，α ヘリックスと β シートがすべての種類のタンパク質に共通な構造の要素であることを明らかにする．さらに，より高次なレベルのタンパク質の構造について述べ，タンパク質の折りたたみ（フォールディング）と安定化について考察する．最後に，タンパク質の構造がどのように機能と関連しているかを，コラーゲン，ヘモグロビン，それに抗体を例として学ぶ．以上から，タンパク質がただ単に遊離のアミノ酸が集まったものではないことが理解できるであろう．5 章と 6 章で酵素としてのタンパク質の役割について述べる．膜タンパク質の構造については 9 章でより詳細に述べる．核酸に結合するタンパク質については 20〜22 章で扱う．

4.1　タンパク質の構造には四つの階層がある

　個々のタンパク質分子は，最高で四つの構造の階層をもっている（図 4.1）．3 章で述べたように，**一次構造**（primary structure）はタンパク質中のアミノ酸残基の線状の配列のことである．タンパク質の三次元的な構造はさらなる三つの階層，つまり二次構造，三次構造，四次構造によって記述できる．これらの三つの階層を維持，あるいは安定化している力は基本的には非共有結合である．

　二次構造（secondary structure）とは，ペプチド骨格のアミド水素とカルボニル酸素の間の水素結合で維持されている，局所的なコンホメーションの規則性のことである．主要な二次構造は，α ヘリックスと β ストランド，ターンである．折りたたまれたタンパク質を図で表すときには，普通 α ヘリックスの部分をらせんで，β ストランドを N 末端から C 末端へ向いた幅の広い矢印で表す．

　三次構造（tertiary structure）は，完全に折りたたまれたコンパクトなポリペプチド鎖の形のことである．折りたたまれたポリペプチドの多くは，図 4.1（c）に示したように短いアミノ酸残基

(a) 一次構造 -Ala-Glu-Val-Thr-Asp-Pro-Gly-

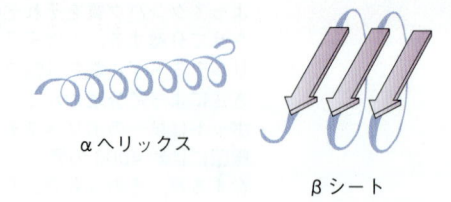

(b) 二次構造

αヘリックス　　βシート

(c) 三次構造

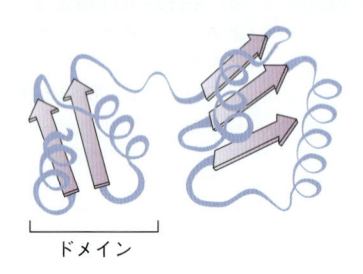

ドメイン

(d) 四次構造

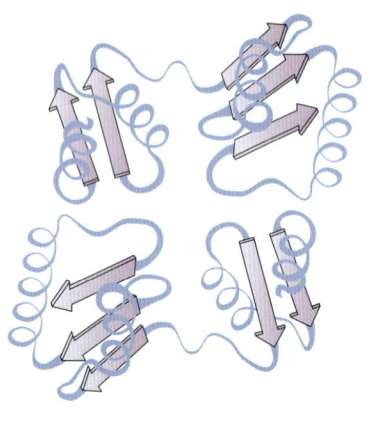

▲ 図 4.1　**タンパク質の構造の階層**　(a) アミノ酸残基が線状に配列したものが一次構造である．(b) 二次構造は，ペプチド鎖が α ヘリックスや β シートのような規則的な繰返しをもつコンホメーションをつくった領域である．(c) 三次構造は，完全に折りたたまれたポリペプチド鎖の形のことである．例として二つのドメインをもつものを示してある．(d) 四次構造は，二つ以上のポリペプチド鎖がマルチサブユニット分子において，どのように配置されているかを示す．(訳注：本書では α ヘリックスが左巻きらせんに見えるものがあるが，正しくは右巻きである．)

の並びによってつながれたいくつかの明瞭な球状単位から成る．このような単位をドメインとよぶ．三次構造は，ポリペプチド鎖上の離れた位置にあるアミノ酸残基の側鎖間の相互作用で安定化されている．三次構造が形成されることによって，離れた所にある一次構造や二次構造がお互いに近づく．

　四次構造をもつタンパク質もある．**四次構造**（quaternary structure）とは，二つ以上のポリペプチド鎖が会合したもので，このようなタンパク質をマルチサブユニットタンパク質あるいはオリゴマータンパク質という．オリゴマータンパク質のポリペプチド鎖は同一のこともあれば異なることもある．

4.2　タンパク質の構造を決定する方法

　第 3 章でみたように，ポリペプチドのアミノ酸配列（一次構造）はタンパク質の配列解析から直接的に，もしくは遺伝子の配列解析から間接的に決定できる．タンパク質の立体的な構造決定に普通用いられるのは，X 線結晶解析である．この方法では，平行 X 線ビームをタンパク質の結晶に当てる．結晶の中の電子が X 線を回折し，回折 X 線はフィルムか検出器で記録される（図 4.2）．回折像の数学的な解析から結晶中の原子の周りの電子雲の像が計算される．この電子密度図は，分子の全体の形と三次元空間での個々の原子の位置を示している．このデータと化学結合についての原則から，分子中に含まれるすべての結合の位置が決定され，その結果，全体的な構造が決定できる．X 線結晶解析の技術はアミノ酸配列についての正確な情報なしでもタンパク質の構造が決定できるところまできている．実際的には，一次構造についての情報を使えば，電子密度図を解釈して，原子間の化学結合の位置を決定することがより簡単に行える．

　初期には，X 線結晶解析は繊維状タンパク質の単純な繰返し構造についての研究や小さな生体分子の構造解析に用いられた．Dorothy Crowfoot Hodgkin は，X 線結晶解析を生体分子の解析に適用した先駆者の一人である．彼女は，1947 年にペニシリンの構造を解明し，さらに大きなタンパク質の研究に使用されている多くの技術を開発した．Hodgkin は，1964 年にビタミン B_{12} の構造決定によってノーベル化学賞を受賞した．後に彼女はインスリンの構造を明らかにした．

　タンパク質全体の三次元的な構造を決定するうえでの主要な問題は，回折した X 線ビームの位置と強度から原子の位置を計算

(a)　X 線源　→　平行な X 線ビーム　→　タンパク質の単結晶　→　回折された X 線　→　フィルム

(b)

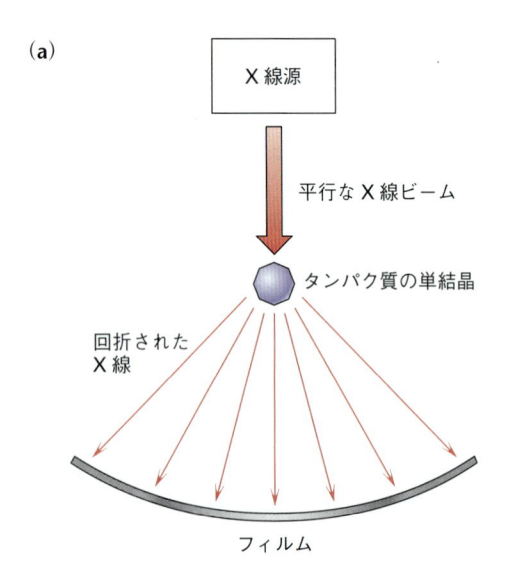

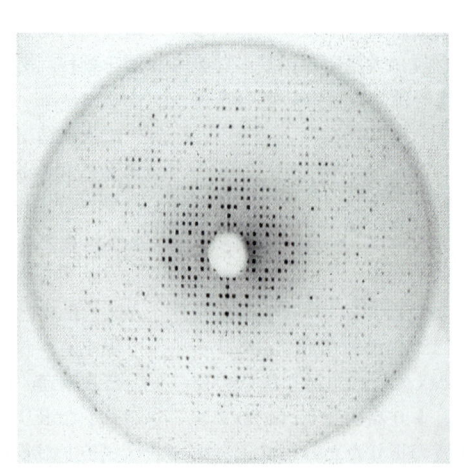

◀ 図 4.2　**X 線結晶解析**　(a) タンパク質の結晶によって回折される X 線の図解．(b) ヒト成人のデオキシヘモグロビンの結晶による X 線回折像．スポットの位置と強度からタンパク質の三次元構造が決定される．

4.2 タンパク質の構造を決定する方法 75

▲ 1950年代のバイオインフォマティクス　Bror Strandberg（左）と Dick Dickerson（右）が英国ケンブリッジの EDSAC II コンピューターセンターからテープを運んでいる．テープには，ミオグロビン結晶の回折データが書かれている．

するのが困難なことである．当然のように，高分子のX線結晶解析はコンピューターの発達を追いかけるかのように発達した．1962年までに，英国ケンブリッジ大学の大型の大変高価なコンピューターを使用して，John C. Kendrew と Max Perutz がそれぞれミオグロビンとヘモグロビンの構造を決定した．その結果から，初めてタンパク質の三次構造の本質についての洞察が得られ，1962年に彼らはノーベル化学賞を受賞した．それ以来，数多くのタンパク質の構造がX線結晶解析によって決定されている．近年，安価で高性能なコンピューターが利用できるようになったことと，鮮明なX線ビームをつくれるようになったことからこの技術は著しく進歩した．現在では，タンパク質の構造決定の成否は，X線を回折するような良い結晶をつくれるかどうかにかかっており，この手順でさえコンピューターで駆動されているロボットで，ほとんどが行われている．

タンパク質の結晶は多くの水分子を含んでいて，基質や阻害剤の分子のような小さなリガンドが結晶の中に拡散して入り込むことができる．多くの場合，結晶中のタンパク質はこれらのリガンドを結合することができ，触媒活性を示すこともまれではない．結晶状態の酵素が触媒活性を示すことは，タンパク質が生体内での天然型コンホメーションを保ったまま結晶化されていることを示している．したがって，X線結晶解析で決定されたタンパク質の構造は，細胞内での構造を正しく反映しているといえる．

高分子の原子の三次元座標が決定されると，他の研究者も利用できるようにデータバンクに登録される．世界中の研究者とデータを共有するためにインターネットを活用していた初期の先進的な人々の中に生化学者もいた．生体分子の構造と配列に関する最初の公共のデータベースは1970年代の末につくられた．この教科書の多くの図はプロテインデータバンク（Protein Data Bank；PDB）のデータファイルを利用してつくられている．この教科書に載せたすべてのタンパク質の構造にはPDBのファイル名である登録番号を示しておいたので，読者は自分自身のコンピューターで三次元構造を見ることができる．

三次元構造の見方やデータファイルの取り方についての情報は，ウェブサイトを参照せよ．

タンパク質の三次元構造表現法にはいろいろな方法がある．空間充填モデル（図4.3a）は，それぞれの原子を硬い球として表現する．この表現方法を使うと，折りたたまれたポリペプチド鎖の密にきっちりと詰まった性質をイメージできる．空間充填モデルはタンパク質の全体の形や，水性溶媒中に露出している表面を示すために使われる．水のような小さな分子でさえ，折りたたまれたタンパク質の内部には入り込めないことが簡単に理解できるであろう．

タンパク質の構造はポリペプチド鎖の骨格を強調した単純化し

▲ Max Perutz（1914～2002，左）と John C. Kendrew（1917～1997，右）　Kendrew はミオグロビンの構造を明らかにした．Perutz はヘモグロビンの構造決定を行った．彼らは，1962年にノーベル化学賞を共同受賞した．

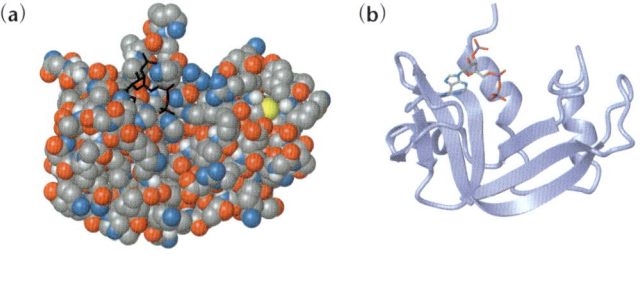

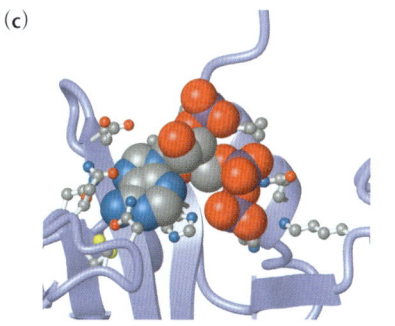

▲図4.3　ウシ（*Bos taurus*）のリボヌクレアーゼA　リボヌクレアーゼAは食物消化に際してRNAを分解する分泌型の酵素である．（a）空間充填モデル．結合している基質アナログは黒で示してある．（b）二次構造を表したポリペプチド鎖のリボンモデル．矢印はβストランドを示す．（c）基質結合部位の図．基質アナログ（5′-ジホスホアデノシン-3′-リン酸）は空間充填モデルで示してある．アミノ酸残基の側鎖は球棒モデルで示してある．[PDB 1AFK]

た図でも表現できる（図 4.3 b）．このリボンモデルではアミノ酸の側鎖は除かれており，ポリペプチドがどのように三次元的な構造へ折りたたまれているかを簡単に理解できる．このようなモデルは，タンパク質の内部を見ることができる利点をもつ．さらに，αヘリックスやβストランドのような二次構造要素も見えてくる．異なったタンパク質の構造を比較する場合に，空間充填モデルでは見ることができない共通な折りたたみやパターンを確認することができる．

最も詳細なモデルは，アミノ酸の側鎖の構造と原子間のいろいろな共有結合や弱い相互作用を強調したものである（図 4.3 c）．このような詳細なモデルは，酵素の活性中心に基質がどのように結合するかを理解するときなどに重要となる．図 4.3（c）では骨格は図 4.3（b）と同じ向きで示されている．

タンパク質の高分子構造を解析するもう一つの方法は，核磁気共鳴（nuclear magnetic resonance；NMR）分光法である．この方法では溶液中のタンパク質について研究できるので，手間のかかる結晶の調製が不要である．NMR 分光法では，タンパク質試料を磁場に置いて測定する．ある種の原子核は加えられる磁場が変化すると電磁波を吸収する．近傍の原子によって吸収が影響を受けるので，接近している原子間の相互作用が記録できる．この結果と，アミノ酸配列と既知の構造上の制約とを組合わせることで，観測された相互作用とつじつまが合う複数の構造を計算で求めることができる．

図 4.4 は，ウシのリボヌクレアーゼ A の構造を表している．同じタンパク質の X 線結晶解析による構造は図 4.3 に示してある．注目すべきことは，取りうる複数の構造が大変よく似ており，分子の全体としての形がはっきりと見えることである．いくつかの例では，NMR によって求められた構造の集合はタンパク質の溶液中での揺らぎ，つまり"息づかい"を示していると考えられている．NMR と X 線結晶解析で決定された構造がよく一致するので，結晶中のタンパク質の構造は溶液中の構造を正確に反映していることがわかる．しかし，いくつかの例では，構造が一致しないことがある．多くの場合，これは X 線結晶構造で現れてこない無秩序な部位のためである（§4.7 D）．非常にまれにタンパク質が，本当の天然型ではないコンホメーションに結晶化することがあるので，NMR 構造の方がより正確であると考えられている．

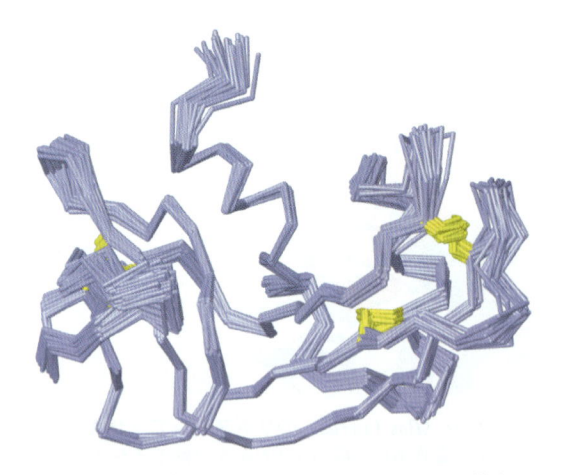

一般に，リボヌクレアーゼ A のような小さな分子の NMR スペクトルは簡単に解釈できるが，大きな分子のスペクトルは非常に複雑である．このため大きなタンパク質の構造を決定するのは困難だが，小さなタンパク質にはこの方法はとても有効である．

4.3　ペプチド原子団のコンホメーション

タンパク質の構造についての詳細な考察を，アミノ酸をポリペプチド鎖へとつないでいるペプチド結合の構造から始めることにする．ペプチド結合に関与する二つの原子が，その四つの置換基（カルボニル酸素原子，アミド水素原子，それに隣接する二つのα炭素原子）とともにペプチド原子団を形成する．小さなペプチドの X 線結晶解析から，カルボニル炭素と窒素の距離は，典型的な C–N 単結合よりも短いが，典型的な C=N 二重結合よりも長いことが明らかにされている．そのうえ，カルボニル炭素と酸素の間の結合も，典型的な C=O 二重結合よりも少し長い．これらの測定の結果は，ペプチド結合が部分的な二重結合の性質をもつことを示しているので，共鳴混成体として示すのが最も適切である（図 4.5）．

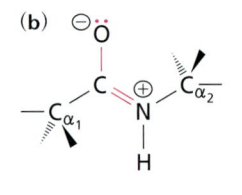

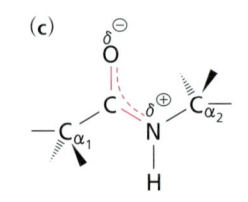

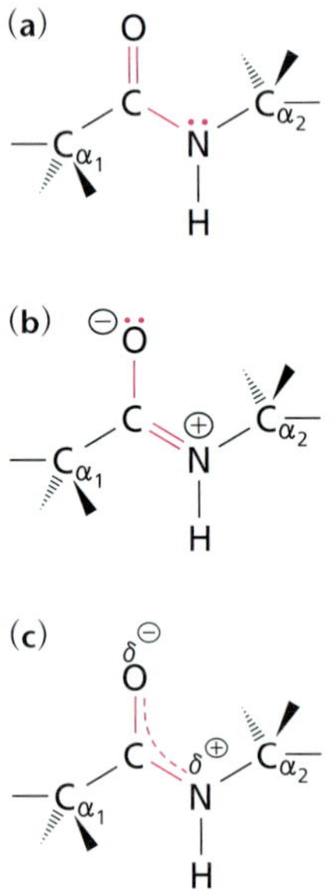

◀ **図 4.5　ペプチド結合の共鳴構造**　(a) この共鳴構造では，ペプチド結合は C–N 単結合として表してある．(b) この共鳴構造では，ペプチド結合は二重結合として表してある．(c) 実際の構造は，二つの共鳴構造の混成として表すのが適切である．電子はカルボニル酸素，カルボニル炭素，アミド窒素に分散している．共鳴混成による二重結合性により，C–N 結合の周りの回転は制限されている．

ペプチド原子団が極性をもつことは重要である．カルボニル酸素は部分的な負電荷をもち，水素結合では水素受容体として働く．窒素原子は部分的な正電荷をもち，–NH 基は水素結合で水素供与体として働く．電子が非局在化していることと，ペプチド結合がある程度二重結合的であるために，C–N 結合の制限のない自由な回転は妨げられている．結果として，ペプチド原子団は平面となる（図 4.6）．しかし，タンパク質の骨格で繰返している

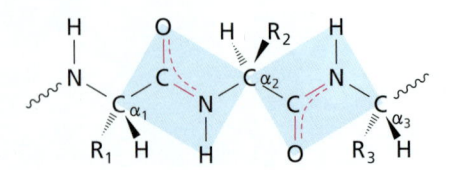

▲ **図 4.4　ウシのリボヌクレアーゼ A の NMR による構造**　原子間の相互作用のデータとつじつまが合うように算出された類似性をもつ構造群を図に示している．ポリペプチド鎖の骨格だけが表示されている．この構造を図 4.3（b）と比べてみよ．ジスルフィド架橋（黄色）が存在することに注意せよ．X 線結晶解析で決定された構造からつくられた図にはそれは示されていない．[PDB 2AAS]

▲ **図 4.6　ポリペプチド鎖の中の平面的なペプチド原子団**　ペプチド原子団はペプチド結合の両端のα炭素とともに，ペプチド結合形成に関与する N–H 基と C=O 基から成る．図では二つのペプチド原子団を水色の領域で示してある．

4.3 ペプチド原子団のコンホメーション

N−C$_\alpha$−C の N−C$_\alpha$ 結合と C$_\alpha$−C 結合はそれぞれ回転可能である。後述するように，これら二つの結合に関する自由回転の制限が，タンパク質の最終的な三次元的コンホメーションを決定する。

ペプチド結合の二重結合性のために，ペプチド原子団のコンホメーションは二つの可能なコンホメーション，トランスとシスのどちらかに限られている（図 4.7）。トランスコンホメーションでは，隣合うアミノ酸残基の二つの α 炭素はペプチド結合の反対側にあり，平面的なペプチド原子団のつくる長方形の対角に位置する。シスコンホメーションでは，二つの α 炭素はペプチド結合の同じ側にあり，近接している。シスとトランスのコンホメーションは，タンパク質合成の間にアミノ酸の結合によってペプチド結合が形成され，ポリペプチド鎖が伸長するときに決定される。いったん形成されると，ペプチド結合の周りの回転によって二つのコンホメーションをお互いに転換することは簡単にはできない。

二つの α 炭素に結合している側鎖間の立体障害のために，伸

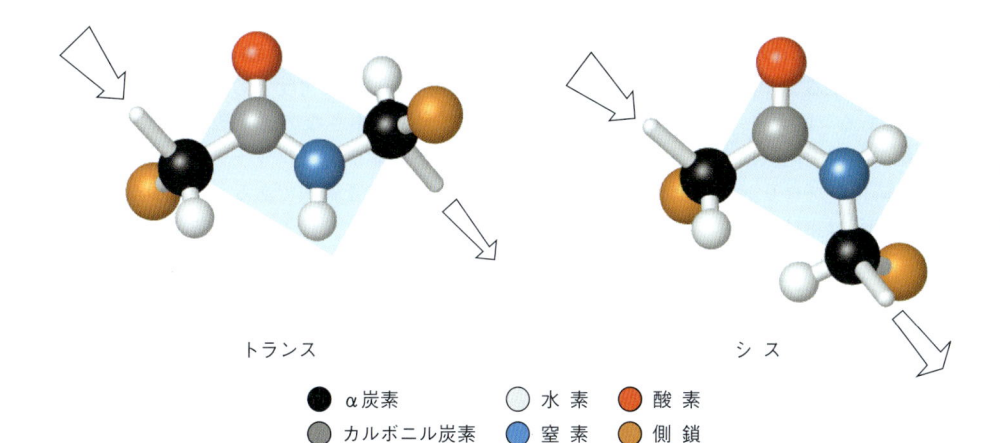

◀図 4.7 ペプチド原子団のシスとトランスのコンホメーション タンパク質中のほとんどすべてのペプチド原子団がトランス形である。このコンホメーションでは，隣接する側鎖の立体障害が最小になる。矢印は N 末端から C 末端への方向を示す。

●α 炭素　○水素　●酸素
●カルボニル炭素　●窒素　●側鎖

BOX 4.1　開花はシス/トランススイッチで制御されている

ほとんどすべてのペプチド基はタンパク質合成において好ましいトランスコンホメーションをとる。トランスコンホメーションはシスコンホメーションよりも安定である（一つの例外があるが）。シスコンホメーションへの自発的な転換はほとんど起こらず，また，タンパク質の構造がとても大きな影響を受けるので，ほとんどの場合機能を失う。

しかしながら，ある種のタンパク質の活性は，シス/トランス異性化によるコンホメーション変化によって調節されている。プロリン残基ではシスコンホメーションがトランスコンホメーションとほとんど同じくらい安定であるので，ペプチド原子団のコンホメーションの変化は必然的にプロリン残基で起こる。これは規則の唯一の例外である。

ペプチジルプロリン *cis-trans*-イソメラーゼとよばれる特別な酵素が一時的にペプチド結合の共鳴混成構造を不安定にし，回転を可能にすることによってプロリン残基のシスとトランスの相互変換を触媒する。この酵素の重要な一つのクラスでは，セリンかトレオニン残基がリン酸化されている場合にかぎり，Ser-Pro と Thr-Pro を認識する。アミノ酸残基のリン酸化は，共有結合修飾による重要な調節機構である（§ 5.9 D を参照）。この型のペプチジルプロリン *cis-trans*-イソメラーゼの遺伝子は *Pin1* とよばれ，すべての真核生物に存在する。

小さな顕花植物であるシロイヌナズナ（*Arabidopsis thaliana*）では，Pin1 タンパク質は，開花の時期を調節しているいくつかの転写因子に作用する。トレオニン残基がリン酸化されると，転写因子が Pin1 によって認識され，Thr-Pro 結合のコンホメーションがトランスからシスへ変換される。タンパク質の構造に起こったコンホメーション変化は，転写因子の活性化と花を咲かせるのに必要な遺伝子の転写をひき起こす。*Pin1* 遺伝子の変異によってペプチジルプロリン *cis-trans*-イソメラーゼの合成が阻害されると，開花は相当に遅れる。

ヒトでは，*Pin1* でコードされるペプチジルプロリン *cis-trans*-イソメラーゼは，RNA ポリメラーゼや転写因子，その他のタンパク質を修飾することで，遺伝子の発現制御にかかわっている。この遺伝子の変異は，いくつかの遺伝病に関与していると考えられている。ヒトのペプチジルプロリン *cis-trans*-イソメラーゼの構造を図 4.25（e）に示してある。

▲シロイヌナズナ（*Arabidopsis thaliana*）は，カラシの仲間である。研究室で簡単に栽培できるので，植物学では好まれて用いられているモデル生物である。

びた形のトランスコンホメーションに比較してシスコンホメーションは不利である．したがってタンパク質中のほとんどすべてのペプチド原子団はトランスコンホメーションである．まれに例外もあるが，それは通常，プロリンのアミド窒素が関与する結合の場合である．プロリンの独特な環状構造のために，シスコンホメーションの立体障害はトランスコンホメーションよりもわずかに大きいだけである．

　思い起こしてほしいのだが，ペプチド原子団の原子が平面上にあるとはいえ，$N-C_\alpha-C$ 骨格の繰返しの中で $N-C_\alpha$ と $C_\alpha-C$ の結合の回転は可能であった．しかし，主鎖と隣接する残基の側鎖との間の立体障害によってこの回転も制約を受ける．自由回転を著しく妨げるものの一つは，ポリペプチド鎖で隣接するアミノ酸残基上の二つのカルボニル酸素間の立体障害である（図4.8）．大きな側鎖が存在するときも $N-C_\alpha$ と $C_\alpha-C$ 結合の自由回転は妨げられる．プロリンの場合は特別で，$N-C_\alpha$ 結合がプロリンのピロリジン環構造の一部であるため，結合での回転は束縛されている．

　ペプチド原子団の $N-C_\alpha$ 結合の回転の角度は ϕ（ファイ）と表され，$C_\alpha-C$ 結合の回転の角度は ψ（プサイ）と表される．ペプチド結合の結合角は ω（オメガ）である．ペプチド結合の回転は，その二重結合性のため

に妨げられているので，ポリペプチドの骨格のほとんどのコンホメーションは ϕ と ψ によって表せる．これらの角度はそれぞれ骨格の四つの原子の相対的な位置によって定義される．時計回りの方向の角度が正で，反時計回りの角度が負であり，それぞれ180°の範囲を動く．つまり，それぞれの回転角の範囲は $-180°$〜$+180°$ ということになる．

　生物物理学者の G. N. Ramachandran らはペプチドの空間充填モデルをつくり，ポリペプチド鎖でどんな ϕ と ψ の値が立体的に可能かを決める計算を行った．可能な角度は ϕ 対 ψ の**ラマチャンドランプロット**（Ramachandran prot）で色付けした領域として示される．図4.9(a)は理論的な計算の結果を示している．濃い色の部分はほとんどの残基で可能な角度である．薄い色の部分は R 基による回転の妨害がない小さなアミノ酸残基に対する ϕ と ψ の値である．ラマチャンドランプロットの白地の箇所は，立体障害によってほとんど不可能な領域である．いくつかの型の理想的な二次構造のコンホメーションは予想通り色付けした領域に収まる．

　ラマチャンドランプロットの別の例が図4.9(b)に示してある．このプロットは構造が明らかになっている数百のタンパク質で観察された ϕ と ψ の角度に基づいている．内側の囲いの中は高い

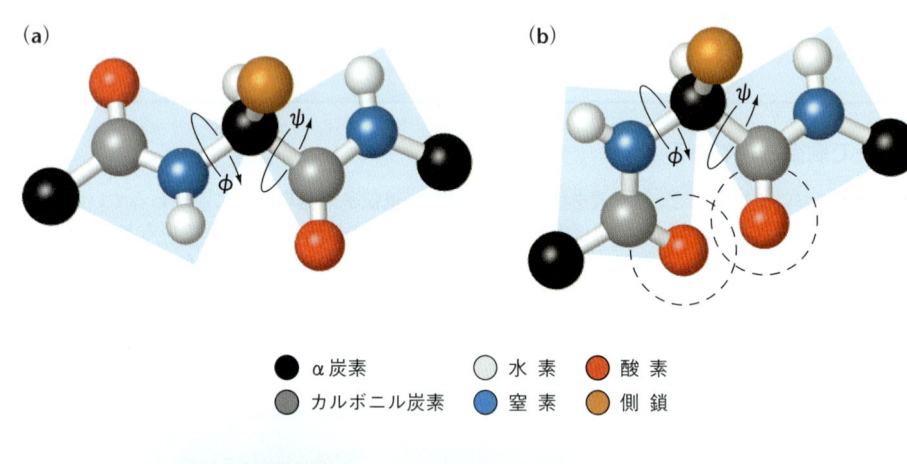

◀図4.8　ポリペプチド鎖において，ペプチド原子団をつなげている $N-C_\alpha$ と $C_\alpha-C$ 結合の周りの回転　(a) 伸びたコンホメーションでのペプチド原子団．(b) 隣接する残基にあるカルボニル酸素原子との間の立体障害のために不安定なコンホメーションをとっているペプチド原子団．破線でカルボニル酸素のファンデルワールス半径が示してある．$N-C_\alpha$ 結合の回転角を ϕ とよび，$C_\alpha-C$ 結合の回転角を ψ とよぶ．両脇の α 炭素の置換基はわかりやすくするために除いてある．

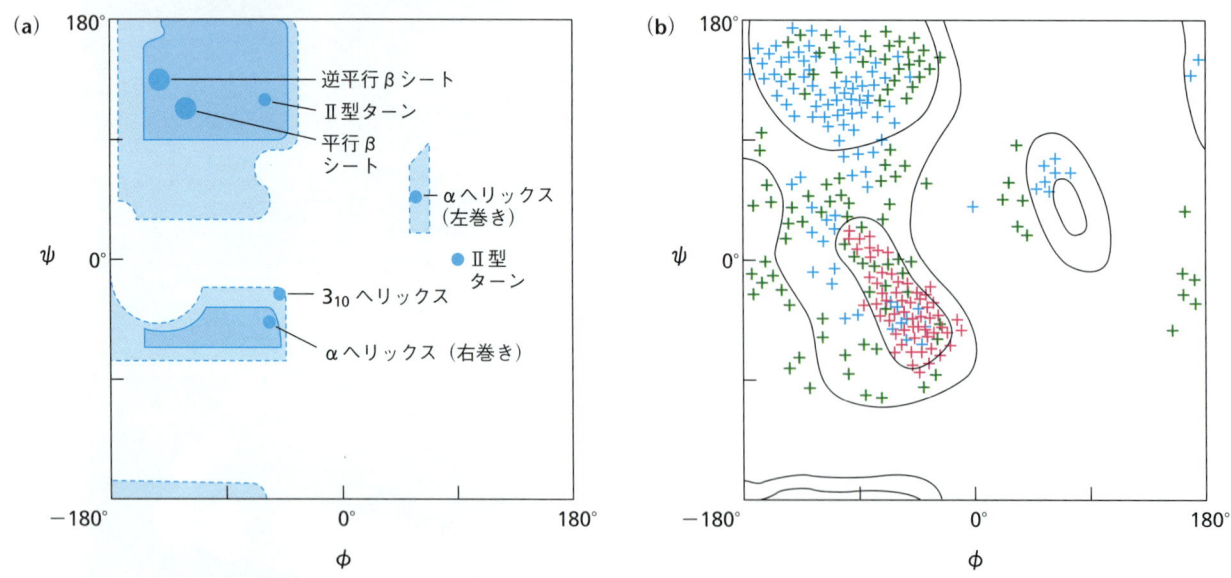

●α炭素　○水素　●酸素　●カルボニル炭素　●窒素　●側鎖

▲図4.9　ラマチャンドランプロット　(a) 実線の範囲は分子モデルにおいて可能な ϕ と ψ の値である．破線はアラニン残基に対する限界を示している．大きな青の点は α ヘリックスや β シートなどの，特徴的なコンホメーションに対する ϕ と ψ の値である．II 型ターンでは2番目と3番目の残基がとる値を示してある．白地の部分は，ほとんど，とりえない ϕ と ψ の値である．(b) 実際の構造で観察された ϕ と ψ の値．十字は1個のタンパク質中の典型的な残基がとっている値を示している．α ヘリックスの残基は赤で，β ストランドは青で，その他は緑で示してある．

頻度でみられる角度を表し，その外側の囲いの中はあまりみられない角度に対応する．タンパク質中のαヘリックス，βシートや，その他の構造にみられる典型的な角度がプロットされている．理論的なラマチャンドランプロットと観測に基づいたものとの最も重大な違いは，0°ϕ，$-90°\psi$ の付近の領域にある．この領域はモデルによる研究からは許されないはずであるが，これらの角度をとっている残基の例が数多くある．この領域ではペプチド結合をわずかに回転させて立体的な衝突を回避していることが明らかになった．ペプチド原子団は完全に平面ではなく，少しのゆがみは許されている．

いくつかのかさ高いアミノ酸残基ではその許容範囲が狭い．プロリンの $N-C_\alpha$ 結合は側鎖のピロリジン環に含まれていて制約されているため，ϕ の値は約 $-60°$ から $-77°$ の間に限られている．対照的にグリシンでは，β炭素がないために多くの立体的な制約から免れているので，他の残基より自由度が大きく，ϕ と ψ の値はラマチャンドランプロットに示された色付け領域の外側にくることもしばしばある．

> ！ポリペプチド骨格の三次元的なコンホメーションは，おのおののペプチド原子団に関するの回転角であるϕ(ファイ)とψ(プサイ)で決定される．

4.4 αヘリックス

αヘリックス（αらせん）のコンホメーションは 1950 年に Linus Pauling と Robert Corey によって提案された．彼らはペプチド原子団の大きさ，起こりうる立体障害，水素結合形成による安定化などについて考察した．彼らのモデルは，繊維状タンパク質のαケラチンの構造にみられる主要な繰返し構造を説明でき

▲ **Linus Pauling**（1901～1994） 1954 年のノーベル化学賞，1962 年のノーベル平和賞の受賞者．

た．0.50～0.55 nm の繰返しはαヘリックスのピッチ（1回転で軸に沿って進む距離）であることがわかった．Max Perutz はαケラチンのX線回折パターンに 0.15 nm の二次的な繰返し単位を見つけ，αヘリックスを支持するさらなる証拠を提出した．0.15 nm の繰返しはαヘリックスのライズ（ヘリックスの1残基分の軸に沿った距離）であることが明らかになった．Perutz はαヘリックスがヘモグロビンにも存在することを示し，このコンホメーションがより複雑な球状タンパク質にも存在することを確認した．

理論的には，αヘリックスは右巻きでも左巻きでも可能である．タンパク質にみられるαヘリックスはほとんどいつも図4.10に示したような右巻きである．理想的なαヘリックスではピッチは 0.54 nm でライズは 0.15 nm，1回転に要するアミノ酸残基の数は3.6である（つまり約 $3\frac{2}{3}$ 残基：1個のカルボニル基，3個の $N-C_\alpha-C$ 単位および1個の窒素）．タンパク質の中ではαヘリックスはややひずんでいるが，1回転当たりたいてい3.5～3.7残基である．

αヘリックスでは，ポリペプチド骨格のカルボニル酸素（残基 n）はC末端方向の四つ先の残基（残基 $n+4$）の骨格のアミド窒素と水素結合をつくる（ヘリックスの一方の端にある三つのアミノ基とその反対側の三つのカルボニル基は，水素結合の相手がヘリックスの中にはない）．それぞれの水素結合は13原子（カルボニル酸素，骨格原子の11個，アミド水素）から成るループをつくる．このαヘリックスは，ピッチと水素結合のループのサイズによって 3.6_{13} ヘリックスともよばれる．ヘリックスを安定化する水素結合はヘリックスの長軸にほぼ平行である．

αヘリックスにある各残基の ϕ と ψ の角度は，ほぼ同じである．それらは ϕ 値が $-57°$ で ψ 値が $-47°$ の位置を中心とするラマチャンドランプロット内の安定な領域に集まる（図4.9）．これらの値がほぼ同じなので，αヘリックスは規則正しい繰返し構造となる．分子内の n 残基と $n+4$ 残基との間の水素結合が $N-C_\alpha$ と $C_\alpha-C$ 結合の回転を妨げ，ϕ と ψ の値を比較的狭い範囲に限定する．

ヘリックス内の1個の水素結合では十分な構造安定性をもたらせないが，αヘリックス内の多くの水素結合が合わさるとコンホメーションを安定化する効果が発揮される．アミノ酸残基間の水素結合はタンパク質内部の疎水的環境において特に安定である．水がそこまでは入り込めないので，水素結合と競合することもない．αヘリックスでは，すべてのカルボニル基はC末端方向を向いている．ペプチド原子団は極性でありすべての水素結合は同じ向きを向いているので，ヘリックスは全体としてN末端が正でC末端が負の双極子である．

αヘリックスのアミノ酸側鎖はヘリックスの円筒から外向きに突き出ていて，αヘリックスを安定化する水素結合には関与しない（図4.11）．しかしながら，側鎖の性質は他の面でαヘリックスの安定性に影響する．このために，ある種のアミノ酸は，αヘリックスのコンホメーションに他のアミノ酸よりも多く現れる．たとえばアラニンは電荷をもたない小さな側鎖をもち，αヘリックスのコンホメーションによく適合する．アラニン残基はすべてのタンパク質のαヘリックスによく現れる．それとは対照的に大きな側鎖をもつチロシンやアスパラギンはαヘリックスにはあまりみられない．グリシンの側鎖は水素原子1個であるが，α炭素の周りの回転に制約がなさすぎるのでαヘリックス構造を不安定化する．この理由から，多くのαヘリックスはグリシン残基で始まるかグリシン残基で終わる．プロリンはαヘリック

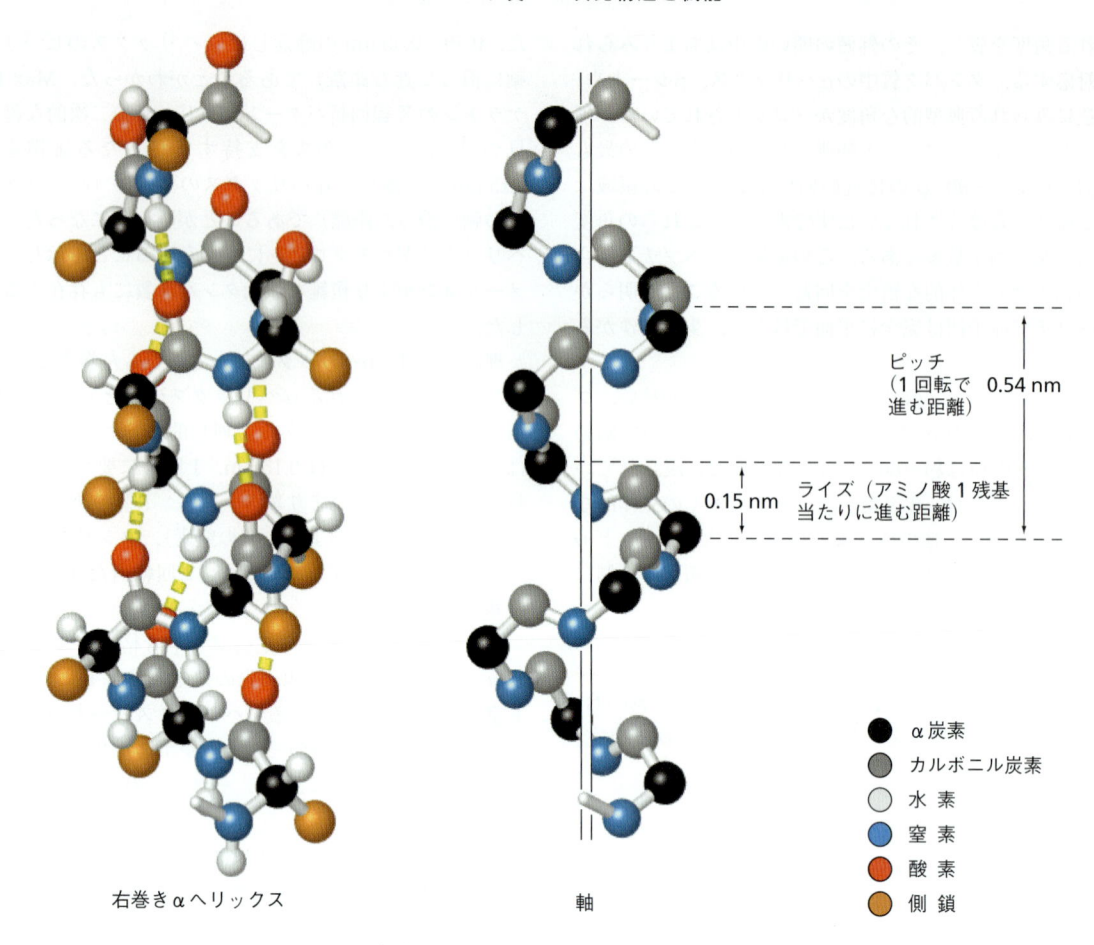

▲図 4.10　αヘリックス　αヘリックスをとる二次構造領域を N 末端側が下に C 末端側が上になるように示してある．おのおののカルボニル酸素は，ポリペプチド鎖の C 末端側へ 4 残基離れたアミド水素と水素結合をつくっている．水素結合はヘリックスの長軸とほぼ平行になっている．すべてのカルボニル基が C 末端を向いていることに注目してほしい．理想的な α ヘリックスでは，等しい場所が 0.54 nm ごとに繰返され（この距離がピッチとよばれる），アミノ酸 1 残基ごとにヘリックスの長軸に沿って 0.15 nm 進む（ライズ）．また 1 回りにつき 3.6 残基のアミノ酸が含まれる．右巻き α ヘリックスでは，N 末端方向から軸に沿って見たとき，骨格は時計回りに回る．右巻きヘリックスをらせん階段だと考えると，右に回りながら階段を<u>下りる</u>ことになる．

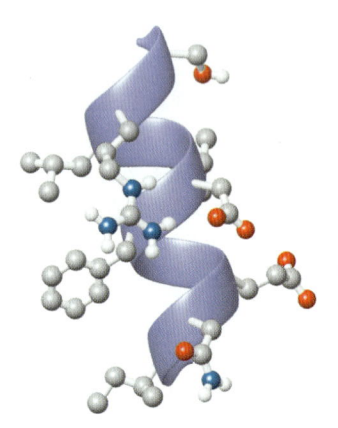

◀図 4.11　右巻きの α ヘリックスの図　青いリボンはポリペプチドの骨格を示している．側鎖は球棒モデルで示してある．すべての側鎖はヘリックスの軸から外側に向けて突き出している．この例では，ウマ肝臓アルコールデヒドロゲナーゼの Ile-355 残基（下）から Gly-365 残基（上）を示した．いくつかの水素原子は示さなかった．[PDB 1ADF]

スに存在する可能性が最も低い残基である．なぜなら，柔軟性を欠く環状の側鎖が本来ヘリックスの隣の残基が占めるはずの場所を占めてしまい，右巻きヘリックスのコンホメーションを壊すからである．そのうえ，プロリンはアミド窒素に水素原子がないので，ヘリックス内で水素結合を完結できない．この理由からプロリン残基はヘリックス内部ではなく，末端によくみられる．

タンパク質によって α ヘリックスの含量はいろいろである．あるタンパク質は，ほとんどの残基が α ヘリックスである．別のタンパク質には α ヘリックス構造は，ほとんどみられない．これまでに調べられたタンパク質の平均的な α ヘリックス含量は 26 % である．タンパク質にみられる α ヘリックスの長さは 4 ないし 5 残基から 40 残基以上にも及ぶが，平均的な長さは 12 残基である．

多くの α ヘリックスではヘリックスの円筒の片側に親水的なアミノ酸があり，反対側に疎水的なアミノ酸が存在する．ヘリックスの両親媒性はヘリカルホイールとよばれる方法でアミノ酸配列を渦巻き状に表すと簡単に見てとれる．たとえば図 4.11 に示した α ヘリックスはヘリックスを軸方向から見たヘリカルホイールとして表すことができる．ヘリックス 1 回転当り 3.6 残基あるので，残基は渦巻きに沿って 100°ごとにプロットされる（図 4.12）．ヘリックスは右巻きのねじであり，C 末端のグリシンで終わっていることに注目しよう．親水的な残基（アスパラギン，グルタミン酸，アスパラギン酸，アルギニン）は，ヘリカルホイールの片側に集まっている．

両親媒性のヘリックスはしばしばタンパク質の表面にあって，親水性の側鎖を外側にし（水性溶媒に向け），疎水性の側鎖を内側に向ける（疎水的な内部に向ける）．たとえば，図 4.11 と 4.12 に示したヘリックスは，肝臓の水溶性酵素であるアルコールデヒドロゲナーゼの表面にあって，1 番目，5 番目，8 番目の残基（それぞれイソロイシン，フェニルアラニン，ロイシン）の側鎖をタ

> α ヘリックスのいろいろなアミノ酸残基の既知の頻度を使って，一次配列だけから二次構造が予測されている．

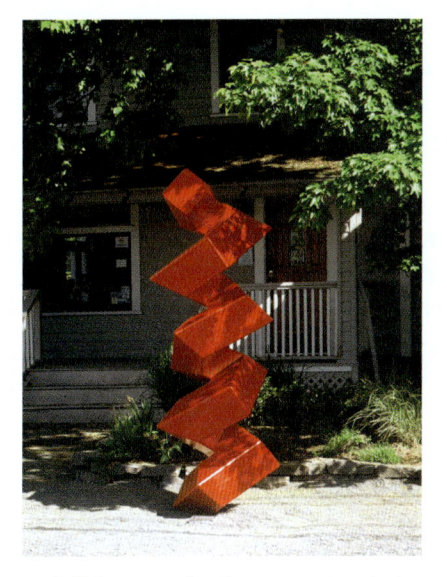

4.4 αヘリックス

(a) 配列: 355 I – 356 N – 357 E – 358 G – 359 F – 360 D – 361 L – 362 L – 363 R – 364 S – 365 G

(b) ヘリカルホイール図（N末端）

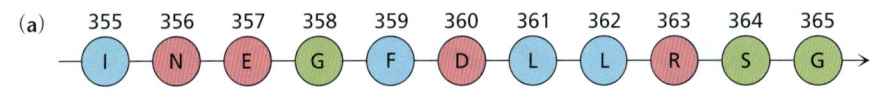

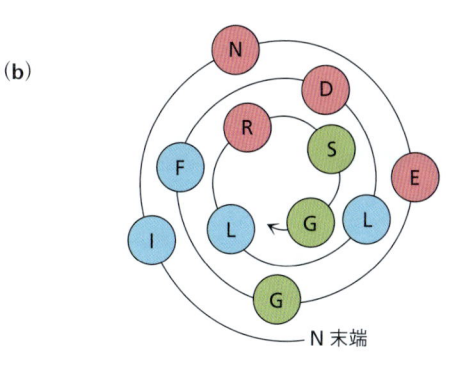

▲図4.12　ウマ肝臓アルコールデヒドロゲナーゼのαヘリックス　疎水性の高い残基を青，疎水性の低い残基を緑，親水性の高い残基を赤で示してある．(a) アミノ酸配列，(b) ヘリカルホイール図．

▲右巻きのαヘリックス　このらせんは，Julian Voss-Andreae によって制作された．米国オレゴン州ポートランドにある，Linus Pauling が子供時代を過ごした家の前に展示されている．

ンパク質の内部に埋込んでいる（図4.13）．

二つの両親媒性のαヘリックスが相互作用して，伸びたコイルドコイル構造をつくっている多くの例がある．この構造では，二つのαヘリックスが親水的な面を溶媒に露出させ，疎水的な面を接触面に向けてお互いに巻き付いている．DNA 結合タンパク質に共通に見られる構造でロイシンジッパーとよばれるものがある（図4.14）．この名前は，二つのαヘリックスが両親媒性のヘリックスの片側にあるロイシン残基（ならびに他の疎水性残基）の疎水性相互作用によって"ジッパーのように"付着しているという事実に由来している．ヘリックスの端はこのタンパク質のDNA 結合領域を形成している．

3_{10} ヘリックスの短い領域をもつタンパク質がある．αヘリックスと同じように，3_{10} ヘリックスは右巻きである．3_{10} ヘリックスのカルボニル酸素は，（αヘリックスでの $n+4$ 残基とは違って）$n+3$ 残基のアミド水素と水素結合を形成する．そのため，3_{10} ヘリックスはαヘリックスよりも短い水素結合による環状構造（13 ではなく 10 原子）を取り，1回転当たりの残基が少なく（3.0残基），ピッチが長い（0.60 nm）（図4.15）．3_{10} ヘリックスは，立体的な障害と水素結合の幾何学的な形がよくないためにαヘリックスよりもやや不安定である．3_{10} ヘリックスがみられるときは通常数残基の長さで，しばしばαヘリックスのC末端側の最後の1巻きに存在する．幾何学的な形が異なっているので，

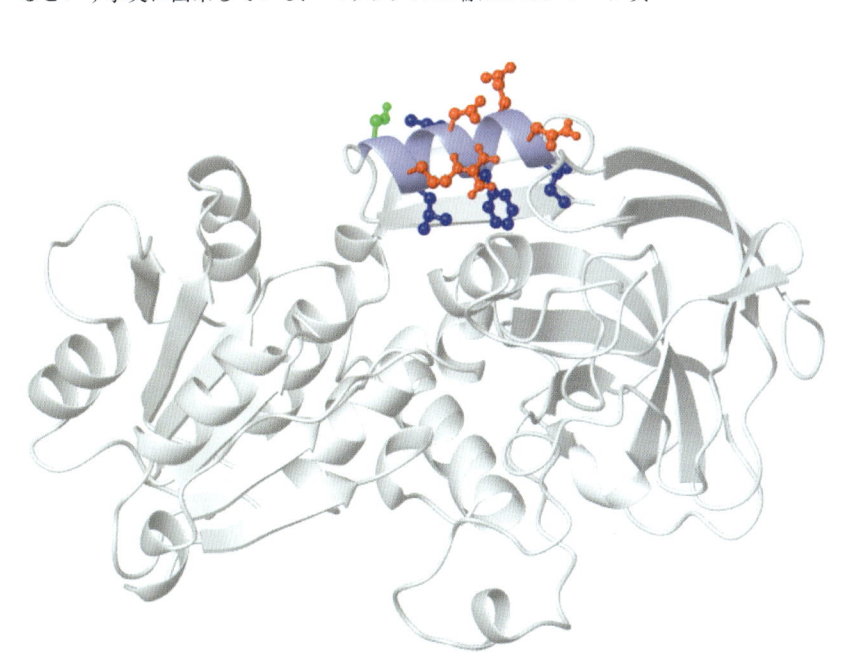

▲図4.13　ウマ（*Equus ferus*）肝臓アルコールデヒドロゲナーゼ　両親媒性のαヘリックスが強調されている．非常に疎水性の高い残基は青で示してあり，あまり疎水性が高くない残基は緑で，電荷をもつ残基を赤で示した．疎水性の高い残基の側鎖はタンパク質の内側を向き，電荷をもつ残基の側鎖は表面に露出していることに注意せよ．[PDB 1ADF]

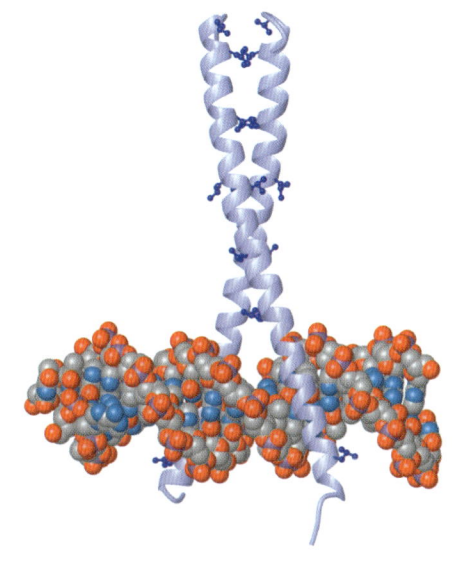

▲図4.14　酵母（*Saccharomyces cerevisiae*）のロイシンジッパー領域　DNAに結合しているGCN4タンパク質．GCN4は特異的なDNA配列に結合する転写調節因子である．DNA結合領域は，GCN4タンパク質の二つのサブユニットのそれぞれに一つずつ由来する両親媒性のαヘリックス2本から成る．ロイシン残基の側鎖はリボンよりも濃い青で示してある．GCN4タンパク質のロイシンジッパー領域だけを図示した．[PDB 1YSA]

▲図4.15 3_{10}ヘリックス 3_{10}ヘリックス（左）では，ある残基のアミド基と3残基先のカルボニル酸素との間に水素結合（ピンク）が形成されている．αヘリックス（右）では，4残基先のアミノ酸のカルボニル酸素と水素結合が形成される．

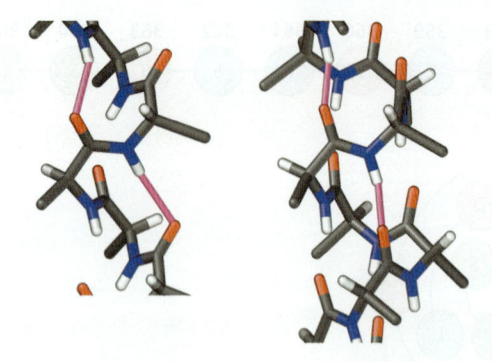

3_{10}ヘリックスの残基のφとψの角度はラマチャンドランプロットでαヘリックスの残基とは違った領域を占める（図4.9）．

4.5　βストランドとβシート

もう一つのよくみられる二次構造は，βストランドとβシートを含むクラスでβ構造とよぶ．**βストランド**（β strand）はほとんど完全に伸びたポリペプチド部分である．各残基の距離が0.15 nmであるαヘリックスのコンパクトなコイルとは対照的に，βストランドのおのおのの残基の距離は約0.32〜0.34 nmである．複数のβストランドが並列すると**βシート**（β sheet）が形成される．この構造はもともと，αヘリックスの理論的なモデルがつくられたのと同じときにPaulingとCoreyによって提案されたものである．

βストランドはそれ自身では他の構造よりも安定というわけではないので，この構造を単独でもつタンパク質はまれである．

βシートは隣合ったβストランドのカルボニル酸素とアミド水素間の水素結合によって安定化される．そのため，タンパク質にみられるβ構造はほとんどいつもシートである．

水素結合を形成する相手のβストランドは別のポリペプチド鎖にあってもよいし，また同じ鎖の別の部分にあってもよい．シートのβストランドは平行（N末端からC末端への向きが同じ方向，図4.16 a）であることも，逆平行（N末端からC末端への向きが反対の方向で向かい合わせ，図4.16 b）であることもある．βストランドが逆平行のとき，水素結合は伸びたポリペプチド鎖に対してほぼ垂直である．逆平行βシートでは，ある残基のカルボニル酸素とアミド水素は，もう一方のストランドの一つの残基内にあるアミド水素とカルボニル酸素と水素結合をつくることに注意せよ．平行βシートでは伸びた鎖に対して水素結合は垂直ではなく，おのおのの残基は隣合った鎖にある二つの別の残基にあるカルボニル基やアミド基と水素結合を形成する．

平行βシートは水素結合がゆがんでおり，おそらくそれが原因で逆平行シートよりも不安定である．平らなペプチド原子団が，アコーディオンの蛇腹のように角度をもってつながるために，βシートはしばしば**βプリーツシート**（β pleated sheet）とよばれることがある．ペプチド原子団の間の結合角のために，アミノ酸側鎖はシート平面の上と下に交互に突き出す．典型的なβシートは，2個から多くて15個のβストランドを含む．それぞれのストランドは平均で6個のアミノ酸残基を含む．

βシートをつくっているβストランドはねじれていることが多く，シートはゆがんでよじれている．リボヌクレアーゼAのβシートの三次元像（図4.3）は，図4.16の理想的な構造に比べてより現実的なβシートの姿を示している．

小さなβシートの二つのストランドを図4.17に示した．先に述べたように，前面にあるストランドのアミノ酸残基の側鎖はβストランドの右と左に（つまり，上下に）交互に突き出ている．一般的にβストランドはやや右回りにねじれる．つまり，スト

▲図4.16 βシート　矢印はポリペプチド鎖のN末端からC末端への方向を示している．(a) 平行βシートの構造．水素結合は等間隔で分布するが，傾いている．(b) 逆平行βシート．水素結合は実質的にβストランドに対して垂直である．水素結合対の間隔は，広いものと狭いものが交互に現れる．

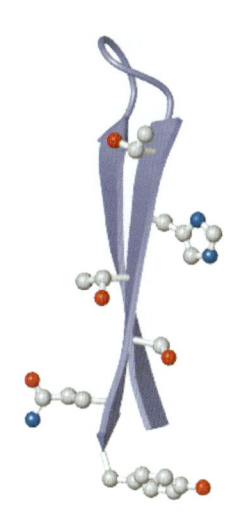

◀ 図 4.17　インフルエンザウイルス A のノイラミニダーゼにみられる逆平行 β シートの二つのストランド　前面の β ストランドの側鎖だけが示されている．側鎖は β ストランドの片側とその反対側から交互に出ている．両方のストランドとも右巻きのねじれがある．[PDB 1BJI]

ランドに沿って見ていくと，時計回りにねじれる．

β ストランドの結合の ϕ と ψ の角度は，ラマチャンドランプロットの左手の上にある大きく安定な領域の中の広い範囲の値をとる．平行と逆平行のストランドにある残基の典型的な角度は同じではない（図 4.9）．ほとんどの β ストランドはねじれているので，より規則的な α ヘリックスにみられる値よりも ϕ と ψ の角度は広い値をとる．

β シートを通常，二次構造とみなしているが，厳密にいえばこれは正しくない．多くの場合，個々の β ストランドはタンパク質の異なった場所にあり，タンパク質が最終的な三次構造をとったときに接近して β シートを形成する．ある場合には，タンパク質の四次構造から大きな β シートが現れる．ほとんどすべて β シートからできているタンパク質もいくつかあるが，ほとんどのタンパク質では β ストランドの割合は低い．

前節で，両親媒性の α ヘリックスは，ヘリックスの片側に疎水的な側鎖を突き出していることをみた．ヘリックスが他の部分と相互作用しているのはこの面で，三次構造の安定化を助けている一連の疎水性相互作用をつくり出している．β シートの場合には，側鎖は β ストランドの平面の上下に交互に突き出す．β シートの片方の面は，タンパク質内部の疎水性残基の上にかぶさることが可能となるように疎水性側鎖から構成されているかもしれない．

このような二つの β シート間の疎水性相互作用は，牧草の花粉のコートタンパク質の構造にみられる（図 4.18 a）．このタンパク質は，この草の花粉に対してアレルギーをもっている人に作用する主要なアレルゲンである．β シートの片方の面にそれぞれ疎水性側鎖があり，反対側の面に親水性側鎖がある．図 4.18（b）に示してあるように，二つの疎水性の面が相互作用してタンパク質の疎水性コアを形成しており，親水性の面は溶媒に露出している．これは β サンドイッチの例である．三次構造の節（§4.7）においてより詳細に扱うように，二次構造要素の配置にはいくつかの型があるが，β サンドイッチもそのうちの一つである．

!　二次構造の共通な要素は種類の異なる三つ（α ヘリックス，β ストランドとターン）だけである．

4.6　ループとターン

α ヘリックスと β ストランドの両方で，その構造全体において類似したコンホメーションを連続してとる残基がある．タンパク質にはまた，繰返しではない三次元構造から成る部分も含まれている．これらの非繰返し領域にみられる二次構造は，ほとんどがループかターンであり，それによってポリペプチド骨格の方向が変わる．繰返し領域と同様に，非繰返し領域のペプチド原子団のコンホメーションも制限されている．それらの ϕ と ψ の値は，たいていラマチャンドランプロットで許容された領域にあり，α ヘリックスや β ストランドを形成する残基の値にほぼ近い．

ループとターンは α ヘリックスや β ストランドをつなぎ，ポリペプチド鎖が元の方向へ戻ってこられるようにする．このようにして，天然型の構造にみられるコンパクトな三次元構造がつくり出される．典型的なタンパク質のほぼ 1/3 ものアミノ酸残基がこのような非繰返し構造の中にみられる．通常，ループ（loop）は親水的な残基から成っていて，タンパク質の表面にあるのが普通である．タンパク質の表面にある残基は溶媒に露出し水と水素結合を形成している．いくつかのループは，伸びた非繰返し構造をとる多くの残基から成る．タンパク質の残基の約 10 % がそのような領域にある．

少数の残基（5 残基程度まで）を含むループが，ポリペプチド鎖の方向を大きく変えるとき，このループをターン（turn）という．最もよくみられる急なターンは，逆ターン（reverse turn）とよばれている．これは多くの場合に，二つの逆平行 β ストランドをつないでいるので，β ターン（β turn）ともよばれている．（β シートをつくるためには，ポリペプチドは図 4.17 に示したよ

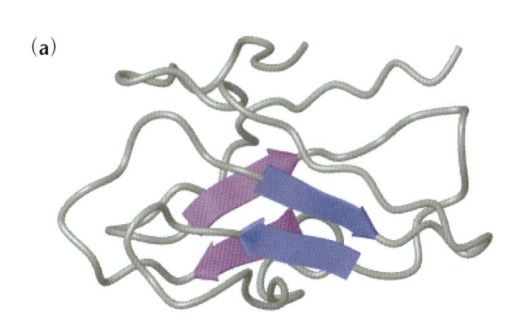

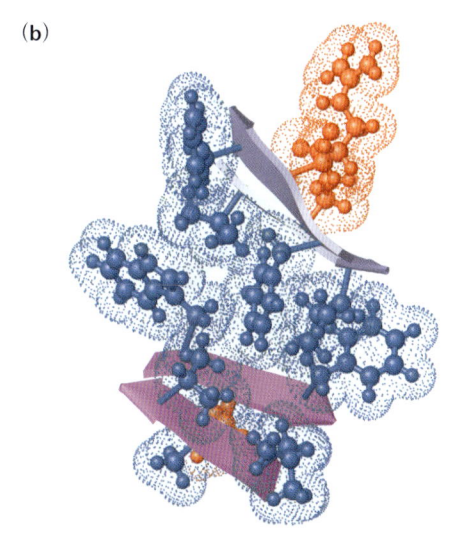

▲ 図 4.18　牧草（*Phleum pratense*）の花粉の PHL P2 の構造　(a) タンパク質中の方向を示すために，2 本のストランドから成る短い逆平行 β シート二つを青と紫で強調した．(b) 異なった方向から見た β サンドイッチ．疎水性残基（青）と極性残基（赤）が示してある．多くの疎水性相互作用が二つの β シートを結合している．[PDB 1BMW]

▲ Uターンは，タンパク質では許されている．

のので，側鎖の原子と骨格にある原子の間の立体的な衝突を起こすことなく結合角は広い範囲の値をとることが可能である．通常，ラマチャンドランプロットでは，グリシン以外の残基において許容される領域だけを示している．それで，Ⅱ型ターンの回転角がラマチャンドランプロットの許容領域の外側に現れるのである．

4.7 タンパク質の三次構造

三次構造はポリペプチド鎖（あらかじめαヘリックスやβシートでできたいくつかの領域をもつ場合がある）が，きっちりと詰め込まれた三次元の構造へ折りたたまれることによって形成される．三次構造の重要な特徴は，一次構造上，離れた所にあるアミノ酸残基が近づくことによって側鎖間の相互作用が可能となっていることである．ポリペプチド骨格のアミド窒素とカルボニル酸素の間の水素結合で二次構造が安定化されているのに対して，三次構造は，基本的にはアミノ酸残基の側鎖間の非共有結合（大部分は疎水性効果）によって安定化されている．ジスルフィド結合は共有結合だが，三次構造の要素である．これは，タンパク質が折りたたまれてから形成されるので，一次構造には含まれない．

A. 超二次構造

超二次構造，またはモチーフ（motif）とは多数の異なるタンパク質でみられるαヘリックス，βストランドおよびループの特徴的な組合わせである．構造的に似通ったモチーフが異なるタンパク質では異なる機能をもつこともあるが，モチーフが特定の機能と結び付いている場合もある．いくつかのよくみられるモチーフを図4.20に示した．

単純なモチーフの一つにヘリックス-ループ-ヘリックスがある（図4.20a）．これは多くのカルシウム結合タンパク質にみられる．これらのタンパク質にあるループ部分のグルタミン酸とアスパラギン酸は，カルシウム結合部位を形成する．ある種のDNA結合タンパク質ではこの超二次構造の一つの形は，ヘリックスをつなぐ残基が逆ターンをつくっているので，ヘリックス-ターン-ヘリックスモチーフとよばれている．これらのタンパク質ではαヘリックスにある残基がDNAを結合する．

うに二つ以上のβストランドの領域がお互いに隣接して折りたたまれなければならないことを思い出そう．）βターンは，αヘリックス同士やαヘリックスとβストランドをつなぐこともあるので，この命名は，誤解を招く．

βターンには二つの一般的な型があり，Ⅰ型とⅡ型で表される．両方の型のターンとも4アミノ酸残基を含み，最初の残基のカルボニル酸素と4番目にある残基のアミド水素との間の水素結合によって安定化されている（図4.19）．Ⅰ型，Ⅱ型ともにポリペプチド鎖の方向を大きく（たいてい約180°）変化させる．Ⅱ型ターンでは3番目の残基は約60％がグリシンである．両方のターンとも，2番目の残基はプロリンであることが多い．

これ以外にも多くの型のターンがタンパク質にみられる．それらはすべて，構造を安定化する水素結合を内部にもつ．このためにこれらの構造も二次構造であると考えられている．多くのタンパク質では，ターンは構造のかなりの部分を占める．ターンにある残基の結合のいくつかでは，典型的なラマチャンドランプロットが示す許容領域の外側にあるϕとψの値をとることがある（図4.9）．これは骨格の方向の極端な変化が起こるⅡ型ターンにある3番目の残基で特に顕著である．この残基はたいていグリシンな

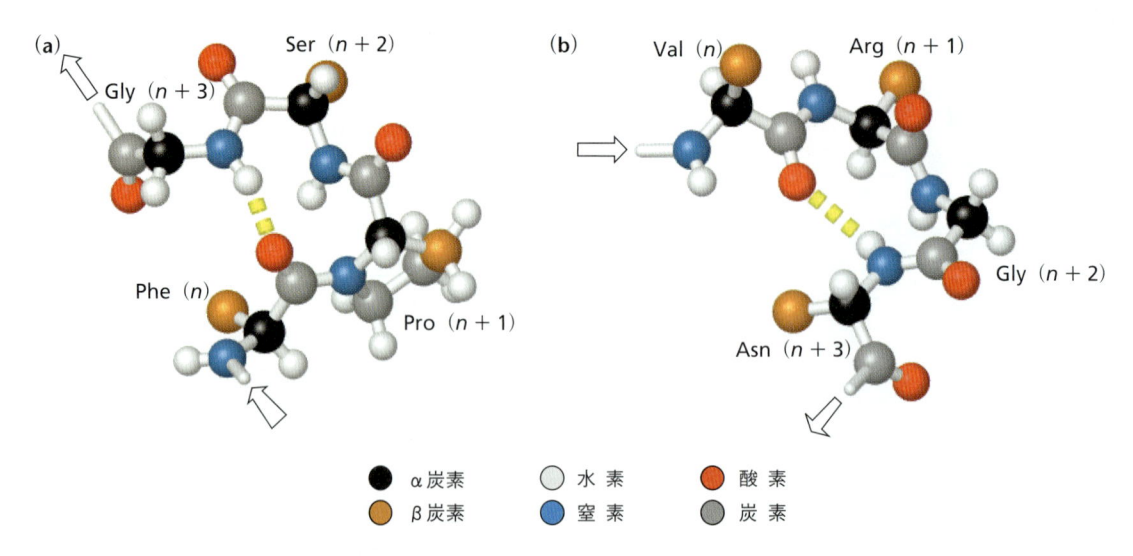

▲ 図 4.19　逆ターン　(a) Ⅰ型βターン．構造は最初のN末端残基（Phe）のカルボニル酸素と4番目の残基（Gly）のアミド水素の間の水素結合で安定化されている．$n+1$の位置にプロリン残基があることに注意せよ．(b) Ⅱ型βターン．このターンもまた最初のN末端残基（Val）のカルボニル酸素と4番目の残基（Asn）のアミド水素の間の水素結合で安定化されている．$n+2$の位置にグリシン残基があることに注意せよ．[PDB 1AHL（オオイソギンチャクの神経毒）]

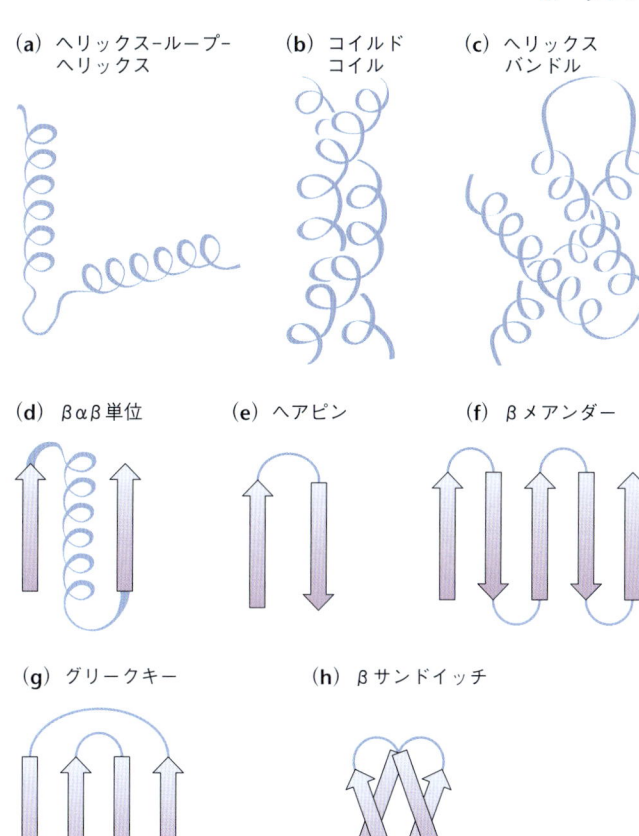

(a) ヘリックス-ループ-
ヘリックス
(b) コイルドコイル
(c) ヘリックスバンドル

(d) βαβ単位
(e) ヘアピン
(f) βメアンダー

(g) グリークキー
(h) βサンドイッチ

▲図4.20　よくみられるモチーフ　折りたたまれたタンパク質では，αヘリックスとβストランドが一般的にループとターンでつながれ，この図で二次元的な表現で示したような超二次構造をとる．矢印はペプチド鎖のN末端からC末端の方向を示している．

コイルドコイルモチーフはロイシンジッパーの例のように（図4.14），疎水性の面で相互作用している二つの両親媒性のαヘリックスから成る（図4.20 b）．いくつかのαヘリックスは集まってヘリックスバンドルをつくる（図4.20 c）．この場合，個々のαヘリックスは反対向きである．一方，コイルドコイルモチーフでは平行である．

βαβ単位は二つの平行βストランドから構成され，それらが二つのループで介在αヘリックスに連結している（図4.20 d）．このヘリックスはβストランドのC末端側と次のβストランドのN末端側とをつないでいて，たいてい二つのストランドと平行に走る．ヘアピンは二つの隣接する逆平行βストランドがβターンでつながったものである（図4.20 e）．（ヘアピンモチーフの一例は図4.17に示してある．）

βメアンダーモチーフは，連続したβストランドがループかターンでつながった逆平行βシートである（図4.20 f）．βメアンダーシートでのβストランドの順序はポリペプチド鎖の配列の順序と同じである．βメアンダーシートは，一つ以上のヘアピンを含むことがあるが，より一般的にはβストランドは長いループでつながれている．グリークキーモチーフは，古代のギリシアの陶器にみられるデザインから名付けられた．これは，四つの逆平行βストランドで，ストランド3と4をシートの外側の端に，ストランド1と2をシートの真ん中に配置したβシートモチーフである（図4.20 g）．βサンドイッチモチーフはβストランドあるいはシートがお互いの上に積み重なってできる（図4.20 h）．図には短いループとターンでβストランドがつながれたβサン

ドイッチを示してある．しかし，図4.18に示したようにβサンドイッチはポリペプチド鎖の離れた領域にあるβシートの相互作用によっても形成される．

B. ドメイン

多くのタンパク質は，**ドメイン**（domain）とよばれるいくつかの独立に折りたたまれたコンパクトな単位から構成される．ドメインはモチーフの組合わせから成ることがある．ドメインの大きさはいろいろで，少ないときは25〜30アミノ酸残基であり，約300残基以上のこともある．複数のドメインから成るタンパク質の例を図4.21に示した．おのおののドメインは多くの二次構造の要素から成る独立したコンパクトな単位であることに注意せよ．ドメインは通常，ループでつながれているが，互いにそれぞれの表面のアミノ酸側鎖による弱い相互作用でも結合している．ピルビン酸キナーゼでは，図4.21の上部ドメインは116〜219番目までの残基，中央ドメインは1〜115番目と220〜388番目，下部ドメインは389〜530番目までの残基をそれぞれ含む．一般にドメインはピルビン酸キナーゼの上部と下部ドメインのようにアミノ酸残基の連続したつながりから成るが，ある場合には，中央ドメインのように単一のドメインがポリペプチド鎖の二つ以上の異なった領域から成ることがある．

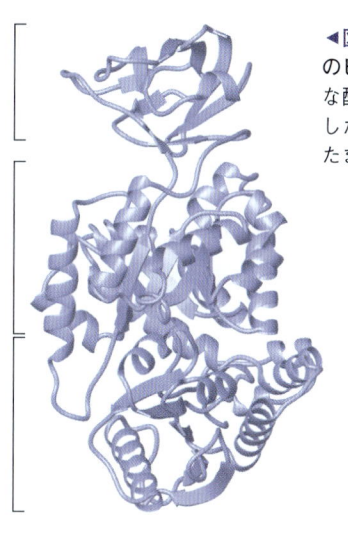

◀図4.21　ネコ（*Felis domesticus*）のピルビン酸キナーゼ　この普遍的な酵素のポリペプチド主鎖は [で示した三つの別々のドメインに折りたたまれている．[PDB 1PKM]

タンパク質の構造が進化的に保存されていることは，過去数十年のタンパク質の研究から明らかになった最も重要な発見の一つである．異なった種に由来する単一のドメインから成る相同タンパク質の場合における構造の保存は最もわかりやすい．たとえば，3章でシトクロムcの配列の類似性について確かめ，異なった生物種のタンパク質の進化的関係を示す系統樹を一次構造の類似性からつくれることを示した（§3.11）．予想できるように，シトクロムcの三次構造もまた高度に保存されている（図4.22）．シトクロムcはヘム補欠分子族をもつタンパク質の例である．このタンパク質の構造が保存されているのは，ヘムとの相互作用ならびに幅広い生物種における電子伝達タンパク質としての保存された機能が反映されているためである．

多くの異なったタンパク質に共通にみられるドメイン構造もあるが，独特のものもある．一般にタンパク質は，ドメイン構造とアミノ酸配列の類似性によってファミリーに分けられる．ファミリーのすべてのメンバーは共通の祖先タンパク質に由来する．タンパク質のファミリーは数千しかないと考えている生化学者もい

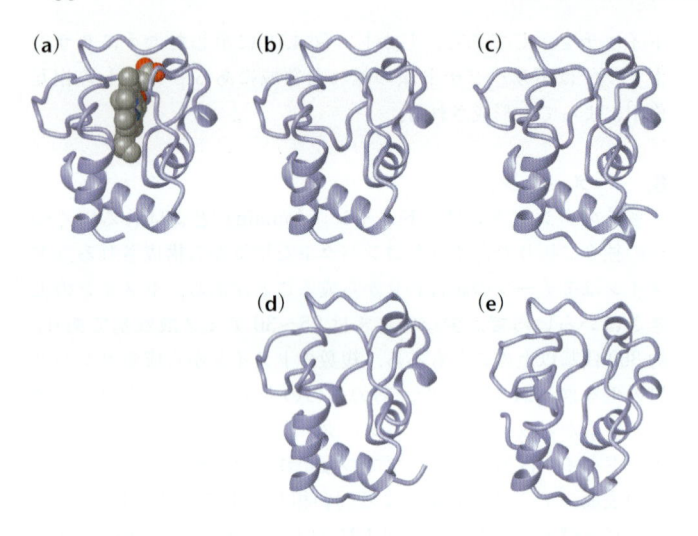

▲図4.22 シトクロム c の保存された構造 (a) ヘムを結合したマグロ（*Thunnus alalunga*）のシトクロム c [PDB 5CYT]．(b) マグロのシトクロム c のポリペプチド鎖．(c) イネ（*Oryza sativa*）のシトクロム c [PDB 1CCR]．(d) 酵母（*Saccharomyces cerevisiae*）のシトクロム c [PDB 1YCC]．(e) 細菌（*Rhodopila globiformis*）のシトクロム c [PDB 1HRO]．

る．そうすると，現在のすべてのタンパク質は 30 億年前に生きていた最も原始的な生命体に存在した，わずか数千のファミリーに由来したことになる．

乳酸デヒドロゲナーゼとリンゴ酸デヒドロゲナーゼは，同じファミリーに属する別の酵素である．その構造は図 4.23 に示すようにとてもよく似ている．構造の明らかな類似にもかかわらず，タンパク質の配列は 23％ しか同じではない．それでも，この程度の配列の類似性から二つのタンパク質が相同であるという結論を下すのには十分である．これらは，数十億年前，現存するすべての細菌種に共通の最古の祖先よりもさらに古い時代に重複した共通な祖先遺伝子に由来する．乳酸デヒドロゲナーゼとリンゴ酸デヒドロゲナーゼはともに同じ生物種に存在する．これがこの二つの酵素を関連タンパク質が含まれる単一ファミリーメンバーとする理由である．ファミリーは同じ生物種に存在する関連タンパク質を含む．図 4.22 に示したシトクロム c は進化的に関連したタンパク質群であるが，厳密にいえば，おのおのの種にたった一つしか存在しないので，タンパク質ファミリーではない．タンパク質ファミリーは遺伝子の重複によってできる．

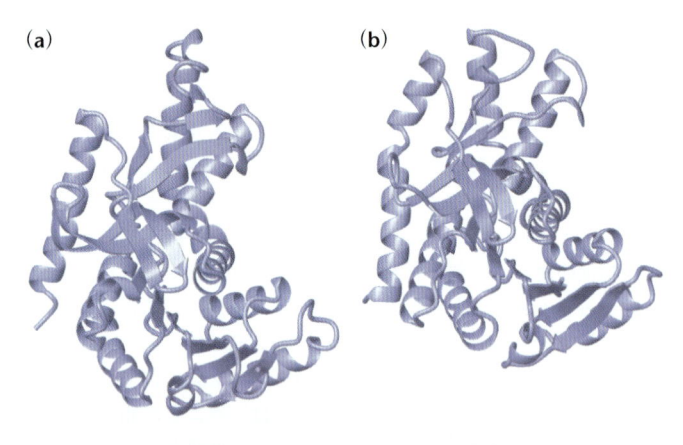

タンパク質ドメインはその構造によって分類できる．よく使われる分類法にドメインを四つのクラスに分けるやり方がある．"オール α" クラスでは，ほとんどのドメインが α ヘリックスとループから成る．"オール β" ドメインは，β シートならびに β ストランドをつなぐ非繰返し構造だけを含む．他の二つのカテゴリーは α ヘリックスと β ストランドが混ざったドメインを含む．"α/β" クラスのドメインは βαβ モチーフのような α ヘリックスと β ストランドが交互にポリペプチド鎖に現れるような超二次構造をもつ．"α+β" クラスでは，ドメインは α ヘリックスと β シートの局所的な集まりによってできており，それぞれの二次構造はポリペプチド鎖の中で別々だが隣接した領域に由来する．

四つのおもな構造のクラスのそれぞれで，タンパク質のドメインは特徴的なフォールドによってさらに分類できる．フォールドとはドメインの核をつくる二次構造の組合わせである（図 4.24）．図 4.25 はおもなクラスのそれぞれから選ばれたタンパク質の例で，一般的なドメインフォールドの多くが示されている．あるドメインには，ヘアピンループで結ばれた逆平行 β ストランドである β メアンダー（図 4.20 f）や，ヘリックスバンドル（図 4.20 c）のような簡単に見分けられるフォールドがある．他のフォールドはもっと複雑である（図 4.24）．

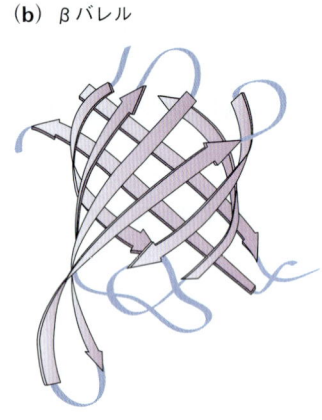

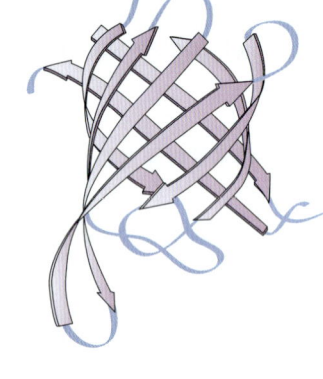

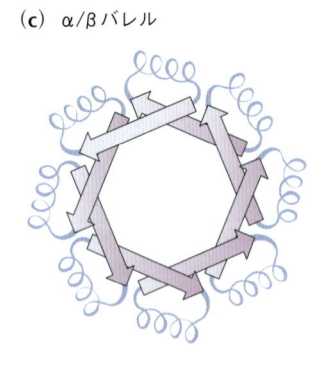

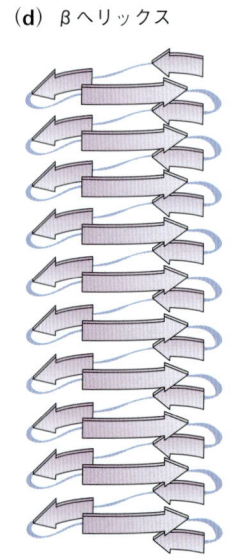

▲図4.23 乳酸デヒドロゲナーゼとリンゴ酸デヒドロゲナーゼの構造の類似性 (a) 好熱菌（*Bacillus stearothermophilus*）の乳酸デヒドロゲナーゼ [PDB 1LDN]．(b) 大腸菌（*Escherichia coli*）のリンゴ酸デヒドロゲナーゼ [PDB 1EMD]．

乳酸デヒドロゲナーゼとリンゴ酸デヒドロゲナーゼの酵素活性は BOX 7.2 で比較してある．

(a) 平行なよじれたシート (b) β バレル

(c) α/β バレル (d) β ヘリックス

▲図4.24 一般的なドメインフォールド

図4.25で重要な点は，有名なタンパク質やフォールドを記憶することではない．鍵となるのは，タンパク質はたった三つの二次構造の基本型をもつだけであるのに，驚くほど多くの異なった大きさと形（三次構造）を取ることができるという考え方である．

C. ドメインの構造，機能と進化

ドメインの構造と機能の関係は複雑である．単一ドメインが，しばしば低分子の結合や単一の反応の触媒のようなある特別な機能をもつ．複数の機能をもつ酵素では，それぞれの触媒活性が1本のポリペプチド鎖内のいくつかのドメインのうちの一つと関連している（図4.25 j）．しかしながら，多くの場合，低分子の結合や酵素の活性部位の形成などは二つの異なったドメインの界面にできる．この界面は，タンパク質の表面から接近できる割れ目や溝やポケットなどを形成する．ドメイン間の接触の度合いはタンパク質によっていろいろである．

へこみ，ドメイン間の界面，その他の割れ目などからできるタンパク質の独特の形状が，選択的かつ一過的に他の分子を結合することで，タンパク質に動的な機能を付与している．この特徴は，酵素に対する高度に特異的な反応物（基質）の結合部位，つまり活性部位へ結合する場合に最もよく現れている．多くの結合部位はタンパク質の内側に向かって位置しているので，そこには水が少ない．基質が結合すると，結合部位に少数だけ残っていた水分子が置換されてしまうくらい基質にぴたりとはまり込む．

D. 天然変性タンパク質

安定な三次元構造をもたないタンパク質やドメインについて学ばずに終わるようでは，三次構造についてのこの節は不完全であろう．これらの天然変性タンパク質（とドメイン）は普遍的にみられ，二次構造と三次構造を形成しないことがアミノ酸配列によって決定されている．ポリペプチド鎖を不規則な状態に保つための（正あるいは負に）荷電した残基の集団とプロリン残基に対する選択が存在する．

これらのタンパク質の多くは，他のタンパク質と相互作用する．これらは，結合部位となる短いアミノ酸配列をもち，この結合部位は，天然変性領域に存在する．結合部位が天然変性領域にあるおかげで結合部位への接近が容易になっている．もしあるタンパク質が，他のタンパク質と結合するのに二つの異なった部位をもつ場合，不規則な構造をもつポリペプチド鎖は，二つの結合タンパク質を近づけるつなぎ目として機能する．いくつかの転写因子は，DNAに結合していないときに不規則な構造をとる領域をもつ．これらの領域はタンパク質がDNAと結合すると規則的な構造をとる．

> タンパク質のドメインと遺伝子構成の間に起こりうる関係についての考察は21章で示す．

> ❗二次構造の基本となる型は三つしかないが，数千の三次元的なフォールドやドメインがある．

4.8 四次構造

多くのタンパク質には，四次構造とよばれるもう一つの構造の階層がある．四次構造とは，複数のサブユニットをもつタンパク質のサブユニットの配置と構成のことである．おのおののサブユニットは別々のポリペプチド鎖である．複数のサブユニットから成るタンパク質はオリゴマータンパク質とよばれる〔ただ1本のポリペプチド鎖から成るタンパク質は単量体（モノマー）である〕．オリゴマータンパク質のサブユニットは同一のこともあれば異なることもある．サブユニットが同一のとき（ホモオリゴマー）には二量体や四量体であることが多い．サブユニットが異なれば（ヘテロオリゴマー）それぞれのタイプは違った機能をもつ．オリゴマータンパク質を記述するときよく使われる方法は，ギリシア文字でサブユニットのタイプを表し，下付きの数字でサブユニットの数を表すやり方である．たとえば，$\alpha_2\beta\gamma$タンパク質はαというサブユニットを二つもち，βとγというサブユニットをそれぞれ一つずつもつ．

オリゴマータンパク質のサブユニットはいつも化学量論的に決まった組成をもち，安定な構造をつくり上げるようにサブユニットが配置される．各サブユニットは普通，弱い非共有結合で集合している．静電的相互作用はサブユニットの適正な配置に貢献してはいるが，疎水性相互作用がサブユニットの配置に関与する基本的な力である．サブユニット間の力は通常かなり弱いので，オリゴマータンパク質のサブユニットを実験室で分離することが可能なことがしばしばある．しかし生体内では，サブユニットは通常強く会合したままである．

オリゴマータンパク質のいくつかの例を図4.26に示した．トリオースリン酸イソメラーゼ（図4.26 a）とHIVプロテアーゼ（図4.26 b）の例では，同一のサブユニットがおもにループ部分にある側鎖間の弱い相互作用で会合している．同様な相互作用は，同一のサブユニットの三量体から成るMS2キャプシドタンパク質でも働いている（図4.26 d）．この場合は，三量体から成る単位がより複雑な構造であるバクテリオファージ粒子をつくり上げている．ヒポキサンチン-グアニンホスホリボシルトランスフェラーゼという酵素（図4.26 e）は，異なったサブユニットでできた二つの対の会合により形成された四量体である．サブユニットのそれぞれは明瞭なドメインから成る．

カリウムチャネルタンパク質（図4.26 c）は，同一のサブユニットの四量体から成るタンパク質の例で，ここではサブユニットが相互作用して8本のヘリックスバンドルから成る膜貫通部位を形成している．サブユニットはタンパク質の中で区別できるようなドメインとはなっておらず，集まって一つのチャネルを形成している．図4.26(f) に示した細菌の光化学系は複雑な四次構造の例である．サブユニットのうちの三つは大きな膜結合ヘリックスバンドルをつくり，4番目のサブユニット（シトクロム）は膜の外側の表面に出ている．

> 細菌や植物の光化学系の構造と機能については15章で述べる．

オリゴマータンパク質のサブユニット組成の決定は，タンパク質の物理的性質を記載するためには必須である．典型的には，天然型のオリゴマーの分子量はゲル濾過クロマトグラフィーで決定され，それぞれのポリペプチド鎖の分子量がSDS-ポリアクリルアミドゲル電気泳動（§3.7）により決定される．1種類のポリペプチド鎖から成るタンパク質では，二つの値の比がオリゴマー当たりの鎖の数になる．

大部分のタンパク質が複数のサブユニットから成るという事実は，いくつかの要因が関連していることを思わせる．

1. オリゴマータンパク質はたいてい解離したサブユニットより安定である．四次構造は生体内でのタンパク質の寿命を延ばしていると考えられる．

4. タンパク質：三次元構造と機能

(a) ヒト 血清アルブミン

(b) 大腸菌 シトクロム b_{562}

(c) 大腸菌 UDP-*N*-アセチルグルコサミン アシルトランスフェラーゼ

(d) タチナタマメ コンカナバリン A

(e) ヒト ペプチジルプロリン *cis-trans*-イソメラーゼ

(f) ウシ γ-クリスタリン

(g) クラゲ 緑色蛍光タンパク質

(h) ブタ レチノール結合タンパク質

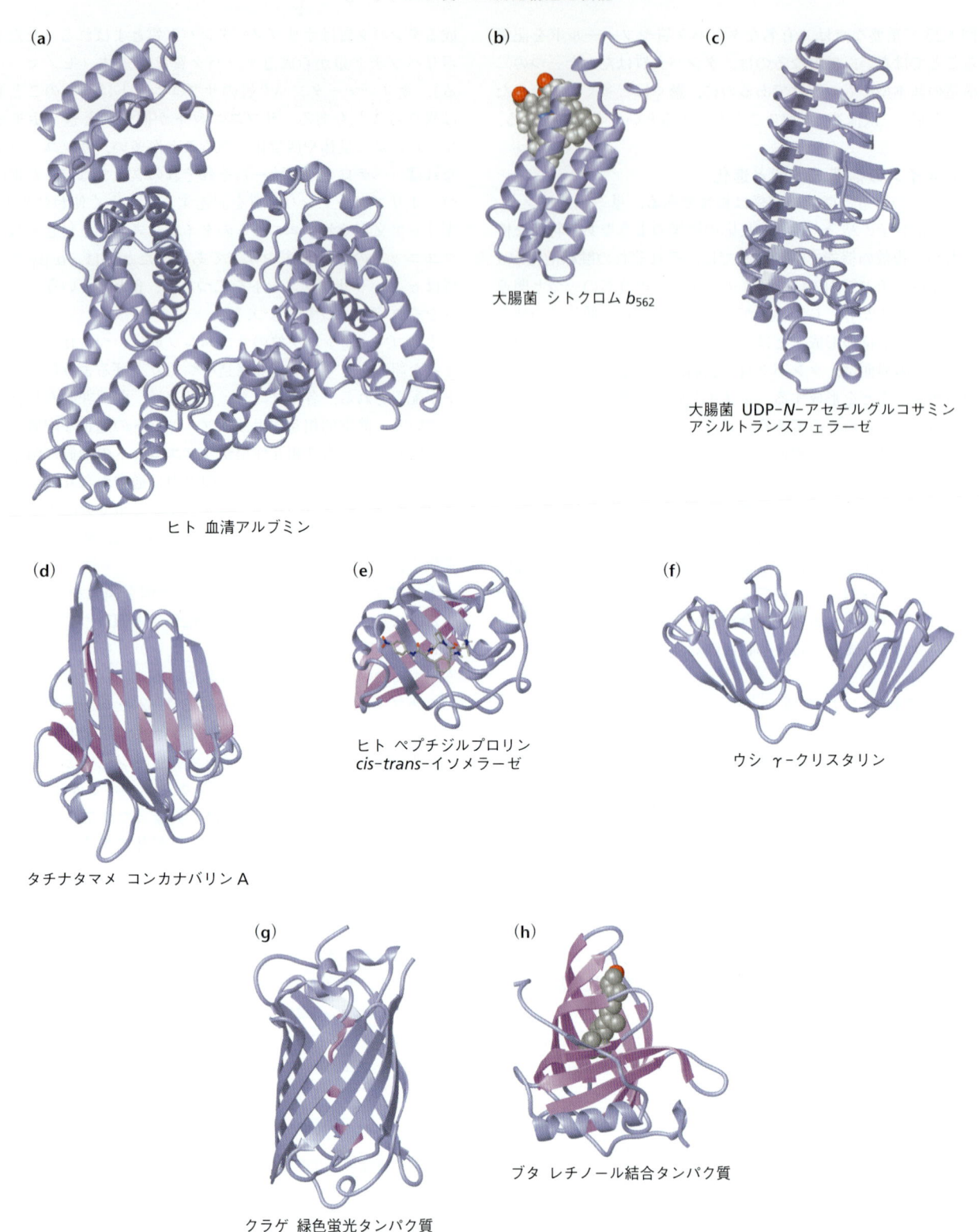

▲図 4.25　いくつかのタンパク質の三次構造　(a) ヒト（*Homo sapiens*）血清アルブミン［PDB 1BJ5］（オールαクラス）．このタンパク質は層状のαヘリックスとヘリックスバンドルから成るいくつかのドメインをもつ．(b) 大腸菌（*Escherichia coli*）シトクロム b_{562} ［PDB 1QPU］（オールαクラス）．単独の 4 ヘリックスバンドルドメインから成るヘム結合タンパク質である．(c) 大腸菌 UDP-*N*-アセチルグルコサミンアシルトランスフェラーゼ［PDB 1LXA］（オールβクラス）．この酵素の構造はβヘリックスドメインの古典的な例である．(d) タチナタマメ（*Canavalia ensiformis*）コンカナバリン A ［PDB 1CON］（オールβクラス）．この糖鎖結合タンパク質（レクチン）は大きなβサンドイッチフォールドからできている単一ドメインタンパク質である．(e) ヒト（*Homo sapiens*）ペプチジルプロリン *cis-trans*-イソメラーゼ［PDB 1VBS］（オールβクラス）．この構造の際立った特徴となっているのはβサンドイッチフォールドである．(f) ウシ（*Bos taurus*）γ-クリスタリン［PDB 1A45］（オールβクラス）．このタンパク質は二つのβバレルドメインをもつ．(g) クラゲ（*Aequorea victoria*）緑色蛍光タンパク質［PDB 1GFL］（オールβクラス）．中央にαヘリックスをもつβバレル構造がある．βシートのストランドは逆平行である．(h) ブタ（*Sus scrofa*）レチノール結合タンパク質［PDB 1AQB］（オールβクラス）．レチノールはβバレルフォールドの内側に結合する．(i) ビール酵母（*Saccharomyces carlsbergensis*）旧黄色酵素（NADPH デヒドロゲナーゼ）［PDB 1OYA］（α/βクラス）．中央のフォールドはαヘリックスでつながれた平行βストランドから成るα/βバレルである．αヘリックスから成る二つの連結部位は黄色で強調してある．(j) トリプトファン生合成に必要な大腸菌の酵素［PDB 1PII］（α/βクラス）．二つの異なる

4.8 四次構造

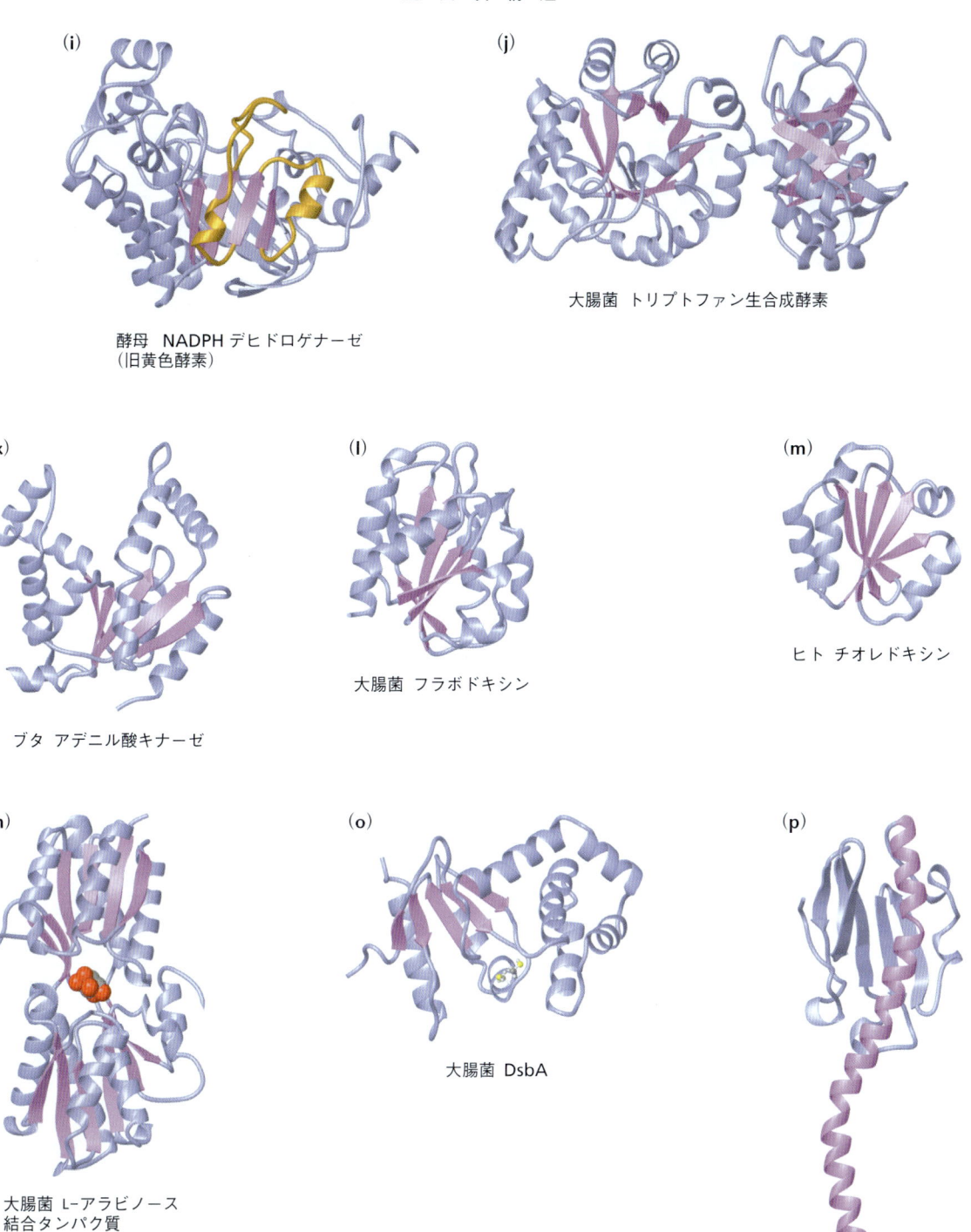

(i) 酵母 NADPH デヒドロゲナーゼ
（旧黄色酵素）

(j) 大腸菌 トリプトファン生合成酵素

(k) ブタ アデニル酸キナーゼ

(l) 大腸菌 フラボドキシン

(m) ヒト チオレドキシン

(n) 大腸菌 L-アラビノース結合タンパク質

(o) 大腸菌 DsbA

(p) 淋菌 ピリン

ドメインをもつ二機能酵素である．おのおののドメインはα/βバレルである．左側のドメインは，インドールグリセロールリン酸シンテターゼ活性を，右側のドメインはホスホリボシルアントラニル酸イソメラーゼ活性をもつ．(k) ブタ（Sus scrofa）アデニル酸キナーゼ [PDB 3ADK]（α/βクラス）．この単ドメインのタンパク質は5本のストランドから成る平行βシートから構成されβシートの上下にαヘリックスの層をもち，基質はαヘリックス間の顕著なへこみに結合する．(l) 大腸菌フラボドキシン [PDB 1AHN]（α/βクラス）．フォールド（二次構造の空間的配置）はαヘリックスで囲まれた5本のストランドから成るねじれた平行βシートである．(m) ヒト（Homo sapiens）チオレドキシン [PDB 1ERU]（α/βクラス）．このタンパク質の構造は，チオレドキシンフォールドの5本のストランドから成るよじれたシートが単一の逆平行ストランドを含むこと以外は，大腸菌フラボドキシンの構造に似ている．(n) 大腸菌L-アラビノース結合タンパク質 [PDB 1ABE]（α/βクラス）．これは二つのドメインから成るタンパク質でそれぞれのドメインは大腸菌フラボドキシンの構造に似ている．糖であるL-アラビノースは二つのドメイン間の空洞に結合する．(o) 大腸菌 DsbA（チオール-ジスルフィドオキシドレダクターゼ/ジスルフィドイソメラーゼ）[PDB 1A23]（α/βクラス）．この構造で顕著なのは，αヘリックスの間にサンドイッチとなった（ほとんど）逆平行なβシートである．αヘリックスの一つの一端にあるシステイン側鎖が示されている（硫黄原子は黄色）．(p) 淋菌（Neisseria gonorrhea）ピリン [PDB 2PIL]（α＋βクラス）．このポリペプチドは淋病の原因となる細菌の表面にある線毛のサブユニットの一つである．構造には二つの異なった領域，βシートと長いαヘリックスがある．

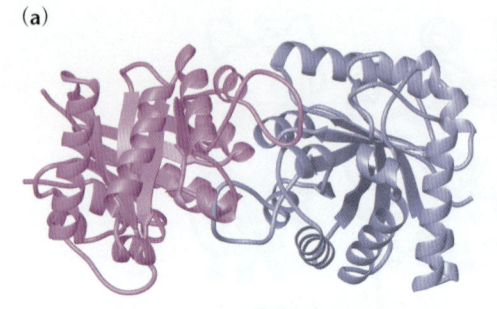

(a) ニワトリ トリオースリン酸イソメラーゼ

(b) HIV-1 アスパラギン酸プロテアーゼ

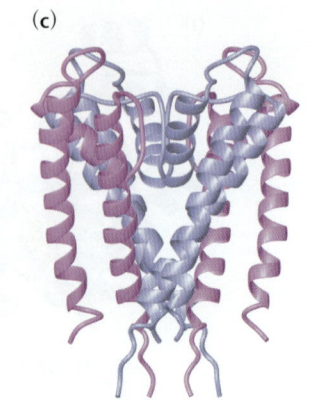

(c) Streptomyces カリウムチャネルタンパク質

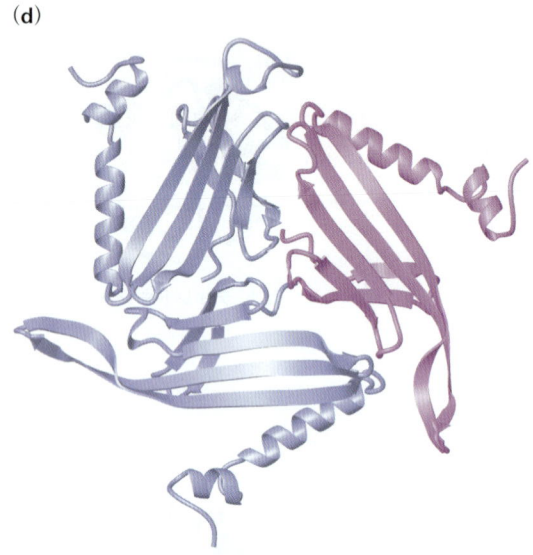

(d) バクテリオファージ MS2 キャプシドタンパク質

(e) ヒト ヒポキサンチン-グアニンホスホリボシルトランスフェラーゼ

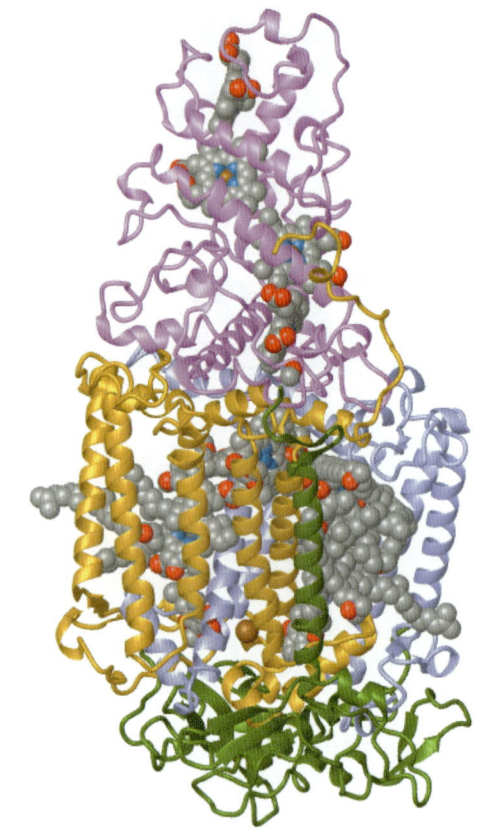

(f) Rhodopseudomonas 光化学系

▲図 4.26 **四次構造** (a) ニワトリ（*Gallus gallus*）トリオースリン酸イソメラーゼ［PDB 1TIM］．このタンパク質はα/βバレルフォールドから成る二つの同一のサブユニットから構成される．(b) HIV-1 アスパラギン酸プロテアーゼ［PDB 1DIF］．このタンパク質は対称に結合している二つの同一のオールβサブユニットから成る．HIV プロテアーゼはエイズ患者の治療のために設計される多くの新しい薬の標的である．(c) *Streptomyces lividans* カリウムチャネルタンパク質［PDB 1BL8］．この膜結合タンパク質は四つの同一サブユニットをもち，それらから膜を横断する 8 本のヘリックスバンドルが形成されている．(d) バクテリオファージ MS2 キャプシドタンパク質［PDB 2MS2］．MS2 のキャプシドの基本的な単位は，大きなβシートから成る同一サブユニットの三量体である．(e) ヒト（*Homo sapiens*）ヒポキサンチン-グアニンホスホリボシルトランスフェラーゼ（HGPRT）［PDB 1BZY］．HGPRT は二つの異なるサブユニットから成る四量体である．(f) 紅色細菌（*Rhodopseudomonas viridis*）の光化学系［PDB 1PRC］．この複雑な膜結合タンパク質は二つの同一サブユニット（オレンジ，青）といくつかの光合成色素を結合した別の二つのサブユニット（紫，緑）から構成される．

2. いくつかのオリゴマー酵素の活性部位は隣合うポリペプチド鎖の残基で形成される．
3. 多くのオリゴマータンパク質の三次元構造は，リガンドを結合すると変化する．サブユニットの三次構造と四次構造の両方（つまりサブユニット間の接触）が変化しうる．そのような変化がある種のオリゴマータンパク質の生物活性を調節するうえで鍵となる．
4. 種々のタンパク質が同じサブユニットを共有することができる．多くのサブユニットは決まった機能（たとえばリガンドの結合）をもつので，進化の途上で関連した機能を果たす別種のサブユニットの組合わせが好んで選択された．これは，機能の機能的要素が重複した，まったく新しい単量体タンパク質を選択するより効率的だからである．
5. オリゴマータンパク質は二つの連続した酵素反応の段階を接続することが可能で，最初の反応の産物が2番目の反応の基質となる．これは，チャネル形成として知られている効果を生じる（§5.10）．

図4.26に示したように，オリゴマータンパク質の多様性は，トリオースリン酸イソメラーゼのような単純なホモ二量体から細菌や植物の光化学系のような巨大な複合体までさまざまである．研究者は，どれくらいのタンパク質が単量体で，どれくらいがオリゴマーかを知りたい．しかし，細胞のプロテオーム（完全なタンパク質の一揃い）の研究は始まったばかりである．

表4.1は，SWISS-PROTデータベースにある大腸菌のタンパク質の調査結果をまとめたものである．解析が終わっているこれらポリペプチドの中で，約19％が単量体である．二量体はオリゴマーの中では最も数の多いクラスである．二つのサブユニットが同一であるホモ二量体は，すべてのタンパク質の31％を占める．つぎに大きなクラスは同一のサブユニットから成る四量体である．三量体は，比較的まれであることに注意せよ．ほとんどのタンパク質は，2回対称軸をもつ．これは，タンパク質がこの軸の周りの180°回転で対称な関係にある二つの部分に分けられることを意味する．この2回対称性は，ヒポキサンチン-グアニンホスホリボシルトランスフェラーゼ（図4.26 e）やヘモグロビン（§4.13）のようなヘテロオリゴマーでもみられる．オリゴマーが巨大な複合体であるときには特にであるが，もちろん多くの例外がある．

この教科書を通じて，特に情報の流れの章において（20〜22章），他のオリゴマータンパク質の例が出てくる．DNAポリメラーゼやRNAポリメラーゼ，リボソームは，見事な例である．他の例としては，GroEL（§4.11 D）とピルビン酸デヒドロゲナーゼ複合体（§13.1）がある．図4.27に示したように，これらの巨大なタンパク質の多くは，電子顕微鏡で簡単に観察できる．

巨大な複合体は，いろいろなポリペプチドが複雑な反応を行うために共同して働くので，比喩的にタンパク質装置とよばれている．この用語は，もともとレプリソームのような複合体を記述するためにつくられた（図20.15）が，ほかにも図4.27に示すようなものを含む多くの例がある．

細菌の鞭毛（図4.28）は，タンパク質装置の驚くべき例である．

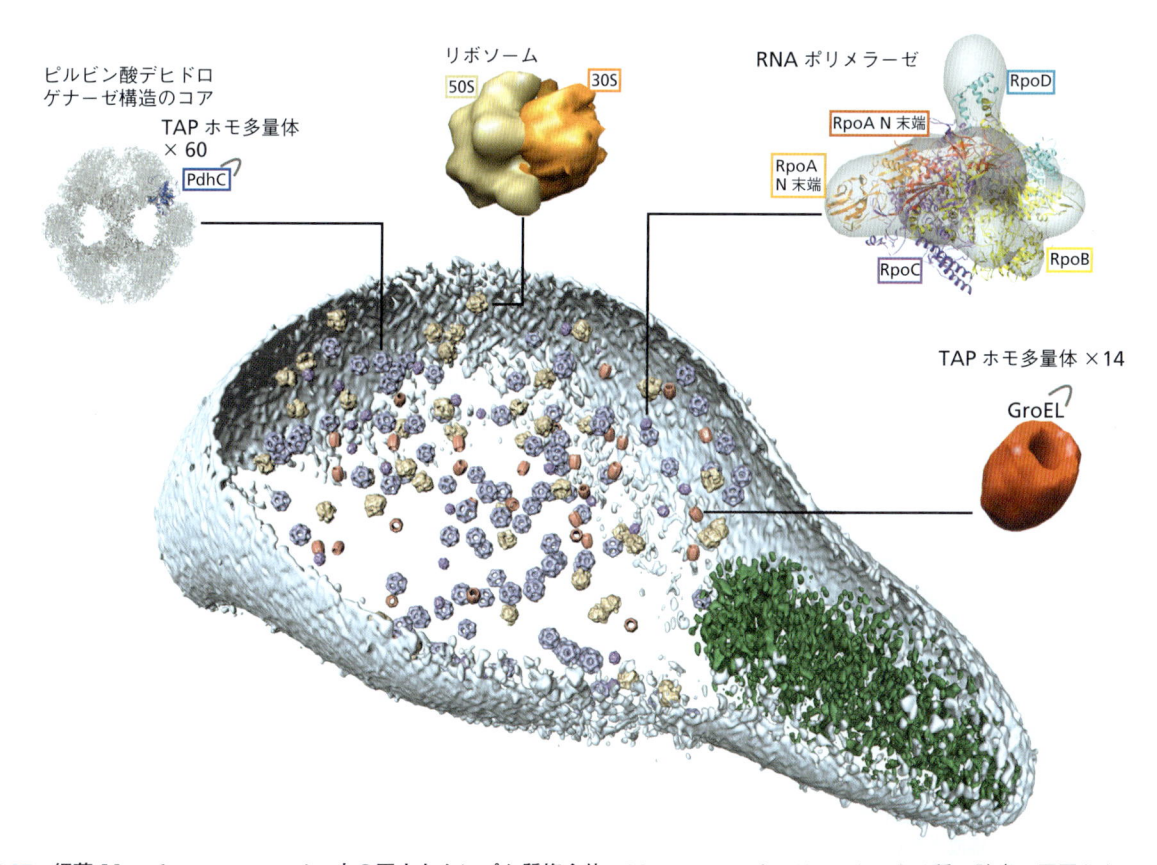

◀図4.27 細菌 *Mycoplasma pneumoniae* 内の巨大なタンパク質複合体　*M. pneumoniae* は，ヒトである種の肺炎の原因となる．この種は知られている中で最小のゲノムをもつものの一つである（タンパク質をコードするのは689の遺伝子）．これらの遺伝子のほとんどが，生きている細胞の最小限のプロテオームをおそらく構成している．すべての細胞でみられるいくつかの巨大な複合体をこの細胞は含んでいる．ピルビン酸デヒドロゲナーゼ（紫），リボソーム（黄色），GroEL（赤）やRNAポリメラーゼ（オレンジ）などである．いくつかの細菌のみで見られる棒状構造（緑）も含んでいる．[Kühner et al. (2009). Proteome organization in a genome-reduced bacterium. *Science* 326：1235-1240 より改変．]

表4.1 大腸菌でみられるオリゴマータンパク質の頻度

オリゴマーの状態	ホモオリゴマーの数	ヘテロオリゴマーの数	%
単量体（モノマー）	72		19.4
二量体（ダイマー）	115	27	38.2
三量体（トリマー）	15	5	5.4
四量体（テトラマー）	62	16	21.0
五量体	1	1	0.1
六量体	20	1	5.6
七量体	1	1	0.1
八量体	3	6	2.4
九量体	0	0	0.0
十量体	1	0	0.0
11量体	0	1	0.0
12量体	4	2	1.6
それ以上のオリゴマー	8		2.2
ポリマー	10		2.7

この複合体はプロトン駆動力をエネルギー源として利用して長い鞭毛の回転を起こす（§14.3）．大腸菌の鞭毛をつくり上げるには50以上の遺伝子が必要である．しかし他の細菌の研究から，機能的な鞭毛をつくるのに必要なのは約21個のコアサブユニットから構成されるタンパク質だけであることがわかっている．鞭毛の進化の歴史は活発に研究されており，ATP合成と膜の分泌にかかわるより単純な要素が組合わさってつくり上げられたことがわかってきた．

4.9 タンパク質−タンパク質相互作用

オリゴマータンパク質のいろいろなサブユニットは，お互いに大変強く結合しているので細胞内では滅多に解離することはない．これらのタンパク質間の接触は多くの弱い相互作用によるという特徴をもつ．関与している相互作用の型については私たちはすでによく知っている．水素結合，電荷−電荷相互作用，ファンデルワールス力と疎水性相互作用である（§2.5）．二つのサブユニットの間の接触領域は，ポリペプチドの表面の小さな範囲に局在する場合もあるが，一方で，ポリペプチドの大きな領域に広がる多くの接触が起こっている例もある．サブユニットの接触の他にはない特徴は，サブユニットを一緒の状態にしておくのに十分な結合の強さを与えているのが，個々には弱い相互作用が多数集合した効果であるという点である．

サブユニット−サブユニット間の接触に加えて，その他に多くのもっと不安定なタンパク質−タンパク質相互作用がある．これは細胞の表面での細胞外タンパク質とレセプターとの一過的な接触から代謝経路のさまざまな酵素の間での弱い相互作用まで，幅広い．これらの弱い相互作用は，検出がより困難であるが，多くの生化学的反応の本質的な要素である．

P1:P2という複合体を形成する二つのタンパク質P1とP2の間の単純な相互作用を考えよう．遊離の分子と結合した分子の間の平衡は，会合定数（K_a）か解離定数（K_d）のいずれかで表せる（$K_a = 1/K_d$）．

$$P1 + P2 \rightleftharpoons P1:P2 \quad K_a = \frac{[P1:P2]}{[P1][P2]} \quad (4.1)$$

$$P1:P2 \rightleftharpoons P1 + P2 \quad K_d = \frac{[P1][P2]}{[P1:P2]} \quad (4.2)$$

オリゴマータンパク質のサブユニットの結合に対する典型的な会合定数は，$10^8\ M^{-1}$より大きく（$K_a > 10^8\ M^{-1}$），大変強い相互作用では$10^{14}\ M^{-1}$程度にまでなる．反対の端には，非常に弱くて生物学的に意味がないタンパク質−タンパク質相互作用がある．どの二つのポリペプチドも，ほとんどいつもある種の弱い接触をしているので，これらは時々現れる偶然の相互作用である．意味のある会合定数の下限は，およそ$10^4\ M^{-1}$である（$K_a > 10^4\ M^{-1}$）．本当に興味深いのは，会合定数が$10^4 \sim 10^8$にあるものである．

RNAポリメラーゼの転写因子への結合は非常に重要な弱いタンパク質−タンパク質相互作用の一例である．会合定数は$10^5\ M^{-1}$から$10^7\ M^{-1}$の範囲である．シグナル伝達系のタンパク質間の相互作用も，代謝経路の酵素の間の相互作用と同じく，この範囲に入る．

タンパク質の濃度に関して，会合定数が何を意味するのかみてみよう．P1とP2の濃度が増加すると，お互いの相互作用や結合がますます起こりやすくなる．ある濃度では，結合の速度（二次反応）が解離の速度（一次反応）と同等になり，明らかな量の複合体が存在するようになる．会合定数を用いて，どちらかの全濃度（$P1_T$あるいは$P2_T$）に対する割合として遊離のポリペプチド（P1あるいはP2）の割合を計算できる．この割合［遊離］/［全量］は，与えられたタンパク質の濃度において，どのくらいの複合体が存在するかを教えてくれる．

図4.29の曲線は，非常に弱い（$K_a = 10^4\ M^{-1}$），中間（$K_a = 10^6\ M^{-1}$），そして非常に強いもの（$K_a = 10^8\ M^{-1}$）に対応する三つ

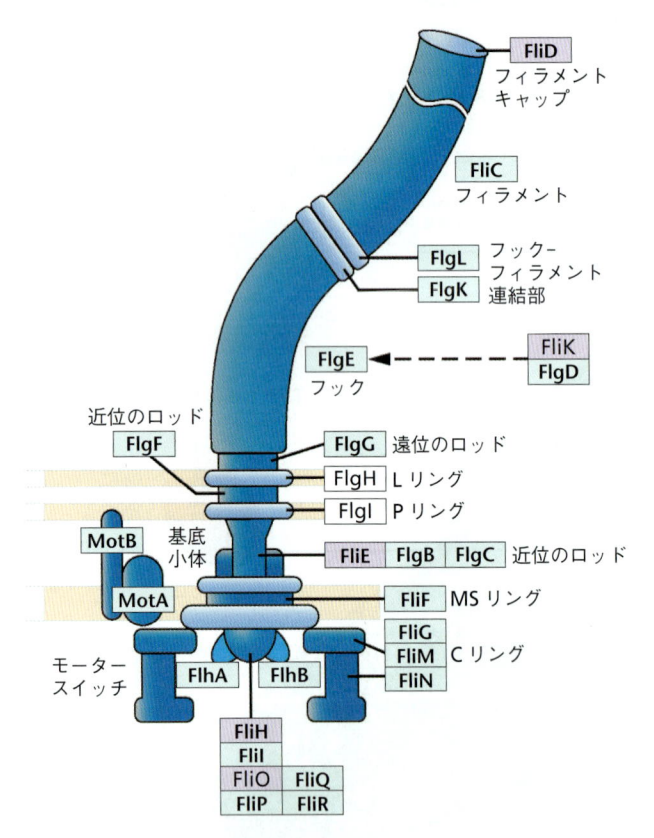

▲図4.28 細菌の鞭毛　細菌の鞭毛はすべての種に存在する21のコアサブユニットから構成されるタンパク質装置である（青い箱）．ファーミキューテス門では，二つの付加的なサブユニットが欠失しており（白い箱），他の5個は種によっては存在する．鞭毛（フック＋フィラメント＋キャップ）は，モーター複合体の回転によって回る．三つの層は，外膜（上），ペプチドグリカン層（中間）と細胞膜（下）を表している．(Howard Ochmanのご好意よる.)

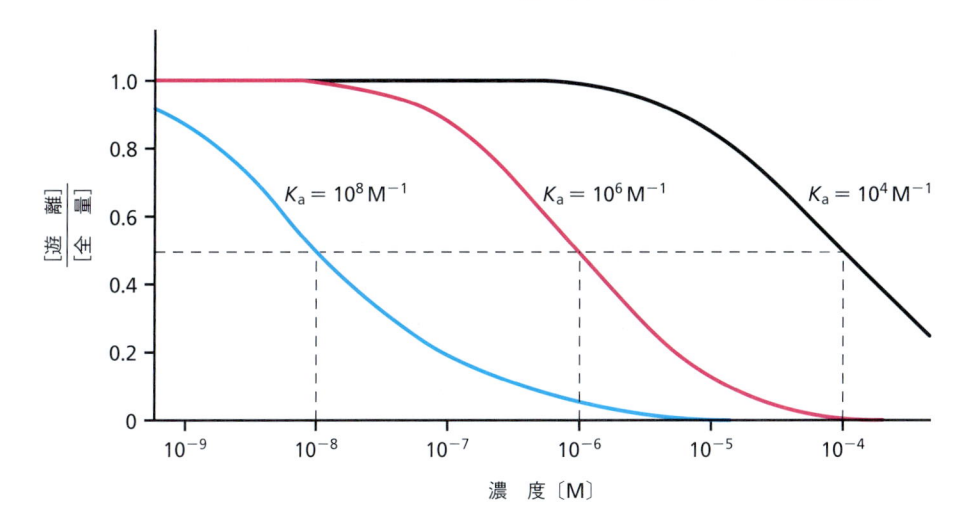

◀図 4.29 **会合定数とタンパク質濃度** 三つの異なった会合定数でのタンパク質相互作用における，タンパク質の全量に対する遊離のタンパク質の比が示してある．他の分子が過剰であると仮定すると，ある分子の半分が遊離して，半分が複合体として存在する濃度は，会合定数の逆数に相当する．[van Holde, Johnson, and Ho, *Princeples of Physical Biochemistry*, Prentice Hall より改変．]

の異なった会合定数に対する，この割合を示している．もしこれらの要素のうち一つが過剰に存在すると，曲線は，律速となるポリペプチドの濃度を示すことになる．数学的に，単純な系においてはポリペプチドの半分が遊離しており，半分が複合体の状態に対応する点が会合定数の逆数になっていることが示される．たとえば，$K_a = 10^8\,\mathrm{M}^{-1}$ であれば，$10^{-8}\,\mathrm{M}$ 以上のどの濃度でもポリペプチドのほとんどが結合していることになる．

これは，細胞当たりの分子という点では，何を意味するのであろうか．細胞の容積が $2 \times 10^{-15}\,\mathrm{L}$ である大腸菌では，仮に $K_a > 10^8\,\mathrm{M}^{-1}$ であれば，細胞当たり 10 数分子が存在すると，複合体は安定である．これが，たとえ細胞当たり十いくつであっても，大きなオリゴマー複合体が大腸菌内に存在できる理由である．多くの真核細胞は 1000 倍ほど大きいので，$10^{-8}\,\mathrm{M}$ の濃度となるためには 12 000 分子が必要である．図 4.29 はまた，弱い相互作用が，かなりの数の P1:P2 複合体をつくり出せない理由も示している．

この場合，ある程度の量の複合体が存在するためには，タンパク質の濃度は $10^{-4}\,\mathrm{M}$ 以上でなければならないが，この濃度は，大腸菌では 120 000 分子，真核細胞では 1 億 2000 万分子に相当する．そのような濃度では，遊離のポリペプチドは存在しえず，この程度の弱い相互作用は生物学的に意味がない．

中間的な強さの結合を検出する多くの方法がある．これらには，アフィニティクロマトグラフィー，免疫沈降や化学的な架橋のような直接的な方法が含まれる．ファージディスプレイ，ツーハイブリッド法や遺伝学的な方法などの多く新しい方法では，より洗練された操作を用いる．これらの方法で，多くの研究者が細胞の中のすべてのタンパク質の相互作用を解析し，まとめる努力を行っている．多くの大腸菌のタンパク質に対するそのような"インタラクトーム"の例が，図 4.30 に示してある．RNA ポリメラーゼ，リボソーム，DNA ポリメラーゼのサブユニットを結んでいる線で示してあるようなオリゴマーのサブユニットの間の強い

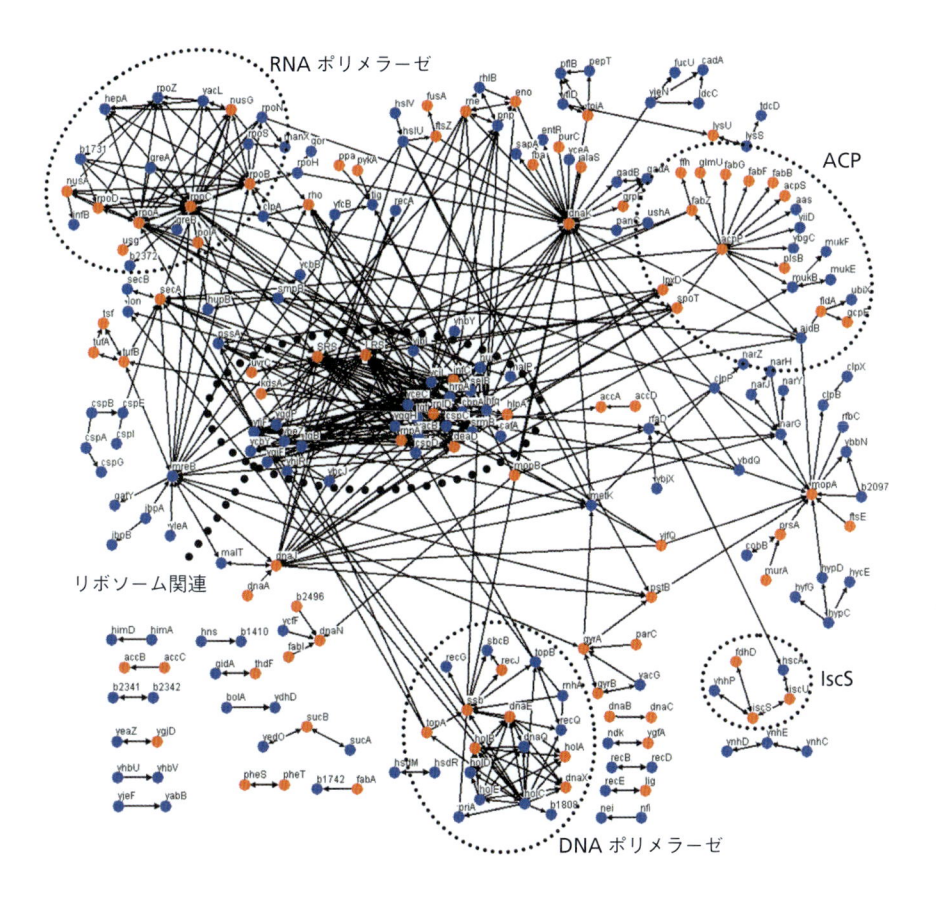

◀図 4.30 **大腸菌のインタラクトーム** 図のそれぞれの点は大腸菌の一つのタンパク質を表している．赤い点は生存に必須なタンパク質，青い点は必須ではないタンパク質を表している．点をつないでいる線は，実験的に決定されたタンパク質-タンパク質相互作用を表している．五つの巨大複合体 ― RNA ポリメラーゼ，DNA ポリメラーゼ，リボソームとそれに結合するタンパク質，システインデスルフラーゼ（IscS）と相互作用するタンパク質，アシルキャリヤータンパク質（ACP）と会合するタンパク質 ― が示されている．（ACP の役割は，§16.1 で述べる．）[Butland et al. (2005) より改変．]

相互作用は簡単に検出できることに注意せよ．他にも RNA ポリメラーゼをいろいろな転写因子と結んでいる線がある．これは，中間的な強さの相互作用を表している．多くの種での"インタラクトーム"のさらなる研究によって，生きた細胞の中の複雑なタンパク質-タンパク質相互作用のより明確な表現を得ることができるはずである．

4.10 タンパク質の変性と再生

環境変化や化学的処理は，生物活性の喪失とともにタンパク質の天然型のコンホメーションを破壊することがある．このような変化を**変性**（denaturation）とよんでいる．変性に必要なエネルギーはたいてい小さく，おそらく3,4個の水素結合を壊すのに必要なエネルギーと同じくらいである．いくつかのタンパク質は変性すると完全にほどけてランダムコイル（完全に無秩序とみなされる立体構造が一定ではない鎖）を形成するが，ほとんどの変性タンパク質には内部構造がかなり残されている．小さなタンパク質では変性後に再生，つまり巻戻る条件を見いだすことが可能なことがある．

タンパク質は一般的に熱で変性する．適切な条件下では，わずかな温度変化で折りたたみが壊れ，二次構造や三次構造が喪失する．熱変性の例を図4.31に示す．この実験では，ウシリボヌクレアーゼAを含む溶液がゆっくり加熱され，タンパク質構造はコンホメーション変化を測定するさまざまな方法で観察された．

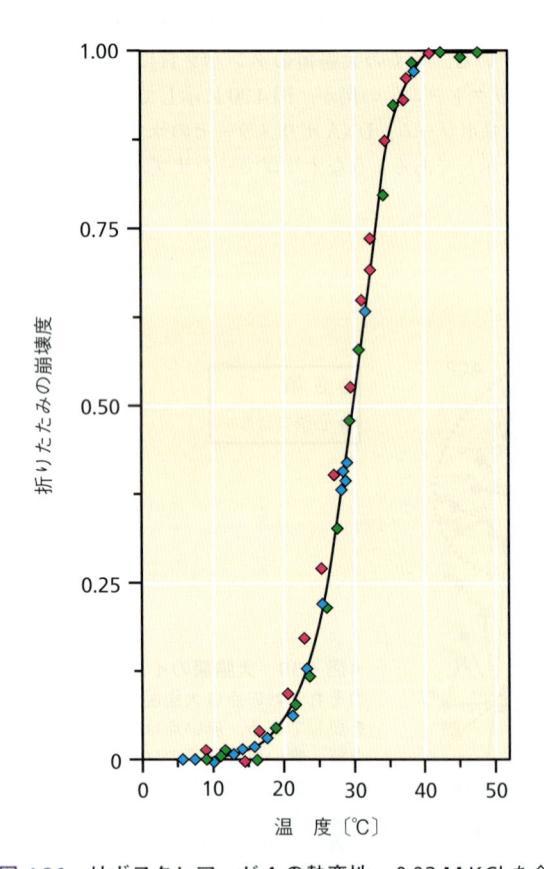

変性が生じたとき，これらの方法すべてが変化を検出した．ウシリボヌクレアーゼAの場合には，熱変性には内部のジスルフィド結合を切断してタンパク質がほどけるのを促進するために還元剤が必要である．

変性は比較的狭い温度範囲で起こる．これは折りたたみの崩壊が協調的な過程であることを示している．二，三の弱い相互作用の不安定化だけで，天然型コンホメーションのほとんど完全な喪失がひき起こされる．大部分のタンパク質には，天然型から変性型構造へと転換する中間点温度である特定の"融解温度（T_m）"がある．T_m は溶液の pH とイオン強度に依存する．

生理的条件では，ほとんどのタンパク質は 50～60℃ まで安定である．しかし，温泉や深海の熱水噴出孔に生息する細菌ではこの範囲のもっと上の温度でも繁殖するものがある．これらの種に存在するタンパク質の T_m は予想されるように非常に高い．このようなタンパク質がどのように変性に抵抗しているかを明らかにするため，活発な生化学的研究が行われている．

タンパク質はまた，二つのタイプの化学物質によっても変性させることができる．カオトロピック試薬と界面活性剤である（§ 2.4）．尿素やグアニジニウム塩（図4.32）のようなカオトロピック試薬が高濃度にあると，タンパク質の内部にある非極性基に水が水和するのを助けてタンパク質を変性させる．天然型のコンホメーションを通常は安定化している疎水性相互作用を水分子が破壊する．ドデシル硫酸ナトリウム（図2.9）のような界面活性剤の疎水性尾部もまた，タンパク質の内部に侵入し，疎水性相互作用を破壊することによってタンパク質を変性させる．

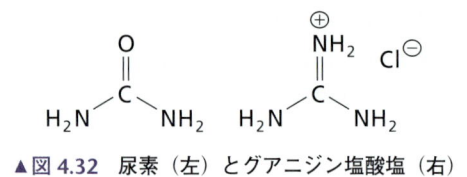

▲図4.32 尿素（左）とグアニジン塩酸塩（右）

いくつかのタンパク質（たとえばリボヌクレアーゼA）の天然型コンホメーションはジスルフィド結合で安定化されている．ジスルフィド結合は一般的に細胞内タンパク質にはみられず，細胞から分泌されるタンパク質にしばしばみられる．ジスルフィド結合は，タンパク質が細胞内外環境に出る場合に，折りたたみがほどけたり，その結果として分解されやすくなったりするのを防いでいる．ジスルフィド結合の形成がタンパク質の折りたたみを促進するわけではない．タンパク質が折りたたまれたとき，適切な位置にきた二つのシステイン残基間でジスルフィド結合が形成される．ジスルフィド結合の形成にはシステイン残基の SH 基の酸化が必要である（図3.4）．それはおそらくシステインを含むトリペプチドであるグルタチオンの酸化型が関与するジスルフィド交換反応によるのであろう．

図4.33(a) はリボヌクレアーゼAのジスルフィド結合の位置を示している（この向きから見たリボヌクレアーゼAを図4.3に示したものと比べてみよ）．四つのジスルフィド結合があり，それらは隣りあう β ストランド，β ストランドと α ヘリックス，あるいは β ストランドとループを連結している．図4.33 (b) は α ヘリックスにあるシステイン残基（Cys-26）と β ヘリックスにあるシステイン残基（Cys-84）の間のジスルフィド結合の図である．S−S 結合の向きはシステインの側鎖とは違っていることに注意せよ．ジスルフィド結合は天然の構造中で二つのシステイン残基の SH 基が接近したときに形成される．

▲図4.31 リボヌクレアーゼAの熱変性 0.02 M KCl を含むリボヌクレアーゼA溶液を pH 2.1 で加熱した．折りたたみの崩壊は紫外吸収（青），粘度（赤），旋光度（緑）で測定された．y 軸は，各温度での変性した分子の割合を示している．[Ginsburg, A. and Carroll, W. R. (1965). Some specific ion effects on the conformation and thermal stability of ribonuclease. *Biochemistry* 4:2159-2174 より改変．]

4.10 タンパク質の変性と再生

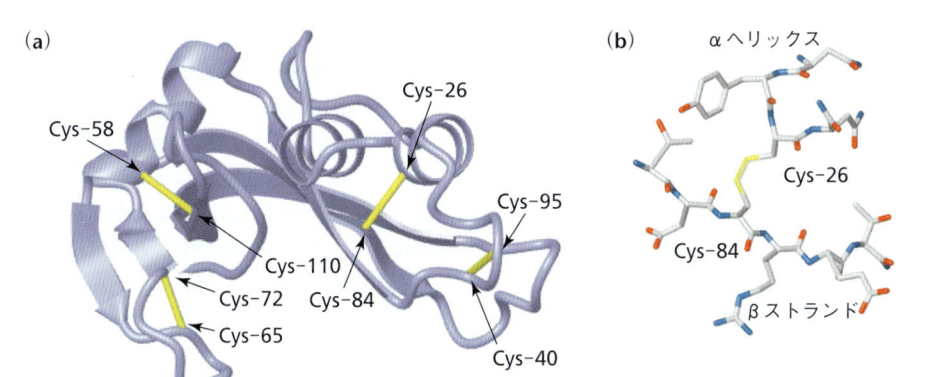

◀図 4.33 ウシリボヌクレアーゼ A のジスルフィド架橋 （a）天然型タンパク質でのジスルフィド架橋の位置．（b）Cys-26 と Cys-84 の間のジスルフィド架橋を示した．[PDB 2AAS]

> ポリペプチドのアミノ酸残基の番号は N 末端からふる（§3.5）．Cys-26 は N 末端から 26 番目の残基である．

ジスルフィド結合をもつタンパク質を完全に変性させるには，疎水性相互作用と水素結合を破壊することに加えて，ジスルフィド結合を切断する必要がある．ジスルフィド結合の SH 基への還元は，2-メルカプトエタノールやその他のチオール試薬を変性溶媒に加えることで可能となる（図 4.34）．チオール試薬が酸化されると，タンパク質のジスルフィド結合が還元される．

一連の古典的な実験で，Christian B. Anfinsen と彼の共同研究者はチオール還元試薬の存在下で変性させたリボヌクレアーゼ A の再生過程を研究した．リボヌクレアーゼ A は比較的小さなタンパク質（124 アミノ酸残基）なので，天然型が安定になるような状態へと戻せば，すぐに巻戻る（再生する）．（つまり，融解温度以下に下げるか，溶液からカオトロピック試薬を除く．）Anfinsen は，変性したタンパク質が天然型の構造へ自動的に巻戻ること（リフォールディング）を示した最初の人である．これは，天然型の三次元コンホメーションをとるのに必要な情報は，ポリペプチド鎖のアミノ酸配列に内在していることを示している．言い換えれば，一次構造が三次構造を規定しているのである．

2-メルカプトエタノールを含む 8 M 尿素で変性したリボヌクレアーゼ A は，酵素活性と三次構造を完全に失っており，8 個の SH 基をもつポリペプチド鎖になる（図 4.35）．尿素存在下で 2-メルカプトエタノールを除いて酸化させると，SH 基はランダムに対をつくり，結果として，タンパク質全体の約 1% しか正しい 4 個のジスルフィド結合をつくらず，元の酵素活性を回復できない．（もし 8 個の SH 基がランダムに対をつくると，ジスルフィド結合をもつ 105 の構造が可能である．最初の結合で七つの可能性があり，2 番目の結合には五つ，3 番目は三つ，4 番目は一つである．$7 \times 5 \times 3 \times 1 = 105$ となるが，これらのうちただ一つだけが正しい構造である．）しかし，尿素と 2-メルカプトエタノールを同時に除き，還元状態のタンパク質を希釈して空気にさらすと，リボヌクレアーゼ A は自発的に天然型のコンホメーションをとり，正しいジスルフィド結合の組合わせを形成し完全に酵素活性が戻る．ランダムに形成されたジスルフィド結合をもつ不活性なタンパク質は，尿素を除き少量の 2-メルカプトエタノールを加えてその溶液を少し加熱すれば再生する．Anfinsen の実験は，タンパク質が天然型コンホメーションに折りたたまれてから正しいジスルフィド結合が形成されることを示している．Anfinsen

▲ **Christian B. Anfinsen**（1916〜1995） Anfinsen は，タンパク質のリフォールディングに関する研究で，1972 年にノーベル化学賞を受賞した．

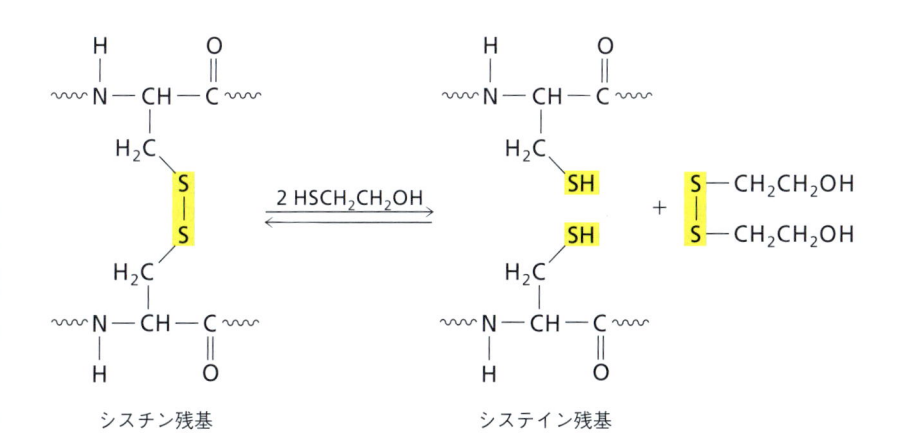

◀図 4.34 ジスルフィド結合の切断 タンパク質が過剰の 2-メルカプトエタノール（HSCH$_2$CH$_2$OH）で処理されると，ジスルフィド交換反応が起こり，おのおののシスチン残基は二つのシステイン残基へ還元され，2-メルカプトエタノールは酸化されジスルフィドを形成する．

はリボヌクレアーゼAの再生は自発的であり，安定な生理的コンホメーションへと変化するときに得られる自由エネルギーによって全体的に駆動されていると結論した．このコンホメーションは一次構造で規定されているのである．

タンパク質が細胞内で折りたたまれるとき，時として非天然型のコンホメーションをとり，不適当なジスルフィド結合をつくることがある．Anfinsenは，これらの正しくないジスルフィド結合を還元するタンパク質ジスルフィドイソメラーゼ（protein disulfide isomerase; PDI）とよばれる酵素を発見した．生きている細胞はすべてこのような活性をもっている．この酵素には，活性部位に二つの還元されたシステイン残基がある．誤って折りたたまれたタンパク質を結合すると酵素はジスルフィド交換反応を触媒し，誤って折りたたまれたタンパク質のジスルフィド結合が還元され，酵素の二つのシステイン残基との間で新しいジスルフィド結合が形成される．誤って折りたたまれたタンパク質はその後離れて，エネルギーの低い天然型のコンホメーションへと再び折りたたまれる．大腸菌のジスルフィドイソメラーゼ（DsbA）の還元型の構造が図4.25（o）に示してある．

4.11 タンパク質の折りたたみと安定性

新しいポリペプチドは，細胞内でリボソーム，mRNAおよびその他の因子から成る翻訳複合体によって合成される（21章）．新しく合成されたポリペプチドはリボソームから出てくるにつれて，特徴的な三次元構造へと折りたたまれる．折りたたまれたタンパク質は，他の構造に比べて天然型の構造がずっと安定になる井戸の形のエネルギーの低い準位を占める（図4.36）．Anfinsenや他の生化学者による試験管内の実験で多くのタンパク質がエネルギーの低いコンホメーションへと自発的に折りたたまれることが判明した．この節では，安定な三次元構造へと折りたたまれるこれらのタンパク質の特徴について述べる．

タンパク質が折りたたまれるときに，最初のわずかな相互作用が，それに続く相互作用を開始させると考えられている．この過程は折りたたみの協同性——構造のある部分の形成が残りの部分の構造形成を誘導する現象——として知られている．タンパク質が折りたたまれ始めると，次第により低いエネルギー準位をとるようになり，図4.36で示したようなエネルギーの井戸へ落ち込み始める．タンパク質は一時的に局所的な低エネルギーの井戸（エネルギー図形の小さなへこみとして表されている）に入ることがあるが，結局は井戸の底の最低エネルギー準位に到達する．その最終的な安定なコンホメーションをとることで，天然型のタン

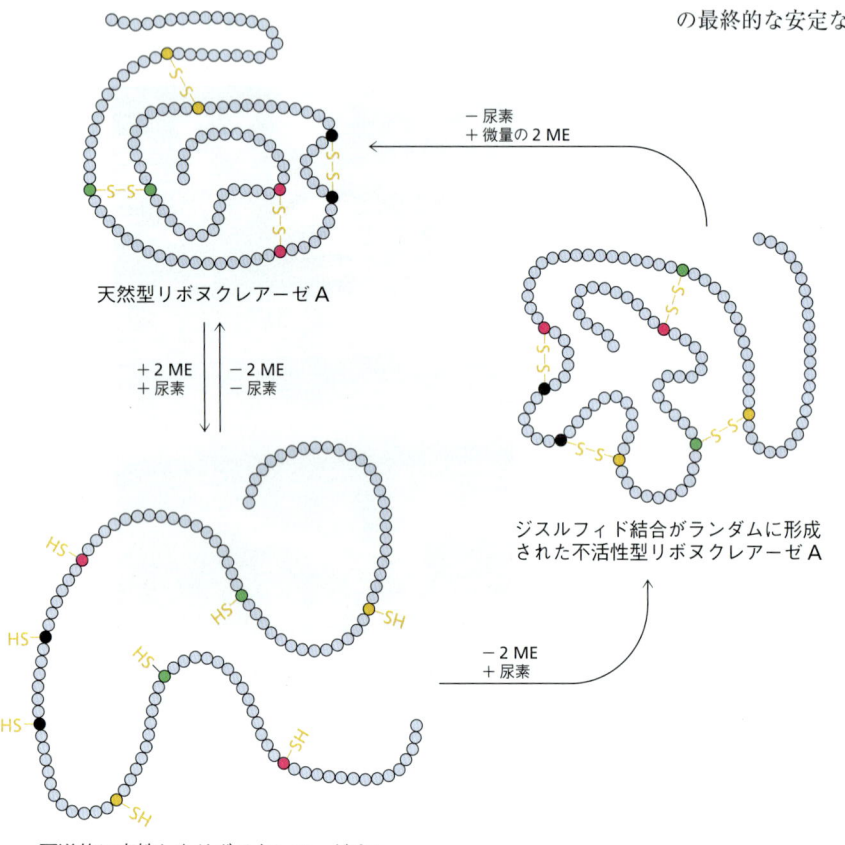

▲図4.35 リボヌクレアーゼAの変性と再生 2-メルカプトエタノール（2ME）存在下に天然型リボヌクレアーゼA（上）を尿素で処理すると，タンパク質はほどけてジスルフィド結合が切れ，還元されて可逆的な変性を起こしたリボヌクレアーゼAが生成する（下）．2-メルカプトエタノールが存在しない状態で生理的な条件へ戻すと，変性したタンパク質は天然型のコンホメーションに復帰し，正しいジスルフィド結合が形成される．しかし，2-メルカプトエタノールだけを除くと，リボヌクレアーゼAは空気中の酸素で再酸化されるが，ジスルフィド結合はランダムに形成されて不活性なタンパク質ができる（図で右に示したようなもの）．尿素を除くときに，ランダムに再酸化されたタンパク質に微量の2-メルカプトエタノールを加え，タンパク質溶液を穏やかに加熱すると，ジスルフィド結合が開裂してから，正しく再生されて天然型リボヌクレアーゼAになる．

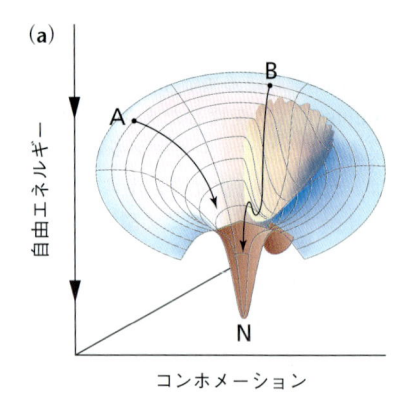

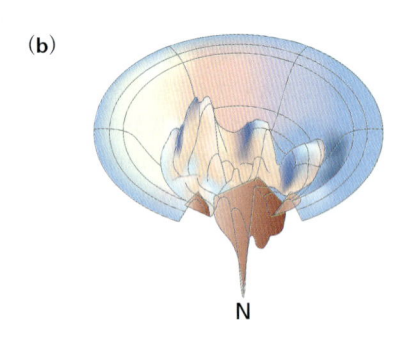

▲図4.36 タンパク質の折りたたみにおけるエネルギーの井戸 漏斗はタンパク質が折りたたまれるときの自由エネルギーポテンシャルを表している．(a) 単純化した漏斗モデル．低エネルギー状態の天然型タンパク質への二つの可能な経路を示した．経路Bでは，ポリペプチドは折りたたまれるときに局所的なエネルギーの谷を経る．(b) タンパク質の折りたたみのより現実的なモデル．多くの局所的な山や谷がある．

パク質は、伸びた形の折りたたまれていないポリペプチドよりもずっと分解されにくくなる。その結果、天然型のタンパク質は数世代の細胞にわたる半減期をもち、十年以上も安定な分子もある。

折りたたみは非常に速く、多くの場合、1秒以内に天然型コンホメーションが形成される。タンパク質の折りたたみと安定性は、疎水性相互作用、水素結合、ファンデルワールス力や電荷-電荷相互作用などのいくつかの非共有結合性相互作用に依存している。非共有結合性相互作用は一つ一つでは弱いが、多くが集まって天然型のタンパク質の安定性に寄与している。おのおのの非共有結合性相互作用は弱いので、タンパク質は弾力的かつ柔軟に小さなコンホメーション変化を起こすことができる（共有結合であるジスルフィド結合も、タンパク質によっては安定性に寄与している）。

複数のドメインをもつタンパク質では、異なったドメインは、可能なかぎりお互いに独立して折りたたまれる。ドメインの大きさに上限がある（たいてい200残基未満）理由の一つは、ドメインが300残基以上である場合には、大きなドメインの折りたたみが遅すぎるためかもしれない。自発的な折りたたみの速度では、実際に機能するには遅すぎるのだろう。

実際のタンパク質の折りたたみ経路の詳細は不明だが、現在、種々のタンパク質の折りたたみ経路にみられる中間体に研究が集中している。仮説的な折りたたみの経路をいくつか図4.37に示した。タンパク質の折りたたみの過程で、ポリペプチドは疎水性効果により折りたたまれて、二次構造の要素が形成され始める。この中間体はモルテングロビュールとよばれている。続く段階で、特徴的なモチーフを形づくる骨格鎖の再配置が起こり、最終的に安定な天然型のコンホメーションが形成される。

タンパク質の折りたたみ機構は生化学にとって最も挑戦に値する課題の一つである。その過程は自発的で、ポリペプチドの一次構造（配列）によって大部分が決定されている。したがって、アミノ酸配列の情報からタンパク質の三次構造の予測が可能なはずである。高速なコンピューターを使って折りたたみモデルをつくることによって、この分野では近年大きな進歩がみられている。

本節の残りでは、タンパク質の構造を安定化している力についてより詳しく学ぶ。また、タンパク質の折りたたみにおけるシャペロンの役割について述べる。

! ほとんどのタンパク質は自発的に最も低いエネルギー状態のコンホメーションへと折りたたまれる。

A. 疎水性効果

水中ではタンパク質は、疎水性側鎖が水性溶媒に接しているときよりもタンパク質の内部で凝集しているときの方が安定である。水分子はタンパク質の非極性側鎖よりも水分子同士と強く相互作用するので、側鎖は互いに会合し、ポリペプチド鎖は折りたたまれてよりコンパクトなモルテングロビュールとなる。ポリペプチドのエントロピーは、規則的になるに連れて減少する。このポリペプチドのエントロピー減少は、タンパク質にそれまで結合していた水分子の解離による溶媒エントロピーの増加によって十分に埋め合わされる。（折りたたみは、疎水性の基の周りに張り巡らされていた水分子のかごをも壊す。）この全体としてのエントロピー増加は、タンパク質の折りたたみの主たる駆動力となる。

非極性側鎖がタンパク質の内部に押し込まれる一方で、ほとんどの極性側鎖は水と接触したままタンパク質の表面にとどまる。タンパク質内部に押し込まれた極性な骨格部分は、お互いに水素結合をつくることによってその極性を中和し、多くの場合二次構造を形成する。つまり、内部の疎水性は疎水性残基の会合の原因となるだけでなく、ヘリックスやシートの安定性にも寄与している。折りたたみの経路についての研究から、疎水性効果による折りたたみと二次構造の形成は同時に起こることが示されている。

このような疎水性効果が局在化されている例としては、両親媒性のαヘリックスの疎水性側面とタンパク質の中心部との相互作用（§4.4）、およびβサンドイッチ構造におけるβシート間の疎水性領域（§4.5）があげられる。図4.25と26で示したほとんどの例において、疎水性アミノ酸残基の側鎖間の疎水性相互作用で安定化された二次構造の集まった領域が認められる。

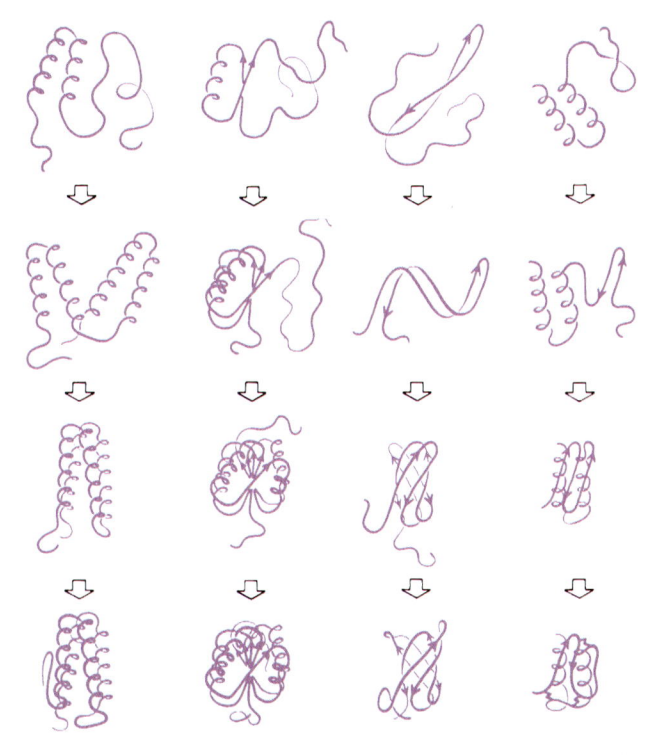

▲図4.37　タンパク質の仮説的な折りたたみ経路　最初は伸びた状態のポリペプチド鎖が部分的な二次構造を形成し、それからおおざっぱな三次構造ができ、最終的に特異的な天然型のコンホメーションとなる。構造の中にある矢印はN末端からC末端への方向を示す。

! エントロピーによって駆動される反応では、最も重要な熱力学的変化は系のエントロピーの増加である。反応の終わりでは、系は反応の初めより不規則な状態になっていることが断言できる。疎水性相互作用の場合、エントロピーの変化は疎水性の基を覆っている規則的な構造をとっている水分子の遊離に起因するものがほとんどである（§2.5D）。

B. 水素結合

水素結合は折りたたみの協同性に寄与し、タンパク質の天然型コンホメーションの安定化を助けている。αヘリックス、βシート、ターンにおける水素結合が最初に形成され、明確な二次構造の領域をつくり上げる。最終的な天然型構造には、ポリペプチド骨格と水の間、ポリペプチド骨格と極性側鎖の間、二つの極性側鎖の間、および極性側鎖と水の間の水素結合も含まれている。表4.2にタンパク質にみられるさまざまな水素結合のうちいくつか

表 4.2 タンパク質の水素結合の例

水素結合の型		受容原子と供与原子間の典型的な距離
ヒドロキシ基-ヒドロキシ基	—O—H------O—	0.28 nm
ヒドロキシ基-カルボニル基	—O—H------O=C	0.28 nm
アミド基-カルボニル基	N—H------O=C	0.29 nm
アミド基-ヒドロキシ基	N—H------O—	0.30 nm
アミド基-イミダゾール窒素	N—H------N(NH)	0.31 nm

を，典型的な結合距離とともに示した．タンパク質中の水素結合の大部分は N–H–O 型である．供与原子と受容原子の間の距離は 0.26～0.34 nm にあり，結合は直線から 40°まで傾くことがある．内部の水素結合は水分子と競合しないので，タンパク質の疎水性の中心部にある水素結合は，表面近傍で形成されているものよりもずっと安定であることを思い出そう．

C. ファンデルワールス力と電荷-電荷相互作用

非極性側鎖間のファンデルワールス力も球状タンパク質の安定性に貢献している．ファンデルワールス力が最適状態になったとき，安定化にどのくらい寄与するかを見積もるのは難しい．タンパク質内部は密に充填されているので，ファンデルワールス力の全体としての寄与はかなり大きいと考えられる．

相反する電荷をもつ側鎖間の電荷-電荷相互作用は，球状タンパク質の安定化にはあまり寄与していない．ほとんどのイオン性側鎖はタンパク質表面にあり，水和しているので，タンパク質全体としての安定性にはあまりかかわることができない．しかし，逆の電荷をもつ二つのイオンがタンパク質の内部でイオン対をつくることがある．このようなイオン対は水に露出したものに比べるとはるかに強い．

D. タンパク質の折りたたみは分子シャペロンによって介助される

タンパク質の折りたたみについてのこれまでの研究から，生物学的に活性をもつタンパク質へとポリペプチド鎖が折りたたまれる過程に関して，二つの一般的な知見が得られている．第一に，タンパク質の折りたたみにおいて，天然型コンホメーションをとる三次元配置はランダムに探索されているわけではない．むしろ，タンパク質の折りたたみは明らかに協同的で逐次的な過程である．その過程では，最初に形成される少数の構造要素が，それ以後に現れてくる構造的特徴の配置を助けている．〔協同性が必要なことは，Cyrus Levinthal による計算で示されている．100 残基から成るポリペプチドを考えよう．おのおのの残基がピコ秒の時間スケールで変換しうる三つの可能なコンホメーションをもつとすると，ポリペプチド全体に対して可能なすべてのコンホメーションのランダムな探索には 10^{87} 秒かかるという結果になる．これは，推定されている宇宙の年齢（6×10^{17} 秒）よりはるかに長い！〕

第二に，一次近似としてタンパク質の折りたたみのパターンと最終的なコンホメーションはその一次構造に依存する．（多くのタンパク質は，7 章に記述しているように，金属イオンや補酵素を結合する．これらの外部のリガンドも，正しい折りたたみに必要である．）リボヌクレアーゼ A でみたように，単純なタンパク質は試験管の中でエネルギーの補給や補助を必要とせずに天然型コンホメーションへ自発的に折りたたまれる．より大きなタンパク質も，最終的なコンホメーションが最小の自由エネルギーをもつので天然型コンホメーションへ自発的に折りたたまれるだろう．しかし，大きなタンパク質は図 4.36（b）に示したような局所的なエネルギーの井戸に一時的に捕らえられることが多い．そ

BOX 4.2　CASP：タンパク質折りたたみゲーム

タンパク質の折りたたみの基本的な原理は，かなりよく理解されており，もしタンパク質が安定な三次元構造をもつなら，それは一次構造（配列）によってほとんどが決定されていることは明らかであるように思える．このことから，既知のアミノ酸配列から三次構造を予測するという努力が積重ねられてきた．過去 30 年間で生化学者は，この理論的な研究において大きな進歩を起こしてきた．

そのような研究の価値は，未知のタンパク質の構造を予測することで評価される．このため，1996 年に CASP (Critical Assessment of Methods of Protein Structure Prediction) が開始されることになった．これは，成功することによる名誉以外に賞のない一種のゲームである．タンパク質の折りたたみ予測グループは，いくつかの標的のアミノ酸配列を与えられ，三次元構造を予測することを求められる．標的となるタンパク質は，ちょうどその構造が決定されたが，データはまだ発表されていないものから選ばれる．参加者は，実際の構造が発表される前に，ほんの数週間で予測結果を送付しなければならない．

2008 年度の CASP 大会の結果を図に示した．121 の標的に対して，数千の予測が寄せられた．成功率は，やさしいタンパク質ではほぼ 100％であるが，難しいものではたった 30％であった．

（簡単な標的は，いくつかの相同なタンパク質の構造が Protein Data Bank (PDB) に登録されているものである．"困難な"標的は，これまでに解析されていない折りたたみをもつタンパク質である．）困難さが中間的な標的の成功率は，予測法が改善されるにつれて年々上昇しているが，困難な領域においては，優勝する予測結果を得る機会はまだいっぱいある．

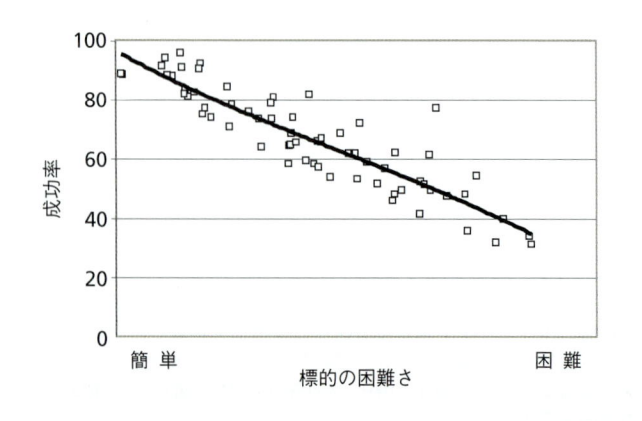

4.11 タンパク質の折りたたみと安定性

のような準安定で正しくないコンホメーションの存在は，タンパク質の折りたたみの速度を遅らせ，悪くすると折りたたみ中間体が凝集して析出する原因となる．細胞の中でこの問題を克服するために，正しい折りたたみの速さは**分子シャペロン**（molecular chaperone）とよばれる普遍的に存在する特別なタンパク質で促進される．

いくつかのタンパク質において，新たに合成されたポリペプチドが完全に折りたたまれる前に，シャペロンがそれらに結合することにより，正しく折りたたまれる**速度**を促進する．シャペロンは，誤って折りたたまれポリペプチドを異常な形態にしてしまう中間体の形成を阻害する．シャペロンはまた，会合していないタンパク質サブユニットにも結合して，それらが完全なマルチサブユニットタンパク質に組立てられる前に誤って凝集したり沈殿したりしないようにしている．

多様なシャペロンが存在する．ほとんどのシャペロンは熱ショックタンパク質である．このタンパク質は，温度上昇（熱ショック）などの生体内でタンパク質変性をひき起こす変化に反応して合成される．今ではシャペロンとして認識されている熱ショックタンパク質の役割は，変性タンパク質に結合し，天然型コンホメーションへ素早く巻戻るのを助けることで，温度上昇によって生じた障害を修復することである．

主要な熱ショックタンパク質は HSP70（熱ショックタンパク質，分子量約70000）である．このタンパク質は，古細菌のいくつかの種以外のすべての種に存在する．このタンパク質は，大腸菌では DnaK とよばれている．HSP70 シャペロンの通常の役割は，合成途上の新生タンパク質に結合して，凝集や局部的な低エネルギーの井戸にはまるのを妨げることである．新生ポリペプチドの結合と放出は ATP の加水分解と共役していて，通常その他の付加的なタンパク質を必要とする．HSP70/DnaK は知られている中で最もよく保存されたタンパク質の一つである．これはシャペロンに介助されたタンパク質の折りたたみが，正しい三次元構造をもつタンパク質が効率的に合成されるために古くから必要不可欠であったことを示している．

もう一つの重要で普遍的に存在するシャペロンはシャペロニン（大腸菌では GroE）である．シャペロニンもまた細胞内で正常なタンパク質の折りたたみの介助に重要な役割をもつ熱ショックタンパク質（HSP60）である．

大腸菌シャペロニンは複雑なオリゴマータンパク質である．核となる構造は7個の同一な GroEL サブユニットを含む二つのリングから成る．おのおののサブユニットは ATP 1分子を結合することができる（図 4.38 a）．シャペロニンによって介助されるタンパク質の折りたたみの簡単な説明を図 4.39 に示した．折りたたまれていないタンパク質はリングで囲まれた疎水的な中央の穴に結合する．折りたたみが完成するとタンパク質は結合した ATP 分子の加水分解によって放出される．実際の経路はもっと複雑で，折りたたみが行われている間，中央の穴の一方をふさぐキャップとして働く付加的成分を必要とする．キャップは7個の GroES（HSP10）サブユニットから成り，もう一つのリングをつくっている（図 4.38 c）．折りたたみの間に，空洞の大きさが大きくなるような GroEL リングのコンホメーション変化が起こる．キャップの役割は折りたたまれていないタンパク質が未成熟のまま放出されないようにする役割を果たす．

すでに述べたように，いくつかのタンパク質はシャペロンなしでは折りたたみの過程で凝集しやすい．凝集は，折りたたみ中間体に形成される一時的な疎水性表面が原因と考えられる．中間体

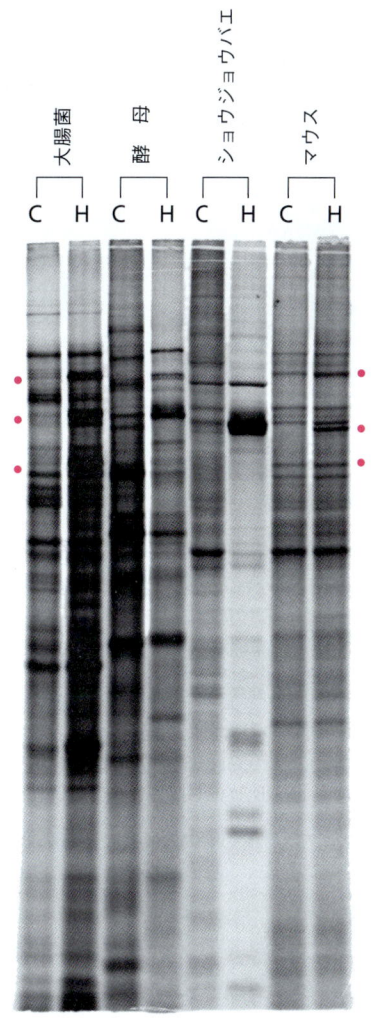

▲**熱ショックタンパク質** タンパク質は短時間，放射性アミノ酸の存在下で合成され，SDS-ポリアクリルアミドゲルで分離された．このゲルをフィルムに露光した．でき上がったオートラジオグラムには，放射性アミノ酸が存在したときに合成されたタンパク質のみが検出されている．レーン "C" は，正常な温度で増殖させたときに合成されたタンパク質であり，レーン H は，正常な温度より数度高い温度である熱ショック状態で増殖されたタンパク質である．四つの異なった種での熱ショックタンパク質（シャペロン）の誘導が示されている．赤いドットは，主要な熱ショックタンパク質を示している；上 HSP90，中 HSP70，下 HSP60（GroEL）．

はお互いに結合し，結果として溶液から析出し，もはや図 4.36 に示したエネルギーの漏斗で表されているようなコンホメーションを探索できなくなる．シャペロニンは，その穴の中にポリペプチドを隔離し，中間体が凝集しないようにしている．ポリペプチド鎖が他の折りたたみ中間体に妨害されることなく正しい低エネルギーのコンホメーションへたどり着けるようにする "Anfinsen のかご" として働く．

シャペロニンの中央の穴は約 630 アミノ酸残基から成るポリペプチド（分子量約 70000）を入れるのに十分な大きさである．したがって，小型，あるいは中型のタンパク質のほとんどの折りたたみはシャペロニンによる介助が可能である．しかし，タンパク質合成時に大腸菌タンパク質の約 5～10 %（つまり，約 300 種類のタンパク質）しかシャペロニンと相互作用をしないようである．中型のタンパク質と α/β クラスのタンパク質は，シャペロニンの介助による折りたたみを必要とする可能性が高い．小型タ

(a)　(b)　(c)

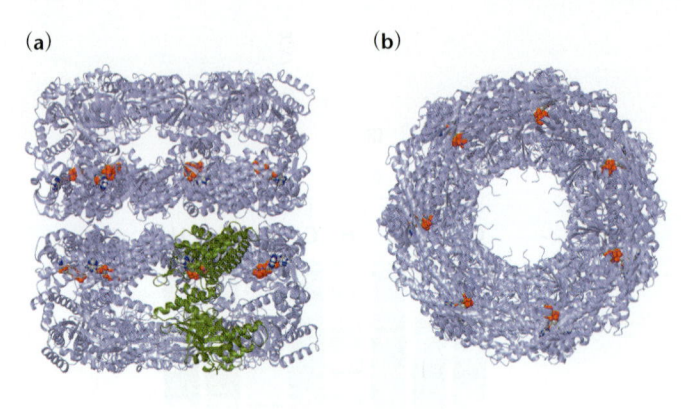

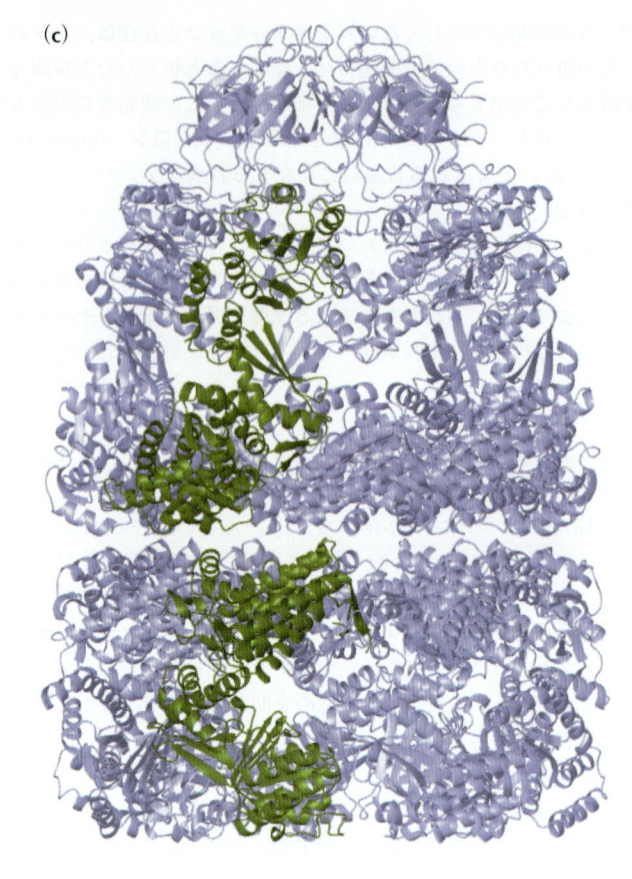

▲図 4.38　**大腸菌シャペロニン（GroE）**　核となる構造は 7 個の GroEL サブユニットを含む二つの同一なリングからできている．折りたたまれていないタンパク質は中央の空洞に結合する．結合している ATP 分子は赤く示した酸素原子で見分けられる．(a) 側面図，(b) 中央の空洞を示した上面からの図 [PDB1DER]．(c) 折りたたみの間，一方のリングの中央にある空洞の大きさが増加し，その端は 7 個の GroES サブユニットから成るタンパク質でふたをされる [PDB 1AON]．

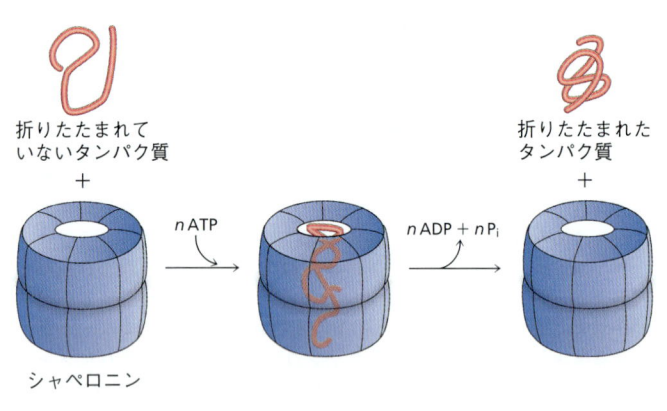

折りたたまれていないタンパク質　＋　シャペロニン　$\xrightarrow{n\text{ATP}}$　　$\xrightarrow{n\text{ADP} + n\text{P}_i}$　折りたたまれたタンパク質　＋　シャペロニン

▲図 4.39　**シャペロニンで介助されたタンパク質の折りたたみ**　まだ折りたたまれていないタンパク質がシャペロニンの中央の空洞に入り，そこで折りたたまれる．シャペロニンの機能には数分子の ATP の加水分解が必要である．

ンパク質はそれ自身で素早く折りたたまれる．細胞内の残りの多くのタンパク質は HSP70/DnaK のような別のシャペロンを必要とする．

シャペロンは合成，折りたたみ，集合のときだけに露出されるポリペプチド鎖表面と安定な複合体を形成することで，間違った折りたたみや集合過程を阻害しているようにみえる．シャペロンが存在しても，タンパク質の折りたたみはあくまで自発的である．このために，シャペロンによるタンパク質の折りたたみは介助された自己構築として説明されてきた．

4.12　繊維状タンパク質のコラーゲン

タンパク質の三次元構造についての学習のまとめとして，いくつかのタンパク質について，構造がどのように生物学的機能と関連するかを考察する．取上げたタンパク質は，構造タンパク質であるコラーゲン，酸素結合タンパク質であるミオグロビンとヘモグロビン（§4.13，4.14），それに抗体（§4.15）である．これらについてより詳しくみていこう．

コラーゲンは脊椎動物の結合組織の主要タンパク質で，哺乳類では全タンパク質の約 30 % を占める．コラーゲン分子は，非常に多様な形態と機能をもつ．たとえば，腱のコラーゲンは，引っ張り強度のきわめて高い堅いロープ状繊維を形成する．一方で，皮膚のコラーゲンは前後左右に伸びることができるように緩く編まれた繊維の形をとる．

コラーゲンの構造は G. N. Ramachandran によって研究された

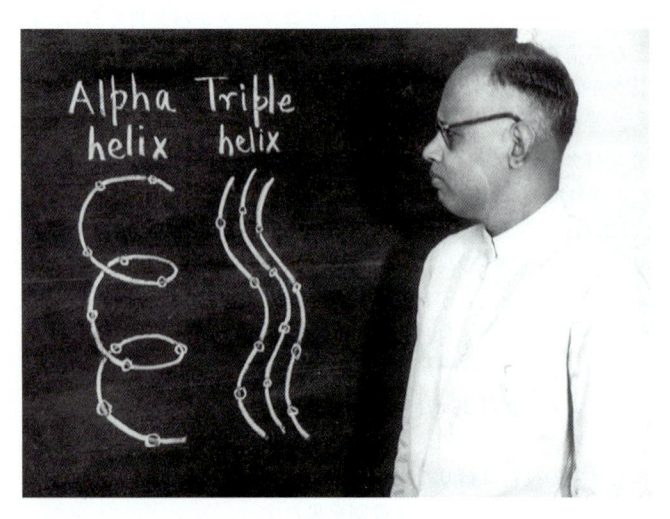

▲ **G. N. Ramachandran（1922～2001）**　この写真で，彼は α ヘリックスとコラーゲンの左巻き三重らせんの違いを示している．α ヘリックスがほとんどのタンパク質でみられる標準的な右巻きではなく，左巻きで示されていることに注意せよ．

◀ 図 4.40 ヒトIII型コラーゲンの三本らせん　コラーゲンでは，-Gly-X-Y-がつながったポリペプチド（紫，水色，緑）が左巻きらせんをつくり，お互いに巻き付いて右巻きの超らせんをつくる．[PDB 1BKV]

ために，グリシン以外の残基は存在しえない．それぞれの-Gly-X-Y-の組に対して，一つの鎖にあるグリシンのアミド水素原子と，隣の鎖の残基Xのカルボニル酸素との間に水素結合が形成される（図4.42）．ヒドロキシプロリンのヒドロキシ基が関与する水素結合もコラーゲンの三本らせんを安定化する．より一般的なαヘリックスとは違って，コラーゲンらせんには鎖内部の水素結合はない．

◀ 図 4.41 4-ヒドロキシプロリン残基　4-ヒドロキシプロリン残基は酵素触媒によるプロリン残基のヒドロキシ化で形成される．

◀ 図 4.42 コラーゲンの鎖間の水素結合　ある鎖のグリシン残基のアミド水素が隣の鎖のある残基（プロリンであることが多い）のカルボニル酸素と水素結合を形成する．

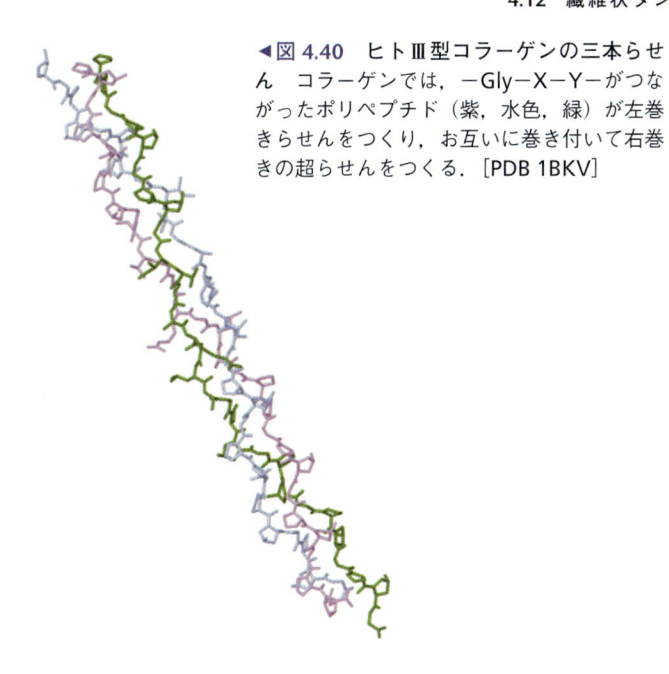

（ラマチャンドランプロットで有名である，§4.3）．コラーゲン分子は，3本の左巻きらせんが互いによじれて右巻きの超らせんをつくっている（図4.40）．コラーゲン鎖の中で，左巻きヘリックスは1回転当たり3.0アミノ酸残基を含み，ピッチは0.94 nmで，残基当たりのライズは0.31 nmである．その結果，コラーゲンヘリックスはαヘリックスよりも伸びた形になっている．コラーゲンのコイルドコイル構造は，§4.7で学んだコイルドコイルモチーフとは別のものである．（コラーゲンとは関係のないいくつかのタンパク質もまた似たような三本鎖の超らせんをつくる．）

コラーゲンの三本らせんは，ポリペプチド鎖間の水素結合によって安定化されている．コラーゲンのらせん部分のアミノ酸配列は，-Gly-X-Y-の繰返し配列で，Xはたいていプロリンで，Yはほとんどの場合4-ヒドロキシプロリンという修飾されたプロリンである（図4.41）．グリシン残基は三本らせんの中心軸に沿って存在する．この位置には，3本の鎖が密に充填されている

ヒドロキシプロリンに加えてもう一つ，5-ヒドロキシリシンという修飾アミノ酸残基（図4.43）もコラーゲン分子に存在する．いくつかのヒドロキシリシン残基には共有結合で結合した糖残基がみられるので，コラーゲンは糖タンパク質である．このグリコシル化の役割は不明である．

ヒドロキシプロリンとヒドロキシリシン残基は，特定のプロリンとリシンがコラーゲンのポリペプチド鎖に取込まれた後にヒドロキシ化されてできる．ヒドロキシ化は酵素によって触媒され，

BOX 4.3　鋼鉄よりも強い

すべての繊維状タンパク質が，αヘリックスからできているわけではない．クモの糸は，βストランドに富んだいくつかのタンパク質からできている．クモ（たとえば *Nephila clavipes*）の牽引糸は，spidroin 1，spidroin 2とよばれる二つのタンパク質を含んでいる．両方のタンパク質は，グリシンでたいてい分断されたアラニン残基の並びを数多く含んでいる．この糸の構造は，多くの研究室の大変な努力にもかかわらず，明らかになっていない．しかしながら，このタンパク質は，βストランドに富んだ領域をもつことが知られている．

多くの異なった種類のクモの糸があり，クモは，それぞれの型に特化した分泌腺をもっている．絹糸腺でつくられる糸の一つが牽引糸とよばれている．これは，クモが危険から逃れるときに使われる糸である．この糸の繊維は文字どおり，鋼鉄のケーブルよりも強い．牽引糸からつくられる材料は，多くの応用があり，とても有用であろう．牽引糸は合成繊維のケブラーよりも強いので，応用の一つの可能性は防弾服である．これまでのところ，クモに依存しないで，研究室で十分量の糸をつくることは不可能である．

アメリカジョロウグモ（*Nephila clavipes*）▶

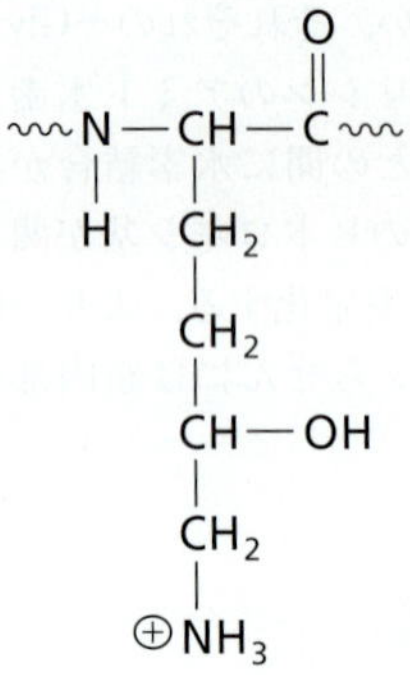

◀図 4.43　5-ヒドロキシリシン残基
5-ヒドロキシリシン残基は，リシン残基の酵素触媒によるヒドロキシ化で形成される．

アスコルビン酸（ビタミンC）を必要とする．ビタミンCが欠乏すると，ヒドロキシ化が十分に進行せず，コラーゲンの三本らせんが完全には組立てられない．

> ビタミンCの必要性は §7.9 で説明する．

プロリンおよびヒドロキシプロリン残基は，コンホメーションが柔軟性に欠けるので，コラーゲン鎖中のαヘリックスの形成を妨げるだけでなく，コラーゲンをある程度堅くする．（プロリンはαヘリックス中にほとんどみられないことに注意せよ．）三つ目の位置ごとにグリシン残基が存在するので，コラーゲン鎖はプロリン残基を受け入れてきつく編まれた左巻きのらせんをつくる．（グリシン残基の柔軟さが右巻きのαヘリックスを壊す傾向があることに注意せよ．）

コラーゲンの三本らせんは少しずつずれて凝集して，強い不溶性の繊維を形成する．共有結合による架橋もコラーゲンの堅さと強さを増している．いくつかのリシン残基とヒドロキシリシン残基の側鎖の $-CH_2NH_3^+$ 基は，酵素的にアルデヒド（$-CHO$）基に変換されて，アリシンとヒドロキシアリシンになる．アリシン残基（とそのヒドロキシ誘導体）はリシンおよびヒドロキシリシンの側鎖と反応して，カルボニル基とアミンとの間でできる化合物である**シッフ塩基**（Schiff base）を形成する（図 4.44 a）．このシッフ塩基による架橋は，通常，コラーゲンの分子間にできる．

アリシン残基は，また他のアリシン残基とアルドール縮合で反応して，通常，三本らせんの個々の鎖の間に形成される架橋をつくる（図 4.44 b）．組織が成熟する間に，どちらの型の架橋もさらに安定な結合に変換されるが，この変換の化学的な機構については不明である．

4.13　ミオグロビンとヘモグロビンの構造

ほとんどの球状タンパク質と同様に，ミオグロビン（Mb）とそれに似たヘモグロビン（Hb）も選択的に他の分子，この場合は分子状酸素（O_2）を結合することによって，その生物学的機能を発揮する．比較的小さなタンパク質であるミオグロビンは，脊椎動物体内への酸素の拡散を促進する．それは爬虫類や鳥類，哺乳類で筋肉組織に酸素を供給する役割を受け持っている．ヘモグロビンは血液中で酸素を運搬する四量体のより大きなタンパク質である．

酸素結合型のミオグロビンおよびヘモグロビンの赤い色（たとえば，動脈血の赤い色）は，ヘム補欠分子族（図 4.45）の色である．（補欠分子族とは，タンパク質の機能に必要な，タンパク質に結合している有機分子をいう．）ヘムは鉄イオンを結合したテトラピロール環（プロトポルフィリンIX）から成る．この環の四つのピロール環はメテン（$-CH=$）で結合されており，不飽和のポルフィリン構造全体は，完全に共役して，平面になっている．2価鉄〔Fe(II)〕の酸化状態をとる鉄は，6個のリガンドとの複合体になっているが，そのうち4個はプロトポルフィリンIXの窒素である．（シトクロム a やシトクロム c のような他のタンパク質は異なったポルフィリン/ヘム基をもっている．）

ミオグロビンはグロビンとよばれるタンパク質ファミリーのメンバーである．マッコウクジラのミオグロビンの三次構造は8個のヘリックスバンドルから成っている（図 4.46）．このタンパク質は，オールαクラスに属する．グロビンフォールドには層状構造をつくるαヘリックスのグループがいくつか存在する．おのおのの層の隣合うヘリックスは，アミノ酸残基の側鎖がお互い

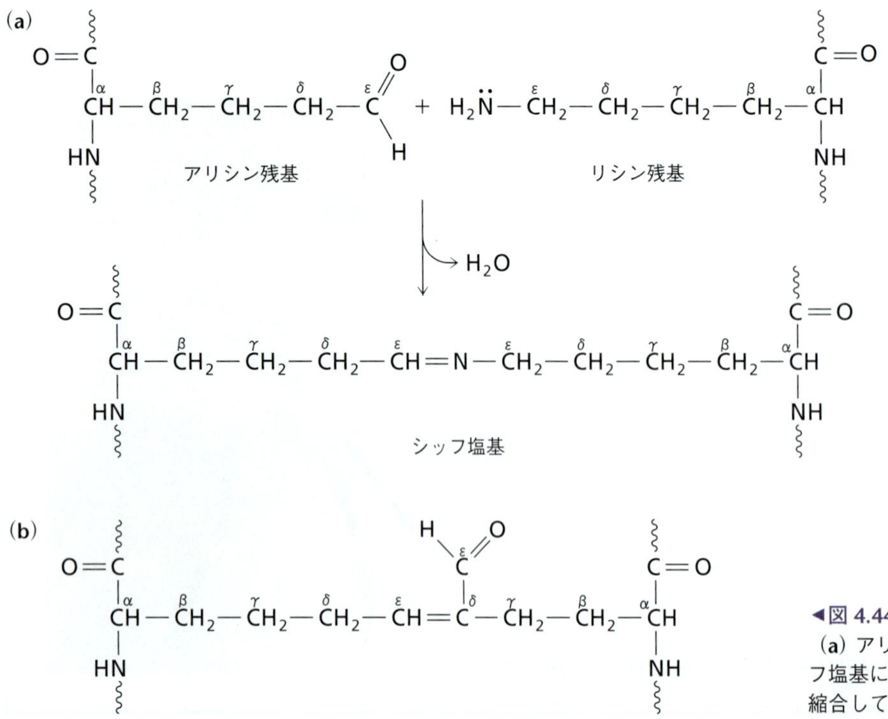

◀図 4.44　コラーゲンでみられる共有結合による架橋
(a) アリシン残基はリシン残基と縮合して分子間のシッフ塩基による架橋をつくる．(b) 二つのアリシン残基が縮合して分子内架橋を形成する．

4.13 ミオグロビンとヘモグロビンの構造

▲図4.45 **ミオグロビンとヘモグロビンに存在する鉄(II)-プロトポルフィリンIXのヘム基の化学構造** ポルフィリン環は，鉄原子を取巻く6個のリガンドのうち4個を提供している．

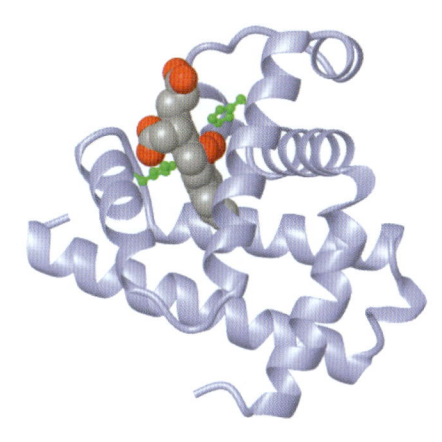

▲図4.46 **マッコウクジラ（*Physeter catodon*）のオキシミオグロビン** ミオグロビンは，8本のαヘリックスからできている．ヘム補欠分子族は，酸素（赤）と結合している．His-64（右の緑）は酸素と水素結合をつくっていて，His-93（左の緑）はヘム基の中の鉄に配位している．[PDB 1A6M]［訳注：ヘム基は空間充填モデルで示してある．His-93（近位ヒスチジン）とHis-64（遠位ヒスチジン）の間に結合した酸素分子（O_2）が見える．他の酸素原子（赤）はヘムのカルボキシ基の酸素原子である．］

▲ John Kendrewが1950年代にX線回折データを基に作成したミオグロビンのモデル．このモデルは工作用の粘土であるプラスチシンでつくられている．これは，最初のタンパク質の三次元モデルである．

に組合わさることができるような角度に傾いている．

ミオグロビンの内部はほとんどが疎水性アミノ酸残基，特にバリン，ロイシン，イソロイシン，フェニルアラニン，メチオニンなどの非常に疎水的なものだけでできている．ミオグロビンの表面には親水性残基と疎水性残基の両方がある．ほとんどのタンパク質と同じように，ミオグロビンの三次構造は，中心部の疎水性相互作用によって安定化されている．ポリペプチド鎖の折りたたみは，この疎水的な中心部をつくることによるエネルギーの最小化によって駆動される．

ミオグロビンのヘム補欠分子族は，3本のαヘリックスと2個のループからできている疎水的なへこみの中にある．ポルフィリン部分のポリペプチドへの結合は，疎水性相互作用，ファンデルワールス力，水素結合を含む多くの弱い相互作用によっている．ポルフィリンとミオグロビンのアミノ酸側鎖との間には共有結合はない．図4.46に示してあるように，酸素が結合する部位はヘムの鉄原子である．2個のヒスチジン残基が鉄原子および結合している酸素と相互作用している．分子状酸素のヘム基への近づきやすさは，近くにあるアミノ酸側鎖のわずかな動きにも影響される．ミオグロビンとヘモグロビンの疎水的な割れ目が可逆的な酸素の結合に不可欠であることについては後述する．

脊椎動物では，赤血球の中で，酸素はヘモグロビン分子に結合し輸送される．顕微鏡で見ると，成熟した哺乳類の赤血球は両方がへこんだ円盤状で，核やその他の細胞内の膜で取囲まれた構造が欠落している（図4.47）．典型的なヒトの赤血球は，おおよそ3×10^8分子のヘモグロビンで満たされている．

ヘモグロビンはオリゴマータンパク質なので，ミオグロビンよりも複雑である．哺乳類の成体では，ヘモグロビンはαグロビンとβグロビンとよばれる二つの異なったグロビンサブユニットから成る．ヘモグロビンは$\alpha_2\beta_2$の四量体である．つまり，2本のαグロビン鎖と2本のβグロビン鎖から成る．これらのグロビンサブユニットのそれぞれの構造と配列はミオグロビンと似ている．これは原始的な脊索動物がもっていた共通祖先のグロビン遺伝子から進化したことを反映している．

4本のグロビン鎖のそれぞれが，ミオグロビンでみられるものと同じヘム補欠分子族を含む．αとβ鎖は中央の空洞を挟んでお

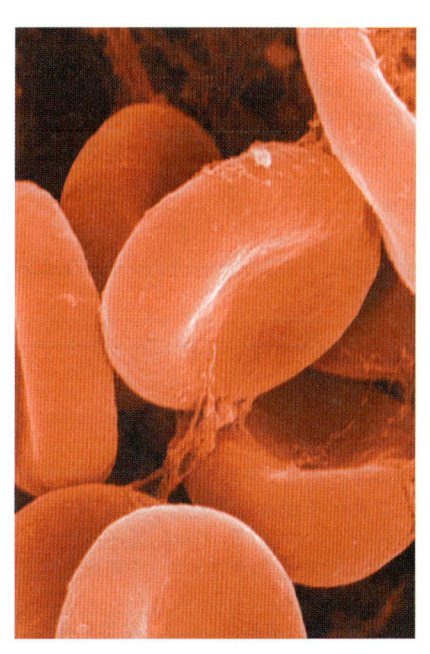

▲図4.47 **哺乳類の赤血球の走査型電子顕微鏡写真** おのおのの細胞はおおよそ3億分子のヘモグロビンを含んでいる．細胞の色は便宜的なものである．

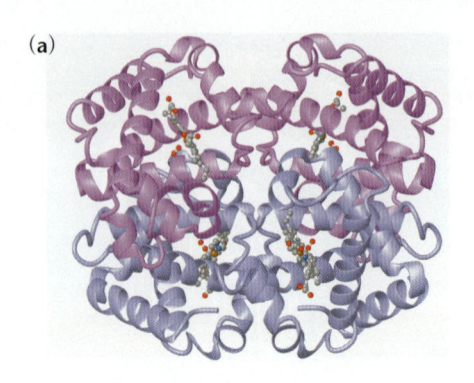

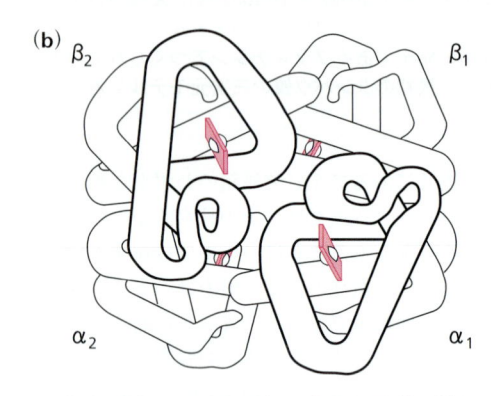

互いに向き合う（図4.48）．4本の鎖それぞれの三次構造はミオグロビンのものとほとんど同じである（図4.49）．α鎖は7本のαヘリックスをもち，β鎖は8本もっている．（βグロビンでみられる2本の短いαヘリックスが，αグロビンでは1本の大きなヘリックスにまとまっている．）しかし，ヘモグロビンはミオグロビンの単純な四量体ではない．おのおののα鎖がβ鎖と非常に

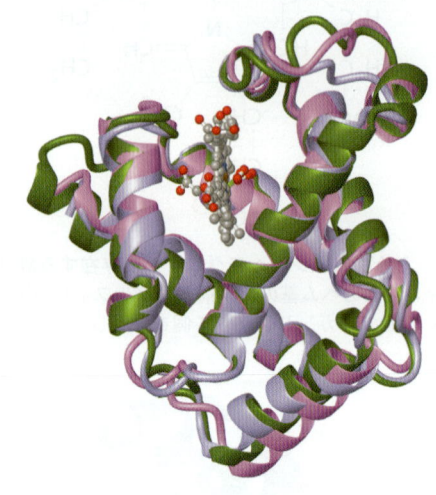

▲図4.48 ヒト（*Homo sapiens*）オキシヘモグロビン （a）2個のαサブユニットと2個のβサブユニットから成るヒトオキシヘモグロビンの構造．ヘム基は球棒モデルで示してある．[PDB 1HND] （b）ヘモグロビン四量体の模式図．ヘム基は赤で示した．

▲図4.49 ミオグロビン，αグロビン，βグロビンの三次構造 ヘモグロビンのαグロビンとβグロビンは三次構造の類似性を示すために配置をずらしてある．三つの構造を重ね合わせてある．構造はすべて，図4.46と4.48に示した酸素添加型の構造である．色：αグロビン（青），βグロビン（紫），ミオグロビン（緑）．

BOX 4.4　胚性ヘモグロビンと胎児ヘモグロビン

ヒトのαグロビン遺伝子はグロビン遺伝子ファミリーの関連したメンバーとクラスターをつくって第16染色体に位置している．αグロビンをコードする二つの異なった遺伝子，α_1とα_2が存在する．これらの遺伝子の上流に，ζ（ゼータ）とよばれる機能している遺伝子がもう一つ存在する．この領域には，二つの機能していない偽遺伝子——ζに関連したものが一つ（ψ_ζ）と，重複したαグロビン遺伝子から由来したもう一つのもの（ψ_α）——が存在する．

βグロビン遺伝子は第11染色体上にあり，ここはグロビン遺伝子ファミリーの他のメンバーが存在する領域でもある．他の機能している遺伝子は，δ，二つのγグロビン（γ^A, γ^G）とε遺伝子である．この領域には，βに関連した偽遺伝子（ψ_β）もある．

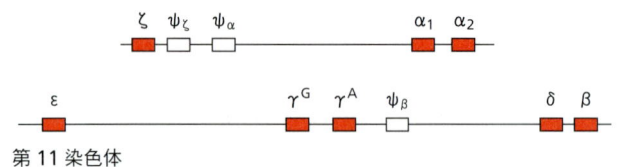

第16染色体

第11染色体

▲グロビン遺伝子

他にも初期胚と胎児で発現するヘモグロビンのサブユニットをコードする遺伝子がある．胚性ヘモグロビンは，Gower 1（$\zeta_2\varepsilon_2$），Gower 2（$\alpha_2\varepsilon_2$），Portland（$\zeta_2\gamma_2$）とよばれている．胎児ヘモグロビンは$\alpha_2\gamma_2$のサブユニット組成である．成人ヘモグロビンは，$\alpha_2\beta_2$と$\alpha_2\delta_2$である．

初期の胚発生の間，成長する胚は，胎盤を通して母親の血液から酸素を得る．胚の酸素濃度は，成人の血液の酸素濃度よりもかなり低い．胚性ヘモグロビンは，酸素をより強く結合することで，これを補っている．P_{50}の値は成人のヘモグロビンの値（26 Torr）よりもかなり低く4〜12 Torrの範囲である．胎児性ヘモグロビンは，胚性ヘモグロビンよりは弱く，成人ヘモグロビンよりは強く酸素を結合する（$P_{50}=20$ Torr）．

さまざまなグロビン遺伝子の発現は，適切な遺伝子が適切な時に転写されるように注意深く調節されている．ときに，胎児のγグロビンが成人で不適切に転写される突然変異が起こる．これは，遺伝性高胎児ヘモグロビン血症（hereditary persistence of fetal hemoglobin；HPFH）とよばれている表現型となる．これは，ヒトで見つかっている数百のヘモグロビン変異のうちの一つである．最も完全で正確なヒトの遺伝病のデータベースであるOnline Mendelian Inheritance in Man（OMIM）で，これらの遺伝病について調べることができる（ncbi.nlm.nih.gov/omim）．（訳注：OMIMについては§12.8を参照．）

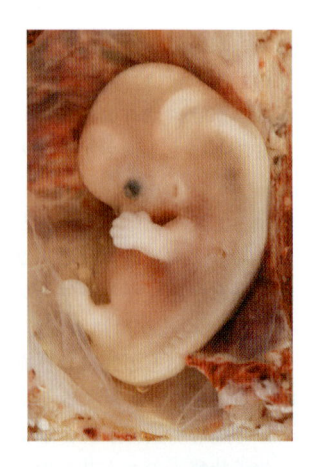

◀ヒト胎児

▶図4.50 マッコウクジラオキシミオグロビンの酸素結合部位 ヘム補欠分子族は，窒素原子を各頂点にもつ平行四辺形で表してある．青い破線は錯体のつくる配位多面体の形（八面体）を表す．

4.14 ミオグロビンとヘモグロビンへの酸素結合

ミオグロビンとヘモグロビンの酸素結合活性は，タンパク質の構造がどのように生理的な機能と関係しているかを示す良い例である．これらは生化学において最もよく研究されたタンパク質である．また，X線結晶解析によって構造が決定された最初の複雑なタンパク質である（§4.2）．酸素結合タンパク質についてここで述べる原理の多くは，5，6章で述べる酵素にも当てはまる．本節では，ヘムの酸素結合に関する化学とミオグロビンとヘモグロビンの酸素結合の生理学，ヘモグロビンの調節機構の特性などについて考察する．

A. 酸素は可逆的にヘムに結合する

ミオグロビンを例にしてヘム補欠分子族への酸素結合について述べる．同じ原理はヘモグロビンにも当てはまる．可逆的な酸素の結合は，**酸素添加**（oxygenation）とよばれている．酸素を結合していないミオグロビンをデオキシミオグロビン，酸素を結合したミオグロビンをオキシミオグロビンとよぶ．（ヘモグロビンの二つの型をデオキシヘモグロビンとオキシヘモグロビンとよぶ．）

ヘム補欠分子族のいくつかの置換基は疎水的である．この性質によって，この補欠分子族の一部分がミオグロビン分子の疎水的な内部に埋込まれることができる．図4.46に示したようにHis-64とHis-93の2個の極性基がヘム基の近くに位置している．オキシミオグロビンでは6個の配位子が2価鉄と配位しており，配位子は金属陽イオンを囲む八面体の頂点の位置にある（図4.50と4.51）．4個の配位子はテトラピロール環の窒素原子であり，5番目の配位子はHis-93（近位ヒスチジンとよばれる）のイミダゾール窒素，6個目は鉄とHis-64（遠位ヒスチジンとよばれる）のイミダゾール側鎖の間に結合した分子状酸素である．デオキシミオグロビンでは，酸素が存在しないので，鉄は5個の配位子とのみ配位している．Val-68とPhe-43の非極性側鎖は図4.51に示すように，酸素結合ポケットに疎水性を付与し，ヘム基をその場所にとどめている．オキシミオグロビンとデオキシミオグロビンのいずれでも，ヘムを収めるポケットの入り口をいくつかの側鎖がふさいでいる．タンパク質のこの部分の構造は，酸素を結合したり遊離したりするために素早く呼吸するように振動しなければならない．

グロビンポリペプチドの疎水的な割れ目は，ミオグロビンとヘモグロビンが巧みに酸素を結合したり遊離したりするための鍵になっている．水溶液中では，遊離状態のヘムは可逆的に酸素を結合することはなく，ヘムのFe(II)は，ほとんど即座にFe(III)に酸化されてしまう．（酸化は§6.1Cに述べるように，電子を失うことと等価である．還元は電子を得ることである．酸化と還元は電子の移動であって，酸素分子の有無ではない．）

ミオグロビンとヘモグロビンの構造は，電子が完全に伝達されるのを妨げ，不可逆的な酸化を防止していて，輸送する酸素分子を可逆的に結合できるようにしている．ヘモグロビンのヘムの2価鉄は，O_2を結合したときに部分的に酸化された状態になっている．電子は鉄に結合している酸素の方へ一時的に移動し，2個の酸素原子から成る分子が部分的に還元されている．もし電子が完全に酸素に移動すれば，複合体は$Fe^{3+}-O_2^-$（スーパーオキシドアニオンが3価鉄に結合した状態）になるはずである．グロビンの割れ目は，完全な電子の移動を防ぎ，O_2が遊離したときに鉄原子に電子を戻すように仕向けている．

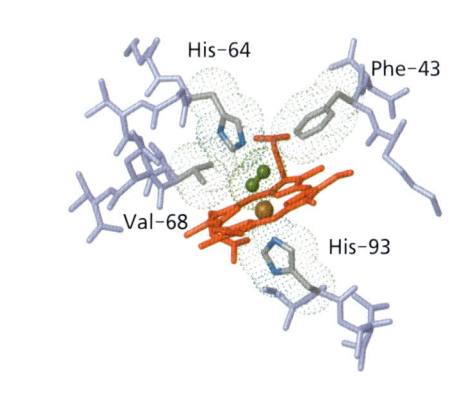

▲図4.51 マッコウクジラオキシミオグロビンの酸素結合部位 鉄(II)（赤褐色）は，ヘム基の平面上にある．酸素（緑）は鉄原子とHis-64のアミノ酸側鎖に結合している．Val-68とPhe-43は酸素結合部位の疎水的な環境をつくっている．[PDB 1AGM]

B. ミオグロビンとヘモグロビンの酸素結合曲線

酸素は，ミオグロビンとヘモグロビンに可逆的に結合する．平衡状態でのミオグロビンとヘモグロビンへの酸素の可逆的な結合の程度は，タンパク質の濃度と酸素の濃度に依存する．この関係は，酸素結合曲線によって示される（図4.52）．この曲線では一定量のタンパク質濃度での飽和度（Y）を酸素の濃度（気体の酸素の分圧，pO_2で表す）に対してプロットしてある．ミオグロビンまたはヘモグロビンの飽和度（Y）は酸素添加された分子の割合なので，

$$Y = \frac{[MbO_2]}{[MbO_2] + [Mb]} \tag{4.3}$$

である．ミオグロビンの酸素結合曲線は双曲線である（図4.52）．これは，その高分子に対する酸素の結合が一つの平衡定数で表されることを示している．それに対して，酸素の濃度とヘモグロビンへの結合を示した曲線はシグモイド（S字形）である．シグモイド曲線は，各タンパク質に2分子以上のリガンドが結合することを示している．ヘモグロビンでは四量体タンパク質のそれぞれ

のヘム基に1個ずつ，4分子までO₂が結合する．曲線の形から，ヘモグロビンの酸素結合部位は1分子の酸素がヘム基に結合すると，残りのヘムへの酸素の結合を促進するような相互作用が行われることがわかる．ヘモグロビンの酸素に対する親和性は，酸素分子が結合するにつれて増加する．このように互いの間に関係性がある結合現象は，結合の正の協同性とよばれている．

半分飽和しているときの分圧（P_{50}）はタンパク質のO_2に対する親和性の指標となる．低いP_{50}は，低い酸素濃度で半分飽和することを意味するので，酸素に対する高い親和性を表す．逆に高いP_{50}は低い親和性を表す．ミオグロビン分子は，pO_2が2.8Torrのときに半分飽和する（1気圧=760Torr）．ヘモグロビンのP_{50}はもっと高い（26Torr）．これは，酸素に対する親和性が低いことを示している．ミオグロビンとヘモグロビンのヘム補欠分子族は同じであるが，タンパク質によってつくられる微小環境が若干違うので，酸素に対するこれらの基の親和性が異なることになる．酸素に対する親和性はタンパク質固有の性質である．この親和性は，他のタンパク質や酵素に対するリガンドの結合を記述するために一般に使われている会合/解離平衡定数と同じようなものである（§4.9）．

図4.52に示すように，肺の中の高いpO_2（約100Torr）のもとでは，ミオグロビンとヘモグロビンの両方がほぼ飽和している．しかし，pO_2の値が50Torrより下のときには，ミオグロビンが依然としてほぼ飽和しているのに対して，ヘモグロビンは一部が飽和しているだけである．組織の毛細血管ではpO_2は低く（20〜40Torr），赤血球の中のヘモグロビンが運んだ酸素のほとんどは遊離する．筋組織中のミオグロビンはヘモグロビンから遊離した酸素を結合する．酸素に対するミオグロビンとヘモグロビンの親和性が異なるので，このように肺から筋肉へ効率的に酸素を輸送する系ができるのである．

ヘモグロビンによる酸素の協同的な結合は，酸素添加がひき起こすタンパク質のコンホメーション変化と関連がある．デオキシヘモグロビンは，サブユニット内やサブユニット間の多くのイオン対によって安定化されている．サブユニットの一つへの酸素の結合は，これらのイオン対を壊すような動きをひき起こし，少し異なったコンホメーションをとるようになる．この動きはヘムの鉄原子の反応性によってひき起こされる（図4.53）．デオキシヘモグロビンでは（デオキシミオグロビンと同じように），鉄は5個のリガンドとのみ結合している．鉄はポルフィリン環の中の空洞よりも少し大きいので，環の平面より下方に位置している．6番目のリガンドであるO_2が鉄原子に結合すると，鉄の電子構造が変わり，直径が減少する．そして，ポルフィリン環の平面の中に入り，近位ヒスチジンを含むヘリックスを引っ張る．三次構造の変化が四次構造にも小さな変化をもたらす．そして，この変化のおかげで，残りのサブユニットはより容易に酸素を結合できるようになる．少なくとも1個の酸素がそれぞれのαβ二量体に結合した後で，四量体全体がデオキシからオキシコンホメーションへと変化する．（より詳しい解説は§5.9Cを見よ．）

ヘモグロビンのコンホメーションの変化は，結合曲線にみられる正の協同性にかかわっている（図4.52a）．曲線の形は二つのコンホメーションの効果が合わさった結果である（図4.52b）．まったく酸素を結合していない型のヘモグロビンは，酸素に対する親和性が弱く，高い半飽和濃度を示す双曲線形の結合曲線になる．低濃度の酸素では，ほんのわずかのヘモグロビンが飽和しているだけである．酸素濃度が上昇すると，ヘモグロビン分子のい

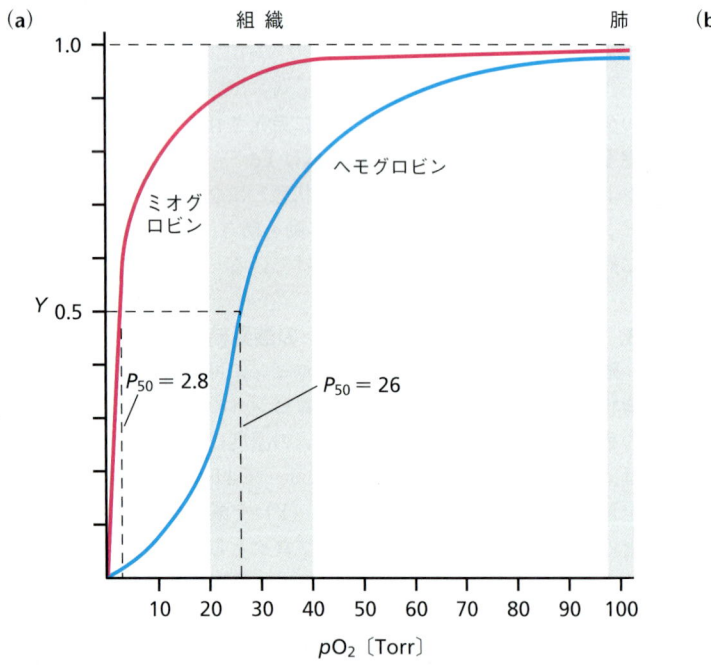

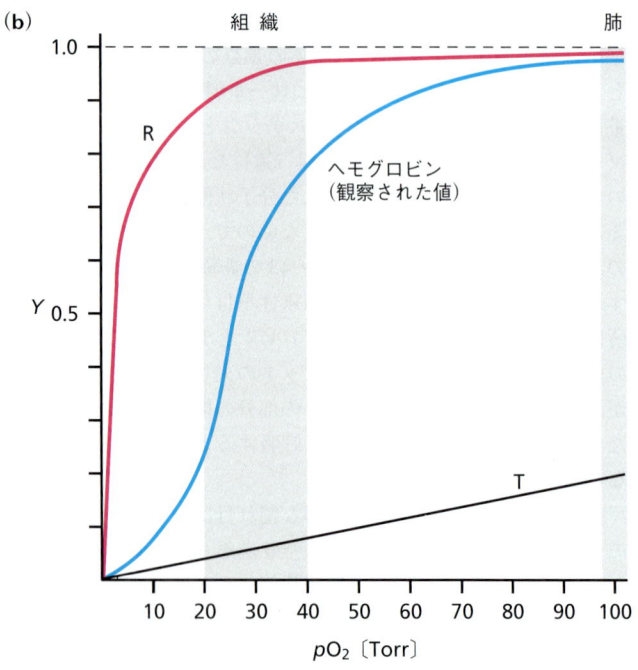

▲図4.52 **ミオグロビンとヘモグロビンの酸素結合曲線** （a）ミオグロビンとヘモグロビンの比較．それぞれのタンパク質の飽和度Yを，酸素の分圧pO_2に対してプロットしている．ミオグロビンの酸素結合曲線は，酸素分圧2.8Torrに半飽和点（Y=0.5）をもつ双曲線形である．全血中のヘモグロビンの酸素結合曲線は，酸素分圧26Torrに半飽和点をもつS字形である．ミオグロビンは，すべての酸素分圧でヘモグロビンよりも酸素に対して高い親和性をもつ．酸素分圧が高い肺では，ヘモグロビンはほとんど酸素で飽和している．酸素分圧が低い組織では，酸素は酸素添加されたヘモグロビンから遊離してミオグロビンに移る．（b）ヘモグロビンの異なった状態でのO_2結合．オキシ（R，高親和性）状態のヘモグロビンは双曲線形の結合曲線をもっている．デオキシ（T，低親和性）状態のヘモグロビンもまた，双曲線形の結合曲線をもつが，半飽和の濃度はずっと高い．低親和性と高親和性の混合物であるヘモグロビンの溶液は，中間的な酸素の親和性をもつS字形の結合曲線を示す．

4.14 ミオグロビンとヘモグロビンへの酸素結合

ポルフィリン環の平面

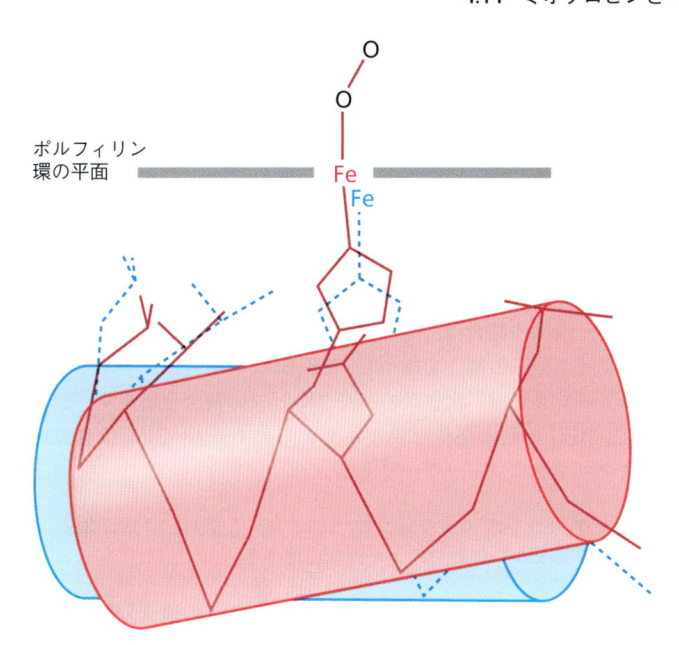

▲図4.53 酸素添加によってひき起こされるヘモグロビン鎖のコンホメーション変化 ヘモグロビンサブユニットのヘム鉄に酸素が結合すると（赤），近位ヒスチジン残基がポルフィリン環の方へ引き寄せられる．このヒスチジンのあるヘリックスもまたその位置を変え（青），デオキシヘモグロビンのサブユニットを架橋しているイオン対を壊す．

ヘモグロビンの二つのコンホメーションは，コンホメーション変化の標準的な用語に従ってT（tense；緊張）とR（relaxed；弛緩）とよばれている．ヘモグロビンでは酸素を結合しにくいデオキシコンホメーションが不活性な（T）状態であり，酸素を結合しやすいオキシコンホメーションが活性な（R）状態であると考えられている．RとTの状態は動的な平衡状態にある．

C. ヘモグロビンはアロステリックタンパク質である

ヘモグロビンにおける酸素の結合と遊離は，**アロステリック相互作用**（allosteric interaction，ギリシア語の *allos* は"他"の意）で調節されている．ヘモグロビンは輸送タンパク質で酵素ではないが，この点において，ある種の調節酵素に似た性質をもつ（§5.9）．アロステリック相互作用は，**アロステリックエフェクター**（allosteric effector），または**アロステリックモジュレーター**（アロステリック調節因子，allosteric modulator）とよばれる特異的な低分子がタンパク質（普通は酵素）に結合し，その活性を変化させるときに起こる．アロステリックエフェクターは，タンパク質の機能的な結合部位とは別の部位に可逆的に結合する．エフェクター分子は活性化物質か，または阻害物質である．アロステリックエフェクターによってその活性が変化するタンパク質を**アロステリックタンパク質**（allosteric protein）とよぶ．

アロステリック制御は，アロステリックタンパク質のコンホメーションの微小ながら重要な変化によって起こる．それは結合の協同性を伴っている．この協同性は基質，生成物あるいは酸素のような輸送される分子が結合する通常の結合部位とは重ならない別の部位にアロステリックエフェクターが結合することで調節される．アロステリックタンパク質は，活性な形（R状態）と不活性な形（T状態）が素早く交換する平衡状態にある．基質が活性中心（ヘモグロビンではヘム）に結合するのはいうまでもないが，タンパク質がR状態にあるときに最もよく結合する．アロステリック部位，つまり調節部位に結合するアロステリック阻害物質は，T状態に対して最も結合しやすい．アロステリック阻害

くつかは酸素分子を結合し，これによってヘモグロビンの酸素に対する親和性が上昇し，ヘモグロビンがつぎの酸素を結合しやすくなる．この結果，S字形曲線となり，結合の急激な上昇がみられるようになる．このようにして，さらに多くのヘモグロビン分子がオキシコンホメーションとなる．もし，すべてのヘモグロビン分子がオキシコンホメーションであったなら，その溶液は双曲線形の結合曲線を示すはずである．酸素分子が解離するとヘモグロビンはイオン対を再度形成し，デオキシコンホメーションに戻る．

▲ Julian Voss-Andreae は，"Heart of Steel (Hemoglobin)"と名付けた彫刻を2005年，オレゴン州レイクオスウィーゴに作った．彫刻は，酸素を結合したヘモグロビン分子を表現している．もともとの彫刻は，輝く鋼鉄であった（左）．10日後（中），大気中の酸素と反応して，鋼鉄の鉄は錆び始めた．数カ月後（右），彫刻は完全に錆びた色になった．

物質が結合すると，アロステリックタンパク質は素早くR状態からT状態へ変化する．基質が活性部位へ（またはアロステリック活性化物質がアロステリック部位へ）結合すると，反対の変化が起こる．エフェクターの結合や解離によってひき起こされたアロステリックタンパク質のコンホメーション変化は，アロステリック部位から機能的な結合部位（活性部位）へと広がる．アロステリックタンパク質の活性レベルはR状態とT状態分子の相対的な比率に依存する．そして今度は，二つの状態の比率は，それぞれの状態に結合する基質と調節因子の相対的な濃度に依存することになる．

2,3-ビスホスホ-D-グリセリン酸（2,3-bisphospho-D-glycerate；2,3-BPG）は，哺乳類のヘモグロビンのアロステリックエフェクターである．赤血球中に2,3-BPGが存在するため，成人のヘモグロビンの酸素結合のP_{50}は約26 Torrに上昇している．これは水溶液中の純粋なヘモグロビンのP_{50}（約12 Torr）に比べてかなり高い．つまり赤血球中の2,3-BPGはデオキシヘモグロビンの酸素に対する親和性を実質的に下げている．赤血球中の2,3-BPGとヘモグロビンの濃度はほとんど等しい（約4.7 mM）．

◀ 2,3-ビスホスホ-D-グリセリン酸（2,3-BPG）

> 2,3-BPGの合成についてはBOX 11.2で述べる．

制御因子である2,3-BPGは，二つのβサブユニットの間にある中央のくぼみに結合する．この結合ポケットには，6個の正に荷電した側鎖と各β鎖のN末端α-アミノ基があり，これらは正電荷をもつ結合部位をつくっている（図4.54）．デオキシヘモグロビンでは，これらの正に荷電した基が2,3-BPGの5個の負電荷と静電的に相互作用している．2,3-BPGが結合すると，デオキシコンホメーションが安定化し（T状態，酸素に対して低親和性），オキシコンホメーション（R状態，酸素に対して高親和性）への変換は阻害される．オキシヘモグロビンではβサブユニットは互いに近づいているので，アロステリック結合部位は2,3-BPGを結合するには小さすぎる．可逆的に結合するリガンドである酸素と2,3-BPGはR⇌Tの平衡状態に対して反対の効果を及ぼす．酸素の結合は，オキシコンホメーション（R状態）のヘモグロビン分子の割合を増やし，2,3-BPGの結合は，デオキシコンホメーション（T状態）のヘモグロビンの割合を増やす．酸素と2,3-BPGの結合部位は異なっているので，2,3-BPGは真にアロステリックエフェクターである．

> RとTのコンホメーションについては，§5.9 C，"アロステリックモデル"においてより詳細に述べる．

2,3-BPGなしではヘモグロビンは約20 Torrの酸素分圧でほぼ飽和してしまう．そのため，多くの組織でみられる低い酸素分圧（20～40 Torr）では，2,3-BPGがない場合，ヘモグロビンは酸素を遊離できない．しかし，等モルの2,3-BPGが存在すると，ヘモグロビンは20 Torrでは約1/3しか飽和していない．2,3-BPGのアロステリック効果のおかげで，組織中での低い酸素分圧でヘモグロビンは酸素を遊離することができるのである．筋肉ではミオグロビンが遊離された酸素のうちの一部を結合することができる．

ヘモグロビンへの酸素の結合の制御には，これ以外にも好気性代謝の産物である二酸化炭素とプロトンがかかわっている．CO_2は赤血球細胞内のpHを下げることによって，ヘモグロビンのO_2に対する親和性を下げる．赤血球内部で酵素触媒によるCO_2の水和が起こると炭酸（H_2CO_3）が生成し，炭酸水素イオンとプロトンに解離する．その結果，pHが下がる．

$$CO_2 + H_2O \rightleftharpoons H_2CO_3 \rightleftharpoons H^{\oplus} + HCO_3^{\ominus} \quad (4.4)$$

pHが低くなると，ヘモグロビンのいくつかの基がプロトン化さ

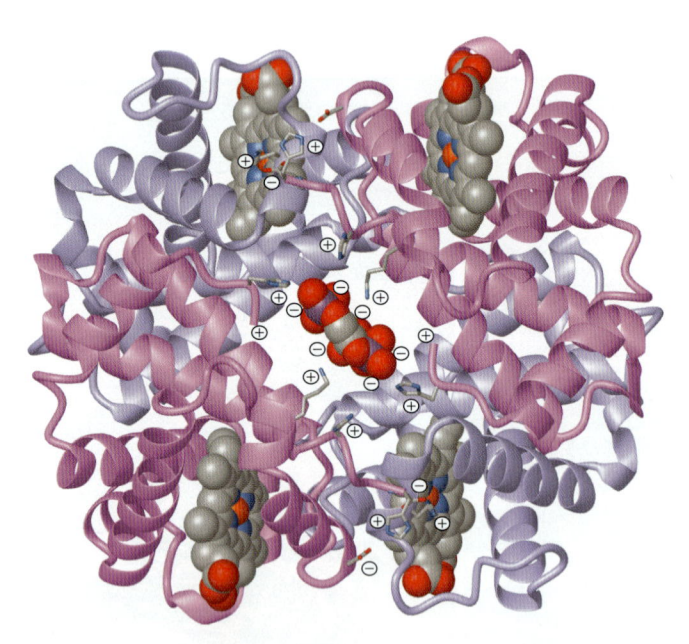

▲図4.54 2,3-BPGのデオキシヘモグロビンへの結合 デオキシヘモグロビンの中央の空洞には，2,3-BPGのカルボキシ基とリン酸基とに相補的な正に荷電した基が並んでいる．2,3-BPGとここに示したイオン対がともにデオキシ型を安定化している．αサブユニットはピンク，βサブユニットは青，ヘム補欠分子族は中央の赤で示した鉄原子を含む空間充填モデルで表してある．

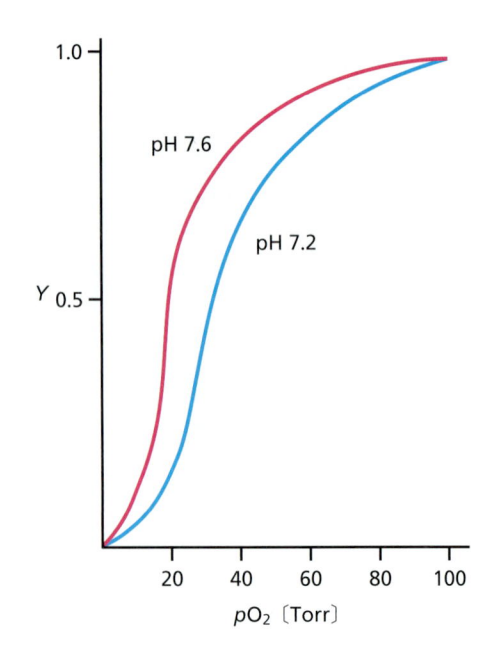

▲図4.55 ボーア効果 pHが下がるとヘモグロビンの酸素に対する親和性が低下する．

れる．その結果，これらの基はデオキシコンホメーションを安定化するイオン対を増やす．こうして，CO_2 濃度の上昇とそれに伴う pH の低下によってヘモグロビンの P_{50} が高くなる（図 4.55）．この現象は，ボーア効果とよばれ，酸素輸送系の効率を高める．空気を吸入中の肺では CO_2 の濃度が低く，O_2 はヘモグロビンに簡単に結合し，代謝中の組織では CO_2 の濃度が高く pH が比較的低いので，O_2 は容易にオキシヘモグロビンから遊離する．

二酸化炭素は組織から肺へ二つの方法で輸送される．代謝によって生成した大部分の CO_2 は，溶解した炭酸水素イオンとして肺へ輸送される．しかし，二酸化炭素の一部はヘモグロビン自体によってカルバミン酸付加物（図 4.56）の形で運ばれる．赤血球細胞の pH（7.2）と高い CO_2 の濃度のために，プロトン化していないデオキシヘモグロビンの 4 個の N 末端残基のアミノ基（pK_a 値は 7〜8）は，可逆的に CO_2 と反応してカルバミン酸付加物を形成できる．オキシヘモグロビンのカルバミン酸はデオキシヘモグロビンのそれよりも不安定である．CO_2 の分圧が低く，O_2 の分圧が高い肺に到達すると，ヘモグロビンは酸素結合型に変わり，結合していた二酸化炭素は遊離する．

◀ 図 4.56　**カルバミン酸付加物**　組織の代謝によって生成した二酸化炭素は，ヘモグロビンのグロビン鎖の N 末端残基と可逆的に反応してカルバミン酸付加物になる．

4.15　抗体は特異的な抗原を結合する

脊椎動物は，感染性の細菌やウイルスなどの外来の物質を除去する複雑な免疫系をもっている．この防御系の一部として，脊椎動物は**抗原**（antigen）を特異的に認識して結合する**抗体**（antibody，免疫グロブリンとしても知られている）を合成する．多くの異なった型の外来物質が免疫反応をひき起こす抗原となりうる．抗体はリンパ球とよばれる白血球で合成される．あるリンパ球とそれに由来する細胞集団は同一の抗体を産生する．動物は生涯を通じて多くの外来物質にさらされるので，きわめて多数の抗体産生リンパ球の系統をつくり上げ，長い年月にわたって低いレベルでそれを維持する．そして後に再感染があると抗原に応答する．このような免疫系による記憶が，繰返し感染しても再発しない感染症がある理由である．子供に接種されるワクチン（不活性化された病原体や毒物の類似体）が効果をもつのは，子供のときに確立した免疫が成人になっても持続するからである．

初めての抗原でも，過去に遭遇したことのある抗原でも，それらがリンパ球の表面に結合すると，そのリンパ球は刺激されて増殖し，可溶性抗体を血流中に分泌する．可溶性抗体は外来の生物や物質に結合し，抗原抗体複合体を形成する．この複合体は抗原を沈殿させて，一連の相互作用するプロテアーゼや，あるいは抗原を取込み細胞内で消化するリンパ球による分解のための標的にする．

血流中の最も多い抗体は免疫グロブリン G クラス（IgG）である．これは Y 字形のオリゴマーで，同一の L 鎖（軽鎖）2 本と同一の H 鎖（重鎖）2 本がジスルフィド結合で結ばれたものである（図 4.57）．免疫グロブリンは糖タンパク質であり，H 鎖に糖鎖が共有結合している．対になっている L 鎖と H 鎖の N 末端は接近している．L 鎖は二つのドメインをもち，H 鎖は四つのドメインをもつ．どのドメインも約 110 残基から成り，免疫グロブリンフォールドとよばれるよく見かけるモチーフに折りたたまれている．免疫グロブリンフォールドの特徴は，二つの逆平行 β シートから成るサンドイッチ構造である（図 4.58）．このドメイン構造は他の多くの免疫系タンパク質に存在する．

抗体の N 末端ドメインは配列が多様であることから可変ドメインとよばれている．このドメインが抗原結合の特異性を決定している．X 線結晶解析により，可変ドメインの抗原結合部位は超可変領域とよばれる三つのループから成っていることが判明している．この領域では大きさと配列が大きく変化している．軽鎖と重鎖からのループが合わさってバレルを形成し，その上部の表面が，特異的抗原の形と極性に対して相補的になっている．抗原と抗体がぴったりとかみ合わさるので，水分子の入り込むすき間はない．抗原と抗体の相互作用を安定化する力は，基本的には水素結合と静電的相互作用である．抗体とタンパク質抗原との相互作用の例を，図 4.59 に示した．

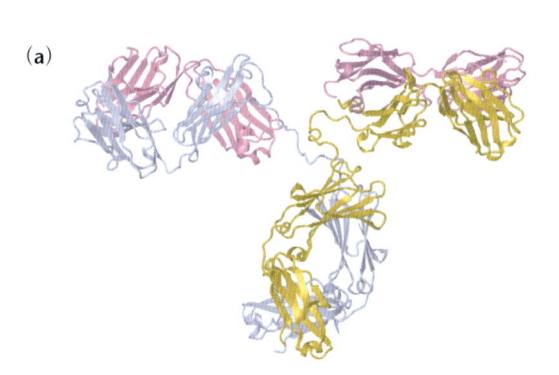

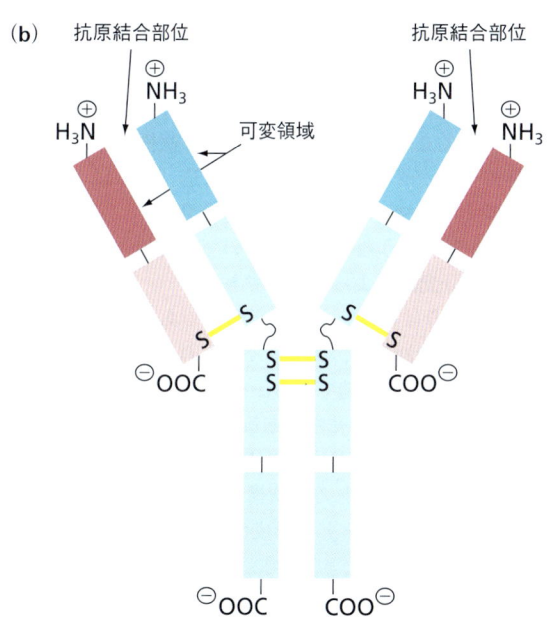

▲ 図 4.57　**ヒト抗体の構造**　(a) 構造，(b) 模式図．免疫グロブリン G クラスの抗体の 2 本の H 鎖（青）と 2 本の L 鎖（赤）はジスルフィド結合（黄）で結ばれている．L 鎖と H 鎖の可変ドメイン（ここに抗原が結合する）は濃い色で示してある．

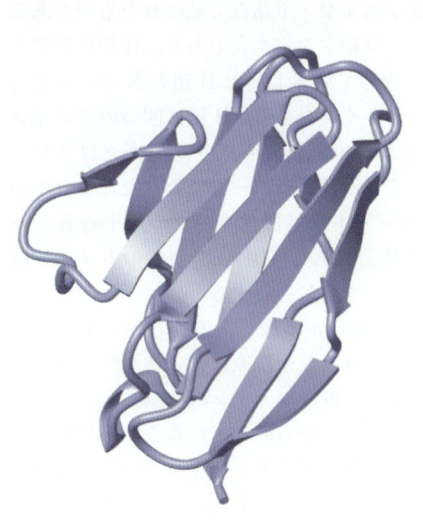

▲図 4.58 免疫グロブリンフォールド ドメインは二つの逆平行βシートのサンドイッチからできている．[PDB 1REI]

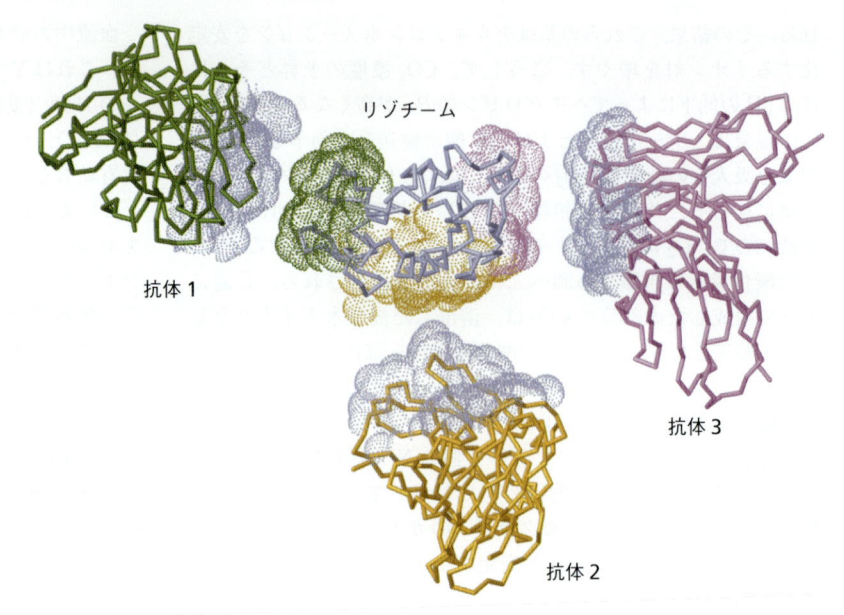

▲図 4.59 抗原（タンパク質のリゾチーム）に対する三つの別の抗体の結合　三つの抗原抗体複合体の構造は X 線結晶解析によって決定された．この合成図では，抗原と抗体を離して，それらの接触面を示した．3 個の抗体は部分的にしか示されていない．

　抗原を結合する特異性が非常に高いために，抗体は種々の微量な物質の検出試薬として用いられている．標準的なイムノアッセイ（免疫測定法）では，標識した抗体溶液を定量したい抗原溶液と混合し，形成された抗原抗体複合体の量を測定する．診断検査に十分使えるように，さまざまな方法でイムノアッセイの感度の向上が図られている．

要　約

1. タンパク質は，多くの異なった形，すなわちコンホメーションに折りたたまれる．多くのタンパク質は水溶性で，ほぼ球状にきっちりと折りたたまれている．その他のタンパク質は，細胞や組織の構造的な支持体となる長い繊維を形成する．膜タンパク質は膜に組込まれているか，あるいは膜と会合している．
2. タンパク質の構造には以下の四つのレベルがある：一次構造（アミノ酸残基の配列），二次構造（水素結合で安定化された規則的で局所的なコンホメーション），三次構造（ポリペプチド鎖全体のコンパクトな構造），四次構造（二つ以上のポリペプチド鎖のオリゴマータンパク質への会合）．
3. タンパク質のような生体高分子の三次元構造は，X 線結晶解析や NMR 分光法によって決定できる．
4. ペプチド結合は極性をもち，平面的である．$N-C_\alpha$ と $C_\alpha-C$ の結合の周りの回転は，ϕ と ψ で表される．
5. よくみられる二次構造であるαヘリックスは，1 回転当たり 3.6 アミノ酸残基を含むらせんである．アミド水素とカルボニル酸素間の水素結合は，ヘリックスの軸に対してほぼ平行である．
6. もう一つのよくみられる二次構造であるβ構造は，互いに水素結合によってβシートを形成する平行か逆平行のβストランドから成る．
7. 大部分のタンパク質は，繰返し構造以外のコンホメーションから成る領域をもつ．αヘリックスやβストランドをつなぐターンやループがそれである．
8. 特徴的な二次構造要素の組合わせをモチーフとよぶ．
9. タンパク質の三次構造は一つ以上のドメインから成る．ドメインは，通常，はっきりわかる構造をもち，特定の機能と結び付いている．
10. 四次構造をもつタンパク質では，サブユニットは通常，非共有結合で会合している．
11. タンパク質の天然型コンホメーションは変性剤の添加で壊される．条件によっては再生が可能なこともある．
12. 生物学的に活性な状態へのタンパク質の折りたたみは，主として疎水性効果で駆動される逐次的で，協同的な過程である．シャペロンが折りたたみを介助することがある．
13. コラーゲンは結合組織の主要な繊維状タンパク質である．コラーゲンの 3 本の左巻きヘリックス鎖は右巻きの超らせんをつくる．
14. タンパク質がきっちりと折りたたまれた構造をとると，他の分子を選択的に結合できるようになる．ヘム含有タンパク質であるミオグロビンとヘモグロビンは，酸素を結合したり遊離させたりする．正の協同性とアロステリック制御がヘモグロビンの酸素結合の特徴である．
15. 抗体は外来物質，すなわち抗原を結合するマルチドメインタンパク質であり，抗原が分解されるための目印となる．L 鎖と H 鎖の端にある可変ドメインが抗原を結合する．

問　題

1. つぎのトリペプチドをよく見て，以下の問いに答えよ．

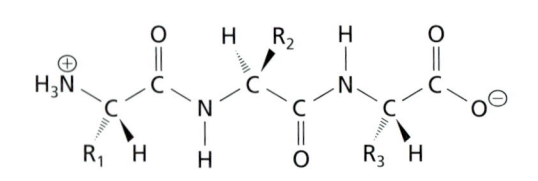

(a) α炭素原子に印を付け，それぞれのペプチド原子団を区分けして原子を枠で囲め．
(b) R の原子団は，何を示しているか．

(c) カルボニル C=O から N へのアミド結合で自由な回転が制限されているのはなぜか.
(d) 図の化学構造がペプチドのつながりの正しいコンホメーションを示していると仮定すると，ペプチド原子団はシスとトランスのどちらのコンホメーションをとっているか.
(e) ペプチド原子団の間で回転が可能な結合はどれか.

2. (a) (1) αヘリックスと，(2) コラーゲンの三本らせんにみられる水素結合のパターンの特徴を述べよ.
(b) これらのらせんで，アミノ酸側鎖はどのように配置されているかを説明せよ.

3. (1) グリシンと (2) プロリンが α ヘリックスにあまりみられないのはなぜかを説明せよ.

4. Betanova と名付けられた 20 アミノ酸残基から成る合成ポリペプチドは，理論上ジスルフィド結合なしで安定な β シート構造を形成しうる小型の可溶性分子として設計された．溶液中での Betanova の NMR は，実際にそれが 3 本のストランドから成る逆平行 β シートを形成していることを示している．Betanova のアミノ酸配列はつぎに示してあるが，
(a) β ストランド間のそれぞれのヘアピンターンにあると思われる残基を示して，Betanova のリボン図を書け．
(b) この β シート構造を安定化していると考えられる相互作用を示せ．
　　Betanova　　RGWSVQNGKYTNNGKTTEGR

5. 250 種もの異なった DNA 結合タンパク質を含む重要なファミリーがある．その個々のメンバーは，タンパク質の共通モチーフをもった二量体からできている．このモチーフによってそれぞれの DNA 結合タンパク質は特異的な DNA 配列を認識し結合できる．つぎに示した構造にみられるタンパク質の共通モチーフは何か.

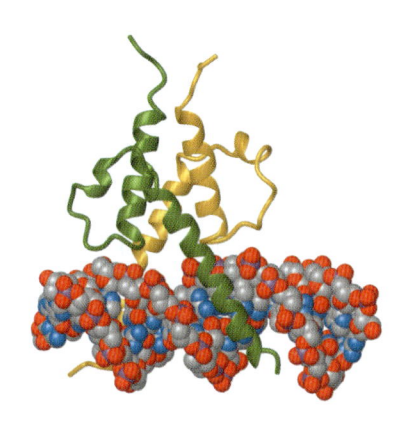

6. 図 4.21 を見て，以下の質問に答えよ．
(a) ピルビン酸キナーゼの中央ドメインは，主要な四つの分類のどれに当たるか（オール α，オール β，α/β，α+β）．
(b) ピルビン酸キナーゼの中央ドメインで際立っている特徴的なドメイン"フォールド"について述べよ．
(c) ピルビン酸キナーゼの中央ドメインと同じフォールドをもつ別の二つのタンパク質は何か．

7. プロテインジスルフィドイソメラーゼ (PDI) は，ランダムなジスルフィド結合をもつ不活性型リボヌクレアーゼが，正しく折りたたまれる際の速度を明らかに上昇させる（図 4.35）．PDI が触媒する，間違ったジスルフィド結合の対をもつ非天然型（不活性）タンパク質から正しいジスルフィド結合の対をもつ天然型（活性）タンパク質への再構成の機構について述べよ．

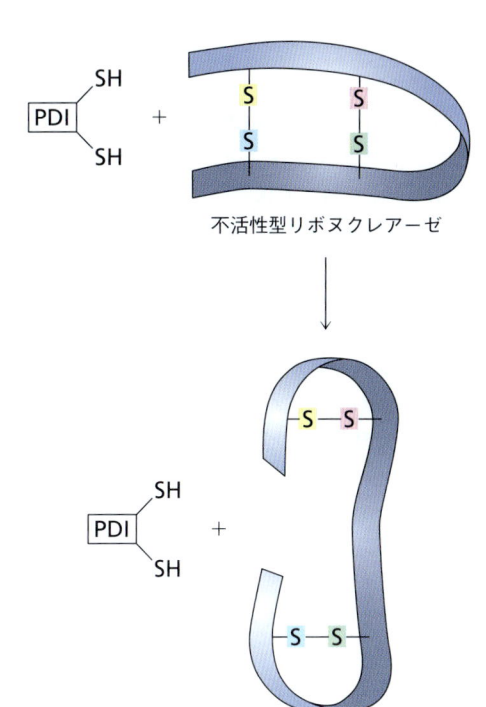

8. ミオグロビンは 8 個の α ヘリックスをもっているが，そのうちの一つはつぎのような配列である.
　-Gln-Gly-Ala-Met-Asn-Lys-Ala-Leu-Glu-
　　　　　His-Phe-Arg-Lys-Asp-Ile-Ala-Ala-
ヘリックスのどの側鎖がタンパク質の内側を向いていると考えられるか．また，溶媒に面している側鎖はどれか．内部を向いている残基の間隔を説明せよ．

9. ホモシステインはシステインよりも一つメチレン基が多い α-アミノ酸である（側鎖は $-CH_2CH_2SH$）．ホモシスチン尿症は，コラーゲン構造の欠陥による骨格の奇形とともに，血漿と尿中のホモシステイン量の増加を特徴とする遺伝的な病気である．ホモシステインは生理的条件下で容易にアリシンと反応する．この反応について述べ，それがどのようにコラーゲンの異常な架橋をひき起こすかについて述べよ．

10. 寄生虫のマンソン住血吸虫 (Schistosoma mansoni) の幼虫はヒトの皮膚に食い込んで寄生する．幼虫は，-Gly-Pro-X-Y-（X と Y はどのアミノ酸でもよい）という配列の X 残基と Y 残基の間のペプチド結合を切断する酵素を分泌する．この寄生虫にとって，この酵素活性が重要であるのはなぜか．

11. (a) 二酸化炭素と水の反応はボーア効果を説明するのにどのように役立つか．CO_2 と水から炭酸水素イオンができる反応式を書き，ヘモグロビンの酸素添加に対する H^+ と CO_2 の効果を説明せよ．
(b) ショック患者への炭酸水素イオンの血管内注射について生理学的な根拠を説明せよ．

12. 胎児ヘモグロビン (HbF) では，成人ヘモグロビン (HbA) の β 鎖の陽イオン性のヒスチジンである 143 番目の位置がセリンに置換している．143 番目の残基は β 鎖の間にある空洞に面している．
(a) 2,3-BPG は，なぜ HbF よりも HbA に強く結合するのか．
(b) 2,3-BPG に対する HbF の親和性の減少は HbF の O_2 に対する親和性にどのような影響を与えるか．
(c) HbF の P_{50} は 18 Torr であり，HbA の P_{50} は 26 Torr である．この違いから，母親の血液から胎児へ酸素が効率的に輸送さ

れる理由を考察せよ．

13. ヘモグロビンのαサブユニットとβサブユニットの界面にあるアミノ酸を置換すると，酸素結合に際して起こる R⇌T の四次構造の変化が妨げられることがある．ヘモグロビンの変異体である Hb_{Yakima} では，T 状態に比べて R 状態が安定化されていて，P_{50} は 12 Torr である．pO_2 が 10〜20 Torr と低い活動中の筋肉へ酸素を輸送するときに，この変異ヘモグロビンが正常型ヘモグロビン（P_{50} = 26 Torr）よりも効率が悪い理由を説明せよ．

14. チリ産のローズヘアータランチュラ（*Grammostola spatulata*）のクモ毒は 34 残基のアミノ酸から成るタンパク質の毒素を含んでいる．それは球状タンパク質で，脂質膜に入り込み毒としての効果を発揮すると考えられている．このタンパク質の配列は，

    ECGKFMWKCKNSNDCCKDLVCSSRWKWCVLASPF

    である．
    (a) このタンパク質の疎水性アミノ酸と親水性が高いアミノ酸を示せ．
    (b) このタンパク質は脂質膜と相互作用する疎水的な面をもつと考えられている．どのようにして配列上離れた位置にある疎水性アミノ酸が疎水的な面を形成できるのか．
    [Lee, S. and MacKinnon, R. (2004). *Nature* 430：232-235 より改変．]

15. セレノタンパク質 P は，8〜10 残基のセレノシステインを含み，またシステインとヒスチジン残基の含量が多く，普通ではみられない型の細胞外タンパク質である．セレノタンパク質 P は，血漿タンパク質として，あるいはまた，細胞の表面に強く結合した状態で見いだされる．セレノタンパク質 P と細胞との会合は，グルコサミノグリカンに分類される高分子量の糖質とセレノタンパク質 P との相互作用によると考えられている．そのような糖質の一例としてヘパリン（構造はつぎに示した）がある．いろいろな pH 条件でセレノタンパク質 P とヘパリンの結合実験が行われた．結果がつぎに示してある．

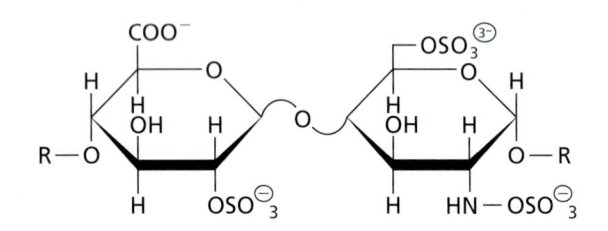

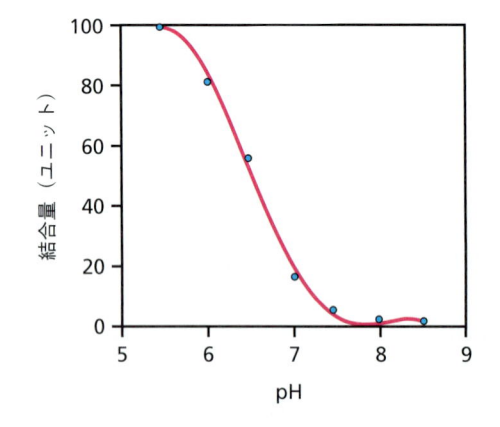

    (a) セレノタンパク質 P のヘパリンへの結合は，pH にどのように依存しているか．
    (b) この結合依存性について構造から考えて説明せよ．（ヒント：セレノタンパク質 P にどのアミノ酸が多く含まれるかという情報を利用して解答せよ．）
    [Arteel, G. E., Franken, S., Kappler, J., and Sies, H. (2000). *Biol. Chem.* 381：265-268 より改変．]

16. ゼラチンは，動物の関節に由来するコラーゲンを処理したものである．ゼラチンをお湯に溶かすと，三本らせん構造がほどけ鎖がばらばらになり水溶性のランダムコイルになる．溶かしたゼラチン溶液を冷やすと，コラーゲンは水を含んだゲルを形成し，結果として溶液はプルプルして半分固まった固体となる．ゼラチンの箱には，つぎのような指示が載っている．"少し濁るまで冷やし，つぎに生か，あるいは加熱した果実や野菜を 1〜2 カップ入れなさい．生の，あるいは冷凍のパイナップルは，加える前に必ず加熱してください．" もしパイナップルを加熱しないと，ゼラチンはうまく固まらない．パイナップルは，ブロメリアという植物の科に属し，ブロメラインというプロテアーゼを含んでいる．なぜ，ゼラチンに加える前にパイナップルを加熱しなければならないかを説明せよ．

17. ヘモグロビン・ヘルシンキ（$Hb_{Helsinki}$）は，82 番目のリシン残基がメチオニン残基に置換している変異ヘモグロビンである．変異部位は β 鎖にあり，82 番目の残基はヘモグロビンの中央のくぼみに位置する．生理的な濃度の 2,3-BPG 存在下で，pH 7.4 における正常な成人ヘモグロビン（Hb A，●）と $Hb_{Helsinki}$（■）の酸素結合曲線が図に示してある．$Hb_{Helsinki}$ の結合曲線は，Hb A の結合曲線からなぜずれているかを説明せよ．この変異は R 状態と T 状態のどちらを安定化しているか．この変異は酸素親和性にどのような変化をもたらしたか．

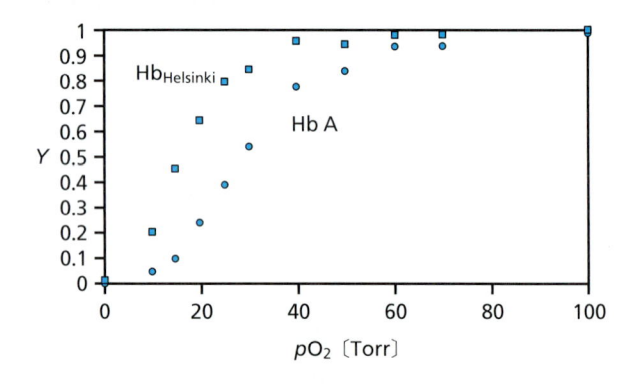

[Ikkala, E., Koskela, J., Pikkarainen, P., Rahiala, E. L., El-Hazmi, M. A., Nagai, K., Lang, A., and Lehmann, H. *Acta Haematol.* (1976) 56：257-275 より改変．]

参考文献

一般

Chothia, C., and Gough, J. (2009). Genomic and structural aspects of ptrotein evolution. *Biochem. J.* 419:15-28 . doi: 10, 1042/BJ20090122.

Creighton, T. E. (1993). *Proteins: Structures and Molecular Properties*, 2nd ed. (New York: W. H. Freeman), Chapters 4-7.

Fersht, A. (1998). *Structure and Mechanisms in Protein Structure* (New York: W. H. Freeman).

Goodsell, D., and Olson, A. J. (1993). Soluble proteins: size, shape, and function. *Trends Biochem. Sci.* 18:65-68.

Goodsel, D. S., and Olson A. J. (2000). Structural symmetry and protein function. *Annu. Rev. Biophys. Biomolec. Struct.* 29:105-153.

Kyte, J. (1995). *Structure in Protein Chemistry* (New York: Garland).

タンパク質の構造

Branden, C., and Tooze, J. (1999). *Introduction to Protein Structure* 2nd ed. (New York: Garland).〔『タンパク質の構造入門』, 第2版, 勝部幸輝, 福山恵一, 竹中章郎, 松原 央 訳, ニュートンプレス (2000).〕

Chothia, C., Hubbard, T., Brenner, S., Barns, H., and Murzin, A. (1997). Protein folds in the all-β and all-α classes. *Annu. Rev. Biophys. Biomol. Struct.* 26:597-627.

Edison, A. S. (2001). Linus Pauling and the planar peptide bond. *Nat. Struct. Biol.* 8:201-202.

Harper, E. T., and Rose, G. D. (1993). Helix stop signals in proteins and peptides: the capping box, *Biochemistry* 32:7605-7609.

Phizicky, E., and Fields, S. (1995). Protein-protein interactions: methods for detection and analysis. *Microbiol. Rev.* 59:94-123.

Rhodes, G. (1993). *Crystallography Made Crystal Clear* (San Diego: Academic Press).

Richardson, J. S., and Richardson, D. C. (1989). Principles and patterns of protein conformation. In *Prediction of Protein Structure and the Principles of Protein Conformation*, G. D. Fasman, ed. (New York: Plenum), pp.1-98.

Wang, Y., Liu, C., Yang, D., and Yu, H. (2010). *Pin1 At* encoding a peptidyl-prolyl *cis/trans* isomerase regulates flowering time in arabidopsis. *Molec. Cell.* 37:112-122.

Uversky, V. N., and Dunker, A. K. (2010). Understanding protein non-folding. *Biochim. Biophys. Acta.* 1804:1231-1264.

タンパク質の折りたたみと安定性

Daggett, V., and Fersht, A. R. (2003). Is there a unifying mechanism for protein folding? *Trends Biochem. Sci.* 28:18-25.

Dill, K. A., Ozkan, S. B., Shell, M. S., and Weik, T. R. (2008). The protein folding problem. *Annu. Rev. Biophys.* 37:289-316.

Feldman, D. E., and Frydman, J. (2000). Protein folding *in vivo*: the importance of molecular chaperones. *Curr. Opin. Struct. Biol.* 10:26-33.

Kryshtafovych, A., Fidelis, K., and Moult, J. (2009). CASP8 results in context of previous experiments. *Proteins.* 77(suppl 9):217-228.

Matthews, B. W. (1993). Structural and genetic analysis of protein stability. *Annu. Rev. Biochem.* 62:139-160.

Saibil, H. R. and Ranson, N. A. (2002). The chaperonin folding machine. *Trends Biochem. Sci.* 27:627-632.

Sigler, P. B., Xu, Z., Rye, H. S., Burston, S. G., Fenton, W. A., and Horwich, A. L. (1998). Structure and function in GroEL-mediated protein folding. *Annu. Rev. Biochem.* 67:581-608.

Smith, C. A. (2000). How do proteins fold? *Biochem. Ed.* 28:76-79.

個々のタンパク質

Ackers, G. K., Doyle, M. L., Myers, D., and Daugherty, M. A. (1992). Molecular code for cooperativity in hemoglobin. *Science* 255:54-63.

Brittain, T. (2002). Molecular aspects of embryonic hemoglobin function. *Molec. Aspects Med.* 23:293-342.

Davies, D. R., Padlan, E. A., and Sheriff, S. (1990). Antibody-antigen complexes. *Annu. Rev. Biochem.* 59:439-473.

Eaton, W. A., Henry, E. R., Hofrichter, J., and Mozzarelli, A. (1999). Is cooperative binding by hemoglobin really understood? *Nature Struct. Biol.* 6(4):351-357.

Kadler, K. (1994). Extracellular matrix 1: fibril-forming collagens. *Protein Profile* 1:519-549.

Liu, R., and Ochman, H. (2007). Stepwise formation of the bacterial flagellar system. *Proc. Natl. Acad. Sci.* (USA). 104:7116-7121.

Perutz, M. F. (1978). Hemoglobin structure and respiratory transport. *Sci. Am.* 239(6):92-125.

Perutz, M. F., Wilkinson, A. J., Paoli, M., and Dodson, G. G. (1998). The stereochemical mechanism of the cooperative effects in hemoglobin revisited. *Annu. Rev. Biophys. Biomol. Struct.* 27:1-34.

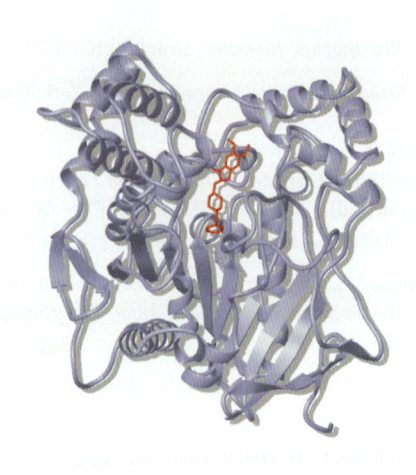

酵素の特性

> 私は酵素に心を打たれ，すぐにその虜になった．その後，私は多くの酵素に恋したが（最も長くお付き合いした相手の名をDNAポリメラーゼという），誰にも退屈したり落胆したりすることはなかった．
>
> Arthur Kornberg (2001)

　タンパク質の三次元的な形がどのような構造をつくり，またどのようにして輸送に働いているかをここまでにみてきた．本章では，タンパク質が酵素として働くことについて考えよう．酵素は並外れて効率が良く，特異性が高く，選択性をもつ生物触媒である．すべての生きている細胞には数百種類の酵素が含まれ，生命活動に必須な反応を触媒している．最も簡単な生命体においても何百種類もの酵素が存在する．多細胞生物では，存在する酵素の種類によってさまざまな細胞型が分化しているが，本書に出てくる酵素のほとんどは，どの細胞にも共通な数百種類の酵素のうちのいずれかである．これらの酵素は，生命を維持するために必要な中心的な代謝経路の反応を触媒している．

　代謝反応は，生理的条件下では酵素なしにはほとんど進まない．酵素の第一の役割は，この反応の速度を高めることによって生命活動を可能にすることである．酵素が触媒する反応は，触媒がない場合よりも $10^3 \sim 10^{20}$ 倍も速く進む．触媒とは，平衡に達する時間を速める物質である．触媒は反応の間に一時的に変化することはあっても，過程全体を通してみれば不変であり，リサイクルして何度も反応に加わる．反応体（反応物）は触媒に結合し，生成物は触媒から離れる．触媒は反応の平衡となる位置を変えないことを認識しておこう（つまり，望ましくない反応を望ましいものに変えたりすることはない）．そうではなく，反応が進むのに必要なエネルギー量を減らすのである．触媒は，一つか二つの過程をもっと多くの小さな段階に分けて，それぞれが非触媒反応よりも少ないエネルギーで済むようにすることによって，正逆両方の反応速度を上げている．

　酵素は，作用する反応体，すなわち**基質**（substrate）に対して非常に特異的であるが，その基質特異性には差がある．たとえば，酵素には類似した構造をもつ一連の基質に作用するものがある一方，たった一つの化合物にしか作用しないものもある．多くの酵素は**立体特異性**（stereospecificity）を示す．つまり，基質がとりうる異性体の中で1種類の立体異性体にしか反応しない．そして，酵素特異性に関する性質の中で最も重要な性質は，おそらく**反応特異性**（reaction specificity）であり，この性質によって，酵素反応では無駄な副生成物が生じない．反応特異性は，生成物の純度がきわめて高いことに反映されている．その値はほぼ100％であり，有機化学における通常の触媒反応による生成物の純度よりもずっと高い．この酵素の特異性は，細胞のエネルギーを無駄にしないようにしているほか，有害となりうる代謝副生成物が生じることを防いでいる．

　酵素は，高度に特異的な一つの反応の速度を上昇させるだけではない．ある酵素は，通常は別々に起こる二つの反応を組合わせる，つまり，共役させることができる．この性質によって，第一の反応で得られるエネルギーを第二の反応に用いることができる．共役反応は多くの酵素にみられる性質であり，たとえば，ATPの加水分解は起こりにくい代謝反応と共役していることが多い．

　酵素反応の中には代謝の制御点として働いているものがある．これからみていくように，代謝はさまざまな方法で制御されており，その中には酵素や基質，酵素阻害剤の濃度変化，また，関連酵素の活性レベルの調節が含まれる．活性が制御される酵素は，制御を受けない酵素よりも一般的に複雑な構造をとっている．少数の例外を除き，制御酵素はオリゴマー分子であり，基質と制御シグナルとして働くエフェクター（モジュレーター，調節因子ともいう）が結合する別々の部位をもっている．酵素活性を制御できることが，生物触媒と化学実験室の触媒とを区別する重要な性質である．

　酵素という用語は，ギリシャ語で"酵母の中で"という言葉に由来している．それは，この触媒が細胞の中にあることを意味している．1800年代後半になると，科学者によって酵母細胞を用いて糖を発酵させる研究が行われた．生気論者（有機化合物は生きた細胞によってのみつくられると主張していた人々）は，発酵には完全な細胞が必要であるといっていた．一方，機械論者は，

＊　カット：アセチルコリンエステラーゼの活性部位を可逆的阻害剤である塩酸ドネペジル（アリセプト®，赤で示してある）が占めている．アリセプト®は，アルツハイマー病の患者の精神機能を改善するために用いられているが，これは脳において神経伝達物質であるアセチルコリンが分解するのを防ぎ，神経伝達物質の効果を長持ちさせることに働いていると考えられている．（しかしながら，この病気の進行には効果はない．）[PDB 1EVE]

▲ **酵素反応** これは牛乳を凝固させてアッペンツェラー（スイスのチーズ）を製造する大規模な酵素反応工場である．この反応は，もともとは牛の胃に由来するレンネット（レンニン）とよばれる凝乳酵素（混合物）によって触媒される．レンネットにはキモシンという酵素が含まれ，これは牛乳タンパク質であるカゼインをフェニルアラニン残基とメチオニン残基の間で切断するプロテアーゼである．この反応によってカゼインの疎水的な断片が分離し，これが凝集して沈殿すると凝乳ができる．

酵母細胞の中にある酵素が発酵の反応を触媒すると主張した．後者が正しいことは，酵母の無細胞抽出物によって発酵を触媒できるという観察から結論された．この発見に続いて，それぞれの反応とそれを触媒する酵素が同定された．

> 大学における初期の生化学の学科の一部は発酵学科とよばれていた．

それから1世代後の1926年，James B. Sumnerは酵素（ウレアーゼ）を初めて結晶化し，それがタンパク質であることを証明した．その後の10年間にさらに五つの酵素〔ペプシン，トリプシン，キモトリプシン，カルボキシペプチダーゼ，および旧黄色酵素（フラビンタンパク質であるNADPHデヒドロゲナーゼ）〕が精製され，同様にタンパク質であることがわかった．その後，ほとんどの酵素はタンパク質かタンパク質に補因子が加わったものであることが示された．ある種のRNA分子も触媒活性を示すが，通常は酵素とはよばない．

> RNA触媒分子については21章と22章で述べる．

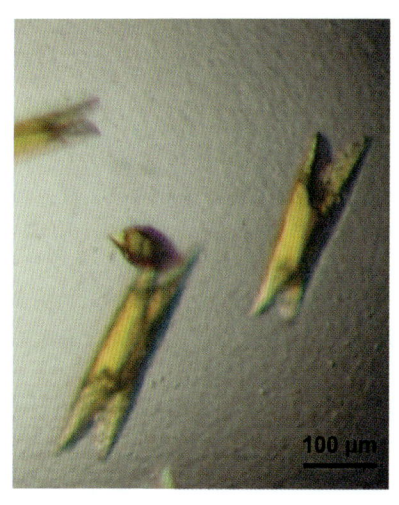

▲ 細菌（*Shewanella oneidensis*）に由来する旧黄色酵素の結晶　[J. ElegheertとS. N. Savvidesのご好意による．]

この章では，酵素の分類と命名法から述べる．つぎに反応速度論解析（反応速度の測定）について，特に速度論実験によって酵素の性質と，酵素が基質や阻害剤とつくる複合体の性質がどのように明らかにされるかに力点を置いて述べる．最後に，制御酵素の阻害と活性化の原理を説明する．つぎの第6章では，セリンプロテアーゼを例として，酵素が化学のレベルでどう働くかをタンパク質の構造と酵素機能の関係から説明する．第7章では，補酵素，すなわち酵素を構成するアミノ酸の側鎖にはない反応基を提供して，酵素の触媒機能を助けている有機分子の生化学について述べる．ほかの章でも，酵素の四つの主要な性質，(1) 触媒として機能する，(2) 高度に特異的な反応を触媒する，(3) 反応を共役させる，(4) 活性を制御できる，について多くの例をみていくことになろう．

! 触媒は，正逆の両反応の速度を増すが，平衡濃度を変えることはない．

5.1 酵素の六つの分類

昔から知られている代謝酵素の多くは，基質の名前，あるいは触媒する反応を記述する用語の末尾にアーゼ（-ase）という接尾辞を付けて命名されている．たとえば，ウレアーゼは尿素（urea）を基質としており，アルコールデヒドロゲナーゼ（alcohol dehydrogenase）はアルコールから水素（hydrogen）を除く反応（つまり，アルコールの酸化）を触媒する．また，トリプシンやアミラーゼなどのいくつかの酵素は，歴史的な経緯で付けられた名前で知られている．新しく発見された酵素は，それらの遺伝子にちなむ名前や，一見ではわかりにくい名前でよばれることが多い．たとえば，RecAは*recA*遺伝子から付けられた名前であり，HSP70は熱ショックタンパク質（heat shock protein）であるが，ともにATPの加水分解を触媒する．

> ヒトゲノムには約1000の異なる酵素をコードする遺伝子が含まれ，それらの酵素は数百の代謝経路の反応を触媒している（humancyc.org/）．また，多くの酵素には複数のサブユニットがあるので，約3000の遺伝子が酵素をつくるために用いられている．ヒトには約20000の遺伝子があるので，ヒトゲノムの大半は酵素と酵素サブユニット以外をコードしている．

国際生化学分子生物学連合（IUBMB）の委員会は酵素を分類する手順を公示しており，酵素は，触媒する有機化学反応に従って大別される．この大分類は六つあり，つぎの通りである．酸化還元酵素（オキシドレダクターゼ），転移酵素（トランスフェラーゼ），加水分解酵素（ヒドロラーゼ），除去付加酵素（リアーゼ），異性化酵素（イソメラーゼ），および合成酵素（リガーゼ）で，例となる酵素とともに以下に述べる．それぞれの酵素には，IUBMBの分類法によって酵素番号（EC番号）とよばれる固有の番号が与えられている．また，IUBMBはそれぞれの酵素に系統名を付けているが，この名前は，酵素の通称とは異なる場合がある．なお，本書では，多くの場合，通称を用いる．

1. **酸化還元酵素**（オキシドレダクターゼ；oxidoreductase）は酸化還元反応を触媒する．ここに分類される酵素の多くは一般に**脱水素酵素**（デヒドロゲナーゼ；dehydrogenase）とよばれる．この分類のほかの酵素には，酸化酵素（オキシダーゼ），

BOX 5.1　酵素番号

リンゴ酸デヒドロゲナーゼの酵素番号は EC 1.1.1.37 である．この酵素は，酸化還元酵素で述べた乳酸デヒドロゲナーゼに類似した活性をもつ（図 4.23 および BOX 13.7）．

番号の最初の数字は，この酵素が第 1 分類（酸化還元酵素）のメンバーであることを示している．2 番目の数字は，リンゴ酸デヒドロゲナーゼが認識する基質の基を示している．つまり，分類 1.1 は，基質が HC−OH 基であることを意味している．第三の数字は，この分類の酵素では電子受容体を示している．したがって，1.1.1 という分類は NAD^+ か $NADP^+$ を受容体として用いる酵素である．最後の 37 という数字は，リンゴ酸デヒドロゲナーゼがこの分類の 37 番目の酵素であることを意味している．

リンゴ酸デヒドロゲナーゼと乳酸デヒドロゲナーゼの EC 番号を比較すると，類似した酵素が近い分類番号をもつことがわかる．

酵素を正確に同定して分類することは，現在の生物学データベースに重要かつ必須である．分類データベースの全体は，www.chem.qmul.ac.uk/iubmb/enzyme/ でみることができる．

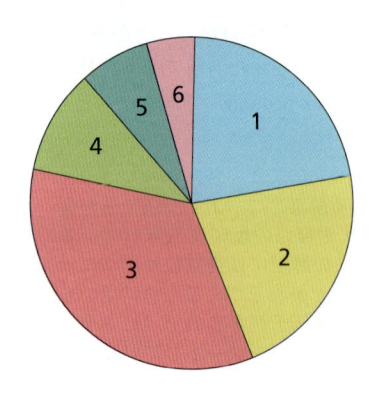

◀ 酵素番号によるすべての既知の酵素の分類とその比率
1: 酸化還元酵素，2: 転移酵素，3: 加水分解酵素，4: 除去付加酵素，5: 異性化酵素，6: 合成酵素．

ペルオキシダーゼ，オキシゲナーゼ（酸素添加酵素），還元酵素（レダクターゼ）とよばれるものがある．生化学の世界では，古い生化学の文献にあるよく知られた通称よりも，オキシドレダクターゼという系統名でよばれることの方が次第に多くなっている．酸化還元酵素の例に，乳酸デヒドロゲナーゼ（EC 1.1.1.27）がある．この系統名は，(S)-乳酸:NAD^+ オキシドレダクターゼである．この酵素は，L-乳酸とピルビン酸の変換を可逆的に触媒する．L-乳酸の酸化は，補酵素であるニコチンアミドアデニンジヌクレオチド（NAD^+）の還元と共役している．

$$\text{L-乳酸} + NAD^+ \xrightleftharpoons[]{\text{乳酸デヒドロゲナーゼ}} \text{ピルビン酸} + NADH + H^+ \quad (5.1)$$

2. **転移酵素**（トランスフェラーゼ；transferase）は基の転移反応を触媒し，補酵素を必要とするものが多い．基の転移反応では，一般的に，基質分子の一部が酵素あるいは補酵素に共有結合で結合する．この分類にはキナーゼ，すなわち ATP からリン酸基を転移する反応を触媒する酵素が含まれる．アラニンアミノトランスフェラーゼは，系統名を L-アラニン：2-オキソグルタル酸アミノトランスフェラーゼ（EC 2.6.1.2）といい，代表的な転移酵素である．この酵素は，L-アラニンからα-ケトグルタル酸（2-オキソグルタル酸）にアミノ基を転移する．

$$\text{L-アラニン} + \text{2-オキソグルタル酸（α-ケトグルタル酸）} \xrightleftharpoons[]{\text{アラニンアミノトランスフェラーゼ}} \text{ピルビン酸} + \text{L-グルタミン酸} \quad (5.2)$$

3. **加水分解酵素**（ヒドロラーゼ；hydrolase）は加水分解反応を触媒する．これは転移酵素の中の特定の種類を指し，水分子が転移される基の受容体となっている．ピロホスファターゼ（無機ピロホスファターゼ）はこのわかりやすい例であり，系統名はピロリン酸ホスホヒドロラーゼ（EC 3.6.1.1）という．

$$\text{二リン酸（ピロリン酸）} + H_2O \xrightarrow{\text{ピロホスファターゼ}} 2\,\text{リン酸} \quad (5.3)$$

4. **除去付加酵素**（リアーゼ；lyase）は基質の分解を触媒し，二重結合を生じる．この反応は，非加水分解的かつ非酸化的な除去反応である．逆反応では，第一の基質を第二の基質の二重結合に付加する反応（合成反応）を触媒する．ピルビン酸デカルボキシラーゼは，ピルビン酸をアセトアルデヒドと二酸化炭素とに分解するので，この分類に属する酵素である．系統名は 2-オキソ酸カルボキシリアーゼ（EC 4.1.1.1）というが，この名称はめったに用いられない．

$$\text{ピルビン酸} + H^+ \xrightarrow{\text{ピルビン酸デカルボキシラーゼ}} \text{アセトアルデヒド} + CO_2 \quad (5.4)$$

5. **異性化酵素**（イソメラーゼ；isomerase）は，単一分子内の構造変換（異性化反応）を触媒する．この反応は 1 基質 1 生成物であるから，最も簡単な反応の一つといえる．アラニンラセマーゼ（EC 5.1.1.1）は，L-アラニンと D-アラニンの相互変換を触媒するイソメラーゼである．系統名は通称と同じである．

$$\text{L-アラニン} \xrightleftharpoons[]{\text{アラニンラセマーゼ}} \text{D-アラニン} \quad (5.5)$$

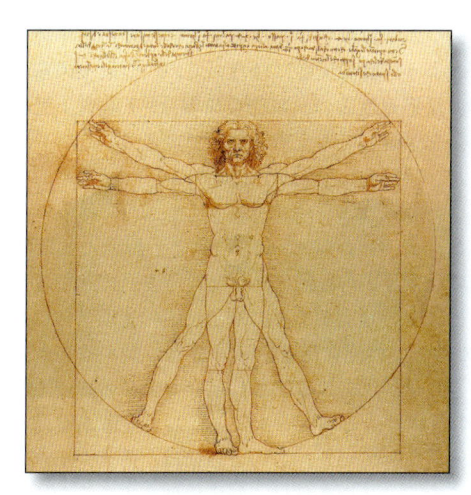

▲ 構造変換する人体図

6. **合成酵素**（リガーゼ；ligase）は2個の基質をつなぐ反応を触媒する．この反応では，ATPのようなヌクレオシド三リン酸の形で化学エネルギーを導入することが必要である．リガーゼは，生成物にシンテターゼを付けてよばれることも多い．グルタミンシンテターゼは，系統名をL-グルタミン酸：アンモニアリガーゼ（ADP生成型）（EC 6.3.1.2）といい，ATPの加水分解エネルギーを用いてグルタミン酸とアンモニアを結合させてグルタミンを生成する．

L-グルタミン酸 + ATP + NH_4^+ $\xrightarrow{\text{グルタミンシンテターゼ}}$ L-グルタミン + ADP + P_i (5.6)

（訳注：反応様式によらず，合成反応を重視する場合，それを触媒する酵素を〇〇シンテーゼと生成物にシンテーゼを付けて慣用的によぶことがある．たとえばグルタミン酸シンテーゼなど．一方，ATPなどの加水分解と共役する6群のリガーゼに限ってはシンテーゼの代わりにシンテターゼを使うこともある．グルタミンシンテターゼはその例．）

上にあげた例のように，多くの酵素には二つ以上の基質が存在するが，第二の基質が単なる水分子やプロトンの場合がある．また，酵素は正方向と逆方向の両方の反応を触媒するが，平衡状態において基質よりも生成物が大過剰となる場合については，一方向の矢印で表すことが多い．しかし反応が平衡に達した状態では，酵素は正反応と逆反応を同じ速度で触媒していることに留意する必要がある．

5.2 酵素の性質は反応速度論実験によって知ることができる

ここでは，酵素の性質について，酵素が触媒する反応の速度を調べることから学ぶ．この分野は，酵素反応速度論（enzyme kinetics；エンザイムキネティクス，キネティクスとはギリシャ語の *kinetikos*，すなわち，動くという言葉に由来する）という分類に入る．酵素の最も重要な性質は反応速度を高める触媒として働くことであるから，学習をここから開始するのはきわめて妥当である．酵素反応速度論は，酵素の特異性と触媒機構に関して間接的な知見を与える．また，速度論実験から，酵素が制御されているかどうかもわかる．

20世紀前半まで，酵素の研究といえば反応速度論実験に限られていた．これらの研究から，実験条件を変えたり，酵素や基質の濃度を変えたりすると，反応速度がどのように変わるかがわかった．酵素反応速度論を詳しく考える前に，非酵素的な化学反応速度論の原理を要約しておく．つぎにこの原理を酵素反応に適用する．

A. 化学反応速度論

反応速度論実験とは，単位時間当たりに生じる生成物（product；P）の量（$\Delta[P]/\Delta t$）と，反応が行われる実験条件の関係を調べることである．多くの場合，反応速度の測定の基本は，反応体それぞれの濃度に応じて，反応の**速度**（velocity；v）が変わるのを直接観察することである（§1.4）．測定結果は，**反応速度式**（rate equation）によって表される．たとえば，基質（S）が非酵素的に異性化反応で生成物に変化する反応速度式は，つぎのように表される．

$$\frac{\Delta[P]}{\Delta t} = v = k[S] \qquad (5.7)$$

> 濃度を括弧[ ]で表すことに留意しよう．[P]は生成物の濃度，[E]は酵素の濃度，また，[S]は基質の濃度を意味する．

この反応速度式は，反応速度が基質の濃度（[S]）に依存することを反映している．ここでの記号 k は速度定数であり，反応の速さ，あるいは効率を示している．反応によって速度定数は異なり，単純な反応の速度定数の単位は s^{-1} である．

反応が進行するにつれて，生成物の量（[P]）は増加し，基質の濃度（[S]）は減少する．図5.1(a)に反応の進行の例をいくつか示した．速度は，ある時間における進行曲線の傾きである．この曲線の形から，時間とともに基質が次第に減少するに従い，反応速度は予想通り減少することがわかる．

この仮想例においては，反応速度は，最終的に基質がすべて使われたときに0になる．ここから，時間をずっと長くしたときにカーブが平らになることが説明できる．（以下にある別の説明も読むこと．）基質濃度と反応速度という二つの値がわかれば5.7式を用いて反応定数を計算できるので，この二つの値の関係が注目される．ただし，基質濃度を正確に知ることができるのは，実験を開始するときだけであり，実験の間に変化する．したがって，実験開始直後の反応速度が求めるべき値である．この値によって，基質濃度が変化する前の時点での，ある決まった基質濃度における反応速度が示される．

初速度（v_0）は進行曲線の傾き（図5.1a），つまり曲線の導関数から決めることができる．実験開始時の初速度対基質濃度のグラフは図5.1(b)のように直線を与える．図5.1(b)の線の傾きが速度定数である．

図5.1に示した実験では，逆反応が起きていない条件でデータを取っているので，正方向の速度定数だけが決められる．これが，もっと後の時点での反応速度ではなく，初速度（v_0）を計算するもう一つの重要な理由である．可逆反応において，反応の進行曲線のカーブが平らになるのは速度が0になることを意味するのではない．反応が平衡に達すると，生成物の正味の量は時間がたっても増えないことを単に意味している．

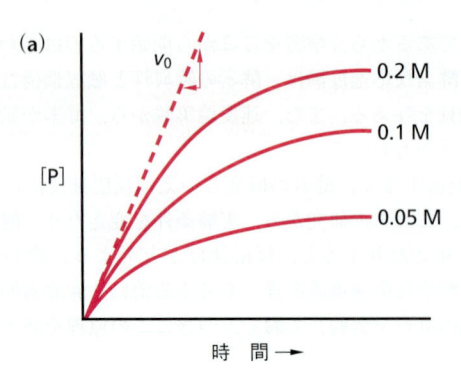

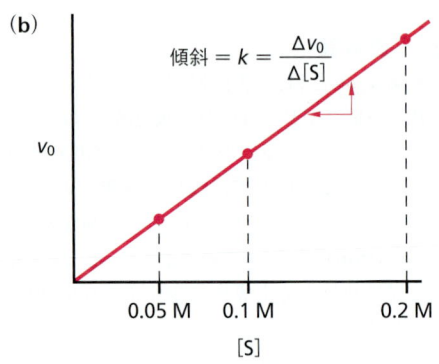

まず、一つの基質が一つの反応生成物に変わる単純な酵素反応を考えてみよう。酵素反応にはたいてい二つ以上の基質が含まれるが、酵素反応速度論の一般的な原理は、1基質1生成物という単純な場合を想定して考えることができる。

$$E + S \longrightarrow ES \longrightarrow E + P \tag{5.10}$$

この反応は、ES複合体の形成の段階と、酵素と生成物の解離が伴う実際の化学反応の段階という2段階を経て起こる。それぞれの段階には固有の速度があり、酵素反応の速度全体は基質と触媒（酵素）の両方の濃度に依存する。酵素の量が基質よりもずっと少ないときには、反応は酵素量に依存することになる。

図5.2の直線は、この擬一次反応において酵素濃度が反応速度に与える影響をみている。このときには、酵素があればあるほど反応は速くなる。この条件は、酵素濃度を求めるための酵素アッセイ（酵素活性測定）に用いられる。被検試料中の酵素濃度は、図5.2に示したモデル検量線と実際の活性を比較することで、簡単に決定できる。このような実験条件下では基質分子は十分にあるため、すべての酵素分子が基質分子と結合してES複合体をつくる。この状態をEがSで飽和されているという。酵素アッセイでは、一定の時間内につくられる生成物の量を測る。具体的な方法としては、分光光度計を連続したデータを測定できるように設定したり、一定の間隔で試料を抜き取って分析したりする。通常、酵素アッセイは、酵素活性が最適になるように、あるいは生理条件に近づくようにpHと温度の条件を一定にして行う。

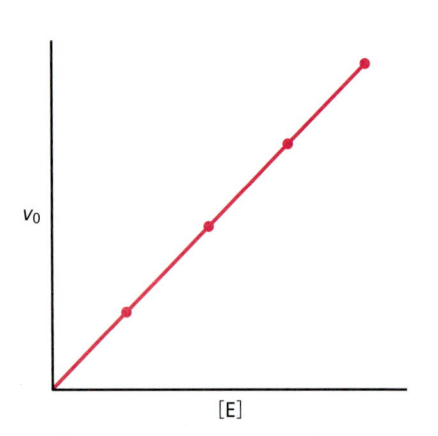

▲図5.1　単純な化学反応の速度　(a) さまざまな基質初濃度において、つくられた生成物の量を経時的にプロットした。初速度 v_0 は、反応開始時の反応の進行曲線の傾きである。(b) 初速度を基質初濃度の関数として示した。線の傾きが速度定数である。

この単純な反応をより丁寧に記述するとつぎの式になる。

$$S \underset{k_{-1}}{\overset{k_1}{\rightleftharpoons}} P \tag{5.8}$$

もう少し複雑な1段階で起こる反応、たとえば $S_1+S_2 \rightarrow P_1+P_2$ の場合には、反応速度は二つの基質の濃度によって決まる。もし、この二つの基質が似たような濃度で存在すれば、速度式はつぎのようになる。

$$v = k[S_1][S_2] \tag{5.9}$$

二つの基質を含む反応の速度定数の単位は、$M^{-1}\cdot s^{-1}$ である。この速度定数は、一つの基質の濃度を十分に高くして、もう一つの濃度を変化させるように実験条件を設定すれば容易に決められる。このとき、反応速度は、反応を律速している基質の濃度だけに依存する。

! 反応の速度は基質濃度に依存する。

B. 酵素反応速度論

初期の生化学における大きな進歩の一つは、酵素が基質を一過的に結合することの発見である。1894年にEmil Fischerは、酵素は固い鋳型、あるいは鍵穴であり、基質はそれに合う鍵であると提唱した。そして特異的な基質だけがある一つの酵素に適合すると考えた。酵素反応速度論の初期の研究によって、酵素（E）が基質（S）に結合して酵素-基質複合体（enzyme-substrate complex; ES）を形成することが確かめられた。ES複合体は、リガンドが活性部位に正しい向きで非共有結合的に結合したときにつくられる。基質はタンパク質触媒と（多基質反応では、さらに他の基質とも）一過的に相互作用して生成物がつくられる。

▲図5.2　酵素触媒反応において、基質濃度（[S]）が一定、かつ酵素を飽和させている条件下で、酵素濃度（[E]）が反応初速度（v_0）に与える影響　反応初速度は酵素濃度に影響されるが、もう一つの反応体であるSの濃度には影響されない。

酵素触媒反応を基質に酵素を混ぜることで開始するとき、反応の最初の段階では生成物は存在しない。この条件下では、PがEに結合してSを生成するという逆反応は無視できる。したがって、反応はつぎの式で表される。

$$E + S \underset{k_{-1}}{\overset{k_1}{\rightleftharpoons}} ES \overset{k_2}{\longrightarrow} E + P \tag{5.11}$$

5.11式の速度定数である k_1 と k_{-1} は、それぞれSとEが会合する速度とES複合体からSが解離する速度を決めている。第一段階は、酸素がヘモグロビンと結合するときと同じような結合相互作用の平衡を示している。第二段階の速度定数 k_2 は、ESから生成物が形成される速度を示している。ここで、ESが遊離酵素と生成物へと変換する過程が一方向の矢印で示されることに注意しよう。その理由は、逆反応（E+P→EP）は無視できるからである。このように短時間の測定から得られる速度は、前項で述べた

初速度（initial velocity; v_0）である．ES複合体の形成と解離は，非共有結合がつくられたり壊されたりする反応だけなので，通常，非常に速い反応である．これに対して，基質が生成物に変化する反応が律速段階になることが多い．基質が化学的に変化するのはこちらの段階である．

酵素触媒反応の速度は酵素濃度に依存し，また，酵素は基質でも反応生成物でもないことから，酵素反応速度論は単純な化学反応速度論とは異なる．さらに，基質は生成物へと変換される前に酵素に結合しなければならないので，反応速度も異なる．しかし，酵素触媒反応においても，化学反応と同じように反応進行曲線から初速度が求められる．図5.3は，反応開始時の基質濃度が十分に高い（[S]≫[E]）という条件で，二つの酵素濃度で測定した進行曲線である．この条件では，生成物が形成される速度は，酵素濃度に依存し，基質濃度には依存しない．図5.3に示した実験データを用いると図5.2のような線を描くことができる．

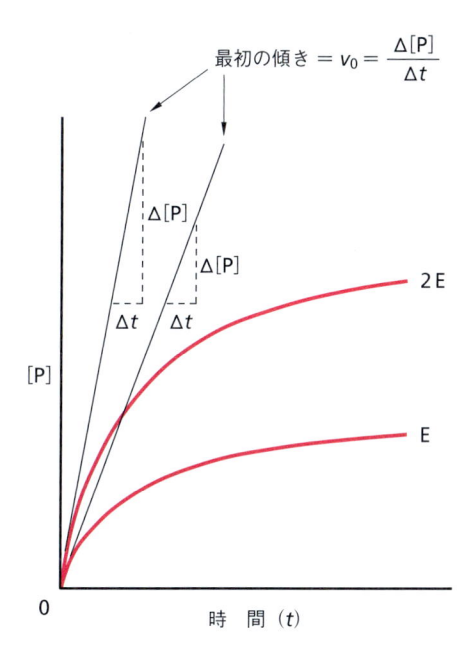

▲図5.3 **酵素触媒反応の進行曲線** 生成物の濃度（[P]）は反応の進行とともに増加する．反応の初速度（v_0）は曲線の最初の部分にみられる直線領域の傾きである．もしこのとき他の条件を変えず酵素を2倍にすると（2E，上の曲線），反応速度も2倍になることに注意せよ．

! 酵素-基質複合体（ES）は，酵素が触媒する反応の一過的な中間体である．

5.3 ミカエリス・メンテンの式

酵素触媒反応も，他の化学反応と同じように速度式を用いて数学的に記述することができる．式に含まれるいくつかの定数は，酵素の効率や特異性を反映したものであり，複数の酵素の活性を比較するときや，生理学的な重要性を評価するために用いられる．1900年代初期，基質濃度を変えたときの影響を調べることによって，最初の速度式が導き出された．図5.4(a)に，反応の初速度（v_0）を基質濃度（[S]）に対してプロットしたときの代表的な結果を示す．

このデータは，5.11式に示した反応から説明できる．まず，第一段階では，酵素と基質が2分子間の相互作用をしてES複合体

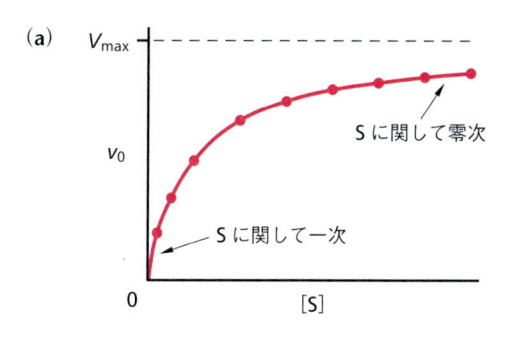

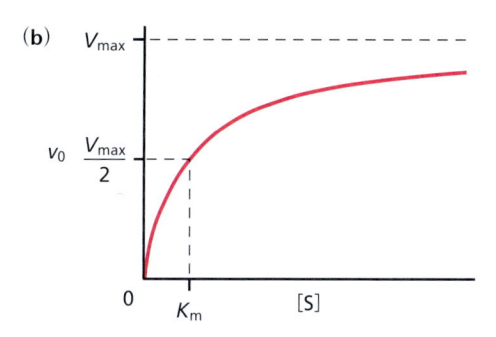

▲図5.4 **酵素触媒反応における初速度（v_0）対基質濃度（[S]）のプロット** (a) 各実測点は，酵素濃度を同じにして基質濃度を変えながら測定した反応の進行曲線からそれぞれ得られる．曲線の形は双曲線であり，低い基質濃度では急勾配の直線に近い．この領域では，反応は基質濃度に大きく依存している．高基質濃度ではほぼ酵素は飽和し，さらに基質濃度を上げても反応初速度はほとんど変わらない．(b) 最大速度の半分に対応する基質濃度をミカエリス定数（K_m）とよぶ．[S]＝K_mのとき，酵素は1/2飽和している．

をつくる．基質濃度が高いとき（図5.4の曲線の右側）には，さらにSを加えても初速度はさして変わらない．これは酵素量が反応の律速段階になっていることを示している．つまり，酵素の濃度が，ES複合体の形成を介して反応全体の重要な要素になっているのである．基質濃度が低いとき（図5.4の曲線の左側）には，初速度は基質濃度に非常に影響を受けやすい．この条件下では，酵素分子の多くはまだ基質を結合しておらず，ES複合体の形成は基質濃度に依存している．

このとき，v_0対[S]のカーブは直角双曲線の形になる．すでにオキシミオグロビンから酸素が解離する反応（§4.14 B）でみたように，双曲線になることから，この過程に単純な解離が含まれていることがわかる．さらに，この単純な反応は，EとSが会合してES複合体を形成する二分子反応であることを示している．直角双曲線はつぎの式で表される．

$$y = \frac{ax}{b+x} \tag{5.12}$$

ここでaは漸近値（xが無限大のときのyの値）であり，bは$a/2$を与えるx軸上の点である．酵素反応速度論の実験では，$y=v_0$，$x=$[S]である．漸近値（a）はV_{max}（最大速度）とよばれ，基質濃度が無限大のときの反応速度である．V_{max}値をv_0対[S]のプロットから得ようとすることがよくあるが，図を見て特定の漸近線が正しく描かれているかどうかを見分けることは簡単ではない．双曲線のカーブの特性によって，V_{max}を与える基質濃度よりもずっと小さい中間的な基質濃度でカーブが平らに見えるようになるからである．したがって，カーブの形から漸近線の位置を見積もって真のV_{max}を決定することはできない．それに代

わって，直角双曲線の一般式にデータを回帰させることによって正確に決められる．

直角双曲線の一般式における項 b は**ミカエリス定数**（Michaelis constant；K_m）とよばれ，これは v_0 が最大速度 V_{max} の半分になる基質濃度と定義される（図5.4 b）．速度式を完全な形で書くと，以下のようになる．

$$v_0 = \frac{V_{max}[S]}{K_m + [S]} \quad (5.13)$$

これが，いわゆる**ミカエリス・メンテンの式**（Michaelis-Menten equation）で，Leonor Michaelis と Maud Menten にちなんで命名された．この式の一般形を 5.12 式と比べてみると，ミカエリス・メンテンの式は，反応の初速度と基質濃度の関係を与えることがわかる．次節では速度論のアプローチからミカエリス・メンテンの式を導き，さまざまな定数の意味を考えてみる．

A. ミカエリス・メンテンの式の誘導

ミカエリス・メンテンの式の一般的な誘導法の一つは，定常状態における誘導法とよばれている．これは，George E. Briggs と J. B. S. Haldane によって提案された．この誘導法では，ES 複合体の形成と分解が同じ速度で起こっていて，その結果，ES の濃度が一定な時間（これを定常状態という）があると仮定している．このとき，生成物の濃度（[P]）は無視できると仮定しているので，定常状態の誘導に初速度を用いることができる．定常状態は細胞内の代謝反応でよくみられる状態である．

定常状態において ES の濃度は一定であるとすると，生成物の形成速度は化学反応の速度と酵素から P が離れる速度に依存する．律速段階は 5.11 式の右側であり，反応速度は速度定数 k_2 と ES の濃度に依存する．

$$ES \xrightarrow{k_2} E + P \quad v_0 = k_2[ES] \quad (5.14)$$

定常状態の誘導では，5.14 式を速度定数，全酵素濃度 $[E]_{total}$，基質濃度 [S] のような実測可能な項を用いて，[ES] について解く．[S] は $[E]_{total}$ よりも大きいというのが前提であるが，必ずしも飽和しているとはかぎらない．たとえば，少量の酵素を基質と混ぜた直後に，ES の分解速度の総計（つまり，ES が E+S か E+P となる速度の和）は，E+S から ES がつくられる速度と等しくなるので，[ES] は一定となる．E+S からの ES の形成速度は，遊離の酵素（ES をつくっていない酵素）の濃度，つまり，$[E]_{total} - [ES]$ に依存する．ES 複合体の濃度は，S が消費されて [S] が $[E]_{total}$ に近づくまで一定である．ここまでの記述を数学的に表すと，つぎの式になる．

$$\begin{aligned} ES\text{の形成速度} &= ES\text{の分解速度} \\ k_1([E]_{total} - [ES])[S] &= (k_{-1} + k_2)[ES] \end{aligned} \quad (5.15)$$

5.15 式の速度定数を左辺に集めるように直して，

$$\frac{k_{-1} + k_2}{k_1} = K_m = \frac{([E]_{total} - [ES])[S]}{[ES]} \quad (5.16)$$

5.16 式の左辺の速度定数の比はミカエリス定数 K_m である．つぎに，この式を [ES] が求められるように何段階かで変えていく．まず，

$$[ES]K_m = ([E]_{total} - [ES])[S] \quad (5.17)$$

括弧内を展開して，

$$[ES]K_m = ([E]_{total}[S]) - ([ES][S]) \quad (5.18)$$

[ES] を含む項を左辺に集めて，

$$[ES](K_m + [S]) = [E]_{total}[S] \quad (5.19)$$

最後に，

$$[ES] = \frac{[E]_{total}[S]}{K_m + [S]} \quad (5.20)$$

の式が得られる．この 5.20 式は，実験で測定可能な項を用いて定常状態の ES 濃度を記述しており，この [ES] 値を速度式（5.14 式）に代入するとつぎのようになる．

$$v_0 = k_2[ES] = \frac{k_2[E]_{total}[S]}{K_m + [S]} \quad (5.21)$$

図 5.4（a）に示したように，S の濃度が非常に高いときには酵素は飽和されており，実質的に酵素分子（E）のすべては ES として存在する．さらに S を加えても反応速度にほとんど影響を与えない．反応速度を上げる唯一の方法は，もっと酵素を加える

▲ Leonor Michaelis（1875〜1949）

◀ Maud Menten（1879〜1960）

MAUD LEONORA MENTEN 1879-1960
An outstanding medical scientist, Maud Menten was born in Port Lambton. She graduated in medicine from the University of Toronto in 1907 and four years later became one of the first Canadian women to receive a medical doctorate. In 1913, in Germany, collaboration with Leonor Michaelis on the behaviour of enzymes resulted in the Michaelis-Menten equation, a basic biochemical concept which brought them international recognition. Menten continued her brilliant career as a pathologist at the University of Pittsburgh from 1918, publishing extensively on medical and biochemical subjects. Her many achievements included important co-discoveries relating to blood sugar, haemoglobin, and kidney functions. Between 1951 and 1954 she conducted cancer research in British Columbia and returned to Ontario six years before she died.
Erected by the Ontario Heritage Foundation, Ministry of Culture and Recreation

5.3 ミカエリス・メンテンの式

ことである．この条件下では，速度は最大速度（V_{max}）になり，この速度は酵素の全濃度と速度定数k_2によって決まる．したがって，つぎの式が定義される．

$$V_{max} = k_2[E]_{total} \quad (5.22)$$

これを5.21式に代入すると，以下の最もよく知られたミカエリス・メンテンの式になる．

$$v_0 = \frac{V_{max}[S]}{K_m + [S]} \quad (5.23)$$

この形のミカエリス・メンテンの式が速度論の実験データを正しく説明することはすでにみている．この節においては，酵素触媒反応の反応式である5.11式の意味について理論的に考察し，同じ式が導かれることをみた．理論と実験データが一致することから，酵素反応速度論の理論的基盤が正しいことがよくわかる．

B. 触媒定数 k_{cat}

基質濃度が高いときには，反応全体の速度はV_{max}であり，これは酵素濃度によって決まる．この条件における速度定数は**触媒定数**（catalytic constant；k_{cat}）とよばれ，つぎの式で定義される．

$$V_{max} = k_{cat}[E]_{total} \quad k_{cat} = \frac{V_{max}}{[E]_{total}} \quad (5.24)$$

ここでk_{cat}は，飽和状態において，1 molの酵素（複数のサブユニットから成るオリゴマー酵素の場合には活性部位1 mol当たり）が1秒間に生成物へと変換する基質のモル数を表している．別の表現を用いるなら，k_{cat}は一つの活性部位が毎秒何分子の基質を生成物に変換しうるかの最大値を示している．そのため，この値はしばしば**ターンオーバー数**（代謝回転数，turnover number）ともよばれる．触媒定数は，酵素が特異的な反応をどれだけ早く触媒するかを示し，酵素の効率を示す非常にわかりやすい指標になっている．k_{cat}の単位はs^{-1}であり，k_{cat}の逆数は1回の触媒作用に必要な時間である．ここで，k_{cat}の値を得るには酵素濃度を知る必要があることに留意しよう．

5.11式のような単純な反応では，律速段階は基質が生成物へと変換して生成物が酵素から解離する段階（ES→E+P）であり，このとき$k_{cat}=k_2$となる（5.14式）．しかし，多くの酵素反応はもっと複雑である．もし一つの段階が明らかに律速である場合，その速度定数が反応のk_{cat}となる．機構がより複雑な場合には，k_{cat}はいくつかの異なる速度定数の組合わせとなるかもしれない．これが，酵素触媒反応の全体の速度を規定するには，単なるk_2ではなく，別の速度定数であるk_{cat}を用いることが必要な理由である．ただし，ほとんどの場合にはk_{cat}はほぼk_2の近似値であると考えてよい．

代表的なk_{cat}値を表5.1に示した．たいていの酵素は，k_{cat}値が，10^2～$10^3\,s^{-1}$の強力な触媒である．つまり，基質濃度が高いときには，1個の酵素分子が毎秒100～1000分子の基質を生成物に変換する．この速度は，つぎの第6章で述べるさまざまな要因による制約を受ける．

酵素の中には，k_{cat}値が$10^6\,s^{-1}$かそれ以上という非常に高速な触媒となっているものがある．たとえば，哺乳類の炭酸デヒドラターゼは，水に溶けたCO_2と炭酸水素塩との平衡を維持するために，非常に速く働かねばならない（§2.10）．また，後に§6.4 Bでみるように，スーパーオキシドジスムターゼとカタラーゼは，有害な酸素含有代謝物であるスーパーオキシドアニオンと

表5.1 触媒定数の例

酵素	$k_{cat}\,[s^{-1}]$†
パパイン	10
リボヌクレアーゼ	10^2
カルボキシペプチダーゼ	10^2
トリプシン	10^2（～10^3）
アセチルコリンエステラーゼ	10^3
キナーゼ類	10^3
デヒドロゲナーゼ類	10^3
アミノトランスフェラーゼ類	10^3
炭酸デヒドラターゼ	10^6
スーパーオキシドジスムターゼ	10^6
カタラーゼ	10^7

† 触媒定数は桁だけを示している．

過酸化水素をいち早く除くのにそれぞれ必要である．このような1秒当たり100万回もの触媒作用を行う酵素は，細胞内ですばやく拡散する小さな基質分子に対して作用する場合が多い．

❗ 触媒定数k_{cat}は，1 molの酵素が1秒間に生成物に変える基質分子数（モル）を示している．

C. K_m の測定

ミカエリス定数には多くの意味がある．5.16式では，K_mを，ESの分解にかかわる速度定数の和を形成にかかわる速度定数で割った比と定義している．もし，反応生成物形成の速度定数k_2が，k_1やk_{-1}よりずっと小さければ（事実，そのようなことが多い），k_2を無視できて，K_mはk_{-1}/k_1と等しくなる．このとき，K_mはES複合体がE+Sに解離するときの平衡定数と同じである．したがって，K_mはEのSに対する親和性の尺度となる．つまり，K_mが小さいほど基質がより強く結合していることになる．またK_mは，図5.4（b）に示したv_0対[S]の曲線の形を決めるパラメーターの一つでもある．つまり，K_mは，初速度がV_{max}の1/2になるときの基質濃度である．この意味は，直角双曲線の一般式から

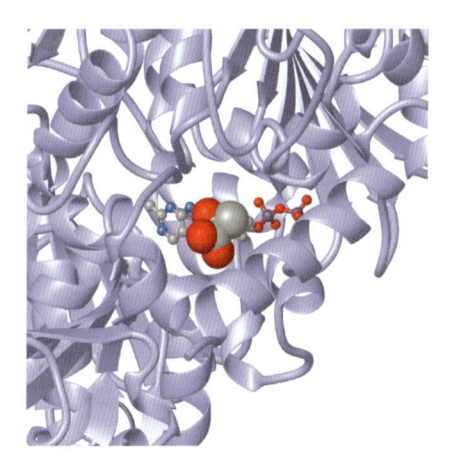

▲ **基質の結合** ピルビン酸カルボキシラーゼは，ピルビン酸，HCO_3^-，およびATPを結合する．ここに酵母（*Saccharomyces cerevisiae*）のピルビン酸カルボキシラーゼの活性部位の構造を，ピルビン酸（空間充填モデル）と補因子であるビオチン（球棒モデル）が結合した状態で示した．ピルビン酸の結合に対するK_m値は4×10^{-4} Mである．HCO_3^-とATPに対するK_m値は，それぞれ1×10^{-3} Mと6×10^{-5} Mである．[PDB 2VK1]

すぐに理解できる.

K_m 値は同じ反応を触媒する複数の異なる酵素を区別するのによく用いられる．たとえば，哺乳類の乳酸デヒドロゲナーゼにはいくつかの異なる型があり，それぞれ K_m 値が異なる．K_m が ES の解離定数を表していると考えることは有効ではあるが，必ずしも正しくない場合がある．多くの酵素においては，K_m は複数の速度定数がかかわるもっと複雑な関数だからである．特に，反応が3段階以上で行われるときにそうである．

酵素の一般的な K_m 値は 10^{-2} から 10^{-5} M である．この値が見かけ上の解離定数を示すことが多く，その逆数は会合定数となる．タンパク質-タンパク質相互作用（§4.9）と比較すると，酵素への基質の結合はそれよりもずっと弱いことがわかる.

> ❗ K_m は，反応速度が V_{max} 値の半分になる基質濃度である．また，K_m は ES⇌E+S の平衡反応の解離定数とほぼ同じである.

5.4 反応速度論の定数から酵素活性と触媒機能効率がわかる

ここまで述べてきたように，反応速度論の定数である K_m と k_{cat} を用いると，複数の酵素の相対的な活性や基質との関係を評価できる．多くの場合，K_m は ES 複合体の安定性の尺度であり，また，k_{cat} は基質が不足していないとき（図5.5の領域A）に ES が E+P に変換する際のおよその反応速度定数である．さらに，k_{cat} は酵素の触媒活性の尺度であり，1分子の酵素が1秒間に何回反応を触媒するかを表していることにも留意しよう.

図5.5に示した双曲線の領域Bをみてみよう．ここではSの濃度は非常に低く，カーブはほぼ直線である．この条件下では，反応速度は基質と酵素の両方の濃度に依存する．化学の用語を用いるなら，これは二次反応であり，反応速度はつぎの式で定義される二次反応速度定数に依存する.

$$v_0 = k[E][S] \quad (5.25)$$

この二次反応速度定数を決定する手法に精通することは，生理的条件における酵素触媒反応の速度について知ることにもなるので，興味深い問題である．Michaelis と Menten は，完全な速度式を最初に書いたときには V_{max} を用いず，$k_{cat}[E]_{total}$ を含む形で示した（5.24式）．ここまでに k_{cat} の意味を理解したので，ミカエリス・メンテンの式（5.23式）の V_{max} を $k_{cat}[E]_{total}$ に置き換えることができる．もし，ミカエリス・メンテン曲線を[S]が非常に小さい領域について考えると，[S]は K_m よりもずっと小さいので分母の[S]の項を無視でき，5.23式はつぎのように簡単になる.

$$v_0 = \frac{k_{cat}[E][S]}{K_m + [S]} \approx \frac{k_{cat}}{K_m}[E][S] \quad (5.26)$$

5.25式と5.26式を比べると，二次速度定数を k_{cat}/K_m で近似できることがわかる．つまり，k_{cat}/K_m 値は，SとEとの衝突が反応全体の速度を律速しているときの，E+SからE+Pができる見かけの二次反応速度定数である．この値は，最大 $10^8 \sim 10^9$ $M^{-1} \cdot s^{-1}$ にも達するが，これは生理的温度で，電荷をもたない二つの溶質分子が拡散によって出会う場合の最速値である．このように非常に速い速度で反応を触媒する酵素に関しては，§6.4で取上げる.

k_{cat}/K_m 値は，異なる酵素の活性を比較するときに便利である．また，酵素の効率は，**触媒機能効率**（catalytic proficiency）を求めることでも知ることができる．この値は，酵素存在下での反応速度定数（k_{cat}/K_m）を，酵素が存在しない場合の同じ反応の速度定数（k_n）で割った値である．ところが，実際の触媒機能効率が知られている例は驚くほど少ない．その理由は，ほとんどの化学反応は酵素なしではごくゆっくりとしか進まないので，非酵素

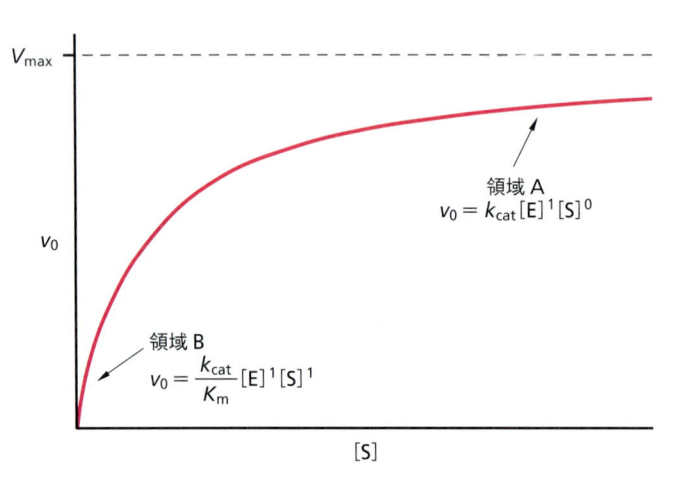

▲ 図5.5　k_{cat} と k_{cat}/K_m の意味　触媒定数（k_{cat}）は，ES 複合体が E+P に変換するときの速度定数である．k_{cat} は，酵素が基質で飽和されたとき（図のミカエリス・メンテンの曲線の領域A）に最も容易に求められる．k_{cat}/K_m 値は，E+S が E+P に変換する際，基質濃度が非常に小さいとき（図の領域B）の速度定数である．これらの速度定数によって評価される反応をグラフ下に示した．

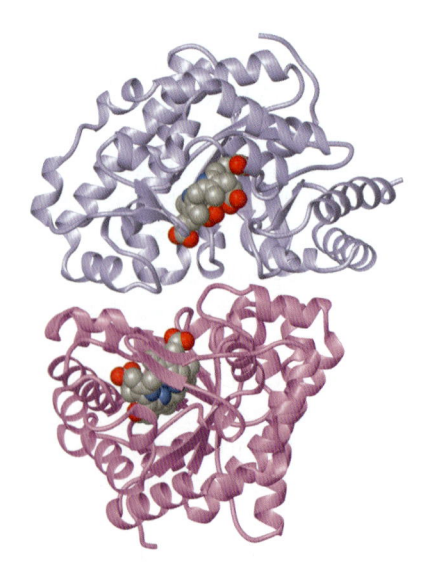

領域A：　ES $\xrightarrow{k_{cat}}$ E+P

領域B：E+S $\xrightarrow{\frac{k_{cat}}{K_m}}$ E+P

（E+S ⟶ ES ⟶ E+P）

▲ 最大の触媒機能効率をもつ酵素　ウロポルフィリノーゲンデカルボキシラーゼは，現在知られている最大の触媒機能効率をもつ酵素である．この酵素は，ヘム合成経路の1段階を触媒する．図に示したのはヒト（*Homo sapiens*）の酵素で，単量体それぞれの活性部位にポルフィリン分子が結合しているのがわかる．[PDB 2Q71]

表 5.2 いくつかの酵素の触媒機能効率

	非酵素反応の速度定数 k_n [s^{-1}]	酵素反応の速度定数 k_{cat}/K_m [$M^{-1}\cdot s^{-1}$]	触媒機能効率
炭酸デヒドラターゼ	10^{-1}	7×10^6	7×10^7
キモトリプシン	4×10^{-9}	9×10^7	2×10^{16}
コリスミ酸ムターゼ	10^{-5}	2×10^6	2×10^{11}
トリオースリン酸イソメラーゼ	4×10^{-6}	4×10^8	10^{14}
シチジンデアミナーゼ	10^{-10}	3×10^6	3×10^{16}
アデノシンデアミナーゼ	2×10^{-10}	10^7	5×10^{16}
マンデル酸ラセマーゼ	3×10^{-13}	10^6	3×10^{18}
β-アミラーゼ	7×10^{-14}	10^7	10^{20}
フマラーゼ	10^{-13}	10^8	10^{21}
アルギニンデカルボキシラーゼ	9×10^{-16}	10^6	10^{21}
アルカリ性ホスファターゼ	10^{-15}	3×10^7	3×10^{22}
オロチジン-5′-リン酸デカルボキシラーゼ	3×10^{-16}	6×10^7	2×10^{23}
ウロポルフィリノーゲンデカルボキシラーゼ	10^{-17}	2×10^7	2×10^{24}

反応の速度を測定するのが非常に難しいからである．そのため，これらの反応速度は，金属で包んだ特別なガラス容器の中で300℃を超える温度で測定することが多い．

これまでに知られている触媒機能効率の例を表5.2に示した．多くの酵素は，およそ $10^{14}\sim 10^{20}$ の範囲の値を示しているが，酵素によってはもっと大きく，10^{24} にも及んでいる．今までにわかった最大値はウロポルフィリノーゲンデカルボキシラーゼで，これはポルフィリン生合成経路の1段階に必要である．これの非酵素反応の速度定数を求めることが難しいのは，触媒がない場合の半減期が何と約20億年にもなることからもわかる．表5.2の触媒機能効率は，酵素の主要な性質の一つを明示している．すなわち，酵素は，通常では遅すぎて使えない反応を，その速度を上げることによって使えるようにする能力をもっているのである．

5.5 K_m と V_{max} の測定

酵素反応の速度論パラメーター（動力学的パラメーターともいう）は，反応特異性と反応機構に関して重要な知見を与える．k_{cat} は V_{max} がわかれば計算できるので，鍵となるのは K_m と V_{max} である．

酵素触媒反応において K_m と V_{max} を決定するには何通りかの方法がある．この二つの値はともに，酵素濃度を一定にして基質濃度を変化させ，初速度をそれぞれ測定して求めることができる．信頼できる反応速度論に関する定数を得るには，基質濃度 [S] を K_m の上下に広くとり，双曲線を描く必要がある．初速度対濃度をプロットしたグラフから，K_m や V_{max} を直接求めることは，曲線が V_{max} に漸近的に近づくので難しい．しかし，適当なコンピューターのプログラムを用いると，実測結果を双曲線方程式に当てはめることによって K_m と V_{max} の正確な値が得られる．

また，ミカエリス・メンテンの式は，V_{max} や K_m の値をグラフ上で直線から得られるように書き換えることができる．最もよく用いられる変換法は，ラインウィーバー・バーク（Lineweaver-Burk）プロット（二重逆数プロット）であり（図5.6），そこでは $1/v_0$ を $1/[S]$ に対してプロットする．$1/K_m$ の絶対値は直線と x 軸との交点として，また $1/V_{max}$ は y 軸との交点として得られる．ラインウィーバー・バークプロットは速度定数を決める最も正確な方法とはいえないが，理解しやすいと同時に，これから酵素阻害を学ぶときにさまざまな様式を見分けるために用いられる．酵素阻害は酵素学において非常に重要な点であり，以下で学ぶ．

k_{cat} 値は，酵素の絶対濃度がわかっている場合だけ V_{max} から求めることができる．しかし，K_m 値は，酵素が未精製であっても，その反応を触媒する酵素が未精製試料中に1種類しかなければ決定できる．

BOX 5.2 双曲線対直線

図5.4と5.5に示したように，基質濃度（[S]）対初速度（v_0）のプロットは双曲線になることを学んだ．直角双曲線の一般式（5.12式）とミカエリス・メンテンの式（5.13式）は同じ形をしている．

しかし，基質濃度と初速度の関係を示す双曲線が V_{max} に対して漸近的であり，また，V_{max} を求めるのに十分なほどに基質濃度を上げることは実験的に難しいため，酵素反応速度実験のデータのプロットから V_{max} を決めることは非常に困難である．そのため，双曲線を一般式 $y=mx+b$（m は直線の傾き，b は y 切片）のような一次方程式に変換する方がやさしくなる．ミカエリス・メンテンの式の原型を一次方程式に直すための第一段階は，$K_m+[S]$ の項を右辺の上にくるように逆数にすることである．これには，両辺をそれぞれ逆数にすればよいだけであり，この変換は双曲線に慣れた人にはおなじみで簡単だろう．

$$\frac{1}{v_0} = \frac{K_m+[S]}{V_{max}[S]}$$

つぎの二つの段階は，式の右辺において項を分けることと，第二項の [S] を消すことである．この形のミカエリス・メンテンの式は，ラインウィーバー・バークの式とよばれ，一次方程式の一般形（$y=mx+b$）に似ている．ここで，y は v_0 の逆数であり，x は [S] の逆数である．この形のデータプロットはラインウィーバー・バーク（二重逆数）プロットとよばれる．直線の傾きは K_m/V_{max} となり，y 軸の切片は $1/V_{max}$ となる．

$$\frac{1}{v_0} = \frac{K_m}{V_{max}[S]} + \frac{[S]}{V_{max}[S]}$$

$$\frac{1}{v_0} = \left(\frac{K_m}{V_{max}}\right)\frac{1}{[S]} + \frac{1}{V_{max}}$$

このような変換を行った当初の理由は，実験データから V_{max} と K_m を計算するためであった．v_0 と [S] の逆数をプロットして点を通る直線を描き，速度定数を計算する方が容易だったのである．しかし，現在ではコンピュータープログラムによって，データを双曲線にフィットさせて定数を正確に計算できるため，もはやラインウィーバー・バークプロットはこの種の解析には必要なくなっている．この本においても，酵素速度論の一般的な性質を示すためにはラインウィーバー・バークプロットを用いるが，元来の用途であるデータ解析に用いることはほとんどない．

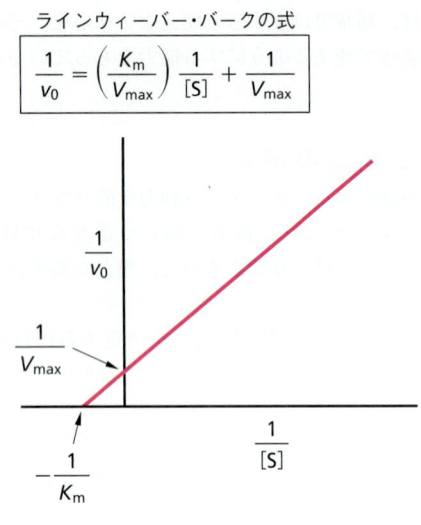

ラインウィーバー・バークの式
$$\frac{1}{v_0} = \left(\frac{K_m}{V_{max}}\right)\frac{1}{[S]} + \frac{1}{V_{max}}$$

▲図 5.6 ラインウィーバー・バーク（二重逆数）プロット　このプロットは，ミカエリス・メンテンの式の一次方程式への変換から得られる．$1/v_0$ 値は $1/[S]$ 値の関数としてプロットされる．

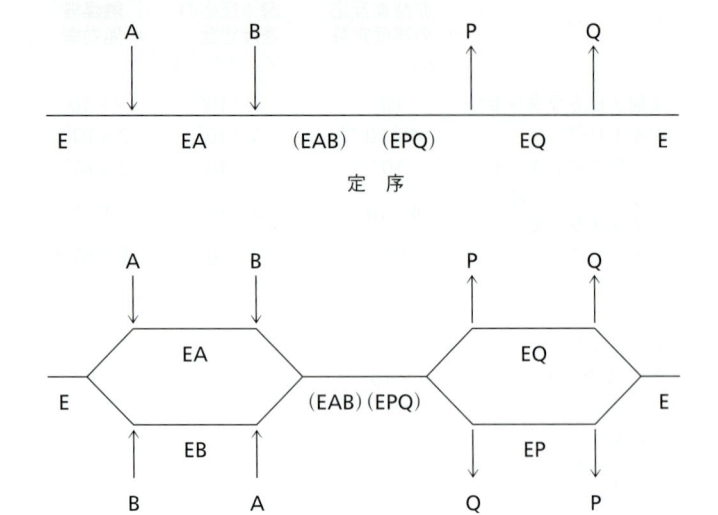

▲図 5.7 二基質反応の概念　(a) 逐次反応では生成物の解離より前にすべての基質が結合する．基質の結合は定序か，ランダムである．(b) ピンポン反応では，一つの基質が結合して一つの生成物が解離し，酵素は置換型になる．つぎに，第二の基質が結合して第二の生成物を生じるとともに，酵素は元の形に戻る．

5.6 多基質反応における反応速度論

ここまでに，単一の基質が単一の生成物に変換する反応だけをみてきた．つぎに，二つの基質 A, B が生成物 P, Q に変換する反応を考えてみよう．

$$E + A + B \rightleftharpoons (EAB) \rightarrow E + P + Q \quad (5.27)$$

このような多基質反応に関する反応速度論実験は，1 基質の場合と比較するとやや複雑になる．しかし，多くの実験目的，たとえば酵素アッセイを考案する際には，§5.2 A に述べた化学反応と同じように，個々の基質に対する K_m 値は，他の基質を飽和状態にしておけば簡単に測定できる．また，この章で述べた単純な酵素反応速度論を拡張することによって，基転移反応のような多基質反応において起こりうる複数の反応機構を区別できる．どの可能性が当てはまるかを決める実験では，一つの基質の濃度を変化させたときに，他の基質の速度論にどのような影響がみられるかを測定して比較する．

多基質反応は，複数の異なる様式によって起こりうる．それらの様式は，もっぱら反応速度論実験から導き出されるので，**反応速度論機構**（kinetic mechanism）とよばれている．反応速度論機構は，W. W. Cleland が導入した用語で表されることが多い．図 5.7 に示したように，反応段階は左から右へと進むとする．基質分子（A, B, C……）が酵素に加えられる経過と，生成物（P, Q, R……）が酵素から解離する経過は，それぞれ横線に入る矢印（基質結合）と出る矢印（生成物の解離）とで示される．酵素のさまざまな状態（遊離の酵素 E，ES 複合体，EP 複合体）は横線の下に示す．酵素の活性部位が基質で満たされていて，化学変換を起こしつつある ES 複合体は括弧内に示してある．

逐次反応（sequential reaction）（図 5.7 a）は，生成物が解離する前にすべての基質を必要とする反応である．逐次反応には基質が付加する順序と生成物が解離する順序が決まっている **定序機構**（ordered mechanism）と，決まっていない **ランダム機構**（random mechanism）がある．これに対して **ピンポン反応**（ping-pong reaction）（図 5.7 b）は，すべての基質が結合する前に一つの生成物が解離する反応である．基質が二つあるピンポン反応では，第一の基質が結合すると酵素が置換によって変化し，第一の生成物を解離する．その後第二の基質が結合して，変化した酵素が元の形に戻るとともに第二の生成物が解離する．この機構では基質の一部が酵素に共有結合するので，ピンポン反応の機構を置換型酵素機構とよぶことがある．ピンポン反応機構におけるリガンドの結合と解離は，斜めの線で表すことが多い．二つの酵素型は E（非置換型）と F（置換型）で示される．

5.7 可逆的な酵素阻害

酵素阻害剤（inhibitor；I）は，酵素に結合して活性を阻害する化合物である．阻害剤は，ES 複合体の形成を妨げる，あるいは，生成物の形成に結び付く化学反応を阻害することで作用する．一般的には，阻害剤は阻害する酵素に可逆的に結合する小分子である．細胞には天然の酵素阻害剤が多数含まれていて，代謝調節に重要な役割を果たしている．人工の阻害剤は，酵素の反応機構を解析する実験や，代謝経路を解明する実験に用いられる．薬剤やさまざまな毒素にも酵素阻害剤が多い．

阻害剤には，酵素に共有結合して不可逆的に阻害するものがある．しかし，生物学的に重要な阻害剤のほとんどは可逆的である．可逆的阻害剤は，酵素に基質や生成物が結合するときに働く非共有結合力と同じ力によって酵素に結合する．遊離の酵素（E）＋阻害剤（I）と EI 複合体の間の平衡は解離定数で決まる．このときの定数は，**阻害定数**（inhibition constant；K_i）とよばれる．

> 不可逆的阻害剤については §5.8 で述べる．

5.7 可逆的な酵素阻害

$$E + I \rightleftharpoons EI \quad K_d = K_i = \frac{[E][I]}{[EI]} \quad (5.28)$$

可逆的な阻害には競合，不競合，非競合，および混合型という基本型がある．これらは，酵素の反応速度に与える影響の違いから実験的に区別できる（表5.3）．図5.8に可逆的な阻害を図式化して示した．

表5.3　可逆的阻害剤の速度定数に対する影響

阻害剤の型	影響
競　合（IはEにだけ結合）	K_mを上げる V_{max}は不変
不競合（IはESにだけ結合）	V_{max}とK_mを下げる V_{max}/K_m比は不変
非競合（IはEかESに結合）	V_{max}を下げる K_mは不変

! 可逆的な阻害剤は，酵素に結合して基質の結合を阻害するか，生成物の形成に結び付く反応を阻害する．

A. 競合阻害

競合阻害剤は生化学の分野で頻出する最も一般的な阻害剤である．**競合阻害**（competitive inhibition）では，阻害剤は基質を結合していない遊離の酵素だけに結合する．競合阻害を図式で表すと図5.8のようになり，その速度論は図5.9(a)のような形になる．この図式においては，ESだけが生成物の形成に結び付く．EI複合体の形成は，酵素を通常の経路から取除くことを意味する．

競合阻害剤が酵素分子に結合すると，その酵素分子には基質分子が結合できなくなる．逆に，基質が結合した場合は，阻害剤の結合が妨げられる．つまり，SとIが酵素分子へ結合しようと競合するのである．最も一般的には，SとIは酵素の同じ部位，活性部位に結合する．この型の阻害を古典的競合阻害という（図5.8 a）．しかし，この種類だけが競合阻害ではない（図5.8 b）．たとえば，アロステリック酵素（§5.9）の場合には，阻害剤は別の部位に結合し，これによって基質結合部位が基質と結合できない状態に変化する．この型の阻害を非古典的競合阻害という．IとSが同じ溶液に存在するとき，ES複合体をつくりうる酵素の割合は，基質と阻害剤の濃度とそれらの酵素への相対的な親和性

▲ **競合阻害**　除草剤ラウンドアップ®の有効成分であるグリホサートは，植物に含まれる酵素である5-エノールピルビルシキミ酸-3-リン酸シンターゼの競合阻害剤である（BOX 17.2）．

(a) 古典的競合阻害

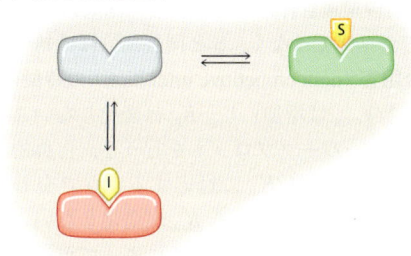

基質Sと阻害剤Iは酵素の同じ部位において競合する

(b) 非古典的競合阻害

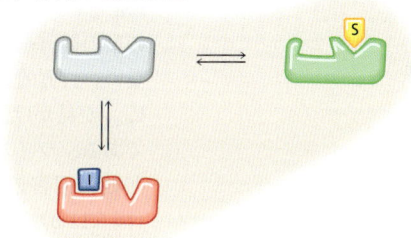

基質Sが活性部位に結合すると阻害剤Iが別の部位に結合するのが妨げられる．また，その逆も成り立つ

(c) 不競合阻害

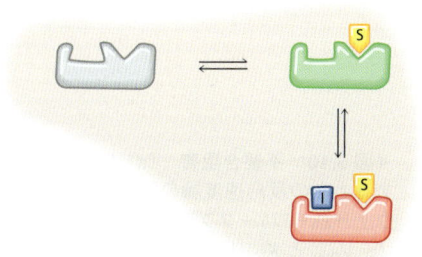

阻害剤Iは酵素-基質複合体ESにだけ結合し，基質Sが生成物に変換するのを妨げる

(d) 非競合阻害

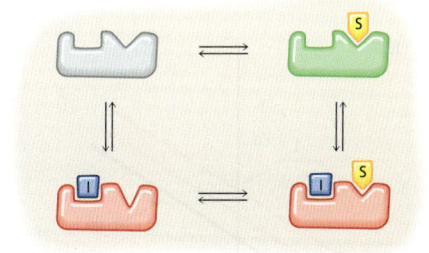

阻害剤Iは酵素Eと酵素-基質複合体ESの両方に結合できる．阻害剤Iが結合したとき，酵素は不活性になる．基質Sは酵素-阻害剤複合体EIにも結合できるが，生成物への変換は妨げられる

◀ **図5.8　可逆的な酵素阻害の様式**
この図では，触媒能力をもつ酵素を緑，不活性な酵素を赤で示してある．

図5.9 競合阻害

(a) $E + S \underset{k_{-1}}{\overset{k_1}{\rightleftarrows}} ES \xrightarrow{k_{cat}} E + P$

$+$
I
$K_i \updownarrow$
EI

(b) ラインウィーバー・バークプロット。

◀ **図5.9 競合阻害** (a) I が E に結合するときの反応速度論の図式．これは，5.11式を EI 複合体の形成を含むように拡張したものである．(b) ラインウィーバー・バークプロット．競合阻害では V_{max} は変化せず，K_m が増加する．"対照"と示した黒線は，阻害剤がないときの結果である．赤線は阻害剤存在下の結果を示し，矢印に従って [I] が大きくなっている．

によって決まる．

　EI の量は S の濃度を上げれば低下させることができるので，S の濃度を十分に大きくすれば，酵素は基質で飽和できる．したがって，最大速度は阻害剤がある場合もない場合も同じ値になる．阻害剤が多ければ多いほど 1/2 飽和に必要な基質濃度は上がる．すでに述べたように，1/2 飽和を与える基質濃度が K_m である．したがって，存在する競合阻害剤の濃度が上昇するにつれて K_m は増加する．この新しい K_m 値は見かけ上の K_m 値，K_m^{app} とよばれる．ラインウィーバー・バークプロットにおいては，競合阻害剤を加えることは x 軸との交点の絶対値 ($1/K_m$) を減少させるが，y 切片 ($1/V_{max}$) は変化させない（図5.9 b）．

　古典的競合阻害剤の多くは基質アナログ（基質類似分子），すなわち，基質に似た構造の化合物である．基質アナログは酵素に結合はするが，反応はしない．たとえば，コハク酸デヒドロゲナーゼは，コハク酸をフマル酸に変換する（§13.3.6）．マロン酸はコハク酸に似ており，この酵素の競合阻害剤として作用する．

```
COO⁻        COO⁻
 |           |
CH₂         CH₂
 |           |
CH₂         COO⁻
 |        マロン酸
COO⁻
コハク酸
```

B. 不競合阻害

　不競合阻害剤は ES だけに結合し，遊離の酵素には結合しない（図5.10 a）．この**不競合阻害**（uncompetitive inhibition）においては，E の一部が不活性な ESI に変化してしまうために V_{max} が減少，すなわち $1/V_{max}$ が増加する．I が結合するのは ES 複合体であるから，基質を多く加えても V_{max} の減少は回復しない．ES 形成の平衡も ESI 形成の平衡もともに I の結合で変化するので，

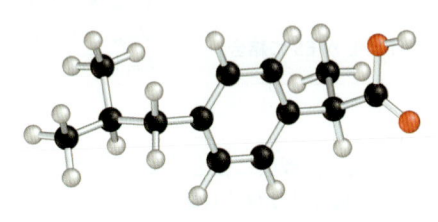

▲ イブプロフェンは，市販されている多くの鎮痛薬の有効成分であり，シクロオキシゲナーゼの競合阻害剤である（BOX 16.2）．

不競合阻害剤は K_m 値を減少させる（これは，ラインウィーバー・バークプロットで $1/K_m$ の絶対値を大きくすることに表れる）．実験的には，不競合阻害剤をさまざまな濃度に変えてラインウィーバー・バークプロットを行うと，その直線はすべて同じ傾きをもち，K_m と V_{max} が比例して減少することがわかる（図5.10 b）．この型の阻害は，通常，多基質反応にのみみられる．

C. 非競合阻害

　非競合阻害剤は E にも ES にも結合し，それぞれ EI および ESI という 2 通りの不活性型複合体がつくられる（図5.11 a）．この型の阻害剤は基質アナログではなく，S と同じ部位には結合しない．古典的な**非競合阻害**（noncompetitive inhibition）の特徴は，V_{max} が見かけ上減少（$1/V_{max}$ は増加）し，K_m は変化しないことである．ラインウィーバー・バークプロットを行うと，古典的な非競合阻害の直線群は x 軸と $-1/K_m$ に対応する 1 点で交わる（図5.11 b）．x 切片が同じであることから K_m が変化しないことがわかる．非競合阻害の作用は，E と ES を I によって可逆的に滴定すること，つまり，溶液の中から活性のある酵素分子を取除くことである．したがって，この阻害は S を加えても解除されない．このような古典的な非競合阻害はまれであるが，アロステリック酵素の中に例が知られている．この場合には，非競合阻害

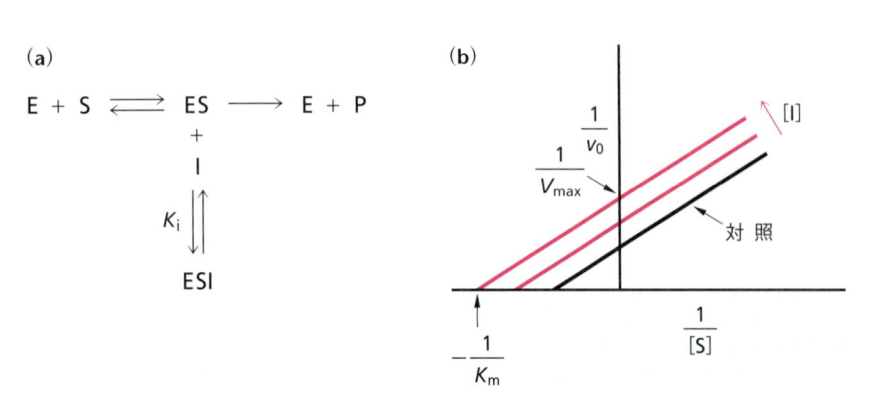

(a) $E + S \rightleftarrows ES \longrightarrow E + P$
$+$
I
$K_i \updownarrow$
ESI

◀ **図5.10 不競合阻害** (a) I が ES に結合するときの反応速度論の図式．(b) ラインウィーバー・バークプロット．不競合阻害では，V_{max} と K_m はともに減少する（すなわち，y 切片と x 切片からそれぞれ求められる $1/V_{max}$ と $1/K_m$ の絶対値はともに増加する）．直線の傾きで表される K_m/V_{max} 比は変化しない．

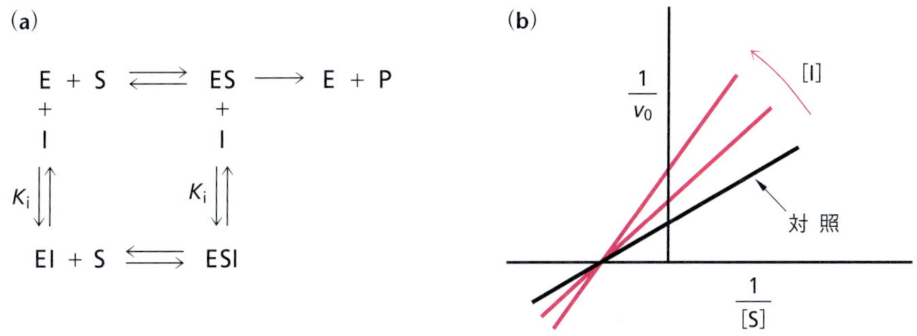

▲図 5.11 古典的な非競合阻害　(a) I が E および ES に結合するときの反応速度論の図式．(b) ラインウィーバー・バークプロット．V_{max} は減少するが，K_m は変化しない．

剤はおそらく酵素のコンホメーションを変え，S は結合できるが，反応を触媒できない形に変えていると思われる．

しかし，実際の酵素の多くは，K_m が変化しない古典的な非競合阻害に合致しない．多くの場合，阻害剤の E に対する親和性は ES に対する親和性とは異なるので，K_m と V_{max} の両方が変化する．これらは，一般に **混合阻害**（mixed inhibition）とよばれる（図 5.12）．

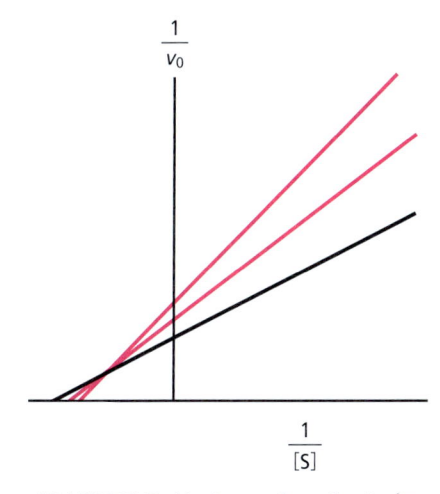

▲**図 5.12　混合阻害のラインウィーバー・バークプロット**　阻害剤が E と ES に異なる親和性で結合すると，K_m と V_{max} の両方が変化する．

D. 酵素阻害の利用

可逆的な酵素阻害剤は，酵素活性を調べるのに大変有効な道具になる．酵素の活性部位の形や化学的反応性に関する情報は，構造を少しずつ系統的に変えた競合阻害剤を用いた実験から得られる．

製薬産業では，臨床に使える薬をデザイン（創薬，ドラッグデザイン）するために酵素阻害の研究を行っている．多くの場合，自然界に存在する酵素阻害剤を創薬の際の出発点とする．可能性があるすべての阻害剤を網羅的につくって検討する代わりに，合理的創薬とよばれるもっと効率的な方法論に変える研究者が現れている．理論的には，年々増大する酵素の構造に関する膨大な知識を集めれば，標的とする酵素の活性部位に適合する阻害剤を合理的に設計することが可能になってきている．こうしてつくられた合成化合物の効果は，まず単離した酵素で検討され，つぎに生物を用いて検討される．しかし，たとえその化合物が望まれる阻害活性をもっていても，他の問題が生じることもある．たとえば，薬剤が標的となる細胞に入らないとか，すぐに代謝されて不活性な化合物になってしまうとか，あるいは投与される生物に有害であるとか，さらには標的とした細胞が薬に耐性になってしまうことなどがある．

創薬に阻害剤が役立った例として，プリンヌクレオシドホスホリラーゼという酵素に対して設計した一連の阻害剤がある．この酵素は，図 5.13(a) に示した構造をもつヌクレオシドであるグアノシンとリン酸の間の分解反応を触媒する．コンピューターを用いてつくったモデルから，酵素の活性部位に適合しそうな阻害剤の構造が設計された．こうして合成された化合物の一つ（図 5.13 b）は，従来の試行錯誤の末につくられたどの化合物よりも 100 倍以上も阻害活性が高かった．いま，研究者は，リューマチ性関節炎や多発性硬化症のような自己免疫疾患を治療できる薬を合理的創薬法によって開発しようとしている．

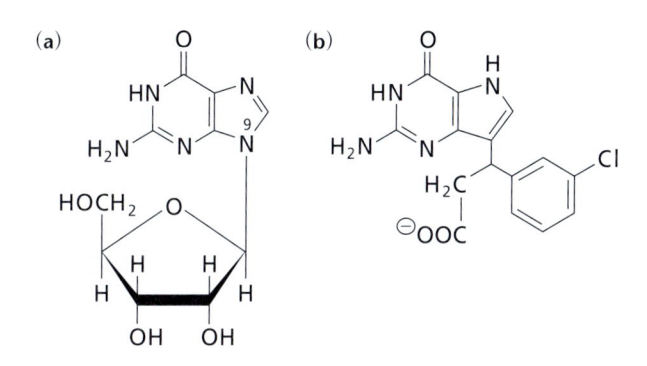

▲**図 5.13　プリンヌクレオシドホスホリラーゼの基質と，創薬からつくられた阻害剤の構造の比較**　この酵素はグアノシンと無機リン酸の二つを基質としている．(a) グアノシン．(b) この酵素の最も強力な阻害剤．グアノシンの 9 位の窒素原子（N-9）が炭素原子に置き換えられている．塩素が付加したベンゼン環は酵素の糖結合部位に結合し，側鎖の酢酸基はリン酸結合部位に結合する．

5.8　不可逆的な酵素阻害

不可逆的阻害剤は可逆的阻害剤とは異なり，酵素分子と安定な共有結合をつくることによって，酵素集団から活性をもつ分子を除去してしまう．**不可逆的阻害**（irreversible inhibition）は，活性部位にあるアミノ酸残基の側鎖がアルキル化あるいはアシル化されて起こることが多い．ここで述べる人工合成した不可逆的阻害剤のほかに，自然界にも多数の不可逆的阻害剤がある．

不可逆的阻害剤の重要な用途として，活性部位にあるアミノ酸残基を，その反応性をもつ側鎖を特異的に置換することによって同定することがある．このときには，1 種類のアミノ酸だけに反応する不可逆的阻害剤を酵素溶液に加えて，その後活性がなくなるかどうかを調べる．イオン化側鎖はアシル化反応かアルキル化反応によって修飾される．たとえば，リシンの ε-アミノ基のような遊離のアミノ基はアルデヒドと反応してシッフ塩基をつくり，さらにこれが水素化ホウ素ナトリウム（$NaBH_4$）によって還元されると安定化する（図 5.14）．

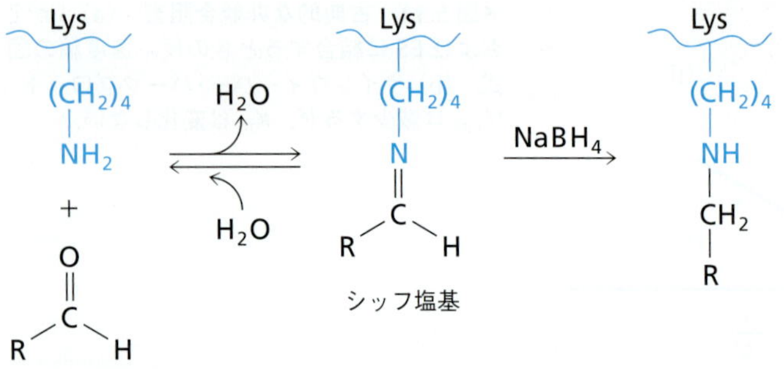

▲図 5.14 リシン残基のε-アミノ基とアルデヒドとの反応　水素化ホウ素ナトリウム（NaBH₄）がシッフ塩基を還元して安定な置換酵素ができる．

神経ガスであるジイソプロピルフルオロリン酸（diisopropyl fluorophosphate；DFP）は有機リン系化合物の一つで，活性部位の一部に反応性のセリン残基が含まれる加水分解酵素を不活性化する．これらの酵素は反応特異性に従って，セリンプロテアーゼあるいはセリンエステラーゼとよばれている．セリンプロテアーゼであるキモトリプシンは重要な消化酵素であるが，DFPによって不可逆的に阻害される（図 5.15）．DFP はキモトリプシンの活性部位にあるセリン残基（Ser-195）と反応し，ジイソプロピルホスホリルキモトリプシンをつくる．

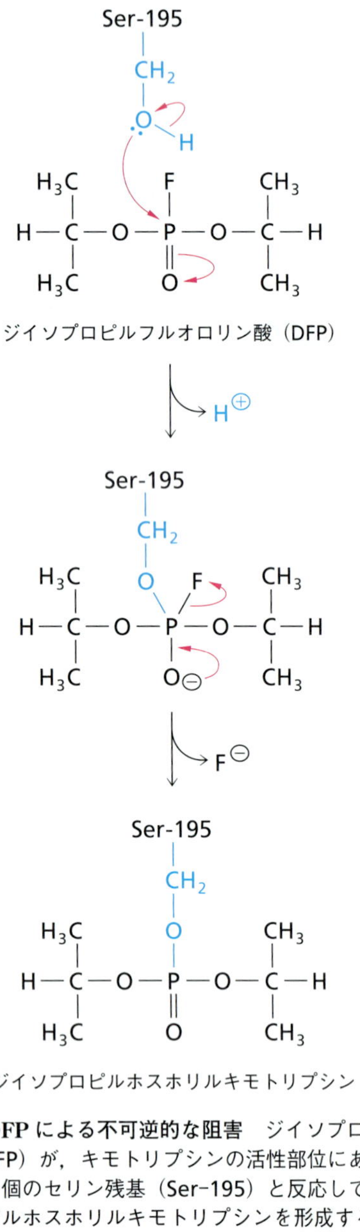

有機リン系の阻害剤の中には，農業で使われる殺虫剤があるほか，DFP のように酵素の研究に役立つ試薬もある．有機リン系の神経ガス類は非常に有毒で，もともとは軍事目的に開発されたものである．これらの有毒物質のおもな生物作用は，セリンエステラーゼであるアセチルコリンエステラーゼの不可逆的な阻害である．このアセチルコリンエステラーゼはアセチルコリンの分解反応を触媒している．アセチルコリンが興奮した神経細胞から分泌されて，つぎの神経細胞のレセプターに結合すると，神経インパルスが発生する．アセチルコリンエステラーゼの作用は，この神経細胞を元の静止状態に戻すことにある．したがって，この酵素が阻害されると麻痺が起こるのである．

5.9　酵素活性の制御

本章の最初に，生化学反応において触媒として酵素を用いることの優れた点を列挙した．最も優れた点は，酵素を用いない場合には遅すぎて，生命の維持を目的としては使えない反応を速く進める点にあることは明らかである．酵素が優れているもう一つの点は，触媒活性をさまざまな方法で制御できることである．酵素の量は，合成や分解の速度を調節することで制御できる．この制御方法はすべての生物種で行われているが，新たに酵素を合成したり，存在する酵素を分解したりするには，通常，数分から何時間もかかる．

すべての生物において，速い，つまり秒単位以下の制御は，**制御酵素**（regulated enzyme）の活性を可逆的に変化させることによって行われている．この用語に関しては，酵素触媒反応の速度が影響されることによって活性が変化する酵素を，ここで制御酵素と定義する．多くの場合，制御酵素は，代謝経路において鍵となる段階を制御している．制御酵素の活性は環境からのシグナルに応じて変化し，代謝反応の速度を調整することで，細胞を変化する状況に対応させている．〔訳注：制御酵素と類似した用語に調節酵素（regulatory enzyme）がある．調節酵素の定義は，その活性の変化によって代謝経路全体を調節し，その経路における代謝中間体の流れを変化させる酵素のことである．調節酵素は制御酵素であることが多いが，本章では代謝経路の調節という意義よりも酵素単独の制御という観点を重視し，制御酵素の用語を多く用いている．〕

一般に制御酵素は基質の濃度が高くなったり，関係する代謝経路の生成物の濃度が下がったりしたときに，より高い触媒活性を示すようになる．一方，基質の濃度が下がったり，その代謝系の生成物の濃度が上がったりしたときには活性は下がる．一つの経路において，それに固有な最初の酵素を阻害すると，中間体や最終生成物がたまらなくなるため，材料とエネルギーの両方を節約することになる．制御酵素の活性は，非共有結合的なアロステリック，あるいは共有結合修飾のいずれかによって制御される．

アロステリック酵素とは，構造が変化することで性質が変化する酵素のことである．その構造変化には小分子との相互作用が介在する．前章では，ヘモグロビンに酸素が結合するときに，このアロステリック変化が起こる例をみた．アロステリック酵素は，ヘモグロビンの場合と同じように基質が協同的に結合するため，典型的なミカエリス・メンテンの速度論を示さない．

▲図 5.15　DFP による不可逆的な阻害　ジイソプロピルフルオロリン酸（DFP）が，キモトリプシンの活性部位にあり，強い求核性をもつ 1 個のセリン残基（Ser-195）と反応して，不活性なジイソプロピルホスホリルキモトリプシンを形成する．DFP は，他のセリンプロテアーゼやセリンエステラーゼも不活性化する．

アスパラギン酸カルバモイルトランスフェラーゼ（ATCアーゼ）もよく研究されているアロステリック酵素である．これについては 18 章で述べる．

図 5.16 に，基質を協同的に結合するアロステリック酵素の v_0 対 [S] の曲線を示した．このシグモイド（S字形）曲線は，酵素の二つの状態間の転移によって生じる．基質がない場合には，酵素は T 状態にある．そのとき，サブユニットそれぞれのコンホメーションは基質を効率的に結合できない形をとっていて，反応速度は小さい．基質濃度が上がるに従って，T 状態での親和性は低いものの酵素分子が基質を結合しはじめる．一つのサブユニットが基質を結合したとき，コンホメーション変化が起こって R 状態となり，反応が起こる．T 状態と R 状態の酵素サブユニットの速度論の性質はまったく異なり，コンホメーションそれぞれは標準的なミカエリス・メンテンの速度論を示す．

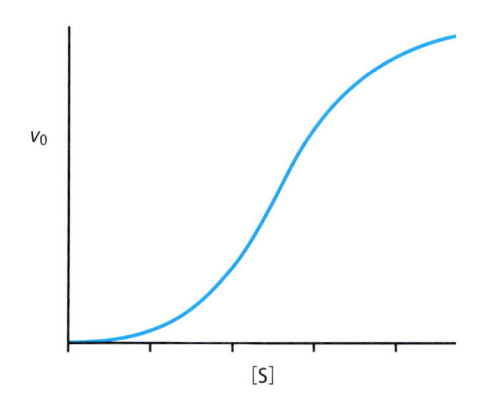

▲図 5.16 協同性 基質を協同的に結合するアロステリック酵素において，初速度を基質濃度の関数として行ったプロット．

オリゴマー酵素では，最初に基質分子を結合したサブユニットのコンホメーション変化が他のサブユニットに影響を与える．そのとき，他のサブユニットのコンホメーションは，基質に対する親和性がはるかに高い R 状態へと転移する．その結果，T 状態にあったときよりもずっと低い基質濃度で基質を結合できるようになる．

制御酵素の可逆的制御にはアロステリック現象がかかわることが多い．§ 4.14 C では，ヘモグロビンのコンホメーションと酸素に対する親和性が，2,3-ビスホスホグリセリン酸を結合するとどのように変化するかをみた．多くの制御酵素も，活性な R 状態と不活性な T 状態の間をアロステリック転移する．制御酵素には触媒中心とは離れた部位に第二のリガンド結合部位がある．これは**制御部位**（regulatory site，調節部位ともいう）あるいは**アロステリック部位**（allosteric site）とよばれる．アロステリック阻害剤や活性化剤は，アロステリックモジュレーターあるいは**アロステリックエフェクター**（allosteric effector）ともよばれ，制御部位に結合して制御酵素のコンホメーションを変化させる．このコンホメーション変化が酵素の活性部位に伝わり，その形を変えて活性が変化する．制御部位と触媒部位はタンパク質分子中で物理的に離れて存在する．多くの場合は別のドメインにあり，ときには別のサブユニットに存在する．アロステリック制御酵素はそれ以外の酵素よりも一般的に大きい．

ここではまず，非共有結合的なアロステリック制御を受ける一つの酵素を調べ，この種の酵素の一般的な性質を列挙する．つぎに，アロステリック制御を説明する二つの理論を制御酵素の構造

変化という観点からみる．最後に，共有結合による酵素修飾を受ける一群のよく類似した制御酵素について論じる．

! アロステリック酵素は複数のサブユニットをもち，基質結合が協同的な場合が多い．これによって，速度を基質濃度に対してプロットしたとき，シグモイド曲線が得られる．
! アロステリックエフェクターは，アロステリック酵素の R 状態と T 状態の濃度比を変える．

A. ホスホフルクトキナーゼはアロステリック酵素である

大腸菌の 6-ホスホフルクトキナーゼは，アロステリック阻害とアロステリック活性化を受けるよい例である．6-ホスホフルクトキナーゼは ATP 依存的にフルクトース 6-リン酸のリン酸化を触媒して，フルクトース 1,6-ビスリン酸と ADP を生成する（図 5.17）．この反応は，グルコースを分解して ATP を生成する解糖系の初期段階の一つである（詳しくは 11 章で述べる）．解糖系の最後に近い段階に位置する中間体であるホスホエノールピルビン酸（図 5.18）は，大腸菌 6-ホスホフルクトキナーゼのアロステリック阻害剤である．つまり，ホスホエノールピルビン酸の濃度が上がると，経路の上流に位置するこの段階が阻害される．この結果，6-ホスホフルクトキナーゼが阻害されて，ホスホエノールピルビン酸がこれ以上つくられないようになる（§ 10.2 C のフィードバック阻害を参照）．

▲図 5.17 6-ホスホフルクトキナーゼが触媒する反応

◀図 5.18 ホスホエノールピルビン酸 この解糖系の中間体は，大腸菌 6-ホスホフルクトキナーゼのアロステリック阻害剤である．

ADP は，6-ホスホフルクトキナーゼのアロステリック活性化剤である．図 5.17 を見ると，この現象は少し奇妙にみえるが，解糖系全体は正味として ADP から ATP を合成することを考慮すれば理解できる．つまり，ADP の濃度が上がることは ATP の不足を示し，解糖系が刺激される必要があることを意味している．そのため，この反応だけをみると ADP は生成物であるにもかかわらず，6-ホスホフルクトキナーゼを活性化するのである．

ホスホエノールピルビン酸と ADP は，基質であるフルクトース 6-リン酸の 6-ホスホフルクトキナーゼへの結合に影響を与える．速度論実験によって 6-ホスホフルクトキナーゼにはフルクトース 6-リン酸の結合部位が 4 個あることがわかり，構造解析によって大腸菌 6-ホスホフルクトキナーゼ（分子量 140000）は

4個の同じサブユニットから成る四量体であることが確認された. 図5.19に, 生成物であるフルクトース1,6-ビスリン酸とADP, それにアロステリック活性化剤である第二のADP分子とともに複合体を形成した本酵素の構造を示す. 図5.19から, 二つのサブユニットが会合して二量体を形成し, 二つの生成物は各鎖の二つのドメインの間にある活性部位に結合していることがわかる. すなわち, ADPは大きいドメインに結合しており, フルクトース1,6-ビスリン酸はおもに小さいドメインに結合している. この二量体が2個相互作用することによって, 四量体が完成する.

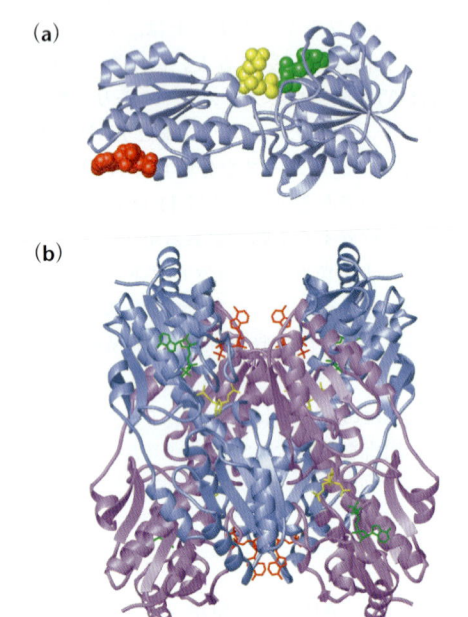

▲図5.19 **大腸菌6-ホスホフルクトキナーゼのRコンホメーション** この酵素は同じ鎖から成る四量体である. (a) リボン表示した単独のサブユニット. 生成物であるフルクトース1,6-ビスリン酸(黄)とADP(緑)は活性部位に結合している. アロステリック活性化剤として働くADP(赤)は制御部位に結合している. (b) 四量体. 二つの鎖を青で, 他の二つを紫で示した. 生成物であるフルクトース1,6-ビスリン酸(黄)とADP(緑)は四つの活性部位に結合している. アロステリック活性化剤として働くADP(赤)はサブユニット境界面の四つの制御部位に結合している. [PDB 1PFK]

6-ホスホフルクトキナーゼの構造で注目すべき特徴として(また, 制御酵素全般にも当てはまる特徴として), サブユニットそれぞれにおいて活性部位と制御部位が物理的に離れていることがある. (一部の制御酵素では, 活性部位と制御部位は別のサブユニットに存在する.) 活性化剤であるADPは, 活性部位とは離れたサブユニット間の深い穴に結合する. ADPが制御部位に結合すると, 6-ホスホフルクトキナーゼはRコンホメーションをとり, フルクトース6-リン酸に高い親和性をもつようになる. ホスホエノールピルビン酸はADPよりも小さい化合物であるが, これが制御部位に結合すると, 酵素は別のコンホメーション(ここではTコンホメーションとする)をとり, フルクトース6-リン酸への親和性が低くなる. コンホメーション間の転移は, 二つの堅固な二量体が互いに少し回転することで起こる. 二量体間の境界面近くに位置する4個のフルクトース6-リン酸結合部位のそれぞれにあるアルギニン残基が協調して動くことで基質結合の協同性が生じる. このアルギニン側鎖が活性部位から動くとフルクトース6-リン酸への親和性が下がる. また, 他の多くの生物の6-ホスホフルクトキナーゼは, 大腸菌の酵素よりも大きく, もっと複雑なアロステリック制御を受けている. これについては11章で学ぶ.

活性化剤は, V_{max}かK_m, あるいは両方に影響を与える. 活性化剤の結合によって酵素の構造が変化し, この変化が酵素をまったく異なる速度論の性質をもつ別の形へと変換することを理解しておこう. R状態とT状態の間にみられた速度論的性質の違いは, 多くの場合, §5.7の酵素阻害剤でみた違いよりももっと複雑である.

B. アロステリック酵素の一般的な性質

アロステリック酵素の反応速度論的および物理学的な性質を調べた結果, つぎのような特徴があることがわかった.

1. アロステリック酵素の活性は代謝阻害剤や活性化剤によって変化する. これらのアロステリックエフェクターは, 作用する酵素の基質や生成物とは似ていないものがある. たとえば, ホスホエノールピルビン酸(図5.18)はホスホフルクトキナーゼの基質と生成物(図5.17)のどちらにも似ていない. もともとは, 基質と代謝阻害剤は構造的に違うことから考察して, アロステリックエフェクターは触媒部位とは離れた制御部位に結合するという結論が導かれた.

2. アロステリックエフェクターは酵素に非共有結合的に結合する. (共有結合修飾によって活性が制御される特別な一群の制御酵素がある. これについては, §5.9Dで述べる.) 多くのエフェクターは基質に対するK_m値を変えるが, V_{max}を変えるエフェクターも存在する. アロステリックエフェクター自身は酵素による化学変化を受けない.

3. 制御酵素は少数の例外を除いて複数のサブユニットから成るタンパク質(オリゴマータンパク質)である. (しかし, オリゴマー酵素のすべてが制御酵素ではない.) 制御酵素を構成する複数のポリペプチド鎖は, 同じ場合も違う場合もある. 同じポリペプチド鎖から成るもの(たとえば, 大腸菌の6-ホスホフルクトキナーゼ)では, 1本のポリペプチド鎖の中に触媒部位と制御部位の両方が存在し, それが対称的に, 一般的には2個か4個集まってオリゴマーとなっている. 異なるサブユニットから成る制御酵素はもっと複雑ではあるが, 対称的な配置をとることが多い.

4. アロステリック制御を受ける酵素においてv_0対[S]プロットを行ったとき, 少なくとも一つの基質に関しては双曲線ではなくシグモイド曲線になる(図5.16). 6-ホスホフルクトキナーゼは, 基質の一つであるATPに関してはミカエリス・メンテン型の反応速度論の曲線(双曲線)を示すが, もう一つの基質であるフルクトース6-リン酸に関してはシグモイド曲線を示す. このような曲線になるのは基質結合が正の協同性を示すからであり, 四量体の6-ホスホフルクトキナーゼには四つの基質結合部位があることで可能になっている.

制御酵素において活性型と不活性型のコンホメーション間のアロステリック転移R⇌Tは速い. RとTの比は, 複数のリガンドの濃度とそれぞれのコンホメーションが示すリガンドに対する相対的な親和性によって決まる. 最も単純化した例として, 基質と活性化剤はR状態の酵素(E_R)だけに結合し, 阻害剤はT状態の酵素(E_T)だけに結合する場合が考えられる.

$$I-E_T \rightleftharpoons E_T \xrightleftharpoons[]{\text{アロステリック転移}} E_R \rightleftharpoons E_R-S$$
$$\quad \updownarrow I \qquad\qquad\qquad\qquad\qquad \updownarrow S$$
$$\quad I \qquad\qquad\qquad\qquad\qquad\qquad S \qquad (5.29)$$

$$E_T \rightleftharpoons E_R \rightleftharpoons A-E_R \rightleftharpoons A-E_R-S$$
$$\qquad\qquad \updownarrow A \qquad\qquad \updownarrow S$$
$$\qquad\qquad A \qquad\qquad\qquad S \qquad (5.30)$$

この単純化した例から，アロステリックエフェクターのおもな性質，すなわち遊離の E_T と E_R の定常状態の濃度を変化させる作用がわかる．

図5.20に，制御において協同的結合が果たす役割を図示した．活性化剤を加えると，S字形は双曲線形に近づき，K_m^{app}（1/2 飽和に必要な基質濃度である見かけの K_m）は低下し，任意の基質濃度において活性は上昇する．逆に阻害剤を加えると，K_m^{app} が上昇し，すべての基質濃度において酵素活性は低下する．

この反応ではSを加えるとRコンホメーションをとる酵素の濃度が上がる．逆に，Iを加えるとTコンホメーションの比率が上がる．活性化分子はRコンホメーションに選択的に結合するので，R/T比を上げることになる．ただし，このような単純化した図式には，SとIを結合して作用し合うような複数の結合部位がある状況は反映されていないことに注意する必要がある．

アロステリック阻害剤には非古典的競合阻害剤もある（図5.8）．たとえば図5.20では，アロステリック阻害剤が存在するとき，基質に対する K_m^{app} は高くなるが，V_{max} は変化しない．つまり，このアロステリックエフェクターは競合阻害剤である．

また，制御酵素には非競合阻害の様式を示すものがある．この場合，アロステリックエフェクターが制御部位に結合することは基質の結合を妨げることはないが，おそらく活性部位のコンホメーションが変化して，その結果，酵素の活性が下がっている．

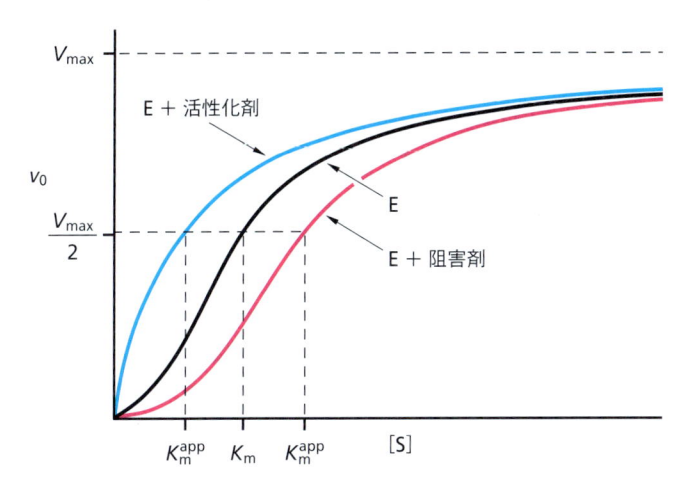

▲ 図5.20 **酵素制御における結合の協同性の役割** S字形の結合曲線を示すアロステリック酵素の活性は，活性化剤や阻害剤が酵素に結合すると大きく変化する．活性化剤を加えると K_m^{app} が下がり，任意の[S]値での活性が上がる．逆に，阻害剤を加えると K_m^{app} が上昇し，任意の[S]値での活性が下がる．

> 個々の酵素の制御と経路の関連については§10.2で考える．そこではフィードバック阻害やフィードフォワード活性化などの用語を学ぶ．

C. アロステリック制御に関する二つのモデル

多くのタンパク質が二つ以上のポリペプチド鎖から構成されていることを思いだそう（§4.8）．酵素は典型的なタンパク質であり，多くは複数のサブユニットから成る．この事実が制御の仕組みを理解することを難しくしている．オリゴマータンパク質にリガンドが結合するときの協同性を説明する一般的なモデルには二つあり，いずれも簡単な定量的表現によって協同的な転移を説明している．

協奏モデル（concerted model）は，基質のような同じリガンドが協同的に結合することを説明するために考案された．このモデルは，1965年に，Jacques Monod, Jeffries Wyman, および Jean-Pierre Changeux によって提案されたので，MWCモデルとよばれることがある．このモデルでは，各サブユニットに一つの基質結合部位があることを前提としている．協奏モデルでは，各サブユニットのコンホメーションが他のサブユニットとの会合によって制約され，また，タンパク質のコンホメーションが変化しても分子の対称性は変わらない（図5.21 a）．したがって，二つのコンホメーション，R状態とT状態が平衡にある．R状態にあるサブユニットは基質に対する親和性が高く，T状態にあるサブユニットは親和性が低い．一つのサブユニットに基質が結合すると，他のサブユニットをR状態に固定するので他のサブユニットの基質に対する親和性が上昇して，平衡がずれる．これによって基質結合の協同性が説明される．

タンパク質のコンホメーションが変化したとき，基質結合部位の親和性も変化する．協奏モデルは，アロステリックエフェクターの結合を含むように拡張できる．このとき，基質はR状態にのみ結合し，アロステリックエフェクターはどちらかの状態に選択的に結合する，すなわち，阻害剤はT状態にのみ結合し，活性化剤はR状態にのみ結合するというように単純化すればよい．このように，協奏モデルは制御酵素において構造の対称性が観察されることに基づいている．したがって，一つのタンパク質分子に着目したとき，すべてのサブユニットは同じコンホメーション，つまり，すべてR状態かT状態をとっていることが示唆される．

酵素が一つのコンホメーションから別のコンホメーションに転移するとき，すべてのサブユニットのコンホメーションが協奏的に変わる．実際，多くの酵素について得られた実験データは，単純なこの理論によって説明できる．たとえば，大腸菌6-ホスホフルクトキナーゼの性質の多くはこの協奏モデルに合う．しかし多くの場合，協奏モデルによって一つの酵素に関するすべての観察結果を正しく説明できるわけではない．現実の挙動は，この全か無かの単純なモデルから示唆されるよりも複雑である．

逐次モデル（sequential model）は，Daniel Koshland, George Némethy, および David Filmer によって最初に提案されたので，KNFモデルともよばれる．このモデルは，一つのオリゴマータンパク質分子の中で二つのサブユニットが異なる状態で存在することを認めている点でより一般的である．このモデルでは，ある1個のリガンドが結合すると，そのサブユニットの三次構造が変化する，という考え方が基本にある．こうしてできたサブユニット-リガンド複合体は，隣接するサブユニットのコンホメーションをさまざまな程度に変化させうる．つまり，一つの状態だけがリガンドに対して高い親和性を示すことは協奏モデルと同じ考え方だが，一つのオリゴマータンパク質分子内に高親和性サブユニットも低親和性サブユニットも存在しうる，という点で異なる（図5.21 b）．

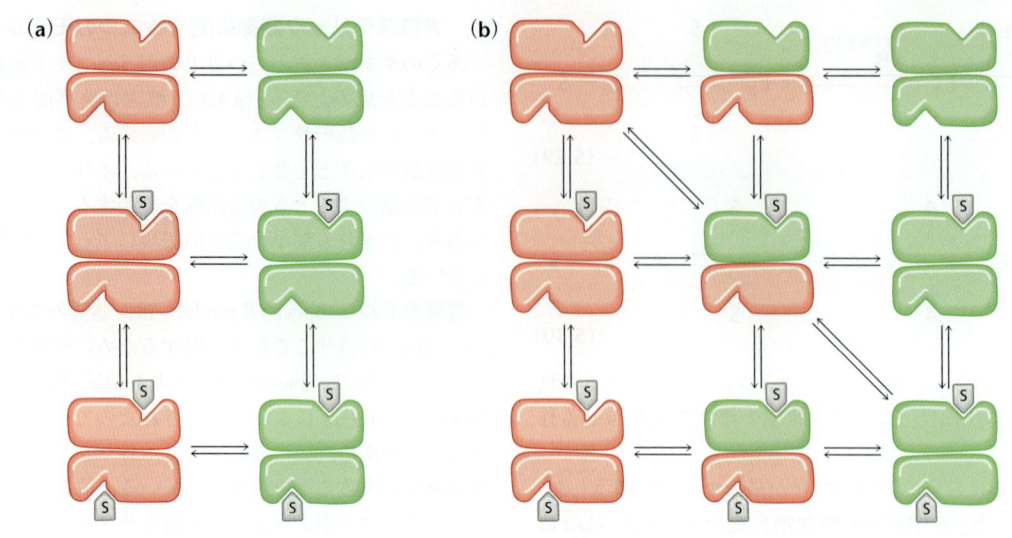

▲図 5.21　**四量体タンパク質へ基質が結合する際の協同性に関する二つのモデル**　わかりやすくするため，二つのサブユニットから成るタンパク質を示した．酵素活性があるサブユニット（R 状態）は緑で，不活性なコンホメーションにあるサブユニット（T 状態）は赤で示した．（**a**）単純化した協奏モデルでは，サブユニットは R 状態か T 状態のいずれかであり，基質 S は両方のコンホメーションに結合するが，T 状態への結合は R 状態への結合よりも弱いとする．協同性は，T 状態（赤）に基質が結合すると，そのタンパク質の両サブユニットが R 状態に転移すると仮定すれば説明できる．（**b**）逐次モデルでは，一つのサブユニットが R 状態でもう一つが T 状態という状況が可能である．協奏モデルと同様に，両方の状態が基質を結合できる．協同性は，基質を結合することがそのサブユニットを R 状態に変えることと，一つのサブユニットが R 状態になったとき，もう一方が基質をより結合しやすく，またコンホメーションがより変化しやすくなること（図の対角線）を仮定すると説明できる．

今までに何百ものアロステリックタンパク質が研究され，その大半が基質やエフェクター分子を協同的に結合することがわかっている．それらの結果では，協奏モデルと逐次モデルを区別することは難しいことがわかっている．多くのタンパク質では，結合の挙動は，全か無かに転移する協奏モデルと段階的に転移する逐次モデルが混じり合っていると考えると最もよく説明できる．

D. 共有結合修飾による制御

酵素の活性は，共有結合によってポリペプチド鎖に基を付加したり，逆に除去したりすることによっても変化させることができる．共有結合修飾による制御は，上述したアロステリック制御よりも通常は遅い．制御酵素の共有結合修飾は可逆的であることが必須で，そうでない場合は制御とはよばない．多くの場合，この修飾には活性化と不活性化のために別々の修飾酵素が必要である．これらの修飾酵素は，それ自身，アロステリックに制御されたり，共有結合修飾によって制御されたりする．こうした共有結合修飾によって制御される酵素は，一般に R⇌T 転移を起こすと考えられているが，共有結合による置換反応によって，一方のコンホメーションに固定されるのかもしれない．

共有結合修飾で最も一般的なのは，一つ以上の特定のセリン残基をリン酸化する修飾であるが，トレオニン残基やチロシン残基，あるいはヒスチジン残基がリン酸化される場合もある．プロテインキナーゼとよばれる酵素は，制御酵素の特定のセリン残基などに，ATP の末端にあるリン酸基の転移を触媒する．制御酵素に生成したホスホセリンは，プロテインホスファターゼの活性によって加水分解され，リン酸基が脱離して，酵素は脱リン酸状態に戻る．リン酸化状態と脱リン酸状態のどちらが活性型になるかは酵素によって異なる．

哺乳類のピルビン酸デヒドロゲナーゼの制御にみられる共有結合修飾の反応を図 5.22 に示した．この酵素は，解糖系をクエン酸回路に結び付ける反応を触媒する．ピルビン酸デヒドロゲナーゼは，アロステリック酵素であるピルビン酸デヒドロゲナーゼキ

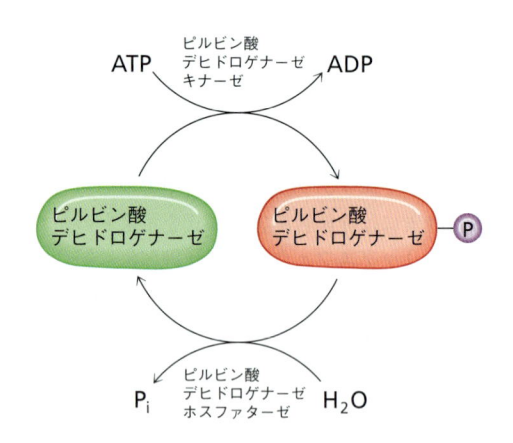

▲図 5.22　**哺乳類のピルビン酸デヒドロゲナーゼの制御**　ピルビン酸デヒドロゲナーゼは相互変換酵素であり，ピルビン酸デヒドロゲナーゼキナーゼによって触媒されるリン酸化で不活性化する．このホスホセリン残基が加水分解されると，酵素は再び活性化する．この反応はピルビン酸デヒドロゲナーゼホスファターゼというアロステリックな加水分解酵素によって触媒される．

ナーゼによってリン酸化されて，不活性化する．ピルビン酸デヒドロゲナーゼキナーゼはいくつかの代謝生成物によって活性化される．リン酸化されたピルビン酸デヒドロゲナーゼは，代謝条件が変化すると，ピルビン酸デヒドロゲナーゼホスファターゼによってホスホセリン残基が加水分解されて，再び活性化する．

> ピルビン酸デヒドロゲナーゼの活性制御については §13.6 で述べる．共有結合修飾が関係するシグナル伝達経路の例は §12.6 で述べる．

5.10　多酵素複合体および多機能酵素

一つの経路における一連の反応を触媒する複数の酵素がお互いに結合し，多酵素複合体がつくられる場合がある．またそれとは

別に，複数の異なる活性が1本の多機能なポリペプチド鎖の中に見いだされる場合がある．後者のように1本のポリペプチド鎖に複数の活性が存在するのは，たいてい遺伝子が融合した結果である．

多酵素複合体の中にはきわめて安定なものがある．本書でも後にこうした複合体が登場する．また，多酵素複合体の中で，タンパク質が弱く会合している場合がある（§4.9）．このような複合体はたやすく解離するため，複合体の存在自体や重要性を証明するのが難しい．また，酵素が会合するための別の方法として，膜や細胞骨格成分に結合することがある．

多酵素複合体や多機能酵素では，**代謝中間体のチャネル形成**（metabolite channeling）によって代謝を効率的に進めている可能性がある．一つの反応の生成物が細胞内の溶液全体に流れ出ることなく，つぎの活性部位に直接移すようにすれば，活性部位間に反応体のためのチャネルを形成できる．チャネル形成によって中間体を酵素間で運ぶ時間が短くなり，また中間体の局所的な濃度が高くなるため，反応速度を非常に大きくできる．さらに，チャネル形成によって化学的に不安定な中間体が溶媒で分解されるのを防ぐこともできる．代謝中間体のチャネル形成は，酵素が別々の反応を効率的に共役させる一つのやり方といえる．

このチャネル形成が最もよく研究された例として，トリプトファンシンターゼがある．この酵素は，トリプトファン生合成における最後の2段階を触媒する（§17.3 F）．トリプトファンシンターゼは二つの活性部位の間に反応体を通すトンネルをもっている．この構造によって，溶媒全体の中に反応体が失われるのを防ぐとともに，二つの活性部位で行われる反応を同調させるようなアロステリック制御が可能になっている．

その他の酵素でも，二つか三つの活性部位をこのような分子トンネルでつなぐ例が知られている．代謝中間体のチャネル形成を行う別の機構に，共役している酵素の表面に塩基性アミノ酸の側鎖を配置した通路をつくっている場合がある．大部分の代謝中間体は負の電荷をもつので，表面に正の電荷をもつ通路に沿って二つの活性部位の間を導くことができる．脂肪酸シンターゼ複合体は，脂肪酸の合成に必要な七つの連続した反応を触媒する．この複合体の構造については§16.1で述べる．

酵素複合体を見いだし，その触媒作用や制御の仕組みを解き明かそうとする研究は，現在の酵素化学で最も活発な分野である．

要　約

1. 酵素は生体触媒であり，触媒効率，基質特異性，反応特異性においてきわめて優れている．少数の例外を除けば，酵素はタンパク質，あるいはタンパク質に補因子が付加されたものである．酵素は，触媒する反応の性質にしたがって，六つの大分類（酸化還元酵素，転移酵素，加水分解酵素，除去付加酵素，異性化酵素，合成酵素）に分けられる．
2. 化学反応の反応速度論は速度式によって表すことができる．
3. 酵素と基質は非共有結合的に酵素-基質複合体をつくる．その結果，酵素反応は酵素濃度に対して一次となり，通常は基質濃度に依存した双曲線になる．この双曲線はミカエリス・メンテンの式によって記述される．
4. 最大速度（V_{max}）は基質濃度が酵素を飽和させるまで高くなったときに得られる．ミカエリス定数（K_m）は最大速度の1/2となるような，つまりEがSで半分飽和したときの基質濃度に等しい．
5. ある酵素の触媒定数（k_{cat}），つまり酵素のターンオーバー数は，1分子の酵素（あるいは1個の活性部位）が1秒間に生成物に変化させることができる基質分子数の最大値である．k_{cat}/K_m比は，基質濃度が低く，飽和していないときの酵素反応を支配する見かけの二次速度定数である．この値は酵素の触媒効率の指標となる．
6. K_mとV_{max}は，酵素濃度を固定しておき，基質濃度をさまざまに変えたときの初速度を調べてプロットすることによって得られる．
7. 多基質反応には遂次反応機構とピンポン反応機構があり，前者には基質と生成物の結合と解離の順序が決まっている定序機構と，ランダムに起こるランダム機構がある．
8. 阻害剤は酵素触媒反応の速度を下げる．可逆的阻害剤には競合阻害剤（V_{max}を変えずに，見かけのK_m値を上げる），不競合阻害剤（K_mとV_{max}を同じ割合で下げる），非競合阻害剤（K_mを変えずに，V_{max}を下げる）があるほか，これらの混合型阻害剤もある．不可逆的阻害剤は酵素と共有結合をつくる．
9. アロステリックエフェクターは酵素の活性部位とは別の場所に結合して酵素活性を変化させる．協奏モデルと逐次モデルという二つのモデルによってアロステリック酵素の協同性が説明される．制御酵素は共有結合修飾（たいていはリン酸化）によっても酵素活性が制御される．
10. 多酵素複合体や多機能酵素はごく一般的に存在する．これらの活性部位間に代謝中間体のチャネルが形成される．

問　題

1. α-キモトリプシンがチロシンベンジルエステルを基質として反応するときに，六つの基質濃度において初速度を測定した．以下のデータを用いて，この基質に対するV_{max}値とK_m値を計算せよ．

[S] [mM]	0.00125	0.01	0.04	0.10	2.0	10
v_0 [mM/min]	14	35	56	66	69	70

2. (a) なぜ，k_{cat}/K_m値が酵素の触媒機能を比較するのに用いられるのか．
   (b) 酵素のk_{cat}/K_m値の上限値はどれほどか．
   (c) k_{cat}/K_m値が上記の上限に近い酵素は，"触媒の極致"とよばれることがある．これを説明せよ．

3. 炭酸デヒドラターゼのk_{cat}は$10^6\,s^{-1}$で，オロチジン-5'-リン酸デカルボキシラーゼのk_{cat}（$40\,s^{-1}$）より25000倍も大きい．しかし，オロチジン-5'-リン酸カルボキシラーゼは炭酸デヒドラターゼよりも"触媒機能効率"は10^{10}以上も高い（表5.2）．なぜこのようなことが起こりうるかを説明せよ．

4. ミカエリス・メンテンの反応速度論に当てはまるある酵素のK_mが1μMであった．また，基質濃度が100μMのとき，初速度は$0.1\,\mu M \cdot min^{-1}$であった．基質濃度がそれぞれ（a）1 mM，（b）1μM，（c）2μMのとき，初速度はそれぞれどれほどになるか．

5. ヒト免疫不全ウイルス1型（human immunodeficiency virus 1; HIV-1）は，ウイルスの形態形成と成熟に必須なプロテアーゼ（分子量21500）をコードしている．このプロテアーゼは，7アミノ酸残基から成るあるペプチド（ヘプタペプチド）を基質として，k_{cat}が$1000\,s^{-1}$，K_mが0.075 Mで加水分解する．
   (a) HIV-1プロテアーゼが$0.2\,mg \cdot mL^{-1}$で存在するとき，基

質の加水分解の V_{max} を計算せよ．

(b) このヘプタペプチドの $-C(O)NH-$ を $-CH_2NH-$ で置き換えたところ，この誘導体は HIV-1 プロテアーゼによって分解されなくなり，阻害剤となった．この阻害剤が 2.5 μM 存在し，他の条件は (a) と同じとき，V_{max} は $9.3×10^{-3}\,M·s^{-1}$ であった．どの阻害様式であると考えられるか．また，この阻害様式は阻害剤の構造から予想できるか．

6. つぎの条件における，一般的な酵素反応の v_0 対 [S] のグラフを描け．(a) 阻害剤がないとき，(b) 競合阻害剤があるとき，(c) 非競合阻害剤があるとき．

7. スルファニルアミドのようなスルホンアミド（サルファ剤）は，細菌の葉酸合成に必要な酵素であるジヒドロプテロイン酸シンターゼを阻害する抗菌剤である．動物においては，葉酸はビタミンであり合成されないため，これに相当する酵素の阻害はない．p-アミノ安息香酸（p-aminobenzoic acid；PABA）がジヒドロプテロイン酸シンターゼの基質であるなら，スルホンアミドの存在下におけるこの細菌シンターゼの阻害様式はどのような型であると予想されるか．この型の阻害に対する二重逆数プロットを，軸を定義して描き，阻害されない場合と阻害された場合の線を記せ．

スルホンアミド（R＝H，スルファニルアミド）

p-アミノ安息香酸（PABA）

8. (a) フマラーゼはクエン酸回路にある酵素で，フマル酸から L-リンゴ酸への変換を触媒する．フマル酸（基質）の濃度と初速度の関係が次表であるとき，フマラーゼが触媒する反応のラインウィーバー・バークプロットをつくり V_{max} と K_m 値を求めよ．

フマル酸 [mM]	生成物の形成速度 [mmol·L^{-1}·min^{-1}]
2.0	2.5
3.3	3.1
5.0	3.6
10.0	4.2

(b) フマラーゼは分子量が 194000 で，四つの同一のサブユニットから成り，サブユニットそれぞれに一つの活性部位がある．(a) において酵素濃度が $1×10^{-2}\,M$ として，フマル酸に対するフマラーゼの反応の k_{cat} 値を計算せよ．ここで，k_{cat} の単位が時間の逆数（s^{-1}）となることに注意せよ．

9. 共有結合による酵素制御は，エネルギー貯蔵分子であるグリコーゲンの代謝で重要な役割を果たしている．グリコーゲンホスホリラーゼの活性型であるリン酸化型は，グリコーゲンを分解して，グルコース 1-リン酸（G1P）をつくる反応を触媒する．ピルビン酸デヒドロゲナーゼ（図5.22）をモデルとして，筋肉のグリコーゲンホスホリラーゼの活性化と不活性化に関するつぎの図の四角の中を埋めよ．

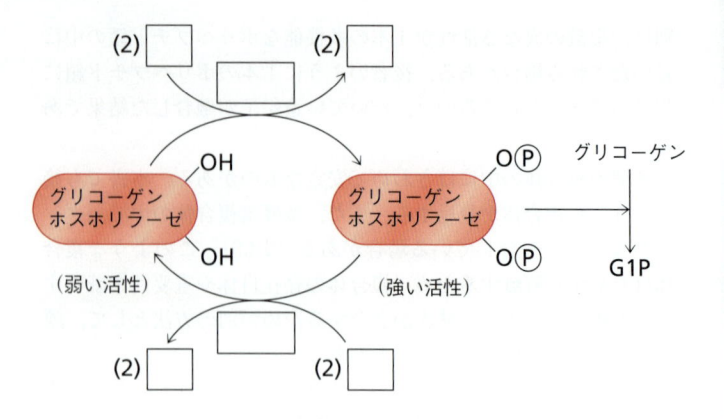

10. 代謝系において，調節酵素はその経路に固有な反応の第一段階に位置することが多い．この段階で制御することによって，代謝の効率はどのように良くなっているのか．

11. アスパラギン酸カルバモイルトランスフェラーゼ（ATCアーゼ）はピリミジンヌクレオチドの生合成経路の最初に位置する調節酵素である．ATCアーゼは正の協同性を示し，ATPによって活性化され，ピリミジンヌクレオチドであるシチジン三リン酸（CTP）によって阻害される．ATPもCTPも基質であるアスパラギン酸に対する K_m を変化させるが，V_{max} は変化させない．ATPもCTPもないとき，最大速度の1/2を与えるアスパラギン酸の濃度は，もし第二の基質であるカルバモイルリン酸が飽和濃度であるならば，およそ5 mMである．ATCアーゼの v_0 対アスパラギン酸濃度のグラフを描け．また，アスパラギン酸の濃度が 5 mM のとき，CTP と ATP は v_0 に対してどのような影響を与えるか示せ．

12. モノオキシゲナーゼ酵素であるシトクロム P450 ファミリーは，（薬剤を含む）異物である化合物を私たちの体から排除することに関与している．P450 は，肝臓，腸，鼻，肺などの多くの組織に存在する．人体への使用が認可された医薬品それぞれに関して，シトクロム P450 によるその薬剤の代謝を調べることが，製薬会社に義務付けられている．薬剤間で有害な相互作用が起こることが知られているものの多くは，シトクロム P450 酵素と相互作用する結果起こる．薬剤のうちの相当な割合が，P450 3A4 という一つの P450 酵素によって代謝される．ヒトの腸の P450 3A4 は，鎮静剤であるミダゾラムを水酸化物である 1'-ヒドロキシミダゾラムに代謝することが知られている．P450 3A4 が触媒する反応の速度論データは次表のとおりである．

(a) 最初の二つのカラムのデータに着目し，ラインウィーバー・バークプロットを用いてこの酵素の K_m と V_{max} を決定せよ．

(b) ケトコナゾールという抗菌剤は，ミダゾラムと同時に投与すると，有害な相互作用をひき起こすことが知られている．表のデータを用いて，P450 が触媒するミダゾラムのヒドロキシ化反応に対して，ケトコナゾールが示す阻害様式を決定せよ．

ミダゾラム [μM]	生成物の形成速度 [pmol·L^{-1}·min^{-1}]	0.1 μM ケトコナゾール存在下での生成物の形成速度 [pmol·L^{-1}·min^{-1}]
1	100	11
2	156	18
4	222	27
8	323	40

[Gibbs, M. A., Thummel, K. E., Shen, D. D., and Kunze, K. L. *Drug Metab. Dispos.* (1999) 27:180-187 より改変.]

13. ある種の薬剤治療を受けている患者は，ベルガモッチンなどの多くの化学成分を含むグレープフルーツジュースを薬剤と一緒に摂取することが禁止されている．シトクロム P450 3A4 は，薬剤を不活性な形に代謝するモノオキシゲナーゼである．つぎの結果は，ベルガモッチン存在下と非存在下における P450 3A4 の活性を測定したものである．

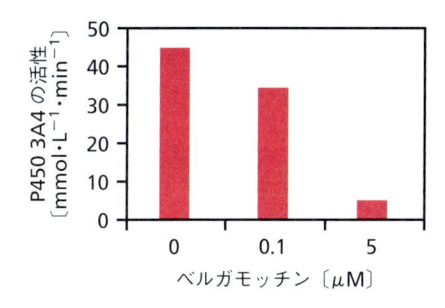

(a) P450 が触媒する反応にベルガモッチンを加えたときの効果は何か．
(b) なぜ，グレープフルーツジュースと一緒に薬剤を摂取することが患者に危険となりうるのか．

[Wen, Y. H., Sahi, J., Urda, E., Kalkarni, S., Rose, K., Zheng, X., Sinclair, J. F., Cai, H., Strom, S. C., and Kostrubsky, V. E. *Drug Metab. Dispos.* (2002) 30:977-984 より改変.]

14. ミカエリス・メンテンの式（5.13 式）を用いてつぎのことを示せ．
(a) $[S] \gg K_m$ のとき，v_0 は $[S]$ に依存しない．
(b) $[S] \ll K_m$ のとき，反応は S に関して一次となる．
(c) v_0 が V_{max} の半分のとき，$[S] = K_m$ となる．

参 考 文 献

酵素触媒

Fersht, A. (1985). *Enzyme Structure and Mechanism*, 2nd ed. (New York: W. H. Freeman).

Lewis, C. A., and Wolfenden, R. (2008). Uroporphyrinogen decarboxylation as a benchmark for the catalytic proficiency of enzymes. *Proc. Natl. Acad. Sci. (USA)*. 105:17328-17333.

Miller, B. G., and Wolfenden, R. (2002). Catalytic proficiency: the unusual case of OMP decarboxylase. *Annu. Rev. Biochem.* 71:847-885.

Sigman, D. S., and Boyer, P. D., eds. (1990-1992). *The Enzymes*, Vols. 19 and 20, 3rd ed. (San Diego: Academic Press).

Webb, E. C., ed. (1992). *Enzyme Nomenclature 1992: Recommendations of the Nomenclature Committee of the International Union of Biochemistry and Molecular Biology on the Nomenclature and Classification of Enzymes* (San Diego: Academic Press).

酵素反応速度論と酵素阻害

Bugg, C. E., Carson, W. M., and Montgomery, J. A. (1993). Drugs by design. *Sci. Am.* 269(6): 92-98.

Chandrasekhar, S. (2002). Thermodynamic analysis of enzyme catalysed reactions: new insights into the Michaelis-Menten equation. *Res. Cehm. Intermed.* 28:265-275.

Cleland, W. W. (1970). *Steady State Kinetics. The Enzymes*, Vol. 2, 3rd ed., P. D. Boyer, ed. (New York: Academic Press), pp. 1-65.

Cornish-Bowden, A. (1999). Enzyme kinetics from a metabolic perspective. *Biochem. Soc. Trans.* 27:281-284.

Northrop, D. B. (1998). On the meaning of K_m and V/K in enzyme Kinetics. *J. Chem. Ed.* 75:1153-1157.

Radzicka, A., and Wolfenden, R. (1995). A proficient enzyme. *Science* 267:90-93.

Segel, I. H. (1975) *Enzyme Kinetics: Behavior and Analysis of Rapid Equilibrium and Steady State Enzyme Systems* (New York: Wiley-Interscience).

制 御 酵 素

Ackers, G. K., Doyle, M. L., Myers, D., and Daugherty, M. A. (1992). Molecular code for cooperativity in hemoglobin. *Science* 255:54-63.

Barford, D. (1991). Molecular mechanisms for the control of enzymic activity by protein phosphorylation. *Biochim. Biophys. Acta* 1133:55-62.

Hilser, V. J. (2010). An ensemble view of allostery. *Science* 327:653-654.

Hurley, J. H., Dean, A. M., Sohl, J. L., Koshland, D. E., Jr., and Stroud, R. M. (1990). Regulation of an enzyme by phosphorylation at the active site. *Science* 249:1012-1016.

Schirmer, T., and Evans, P. R. (1990). Structural basis of the allosteric behavior of phosphofructokinase. *Nature* 343:140-145.

代謝中間体のチャネル形成

Pan, P., Woehl, E., and Dunn, M. F. (1997). Protein architecture, dynamics and allostery in tryptophan synthase channeling. *Trends Biochem. Sci.* 22:22-27.

Vélot, C., Mixon, M. B., Teige, M., and Srere, P. A. (1997). Model of a quinary structure between Krebs TCA cycle enzymes: a model for the metabolon. *Biochemistry* 36:14271-14276.

酵素の反応機構

> 酵素というものは，酵素が触媒する反応中にみられる活性複合体に対して相補的な構造をもつ分子だと私は考えている．
>
> Linus Pauling（1948）

　前章では，酵素反応速度論に重点を置いて酵素の一般的性質を述べた．本章では，分子レベルでみた触媒反応を学ぶことで，酵素がどのように反応を触媒しているかを理解する．酵素の反応機構は，反応速度論やタンパク質の構造解析，また非酵素的なモデル反応などのさまざまな研究方法を用いて，一つずつ明らかにされてきた．こうした研究によって，酵素がもつきわめて優れた触媒能力は，簡単な物理学的および化学的な性質に由来することがわかった．その中でも，反応体を酵素の活性部位に結合し，正しく配置することが特に重要である．化学，物理学，生化学を統合することで，酵素の神秘が解き明かされ，また今では，酵素化学者が提案した理論を検証するために組換え DNA 技術を利用できるようになった．その結果，半世紀前にはまったく説明できなかった観察結果も完全に理解されるようになった．

　これまでに多くの酵素の反応機構が確立され，どのように酵素が触媒として働くかについての全体像がわかっている．本章では，まず単純な化学反応の機構について再考してから，触媒作用について考えてみる．つぎに，酵素触媒の四つのおもな様式，すなわち酸塩基触媒作用と共有結合触媒作用（以上二つは化学的様式に分類される）と，近接効果と遷移状態の安定化（以上二つは結合様式に分類される）について学ぶ．最後に，酵素反応機構の例をいくつかみる．

6.1 反応機構に関する化学の用語

　反応機構とは，反応中に起こる分子や原子，場合によっては原子内部で起こる事象を詳しく記述することである．まず反応体，生成物，すべての中間体が同定されなければならない．反応機構を決定するには実験室でのさまざまな技術が用いられる．たとえば，同位体標識した反応体を用いれば，個々の原子の運命をたどることができる．また，反応速度の実験からは，反応中に起こる反応体や溶媒の化学結合の変化がわかる．反応中に起こる立体化学的な変化を調べることによって，反応過程を三次元的にみることができる．酵素機構に関する仮説においては，反応体や中間体の反応機構に関する情報は，酵素の三次元構造と整合しなければならない．

　酵素の反応機構でも，有機化学で用いられる化学結合の形成と破壊を表す用語や表記がそのまま使われる．電子の動きが化学反応（そして酵素反応）を理解するための鍵である．本節では化学反応の機構を復習し，次節以降で触媒作用と特定の酵素反応機構について学ぶ．ここでの議論を理解することによって，本書に出てくる酵素触媒反応のすべてを理解するために必要な予備知識を身に付けることができるだろう．

A. 求核置換

　多くの化学反応には，イオン化した基質や中間体，あるいは生成物がかかわっている．イオン化した分子には二つのタイプがある．一つは電子に富んでいる**求核性**（nucleophilicity）の物質であり，もう一つは電子が枯渇している**求電子性**（electrophilicity）の物質である（§2.6）．求核剤は負の電荷，もしくは非共有電子対をもつ．通常は，求核剤は求電子剤を攻撃するものと定義され，その機構のことを求核攻撃，あるいは求核置換とよぶ．反応化学では，電子対の動きは求核剤に存在する電子対から求電子中心へ向けた矢印付きの曲線で表す．このような"電子が押す"やり方で，存在している共有結合が壊されたり，新しい共有結合がつくられたりする．この反応機構には，中間体が含まれる場合が多い．

　多くの生化学反応は，基が一つの分子から別の分子に移動する**基転移反応**（group transfer reaction）であり，これらの反応には電荷をもつ中間体が関与する．たとえば，アシル基の転移はつぎのような一般的な機構として書くことができる．

(6.1)

---

* カット：トリオースリン酸イソメラーゼの反応機構における一つの段階．

このとき，求核剤 Y^- はカルボニル炭素を攻撃し（つまりカルボニル炭素に付加し），四面体の付加中間体をつくる．そして，これから脱離基（求核剤の攻撃によって置き換えられる基）とよばれる X^- が除かれる．これが**求核置換**（nucleophilic substitution）反応の例である．

別の型の求核置換に直接置換機構がある．この反応機構では，攻撃する基あるいは分子が中心の原子に対して脱離基とは反対の方向から付加され，中心の原子に五つの基が付いた遷移状態がつくられる．この**遷移状態**（transition state）は不安定で，反応体と生成物の中間の構造をとっている．（遷移状態は［　］で表すが，これは不安定で一過的な存在であることを示している．）

$$X^- + \underset{R_3}{\overset{R_2}{\underset{|}{\overset{|}{C}}}}\!\!\!\begin{matrix}R_1\\ \\ Y\end{matrix} \rightleftarrows \left[\underset{R_3}{\overset{R_2}{\underset{|}{\overset{|}{X\text{---}C\text{---}Y}}}}\!\!\!R_1\right] \rightleftarrows \underset{X}{\overset{R_2}{\underset{|}{\overset{|}{C}}}}\!\!\!\begin{matrix}R_1\\ \\ R_3\end{matrix} + Y^-$$
$$\text{遷移状態}\qquad\qquad(6.2)$$

> 遷移状態については§6.2で述べる．

これら二つの型の求核置換の機構には，いずれも遷移状態が含まれることに留意しよう．最初の型（6.1式）では，検出可能な程度には安定な中間体分子が形成されて，反応は段階的に進行する．2番目の機構（6.2式）では，攻撃する求核基の付加と脱離基の置換が同時に起こる．そのため，遷移状態は安定な中間体とはならない．

B. 切断反応

つぎに，切断反応について考える．共有結合を切断する方法には2通りある．まず，電子が二つとも1個の原子にとどまるか，あるいは，1個ずつそれぞれの原子にとどまるかである．ほとんどの反応では，二つの電子とも1個の原子にとどまり，その結果，イオン化中間体と脱離基が形成される．たとえば，C-H結合の切断からはほとんどすべての場合に二つのイオンが生じる．もし炭素が電子を二つとも保持すれば，炭素を含む化合物は**カルボアニオン**（carbanion）とよばれる陰イオンとなり，もう一つの生成物はプロトンとなる．

$$R_3\text{—}C\text{—}H \longrightarrow R_3\text{—}C:^- + H^+ \qquad (6.3)$$
$$\qquad\qquad\text{カルボア} \quad \text{プロトン}$$
$$\qquad\qquad\text{ニオン}$$

もし炭素が電子を二つとも失えば，その炭素を含む化合物は**カルボカチオン**（carbocation）とよばれる陽イオンとなり，水素化物イオンが電子対を保持する．

$$R_3\text{—}C\text{—}H \longrightarrow R_3\text{—}C^+ + H^-\qquad (6.4)$$
$$\qquad\qquad\text{カルボカ} \quad \text{水素化物}$$
$$\qquad\qquad\text{チオン} \quad \text{イオン}$$

第二の，まれな切断様式では，電子が一つずつ生成物に残り，通常は非常に不安定な二つのラジカルをつくる．〔**フリーラジカル**（free radical）あるいは単にラジカルとよばれる物質は，不対電子をもつ分子あるいは原子のことである．〕

$$R_1O\text{—}OR_2 \longrightarrow R_1O\cdot + \cdot OR_2 \qquad (6.5)$$

C. 酸化還元反応

酸化還元反応（レドックス反応）は生物エネルギーを供給するために中心的な役割を果たしている．酸化還元反応では，一つの分子から離れた電子が別の分子へ転移される．ここで用いる用語とその意味はやや紛らわしいが，酸化と還元という用語は本書において何度も出てくるので，意味をよく理解しておくことが重要である．**酸化**（oxidation）とは電子を失うことであり，酸化された物質は反応が終わったあとでは電子が減っている．**還元**（reduction）とは電子を得ることであり，ある反応において電子を得た物質は還元されたことになる．酸化反応と還元反応はいつも一緒に起こる．一つの基質が酸化され，もう一つは還元される．酸化剤とは酸化をひき起こす物質，すなわち，酸化される基質から電子を奪う物質である．したがって，酸化剤は電子を得る（つまり，還元される）のである．還元剤は電子を供与する物質（つまり，この過程で酸化される物質）である．

> 電子を失う＝酸化　　　　電子を得る＝還元

酸化は，水素の除去（脱水素），酸素の付加，電子の除去のようにさまざまな形式で起こる．脱水素は生物酸化の最も一般的な形である．ここで，酸化還元酵素（酸化還元反応を触媒する酵素）は酵素の大分類の一つであり，脱水素酵素（水素の除去を触媒する酵素）は酸化還元酵素の主たる下位分類であることを思い出しておこう（§5.1）．

脱水素の大半はC-H結合の切断によって起こり，水素化物イオン（H^-）を生じる．基質は，水素化物イオンに含まれる電子を失うことになるので，酸化される．このような反応には，対応する還元反応が伴い，そこでは，もう一つの基質が水素化物イオンと反応することによって電子を得る．乳酸の脱水素（5.1式）は水素の除去の例である．この乳酸の酸化には，補酵素であるNAD^+の還元が共役している．酸化還元反応における補因子の役割については，次章（§7.4）で議論し，これらの反応の自由エネルギーについては§10.9で述べる．

6.2 触媒は遷移状態を安定化する

触媒を理解するには，化学反応において遷移状態と中間体の安定化がきわめて重要であることを知る必要がある．化学反応の速度は，反応分子がどのくらい頻繁に反応が起こりやすい形で衝突するかにかかっている．つまり，衝突する物質が正しい方向に向いていて，しかも，最終生成物の原子と結合の物理的な立体配置に近づけるために十分なエネルギーをもっていなければならない．

ここまでに述べたように，遷移状態では原子の配置が不安定で，化学結合がつくられたり壊されたりしている状態にある．遷移状態の寿命は非常に短くだいたい10^{-14}～10^{-13}秒であり，結合の振動時間に相当する．遷移状態は実験的に検出することは非常に困難であるが，その構造は予想可能である．反応体が基底状態から遷移状態になるために必要なエネルギーを反応の活性化エネルギーとよび，しばしば活性化障壁の意味に用いられる．

> 活性化エネルギーの意味は§1.4Dで述べた．

ある反応が起こるとき，その進行は，エネルギーダイヤグラム，あるいはエネルギープロフィルとよばれるグラフで表される．その例として，一つの基質（反応体）が1段階で一つの生成物に変換する反応を図6.1に示した．y 軸は反応状態の分子の自由エネルギーを示している．x 軸は反応座標とよばれる反応の進行の尺度であり，左側の基質から始まり，右側の生成物へと進行していく．この軸は時間を示すのではなく，この分子において結合が壊

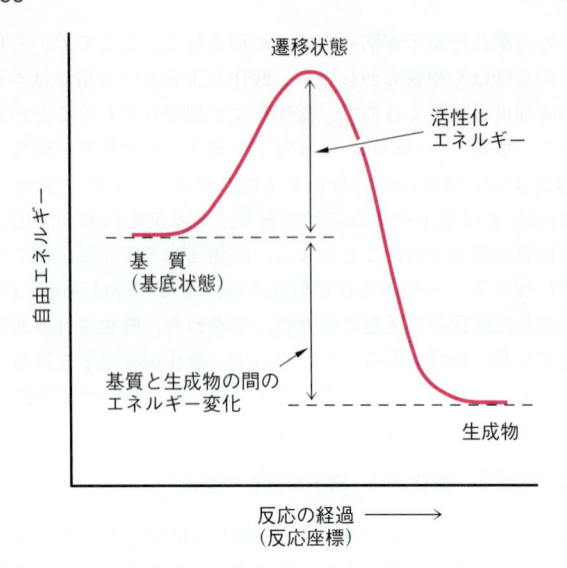

6. 酵素の反応機構

▲図 6.1　**一段階反応のエネルギーダイヤグラム**　上段の矢印は正反応の活性化エネルギーである．活性化エネルギーよりも大きな自由エネルギーをもつ基質分子は，活性化障壁を乗り越えて生成物分子になる．高い活性化障壁がある反応を進行させるには，熱のような形でエネルギーを供給しなければならない．

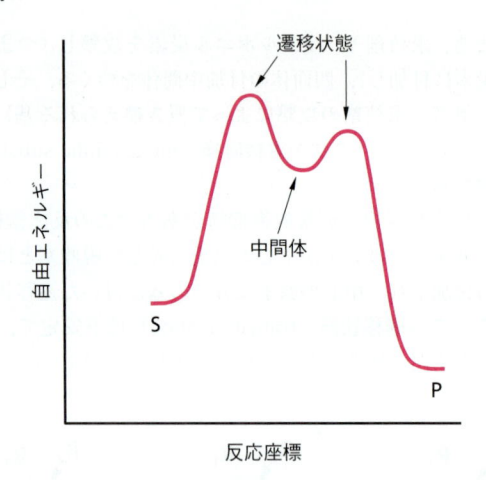

▲図 6.2　**中間体を一つ含む反応を示すエネルギーダイヤグラム**　二つの遷移状態の間の谷に中間体がある．正方向の律速段階は最初の遷移状態が形成される段階であり，この段階の方が後の段階より活性化エネルギーが高い．S は基質を，P は生成物を示す．

れたり，形成されたりするという反応の進行を示している．遷移状態は，活性化障壁の頂点でみられる．これは，反応が進むために超えなければならないエネルギーレベルである．障壁が低ければ低いほど遷移状態は安定であり，反応はより頻繁に進行する．

中間体は遷移状態と異なり，検出あるいは単離が可能な程度に安定な化合物である．もし，ある反応において中間体が存在するとき，エネルギーダイヤグラムには中間体の自由エネルギーを示す谷ができる（図 6.2）．このとき，この反応では二つの遷移状態，すなわち中間体の形成に先立つ遷移状態と生成物に変わる前の遷移状態ができる．最も遅い段階を律速段階とよび，最もエネルギーが高い遷移状態である．図 6.2 では中間体の形成が律速段階

である．中間体が生成物へ変化する過程や，元の反応体に戻る過程に必要なエネルギーは比較的小さいので，中間体は準安定である．中間体の中で，存在することは予想できても，単離，あるいは検出するには寿命が短すぎるものは，遷移状態とよく似ていると考え，同じように [ ] で示すことが多い．

触媒は，触媒がない場合よりも低い活性化エネルギーをもつ反応経路をつくり出す．触媒は反応経路上の遷移状態を安定化することで反応に直接加わっている．酵素は，活性化エネルギー全体を小さくすることによって反応を加速する触媒である．酵素は，（一つ以上の中間体を含む）多段階の経路をつくり，各段階の活性化エネルギーを，対応する非酵素反応の段階よりも低くすることによって反応速度の加速を実現している．

酵素反応の第一段階は，非共有結合による酵素-基質複合体（ES）の形成である．A と B が反応するとき，EAB 複合体が形

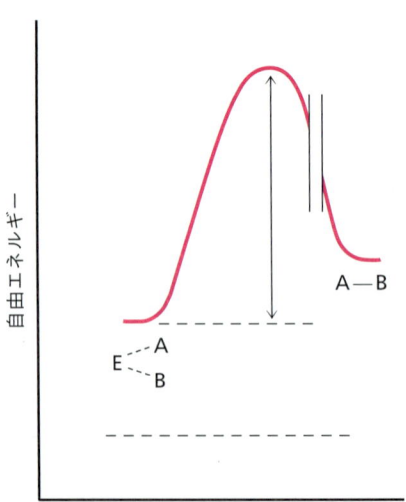

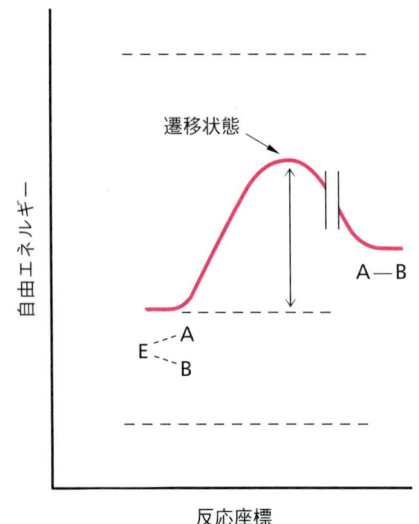

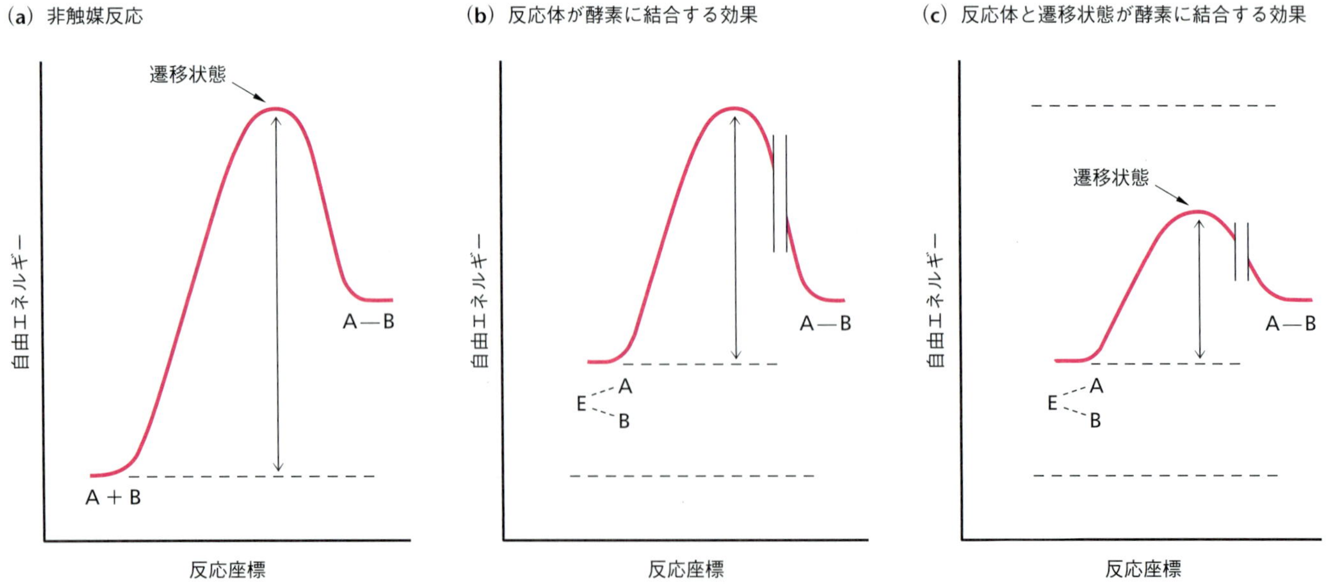

▲図 6.3　**反応 A＋B→A－B における酵素触媒作用**　(a) 非触媒反応のエネルギーダイヤグラム．(b) 反応体の結合の効果．EAB 複合体の中に二つの反応体を反応しやすいように集めて配置することで，遷移状態の形成がより頻繁に起こるようになる．これによって活性化エネルギーが下がる．(c) 遷移状態の安定化の効果．酵素が基質よりも遷移状態により強く結合すると，活性化エネルギーはさらに下がる．その結果，酵素反応では活性化エネルギーが非触媒反応よりもずっと小さくなる．（反応曲線の途中に切れ目があるのは，酵素反応が多段階の経路であることを示している．）

成されることによって，反応体が集められて配置されるため，非触媒反応の場合よりもはるかに反応の確率が高くなる．図6.3(a)と(b)は，酵素による触媒作用の様式が基質結合だけであると考えた仮想例で，反応体を基質結合部位に集めることによって活性化エネルギーを下げている．正しく基質を結合することによって，酵素の触媒能力の大きな部分が説明される．

酵素の活性部位は，基質や生成物を結合するのみならず，遷移状態も結合する．実際，遷移状態の方が基質よりも強固に酵素に結合していると考えられている．この強固に結合する相互作用によって遷移状態が安定化され，さらに活性化エネルギーを減少させている（図6.3c）．以下では，まず酵素が基質を結合し，ついで遷移状態を結合することが，酵素触媒作用が大きな触媒機能効率を示す際に最大の貢献をしていることをみる．

まず酵素機能の背景にある化学過程をみてから，本章の後半で，この結合現象に戻ることにする．（ここで，酵素触媒反応は，通常，可逆的であることに留意しよう．したがって，同じ原理は逆反応にも当てはまる．このとき，"生成物"が結合して遷移状態が安定化することによって，活性化エネルギーが下がる．）

> ❗ 遷移状態は，基質と生成物のいずれよりも高い自由エネルギーをもつ不安定な分子である．

6.3 酵素触媒作用の化学的様式

ES複合体が形成されると，反応体は酵素の活性部位にある反応性のアミノ酸残基に接近する．イオン化側鎖は，二つの化学触媒作用，すなわち酸塩基触媒作用と共有結合触媒作用にかかわる．この二つが触媒作用の主要な化学的様式である．

A. 活性部位にある極性アミノ酸残基

酵素の活性部位のくぼみには，通常，疎水性のアミノ酸残基が並んでいるが，2〜3個の極性をもつイオン化残基（および数分子の水）も活性部位にみられることがある．酵素の触媒作用の過程で，極性のアミノ酸残基（ときには補酵素）が化学的な変化を受ける．これらの残基が中心となって酵素の触媒中心を構成している．

> 活性部位には，反応性のアミノ酸残基に加えて，金属イオンや補酵素が存在することがある．酵素触媒におけるこれら補因子の役割については7章で述べる．

表6.1に酵素の活性部位にみられるイオン化残基を列挙した．

ヒスチジンはタンパク質中でのpK_aが6〜7であり，プロトンの受容体にも供与体にもなる．アスパラギン酸やグルタミン酸，ときにはリシンもプロトンの転移に関与する．セリンやシステインのような特定のアミノ酸が基転移反応に関与することが多い．中性pH条件下では，アスパラギン酸とグルタミン酸は，通常，負電荷をもち，リシンとアルギニンは正電荷をもつ．これらの陰イオンと陽イオンは，基質の中にある，これらと正負逆に荷電した基と静電的結合をする部位として働く．

アミノ酸残基のイオン化基のpK_a値は，タンパク質分子中では遊離アミノ酸の同じ基のpK_a値（§3.4）と異なることがある．表6.2にアミノ酸残基のイオン化基のタンパク質中での一般的なpK_a値を示した．これらの値の範囲と表3.2の遊離アミノ酸での厳密な値を比べてみよう．タンパク質中ではミクロの環境が異なるため，これらのイオン化基は異なるpK_a値をもちうるのである．こうした差異は通常は小さいものの，重要な意味をもつ．

触媒作用にかかわるアミノ酸の側鎖のpK_a値が表6.2の値とは大きく異なることがまれにある．このようにpK_a値が揺らぐことを考慮に入れておく必要はあるが，反応において特定のアミノ酸が関与しているか否かを，反応速度に対するpHの効果を調べることで明らかにできる．もし，反応速度の変化が特定のイオン化アミノ酸のpK_a値に関連していれば（§6.3 D），そのアミノ酸残基が触媒作用に関与している可能性がある．

触媒反応に直接参加するのは少数のアミノ酸残基だけである．大半の残基は，タンパク質の正しい三次元構造を維持するのを助けることで，間接的に反応に貢献している．4章でみたように，アミノ酸残基の大多数は進化的に保存されていない．

酵素に対して試験管内突然変異誘発実験を行った結果，大半のアミノ酸置換は酵素活性にほとんど影響を与えないことが確認された．しかし，すべての酵素には，触媒作用に絶対的に必要な少数の鍵となる残基が存在する．それらの鍵残基の一部は，酸あるいは塩基触媒や求核剤として作用することで，触媒機構に直接かかわっている．他の鍵残基は上記の鍵残基の機能を補助したり高めたりするなどの間接的な作用をしている．さらに，鍵残基の別の役割としては，基質の結合，遷移状態の安定化，必須の補因子との相互作用などがある．

酵素には，通常，2〜6残基の鍵となる触媒残基がある．触媒アミノ酸残基の上位10種を表6.3に示した．電荷をもつHis, Asp, Arg, Glu, Lys残基によって，すべての触媒残基のほぼ2/3が占められる．これは，電荷をもつ側鎖は他の残基よりも酸，塩基，求核剤として作用しやすいことから理解できる．また，これらの残基は，基質や遷移状態を結合する役割ももちやすいと考えられる．触媒残基のナンバーワンはヒスチジンであり，ヒスチ

表6.1 イオン化アミノ酸に含まれる反応性基の触媒機能

アミノ酸	反応性基	pH 7での実効電荷	おもな機能
アスパラギン酸	$-COO^-$	-1	陽イオン結合；プロトン転移
グルタミン酸	$-COO^-$	-1	陽イオン結合；プロトン転移
ヒスチジン	イミダゾール	ほぼ 0	プロトン転移
システイン	$-CH_2SH$	ほぼ 0	アシル基の共有結合
チロシン	フェノール	0	リガンドへの水素結合
リシン	$-NH_3^+$	$+1$	陰イオン結合；プロトン転移
アルギニン	グアニジニウム	$+1$	陰イオン結合
セリン	$-CH_2OH$	0	アシル基の共有結合

表6.2 アミノ酸のイオン化基のタンパク質中でみられる一般的なpK_a値

基	pK_a
末端のα-カルボキシ	3〜4
側鎖のカルボキシ	4〜5
イミダゾール	6〜7
末端のα-アミノ	7.5〜9
SH	8〜9.5
フェノール	9.5〜10
ε-アミノ	約 10
グアニジン	約 12
ヒドロキシメチル	約 16

表6.3 酵素に含まれる触媒残基の頻度分布

	触媒残基に含まれる割合（%）	全残基に占める割合（%）
His	18	3
Asp	15	6
Arg	11	5
Glu	11	6
Lys	9	6
Cys	6	1
Tyr	6	4
Asn	5	4
Ser	4	5
Gly	4	8

ジンが触媒作用にかかわる頻度は，タンパク質内における存在頻度よりも6倍も高い．

B. 酸塩基触媒作用

酸塩基触媒作用では，プロトン転移を触媒することによって反応が加速される．酸塩基触媒作用は有機化学では最も一般的な触媒作用であり，また酵素反応でも一般的である．酸塩基触媒作用をもつ酵素は，細胞内の中性に近い条件下でプロトンの供与と受容が可能なアミノ酸の側鎖を利用する．プロトンの転移を含むこの型の酸塩基触媒作用を一般酸塩基触媒作用とよぶ．（その中でH^+あるいはOH^-による触媒作用をそれぞれ特殊酸触媒作用あるいは特殊塩基触媒作用とよぶ）．実際には，この種の酵素の活性部位では，酸や塩基の溶液に相当するものが生体内につくり出されている．

プロトン受容体である塩基をB:，プロトン供与体である共役酸をBH^+で表すと便利である．（この酸塩基の組合わせは，HA/A^-とも書かれる．）プロトン受容体はつぎの二つの方法で反応を助けている．プロトン受容体は，(1) プロトンを除去することによってO-H結合やN-H結合を，ときにはC-H結合を切断する．

$$-X-H \quad :B \rightleftarrows -\ddot{X}^{\ominus} \quad H-\overset{\oplus}{B} \quad (6.6)$$

(2) 一般塩基B:は，C-Nなどの上記以外の炭素を含む結合の切断にかかわる．このときには，中性溶液中で水分子からプロトンを除去することによってOH^-に相当するものがつくられる．

$$(6.7)$$

一般酸BH^+もまた，結合の切断を助けている．もし，共有結合をつくる原子の一方がプロトン化されていると，共有結合はもっと簡単に壊れる．たとえば，

$$R^{\oplus}+OH^{\ominus} \underset{遅い}{\rightleftarrows} R-OH \underset{H^{\oplus}}{\overset{H^{\oplus}}{\rightleftarrows}} R-OH_2^{\oplus} \overset{速い}{\rightarrow} R^{\oplus}+H_2O \quad (6.8)$$

つまり，BH^+は1個の原子（たとえば6.8式のR-OHの酸素）にプロトンを供与することによって，その原子の結合を弱め，結合の切断を触媒できるのである．BH^+がかかわるすべての反応では，逆反応は反対にB:によって触媒される．また，その逆も成り立つ．

ヒスチジン側鎖のイミダゾール/イミダゾリウムのpK_aは，ほとんどのタンパク質内で6～7なので，ヒスチジンは中性pHでプロトン転移を行う理想的な基である．すでに，ヒスチジンがよくみられる触媒残基であることは述べた．つぎに，ヒスチジンの側鎖がもつ特別な役割をみる．

!酸塩基触媒作用では，プロトンの供与や受容が可能な特定のアミノ酸側鎖が反応に必要である．

C. 共有結合触媒作用

共有結合触媒作用では，基質が酵素に共有結合で結合して，反応性の中間体ができる．このときに反応している酵素のアミノ酸側鎖は，求核剤か求電子剤となるが，求核性触媒となる場合が多い．反応の第二段階では，基質の一部が中間体から第二の基質に転移される．たとえば，つぎのような，X基が分子A-Xから分子Bに転移するとき，共有結合したES複合体X-Eを経る2段階反応になる．

$$A-X + E \rightleftarrows X-E + A \quad (6.9)$$

つぎに，

$$X-E + B \rightleftarrows B-X + E \quad (6.10)$$

これは，生化学の分野でよくみられる，二つの異なる反応を共役させる機構である．反応を共役させる能力は，酵素の重要な性質の一つであることを思いだそう（5章冒頭）．転移酵素は酵素の六大分類（§5.1）の一つであり，この様式で基転移反応を触媒する．また，加水分解酵素は，水分子を受容物質とする特殊な種類の基転移反応を触媒する．転移酵素と加水分解酵素で既知の酵素の半分以上が占められる．

細菌のスクロースホスホリラーゼが触媒する反応は，共有結合触媒による基の転移を示す例である．（スクロースは1個のグルコース残基と1個のフルクトース残基から成る．）

$$スクロース + P_i \rightleftarrows グルコース1-リン酸 + フルクトース \quad (6.11)$$

この反応の化学的な第一段階は共有結合によるグルコシル-酵素中間体の形成である．このとき，スクロースは6.9式のA-Xに相当し，グルコースはXに相当する．

$$スクロース + 酵素 \rightleftarrows グルコシル-酵素 + フルクトース \quad (6.12)$$

この共有結合を含むES中間体は，6.12式の逆反応においては，グルコース部分を別のフルクトース分子に供与するか，あるいはリン酸（これが6.10式のBに相当する）に供与する．

$$グルコシル-酵素 + P_i \rightleftarrows グルコース1-リン酸 + 酵素 \quad (6.13)$$

酵素の反応機構が共有結合触媒作用によることを証明するには，中間体を単離するか検出し，それに十分な反応性があること

BOX 6.1　部位特異的突然変異誘発は酵素を修飾する

　部位特異的突然変異誘発の技術を用いて，酵素のアミノ酸残基側鎖の働きを調べることができる．この技術は酵素の構造-機能連関に関する私たちの理解に大きな発展をもたらした．

　部位特異的突然変異誘発では，標的遺伝子と同じ配列の中間に導入したい変異を挿入したオリゴヌクレオチドを合成し，これを用いて遺伝子に直接変異を導入する．このオリゴヌクレオチドを in vitro DNA 複製のプライマーとして用いると，その遺伝子を鋳型につくられる新しいコピーに目的とする変異が導入される．この変異は遺伝子中のどの部位にも導入できるので，タンパク質の特定の変化を操作して鍵となるアミノ酸残基の機能について仮説を直接検証できる．部位特異的突然変異誘発は，一つのコドンの変異を遺伝子に導入するためによく用いられ，これによって単一のアミノ酸置換が起こる．

　こうして変異させた遺伝子を細菌に導入し，そこでは変異遺伝子から修飾酵素がつくられる．変異タンパク質の構造と活性を解析することで，個々のアミノ酸を変えたときの影響をみることができる．

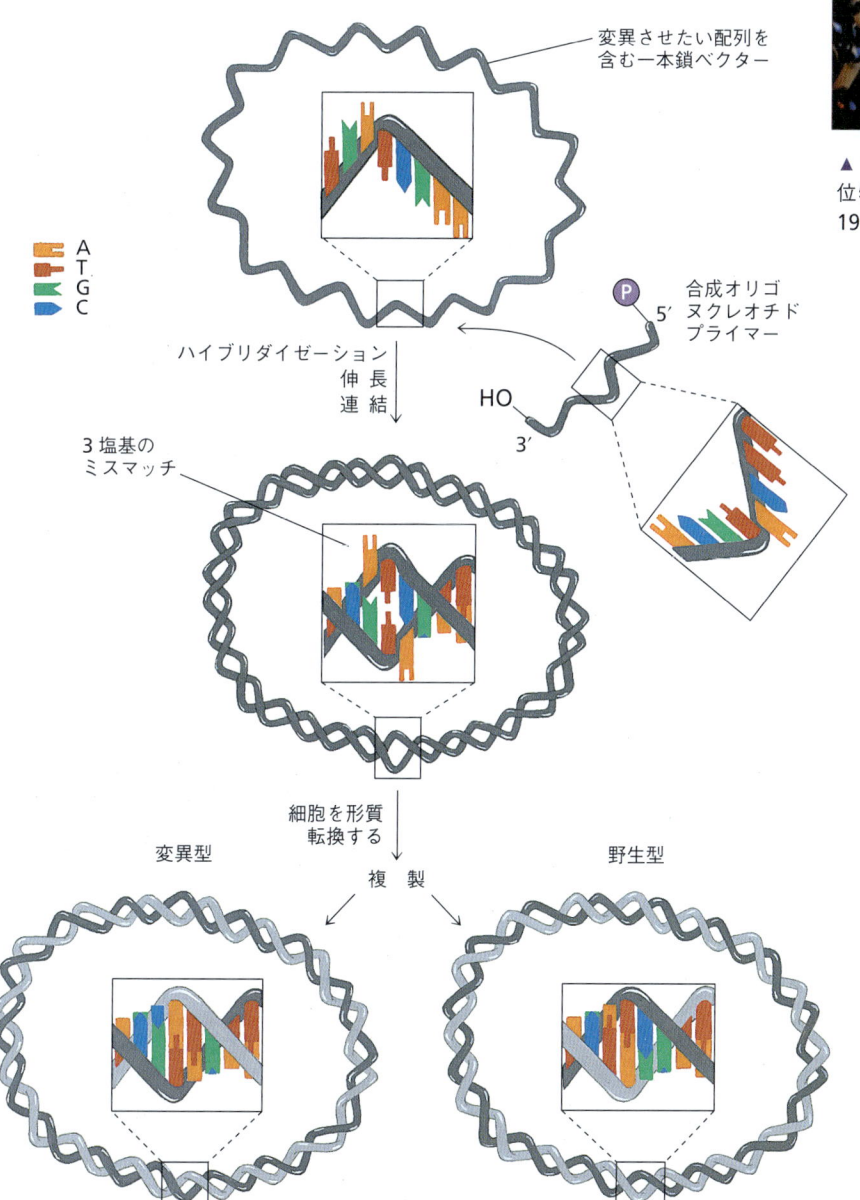

▲ Michael Smith（1932〜2000）は，部位特異的突然変異誘発法の発明によって 1993 年ノーベル化学賞を授与された．

▲オリゴヌクレオチドを用いた部位特異的突然変異誘発法．変異を導入したい配列を含む一本鎖 DNA ベクターに対して，望みの変異（3 塩基）をもつ合成オリゴヌクレオチドを対合させる．この合成オリゴヌクレオチドをプライマーとして相補鎖を合成する．できたヘテロ二本鎖の環状 DNA を用いて大腸菌を形質転換し，この DNA が複製すると変異型と野生型の DNA 分子が複製される．

を示す必要がある．たとえば，酵素の結晶構造において共有結合を含む中間体が観察されることがあり，これは共有結合触媒作用の直接の証拠となる（図6.4）．

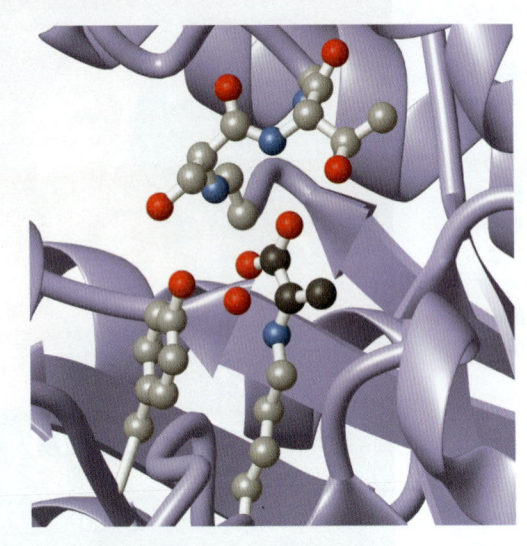

▲図6.4 共有結合触媒作用 大腸菌の N-アセチル-D-ノイラミン酸リアーゼという酵素は，ピルビン酸と N-アセチル-D-マンノサミンの縮合を触媒し，N-アセチル-D-ノイラミン酸をつくる（§8.7 C）．この反応の中間体の一つは，ピルビン酸（黒色の炭素原子）とリシン残基からできるシッフ塩基（図5.14）である．この中間体は，別のアミノ酸との水素結合によって安定化されている．[PDB 2WKJ]

!共有結合触媒機構では，酵素が反応に直接関与する．酵素は基質と反応して酵素を含む中間体が形成される．反応は，遊離の酵素が再生されて完了する．

D. 酵素反応速度に対するpHの効果

酵素の反応速度に対するpHの影響から，活性部位にどのようなイオン化アミノ酸残基があるかを示唆することができる．pH感受性は，触媒作用に関与する一つ以上の残基のイオン化状態が変化することを反映することが多い．また，まれには基質結合が影響を受けることがある．pHが変化しても酵素が変性しないという条件で反応速度対pHをプロットすると，ベル形の曲線を示すことがよくある．

その良い例が，パパイヤの果実から単離されたプロテアーゼであるパパインのpH-速度プロフィルである（図6.5）．このベル形のpH-反応速度プロフィルは，曲線の右上がりの部分が活性部位にある一つ目のアミノ酸残基Bの脱プロトンに対応し，右下がりの部分が二つ目の活性部位のアミノ酸残基Aの脱プロトンに対応すると仮定すれば，よく理解できる．二つの変曲点は二つのイオン化残基の pK_a 値にほぼ対応している．つまり，単一のベル形曲線は二つの滴定曲線を重ね合わせた結果と考えることができる．活性を現すには，Aの側鎖（R_A）はプロトン化されている必要があり，さらにBの側鎖（R_B）は脱プロトンされていることが必要である．

$$\underset{\text{不活性}}{-\overset{\overset{H^+}{|}R_A}{\underset{|}{C_\alpha}}-\overset{\overset{H^+}{|}R_B}{\underset{|}{C_\alpha}}-} \overset{H^+}{\underset{H^+}{\rightleftharpoons}} \underset{\text{活性}}{-\overset{R_A}{\underset{|}{C_\alpha}}-\overset{\overset{H^+}{|}R_B}{\underset{|}{C_\alpha}}-} \overset{H^+}{\rightleftharpoons} \underset{\text{不活性}}{-\overset{R_A}{\underset{|}{C_\alpha}}-\overset{R_B}{\underset{|}{C_\alpha}}-}$$

(6.14)

最適pH，つまり二つの pK_a 値の中間では，最も多くの酵素分子が活性型であり，残基Aはプロトン化された状態にある．もちろん，すべてのpH-速度プロフィルがベル形ではない．もし，イオン化アミノ酸残基が1個だけ触媒作用に関与しているとS字形になり，3個以上のイオン化基が関与していればもっと複雑な形になりうる．一般に酵素アッセイでは，適当な緩衝液を用いて最適pH付近に保って測定する．

パパインのpH-速度プロフィルにはpH 4.2とpH 8.2に変曲点があるので，パパインの活性は pK_a 値をおよそ4と8にもつ二つの活性部位アミノ酸残基に依存することが示唆される．このイオン化残基は，求核的なシステイン（Cys-25）と，ヒスチジン（His-159）のプロトン供与性のイミダゾール基である（図6.6）．システイン側鎖の pK_a 値は，通常，8〜9.5であるが，パパインの

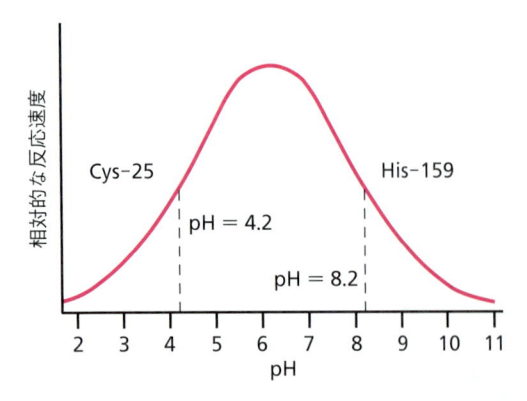

▲図6.5 パパインのpH-速度プロフィル ベル形曲線の左右の部分は，それぞれ活性部位にある二つのアミノ酸の側鎖の滴定曲線に対応する．pH 4.2の変曲点はCys-25の pK_a 値を反映し，pH 8.2の変曲点はHis-159の pK_a 値を反映している．パパインはこの二つのイオン化基がチオレート-イミダゾリウムのイオン対として存在するときだけ活性を示す．

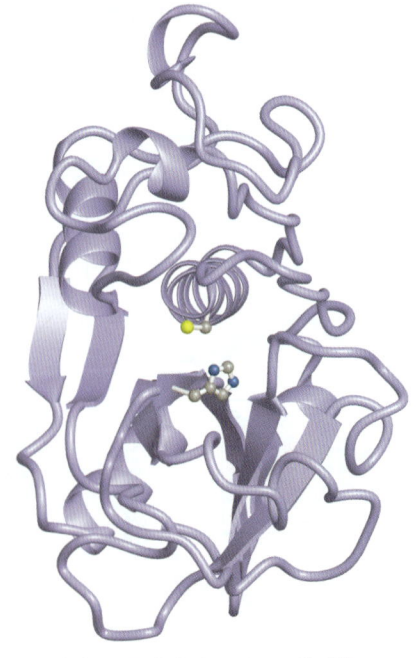

▲図6.6 パパインに存在するイオン化残基 パパインの構造モデルで，活性部位のヒスチジンとシステインは球棒モデルで示してある．イミダゾールの窒素原子は青，硫黄原子は黄色で示してある．

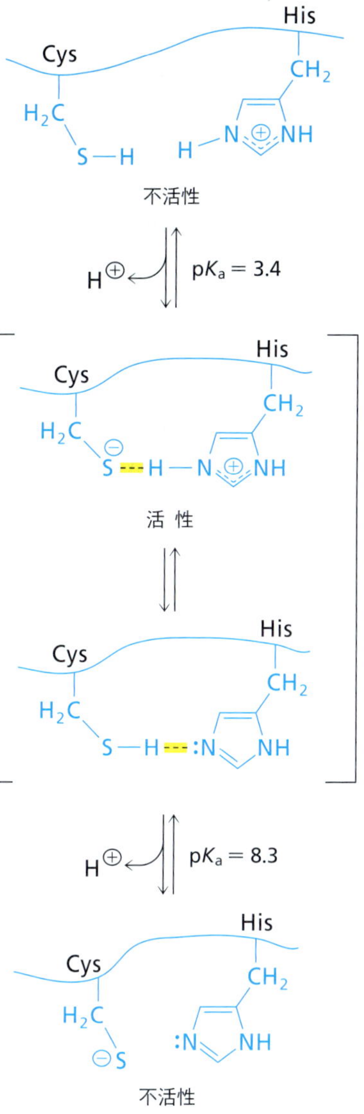

6.4 拡散律速反応

少数ではあるが，溶液内反応の物理的上限に近い速度で触媒する酵素がある．この理論的上限は，反応体が拡散によって活性部位に集まる速度である．反応体分子が衝突すると必ず起こる反応のことを**拡散律速反応**（diffusion controlled reaction）とよぶ．拡散律速反応の速度は，生理的な条件下ではおよそ $10^8 \sim 10^9$ $M^{-1} \cdot s^{-1}$ である．表6.4に，5種類の非常に速い反応速度を与える酵素の見かけの二次反応速度定数（k_{cat}/K_m）を示したので，上の理論値と比較してみよう．

基質が酵素に結合する過程は速い反応である．もし，残りの反応過程が単純で速ければ，結合の段階が律速段階となって，反応全体の速度は触媒作用の上限に近づくかもしれない．しかし，実際には化学反応のうち，このような速さで進行するのはごく少数だけである．これには，会合反応，ある種のプロトン転移，電子の転移が含まれる．表6.4に示した酵素が触媒する反応は，いずれも非常に単純であり，律速段階は基質が酵素と結合する速さと大体同じである．つまり，これらの酵素は拡散律速反応を触媒している．以下で，これらのうちの二つの酵素，トリオースリン酸イソメラーゼとスーパーオキシドジスムターゼについて，詳細にみていこう．

A. トリオースリン酸イソメラーゼ

トリオースリン酸イソメラーゼは，解糖系と糖新生（11，12章）の経路において，ジヒドロキシアセトンリン酸（dihydroxyacetone phosphate；DHAP）とグリセルアルデヒド3-リン酸（glyceraldehyde 3-phosphate；G3P）の間の速い相互変換反応を触媒する．

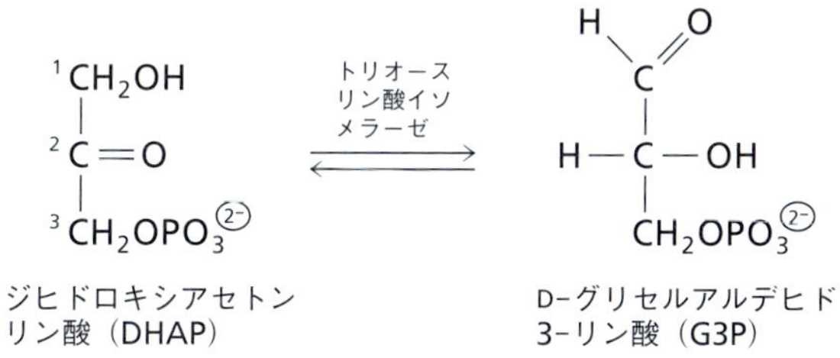

$$\text{ジヒドロキシアセトンリン酸（DHAP）} \xrightleftharpoons[]{\text{トリオースリン酸イソメラーゼ}} \text{D-グリセルアルデヒド3-リン酸（G3P）} \quad (6.15)$$

▲図6.7 パパインの活性は，活性部位にある二つのイオン化残基であるヒスチジン（His-159）とシステイン（Cys-25）に依存する　これらの残基がとる三つのイオン型を示す．中央の二つのうち，上の互変異性体だけが活性を示す．

活性部位では，Cys-25 の pK_a が 3.4 にまで大きく移動している．また，His-159 の pK_a は 8.3 に変化している．ただし，他の基のイオン化も曲線全体の形にわずかではあるが影響しているので，pH-速度プロフィルの変曲点は，Cys-25 と His-159 の pK_a 値と完全には一致しない．パパインの触媒中心がとりうる三つのイオン化型を図6.7に示したが，この酵素はチオレート基とイミダゾリウムイオンがイオン対をつくったとき（つまり，図の中央の二つの互変異性体のうち，上の方になったとき）だけ，活性を示す．

この反応は，ジヒドロキシアセトンリン酸の1位の炭素から2位の炭素にプロトンを移動させることによって進行する（図6.8）．トリオースリン酸イソメラーゼは二つのイオン化残基を活性部位にもつ．一般酸塩基触媒として働くグルタミン酸と，酵素に結合した中間体の酸素原子との間でプロトンをシャトルさせるヒスチジンである．ジヒドロキシアセトンリン酸（DHAP）が酵素に結合すると，そのカルボニル酸素が His-95 のイミダゾール基と水素結合をつくり，Glu-165 のカルボキシ基が基質の C-1 からプロトンを奪ってエンジオレート遷移状態（図6.8上）を形成する．こ

表6.4 上限に近い二次反応速度定数をもつ酵素

酵素	基質	k_{cat}/K_m [$M^{-1} \cdot s^{-1}$][†]
カタラーゼ	H_2O_2	4×10^7
アセチルコリンエステラーゼ	アセチルコリン	2×10^8
トリオースリン酸イソメラーゼ	D-グリセルアルデヒド3-リン酸	4×10^8
フマラーゼ	フマル酸	10^9
スーパーオキシドジスムターゼ	$\cdot O_2^-$	2×10^9

† k_{cat}/K_m 値は，酵素触媒反応 E+S → E+P の見かけの二次反応速度定数である．これらの酵素では ES 複合体の形成が最も遅い段階である．

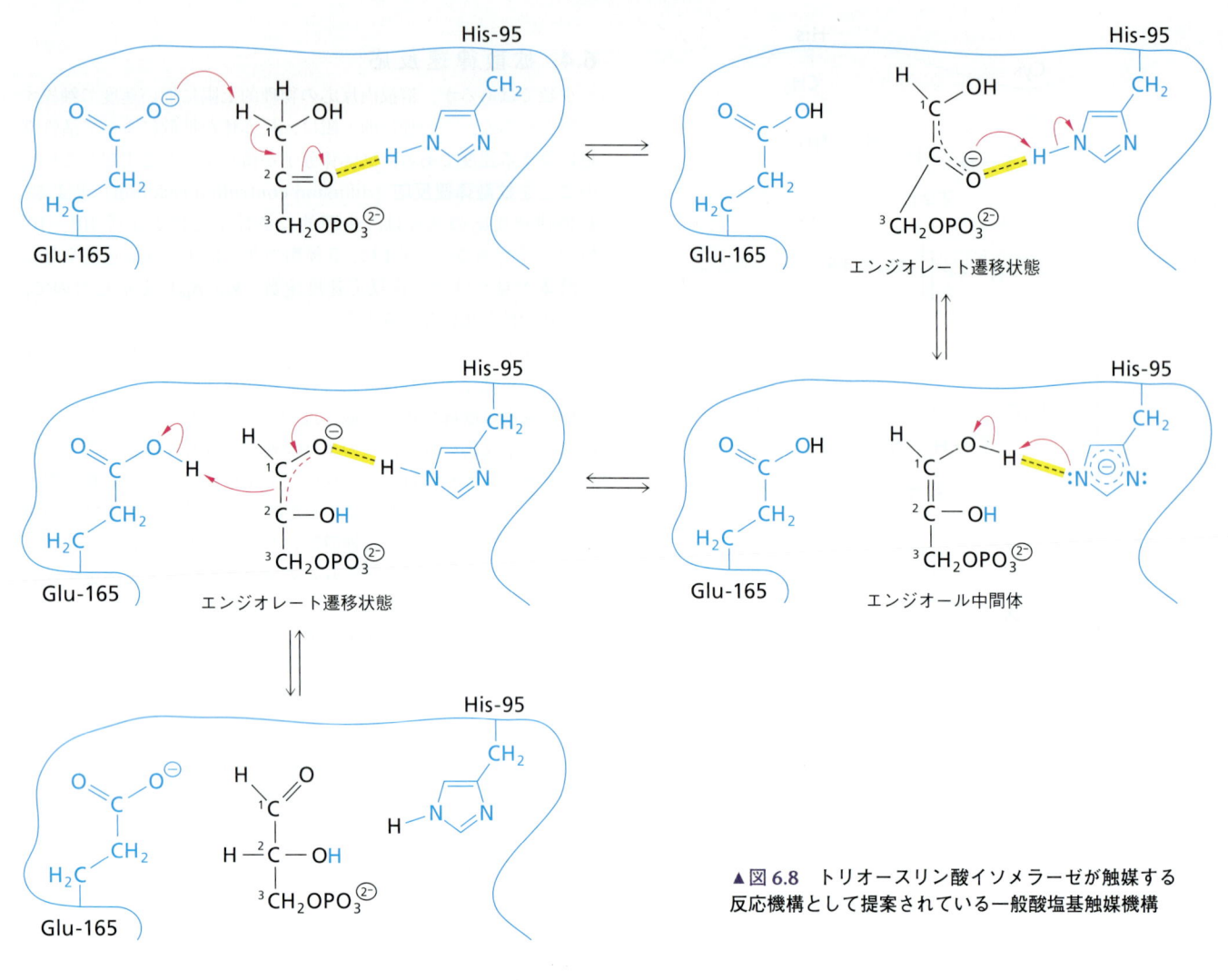

▲図 6.8 トリオースリン酸イソメラーゼが触媒する反応機構として提案されている一般酸塩基触媒機構

の遷移状態分子はただちに安定なエンジオール中間体（図 6.8 中）に変換する．つぎに，この中間体が第二のエンジオレート遷移状態をつくって D-グリセルアルデヒド-3-リン酸（G3P）に変換する．

この反応では，ヒスチジンのプロトン供与型は中性の状態にあり，プロトン受容型はイミダゾレートと思われる．この機構では，ヒスチジンと中間体の間につくられる水素結合は普通ではみられないほど強いようである．

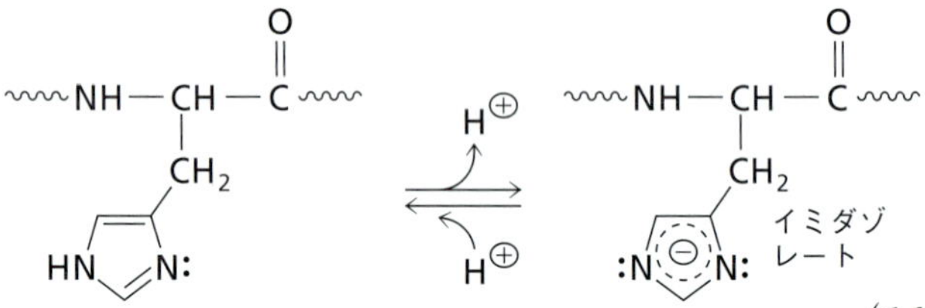

(6.16)

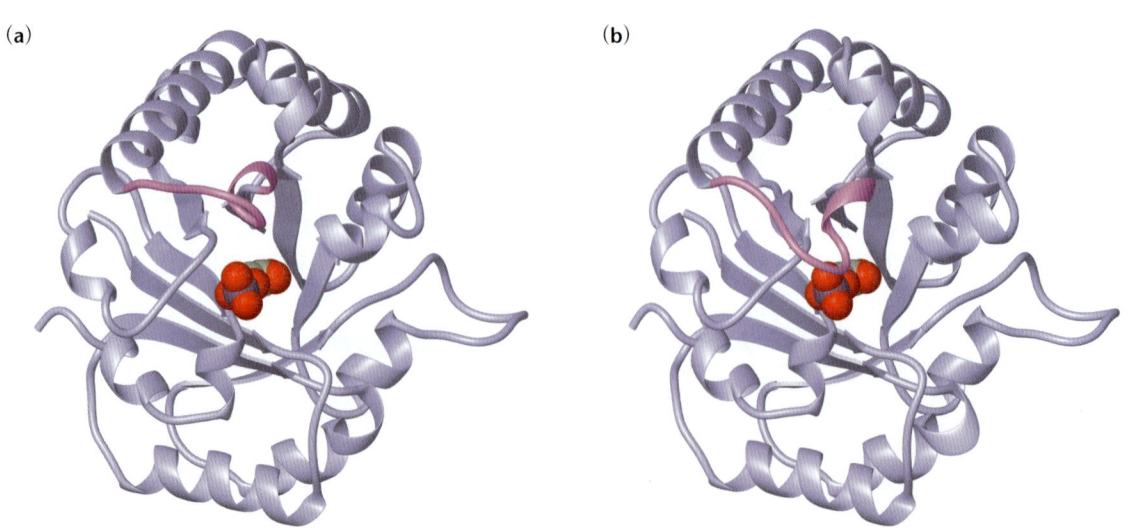

▲図 6.9 酵母（*Saccharomyces cerevisiae*）のトリオースリン酸イソメラーゼの構造　基質の位置は，基質アナログの空間充填モデルで示してある．(a) 酵素の"開いたループ"型の構造で，活性部位が空いている．(b) このループが活性部位をふさいだときの構造で，反応が完了するまでエンジオール中間体が解離しないように閉じている．

ヒスチジン残基のイミダゾレート型は通常はみられないもので，トリオースリン酸イソメラーゼの反応機構はこれの存在を示唆した最初の酵素反応機構である．

このエンジオール中間体は安定なので，これが活性部位から拡散しないように，トリオースリン酸イソメラーゼは反応が完了するまで活性部位をふさぐ"ロック"機構を進化させている．すなわち，基質が結合すると，酵素にある柔軟に動くループが活性部位を覆うように移動し，エンジオール中間体が解離しないようになっている（図6.9）．

この反応で測定可能な四つの酵素反応段階の速度定数が決定されている．

$$\text{E + DHAP} \underset{}{\overset{(1)}{\rightleftharpoons}} \text{E-DHAP} \underset{}{\overset{(2)}{\rightleftharpoons}} \\ \text{E-中間体} \underset{}{\overset{(3)}{\rightleftharpoons}} \text{E-G3P} \underset{}{\overset{(4)}{\rightleftharpoons}} \text{E + G3P} \tag{6.17}$$

こうして得られた速度定数から，図6.10に示したエネルギーダイヤグラムがつくられた．ここで注意すべき点は，酵素反応では，すべての障壁がだいたい同じ高さになっていることである．これは，各段階の調和がとれていて，特定の段階が律速段階となっていないことを意味する．基質Sが酵素Eに結合するという物理的な過程は速いが，この反応過程の中では，その後の化学的な過程よりもはるかに速いというわけではない．グリセルアルデヒド3-リン酸がジヒドロキシアセトンリン酸になるときの二次反応速度定数 $k_{\text{cat}}/K_{\text{m}}$ 値は，$4 \times 10^8\,\text{M}^{-1} \cdot \text{s}^{-1}$ であり，拡散律速反応の理論的上限速度に近い．これは，この酵素が触媒として可能な最大効率にほぼ到達したことを示している．

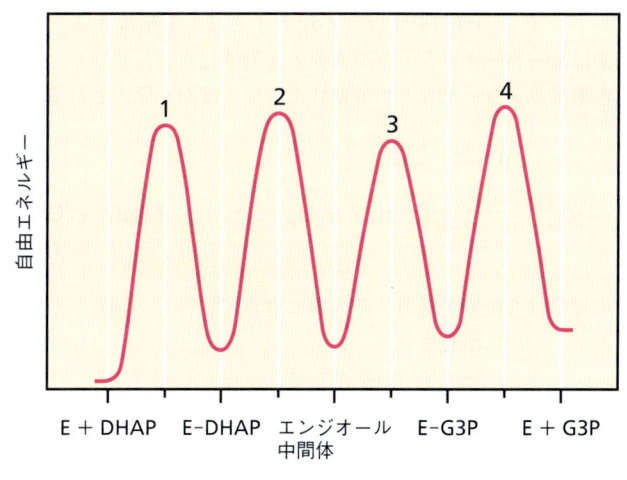

▲**図6.10　トリオースリン酸イソメラーゼが触媒する反応のエネルギーダイヤグラム**　[Raines, R. T., Sutton, E. L., Strauss, D. R., Gilbert, W., and Knowles, J. R. (1986). Reaction energetics of a mutant triose phosphate isomerase in which the active-site glutamate has been changed to aspartate. *Biochem.* 25:7142-7154 より改変.]

B. スーパーオキシドジスムターゼ

スーパーオキシドジスムターゼは，トリオースリン酸イソメラーゼよりもさらに速い触媒である．スーパーオキシドジスムターゼは酸化代謝の副生成物である有害なスーパーオキシドラジ

BOX 6.2　"完全酵素"とは？

トリオースリン酸イソメラーゼの反応機構を理解するための実験の多くは，ハーバード大学（米国マサチューセッツ州ケンブリッジ）の Jeremy Knowles の研究室で行われた．彼は，トリオースリン酸イソメラーゼでは反応全体の速度は基質が活性部位へと拡散で集まる速度だけに律速されていることから，完全な触媒作用を達成していることを示した．つまり，トリオースリン酸イソメラーゼはこれよりも速く働くことは不可能であると述べた．

これによって，トリオースリン酸イソメラーゼは最終的な効率まで進化した"完全酵素"であると多くの人が認めた．しかし，Knowlesと共同研究者は，"完全酵素"とは反応速度を最大値にまで進化させたものに限らないと述べた．ほとんどの酵素は代謝経路の一部を担っていることから，最大速度以下でも細胞の要求に対応できるため，速度を増す方向に大きな選択圧はかからない．

もし，ある経路の流れを増すこと（つまり，1秒当たりにつくられる最終生成物の量を多くすること）が有効であるとしても，個々の酵素は"完全"を達成するにはその経路の中で最も遅い酵素よりも遅くならなければよい．このときの最も遅い酵素は，非常に複雑な反応を触媒していて，すでに非常に効率が高い可能性がある．このとき，他の酵素にはより速い機構を進化させる選択圧はなく，すべては"完全酵素"である．

トリオースリン酸イソメラーゼは，すべての種でグルコースの合成を行う糖新生の一部を担っている．また，ほとんどの種では，この経路の逆のグルコースの分解（解糖）においても働いている．トリオースリン酸イソメラーゼの起源は非常に古く，細菌でも真核生物でもすべて"完全触媒"になっている．反応経路においてトリオースリン酸イソメラーゼの両側に位置するアルドラーゼとグリセルアルデヒド3-リン酸デヒドロゲナーゼ（§11.2）は，トリオースリン酸イソメラーゼよりもずっと遅い．したがって，トリオースリン酸イソメラーゼがこのように速い理由はまったく不明である．

重要な点として，酵素のほとんど大多数は，細胞の要求に"完全に"適合する程度の生体内反応速度を示すので，触媒としては完全酵素には進化しなかったことを知っておく必要がある．

▲**完全試合**　1956年のワールドシリーズで，ニューヨークヤンキースがブルックリンドジャースを相手に完全試合を達成したときに，Yogi Berra 捕手が Don Larson 投手を祝福している写真．野球では完全試合はめったにないが，"完全酵素"は数多く存在する．

カルアニオン，$\cdot O_2^-$ をすばやく除去する反応を触媒する．この酵素はスーパーオキシドを酸素分子と過酸化水素に変換し，過酸化水素はカタラーゼなどの酵素によってすばやく除去される．

$$4 \cdot O_2^- \xrightarrow[\text{スーパーオキシド}]{4H^\oplus \quad 2O_2} 2 H_2O_2 \xrightarrow{\text{カタラーゼ}} 2 H_2O + O_2 \quad (6.18)$$

この反応は2段階で進み，その間に酵素に結合した銅原子が還元されて，つぎに酸化される．

$$E\text{-}Cu^{2+} + \cdot O_2^- \longrightarrow E\text{-}Cu^{+} + O_2 \quad (6.19)$$

$$E\text{-}Cu^{+} + \cdot O_2^- + 2H^\oplus \longrightarrow E\text{-}Cu^{2+} + H_2O_2 \quad (6.20)$$

反応全体は，陰イオンである基質分子の結合，電子とプロトンの転移，電荷をもたない生成物の解離から成り，本酵素によるこれらの反応はすべて非常に速い．スーパーオキシドジスムターゼの k_{cat}/K_m 値は，25℃でおよそ $2 \times 10^9 \, M^{-1} \cdot s^{-1}$ である（表6.4）．この速度は通常の拡散速度を基に推定した基質の酵素への会合速度よりもさらに速い．

では，どうして反応速度は拡散速度を上回ることができるのだろうか．その理由は，酵素の構造が解析されたときに明らかになった．スーパーオキシドジスムターゼの活性部位付近の電場が，ES複合体の形成速度を約30倍上昇させているのである．図6.11に示したように活性部位の銅原子はタンパク質の中にある深い溝の底に位置している．活性部位ポケットの縁にある親水性のアミノ酸残基が，負に荷電した $\cdot O_2^-$ を，活性部位周辺の正に荷電した部位へと導く．スーパーオキシドジスムターゼは，静電効果によって，酵素と基質のランダムな衝突から予想される値よりもずっと速い速度で，スーパーオキシドラジカルを結合，解離できるようになっている．

おそらく多くの酵素で，静電効果によって結合速度が上昇している．しかし，多くの場合，律速段階は触媒作用であるため，速度全体（k_{cat}/K_m）は拡散律速反応の最大値よりも遅くなっている．速い触媒反応を行う酵素では，自然選択によって速度全体を上げるように速い結合をする方向が選ばれたのかもしれない．同様に，速い結合を示す酵素は，より速い反応に都合が良い機構を進化させた可能性がある．しかし，ほとんどの生化学反応は，細胞の要求に適合するために必要な速度よりも速く進む．

6.5 酵素触媒作用の結合様式

さまざまな触媒機構を定量的に調べることは難しい．ここまでに酵素が反応を触媒するときに起こる二つの化学的様式，すなわち酸塩基触媒作用と共有結合触媒作用をみてきた．非酵素触媒の研究を基にすると，酸塩基触媒作用は，一般的な酵素反応の場合，おそらく10～100倍加速していると見積もられる．また，共有結合触媒作用も同程度に加速させることができる．

これらの化学的様式は非常に重要であるが，これだけでは酵素反応で観察される触媒機能効率（一般的には 10^{14}〜10^{20}，表5.2）のごく一部しか説明できない．残りの部分は，タンパク質がリガンドを特異的に結合して正しく配置する能力をもっていることで説明できる．酵素の活性部位に反応体が正しく結合することによって，基質特異性と反応特異性が与えられるだけではなく，酵素の触媒能力の大半が与えられる（図6.12）．

二つの触媒様式が結合現象に基づいて起こる．第一は，多基質反応において活性部位に基質分子を集めて正しく配置することで，それらが自由に動く溶液内での濃度よりも実効濃度を高くしていることである．同様に，基質を活性部位残基の近くに結合することで，エントロピーを下げて活性化エネルギーを減少させ，また，二つの反応体の実効濃度をさらに上昇させている．実効濃度が高くなれば，遷移状態はより頻繁に形成されやすくなる．この現象は近接効果とよばれる．効率的な触媒作用には，反応体が酵素へ適度に弱く結合することが必要であり，あまり強く結合すると触媒作用が損なわれる．

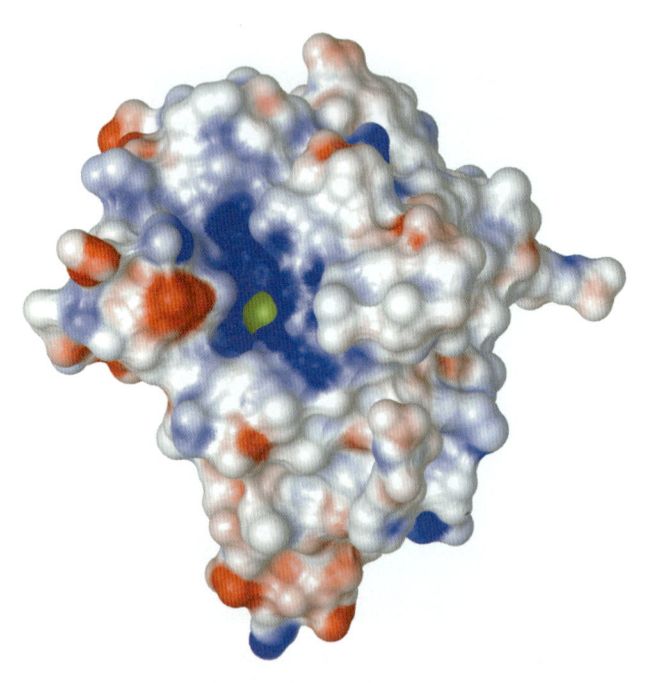

▲図6.11 ヒトのスーパーオキシドジスムターゼの表面電荷
酵素の構造を，表面を強調したモデルで示した．正に荷電した部分は青色で，負に荷電した部分は赤色で示した．活性部位にある銅原子は緑色で示した．結合部位に導く溝に，正に荷電した残基が並んでいることに着目しよう．［PDB 1HL5］

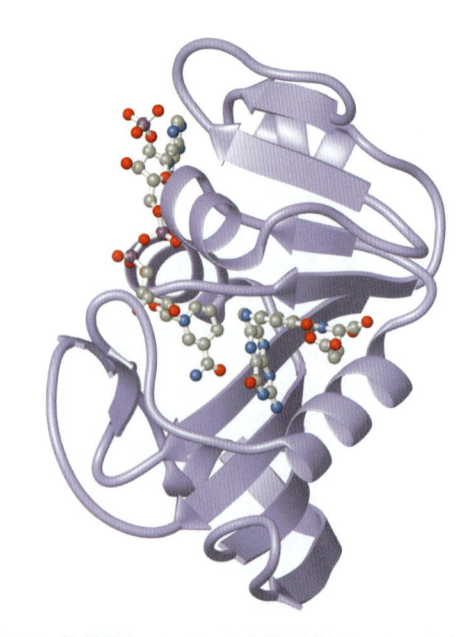

▲図6.12 基質結合 ジヒドロ葉酸レダクターゼは $NADP^+$（左）と葉酸（右）を結合し，反応が行われるように活性部位に配置する．触媒速度の上昇の大半は結合効果による．［PDB 7DFR］

リガンド-酵素の相互作用に基づく第二の重要な触媒様式は，基質や生成物よりも遷移状態の方が酵素に強く結合することである．この触媒様式は**遷移状態の安定化**とよばれる．ES と酵素反応の遷移状態 ES‡ との間には，反応の平衡とは異なる意味の平衡がある．遷移状態にあるリガンドと酵素が相互作用することは，この平衡を ES‡ の方へ向かわせ，活性化エネルギーを減少させる．

近接効果と遷移状態の安定化はすでに図 6.3 に示した．近接効果は反応速度を 10000 倍以上も上昇させ，遷移状態の安定化にも少なくとも同程度の効果があることが実験から示唆されている．これら二つの効果が化学的な触媒効果と掛け合わされたとき，酵素は非常に大きな触媒機能効率を示すことができる．

ES 複合体の形成にかかわる結合力や，ES‡ の安定化にかかわる結合力については，2 章や 4 章ですでに出てきている．それは，電荷-電荷相互作用，水素結合，疎水性相互作用，およびファンデルワールス力という弱い力である．電荷-電荷相互作用は水溶液中よりも非極性環境の方が強い．活性部位はおおむね非極性なので，酵素の活性部位での電荷-電荷相互作用はきわめて強くなりうる．アスパラギン酸，グルタミン酸，ヒスチジン，リシン，アルギニン残基の側鎖は，活性部位において基質とのイオン対をつくる正および負に荷電した基を与える．つぎに強いのは水素結合であり，酵素と基質の間につくられることが多い．ペプチドの主鎖と多くのアミノ酸の側鎖は水素結合をつくることができる．疎水性が非常に高いアミノ酸や，アラニン，プロリン，トリプトファン，チロシンは，リガンドの非極性基と疎水性相互作用することができる．多くの弱いファンデルワールス力もまた，基質結合を助けている．ここで重要なことは，アミノ酸残基の化学的性質と酵素の活性部位の形の両方で，どの基質が結合するかが決まることである．

A. 近接効果

酵素のことを，エントロピートラップという言葉を用いて表現することがよくある．つまり薄い溶液中から動き回る反応体を集めることによってエントロピーを大きく減少させ，相互作用の確率を高めるものという意味である．ここでは，活性部位に配置された 2 分子の反応を，分子内反応あるいは単分子反応とみなして考えてみる．活性部位において 2 個の反応基が正しい位置をとることが自由度を減少させ，エントロピーを大きく失わせる．このエントロピー減少によって，大きな速度上昇が説明される（図 6.13）．この速度上昇（触媒機能効率）は単分子反応における反応基の相対的な濃度上昇の形で表すことができ，この濃度は**実効モル濃度**とよばれる．実効モル濃度は次式の比として得られる．

$$\text{実効モル濃度} = \frac{k_1 [\text{s}^{-1}]}{k_2 [\text{M}^{-1} \cdot \text{s}^{-1}]} \tag{6.21}$$

ここで，k_1 は反応体をあらかじめ 1 分子内に集合させたときの反応速度定数であり，k_2 はこれに相当する二分子反応の反応速度定数である．この式では，M 以外のすべての単位は消去され，上式の比はモル濃度の単位で表される．実効モル濃度は実際の濃度ではなく，反応によってはこの値はありえないほど高くなる場合もある．しかし，実効モル濃度は，反応基がどれほど都合の良い方向を向いているかをよく表現している．

近接効果の重要性は，非酵素的な二分子反応を化学的に類似した一連の分子内反応と比較した実験からよくわかる（図 6.14）．二分子反応として，p-ブロモフェニル酢酸の加水分解を取上げ

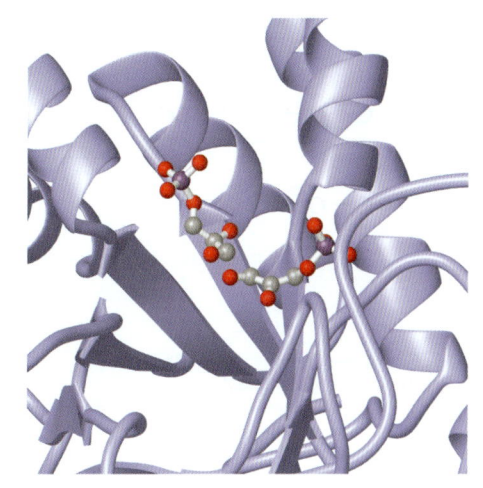

▲図 6.13　**近接効果**　フルクトース-1,6-ビスリン酸アルドラーゼは，糖新生においてジヒドロアセトンリン酸（DHAP）とグリセルアルデヒド 3-リン酸（G3P）からフルクトース 1,6-ビスリン酸を生成する反応を触媒する酵素であり，解糖系においてはフルクトース 1,6-ビスリン酸を分解して DHAP と G3P を生成する反応を触媒する（§11.2.4）．生合成反応では，二つの基質である DHAP と G3P が活性部位において近接して集まり，二つが結合してフルクトース 1,6-ビスリン酸というより大きな分子が形成されるように配置されなければならない．この近接効果について，結核菌（*Mycobacterium tuberculosis*）の酵素を用いて図示した．［PDB 2EKZ］

た．この反応は，酢酸で触媒され，無水酢酸を経由する 2 段階から成る．（2 段階目の無水酢酸の加水分解は図 6.14 には示していない．）一方，単分子反応としては，二つの反応基を回転の制約が順次大きくなる架橋でつないだ一連の化合物を用いた．基質分子に課された制約が大きくなるほど，相対的な速度定数（k_1/k_2）は大きく上昇した．化合物 2 のグルタル酸エステルは自由回転できる結合が二つあるのに，化合物 3 のコハク酸エステルでは一つになっている．そして，最も制約された堅い二環式化合物 4 では，回転自由度は 0 になっている．また，この化合物ではカルボキシ基はエステルに非常に近接しており，反応基の並び方も反応に都合よくなっている．そのため，カルボキシ基の実効モル濃度は 5×10^7 M に達している．化合物 4 の反応確率は，遷移状態に移行する際に必要となるエントロピーの減少はほとんどないので，きわめて高い．理論的に計算すると，近接効果から予想される触媒機能効率は最大で約 10^8 である．この触媒機能効率全体は，二つの反応体が反応のために正しく配置されるときに生じるエントロピーの減少によるものである．こうした分子内反応は，酵素の活性部位に二つの基質が結合して配置されたときのモデルになりうる．

!　特異的な基質を酵素の活性部位に正しく結合して配置することによって，反応の触媒機能効率が大きく上昇する．

B. 基質の酵素への弱い結合

ES 複合体での反応は，基質が二つある場合でも単分子反応と似たものとみなされる．活性部位に基質が正しく配置されることで反応は大きく加速されるが，酵素は，近接効果によって理論的に得られる最大 10^8 というような触媒機能効率を示すことはない．一般には，基質の結合によるエントロピーの減少では，およそ 10^4 倍に加速されるだけである．その理由は，ES 複合体におい

	反応			相対的な速度定数

▲図 6.14 **フェニルエステルを置換した，一連のカルボキシ基の反応** 反応基が近い位置で，より強固に固定されるほど速度が上昇する事実から，近接効果を理解することができる．反応 4 の速度定数は，反応 1 の二分子反応より 5000 万倍も大きい．[Bruice and Pandit (1960). Intramolecular models depicting the kinetic importance of "fit" in enzymatic catalysis. *Biochem.* 46:402-404 を基にして作成．]

ては，反応体は遷移状態の方向に向かってはいるものの，非常に近づいているわけではないためである．この結論は，基質や阻害剤が酵素に結合する強さを実際に測定した結果や，その機構に関する推論に基づいている．このような制約があるおもな要因は，基質が酵素に極度に強く結合することはない，つまり，K_m 値が極端に低くなることはないことによる．

図 6.15 に，非酵素的な単分子反応のエネルギーダイヤグラムと，これに相当する多段階の酵素触媒反応のダイヤグラムを示した．

次節で学ぶように，酵素は遷移状態を安定化（あるいは強く結合）することで反応速度を高めている．したがって，酵素反応でES から遷移状態 ES‡ に到達するために必要なエネルギーは，S が非酵素反応における遷移状態 S‡ となるために必要なエネルギーよりも少ない．

ここで，基質は ES の状態では適度に弱く結合しなければならないことを再度考えよう．もし，基質があまりに強固に結合すると，ES から ES‡ となるのに必要なエネルギー（矢印2）が，非

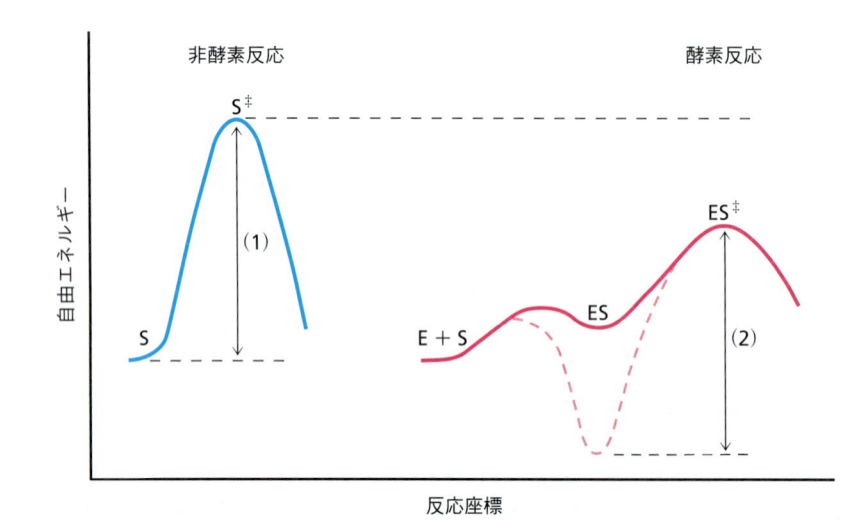

◀図 6.15 **基質結合のエネルギー** この仮想的な反応では，酵素は遷移状態を安定化することによって反応を加速している．ES から遷移状態 ES‡ に移行する際の活性化障壁は比較的低くなければならない．もし，酵素が基質を過度に強く結合すると，下の破線のようになり，矢印（2）で示した活性化障壁が，非酵素反応（1）と同じくらいになってしまう．

酵素反応でSからS‡になるのに必要なエネルギー（矢印1）と同じくらいになってしまう．要するに，基質が極端に強く結合すると，触媒反応はほとんど，あるいはまったく起こらなくなってしまうのである．このようなESが過度に安定化した状態を熱力学的落とし穴という．酵素の役割は，遷移状態になる前に，基質を結合して配置することにあり，ES複合体が安定化しすぎるほど強固に結合してはならない．

さまざまな酵素の基質に対する K_m 値（つまり，解離定数）をみると，酵素は熱力学的落とし穴を避けていることがわかる．多くの場合，K_m 値は 10^{-4} M の桁であり，この数値は基質の弱い結合を示している．尿素や二酸化炭素，スーパーオキシドアニオンのような小分子の基質に特異的な酵素は，これらの化合物に対して比較的大きい K_m 値（$10^{-3}\sim10^{-2}$ M）を示すことが多い．これは，これらの分子は酵素との間に少数の非共有結合しかつくれないからである．一般に，基質よりも大きい分子である補酵素に対する K_m 値の方が小さい（$10^{-6}\sim10^{-5}$ M）．ATPを必要とする酵素にATPが結合するときの K_m 値はおよそ 10^{-4} M 程度かそれ以上であるが，ATPを結合する筋繊維タンパク質であるミオシン（酵素ではない）はATPを10億倍も強く結合する．結合におけるこうした大きな違いは，ES複合体では基質のすべての部分が結合にかかわっていないことを示している．

> K_m の意味については §5.3C で述べた．ほとんどの場合，K_m 値は反応（$E+S \rightleftharpoons ES$）の解離定数にほぼ一致する．したがって，$10^{-4}$ M という K_m 値は，ES複合体の濃度が遊離の基質の濃度よりも1万倍高い所に平衡があることを意味している．

細胞内の基質濃度が，これを用いる酵素の K_m 値以下になるほど低い場合，$E+S \rightleftharpoons ES$ という結合反応の平衡は $E+S$ に偏る．別の言い方をするなら，ES複合体の形成はエネルギー的にやや上り坂になっており（図6.3と6.15），ES複合体のエネルギーは基底状態よりも遷移状態に近い．この基質の弱い結合が反応を促進する．K_m 値は触媒効率がより高まるように進化の過程で最適化されてきたと考えられる．その結果として，K_m 値が近接効果をもたらすほどには小さく，しかし，ES複合体が安定化しすぎない程度には大きくなったのである．基質の弱い結合は，酵素の触媒作用を駆動するためのもう一つの主導的な力，つまり，遷移状態ES‡において反応体を結合する力を大きくするための重要なポイントになっている．

C. 誘導適合

酵素は，柔軟性が限られている点では固体触媒に似ているが，完全に堅い分子ではない．タンパク質中の原子は，小さな速い運動を常に行っており，リガンドの結合によってコンホメーションの微調整が起こる．酵素が最初から活性型になっていればいちばん効率的であり，そのときには，活性のあるコンホメーションに変えるための結合エネルギーはいらない．しかし，基質が結合したときに形が大きく変化する場合がある．それは酵素が不活性型から活性型に変わる場合である．基質がコンホメーション変化の引き金となって酵素が活性化することを**誘導適合**（induced fit）とよぶ．誘導適合は触媒様式ではなく，基本的に基質特異性効果である．

誘導適合の一例が，グルコースをATPによってリン酸化する反応を触媒する酵素であるヘキソキナーゼでみられる．

グルコース + ATP $\rightleftharpoons$ グルコース6-リン酸 + ADP　　(6.22)

水（HOH）は，グルコース（ROH）のC-6位のアルコール性ヒドロキシ基に似ていて小さいため，ヘキソキナーゼの活性部位にちょうど合う形をしていることから，良い基質になる可能性がある．もし水が活性部位に入れば，ヘキソキナーゼはATPの加水分解をすばやく触媒するであろう．しかし，実際には，ヘキソキナーゼの触媒作用によるATPの加水分解は，グルコースのリン酸化よりも40000倍も遅いことが示されている．

それでは，酵素はグルコースがないとき，ATPの無駄な加水分解をどのように防いでいるのだろうか．ヘキソキナーゼの構造解析の結果から，ヘキソキナーゼには二つのコンホメーションがあり，それは，グルコースがないときの開いた状態とグルコースが結合したときの閉じた状態であることがわかった．グルコースが結合すると，ヘキソキナーゼの二つのドメイン間の角度がかなり変化し，酵素-グルコース複合体の溝が閉じる（図6.16）．生成物を生じるATPの加水分解は，新たにできた活性部位にグルコースがすでに結合している，閉じた状態の酵素だけで起こる．水はヘキソキナーゼのコンホメーション変化を誘導するほど大きい基質ではなく，これが，水はATPの加水分解を促進しない理由である．このようにヘキソキナーゼの活性部位が糖によって閉じることで，無駄にATPが分解されないようにしている．ほかにも多くのキナーゼが誘導適合の機構に従っている．

ヘキソキナーゼの誘導適合機構に付随してもたらされる基質特異性は，細胞のATPを節約しているが，触媒としてのコストを上げている．ヘキソキナーゼ分子をもともとは取りにくいコンホメーションである閉じた形にするのに使われる結合エネルギーは，触媒作用には利用できないエネルギーである．その結果，誘導適合機構を採用している酵素は，同じ反応を触媒するのに常に

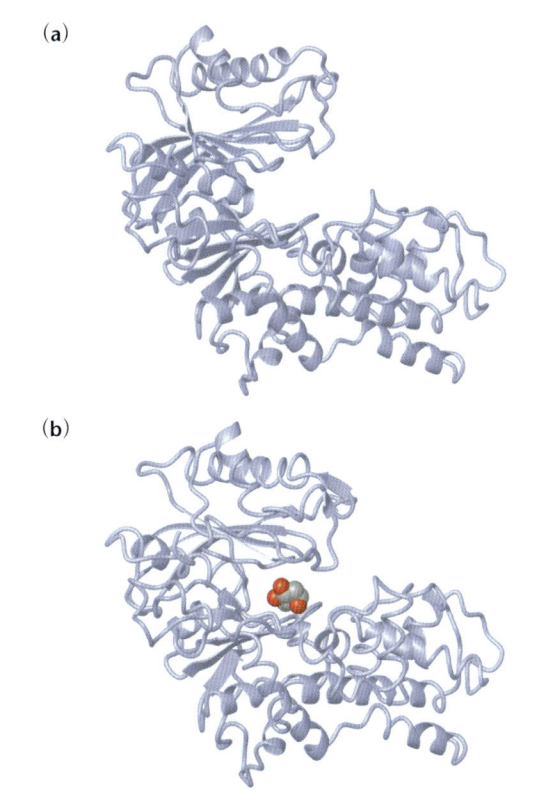

▲図6.16　**酵母のヘキソキナーゼ**　この酵素には，ヒンジ領域によってつながれた二つのドメインがある．グルコースの結合によって，二つのドメインが閉じ，活性部位を水からシールドする．(a) 開いたコンホメーション [PDB 2YHX], (b) 閉じたコンホメーション [PDB 1HKG].

図6.17 トリオースリン酸イソメラーゼの遷移状態アナログである2-ホスホグリコール酸 2-ホスホグリコール酸は，ジヒドロキシアセトンリン酸（右）と反応においてできる最初のエンジオール中間体の間にできる遷移状態（中央）の C-2 と C-3 のアナログと考えられる．

活性型を保つと仮定した酵素よりも効率は落ちる．また，誘導適合によって触媒にかかるコストは，キナーゼの速度の低下として表れており，k_{cat} 値は $10^3\ s^{-1}$ 程度になっている（表5.1）．誘導適合の別の例と，それがどのように代謝エネルギーを節約しているかについては，§13.3.1でクエン酸シンターゼを用いて述べる．トリオースリン酸イソメラーゼのループが閉じる反応も，誘導適合による結合様式の例である．

ヘキソキナーゼ，クエン酸シンターゼ，トリオースリン酸イソメラーゼは，誘導適合機構のやや極端な例である．近年行われた酵素の構造解析の研究から，ほとんどの酵素が，基質を結合するときに誘導適合による何らかのコンホメーション変化を起こすことがわかった．堅固な鍵と鍵穴という単純な概念は，"鍵穴（酵素）"と"鍵（基質）"の両方が完全に適合するように互いに調整しあうという，動的な相互作用の概念に取って代わられつつある．

応における反応体の遷移状態よりも絶対エネルギーが低い，つまり，より安定である．遷移状態のなかには，基質よりも 10^{10}〜10^{15} 倍も強く酵素に結合するものがあるが，一般的な酵素ではこれほど極端な親和性を必要としない．生化学者の重要な課題は，どのようにして遷移状態の安定化が起こるかを示すことである．

$ES^{\ddagger}$ の相対的な安定化は，酵素の活性部位が基質よりも遷移状態により適合する形状と静電的配置を取っていれば起こりうる．したがって，まだ形が変わっていない状態の基質分子は完全には結合できない．たとえば，酵素には不安定な遷移状態だけにみられる部分的な電荷を結合する場所がある可能性がある．

遷移状態分子の半減期は非常に短いため，検出するのは困難である．生化学の分野で遷移状態を研究する一つの方法は，酵素に結合できる安定なアナログ（類似分子）をつくることである．このような**遷移状態アナログ**（transition-state analog）は，予想さ

> ❗ 酵素の多くは，誘導適合機構による結合様式をもつ．

D. 遷移状態の安定化

酵素は，基質の構造を物理的に，あるいは電気的にゆがめて遷移状態に近い構造にすることで反応を触媒している．遷移状態の安定化，つまり遷移状態において酵素と基質の相互作用が増すことによって酵素の触媒機能効率の多くが説明される．

Emil Fischer の酵素特異性に関する鍵と鍵穴説（§5.2 B）を思い出してみよう．Fischer は酵素を鍵のような決まった基質だけを受け入れる固い鋳型だと提案した．この説は，すでに動的なモデルに代わっており，新しいモデルでは，酵素と基質の両方が相互作用によってコンホメーション変化する．また，古典的な鍵-鍵穴モデルでは酵素と基質の相互作用を考えているが，今では，酵素と遷移状態を想定し，"鍵穴"に合う"鍵"は基質分子ではなく，遷移状態である．基質が酵素に結合すると，酵素は基質の構造をゆがめて遷移状態に近づける．基質分子との相互作用は，$ES^{\ddagger}$ 状態になったときに初めて最大になる．$ES^{\ddagger}$ でのこうした結合の一部は，反応に直接関与しない基質の部分と酵素との間で起こる．

酵素は形状においても化学的性質においても，遷移状態に対して相補的でなければならない．図6.15のグラフから，遷移状態が酵素に強固に結合することによって活性化エネルギーが下がることがわかる．$E+S$ と $ES^{\ddagger}$ の間のエネルギーの差は，S と $S^{\ddagger}$ の間よりもかなり小さいので，k_{cat} は k_n（非酵素反応の速度定数）よりも大きくなる．酵素-基質遷移状態 $ES^{\ddagger}$ 複合体は，非触媒反

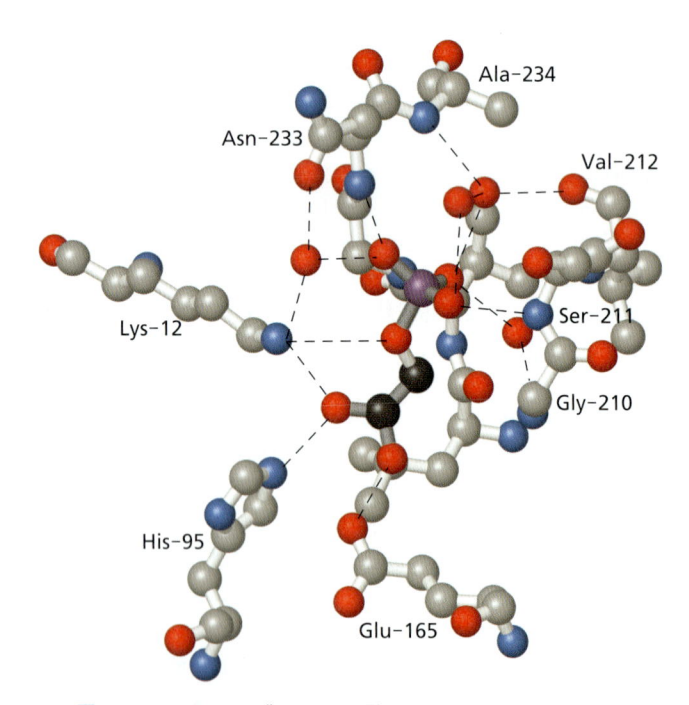

▲図6.18 **2-ホスホグリコール酸のトリオースリン酸イソメラーゼへの結合** 遷移状態アナログである2-ホスホグリコール酸は *Plasmodium falciparum*（マラリア原虫の一種）のトリオースリン酸イソメラーゼの活性部位に結合する．この分子は，リン酸基と周辺のアミノ酸側鎖の間にできる多数の水素結合によって配置される．この水素結合の一部は，活性部位に"くぎ付け"にされた水分子を介してつくられている．触媒残基である Glu-165 と His-95 は，遷移状態で予想されるように，2-ホスホグリコール酸のカルボキシ基と水素結合している．[PDB 1LYZ]

図6.19 遷移状態アナログによるアデノシンデアミナーゼの阻害
(a) アデノシンの脱アミノ反応では，プロトンがN-1位に付加され，水酸化物イオンがC-6位に付加されることによって，不安定な共有結合水和物ができ，これがイノシンとアンモニアに分解される．(b) 阻害剤であるプリンリボヌクレオシドは共有結合水和物である6-ヒドロキシ-1-ヒドロプリンリボヌクレオシドをすばやく形成する．この共有結合水和物は遷移状態アナログであり，別の競合阻害剤である1,6-ジヒドロプリンリボヌクレオシド (c) よりも100万倍以上強く酵素に結合する．(b) の遷移状態アナログと (c) の競合阻害剤とは，6位のヒドロキシ基がないところだけが違う．

れる遷移状態に構造が類似した分子である．もし酵素が遷移状態の方により強く結合するなら，遷移状態アナログをつくれば，それは酵素に非常に強く，すなわち，基質よりもずっと強固に酵素に結合して，強力な阻害剤となるはずである．遷移状態アナログの解離定数は，10^{-13} M かそれ以下になる可能性がある．

遷移状態アナログの最初の例の一つが，2-ホスホグリコール酸（図6.17）である．この分子の構造は，トリオースリン酸イソメラーゼ（§6.4 A）が触媒する反応の最初のエンジオレート遷移状態に類似している．この遷移状態アナログは，この酵素の基質のどれよりも，酵素に少なくとも100倍は強く結合する（図6.18）．この強い結合には，2-ホスホグリコール酸のカルボキシ基の，部分的に負に荷電した酸素原子がかかわっている．この結合は遷移状態では可能だが，基質では起こらない．

アデノシンデアミナーゼに関する実験から，遷移状態に非常によく似ているために，驚くほどの親和性で酵素に結合する遷移状態アナログが見いだされた．アデノシンデアミナーゼはプリヌクレオシドであるアデノシンをイノシンへと加水分解によって変換する反応を触媒する．この反応の第一段階は，水分子の付加である（図6.19a）．アデノシンが酵素と結合するとほとんど同時に，共有結合水和物とよばれる水分子との複合体が形成され，直ちに分解されて生成物になる．アデノシンデアミナーゼの基質特異性はかなり広く，プリヌクレオシドの6位からさまざまな基を加水分解によって除去する反応を触媒する．しかし，阻害剤であるプリンリボヌクレオシド（図6.19 b）は，6位が単なる水素であり，酵素の加水分解反応の第一段階，すなわち水分子の付加のみが進む．こうしてできた共有結合水和物は遷移状態アナログであり，K_i 値が 3×10^{-13} M の競合阻害剤である．（ちなみに，アデノシンデアミナーゼの本当の遷移状態に対する親和定数は，3×10^{-17} M と推定されている．）このアナログの結合は基質や生成物の結合よりも 10^8 以上も強い．これと非常によく似ているが，還元型の阻害剤である1,6-ジヒドロプリンリボヌクレオシド（図6.19 c）は，C-6位のヒドロキシ基を欠いており，K_i 値は 5×10^{-6} M にすぎない．これらの研究から，アデノシンデアミナーゼは，C-6位のヒドロキシ基との相互作用によって遷移状態アナログを，そして遷移状態を，非常に強く特異的に結合すると結論された．

> アデノシンデアミナーゼの機能については§18.9で述べる．

遷移状態アナログを結合したアデノシンデアミナーゼの構造を図6.20に示した．また，このアナログと活性部位にあるアミノ酸残基の側鎖との相互作用を図6.21に示した．Asp-292 と 6-ヒドロキシ-1-ヒドロプリンのC-6位にあるヒドロキシ基との水素結合と，同じヒドロキシ基と活性部位に結合した亜鉛イオンとの相互作用に着目しよう．このような構造から，この酵素は，通常の反応においてこの遷移状態に特異的に結合するという仮説が検証された．

> ! 酵素の触媒能力は，結合効果（基質を集めて正しい向きに配置する）と遷移状態の安定化によって説明される．その結果，活性化エネルギーが減少し，反応速度が増す．

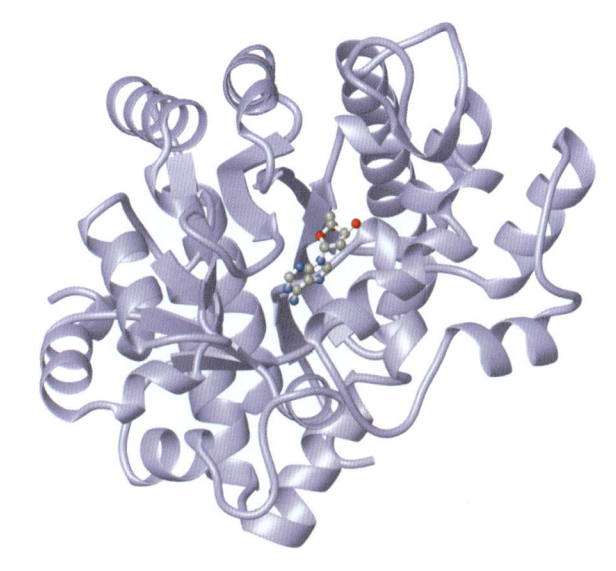

▲ 図6.20 遷移状態アナログを結合したアデノシンデアミナーゼ

6.6 セリンプロテアーゼ

セリンプロテアーゼは，タンパク質のペプチド結合を切断する酵素分類の一つである．セリンプロテアーゼは，その名が示す通り，活性部位にセリンが存在することが特徴である．最もよく研究されているセリンプロテアーゼに，トリプシン，キモトリプシ

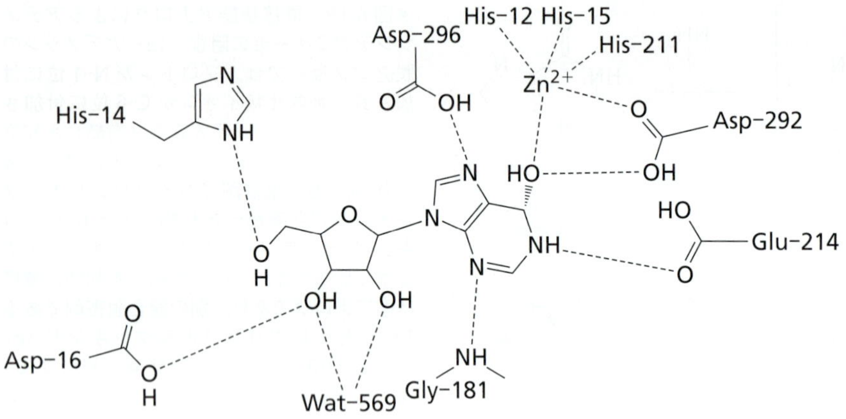

◀図 6.21 **遷移状態アナログのアデノシンデアミナーゼへの結合** 遷移状態アナログである 6-ヒドロキシ-1-ヒドロプリンと，アデノシンデアミナーゼの活性部位にあるアミノ酸側鎖との相互作用から，この酵素が C-6 位のヒドロキシ基を認識していることが確かめられた［PDB 1KRM］.

ン，エラスターゼという互いに類似した酵素がある．セリンプロテアーゼは，タンパク質の構造と触媒機能の関係を調べるうえで非常に優れた研究対象となっており，この 50 年間，盛んに研究され，生化学の歴史と酵素反応機構の解明において重要な位置を占めてきた．本節では，セリンプロテアーゼの活性がチモーゲン（前駆体）の活性化によってどのように調節されているかを学び，さらにさまざまなプロテアーゼの基質特異性を担う構造上の基盤について考える．

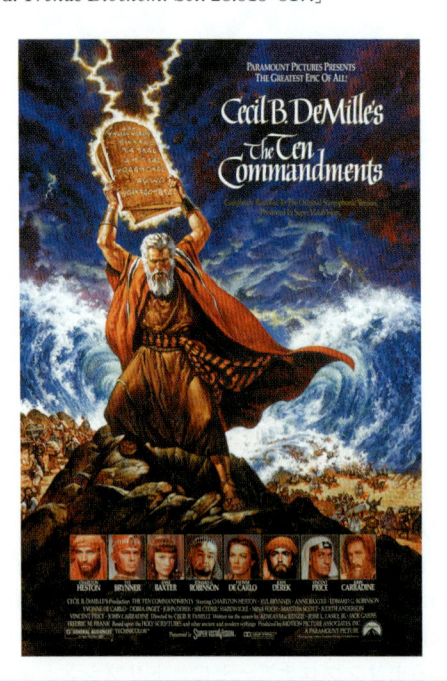

A. チモーゲンとは不活性な酵素前駆体のことである

　哺乳類は，胃と腸で食物を消化する．この過程において，食物タンパク質は消化管を通る間に一連の加水分解反応を受ける．そしゃくと唾液の水分添加によって機械的に分解された食物は，飲み込まれて胃で塩酸と混じる．酸はタンパク質を変性させ，酸性環境で最もよく働くプロテアーゼであるペプシンが変性したタンパク質の加水分解を触媒して，ペプチド混合物に変える．このペプチド混合物はつぎに腸に入り，そこで炭酸水素ナトリウムによって中和され，さらに複数のプロテアーゼによる消化を受けて，血流中に吸収されうるアミノ酸や小さなペプチドに分解される．

　ペプシンは，ペプシノーゲンとよばれる不活性な前駆体として最初に分泌される．ペプシノーゲンが胃の中で塩酸にさらされると，自己切断によって活性がより高いペプシンへと活性化する．胃での分泌は食物によって，あるいは食物が来るかもしれないという期待によって高まる．これは，100 年以上前に Ivan Pavlov の実験によって示された（Pavlov は 1904 年にノーベル生理学・医学賞を受賞している）．この不活性な前駆体はチモーゲンとよばれるが，Pavlov は，チモーゲンが胃や腸で活性をもつプロテアーゼに変換されることを初めて示した．

　主要なセリンプロテアーゼにトリプシン，キモトリプシン，エラスターゼがあり，合わせて腸でのタンパク質消化の大半が触媒される．これらの酵素は，ペプシンと同じようにチモーゲンとよばれる不活性な前駆体として合成，蓄積される．それぞれのチモーゲンは，トリプシノーゲン，キモトリプシノーゲン，プロエラスターゼとよばれ，膵臓で合成される．活性型のプロテアーゼには細胞質タンパク質を切断して膵臓細胞を殺す可能性があるので，細胞内ではこれらの加水分解酵素を不活性な前駆体として蓄積しておくことが重要である．

　チモーゲンが膵臓から分泌されて小腸に入ったとき，選択的タンパク質分解，つまり 1～数箇所の特異的なペプチド結合が酵素的な切断を受けて活性化する．エンテロペプチダーゼとよばれるプロテアーゼがトリプシノーゲンの Lys-6 と Ile-7 の間を切断する反応を触媒して，特異的にトリプシノーゲンをトリプシンへと活性化する．N 末端のヘキサペプチドが除かれて活性化したトリプシンは，他のトリプシノーゲン分子を含めた，膵臓由来の他のチモーゲン分子を限定分解して活性化する（図 6.22）．

　キモトリプシノーゲンがキモトリプシンになる活性化反応は，

BOX 6.3　Kornberg の十戒

1. 生物学の問題は酵素学によって解き明かされる．
2. 生化学の普遍性と微生物学の力を信じなさい．
3. 説明できることを理由に物事を信じてはならない．
4. 澄んだ思考を濁った酵素で無駄にしてはいけない．
5. 純粋な酵素を不純な基質で無駄にしてはいけない．
6. 新たな扉はウイルスによって開かれる．
7. 細胞内の分子クラウディング（混み合い）を考慮して，抽出による希釈を補正しなさい．
8. DNA がもつ個性を尊重しなさい．
9. 逆遺伝学とゲノミクスを用いなさい．
10. 酵素を無比の試薬と考えなさい．

Arthur Kornberg，1959 年ノーベル生理学・医学賞受賞．
［Kornberg, A. (2000). Ten commandments: lessons from the enzymology of DNA replication. *J. Bacteriol.* 182:3613-3618.
Kornberg, A. (2003). Ten commandments of enzymology, amended. *Trends Biochem. Sci.* 28:515-517.］

6.6 セリンプロテアーゼ

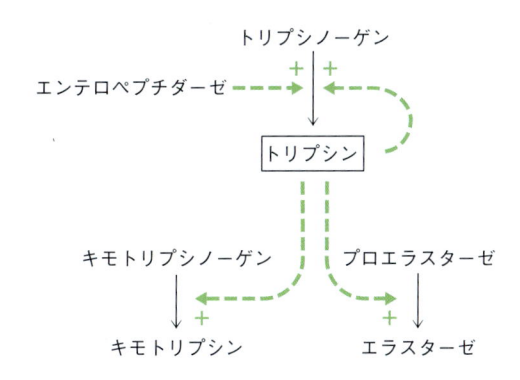

▲図 6.22 **膵臓のチモーゲンの活性化** 最初にエンテロペプチダーゼがトリプシノーゲンからトリプシンへの活性化を触媒する．つぎにトリプシンは，キモトリプシノーゲン，プロエラスターゼ，および他のトリプシノーゲン分子を活性化する．

トリプシンかキモトリプシン自身によって触媒され，キモトリプシン中の 4 箇所のペプチド結合（13 と 14，15 と 16，146 と 147，148 と 149 の間）が切断されて，二つのジペプチドが遊離する．この結果生じたキモトリプシンは，主鎖に 2 箇所の断裂があるが，三次元的な形態を保持している．この安定性の一部は，タンパク質内に存在する五つのジスルフィド結合に依存している．

X線結晶解析によって，キモトリプシノーゲンとキモトリプシンのコンホメーションの大きな違いが一つ明らかになった．それは，チモーゲンには疎水的な基質結合ポケットがないことである．この差違を，キモトリプシノーゲンとキモトリプシンの構造を比較して図 6.23 に示した．チモーゲンは活性化すると，切断によって新たに生じた Ile-16 の α-アミノ基が内側に入り込み，Asp-194 の β-カルボキシ基と相互作用してイオン対をつくる．この局所的なコンホメーション変化により，三つのイオン化側鎖をもつ三つの触媒残基（Asp-102，His-57 および Ser-195）の近傍に疎水性がやや高い基質結合ポケットができる．

B. セリンプロテアーゼの基質特異性

キモトリプシン，トリプシン，エラスターゼは共通の祖先をもつ似た酵素であり，互いにアミノ酸配列の相同性がある．いずれの酵素も，二つのドメイン間の裂け目に活性部位が位置するような二葉構造をとっている．活性部位に存在するセリン，ヒスチジン，アスパラギン酸残基の触媒活性をもつ側鎖の位置は，この 3 種類の酵素ではほぼ同じである（図 6.24）．

キモトリプシン，トリプシン，エラスターゼの基質特異性は，構造上の比較的小さい違いによって説明できる．まず，トリプシンは，アルギニンかリシンがカルボニル基を与えているペプチド結合の加水分解を触媒することを思いだそう（§3.10）．キモトリ

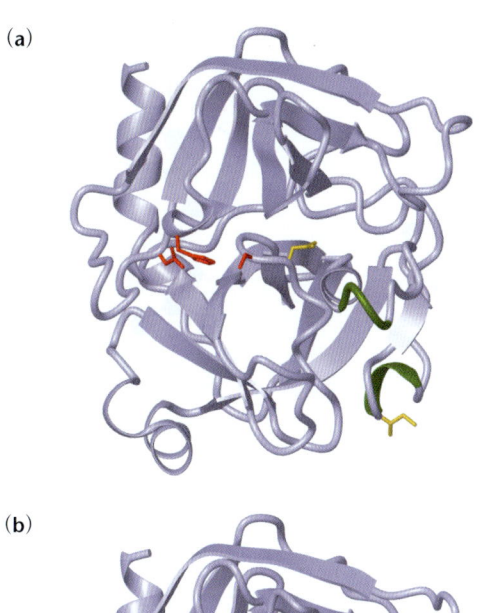

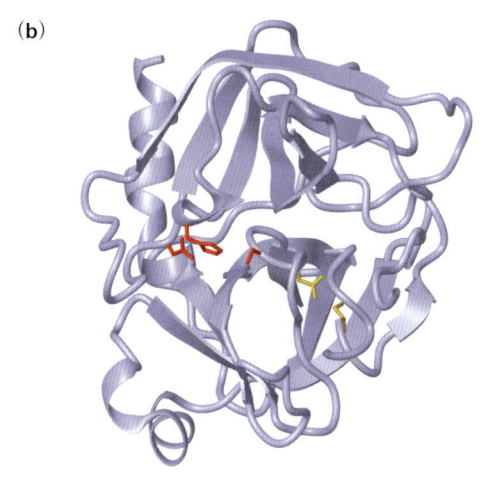

▲図 6.23 **キモトリプシノーゲン（上）[PDB 2CGA] と α-キモトリプシン（下）[PDB 5CHA] のポリペプチド鎖** チモーゲンと活性酵素において，Ile-16 と Asp-194 を共に黄色で示した．触媒部位の残基（Asp-102，His-57，Ser-195）は赤で示した．チモーゲンのプロセシングによって除かれる残基は緑で示した．

プシンもトリプシンも，活性部位のセリン残基が求核攻撃しやすいように基質を配置させる基質結合ポケットをもっている．どちらのプロテアーゼもポリペプチド基質がはまる，よく似た長細い領域をもっているが，活性部位のセリンの近くにある，いわゆる特異性ポケットは酵素によって大きく異なっている．トリプシンがキモトリプシンと異なるのはつぎの点である．キモトリプシンでは，疎水的な結合ポケットの底に電荷をもたないセリン残基があるのに対して，トリプシンでは，この残基はアスパラギン酸残基となっている（図 6.25）．トリプシンの ES 複合体では，この負に荷電したアスパラギン酸残基が，基質のアルギニンかリシ

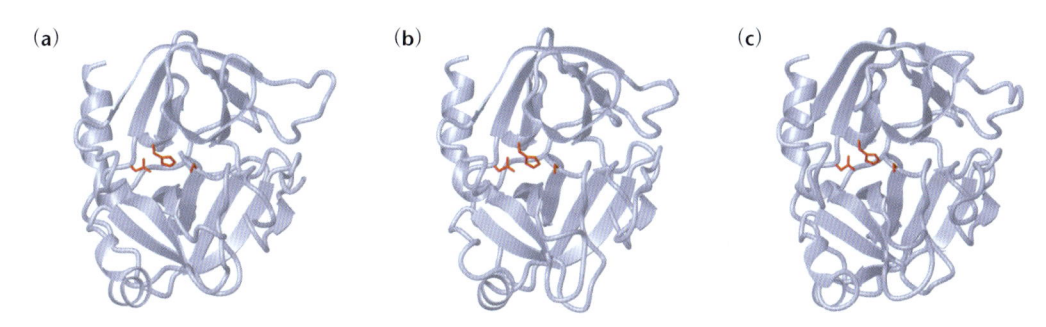

▲図 6.24 **セリンプロテアーゼ** (a) キモトリプシン [PDB 5CHA]，(b) トリプシン [PDB 1TLD]，(c) エラスターゼ [PDB 3EST] のポリペプチド主鎖の比較．触媒中心の残基は赤で示した．

(a) キモトリプシン　(b) トリプシン　(c) エラスターゼ

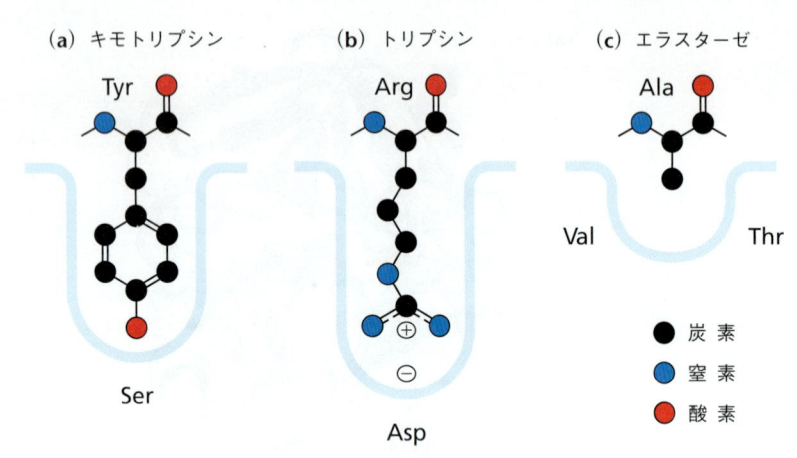

▲図6.25 **キモトリプシン，トリプシン，エラスターゼの基質結合部位**　これら3種のセリンプロテアーゼの結合部位の違いが基質特異性を決定する第一の要因である．(a) キモトリプシンには芳香族あるいは大きな疎水性アミノ酸残基の側鎖を結合する疎水ポケットが存在する．(b) トリプシンでは負に荷電したアスパラギン酸残基が結合ポケットの底にあって，リシンとアルギニン残基の正に荷電した側鎖と結合する．(c) エラスターゼではバリンとトレオニンの側鎖が結合部位に存在して，結合ポケットの底を浅くしている．そのためエラスターゼは，特にグリシンやアラニン残基のような小さな側鎖をもつアミノ酸残基しか結合しない．

● 炭素　● 窒素　● 酸素

ン残基の正に荷電した側鎖とイオン対をつくる．部位特異的に変異させたトリプシンを用いた実験から，基質特異性ポケットの底にあるアスパラギン酸残基が基質特異性の主要な因子であるが，分子内の他の部分も特異性に影響を与えることがわかっている．

　エラスターゼはグリシンやアラニンに富む繊維タンパク質であるエラスチンの分解を触媒する．エラスターゼの三次構造はキモトリプシンに似ているが，エラスターゼでは結合ポケットがずっと浅くなっている．キモトリプシンやトリプシンでは結合部位の入り口に2個のグリシンがあるのに対して，エラスターゼではずっと大きいバリンとトレオニン残基に置き換わっている（図6.25c）．この二つの残基の存在によって，大きな側鎖をもつ基質を触媒中心から遠ざけているのである．そのため，エラスターゼは，グリシンやアラニンのような小さな残基を含むタンパク質を特異的に切断する．

C. セリンプロテアーゼは触媒作用の化学的様式と結合様式の両方を使っている

　つぎに，キモトリプシンの触媒機構と三つの触媒残基，His-57，Asp-102，Ser-195 の役割をみてみよう．多くの酵素が，同じような過程でアミドあるいはエステル結合の切断を触媒するので，キモトリプシンの機構から加水分解酵素の大きなファミリー全般を知ることができる．

　Asp-102は，やや疎水的な環境に埋込まれている．この残基は，His-57 と水素結合をつくり，さらに His-57 は Ser-195 と水素結合をつくっている（図6.26）．この三つのアミノ酸残基の集まりを触媒トライアド（触媒三つ組）とよぶ．反応のサイクルは，His-57 が Ser-195 からプロトンを引き抜くことから始まる（図6.27）．これによって強い求核剤（Ser-195）が生成し，これが最終的にペプチド結合を攻撃する．ここの反応が始まるのは，Asp-

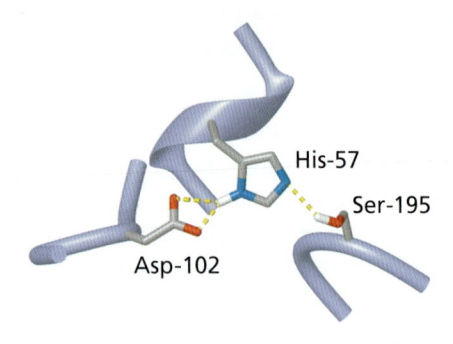

▲図6.26 **キモトリプシンの触媒部位**　活性部位にある Asp-102，His-57，および Ser-195 残基は水素結合ネットワークをつくって並んでいる．これら三つの残基のコンホメーションは，Asp-102 のカルボキシ側鎖のカルボニル酸素と His-57 の側鎖のイミダゾール環の NH との間の水素結合で安定化されている．活性部位にある酸素原子は赤で，窒素原子は濃い青で示してある．[PDB 5CHA]

102がヒスチジンを安定化してセリンからプロトンを奪う能力を与えているからである．

　Ser-195 がキモトリプシンの触媒残基であるという発見は驚きであった．というのは，セリンの側鎖は，強力な求核剤となるために必要となる脱プロトンを受けるほど酸性ではないのが普通だからである．セリン残基のヒドロキシメチル基の pK_a は，通常は16程度であり，エタノールのヒドロキシ基の反応性に近い．有機化学で習ったように，エタノールはイオン化してエトキシドをつくることはできるが，この反応には非常に強い塩基の存在かアルカリ金属による処理が必要である．以下でキモトリプシンの活性部位が基質存在下において，どのようにしてこのイオン化を行っているかをみていこう．

　キモトリプシンと，これに類似したセリンプロテアーゼについて提案された反応機構には，求核的な酸素による共有結合触媒作

▲図6.27 **キモトリプシンの触媒トライアド**　His-57 のイミダゾール環が，水素結合している Ser-195 のヒドロキシメチル側鎖からプロトンを奪い，Ser-195 を強力な求核剤に変える．この相互作用は，イミダゾリウムイオンがもう一つの水素結合の相手である Asp-102 の裏側にある β-カルボキシ基と相互作用することで促進されている．トライアドの残基は，図6.24 と同じ位置関係で並べてある．

用と，プロトンの供与によって脱離基を形成する酸塩基触媒作用が含まれている．各段階で提案されている反応機構を図 6.28 に示した．

ペプチド基質の結合がキモトリプシンにわずかなコンホメーション変化をひき起こし，Asp-102 と His-57 に立体的な圧迫を与える．低障壁水素結合がこの二つの側鎖の間に形成され，His-57 の pK_a は約 7 から約 11 へと上昇する．（ここでつくられる共有結合に近い強い結合が His-57 のイミダゾール環の第二の N 原子の方向へ電子を動かし，より塩基性にする．）この塩基性の増加は His-57 を効果的な一般塩基に変え，Ser-195 の－CH$_2$OH からプロトンを引き出す．この機構によって，通常は反応性が乏しいセリンのアルコール性ヒドロキシ基がどのようにして強力な求核剤となるのかが説明される．

この章で述べた触媒様式のすべてがセリンプロテアーゼの反応機構で用いられている．図 6.28 に示した反応スキームでは，正方向の段階 1 と段階 4 で反応体を集める近接効果を用いている．たとえば段階 4 において，水分子がアミン（P$_1$）に置き換わるときに，水分子はヒスチジンによって保持される近接効果がみられる．ヒスチジンによる酸塩基触媒作用は，段階 2 と段階 4 でのエネルギー障壁を下げている．セリンの－CH$_2$OH を用いた共有結合触媒は，段階 2 から段階 5 で作用している．段階 2 および段階 4 の不安定な四面体中間体（E－TI$_1$ と E－TI$_2$）は，それぞれの段階の遷移状態に似ていると考えられている．オキシアニオンホールにおける水素結合は，基質のオキシアニオン形であるこれらの中間体を，基質よりも強固に酵素に結合することで安定化している．触媒作用の化学的様式（酸塩基および共有結合触媒作用）と触媒作用の結合様式（近接効果と遷移状態の安定化）のすべてが，セリンプロテアーゼの酵素活性に寄与している．

BOX 6.4　衣類の洗剤

洗濯洗剤の 75% にはプロテアーゼが含まれていて，汚れた衣類から頑固なタンパク質汚れを取除くのを助けていることは案外知られていない．

このプロテアーゼ添加物は，すべてさまざまなバチルス属の細菌から単離したプロテアーゼが基になっている．これらの酵素は，高温で界面活性剤存在下という過酷な条件でも活性をもつように大きく修飾されている．部位特異的突然変異誘発の成功例として，枯草菌（Bacillus subtilis）のセリンプロテアーゼであるズブチリシン（BOX 6.5）を化学的な酸化への抵抗性を増すように変えた研究がある．ズブチリシンには，もともと活性部位の裂け目にメチオニン残基（Met-222）があり，このメチオニン残基が酸化を受けやすく，酸化によって酵素は不活性化される．つまり，酸化抵抗性を与えれば，洗剤の添加剤としてのズブチリシンをよりよいものにできる．この Met-222 を変える突然変異誘発実験では，メチオニンを他の一連のアミノ酸に系統的に置き換えた．他の 19 種類のアミノ酸に置換した変異型ズブチリシンをつくり，検討したところ，ほとんどの場合は，活性が大きく低下するという結果が得られた．Cys-222 変異体は高い活性はあったが，これも酸化には弱かった．Ala-222 変異体と Ser-222 変異体では側鎖は酸化を受けない構造に変化しており，実際，酸化により不活性化されず，また比較的高い活性をもっていた．これらだけが活性をもち，しかも酸化抵抗性の変異型ズブチリシンであった．

ある細菌のプロテアーゼに含まれる 319 個のアミノ酸残基のうち，8 個に関して部位特異的突然変異誘発が行われた例がある．野生型のプロテアーゼでも熱に対してある程度は安定であるが，うまく変異させた酵素はより安定で，100℃ でも働いた．界面活性剤による酵素の変性は，ジスルフィド結合のようなコンホメーションを安定化する基によって防がれている．

最近では，省エネのために低い温度で洗濯を行うようになっている．以前用いられていたこれらの酵素は低温の洗濯ではよく働かないため，まったく新たな生物工学で最新の省エネ家事に適合する修飾酵素をつくり出す試みが始まっている．

BOX 6.5　収れん進化

枯草菌（Bacillus subtilis）のプロテアーゼであるズブチリシンは，キモトリプシンなどとは別のタイプのセリンプロテアーゼである．この酵素の活性部位には，Asp-32，His-64，Ser-221 からなる触媒トライアドが存在する．これら 3 残基は，キモトリプシンの Asp-102，His-57，Ser-195（図 6.27）と似たように配置されている．しかし，上記の残基番号からわかるように，ズブチリシンとキモトリプシンの構造は大きく異なり，アミノ酸配列の類似性はない．

これは典型的な収れん進化の例である．哺乳類の腸内セリンプロテアーゼと細菌のズブチリシンは，進化の過程で独立して Asp-His-Ser の触媒トライアドを発見したのである．

枯草菌のズブチリシン▶　この酵素の構造は，図 6.24 に示したセリンプロテアーゼの構造と大きく異なる．[PDB 1SBC]

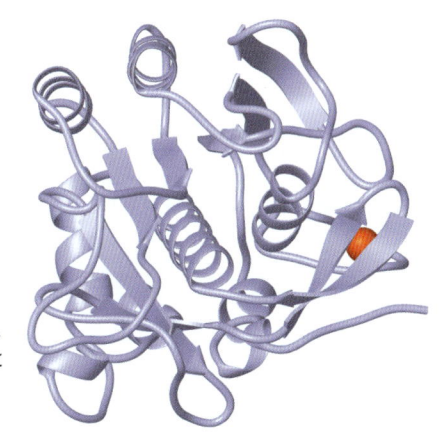

6. 酵素の反応機構

非共有結合によって酵素-基質複合体が形成され，基質は反応に適した方向に配置される．正しい位置に基質を保持するための相互作用には，特異性ポケット（薄い青の部分）への R_1 基の結合が含まれる．この結合相互作用によって，予定切断部位にあたるペプチド結合のカルボニル炭素が Ser-195 の酸素の近くに配置される

E + S

基質の結合は，Asp-102 と His-57 を圧迫する．これで生じた緊張は，低障壁水素結合が形成されることによって解放される．His-57 の pK_a の上昇によって，イミダゾール環が Ser-195 のヒドロキシ基からプロトンを奪うことができるようになる．Ser-195 の求核性の酸素が，ペプチド結合のカルボニル炭素を攻撃し，第一の四面体中間体（E-TI$_1$）ができる．これは，遷移状態に近いと考えられている

E–S

四面体中間体がつくられると，基質の C–O 結合は二重結合からより長い単結合に変わる．これによって，四面体中間体の酸素陰イオン（オキシアニオン）は，それまで空洞になっていたオキシアニオンホールとよばれる位置に移動し，ペプチド鎖の Gly-193 と Ser-195 の–NH 基との間に水素結合をつくる

E-TI$_1$

His-57 のイミダゾリウム環は酸触媒として働き，予定切断部位にあたるペプチド結合の窒素にプロトンを供与して，これを切断しやすくする

ペプチドのカルボニル基は酸素と共有結合し，アシル酵素中間体をつくる．新しくできたアミノ末端をもつペプチド生成物（P$_1$）が活性部位から離れると，そこに水分子が入る

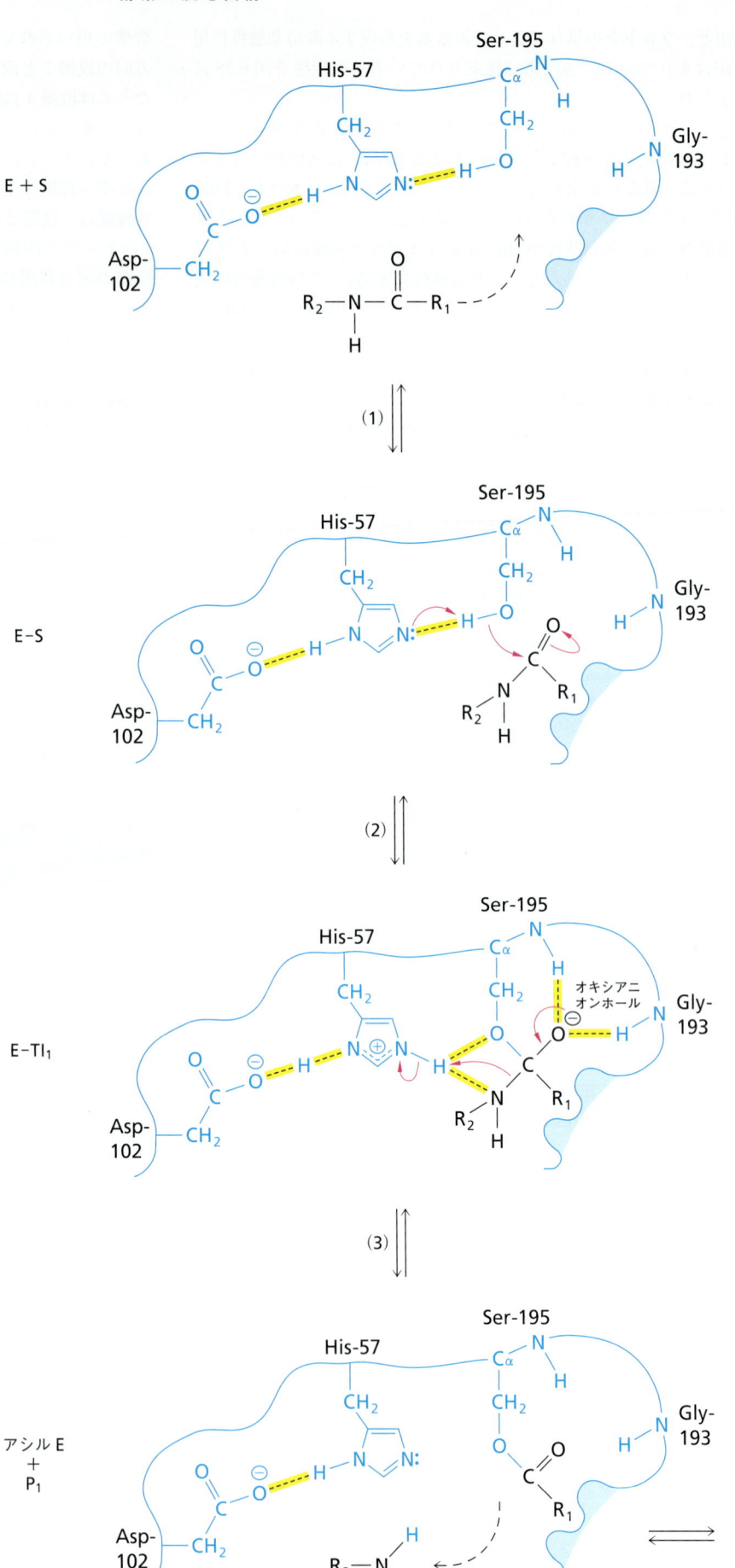

アシル E + P$_1$

アミン生成物（P$_1$）

（右ページに続く）

▲図 6.28　キモトリプシンが触媒するペプチド結合の切断機構

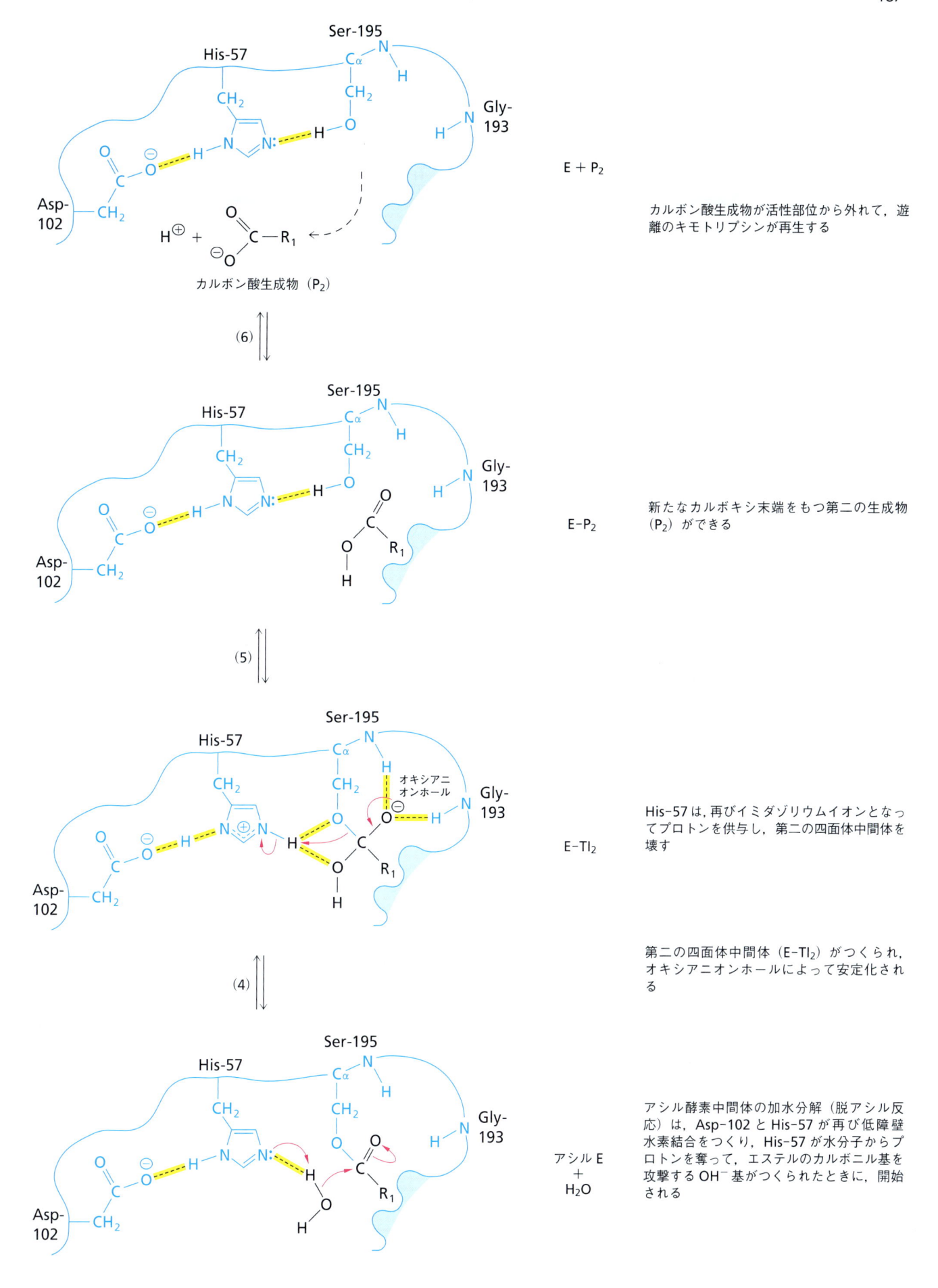

6.6 セリンプロテアーゼ

E + P$_2$

カルボン酸生成物が活性部位から外れて、遊離のキモトリプシンが再生する

(6)

E–P$_2$

新たなカルボキシ末端をもつ第二の生成物（P$_2$）ができる

(5)

E–TI$_2$

His-57 は、再びイミダゾリウムイオンとなってプロトンを供与し、第二の四面体中間体を壊す

第二の四面体中間体（E–TI$_2$）がつくられ、オキシアニオンホールによって安定化される

(4)

アシル E + H$_2$O

アシル酵素中間体の加水分解（脱アシル反応）は、Asp-102 と His-57 が再び低障壁水素結合をつくり、His-57 が水分子からプロトンを奪って、エステルのカルボニル基を攻撃する OH$^-$ 基がつくられたときに、開始される

カルボン酸生成物（P$_2$）

▲図6.29　細菌の細胞壁多糖の一部である4残基部分の構造　酸素原子との間のグリコシド結合の加水分解を触媒する．リゾチームはMurNAcのC-1とグリコシド結合をしている

6.7 リゾチーム

リゾチームは，ある種の多糖類，特に細菌の細胞壁を構成する多糖類の加水分解を触媒する．リゾチームは，構造が解析された最初の酵素であり，そのため，反応機構の詳細を解明する研究において長い間興味の対象となってきた．涙や唾液，鼻粘液などの多くの分泌液には細菌感染を防ぐためのリゾチーム活性が含まれている．（リゾチームは，細菌の細胞を溶解（lysis），すなわち破壊する．）最もよく解析されたリゾチームはニワトリ卵白由来の酵素である．

> 細菌の細胞壁の構造については，§8.7 B で述べる．

リゾチームの基質は，N-アセチルグルコサミン（GlcNAc）とN-アセチルムラミン酸（MurNAc）が交互にグリコシド結合でつながった多糖である（図6.29）．リゾチームはMurNAc残基のC-1と，GlcNAc残基のC-4位にある酸素との間のグリコシド結合の加水分解を特異的に触媒する．

リゾチームおよびリゾチームが糖と形成した複合体の構造モデルがX線結晶解析から得られている（図6.30）．リゾチームの基質結合部位の裂け目は六つの糖残基を収容し，それぞれの糖残基は，活性部位の裂け目のAからEの特定の部位に結合する．

糖分子はこの構造モデル中に存在する部位のうち，1箇所（D部位）を除くすべての部位にそのまま容易にはまり込むことができる．しかし，D部位には，MurNAcのような糖分子は半いす形コンホメーション（図6.31）をとるようにゆがまないかぎり，合わないようになっている．D結合部位では，二つのイオン化ア

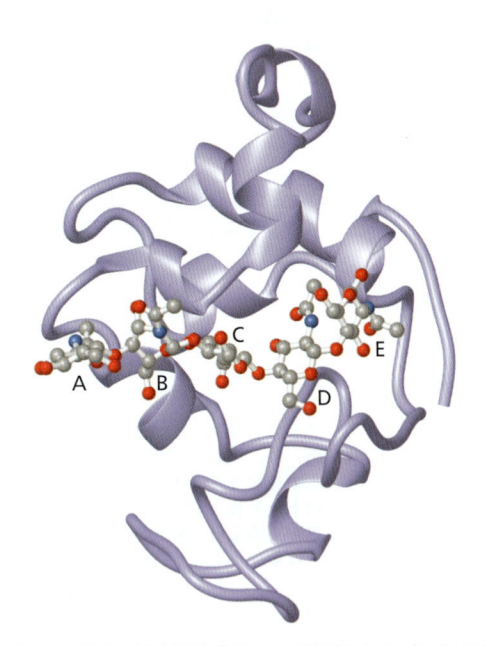

▲図6.30　ニワトリ卵白リゾチームが五糖分子（ピンク）と形成した複合体　リガンドは，A，B，C，D，Eに結合している．ここに示した構造では，F部位には結合していない．結合の切断を行う活性部位はD部位とE部位の間にある．[PDB 1SFB]

(a) いす形コンホメーション

(b) 半いす形コンホメーション

▲図6.31　N-アセチルムラミン酸のコンホメーション　(a) いす形コンホメーション．(b) リゾチームのD部位に結合すると提案された半いす形コンホメーション．なお，RはMurNAcのラクチル基を表す．

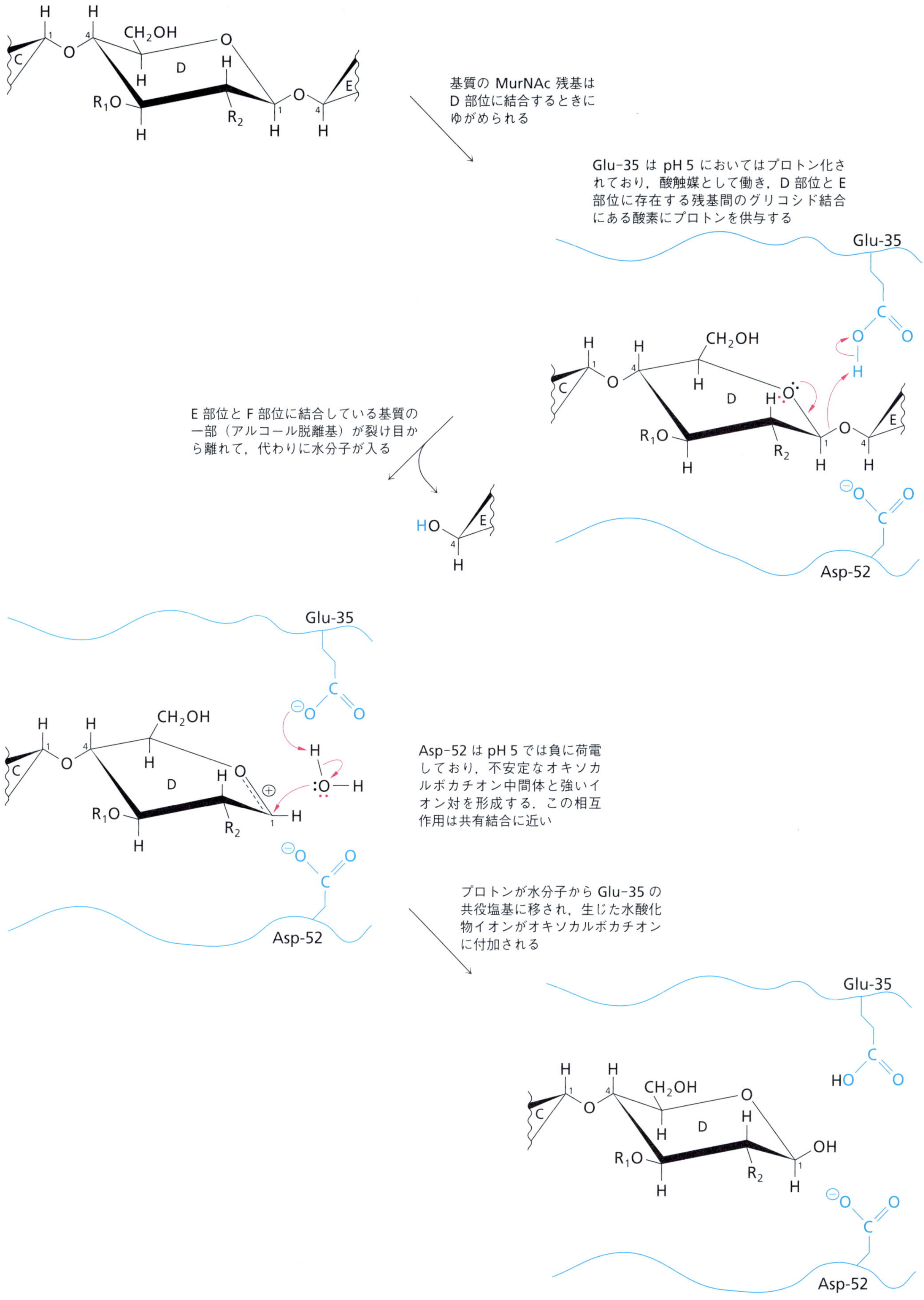
基質の MurNAc 残基は
D 部位に結合するときに
ゆがめられる
Glu-35 は pH 5 においてはプロトン化さ
れており，酸触媒として働き，D 部位と E
部位に存在する残基間のグリコシド結合
にある酸素にプロトンを供与する
E 部位と F 部位に結合している基質の
一部（アルコール脱離基）が裂け目か
ら離れて，代わりに水分子が入る
Asp-52 は pH 5 では負に荷電
しており，不安定なオキソカ
ルボカチオン中間体と強いイ
オン対を形成する．この相互
作用は共有結合に近い
プロトンが水分子から Glu-35 の
共役塩基に移され，生じた水酸化
物イオンがオキソカルボカチオン
に付加される
Glu-35
Asp-52
CH2OH
R1O
R2
HO
OH

▲図 6.32　リゾチームの反応機構　R_1 はラクチル基を，R_2 は MurNAc の *N*-アセチル基を表す．

ミノ酸残基（Glu-35 と Asp-52）がゆがんだ糖分子の C-1 の近くに位置している．Glu-35 は裂け目の非極性領域にあるため，pK_a が 6.5 近くまでずれている．Asp-52 はもっと極性の領域にあるので，pK_a は約 3.5 である．リゾチームの最適 pH は 5 付近で，この二つの pK_a 値の中間である．個々のアミノ酸側鎖の pK_a 値は，溶液中の遊離アミノ酸の値（§3.4）とは異なることに留意しよう．

リゾチームの反応機構は図 6.32 に示したように提案されている．多糖分子がリゾチームに結合したとき，MurNAc 残基は B，D，F 部位に（A，C，E 部位には MurNAc のラクチル側鎖が入るスペースがないので）結合する．オリゴ糖鎖が強く結合するため，D 部位にある MurNAc 残基がゆがんで，半いす形コンホメーションになる．Asp-52 と推定中間体（不安定なオキソカルボカチオン）との間には，共有結合に近い結合がつくられる．最近の知見から，この相互作用は強力なイオン対ではなく，共有結合に近い可能性が高いことが示唆されているが，結論は出ていない．50 年間もの間に多くの研究が行われてきたにもかかわらず，リゾチームの反応機構の詳細について解き明かすべきことが残っていることは興味深い．

リゾチームは糖加水分解酵素の大きなグループの一つにすぎない．最近，細菌のセルラーゼ，および酵素と基質，中間体，生成物から成る複合体の構造が決定された．この糖分解酵素ではリゾチームとは少し違った機構がみられ，リゾチームで考えられている強力なイオン対ではなく，共有結合による糖-酵素中間体がつくられる．また，この反応機構では，糖残基のゆがみや活性部位の −COOH や −COO⁻ 側鎖との相互作用などが存在し，リゾチームの反応機構に類似している．このように酵素複合体の構造から，基質をゆがめて遷移状態に近づけることが明らかにされた．

6.8 アルギニンキナーゼ

詳細な反応機構が明らかにされている酵素反応の多くは，異性化や切断反応，また第二の反応体が水であるなどのかなり簡単な反応である．したがって，近接効果や遷移状態の安定化を評価するためには，もっと複雑な反応，たとえばアルギニンキナーゼが触媒するつぎのような反応を研究することが望ましい．

アルギニン ＋ MgATP ⇌ ホスホアルギニン ＋ MgADP ＋ H⊕
(6.23)

アルギニンキナーゼの遷移状態アナログ-酵素複合体の構造が高解像度で決定されている（図 6.33）．しかし，構造決定には，反応体が共有結合で結合した通常の遷移状態アナログを用いる代わりに，三つのばらばらの成分，すなわちアルギニン，硝酸塩（アルギニンと ADP の間で転移されるリン酸基のモデル），および ADP を用いた．この三つの化合物を結合した活性部位の X 線結晶解析によって，遷移状態の構造と反応機構が提案された（図 6.33）．この結晶構造から，酵素が，結合した分子（そしておそらく遷移状態）の動きを強く制約していることが明らかにされている．たとえば，ATP の末端のリン酸基は四つのアルギニンの側鎖と 1 個の結合した Mg²⁺ によって正しい位置に保持されており，基質であるアルギニン分子のグアニジニウム基は二つのグルタミン酸の側鎖によってしっかり捕らえられている．さらに，これらの成分は酵素によって精密かつ正確に配置されている．

アルギニンキナーゼは他のキナーゼと同様，誘導適合（§6.5 C）を行う酵素である．アルギニン，硝酸塩，ADP の存在下で結晶

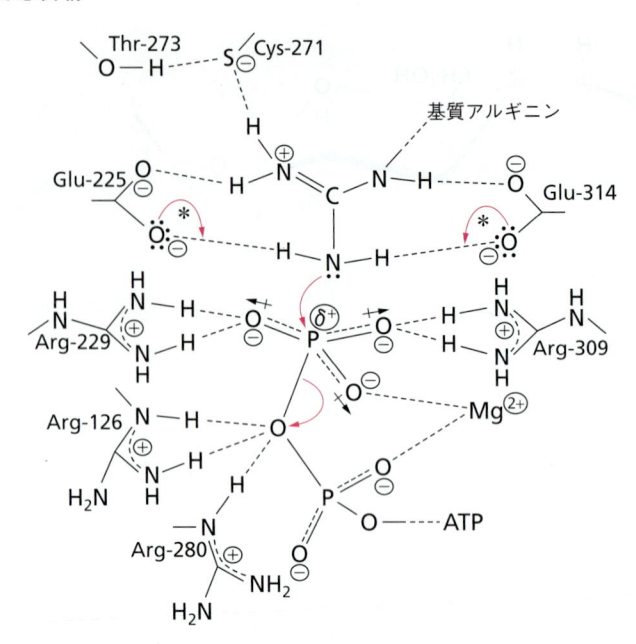

▲ 図 6.33 **ATP とアルギニンが存在するときのアルギニンキナーゼ活性部位として提案された構造** 破線で示したように，基質分子は強く保持されて遷移状態に向かうように並べられている．星印（＊）は Glu-225 と Glu-314 が一般酸塩基触媒として作用することを示している．[Zhov, G., Somasundaram, T., Blanc, E., Parthasarathy, G., Ellington, W. R., and Chapman, M. S. (1998). Transition state structure of arginine kinase: implications for catalysis of bimolecular reactions. *Proc. Natl. Acad. Sci. USA.* 95:8453 より改変.]

化したときには，酵素は閉じた形になっているようである．この酵素の k_{cat} は約 $2 \times 10^{-2}\,\mathrm{s}^{-1}$，$K_m$ 値はアルギニンと ATP に対してともに 10^{-4} M 以上であり，キナーゼとして一般的な値である．中程度の K_m 値が示すように，基質を結合するときに起こる誘導適合の動きによって，それ以前には弱くしか結合していなかった基質を正しく配置させる．少なくとも四つの触媒作用が互いに関連しながらこの反応に加わっている．近接効果（基質分子を集めて並べること），最初は基質を弱く結合すること，酸塩基触媒作用，および，遷移状態の安定化（基質を遷移状態の形へとゆがませること）である．

酵素作用の一般的機構に対する知識を得たところで，つぎに補酵素を含む反応を学ぶ．この反応ではアミノ酸の側鎖では供給できない基が要求されている．

要　約

1. 酵素の触媒作用における四つの主要な様式には，化学的様式に分類される酸塩基触媒作用と共有結合触媒作用，および結合様式に分類される近接効果と遷移状態の安定化がある．反応の原子レベルでの詳細は，速度論実験とタンパク質構造の解析に基づく反応機構によって記述される．

2. 反応が 1 段階進むたびに，反応体は遷移状態を通過する．安定な反応体と遷移状態の間のエネルギー差が活性化エネルギーである．触媒は活性化エネルギーを下げることによって反応を促進する．

3. 触媒中心は，活性部位にあるイオン化アミノ酸残基によって形成されている．これらの残基は，酸塩基触媒作用（プロトン

の付加か除去）や共有結合触媒作用（基質の一部が酵素と共有結合をつくること）に加わる．酵素反応速度への pH の影響から，どのような残基が触媒作用にかかわっているかが示唆される．

4. 少数の酵素では触媒速度が非常に速く，溶液中で反応体が互いに拡散によって近づく速度によって決まる物理学的上限に近くなっている．
5. 酵素の触媒機能効率の大部分は，基質が酵素に結合することから生じる．
6. 近接効果とは，非共有結合的な ES 複合体を形成することによって反応体を集めて配置させ，エントロピーの減少をもたらすことで反応を加速することである．
7. 酵素は基質を適度に弱く結合する．結合が強すぎると ES 複合体を安定化させて，かえって反応を遅くする．
8. 酵素は基質よりも遷移状態の方に強い親和性で結合する．遷移状態の安定化の証拠は，酵素阻害剤である遷移状態アナログから得られている．
9. ある種の酵素は，誘導適合，つまり基質がコンホメーション変化による活性化を誘導することによって，反応基質の無駄な加水分解を防いでいる．
10. 多くのセリンプロテアーゼは，不活性なチモーゲンとして合成され，適当な条件において細胞外で選択的なタンパク質分解を受けることによって活性化される．セリンプロテアーゼを X 線結晶解析によって研究した例から，タンパク質の三次元構造をもとに，特異的な基質結合を含めた活性部位に関する情報をどのように明らかにできるかがわかる．
11. セリンプロテアーゼの活性部位には水素結合でつながった Ser-His-Asp の触媒トライアドが存在する．セリン残基は共有結合触媒として働き，ヒスチジン残基は酸塩基触媒として働く．陰イオン性の四面体中間体は，酵素との間につくられる水素結合によって安定化される．
12. 細菌の細胞壁の加水分解反応を触媒する酵素であるリゾチームに関して提案されている反応機構には，基質を変形させること，および不安定なオキソカルボカチオン中間体を安定化することが含まれている．

問　題

1. (a) 基質や中間体が酵素の活性部位に結合するときに関与する力には何があるか．
   (b) 基質が酵素に強固に結合することは酵素の触媒作用にとって望ましいことではないのに，遷移状態を非常に強く結合することは望ましいのはなぜか，説明せよ．
2. オロチジン-5′-リン酸デカルボキシラーゼという酵素は知られている酵素の中で最も大きな触媒機能効率をもつ酵素の一つであり，オロチジン 5′-一リン酸を脱炭酸するときの触媒機能効率は 10^{23} にも及ぶ（§5.4）．^{15}N の同位体効果を調べた研究から，ここに二つの機構がおもに働いていることがわかった．(1) 酵素-基質間の静電的反発によって ES 複合体の基底状態を不安定にすること，(2) 酵素-ES‡ 間の静電的相互作用が遷移状態の安定化に都合がよいことである．この二つの効果がどのように触媒作用を促進しているかを示すエネルギーダイヤグラムを描け．
3. つぎに示すのは，二つの多段階反応のエネルギーダイヤグラムである．反応 1 と 2 のそれぞれにおける律速段階はどれか．

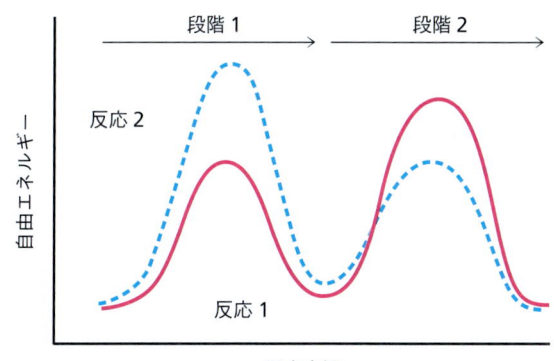

4. つぎの反応 2 は反応 1 よりも 2.5×10^{11} 倍も速く起こる．反応 2 でこのような莫大な速度上昇がみられるおもな理由は何か．また，酵素反応の速度上昇を可能にしている反応機構を説明するとき，このモデルはどのように関係しているか．

反応 1

反応 2

5. リゾチームの三つの主要な触媒機構を列挙し，この酵素が触媒するグリコシド結合の加水分解反応の間に，三つの機構のそれぞれがどのように用いられているか説明せよ．
6. α-キモトリプシンにはたくさんのセリン残基があるが，Ser-195 だけがジイソプロピルフルオロリン酸などの活性リン酸阻害剤で酵素を処理したときに直ちに反応する．これを説明せよ．
7. (a) α-キモトリプシンの触媒トライアドの残基を示し，それぞれの残基によってどのタイプの触媒作用が行われるか述べよ．
   (b) オキシアニオンホールにみられる他のアミノ酸の基は何か．また，それらが触媒作用に示す働きは何か．
   (c) 部位特異的突然変異誘発によって，トリプシンの活性部位にあるアスパラギン酸をアスパラギンに変えたとき，触媒活性が 10000 倍も下がる理由を説明せよ．
8. 基質のアミド結合やエステル結合の切断を触媒する多くの酵素では，アミノ酸残基を触媒トライアドの形に集めることで，活性部位にあるセリン，トレオニン，あるいはシステイン残基の求核性を増加させている．α-キモトリプシンの機構をモデルとして，つぎの酵素における触媒トライアドの配置を予想して図示せよ．
   (a) ヒトサイトメガロウイルスプロテアーゼ：His, His, Ser
   (b) β-ラクタマーゼ：Glu, Lys, Ser
   (c) アスパラギナーゼ：Asp, Lys, Thr
   (d) A 型肝炎ウイルスプロテアーゼ：Asp, (H$_2$O), His, Cys（水分子は Asp 残基と His 残基の間に位置する）．
9. ヒトのジペプチジルペプチダーゼ IV はセリンプロテアーゼで

あり，タンパク質のN末端から2番目にあるプロリルペプチド結合の加水分解を触媒する．グルコース代謝の調節に関係するタンパク質を含めた多くの生理活性ペプチドが，これを基質として同定されている．ジペプチルペプチダーゼIVは触媒トライアド（Glu-His-Ser）を活性部位にもち，オキシアニオンホールにチロシン残基がある．ジペプチルペプチダーゼIVのこのチロシン残基の部位特異的突然変異誘発実験を行い，ペプチド基質を切断する能力を野生型酵素と比較した．オキシアニオンホールにあるチロシン残基をフェニルアラニンに変えたところ，このフェニルアラニン変異体は野生型酵素の1%以下の活性しかなかった［Bjelke, J. R., Christensen, J., Branner, S., Wagtmann, N., Olsen, C., Kanstrup, A. B., and Rasmussen, H. B. (2004). Tyrosine 547 constitutes an essential part of the catalytic mechanism of dipeptidyl peptidase IV. *J. Biol. Chem.* 279:34691-34697］．このチロシンは，ジペプチルペプチダーゼIVの活性に必要といえるだろうか．また，なぜチロシンからフェニルアラニンへの置換が酵素活性を失わせたのか．

10. アセチルコリンエステラーゼは，神経伝達物質であるアセチルコリンを壊して酢酸とコリンを生成する反応を触媒する．アセチルコリンエステラーゼには，His, Glu, Ser 残基から成る触媒トライアドが含まれる．触媒トライアドはセリン残基の求核性を高めている．セリンの求核性の酸素は，アセチルコリンのカルボニル炭素を攻撃し，四面体中間体が形成される．

(a) この触媒トライアドのアミノ酸の配置を予想して図に示せ．
(b) サリンによるアセチルコリンエステラーゼの共有結合修飾の機構を提案せよ．

11. 触媒抗体には，薬の過剰投与や中毒に対する治療薬になる可能性がある．たとえば，コカインを脳に達する前に分解する触媒抗体は，薬の濫用や中毒に対して強い解毒作用をもつことが期待される．下図のホスホン酸アナログを，コカインを迅速に加水分解する反応を触媒する抗コカイン抗体を産生させるために用いた．このホスホン酸アナログが触媒抗体を生産するのに選ばれた理由を説明せよ．

12. 慢性の肺の病気である肺気腫では，肺胞とよばれる肺の中で血中の二酸化炭素を空気中の酸素に置き換えて再生する場所が破壊される．α1-プロテイナーゼインヒビターの欠損が，特定の家族において遺伝的にみられ，この欠損は，α1-プロテイナーゼインヒビターの重要なアミノ酸残基が変化するために起こる．この変異をもつ人は高い確率で肺気腫を発症する．α1-プロテイナーゼインヒビターは肝臓でつくられて血中を循環しており，肺に存在するセリンプロテアーゼである好中球エラスターゼのおもな阻害因子として働く．好中球エラスターゼは，エラスチンという，肺の機能に重要なタンパク質を切断する．つまり，胚組織でエラスチンの分解速度が上昇するために，肺気腫が起こると考えられている．α1-プロテイナーゼインヒビター欠損の治療方法に，多量のヒト血清から調製したヒトの野生型α1-プロテイナーゼインヒビターを血中に直接注射する方法がある．

(a) 野生型α1-プロテイナーゼインヒビターを用いた治療を理論的に説明せよ．
(b) この治療では，野生型α1-プロテイナーゼインヒビターを血管内に注入するが，α1-プロテイナーゼインヒビターを経口投与できない理由を説明せよ．

参考文献

一般

Fersht, A. (1985). *Enzyme Structure and Mechanism*, 2nd ed. (New York: W. H. Freeman).

結合と触媒

Bartlett, G. J., Porter, C. T., Borkakoti, N. and Thornton, J. M. (2002). Analysis of catalytic residues in enzyme active sites. *J. Mol. Biol.* 324:105-121.

Bruice, T. C. and Pandrit, U. K. (1960). Intramolecular models depicting the kinetic importance of "fit" in enzymatic catalysis. *Proc. Natl. Acad. Sci. USA.* 46:402-404.

Hackney, D. D. (1990). Binding energy and catalysis. In *The Enzymes*, Vol. 19, 3rd ed., D. S. Sigman and P. D. Boyer, eds. (San Diego: Academic Press), pp. 1-36.

Jencks, W. P. (1987). Economics of enzyme catalysis. *Cold Spring Harbor Symp. Quant. Biol.* 52:65-73.

Kraut, J. (1988). How do enzymes work? *Science* 242:533-540.

Neet, K. E. (1998). Enzyme catalytic power minireview series. *J. Biol. Chem.* 273:25527-25528, and related papers on pages 25529-25532, 26257-26260, and 27035-27038.

Pauling, L. (1948) Nature of forces between large molecules of biological interest. *Nature* 161:707-709.

Schiøtt, B., Iversen, B. B., Madsen, G. K. H., Larsen, F. K., and Bruice, T. C. (1998). On the electronic nature of low-barrier hydrogen bonds in enzymatic reactions. *Proc. Natl. Acad. Sci. USA* 95:12799-12802.

Shan, S.-U., and Herschlag, D. (1996). The change in hydrogen bond strength accompanying charge rearrangement: implications for enzymatic catalysis. *Proc. Natl. Acad. Sci. USA* 93:14474-14479.

遷移状態アナログ

Schramm, V. L. (1998). Enzymatic transition states and transition state analog design. *Annu. Rev. Biochem.* 67:693-720.

Wolfenden, R., and Radzicka, A. (1991). Transition-state analogues. *Curr. Opin. Struct. Biol.* 1:780-787.

個々の酵素

Cassidy, C. S., Lin, J., and Frey, P. A. (1997). A new concept for the mechanism of action of chymotypsin: the role of the low-barrier hydrogen bond. *Biochem.* 36:4576-4584.

Blacklow, S. C., Raines, R. T., Lim, W. A., Zamore, P. D., and Lnowles, J. R. (1988). Triosephosphate isomerase catalysis is diffusion controlled. *Biochem.* 27:1158-1167.

Davies, G. J., Mackenzie, L., Varrot, A., Dauter, M., Brzozowski, A. M., Schülein, M., and Withers, S. G. (1998). Snapshots along an enzymatic reaction coordinate: analysis of a retaining β-glycoside hydrolase. *Biochem.* 37:11707-11713.

Dodson, G., and Wlodawer, A. (1998). Catalytic triads and their relatives. *Trends Biochem. Sci.* 23:347-352.

Frey, P. A., Whitt, S. A., and Tobin, J. B. (1994). A low-barrier hydrogen bond in the catalytic triad of serine proteases. *Science* 264:1927-1930.

Getzoff, E. D., Cabelli, D. E., Fisher, C. L., Parge, H. E., Viezzoli, M. S., Banci, L., and Hallewell, R. A. (1992). Faster superoxide dismutase mutants designed by enhancing electrostatic guidance. *Nature* 358:347-351.

Harris, T. K., Abeygunawardana, C., and Mildvan, A. S. (1997). NMR studies of the role of hydrogen bonding in the mechanism of triosephosphate isomerase. *Biochem.* 36:14661-14675.

Huber, R., and Bode, W. (1978). Structural basis of the activation and action of trypsin. *Acc. Chem. Res.* 11:114-122.

Kinoshita, T., Nishio, N., Nakanishi, I., Sato, A., and Fujii, T. (2003). Structure of bovine adenosine deaminase complexed with 6-hydroxy-1,6-dihydropurine riboside. *Acta Cryst.* D59:299-303.

Kirby, A. J. (2001). The lysozyme mechanism sorted — after 50 years. *Nature Struct. Biol.* 8:737-739.

Knolwes, J. R. (1991) Enzyme catalysis: not different, just better. *Nature* 350:121-124.

Knowles, J. R., and Albery, W. J. (1977). Perfection in enzyme catalysis: the energetics of triosephosphate isomerase. *Acc. Chem. Res.* 10:105-111.

Kuser, P., Cupri, F., Bleicher, L., and Polikarpov, I. (2008). Crystal structure of yeast hexokinase P 1 in complex with glucose: a classical "induced fit" example revisited. *Proteins* 72:731-740.

Lin, J., Cassidy, C. S., and Frey, P. A. (1998). Correlations of the basicity of His-57 with transition state analogue binding, substrate reactivity, and the strength of the low-barrier hydrogen bond in chymotrypsin. *Biochem.* 37:11940-11948.

Lodi, P. J., and Knowles, J. R. (1991). Neutral imidazole is the electrophile in the reaction catalyzed by triosephosphate isomerase: structural origins and catalytic implications. *Biochem.* 30:6948-6956.

Parthasarathy, S., Ravinda, G., Balaram, H., Balaram, P., and Murthy, M. R. N. (2002). Structure of the plasmodium falciparum triosephosphate isomerase — phosphoglycolate complex in two crystal forms: characterization of catalytic open and closed conformations in the ligandbound state. *Biochem.* 41:13178-13188.

Paetzel, M., and Dalbey, R. E. (1997). Catalytic hydroxyl/amine dyads within serine proteases. *Trends Biochem. Sci.* 22:28-31.

Perona, J. J., and Craik, C. S. (1997). Evolutionary divergence of substrate specificity within the chymotrypsin-like serine protease fold. *J. Biol. Chem.* 272:29987-29990.

Schäfer, T., Borchert, T. W., Nielsen, V. S., Skagerlind, P., Gibson, K., Wenger, K., Hatzack, F., Nilsson, L. D., Salmon, S., Pedersen, S., Heldt-Hansen, H. P., Poulsen, P. B., Lund, H., Oxenbøll K. M., Wu, G. F., Pedersen H. H., Xu, H. (2007). Industrial enzymes. *Adv. Biochem. Eng. Biotechnol.* 105:59-131.

Steitz, T. A., and Shulman, R. G. (1982). Crystallographic and NMR studies of the serine proteases. *Annu. Rev. Biophys. Bioeng.* 11:419-444.

Von Dreele, R. B. (2005). Binding of N-acetylglucosamine oligo-saccharides to hen egg-white lysozyme: a powder diffraction study. *Acta Crystallographic.* D61:22-32.

Zhou, G., Somasundaram, T., Blanc, E., Parthasarathy, G., Ellington, W. R., and Chapman, M. S. (1998). Transition state structure of arginine kinase: implications for catalysis of bimolecular reactions. *Proc. Natl. Acad. Sci. USA* 95:8449-8454.

CHAPTER 7

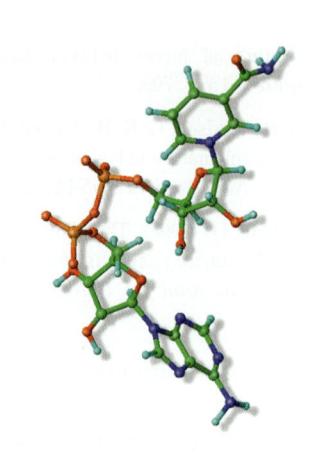

補酵素とビタミン

最後に私たちは一群の化合物にたどり着いた．それらは知られるようになってからまだ比較的短い時間しかたっていないものだが，その短い間に化学者からも一般大衆からも，おおいに関心をもたれるようになった．生命（*vita*）に対してこれほど大きな意味をもつ神秘的な物質であり，名前がそこから取られたこのビタミンを，今日知らない人がいるだろうか．

Adolf Windaus のノーベル化学賞受賞に際しての
H. G. Söderbaum による紹介より（1928）

進化によって膨大な数のタンパク質触媒が生み出されてきたが，生物の触媒能力の範囲は酵素のアミノ酸側鎖の反応性だけで決まるものではない．補因子という別の化学物質が触媒作用に関与することが多い．**補因子**（cofactor）は活性がないアポ酵素（タンパク質のみ）を活性があるホロ酵素に変えるのに必要である．補因子には二つの型がある．**必須イオン**（essential ion，多くの場合金属イオン）と**補酵素**（coenzyme）として知られる有機化合物である（図7.1）．有機や無機の補因子を両方とも活性部位の必須な成分とする酵素もある．

すべての生物が多くのミネラルを必要とするのは，それらが補因子だからである．**活性化剤イオン**とよばれる必須イオンは可逆的に結合し，基質の結合に関与することが多い．これに対し，強固に結合して触媒反応に直接関与する陽イオンもある．

> 必須元素については図1.1を参照．

補酵素は基を転移する役割を果たす．補酵素は受け渡しをする化学基に対して特異的である．単に水素や電子を受け渡す補酵素もあるが，共有結合でつくられたもっと大きな化学基を運ぶ補酵素もある．これら移動性の代謝基は，補酵素の**反応中心**（reactive center）に結合する．（本章では移動性の代謝基や反応中心を赤で図示した．）反応中心の化学的な性質を注目すると，補酵素を理解しやすくなる．§7.2に補酵素の二つの分類を示す．

まず必須イオン補因子の話題から本章を始めたい．後半部分では，さらに複雑な有機化合物の補因子を取扱う．哺乳類では，これら補酵素の多くはビタミンという食物中の前駆体からつくられる．したがって，本章ではビタミンも取上げる．最後に補酵素として働く二，三のタンパク質を考察して本章を終える．ここで出てくる構造や反応の多くは，後の章で個々の代謝経路を取上げるときにも登場する．

7.1 多くの酵素は無機陽イオンを必要とする

これまでに知られているすべての酵素の1/4以上は，触媒活性を完全に発揮するためには金属陽イオンを必要とする．このような酵素は2種類に分類できる．金属活性化酵素と金属酵素である．**金属活性化酵素**（metal-activated enzyme）とは，金属イオンの添加が絶対に必要な酵素，あるいは金属イオンの添加で活性化される酵素である．K^+のような1価の陽イオンを必要とする金属活性化酵素もあるが，Mg^{2+}やCa^{2+}などの2価陽イオンを必要とするものもある．たとえば，キナーゼはリン酸基供与基質として使うマグネシウム–ATP複合体をつくるためにMg^{2+}を必要とする．Mg^{2+}はATPの負に荷電したリン酸基を遮へいして求核攻撃を受けやすくする（§10.6）．

金属酵素（metalloenzyme）とは，活性部位に固く結合した金属イオンをもつ酵素である．金属酵素に最も一般的なイオンは遷移金属の鉄と亜鉛で，銅やコバルトをもつものも少数ある．酵素に固く結合している金属イオンは，触媒反応と密接に関係することが多い．いくつかの金属酵素の陽イオンは，結合を分極させることにより求電子触媒として働く．たとえば，炭酸デヒドラターゼの補因子は求電子性の亜鉛原子で，三つのヒスチジン残基の側

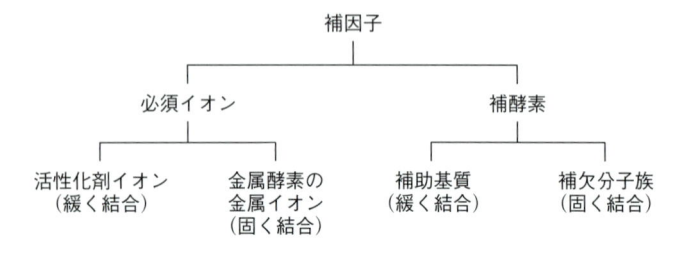

▲図7.1 **補因子の種類** 必須イオンと補酵素はアポ酵素との相互作用の強さでさらに分類される．

```
                    補因子
                      │
         ┌────────────┴────────────┐
       必須イオン                  補酵素
         │                          │
    ┌────┴────┐              ┌─────┴─────┐
 活性化剤イオン  金属酵素の        補助基質      補欠分子族
 （緩く結合）   金属イオン       （緩く結合）    （固く結合）
              （固く結合）
```

---

* カット：ニコチンアミドアデニンジヌクレオチド（NAD^+）．ビタミンのニコチン酸（ナイアシン）からできる補酵素．NAD^+は酸化剤である．

鎖と一つの水分子に結合している．水は Zn^{2+} に結合することでイオン化しやすくなる．酵素上の塩基としてのカルボン酸イオンが，結合した水分子からプロトンを引き抜き，生じた求核性の水酸化物イオンが基質を攻撃する（図7.2）．この酵素の触媒速度は，反応機構が単純（§6.4）なこともあって，非常に速い．他の多くの亜鉛金属酵素も同じようにして結合した水分子を活性化する．

他の金属酵素のイオンは，還元された基質から酸化された基質に電子を移すことで可逆的に酸化還元される．たとえば，鉄は H_2O_2 の分解を触媒する酵素，カタラーゼのヘム基の一部である．電子伝達タンパク質シトクロムもこれに似たヘム基をもつ．これらはミトコンドリアや葉緑体の特定の金属酵素と結合する．非へ

> ヘムの構造については，§4.14 を参照せよ．

ム鉄は金属酵素の鉄-硫黄クラスター（図7.3）中によくみられる．最も一般的な鉄-硫黄クラスターは［2Fe-2S］と［4Fe-4S］クラスターで，鉄原子は，H_2S に由来する同数の硫化物イオンおよびシステインの $-S^-$ 基と複合体をつくる．鉄-硫黄クラスターは酸化還元反応を触媒する．各クラスターは，鉄2個を含むものも4個を含むものも，酸化反応で1電子しか受取れない．

> シトクロムについては，§7.17 で扱う．

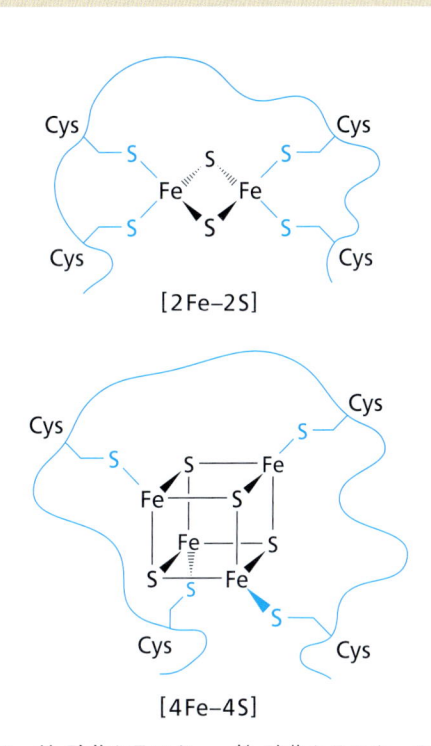

▲図7.3 **鉄-硫黄クラスター** 鉄-硫黄クラスターの鉄原子は，どの型のクラスターでも同数の硫化物イオン（S^{2-}）およびシステイン残基の側鎖のチオール基と複合体をつくる．

7.2 補酵素の分類

補酵素はアポ酵素との相互作用様式で二つの型に分けられる（図7.1）．第一の型の補酵素 —— **補助基質**（cosubstrate）とよくよばれる —— は酵素触媒反応で実際に基質になる．補助基質は反応によって変化し，活性部位から離れる．そして別の酵素が触媒するその後の反応で元の構造に戻る．生成物がさらに変化していく通常の反応とは違い，補助基質は細胞の中で繰返し再利用される．補助基質は異なる酵素触媒反応の間で移動性の代謝基をやり取りする．

第二の型の補酵素は，**補欠分子族**（prosthetic group）とよばれる．補欠分子族は反応を通じて常に酵素に結合している．アポ酵素に共有結合している補欠分子族もあるが，多数の弱い相互作用を使って活性部位に強固に結合しているものもある．活性部位にあるイオン化したアミノ酸のように，補欠分子族も触媒作用が完結するごとに最初の型に戻らねばならない．そうしないと，ホロ酵素は活性をもち続けることができない．補助基質も補欠分子族も活性部位の一部である．これらはアミノ酸の側鎖が提供できない活性基を活性部位に与えている．

どの生物種もみな酵素が触媒するさまざまな重要な反応で補酵素を用いている．ほとんどの生物種，とりわけ，原核生物，原生

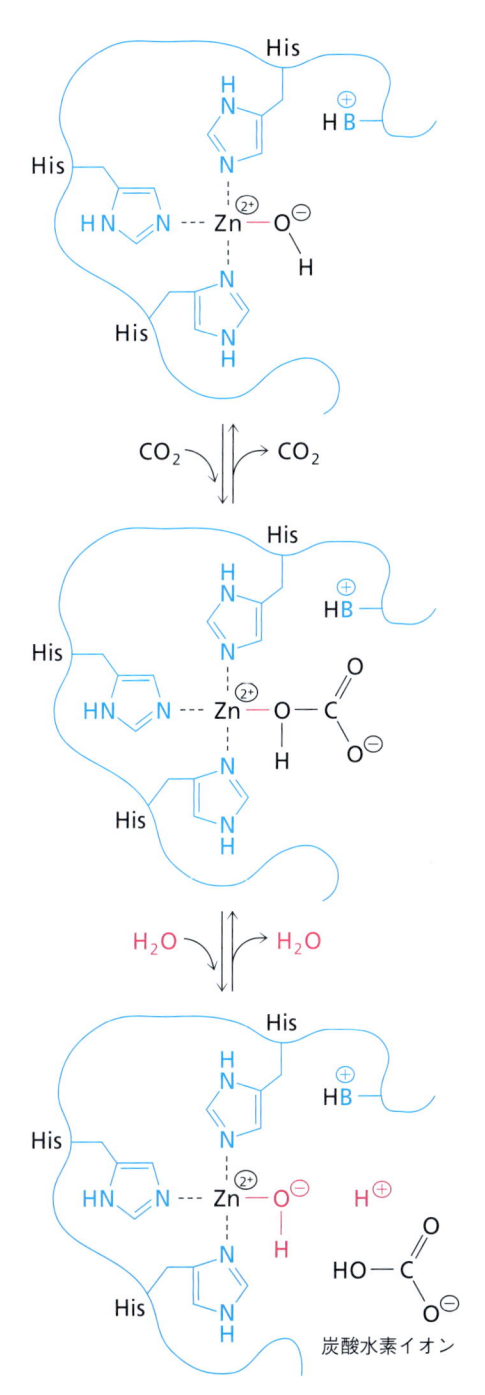

▲図7.2 **炭酸デヒドラターゼの反応機構** 活性部位の亜鉛イオンは結合した水分子のイオン化を促進する．形成された水酸化物イオンは二酸化炭素の炭素原子を攻撃し，炭酸水素イオンができて酵素から離れる．

生物，菌類，植物は簡単な前駆体から補酵素を合成できる．しかし，動物は補酵素のいくつかを合成する能力を失っている．哺乳類（ヒトを含む）は生存のために補酵素の原料を必要とする．自分で合成できないものは食餌から少量（1日当たりマイクログラムかミリグラム）得ている．このような必須の化合物を**ビタミン**（vitamin）とよぶ．哺乳類はこのような微量栄養素の供給を他の生物に依存している．ビタミンの供給源は最終的には植物か微生物である．多くのビタミンは補酵素の前駆体であり，酵素によって対応する補酵素に変換されねばならない．

動物の食物中にビタミンが不足したり欠けているとビタミン欠乏症になる．ビタミン欠乏症は適正なビタミンを摂取すれば予防や治療ができる．表 7.1 に 9 種類のビタミンとその欠乏症をまとめた．これらのビタミンと代謝における役割についてはつぎに述べる．ビタミンの多くは，ときには ATP と反応した後に補酵素に変換される．

ビタミン（元は vitamine と記した）という言葉は，1912 年，神経変性を起こす栄養欠乏症である脚気を治す作用をもち，玄米に含まれている"必須アミン（vital amine）"を記載する際に Casimir Funk がつくった．ビタミンという言葉は，多くのビタミンがアミンではないとわかってからも，使われ続けている．脚気は初め鳥類で，ついで精米を主食とするヒトについて報告された．オランダ領東インド（現在のインドネシア）で働いていたオランダの外科医 Christiaan Eijkman が，地域の病院から出る白米の残飯で飼育したニワトリが脚気になること，しかし玄米を与えると回復することに初めて気付いた．この発見がきっかけで玄米の被膜から抗脚気物質が分離された．この抗脚気物質（チアミン）はビタミン B_1 として知られるようになった．

表 7.1 ビタミンとその欠乏症の例

ビタミン	病 気
アスコルビン酸（C）	壊血病
チアミン（B_1）	脚 気
リボフラビン（B_2）	成長遅延
ニコチン酸	ペラグラ
パントテン酸	ニワトリの皮膚炎
ピリドキサール（B_6）	ラットの皮膚炎
ビオチン	ヒトの皮膚炎
葉 酸	貧 血
コバラミン（B_{12}）	悪性貧血

▲玄米（茶色）と白米　玄米（上段左）は外側のもみが取除かれているが，皮の一部（ぬか）が残っている．皮にはチアミン（B_1）が含まれている．さらに処理すると白米（中段左）になるが，チアミンが失われる．

その後これまでに，大きく 2 種類に大別されるビタミンが同定されている．水溶性ビタミン（ビタミン B 類など）と脂溶性ビタミン（脂質性ビタミンともいう）である．水溶性のビタミンは毎日少量ずつ摂取する必要がある．水溶性ビタミンは速やかに尿中に排泄され，また，それらに由来する補酵素の細胞内備蓄量は安定でないからである．これに対し，動物はビタミン A, D, E, K のような脂溶性ビタミンを蓄えるので，摂取しすぎるとビタミン過剰症として知られる病的状態になる．重要なこととして，ビタミンのすべてが補酵素あるいはその前駆体というわけではないことを指摘しておく（BOX 7.4，§7.14 参照）．

表 7.2 におもな補酵素を，代謝における機能および由来するビタミンの名前とともにまとめた．おもな補酵素の構造と機能について，以下の節に記述する．

7.3 ATP とその他のヌクレオチド補助基質

多くのヌクレオシドおよびヌクレオチドは補酵素である．そのうちでアデノシン三リン酸（ATP）は最も多量に存在する．そのほかに多いものとして，GTP, S-アデノシルメチオニン，ウリジ

BOX 7.1　消えたビタミン

ビタミン B_4 とビタミン B_8 はどうなってしまったのだろう．教科書のどこにも見当たらない．ところが，体調を良くしたい，長生きしたい，などと願う人たち向けに，サプリメントとして売られているのをよく見かける．

ビタミン B_4 はアデニンで，DNA と RNA に含まれる塩基である．これは明らかにビタミンではない．ヒトも含めたすべての生物種で，必要なときは，いつでも，いくらでもつくることができる（§18.1, 18.2）．ビタミン B_8 はイノシトールで，いくつかの重要な生体物質の前駆体だが（図 8.17，§9.12 D），今ではビタミンと考えられていない．（訳注：かつてはナイアシンをビタミン B_3，パントテン酸をビタミン B_5，ビオチンをビタミン B_7 としていることもあったが，現在では使われていない．）

知り合いにビタミン B_4 入りやビタミン B_8 入りサプリメントに大金をはたいている人がいたら，君が救ってあげられるはずだ．それはお金をどぶに捨てるも同然だと教えてあげよう．

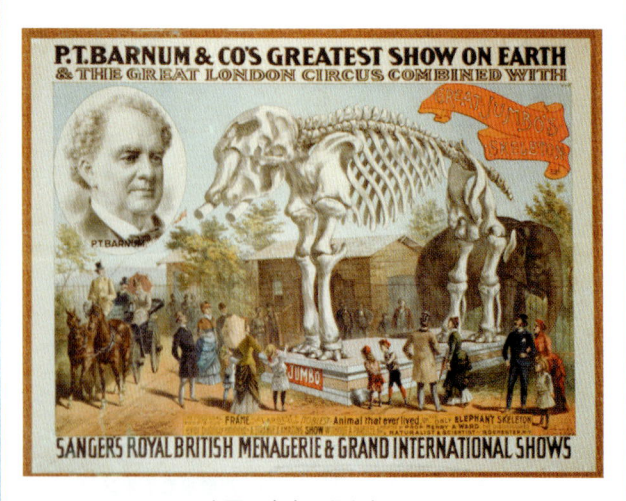

▲ P. T. Barnum　米国の有名な興行師の P. T. Barnum は"だまされる奴は 1 分に一人ずつ生まれてくる"と言ったことになっている．でも実際にこのえげつない言葉を考えたのは商売敵で，彼の評判を落とすために濡れぎぬを着せたらしい．

表 7.2 おもな補酵素

補酵素	由来するビタミン源	おもな代謝機能	機構的な役割
アデノシン三リン酸（ATP）	—	リン酸とヌクレオチド基の転移	補助基質
S-アデノシルメチオニン	—	メチル基の転移	補助基質
UDP グルコース	—	グリコシル基の転移	補助基質
ニコチンアミドアデニンジヌクレオチド（NAD^+）とニコチンアミドアデニンジヌクレオチドリン酸（$NADP^+$）	ナイアシン	2 電子が転移する酸化還元反応	補助基質
フラビンモノヌクレオチド（FMN）とフラビンアデニンジヌクレオチド（FAD）	リボフラビン（B_2）	1 および 2 電子が転移する酸化還元反応	補欠分子族
補酵素 A（CoA）	パントテン酸	アシル基の転移	補助基質
チアミンニリン酸（TPP）	チアミン（B_1）	カルボニル基を含む複数炭素断片の転移	補欠分子族
ピリドキサールリン酸（PLP）	ピリドキシン（B_6）	アミノ酸へ，ならびにアミノ酸からの基の転移	補欠分子族
ビオチン	ビオチン	ATP 依存性の基質のカルボキシ化または基質間のカルボキシ基の転移	補欠分子族
テトラヒドロ葉酸	葉酸	1 炭素置換基，特にホルミル基，ヒドロキシメチル基の転移．DNA のチミンのメチル基の供与	補助基質
コバラミン	コバラミン（B_{12}）	分子内転移，メチル基転移	補欠分子族
リポアミド	—	TPP のヒドロキシアルキル基の酸化とその結果できるアシル基の転移	補欠分子族
レチナール	レチノール（A）	視覚	補欠分子族
ビタミン K	ビタミン K	グルタミン酸残基のカルボキシ化	補欠分子族
ユビキノン（Q）	—	脂溶性電子伝達体	補助基質
ヘム基	—	電子伝達	補欠分子族

ン二リン酸グルコース（UDP グルコース）のような糖ヌクレオチドなどがある．図 7.4 に構造を示した ATP は，基転移反応で，リン酸基，二リン酸，アデニリル基（AMP），アデノシル基などを供給できる用途の広い反応性物質である．

> ヌクレオチドの構造と化学については 19 章で詳しく扱う．

ATP がかかわる反応でいちばん普遍的なものはリン酸基の転移である．たとえば，キナーゼが触媒する反応では ATP の γ-リン酸基が求核剤に転移し，アデノシン二リン酸（ADP）が残る．つぎによくある反応は，ヌクレオチド基の転移（AMP 部分の転移）で，二リン酸（PP_i）が残る．ATP は代謝で中心的な役割を演じる．ATP の"高エネルギー"補助因子としての機能については 10 章（代謝についての序論）でさらに詳しく述べる．

> ATP が関与する反応の熱力学は §10.6 で述べる．

ATP はまた，他の多くの代謝中間体由来の補酵素の材料にもなる．その一つの S-アデノシルメチオニン（図 7.5）は，メチオニンと ATP の反応で合成される．

$$\text{メチオニン} + \text{ATP} \longrightarrow S\text{-アデノシルメチオニン} + P_i + PP_i \tag{7.1}$$

メチオニンのメチルチオ基（$-S-CH_3$）はあまり反応性が高くないが，S-アデノシルメチオニンのスルホニウムは正電荷を帯び，反応性が高い．S-アデノシルメチオニンは求核性の受容体と反応しやすく，生合成反応で使われるほとんどすべてのメチル基の供与体になる．たとえば，ホルモンのノルアドレナリンがアドレナリンに変わるときに必要である．

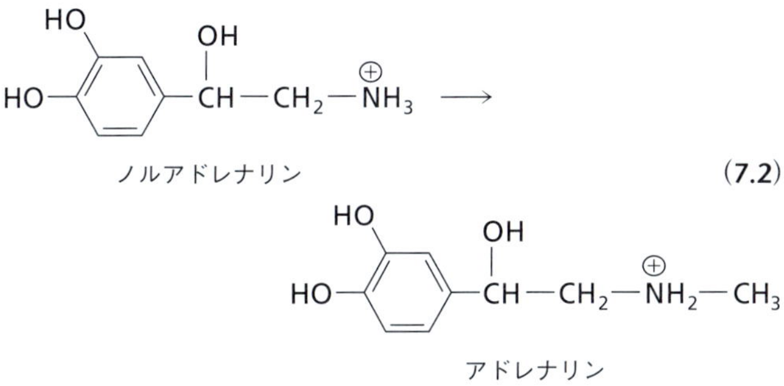

(7.2)

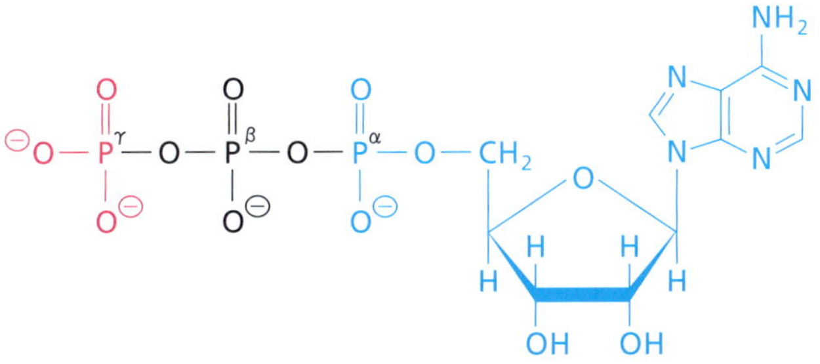

▲図 7.4 ATP 窒素塩基のアデニンは三つのリン酸基をもつリボースに結合している．リン酸基（赤）の転移でアデノシン二リン酸（ADP）ができ，ヌクレオチド基（AMP，青）の転移で二リン酸（PP_i）ができる．

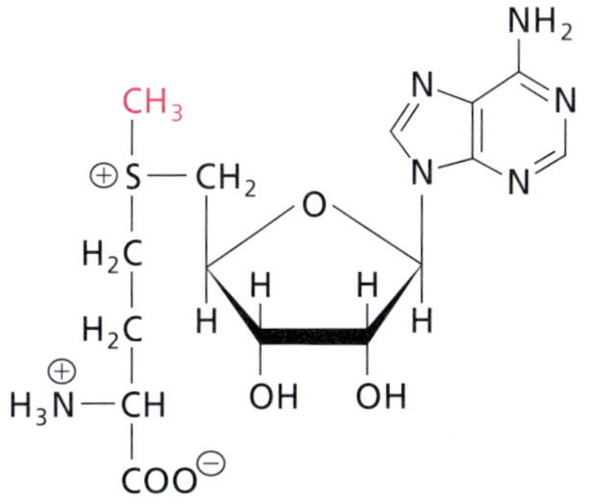

▲図 7.5 S-アデノシルメチオニン この補酵素の活性化されたメチル基を赤で示す．

S-アデノシルメチオニンが必要なメチル化反応として，リン脂質，タンパク質，DNA，RNA などのメチル化がある．植物では，S-アデノシルメチオニンは植物ホルモンであるエチレンの前駆体として，果実の熟成を制御している．

糖ヌクレオチド補酵素は糖質の代謝に関係している．最も一般的な糖ヌクレオチドであるウリジン二リン酸グルコース（UDP グルコース）は，グルコース 1-リン酸とウリジン三リン酸（UTP）が反応してできたものである（図 7.6）．UDP グルコースはグリコシル基（赤）を適切な受容体に移して遊離の UDP となる．この UDP が ATP からリン酸基を受取って UTP となり，それが別のグルコース 1-リン酸分子と反応することで UDP グルコースが再生する．

糖部分およびヌクレオシド部分が異なるさまざまな糖ヌクレオチド補酵素がある．CDP，GDP，ADP などを含んだこの補酵素の仲間は後ほど取上げる．

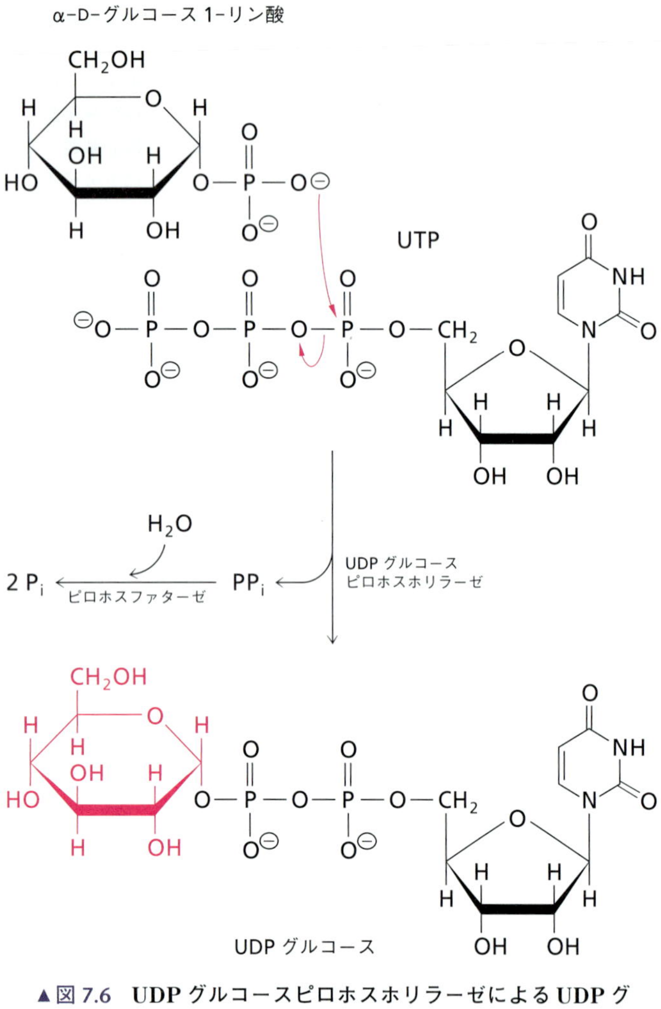

▲図 7.6　UDP グルコースピロホスホリラーゼによる UDP グルコースの形成　α-D-グルコース 1-リン酸のリン酸基の酸素が UTP の α-リン酸を攻撃する．生じる PP$_i$ はピロホスファターゼの作用ですぐに加水分解されて 2P$_i$ になる．この加水分解はピロホスホリラーゼによって触媒される反応を完結させる役割がある．UDP グルコースの移動性グルコシル基を赤で示した．

7.4　NAD$^+$ と NADP$^+$

ニコチンアミド補酵素にはニコチンアミドアデニンジヌクレオチド（nicotinamide adenine dinucleotide；NAD$^+$）と，それによく似たニコチンアミドアデニンジヌクレオチドリン酸（nicotinamide adenine dinucleotide phosphate；NADP$^+$）がある．これらは補酵素として最初に認められた．両者ともニコチンアミド，つまりニコチン酸のアミド（図 7.7）を含む．ペラグラ症で欠乏している因子がニコチン酸（ナイアシンともいう）である．ニコチン酸またはニコチンアミドは，NAD$^+$ と NADP$^+$ の前駆体として必須である．（多くの生物種ではトリプトファンが分解されるとニコチン酸になる．そのため，食物中のトリプトファンはニコチン酸やニコチンアミドの必要量の一部を肩代わりできる．）

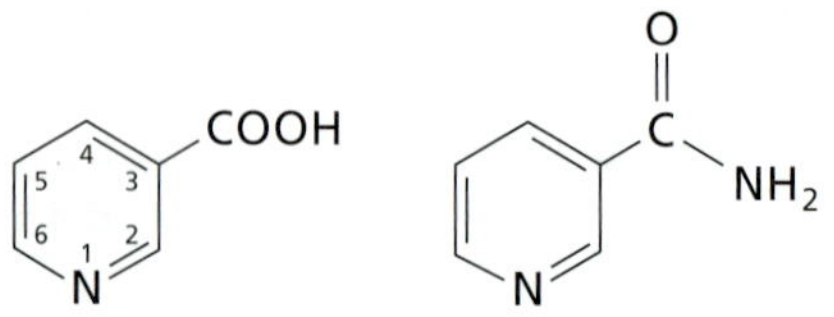

▲図 7.7　ニコチン酸（ナイアシン）（左）とニコチンアミド（右）

ニコチンアミド補酵素は多くの酸化還元反応で働き，代謝物からの，または代謝物への電子の受け渡し反応を助ける（§10.9）．酸化型の NAD$^+$，NADP$^+$ は電子欠乏型であり，還元型の NADH と NADPH は共有結合させた水素化物イオンの形で 2 個余分に電子を運搬する．これらの補酵素の構造を図 7.8 に示した．両補酵素ともリン酸無水物結合で二つの 5′-ヌクレオチド，すなわち AMP とニコチンアミドのリボヌクレオチド〔ニコチンアミドモノヌクレオチド（nicotinamide mononucleotide；NMN，ニコチン酸に由来）〕がつながっている．NADP$^+$ では，リン酸基がアデニル酸部分の 2′ 酸素原子に結合している．

NAD$^+$ の "$+$" 印は窒素原子が正電荷を帯びていることを意味するだけで，分子全体が正に荷電したイオンというわけではない．実際は，リン酸基のために分子全体としては負に荷電している．窒素原子は普通 7 個の陽子と 7 個の電子をもつ．外殻には化学結合にかかわる 5 個の電子がある．補酵素の酸化型（NAD$^+$ と NADP$^+$）ではニコチンアミド窒素はそのうちの 1 個を失っている．外殻には 4 個の電子しかなく，これらの電子は隣接する炭素原子との間で共有されるので，全部で 4 本の共有結合をつくる．（それぞれの共有結合が 1 対の電子をもつので，窒素原子の外殻は 8 個の共有電子で満たされている．）図 7.8 のように，環の窒素原子に正電荷を書くのが一般的なのはこのためである．しかし実際には，電荷は芳香族環全体に分布している．

還元型では，窒素原子は目一杯の電子をもっている．つまり，外殻に 5 個の電子をもつ．このうち二つは非共有電子対である（図 7.8 ではドット‥として示す）．その他の三つの電子は 3 本の共有結合をつくっている．

NAD$^+$ と NADP$^+$ はほとんどの場合，デヒドロゲナーゼの補助基質として働く．ピリジンヌクレオチド依存性デヒドロゲナーゼは基質の酸化を触媒するが，このとき水素化物イオン（H$^-$）という形で 2 個の電子と 1 個のプロトンを NAD$^+$ や NADP$^+$ のニコチンアミド基の C-4 に転移する．こうして還元型（NADH と NADPH）ができる．新しい C–H 結合が C-4（1 対の電子）の

> NADH と NADPH は 340 nm にピークをもつ紫外線吸収（ジヒドロピリジン環による）を示すが，NAD$^+$ と NADP$^+$ はこの波長では光を吸収しない．反応系に NAD$^+$ あるいは NADP$^+$ が含まれているなら，340 nm の吸収の増大または減少を酸化反応や還元反応の速度測定に利用できる．（BOX 10.2 参照）．

7.4 NAD⁺とNADP⁺

▲図7.8 NAD(とNADP)の酸化型と還元型 NAD⁺のピリジン環はNAD⁺がNADHに変わるとき(NADP⁺がNADPHに変わるとき), C-4位に水素化物イオンが結合して還元される. NADP⁺ではアデノシンの糖環の2′-ヒドロキシ基がリン酸化されている. これらの補酵素の反応中心を赤で示す.

所で形成され, 環の二重結合の所にあった電子が環の窒素原子の所へ行く. このように, ピリジンヌクレオチドによる酸化(または, その逆反応による還元)ではいつも一度に2個の電子が動く.

NADHとNADPHは還元力をもつといってよい(すなわち, 生物学的還元剤である). 還元型ピリジンヌクレオチドは安定なので, 還元力を一つの酵素から別の酵素に運ぶことができる. この能力はフラビン補酵素には欠けている(§7.5). NADHとNADPHをつくるほとんどの反応は異化反応である. NADHの膜

BOX 7.2 NAD⁺と脱水素酵素の結合

1970年代に4種類のNAD依存性デヒドロゲナーゼの構造が決まった. 乳酸デヒドロゲナーゼ, リンゴ酸デヒドロゲナーゼ, アルコールデヒドロゲナーゼおよびグリセルアルデヒド-3-リン酸デヒドロゲナーゼである. いずれもオリゴマーで, 約350アミノ酸残基の鎖である. これらの鎖はすべて明らかに二つのドメイン(補酵素を結合するドメインと, 特異的な基質を結合するドメイン)に折りたたまれている. 各酵素の活性部位は二つのドメイン間の溝に存在する.

構造が確定した脱水素酵素(デヒドロゲナーゼ)の数が多くなるにつれ, 補酵素結合モチーフの構造が明らかになった. それらの多くは1対のβαβαβモチーフから成るよく似たNAD/NADP結合構造を一つ以上もつ. このモチーフは, ヌクレオチド結合タンパク質中にこの構造を最初に発見したMichael Rossmannにちなんでロスマン(Rossmann)フォールドとよばれる(下図参照). 各Rossmannフォールドモチーフは NAD⁺ジヌクレオチドの半分を結合する. これらの酵素はすべて補酵素を同じ配向で, 伸びた形で結合する.

さまざまなデヒドロゲナーゼがRossmannフォールドモチーフをもつが, それ以外の部分は非常に異なっていて, アミノ酸配列はそれほど似ていない. Rossmannフォールドをもつ酵素は共通の祖先に由来する可能性があるが, 異なるデヒドロゲナーゼの間で独立にこの構造が進化してきた可能性もある. 収れん進化の別の例かもしれない.

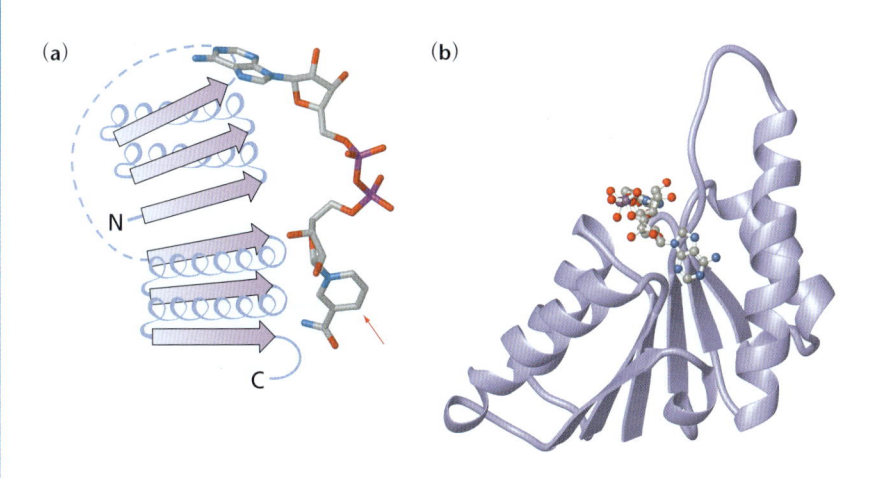

◀脱水素酵素のNAD結合領域 (a) 補酵素は伸びた形で, Rossmannフォールドとして知られる二つの横並びのβαβαβモチーフと相互作用する. このタンパク質モチーフは広がって, 6本の平行β鎖から成るβシート構造をとる. 矢印は水素化物イオンが結合するニコチンアミド基のC-4位を示す. (b) ラットの乳酸デヒドロゲナーゼのRossmannフォールドモチーフに結合したNADH [PDB 3H3F]. [Rossman et al. (1975). *The Enzymes*, Vol. 11, Part A, 3rd ed., P. D., Boyer, ed. (New York: Academic Press), pp. 61-102 より改変.]

会合電子伝達系による酸化は ATP 合成と共役している．NADPH のほとんどは生合成反応で還元剤として使われる．NADH の濃度は NADPH の約 10 倍である．

乳酸デヒドロゲナーゼは乳酸の可逆的酸化を触媒する．乳酸デヒドロゲナーゼは典型的な NAD^+ 依存性酵素である．NAD^+ が還元されるときに，乳酸からプロトンが 1 個放出される．

$$H_3C-\underset{OH}{CH}-COO^- + NAD^+ \rightleftharpoons H_3C-\underset{O}{\overset{\parallel}{C}}-COO^- + NADH + H^+ \quad (7.3)$$

乳酸　　　　　　　　　　　　　ピルビン酸

NADH は ATP と同じように補助基質である．反応後，補助基質の構造は変化しており，別の反応によって元の構造へ再生されねばならない．ここの例では，NAD^+ は NADH に還元され，この NADH が別の反応で NAD^+ に再生されなければ，反応はすぐに平衡状態に達してしまう．どうやってこの問題を解決しているのか §11.3 B で扱う．

乳酸デヒドロゲナーゼが触媒する乳酸のピルビン酸への酸化で，酵素と補酵素の両者がどのように関与するかを図 7.9 に示した．この反応機構で，補酵素はニコチンアミド基の C-4 位で水素化物イオンを受取る．すると電子が正に荷電していた窒素原子に移動して，環の結合の再配置が起こる．酵素は酸塩基触媒を提供し，また補酵素と基質のそれぞれに適切な結合部位を提供する．二つの水素が乳酸から除かれ，ピルビン酸ができることに注目しよう（7.3 式）．これらの水素のうちの一つは，二つの電子をもつ水素化物イオンとして NAD^+ へ，他の一つはプロトンとして His-195 へ運ばれる．2 番目の水素は塩基性触媒（His-195）を再生するために H^+ としてその後放出される．NAD^+ の還元とともにプロトンが放出される NAD 依存性の反応例はたくさんある．そのため，反応式の片側に $NADH+H^+$ と書いてある反応が非常に多い．

7.5　FAD と FMN

補酵素フラビンアデニンジヌクレオチド（flavin adenine dinucleotide; FAD）とフラビンモノヌクレオチド（flavin mononucleotide; FMN）はリボフラビン，すなわちビタミン B_2 由来である．リボフラビンは微生物，原生生物，菌類，植物やある種の動物が合成する．哺乳類は食物からリボフラビンを摂取する．リボフラビンはイソアロキサジンとよぶ複素環の N-10 原子に，5 炭素アルコールであるリビトールが結合したものである（図 7.10 a）．リボフラビンに由来する補酵素を図 7.10（b）に示した．NAD^+ や $NADP^+$ と同じように，FAD は AMP および二リン酸結合をもつ．

多くの酸化還元酵素は，補欠分子族として FAD か FMN が必要である．このような酵素をフラビン酵素またはフラビンタンパク質という．補欠分子族は普通，非共有結合で非常に強く結合している．アポ酵素は補欠分子族を強く結合することで，補酵素の還元型が無駄に再酸化されるのを防いでいる．

FAD と FMN は，一つのプロトンと水素化物イオンという形で二つの電子を取込んで $FADH_2$ と $FMNH_2$ に還元される（図 7.11）．酸化型の酵素はイソアロキサジン環の共役二重結合のために明るい黄色をしている．補酵素が $FMNH_2$ や $FADH_2$ に還元されるとこの色は消える．

> 5 章の冒頭に典型的なフラビンタンパク質の一つである旧黄色酵素の結晶を図示した．

NADH や NADPH が例外なく 2 電子転移反応にかかわるのに対し，$FMNH_2$ と $FADH_2$ は一度に 1 個または 2 個の電子を供与する．1 電子を何かに与えると，部分的に酸化された化合物 FADH・ または FMNH・ ができる．これらの中間体は比較的安定なラジカルで，セミキノンとよばれる．$FADH_2$ や $FMNH_2$ の酸化は，Fe^{3+} を含む金属タンパク質の還元（[Fe-S]クラスターで起こる）

▲図 7.9　乳酸デヒドロゲナーゼの反応機構　活性部位の塩基触媒である His-195 は，乳酸の C-2 ヒドロキシ基からプロトンを引き抜き，水素化物イオン（H^-）が基質の C-2 から，結合している NAD^+ の C-4 へ移動するのを助ける．Arg-171 は基質のカルボキシ基とイオン対をつくる．逆反応では還元型の補酵素 NADH から酸化された基質ピルビン酸の C-2 に H^- が移される．

▲この黄色の FAD はフラビンではない．魚をおびき寄せる道具（Fish Aggregating Device）で，海底にロープでつながれたブイである．これはニューサウスウェールズ州政府がオーストラリア東海岸に設置した．強い潮流でどこかに流されてしまうこともある．

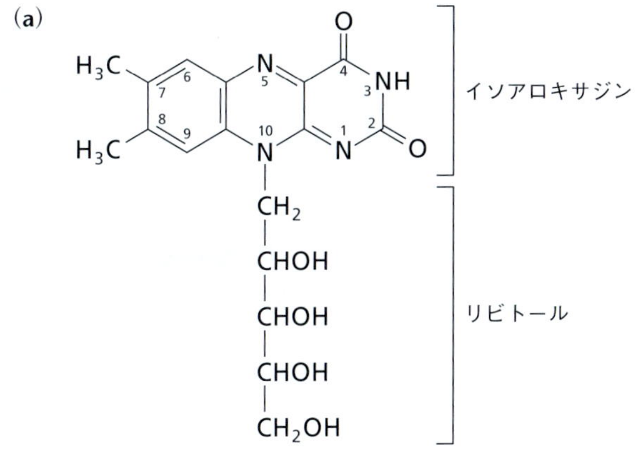

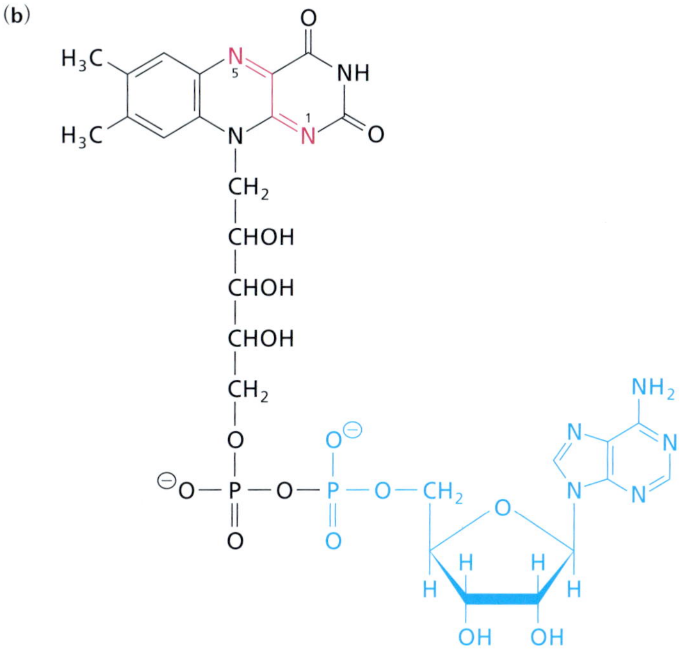

▲図 7.10 リボフラビンとその補酵素 （a）リボフラビン．リビトールはイソアロキサジン環に結合している．（b）フラビンモノヌクレオチド（FMN，黒）とフラビンアデニンジヌクレオチド（FAD，黒と青）．反応中心を赤で示す．

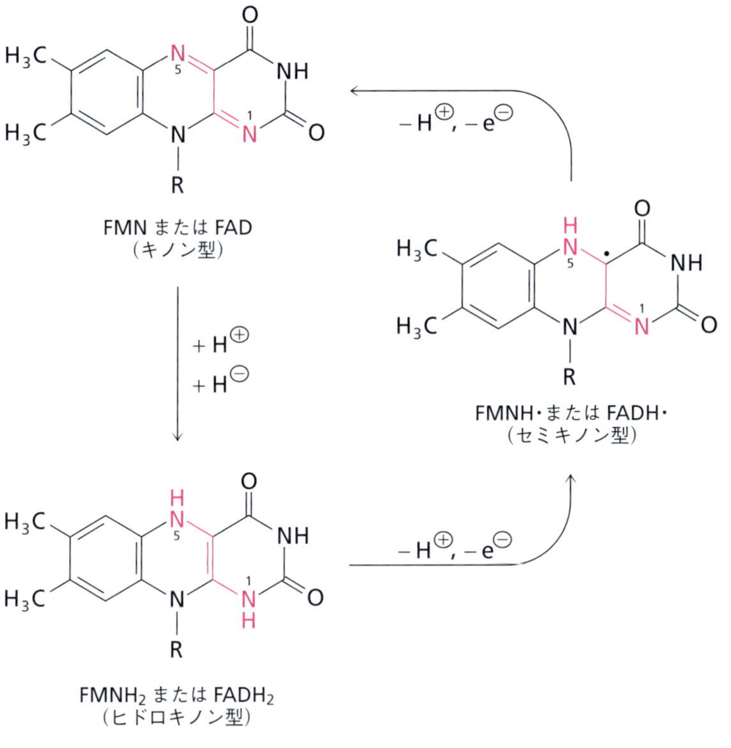

◀図 7.11 FMN または FAD の還元と再酸化 N-1 と N-5 間の共役二重結合は水素化物イオンとプロトンの付加により還元され，補酵素のヒドロキノン型である $FMNH_2$ または $FADH_2$ ができる．酸化は 2 段階で起こる．電子 1 個が 1 電子酸化剤で引き抜かれ，プロトンを失って比較的安定なラジカル中間体ができる．このセミキノン型はつぎにプロトンと電子 1 個を失って完全に酸化された FMN または FAD になる．これらの反応は可逆である．

と共役して起こることが多い．鉄-硫黄クラスターは 1 電子しか受取れないので，還元型フラビンがセミキノン中間体を経由して酸化されるには 2 回の 1 電子転移が必要である．FMN が 2 電子転移を 1 電子転移に共役させる能力をもつことは，多くの電子転移系にとって重要である．

7.6 補酵素 A およびアシルキャリヤータンパク質

燃料分子の酸化ならびに一部の糖質や脂質の生合成など，多くの代謝経路が補酵素 A（CoA または HS-CoA）に依存している．補酵素 A は，簡単なカルボン酸や脂肪酸が移動性代謝基となるアシル基転移反応に関与する．補酵素 A は三つの主要な成分からできている．遊離 SH 基をもつ 2-メルカプトエチルアミン，ビタミンのパントテン酸（β-アラニンとパントイン酸のアミド），および 3′-ヒドロキシ基が第三のリン酸基でエステル化されたADP である（図 7.12 a）．CoA の反応中心は SH 基である．アシル基は SH 基に共有結合してチオエステルをつくる．よく知られている例がアセチル CoA である（図 7.13）．この場合，アシル基はアセチル基である．アセチル CoA はチオエステル結合をもつので（§10.8），"高エネルギー"化合物である．補酵素 A の名前は，もともとアセチル化反応の補酵素としての機能から名付けられた．アセチル CoA は，糖質，脂肪酸，アミノ酸の分解を学ぶときに何度もでてくる．

ホスホパンテテインは補酵素 A の 2-メルカプトエチルアミンとパントテン酸部分を含むリン酸エステルで，アシルキャリヤータンパク質（acyl carrier protein；ACP）として知られる小さな

(a)

β-アラニン / パントイン酸

HS—CH₂—CH₂—NH—C(=O)—CH₂—CH₂—NH—C(=O)—CH(OH)—C(CH₃)₂—CH₂—O—P(O⁻)(=O)—O—P(O⁻)(=O)—O—CH₂—(リボース)—アデニン

2-メルカプトエチルアミン / パントテン酸 / 3′-リン酸基をもつ ADP

(b)

HS—CH₂—CH₂—NH—C(=O)—CH₂—CH₂—NH—C(=O)—CH(OH)—C(CH₃)₂—CH₂—O—P(O⁻)(=O)—O—CH₂—CH(NH~)—C(=O)~ セリン

ホスホパンテテイン補欠分子族 / タンパク質

▲図 7.12 **補酵素 A とアシルキャリヤータンパク質（ACP）** (a) 補酵素 A では 2-メルカプトエチルアミンがビタミンのパントテン酸に結合し、パントテン酸は、余分に 3′ 位がリン酸化された ADP 部分にリン酸エステルで結合する。反応中心は SH 基（赤）である。(b) アシルキャリヤータンパク質では、補酵素 A の 2-メルカプトエチルアミンとパントテン酸部分から成るホスホパンテテイン補欠分子族がタンパク質のセリン残基にエステル結合する。

▼補酵素 A

$$H_3C-C(=O)-S-CoA$$

▲図 7.13 アセチル CoA

タンパク質（アミノ酸 77 残基）の補欠分子族である。この補欠分子族は ACP のセリン残基の側鎖の酸素にエステル結合している（図 7.12 b）。ACP の補欠分子族の−SH は、脂肪酸の生合成の際に中間体によってアシル化される（16 章）。

7.7 チアミン二リン酸

チアミン（ビタミン B_1）はピリミジン環と正に荷電したチアゾリウム環をもつ（図 7.14 a）。この補酵素はチアミン二リン酸、以前はチアミンピロリン酸（thiamine pyrophosphate；TPP）とよばれた（図 7.14 b）。チアミン二リン酸はチアミンに ATP の二リン酸基が酵素反応で転移してできる。

6 種類ほどの脱炭酸酵素（デカルボキシラーゼまたはカルボキシリアーゼ）がチアミン二リン酸を補酵素としている。たとえば、チアミン二リン酸は酵母のピルビン酸デカルボキシラーゼの補欠分子族で、その反応機構を図 7.15 に示した。チアミン二リン酸はピルビン酸以外の 2-オキソ酸（α-ケト酸）の酸化的脱炭酸反応でも補酵素として働く。この反応の第一段階は図 7.15 に示した機構で進む。また、チアミン二リン酸は、トランスケトラーゼとして知られる酵素、すなわち糖分子間でケト基を含む炭

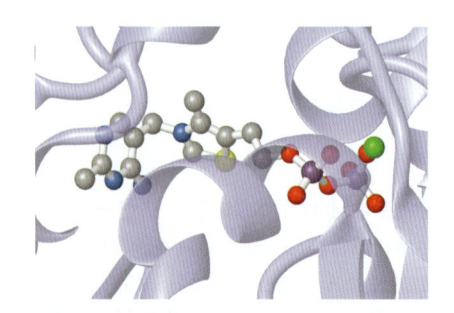

▲ピルビン酸デヒドロゲナーゼに結合したチアミン二リン酸　補酵素は伸びた形で結合し、二リン酸部分がマグネシウムイオン（緑）とキレートを形成している。[PDB 1PYD]

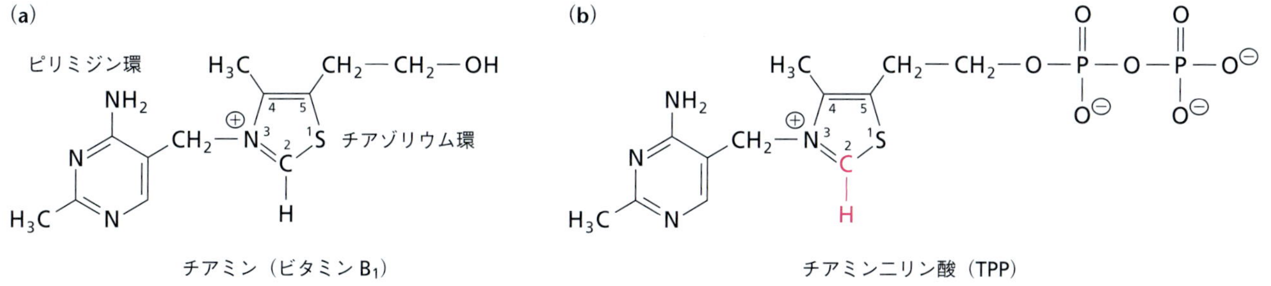

7.7 チアミンニリン酸

▲図 7.14 チアミンニリン酸（TPP） (a) チアミン（ビタミン B_1） (b) チアミンニリン酸（TPP）．補酵素のチアゾリウム環に反応中心（赤）がある．

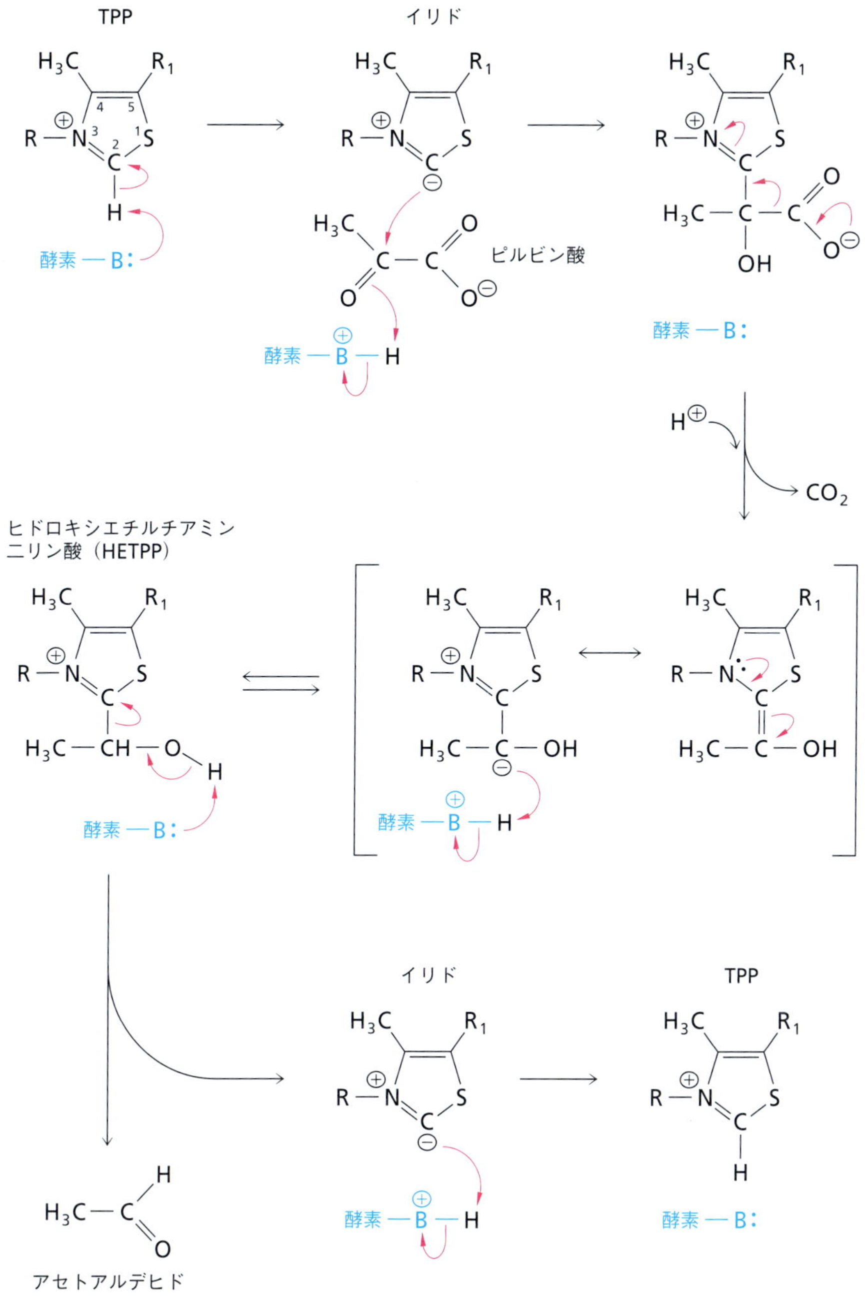

◀図 7.15 酵母のピルビン酸デカルボキシラーゼの反応機構 TPP のチアゾリウム環の正電荷は電子を引き付けて C-2 と水素間の結合を弱める．このプロトンはおそらく酵素の塩基性残基によって引き抜かれる．イオン化に伴って共鳴安定化された双極子型カルボアニオンであるイリド（近接した原子に反対の電荷をもつ分子）ができる．負に荷電したC-2 が基質ピルビン酸の電子不足のカルボニル炭素を攻撃して，最初の生成物（CO_2）が放出される．ピルビン酸の2個の炭素はチアゾリウム環に結合して共鳴安定化されたカルボアニオンの一部分になる．つぎの段階では，カルボアニオンがプロトン化されてヒドロキシエチルチアミンニリン酸（HETPP）ができる．HETPP が切断され，アセトアルデヒド（第二の生成物）とイリド型酵素-TPP 複合体となる．酵素によってイリドがプロトン化されて TPP が再生する．

素2個の基を転移させる酵素の補欠分子族でもある．

補酵素のチアゾリウム環には反応中心がある．チアミン二リン酸の C-2 は他に例を見ない反応性をもつ．水溶液中での pK_a はきわめて高いのに，酸として働く．最近の実験では，ヒドロキシエチルチアミンニリン酸（HETPP）のイオン化（すなわち，双極子型カルボアニオンの形成）の pK_a 値は水中では 15 であるが，ピルビン酸デカルボキシラーゼの活性部位では 6 にまで変化する．このような酸性度の増加は活性部位の極性が低いためであり，チアミン二リン酸自身の反応性もこのことで説明される．

> ピルビン酸デカルボキシラーゼの代謝的な意義については，§11.3 A で扱う．トランスケトラーゼは，§12.4 C で扱い，ピルビン酸デヒドロゲナーゼの補酵素としてのチアミンニリン酸の機能は，§13.2 で扱う．

7.8 ピリドキサールリン酸

水溶性ビタミンの B_6 群には，ピリジン環の4位に結合した炭素の酸化状態やアミノ化状態だけが違う，非常によく似た三つの分子がある（図7.16 a）．ビタミン B_6（おもにピリドキサールとピリドキサミン）は広い範囲の植物や動物から摂取できる． B_6 欠乏状態にしたラットでは，皮膚炎やタンパク質代謝に関係したさまざまな失調が起こる．しかし，ヒトのビタミン B_6 欠乏症は実際にはまれである． B_6 が細胞に入ると，酵素によってATPの γ-リン酸基が転移し，補酵素のピリドキサール 5′-リン酸（pyridoxal 5′-phosphate；PLP）ができる（図7.16 b）．

ピリドキサールリン酸はアミノ酸が関与するさまざまな反応，すなわち異性化，脱炭酸，側鎖の脱離または置換などを触媒する多くの酵素の補欠分子族になる．PLP依存性の酵素では，補欠分子族のカルボニル基が活性部位のリシン残基の ε-アミノ基にシッフ塩基（イミン）として結合している．（シッフ塩基は第一級アミンがアルデヒドやケトンと縮合してできる化合物）図7.17の左側に示した酵素-補酵素間のシッフ塩基はよく内部アルジミンとよばれる．PLPは弱い非共有結合性の相互作用をいくつも使って，酵素に強く結合している．さらに内部アルジミンの共有結合も加わって，酵素が機能していないときにこの微量な補酵素が失われるのを防いでいる．

アミノ酸が関与するすべてのPLP依存性酵素反応の最初の段階は，PLPとアミノ酸の α-アミノ基との結合である（外部アルジミンの形成）．PLP酵素にアミノ酸が結合すると，イミノ基の転移が起こる（図7.17）．この転移反応はPLPがいったん遊離アルデヒド基になってから進行するのではなく，ジェミナルジアミン中間体を経て進行する．シッフ塩基はピリジン環に共役二重結合系をもち，N-1に正電荷があることに注意しよう．正電荷を帯びた窒素原子を含むよく似た環構造は NAD^+ にもみられる．それ以降のPLP酵素による触媒過程で，補欠分子族は電子をためる器の役割を果たす． α-アミノ酸がPLPとシッフ塩基をつくると，N-1へ向かって電子が求引されるため， α炭素の3本の結合が弱まる．言い換えると，PLPとのシッフ塩基は，アミノ酸の α炭素に結合していた三つの基の一つが脱離したときにできるカルボアニオンを安定化する．どの基が脱離するかは，酵素の活性部位の化学的な環境によって決まる．

アミノトランスフェラーゼはアミノ酸からの α-アミノ基の脱離を触媒し，この反応はアミノ酸の生合成と分解の両方にかかわる（17章）．アミノ基転移反応はPLP依存性の反応の中で最も多

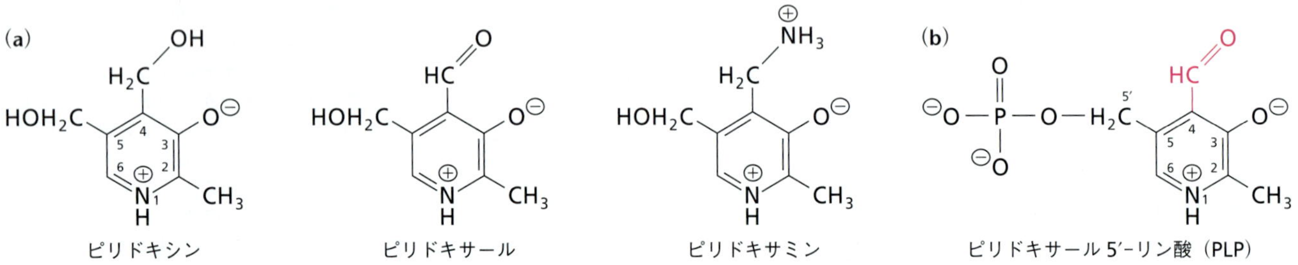

▲図7.16 **ビタミン B_6 とピリドキサールリン酸**　(a) ビタミン B_6 群：ピリドキシン，ピリドキサール，ピリドキサミン．(b) ピリドキサール 5′-リン酸（PLP）．PLPの反応中心はアルデヒド基（赤）である．

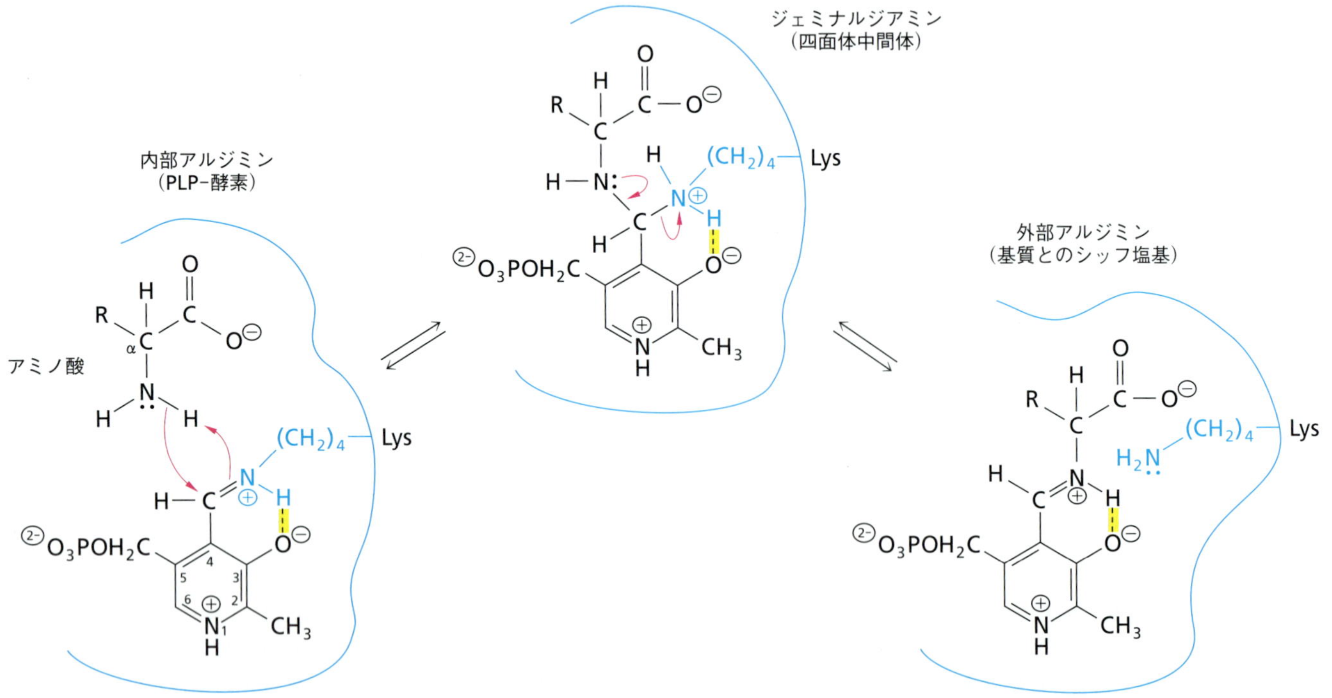

▲図7.17 **PLP依存性酵素に対する基質の結合**　PLPと酵素のリシン残基をつなぐシッフ塩基が，基質分子とPLPとの反応で置換される．イミノ基の転移はジェミナルジアミン中間体を経て進み，PLPと基質から成るシッフ塩基ができる．

▲ 図7.18 アミノトランスフェラーゼの反応機構　PLPと酵素をつなぐ内部アルジミンのリシンとアミノ酸が置き換わって外部アルジミンができる．つぎの段階ではPLPにアミノ基が転移し，生じた2-オキソ酸は解離するが，PMPは酵素にそのまま結合している．つぎに別の2-オキソ酸が入ると，各段階が逆方向に進む．アミノ基は2-オキソ酸に移って新しいアミノ酸ができ，最初のPLP型の酵素が再生する．

い．外部アルジミンが形成された後（図7.17），2-オキソ酸が遊離する．アミノ基はPLPに結合したままで，ピリドキサミンリン酸（pyridoxamine phosphate；PMP）ができる（図7.18）．アミノトランスフェラーゼ反応のつぎの段階は，図7.18の逆反応で，基質として別の2-オキソ酸が使われる．

> 特異的アミノトランスフェラーゼについて§17.2Bで述べる．

7.9　ビタミンC

抗壊血病因子であるアスコルビン酸（ビタミンC）は，ビタミンの中で構造がいちばん簡単である．壊血病では，皮膚が損傷する，血管がもろくなる，歯が抜ける，歯茎から出血するなどの症状がある．すでに4世紀ほど前から，壊血病と栄養との関係が気づかれていた．新鮮な果物や野菜を食べる機会がない水兵が壊血病になるが，ライムやレモンなどの柑橘類ジュースが治癒効果を示すことを英国海軍の軍医たちは見つけていた．しかしその必須栄養成分が実際に単離されて，アスコルビン酸だと確認されたのは1919年だった．

18世紀にはいろいろな学説が対立していて，壊血病のような難病を，ただの柑橘類の搾り汁で直せるなどと当局を納得させるのは難しかった．James Lind博士が英国海軍を説得しようと奮闘した物語も，ビタミンCにまつわるたくさんの逸話の一つである．人間のやることを変えさせるには，科学的証拠以外のものが必要だということがよくわかる．しかし最終的には，英国水兵たちは海上にいるとき，定期的にレモンとライムを食べるようになった．壊血病はこうして激減したが，英国水兵には有名なあだ名がついた．"ライム野郎（limeys）"とよばれるようになったのだ．実はライムよりもレモンの方がずっと効果があったのだが．

アスコルビン酸はラクトンである．C-1のカルボキシ基とC-4のヒドロキシ基が縮合した分子内エステルで，環状構造をとっている．アスコルビン酸は現在では補酵素ではないことがわかっており，さまざまな酵素反応で還元剤の役割を果たしている（図7.19）．その中でいちばん重要なのが，コラーゲン（§4.12）のヒドロキシ化である．哺乳類のほとんどはアスコルビン酸を合成できるが，モルモット，コウモリ，いくつかの霊長類（ヒトも含む）にはこの能力がなく，食物からの供給に頼っている．

ある生物種で特定の酵素がどのような経緯で消えてしまい，その結果，必須の代謝物を外部の供給源に頼ることになったのかはよくわからないことが多い．遺伝子が損傷したと考えられるが，

▲ 図7.19 アスコルビン酸（ビタミンC）とデヒドロ（酸化）型

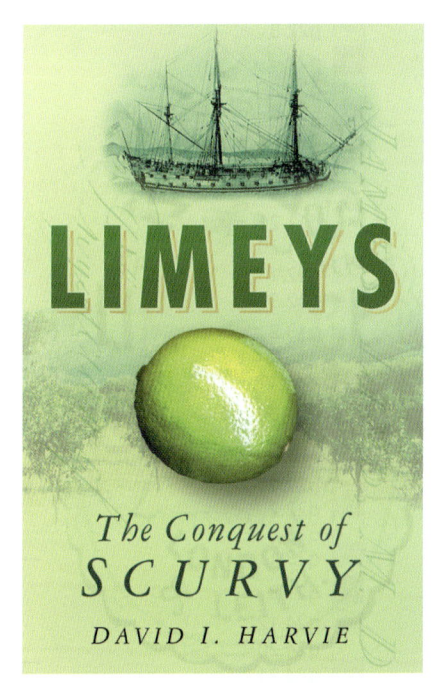

▲ "Limeys"という本に，1700年代に壊血病対策に柑橘類をとることを奨励したJames Lind医師のことが書かれている．

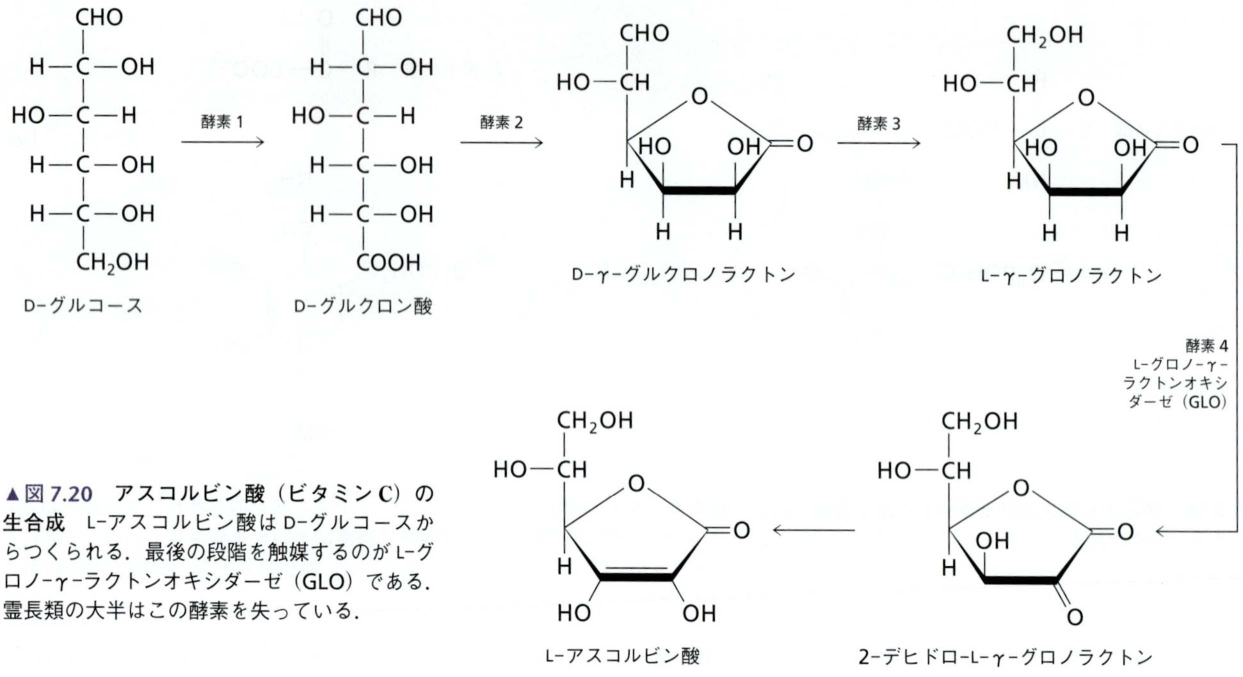

▲図7.20 アスコルビン酸（ビタミンC）の生合成　L-アスコルビン酸はD-グルコースからつくられる．最後の段階を触媒するのがL-グロノ-γ-ラクトンオキシダーゼ（GLO）である．霊長類の大半はこの酵素を失っている．

あまりにも昔の出来事で，現在のゲノムにほとんど痕跡をとどめていないからである．しかしビタミンC合成能力の喪失は，例外の一つといってよく，進化を理解するのに役立つ例である．

アスコルビン酸は5段階から成る経路でD-グルコースから合成され，四つの酵素がかかわっている（最後の段階は自発的に進行する）．酵素反応の最後はL-グロノ-γ-ラクトンオキシダーゼ（L-gulono-γ-lactone oxidase；GLO）（図7.20）である．酵素GLOは直鼻猿亜目（サルおよび類人猿）にはないが，曲鼻猿亜目（キツネザル，ロリスなど）にはある．これらの亜目は約8000万年に分岐した．このことから，サルおよび類人猿ではGLO遺伝子が欠損しているか機能を失っているが，それ以外の霊長類には完全な遺伝子があると考えられた．

ヒトの第8染色体の一つの遺伝子ブロックにGLO偽遺伝子が発見されたことでこの予測は確認された．他の動物ではそのブロックに活性なGLO遺伝子があった．ヒトの偽遺伝子とラットの活性酵素の遺伝子とを比較したところ，多数の差異が見られた（図7.21）．ヒトの偽遺伝子では，正常遺伝子の始めの六つのエキソンと第11エキソンが失われていた．ヒト以外の類人猿でもこれらのエキソンが失われていたので，類人猿の共通の祖先が同じように不完全なGLO遺伝子をもっていたことになる．

GLO遺伝子を不活性にした最初の変異が何だったかはわかっていない．いったん不活性化されると，ランダムに起こる遺伝子変動が固定化されやすくなるので，偽遺伝子にはつぎつぎと変異が蓄積されていく．ビタミンCは日常の食物から十分に得られたので，合成能力がなくても直鼻猿類にとって特に不利にはならなかったのだろう．

7.10　ビオチン

ビオチンはカルボキシ基の転移反応やATP依存性のカルボキシ化反応を行う酵素の補酵素である．ビオチンは，酵素の活性部

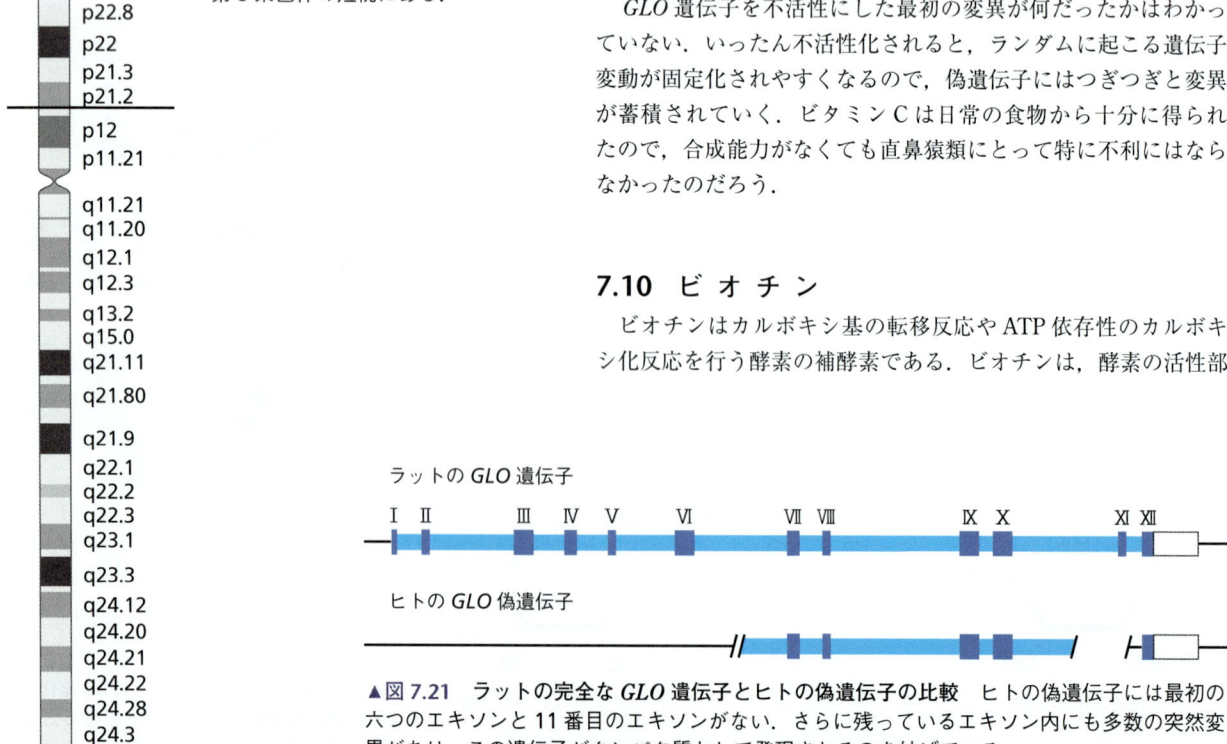

◀ヒトのGLO偽遺伝子は第8染色体の短腕にある．

▲図7.21　ラットの完全なGLO遺伝子とヒトの偽遺伝子の比較　ヒトの偽遺伝子には最初の六つのエキソンと11番目のエキソンがない．さらに残っているエキソン内にも多数の突然変異があり，この遺伝子がタンパク質として発現されるのを妨げている．

7.10 ビオチン

◀図7.22 酵素に結合したビオチン ビオチンのカルボキシ基はリシン（青）のε-アミノ基にアミド結合で共有結合する．ビオチンの反応中心はN-1（赤）である．

位にリシンのε-アミノ基を介したアミド結合で共有結合している（図7.22）．

ピルビン酸カルボキシラーゼの反応から，ビオチンが二酸化炭素の運搬体であることがわかる（図7.23）．このATP依存性の反応では，3炭素酸のピルビン酸が炭酸水素イオンと反応して4炭素酸のオキサロ酢酸ができる．酵素結合型のビオチンはカルボキシ基を移動可能な代謝基とするための中間的な運搬体になる．ピルビン酸カルボキシラーゼ反応は炭酸固定反応として重要である．糖新生経路にこの反応が必要である（11章）．

ビオチンは初め酵母の成長に必須な因子として同定された．ビ

▲図7.23 ピルビン酸カルボキシラーゼが触媒する反応 まず，ビオチン，炭酸水素イオンおよびATPが反応してカルボキシビオチンができる．カルボキシビオチン化された酵素複合体はCO_2を安定な活性型に保ち，ピルビン酸に移しうる形とする．つぎに，ピルビン酸のエノール型がカルボキシビオチンのカルボキシ基を攻撃してオキサロ酢酸ができ，ビオチンが再生する．

BOX 7.3　一遺伝子：一酵素

George BeadleとEdward Tatumは，代謝径路の中の各酵素を，それぞれ一つの遺伝子がコードしているというアイデアを実証したいと思っていた．現在では受け入れられている考え方だが，1930年代当時はまだ仮説にすぎなかった．遺伝子がタンパク質なのか，それとも他の化学物質なのか，当時はまだはっきりしていなかったからである．

BeadleとTatumは実験材料としてアカパンカビ（*Neurospora crassa*）を選んだ．このカビは，組成がはっきりしている培地に，糖とビオチンを加えただけでよく成育した．彼らは，カビの胞子にX線を照射すれば，簡単な培地では成育できないが，培地に添加物を十分に加えれば成育できる突然変異体を得られないかと考えた．そうすればつぎの段階として，最小培地に加えたときにこの欠損を補うことができる添加物を突き止めればよい．こうして加えるべき添加物を合成する酵素に対する遺伝子が確認できるはずである．

得られた突然変異体の299番目がビタミンB_6を必要とし，1085番目がビタミンB_1を必要とした．この一連の実験でB_6とB_1の二つの生合成経路が初めて確認された．その後，彼らはトリプトファンの生合成経路にかかわる遺伝子および酵素も明らかにした．これらの成果は1941年に発表され，BeadleとTatumは1958年のノーベル生理学・医学賞を受賞した．

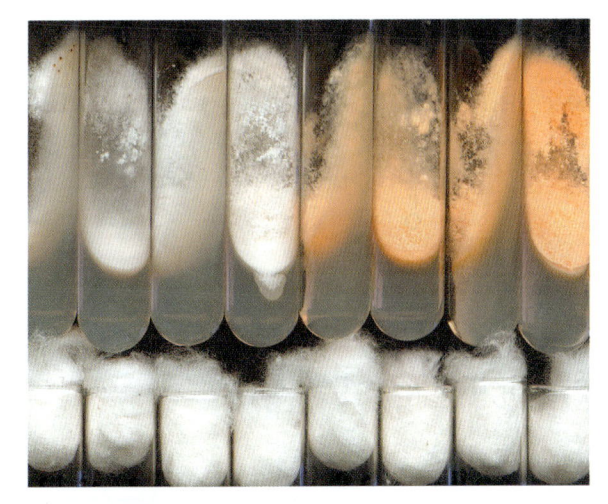

▲試験管内の組成がわかっている培地上で生育するアカパンカビ（*Neurospora crassa*）　右側の株はオレンジ色のカロテノイドをつくるが，左側の株はつくらない．［英国マンチェスター大学のご好意による．］

オチンは腸内細菌で合成され，ごく微量しか必要ないので（1日当たりマイクログラム），普通の食事をしているヒトや動物が欠乏症にかかることはほとんどない．しかし，アビジンというタンパク質を含む卵白を生で食べると，ビオチン欠乏症になる可能性がある．アビジンがビオチンと強く結合し，腸管から吸収できなくするからである．卵を調理すればアビジンは変性し，ビオチンへの親和性を失う．

アビジンのビオチンに対する高い親和性を利用したさまざまな実験法がある．たとえば，アビジンを固定化したカラムを使ったアフィニティークロマトグラフィー（§3.6）で，ビオチンを共有結合させた物質を複雑な混合物から単離できる．ビオチンとアビジンの間の会合定数はほぼ 10^{15} M^{-1} であり，生化学分野で知られているうちで最も強い会合反応である（§4.9参照）．

7.11 テトラヒドロ葉酸

ビタミンの葉酸は1940年代に初めて緑葉，肝臓，酵母から単離された．葉酸は三つの主要な要素からできている．プテリン（2-アミノ-4-オキソプテリジン），p-アミノ安息香酸部分，およびグルタミン酸残基から成る．プテリンと葉酸の構造を図7.24（a）と（b）に示した．ヒトは食物中に葉酸を必要とする．それは，ヒトがプテリン-p-アミノ安息香酸中間体を合成できず，外から摂取したp-アミノ安息香酸にはグルタミン酸を結合できないからである．

葉酸の補酵素型をまとめてテトラヒドロ葉酸とよぶが，ビタミンとは二つの点で異なる．補酵素は還元された化合物（5,6,7,8-テトラヒドロプテリン類）であり，γ-グルタミルアミド結合でつぎつぎにつながったグルタミン酸残基が付加するような修飾を受けている（図7.24 c）．陰イオン性のポリグルタミン酸部分は通常5～6残基の長さで，補酵素を酵素に結合させている．テトラヒドロ葉酸という言葉を使う場合，種々の長さのポリグルタミン酸残基の尾をもつ化合物全体を意味することに注意しよう．

テトラヒドロ葉酸は葉酸のプテリン環系の5, 6, 7, 8位に水素が付加してできる．葉酸はジヒドロ葉酸レダクターゼ（dihydrofolate reductase；DHFR）で触媒され，2段階のNADPH依存性反応で還元される．

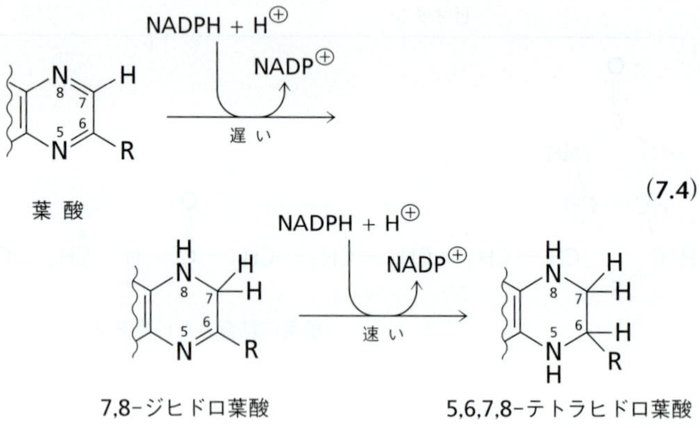

(7.4)

ジヒドロ葉酸レダクターゼのおもな代謝機能は，チミジル酸（dTMP）のメチル基形成（DNA生合成に欠かせない反応でテトラヒドロ葉酸の誘導体が使われる．18章）の際に生じるジヒドロ葉酸を還元することである．DNA合成が止まると細胞が分裂できないので，癌の化学療法の標的としてジヒドロ葉酸レダクターゼは広く研究されている（BOX 18.4）．多くの生物種で，ジヒドロ葉酸レダクターゼはあまり大きくない単量体酵素で，二つの大きな基質（葉酸とNADPH）をうまく収められるように，結合部位（図6.12）を進化させてきた．

5,6,7,8-テトラヒドロ葉酸は数種類の1炭素単位の転移を触媒する酵素に必須である．テトラヒドロ葉酸に結合する基はメチル，メチレン，ホルミル基などである．テトラヒドロ葉酸の1炭素誘導体の構造と，それらの間で起こる酵素的な変換を図7.25に示した．1炭素代謝基はテトラヒドロ葉酸のN-5かN-10の第二級アミンに共有結合するか，あるいは，両方に結合して環をつくる．10-ホルミルテトラヒドロ葉酸はホルミル基を供給し，5,10-メチレンテトラヒドロ葉酸はヒドロキシメチル基を供給する．

もう一つのプテリン補酵素である5,6,7,8-テトラヒドロビオプテリンはテトラヒドロ葉酸の長い側鎖の代わりに，プテリン部分のC-6に3炭素の側鎖をもつ（図7.26）．この補酵素はビタミンからできるのではなく，動物やその他の生物で合成される．テトラヒドロビオプテリンは多くの水酸化酵素（ヒドロキシラーゼ）の補因子であり，フェニルアラニンのチロシンへの変換の際の還元剤として働く（17章）．また，アルギニンから一酸化窒素を生

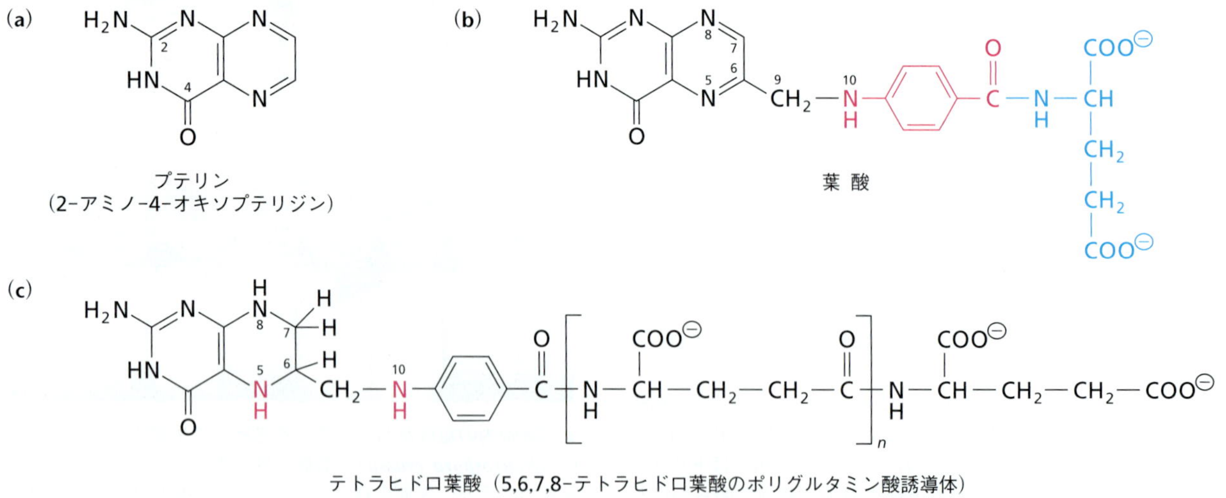

▲図7.24　プテリン，葉酸，およびテトラヒドロ葉酸　プテリン（a）は葉酸（b）の一部であり，葉酸はp-アミノ安息香酸（赤）とグルタミン酸（青）を含む．(c) テトラヒドロ葉酸のポリグルタミン酸部分は，普通5ないし6個のグルタミン酸残基をもつ．補酵素の反応中心であるN-5とN-10を赤で示した．

▲図 7.25 テトラヒドロ葉酸の1炭素誘導体 これらの誘導体は図示した経路で酵素的に相互変換される．（R はテトラヒドロ葉酸のベンゾイルポリグルタミン酸部分を示す．）

5-メチルテトラヒドロ葉酸

5,10-メチレンテトラヒドロ葉酸

5-ホルムイミノテトラヒドロ葉酸

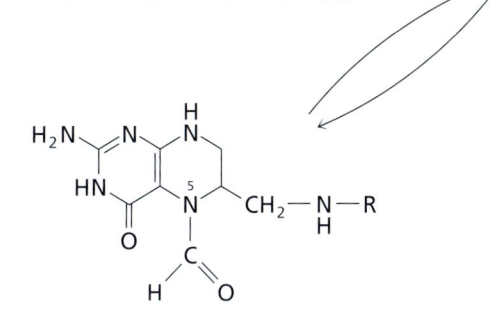

5,10-メテニルテトラヒドロ葉酸

5-ホルミルテトラヒドロ葉酸

10-ホルミルテトラヒドロ葉酸

▲図 7.26 5,6,7,8-テトラヒドロビオプテリン 酸化の際に失われる水素原子を赤で示す．

▲葉酸は多くの果物や野菜に十分に含まれている 酵母や肝臓抽出物も豊富な葉酸の供給源である．

成する酵素にも必要である（§17.4 c）．

ビタミンやサプリメントの販売は先進国ではビッグビジネスとなっている．ビタミンを余計にとることが健康に良いかどうかを確認するは難しい．科学的根拠が欠けていたり，矛盾があるからである．葉酸の欠乏症は先進国の普通の健康な成人・児童ではまれだが，妊婦ではいくつか報告がある．テトラヒドロ葉酸が欠乏すると貧血や胎児の成育異常が起こりうる．葉酸を含む果物や野菜は多いが，妊婦は自身および胎児の健康のため食事に葉酸を補充すると良いだろう．

7.12 コバラミン

コバラミン（ビタミン B_{12}）は最も大きなビタミンBで，最後に単離された．コバラミンの構造（図7.27a）にはヘムのポルフィリン環（図4.45）に似たコリン環が含まれる．コバラミンは，ヘムのような鉄ではなくコバルトをもつことに注意しよう．図7.27（b）に示した概略構造では，コバルトに結合した縦軸方向の二つのリガンドの位置を強調した．ベンズイミダゾールリボヌクレオチドはコリン環の下に，R基は上にある．コバラミンの補酵素型ではR基はメチル基（メチルコバラミンの場合）か5′-デオキシアデノシル基（アデノシルコバラミンの場合）である．

コバラミンは数種の微生物でしか合成されない．コバラミンはすべての動物や一部の細菌，藻類が必要とする微量栄養素である．ヒトはコバラミンを動物由来の食物から摂取している．コバラミンが不足すると，悪性貧血になる．骨髄での血球細胞生産が減少し，致死的になる可能性がある．悪性貧血は神経疾患をもひき起こす．悪性貧血の患者の多くが，必須な糖タンパク質（内因子と

▲ 図 7.27 コバラミン（ビタミン B_{12}）とその補酵素 （a）コバラミンの詳細な構造．コリン環（黒）と 5,6-ジメチルベンズイミダゾールリボヌクレオチド（青）を示す．コリンに配位する金属はコバルト（赤）である．ベンズイミダゾールリボヌクレオチドはコリン環のコバルトと配位し，コリン環の側鎖とはリン酸エステル結合している．（b）コバラミン補酵素の概略構造．ベンズイミダゾールリボヌクレオチドはコリン環の下方に，R 基は上方にある．

よぶ）を胃粘膜から分泌できない．このタンパク質はコバラミンと特異的に結合し，生成したコバラミン-内因子複合体が小腸の細胞で吸収される．現在ではコバラミンの吸収障害に対しコバラミンの定期的注射が行われている．

アデノシルコバラミンの機能は C–Co 結合の反応性を反映している．この補酵素は酵素が触媒するさまざまな分子内転位に関与する．基質分子内で水素原子と隣の炭素原子に結合している第二の基が位置を交換する（図 7.28 a）．一つの例はメチルマロニル CoA ムターゼの反応（図 7.28 b）で，この反応は奇数鎖脂肪酸の代謝（16 章）に重要で，クエン酸回路の中間体の一つ，スクシニル CoA を生成する．

メチルコバラミンは，たとえば哺乳類におけるホモシステインからのメチオニンの再生のようなメチル基の転移に関与する．

(7.5)

▲ Dorothy Crowfoot Hodgkin（1910〜1994）
Hodgkin は 1964 年にビタミン B_{12}（コバラミン）の構造を解明したことによりノーベル化学賞を受賞した．写真に写っているインスリンの構造は 1969 年に発表された．

▲ 図 7.28 アデノシルコバラミン依存性酵素による分子内転位 （a）水素原子と，隣接した炭素原子に結合した置換基が入れ替わる転位．（b）メチルマロニル CoA ムターゼが触媒するメチルマロニル CoA のスクシニル CoA への転位．

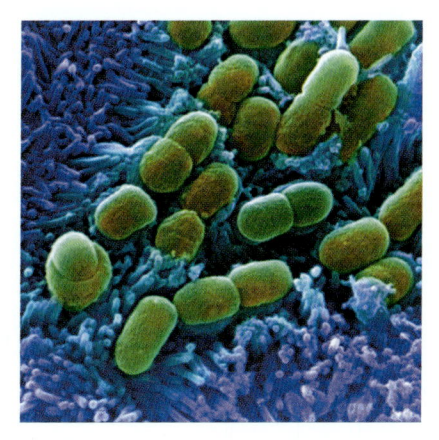

7.14 脂溶性ビタミン

$$\begin{array}{c}
CH_2 \\
H_2CCH-R \\
H_3C-C-SSH \\
\parallel \\
O
\end{array} \longrightarrow \begin{array}{c}
CH_2 \\
H_2CCH-R \\
SHSH
\end{array}$$

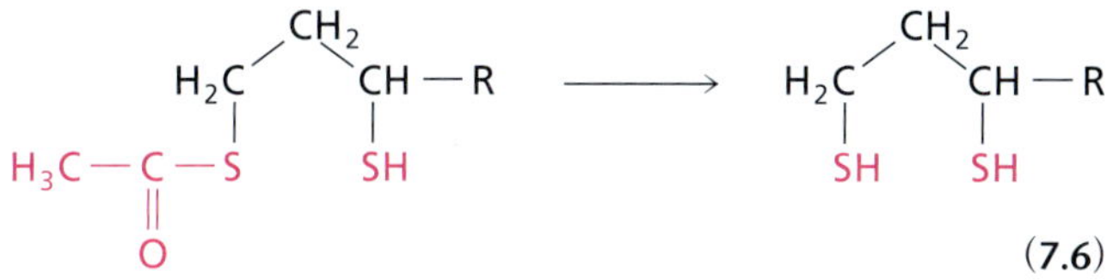

(7.6)

ピルビン酸デヒドロゲナーゼ複合体で触媒される反応の最終段階は，ジヒドロリポアミドの酸化である．この反応では，複合体の成分の一つであるフラビンタンパク質の作用でNADHが生成する．ピルビン酸デヒドロゲナーゼ複合体でのさまざまな補酵素の働きをみれば，補酵素がタンパク質に反応基を提供して触媒能力を拡大し，エネルギーおよび素材としての炭素をともに維持することにいかに役立っているかがわかる．

7.14 脂溶性ビタミン

四つの脂溶性ビタミン（A, D, E, K）は，環と長い脂肪族側鎖をもつ．脂溶性ビタミンは疎水性が高いが，少なくとも一つは極性基をもつ．摂取された脂溶性ビタミンは他の脂溶性の栄養素の吸収と似た過程で小腸で吸収される（§16.1 A）．タンパク質が結合している場合は，それが消化された後，胆汁酸とともにミセルを形成して小腸の細胞表面に運ばれる．このような疎水性分子の研究には多くの技術的な困難があったので，脂溶性ビタミンの作用機構の研究は水溶性ビタミンに比べ遅れていた．脂溶性ビタミンの機能は以下に述べるように千差万別である．

A. ビタミンA

ビタミンA，すなわちレチノールは20炭素の脂質分子で，食物中から直接得られるか，β-カロテンの形で間接的に得られる．ニンジンや黄色野菜は，40炭素の植物脂質であるβ-カロテンを多量に含み，これが酵素で酸化的に切断されるとビタミンAが生じる（図7.30）．ビタミンAは末端の官能基の酸化状態が違う三つの型がある．安定なアルコールであるレチノール，アルデヒドのレチナール，およびレチノイン酸である．ビタミンAの疎水性側鎖はイソプレン単位（§9.6）の繰返しから成る．

これらは三つとも重要な生物機能をもつ．レチノイン酸は細胞内でレセプタータンパク質と結合するシグナル伝達物質である．リガンド-レセプター複合体は染色体と結合し，細胞分化の際に遺伝子の発現を制御する．アルデヒドのレチナールは光に感受性の化合物で，視覚で重要な機能を果たす．レチナールはタンパク質のロドプシンの補欠分子族で，レチナールによる光子吸収が神経インパルス発生の引き金になる．

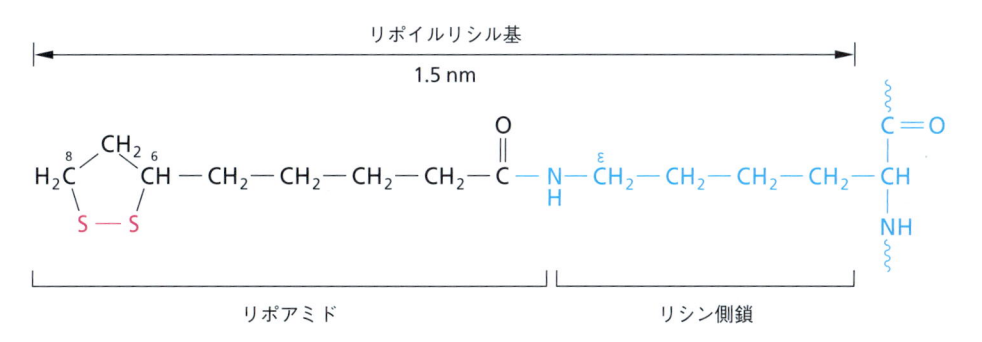

▲腸内細菌　正常で健康なヒトは腸内に何十兆もの細菌をすまわせている．その種類は少なくとも数十種はある．この写真はピロリ菌（*Helicobacter pylori*）で，胃に入ると胃潰瘍の原因になる．細菌類は腸表面に付着し，栄養分を吸収するための突起を多数もっている．大腸菌（*Escherichia coli*）や種々のアクチノミケス族，ストレプトコックス族がよくみられるものである．こうした細菌たちは食べた食物を分解するのを助け，ヒトが必要とする多くの必須ビタミンおよびアミノ酸，特にコバラミンを供給する．

この反応では，5-メチルテトラヒドロ葉酸のメチル基が，高反応性の還元型コバラミンに移ってメチルコバラミンができ，このメチル基はつぎにホモシステインのチオール側鎖に移る．

7.13 リポアミド

リポアミド補酵素はリポ酸のタンパク質結合型である．リポ酸はビタミンの一つとされることがあるが，動物は合成できるようである．リポ酸は8炭素のカルボン酸（オクタン酸）のC-6とC-8の二つの水素がSH基に置き換わってジスルフィド結合をつくったものである．リポ酸は遊離状態では存在せず，常にカルボキシ基を介してタンパク質のリシン残基のε-アミノ基にアミド結合で共有結合している（図7.29）．この構造は，ピルビン酸デヒドロゲナーゼ複合体や類似酵素複合体の成分であるジヒドロリポアミドアシルトランスフェラーゼ中にみられる．

リポアミドは多酵素複合体の活性部位間でアシル基を運ぶ．たとえば，ピルビン酸デヒドロゲナーゼ複合体（§13.1）では，リポアミド補欠分子族のジスルフィド環がHETPP（図7.15）と反応し，HETPPのアセチル基をリポアミドのC-8の硫黄原子に結合させてチオエステルをつくる．アセチル基はつぎに補酵素A分子の硫黄に移され，還元型（ジヒドロリポアミド）の補欠分子族ができる．

▲図7.29　リポアミド　リポ酸はジヒドロリポアミドアシルトランスフェラーゼのリシン残基（青）のε-アミノ基にアミド結合で結合している．リポイルリシル基のジチオラン環はポリペプチド骨格から1.5 nm突き出している．補酵素の反応中心を赤で示す．

▲図7.30　β-カロテンからのビタミンAの生成

B. ビタミンD

ビタミンDは関連した脂質群の総称である．ヒトが十分な太陽光を浴びると，皮膚の中でステロイドの7-デヒドロコレステロールからビタミンD_3（コレカルシフェロール）が非酵素的につくられる．ビタミンD_2はビタミンD_3に似た化合物で（D_2はメチル基が一つ多い），強化牛乳に添加されている．ビタミンD_3の活性型，1,25-ジヒドロキシコレカルシフェロールはビタミンD_3から2段階のヒドロキシ化反応でできる（図7.31）．ビタミンD_2も同じように活性化される．活性型化合物はヒトにおいてCa^{2+}利用の調節を助けるホルモンである．ビタミンDはカルシウムの腸管吸収とその骨への沈着を調節する．子供のくる病や成人の骨軟化症などのビタミンD欠乏症では，骨のコラーゲンマ

▲図7.31　ビタミンD_3（コレカルシフェロール）と1,25-ジヒドロキシコレカルシフェロール　（ビタミンD_2はC-24にさらにメチル基をもち，C-22とC-23の間にトランス二重結合をもつ．）1,25-ジヒドロキシコレカルシフェロールはビタミンD_3から2段階のヒドロキシ化でつくられる．

トリックスへのリン酸カルシウムの結晶化が適度に行われなくなり，骨がもろくなる．

C. ビタミンE

ビタミンE, すなわちα-トコフェロール（図7.32）は類似したいくつかのトコフェロール群の一つで，疎水性の側鎖をもった酸素を含む二環式化合物である．ビタミンEのフェノール基は酸化されて安定なラジカルになる．ビタミンEは酸素やラジカルを除去する還元剤として働くと考えられている．この抗酸化作用が，生体膜の脂肪酸の酸化を防いでいるらしい．ビタミンEの欠乏はまれだが，赤血球がもろくなったり，神経障害が起こる可能性がある．脂質吸収にかかわる遺伝子に欠損があると，ほとんどの場合ビタミンE欠乏症になる．正常の健康な人の食物へのビタミンEの添加が，健康を増進させるという説には，今のところ科学的根拠がない．

D. ビタミンK

ビタミンK（フィロキノン，図7.32）は植物由来の脂溶性ビタミンで，血液凝固系のいくつかのタンパク質の合成に必要である．ビタミンKは哺乳類のカルボキシラーゼの補因子であり（7.7

▲ビタミンDと皮膚の色の進化　黒い皮膚は日光による損傷から細胞を保護するが，一方ではビタミンDの合成を妨げる．ケニアのナイロビ（上）ではそれでも不都合はないが，スウェーデンのストックホルム（下）では問題になるだろう．北方の環境でもビタミンDを十分につくれるように，皮膚が明るい色に進化したと考えられている．

▲図7.32　ビタミンEとビタミンKの構造

式），この酵素は特定のグルタミン酸残基を γ-カルボキシグルタミン酸残基に変換する．ビタミン K の還元型（ヒドロキノン）が，還元剤としてカルボキシ化に関与する．血液凝固因子の修飾を継続させるためには，酸化型ビタミン K を元に戻さねばならない．これはビタミン K レダクターゼが行う．

$$\text{グルタミン酸残基} \xrightarrow[\text{カルボキシラーゼ}]{\text{ビタミン K 依存性}} \gamma\text{-カルボキシグルタミン酸残基} \tag{7.7}$$

> フィロキノン（ビタミン K）は細菌，藻類，植物の光合成反応中心の重要な構成成分である．

血液凝固タンパク質の γ-カルボキシグルタミン酸残基にカルシウムが結合すると，タンパク質は血小板の表面に吸着し，そこで多段階の凝固反応が起こる．

BOX 7.4 殺鼠剤

ワルファリンは，何十年にもわたり効果的な殺鼠剤として使われており，還元型のビタミン K（7.7 式）を再生させる酵素であるビタミン K レダクターゼの競合阻害剤である．血液凝固因子の生産を妨害して，内出血させて齧歯類を死なせる．齧歯類はビタミン K レダクターゼの阻害にきわめて感受性が高い．

やがて低濃度のワルファリンが，血液が凝固しやすい患者に対して治療効果があることがわかった．この薬を人間の患者に使うとすれば，殺鼠剤ではイメージが悪いので，新しい名前（たとえばクーマジン® など）がつけられた．

ビタミン K 類似薬は抗血栓症薬として，血栓症になりやすい患者の心臓発作や塞栓症を防ぐために広く使われている．すべての薬品と同様に，副作用を防ぐために投与量を注意深く調節しなければならないが，この薬の場合は特に重要である．この薬は血液凝固因子の新規合成にだけ影響を与えるので，効果が出るまでには普通数日かかる．通常は低投与量から始め，数カ月かけてゆっくりと投与量を引き上げていく．

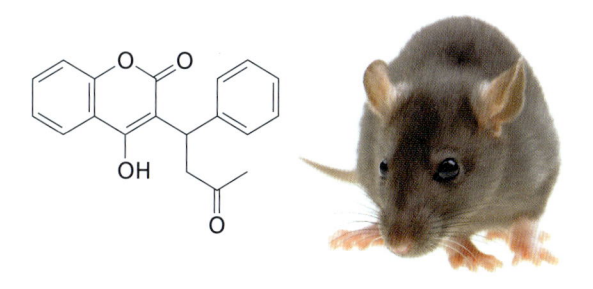

▲ワルファリン　　▲ラット（*Rattus norvegicus*）

7.15 ユビキノン

ユビキノン（補酵素 Q ともよばれるので，Q と略す）は脂溶性の補酵素で，ほとんどすべての生物で合成される．ユビキノンは四つの置換基をもつベンゾキノンで，置換基の一つは長い疎水性の側鎖である．6～10 個のイソプレン単位から成る側鎖によって，ユビキノンは脂質膜に溶け込むことができる．ユビキノンは膜の中で，酵素複合体間の電子伝達を行う．ある種の細菌はユビキノンの代わりにメナキノンを使う（図 7.33 a）．ユビキノンの類似体であるプラストキノン（図 7.33 b）は，葉緑体で行われる光合成における電子伝達で同様な役割を果たす（15 章）．

▲図 7.33　(a) メナキノンと (b) プラストキノンの構造
各分子の疎水性の尾は 6～10 個の 5 炭素のイソプレン単位からできている．

ユビキノンは NAD^+ やフラビン補酵素よりも強い酸化剤である．そのため，NADH や $FADH_2$ によって還元される．FMN や FAD と同様に，ユビキノンは 2 個の電子をやり取りする（ただし 1 個ずつ 2 段階の反応で）．これはユビキノンに三つの酸化状態があるからである．酸化された Q，部分的に還元されたセミキノンラジカル，および完全に還元されたユビキノールとよばれる QH_2 の三つである（図 7.34）．補酵素 Q は膜会合型電子伝達で主要な役割を果たす．つまり，プロトンを膜の一方の側から反対側に移す仕事である．これは Q サイクルとして知られる過程である（14 章）．こうしてできるプロトンの勾配が ATP 合成に役立つ．

> 補酵素酸化剤の強さ（標準還元電位）は §10.9 で述べる．

FAD や FMN と違って，ユビキノンおよびその誘導体は 1 段階の反応で 2 個の電子をやりとりすることはできない．

7.16 タンパク質補酵素

ある種のタンパク質は補酵素として働く．それ自体は反応を触媒しないが，いくつかの他の酵素にとって必要である．このような補酵素を基転移タンパク質または**タンパク質補酵素**（protein coenzyme）という．これらは官能基をタンパク質骨格の一部として，または補欠分子族としてもつ．このようなタンパク質はほとんどの酵素より小さく，より耐熱性である．これらが補酵素とよばれるのは，多様な反応に関与し，さまざまな酵素と会合するからである．

ある種のタンパク質補酵素は，基転移反応や，水素や電子が転

▲図7.34 ユビキノンの三つの酸化状態　ユビキノンはラジカル中間体を経由する2回の1電子伝達で還元される。ユビキノンの反応中心を赤で示す．

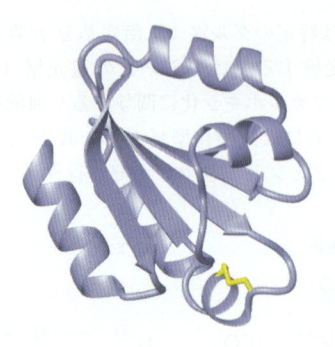

▲図7.35 酸化型チオレドキシン　シスチン残基がタンパク質の表面にあることに注意．ジスルフィド結合を黄色で示す．別の視点からの構造を図4.25（m）にあげた．[PDB 1ERU]

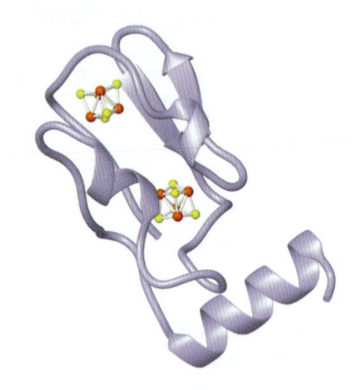

▲図7.36 フェレドキシン　緑膿菌（*Pseudomonas aeruginosa*）のフェレドキシンは二つの［4 Fe-4 S］クラスターをもち，これが酸化されたり還元されたりする．多くの酸化還元反応でフェレドキシンは共通の補助基質になっている．[PDB 2FGO]

移される酸化還元反応に関与する．これらのタンパク質補酵素の反応中心に存在するのは，金属イオン，鉄-硫黄クラスター，あるいはヘム基である〔シトクロム（§7.17）はヘム補欠分子族を含む重要なタンパク質補酵素である〕．タンパク質補酵素の中には，反応性チオール側鎖を二つもち，ジチオール型とジスルフィド型を往復するものがある．たとえば，チオレドキシンには3残基離れたシステイン残基（−Cys−X−X−Cys−）がある．これらのシステイン残基のチオール側鎖は可逆的な酸化を受け，シスチンという形でジスルフィド結合をつくる．クエン酸回路（13章），光合成（15章）やデオキシリボヌクレオチドの合成（18章）を学ぶとき，還元剤としてチオレドキシンが登場する．チオレドキシンのジスルフィド反応中心はタンパク質の表面にあるので（図7.35），酵素の活性部位が接触できる．

もう一つのよく知られた酸化還元補酵素はフェレドキシンである．これは二つの鉄-硫黄クラスターをもち，これが電子を受容したり供与したりする（図7.36）．

タンパク質補酵素の中には強く結合した補酵素，または補酵素の一部をもつものがある．大腸菌のカルボキシキャリヤータンパク質は共有結合したビオチンをもち，脂肪酸合成の最初の段階を行うアセチルCoAカルボキシラーゼの三つのタンパク質成分のうちの一つである．（動物のアセチルCoAカルボキシラーゼでは，三つのタンパク質成分が融合して一つのタンパク質になっている．）§7.6で述べたACPは反応中心としてホスホパンテテイン部分をもつ．そのためACPの反応は補酵素Aの反応と似ている．ACPはこれまで調べられたすべての脂肪酸シンターゼの成分の一つとなっている．哺乳類，植物および細菌でグリシンの分解に必要なタンパク質補酵素（17章）は，補欠分子族として共有結合したリボアミド1分子を含む．

7.17 シトクロム

シトクロムはヘムを含むタンパク質補酵素で，鉄(Ⅲ)原子が可逆的に1電子還元を受ける．シトクロムのいくつかの構造を図4.22，4.25（b）に示した．シトクロムは可視部の吸収スペクトルをもとにしてa, b, cに分類される．還元型と酸化型シトクロムcの吸収スペクトルを図7.37に示した．最も強い吸収帯はソーレー帯（またはγ帯）であるが，シトクロムをa, b, cに分類するのにはαと名付けた吸収帯を使う．同じクラスのシトクロムでも若干違った吸収スペクトルをもつことがある．そのため，同じクラスのシトクロムを区別するのに，還元型シトクロムのα吸収帯の極大波長を下付き数字で表したものが使われる（たとえ

表7.3　還元型シトクロム類の可視領域の吸収スペクトルに含まれる主要吸収帯の吸収極大〔nm〕

ヘムタンパク質	吸収帯		
	α	β	γ
シトクロム c	550〜558	521〜527	415〜423
シトクロム b	555〜567	526〜546	408〜449
シトクロム a	592〜604	なし	439〜443

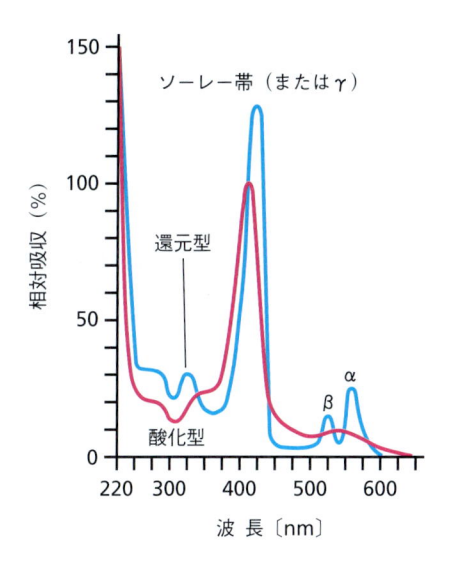

▲図 7.37　ウマのシトクロム c の酸化型（赤）と還元型（青）の吸収スペクトルの比較　還元型シトクロムは三つの吸収ピークをもち，α, β, γ と名付けられている．酸化されると，ソーレー帯（または γ）の強度が減少し，短波長側に少しずれる．一方，α と β はなくなって，1 本の幅広い吸収になる．

ば，シトクロム b_{560}). 還元型シトクロムの吸収の極大波長を表 7.3 に示した．

各クラスは少しずつ違ったヘム補欠分子族をもつ（図 7.38）．シトクロム b のヘムはヘモグロビンやミオグロビンのヘム（図 4.44）と同じである．シトクロム a のヘムは，ポルフィリン環の C-2 に 17 炭素の疎水性鎖，C-8 にホルミル基をもつ．これに対し，b 型ヘムでは，C-2 にはビニル基が付き，C-8 にはメチル基が付く．シトクロム c では，アポタンパク質の 2 個のシステイン残基のチオール基が，ヘムのビニル基に付加して 2 本のチオエーテル結合をつくっている．

電子を他の物質に移す傾向は還元電位として測定され，個々のシトクロムごとに異なる．この違いは，それぞれのアポタンパク質がヘム補欠分子族に与える環境の違いによると考えられる．鉄-硫黄クラスターの還元電位も，アポタンパク質がもたらす化学的および物理的環境によって大きく変わる．補欠分子族の還元電位の幅は，膜会合電子伝達系（14 章）や光合成（15 章）にとって重要な特性となる．

要　約

1. 多くの酵素触媒反応は補因子を必要とする．補因子には必須無機イオンや補酵素とよばれる基転移原子団が含まれる．補酵素は補助基質として働くか，酵素に結合したままで補欠分子族として働く．
2. K^+，Mg^{2+}，Ca^{2+}，Zn^{2+}，Fe^{3+} などの無機イオンは基質の結合や触媒作用に関与する．
3. 普通の代謝物質から合成される補酵素もあるが，ビタミンに由来するものもある．ビタミンとは，ヒトや動物が食物として少量は摂取する必要がある有機化合物である．
4. ピリジンヌクレオチドの NAD^+ と $NADP^+$ はデヒドロゲナーゼの補酵素である．特定の基質から水素化物イオン（H^-）が転

▲図 7.38　(a) シトクロム a，(b) シトクロム b，(c) シトクロム c のヘム基　シトクロムのヘム基は高度に共役したポルフィリン環を共通にもつが，環の置換基はさまざまである．

移して，NAD$^+$ と NADP$^+$ はそれぞれ NADH と NADPH に還元され，プロトンが放出される．

5. リボフラビンの補酵素型（FAD と FMN）は補欠分子族として酵素に強固に結合する．FAD と FMN はプロトンと水素化物イオン（2電子）の転移によって還元され，FADH$_2$ と FMNH$_2$ ができる．還元されたフラビン補酵素は一度に1個または2個の電子を供与する．

6. パントテン酸の誘導体である補酵素 A はアシル基転移反応に関与する．アシルキャリヤータンパク質は脂肪酸合成に必要である．

7. チアミンの補酵素型はチアミン二リン酸（TPP）で，そのチアゾリウム環は基質の 2-オキソ酸が脱炭酸されたときに生じるアルデヒドを結合する．

8. ピリドキサール 5′-リン酸（PLP）はアミノ酸代謝にかかわる多くの酵素の補欠分子族である．PLP の C-4 位のカルボニル基は基質のアミノ酸とシッフ塩基を形成する．これによりカルボアニオン中間体が安定化される．

9. ビタミン C はビタミンではあるが補酵素ではない．コラーゲン合成に必要な反応など，いくつかの反応の基質である．ビタミン C 欠乏により壊血病になる霊長類は，ビタミン C 合成に必要な鍵酵素の一つを失っているので，外部の供給源が必要である．霊長類のゲノムでは，この酵素の遺伝子が偽遺伝子になっている．

10. ビオチンは多くのカルボキシラーゼやカルボキシトランスフェラーゼの補欠分子族で，酵素の活性部位のリシン残基に共有結合している．

11. テトラヒドロ葉酸は葉酸が還元された誘導体で，1炭素単位がメタノール，ホルムアルデヒド，ギ酸の酸化レベルにある状態のときに転移させる．テトラヒドロビオプテリンはいくつかのヒドロキシ化反応で還元剤として機能する．

12. コバラミンの補酵素型（アデノシルコバラミンとメチルコバラミン）はコバルトとコリン環系を含む．これらの補酵素はいくつかの分子内転位反応やメチル化反応に関与する．

13. リポアミドは 2-オキソ酸デヒドロゲナーゼ多酵素複合体の補欠分子族で，アシル基を受取ってチオエステルをつくる．

14. 脂溶性，すなわち脂溶性ビタミンには A,D,E,K の四つがある．これらのビタミンは多様な機能をもつ．

15. ユビキノンは脂溶性の電子伝達体で，2段階の反応で2個の電子を転移させる．

16. アシルキャリヤータンパク質やチオレドキシンなどのタンパク質は，基転位反応や，水素や電子が転移する酸化還元反応で補酵素として働く．

17. シトクロムはヘムを含む小さなタンパク質補酵素で，電子伝達に関与する．シトクロムは吸収スペクトルで分類される．

問　題

1. つぎの酵素触媒反応について，反応の型，および関与することが予想される補酵素は何か．

(a) $CH_3-\underset{\underset{OH}{|}}{CH}-COO^{\ominus} \longrightarrow CH_3-\underset{\underset{O}{\|}}{C}-COO^{\ominus}$

(b) $CH_3-CH_2-\underset{\underset{O}{\|}}{C}-COO^{\ominus} \longrightarrow CH_3-CH_2-\underset{\underset{O}{\|}}{C}-H + CO_2$

(c) $CH_3-\underset{\underset{O}{\|}}{C}-S\text{-}CoA + HCO_3^{\ominus} + ATP \longrightarrow {}^{\ominus}OOC-CH_2-\underset{\underset{O}{\|}}{C}-S\text{-}CoA + ADP + P_i$

BOX 7.5　ビタミンと補酵素に対するノーベル賞

20世紀初頭のビタミン類の発見が生化学研究に与えた刺激の範囲は驚くほど広い．生きるためには必須とされるこれらの神秘的な化学物質はいったい何なのか？　なぜ必須なのか？

今ではビタミンや補酵素の存在が自明のことと思われ，代謝における役割を解明した研究者が忘れられがちである．以下にビタミンおよび補酵素の研究成果によってノーベル賞を受賞した科学者たちをあげよう．

化学賞 1928 年：**Adolf Otto Reinhold Windaus**　ステロールの構造とビタミンとの関係についての研究．

生理学・医学賞 1929 年：**Christiaan Eijkman**　抗神経炎ビタミンの発見．**Sir Frederic Gowland Hopkins**　成長促進ビタミンの発見．

化学賞 1937 年：**Paul Karrer**　カロテノイド，フラビン，ビタミン A，B$_2$ の研究．**Walter Norman Haworth**　糖質およびビタミン C の研究．

生理学・医学賞 1937 年：**Albert von Szent-Györgyi Nagyrápolt**　生体内燃焼過程に関する発見．特にビタミン C とフマル酸の触媒的な働き．

化学賞 1938 年：**Richard Kuhn**　カロテノイドおよびビタミンの研究．

生理学・医学賞 1943 年：**Henrik Carl Peter Dam**　ビタミン K の発見．**Edward Adelbert Doisy**　ビタミン K の化学的性質．

生理学・医学賞 1953 年：**Fritz Albert Lipmann**　補酵素 A およびその中間代謝における重要性の発見．

化学賞 1964 年：**Dorothy Crowfoot Hodgkin**　X 線解析技術による重要な生化学物質の構造決定．

化学賞 1970 年：**Luis F. Leloir**　糖ヌクレオチドおよび糖質生合成におけるその役割の発見．

化学賞 1997 年：**Paul D. Boyer, John E. Walker**　アデノシン三リン酸（ATP）合成の酵素機構の解明．

▲ノーベルメダル　化学賞（左），生理学・医学賞（右）

(d) $^{\ominus}OOC-\underset{\underset{H}{|}}{\overset{\overset{CH_3}{|}}{C}}H-\overset{\overset{O}{\|}}{C}-S\text{-}CoA \longrightarrow$

$\qquad\qquad ^{\ominus}OOC-CH_2-CH_2-\overset{\overset{O}{\|}}{C}-S\text{-}CoA$

(e) $CH_3-\underset{\underset{}{|}}{\overset{\overset{OH}{|}}{C}}H-TPP + HS\text{-}CoA \longrightarrow$

$\qquad\qquad CH_3-\overset{\overset{O}{\|}}{C}-S\text{-}CoA + TPP$

2. つぎの補酵素をあげよ．
 (a) 酸化還元剤として働くもの
 (b) アシルキャリヤーとして働くもの
 (c) メチル基転移をするもの
 (d) アミノ酸の間で基の転移を行うもの
 (e) カルボキシ化，脱炭酸に関与するもの

3. 乳酸デヒドロゲナーゼによる乳酸のピルビン酸への酸化では，NAD^+は乳酸からの2電子の転移で還元される．乳酸から2個のプロトンも取除かれるので，還元型の補酵素を$NADH_2$と書くのは正しいか．説明せよ．

$H_3C-\underset{\underset{H}{|}}{\overset{\overset{OH}{|}}{C}}-COO^{\ominus} \xrightarrow{\text{乳酸デヒドロゲナーゼ}} H_3C-\overset{\overset{O}{\|}}{C}-COO^{\ominus}$

L-乳酸 　　　　　　　　　　　ピルビン酸

4. コハク酸デヒドロゲナーゼはクエン酸回路でコハク酸をフマル酸に酸化するのに FAD を必要とする．コハク酸のフマル酸への酸化後の補酵素のイソアロキサジン環系を書き，$FADH_2$の水素のうち，FADにはない水素はどれかを示せ．

$^{\ominus}OOC-CH_2-CH_2-COO^{\ominus}$
コハク酸
↓
$^{\ominus}OOC-CH=CH-COO^{\ominus}$
フマル酸

5. NAD^+，FAD，補酵素 A に共通な構造の特徴は何か．

6. ある種の求核剤はNAD^+のニコチンアミド環のC-4に付加できる．この反応は，NAD^+のNADHへの還元で水素化物が付加する反応と似ている．イソニアジドは結核の治療薬として最も広く使われている．X線による研究で，イソニアジドは結核菌に必須な酵素を阻害することが示されている．イソニアジドのカルボニル基が酵素に結合したNAD^+のニコチンアミド環の4′位に共有結合付加物をつくるからである．このNAD-イソニアジド阻害付加物の構造を書け．

イソニアジド構造

7. ヒトのビタミンB_6の欠乏症では，いらいら，神経質，鬱状態，ときにはけいれんが起こる．このような症状の原因は，トリプトファンおよびチロシンからそれぞれ代謝されてできる神経伝達物質，セロトニンおよびノルアドレナリンの濃度の低下である．ビタミンB_6の欠乏がどのようにしてセロトニンやノルアドレナリンの濃度の減少につながるのか．

セロトニン構造

ノルアドレナリン構造

8. 大球性貧血は DNA の合成速度の低下によって赤血球の成熟が遅れる病気である．赤血球が異常に大きく壊れやすくなる．葉酸の欠乏でどうして貧血が起こるのか．

9. メチルマロン酸尿症（メチルマロン酸の濃度が高い）の患者は血液や組織のホモシステイン濃度が高く，メチオニン濃度は低い．葉酸濃度は正常である．
 (a) 欠けているビタミンは何か．
 (b) 欠乏によってどのようにして上記の症状が出るか．
 (c) 厳格な菜食主義者でなぜこのビタミンが欠乏しやすいか．

10. 酵母のアルコールデヒドロゲナーゼは金属酵素で，エタノールのアセトアルデヒドへのNAD^+依存的な酸化を触媒する．酵母のアルコールデヒドロゲナーゼの反応機構は，アルコールデヒドロゲナーゼでは，乳酸デヒドロゲナーゼのHis-195に相当する部位を亜鉛イオンが占拠していることを除けば，乳酸デヒドロゲナーゼと似ている（図7.9）．
 (a) 酵母アルコールデヒドロゲナーゼで触媒されるエタノールのアセトアルデヒドへの酸化機構を書け．
 (b) アルコールデヒドロゲナーゼは乳酸デヒドロゲナーゼのArg-171に相当する残基を必要とするか．

11. ビオチン依存性のカルボキシ基転移反応では，ATPや炭酸水素イオンを使わずに，2段階反応で基質間のカルボキシ基の転移を行う．メチルマロニルCoAカルボキシトランスフェラーゼが触媒する反応を次に示す．反応の第一段階で生じると考えられる生成物の構造を書け．

$^{\ominus}OOC-\underset{\underset{}{|}}{\overset{\overset{CH_3}{|}}{C}}H-\overset{\overset{O}{\|}}{C}-S\text{-}CoA + CH_3-\overset{\overset{O}{\|}}{C}-COO^{\ominus}$
メチルマロニルCoA 　　　　　ピルビン酸
↓
$CH_3-CH_2-\overset{\overset{O}{\|}}{C}-S\text{-}CoA + ^{\ominus}OOC-CH_2-\overset{\overset{O}{\|}}{C}-COO^{\ominus}$
プロピオニルCoA 　　　　　オキサロ酢酸

12. (a) ヒスタミンはデカルボキシラーゼの作用でヒスチジンからつくられる．ヒスチジンデカルボキシラーゼの活性部位でピリドキサールリン酸とヒスチジンとが反応してできる外部アルジミンを書け．

(b) ピリドキサールリン酸依存性酵素によるアミノ酸のラセミ化はシッフ塩基の形成を経て進むが，ヒスチジンの脱炭酸反応の際に，L-ヒスチジンから D-ヒスチジンへのラセミ化は起こるだろうか．

13. (a) チアミン二リン酸（TPP）は，ケト酸のカルボニル炭素が酸化されて酸または酸の誘導体になる酸化的脱炭酸反応の補酵素である．酸化反応では共鳴安定化されたカルボアニオン中間体から電子2個が取除かれる．脱炭酸反応後に形成される共鳴安定化されたカルボアニオン中間体（図7.15）を出発点として，ピルビン酸＋HS-CoA → アセチル CoA＋CO_2 の反応機構を説明せよ．〔(b) で取上げるチオエステルなどが含まれる．〕

(b) ピルビン酸デヒドロゲナーゼは多段階反応でピルビン酸をアセチル CoA と CO_2 に酸化的に脱炭酸する酵素複合体である．酸化とアセチル基転移の段階は他の補酵素に加えて TPP とリポ酸が必要である．ピルビン酸デヒドロゲナーゼ反応の下記の二つの段階における分子の化学構造を書け．

HETPP ＋ リポアミド →
　　アセチル TPP ＋ ジヒドロリポアミド →
　　　　TPP ＋ アセチルジヒドロリポアミド

(c) トランスケトラーゼの TPP 依存性の反応では，つぎに示す共鳴安定化されたカルボアニオン中間体ができる．この中間体は，つぎにエリトロース 4-リン酸（E4P）のアルデヒドカルボニル基と縮合反応し（C-C 結合ができる），フルクトース 6-リン酸（F6P）をつくる．カルボアニオン中間体から始まるこのトランスケトラーゼの反応機構を示せ．（糖質の構造をフィッシャー投影式でこのように描くこともある．）

参 考 文 献

金属イオン
Berg, J. M. (1987). Metal ions in proteins: structural and functional roles. *Cold Spring Harbor Symp. Quant. Biol.* 52:579-585.

Rees, D. C. (2002). Great metalloclusters in enzymology. *Annu. Rev. Biochem.* 71:221-246.

特異的な補因子
Banerjee, R. and Ragsdale, S. W. (2003). The many faces of vitamin B_{12}: catalysis by cobalamin-dependent enzymes. *Annu. Rev. Biochem.* 72: 209-247.

Bellamacina, C. R. (1996). The nicotinamide dinucleotide binding motif: a comparison of nucleotide binding proteins. *FASEB J.* 10:1257-1268.

Blakley, R. L., and Benkovic, S. J,. eds. (1985). *Folates and Pterins*, Vol. 1 and Vol. 2. (New York: John Wiley & Sons).

Chiang, P. K., Gordon, R. K., Tal, J., Zeng, G. C., Doctor, B. P., Pardhasaradhi, K., and McCann, P. P. (1996). S-Adenosylmethionine and methylation. *FASEB J.* 10:471-480.

Coleman, J. E. (1992). Zinc proteins: enzymes, storage proteins, transcription factors, and replication proteins. *Annu. Rev. Biochem.* 61: 897-946.

Ghisla, S., and Massey, V. (1989). Mechanisms of flavoprotein-catalyzed reactions. *Eur. J. Biochem.* 181:1-17.

Hayashi, H., Wada, H., Yoshimura, T., Esaki, N., and Soda, K. (1990). Recent topics pyridoxal 5′-phosphate enzyme studies. *Annu. Rev. Biochem.* 59:87-110.

Jordan, F. (1999). Interplay of organic and biological chemistry in understanding coenzyme mechanisms: example of thiamin diphosphate-dependent decarboxylations of 2-oxo acids. *FEBS Lett.* 457:298-301.

Jordan, F., Li, H., and Brown, A. (1999). Remarkable stabilization of zwitterionic intermediates may account for a billion-fold rate acceleration by thiamin diphosphate-dependent decarboxylases. *Biochem.* 38:6369-6373.

Jurgenson, C. T., Begley, T. P. and Ealick, S. E.(2009). The structural and biochemical foundations of thiamin biosynthesis. *Annu. Rev. Biochem.* 78:569-603.

Knowles, J. R. (1989). The mechanism of biotin-dependent enzymes. *Annu. Rev. Biochem.* 58:195-221.

Ludwig, M. L., and Matthews, R. G. (1997). Structure-based perspectives on B_{12}-dependent enzymes. *Annu. Rev. Biochem.* 66:269-313.

Palfey, B. A., Moran, G. R., Entsch, B., Ballou, D. P., and Massey, V. (1999). Substrate recognition by "password" in p-hydroxybenzoate hydroxylase. *Biochem.* 38:1153-1158.

NAD 結合モチーフ
Bellamacina, C. R. (1996). The nicotinamide dinucleotide binding motif: a comparison of nucleotide binding proteins. *FASEB J.* 10:1257-1269.

Rossman, M. G., Liljas, A., Brändén, C.-I., and Banaszak, L. J. (1975). Evolutionary and structural relationships among dehydrogenases. In *The Enzymes*. Vol. 11, Part A. 3rd ed., P. D., Boyer, ed. (New York: Academic Press), pp. 61-102.

Wilks, H. M., Hart, K. W., Feeney, R., Dunn, C. R., Muirhead, H., Chia, W. N., Barstow, D. A., Atkinson, T., Clarke, A. R., and Holbrook, J. J. (1988). A specific, highly active malate dehydrogenase by redesign of a lactate dehydrogenase framework. *Science* 242:1541-1544.

CHAPTER 8

糖　　質

分子生物学がおもに扱ってきたのは DNA，RNA，タンパク質のトリオである．それに対して生化学では，細胞のすべての分子に目を向ける．成長と維持に不可欠な多くの構造と機能，すなわち，糖質，補酵素，脂質，生体膜は，分子生物学がカバーする範囲には入ってこなかった．

Arthur Kornberg (1989)
For the love of enzymes: the odyssey of a biochemist

　地球上に存在する生物由来の分子のうちで，重さからいっていちばん多い群が糖質（炭水化物ともいう）である．すべての生物が糖質をつくることができるが，大半の糖質は光合成生物（細菌，藻類，植物が含まれる）によって生産されたものである．光合成生物は太陽エネルギーを化学エネルギーに変換し，それを利用して二酸化炭素から糖質をつくる．糖質は生物に不可欠ないくつもの役割を果たす．動物と植物で，高分子の糖質がエネルギー貯蔵体として使われている．動物は糖質を摂取して，それを酸化して代謝のために必要なエネルギーを得ている．また多糖を細胞壁として，あるいは身体全体を保護するための被覆として使っている生物も多い．そのほかに，高分子化した糖は，ある型の細胞が他の型の細胞を見分けて相互作用するための目印ともなっている．糖の誘導体はまた，補酵素（7章），RNA や DNA などの核酸（19章）など，さまざまな生体物質に含まれている．

　炭水化物とよばれるのは，実験式を $(CH_2O)_n$ と表せること，つまり“炭素の水和物”とみなせることに由来する（n は3以上の数で，5か6のことが多いが，9に及ぶこともある）．含まれる単量体の数によって糖質を以下のようによぶ．最小単位が**単糖** (monosaccharide) である．単糖が2〜20個くらい重合したものを**オリゴ糖** (oligosaccharide) とよぶ．この中では単糖が2個つながった二糖がなじみ深い．多数（普通は20個以上）の単糖がつながったものが**多糖** (polysaccharide) である．オリゴ糖や多糖では，重合するときに水分子が取除かれるので，実験式は $(CH_2O)_n$ にはならない．単糖のポリマーはグリカンとよばれることも多い．1種類の単糖のポリマー（ホモグリカン）の場合も，数種類の単糖のポリマー（ヘテログリカン）の場合もある．

　ペプチド鎖，タンパク質，脂質などに1本以上の糖鎖が結合しているものが複合糖質で，プロテオグリカン，ペプチドグリカン，糖タンパク質，糖脂質がある．

　本章では，まず単糖，二糖，おもなホモグリカン（デンプン，グリコーゲン，セルロース，キチン）の命名法，構造，機能を学び，つぎにプロテオグリカン，ペプチドグリカン，糖タンパク質（いずれもヘテログリカン鎖を含む）について学ぶ．

光合成については15章で述べる．

8.1　単糖のほとんどはキラル化合物である

　単糖は水に溶けやすい白い結晶性の固体で，甘味がある．例としてグルコースやフルクトースがある．化学的には，単糖はポリヒドロキシアルデヒドである**アルドース** (aldose) とポリヒドロキシケトンである**ケトース** (ketose) であり，カルボニル基の型と炭素の数で分類される．糖に名前を付けるときには“オース (-ose)”という語尾を付けるのが普通だが，例外も少なくない．どのような単糖にも少なくとも3個の炭素原子がある．1個はカルボニル炭素で，残った炭素には1個ずつヒドロキシ基（−OH）が付いている．アルドースでいちばん酸化されている炭素を C-1 とよび，フィッシャー投影式ではいちばん上に記す．ケトースでそれに当たるのが C-2 である．

　フィッシャー投影式についてはすでに述べたが，ここでもっと詳しく学ぼう．フィッシャー投影式は三次元の分子を二次元で表したものである．分子の立体化学についての情報を保つように工夫されている．糖のフィッシャー投影式では，C-1原子をいちばん上に置く．それぞれのキラル炭素について，水平方向の2本の結合は紙面から手前に突き出している．垂直方向の2本の結合は

立体図　　　フィッシャー投影式

---

* カット：ゴミムシダマシ．昆虫の外骨格はホモグリカンのキチンを含む．

紙面の裏側へ向かっている．キラル炭素のそれぞれにこの規則が当てはめられるので，いくつも炭素がある分子をフィッシャー投影式で書くと，紙面上で奥の方へ曲がっていく．長い分子だと最初の基と最後の基がくっつきそうになって輪のようになる．フィッシャー投影式は立体化学的な情報が失われないように保つための便宜的な手段なので，溶液中で分子がとっている実際の形を表しているわけではない．

> フィッシャー投影式中のそれぞれのキラル炭素原子ごとに，垂直方向の結合は紙面の裏側に突き出ており，水平方向の結合は手前にとび出ている．

いちばん小さな単糖は**トリオース**（三炭糖；triose）である．$(CH_2O)_n$ という一般式をもっていても，炭素が1ないし2個しかない化合物は糖としての典型的な性質（甘み，結晶性など）を示さない．アルデヒドのトリオース（アルドトリオース）はグリセルアルデヒド（図8.1 a）で，真ん中の炭素 C-2 に四つの異なる基が結合したキラル分子である（§3.1）．ケトンのトリオース（ケトトリオース）はジヒドロキシアセトン（図8.1 b）で，キラル分子ではない．つまり不斉炭素原子がない．これ以外のすべての単糖は，この二つの単糖を長くしたものとみなすことができ，すべてキラル分子である．

図8.2に立体異性体であるD-およびL-グリセルアルデヒドの球棒モデルを示した．キラル分子は光学活性であり，偏光面を回転させる能力がある．異性体がDとLと名付けられたのは，グリセルアルデヒドの光学的性質に由来する．グリセルアルデヒドの異性体のうちで偏光面を右に回転させる（dextrorotatory）ものをD形，左に回転させる（levorotatory）ものをL形とよんだ．このよび方を決めた19世紀後期にはまだ立体構造の知識が乏しかったので，グリセルアルデヒドの鏡像異性体の立体配置はあてずっぽうに決められた．だから間違いの可能性が50％あった．X線結晶解析によって，最初に仮定した構造が幸いにして正しかったことが後からわかった．

もっと長いアルドースやケトースは，伸びたグリセルアルデヒドおよびジヒドロキシアセトンとみなすことができる．それらではカルボニル炭素と，第一級アルコールの炭素との間に，キラルな H-C-OH 基が挿入されている．図8.3にD-グリセルアルデヒド系列のテトロース（炭素4個のアルドース），ペントース（炭素5個のアルドース），ヘキソース（炭素6個のアルドース）のすべての名称と構造を示した．これらの単糖のうちで生物によって合成されないものも多く，本書でこれ以後取上げることはない．

各炭素原子にはアルデヒド炭素を1番として番号をふってある．キラル炭素のうちで番号が最大のもの，つまりカルボニル炭素から最も遠いキラル炭素の立体配置が，D-グリセルアルデヒドのC-2と同じだったら（フィッシャー投影式でこの炭素の右側に-OH基が描かれるものが），D形の立体配置と決められている．キラル炭素の並び方によってさまざまな単糖が生じ，固有の性質を示すことになる．基準分子であるグリセルアルデヒド以外の糖では，立体配置がはっきりわかっていても，右旋性か左旋性かを予測することはできない．

生きている細胞で合成されるのはほとんどがD形の鏡像異性体なので（アミノ酸の場合にL形が圧倒的に多いのと同様である），図8.3では15種類のL形のアルドースは省略してある．鏡像異性体とは，鏡像関係にある1対の異性体のことである．つまり，すべてのキラル炭素の立体配置が反対になる．例をあげれば，D-グルコースの2, 3, 4, 5の炭素に付いたヒドロキシ基は，フィッシャー投影式に従うと，右，左，右，右の方向に突き出すが，L-グルコースでは，左，右，左，左となる（図8.4）．

炭素原子3個のアルドースであるグリセルアルデヒドは，キラル炭素が一つだけ（C-2）なので，立体異性体は二つしかない．アルドテトロースには四つの立体異性体（D-およびL-エリトロースと，D-およびL-トレオース）がある．それはエリトロースとトレオースに2個のキラル炭素があるからである．一般化していうと，キラル炭素が n 個ある化合物には，2^n 種類の立体異性体がありうる．そこで4個のキラル炭素をもつアルドヘキソースには，全部で 2^4，つまり16種類の立体異性体（図8.3の8個のD-アルドヘキソースと，それぞれのL形の異性体）がありうる．

キラル中心が複数ある糖のうちで，1個のキラル炭素だけ立体配置が違うものを**エピマー**（epimer）とよぶ．たとえばD-マンノースとD-ガラクトースは，D-グルコースのエピマーである（それぞれ C-2 と C-4 が違う）．ただしこの二つ同士はエピマーではない（図8.3）．

長鎖のアルドースがグリセルアルデヒドの系列であるのと同じように，長鎖のケトースはジヒドロキシアセトンの系列である（図8.5）．ケトースは化学式が同じアルドースよりも，キラル炭素が1個少ない．たとえばケトテトロースには2個（D-およびL-エリトルロース），ケトペントースには4個（D-およびL-キシルロースと，D-およびL-リブロース）の立体異性体しかない．ケトテトロースとケトペントースに名前を付けるときは，対応するアルドースの名前の中に"-ul-"を挿入する．たとえば，ケトース

▲図8.1 (a) グリセルアルデヒドと (b) ジヒドロキシアセトンのフィッシャー投影式　グリセルアルデヒドのL（左）とD（右）は，キラル炭素（C-2）のヒドロキシ基の立体配置を表す．ジヒドロキシアセトンはキラルではない．

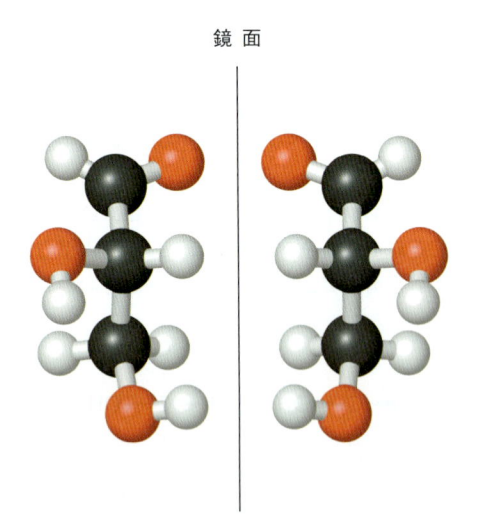

▲図8.2 L-グリセルアルデヒド（左）とD-グリセルアルデヒド（右）　どちらの分子も，図8.1に書いたフィッシャー投影式に対応した立体構造を図示した．

8.1 単糖のほとんどはキラル化合物である

▶ 図 8.3 炭素 3〜6 個の D-アルドースのフィッシャー投影式　青で描いたアルドースが生化学を学ぶうえで最も重要である．

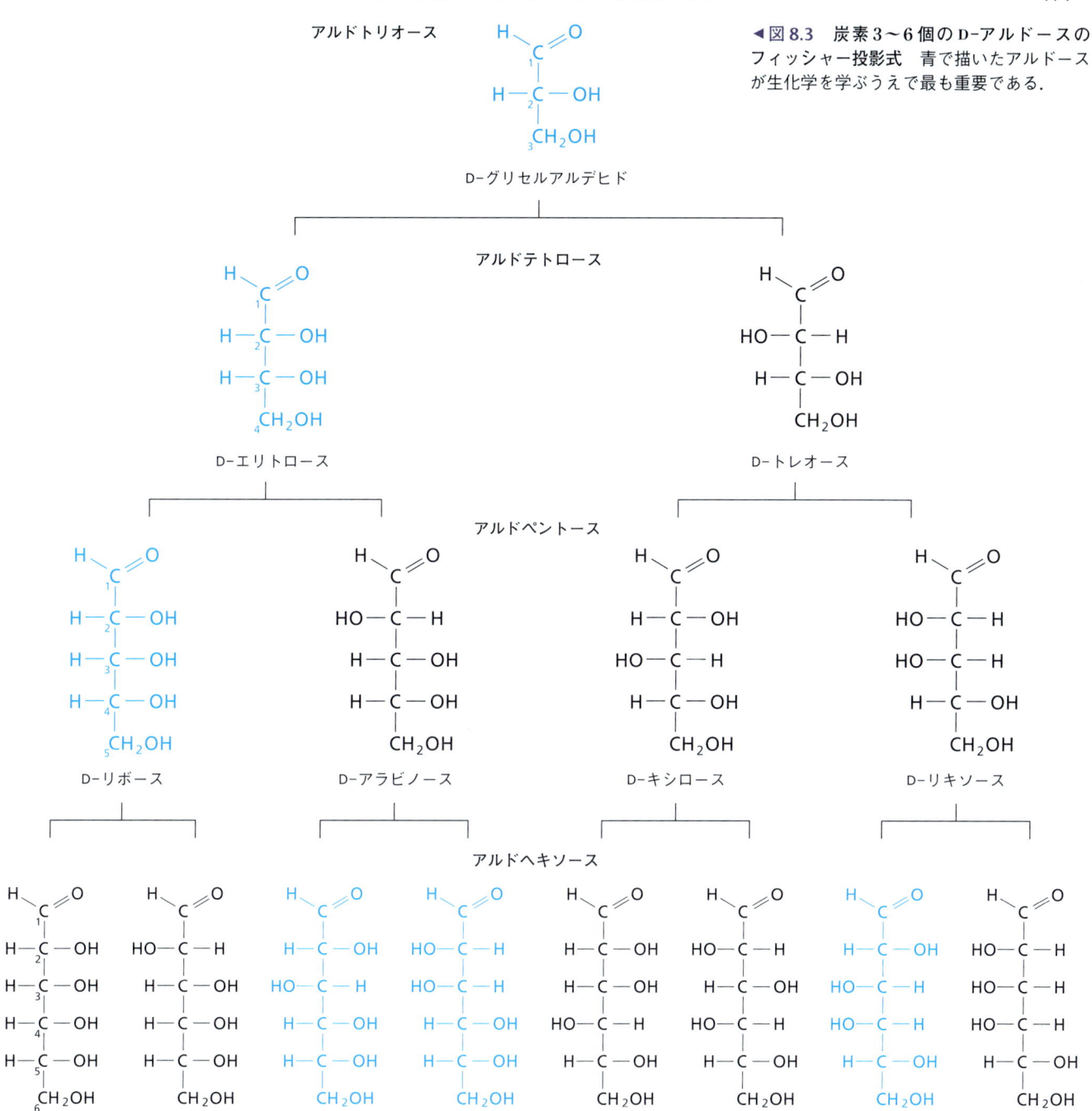

アルドトリオース

D-グリセルアルデヒド

アルドテトロース

D-エリトロース　　D-トレオース

アルドペントース

D-リボース　D-アラビノース　D-キシロース　D-リキソース

アルドヘキソース

D-アロース　D-アルトロース　D-グルコース　D-マンノース　D-グロース　D-イドース　D-ガラクトース　D-タロース

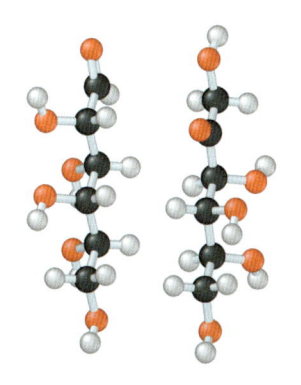

▲ 私は誰？　図 8.3 と 8.5 には D 型の糖の構造だけが書かれている．これを基にすれば L 型の立体構造もわかるだろう．フィッシャー投影式の規則を知っていれば，これらの分子をたやすく見分けられるはずだ．

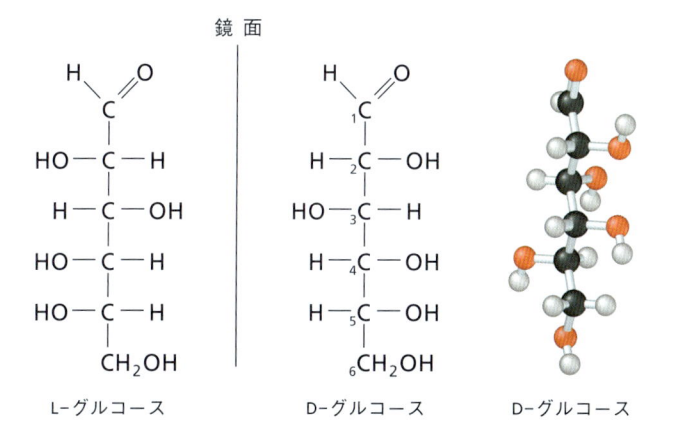

鏡面

L-グルコース　　D-グルコース　　D-グルコース

▲ 図 8.4　L- および D-グルコース　L- および D-グルコースが鏡像になっていることを示すフィッシャー投影式（左）．D-グルコースが溶液中で伸びた形をとったときの立体構造．

◀ 図 8.5 炭素 3〜6 個の D-ケトースのフィッシャー投影式　青で描いたケトースが，生化学を学ぶうえで最も重要である．

ケトトリオース

CH₂OH
|
C=O
|
CH₂OH

ジヒドロキシアセトン

↓

ケトテトロース

CH₂OH
|
C=O
|
H—C—OH
|
CH₂OH

D-エリトルロース

ケトペントース

CH₂OH
|
C=O
|
H—C—OH
|
H—C—OH
|
CH₂OH

D-リブロース

CH₂OH
|
C=O
|
HO—C—H
|
H—C—OH
|
CH₂OH

D-キシルロース

ケトヘキソース

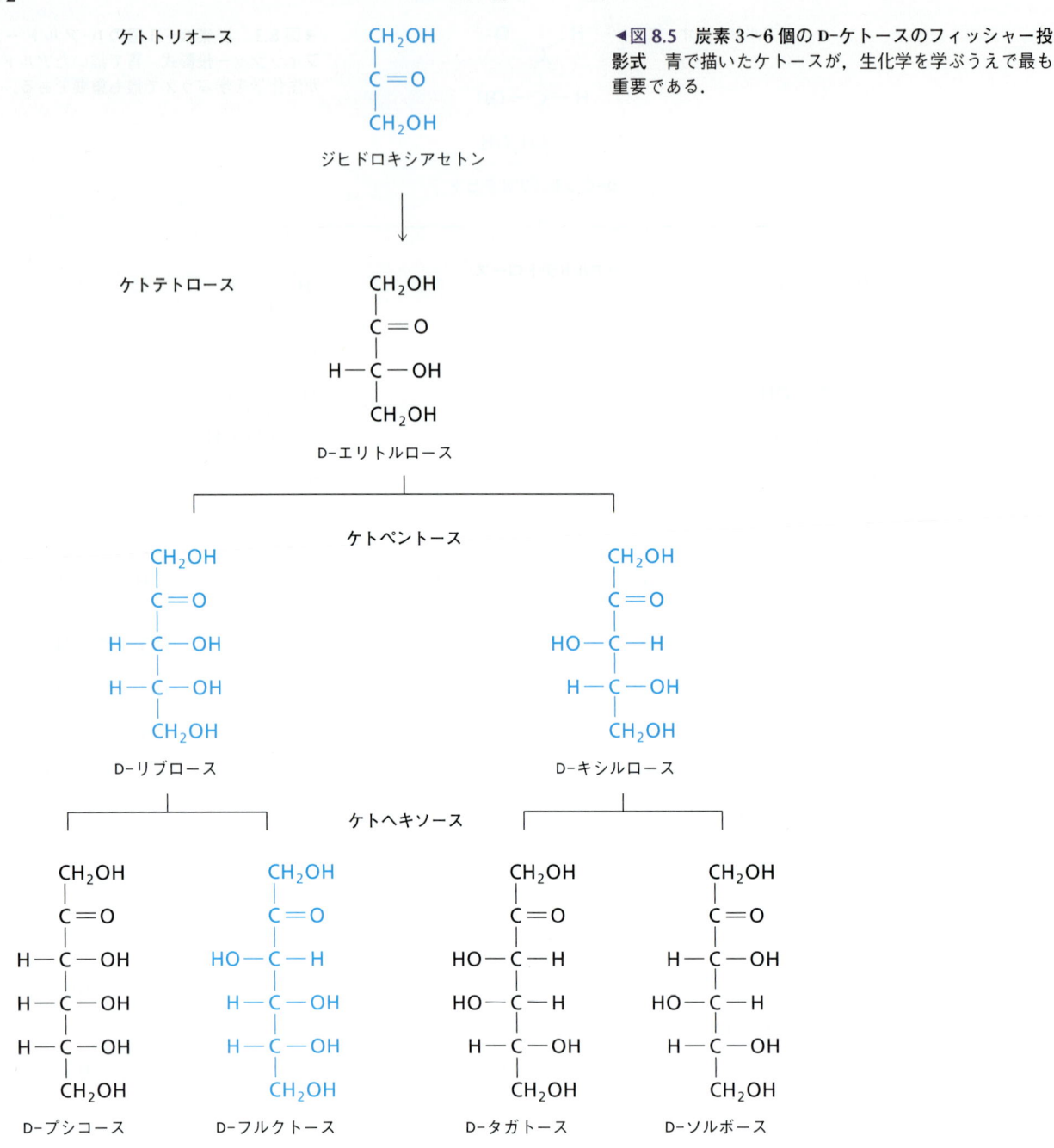

CH₂OH
|
C=O
|
H—C—OH
|
H—C—OH
|
H—C—OH
|
CH₂OH

D-プシコース

CH₂OH
|
C=O
|
HO—C—H
|
H—C—OH
|
H—C—OH
|
CH₂OH

D-フルクトース

CH₂OH
|
C=O
|
HO—C—H
|
HO—C—H
|
H—C—OH
|
CH₂OH

D-タガトース

CH₂OH
|
C=O
|
H—C—OH
|
HO—C—H
|
H—C—OH
|
CH₂OH

D-ソルボース

のキシルロース (xylulose) はアルドースのキシロース (xylose) に対応している．しかし，ケトヘキソースには慣用名がすでにあったので（タガトース，ソルボース，プシコース，フルクトース）このやり方を適用しない．

> ! フィッシャーの投影式は分子の立体化学的情報を伝えられるように工夫された便利な表現法である．しかし分子が溶液中で実際にとっている立体構造そのものではない．

8.2 アルドースとケトースの環化

単糖の光学的性質を調べると，図 8.3 や 8.5 に示されているキラル炭素の数よりも，さらにもう 1 個多くキラル炭素をもっているような挙動を示すことがある．たとえば D-グルコースは，5 個（4 個ではなく）のキラル炭素をもった二つの形として存在している．このように非対称性が一つ余計に加わるのは，分子内で環をつくり，カルボニル基の炭素原子の場所に新しいキラル中心が生じるためである．この環化はアルコールがアルデヒドと反応したり（ヘミアセタールを形成），あるいはケトンと反応したり（ヘミケタールを形成）する場合と同じものである（図 8.6）．

5 個以上の炭素をもつアルドースや 6 個以上の炭素をもつケトースは，分子内でカルボニル炭素がヒドロキシ基と反応して，環状のヘミアセタールやヘミケタールをつくる．反応に関与したヒドロキシ基の酸素原子が五員環や六員環の構成原子の一つとなる（図 8.7）．

六員環の単糖は六員複素環のピラン（図 8.8a）に似ているので，**ピラノース**（pyranose）とよぶ．同じように，五員環の単糖は複素環フラン（図 8.8 b）に似ているので，**フラノース**（furanose）とよぶ．ただし，ピランやフランとは違って，糖の環状構造には二重結合は存在しない．

環状になった単糖でいちばん酸化されている炭素（二つの酸素原子と結合している炭素）を**アノマー炭素**（anomeric carbon）

8.2 アルドースとケトースの環化

▲図 8.6 **ヘミアセタールとヘミケタール** (a) アルデヒドがアルコールと反応してヘミアセタールをつくる. (b) ケトンがアルコールと反応してヘミケタールをつくる. ＊は新しくできたキラル中心を示す.

図 8.7 ▶ **D-グルコースが環化してグルコピラノースをつくる**
フィッシャー投影式（左上）を三次元に表現したものがその右である. C-4 と C-5 の間の結合を回転させると, C-5 のヒドロキシ基が C-1 のアルデヒド基のそばに寄る. C-5 のヒドロキシ基が C-1 の一方の側から反応すると, α-D-グルコピラノースができ, 反対の側から反応すると β-D-グルコピラノースができる. グルコピラノースをハース投影式で表すと, 環の下側のへり（太く描いた線）が紙面から手前に突き出ていて, 上側のへりが紙面の向こう側に突き出ている. C-1 のヒドロキシ基は, グルコースの α-D-アノマーでは下方を向き, β-D-アノマーでは上方を向く.

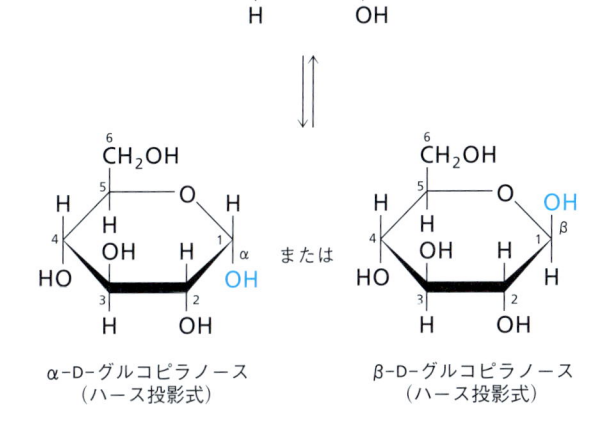

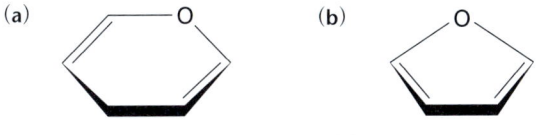

▲図 8.8 (a) **ピラン**と (b) **フラン**

とよぶ. この炭素がキラルになる. そのため環状のアルドースおよびケトースでは, 2 種類の立体配置が生じる（α と β として区別する）. D-グルコースの場合について図 8.7 に示した. α と β の異性体を**アノマー**（anomer）とよぶ.

環状構造をとりうるアルドースおよびケトースは, 溶液中では環状や開環状などのいくつかの構造の間の平衡状態にある. たとえば 31 ℃ のとき, D-グルコースはほぼ 64 ％ が β-D-グルコピラノース, 36 ％ が α-D-グルコピラノース, ごく一部分がフラノース（図 8.9）あるいは環が開いた分子（図 8.4）であり, 平衡混合物の状態にある. 同じように D-リボースは, およそ 58.5 ％ が β-D-リボピラノース, 21.5 ％ が α-D-リボピラノース, 13.5 ％ が β-D-リボフラノース, 6.5 ％ が α-D-リボフラノース, ごく一部が開環構造という平衡混合物になっている（図 8.10）. 平衡状態での存在割合はそれぞれの構造の安定性によって決まる. 置換基がないときの D-リボースは, β-ピラノース構造がいちばん安定であるが, ヌクレオチドの構成成分になっているとき（§ 8.5 C）は β-フラノース形になっている.

これらの図で使っている環状構造の描き方は, 糖質の環化を解

▲図 8.9 α-D-グルコフラノース（左）とβ-D-グルコフラノース（右）

明して最初に表示法を提唱した Norman Haworth にちなんでハース投影式とよばれる．彼は糖の構造研究とビタミンCの合成により1937年にノーベル化学賞を受賞した．

ハース投影式は立体化学をかなりうまく表現でき，フィッシャー投影式とも対応させやすい．フィッシャー投影式で右の基はハース投影式で下に向く．環状構造では炭素–炭素間結合の回転が制限されるので，ハース投影式の方が糖の実際の立体構造にはるかに忠実である．

環状の単糖ではアノマー炭素を右に描き，その他の炭素には時計回りで番号を付けることになっている．ハース投影式では，アノマー炭素に付いたヒドロキシ基がいちばん番号の大きなキラル炭素に付いた酸素原子に対してシス（環の同じ側）になっているとき，立体配置をαと定義し，アノマー炭素に付いたヒドロキシ基がいちばん番号の大きなキラル炭素に付いた酸素原子に対してトランス（環の反対側）になっているとき，立体配置をβと定義する．α-D-グルコピラノースでは，アノマー炭素に付いているヒドロキシ基は下に向いており，β-D-グルコピラノースでは上を向く．

単糖はα-またはβ-D-フラノース，あるいはα-またはβ-D-ピラノースの形で描かれることが多いが，炭素5個あるいは6個の糖のアノマーは，速い平衡状態にあることを忘れてはいけない．これ以後本書では，正確なアノマー構造がわかっているときはその通りに描く．開環型やアノマーまでも含めた平衡混合物を話題にする場合には，特に限定しない（たとえば単にグルコースのように）が，特定の立体構造を話題にするときには，それを厳密に表現する（たとえばβ-D-グルコピラノース）．天然の糖はほとんどD形だから，特に断らない場合はD形を意味することにしよう．

8.3 単糖の立体配座

ハース投影式は生化学の分野では広く使われ，糖骨格の各炭素原子に付いた原子や基の立体配置を正しく表現できる．しかし幾何学的には，環状の単糖を構成する炭素原子は四面体形（結合角が約110°）なので，実際には単糖の環は平面にはならない．環状の単糖分子はいろいろな立体配座（立体配置は同じだが，三次元的に異なっている形）をとる．フラノース環は封筒形の立体配

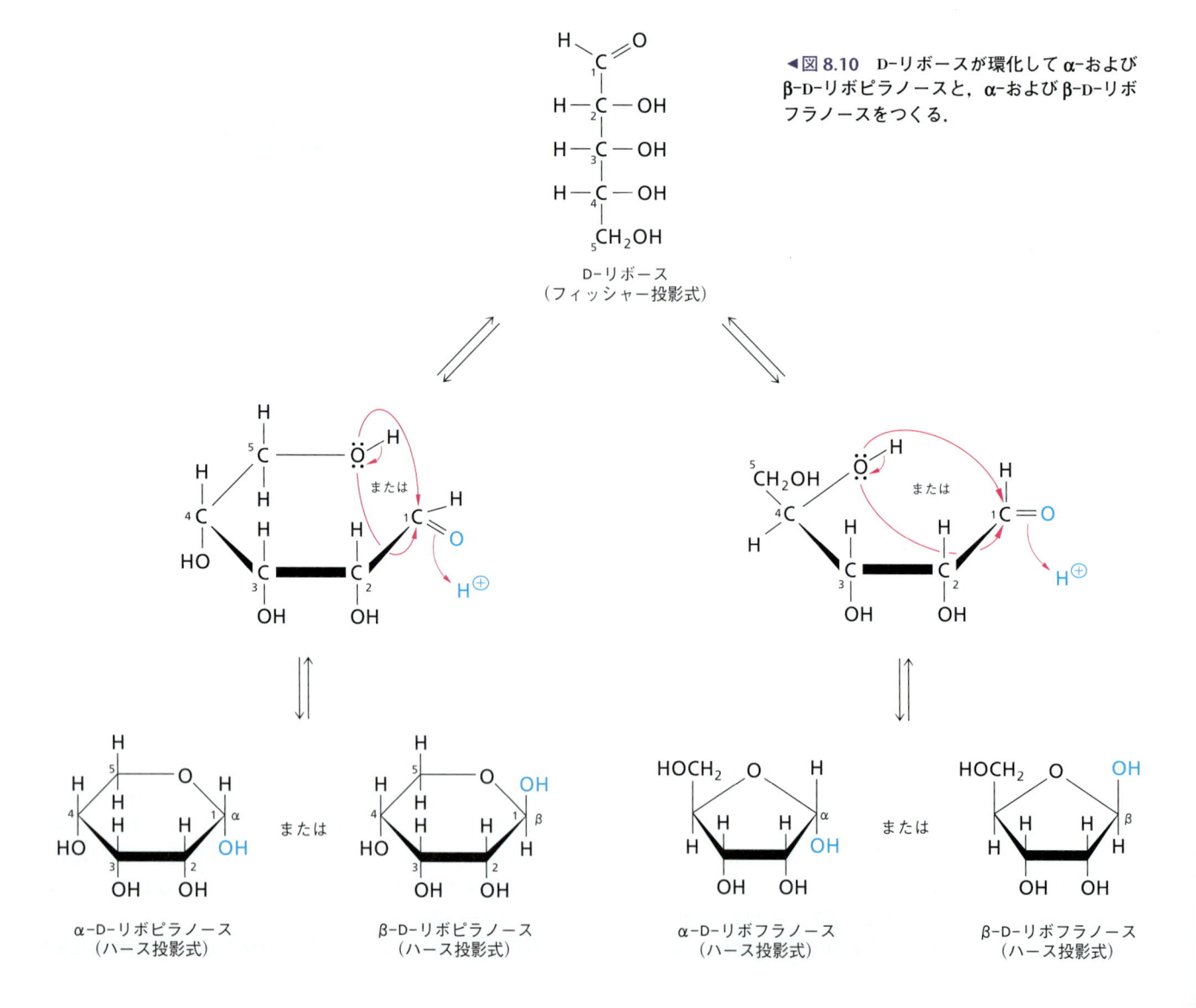

◀図 8.10　D-リボースが環化してα-およびβ-D-リボピラノースと，α-およびβ-D-リボフラノースをつくる．

α-D-リボピラノース（ハース投影式）

β-D-リボピラノース（ハース投影式）

α-D-リボフラノース（ハース投影式）

β-D-リボフラノース（ハース投影式）

座になっており，5個の環構成原子のうち，4個まではほぼ平面上にあるが，1個（C-2かC-3のどちらか）は平面から外れている（図8.11）．フラノースはねじれ形の立体配座をとることもでき，その場合5個のうちの2個が，他の3個がつくる平面の両側にはみ出す．それぞれの配座異性体の安定性は，ヒドロキシ基同士がどれくらいぶつかりやすいかによって決まる．置換基をもたない単糖では，配座異性体同士が速やかに相互転換している．

ピラノース環はいす形と舟形の二つの立体配座のどちらか一方をとりやすい（図8.12）．ピラノースごとにいす形には2種類の，舟形には6種類の配座異性体がある．いす形をとると，環に結合している置換基同士の立体的な反発が最小になるので，舟形よりも普通は安定である．いす形のピラノース環では，置換基である $-H$，$-OH$，および $-CH_2OH$ は2通りの向きをとりうる．向き

がアキシアルの場合は，置換基は環平面の上か下かのどちらかに向くが，エクアトリアルの場合は置換基は環と同じ平面にある．ピラノースの場合には，5個がアキシアルで，5個がエクアトリアルである．環がいす形をとっている場合，ある置換基がアキシアルとエクアトリアルのどちらになるのかは，環の平面より上に

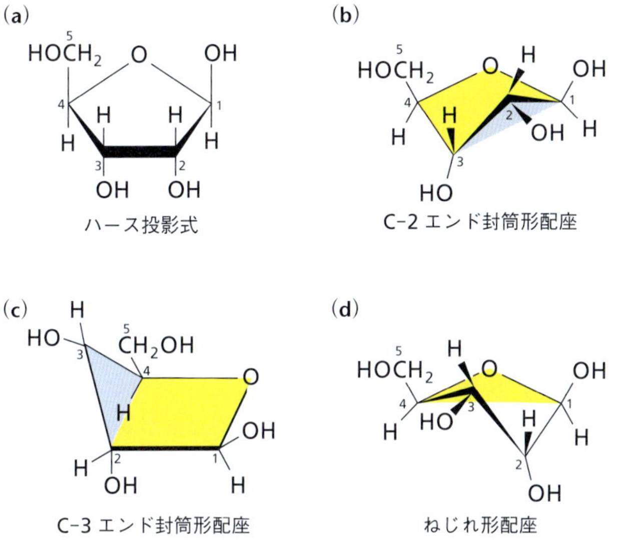

▲図8.11 **β-D-リボフラノースの立体配座** (a) ハース投影式，(b) C-2エンド封筒形配座，(c) C-3エンド封筒形配座，(d) ねじれ形配座．C-2エンド配座では，C-2がC-1, C-3, C-4と環の酸素が形成する平面よりも上になる．C-3エンド配座では，C-3がC-1, C-2, C-4と環の酸素が形成する平面よりも上になる．ねじれ形配座では，C-1, C-4, 環の酸素が形成する平面の上にC-3が，下にC-2がくる．平面を黄色で描いてある．

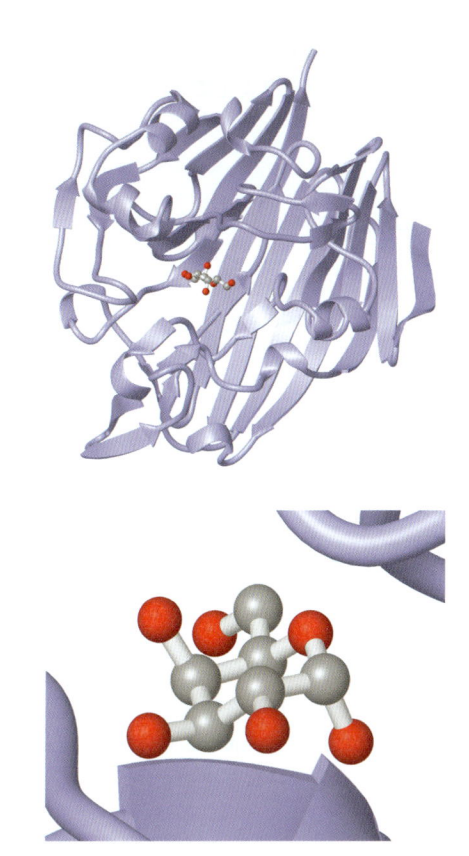

▲**アルドース 1-エピメラーゼ（ムタロターゼ）** アルドース 1-エピメラーゼはα型とβ型の二つの立体配置の相互転換を触媒する酵素である．相互転換させるには，違う立体配置の原因になっている共有結合をいったん切断し，結合し直すことが必要である．ここに図示したのは乳酸球菌（*Lactococcus lactis*）から得られたアルドース 1-エピメラーゼで，活性部位にα-D-ガラクトースが結合している．ガラクトースの立体配座が下の図に示されている．この立体配座が何型か見分けられるだろうか．[PDB 1L7K]

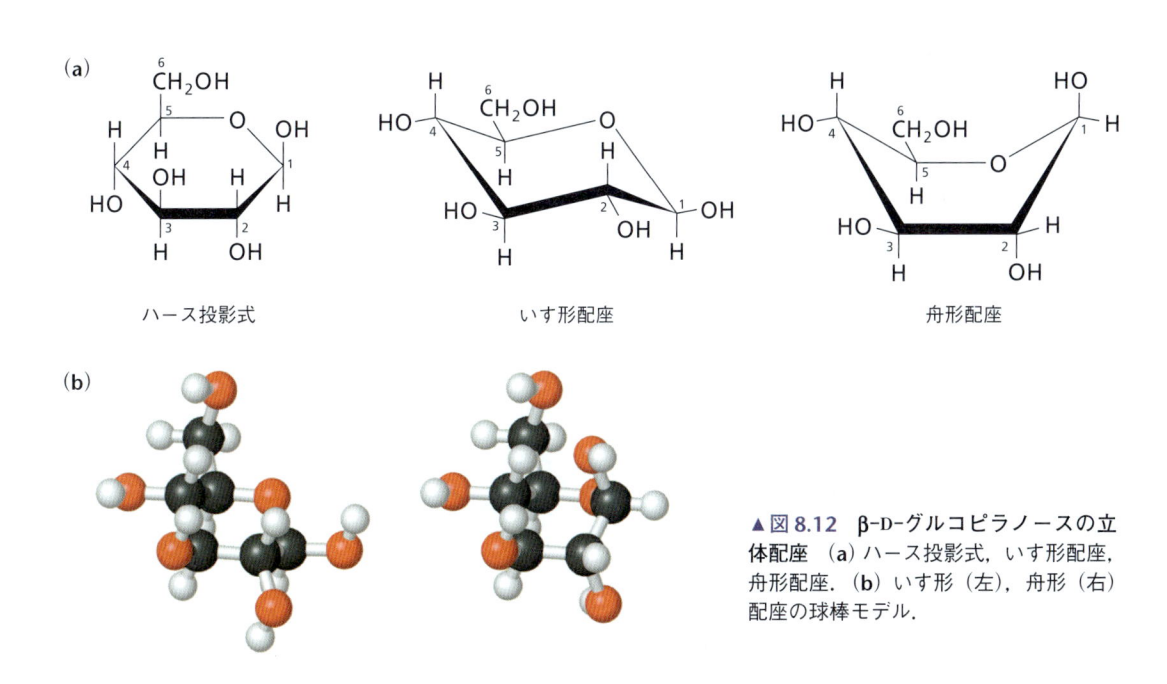

▲図8.12 **β-D-グルコピラノースの立体配座** (a) ハース投影式，いす形配座，舟形配座．(b) いす形（左），舟形（右）配座の球棒モデル．

なるのがどの炭素（C-1 あるいは C-4）かで決まる．図 8.13 に β-D-グルコピラノースがとりうる二つの立体配座を示した．いちばんかさばる置換基がエクアトリアルになる方（上の構造）が安定である．β-D-グルコースがこの立体配座をとると，すべてのアルドヘキソースの中でも最も立体的に無理のない形になる．ピラノース環は場合によっては，もう少し違う立体配座をとらされることもある．たとえばリゾチームの活性部位に多糖の残基がはめ込まれた場合には，あまり安定でない半いす形になっている（§6.7）．

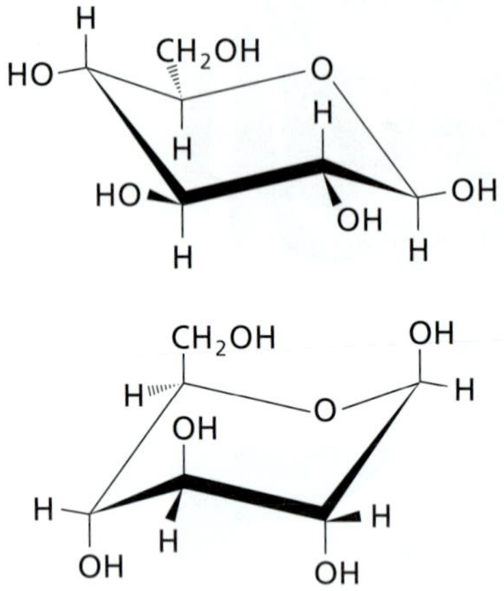

様に，複雑な多糖を表現するため単糖とその誘導体を表す略号がある．現在使われているのは 3 文字を基本にしたもので，場合によっては後ろにさらに文字を追加する．ペントース，ヘキソース，それらのおもな誘導体の略号を表 8.1 にあげた．これ以後，この略号を使っていく．

表 8.1 単糖とその誘導体の略号

単糖とその誘導体		略号
ペントース	リボース	Rib
	キシロース	Xyl
ヘキソース	フルクトース	Fru
	ガラクトース	Gal
	グルコース	Glc
	マンノース	Man
デオキシ糖	アベコース	Abe
	フコース	Fuc
アミノ糖	グルコサミン	GlcN
	ガラクトサミン	GalN
	N-アセチルグルコサミン	GlcNAc
	N-アセチルガラクトサミン	GalNAc
	N-アセチルノイラミン酸	NeuNAc
	N-アセチルムラミン酸	MurNAc
糖酸	グルクロン酸	GlcUA
	イズロン酸	IdoA

◀図 8.13 β-D-グルコピラノースの二つのいす形配座 上の方が安定である．

! 立体配置を転換させるには共有結合を切断し，結合し直さねばならない．それに対して，異なる立体配座をとるためには共有結合を切断する必要はない．

8.4 単糖の誘導体

基本的単糖の誘導体はたくさん見つかっている．単糖が重合してオリゴ糖や多糖になったものや，重合によらない誘導体もある．ここでは糖リン酸，デオキシ糖，アミノ糖，糖アルコール，糖酸などの単糖の誘導体を取上げよう．

単量体を重合させてポリマーをつくる他の生体分子の場合と同

A. 糖リン酸

単糖はリン酸エステルの形になっていることが多い．糖の代謝を学ぶときに出てくる糖リン酸の構造を図 8.14 に示した．トリオースリン酸，リボース 5-リン酸，グルコース 6-リン酸は単純なアルコール-リン酸エステルである．グルコース 1-リン酸はヘミアセタールリン酸で，アルコールリン酸より反応性が高い．UDP グルコースがグルコース供与体の役割を果たす（§7.4）のは，このような反応性の高さの表れである．

B. デオキシ糖

図 8.15 に二つのデオキシ糖の構造を示した．元の単糖のヒド

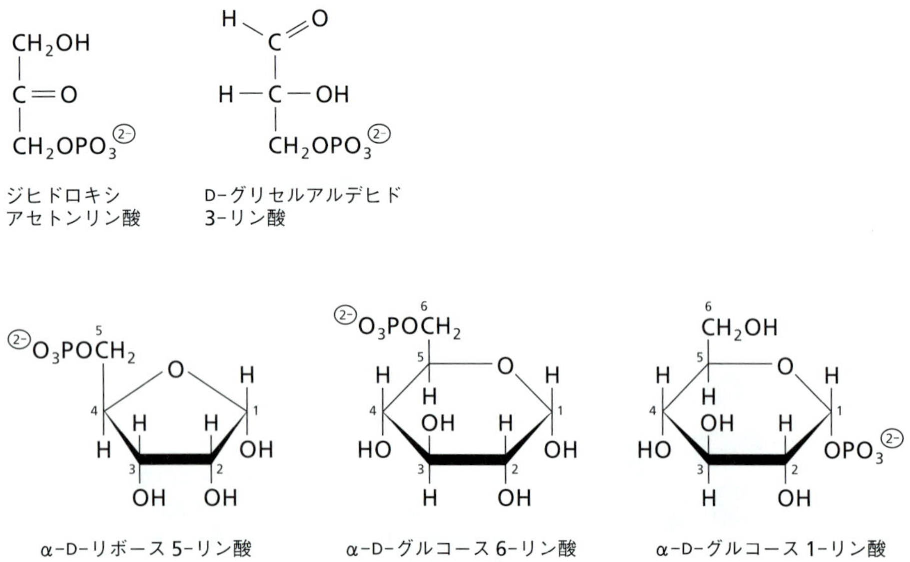

ジヒドロキシアセトンリン酸

D-グリセルアルデヒド 3-リン酸

α-D-リボース 5-リン酸

α-D-グルコース 6-リン酸

α-D-グルコース 1-リン酸

2-デオキシ-β-D-リボース

α-L-フコース（6-デオキシ-L-ガラクトース）

▲図 8.14 代謝において重要な糖リン酸の構造

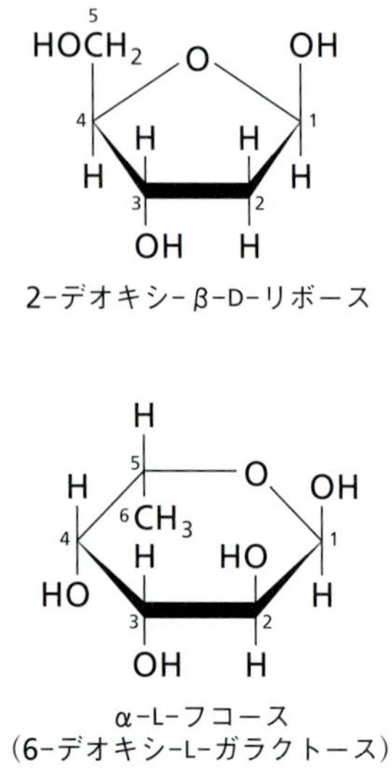

▲図 8.15 デオキシ糖，2-デオキシ-D-リボースと L-フコースの構造

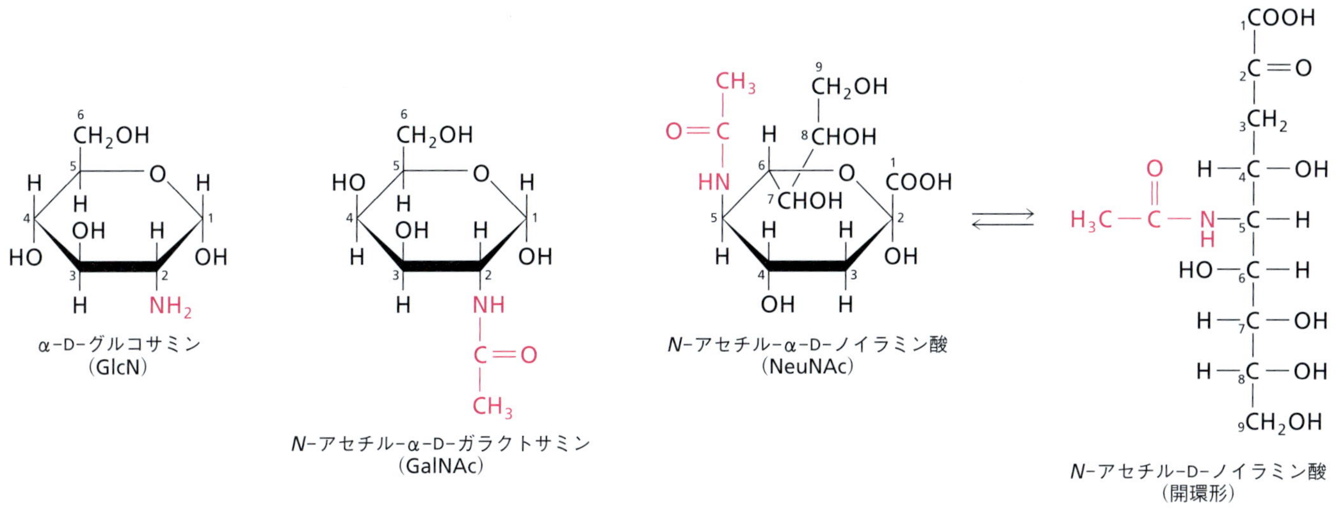

▲図8.16 アミノ糖の構造　赤で描いてあるのは，アミノ基およびアセチルアミノ基

ロキシ基の一つが水素で置換されている．2-デオキシ-D-リボースはDNAを構成する重要な素材である．L-フコース（6-デオキシ-L-ガラクトース）は植物，動物，微生物に広く存在する．糖としては珍しくL形の立体配置をとっているが，D-マンノースが出発材料になって生合成される．

C. アミノ糖

さまざまな糖で，ヒドロキシ基の一つがアミノ基に置換されている．そのアミノ基がアセチル化されていることもある．図8.16にアミノ糖の例を三つあげた．複合糖質には，グルコースおよびガラクトースに由来するアミノ糖がよく含まれている．N-アセチルノイラミン酸（N-acetylneuramic acid；NeuNAc）は，N-アセチルマンノサミンとピルビン酸からつくられる酸である．この化合物が環化してピラノースになるときは，C-2のカルボニル基（ピルビン酸に由来）がC-6のヒドロキシ基と反応する．NeuNAcはいろいろな糖タンパク質や，ガングリオシドとよばれる脂質の構成成分として重要である（§9.5）．ノイラミン酸とNeuNAcを含めた誘導体はシアル酸と総称されている．

D. 糖アルコール

糖アルコールは，元の単糖のカルボニル酸素が還元されてできたポリヒドロキシアルコールである．図8.17に三つ例をあげた．グリセロールとmyo-イノシトールは脂質の構成成分として重要である（§9.4）．リビトールはフラビンモノヌクレオチド（FMN）

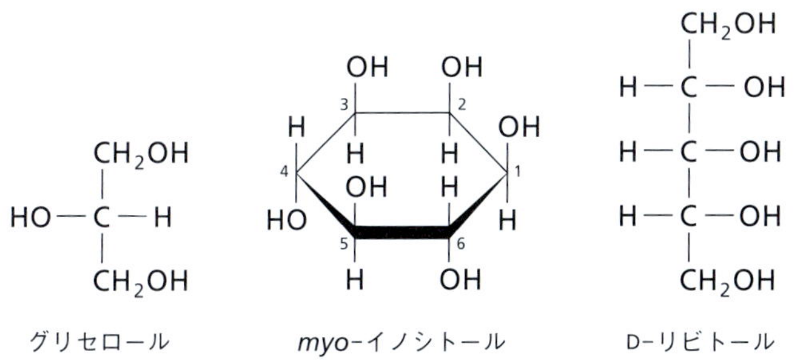

▲図8.17 糖アルコールの構造　グリセロール（グリセルアルデヒドが還元されたもの）とmyo-イノシトール（代謝的にはグルコースに由来する）は，さまざまな脂質の成分として重要である．リビトール（リボースが還元されたもの）はビタミンのリボフラビンやその補酵素型の成分である．

やフラビンアデニンジヌクレオチド（FAD）の構成成分である（§7.5）．糖アルコールは一般に，元の単糖の語尾の-oseを-itolで置き換えて命名する．

E. 糖　酸

糖酸はアルドースに由来するカルボン酸である．C-1（アルデヒド炭素）が酸化されたアルドン酸と，最大番号の炭素（第一級アルコールをもつ炭素）が酸化されたアルズロン酸がある．図8.18に，グルコースに由来するアルドン酸とアルズロン酸，すなわちグルコン酸とグルクロン酸を示した．アルドン酸は塩基性溶

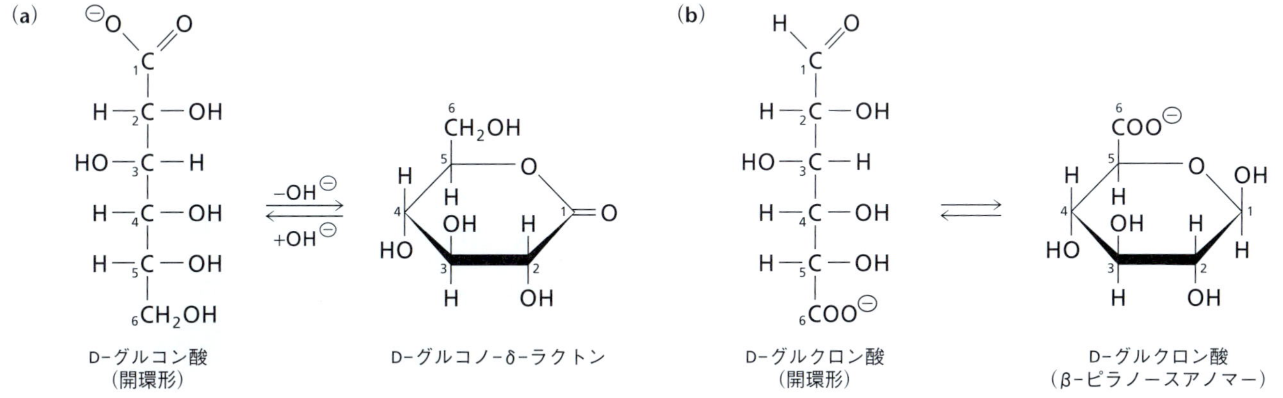

▲図8.18 D-グルコースに由来する糖酸の構造　(a) グルコン酸とそのδ-ラクトン．(b) グルクロン酸の開環構造とピラノース構造．

図 8.19 グルコピラノースとメタノールが反応するとグリコシドができる 酸触媒による縮合反応では，ヘミアセタールのアノマー—OH 基は—OCH₃ 基で置換され，アセタールのメチルグルコシドをつくる．その産物はメチルグルコピラノシドのα-とβ-アノマーの混合物である．

液では開環構造をとり，酸性にするとラクトン構造（分子内エステル）をとる．アルズロン酸はピラノースとして存在し，したがってアノマー炭素がある．N-アセチルノイラミン酸（図8.16）はアミノ糖であると同時にアルドン酸でもある．糖酸もいろいろな多糖の重要な構成成分である．L-アスコルビン酸，つまりビタミン C は，D-グルクロン酸に由来するラクトンのエンジオールである（§7.9）．

8.5 二糖とその他のグリコシド

単糖がポリマーをつくるときは，常に**グリコシド結合**（glycosidic bond）が基本になっている．グリコシド結合は，糖のアノマー炭素がアルコール，アミン，チオールなどと縮合してつくるアセタール結合である．たとえばグルコピラノースは，酸性溶液中でメタノールと反応してアセタールをつくる（図8.19）．グリコシド結合を含む化合物を**グリコシド**（配糖体；glycoside）とよぶ．グルコースがアノマー炭素を供給する場合，特に**グルコシド**（glucoside）とよぶ．グリコシドには二糖，多糖，その他の糖誘導体が含まれる．

A. 二糖の構造

一つの単糖のアノマー炭素が別の単糖のヒドロキシ基のどれかと反応すると二糖ができる．したがって，二糖およびそれ以上の糖重合体を考えるときには，構成単糖の種類ばかりでなく，どの原子がグリコシド結合にかかわっているかも問題にしなければならない．たとえば二糖を系統的に表現するには，結合に関与する原子，グリコシド結合の立体配置，それぞれの単糖残基の名前（ピラノースかフラノースかの区別も含めて）をはっきりさせる必要がある．図8.20によくみられる4種類の二糖の構造と名前を示した．

マルトース（麦芽糖）（図8.20 a）は，グルコースのポリマーであるデンプンを加水分解すると遊離してくる．穀物由来の混合物である麦芽飲料や，醸造に使われるモルトに含まれている．二つの D-グルコースがα-グリコシド結合でつながったもので，片方の残基（図8.20 a の左側）の C-1 が，もう片方の残基（右側）の C-4 の酸素原子に結合している．したがってマルトースはα-D-グルコピラノシル-(1→4)-D-グルコースである．グリコシド結合にかかわったアノマー炭素をもつ左側のグルコース残基の立体配置はαに固定されてしまうが，右側のグルコース残基（還元末端，§8.5 B で説明する）は，α, β, 開環の構造間で平衡状態にある（ただし開環構造の割合はごく低い）．図8.20 (a) に示した構造式は，マルトースのβ-ピラノースアノマー（還元末端の立体配置がいちばん優勢なβ-アノマーになっているもの）である．

グルコースの二量体のもう一つの例がセロビオース（β-D-グルコピラノシル-(1→4)-D-グルコース）である（図8.20 b）．植物の多糖であるセルロースの構造の中に繰返して存在するもので，セルロースを分解すると遊離してくる．セロビオースとマルトースの違いはわずかで，セロビオースがβ型のグリコシド結合（マルトースがα型なのに対して）をしているだけである．図8.20 (b) の右側のグルコース残基も，図8.20 (a) の右側のグルコース残基と同じように，α, β, 開環構造の間の平衡状態にある．

ラクトース（乳糖，β-D-ガラクトピラノシル-(1→4)-D-グルコース）は乳に含まれているおもな糖で，乳を分泌している哺乳類の乳腺だけで合成される二糖である（図8.20 c）．構造的にはセロビオースのエピマーとみなせる．天然のα-アノマーはβ-アノマーよりも甘く，溶解度も高い．β-アノマーは古くなったアイスクリーム中に存在し，保存中に結晶化して，舌ざわりがざらざらになってしまう．

スクロース（ショ糖，α-D-グルコピラノシル-(1→2)-β-D-フルクトフラノシド），つまり砂糖は自然界でいちばん多い二糖で，植物だけが合成できる（図8.20 d）．図8.20中の他の三つの二糖

▲市販の砂糖のおもな供給源はサトウキビである．

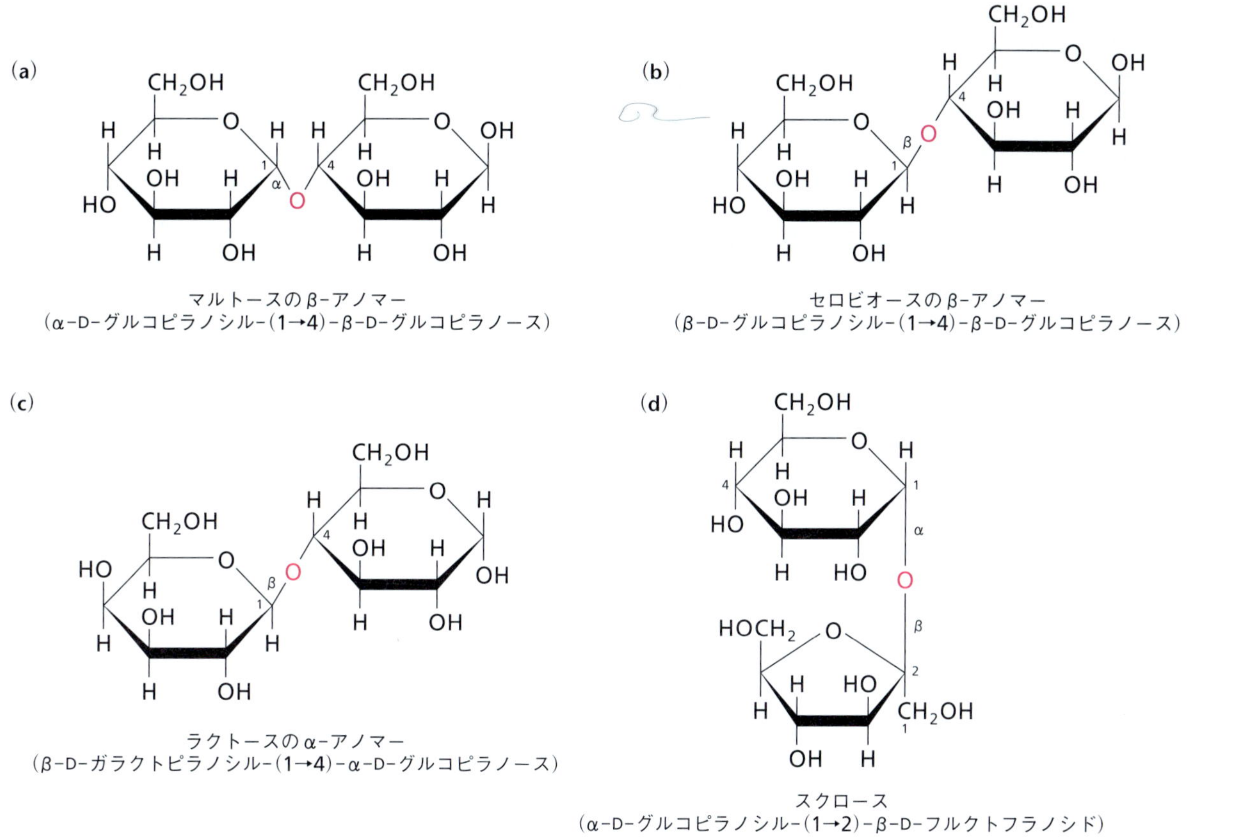

▲図 8.20 （a）マルトース，（b）セロビオース，（c）ラクトース，（d）スクロースの構造　グリコシド結合の酸素原子を赤で描いてある．

マルトースの β-アノマー
（α-D-グルコピラノシル-(1→4)-β-D-グルコピラノース）

セロビオースの β-アノマー
（β-D-グルコピラノシル-(1→4)-β-D-グルコピラノース）

ラクトースの α-アノマー
（β-D-ガラクトピラノシル-(1→4)-α-D-グルコピラノース）

スクロース
（α-D-グルコピラノシル-(1→2)-β-D-フルクトフラノシド）

とは違って，スクロースは二つの単糖のアノマー炭素同士でグリコシド結合をつくっている．したがって，グルコピラノースとフルクトフラノースのどちらも立体配置は固定されてしまい，α- と β-アノマーの間で転換することはありえない．

B. 還元糖と非還元糖

単糖およびほとんどの二糖はヘミアセタールなので，反応性のあるカルボニル基を一つ含み，酸化されやすく，さまざまな誘導体を与える．この性質は分析に役立つ．このような糖（グルコース，マルトース，セロビオース，ラクトースなど）を還元糖とよぶ．Cu^{2+} や Ag^+ などの金属イオンを還元して不溶性物質を生成させる能力を利用して，還元糖を検出してきた歴史がある．スクロースのようなヘミアセタールでない糖は，アノマー炭素の両方ともがグリコシド結合中に固定されているので，簡単には酸化されない．これらは非還元糖に分類される．

糖ポリマーの還元能力は分析以外の点でも興味深い．単糖が重合してできた鎖には，還元性のある末端残基と還元性のない末端残基があることから，方向性が生まれる．直鎖状なら，還元末端（遊離状態のアノマー炭素がある残基）が1個と非還元末端が1個ある．多糖の内部のすべてのグリコシド結合はアセタールを含む．内部の残基は開環構造とは平衡状態にないので金属イオンを還元できない．枝分かれがある場合には還元末端は1個だが，非還元末端が複数になる．

C. ヌクレオシドとその他のグリコシド

アノマー炭素は，糖以外にもアルコール，アミン，チオールなどのさまざまなものとグリコシド結合をつくることができる．オリゴ糖や多糖以外で，グリコシドとして最もよくみられるものはヌクレオシドである．これらは β-D-リボフラノースあるいは β-D-デオキシリボフラノースに，プリンやピリミジンが，第二

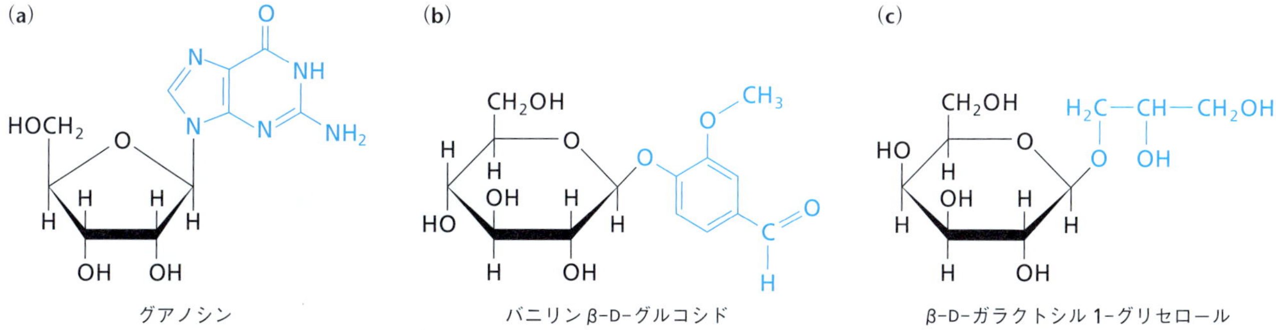

グアノシン

バニリン β-D-グルコシド

β-D-ガラクトシル 1-グリセロール

▲図 8.21　三つのグリコシドの構造　糖以外の成分を青で示す．（a）グアノシン，（b）バニラ抽出液の香り成分のバニリングルコシド，（c）β-D-ガラクトシル 1-グリセロール．これの誘導体は真核生物の細胞膜に共通して存在する．

級アミノ基を介して結合したものである．ヌクレオシドでは，グリコシド結合に窒素原子が関与しているので，N-グリコシドとよばれる．グアノシン（β-D-リボフラノシルグアニン）は典型的なヌクレオシドの一つである（図8.21a）．代謝における補酵素であるATPやその他のヌクレオチドについてもすでに取上げた（§7.3）．NADとFADもまたヌクレオチドである．

> ヌクレオシドとヌクレオチドについて19章で詳しく述べる．

天然に存在するグリコシドをあと二つ，図8.21に示す．バニリングルコシド（図8.21b）は天然のバニラ抽出物中の香り成分である．グリコシドのうちでは，β-ガラクトシドが多く，さまざまな糖以外の分子がガラクトースにβ結合している．ガラクトセレブロシド（§9.5）は，どの真核生物の細胞膜にもみられる糖脂質で，β-ガラクトシダーゼという酵素によって容易に加水分解される．

8.6 多 糖

多糖は大きく二つに分類されることが多い．**ホモグリカン**（ホモ多糖；homoglycan）は1種類の単糖残基だけを含む重合体である．**ヘテログリカン**（ヘテロ多糖；heteroglycan）は2種類以上の単糖残基を含む重合体である．多糖は鋳型なしに単糖やオリゴ糖がつながってできる．そのため多糖は，似てはいるが長さや組成が異なっている分子の集まりである．よくみられる多糖とその構造を表8.2に示した．

生物学的な役割からも多糖を分類できる．たとえば，グリコーゲンやデンプンなどは貯蔵多糖であり，セルロースやキチンなど

表8.2 よくみられる多糖とその構造

多 糖[1]	構成成分[2]	結合様式
貯蔵ホモグリカン		
デンプン		
アミロース	Glc	α-(1→4)
アミロペクチン	Glc	α-(1→4), α-(1→6)（枝分かれ）
グリコーゲン	Glc	α-(1→4), α-(1→6)（枝分かれ）
構造ホモグリカン		
セルロース	Glc	β-(1→4)
キチン	GlcNAc	β-(1→4)
ヘテログリカン		
グリコサミノグリカン	二糖（アミノ糖，糖酸）	多様
ヒアルロン酸	GlcUAとGlcNAc	β-(1→3), β-(1→4)

[1] 特記しない限り多糖は枝分かれしていない．
[2] Glc: グルコース，GlcNAc: N-アセチルグルコサミン，GlcUA: D-グルクロン酸

BOX 8.1 猫の問題

甘いのが糖類の特徴である．スクロース（砂糖）はもちろん甘いが，フルクトースやラクトースも甘いことは読者も知っているだろう．その他の糖や誘導体も甘いが，だからといって生化学の研究室へ行って，棚に並んだ白いプラスチック瓶の糖類を全部なめてみようなんて思わないほうがよい．

甘さは分子の物理的性質とは関係がない．ある化学物質と口の中の味覚受容器との相互作用にもとづいている．味覚受容器は5種類ある．甘味，酸味，塩味，苦味，うま味（グルタミン酸一ナトリウム中のグルタミン酸イオンの味）である．甘いという感覚を生じさせるには，スクロースなどの分子が甘味受容器に結合して，脳にそれを伝えるための応答を誘発させねばならない．スクロースは標準的な甘さにふさわしい適度な強さの応答を誘発させる．フルクトースの応答はスクロースのほぼ2倍，ラクトースの応答はスクロースのほぼ5分の1である．サッカリン，スクラロース，アスパルテームなどの人工甘味料も甘味受容器に結合して，甘いと感じさせる．これらはスクロースの何百倍も甘い．

甘味受容器は*Tas1r2*, *Tas1r3*という二つの遺伝子でコード化されている．活発に研究されている分野ではあるが，スクロースやその他のリガンドが受容器にどのように結合するのかまだわかっていない．スクロースと人工甘味料では分子構造がまるで違うのになぜ甘いと感じるのだろうか．

ネコ科動物（ライオン，トラ，チータも含む）には機能をもつ*Tas1r2*遺伝子がない．エキソン3に247 bpの欠失があり偽遺伝子になってしまったからである．読者のペットのネコはおそらく甘さという味覚を一度も味わったことがない．ネコにまつわるいろいろなことがこれで説明がつく．

スクラロース　　サッカリン

アスパルテーム

▲ネコは肉食である　おそらく甘みを感じていない．

A. デンプンとグリコーゲン

D-グルコースはすべての生物種で合成される。余ったグルコースは、代謝エネルギーをつくり出すために分解できる。エネルギー産生が必要になるまでグルコース残基は多糖の形で貯蔵される。デンプンは植物と菌類にいちばん普通にみられるグルコースのホモグリカンで、動物ではグリコーゲンがそれに当たる。微生物ではどちらの例もみられる。

植物細胞の中では、デンプンはアミロースとアミロペクチンの混合物として、直径が3～100 μmの顆粒の中に蓄えられている。アミロースは100～1000個のD-グルコースが、α-(1→4)グリコシド結合で、枝分かれなしにつながったものである。グルコースのアノマー炭素が関与した結合なので、正確にはα-(1→4)グルコシド結合という（図8.22a）。マルトースにもまったく同じ結合があることはすでに述べた（図8.20a）。本当の意味で水に溶けるわけではないが、アミロースは水中では水和したミセルをつくり、しかるべき条件下ではらせん構造をつくる（図8.22b）。

アミロペクチンは枝分かれのあるアミロースとみなせる（図8.23）。α-(1→4)グリコシド結合でつながった直鎖に、枝、つまり重合した側鎖がα-(1→6)グリコシド結合でつながっている。平均すると25残基に1個の割合で枝分かれがあり、その枝（または側鎖）には15～25個のグルコース残基が含まれる。側鎖がさらに枝分かれすることもある。生きた細胞から得られたアミロペクチンの分子は、300～6000個のグルコース残基を含む。

成人は1日に約300 gの糖を必要とし、その大半はデンプンの形でまかなわれる。生のデンプン粒子は消化酵素で加水分解されにくいが、調理すれば水を吸って膨潤するので、2種類のグリコシダーゼの良い基質となる。食物中のデンプンは、消化管内でα-アミラーゼと枝切り酵素で分解される。α-アミラーゼは動物にも植物にも存在するエンドグリコシダーゼ（内部のグリコシド結合に作用する）で、アミロースやアミロペクチン中のα-(1→4)グルコシド結合を順不同に加水分解する。

> デンプンの代謝は15章で述べる。

植物の種子や塊茎には、β-アミラーゼという別の加水分解酵素（ヒドロラーゼ）が存在することがある。β-アミラーゼはエキソグリコシダーゼ（端にあるグリコシド結合に作用する）で、アミロペクチンの非還元末端から、マルトースを順番に加水分解して外していく。

どちらの酵素も、名前に入っているαとかβとかにかかわりなく、D-グルコース間のα-(1→4)結合だけを分解する。図8.24に、アミロペクチンに対するα-アミラーゼとβ-アミラーゼの作用を示した。どちらの酵素も枝分かれした部分のα-(1→6)結合には作用しない。アミラーゼがアミロペクチンを加水分解した後には、枝分かれが多く加水分解を受けにくい芯（コア）が残る。これは**限界デキストリン**（limit dextrin）とよばれ、枝切り酵素が枝分かれ部分でα-(1→6)結合を加水分解して初めて、さらに分解されるようになる。

グリコーゲンはやはり枝分かれのあるグルコースのポリマーである。グリコーゲンにもアミロペクチンと同じタイプの結合があるが、側鎖がもっと小さく、枝分かれは8～12残基当たり一つと多い。グリコーゲンは一般にデンプンよりも分子量が大きく、約50000残基のグルコースを含む。栄養状態にもよるが、哺乳類では肝臓の重さの10％、筋肉の重さの2％に達する。

アミロペクチンやグリコーゲンは枝分かれしているので、還元

▲図8.22 アミロース （a）アミロースの構造。デンプンの成分の一つであるアミロースは、グルコース残基がα-(1→4)-D-グルコシド結合でつながった直鎖状ポリマーである。（b）アミロースの立体配座は左巻きのらせんで、外側も内側も水和している。

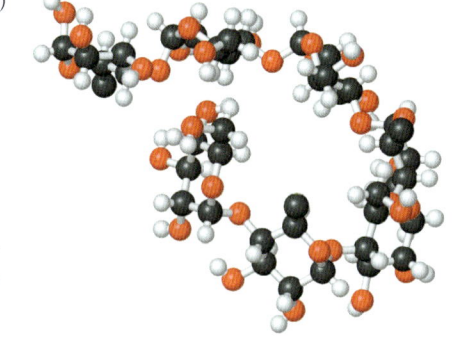

◀図8.23 アミロペクチンの構造 デンプンの第二の成分アミロペクチンは、枝分かれのあるポリマーである。主鎖も側鎖もグルコース残基がα-(1→4)-D-グルコシド結合で直鎖状につながっているが、側鎖が主鎖につながる部分だけはα-(1→6)-D-グルコシド結合である。

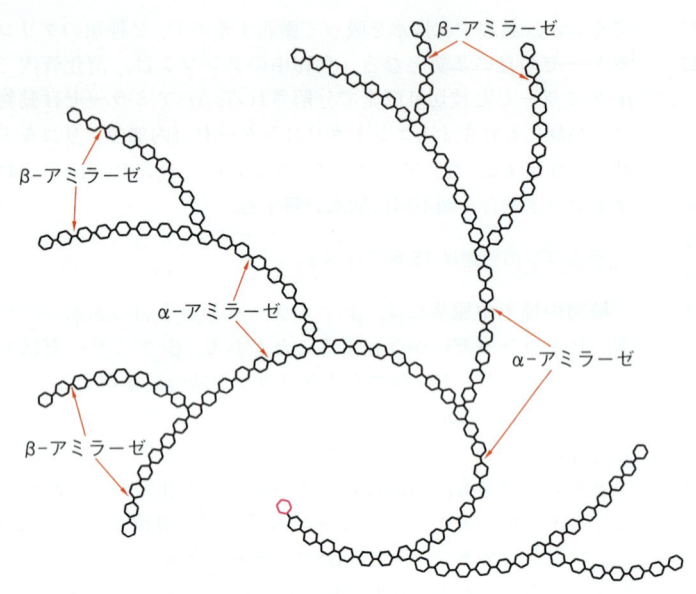

▲図8.24 アミロペクチンに対するα-アミラーゼとβ-アミラーゼの作用 α-アミラーゼは内部のα-(1→4)グルコシド結合を順不同に加水分解するが，β-アミラーゼは非還元末端に作用する．六角形がグルコース残基を表し，1個だけある還元末端は赤で示してある（実際のアミロペクチン分子にはもっとたくさんのグルコース残基がある）．

▲カリフォルニアのセコイアの木は何トンものセルロースを含む．

末端は1個でも，非還元末端は多数ある．グリコーゲンの還元末端はグリコゲニンというタンパク質に共有結合している（§12.5 A）．酵素が鎖を伸ばしたり短くしたりするのは，ほとんど非還元末端からである．

細胞内でグリコーゲンを合成したり分解したりする酵素については12章で取上げる．

B. セルロース

セルロースは構造多糖である．多くの植物細胞を包む固い細胞壁の主要構成成分である．多くの植物の幹や枝はほぼセルロースから成る．地球上の有機化合物全体のうちのかなりの割合をこの1種類の多糖が占めている．セルロースはアミロースと同じように，グルコースの直鎖状の重合体であるが，α-(1→4)結合ではなくて，β-(1→4)結合でつながっている．二糖であるセロビオースもβ-(1→4)結合している（図8.20 b）．セルロース分子の大きさはいろいろで，300〜15000個超のグルコース残基から成る．

セルロースはβ結合のために，それぞれのグルコース残基は隣に対して180°回転して，堅固な伸びた立体構造をとる（図8.25）．セルロースの鎖の内部で，また鎖同士の間でたくさんの水素結合ができるので，フィブリル（原繊維）という鎖の束ができる（図8.26）．セルロースのフィブリルは水に溶けずに，強く堅い構造になる．綿の繊維はほとんどがセルロースであり，樹木の半分はセルロースである．その強さからセルロースはさまざまな目的に利用され，またセロファンやレーヨンのような合成製品の素材としても役立っている．いちばんなじみがあるのは，紙の主要成分としてのセルロースであろう．

α-D-グルコシド結合を加水分解する酵素（α-およびβ-アミラーゼなどのα-グルコシダーゼ）は，β-D-グルコシド結合を加水分解しない．それに対しβ-グルコシダーゼ（セルラーゼなど）はα-D-グルコシド結合を加水分解しない．ヒトやその他の哺乳類は，デンプン，グリコーゲン，ラクトース，スクロースを代謝

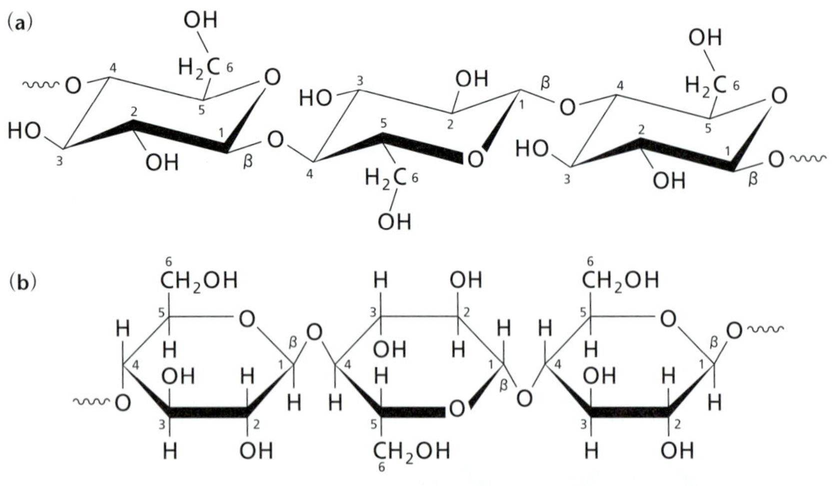

▲図8.25 セルロースの構造 セルロースの鎖の中でグルコース残基の向きが交互になっていることに注意．(a) いす形配座．(b) 一部変形したハース投影式．

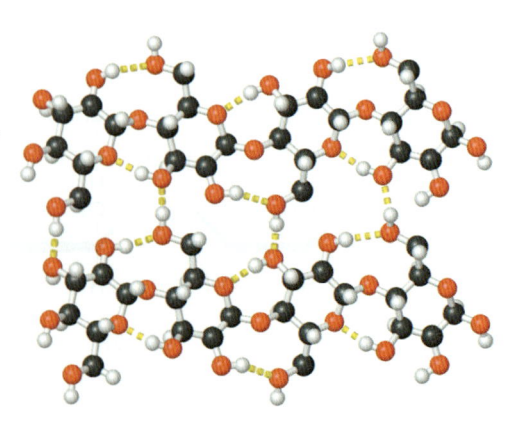

▲図8.26 セルロースのフィブリル 鎖の内部，および鎖の間でつくられる水素結合（黄）が，セルロースを堅く強固にする．

8.7 複合糖質

複合糖質は多糖がタンパク質やペプチドに結合したものである。多糖は数種類の単糖単位から成ることが多いので、ヘテログリカンである。（デンプン、グリコーゲン、セルロース、キチンはホモグリカンである。）3種類の複合糖質（プロテオグリカン、ペプチドグリカン、糖タンパク質）中にこのようなヘテログリカンが存在する。ここでは、複合糖質に含まれるヘテログリカンの化学的、物理的性質がいかに生物学的な機能に役立っているかを述べよう。

A. プロテオグリカン

プロテオグリカン（proteoglycan）はグリコサミノグリカンとよばれる多糖と、タンパク質から成る複合体である。多細胞動物の細胞外マトリックス（結合組織）に多く存在する。

グリコサミノグリカン（glycosaminoglycan）は二糖の単位が繰返された、枝分かれのないヘテログリカンである。名前からわかるように、繰返し単位の二糖の片方はアミノ糖で、D-ガラクトサミン（GalN）または D-グルコサミン（GlcN）である。アミノ糖のアミノ基がアセチル化されて、N-アセチルガラクトサミン（GalNAc）や GlcNAc になっていることが多い。もう片方の糖は普通アルズロン酸である。多くのグリコサミノグリカンでは特定のヒドロキシ基やアミノ基が硫酸化されている。このように硫酸基やカルボキシ基があるために、グリコサミノグリカンは多価の陰イオンになる。

いくつかの型のグリコサミノグリカンが単離され、性質が調べられている。それぞれ、単糖の種類、結合様式、組織分布、機能などに特徴があり、またそれぞれ特定のタンパク質に結合している。ヒアルロン酸はグリコサミノグリカンの一例で、図8.28に

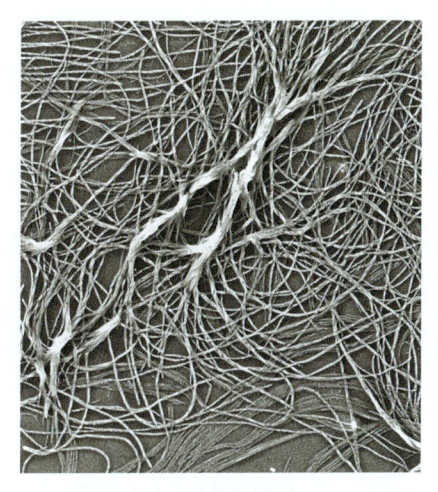

▲ セルロース繊維　植物は構造維持素材にするために長いセルロース繊維をつくる。走査電子顕微鏡写真からわかるように、多数の繊維が重なりあって大きな網状のシートをつくっている。こうしたセルロース繊維は 2 億 5300 万年も前から存在し、ニューメキシコの深い塩鉱山からも見つかっている。

でき、生成した単糖をさまざまな代謝経路で利用する。哺乳類は β-グルコシド結合を加水分解できる酵素をもたないので、セルロースを代謝できない。ところがウシやヒツジなどの反芻動物では、胃（いくつもに分かれた胃の一つの区画）の中に β-グルコシダーゼを生産する微生物を寄生させている。そのため反芻動物はセルロースに富む草やその他の植物を食べてグルコースを得ることができる。シロアリもセルラーゼをつくる細菌を消化管に寄生させているので、セルロースからグルコースを得ることができる。

C. キチン

キチンはおそらく地球上で 2 番目に量が多い有機物で、昆虫や甲殻類の外骨格、ほとんどの菌類や多数の藻類の細胞壁にあるホモグリカンである。キチンはセルロースと似た直鎖状のポリマーだが、グルコース残基ではなくて、N-アセチルグルコサミン（GlcNAc）残基が β-(1→4) 結合でつながってできている（図8.27）。GlcNAc 残基は両隣に対して 180°回転しており、横に並んでいる鎖との間で水素結合をつくるので、伸びた強いフィブリルとなる。キチンはタンパク質や無機物などの、糖以外の成分と強く結合していることが多い。

▲ 図 8.27　キチンの構造　N-アセチルグルコサミン（GlcNAc）が β-(1→4) 結合でつながった直鎖状のホモグリカン。それぞれの残基が隣と 180°回転している。

▲ ロブスターの外骨格はキチンでできている　外骨格の色はロブスターの食物に由来し、β カロテン誘導体を食べると、カロテンがタンパク質と結合した複雑な混合物で身体が覆われる。それはクルスタシアニンとよばれ、緑がかった茶色をしている。ロブスターを調理すると、クルスタシアニンが分解され、まるで秋のカエデの葉のような、赤い β カロテン誘導体を遊離する（§15.1）。

示すような繰返し二糖単位をもつ．関節の滑液中にあり，潤滑剤として優れた粘性の溶液をつくる．ヒアルロン酸はまた軟骨の主成分でもある．

プロテオグリカンでは一つのコアタンパク質に，100本にものぼるグリコサミノグリカン鎖が結合している．これらのヘテログリカン鎖は，通常はタンパク質のセリン残基の側鎖の酸素にグリコシド結合で共有結合している（すべてのグリコサミノグリカンがタンパク質に共有結合しているとはかぎらない）．プロテオグリカンの重量の95％くらいまでがグリコサミノグリカンである．

構成成分のグリコサミノグリカンが極性のイオン化した基をもつので，プロテオグリカンは高度に水和し，非常に大きな体積を占める．結合組織にとって重要な，弾力性が高く，圧縮に対して抵抗力がある性質はここからきている．軟骨が弾力性に富むので，衝撃を吸収できるのである．軟骨に圧力がかかったとき，一部の水は押し出されるが，圧力がなくなると軟骨に再び水が浸透する．プロテオグリカンは組織の形を保つだけでなく，細胞の外側に網を張り巡らして，細胞が成長したり移動したりするのを助けている．

軟骨の中でプロテオグリカンがどのように配置されているか，軟骨の構造を調べるとわかる．軟骨はコラーゲン繊維（§4.12）の網目の中に，大きなプロテオグリカンの集合体（分子量約 2×10^8）が分散したものである．この集合体は瓶洗いのブラシ（図8.29）のような特徴ある形をしており，ヒアルロン酸および数種

▲図 8.28　**ヒアルロン酸中の二糖繰返し構造**　このグリコサミノグリカンの繰返し二糖は D-グルクロン酸（GlcUA）と N-アセチルグルコサミン（GlcNAc）から成る．GlcUA 残基が β-(1→3) 結合で GlcNAc 残基に，GlcNAc 残基が β-(1→4) 結合でつぎの GlcUA 残基につながっている．

BOX 8.2　根粒形成因子はリポオリゴ糖である

アルファルファ，エンドウマメ，ダイズなどのマメ科植物は根に根粒という器官を発達させた．ある種の土壌細菌（根粒菌）が根粒に感染し植物と共生しながら窒素固定（大気中の窒素をアンモニアに還元する）を行う．共生は種特異性が高く，特定の植物と細菌の間の組合わせでしか成立しない．つまり二つの生物はお互いを見分ける能力がある．根粒菌は根粒形成因子とよばれるオリゴ糖でできた細胞外シグナル分子をつくっている．ごく低濃度のこの物質が，宿主植物に根粒を成長させるよう促し，根粒菌感染を助ける．宿主植物はある特定の組成をもった根粒形成因子にしか反応しない．

植物の根毛が表面にある Nod 因子受容体を介して根粒形成因子を認識すると感染が始まる．この結果，細菌が根毛中に侵入し，根の細胞まで移動して，根粒を形成できるようになる．

これまでに調べられたすべての根粒形成因子は N-アセチルグルコサミン（GlcNAc）が β-(1→4) でつながった直鎖のオリゴ糖で，キチン（§8.6 C）中の繰返し構造と同じである．糖残基の数は 3～6 の間であるが，ほとんどの根粒形成因子は5個の糖から成る（下図参照）．種特異性を決めているのは，全体の長さと，非還元末端の五つの部位（$R_1 \sim R_5$）と還元末端の二つの部位（R_6 と R_7）に付く置換基の種類である．R_1 は通常炭素 18 個から成る脂肪酸で，非還元末端の C-2 に結合している窒素原子をアシル化している．つまり根粒形成因子はリポオリゴ糖である．還元末端の C-6 のアルコールに結合している R_6 には，硫酸化あるいはメチル化されたフコースなど，さまざまな構造のものがある．マメ科植物の成長を調節する物質であるこれらのオリゴ糖の研究が，これ以外のオリゴ糖の生物活性追求の引き金になった．

窒素固定の詳細については §17.1 を参照

▲根粒形成因子，N-アセチルグルコサミン（GlcNAc）骨格をもつリポオリゴ糖の一般的な構造．内部の GlcNAc 残基に付けた n は普通は 3 だが，1，2，4 の場合もある．R_1 は脂肪酸の置換基で，通常は炭素 18 個から成る．

▲マメ科のミヤコグサ（*Lotus japonicus*）の根粒形成．根粒形成因子を分泌した根粒菌（青）は，エンドサイトーシスを促して根毛細胞に取込まれ，取込まれた部位（上）と根粒細胞（下）とをつなぐ感染糸を形成する．

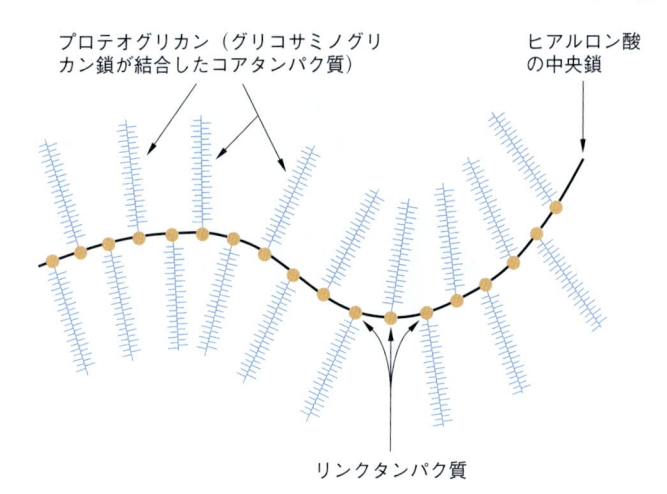

▲図8.29 **軟骨のプロテオグリカン集合体** グリコサミノグリカン鎖を結合したコアタンパク質が，1本のヒアルロン酸の中央鎖に付着している．これらのタンパク質には，多数のグリコサミノグリカン鎖（ケラタン硫酸やコンドロイチン硫酸）が結合している．コアタンパク質とヒアルロン酸の相互作用は，双方に非共有結合で相互作用しているリンクタンパク質で安定化されている．この集合体は瓶洗いのブラシに似ている．

のそれ以外のグリコサミノグリカン，さらにコアタンパク質とリンクタンパク質という2種類のタンパク質を含んでいる．真ん中にヒアルロン酸の鎖が走り，そこから多数のプロテオグリカンの枝（コアタンパク質にグリコサミノグリカン鎖が結合したもの）が外に突き出ている．コアタンパク質はヒアルロン酸と非共有結合的に（主として静電的な力で）相互作用している．リンクタンパク質はコアタンパク質-ヒアルロン酸間の相互作用を安定化させている．

軟骨の主成分であるプロテオグリカンはアグレカンとよばれる．アグレカンのコアになるタンパク質（分子量約220000）は，ほぼ30分子のケラタン硫酸（主として N-アセチルグルコサミン6-硫酸とガラクトース残基の繰返しから成るグリコサミノグリカン）と，ほぼ100分子のコンドロイチン硫酸（N-アセチルガラクトサミン硫酸とグルクロン酸残基の繰返しから成るグリコサミノグリカン）を結合している．アグレカンはヒアルロン酸に結合するプロテオグリカンであるヒアレクタンの小さなファミリーに属する．他のヒアレクタンには血管壁に弾力性を与えたり，脳内での細胞間相互作用を調節したりするものもある．

B. ペプチドグリカン

ペプチドグリカン（peptidoglycan）は小さなペプチドに多糖が結合したものである．多くの細菌の細胞壁は，4～5残基から成るペプチドにヘテログリカン成分が結合した特殊なペプチドグリカンから成る．ヘテログリカン部分は，GlcNAcと N-アセチルムラミン酸（N-acetylmuramic acid；MurNAc）が β-(1→4) 結合で交互につながったものである（図8.30）．MurNAcは炭素11個から成る糖で，細菌に特有であり，炭素3個から成る D-乳酸が GlcNAcのC-3にエーテル結合したものである．ペプチドグリカンの多糖部分はキチンに似ているが，GlcNAcが一つおきに乳酸で修飾されて MurNAc になっている点が違っている．リゾチームが抗菌作用を示す（§6.7）のは，ペプチドグリカン内の多糖を加水分解できるからである．

ペプチドグリカンのペプチド部分は細菌によって違う．黄色ブドウ球菌（*Staphylococcus aureus*）では，ペプチド部分はL-とD-アミノ酸が交互に並んだつぎのようなテトラペプチドである：L-Ala−D-Isoglu−L-Lys−D-Ala（Isogluはイソグルタミン酸を表す．グルタミン酸が α- ではなく γ-カルボキシ基でつぎのアミノ酸につながっている）．別種の細菌では3番目のアミノ酸が異なっている．L-アラニンのアミノ基が，グリカン鎖の MurNAc 残基のラクチルカルボキシ基にアミド結合でつながっている（図8.31）．一つのテトラペプチドと，隣にあるペプチドグリカン上の別のテトラペプチドとの間には，5残基のグリシン（ペンタグリシン）から成る鎖の橋が架かっている．ペンタグリシンが一つのテトラペプチドのL-リシン残基と，別のテトラペプチドのD-アラニン残基のカルボキシ基との間に橋を架けているのである．このように多数の架橋があるために，ペプチドグリカンは巨大で堅固な高分子となって細胞膜を覆い，細菌がどのような形をとるかを規定し，また浸透圧の変動から細胞膜を守っている．

細菌の多くにはカプセルとよばれる厚い多糖の外層がある．カプセルはおもに GlcNAc から成る多糖の鎖でつくられているが，それ以外のいろいろなアミノ糖も含まれている．カプセルは細菌細胞を傷害から守っている．病原性細菌ではカプセルが免疫系による細菌の破壊を防いでいる．

グラム陰性細菌には細胞内膜と外膜の間にペプチドグリカン壁がある．グラム陽性細菌には外膜がなく，ペプチドグリカンの細胞壁はずっと厚い．これがグラム染色法（Christian Gramの名前に由来）で，表層が染色される細菌（グラム陽性）とされない細菌（グラム陰性）がある理由の一つである．

▲図8.30 **細菌細胞壁のペプチドグリカンの多糖の構造** グリカンは GlcNAc と MurNAc が交互につながったものである．

▲図8.31　黄色ブドウ球菌のペプチドグリカンの構造　(a) 繰返し二糖単位，テトラペプチド成分，ペンタグリシン成分．テトラペプチド（青）がグリカン部分のMurNAc残基（黒）に結合している．一方のテトラペプチドのL-リシン残基のε-アミノ基と，隣にあるペプチドグリカン分子の別のテトラペプチドのD-アラニン残基のα-カルボキシ基との間に，ペンタグリシン架橋（赤）がある．(b) 巨大ペプチドグリカン分子の架橋構造．

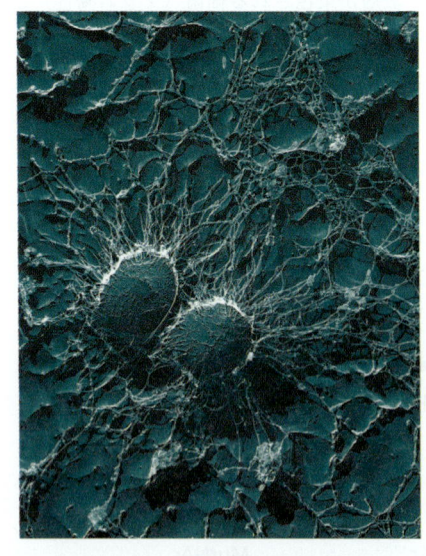

▲黄色ブドウ球菌の細胞　この細菌の細胞は多糖でできたカプセルで包まれており，宿主の免疫系から細菌を守っている．

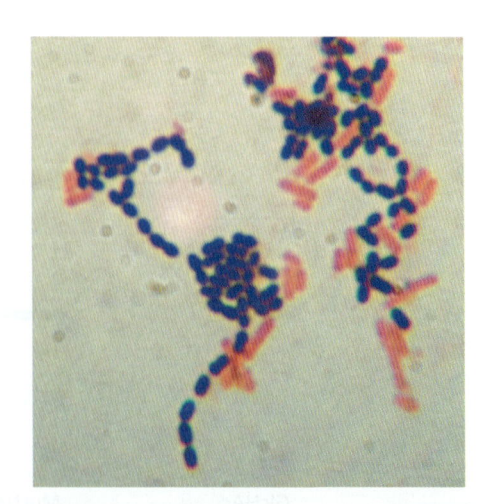

▲グラム染色　グラム染色をすると，グラム陽性細菌（左，紫）とグラム陰性細菌（右，ピンク）を区別できる．

ペプチドグリカンが生合成されるときにはL-Ala−D-Isoglu−L-Lys−D-Ala−D-Alaの5残基から成るペプチドがMurNAcに結合する．つぎにリシン残基のε-アミノ基に5個のグリシンが順番に結合して，ペンタグリシンの橋をつくる．最後にトランスペプチダーゼが，末端から2番目のアラニン残基と，隣接するペプチドグリカン鎖のペンタグリシン橋の末端グリシン残基との間にペプチド結合をつくらせる．末端D-アラニンの放出がこの反応を推進する力になる．

抗生物質ペニシリン（図8.32）の構造はできかけのペプチドグリカン末端部のD-Ala−D-Alaに似ている．ペニシリンはトランスペプチダーゼの活性部位に，おそらく不可逆的に結合して，酵素活性を阻害し，ペプチドグリカン生合成の進行を阻止する．こうして細菌の成長と増殖が抑制される．ペニシリンが阻害する反応は真核細胞には存在せず，ある種の細菌でしか起こらないので，ペニシリンは細菌に対してだけ毒性をもつのである．

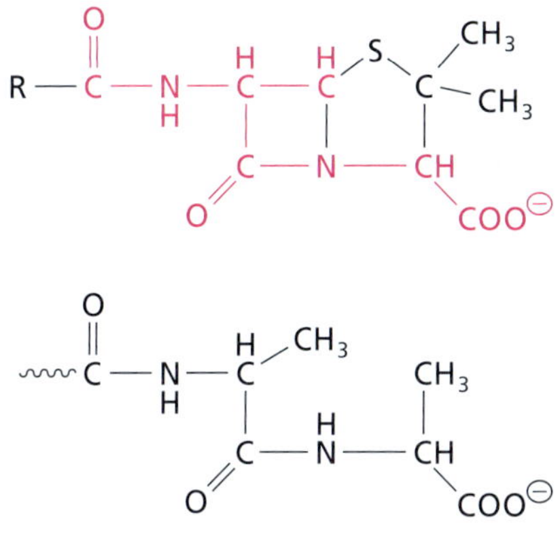

▲図8.32　ペニシリンと−D-Ala−D-Alaの構造
ペニシリン分子内で下のジペプチドと似た部分を赤で示した．R部分にはさまざまな置換基が付く．

C. 糖タンパク質

糖タンパク質（glycoprotein）もプロテオグリカン同様にオリゴ糖鎖が共有結合しているタンパク質である（グリコシル化タンパク質）．プロテオグリカンも糖タンパク質の一種といえよう．糖タンパク質の糖鎖の長さは1〜30残基とさまざまで，タンパク質全体の重量の80％に達することさえある．酵素，ホルモン，構造タンパク質，輸送タンパク質など，多種多様な糖タンパク質がある．

糖タンパク質のオリゴ糖鎖の組成は多様である．同じ種類の糖タンパク質であっても，分子ごとに糖鎖の組成が違うことがある．このような現象を微小不均一性という．

糖タンパク質のオリゴ糖鎖に多様性がみられる原因として，以下のようなことが考えられる．

1. オリゴ糖鎖を構成する糖の種類が多い．真核生物の糖タンパク質ではおもな構成糖が8種類もある．すなわち，ヘキソースのL-フコース，D-ガラクトース，D-グルコース，D-マンノース，ヘキソサミンのN-アセチル-D-ガラクトサミン，N-アセチル-D-グルコサミン，シアル酸（普通はN-アセチルノイラミン酸）．ペントースのD-キシロース．これらがいろいろに組合わさる可能性がある．
2. 糖がグリコシド結合をつくるときには，αとβの2通りの可能性がある．
3. 単糖分子内に複数個ある炭素原子と結合をつくりうる．ヘキソースとヘキソサミンの場合，グリコシド結合には，片方の糖のC-1が必ず使われるが，もう一方の糖についてはヘキソースのC-2，C-3，C-4，C-6のどれとでも，またアミノ糖のC-3，C-4，C-6のどれとでも結合可能である（C-2は普通N-アセチル化されている）．シアル酸の場合は，C-1ではなくてC-2が結合に使われる．
4. 糖タンパク質のオリゴ糖鎖は4本くらいまで枝分かれをつくることができる．

このような四つの要素があれば，糖鎖の多様性は天文学的数字になりうるが，細胞内で実際にそれほどになることはない．細胞内の酵素は，可能性のあるグリコシド結合のうちのごく一部しかつくれないからである．さらに個々の糖タンパク質は固有の立体構造をもち，それぞれが独自のやり方で糖を付加する酵素と相互作用するので，ほとんどの糖タンパク質は，不均一ではあるが再現性のあるオリゴ糖鎖構造をもつのである．

糖タンパク質のオリゴ糖鎖はO-結合型かN-結合型である．**O-結合型オリゴ糖鎖**（O-linked oligosaccharide）では，セリンまたはトレオニン残基の側鎖に普通はGalNAcが結合している．**N-結合型オリゴ糖鎖**（N-linked oligosaccharide）では，アスパラギン残基のアミド窒素にGlcNAcが結合している．図8.33にそれぞれを比較して示した．GalNAcやGlcNAcにはさらに糖が付加されていく．一つの糖タンパク質にO-結合型，N-結合型の両方のオリゴ糖鎖が付くこともある．第三の型の糖タンパク質も知られており，タンパク質部分がエタノールアミンに結合し，それに枝分かれしたオリゴ糖鎖，そしてさらに脂質が結合する（§9.8）．

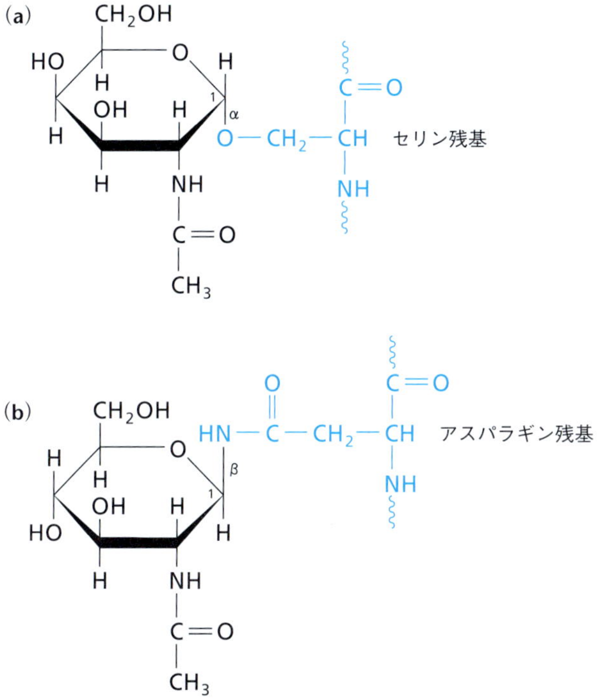

▲図8.33　O-グリコシド結合とN-グリコシド結合　(a) N-アセチルガラクトサミン-セリン結合．糖タンパク質中のO-グリコシド結合として主要なもの．(b) N-結合型糖タンパク質を特徴づけるN-アセチルグルコサミン-アスパラギン結合．O-グリコシド結合はα，N-グリコシド結合はβである．

(a) NeuNAc α-(2→3) GalNAc β-(1→3)
　　　　　　　　　　　　　　　　　GalNAc — Ser/Thr
　　　　　　　　　　　NeuNAc α-(2→6)

(b) 　　　　　　　　　　　　　　　　— Gal — Hyl

(c) 　　　　　　　　　　　　— Gal — Gal — Xyl — Ser

(d) 　　　　　　　　　　　　　　　　　　GlcNAc — Ser/Thr

▲図 8.34　*O*-グリコシド結合の四つのサブクラス　(a) 数残基の糖を伴った *N*-アセチルガラクトサミン（GalNAc）がセリンまたはトレオニン残基に結合したものの典型的な例．(b) コラーゲン中にみられるもので，ガラクトース残基がヒドロキシリシン（Hyl）とつながっている．ガラクトースには普通はさらにグルコース残基がつながる．(c) ある種のプロテオグリカンにみられる連結三糖．(d) ある種のタンパク質にみられる GlcNAc 結合

糖タンパク質の *O*-グリコシド結合には四つのおもなサブクラスがある．

1. 最も一般的な *O*-グリコシド結合は，上で述べた GalNAc-Ser/Thr 結合である．この GalNAc 残基に，たとえばガラクトースとかシアル酸などの他の糖が結合する（図 8.34 a）．
2. コラーゲンの 5-ヒドロキシリシン（Hyl）（図 4.43）のうちのいくつかに，*O*-グリコシド結合で D-ガラクトースが結合する（図 8.34 b）．この構造はコラーゲンに特有である．
3. プロテオグリカン中のいくつかのグリコサミノグリカン鎖は，Gal-Gal-Xyl-Ser という構造を介してコアタンパク質に結合している（図 8.34 c）．
4. ある種のタンパク質では，GlcNAc が単独でセリンやトレオニンに結合している（図 8.34 d）．

▲ムチン　ムチンは動物の上皮細胞から分泌される．タンパク質が多量の糖質で修飾されている．口腔（唾液），鼻孔（鼻汁），小腸の外層細胞が分泌するムチンはおなじみだろう．写真はヌタウナギが分泌しているムチン．

ムチンでは *O*-結合型糖鎖が重量で 80％ を占めることがある．この巨大な糖タンパク質は粘液に含まれる．粘液は粘性のある液体で，消化管，泌尿生殖器，呼吸器，その他の上皮を保護し，滑らかにする役割がある．ムチンのオリゴ糖鎖は多量の NeuNAc と硫酸化糖を含み，それらの負電荷がムチンを水中で大きく広げ，溶液の粘性を高めるのに一役買っている．

糖タンパク質のオリゴ糖鎖を生合成するには，細胞の限られた区画にひとそろいの特異的酵素がなければならない．*O*-結合型糖鎖は，グリコシルトランスフェラーゼが，糖ヌクレオチド補酵素が供給する糖部分を一つずつ転移させることによってつくられる．タンパク質に最初の糖分子が付加され，ついでその非還元末端に一つずつ糖が付け加えられて，オリゴ糖鎖となっていく．

> 糖タンパク質の合成については § 22.10 で述べる．

N-結合型オリゴ糖鎖も，*O*-結合型オリゴ糖鎖と同じように配列や組成が多様で，大きく三つのサブクラス，つまり高マンノース型，複合型，混成型に分けられている（図 8.35）．コアになる五糖（GlcNAc$_2$Man$_3$）はすべてに共通しているので，生合成の初期段階は同じである．まず枝分かれした 14 残基のオリゴ糖鎖（そ

(a) Man α-(1→2) Man α-(1→2) Man α-(1→3)
　　　　　　　　　　　　　　　　　　　　　　　　Man β-(1→4) GlcNAc β-(1→4) GlcNAc — Asn
　　　　　　Man α-(1→2) Man α-(1→3)
　　　　　　　　　　　　　　　　　Man α-(1→6)
　　　　　　Man α-(1→2) Man α-(1→6)

(b) SA α-(2→3,6) Gal β-(1→4) GlcNAc β-(1→2) Man α-(1→3)
　　　　　　　　　　　　　　　　　　　　　　　　　　　　　Man β-(1→4) GlcNAc β-(1→4) GlcNAc — Asn
　　　SA α-(2→3,6) Gal β-(1→4) GlcNAc β-(1→2) Man α-(1→6)

(c) Gal β-(1→4) GlcNAc β-(1→2) Man α-(1→3)
　　　　　　　　　　　　　　　　　　　　　　　　Man β-(1→4) GlcNAc β-(1→4) GlcNAc — Asn
　　　　　　　　　　　Man α-(1→3)
　　　　　　　　　　　　　　　　Man α-(1→6)
　　　　　　Man α-(1→6)

▲図 8.35　*N*-結合型オリゴ糖鎖の構造　(a) 高マンノース型糖鎖，(b) 複合型糖鎖，(c) 混成型糖鎖．すべての *N*-結合型糖鎖に共通した五糖コアを赤で示した．SA はシアル酸を示し，普通は NeuNAc である．

BOX 8.3　ABO 血液型

　ABO 血液型は 1901 年に Karl Landsteiner が初めて発見し，彼はノーベル生理学・医学賞を 1930 年に受賞した．多くの霊長類が 3 種類の O-結合型あるいは N-結合型のオリゴ糖鎖を細胞表面に提示している．これらのオリゴ糖鎖には H 抗原とよばれる骨格構造がしばしばみられ，ガラクトース（Gal），フコース（Fuc），N-アセチルグルコサミン（GlcNAc）が組合わさってできている．これらの単糖がいろいろな様式で結合するので，微小不均一性に富む短い枝分かれ構造ができる．典型的な H 抗原の構造を下に示した．

　骨格構造（H 抗原）はさまざまに修飾されうる．GalNAc 残基が α-(1→3) 結合で付加されると A 抗原になる．この反応は A 酵素で触媒される．Gal を α-(1→3) 結合で付加するのは B 酵素である．

　A 抗原だけをもつ人は A 血液型になる．B 抗原だけをもてば血液型は B 型になる．AB 血液型は細胞表面に A 型と B 型の両方の抗原が存在することを意味する．H 抗原に GalNAc あるいは Gal のどちらも付加されなかったとすると，A 抗原も B 抗原も存在せず，血液型は O 型になる．

　ABO 血液型は第 9 染色体上の 1 個の遺伝子で決まる．ヒト（および他の霊長類）ではこの遺伝子座にいくつもの対立遺伝子がある．もともとの遺伝子は GalNAc を転移する A 酵素をコードしていた．この遺伝子が変異したため酵素の特異性が変化し，GalNAc を認識せず，代わりに Gal を転移するようになった．こうしてできた B 酵素では，いくつかのアミノ酸残基が A 酵素と違っている．これら双方のグリコシルトランスフェラーゼの構造研究の結果，N-アセチルガラクトサミニルトランスフェラーゼからガラクトシルトランスフェラーゼへと特異性を変化させるには，たった 1 個だけのアミノ酸置換でよいことがわかった．

　第 9 染色体には，機能欠損タンパク質をコードしている対立遺伝子がいくつかある．いちばん多いのは，コード領域の N 末端付近で 1 塩基対のみが欠失したものである．この欠失により翻訳の際の読み枠がずれるので（§ 22.1），活性酵素をつくれなくなる．ヒトの偽遺伝子の一例である．このような機能欠損 O 型対立遺伝子のホモ接合体になったヒトは，A 抗原も B 抗原もつくることができないので血液型は O 型になる．〔Online Mendelian Inheritance in Man（OMIM: ncbi.nlm.nih.gov/omim）MIM＝110300 を参照．ABO 変異について充実した要約をみることができる．（訳注：OMIM については § 12.8 を参照．)〕

　もしも血液型が，A, B, AB のいずれかであったとしても，すべての細胞には骨格オリゴ糖（H 抗原）が少しは含まれている．すべての H 抗原構造が修飾されるとは限らないからである．普通の状況では，ヒトの血漿には H 抗原に対する抗体は含まれていない．しかし O 型の人は，A 抗原および B 抗原を異物と認識するので，それらに対する抗体をもっている．もしも O 型の人が A, B, AB 型の人から輸血を受けると，免疫応答がひき起こされ，拒絶反応が起こる．同様に，もしも A 型血液をもつならば，B 型に対する抗体があるので，B および AB 型の人から輸血を受けることはできない．

　人類にいちばん多い対立遺伝子は O 型対立遺伝子（機能欠損酵素）で，B 対立遺伝子はいちばん少ない．アメリカ先住民には O 型対立遺伝子に関して均一な集団があり，そこでは全員が O 血液型である．O 型の人はまったく正常であり，A 型や B 型のオリゴ糖鎖構造を欠いていても，正常な発生や成長になんの不都合もないことがわかる．（つまり，ほとんどの環境の違いに対して対立遺伝子は中性である．）しかし血液型と病気にはある程度の関連性がある．O 型の人はコレラ菌（*Vibrio cholerae*）感染によるコレラに感受性が高い．A 型や B 型の対立遺伝子の頻度が変動しない集団が存在するのは，このような選択圧に原因があるのだろう．

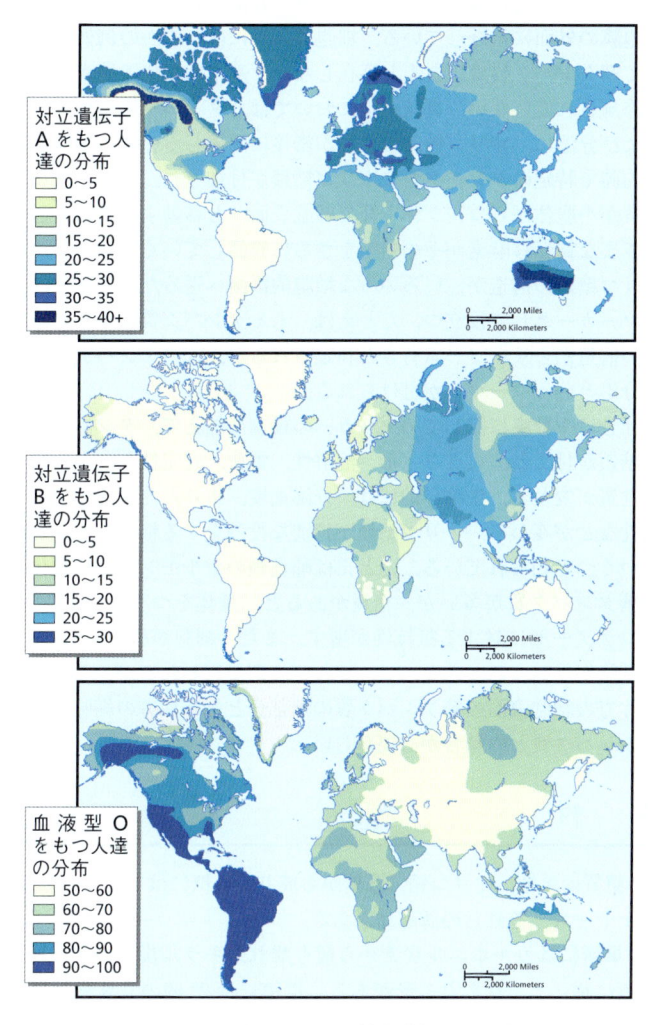

▲ ABO 血液型：ヒトの対立遺伝子の分布

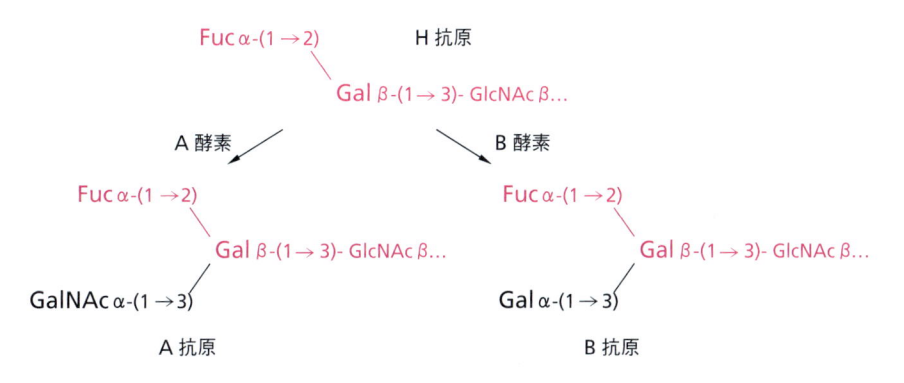

```
                Fuc α-(1→2)           H 抗原
                        \
                         Gal β-(1→3)- GlcNAc β...

              A 酵素  ↙              ↘  B 酵素

        Fuc α-(1→2)                          Fuc α-(1→2)
                \                                    \
                 Gal β-(1→3)- GlcNAc β...             Gal β-(1→3)- GlcNAc β...
                /                                    /
   GalNAc α-(1→3)                          Gal α-(1→3)

        A 抗原                                B 抗原
```

のうちの9残基がマンノースである）が，脂質のドリコールに結合したものがつくられる．つぎにそのオリゴ糖鎖全体が生合成されたばかりのタンパク質のアスパラギン残基に転移された後，グリコシダーゼが糖鎖を刈り込んでいく．このN-結合型オリゴ糖鎖生合成の初期段階でできるのが高マンノース型である．複合型は，高マンノース型からマンノースがいくつか除かれた後で，フコース，GlcNAc，ガラクトース，シアル酸などが付加されてできる（この過程をオリゴ糖のプロセシングという）．O-結合型の場合と同じく，付加される糖は糖ヌクレオチドからグリコシルトランスフェラーゼが転移させたものである．場合によっては，糖タンパク質に混成型の糖鎖がついていることがある．これは枝分かれしたオリゴ糖鎖で，片方の枝が高マンノース型でもう片方が複合型になっている．

糖タンパク質のほとんどは，細胞外へ分泌されるか，あるいは細胞膜の外面に結合している．細胞質ゾルにはわずかの例外を除いて糖タンパク質はほとんど存在しない．基本的な代謝酵素は糖で修飾されていない．真核細胞においては，タンパク質の仕分けおよび分泌に，オリゴ糖鎖の付加が密接に関係している．小胞体の内腔で特定のタンパク質にオリゴ糖鎖が付加され，そのタンパク質が小胞体からゴルジ体を経て細胞表面へと移動する間に，さまざまな糖転移酵素がその糖鎖をさらに修飾していく．結合したオリゴ糖鎖の構造が，いろいろな細胞内区画へ送るための仕分けのマーカーとして役立つ．たとえば，あるタンパク質はオリゴ糖鎖の構造からリソソーム行きと判定されるが，別のタンパク質には分泌というマーカーが付けられる．

仕分けや分泌に際してのマーカーの役割に加えて，タンパク質に糖鎖が付くと，大きさ，形，溶解性，電荷，安定性などの物理的性質が変わる．生物学的には，分泌速度，折りたたみ速度，抗原性などが変わる．オリゴ糖鎖が特別な役割をする糖タンパク質もいくつか知られている．たとえば哺乳類のホルモンには二量体の糖タンパク質が多いが，糖鎖があると二量体をつくりやすく，プロテアーゼに対する抵抗性が増す．また，細胞が移動したり，卵細胞が受精するときなどは，細胞の識別が行われるが，このとき片方の細胞表面の糖タンパク質の糖部分ともう片方の細胞表面のタンパク質との結合が必要らしい．

要　約

1. 糖質は単糖，オリゴ糖，多糖から成り，単糖にはアルドース，ケトース，それらの誘導体がある．
2. 単糖にはカルボニル炭素から最も離れたキラル炭素の立体配置に従って，D形とL形がある．単糖には2^n個の立体異性体が存在しうる（nはキラル炭素の数）．鏡像関係にあって重ね合わせることができない立体異性体を鏡像異性体（エナンチオマー）という．いくつかキラル中心があるうちで，1箇所だけが違う1組をエピマーという．
3. アルドースのうちで5個以上の炭素をもつもの，ケトースのうちで6個以上の炭素をもつものは，主として環状のヘミアセタールあるいはヘミケタールとして存在する．五員環の糖をフラノース，六員環の糖をピラノースとよぶ．環状になったときに生じるアノマー（カルボニル）炭素の立体配置は，αかβのどちらかになる．フラノースとピラノースは数種類の立体配座をとりうる．
4. 単糖の誘導体には，糖リン酸，デオキシ糖，アミノ糖，糖アルコール，糖酸がある．
5. グリコシド（配糖体）とは単糖のアノマー炭素が他の分子とグリコシド結合をつくったものであり，二糖，多糖，その他の誘導体がある．
6. ホモグリカンは1種類の糖だけが重合したものであり，たとえば貯蔵多糖であるデンプンやグリコーゲン，構造多糖であるセルロースやキチンがある．
7. ヘテログリカンは何種類かの糖を含み，プロテオグリカン，ペプチドグリカン，糖タンパク質などの複合糖質中にある．
8. プロテオグリカンは二糖の繰返しから成るグリコサミノグリカンとタンパク質がつながったものであり，細胞外マトリックスや軟骨のような結合組織に多い．
9. 多くの細菌の細胞壁は，ペプチドにヘテログリカンがつながったペプチドグリカンからできている．ペプチドグリカンは架橋が非常に多いので，堅固な巨大分子となり，これが細菌の形を規定し，また細胞膜を保護している．
10. 糖タンパク質はオリゴ糖鎖を共有結合しているタンパク質である．オリゴ糖鎖の糖組成や構造は多様であり，セリンまたはトレオニンにつながるO-結合型か，アスパラギンにつながるN-結合型のどちらかである．

問　題

1. 以下に記述したものが何か答えよ．
   (a) 3, 4, 5位の炭素の立体配座がD-フルクトースと同じ二つのアルドース
   (b) D-ガラクトースの鏡像異性体
   (c) D-ガラクトースのエピマーであり，かつD-マンノースのエピマーでもあるもの
   (d) キラル中心がないケトース
   (e) キラル中心を一つだけもつケトース
   (f) セルロース，アミロース，グリコーゲンの単糖残基
   (g) キチンの単糖残基
2. 以下の糖のフィッシャー投影式を描け．
   (a) L-マンノース
   (b) L-フコース（6-デオキシ-L-ガラクトース）
   (c) D-キシリトール
   (d) D-イズロン酸
3. グリコサミノグリカンの一般的な構造特性を述べよ．
4. 蜂蜜は微結晶性のD-フルクトースとD-グルコースの懸濁液である．多糖中のD-フルクトースは主としてフラノース型で存在するが，溶液あるいは結晶状態（蜂蜜）のD-フルクトースはβ-D-フルクトピラノース（67%）とβ-D-フルクトフラノース（25%）を主成分とする，いくつかの型の混合物である．D-フルクトースのフィッシャー投影式を描き，どのようにして上の2種類の環状構造がつくられるかを示せ．
5. シアル酸（N-アセチル-D-ノイラミン酸）はN-結合型オリゴ糖鎖中にしばしば存在し，細胞間相互作用にかかわっている．癌細胞は正常細胞よりもはるかに多量のシアル酸を合成するので，癌細胞と正常細胞が細胞表面で相互作用するのを妨ぐ抗癌薬候補としてシアル酸誘導体が提案されている．シアル酸の構造に関する以下の質問に答えよ．
   (a) つぎの図はαとβのどちらのアノマーか．
   (b) シアル酸はαとβの間で転換できるか．
   (c) これはデオキシ糖か．
   (d) 開環したシアル酸はアルデヒド，ケトンのどちらか．

(e) 糖の環の中にいくつのキラル炭素があるか．

シアル酸

スクラロース

6. グルコピラノース，フルクトフラノースには何種類の立体異性体がありうるか．また D 形と L 形はそれぞれいくつあるか．

7. 以下の分子の構造を描き，キラル炭素を星印で示せ．
   (a) α-D-グルコース 1-リン酸
   (b) 2-デオキシ-β-D-リボース 5-リン酸
   (c) D-グリセルアルデヒド 3-リン酸
   (d) L-グルクロン酸

8. 水溶液中ではほとんどの（99％以上）D-グルコース分子はピラノース型である．他のアルドースは開環型の割合がもっと高い．D-グルコースは他の異性体に比べて細胞内のタンパク質と反応して損傷を与える可能性が少ないので，代謝反応における主要な燃料として進化したのだろう．なぜ D-グルコースが他のアルドースに比べてタンパク質のアミノ基と反応しにくいか説明せよ．

9. 水溶液中で，α-D-グルコピラノースよりも β-D-グルコピラノースの方が多い理由を説明せよ．

10. リボース環上の置換基の相対的配置は環自身の立体配座で決まる．もしリボースがポリマー分子の構成成分になっているならば，環の立体配座はポリマー全体の構造にも影響を与えるだろう．たとえば，単量体のヌクレオシド単位を結び付けているリン酸置換基がどの方向を向くかは，核酸分子の全体構造を決める重要な要因になる．DNA の主要な形の一つ（B-DNA）では，リボフラノース環は封筒形の立体配座をとり，C-2 炭素は C-1，C-3，C-4 および環に含まれる酸素がつくる平面の上にある（C-2 エンド立体配座）．ヌクレオシド塩基（B）が C-1 炭素の β アノマーに結合した D-リボース 5-リン酸の封筒形配座を描け．

11. 血液中のグルコース量を調べるために，グルコースオキシダーゼとその他必要な試薬を染込ませた細長い紙に血液を 1 滴のせる．酵素反応は，

    β-D-グルコース ＋ O_2 ⟶ D-グルコノラクトン ＋ H_2O_2

    生成する H_2O_2 が紙の色を変化させ，その程度からグルコースがどのくらいあるかがわかる．グルコースオキシダーゼは β-アノマーにしか作用しない．どのようにしたら血中の全グルコース量がわかるか．

12. スクラロースは無栄養（ノンカロリー）の甘味料で，砂糖の 600 倍甘い．熱に安定なので料理やパンを焼くのにも使える．構造を右段上に示す．スクラロースを合成するための出発材料となる二糖の名称をあげよ．出発材料の二糖にどのような化学修飾が加えられているか．

13. 以下のグリコシドのハース投影式を描け．
    (a) イソマルトース（α-D-グルコピラノシル-(1→6)-α-D-グルコピラノース）
    (b) つぎのような構造をしているある種の果物の種子に含まれるアミグダリン．β-D-グルコピラノシル-(1→6)-β-D-グルコピラノースの C-1 に -$CH(CN)C_6H_5$ が結合
    (c) コラーゲンに含まれる O-結合型オリゴ糖（5-ヒドロキシリシン残基に結合した β-D-ガラクトース）

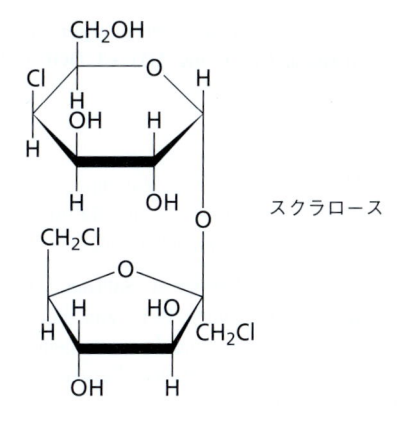

14. ケラタン硫酸はつぎの二糖単位の繰返しを基本とするグリコサミノグリカンである：－Gal β-(1→4) GlcNAc6S β-(1→3)－．アセチル化されている単糖の C-6 は硫酸化されている．ケラタン硫酸は角膜，骨，軟骨において，コンドロイチン硫酸などの他のグリコサミノグリカンとともに凝集体をつくっている．ケラタン硫酸中の二糖繰返し単位をハース投影式で描け．

15. ある種のグリコシダーゼが遺伝的に欠損していると糖タンパク質が完全には分解されなくなり，オリゴ糖鎖が組織内に蓄積して，さまざまな病気の原因になる．以下の酵素が欠損した場合，図 8.35 の N-結合型糖鎖のどれに影響が現れるか．
    (a) N-アセチル-β-D-グルコサミニルアスパラギンアミダーゼ
    (b) β-ガラクトシダーゼ
    (c) シアリダーゼ
    (d) フコシダーゼ

16. インフルエンザウイルスを強力に阻害する糖とアミノ酸から成るポリマーが合成された．ウイルスの表面タンパク質に多数のシアル酸が結合してウイルスを不活性化すると考えられる．つぎに示したこのポリマーの糖質部分の構造を描け（X はそれ以外のポリマー部分を示す）．

    NeuNAc α-(2→3) Gal β-(1→4) Glc β-(1→)－X

17. β-グルコシダーゼを含む薬を飲むことができたと想像しよう．その後でこの教科書を食べたらどんな味がするだろうか．この教科書を β-グルコシダーゼを含む溶液中に一晩漬け込んだ場合と同じ味がするだろうか．学生が教科書を食べたくなるように味付きインクを出版社は使った方がよいだろうか．

参 考 文 献

一 般

Collins, P. M., ed. (1987). *Carbohydrates* (London and New York: Chapman and Hall).

El Khadem, H. S. (1988). *Carbohydrate Chemistry: Monosaccharides and Their Derivatives* (Orlando, FL: Academic Press).

Li, X., Glaser, D., Li, W., Johnson, W. E., O'Brien, S. J., Beauchamp, G. K., and Brand, J. G. (2009). Analyses of sweet receptor gene (Tas1r2) and preference for sweet stimuli in species of Carnivora. *J. Hered.* 100 (Supplement 1): S90–S100.

Li, X., Li, W., Wang, H., Cao, J., Maehashi, K., Huang, L., Bachmanov, A. A., Reed, D. R., Legrand-Defretin, V., Beauchamp, G. K., and Brand, J.

G. (2005). Pseudogenization of a sweet-receptor-gene accounts for cats' indifference toward sugar. *PloS Genet.* 1(1): e3. DOI: 10.1371/journal.pgen.0010003

根粒形成因子

Dénarié, J., and Debellé, F. (1996). Rhizobium lipo-chitooligosaccharide nodulation factors: signaling molecules mediating recognition and morphogenesis. *Annu. Rev. Biochem.* 65:503-535.

Madsen, L. H., Tirichine, L., Jurkiewicz, A., Sullivan, J. T., Heckmann, A. B., Bek, A. S., Ronson, C. W., James, E. K., and Stougaard, J. (2010). The molecular network governing nodule organogenesis and infection in the model legume *Lotus japonicus*. *Nature Communications*. DOI:10.1038/ncomms 1009

Mergaert, P., Van Montagu, M., and Holsters, M. (1997). Molecular mechanisms of Nod factor diversity. *Mol. Microbiol.* 25:811-817.

Thoden, J. B., Kim, J., Raushel, F. M., and Holden, H. M. (2002). Structural and kinetic studies of sugar binding to galactose mutarotase from *Lactococcus lactis*. *J. Biol. Chem.* 277:45458-45465.

プロテオグリカン

Heinegård, D., and Oldberg, Å. (1989). Structure and biology of cartilage and bone matrix noncollagenous macromolecules. *FASEB J.* 3:2042-2051.

Iozzo, R. V. (1999). The biology of the small leucine-rich proteoglycans: functional network of interactive proteins. *J. Biol. Chem.* 274:18843-18846.

Iozzo, R. V., and Murdoch, A. D. (1996). Proteoglycans of the extracellular environment: clues from the gene and protein side offer novel perspectives in molecular diversity and function. *FASEB J.* 10:598-614.

Kjellén, L., and Lindahl, U. (1991). Proteoglycans: structures and interactions. *Annu. Rev. Biochem.* 60:443-475.

Whitfield, C. (2006). Biosynthesis and assembly of capsular polysaccharides in *Escherichia coli*. *Annu. Rev. Biochem.* 75:39-68.

糖タンパク質

Drickamer, K., and Taylor, M. E. (1998). Evolving views of protein glycosylation. *Trends Biochem. Sci.* 23:321-324.

Dwek, R. A., Edge, C. J., Harvey, D. J., Wormald, M. R., and Parekh, R. B. (1993). Analysis of glycoprotein-associated oligosaccharides. *Annu. Rev. Biochem.* 62:65-100.

Fudge, D. S., Levy, N., Chiu, S., and Gosline, J. M. (2005). Composition, morphology and mechanics of hagfish slime. *J. Exp. Biol.* 208:4613-4625.

Lairson, L. L., Henrissat, B., Davies, G., and Withers, S. G. (2008). Glycosyltransferases: structures, functions, and mechanisms. *Annu Rev Biochem.* 77:521-555.

Lechner, J., and Wieland, F. (1989). Structure and biosynthesis of prokaryotic glycoproteins. *Annu. Rev. Biochem.* 58:173-194.

Marionneau, S., Caileau-Thomas, A., Rocher, J., Le Moullac-Vaidye, B., Ruvoën, N., Clément, M., and Le Pendu, J. (2001). ABH and Lewis histo-blood group antigens, a model for the meaning of oligosaccharide diversity in the face of a changing world. *Biochimie*. 83:565-573.

Patenaude, S. I., Seto, N. O. L., Borisova, S. N., Szpacenko, A., Marcus, S. L., Palcic, M. M., and Evans, S. V. (2002). The structural basis for specificity in human ABO(H) blood group biosynthesis. *Nat. Struct. Biol.* 9:685-690.

Rademacher, T. W., Parekh, R. B., and Dwek, R. A. (1988). Glycobiology. *Annu. Rev. Biochem.* 57:785-838.

Rudd, P. M., and Dwek, R. A. (1997). Glycosylation: heterogeneity and the 3 D structure of proteins. *Crit. Rev. Biochem. Mol. Biol.* 32:1-100.

Strous, G. J., and Dekker, J. (1992). Mucin-type glycoproteins. *Crit. Rev. Biochem. Mol. Biol.* 27:57-92.

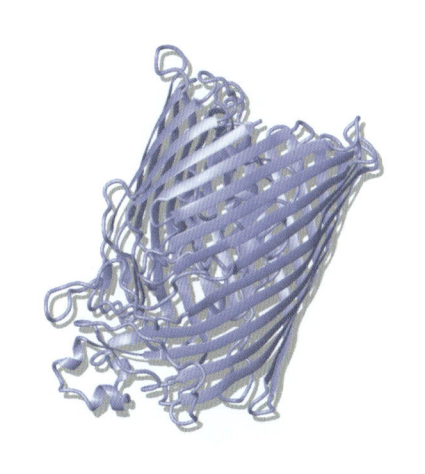

脂質と生体膜

この論文で，私たちは生体膜構造の流動モザイクモデルを提示して議論し，このモデルがほとんどの生体膜に適用できると提案する．そこには細胞質を囲む膜はもとより，ミトコンドリアや葉緑体など種々の細胞小器官の膜のような細胞内にある膜も含まれる．

S. J. Singer and G. L. Nicholson (1972)

本章では，第三の大切な生体分子である**脂質**（lipid, lipo- は脂肪を意味する）について学ぶ．脂質はタンパク質，糖質と並んで生命にとって不可欠の成分であるが，それらとは違って構造が非常に多様である．脂質は，定義としては広すぎるきらいはあるが，生体中に存在するが水には溶けない（溶けにくい）有機化合物と定義されることが多い．脂質は非極性の有機溶媒にはよく溶ける．脂質には疎水性（非極性）のものと，両親媒性（疎水性と親水性の置換基をもったもの）のものとがある．

まず，さまざまな脂質の構造と機能を取上げる．つぎに生体膜の構造について述べる．細胞が生体膜を極性溶媒に対する障壁として利用できるのは，その構成成分である脂質の性質のおかげである．最後に，膜輸送と膜を越える情報経路の原理を述べる．

9.1 多種多様な脂質の構造と機能

図9.1におもな脂質を構造の関連性に従って示した．いちばん簡単なものは**脂肪酸**（fatty acid）で，一般式 R−COOH で表される．R はさまざまな長さの $-CH_2-$（メチレン）単位をもつ炭化水素鎖である．脂肪酸は，さらに複雑な脂質であるトリアシルグリセロール，グリセロリン脂質，スフィンゴ脂質の成分にもなっている．リン酸基を含む脂質を**リン脂質**（phospholipid），スフィンゴシンと糖質を含む脂質を**スフィンゴ糖脂質**（glycosphingolipid）とよぶ．ステロイドや脂溶性ビタミン，テルペンは，5個の炭素から成るイソプレンに関連する物質なので，**イソプレノイド**（isoprenoid）とよぶ．テルペンというよび方がすべてのイソプレノイドに適用されてきたが，一般的には植物に含まれるものに限定されている．

脂質は構造が多様なだけでなく，生物学的な役割も多様である．生体膜には，グリセロリン脂質やスフィンゴ脂質を含むいろいろな両親媒性脂質がある．ある種の生物は代謝エネルギーを細胞内に貯蔵する目的でトリアシルグリセロール（油脂）を使っている．脂肪は動物の体温を保つための断熱材や緩衝剤にもなる．ろうは細胞壁，外骨格，皮膚などにあり，生体の表層を保護している．そのほかにも特別な役割をもつ脂質がいろいろある．動物を例にとると，ステロイドホルモンが代謝活性を制御し統括しているし，エイコサノイドは哺乳類の血圧，体温，平滑筋の収縮などを制御している．ガングリオシドやその他のスフィンゴ糖脂質は細胞表面にあって，細胞間の認識現象にかかわっているらしい．

9.2 脂 肪 酸

さまざまな生物種から，100種類以上の脂肪酸が見つかっている．これらは炭化水素の尾の長さ，炭素原子間の二重結合の数，二重結合の位置，枝の数などが異なる．哺乳類全般にみられる脂肪酸を表9.1に示した．

すべての脂肪酸は"頭"としてカルボキシ基（−COOH）をもつ．したがって，酸である．その pK_a は 4.5～5.0 なので，生理的な pH ではイオン化（−COO⁻）している．脂肪酸は長い疎水性の尾と極性の頭をもつので，一種の界面活性剤である（§2.4）．高濃度の遊離脂肪酸は生体膜を壊すおそれがあるので，細胞内の遊離脂肪酸濃度は当然ながら非常に低い．ほとんどの脂肪酸はさらに複雑な脂質の成分となる．末端のカルボキシ基でエステル結合により他の分子とつながる．

> 脂肪酸の生合成については16章で述べる．

脂肪酸の名称は，国際純正・応用化学連合（IUPAC）が勧告した名前でも，慣用名でもどちらでもよい．よく話題にのぼる脂肪酸は，慣用名が使われることが多い．

脂肪酸の炭素原子数は12～20個の間が多く，ほとんどは偶数である．その理由は，生合成されるときに炭素2原子の単位がつぎつぎと付け加えられるからである．IUPAC の命名法では，カルボキシ基の炭素を C-1 とし，以下順番に番号を付ける．慣用

---

* カット：大腸菌のポーリンである FhuA の膜貫通部分のリボンモデル（図9.22 b 参照）．

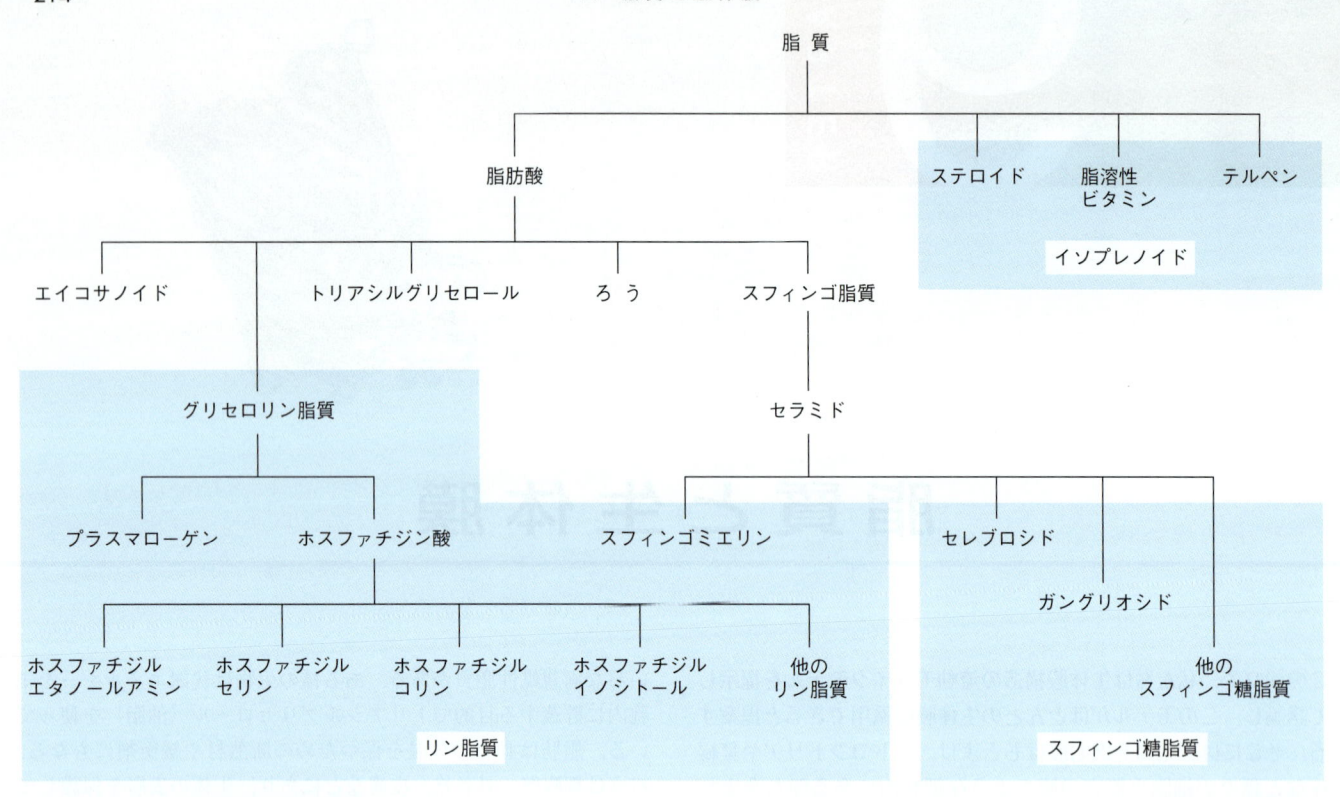

```
                            脂質
                              │
        ┌─────────────┬───────┴───────┬─────────┬─────────┐
      脂肪酸                                  ステロイド  脂溶性    テルペン
        │                                              ビタミン
  ┌─────┼──────────┬──────┬─────────┐              └────イソプレノイド────┘
エイコサノイド  トリアシル   ろう   スフィンゴ脂質
              グリセロール           │
        │                      セラミド
  グリセロリン脂質                    │
    ┌───┴────┐            ┌─────┴─────┐
プラスマローゲン ホスファチジン酸  スフィンゴミエリン  セレブロシド
        ┌────┬────┼────┬─────┐              │     ガングリオシド
   ホスファチジル                                  他の
   エタノールアミン/セリン/コリン/イノシトール/他のリン脂質   スフィンゴ糖脂質
```

▲図9.1 **おもな脂質間の構造的関係** 脂肪酸はいちばん簡単な脂質である．他の脂質の多くも脂肪酸を含んでいたり，脂肪酸から誘導される．グリセロリン脂質およびスフィンゴミエリンはリン酸を含み，リン脂質に分類される．セレブロシドとガングリオシドはスフィンゴシンと糖を含み，スフィンゴ糖脂質に分類される．ステロイド，脂溶性ビタミン，テルペンは，脂肪酸ではなくて，炭素5個の分子イソプレンに関連するのでイソプレノイドとよばれる．

表9.1　よくみられる脂肪酸（陰イオン型）

炭素数	二重結合の数	慣用名	IUPAC名	分子式	融点 [°C]
12	0	ラウリン酸	ドデカン酸	$CH_3(CH_2)_{10}COO^-$	44
14	0	ミリスチン酸	テトラデカン酸	$CH_3(CH_2)_{12}COO^-$	52
16	0	パルミチン酸	ヘキサデカン酸	$CH_3(CH_2)_{14}COO^-$	63
18	0	ステアリン酸	オクタデカン酸	$CH_3(CH_2)_{16}COO^-$	70
20	0	アラキジン酸	エイコサン酸	$CH_3(CH_2)_{18}COO^-$	75
22	0	ベヘン酸	ドコサン酸	$CH_3(CH_2)_{20}COO^-$	81
24	0	リグノセリン酸	テトラコサン酸	$CH_3(CH_2)_{22}COO^-$	84
16	1	パルミトレイン酸	cis-Δ^9-ヘキサデセン酸	$CH_3(CH_2)_5CH=CH(CH_2)_7COO^-$	−0.5
18	1	オレイン酸	cis-Δ^9-オクタデセン酸	$CH_3(CH_2)_7CH=CH(CH_2)_7COO^-$	13
18	2	リノール酸	cis,cis-$\Delta^{9,12}$-オクタデカジエン酸	$CH_3(CH_2)_4(CH=CHCH_2)_2(CH_2)_6COO^-$	−9
18	3	リノレン酸	全cis-$\Delta^{9,12,15}$-オクタデカトリエン酸	$CH_3CH_2(CH=CHCH_2)_3(CH_2)_6COO^-$	−17
20	4	アラキドン酸	全cis-$\Delta^{5,8,11,14}$-エイコサテトラエン酸	$CH_3(CH_2)_4(CH=CHCH_2)_4(CH_2)_2COO^-$	−49

的な命名法では，炭素原子を区別するのにギリシャ文字を使う．カルボキシ基の隣（IUPACではC-2）がαで，以下β, γ, δ, εのように付けていく（図9.2）．炭化水素の尾の長さに関係なく，カルボキシ基からいちばん離れた炭素を表すのにギリシャ文字のωを使う（ωはギリシャ語アルファベットの最後の文字）．

炭素-炭素の間にまったく二重結合がない脂肪酸を**飽和脂肪酸**（saturated fatty acid）とよび，一つでもあるものを**不飽和脂肪酸**（unsaturated fatty acid）とよぶ．二重結合が一つのものが**一不飽和脂肪酸**（monounsaturated fatty acid），二つ以上のものは**多不飽和脂肪酸**（polyunsaturated fatty acid）である．不飽和脂肪酸の二重結合はシスかトランスになりうるが，天然の脂肪酸では普通はシス形である（BOX 9.2参照）．

IUPACの命名法では，二重結合の位置をΔ^nの記号で示す．肩つきのnは，二重結合している炭素の番号の小さい方を表す（表9.1）．多不飽和脂肪酸でも，二重結合とつぎの二重結合の間にはメチレン基が入っているので，共役二重結合にはならない．

脂肪酸を短く表現する方法があり，二つの数字をコロンで分けて書く．最初の数字が炭素の数，2番目の数字が不飽和結合の数で，ギリシャ文字のΔの後に付いた肩付きの添字でその位置を表す．この短縮表記を使うと，パルミチン酸は16:0，オレイン酸は18:1 Δ^9，アラキドン酸は20:4 $\Delta^{5,8,11,14}$ となる．不飽和脂肪酸を鎖の中の最後の二重結合の位置で表すこともできる．この二重結合は通常，鎖の末端から3, 6, 9番目の炭素原子にある．これらをω-3（例; 18:3 $\Delta^{9,12,15}$），ω-6（例; 18:2 $\Delta^{9,12}$），ω-9（例; 18:1 Δ^9）のようによぶ．

飽和脂肪酸と不飽和脂肪酸では物理的な性質が非常に違う．飽

9.2 脂肪酸

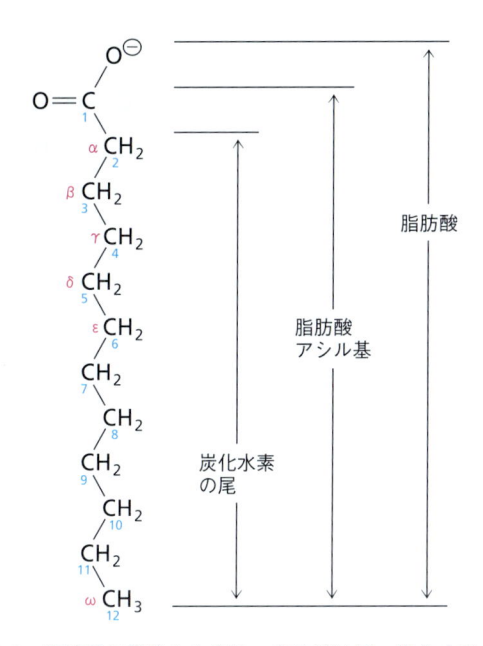

▲図 9.2 **脂肪酸の構造と命名法** 脂肪酸は長い炭化水素の尾の端にカルボキシ基が付いたものである．カルボン酸の pK_a がほぼ 4.5～5.0 なので，生理的な pH では陰イオンである．IUPAC の命名法では，カルボキシ基の炭素から順番に番号を付けていく．慣用的な命名法では，カルボキシ基の隣の炭素を α とし，それ以降を β, γ, δ のように名付ける．カルボキシ基からいちばん離れた炭素は，鎖の長さに関係なく ω とよぶ．図に示したラウリン酸（あるいはドデカン酸）は，12 個の炭素から成り，炭素-炭素間の二重結合をもたない．

和脂肪酸は室温（22℃）ではろうのような固体だが，不飽和脂肪酸は同じ温度で液体である．脂肪酸の融点は，炭素鎖の長さと不飽和の程度に関係する．表 9.1 に示した飽和脂肪酸のラウリン酸 (12:0)，ミリスチン酸 (14:0)，パルミチン酸 (16:0) を比較してみよう．炭化水素の尾が伸びるにつれて，融点が高くなる．その理由は，尾が長くなるほど隣合った尾の間のファンデルワールス力が強くなり，それを断ち切って融解させるためには，より多くのエネルギーが必要になるからである．

つぎにステアリン酸 (18:0)，オレイン酸 (18:1)，リノレン酸 (18:3) の構造を比較してみよう（図 9.3, 9.4）．ステアリン酸では炭素-炭素間の結合はすべて自由に回転できるので，炭化水素の尾は柔軟性がある．ステアリン酸の結晶内では，炭化水素の尾が伸びて固く詰まっている．ところがオレイン酸とリノレン酸では，シス形の二重結合の所では自由回転ができないので，はっきりとした折れ目ができる．そのために，秩序正しく炭化水素鎖を詰込むことができにくくなり，炭化水素鎖間でのファンデルワールス力が減少する．こうしてシス形の不飽和脂肪酸は飽和脂肪酸よりも融点が低くなる．不飽和の程度が増すにつれて，さらに流動性も増していく．たとえばヒトの体温では，ステアリン酸（融点 70℃）は固体だが，オレイン酸（融点 13℃）やリノレン酸（融点 -17℃）は液体になっている．

すでに述べたように，生きている細胞の内部には，遊離脂肪酸はほとんどない．ほとんどの脂肪酸はエステル化されて，複雑な脂質になっている．エステルやその他のカルボン酸誘導体では，脂肪酸に由来する RC＝O 部分をアシル基とよぶ．脂質の一般的命名法では，特定の脂肪酸アシル基を含む複雑な脂質を，元になる脂肪酸に基づいたよび方をする．たとえばラウリン酸のエステルはラウリン酸エステル，リノール酸のエステルはリノール酸エステルとよぶ．（ラウリル基とよぶとラウリン酸アシル基のアルコール相当物のことになる．）生物の種，器官（多細胞生物の場合），食物などによって，どの脂肪酸を多く含むかが違ってくる．動物でいちばん多いのは，普通はオレイン酸 (18:1)，パルミチン酸 (16:0)，ステアリン酸 (18:0) などである．

哺乳類は自分では合成できないリノール酸 ($18:2\,\Delta^{9,12}$)，γ-リノレン酸 ($18:3\,\Delta^{6,9,12}$)，α-リノレン酸 ($18:3\,\Delta^{9,12,15}$) などのいくつかの多不飽和脂肪酸を食物から得なければならない．これらは必須脂肪酸とよばれる．リノール酸とリノレン酸が十分にあれば，哺乳類はそれ以外の多不飽和脂肪酸を合成することができる．ビタミンの多くも哺乳類が合成できないので，哺乳類の必須栄養素である．ビタミンと必須脂肪酸ばかりでなく，17 章で述べるように，哺乳類が合成できないアミノ酸もかなりある．

α-リノレン酸は分子の尾の端から 3 個離れた炭素原子に最後の二重結合があるので ω-3 脂肪酸である．ω-3 脂肪酸は食品のサプリメントとして人気があり，そうした食品には魚の油が添加されている．そのためダイエットメニューに魚や魚の油を入れるとよいと勧める人が多い．α-リノレン酸は必須脂肪酸だから，

BOX 9.1 脂肪酸の慣用名

ラウリン酸 laurate　月桂樹（*Laurus nobilis*）からとれる油に含まれる（1873 年）

ミリスチン酸 myristate　ナツメグ（*Myristica fragrans*）の油（1848 年）

パルミチン酸 palmitate　ヤシ（palm）油に由来（1857 年）

ステアリン酸 stearate　早期去精牛あるいは獣脂を表すフランス語 *stéarique* に由来（1831 年）

アラキドン酸 arachidate　ピーナッツ（*Arachis hypogaea*）油に含まれる（1866 年）

ベヘン酸 behenate　西洋ワサビの種子（ben-nut）の "ben" が転訛（1873 年）

リグノセリン酸 lignocerate　おそらくラテン語の *lignum*（木の意味）に由来（～1900 年）

オレイン酸 oleate　ラテン語の *oleum*（油の意味）に由来（1899 年）

リノール酸 linoleate　アマニの種子（linseed）の油（lin + oleate）から発見された（1857 年）

▲アフリカのアブラヤシ（*Elaeis guineensis*）　ヤシ油は飽和脂肪酸および不飽和脂肪酸の複雑な混合物であるが，パルミチン酸が全体の 44% を占める．これほど多量に飽和脂肪酸が含まれているので，ヤシ油は室温で半固体状態である．"バージンオイル" あるいは "エキストラバージンオイル" には決してなれない（BOX 16.6）．

▲図 9.3　**3 種類の C_{18} 脂肪酸**　(a) ステアリン酸（オクタデカン酸），飽和脂肪酸，(b) オレイン酸（cis-Δ^9-オクタデセン酸），一不飽和脂肪酸，(c) リノレン酸（全 cis-$\Delta^{9,12,15}$-オクタデカトリエン酸），多不飽和脂肪酸．不飽和脂肪酸の尾にあるシス二重結合により，折れ目ができる．リノレン酸は非常に軟らかい分子で，多様な立体構造をとりうる．

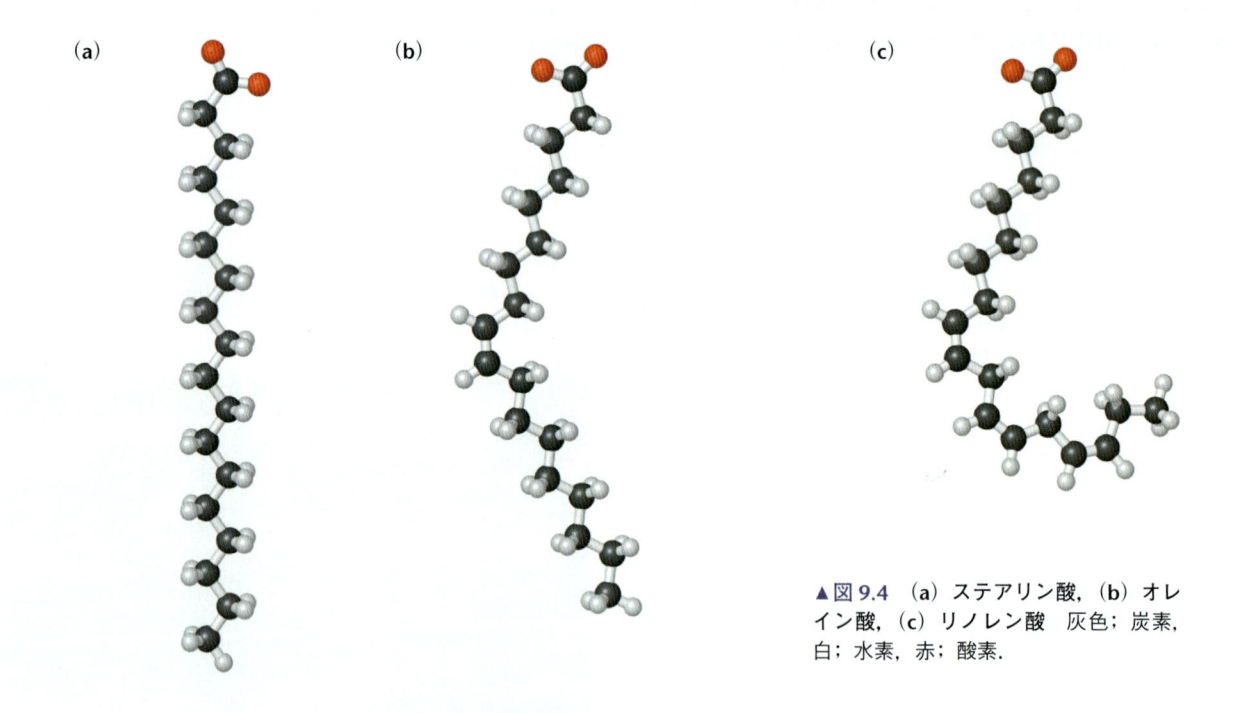

▲図 9.4　(a) ステアリン酸，(b) オレイン酸，(c) リノレン酸　灰色；炭素，白；水素，赤；酸素．

ダイエットメニューであっても ω-3 脂肪酸が必要量含まれるべきである．しかし，世界のどこでも，日常の食事でたやすく必要量が得られるので，必須脂肪酸の欠乏症はほとんどない．ω-3 脂肪酸がサプリメントとして市場を牽引しているのは別の理由からである．いちばん大きな効能は心臓血管疾患の予防効果である．ω-3 脂肪酸を過剰摂取したら，心臓発作，特に 2 度目の心臓発作のリスクが少し下ったという科学的根拠が出されている．これ以外にもいろいろな効能がうたわれているが，諸条件をきちんと調整して行われた再現性ある二重盲験テストに基づくものは皆無である．たとえば，魚を食べてもスリムになれるわけではない．

表 9.1 にあげた以外にも，天然にはいろいろな脂肪酸がある．たとえば，シクロプロパン環をもつものが微生物で見つかっている．分岐鎖の脂肪酸は細菌細胞壁に普通にみられる成分であるが，アヒルの羽根にも見つかっている．その他のさまざまな脂肪酸は存在量も少なく，役割もきわめて特殊である．

9.3 トリアシルグリセロール

トリアシルグリセロール（triacylglycerol）は名前からわかるように（歴史的にはトリグリセリドとよばれていた），3炭素の糖アルコールであるグリセロールに，3分子の脂肪酸アシル基がエステル結合したものである（図9.5）．トリアシルグリセロールは非常に疎水的である．

油脂はトリアシルグリセロールの混合物である．固体（脂肪）になるか，液体（油）になるかは，脂肪酸の組成と温度で決まる．体温では，長い飽和脂肪酸アシル基だけを含むものは固体になりやすく，不飽和あるいは短い脂肪酸アシル基を含むものは液体になりやすい．天然のトリアシルグリセロールには，成分脂肪酸が異なる20～30くらいの分子種がある．動物脂肪中に見いだされるトリパルミチン（トリパルミトイルグリセロール）は3残基のパルミチン酸を含む．3残基のオレイン酸を含むトリオレイン（トリオレオイルグリセロール）は，オリーブ油の主要なトリアシルグリセロールである．

トリアシルグリセロールは，ほとんどの細胞内で集合して脂肪滴となっており，ミトコンドリアのそばにあることが多い．ミトコンドリアにとって，脂肪酸は細胞活動のエネルギー源として必要である．哺乳類では，脂肪を貯蔵するように特殊化した脂肪細胞が集まった脂肪組織に大半の脂肪がある．脂肪細胞の内部には，細胞の体積のほとんどを占めるほどの大きな脂肪滴がある（図9.6）．脂肪組織は哺乳類では体内のいたる所にあるが，大半は皮膚の直下あるいは腹腔にある．皮下脂肪はエネルギーの貯蔵所であると同時に断熱材でもあるので，水中で生活する哺乳類では特によく発達している．

BOX 9.2 トランス脂肪酸とマーガリン

ほとんどの不飽和脂肪酸の二重結合はシスだが，ヒトの食物中にはトランス形の脂肪酸も含まれる．トランス脂肪酸は反芻動物の肉や乳製品など動物に由来することもあるが，西欧の工業国でいちばん摂取する機会が多いのは，マーガリンやショートニングなどに含まれる水素添加された植物油である．トランスの一不飽和脂肪酸を摂取すると，血中のコレステロールやトリアシルグリセロールの濃度を上昇させ，心臓血管の疾患をひき起こす危険性がある．リスクの程度をもっと正確に知るために，さらなる研究が必要である．

トウモロコシやヒマワリなどの植物油は，"塗りやすい"半固体状のマーガリンに変えることができる．マーガリンは植物油の二重結合の一部あるいは全部に水素を添加してつくる．水素添加は炭素–炭素間の二重結合を飽和させるだけでなく，残っている二重結合の形をシスからトランスに転換させる可能性もある．このようにしてできたトランス脂肪酸の物理的性質は飽和脂肪酸に似ている．

トランス脂肪酸をなるべく取らないように現在ではおおかたのマーガリンは，植物油に水素を添加する方法ではなく，スキムミルク粉のような食用成分を加えてつくられている．

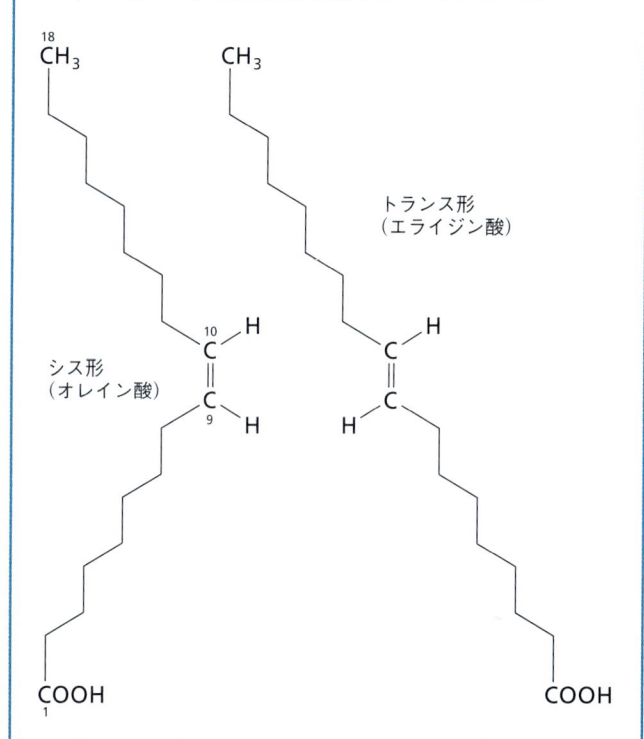

▲ Δ^9-オクタデセン酸のシス形とトランス形　（左）オレイン酸（cis-Δ^9-オクタデセン酸）．（右）水素添加処理で副生したトランス形立体配置．

▲ **図9.5　トリアシルグリセロールの構造**　グリセロール（**a**）が基本骨格になり，それに三つの脂肪酸がエステル結合している（**b**）．グリセロール自体はキラルではないが，C-1とC-3に違うアシル基（R_1とR_3）が付いたトリアシルグリセロールでは，C-2がキラルになる．（**c**）には一般的なトリアシルグリセロールの構造式を，L-グリセルアルデヒド（図8.1）と比べられるような向きで示した．このような向きで表すと，C-1を上，C-3を下にして，グリセロール誘導体を立体特異的に番号付けすることができる．

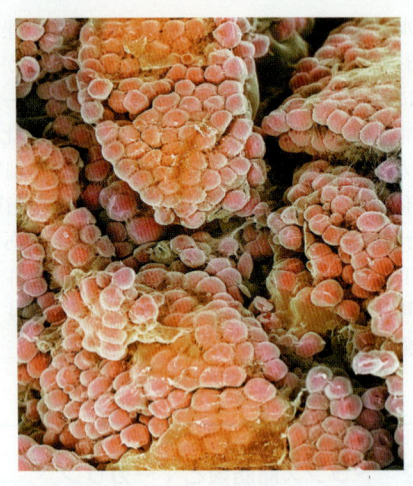

▲図 9.6　**脂肪細胞**　脂肪細胞の集合体の走査電子顕微鏡写真に着色したもの．それぞれの脂肪細胞の内容積のほとんどが脂肪滴である．

リポタンパク質の構造と機能および脂肪細胞における脂質の貯蔵と動員については§16.10 B で述べる．

9.4　グリセロリン脂質

トリアシルグリセロールは生体膜にはみられない．生体膜にいちばん多く含まれる脂質は，**グリセロリン脂質**（glycerophospholipid, ホスホグリセリドともよばれる）で，トリアシルグリセロールと同様にグリセロール骨格をもつ．いちばん簡単なグリセロリン脂質はホスファチジン酸で，グリセロール 3-リン酸の C-1 と C-2 に二つの脂肪酸アシル基がエステル結合したものである（表 9.2）．トリアシルグリセロールの場合は，グリセロールに 3 個の脂肪酸アシル基がエステル結合しているが，グリセロリン脂質の場合には脂肪酸アシル基が 2 個だけ（R_1 と R_2）である．グリセロリン脂質の特徴として，グリセロール骨格の C-3 にリン酸基がある．グリセロリン脂質の構造は L-グリセロール 3-リン酸の誘導体で，フィッシャー投影式で，C-2 の置換基が左になるように描けばよい（表 9.2）．簡略化のため，通常は立体化学的でない構造式で示す．

ホスファチジン酸は存在量が少なく，もっと複雑なグリセロリン脂質を合成したり，分解したりするときの代謝中間体となっている．ほとんどのグリセロリン脂質では，リン酸基はグリセロールのほかにもう一つの−OH 基をもつ化合物ともエステルをつ

表 9.2　よくみられるグリセロリン脂質

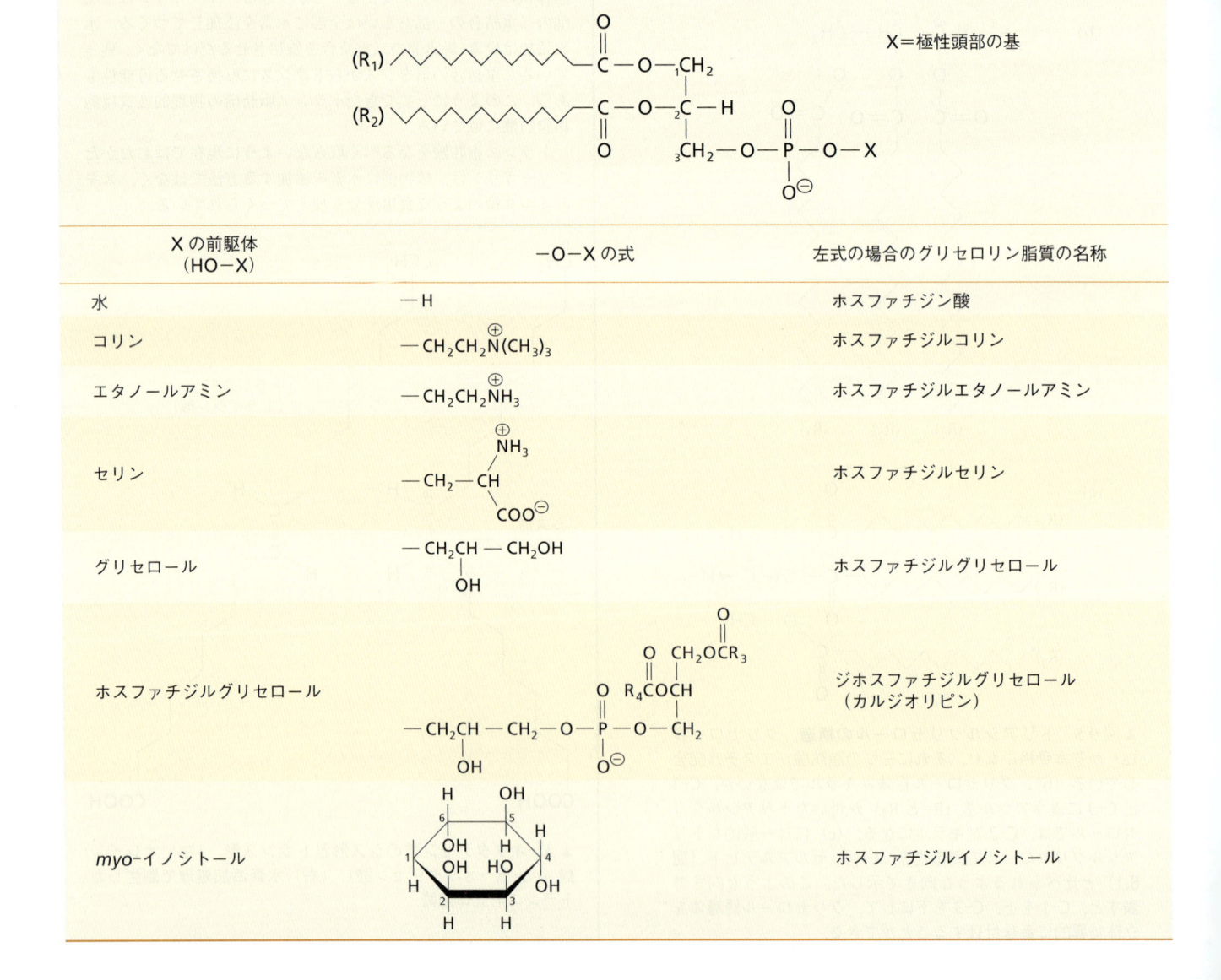

X の前駆体 (HO−X)	−O−X の式	左式の場合のグリセロリン脂質の名称
水	−H	ホスファチジン酸
コリン	$-CH_2CH_2\overset{+}{N}(CH_3)_3$	ホスファチジルコリン
エタノールアミン	$-CH_2CH_2\overset{+}{N}H_3$	ホスファチジルエタノールアミン
セリン	$-CH_2-CH(\overset{+}{N}H_3)(COO^-)$	ホスファチジルセリン
グリセロール	$-CH_2CH(OH)-CH_2OH$	ホスファチジルグリセロール
ホスファチジルグリセロール	$-CH_2-CH(OH)-CH_2-O-P(O^-)(=O)-O-CH_2-CH(OCOR_4)-CH_2OCR_3$	ジホスファチジルグリセロール（カルジオリピン）
myo-イノシトール	（イノシトール環構造）	ホスファチジルイノシトール

9.4 グリセロリン脂質

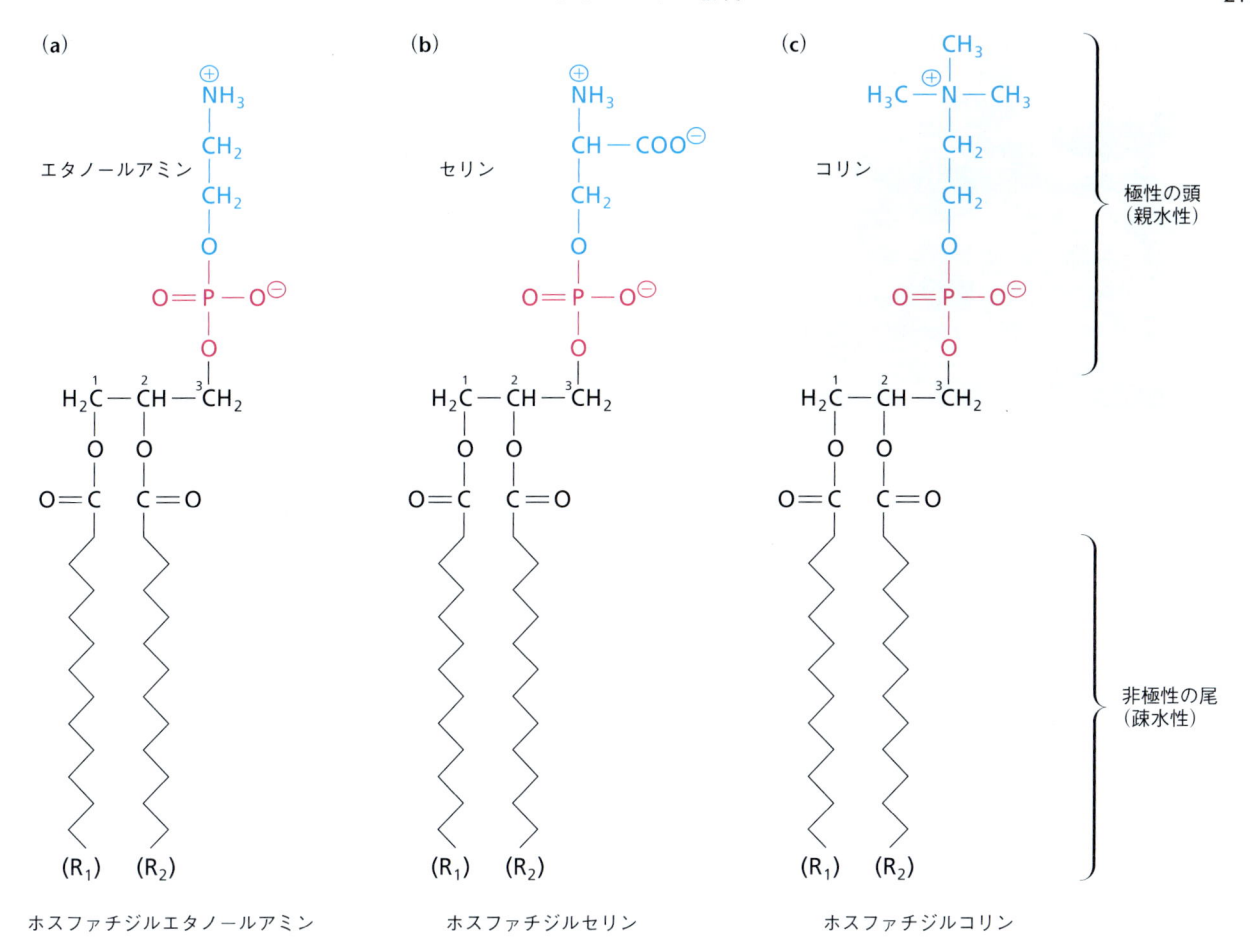

▲図9.7 （a）ホスファチジルエタノールアミン，（b）ホスファチジルセリン，（c）ホスファチジルコリンの構造　エステル結合したアルコールに由来する官能基を青で示す．どれも脂肪酸アシル基の組合わせが多種多様なので，ここで使われている名称は単一の分子を表してはおらず，一群の化合物の総称である．

くっている．表9.2に，普通にみられるグリセロリン脂質を示した．これらは極性の頭と，長い疎水性の尾をもつ両親媒性の分子である．グリセロリン脂質の三つの型，ホスファチジルエタノールアミン，ホスファチジルセリン，ホスファチジルコリンの構造を図9.7に示した．

各タイプのグリセロリン脂質は，極性の頭は同じだが，脂肪酸アシル基が多様な一群である．たとえばヒトの赤血球膜には，少なくとも21種類のホスファチジルコリンが存在し，グリセロール骨格の$C-1$と$C-2$にエステル結合している脂肪酸が少しずつ異なっている．普通グリセロリン脂質は$C-1$には飽和脂肪酸，$C-2$には不飽和脂肪酸がエステル結合している．大腸菌の膜のグリセロリン脂質で主要なものは，ホスファチジルエタノールアミンとホスファチジルグリセロールである．

グリセロリン脂質の構造を壊したり，含まれている脂肪酸を同定したりするために，さまざまなホスホリパーゼが役に立つ．ホスホリパーゼA_1は$C-1$のエステル結合を，ホスホリパーゼA_2は$C-2$のエステル結合を特異的に加水分解するので，これらを使えばどこに脂肪酸がついているかを確認できる（図9.8）．ホスホリパーゼA_2は膵液に含まれる主要なホスホリパーゼであり，食物に含まれる生体膜由来のリン脂質を消化する役割がある．この酵素はヘビ，ミツバチ，スズメバチの毒にも含まれる．ホスホリパーゼA_2が働いて，生成物が高濃度になると細胞膜が破壊される．したがってヘビ毒が血液に注入されると赤血球の膜が溶解して，生命が危険にさらされる．ホスホリパーゼCはグリセ

▲図9.8　四つのホスホリパーゼの作用　ホスホリパーゼA_1，A_2，C，Dを使えば，グリセロリン脂質を切り刻むことができる．ホスホリパーゼは$C-1$，$C-2$から特異的に脂肪酸を除去したり，グリセロリン脂質をジアシルグリセロールやホスファチジン酸に変える．

ロールとリン酸の間のP−O結合を加水分解して，ジアシルグリセロールを遊離させる．ホスホリパーゼDはグリセロリン脂質をホスファチジン酸に変換する．

その他の主要なグリセロリン脂質として**プラスマローゲン**（plasmalogen）があるが，炭化水素の鎖がグリセロールの$C-1$にビニルエーテル結合している点で，エステル結合しているグリセロリン脂質とは違っている（図9.9）．プラスマローゲンのリン

▲キイロスズメバチ　スズメバチ，ミツバチ，ヘビの毒はホスホリパーゼを含む．

酸基には，エタノールアミンあるいはコリンがエステル結合していることが多い．ヒトの中枢神経系のグリセロリン脂質の約23％はプラスマローゲンであり，また末梢神経系や筋肉組織の膜からも見いだされている．

▲図9.9　エタノールアミンを含むプラスマローゲンの構造　グリセロールのC-1のヒドロキシ基に炭化水素鎖が結合して，ビニルエーテルになっている．

! グリセロリン脂質は極性の頭と長い疎水性の脂肪鎖をもつ．
! 重要な脂質の多くが，グリセロールの誘導体である（BOX 16.1）．

9.5　スフィンゴ脂質

植物，動物の膜中で，グリセロリン脂質のつぎに多いのは**スフィンゴ脂質**（sphingolipid）である．哺乳類では特に中枢神経系に多い．ほとんどの細菌はスフィンゴ脂質をもっていない．基本骨格となっているのがスフィンゴシン（*trans*-4-スフィンゲニン），つまりC-4とC-5の間にトランスの二重結合，C-2にアミノ基，C-1とC-3にヒドロキシ基をもった，枝分かれのないC_{18}のアルコールである（図9.10 a）．これのC-2のアミノ基に1分子の脂肪酸がアミド結合したものが**セラミド**（ceramide）で（図9.10 b），すべてのスフィンゴ脂質の代謝前駆体である．おもなグループは三つあり，スフィンゴミエリン，セレブロシド，ガングリオシドである．この中ではスフィンゴミエリンだけがリン酸を含み，リン脂質の仲間に入る．セレブロシドとガングリオシドは糖残基を含むので，スフィンゴ糖脂質に分類される（図9.1）．

スフィンゴミエリン（sphingomyelin）はセラミドのC-1のヒドロキシ基にホスホコリンが結合したものである（図9.10 c）．ホスファチジルコリン（図9.7 c）とよく似ていることに注目しよう．どちらもコリン，リン酸，2本の長い疎水性の尾をもった両性イオンである．スフィンゴミエリンはほとんどの哺乳類の細胞膜に存在し，また一部の神経細胞を取囲むミエリン鞘の主成分でもある．

セレブロシド（cerebroside）はセラミドのC-1に1分子の単糖がβ-グリコシド結合したものである．ガラクトセレブロシド（ガラクトシルセラミド）では，結合した1個のβ-D-ガラクトース残基が極性の頭になっている（図9.11）．これは神経組織に多く，ミエリン鞘の脂質の約15％を占める．哺乳類のその他の組織にはグルコセレブロシドがある．これはセラミドの頭がβ結合したD-グルコースである．スフィンゴ糖脂質の中には，セレブロシドのガラクトース残基あるいはグルコース残基に，さらに単糖が直鎖状に3残基までつながっているものもある．

ガングリオシド（ganglioside）はさらに複雑な糖脂質で，セラミドに*N*-アセチルノイラミン酸（NeuNAc）を含むオリゴ糖鎖が付いたものである．ノイラミン酸のアセチル誘導体であるNeuNAc（図8.16）は糖であるシアル酸の一種であるが，これがあるためにガングリオシドの頭が陰イオンになる．代表的なガングリオシドであるG_{M2}の構造を図9.12に示す．Mはモノシアロ（つまりNeuNAc残基が一つ）を意味する．G_{M2}は同定された2番目のモノシアロガングリオシドであり，下付きの2を付す．

これまでに60種以上のガングリオシドが同定されている．糖残基の組成と配列順序が多様なために，ガングリオシド分子の多様性が生じる．たとえばガングリオシドG_{M1}は，図9.12に示したガングリオシドG_{M2}とよく似ていて，違いは末端の*N*-アセチル-β-D-ガラクトサミンに，もう一つβ-D-ガラクトース残基がβ-(1→4)結合していることだけである．すべてのガングリオシドで，セラミドは常にC-1を介してβ-グルコース残基に結合し，それがさらにβ-ガラクトース残基に結合する．

ガングリオシドは細胞表面に存在し，セラミド部分の2本の炭化水素鎖が細胞膜の疎水性部分に埋まり，糖鎖は細胞の外側に露出している．ガングリオシドやその他のスフィンゴ糖脂質は糖タンパク質と並んで，細胞表面のオリゴ糖鎖の多様性パターンの一翼を担っている．これらのマーカーがともに細胞を区別するための表面マーカーとしての役割をもち，細胞間での識別や相互作用に役立っているらしい．ヒト細胞表面のABO血液型抗原（BOX 8.3）と同様な構造が，スフィンゴ糖脂質のオリゴ糖鎖成

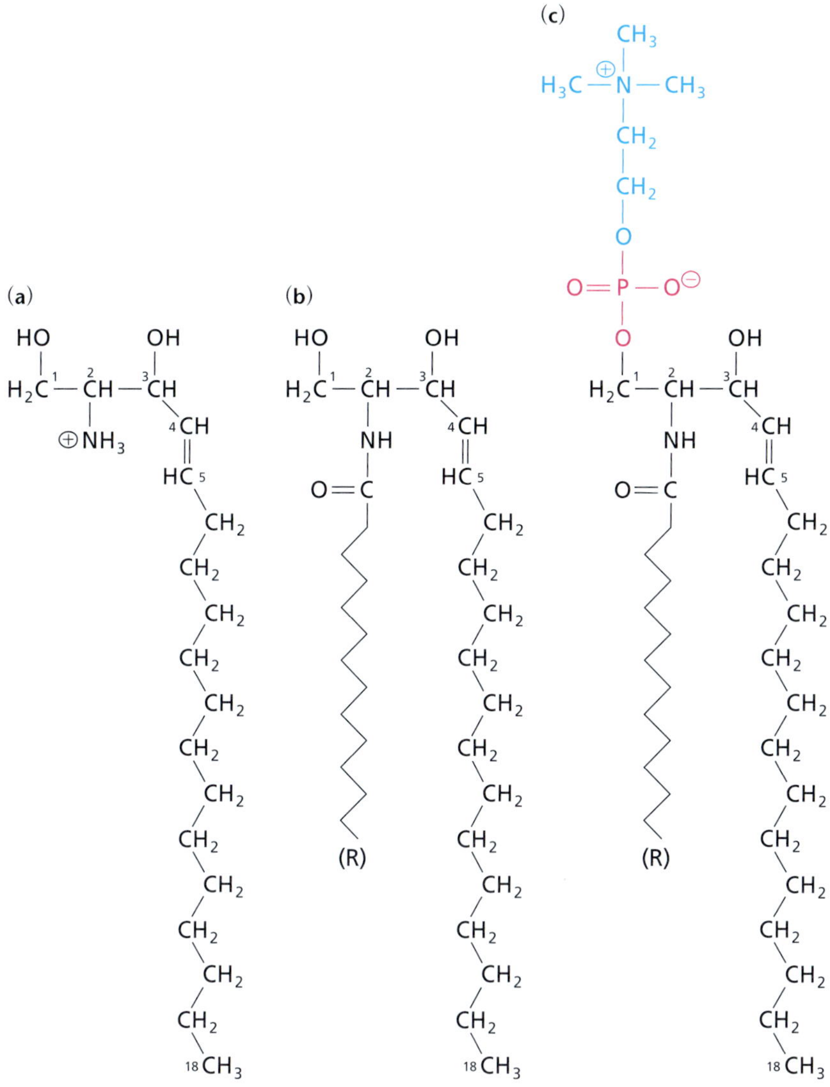

スフィンゴシン（*trans*-4-スフィンゲニン）　セラミド　スフィンゴミエリン

▲**図 9.10　スフィンゴシン，セラミド，スフィンゴミエリンの構造**　(**a**) スフィンゴシンは C-2 にアミノ基をもった長鎖アルコールで，スフィンゴ脂質の骨格である．(**b**) セラミドはスフィンゴシンのアミノ基に長鎖脂肪酸が付いている．(**c**) スフィンゴミエリンは，セラミドの C-1 ヒドロキシ基にリン酸基（赤）が付き，そのリン酸基にコリン（青）が付いたものである．

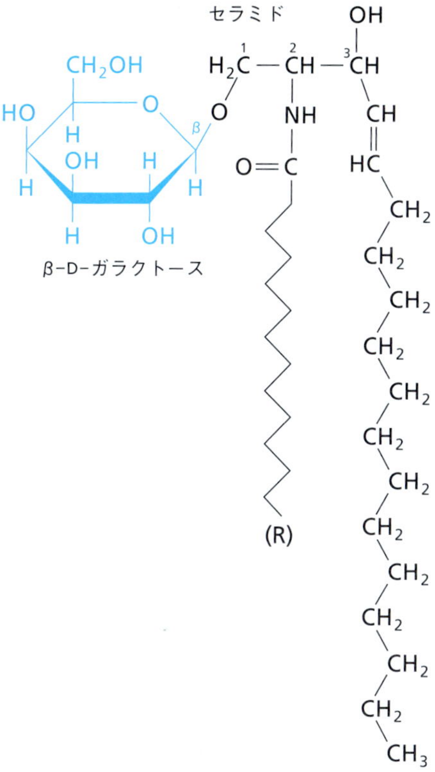

▲**図 9.11　ガラクトセレブロシドの構造**　β-D-ガラクトース（青）が，セラミド（黒）の C-1 ヒドロキシ基に結合している．

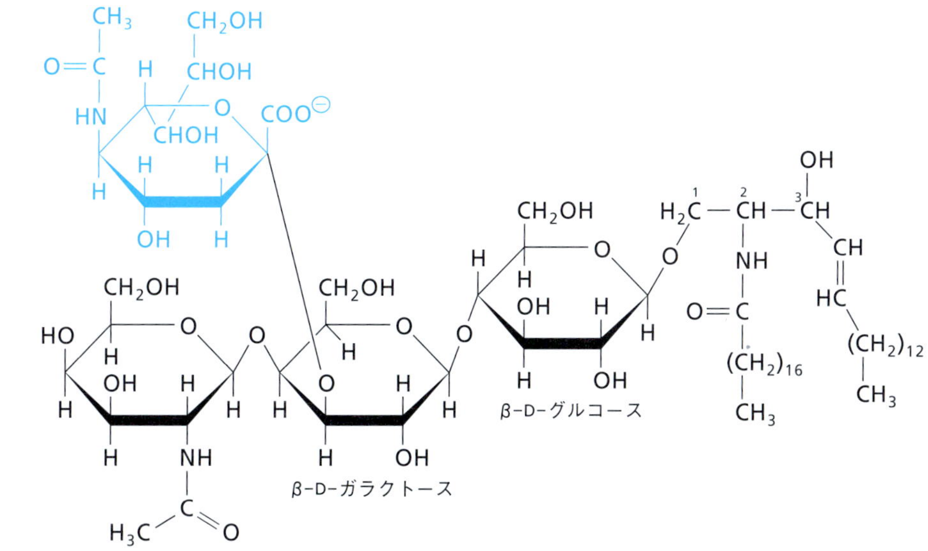

◀**図 9.12　ガングリオシド G_{M2}**　*N*-アセチルノイラミン酸残基（Neu NAC）を青で示す．

分になっており，また糖タンパク質をつくるときにタンパク質に結合する．

ガングリオシド代謝に遺伝的な欠陥があると，テイ・サックス病や全身性ガングリオシドーシスなど，衰弱して，致死的となることが多い病気の原因になる．まれではあるが，細胞のリソソーム内でスフィンゴ脂質の分解を担っている酵素が遺伝的に欠損している例がある．テイ・サックス病では G_{M2} から N-アセチルガラクトサミンを除去する加水分解酵素が欠損している．G_{M2} が蓄積するとリソソームが膨らむので，組織が肥大する．中枢神経系では肥大できる空間がほとんどないので，神経細胞が死んで，失明，知能の遅れ，死亡などにつながる．

細胞表面に露出している糖質は，細菌，ウイルス，毒素にとって好都合なレセプターにもなる．たとえば，コレラ菌（*Vibrio cholerae*）が産生するコレラ毒素は，腸上皮細胞のガングリオシド G_{M1} に結合する．結合した毒素は細胞内へたやすく侵入し，正常なシグナル伝達を妨害する．すると，細胞内の液体が大量に腸内へ流れ出す．こうして脱水症状になると死に至ることもよくある．

> 脂質代謝にかかわる遺伝的欠損については 16 章で取上げる．

9.6 ステロイド

ステロイド（steroid）は真核生物の生体膜にみられる第三の構成脂質である．細菌にもごくまれにみられる．ステロイドの構造は，脂溶性ビタミンやテルペンなどと同じく，炭素5個の化合物イソプレンに関連しているので，イソプレノイドに分類される（図9.13）．ステロイドはA, B, Cという三つの六員環と，Dという五員環の計四つの環が縮合した基本骨格をもっている．この特徴的な環構造はスクアレン（図9.14a）に由来する．この環系はほぼ平面なので，置換基は下（α立体配置），あるいは上（β立体配置）のいずれかを向く．図9.14にいくつかのステロイドを示した．

ステロイドのコレステロールは動物の細胞膜の成分として重要だが，植物にはあまりなく，原核生物や原生動物，菌類には存在

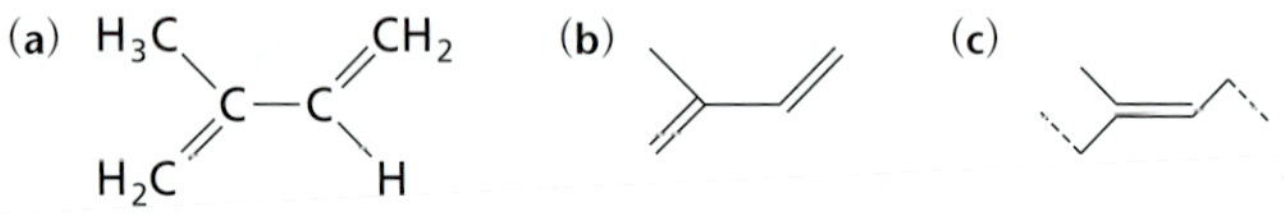

▲図 9.13 イソプレン（2-メチル-1,3-ブタジエン），イソプレノイドの基本構造 （a）化学構造，（b）炭素骨格，（c）イソプレン単位．破線は隣接単位との共有結合を表す．

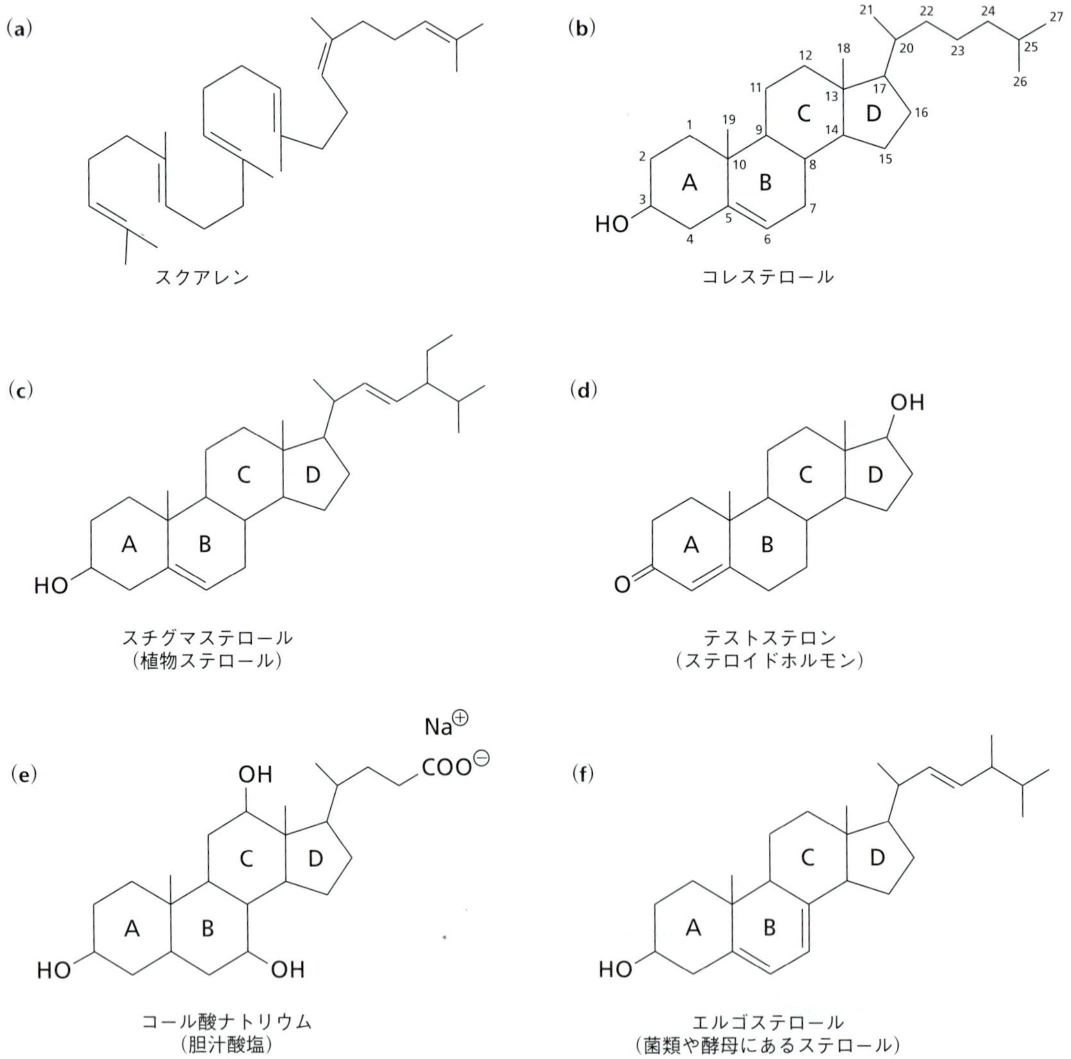

▲図 9.14 いくつかのステロイドの構造 （a）スクアレンはほとんどのステロイドの前駆体である．ステロイドは四つの縮合環（A, B, C, D）をもつ．（b）コレステロール．（c）スチグマステロール，植物の膜によくみられる成分．（d）テストステロン，動物の雄の発育にかかわるホルモン．（e）コール酸ナトリウム（胆汁酸塩），脂質の消化を助ける．（f）エルゴステロール，菌類や酵母にある化合物．

9.7 生物にとって重要なその他の脂質

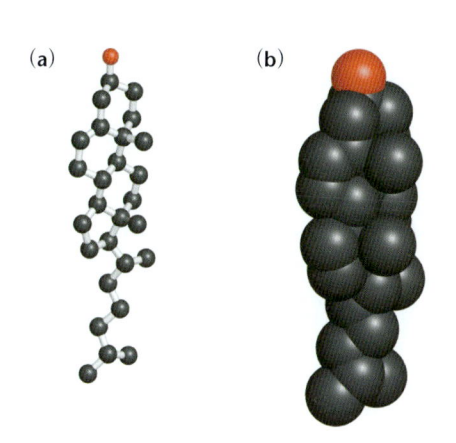

▲図 9.15 コレステロール (a) 球棒モデル. 酸素原子（赤）を頂点に置いた. 水素原子は省略してある. 縮合環系はほぼ平面である. (b) 空間充填モデル. 環平面上に突出している置換基は β 配置.

▲図 9.16 コレステロールエステル

しない. これらの生物種には，コレステロールによく似た別のステロイド（スチグマステロール，エルゴステロールなど）がある. コレステロールは C-3 にヒドロキシ基をもつので，その名のとおり**ステロール**（sterol）の一種である. そのほかのステロイドとして，植物，酵母，菌類にあるステロール（やはり C-3 にヒドロキシ基をもつ），哺乳類のステロイドホルモン（エストロゲン，アンドロゲン，プロゲスチン，副腎コルチコステロイドなど），胆汁酸がある. これらは基本骨格の C-17 に付いた側鎖の長さや，メチル基，二重結合，ヒドロキシ基，場合によってはカルボニル基の数や位置に違いがある. 原核細胞は，スクアレンや関連する非ステロイド脂質（ステロイドとして完全な環構造はもたない）を利用している.

コレステロールは哺乳類にとって不可欠な生化学的役割を果たしている. 哺乳類の細胞で生合成されるコレステロールは，ある種の生体膜の構成成分にとどまらず，ステロイドホルモンや胆汁酸を合成するための前駆体でもある. 図 9.15 に側面からみた形を示すが，縮合環系は他の脂質よりも柔軟性に欠ける. そのため哺乳類の生体膜の流動性を調節する役割がある. これについては本章の後の方で説明する.

ステロイドは C-3 のヒドロキシ基以外には極性の基がないので，グリセロリン脂質やスフィンゴ脂質よりもはるかに疎水性である. たとえば，遊離コレステロールの水中での最大濃度は 10^{-8} M にしかならない. C-3 のヒドロキシ基に脂肪酸がエステル結合したものがコレステロールエステルである（図 9.16）. コレステロールエステルは 3 位に結合したアシル基が非極性なので，コレステロール自体よりもさらに疎水性が強い. コレステロールエステルは細胞内に貯蔵する目的で，あるいは血流中を運搬する目的でつくられる. コレステロールやコレステロールエステルは水に事実上溶けないので，運搬するにはリポタンパク質中のリン脂質や両親媒性タンパク質などとの複合体にする必要がある（§16.10 B）.

9.7 生物にとって重要なその他の脂質

生体膜中にはみられない脂質もたくさんある. ろう，エイコサノイド，ある種のイソプレノイドなど，さまざまな化合物がある. 膜成分でない脂質も多様な特別な機能をもつ. すでにいくつかはみてきた（たとえば，脂溶性ビタミン）.

ろう（wax）は長鎖脂肪酸とヒドロキシ基を一つもつ長鎖アルコールとから成る非極性エステルである. みつろうの主成分であるパルミチン酸ミリシルは，炭素 30 個のミリシルアルコールとパルミチン酸（16:0）のエステルである（図 9.17）. 疎水性が高いので，水にきわめて溶けにくく，また融点も高いので（長い飽和炭化水素鎖による），戸外の温度で堅い固体状態になっている. ろうは自然界には広く存在し，植物の葉や果実，動物の皮膚，体毛，羽毛，外骨格などで水をはじく保護膜として使われている. 耳垢（cerumen, ラテン語で"ろう"を表す cera に由来）は，外耳道を縁取る細胞から分泌され，外耳道を滑らかにし，鼓膜を傷めるおそれのある異物を捕捉する. おもに長鎖脂肪酸，コレステロール，セラミドから成る複雑な混合物である. そのほかに，スクアレン，トリアシルグリセロール，ろうそのもの（全量の 10% 程度）も含む.

$$H_3C-(CH_2)_{14}-\overset{O}{\underset{\|}{C}}-O-(CH_2)_{29}-CH_3$$

▲図 9.17 パルミチン酸ミリシル, ろう

エイコサノイド（eicosanoid）はアラキドン酸のような C_{20} の多不飽和脂肪酸が酸化されてできた誘導体である. 図 9.18 にいくつかのエイコサノイドを示した. エイコサノイドはさまざまな生理的過程にかかわっており，またいろいろな病的な応答にも関与することがある. **プロスタグランジン**（prostaglandin）はシク

▲天然のろうの例として耳垢やみつろうがある.

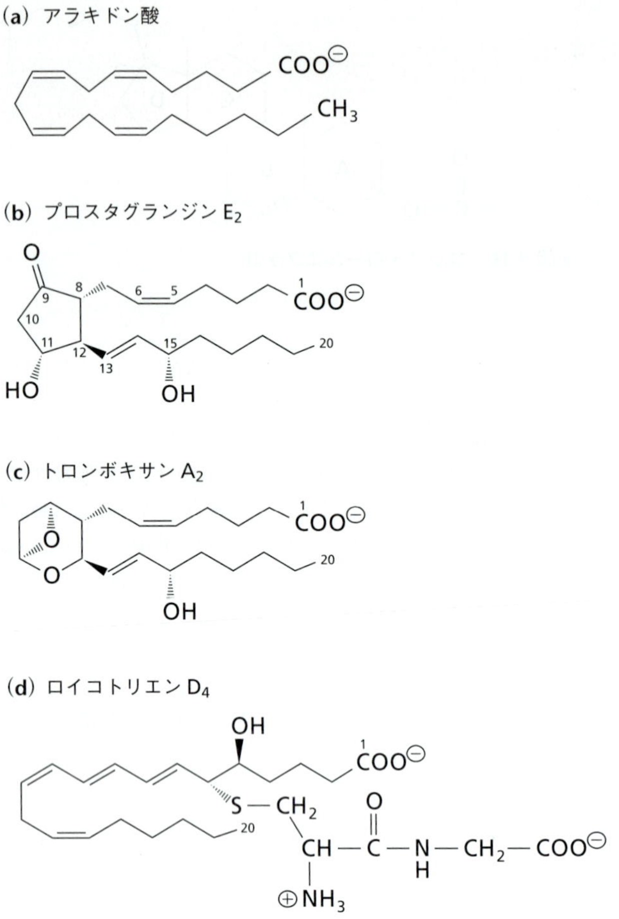

(a) アラキドン酸

(b) プロスタグランジン E_2

(c) トロンボキサン A_2

(d) ロイコトリエン D_4

▲図 9.18 アラキドン酸 (a) とその誘導体 (b)〜(d) の三つのエイコサノイドの構造 アラキドン酸は四つのシス二重結合をもつ C_{20} の多不飽和脂肪酸である.

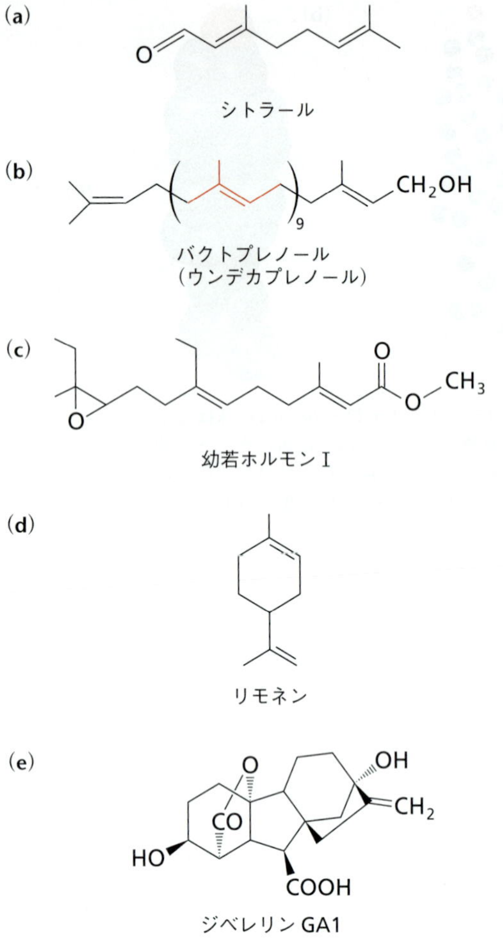

(a) シトラール

(b) バクトプレノール（ウンデカプレノール）

(c) 幼若ホルモン I

(d) リモネン

(e) ジベレリン GA_1

▲図 9.19 いくつかのイソプレノイド バクトプレノール中のイソプレン単位を赤で示した.

ロペンタン環をもつエイコサノイドである．プロスタグランジン E_2 は血管の収縮をひき起こし，トロンボキサン A_2 は血栓形成に関係している．これによって脳や心臓への血流が妨げられる場合がある．ロイコトリエン D_4 は平滑筋を収縮させる情報分子となるので，喘息に伴う肺の収縮をひき起こす．アスピリン（アセチルサリチル酸）はプロスタグランジンの生合成を阻害するので，痛み，発熱，腫脹，炎症などを軽減させることができる（BOX 16.2）．

膜成分でない脂質のいくつかはイソプレン（図 9.13）に関連があるが，ステロイドではない．7 章ですでにいくつかをみた．脂溶性ビタミンのうち A, E, K は，長い炭化水素鎖あるいは縮合環をもつイソプレノイドである（§7.14）．ビタミン D はコレステロールのイソプレノイド誘導体である．レチノール（ビタミン A）と関係があるカロテンもある．ユビキノンの炭化水素鎖は，6〜10 のイソプレン単位を含む（§7.15）．

簡単なイソプレノイドはテルペンとよばれることが多い．構造を見ればイソプレン単位からできていることがわかる．シトラール（図 9.19 a）が良い例で，植物に存在し，強いレモンの香りを伝える．その他のイソプレノイドとしてバクトプレノール（ウンデカプレニルアルコール，図 9.19 b）や昆虫の発生に必要な遺伝子の発現を制御する幼若ホルモン I（図 9.19 c）がある．古細菌にとって重要な脂質としてバクトプレノールに似たイソプレノイドがある．それらがほとんどの膜リン脂質で脂肪酸の代わりになっている（BOX 9.5 参照）．

テルペンはさらに修飾されて，テルペノイドとよばれる複雑な脂質になる．それらの多くは環状化合物で，オレンジの香りの元になるリモネン（図 9.19 d）や，植物の成長ホルモンとして働く，多環のテルペノイドであるジベレリン（図 9.19 e）などがある．

9.8 生体膜

生体膜は細胞の内と外を区切る境界をつくり，また細胞内を区画に分ける役割ももつ．生きている細胞にとって不可欠である．典型的な膜は脂質二重層と，そこに埋まった多数のタンパク質から成る．

生体膜は拡散に対抗する単なる受動的な境界ではなく，多彩な複雑な機能をもっている．膜タンパク質には選択性をもつポンプとして働くものがあり，イオンや小さな分子が細胞に出入りするのを厳密に調節している．また膜はプロトンの濃度勾配をつくり出し，維持する役割をもち，これが ATP を生産するために不可欠である．膜のレセプターは外部のシグナルを受信し，細胞内部に伝達する．

多くの細胞が特殊な構造をした膜をもつ．たとえば，多くの細菌は外膜と内側の細胞膜との 2 層の膜をもつ．このような 2 層の膜の中間の細胞周辺腔にある液体には，特定の溶質分子を内膜にある輸送タンパク質の所まで運ぶタンパク質が含まれている．この溶質分子は ATP に依存した過程により内膜を通過する．ミトコンドリアの平滑な外膜には水チャネルをつくるタンパク質があ

9.8 生体膜

BOX 9.3　Mendelとジベレリン

Gregor Mendel は遺伝の基本法則を知るために七つの特徴を調べた．一つは茎の丈（*Le/le*）だった．*Le* 遺伝子は最近クローン化され配列がわかった（Lester et al., 1997）．この遺伝子はジベレリン 3β-ヒドロキシラーゼをコードしていた．この酵素はジベレリン GA1 というテルペノイドの合成に必要である．正常遺伝子によりジベレリン GA1 がつくられると，成長が促進され，丈の高いマメ植物が育つ．変異した遺伝子からできる酵素は活性が低いので，合成されるホルモンも少ない．変異した遺伝子（*le*）のホモ接合体は丈が低くなる．

変異は 1 個のヌクレオチドの置換により，コドンがアラニンからトレオニンになっている（A229T）．Mendel の七つの特徴のうちのもう一つは BOX 15.1 で取上げる．

▲ **茎の長さの変異**　丈の高い植物（左）は正常．茎の長さにかかわる遺伝子（*Le*）が変異すると（*le*），植物の丈が低くなる（右）．

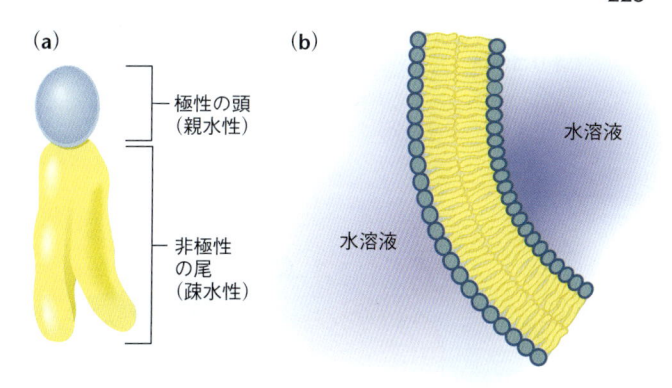

▲ 図 9.20　膜脂質と二重層　(a) 両親媒性の膜脂質，(b) 脂質二重層の断面．両方の層の親水性の頭（青）が水溶媒に面し，疎水性の尾（黄）は二重層の内部で密着している．

ではなく，疎水性が強すぎるので二重層をつくれない．コレステロールはやや両親媒性といえるが，それ自身では二重層をつくれない．

脂質二重層は通常 5～6 nm の厚さで，2 枚のシート，あるいは層（またはリーフレットともよばれる）から成る．それぞれの層の中で，両親媒性脂質の極性の頭が溶媒の水と接触している．非極性の炭化水素の尾は，二重層の内部を向いている（図 9.20）．

脂質二重層が自発的に形成される理由は，疎水性効果が後押しするからである（§2.5 D）．つまり脂質分子が集合した方が，溶媒分子のエントロピーが増大し，脂質二重層の形成が有利になる．

B. 膜タンパク質の三つの型

細胞膜や細胞内部の膜は，特殊な膜結合タンパク質を含む．脂質二重層とどのように接触するかによって，三つに分類される．膜貫通タンパク質，表在性膜タンパク質，脂質アンカー型膜タンパク質である（図 9.21）．

> この章の後半でいくつかの膜タンパク質を検討する．他の章でも膜タンパク質を取上げるが，それは膜会合電子伝達（14章），光合成（15章），タンパク質合成（22章）に関するものである．

膜貫通タンパク質は，内在性膜タンパク質ともよばれるが，脂質二重層の疎水性部分に埋め込まれる疎水性領域をもつ．二重層を完全に貫通しており，一部は外側の層の表面に，他の部分は内側の層の表面に露出している．膜貫通タンパク質には一つだけの膜内伸展ポリペプチド領域で係留されているものもある．その他，いくつもの膜貫通領域が分節していて，それらが膜表面に出たループでつながっているような膜タンパク質がある．膜貫通領域は約 20 アミノ酸残基から成る α ヘリックスであることが多い．

最も研究が進んでいるものの一つにバクテリオロドプシンがある（図 9.22 a）．これは好塩性細菌である *Halobacterium halobium* の細胞膜にあり，光のエネルギーを ATP 合成に使えるようにつなぎとめる．バクテリオロドプシンは 7 本の α ヘリックスが束になり，ヘリックスの束の外側は疎水性で，膜内の脂質分子と直接に相互作用している．内側に向いた面には色素分子を結合する極性アミノ酸の側鎖がある．バクテリオロドプシンは，α ヘリックスをもつ膜タンパク質で，構造が詳しくわかっている例の一つである．このような α ヘリックスバンドルをもつタンパク質が，膜貫通タンパク質の二つのおもなクラスのうちの一つを占めている．もう一つが以下に述べる β バレルタンパク質である．

る．一方，たくさんひだのある内膜は，選択的な透過性をもち，またさまざまな膜結合性酵素を含んでいる．核も 2 層の膜で囲まれており，核内の成分は核孔を通じて細胞質ゾルと相互作用する．小胞体は複雑に折り重なった単層の膜で，真核細胞中では発達したネットワークをつくり，膜貫通型タンパク質や分泌タンパク質の合成，いろいろな膜の脂質の合成にかかわっている．

本節でまず生体膜の構造について学び，残りの節で生体膜の性質と機能を検討する．

A. 脂質二重層

水溶液中で界面活性剤が自発的に単分子膜あるいはミセルをつくれることはすでに学んだ（§2.4）．それと似て，両親媒性のグリセロリン脂質やスフィンゴ糖脂質も，ある種の条件の下では単分子膜をつくることができる．細胞では，これらはミセルに詰め込まれずに，むしろ二重層をつくりやすい（図 9.20）．**脂質二重層**（lipid bilayer）はすべての生体膜（細胞膜，および真核細胞の内部の膜）の主要構造要素である．二重層中にある脂質は，共有結合なしに相互作用しているので，膜は柔軟性を保ち，自動的に穴をふさぐことができる．トリアシルグリセロールは両親媒性

226　　　　　　　　　　　　　　　　　　　　9. 脂質と生体膜

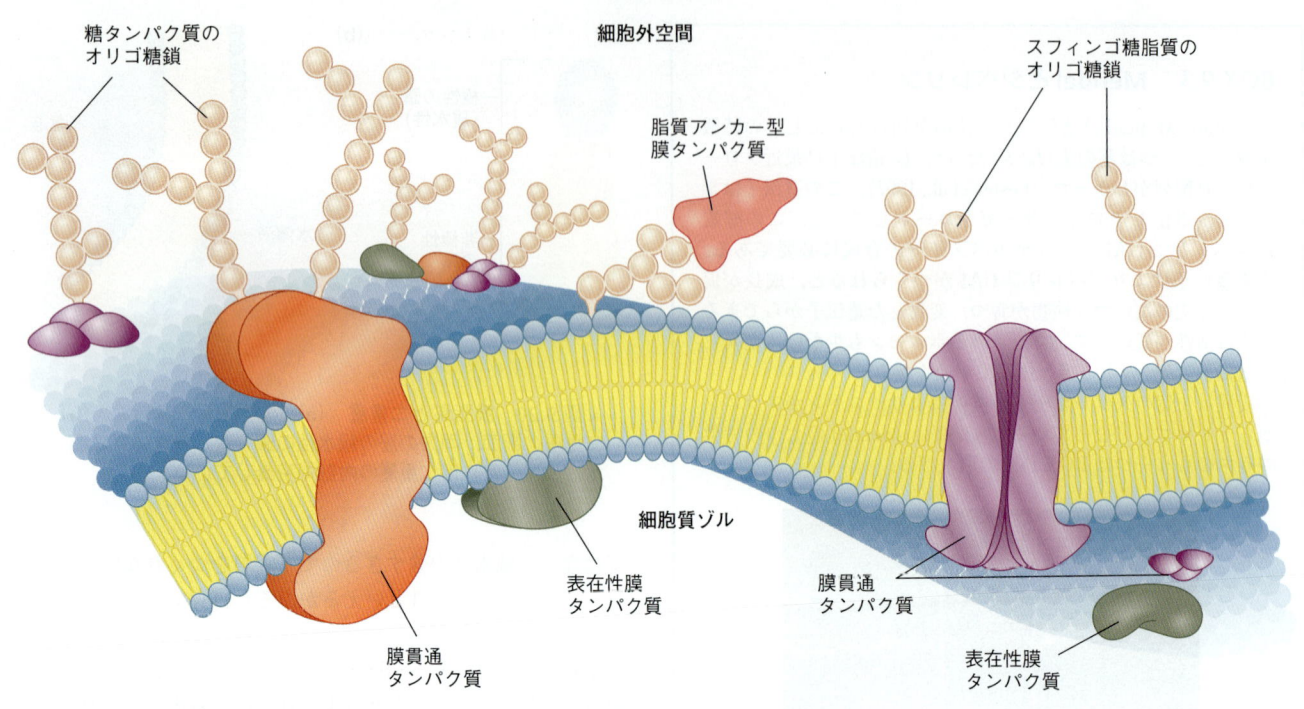

▲図9.21　典型的な真核細胞の細胞膜の構造　脂質二重層が生体膜の基本的な構造体となり，そこにタンパク質（糖タンパク質のこともある）がいろいろな様式で結び付いている．糖タンパク質や糖脂質のオリゴ糖鎖は，細胞外空間に面している．

バクテリオロドプシンの働きは §15.3 で述べる．

　三次元構造がわかっていないタンパク質の場合でも，疎水性アミノ酸（ヒドロパシー値が高いアミノ酸，§3.2 G）が並んでいる領域やαヘリックス（§4.4）内にあることが多い配列を探すことで，膜タンパク質中の膜貫通αヘリックス領域を予測できることが多い．長年にわたって予測のためのさまざまなアルゴリズムが開発されたおかげで，膜貫通αヘリックスとして知られているものの70％は検出できるようになった．膜タンパク質を結晶化して本当の構造を解明するのは難しいので，このような構造予測は重要である．
　βバレル折りたたみ構造をもっている膜貫通タンパク質も多い（図4.24 b）．βストランドの外側表面が膜脂質と接触し，バレルの中心部分は膜の片側から反対側へ分子が通り抜けるための孔，あるいはチャネルの役割を果たしていることが多い．大腸菌のポーリン，FhuA はこの型の膜貫通タンパク質の典型的な例である（図9.22 b）．

タンパク質の折りたたみは，エントロピーによって駆動される集合過程のもう一つの例である（§4.11 A）．

　表在性膜タンパク質は，膜のどちらか一方の表面に付着している．そこに働いている力は電荷－電荷相互作用，膜貫通タンパク質や膜脂質の極性頭部との間の水素結合などである．これらのタンパク質はpHやイオン強度を変えることで膜からはがせることが多い．
　脂質アンカー型膜タンパク質は，脂質アンカーに共有結合して，膜につなぎ止められている．いちばん単純な脂質アンカー型タンパク質の場合には，アミノ酸側鎖が脂肪酸アシル基（ミリスチン酸やパルミチン酸が多い）に，アミド結合あるいはエステル結合している．脂肪酸部分が二重層の細胞質側の層に突き刺さって，タンパク質を膜に係留している（図9.23 a）．このようなタンパク質はウイルスや真核細胞にみられる．

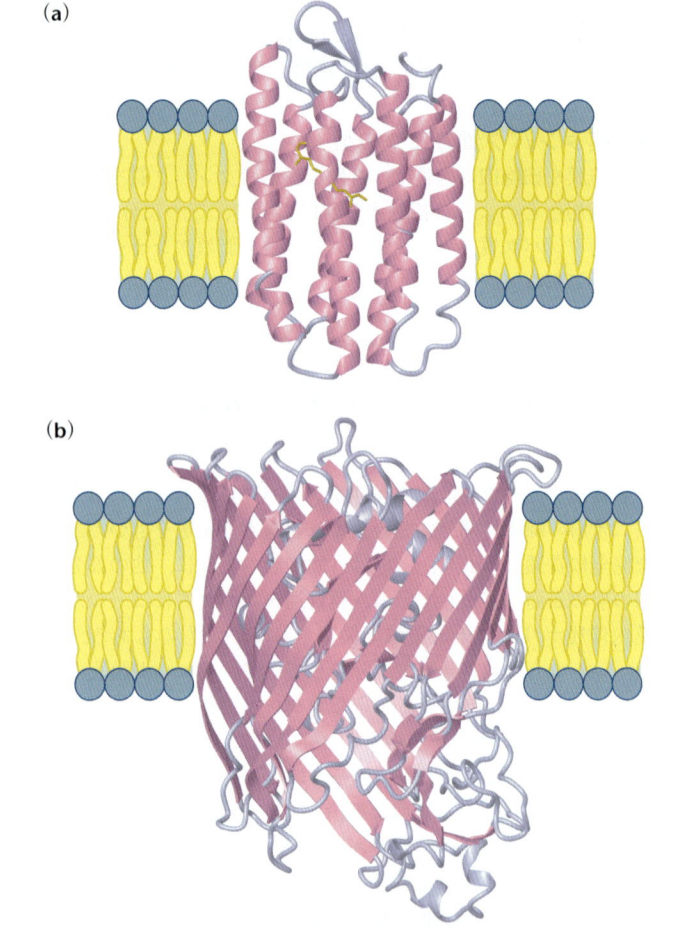

▲図9.22　膜貫通タンパク質　(a) バクテリオロドプシン．7本の膜貫通αヘリックスがループでつながって束（バンドル）となり，二重層に埋め込まれている．光を集める補欠分子族を黄色で示す．[PDB 1FBB]　(b) 大腸菌のポーリン FhuA．ポーリンはタンパク質に結合した鉄を細胞内に通過させるためのチャネルになっている．このチャネルは22本の逆平行βストランドがつくるβバレル構造をもつ．[PDB 1BY3]

そのほかに，タンパク質のC末端，あるいはそのそばにあるシステイン残基の硫黄原子に，イソプレノイド鎖（炭素原子15個あるいは20個）が共有結合した脂質アンカー型タンパク質もある（図9.23 b）．このようなプレニル化タンパク質は，細胞膜および細胞内膜の細胞質側の層にみられる．

> プレニル基で修飾されたタンパク質については，シグナル伝達を学ぶ際に取上げる（§9.11）．

真核生物では，グリコシルホスファチジルイノシトール（図9.23 c）に結合している脂質アンカー型タンパク質も多い．膜内で錨となるアンカーは，グリコシルホスファチジルイノシトール（glycosylphosphatidylinositol；GPI）の1,2-ジアシルグリセロール部分である．さまざまな組成をもつ糖鎖が，一方ではグルコサミン残基を介してイノシトールに結合し，他方ではマンノース残基がホスホエタノールアミンに結合し，このエタノールアミンにタンパク質のC末端のα-カルボキシ基がアミド結合している．このような方式で膜に結合しているタンパク質がすでに100以上知られている．さまざまな役割をもっているが，細胞膜の外側の単層だけに存在し，§9.9で述べるコレステロールースフィンゴ脂質ラフト上にある．

これら3種の脂質アンカーはタンパク質の翻訳後，つまり合成が完了した後で共有結合で取付けられる．膜貫通タンパク質と同じように，脂質アンカー型タンパク質のほとんどは膜と永続的に結び付いているが，タンパク質自体は膜と相互作用することはない．ホスホリパーゼを作用させればタンパク質を遊離させることができ，そうすればタンパク質は可溶性タンパク質と同じ挙動をするようになる．

普通の1個の細胞に全部でどれだけの膜タンパク質があるかははっきりしていないが，その生物のタンパク質全体のかなりの割合にのぼると考えられる．たとえば大腸菌では，各種の膜タンパク質を合わせるとほぼ1000種類あるらしい．タンパク質は全部で約4000種類なので（4章），膜タンパク質が全体の約25%にあたる．この割合は多細胞の真核生物ではおそらくもっと大きく

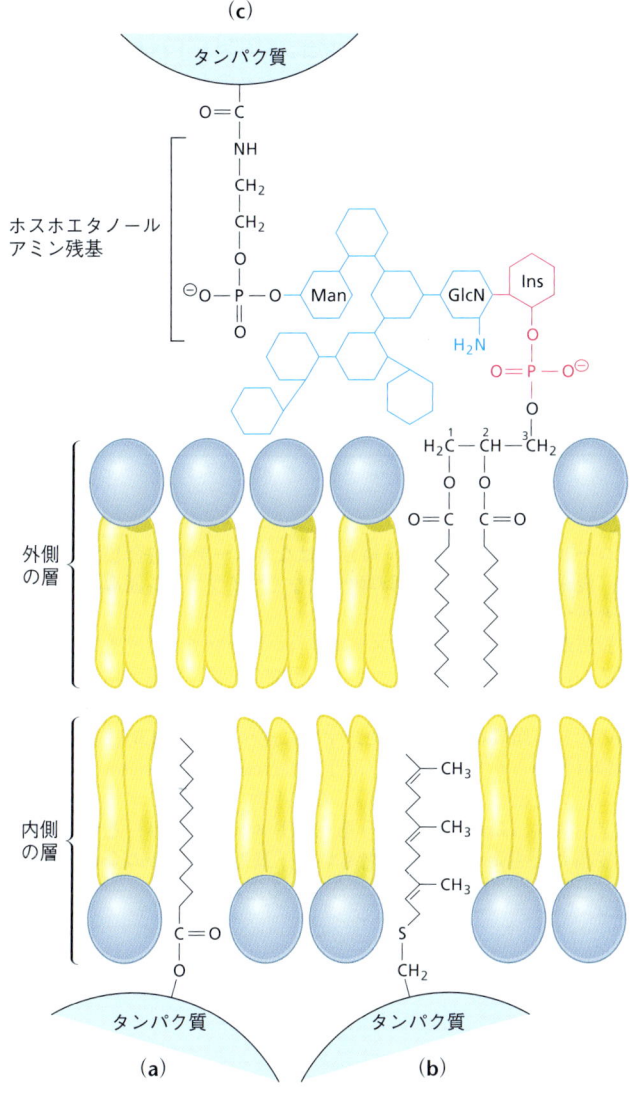

▲図9.23 **脂質アンカーをもつ膜タンパク質が細胞膜に結合している様子** 膜にはこれらの3種類のアンカーがあるが，この図のように集まって複合体をつくっているわけではない．（a）脂肪酸アシル基のアンカーをもつタンパク質．（b）プレニル基アンカーをもつ膜タンパク質．（a）と（b）のタンパク質は細胞小器官の膜の細胞質側（外側）にも存在する．（c）グリコシルホスファチジルイノシトールで係留されたタンパク質．寄生性原生動物トリパノソーマ（*Trypanosoma brucei*）の変異株表面糖タンパク質にあるアンカー．タンパク質がホスホエタノールアミンに共有結合し，それがさらに糖鎖に結合している．糖鎖（青）のマンノース残基にホスホエタノールアミンが結合し，グルコサミン残基がホスファチジルイノシトールのホスホイノシトール基（赤）に結合している．GlcN：グルコサミン，Ins：イノシトール，Man：マンノース．

BOX 9.4　新しい脂質顆粒，リポソーム

水性区画を閉じ込めたリン脂質二重層から成る人工的顆粒（リポソーム）を実験室でつくることができる．二重層の端が水性溶媒と接触するのを避けるために，脂質二重層は閉じて球状構造になろうとする．できた顆粒は普通は安定で，多くの物質が出入りできない．内部の水性区画に薬物を収めたリポソームは，その膜に目的部位を目指すタンパク質が含まれていれば，体内の目的組織に薬物を送り届けることができる．人工的な脂質二重層は，細胞膜の研究における重要な実験手段としても利用できる．こうした実験の例をBOX 15.3で述べる．

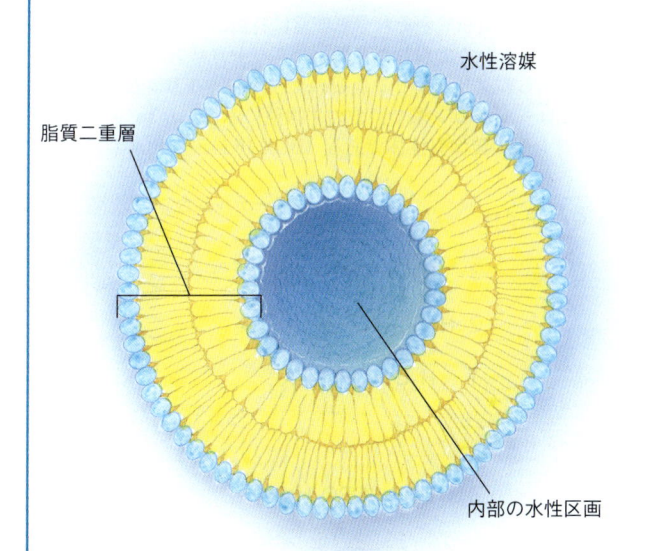

▲**脂質顆粒，リポソームの断面図** 二重層は2枚の薄膜から成る．それぞれの薄膜中で，両親媒性脂質の極性の頭は水溶媒の方へ伸び，非極性炭化水素の尾は膜の内側に向いて，互いにファンデルワールス接触をしている．

なる．細胞同士の相互作用や細胞間でのシグナル伝達にさらに多くの膜タンパク質が関与するからである．

膜の種類が違えばタンパク質（と脂質）も違っている．細胞や細胞小器官が異なる2枚の脂質二重層によって二重に膜で囲まれている例もある（図9.24）．ミトコンドリアと大腸菌の場合，外側の膜に比べて，内側の膜の方が膜タンパク質の種類がはるかに多い．

C. 生体膜の流動モザイクモデル

典型的な生体膜は，重さでいうと約25〜50％の脂質，50〜

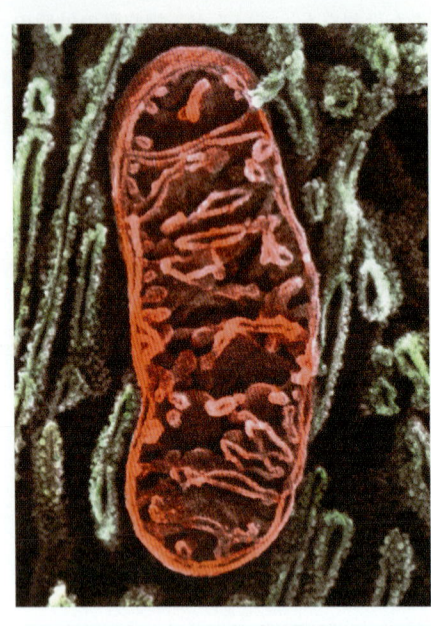

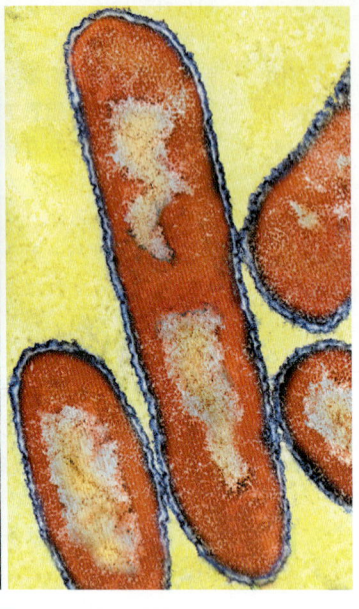

◀図9.24　ミトコンドリアおよび多くの細菌の二重になった膜　ほとんどの真核細胞の細胞膜は1枚の脂質二重層である．真核細胞の内部にある核や，ミトコンドリア（左）のような重要な細胞小器官は2枚の膜で囲まれている．細菌の場合，グラム陰性細菌は，図示した大腸菌（右）のように，内側の二重層と外側の二重層から成る2枚の膜をもつ．ミトコンドリアや葉緑体が2枚の膜をもつことは驚くにあたらない．グラム陰性細菌は電子伝達およびATP合成（14章）というエネルギー生産システムの部品として2枚の膜を利用しているが，ミトコンドリアや葉緑体の起源はそこにあるからである．

BOX 9.5　膜に珍しい脂質を含む生物がいる

生体膜に珍しい脂質を含んでいる生物種が少なくない．そうした脂質は一つの属や一つの科に限られていることが多いが，一つの目の全体が特徴的な脂質組成をもつこともある．真核生物では，動物のある綱にだけみられ他の綱にはみられない，あるいは植物のある綱にだけみられ他の綱にはみられない，といった脂質もある．植物，動物，菌類のような界ごとに特有な脂質組成もある．

原核生物は脂質の多様性がきわめて大きい集団である．シアノバクテリア，マイコプラズマ，グラム陽性細菌などの主要グループは，膜の脂質組成がそれぞれ非常に特徴的である．

古細菌はきわめて珍しい特徴的なグリセロリン脂質をもっている．それらのグリセロリン脂質のグリセロールリン酸骨格はsn-グリセロール1-リン酸で，他の生物種にみられるsn-グリセロール3-リン酸の鏡像異性体である（BOX 16.1）．炭化水素鎖はグリセロール骨格に，エステル結合ではなくエーテル結合しているし，炭化水素鎖が脂肪酸誘導体ではなくてイソプレン誘導体のことも多い．

脂質がエーテル結合とエステル結合の混合物であるグラム陰性細菌の種はいくつかはある．しかし古細菌を他の細菌とは独立した別の門に分類すべきだという主張を強く後押ししたのは，それらの珍しい脂質組成であった．すでに述べたが（§1.5），古細菌の独自性からして，古細菌（archaebacteria）からbacteriaを外して，真正細菌（バクテリア），真核生物（ユーカリア）と対等なアーキア（Archae）という第三のドメイン（超界）とするのが妥当だと主張する分類学者もいる．最近は，生命の全体像をもっと複雑な"網"としてみようとする流れもある．

◀真正細菌と古細菌の典型的なグリセロリン脂質の比較

75%のタンパク質から成り，糖質も糖脂質や糖タンパク質の成分として含まれている．脂質は，リン脂質，スフィンゴ糖脂質（動物の場合），コレステロール（ある種の真核生物の場合）が複雑に混じり合っている．それ自体では二重層をつくれないコレステロールおよびいくつかの脂質（全体の約30%）は，残り70%の脂質がつくる二重層構造の中で安定化されている（次節参照）．

生体膜の組成は生物種によって，また多細胞生物では細胞の種類によって大きく異なる．たとえば神経繊維を保護しているミエリン膜にはタンパク質はあまり含まれていない．一方，ミトコンドリアの内膜にはタンパク質が多いが，これは代謝活性が高いことの反映である．赤血球の細胞膜も例外的にタンパク質を多く含む．

どの生体膜かによってタンパク質と脂質の比が異なるだけでなく，脂質組成にも特徴がある．たとえば，脳組織の膜はホスファチジルセリンが多いが，心臓の膜はホスファチジルグリセロール，肺の膜はスフィンゴミエリンが多い．大腸菌の内膜の脂質の約70%はホスファチジルエタノールアミンである．グラム陰性細菌の外膜はリポ多糖を含む．

組織ごとの分布が違うだけでなく，リン脂質は1枚の生体膜の中でも内側の層と外側の層とで非対称に分布している．たとえば，哺乳類の細胞では，スフィンゴミエリン分子の90%が細胞膜の外側の層に存在する．ホスファチジルセリンも多くの細胞で非対称に分布し，細胞質側の層に90%が存在する．

脂質二重層自体の厚さは通常6～10 nmであるが，生体膜はそれよりも厚い．S. Jonathan SingerとGarth L. Nicolsonは1972年に**流動モザイクモデル**（fluid mosaic model）を提案したが，今日でも基本的には，この考え方で膜の中での脂質とタンパク質の配置のされ方が理解できる．流動モザイクモデルでは，膜とはタンパク質および脂質が水平方向に素早く拡散したり回転したりできる動的な構造だと考えている．膜タンパク質は流動性が高い脂質二重層の海に浮かぶ大きな氷山に見立てられている（図9.21）．（実際には，タンパク質によっては動けないものもあるし，動きが制限されている脂質もある．）

! 膜は脂質二重層と埋め込まれたタンパク質から成る．脂質とタンパク質は膜内を素早く拡散できる．

9.9 脂質二重層と膜は動的構造体である

二重層内の脂質はいつも動いているので，脂質二重層は流体としてのさまざまな性質をもつ．脂質二重層は二次元の液体とみなしてよい．脂質は二重層の中でいろいろな分子運動をする．たとえば，1枚の層の平面内で脂質は急速に移動して，二次元的に水平拡散する．たとえば，リン脂質分子が1個の細菌の端から端まで（2 μmくらいの長さ）移動するのにかかる時間は，37℃で約1秒である．

それとは対照的に，垂直拡散（フリップ・フロップ）では，脂質が二重層の一方の層から他方の層へ移動する．垂直拡散は水平拡散よりもはるかに時間がかかる（図9.25）．リン脂質分子の極性の頭は高度に水和しているので，結合した水の分子層をはぎ落としてから内部の炭化水素層を通り抜け，反対側まで行かねばならない．こうした動きはエネルギーの壁を越える必要があるので，垂直方向の拡散は，水平方向の拡散速度の10億分の1でしか起こらない．脂質分子の垂直拡散が非常に遅いので，生体膜の内側の層と外側の層の間での脂質の組成の違いが維持される．

細胞は既存の膜に脂質とタンパク質を追加することで新しい膜をつくり出している．細胞膜が拡張すると，細胞の大きさが増加する．やがて細胞は分裂し，それぞれの娘細胞は親の細胞膜を部分的に（普通は半分）受け継ぐ．細胞内部の膜も同様に拡張し，分割される．

> あなたはおばあさんの脂質分子を受け継いでいるはずである！
> （問題18参照）

細菌では，脂質分子は通常，脂質二重層の細胞質側に追加される．新しく合成された脂質が片方の層にだけ優先的に追加されることで，脂質の非対称性が生じる．垂直拡散が非常に遅いので，新しく合成された脂質のほとんどは外側の層には到達しないであろう．これが内側の層に特定のタイプの脂質が多い理由である．膜に結合したフリッパーゼとフロッパーゼの活性も脂質の非対称性をつくり出し，維持している．これらの酵素はATPのエネルギーを使って特定のリン脂質を一つの層から他の層へと移動させる．ある種のリン脂質が外側の層に多いのはこれらの酵素の活性による．真核生物の細胞では小胞体やゴルジ体の膜脂質も非対称に配置している．これらの細胞小器官の膜断片が非対称性を保っ

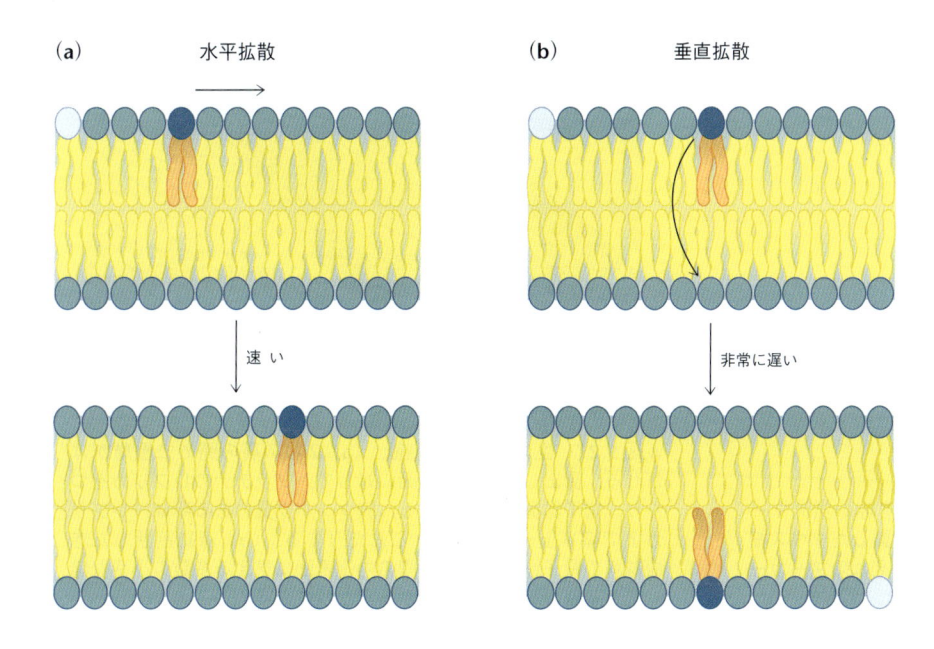

◀図9.25 二重層中の脂質の拡散 （a）水平拡散はかなり速く，（b）垂直拡散（フリップ・フロップ）は非常に遅い．

たまま，他の膜へ流れていく．

1970年にL. D. FryeとMichael A. Edidinは，膜タンパク質が脂質二重層の中を拡散することを確かめる巧妙な実験法を考案した．ヒトとマウスの細胞を融合させて雑種細胞（ヘテロカリオン）とする．そしてヒトの細胞膜タンパク質に結合する抗体を赤い蛍光色素で標識し，マウスの細胞膜タンパク質に結合する抗体を緑の蛍光色素で標識した．この二つの抗体を使って，膜タンパク質の分布が時間とともにどう変化するかを免疫蛍光顕微鏡で観察したところ，融合後40分以内に標識されたタンパク質はすっかり混じり合った（図9.26）．こうして生体膜の内部を自由に動けるタンパク質が少なくともいくつかあることがわかった．

膜の一つの層内を水平方向に非常に速く動く膜タンパク質もいくつかある．しかし大半のものは，膜脂質に比べて1/100〜1/500くらいの速さでしか動かない．膜のすぐ下にある細胞骨格と会合したり接着したりしているため，ほとんど動けないタンパク質もある．あまり動かない膜タンパク質は，他のタンパク質の動きを制限するための壁や檻の役割を果たしているらしい．膜タンパク質の動きが制限されると，周囲とは組成が異なった，タンパク質に富む斑点状の膜領域ができる．

膜タンパク質の分布状態は，凍結割断電子顕微鏡法により観察できる．膜試料を液体窒素で素早く凍結させて，ナイフではがす．脂質二重層では境界面が分子間相互作用がいちばん弱いので，そこから2枚に分けることができる（図9.27 a）．氷を真空下で蒸発させて，そこに露出した膜の内側表面をプラチナの薄いフィルムでコーティングして，電子顕微鏡で観察するための金属のレプリカをつくる．膜タンパク質が多い膜ならば，タンパク質のあった所に凹凸ができる．しかしタンパク質がない膜は平滑である．図9.27（b）に示したのは，赤血球膜の外側の層をはぎ取って露出させた内側の単層で，でこぼこになっているのが見える．

二重層の流動性は，そこに含まれる脂肪酸鎖の柔軟性で決まってくる．飽和脂肪酸鎖は低温では最大限に伸びており，ファンデルワールス接触が最大限になるように寄り添って結晶状になっている．しかし温度が上がると，固体結晶の融解に似た相転移が起こり，液晶相に変わった部分の脂肪酸鎖は秩序を失い，詰まり方が緩くなる．このような相転移によって，脂肪酸の炭化水素の尾はC-C結合の周りで回転しやすくなるので，完全には伸び切らなくなり，二重層の厚みは約15％少なくなる（図9.28）．1種類の脂質だけから成る二重層は，はっきりした相転移温度で相転移する．もしも脂質に不飽和脂肪酸が含まれていると，二重層の疎水性中心部は，室温（23℃）以下でも液状である．さまざまな脂質を含む生体膜は，10℃から40℃にかけて，次第にゲル状態から液晶状態に移っていくのが普通である．生体膜では場所ごとに相転移の状況が違うので，ある温度では液状の部分とゲル状の

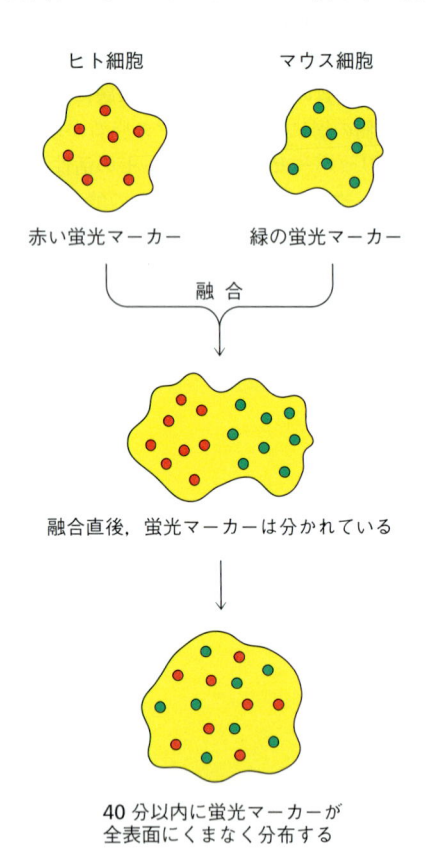

▲図9.26　**膜タンパク質の拡散**　膜タンパク質を赤い蛍光マーカーで標識したヒト細胞を緑の蛍光マーカーで標識したマウス細胞と融合させる．初めは別々の領域にあったそれぞれのマーカーが，40分以内に融合した細胞の全表面に混ざり合ってしまう．

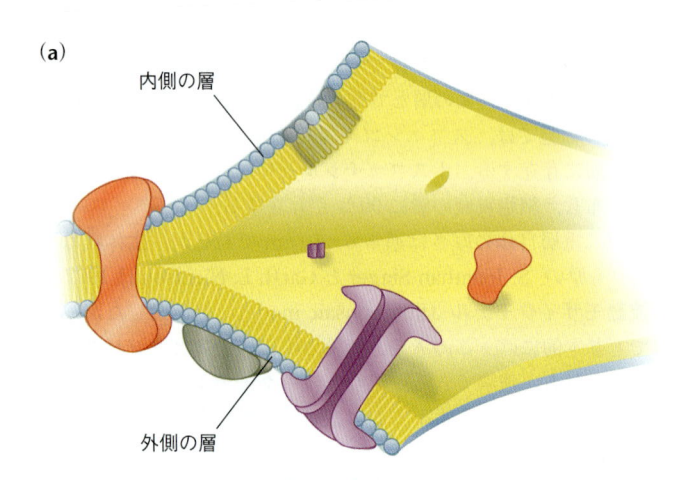

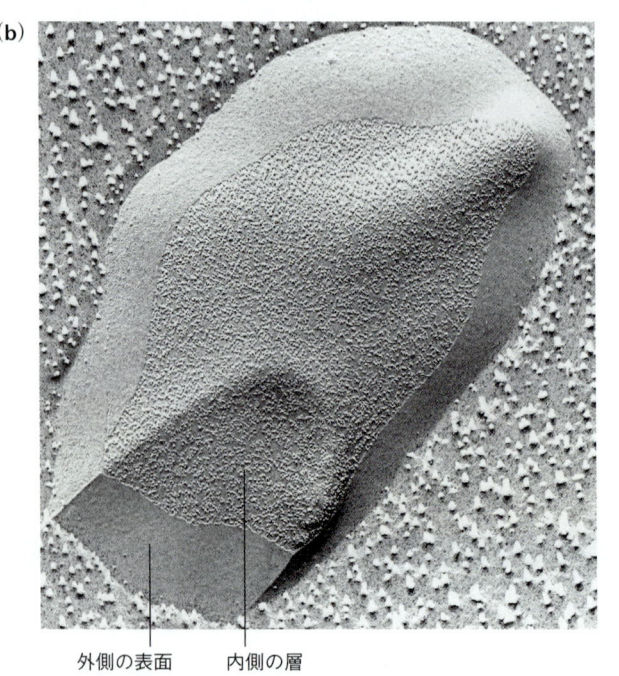

▲図9.27　**生体膜の凍結割断**　（a）2枚の層の間で二重層がはがれる．露出した内部の表面に対して，プラチナのレプリカをつくり，電子顕微鏡で観察する．膜タンパク質のある所は，レプリカ上で盛り上がったり，へこんだりする．（b）凍結割断した赤血球膜の電子顕微鏡写真．膜の内側表面に見える多数の小さな盛り上がりが，膜タンパク質があった所である．

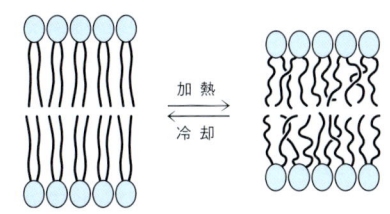

▲ 図9.28 **脂質二重層の相転移** ゲル状態のときは秩序があり，炭化水素鎖は伸びている．相転移温度以上になると，C−C 結合の周りの回転のため鎖が秩序を失い，液晶相になる．

部分が共存する．

リン脂質の構造は流動性および相転移温度に大きく影響する．§9.2 でもみたように，シス二重結合をもつ炭化水素鎖は折れ目があるので，詰込みにくくなり，流動性を高める．リン脂質に不飽和脂肪酸がアシル基として入ると，相転移温度が低くなる．膜の流動性が変わると，膜タンパク質の輸送機能や触媒活性が影響を受ける．そこで多くの生物は，膜脂質のアシル基の飽和脂肪酸と不飽和脂肪酸の比を変化させることで，状況が変わっても膜の流動性を一定に保てるように工夫している．たとえば細菌は，低温で増殖すると，膜の不飽和脂肪酸の割合が高くなる．キンギョは泳いでいる水の温度に適応する．環境の温度が下がると，腸膜と脳の不飽和脂肪酸が増える．不飽和脂肪酸アシル基は融点が低く，流動性が高いので，低温の環境でも膜の機能が保たれるのである．

哺乳類の細胞膜には，重さにして 20〜25％ のコレステロールが含まれるのが普通であり，これが膜の流動性に大きく影響する．固いコレステロール分子が膜脂質の炭化水素の間に割り込むと，脂肪酸鎖の動きを制約するので，高い温度での流動性は低下する（図 9.29）．一方，コレステロールは伸びた脂肪酸鎖が整然と詰込まれた状態を乱すので，低い温度では流動性を高める．この効果によって，温度や飽和脂肪酸の組成が変動しても，動物細胞の膜の流動性は一定に保たれるのである．

スフィンゴ脂質は長い飽和脂肪酸鎖をもつので，コレステロールと会合しやすい．多くのグリセロリン脂質の不飽和鎖は途中で折れ曲がるので，膜内にコレステロールを受入れにくい．このような選択的な会合のために，哺乳類の膜には，コレステロールがほとんどない領域で囲まれたコレステロール-スフィンゴ脂質から成る斑点状領域（パッチ）が存在する．このようなパッチを**脂質ラフト**（lipid raft）とよぶ．膜タンパク質には優先的に脂質ラ

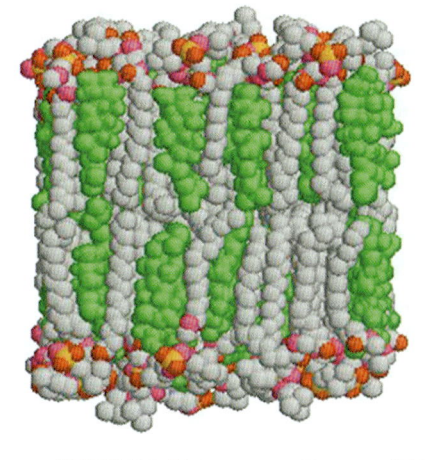

▲ 図9.29 **脂質膜のモデル** コレステロール分子（緑）がリン脂質の脂肪酸鎖（灰色）の間にはまり込んでいる．

フトに集まると考えられるものがある．そのため，ある種の膜タンパク質は，細胞表面で斑点状に分布する．膜タンパク質には，脂質ラフトを壊さないように維持する重要な役割があると考えられている．

9.10 膜　輸　送

細胞膜は生きた細胞を外界から物理的に隔てている．さらに原核生物でも真核生物でも細胞内に膜で区切られた区画がある．わかりやすい例として，真核細胞の核やミトコンドリアなどがある．

膜は大半の分子の自由通行を制限しており，選択的な透過性をもつ障壁といえる．一般則として，分子の透過性は疎水性と有機溶媒への溶けやすさが関係している．そのためヘキサン酸，酢酸，エタノールは容易に膜を横断できる．これらは高い透過係数をもつ（図 9.30）．水は極性が大きいにもかかわらず，脂質二重膜を自由に横断できるが，透過係数からもわかるように，ヘキサン酸のような有機溶媒と比べると，動きが大きく制限されている．

Na^+, K^+, Cl^- などの小さなイオンの透過係数は非常に小さい．これらは膜を横断して拡散することはできない．二重膜の中央部の疎水性部分が，極性分子，荷電した分子に対して，ほとんど通過不可能な障壁となるからである．H^+ の透過係数はそれよりも大きいが，それでもなお膜はプロトンに対して実質的な障壁になっている．

上述したように，疎水性が高い分子や，電荷をもたない小分子のいくつかは生体膜を横断して移動できる．水，酸素，その他の小分子は，拡散により膜を素早く横断できないとしても，すべての細胞内に入らねばならないし，真核細胞内部の区画の間を自由に行き来できねばならない．もっと大きなタンパク質や核酸のような分子も，内部区画の膜も含めて，膜を横断して運搬されねばならない．そこで，生きている細胞は，輸送タンパク質（孔，キャリヤー，パーミアーゼ，ポンプなどともよばれる）を使っている．高分子の場合は，エンドサイトーシスやエキソサイトーシスのような機構で運んでいる．

O_2 や CO_2 のように極性をもたない気体分子，ステロイドホルモン，脂溶性ビタミン，ある種の薬物などの疎水性分子は，濃度の高い側から低い側へと膜を横断して拡散することで，細胞に入ったり出たりできる．移動する速度は膜の両側での濃度の差，つまり濃度勾配の大きさで決まる．濃度勾配を下っていくなら

▲ **キンギョは水の温度に適応する** (a) キンギョ（*Carassuis auratus*）は膜の脂質組成を調節することによって，京都の水温に適応している．(b) こちらのキンギョ（Goldfish®）はどんな水温にもうまく適応しない．

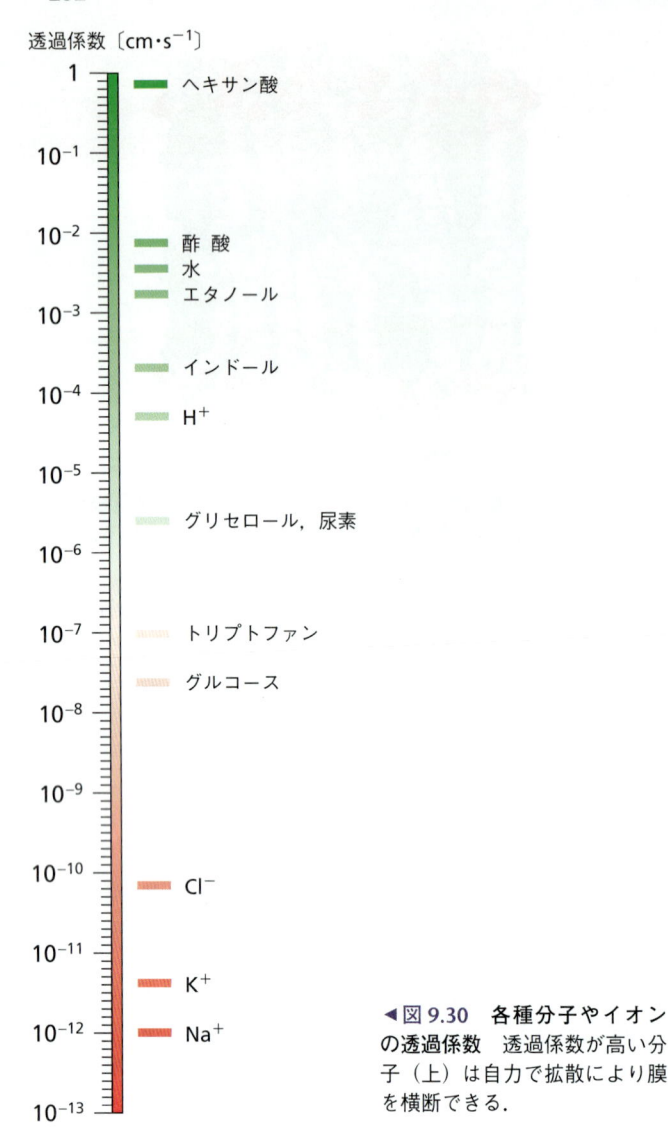

になる（§9.10 C）．表9.3にそれぞれの型の膜輸送の特徴をまとめてある．本節ではそれぞれの輸送システム，およびエンドサイトーシス，エキソサイトーシスについて説明する．

A. 膜輸送の熱力学

1章（§1.4 C）で説明したように，反応の実際のギブズ自由エネルギー変化と標準ギブズ自由エネルギー変化との間にはつぎの式のような関係がある．

$$\Delta G_{反応} = \Delta G°_{反応} + RT \ln \frac{[C][D]}{[A][B]} \quad (9.1)$$

ここで $\Delta G°_{反応}$ は標準ギブズ自由エネルギー変化，[C]と[D]は生成物の濃度，[A]と[B]は反応物の濃度を表す．膜輸送における標準ギブズ自由エネルギー変化は，膜の両側の分子濃度のみに依存する．

ある分子Aについて，膜の内側の濃度を $[A_{in}]$，外側の濃度を $[A_{out}]$ とする．A分子の輸送に伴うギブズ自由エネルギー変化はつぎのようになる．

$$\Delta G_{輸送} = RT \ln \frac{[A_{in}]}{[A_{out}]} = 2.303\, RT \log \frac{[A_{in}]}{[A_{out}]} \quad (9.2)$$

もしも細胞内のAの濃度が細胞外のAの濃度よりもはるかに低いとすれば，細胞内へのAの流入は $\Delta G_{輸送}$ が負になるので，熱力学的に有利である．たとえば，もし25℃で $[A_{in}]=1\,\mathrm{mM}$，$[A_{out}]=100\,\mathrm{mM}$ ならば，

$$\begin{aligned}\Delta G_{輸送} &= 2.303\, RT \log \frac{[A_{in}]}{[A_{out}]} \\ &= 2.303 \times 8.314 \times 298 \times (-2) \\ &= -11412\,\mathrm{J \cdot mol^{-1}} = -11.4\,\mathrm{kJ \cdot mol^{-1}}\end{aligned} \quad (9.3)$$

このような条件下では溶質分子Aは濃度勾配を解消させようとして細胞内へ流入する．反対方向への流れは，正のギブズ自由エネルギー変化（$\Delta G_{輸送}=+11.4\,\mathrm{kJ \cdot mol^{-1}}$）を伴うため熱力学的に不利である．

9.2式は電荷をもたない分子についてのみ有効である．イオンの場合は，ギブズ自由エネルギー変化に生体膜を隔てた電位差も考慮するための因子を取入れねばならない．ほとんどの細胞は陽イオンを選択的に外へ輸送するので，細胞の外側に比べて内側は

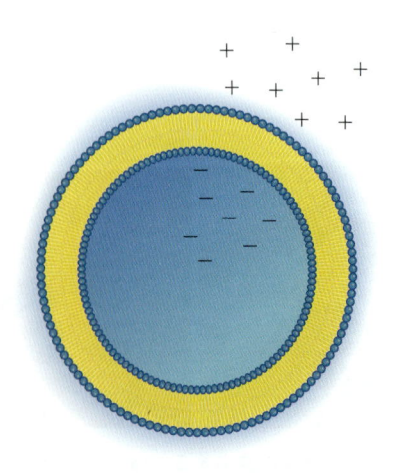

◀ 図9.30 **各種分子やイオンの透過係数** 透過係数が高い分子（上）は自力で拡散により膜を横断できる．

透過係数〔cm·s⁻¹〕
- 1 ヘキサン酸
- 10⁻² 酢酸, 水
- 10⁻³ エタノール
- 10⁻⁴ インドール
- 10⁻⁴ H⁺
- 10⁻⁶ グリセロール，尿素
- 10⁻⁷ トリプトファン
- 10⁻⁸ グルコース
- 10⁻¹⁰ Cl⁻
- 10⁻¹¹ K⁺
- 10⁻¹² Na⁺

（下り拡散）．拡散は自発的過程で，エントロピーの増大によって促進され，その結果自由エネルギーは減少する（次項で説明する）．

極性分子やイオンの膜横断は，三つの型の膜貫通タンパク質によって行われている．すなわち，チャネルあるいは透過孔，受動輸送体，能動輸送体である．これらの間では速度論的な性格や，エネルギー要求性が異なる．たとえば透過孔（チャネル）を通じて溶質が移動するときは，その速度は溶質の濃度が高いほど大きくなる．しかし受動輸送や能動輸送の場合には，溶質の濃度がある程度以上に高まると頭打ちになる（つまり輸送タンパク質が飽和されてしまう）．さらに輸送方式によってはエネルギーが必要

表9.3 各種膜輸送系の特徴

	輸送タンパク質	基質による飽和	濃度勾配に対する動き	エネルギー供給の必要性
単純拡散	なし	なし	下る	なし
チャネルと透過孔	あり	なし	下る	なし
受動輸送	あり	あり	下る	なし
能動輸送				
一次性	あり	あり	上る	あり（直接供給）
二次性	あり	あり	上る	あり（イオン勾配）

▲ **膜電位** ほとんどの場合，細胞の内部，あるいは膜で囲まれた区画は，外側に比べて負になっており，膜電位（$\Delta \Psi$）は負である．

9.10 膜輸送

負に荷電している。膜を隔てた電位差は、

$$\Delta\Psi = \Delta\Psi_{in} - \Delta\Psi_{out} \quad (9.4)$$

ここで $\Delta\Psi$ は膜電位（単位はボルト）とよばれる。この電位に起因するギブズ自由エネルギー変化は、

$$\Delta G = zF\Delta\Psi \quad (9.5)$$

ここで、z は輸送される分子の電荷（たとえば+1, −1, +2, −2 など），F はファラデー定数（$96\,485\,\mathrm{J \cdot V^{-1} \cdot mol^{-1}}$）である。細胞内は負に荷電しているので、$Na^+$ や K^+ のような陽イオンの取込みはこの膜電位により熱力学的に有利になる。陽イオンを外へ輸送するためには、正のギブズ自由エネルギー変化が伴うので、エネルギーを生み出す反応と共役させる必要がある。

荷電分子が関与する輸送に対しては、化学的（濃度）および電気的（電荷）な効果を常に考慮しなければならない。したがって、

$$\Delta G_{輸送} = 2.303\,RT \log\frac{[A_{in}]}{[A_{out}]} + zF\Delta\Psi \quad (9.6)$$

化学浸透圧説（§14.3）を説明するときに、9.6 式の重要性が理解できるだろう。

> それぞれの溶質が膜を横断して輸送されるときのギブズ自由エネルギー変化は、膜電位と膜の両側の溶質濃度に依存する。

B. 透過孔とチャネル

透過孔とチャネルは、中央にイオンや低分子が通り抜けることのできる通路をもった膜貫通タンパク質である（普通、細菌については透過孔、動物についてはチャネルという用語を使う）。大きさ、電荷、分子構造が適切なら、溶質分子は濃度勾配に従って、どちらの方向へでも速やかに移動できる（図 9.31）。この場合、エネルギーは必要ない。普通は溶質の濃度が高くなっても、移動速度が頭打ちになることはない。チャネルによっては移動速度が拡散律速現象の上限くらいにまで達することもある。

ある種の細菌の外膜にはポーリンが多い。これは透過孔タンパク質の一種で、ここを通ってイオンやさまざまの低分子が、細胞膜にある特異的な輸送体に到達できる。ミトコンドリアの外膜にも同じようなチャネルがある。ポーリンは溶質に対してほとんど選択性がない。つまり、いつも開いているふるいのようなものであり、溶質濃度によって制御される。一方、細胞膜には特定のイオンに対して非常に特異的なチャネルタンパク質が多く、特別のシグナルに応答して開いたり閉じたりする。

アクアポリンは水分子のための孔の役割をもつ膜貫通タンパク質である。このタンパク質の中央を貫くチャネルにより水分子や非荷電の小さな分子は通過できるが、荷電分子や大きな分子は通れない。図 9.32 に示す酵母のアクアポリンのように、このチャネルは外側に向かって広くなっているが、細胞質側ではずっと狭くなっている。アクアポリンはすべての生物種で共通している。水が膜を横断して拡散する速度は遅すぎるので、水を速く取込まねばならない細胞にとって必要である。単純だが、ある程度の特異性ももつポーリンの一例である。Peter Agre が発見し、2003 年のノーベル化学賞を得た。

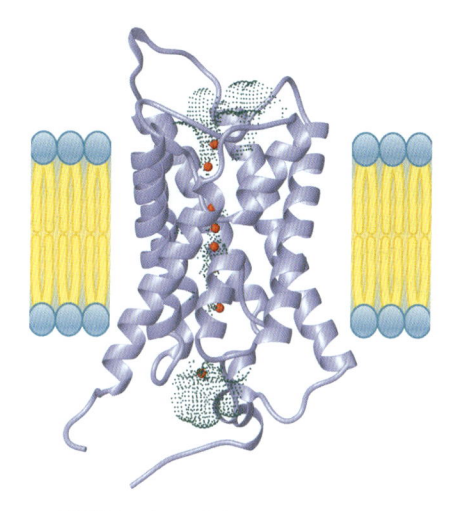

▲ 図 9.32 菌類のアクアポリン　アクアポリンは α ヘリックスバンドル領域をもつ膜貫通タンパク質である。外側表面で広く開いている水チャネル（緑の点）が、細胞質側では狭まって細い通路になっている。[*Pichia pastoris* PDB 2W2E]

CorA は原核細胞の主要なマグネシウムポンプである。Mg^{2+} に対して選択性が高く、膜電位を利用して、濃度勾配に逆らって Mg^{2+} を細胞内に送り込む。正に荷電したさまざまなイオンが細胞内に流入"しよう"とするが、CorA 透過孔は Mg^{2+} だけを通過させ、それ以外のイオンは通さない。Mg^{2+} は細胞のさまざまな活動に必須である。CorA の大きな細胞質側領域によって流入速度が制御されている（図 9.33）。その領域に Mg^{2+} を結合させ、十分な数が結合すると孔を閉じる。したがって、Mg^{2+} の流入を制御するのは細胞質側の濃度である。

神経組織の膜には開閉式（つまり調節できる）カリウムチャネルがあり、K^+ を選択的に素早く外へ向かって流出させる。このチャネルは K^+ を、もっと小さな Na^+ よりも 10 000 倍も速く通過させる。X 線結晶解析によれば、カリウムチャネルには陽イオンを引きつけ、陰イオンを近づけない負に荷電したアミノ酸を含む大きな開口部（漏斗状）がある。水和した陽イオンは、電気的に中性な選択性フィルターとよばれるくびれた孔に静電的な力で導かれる。K^+ は水和水を速く失い、選択性フィルターを通過する。Na^+ にはもっとたくさんの水和水が付いているので、フィルターを通過するのが遅くなる。チャネルの開口部以外の部分は疎水性

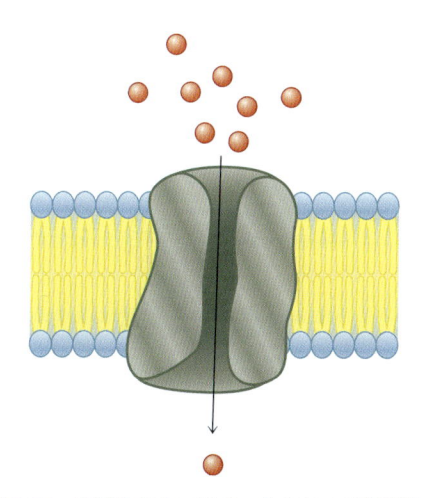

▲ 図 9.31 透過孔あるいはチャネルによる膜輸送　大きさ、電荷、形が適切ならば、分子やイオンは中央の通路を通って膜をどちらの方向にでも横断できる。

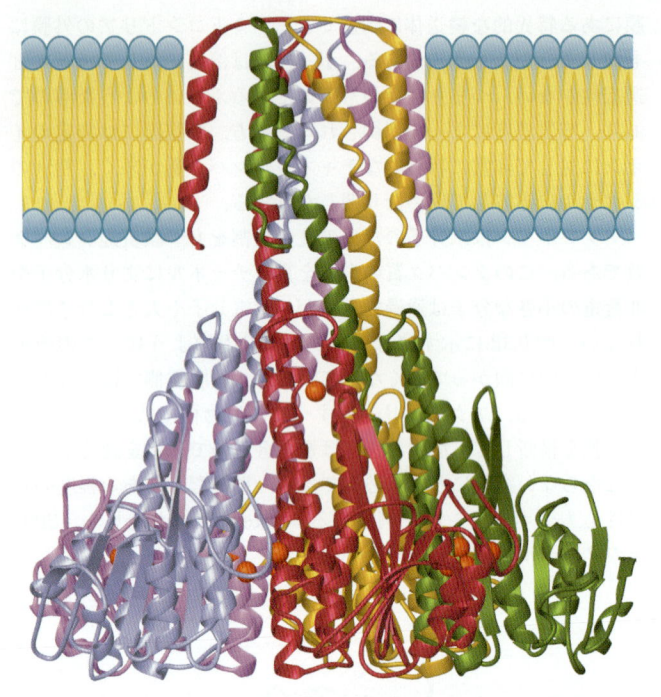

▲図 9.33　**マグネシウムポンプ CorA**　CorA は原核生物のマグネシウムポンプである．Mg^{2+} は外側表面に結合し，膜電位に従って，きわめて選択的なチャネルを通って輸送される．内部の Mg^{2+} 濃度が高いとき，細胞質側の領域はそれに応答して Mg^{2+} を結合し，透過孔を閉じる．ここに示したのは *Thermotoga maritima* の CorA で，五つのサブユニットを違う色で書いてある．[PDB 2HN2]

うギブズ自由エネルギー変化に打勝つために，エネルギーを生み出せる過程と共役させる必要がある．いちばん単純な膜の輸送体は（受動，能動を問わず），**単輸送**（uniport）を行う．つまりある1種の溶質だけを膜を横断して輸送する（図 9.34 a）．しかし，多くの輸送体は異なる二つの溶質を一緒に運ぶ．二つとも同じ方向なら**共輸送**（symport，図 9.34 b）であり，二つを互いに反対方向に輸送するなら**対向輸送**（antiport，図 9.34 c）である．

受動輸送（passive transport）は膜を横断する単純な拡散も含む．透過孔，チャネル，輸送タンパク質が関与する場合は**促進拡散**（facilitated diffusion）とよぶ．促進拡散はエネルギー源を必要としないので，受動輸送の例の一つでもある．輸送タンパク質は溶質が濃度勾配あるいは電位勾配を下る動きを加速する．拡散だけに頼るとこの動きは非常に遅い．この場合，輸送タンパク質は酵素に似ていて，熱力学的に有利な過程の速度を上昇させる．単純な受動単輸送システムでは，内側へ輸送する初期速度は，外にある基質の濃度に依存していて，これは酵素が触媒する反応の初速度と似ている．つまり濃度依存性を表す数式は，酵素反応速度論で使われるミカエリス・メンテンの式と同じ形をしている（5.13 式）．

$$v_0 = \frac{V_{max}[S]_{out}}{K_{tr} + [S]_{out}} \tag{9.7}$$

ここで，v_0 は外側にある基質の濃度が $[S]_{out}$ のとき，基質を内側方向へ輸送する過程の初速度で，V_{max} は基質を輸送する最大速度，K_{tr} はミカエリス定数 K_m と似た定数（つまり輸送体が半飽和になるときの基質濃度）である．K_{tr} が小さいほど，輸送体は基質に対して強い親和性をもつ．輸送には飽和現象があり，基質濃度が高まれば最大速度に近づく（図 9.35）．

基質が細胞内にたまってくると，外方向の輸送速度が大きくなって，内方向の速度と等しくなり，$[S]_{in}$ が $[S]_{out}$ と等しくなる．この時点で，膜のどちら側でも基質の濃度は実質的に違いがなくなる．ただし，基質は依然として膜を横断して，両方向に移動を続けている．

輸送タンパク質の作用モデルとして，基質と結合したときに輸送タンパク質のコンホメーションが変化して膜の反対側への基質分子の放出を可能にし，その後，輸送タンパク質はまた最初の状態に戻ると考えられている（図 9.36）．酵素が基質を結合したときに誘導適合が起こるのと同じように（§ 6.5 C），輸送するべき

アミノ酸で裏打ちされている．アミノ酸配列の比較から，カリウムチャネル以外のチャネルや透過孔も，同じような構造的特徴をもっていると考えられている．Roderick MacKinnon は 2003 年のノーベル化学賞を Peter Agre とともに受賞した．彼はカリウムチャネルを集中的に研究した．

C．受動輸送と促進拡散

透過孔とチャネルは受動輸送の例であり，輸送に対するギブズの自由エネルギー変化は負となり，膜の片側から反対側への輸送は自発的過程となる．能動輸送では，溶質は濃度勾配や電位差に逆らって移動する．能動輸送は，補助なしでは不利になってしま

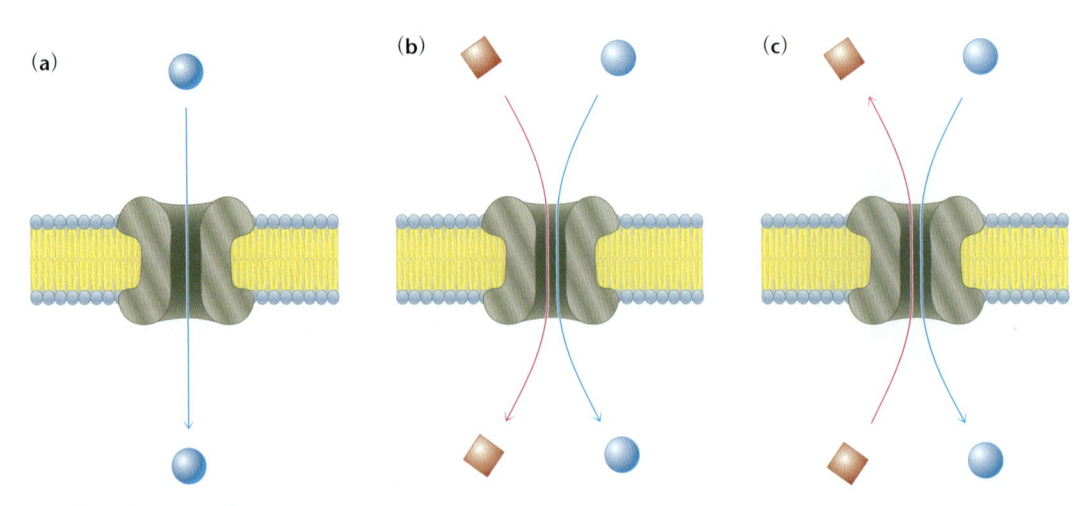

▲図 9.34　**受動輸送および能動輸送の三つの型**　輸送タンパク質の中央に孔があいているように描いてあるが，受動輸送でも能動輸送でも，溶質が通過するときには立体構造の変化を伴う．(**a**) 単輸送．(**b**) 共輸送．(**c**) 対向輸送．

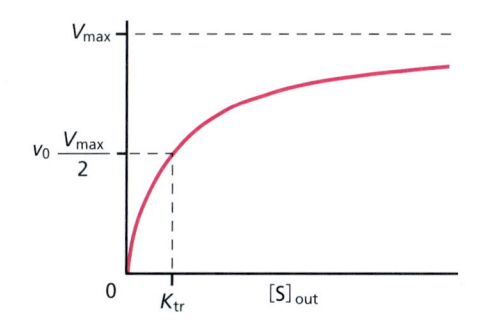

▲図9.35 **受動輸送の速度論** 基質濃度が高くなるほど輸送の初速度は上昇し，最高値にまで達する．K_{tr} は輸送速度が最高値の半分のときの基質濃度．

分子が輸送体に結合すると，コンホメーション変化が誘導されることが多い．能動輸送の場合には，ATPなどのエネルギー供給源によりコンホメーション変化が起こると考えられている．酵素と同じように，輸送体も可逆的あるいは不可逆的に阻害される．

D. 能動輸送

能動輸送（active transport）も全体的には，機構および速度論的な特徴は受動輸送とよく似ている．しかし，濃度勾配をさかのぼって溶質を動かすためにエネルギーを必要とする．場合によって，荷電した分子やイオンを能動輸送した結果，膜を境とした電位勾配ができるので，膜電位にさからってイオンを輸送することになる．

能動輸送ではさまざまなエネルギーを利用する．いちばんよく使われるのはATPであり，あらゆる生物でイオンを輸送するATPアーゼが見つかっている．Na^+, K^+-ATPアーゼやCa^{2+}-ATPアーゼを利用した能動輸送によって，細胞膜や細胞小器官の膜を境としたイオン濃度勾配が形成され，かつ維持されている．

一次性能動輸送は，ATP，光などのエネルギーを原動力にするものである．たとえばバクテリオロドプシン（図9.22）は光のエネルギーを利用して，膜を境としたプロトン濃度勾配をつくり，これを利用してATPを生産できる．癌細胞が多種類の化学療法剤に耐性を示すときには，P糖タンパク質とよばれる一次性能動輸送タンパク質がおもな原因になっているらしい．多剤耐性はヒトの癌治療を妨げる大きな理由の一つである．P糖タンパク質は膜貫通タンパク質（分子量170000）で，薬剤耐性細胞の細胞膜に多量にあり，ATPをエネルギー源として，構造に関係なくさまざまな非極性物質，たとえば薬物などを濃度勾配にさからって細胞外にくみ出してしまう．そのため細胞質ゾル中の薬物濃度が低く保たれ，細胞を殺せない．P糖タンパク質の本来の生理的役割は，おそらく毒性のある疎水性物質が侵入したときに除去することだろう．

二次性能動輸送はイオン勾配によって促進される．目的分子が濃度勾配をさかのぼることと，一次性能動輸送で濃度が高まった第二の溶質が濃度勾配を下ることが組合わされている．たとえば大腸菌では，膜に結合した酸化還元酵素群を電子が流れていくにつれて，菌体外のプロトン濃度が高くなる．そのプロトンが濃度勾配に従って細胞内に流入するのに合わせて，ラクトースが濃度勾配にさからって細胞内に取込まれる（図9.37）．プロトンの濃度勾配のエネルギーがラクトースの二次性能動輸送を促進する．このようなH^+とラクトースの共輸送を触媒しているのが，膜貫

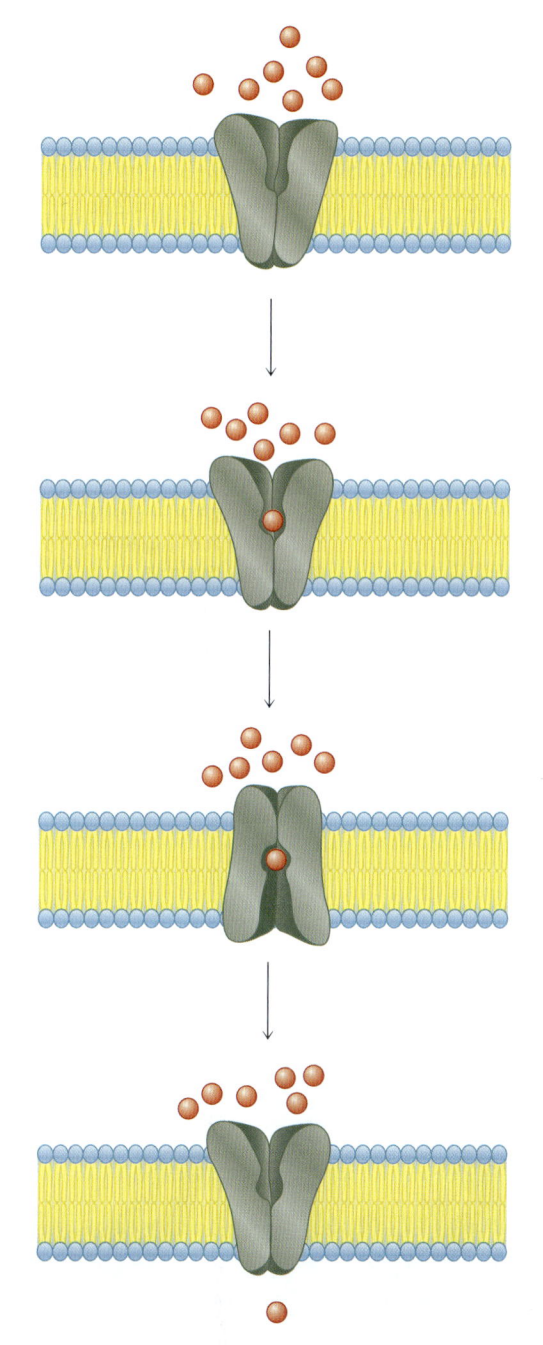

▲図9.36 **受動輸送および能動輸送タンパク質の機能** タンパク質が特異的基質を結合すると，コンホメーションが変化する．それによって分子やイオンは膜の反対側に放出される．複数種の分子を輸送するタンパク質には，それぞれの分子に対する特異的な結合部位がある．

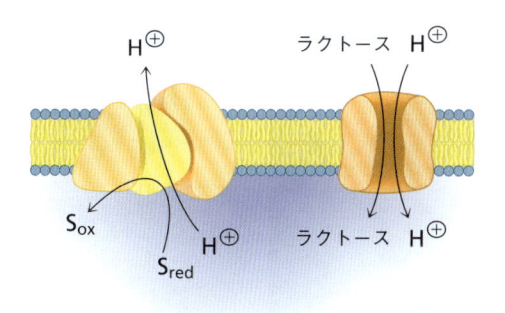

▲図9.37 **大腸菌における二次性能動輸送** 還元型基質（S_{red}）を酸化する際に，膜を隔てたプロトンの濃度勾配ができる．プロトンが濃度勾配を下っていくときに解放されるエネルギーが，ラクトースパーミアーゼによるラクトースの細胞内への取込みを促進する．

通タンパク質であるラクトースパーミアーゼ（ガラクトシドパーミアーゼ）である．

大きな多細胞動物では，しばしば二次性能動輸送がNa^+勾配で駆動される．ほとんどの細胞は，外部のK^+濃度が5mMほどなのに，内部のK^+濃度を約140mMに保っている．同時に外部のNa^+濃度が145mMなのに，細胞質のNa^+濃度を5〜15mMに保つ．このような濃度勾配を維持するために，ATPで駆動されて対向輸送を行うNa^+,K^+-ATPアーゼというポンプがある．ATPが1分子加水分解されるたびに，このポンプは2個のK^+を細胞内にくみ上げ，3個のNa^+を細胞外へ捨てる（図9.38）．1分子のNa^+,K^+-ATPアーゼは1分間に100分子のATPを加水分解する．これは普通の動物細胞にとって全エネルギー消費のかなりの部分（約1/3にまで達することもある）に相当する．腸細胞においてグルコースを二次性能動輸送するための主要なエネルギー源は，Na^+,K^+-ATPアーゼがこうしてつくり出すNa^+勾配である．Na^+が一つ細胞内に入るたびに，グルコース1分子が取込まれる．Na^+が勾配を下ることによって解放されるエネルギーが，グルコースを勾配にさからって引き上げることになる．

E. エンドサイトーシスとエキソサイトーシス

これまでに取上げた輸送現象は，分子やイオンが膜を壊さずに横断するものだった．しかし透過孔，チャネル，輸送タンパク質などを利用して膜を横断させるには大きすぎる分子であっても，細胞は取込んだり放出せねばならない場合がある．原核細胞の場合，ある種のタンパク質（毒素や酵素）を外部環境に放出するために，細胞膜やその外側の膜などにいくつもの成分が組合わさってできた輸送システムがある．一方，真核細胞では，すべてではないが多くのタンパク質（およびその他の高分子）はエンドサイトーシス（endocytosis）によって細胞内に入り，エキソサイトーシス（exocytosis）によって細胞から外に出る．いずれの場合も特別な脂質の小胞ができる．

エンドサイトーシスでは巨大分子が細胞膜に飲込まれて，脂質小胞となって細胞内に入る．レセプターを介するエンドサイトーシスは，巨大分子が細胞膜上の特別なレセプタータンパク質に結合するところから始まる．つぎに膜が陥没して，結合した分子を包んだ小胞になる．図9.39からわかるように，小胞の内側は細胞の外と同じである．つまり小胞の内部にある物質は膜を横断して運ばれたのではない．細胞内に入った小胞は，エンドソーム（別の型の小胞）と融合し，さらにはリソソームと融合する．リソソームの中で，エンドサイトーシスを受けた物質ばかりかレセプターそのものもおそらく分解される．しかし，リガンドまたはレセプター，あるいは両方ともエンドソームから細胞膜へリサイクルされる場合もある．

エキソサイトーシスは，運搬する方向が反対なのを別にすれば，エンドサイトーシスと似ている．この過程では，細胞から分泌されるべき物質をゴルジ体（§1.8B）で小胞の中に閉じ込める．そ

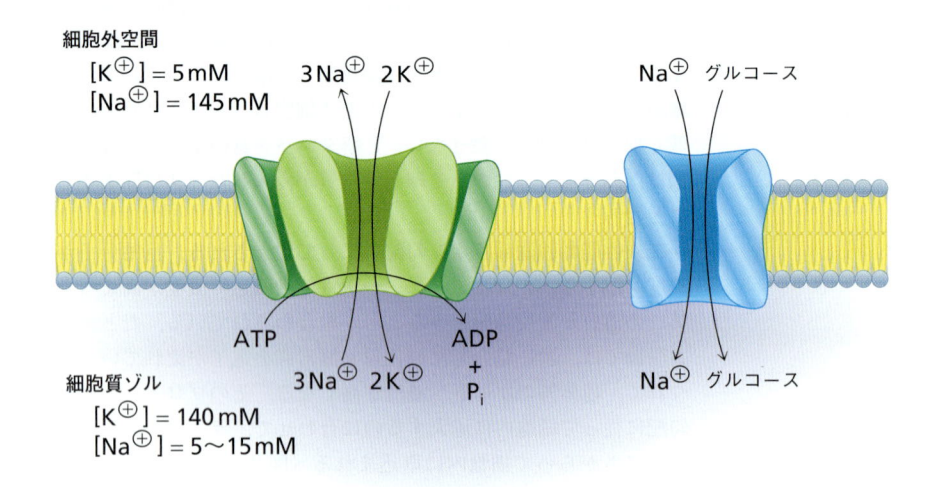

◀図9.38　動物における二次性能動輸送　Na^+,K^+-ATPアーゼがNa^+の濃度勾配をつくり，それが小腸細胞へのグルコースの能動輸送を促進する．

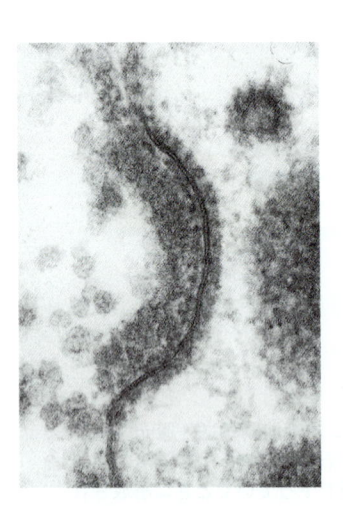

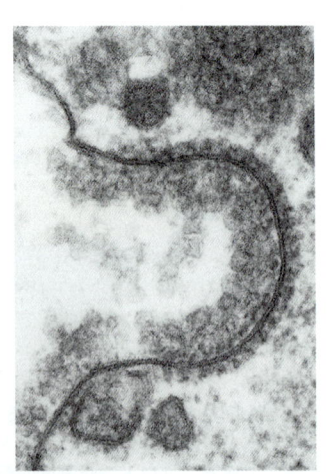

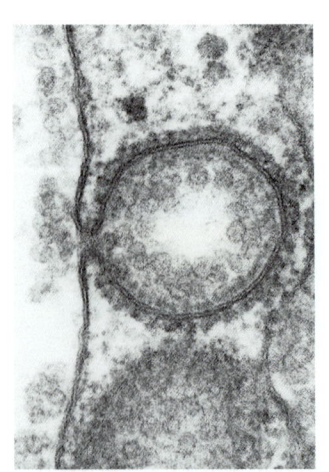

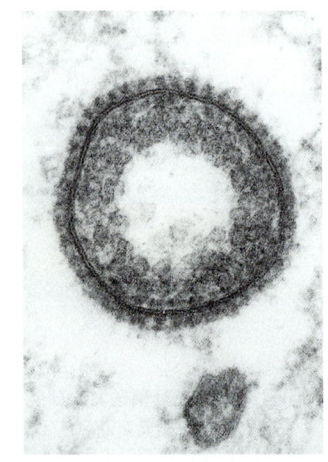

▲図9.39　エンドサイトーシスの電子顕微鏡写真　細胞膜に巨大分子が結合すると，エンドサイトーシスが始まる．膜が陥没して，結合した分子を包んだ小胞となる．小胞の内側は位相幾何学的には細胞の外側と同じである．

の小胞が細胞膜と融合して，小胞の内部にあった物質は細胞外に放出される．消化酵素の前駆体は膵臓の細胞からこのようにして放出される（§6.6A）．

> 真核細胞における分泌経路は§22.10で述べる．

9.11　細胞外シグナルの伝達

細胞が外部環境と相互作用するためには，細胞膜の外側にある分子を検出して，細胞内部に情報を伝えねばならない．この過程は**シグナル伝達**（signal transduction）とよばれ，活発に研究されている．この節では最も一般的なシグナル伝達経路の基本を述べる．生化学をさらに学ぶにつれて，さまざまな変形も出てくる．

A. レセプター

あらゆる細胞の細胞膜には，外部からの化学的刺激分子のうちで膜を横断できないものに対して，細胞が応答できるようにする特別なレセプターがある．たとえば，細菌類は周囲にある特定の化学物質を検出できる．シグナルが細胞表面から鞭毛に伝わると，細菌は餌のありそうな方向へ泳ぐ．この現象を正の**走化性**（chemotaxis）とよぶ．負の走化性では，細菌は毒性の化学物質から逃れるように泳ぐ．

多細胞生物では，ホルモン，**神経伝達物質**（シナプスで神経情報を伝達する物質），**増殖因子**（細胞増殖を制御するタンパク質）などの刺激分子を生産する特殊な細胞がある．このようなリガンドが他の組織まで到達して，それを認識するレセプターを細胞表面に提示している細胞に結合して，特異的に応答させる．本節では，動物において，水溶性のリガンドがレセプターに結合すると，どのような細胞内応答が起こるかを学ぼう．このようなものにはアデニル酸シクラーゼ（アデニリルシクラーゼ），イノシトールリン脂質，レセプターチロシンキナーゼなどが関与するシグナル伝達経路がある．

> キナーゼについては§6.8で取上げた．

図9.40にシグナル伝達の一般的な機構を示した．リガンドが標的細胞表面の特異的レセプターに結合すると，この相互作用によってシグナルが発せられ，それが**トランスデューサー**（transducer）という膜タンパク質を介して，膜に結合した**エフェクター酵素**（effector enzyme）に伝わる．エフェクター酵素が働くと，

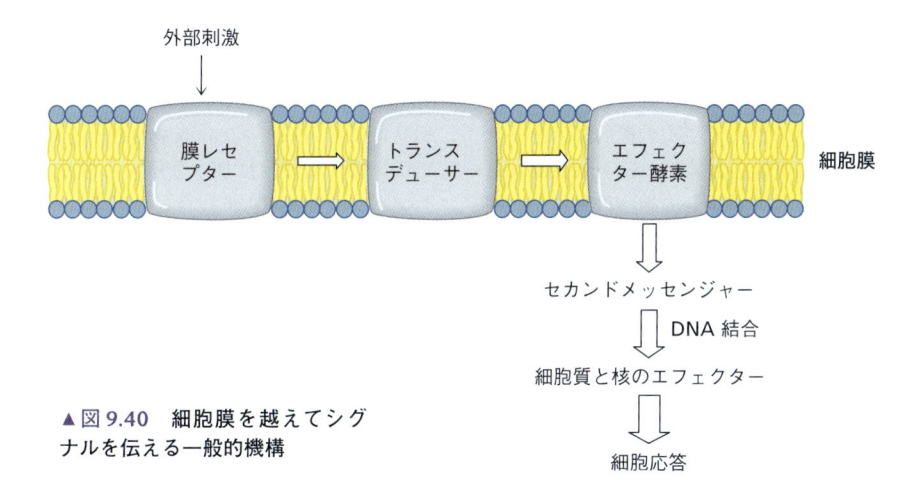

▲図9.40　細胞膜を越えてシグナルを伝える一般的機構

BOX 9.6　辛いトウガラシ

トウガラシの"ピリピリする辛さ"の理由は，いまや生化学的によくわかっている．トウガラシの種に含まれるその活性物質は，カプサイシンとよばれる脂溶性のバニロイド化合物（バニリル基を有する化合物）である．

カプサイシン

カプサイシンに応答する神経細胞のレセプタータンパク質が見つかり，性質が調べられた．それはイオンチャネルで，六つの膜貫通領域をもつことがアミノ酸配列から推測された．カプサイシンがレセプターを活性化すると，チャネルが開き，Ca^{2+}とNa^+が神経細胞の内側に流入し，脳にインパルスを送る．このレセプターはバニロイド系のスパイスばかりでなく，急激な温度上昇によっても活性化される．このレセプターの実際上のおもな役割は熱の検出である．

トウガラシ▶

細胞内の**セカンドメッセンジャー**（second messenger, 第二メッセンジャー）が生成する．これは通常小さな分子あるいはイオンである．この拡散しやすいセカンドメッセンジャーがシグナルを最終目的地まで運ぶ．最終目的地は，核，細胞内コンパートメント，細胞質ゾルなどである．細胞表面のレセプターにリガンドが結合すると，ほとんどの場合，プロテインキナーゼが活性化される．これらの酵素が，基質となるさまざまなタンパク質に，ATPからリン酸基を転移させ，こうしてリン酸化されたタンパク質が細胞の増殖や分裂を制御する役割を果たす．リン酸化によって活性化されるタンパク質もあるし，不活性化されるものもある．リガンド，レセプター，トランスデューサーは多種多様であるが，セカンドメッセンジャーおよびエフェクター酵素の種類はごく少ない．

チロシンキナーゼ型のレセプターのシグナル伝達機構はもっと簡単である．膜レセプター，トランスデューサー，エフェクター酵素が，すべて一つの酵素の中に含まれている．膜の外側に出ているレセプター領域が，膜貫通領域を介して，細胞質ゾルにある活性部位とつながっている．活性部位で標的タンパク質のリン酸化が行われる．

シグナル伝達経路の大事な役割の一つがシグナルの増幅である．たった1個のリガンド-レセプター複合体が，たくさんのトランスデューサー分子と相互作用でき，それぞれのトランスデューサー分子が何個ものエフェクター酵素を活性化できる．同じように，たくさんのセカンドメッセンジャー分子がたくさんのキナーゼ分子を活性化でき，それらがたくさんの標的酵素をリン酸化する．このような一連の増幅現象を**カスケード**（cascade）という．カスケード機構の意義は，ほんの少しの細胞外物質が，細胞膜を越えることなしに，また個々の標的酵素に結合することなしに，たくさんの細胞内酵素に影響を与えるところにある．

化学的刺激のすべてが図9.40に示した一般的機構に従うわけではない．たとえばステロイドホルモンは疎水性なので，細胞膜を拡散によって通過して細胞内に入り，細胞質内の特異的レセプタータンパク質に結合できる．こうしてできたステロイド-レセプター複合体が核に運ばれ，DNA上のホルモン応答部位とよばれる特殊な領域に結合し，その領域とつながった遺伝子の発現を活性化したり抑制したりする．

> ホルモンであるインスリン，グルカゴン，アドレナリンの作用と，糖および脂質代謝における膜貫通シグナル伝達経路の役割については，§11.5, 13.3, 13.7, 13.10, 16.1 C, BOX 16.4, §16.7 で述べる．

! 膜にあるレセプターは，膜を越えて情報を伝えるための最初の過程を受持つ．

B. シグナルのトランスデューサー

レセプターとトランスデューサーは多種多様である．細菌のトランスデューサーは真核生物のものと異なる．ほとんどの真核生物がもつトランスデューサーがあり，ここではそのような普遍的なトランスデューサーを重点的に述べる．

細胞膜にあるレセプターのうちの多くのものは，**Gタンパク質**（G protein）とよばれるグアニンヌクレオチド結合タンパク質と相互作用する．Gタンパク質は外部刺激をエフェクター酵素に伝達するためのトランスデューサーとして働く．Gタンパク質はGTPアーゼ活性をもつ．つまりグアノシン5′-三リン酸（GTP，ATPに似ているがグアニンを含む）をゆっくりとグアノシン5′-二リン酸（GDP）に加水分解する触媒として働く（図9.41）．Gタンパク質はGTPが結合した状態でシグナル伝達活性を発揮し，GDPが結合した状態では不活性になる．Gタンパク質が活性型と不活性型の間を循環している様子を図9.42に示した．ホルモンレセプターによるシグナル伝達にかかわっているGタンパク質は，細胞膜の内側表面に局在する表層タンパク質であり，

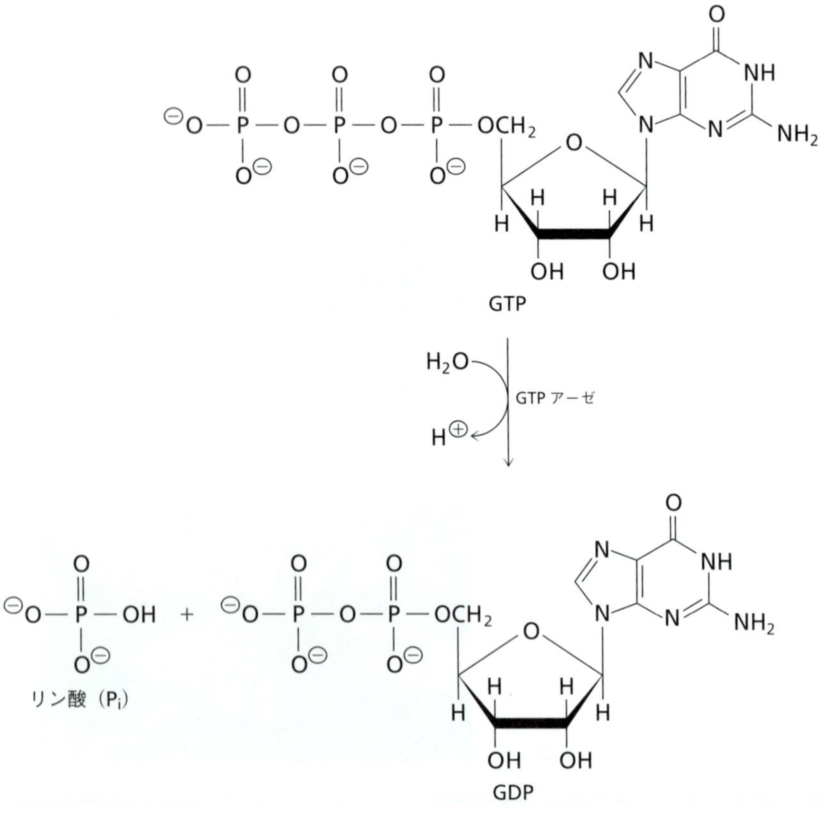

◀図9.41 グアノシン5′-三リン酸（GTP）を加水分解するとグアノシン5′-二リン酸（GDP）とリン酸（P_i）ができる．

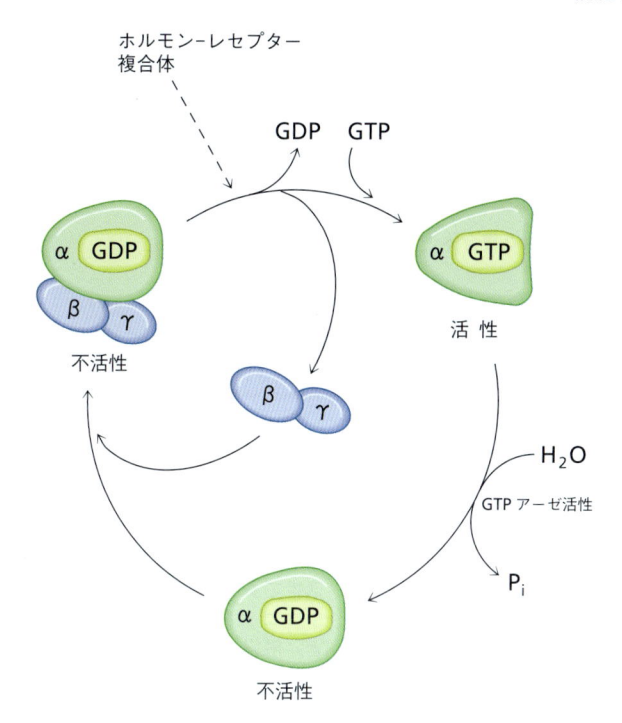

9.11 細胞外シグナルの伝達

をする．つまり，Gタンパク質はGTPをゆっくりGDPへと加水分解するからである．GTPが加水分解されると，G_α-GDP複合体は再び$G_{\beta\gamma}$と会合し，$G_{\alpha\beta\gamma}$-GDP複合体が再生する．Gタンパク質は非常に遅い触媒であり，スイッチとして役立つように進化した．そのk_{cat}はわずか3 min^{-1}しかない．

Gタンパク質は，これから取上げるアデニル酸シクラーゼ系やイノシトールリン脂質系など，数十にものぼるシグナル伝達経路で見つかっている．エフェクター酵素は促進性Gタンパク質（stimulatory G protein；G_s）に応答する場合も，抑制性Gタンパク質（inhibitory G protein；G_i）に応答する場合もある．Gタンパク質ごとにαサブユニットははっきり異なり，さまざまな特異性に対応しているが，βとγサブユニットはよく似ていて，交換できる場合も多い．ヒトではαタンパク質は20種類以上，βタンパク質は5種，γタンパク質は6種ある．

C. アデニル酸シクラーゼシグナル伝達経路

環状ヌクレオチドのサイクリックアデノシン3′,5′-一リン酸（cyclic adenosine 3′,5′-monophosphate；cAMP）と，そのグアニン類似体であるサイクリックグアノシン3′,5′-一リン酸（cyclic guanosine 3′,5′-monophosphate；cGMP）はセカンドメッセンジャーであり，細胞外からやってきたシグナルを細胞内酵素に伝達する．cAMPはアデニル酸シクラーゼの作用でATPからつくられ（図9.43），cGMPも同じようにGTPからつくられる．

> グルコース濃度の変化に対する，cAMPを介した大腸菌の応答については §21.7 C で述べる．

細胞内の代謝を制御するホルモンの多くは，アデニル酸シクラーゼシグナル伝達経路を活性化して，標的細胞に効果を及ぼす．促進性のレセプターにホルモンが結合すると，レセプターのコンホメーションが変化し，レセプターとGタンパク質G_sとの間の相互作用が促進される．レセプター-リガンド複合体がG_sを活性化し，これがつぎにエフェクター酵素であるアデニル酸シクラーゼに結合し，その活性部位のコンホメーションをアロステリックに変化させて活性化する．

アデニル酸シクラーゼは膜貫通酵素で，活性部位は細胞質ゾル

▲図9.42 Gタンパク質サイクル　Gタンパク質はレセプター-リガンド複合体に結合すると活性化され，その後，自身のもつGTPアーゼ活性によりゆっくりと不活性化される．G_α-GTP/GDPおよび$G_{\beta\gamma}$は膜結合性である．

α，β，γサブユニットから成る．αとγサブユニットは脂質アンカー型膜タンパク質である．αサブユニットは脂肪酸アシル鎖がアンカーになっており，γサブユニットはプレニル基がアンカーになっている．$G_{\alpha\beta\gamma}$とGDPとの複合体は不活性である．

ホルモン-レセプター複合体は膜上を水平拡散しており，これに$G_{\alpha\beta\gamma}$が出会って結合すると，Gタンパク質のコンホメーションが変わって活性型になる．そして結合していたGDPがGTPと直ちに入れ替わり，G_α-GTPは$G_{\beta\gamma}$から離れる．この結果G_α-GTPは活性化され，エフェクター酵素と相互作用できるようになる．GタンパクのGTPアーゼ活性は，内蔵タイマーの働き

BOX 9.7　細菌毒素とGタンパク質

Gタンパク質は病原性のコレラ菌（*Vibrio cholerae*）が分泌するコレラ毒素や，百日咳菌（*Bordetella pertussis*）が分泌する百日咳毒素の標的となる．どちらの病気もcAMPを過剰生産する．

コレラ毒素は細胞表面のガングリオシドG_{M1}（§ 9.5）に結合し，そのサブユニットの一つが細胞膜を通過して細胞質ゾルに侵入する．このサブユニットがGタンパク質G_sのαサブユニットの共有結合修飾（ADPリボシル化）を触媒して，GTPアーゼ活性を失わせる．その結果，この細胞のアデニル酸シクラーゼはいつまでも活性化され続け，cAMP濃度が高い状態が続く．コレラ菌が感染したヒトでは，cAMPが腸細胞の膜にあるいくつかの輸送体を刺激して，腸管内にイオンと水を大量に分泌させるので，液体を補給しないと下痢により致命的な脱水症状になることがある．

百日咳毒素は肺の上皮細胞表面にあるラクトシルセラミドとよばれる糖脂質に結合し，エンドサイトーシスにより取込まれる．この毒素はG_iの共有結合修飾（ADPリボシル化）を触媒する．この場合，修飾されたGタンパク質はGDPをGTPと交換できなくなる．そのため抑制性レセプターを介したアデニル酸シクラーゼの活性抑制が不可能になり，cAMP濃度が上昇して，百日咳の症状が出る．

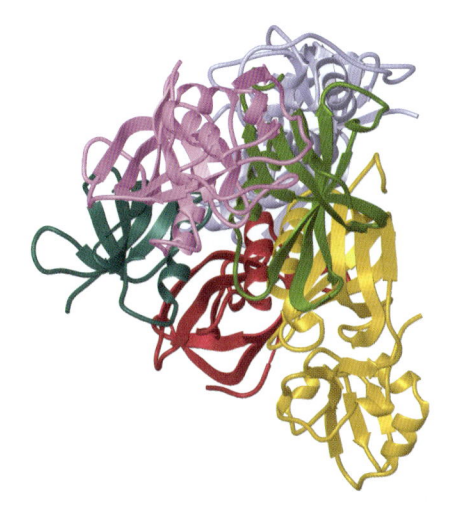

▲百日咳毒素　細菌毒素は赤，緑，青，紫，黄で色分けした五つのサブユニットをもつ．[PDB 1BCP]

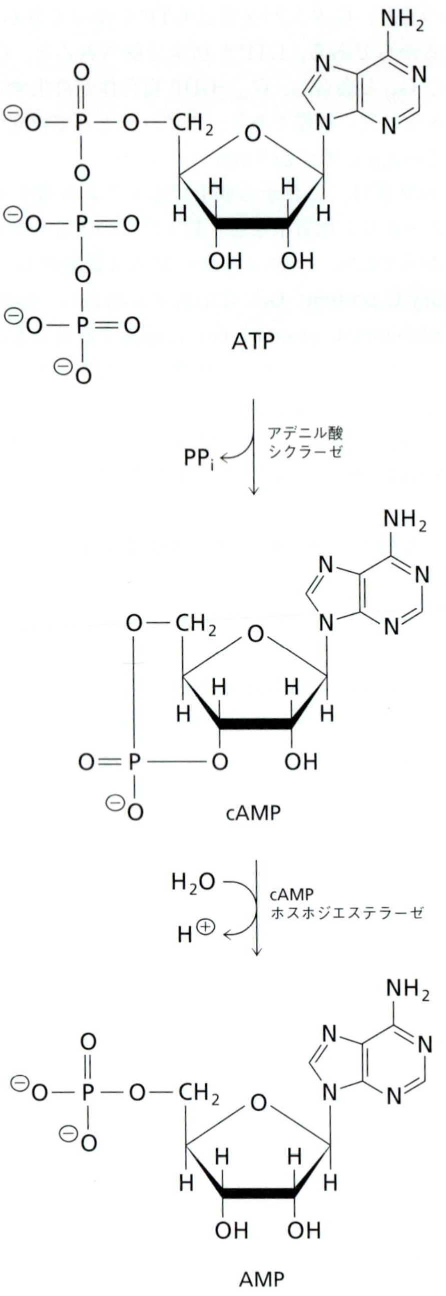

▲図9.43 cAMPの生成と不活性化 膜貫通酵素アデニル酸シクラーゼによりATPがcAMPになる．細胞質のcAMPホスホジエステラーゼが，このセカンドメッセンジャーを5′-AMPに変える．

◀図9.44 プロテインキナーゼAの活性化 集合している複合体は不活性である．cAMP 4分子が調節サブユニット（R）二量体に結合すると，触媒サブユニット（C）が遊離する．

すべてのシグナル伝達経路で，いったん入ったスイッチを切りうることが不可欠である．たとえば，細胞質ゾル内のcAMP濃度の上昇は一過性である．それは細胞質ゾルにある可溶性cAMPホスホジエステラーゼが，cAMPをAMPへと加水分解して（図9.43），セカンドメッセンジャーの寿命を制限しているからである．カフェインやテオフィリン（図9.45）のようなメチル化プリンが高濃度にあると，cAMPホスホジエステラーゼを阻害し，cAMPがAMPになるのが遅れる．このような阻害剤は，cAMPの効果を持続させ，かつ強めるので，促進的ホルモンの効果を高めることになる．

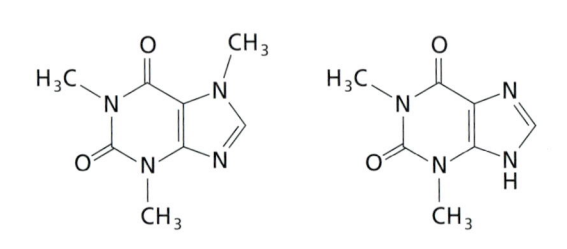

▲図9.45 カフェイン（左）とテオフィリン（右）

側を向いており，ATPからcAMPをつくる反応を触媒する．生成したcAMPは膜表面から細胞質ゾルへと拡散していき，プロテインキナーゼAという酵素を活性化する．この酵素は二量体の調節サブユニットと2個の触媒サブユニットでできているが，全部が会合している状態では不活性である．アデニル酸シクラーゼによるシグナル伝達の結果，細胞質ゾルのcAMP濃度が高まると，調節サブユニットに4個のcAMPが結合し，2個の触媒サブユニットが遊離し，それは活性型になる（図9.44）．プロテインキナーゼA（セリン-トレオニンプロテインキナーゼ）は，標的酵素の特定のセリンあるいはトレオニン残基のヒドロキシ基をリン酸化する．アミノ酸残基の側鎖がリン酸化された標的酵素は，ホスファターゼの作用でリン酸基が加水分解されて取除かれると元に戻る．

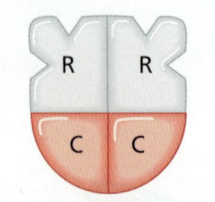

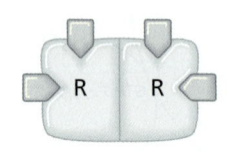

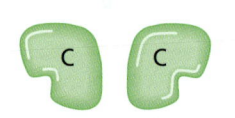

促進性レセプターに結合するホルモンはアデニル酸シクラーゼを活性化し，細胞内cAMP濃度を上昇させる．抑制性レセプターに結合するホルモンは，トランスデューサーG_iと相互作用して，アデニル酸シクラーゼ活性を阻害する．細胞が最終的にどのような応答をするかは，存在するレセプターおよびそれに組合わさるGタンパク質に依存している．アデニル酸シクラーゼシグナル伝達経路の全体像を，かかわるGタンパク質とともに図9.46にまとめた．

D. イノシトール-リン脂質シグナル伝達経路

もう一つの重要なシグナル伝達経路があり，二つのセカンドメッセンジャーが生成する．いずれもホスファチジルイノシトール 4,5-ビスリン酸（phosphatidylinositol 4,5-bisphosphate；PIP_2,

9.11 細胞外シグナルの伝達

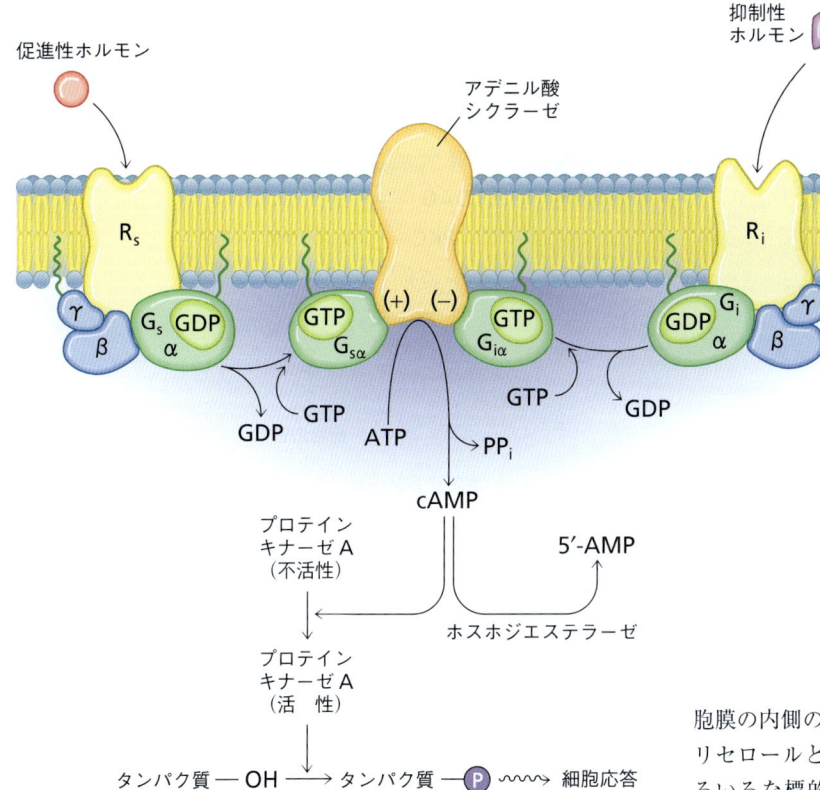

▲図9.46　アデニル酸シクラーゼシグナル伝達経路の要点　促進性膜貫通レセプター（R_s）にホルモンが結合すると，膜の内側で促進性Gタンパク質（G_s）が活性化される．抑制性レセプター（R_i）に結合するホルモンもあるが，そのようなレセプターは抑制性Gタンパク質（G_i）を介して，アデニル酸シクラーゼと関係をもつ．膜貫通酵素アデニル酸シクラーゼをG_sが活性化し，G_iが阻害する．cAMPはプロテインキナーゼAを活性化し，その結果，細胞内タンパク質がリン酸化される．

図9.47）とよばれる細胞膜のリン脂質から生成する．PIP_2は細胞膜の成分としては量が少ないが，膜の内側の単層に分布し，ホスファチジルイノシトールがATP依存性のキナーゼによる連続した2回のリン酸化反応を受けて生じる．

特異的レセプターにリガンドが結合すると，シグナルがGタンパク質のG_qを経て変換される．活性型のGTP結合型G_qが，細胞膜の細胞質側に結合しているエフェクター酵素であるホスホイノシチド特異的ホスホリパーゼCを活性化する．ホスホリパーゼCは，PIP_2をイノシトール1,4,5-トリスリン酸（inositol 1,4,5-trisphosphate；IP_3）と，ジアシルグリセロールに加水分解する（図9.47）．IP_3とジアシルグリセロールの両方がセカンドメッセンジャーとなって，最初のシグナルを細胞の内部に伝える．

IP_3は細胞質ゾル中を拡散して，小胞体の膜にあるカルシウムチャネルに結合する．IP_3が結合すると，カルシウムチャネルが短時間だけ開き，小胞体内腔からCa^{2+}が細胞質ゾルに放出される．カルシウムも細胞内メッセンジャーの一つであり，カルシウム依存性プロテインキナーゼを活性化し，これがさまざまな標的タンパク質をリン酸化する．チャネルが閉じるとCa^{2+}は小胞体の内腔にくみ戻されるので，カルシウムによるシグナルは寿命が短い．

PIP_2が加水分解されてできるもう一つの生成物，ジアシルグリセロールは細胞膜に残る．プロテインキナーゼCは細胞質ゾルに可溶な型と，周辺膜に結合した型との平衡状態にあるが，細胞膜の内側の表面に移行して一時的に結合したとき，ジアシルグリセロールとCa^{2+}で活性化される．プロテインキナーゼCはいろいろな標的タンパク質をリン酸化して，触媒活性を変化させる．プロテインキナーゼCには，触媒活性や組織分布が異なるいくつかのアイソザイムがある．これらはセリン-トレオニンキナーゼファミリーの一員である．

▲図9.47　ホスファチジルイノシトール4,5-ビスリン酸（PIP_2）　PIP_2は二つのセカンドメッセンジャーを生成させる．イノシトール1,4,5-トリスリン酸（IP_3）とジアシルグリセロールである．PIP_2はホスファチジルイノシトールに2個のリン酸基（赤）が結合して生成し，ホスホイノシチドに特異的なホスホリパーゼCによって，IP_3とジアシルグリセロールに加水分解される．

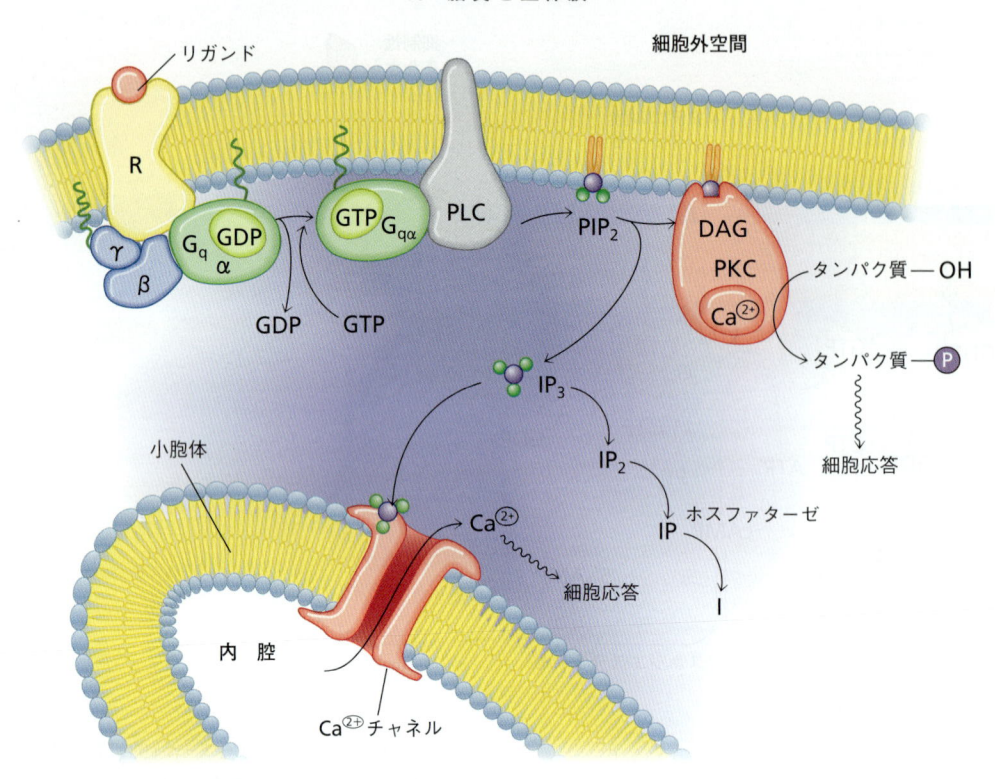

▲図9.48　イノシトール-リン脂質シグナル伝達経路　膜貫通レセプター（R）にリガンドが結合すると，Gタンパク質 G_q が活性化される．これにより特異的な膜結合ホスホリパーゼC（PLC）が活性化され，細胞膜の内側の層にあるリン脂質 PIP_2 を加水分解する．生成した IP_3 とジアシルグリセロール（DAG）がセカンドメッセンジャーとなり，細胞内部にシグナルを伝達する役割を受けもつ．IP_3 は小胞体の所まで拡散して，膜上の Ca^{2+} チャネルに結合して，それを開き，内部に蓄えられた Ca^{2+} を放出させる．ジアシルグリセロールは細胞膜にとどまり，Ca^{2+} とともにプロテインキナーゼC（PKC）を活性化する．

　イノシトール-リン脂質を介したシグナル伝達経路は，いろいろなやり方でスイッチを切ることができる．まずGTPが加水分解されると，G_q は不活性型に戻り，それ以上ホスホリパーゼCを活性化しなくなる．IP_3 とジアシルグリセロールの活性も一時的である．IP_3 は急速に加水分解されて他のイノシトールリン酸（やはりセカンドメッセンジャーとなりうる）およびイノシトールになる．ジアシルグリセロールは急速にホスファチジン酸に変換される．イノシトールとホスファチジン酸とはホスファチジルイノシトールへとリサイクルされる．イノシトール-リン脂質によるシグナル伝達経路の要点を図9.48に示す．

　ホスファチジルイノシトールだけがセカンドメッセンジャーをつくり出す膜脂質というわけではない．ある種の細胞外シグナルは，膜のスフィンゴ脂質をスフィンゴシン，スフィンゴシン1-リン酸，あるいはセラミドに分解する加水分解酵素を活性化する．スフィンゴシンはプロテインキナーゼCを阻害し，セラミドはプロテインキナーゼとプロテインホスファターゼを活性化する．スフィンゴシン1-リン酸は，ホスファチジルコリンの加水分解を特異的に触媒するホスホリパーゼDを活性化する．こうして生成するホスファチジン酸やジアシルグリセロールもセカンドメッセンジャーとなるらしい．膜脂質（それぞれが独自の脂肪酸アシル基をもつ）から多種多様なセカンドメッセンジャーが生成することになるが，全体像はまだ完全にはわかっていない．

E. レセプターチロシンキナーゼ

　増殖因子の多くは，レセプターチロシンキナーゼという多機能膜タンパク質が関与するシグナル伝達経路を介して働いている．図9.49に示すように，レセプター，トランスデューサー，エフェクター機能がすべて1個の膜タンパク質の中にある．レセプターの細胞外領域にリガンドが結合すると，レセプターが二量体になり，その結果，細胞内領域にあるチロシンキナーゼの触媒能

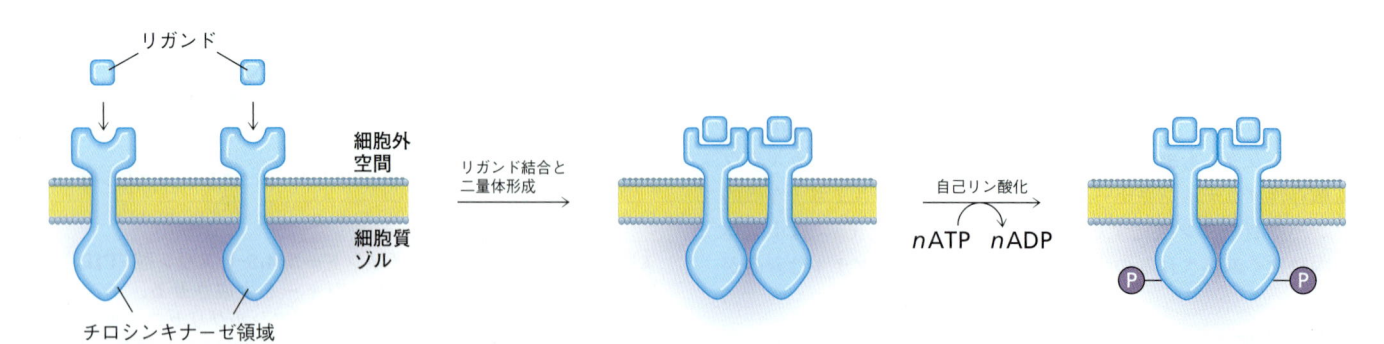

▲図9.49　レセプターチロシンキナーゼの活性化　リガンドがレセプターの二量体形成を誘導すると，レセプターが活性化される．それぞれのキナーゼ領域が相手の分子をリン酸化する．リン酸化された二量体は，さまざまな標的タンパク質をリン酸化できるようになる．

力を活性化する．2個のレセプターが会合すると，それぞれのチロシンキナーゼ領域が相手の特定のチロシン残基をリン酸化する．この過程は自己リン酸化とよばれる．活性化されたチロシンキナーゼは細胞質ゾルのいくつかのタンパク質もリン酸化して細胞内にカスケードを開始させる．

インスリンレセプターは，$\alpha_2\beta_2$の四量体である（図9.50）．インスリンがαサブユニットに結合するとコンホメーション変化が誘導され，βサブユニットのチロシンキナーゼ領域が近くに並ぶ．四量体中のチロシンキナーゼ領域が，それぞれ他方のキナーゼ領域をリン酸化する．こうして活性化されたチロシンキナーゼが，栄養物の利用を調節するタンパク質のチロシン残基をリン酸化する．

インスリンのシグナル伝達作用は，多くの場合PIP_2（§9.11Dおよび図9.51）を介することがわかってきた．インスリンはPIP_2の加水分解のきっかけになるのではなく，（インスリンレセプター基質，IRSを介して）ホスファチジルイノシトール3-キナーゼを活性化する．この酵素はPIP_2をリン酸化して，ホスファチジルイノシトール3,4,5-トリスリン酸（PIP_3）にする．PIP_3はホスホイノシチド依存性プロテインキナーゼを含む一連の標的タンパク質を一時的に活性化するセカンドメッセンジャーの一つである．こうしてホスファチジルイノシトール3-キナーゼは，いくつものセリン-トレオニンプロテインキナーゼカスケードを調節する分子スイッチの役割を果たしている．

増殖因子レセプターおよびそれらの標的タンパク質を修飾したリン酸基は，プロテインチロシンホスファターゼが取除く．これらの酵素のわずかなものしか研究されていないが，チロシンキナーゼシグナル伝達経路を調節する重要な役割があると考えられている．局所的に酵素複合体を組立てたり，壊したりすることが調節方法の一つらしい．

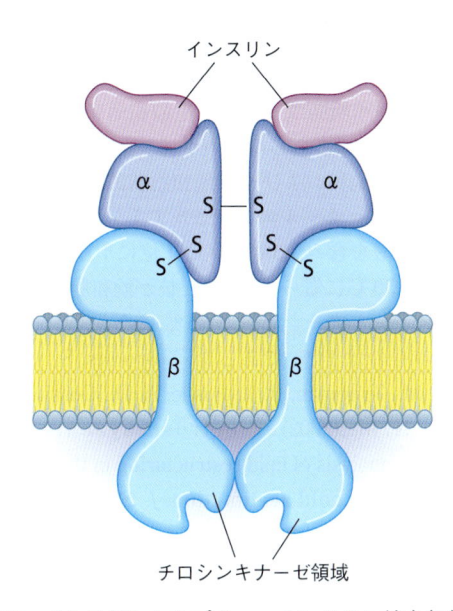

▲ 図9.50 **インスリンレセプター** インスリン結合部位をもつ二つの細胞外α鎖が，細胞内にチロシンキナーゼ領域をもつ二つの膜貫通β鎖と結合している．α鎖にインスリンが結合すると，βサブユニットのチロシンキナーゼ領域が，お互いに隣合ったキナーゼ領域のチロシン残基を自己触媒的にリン酸化する．チロシンキナーゼ領域は細胞内のインスリンレセプター基質（IRS）とよばれるタンパク質もリン酸化する．

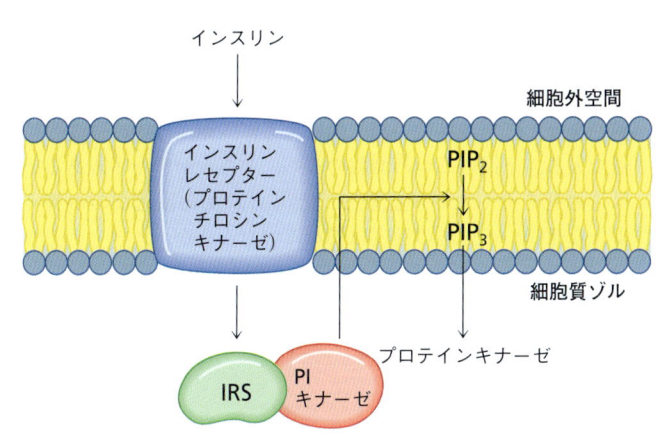

▲ 図9.51 **インスリン刺激による，ホスファチジルイノシトール3,4,5-トリスリン酸（PIP_3）の生成** インスリンがインスリンレセプターに結合すると，レセプターがもつプロテインチロシンキナーゼが活性化され，インスリンレセプター基質（IRS）がリン酸化される．リン酸化されたIRSが細胞膜上でホスファチジルイノシトール3-キナーゼ（PIキナーゼ）と相互作用すると，この酵素がPIP_2をリン酸化してPIP_3とする．PIP_3はセカンドメッセンジャーとして，インスリンがもたらした細胞外からの情報を，細胞内のいくつかのプロテインキナーゼに伝達する役割を果たす．

要　約

1. 脂質は水に不溶性の一群の有機化合物である．
2. 脂肪酸はモノカルボン酸で，12〜20の偶数個の炭素原子をもつものが多い．
3. 脂肪酸は中性で非極性のトリアシルグリセロール（油脂）の形で保存されるのが普通である．
4. グリセロリン脂質は両親媒性で，極性の頭，およびグリセロール骨格に結合した非極性の脂肪酸の尾から成る．
5. スフィンゴ脂質は植物や動物の膜にあり，スフィンゴシン骨格をもつ．おもなものとしては，スフィンゴミエリン，セレブロシド，ガングリオシドがある．
6. ステロイドは四つの環が縮合したイソプレノイドである．
7. 生物学的に重要な脂質としてその他に，ろう，エイコサノイド，脂溶性ビタミン，テルペンなどがある．
8. すべての生体膜は脂質二重層が基本構造になっている．これは両親媒性の脂質であるグリセロリン脂質，スフィンゴ脂質，場合によってコレステロールから成る．脂質は二重層の1枚の層内を素早く拡散できる．
9. 生体膜の脂質二重層にはタンパク質が埋まっていたり，付着していたりする．タンパク質は膜内を水平拡散できる．
10. 膜貫通タンパク質のほとんどは二重層の疎水性の内部を貫いているが，表在性膜タンパク質は膜表面に緩く付着している．脂質アンカー型膜タンパク質は，二重層内の脂質に共有結合している．
11. ある種の低分子や疎水性分子は二重層を横断して拡散できる．イオンや極性分子が膜を横断するには，チャネル，透過孔，受動輸送体および能動輸送体などの助けが必要である．巨大分子はエンドサイトーシスやエキソサイトーシスで，細胞に入ったり出たりする．
12. 細胞外からくる化学的刺激分子は，レセプターと結合することによって，そのシグナルを細胞内部に伝える．トランスデューサーがシグナルをエフェクター酵素に伝えると，それがセカンドメッセンジャーをつくる．シグナル伝達経路ではGタンパク質およびプロテインキナーゼが働くことが多い．アデニル酸シクラーゼシグナル伝達経路ではcAMP依存性プロテ

インキナーゼAが活性化される．イノシトール-リン脂質シグナル伝達経路では，二つのセカンドメッセンジャーがつくられ，プロテインキナーゼCを活性化し，細胞質ゾルのCa^{2+}濃度を上昇させる．レセプターチロシンキナーゼの場合は，レセプタータンパク質の一部がキナーゼになっている．

問 題

1. 以下の脂肪酸の分子式を書け．(a) ネルボン酸 (cis-Δ^{15}-テトラコセン酸；24炭素)，(b) バクセン酸 (cis-Δ^{11}-オクタデセン酸)，(c) EPA (全 cis-$\Delta^{5,8,11,14,17}$-エイコサペンタエン酸).

2. 以下の修飾された脂肪酸 (a)〜(c) の分子式を書け．
   (a) 10-(プロポキシ)デカン酸．抗寄生虫活性をもつ合成脂肪酸で，原虫トリパノソーマ（$Trypanosoma\ brucei$）が原因となるアフリカの眠り病の治療に使われる（プロポキシ基は $-O-CH_2-CH_2CH_3$）．
   (b) フィタン酸 (3,7,11,15-テトラメチルヘキサデカン酸)．酪農産物に含まれる．
   (c) ラクトバチル酸 (cis-11,12-メチレンオクタデカン酸)．種々の微生物にみられる．

3. 魚油はω-3多不飽和脂肪酸をたくさん含む．トウモロコシやベニバナ油にω-6脂肪酸がかなり含まれる．以下の脂肪酸をω-3とω-6，それ以外のものに分類せよ．(a) α-リノレン酸，(b) リノール酸，(c) アラキドン酸，(d) オレイン酸，(e) $\Delta^{8,11,14}$-エイコサトリエン酸．

4. 哺乳類の血小板活性化因子はシグナル伝達の一つのメッセンジャーで，C-1にエーテル結合をもつグリセロリン脂質である．血小板活性化因子はアレルギー性応答，炎症，毒ショック症候群の強力な仲介分子である．血小板活性化因子（1-アルキル-2-アセチルグリセロ-3-ホスホコリン）の構造を書け．ここで1-アルキル基はC_{16}の鎖とする．

5. ドコサヘキサエン酸，22:6 $\Delta^{4,7,10,13,16,19}$ は，魚類に多く含まれ，ホスファチジルエタノールアミンおよびホスファチジルコリンのグリセロール3-リン酸部分のC-2位の主要な脂肪酸アシル基である．
   (a) ドコサヘキサエン酸の構造を描け（二重結合はすべてシス形）．
   (b) ドコサヘキサエン酸はω-3，ω-6，ω-9脂肪酸のどれに分類されるか．

6. ヘビ毒にはホスホリパーゼA_2を含むものが多い．この酵素はグリセロリン脂質を脂肪酸と"リゾレシチン"に分解する．リゾレシチンは両親媒性で，界面活性剤の作用をもち，赤血球の膜構造を壊して破裂させる．ホスファチジルセリンと，ホスホリパーゼA_2の作用を受けてそれから生成する産物（リゾレシチンも含めて）の構造を書け．

7. 以下の膜脂質の構造を書け．(a) 1-ステアロイル-2-オレオイル-3-ホスファチジルエタノールアミン，(b) パルミトイルスフィンゴミエリン，(c) ミリストイル-β-D-グルコセレブロシド．

8. (a) ステロイドのコルチゾールは糖質，タンパク質，脂質の代謝の制御にかかわっている．コルチゾールはコレステロールに由来し，同じく四つの環が縮合した構造をもつが，以下の違いがある：(1) C-3のカルボニル基，(2) C-4，C-5の二重結合（コレステロールの場合のC-5，C-6の代わりに），(3) C-11のヒドロキシ基，(4) C-17にヒドロキシ基と-C-(O)CH_2OH 基．コルチゾールの構造を書け．

   (b) ウワバインは植物および動物由来の強心配糖体の一つである．このステロイドはNa^+, K^+-ATPアーゼとイオン輸送を阻害し，ヒトの高血圧にもおそらく関係している．ウワバインはコレステロールと同様に4環縮合系であるが，以下の点で異なる：(1) 環内に二重結合がない，(2) C-1，C-5，C-11，C-14にヒドロキシ基，(3) C-19に-CH_2OH，(4) C-17に2-3不飽和の5原子のラクトン環（ラクトン環のC-3に結合），(5) C-3酸素にβ-1で6-デオキシマンノースが結合．ウワバインの構造を書け．

9. 多くの生物が膜脂質の構造を再編成して，周囲の温度変化に適切に対応している．ある種の魚の肝臓ミクロソームの脂質画分にあるホスファチジルエタノールアミンは，グリセロール3-リン酸骨格のC-2位にドコサヘキサエン酸 22:6 $\Delta^{4,7,10,13,16,19}$ を，C-1位に飽和脂肪酸または一不飽和脂肪酸をもっている．10℃および30℃に慣らした魚のホスファチジルエタノールアミンについて，飽和および一不飽和脂肪酸の割合を分析した．10℃ではホスファチジルエタノールアミン分子の61%がC-1位に飽和脂肪酸を含み，39%がC-1位に不飽和脂肪酸を含んでいた．魚を30℃に慣らすと，C-1位が飽和脂肪酸のホスファチジルエタノールアミン脂質が86%になり，C-1位が一不飽和脂肪酸のものは14%であった．[Brooks. S., Clark, G. T., Wright, S. M., Trueman, R. J., Postle, A. D., Cossins, A. R., and Maclean, N. M. (2002). Electrospray ionisation mass spectrometric analysis of lipid restructuring in the carp ($Cyprinus\ carpio$ L.) during cold acclimation. $J.\ Exp.\ Biol.$ 205:3989-3997]．周囲温度の変化により観察された膜の構造再編成の目的を説明せよ．

10. ヒトの肺，腸，膵臓などの癌の3分の1で，突然変異を起こした遺伝子（ras）が見つかっており，腫瘍細胞の代謝変化の一因と考えられている．ras遺伝子がコードするRasタンパク質は，細胞増殖や分裂を調節するシグナル伝達にかかわっている．Rasタンパク質がシグナル伝達活性を発現するには，脂質アンカーをもつ膜タンパク質に転換される必要があるので，化学療法で阻害すべき標的候補としてファルネシルトランスフェラーゼが選ばれた．なぜファルネシルトランスフェラーゼが標的として適切なのか考えよ．

11. グルコースは，いくつかの細胞では，チャネルあるいは透過孔を介して単純拡散で細胞内に入るが，赤血球内には受動輸送で入る．下図の二つの曲線のうち，どちらがチャネルあるいは透過孔を介した単純拡散で，どちらが受動輸送なのか答えよ．なぜ二つの過程の速度は異なるのだろうか．

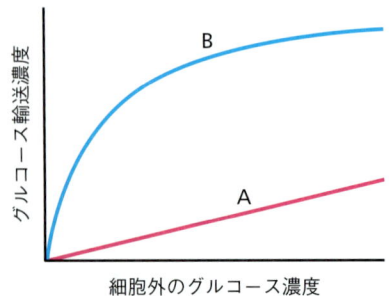

12. 胃の内部（pH 0.8〜1.0）と胃壁を覆っている粘液細胞（pH 7.4）の間のpH勾配は，H^+, K^+-ATPアーゼ輸送系で維持されているが，この系はATP駆動型Na^+, K^+-ATPアーゼ輸送系（図

9.38）と似ている．H^+, K^+-ATPアーゼ対向輸送系はATPのエネルギーを使って，K^+と引き換えに，粘液細胞（mc）から胃内部（st）へH^+をくみ出す．粘液細胞に運び込まれたK^+は，Cl^-と一緒に胃内部へ戻される．こうして全体としてはHClが胃内部に移動する．

$$K^+_{(mc)} + Cl^-_{(mc)} + H^+_{(mc)} + K^+_{(st)} + ATP \rightleftharpoons$$
$$K^+_{(st)} + Cl^-_{(st)} + H^+_{(st)} + K^+_{(mc)} + ADP + P_i$$

このH^+, K^+-ATPアーゼ輸送系を図解せよ．

13. チョコレートはカフェインおよびテオフィリンに似た構造をもつテオブロミンを含む．イヌはテオブロミンをヒトよりも遅く代謝するので，チョコレート製品はイヌにとって毒性あるいは致死性を示す可能性がある．心臓，中枢神経，腎臓が影響を受ける．イヌでのテオブロミンの毒作用の兆候は，吐き気，嘔吐，不安，下痢，筋肉の震え，多尿，失禁などである．イヌに対するテオブロミンの毒性発現機構について述べよ．

テオブロミン

14. イノシトール-リン脂質シグナル伝達経路では，IP_3とジアシルグリセロールのどちらもホルモンのセカンドメッセンジャーとして働く．もし細胞内の特定のプロテインキナーゼがCa^{2+}の結合によって活性化されるのなら，IP_3とジアシルグリセロールとは細胞内応答をひき起こすに際して，どのように補完的に働いているのだろうか．

15. ある型の糖尿病では，インスリンレセプターのβサブユニットが突然変異して活性を失っている．この突然変異でインスリンに対する細胞の応答がどのような影響を受けるか．インスリンを注射などで与えることで，このような欠損を補えるだろうか．

16. 突然変異によりGTPアーゼ活性を失ったRasタンパク質（問題10で取上げた）が生じることがある．これによってアデニル酸シクラーゼシグナル伝達経路にどんな影響が現れるだろうか．

17. 受精時の女性の卵子の直径は約100 μmである．細胞膜のそれぞれの脂質分子が$10^{-14} cm^2$の表面積を占めると仮定すると，卵子細胞膜には脂質分子がいくつあることになるか．ただし表面の25％はタンパク質とする．

18. 一つの受精卵（接合体）は女児が生涯の間に必要とする卵子のすべてをつくっておくために30回細胞分裂する．そのうちの一つが受精してつぎの世代が生まれる．もしも脂質分子がまったく壊されないとしたら，祖母がつくった脂質分子の何％を君は受け継いでいることになるか．

参考文献

一　般

Gurr, M. I., and Harwood, J. L. (1991). *Lipid Biochemistry: An Introduction*, 4th ed. (London: Chapman and Hall).

Lester, D. R., Ross, J. J., Davies, P. J., and Reid, J. B. (1997). Mendel's stem length gene (*Le*) encodes a gibberellin 3 beta-hydroxylase. *Plant Cell*. 9:1435-1443.

Vance, D. E., and Vance, J. E., eds. (2008). *Biochemistry of Lipids, Lipoproteins, and Membranes*, 5th ed. (New York: Elsevier).

膜

Dowhan, W. (1997). Molecular basis for membrane phospholipid diversity: why are there so many lipids? *Annu. Rev. Biochem.* 66:199-232.

Jacobson, K., Sheets, E. D., and Simson, R. (1995). Revisiting the fluid mosaic model of membranes. *Science* 268:1441-1442.

Koga, Y., and Morii, H. (2007). Biosynthesis of ether-type polar lipids in Archaea and evolutionary considerations. *Microbiol. and Molec. Biol. Rev.* 71:97-120.

Lai, E. C. (2003) Lipid rafts make for slippery platforms. *J. Cell Biol.* 162:365-370.

Lingwood, D., and Simons, K. (2010). Lipid rafts as a membrane-organizing principle. *Science* 327:46-50.

Simons, K., and Ikonen, E. (1997). Functional rafts in cell membranes. *Nature* 387:569-572.

Singer, S. J. (1992). The structure and function of membranes: a personal memoir. *J. Membr. Biol.* 129:3-12.

Singer, S. J. (2004) Some early history of membrane molecular biology. *Annu. Rev. Physiol.* 66:1-27.

Singer, S. J., and Nicholson, G. L. (1972). The fluid mosaic model of the structure of cell membranes. *Science* 175:720-731.

膜タンパク質

Casey, P. J., and Seabra, M. C. (1996). Protein prenyltransferases. *J. Biol. Chem.* 271:5289-5292.

Bijlmakers, M-J., and Marsh, M. (2003). The on-off story of protein palmitoylation. *Trends in Cell Biol.* 13:32-42.

Elofsson, A., and von Heijne, G. (2007). Membrane protein structure: prediction versus reality. *Annu. Rev. Biochem.* 76:125-140.

膜輸送

Borst, P., and Elferink, R. O. (2002). Mammalian ABC transporters in health and disease. *Annu. Rev. Biochem.* 71:537-592.

Caterina, M. J., Schumacher, M. A., Tominaga, M., Rosen, T. A., Levine, J. D., and Julius, D. (1997). The capsaicin receptor: a heat-activated ion channel in the pain pathway. *Nature* 389:816-824.

Clapham, D. (1997). Some like it hot: spicing up ion channels. *Nature* 389:783-784.

Costanzo, M. et. al. (2010). The genetic landscape of a cell. *Science* 327: 425-432.

Doherty, G. J. and McMahon, H. T. (2009). Mechanisms of endocytosis. *Annu. Rev. Biochem.* 78:857-902.

Doyle, D. A., Cabral, J. M., Pfuetzner, R. A., Kuo, A., Gulbis, J. M., Cohen, S. L., Chait, B. T., and McKinnon, R. (1998). The structure of the potassium channel: molecular basis of K^+ conduction and selectivity. *Science* 280:69-75.

Jahn, R., and Südhof, T. C. (1999). Membrane fusion and exocytosis. *Annu. Rev. Biochem.* 68:863-911.

Kaplan, J. H. (2002). Biochemistry of Na, K-AT-Pase. *Annu. Rev. Biochem.* 71:511-535.

Loo, T. W., and Clarke, D. M. (1999). Molecular dissection of the human multidrug resistance P-glycoprotein. *Biochem. Cell Biol.* 77:11-23.

シグナル伝達

Fantl, W. J., Johnson, D. E., and Williams, L. T. (1993). Signalling by receptor tyrosine kinases. *Annu. Rev. Biochem.* 62:453-481.

Hamm, H. E. (1998). The many faces of G protein signaling. *J. Biol. Chem.* 273:669-672.

Hodgkin, M. N., Pettitt, T. R., Martin, A., Michell, R. H., Pemberton, A. J., and Wakelam, M. J. O. (1998). Diacylglycerols and phosphatidates: which molecular species are intracellular messengers? *Trends Biochem. Sci.* 23:200-205.

Hurley, J. H. (1999). Structure, mechanism, and regulation of mammalian adenylyl cyclase. *J. Biol. Chem.* 274:7599-7602.

Luberto, C., and Hannun, Y. A. (1999). Sphingolipid metabolism in the regulation of bioactive molecules. *Lipids 34* (Suppl.):S5-S11.

Prescott, S. M. (1999). A thematic series on kinases and phosphatases that regulate lipid signaling. *J. Biol. Chem.* 274:8345.

Shepherd, P. R., Withers, D. J., and Siddle, K. (1998). Phosphoinositide 3-kinase: the key switch mechanism in insulin signalling. *Biochem. J.* 333:471-490.

III

代謝と生体エネルギー論

III

10 代謝についての序論

> ほとんどの連続した代謝で，この経路を通る流量（フラックス）が大幅に変動しても，基質濃度はもとより生成物濃度にもそれほど大きな変動がみられない．
>
> Jeremy R. Knowles (1989)

低分子から高分子へ，さらに膜のような巨大な集合体に至るまで，生きている細胞の主要成分の構造や機能についてこれまで述べてきた．これ以後の九つの章では，さまざまな栄養物やこれまでに取上げてきた細胞の成分について，同化，変換，合成，分解などを行う生化学的活動へと焦点を絞る．あらゆる細胞でその活動の相当部分を占めているタンパク質と核酸の生合成については20～22章で取上げる．

ここからは視点を分子構造から細胞の機能の動的側面へと移していく．論点が大きく変わるが，代謝経路もまた，化学と物理の基本法則で支配されていることがわかるだろう．本書のこれまでの2部で築いてきた土台から一歩ずつ登ることで，代謝がどのように進行するのか明らかにできる．本章では代謝における一般的な主題，細胞の活動の基礎となる熱力学の原理について学んでいく．

10.1 代謝とは反応のネットワークである

代謝とは，生きている細胞で行われる化学反応のネットワーク全体のことである．**代謝物**（代謝中間体；metabolite）とは生体高分子を合成したり分解したりする際に中間体となる低分子のことである．このような低分子を含んだ反応を**中間代謝**ということもある．分子を合成する反応（同化反応）と，分子を分解する反応（異化反応）を分けて考えるのが便利である．

同化反応（anabolic reaction）は，細胞の維持，成長，増殖のために必要なすべての化合物を合成するのが役割である．これらの生合成反応によって，アミノ酸，糖質，補酵素，ヌクレオチド，脂肪酸などの簡単な代謝産物がつくられる．また，タンパク質，多糖，核酸，複雑な脂質などの大きな分子もつくられる（図10.1）．

ある種の生物では，無機物の前駆物質（二酸化炭素，アンモニア，無機リン酸など）から，細胞をつくり上げるために必要な複雑な分子が合成される（§10.3）．またある種の生物は，このような無機分子から，あるいは膜電位（§9.10）をつくって，そこからエネルギーを取出す．光合成生物は生合成反応を進行させるために，光のエネルギーを利用する（15章）．

異化反応（catabolic reaction）は大きな分子を壊して，小さな分子にするとともにエネルギーも解放する．すべての細胞が分解反応を正常な細胞代謝の一部として行うが，一部の生物はエネルギーをそれだけに頼っている．たとえば，動物は食物として有機分子が必要である．哺乳類におけるこのようなエネルギー産生異化反応の研究を**栄養物代謝**という．このような栄養物の源泉は，他の生物の生合成経路である．すべての異化代謝には，生きている細胞によってつくられた化合物の分解が含まれていることに留意しよう．そのような細胞は自分自身であったり，同じ個体の別の細胞であったり，他の生物の細胞であったりする．

双方向代謝反応（amphibolic reaction）とよばれる第三の反応もある．ここには同化と異化の両方の代謝が含まれる．

微生物であれ大きな多細胞生物であれ，生物を観察していると，生物適応の仕方の多様性に驚かされる．地球上にはおそらく1000万種類以上の生物種が現存し，またこれまでの進化の過程で，何億種類もの種が現れ，消えていったことだろう．多細胞生物では，細胞の型や組織が驚くほど特殊化している．これほど多様性があるのに，生きている細胞の生化学は，細胞成分の化学構造ばかりか，それらを変換する代謝経路も含めて，驚くほどよく似ている．代謝を理解する鍵は，このような普遍的な経路にある．保存されてきた基本的な経路を学べば，一部の生物種で進化した付加的な経路についても，正しい評価を下せるだろう．

たくさんの生物種でゲノムの完全な配列が解明された．代謝にかかわる諸酵素をコード化している遺伝子群の配列を土台として，これらの生物種の代謝ネットワークの全体像がまさに得られようとしている．たとえば，大腸菌は中間代謝で使われる約900の酵素の遺伝子をもち，これらが組合わさって130の代謝経路ができている．これらの代謝関係遺伝子はゲノムの21％に当たる．他種の細菌も基本的な代謝を担うほぼ同数の遺伝子をもつが，それに加えて別の代謝経路をもつものもある．たとえば，結核菌

＊ カット：代謝の基本的反応は，動物や植物と他のさまざまな生物とで変わりはない．

10. 代謝についての序論

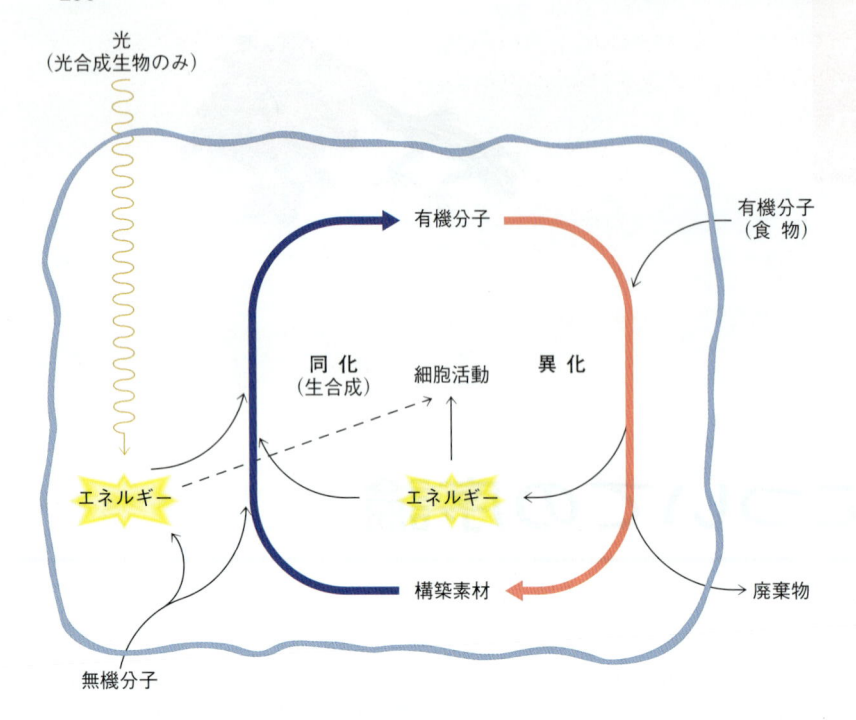

◀ 図 10.1 **異化と同化** 同化反応では，低分子と化学エネルギーを高分子の合成や細胞活動の遂行に利用している．太陽エネルギーが光合成細菌や植物における代謝エネルギーの重要な供給源になっている．分子は食物から得られるものも含め，異化代謝されて，その結果エネルギーを解放させたり，身体の構築に必要な単量体素材あるいは廃棄物となる．本章では今後，青矢印を生合成経路，赤矢印を異化経路を表すために用いる．

(*Mycobacterium tuberculosis*) は脂肪酸代謝にかかわる250の酵素（大腸菌の5倍）をもつ．

酵母 (*Saccharomyces cerevisiae*) は単細胞の菌類であるが，ゲノムにはタンパク質をコードする遺伝子が5900ある．そのうち1200（20％）が中間代謝およびエネルギー代謝にかかわる酵素の遺伝子である（図10.2）．小さな多細胞動物である線虫 (*Caenorhabditis elegans*) は，もっと大きな動物と同じように，特殊化された細胞や組織をもつ．そのゲノムは19100個のタンパク質をコードし，そのうちの5300（28％）がさまざまな中間代謝経路に必要と考えられている．ショウジョウバエ (*Drosophila melanogaster*) は14100の遺伝子のうちのおよそ2400（17％）が中間代謝経路およびエネルギー利用にかかわっていると推定されている．ヒトにとっての基本的代謝に必要な遺伝子の正確な数はわかっていないが，おそらく約5000の遺伝子が必要である．（ヒトのゲノムには約22000の遺伝子がある．）

代謝には五つの共通した特徴がある．

1. 生物あるいは細胞は，体内の無機イオン，代謝物，酵素の濃度を一定に保つ．細胞膜が物理的障壁となって，細胞成分と外界とを隔てている．
2. 生物はエネルギーを消費する反応を推進するためのエネルギーを外部のエネルギー源から引き出している．光合成生物は

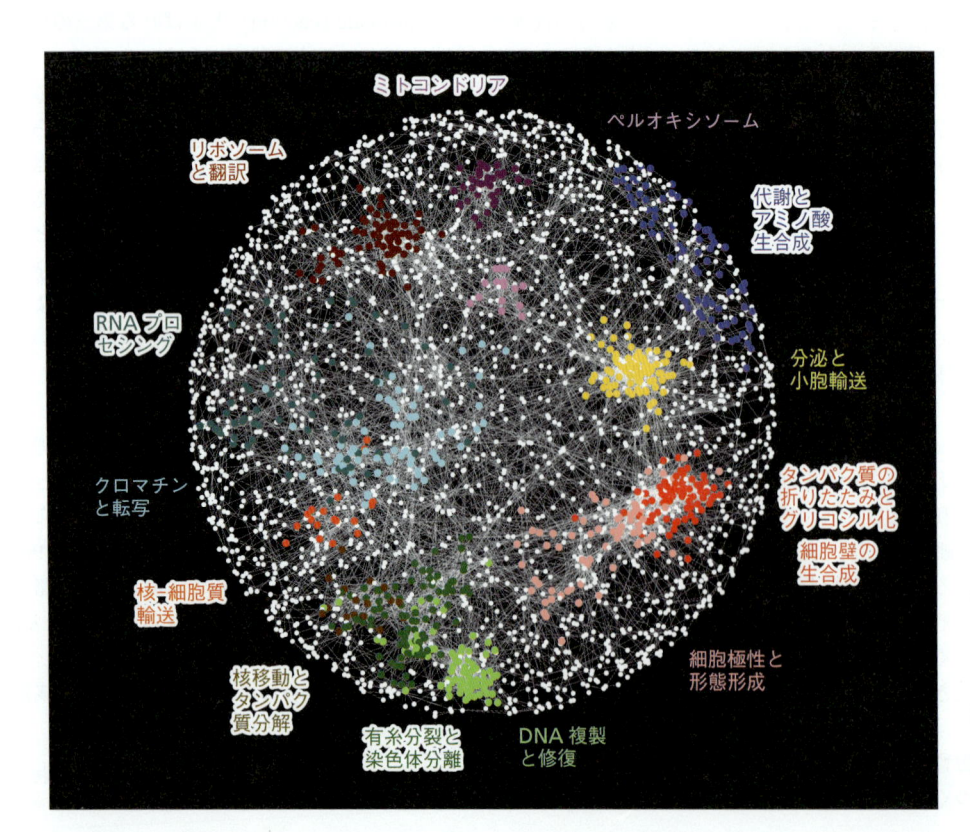

◀ 図 10.2 酵母 (*Saccharomyces cerevisiae*) におけるタンパク質-タンパク質相互作用のネットワーク　点が個々のタンパク質を表し，機能で色分けされている．実線はタンパク質間の相互作用を示す．代謝にかかわる多数の遺伝子を，色のついた集団として見分けることができる．

太陽エネルギーを化学エネルギーに変換することでエネルギーを獲得している．それ以外の生物は，エネルギー生産性物質を摂取して異化することによってエネルギーを獲得している．

3. 個々の生物の代謝経路はゲノムに含まれる遺伝子によって規定されている．
4. 生物や細胞は外界と相互作用する．細胞の活動はエネルギーがどのくらい得られるかにかかっている．外界から十分にエネルギーが得られれば，その生物は成長し増殖できる．外界から得られるエネルギーが限られている場合には，内部に蓄えたエネルギーを使うか，冬眠，胞子や種子の形成などにより，代謝の速度を低くしてしのぐ．エネルギー欠乏が長く続けば，その生物は死ぬ．
5. 生物の細胞は静的な分子集合体ではない．多くの細胞成分は，濃度が一定に保たれているようにみえたとしても，休みなく合成され，また分解されており，**代謝回転（ターンオーバー）** している．外部あるいは内部での変化に対応して，濃度が変化する物質もある．

本書の代謝に関する各節では，大部分の生物種で行われている代謝反応が述べられている．たとえば解糖系（糖の分解）の酵素と糖新生系（グルコースの生合成）の酵素はほとんどすべての生物に存在する．ほとんどの細胞がもつ中核となる代謝反応セットは同じだが，それに加えて組織や種に特有な酵素反応があるので，細胞や生物の分化が可能になるのである．

! 基本的な代謝経路のほとんどが，すべての生物種に存在する．

10.2 代 謝 経 路

代謝反応のほとんどすべては酵素が触媒しているので，代謝の全体像をとらえるには，細胞内反応の出発物，中間体，生成物ばかりでなく，そこに関与する酵素の性質も知る必要がある．ほとんどの細胞は数百から数千にわたる反応を行っているが，あまりに複雑なので，代謝を系統的に部分や枝に細かく分類して取扱おう．そこで次章から，四つの主要生体分子である糖質，脂質，アミノ酸，ヌクレオチドの代謝を別々に考えることにする．この四つの代謝領域内のいずれでも，明らかな反応の連続性がみてとれる．それを代謝経路とよぶ．

A. 代謝経路はつながった反応である

代謝経路（metabolic pathway）は有機化学の合成手順に相当する．代謝経路とは，一つの反応の生成物がつぎの反応の基質になるようにひとつながりになった反応である．たった二つの反応から成っているものもあるが，10以上もの長い段階から成るものもある．

どこからどこまでが一つの代謝経路なのかを定義するのは容易ではない．実験室で行う化学合成なら，出発物質と生成物質がはっきりしているが，細胞内の経路はつながり合っていて，出発点と到達点を見極めるのが困難である．たとえば，糖の異化（11章）では，解糖はどこから始まり，どこで終わるのだろうか．出発点は多糖（グリコーゲンあるいはデンプン）か，細胞外グルコースか，グルコース 6-リン酸か，それとも細胞内グルコースなのか．終点はピルビン酸か，アセチル CoA か，乳酸か，それともエタノールなのだろうか．出発点と終点はそれまでの慣習や研究の都合などでかなり任意に決めうるものである．そこに，さらに反応や経路を付け加えて代謝経路を延長することも可能である．教授室の外の壁によくつるされている大きな代謝マップをじっくり見れば，このようなネットワークを実感できるだろう（図 10.3）．

代謝経路にはいろいろ違う形式がある．セリンの生合成のような直線的経路では，一つの反応の生成物がつぎの反応の基質となるような関係で個々の酵素反応がつながっている（図 10.4 a）．クエン酸回路のような環状の代謝経路も酵素反応がつながったものだが，輪が閉じているので，回路を1周するごとに中間体が再生する（図 10.4 b）．脂肪酸の生合成（§16.1）のようならせん状の代謝経路では，1組の酵素が何度も繰返し働いて，目的分子を長くしたり短くしたりする（図 10.4 c）．

いずれの経路にも，代謝物が出入りする分岐点がある．ほとんどの場合，本書では経路の枝分かれについてはあまり強調せず，いちばん重要な代謝物がたどる主要経路に焦点を絞る．また，すべての生物に共通する経路に焦点を絞る．それが最も基本的な生合成経路だからである．このように単純化したからといって誤解しないでほしい．一見すれば，どんな代謝チャートにもたくさんの分岐点があり，出発基質や最終産物はしばしば他の経路の中間

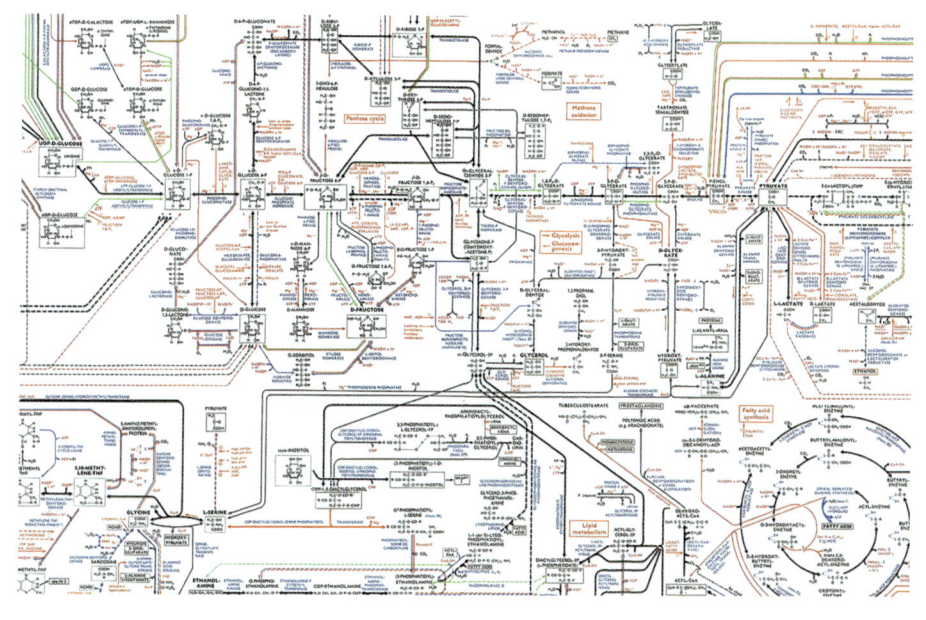

◀ 図 10.3 Roche Applied Science 社が出版した代謝マップの一部分

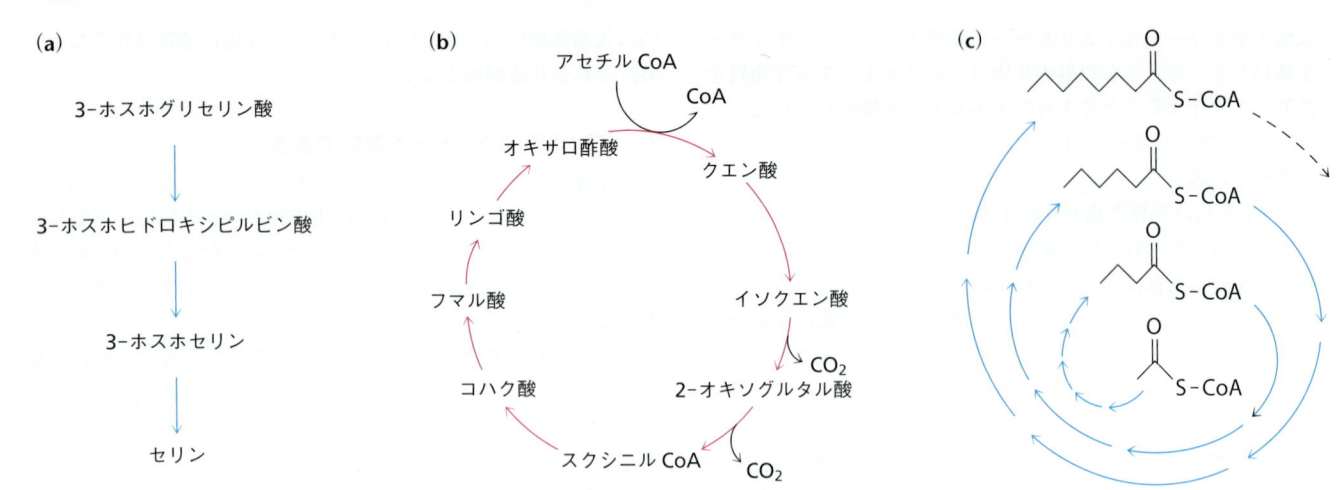

▲ 図10.4 代謝経路の形式 (a) セリン生合成は直線的代謝経路の例である．各段階の生成物がつぎの段階の基質になる．(b) 反応が環状連鎖して閉じた輪をつくる．クエン酸回路では，回路の中間体を再生する反応によってアセチル基が代謝される．(c) 脂肪酸生合成ではらせん状経路により，同じ1組の酵素が触媒となって，アシル鎖を次第に伸ばしていく．

代謝物になっている．図10.3中のセリン合成経路が良い例である．どこにあるかわかるだろうか．

B. 代謝はいくつもの段階から成る

細胞内の環境は比較的安定している．細胞内では適度な温度と圧力の下で，反応分子の濃度はわりあいに低く，またpHも中性といった条件で反応が進行する．これを細胞レベルのホメオスタシスという．

このような条件下で反応が起こるためには，効率の高い酵素触媒がたくさん必要である．しかし，なぜ生きている細胞内にはこれほど多様な反応があるのだろうか．原理的には，はるかに少ない反応で，複雑な有機分子を合成したり分解したりできるはずである．

一つの理由は，酵素反応の特異性が限られていることである．それぞれの活性部位は経路のたった一つの段階しか触媒しない．一つの分子を合成したり分解したりするには，決められた代謝の道筋をたどる必要がある．その道筋はふさわしい酵素があるかどうかによって決まる．一般的には一つの酵素が触媒する反応では，1度に少数の共有結合が切断あるいは形成されるだけである．1個の化学基が転移するだけの反応も多い．したがって，反応および酵素の数が多い一つの理由は，酵素と化学反応に制約があるからである．

多段階経路が必要なもう一つの理由は，エネルギーの出入りを制御するためである．エネルギーの流れを仲介しているのは，定められた分量のエネルギーを運ぶエネルギー供与体や受容体である．後でも述べるが，一つの反応で移動するエネルギーが $60\,\mathrm{kJ \cdot mol^{-1}}$ を超えることはほとんどない．分子の生合成経路では，いくつもの場所でエネルギーの移動が必要である．エネルギーを要する反応は，それぞれ反応系列の一つの段階に対応している．

二酸化炭素と水からグルコースを合成するには，約 $2900\,\mathrm{kJ \cdot mol^{-1}}$ のエネルギーを注入する必要がある．1段階でグルコースを合成することは，熱力学的に不可能である（図10.5）．同じように，異化過程で解放されるエネルギーの大半は（たとえばグルコースを二酸化炭素と水に酸化すると約 $2900\,\mathrm{kJ \cdot mol^{-1}}$ のエネルギーが解放される），たった1回の大きくて効率の悪い爆発として解放されるのではなくて，1段階ずつ何回にも分けて，それぞれの受容体に移される．各段階ごとのエネルギー転移の効率はけっして100％にはならないが，かなりの割合が利用しやすい形で保存される．アデニンヌクレオチド（ATP）やニコチンアミド補酵素（NADH）のような，エネルギーを与えたり受取ったりする運搬体はすべての生命体に存在する．

代謝を学ぶおもな目的は，このような"量子化された"エネルギーがどのように使われているのか理解することにある．ATPおよびNADH，その他の補酵素は代謝における"通貨"となっている．代謝と生体エネルギー論が密接につながっているのはそのためである．

! 化学的，物理的な制約があるため，代謝径路は小さな段階を多数積み重ねて成り立っている．

C. 代謝経路は制御されている

代謝は高度に制御されている．生物は刻々と変化する外界の条件（たとえばエネルギーや食物の入手しやすさ）に対応できる．生物はまた遺伝によってプログラムされた指令に従う．たとえば胚が発生するときや増殖するときには，個々の細胞の代謝は劇的に変化することができる．

生物は絶えず変化する状況に対応するために，代謝経路の微調整から劇的な再編成まで幅広く行う．代謝経路の再編成が起こると，生体分子の合成や分解，エネルギーの生産や消費までも変化する．調節によって影響を受けるのは多数の経路のことも，ごくわずかの経路のこともあるし，応答時間も秒から時間の単位で，さらにはもっと長い単位にまでわたる．最も速い生物学的応答はミリ秒の間に起こる．小さなイオン（たとえば Na^+，K^+，Ca^{2+} など）が細胞膜を横断するときに起こる変化などがその例である．神経の活動電位の伝達や筋肉の収縮もイオンの移動に基づいている．速い応答ほど短命で，ゆっくりした応答ほど長く持続する．

代謝経路がどのように制御されているのか知るには，いくつかの基本概念を理解する必要がある．基質Aから始まり生成物Pで終わるような単純な直線的経路を考えてみよう．

$$A \xrightleftharpoons{E_1} B \xrightleftharpoons{E_2} C \xrightleftharpoons{E_3} D \xrightleftharpoons{E_4} E \xrightleftharpoons{E_5} P \qquad (10.1)$$

反応ごとに一つの酵素で触媒され，どれも可逆的である．生きて

10.2 代謝経路

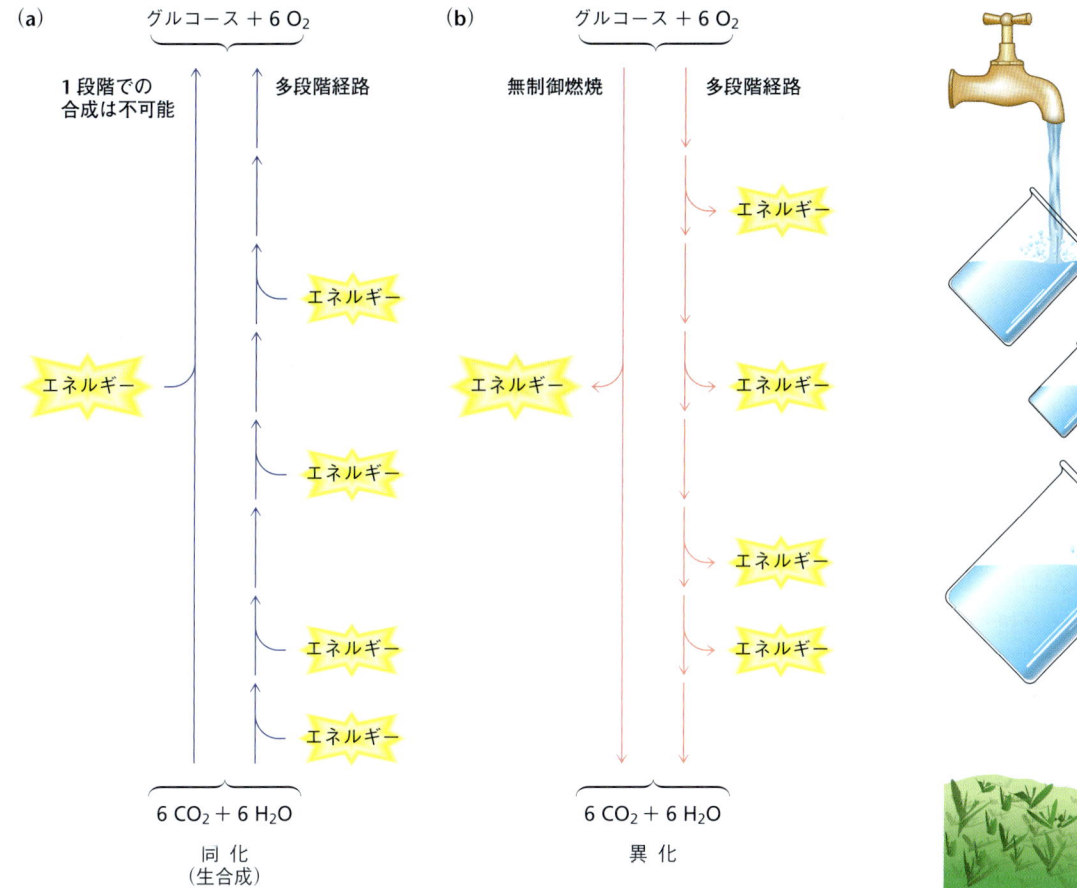

▲図 10.5 1段階反応と多段階反応の比較 (a) グルコースの生合成は，1段階では完了しない．多段階の生合成は，ATPやNADHがもたらす小きざみなエネルギーの注入と共役している．(b) グルコースを無制御で燃焼させると多量のエネルギーが一度に解放される．酵素が触媒する多段階反応では同じ量のエネルギーが解放されるが，そのかなりの部分が取扱いやすい形で保存される．

▲図 10.6 代謝径路における定常状態とフラックス（流量） 流れの速さは経路のフラックスと同じである．各ビーカーの水量はいつも変わらず，定常状態での経路内の代謝物濃度になぞらえられる．

いる細胞内のほとんどの反応は平衡に達しており，B, C, D, Eの濃度はあまり変動しない．このことは §5.3 A でみた**定常状態** (steady state) 条件と似ている．定常状態条件は，大きさの違う1組のビーカーの絵を使うと想像しやすい（図10.6）．蛇口からの水が最初のビーカーに入り，それがいっぱいになるとつぎのビーカーに流れ落ちる．つながったビーカーの全部が満たされると，蛇口から床へと一定速度で水が流れ落ちる．この流れの速さが代謝経路全体の**フラックス** (flux) に当たる．フラックスはほんの"ぽたぽた"から"ざあざあ"まで変わりうるが，各ビーカーの定常状態レベルは変わらない（あいにくとこのたとえでは，代謝においては逆方向のフラックスもあることはイメージできないが）．

> 細胞の代謝径路が動的な定常状態条件にないことを表現できる厳密な専門用語は……"死".

最初の基質の濃度がある限界以下に低下すると，経路全体のフラックスが低下する．最終生成物が増加した場合もフラックスは低下する．これらは経路全体に影響を与える変化である．しかし，このような通常の濃度効果に加えて，経路内のいずれかの酵素の活性に影響を与えるような，特別の調節現象もある．ある経路の制御を説明しようとするとき，とかく砂時計のくびれた部分のようなものを考え，律速段階を受持つ一つの酵素だけを操ればよいと思いがちだが，これでは単純化しすぎていることが多い．多くの経路でフラックスは何箇所にもわたって調節されている．これらの段階は特別で，基質および生成物の定常状態での濃度が，平衡状態の濃度からはかけ離れており，反応が一方向のみに進行する．関与する経路全体のフラックスの調節に特定の役割を果たす調節酵素もある．供給源が異なる中間体や補助基質が経路に流入したり，経路から流出したりするために，調節箇所がいくつもあるのが普通であり，独立した一本道の経路はむしろまれである．

代謝調節の基本的パターンは二つある．フィードバック阻害とフィードフォワード活性化である．**フィードバック阻害** (feedback inhibition) は，経路の生成物（普通は最終生成物）がずっと前の段階（普通はその経路に固有の最初の段階）を阻害することによって，みずからの合成速度を調節するものである．

$$A \xrightarrow{E_1} B \xrightarrow{E_2} C \xrightarrow{E_3} D \xrightarrow{E_4} E \xrightarrow{E_5} P \qquad (10.2)$$

このような調節法が生合成経路で有利なことは明らかである．P濃度が定常状態レベルを越えたら，その影響は経路全体を通って後ろ向きに伝わり，中間代謝物の濃度がそれぞれ上がる．これによって経路に逆向きのフラックスが生じ，Pを出発物とし，生成物としてのAが増加してしまう．Pがなくなって初めて正常な方向のフラックスが回復する．経路は最初の方で阻害されるべきで

ある．さもないと中間代謝物が無駄に蓄積されることになる．10.2式で重要なのは，酵素 E_1 が触媒する反応が平衡状態になってはならないことである．酵素が調節されるためには，この反応は代謝的に不可逆でなければならない．ここを通るフラックスは逆方向になってはならない．

フィードフォワード活性化（feedforward activation）は，経路の最初の方でつくられた生成物が，もっと後方の反応を触媒する酵素を活性化する．

$$A \xrightarrow{E_1} B \xrightarrow{E_2} C \xrightarrow{E_3} D \xrightarrow{E_4} E \xrightarrow{E_5} P \quad (10.3)$$

この例では，酵素 E_1（A を B に変える酵素）の活性と酵素 E_4（D を E に変える酵素）の活性が調和をとることになる．代謝物 B の濃度が上昇すれば E_4 が活性化されて，経路全体のフラックスが増加する（B 濃度が低いときは E_4 は事実上不活性といえるだろう）．

個々の調節酵素がどのように制御されるかについては §5.9 で述べた．これらの酵素の多くに対して，アロステリックな活性化剤や阻害剤（それら自身も普通は代謝物）がコンホメーション変化を誘導して，触媒活性に影響を与え，活性を素早く変化させる．アロステリック制御の例はこれ以後の章でたくさん出てくる．調節酵素のアロステリック制御は素早いが，単離した酵素でみられるほどには細胞内では速くない．

二つの活性状態をとりうる酵素については，リン酸基の付加や除去のような化学修飾によって，素早くかつ可逆的に活性を変化させることもできる（§5.9 D）．プロテインキナーゼが ATP を消費してリン酸化を触媒し，そのリン酸基を今度はプロテインホスファターゼが加水分解して取除き元に戻す．リン酸化されたとき活性が高くなるか低くなるかは酵素によって違う．異化経路の場合は，リン酸化されると活性が高くなり，脱リン酸されると活性が低くなる酵素が多い．同化にかかわる酵素の場合，ほとんどの酵素はリン酸化により不活性化され，脱リン酸によって活性型に戻る．さまざまな特異性をもつキナーゼを活性化することにより，一つのシグナルで二つ以上の代謝経路を調和を保ちつつ調節できる．§9.11 で詳しく述べたように，細胞内で行われているシグナル伝達経路はカスケードの性格をもち，最初のシグナルは増幅される（図 10.7）．

特定の酵素の生合成や分解を速めることで，特異的酵素の量を変えることができる．このやり方は，アロステリックあるいは共有結合による活性化や阻害に比べるとゆっくりしている．しかし，酵素によっては速く回転するものもある．代謝経路においては，いくつもの調節方式が同時進行していることを留意しよう．

> 本書の第 IV 部で遺伝子の制御とタンパク質合成をもっと詳しく検討する．

D．代謝経路の進化

代謝経路の進化は活発に研究されている生化学分野の一つである．このような研究は，完全ゲノム配列，とりわけ原核生物のゲノムが数多く公表されたことにより著しく促進された．今日の生化学者は，多種多様代謝経路の酵素を比較することができる．起源的細胞に存在した原始的代謝経路がどのように組織化されていたのか，どのような構造をしていたのかについて，これらのたくさんの経路が手がかりを提供してくれる．

新しい代謝経路をつくるにはいろいろな道筋がありうる．いちばん簡単なのは，すでにあった経路に新しい最終段階を付け足すことである．仮定上の経路である 10.1 式で考えてみよう．本来の経路が，基質 A から始まる 4 段階の変化後に，代謝物 E の生成で終わっていたと仮定する．代謝物 E が相当量供給される状況ができ上がれば，P をつくるための基質として E を使うような新しい酵素（この例では E_5）が進化しやすくなるであろう．このような経路進化の例として，アスパラギン酸からアスパラギン，グルタミン酸からグルタミンを合成するような経路があげられる．このような前進的進化は，新しい経路の進化で共通にみられる．

すでに存在している経路に枝を生やして，新しい経路をつくり出す場合もある．例として，10.1 式に示した経路で C から D への転換を考えよう．この反応は酵素 E_3 で触媒される．原始的な E_3 酵素は，今日の酵素ほどには特異性が高くなかった可能性が

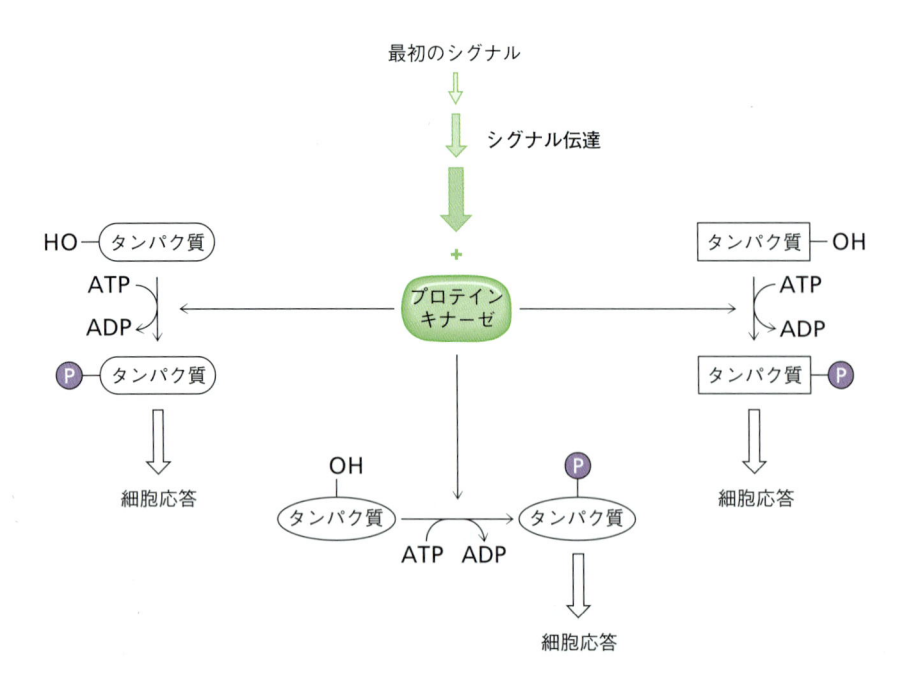

◀ 図 10.7 代謝制御におけるプロテインキナーゼの役割 最初のシグナルの効果はシグナルカスケードによって増幅される．活性化されたキナーゼが細胞内のさまざまなタンパク質をリン酸化した結果，いくつもの代謝経路が調和を保ちつつ制御される．ある経路は活性化され，別の経路は阻害される．—Ⓟ はタンパク質に結合したリン酸基を表す．

ある．生成物Dをつくることに加えて，もう一つの代謝物Xも少しつくったかもしれない．生成物Xを利用できる細胞が自然選択に対して有利だったとすれば，E_3遺伝子の重複が促進された可能性がある．遺伝子の二つのコピーがその後，違う方向に進化することによって，それぞれC→DおよびC→Xを触媒する二つの関連酵素が生まれた．遺伝子の重複と多様化（たとえば乳酸デヒドロゲナーゼとリンゴ酸デヒドロゲナーゼ，§4.7）による進化の例は多い．（これまで酵素反応のきわめて高い特異性をもっぱら強調してきているが，実際には，多くの酵素が，構造が似ている基質および生成物を使って，いくつかの異なる反応を触媒することができる．）

"後退的"に進化した経路もいくつかある．原始的な経路で，環境中に豊富に供給される代謝物Eを生成物Pをつくるために利用していたとしよう．時を経てEの供給が途絶えたとしたら，代謝物Dを使って代謝物Eを補給できるような新しい酵素（E_4）を進化させるような選択圧がかかる．Dが律速段階になった場合，Cを使ってより多くの代謝物Dをつくることによって，細胞は自然選択に対して有利になる．このようなやり方で，より単純な前駆体を順次付け加えて経路を伸ばすことで逆進化が行われ，現在の完成された経路に進化したのである．

経路全体が重複した後，それぞれでさらに適応的進化が起こった結果，よく似た反応を触媒する相同酵素が働いている二つの独立した経路ができることがある．こうした進化の良い例として，トリプトファンおよびヒスチジンの生合成経路がある．経路全体が重複しなくてもすむように，ある経路から複数の酵素が，別の経路で使うために召集されることもある．経路が違っているのに相同酵素が使われているさまざまな例を後で紹介する．

最後に，すでにある経路が"逆向き"になって，新しい経路が進化することがある．ほとんどの経路には，事実上不可逆な反応が一つは含まれている．仮想上の経路の第3段目（C→D）が，通常の反応条件下では平衡状態からかけ離れているために，DからCへの転換を触媒できないと仮定してみよう．D→Cを触媒できる新しい酵素が進化すれば，経路全体を逆方向に流れさせて，PをAに変えることが可能になる．このようにしてグルコース生合成経路から解糖経路が進化したのである．このような経路逆転による進化の例は他にもいくつもある．

以上の可能性のすべてが新しい経路の進化に貢献した．別々の適応的進化機構を組合わせて新しい経路が進化することもある．何十億年か前に起こったクエン酸回路の進化がそのような例の一つである（§13.9）．殺虫剤，除草剤，抗生物質，工業廃棄物などに抵抗して，新しい代謝経路は日夜進化している．これらの化学物質を代謝できるようになった生物は，その毒作用から逃れ，元からある遺伝子を修正して，新しい経路と酵素を進化させる．

10.3 細胞内の主要な経路

本節で代謝経路の中心をなす部分の組織化と機能を概観する．成長および増殖にとって最重要な同化経路，言い換えれば合成経路をまず取上げる．図10.8に生合成経路の全体像を示した．すべての細胞は，炭素，水素，酸素，リン，硫黄，無機イオン類を外部から取入れる必要がある（§1.2）．細菌や植物などの生物種は，これらの必須元素について無機物原料を利用して成長と増殖が可能である．このような生物種を**独立栄養生物**（autotroph）とよぶ．それに対して動物などの**従属栄養生物**（heterotroph）は，グルコースなどの有機物の炭素源を必要とする．

生合成経路にはエネルギーが必要である．最も複雑な生物（ただし生化学的観点から）は太陽光から，あるいはNH_4^+，H_2，H_2Sなどのような無機分子を酸化して，有用な代謝エネルギーをつくり出せる．これらの反応で得られたエネルギーが，高エネルギー化合物ATPおよび還元力NADHをつくり出すことに利用される．そしてこれらの補因子がもつエネルギーが，生合成反応に供給される．

独立栄養生物には，二つの型がある．**光合成独立栄養生物**（photoautotroph）は必要なほとんどのエネルギーを光合成から獲得し，炭素の主要な供給源はCO_2である．光合成細菌，藻類，植物がこの型に属する．**化学合成独立栄養生物**（chemoautotroph）

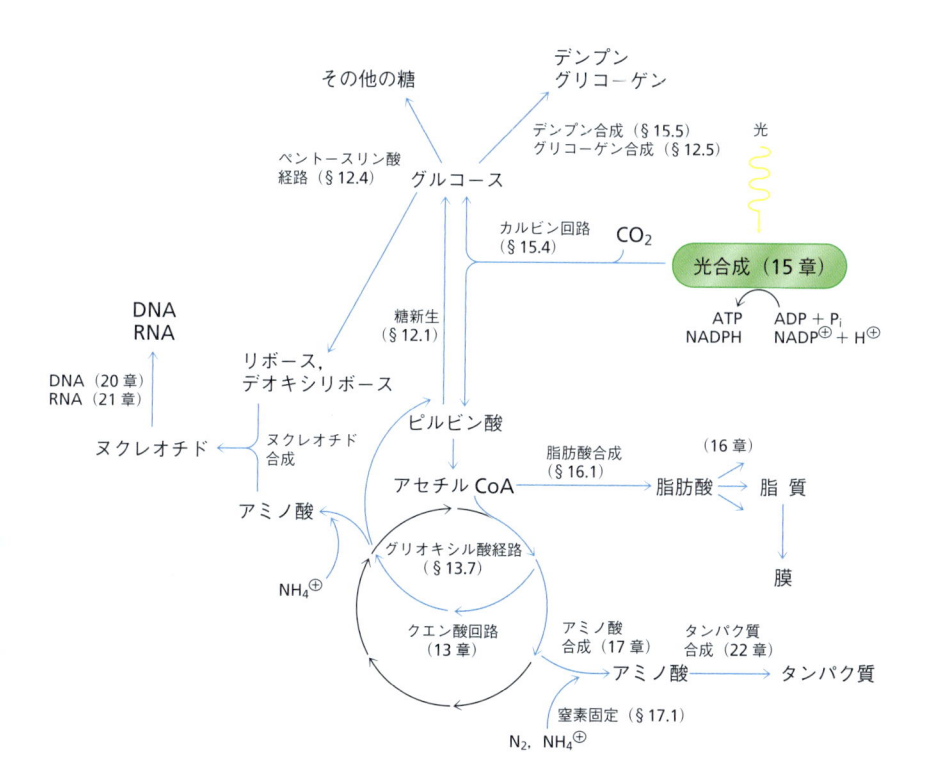

◀図10.8 **同化経路の全体像** 大きな分子は，小さな分子に炭素（通常CO_2に由来）および窒素（通常NH_4^+として）を結合させて合成される．アミノ酸生合成の中間体を供給するクエン酸回路，グルコースをつくる糖新生などがおもな経路である．生合成経路に必要なエネルギーは，光合成生物では光から供給され，化学合成独立栄養生物では無機分子の分解により供給される．（括弧内の数字は本書の関連項目の章と節の番号である．）

10. 代謝についての序論

▲ **イエローストーン国立公園の化学合成独立栄養生物** 鉄や硫黄の酸化でエネルギーを生み出している多種類の *Thiobacillus* がいる．これらの細菌は有機分子を必要としない．イエローストーン国立公園の温泉を取囲んでいるオレンジ色や黄色は *Thiobacillus* によるものである．これらの細菌がどうやって無機分子からエネルギーを生み出しているのかの説明は §14.13 を参照されたい．

は必要なエネルギーを無機分子の酸化で獲得し，炭素源として CO_2 を利用する．ある種の細菌は化学合成独立栄養生物であるが，真核生物にはこのような例はない．

従属栄養生物も二つの型に分けられる．**光合成従属栄養生物**（photoheterotroph）は炭素源として有機化合物を必要とする光合成生物である．ある種の細菌のグループは光エネルギーを獲得できるが，炭素源としていくつかの有機分子が必要である．**化学合成従属栄養生物**（chemoheterotroph）は炭素源として有機分子を必要とする非光合成生物である．必要な代謝エネルギーは，体内に取込んだ有機分子を分解して得ている．私たちは，すべての動物，大部分の原生生物，すべての菌類，多くの細菌と同様に，化学合成従属栄養生物である．

図 10.9 におもな異化経路を示す．一般法則として，これらの分解経路は生合成経路の単純な逆行ではない．クエン酸回路は同化代謝，異化代謝のどちらにとっても大事な経路である．異化代謝のおもな役割は，不要な分子を排除することと，他の経路に必要なエネルギーをつくり出すことである．

以下の各章で，代謝について詳しく検討する．まず 11 章で最初の代謝経路として解糖について述べる．これはグルコースを異化する経路で，全生物に共通している．生化学では他の経路に先立ってまず解糖系を学習するのが古くからの伝統になっている．なぜならこの経路の諸反応が詳しくわかっており，他の経路で出会うであろう代謝の根本原理の多くを説明するのに役立つからである．解糖系ではヘキソースが 2 個の 3 炭素化合物に切断される．そして，基質レベルのリン酸化とよぶ過程によって ATP を生産することができる．解糖の生産物は通常はピルビン酸で，これはアセチル CoA に変換すればさらに酸化できる．

12 章ではグルコースの合成，つまり糖新生について述べる．またグリコーゲンの代謝についても取上げ，さらにグルコースを酸化して，生合成経路に必要な NADPH や，核酸合成に必要なリボースをつくる過程も概観する．

クエン酸回路（13 章）はアセチル CoA の酢酸部分の炭素を完全に酸化し，解放されるエネルギーを NADH 生成および ATP 生成により保存する．すでに述べたように，クエン酸回路は同化代謝，異化代謝の双方にとって不可欠な部分である．

ATP の生産は代謝の中で最も重要な反応である．ATP 合成のほとんどは膜に会合した電子伝達と共役している（14 章）．電子

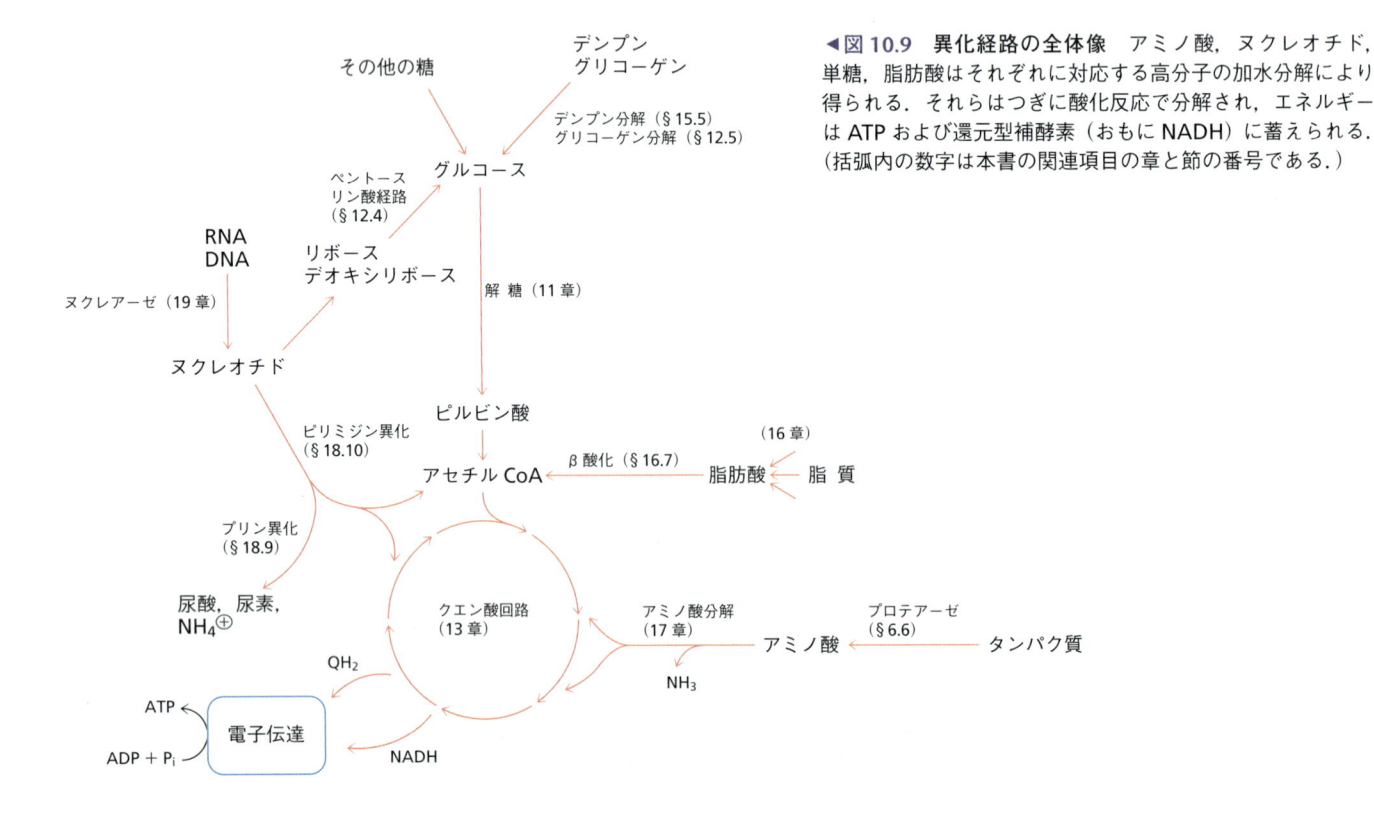

◀ **図 10.9 異化経路の全体像** アミノ酸，ヌクレオチド，単糖，脂肪酸はそれぞれに対応する高分子の加水分解により得られる．それらはつぎに酸化反応で分解され，エネルギーは ATP および還元型補酵素（おもに NADH）に蓄えられる．（括弧内の数字は本書の関連項目の章と節の番号である．）

伝達において，NADHなど還元型補酵素のエネルギーは生体膜を境とするプロトンの電気化学的勾配を形成させるのに利用される．この勾配によるポテンシャルエネルギーが，ADPをリン酸化してATPとする反応の推進力となる．

$$\text{ADP} + \text{P}_i \longrightarrow \text{ATP} + \text{H}_2\text{O} \qquad (10.4)$$

膜会合電子伝達とそれに共役したATP合成は，多くの点で光合成（15章）における光エネルギーの獲得に似ている．

残る三つの章では，脂質，アミノ酸，ヌクレオチドの同化および異化を学ぶ．16章では栄養物質をトリアシルグリセロールとして蓄える過程や，脂肪酸の酸化を取上げる．リン脂質，イソプレノイド化合物の合成についてもふれる．アミノ酸の代謝は17章で取上げる．アミノ酸はタンパク質の構築素材として体内に取込まれるが，一部は代謝燃料として，また生合成の前駆体として重要である．ヌクレオチドの生合成と分解は18章で取上げる．ヌクレオチドは他の三つの生体分子とはやや違い，エネルギー生産という目的ではなくて，おもに排泄の目的で異化代謝を受ける．ヌクレオチドの核酸への組込みと，アミノ酸のタンパク質への組込みは主要な同化代謝経路であり，それらの生合成反応を20〜22章で取上げる．

10.4 区画化および器官間の代謝

いくつかの代謝経路は細胞内の特定の場所に局在している．たとえばATP合成と共役している膜会合電子伝達経路は，膜内で行われる．細菌ではこの経路は細胞膜に局在し，真核生物ではミトコンドリア膜に見いだされる．光合成は細菌および真核生物で行われるもう一つの膜会合経路の例である．

真核生物では，代謝経路は膜で仕切られたいくつかの区画に局在している（図10.10）．たとえば，脂肪酸を合成する酵素は細胞質ゾルに，脂肪酸を分解する酵素はミトコンドリア内部に局在している．このように区画化された結果，細胞内には異なる代謝物のプールがいくつもできるし，反対の方向に進行する代謝経路を同時に動かすこともできる．さらに代謝物の濃度を局所的に高くできたり，複数の酵素を調和をとって制御できるなどの利点がある．ミトコンドリア（過去に共生した原核生物から進化した細胞小器官）で働く酵素のいくつかは，ミトコンドリアの遺伝子でコードされている．ミトコンドリアが共生細菌に起源をもつことで区画化されている理由が納得できる．

区画化は分子レベルでも行われている．ある種の代謝経路を触媒する酵素は物理的に多酵素複合体という形に組織化されている（§5.11）．このような複合体では代謝物はいわば運河を通行するようなもので，拡散による希釈が防がれる．関連した反応を触媒するいくつかの酵素が膜に結合している場合もあり，膜内を急速に拡散することで相互作用できる．

多細胞生物の個々の細胞では，それぞれで代謝物の濃度が違う．それを決めているのは，代謝物を細胞内に出し入れする役割をもった特異的運搬体の有無である．そのうえ，その細胞に備わった細胞表面の受容体およびシグナル伝達系に依存して，個々の細胞は外部からのシグナルに対して独自の応答をする．

多細胞生物では区画化がさらに発展して，組織の特殊化にまで至っている．組織ごとに違う仕事を割り振っておくと，身体の部位ごとに個別に代謝調節を行うことができ，組織が異なれば，細胞が取りそろえている酵素の種類も違ってくる．私たちにとって筋肉組織，赤血球，脳細胞などの特別な役割はなじみ深いが，もっと簡単な生物でも細胞区画化はよくみられる．たとえばシアノバクテリアでは窒素固定経路は異質細胞とよばれる特殊な細胞に隔離されている（図10.11）．ニトロゲナーゼが酸素により失活することと，光合成を行う細胞には大量の酸素が存在することから，このような隔離が不可欠である．

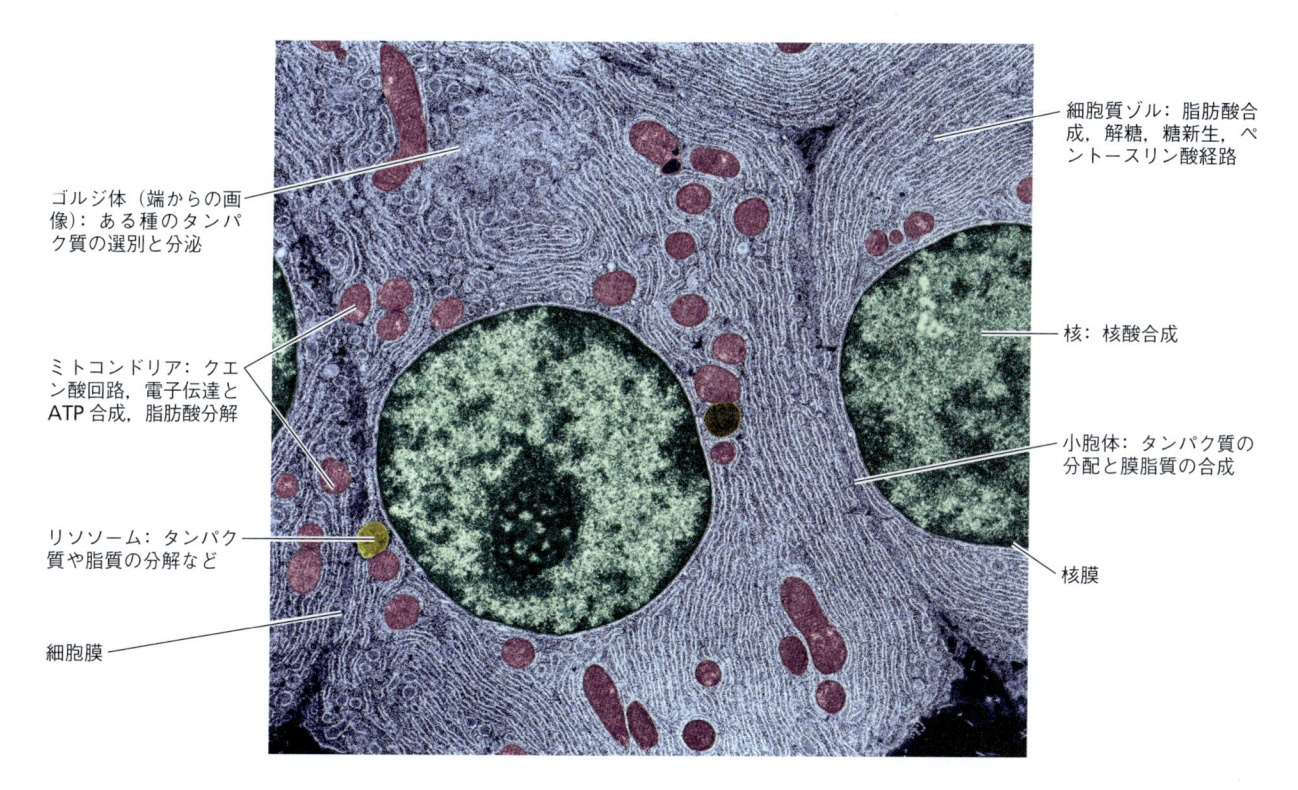

▲図10.10　真核細胞内での代謝経路の区画化　細胞の電子顕微鏡写真に着色したもの．核（緑），ミトコンドリア（紫），リソソーム（茶），多数の小胞体（青）．（すべての代謝経路と細胞小器官が示されているわけではない．）

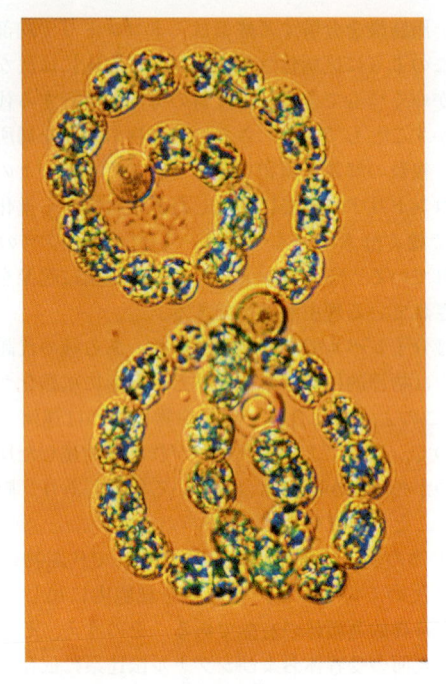

▲ 図 10.11 *Anabaena sphaerica* シアノバクテリアの多くの種は多細胞から成る長い繊維を形成する．この中で特殊化された細胞が窒素固定するように適応している．このような異質細胞は丸くなり，厚くなった細胞壁で包囲まれている．異質細胞は隣の細胞と内部孔でつながっている．異質細胞の形成は代謝経路の区画化の一例である．

10.5 標準ギブズ自由エネルギー変化ではなく，実際のギブズ自由エネルギー変化が代謝反応の自発性を決める

ギブズ自由エネルギー変化は，反応から取出すことのできるエネルギーの尺度である（§1.4 B）．任意の反応に対する標準ギブズ自由エネルギー変化（$\Delta G°'_{反応}$）とは，標準状態の圧力（1 atm），温度（25℃ = 298 K），水素イオン濃度（pH = 7.0）という条件下での変化である．すべての反応物および生成物の濃度も標準状態で 1 M とする．生化学反応の場合，水の濃度は 55 M と考える．

標準ギブズ自由エネルギー変化は，重要な生体分子の生成に伴う標準ギブズ自由エネルギー変化（$\Delta_f G°'$）の表から決定できる．

$$\Delta G°'_{反応} = \Delta_f G°'_{生成物} - \Delta_f G°'_{反応物} \tag{10.5}$$

ただし，10.5 式は標準条件での反応にのみ適用できるもので，生成物と反応物の濃度が 1 M のときだということに留意してほしい．また，生化学反応用につくられた表を使うことが大切である．そのような表では，pH とイオン強度について補正がなされている．細胞の条件における生成ギブズ自由エネルギーは，化学や物理で使われているものとは大きく異なっていることがよくある．

反応に対する実際のギブズ自由エネルギー変化（ΔG）は，§1.4 B で述べたように，生成物と反応物の実際の濃度に依存する．標準ギブズ自由エネルギー変化と実際のギブズ自由エネルギー変化の関係はつぎの式で表される．

$$\Delta G_{反応} = \Delta G°'_{反応} + RT \ln \frac{[生成物]}{[反応物]} \tag{10.6}$$

圧力と体積が一定という条件下で，反応物が化学的あるいは物理的過程をたどって生成物に変換するときに生じる自由エネルギー変化は，エンタルピー（熱量）変化とエントロピー（無秩序さ）

実例計算 10.1 生成エネルギーから標準ギブズ自由エネルギー変化を計算する

すべての反応について，標準ギブズ自由エネルギー変化は次式で与えられる．

$$\Delta G°'_{反応} = \Delta G°'_{生成物} - \Delta G°'_{反応物}$$

グルコースの酸化は，

$$(CH_2O)_6 + 6\,O_2 \longrightarrow 6\,CO_2 + 6\,H_2O$$

生体分子の生成に伴う標準ギブズ自由エネルギーの値は生化学の表から得られる．

$$\Delta_f G°'(グルコース) = -426\ \text{kJ·mol}^{-1}$$
$$\Delta_f G°'(O_2) = 0$$
$$\Delta_f G°'(CO_2) = -394\ \text{kJ·mol}^{-1}$$
$$\Delta_f G°'(H_2O) = -156\ \text{kJ·mol}^{-1}$$
$$\Delta G°'_{反応} = 6(-394) + 6(-156) - (-426)$$
$$= -2874\ \text{kJ·mol}^{-1}$$

グルコースはエネルギーに富んだ有機分子であり，それを酸化すると多量のエネルギーを放出する．しかしすべての生きている細胞は，簡単な前駆体から日常的にグルコースを合成している．多くの場合，CO_2 と H_2O が前駆体であり，上の反応とは反対になっている．生物はどうやってこのようなことを行っているのだろうか．

変化の組合わせで表現できる．

$$\Delta G = \Delta H - T\Delta S \tag{10.7}$$

ΔH はエンタルピー変化，ΔS はエントロピー変化，T はケルビン温度である．

ある反応について ΔG が負であれば，その反応は書かれたとおりの向きに進行する．ΔG が正ならば，反応は逆向きに進行し，出発物と生成物が逆転する．その反応が書かれたとおりに進行するためには，その系のギブズ自由エネルギー変化を負にできるように，十分なエネルギーを外部からつぎ込む必要がある．ΔG が 0 ならば反応は平衡状態にあり，生成物が実質的に増えることはない．

10.7 式で示したように，エンタルピー変化とエントロピー変化の両方が ΔG に寄与するから，与えられた温度において反応が自発的であるためには，両方を総合したものが負にならねばならない．そこで，たとえある過程についての ΔS が負であったとしても（つまり，反応物よりも生成物の方が秩序が高い），ΔH が十分に大きい負の値ならば，エントロピーの減少分を打ち消して ΔG を負にすることができる．同じように，たとえ ΔH が正であっても（つまり，生成物の方が反応物よりも熱量が高い），ΔS が十分に大きな正の値をとれば，エンタルピーの増加分を打ち消すことができて，その結果，ΔG は負の値になる．ΔS が大きな正の値をとることが理由で自発的に進行する反応を"エントロピー駆動型"とよぶ．たとえばタンパク質が折りたたまれる過程（§4.11）や，脂質二重層（§9.8 A）の形成などは，いずれも疎水性効果（§2.5 D）によるものである．どちらの過程でも，タンパク質分子あるいは脂質二重層の成分だけを考えるとエントロピーは減少しているが，周りを取囲んでいる水分子のエントロピーが大幅に増大するので，打ち消されてしまうのである．

生きている細胞の中で起こるすべての酵素反応において，反応が書かれている方向に進行するためには，実際のギブズ自由エネ

ルギー変化（細胞中の条件でのギブズ自由エネルギー変化）が負である必要がある．多くの代謝反応では標準ギブズ自由エネルギー変化（$\Delta G°'_{反応}$）が正の値をとっている．ΔG と $\Delta G°'$ の違いは細胞内の条件によって決まるが，ΔG に最も大きく影響するのは，反応における基質と生成物の濃度である．つぎの反応を考えてみよう．

$$A + B \rightleftharpoons C + D \quad (10.8)$$

平衡状態では，定義により基質と生成物の濃度比が平衡定数 K_{eq} となり，ギブズ自由エネルギー変化は 0 となる．

$$（平衡状態で）\; K_{eq} = \frac{[C][D]}{[A][B]} \quad \Delta G = 0 \quad (10.9)$$

反応が平衡状態にない場合には基質と生成物の比は違う値をとり，ギブズ自由エネルギー変化は 10.6 式を使ってつぎのようになる．

$$\Delta G_{反応} = \Delta G°'_{反応} + RT \ln \frac{[C][D]}{[A][B]} = \Delta G°'_{反応} + RT \ln Q \quad (10.10)$$

$$\left(ここで \; Q = \frac{[C][D]}{[A][B]} \right)$$

Q は**質量作用比**（mass action ratio）である．平衡状態における基質と生成物の濃度比に対してこの値がどのくらい違うかで，その反応の実際のギブズ自由エネルギー変化の大きさが決まる．言い換えれば，ギブズ自由エネルギー変化とは，その反応が平衡状態からどのくらい離れた状態で起こっているのかを測る尺度となる．結論として，生体反応の向きを判断する基準は，$\Delta G°'$ ではなくて ΔG だということである．

例として，圧力，温度，濃度が標準状態の反応 $X \rightleftharpoons Y$ を考えよう．

$\Delta G°'$ が負だと仮定する．

X $\rightleftharpoons$ Y　　$\Delta G°'$ は負
1 M　　1 M

細胞内では，反応はおそらく平衡状態にあり，$\Delta G = 0$ なので，

X $\rightleftharpoons$ Y　　$\Delta G = 0$
（$\Delta G°'$ は負）

$\Delta G°'$ が正の反応に対しては，

X $\rightleftharpoons$ Y　　$\Delta G°'$ は正
1 M　　1 M

平衡状態では，反応物の濃度は生成物の濃度よりも高いであろう．

X $\rightleftharpoons$ Y　　$\Delta G = 0$
（$\Delta G°'$ は正）

標準ギブズ自由エネルギー変化は，反応がある方向に向かうか，あるいはその反対方向に向かうかを予言することはできない．予言できるのは，平衡に近い反応における反応物と生成物の定常状態の濃度である．

代謝反応は普通は二つの型に分けることができる．Q の値として，生きている細胞の中で定常状態にある反応物と生成物の濃度比を使ってみよう．Q が K_{eq} に近い反応を**平衡に近い反応**（near-equilibrium reaction）とよぶ．このような反応では，ギブズ自由エネルギー変化が小さいので，反応方向を逆転させるのも簡単である．Q が K_{eq} からかけ離れている反応は，**代謝的に不可逆な反応**（metabolically irreversible reaction）である．このような反応は平衡状態からほど遠く，Q の値は K_{eq} とは 2 桁以上も違っている．そのため ΔG は大きな負の値になる．

代謝経路のフラックスが大きく変化すると，細胞内の代謝物の濃度は一時的に変動するが，ほとんどの場合，濃度変化は2～3倍以内で，すぐに平衡状態が回復する．前に述べたように，これが平衡状態条件とよばれるもので，経路に含まれる反応に典型的な性質である．ほとんどの酵素は平衡に近い反応を触媒しており，活性も十分高いので，基質と生成物の水準を平衡に近い状態にすぐに戻すことができる．つまりフラックスをどちらの方向へでも切り替えられるのである．これらの反応のギブズ自由エネルギー変化は実質的にはゼロである．

それに比べると，代謝的に不可逆な反応を触媒する酵素は一般に平衡に近い状態にまでもっていけるほど活性が高くない．代謝的に不可逆な反応は経路の調節点になっていることが多く，その反応を触媒する酵素はなんらかの方法で制御されているのが普通である．こうした制御により，反応が平衡状態に近づくのを阻止し，代謝の不可逆性を維持している．代謝的に不可逆な反応は代謝経路において瓶の首の働きをしており，その経路全体を通じるフラックスを調節している．

平衡に近い反応は調節点としてあまり適当ではない．生成物および反応物の濃度が平衡に近い状態で反応が行われているため，その段階でフラックスを大きく増やすことはできない．基質や生成物の濃度を変化させることだけが方向の調節を可能にする．それに対して，代謝的に不可逆な反応を通るフラックスは，代謝物の濃度を変化させてもほとんど影響を受けない．これを調節するには酵素の活性を調節する必要がある．

平衡に近い代謝反応はあまりに多いので，多くの反応について $\Delta G°'$ の値をことさら強調して取上げるのは控えた．こうした数値は定常状態の濃度を計算する以外にはあまり適切ではないからである．

> ❗ 代謝的に不可逆な反応は，反応が平衡に達しないように活性が制御されている酵素によって触媒されている．

10.6 ATP 加水分解の自由エネルギー

ATP は 1 個のリン酸エステル結合と 2 個のリン酸無水物結合をもつ．前者はリボースの 5' 酸素と α-リン酸基の間，後者は α と β，β と γ のリン酸基の間に 1 個ずつである（図 10.12）．ATP は何種類かの代謝基の供与体になる．通常はリン酸基を与え，ADP を残す．あるいはヌクレオチド基（AMP）を与えて，無機二リン酸（PP_i）を残す．いずれの場合でも，リン酸無水物結合の開裂を伴う．ATP のさまざまな基は直接に水に転移されることはないが，供与過程でのギブズ自由エネルギー変化を見積もるには加水分解反応が参考になる．表 10.1 には，標準状態で，1 mM の Mg^{2+} 存在下，イオン強度 0.25 M のときの，いくつかの生体分子の生成に伴う標準ギブズ自由エネルギー変化（$\Delta_f G°'$）

表 10.1 生体分子の生成に伴う標準ギブズ自由エネルギー変化[†]

	$\Delta_f G^{\circ\prime}$ [kJ·mol^{-1}]
ATP	-2102
ADP	-1231
AMP	-360
P_i	-1059
H_2O	-156

[†] 1 mM の Mg^{2+} 存在下,イオン強度 0.25 M のとき

表 10.2 ATP,AMP,二リン酸の加水分解の標準ギブズ自由エネルギー変化

反応物と生成物[†]	$\Delta G^{\circ\prime}_{加水分解}$ [kJ·mol^{-1}]
ATP + H_2O → ADP + P_i + H^+	-32
ATP + H_2O → AMP + PP_i + H^+	-45
AMP + H_2O → アデノシン + P_i	-13
PP_i + H_2O → 2P_i + H^+	-29

[†] P_i(無機リン酸)= HPO_4^{2-}, PP_i(無機二リン酸)= $HP_2O_7^{3-}$

を示した.表 10.2 に ATP と AMP について加水分解の標準ギブズ自由エネルギー変化($\Delta G^{\circ\prime}_{加水分解}$)の値を,また図 10.12 には ATP に含まれる二つのリン酸無水物結合がどのように加水分解されるかを示した.表 10.2 で注意すべきことは,標準状態で解放されるエネルギーは AMP のリン酸エステルの開裂では 13 kJ·mol^{-1} であるのに対し,ADP あるいは ATP のリン酸無水物結合の開裂では,30 kJ·mol^{-1} 以上になることである.

> §7.3 でヌクレオシド三リン酸の構造を述べた.

表 10.2 には二リン酸の加水分解の標準ギブズ自由エネルギー変化も示してある.この反応を触媒するピロホスファターゼという酵素をすべての細胞がもっている.この反応は非常に起こりやすいので,細胞内の二リン酸濃度はきわめて低く保たれている.つまり,ATP から AMP + 二リン酸への加水分解は,AMP 濃度がかなり高くても負のギブズ自由エネルギー変化を伴う.

> 二リン酸の役割についてのもう一つの例は §10.7 C で述べる.二リン酸の加水分解はエネルギー通貨の単位で,ATP 1 個と等価として計算される.

ヌクレオシド二リン酸および三リン酸は,水溶液中でも酵素の活性部位でも,普通はマグネシウム(マンガンのこともある)イオンと複合体をつくっている.これら陽イオンはリン酸基の酸素原子に配位して六員環をつくる.マグネシウムイオンは ATP に対していくつかの異なる複合体をつくりうる.リン酸基の α と β,β と γ が関与している複合体を図 10.13 に示した.水溶液中では β,γ 複合体ができやすい.後でもふれるが,核酸も普通は Mg^{2+} などの対イオンや陽イオン性のタンパク質と複合体をつくっている.ヌクレオシド三リン酸をアデノシン三リン酸(ATP),グアノシン三リン酸(GTP),シチジン三リン酸(CTP),ウリジン三リン酸(UTP)などと簡略化してよぶことが多いが,細胞の中では実際には Mg^{2+} との複合体として存在していることを忘れないようにしよう.

ATP のリン酸無水物結合が加水分解されるときに,大きなエネルギーが解放される理由はいくつかある.

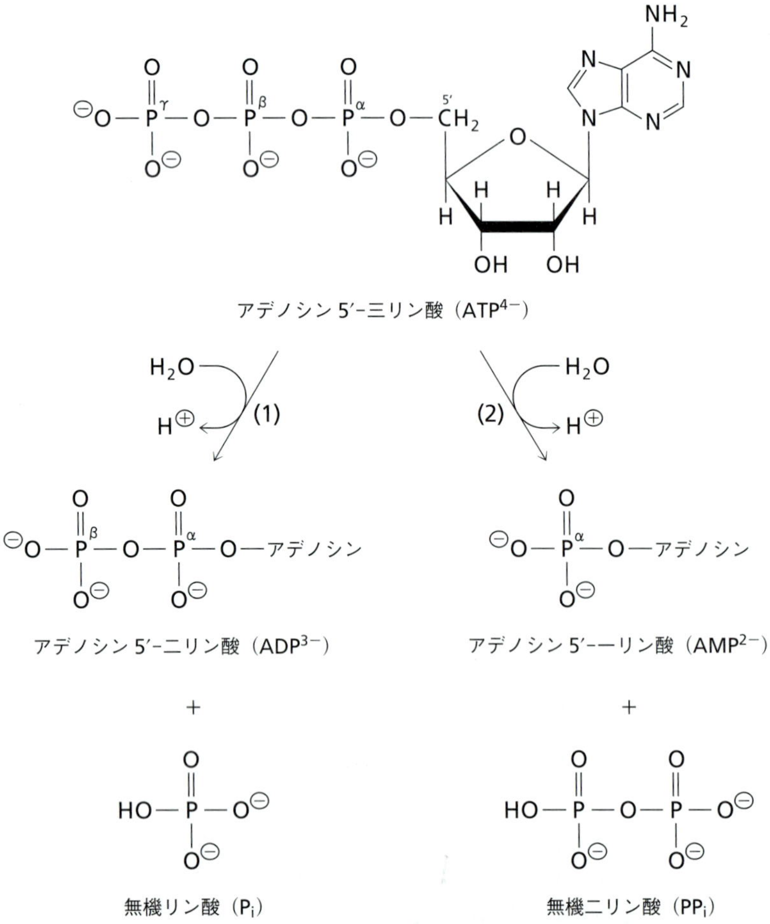

◀図 10.12 **ATP の加水分解** (1) ADP と無機リン酸(P_i)への分解.(2) AMP と無機二リン酸(PP_i)への分解.

> これらの反応で遊離プロトンが放出されるかどうかは条件次第である.それぞれの反応成分の pK_a 値が細胞内部の pH 値からあまり離れていないからである(図 2.19 参照).

10.6 ATP加水分解の自由エネルギー

▲図 10.13　ATPとMg²⁺の複合体

（上：MgATPのαβ複合体／下：MgATPのβγ複合体）

1. **静電的反発**　ATPのリン酸無水物結合に含まれる負に荷電している酸素原子の間の静電的反発が，加水分解後には小さくなる．（細胞内ではMg²⁺の存在により，ATPの酸素原子の電荷をある程度中和し，静電的反発を小さくしているので，実際の$\Delta G°'_\text{加水分解}$は増大，すなわち正の方向に大きくなる．）

2. **溶媒和効果**　加水分解による生成物，つまりADPと無機リン酸，あるいはAMPと無機二リン酸は，ATP自身よりも溶媒和されやすい．イオンが溶媒和されるとお互いが電気的に遮へいされる．溶媒和効果が，おそらく加水分解のエネルギーに貢献するいちばんの重要な要因である．

3. **共鳴による安定化**　加水分解された生成物の方がATPよりも安定である．末端の酸素原子の電子は，リン原子をつなぐ酸素原子よりも非局在化されている．ATPの加水分解によって，つなぐ役割をする酸素原子が1個減って，末端酸素原子が2個増える．

ATPばかりでなく，その他のヌクレオシド三リン酸，UTP，GTP，CTPでも，リン酸無水物結合が開裂されるときに大きなギブズ自由エネルギー変化があるので，これらは**高エネルギー化合物**（energy-rich compound）とよばれる．しかし，生化学反応に貢献するギブズ自由エネルギーをもたらすのは，分子ではなくて反応系だということを覚えておこう．ATPそのものは実際には高エネルギー化合物ではない．反応系（反応物と生成物）が平衡からかけ離れている場合にだけ成り立つことである．もしも反応が平衡に到達して$\Delta G = 0$になれば，通貨としてのATPの価値はなくなる．生化学者の仲間内の用語として"**高エネルギー**（high energy）"分子とよぶのは有用だが，そのことを忘れないように，今後は" "付きでこの言葉を使うことにしよう．

ヌクレオシド三リン酸のすべてのリン酸無水物が加水分解されると，いずれもほぼ同じ程度の標準ギブズ自由エネルギーが得られる．そこでヌクレオシド三リン酸のリン酸無水物結合の生成や開裂を，しばしばATPの場合と等価として表現する．

§10.7 Aで，"高エネルギー"化合物を定量的に定義する．

ヌクレオシド一リン酸や二リン酸がリン酸化されるときには，通常ATPがリン酸基の供与体になる．もちろん代謝の必要性に応じて，細胞内のヌクレオシド一，二，三リン酸の濃度は異なっている．たとえば細胞内のATPレベルはデオキシチミジン三リン酸（dTTP）のレベルよりもはるかに高い．ATPは多種類の反応に関与しているが，dTTPが関与する反応ははるかに少ないし，このものの本来の役割はDNA合成の基質だからである．

ヌクレオシドの一，二，三リン酸の間での相互変換は通常一群のキナーゼ（リン酸基転移酵素）で触媒される．ヌクレオシドリン酸間でのリン酸基転移の平衡定数はほぼ1.0である．ヌクレオシド一リン酸キナーゼはヌクレオシド一リン酸をヌクレオシド二リン酸に転換する一群の酵素である．たとえばグアニル酸キナーゼはグアノシン一リン酸（GMP）をグアノシン二リン酸（GDP）にする．この反応でGMPあるいはそのデオキシ体dGMPがリン酸基の受容体になり，ATPあるいはdATPがリン酸基供与体となる．

$$\text{GMP} + \text{ATP} \rightleftharpoons \text{GDP} + \text{ADP} \quad (10.11)$$

ヌクレオシド二リン酸キナーゼはヌクレオシド二リン酸をヌクレオシド三リン酸に転換する．この酵素は真核生物の細胞質ゾルおよびミトコンドリアに存在し，ヌクレオシド一リン酸キナーゼよりもはるかに特異性が低い．塩基がプリンであるかピリミジン

BOX 10.1　波　　線

Fritz Lipmann（1899～1986）は補酵素Aの発見により1953年にノーベル生理学・医学賞を受賞した．彼はATPがエネルギー通貨であることを私たちに理解させることにも貢献した．ATP分子が高エネルギー結合をもつという概念を1941年に初めて導入し，それを波線（～）で表現した．その後の数十年間，生化学の教科書ではATPが二つの高エネルギー結合をもつと記述されることが多かった．

$$\text{AMP} \sim \text{P} \sim \text{P}$$

今日ではこの表現が誤解のもとになりうることもわかっている．なぜなら，リン酸無水物結合の共有結合そのものにはなんら特殊性はないからである．ATP通貨の価値を高めているのは，反応物と生成物から成る反応系全体であって，個々の共有結合のエネルギーではない．しかし，ATPの高エネルギーを説明する三つの要素（静電的反発，溶媒和効果，共鳴による安定化）の原因はリン酸無水物結合の存在にあるので，この特別な結合が注目されるのが完全に間違っているとはいえない．古い科学書や教科書では波線が頻繁に使われていたが，今日ではあまり見かけなくなった．

出典：Lipmann, F. (1941) Metabolic generation and utilization of phosphate bond energy. *Advances in Enzymology* 1: 99-162.

であるかを問わず，すべてのヌクレオシド二リン酸がこの酵素の基質になる．ヌクレオシド一リン酸は基質にならない．ATPが細胞内では量的に多いので，リン酸基の供与体になるのが普通である．

$$GDP + ATP \rightleftharpoons GTP + ADP \quad (10.12)$$

細胞の種類によってもATPの濃度は異なるが，一つの細胞をみるかぎり，細胞内ATP濃度はほとんど変動しない．またアデニンヌクレオチド類の総量もほぼ一定に保たれる．細胞内ATP濃度を維持しているのは，一部はアデニル酸キナーゼが触媒する平衡に近い反応である．

$$AMP + ATP \rightleftharpoons 2\,ADP \quad (10.13)$$

AMP濃度が上昇すると，AMPとATPが反応して2分子のADPができる．このADPが2分子のATPになる．この過程全体はつぎのように表せる．

$$AMP + ATP + 2\,P_i \rightleftharpoons 2\,ATP + 2\,H_2O \quad (10.14)$$

細胞内のATP濃度はADPやAMPよりも高いので，ATP濃度がわずかに変動しても，二リン酸や一リン酸の濃度を大きく変動させうる．アデニンヌクレオチド全体の濃度が5.0 mMに保たれていると仮定して，ATPが消費されたとき，ADPとAMPの濃度がどのくらい上昇するかを理論的に計算したものが表10.3である．ATP濃度が4.8 mMから4.5 mMに減少したとき（約6%の減少），ADP濃度は2.5倍に，AMP濃度は5倍に上昇することになる．実際，細胞に酸化しうる燃料と酸素を十分供給すると，細胞はアデニンヌクレオチドのバランスを維持し，ATPは2〜10 mMの範囲の定常濃度，ADPは1 mM以下，AMPはそれよりももっと低くなる．後でも触れるが，エネルギー生産にかかわる代謝過程では，ADPとAMPがしばしば有効なアロステリックエフェクターの働きをする．ATPの方は濃度がほぼ一定に保たれるので，生理的な条件下ではあまり重要なエフェクターにはならない．

表10.3 アデニンヌクレオチドの理論的濃度変化

ATP [mM]	ADP [mM]	AMP [mM]
4.8	0.2	0.004
4.5	0.5	0.02
3.9	1.0	0.11
3.2	1.5	0.31

[Newsholme, E. A., and Leech, A. R. (1986). *Biochemistry for the Medical Sciences* (New York: John Wiley & Sons), p.315 より改変．]

生体内にあるATPおよびその加水分解産物の濃度から，ATP加水分解による実際の自由エネルギー変化は，標準値である$-32\,kJ\cdot mol^{-1}$よりも大きいという重要な結論が得られる．このことはラット肝細胞のATP，ADP，二リン酸の実測値に基づいた実例計算10.2に示されている．得られたギブズ自由エネルギー変化はさまざまな型の細胞で得られた値に近い．

上に述べたように，ATPの加水分解は代謝的に不可逆な反応の一例である．ATPの濃度が最低のしきい値以下になると，さまざまな酵素が不活性になるよう制御されている．そのため，ATP加水分解の逆反応，つまりATP合成は特別な場合を除いて起こらない（14章）．ATP合成は違う経路で行われることをそこで学ぶ．

実例計算 10.2　ギブズ自由エネルギー変化

問　ラット肝細胞で，ATP, ADP, P_iの濃度が，それぞれ3.4 mM，1.3 mM，4.8 mMだとする．この細胞内でATPを加水分解するときのギブズ自由エネルギー変化を計算せよ．標準ギブズ自由エネルギー変化とはどう関連するか．

答　実際のギブズ自由エネルギー変化は10.10式で計算できる．

$$\Delta G_{反応} = \Delta G^{\circ}_{反応} + RT \ln \frac{[ADP][P_i]}{[ATP]}$$

$$= \Delta G^{\circ}_{反応} + 2.303\,RT \log \frac{[ADP][P_i]}{[ATP]}$$

pH 7.0，25℃と仮定して，与えられた値（モル濃度で表されている）と定数を代入すると，以下のようになる．

$\Delta G = -32000\,J\cdot mol^{-1} + (8.31\,J\cdot K^{-1}\cdot mol^{-1}) \times$
$\quad (298\,K)\left[2.303 \log \frac{(1.3 \times 10^{-3})(4.8 \times 10^{-3})}{(3.4 \times 10^{-3})}\right]$

$\Delta G = -32000\,J\cdot mol^{-1} +$
$\quad (2480\,J\cdot mol^{-1})[2.303 \log(1.8 \times 10^{-3})]$

$\Delta G = -32000\,J\cdot mol^{-1} - 16000\,J\cdot mol^{-1}$

$\Delta G = -48000\,J\cdot mol^{-1} = -48\,kJ\cdot mol^{-1}$

実際のギブズ自由エネルギー変化は，標準ギブズ自由エネルギー変化の1.5倍である．

ATPを高濃度に保つことの重要性はいくら強調しても十分ではない．ATP加水分解から大きな自由エネルギー変化を得るために必要だからである．この反応物と生成物が平衡に達してしまったら細胞は死ぬであろう．

> ❗ATPの加水分解で大きな自由エネルギー変化が起こるのは，その系が平衡から大きく隔たっている場合のみである．

10.7　代謝におけるATPの役割

10.15式に示したX–Yの合成反応のように，エネルギーを必要とする生物学的反応または過程は，ATPの加水分解のような第二の反応と組合わさっていることが多い．さもなければ第一の反応は自発的に進行しない．

$$\begin{aligned} X + Y &\rightleftharpoons X-Y \\ ATP + H_2O &\rightleftharpoons ADP + P_i + H^{\oplus} \end{aligned} \quad (10.15)$$

このような共役反応が進行するためには，全体としてギブズ自由エネルギー変化が負でなければならない．個々の反応がそれぞれ有利でなければならない（$\Delta G < 0$）というわけではない．このように共役した反応の利点は，第二の反応自体が不利だったとしても（$\Delta G > 0$），第一の反応で解放されるエネルギーを使って，第二の反応を駆動できることである．（反応を共役させられることが，酵素の鍵となる性質であることを思い出そう．）

代謝におけるエネルギーの流れ方は，ATPが関与する数多くの共役反応に依存している．多くの場合，共役した反応は，反応物Xのリン酸化誘導体のような共通の中間体で結び付いている．

$$\begin{aligned} X + ATP &\rightleftharpoons X-P + ADP \\ X-P + Y + H_2O &\rightleftharpoons X-Y + P_i + H^{\oplus} \end{aligned} \quad (10.16)$$

リン酸基あるいはヌクレオチド基を基質に転移すると，その基質は活性化される（大きな負の自由エネルギー変化をもたらす反応へ準備をする）．活性化された化合物（X–P）は代謝物の場合もあるし，酵素の活性部位にあるアミノ酸残基の側鎖の場合もある．このような中間体が第二の基質と反応して，全体としての反応が完了する．

A. リン酸基転移

グルタミン酸とアンモニアからグルタミンをつくる反応を例にとって，"高エネルギー"化合物であるATPが，いかにして生合成反応を推進するかを理解しよう．この反応を触媒するのはグルタミンシンテターゼで，生物が無機窒素を炭素結合型の窒素として取込む大切な手段である．この合成反応でアミド結合をつくる際には，基質の5-カルボキシ基が酸無水物中間体の形で活性化されている．

グルタミンシンテターゼは，グルタミン酸の5-カルボキシ基がATPのγ-リン酸基を求核置換する反応を触媒している．ADPが遊離し，高エネルギー中間体として酵素に結合したグルタミル5-リン酸（γ-グルタミルリン酸）が生成する（図10.14）．グルタミル5-リン酸は水溶液中では不安定だが，酵素の活性部位では水の攻撃から保護されている．つぎの段階でアンモニアが求核剤として攻撃し，グルタミル5-リン酸のカルボニル炭素上のリン酸（優れた脱離基）と置換して，生成物のグルタミンとする．総合すると，グルタミン酸とアンモニアからグルタミンが1分子つくられるたびに，ATP 1分子がADP+P_iに加水分解されることになる．

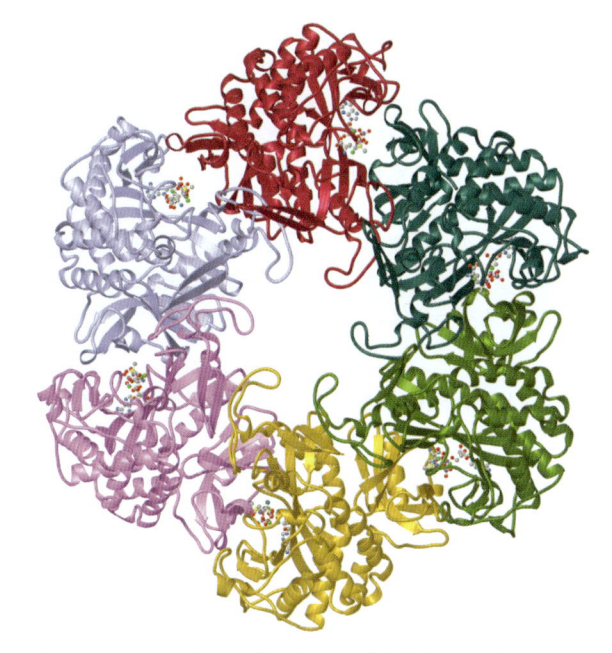

▲図10.14 **ADPと遷移状態アナログを結合したグルタミンシンテターゼ** 結核菌（*Mycobacterium tuberculosis*）のグルタミンシンテターゼはお互いに頂部で接触した二つの六角形リングから成る．図ではリングの一つだけを示した．活性部位をADPと遷移状態アナログ（L-メチオニン-S-スルホキシミンリン酸，グルタミル5-リン酸に似ている）が占拠している．[PDB 2BVC]

（10.17）

ATP加水分解と共役しない反応に対する標準ギブズ自由エネルギー変化として予想される値は計算できる．

$$\text{グルタミン酸} + NH_4^{\oplus} \rightleftharpoons \text{グルタミン} + H_2O$$
$$\Delta G°_{\text{反応}} = +14 \text{ kJ·mol}^{-1} \quad (10.18)$$

これは標準ギブズ自由エネルギー変化であり，細胞内のグルタミン酸，グルタミン，アンモニア濃度に対応した実際のギブズ自由エネルギー変化ではない．もしも細胞内でグルタミン濃度に比べてグルタミン酸とアンモニアの濃度が高かったならば，10.18式の仮想上の反応も，ギブズ自由エネルギー変化が負になるかもしれない．しかし，実際はそうではない．タンパク質の合成やその他の代謝経路を維持するために，グルタミン酸とグルタミンの定常状態濃度はほぼ平衡状態に保たれていなければならないのである．つまり，仮想上の10.18式のギブズ自由エネルギー変化は負にはなりえない．そのうえ，アンモニアの濃度はグルタミン酸およびグルタミンに比べてはるかに低い．細菌および真核生物において，遊離アンモニア濃度がきわめて低いときにも，アンモニアはグルタミンに効率的に取込まれねばならない．したがって，10.18式の反応は，グルタミンの定常状態濃度が高く維持される必要があること，またアンモニアの供給に制約があることによって，生きている細胞中では起こりえない．グルタミンの合成は，反応を右方向に向かわせるために，ATPの加水分解と共役させねばならない．

グルタミンシンテターゼは，リン酸化化合物が一時的な中間体となるリン酸基転移反応を触媒する（10.17式）．安定なリン酸化生成物をつくるような他の反応もある．これまでみてきたように，キナーゼはATPから（あまり起こらないが，ときには他のヌクレオシド三リン酸から）γ-リン酸基を他の基質に転移させる．キナーゼ類は一般に代謝的に不可逆な反応を触媒する．しかし二，三のキナーゼ反応，たとえばアデニル酸キナーゼ（10.13式），クレアチンキナーゼ（§10.7 B）の反応は平衡に近い反応である．キナーゼが触媒する反応はリン酸基（$-PO_4^{2-}$）の転移反応として記述されることが多いが，キナーゼが受容分子に実際に転移させているのはホスホノ基（$-PO_3^{2-}$）である．

リン酸化された化合物がリン酸基を転移させる能力を，**リン酸基転移ポテンシャル**（phosphoryl group transfer potential），あるいは簡単に基転移ポテンシャルという．リン酸無水物類は優れた

リン酸基供与体である．それらの中には，ATPと同じか，それよりも高い基転移ポテンシャルをもつものもある．リン酸エステルなどのその他の化合物はリン酸基供与体としては劣り，基転移ポテンシャルがATPよりも低い．標準状態では，基転移ポテンシャルは加水分解の標準自由エネルギー変化と絶対値が同じで，符号が逆になる．したがって基転移ポテンシャルとは，リン酸化化合物をつくるのに必要なギブズ自由エネルギーの尺度となる．表10.4にさまざまなリン酸化化合物の加水分解に対する標準ギブズ自由エネルギー変化を示した．

表 10.4　よくみられる代謝物の加水分解の標準ギブズ自由エネルギー変化

代謝物	$\Delta G°'_{\text{加水分解}}$ [kJ·mol^{-1}]
ホスホエノールピルビン酸	−62
1,3-ビスホスホグリセリン酸	−49
ATP から AMP + PP$_i$	−45
ホスホクレアチン	−43
ホスホアルギニン	−32
アセチル CoA	−32
アシル CoA	−31
ATP から ADP + P$_i$	−32
二リン酸	−29
グルコース 1-リン酸	−21
グルコース 6-リン酸	−14
グリセロール 3-リン酸	−9

❗ リン酸化された代謝物の多くはATPと同じような基転移能力をもつ．

B. リン酸基転移によるATPの生産

優れた供与体から，キナーゼがADPにリン酸基を転移させることがある．生成したATPはさまざまなキナーゼ反応の供与体になる．ホスホエノールピルビン酸および1,3-ビスホスホグリセリン酸は，細胞内の条件でもATPよりも高いエネルギーをもつ（$\Delta G < -50$ kJ·mol^{-1}）．それらは異化経路の中間体やエネルギー貯蔵体になる．

解糖系の中間体のホスホエノールピルビン酸は，知られているうちではリン酸基転移ポテンシャルが最も高い．加水分解による標準ギブズ自由エネルギー変化は−62 kJ·mol^{-1}であり，実際のギブズ自由エネルギー変化もATPに匹敵する．加水分解で大きくギブズ自由エネルギーが変化する理由は，リン酸基が結合することで分子がエノール形に固定されてしまうからと考えるとわかりやすい．リン酸基を取除くと，はるかに安定なケト形の互変異性体に自発的に変わる（図10.15）．ホスホエノールピルビン酸のリン酸基をADPに転移する反応は，ピルビン酸キナーゼが触媒する．この反応の$\Delta G°'$はほぼ−30 kJ·mol^{-1}なので，標準状態では平衡はホスホエノールピルビン酸のリン酸基をADPに転移する方向に大きく傾いている．細胞内ではATPの供給源として，この代謝的に不可逆な反応がたいへん重要である．

ホスホクレアチンやホスホアルギニンなどは**ホスファゲン**（phosphagen）とよばれ，動物の筋肉細胞内で"高エネルギー"のリン酸貯蔵分子になっている．これらはリン酸無水物ではなくてリン酸アミドであり，ATPよりも基転移ポテンシャルが高い．脊椎動物の筋肉では，ATPが豊富なときには多量のホスホクレアチンがつくられる．休止時の筋肉では，ホスホクレアチンの濃度はATPの5倍以上ある．ATP濃度が低下すると，クレアチンキナーゼがホスホクレアチン分子上の活性化されたリン酸基をADPに転移させて，急速にATPを補給する．

$$\text{ホスホクレアチン} + \text{ADP} \xrightleftharpoons[]{\text{クレアチンキナーゼ}} \text{クレアチン} + \text{ATP} \quad (10.19)$$

ホスホクレアチンによる補給は，他の代謝過程がATPの補給を再開する前の3〜4秒の間だけ酵素活性が急上昇すれば十分である．細胞内の条件では，クレアチンキナーゼの反応は平衡状態に近い．多くの無脊椎動物，特に軟体動物と節足動物では，活性化リン酸基の供給源はホスホアルギニンである．

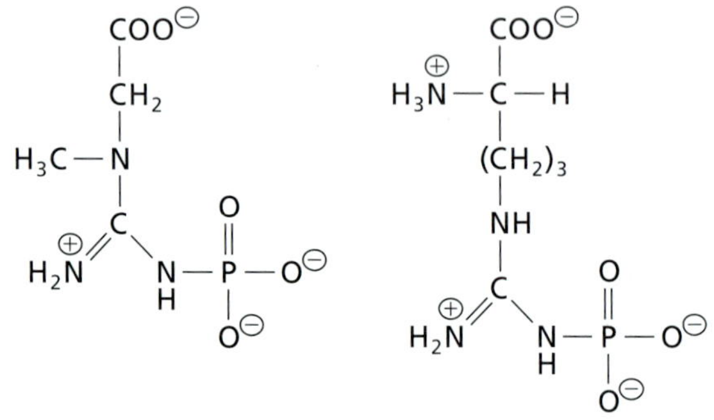

▲ホスホクレアチン（左）とホスホアルギニン（右）の構造

ATPのリン酸基転移ポテンシャルは中くらいなので（表10.4），熱力学的にいってリン酸基の運搬体として適している．ATPは反応速度論の立場からは，酵素の作用を受けなければ生理的条件下では安定なので，加水分解されることなく，酵素から酵素へと化学的なポテンシャルエネルギーを運搬できる．すべての生物で化学エネルギーの運搬のほとんどにATPがかかわっていることは驚くには当たらない．

C. ヌクレオチド基転移

ATPが関与している基転移反応としてもう一つよく知られているものは，ヌクレオチド基転移である．例としてアセチルCoAシンテターゼが触媒するアセチルCoAの合成がある．この反応では，ATP中のAMP部分が酢酸の求核性のカルボキシ基に転移されて，アセチルアデニル酸中間体をつくる（図10.16）．こ

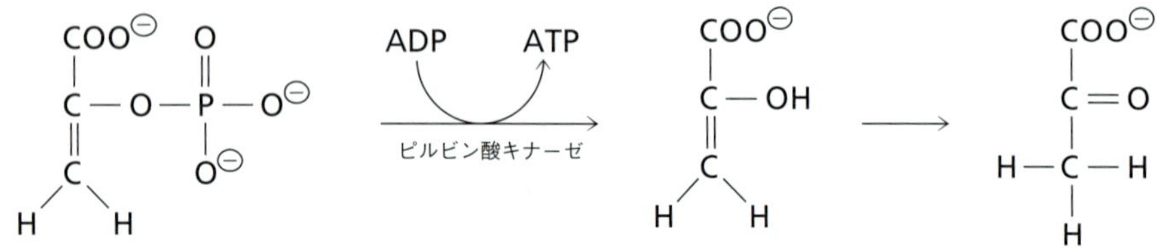

◀図10.15　ホスホエノールピルビン酸からADPへのリン酸基の転移

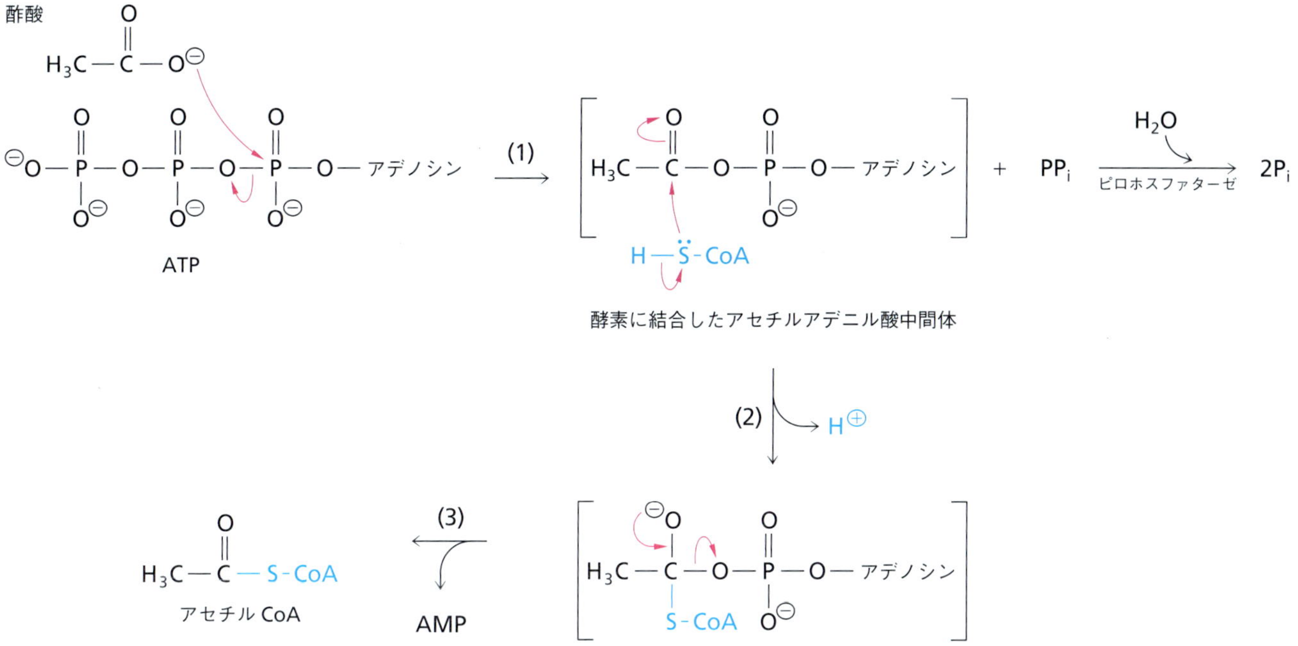

図10.16 アセチルCoAシンテターゼによる、酢酸からのアセチルCoAの合成

の過程で二リン酸（PP_i）が遊離することに注意しよう．10.17式でみたグルタミル5-リン酸中間体の場合と同じように，反応性の高い中間体が酵素の活性部位に固く結合することで，非酵素的な加水分解を受けないように保護されている．補酵素A（CoA）の求核性の硫黄原子にアセチル基が転移して，アセチルCoAとAMPが生成し，反応は完了する．

アセチルCoAの合成を観察すると，代謝反応を完了させるには生成物を除去することがいかに大切かということもわかる．無機化学の反応で，沈殿を形成させたり気体を発生させることで反応を完了へ向かわせるのと同じである．酢酸とCoAとからアセチルCoAをつくるときの標準ギブズ自由エネルギー変化はほぼ $-13\ \mathrm{kJ\cdot mol^{-1}}$（アセチルCoAの $\Delta G°_{加水分解}=-32\ \mathrm{kJ\cdot mol^{-1}}$）である．しかし，生成物の一つである PP_i が，ピロホスファターゼによって2分子の P_i に加水分解されることに注目してほしい（§10.6）．ほとんどの細胞でこの酵素活性は高いので，細胞内の PP_i 濃度は非常に低いのが普通である（$10^{-6}\ \mathrm{M}$ 以下）．PP_i の加水分解が，反応全体を総合した標準ギブズ自由エネルギー変化を負にする．このように加水分解反応を一つ加えることで，リン酸無水物結合1個分のエネルギーを合成過程全体に対して割り増しして支払ったことになる．このような反応について，二つの"高エネルギー"化合物が加水分解されていたことを強調するために，ATP 2個分を支払った，と表現する．代謝の中のさまざまな合成反応に，二リン酸の加水分解が伴っている．

10.8 チオエステルの加水分解のギブズ自由エネルギー変化は大きい

チオエステルは代謝の通貨となる"高エネルギー"化合物の別の一群である．アセチルCoAがその例で，代謝において中心的位置を占める（図10.8，10.9）．チオエステルの高いエネルギーを利用すれば，ATPと等価の分子をつくったり，アシル基を受容体分子に転移することができる．アシル基がチオエステル結合でCoA（あるいはアシルキャリヤータンパク質）に結び付いていることを思い出そう（§7.6，図7.13）．

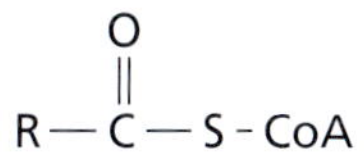

$$R-\overset{O}{\underset{\|}{C}}-S\text{-}CoA \tag{10.20}$$

チオエステルの反応性は，カルボン酸の酸素エステルには似ておらず，カルボン酸無水物に近い．硫黄は周期表で酸素と同じ族に属する．しかし硫黄原子の非共有電子対は，酸素エステル内の非共有電子対に比べると，チオエステル内で十分に非局在化されていないので，チオエステルは酸素エステルよりも不安定である．そのためチオエステル結合の加水分解時のエネルギーは，ATPに含まれるリン酸無水物結合一つ分の加水分解時のエネルギーとほぼ同じになる．アセチルCoAの加水分解に伴う標準ギブズ自由エネルギー変化は $-32\ \mathrm{kJ\cdot mol^{-1}}$ である．細胞内条件下での実際の変化はもう少し小さい（より負）．

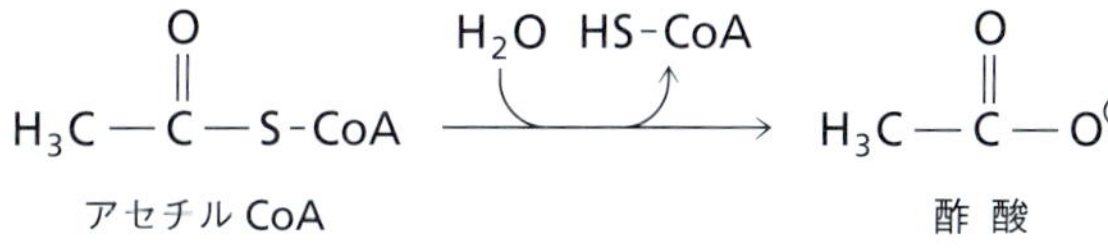

$$H_3C-\overset{O}{\underset{\|}{C}}-S\text{-}CoA \xrightarrow{H_2O\ \ HS\text{-}CoA} H_3C-\overset{O}{\underset{\|}{C}}-O^\ominus + H^\oplus \tag{10.21}$$

アセチルCoA　　　　　　　　　　　酢　酸

加水分解によるギブズ自由エネルギー変化は大きいけれども，CoAのチオエステルは中性pHでは酵素がなければ加水分解されにくい．つまり，適切な触媒がなければ速度論的に安定である．

CoAのチオエステルの高いエネルギーは，クエン酸回路の段階5で，チオエステルであるスクシニルCoAがGDP（ADPの場合もある）および P_i と反応してGTP（またはATP）をつくるときにも利用されている．

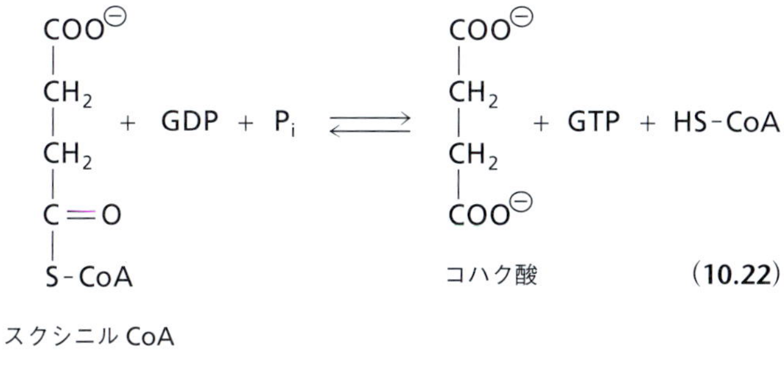

$$\begin{array}{c}COO^\ominus\\|\\CH_2\\|\\CH_2\\|\\C=O\\|\\S\text{-}CoA\end{array} + GDP + P_i \rightleftharpoons \begin{array}{c}COO^\ominus\\|\\CH_2\\|\\CH_2\\|\\COO^\ominus\end{array} + GTP + HS\text{-}CoA \tag{10.22}$$

スクシニルCoA　　　　　　　　　　　コハク酸

この基質レベルのリン酸化によって，スクシニル CoA 形成に際して使われたエネルギーを ATP と等価のものとして保存できる．チオエステル結合のエネルギーは，脂肪酸の合成を推進するのにも利用される．

> スクシニル CoA シンテターゼについては §13.3.5 で，脂肪酸合成については §16.1 で取上げる．

> ❗ アセチル CoA のようなチオエステルを含む反応は，ATP 加水分解に匹敵する量のエネルギーを放出する．

10.9 還元型補酵素が生体酸化によるエネルギーを保存する

各種の還元型補酵素は，すでに述べた観点（すなわち系の部品）からいえば，"高エネルギー" 化合物である．その高エネルギー（すなわち還元力）は，酸化還元反応が与えたものである．還元型補酵素の酸化と ATP 合成が共役しているので，還元型補酵素のエネルギーは ATP 当量で表現される．

> §14.11 で NADH は 2.5 分子の ATP と，QH_2 は 1.5 分子の ATP と等価であることを述べる．

§6.1C で述べたようにある分子が酸化されるためには，別の分子が還元されなければならない．電子を受取って還元される分子は酸化剤で，電子を失って酸化される分子は還元剤である．全体としてはつぎのような酸化還元反応（oxidation-reduction reaction）になる．

$$A_{red} + B_{ox} \rightleftharpoons A_{ox} + B_{red} \quad (10.23)$$

生体内の酸化反応によって遊離する電子は，普通は酸化剤であるピリジンヌクレオチド（NAD^+，場合によっては $NADP^+$），フラビン補酵素（FMN または FAD），ユビキノン（Q）のどれかに酵素の作用によって渡される．NAD^+ や $NADP^+$ が還元されるときには，ニコチンアミド環が水素化物イオン 1 個を受取る（図 7.8）．水素原子（プロトン 1 個と電子 1 個から成る）が取り去られると 1 個の電子が失われ，水素化物イオン（プロトン 1 個と電子 2 個から成る）が取除かれると 2 個の電子が失われる．（酸化とは電子を失うことである．）

> NAD^+ と $NADP^+$ の構造と機能については §7.4，FMN と FAD については §7.5，ユビキノンについては §7.15 で述べた．

NADH と NADPH，QH_2 はともに還元力を供給する．一方，$FMNH_2$ と $FADH_2$ は酵素に結合した還元型中間体で，いくつかの酸化反応に関与している．

A. ギブズ自由エネルギー変化と還元電位とは関連している

還元電位（reduction potential）とは還元剤の熱力学的な反応性の尺度であり，化学電池を使って測定できる．無機化学的な酸化還元反応の簡単な例として，亜鉛（Zn）から銅イオン（Cu^{2+}）へ 2 個の電子が移る場合を考えてみよう．

$$Zn + Cu^{2+} \rightleftharpoons Zn^{2+} + Cu \quad (10.24)$$

このような反応は全体を二つの半反応に分けて，二つに分かれた溶液内で行わせることができる（図 10.17）．亜鉛電極で亜鉛原子

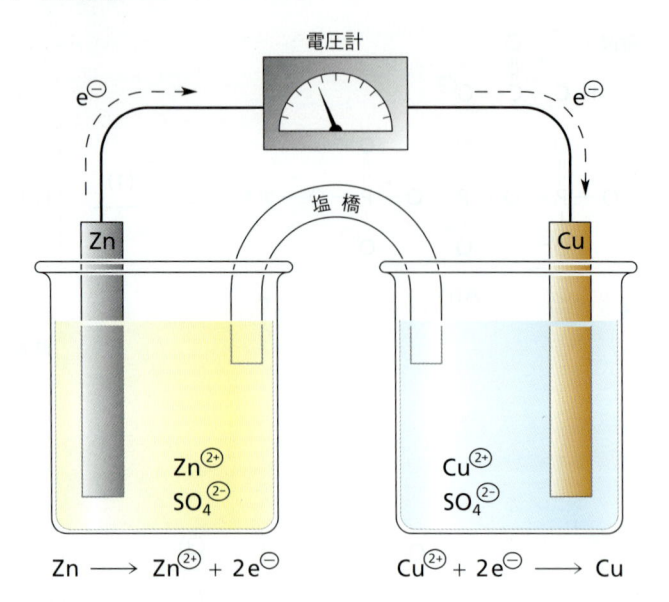

▲図 10.17 **化学電池の構成** 電子は外部配線を伝わって亜鉛電極から銅電極へと流れる．塩橋があれば，二つの溶液をほとんど混合させずに，対イオン（ここでは硫酸イオン）を移動させることができる．二つの電極の中間にある電圧計で起電力を測る．（別の二つのタイプの塩橋を §2.5A で述べた．）

（還元剤）が反応すると，原子 1 個当たり 2 個の電子が放出される．電子は電線を伝わって銅電極へ行き，そこで Cu^{2+}（酸化剤）を金属銅に還元する．電解質を含んだ多孔質素材を詰めたチューブで塩橋をつくり，二つの溶液の間を反応性のない対イオンが通れるようにすると，電気的中性が保たれる．化学電池内では，このようにしてイオンの流れと電子の流れを分離する．電子の流れ（電気的エネルギー）は電圧計で測ることができる．

図 10.17 の回路で電流が流れる方向をみると，Zn の方が Cu よりも酸化されやすいことがわかる（Zn は Cu よりも強い還元剤である）．電圧計の値が電位の差（左の反応と右の反応の還元電位の差）を表している．この電位差が **起電力**（electromotive force）である．

ギブズ自由エネルギー変化の測定の場合と同じように，還元電位を測る場合にも対照となる標準があるとよい．還元電位の場合には 1 組の反応を対照にするのではなく，一つの半反応を基準として，それ以外のすべての半反応を比較する．対照となる半反応としては，H^+ を水素ガス（H_2）にする還元反応を選び，その標準状態における還元電位（$E°$）を便宜上 0.0 V と決めている．ある半反応の標準還元電位を測るには，対照の半電池に 1 M の H^+ 溶液と 1 気圧の H_2（気相）を入れ，試料の半電池に測定したい物質の酸化型と還元型を 1 M ずつ入れる．生物系の測定に使われる標準条件では，試料半電池の水素イオン濃度は 10^{-7} M とする．このように対になった酸化系と還元系の間の電圧計の読みから，起電力，あるいは還元電位の差がわかる．対照となる半反応の標準還元電位を 0.0 V と決めてあるので，読んだ値が試料の半反応の還元電位そのものになる．

重要な生物学的半反応の pH 7.0 における標準還元電位（$E°'$）を表 10.5 に示した．電子は酸化されやすい物質（還元電位が負の大きい値になっているもの）から，還元されやすい物質（還元電位が正の大きい値になっているもの）へと自発的に流れる．したがって電位が大きい負の値を示すものほど，電子を供与する力が強い（つまりその系は容易に酸化される）．

ある分子から別の分子へ電子が移るときの標準還元電位と，酸

10.9 還元型補酵素が生体酸化によるエネルギーを保存する

化還元反応の標準自由エネルギー変化との間には，つぎの式のような関係がある．

$$\Delta G^{\circ\prime} = -nF\Delta E^{\circ\prime} \quad (10.25)$$

ここで n は移動する電子の数，F はファラデー定数（96.48 kJ・$V^{-1}\cdot mol^{-1}$）である．10.25 式は 9.5 式に似ているが，膜電位ではなくて還元電位を取扱っていることに注意しよう．$\Delta E^{\circ\prime}$ は電子受容体と電子供与体との間の標準還元電位の差である．

$$\Delta E^{\circ\prime} = \Delta E^{\circ\prime}_{電子受容体} - \Delta E^{\circ\prime}_{電子供与体} \quad (10.26)$$

10.6 式によれば $\Delta G^{\circ\prime} = -RT \ln K_{eq}$ であるから，この式と 10.25 式から，次式が得られる．

$$\Delta E^{\circ\prime} = \frac{RT}{nF} \ln K_{eq} \quad (10.27)$$

生体内の条件では，すべての反応物が標準濃度の 1 M ということはない．10.6 式では，実際のギブズ自由エネルギー変化と標準ギブズ自由エネルギー変化とを結び付けていたが，それと同じように，実際に観測された還元電位の差（ΔE）と標準還元電位（$\Delta E^{\circ\prime}$）とを結び付ける式がネルンストの式である．10.23 式に対するネルンストの式は，

$$\Delta E = \Delta E^{\circ\prime} - \frac{RT}{nF} \ln \frac{[A_{ox}][B_{red}]}{[A_{red}][B_{ox}]} \quad (10.28)$$

温度が 298 K なら，10.28 式はつぎのように簡単になる．

$$\Delta E = \Delta E^{\circ\prime} - \frac{0.026}{n} \ln Q \quad (10.29)$$

ここで Q は還元および酸化される物質の実際の濃度比である．標準状態以外で反応の起電力を計算で求めるには，ネルンストの式を使って，反応物と生成物の実際の濃度を当てはめればよい．ΔE の値が正ということは，酸化還元反応の標準ギブズ自由エネルギー変化は負だということを示している．

> ! すべての標準還元電位は，標準状態での H^+ の還元に対する相対値として測定される．
> ! 酸化還元反応が式に書かれた方向へ進むためには，ΔE が正でなければならない．

B. NADH からの電子伝達が自由エネルギーを供給する

NAD^+ は代謝物から NAD^+ へ電子が転移する共役反応によって還元されて NADH になる．この補酵素の還元型（NADH）が他の酸化還元反応における電子の供給源となる．標準状態における全体としてのギブズ自由エネルギー変化を 10.25 式を使って二つの半反応の還元電位から計算できる．例として，NADH が酸化されて酸素分子が還元される反応を考えよう．これは膜における電子伝達過程で得られるギブズ自由エネルギー変化に相当する．このギブズ自由エネルギーは ATP 合成という形で回収される（14 章）．

表 10.5 によれば，二つの半反応は，

$$NAD^{\oplus} + 2H^{\oplus} + 2e^{\ominus} \longrightarrow NADH + H^{\oplus} \quad (10.30)$$
$$E^{\circ\prime} = -0.32 \text{ V}$$

と，

$$\frac{1}{2}O_2 + 2H^{\oplus} + 2e^{\ominus} \longrightarrow H_2O \quad (10.31)$$
$$E^{\circ\prime} = 0.82 \text{ V}$$

NAD^+ の半反応の方がより大きい負の標準還元電位を示すので，NADH が電子供与体となり，酸素が電子受容体になる．表 10.5 の数値は還元（電子の獲得）として書かれた半反応であることに留意しよう．$E^{\circ\prime}$ が還元電位だからである．酸化還元反応では，これらのうちの二つの半反応が組合わさる．その一つは酸化反応になるので，表 10.5 に書かれたものを逆向きにしなければならない．還元電位はどちらへ電子が流れるかを示している．表の上に近い（大きい負の $E^{\circ\prime}$ をもつ）半反応から，下に近い（小さい負の $E^{\circ\prime}$ をもつ）半反応の方へ電子が流れる（図 10.18）．そこで 10.26 式によって反応全体の $\Delta E^{\circ\prime}$ は正になる．（これは日本と米国の習慣で，ヨーロッパの習慣では違う取扱い方をするが，結論は同じことになる．）

そこで全体の反応は，10.31 式と 10.30 式の逆反応を合わせたものになる．

$$NADH + \frac{1}{2}O_2 + H^{\oplus} \longrightarrow NAD^{\oplus} + H_2O \quad (10.32)$$

この反応の $\Delta E^{\circ\prime}$ は，

$$\Delta E^{\circ\prime} = \Delta E^{\circ\prime}_{O_2} - \Delta E^{\circ\prime}_{NADH} = 0.82 \text{ V} - (-0.32 \text{ V}) = 1.14 \text{ V} \quad (10.33)$$

10.25 式を使うと，

表 10.5 生物学的に重要な半反応の標準還元電位

還元半反応	$E^{\circ\prime}$ [V]
アセチル CoA + CO_2 + H^+ + 2e^- → ピルビン酸 + CoA	−0.48
フェレドキシン（ホウレンソウ），Fe^{3+} + e^- → Fe^{2+}	−0.43
2H^+ + 2e^- → H_2 (pH 7.0)	−0.42
2-オキソグルタル酸 + CO_2 + 2H^+ + 2e^- → イソクエン酸	−0.38
リポイルデヒドロゲナーゼ（FAD）+ 2H^+ + 2e^- → リポイルデヒドロゲナーゼ（$FADH_2$）	−0.34
$NADP^+$ + 2H^+ + 2e^- → NADPH + H^+	−0.32
NAD^+ + 2H^+ + 2e^- → NADH + H^+	−0.32
リポ酸 + 2H^+ + 2e^- → ジヒドロリポ酸	−0.29
チオレドキシン（酸化型）+ 2H^+ + 2e^- → チオレドキシン（還元型）	−0.28
グルタチオン（酸化型）+ 2H^+ + 2e^- → 2 グルタチオン（還元型）	−0.23
FAD + 2H^+ + 2e^- → $FADH_2$	−0.22
FMN + 2H^+ + 2e^- → $FMNH_2$	−0.22
アセトアルデヒド + 2H^+ + 2e^- → エタノール	−0.20
ピルビン酸 + 2H^+ + 2e^- → 乳酸	−0.18
オキサロ酢酸 + 2H^+ + 2e^- → リンゴ酸	−0.17
シトクロム b_5（ミクロソーム），Fe^{3+} + e^- → Fe^{2+}	0.02
フマル酸 + 2H^+ + 2e^- → コハク酸	0.03
ユビキノン（Q）+ 2H^+ + 2e^- → QH_2	0.04
シトクロム b（ミトコンドリア），Fe^{3+} + e^- → Fe^{2+}	0.08
シトクロム c_1，Fe^{3+} + e^- → Fe^{2+}	0.22
シトクロム c，Fe^{3+} + e^- → Fe^{2+}	0.23
シトクロム a，Fe^{3+} + e^- → Fe^{2+}	0.29
シトクロム f，Fe^{3+} + e^- → Fe^{2+}	0.36
プラストシアニン，Cu^{2+} + e^- → Cu^+	0.37
NO_3^- + 2H^+ + 2e^- → NO_2^- + H_2O	0.42
光化学系 I（P700）	0.43
Fe^{3+} + e^- → Fe^{2+}	0.77
$\frac{1}{2}O_2$ + 2H^+ + 2e^- → H_2O	0.82
光化学系 II（P680）	1.1

$$\Delta G^{\circ\prime} = -(2)(96.48\,\text{kJ}\cdot\text{V}^{-1}\cdot\text{mol}^{-1})(1.14\,\text{V}) = -220\,\text{kJ}\cdot\text{mol}^{-1} \tag{10.34}$$

ADP と P_i から ATP ができるときの標準ギブズ自由エネルギー変化は $+32\,\text{kJ}\cdot\text{mol}^{-1}$ である（以前述べたように，生きている細胞内の条件では，約 $+48\,\text{kJ}\cdot\text{mol}^{-1}$ になる）．細胞内の条件下で NADH が酸化されて遊離するエネルギーは，ATP を数分子つくるのに十分なことがわかる．14 章で，NADH 1 分子から得られる実際のエネルギーが約 2.5 ATP 当量であることを学ぶ（§14.11）．

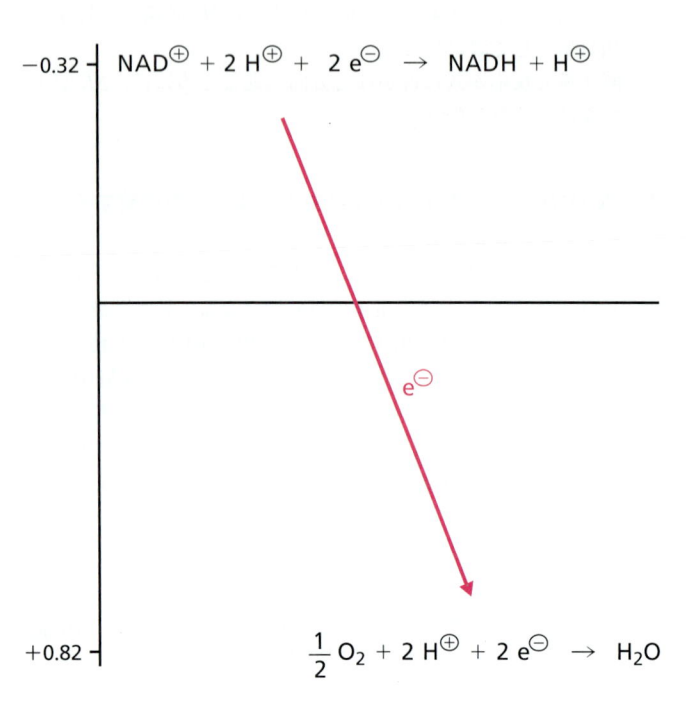

> **!** 酸化還元反応の標準ギブズ自由エネルギー変化は，二つの半反応の還元電位から計算できる．

10.10 代謝研究のための実験法

代謝経路は反応が複雑に入り組んでいるので，研究は簡単ではない．反応に関与する成分を単離して，試験管内（*in vitro*）で反応させても，細胞内（*in vivo*）での反応条件とは大きく違うことが多い．代謝を化学的に研究することは，生化学で最も古い分野の一つであり，代謝経路にかかわる酵素，中間体，フラックス，制御などを調べるためにさまざまな研究法が開発されてきた．

代謝経路を解明するための古典的な方法の一つは，実験用に調製した組織，細胞，細胞内画分などに基質を与えて，生成する中間体や最終生成物を観察することである．基質にだけ標識を付けておけば，基質の運命がたどりやすくなる．核化学の誕生後は，代謝マップをつくるのに同位元素のトレーサーが使われるようになった．たとえば ^{3}H や ^{14}C のような放射性同位元素を含む化合物を細胞その他の実験試料に加えれば，同化反応や異化反応でつくられた放射活性産物を精製して同定できる．核磁気共鳴（NMR）スペクトル法を用いれば，いくつかの同位元素がかかわる反応を追跡できる．動物（ヒトも含む）の身体全体の代謝を研究するのにも使え，臨床分析に利用されている．

対象としている経路の各段階は，単離された基質と酵素を使って，一歩ずつ試験管内で再現して確認できる．これまでに知られている代謝反応のほとんどについて，それを触媒する酵素が単離されている．精製した酵素の基質特異性や速度論的性質を調べれば，その酵素が制御という面でどんな役割をもっているのかある程度わかってくる．こうした還元論的な取組みで，本書で述べている基本的概念の多くが導かれた．これによって構造と機能の関係が理解できるようになった．しかし，経路の制御について完全な評価を下すには，生きている細胞や生体について，いろいろな条件の下での代謝物の濃度を解析しなければならない．

ただ 1 個の遺伝子の突然変異が原因で，活性のない酵素が生産

▲図 10.18　**酸化還元反応における電子の流れ**　上になるほど標準還元電位が負になるようなグラフをつくり，半反応を書きこむ．この方式を使えば，電子は上の方の半反応から，下の方の半反応へと流れる．

BOX 10.2　NAD$^+$ と NADH の紫外線吸収スペクトルは異なる

NAD$^+$ と NADH では紫外線吸収スペクトルが異なっているので，実験する際に好都合である．NAD$^+$（と NADP$^+$）は 260 nm に吸収極大をもつ．これはアデニン部分とニコチンアミド部分に起因する．NAD$^+$ が NADH に（または NADP$^+$ が NADPH に）還元されると，260 nm の吸収値が減少し，340 nm を中心とする吸収帯が現れる（下図）．340 nm の吸収帯は還元型ニコチンアミド環に起因する．NAD$^+$ と NADH のスペクトルは，pH 2〜10 の間で同じであり，たいていの酵素はその pH で活性をもっている．また 340 nm 付近の吸収が変化するような生体分子はほかにはほとんどない．

酵素活性測定法をきちんと組立てれば，340 nm の吸収値の増加の測定で NADH の生成速度を決定できる．同様に逆方向への反応，つまり NADH の酸化速度も 340 nm の吸収値の減少速度から決定できる．この方法で多くの脱水素酵素を直接に測定できる．さらに，非酸化的な反応で生成した物質の濃度も，生成物を脱水素酵素-NAD$^+$ 系で酸化することで決定できる．このように NAD$^+$ や NADH の濃度を紫外線吸収で測定することは，実験室ばかりでなく，多くの臨床分析にも利用されている．

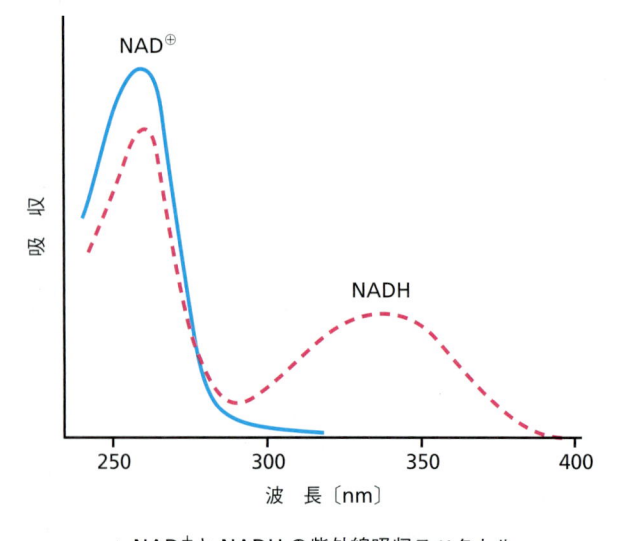

▲ NAD$^+$ と NADH の紫外線吸収スペクトル

されたり，酵素が欠損するような例を調べると，有益な情報が得られる．変異によっては致死的でつぎの世代に伝わらない場合もあるが，子孫になんとか受け入れられることもある．変異をもつ生体の研究は多数の代謝経路の酵素や中間体を確認する助けになってきた．欠陥酵素があると生成物がつくられなくなるので，基質あるいはその基質から枝分かれ経路によってつくられる生成物が蓄積する．細菌，酵母，アカパンカビのような簡単な生物で代謝経路を解明するには，このような研究法が非常に有効だった（BOX 7.3）．ヒトで酵素が欠損すると代謝異常症が出現する．1遺伝子の欠損による病気がすでに何百も知られており，あるものはきわめてまれだが，かなり多いものもある．それらの中には，悲劇的に重症のものもある．代謝に欠陥があっても現れる症状が軽い場合には，代謝反応の経路のネットワークが幾重にも重なり合っていて重複があるために，正常とそれほど変わらずに成長できるのであろう．

　自然界に突然変異体が見つからない場合でも，突然変異を誘発するような放射線や化学試薬を使って人為的に突然変異体をつくり出すこともできる．生化学者たちは一連の変異体をつくり，それぞれを単離し，それらの栄養要求性，蓄積される代謝物を調べて，全体のつながりを明らかにしてきた．最近は部位特異的突然変異誘発（BOX 6.1）が酵素の役割を特定するのに役立つことがわかってきた．細菌や酵母は短時間で増殖させることができるので，突然変異を導入するのに最も広く使われてきた．昆虫や線虫では，特定の遺伝子を発現しない突然変異をもつモデル動物を得ることが可能になってきた．脊椎動物でも特定の遺伝子を除去してしまうことが可能になっている．たとえば"遺伝子をノックアウトした"マウスなどは，複雑な哺乳類の代謝を研究するための良い実験系となっている．

　代謝阻害剤の作用の研究も，同じように代謝経路の段階を一つ一つ確認する助けになる．経路の一つの段階を阻害すると，全体の経路に影響する．ある酵素が阻害されればその基質が蓄積するので，それを単離して研究するのは容易である．そこより前の段階でつくられた中間代謝物も蓄積する．代謝を阻害する医薬品を使えば，代謝そのものばかりでなくその薬の作用機構もわかってくるし，その薬を改良するための指針も得られる．

要　約

1. 生きている細胞によって行われる化学反応を総合して代謝とよぶ．つながった反応を経路とよぶ．分解的な（異化的な）経路と合成的な（同化的な）経路は，別々の段階を経て進行する．
2. 目まぐるしく変わる要求に生体が対応できるように代謝経路は制御されている．個々の酵素はアロステリック制御や可逆的な共有結合修飾によって制御されるのが普通である．
3. 主要な異化経路で，高分子がエネルギー生産性をもつ小分子に転換する．異化反応で解放されるエネルギーは，ATP，GTP，還元型補酵素の形で保存される．
4. 代謝過程は1個の細胞の中，あるいは一つの多細胞生物の中で区画化されている．
5. 代謝過程は定常状態にある．反応物と生成物の定常状態での濃度が，その反応の平衡時の比率に近いならば，平衡に近い反応とよばれる．定常状態での濃度が平衡からかけ離れていれば，代謝的に不可逆な反応とよばれる．
6. 細胞内での実際のギブズ自由エネルギー変化（ΔG）は標準ギブズ自由エネルギー変化（$\Delta G°'$）とは異なる．
7. ATPのリン酸無水物結合が加水分解されると，多量のギブズ自由エネルギーが解放される．
8. ATPのエネルギーは末端のリン酸基あるいはヌクレオチド基が転移されるとき利用可能になる．リン酸基転移ポテンシャルが高い代謝物は，そのリン酸基をADPに移してATPをつくることができる．このような代謝物を高エネルギー化合物とよぶ．
9. アシルCoAのようなチオエステルはアシル基を与えることができ，またエネルギー的にATPと等価な化合物をつくることもある．
10. 生体酸化反応の自由エネルギーは，還元型補酵素の形で捕捉できる．この形のエネルギーの尺度になるのは還元電位の差である．
11. 代謝経路は，そこに含まれる酵素，中間体，フラックス，制御などの観点から研究される．

問　題

1. 化合物Aから化合物Eまで4段階で進行し，そこから枝分かれする代謝経路がある．一つの枝は2段階でGとなり，もう一つは3段階でJになる．基質AはEを合成する酵素のフィードフォワード活性化剤である．生成物GとJは共通経路の最初の酵素のフィードバック阻害剤であり，かつそれぞれの経路の分岐点の直後の酵素を阻害する．
   (a) この代謝経路の制御の様子を図示せよ．
   (b) なぜ二つの生成物が，経路の二つの酵素を阻害することが有利なのか．
2. グルコースの分解は解糖系とクエン酸回路で完了する．解糖にかかわる酵素は細胞質ゾルに，クエン酸回路にかかわる酵素はミトコンドリアに局在している．糖質を分解するこの二つの主要経路の酵素が，細胞内で異なる区画に分けられていることの利点は何か．
3. 細菌では解糖もクエン酸回路も細胞質で行われている．問2の"利点"はなぜ細菌には適用されないのか．
4. 多段階の代謝経路では，一連の段階にかかわる酵素が多酵素複合体の中に集まっていたり，膜上で近接しているらしい．複数の酵素がこのような形で組織化されていることの利点を説明せよ．
5. (a) 以下の反応の25℃，pH 7.0におけるK_{eq}を，表10.4のデータを利用して計算せよ．

   グリセロール3-リン酸 + H_2O ⟶ グリセロール + P_i

   (b) 乳酸からグルコースを合成する経路（糖新生）の最後の段階は，

   グルコース6-リン酸 + H_2O ⟶ グルコース + P_i

   グルコース6-リン酸に適切な酵素を加え，反応が平衡に到達するまで保温したところ，各成分の濃度は以下のようになった．グルコース6-リン酸 (0.035 mM)，グルコース (100 mM)，P_i (100 mM)．25℃，pH 7.0における$\Delta G°'$を計算せよ．
6. ホスホアルギニンの加水分解による$\Delta G°'$は$-32 \text{ kJ} \cdot \text{mol}^{-1}$である．
   (a) 休止状態にあるロブスターの筋肉で，25℃，pH 7.0で反応が起こっているとき，実際のギブズ自由エネルギー変化はどれほどか．ただし，ホスホアルギニン，アルギニン，P_iの

濃度は，それぞれ 6.8 mM，2.6 mM，5 mM とする．
  (b) この値はなぜ $\Delta G^{\circ\prime}$ と異なるのか．
  (c) 高エネルギー化合物の加水分解には大きな負の自由エネルギー変化が伴う．このことから，水との反応はほとんど完全に進行することがわかる．ところでアセチル CoA の $\Delta G^{\circ\prime}_{加水分解}$ は $-32 \text{ kJ} \cdot \text{mol}^{-1}$ なのに，細胞内になぜ mM 単位の濃度で存在しうるのか．

7. グリコーゲンはグルコース 1-リン酸から合成される．グルコース 1-リン酸は UTP との反応により活性化され，UDP グルコースと二リン酸（PP_i）を生成する．

   グルコース 1-リン酸 + UTP ⟶ UDP グルコース + PP_i

   UDP グルコースは酵素グリコーゲンシンターゼの基質で，この酵素は伸長しつつある糖鎖にグルコース分子を付加する．UTP とグルコース 1-リン酸が縮合して UDP グルコースが生成する反応の $\Delta G^{\circ\prime}$ 値はほぼ 0 kJ·mol^{-1} である．遊離した PP_i は無機ピロホスファターゼによって急速に加水分解される．UDP グルコース生成と PP_i の加水分解が共役しているなら，全体としての $\Delta G^{\circ\prime}$ はどのような値になるか．

8. (a) ATP 1 分子は通常，合成されてから 1 分以内に消費され，平均的なヒトは 1 日当たり約 65 kg の ATP を必要とする．しかし，ヒトの身体には ATP と ADP を合わせても約 50 g しかない．このように多量の ATP を消費できるのはなぜか．
   (b) ATP にエネルギーを貯蔵する役割はあるのか．

9. ホスホクレアチンは動物の筋肉が休止しているときに，ATP とクレアチンからつくられる．ホスホクレアチンとクレアチンの比を 20 : 1 に維持するには，ATP と ADP の比がいくつになればよいか．（共役反応を平衡状態に保つには，実際の自由エネルギー変化は 0 でなければならない．）

10. アミノ酸は，正しく識別されて伸長途上のポリペプチド鎖に付加される前に，正しい tRNA（転移 RNA）のリボースのヒドロキシ基と共有結合をつくらねばならない．アミノアシル tRNA シンテターゼが触媒する反応は全体として以下のようになる．

    アミノ酸 + HO-tRNA + ATP ⟶
                    アミノアシル-O-tRNA + AMP + 2 P_i

    この反応がアシルアデニル酸中間体を経由して起こると仮定して，この酵素が触媒する反応の全段階を書け．

11. グルコース 6-リン酸とフルクトース 6-リン酸の混合物を酵素グルコース-6-リン酸イソメラーゼ存在下に置くと，最終的な混合物にはフルクトース 6-リン酸の 2 倍のグルコース 6-リン酸が含まれることになる．$\Delta G^{\circ\prime}$ の値を計算せよ．

    グルコース 6-リン酸 ⇌ フルクトース 6-リン酸

12. 熱力学的に起こりにくい反応を ATP の加水分解と共役させると，反応の平衡を大きく移動させることができる．
    (a) 25 ℃ において $\Delta G^{\circ\prime} = +25 \text{ kJ} \cdot \text{mol}^{-1}$ であるような，エネルギー的に不利な生合成反応 A→B の K_{eq} を計算せよ．
    (b) A→B の反応が ATP の加水分解と共役したときの K_{eq} を計算し，(a) の結果と比べよ．
    (c) 多くの細胞で [ATP] と [ADP] の比は 400 以上に保たれている．標準状態で [ATP] : [ADP] が 400 : 1，[P_i] が一定に保たれているとして，[B] : [A] の比を計算せよ．この比は共役反応でない場合にはどうなるか．

13. 表 10.5 のデータを使い，以下の分子を共役させたとき，標準状態で自発的に起こる共役反応を書け．
    (a) シトクロム f とシトクロム b_5
    (b) フマル酸/コハク酸とユビキノン/ユビキノール（Q/QH$_2$）
    (c) 2-オキソグルタル酸/イソクエン酸と NAD$^+$/NADH

14. 表 10.5 のデータを使い，以下の酸化還元反応の標準還元電位と標準自由エネルギー変化を計算せよ．
    (a) ユビキノール(QH$_2$) + 2 シトクロム c(Fe^{3+}) ⇌
                  ユビキノン(Q) + 2 シトクロム c(Fe^{2+}) + 2H$^+$
    (b) コハク酸 + $\frac{1}{2}$ O$_2$ ⇌ フマル酸 + H$_2$O

15. 乳酸デヒドロゲナーゼは NAD 依存性の酵素で，可逆的な乳酸の酸化反応を触媒する．

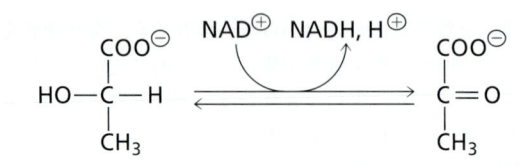

    反応容器に乳酸，NAD$^+$，乳酸デヒドロゲナーゼ，緩衝液を加えた後，分光光度計で 340 nm の吸光度を測定すれば，反応の初速度がわかる．340 nm の吸光度を時間経過に従って計測した場合，どちらのグラフが期待される結果に対応するか，その理由を説明せよ．

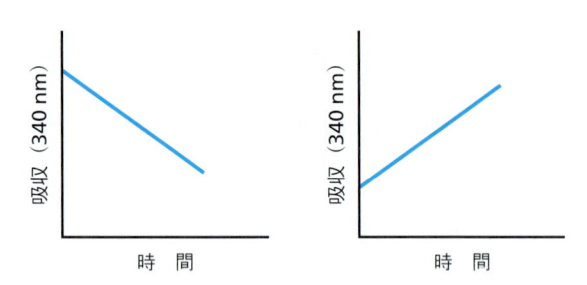

16. 表 10.5 のユビキノン（Q）と FAD の標準還元電位の値を使い，細胞内条件では，Q による FADH$_2$ の酸化で，ADP と P_i から ATP を合成するのに十分なエネルギーが解放されることを示せ．ただし [FADH$_2$]=5 mM，[FAD]=0.2 mM，[Q]=0.1 mM，[QH$_2$]=0.05 mM とし，ADP と P_i から ATP を合成するときの ΔG は +30 kJ·mol^{-1} とする．

参考文献

Alberty, R. A. (1996). Recommendations for nomenclature and tables in biochemical thermodynamics. *Eur. J. Biochem.* 240:1-14.

Alberty, R. A. (2000). Calculating apparent equilibrium constants of enzyme-catalyzed reactions at pH 7. *Biochem. Educ.* 28:12-17.

Burbaum, J. J., Raines, R. T., Albery, W. J., and Knowles, J. R. (1989). Evolutionary optimization of the catalytic effectiveness of an enzyme. *Biochem.* 28:9293-9305.

Edwards, R. A. (2001). The free energies of metabolic reactions (Δ*G*) are not positive. *Biochem. Mol. Bio. Educ.* 29:101-103.

Hayes, D. M., Kenyon, G. L., and Kollman, P. A. (1978). Theoretical calculations of the hydrolysis energies of some "high-energy" molecules. 2. A survey of some biologically important hydrolytic reactions. *J. Am. Chem. Soc.* 100:4331-4340.

Schmidt. S., Sunyaev, S., Bork. P., and Dandekar, T. (2003). Metabolites: a helping hand for pathway evolution? *Trends Biochem. Sci.* 28:336-341.

Silverstein, T. (2005). Redox redox: a response to Feinman's "Oxidation-reduction calculations in the biochemistry course." *Biochem. Mol. Bio. Educ.* 33:252-253.

Tohge, T., Nunes-Nesi, A., and Fernie, A. R. (2009). Finding the paths: metabolomics and approaches to metabolic flux analysis. *The Biochem. Soc.* (June 2009):8-12.

Yus, E., et al. (2009). Impact of genome reduction on bacterial metabolism and its regulation. *Science* 326:1263-1272.

11 CHAPTER

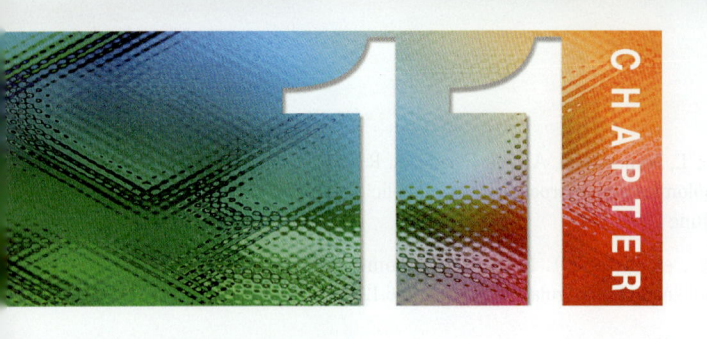

解　　　糖

> 細胞内の多数の酵素がかかわる代謝系のうちで，最も深く研究され，いちばん理解されているのは解糖の一連の反応であろう．解糖における酵素と基質の相互関係は，多酵素系としてはむしろ単純な方だが，このパターンは，呼吸や光合成などにみられるきわめて複雑な系も含めて，細胞のすべての多酵素系に適用できる．
>
> Albert Lehninger (1965), *Bioenergetics*, p.75

　ここから学ぶ基本的な三つの代謝経路は糖質代謝ならびにエネルギー生産にとって中心的な事項である．糖新生は3炭素前駆体からヘキソースを合成する主要経路である．名前が示すように，糖新生の最終産物はグルコースである．その生合成経路は次章で取上げる．グルコースおよびそれ以外のヘキソースは多数の複雑な糖質を合成するための前駆体として使われる．グルコースはまた異化的な解糖経路により分解され，その際に，合成のために使われたエネルギーが回収される．本章の主題である解糖によって，グルコースは3炭素酸のピルビン酸に変換される．ピルビン酸は幾通りかの経路で代謝されるが，その一つが酸化的脱炭酸によるアセチルCoAの生成である．第三の経路はクエン酸回路で，13章で取上げる．この回路で，アセチルCoAのアセチル基が二酸化炭素と水に酸化される．クエン酸回路の重要な中間体の一つであるオキサロ酢酸は，ピルビン酸からグルコースを合成する際の中間体でもある．これら三つの経路の関係を図11.1に示した．三つのすべてが，糖質以外の分子，たとえばアミノ酸や脂質の生成や分解にも役割を果たしている．

　本書では解糖，糖新生，クエン酸回路の反応について，他の代謝経路よりも詳しく述べるが，基本原理はすべての経路に当てはまる．たくさんの生体分子と酵素を取上げるが，それらの中にはいくつもの経路に現れるものがある．酵素の名前は代謝物の化学構造に由来しており，また基質特異性と触媒する反応の種類を反映していることを覚えておこう．命名法をしっかり把握することは，代謝がいかに化学的に洗練されているかを理解するために欠かせない．しかし，細部を記憶する一方で，代謝の根本的な概念と，普遍的な戦略を見失わないことが重要である．個々の酵素の名前は忘れることがあっても，細胞内で行われている代謝物の相互変換の根底にある形式や目的について理解したことを忘れないようにしたいものである．

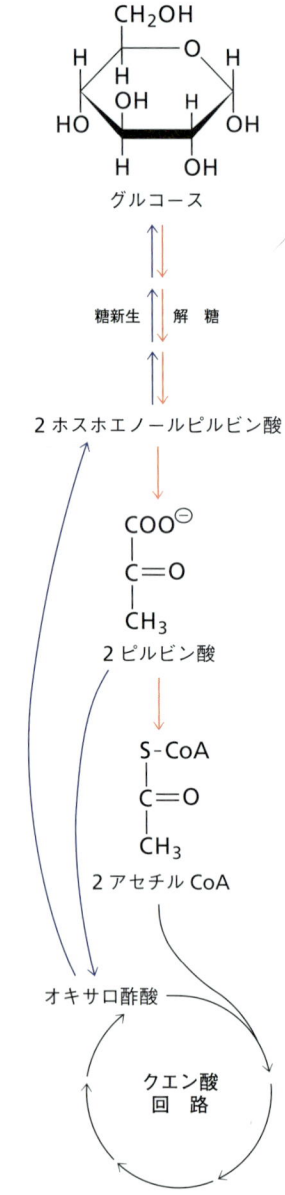

◀図11.1　**糖新生，解糖，クエン酸回路**　グルコースはピルビン酸からオキサロ酢酸とホスホエノールピルビン酸を経て合成される．解糖ではグルコースはピルビン酸に分解される．解糖経路の多くの（すべてではない）段階が，糖新生反応の逆反応である．ピルビン酸のアセチル基は補酵素A（CoA）に転移され，クエン酸回路でCO_2に酸化される．グルコースの合成にはATP当量の形でエネルギーが必要である．このエネルギーの一部は解糖経路で回収されるが，クエン酸回路では，はるかに多いエネルギーが回収される．

---

*　カット：ワイン，ビール，パン．何世紀にもわたってワイナリー，ビール醸造所，製パン所では，酵母がグルコースをエタノールとCO_2に変換する反応である解糖系の基本的生化学経路を利用してきた．

本書では伝統に従って，最初の代謝経路として解糖を取上げよう．グルコースの代謝が動物におけるエネルギーのおもな源である．さまざまな反応やそれらの制御の詳細が解明されている．

11.1 解糖の酵素反応

解糖は酵素が触媒する10段階の反応から成り，グルコースをピルビン酸に変換する（図11.2）．1分子のグルコースが2分子のピルビン酸へ変換されるに伴って，正味2分子のADPが2分子のATPに変換され，2分子のNAD^+から2分子のNADHができる．この経路にかかわる酵素は，ほぼすべての生物種で見いだされており，細胞質ゾルに局在する．解糖系は多細胞生物の分化した細胞のすべてで働いている．哺乳類のある種の細胞（網膜や一部の脳細胞など）では，これがATPを生産する唯一の経路である．

解糖の反応の全体を11.1式に示した．

グルコース + 2 ADP + 2 $NAD^⊕$ + 2 P_i ⟶
 2 ピルビン酸 + 2 ATP + 2 NADH + 2 $H^⊕$ + 2 H_2O
(11.1)

解糖の10反応を表11.1にまとめた．解糖はヘキソース（六炭糖）段階とトリオース（三炭糖）段階の二つに大別できる．図11.2の左ページがヘキソース段階である．段階4でヘキソースのC-3とC-4の間の結合が切断され，二つのトリオースリン酸ができる．その後，経路の中間体はトリオースリン酸になる．二つのトリオースリン酸はフルクトース1,6-ビスリン酸からできる．ジヒドロキシアセトンリン酸は段階5でグリセルアルデヒド3-リン酸に転換され，グリセルアルデヒド3-リン酸がそれ以降の経路の反応につながる．解糖のトリオース段階（図11.2の右ページ）はすべて，1分子のグルコース当たり2分子で進行する．

解糖のヘキソース段階では，2分子のATPがADPに変換される．トリオース段階では，代謝される1分子のグルコースについて4分子のATPがADPからつくられる．したがって，解糖では1分子のグルコース当たり正味2分子のATPが生成する．

グルコース1分子に消費されるATP： 2（ヘキソース段階）
グルコース1分子からつくられるATP： 4（トリオース段階）
グルコース1分子からの正味のATP生成：2
(11.2)

解糖の第一と第三の反応がATPの消費と共役している．これらの初期反応が，この経路を解糖の方向へと後押しする．ATPがないときには逆方向への反応の方が熱力学的に有利だからである．後から出てくる二つの中間体が十分に高い基転移ポテンシャルをもっていて，ADPにリン酸基を転移してATPをつくる（段階7と10）．段階6はNADHという形で還元当量をつくり出す反応と共役している．NADH1分子は数分子のATP分子と等価なので（§10.9），解糖経路で得られる実質的なエネルギーは，おもにNADHの生成によるものである．

❗ 解糖で獲得されるエネルギーの主要部分はNADH分子がつくられることによる．

11.2 解糖における10段階の酵素触媒反応

ここからは個々の解糖反応の化学と酵素を調べていこう．経路の化学的な論理性と経済性に注意を払うべきなのは前にも述べた通りである．個々の化学反応がどのようにして代謝過程のつぎの段階の基質を用意するかを考えてほしい．たとえば，開裂反応の結果，ヘキソースが2炭素化合物とテトロース（四炭糖）ではなく，二つのトリオースに変換される点に注目してみよう．二つのトリオースは速やかに相互変換するので，開裂反応の産物を別々の経路で代謝するために酵素をニそろい用意する必要がなく，一そろいですむ．最後に，解糖でどのようにしてATPが消費され，また生産されるかを知る必要がある．これまでもATPの化学的ポテンシャルエネルギーが転移する例をいろいろみてきたが（たとえば，§10.7），本章で初めて，酸化反応で解放されたエネルギーが，他の生化学的経路で利用されるためにどのようにして捕捉されるかについて，詳細に述べることになる．

解糖の調節については§11.5で詳しく議論しよう．

1．ヘキソキナーゼ

解糖の最初の反応ではATPのγ-リン酸基がグルコースのC-6位に付いた酸素原子に転移され，グルコース6-リン酸とADPが生成する（図11.3）．このリン酸基転移反応はヘキソキナーゼが触媒する．解糖系では，段階1, 3, 7, 10の四つの反応をキナーゼが触媒している．

表11.1 解糖の酵素反応

反　応	酵　素
1. グルコース + ATP ⟶ グルコース6-リン酸 + ADP + H^+	ヘキソキナーゼ，グルコキナーゼ
2. グルコース6-リン酸 ⇌ フルクトース6-リン酸	グルコース-6-リン酸イソメラーゼ
3. フルクトース6-リン酸 + ATP ⟶ フルクトース1,6-ビスリン酸 + ADP + H^+	6-ホスホフルクトキナーゼ
4. フルクトース1,6-ビスリン酸 ⇌ ジヒドロキシアセトンリン酸 + グリセルアルデヒド3-リン酸	アルドラーゼ
5. ジヒドロキシアセトンリン酸 ⇌ グリセルアルデヒド3-リン酸	トリオースリン酸イソメラーゼ
6. グリセルアルデヒド3-リン酸 + NAD^+ + P_i ⇌ 1,3-ビスホスホグリセリン酸 + NADH + H^+	グリセルアルデヒド-3-リン酸デヒドロゲナーゼ
7. 1,3-ビスホスホグリセリン酸 + ADP ⇌ 3-ホスホグリセリン酸 + ATP	ホスホグリセリン酸キナーゼ
8. 3-ホスホグリセリン酸 ⇌ 2-ホスホグリセリン酸	ホスホグリセリン酸ムターゼ
9. 2-ホスホグリセリン酸 ⇌ ホスホエノールピルビン酸 + H_2O	エノラーゼ
10. ホスホエノールピルビン酸 + ADP + H^+ ⟶ ピルビン酸 + ATP	ピルビン酸キナーゼ

11. 解 糖

グルコース

ATP からグルコースへのリン酸基の転移 ① ヘキソキナーゼ, グルコキナーゼ

ATP → ADP + H⊕

グルコース 6-リン酸

異性化 ② グルコース-6-リン酸イソメラーゼ

フルクトース 6-リン酸

ATP からフルクトース 6-リン酸への 2 個目のリン酸基の転移 ③ 6-ホスホフルクトキナーゼ

ATP → ADP + H⊕

フルクトース 1,6-ビスリン酸

C-3 — C-4 結合の開裂による 2 種のトリオースリン酸の生成 ④ アルドラーゼ

ジヒドロキシアセトンリン酸   グリセルアルデヒド 3-リン酸

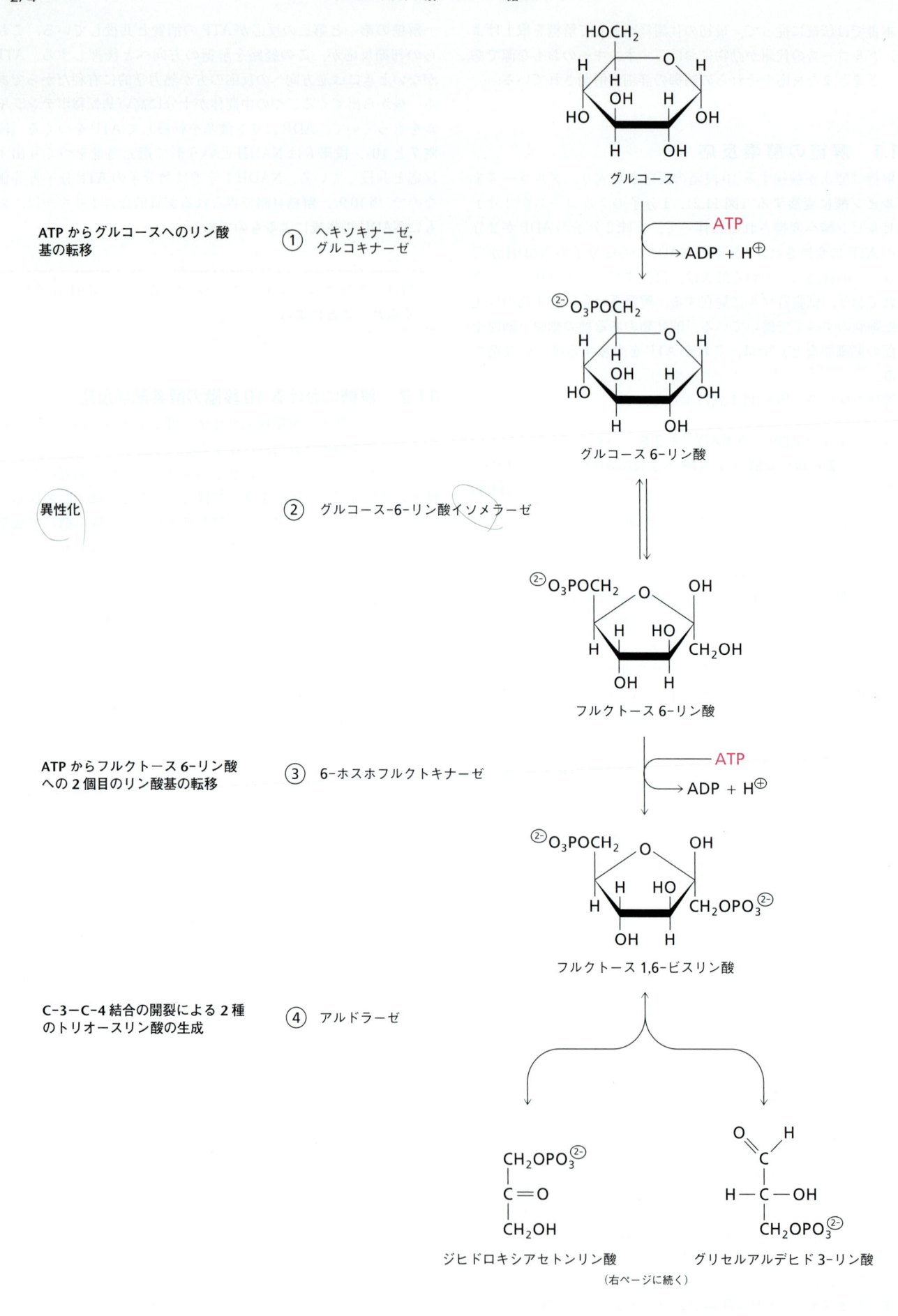

(右ページに続く)

▲図 11.2 解糖によるグルコースのピルビン酸への変換　段階 4 でヘキソースは二つに分解され, その後の解糖反応は二つのトリオース分子によって進行する. ATP はヘキソース段階で消費され, トリオース段階で生成する.

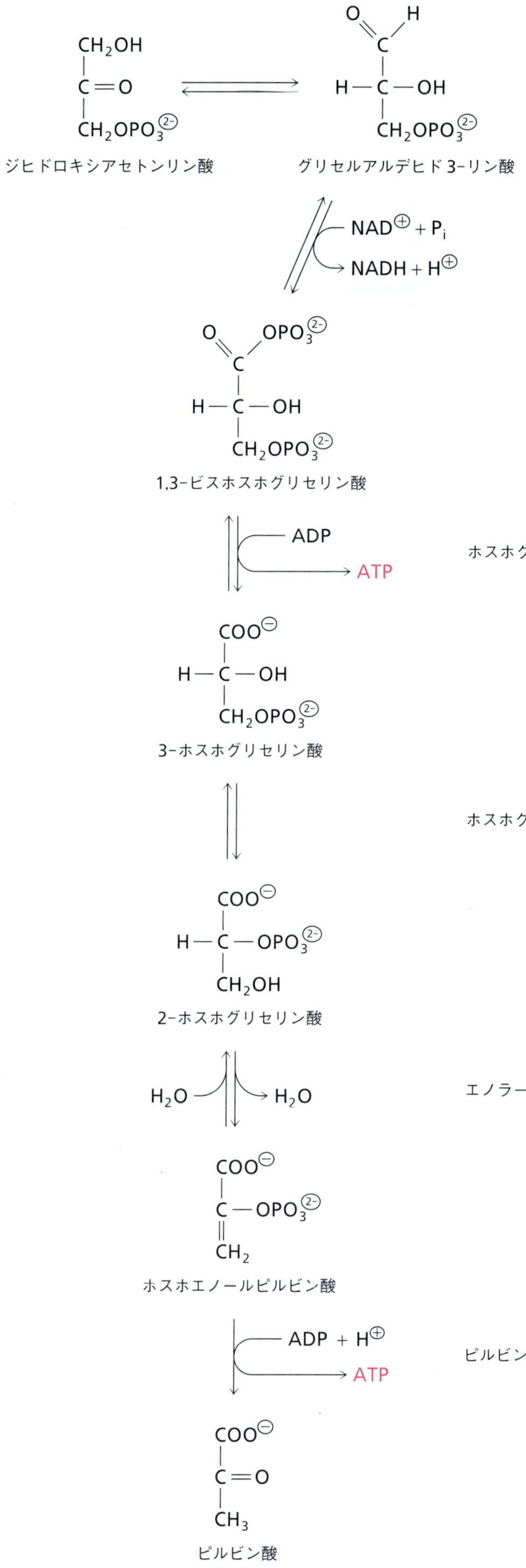

11.2 解糖における10段階の酵素触媒反応

ジヒドロキシアセトンリン酸 ⇌ グリセルアルデヒド 3-リン酸

トリオースリン酸イソメラーゼ ⑤ トリオースリン酸の急速な相互変換

↓ NAD$^⊕$ + P$_i$ → NADH + H$^⊕$

グリセルアルデヒド-3-リン酸デヒドロゲナーゼ ⑥ 酸化とリン酸化による高エネルギー混合酸無水物の生成

1,3-ビスホスホグリセリン酸

↓ ADP → ATP

ホスホグリセリン酸キナーゼ ⑦ 高エネルギーリン酸基の ADP への転移による ATP の生成

3-ホスホグリセリン酸

ホスホグリセリン酸ムターゼ ⑧ 分子内でのリン酸基の転移

2-ホスホグリセリン酸

↓ H$_2$O → H$_2$O

エノラーゼ ⑨ 脱水反応による高エネルギーエノールエステルの生成

ホスホエノールピルビン酸

↓ ADP + H$^⊕$ → ATP

ピルビン酸キナーゼ ⑩ 高エネルギーリン酸基の ADP への転移による ATP の生成

ピルビン酸

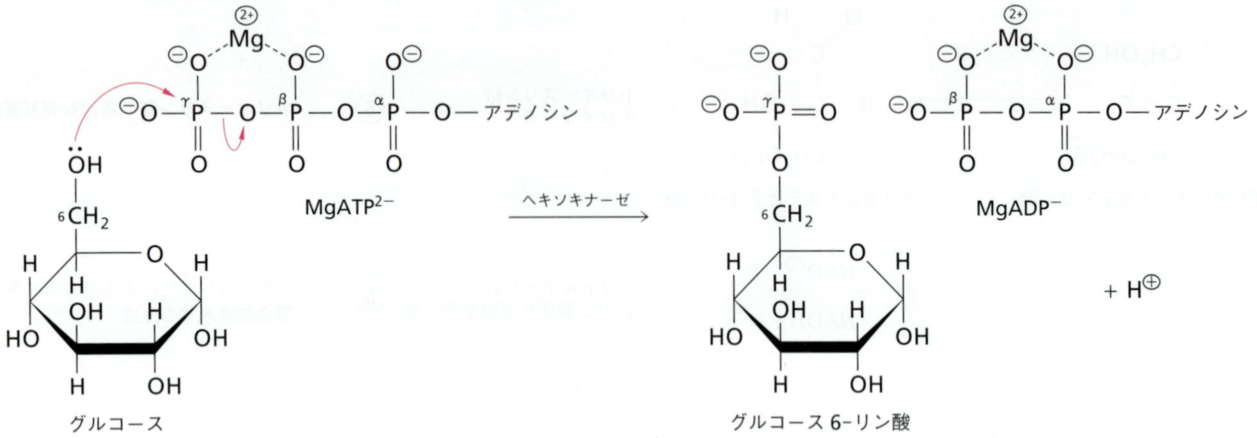

▲ 図 11.3　ヘキソキナーゼが触媒するリン酸基転移反応　この反応はグルコースの C-6 ヒドロキシ基の酸素が MgATP^{2-} の γ 位のリンを攻撃することで起こる．MgADP$^-$ が遊離し，グルコース 6-リン酸が生成する．解糖系の四つのキナーゼはすべて，ヒドロキシ基が ATP の末端リン酸基を直接に求核攻撃する反応を（細胞の置かれた状況によってはその逆反応を）触媒する．（ここで，図に描いた Mg^{2+} は，本章で取上げる他のキナーゼの反応にも必要であるが，他の反応の図では省略した．）

ヘキソキナーゼの反応は，代謝的に不可逆になるよう制御されている．細胞はグルコース 6-リン酸濃度を相対的に高く，グルコースの内部濃度を低く保つ必要がある．§ 11.5 B で述べるが，グルコース 6-リン酸が逆反応を阻害する．酵母と哺乳類組織のヘキソキナーゼはさまざまな角度から詳しく研究されてきた．これらの酵素は幅広い基質特異性をもっており，グルコースとマンノース，そしてもし濃度が高ければ，フルクトースもリン酸化する．

> ヘキソキナーゼの反応機構は誘導適合（§ 6.5 C）の古典的な例である．

多くの哺乳類の細胞にはいくつもの型のヘキソキナーゼ，つまり**アイソザイム**（isozyme）が存在する（アイソザイムは，一つの生物種由来で，同じ化学反応を触媒するが，タンパク質としては異なる酵素群である）．たとえば，哺乳類の肝臓からは 4 種のアイソザイムが単離されている．哺乳類の他の組織にもこれら 4 種があるが，存在比は異なる．これらのアイソザイムは同じ反応を触媒するが，グルコースに対する K_m 値に差がある．ヘキソキナーゼ I，II，III の K_m 値は $10^{-6} \sim 10^{-4}$ M であるのに対し，グルコキナーゼともよばれるヘキソキナーゼ IV のグルコースに対する K_m はずっと大きく，約 10^{-2} M である．真核生物では，さまざまなグルコース輸送体（GLUT ファミリー）が受動輸送でグルコースを取込んだり，分泌したりする．血液中や細胞質のグルコース濃度は，通常，グルコキナーゼのグルコースに対する K_m より低いため，このような低濃度では他のヘキソキナーゼアイソザイムがグルコースのリン酸化を触媒する．グルコース濃度が十分に高くなれば，グルコキナーゼは活性を発揮する．グルコキナーゼはけっして飽和されることがないので，血中グルコースが著しく増加しても，肝臓はそれに対応してグルコースをリン酸化し，解糖あるいはグリコーゲン合成経路に入れることができる．

> グリコーゲン合成は § 12.5 で取上げる．

ほとんどの細菌では，グルコースはホスホエノールピルビン酸依存性糖リン酸基転移酵素系によってグルコース 6-リン酸へとリン酸化される（§ 21.7 C）．リン酸基はホスホエノールピルビン酸から糖に与えられる．細菌にもヘキソキナーゼとグルコキナーゼがあるが，真核細胞とは違って，細胞質で遊離グルコースに出会うことがほとんどないので，解糖においてはあまり重要な役割を果たしていない．

2. グルコース-6-リン酸イソメラーゼ

解糖の段階 2 では，グルコース-6-リン酸イソメラーゼがグルコース 6-リン酸（アルドース）をフルクトース 6-リン酸（ケトース）に変換する（図 11.4）．この酵素はホスホグルコースイソメ

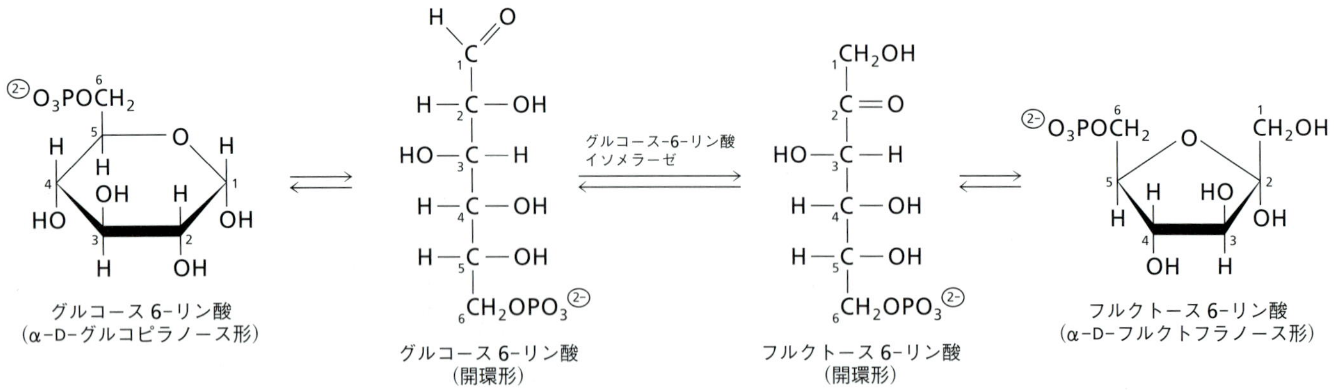

▲ 図 11.4　グルコース 6-リン酸からフルクトース 6-リン酸への変換　グルコース-6-リン酸イソメラーゼがこのアルドース-ケトース異性化反応を触媒する．

ラーゼとしても知られている．イソメラーゼは他のすべてのキラル炭素の立体配置が同じアルドースとケトースの間で相互転換させる．

グルコース 6-リン酸の α-アノマー（α-D-グルコピラノース 6-リン酸）が優先的にグルコース 6-リン酸イソメラーゼに結合し，活性部位の中でグルコース 6-リン酸が開環形となり，アルドースからケトースへと転換する．開環形のフルクトース 6-リン酸が再び環化して α-D-フルクトフラノース 6-リン酸になる．グルコース-6-リン酸イソメラーゼの反応機構はトリオースリン酸イソメラーゼによく似ている（§6.4 A）．

グルコース-6-リン酸イソメラーゼは立体特異性が非常に高い．たとえば，この酵素は逆反応も触媒するが，その場合（C-2 がキラルでない）フルクトース 6-リン酸がほぼ確実にグルコース 6-リン酸に変換され，グルコース 6-リン酸の C-2 エピマーであるマンノース 6-リン酸は痕跡程度しか生じない．

グルコース-6-リン酸イソメラーゼの反応は細胞内では平衡に近い．逆反応はグルコース生合成経路の一部にもなっている．

3．6-ホスホフルクトキナーゼ

6-ホスホフルクトキナーゼは ATP のリン酸基をフルクトース 6-リン酸の C-1 ヒドロキシ基へ転移させてフルクトース 1,6-ビスリン酸を生成する．ビスリン酸の"ビス"とは，二つのリン酸が異なる炭素原子に結合していることを表している（"ジ"リン酸との違いに注意せよ）．

$$\text{フルクトース 6-リン酸} \xrightarrow[\text{6-ホスホフルクトキナーゼ}]{\text{ATP} \quad \text{ADP}} \text{フルクトース 1,6-ビスリン酸} + H^{\oplus}$$

(11.3)

BOX 11.1 解糖系の簡単な歴史

解糖は最初に解明された代謝経路の一つであった．これは生化学の発展に大きな役割を果たした．1897 年に Eduard Buchner（§1.1）は生きた細胞を含まない酵母の抽出液とスクロースの混合物から二酸化炭素の泡がわき上がることを発見し，この無細胞抽出液中で発酵が起こっていると結論した．Louis Pasteur はそれより 20 年以上も前に酵母が糖をアルコールに発酵させる，つまりエタノールと CO_2 に変換すると報告していたが，Buchner は発酵には生きた細胞は必要ないと結論したのである．Buchner は発酵の基になる活性物質をチマーゼと名付けた．今日では，酵母抽出液のチマーゼが単一の酵素ではなく，共同して解糖の反応を触媒する複数の酵素の混合物であることがわかっている．

解糖系の各段階は，酵母や筋肉の抽出液が触媒する反応の解析によってしだいに明らかにされてきた．1905 年に Arthur Harden と William John Young は，酵母抽出液によるグルコース発酵の速度が低下したとき，無機リン酸を添加すれば回復することを見いだした．彼らはグルコースのリン酸化合物が生成すると仮定し，やがてフルクトース 1,6-ビスリン酸の単離に成功した．これもまた生きた細胞を含まない酵母抽出液によって発酵されるので，グルコース発酵の中間体の一つであることがわかった．Harden には解糖に関する研究に対して 1929 年にノーベル化学賞が授与された．

1940 年までには，酵素，中間体，補酵素を含めた真核生物の解糖系の全容が解明された．個々の酵素の詳しい性質や，解糖の調節，他の経路との結びつきなどを解明するにはさらに長い年月がかかった．細菌における古典的な解糖経路は，Gustav Embden（1874～1933），Otto Meyerhof（1884～1951），Jacob Parnas（1884～1949）を記念してエムデン・マイヤーホフ・パルナス経路とよばれる．細菌の経路と真核生物の経路はいくつかの小さな点で異なっている．1922 年に Meyerhof は筋肉細胞における乳酸生成の研究でノーベル生理学・医学賞を受賞した．

▲ Louis Pasteur（1822～1895）

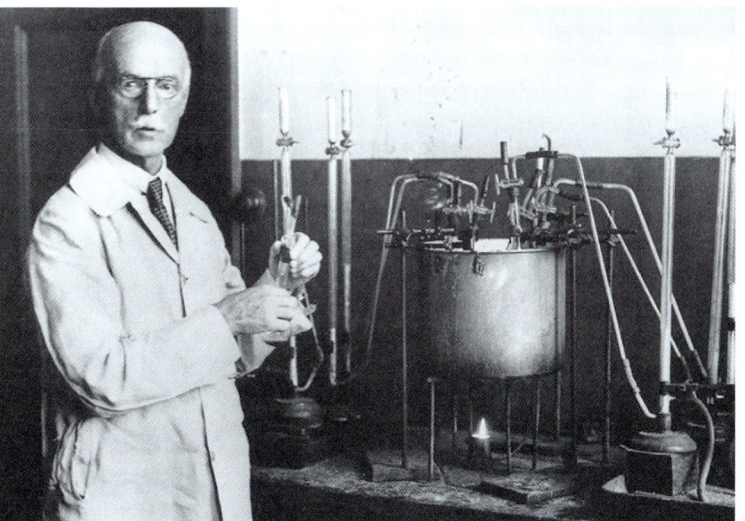

▲ Arthur Harden（1865～1940）

グルコース-6-リン酸イソメラーゼが触媒する反応では α-D-フルクトース6-リン酸が生じる．ところが6-ホスホフルクトキナーゼで触媒される解糖のつぎの段階の基質は β-D-アノマーである．水溶液中ではフルクトース6-リン酸の α- と β-アノマーは自発的に平衡に達する (§8.2)．この反応は水中ではきわめて速いので，解糖全体の速度には影響を与えない．

6-ホスホフルクトキナーゼが触媒する反応は代謝的に不可逆で，酵素が制御を受けている．この段階は，事実上ほとんどの細胞で解糖の重要な調節点になっている．6-ホスホフルクトキナーゼが触媒する反応は解糖系に不可欠な段階としての最初のものである．なぜならグルコース以外のいくつかのヘキソースが直接フルクトース6-リン酸に変換され，ここから解糖系に入ることができるからである (§11.6)．つまり，ヘキソキナーゼおよびグルコース-6-リン酸イソメラーゼが触媒する反応を通らないでよい．（ヘキソキナーゼで触媒される代謝的に不可逆的な反応は，解糖に不可欠な最初の反応ではない．）6-ホスホフルクトキナーゼ活性の調節が必要なもう一つの理由は，解糖と糖新生が競合するときにうまく処理するためである (図11.1)．グルコースがまさに合成されているときには，6-ホスホフルクトキナーゼ活性は阻害されねばならない．

6-ホスホフルクトキナーゼは古典的なアロステリック酵素である．細菌の酵素が ADP で活性化され，ホスホエノールピルビン酸によりアロステリック阻害を受けることを思い出そう (§5.9 A)．哺乳類の酵素は AMP とクエン酸で調節される (§11.5 C)．

4. アルドラーゼ

解糖の最初の三つの反応は，ヘキソースをグリセルアルデヒド3-リン酸とジヒドロキシアセトンリン酸という二つのトリオースリン酸に開裂するための準備段階である．

ジヒドロキシアセトンリン酸 (dihydroxyacetone phosphate; DHAP) はフルクトース1,6-ビスリン酸の C-1 から C-3 に由来し，グリセルアルデヒド3-リン酸 (glyceraldehyde 3-phosphate; G3P) は C-4 から C-6 に由来する．この開裂反応を触媒する酵素がフルクトース-1,6-ビスリン酸アルドラーゼで，通常はアルドラーゼと略称される．アルドール開裂は生体系における C-C 結合の開裂機構として，逆反応は C-C 結合の生成機構としてよく使われている．

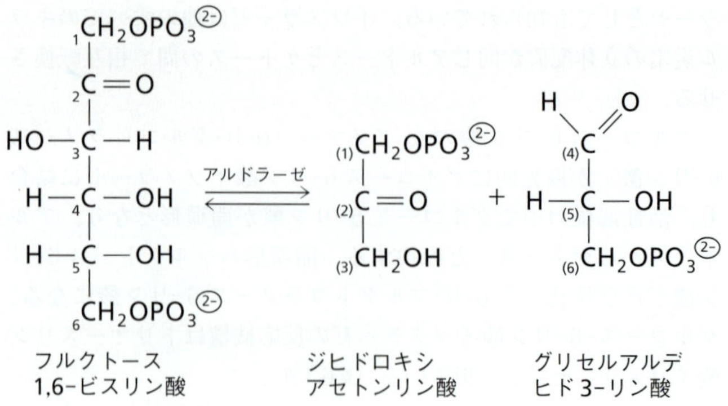

$$\text{フルクトース 1,6-ビスリン酸} \underset{\text{アルドラーゼ}}{\rightleftarrows} \text{ジヒドロキシアセトンリン酸} + \text{グリセルアルデヒド 3-リン酸}$$

(11.4)

アルドラーゼにははっきり区別できる二つのクラスがある．クラスI酵素は植物と動物にあり，クラスII酵素は細菌，菌類，原生生物に多い．両タイプをもつ生物種も多い．クラスI，クラスIIのアルドラーゼの間には関連性がない．同じ反応を，同じ機構で触媒するにもかかわらず，構造も配列も大きく異なる．

この二つのクラスのアルドラーゼでは反応機構が少し違う．クラスIアルドラーゼはリシン残基と基質のカルボニル基との間で共有結合（シッフ塩基）をつくり (§6.3, 図6.4)，クラスIIアルドラーゼは金属イオン補因子を使う (図11.5, 11.6)．

この反応に対する標準ギブズ自由エネルギー変化は大きい正の値をとる ($\Delta G^{\circ\prime} = +28 \text{ kJ} \cdot \text{mol}^{-1}$)．それにもかかわらず，最も重要な異化代謝経路が解糖であるような細胞内では，アルドラーゼ反応は平衡に近い反応である（実際の ΔG はほぼ 0）．それは，二つのトリオース生成物に比べてフルクトース1,6-ビスリン酸の濃度がはるかに高いからである（問題10を見よ）．

解糖の戦略を理解する鍵は，アルドラーゼ反応の重要性を正しく理解するところにある．それはこの反応が平衡に近い生合成反応であると考えるのが最良である．アルドラーゼはもともとフルクトース1,6-ビスリン酸を合成する酵素として進化した．ピルビン酸からグリセルアルデヒド3-リン酸とジヒドロキシアセトンリン酸に至る生化学反応の末にこの反応が起こる．

解糖が行われている間は，トリオース段階は逆方向，つまりピルビン酸生成へと向かって流れている．解糖の前半の各段階，つまりヘキソース段階はフルクトース1,6-ビスリン酸生成へ向いており，ピルビン酸から出発してそれを合成する経路が逆転する

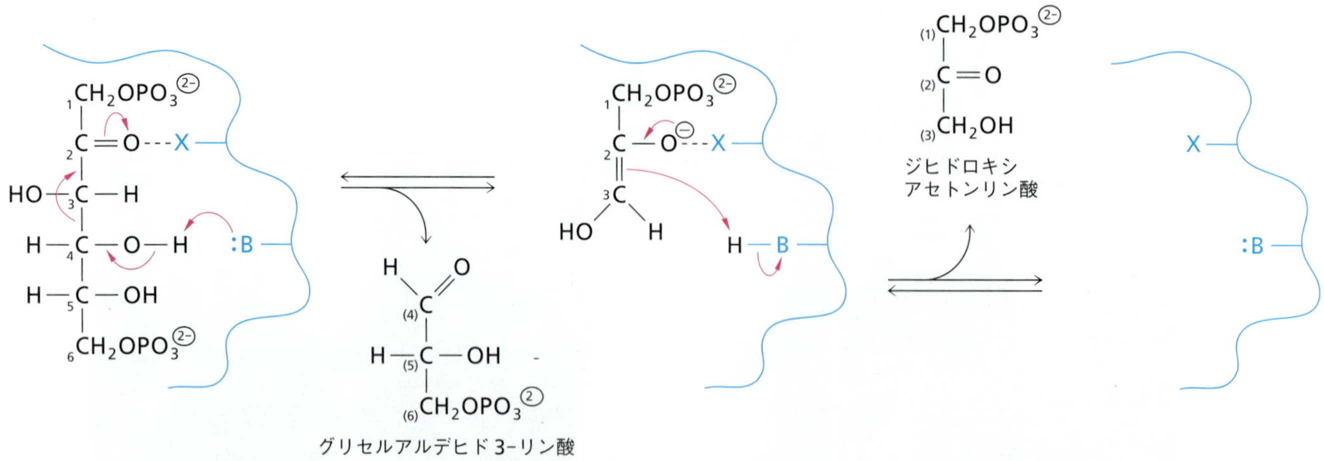

▲図11.5 **アルドラーゼが触媒するアルドール開裂の機構** フルクトース1,6-ビスリン酸はアルドール基質である．アルドラーゼは電子求引性の基（−X）をもち，基質の C-2 カルボニル基を分極させる．クラスIのアルドラーゼは，活性部位にあるリシン残基のアミノ基をこの目的に使い，クラスIIのアルドラーゼは Zn^{2+} を使っている．塩基性基（−B:）は基質の C-4 ヒドロキシ基からプロトンを引き抜く．

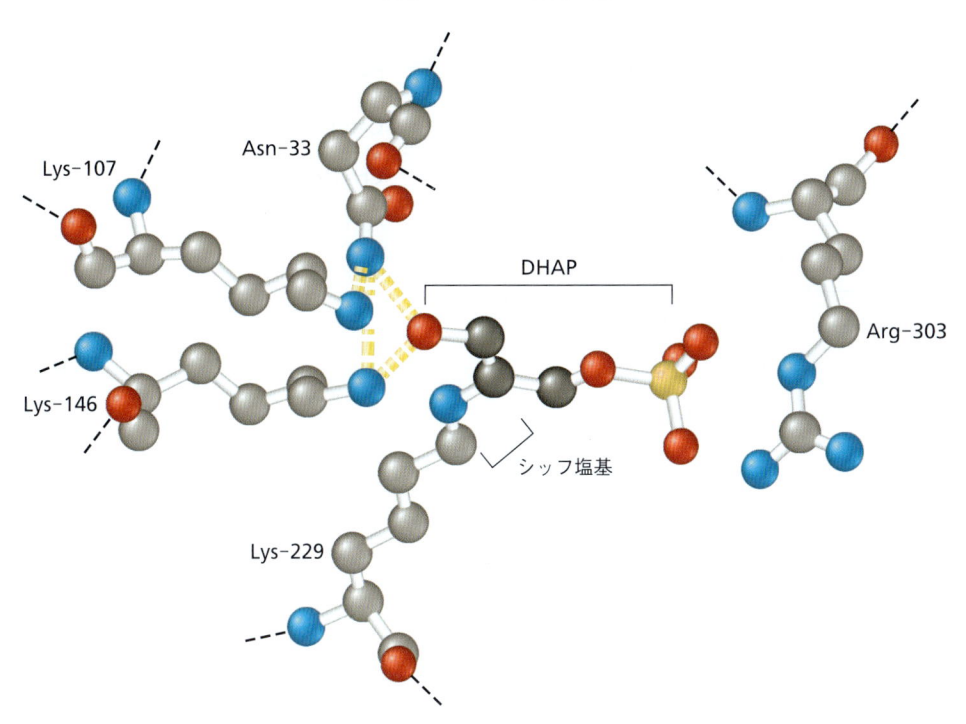

11.2 解糖における10段階の酵素触媒反応

▲図11.6 **アルドラーゼの活性中心のシッフ塩基** アルドラーゼで触媒される反応の過程で，Lys-229とジヒドロキシアセトンリン酸（DHAP）の間にシッフ塩基ができる．St-Jean et al.（2009）より改変．水素原子は表示していない．[PDB 3DFO]

ように基質を供給することになる．グルコースの生合成経路（糖新生）がまず進化したということを銘記してほしい．グルコースを十分に得られるようになって初めて，それを分解する経路が進化したのである．

5. トリオースリン酸イソメラーゼ

フルクトース1,6-ビスリン酸が開裂してできる二つの分子のうち，グリセルアルデヒド3-リン酸だけが解糖系のつぎの反応の基質になる．もう一つの生成物であるジヒドロキシアセトンリン酸は，トリオースリン酸イソメラーゼが触媒する平衡に近い反応でグリセルアルデヒド3-リン酸に変換される．

$$\begin{array}{c}CH_2OH\\|\\C=O\\|\\CH_2OPO_3^{2-}\end{array} \xrightleftharpoons[]{\text{トリオースリン酸イソメラーゼ}} \begin{array}{c}H-C=O\\|\\H-C-OH\\|\\CH_2OPO_3^{2-}\end{array} \quad (11.5)$$

ジヒドロキシアセトンリン酸　　　　　　グリセルアルデヒド3-リン酸

グリセルアルデヒド3-リン酸はつぎの段階6で消費されるが，ジヒドロキシアセトンリン酸から補給されるので，定常状態濃度が保たれる．このようにして，開裂した1分子のフルクトース1,6-ビスリン酸当たり2分子のグリセルアルデヒド3-リン酸が解糖に供給される．トリオースリン酸イソメラーゼは立体特異的な触媒反応を行うので，グリセルアルデヒド3-リン酸のD異性体だけが生成する．

トリオースリン酸イソメラーゼはグルコース-6-リン酸イソメラーゼと同様に，アルドース-ケトース変換を触媒する．トリオースリン酸イソメラーゼの反応機構はすでに§6.4Aで述べた．アルドース-ケトースイソメラーゼの触媒機構は詳しく研究されているが，酵素に結合した状態のエンジオレート中間体の形成が共通点らしい．

> トリオースリン酸イソメラーゼの反応速度は拡散律速反応の理論的限界に近い．

グルコース分子の個々の炭素原子の行方を図11.7に示した．さまざまな生物で放射性同位元素を使ったトレーサー実験によって炭素原子の分布が確認された．グリセルアルデヒド3-リン酸の第一の分子の炭素1,2,3はグルコースの炭素4,5,6に由来する．それに対して，ジヒドロキシアセトンリン酸から変換されて生じた第二のグリセルアルデヒド3-リン酸分子の炭素1,2,3は，グルコースの炭素3,2,1に由来する．これらの分子が混じり合って，代謝物が単一なグリセルアルデヒド3-リン酸のプールをつくると，グルコースのC-1から来た炭素原子とグルコースのC-6から来た炭素原子とは区別がつかなくなる．

6. グリセルアルデヒド-3-リン酸デヒドロゲナーゼ

トリオースリン酸からエネルギーを回収する過程は，グリセルアルデヒド-3-リン酸デヒドロゲナーゼが触媒する反応で始まる．まずグリセルアルデヒド3-リン酸は，酸化およびリン酸化を受け，1,3-ビスホスホグリセリン酸になる．

$$\begin{array}{c}O\ \ H\\\diagdown\ \diagup\\C\\|\\H-C-OH\\|\\CH_2OPO_3^{2-}\end{array} + NAD^{\oplus} + P_i \xrightleftharpoons[]{\text{グリセルアルデヒド-3-リン酸デヒドロゲナーゼ}}$$

グリセルアルデヒド3-リン酸

$$\begin{array}{c}O\ \ OPO_3^{2-}\\\diagdown\ \diagup\\C\\|\\H-C-OH\\|\\CH_2OPO_3^{2-}\end{array} + NADH + H^{\oplus} \quad (11.6)$$

1,3-ビスホスホグリセリン酸

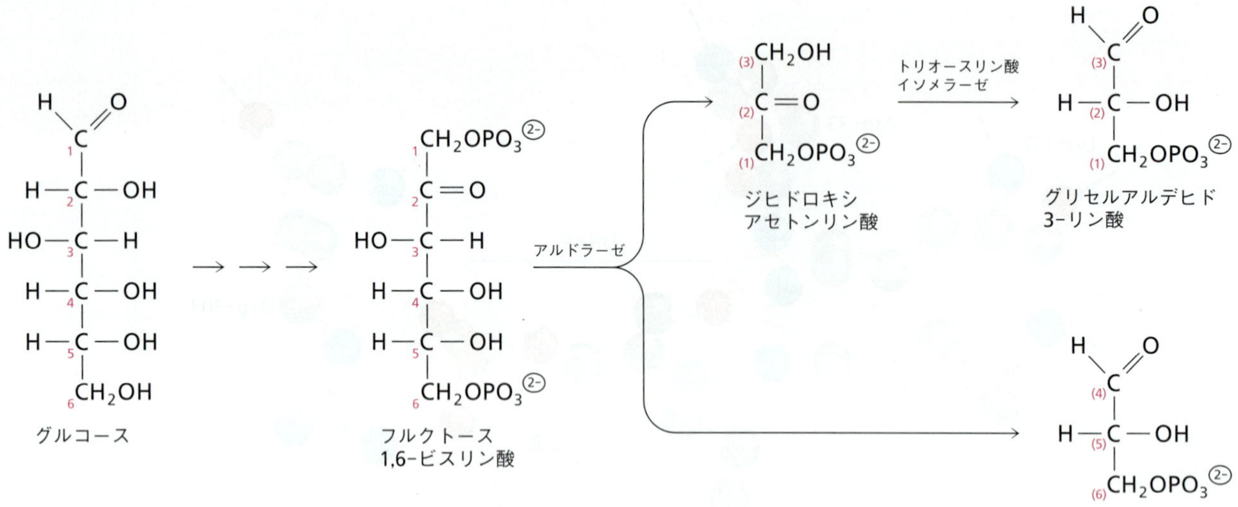

▲ 図11.7 解糖のヘキソース段階からトリオース段階への移行に伴う炭素原子の行方　番号はすべて元のグルコース分子の炭素原子に対応させてある．

これは酸化還元反応であり，グリセルアルデヒド3-リン酸の酸化反応と，NAD$^+$をNADHへ還元する反応とが共役している．生物種によってはNADP$^+$が補酵素になる．

　グリセルアルデヒド3-リン酸のカルボニル基が酸化されると標準ギブズ自由エネルギーが大きく減少し，解放されたエネルギーの一部は1,3-ビスホスホグリセリン酸の酸無水物結合に保存される．解糖のつぎの段階で1,3-ビスホスホグリセリン酸のC-1リン酸基がADPに転移され，ATPを生成する．残りのエネルギーは還元当量（NADH）の形で保存される．すでにみたようにNADHの1分子は，数分子のATPと等価である．したがって，この段階は経路全体の主要なエネルギー生産段階である．

　全体としての標準ギブズ自由エネルギー変化（アルデヒドの酸化およびNAD$^+$の還元）は正である（$\Delta G°' = +6.7 \text{ kJ} \cdot \text{mol}^{-1}$）．したがって，細胞内での平衡に近い条件下では，1,3-ビスホスホグリセリン酸の濃度はグリセルアルデヒド3-リン酸の濃度よりもはるかに低いはずである．しかし，グリセルアルデヒド-3-リン酸デヒドロゲナーゼは経路のつぎの酵素（ホスホグリセリン酸キナーゼ）と会合して複合体になっている．始めの反応でできた1,3-ビスホスホグリセリン酸は，ホスホグリセリン酸キナーゼの活性部位に直接送り込まれるらしい．こうして二つの反応が効率的に結び付き，一つの反応になるので，1,3-ビスホスホグリセリン酸の実質的濃度がほぼゼロになる．

　グリセルアルデヒド-3-リン酸デヒドロゲナーゼの反応でつくられたNADHは，膜会合電子伝達系（14章），あるいはアセトアルデヒドのエタノールへの還元やピルビン酸の乳酸への還元のような，NADHを還元剤とする反応で再酸化される（§11.3 B）．ほとんどの細胞ではNAD$^+$濃度は低い．したがって，NADHを再酸化して補充することが必須である．さもないと解糖がこの段階で停止してしまう．§11.3でこの目的を果たすための方法をいくつか学ぶ．

7. ホスホグリセリン酸キナーゼ

　ホスホグリセリン酸キナーゼは，"高エネルギー"の混合酸無水物である1,3-ビスホスホグリセリン酸からADPへのリン酸基転移を触媒し，ATPと3-ホスホグリセリン酸を生成する．この酵素はキナーゼとよばれる．逆反応で3-ホスホグリセリン酸がリン酸化されるからである．

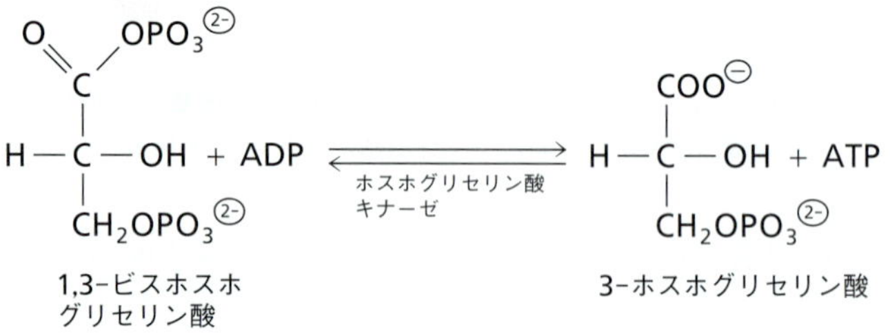

$$\text{1,3-ビスホスホグリセリン酸} + \text{ADP} \underset{\text{ホスホグリセリン酸キナーゼ}}{\rightleftharpoons} \text{3-ホスホグリセリン酸} + \text{ATP} \quad (11.7)$$

段階6と7の反応の組合わせによって，アルデヒドのカルボン酸への酸化とADPのリン酸化によるATP生成が共役する．

グリセルアルデヒド3-リン酸 + NAD$^\oplus$ + P$_i$ ⟶
　　　1,3-ビスホスホグリセリン酸 + NADH + H$^\oplus$
1,3-ビスホスホグリセリン酸 + ADP ⟶
　　　3-ホスホグリセリン酸 + ATP
─────────────────────────
グリセルアルデヒド3-リン酸 + NAD$^\oplus$ + P$_i$ + ADP ⟶
　　　3-ホスホグリセリン酸 + NADH + H$^\oplus$ + ATP
(11.8)

　"高エネルギー"化合物（1,3-ビスホスホグリセリン酸など）からADPへリン酸基を転移させてATPをつくることを**基質レベルのリン酸化**（substrate level phosphorylation）とよぶ．解糖ではこの反応で初めてATPが生成する．この反応は，基質と生成物の濃度が平衡濃度にごく近い状態で行われる．ATPを消費する糖新生においてこの反応の逆行が重要な段階になるので，意外なことではない．フラックスはどちらの方向にでも容易に変わりうる．

8. ホスホグリセリン酸ムターゼ

　ホスホグリセリン酸ムターゼは，3-ホスホグリセリン酸と2-ホスホグリセリン酸との間の平衡に近い相互変換反応を触媒する．

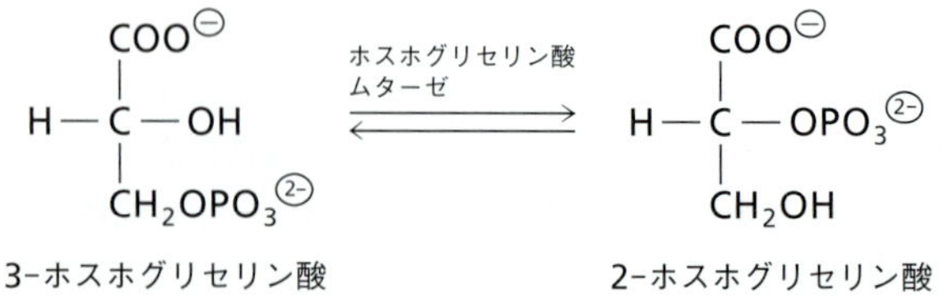

$$\text{3-ホスホグリセリン酸} \underset{\text{ホスホグリセリン酸ムターゼ}}{\rightleftharpoons} \text{2-ホスホグリセリン酸} \quad (11.9)$$

ムターゼは基質分子のある部位から別の部位へリン酸基を転移させる反応を触媒するイソメラーゼである．ホスホグリセリン酸ムターゼには，タイプの異なる二つの酵素がある．一つは，酵素のアミノ酸側鎖にまずリン酸基を転移する．その酵素上のリン酸基がつぎに基質の第二の部位に転移される．この過程の間，リン酸基が奪われた中間体は活性部位に結合したままになっている．

もう一つの型のホスホグリセリン酸ムターゼは，図 11.8 に示すように，中間体として 2,3-ビスホスホグリセリン酸（2,3-bis-phosphoglycerate；2,3-BPG）を利用する．この場合の反応機構にもリン酸化された酵素中間体が含まれるが，前の型の酵素とは違って，脱リン酸された中間代謝物が反応の間にまったく存在しない．この第二の型の酵素は，完全な活性を発揮するために微量の 2,3-ビスホスホグリセリン酸が必要である．それは酵素が脱リン酸されたとき，それをリン酸化するために必要だからである．2,3-ビスホスホグリセリン酸が 2-ホスホグリセリン酸または 3-ホスホグリセリン酸に変換される以前に活性部位から離れると，酵素はリン酸基を失うことになる．第二の型のホスホグリセリン酸ムターゼ（phosphoglycerate mutase；PGM）は，補因子依存性 PGM，あるいは dPGM とよばれ，第一の型の酵素は補因子非依存性 PGM，あるいは iPGM とよばれる．

dPGM と iPGM は進化的には関係がない．補因子依存性酵素（dPGM）は，酸性ホスファターゼやフルクトース-2,6-ビスホスファターゼを含む酵素ファミリーに属しており，菌類，ある種の細菌，大部分の動物の主要なホスホグリセリン酸ムターゼである．補因子非依存性酵素（iPGM）はアルカリホスファターゼ酵素ファミリーに属し，植物やある種の細菌に見いだされる．両方の型の酵素をもつ細菌も存在する．

9. エノラーゼ

2-ホスホグリセリン酸はエノラーゼ（系統名 2-ホスホグリセリン酸デヒドラターゼ）が触媒する平衡に近い反応で脱水されて，ホスホエノールピルビン酸になる．

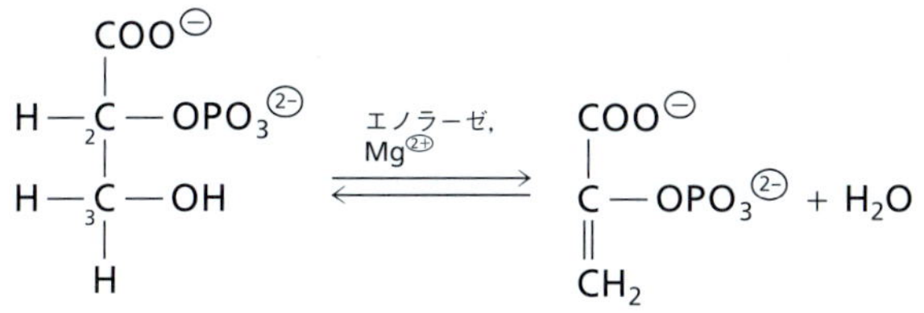

$$\underset{\text{2-ホスホグリセリン酸}}{\begin{array}{c}\text{COO}^-\\|\\\text{H—C—OPO}_3^{2-}\\|\\\text{H—C—OH}\\|\\\text{H}\end{array}}\xrightleftharpoons[\text{Mg}^{2+}]{\text{エノラーゼ,}}\underset{\substack{\text{ホスホエノール}\\\text{ピルビン酸}}}{\begin{array}{c}\text{COO}^-\\|\\\text{C—OPO}_3^{2-}\\||\\\text{CH}_2\end{array}}+\text{H}_2\text{O}$$

(11.10)

この反応で，ホスホモノエステルである 2-ホスホグリセリン酸は，C-2 と C-3 から水が可逆的な反応で脱離し，エノールリン酸エステルであるホスホエノールピルビン酸に変換される．ホスホエノールピルビン酸のリン酸基転移ポテンシャルはきわめて高いが，これはリン酸基がピルビン酸を不安定なエノール形に固定しているからである（§ 10.7 B）．

エノラーゼは，活性発揮のために Mg^{2+} を必要とする．二つの Mg^{2+} がこの反応に関与している．一つは基質のカルボキシ基に結合する"コンホメーションを決める"イオンであり，もう一つは脱水反応に関与する"触媒としての"イオンである．

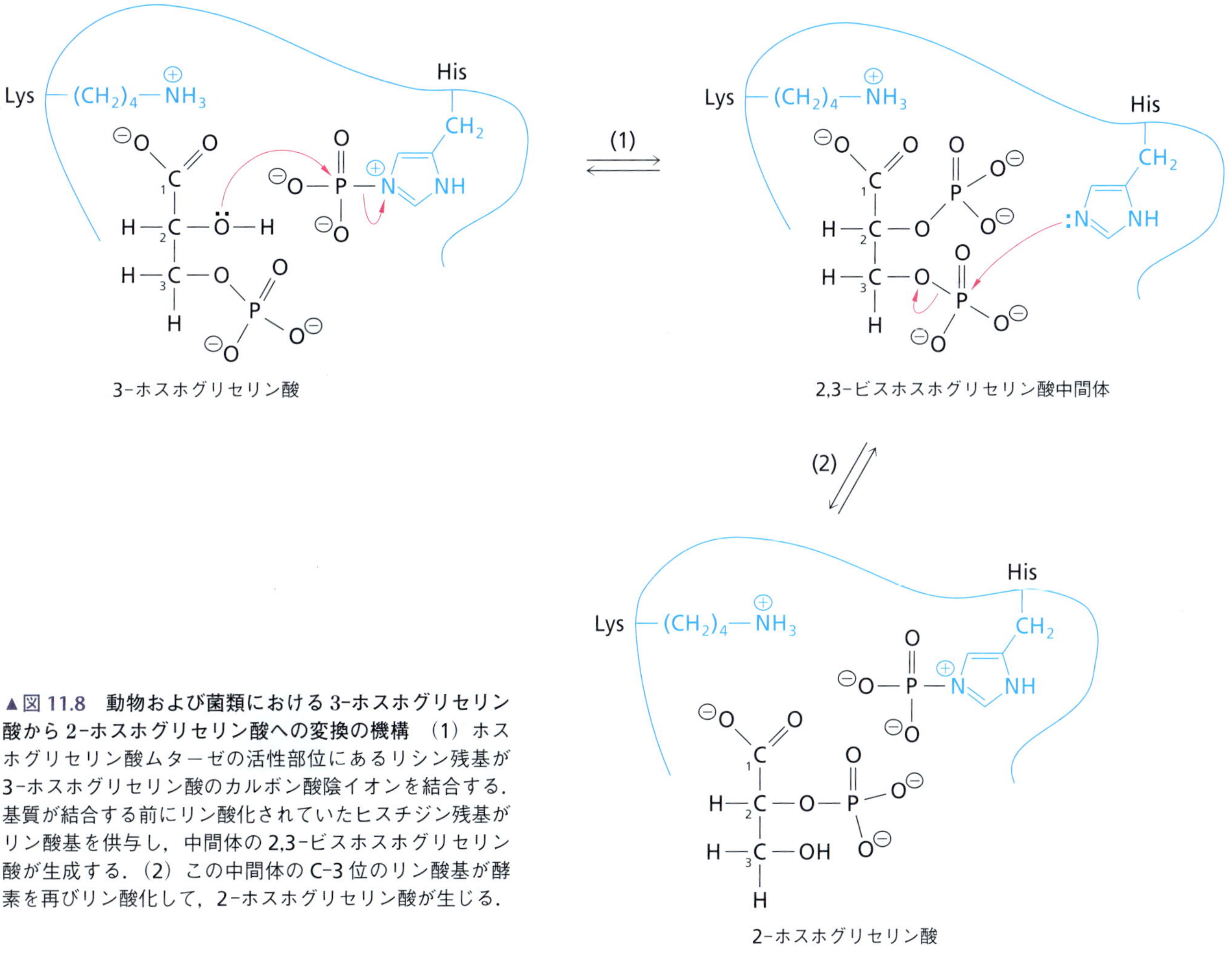

▲図 11.8　動物および菌類における 3-ホスホグリセリン酸から 2-ホスホグリセリン酸への変換の機構　(1) ホスホグリセリン酸ムターゼの活性部位にあるリシン残基が 3-ホスホグリセリン酸のカルボン酸陰イオンを結合する．基質が結合する前にリン酸化されていたヒスチジン残基がリン酸基を供与し，中間体の 2,3-ビスホスホグリセリン酸が生成する．(2) この中間体の C-3 位のリン酸基が酵素を再びリン酸化して，2-ホスホグリセリン酸が生じる．

BOX 11.2 赤血球での2,3-ビスホスホグリセリン酸の形成

赤血球での解糖の重要な機能の一つは，2,3-ビスホスホグリセリン酸（2,3-BPG）の生産で，これはヘモグロビンの酸素化に対するアロステリック阻害剤である（§4.14 C）．この代謝物は解糖の段階8の中間体かつ補因子である．

赤血球はビスホスホグリセリン酸ムターゼを含む．この酵素は1,3-ビスホスホグリセリン酸のC-1からC-2にリン酸基を転移させる反応を触媒して，2,3-ビスホスホグリセリン酸をつくる．反応式に示すように，2,3-ビスホスホグリセリン酸ホスファターゼが，過剰の2,3-ビスホスホグリセリン酸を3-ホスホグリセリン酸に加水分解する反応を触媒し，3-ホスホグリセリン酸は解糖経路に再び入って，ピルビン酸になる．

これら二つの酵素を経由する1,3-ビスホスホグリセリン酸の分流により，解糖の段階7であり，ATPを生産する二つの段階のうちの一つであるホスホグリセリン酸キナーゼの反応が迂回される．しかし，このムターゼとホスファターゼを経由する横道に入るのは赤血球における解糖のフラックス全体の一部（約20%）だけである．遊離の2,3-ビスホスホグリセリン酸（すなわち，ヘモグロビンに結合していない2,3-ビスホスホグリセリン酸）が蓄積すると，ビスホスホグリセリン酸ムターゼを阻害する．ATP生産の低下とひき替えに，この迂回路から2,3-ビスホスホグリセリン酸が一定の制御のもとに供給される．2,3-ビスホスホグリセリン酸はオキシヘモグロビンからO_2が効率良く遊離されるために必要である．

▲ 赤血球細胞中の2,3-ビスホスホグリセリン酸（2,3-BPG）の形成

BOX 11.3 ヒ酸の毒性

ヒ素（As）はリンと同じように周期表の15属に属し，ヒ酸（AsO_4^{3-}）は無機リン酸と似ている．ヒ酸はグリセルアルデヒド-3-リン酸デヒドロゲナーゼの結合部位でリン酸と競合する．リン酸と同じように，ヒ酸も高エネルギーのチオアシル-酵素中間体を切断する．しかしヒ酸は1,3-ビスホスホグリセリン酸の不安定な類似体である1-アルセノ-3-ホスホグリセリン酸をつくり，これは水と接触するとすぐに加水分解される．この酵素なしに起こる加水分解で，3-ホスホグリセリン酸が生成し，また無機ヒ酸が再生して，これが再びチオアシル-酵素中間体と反応する．ヒ酸存在下でも解糖は3-ホスホグリセリン酸以降は進行できるが，ATPを生産しうる1,3-ビスホスホグリセリン酸が関与する反応は迂回されてしまう．その結果，解糖系ではATPが実質的には生産されなくなる．ヒ酸はさまざまなリン酸基転移反応でリン酸に置き換わりうるので，毒性を示すのである．

亜ヒ酸（AsO_2^-）はヒ酸よりもさらに毒性が強い．亜ヒ酸はヒ酸とはまったく違う機構で毒性を示す．亜ヒ酸のヒ素原子はリポアミド（§7.13）の2個の硫黄原子に強く結合し，この補酵素を必要とする酵素を阻害する．

▲ 1-アルセノ-3-ホスホグリセリン酸の自発的な加水分解．無機ヒ酸はグリセルアルデヒド-3-リン酸デヒドロゲナーゼの基質である無機リン酸に置き換わって，1,3-ビスホスホグリセリン酸の不安定な類似体である1-アルセノ化合物を形成する．

▲ ヒ素にどんな効果があるかをCary Grantは1944年の人気映画"毒薬と老嬢"で学んだ．

10. ピルビン酸キナーゼ

解糖系で起こる第二の基質レベルのリン酸化反応はピルビン酸キナーゼが触媒する．ホスホエノールピルビン酸からADPへ代謝的に不可逆な反応によりリン酸基が転移し，ATPが生成する．中間体であるピルビン酸の不安定なエノール互変異性体は酵素に結合している．

$$\text{ホスホエノールピルビン酸} + ADP + H^+ \underset{\text{ピルビン酸キナーゼ}}{\rightleftharpoons} [\text{エノールピルビン酸}] \rightarrow \text{ピルビン酸} + ATP \quad (11.11)$$

ホスホエノールピルビン酸からADPへのリン酸基の転移は，解糖において調節を受ける第三の反応である．ピルビン酸キナーゼはアロステリックエフェクターおよび共有結合による修飾という二つの方法で調節されている．さらに，ピルビン酸キナーゼ遺伝子の発現はさまざまなホルモンや栄養素で調節されている．ホスホエノールピルビン酸の加水分解は，ATPの加水分解よりも大きな標準ギブズ自由エネルギー変化を伴うことを10章で学んだ（表10.4）．ピルビン酸キナーゼが調節されているため，ホスホエノールピルビン酸の濃度は，解糖の間にATP生成を促進できるような高いレベルに維持されている．

11.3 ピルビン酸の運命

ホスホエノールピルビン酸からピルビン酸が生成する段階が解糖の最後の反応である．通常，ピルビン酸はこれ以降，五つの異化経路のうちのどれか一つにより代謝される（図11.9）．

1. ピルビン酸はアセチルCoAへ変換され，アセチルCoAはいくつもの代謝経路で使われる．その一つで重要なクエン酸回路では完全にCO_2に酸化される．13章でクエン酸のこの運命について述べる．これは酸素存在下で効率良く行われる経路である．
2. ピルビン酸はカルボキシ化によりオキサロ酢酸になる．オキサロ酢酸はクエン酸回路の中間体であるが，またグルコース合成の中間体でもある．糖新生の前駆体としてのピルビン酸の運命については12章で学ぶ．

> 17章でアミノ酸の前駆体としてのピルビン酸の運命を取上げる．

3. 生物種によっては，ピルビン酸はエタノールに還元されて細胞外に放出される．嫌気的条件下でアセチルCoAがクエン酸回路に入れない場合，普通に起こる反応である．
4. 生物種によってはピルビン酸は乳酸に還元される．乳酸を他の経路に入れるためにピルビン酸に戻す細胞があり，乳酸はそのような細胞に運ばれる．これも嫌気的な経路である．
5. すべての生物種でピルビン酸はアラニンに変換されうる．

> ある種の生物では，ピルビン酸はホスホエノールピルビン酸に変換される（§12.1 B）．

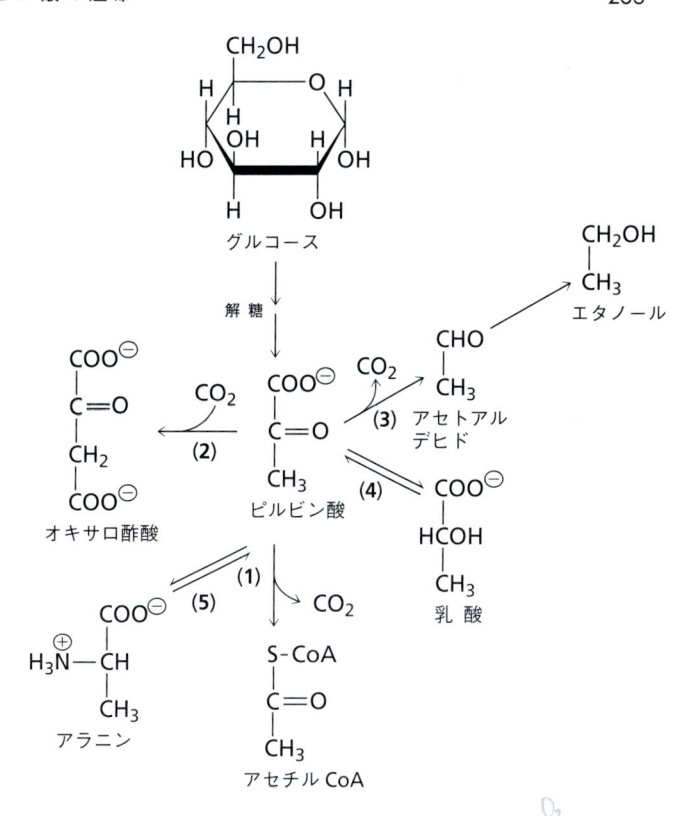

▲図11.9 ピルビン酸の五つの主要な運命 （1）好気的条件下でピルビン酸は酸化されてアセチルCoAのアセチル基になり，アセチルCoAはさらに酸化されるためにクエン酸回路に入る．（2）ピルビン酸は糖新生の前駆体のオキサロ酢酸に変換される．（3）ある種の微生物は嫌気的条件下で，発酵によりグルコースをピルビン酸を経てエタノールにする．（4）激しい運動中の筋肉，赤血球，その他の特定の細胞では，嫌気的解糖によりグルコースが乳酸になる．（5）ピルビン酸はアラニンに変換される．

解糖ではグリセルアルデヒド-3-リン酸デヒドロゲナーゼの反応（段階6）で，NAD^+がNADHへ還元される．解糖が継続的に進行するためには，細胞はNAD^+を再生しなければならない．さもないと，補酵素がすべて急速に還元型になってしまい，解糖は停止してしまう．好気的な条件下ではNADHは酸素分子を使う膜会合電子伝達系（14章）で酸化できる．嫌気的な条件下ではエタノールあるいは乳酸を合成することでNADHを消費し，解糖の継続に必要なNAD^+を再生する．

A. ピルビン酸からエタノールへの代謝

多くの細菌や一部の真核生物は，酸素がなくても生きていける．このような生物はピルビン酸をさまざまな有機化合物に変換して，それを分泌する．エタノールはその一つである．選び抜かれた酵母によるエタノール合成は，ビールやワインの生産の鍵なので，生化学にとって重要である．酵母細胞はピルビン酸をエタノールとCO_2に変換し，NADHをNAD^+に酸化する．二つの反応が必要である．まずピルビン酸が，ピルビン酸デカルボキシラーゼが触媒する反応で脱炭酸されてアセトアルデヒドになる．この酵素は補酵素チアミン二リン酸（TTP）を必要とし，その反応機構は補酵素の章（§7.7）で述べた．

アセトアルデヒドはアルコールデヒドロゲナーゼによりエタノールに還元される．この酸化還元反応はNADHの酸化と共役している．これがアルコール発酵であり，これらの反応とNAD^+/NADHの還元と酸化の回路を図11.10に示した．発酵とは，解糖

により得られる電子（NADHの形で）を，膜会合電子伝達系を経て最終的に酵素に渡す（呼吸）のではなくて，エタノールのような有機分子に渡すことである．

解糖反応とピルビン酸からエタノールへの変換の総和は，

$$\text{グルコース} + 2\,P_i^{(2-)} + 2\,\text{ADP}^{(3-)} + 2\,H^{\oplus} \longrightarrow$$
$$2\,\text{エタノール} + 2\,CO_2 + 2\,\text{ATP}^{(4-)} + 2\,H_2O \quad (11.12)$$

これらの反応にはビールやパン作りでおなじみの商業的役割がある．ビール醸造所ではピルビン酸をエタノールに変換する際に生じる二酸化炭素を蓄えておいて，最終のアルコール発酵産物に炭酸分を加えるのに使う．これがビールを注ぐとき泡となる．パンを作るときには練ったパン生地を二酸化炭素が膨らませる．

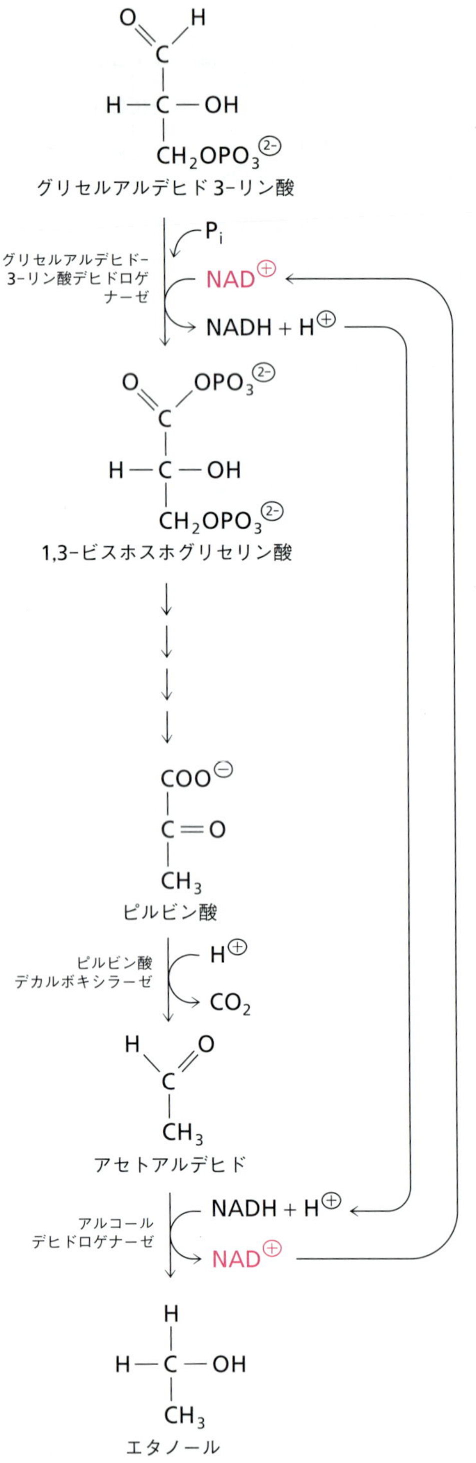

> ❗ 酸素がないとき真核生物はNADH 2分子を犠牲にして乳酸またはエタノールをつくらねばならない．

B. ピルビン酸から乳酸への還元

ピルビン酸は乳酸デヒドロゲナーゼで触媒される可逆的反応で乳酸に還元される．この反応は嫌気的細菌および哺乳類に共通である．

$$\begin{array}{c}COO^{\ominus}\\|\\C=O\\|\\CH_3\end{array} + NADH + H^{\oplus} \underset{\text{乳酸デヒドロゲナーゼ}}{\rightleftharpoons} \begin{array}{c}COO^{\ominus}\\|\\HO-C-H\\|\\CH_3\end{array} + NAD^{\oplus}$$

ピルビン酸　　　　　　　　　　　　　　　L-乳酸　　(11.13)

乳酸デヒドロゲナーゼは補酵素としてNAD$^+$を使う古典的脱水素酵素である．反応機構は§7.4に示した．ピルビン酸はNADHから1個のヒドリドイオンを受取って還元される．

乳酸デヒドロゲナーゼ反応は，グリセルアルデヒド3-リン酸デヒドロゲナーゼ反応で生成した還元当量を酸化して，解糖で得られるはずのエネルギーを減らしてしまう．この現象は，他の生物がエタノール生産で行っていることと同じ意味をもつ（図11.10）．全体的な結果として，解糖経路のフラックスとATP生産が維持される．細菌では乳酸は分泌されるか，あるいはプロピオン酸のような他の最終産物になる．哺乳類では乳酸はピルビン酸に戻されるだけである．

哺乳類細胞における乳酸生成はある種の組織にとって必須である．そのような組織では，グルコースが主要炭素源になっているが，還元当量（NADH）を生合成反応のために必要としない，あるいは膜会合電子伝達系でATPをつくるために使えない．激しく運動しているときの骨格筋細胞における乳酸生成が良い例である．筋でつくられた乳酸は，筋細胞から運び出され，血流を経て肝臓に達し，肝臓の乳酸デヒドロゲナーゼの作用でピルビン酸に変換される（§12.2 A）．ピルビン酸をさらに代謝するには酸素が必要である．組織への酸素供給が十分でないと，すべての組織が嫌気的な解糖によって乳酸を生産する．

グルコースが乳酸にまで分解される反応の総和は，

$$\text{グルコース} + 2\,P_i^{(2-)} + 2\,\text{ADP}^{(3-)} \longrightarrow$$
$$2\,\text{乳酸}^{\ominus} + 2\,\text{ATP}^{(4-)} + 2\,H_2O \quad (11.14)$$

乳酸は乳酸菌（*Lactobacillus*）やその他一部の細菌が乳中の糖を発酵する際につくられる．この酸が乳中のタンパク質を変性させるので，チーズやヨーグルトをつくるのに必要なカード（凝乳）ができる．

最終産物がエタノールであれ乳酸であれ，解糖は消費されたグルコース1分子当たり2分子のATPをつくり出す．いずれの場合も酸素を必要としない．このことが嫌気的生物だけでなく，多細胞生物のある種の特殊化した細胞にとっても必須である．絶対解糖性組織とよばれる特殊な組織（腎臓髄質や脳の一部のような）では，すべてのエネルギーを解糖に依存している．たとえば，目の角膜では血液の循環が乏しいために酸素を十分に利用できない．このような組織で必要なATPを供給しているのは嫌気的解糖である．

▲図11.10　酵母におけるピルビン酸からエタノールへの嫌気的な変換

BOX 11.4 長距離ランナーの乳酸イオン

読者のほとんどは，激しい運動の間に蓄積する乳酸イオンについて聞いているだろう．このお話しはいかにももっともらしい．筋細胞が懸命に働くと，筋肉の収縮に必要なATPをつくるためにグルコースをどんどん使う．激しい活動を続けると，クエン酸回路で酸化しきれない量のピルビン酸ができてしまう．もしも筋細胞に酸素が十分に供給されなければ，ピルビン酸は乳酸に転換され，これがたまるとアシドーシスになり，筋肉が痛み，運動能力も低下する．

よくできたお話しだが，これは間違い．

筋細胞中および血流中の乳酸イオン濃度はたしかに増大するが，乳酸イオンは酸ではない．乳酸イオンはプロトンを放出できないのだから，増えたプロトン（アシドーシス）の供給源は他にあるはずである．乳酸デヒドロゲナーゼ反応の実際の生成物は乳酸イオンであって，プロトンを供与できる乳酸ではない．

グルコースから乳酸イオンに至る経路では，プロトンの実質的な生成は起こらない．激しい運動の後に起こるアシドーシスは，筋肉収縮に伴うATPの加水分解がおもな原因である．このバランスの崩れは一時的で，ATPは高い定常状態濃度を維持するためにすぐに再生産される．間接的には乳酸イオンもある程度アシドーシスに貢献しているかもしれない．緩衝能に影響を及ぼしうる強力な陰イオンだからである．しかしその効果は大きくない．乳酸イオンは何十年にもわたって（この教科書の以前の版も含めて）濡れ衣を着せられてきたのである．

11.4 解糖におけるギブズ自由エネルギー変化

解糖経路が実際に動いているときは，代謝物はグルコースからピルビン酸へと流れている．このような条件下では，個々の反応のすべてに対するギブズ自由エネルギー変化は負あるいは0でなければならない．解糖経路を通るフラックスが大きい条件下で，標準ギブズ自由エネルギー変化（$\Delta G°'$）と実際のギブズ自由エネルギー変化（ΔG）を比較するのは興味深いことである．赤血球がこのような状態にある．赤血球では，血液中のグルコースが主要エネルギー源で，糖質分子（および他のあらゆる分子）の合成がほとんど行われていない．解糖の中間代謝物の実際の濃度が測定され，ギブズ自由エネルギー変化が計算された．表11.2に解糖の10の反応の標準ギブズ自由エネルギー変化を示した．1列目は普通の標準状態（25℃，イオン強度0）での$\Delta G°'$，2列目は哺乳類の生理的状態（37℃，Mg^{2+}，Na^+，K^+存在下）での$\Delta G°'$である．

図11.11は解糖反応の標準ギブズ自由エネルギー変化と赤血球における実際のギブズ自由エネルギー変化を累積して示した．縦軸は個々の反応段階に対する累積ギブズ自由エネルギー変化である．この図から，標準状態でのギブズ自由エネルギー変化（$\Delta G°'$）と細胞内条件下でのギブズ自由エネルギー変化（ΔG）がいかに違うかがわかる．

青のプロットは解糖の反応の実際の累積ギブズ自由エネルギー変化を追ったものである．それぞれの反応のギブズ自由エネルギー変化が負または0であることがわかる．これがグルコースをピルビン酸へ変換するための必須条件である．そしてまた，個々の反応の合計である経路全体のギブズ自由エネルギー変化もまた負でなければならない．赤血球では解糖のギブズエネルギー

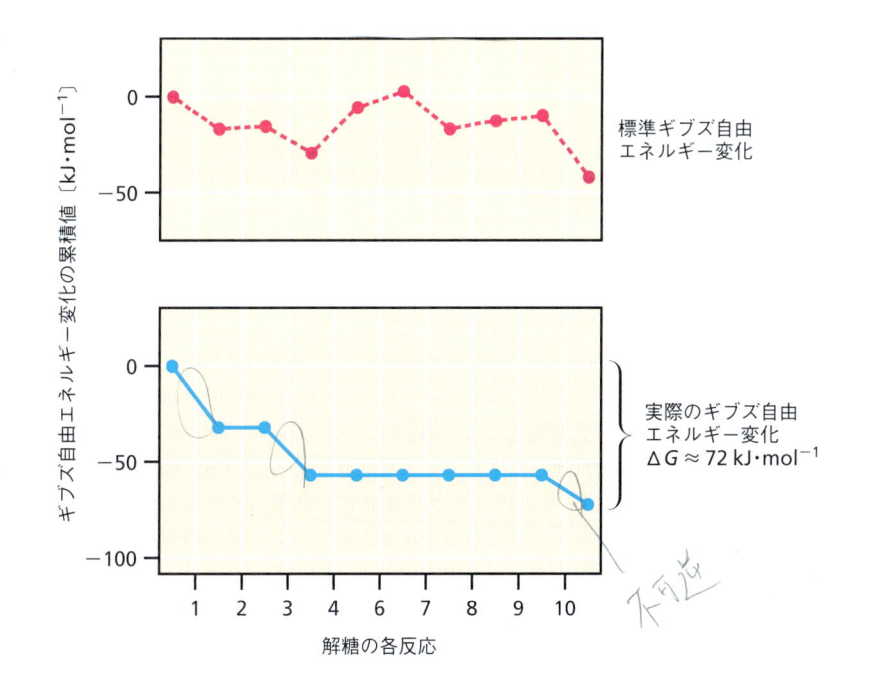

◀図11.11 解糖の各反応の標準ギブズ自由エネルギー変化と実際のギブズ自由エネルギー変化の累積 縦軸は自由エネルギー変化を$kJ \cdot mol^{-1}$で示す．解糖の反応を順番に横に並べてプロットした．上図のプロット（赤）は標準自由エネルギー変化について，下図のプロット（青）は赤血球における実際の自由エネルギー変化を示している．トリオースリン酸イソメラーゼが触媒する相互変換反応（段階5）は省略した．[Hamori, E. (1975). Illustration of free energy changes in chemical reactions. *J. Chem. Ed.* 52:370–373 より改変．]

表 11.2 解糖の各反応に対する標準ギブズ自由エネルギー変化†

解糖反応	ΔG°′ [kJ·mol⁻¹] 25℃; イオン強度 0	ΔG°′ [kJ·mol⁻¹] 37℃; Mg^{2+}, Na^+, K^+ 存在下
1	−17.2	−19.4
2	+2.0	+2.8
3	−18.0	−15.6
4	+28.0	+24.6
5	+7.9	+7.6
6	+6.7	+2.6
7	−18.8	−16.4
8	+4.4	+6.4
9	−2.7	−4.5
10	−25.5	−27.2

† 出典: Minakami and de Verdier (1976) and Li et al. (2010).

変化の総和は約 $-72\ kJ·mol^{-1}$ になる.

実際のギブズ自由エネルギー変化は, 段階 1, 3, 10, つまりヘキソキナーゼ, 6-ホスホフルクトキナーゼ, ピルビン酸キナーゼが触媒する反応だけが大きな値になっている. これらが経路における不可逆的な段階であり, また, 調節点でもある. 他の段階の ΔG 値はほとんど 0 である. 言い換えれば, それらの段階は細胞内では平衡に近い反応である.

これとは対照的に, 同じ 10 個の反応について, 標準ギブズ自由エネルギー変化の方には一貫したパターンがみられない. 上で取上げた, 細胞内で大きな負のギブズ自由エネルギー変化を示す三つの反応は, 標準ギブズ自由エネルギー変化も大きいが, 細胞内で平衡に近い反応でも $\Delta G°′$ が大きい場合もあるから, たまたまそうなったのだろう. さらに, 解糖の反応には $\Delta G°′$ が正の値になっているものもいくつかある. 標準状態ならば, このような反応のフラックスは生成物よりもむしろ基質の方向になるはずである. このことは段階 4 (アルドラーゼ) と段階 6 (グリセルアルデヒド-3-リン酸デヒドロゲナーゼ) で顕著である. 赤血球以外の細胞では, グルコース合成に際してこれら平衡に近い反応が, おそらく反対方向に向かうだろう.

> ! 代謝経路で生成物が実質的に生産される (フラックス) のは, つぎの場合だけである. (a) 経路全体のギブズ自由エネルギー変化が負の場合. (b) 経路の各段階のギブズ自由エネルギー変化が負かゼロの場合.

11.5 解糖の調節

他の経路の調節に比べて, 解糖の調節についてははるかに徹底的に研究されてきた. 調節に関するデータは生化学的研究のうちの酵素学と代謝生化学の二つの領域がもっぱら提供してきた. 酵素学的に取組む場合には, 単離した酵素に対する代謝物の効果や, 個々の酵素の構造と調節の機構が研究される. 代謝生化学では経路の中間体の生体内での濃度を調べ, 細胞内の条件下での経路の動的状態に重点が置かれる. 試験管内で得た研究結果が, 生体内での代謝の動態を見誤らせることもよくある. たとえば, ある化合物が試験管内で酵素の活性を変化させることが観察されたとしても, 細胞内ではありえない濃度が必要だったりする. 酵素学と代謝の専門的知識を組合わせることが, 生化学的データを正しく解釈するために不可欠なことが多い.

本節では, 解糖の調節部位を一つずつ調べていくことにしよう. その際, まず哺乳類の細胞, 特に解糖が重要な経路であるような細胞での解糖の調節に焦点を当てる. それ以外の生物種で行われていることは, ここで述べる主題の変奏のようなものである.

図 11.12 に解糖に対する代謝物の調節効果を示した. 筋肉収縮のような過程で ATP が必要となったときには, 解糖が活性化されることが望ましい. ヘキソキナーゼは過剰のグルコース 6-リン酸で阻害され, 6-ホスホフルクトキナーゼは ATP とクエン酸 (エネルギーを産生するクエン酸回路の代謝中間体) の蓄積によって阻害される. ATP とクエン酸はエネルギー供給が十分に行われていることを伝える. ATP が消費されると AMP が蓄積し, ATP による 6-ホスホフルクトキナーゼの阻害が解除される. フルクトース 2,6-ビスリン酸も同様にこの阻害を解除する. こうしてフルクトース 1,6-ビスリン酸の生成速度が高まり, ある種の組織ではピルビン酸キナーゼが活性化される. 解糖の代謝物が不必要になると, 解糖の活性は低下する.

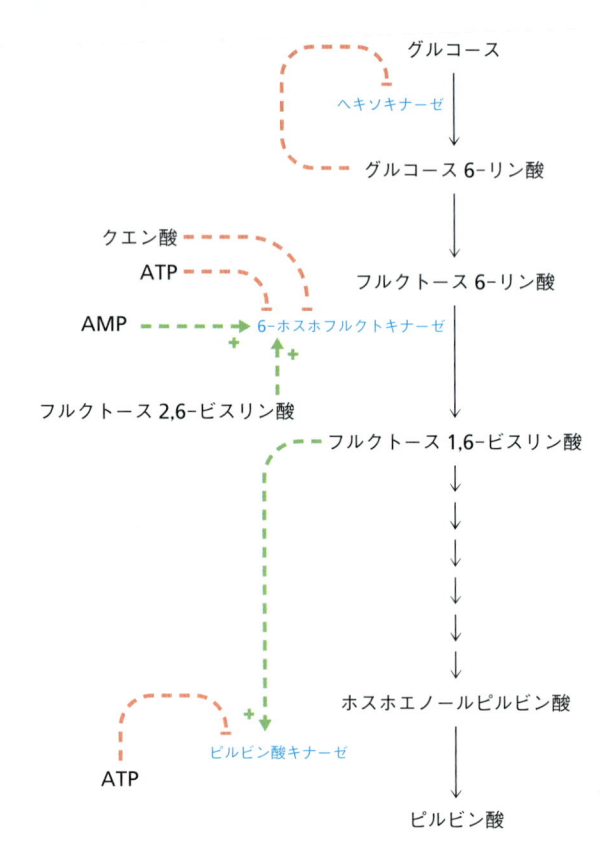

▲図 11.12 動物の解糖系における代謝調節のまとめ ADP の 6-ホスホフルクトキナーゼに対する作用は生物種によって異なるので省略した.

A. ヘキソース輸送の調節

解糖を調節しうる最初の過程は, グルコースの細胞内への輸送である. ほとんどの哺乳類細胞では, 細胞内グルコース濃度は血中グルコース濃度よりずっと低いので, グルコースは濃度勾配を下って, 受動輸送により細胞内へ入っていく. すべての哺乳類細胞は膜を貫通したグルコース輸送体をもっている. 腸と腎臓の細胞は SGLT1 とよばれる Na^+ 依存性の共輸送系をもち, それぞれ食物中のグルコースならびに尿中のグルコースの吸収を行っている. 哺乳類のそれ以外の細胞には, GLUT ファミリーに属する受

> 膜輸送系については §9.11 で述べた.

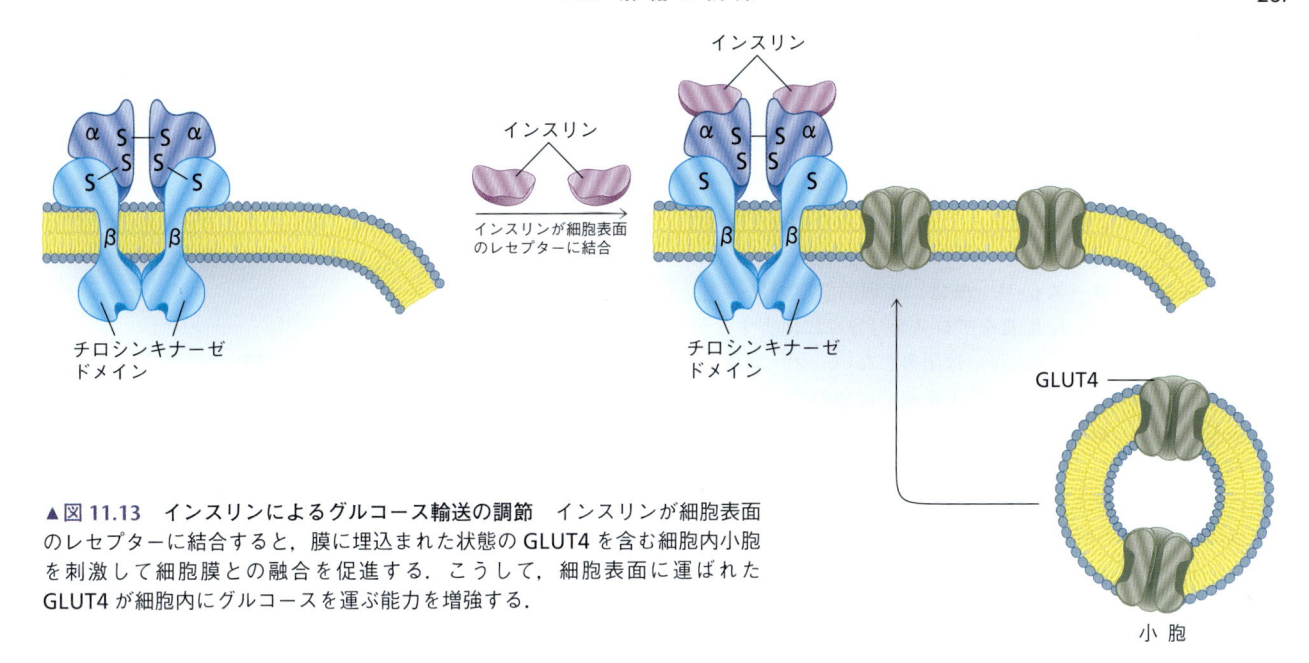

11.5 解糖の調節

▲図 11.13 **インスリンによるグルコース輸送の調節** インスリンが細胞表面のレセプターに結合すると，膜に埋込まれた状態の GLUT4 を含む細胞内小胞を刺激して細胞膜との融合を促進する．こうして，細胞表面に運ばれた GLUT4 が細胞内にグルコースを運ぶ能力を増強する．

動的なヘキソース輸送体がある．GLUT ファミリーの六つのメンバーは，それぞれが見いだされている組織の代謝活動に適した特性をもっている．

ホルモンのインスリンは骨格筋および心筋細胞と脂肪細胞における GLUT4 を介したグルコースの取込みを加速する．インスリンが細胞表面のレセプターに結合すると，膜に GLUT4 を埋込んだ細胞内小胞がエキソサイトーシスによって細胞膜と融合し（§9.10 D），細胞のグルコース輸送能力を高める（図 11.13）．GLUT4 は横紋筋と脂肪組織だけに高濃度に存在するので，インスリンがグルコースの取込みを調節するのはこれらの組織だけである．

ほとんどの組織で，インスリンがない状態でのグルコース輸送の基底レベルを保っているのは GLUT1 と GLUT3 である．GLUT2 はグルコースを肝細胞の中と外に輸送し，GLUT5 はフルクトースを小腸細胞内に輸送する．GLUT7 はグルコース 6-リン酸を細胞質から小胞体へ輸送する．

グルコースがいったん細胞内に入ると，ヘキソキナーゼの作用を受けて直ちにリン酸化される．リン酸化されたグルコースは細胞膜を通過できないので，この反応によってグルコースは細胞内に閉じ込められてしまう．リン酸化されたグルコースは後に学ぶように，グリコーゲン合成やペントースリン酸経路にも利用することができる（12 章）．

BOX 11.5　グルコース 6-リン酸は肝臓において代謝のかなめの役割を果たす

グルコース 6-リン酸はいくつかの代謝経路（下図）で最初の基質となっている．すでにみたように，これは解糖の最初の代謝中間体である．肝臓で食物由来のグルコースあるいは新たに合成されたグルコース（肝臓における糖新生；§12.1）からグルコース 6-リン酸が急速につくられる．

肝臓でのグルコース 6-リン酸のおもな用途は，血中グルコース濃度（血糖値）の維持である．グルコース-6-ホスファターゼはグルコース 6-リン酸を加水分解してグルコースとする反応を触媒する役割をもつ（これは糖新生の最後の段階でもある）．

血中グルコースになる必要のないグルコース 6-リン酸は肝臓のグリコーゲンとして貯蔵される（§12.6）．グリコーゲンはグルコースの供給が必要になったときに分解される．グリコーゲンの合成と分解はホルモンが制御している．

肝臓はグルコース 6-リン酸を血中グルコース濃度のバランス維持に利用する以外にも，ペントースリン酸経路（§12.4）で代謝してリボース 5-リン酸（ヌクレオチド合成のため）と NADPH（脂肪酸合成のため）を生成させる．血中グルコースになる必要のないグルコース 6-リン酸は解糖系に入り，まずピルビン酸に転換され，ついでもう一つの重要な代謝物であるアセチル CoA になることは本章ですでに述べた．

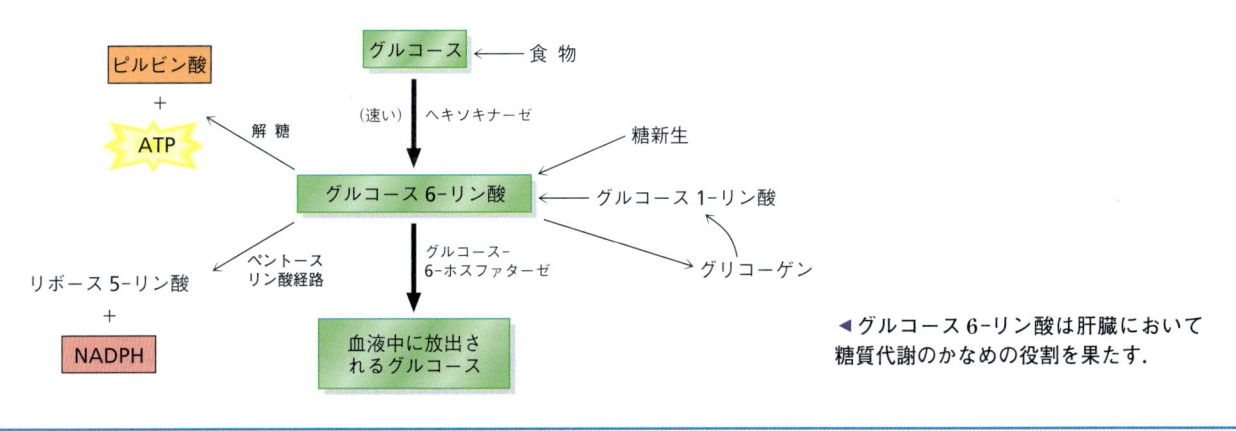

◀ グルコース 6-リン酸は肝臓において糖質代謝のかなめの役割を果たす．

B. ヘキソキナーゼの調節

哺乳類のヘキソキナーゼが触媒する反応は、酵素が調節されているので代謝的には不可逆である。しかし、細菌および他の多くの真核生物では、ヘキソキナーゼは調節を受けない。このような生物種では、反応物と生成物の濃度は平衡状態に達している。哺乳類では、さまざまな形のヘキソキナーゼが複雑な調節を受けている。

生成物であるグルコース 6-リン酸は、生理的濃度ではヘキソキナーゼのアイソザイム I, II, III をアロステリックに阻害するが、グルコキナーゼ（アイソザイム IV）は阻害しない。グルコキナーゼは、肝細胞と膵臓のインスリン分泌細胞では他のアイソザイムよりも多量にある。解糖系の下流が阻害されると、グルコース 6-リン酸の濃度が上昇する。したがって、グルコース 6-リン酸によるヘキソキナーゼ I, II, III の阻害は、ヘキソキナーゼの活性とこれ以降の解糖系の酵素の活性とを調和させる意味がある。

グルコキナーゼは体全体へのグルコース供給を管理するという肝臓の生理的役割に適している。ほとんどの細胞では、グルコース濃度は血液中の濃度に比べてずっと低く保たれている。しかし、肝細胞にはグルコースは GLUT2 を介して自由に入るので、肝細胞のグルコース濃度は血液中の濃度と等しくなっている。血中グルコース濃度は普通は 5 mM だが、食後には 10 mM くらいまで上昇する。ほとんどのヘキソキナーゼのグルコースに対する K_m は 0.1 mM かそれより低い。これとは対照的に、グルコキナーゼのグルコースに対する K_m 値は 2〜5 mM であり、またグルコース 6-リン酸による阻害も受けない。したがって、グルコースが体内に豊富にあって、他の組織が十分なグルコースをもっているとき、肝細胞はグルコキナーゼを働かせてグリコーゲン合成のために必要なグルコース 6-リン酸を合成することができる。

グルコキナーゼの活性はフルクトースリン酸類によって調節される。肝細胞では、フルクトース 6-リン酸の存在下で、調節タンパク質がグルコキナーゼのグルコースに対する K_m を約 10 mM にして親和性を低下させている（図 11.14）。グルコキナーゼに対する v_0 対 [S] 曲線は S 字形で、ミカエリス・メンテン型速度論に従う酵素でみられる双曲線ではない。これはアロステリック制御を受ける酵素に共通の性質である。つまりグルコキナーゼには本来の意味での K_m 値がない。制御タンパク質は酵素のみかけの K_m^{app} を大きくしているといってもよい。肝細胞には常にかなりのフルクトース 6-リン酸が存在するので、グルコキナーゼを経由するフラックスは普通は低い。しかし食後、食物中のフルクトースのみに由来するフルクトース 1-リン酸が、調節タンパク質によるグルコキナーゼの阻害を解除させると、このフラックスが上昇する。こうして肝臓は、血中のグルコースの濃度が上昇したとき、それに比例してグルコースのリン酸化速度を上げて対処できるのである。

C. 6-ホスホフルクトキナーゼの調節

解糖のアロステリック制御の第二の部位は 6-ホスホフルクトキナーゼによって触媒される反応である。6-ホスホフルクトキナーゼは生物種によって大きく違うが、分子量 130000〜600000 のオリゴマー酵素である。6-ホスホフルクトキナーゼの四次構造もまた生物種によって異なる。細菌と哺乳類の酵素はどちらも四量体であるが、酵母の酵素は八量体である。この複雑な酵素には多数の調節部位がある。大腸菌の 6-ホスホフルクトキナーゼの調節に関する性質は §5.9 A で述べた。

ATP は 6-ホスホフルクトキナーゼの基質であると同時に、多くの生物種でアロステリック阻害剤でもある。ATP があると 6-ホスホフルクトキナーゼのフルクトース 6-リン酸に対する K_m^{app} が上昇する。細菌の酵素は ADP で活性化されるが、哺乳類では AMP が 6-ホスホフルクトキナーゼのアロステリック活性化剤であり、ATP による阻害を解除する働きがある（図 11.15）。ADP は哺乳類の 6-ホスホフルクトキナーゼを活性化するが、植物の酵素は阻害する。細菌、原生生物、菌類ではプリンヌクレオチドによる調節作用は種によって違う。

多くの哺乳類細胞では ATP の濃度はほぼ一定に保たれるが、生産と消費の速度は大きく変化する。しかし、§10.6 で述べたように、ADP と AMP の細胞内濃度は ATP に比べてずっと低いので、これらの濃度は ATP 濃度が少し変化しても、相対的に大きく変動する。そのため、AMP や ADP の定常状態濃度が 6-ホス

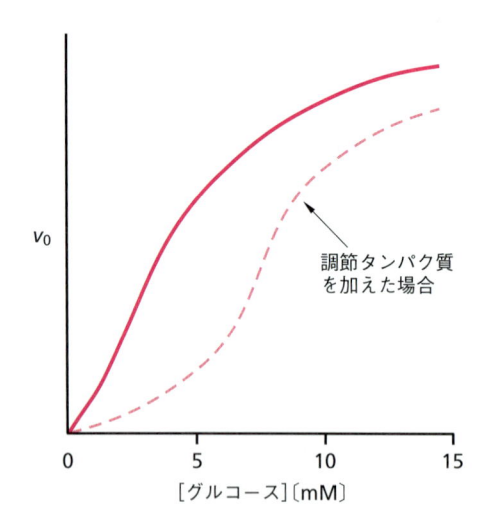

▲図 11.14 グルコース濃度に対するグルコキナーゼの酵素反応初速度（v_0）のプロット　調節タンパク質を加えるとグルコースに対する酵素の親和性が低下する。血液中のグルコース濃度は 5〜10 mM である。

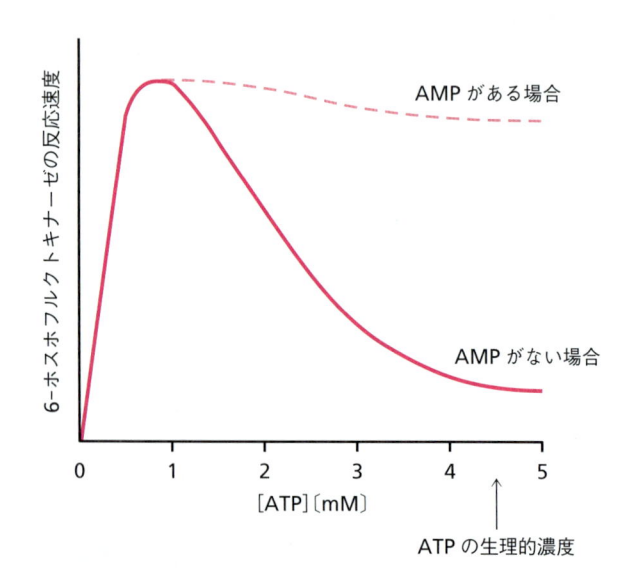

▲図 11.15 ATP と AMP による 6-ホスホフルクトキナーゼの調節　AMP がないときには 6-ホスホフルクトキナーゼは生理的濃度の ATP によってほぼ完全に阻害される。細胞内にみられる程度の AMP 濃度で、6-ホスホフルクトキナーゼの ATP による阻害はほぼ完全に解除される。[Martin, B. R. (1987). *Metabolic Regulation: A Molecular Approach* (Oxford: Blackwell Scientific Publications), p.222 より改変.]

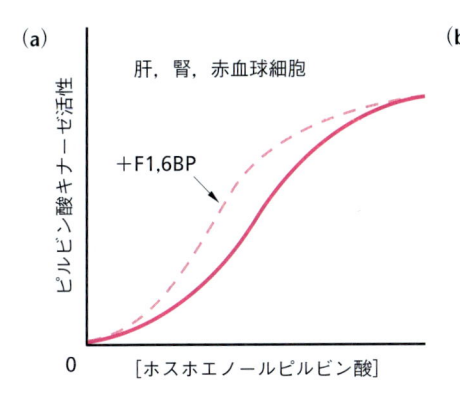

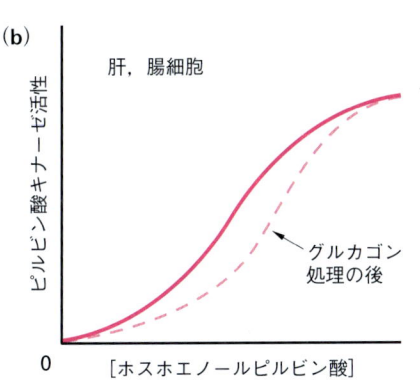

◀ 図11.16 ホスホエノールピルビン酸の濃度に対するピルビン酸キナーゼの初速度（v_0）のプロット　(a) ある種の細胞のアイソザイムはフルクトース1,6-ビスリン酸（F1,6BP）があると曲線が左側にずれ，フルクトース1,6-ビスリン酸が酵素の活性化剤であることを示している．(b) 肝臓あるいは小腸の細胞をグルカゴンとインキュベートすると，ピルビン酸キナーゼはプロテインキナーゼAによってリン酸化される．曲線は右側にずれ，ピルビン酸キナーゼの活性が低下することを示す．

ホフルクトキナーゼを通るフラックスを調節しうるのである．

ADP（またはAMP）による活性化は，解糖での正味のATP生産を踏まえれば，その意味がわかる．ADPやAMPのレベルが高いことはATPの欠乏を意味し，グルコースの分解速度を上げることで解決できる（§5.9A）．

クエン酸回路の中間体であるクエン酸もまた，生理的に重要な6-ホスホフルクトキナーゼの阻害剤である．クエン酸濃度が高くなることは，クエン酸回路が止まって，それ以上ピルビン酸をつくる意味がないことを知らせる．クエン酸の6-ホスホフルクトキナーゼに対する調節作用はフィードバック阻害の一例で，クエン酸回路へのピルビン酸の供給を調節する．（細菌の酵素はクエン酸ではなくホスホエノールピルビン酸で阻害される．）

フルクトース2,6-ビスリン酸（図11.12）は6-ホスホフルクトキナーゼの強力な活性化剤で，μM（10^{-6}M）程度の濃度で作用する．この化合物は哺乳類，菌類，植物にあるが，原核生物にはない．次章で糖新生とグリコーゲン代謝について述べた後で，フルクトース2,6-ビスリン酸の役割についてもう一度取上げよう．

D. ピルビン酸キナーゼの調節

解糖における第三のアロステリック制御部位は，ピルビン酸キナーゼが触媒する反応である．細菌や原生生物などの単細胞生物は1個のピルビン酸キナーゼ遺伝子をもつ．この酵素は単純なアロステリック調節を受ける．ピルビン酸，および（または）フルクトース1,6-ビスリン酸で活性化される．哺乳類では器官ごとにグルコースと解糖に対する要求が異なるので，調節ははるかに複雑である．

哺乳類の組織には四つのピルビン酸キナーゼのアイソザイムがある．肝臓，腎臓，赤血球にあるアイソザイムは，酵素反応の初速度をホスホエノールピルビン酸の濃度に対してプロットするとS字形の曲線になり（図11.16a），ホスホエノールピルビン酸がアロステリック活性化剤であることを示している．これらの酵素は，フルクトース1,6-ビスリン酸によって活性化され，ATPによって阻害される．単離した酵素は，フルクトース1,6-ビスリン酸がないと，生理的濃度のATPによってほぼ完全に阻害される．フルクトース1,6-ビスリン酸は生体内で最も重要なエフェクターであると考えられ，これがあると基質濃度に対する初速度の曲線が左にずれる．フルクトース1,6-ビスリン酸の濃度が十分に高いと，曲線は双曲線になる．図11.16 (a) に示したように基質濃度がある範囲内ならば，アロステリック活性化剤によって活性が増強される．ここでフルクトース1,6-ビスリン酸は6-ホスホフルクトキナーゼが触媒する反応の生成物であることを思い出してほしい．この中間体の濃度は，6-ホスホフルクトキナーゼの活性が上がれば上昇する．フルクトース1,6-ビスリン酸は

ピルビン酸キナーゼを活性化するので，（解糖系の段階3を触媒する）6-ホスホフルクトキナーゼを活性化すれば，（経路の最後の酵素である）ピルビン酸キナーゼもそれに伴って活性化される．これはフィードフォワード活性化の一例である．

哺乳類の肝臓と腸の細胞に存在するピルビン酸キナーゼの主要なアイソザイムは，リン酸化という共有結合修飾反応によって，別の型の調節も受けている．プロテインキナーゼA（6-ホスホフルクト-2-キナーゼのリン酸化も触媒する）が，ピルビン酸キナーゼ（図11.17）のリン酸化を行う．ピルビン酸キナーゼはリン酸化されると活性が低下する．グルカゴンはプロテインキナーゼAの活性化因子であるが，これの有無が肝臓と腸の細胞のピルビン酸キナーゼの速度論的挙動にどのような影響を及ぼすかを図11.16 (b) に示した．ピルビン酸キナーゼの脱リン酸は，プロテインホスファターゼの一つが行っている．

飢餓時には肝臓のピルビン酸キナーゼ活性は低下し，反対に糖含量の高い食物を取ると増加する．これはピルビン酸キナーゼの生合成速度が変化するからであり，アロステリック調節，あるいは共有結合修飾によるものではない．

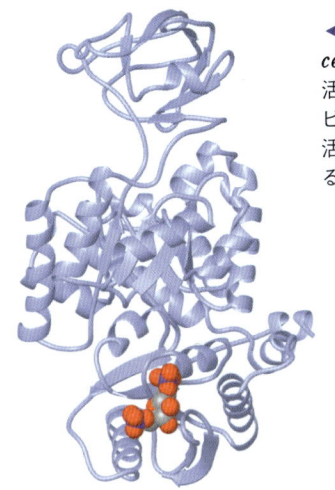

◀ 図11.17　酵母（*Saccharomyces cerevisiae*）のピルビン酸キナーゼ　活性化剤であるフルクトース1,6-ビスリン酸（赤）が結合している．活性部位は中央の大きな領域にある．[PDB 1A3W]

E. パスツール効果

Louis Pasteurは酵母を嫌気的に増殖させると，好気的な場合に比べてエタノールの生成量が増えるとともに，グルコースの消費量も増えることを見いだした．これに似て，骨格筋では嫌気的条件下で乳酸が蓄積するが，好気的なグルコース代謝ではこのようなことは起こらない．酵母でも筋肉でも，嫌気的な条件下の方がグルコースははるかに速くピルビン酸へ変換される．酸素によって解糖速度が低下する現象を**パスツール効果**（Pasteur effect）とよんでいる．13章で述べるが，グルコース分子が完全

に好気的に代謝されると，解糖だけでは2分子しかATPがつくられないのに対し，それよりはるかに多くのATPがつくられる．したがって，ある量のATPが必要になった場合，好気的条件下での方が消費されるグルコースは当然少なくなる．細胞はATPの需要と供給の状態を感じとり，いくつかの方法で解糖を調節する．たとえば，酸素が利用できると，6-ホスホフルクトキナーゼの阻害，つまりは解糖の阻害が起こるが，これはATP/AMP比の増加によるのだろう．

11.6 他の糖も解糖に入りうる

解糖で基質としていちばん使われるのはグルコースとグルコース6-リン酸である．脊椎動物ではグルコースが血流によって循環している．しかし，他のさまざまな糖も解糖系で分解することができる．本節では，スクロース，フルクトース，ラクトース，ガラクトース，マンノースがどのようにして解糖系で代謝されるかをみていくことにしよう．

A. スクロースは単糖に分解される

二糖であるスクロースは，成分である二つの単糖，フルクトースとグルコースに分解できる．スクラーゼという酵素が分解反応を触媒する．インベルターゼ（β-フルクトフラノシダーゼ）は，いちばんよくみられるスクラーゼであり，酸素原子とグルコース残基の間のグリコシド結合を加水分解する（図11.18）．ついでグルコースはヘキソキナーゼでリン酸化され，フルクトースは以下で述べる経路に入っていく．

ある種の細菌はスクロースホスホリラーゼという興味深い酵素をもっている．この酵素は無機リン酸存在下でスクロースを切断し，フルクトースとグルコース1-リン酸を1分子ずつ生成させる（図11.18）．解糖経路に入ろうとする糖は，どこかの段階で必ずリン酸化される必要があり，それに際してはATP1分子に相当するエネルギーをつぎ込まねばならない．ところがスクロースホスホリラーゼは重要な例外であり，ATP通貨をまったく使わずに，グルコース1-リン酸を生産できる．

B. フルクトースはグリセルアルデヒド3-リン酸に変換される

フルクトースは，肝臓にある特異的なATP依存性フルクトキナーゼの作用でフルクトース1-リン酸にリン酸化される（図11.19）．哺乳類ではフルクトースが小腸で吸収されて血液に入った後，肝臓でこの反応が行われる．ついで，フルクトース-1-リン酸アルドラーゼの触媒作用によってジヒドロキシアセトンリン酸とグリセルアルデヒドへ開裂される．グリセルアルデヒドはトリオースキナーゼが触媒する反応で，2個目のATPを使ってリン酸化され，グリセルアルデヒド3-リン酸になる．ジヒドロキシアセトンリン酸はトリオースリン酸イソメラーゼの作用でもう1分子のグリセルアルデヒド3-リン酸になる．

こうしてできた2分子のグリセルアルデヒド3-リン酸は，その後の解糖反応でピルビン酸にまで代謝される．フルクトース1分子をピルビン酸2分子にまで代謝すると，ATP2分子と

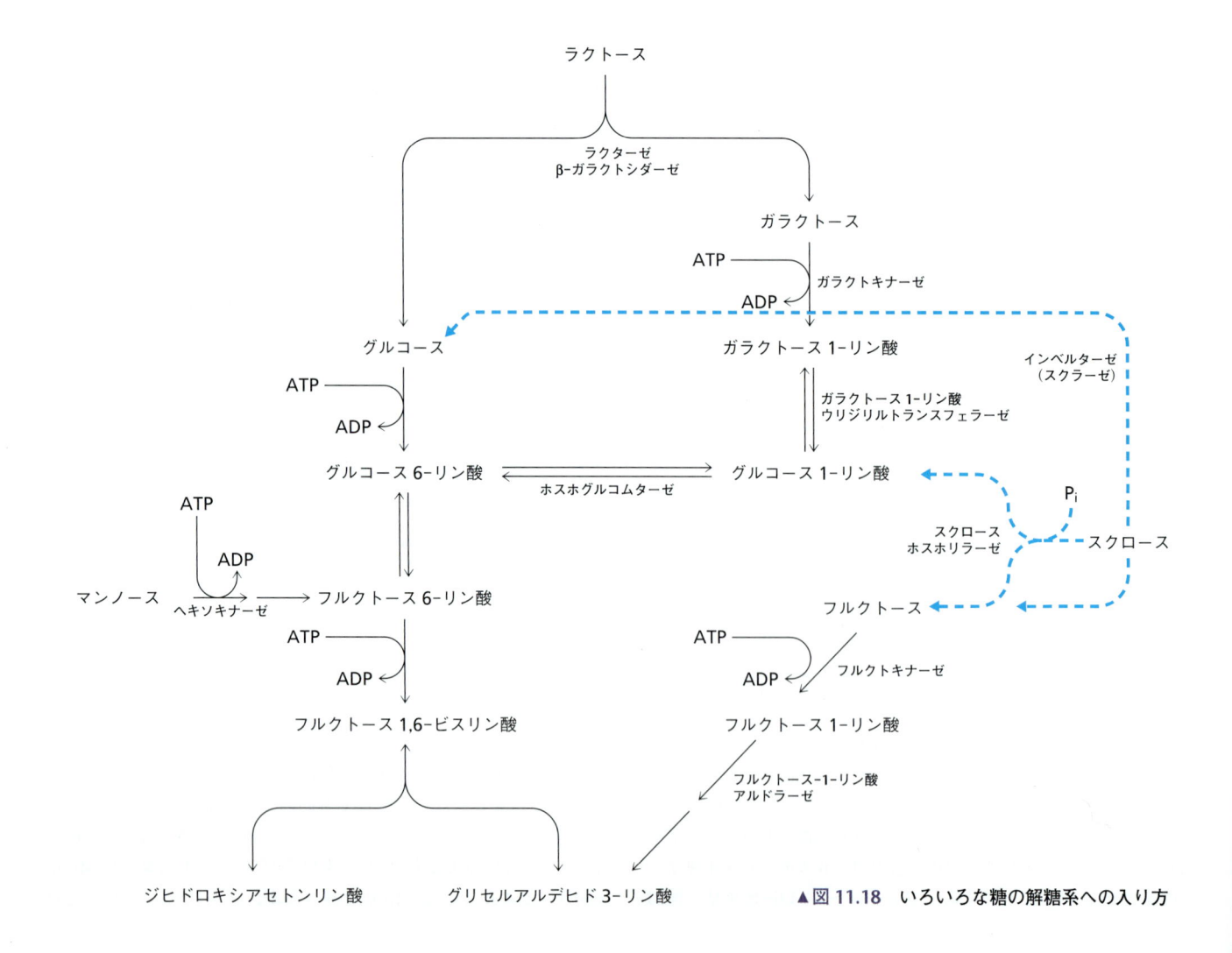

▲図11.18　いろいろな糖の解糖系への入り方

11.6 他の糖も解糖に入りうる

BOX 11.6 秘密の素材

スクロースをグルコースとフルクトースに分解するために，菓子工場では精製インベルターゼをよく使う．スクロースよりもフルクトースの方が甘いので，食品によっては購買意欲を高められる．真ん中にクリームの液体が入っているチョコレートでは，スクロース混合物に酵母から精製したインベルターゼを添加している．フルクトースは甘さが強いうえに結晶になりにくい．チョコレートの中でスクロースを酵素的に分解するには，室温で普通数日から数週間かかる．

この他にも生化学の工業的応用の例があるかどうか，食べ物のラベルで"インベルターゼ"を探してみよう．もっともチョコレートの真ん中のクリーム全部が，添加されたインベルターゼのおかげというわけではない．

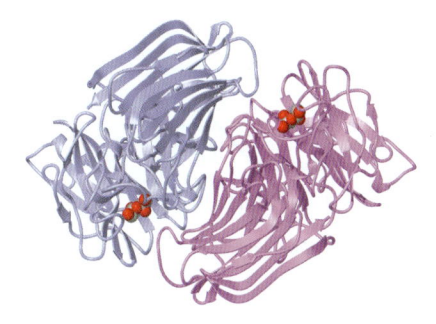

▲ 酵母（*Schwanniomyces occidentalis*）のインベルターゼ　活性型酵素は同じ形のサブユニット2個から成る．フルクトース（空間充塡模型で示す）が活性部位に結合している．[PDB 3KF3]

▲ Lowney 社（カナダ Hershey 社）のチェリーチョコレート　中心部のシロップにはインベルターゼが加えられている．

▲ 図 11.19　フルクトースから2分子のグリセルアルデヒド3-リン酸への変換

NADH 2分子がつくられる．この収量はグルコースのピルビン酸への変換で得られるものと同じである．しかし，フルクトースの異化は6-ホスホフルクトキナーゼとそれに付随した調節を回避していることになる．ピルビン酸キナーゼがこの経路のフラックスを調節している．

C. ガラクトースはグルコース1-リン酸に変換される

乳に含まれる二糖のラクトースは，哺乳類が乳で育つときのおもなエネルギー源になる．新生児では，腸のラクターゼがラクトースをグルコースとガラクトースに加水分解し，どちらも腸で吸収され，血流に運び込まれる．

図 11.20 に示すように，グルコースの C-4 エピマーであるガラクトースはヌクレオチド糖の UDP グルコース（§7.3）のリサイクル経路によって，グルコース1-リン酸に変換される．ガラクトキナーゼが ATP のリン酸基をガラクトースに転移させている．こうしてできるガラクトース1-リン酸は，UDP グルコースの二リン酸結合の開裂の際に，UDP グルコースのグルコース1-リン酸部分と置き換わる．この反応はガラクトース-1-リン酸ウリジリルトランスフェラーゼが触媒し，UDP ガラクトースとグルコース1-リン酸が生じる．ホスホグルコムターゼがグルコース1-リン酸をグルコース6-リン酸に変換し，これは解糖経路に入っていく．UDP ガラクトースは UDP グルコース4-エピメラーゼの作用で UDP グルコースに戻され利用される．

> UDP ガラクトースはガングリオシドの生合成（§16.5）に必要である．

ガラクトース1分子がピルビン酸2分子へ変換されれば，ATP 2分子と NADH 2分子をつくり出すので，エネルギーの収量はグルコースおよびフルクトースと同じになる．ガラクトースを利用する場合には，グルコースと UTP（ATPと等価）からつくられる UDP グルコースが必要だが，これは再利用されるので，ごく少量（触媒量）あればよい．

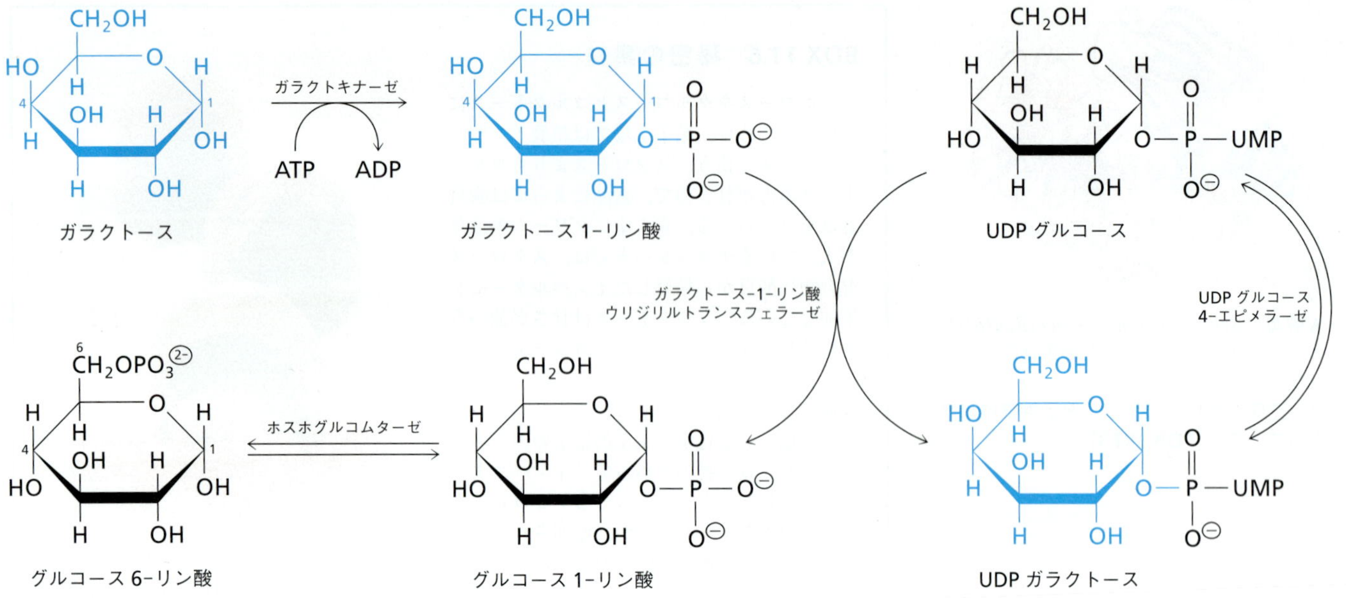

▲図11.20 ガラクトースからグルコース 6-リン酸への変換 代謝中間体の UDP グルコースはこの過程で再利用される．この経路全体の化学量論は，ガラクトース＋ATP→グルコース 6-リン酸＋ADP である．

母乳だけに依存している乳児にとっては，必要なカロリーの約 20％ がガラクトース代謝でまかなわれている．遺伝的な障害であるガラクトース血症（ガラクトースを適切に代謝できない）のうちで，最もよくみられるものは，ガラクトース-1-リン酸ウリジリルトランスフェラーゼの欠損である．この場合には，ガラクトース 1-リン酸が細胞内に蓄積する．これは肝臓の機能に悪影響を及ぼし，黄疸（皮膚が黄色くなる）が現れる．このような肝臓傷害は死に至る場合もある．中枢神経系への傷害も起こる．へその緒の赤血球に含まれるガラクトース-1-リン酸ウリジリルトランスフェラーゼのスクリーニングを行えば，ガラクトース血症を出生時に発見できる．この遺伝的欠陥が最悪の結果になるのを避けるには，ガラクトースとラクトースの含量を最小限に抑えた特別食を与える．

一生を通じてラクトースを消化できる人もいるが，大多数は 5～7 歳でラクターゼのレベルが低下してしまう．ヒト以外のほとんどの霊長類にとっても状況は同じである．この低下は母乳がおもな栄養源である幼児期から，乳を必要としない成熟期への転換時に呼応している．成長過程でラクターゼ合成が停止しないヒト集団もある．このような集団では，成人になってもラクターゼを合成し続けるように突然変異した遺伝子を獲得している．その結果，この集団に属する人は一生を通じて乳製品を摂取できる．北部ヨーロッパの人達とその子孫にはラクターゼをつくり続ける成人の割合が高い．

普通の成人では，大腸内の細菌がラクトースを代謝し，CO_2 や H_2 のような気体と短鎖の酸をつくり出す．こうしてできた酸が腸管液のイオン強度を高め，下痢を起こす．したがって乳および乳製品はラクターゼをつくらない人には向いていない．乳製品が多い食物を食べられないので，ラクトース不耐症とよばれる．しかし，大半の哺乳類，大半の人類にとってはこれが本来の姿である．ラクトース不耐症でもヨーグルトは大丈夫という人もいる．これはヨーグルト中の微生物が β-ガラクトシダーゼをもっていて，これがラクトースの一部を加水分解するためである．微生物起源の β-ガラクトシダーゼを含む市販の酵素製剤は，乳中のラクトース含量を減らすための前処理に使われたり，ラクトース不耐症の人が乳製品を食べるときに服用されたりしている．

D．マンノースはフルクトース 6-リン酸に変換される

糖タンパク質やある種の多糖を含む食物から，アルドヘキソースのマンノースが摂取される．マンノースはヘキソキナーゼの作用でマンノース 6-リン酸に変換される．解糖系に入るためには，マンノース 6-リン酸はホスホマンノースイソメラーゼによってフルクトース 6-リン酸へ異性化される必要がある．これら二つの反応を図 11.21 に示した．

11.7 細菌におけるエントナー・ドゥドロフ経路

古典的な解糖経路はエムデン・マイヤーホフ・パルナス（Embden-Meyerhof-Parnas；EMP）経路ともよばれる．この経路はすべて

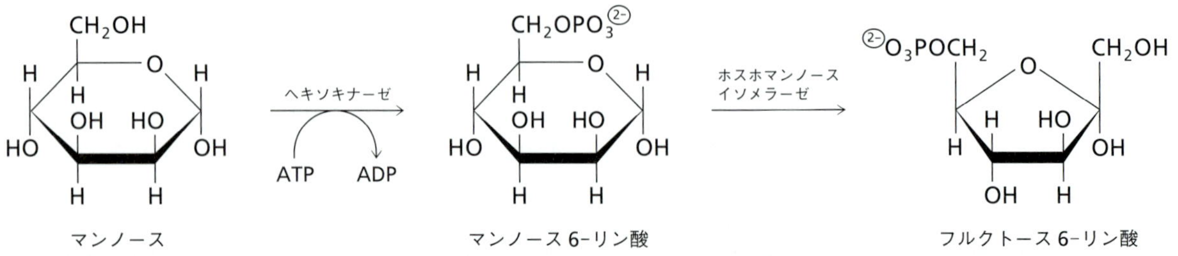

▲図11.21 マンノースからフルクトース 6-リン酸への変換

の真核生物とさまざまな細菌にある．しかし，大多数の細菌は6-ホスホフルクトキナーゼをもたず，解糖のヘキソース段階でグルコース6-リン酸をフルクトース1,6-ビスリン酸に変えることができない．

古典的解糖経路のヘキソース段階は，エントナー・ドゥドロフ (Entner-Doudoroff) 経路によって迂回できる．この経路はグルコース6-リン酸の6-ホスホグルコン酸への変換から始まる．これはグルコース-6-リン酸デヒドロゲナーゼと6-ホスホグルコノラクトナーゼ（図11.22）の二つの酵素によって触媒される．グルコース-6-リン酸デヒドロゲナーゼによるグルコース6-リン酸の酸化は，$NADP^+$の還元と共役している．グルコース6-リン酸デヒドロゲナーゼと6-ホスホグルコノラクトナーゼはどちらもペントースリン酸経路（§12.4）に必要なので，すべての生物種がもっている．エントナー・ドゥドロフ経路は，グルコース分解の最も初期の経路である．古典的解糖経路（EMP経路）はその後進化したのである．

> BOX 12.4 でヒトにおける代謝病とグルコース-6-リン酸デヒドロゲナーゼの関係について述べる．

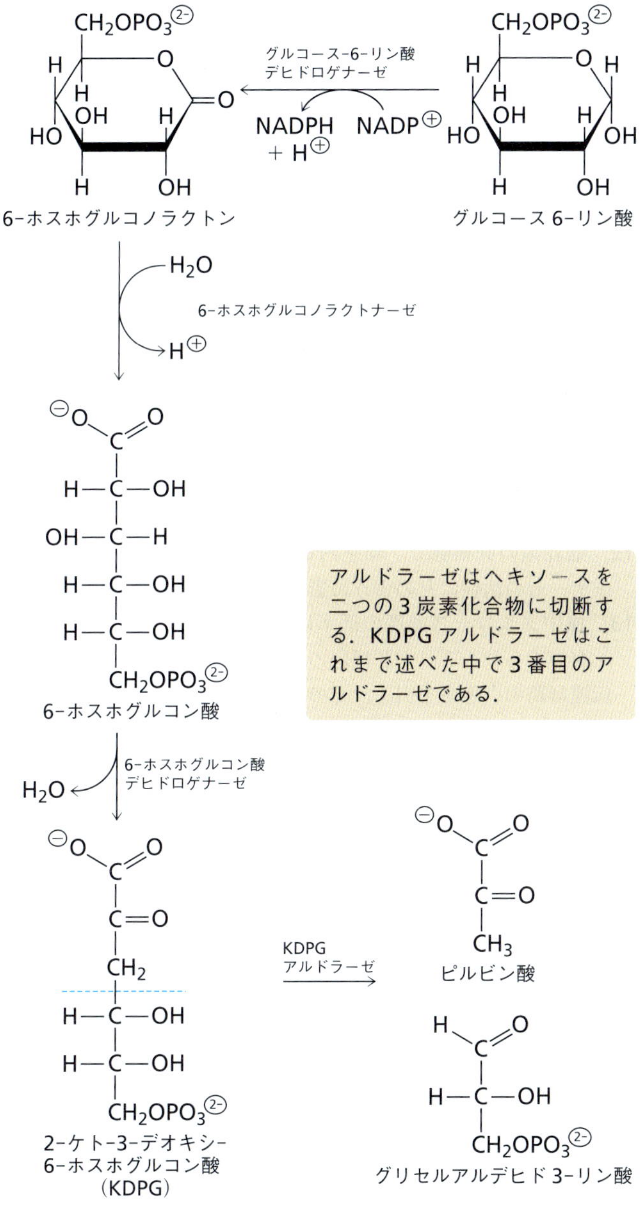

6-ホスホグルコン酸は，珍しい脱水反応（デヒドラターゼ）によって，2-ケト-3-デオキシ-6-ホスホグルコン酸（2-keto-3-deoxy-6-phosphogluconate；KDPG）へ変換される．つぎに，KDPG が KDPG アルドラーゼの反応によって開裂されて，ピルビン酸とグリセルアルデヒド3-リン酸が1分子ずつ生成する．ピルビン酸は解糖の最終産物であり，グリセルアルデヒド3-リン酸は解糖のトリオース段階によって，もう1分子のピルビン酸になる．エムデン・マイヤーホフ・パルナス（EMP）経路のトリオース段階の酵素は，解糖と糖新生の両方に必要なので，すべての生物に見いだされる．エントナー・ドゥドロフ経路に入るグルコース6-リン酸の1分子ごとに，解糖経路の後半部分を1分子のグリセルアルデヒド3-リン酸だけが下っていくことに注目してほしい．つまり，エントナー・ドゥドロフ経路ではグルコース1分子の分解につき，ATP が1分子しか生成しない．それに対して EMP 経路では，2分子の ATP が合成される．EMP 経路で2還元当量（NADH）が生成し，エントナー・ドゥドロフ経路でも2還元当量が生成する（最初の反応で1分子の NADPH，グリセルアルデヒド3-リン酸が1,3-ビスホスホグリセリン酸に変換されるとき1分子の NADH）．

エントナー・ドゥドロフ経路はある種の生物ではグルコース分解の主要経路であるが，それだけにとどまらず，完全なエムデン・マイヤーホフ・パルナス経路をもつ生物でも重要である．エントナー・ドゥドロフ経路はグルコン酸および関連有機酸の代謝にも使われている．これらの代謝物は通常の解糖経路には戻せない．大腸菌を含む多くの細菌はグルコン酸を唯一の炭素源として成育できる．このような条件下では，エネルギーを生みだす主要な分解経路がエントナー・ドゥドロフ経路である．エントナー・ドゥドロフ経路の最初の反応では，NADH ではなくて NADPH がつくられるが，多くの生物種が還元当量 NADPH 供給の重要な反応として，グルコース6-リン酸デヒドロゲナーゼ反応を利用している（§12.4）．

> ❗ 古典的解糖経路（EMP経路）は，エントナー・ドゥドロフ経路および糖新生経路よりも数百万年後に進化した．

> アルドラーゼはヘキソースを二つの3炭素化合物に切断する．KDPG アルドラーゼはこれまで述べた中で3番目のアルドラーゼである．

▲図 11.22　細菌のエントナー・ドゥドロフ経路

要　約

1. 解糖は10段階から成る経路で，グルコースをピルビン酸へ異化する．解糖はヘキソース段階とトリオース段階に分けられる．ヘキソース段階の産物はグリセルアルデヒド3-リン酸とジヒドロキシアセトンリン酸である．これらのトリオースリン酸は相互変換し，グリセルアルデヒド3-リン酸がピルビン酸にまで代謝される．

2. グルコース1分子がピルビン酸へ変換されると，$ADP+H^+$から2分子の ATP がつくられ，2分子の NAD^+ が NADH に還元される．

3. 酵母は嫌気的な条件下でピルビン酸をエタノールと CO_2 に代謝する．嫌気的条件下でピルビン酸を乳酸に変換する生物もある．いずれの過程も NADH から NAD^+ を再生する．

4. 解糖のギブズ自由エネルギー変化は全体では負である．ヘキソキナーゼ，6-ホスホフルクトキナーゼ，ピルビン酸キナーゼが触媒する反応は代謝的に不可逆である．

5. 解糖は4箇所で調節される．特定細胞へのグルコースの輸送反応と，ヘキソキナーゼ，6-ホスホフルクトキナーゼ，ピル

ビン酸キナーゼが触媒する反応である.
6. フルクトース,ガラクトース,マンノースは解糖の中間体に変換された後,解糖系に入る.
7. エントナー・ドゥドロフ経路は,ある種の細菌におけるグルコース異化のための別経路である.

問　題

1. つぎの糖類を嫌気的に変換して乳酸にする際に得られるATP分子の数を求めよ.(a) グルコース,(b) フルクトース,(c) マンノース,(d) スクロース(スクロースホスホリラーゼをもつ細菌で)

2. (a) 嫌気的解糖で得られる乳酸2分子の中に,元のグルコースの6個の炭素原子のそれぞれがどのように配置されているかを示せ.
   (b) 好気的条件下でピルビン酸は脱炭酸されてアセチルCoAとCO_2を生成する.$^{14}CO_2$を生成させるためには,グルコースのどの炭素原子を^{14}Cで標識すべきか.

3. 解糖が行われている肝臓由来の無細胞標品に^{32}P(同位元素標識したリン)を加えたとき,^{32}P標識は解糖の中間体や生成物のどれかに直接入るだろうか.

4. ハンチントン病は"グルタミンリピート"ファミリーに属する病気で,中年になって神経細胞が退化し,不随意な動きや痴呆となって現れる.病気の原因になるタンパク質(ハンチントンタンパク質)には,40〜120残基のグルタミンを含むポリグルタミン領域があり,それを介してグリセルアルデヒド-3-リン酸デヒドロゲナーゼに強く結合すると考えられている.脳がエネルギー源としてほぼグルコースだけに頼っていると仮定して,ハンチントンタンパク質がこの病気にどうかかわるか考えてみよ.

5. 脂肪(トリアシルグリセロール)は動物の主要な貯蔵エネルギー源で,まず脂肪酸とグリセロールに代謝される.グリセロールはキナーゼの作用でリン酸化されてグリセロール3-リン酸になり,ついで酸化されてジヒドロキシアセトンリン酸になる.
   (a) グリセロールからジヒドロキシアセトンリン酸への変換反応を書け.
   (b) プロキラルな分子であるグリセロールに働くこのキナーゼは立体特異的で,L-グリセロール3-リン酸を生成する.好気的な解糖で両方の炭素が標識されたアセチルCoAができるためにはL-グリセロール3-リン酸のどの炭素原子が^{14}Cで標識されていなければならないか.

   $$\begin{array}{c} {}^1CH_2OH \\ HO-{}^2C-H \\ {}^3CH_2OH \end{array}$$ グリセロール

6. 腫瘍細胞は十分に毛細管網が発達していないことが多く,酸素供給が不十分な状況で機能しなければならない.このような腫瘍細胞がなぜ大量のグルコースを取込み,またいくつかの解糖系の酵素を多量につくるのかを説明せよ.

7. 激しい運動の際には急速な解糖が筋肉の収縮に必要なATPを供給する.乳酸デヒドロゲナーゼの反応はATPを生産しないので,もし乳酸ではなくてピルビン酸が最終産物だったとすれば解糖の効率はさらに高くなるだろうか.

8. ヘキソキナーゼと6-ホスホフルクトキナーゼはともに,ATPのβ-リン原子とγ-リン原子を結ぶ酸素原子をメチレン基($-CH_2-$)で置換したATP類似体で阻害される.なぜだろうか.

9. 筋肉のアルドラーゼ反応の$\Delta G°'$は$+22.8\,kJ\cdot mol^{-1}$である.これを念頭において,なぜ解糖においてアルドラーゼ反応がグリセルアルデヒド3-リン酸(G3P)とジヒドロキシアセトンリン酸(DHAP)の方向に進むのかを説明せよ.

10. アルドラーゼ反応について,DHAPとG3Pの濃度がそれぞれ(a) $5\,\mu M$,(b) $50\,\mu M$,(c) $500\,\mu M$のときの,フルクトース1,6-ビスリン酸(F1,6BP)の濃度を計算せよ.

11. 下のグラフは,哺乳類の6-ホスホフルクトキナーゼ活性とフルクトース6-リン酸(F6P)濃度との関係を(a) ATP,AMP,あるいは両方の存在下,また(b) フルクトース2,6-ビスリン酸(F2,6BP)の存在の有無の条件下で表したものである.6-ホスホフルクトキナーゼの反応速度に対するこれらの効果について説明せよ.

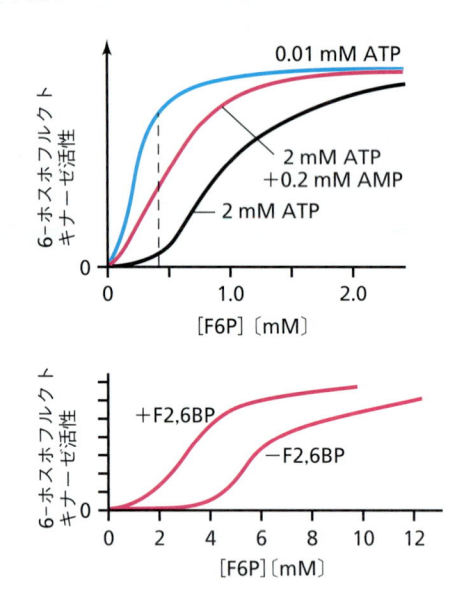

12. 哺乳類の肝細胞で,細胞内cAMP濃度の増加がピルビン酸キナーゼの活性にどのように影響するかを示す図を描け.

13. 血中グルコース濃度の低下に応答して,膵臓ではグルカゴンがつくられ,これが肝細胞のアデニル酸シクラーゼシグナル伝達経路の引き金を引く.その結果,解糖系のフラックスが低下する.
    (a) 血中グルコース濃度の低下に応答して肝臓での解糖を減らすことの利点は何か.
    (b) 血中グルコース濃度が十分になったことに応答してグルカゴンの濃度が下がったときに,グルカゴンが及ぼした効果はどのようにして復旧されるのだろうか.

14. 海中で生育する化学的独立栄養生物の中には,外部からのグルコースに出会う可能性がまったくないと考えられているにもかかわらず,解糖系のすべての酵素をもっているものがある.それはなぜか.

参 考 文 献

グルコースの代謝

Alberty, R. A. (1996) Recommendations for nomenclature and tables in biochemical thermodynamics. *Eur. J. Biochem.* 240:1-14.

Cullis, P. M. (1987). Acyl group transfer-phosphoryl group transfer. In *Enzyme Mechanisms*, M. I. Page and A. Williams, eds. (London: Royal Society of Chemistry), pp.178-220.

Hamori, E. (1975). Illustration of free energy changes in chemical reactions. *J. Chem. Ed.* 52:370-373.

Hoffmann-Ostenhof, O., ed. (1987). *Intermediary Metabolism* (New York: Van Nostrand Reinhold).

Li X, Dash RK, Pradhan RK, Qi F, Thompson M, Vinnakota KC, Wu F, Yang F, Beard DA. (2010) A database of thermodynamic quantities for the reactions of glycolysis and the tricarboxylic acid cycle. *J. Phys. Chem B*. 114:16068-16082.

Minakami S. and de Verdier, C-H. (1976) Colorimetric study on human erythrocyte glycolysis. *Eur. J. Biochem.* 65:451-460.

Ronimus, R. S., and Morgan, H. W. (2003), Distribution and phylogenies of enzymes of the Embden-Meyerof-Parnas pathway from archaea and hyperthermophilic bacteria support a gluconeogenic origin of metabolism. *Archaea* 1:199-221.

Seeholzer, S. H., Jaworowski, A., and Rose, I. A. (1991). Enolpyruvate: chemical determination as a pyruvate kinase intermediate. *Biochem.* 30: 727-732.

St-Jean, M., Blonski, C., and Sygush, J. (2009). Charge stabilization and entropy reduction of central lysine residues in fructose-bisphosphate aldolase. *Biochem.* 48:4528-4537.

解糖の調節

Depré, C., Rider, M. H., and Hue, L. (1998). Mechanisms of control of heart glycolysis. *Eur. J. Biochem.* 258:277-290.

Engström, L., Ekman, P., Humble, E., and Zetterqvist, Ö. (1987). Pyruvate kinase. In *The Enzymes*, Vol. 18, P. D. Boyer and E. Krebs, eds. (San Diego: Academic Press), pp.47-75.

Gould, G. W., and Holman, G. D. (1993). The glucose transporter family: structure, function and tissue-specific expression. *Biochem. J.* 295:329-341.

Pessin, J. E., Thurmond, D. C., Elmendorf, J. S., Coker, K. J., and Okada, S. (1999). Molecular basis of insulin-stimulated GLUT4 vesicle trafficking. Location! Location! Location! *J. Biol. Chem.* 274:2593-2596.

Pilkis, S. J., Claus, T. H., Kurland, I. J., and Lange, A. J. (1995). 6-Phosphofructo-2-kinase/fructose-2,6-bisphosphatase: a metabolic signaling enzyme. *Annu. Rev. Biochem.* 64:799-835.

Pilkis, S. J., El-Maghrabi, M. R., and Claus, T. H. (1988). Hormonal regulation of hepatic gluconeogenesis and glycolysis. *Annu. Rev. Biochem.* 57:755-783.

Pilkis, S. J., and Granner, D. K. (1992). Molecular physiology of the regulation of hepatic gluconeogenesis and glycolysis. *Annu. Rev. Physiol.* 54:885-909.

Van Schaftingen, E. (1993). Glycolysis revisited. *Diabetologia* 36:581-588.

Yamada, K., and Noguchi, T. (1999). Nutrient and hormonal regulation of pyruvate kinase gene expression. *Biochem. J.* 337:1-11.

その他の糖の代謝

Álvaro-Benito, M., Polo, A., González, B., Fernández-Lobato, M., and Sanz-Aparicio, J. (2010). Structural and kinetic analysis of *Schwanniomyces occidentalis* invertase reveals a new oligomerization pattern and the role of its supplementary domain in substrate binding. *J. Biol. Chem.* 285:13930-13941 ; doi: 10.1074/jbc. M109.095430

Frey, P. A. (1996). The Leloir pathway: a mechanistic imperative for three enzymes to change the stereochemical configuration of a single carbon in galactose. *FASEB J.* 10:461-470.

Itan, Y., Jones, B. L., Ingram, C. J. E., Swallow, D. M., and Thomas, M. G. (2010). A worldwide correlation of lactase persistence phenotypes and genotypes. *BMC Evol. Biol.* 10:36; www.biomedcentral.com/1471-2148/10/36

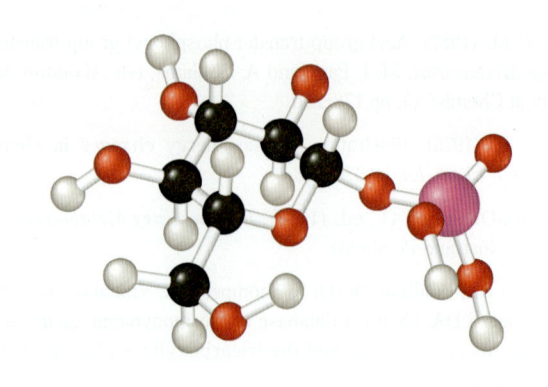

12 糖新生，ペントースリン酸経路，グリコーゲン代謝

> 私たちが発見した反応は，今日ではごくありふれたものにしか見えないかもしれないが，わかったときの驚きはとてつもなく大きかった．なぜなら，リン酸化によって酵素が調節されるなどとは，当時は誰も想像できなかったからである．
>
> Eddy Fischer (2010), *Memories of Ed Krebs*

これまでの章で，細胞のエネルギー代謝の中心がグルコースの異化にあることを学んだ．すべての生物は，炭素2個あるいは3個の簡単な前駆物質から糖新生（文字通り，新たにグルコースをつくること）によってグルコースを合成できる．ある種の生物，特に光合成生物は二酸化炭素を固定することによって，これらの前駆体をつくり，無機化合物からのグルコースの完全合成を可能にしている．糖新生を学ぶに当たって，解糖系で使われるすべてのグルコース分子はなんらかの生物種によって合成される必要があることを記憶しておいてほしい．

糖新生経路ではいくつかの段階が，グルコースを解体する経路である解糖と共通である．しかし，糖新生経路に固有な四つの反応は解糖経路には見当たらない．これらは解糖系にある代謝的に不可逆な三つの反応に置き換わっている．このような逆方向の反応の組合わせは，合成と分解が別々に行われ，かつ制御されている経路（§10.2）の例の一つである．

グルコースは解糖系とクエン酸回路でATPをつくり出すための燃料となるほかに，ヌクレオチドおよびデオキシヌクレオチドの構成成分であるリボースとデオキシリボースの前駆体でもある．ペントースリン酸経路はリボースの生合成とNADPHという形の還元当量の生産を受け持っている．

グルコースの供給を制御するために，グルコースそのものおよび関連分子の摂取と合成の調節，グルコースからつくられる貯蔵多糖の合成と分解の調節が行われている．グルコースは，細菌および動物ではグリコーゲンとして，植物ではデンプンとして蓄えられる．グリコーゲンとデンプンが分解されるとグルコースの単量体が得られる．グルコース単量体は解糖でエネルギー生産の燃料となり，また生合成反応の前駆体の役割を果たす．グリコーゲンの代謝は，双方向に調節される代謝経路のもう一つの例をみせてくれる．

哺乳類では糖新生，ペントースリン酸経路，グリコーゲン代謝が生物の時々刻々の必要に応じて，精密にバランスをとりながら調節されている．本章ではこれらの経路を見渡し，哺乳類細胞におけるグルコース代謝の調節の仕組みをいくつか調べることにしよう．哺乳類のグルコースおよびグリコーゲン代謝の調節は歴史的観点からも重要である．それがシグナル伝達機構の最初の例だったからである．

12.1 糖新生

冒頭で述べたように，すべての生物はグルコース生合成のための糖新生経路をもっている．このことは体外のグルコースを重要なエネルギー源として使っている動物にもあてはまる．グルコースを食物や細胞内の蓄えから得られない場合もある．たとえば，大型の哺乳類は16～24時間何も食べないと，肝臓のグリコーゲンの蓄えを使い尽くしてしまうので，生き抜くためにはグルコースを合成しなければならない．いくつかの組織，たとえば脳では，代謝のためにグルコースを欠かせないからである．ある種の哺乳類組織，おもに肝臓と腎臓では，乳酸やアラニンなどの簡単な前駆体からグルコースを合成できる．絶食状態では身体のグルコースのほとんどすべてが糖新生によって供給される．酸素供給が不十分な条件で運動しているときには，筋肉はグルコースをピルビン酸へ，さらに乳酸に転換しており，これらは肝臓に運ばれてグルコースに戻される．脳と筋肉が新しくつくられたグルコースのかなりを消費している．細菌はさまざまな栄養素をグルコースのリン酸エステルやグリコーゲンに転換できる．

糖新生の経路はピルビン酸を出発点とみなすといちばんわかりやすい．ピルビン酸からの糖新生の経路を解糖系と比較して図12.1に示した．中間体と酵素の多くが同じである．解糖系の平衡に近い七つの反応のすべてが糖新生では逆行する．解糖において代謝的に不可逆な三つの反応に対して，糖新生に固有な酵素反応

> つぎの節で，ピルビン酸以外の前駆体がどのように糖新生経路に入っていくかについて取上げる．

---
* カット：コリエステル，α-D-グルコピラノース 1-リン酸．

と思われる．グルコースの分解経路が進化するより前に，グルコースの供給源がすでにあったはずなので，こう考える方が理にかなっている．グルコース合成経路がまず最初に進化したのだから，解糖に使われる酵素をバイパス酵素と考える方が適切だろう．これらの酵素，特に6-ホスホフルクトキナーゼは，糖新生における代謝的に不可逆な反応を迂回するために進化したのである．

ピルビン酸2分子からグルコース1分子を合成するには，ATP 4分子，GTP 2分子，NADH 2分子が必要である．糖新生の正味の反応は，

$$2\text{ ピルビン酸} + 2\text{ NADH} + 4\text{ ATP} + 2\text{ GTP} + 6\text{ H}_2\text{O} + 2\text{ H}^{\oplus}$$
$$\longrightarrow \text{グルコース} + 2\text{ NAD}^{\oplus} + 4\text{ ADP} + 2\text{ GDP} + 6\text{ P}_i \tag{12.1}$$

ピルビン酸2分子から高エネルギー化合物のホスホエノールピルビン酸2分子を生成するには，熱力学的な障壁を越えるために4 ATP当量が必要である．ホスホエノールピルビン酸からピルビン酸への変換は，ピルビン酸キナーゼが触媒する代謝的に不可逆な反応であることを思い出してほしい．異化の方向では，この反応はATP合成と共役している．ホスホグリセリン酸キナーゼが触媒する解糖の反応を逆行するにもATP 2分子が必要である．糖新生のヘキソース段階ではフルクトース1,6-ビスリン酸をグルコースに変える反応でも，エネルギーは回収されない．フルクトース1,6-ビスリン酸が"高エネルギー"中間体ではないからである．解糖ではATP 2分子を消費して4分子を獲得するので，実質的には2分子のATPと2分子のNADHを生み出すことになる．糖新生でグルコース1分子を合成するには，全体としてATP 6当量とNADH 2分子を消費する．グルコースの合成にはエネルギーが必要で，分解ではエネルギーが解放されるのはいうまでもない．

A．ピルビン酸カルボキシラーゼ

ピルビン酸をグルコースに変える個々の段階を調べるに当たって，ホスホエノールピルビン酸合成に必要な二つの酵素から始めることにしよう．カルボキシ化と，それに続く脱カルボキシの2段階である．第一段階で，ピルビン酸カルボキシラーゼは，ピルビン酸をオキサロ酢酸に変える反応を触媒する．これにはATP 1分子の加水分解が共役している（図12.2）．

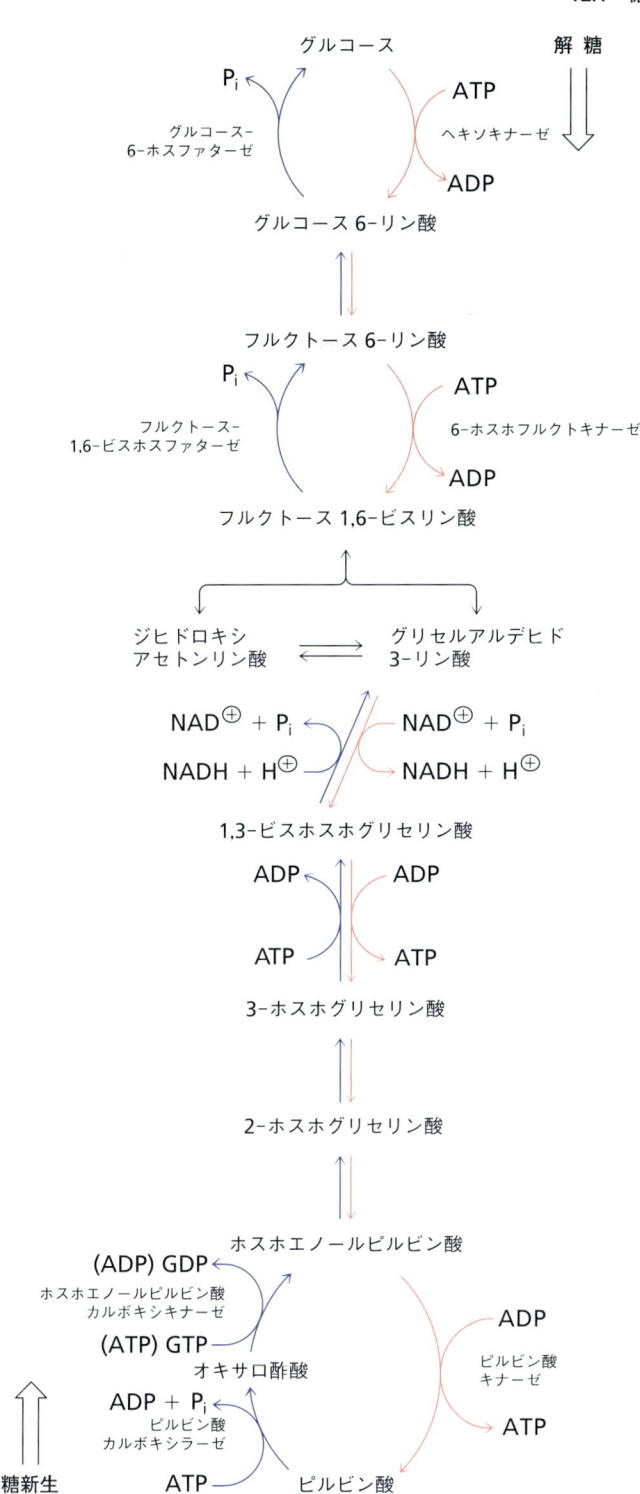

▲図12.1 **糖新生と解糖の比較** 糖新生（青）には代謝的に不可逆な反応が四つある．これらの反応は，解糖（赤）では三つの反応で逆方向に触媒される．どちらの経路もトリオース段階とヘキソース段階から成る．したがって，グルコース1分子の生成にはピルビン酸2分子が必要である．

▲図12.2 **ピルビン酸カルボキシラーゼの反応**

が必要となっている．これらの不可逆的な解糖反応は，ピルビン酸キナーゼ，6-ホスホフルクトキナーゼ，ヘキソキナーゼにより触媒されている．生合成に向かうときには，これらの反応は違う酵素によって触媒される．

すべての生物が糖新生経路をもつが，解糖経路はもたない場合がある（§11.7）．特に原核生物進化の初期に多様化した細菌類でみられる．このことから糖新生の方が古くからの代謝経路だった

ピルビン酸カルボキシラーゼは四つの同一のサブユニットから成る複合体酵素である．サブユニットにはそれぞれ補欠分子族のビオチンがリシン残基に共有結合している．ビオチンはピルビン酸に炭酸水素イオンを付加するときに必要になる．このカルボキシラーゼは代謝的に不可逆な反応を触媒し，アセチルCoAによってアロステリックに活性化される．この酵素について知られている調節機構はこれだけである．もしも，アセチルCoAが蓄積し

たとすれば，クエン酸回路で効率良く代謝されていないことを意味する．こうした状況ではピルビン酸からアセチル CoA ではなくてオキサロ酢酸がつくられるようにピルビン酸カルボキシラーゼが活性化される．オキサロ酢酸はクエン酸回路に入ることもできるし，あるいはグルコース合成の前駆体となることもできる．

炭酸水素イオンは図12.2の基質の一つである．炭酸水素イオンは二酸化炭素が水に溶けると生成するので，基質として CO_2 と表現されることもある．ピルビン酸カルボキシラーゼの反応は，細菌および真核生物の一部で，二酸化炭素の固定という重要な役割を果たしている．糖新生では，このような役割があるのかどうかあまりはっきりしない．なぜなら，すぐ後に続く反応で二酸化炭素が放出されるからである．しかし，つくられたオキサロ酢酸の多くが糖新生に使われるわけではない．むしろアミノ酸や脂質の生合成の前駆体となりうるクエン酸回路の中間体を補給している（§13.7）．

> ピルビン酸カルボキシラーゼはビオチン含有酵素である．反応機構は§7.10で述べた．

B. ホスホエノールピルビン酸カルボキシキナーゼ

ホスホエノールピルビン酸カルボキシキナーゼ（phosphoenolpyruvate carboxykinase; PEPCK）がオキサロ酢酸のホスホエノールピルビン酸への変換を触媒する（図12.3）．この酵素は，酵母ヘキソキナーゼ（§6.5C），クエン酸シンターゼ（§13.3.1）と同様の誘導適合機構をもち，よく研究されている．

PEPCKには二つの型がある．細菌，原生生物，菌類，植物にある酵素は，脱カルボキシ反応の際のリン酸基供与体としてATPを使う．動物の酵素はGTPを使う．大半の生物種の酵素はアロステリックな速度論的特徴をもたず，生理的な調節分子は知られていない．その酵素活性は，ほとんどの場合，遺伝子転写レベルで調節される．細胞内のPEPCK活性のレベルは糖新生の速度に影響する．特に肝臓，腎臓，小腸の細胞で糖新生が行われる哺乳類で顕著である．哺乳類が絶食したときに，膵臓から長時間にわたってグルカゴンが分泌されると，細胞内のcAMPの濃度が高くなったままになり，肝臓ではPEPCK遺伝子の転写が促進され，合成量が増える．数時間後には，PEPCKが増加し，糖新生の速度が高まる．食餌が十分な場合，インスリンは遺伝子のレベルでグルカゴンと逆に作用し，PEPCKの合成速度を低下させる．

> これ以外のグルカゴンとインスリンの効果は§12.6Cで取上げる．

ピルビン酸から2段階を要するホスホエノールピルビン酸の合成は，ヒトを含むほとんどの真核生物に共通である．そのため糖新生経路を取上げるときには，もっぱらこの経路が示される（図12.1）．しかし多くの細菌が，ホスホエノールピルビン酸シン

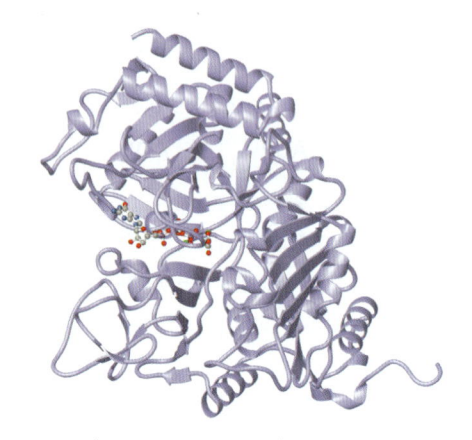

$$\begin{array}{c}COO^-\\|\\C=O\\|\\CH_2\\|\\COO^-\end{array} + GTP \xrightarrow[\text{(ATP)}]{\text{ホスホエノールピルビン酸カルボキシキナーゼ (PEPCK)}} \begin{array}{c}COO^-\\|\\C-OPO_3^{2-}\\||\\CH_2\end{array} + GDP + CO_2 \\ \text{(ADP)}$$

オキサロ酢酸　　　　　　　　　　　　　　　ホスホエノールピルビン酸（PEP）

▲図12.3　ホスホエノールピルビン酸カルボキシキナーゼの反応

▲ラット（*Rattus norvegicus*）のホスホエノールピルビン酸カルボキシキナーゼ　閉じた活性部位には1分子のGTP，1分子のオキサロ酢酸，2個のMn^{2+}が結合している．[PDB 3DT4]

BOX 12.1　スーパーマウス

米国オハイオ州クリーブランドのCase Western Reserve大学のRichard Hansonグループは，細胞質のホスホエノールピルビン酸カルボキシキナーゼ（PEPCK）の遺伝子を余分に導入してスーパーマウスをつくった．このトランスジェニックマウスのホモ接合体は，普通の10倍以上ものPEPCKを骨格筋に発現していた．活動性がきわめて高く，攻撃的で，マウス用のトレッドミルで長く走り続けることができた（休みなしに5kmも！）．普通のマウスよりもたくさん食べたが，身体はずっと小さかった．

このアスリートマウスは多量のオキサロ酢酸をホスホエノールピルビン酸へ転換でき，したがって糖新生の中間体およびグルコースをたくさん生産した．筋細胞のミトコンドリアは普通のマウスよりもはるかに多かった．

このような超活動性の理由は生化学的にはよくわかっていない．おそらくクエン酸回路（13章）に対する効果だと思われ，クエン酸回路のフラックスが増えて最終的にはATPのレベルが上がるのだろう．優秀なアスリートをつくるのにこの遺伝子操作技術を利用できるか，という質問に対するHansonらの答えはこうだ（2008）．"PEPCK-C^{mus}マウスは攻撃的すぎる．この世界にこれ以上の攻撃性はいらない．"それに，こんなトランスジェニック人間をつくることは"倫理に反し，不可能だ．"
YouTube "Transgenic Supermouse"で検索してみよう．

▲ Mighty Mouse　© CBS Operations

ターゼで触媒されるATP依存性の反応により，ピルビン酸を直接にホスホエノールピルビン酸に変えることができる（図12.4）．この反応の生成物にはAMPとP_iが含まれている．ATPの2番目のリン酸基がピルビン酸に転移されるので，ピルビン酸からホスホエノールピルビン酸をつくるのに，ATP 2当量分のエネルギーが使われている．この経路は真核生物のピルビン酸カルボキシラーゼとPEPCKで触媒される2段階経路よりもずっと効率が良い．細菌細胞中にホスホエノールピルビン酸シンターゼが存在するのは，効率的な糖新生が真核生物に比べてはるかに重要なためである．

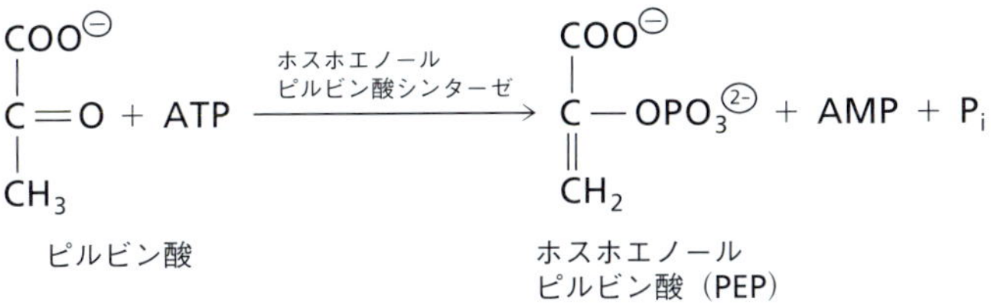

$$\text{ピルビン酸} + \text{ATP} \xrightarrow{\text{ホスホエノールピルビン酸シンターゼ}} \text{ホスホエノールピルビン酸 (PEP)} + \text{AMP} + P_i$$

▲図12.4 ホスホエノールピルビン酸シンターゼの反応

C. フルクトース-1,6-ビスホスファターゼ

ホスホエノールピルビン酸からフルクトース1,6-ビスリン酸までの間の糖新生の反応は，解糖における平衡に近い反応を単に逆行するだけである．しかし，6-ホスホフルクトキナーゼが触媒する解糖反応は代謝的に不可逆である．生合成の方向の場合にはこの反応は糖新生に固有の第三の酵素，フルクトース-1,6-ビスホスファターゼによって触媒される．この酵素はフルクトース1,6-ビスリン酸からフルクトース6-リン酸への変換を触媒する．

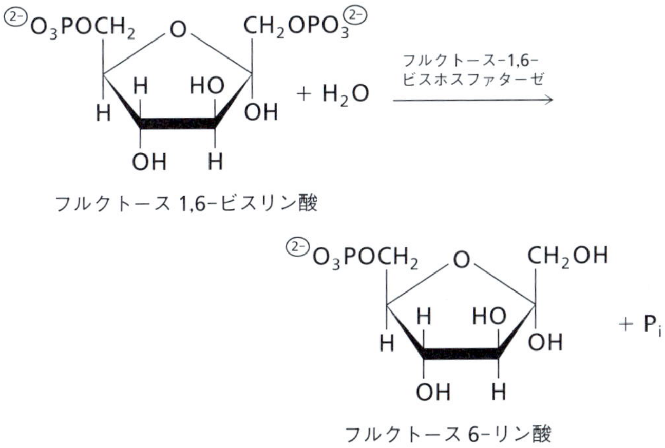

$$\text{フルクトース 1,6-ビスリン酸} + H_2O \xrightarrow{\text{フルクトース-1,6-ビスホスファターゼ}} \text{フルクトース 6-リン酸} + P_i \quad (12.2)$$

このリン酸エステルの加水分解反応は大きな負の標準ギブズ自由エネルギー変化（$\Delta G°'$）を伴う．この反応は代謝的にも不可逆なので，哺乳類の酵素の場合は，S字形の反応速度論に従い，AMPおよび調節分子であるフルクトース2,6-ビスリン酸によってアロステリックな阻害を受ける．この場合，反応は平衡状態に達することができない．フルクトース2,6-ビスリン酸は，解糖においてフルクトース1,6-ビスリン酸を生成する酵素，6-ホスホフルクトキナーゼの強力な活性化剤であることを思い出してほしい（§11.5 C）．つまり，この二つの酵素はフルクトース6-リン酸とフルクトース1,6-ビスリン酸の相互変換を触媒するのだが，フルクトース2,6-ビスリン酸の濃度によって双方向に制御されている（§12.6 C）．

D. グルコース-6-ホスファターゼ

糖新生の最後の段階は，グルコース6-リン酸の加水分解によるグルコースの生成である．酵素はグルコース-6-ホスファターゼである．

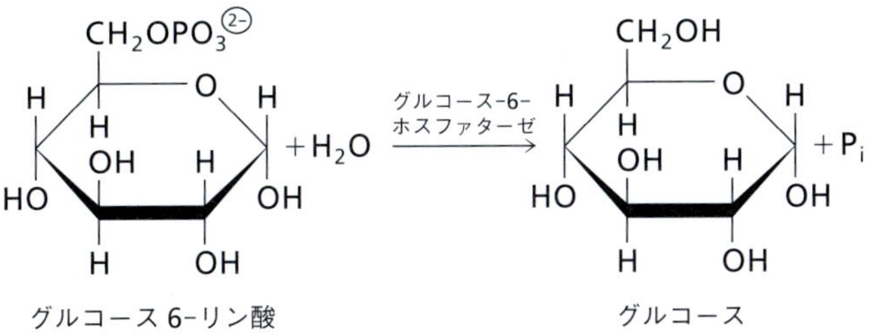

$$\text{グルコース 6-リン酸} + H_2O \xrightarrow{\text{グルコース-6-ホスファターゼ}} \text{グルコース} + P_i \quad (12.3)$$

ここでは，糖新生の最終産物をグルコースとして示しているが，すべての生物種でそうだとは限らない．多くの場合，生合成経路はグルコース6-リン酸で終わる．これはグルコースの活性化された形である．これがグリコーゲン（§12.5），デンプン，スクロース（§15.5），ペントース（§12.4），その他のヘキソースの合成へとつながるさまざまな糖代謝経路への基質となる．

哺乳類では，グルコースが糖新生の重要な最終生産物である．なぜなら多くの組織において解糖による重要なエネルギー源として役立つからである．グルコースは肝臓，腎臓，小腸の細胞でつくられ，血流へ放出される．これらの細胞ではグルコース-6-ホスファターゼが小胞体に結合しており，活性部位が内腔側にある．この酵素はグルコース6-リン酸輸送体とリン酸輸送体を含んだ複合体の一部分である．グルコース6-リン酸はグルコース6-リン酸輸送体により細胞質ゾルから小胞体の内部に運ばれ，そこでグルコースと無機リン酸に加水分解される．リン酸は細胞質ゾルへ戻り，グルコースは分泌経路によって細胞表面（そして血流）へ運ばれる．

哺乳類の多くの組織には，糖新生に必要な他の酵素が，たとえ少量であっても存在している．対照的に，グルコース-6-ホスファターゼは肝臓，腎臓，膵臓，小腸の細胞にだけあるので，これらの組織だけが遊離グルコースを合成できる．グルコース-6-ホスファターゼをもたない組織の細胞は，細胞内の異化代謝のためにグルコース6-リン酸を保持しているのである．

> グルコース-6-ホスファターゼまたはグルコース6-リン酸輸送体の欠損によりフォンギールケ病が発症する（§12.8）．

12.2 糖新生の前駆体

グルコース6-リン酸合成のためのおもな基質は，ピルビン酸，クエン酸回路の中間体，糖新生経路の3炭素中間体（たとえばグリセルアルデヒド3-リン酸），アセチルCoAのような2炭素化合物などである．細菌，原生生物，菌類，植物，ある種の動物で働いているグリオキシル酸回路（§13.8）で，アセチルCoAはオキサロ酢酸に変換される．一部の生物は，無機炭素を2炭素あるいは3炭素の有機化合物に取込んで固定化することができる（たとえばカルビン回路，§15.4）．これらの化合物は糖新生経路に入り，CO_2からのグルコースの完全合成が達成される．

哺乳類の生化学で焦点になるのは，生体燃料の代謝と，簡単な前駆体からのグルコース合成であり，もっぱらその観点から議論されることが多い．哺乳類における糖新生のおもな前駆体は，乳酸とアミノ酸の大部分，特にアラニンである．グリセロールはト

リアシルグリセロールの加水分解で生じ，糖新生の基質になる．これはジヒドロキシアセトンリン酸になった後に経路に入る．さまざまな組織で生じた前駆体は，糖新生の基質になるにはまず肝臓に運ばれなければならない．

A. 乳　酸

活動的な筋肉および赤血球では，解糖によって多量の乳酸が生成する．これらの組織およびそれ以外の組織で生じた乳酸は，血流によって肝臓に運ばれ，乳酸デヒドロゲナーゼの作用でピルビン酸に変えられる．ピルビン酸は糖新生の基質として利用できる．肝臓でつくられたグルコースは血流に乗って末梢組織へ配給される．この一連の過程は**コリ回路**（Cori cycle）とよばれている（図12.5）．乳酸をグルコースに変えるにはエネルギーが必要だが，そのほとんどは肝臓での脂肪酸の酸化で賄われる．要するに，コリ回路は化学的なポテンシャルエネルギーをグルコースの形で，肝臓から末梢組織に配給しているとみなせる．

B. アミノ酸

ほとんどのアミノ酸の炭素骨格は，ピルビン酸かクエン酸回路の中間体のどれかに異化される．これらの異化代謝経路の最終産物は，糖新生能力のある細胞中でグルコース6-リン酸合成の直接の前駆体として利用できる．哺乳類の末梢組織で解糖およびアミノ酸異化で生じたピルビン酸は，グルコース合成に利用できるように，まず肝臓に運ばれなければならない．コリ回路がこの運搬を行う一つの手段で，筋肉中でピルビン酸を乳酸に変え，肝細胞中で再びピルビン酸に戻す．グルコース-アラニン回路も同じような運搬システムである（§17.7 C）．ピルビン酸は，グルタミン酸のようなα-アミノ酸からアミノ基転移反応（§17.2 B）によってアミノ基を受取り，アラニンになることもある（図12.6）．アラニンは肝臓に運ばれ，2-オキソグルタル酸との間でアミ

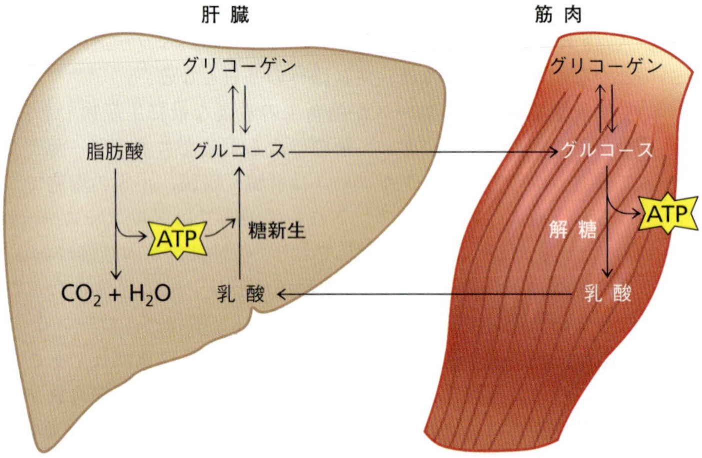

◀図12.5　**コリ回路**　末梢組織でのグルコースからL-乳酸への異化代謝，乳酸の肝臓への運搬，肝臓での乳酸からグルコースの生成，末梢組織へのグルコースの再供給．

BOX 12.2　グルコースはしばしばソルビトールに変換される

グルコースは，糖新生，食物，あるいはグリコーゲン分解のいずれから生じるかにかかわりなく，酸化されるか，あるいはグリコーゲンに再び取込まれる．しかし哺乳類のいくつかの組織（眼の水晶体，精巣，膵臓，脳も含めて）では，グルコースの一部がフルクトースに転換する（下図）．アルドースレダクターゼがNADPHを使ってグルコースを還元してソルビトールとし，ポリオールデヒドロゲナーゼがNAD$^+$を使ってソルビトールをフルクトースへ酸化する．ある種の細胞にとって不可欠なフルクトースはこの短い経路で供給されるのである．たとえば精子細胞にとって主要な燃料はフルクトースである．

アルドースレダクターゼのグルコースに対するK_m値は高いので，普通はこの経路を通るフラックスは少なく，グルコースは解糖によって代謝される．グルコース濃度が普通よりも高い場合（たとえば糖尿病），水晶体などの組織でソルビトールが多く生産されてしまう．アルドースレダクターゼに比べるとポリオールデヒドロゲナーゼの活性は低いので，ソルビトールが蓄積する．膜はソルビトールを通しにくいので，結果として細胞の浸透圧が高まり，水晶体タンパク質が凝集，沈殿し，白内障（水晶体内の不透明部分）の原因となる．

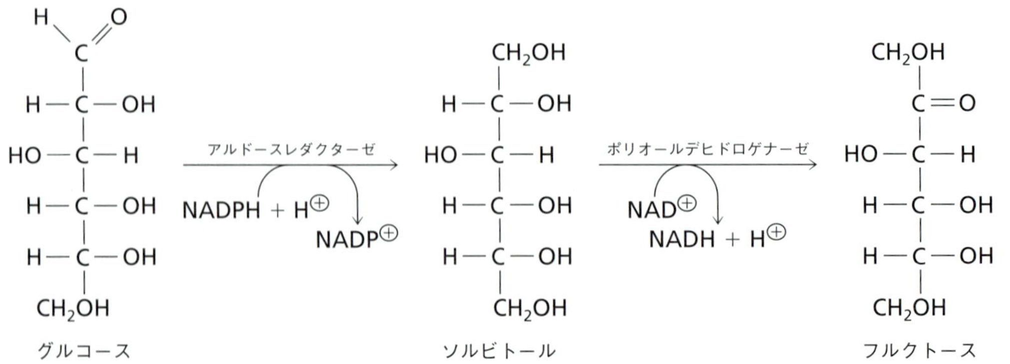

▲グルコースからのソルビトールの生成

ノ基転移反応を起こし，糖新生のためにピルビン酸を再生する．絶食時にグリコーゲンの蓄えが尽きると，糖新生のおもな炭素源はアミノ酸になる．

アスパラギン酸の炭素骨格もグルコースの前駆体である．アスパラギン酸は尿素回路（細胞から過剰の窒素を取除く経路，§17.7 B）においてアミノ基の供与体になる．アスパラギン酸は尿素回路でフマル酸に変えられ，水を付加されてリンゴ酸になり，酸化されてオキサロ酢酸になる．また，アスパラギン酸から2-オキソグルタル酸へアミノ基を転移する反応では，オキサロ酢酸が1段階で生成する．

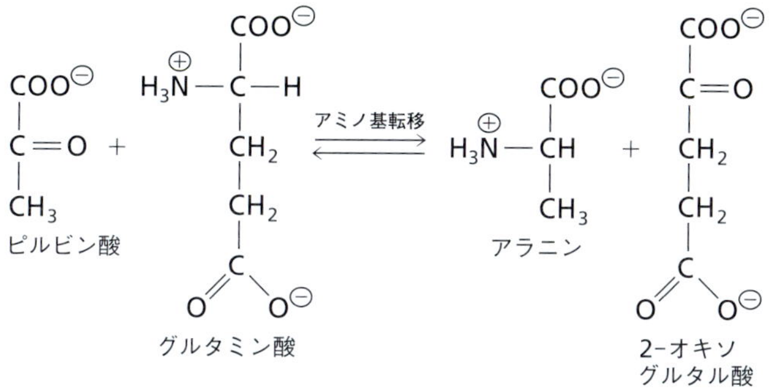

に埋込まれているフラビン酵素，グリセロール-3-リン酸デヒドロゲナーゼ複合体が触媒する．この酵素は外側の面でグリセロール3-リン酸を結合し，電子はユビキノン（Q）に渡され，さらにそれ以降の膜会合電子伝達系に渡されていく．細胞質ゾルのNAD^+要求性のグリセロール-3-リン酸デヒドロゲナーゼもグリセロール3-リン酸を酸化するが，この酵素は通常は逆反応でグリセロールをつくることに使われている．哺乳類の糖新生の大部分が行われている肝臓には両方の酵素が存在する．

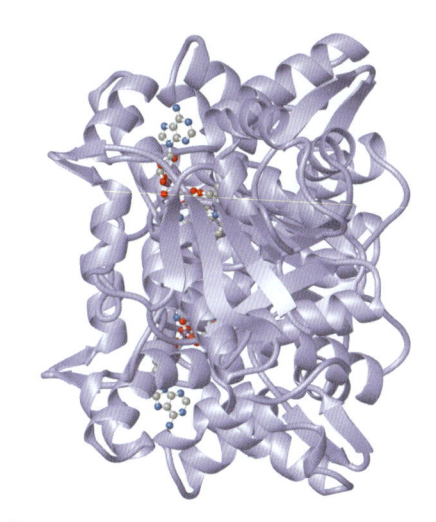

▲図12.6 **ピルビン酸からアラニンへの転換** ピルビン酸は末梢組織でアラニンへ転換されうる．アラニンは血流に分泌され肝細胞に取込まれ，同じアミノ基転移反応によって再びピルビン酸に戻される．そしてピルビン酸は糖新生の前駆体としての役割を果たす．

▲ **グリセロール-3-リン酸デヒドロゲナーゼ** ヒトの細胞質型の酵素で，活性部位にジヒドロキシアセトンリン酸とNAD^+が結合している．膜会合型の構造はまだわかっていない．[PDB 1WPQ]

C. グリセロール

トリアシルグリセロールの異化でグリセロールとアセチルCoAが生じる．以前にふれたが，アセチルCoAはグリオキシル酸回路（§13.8）の反応を経由すれば，グルコースの実質的生産に寄与できる．しかし，哺乳類細胞では，グリオキシル酸回路が脂質からのグルコースの実質的合成に貢献することはない．一方，グリセロールはグリセロールキナーゼによってリン酸化されたグリセロール3-リン酸を起点としてグルコースに変換される（図12.7）．グリセロール3-リン酸はジヒドロキシアセトンリン酸に変換されて糖新生に入る．この酸化反応は，ミトコンドリア内膜

D. プロピオン酸と乳酸

ウシ，ヒツジ，キリン，シカ，ラクダなどの反芻動物では，ルーメン（第一胃）内の微生物が生産した乳酸とプロピオン酸が吸収されて，糖新生経路に入る．プロピオン酸はプロピオニルCoAに変換された後，スクシニルCoAに変えられる．これらの反応は，脂質代謝の章で述べる（§16.7）．スクシニルCoAはクエン酸回路の中間体で，オキサロ酢酸に代謝される．ルーメン内の乳酸はピルビン酸に酸化される．

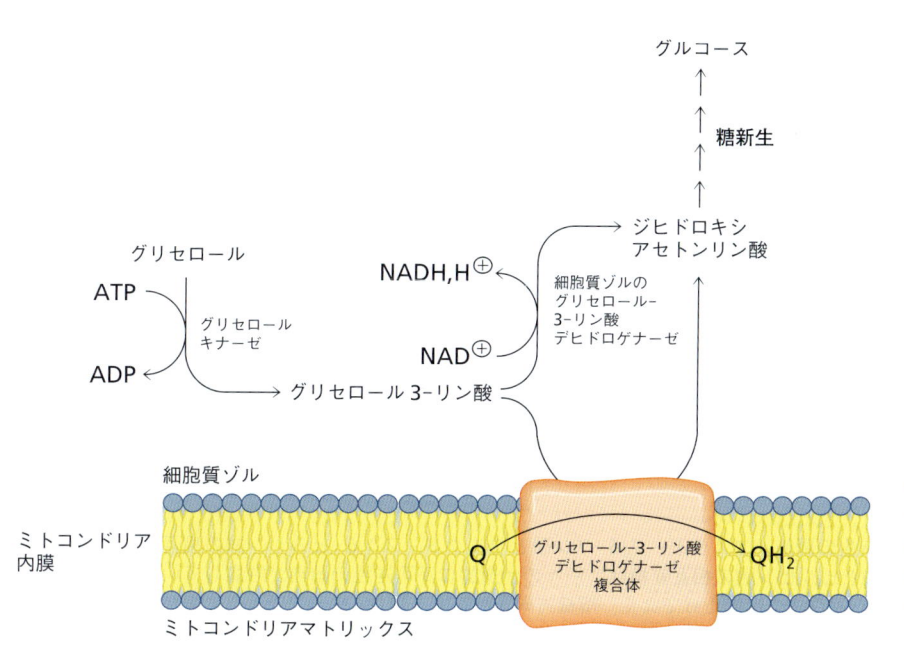

◀図12.7 **グリセロールからの糖新生** グリセロール3-リン酸は2種のデヒドロゲナーゼのどちらかが触媒する反応で酸化されるが，いずれの場合も還元型の補酵素を生じる．肝臓ではどちらのデヒドロゲナーゼも含まれるので，両方の反応が起こりうる．

E. 酢　酸

多くの生物種が酢酸をおもな炭素源として利用できる．これらの種は酢酸をアセチルCoAに変え，これがオキサロ酢酸の前駆体となる．細菌および酵母などの単細胞真核生物は酢酸を糖新生の前駆体としても使う．ある種の細菌はCO_2から直接に酢酸をつくることができる．これらの生物では糖新生経路が無機基質からグルコースを合成する経路になっている．

> ❗ 哺乳類の燃料代謝は生化学の重要な一分野である．なぜなら私たち自身のからだを理解する助けになるからである．

12.3　糖新生の調節

糖新生は生体内で精密に制御されている．解糖と糖新生は逆方向を向いた異化と同化の経路であり，いくつかの酵素反応は共通である．しかし，それぞれの経路に独自の反応もある．たとえば，6-ホスホフルクトキナーゼは解糖の反応を触媒し，フルクトース-1,6-ビスホスファターゼは逆向きの糖新生の反応を触媒する．どちらの反応も代謝的に不可逆である．通常は二つの反応のどちらか一方だけが大きく進む．

糖新生の短期的調節（数分内に起こり，新たなタンパク質の合成を伴わない）は2箇所で行われる．それは，ピルビン酸とホスホエノールピルビン酸の間の反応と，フルクトース1,6-ビスリン酸とフルクトース6-リン酸の相互変換である（図12.8）．同じ反応を（ただし逆方向に）触媒する二つの酵素がある場合，どちらの酵素の活性を調節しても，逆向きの二つの経路のフラックスを変えることができる．たとえば，6-ホスホフルクトキナーゼを阻害すれば糖新生が促進される．つまり，より多くのフルクトース6-リン酸がフルクトース1,6-ビスリン酸に変換されずに，グルコースへ向かう経路に入る．これと同時に，フルクトース-1,6-ビスホスファターゼも制御すれば，フルクトース1,6-ビスリン酸についても，解糖か糖新生のどちらかの方向へフラックスを調節できる．

これまでに何回も6-ホスホフルクトキナーゼを取上げた．前章では特に詳しく（§11.5C），またアロステリック現象の議論（§

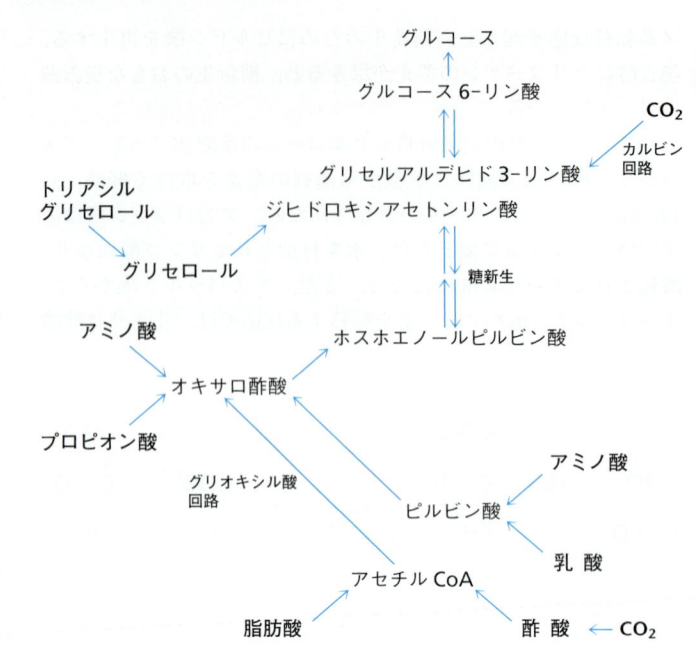

▲ **糖新生の前駆体**　グリオキシル酸経路，カルビン回路，炭酸固定による酢酸生成は，動物では行われない．プロピオン酸は反芻動物の胃内の微生物がつくる．

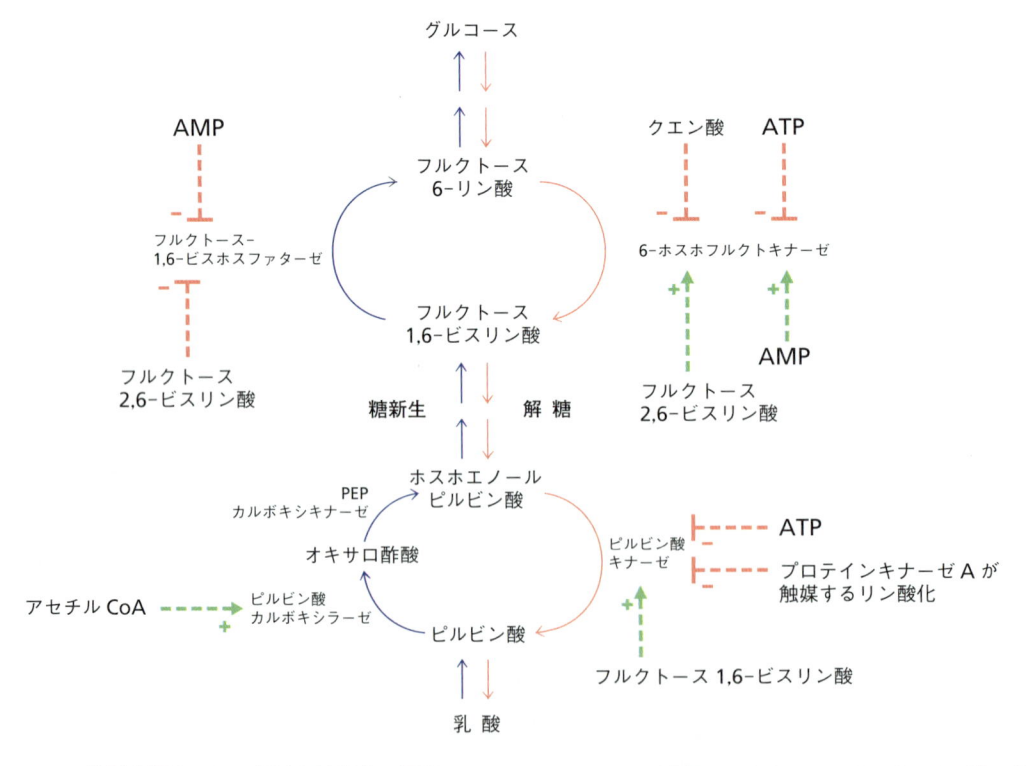

▲ **図12.8　代謝中間体による解糖と糖新生の調節**　フルクトース6-リン酸とフルクトース1,6-ビスリン酸の相互変換および，ホスホエノールピルビン酸とピルビン酸の相互変換は，別々の代謝的に不可逆性の酵素が触媒している．どの酵素活性を変えても，経路のフラックスの速度だけでなく，解糖方向か糖新生方向かというフラックスの向きにも影響を与えうる．全体として調節の効果は，ATPの加水分解という経費をかけて高められている．

12.3 糖新生の調節

5.9)のところでも述べた．いよいよここでアロステリック調節因子であるフルクトース2,6-ビスリン酸が6-ホスホフルクトキナーゼに及ぼす効果について検討する．

フルクトース2,6-ビスリン酸はフルクトース6-リン酸に6-ホスホフルクト-2-キナーゼが作用してつくられる（図12.9）．哺乳類の肝臓では，同じタンパク質上の別の活性部位が，フルクトース2,6-ビスリン酸からリン酸基を加水分解により取除いて，フルクトース6-リン酸を再生する．この活性をフルクトース-2,6-ビスホスファターゼとよぶ．この二機能性酵素の二つの活性がフルクトース2,6-ビスリン酸の定常状態濃度を調節し，解糖と糖新生の間の切替えスイッチを操作することになる．

図12.8に示したように，アロステリック調節因子であるフルクトース2,6-ビスリン酸は，6-ホスホフルクトキナーゼを活性化し，フルクトース-1,6-ビスホスファターゼを阻害する．フルクトース2,6-ビスリン酸の増加には双方向的効果があることに注目しよう．解糖の促進と，糖新生の阻害である．AMPも同様に

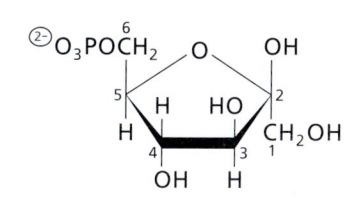

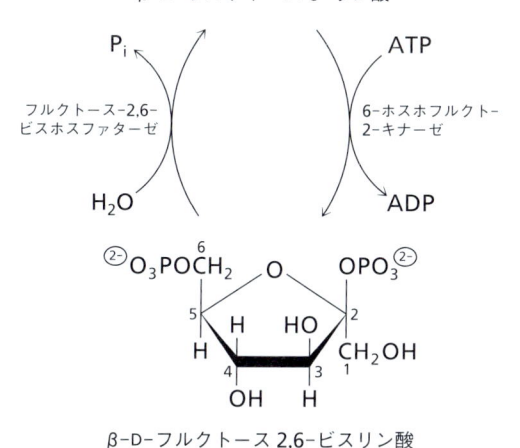

▲ 図12.9 β-D-フルクトース6-リン酸とβ-D-フルクトース2,6-ビスリン酸の相互変換

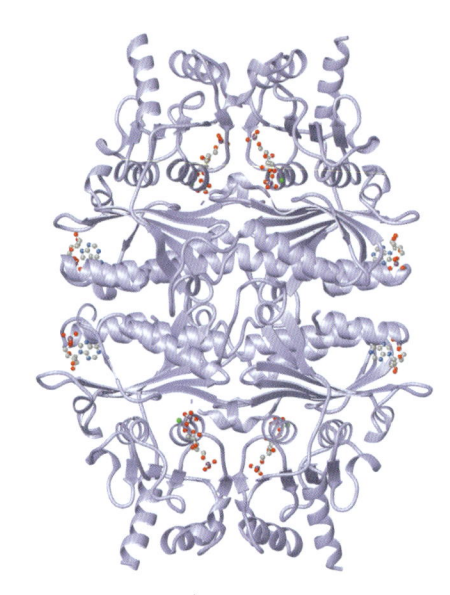

▲ フルクトース-1,6-ビスホスファターゼのT型（不活性）コンホメーション　ヒト（*Homo sapiens*）から得られた四量体酵素．アロステリック阻害剤であるAMPが二つの二量体の間の調節部位に結合している．競合阻害剤であるフルクトース2,6-ビスリン酸が各単量体の活性部位に結合している．[PDB 3FBP]

BOX 12.3　複合酵素の進化

細菌の6-ホスホフルクトキナーゼはホモ四量体である（図5.19）．機能単位は逆向きに並んだ二量体で，二つの活性部位と二つの単量体の接触面に二つの調節部位がある．この酵素はホスホエノールピルビン酸（PEP）で阻害される．

真核生物では，菌類と動物につながる系列で遺伝子重複が起こり，二つの遺伝子が並んだ．その後，この二つの遺伝子が融合し，細菌の単量体の2倍の大きさの単量体が生まれた．この大型の単量体は細菌の二量体に似ていて，二つの活性部位と二つの調節部位をもつ．数百万年の時を経て，これらの部位が変化した．活性部位の片方は依然としてフルクトース6-リン酸とATPを結合し，フルクトース1,6-ビスリン酸の合成を触媒している．逆反応として，この部位はフルクトース1,6-ビスリン酸を結合する．もう一つの活性部位はフルクトース2,6-ビスリン酸を結合するように進化し，これがアロステリック活性化剤となった．

元の二つの調節部位も新しいリガンドを受け入れるように進化した．クエン酸が一つの部位の新しい阻害剤となり，もう一つの部位はATP（阻害剤）あるいはAMP（活性化剤）が結合するアロステリックな部位となった．

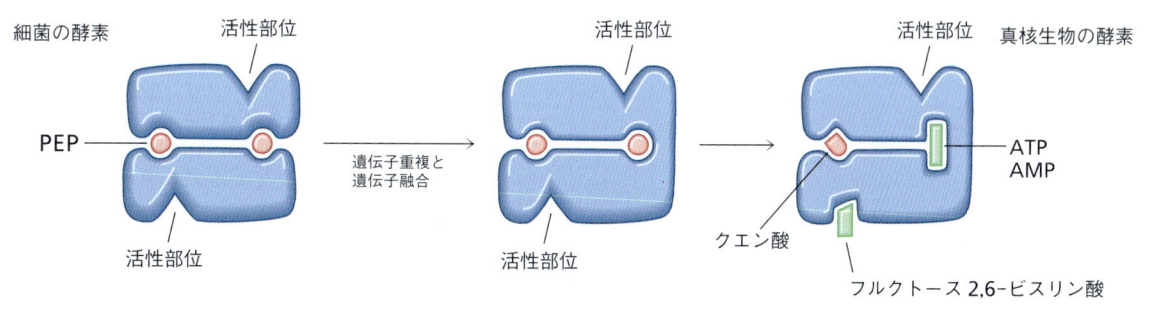

▲ 6-ホスホフルクトキナーゼの菌類と動物バージョンの進化

二つの酵素に対して双方向的に影響し，フルクトース-1,6-ビスホスファターゼを阻害し，6-ホスホフルクトキナーゼを活性化する．二機能性酵素 6-ホスホフルクト-2-キナーゼ/フルクトース-2,6-ビスホスファターゼの調節については，グリコーゲン代謝を述べた後で説明しよう．

12.4 ペントースリン酸経路

ペントースリン酸経路は三つのペントース，リブロース 5-リン酸，リボース 5-リン酸，キシルロース 5-リン酸を合成する経路である．リボース 5-リン酸は RNA および DNA の合成に必要である．経路全体は酸化的段階と非酸化的段階に分けられる（図12.10）．酸化的段階では，グルコース 6-リン酸が 5 炭素の化合物であるリブロース 5-リン酸に変換されるとともに NADPH がつくられる．

グルコース 6-リン酸 + 2 $NADP^{\oplus}$ + H_2O ⟶
　　リブロース 5-リン酸 + 2 NADPH + CO_2 + 2 $H^{\oplus}$
(12.4)

細胞が NADPH とヌクレオチドの両方を必要とするときには，すべてのリブロース 5-リン酸はリボース 5-リン酸に異性化され，経路はこの段階で完結する．場合によってはリボース 5-リン酸

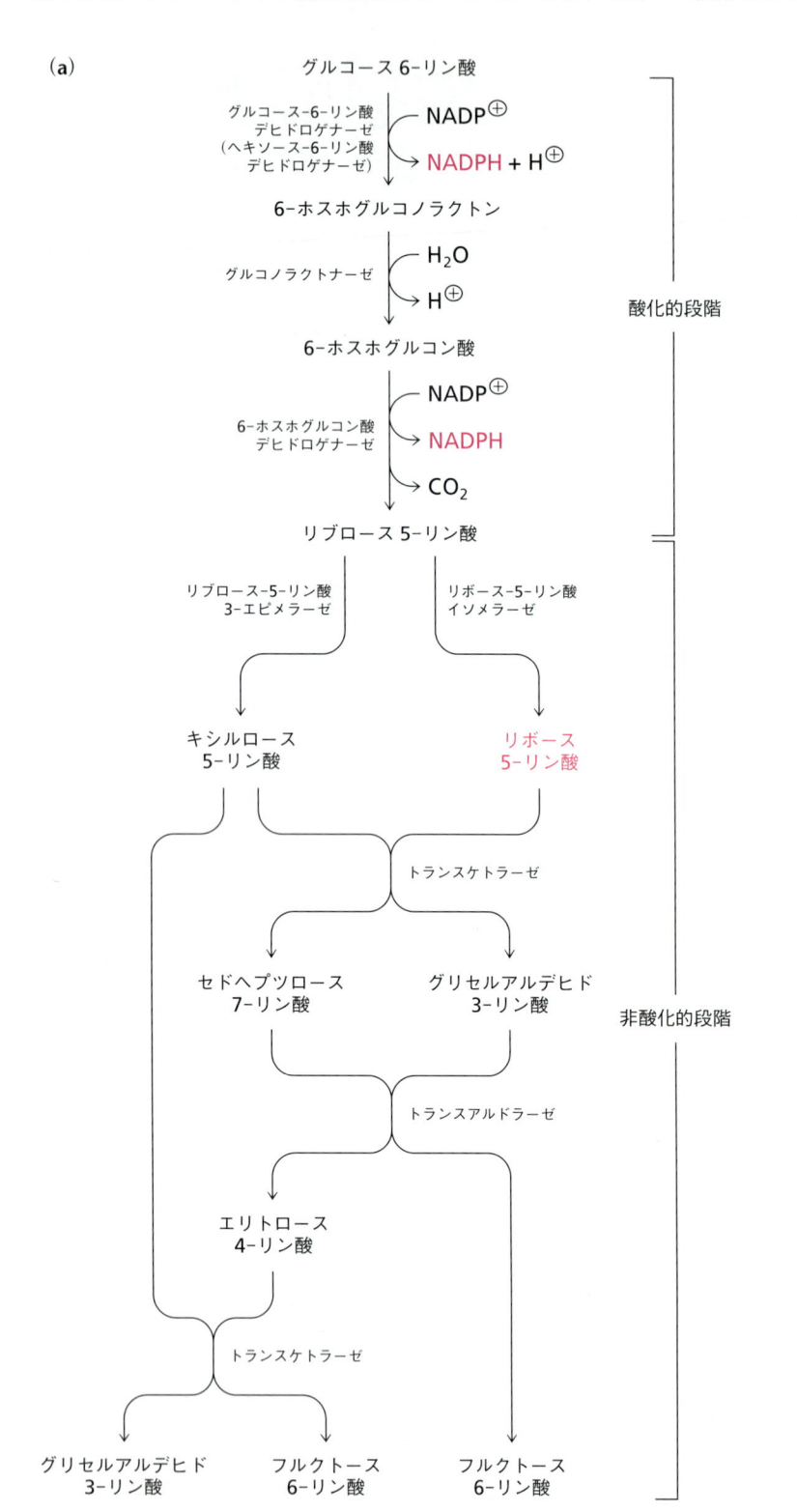

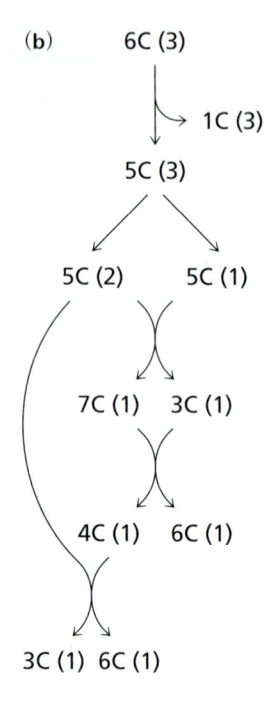

▲図 12.10　ペントースリン酸経路　(a) 経路の酸化的段階では，5 個の炭素をもつ糖リン酸のリブロース 5-リン酸とともに NADPH を生じる．非酸化的段階では，解糖の中間体グリセルアルデヒド 3-リン酸とフルクトース 6-リン酸を生じる．(b) ペントースリン酸経路における炭素の流れ．酸化的段階では 3 分子の 6 炭素化合物が 3 分子の CO_2 の遊離により，3 分子の 5 炭素化合物（リブロース 5-リン酸）に変換される．非酸化的段階では，3 分子の 5 炭素化合物が，2 分子の 6 炭素化合物（フルクトース 6-リン酸）と 1 分子の 3 炭素化合物（グリセルアルデヒド 3-リン酸）に相互変換される．

12.4 ペントースリン酸経路

よりNADPHの方がたくさん必要になるが，そのときはほとんどのペントースリン酸は糖新生の中間体に変換される．

ペントースリン酸経路の非酸化的段階は，ペントースリン酸を糖新生または解糖系に導く．これでリブロース5-リン酸は中間体であるフルクトース6-リン酸とグリセルアルデヒド3-リン酸になる．もしもペントースリン酸がすべて中間体に変換された場合，非酸化的反応を総合すると，3分子のペントースがヘキソース2分子とトリオース1分子に変換されたことになる．

3 リブロース 5-リン酸 ⟶
　　2 フルクトース 6-リン酸 + グリセルアルデヒド 3-リン酸
　　　　　　　　　　　　　　　　　　　　　　　　　(12.5)

フルクトース6-リン酸とグリセルアルデヒド3-リン酸はどちらも解糖あるいは糖新生で代謝できる．

つぎにペントースリン酸経路の個々の反応を詳しくみていこう．

A. 酸化的段階

ペントースリン酸経路の酸化的段階の三つの反応を図12.11に示した．最初の二つの段階は，細菌のエントナー・ドゥドロフ経路（§11.7）と同じである．グルコース-6-リン酸デヒドロゲナーゼが触媒する最初の反応は，グルコース6-リン酸を6-ホスホグルコノラクトンに酸化する反応である．この反応はペントースリン酸経路全体の主要な調節点になっている．グルコース-6-リン酸デヒドロゲナーゼは，NADPHによってアロステリックに阻害される（フィードバック阻害）．この単純な調節機構によって，ペントースリン酸経路によるNADPHの生産は自己規制されている．

酸化的段階のつぎの酵素は6-ホスホグルコノラクトナーゼで，これは分子内エステルである6-ホスホグルコノラクトンを加水分解して，糖酸である6-ホスホグルコン酸を生成する．最後に，6-ホスホグルコン酸デヒドロゲナーゼが6-ホスホグルコン酸を酸化的に脱炭酸する．この反応でもう1分子のNADPH，リブロース5-リン酸，CO_2ができる．したがって，酸化的段階では六炭糖が酸化されて五炭糖の糖とCO_2が生成し，2分子の$NADP^+$が還元され2分子のNADPHになる．

B. 非酸化的段階

ペントースリン酸経路の非酸化的段階は，すべて平衡に近い反応から成っている．経路のこの段階は，生合成経路に五炭糖を供給し，また解糖あるいは糖新生に糖リン酸を供給する．リブロース5-リン酸の運命は2通りあって，エピメラーゼの作用でキシルロース5-リン酸になるか，あるいはイソメラーゼの作用でリボース5-リン酸になる（図12.12，エピメラーゼとイソメラーゼの違いに注意）．リボース5-リン酸はヌクレオチドのリボース（またはデオキシリボース）部分の前駆体である．この経路の以後の反応で，この五炭糖は解糖の中間体に変わる．活発に分裂している細胞は，リボース5-リン酸（リボヌクレオチドやデオキシリボヌクレオチド残基の前駆体として）とNADPH（リボヌクレオチドをデオキシリボヌクレオチドに還元するために）の両方が必要なので，おしなべてペントースリン酸経路の活性が高い．

ペントースリン酸経路は全体としてみると（図12.10），酸化的段階の後，2分子のキシルロース5-リン酸と1分子のリボース5-リン酸が相互変換して，一つの炭素3個の分子（グリセルアルデヒド3-リン酸）と二つの炭素6個の分子（フルクトース6-

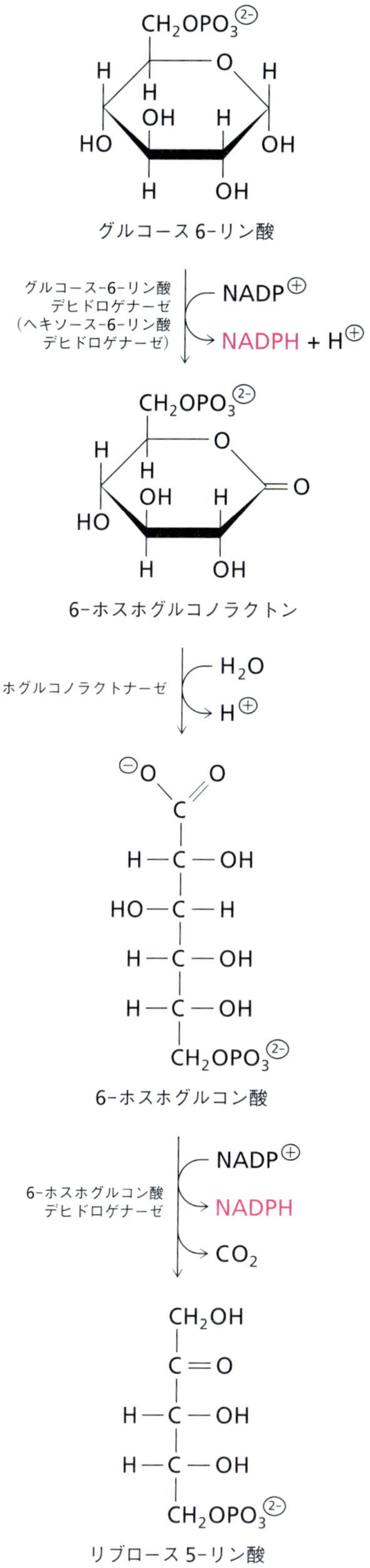

▲図12.11　ペントースリン酸経路の酸化的段階　経路に入ってくるグルコース6-リン酸1分子について，NAD^+ 2分子が還元されてNADPH 2分子がつくられる．

リン酸）を生成する．したがって，3分子のグルコースがペントースリン酸経路を通過した結果できる炭素化合物は，グリセルアルデヒド3-リン酸，2分子のフルクトース6-リン酸，3分子のCO_2ということになる．この過程の収支を式で表すと，つぎのようになる．

◀図12.12 リブロース5-リン酸からキシルロース5-リン酸あるいはリボース5-リン酸への変換 どちらの場合もプロトンの引き抜きによってエンジオール中間体が生成する．再プロトン化によってケトースのキシルロース5-リン酸か，アルドースのリボース5-リン酸のどちらかが生じる．

BOX 12.4 ヒトのグルコース-6-リン酸デヒドロゲナーゼ欠損症

ヒトのグルコース-6-リン酸デヒドロゲナーゼの遺伝については，多くの研究がなされている．二つの異なる酵素があり，図12.11に示す反応を触媒している．その一つ，グルコース-6-リン酸デヒドロゲナーゼの遺伝子はX染色体（Xq28）上にあり，もっぱら赤血球だけで発現している．もう一つ，ヘキソース-6-リン酸デヒドロゲナーゼの遺伝子がコードする酵素は特異性がやや低く，他のヘキソースも基質になりうる．ヘキソース-6-リン酸デヒドロゲナーゼは多くの細胞で合成され，ペントースリン酸経路の酸化過程の最初の酵素として働いている．

赤血球では，グルコース-6-リン酸デヒドロゲナーゼの反応が$NADP^+$を還元しうる唯一の反応である．そのため，この酵素の欠損は赤血球における代謝に重大な影響を与える．それ以外の細胞は，ヘキソース-6-リン酸デヒドロゲナーゼをもっているので影響を受けない．ヒトのグルコース-6-リン酸デヒドロゲナーゼ欠損は，溶血性貧血の原因になる．

X染色体のグルコース-6-リン酸デヒドロゲナーゼ遺伝子には130以上の対立遺伝子がある．変異遺伝子の場合には酵素生産量が低下したり，触媒効率が変化している．ヒトでは完全に欠損した突然変異は知られていない．もしもグルコース-6-リン酸デヒドロゲナーゼ活性が完全に失われると，致死になるからである．男性では1本しかないX染色体上に，この遺伝子が1コピーしかないため，より影響を受けやすいことに注意してほしい．

なんらかの欠陥があるグルコース-6-リン酸デヒドロゲナーゼをもつ人は4億人ほどみられ，軽い溶血性貧血の症状を示す．もしもこのような患者が，他の病気に対して普通に処方されるある種の薬物を投与されると，命にかかわる可能性もある．グルコース-6-リン酸デヒドロゲナーゼに欠陥のある人の多くはマラリヤに対して抵抗性が高い．NADPHを少量しかつくれない赤血球中ではマラリヤ原虫が生き延びられないからである．このことから，ペントースリン酸経路の効率が悪くなるにもかかわらず，ヒト集団の中にこれほど多種類の欠陥対立遺伝子が存在している理由がわかる．これはよく知られている鎌状赤血球貧血と同様に，自然選択によりあるバランスが保たれている例である．

ヒトゲノムデータベースでこれらの遺伝子を検索するにはEntrez Gene Website［ncbi.nlm.nih.gov/gene］が利用できる．検索語として遺伝子グルコース-6-リン酸デヒドロゲナーゼは2539，ヘキソース-6-リン酸デヒドロゲナーゼは9563をタイプする．Online Mendelian Inheritance in Man（OMIM）検索にはncbi.nlm.nih.gov/omim が使える．グルコース-6-リン酸デヒドロゲナーゼはMIM＝305900，ヘキソース-6-リン酸デヒドロゲナーゼはMIM＝138090を検索語とする（§12.8）．

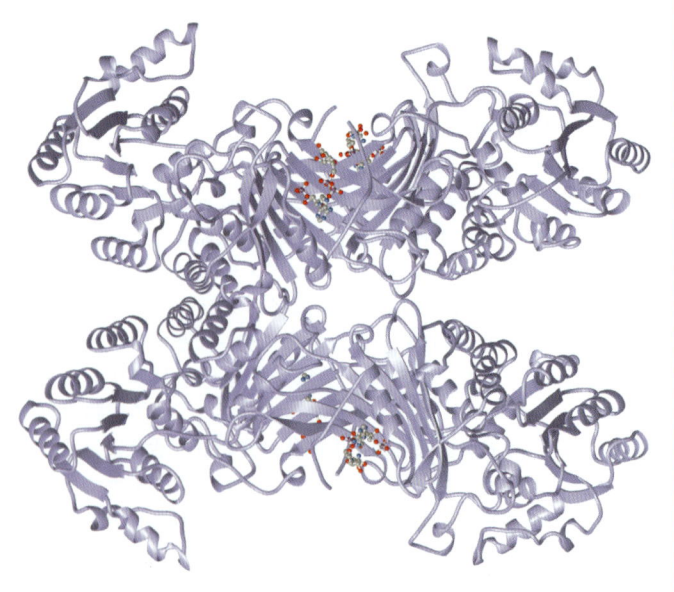

▲ヒトのグルコース-6-リン酸デヒドロゲナナーゼ（カントン型 R459L） 酵素は二量体の二量体（四量体）である．2個の$NADP^+$分子がそれぞれの二量体の活性部位に結合している．［PDB 1QK1］

3 グルコース 6-リン酸 + 6 NADP$^{\oplus}$ + 3 H$_2$O $\longrightarrow$
　2 フルクトース 6-リン酸 +
　グリセルアルデヒド 3-リン酸 + 6 NADPH + 3 CO$_2$ + 6 H$^{\oplus}$
(12.6)

ほとんどの細胞では，ペントースリン酸経路で生じるグリセルアルデヒド 3-リン酸とフルクトース 6-リン酸は，グルコース 6-リン酸を再合成するのに使われる．このグルコース 6-リン酸は再びペントースリン酸経路に入ることができる．この場合，この経路を 6 回繰返すことによって，グルコース 1 分子相当が CO$_2$ にまで完全に酸化される．つまり 6 分子のグルコース 6-リン酸が酸化され，生じた 6 分子のリブロース 5-リン酸がペントースリン酸経路と糖新生経路の一部を使って組換えられ，5 分子のグルコース 6-リン酸を生成する．（グリセルアルデヒド 3-リン酸 2 分子はフルクトース 1,6-ビスリン酸 1 分子と同等であることを思い出そう．）H$_2$O と H$^+$ を考えなければ，この過程全体の化学量論は以下のようになる．

6 グルコース 6-リン酸 + 12 NADP$^{\oplus}$ $\longrightarrow$
　　5 グルコース 6-リン酸 + 12 NADPH + 6 CO$_2$ + P$_i$
(12.7)

正味の反応を示すこの式は，ペントースリン酸経路に入るグルコース 6-リン酸のほとんどがリサイクルされ，1/6 だけが CO$_2$ と P$_i$ に変えられることを強調している．そこでこの経路はペントースリン酸回路ともよばれている．

> ペントースリン酸経路の非酸化的段階の反応は光合成の還元的ペントースリン酸回路（§15.4）の再生段階の反応に似ている．

C. トランスケトラーゼとトランスアルドラーゼが触媒する相互変換

ペントースリン酸経路の非酸化的段階で行われる相互変換は，トランスケトラーゼとトランスアルドラーゼという二つの酵素で触媒される．これらの酵素は幅広い基質特異性をもつ．

トランスケトラーゼはグリコールアルデヒドトランスフェラーゼともよばれ，チアミン二リン酸（TPP）依存性の酵素で，ケトースリン酸から 2 炭素のグリコールアルデヒド基をアルドースリン酸へ転移させる．ケトースリン酸は 2 炭素分短くなり，アルドースリン酸は 2 炭素分長くなる（図 12.13）．

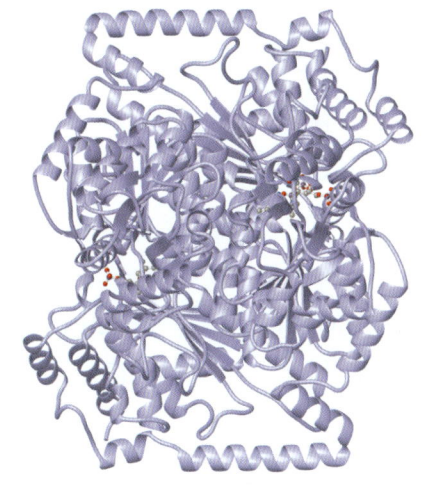

▲ 大腸菌のトランスケトラーゼ　各単量体の活性部位に 1 分子のキシルロース 5-リン酸と補因子 TPP が存在する．[PDB 2R8O]

トランスアルドラーゼはジヒドロキシアセトントランスフェラーゼともよばれ，ケトースリン酸からアルドースリン酸へ 3 炭素断片のジヒドロキシアセトン部分を転移させる．ペントースリン酸経路のトランスアルドラーゼ反応は，セドヘプツロース 7-リン酸とグリセルアルデヒド 3-リン酸をエリトロース 4-リン酸とフルクトース 6-リン酸に変換する（図 12.14）．

12.5　グリコーゲン代謝

グルコースは細胞内多糖であるデンプンあるいはグリコーゲンとして蓄えられる．15 章で，おもに植物に存在するデンプンの代謝を取上げる．グリコーゲンは細菌，原生生物，菌類，動物にとって重要な貯蔵用多糖である．これらの生物の細胞質には巨大なグリコーゲン顆粒が容易に見つかる．脊椎動物では大部分のグリコーゲンは筋細胞と肝細胞にある．電子顕微鏡で見ると，筋肉のグリコーゲンはリボソームとほぼ同じ大きさで，直径 10〜40 nm の細胞質顆粒である．肝細胞内のグリコーゲン粒子はそれより約 3 倍大きい．細菌のグリコーゲン顆粒はもっと小さい．

A. グリコーゲン合成

グリコーゲンの新規合成には，4〜8 残基のグルコースが前もって α-(1→4) 結合したプライマーが必要である．このプライマー

▲ 図 12.13　トランスケトラーゼが触媒する反応　赤で示したキシルロース 5-リン酸由来のグリコールアルデヒド基のリボース 5-リン酸への可逆的転移反応により，グリセルアルデヒド 3-リン酸とセドヘプツロース 7-リン酸が生成する．反応がどちらに進んでも，ケトースリン酸基質は 2 炭素原子分短くなり，アルドースリン酸基質は 2 炭素原子分長くなる点に注目せよ．この例では，5 C + 5 C $\rightleftharpoons$ 3 C + 7 C である．

▲図12.14　**トランスアルドラーゼが触媒する反応**　セドヘプツロース7-リン酸から，3炭素単位（ジヒドロキシアセトン）（赤で示した）をグリセルアルデヒド3-リン酸のC-1位へ転移する可逆的反応は，新たにケトースリン酸であるフルクトース6-リン酸とアルドースリン酸であるエリトロース4-リン酸を生成する．炭素原子の収支は，7C＋3C ⇌ 6C＋4C である．

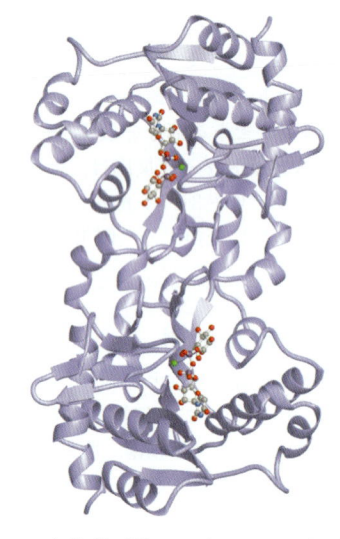

▲図12.15　ウサギ（*Oryctolagus cuniculus*）のグリコゲニン　分子はホモ二量体で，それぞれの活性部位にUDPグルコース分子が結合している．[PDB 1LL2]

は短い糖鎖の還元末端の1位のヒドロキシ基を介して，グリコゲニン（図12.15）というタンパク質の特定のチロシン残基に結合している．このプライマーは2段階でつくられる．最初のグルコース残基は，UDPグルコースをグルコシル基供与体として使う特殊なグルコシルトランスフェラーゼの作用でグリコゲニンに結合する．グリコゲニン自身がプライマーの伸長を触媒し，さら

に最大7個までグルコース残基を増やす．このように，グリコゲニンはグリコーゲンをつくるための足場となり，また酵素としても働く．各グリコーゲン分子は，数千残基のグルコースを含み，またその中心に1分子のグリコゲニンを含んでいる．

　グリコーゲンがさらに伸びていく反応は，グルコース6-リン酸から始まり，これがグルコース1-リン酸になる．§11.5でグルコース6-リン酸が解糖，ペントースリン酸経路などを含むいくつもの経路に入ることをみた．グリコーゲンの合成と分解は，グルコース6-リン酸を細胞が必要とするときまで保管する手段である．グリコーゲンの合成と分解にはそれぞれ別の酵素的経路が必要である．生合成経路と分解経路は異なる道をたどるのが一般的法則だということはすでに述べた．

　グルコース6-リン酸の分子をグリコーゲンへ取込むには三つの酵素触媒反応が必要である（図12.16）．最初にホスホグルコムターゼがグルコース6-リン酸をグルコース1-リン酸へ転換させる反応を触媒する．つぎにグルコース1-リン酸はUTPとの反応で活性化されて，UDPグルコースと二リン酸（PP$_i$）が生成する．第三段階で，グリコーゲンシンターゼがグリコーゲンの非還元末端にUDPグルコース由来のグルコースを付加する．

　ホスホグルコムターゼは広く存在する酵素である．α-D-グルコース6-リン酸をα-D-グルコース1-リン酸に転換する平衡に近い反応を触媒する．グルコース1-リン酸は有名な"コリエス

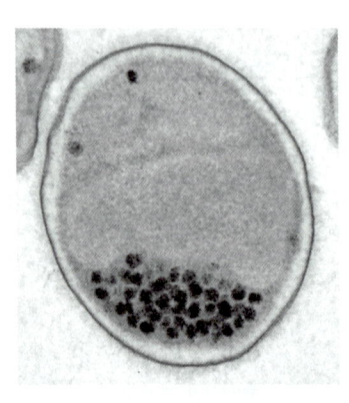

▲肝細胞切片上の大きなグリコーゲン粒子（電子顕微鏡写真）

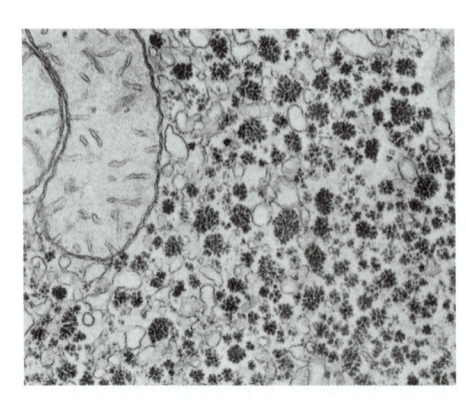

▲細菌（*Candidatus* spp.）のグリコーゲンの染色像

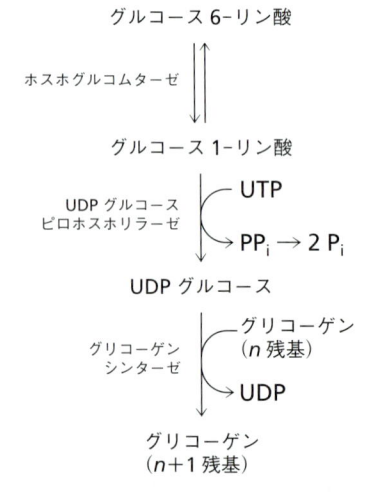

▲図12.16　真核生物におけるグリコーゲンの合成

テル"で, グリコーゲン代謝の反応が解明され始めた1930年代に Gerty Cori と Carl Cori によって発見された.

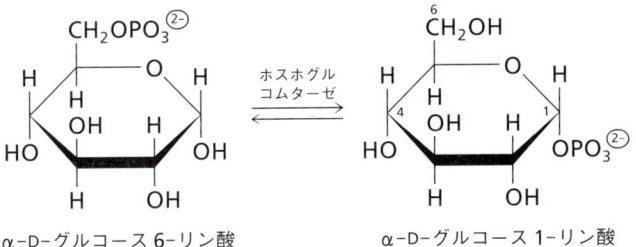

$$\alpha\text{-D-グルコース 6-リン酸} \xrightleftharpoons[]{\text{ホスホグルコムターゼ}} \alpha\text{-D-グルコース 1-リン酸} \quad (12.8)$$

この反応の機構は補因子依存性ホスホグリセリン酸ムターゼの機構と似ている(§11.2.8). リン酸化された酵素にグルコース 6-リン酸が結合し, 酵素に結合した中間体としてグルコース 1,6-ビスリン酸ができる. つぎに C-6 のリン酸が酵素に移り, グルコース 1-リン酸が残る.

グリコーゲン合成の第二段階ではグルコース 1-リン酸が活性化されて, UDP グルコースとなる. この反応で UTP の UMP 部分が C-1 のリン酸基に転移され, 二リン酸が遊離する(図7.6). この反応を触媒する酵素は UDP グルコースピロホスホリラーゼとよばれ, ほとんどの真核生物に存在する. グルコースの活性化には UTP が必要である. エネルギーが UDP グルコースに保存

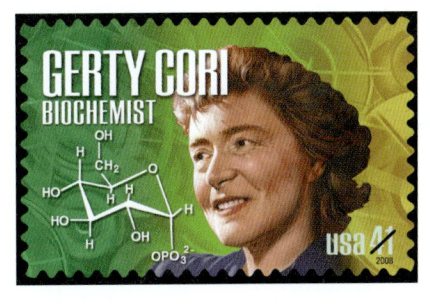

▲ **Gerty Cori**(1896〜1957), 生化学者 Carl Cori と Gerty Cori は"グリコーゲンが触媒により転換する経路の発見"に対して 1947 年にノーベル生理学・医学賞を受賞した. この切手には"コリエステル"が描かれているが, この教科書に何度も出てくる構造とちょっと違っている. どこだかわかるだろうか.

され, これが多くの生化学反応に利用される. §11.6 で UDP グルコースが UDP ガラクトース合成の基質として使われることを述べた(UDP ガラクトースはガングリオシドの合成に使われる). UDP グルコースピロホスホリラーゼ反応の標準ギブズ自由エネルギー変化は 0 に近い. 生体内での定常状態ではほぼ平衡状態にあり, $\Delta G=0$ で, グルコース 1-リン酸と UDP グルコースの濃度はほぼ等しい. UDP グルコース合成方向のフラックスは二リン酸がひき続いて加水分解されることで駆動される(§10.6). グル

BOX 12.5　頭を伸ばす機構と尾を伸ばす機構

重合反応は頭が伸びる場合, あるいは尾が伸びる場合のどちらかで説明できる. 頭を伸ばす機構では, 伸びていく鎖の末端が"活性化"され, その鎖分子の頭にできた"高エネルギー"結合の切断が, つぎの単量体を付加させる反応のためのエネルギーになる. 尾を伸ばす機構では, 伸びていく鎖の末端には高エネルギー結合はない. その代わりに, 付加反応のためのエネルギーは, 活性化された単量体がもってくる.

グリコーゲン合成は尾を伸ばす例の一つである. やってくる単量体(UDP グルコース)が活性化されており, 反応が完了したときのグリコーゲン鎖の末端は, グルコース残基の 4 位の炭素に付いた単なるヒドロキシ基である. DNA および RNA の合成もやはり尾を伸ばす例である. それに対してタンパク質合成, 脂肪酸合成は頭を伸ばす例である.

こうした 2 通りの機構の違いは, 逆反応, つまり分解を考えるとはっきりわかる. グリコーゲンと核酸の場合, 残基を一つだけ切り離すような分解が許される. グリコーゲンの場合, グリコーゲン顆粒がグルコースを貯蔵する分子なので, 合成も分解も一本道の往来の一部である. 核酸, 特に DNA の場合には, DNA の複製の正確さを極限にまで高く保たねばならず, 校正と修復のために分解反応は欠かせない工程である(§20.2 C). 残基が一つ取除かれても, その重合体はそのままで再び付加反応の基質として働くことができる.

タンパク質合成と脂肪酸合成は頭を伸ばす機構を採用している. この場合, 末端の残基を一つ取除くと, 活性化されている頭も失ってしまう. 頭を"もう一度活性化する"段階を加えないかぎり, 付加反応を続けることはできない. このような理由で, タンパク質合成での誤りは修復できないし, 脂肪酸鎖はグリコーゲンと同じような方式ではエネルギー貯蔵分子として使えないのである.

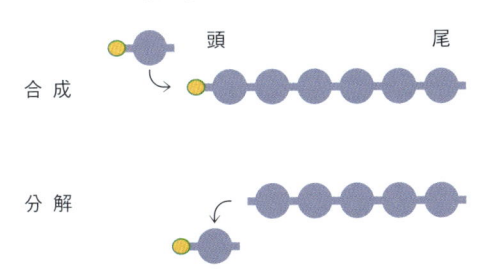

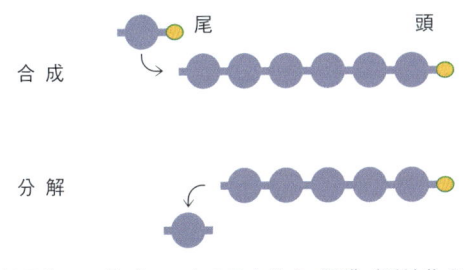

▲**頭と尾を伸ばす**　頭を伸ばす機構(左)では, やってくる活性化された単量体は, 伸びつつある重合体の"頭"(活性化された残基をもつ末端)に付加される. 付加反応の後, 重合体は依然として, 伸びていく末端に活性化された残基をもつ. 尾を伸ばす機構(右)では, やってくる活性化された単量体は, 伸びていく重合体の"尾"に付加される. 単量体基質が自分を付加する反応のためのエネルギーをもってくる. 重合体を分解するときには, 残基を一つ取除く. 頭を伸ばす機構を使う重合体では, 活性化された頭を失ってしまうので, 分解後はもはや付加反応の基質とはなりえない. 尾を伸ばす機構を使う重合体は, 依然として付加反応のための基質として働くことができる.

図 12.17 グリコーゲンシンターゼ反応

コースの活性化には ATP 2 当量（UTP と PP$_i$）が消費される．

グリコーゲン合成は伸長中の多糖鎖に，1 回につき 1 個のグルコース単位が付加される重合反応である．グリコーゲンシンターゼがこの反応を触媒する（図 12.17）．重合反応の多くは**進行性**（processive）である．つまり，酵素が伸長中の鎖の末端に結合していて，付加反応は非常に速い（§20.2 B 参照）．しかし，グリコーゲンシンターゼ反応は**分散性**（distributive）であり，酵素は反応 1 回ごとに伸長中のグリコーゲン鎖から離れる．

UDP グルコースを基質とするグリコーゲンシンターゼは原生生物，動物，菌類に存在する．ある種の細菌は ADP グルコースを使ってグリコーゲンを合成する．植物のデンプン合成でも ADP グルコースが使われる．グリコーゲン合成の主要な調節段階はグリコーゲンシンターゼ反応である．動物には，グリコーゲンシンターゼの活性を変化させてグリコーゲン合成を調節するホルモンがある．それについては次節で述べる．

アミロ-(1,4→1,6)-トランスグリコシラーゼという別の酵素がグリコーゲンに枝分かれをつくる．分枝酵素ともよばれるこの酵素は，伸長したグリコーゲン鎖の非還元末端から，少なくとも 6 残基のオリゴ糖を切離し，これをいちばん近くの α-(1→6) 分岐点から少なくとも 4 残基離れた位置に α-(1→6) 結合で転移させる．こうした分岐はグルコース残基を付加したり除去したりする部位を増やすので，グリコーゲンを速やかに合成したり分解したりするのに役立っている．

完成されたグリコーゲン分子はグリコゲニンコアから外側に伸びた多糖類による多数の階層から成る（図 12.18）．肝細胞の巨大顆粒は 120000 グルコース残基にまで及ぶグリコーゲン分子を複数含む．1 本の鎖当たり，通常 2 本の枝があり，各枝の長さは 8〜14 残基である．各分子には約 12 の鎖の階層がある．鎖当たり平均して 2 本の枝があるとすれば，各多糖単位には数千の遊離末端があることになる．

B. グリコーゲン分解

デンプンあるいはグリコーゲンのグルコース残基は，これらの貯蔵用のポリマーから多糖ホスホリラーゼという酵素の作用で遊離される．植物ではデンプンホスホリラーゼ，他の生物ではグリ

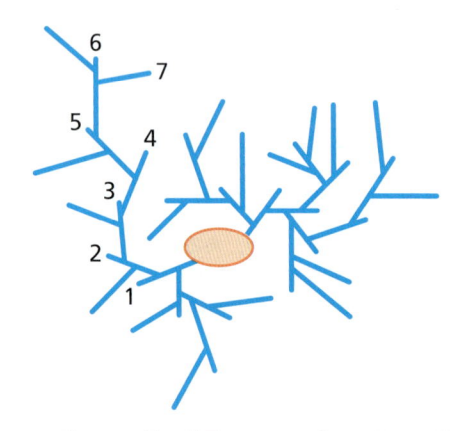

図 12.18 グリコーゲン分子　一つのグリコゲニン分子に 2 本の多糖（青）が結合している．それぞれの幹にあたる鎖は 8〜14 基から成り，2 本の枝がある．枝のすべてを示してはいない．7 番目の階層まで番号をつけたが，典型的なグリコーゲン分子は，生物種による差はあるが，8〜12 の階層から成る．

コーゲンホスホリラーゼである．これらの酵素はデンプンあるいはグリコーゲンの非還元末端から，α-(1→4) 結合で結合したグルコース残基を遊離させる反応を触媒する．名前が示すように，これらの酵素は加リン酸分解，つまりリン酸の酸素原子へ基を転移させる．水への基転移反応である加水分解に対して，加リン酸分解ではリン酸エステルが生成する．この結果，多糖分解の最初の生成物は遊離グルコースではなく，α-D-グルコース 1-リン酸（コリエステル）になる．

$$\text{多糖}（n \text{ 残基}) + P_i \xrightarrow{\text{多糖ホスホリラーゼ}} \text{多糖}（n-1 \text{ 残基}) + \text{グルコース 1-リン酸}$$

(12.9)

グリコーゲンホスホリラーゼが触媒する加リン酸分解反応を図 12.19 に示した．酵素の活性部位で働く補欠分子族はピリドキサールリン酸（pyridoxal phosphate; PLP）である．PLP のリン酸基が基質のリン酸にプロトンをリレーして，グリコーゲンの C-O 結合の切断を助けると考えられる．グリコーゲンホスホリラーゼ

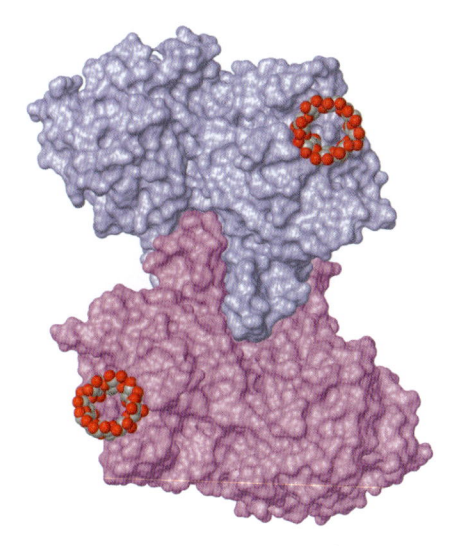

▲ グリコーゲンホスホリラーゼの阻害　グリコーゲンホスホリラーゼの働きで，肝臓内にグルコースができる．インスリンはグリコーゲンホスホリラーゼを阻害することによって，この活動を調節している．しかし，インスリンを欠く場合（たとえばⅡ型の糖尿病），グルコースの過剰生産の危険性が生じる．糖尿病を治療するために，グリコーゲンホスホリラーゼの様々な阻害剤が開発された．その一つがここに示した環状のマルトース分子で，ウサギ（*Oryctolagus cuniculis*）の酵素の活性部位に結合している．[PDB 1P2G]

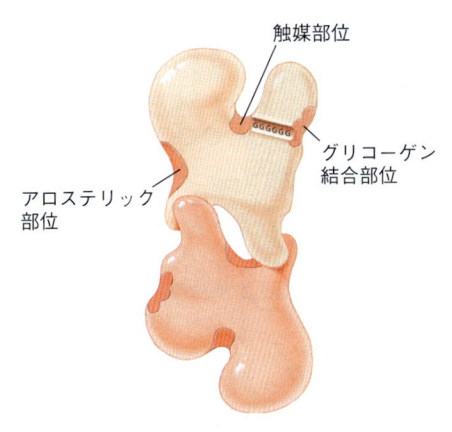

▲ 図 12.20　グリコーゲンホスホリラーゼの結合部位と触媒部位

の反応は注目に値する．なぜなら，グリコーゲンと無機リン酸だけを使ってグルコース 1-リン酸というかなり"高エネルギー"の物質をつくり出すからである（表 10.4）．

グリコーゲンホスホリラーゼは同一のサブユニットから成る二量体である．触媒部位はそれぞれのサブユニットの中央にあり，リン酸とグリコーゲン鎖の末端に結合する部位をもつ（図 12.20）．大きなグリコーゲン粒子がその近くの部位に結合し，切られる鎖が酵素表面の溝に沿って進んでいく．酵素がグリコーゲ

▲ 図 12.19　グリコーゲンホスホリラーゼによるグリコーゲン鎖の非還元末端からのグルコース残基の切断

ン粒子を離すまでの間に 4～5 残基のグルコースが順番に切られる．したがって，グリコーゲンシンターゼとは違って，グリコーゲンホスホリラーゼはある程度進行性である．

この酵素は α-(1→6) 結合をもつ分岐点から 4 グルコース残基隔たった所で反応をやめ，限界デキストリンを残す．限界デキストリンは，二機能酵素であるグリコーゲン枝切り酵素の作用でさらに分解される（図 12.21）．枝切り酵素がもつグルカノトランスフェラーゼ活性は，枝分かれ部分からグルコース残基 3 個の糖鎖を外し，グリコーゲン分子末端の 4 位の遊離ヒドロキシ基に移す．この反応では，元の結合も新しくできた結合も，ともに α-(1→4) 結合である．グリコーゲン枝切り酵素のもう一つの活性はアミロ-1,6-グルコシダーゼ活性で，一つ残った α-(1→6) 結合のグルコース残基を加水分解して除く（加リン酸分解ではない）．これらの反応によって，遊離のグルコース 1 分子の他に伸長した糖鎖が生成し，これがまたグリコーゲンホスホリラーゼの基質になる．枝切り酵素の作用でグリコーゲンから放出された遊離グルコースが解糖系に入ると，ATP が 2 分子生成する（§11.1）．これに対して，グリコーゲンホスホリラーゼの作用で使えるようになったグルコース分子（グリコーゲン中の約 90% に相当する）からは 3 分子の ATP が得られる．エネルギー回収率はグリコーゲンからの方がグルコースからよりも大きい．これはグリコーゲンホスホリラーゼが加水分解ではなく加リン酸分解を触媒するので，遊離グルコースをヘキソキナーゼを使ってリン酸化する場合のように ATP を消費しなくてすむからである．

グリコーゲンの分解産物，グルコース 1-リン酸はホスホグルコムターゼによって速やかにグルコース 6-リン酸に転換される．

> グルコースをグリコーゲンとして貯蔵したからといって，エネルギーを魔法のように獲得できたわけではない．グルコース 6-リン酸をグリコーゲンへ取込むには，2 当量分の ATP が必要だからである（図 12.16）．

12.6　哺乳類のグリコーゲン代謝の調節

哺乳類のグリコーゲンは，食後などのグルコースが豊富なときにそれを蓄えておき，空腹時や"殴るか，逃げるか (fight-or-flight)"といった状況でグルコースを供給する．筋肉ではグリコーゲンは筋収縮の燃料になる．これに対して，肝臓のグリコーゲンはほとんどグルコースに変えられ，肝細胞を出て血流に乗って必要としている他の組織に行く．グリコーゲンの可動化と合成はどちらもホルモンで調節されている．

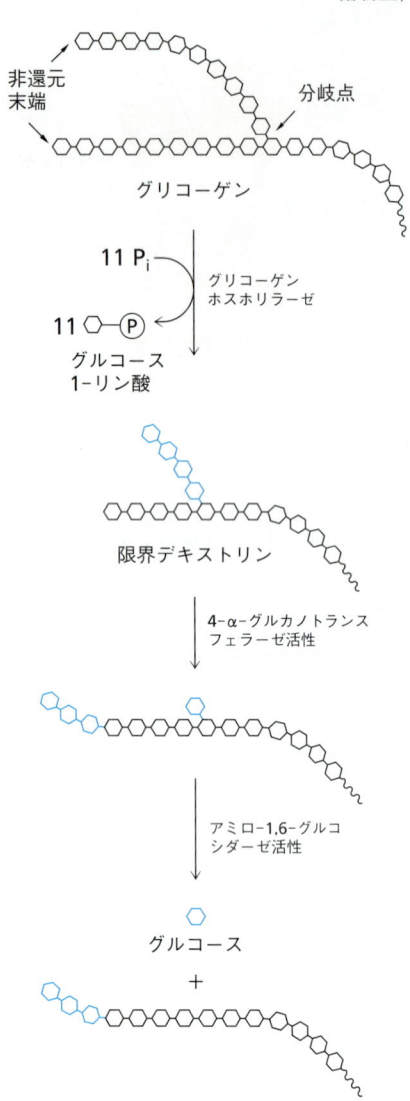

▲図 12.21　**グリコーゲンの分解**　グリコーゲンホスホリラーゼはグリコーゲン鎖の加リン酸分解を触媒するが，その際に切り出されるグルコースはすべてグルコース 1-リン酸になり，α-(1→6) 分岐点から 4 残基目で反応が止まる．さらに分解を進めるためにはグリコーゲン枝切り酵素にある二つの活性が必要である．4-α-グルカノトランスフェラーゼ活性は，限界デキストリンの枝側に付いたグルコースの三量体を主鎖の遊離末端へ転移させる．アミロ-1,6-グルコシダーゼ活性は，分岐点に残った α-(1→6) 結合のグルコース残基を加水分解して遊離させる．

A. グリコーゲンホスホリラーゼの調節

グリコーゲンホスホリラーゼはグリコーゲンを壊してグルコース 1-リン酸をつくるのが役割である．筋細胞でグルコース 1-リン酸はグルコース 6-リン酸に変換され，解糖系で ATP をつくるのに利用される．一方，肝細胞ではグルコース 6-リン酸は遊離グルコースに加水分解されてから，肝細胞を出て血流に入り，必要としている他の組織に運ばれる．

グリコーゲンホスホリラーゼの活性はいくつかのアロステリック因子や共有結合修飾（リン酸化）によって調節されている．グリコーゲンホスホリラーゼの調節について少し詳しく学ぼう．グリコーゲン代謝にとって重要な酵素だというばかりでなく，歴史的にも重要だからである．

図 12.22 のように，この酵素は四つの違う形をとる．リン酸化されていない形をグリコーゲンホスホリラーゼ b（GPb）とよび，リン酸化されている形をグリコーゲンホスホリラーゼ a（GPa）

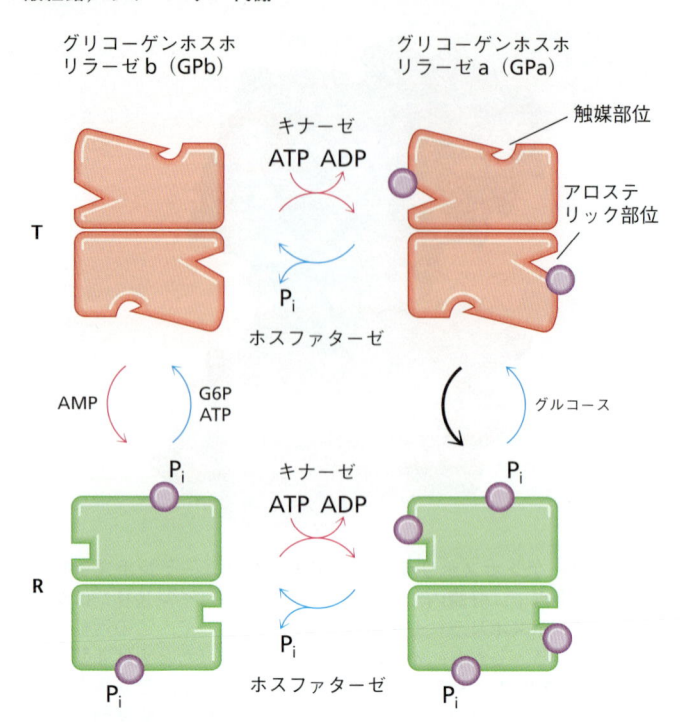

▲図 12.22　**グリコーゲンホスホリラーゼの制御**　グリコーゲンホスホリラーゼ b はリン酸が結合していない型である．グリコーゲンホスホリラーゼ a ではアロステリック部位の近くにリン酸が結合している．その部位のリン酸を紫の球で示す．T コンホメーション（赤）はほぼ不活性だが，R コンホメーション（緑）は図示したように触媒部位にリン酸（紫の球）が結合し，グリコーゲンを分解する活性がある．酵素がリン酸化されると（グリコーゲンホスホリラーゼ a），R コンホメーションを著しくとりやすくなる．

とよぶ．この酵素はキナーゼでリン酸化され，ホスファターゼで脱リン酸される．

他のアロステリックに調節される酵素と同様に，グリコーゲンホスホリラーゼは二つのコンホメーションをとる．R は活性が高いコンホメーションで，T はあまり活性が高くない．図 12.22 では，触媒部位の形を変えて示した．R コンホメーションでは無機リン酸（反応の基質の一つ）が結合できるが，T コンホメーションではリン酸の結合が阻害される．

脱リン酸された GPb も，不活性な T コンホメーション，活性のある R コンホメーションの両方をとりうる．酵素のアロステリック部位にはいくつものエフェクターが結合し，コンホメーションを変化させる．アロステリック部位は二つの単量体の間の二量体接触面に近い．二つのサブユニットはコンホメーションが同時に変わるので，Monod, Wyman, Changeux が提唱した協奏モデル（§5.9 C）が当てはまる．

ATP が結合しているとき酵素活性は阻害されている（T 状態）．生理的条件下では ATP 濃度が高く，かつほぼ維持されているので，これが平常時の活性である．AMP 濃度が上昇すると，これがアロステリック部位で ATP と入れ替わり，活性の高い R コンホメーションに転換させ，グリコーゲン分解を活性化する．筋細胞では，激しい筋肉活動の結果がもたらす AMP 濃度の上昇が，解糖による ATP 生産を加速するためにもっとグルコース 1-リン酸が必要だというシグナルになる．酵素はグルコース 6-リン酸で阻害される（フィードバック阻害）．つまり解糖経路に供給できるグルコース 6-リン酸の量が十分ならば，グリコーゲンを分解し続ける必要がなくなるからである．

R コンホメーションと T コンホメーションのおもな違いは，

Asp-283 および近傍の残基からなるループ（280 番台ループ）の位置である．T コンホメーションのときは，Asp-283 の負に荷電した側鎖が，活性部位にあるピリドキサール 5-リン酸補因子のそばにある．このように近くにあることで，無機リン酸の結合が妨げられ，反応を阻害する．R コンホメーションではこのループの位置がずれて，無機リン酸が活性部位に入れるようになる．

　酵素がリン酸化されたとき，脱リン酸されたときに，構造がどのように変化するかわかるように，GPa と GPb の構造を図 12.23 に示した．リン酸基はタンパク質の N 末端に近い 14 番のセリン残基（Ser-14）に共有結合する．

　脱リン酸状態（GPb）では Ser-14 を含む N 末端付近の残基は触媒部位に近い表面に付着している．リン酸化状態（GPa）では，ホスホセリン-14 がアロステリック部位近くの正に荷電した二つのアルギニン残基と相互作用する．鎖の N 末端部分の位置が大きく動いたことで，それ以外の場所でも酵素のコンホメーションが変わる．特に二量体接触面の反対側にある二つの α-ヘリックス（タワーヘリックス）の位置変化が大きい．これがさらに R コンホメーションと T コンホメーションの間の相互転換を調節している 280 番台のループの位置に影響を与える．

　グリコーゲンホスホリラーゼがリン酸化されているとき（GPa），T と R の間の平衡は R コンホメーション（活性型）側に大きくかたよっている．GPa は ATP，AMP，グルコース 6-リン酸にはあまり影響されない．筋細胞では，グルコースおよび活発な筋肉活動の必要性を伝えるホルモンに呼応して GPa ができて，速やかなグリコーゲン利用が促進される．肝細胞では，同じホルモンに対し肝臓型のグリコーゲンホスホリラーゼが応答するが，この場合は，グリコーゲンの分解によりグルコースが放出され，筋肉がそれを取込む．肝臓のグリコーゲンホスホリラーゼ a は，GPa を T コンホメーションに転換させるグルコースによって阻害される．遊離グルコースが高濃度にあるなら，グリコーゲンからグルコースをつくり続ける必要がなくなるので，これは理にかなっている．

　筋肉型のグリコーゲンホスホリラーゼはグルコースで阻害されない．筋細胞にかなりの濃度の遊離グルコースがあることなどまれだからである．筋細胞はグルコース 6-リン酸をグルコースに変換せず，血流から取込まれたグルコースはすぐにヘキソキナーゼでリン酸化されてグルコース 6-リン酸になる．

　Gerty Cori と Carl Cori は 1938 年にグリコーゲンホスホリラーゼの活性が AMP で調節されることを発見した．それ以来，グリコーゲンホスホリラーゼはアロステリックに制御される酵素の重要な例の一つであり続け，3 世代にわたって生化学を学ぶ学生を鼓舞してきた．グリコーゲンホスホリラーゼは，共有結合修飾で調節されるとわかったまさしく最初の酵素である．1956 年に Eddy Fischer と Edwin Krebs が研究結果を発表したが，長い間，リン酸化による調節はグリコーゲン代謝に限った特殊な調節だと思われていた．今日，真核生物ではリン酸化がきわめて普遍的な調節手段であり，数多くのシグナル伝達経路で最も重要な過程だということがわかっている．いまや何百もの研究室でシグナル伝達が研究されている．

> 6-ホスホフルクトキナーゼは ATP と AMP によって同じ様式で調節される．

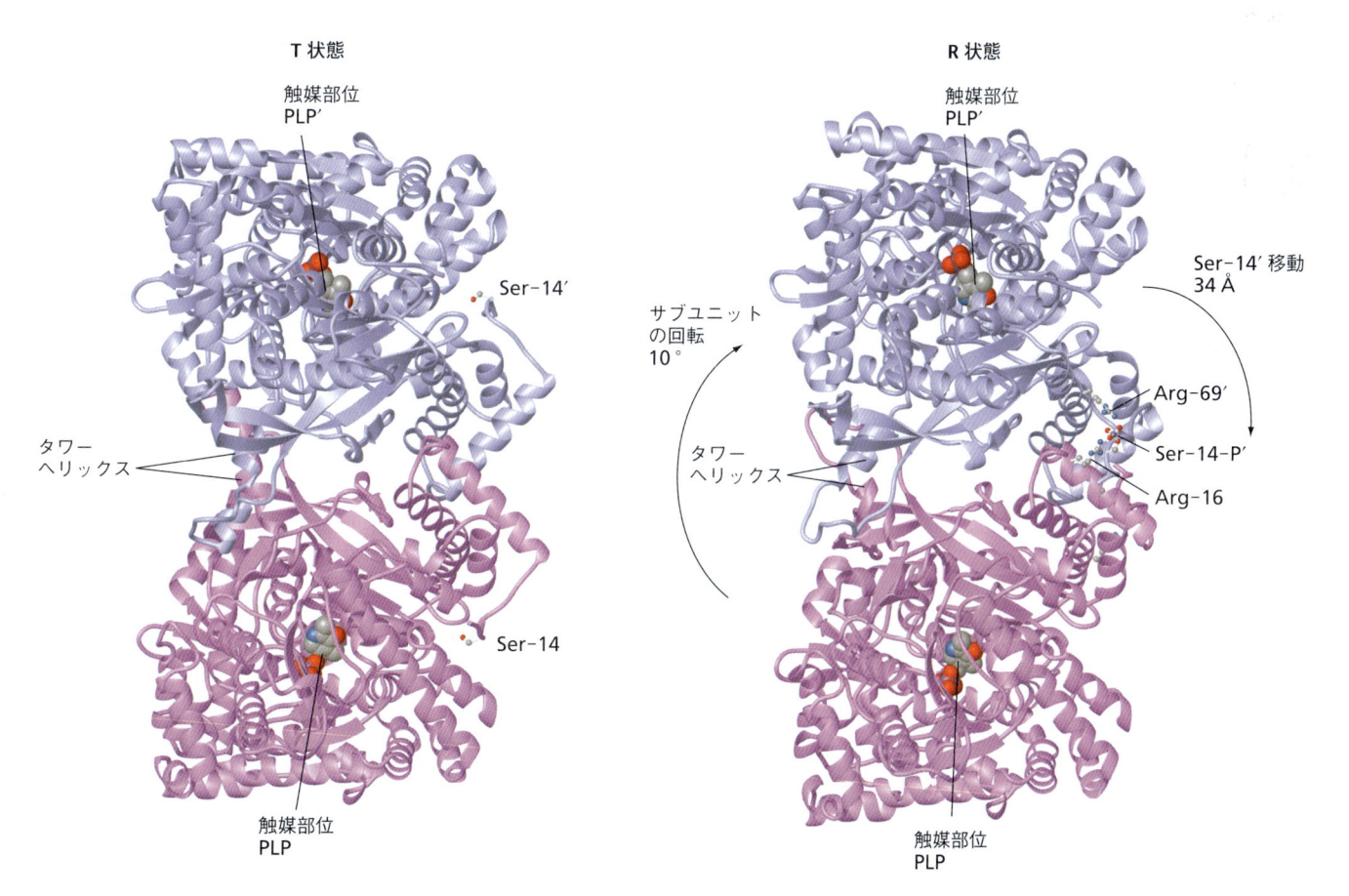

▲ 図 12.23　リン酸化型と非リン酸化型のグリコーゲンホスホリラーゼ　活性部位のピリドキサール 5-リン酸（PLP）を空間充塡模型で示す．リン酸化により Ser-14 が Ser-14-P の位置まで大きく動くと，立体構造が変化して基質が触媒部位へ接触できるようになる．[PDB 3CEH, 1Z8D]

▲ Edmond ("Eddy") H. Fischer（1920〜）（左）と Edwin G. Krebs（1918〜2009）（右）は，"タンパク質の可逆的なリン酸化による生体制御機構の発見"により，1992年にノーベル生理学・医学章を受賞した．

B. ホルモンがグリコーゲン代謝を調節する

インスリン，グルカゴン，アドレナリンが哺乳類のグリコーゲン代謝を制御するおもなホルモンである．インスリンは膵臓のβ細胞で合成される51残基のアミノ酸から成るタンパク質で，血中のグルコース濃度が高くなると分泌される．動物が餌を与えられば，インスリンのレベルが高くなる．インスリンは筋肉と脂肪組織で，GLUT4 グルコース輸送体を介するグルコース輸送の速度を増加させる（§11.5 A）．

グルカゴンは29残基のアミノ酸から成るホルモンで，血中グルコース濃度の低下に対応して膵臓のα細胞から分泌される．グルカゴンはグリコーゲン分解を促進して，血中グルコース濃度を定常状態レベルまで回復させる．グルカゴンレセプターをたくさんもつのは肝細胞だけなので，グルカゴンの作用は肝細胞にきわめて選択的である．グルカゴンの作用はインスリンと逆で，空腹状況にあればグルカゴンのレベルが高くなる．

"殴るか，逃げるか"という緊急行動を促す神経シグナルを受取ると，副腎は一種のカテコールアミンであるアドレナリン（エピネフリン，図3.5 c）を分泌する．前駆体ノルアドレナリンもホルモン作用をもつ．アドレナリンは突発的なエネルギー要求に対応するための引き金を引く．一方，グルカゴンとインスリンはもっと長時間作用し，血中グルコース濃度を一定に保つ．アドレナリンは肝細胞と筋細胞のアドレナリンβレセプターと，肝細

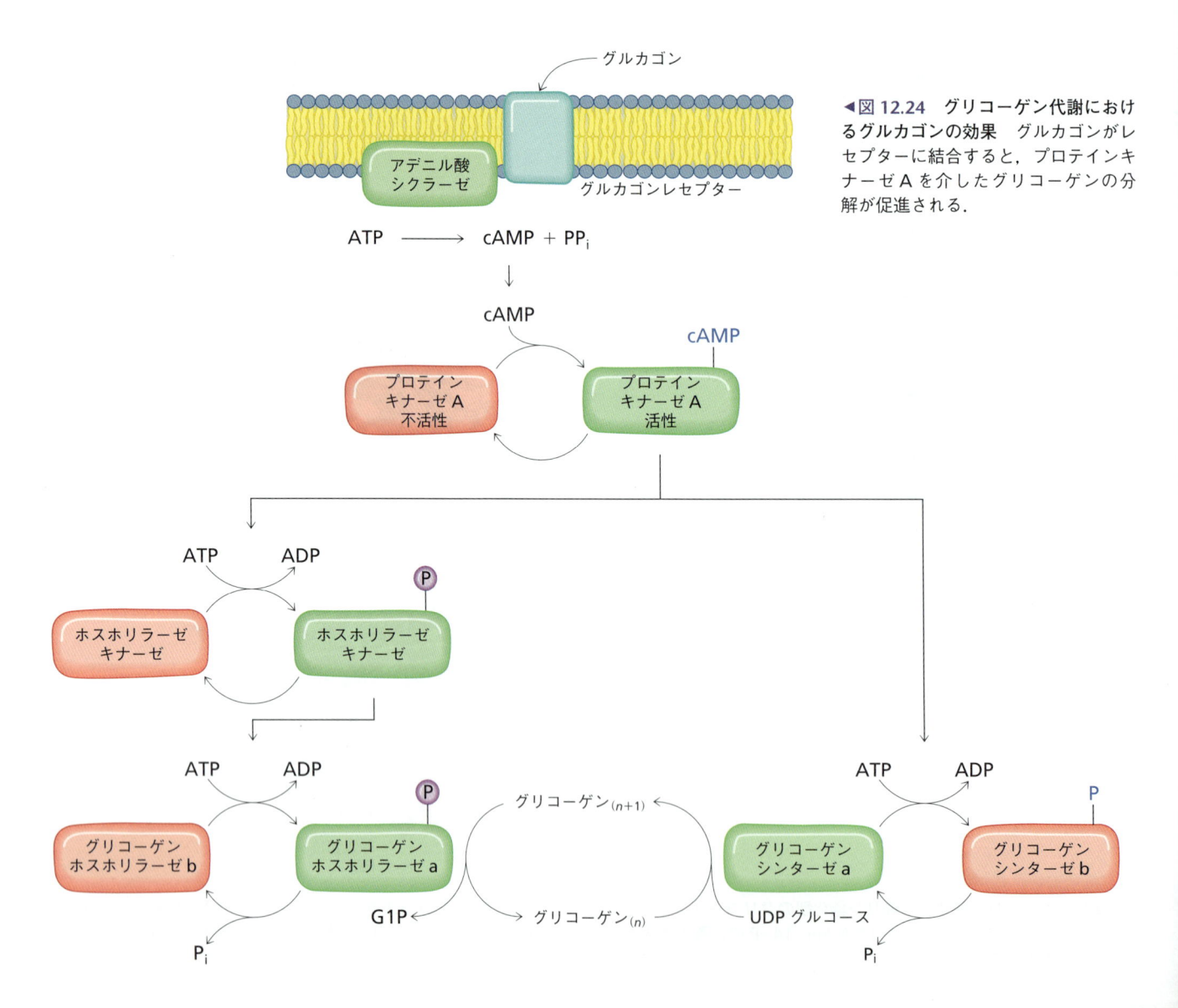

◀ 図 12.24 グリコーゲン代謝におけるグルカゴンの効果　グルカゴンがレセプターに結合すると，プロテインキナーゼ A を介したグリコーゲンの分解が促進される．

12.6 哺乳類のグリコーゲン代謝の調節

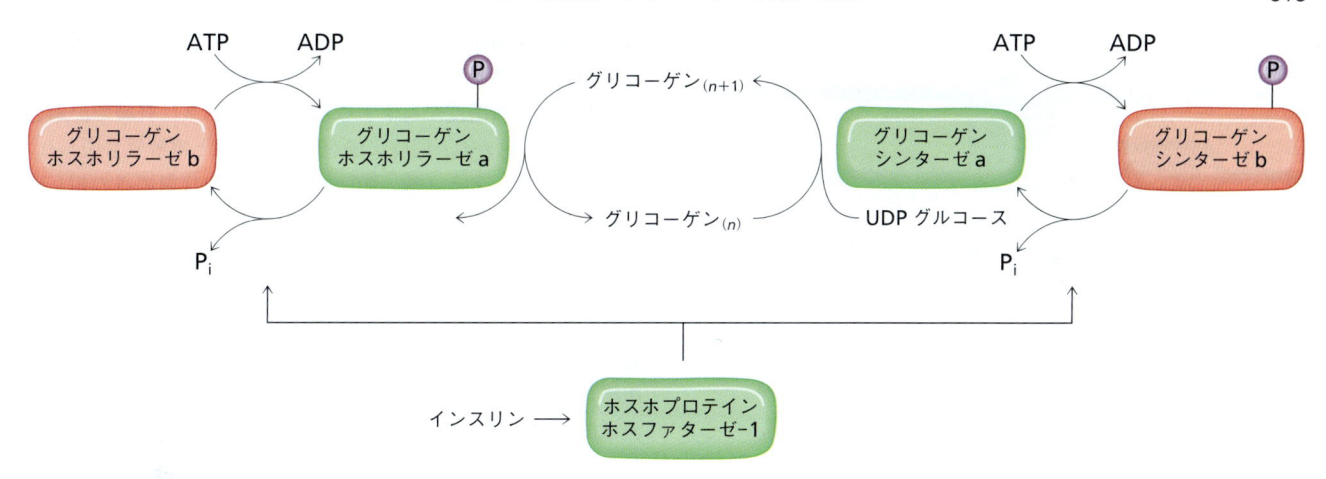

▲図 12.25　**グリコーゲン代謝におけるインスリンの効果**　インスリンはホスホプロテインホスファターゼ-1 のホスファターゼ活性を促進し，グリコーゲンホスホリラーゼを不活性化し，グリコーゲンシンターゼを活性化する．

胞のアドレナリン α_1 レセプターに結合する．アドレナリンがアドレナリン β レセプターに，あるいはグルカゴンがグルカゴンレセプターに結合すると，アデニル酸シクラーゼシグナル伝達経路が活性化される．セカンドメッセンジャーのサイクリック AMP（cAMP）はつぎにプロテインキナーゼ A を活性化する．

プロテインキナーゼ A は多数のタンパク質をリン酸化し，代謝を大きく変動させる．グルカゴンによるグリコーゲン代謝の調節から検討しよう（図 12.24）．グルカゴンがグルカゴンレセプターに結合すると，アデニル酸シクラーゼが活性化されて cAMP が増加し，プロテインキナーゼ A が活性化される．プロテインキナーゼ A はグリコーゲンシンターゼをリン酸化し，"a" 型を不活性な "b" 型に変える．こうしてグリコーゲン合成が止まる．プロテインキナーゼ A はもう一つのキナーゼ（ホスホリラーゼキナーゼ）をリン酸化する．名前からわかるとおり，このキナーゼはグリコーゲンホスホリラーゼをリン酸化する．プロテインキナーゼ A はホスホリラーゼキナーゼを活性化し，グリコーゲンホスホリラーゼ b を活性型のグリコーゲンホスホリラーゼ a に転換させる．この結果，グリコーゲンの分解が速くなる．

グルカゴン（あるいはアドレナリン）の総合的な効果は，グリコーゲンの合成を止め，分解を速めることである．合成と分解の酵素が双方向的に調節されることが，この代謝径路の調節の骨子である．

グリコーゲンシンターゼおよびグリコーゲンホスホリラーゼはホスホプロテインホスファターゼ-1 によって脱リン酸される．この酵素はそれ以外の多くの基質にも作用する．図 12.25 に示すように，脱リン酸によって，グリコーゲンホスホリラーゼが不活性化され，反対にグリコーゲンシンターゼが活性化される．そして UDP グルコースからグリコーゲンが合成され，グリコーゲンの分解は抑制される．インスリンはホスホプロテインホスファターゼ-1 の活性を高め，グリコーゲンへグルコースを取込ませ，血流中のグルコースを減らす．ホスホプロテインホスファターゼ-1 はホスホリラーゼキナーゼにも作用し，グリコーゲンホスホリラーゼをそれ以上活性化するのを阻止する．

C. ホルモンが糖新生と解糖を調節する

糖新生と解糖の調節についての議論に戻ろう．フルクトース-1,6-ビスホスファターゼと 6-ホスホフルクトキナーゼが，グルコースを分解するか合成するかの決定にかかわる酵素である（§ 12.3）．この二つの酵素が，制御因子フルクトース 2,6-ビスリン酸（図 12.8）で双方向的に調節されていることを思い出そう．この制御因子はフルクトース 6-リン酸から，6-ホスホフルクト-2-キナーゼによってつくられ，フルクトース-2,6-ビスホスファターゼによって脱リン酸されてフルクトース 6-リン酸に戻る（図 12.9）．これら二つの酵素活性は一つの二機能性タンパク質上にある．四つの酵素と生成物の関係を図 12.26 にまとめた．

二機能性酵素上のフルクトース-2,6-ビスホスファターゼと 6-

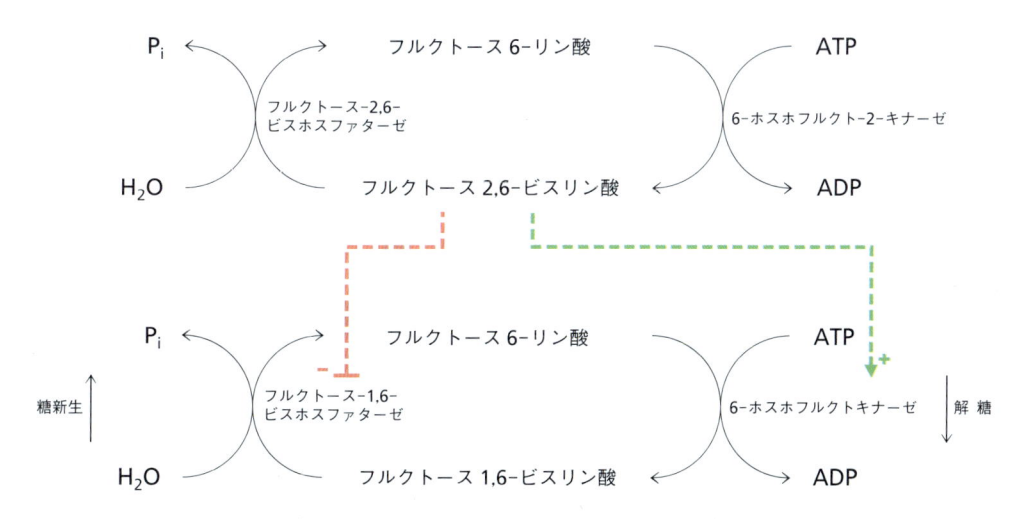

▲図 12.26　**解糖および糖新生におけるフルクトース 2,6-ビスリン酸の役割**

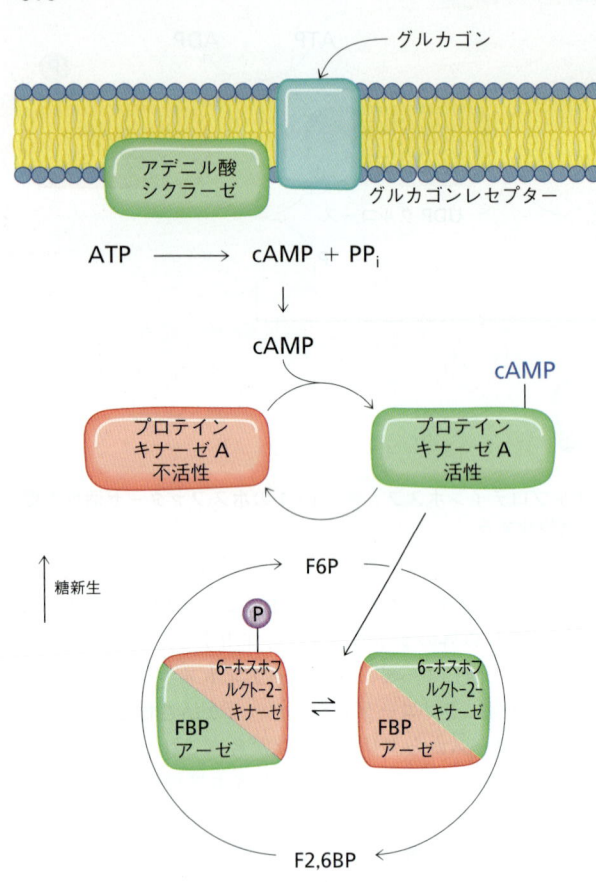

▲図12.27 **糖新生に対するグルカゴンの効果** グルカゴンはレセプターに結合し，アデニル酸シクラーゼを活性化する．cAMPのレベルが上がるとプロテインキナーゼAが活性化され，これが二機能性酵素をリン酸化し，フルクトース-2,6-ビスホスファターゼ活性を上昇させる．エフェクターであるフルクトース2,6-ビスリン酸がないときにはフルクトース-1,6-ビスホスファターゼ（FBPアーゼ）が活性化され，糖新生のフラックスが上昇する．

ホスホフルクト-2-キナーゼの活性は，リン酸化によって双方向的に調節されている．このタンパク質がリン酸化されると，酵素はフルクトース-2,6-ビスホスファターゼとして働き，ホスホフルクトキナーゼ活性は阻害される．反対に，脱リン酸されるとホスホフルクトキナーゼとして働き，フルクトース-2,6-ビスホスファターゼ活性は阻害される．

この現象は，二つの活性が同じタンパク質上にあることを除けば，グリコーゲンホスホリラーゼとグリコーゲンシンターゼでみたのと同じ双方向的調節である．グルカゴンがあると，プロテインキナーゼAが活性をもち，二機能性酵素をリン酸化する（図12.27）．つまりグルカゴンは肝臓での糖新生を促進し，解糖を抑制し，血流中のグルコースを上昇させる．同じとき，アドレナリンは筋細胞内でグリコーゲンの分解を促進し，グリコーゲン合成を抑制する．その結果，筋細胞のグルコースが増え，解糖で得られるATPも増える．

12.7 哺乳類におけるグルコース濃度の維持

哺乳類はグルコースの合成と分解の両方を調節して，血中グルコース濃度をきわめて狭い範囲に保っている．グルコースは体内の主要な代謝燃料である．脳などのいくつかの組織は必要なエネルギーをほぼ完全にグルコースだけで賄っている．血中グルコース濃度はときとして3 mM以下に低下したり，10 mMを超えることもある．血中グルコース濃度が2.5 mM以下になると，グルコースの脳への取込みが影響を受け，危険な状態になる．逆に，血中グルコース濃度が高すぎると，グルコースは腎臓で沪過されて，血液から除かれ，同時に浸透圧により水と電解質も失われる．

肝臓は糖質，アミノ酸，脂肪酸のすべての代謝燃料の相互変換にかかわっており，エネルギー代謝で独特の役割を果たしている．解剖学的には，肝臓は循環系の中央に位置している（図12.28）．ほとんどの組織は並列に灌流されていて，動脈系が酸素を含む血液を供給し，静脈循環が肺に血液を戻して酸素を受取れるようにしている．しかし，肝臓は内臓組織（胃腸管，膵臓，脾臓，脂肪組織）と直列に灌流されている．つまり，これらの組織からの血液は門脈に流れ込み，そこから肝臓へと流れる．このことは，消化産物は腸で吸収された後に直接肝臓に送られることを意味している．肝臓はその特有の酵素によって，食物から得た燃料の配分を調節し，食物による供給が尽きたときには自身の蓄えから燃料を供給する．

組織がグルコースを消費すると，食物から得たグルコースが血液から失われる．グルコース濃度が低下すると，肝臓のグリコーゲンと糖新生がグルコースの供給源となる．しかし，これで供給できる量には限りがあるので，ホルモンが作用し，ATP生産を解糖のみに頼っている組織（腎臓髄質，網膜，赤血球，脳の一部）だけがグルコースを利用するように制限する．他の組織は脂肪組

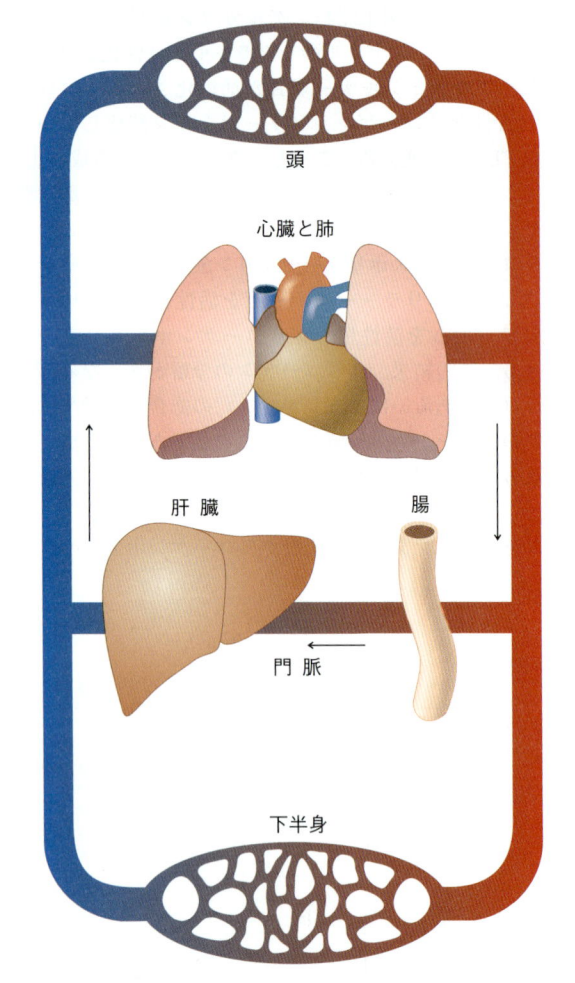

▲図12.28 **循環系における肝臓の位置** ほとんどの組織は並列に灌流される．しかし，肝臓は内臓組織と直列に灌流されている．腸やその他の内臓組織を出た血液は門脈を通って肝臓に流れる．したがって，肝臓は他の組織への燃料の流通を調節するのに理想的な位置にある．

織から遊離した脂肪酸を酸化してATPをつくることができる（§16.1Aと§16.2）．

哺乳類における糖代謝の複雑さは，摂食と絶食の際に起こる変化からも明らかである．1960年代にGeorge Cahillは肥満患者の絶食治療の際のグルコース動態を調べた．患者に最初にグルコースを与えた後は，水，ビタミン，ミネラルだけを与えた．Cahillはグルコース恒常性（血液循環のグルコース濃度を一定に保つこと）は5段階の変化を伴うことに気づいた．図12.29はCahillの観察に基づいて，各段階における代謝的変化をまとめたものである．

1. 最初の吸収段階（最初の4時間）では，食物から得たグルコースは門脈を通って肝臓に入り，ほとんどの組織はグルコースを主要な代謝燃料として使う．このような条件下では，膵臓はインスリンを分泌し，これによって筋肉と脂肪組織ではGLUT4を介したグルコースの取込みが促進される．これらの組織に取込まれたグルコースはリン酸化されて，細胞外に拡散できないグルコース6-リン酸になる．肝臓もグルコースを吸収し，グルコース6-リン酸に変える．過剰のグルコースはグリコーゲンとして肝臓と筋肉に蓄えられる．
2. 食物から得たグルコースが消費されると，血中グルコース濃度を保つために肝臓のグリコーゲンが動員される．肝臓では，グルコース-6-ホスファターゼがグルコース6-リン酸をグルコースへと加水分解し，グルコースはグルコース輸送体によって細胞外へ出される．グルコース-6-ホスファターゼをもたない筋肉中のグリコーゲンは乳酸に代謝され，収縮するのに必要なATPをつくり出す．乳酸は他の組織で燃料として使われ，また肝臓では糖新生に使われる．
3. 約24時間後には肝臓のグリコーゲンは使いつくされ，血液循環中のグルコースの供給源は，乳酸，グリセロール，アラニンを前駆体とする肝臓の糖新生だけになる．ほとんどの組織では脂肪組織から動員された脂肪酸を代替の燃料として使うようになる．エネルギーを解糖だけから得る組織はグルコースを使い乳酸を生産し続ける．この乳酸はコリ回路によって肝臓でグルコースに変換される．この回路のおかげで，肝臓における脂肪酸酸化で得られたエネルギー（炭素ではない）を他の組織が利用できるのである．
4. 肝臓での糖新生は数日間高いレベルで行われた後，低下する．飢餓状態の進行につれて，腎臓での糖新生がしだいに重要になってくる．末梢組織のタンパク質は分解されて糖新生の前駆体として使われる．この段階で，体はいくつかの代替燃料に順応している．
5. さらに飢餓状態が続くと糖新生は低下して，脂質の蓄えも底をつく．摂食が再開されないと，死んでしまうだろう．摂食が再開されると，代謝は急速に食後の状態に回復する．

このように主要な燃料であるグルコースは多糖の形で蓄えられ，また必要に応じて動員される．グルコースは糖新生の反応によって非糖質性の前駆体からも合成される．グルコースはペントースリン酸経路で酸化されてNADPHを生成し，また解糖によってピルビン酸に変換される．

糖尿病（diabetes mellitus；DM）は代謝疾患の一つで，糖質と脂質の代謝調節が適切に行われなくなる．グルコースが十分供給されているにもかかわらず，身体は飢餓状態のような行動をとり，肝臓でグルコースが過剰生産されるのに，それ以外の組織ではあまり使わなくなる．その結果，血中のグルコース濃度が著しく上昇する．それがしばしば腎臓が再吸収しうる上限を超えてしまうので，一部が尿中に漏れ出す．グルコースが尿中で高濃度になると，浸透圧によって身体から水分が奪われる．

糖尿病には二つの型があるが，どちらもインスリンによる生体燃料代謝の調節が正常に行われないことが原因である．Ⅰ型糖尿病（インスリン依存性糖尿病，IDDM）は，インスリンを合成する膵臓のβ細胞の損傷により，インスリンの分泌が低下ないし停止する．これは自己免疫疾患で，若いうちから（普通は15歳以前）発症する特徴がある．患者はやせており，高血糖（高濃度の血中グルコース），脱水症状，頻尿，空腹感，喉の渇きがある．Ⅱ型糖尿病（インスリン非依存性糖尿病，NIDDM）はインスリン抵抗性による慢性的高血糖状態であり，おそらくインスリンレセプターの活性の低下か喪失が原因である．血中のインスリンの分泌量は正常か，場合によってはむしろ高い．この型は成人で発症する糖尿病（可能性は子供のときから高まり続けているが）とされており，肥満と結びつくことが多い．Ⅱ型の患者は人口の約5％，Ⅰ型は約1％である．さらに2％から5％の妊娠中の女性はある種の糖尿病になる．妊娠に伴う糖尿病の女性の大半は，出産後元に戻るが，Ⅱ型糖尿病を発症する危険性もある．

糖尿病を理解するためには，インスリンの働きを知る必要がある．インスリンはグリコーゲン，トリアシルグリセロール，タンパク質の合成を促進し，これらの分解を阻害する．インスリンはまた筋肉と脂肪組織へのグルコースの輸送を促進する．Ⅰ型糖尿病でインスリンのレベルが低くなると，グルコースの供給状態とは無関係に，肝臓でグリコーゲンが分解され，糖新生が行われる．さらに末梢組織でのグルコースの取込みと消費が制限される．

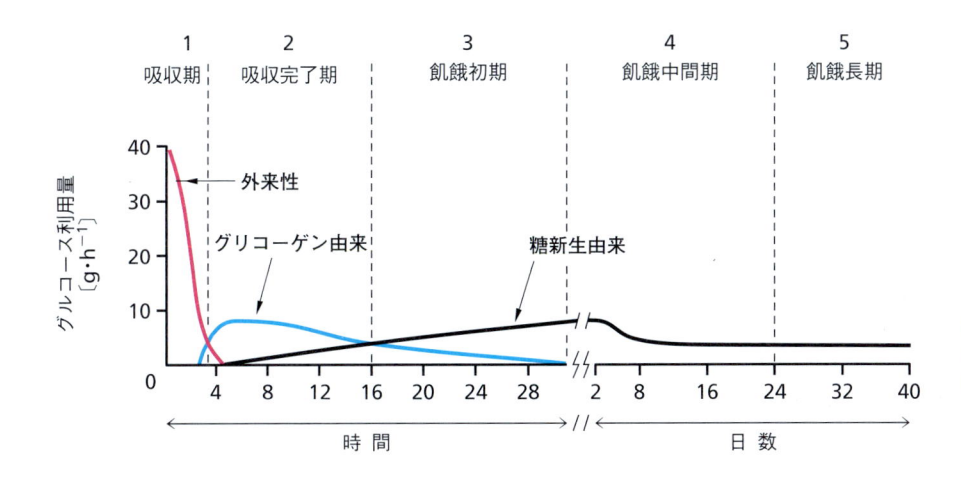

◀図12.29 グルコース恒常性の五つの段階　多数の個体を観察してつくったグラフ．体重70 kgの男性がグルコース100 gを摂取した後，40日間絶食した場合のグルコースの利用状況を示している．

ケトン体の生成にインスリンと糖尿病が及ぼす効果については§16.11（BOX 16.8）で述べる．

12.8 糖原病

グリコーゲンの貯蔵に関係する代謝疾患がいくつかある．代謝疾患は必須ではない遺伝子および酵素の活性が損なわれるものという一般的な法則性がある．必須の遺伝子の欠損は致死的であり，代謝疾患として現れることはない．

ヒトでは代謝酵素の多くが遺伝子ファミリーによってコードされている．組織が違えば，発現される酵素の型が変わる．グリコーゲン代謝にかかわる酵素についていうと，肝臓と筋肉に発現されるのがいちばんよくみられる型である．これらの酵素の一つに欠陥があれば深刻な症状が出るだろうが，致死的とは限らない．グリコーゲン代謝に欠陥があって起こる糖原病には以下の九つの型がある．

MIM 番号は Online Mendelian Inheritance in Man（OMIM）データベース（ncbi.nlm.nih.gov/omim）の検索番号である．〔訳注：OMIM はジョンズ・ホプキンス大学の Victor A. McKusick が編纂した『ヒト・メンデル遺伝』のオンライン版である．収載された疾患は，常染色体優性（MIM＝100000 番台），常染色体劣性（MIM＝200000 番台），X 連鎖性（MIM＝300000 番台），ミトコンドリア遺伝（MIM＝500000 番台）などに分けて番号が付されている．〕

0 型：0a 型では肝臓のグリコーゲンシンターゼに欠陥がある．この酵素の遺伝子は第 12 染色体の 12p12.2 部位（MIM＝240600）にある．酵素の活性が非常に低い場合には早期に死亡する深刻な疾患である．0b 型では筋肉型グリコーゲンシンターゼに欠陥がある．遺伝子は第 19 染色体の長腕の 19q13.3 部位（MIM＝611556）にある．患者は筋肉にグリコーゲンがなく，激しい活動ができない．

I 型：いちばんよくみられる糖原病で，フォンギールケ（von Gierke）病とよばれる．グルコース-6-ホスファターゼの欠陥が原因である（Ia 型，MIM＝232200）．遺伝子は第 17 染色体（17q21）にある．小胞体との間でグルコースを輸送する複合体（§11.5 A）の欠陥もフォンギールケ病の原因になる．Ib 型はグルコース 6-リン酸輸送体〔第 11 染色体（11q23）MIM＝232220〕，Ic 型はリン酸輸送体〔第 6 染色体（6p21.3），MIM＝232240〕に欠陥がある．患者はグルコースを放出できず，肝臓と腎臓にグリコーゲンが蓄積する．

II 型：ポンペ（Pompe）病として知られる II 型の患者では，リソソームでグリコーゲンを分解するのに必要な α-1,4-グルコシダーゼ，すなわち酸性マルターゼ（MIM＝232300）の活性が低下している．遺伝子は第 17 染色体（17q25.2）にある．グリコーゲンがリソソームに蓄積し，筋肉組織，特に心筋で問題が起こる．特に重症の場合には，生後 2, 3 年で死亡する．

III 型：コリ（Cori）病とよばれ，肝臓と筋肉のグリコーゲン枝切り酵素〔第 1 染色体（1p21），MIM＝232400〕をコードする遺伝子に欠陥がある．患者は貯蔵グリコーゲンを使い切ることができないので，筋肉に力がない．症状が非常に軽い場合もある．

IV 型：アンダーソン（Anderson）病とよばれることも多く，第 3 染色体（3p12, MIM＝232500）にある肝臓の分枝酵素の遺伝子に変異がある．この変異のため，長鎖の多糖が蓄積し，心臓または肝臓の不全を起こした後数年で死亡する．

V 型：マッカードル（McArdle）病（V 型糖原病）は筋肉のグリコーゲンホスホリラーゼ（MIM＝232600）の欠陥で起こる．遺伝子は第 11 染色体（11q13）にある．この遺伝病の患者は激しい運動ができず，痛みを伴うけいれんを起こす．

VI 型：ハーズ（Hers）病は肝臓のグリコーゲンホスホリラーゼ（MIM＝232700）の欠陥による軽度の糖原病である．第 14 染色体（14q21）上の遺伝子の転写段階で，変異した対立遺伝子の影響でスプライシングに異常が生じる．

VII 型：筋肉の 6-ホスホフルクトキナーゼ（MIM＝232800）の変異によりタルイ（垂井）病になる．運動ができず，けいれんがある．このアイソザイムの遺伝子は第 12 染色体（12q13.3）にある．

VIII 型：現在は IX 型のサブタイプと判明している．

IX 型：筋肉の非力およびけいれん，あるいはそのどちらかの症状があり，普通は軽い．グリコーゲンホスホリラーゼキナーゼのサブユニットのどれかに変異が起こった結果，いろいろなサブタイプが生じる．IXa 型：X 染色体上の Xp20 にある肝臓の α サブユニットの遺伝子（MIM＝300798）．IXb 型：16q12（MIM＝172490）にある β サブユニット遺伝子．IXc 型：16p12（MIM＝172471）にある肝臓 γ サブユニット遺伝子．IXd 型：X 染色体の Xq13（MIM＝311870）にある筋肉の α サブユニット遺伝子．

要　約

1. 糖新生は非糖質性の前駆体からグルコース合成を行う経路である．糖新生では，解糖系中の平衡に近い七つの反応は逆向きに進行する．解糖における代謝的に不可逆な三つの反応は糖新生に固有な四つの酵素が触媒する反応で迂回される．

2. グルコースの非糖質性の前駆体にはピルビン酸，乳酸，アラニン，グリセロールがある．

3. 糖新生はグルカゴン，アロステリックエフェクター，基質の濃度によって調節される．

4. ペントースリン酸経路はグルコース 6-リン酸を代謝して，NADPH とリボース 5-リン酸を生成する．この経路の酸化的段階では，グルコース 6-リン酸 1 分子をリブロース 5-リン酸と CO_2 に変換する際に，NADPH 2 分子が生成する．非酸化的段階でリブロース 5-リン酸がリボース 5-リン酸へ異性化される．ペントースリン酸分子がさらに代謝されると，解糖中間体に変換される．トランスケトラーゼとトランスアルドラーゼの活性の組合わせにより，ペントースリン酸がトリオースリン酸とヘキソースリン酸に変わる．

5. グリコーゲン合成はグリコーゲンプライマーと UDP グルコースを使ってグリコーゲンシンターゼが触媒する．

6. グルコース残基はグリコーゲンホスホリラーゼによってグリコーゲンから動員される．つぎにグルコース 1-リン酸はグルコース 6-リン酸に変換される．

7. グリコーゲン分解とグリコーゲン合成はホルモンによって双方向に調節されている．キナーゼとホスファターゼが，活性型にも不活性型にもなりうる酵素であるグリコーゲンホスホリラーゼとグリコーゲンシンターゼの活性を制御している．

8. 哺乳類は血中グルコース濃度をほぼ一定に保っている．肝臓は食物，グリコーゲン分解，他の燃料からの供給などで得られるグルコースの量を調節している．

9. グリコーゲン代謝に必要な遺伝子が欠損すると，糖原病になる．

問 題

1. ピルビン酸からグルコースをつくる反応の収支を示す式を書け．NADH の酸化は 2.5 ATP 当量（§14.11）と仮定すると，この経路には ATP 何当量分が必要か．この値を $kJ \cdot mol^{-1}$ に換算し，これが CO_2 と H_2O からグルコースをつくるのに必要な全エネルギーと比べたらどのくらいになるか説明せよ．
2. ピルビン酸から糖新生を行うとき，クエン酸回路のどの産物が重要か．
3. アドレナリンは筋肉での解糖と ATP 生産のために貯蔵グリコーゲンの消費を促進する．筋肉が収縮するのに必要なエネルギーを生み出すために，アドレナリンはどのようにして，肝臓の貯蔵グリコーゲン消費を促進するのか．
4. (a) 筋細胞では，ホスホプロテインホスファターゼ-1 をリン酸化するプロテインキナーゼ反応をインスリンが促進し，ホスホプロテインホスファターゼを活性化する．インスリンはこの機構によって筋細胞でのグリコーゲンの合成と分解にどのように影響するだろうか．
   (b) グルカゴンはなぜ他の組織ではなく肝臓の酵素を選択的に調節するのだろうか．
   (c) グルコースはホスホプロテインホスファターゼ-1 を介して肝臓グリコーゲンの合成と分解をどのように調節するのだろうか．
5. 血中グルコース濃度が低下すると膵臓からポリペプチドホルモンであるグルカゴンが分泌される．グルカゴンは肝細胞では，フルクトース 2,6-ビスリン酸（F2,6BP）濃度に影響を与えて，解糖と糖新生という逆方向の反応の速度を制御する．グルカゴンが F2,6BP 濃度を低下させるとしたら，どうして血中グルコース濃度は上昇するのか．
6. 血中のグルカゴン濃度が上昇したとき，以下のどの酵素の活性が低下するか．説明せよ．アデニル酸シクラーゼ，プロテインキナーゼ A，6-ホスホフルクト-2-キナーゼ（キナーゼ活性），フルクトース-1,6-ビスホスファターゼ．
7. (a) グルコース 6-リン酸からグリコーゲンを合成するのに必要なエネルギーは，グリコーゲンがグルコース 6-リン酸に分解される際に得られるエネルギーより大きいだろうか．
   (b) 運動の際には，筋細胞でも肝細胞でもグリコーゲンは代謝されて，筋肉での ATP 生成に寄与しうる．肝臓のグリコーゲンと筋肉のグリコーゲンが筋肉に供給しうる ATP の量は同じだろうか．
8. 筋肉のグリコーゲンホスホリラーゼを完全に欠いている患者（マッカードル病）は，筋肉のけいれんのために活発な運動ができない．この患者が運動すると，細胞内の ADP と P_i が正常な場合よりずっと増加する．さらに，健常者で起こるような筋肉での乳酸の蓄積がみられない．マッカードル病でのこのような化学的異常を説明せよ．
9. グルコース 1-リン酸 1 分子を乳酸 2 分子に分解する際に生じる ATP 当量と，乳酸 2 分子からグルコース 1-リン酸 1 分子を合成するのに必要な ATP 当量を比較せよ．（嫌気的条件と仮定する．）
10. (a) グルコース-アラニン回路によって，どうして筋肉のピルビン酸が肝臓の糖新生に利用できるようになり，さらに筋肉にグルコースとして戻すことができるようになるのだろうか．
    (b) グルコース-アラニン回路は最終的にはコリ回路より多くのエネルギーを筋肉にもたらしうるか．
11. 特定の酵素の欠損による糖原病では，貯蔵グリコーゲンと血中グルコース濃度の間のバランスに影響がでることがある．以下の病気で，(1) 肝臓の貯蔵グリコーゲン量と，(2) 血中グルコース濃度に対してどのような影響がでるかを予測せよ．
    (a) フォンギールケ病，欠損酵素：グルコース-6-ホスファターゼ
    (b) コリ病，欠損酵素：アミロ-1,6-グルコシダーゼ（枝切り酵素）
    (c) ハーズ病，欠損酵素：肝臓グリコーゲンホスホリラーゼ
12. ペントースリン酸経路と解糖系は相互に依存している．それは両者に共通の中間体があって，その濃度が両方の経路の酵素反応速度に影響するからである．二つの経路に共通の中間体はどれか．
13. 多くの組織において，細胞傷害に対する最も初期の反応の一つは，ペントースリン酸経路の酵素レベルの急速な上昇である．心臓組織のグルコース-6-リン酸デヒドロゲナーゼと 6-ホスホグルコン酸デヒドロゲナーゼのレベルは，傷害の 10 日後に正常値の 20～30 倍にもなるが，解糖の酵素のレベルは正常の 10～20% しかない．この現象について説明せよ．
14. (a) ペントースリン酸経路でトランスケトラーゼが触媒する 2 番目の反応について，反応物と生成物の構造を描け．どの炭素が転移するかを示せ．
    (b) 2-[^{14}C]-グルコース 6-リン酸がこの経路に入ってきた場合，(a) の反応で生じるフルクトース 6-リン酸のどの原子が標識されているか．

参 考 文 献

糖 新 生

Hanson, R. W., and Hakimi, P. (2008). Born to run. *Biochimie*. 90:838-842.

Hanson, R. W., and Reshef, L. (1997). Regulation of phosphoenolpyruvate carboxykinase (GTP) gene expression. *Annu. Rev. Biochem.* 66:581-611.

Hines, J. K., Chen, X., Nix, J. C., Fromm, H. J., and Honzatko, R. B. (2007). Structures of mammalian and bacterial fructose-1,6-bisphosphatase reveal the basis for synergism in AMP/fructose 2,6-bisphosphate inhibition. *J. Biol. Chem.* 282:36121-36131.

Jitrapakdee, S., and Wallace, J. C. (1999). Structure, function and regulation of pyruvate carboxylase. *Biochem. J.* 340:1-16.

Kemp, R. G. and Gunasekera, D. (2002). Evolution of the allosteric ligand sites of mammalian phosphofructo-1-kinase. *Biochemistry*. 41:9426-9430.

Ou, X., Ji, C., Han, X., Zhao, X., Li, X., Mao, Y., Wong, L-L., Bartlam, M., and Rao, Z. (2006). Crystal structure of human glycerol 3-phosphate dehydrogenase (GPD1). *J. Mol. Biol.* 357:858-869.

Pilkis, S. J., and Granner, D. K. (1992). Molecular physiology of the regulation of hepatic gluconeogenesis and glycolysis. *Annu. Rev. Physiol.* 57:885-909.

Rothman, D. L., Magnusson, I., Katz, L. D., Shulman, R. G., and Shulman, G. I. (1991). Quantitation of hepatic glycogenolysis and gluconeogenesis in fasting humans with ^{13}C NMR. *Science* 254:573-576.

Sullivan, S. M., and Holyoak, T. (2008). Enzymes with lid-gated active sites must operate by an induced fit mechanism instead of conformational selection. *Proc. Natl. Acad. Sci. (USA)* 105:13829-13834.

van de Werve, G., Lange, A., Newgard, C., Méchin, M.-C., Li, Y., and Berteloot, A. (2000). New lessons in the regulation of glucose metabolism taught by the glucose 6-phosphatase system. *Eur. J. Biochem.* 267:1533-1549.

Xue, Y., Huang, S., Liang, J. Y., Zhang, Y., and Lipscomb, W. N. (1994). Crystal structure of fructose-1,6-bisphosphatase complexed with fructose 2,6-bisphosphate, AMP, and Zn^{2+} at 2.0-A resolution: aspects of synergism between inhibitors. *Proc. Natl. Acad. Sci. (USA)* 91:12482-12486.

ペントースリン酸経路

Au, S. W. N., Gover, S., Lam, V. M. S., and Adams, M. J. (2000) Human glucose-6-phospate dehydrogenase: the crystal structure reveals a structural $NADP^+$ molecule and provides insights into enzyme deficiency. *Structure* 8:293-303.

Wood, T. (1985). *The Pentose Phosphate Pathway*. (Orlando: Academic Press).

Wood, T. (1986). Physiological functions of the pentose phosphate pathway. *Cell Biochem. Func.* 4:241-247.

グリコーゲン代謝

Barford, D., Hu, S-H., and Johnson, L. N. (1991). Structural mechanisms for glycogen phosphorylase control by phosphorylation and AMP. *J. Mol. Biol.* 218:233-260.

Chou, J. Y., Matern, D., Mansfield, B. C., and Chen, Y. T. (2002). Type I glycogen storage diseases: disorders of the glucose 6-phosphate complex. *Curr. Mol. Med.* 2:121-143.

Cohen, P., Alessi, D. R., and Cross, D. A. E. (1997). PDK1, one of the missing links in insulin signal transduction? *FEBS Lett.* 410:3-10.

Fischer, E. (2010). Memories of Ed Krebs. *J. Biol. Chem.* 285:4267.

Johnson, L. N. (2009). Novartis Medal Lecture: The regulation of protein phosphorylation. *Biochem. Soc. Trans.* 37:627-641.

Johnson, L. N., and Barford, D. (1990). Glycogen phosphorylase: the structural basis of the allosteric response and comparison with other allosteric proteins. *J. Biol. Chem.* 265:2409-2412.

Johnson, L. N., Lowe, E. D., Noble, M. E. M., and Owen, D. J. (1998). The structural basis for substrate recognition and control by protein kinases. *FEBS Lett.* 430:1-11.

Larner, J. (1990). Insulin and the stimulation of glycogen synthesis: the road from glycogen synthase to cyclic AMP-dependent protein kinase to insulin mediators. *Adv. Enzymol. Mol. Biol.* 63:173-231.

Meléndez-Hevia, E., Waddell, T. G., and Shelton, E. D. (1993). Optimization of molecular design in the evolution of metabolism: the glycogen molecule. *Biochem. J.* 295:477-483.

Murray, R. K., Bender, D. A., Kennelly, P. J., Rodwell, V. W., and Weil. P. A. (2009). *Harper's Illustrated Biochemistry*, 28th ed. (New York: McGraw-Hill).

Pinotsis, N., Leonidas, D. D., Chrysina, E. D., Oikonomakos, N. G., and Mavridis, I. M. (2003). The binding of β- and γ-cyclodextrins to glycogen phosphorylase b: kinetic and crystallographic studies. *Prot. Sci.* 12:1914-1924.

Shepherd, P. R., Withers, D. J., and Siddle, K. (1998). Phosphoinositide 3-kinase: the key switch mechanism in insulin signalling. *Biochem. J.* 333:471-490.

Smythe, C., and Cohen, P. (1991). The discovery of glycogenin and the priming mechanism for glycogen biosynthesis. *Eur. J. Biochem.* 200:625-631.

Villar-Palasi, C., and Guinovart, J. J. (1997). The role of glucose 6-phosphate in the control of glycogen synthase. *FASEB J.* 11:544-558.

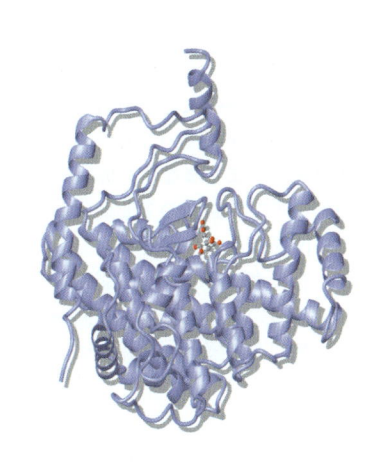

クエン酸回路

> 組織内ではクエン酸は触媒的に作用するから，最初の反応でなくなっても，後の反応で再生するのだろう．反応全体を通して物質の出入りを調べると，クエン酸の消費はみられないし，なんらかの中間生成物の蓄積もみられない．
>
> H. A. Krebs and W. A. Johnson (1937)

11章と12章では主としてグルコースのような糖質の合成や分解を取上げた．グルコースへ向かう生合成経路はピルビン酸およびオキサロ酢酸から始まること，ピルビン酸が解糖の最終産物であることを学んだ．本章では各種の簡単な有機酸の相互変換を行う経路について述べる．このような化合物のいくつかはアミノ酸，脂肪酸，ポルフィリンの合成のための前駆体としても必須である．

アセチル CoA は小さな有機酸の相互変換において鍵となる中間体である．アセチル CoA は CO_2 の遊離を伴うピルビン酸の酸化的脱炭酸によって生成する．この反応はピルビン酸デヒドロゲナーゼにより触媒される．この酵素は §11.3 でピルビン酸の運命を考察したときに少し話題になった．本章はこの重要な酵素について詳しく述べるところから始まる．

アセチル CoA 由来のアセチル基（2炭素の有機酸）は4炭素のジカルボン酸であるオキサロ酢酸に転移されて，6炭素のトリカルボン酸であるクエン酸を新たにつくる．クエン酸はそれに続く7段階の経路によって酸化されて，オキサロ酢酸に戻り，2分子の CO_2 を遊離する．オキサロ酢酸は再び別のアセチル CoA と結合し，クエン酸の酸化が繰返される．この八つの酵素による環状の経路の総合的結果として，アセチル基が CO_2 へと完全酸化され，いくつかの補因子へ電子が転移されて還元当量が生成する．この経路は**クエン酸回路**（citric acid cycle），トリカルボン酸回路（TCA回路），あるいは1930年代にこれを発見した Hans Krebs にちなんでクレブス回路として知られている．

クエン酸回路は真核細胞，特に動物において，エネルギー代謝のハブとしての位置にある．クエン酸の酸化により解放されるエネルギーの大半は，補酵素 NAD^+ とユビキノン（Q）がそれぞれ NADH と QH_2 に還元されるときに，還元当量として保存される．このエネルギーはもともとはピルビン酸（アセチル CoA を経由して）に由来する．ピルビン酸は解糖の最終産物であるから，クエン酸回路はグルコースの酸化を完結させるための一連の反応とみなしてよい．NADH および QH_2 は，膜会合電子伝達反応の基質となり，これにより ATP 合成を促進するプロトン勾配が形成される（14章）．

Hans Krebs と W. A. Johnson は，難題だらけのいくつもの実験結果をうまく説明するために，1937年にクエン酸回路を提唱した．彼らは筋細胞におけるグルコースの酸化と酸素取込みがどのように共役しているかを解明しようとしていた．すでに Albert Szent-Györgyi が，すりつぶした筋肉の懸濁液に4炭素のジカルボン酸（コハク酸，フマル酸，オキサロ酢酸）を与えると，O_2 消費が促進されることを発見していた．酸化される基質は糖質，グルコースあるいはグリコーゲンであった．とりわけ奇妙だったのは，4炭素のジカルボン酸を少しだけ加えても，それを酸化するのに必要な量よりはるかに多量の酸素が消費されることだった．つまり4炭素の有機酸が触媒のような効果をもつことになる．

Krebs と Johnson は，6炭素のトリカルボン酸であるクエン酸，5炭素の化合物である 2-オキソグルタル酸もまた O_2 の取込みに触媒的効果をもたらすことを見いだした．彼らはクエン酸は4炭素中間体と，グルコース由来の未知の2炭素の誘導体（後にアセチル CoA だとわかった）とからつくられると提唱した．中間体が消費されることなく触媒的に働くことができるのは，経路のもつ循環的性質から納得できる．Albert Szent-Györgyi は，生物学的燃焼過程におけるフマル酸の触媒的役割を含めた呼吸に関する業績により1937年にノーベル生理学・医学賞を受賞した．Hans Krebs はクエン酸回路の発見により1953年にノーベル生理学・医学賞を受賞した．

筋細胞ではクエン酸回路の中間体はもっぱらエネルギー代謝の環状経路の中だけで使われる．筋細胞では，この代謝装置はグルコースからエネルギーを ATP の形で取出すことに専念している．だから，筋肉抽出物を使った実験で，経路の循環的性質を見抜くことができたのである．他の細胞ではクエン酸回路の中間体はいろいろな合成経路の出発点になっている．したがってクエン酸回路に属する酵素群は，同化反応および異化反応のいずれにおいても鍵の役割を果たしている．

細菌には完全なクエン酸回路をもつものは少ないが，これらの

---

* カット：生成物であるクエン酸を活性部位に結合したクエン酸シンターゼ．クエン酸回路の第一段階を触媒する．[PDB 1CTS]

酵素の多くが原核生物でも見いだされている．本章では真核生物で行われているクエン酸回路の反応を検討する．これらの酵素がどのように制御されているかについても学ぶ．ついでクエン酸回路の中間体を必要とするさまざまな生合成経路を紹介し，これらの経路が真核生物のクエン酸回路の主要反応および細菌の部分的な経路とどのような関係にあるのかを検討しよう．またグリオキシル酸を含む経路，特にグリオキシル酸側路，およびグリオキシル酸回路も学ぶ．これらの経路はクエン酸回路と密接な関係がある．最後に，クエン酸回路の酵素の進化についても考察しよう．

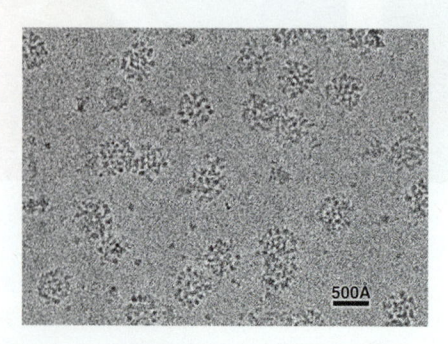

▲ 図13.1 大腸菌のピルビン酸デヒドロゲナーゼ複合体の電子顕微鏡写真

13.1 ピルビン酸からアセチル CoA への変換

ピルビン酸は §11.3 で述べたように，多くの反応において鍵となる基質である．アセチル CoA はクエン酸回路の主要な基質なので，本章ではピルビン酸からアセチル CoA への変換を取上げる．この反応はピルビン酸デヒドロゲナーゼ複合体として知られている酵素と補因子から成る巨大な複合体が行う（図13.1）．反応が完結したときの全体としての化学量論を以下に示す．

$$\underset{\text{ピルビン酸}}{\begin{array}{c}COO^-\\|\\C=O\\|\\CH_3\end{array}} + HS\text{-}CoA + NAD^+ \xrightarrow{\text{ピルビン酸デヒドロゲナーゼ}} \underset{\text{アセチル CoA}}{\begin{array}{c}S\text{-}CoA\\|\\C=O\\|\\CH_3\end{array}} + CO_2 + NADH \quad (13.1)$$

ここで HS-CoA は補酵素 A である．これがピルビン酸を酸化するための第一段階であり，反応産物はアセチル CoA，1分子の二酸化炭素，1分子の還元当量（NADH）である．ピルビン酸デヒドロゲナーゼ反応は酸化還元反応である．この場合，ピルビン酸の CO_2 への酸化が，NAD^+ の NADH への還元と共役している．実質的には2個の電子がピルビン酸から NADH へと移される．

ピルビン酸デヒドロゲナーゼ複合体は多酵素複合体で，3種類の酵素活性をもつ分子をそれぞれ複数個含んでいる．その三つとは，ピルビン酸デヒドロゲナーゼ（E_1 サブユニット），ジヒドロリポアミドアセチルトランスフェラーゼ（E_2 サブユニット），ジヒドロリポアミドデヒドロゲナーゼ（E_3 サブユニット）である．

ピルビン酸の酸化的脱炭酸は五つの段階に分けることができる．（以下のそれぞれの段階においてピルビン酸由来の原子の行方を赤で示した．）

1. E_1 サブユニットは補欠分子族としてチアミン二リン酸（チアミンピロリン酸；TPP）を含む．§7.3 でみたように，TPP（ビタミン B_1 の補酵素型）はさまざまな脱炭酸反応で触媒的役割を果たす．最初の反応により，ヒドロキシエチルチアミン二リン酸（HETPP）中間体が形成され，CO_2 が遊離する．

$$\text{チアミン二リン酸（TPP）} + \text{ピルビン酸} + H^+ \xrightarrow{\text{ピルビン酸デヒドロゲナーゼ}} \text{ヒドロキシエチルチアミン二リン酸（HETPP）} + CO_2 \quad (13.2)$$

BOX 13.1 大 失 態

Krebs と Johnson は，筋肉組織でグルコースが酸化される際に，クエン酸が触媒として働くことを発見し，その論文を *Nature* 誌に 1937 年に投稿した．*Nature* は印刷中の論文が多すぎるとしてこれを却下した．Krebs は回想録にこう書いた．"自身の研究生活を通じてその時までに 50 以上は論文を発表していたが，却下あるいは危うく却下という目にあったのはこれが初めてだった．"

Krebs と Johnson は論文を *Enzymologia* 誌に発表し，ほぼこの論文に基づいて Krebs はノーベル賞を受賞した．*Nature* がこの失態を公式に認めたのは 51 年も経ってからである．1988 年 10 月 28 日号に編集者が書いている．"ノーベル賞に値する論文を却下してしまうのは，編集者にとっての悪夢だ……Hans Krebs のトリカルボン酸回路（クレブス回路）は，代謝生化学の進路を変える画期的な発見だったのに，その論文を却下してしまったのは，*Nature* の（私たちが知る限り）最大の失態として残る．"

Hans Krebs（1900〜1981）▶ Krebs は，1953 年にクエン酸回路の発見でノーベル生理学・医学賞を受賞した．この写真は代謝中の組織の酸素消費量を測定するワールブルグの装置のかたわらに立つ Krebs．彼は 1920 年代に Otto Warburg と一緒に研究していた．

TPPの活性型はカルボアニオンあるいはイリド型であることに注目しよう．タンパク質に結合している補酵素という特殊な環境下では，カルボアニオン型が相対的に安定である（§7.7）．段階1の生成物はHETPPのカルボアニオン型である．この反応機構はピルビン酸デカルボキシラーゼの反応機構（§7.7）と似ている．

2. 段階2で2炭素のヒドロキシエチル基がE_2サブユニットのリポアミド基に移される．リポアミド基はE_2のリシン残基にアミド結合で共有結合したリポ酸から成る（図7.29）．この特殊な補酵素はピルビン酸デヒドロゲナーゼおよび関連酵素のみにみられる．この転移反応はピルビン酸デヒドロゲナーゼ複合体のE_1によって触媒される．

$$\text{HETPP} + \text{リポアミド} \longrightarrow \text{イリド} + \text{アセチルジヒドロリポアミド} \quad (13.3)$$

この反応でHETPPの酸化はリポアミドのジスルフィドの還元と共役し，アセチル基が補酵素の片方の$-SH$基に転移され，TPPのイリド型を再生する．

3. 段階3でHS-CoAへアセチル基が転移して，アセチルCoAが生成し，リポアミドが還元型のジチオール体として残る．この反応はピルビン酸デヒドロゲナーゼ複合体のE_2が触媒する．

$$\text{アセチルジヒドロリポアミド} + \text{HS-CoA} \longrightarrow \text{ジヒドロリポアミド} + \text{アセチルCoA} \quad (13.4)$$

4. E_2の還元されたリポアミドは，次回の反応に備えて補欠分子族を再生させるために再酸化されねばならない．これが段階4で，ジチオール型のリポアミドから2個のプロトンと2個の電子がFADへ転移される．FADはE_3の補欠分子族で，この酸化還元反応によって還元型補酵素（$FADH_2$）となる．（§7.5で述べたように，$FADH_2$は2個の電子と2個のプロトンを担っている．これらは通常プロトン1個と水素化物イオン1個の形で渡されたものである．）

$$\text{ジヒドロリポアミド} + E_3\text{-FAD} \longrightarrow \text{リポアミド} + E_3\text{-}FADH_2 \quad (13.5)$$

5. 最終段階でE_3-$FADH_2$が再酸化されてFADになる．この反応はNAD^+の還元と共役する．

$$E_3\text{-}FADH_2 + NAD^\oplus \longrightarrow E_3\text{-FAD} + NADH + H^\oplus \quad (13.6)$$

E_3-$FADH_2$の再酸化で，触媒サイクルが終了して，元のピルビン酸デヒドロゲナーゼ複合体が再生する．段階5でNADHとH^+が生成する．段階5で1個のプロトンが遊離し，段階1で1個のプロトンが取込まれるので，ピルビン酸デヒドロゲナーゼの反応では，全体としては実質的なプロトンの獲得も消費も起こらない（13.1式）．

ピルビン酸デヒドロゲナーゼ複合体における五つの補酵素の共同作業は，代謝における補酵素の重要性がはっきりわかる絶好の例である．補酵素のうちの二つは補助基質（HS-CoAおよびNAD^+）であり，三つは補欠分子族（TPP，リポアミド，FADで，それぞれのサブユニットごとに一つの補因子が結合している）である．E_2に結合したリポアミド基の第一の役割は，反応物を複合体の一つの活性部位から別の活性部位へ移動させることである．リポアミドは段階2でHETPPから2炭素の単位を取外し，アセチルジヒドロリポアミド中間体を形成させる．この中間体はジヒドロリポアミドアセチルトランスフェラーゼの活性部位にはめ込まれて，そこで2炭素の基が段階3で補酵素Aに転移される．この反応で生成した還元型のリポアミドは，つぎにE_3のジヒドロリポアミドデヒドロゲナーゼの活性部位へ移動する．リポアミドは段階4で再酸化されて，再生した補酵素がE_1の活性部位に再配置され，新たな2炭素の基を待ち受ける．これらの反応で，リポアミド補欠分子族は回転アームの動きをして，ピルビン酸デヒドロゲナーゼ複合体中の三つの活性部位を周回する（図13.2）．E_2の回転アーム部分は柔軟なポリペプチド鎖から成り，そのリシン残基にリポアミドが共有結合している．

複合体のさまざまなサブユニットが，リポアミドの回転アーム機構を助けている．これにより，それぞれの反応で生成した分子が溶媒中に拡散することなく，システム内のつぎの成分によってすぐに確実に処理される．これは一つの反応の生成物がつぎの反応の基質になるという，代謝中間体のチャネル形成の一つの型であるが，この場合には，2炭素の中間体がE_2の柔軟なリポアミド基に共有結合しているという点で，他の例とは異なっている．

> 代謝中間体のチャネル形成と多酵素複合体については§5.10で述べた．

ピルビン酸デヒドロゲナーゼ反応を統合すると，一連の共役した酸化還元反応で，電子が最初の基質（ピルビン酸）から，最後の酸化剤（NAD^+）へと運ばれる．四つの半反応は以下のようになる．

$E^{\circ\prime}$

1. アセチルCoA + CO_2 + $H^\oplus$ + $2e^\ominus$ ⟶ ピルビン酸 + CoA　　-0.48
2. E_2-リポアミド + $2H^\oplus$ + $2e^\ominus$ ⟶ E_2-ジヒドロリポアミド　　-0.29
3. E_3-FAD + $2H^\oplus$ + $2e^\ominus$ ⟶ E_3-$FADH_2$　　-0.34
4. $NAD^\oplus$ + $2H^\oplus$ + $2e^\ominus$ ⟶ $NADH + H^\oplus$　　-0.32

$$(13.7)$$

各半反応は典型的な標準還元電位をもち（表10.5），ここから電子の流れる方向が推測できる．（§10.9で述べたように，実際の還元電位は還元剤と酸化剤の濃度に依存する．）電子伝達はピルビン酸から始まり，半反応1の逆反応で2個の電子が離れる．こ

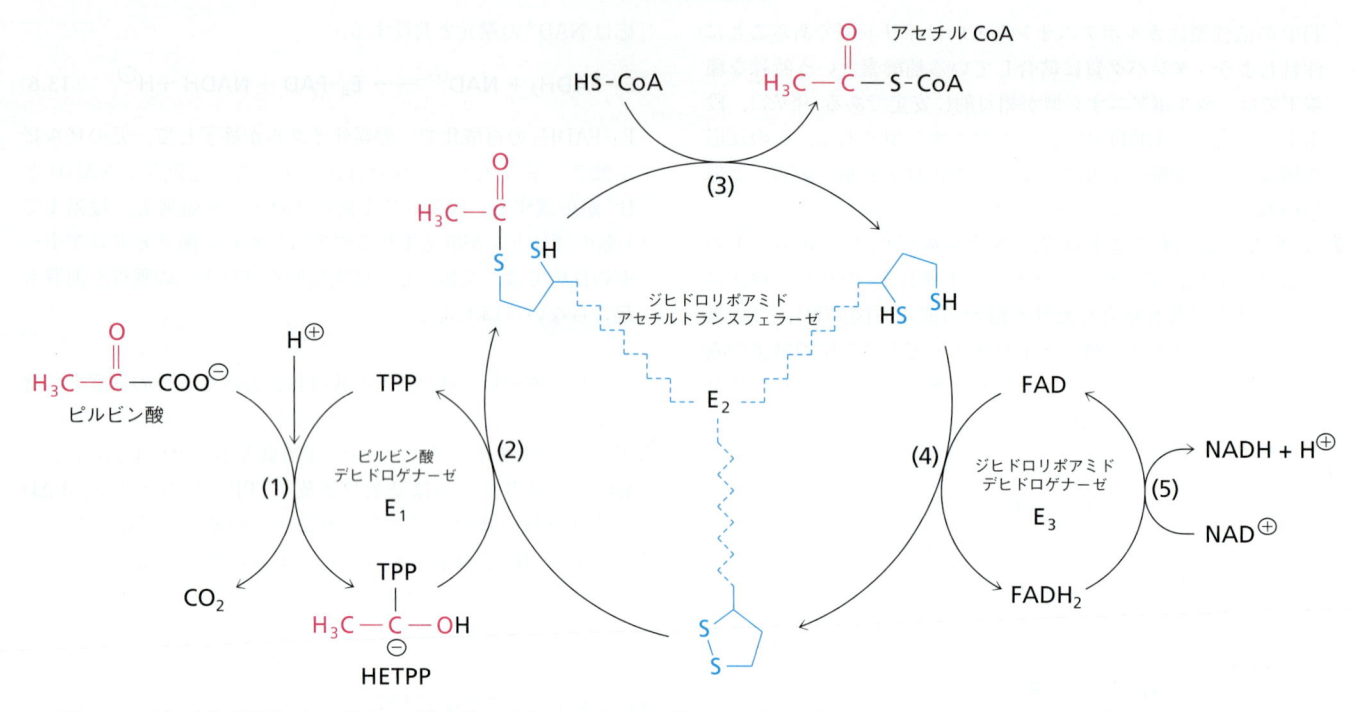

▲ 図 13.2　**ピルビン酸デヒドロゲナーゼ複合体の反応**　リポアミド補欠分子族（青）は，リポ酸と E_2 のリシン残基の側鎖との間でアミド結合によりつながっている．この補欠分子族は回転アームの動きをして，2炭素の単位をピルビン酸デヒドロゲナーゼの活性部位からジヒドロリポアミドアセチルトランスフェラーゼの活性部位へ運ぶ．つぎに水素をジヒドロリポアミドデヒドロゲナーゼの活性部位に運ぶ．

の電子が E_2-リポアミドに捕らえられる．つぎに E_2-リポアミドから E_3-FAD へ，さらに NAD^+ へと流れる．最終産物は NADH で，2個の電子を持ち運ぶ．代謝経路で働く酵素には，このような単純な電子運搬系が多い．14章で取上げるはるかに複雑な膜会合電子伝達系とこれらとを混同しないでほしい．

ピルビン酸デヒドロゲナーゼ複合体は巨大である．リボソームの数倍はある．細菌類では細胞質ゾルに存在するが，真核細胞ではミトコンドリアマトリックスにある．ピルビン酸デヒドロゲナーゼ複合体は葉緑体にも存在する．

真核生物のピルビン酸デヒドロゲナーゼ複合体は，知られているうちで最大の多酵素複合体である．複合体の中心核は五角形の面から成る十二面体として配置された（12個の五角形の辺同士がつながって球状になる）60個の E_2 サブユニットからできている．この形により20の頂点ができて，それぞれに E_2 三量体が配置されている（図13.3 a）．各 E_2 サブユニットは表面から外側に突き出たリンカー領域をもつ．このリンカーが内部中心核を取巻く E_1 サブユニットの外部リングと接触している（図13.3 b）．リンカー領域はリポアミドの回転アームを含む．

実例計算 13.1

問　ピルビン酸デヒドロゲナーゼ反応の標準ギブズ自由エネルギー変化を計算せよ．

答　10.26式より，標準還元電位の全体での変化は，

$$\Delta E^{\circ\prime} = \Delta E^{\circ\prime}_{電子受容体} - \Delta E^{\circ\prime}_{電子供与体}$$
$$= -0.32 - (-0.48)$$
$$= 0.16 \text{ V}$$

10.25式から，

$$\Delta G^{\circ\prime} = -nF\Delta E^{\circ\prime}$$
$$= -(2)(96.5)(0.16)$$
$$= -31 \text{ kJ} \cdot \text{mol}^{-1}$$

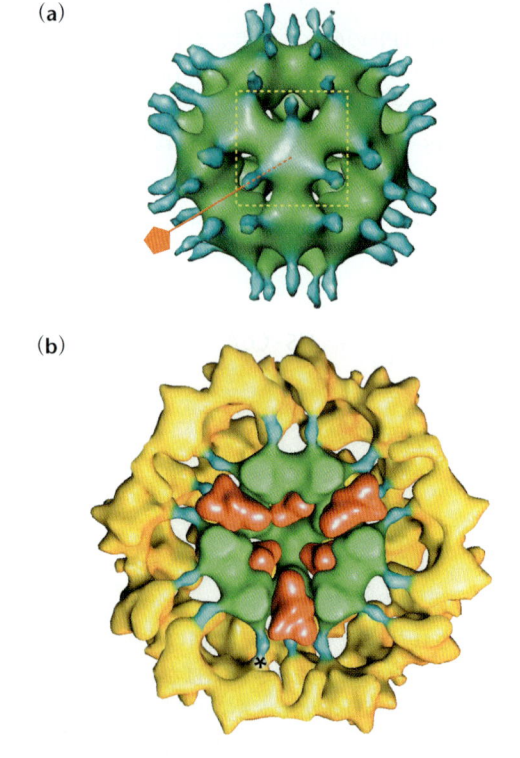

▲ 図 13.3　**ピルビン酸デヒドロゲナーゼ複合体の構造モデル**　(**a**) 内部中心核は，五角形から成る十二面体の20の頂点に E_2 サブユニットの三量体が一つずつ配置されて，合計60個の E_2 から構成されている．三量体の一つを黄色の四角で囲って示した．五角形の中心をオレンジ色の小さな五角形で示してある．リンカー領域が内部中心核構造の表面から突き出していることに注目してほしい．(**b**) 完全な複合体の断面図．外側の E_1（黄）と，内部中心核の E_2 の隙間に配置されている結合タンパク質-E_3（赤）を示す．［出典: Zhou, H. Z. et al. (2001). The remarkable structural and functional organization of the eukaryotic pyruvate dehydrogenase complexes. *Proc. Natl. Acad. Sci.* (USA) 98:14082-14087.］

外殻は60個のE_1サブユニットを含む．各E_1は，すぐ下に位置するE_2の一つと接触し，その近くにあるものともさらに接触している．E_1は2個のαサブユニットと2個のβサブユニットから成り（$\alpha_2\beta_2$），したがって中心核のE_2よりもかなり大きい．E_3（α_2二量体）は中心核のE_2で形成される五角形の中心に位置する．完全な複合体では，十二面体の12枚の五角形に対応して12個のE_3がある．真核生物ではE_3は，複合体の成分の一つである小さな結合タンパク質とも会合している．

図13.3に示したモデルは，低温で高分解能電子顕微鏡（クライオ電子顕微鏡）で得たピルビン酸デヒドロゲナーゼ複合体の像（図13.1）から再構成したものである．この技術では，個々の像を多数重ね合わせて，コンピューターの助けを借りて三次元像を組立てる．そのモデルをX線結晶解析あるいはNMRで解明された各サブユニットの構造とすり合わせる．現在までのところ，地上では完全なピルビン酸デヒドロゲナーゼ複合体を大きな結晶に成長させることは実現していない．国際宇宙ステーション内の無重力条件下で結晶を成長させる実験もまだ成功していない．

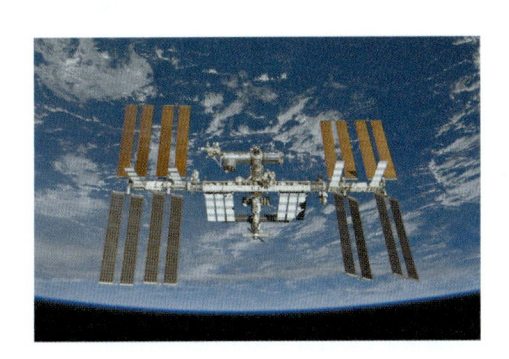

▲生化学実験室

同じようなピルビン酸デヒドロゲナーゼ複合体が多くの細菌類にも存在するが，グラム陰性細菌など，ある種の細菌は，もっと小さなタイプの複合体をもち，この中心核にはE_2サブユニットが24個しかない．このような細菌では，中心核のE_2は，八つの頂点に三量体が一つずつ結合した立方体となるように配置されている．細菌がもつ2種類の酵素のE_2，真核生物のミトコンドリアおよび葉緑体のE_2は，いずれも密接な関連性をもっている．しかしグラム陰性細菌の酵素は，真核生物のものと関連がないE_1を含んでいる．

ピルビン酸デヒドロゲナーゼは，2-オキソ酸デヒドロゲナーゼファミリーとして知られる多酵素複合体ファミリーの一員である．（ピルビン酸はいちばん小さな2-オキソ有機酸．）さらに二つの2-オキソ酸デヒドロゲナーゼについて後ほど述べることになるが，それらはピルビン酸デヒドロゲナーゼと構造および機能がよく似ている．一つはクエン酸回路の酵素，2-オキソグルタル酸デヒドロゲナーゼ（§13.3.4），もう一つは分枝2-オキソ酸デヒドロゲナーゼ（§17.6 E）である．このファミリーに属するすべての酵素は，一つの有機酸をCO_2と補酵素A誘導体に酸化する事実上不可逆な反応を触媒する．

> ピルビン酸デヒドロゲナーゼの調節については§13.6で検討する．

ある種の細菌では，まったく違う酵素によって，逆反応が触媒される．これは嫌気性細菌が二酸化炭素を固定する機構の一つである．また，ある種の細菌および嫌気性真核生物は，ピルビン酸：フェレドキシン2-オキシドレダクターゼを使ってピルビン酸をアセチルCoAとCO_2にする．この酵素はピルビン酸デヒドロゲナーゼとは関連がない．

ピルビン酸 + CoA + 2 Fd_{ox} → アセチルCoA + 2 Fd_{red} + 2 $H^{\oplus}$
(13.8)

この場合の最終電子担体は還元型フェレドキシン（Fd_{red}）であり，ピルビン酸デヒドロゲナーゼの場合のようなNADHではない．ピルビン酸：フェレドキシン2-オキシドレダクターゼの反応は可逆的で，還元的カルボキシ化によりCO_2を固定（炭酸固定）するために利用されている可能性がある．生命の歴史のごく初期に分岐した細菌類には，ピルビン酸デヒドロゲナーゼではなくて，ピルビン酸：フェレドキシン2-オキシドレダクターゼを含むものがよくみられる．後者の方がより原始的で，ピルビン酸デヒドロゲナーゼの方が後から分子進化したものと推定される．

> ❗ 大きな多酵素複合体は基質および生成物をチャネルで運んで効率を高める．

BOX 13.2　電子はどこからくるのか？

たとえば13.9式のような化学反応式は，電子がどこで放出され，どこで取込まれるのかを知るにはあまり役立たない．このような反応で電子の出入りを理解するには，多くの図で採用されている化学結合を表す線の代わりに，価電子を使った構造に書き直すのがよい．共有結合では1対の電子が共有され，標準的な原子（C，O，N，S）は8個の価電子を必要とする．水素原子は一つだけの殻に1対のみ価電子をもつ．

13.9式によるアセチルCoAの酸化をこのような形式で下に示す．最外殻電子だけを示している．酸化に際して除かれたり，還元に際して付加されたりするのはこれらの電子である．反応前の分子には42個の電子（21対），生成物CO_2と補酵素Aには34個の電子（17対）がある．したがって8個の電子が放出される．多くの場合，二重結合ができるとき（二酸化炭素の場合のように），共有される電子対が一つ増えるので，余った電子が放出される．

◀反応物と生成物中の価電子を使って，クエン酸回路によるアセチルCoA当量の酸化を示した．

13.2 クエン酸回路はアセチル CoA を酸化する

ピルビン酸や他の化合物（脂肪酸やある種のアミノ酸など）からつくられたアセチル CoA はクエン酸回路で酸化される．クエン酸回路の八つの反応を表 13.1 に示す．個々の反応を検討する前に，この経路の全般的な特徴を，炭素の流れと"高エネルギー"分子の生産の 2 点について考察しよう．

炭素原子の行方を図 13.4 に示す．クエン酸回路の最初の反応で，アセチル CoA の 2 炭素のアセチル基が，4 炭素ジカルボン酸であるオキサロ酢酸に移されて，6 炭素トリカルボン酸であるクエン酸ができる．回路が進行すると，6 炭素酸および 5 炭素酸の酸化的脱炭酸が行われる．こうして CO_2 が 2 分子遊離し，4 炭素ジカルボン酸であるコハク酸ができる．回路の残りの段階でコハク酸がオキサロ酢酸，つまり回路を開始させる反応分子になる．

全体の反応を図 13.5 に示した．アセチル基の 2 個の炭素は行方をたどれるように緑色にした．CO_2 として失われるのは，アセチル CoA のアセチル基として回路に入った 2 個の炭素原子そのものではない点に注意しよう．しかし，経路全体での炭素原子の収支でいえば，アセチル CoA から回路に 2 炭素の原子団が入り，回路の 1 回転が完了する間にちょうど 2 炭素原子が放出される．アセチル CoA に由来する 2 個の炭素原子は，回路 5 番目の反応で，対称的な 4 炭素ジカルボン酸（コハク酸）の半分を形成することになる．この対称的な分子の両半分は化学的には区別がつかないので，アセチル CoA に由来する炭素原子は，コハク酸以降は分子全体に均等に分布すると考えられる．

アセチル CoA は"高エネルギー"分子である（§10.8）．ピルビン酸デヒドロゲナーゼ複合体によるピルビン酸の脱炭酸で得られたエネルギーの一部がチオエステル結合に保存される．クエン酸回路全体の反応式（表 13.1）では，クエン酸回路が，電子の遊離を伴うアセチル CoA 分子の酸化にほかならないということが少しわかりづらい．全体の反応はつぎのように単純化できる．

$$\begin{array}{c} \text{S-CoA} \\ | \\ \text{C}=\text{O} + 2\,H_2O + OH^- \longrightarrow 2\,CO_2 + \text{HS-CoA} + 7\,H^+ + 8e^- \\ | \\ \text{CH}_3 \end{array} \tag{13.9}$$

ここで，ヒドロキシ基は 5 番目の反応で無機リン酸から供与され，生成物のうちのいくつかは遊離プロトンおよび遊離電子として表されている．この総合的な式から，酸化の過程で 8 個の電子が遊離することがわかる．（酸化反応は電子を遊離させ，還元反応は電子を取込むことを思い出そう．）13.9 式に示されている電子のうちの 6 個は，3 個のプロトンとともに 3 分子の NAD^+ に渡される．残る 2 個の電子は，2 個のプロトンとともに，1 分子のユビキノン（Q）に渡される．回路 1 回転ごとに 2 個の遊離プロトンが生成する．（クエン酸回路で遊離される二酸化炭素分子は，実際にはアセチル CoA に直接由来するものではないことに注意

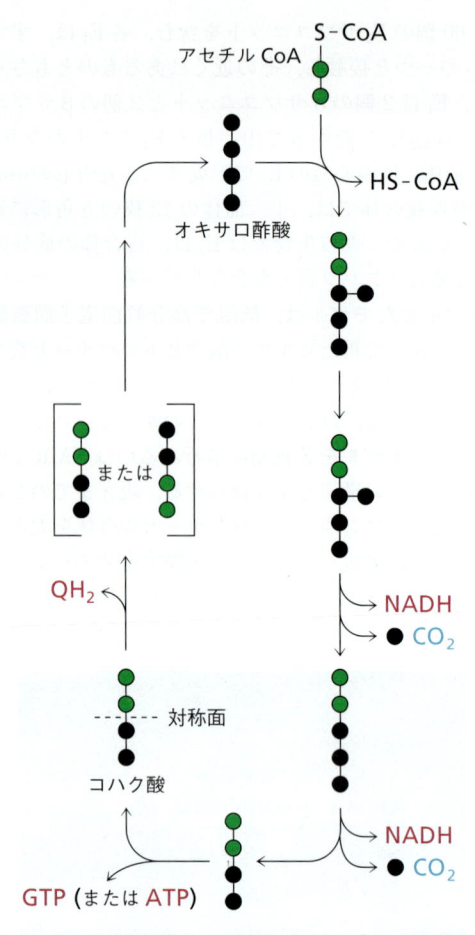

▲図 13.4 **クエン酸回路の 1 回転におけるオキサロ酢酸とアセチル CoA の炭素原子の行方**　コハク酸の対称面からわかるように，この分子の両側は化学的に対等なので，アセチル CoA に由来する炭素原子（緑）は，これ以降オキサロ酢酸までの 4 炭素原子中間体では，分子全体に均一に分布している．したがってアセチル CoA から回路の 1 巡目に入った炭素原子は，2 巡目以降になって初めて CO_2 として失われる．エネルギーは還元型補酵素 NADH および QH_2，それに基質レベルのリン酸化でつくる 1 分子の GTP（または ATP）として保存される．

表 13.1　クエン酸回路の酵素反応

反応	酵素
1. アセチル CoA + オキサロ酢酸 + $H_2O \longrightarrow$ クエン酸 + HS-CoA + H^+	クエン酸シンターゼ
2. クエン酸 $\rightleftharpoons$ イソクエン酸	アコニターゼ（アコニット酸ヒドラターゼ）
3. イソクエン酸 + $NAD^+ \longrightarrow$ 2-オキソグルタル酸 + NADH + CO_2	イソクエン酸デヒドロゲナーゼ
4. 2-オキソグルタル酸 + HS-CoA + $NAD^+ \longrightarrow$ スクシニル CoA + NADH + CO_2	2-オキソグルタル酸デヒドロゲナーゼ複合体
5. スクシニル CoA + GDP（または ADP）+ $P_i \rightleftharpoons$ コハク酸 + GTP（または ATP）+ HS-CoA	スクシニル CoA シンターゼ
6. コハク酸 + Q $\rightleftharpoons$ フマル酸 + QH_2	コハク酸デヒドロゲナーゼ複合体
7. フマル酸 + $H_2O \rightleftharpoons$ L-リンゴ酸	フマラーゼ（フマル酸ヒドラターゼ）
8. L-リンゴ酸 + $NAD^+ \rightleftharpoons$ オキサロ酢酸 + NADH + H^+	リンゴ酸デヒドロゲナーゼ
全体の反応式： アセチル CoA + 3 NAD^+ + Q + GDP（または ADP）+ P_i + 2 $H_2O \longrightarrow$ HS-CoA + 3 NADH + QH_2 + GTP（または ATP）+ 2 CO_2 + 2 H^+	

13.2 クエン酸回路はアセチル CoA を酸化する

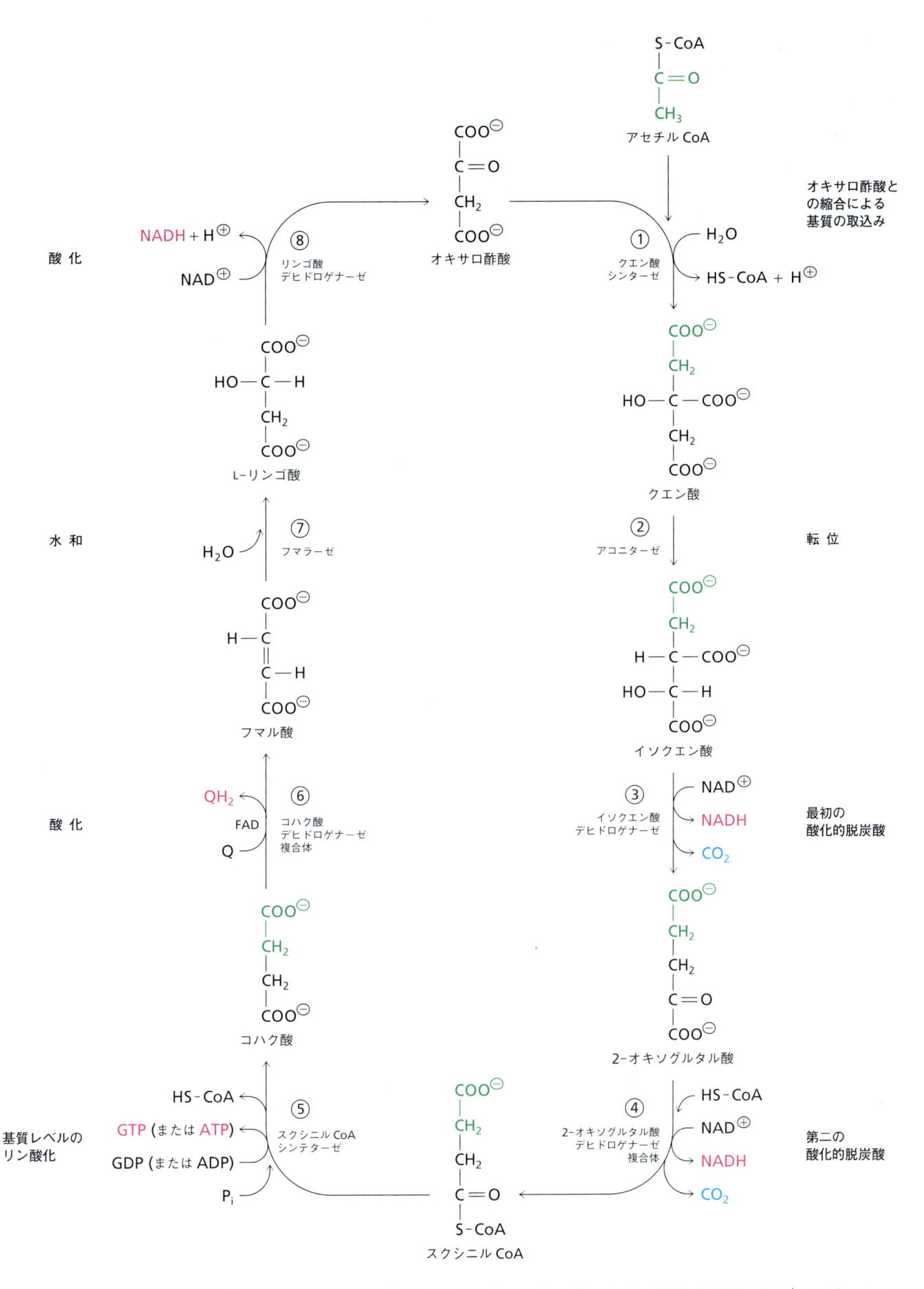

▲図 13.5 **クエン酸回路** この経路に入ってくるアセチル基一つ当たり 2 分子の CO_2 が放出され，移動性の補酵素 NAD^+ とユビキノン（Q）が還元される．また 1 分子の GDP（あるいは ADP）がリン酸化され，受容体分子であるオキサロ酢酸が再生される．

してほしい．13.9式は酸化の総合的結果を強調するために単純化してある．)

クエン酸回路の反応で放出されるエネルギーのほとんどは，還元型補酵素NADHおよびQH_2を生成させるために，電子の形で有機酸から移されて保存される（図13.5）．NADHは三つの酸化還元反応（そのうちの二つは酸化的脱炭酸反応）でNAD^+から生成する．QH_2はコハク酸がフマル酸に酸化されるときに生成する．その後に行われる膜会合電子伝達系による還元型補酵素の酸化により，NADHおよびQH_2に由来する電子が最終電子受容体にまで運ばれる．ほとんどの真核生物（および多くの原核生物）の場合，この最終電子受容体は酸素で，これが還元されて水になる．膜会合電子伝達系はADPとP_iからATPを生成する反応と共役している．酸素が存在する場合，この過程全体（電子伝達＋ADPのリン酸化）を酸化的リン酸化とよぶ（14章）．クエン酸回路では還元当量の生成ばかりでなく，基質レベルでのリン酸化によるヌクレオシド三リン酸の直接的生産もある．生成物はATPかGTPのどちらかであるが，それは細胞の型や種類によって変わる．

> ❗ クエン酸回路はアセチルCoAのアセチル基を酸化する機構である．

13.3 クエン酸回路の諸酵素

クエン酸回路はアセチルCoA 1分子が酸化された後，最初の状態に戻る多段階触媒反応としてみることができる．この見方の根拠は，反応が回路として行われて，出発点の反応物であるオキサロ酢酸が再生されることにある．定義によると，触媒とはそれ自身は最終的には変わることなしに反応速度を高めるものである．すべての酵素反応，つまりすべての触媒反応は循環しているともいえる．酵素はつながって環になった変換を進行させ，最終的には始めと同じ状態に戻る．この意味ではクエン酸回路を触媒と表現してもおかしくない．

全体でみればクエン酸回路はアセチルCoAのアセチル基をNAD^+とユビキノンを使ってCO_2に酸化する機構とみなすことができる．クエン酸回路が孤立して働いているときには，回路が1回転するごとにその代謝中間体はすべて再生される．したがって，クエン酸回路は経路のどの中間体についても，それを新たにつくり出したり，分解するための経路（たとえば糖新生経路あるいは解糖経路のような）ではない．一方，クエン酸回路がいつも孤立して進行しているわけではなく，見かけとは違うことを§13.7で学ぶ．代謝物の中には他の代謝経路の中間体としても使われるものもある．まず，ここでは回路の八つの酵素段階を個別に検討して，クエン酸回路の触媒的側面を調べることにしよう．

1. クエン酸シンターゼ

クエン酸回路の最初の反応で，アセチルCoAがオキサロ酢酸および水と反応してクエン酸，HS-CoAおよびプロトンをつくる．この反応はクエン酸シンターゼで触媒され，シトリルCoAとよばれる酵素に結合した中間体が生成する（図13.6）．

クエン酸は回路の一部をなす二つのトリカルボン酸の最初の一つである．クエン酸シンターゼの反応に対する標準ギブズ自由エネルギー変化（$\Delta G°'$）は$-31.5 \text{ kJ·mol}^{-1}$で，これはシトリルCoA中間体の高エネルギーチオエステル結合が加水分解されるからである．細胞中での実際のギブズ自由エネルギー変化がかなり違う可能性を考慮しても，これほど大きい負のギブズ自由エネルギー変化ならATP合成と共役していると期待してもおかしくない．事実，スクシニルCoAの同じようなチオエステル結合の加水分解（クエン酸回路の段階5）は，GTP（またはATP）の合成と共役している．しかしクエン酸シンターゼ反応の場合，ここで使えるエネルギーは別の用途に利用されている．つまりオキサロ酢酸濃度が非常に低い場合でも，確実にクエン酸合成の方向に反応を進ませているのである（図13.7）．クエン酸回路が動いているときには，それが普通だろう．ごく少量の（触媒量の）オキサロ酢酸しか存在しなくても，図13.6に示した反応の平衡はまだクエン酸合成の方に傾いている．つまり，細胞内での実際のギブズ自由エネルギー変化は0に近く，この反応は平衡に近い．たとえオキサロ酢酸濃度がきわめて低い状況下であっても，クエン酸回路がアセチルCoAの酸化の方向に進むことを熱力学が保証しているわけである．

クエン酸シンターゼはアセチル基を転移するので，転移酵素（トランスフェラーゼ）に分類される（§5.1）．酵素名は触媒する基質と反応に基づいて命名されるが，合成反応を強調する場合は，生成物にシンターゼを付けてよぶこともある．シンターゼは，6群の合成酵素（リガーゼ）に含まれるシンテターゼに限ってその代わりに使うことができる．シンテターゼで触媒される反応は，ATP（またはGTP）の加水分解と共役しなければならない．シンターゼとシンテターゼは言葉が似ているし，クエン酸回路にはどちらも含まれているから，どう違うのか覚えておくことが大切である．

グラム陽性細菌，古細菌，真核生物では，クエン酸シンターゼは二つの同一サブユニットから成る二量体である．グラム陰性細菌では，同一のサブユニットから成る六量体の複合体である．

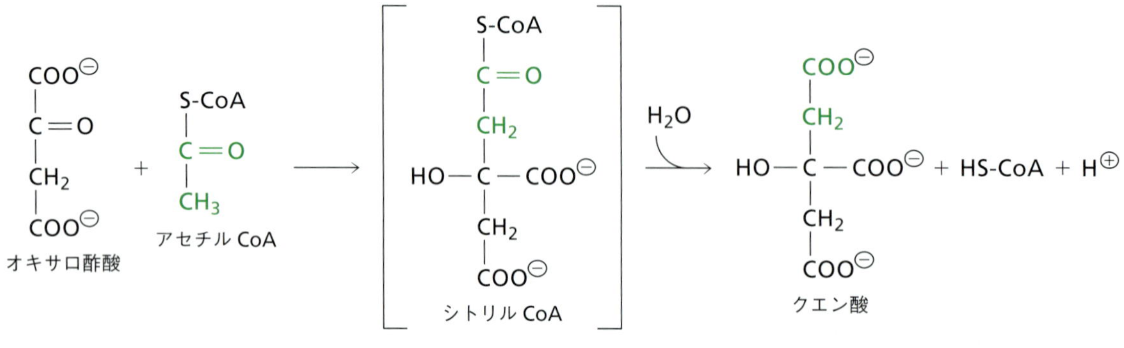

▲ 図13.6 **クエン酸シンターゼが触媒する反応** 段階1でアセチルCoAがオキサロ酢酸と結合して，酵素に結合した中間体であるシトリルCoAをつくる．このチオエステルが加水分解されて，生成物のクエン酸とHS-CoAが遊離する．

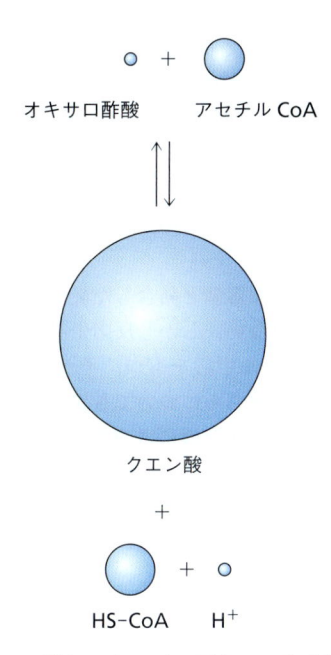

▲図13.7　クエン酸シンターゼの反応での生成物と反応物の相対的な割合　1.12式を使えば，標準ギブス自由エネルギー変化から，クエン酸シンターゼ反応の平衡定数（K_{eq}）を計算できる．$K_{eq}=2.7\times10^5$ ということは，平衡状態において生成物の濃度は反応物の濃度の20万倍以上ということを意味する．（球の大きさはイメージで数字に対応していない．）

BOX 13.3　クエン酸

クエン酸を発見したのは Abu Musa Jābir ibn Hayyān（721？～815？，ヨーロッパでは Geber という名前で知られていた）と一般に考えられている．現在のイラクのカファで研究し，近代化学の父と見なされている．彼はクエン酸がレモンやライムなどの柑橘類の主要成分だと確認した．今日，これらの果物の防腐効果および炭素源としての価値は，クエン酸の含量と関係していることが知られている．ただしこれはクエン酸回路でのクエン酸の役割とは関係ない．

クエン酸は弱い有機酸である（$pK_{a1}=3.2$, $pK_{a2}=4.8$, $pK_{a3}=6.4$）．ナトリウム塩が生化学実験室では緩衝液として使われたり，薬剤にも使われるが，もっとも重要な使い道は，食品，特にソフトドリンクの添加剤である．

▲クエン酸は柑橘類にとって大切な天然防腐剤である．

動物では，酵素の各サブユニットははっきりと二つのドメインに分かれている．外表面の柔軟な小さなドメインと，タンパク質の中心核を形成する大きなドメインである（図13.8）．二つのサブユニットは，大きなドメインのそれぞれ四つのαヘリックスの間での相互作用により会合し，αヘリックスのサンドイッチ構造が形成される．クエン酸シンターゼは図13.8に示すように，オキサロ酢酸と結合するとコンホメーションが大きく変化する．結合部位は，片方のサブユニットの小さなドメインともう片方のサブユニットの大きなドメインとの間にできる深い溝の底に位置する．オキサロ酢酸が結合すると，小さなドメインが大きなドメインに対して20°回転する．このように閉じると，アセチルCoAに対する結合部位ができる．これも大きなドメインと小さなドメインの双方からのアミノ酸の側鎖で形成されている．反応が完結すると補酵素Aが離れる．クエン酸が遊離すると酵素は開いたコンホメーションに戻る．

こうした酵素の構造のために，オキサロ酢酸とアセチルCoAは順番に結合しなければならない．こうしてオキサロ酢酸が結合

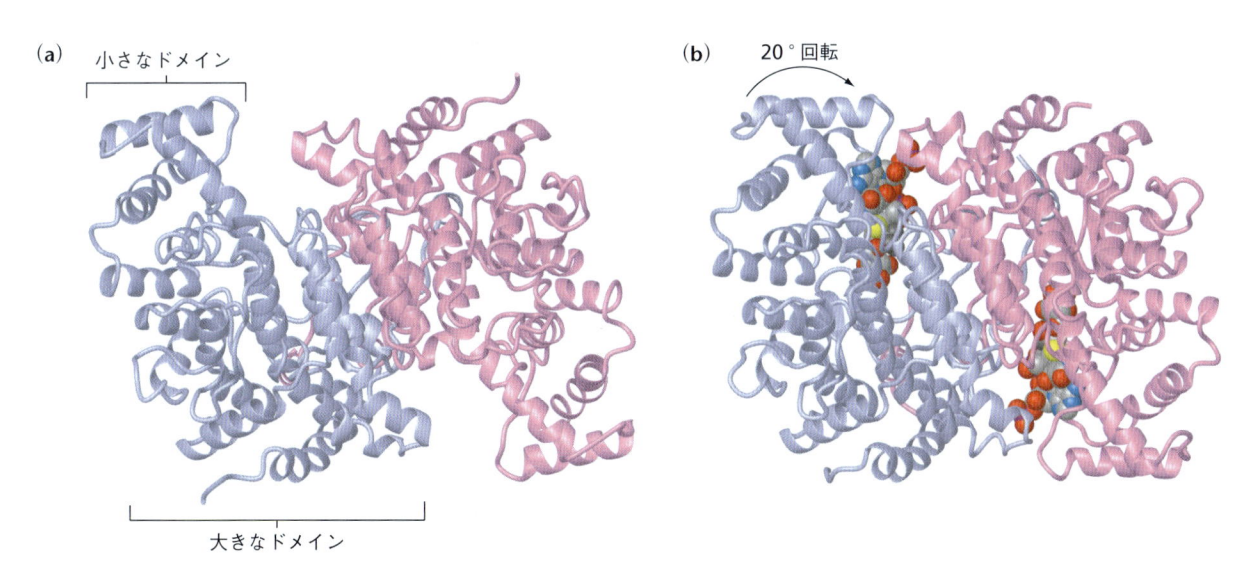

▲図13.8　クエン酸シンターゼの誘導適合機構　二つの同一サブユニットを青と紫に着色した．それぞれが小さなドメインと大きなドメインから成る．（a）開いたコンホメーション．基質結合部位は片方のサブユニットの小さなドメインと，もう片方のサブユニットの大きなドメインとの間にできる深い溝の底にある．[PDB 5CSC]（b）閉じたコンホメーション．大きなドメインに対して小さなドメインが動き，開いたコンホメーションでみられた大きな結合部位の溝が閉じている．基質アナログを空間充塡モデルで示した．これはニワトリ（*Gallus gallus*）の酵素である．[PDB 6CSC]

していないのにアセチル CoA が結合して，無駄にチオエステル結合の加水分解が触媒される可能性を低くしている．実際，このような副反応の危険性はありうる．なぜならアセチル CoA のチオエステル結合は，シトリル CoA のチオエステル結合の加水分解を行う活性部位のそばにあるし，オキサロ酢酸の濃度はアセチル CoA の濃度に比べてかなり低いと思われるからである．以前に ATP が不適切に加水分解されるのを防ぐ誘導適合の例を述べたが，ここでも同じ原理が使われている．本章と次章ではこれ以外にもいくつかの例が出てくる．

2. アコニターゼ

アコニターゼ（アコニット酸ヒドラターゼ）はクエン酸からイソクエン酸への平衡に近い転換反応を触媒する．クエン酸は第三級アルコールなので，オキソ酸に直接は酸化できない．クエン酸回路の段階3で行われる酸化的脱炭酸反応のためには，オキソ酸中間体がつくられる必要がある．段階3の準備のために，アコニターゼにより触媒される過程で第二級アルコールができる．酵素の名前は酵素に結合した反応中間体 cis-アコニット酸に由来する．反応が進行するとクエン酸から水が奪われ，炭素-炭素二重結合ができる．つぎに立体特異的に水が付加されてイソクエン酸ができる．

(13.10)

クエン酸 → cis-アコニット酸 → イソクエン酸

アコニターゼ遺伝子は複雑な遺伝子ファミリーのメンバーである．このファミリーにはミトコンドリアや細胞質ゾルのアコニターゼ，触媒活性をもたない調節タンパク質，アミノ酸合成にかかわる酵素（§13.9, 17.3C）などが属している．細菌はアコニターゼ A とアコニターゼ B という遠い関係にある酵素をもつ．ファミリーのメンバーはすべて特徴的な [4Fe-4S] クラスターを含んでいる．14章で鉄-硫黄クラスターをもつ多くの酸化還元酵素を取上げる．これらの酸化還元酵素の大半で，鉄-硫黄クラスターは電子伝達に関与するが，アコニターゼファミリーのメンバーは特殊で，鉄-硫黄クラスターがクエン酸の結合を助ける役割を担っている．アコニターゼの反応は酸化還元ではなく，異性化反応である．

クエン酸は四つの異なる基と結合した炭素原子を一つももたないのでキラル分子ではない．しかし反応生成物のイソクエン酸は C2 と C3 の二つのキラル中心をもつ．それぞれの炭素原子が四つの異なる基をもち，どちらについても異なる二つの配置が可能である．そのためイソクエン酸には四つの異なる立体異性体があるが，アコニターゼで触媒される反応で生成するのはそのうちの一つだけである．この生成物の *RS* 命名法（BOX 3.2）による正式名称は 2*R*,3*S*-イソクエン酸である（図 13.9）．初歩の生化学でこの命名法が役に立つことはほとんどないが，これがそのまれな一例である．

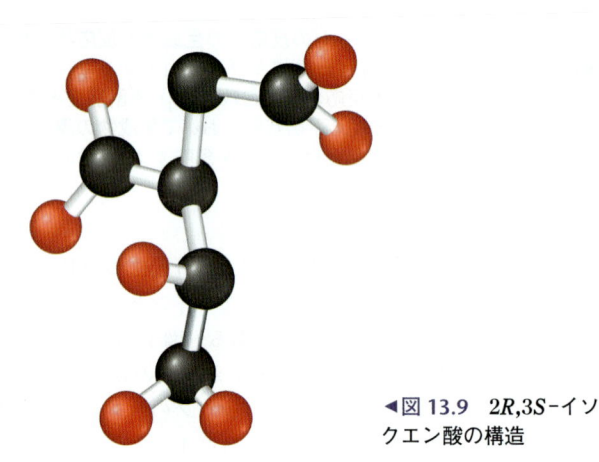

◀ 図 13.9　2*R*,3*S*-イソクエン酸の構造

! 基質は特定の向きで酵素に結合するので，立体特異的な反応が進行する．

3. イソクエン酸デヒドロゲナーゼ

イソクエン酸デヒドロゲナーゼはイソクエン酸を酸化的に脱炭酸する反応を触媒し，2-オキソグルタル酸を生成する（図 13.10）．この反応がクエン酸回路にある四つの酸化還元反応の最初の反応である．この反応は NAD$^+$ の還元と共役し，酵素に結合したオキサロコハク酸中間体を含む二つの段階で進行する．

最初の段階でイソクエン酸から2個の水素が奪われてヒドロキシ基が酸化され，−C＝O 二重結合ができる．これは典型的なデ

イソクエン酸 + NAD$^+$ → [オキサロコハク酸] + H$^+$ + NADH ⟶ 2-オキソグルタル酸 + NADH + CO$_2$

▲ 図 13.10　イソクエン酸デヒドロゲナーゼの反応　この酵素は電子受容体として NAD$^+$ を使い酸化還元反応を触媒する．オキサロコハク酸は不安定な中間体で速やかに脱炭酸されて CO$_2$ と 2-オキソグルタル酸になる．これがクエン酸回路で最初の脱炭酸段階である．

BOX 13.4 プロキラルな基質の酵素に対する3点結合

Krebsが初めてクエン酸回路を提唱したとき，それが受入れられるための最大の障害になったのは，クエン酸からイソクエン酸への反応が含まれていることだった．なぜなら，標識実験で生成する可能性のある $2R,3S$-イソクエン酸の二つの型のうちの片方しか，細胞内ではつくられなかったからである．"問題"はキラルでない分子からキラル分子がつくられること（これは簡単に理解できる）ではなかった．理解困難だったのは，cis-アコニット酸の二重結合の形成と，それに続く水の付加によるイソクエン酸の生成が，なぜオキサロ酢酸に由来する部分でだけ起こり，アセチルCoAに由来する部分では起こらないのか，という点であった．同位元素標識した酢酸を細胞に加えると，13.10式で緑で示す ^{14}C 標識炭素原子がクエン酸分子上に現れる．クエン酸は対称性分子なので，標識炭素原子は下の図に示すようにイソクエン酸の二つの形のどちらにも平等に取込まれるものと考えられた．

▲ イソクエン酸の二つの形　緑の炭素原子はアセチルCoAに由来する．アコニターゼが触媒する反応では，基質（クエン酸）が対称なので，イソクエン酸の二つの形が等量生成すると期待されたが，左側だけが生成した．

ところが，生成したのは左側の形だけだった．当時，キラルでない分子を，キラル分子の片方だけに変える例は知られていなかった．1948年にAlexander Ogstonが，酵素の活性部位がいかにしてクエン酸分子中の化学的には同等な基を区別できるかを説明した．Ogstonはクエン酸が，彼が3点結合とよんだ方式，つまり複数の異なる基で酵素と基質が相互作用する方式で結合すると考えた（右図参照）．いったんクエン酸が非対称な結合部位に正しく結合すると，二つの $-CH_2-COO^-$ 基は特異的な配向状態をとり，もはや同等ではなくなる．炭素-炭素二重結合の形成はオキサロ酢酸に由来する部分だけで起こる．

クエン酸は化学的には対称的であるが，非対称的な反応を行うことができるので，プロキラルな分子である．代謝経路ではほかにも多くの例が知られている．

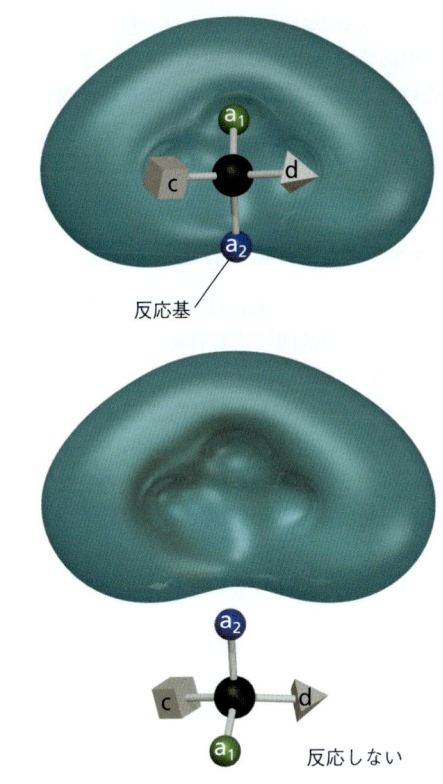

▲ アコニターゼの活性部位へのクエン酸の結合　クエン酸分子の中心の炭素原子に四つの基が付いている．$-OH$ 基は四角，$-COOH$ 基は三角，二つの $-CH_2-COO^-$ 基は球で表す．二つの $-CH_2-COO^-$ 基は化学的には区別できないが，アセチルCoA由来のものは緑の球で，オキサロ酢酸由来のものは青の球で示した．アコニターゼを $-OH$ 基，$-COOH$ 基，片方の $-CH_2-COO^-$ 基の三つに対応する三つの接触点をもつ非対称分子として描いてある．クエン酸が上のような向きをとれば，アコニターゼと結合できて，オキサロ酢酸由来の部分で反応が起こる．下のような逆の向きをとると，酵素と結合できず，アセチルCoA由来部分での反応は起こらない．

BOX 13.5 名前について

2-オキソグルタル酸は α-ケトグルタル酸ともよばれる．これは5炭素のジカルボン酸であるグルタル酸（$^-OOC-CH_2-CH_2-CH_2-COO^-$）に由来する．α炭素，つまりカルボキシ基から一つ目の炭素にケト基がある．このような慣習的命名は α-アミノ酸とよぶときにも出てきた（§3.1）．アミノ酸の場合でも同じであるが，α-ケトグルタル酸の厳密な化学名，つまり体系名として2-ケトグルタル酸ということもできる．しかしIUPAC/IUBMBの命名規則では"ケト"という接頭語は今は避けるべきなので，実際には2-オキソグルタル酸になる（訳注：原書ではα-ケトグルタル酸を終始使っているが，本訳書では2-オキソグルタル酸を使う．）．

慣用名がよく知られているなら，有機酸分子を慣用名でよんでもまったくかまわない．たとえばクエン酸回路の第一段階に戻ると，オキサロ酢酸は4炭素のジカルボン酸であるコハク酸の誘導体なので，その体系名は2-オキソコハク酸だとわかる．"オキサロ酢酸"はよく知られており，この化合物の名前として広く受け入れられているので，他の名前を使うのは混乱のもとであろう．

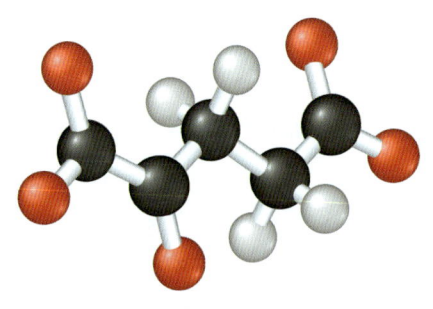

▲ 2-オキソグルタル酸，別名は α-ケトグルタル酸

ヒドロゲナーゼの反応である．水素のうちの1個（炭素に結合していたもの）は2個の電子を担った水素化物イオンとしてNAD^+に転移される．もう一つ（−OH 基のH）は最終産物に取込まれる．これが電子を失う（有機酸の酸化）最初の反応である．

イソクエン酸デヒドロゲナーゼにより触媒される反応全体のうち，最初の段階でできるのが不安定なオキソ酸であるオキサロコハク酸で，この中間体が酵素から離脱する前に，2番目の反応として脱炭酸を受けて2-オキソグルタル酸になる．脱炭酸反応はCO_2の放出および1個のプロトンの取込みと共役している．反応全体の化学量論は以下のようになる．

$$\text{イソクエン酸} + NAD^{\oplus} \longrightarrow \text{2-オキソグルタル酸} + NADH + CO_2 \quad (13.11)$$

イソクエン酸デヒドロゲナーゼにはいくつかの型がある．細菌はNAD^+依存性酵素と，$NADP^+$依存性酵素をともにもつ．真核生物も両方をもつが，$NADP^+$依存性酵素にはさらにいくつかのサブクラスがある．一般にNAD^+依存性酵素はミトコンドリアに局在し，クエン酸回路で主役を務める．$NADP^+$依存性酵素は細胞質ゾル，葉緑体，その他の膜で囲まれた小器官に見いだされている．アミノ酸配列はいずれの酵素でも相同性があり，ロイシン生合成経路の酵素の一つと祖先タンパク質が共通している（§13.9，17.3 C）．

> 原核生物におけるイソクエン酸デヒドロゲナーゼの調節については§13.8で述べる．

4. 2-オキソグルタル酸デヒドロゲナーゼ複合体

2-オキソグルタル酸の酸化的脱炭酸は，ピルビン酸デヒドロゲナーゼにより触媒される反応と似ている．いずれの場合も反応物は2-オキソ酸とHS-CoAで，生成物はCO_2と"高エネルギー"のチオエステル化合物である．クエン酸回路の段階4は2-オキソグルタル酸デヒドロゲナーゼ（α-ケトグルタル酸デヒドロゲナーゼ）によって触媒される（図13.11）．

2-オキソグルタル酸デヒドロゲナーゼは，構造および機能の面で，ピルビン酸デヒドロゲナーゼに似た大きな複合体である．同じ補酵素が使われ，反応機構も同じである．2-オキソグルタル酸デヒドロゲナーゼ複合体を構成する三つの酵素は，2-オキソグルタル酸デヒドロゲナーゼ（E_1，TPPを含む），ジヒドロリポアミドスクシニルトランスフェラーゼ（E_2，リポアミドの回転アームをもつ），ジヒドロリポアミドデヒドロゲナーゼ（E_3，ピルビン酸デヒドロゲナーゼ複合体中にあるのと同じフラビンタンパク質）である．全体の反応はクエン酸回路の中でCO_2を生成する第二の反応で，また還元当量を生み出す第二の反応でもある．回路の残る四つの反応で，スクシニルCoA中の4炭素のコハク酸基がオキサロ酢酸にまで戻る．

真核細胞にはミトコンドリアの2-オキソグルタル酸デヒドロゲナーゼが1種類だけある．古細菌やある種の細菌は2-オキソグルタル酸デヒドロゲナーゼをもたない．その代わり，これらは2-オキソグルタル酸：フェレドキシンオキシドレダクターゼという別の酵素を使って2-オキソグルタル酸をスクシニルCoAに変える．

5. スクシニルCoAシンテターゼ

スクシニルCoAをコハク酸に変える反応はスクシニルCoAシンテターゼが触媒する．この酵素はコハク酸チオキナーゼとよばれることもある．この反応はスクシニルCoA中の高エネルギーのチオエステル結合の加水分解と，ヌクレオシド三リン酸（GTPまたはATP，生物種によって違う）の生成とを共役させる．これらの系統名はコハク酸：CoA リガーゼ（ADP 形成）（EC 6.2.1.5）とコハク酸：CoA リガーゼ（GDP 形成）（EC 6.2.1.4）である．

無機リン酸が反応物の一つで，反応は3段階で進行する（図13.12）．

最初の段階で中間体としてスクシニルリン酸ができ，補酵素Aが遊離する．段階2でリン酸基が酵素の活性部位のヒスチジン残基の側鎖に移され，安定なリン酸化酵素中間体になる．段階3で，リン酸基がGDPに移されてGTPができる．この反応がクエン酸回路の中で唯一の基質レベルのリン酸化である．〔スクシニルCoAのチオエステル結合の加水分解の標準ギブズ自由エネルギー変化が，ATPの加水分解の値とほぼ等しいことを思い出そう（§10.8）．〕スクシニルCoAシンテターゼ反応全体の量的関係は以下のようになる．

$$\text{スクシニルCoA} + P_i + GDP \longrightarrow \text{コハク酸} + HS\text{-}CoA + GTP \quad (13.12)$$

無機リン酸はGDPへリン酸基，コハク酸に酸素，またHS-CoAに水素を供給している．酵素の名前はGTPまたはATPを消費してコハク酸からスクシニルCoAを生成させる逆反応に基づいていることに注意しよう．反応で二つの分子が結び付き，それがヌ

$$\begin{array}{c}COO^{\ominus}\\|\\CH_2\\|\\CH_2\\|\\C=O\\|\\COO^{\ominus}\end{array} + HS\text{-}CoA + NAD^{\oplus} \longrightarrow \begin{array}{c}COO^{\ominus}\\|\\CH_2\\|\\CH_2\\|\\C=O\\|\\S\text{-}CoA\end{array} + CO_2 + NADH$$

2-オキソグルタル酸　　　　　　　　　スクシニルCoA

▲ 図13.11　2-オキソグルタル酸デヒドロゲナーゼが触媒する反応　この反応はピルビン酸デヒドロゲナーゼが触媒する反応に似ている．

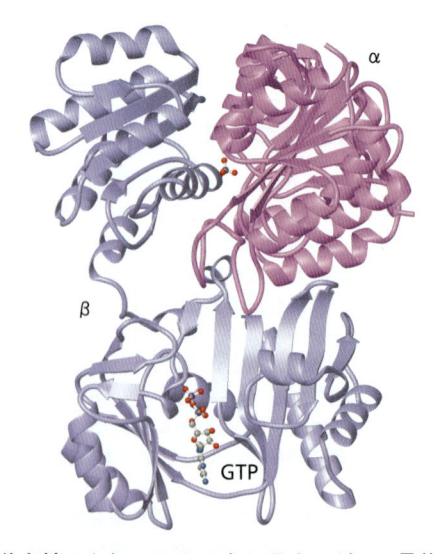

▲ GTP依存性スクシニルCoAシンテターゼ　二量体の一つの単位の構造をαおよびβサブユニットを色分けして表示した．βサブユニット内の活性部位に1分子のGTPが結合している．ブタ（*Sus scrofa*）型の酵素である．[PDB 2FPG]

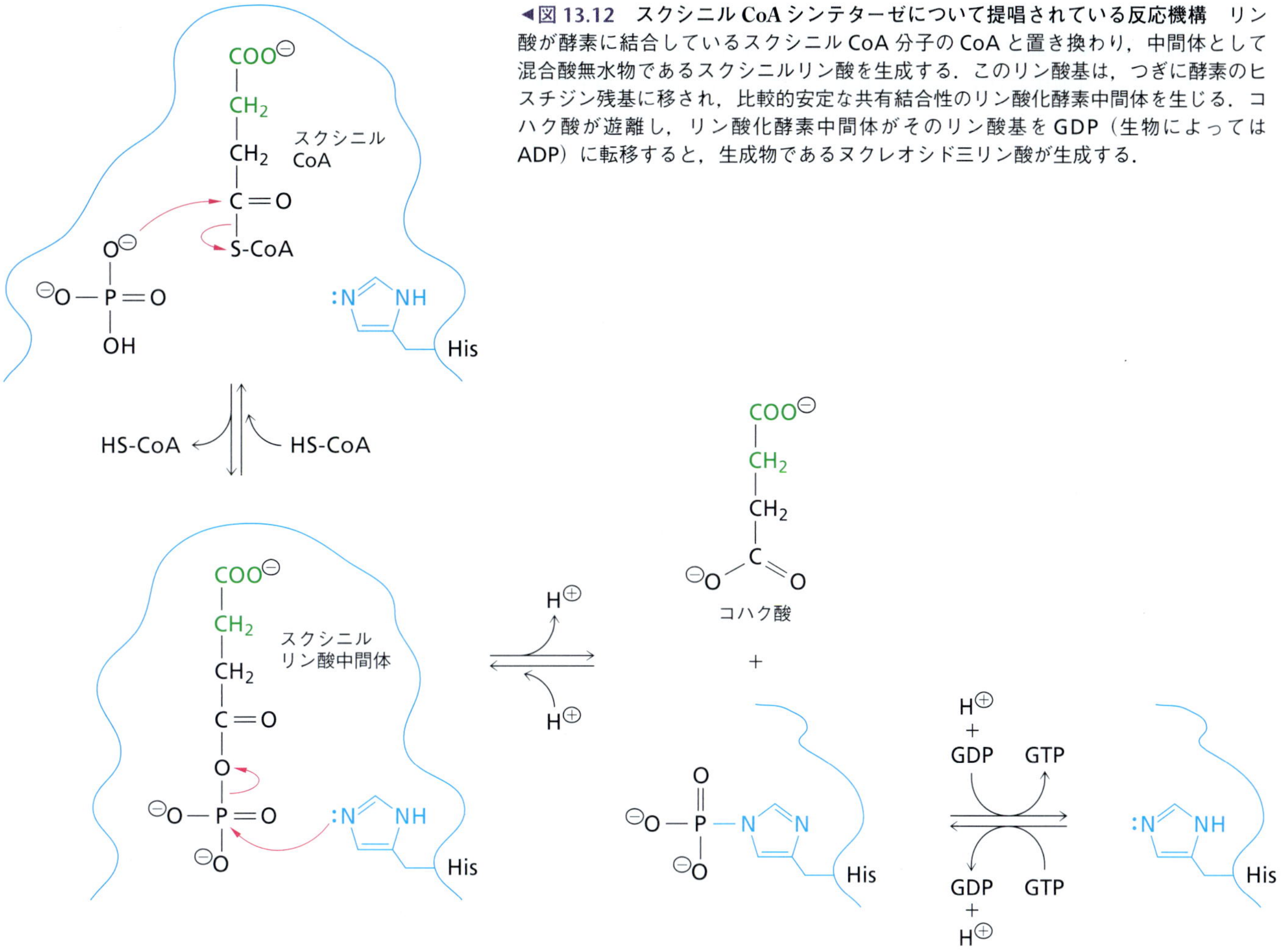

▲ 図 13.12　スクシニル CoA シンテターゼについて提唱されている反応機構　リン酸が酵素に結合しているスクシニル CoA 分子の CoA と置き換わり，中間体として混合酸無水物であるスクシニルリン酸を生成する．このリン酸基は，つぎに酵素のヒスチジン残基に移され，比較的安定な共有結合性のリン酸化酵素中間体を生じる．コハク酸が遊離し，リン酸化酵素中間体がそのリン酸基を GDP（生物によっては ADP）に転移すると，生成物であるヌクレオシド三リン酸が生成する．

クレオシド三リン酸の加水分解と共役するので，この酵素はスクシニル CoA シンテターゼとよばれる．

この酵素は二つの α サブユニットと二つの β サブユニットで構成される（$\alpha_2\beta_2$）．β サブユニットはヌクレオチドに対する結合部位をもつ．細菌の酵素は ATP を使うが，真核生物には 2 種類の酵素があることが多く，一つは GTP を使い，もう一つが ATP を使う．これらの間では β サブユニットが違う．GTP 依存性酵素が ATP 依存性酵素から進化したことは明らかである．動物のミトコンドリアになぜ 2 種類のスクシニル CoA シンテターゼがあるのかはっきりしないが，ATP 依存性酵素はクエン酸回路に使われ，GTP 依存性酵素は，いくつかの細胞で逆反応に使われている可能性がある．古細菌および他の細菌のある種のものはスクシニル CoA シンテターゼをもたない．これらではまったく違う酵素を使って同様な反応が行われる．

6. コハク酸デヒドロゲナーゼ複合体

コハク酸デヒドロゲナーゼ複合体はコハク酸のフマル酸への酸化を触媒し，2 個のプロトンと 2 個の電子を取去り，炭素-炭素二重結合を形成させる（図 13.13）．プロトンと電子はキノンに渡され，これが還元されて QH_2 となる．（ほとんどの場合，基質としてユビキノンが使われるが，ある種の細菌ではメナキノンを使う．）コハク酸デヒドロゲナーゼはすべての生物にある酵素で，不可欠な結合型補因子 FAD をもつ．

> メナキノンの構造は図 7.33 で示した．

この反応で最初のアセチル基の炭素原子がかき混ぜられてしまうことは重要である．対称的な反応物のコハク酸，あるいは生成物のフマル酸では，もはやどの炭素原子（緑）なのか特定できなくなる．面白い結末といえる（章末の問題 6 参照）．

酵素の活性部位は二つの異なるサブユニットでつくられる．サブユニットの一つは鉄-硫黄クラスターをもち，もう一つは FAD が共有結合したフラビンタンパク質である．コハク酸デヒドロゲナーゼの二量体は，膜に会合した二つのポリペプチドと結合してもっと大きな複合体をつくる．この膜成分はヘム基をもったシトクロム b およびキノン結合部位から成る．電子伝達補因子はコハク酸からの電子を FAD，いくつかの鉄-硫黄クラスター，ヘム，そしてキノンへと移動させる役割をもつ．

ピルビン酸デヒドロゲナーゼ複合体の場合，サブユニット E_3 中の $FADH_2$ が NAD^+ で再酸化されると酵素の循環的触媒作用が完了したことを思い出そう．コハク酸デヒドロゲナーゼの反応では，$FADH_2$ は Q で再酸化されて FAD が再生する．かつては $FADH_2$

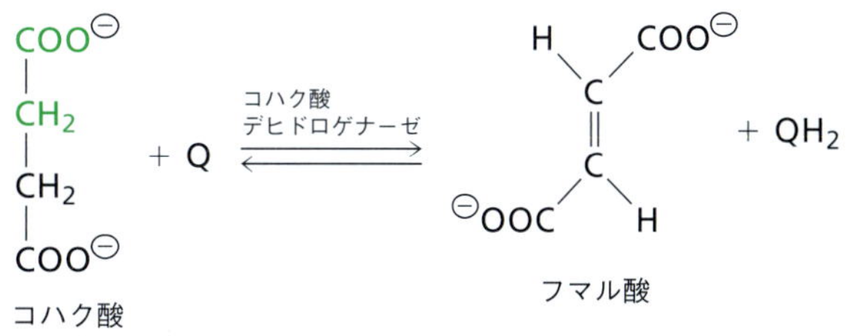

▲ 図 13.13　コハク酸デヒドロゲナーゼの反応

をこの酸化還元反応の生成物のように記述することが多かったが，FAD は酵素に共有結合しているので，結合している FADH$_2$ が再酸化されて，可動性の QH$_2$ が遊離されるまでは，循環的触媒作用は完了しない．

> 14章でもう一度，還元当量が Q へ転移する過程を取上げ，膜会合電子伝達におけるコハク酸デヒドロゲナーゼ複合体の果たす役割を学ぶことになる．

コハク酸デヒドロゲナーゼ反応は NAD$^+$ の代わりにユビキノンを電子受容体（酸化剤）として使うという点で例外的である．他にもいくつか例外的な点があるが，それは次章で取上げる．コハク酸デヒドロゲナーゼ複合体は電子伝達系の一部であり，原核細胞では細胞膜に，真核細胞ではミトコンドリア内膜に局在する．この酵素については次章（§14.6）でもっと詳しく取上げ，構造についても検討する（図 14.10）．細菌では酵素複合体の大半は細胞質側に突き出ており，そこでクエン酸回路の一部として，コハク酸を結合して，フマル酸を遊離する．ミトコンドリアでは，膜のマトリックス側の，他のクエン酸回路の酵素が局在している側に活性部位が向いている．

基質アナログのマロン酸は，コハク酸デヒドロゲナーゼ複合体の競合阻害剤になる（§5.7A）．コハク酸と同じように，マロン酸はジカルボン酸で，コハク酸デヒドロゲナーゼ複合体の活性部位の陽イオン性アミノ酸残基に結合する．しかし，マロン酸には脱水素反応に必要な $-CH_2-CH_2-$ 基がないので酸化されない．単離したミトコンドリア，あるいは細胞ホモジェネートを使った実験では，マロン酸を加えるとコハク酸，2-オキソグルタル酸，クエン酸が蓄積した．このような実験から，クエン酸回路の反応の順序が証明されたのである．

7. フマラーゼ

フマラーゼ（フマル酸ヒドラターゼ）はフマル酸の二重結合に立体特異的に水をトランス付加して，フマル酸をリンゴ酸にする平衡に近い反応を触媒する．

$$\text{フマル酸} + H_2O \xrightleftharpoons{\text{フマラーゼ}} \text{L-リンゴ酸} \quad (13.13)$$

フマル酸もプロキラルな分子である．フマル酸がフマラーゼの活性部位に結合すると，基質の二重結合は一つの方向からしか攻撃できない．反応の生成物はヒドロキシ酸であるリンゴ酸の L 型の立体異性体のみである．

2 種類のフマラーゼがあり，同じ反応を触媒するが，関連性はない．クラス I 酵素はほとんどの細菌にみられる．クラス II 酵素は一部の細菌とすべての真核生物にある．大腸菌のような一部の細菌は両方の酵素をもつ．一つが普通のクエン酸回路で活性を示し，もう一つは通常，リンゴ酸をフマル酸に変える逆反応を触媒する．

> フマラーゼの進化的起源と細菌における逆反応の意義は §13.9 で取上げる．

8. リンゴ酸デヒドロゲナーゼ

クエン酸回路の最後の段階は，リンゴ酸を酸化してオキサロ酢酸を再生し，1 分子の NADH を生成する反応である．

$$\text{L-リンゴ酸} + NAD^{\oplus} \xrightleftharpoons{\text{リンゴ酸デヒドロゲナーゼ}} \text{オキサロ酢酸} + NADH + H^{\oplus} \quad (13.14)$$

この反応は NAD$^+$ 依存性のリンゴ酸デヒドロゲナーゼが触媒する．2-ヒドロキシ酸である L-リンゴ酸と 2-オキソ酸であるオキサロ酢酸との相互変換は平衡に近い反応で，乳酸デヒドロゲナーゼが触媒する可逆反応と似ている（§7.4，§11.3 B）．乳酸デヒドロゲナーゼとリンゴ酸デヒドロゲナーゼの祖先が共通していることは驚くにあたらない．

> リンゴ酸デヒドロゲナーゼと乳酸デヒドロゲナーゼの構造は図 4.23 で比較されている．

この反応の標準ギブズ自由エネルギー変化は，$\Delta G°' = 30$ kJ·mol^{-1} である．実際の反応はほぼ平衡に近いので，細胞内条件ではオキサロ酢酸よりもリンゴ酸の濃度がはるかに高いことになる．クエン酸シンターゼのところで，オキサロ酢酸の濃度が低いことで反応のギブズ自由エネルギー変化が説明できることを学んだ．次節では，リンゴ酸よりもオキサロ酢酸の濃度が低いことで，いくつかの輸送経路が説明できることがわかるだろう．

▲緑の（熟していない）リンゴ　熟していないリンゴの酸っぱい味はおもにリンゴ酸による．リンゴ酸はリンゴジュースから最初に分離され，リンゴのラテン名（*malum*）から命名された．

BOX 13.6　ワールドワイドウェブ（www）の正確さ

ウェブには優秀なスタッフがたくさんいるが，ウェブページの質は要注意である．クエン酸回路を使って正確さを判定するとおもしろい．たいていのサイトは基本的には正しいが，すべての経路を，プロトンの出入りも含めて，誤りなしに記述してあるサイトを見つけられるかどうかで，学生の能力が試されるといってよい．そんなウェブサイトを見つけられただろうか．プロトンと QH$_2$ について間違いがいちばん多い．

信用できるサイトは IUBMB Enzyme Nomenclature（www.chem.qmul.ac.uk/iubmb/enzyme/）で，クエン酸回路の各酵素の正確な反応が記載されている．

（完全に正確なウェブサイトを見つけられる学生に良い点をつける教師がいたり，自分でウェブページをつくっている学生もいる．）

! クエン酸回路では，還元当量である NADH および QH_2 を生み出す反応が，"総精算"のために重要である．

13.4 ピルビン酸のミトコンドリア内への移動

細菌ではピルビン酸は細胞質でアセチル CoA になるが，真核生物ではピルビン酸デヒドロゲナーゼ複合体がミトコンドリア（葉緑体にも）に局在している．解糖は細胞質で行われるので，ピルビン酸がそれ以後の反応の基質となるためには，ミトコンドリアの中に輸送されねばならない．ミトコンドリアは二重の膜で包まれている．ピルビン酸のような小さな分子は，ポーリンとよばれる膜貫通タンパク質がつくる水チャネルを通って外膜を通過できる（§9.10 B）．このチャネルは分子量 10000 以下の分子を自由に拡散させる．しかし内膜を通過するには，代謝物のほとんどは特殊な輸送タンパク質を必要とする．ピルビン酸輸送体は H^+ との共輸送でピルビン酸を特異的に輸送する．ひとたびミトコンドリアの中に入れば，ピルビン酸はアセチル CoA と CO_2 に変わることができる．真核細胞ではクエン酸回路の酵素もミトコンドリアに局在している（図 13.14）．

クエン酸回路の一員であるオキサロ酢酸が，糖新生の基質でもあったことを思い出そう．糖新生は細胞質で行われる経路なので，オキサロ酢酸，あるいはそれと同等な分子を，ミトコンドリアから細胞質へ移す必要がある．哺乳類ではこの目的にホスホエノールピルビン酸カルボキシキナーゼ（PEPCK）のミトコンドリア型を使う．この酵素はオキサロ酢酸をホスホエノールピルビン酸（PEP）にする．ミトコンドリアには PEP 輸送体があり，ホスホエノールピルビン酸を細胞質に輸送する（図 13.14）．ミト

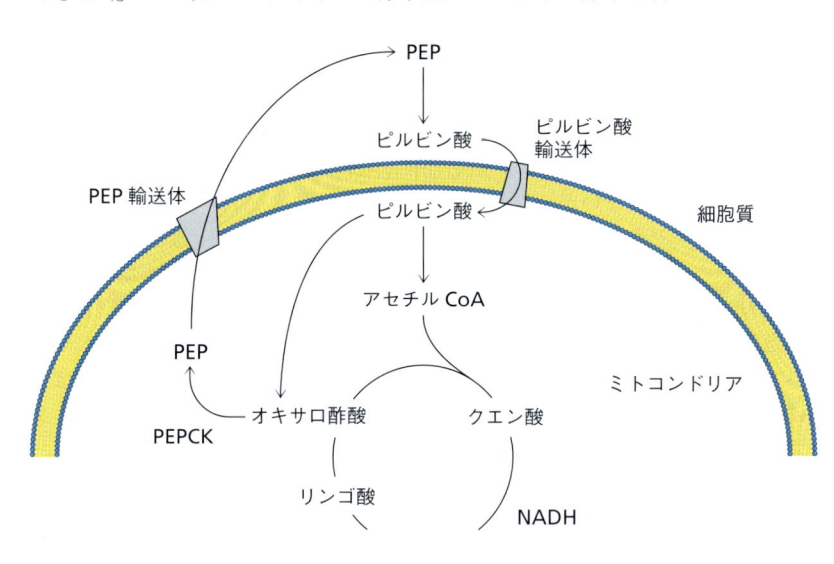

◀ 図 13.14　ピルビン酸の搬入とホスホエノールピルビン酸の搬出　ミトコンドリア内膜にあるピルビン酸輸送体を通って，ピルビン酸が細胞質からミトコンドリアへ搬入される．ホスホエノールピルビン酸（PEP）は PEP 輸送体を通って細胞質へ搬出される．

BOX 13.7　酵素を別の酵素に変える

乳酸デヒドロゲナーゼとリンゴ酸デヒドロゲナーゼは，アミノ酸配列の一致程度は低いが，三次構造は非常によく似ており，共通の祖先から進化してきた．これらの酵素は炭素数が一つだけ異なる 2-ヒドロキシ酸の可逆的酸化を触媒する（リンゴ酸は乳酸の C-3 にもう一つカルボキシ基が付いたもの）．いずれも本来の基質に対して特異性が高い．しかし，Bacillus stearothermophilus の乳酸デヒドロゲナーゼの 1 個のアミノ酸を部位特異的突然変異させると，この酵素はリンゴ酸デヒドロゲナーゼに変わってしま

う．Gln-102 から Arg-102 に変えると，デヒドロゲナーゼの特異性が完全に転換する．アルギニンの正電荷をもつ側鎖がリンゴ酸の 4-カルボキシ基とイオン対をつくり，この変異酵素は乳酸に対しては不活性になる．

▲ Bacillus stearothermophilus の乳酸デヒドロゲナーゼの活性部位における基質分子の配向　(a) 元の酵素への 3 炭素基質ピルビン酸の結合．(b) Gln-102 から Arg-102 へ変異させた酵素への 4 炭素基質オキサロ酢酸の結合．

336　　　　　　　　　　　　　　　　　13. クエン酸回路

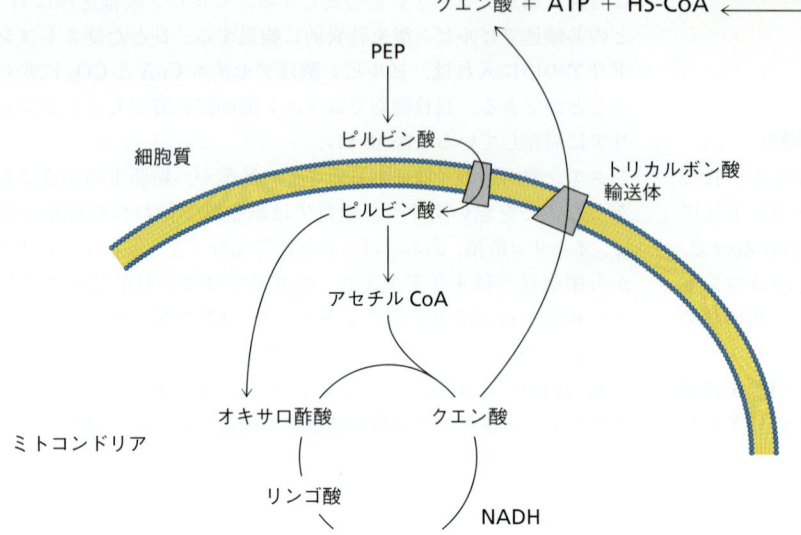

$$\text{クエン酸} + \text{ATP} + \text{HS-CoA} \underset{}{\overset{\text{ATP-クエン酸-リアーゼ}}{\rightleftharpoons}} \text{オキサロ酢酸} + \text{アセチル CoA} + \text{ADP} + P_i$$

◀図 13.15　アセチル CoA のミトコンドリアからの搬出　クエン酸がトリカルボン酸輸送体を通って搬出される．クエン酸はついで細胞質のATP-クエン酸-リアーゼによってアセチル CoA に変換される．

コンドリア内のオキサロ酢酸濃度は，細胞質に比べてはるかに低いので，オキサロ酢酸を直接に輸送するのは効率が悪すぎるのだろう．（ヒトの場合，ミトコンドリアのホスホエノールピルビン酸カルボキシキナーゼが欠損していると生後2年で死亡する．）

クエン酸回路がミトコンドリアに割り当てられていることの問題点はあと二つある．アセチル CoA は細胞質で行われる脂肪酸合成にも必要である．だからミトコンドリアから細胞質へアセチル CoA を輸送する機構もなければならない．このためにはトリカルボン酸輸送体を使ってクエン酸を外に出す．いったん細胞質に出たら，クエン酸をオキサロ酢酸とアセチル CoA に戻さねばならないが，これは細胞質の酵素である ATP-クエン酸-リアーゼが行う（図 13.15）．ATP-クエン酸-リアーゼはクエン酸シンターゼの逆反応を行うのではない．細胞質で"高エネルギー"のアセチル CoA を合成するためには ATP の加水分解と共役しなければならない．ミトコンドリア内では，オキサロ酢酸に較べてクエン酸濃度がはるかに高いから，クエン酸回路を逆転させればこの反応を触媒できる（図 13.7）．それに対して細胞質ではクエン酸とオキサロ酢酸の濃度は同じくらいなので，ATP 加水分解と

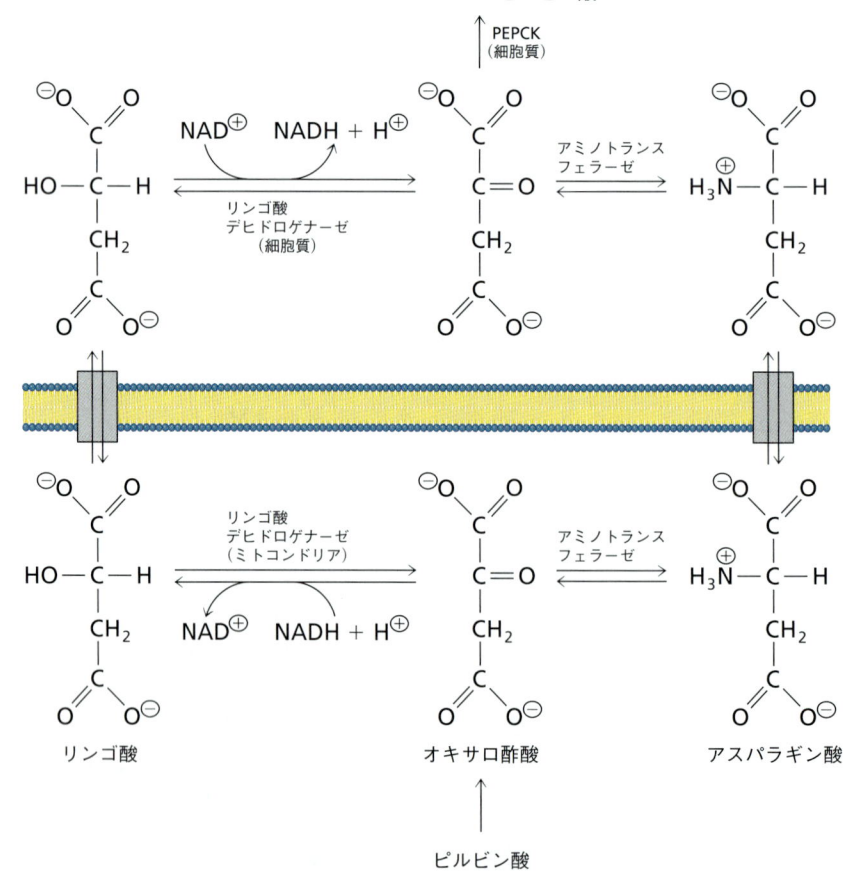

▲図 13.16　リンゴ酸-アスパラギン酸シャトルによるオキサロ酢酸の輸送

共役させねばならない．

ミトコンドリア型のホスホエノールピルビン酸カルボキシキナーゼをもたない生物種もあり，オキサロ酢酸を外に出す別の手段が必要になる．そこで共通に使われるのがリンゴ酸-アスパラギン酸シャトルである．この輸送システムはミトコンドリア型ホスホエノールピルビン酸カルボキシキナーゼをもつ生物種にも存在する．図13.16にこのシステムを簡略化して示した．§14.12でもっと詳しく述べる．

オキサロ酢酸はリンゴ酸デヒドロゲナーゼでリンゴ酸に変えられる．これはクエン酸回路で使われるのと同じ酵素である．反応物と生成物の平衡状態での濃度は，オキサロ酢酸に比べてリンゴ酸の方がはるかに高いので，オキサロ酢酸輸送体を使うよりも，リンゴ酸輸送体を使う方がずっと効率が高い．

リンゴ酸は細胞質型のリンゴ酸デヒドロゲナーゼでオキサロ酢酸に戻される．こうして総合的にはミトコンドリアのオキサロ酢酸が，すでに学んだ糖新生の基質として使えるようになる．

シャトルの別の部分を使っても同じ目的が達成できる．それにはミトコンドリアのアミノトランスフェラーゼを使ってオキサロ酢酸をアスパラギン酸にする．アスパラギン酸はミトコンドリア膜のアスパラギン酸輸送体で運び出される．細胞質で，細胞質のアミノトランスフェラーゼの作用によりオキサロ酢酸が再生する．気づいているかもしれないが，普通この経路は逆方向に動く．ミトコンドリア内のオキサロ酢酸濃度の低さからすると，オキサロ酢酸からアスパラギン酸ができるとは考えにくいからである．

13.5 還元型補酵素はATP生産の燃料となる

クエン酸回路の反応全体では，回路に入ってくるアセチルCoA 1分子ごとに，3分子のNADH，1分子のQH$_2$，1分子のGTPまたはATPが生産される．

アセチルCoA + 3 NAD$^\oplus$ + Q + GDP(またはADP) + P$_i$ + 2 H$_2$O ⟶
　　　HS-CoA + 3 NADH + QH$_2$ + GTP(またはATP) + 2 CO$_2$ + 2 H$^\oplus$
　　　　　　　　　　　　　　　　　　　　　　　　　(13.15)

前に述べたように，NADHとQH$_2$は膜会合電子伝達系で酸化され，これがATPの生産と共役している．これらの反応を14章で述べるが，NADH 1分子がNAD$^+$に酸化されるごとに約2.5分子のATPが生み出され，1分子のQH$_2$がQに酸化されるごとに約1.5分子のATPが生産されることがわかる．したがって，1分子のアセチルCoAがクエン酸回路およびひき続く反応で完全に酸化されると，約10当量のATPが生産されることになる（表13.2）．

表13.2　クエン酸回路におけるエネルギー生産

反応	エネルギーを生産できる生成物	ATP当量
イソクエン酸デヒドロゲナーゼ	NADH	2.5
2-オキソグルタル酸デヒドロゲナーゼ複合体	NADH	2.5
スクシニルCoAシンテターゼ	GTPまたはATP	1.0
コハク酸デヒドロゲナーゼ複合体	QH$_2$	1.5
リンゴ酸デヒドロゲナーゼ	NADH	2.5
計		10.0

クエン酸回路は多くの主要栄養素の異化の最終段階である．糖質，脂質，アミノ酸を分解してできたアセチルCoAを酸化するのがこの経路である．さて，1分子のグルコースを分解すると，11章で学んだ解糖と合わせて，ATPが全部で何分子できるか数えられるところまで来た．

解糖ではグルコースを2分子のピルビン酸に変換するとともに，正味で2分子のATPを得る．グリセルアルデヒド-3-リン酸デヒドロゲナーゼで触媒される反応で2分子のNADHが生成する．これを合わせると解糖からはATPの当量として7分子が得られる．2分子のピルビン酸を，ピルビン酸デヒドロゲナーゼ複合体でアセチルCoAに変換する際に，2分子のNADHが得られ，これは5分子のATPに相当する．これを2分子のアセチルCoAの酸化によるクエン酸回路からのATPと合わせると，1分子のグルコース当たりの獲得ATPは最大で32分子となる（図13.17）．

ATP当量		ATP当量
	グルコース	
2 ATP ←	↓ → 2 NADH	5
	2 ピルビン酸	
	↓ → 2 NADH	5
	2 アセチルCoA	
基質レベルのリン酸化	↓	酸化的リン酸化
2 GTPあるいはATP ←	クエン酸回路 → 6 NADH	15
	→ 2 QH$_2$	3
4	合計：ATP 32分子	28

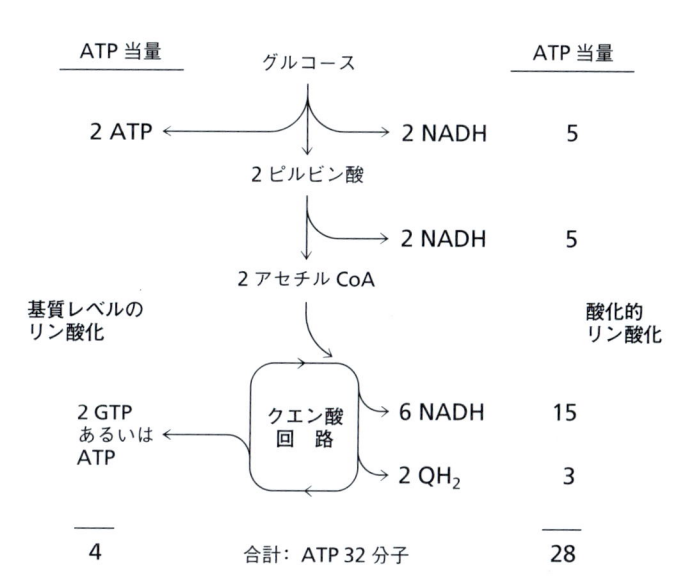

▲図13.17　1分子のグルコースを解糖，クエン酸回路，NADHおよびQH$_2$の再酸化によって異化したとき生成するATP　グルコースの完全酸化で最大で32分子のATPが得られる．

細菌では細胞質ゾルでの解糖で生成する2分子のNADHは，そのまま細胞膜の膜会合電子伝達系で再酸化される．したがって細菌細胞では，グルコースの完全酸化による理論的最大量（32 ATP当量）に到達できる．

真核細胞では，解糖でNADHが細胞質ゾル中に生成するが，膜会合電子伝達複合体はミトコンドリア膜に局在している．細胞質ゾルのNADH還元当量は，たとえば，§13.4で学んだリンゴ酸-アスパラギン酸シャトル機構を使ってミトコンドリアに輸送できる．NADH還元当量の輸送については§14.12で詳しく説明する．

グルコースの完全酸化を行うこの経路（図13.17）を，§12.4で述べたペントースリン酸回路と比較するのは興味深い．これもグルコース1分子を完全に酸化し，結果的に12分子のNADPHをつくり出し，これはATP 30当量に相当する．

13.6 クエン酸回路の調節

クエン酸回路は細胞代謝の中心なので，当然のことであるが厳格に調節されている．調節はアロステリックエフェクターが作用したり，クエン酸回路の酵素を共有結合で修飾したりして行われ

◀図13.18 ピルビン酸デヒドロゲナーゼ複合体の調節 生成物アセチルCoAおよびNADHが蓄積すると，E_2およびE_3で触媒される可逆的反応を経由するフラックスが低下する．

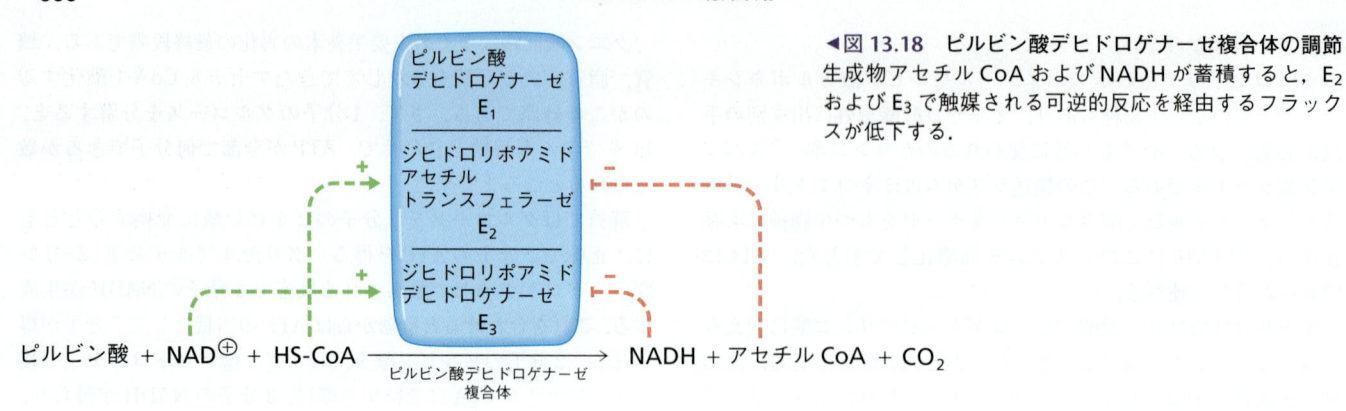

る．回路のフラックスはアセチルCoAの供給を加減することで調節されている．

すでに述べたように，アセチルCoAは糖質，脂質，アミノ酸の分解など，いろいろな経路から生じてくる．ピルビン酸デヒドロゲナーゼ複合体の活性が，糖質の分解で生じたピルビン酸からつくられるアセチルCoAの供給を調節している．一般にピルビン酸デヒドロゲナーゼ複合体の基質は複合体を活性化し，生成物は複合体を阻害する．ほとんどの生物種でピルビン酸デヒドロゲナーゼ複合体のE_2とE_3（ジヒドロリポアミドアセチルトランスフェラーゼとジヒドロリポアミドデヒドロゲナーゼ）は，生成物が蓄積したときに，単純な質量作用の効果で調節されている．アセチルトランスフェラーゼ（E_2）の活性は，アセチルCoAの濃度が高くなると阻害され，一方，デヒドロゲナーゼ（E_3）はNADH/NAD^+の比が高まると阻害される（図13.18）．一般に，エネルギー供給源が豊富なときには阻害剤が高濃度になり，エネルギー供給源が乏しいときは活性化剤が多くなる．

哺乳類のピルビン酸デヒドロゲナーゼ複合体はさらに共有結合修飾によっても調節を受けている（原核生物ではみられない）．哺乳類のこの多酵素複合体にはプロテインキナーゼとプロテインホスファターゼが結合している．ピルビン酸デヒドロゲナーゼキナーゼはE_1をリン酸化して不活性化する．ピルビン酸デヒドロゲナーゼホスファターゼはピルビン酸デヒドロゲナーゼを脱リン酸して活性化する（図13.19）．E_1を制御すれば複合体全体の反応速度を調節できる．

ピルビン酸デヒドロゲナーゼキナーゼおよびピルビン酸デヒドロゲナーゼホスファターゼ自体の活性も調節を受けている．キナーゼはピルビン酸が酸化されて生じるNADHとアセチルCoAによってアロステリックに活性化される．NADHとアセチルCoAが蓄積すると，エネルギーが十分にあるというシグナルになり，ピルビン酸デヒドロゲナーゼサブユニットのリン酸化を促し，ピルビン酸がそれ以上酸化されるのを抑える．逆に，ピルビン酸，NAD^+，HS-CoA，ADPはキナーゼを阻害し，ピルビン酸デヒドロゲナーゼサブユニットを活性化させる．

クエン酸回路では三つの反応が調節を受けている．クエン酸シンターゼ，イソクエン酸デヒドロゲナーゼ，2-オキソグルタル酸デヒドロゲナーゼ複合体が触媒する反応である．クエン酸シンターゼはクエン酸回路の最初の反応を触媒するので，全体に対する調節点として適切と思われる．試験管内ではATPがこの酵素を阻害するが，生体内でATP濃度が極端に変動することは考えにくいので，ATPはおそらく生理的な調節因子ではない．ある種の細菌ではクエン酸シンターゼは2-オキソグルタル酸で活性化され，NADHで阻害される．

哺乳類のイソクエン酸デヒドロゲナーゼはCa^{2+}とADPでアロステリックに活性化され，NADHで阻害される．哺乳類の酵素は共有結合による修飾を受けない．細菌ではイソクエン酸デヒドロゲナーゼはリン酸化により調節される．これについては§13.8でもっと詳しく述べる．

2-オキソグルタル酸デヒドロゲナーゼ複合体はピルビン酸デヒドロゲナーゼ複合体に似ているが，調節の面ではかなり違っている．2-オキソグルタル酸デヒドロゲナーゼ複合体にはキナーゼもホスファターゼも結合していない．その代わり，Ca^{2+}が複合体のE_1に結合し，2-オキソグルタル酸に対する酵素のK_mを低下させ，その結果，スクシニルCoAの生成速度が増加する．試験管内ではNADHとスクシニルCoAが阻害剤になるが，これが生きている細胞内で重要な調節的役割をもつかどうかについてはまだ結論が出ていない．

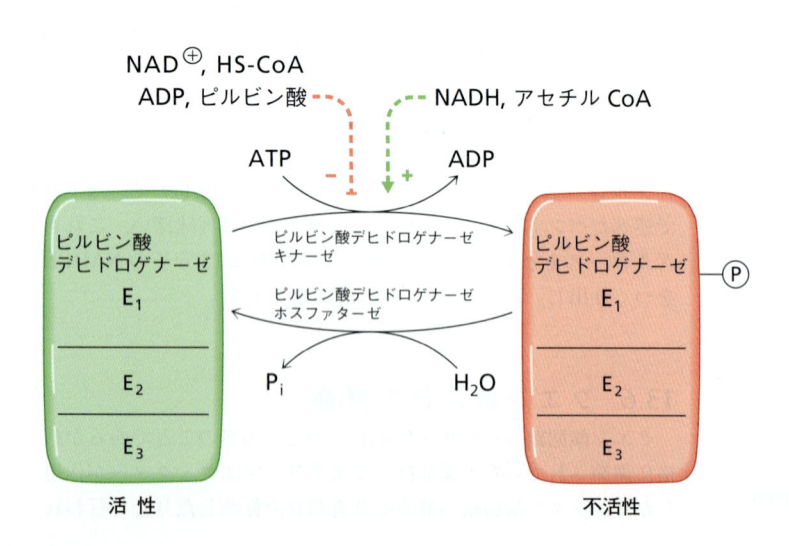

◀図13.19 E_1のリン酸化による哺乳類ピルビン酸デヒドロゲナーゼ複合体の調節 調節を行うキナーゼおよびホスファターゼは，いずれも哺乳類の複合体の成分である．キナーゼはピルビン酸デヒドロゲナーゼ複合体で触媒される反応の生成物であるNADHとアセチルCoAで活性化され，ADP，基質であるピルビン酸，NAD^+，HS-CoAで阻害される．

13.7 クエン酸回路はいつでも "回路" というわけではない

クエン酸回路はアセチル CoA を酸化するためだけの異化経路というわけではない．他のいくつかの代謝経路との交差点ともなっており，代謝で中心的な役割を果たす．クエン酸回路の中間体のいくつかは生合成経路の重要な前駆体であり，またいくつかの代謝経路がクエン酸回路の中間体をつくり出している．異化にも同化にも使われる経路は双方向的（§10.1）とよばれ，クエン酸回路がその良い例である．

図 13.20 に示すように，クエン酸，2-オキソグルタル酸，スクシニル CoA，オキサロ酢酸はいずれも生合成経路につながっている．クエン酸は脂肪酸とステロイドの生合成経路の一部である．クエン酸は開裂して，脂質の前駆物質であるアセチル CoA となる．真核生物ではこの反応は細胞質ゾルで行われるので，脂肪酸合成を行うためには，クエン酸はミトコンドリアから細胞質ゾルに運搬される必要がある．2-オキソグルタル酸のおもな代謝的運命はグルタミン酸への可逆的な転換で，これによってタンパク質に取込まれたり，他のアミノ酸やヌクレオチドの合成に使われたりする．17 章で 2-オキソグルタル酸のプールが窒素代謝に重要なことを学ぶ．スクシニル CoA はグリシンと縮合して，シトクロムのヘム基のようなポルフィリン生合成の開始点となる．12 章でみたように，オキサロ酢酸は糖新生で生成する糖質の前駆体である．オキサロ酢酸はアスパラギン酸と相互変換でき，アスパラギン酸は尿素，他のアミノ酸，ピリミジンヌクレオチドの合成に使われる．

クエン酸回路が多段階触媒として機能しているときには，多量のアセチル CoA を生成物に変えるのに，ごくわずかな中間代謝物があればよい．したがって，クエン酸回路がアセチル CoA を代謝する速度は，その中間体の濃度の変動にきわめて敏感である．生合成経路に入って失われてしまった中間体は，**アナプレロティック反応**（anaplerotic reaction；ギリシャ語で "満たす"）によって補給されねばならない．クエン酸回路は循環的なので，回路のどの中間体を補給してもすべての中間体の濃度が増加することになる．一方，クエン酸回路中間体を減少させる反応は，**カタプレロティック反応**（cataplerotic reaction）の一例である．これも補給と同様に重要な反応である．

ピルビン酸カルボキシラーゼによるオキサロ酢酸の生成は，重要な調節されたアナプレロティック反応の一つである（図 13.20）．この反応は糖新生経路の一部でもある（§12.1 A）．ピルビン酸カルボキシラーゼはアセチル CoA によってアロステリックに活性化される．アセチル CoA が蓄積することは，オキサロ酢酸濃度が低下していること，クエン酸回路中間体がもっと必要だということを知らせている．ピルビン酸カルボキシラーゼが活性化されると，オキサロ酢酸が回路に供給される．

多くの生物がクエン酸回路の中間体の出入りの微妙なバランスを保つために，さまざまな反応を利用している．たとえば多くの植物やある種の細菌はホスホエノールピルビン酸カルボキシラーゼが触媒する反応で，クエン酸回路にオキサロ酢酸を供給している．

$$\text{ホスホエノールピルビン酸} + HCO_3^{\oplus} \rightleftharpoons \text{オキサロ酢酸} + P_i \tag{13.16}$$

アミノ酸や脂肪酸を分解するいくつかの経路は，クエン酸回路にスクシニル CoA を供給できる．オキサロ酢酸とアスパラギン酸，2-オキソグルタル酸とグルタミン酸の相互変換反応は，回路の

BOX 13.8 安価な抗癌薬？

酸素がない場合には解糖経路は乳酸で終わり，アセチル CoA を酸化するためのクエン酸回路は働かない．このような条件下ではピルビン酸デヒドロゲナーゼがリン酸化されて不活性になる．癌細胞の多くは嫌気的に成育し，細胞内のピルビン酸デヒドロゲナーゼは不活性である．

ジクロロ酢酸はピルビン酸デヒドロゲナーゼキナーゼを阻害できる．ジクロロ酢酸はこの酵素の活性部位に結合して，ピルビン酸デヒドロゲナーゼのリン酸化を阻害する．ジクロロ酢酸はピルビン酸デヒドロゲナーゼの活性化と，その結果，癌細胞の代謝に大きな影響を与えて死なせるという効果がある．この化合物は癌細胞を使ったいくつかの試験管内試験では有効だった．ここまでは良い．

残念ながら，臨床試験ではジクロロ酢酸の癌治療効果はまだ確認されていない．医学研究者たちは難しい立場にいる．生化学的には根拠がある．肝細胞が嫌気的に成育すること（ワールブルグ効果）はわかっているし，ジクロロ酢酸のピルビン酸デヒドロゲナーゼキナーゼ阻害能力からすれば効果的な癌治療薬になってもおかしくない．しかし，医師の大多数は有効だという証明がないのでジクロロ酢酸を処方することをためらっている．

ジクロロ酢酸の有効性はなかなかはっきりせず，特許もまだとれていない．ジクロロ酢酸を売っても儲からないので，大きな製薬会社が有効性の証拠を隠そうとしているという苦情まで出る始末である．この安い "奇跡の薬" を自分で試したいという人々のために，これを売るというちっぽけな会社もインターネット上に現れた．確たる根拠もなく癌治療効果をうたうので，米国食品医薬品局はいくつかのウェブサイトを閉鎖せざるをえなかった．ジクロロ酢酸の多量服用は有害であり，自己療法には危険が伴うからである．この一筋縄ではいかない課題について，さらに宣伝合戦が繰り広げられる可能性もある．この矛盾した問題に対して科学的，医学的に信頼できる情報源になるのは，Respectful Insolence (scineceblogs.com/insolence) のブログである．

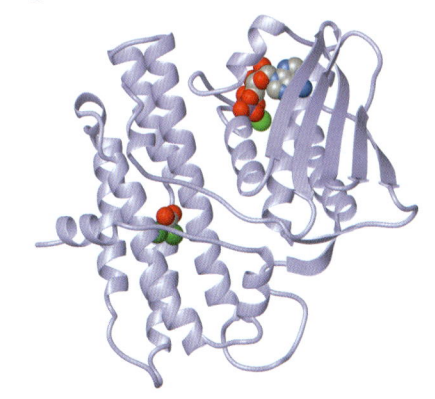

▲ジクロロ酢酸が活性部位に結合しているピルビン酸デヒドロゲナーゼキナーゼ　ヒトピルビン酸デヒドロゲナーゼキナーゼは二量体である．一つの単量体だけを示す．結合しているリガンドは空間充填模型で示した．ADP（上）はアロステリック部位に，ジクロロ酢酸（左）は活性部位に結合している．[PDB 2BU8]

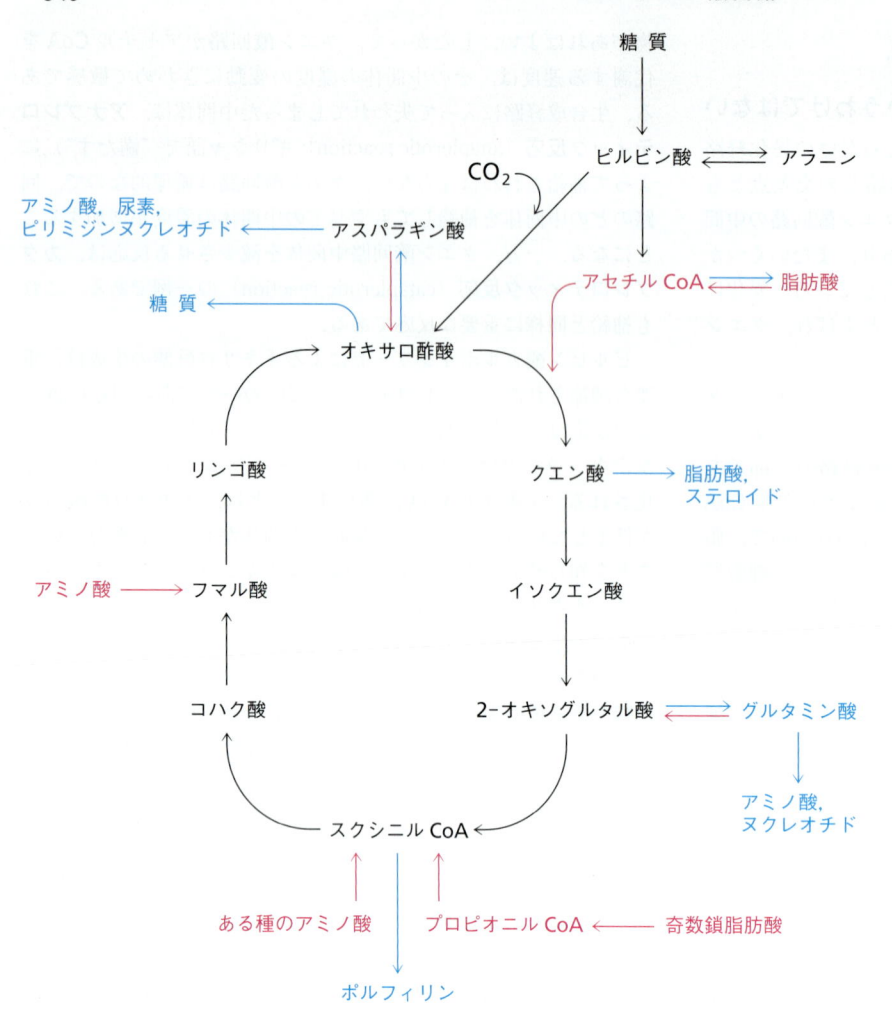

◀図 13.20 **クエン酸回路に至る，あるいはそこから始まる経路** クエン酸回路の中間体は，糖質，脂質，アミノ酸，さらにはヌクレオチドやポルフィリンなどの前駆体である．回路に流入する反応は回路の中間体の量を増やす．同化的経路は青，異化的経路は赤で示す．

中間体を増やすことにも減らすことにも利用できる．

解糖およびその他の経路からのアセチル CoA の流入，異化経路およびアナプレロティック反応からの中間体の流入，同化反応への中間体の流出，これらすべての相互関係が意味するところは，クエン酸回路がいつもアセチル CoA の酸化だけを目的とした単純な回路として働いているわけではないということである．事実，大半の細菌はクエン酸回路の古典的酵素のすべてをもっているわけではなく，回路になっていない．これらの生物種では，もっている酵素はもっぱら生合成経路に使われ，その中間体がアミノ酸やポルフィリンの生合成の前駆体となっている（§13.9）．

13.8 グリオキシル酸経路

グリオキシル酸経路はクエン酸回路のいくつかの反応を迂回するルートである．この経路の名前は必須の中間体である 2 炭素分子グリオキシル酸から付けられている．この経路の反応は二つだけである．最初の反応で，6 炭素のトリカルボン酸（イソクエン酸）が一つの 2 炭素分子（グリオキシル酸）と一つの 4 炭素のジカルボン酸（コハク酸）に開裂する．この反応はイソクエン酸リアーゼが触媒する（図 13.21）．第二の反応で，2 炭素のグリオキシル酸分子が，アセチル CoA 中の 2 炭素部分と結合して，4 炭素のジカルボン酸（リンゴ酸）ができる．第二の反応の酵素はリンゴ酸シンターゼである．

グリオキシル酸経路は最初は細菌で見つかった．つぎに植物で，さらには菌類，原生生物，ある種の動物で見つかった．この経路はしばしばグリオキシル酸側路，グリオキシル酸迂回路，グリオ

キシル酸回路などとよばれる．グリオキシル酸経路はアセチル CoA の同化的代謝の別経路を提供し，アセチル CoA から 4 炭素化合物を経てグルコースの生成に至る．グリオキシル酸経路の酵素をもつ細胞では，アセチル CoA になりうるものであれば，どんな前駆体からでも必要なすべての糖質を合成できる．たとえば酵母細胞はエタノールを酸化してアセチル CoA をつくり，これがグリオキシル酸経路でリンゴ酸になる．同じように，多くの細菌は酢酸を使って増殖するときにグリオキシル酸経路を使っている．酢酸はアセチル CoA シンテターゼが触媒する反応でアセチル CoA に取込まれる．

$$H_3C-COO^{\ominus} + HS\text{-}CoA \xrightarrow[\text{シンテターゼ}]{\text{ATP} \quad \text{AMP, PP}_i} H_3C-\overset{\overset{O}{\|}}{C}-S\text{-}CoA$$
酢酸　　　　　　　　　　　アセチル CoA シンテターゼ　　　　　アセチル CoA
(13.17)

グリオキシル酸経路は細菌，原生生物，菌類，植物では基本的な代謝経路である．特に種子に油を多く含む植物で活発である．これらの植物では，貯蔵種子油（トリアシルグリセロール）が糖質に変えられて，発芽する期間を支えている．それとは対照的に，多くの哺乳類はこの経路の二つの酵素に対する遺伝子をもってはいるが，この経路は働いていない．そのため，ヒトではアセチル CoA はピルビン酸あるいはオキサロ酢酸のいずれに対しても実質的な合成の前駆体とはなりえない．したがって，アセチル CoA はグルコースの実質的な炭素源ではない．（アセチル CoA の炭素原子はクエン酸回路の反応でオキサロ酢酸に取込まれるが，2 個の炭素が取込まれるたびに，別の 2 個の炭素が CO_2 として

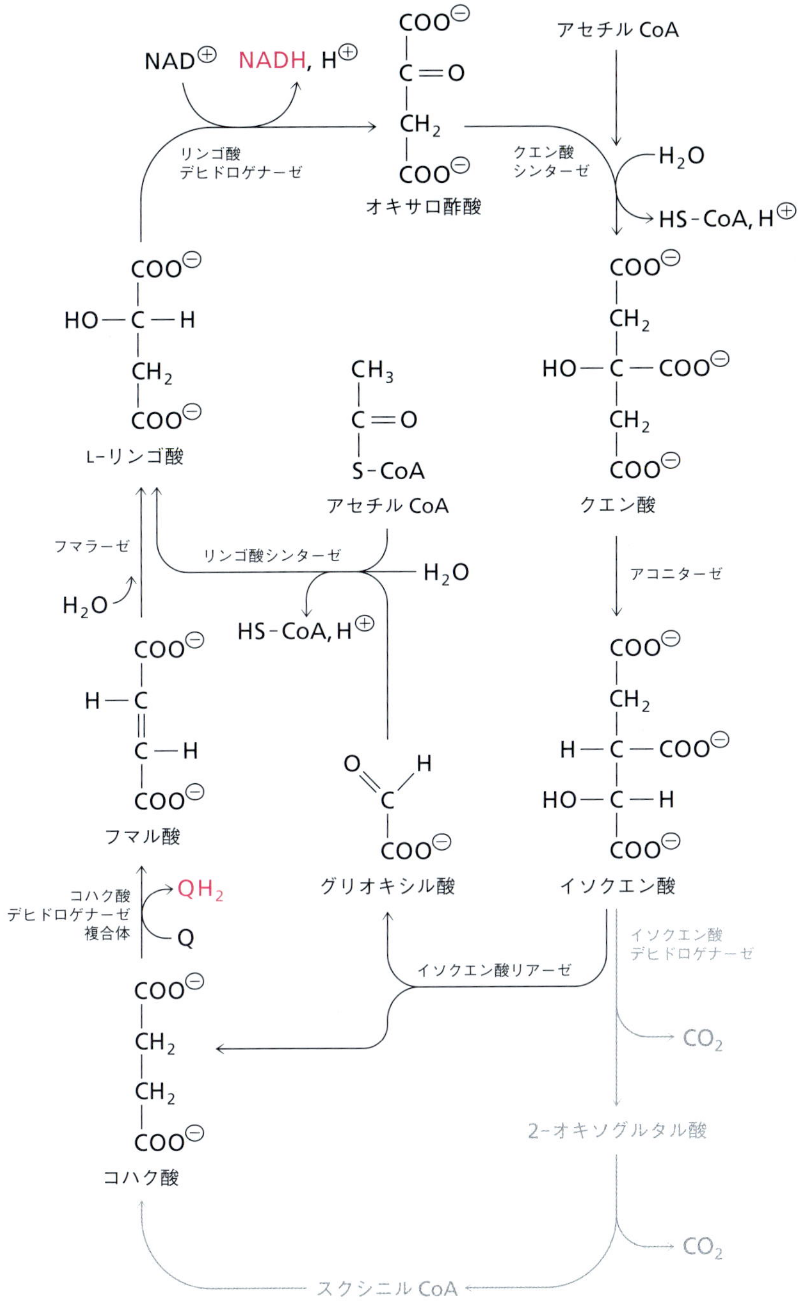

13.8 グリオキシル酸経路

◀図13.21 グリオキシル酸経路 イソクエン酸リアーゼとリンゴ酸シンターゼがグリオキシル酸経路の二つの酵素である．この迂回路が働いているときには，アセチル CoA のアセチル基の炭素は，CO_2 に酸化されずにリンゴ酸に変換される．リンゴ酸はオキサロ酢酸に変換され，これが糖新生の前駆体になる．イソクエン酸の開裂で生成したコハク酸はオキサロ酢酸に酸化され，グルコース合成のために消費された4炭素化合物に置き換わる．

放出されてしまう．）

グリオキシル酸経路はクエン酸回路のわき道とみなせる（図13.21）．二つの反応によって，クエン酸回路の CO_2 をつくる反応を迂回する経路ができる．グリオキシル酸側路が使われている間は，アセチル CoA のアセチル基の炭素はどちらも CO_2 として放出されず，2分子のアセチル CoA から4炭素分子が実質的につくられ，糖新生でグルコースに変換可能な前駆体となる．コハク酸はクエン酸回路によってリンゴ酸そしてオキサロ酢酸へと酸化され，クエン酸回路に必要な触媒量の中間体を維持する．グリオキシル酸側路を，クエン酸回路の上部を含む回路の一部と考えてもよい．この場合，総合的にみた反応は，糖新生のためのオキサロ酢酸生成と，コハク酸の循環的酸化ということになる．2分子のアセチル CoA が消費される．

$$2\text{ アセチル CoA} + 2\text{ NAD}^{\oplus} + Q + 3\text{ H}_2\text{O} \longrightarrow$$
$$\text{オキサロ酢酸} + 2\text{ HS-CoA} + 2\text{ NADH} + QH_2 + 4\text{ H}^{\oplus}$$
(13.18)

真核生物でグリオキシル酸回路を動かすには，クエン酸回路の酵素が局在するミトコンドリアと，イソクエン酸リアーゼとリンゴ酸シンターゼが局在する細胞質ゾルとの間で代謝物をやり取りしなければならない．したがって，実際の経路は図13.21に示したものよりもはるかに複雑になる．植物ではグリオキシル酸経路の酵素は特別なグリオキシソームとよばれる膜で囲まれた小器官に局在する．グリオキシソームはクエン酸回路のいくつかの酵素の特化したものを含んでいるが，それでもいくつかの代謝物はこの経路が循環的になるように，区画の間を行き来しなければならない．

細菌では，いろいろな生合成経路にそれていってしまったクエン酸回路の中間体を補給する目的で，グリオキシル酸経路がしばしば使われる．細菌ではすべての反応が細胞質ゾルで行われるため，代謝物の流れを調節することが重要である．鍵となる酵素はイソクエン酸デヒドロゲナーゼである．その活性は共有結合修飾で制御される．キナーゼが触媒してセリン残基がリン酸化を受けると，イソクエン酸デヒドロゲナーゼ活性は失われる．脱リン酸

された酵素では，このセリン残基がイソクエン酸のカルボキシ基と水素結合をつくる．リン酸化はRからTへのコンホメーション変化をひき起こすのではなく，むしろ基質を静電的に反発させることで酵素活性を阻害する（図13.22）．キナーゼ活性をもつのと同じタンパク質が，別のドメインにホスファターゼ活性をもっており，こちらでホスホセリン残基を加水分解し，イソクエン酸デヒドロゲナーゼを再活性化する．

キナーゼ活性とホスファターゼ活性は双方向的に調節されている．イソクエン酸，オキサロ酢酸，ピルビン酸，解糖中間体の3-ホスホグリセリン酸とホスホエノールピルビン酸は，アロステリックにホスファターゼを活性化し，キナーゼを阻害する（図13.23）．したがって大腸菌では，解糖およびクエン酸回路の中間体の濃度が高いときには，イソクエン酸デヒドロゲナーゼは活性型である．リン酸化によってイソクエン酸デヒドロゲナーゼが活性を失うと，イソクエン酸はグリオキシル酸経路の方へと流れを変える．

13.9 クエン酸回路の進化

クエン酸回路の反応は，最初は哺乳類で発見され，鍵になる酵素の多くは肝臓抽出物から精製された．これまでみてきたように，クエン酸回路は，解糖の産物の一つとして生成したアセチルCoAを酸化するので，解糖の最終段階とみなすことができる．しかし，主要炭素源としてグルコースを使わない生物も多く存在しており，それらでは，解糖およびクエン酸回路によるATP当量の生産が代謝エネルギー獲得の主流ではない．

簡単な単細胞生物でクエン酸回路の酵素がどんな役割を果たすのかを理解するために，細菌でのそれらの機能を検討する必要がある．それらの役割から，後に複雑な真核生物を生み出すことになる原始的な細胞にすでに備わっていたであろう経路を推測できる．幸いにして組換えDNA技術やDNA配列決定法の技術的進歩により，数100種類以上の原核生物ゲノムの配列を利用できる．いまや多岐にわたる細菌について，代謝にかかわる酵素をすべて対応させて検討することが可能なので，それらの細菌が本章で取上げた経路をもっていたのかどうか調べることができる．比較遺伝学，分子進化，バイオインフォマティクスの発展が，このような分析の大きな助けとなる．

多くの細菌が完全なクエン酸回路をもっていない．不完全な回路では左側の部分だけ含むものが最も多い．この短い直線的経路では，オキサロ酢酸が出発点となり，還元的な過程で，コハク酸，スクシニルCoA，または2-オキソグルタル酸ができる．この還元的経路は，真核生物のミトコンドリア内で働いている伝統的回路とは逆に進む．さらに，多種類の細菌がクエン酸回路の右部分の酵素，特にクエン酸シンターゼおよびアコニターゼをもっている．これによりオキサロ酢酸とアセチルCoAからクエン酸とイソクエン酸を合成できる．このフォークのように分かれた代謝経路（図13.24）のおかげで，アミノ酸，ポルフィリン，脂肪酸の前駆体はすべて合成できる．

まったくの無酸素の下で生存し増殖できる細菌は何百種類もある．それらの中には，絶対嫌気性で，酸素が致死的な毒になるものもある．それ以外は通性嫌気性で，酸素がない環境でも，酸素が豊富な環境と同じように生き続けることができる．大腸菌はどちらの環境でも生きることができる例の一つである．嫌気的条件で増殖する場合には，大腸菌はフォーク状経路を使って代謝に必要な前駆体を生産し，酸素が必要な電子伝達系でしか再酸化できない還元当量が蓄積するのを避ける．大腸菌などの細菌は有機炭素源が酢酸のみという環境でも増殖できる．この場合，グリオキ

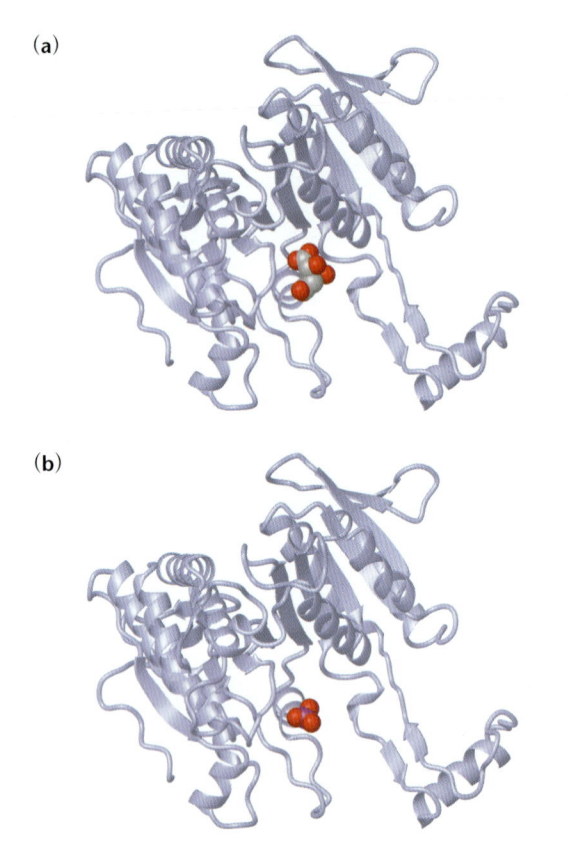

▲図13.22　大腸菌イソクエン酸デヒドロゲナーゼのリン酸化型と脱リン酸型　(a) 脱リン酸型酵素は活性がある．イソクエン酸が活性部位に結合する．［PDB 5ICD］(b) リン酸化型酵素は不活性である．負に荷電したリン酸基（赤）が静電的に基質と反発して，結合を妨害する．［PDB 4ICD］

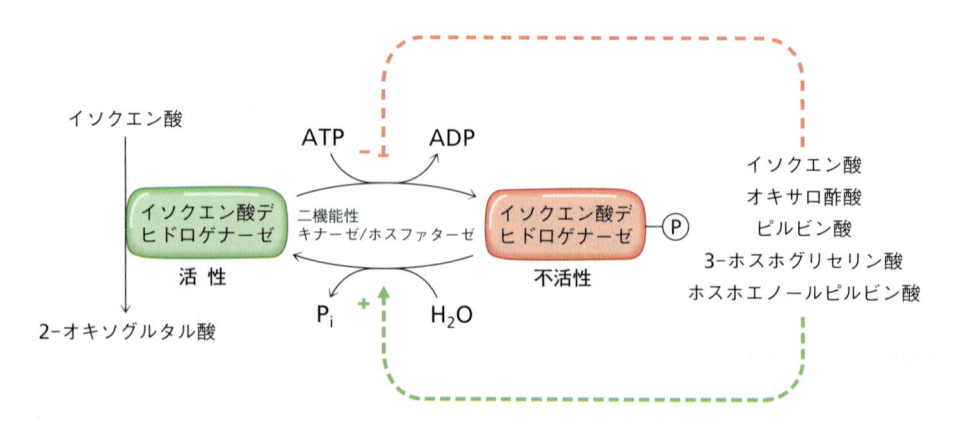

◀図13.23　大腸菌イソクエン酸デヒドロゲナーゼの共有結合修飾による調節　二つの機能をもつ酵素がイソクエン酸デヒドロゲナーゼのリン酸化および脱リン酸を触媒する．二機能酵素の二つの活性は，解糖およびクエン酸回路の中間体によって，双方向的にアロステリック制御されている．

```
                    アセチル CoA
      オキサロ酢酸 ─────────────→ クエン酸
         │         クエン酸シンターゼ      │
リンゴ酸   │                              │ アコニターゼ   酸化的過程
デヒドロゲナーゼ                           │
         │                              ↓
       リンゴ酸     リンゴ酸              イソクエン酸
         ↑        シンターゼ  アセチル CoA   │
         │   ←─────────                   │ イソクエン酸
       フマラーゼ                         │ デヒドロゲナーゼ
         │        グリオキシル酸  ←──────   │
       フマル酸                           ↓ CO₂
         │                          2-オキソグルタル酸
フマル酸レダクターゼ │ コハク酸
         │   デヒドロゲナーゼ
         │                イソクエン酸
       コハク酸 ←────────  リアーゼ
         │
  スクシニル CoA シンテターゼ
         │
  スクシニル CoA：アセト酢酸
   CoA トランスフェラーゼ
         │
      スクシニル CoA
         │ CO₂
  2-オキソグルタル酸デヒドロゲナーゼ
         │
  2-オキソグルタル酸：フェレドキシン
    オキシドレダクターゼ
         │
      2-オキソグルタル酸
```

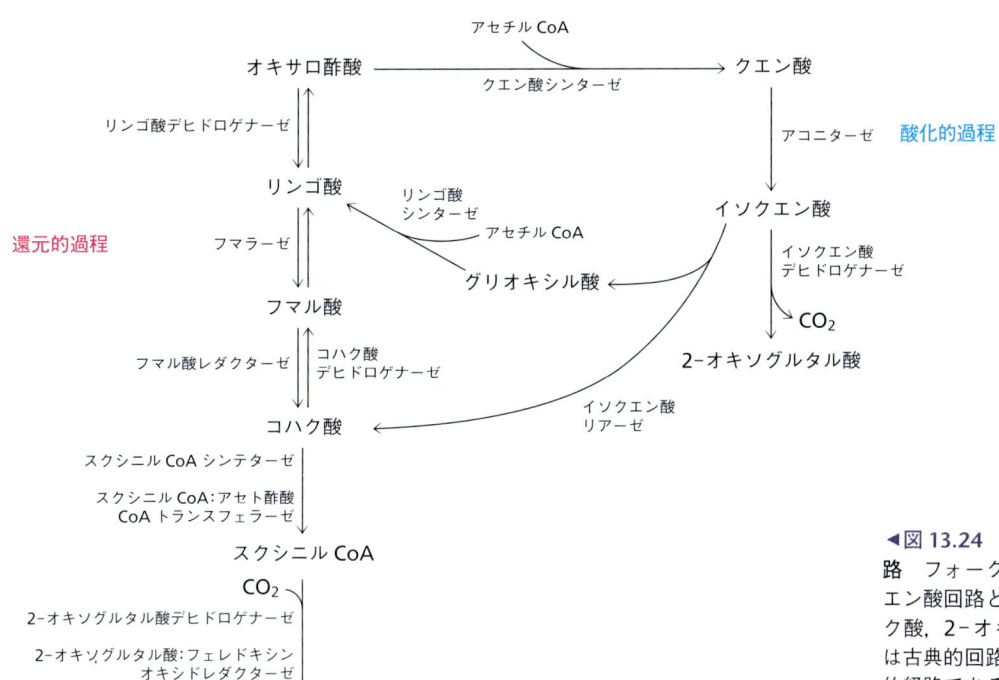

還元的過程 / 酸化的過程

◀ **図 13.24　多くの細菌にみられるフォーク状経路**　フォークの左の枝は還元的経路で，古典的クエン酸回路とは逆方向に進む反応を使って，コハク酸，2-オキソグルタル酸を合成する．右の枝は古典的回路の最初のいくつかの反応に似た酸化的経路である．

シル酸経路を使って，酢酸をグルコース合成のためのリンゴ酸およびオキサロ酢酸に変えている．

いちばん最初の生きた細胞は 30 億年以前に無酸素環境下で生まれた．これら原始的な細胞が酢酸，ピルビン酸，クエン酸，オキサロ酢酸を相互変換させうる酵素をもっていたことは疑いない．これらの酵素が現在のほとんどの細菌に存在するからである．フォーク状経路の主枝の発展は，乳酸デヒドロゲナーゼ遺伝子が重複してリンゴ酸デヒドロゲナーゼに進化して始まったのだろう．アコニターゼとイソクエン酸デヒドロゲナーゼはロイシンの合成に使われていた酵素（イソプロピルリンゴ酸デヒドラターゼとイソプロピルリンゴ酸デヒドロゲナーゼ）から進化した．（ロイシン生合成経路はクエン酸回路よりももっと普遍的かつ原始的である．）

アスパルターゼからフマラーゼが進化することで，還元的な枝が伸びた．アスパルターゼは細菌に共通する酵素で，L-アスパラギン酸からフマル酸を合成する．一方，L-アスパラギン酸は，アスパラギン酸アミノトランスフェラーゼで触媒される反応で，オキサロ酢酸がアミノ化されてつくられる（§17.3 A）．リンゴ酸デヒドロゲナーゼおよびフマラーゼが進化する以前，原始細胞はフマル酸をつくるために最初はオキサロ酢酸→アスパラギン酸→フマル酸の経路を使っていたらしい．フマル酸のコハク酸への還元は，多くの細菌でフマル酸レダクターゼにより行われる．この複雑な酵素が何から進化したのかわからないことが多いが，少なくとも一つのサブユニットはアミノ酸代謝にかかわる別の酵素と関連がある．コハク酸デヒドロゲナーゼは，クエン酸回路では逆の反応を優先するが，フマル酸レダクターゼが遺伝子重複を起こした後に進化したらしい．

2-オキソグルタル酸はフォーク状経路のどちらの枝を使っても合成できる．還元的な枝では，完全なクエン酸回路をもたない細菌の多くがもつ酵素，2-オキソグルタル酸：フェレドキシンオキシドレダクターゼを使う．この酵素が触媒する反応は逆方向へはほとんど進まない．2-オキソグルタル酸デヒドロゲナーゼが進化すれば，フォークの二つの枝がつながって循環的な経路ができる．2-オキソグルタル酸デヒドロゲナーゼとピルビン酸デヒドロゲナーゼは明らかに共通の祖先をもつ．進化を必要とした最後の酵素はこれだったのだろう．

ある種の細菌は完全なクエン酸回路をもっているが，複雑な有機分子を合成するために CO_2 を固定する還元的方向で使っている．これが経路が完成するための選択圧の一つになった可能性がある．回路が真核生物に一般的にみられる酸化的な方向をとろうとすれば，NADH および QH_2 を酸化するための最終電子受容体が必要である．こうした最終電子受容体は，もとは硫黄あるいは硫酸類だった．このような反応は現在でも多くの嫌気性細菌で行われている．シアノバクテリアで光合成反応が進化するにつれて，約 25 億年前に酸素レベルの上昇が始まった．ある種の細菌で，特にプロテオバクテリアで膜会合電子伝達反応が進化すると，酸素の有効利用が推進された．約 20 億年前にプロテオバクテリアの一つが原始的な真核細胞との間で共生関係に入った．ここからミトコンドリア，現在のクエン酸回路および電子伝達系が進化した．

クエン酸回路の進化には，§10.2 で述べた代謝経路の進化方式がいくつも含まれている．遺伝子重複，経路の伸長，逆方向進化，経路の逆転，酵素の横取りが起こった証拠がここにある．

要　約

1. ピルビン酸デヒドロゲナーゼ複合体がピルビン酸の酸化を触媒し，アセチル CoA と CO_2 をつくり出す．
2. クエン酸回路で酸化されるアセチル CoA 1 分子について，2 分子の CO_2 がつくられ，3 分子の NAD^+ が NADH に還元され，1 分子の Q が QH_2 に還元され，1 分子の GTP が $GDP+P_i$ からつくられる（生物種によっては，GTP の代わりに ATP が $ADP+P_i$ からつくられる）．
3. クエン酸回路の八つの酵素触媒反応は，一つの多段階触媒として作用すると考えてよい．
4. 真核細胞では，ピルビン酸はピルビン酸デヒドロゲナーゼ反

応の基質として使えるように，まず特殊な輸送体でミトコンドリア内に運び込まれねばならない．

5. クエン酸回路でつくられた還元型の補酵素を酸化することによって，この経路に入るアセチルCoA 1分子について約10分子のATPが得られ，1分子のグルコースが完全に酸化されると総計で約32分子のATPが得られる．

6. ピルビン酸の好気的酸化は，ピルビン酸デヒドロゲナーゼ複合体，イソクエン酸デヒドロゲナーゼ，2-オキソグルタル酸デヒドロゲナーゼ複合体が触媒する反応段階で調節されている．

7. 酸化的異化作用における役割に加えて，クエン酸回路は生合成経路への前駆体の供給も行う．アナプレロティック反応は回路の中間体を補給する．

8. クエン酸回路の変形であるグリオキシル酸経路によって，多くの生物がアセチルCoAから糖新生のための4炭素の中間体をつくることができる．

9. 現在でも多くの細菌種に原始的なフォーク状経路がみられる．おそらくそこからクエン酸回路は進化した．

問　題

1. (a) クエン酸回路では1分子のクエン酸が1分子のオキサロ酢酸に変わり，これが回路を継続させるために必要である．もしも回路中の他の中間体がアミノ酸生合成の出発物質として使われてしまったとき，回路の酵素を使ってアセチルCoAからオキサロ酢酸を実質的に合成できるだろうか．
   (b) オキサロ酢酸が十分に存在しなかったら，どうやって回路の機能維持ができるだろうか．

2. フルオロ酢酸はクエン酸回路を阻害する強い有毒分子で，殺鼠剤として使われてきた．生体内で酵素によりフルオロアセチルCoAに変換され，ついでクエン酸シンターゼにより2R, 3S-フルオロクエン酸に変わる．これが回路のつぎの酵素の強力な阻害剤になる．クエン酸回路の中間体の濃度に対するフルオロ酢酸の効果を推測してみよ．どうしたらこの妨害から回路を回復させられるだろうか．

3. クエン酸回路で以下の反応が完結したときにつくられるATPの分子数を数えよ．NADHとQH$_2$はすべて酸化されてATPを生成し，ピルビン酸はアセチルCoAに変換され，リンゴ酸-アスパラギン酸シャトルが機能しているとする．
   (a) 1 ピルビン酸 → 3 CO_2
   (b) クエン酸 → オキサロ酢酸 + 2 CO_2

4. 問題3の条件下で，1分子のグルコースが6分子のCO_2に完全に酸化されるとき，基質レベルのリン酸化でつくられるATPは何％か．

5. 脚気はビタミンB_1（チアミン）の摂取不足によって起こる病気で，血中のピルビン酸と2-オキソグルタル酸の濃度が上昇するとともに，神経と心臓に症状が現れる．どうしてチアミンの不足がピルビン酸と2-オキソグルタル酸の濃度の上昇につながるのだろうか．

6. C-1, C-2, C-3をそれぞれ^{14}Cで標識したピルビン酸を用いて，ピルビン酸デヒドロゲナーゼ複合体とクエン酸回路で代謝させる三つの独立した実験を行った．標識されたピルビン酸のうちどれが最初に$^{14}CO_2$を生じ，どれが最後に$^{14}CO_2$を生じることになるだろうか．標識炭素原子がすべて$^{14}CO_2$として放出されるには，回路を何周回る必要があるか．

7. ショック状態にある患者では，組織への酸素供給の減少，ピルビン酸デヒドロゲナーゼ複合体の活性低下，嫌気的代謝の亢進などが起こる．過剰のピルビン酸は乳酸に変換され，それが組織と血液に蓄積する結果，乳酸アシドーシスをひき起こす．
   (a) O_2はクエン酸回路の反応物でも生成物でもないのに，どうしてO_2レベルの低下がピルビン酸デヒドロゲナーゼ複合体の活性低下をひき起こすのだろうか．
   (b) 乳酸アシドーシスを緩和するのに，ショック状態にある患者にピルビン酸デヒドロゲナーゼキナーゼを阻害するジクロロ酢酸を投与することがある．どうしてこの処置がピルビン酸デヒドロゲナーゼ複合体の活性に影響するのだろうか．

8. ある種の組織（たとえば血液中のリンパ球）で，ミトコンドリアと細胞質ゾルのいずれにもクエン酸回路の酵素が欠けている場合があり，新生児で深刻な神経異常の原因となる．この病気では，尿中に異常に大量の2-オキソグルタル酸，コハク酸，フマル酸が排出される．どの酵素の欠陥がこのような症状をひき起こすのだろうか．

9. アセチルCoAはジヒドロリポアミドアセチルトランスフェラーゼ（ピルビン酸デヒドロゲナーゼ複合体中のE_2）を阻害するが，ピルビン酸デヒドロゲナーゼ複合体中のピルビン酸デヒドロゲナーゼキナーゼ成分を活性化する．アセチルCoAがこのように二つの異なる作用をもつことは，この複合体全体の調節に適しているのだろうか．

10. ピルビン酸デヒドロゲナーゼ複合体欠損症は，さまざまな代謝的，神経的影響を及ぼす疾患である．これは，小児の乳酸アシドーシスの原因になる．その他の臨床的症状としては血中のピルビン酸およびアラニン濃度の上昇がある．ピルビン酸デヒドロゲナーゼ複合体欠損症患者でのピルビン酸，乳酸，アラニンのレベル上昇の理由を説明せよ．

11. 脊椎動物の筋肉では，収縮シグナルに対する応答として，またその結果としてのATP供給増加の必要性のため，小胞体の貯蔵部位からCa^{2+}が細胞質ゾルに放出される．クエン酸回路は細胞内ATPの増量要求を満たすために，Ca^{2+}流入に対してどのように対応するか．

12. (a) アラニンが分解するとピルビン酸を生じ，ロイシンの分解ではアセチルCoAを生じる．これらのアミノ酸の分解はクエン酸回路の中間体の量を補給することになるだろうか．
    (b) 脂肪組織に蓄えられる脂肪（トリアシルグリセロール）は動物の重要なエネルギー源である．脂肪酸はアセチルCoAに分解され，アセチルCoAはピルビン酸カルボキシラーゼを活性化する．この酵素の活性化は，どうして脂肪酸からのエネルギーの回収を助けるのだろうか．

13. タンパク質が分解されて生じたアミノ酸は，クエン酸回路の中間体に変換されてさらに代謝される．放射性同位元素で標識したタンパク質から以下のように標識されたアミノ酸が得られたとして，これらのアミノ酸が変換されて生じるクエン酸回路の最初の中間体の構造を，標識された炭素を明示して書け．

(a)
COO^-
|
CH_2
|
$^{14}CH_2$
|
$H_3\overset{+}{N}-CH-COO^-$
グルタミン酸

(b)
CH_3
|
$H_3\overset{+}{N}-^{14}CH-COO^-$
アラニン

(c)
$$\begin{array}{c}{}^{14}\text{COO}^{\ominus}\\|\\\text{CH}_2\\|\\\overset{\oplus}{\text{H}_3\text{N}}-\text{CH}-\text{COO}^{\ominus}\end{array}$$
アスパラギン酸

14. (a) 2分子のアセチル CoA がクエン酸回路で4分子の CO_2 に変換されるとき，何分子の ATP がつくられるか．（NADH は 2.5 ATP，QH_2 は約 1.5 ATP と仮定せよ．）2分子のアセチル CoA がグリオキシル酸回路でオキサロ酢酸に変換されるとき，何分子の ATP がつくられるか．
    (b) これらの ATP の収量の違いは，二つの経路の基本的な作用とどう関係しているのだろうか．

15. 6-ホスホフルクト-2-キナーゼおよびフルクトース-2,6-ビスホスファターゼの活性は，一つの二機能性タンパク質中に含まれている．このタンパク質が解糖および糖新生をフルクトース 2,6-ビスリン酸の作用で厳密に調節している．単一のタンパク質内にキナーゼとホスファターゼの両活性をもつ，もう一つのタンパク質を説明せよ．それはどの経路を調節しているか．

参 考 文 献

ピルビン酸デヒドロゲナーゼ複合体

Harris, R. A., Bowker-Kinley, M. M., Huang, B., and Wu, P. (2002). Regulation of the activity of the pyruvate dehydrogenase complex. *Advances in Enzyme Regulation* 42:249-259.

Knoechel, T. R., Tucker, A. D., Robinson, C. M., Phillips, C., Taylor, W., Bungay, P. J., Kasten, S. A., Roche, T. E., and Brown, D. G. (2006). Regulatory roles of the N-terminal domain based on crystal structures of human pyruvate dehydrogenase kinase 2 containing physiological and synthetic ligands. *Biochem.* 45:402-415.

Maeng, C.-Y., Yazdi, M. A., Niu, X.-D., Lee, H. Y., and Reed, L. J. (1994). Expression, purification, and characterization of the dihydrolipoamide dehydrogenase-binding protein of the pyruvate dehydrogenase complex from *Saccharomyces cerevisiae*. *Biochem.* 33:13801-13807.

Mattevi, A., Obmolova, G., Schulze, E., Kalk, K. H., Westphal, A. H., de Kok, A., and Hol, W. G. J. (1992). Atomic structure of the cubic core of the pyruvate dehydrogenase multienzyme complex. *Science* 255:1544-1550.

Reed, L. J., and Hackert, M. L. (1990). Structure-function relationships in dihydrolipoamide acyltransferases. *J. Biol. Chem.* 265:8971-8974.

クエン酸回路

Beinert, H., and Kennedy, M. C. (1989). Engineering of protein bound iron-sulfur clusters. *Eur. J. Biochem.* 186:5-15.

Gruer, M. J., Artymiuk, P. J., and Guest, J. R. (1997). The aconitase family: three structural variations on a comon theme. *Trends Biochem. Sci.* 22:3-6.

Hurley, J. H., Dean, A. M., Sohl, J. L., Koshland, D. E., Jr., and Stroud, R. M. (1990). Regulation of an enzyme by phosphorylation at the active site. *Science* 249:1012-1016.

Kay, J., and Weitzman, P. D. J., eds. (1987). *Krebs' Citric Acid Cycle—Half a Century and Still Turning* (London: The Biochemical Society).

Krebs, H. A., and Johnson, W. A. (1937). The role of citric acid in intermediate metabolism in animal tissues. *Enzymologia* 4:148-156.

McCormack, J. G., and Denton, R. M. (1988). The regulation of mitochondrial function in mammalian cells by Ca^{2+} ions. *Biochem. Soc. Trans.* 109:523-527.

Remington, S. J. (1992). Mechanisms of citrate synthase and related enzymes (triose phosphate isomerase and mandelate racemase). *Curr. Opin. Struct. Biol.* 2:730-735.

Williamson, J. R., and Cooper, R. H. (1980). Regulation of the citric acid cycle in mammalian systems. *FEBS Lett.* 117 (Suppl.):K73-K85.

Wolodko, W. T., Fraser, M. E., James, M. N. G., and Bridger, W. A. (1994). The crystal structure of succinyl-CoA synthetase from *Escherichia coli* at 2.5-Å resolution. *J. Biol. Chem.* 269:10883-10890.

Yankovskaya, V., Horsefield, R., Törnroth, S., Luna-Chavez, C., Miyoshi, H., Léger, C., Byrne, B., Cecchini, G. and Iwata, S. (2003). Architecture of succinate dehydrogenase and reactive oxygen species generation. *Science* 299:700-704.

グリオキシル酸回路

Beevers, H. (1980). The role of the glyoxylate cycle. In *The Biochemistry of Plants: A Comprehensive Treatise*, Vol. 4, P. K. Stumpf and E. E. Conn, eds. (New York: Academic Press), pp.117-130.

14 電子伝達と ATP 合成

Mitchell が提唱した酸化的リン酸化および光合成的リン酸化における化学浸透圧仮説に従えば，正統派が存在を仮定していた高エネルギー中間体が，電子伝達とリン酸化を結び付けているのではない．酸化還元とアデノシン三リン酸（ATP）の加水分解という二つの現象が，それぞれ独立に，イオン，酸，塩基に対して事実上不透過性の共役性膜を境にして，一定数の電子が一方の側へ移動し，同じ数のプロトンが反対側へ移動する過程と関係を築いたことから実現したのである．

P. Mitchell and J. Moyle (1965)

いよいよ生化学の中で最も複雑な代謝経路の一つに取組むことになった．ATP 合成と共役した膜会合電子伝達系である．この経路は還元当量を ATP に換える役割をもつ．グルコースおよびアセチル CoA の酸化が，NAD^+ およびユビキノン（Q）の還元と共役しているので，還元当量とは解糖とクエン酸回路の産物だと考えるのが普通である．本章で学ぶことは，それ以降に行われる NADH とユビキノール（QH_2）の再酸化と，その結果，電子が膜会合電子伝達系を伝わって移動し，そこで解放されるエネルギーが ADP を ATP にリン酸化するために使われて保存される過程である．電子は最後には最終電子受容体に渡される．最終電子受容体は多くの生物種で分子状酸素（O_2）なので，この過程全体は酸化的リン酸化とよばれることが多い．

電子伝達と ATP 合成とを統合したこの経路には多数の酵素と補酵素が含まれる．また電子伝達と ATP 合成とを共役させるための鍵の一つが，膜を境にした pH 勾配をつくらせることなので，膜で仕切られた区画が不可欠である．そのような膜は，真核生物ではミトコンドリアの内膜であり，原核生物では細胞膜である．

本章を始めるにあたり，プロトン（濃度）勾配の熱力学と，それがいかにして ATP 合成を駆動するかについて概観しよう．つぎに膜会合電子伝達複合体および ATP シンターゼ複合体の構造と機能を述べる．そしてそれ以外の最終電子受容体の説明と，酸素代謝に関係あるいくつかの酵素についての短い考察で締めくく

る．15 章では光合成に際して働く類似した電子伝達系と ATP 合成系について述べる．

14.1 膜会合電子伝達と ATP 合成の概観

膜会合電子伝達には，膜に埋め込まれた酵素複合体がいくつか必要である．まずミトコンドリアで行われている経路から検討しよう．その後で，原核生物と真核生物で共通している点を検討する．膜会合電子伝達と ATP 合成という二つの過程の共役は緊密であり，一般にどちらか片方が欠けていれば，もう片方は進行しない．

共通の過程では電子は NADH から最終電子受容体に渡る．さまざまな最終電子受容体があるが，最も興味があるのは，真核生物のミトコンドリアにみられる経路であり，そこでは分子状酸素（O_2）が還元されて水が生じる．電子が NADH から O_2 へと電子伝達系に沿って移動するに伴って解放されるエネルギーを使って，プロトンをミトコンドリアの内部から 2 枚の膜の間（膜間腔）にくみ出す．こうしてできたプロトン勾配が，ATP シンターゼが触媒する反応による ATP 合成を駆動するために使われる（図 14.1）．細菌でもよく似た系が働いている．

ミトコンドリアの経路全体は酸化的リン酸化とよくよばれるが，酸素吸収と ATP 合成とのつながりを説明することが生化学の歴史的課題だったからである．これから頻繁に "呼吸"，"呼吸電子伝達" などの用語が出てくるが，これらも最終電子受容体として酸素を使う経路を指している．

14.2 ミトコンドリア

真核生物では，多くの生体分子の好気的酸化はミトコンドリアで行われる．この細胞小器官ではクエン酸回路と脂肪酸酸化が行われ，どちらも還元型補酵素を生成する．還元型補酵素は膜に埋め込まれた電子伝達複合体によって酸化される．典型的なミトコンドリアの構造を図 14.2 に示した．

細胞内のミトコンドリアの数は生物によって驚くほど違いがあ

> 本章で出てくる補酵素についてはすでに 7 章で詳しく述べた．NAD^+ は §7.4，ユビキノンは §7.15，FMN と FAD は §7.5，鉄–硫黄クラスターは §7.1，シトクロムは §7.17 で述べた．

---

* カット：ヒマワリ，チータ，マッシュルームはいずれもプロトン勾配を利用した同じ ATP 合成システムを使っている．

14.2 ミトコンドリア

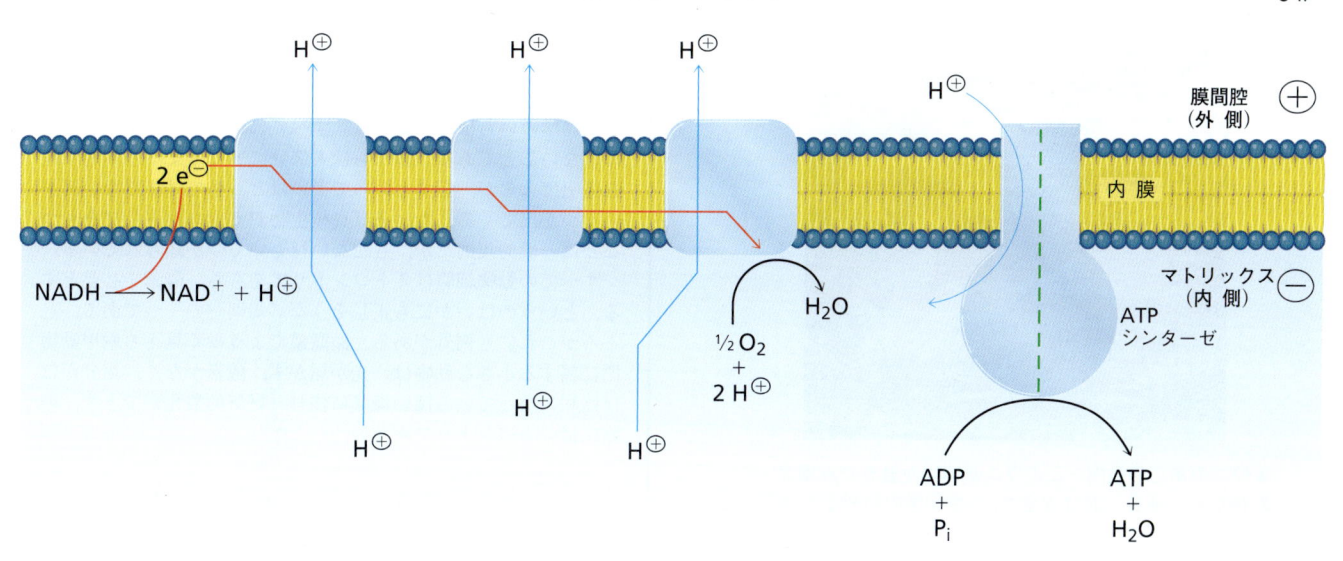

▲図14.1 **ミトコンドリアにおける膜会合電子伝達とATP合成の概観**　電子伝達系が触媒する反応によって，プロトンの濃度勾配がつくられる．還元された基質に由来する電子が，複合体を伝わって流れるにつれて，プロトンがマトリックスからミトコンドリア内膜を横断して膜間腔へ移行する．プロトン勾配に蓄えられた自由エネルギーは，プロトンがATPシンターゼを経由して膜を逆方向に流れて戻るときに引き出される．すなわち，プロトンの再流入は，ADPとP_iからATPをつくる反応と共役している．

る．藻類にはただ1個しかミトコンドリアをもたないものもあるのに，原生動物の *Chaos chaos* の細胞には50万個ものミトコンドリアがある．哺乳類の肝細胞には最大5000個のミトコンドリアがある．ミトコンドリアの数は細胞の総合的エネルギー要求度と関係がある．必要なエネルギーを嫌気的な解糖で賄っている白色筋肉組織には，ミトコンドリアは比較的少ない．ワニのあごの筋肉は白色筋の極端な例であり，素早く収縮するが，すぐに力を失ってしまう．ワニは驚異的なスピードと力であごを閉じるが，この動作をほんの数回しか繰返せない．それとは対照的に赤色筋肉組織にはミトコンドリアがたくさんある．赤色筋肉細胞の例としては，渡り鳥の飛翔筋の細胞がある．飛翔筋は十分かつ持続的な力を出し続けねばならず，それには桁外れの量のATPが必要である．

ミトコンドリアの形と大きさは，種や組織，さらには細胞によっても異なる．哺乳類の典型的なミトコンドリアは，直径$0.2 \sim 0.8\ \mu m$，長さ$0.5 \sim 1.5\ \mu m$で，この形と大きさは大腸菌とほぼ同じである．（ミトコンドリアは原始的な真核細胞に浸入して共生関係を築いた細菌細胞の子孫であることを1章で述べた．）

ミトコンドリアは細胞質から2枚の膜で隔てられている．2枚の膜の性質はきわめて異なる．ミトコンドリア外膜にはタンパク質が比較的少ない．それらのタンパク質の中の一つは膜貫通タンパク質のポーリンである（§9.11 A）．ポーリンは膜にチャネルをつくるので，イオンと分子量10000以下の水溶性の代謝物は，ここを通って外膜の内外に自由に拡散できる．それとは対照的に，ミトコンドリア内膜にはタンパク質が非常に多く，タンパク質と脂質の比率は重さにして約4:1である．この膜を水，O_2，CO_2

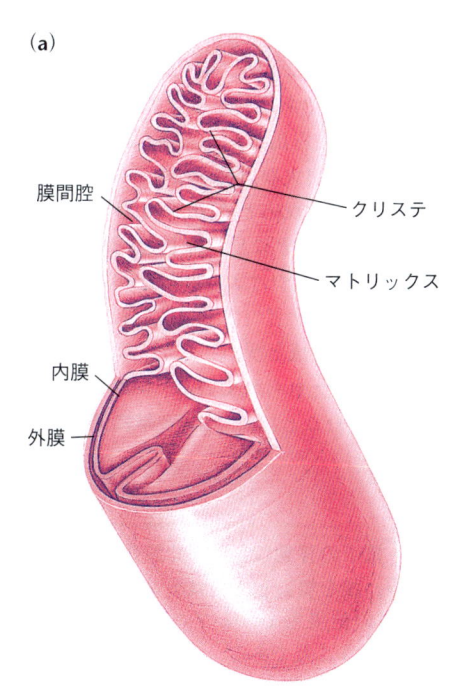

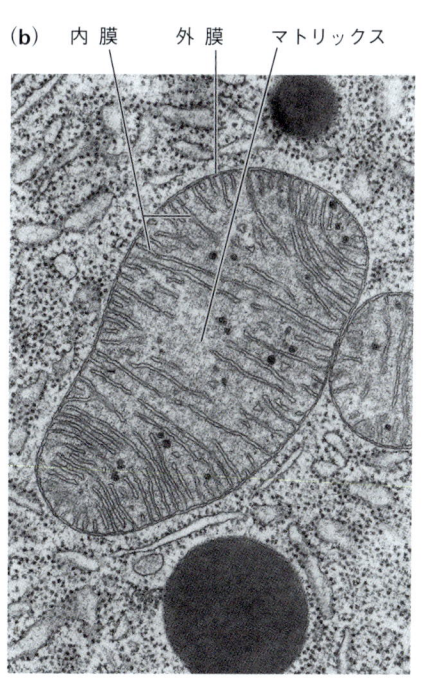

◀図14.2 **ミトコンドリアの構造**　ミトコンドリア外膜は低分子を自由に透過させるが，ミトコンドリア内膜は，極性あるいはイオン性の物質を透過させない．内膜は幾重にも折りたたまれて，クリステとよばれる構造をつくっている．膜会合電子伝達の反応およびATP合成を触媒するタンパク質複合体はミトコンドリア内膜に局在している．(a) 模式図, (b) 電子顕微鏡写真；コウモリの膵臓細胞を縦に切った断面．

▲ ワニのあごの筋肉　このワニが何回か君をかみ損なった後なら，多分，君は安全だ．（生化学の教科書を信用できるなら．）

▲ カナダのガチョウ　もし君の筋肉細胞にもっとミトコンドリアがあったなら，冬にもっと暖かい気候の所に飛んで行けるだろうに．

> **BOX 14.1　例外のない規則はない**
>
> 生物学のいちばんの魅力は，すべてにあてはまる規則がほとんどないことである．私たちは大部分に当てはまる基本的原理を提唱できるが，必ずといってよいほど，当てはまらない例がいくつか出てくる．たとえば真核生物がミトコンドリアをもつことは一般的規則だが，もたない種もいくつか知られている．
>
> すべての動物細胞はミトコンドリアをもち，酸素を必要とする，というのはいかにも正しそうな"規則"の一つである．ところがこれにも例外がある．顕微鏡でようやく見える胴甲動物門に属する小さな動物は，光が届かず，酸素がなく，塩分がほぼ飽和になっている深い海盆に住む．好気的酸化ができず，細胞にはミトコンドリアがない． 
>
> ▲ *Spinoloricus* sp., 嫌気的動物

など荷電のない分子は透過できるが，プロトンや，より大きな極性分子あるいはイオン性分子にとっては障壁になる．これらの極性分子が内膜を通過するには，膜に埋め込まれた専用の輸送体（たとえばピルビン酸輸送体，§13.4）の助けで能動輸送されねばならない．陰イオン性の代謝物が，負に荷電したミトコンドリアの内部に入るのはエネルギー的にも不利である．このような代謝物は一般的に内部の陰イオンと交換されるか，電子伝達系でつくられた濃度勾配を下っていくプロトンとともに移動する．

ミトコンドリア内膜はたくさんのひだをつくって折りたたまれていることが多く，その結果，表面積が大きくなっている．この折りたたみ構造はクリステとよばれている．内膜が伸びたりたたまれたりすることで，2枚の膜の間に非常に大きな空間が生じる（図 14.2 a）．小さな分子にとっては外膜は自由に通過できるので，膜間腔のイオンや代謝物の濃度は，ミトコンドリアの周囲の細胞質ゾルとほぼ同じである．

マトリックスの成分としては，ピルビン酸デヒドロゲナーゼ複合体，クエン酸回路の酵素群（内膜に埋め込まれているコハク酸デヒドロゲナーゼ複合体を除く），脂肪酸の酸化を触媒する酵素の大部分がある．マトリックスのタンパク質濃度はきわめて高い（$500\ mg \cdot mL^{-1}$ に達する）．しかし細胞質ゾル内に比べて，拡散速度はわずかに低いだけである（§2.3 B）．マトリックスには代謝物と無機イオン，それに細胞質ゾルのピリジンヌクレオチド補酵素群プールとは独立した NAD^+ と $NADP^+$ なども含まれている．ミトコンドリア DNA および DNA の複製，転写，翻訳に必要なすべての酵素はマトリックスにある．ミトコンドリア DNA は電子伝達タンパク質をコードする遺伝子をいくつも含んでいる（図 14.20 参照）．

14.3　化学浸透圧説とプロトン駆動力

酸化的リン酸化の個々の反応を考える前に，プロトン（濃度）勾配に蓄えられたエネルギーの本質を調べておこう．**化学浸透圧説**（chemiosmotic theory）はプロトン勾配が ATP 生成を推進するエネルギー貯蔵庫だという概念である．その骨子は，1960 年代初期に Peter Mitchell が最初に生み出した．当時，細胞が行う酸化的リン酸化の機構について，膨大な研究がなされていたが，その結果は矛盾だらけだった．酸化反応と ADP のリン酸化とを結び付ける経路は未解明だった．ADP にリン酸基を転移しうる"高エネルギー"リン酸化中間体を見つけようとした初期の挑戦はみな実を結ばなかった．多数の科学者の何十年にもわたる研究によって，今日ではイオン勾配の生成と解消こそが，生体エネルギー学の中心概念であることが受入れられている．Mitchell は生体エネルギー学の理解に貢献したことにより 1978 年にノーベル化学賞を授与された．

> ❗ 化学浸透圧説の主張は，電子の移動にもとづく酸化還元反応に由来するエネルギーが，膜を境にしたプロトン勾配をつくりだすことに使われ，その結果生まれるプロトン駆動力が ATP 合成に使われる，ということである．

▲ Peter Mitchell（1920〜1992） Mitchell は"化学浸透圧説を確立させ，生物エネルギーの転換の理解に貢献したこと"に対して，1978年にノーベル化学賞を受賞した．彼は1963年にスコットランドのエジンバラ大学を退職し，古くからの友人で共同研究者であった Jennifer Moyle と一緒に 1965 年私設の研究所をつくった．英国コーンウォールの Mitchell の自宅，グレンハウスの実験室で生体エネルギーの研究を続けた．

A. 歴史的背景：化学浸透圧説

Mitchell が化学浸透圧説を提唱したときには，基質の酸化，ミトコンドリアの電子伝達体の循環的な酸化と還元についてはすでに多くの情報が蓄積していた．1956 年に Britton Chance と Ronald Williams は，単離した無傷のミトコンドリアをリン酸緩衝液に浮遊させ，この懸濁液に ADP を加えたときだけ基質の酸化と酸素の消費が起こることを示した．つまり基質の酸化と ADP のリン酸化は共役しているはずだということである．それ以後の実験によって，すべての ADP がリン酸化されるまで呼吸が速やかに進行することだけでなく（図 14.3 a），O_2 の消費量が加えた ADP 量に依存することが示された．

脱共役剤（uncoupler）とよばれる合成化合物は，ADP がなくても基質の酸化を促進する（図 14.3 b）．脱共役の現象は酸化反応と ATP 生成の結び付き方を示すのに役立った．脱共役剤があると，利用可能な酸素がすべて消費しつくされるまで酸素取込み（呼吸）が続く．この急速な基質の酸化で ADP はほとんどリン酸化されない．つまり，このような合成化合物は酸化とリン酸化の共役を断ち切る．さまざまな脱共役剤があるが，すべて脂溶性の弱酸であるという点を除くと，化学構造上の共通点はほとんどない．脱共役剤はプロトン化型であっても共役塩基型であっても，ミトコンドリア内膜を横断することができる．陰イオンになった共役塩基でも，その負電荷が非局在化しているので，脂溶性が保たれているからである．典型的な脱共役剤，2,4-ジニトロフェノールの共鳴構造を図 14.4 に示した．

脱共役剤の効果および他の多くの実験によって，正常な状態では電子伝達（酸素取込み）と ATP 合成が共役していることはわかったが，それを可能にする機構はわからなかった．1960 年代を通じて，電子伝達の過程には，ATP を合成するのに十分なギブズ自由エネルギー変化を伴う段階が何段か含まれているに違いないと広く信じられていた．このような共役形式は基質レベルのリン酸化と似たものだと考えられていた．

Mitchell は，ミトコンドリアの酵素複合体の活動により，ミトコンドリアの内膜を境にしたプロトン勾配が生まれると提唱し

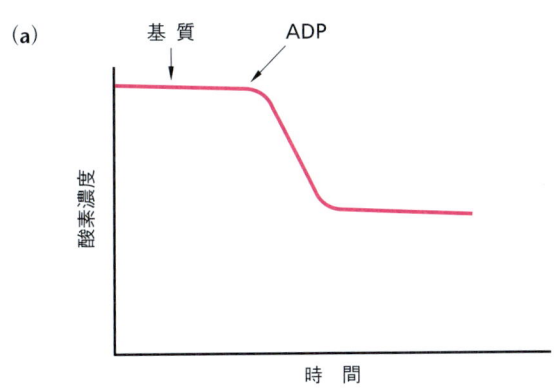

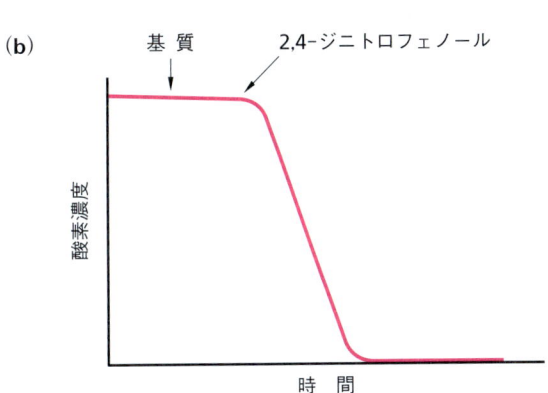

▲ 図 14.3 **ミトコンドリアにおける酸素取込みと ATP 合成**
（a）無傷のミトコンドリアは，P_i と基質が十分に存在する場合，ADP が加えられたときにのみ酸素を急速に消費する．すべての ADP がリン酸化されると酸素の取込みは停止する．（b）脱共役剤の 2,4-ジニトロフェノールを加えると，ADP のリン酸化なしに基質を酸化できるようになる．矢印はそれぞれの試薬をミトコンドリア懸濁液に加えた時点を示す．

▲ 図 14.4 **2,4-ジニトロフェノールのプロトン化型と共役塩基型** ジニトロフェノレートアニオンは共鳴安定化しており，負電荷は分子の環状構造全体に広く分布している．負電荷が非局在化しているので，ジニトロフェノールは酸型も塩基型も疎水性が高く，どちらの型も膜に溶け込める．

た．彼はこの勾配がADPのリン酸化と電子伝達との間に間接的な共役を成立させ，エネルギーを供給するのだろうと示唆した．Mitchellの着想で脂溶性の脱共役剤の効果も理解できる．それらは細胞質ゾルのプロトンを結合して，内膜を横断して運び，マトリックスに放出して，プロトン勾配を解消させてしまう．このようなプロトン運搬体は電子伝達（酸化）とATP合成の共役を断ち切る．プロトンがATPシンターゼを通らずにマトリックスに入ってしまうからである．

ATPシンターゼ活性は，損傷したミトコンドリアにみられるATPアーゼ活性として1948年に初めて認知された（損傷したミトコンドリアはATPをADPとP$_i$に加水分解する）．多くの研究者が，損傷していないミトコンドリアでは，ATPアーゼは逆方向の反応を触媒していると考えていた．この考え方は正しかった．1960年代にEfraim Rackerらは膜に結合したこのオリゴマーATPアーゼを単離し，性質を明らかにした．ミトコンドリアでATPが加水分解される際にプロトンが排出されるという観察から，ATPアーゼ反応がプロトンに駆動されて逆方向に進むことが示された．膜に酵素を取込ませた小さな膜顆粒を使った実験でこのことはさらに支持された．顆粒の膜を境にして適切にプロトン勾配をつくったところ，ADPとP$_i$からATPが合成された（§14.9）．

> Rackerが行った基本的な実験についてはBOX 15.3を参照．

B．プロトン駆動力

プロトンは膜会合電子伝達複合体によって膜間腔に移動し，その後にATPシンターゼを通ってマトリックスに戻ってくる．この環状の流れが，電気回路に似た回路をつくっている．このプロトン勾配がもつエネルギーは，**プロトン駆動力**（protonmotive force）とよばれ，電気化学における起電力に似ている（§10.9A）．この類似性を図14.5に示した．

化学電池内で分子状酸素を還元剤XH$_2$で還元する反応を考えてみよう．

$$XH_2 + \frac{1}{2}O_2 \rightleftharpoons X + H_2O \quad (14.1)$$

XH$_2$からの電子は，酸化の半反応と還元の半反応が行われる二つの電極をつないだ電線を流れる．電子はXH$_2$が酸化される電極から流れ出し，

$$XH_2 \rightleftharpoons X + 2H^+ + 2e^- \quad (14.2)$$

O$_2$が還元される電極に到達する．

$$\frac{1}{2}O_2 + 2H^+ + 2e^- \rightleftharpoons H_2O \quad (14.3)$$

化学電池内では，プロトンは塩橋中の溶媒を通って，一方の反応槽からもう一方の反応槽に自由に移行する．電子は二つの槽の間の電位差に従って外部の電線を移動する．この電位が起電力であり，ボルトの単位で測られる．電子がどの方向に流れるか，酸化剤がどれだけ還元されるかは，XH$_2$とO$_2$の自由エネルギーの差で決まるが，それぞれの還元電位で決まるといってもよい．

ミトコンドリアでは，電子ではなくプロトンが外部回路，つまり膜会合電子伝達系とATPシンターゼを結ぶ水による回路を流れる．この接続回路が電気化学反応における電線に相当する．電気化学反応と同じように，電子は還元剤のXH$_2$から酸化剤のO$_2$へと流れるが，この場合は電子は膜会合電子伝達系を伝わっていく．これらの酸化還元反応の自由エネルギーは，プロトン勾配のプロトン駆動力として蓄えられ，ADPのリン酸化で回収される．

§9.10で学んだように，極性分子の輸送に伴うギブズ自由エネルギー変化は以下のようになる．

$$\Delta G_{輸送} = 2.303\,RT \log \frac{[A_{in}]}{[A_{out}]} + zF\Delta\Psi \quad (14.4)$$

ここで最初の項は濃度勾配に起因するギブズ自由エネルギーで，2番目の項（$zF\Delta\Psi$）は膜を境とする電荷の差に起因する．プロトン1個当たりの電荷は1（$z=1.0$）なので，プロトン勾配に対する全体としてのギブズ自由エネルギー変化は以下のようになる．

$$\begin{aligned}\Delta G &= 2.303\,RT \log \frac{[H^+_{in}]}{[H^+_{out}]} + F\Delta\Psi \\ &= 2.303\,RT\,\Delta pH + F\Delta\Psi \end{aligned} \quad (14.5)$$

この式を使ってプロトン勾配と膜を境とする電荷の差がつくるプロトン駆動力を計算できる．肝臓ミトコンドリアでは，膜電位（$\Delta\Psi$）は -0.17 V（内側が負，§9.10 A）で，pHの差が -0.5（$\Delta pH = pH_{out} - pH_{in}$）である．膜電位は，プロトンをミトコンドリアマトリックスに入りやすくしているので，$\Delta\Psi$は負であり，

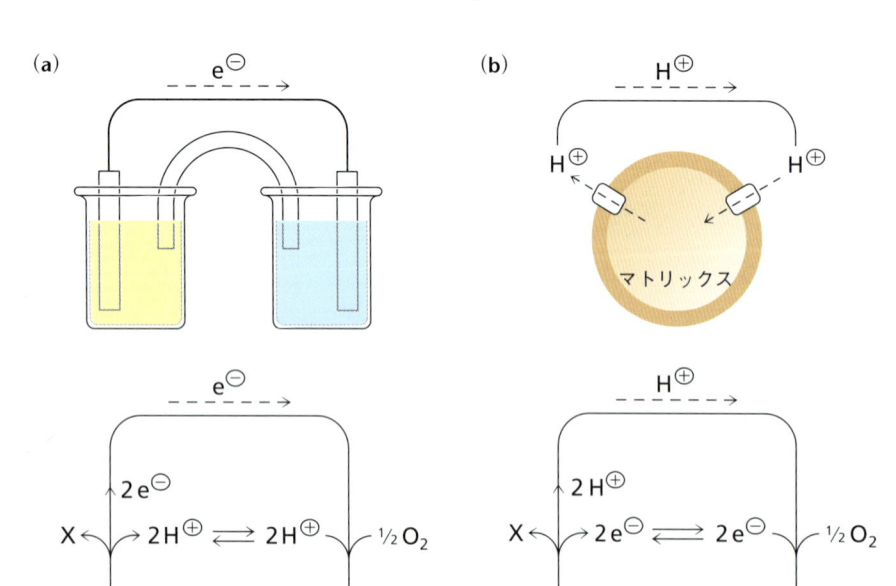

◀図14.5 **起電力とプロトン駆動力の類似性**
（a）化学電池では，電子は還元剤（XH$_2$）から酸化剤（O$_2$）へと，二つの電極を結ぶ電線を通って流れる．二つの電池間で測られる電位が起電力である．（b）配置を入れ替えると（つまり，電子が通る外側の電線を，プロトンが通る水性の経路に置き換えると），そのポテンシャルがプロトン駆動力となる．ミトコンドリアでは，電子伝達系によって電子が膜内を輸送されるときに，プロトンが内膜を横断して移行する．

したがって$F\Delta\Psi$項も負になる．pH勾配も有利に働き，14.5式の第一項は負のはずである．したがって，プロトン駆動力の式は，

$$\Delta G_{in} = F\Delta\Psi + 2.303\, RT\, \Delta pH \tag{14.6}$$

37℃（$T=310$ K）で利用できるギブズ自由エネルギーは以下のようになる．

$$\begin{aligned}\Delta G &= [96485 \times (-0.17)] + [2.303 \times 8.314 \times 310 \times (-0.5)] \\ &= -16402\, \text{J}\cdot\text{mol}^{-1} - 2968\, \text{J}\cdot\text{mol}^{-1} = -19.4\, \text{kJ}\cdot\text{mol}^{-1}\end{aligned} \tag{14.7}$$

したがって，1個のプロトンが膜を横断して戻った場合，-19.4 kJ·mol^{-1}の自由エネルギー変化を伴う．こんな小さなイオンが動いただけで，これほど大きなエネルギーになるとは驚きである．

ADPからATPを1分子合成するときの標準ギブズ自由エネルギー変化は32 kJ·mol^{-1}（$\Delta G^{\circ\prime}=32$ kJ·mol^{-1}）で，実際のギブズ自由エネルギー変化は約48 kJ·mol^{-1}である（§10.6）．したがって合成されるATP 1分子当たり少なくとも3個以上のプロトンが移動しなければならない〔$3\times(-19.4)=-58.2$ kJ·mol^{-1}〕．

ギブズ自由エネルギー変化の85％は膜を境とする電荷の勾配に起因し〔$(-16.4)/(-19.4)=85\%$〕，わずか15％がプロトン勾配に起因する〔$(-3.0)/(-19.4)=15\%$〕．プロトン駆動力をつくり出すのに必要なエネルギーは$+19.4$ kJ·mol^{-1}だということを覚えておこう．

> ❗ プロトン駆動力は膜を境にした電荷の差とプロトン濃度の差が複合した効果によって生まれる．

14.4 電子伝達

まず膜会合電子伝達系での反応を個別に考えよう．ミトコンドリア内膜，あるいは細菌の細胞膜には四つのオリゴマータンパク質会合体が見つかっている．これらの酵素複合体は，界面活性剤を使って注意深く可溶化することで，活性を保った状態で単離されている．それぞれの複合体は，エネルギー伝達過程の別々の部分を触媒しており，I～IVの番号が付けられている．複合体VはATPシンターゼである．

A. 複合体I～IV

四つの酵素複合体はさまざまな酸化還元中心をもっている．FAD，FMN，あるいはユビキノン（Q）などの補因子であったり，Fe-Sクラスター，ヘムを含んだシトクロム，銅タンパク質などであったりする．これらの酸化還元中心の還元と酸化によって，電子は還元剤から酸化剤の方向に流れる．生化学では電子伝達を含む反応がたくさんある．これまでの章ですでにいくつかを述べてきた．ピルビン酸デヒドロゲナーゼ複合体における電子の流れも良い例の一つである（§13.1）．

電子伝達系の成分を通る電子は，還元電位が高まる方向に流れる．各酸化還元中心の還元電位は，強力な還元剤であるNADHと最終的な酸化剤であるO_2の中間の値をとる．移動性の補酵素であるQとシトクロムcが，電子伝達系の異なる複合体の間をつなぐ役割を果たす．Qは電子を複合体IまたはIIから複合体IIIに，シトクロムcは電子を複合体IIIから複合体IVに運ぶ．複合体IVは，その電子を使ってO_2を水に還元する．

図14.6に，左に標準還元電位を目盛って，電子伝達反応の順序を示した．右側の目盛りは，最終電子受容体（O_2）に対する相対的なギブズ自由エネルギー変化を表している．§10.9で述べたように，標準還元電位（ボルト単位）と，標準ギブズ自由エネルギー変化（kJ·mol^{-1}単位）とには次式のような直接的関係がある．

$$\Delta G^{\circ\prime} = -nF\Delta E^{\circ\prime} \tag{14.8}$$

図14.6からわかるように，大量のエネルギーが電子伝達の過程で放出される．このエネルギーの大半が，ATP合成の推進に役立つプロトン駆動力という形で蓄積される．膜会合電子伝達が他の電子伝達と際立って違っているのは，このように電子伝達をプロトン駆動力創出に共役させている点にある．

図14.6に示した値は，厳密には標準状態（温度が25℃，pHが7.0，反応物および生成物の濃度が各1M）においてのみ正しい．実際の還元電位（E）と標準還元電位（$E^{\circ\prime}$）の関係は，実際の自由エネルギーと標準自由エネルギーの関係に似ている（§1.4 C）．

$$E = E^{\circ\prime} - \frac{RT}{nF}\ln\frac{[S_{red}]}{[S_{ox}]} = E^{\circ\prime} - \frac{2.303\, RT}{nF}\log\frac{[S_{red}]}{[S_{ox}]} \tag{14.9}$$

ここで$[S_{red}]$と$[S_{ox}]$は電子伝達体の二つの酸化状態の実際の濃度である．標準状態では還元型と酸化型の伝達体分子の濃度が等しいので，$[S_{red}]/[S_{ox}]$の比が1になり，その結果14.9式の第2項が0になる．この場合は，実際の還元電位は標準還元電位（25℃，pH 7.0）と等しくなる．電子伝達体が効率良く順番に還元されたり酸化されたりするためには，定常状態において還元型と酸化型の伝達体の両者がともに十分な量で存在する必要がある．ミトコンドリアはまさにこのような状況になっている．したがって，複合体中のどの酸化還元反応についても，電子伝達体の二つの酸化状態がほぼ当量存在すると考えて差し支えない．ほとんどの場合，生理的pHは7.0に近く，またほとんどの電子伝達過程は25℃に近い温度で行われるので，Eが$E^{\circ\prime}$からそれほど離れていないと仮定できる．そこでこれ以後は$E^{\circ\prime}$だけを使って議論を進めることにする．

電子伝達系の基質と補因子の標準還元電位を表14.1にまとめ

表14.1 ミトコンドリアの酸化還元成分の標準還元電位

複合体の基質と補因子		$E^{\circ\prime}$ [V]
NADH		-0.32
複合体I	FMN	-0.30
	Fe-S クラスター	$-0.25\sim-0.05$
コハク酸		$+0.03$
複合体II	FAD	0.0
	Fe-S クラスター	$-0.26\sim0.00$
QH_2/Q		$+0.04$
($\cdot Q^-/Q$)		(-0.16)
($QH_2/\cdot Q^-$)		$(+0.28)$
複合体III	シトクロム b_L	-0.01
	シトクロム b_H	$+0.03$
	Fe-S クラスター	$+0.28$
	シトクロム c_1	$+0.22$
シトクロム c		$+0.232$
複合体IV	シトクロム a	$+0.21$
	Cu_A	$+0.24$
	シトクロム a_3	$+0.39$
	Cu_B	$+0.34$
O_2		$+0.82$

電子伝達の補因子

NADH → FMN → Fe–S → Q → [Fe–S / Cyt b] → Cyt c_1 → Cyt c → Cyt a → Cyt a_3 → O_2

コハク酸 → FAD → Fe–S ↗

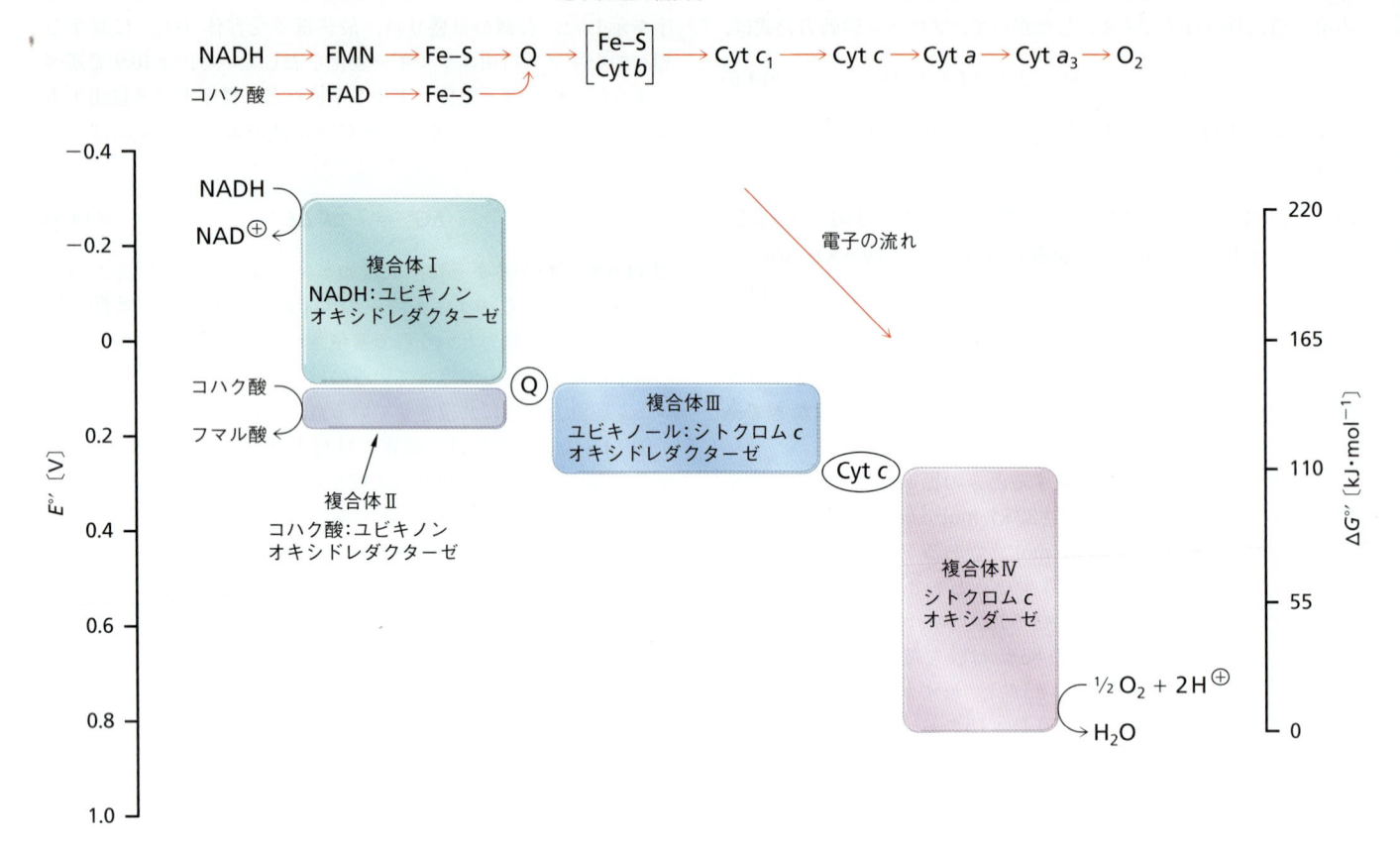

▲ 図 14.6 **電子伝達** 電子伝達系の四つの複合体は，いずれも数種のタンパク質サブユニット，および還元状態と酸化状態を循環するいくつかの補因子で構成されている．可動性の電子伝達体であるユビキノン（Q）とシトクロム c がこれらの複合体を結び付けている．それぞれの複合体の高さが，その反応の還元剤（基質）と酸化剤（還元生成物）の間の $\Delta E°'$ に相当する．標準還元電位は低いほど上に目盛ってある（§10.9 B 参照）．

た．これらの値が負から正に変わっていくこと，そしてそれぞれの基質や中間体は一般的に，より大きな正の $E°'$ をもつ補因子や基質によって酸化されることに注目しよう．電子伝達体が働く順序を実際に決定づけるのはこれらの還元電位である．

それぞれの複合体が触媒する反応から獲得しうる標準ギブズ自由エネルギーを表 14.2 に示した．全体を通して得られる自由エネルギーは図 14.6 のように $-220\,\mathrm{kJ\cdot mol^{-1}}$ に達する．複合体 I，III，IV は電子が複合体を通過したときに膜の反対側にプロトンを移動させる．複合体 II はクエン酸回路の成分としてすでに学んだコハク酸デヒドロゲナーゼ複合体でもあるが，プロトン勾配の形成に直接は貢献しない．複合体 II はコハク酸から Q に電子を転移させており，呼吸鎖の支流といえる．

> ! 酸素が膜会合電子伝達で最終電子受容体の役割を担うので，好気的生物は酸素を必要とする．

> **電子伝達のギブズ自由エネルギー**
> $E°' = E°'_{受容体} - E°'_{供与体}$ （10.26 式）
> $\quad = E°'_{O_2} - E°'_{NADH}$
> $\quad = +0.82 - (-0.32)$ （表 10.5）
> $\quad = 1.14\,\mathrm{V}$
> $\Delta G°' = -nF\Delta E°'$
> $\quad = -2(96485)(1.14)$
> $\quad = -220\,\mathrm{kJ\cdot mol^{-1}}$

B. 電子伝達の補因子

図 14.6 の上部に示したように，複合体 I から IV までを流れる電子は，実際には組合わされた補因子の間を受渡されていくのである．NADH とコハク酸からは同時に 2 個の電子が膜会合電子伝達系に入る．複合体 I ではフラビン補酵素 FMN が，複合体 II では FAD が還元される．還元された補酵素 $FMNH_2$ と $FADH_2$

表 14.2 各複合体が触媒する酸化反応で解放される標準ギブズ自由エネルギー

複合体	$E°'_{還元剤}$ [V]	$E°'_{酸化剤}$ [V]	$\Delta E°'$ [†1] [V]	$\Delta G°'$ [†2] [$\mathrm{kJ\cdot mol^{-1}}$]
I （NADH/Q）	-0.32	$+0.04$	$+0.36$	-69
II （コハク酸/Q）	$+0.03$	$+0.04$	$+0.01$	-2
III （QH_2/シトクロム c）	$+0.04$	$+0.22$	$+0.18$	-35
IV （シトクロム c/O_2）	$+0.22$	$+0.82$	$+0.59$	-116

†1 $\Delta E°'$ は $E°'_{還元剤}$ と $E°'_{酸化剤}$ の差として計算される．
†2 標準ギブズ自由エネルギーを，14.8 式を使い，$n=2$ 電子として計算した．

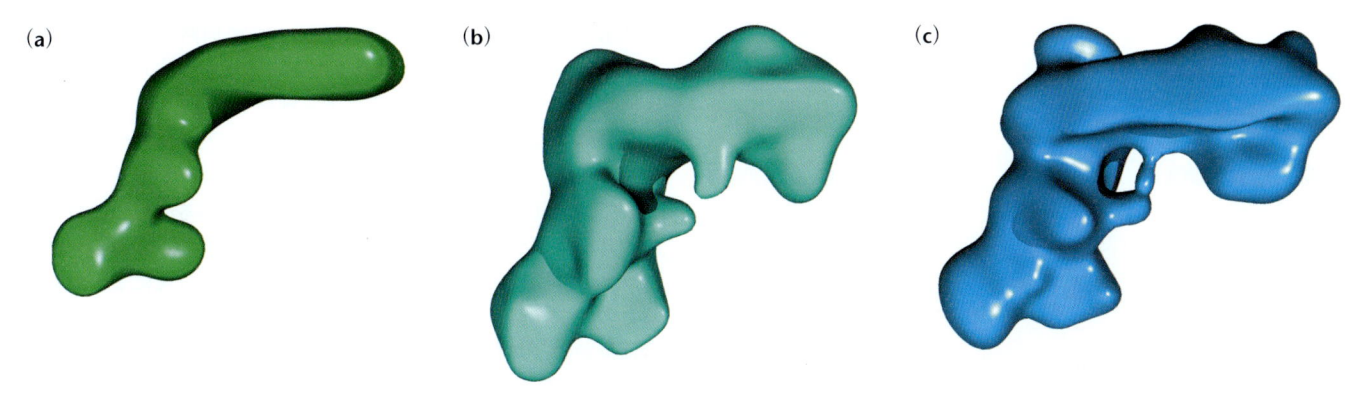

▲図 14.7　複合体Ⅰの構造　電子顕微鏡の画像解析で，低分解能の複合体Ⅰの構造が解明された．(a) 細菌 (*Aquifex aeolicus*) の複合体Ⅰ．(b) ウシ (*Bos taurus*) の複合体Ⅰ．(c) 酵母 (*Yarrowia lipolytica*) の複合体Ⅰ．

は一度に1個ずつ電子を渡すので，電子伝達系のこれ以降の段階は，すべて1電子伝達である．複合体Ⅰ，Ⅱ，Ⅲには [2Fe-2S] と [4Fe-4S] の2種類の鉄-硫黄 (Fe-S) クラスターがある．どちらのFe-Sクラスターも，鉄イオンが第二鉄〔Fe^{3+}, Fe(Ⅲ)〕と第一鉄〔Fe^{2+}, Fe(Ⅱ)〕の状態間で還元あるいは酸化を受けるので，1個の電子の受渡しを行うことができる．銅イオンとシトクロム類も1電子酸化還元剤として働く．

哺乳類ミトコンドリアの酵素複合体には何種類かのシトクロムが見つかっており，シトクロム b_L，シトクロム b_H，シトクロム c_1，シトクロム a，シトクロム a_3 などがある．他の生物でもよく似たシトクロムが見つかっている．シトクロムは，それらがもつヘム補欠分子族の鉄原子が第二鉄と第一鉄の二つの酸化状態を循環することによって，還元剤から酸化剤へと電子を渡す (§7.17)．それぞれのシトクロムはアポタンパク質部分の構造の違い，場合によってはヘム基の違いによって，異なる還元電位をもつ (表14.1)．このように還元電位が違うので，電子伝達系の複数箇所でヘム基が電子伝達体として働くことができる．同じように，Fe-Sクラスターの還元電位も，タンパク質による局所的環境の影響のために大きく異なっている．

可動性の電子伝達体であるユビキノン (Q) とシトクロム c とが，複合体同士を機能的に結び付けている．Qは脂溶性の分子で，一度に1個ずつ，合計2個の電子の受渡しができる (§7.15)．Qは脂質二重層内を拡散運動しており，複合体ⅠおよびⅡから電子を受取り，複合体Ⅲに渡している．もう一つの可動性の電子伝達体シトクロム c は，内膜の外面に会合している表在性膜タンパク質である．シトクロム c は複合体Ⅲから Ⅳへ電子を運ぶ．電子伝達系の四つの複合体の構造と酸化還元反応について以下で詳しく調べよう．

> ❗NADHからO_2へ電子を転移させれば，何分子ものATPを合成しうる量のエネルギーが解放される．

14.5　複 合 体 Ⅰ

複合体ⅠはNADH:ユビキノンオキシドレダクターゼで，NADHからQへの2個の電子の伝達を触媒する．きわめて複雑な酵素で，構造はまだ完全には解明されていない．原核生物の酵素は14個の異なるポリペプチドから成り，真核生物のものはそれと相同の14個のサブユニットの他に，種によって変わるが，20～32個のサブユニットが加わる．真核生物の複合体に追加されているサブユニットは，複合体を安定化したり，電子の漏れを防いでいるのだろう．

電子顕微鏡によれば，複合体はL字形をしている (図14.7)．膜に会合している部分には，膜内に伸展する複数のサブユニットが含まれる．この部分にはプロトン輸送体活性がある．大きい方の部分はミトコンドリアマトリックス (細菌の場合は細胞質) に突き出ている (図14.8)．この腕部分に電子伝達系の出発点にあたるNADHデヒドロゲナーゼ活性とFMNが含まれる．接続部は8個または9個のFe-Sクラスターをもつ複数のサブユニットで構成されている (図14.9)．

膜の内側表面でNADH分子は複合体Ⅰに電子を渡す．電子は水素化物イオン (H^-，つまり2個の電子と1個のプロトン) の形で一度に2個が移動する．電子伝達の第一段階として，水素化物イオンがFMNに転移され，$FMNH_2$ が生成する．$FMNH_2$ はつぎにセミキノン中間体を経て2段階で酸化されるが，その際に二つの電子は一つずつつぎの酸化剤であるFe-Sクラスターに渡る．

$$FMN \xrightarrow{+H^{\oplus},\, +H^{\ominus}} FMNH_2 \xrightarrow{-H^{\oplus},\, -e^{\ominus}} FMNH\cdot \xrightarrow{-H^{\oplus},\, -e^{\ominus}} FMN \quad (14.10)$$

FMNは，NADが関与するデヒドロゲナーゼの2電子転移反応を，これ以降の電子伝達系の1電子転移反応に切換える変換器として働く．複合体Ⅰでは，補因子$FMNH_2$ は順番につながったFe-Sクラスターに電子を転移させる．複合体Ⅰ上のNADHデヒ

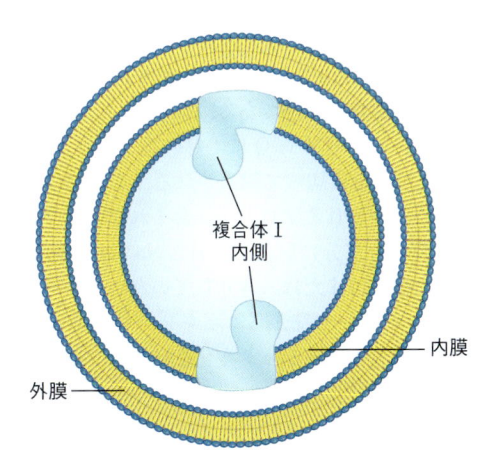

▲図 14.8　複合体の配向　電子伝達系の複合体は内膜に埋め込まれている．図示するときに，膜の外側を上とする表示法と，下とする表示法があり，専門書ではどちらも使われている．本書では外側を上，内側のマトリックスを下とすることにした．

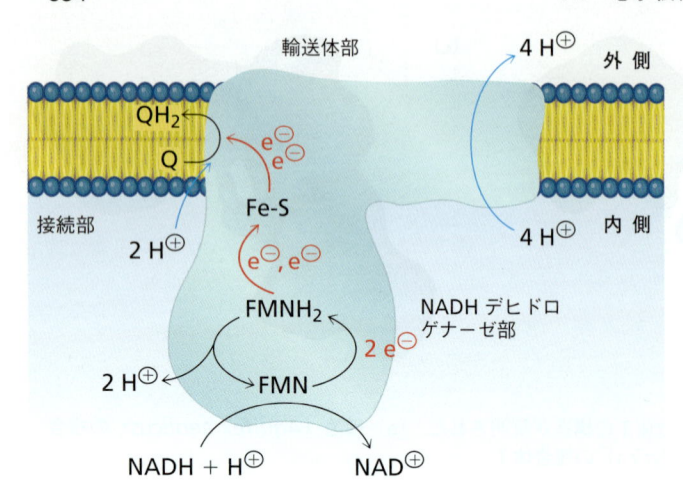

▲図 14.9 複合体Ⅰでの電子伝達とプロトンの流れ　電子は FMN と一連の Fe-S クラスターを通って NADH から Q へ送られる．Q の QH_2 への還元には内部区画に由来する 2 個のプロトンを必要とする．伝達される 1 対の電子当たり，さらに 4 個のプロトンが膜を横断して移行する．

ドロゲナーゼ活性を含む同じ腕に，少なくとも八つの Fe-S クラスターが並んでいる．これら Fe-S クラスターは電子のためのチャネルを形成して，電子を複合体の膜会合部分に導く．そこでユビキノン（Q）が電子を一度に 1 個ずつ受取り，セミキノン陰イオン中間体（$\cdot Q^-$）を経て，最後に完全に還元された状態のユビキノール（QH_2）になる．

$$Q \xrightarrow{+e^-} \cdot Q^- \xrightarrow{+e^-, +2H^+} QH_2 \qquad (14.11)$$

Q および QH_2 は脂溶性分子である．どちらも脂質二重層内にとどまって，二次元的に自由に移動できる．複合体Ⅰの Q 結合部位は膜内にある．なぜ複合体Ⅰの内部の電子伝達系がこのように複雑なのかという理由の一つは，電子を水溶液の環境から膜内の疎水性環境に運ばねばならないからである．

複合体Ⅰ内を電子が移動すると，プロトン 2 個（一つは NADH 由来の水素化物イオンから，もう一つはミトコンドリア内部からくる）が FMN に転移され $FMNH_2$ となる．これら 2 個のプロトンあるいはそれと等価のものが，Q を QH_2 に還元するときに使われる．したがって，2 個のプロトンが内側から取上げられて Q に渡される．複合体Ⅰの反応では，そのプロトン外側に放出されない．（QH_2 はその後，複合体Ⅲによって再酸化され，そこでプロトンが外側に放出される．これは§14.7 で述べる複合体Ⅲのプロトン輸送活性の一部である．）

複合体Ⅰでは，NADH から Q に 1 対の電子が渡されるたびに，4 個のプロトンが膜を横切って輸送される．ここにはユビキノンを還元するために使われるプロトンは含まれない．プロトンポンプはおそらく膜会合部分に局在する H^+/Na^+ 対向輸送体である．プロトン輸送の機構はまだはっきりしていない．おそらく電子が NADH デヒドロゲナーゼ部からユビキノン結合部位へ流れる際に，複合体Ⅰがコンホメーション変化を起こし，それと共役するのであろう．

14.6 複合体Ⅱ

複合体Ⅱはコハク酸：ユビキノンオキシドレダクターゼで，コハク酸デヒドロゲナーゼ複合体ともよばれる．これは前章（§ 13.3.6）で述べたのと同じ酵素で，クエン酸回路の反応の一つを触媒している．複合体Ⅱはコハク酸から電子を受取り，複合体Ⅰと同様，Q を QH_2 に還元する反応を触媒する．

複合体Ⅱは三つの同一のオリゴマー酵素が三量体をつくり，膜に深く埋まっている（図 14.10）．全体の形はマッシュルームに似ていて，頭部が膜区画から内側に突き出している．三つのコハク酸デヒドロゲナーゼのそれぞれは，頭部を構成する 2 個のサブユニットと，膜に埋まる柄を構成する 1 個か 2 個（種によって変わる）のサブユニットから成る．頭部サブユニットの片方に基質結合部位および共有結合しているフラビンアデニンジヌクレオチド（FAD）がある．頭部サブユニットのもう一つに三つの Fe-S クラスターがある．

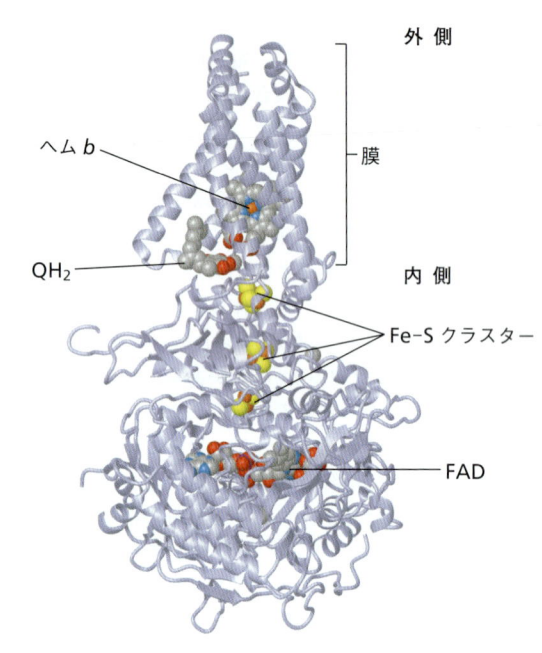

▲図 14.10　大腸菌のコハク酸デヒドロゲナーゼ複合体の構造　FAD，3 個の Fe-S クラスター，QH_2，およびヘム b の位置を示した 1 個の酵素．複合体Ⅱにはこのオリゴマー酵素が 3 個含まれている．［PDB 1NEK］

頭部サブユニットはどの生物のものもよく似ていて，コハク酸デヒドロゲナーゼファミリーの他のメンバー（たとえばフマル酸レダクターゼ，§14.13）とも一次構造がきわめてよく似ている．それに対して，膜に埋まったサブユニットの方は種によって非常に違う（あるいは無関係な）ようである．膜に埋まる部分は一般に，膜内に埋まる α ヘリックスのみで構成されるサブユニットを 1 個か 2 個もつ．このサブユニットのほとんどは結合したヘム b 分子をもち，シトクロム b とよばれることが多い．すべての膜サブユニットは Q 結合部位をもち，その場所は膜の内側表面の近くで，そこで頭部サブユニットと膜サブユニットが接触している．

コハク酸からユビキノンへ 2 電子を伝達する反応は，水素化物イオンによる FAD の還元で始まり，それに続いて還元型フラビンから三つ連続した Fe-S クラスターへ，2 回の 1 電子伝達反応が起こる（図 14.11）．（シトクロム b アンカーをもつ種でも，ヘム基は電子伝達経路の一部ではない．）

複合体Ⅱで触媒される反応で解放されるエネルギーはごくわずかである（表 14.2）．そのためこの複合体は膜を境とするプロトン勾配に直接に貢献することはない．その代わり，複合体はコハ

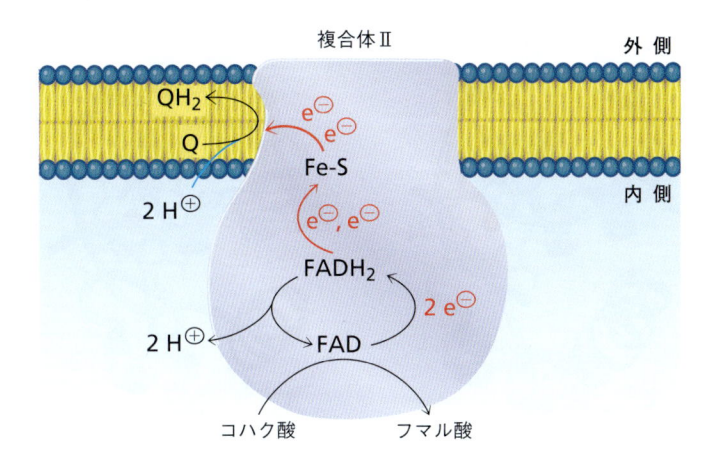

▲図 14.11 **複合体Ⅱ内での電子の流れ** 1 対の電子がクエン酸回路の一部としてコハク酸から FAD に渡される．電子は $FADH_2$ から一度に 1 個ずつ 3 個つながった Fe-S クラスターへ，ついで Q へと伝達される．（図には Fe-S クラスターを 1 個だけ示してある．）複合体Ⅱはプロトン勾配の形成に直接は寄与しないが，電子（QH_2 として）を以後の電子伝達系に導入する支流として働く．

ク酸の酸化で得られた電子を電子伝達系列の途中に挿入する．Q は複合体ⅠおよびⅡから電子を受取り，複合体Ⅲ，つまり電子伝達系の後半に電子を渡す．Q に電子を与える反応はほかにもいくつかの代謝経路にある．その一つであるグリセロール-3-リン酸デヒドロゲナーゼ複合体が触媒する反応を §12.2 C で取上げた．

14.7 複合体Ⅲ

複合体Ⅲはユビキノール：シトクロム c オキシドレダクターゼで，シトクロム bc_1 複合体ともよばれる．この酵素が触媒するのは，膜内で行われるユビキノール（QH_2）分子の酸化，および膜外側表面で行われる水溶性かつ可動性のシトクロム c 分子の還元である．複合体Ⅲを通る電子伝達は，Q サイクルとよばれる膜を横断する H^+ の輸送と共役している．

> 複合体Ⅲは代謝における最重要な酵素といえるかもしれない．よく似た複合体が葉緑体にも存在し，光合成の過程で電子の伝達とプロトンの移動に関与している．

多くの細菌および真核生物のシトクロム bc_1 複合体の構造が X 線結晶解析により解明されている．複合体Ⅲは 2 組の酵素から成り，脂質二重層にはまり込む多数の α ヘリックスによって膜にしっかりと係留されている（図 14.12）．酵素が機能を発揮するためには三つの主要なサブユニット，シトクロム c_1，シトクロム b，リスケ鉄-硫黄タンパク質が必要である（図 14.13）．（シトクロム c_1 サブユニットは，反応の産物である可動性シトクロム c とは別のタンパク質であることに注意．）それ以外にもサブユニットが内側表面に存在するが，ユビキノール：シトクロム c オキシドレダクターゼ反応に対する直接的な役割はない．可動性の電子受容体シトクロム c は，複合体の膜の外側に出ている先端部に結合する．

複合体内での電子の経路を図 14.14 に示す．反応は（複合体ⅠおよびⅡに由来する）QH_2 が，シトクロム b サブユニットの Q_0 部位に結合して始まる．QH_2 がセミキノンに酸化され，1 個の電子が隣接するリスケ鉄-硫黄タンパク質サブユニットの Fe-S クラスターに移る．ここからさらに電子はシトクロム c_1 のヘム

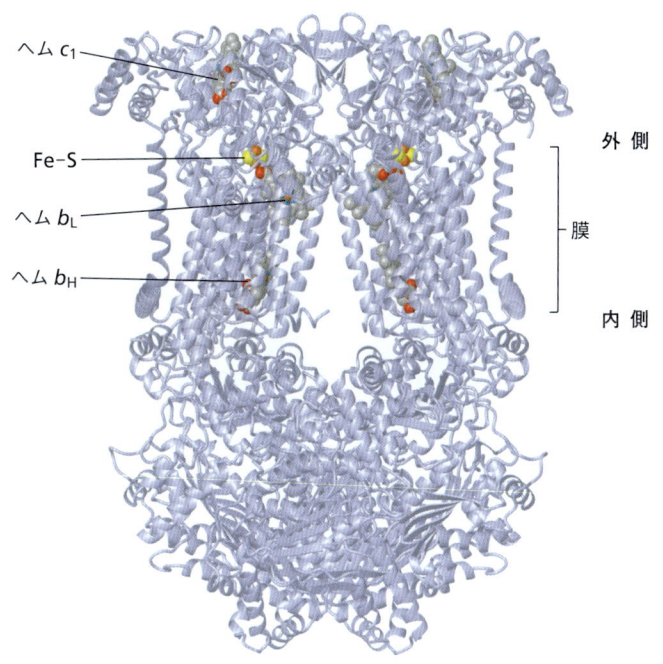

▲図 14.12 **ウシ（*Bos taurus*）のミトコンドリアの複合体Ⅲ**
シトクロム bc_1 複合体には酵素ユビキノール：シトクロム c オキシドレダクターゼが 2 個含まれている．[PDB 1PP9]

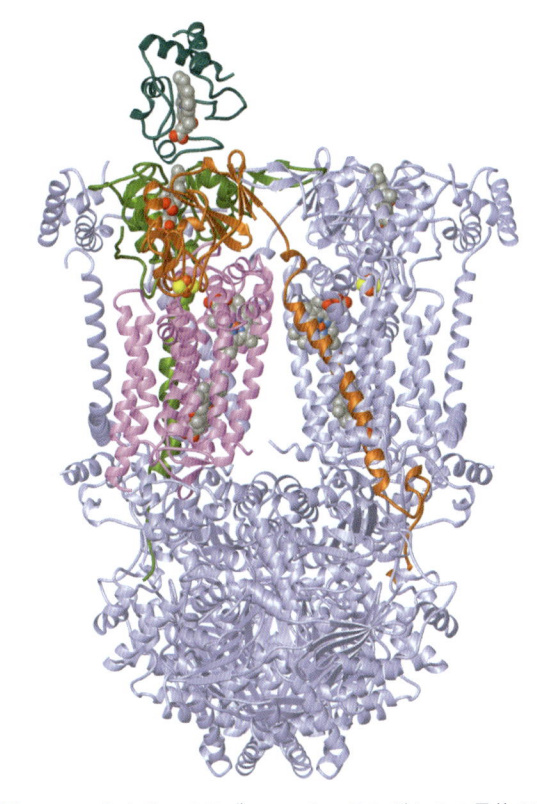

▲図 14.13 **複合体Ⅲのサブユニット** それぞれの二量体の三つの触媒サブユニットは，シトクロム c_1（緑），シトクロム b（紫），リスケ鉄-硫黄タンパク質（赤）である．シトクロム c（濃い緑）はシトクロム c_1 サブユニットに結合する．[PBD 1PP9]

基に移る．リスケ鉄-硫黄タンパク質の頭部が動くことで，この電子伝達を助けている．Fe-S クラスターは，電子を受け入れる際は Q_0 部位に隣接し，電子を供与する際は c_1 のヘム基のそばに動く．可溶性のシトクロム c は，複合体Ⅲの膜会合シトクロム c_1 サブユニットに由来する 1 個の電子の転移によって還元さ

▲ 図14.14 **複合体IIIでの電子伝達とプロトンの流れ** Q_0部位で2対の電子が別々に，2分子のQH_2から流れる．それぞれのQH_2分子で対になっていた電子が分かれて，以後，個々の電子は別々の経路をたどる．1個目の電子はFe-Sクラスター，シトクロムc_1，最後には最終電子受容体であるシトクロムcへと伝達される．2個目の電子は，ヘムb_H（Q_1部位），ついでQへと伝達される．総計4個のプロトンが膜を横断して移行する．このうち2個は内部区画に，2個はQH_2に由来したものである．（二量体の左側の半分だけを図示し，マトリックスへ突き出ているサブユニットは省略した．）

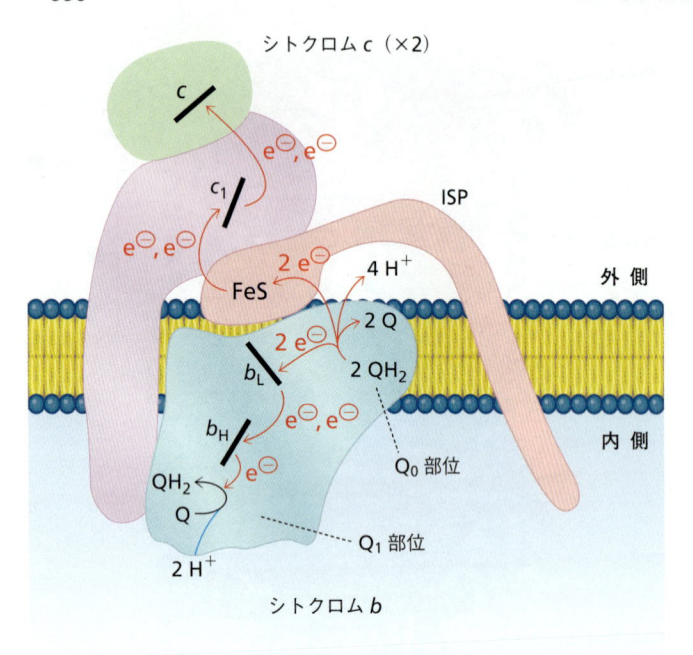

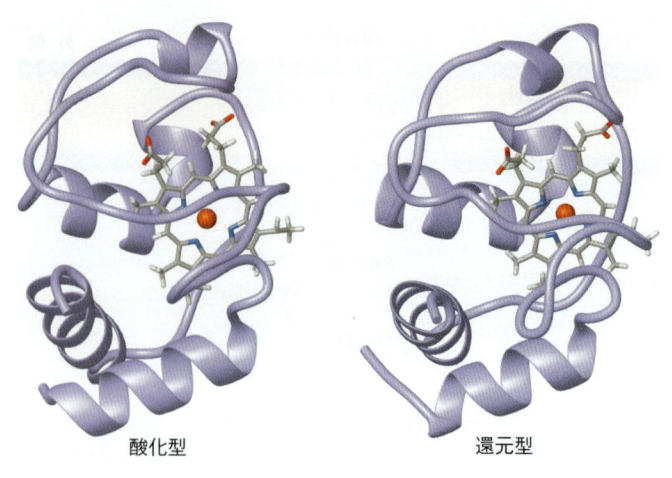

▲ 図14.15 **シトクロムc** ウマ（*Equus caballus*）のシトクロムcの酸化型（左）と還元型（右）．ヘム基の中心の鉄原子（赤）は，複合体IIIから電子を受取るとFe^{3+}からFe^{2+}に変わる．この還元により，タンパク質のコンホメーションが少し変化する．[PDB 1OCD（左），1GIW（右）]

れる．

この反応の最終電子受容体はシトクロムcである（§7.17）．この分子は可動性の電子伝達体として働き，電子を鎖のつぎの成分である複合体IVに渡す．還元型シトクロムc（図14.15）の役割は，複合体Iから複合体IIIに電子を運ぶQH_2の役割に似ている．電子伝達体シトクロムcの構造はどの生物のものも驚くほど似ていて（§4.7 B，図4.22），ポリペプチド鎖のアミノ酸配列はよく保存されている（§3.11，図3.24）．

Q_0部位でのQH_2の酸化は，1個ずつ電子が移動して2段階で行われる．セミキノン中間体が酸化される2段目では，電子は，第一の電子とは異なる道筋をたどる．今回は，複合体の膜内部分で，2種類のb型ヘム基を順番に通過する．還元電位は最初のヘム基（b_L）の方が低く，2番目のヘム基（b_H）の方が高い（表14.1）．

b_HヘムはQ_1部位の一部であり，そこで1分子のQが，セミキノン中間体を経由した2段階反応によってQH_2に還元される．まず1個の電子がb_L（Q_0部位）からb_H（Q_1部位）を経由してQへ運ばれてセミキノンが生成する．つぎに第二の電子がセミキノンをQH_2に還元するために移動する．この第二の電子は，Q_0部位で2個目のQH_2が酸化されて生じたものである．この2個目のQH_2の酸化によって，シトクロムc分子がもう1個還元される．2個目のQH_2に由来する2個の電子も1個目と同じように別々の経路をたどるからである．全体をまとめると，Q_0部位における2分子のQH_2の酸化により，還元されたシトクロムc 2分子が生成し，Q_1部位で1分子のQH_2が再生する．QH_2酸化の2サイクルを図14.16に示す．この経路全体はQサイクルとして知られ，すべての代謝の中でも最も重要な反応の一つである．なぜなら，プロトン駆動力生成に最大に貢献している一つだからである．

Q_0部位での2分子のQH_2の酸化に伴って4個のプロトンが生じる．これらのプロトンが膜区画の外側へ放出されて，膜会合電子伝達において形成されるプロトン勾配に貢献する．これらのプ

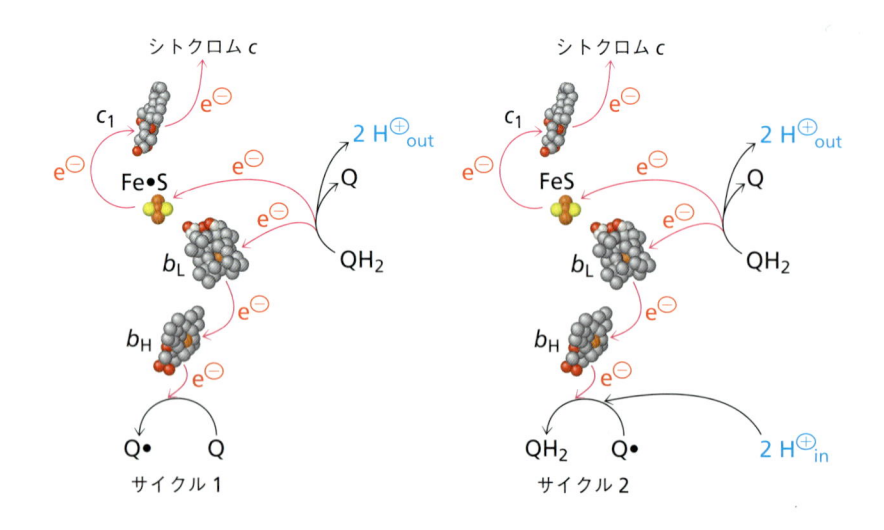

◀ 図14.16 **Qサイクル** 1分子のQH_2がサイクル1で酸化され，別の1分子のQH_2がサイクル2で酸化される．それぞれの過程で還元型のシトクロムcが1分子ずつつくられる．サイクル1と2を総合すると，1分子のQが2段階で還元されてQH_2になる．膜の外側に4個のプロトンが放出される．

ロトンは内部区画に由来している．複合体Ⅰあるいは複合体Ⅱにより触媒される反応で取込まれていたもの，あるいは図14.16に示すように，複合体ⅢのQ₁部位でQが還元されるときに膜の内側から取込まれたものだからである．

Qサイクル全体の反応の化学量論を表14.3に示す．複合体ⅢにおいてQH_2の1対の電子が2個のシトクロム c へ移るたびに，膜を横断して4個のプロトンが輸送される．2分子のシトクロム c が還元され，この可動性伝達体が複合体Ⅳへと電子を1個ずつ運ぶ．実際には2分子のQH_2が酸化されるが（4個の電子を供給），電子のうちの2個はQH_2の1分子を再生するためにリサイクルされることに注意しよう．

ユビキノール：シトクロム c オキシドレダクターゼ（複合体Ⅲ）により触媒される反応全体には，Qサイクルおよび膜を横断するプロトンの輸送が含まれている．複合体Ⅲの反応は，構造と機能の連携を示す最も美しい例である．Qサイクルの化学量論は古くから知られていたが，反応の実際の機構は1998年に完全な構造が解明されて初めて明らかになった．

表 14.3 Qサイクルの化学量論

Q₀	$2\,QH_2 + 2\,\text{cyt}\,c\,(Fe^{3+}) \longrightarrow 2\,Q + 2\,\text{cyt}\,c\,(Fe^{2+}) + 2e^- + 4\,H^+_{out}$
Q₁	$Q + 2\,H^+_{in} + 2\,e^- \longrightarrow QH_2$
計	$QH_2 + 2\,\text{cyt}\,c\,(Fe^{3+}) + 2\,H^+_{in} \longrightarrow Q + 2\,\text{cyt}\,c\,(Fe^{2+}) + 4\,H^+_{out}$

! Qサイクルの実質的効果は，QH_2からシトクロム c へ2個の電子が転移されるたびに，4個のプロトンを膜の外側へ移動させることである．

14.8 複 合 体 Ⅳ

複合体Ⅳはシトクロム c オキシダーゼである．この複合体は，複合体Ⅲでつくられた還元型シトクロム c の酸化を触媒する．この反応では分子状酸素（O_2）が4個の電子によって還元されて水（$2\,H_2O$）を生じ，4個のプロトンが膜を横断して輸送される．

複合体Ⅳは機能をもつシトクロム c オキシダーゼを2単位含んでいる．すべての生物でそれぞれのシトクロム c オキシダーゼはサブユニットⅠ, Ⅱ, Ⅲを一つずつ含む（図14.17）．細菌の酵素の場合は各機能単位ごとにさらに1個サブユニットが加わる．真核生物の（ミトコンドリアの）酵素では10個ものサブユニットが加わる．哺乳類の複合体Ⅳの全体の大きさは400 kDa以上に達する．真核生物の複合体に追加されているサブユニットは，複合体Ⅳを組立て，構造を安定化させるのに役立っている．

シトクロム c オキシダーゼの中心部の構造は，よく保存された三つのサブユニット，Ⅰ, Ⅱ, Ⅲで構成されている．すべての真核生物でこれらのポリペプチドはミトコンドリアの遺伝子でコードされている．サブユニットⅠはポリペプチド全体が12本の膜貫通αヘリックスから成り，膜にほぼ完全に埋もれている．サブユニットⅠの内部に三つの酸化還元中心が埋もれており，そのうちの二つが a 型のヘム（ヘム a とヘム a_3）で，三つ目は銅イオン（Cu_B）である．銅イオンはヘム a_3 の鉄イオンのそばにあり，二核中心を形成して，そこで分子状酸素が還元される（図14.18）．

サブユニットⅡには2本の膜貫通ヘリックスがあり，そこで膜に係留されている．ポリペプチドの大半はβバレル構造をとり，その部分は膜の外側表面にある．この部分に2個の銅イオンから成る銅酸化還元中心（Cu_A）がある．この二つの銅原子は電子を共有して結合価が混合状態になっている．シトクロム c はサブユニットⅡの外側の部位でシトクロム c オキシダーゼに結合する．

サブユニットⅢは7本の膜貫通ヘリックスをもち，膜に完全に埋もれている．サブユニットⅢには酸化還元中心が存在せず，人為的に取除いても触媒活性は残る．生体内ではサブユニットⅠとⅡを安定化し，酸化還元中心を不適切な酸化還元反応から保護する役割を果たしている．

複合体Ⅳにおける電子伝達の順序を図14.19に示した．シトクロム c がサブユニットⅡに結合し，電子をCu_A部位に移す．Cu_A部位の1対の銅イオンは1回につき1個の電子をやり取りできる（Fe-Sクラスターによく似ている）．O_2を完全に還元するには4個の電子が必要である．したがって4分子のシトクロム c が結合して，順次1個ずつ電子をCu_A酸化還元中心に送らねばならない．

電子はCu_A部位からサブユニットⅠのヘム a 補欠分子団に1

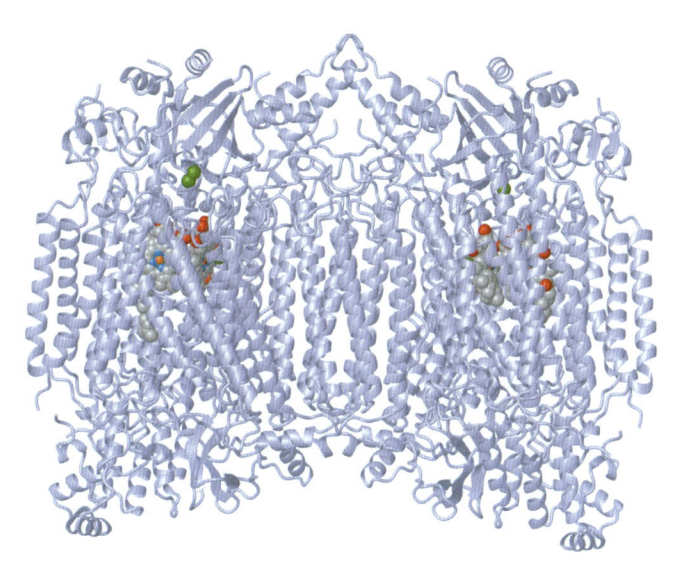

▲図 14.17 ウシ（*Bos taurus*）のミトコンドリアの複合体Ⅳの構造 複合体Ⅳは機能をもつシトクロム c オキシダーゼを2単位含む．各単位は膜貫通型αヘリックスを多数含む13個のサブユニットから成る．[PDB 1OCC]

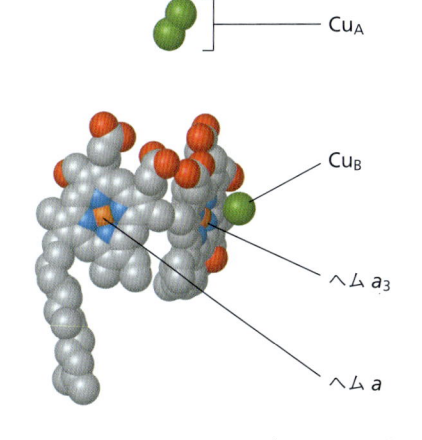

▲図 14.18 シトクロム c オキシダーゼの還元中心 シトクロム c オキシダーゼの1個の単位に含まれるヘムおよび銅補因子の配置．[PDB 1OCC]

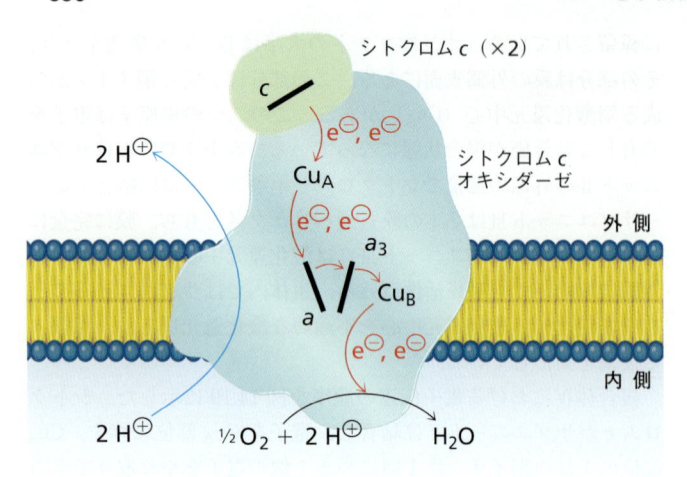

▲図 14.19　**複合体Ⅳにおける電子伝達とプロトンの流れ**　a 型シトクロムのヘム基の鉄原子，および銅原子は，シトクロム c から酸素へ電子が流れるにつれて，酸化されたり還元されたりする．複合体Ⅳでの電子伝達は膜を横断するプロトンの移動と共役する．この図では，これまでの図と同じように 1 対の電子が伝達されるときの化学量論を示している．実際の反応では 4 個の電子が 1 分子の O_2 に渡されて，2 分子の水が生成する．

回につき 1 個ずつ送られ，そこからヘム a_3-Cu_B 二核中心へ送られる．二つのヘム基（a と a_3）の構造はまったく同じだが，サブユニットⅠ内部でそれぞれを取囲むアミノ酸側鎖がつくる局所的微小環境が違うので，標準還元電位に違いがある．ヘム鉄が Fe^{3+} から Fe^{2+} 状態に変わり，銅原子が Cu^{2+} から Cu^+ に変わることによって，電子が二核中心に蓄積できる．多数の研究室が分子状酸素が還元される機構の詳細を活発に研究している．第一段階として分子状酸素が急速に開裂される．一つの酸素原子が a_3-ヘム基の鉄原子に結合し，もう一つの酸素原子は銅原子に結合する．それに続くプロトン化と電子伝達で銅部位から水が 1 分子放出され，ついで 2 分子目の水が鉄リガンドから放出される．反応全体として膜の内側表面から 4 個のプロトンを取込む必要がある．

$$O_2 + 4\,e^- + 4\,H^+_{in} \longrightarrow 2\,H_2O \tag{14.12}$$

酸素が還元される部位は膜の脂質二重層内部にあるタンパク質中に隠れている．電荷をもつプロトンは受動拡散でこの部位に到達することはできない．しかし，酵素には膜の内側から活性部位に通じるチャネルがある．このチャネルにいくつもの水分子が 1 列になって入り込んでおり，素速くプロトンを交換しながらこの"水導線"を伝わせ，結果的にはプロトンを移動させている．

シトクロム c オキシダーゼの反応は，膜を横断するプロトンの移動と共役している．1 個の電子がシトクロム c から最終産物（H_2O）に渡るごとに，1 個のプロトンが移動する．プロトンは複合体Ⅳのチャネルを通って移動し，酸素が還元されるときに起こる酵素のコンホメーション変化によって駆動される．複合体Ⅳによって触媒される反応全体の化学量論は以下のようになる．

$$4\,cytc^{2+} + O_2 + 8\,H^+_{in} \longrightarrow 4\,cytc^{3+} + 2\,H_2O + 4\,H^+_{out} \tag{14.13}$$

複合体Ⅳは ATP 合成を駆動するプロトン勾配に貢献している．1 対の電子がこの複合体を通過するごとに，2 個のプロトンが移動する．複合体Ⅰは電子 1 対当たり 4 個のプロトンを，複合体Ⅲはやはり電子 1 対当たり 4 個のプロトンを移動させることを思い出そう．したがって，膜会合電子伝達系は酸化される NADH 1 分子当たり 10 個のプロトンを膜を横断してくみ出すことになる．

ミトコンドリアの複合体の種々のサブユニットをコードする遺伝子は，核あるいはミトコンドリアに存在し，生物種によって差がある．シトクロム c オキシダーゼのサブユニットは必ずミトコンドリアのゲノムにある（図 14.20）．

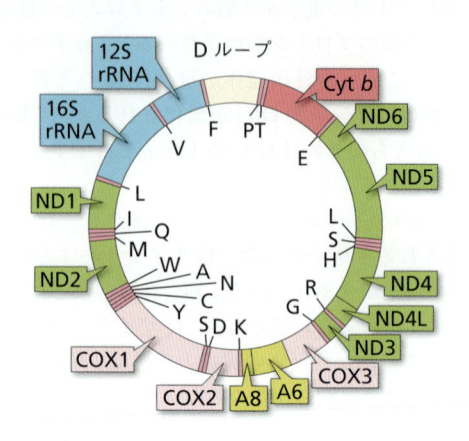

▲図 14.20　**ミトコンドリアのゲノム**　ミトコンドリアのゲノムは小さい環状の二重らせん DNA である．リボソーム RNA（12S rRNA，16S rRNA）と tRNA（運ぶアミノ酸の略号がついている）の遺伝子を含む．ここに示すヒトのミトコンドリアゲノムの大きさはわずか 16589 bp で，電子伝達複合体のいくつかのサブユニットをコードしている．複合体のサブユニットの遺伝子は，複合体Ⅰが緑，複合体Ⅲが紫，複合体Ⅳがピンク，複合体Ⅴが黄色．D ループは DNA 複製のために必要な領域で多様性が大きい．現在の人類の進化を追跡する目的で，いろいろな個人の D ループの配列が調べられ，私たち全員がアフリカにいた一つの集団の子孫だという証拠がかなり早い時期に得られた．

14.9　複合体Ⅴ：ATP シンターゼ

複合体Ⅴは ATP シンターゼである．これは膜会合電子伝達系がつくり出すプロトン勾配で駆動される反応により，$ADP + P_i$ からの ATP 合成を触媒する．ATP シンターゼは，その逆反応から F_oF_1-ATP アーゼと名付けられている特別な F 型 ATP アーゼである．名前とは反対に F 型 ATP アーゼ類は ATP の分解ではなく生成にかかわっている．ドアのノブと軸のような特徴的な構造をしていて，膜に会合していることは半世紀も前から電子顕微鏡でわかっていた（図 14.21）．F_1 部分（ノブ）に触媒サブユニットがある．膜から遊離させた場合，F_1 部分は ATP の加水分解を触媒する．そのため F_1-ATP アーゼと伝統的によばれてきた．酵素のこの部分は，真核生物ではミトコンドリアマトリックスに，細菌では細胞質に突き出ている．（次章でみるように ATP 合成は葉緑体膜でも行われる．）F_o 部分（軸）は膜に埋もれており，膜を横断するプロトンチャネルをもつ．プロトンがこのチャネルを通って膜の外側から内側へと移動することと，F_1 部分による ATP 生成が共役している．

最近のクライオ電子顕微鏡による構造研究で，ATP シンターゼの全体構造がわかってきた．各種サブユニットの X 線結晶解析の結果とそれが関係づけられている（図 14.22）．

F_1 部分（ノブ）のサブユニット構成は $\alpha_3\beta_3\gamma\delta\varepsilon$ で，F_o 部分（軸）のサブユニット構成は $a_1b_2c_{10\sim15}$ である．F_o の c サブユニット同士は相互作用して膜内で円筒状の基底部を形成している．F_1（ノブ）構造の芯は各 3 個の α と β サブユニットが円筒状に並んだ六量体である．隣接する α および β サブユニットの間の溝にヌクレオチド結合部位がある．したがって結合部位は $\alpha_3\beta_3$ ででき

14.9 複合体V：ATPシンターゼ

横断するときに，基質と生成物に対する活性部位の結合特性が変化することを示唆する実験結果を土台にして，**結合部位転換機構**を提唱した．ATPシンターゼの $\alpha_3\beta_3$ オリゴマーは触媒部位を三つもっている．それぞれの部位は常時，三つの異なるコンホメーションのどれか一つとなっている．その三つとは：(1) 開口状態 (open)：新たに合成されたATPが脱離でき，そこにADPと P_i が結合できる，(2) 緩和状態 (loose)：ADPと P_i は結合した状態から脱離できない，(3) 束縛状態 (tight)：ATPに対する結合力がきわめて強いので，ADPと P_i の縮合を促す．γ サブユニットがノブの中で回転すると，三つの部位のすべてがこれらのコンホメーションを順番にとっていく．この反応の速度は多くの酵素反応に匹敵する．ローターは1秒間で10回転し，1秒間当たり30分子のATPをつくる．一般的にターンオーバー数（k_{cat}）は1秒間当たり100〜1000である．

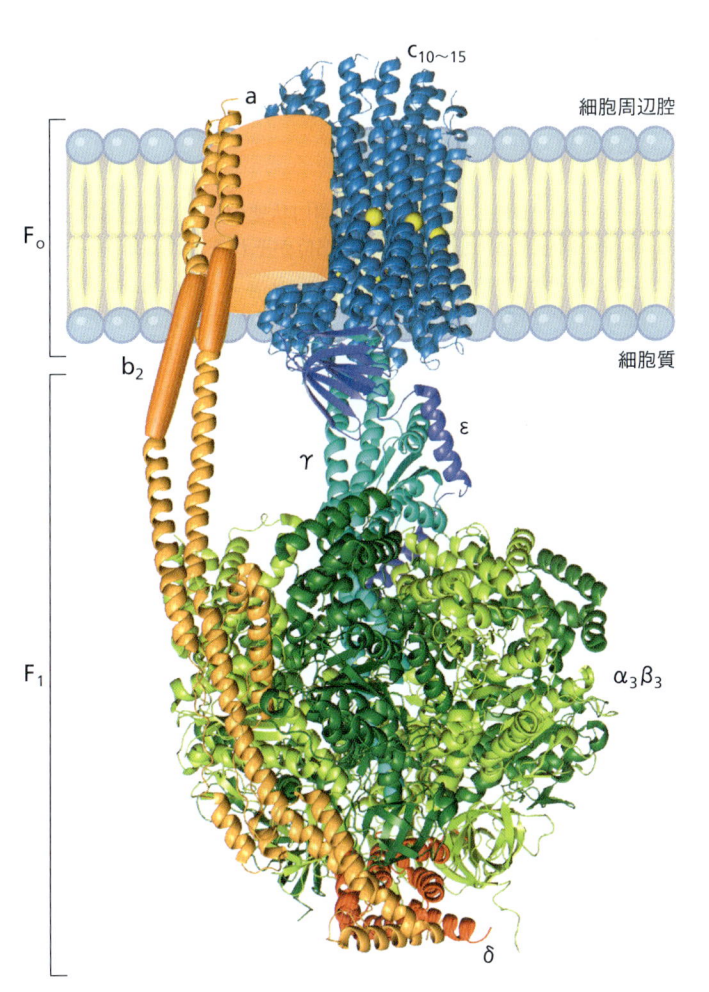

▲ 図14.21 **ノブと軸** ミトコンドリア内膜にびっしり並ぶ構造物．短い軸部分は膜に埋まり，その先端にドアノブ様のものがつき，ミトコンドリアマトリックスに突き出ている．

た円筒の表面に120°ずつ離れて位置する．ATP合成の触媒部位は主として β サブユニットに属するアミノ酸残基で形成されている．

F_1 の $\alpha_3\beta_3$ オリゴマーが，γ と ε から成るマルチサブユニットの軸を介して，膜貫通cサブユニットに連結している．c-ε-γユニットは"回転子"を形成し，膜内で回転する．$\alpha_3\beta_3$ 六量体の内側で γ サブユニットが回転すると，β サブユニットのコンホメーションが変化して，活性部位が開いたり，閉じたりする．a, b, δ サブユニットは F_o 部分と $\alpha_3\beta_3$ オリゴマーをつなぐ腕となっている．a-b-δ-$\alpha_3\beta_3$ ユニットは"固定子"とよばれている．サブユニットのaとcの境界面にあるチャネルをプロトンが通ると，回転子部分が固定子から見て一方向に回転する．この構造全体は分子モーターとよばれることが多い．

回転子の基部にあって膜に会合しているcリングには10〜15のcサブユニットがある．サブユニットの数は生物によって違い，酵母と大腸菌は10サブユニットのリングをもつが，植物と動物は14サブユニットにも及ぶリングをもつ．プロトン1個の通過で，固定子に対して各cサブユニットを回転させる駆動力が生じることを示す証拠は十分にある．F_1 部分内での γ サブユニットの回転は，段階的，断続的に起こり，1段階ごとに120°ずつ回転する．cリングが回転すると γ 軸にひずみがたまり，$\alpha_3\beta_3$ 六量体内のつぎの位置にはじけとぶ．もしもcリングが10個のサブユニットからできていれば，完全に1回転するには10個のプロトンが移動する必要があり，結果として3分子のATPが生成することになるが，正確な化学量論についてはまだ結論が出ていない．多くの実験結果から，ATP 1分子ごとに平均して3個のプロトンの輸送が必要とされており，この値を本書では以降使っていく．つまり，cリングが完全に1回転するにはわずか9個のプロトン輸送があればよいことになる．

ADPと P_i からATPを合成する機構は，数十年にわたる活発な研究対象であった．1979年にPaul Boyerが，プロトンが膜を

▲ 図14.22 **ATPシンターゼの構造** F_1 部分は膜の内側の面にある．F_o 部分は膜を貫通し，a-cサブユニット境界面でプロトンチャネルを形成している．このチャネルをプロトンが通ると，cサブユニット回転子（青）がaとbのサブユニットから成る固定子（オレンジ）に対して回転する．この回転の力が F_1 に伝わり，γ サブユニット（シアン）が α と β サブユニット（緑）で形成された頭部の中で回転し，ATP合成の推進に利用される．（ε サブユニットは軸の一部である．この図では γ サブユニットの後方に見える．）[von Ballmoos et al., (2009) より改変．]

> V-ATPアーゼの構造も似ている．酸性顆粒（液胞）内へプロトンを輸送するためにATPの加水分解を利用している．ATPシンターゼが触媒する反応と逆方向に働く．

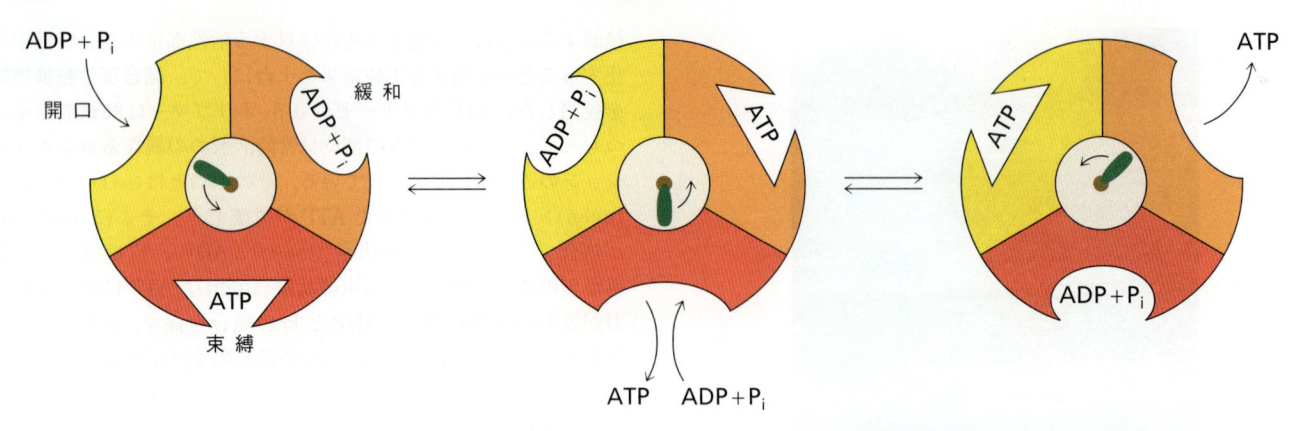

▲ 図 14.23　**ATP シンターゼの結合部位転換機構**　触媒部位の三つのコンホメーションを違う形で表した．ADP と P_i が開口コンホメーションにある黄色部位に結合する．γ 軸が（F_1 部分の細胞質/マトリックス側の端から見て）反時計回りに回転すると，黄色部位は緩和コンホメーションに変わり，ADP と P_i の結合はより強くなる．回転のつぎの段階で，黄色部位は束縛コンホメーションに変わって，ATP が合成される．その間に，ATP を強く結合していた部位は開口コンホメーションに，別の ADP と P_i を結合していた緩和部位は束縛コンホメーションに変わる．開口コンホメーションからは ATP が遊離し，束縛コンホメーションになった部位では ATP が合成される．

ATP の生成と遊離は図 14.23 にまとめたように，つぎのような段階を経て起こる．

1. 1 分子の ADP と 1 分子の P_i が開口状態の部位に結合する．
2. γ 軸の回転により，三つの触媒部位がそれぞれコンホメーション変化を起こす．開口コンホメーション（新たに結合した ADP と P_i がある）は緩和部位に変わる．すでに ADP と P_i を結合していた緩和部位は束縛部位に変わる．ATP を保持していた束縛部位は開口部位に変わる．
3. ATP が開口部位から遊離し，束縛部位では ADP と P_i が縮合して ATP を生成する．

蛍光標識したアクチンフィラメントを $\alpha_3\beta_3\gamma$ 複合体に付着させ，それをガラス板に固定して観察したところ，ATP シンターゼが回転するモーターだという強い証拠が得られた（図 14.24）．ATP 存在下で分子の一つずつが回転するのが顕微鏡で見えた．標識された γ サブユニットが ATP の加水分解に伴って $\alpha_3\beta_3$ オリゴマー内部で回転した．図 14.24 示すように，この回転は反時計回りである．プロトン勾配で駆動されて ATP が合成される場合の回転と，ATP の加水分解で駆動される回転は逆になる．1 分子の ATP が加水分解されるたびに γ 軸が 120° きざみで回転していた．最適な条件下では 1 秒間当たり 130 回以上という回転速度が観測された．これは ATP 加水分解速度の実測値から予測される回転速度で，生体内での ATP 合成の際の回転速度よりもずっと速い．

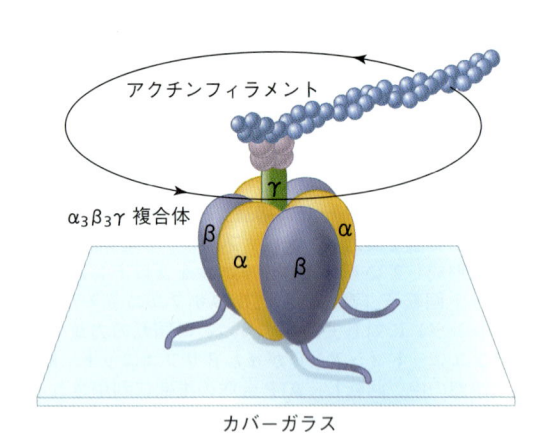

> ATP アーゼによる能動輸送を §9.10 D で取上げている．

! プロトン駆動力の化学エネルギーが ATP シンターゼの回転子を回転させ，力学的エネルギーに変換される．

▲ 図 14.24　**1 分子の ATP シンターゼの回転の実証**　$\alpha_3\beta_3$ 複合体をカバーガラスに固定化し，γ 鎖に蛍光標識したタンパク質の長い腕を付けた．ATP を加えると，分子上の腕が回転した．[Noji, H., Yasuda, R., Yoshida, M., and Kinosita, K., Jr. (1997). Direct observation of rotation of F_1-ATPase. *Nature* 386:299–302 より改変．]

BOX 14.2　プロトンの漏れと熱の発生

哺乳類で自由エネルギーをおもに消費しているのはプロトンの漏れらしい．休息中の成体では，酸素消費の約 90％ はミトコンドリアで起こっており，その約 80％ が ATP 合成と共役している．定量的に見積もると，ミトコンドリアでつくられる ATP は，タンパク質合成（利用可能な ATP のほぼ 30％），Na^+, K^+-ATP アーゼおよび Ca^{2+}-ATP アーゼによるイオンの能動輸送（25～30％），糖新生（10％ 以内），発熱を含むその他の代謝過程などに使われている．酸化で生じるエネルギーのうちの少なからぬ部分が ATP 合成に利用されていない．休息中の哺乳類では，ミトコンドリアで消費される酸素の少なくとも 20％ が，ミトコンドリアで起こるプロトンの漏れが原因で脱共役している．こうした漏れによって，利用目的がはっきりしていない熱が発生する．

プロトンの移動と ATP 合成を意図的に脱共役させている特別な例として，新生仔や冬眠している動物における発熱がある．このような生理的な脱共役は，ミトコンドリアが多いために褐色に見える褐色脂肪組織で起こる．褐色脂肪組織は哺乳類の新生仔や冬眠する動物に多い．酸化とリン酸化が脱共役されるので，NADH の自由エネルギーは ATP として保存されずに，熱として失われる．脱共役が起こるのは脱共役タンパク質 -1（uncoupling protein 1; UCP1, サーモゲニン）のためである．この脱共役タンパク質はミトコンドリアのマトリックスにプロトンが戻るためのチャネルをつくる．UCP1 が活性型のとき，解放される自由エネルギーは熱として散逸して，動物の体温を高めるのである．

14.10 ミトコンドリア膜を横断する ATP, ADP, P_i の能動輸送

真核細胞ではATPの大部分はミトコンドリア内で合成される．ほとんどのATPは細胞質で使われるので輸送する必要がある．ミトコンドリア内膜は荷電した物質を透過させないので，ADPをミトコンドリアに入れ，ATPを外に出すような輸送体が必要である．この輸送体はアデニンヌクレオチドトランスロカーゼとよばれ，ミトコンドリアのATPと細胞質ゾルのADPを交換する（図14.25）．アデニンヌクレオチドは通常はMg^{2+}と複合体をつくっているが，ミトコンドリア膜を横断して輸送されるときにはそうなっていない．ADP^{3-}とATP^{4-}を交換すれば，マトリックスの実効電荷が-1減ることになる．このような交換反応はプロトン駆動力の電気的成分（$\Delta\Psi$）が牽引し，プロトン勾配の自由エネルギーの一部もこの輸送過程を推進するために使われている．

ミトコンドリアマトリックスでADPとP_iからATPをつくるには，細胞質ゾルからP_iを取入れるためのリン酸輸送体も必要である．リン酸イオン（$H_2PO_4^-$）はH^+を伴った電気的中性を保った共輸送によってミトコンドリアに運び込まれる（図14.25）．このリン酸輸送体はプロトン駆動力の電気的成分ではなく，濃度差（ΔpH）を利用している．このようにATPをつくるために必要な輸送体は，どちらもプロトン輸送により形成されるプロトン駆動力の一部を利用している．ATPをマトリックスから運び出し，ADPとP_iを運び込むために必要なエネルギーの総量は，プロトン1個の流入にほぼ相当する．したがって，ATPシンターゼを使って細胞質のATPを1分子増やすには，4個のプロトンが膜間腔から流入する必要がある（1個は輸送に使われ，3個はATPシンターゼのF_0部分を通過する）．細菌はATPあるいはADPを膜を横断して輸送する必要がないので，真核細胞に比べてATP合成に必要な全体経費が少ない．

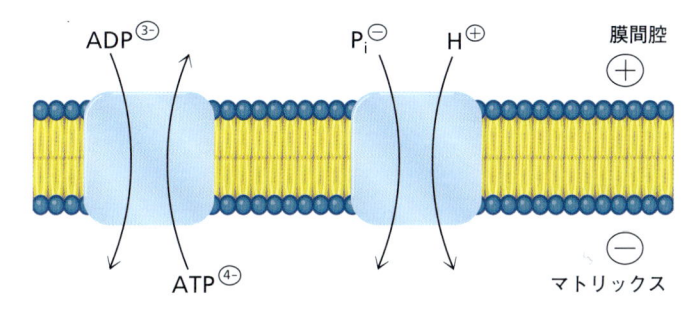

▲ 図14.25 ミトコンドリア内膜を横断するATP, ADP, P_iの輸送．アデニンヌクレオチドトランスロカーゼはATPとADPの一方向性の交換を行う（対向輸送）．P_iとH^+の共輸送は電気的に中性である．

14.11 P/O 比

化学浸透圧説が提唱される以前には，多くの研究者がリン酸基を直接転移させてATPをつくるような"高エネルギー"中間体を探し求めていた．彼らは複合体 I, III, IV が，それぞれ1対1という化学量論でATPをつくっていると考えていた．今ではプロトン勾配の生成と消費によってエネルギー変換が行われることがわかっている．ATPの収量は，各プロトン輸送電子伝達複合体に1対1に対応する必然性はないし，酸化される基質1分子当りのATPの収量も整数になるはずはない．

多数の膜会合電子伝達複合体が，全体としてプロトン勾配形成に貢献している．こうしてできた共通のエネルギー貯蔵所から，多数のATPシンターゼ複合体がエネルギーをくみ出している．前節でみたように，ATPシンターゼが触媒するADPとP_iから1分子のATPを生成する反応には約3個のプロトンの流入が必要で，さらに膜を横切ってP_i, ADP, ATPを輸送するために，もう1個のプロトンが必要だった．

研究の初期に生化学者たちがまず興味をもったのは，酸素消費（呼吸）とATP合成（リン酸化）の関係だった．リン酸化された分子と還元された酸素原子との比をP/O比という．酸素原子1個（$1/2\ O_2$）を還元するには2個の電子が必要なので，複合体I, III, IVを通過する電子1対ごとに，何個のプロトンが輸送されるのかが問題である．複合体Iでは4個，複合体IIIでは4個，複合体IVでは2個のプロトンが輸送される．したがってこれらの複合体を伝ってNADHからO_2に至る電子1対当たり，全部で10個のプロトンが膜を横断する．

細胞質にATP1分子をもたらすたびに4個のプロトンが膜を横断してミトコンドリアに戻るので，P/O比は10/4=2.5となる．コハク酸の酸化で得られる電子は複合体Iを通過しないので，コハク酸に対するP/O比は6/4=1.5にしかならない．これらの計算値は，ADPがリン酸化されたときに還元されるO_2の量を測定する実験で得られた実測値に近い（図14.3 a）．酸化還元反応全体で利用できるようになるエネルギーは，220 kJ·mol^{-1}なので（§14.4 A），ATPを2.5分子以上つくれる計算だったことを思い出そう．

! 1分子のNADHの酸化により，2.5分子のATPがつくられる．代謝通貨という観点からはNADHが2.5当量のATPに相当する．

14.12 真核生物におけるNADHシャトル機構

NADHはさまざまな反応，特に解糖過程のグリセルアルデヒド-3-リン酸デヒドロゲナーゼ，クエン酸回路の三つの反応で生産される．NADHはアミノ酸合成や糖新生（この場合，グリセルアルデヒド-3-リン酸デヒドロゲナーゼが反対方向に働く）で直接使われる．

余剰のNADHは本章で述べた過程でATPをつくるのに使われる．細菌では，膜会合電子伝達系が細胞膜に埋め込まれており，その内側表面が細胞質ゾルに露出しているので，NADHの由来に関係なくすべてを容易に酸化することができる．一方，真核細胞では，複合体Iに直接接触できるNADH分子は，ミトコンドリアマトリックスに存在するものだけである．クエン酸回路はミトコンドリアに局在しているので，そこでつくられる還元当量にとっては問題にはならない．しかし細胞質ゾルで解糖によって生じる還元当量は，ATP合成の燃料になるためにはミトコンドリアに入らねばならない．NADHとNAD$^+$はどちらもミトコンドリア内膜を拡散して横断することはできないので，還元当量は何らかのシャトル機構でミトコンドリア内に入らねばならない．細胞質ゾルにある還元型補酵素が，その還元力を電子伝達系の基質となるべきミトコンドリアの分子に移す経路として，グリセロールリン酸シャトルとリンゴ酸-アスパラギン酸シャトルがある．

グリセロールリン酸シャトル（図14.26）は，ATP合成速度をきわめて高く保たねばならない昆虫の飛翔筋で発達している．そ

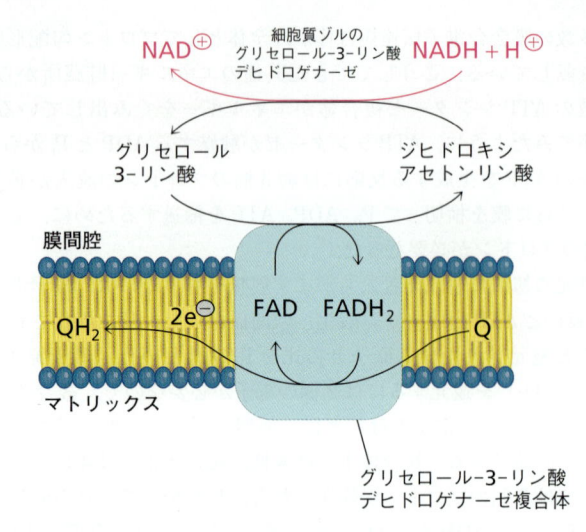

▲図 14.26　グリセロールリン酸シャトル　細胞質ゾルの NADH が，細胞質ゾルにあるグリセロール-3-リン酸デヒドロゲナーゼが触媒する反応で，ジヒドロキシアセトンリン酸をグリセロール 3-リン酸に還元する．膜貫通型フラビンタンパク質がこの反応の逆反応を触媒し，電子をユビキノンに伝達する．

> リンゴ酸-アスパラギン酸シャトルの要点を §13.4 で取上げている．

れよりも程度は低いが多くの哺乳類の細胞でも働いている．これには 2 種類のグリセロール-3-リン酸デヒドロゲナーゼ，すなわち細胞質ゾルの NAD^+ 依存性酵素と，膜に埋め込まれたグリセロール-3-リン酸デヒドロゲナーゼ複合体が必要である．後者は FAD 補欠分子族を含み，ミトコンドリア内膜の外側に基質結合部位をもつ．細胞質ゾルで NADH は細胞質ゾルのグリセロール-3-リン酸デヒドロゲナーゼが触媒する反応で，ジヒドロキシアセトンリン酸を還元する．

$$NADH + H^+ + \underset{\text{ジヒドロキシアセトンリン酸}}{O=C\begin{smallmatrix}CH_2OH\\\\CH_2OPO_3^{2-}\end{smallmatrix}} \xrightleftharpoons[]{\text{グリセロール-3-リン酸デヒドロゲナーゼ}} \underset{\text{グリセロール 3-リン酸}}{HO-\underset{H}{\overset{CH_2OH}{C}}-CH_2OPO_3^{2-}} + NAD^+ \quad (14.14)$$

生成したグリセロール 3-リン酸は，膜に埋め込まれたグリセロール-3-リン酸デヒドロゲナーゼ複合体によって元のジヒドロキシアセトンリン酸に戻される．この過程で，2 個の電子がこの酵素の FAD 補欠分子族に転移される．$FADH_2$ は 2 個の電子を可動性の電子伝達体である Q に転移させ，この電子はつぎにユビキノール：シトクロム c オキシドレダクターゼ（複合体Ⅲ）に伝達される．この経路による細胞質ゾル NADH 当量の酸化で生成するエネルギー（細胞質ゾルの NADH 1 分子当り 1.5 ATP）は，ミトコンドリア内 NADH の酸化の場合より少ない．その理由は，このシャトルによってもち込まれる還元当量は，NADH：ユビキノンオキシドレダクターゼ（複合体Ⅰ）を迂回するからである．

リンゴ酸-アスパラギン酸シャトルはもっと普遍的である．このシャトルには細胞質型のリンゴ酸デヒドロゲナーゼが必要である．これは糖新生のために細胞質のリンゴ酸をオキサロ酢酸に変えているのと同じ酵素である．リンゴ酸-アスパラギン酸シャトルではこの逆反応が必要である．このシャトルの過程を図 14.27 に示した．細胞質ゾルの NADH は，細胞質ゾルのリンゴ酸デヒドロゲナーゼが触媒する反応で，オキサロ酢酸をリンゴ酸に還元する．リンゴ酸はジカルボン酸トランスロカーゼを介した，2-オキソグルタル酸との電気的に中性な交換反応でミトコンドリアマトリックスに入る．ミトコンドリア内では，クエン酸回路型

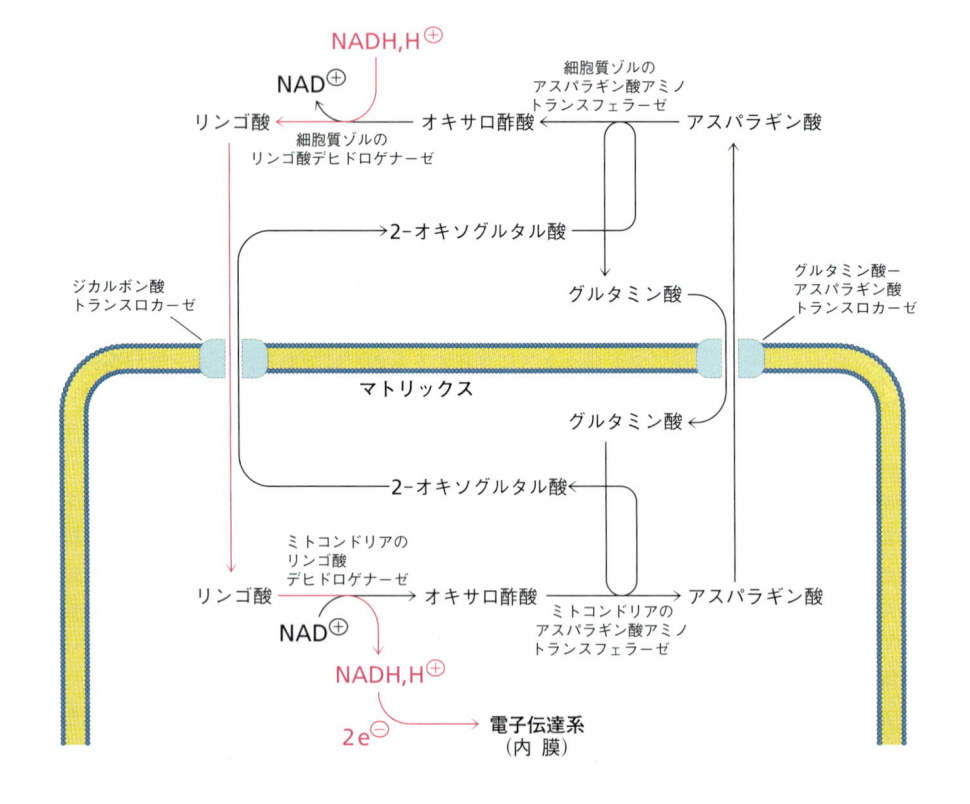

◀図 14.27　リンゴ酸-アスパラギン酸シャトル　細胞質ゾルの NADH がオキサロ酢酸をリンゴ酸に還元し，リンゴ酸はミトコンドリアマトリックスに輸送される．リンゴ酸の再酸化によって NADH が再生し，電子伝達系に電子を渡せるようになる．シャトル回路を完成するには，ミトコンドリアと細胞質ゾルのアスパラギン酸アミノトランスフェラーゼが必要である．

のリンゴ酸デヒドロゲナーゼが，リンゴ酸をオキサロ酢酸に再酸化する反応を触媒し，その際にミトコンドリアのNAD$^+$がNADHに還元される．NADHはつぎに，呼吸の電子伝達系の複合体Ⅰによって酸化される．

このシャトルが連続的に働くためには，オキサロ酢酸が細胞質ゾルに戻ってこなければならない．オキサロ酢酸は直接にはミトコンドリア内膜を横断して輸送されない．その代わり，オキサロ酢酸がミトコンドリアのアスパラギン酸アミノトランスフェラーゼによる可逆的反応でグルタミン酸と反応する（§17.7 C）．この反応でオキサロ酢酸にアミノ基が転移し，アスパラギン酸と2-オキソグルタル酸が生成する．2-オキソグルタル酸の各分子がリンゴ酸と入れ替わりに，ジカルボン酸トランスロカーゼを通ってミトコンドリアから外に出る．アスパラギン酸はグルタミン酸と入れ替わりに，グルタミン酸－アスパラギン酸トランスロカーゼを通って出ていく．細胞質ゾルに移れば，アスパラギン酸と2-オキソグルタル酸は細胞質ゾル型のアスパラギン酸アミノトランスフェラーゼの基質になるので，グルタミン酸とオキサロ酢酸がつくられる．グルタミン酸はアスパラギン酸との対向輸送で再びミトコンドリアに入り，オキサロ酢酸は細胞質ゾルでつぎのNADH分子と反応してこの回路を繰返す．

この複雑なシャトル系には，細胞質ゾルおよびミトコンドリアにそれぞれ固有のいくつかの酵素（たとえば，リンゴ酸デヒドロゲナーゼ）が必要である．一般的にはこれらの酵素は，太古に一つの祖先遺伝子が倍加してできた遺伝子でコードされており，別の酵素ではあるが関連性をもっている．真核細胞の場合，区画ごとに代謝経路が分けられていることは，細菌と比べていくつかの点で有利であるが，その代償として代謝物を細胞内部の膜を横断して運ぶ機構が必要になる．区画化に伴う経費の一部として，酵素を複数の区画に配置しなければならないので，酵素も倍加しなければならない．細菌ゲノムでは普通は遺伝子が1コピーだけで足りるのに，真核生物ゲノムには関連した多くのファミリー遺伝子が存在する理由は，このことでかなり説明できる．ヒトゲノム配列を見て驚くことの一つが，この種のファミリー遺伝子の多さ

である．もう一つの大きな発見は，膜を横断して分子を輸送することに関係する遺伝子が何百とあることである．輸送タンパク質の例として，ここで述べたジカルボン酸トランスロカーゼやグルタミン酸－アスパラギン酸トランスロカーゼがある（図14.27）．

14.13 その他の最終電子受容体と供与体

ここまでは膜会合電子伝達における電子の供給源としてNADHとクエン酸だけを考えてきた．これらの還元型化合物の大部分は，解糖やクエン酸回路にみられる異化的な酸化還元反応からもたらされる．すぐに想像できるように，グルコースの源泉は光合成を行う生物に存在する生合成経路で，グルコース分子内の化学結合をつくるのに必要な電子を配置するのは光エネルギーである．したがって，ミトコンドリアでのATP合成の原動力は太陽光のエネルギーである．

現在の生物圏におけるエネルギーの流れは，この図式で納得できる．しかしこれでは光合成が進化する以前に，生命がいかにして存続できたのかは説明できない．光合成は大量の炭素化合物の原料を供給するだけでなく，大気中の酸素レベルを高める役割ももっている．次章で述べるが，光合成にもやはりATP合成と共役した膜会合電子伝達系が必要である．本章で述べた膜会合電子伝達がおそらく先に進化し，つぎに光合成の機構が現れたと思われる．光合成が当たり前になるよりも何億年も前から，この惑星には生命が存在していたであろう．

太陽光以前の究極のエネルギー源は何だったのだろうか．初期の代謝がどのように行われていたのかについては，化学合成独立栄養細菌が今日に至るまで生き残っているので，考える材料が十分にある．このような細菌は，炭素あるいはエネルギーの源として有機化合物を必要とせず，太陽光からエネルギーを獲得することもしない．

化学合成独立栄養細菌は，H_2, NH_4^+, NO_2^-, H_2S, S, Fe^{2+}などの無機化合物を酸化してエネルギーを取出している．これらの無機分子は膜会合電子伝達に対して電子を直接に供給する役割をもつ．最終電子受容体になりうるのは，O_2，フマル酸，その他さまざまな分子である．電子伝達系を電子が通過すると，プロト

▲ もう一つのシャトル　このシャトルは莫大なエネルギーを必要とする．

> **BOX 14.3　生きることの高いコスト**
>
> 平均的な成人は1日当たり約2400キロカロリー（10080 kJ）を必要とする．このエネルギーをすべてATP当量で換算すると，1日当たり210モルのATPを加水分解していることになる（加水分解のギブズ自由エネルギーを48 kJ·mol^{-1}と仮定）．これは100 kgのATP（分子量507）とほぼ等しい．
>
> これだけのATP分子が合成される必要があるが，ミトコンドリアのプロトン勾配で駆動されるATP合成がいちばん普通の経路である．実際の計算値および実測値によれば，平均的な成人は1秒間に$9×10^{20}$分子，あるいは1日当たり$78×10^{24}$分子のATPを合成していると推定される．これは130モル，あるいは66 kgのATPに相当する．
>
> したがって，摂取したカロリーのかなりの割合は，ATP合成を駆動するためのミトコンドリアのプロトン勾配に変換されている．私たちが66 kgものATPをもち歩いているはずはないので，この計算からATP分子がきわめて迅速に使い回されていることがわかる．
>
> [Rich, P. (2003). The cost of living. *Nature* 421, 583.]

ン駆動力が生まれてATPが合成される．一例を図14.28に示した．

この例では電子供与体は水素である．膜結合ヒドロゲナーゼが水素をプロトンに酸化する．広範囲にわたる種々の細菌がこのようなヒドロゲナーゼをもつ．電子は呼吸の場合と似たシトクロム複合体を通過する．多くの細菌で可動性キノンはユビキノンではなく，メナキノンとよばれる関連分子である（§7.15）．フマル酸レダクターゼが還元型メナキノン（MQH_2）を電子供与体として使って，フマル酸のコハク酸への還元を触媒する．

大腸菌は嫌気的条件下で成長するとき，最終電子受容体として，酸素の代わりにフマル酸を使うことができる．フマル酸レダクターゼは細胞膜に埋まった複数サブユニットから成る酵素である．コハク酸デヒドロゲナーゼと相同性があり，これら二つの酵素は非常によく似た反応を触媒するが，その方向は逆である．大腸菌ではこれら二つの酵素が同時に発現されることはなく，生きている状態ではそれぞれの酵素が，反応を一方向のみに触媒する（酵素の名前と同じ方向）．関連した遺伝子ファミリーが細菌ゲノムに含まれる場合，このような例がごくまれにみられる．それぞれの遺伝子がコードするのは，ほぼ同じ酵素だが，ごく一部が違っている．

酸素およびフマル酸に加えて，硝酸や硫酸も電子受容体になりうる．化学合成独立栄養細菌では，電子供与体，電子受容体，電子伝達複合体の組合わせは多種多様である．重要なのは，これらの細菌が光なしに無機化合物からエネルギーを引き出すことができ，酸素なしに生き延びることができることである．

化学合成独立栄養細菌は太古の生物がもっていた可能性のある代謝戦略を教えてくれる．しかし，現在の細菌にも，光も酸素もなしに成長し増殖するものがある．BOX 2.1で述べた高度好熱菌や地下深くで生きている細菌などである．

14.14 スーパーオキシドアニオン

酸素の代謝がもたらす弊害の一つとして，高反応性の酸素種，つまりスーパーオキシドラジカル（$\cdot O_2^-$），ヒドロキシルラジカル（$OH\cdot$），過酸化水素（H_2O_2）の生成がある．これらの酸素種はいずれも細胞に対する毒性が高い．これらはフラビンタンパク質，キノン類，鉄-硫黄タンパク質でつくられる．電子伝達反応のほとんどが，これらの活性酸素，特に$\cdot O_2^-$を生成する．もしもスーパーオキシドジスムターゼによってスーパーオキシドラジカルがすぐに除去されないと，タンパク質や核酸が破壊される．

すでに述べたように，スーパーオキシドジスムターゼは拡散律速酵素の一例である（§6.4 B）．この酵素で触媒される全体反応は，2個のスーパーオキシドアニオンの不均化反応で過酸化水素ができることである．この反応はきわめて速く進行する．

$$2\cdot O_2^- + 2H^+ \longrightarrow H_2O_2 + O_2 \quad (14.15)$$

この過程が速いのは，典型的な電子伝達反応だからである．この場合，酵素に結合した銅イオンが唯一の電子伝達体である．銅イオンがスーパーオキシドアニオン（$\cdot O_2^-$）で還元され，それがつぎにもう一つの$\cdot O_2^-$を還元する．生成した過酸化水素はカタラーゼによってH_2OとO_2に変えられる．

$$2H_2O_2 \longrightarrow 2H_2O + O_2 \quad (14.16)$$

ある種の細菌は絶対嫌気性である．それらは酸化還元反応の副生成物として生じる反応性の酸素種を除去できないので，酸素が存在すると死滅する．これらの細菌はスーパーオキシドジスムターゼをもっていない．好気的生物はすべて活性酸素を消滅させる酵素をもっている．

要　約

1. 還元型補酵素のエネルギーは，ATP合成と共役した膜会合電子伝達系によって，ATPとして回収される．
2. ミトコンドリアは二重の膜で囲まれている．電子伝達複合体およびATPシンターゼは内膜に埋め込まれている．内膜は高度に折りたたまれている．
3. 化学浸透圧説によって，ATPを合成するのにプロトン勾配のエネルギーがどのように利用されるのかを説明できる．プロトン駆動力がもたらす自由エネルギーの大半は，膜を境にした電荷の差がもたらしている．

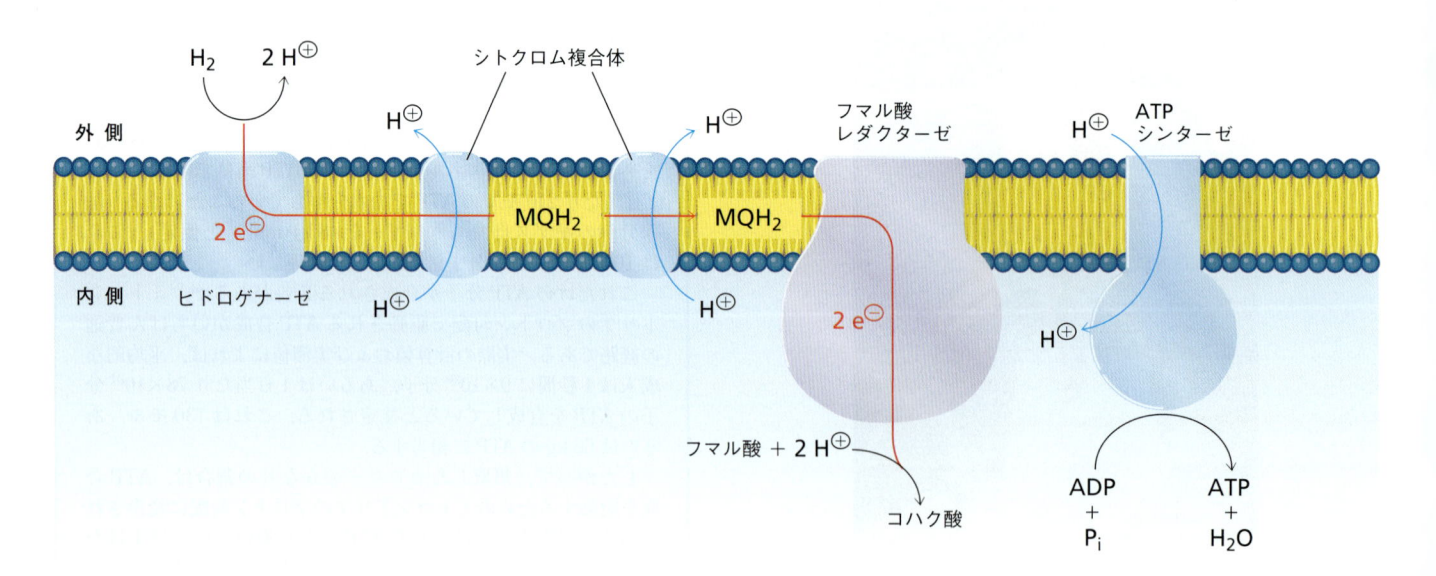

▲図14.28　**化学合成独立栄養細菌におけるATP合成の考えうる経路**　膜に結合したヒドロゲナーゼにより水素が酸化され，電子が種々の膜内のシトクロム複合体を通って移動する．電子伝達が膜を横断するプロトン輸送と共役し，それにより発生するプロトン駆動力がATP合成を推進する．電子の最終受容体はフマル酸である．フマル酸はフマル酸レダクターゼによりコハク酸に還元される．

4. 電子伝達複合体 I〜IV は複数のポリペプチド鎖と補因子を含む．電子伝達体は大まかには還元電位が増加していくように組合わされている．可動性の電子伝達体であるユビキノン（Q）とシトクロム c が，異なる複合体間での酸化還元反応をつなぎ合わせている．
5. 複合体 I で NADH から Q へ 1 対の電子が転移すると，プロトン勾配に対してプロトン 4 個分の寄与がある．
6. 複合体 II はプロトン勾配の形成に直接には寄与しないが，コハク酸の酸化で得られる電子を電子伝達系に供給する．
7. 複合体 III による QH_2 からシトクロム c への 1 対の電子の転移は，Q サイクルによる 4 個のプロトン輸送と共役している．
8. 複合体 IV によるシトクロム c からの 1 対の電子の転移，および $1/2 O_2$ の H_2O への還元は，プロトン勾配にプロトン 2 個分の寄与をする．
9. プロトンは複合体 V（ATP シンターゼ）を通ることで膜を横断して戻る．このプロトンの流れが，分子モーターの作動に伴うコンホメーション変化を利用した $ADP+P_i$ からの ATP 合成を推進する．
10. $ADP+P_i$ をミトコンドリアマトリックス内に運び，ATP をそこから運び出すためにプロトン 1 個相当が消費される．
11. 1 対の電子が複合体 I から IV まで転移することによって得られる ATP の収量，P/O 比は，輸送されるプロトンの数によって決まる．ミトコンドリア内の NADH の酸化では 2.5 ATP，コハク酸の酸化では 1.5 ATP が生成する．
12. 細胞質ゾルの NADH は，その還元力がシャトルによってミトコンドリアに移されれば酸化的リン酸化に寄与できる．
13. スーパーオキシドジスムターゼはスーパーオキシドラジカルを過酸化水素に変える．過酸化水素はカタラーゼが除去する．

問　題

1. 典型的な海中の細菌では，膜を境とする電位差は -0.15 V で，プロトン駆動力は -21.2 kJ·mol^{-1} である．細胞周辺腔の pH が 6.35 だとすると，25℃において細胞質の pH はいくつか．
2. 呼吸の電子伝達系に含まれる 6 種のシトクロムの鉄原子は，1 電子伝達反応に関与し，Fe(II) と Fe(III) の二つの状態の間を行き来する．各種のシトクロムの還元電位が同じでなく，-0.10〜0.39 V まで幅があるのはなぜか説明せよ．
3. 純化した呼吸の電子伝達系の成分と膜粒子から，機能をもった電子伝達系を再構成することができる．成分が以下のように組合わさっている場合，それぞれについて最後に電子を受取るものはどれか．酸素が存在していると仮定する．
   (a) NADH, Q, 複合体 I, III, IV
   (b) NADH, Q, シトクロム c, 複合体 II, III
   (c) コハク酸, Q, シトクロム c, 複合体 II, III, IV
   (d) コハク酸, Q, シトクロム c, 複合体 II, III
4. カロリーを消費する効率に関係すると思われる遺伝子が同定され，この遺伝子がつくる脱共役タンパク質-2 の量を制御することで肥満を防止しようという薬が考えられた．脱共役タンパク質-2 はヒトのいろいろな組織に存在し，ミトコンドリア膜でプロトンを通過させることがわかっている．脱共役タンパク質-2 量を増やすとどうして体重が減少するのか説明せよ．
5. (a) 痛み止めとしてよく処方されるメペリジンを呼吸しているミトコンドリアの浮遊液に加えると，NADH/NAD$^+$ と Q/QH$_2$ の比が増加する．メペリジンが阻害する電子伝達複合体はどれか．
   (b) 抗生物質のミクソチアゾールを呼吸しているミトコンドリアに加えると，シトクロム c_1(Fe^{3+})/シトクロム c_1(Fe^{2+}) とシトクロム b_L(Fe^{3+})/シトクロム b_L(Fe^{2+}) の比が増加する．ミクソチアゾールが阻害するのは電子伝達系のどこか．
6. (a) シアン化物（CN$^-$）が毒になるのは，シトクロム a, a_3 複合体の鉄原子に結合して，ミトコンドリアでの電子伝達を抑制するからである．シアン化物-鉄複合体はどのようにして酸素が電子伝達系から電子を受取るのを妨害するのか．
   (b) シアン化物が体内に入った患者には，オキシヘモグロビン中の Fe^{2+} を Fe^{3+}（メトヘモグロビン）に変える作用をもつ亜硝酸を与える．シアン化物が Fe^{3+} に親和性をもっていることを前提として，亜硝酸処理がどのように電子伝達系に対するシアン化物の効果を低下させるかを説明せよ．
7. アシル CoA デヒドロゲナーゼは脂肪酸の酸化を触媒する．その酸化反応に由来する電子は FAD に転移され，Q を介して電子伝達系に入る．このデヒドロゲナーゼが触媒する反応における脂肪酸の還元電位は約 -0.05 V である．自由エネルギー変化を計算して，なぜ NAD$^+$ ではなく FAD が酸化剤として選ばれているのかを示せ．
8. つぎの 2 電子供与体のそれぞれについて，ミトコンドリアから移行するプロトンの数，合成される ATP 分子の数，P/O 比はいくらか．電子は最終的に O_2 に渡り，NADH はミトコンドリアで生成し，電子伝達と酸化的リン酸化の系が完全に機能していると仮定する．(a) NADH，(b) コハク酸，(c) アスコルビン酸/テトラメチル-p-フェニレンジアミン（シトクロム c に 2 電子を与える）．
9. (a) アデニンヌクレオチド輸送体による ATP の外向きの輸送は，なぜ ADP の外向きの輸送よりも有利なのか．
   (b) この ATP 輸送は細胞にとってエネルギーコストになるだろうか．
10. アトラクチロシドは ADP/ATP 輸送体を阻害する毒性の糖誘導体で，地中海地方のアザミからとれる．アトラクチロシドは電子伝達阻害の原因にもなるが，それはなぜか．
11. (a) 25℃ で電位差が -0.18 V（内側が負），外側の pH が 6.7 で内側が 7.5 のとき，ミトコンドリア内膜を境にしたプロトン駆動力を計算せよ．
    (b) この場合，エネルギーの何 % が化学的（pH）勾配に由来し，何 % が電位勾配に由来するか．
12. (a) 細胞質ゾルで生成し，リンゴ酸-アスパラギン酸シャトルでミトコンドリアに運ばれた NADH は，なぜミトコンドリアで生成した NADH より ATP の生成量が少ないのだろうか．
    (b) 肝臓でリンゴ酸-アスパラギン酸シャトルが働いている場合，1 分子のグルコースが完全に酸化されて 6 分子の CO_2 になるときに生成される ATP 当量の数を計算せよ．好気的条件下で電子伝達系と酸化的リン酸化系が完全に機能していると仮定せよ．

参 考 文 献

ミトコンドリア

Mentel, M., and Martin, W. (2010). Anaerobic animals from an ancient, anoxic ecological niche. *BMC Biology* 8:32–38.

Taylor, R. W., and Turnbull, D. M. (2005). Mitochondrial DNA mutations in human disease. *Nature Reviews: Genetics* 6:390–402.

化学浸透圧説

Lane, N. (2006) Batteries not included. *Nature* 441:274-277.

Mitchell, P. (1979). Keilin's respiratory chain concept and its chemiosmotic consequences. *Science* 206:1148-1159.

Mitchell, P., and Moyle J. (1965). Stoichiometry of proton translocation through the respiratory chain and adenosine triphosphatase systems of rat liver mitochondria. *Nature* 208:147-151.

Schultz, B., and Chan, S. I. (2001). Structures and proton-pumping strategies of mitochondrial respiratory enzymes. *Annu. Rev. Biophys. Biomol. Struct.* 30:23-65.

電子伝達複合体

Berry, E. A., Guergova-Kuras, M., Huang, L., and Crofts, A. R. (2000). Structure and function of cytochrome *bc* complexes. *Annu. Rev. Biochem.* 69:1005-1075.

Brandt, U. (2006). Energy converting NADH: quinone oxidoreductase (complex I). *Annu. Rev. Biochem.* 75:69-92.

Cecchini, G. (2003). Function and structure of Complex II of the respiratory chain. *Annu. Rev. Biochem.* 72:77-100.

Clason, T., Ruiz, T., Schägger, H., Peng, G., Zickerman, V., Brandt, U., Michel, H., and Radermacher, M. (2010). The structure of eukaryotic and prokaryotic complex I. *J. Struct. Biol.* 169:81-88.

Clason, T., Ruiz, T., Schägger, H., Peng, G., Zickerman, V., Brandt, U., Michel, H., and Radermacher, M. (2010). The structure of eukaryotic and prokaryotic complex I. *J. Struct. Biol.* 169:81-88.

Crofts, A. R. (2004). The cytochrome bc_1 complex: function in the context of structure. *Annu. Rev. Physiol.* 66:689-733.

Hosler, J. P., Ferguson-Miller, S., and Mills, D. A. (2006). Energy transduction: proton transfer through the respiratory complexes. *Annu. Rev. Biochem.* 75:165-187.

Hunte, C., Palsdottir, H., and Trumpower, B. L. (2003). Protonmotive pathways and mechanisms in the cytochrome bc_1 complex. *FEBS Letters* 545:39-46.

Hunte, C., Zickerman, V., and Brandt, U. (2010). Functional modules and structural basis of conformational coupling in mitochondrial complex I. *Science* 329:448-457.

Richter, O.-M., and Ludwig, B. (2003). Cytochrome *c* oxidase—structure, function, and physiology of a redox-driven molecular machine. *Rev. Physiol. Biochem. Pharmacol.* 147:47-74.

ATP シンターゼ

Capaldi, R. A., and Aggler, R. (2002). Mechanism of the F_1F_0-type ATP synthase, a biological rotary motor. *Trends in Biochem. Sci.* 27:154-160.

Lau, W. C. Y., and Rubinstein, J. (2010). Structure of intact *Thermus thermophilus* V-ATPase by cryo-EM reveals organization of the membrane-bound V_0 motor. *Proc. Natl. Acad. Sci. (USA)* 107:1367-1372.

Nishio, K., Iwamoto-Kihara, A., Yamamoto, A., Wada, Y., and Futai, M. (2002). Subunit rotation of ATP synthase: α or β subunit rotation relative to the *c* subunit ring. *Proc. Natl. Acad. Sci. (USA)* 99:13448-13452.

Oster, G., and Wang, H. (2003). Rotary protein motors. *Trends in Cell Biology* 13:114-121.

その他の電子供与体と電子受容体

Hederstedt, L. (1999). Respiration without O_2. *Science* 284:1941-1942.

Iverson, T. M., Luna-Chavez, C., Cecchini, G., and Rees, D. C. (1999). Structure of the *Escherichia coli* fumarate reductase respiratory complex. *Science* 284:1961-1966.

Peters, J. W., Lanzilotta, W. N., Lemon, B. J., and Seefeldt, L. C. (1998). X-ray crystal structure of the Fe-only hydrogenase (CpI) from *Clostridium pasteurianum* to 1.8 Ångstrom resolution. *Science* 282:1853-1858.

Tielens, A. G. M., Rotte, C., van Hellemond, J. J., and Martin, W. (2002). Mitochondria as we don't know them. *Trends in Biochem. Sci.* 27:564-572.

von Ballmoos, C., Cook, G. M., and Dimroth, P. (2008). Unique rotary ATP synthase and its biological diversity. *Annu. Rev. Biophys.* 37:43-64.

von Ballmoos, C., Wiedenmann, A., and Dimroth, P. (2009). Essentials for ATP synthesis by F_1F_0 ATP synthases. *Annu. Rev. Biochem.* 78:649-672.

Yankovskaya, V., Horsefield, R., Törnroth, S., Luna-Chavez, C., Miyoshi, H., Léger, C., Byrne, B., and Iwata, S. (2003). Architecture of succinate dehydrogenase and reactive oxygen species generation. *Science* 299:700-704.

15 光合成

他でもないこのたぐいまれなる光の放射がなにゆえに，葉を育て，花を咲かせ，ホタルをつがわせ，パロロに卵を産ませ，月面から反射するや詩人や恋人たちの想像をかき立てるのか．
Helena Curtis and Sue Barnes (1989). *Biology*, 5th ed.

光合成の最も重要な点は，光エネルギーをATPの形で化学エネルギーに変換することである．この基礎となる反応の背後にある基本原理は，前章で扱った膜会合電子伝達の原理に類似する．光合成では，色素分子（たとえば，クロロフィル）に光が当たると，電子がより高いエネルギーレベルに励起される．この電子が初期状態に戻るとき，エネルギーを放出し，このエネルギーが膜を境にしたプロトン移動に使われる．それによってプロトン勾配がつくり出され，ATPシンターゼに触媒される反応でADPのリン酸化が駆動される．場合によっては，励起電子が$NADP^+$の還元に使われ，NADPHの形での還元当量が直接合成される．これらの反応は太陽光だけに依存しているので，**明反応**（light reaction）とよばれる．

光合成生物種はエネルギーを必要とするすべての代謝反応を遂行するために，大量に供給される安価なATPとNADPHを使用する．これにはタンパク質，核酸，糖質，脂質などの合成が含まれる．光合成細菌や藻類がかくも成功した生物である理由がここにある．

大部分の光合成生物は，カルビン回路とよばれる特別な炭酸固定経路をもつ．実は，炭酸固定には光は必要ではなく，光反応とは直接に関連していない．このことから，この反応は**暗反応**（dark reaction）とよばれるが，暗所で反応が起きるわけではない．この経路は，§12.4で述べたペントースリン酸経路に密接に関連している．

光合成の詳細は，この惑星上のすべての生命の生化学を理解するうえで大変重要である．高分子化合物を合成するために光エネルギーを獲得できたことは，光合成生物の急速な拡大をもたらした．これはまた，光合成生物を食物として二次的に利用できる生物種の出現の機会を与えた．私たちのような動物は，もともと太陽光のエネルギーを利用して合成された分子を分解することで，最終的にエネルギーの多くを引き出している．さらに，酸素は植物やある種の細菌の光合成の副産物である．地球大気中の酸素の増加によって，酸素は膜会合電子伝達における電子受容体としての役割を担うようになった．わずかの例外を除いて，現代の真核生物はミトコンドリアでATPを合成するため，光合成によってつくり出された酸素の供給にいまや完全に依存している．

光反応の主要成分は，膜に埋め込まれたタンパク質，色素，補因子の大きな複合体である．これら複合体の集光部分は**光化学系**（photosystem）とよばれる．それぞれの生物種は，ATPやNADPHを合成するため，それぞれ異なる光エネルギー利用の戦略を採用している．はじめに，細菌の光化学系の構造と機能について述べ，つぎに，藻類や植物のような真核生物のより複雑な光合成経路に移っていこう．真核生物の光合成複合体は，明らかに，単純な細菌の複合体から進化した．

15.1 集光性色素

さまざまな種類の集光性色素が存在する．それらは構造も性質も機能も違う．

A. クロロフィルの構造

クロロフィルは光合成で最も重要な色素である．クロロフィル分子の最も一般的な構造を図15.1に示す．クロロフィルのテトラピロール環は，それが還元されていることを除けば，ヘムの場合に似ている（図7.38）．クロロフィルでは環Ⅳの7位と8位の間の共役環系の二重結合が1個少なく，ヘムにみられたFe^{2+}の代わりに中央にキレートされたMg^{2+}をもつ．その他，クロロフィルの際立った特徴は，長いフィトール側鎖をもつことで，それによってこの分子は疎水性になる．

クロロフィル（chlorophyll; Chl）にはさまざまなタイプがある．それらの違いは，おもに，図15.1にあるR_1, R_2, R_3で示された側鎖にある．クロロフィルa（Chl a）とクロロフィルb（Chl b）は多くの生物種にみられる．バクテリオクロロフィルa（BChl a）とバクテリオクロロフィルb（BChl b）は光合成細菌にのみ認められる．これらは他のクロロフィルと異なり，環Ⅱの二重結合が

---

* カット：林の中のエンレイソウに当たる太陽光．光合成を行う生物によって獲得された太陽エネルギーは，最終的には地球上のほとんどすべての生物の活動を支えている．

▲光合成生物　左：シアノバクテリア，中：顕花植物の葉，右：紅色細菌

一つ少ない．フェオフィチン（pheophytin；Ph）とバクテリオフェオフィチン（BPh）は類似の色素で，中央の空洞の Mg^{2+} が2個の共有結合性の水素原子で置換されている．

クロロフィル分子は，膜の中で内在性膜タンパク質と非共有結合で結合することで特異的に配向している．疎水性フィトール側鎖が膜の中にクロロフィルをつなぎ止めている．クロロフィルの集光機能は，共鳴二重結合のネットワークをもつテトラピロール環による．クロロフィルは，電磁スペクトルの紫-青領域（吸収極大 400〜500 nm）とオレンジ-赤領域（吸収極大 650〜700 nm）の光を吸収する（図 15.2）．これが，クロロフィルが緑である理由である．つまり，緑のスペクトル部分が吸収されずに反射されるからである．クロロフィルの正確な吸収極大は構造に依存する．たとえば，Chl a と Chl b では異なっている．また，特定のクロロフィル分子の吸収極大は，色素-タンパク質複合体中の微小環境の影響を受ける．

B. 光エネルギー

光エネルギーの1量子は光子（photon）とよばれる．クロロフィル分子が1個の光子を吸収すると，この色素の最低のエネルギー水準にある電子が，より高いエネルギーの分子軌道へと移動する．吸収された光子のエネルギーは，基底状態と高次のエネルギー軌道の間のエネルギーの差に対応しているに違いない．これが，クロロフィルが特定の波長の光しか吸収しない理由である．励起された"高エネルギー"電子は，近隣の酸化-還元中心に移動するが，これは，呼吸鎖の電子伝達において複合体ⅠのNADHからFMNへ"高エネルギー"電子が移動する場合とまったく同じ方式である（§14.5）．光合成と呼吸鎖の電子伝達との間のおもな違いは，励起された電子の供給源である．呼吸鎖の電子伝達では，電子はNADHと QH_2 をつくり出す酸化-還元の化学反応に由来する．光合成では，光子の吸収によって，電子は直接，"高エネルギー"状態へと高められる．

クロロフィル分子は三つの異なる状態で存在する．基底状態（Chl あるいは Chl^0）では，すべての電子は通常の安定状態にある．励起状態（Chl^*）では，光子は吸収されている．電子伝達の結果，クロロフィル分子は酸化状態（Chl^+）になり，還元剤から電子を受取らないと元の状態に再生されない．

光子のエネルギーは次式により求められる．

$$E = \frac{hc}{\lambda} \tag{15.1}$$

クロロフィル	R₁	R₂	R₃
Chl a	—CH=CH₂	—CH₃	—CH₂—CH₃
Chl b	—CH=CH₂	—C(=O)—H	—CH₂—CH₃
BChl a	—C(=O)—CH₃	—CH₃	—CH₂—CH₃
BChl b	—C(=O)—CH₃	—CH₃	—CH=CH—CH₃

▲図15.1　**クロロフィルおよびバクテリオクロロフィル色素の構造**　置換基 R₁, R₂, R₃ を表に示した．バクテリオクロロフィルでは環Ⅱにある二重結合は飽和している．バクテリオクロロフィル a 分子のあるものではフィトール側鎖はさらに余分の3個の二重結合をもつ．疎水性のフィトール側鎖と親水性のポルフィリン環はクロロフィルに両親媒性の性質を与える．植物ではクロロフィル（タンパク質に結合）は光化学系ならびに集光性複合体に存在する．

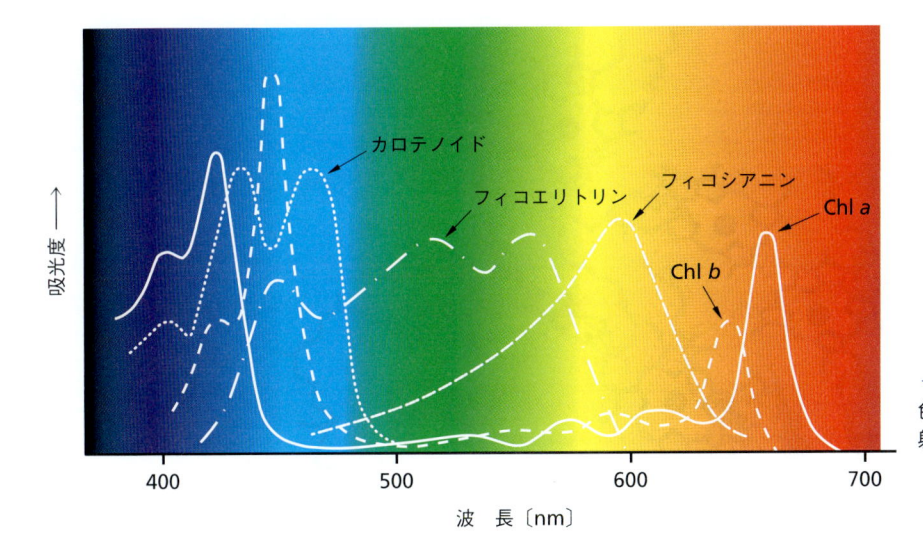

◀図15.2 **主要な光合成色素の吸収スペクトル**
色素は可視光線スペクトルの全領域にわたって放射エネルギーを吸収する.

ここで，h はプランク定数（6.63×10^{-34} J·s），c は光の速度（3.00×10^{8} m·s^{-1}），λ は光の波長である．E に 6.022×10^{23}（アボガドロ数）をかけて，光子 1 "モル"で全エネルギーを計算すると便利である．680 nm の波長の光では，そのエネルギーは 176 kJ·mol^{-1} になる．この値は標準ギブズ自由エネルギー変化と同等である．このことは，1 モルのクロロフィル分子が 1 モルの光子を吸収すると，励起電子は 176 kJ·mol^{-1} に等しい量のエネルギーを獲得することを意味する．基底状態に戻るとき，このエネルギーが放出される．エネルギーの一部は捕獲されて，膜を境にしたプロトンのくみ上げや NADPH の合成に利用される．

! クロロフィル分子は光子を吸収すると，酸化される（電子を失う）．

C. 特殊ペアとアンテナクロロフィル

典型的な光化学系は何ダースものクロロフィル分子を含んでいるが，実際には，わずか 2 分子の特別なクロロフィル分子のみが電子を放出し，電子伝達系が動き始める．これら 2 個のクロロフィル分子は**特殊ペア**（special pair）とよばれる．ほとんどの場合，特殊ペアは，特定の波長で光を吸収する色素（pigment；P）として容易に同定される．それゆえ，P680 は，680 nm（赤）の光を吸収するクロロフィル分子の特殊ペアである．それには，P680，P680*，P680$^+$ という三つの状態がある．P680 は基底状

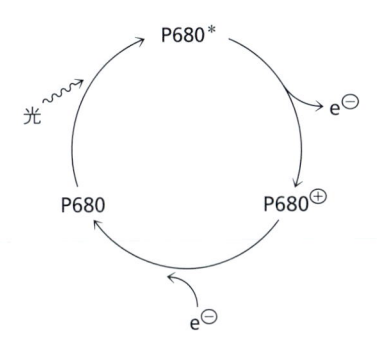

▲ **クロロフィルの状態** P680 の還元，励起，酸化．P680* は光子を吸収した後の励起状態である．電子を失うと酸化された P680$^+$ になる．外部の供給源（水の酸化のような）から電子を受取ると還元された P680 の状態になる．

BOX 15.1　Mendel の種子の色の突然変異

Gregor Mendel が発見した突然変異の一つが，さやの中のエンドウの色に影響を与えるというものだった．成熟した種子の正常な色は黄色（I）で，劣勢突然変異は種子を緑（i）にする．突然変異は *sgr* 遺伝子（stay-green，緑のまま）に影響を与える．この遺伝子は，種子の成熟時にクロロフィルを分解する働きのある葉緑体タンパク質をコードしている．このタンパク質が異常になると，葉緑体中のクロロフィルが分解されず，種子は緑のままになる．

正常な野生型植物（II）では，種子は黄色になる．ヘテロ接合体（Ii）では，クロロフィル分解タンパク質の不足量がクロロフィル分解に影響することはない．ヘテロ接合体の種子も黄色になる．ホモ接合体変異植物（ii）では，クロロフィルは分解されず，種子は緑のままである．Mendel は，野生型の特徴（I）が優勢で，変異型の特徴は劣勢（i）であることを確かめた．ヘテロ接合体同士の掛け合わせ（Ii×Ii）は，黄色の種と緑の種の比があの有名な 3：1 だった．

食用植物の株の中には，クロロフィル分解突然変異遺伝子がホモ接合体のものがある．Mendel が使ったこのような"見かけ緑の

まま"遺伝子は，消費者にとって魅力ある種子や果物をつくり出す．

スーパーマーケットや農協で買うエンドウはすべて，欠損 *sgr* 対立遺伝子がホモ接合体になるように掛け合わせによって遺伝的に修飾されたものである．"正常な"黄色のエンドウ豆がないのはこのためである．

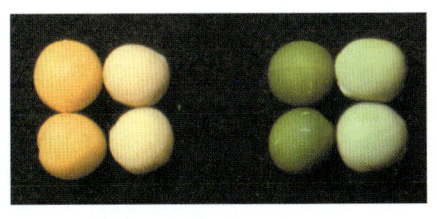

▲ 正常なエンドウは成熟すると色調が黄色になる（左）が，突然変異体は種子を緑のままにする（右）．それぞれのグループの種子から皮をむくと（右の対），色調がもっとはっきりする．

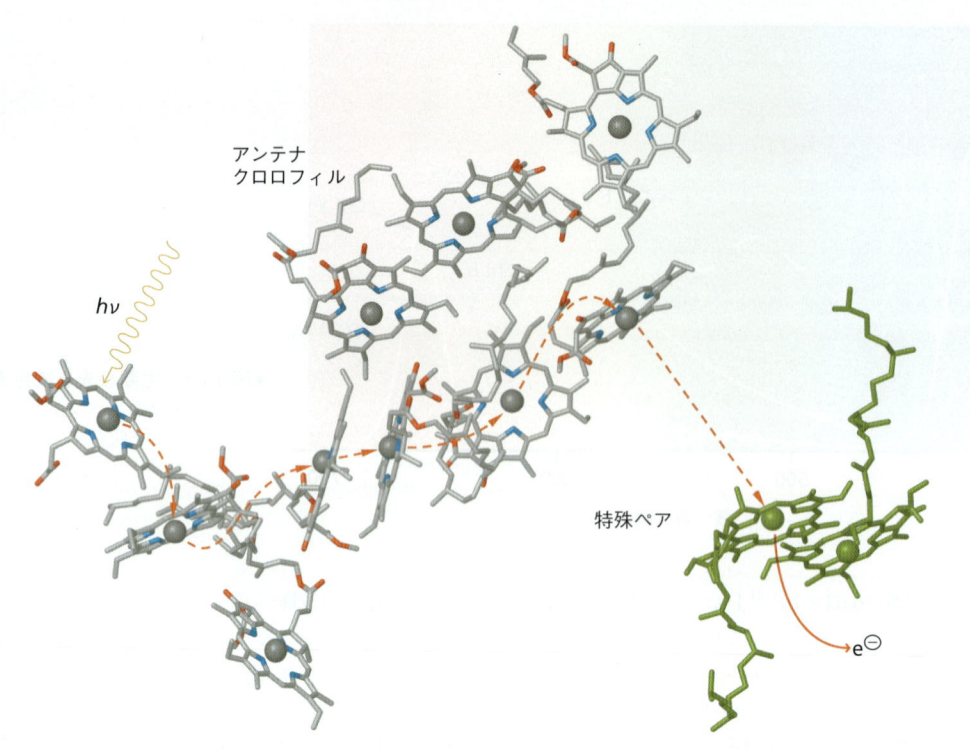

▲図 15.3　クロロフィル色素からクロロフィル分子の特殊ペアへの光エネルギーの移動　光はアンテナ色素（灰色）によって捕獲され，励起エネルギーは，アンテナクロロフィルの間を移動して，電子伝達経路のクロロフィル分子の特殊ペア（緑）に到達する．励起エネルギー移動の経路を赤で示した．特殊ペアは電子伝達経路に電子を放出する．クロロフィル分子は膜タンパク質に固く結合しているので（ここには示されていない）位置は固定されている．

態である．P680*はクロロフィル分子が光子を吸収して励起電子をもった状態，P680$^+$は電子が他の分子に移動した後の電子欠乏（酸化）状態である．P680$^+$は電子供与体からの電子の移動によって P680 に還元される．

特殊ペアに加えて，電子伝達系の一部として機能する他の特殊化されたクロロフィル分子が存在する．これらは特殊ペアから電子を受取って，それを経路に沿って隣の分子に渡す．すべてのクロロフィルが電子伝達に直接かかわっているわけではない．残りの他のクロロフィル分子は，光エネルギーを捕獲し，それを特殊ペアに移動させるアンテナ分子として作用する．これらアンテナクロロフィルは，電子伝達系にある分子よりずっと大量に存在する．アンテナクロロフィル間の励起エネルギー移動の形式は，**共鳴エネルギー移動**（resonance energy transfer）とよばれる．これには電子の移動は含まれない．励起エネルギー移動は，密に詰まったアンテナ複合体中で隣接するクロロフィル分子間の波動エネルギーの移動と考えることができる．

> §14.3 B で，プロトン駆動力に伴うギブズ自由エネルギー変化を計算した．

図 15.3 は，アンテナクロロフィルから光化学系の一つにある特殊ペアへの励起エネルギーの移動を表している．この図では，特殊ペアを囲む多数のアンテナ分子のうちの数個を示した．すべてのクロロフィル分子は，光化学系のポリペプチド中のアミノ酸側鎖と相互作用して固定されている．これらの分子は互いに接近しているので，励起エネルギーは，光子を吸収したどの分子からも効率良く移動する．

D. 補助色素

光合成膜は，クロロフィルの他に種々の**補助色素**（accessory pigment）を含んでいる．カロテノイドには，β-カロテン（図 15.4）やキサントフィルのような類似の色素がある．キサントフィルは 2 個の環上にヒドロキシ基を余分にもつ．クロロフィル同様，カロテノイドも光吸収を可能にする一連の共役二重結合を含む．その吸収極大はスペクトルの青領域にあり，それがカロテノイドを赤や黄色や褐色に見せている（図 15.2）．落葉樹の秋の色の一部はカロテノイドによる．海藻（褐藻）の褐色も同様である．

▲秋の葉の色の一部は，葉が枯れる際のクロロフィル分子の分解によって出現する補助色素カロテノイドの存在による．

▲ 赤潮　中国福建省の沿岸に広がる赤潮は紅藻類が原因である．

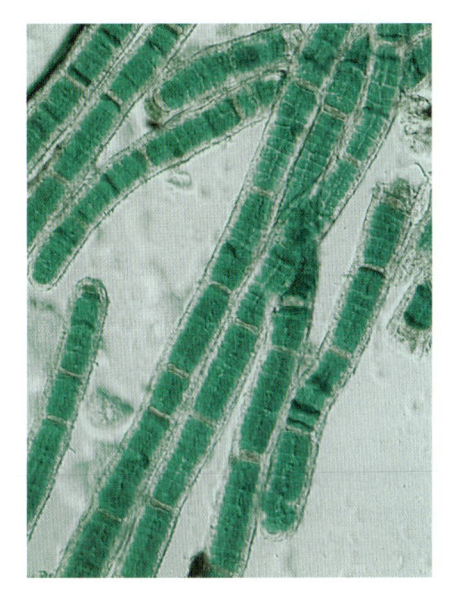

▲ 図 15.4　いくつかの補助色素の構造　β-カロテンはカロテノイドで，フィコエリトリンとフィコシアニンはフィコビリンである．フィコビリンとタンパク質の結合は共有結合だが，カロテノイドの結合は共有結合ではない．

▲ Scytonema　青緑シアノバクテリアの一種

カロテノイドはアンテナ複合体中でクロロフィル分子と密に会合している．それらは光を吸収して，励起エネルギーを隣接するクロロフィルに渡す．カロテノイドは集光性色素として働く他に，光合成の保護機能も果たしている．それらはアンテナクロロフィルから突発的に遊離した電子をみな吸収し，それを酸化型クロロフィル分子に戻す．この消光過程は，スーパーオキシドラジカル（$\cdot O_2^-$）のような反応性酸素原子の形成を抑制する．もし形成されれば，これらの反応性酸素原子は，§14.14で述べたように，細胞にとって非常に有害である．

赤色フィコエリトリンや青色フィコシアニン（図15.4）のようなフィコビリンは，ある種の藻類やシアノバクテリアにみられる．これらは中心のMg^{2+}を欠いたクロロフィルの直線版ともいえる．クロロフィルやカロテノイド同様，これらの分子も光吸収を可能にする一連の共役二重結合をもつ．カロテノイドのように，フィコビリンの吸収極大はクロロフィルを補填して，吸収しうる光エネルギーの領域を広げる．多くの場合，フィコビリンは，フィコビリソームとよばれる特別なアンテナ複合体の中に見いだされる．他の色素分子と違って，フィコビリンは周囲のポリペプチドと共有結合でつながっている．青緑シアノバクテリアの青味がかった色や紅藻類の赤は，光化学系に結合した多くのフィコビリソームの存在によっている．

15.2　細菌の光化学系

光合成の解説を細菌の単純な系の記述から始めよう．これらの単純な系がシアノバクテリアに存在するさらに複雑な構造へと進化した．ついで，このシアノバクテリア版が藻類や植物に採用された．原始的なシアノバクテリアが葉緑体の元になったのである．

光合成細菌は特有の集光性光化学系をもつ．この光化学系には二つの基本型が存在し，それらは，一つの共通祖先から20億年前に分岐したと思われる．両方の光化学系とも，構造の中央部に位置する小さな反応中心を取囲んだ多数のアンテナ色素をもつ．反応中心は，特殊ペアを含む少数のクロロフィル分子と短い電子伝達系を形成する他の分子から構成されている．

光化学系 I（photosystem I；PS I）には**I型反応中心**（type I reaction center）がある．**光化学系 II**（photosystem II；PS II）には**II型反応中心**（type II reaction center）がある．ヘリオバクテリアや緑色硫黄細菌は，I型反応中心をもつ光化学系に依存し，一方，紅色細菌や緑色繊維状細菌はII型反応中心の光化学系を使っている．光合成細菌の中で最も多量に存在するシアノバクテリアは，一続きに連結した光化学系 I と光化学系 II の両方を利用する．この連結した系は藻類や植物にみられるものに類似する．

A.　光化学系 II

まず，紅色細菌と緑色繊維状細菌の光合成から述べていこう．これらの細菌種の大部分は絶対嫌気性生物で，酸素存在下では生存不能である．それゆえ，これらは光合成の副産物として酸素を生産しないし，呼吸電子伝達で酸素を消費しない．紅色細菌と緑色硫黄細菌はII型反応中心をもつ光化学系を有する．これらの膜複合体はしばしば細菌反応中心といわれるが，これは，細菌には他の型の反応中心もあることから誤解を招く表現である．このものは，シアノバクテリアや真核生物の光化学系 II に進化的に関連しているので，ここでは光化学系 II とよぶことにする．

紅色細菌の光化学系の構造を図15.5に示した．内部のII型反応中心の色素分子は，二つに分岐した電子伝達系を形成する．バクテリオクロロフィル（P870）の特殊ペアは，膜の細胞周辺腔側（外側）の表面付近に位置する．それぞれの枝は，バクテリオ

クロロフィル a 分子 1 個とバクテリオフェオフィチン 1 個をもつ（図 15.6）．右側の枝は，固く結合したキノン分子に達している．一方，左側の枝のそれに相当する場所は，脂質二重層内で解離し拡散する緩く結合したキノン分子が占めている．図 15.5 に示すように，結合したキノン分子は膜を貫通する α ヘリックスバレルの中に埋め込まれ，一方，複合体の他方の側の同じ場所は脂質二重層にさらされている．

> 紅色細菌 *Rhodopseudomonas viridis* の光化学系の構造は図 4.26（f）に示されている．

光子の吸収あるいはアンテナ色素からの励起エネルギーの移動の後，P870 からの励起電子の遊離をもって電子伝達は開始される．（アンテナ色素分子は図 15.6 には示していない．）その後，電子はもっぱら，反応中心複合体の右手の枝の後方に伝達される．その結果，結合しているキノン分子が還元される．そこから電子は，複合体の反対側にある可動性キノン（Q）に渡される．この伝達は，膜の細胞質側付近にある中心軸上の 1 個の結合鉄原子によって仲介される．可動性キノンは，2 個の電子の連続的な伝達ならびに細胞質からの 2 個の H^+ の受容を介した 2 段階の経路によって QH_2 に還元される．2 個の光子が QH_2 の 1 分子を生産するために吸収される．現在の II 型反応中心は多分，もっと原始的な系から進化したのだろう．原始的な系では，電子は，両側の Q 部位で QH_2 を生産するように両方の枝に伝達される．

QH_2 は，細菌の呼吸電子伝達系のシトクロム bc_1 複合体（複合体 III）に向かって脂質二重層中を拡散していく．これは前章（§ 14.7）で述べたのと同じ複合体である．シトクロム bc_1 複合体は，QH_2 の酸化とシトクロム c の還元を触媒する．酵素は，ユビキノール：シトクロム c オキシドレダクターゼである．この反応は，Q サイクルを介した細胞質から細胞周辺腔への H^+ の輸送と共役している．その結果形成されたプロトン勾配が，ATP シンターゼに触媒された ATP 合成を駆動する（図 15.7）．

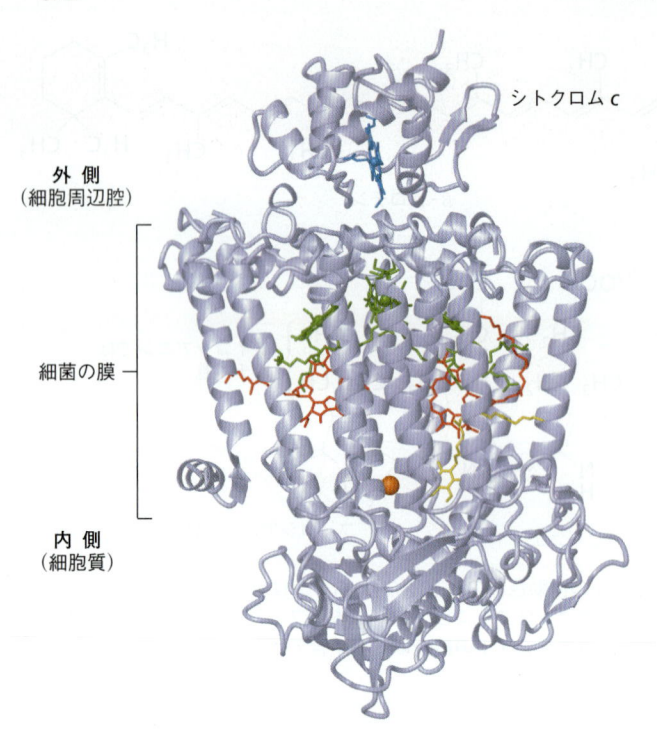

▲図 15.5　**紅色細菌（*Rhodobacter sphaeroides*）の光化学系 II**　構造の中核は 2 個の相同の膜貫通ポリペプチドサブユニットから構成されている．それぞれのサブユニットは 5 個の膜貫通 α ヘリックスをもつ．反応中心の電子伝達分子は，中核のポリペプチドに挟まれている．シトクロム c が膜の細胞周辺腔側の PS II に結合している（上）．付加的なサブユニットが細胞質表面にある中核のサブユニットを覆っている（下）．[PDB 1L9B]

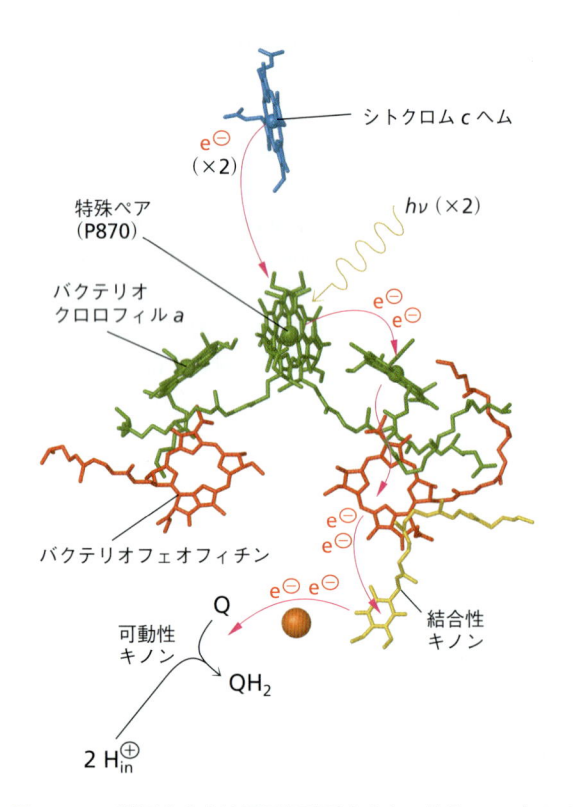

▲図 15.6　**II 型反応中心は電子伝達系を含む**　特殊ペア（P870）はシトクロム c のヘム基に密着した細胞周辺腔表面の近傍に位置している．光を吸収すると，電子は一挙に，P870 から BChl a へ，BPh へ，結合キノンへと伝達され，そこから中心鉄原子（赤）の隣に緩く結合した部位にあるキノンに伝達される．電子はシトクロム c から P870 に戻される．

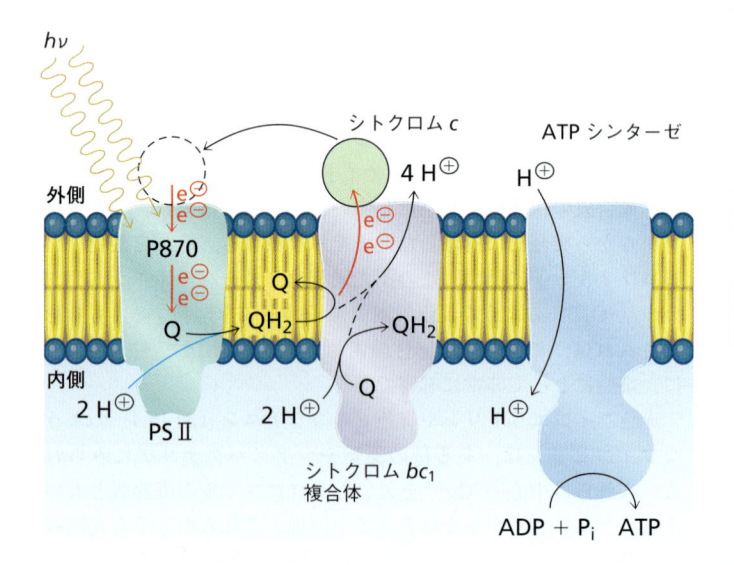

▲図 15.7　**紅色細菌の光合成**　PS II 複合体の色素により吸収された光は，反応中心電子伝達系を介して P870 から QH_2 への電子伝達をひき起こす．QH_2 はシトクロム bc_1 複合体へと拡散し，そこで電子はシトクロム c に伝達される．この反応は，膜を横断してのプロトン輸送と共役している．プロトン勾配は ATP 合成を駆動する．還元型シトクロム c は細胞周辺腔に拡散し，PS II で $P870^+$ を還元する．Q サイクルについては，図 14.16 にさらに詳しく示した．

クロロフィル分子の P870$^+$ 特殊ペアは，シトクロム bc_1 複合体によってつくられたシトクロム c（Fe^{2+}）によって還元される．シトクロム c は，細菌細胞を包む2層の膜によって囲まれた細胞周辺腔内で拡散する．その結果，PSⅡからシトクロム bc_1 複合体へ，またその逆へと，電子が行ったり来たりする．図15.5に示した構造には，結合したシトクロム c 分子が含まれている．この分子は，電子伝達を容易にするために，P870特殊ペアの近傍に位置したヘム基をもつ．

複合体間の電子の動きは，呼吸電子伝達と同じように，可動性補因子 QH$_2$ とシトクロム c によって仲介される．紅色細菌の光合成と呼吸電子伝達の間のおもな違いは，光合成が循環反応であることである．他の反応との電子の実質的なやりとりはない．それゆえ，電子を外部から供給する必要がない．回路状の電子の流れは，すべてではないが多くの光合成反応の特徴である．PSⅡとシトクロム bc_1 複合体を共役させることで，光吸収はATP合成のためにプロトン勾配をつくり出すのである．この反応を表15.1に示す．（シトクロム bc_1 反応は，表14.3で示したのと同じである．）吸収された2個の光子当たり，4個のプロトンが膜を横断して移動する．この回路の結果，合成されるATPは，細菌によってタンパク質や核酸，糖質，脂質などの合成に利用される．このようにして，捕獲された光エネルギーは最終的に，生化学合成反応に使われるのである．

15.1式から，2"モル"の870 nm の光のエネルギーが計算できる．計算結果は 274 kJ·mol^{-1} となる．この光エネルギーは膜を横断する4個のプロトンのくみ上げに使用される．14章（§14.3）で求めた値から計算すると，くみ上げには約 4×19.4 kJ·mol^{-1} = 77.6 kJ·mol^{-1} が必要になる．この結果は，紅色細菌における光エネルギーからの化学エネルギーの生産はきわめて非効率的であることを示している（77.6/274 = 28％）．

光合成の基本原理は光エネルギー（光子）から化学エネルギー（たとえばATP）への転換である．この経路の一部は，明らかに，14章で述べた電子伝達系から進化した．光合成は，複合体ⅢとATPシンターゼを用いるエネルギー生産の主要経路から数億年後に進化したものである．細菌の光合成で生産されるATPが糖質の合成にだけ使われるわけではなく，また光合成に付随して酸素が発生するわけでもない，ということに特に注意してほしい．

! 光化学系Ⅱを有する細菌は，ATP合成を駆動するプロトン勾配をつくるのに太陽光を利用する．
! 紅色細菌の光合成は循環系である．H$_2$O や H$_2$S のような余分な電子供与体を必要としない．

B. 光化学系Ⅰ

典型的な光化学系Ⅰ（PSⅠ）複合体の構造を図15.8に示す．複合体の中央部は，膜を多数回貫通した α ヘリックスをもつ2個の相同のポリペプチドによって形成されている．この二量体のそれぞれのサブユニットは二つのドメインをもつ．内部ドメインはⅠ型反応中心の電子伝達系色素を結合し，表面ドメインはアンテナ色素を結合している．PSⅠサブユニットの反応中心タンパク質のドメインとPSⅡの核になっているポリペプチドとは，構造ならびにアミノ酸配列上互いに関連している．このことは，Ⅰ型とⅡ型の反応中心が共通祖先をもつことの有力な証拠である．

PSⅠとPSⅡの際立った違いは，PSⅠにはPSⅡよりずっと複雑なアンテナ構造が存在することである．PSⅠアンテナ複合体にはクロロフィルとカロテノイド色素分子が詰まっている．図15.8に示した例はシアノバクテリアのものであるが，そのPSⅠ複合体は96個のクロロフィルと22個のカロテノイドを含む．集光性色素分子の多くは，核になっているサブユニットを取囲んで，さらに付加された膜貫通ポリペプチドサブユニットに固く結合している．図15.5と15.8に示された構造の対比はいささか誤解を招く．というのは，ある細菌ではもっと単純な形のPSⅠがある一方，他の生物種ではもっと複雑なPSⅡがあるからである（後述）．そうであっても，一般的にはPSⅠはPSⅡより大型で複雑である．

PSⅠの電子伝達系分子の構成は，PSⅡのそれに驚くほどよく

表15.1　光化学系Ⅱの反応

PSⅡ	2 P870 + 2 光子 ⟶ 2 P870$^+$ + 2 e$^-$
	Q + 2 e$^-$ + 2 H$_{in}^+$ ⟶ QH$_2$
Cyt bc_1	2 QH$_2$ + 2 cyt c (Fe^{3+}) ⟶ 2 Q + 2 cyt c (Fe^{2+}) + 4 H$_{out}^+$ + 2 e$^-$
	Q + 2 e$^-$ + 2 H$_{in}^+$ ⟶ QH$_2$
PSⅡ	2 cyt c (Fe^{2+}) + 2 P870$^+$ ⟶ 2 cyt c (Fe^{3+}) + 2 P870
計	2 光子 + 4 H$_{in}^+$ ⟶ 4 H$_{out}^+$

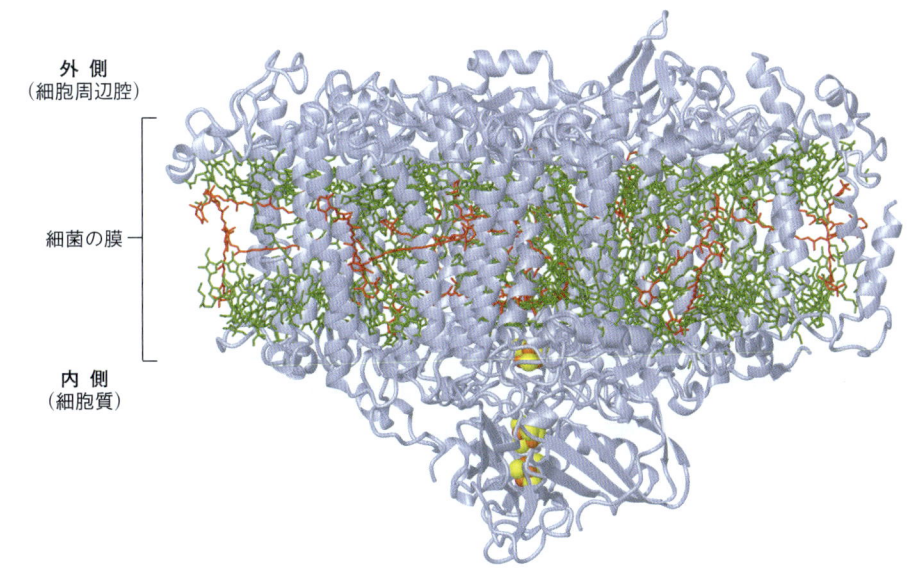

◀ 図15.8　光化学系Ⅰ（PSⅠ）の構造　シアノバクテリア（*Thermosynechococcus elongatus*; *Synechococcus elongatus*）のPSⅠを示した．この複合体は96個のクロロフィル（緑），22個のカロテノイド（赤），3個のFe-Sクラスター（黄）を含む．14個のポリペプチドサブユニットがあり，そのほとんどは膜貫通 α ヘリックスをもつ．[PDB 1JBO]

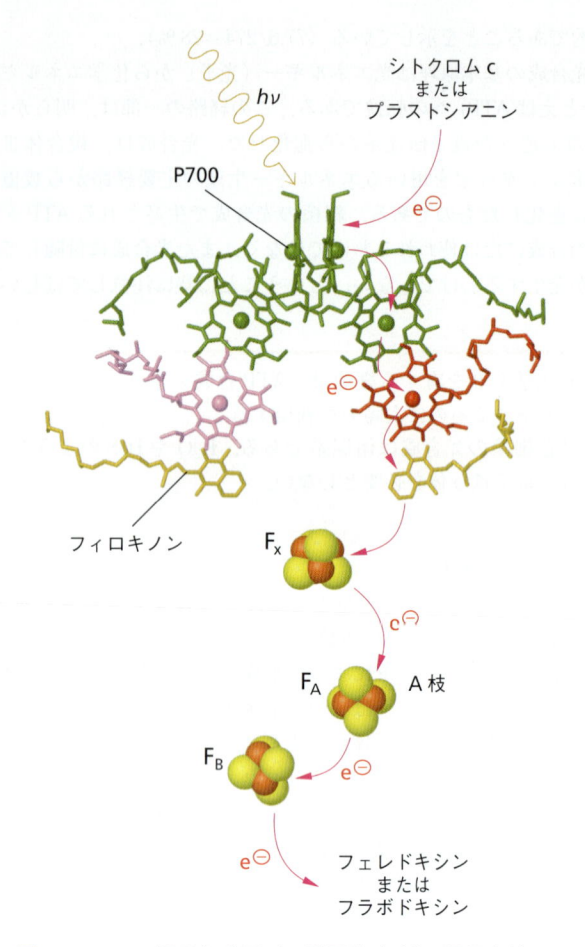

▲ 図 15.9　**PS I 電子伝達系（I 型反応中心）**　電子伝達は，クロロフィル分子（P700）の特殊ペアから開始され，フィロキノンに至る枝を流れ下る．ここから，電子は Fe-S クラスターに伝達され，最終的にフェレドキシンに至る．P700$^+$ はシトクロム c あるいはプラストキノンによって還元される．

似ている（図 15.9）．両方とも反応中心は，結合したキノンで終わる色素分子の短い枝をもつ．PS I の反応中心の色素分子は，PS II のように 1 個のクロロフィルと 1 個のフェオフィチンではなく，両方ともクロロフィルである．PS I では，結合キノンは通常フィロキノンであるが，PS II では，それらはユビキノン（細菌ではメナキノン）に結合している．I 型反応中心のフィロキノンは，複合体に固く結合していて，電子伝達系の一部を形成する．（II 型反応中心のキノンの 1 個は可動性の最終電子受容体であったことに注意せよ．）

フィロキノンはビタミン K としても知られる（§ 7.14 D，図 7.32）．

電子伝達は，膜の細胞周辺腔表面近傍にあるクロロフィル分子の特殊ペアから始まる．この特殊ペアは，波長 700 nm の光を吸収するので P700 として知られる．この二つのクロロフィル分子は同じではない．電子伝達系の A 枝に接している分子はクロロフィル a（細菌ではバクテリオクロロフィル a）の異性体である．P700 は，光子の吸収あるいはアンテナ分子からの励起エネルギーの移動で励起される．その後，励起された電子は，電子伝達系の枝の一つを流れ下って，結合したフィロキノンの一つに伝達される．P700 からフィロキノンへの電子伝達は約 20 ピコ秒（10^{-12} s）で達成される．これは他の電子伝達に比べると極端に速い．たとえば，II 型反応中心では，P680 から結合キノンへの伝達には 2～3 倍長くかかる．

電子はその後，結合フィロキノンから 3 個の Fe-S クラスター，F_X，F_A，F_B に伝達される．PS I の最終電子受容体はフェレドキシン（あるいはフラボドキシン）である（図 7.36）．フェレドキシンは 2 個の［4 Fe-4 S］クラスターをもち，$Fe^{3+} \rightarrow Fe^{2+}$ の還元を含む．この標準還元電位は -0.43 V である（表 10.5）．

フェレドキシン(Fe^{3+}) + e^- $\longrightarrow$ Fe^{2+}　　$\Delta E = -0.43$ V
$NADP^+ + H^+ + 2\,e^- \longrightarrow$ NADPH　　$\Delta E = -0.32$ V
ユビキノン(Q) + $2\,H^+ + 2\,e^- \longrightarrow QH_2$　　$\Delta E = +0.04$ V

還元型フェレドキシン（Fd_{red}）は酸化還元反応の基質になる．この反応はフェレドキシン：$NADP^+$ オキシドレダクターゼによって触媒される．この酵素は，通常，フェレドキシン：$NADP^+$ レダクターゼ（FNR）として知られている．これはフラビンタンパク質（FAD を含む）で，反応は典型的なセミキノン中間体（§ 7.5）の関与する 3 段階で進行する．反応産物は，NADPH の形の還元当量である．NADPH は多くの生化学反応に必須の補因子である．PS I が関与する共役反応を表 15.2 に示す．

還元型フェレドキシンは他の経路でも直接使用される．窒素固定で有名である（§ 17.1）．

フェレドキシンの標準還元電位は $NADP^+$ よりかなり低いので，フェレドキシンから $NADP^+$ へ電子が伝達される．この最終電子受容体は光化学系 II の中の Q で，その標準還元電位はたいへん高く，$NADP^+$ に電子を伝達することはない．このことは太陽光からのエネルギー捕獲には PS I より PS II の方がずっと効率的であることを示す．

PS I の反応は循環過程にはならない．励起されたクロロフィルの電子は最終的には NADPH に伝達されるので，I 型反応中心の酸化された特殊ペア（P700$^+$）は，他の供給源からの電子によって還元されなければならない．ある細菌には，特殊ペアに隣接した膜の外側表面上のシトクロム c に結合した PS I の変形版がある．これらの細菌では，P700$^+$ は PS II の特殊ペアの還元に類似した方式で還元型シトクロム c によって還元される．還元型シトクロム c の電子供給源は生物種によって異なる．緑色硫黄細菌では，それは H_2S や $S_2O_3^{2-}$ のような種々の還元型硫黄化合物である．これらの硫黄化合物の酸化は，この生物種に特有の酵素によるシトクロム c への電子の伝達と共役している（図 15.10）．緑色硫黄細菌は，無酸素状態で成育する光合成独立栄養生物（§ 10.3）である．

非循環的電子伝達は PS I に特徴的であるが，電子伝達の循環過程も存在しうる．PS I からのいくつかの電子は，しばしば，フェレドキシンからキノンに渡される．おそらくこの反応はフェレドキシン：キノンオキシドレダクターゼ（フェレドキシン：キノンレダクターゼ）による．キノール（QH_2）はシトクロム bc_1 複合体と相互作用し，シトクロム bc_1 を介してシトクロム c に電子を伝

表 15.2　光化学系 I の反応

PS I	$2\,P700 + 2\,光子 \longrightarrow 2\,P700^+ + 2\,e^-$
	$2\,Fd_{ox} + 2\,e^- \longrightarrow 2\,Fd_{red}$
FNR	$Fd_{red} + H^+ + FAD \rightleftharpoons Fd_{ox} + FADH\cdot$
	$Fd_{red} + H^+ + FADH\cdot \rightleftharpoons Fd_{ox} + FADH_2$
	$FADH_2 + NADP^+ \rightleftharpoons FAD + NADPH + H^+$
計	$2\,P700 + 2\,光子 + NADP^+ + H^+ \longrightarrow 2\,P700^+ + NADPH$

緑色硫黄細菌 *Chloroblum tepidum* を塗った寒天プレート

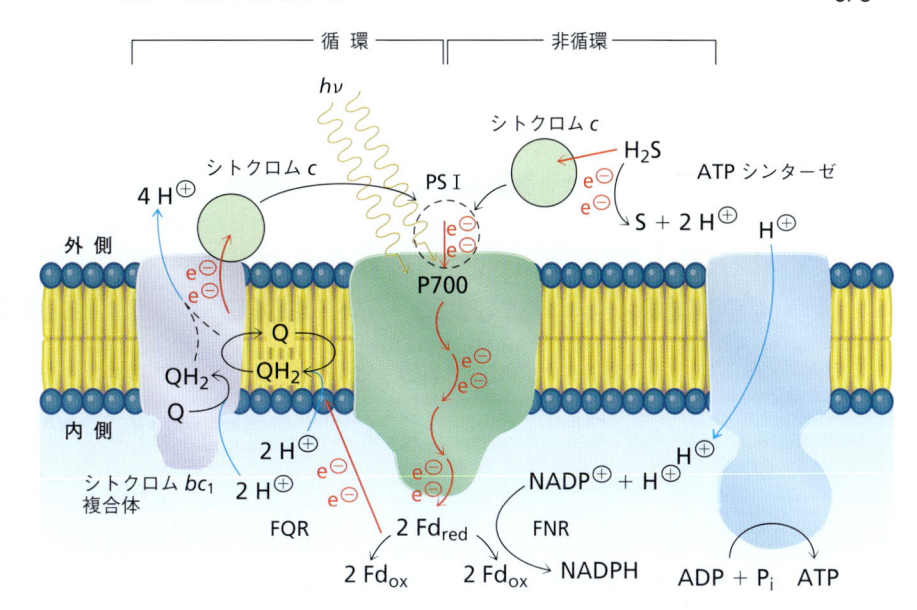

▲図15.10　緑色硫黄細菌の光合成　P700の光活性化によって，膜の細胞質側にある還元型フェレドキシンがつくられる．フェレドキシンは，フェレドキシン：NADP$^+$レダクターゼ（FNR）による触媒反応で電子供与体となり，細胞質におけるNADPHの生産をもたらす．フェレドキシンはまた，フェレドキシン：キノンレダクターゼ（FQR）の触媒反応でQをQH$_2$に還元する．QH$_2$はシトクロムbc_1複合体で酸化され，シトクロムcの還元と膜を横断したプロトン輸送をもたらす．P700$^+$は通常，膜の細胞周辺腔側にあるシトクロムcによって還元される．非循環過程で，還元型シトクロムcは，H$_2$Sのような硫黄化合物が共役する反応でつくられる．電子の移動を赤の矢印で示した．

達し，シトクロムcはP700$^+$を還元する（図15.10）．この循環過程はPSⅡに含まれる共役反応に酷似する．これは光介在ATP合成を可能にする．なぜなら，シトクロムbc_1を通過する電子の受渡しは，Qサイクルを介して膜を横断するプロトン輸送と結び付いているからである．ほとんどの場合，非循環過程が優勢で，NADPHが生産される．しかしながら，NADPHが生化学反応に有効に使用されない場合，電子はシトクロムbc_1を介して移動しATPを合成することになる．

> ！光化学系Ⅰを有する細菌はNADPHの合成に太陽光を利用する．

C. 共役光化学系とシトクロムbf

シアノバクテリアの膜はPSⅠとPSⅡの両方をもつ．この二つの光化学系は光に反応して連続的に共役することで，NADPHとATPの両方を生産する．シアノバクテリアの光合成反応は図15.11に描かれている．PSⅡによって光が吸収されるとP680が励起され，電子がプラストキノン（図7.33）とよばれる可動性キノンに伝達される．電子はその後，呼吸電子伝達のシトクロムbc_1複合体に類似したシトクロムbf複合体に伝達される．シトクロムbf複合体内部の電子伝達は，光合成Qサイクルを介した膜を横断するH$^+$輸送と共役している．PSⅡとシトクロムbf複合体の共役は，一つの大きな相違点を除けば原理的に紅色細菌の光合成反応に似ている．紅色細菌では，電子はシトクロムbc_1複合体（シトクロムc）の最終電子受容体によってPSⅡに戻されるのに対して，シアノバクテリアでは電子はPSⅠに渡される．この特徴的なシトクロムbf複合体の最終電子受容体は，シトクロムcかあるいはプラストシアニンとよばれる銅含有タンパク質のいずれかである．還元シトクロムcと還元型プラストシアニンは，PSⅠの外側（細胞周辺腔）表面に結合した可動性担体であり，P700$^+$を還元する．（シトクロムbf複合体の最終電子受容体として，大部分のシアノバクテリアと藻類はシトクロムcを利用するが，いくつかのシアノバクテリアとすべての植物はプラストシアニンかあるいはシトクロムc_6とよばれる別のシトクロムを利用する．）

光合成シトクロムbf複合体の構造はX線結晶解析によって解明された（図15.12）．それは2個のシトクロム反応中心をもつ1個のシトクロムbを含む．Qサイクルにおけるシトクロムbの役割は，呼吸電子伝達のシトクロムbc_1複合体（複合体Ⅲ）におけるシトクロムbの役割に類似する．リスケ鉄-硫黄タンパク質は，電子をシトクロムbの一つからシトクロムfに伝達し，還元型シトクロムfは電子をプラストシアニンに渡す．シトクロムf（fは葉を表すフランス語のfeuilleに由来する）は呼吸鎖のシトクロムbc_1複合体のシトクロムc_1とは無関係の特異なタンパク質であるが，シトクロムbとリスケ鉄-硫黄タンパク質は複合体Ⅲにみられるタンパク質と相同である．

シトクロムbf複合体は，太古のシアノバクテリアに存在した起源的シトクロムbc_1複合体から進化した．最も重要な適応は，シアノバクテリアの複合体の中で，細菌のbc_1複合体のシトクロムc_1がシトクロムfと置換したことである．この変化がシトクロムfを介しての銅含有プラストシアニンへの電子伝達を可能にした．（プラストシアニンではなく，可動性シトクロムcがシトクロムbc_1複合体の通常の電子受容体であったことに注意せよ．）シアノバクテリアではプラストシアニンが特異的にPSⅠと結合し，電子をP700$^+$に伝達する．これによって電子が，PSⅡ→PQH$_2$→シトクロムbf→PC→PSⅠ→NADPHへと一方向に流れることが可能となった．

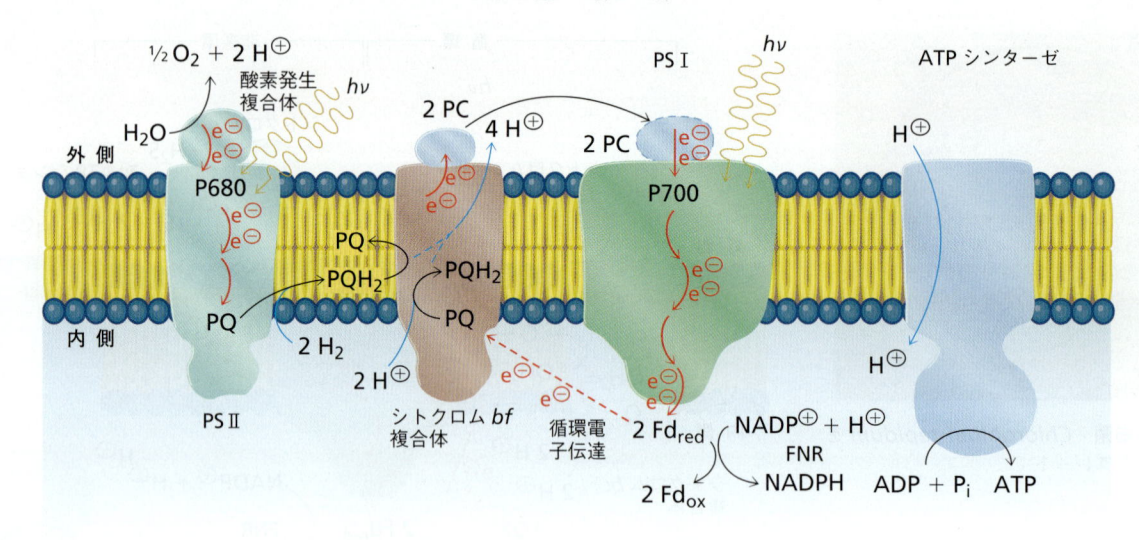

▲図 15.11　**シアノバクテリアの光合成**　光（波の矢印）は捕獲され，PSⅡからシトクロム *bf* 複合体を通って PSⅠとフェレドキシンへの電子（水から得た）の伝達を駆動するのに使われる．この経路で NADPH とプロトン勾配ができる．プロトン勾配は ADP の光リン酸化を駆動するのに利用される．酸素発生複合体によって水分子が $1/2\ O_2$ に酸化されるたびに，$NADP^+$ の 1 分子が NADPH に還元される．簡単にするため，PSⅠ，PSⅡ，シトクロム *bf* は，互いに接近して細胞膜にあるように示しているが，ほとんどの生物種ではそれらは内部の膜構造の中に配置されている．プラストキノン（PQ）は，PSⅡとシトクロム *bf* 複合体の間の可動性の担体である．この例では，プラストシアニン（PC）がシトクロム *bf* 複合体と PSⅠの間の可動性担体である．

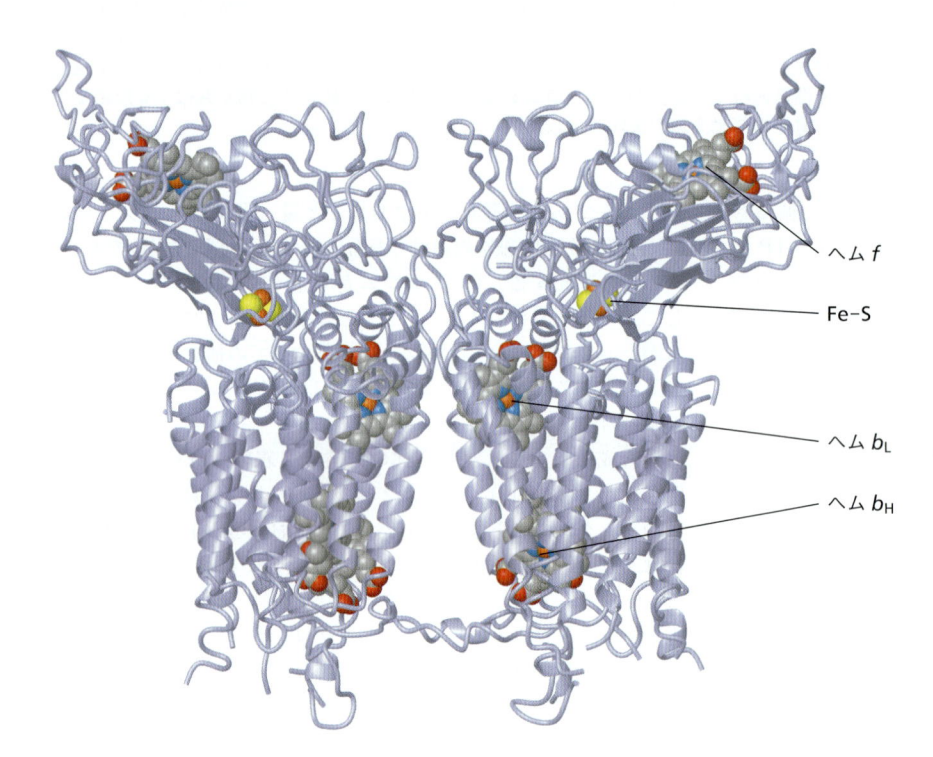

◀図 15.12　**シアノバクテリア（*Mastigocladus laminosus*）のシトクロム *bf* 複合体**　この複合体は，複合体Ⅲのように二つの機能的酵素を含む（図 14.12 と比較せよ）．重要な電子伝達成分は，ヘム b_L とヘム b_H（Q サイクルの酸化反応の場），リスケ鉄-硫黄タンパク質の Fe-S クラスター，そしてヘム *f* である．それぞれのユニットはまた，クロロフィル *a*，β-カロテン，そして機能のまだよくわからないヘム *x* を含む（ここでは示していない）．[PDB 1UM3]

　シアノバクテリアはシトクロム bc_1 を含まない．そのため，シトクロム *bf* は呼吸電子伝達でも機能していて，そこではこれが通常の複合体Ⅲに置き換わっている．還元型プラストシアニンは，おそらくシトクロム *c* 様の中間的担体を介して，末端のオキシダーゼ（複合体Ⅳ）への電子供与体となっている．プラストキノンは，光合成でも呼吸電子伝達でも，可動性キノンである．

　PSⅠの光活性化は，緑色硫黄細菌におけるのと同様，NADPH の合成をもたらす．緑色硫黄細菌のように，いくつかの電子は再利用されるが，その場合，シトクロム *bf* 複合体を介している．PSⅡ，シトクロム *bf*，そして PSⅠは一続きに共役している．電子が NADPH に伝達されると，PSⅡの $P680^+$ で電子の欠乏が生じる．シアノバクテリアでは，$P680^+$ の還元は，水から電子を引き抜くことで行われている．このとき，副産物として酸素が発生する．水を分解する酵素は酸素発生複合体とよばれ，膜の外部表面にある PSⅡに固く結合している．原始的シアノバクテリアの酸素発生複合体の進化は，生命の歴史における最も重要な生化学的事件の一つである．

　酸素発生複合体では，Mn^{2+}，Ca^{2+}，Cl^- がクラスターをなして存在する．それは，2 個の水分子から一度に 4 個の電子を引き抜くという複雑な反応を触媒する．反応はクロロフィル分子（P680）の特殊ペア近傍の PSⅡ複合体の外側で行われる．電子は，PSⅡにあるクロロフィル分子の酸化された特殊ペア（$P680^+$）に伝達される（図 15.13）．水分解反応の詳細な機構の研究は多くの研究室で進められている．原理的にこれは呼吸電子伝達系の複合

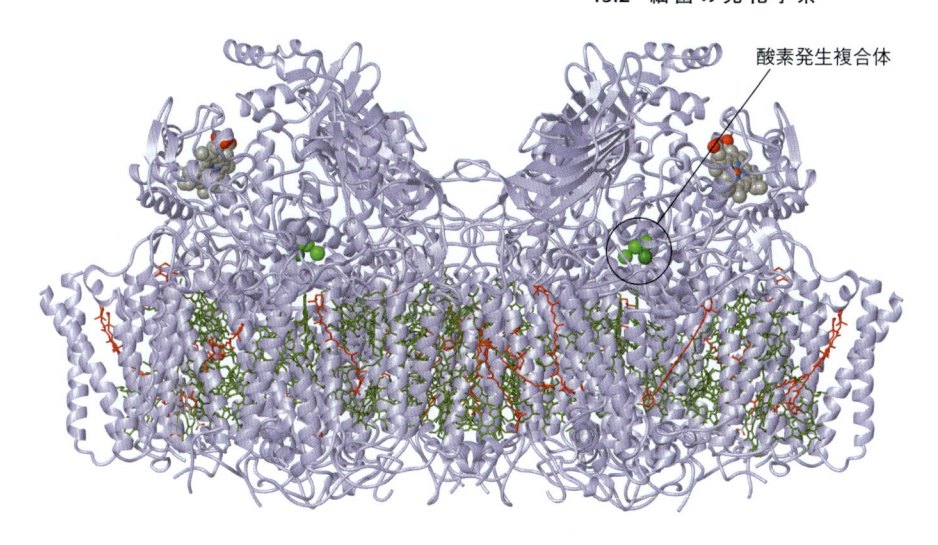

▶ **図 15.13 PS II と酸素発生中心** シアノバクテリア（*Thermosyne chococcus elongatus*）の PS II 複合体は，紅色細菌の PS II 複合体（図 15.5）よりずっと大きいが，中核構造はとてもよく似ている．シアノバクテリアの複合体は多くのアンテナクロロフィルとカロテノイドを含み，二量体を形成する．酸素発生複合体は Mn_3CaO_4 クラスター（円で囲った）を含み，そこで水の分解がおきる．この金属イオンクラスターは II 型反応中心の上方に位置している．[PDB 3BZ1]

体 IV が触媒する反応の逆反応に似ている（§ 14.8）．酸素発生複合体は膜の内部表面に位置していて，水からのプロトンの遊離は膜を境にしたプロトン勾配の形成に寄与している．

先にも述べたように，PS I と PS II との類似性は，それらが共通の祖先から進化したことを示している．進化の過程で，これら二つの光化学系は，二つの型の一方しかもたない光合成細菌種（たとえば，紅色細菌とか緑色硫黄細菌）の中で分岐していった．約25億年前のある時点で，シアノバクテリアの原始的祖先が二つの型の光化学系を獲得した．多分，無縁の細菌種からゲノムの大きな部分を受取っただろう．最初，この二つの型の光化学系は並行して機能したに違いない．しかし，光合成シトクロム *bf* 複合体（シトクロム *bc*$_1$ から）と酸素発生複合体の進化に伴って，それらは一連のものとして機能しはじめた．後に，ある種のシアノバクテリアが原始的な真核生物と共生関係を結ぶようになり，それが藻類や植物にみられる現代の葉緑体になった．

この共役した光化学系は光エネルギーを捕獲し，それを（プロトン勾配から）ATP，ならびに NADPH の形で還元当量を生産するのに用いることを可能にした．いずれの光化学系も単独ではこれら二つの目的を同じ効率で達成することはできない．

この単純化された直線状の経路の正味の結果は，それぞれの光化学系における光エネルギーの吸収によって励起されたそれぞれ対になった電子ごとに，1分子の NADPH の合成，ならびに膜を横断する4個のプロトンの移動である．PS I と PS II の二つの別々の励起段階で，合計4個の光子の光エネルギーが要求される．酸素発生複合体による水の分解でプロトン勾配が形成され，分子状酸素が発生する．それぞれの反応を表 15.3 に要約した．

! 共役した光化学系 I と光化学系 II を有する生物は，NADPH の生産ならびに ATP 合成を駆動するプロトン勾配をつくり出すのに太陽光を利用する．
! 水の分解による分子状酸素の形成は電子を光化学系 II に供給するために登場した．

D. 光合成における還元電位とギブズ自由エネルギー

光合成における電子の流れの経路は，**Z 型模式図**（Z-scheme）とよばれるジグザグ図で表すことができる（図 15.14）．Z 型模式図は，PS I，PS II，シトクロム *bf* に含まれる光合成の電子伝達成分の還元力をプロットしたものである．この図は，光エネルギーの吸収が，弱い還元剤である色素分子（P680 と P700）を強い還元剤である励起分子（P680* と P700*）に変換することを示している．（還元剤は，他の分子を還元するために電子を放出することを思い出そう．還元剤はこのような反応で酸化される．）色素分子の酸化型は P680$^+$ と P700$^+$ である．P680* と P700* が酸化され，電子がシトクロム *bf* と NADPH にそれぞれ渡されるとき，エネルギーが回収される．

これらの多くの成分の標準還元電位は表 10.5 に掲げられている．二つの還元電位の差はすべて，10 章でみたように標準ギブズ自由エネルギーに換算できる．図 15.14 を見ると，P680 でも P700 でも，光子の吸収によって約 1.85 V だけ標準還元電位が低下することがわかる．この例では，1.85 V の差は，約 180 kJ・mol^{-1}（$\Delta G^{\circ\prime} = 180$ kJ・mol^{-1}）の標準ギブズ自由エネルギー変化に相当する．この値は，680 nm の波長における 1 "モル" 光

表 15.3 光化学系 I および II をもつ生物の光合成反応

PS II	2 P680 + 2 光子 ⟶ 2 P680$^+$ + 2 e$^-$
	PQ + 2 e$^-$ + 2 H$^+_{in}$ ⟶ PQH$_2$
酸素発生複合体	H$_2$O ⟶ $\frac{1}{2}$O$_2$ + 2 H$^+_{out}$ + 2 e$^-$
	2 P680$^+$ + 2 e$^-$ ⟶ 2 P680
Cyt *bf*	2 PQH$_2$ + 2 プラストシアニン(Cu^{2+}) ⟶ 2 PQ + 2 プラストシアニン(Cu$^+$) + 4 H$^+_{out}$ + 2 e$^-$
	PQ + 2 H$^+_{in}$ + 2 e$^-$ ⟶ PQH$_2$
PS I	2 P700 + 2 光子 ⟶ 2 P700$^+$ + 2 e$^-$
	2 Fd$_{ox}$ + 2 e$^-$ ⟶ 2 Fd$_{red}$
	2 プラストシアニン(Cu$^+$) + 2 P700$^+$ ⟶ 2 プラストシアニン(Cu^{2+}) + 2 P700
FNR	2 Fd$_{red}$ + H$^+$ + NADP$^+$ ⇌ 2 Fd$_{ox}$ + NADPH
計	H$_2$O + 4 光子 + 4 H$^+_{in}$ + NADP$^+$ + H$^+$ ⟶ $\frac{1}{2}$O$_2$ + 6 H$^+_{out}$ + NADPH

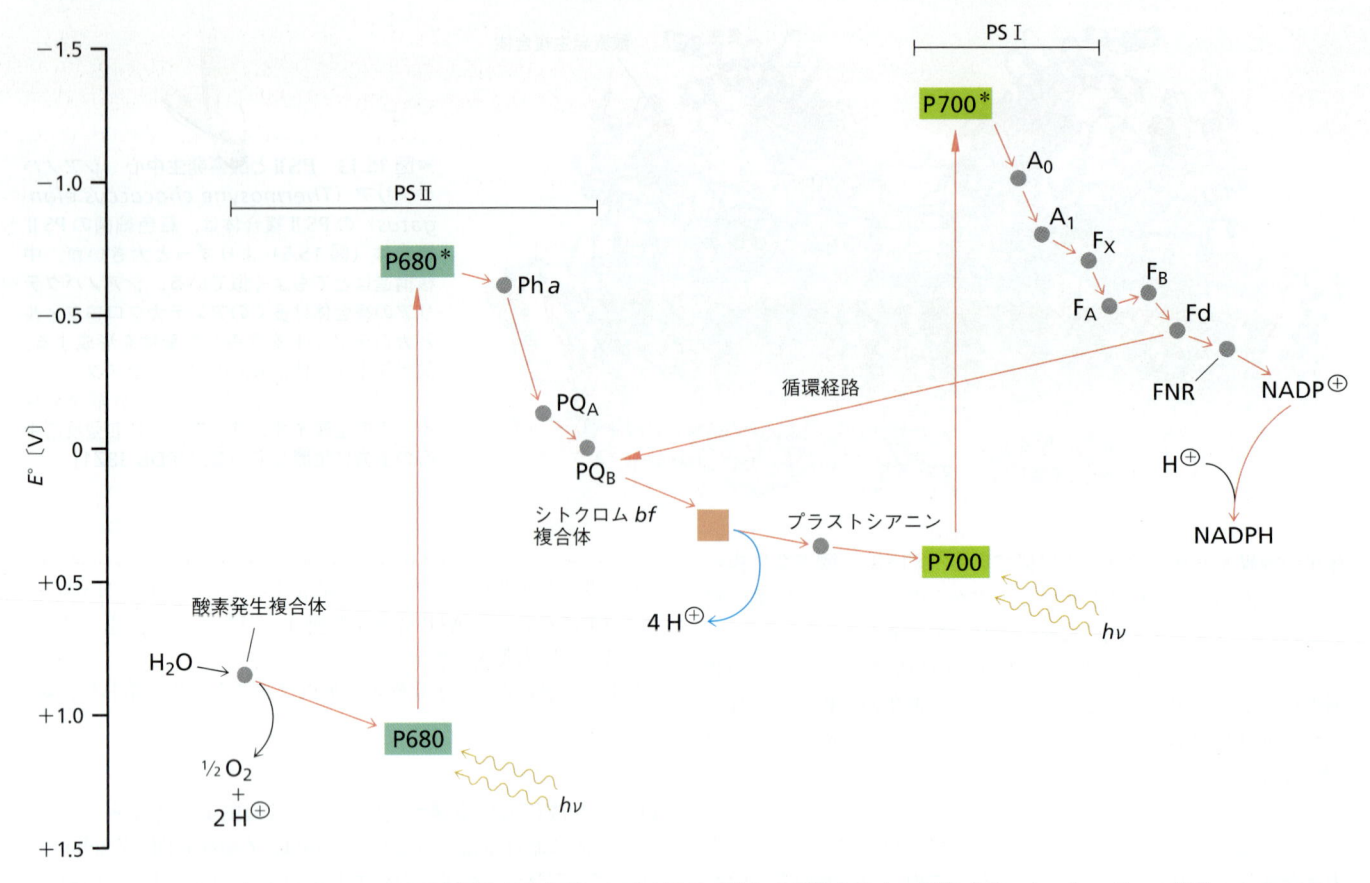

▲ 図 15.14 **シアノバクテリアにおける還元電位と光合成における電子の流れの関係を示す Z 型模式図**　光エネルギーは特殊ペアの P680 と P700 により吸収され，標準還元電位を大きく下げることで，これらの分子を図示したような強力な還元剤に変換させる．電子伝達体の還元電位は実験条件によって変化するため，おおよその値を示した．この経路は，1 対の電子が H_2O から NADPH に伝達される場合の化学量論を示している．略号は，Ph a: P680 の電子受容体であるフェオフィチン a, PQ_A: 結合プラストキノン，PQ_B: 可動性プラストキノン，A_0: P700 の最初の電子受容体であるクロロフィル a, A_1: フィロキノン，F_X; F_B; F_A: 鉄-硫黄クラスター，Fd: フェレドキシン，FNR: フェレドキシン:$NADP^+$ レダクターゼ．

子の計算上のエネルギーとほぼ同じである（176 kJ·mol^{-1}，§ 15.1 B）．このことは，太陽光のエネルギーが非常に効率良く還元電位に変換されることを意味している．

光合成における電子伝達と，14 章でみた膜会合電子伝達との間には多くの類似点がある．両者で，高エネルギー電子がシトクロム複合体に渡され，H^+ が膜を横断して移動する．そのようにして形成されたプロトン勾配によって ATP シンターゼによる ATP 生産が行われるのである．

シトクロム bc_1（複合体Ⅲ）とシトクロム bf の構造と配向は互いに似ている．両方の複合体とも，電子を内膜と外膜の間の間隙に放出する．ATP シンターゼの配向もまた同じである──構造の"頭部"は，細菌細胞の細胞質側，細胞のミトコンドリアの内部区画に位置している．§15.3 で，葉緑体における ATP シンターゼの配向がトポロジー的に類似することを述べる．

BOX 15.2　地球大気の酸素"公害"

光合成細菌はおそらく 30 億年前に発生した．しかし，酸素を生産するシアノバクテリアの証拠となる最古の化石は 21 億年前を示しているので，それより前の化石は信用できないのではないか，と言われてきた．地質学的な記録は，細菌が地球を酸素で"汚し"始めたのは 24～27 億年前からということを強く示唆する．このことは PSⅡの酸素発生複合体の進化とよく符合し，最古のシアノバクテリアの化石より前の時代ということになる．

この時代，酸素レベルが現在の 25% 程度まで上昇した．このレベルは 10 億年以上も保たれていたが，約 19 億年前に一過的に低下した．この減少の理由はわからない．原始的な植物（多分地衣類とかセン類）が 7 億年前ごろに地上に侵入したため，酸素レベルが急激に上昇し，ついに現在の 21% の濃度に達した．

酸素は，20 億年前頃の生物種の大部分にとってはきわめて毒性が強かった．しかし，この"汚染物"に耐性をもつだけでなく，これを呼吸の電子伝達に利用する新しい生物が徐々に出現した．

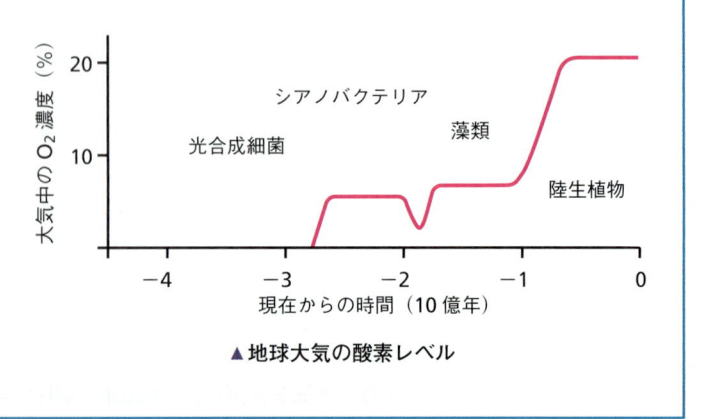

▲ 地球大気の酸素レベル

光合成と呼吸電子伝達との間のおもな違いは，電子の供給源と最終電子受容体である．たとえば，ミトコンドリアでは，"高エネルギー"電子は，NADH（$E°' = -0.32\,\text{V}$）のような還元剤によって供給され，O_2（$E°' = +0.82\,\text{V}$）によって受容されて，水が生産される．共役した光合成経路では，電子の流れは逆になる——H_2O（$E°' = +0.82\,\text{V}$）が電子供与体で，$NADP^+$（$E°' = -0.32\,\text{V}$）が電子受容体になる．このような電子の"逆流"は，より大きなギブズ自由エネルギーをもつ他の反応と共役しないかぎり，熱力学的に不可能である．ここでいう他の反応とは，当然，太陽光によるPSⅠとPSⅡの励起である．

水から電子を引き抜くためには，細胞は，$H_2O \to 1/2\,O_2 + 2H^+ + 2e^-$反応より大きな還元電位をもつ強力な酸化剤をつくり出さなければならない．この強力な酸化剤は，電子を放出した後のP680特殊ペアである．その半反応は，$P680^+ + e^- \to P680$（$E°' = +1.1\,\text{V}$）である．標準還元電位は水より高く，図15.14に示したように，電子は水から$P680^+$に"落下"することができる．$P680^+$は生化学反応のうちで最も強力な酸化剤である．紅色細菌には類似のⅡ型反応中心があるが，$P680^+$は，紅色細菌の$P870^+$よりずっと強力である．

同様に，$P700^*$は，$NADP^+$より低い還元電位をもつ強力な還元剤である．この場合，PSⅠによる光子の吸収は，エネルギーに富む電子をつくり出し，それが$NADP^+$に"落下"して，NADPHの形で還元当量がつくられる．このようにして，呼吸電子伝達と比較して，光合成における電子の"逆流"が，二つの光化学系のクロロフィル分子のもつ特別な光吸収力によって成し遂げられている．

> ! 太陽光の光子エネルギーはクロロフィル分子の特殊ペアの電子を励起するのに使われる．励起状態の還元電位がかなり低いため，酸化反応にたやすく電子を与えることができる．

E. 光合成は内膜で行われる

4個の光合成複合体（PSⅠ，PⅡ，シトクロム bf，ATPシンターゼ）はすべて膜に埋め込まれている．ほとんどのシアノバクテリアは，膜による複雑な内部ネットワークをもっていて，そこに複合体が集積されている（図15.15）．この内部の膜は，**チラコイド膜**（thylakoid membrane）とよばれる．これらは，内部の細胞膜が重積してできており，ミトコンドリアのクリステに似た構造になっている．膜は内部に折りたたまれているので，**内腔**（lumen）とよばれる囲まれた空間ができ，そこに光合成過程でプロトンが集積される．チラコイド内腔は，細胞周辺腔ともつながることができるし，あるいは，膜のループ（あるいは泡）が細胞膜からつまみ出されると，内部区画を形成する．

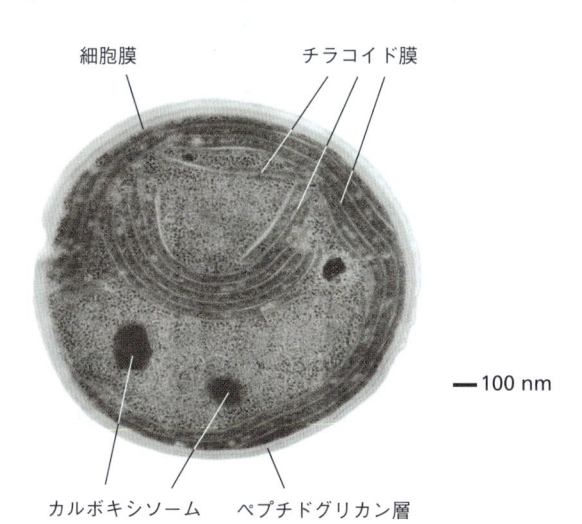

内膜ネットワークは膜タンパク質にかなり大きな場を提供する．その結果，シアノバクテリアは他の光合成細菌に比べて，より高い密度に光合成複合体を含むことができる．このようにして，シアノバクテリアは大変効率良く光エネルギーを捕獲し，それを化学エネルギーに変換している．ひるがえって，このことがこの細菌に進化的成功をもたらし，酸素の豊富な大気の形成を導いたことになる．

15.3 植物の光合成

細菌の光合成について述べてきたが，多くの真核生物種も光合成をすることができる．私たちに最もなじみ深い光合成真核生物は，顕花植物と，コケやシダのようなその他の陸生種である．このような典型例に加えて，藻類や珪藻のような多くのより単純な生物種も存在する．

すべての光合成真核生物では，集光性の光化学系は葉緑体とよばれる特別な細胞小器官に局在している．このように，細菌の代謝とは違って，光合成と呼吸電子伝達は統合されていない．なぜなら，それらは異なる区画（葉緑体とミトコンドリア）で行われるからである．葉緑体は，20億年以上も前に原始的な真核生物と共生関係をつくったある種のシアノバクテリアから進化した．現在の葉緑体は，起源的な細菌ゲノムが縮退した姿をなお残している．葉緑体のDNAは，光化学系のタンパク質の遺伝子の多くと炭酸固定に関係するいくつかの酵素の遺伝子を含んでいる．これらの遺伝子の転写とそれらのmRNAの翻訳は，21章と22章で述べる原核生物の機構に類似する．このように，葉緑体の遺伝子発現が原核生物の名残をとどめていることは，進化的起源が細菌であることを反映している．

現在の世界では，大気中の全酸素の大部分（約70％）は陸生

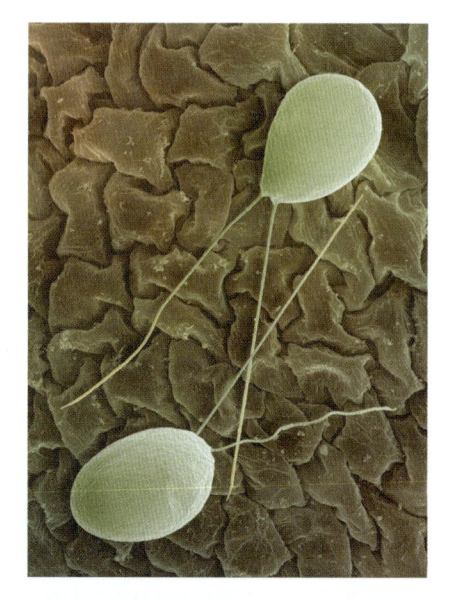

▲ 図15.15　シアノバクテリア（*Synechocystis* PCC 6803）の内部構造　（カルボキシソームについては§15.6 Aで述べる．）

▲ *Chlamydomonas* sp.　クラミドモナスは植物によく似た緑藻で，1個の大きな葉緑体をもつ．実験室で飼育可能なモデル生物で，"Chlamy"とよばれている．

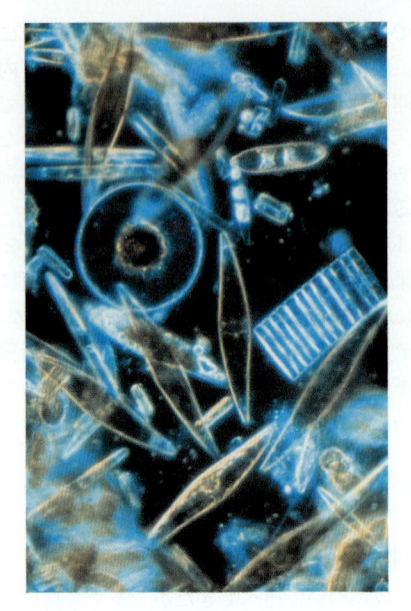

▲ 珪藻類　大気中の酸素の約 30% は海洋の光合成生物に由来する.

植物，特に熱帯雨林の光合成によって生産されている．残りの酸素は小型海洋生物（大部分は，細菌，珪藻類，藻類）によって生産されている．動物の食物のほとんど全部は，直接間接に植物に由来し，これらの食物分子の合成は太陽光のエネルギーに依存している．

A. 葉 緑 体

葉緑体は二重膜に囲まれている（図 15.16）．ミトコンドリアのように，外膜は細胞質にさらされていて，内膜は高度に折りたたまれた内部構造を形成している．光合成の過程で，プロトンは**ストロマ**（stroma）とよばれる葉緑体内部から内膜と外膜の間の区画に移動する．

重積した内膜はチラコイド膜である．シアノバクテリアにも似たようなチラコイド膜があった（図 15.15）．葉緑体内では，この膜は細胞小器官の中でシート状のネットワークを形成している．葉緑体の発生時に，これらのシートから突起が出てきて，平たいディスク様の構造になる．このディスク様構造は，積み上げたコインのように互いに上に積み重ねられて，**グラナ**（grana, 単数は granum）を形成する．典型的な葉緑体は数ダースのグラナ，つまりチラコイド膜の積み重なったディスクを含んでいる．成熟した葉緑体では，グラナはストロマチラコイドといわれるチラコイド膜の薄いシートで互いに連結している．これらのストロマチラコイドは，両面ともストロマにさらされているが，堆積中のグラナチラコイドは，互いに膜の上下に直接密着している．

> ストロマとグラナチラコイド膜の種々の光合成成分の配置を図 15.19 に示した.

チラコイド膜の三次元的構造は図 15.17 に示されている．堆積中のディスクは短い橋でストロマチラコイドに連結している．それぞれのディスクの内部は内腔で，ストロマチラコイドの 2 枚の膜間領域の区画と同じである．すべてのチラコイド膜は葉緑体内膜の重積によって形成される．このことは，内腔は，葉緑体の内膜と外膜の間の空間と，たとえ直接的連結が失われる場合があっても，トポロジー的に等しいということを意味している．チラコイド膜は，シアノバクテリア同様，PS I, PS II, シトクロム *bf*,

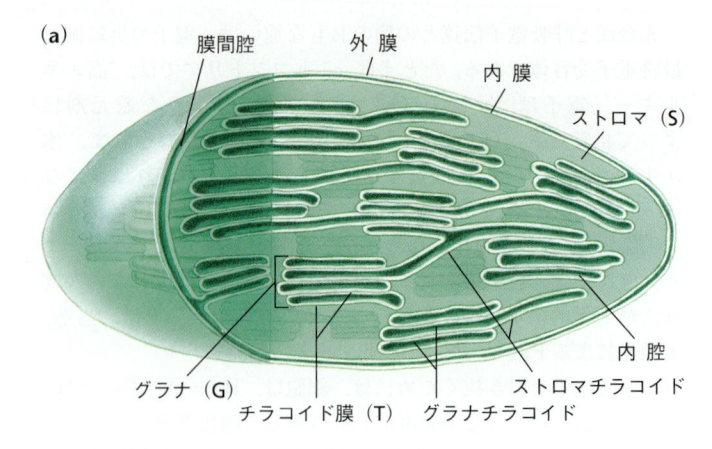

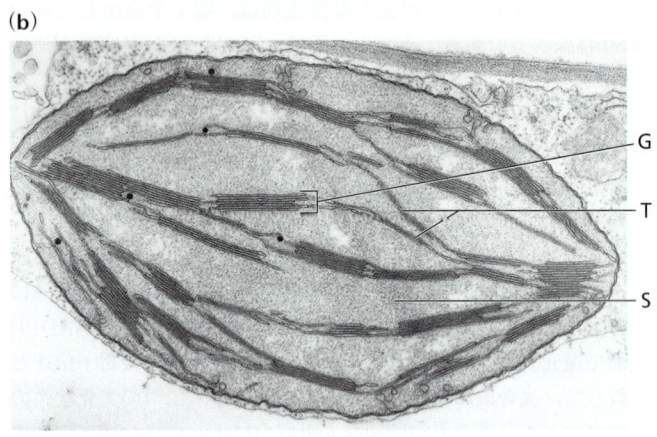

▲ 図 15.16　葉緑体の構造　(a) 概略図. (b) 電子顕微鏡写真: ホウレンソウ葉緑体の断面. グラナ (G), チラコイド膜 (T), ストロマ (S) を示した.

ATP シンターゼ複合体を含んでいる．ミトコンドリアでは，プロトンは，内膜と外膜の間の区画に蓄積される（§ 14.3 B）．同様に葉緑体では，プロトンはチラコイド内腔ならびにストロマチラコイドの 2 枚の膜の間の空間に移動する．葉緑体ストロマは，細菌の細胞質とミトコンドリアのマトリックスに等価である．このことは重要なので，記憶に留めておいて欲しい.

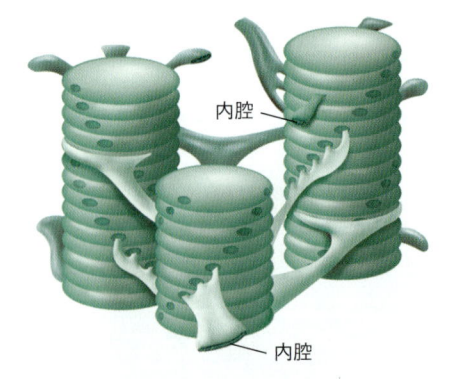

▲ 図 15.17　グラナ中の重積したディスクの構造とストロマチラコイドの連結　[Staehlin, L. A. (2003) Chloroplast structure: from chlorophyll granules to supra-molecular architecture of thylakoid membranes. *Photosynthesis Research* 76: 185–196 より改変.]

! 光合成細菌と葉緑体は光化学系複合体の数を増加させるために内部のチラコイド膜を利用する.

B. 植物の光化学系

真核生物の葉緑体複合体は，原始的シアノバクテリアに存在した複合体から進化した．葉緑体PSIは，構造的にも機能的にも細菌の祖先に類似する．唯一の重要な構造上の違いは，真核生物のPSIは，反応中心の電子伝達系に，バクテリオクロロフィルの代わりにクロロフィル分子を含むことである．この真核生物版は，プラストシアニン（あるいはシトクロム c）を酸化し，そしてフェレドキシン（あるいはフラボドキシン）を還元する．真核生物PSIは，ある種の細菌にみられる複合体に類似のLHCIとよばれる集光性複合体（light-harvesting complex）と結合している．

葉緑体PSIIもシアノバクテリアPSIIに似ている．植物の葉緑体は，葉緑体膜にあるPSIIと結合したLHCIIとよばれる集光性複合体を含んでいる．LHCIIは，140個のクロロフィルと40個のカロテノイドを含む大きな構造体で，それはPSIIを完全に取囲んでいる．その結果，植物におけるプロトンの捕獲は，細菌よりずっと効率が高い．シアノバクテリアと葉緑体は類似のシトクロム bf 複合体を有する．

葉緑体のATPシンターゼは，予想通りシアノバクテリアのATPシンターゼに関連している．それは，14章で述べたミトコンドリア版とは異なる．これは驚くことではない．なぜなら，ミトコンドリアATPシンターゼは，プロテオバクテリアの祖先的細菌から進化していて，プロテオバクテリアとシアノバクテリアとは遠縁に当たるからである．ミトコンドリアと葉緑体の両方をもつ，藻類や珪藻類，植物のような生物種は，それぞれの細胞小器官に独特のATPシンターゼをもっていることになる．

葉緑体ATPシンターゼは CF_0F_1-ATPアーゼで，ここで"C"は葉緑体（chloroplast）を表す．全体の分子構造は，ミトコンドリアのものにとてもよく似ている．しかし，この二つの酵素の多くのサブユニットは異なる遺伝子にコードされている．ミトコンドリアのように，葉緑体ATPシンターゼは六量体頭部構造に突き出た環状と棒状の多量体から構成される．この環はプロトンが膜を横断して移動するとき回転し，§14.9で述べたように，ATPが結合部位変換機構によって $ADP+P_i$ から合成される．"ノブ"はクロロプラストのストロマに突き出ている（図15.18）．

C. 葉緑体光化学系の構成

図15.19は，膜を貫通した光合成成分の葉緑体チラコイド膜における所在を示したものである．PSIはおもにストロマチラコイドに存在し，そのため葉緑体のストロマに接している．PSIIはおもにストロマから離れてグラナチラコイド膜に存在する．酸素発生複合体は，チラコイド膜の内腔側でPSIIと結合している．シトクロム bf 複合体はチラコイド膜を貫通し，ストロマとグラナの両方のチラコイド膜に見いだされる．ATPシンターゼはもっぱら，ストロマに突き出しているATP合成の場である CF_1 とともにストロマチラコイドに認められる．

グラナ中のそれぞれのディスクの表面と裏面の膜は互いに接していて，二重膜構造を形成している．この領域には，光吸収PSII複合体と，それらと結合したLHCIIとが密に詰まっている．光は，植物細胞の細胞膜を抜け，細胞質を通り，そして葉緑体外膜を横断する．光がグラナに到着すると，光子は膜中の色素分子によって効率良く吸収される．

励起電子はPSIIの中でPQに伝達され，PQH_2 が形成される．この反応のためのプロトンはストロマから得られる．PSII反応中心は，内腔で行われる水の酸化で生じる電子で再び満たされる．PQH_2 は膜の中をシトクロム bf 複合体へと拡散し，そこで酸化されてPQになる．プロトンは内腔のQサイクルに放出される．電子はプラストシアニンに渡され，内腔を自由に拡散し，PSIに至る．PSIは光を吸収して，電子を還元型プラストシアニンからフェレドキシンに移動させる．フェレドキシンはストロマで形成され，ストロマの中で $NADP^+$ から $NADPH$ への還元を

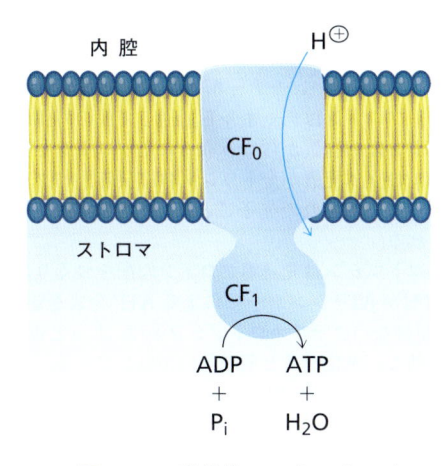

▲図15.18　葉緑体ATPシンターゼ

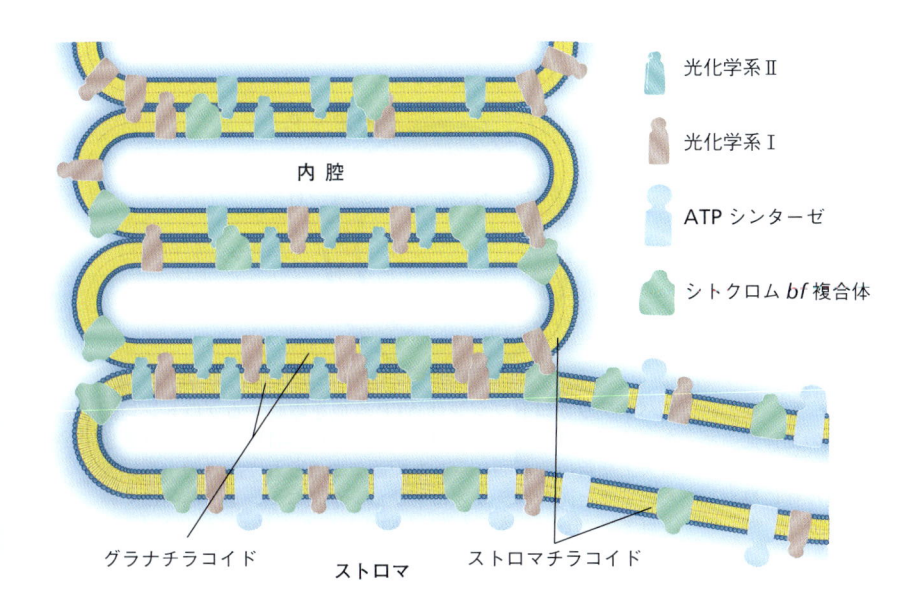

◀図15.19　ストロマチラコイドとグラナチラコイドにおける膜貫通性光合成成分の分布　PSIは，おもにストロマチラコイドに，PSIIはグラナチラコイドに見いだされる．シトクロム bf 複合体は，ストロマチラコイドとグラナチラコイドの両方に存在する．ATPシンターゼはストロマチラコイドだけにある．

つかさどるか，もしくはストロマチラコイドの中でシトクロム bf 複合体への電子供与体として働く（循環的電子伝達，§15.2 B）．

PSⅡは，ストロマに直接接しているわけではなく，チラコイド内腔に接していることに注意せよ．配置的には内腔は，図 15.11 に示した，細菌膜の外側に相当する．葉緑体内部に集積しているフェレドキシンはストロマで生産されるので，PSⅠはストロマ区画にさらされている．ストロマは，トポロジー的には細菌の細胞質（細胞内部）に相当する．シトクロム bf 複合体の分布は，それらが PSⅡと PSⅠの両方から電子を受取ることができるという事実で説明される．グラナ中の PSⅡとシトクロム bf の超複合体は，水からプラストシアニンへの直線的な電子の移動に関与している．ストロマチラコイドには，回路になった電子の流れに関与する複合体である，PSⅠ，シトクロム bf，ならびにフェレドキシン：$NADP^+$ レダクターゼが存在する．

プロトン勾配は ATP の形成に使われる．プロトンが内腔区画からストロマに移動するとき，ATP はストロマ中で ADP と P_i から合成される．ATP も NADPH もストロマに蓄積し，生化学反応に利用される．植物では ATP と NADPH のかなりの部分が炭酸固定と糖質合成に使われる．これは他の光合成生物種ではみられないことである．

15.4　CO_2 の固定：カルビン回路

光合成生物には大気中の CO_2 を糖質に還元的に変換する特別な経路が存在する．この反応は，光合成の明反応で形成された ATP と NADPH によって駆動される．CO_2 の固定（炭酸固定）と糖質の合成は，細菌細胞内と葉緑体ストロマ内で行われる．この生合成経路は，三つの主要な段階から成る酵素触媒反応の回路になっている．すなわち，(1) 五炭糖分子のカルボキシ化，(2) 他の経路に利用される糖質の還元的合成，(3) CO_2 を受容する分子の再生，である．この炭酸固定の経路は，還元的ペントースリン酸回路，C_3 経路（最初の中間体が 3 炭素分子），カルビン回路（Melvin Calvin 研究室の研究者が，$^{14}CO_2$ トレーサー実験により藻類でこの炭素経路を発見した）など，さまざまな名前でよば

BOX 15.3　バクテリオロドプシン

バクテリオロドプシンは，*Halobacterium salinarium* のような古細菌の特別な種で見いだされた膜タンパク質である．このタンパク質は，膜のチャネルを形成する 7 回膜貫通 α ヘリックスをもっている（左上のリボン構造）．1 個のレチナール分子がチャネルの中央にあるリシン側鎖に共有結合で結合している．このレチナールの正常な立体配置は全トランスであるが，光子を吸収すると，13-*cis* 立体配置に変換する（左下の反応式）．立体配置の光誘導変化は，窒素原子の脱プロトンと再プロトン化と共役している．

光吸収による，13-*cis*-レチナールへの立体配置の移動がプロトンを遊離し，プロトンはチャネルを通過して膜の外側に遊離する．このプロトンは細胞質からくみ取られたプロトンと置き換わり，レチナールの立体配置が全トランス体に戻る．バクテリオロドプシンによって吸収された光子ごとに，1 個のプロトンが膜を介して輸送される．

バクテリオロドプシンは光誘導プロトン勾配をつくり出し，このプロトン勾配が ATP シンターゼによる ATP 合成を駆動する．このように，単純なバクテリオロドプシン系は，もっと複雑な（そしてもっと有効な）光化学系と原理的に類似している．

バクテリオロドプシンと ATP シンターゼの共役は，この二つの複合体を含む人工脂質小胞で直接証明される．下に示した配置で光を当てると，小胞は ADP+P_i から ATP を合成するはずである．1974 年に Efraim Racker らによって初めて行われたこの実験は，化学浸透圧説の最初の証明の一つとなった（§14.3）．

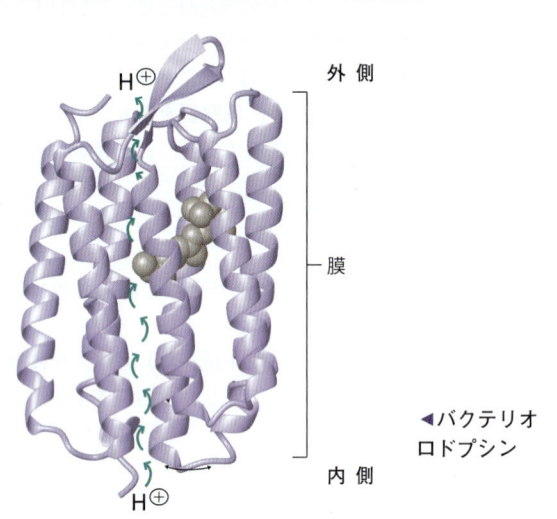

◀ バクテリオロドプシン

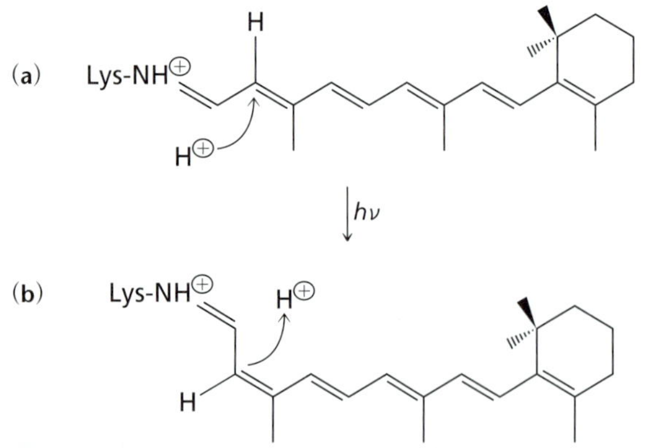

▲ バクテリオロドプシンのレチナール-リシンの二つの立体配置　(a) 全トランスレチナール．(b) 13-*cis*-レチナール．立体配置は，光子を吸収すると，全トランスから 13-*cis* 体に移行する．

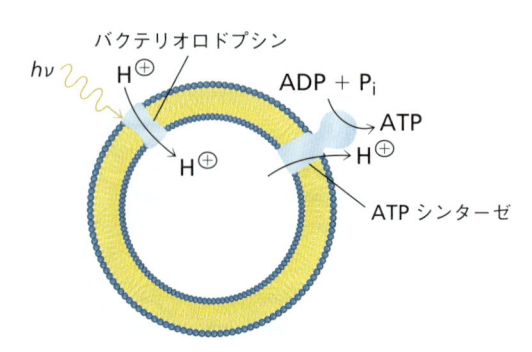

▲ バクテリオロドプシンは ATP 合成を駆動するプロトン勾配をつくり出す　バクテリオロドプシンと ATP シンターゼを含む人工脂質小胞が図に示した配置でつくられた．この小胞に光を当てると，バクテリオロドプシンがプロトンを小胞内にくみ上げてできたプロトン勾配が ATP シンターゼを活性化した．

15.4 CO_2 の固定：カルビン回路

▲ **Melvin Calvin**（1911〜1997） Calvin は，植物の炭酸固定に関する研究で 1961 年にノーベル化学賞を受賞した．
[lbl.gov/Science-Article/Research-Review/Magazine/1997/story12.html]

れている．ここでは，この経路を**カルビン回路**（Calvin cycle）とよぶ．

炭酸固定と糖質の合成はしばしば"光合成"とよばれる．本書では光合成とカルビン回路は二つの異なる経路とみなしている．

A. カルビン回路

カルビン回路を図 15.20 に要約した．最初の段階は，リブロース 1,5-ビスリン酸のカルボキシ化で，Rubisco としてよく知られているリブロース-1,5-ビスリン酸カルボキシラーゼ/オキシゲナーゼ（ribulose-1,5-bisphosphate carboxylase/oxygenase）により触媒される反応である．第二段階は還元段階で，3-ホスホグリセリン酸がグリセルアルデヒド 3-リン酸に変換される．第三段階（再生段階）で，大部分のグリセルアルデヒド 3-リン酸はリブロース-1,5-ビスリン酸に変換される．カルビン回路で生産された一部のグリセルアルデヒド 3-リン酸が糖質合成経路に利用される．グリセルアルデヒド 3-リン酸はこの経路の主要産物である．

図 15.21 に，カルビン回路のすべての反応が示されている．この経路は 3 分子の二酸化炭素の固定過程から始まる．それは，カルビン回路の最小の中間体が C_3 分子だからである．それゆえ，代謝プールを枯渇させないためには，1 個の C_3 単位（グリセルアルデヒド 3-リン酸）を回路から除去する前に 3 個の CO_2 分子が固定されなければならない．

! カルビン回路は光合成産物である ATP や NADPH を使って CO_2 を糖質に固定する．

B. Rubisco：リブロース-1,5-ビスリン酸カルボキシラーゼ/オキシゲナーゼ

Rubisco は，カルビン回路の中心酵素で，大気中 CO_2 を炭素化合物に固定する．この反応には，CO_2 によるペントースのリブロース 1,5-ビスリン酸のカルボキシ化が含まれ，最終的に，3 炭素分子である 3-ホスホグリセリン酸 2 個が遊離する．Rubisco の反応機構を図 15.22 に示した．

Rubisco は植物の葉の可溶性タンパク質の約 50% を占めていて，地球上で最も多量にあるタンパク質の一つになっている．興味深いことに，この酵素の効率の悪さが多量にあるという理由の一部になっている．ターンオーバー数が約 $3\,s^{-1}$ という低さが，炭酸固定を維持するために，多量の酵素が必要であるということを示す．

植物や藻類，シアノバクテリアの Rubisco は，8 個の大サブユニット（L）と 8 個の小サブユニット（S）から構成されている（図 15.23）．8 個の大サブユニットに 8 個の活性中心がある．4 個の付加的小サブユニットが大サブユニットで構成された核の末端のそれぞれに位置している．他の光合成細菌の Rubisco には，活性中心をもつ大サブユニットしかない．たとえば，紅色細菌（*Rhodospirillum rubrum*）では，Rubisco は大サブユニットの単純な二量体から構成されている．

紅色細菌の Rubisco は，他の生物種に存在する多くのサブユニットから構成されたより複雑な Rubisco に比べると CO_2 に対する親和性がはるかに低い．しかしながら，同じ反応を触媒する．この機能的類似性を見事に示した実験がタバコで行われた．紅色細菌からの遺伝子を遺伝子工学的に通常の植物遺伝子と置き換えた．この組換えタバコは二量体の細菌型酵素しかもっていないが，大気中の CO_2 を高い濃度に保つかぎり正常に成育し，増殖した．

Rubisco は活性型（明条件）と不活性型（暗条件）の間を循環する．炭酸固定を触媒するためには，Rubisco は活性化されなければならない．明条件下で，プロトン移動に伴ってストロマ（または細菌細胞質）がより塩基性になり pH が上昇すると，それに伴って Rubisco の活性は増加する．塩基性条件下では，酵素を活性化する CO_2 分子が（基質の CO_2 分子ではない），Rubisco のリシン残基の側鎖と可逆的に反応し，カルバミン酸付加物を形成する．Mg^{2+} は CO_2-リシン付加物に結合し，これを安定化する．この酵素は，炭酸固定を遂行するためにはカルバミル化されなければならない．しかしながら，カルバミン酸付加物はすぐに解離して，酵素は不活性化する．Rubisco は通常，不活性のコンポ

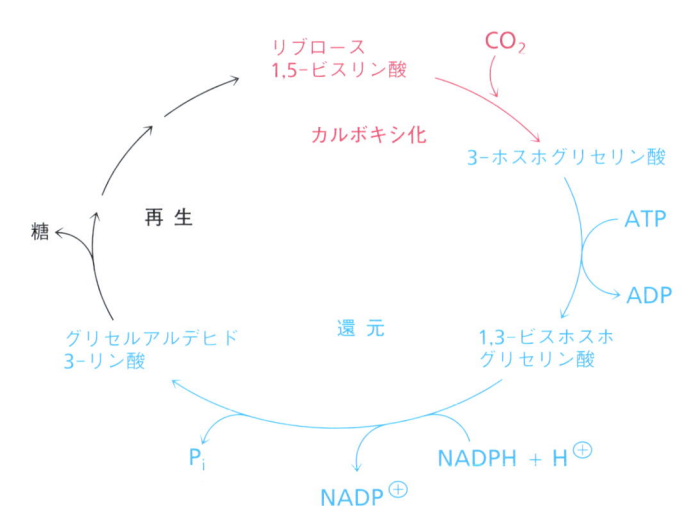

▲ 図 15.20 **カルビン回路のまとめ** この回路は 3 段階から成る：リブロース 1,5-ビスリン酸のカルボキシ化，3-ホスホグリセリン酸のグリセルアルデヒド 3-リン酸への還元，リブロース 1,5-ビスリン酸の再生．

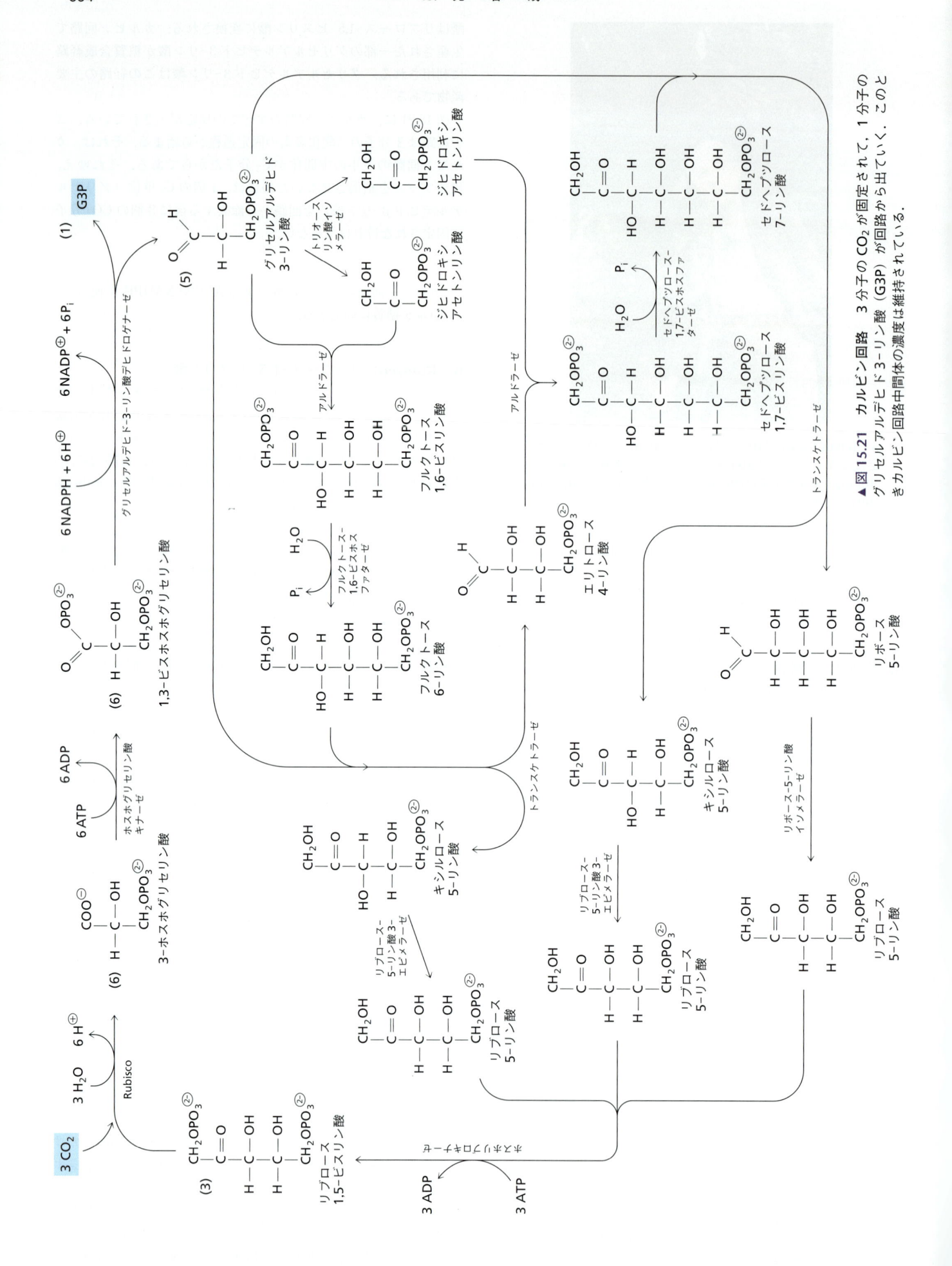

▲図 15.21 カルビン回路 3分子の CO_2 が固定されて、1分子のグリセルアルデヒド3-リン酸（G3P）が回路から出ていく。このとき、カルビン回路中間体の濃度は維持されている。

15.4 CO₂の固定：カルビン回路

▲ 図 15.22　**Rubiscoの触媒作用によるリブロース1,5-ビスリン酸のカルボキシ化と，2分子の3-ホスホグリセリン酸形成の機構**　リブロース1,5-ビスリン酸のC-3から引き抜かれたプロトンが，2,3-エンジオレート中間体をつくる．求核性のエンジオレートがCO₂を攻撃し，2-カルボキシ-3-ケトアラビニトール1,5-ビスリン酸が生成する．これが水和され，不安定な*gem*-ジオール中間体になる．この中間体のC-2-C-3結合は直ちに開裂し，カルボアニオンと1分子の3-ホスホグリセリン酸が形成される．カルボアニオンの立体特異的プロトン化により第二の3-ホスホグリセリン酸ができる．これでカルビン回路の炭酸固定段階が完結する．CO₂とペントースのリブロース1,5-ビスリン酸から2分子の3-ホスホグリセリン酸が生成する．

メーションにあるので，カルバミル化は普通は阻害されている．しかしながら，日中，Rubisco活性化酵素とよばれる光活性化ATP依存酵素がRubiscoに結合し，コンホメーション変換を誘導してカルバミル化をひき起こす．この状態でRubiscoは活性を保つ．

太陽が沈むと，Rubisco活性化酵素はもはやRubiscoの活性化ができなくなり，炭酸固定が停止する．夜間，光合成の活性がなくなり，葉緑体でATP＋NADPHが生産されなくなるので，この調節には意味がある．これらの補因子はカルビン回路に必須であり，そのためRubisco活性を調節して，カルビン回路は夜間不活

性になるのである．暗所でのRubiscoの阻害は，3-ホスホグリセリン酸の非効率的蓄積と無駄な酸素添加反応を抑制する．このことは，§15.4 Cで述べる．

植物にはさらに，2-カルボキシアラビニトール1-リン酸（図15.24）による阻害段階がある．この化合物は，カルボキシ化反応の不安定な*gem*-ジオール（1,1-ジオール）中間体のアナログである．これは夜間のみに合成され，残存するカルバミル化されたRubiscoに結合して阻害する．こうして，カルビン回路は閉じられる．いくつかの植物では，暗所でRubiscoを完全に不活性化するために，かなりの量の阻害剤が合成される．

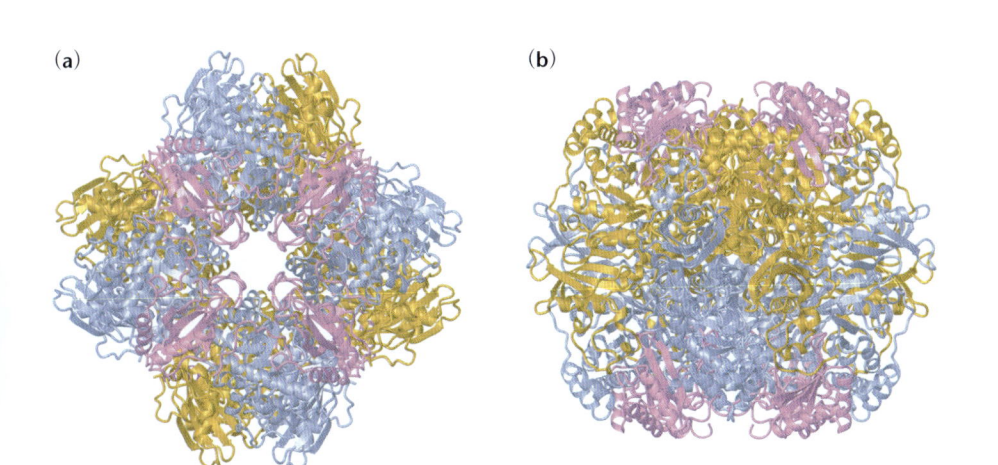

◀ 図 15.23　**Rubiscoの四次構造（L₈S₈）**　ホウレンソウ（*Spinacia oleracea*）のRubiscoを上（a）と横（b）から見たもの．大サブユニット（L）を黄と青で交互に示した．小サブユニット（S）は紫で示した．[PDB 1RCX]

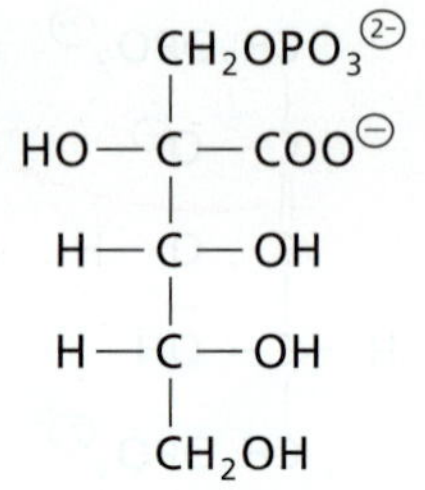

◀ 図 15.24 2-カルボキシアラビニトール 1-リン酸

C. リブロース 1,5-ビスリン酸の酸素添加

Rubisco（リブロース-1,5-ビスリン酸カルボキシラーゼ/オキシゲナーゼ）は，その完全名称が示すように，リブロース 1,5-ビスリン酸のカルボキシ化だけでなく，酸素添加もまた触媒する．この二つの反応は拮抗的で，Rubisco の同一の活性部位を CO_2 と O_2 が競合する．酸素添加反応で，1分子の3-ホスホグリセリン酸と1分子の2-ホスホグリコール酸ができる（図 15.25）．酸素添加は生体内で多量のリブロース 1,5-ビスリン酸を消費する．正常な成育状態では，カルボキシ化の速度は酸素添加速度の約 3～4 倍にすぎない．

リブロース 1,5-ビスリン酸の酸素添加で形成された 3-ホスホグリセリン酸はカルビン回路に入る．酸素添加反応の一方の産物は別の経路に入る．すなわち2分子の2-ホスホグリコール酸（C_2）はペルオキシソームとミトコンドリアにおける酸化過程（グリオキシル酸およびアミノ酸のグリシンとセリンを介して）で代謝され，1分子の CO_2 と1分子の3-ホスホグリセリン酸（C_3）になり，それがまたカルビン回路に入ることになる．酸化過程では NADH と ATP が消費される．Rubisco に触媒される光依存的な O_2 の取込みに続いて，2-ホスホグリコール酸代謝で CO_2 が遊離されるが，これは光呼吸とよばれている．カルボキシ化同様，光呼吸は，Rubisco が不活性な夜間には通常阻害されている．固定した CO_2 のかなりの部分が遊離し，酸素添加のためエネルギーも消費されるので，植物にとって利益になりそうもないが，これは Rubisco が絶対的基質特異性を欠いているためである．光呼吸は収穫量を減少させるので農業にとって大きな問題である．

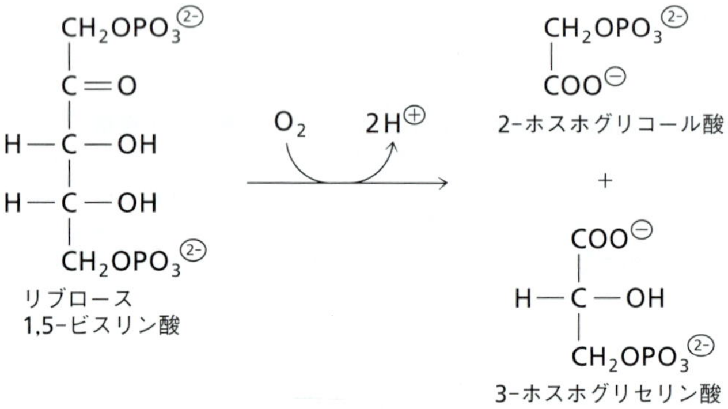

▲ 図 15.25 Rubisco で触媒されるリブロース 1,5-ビスリン酸の酸素添加

! 酵素のうちのあるものは，きわめて類似した基質を見分けることができない．

D. カルビン回路：還元と再生の段階

カルビン回路の還元段階は，3-ホスホグリセリン酸から 1,3-ビスホスホグリセリン酸への ATP 依存的変換から始まる．この反応はホスホグリセリン酸キナーゼによって触媒される．ついで，グリセルアルデヒド-3-リン酸デヒドロゲナーゼのアイソザイムにより触媒される反応で，1,3-ビスホスホグリセリン酸が NADPH（糖新生での NADH ではない，§11.2.6）によって還元される．糖新生のときのように，グリセルアルデヒド 3-リン酸は，トリオースリン酸イソメラーゼの触媒反応で，その異性体であるジヒドロキシアセトンリン酸に配列し直される．この経路で合成される 6 個のグリセルアルデヒド 3-リン酸のうちの 1 個が糖合成のために回路から外れていき，残り 5 個が再生段階で用いられる．

再生段階では，グリセルアルデヒド 3-リン酸は，この経路の三つの異なる枝へと分けられ，3炭素（3C），4炭素（4C），5炭素（5C），6炭素（6C），7炭素（7C）のリン酸化された糖の

BOX 15.4　もっと能率の高い Rubisco をつくる

多くの研究室で，カルボキシ化を促進し，酸素添加が抑えられた遺伝子改変植物をつくろうという試みがなされている．もっと能率の高い Rubisco をつくるこれらの試みが成功すれば，食糧増産に大きく寄与することになるだろう．

"完全酵素"はきわめて低いオキシゲナーゼ活性ときわめて高いカルボキシラーゼ活性をもつことになるだろう．種々の生物種の Rubisco のカルボキシラーゼ活性の速度論的パラメーターを表に掲げた．この酵素の低い触媒能は k_{cat}/K_m をみるとわかる．これらの値を表 5.2 の値と比べてみよ．カルボキシラーゼの効率は，活性中心のアミノ酸側鎖を改変することで 1000 倍は増加できるものと思われた．

遺伝子改変の困難さは適切なアミノ酸変化の選択である．さまざまな生物種の Rubisco の構造に関する詳細な知識，ならびにアミノ酸側鎖と基質分子の接触の調査によって，この選択は容易になるだろう．遷移状態モデルを仮定することもまた重要である．さらに，鍵となる残基は，多くの種類の生物種の酵素のアミノ酸配列を比較して保存されたものから同定することができる．

基本的な戦略は，進化は最もよくデザインされた酵素を選択したわけではなかった，という仮定である．生化学研究において，進行中の進化についての多くの例があることから，この仮定はもっとものようにみえる．しかしながら，数十億年の進化も数十年におよぶ人間の努力も効率の高い Rubisco を生みださなかった．もっと能率の高い Rubisco をつくることは可能でないかもしれない．

種々の生物種の Rubisco のカルボキシラーゼ活性の速度論的パラメーター

種	$k_{cat}[s^{-1}]$	$K_m[\mu M]$	$k_{cat}/K_m[M^{-1} \cdot s^{-1}]$
タバコ	3.4	10.7	3.2×10^5
紅藻	2.6	9.3	2.8×10^5
紅色細菌	7.3	89	8.2×10^4
"完全酵素"	1070	10.7	10^8

［出典：Andrews, J. T. and Whitney, S. M. (2003). Manipulating ribulose bisphosphate carboxylase/oxygenase in the chloroplasts of higher plants. *Arch. Biochem. Biophys.* 414:159-169.］

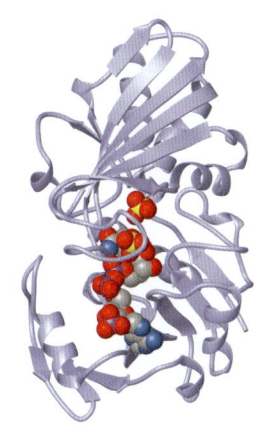

▲ グリセルアルデヒド-3-リン酸デヒドロゲナーゼ　ホウレンソウ (*Spinacia oleracea*) の NADPH 依存性酵素が四量体として結晶化された. ここでは 1 個のサブユニットしか示していない. NADPH は酵素の活性中心に結合している. [PDB 2PKQ]

間を相互変換する（図 15.21）. この経路の概略を図 15.26 に示した. このうちの二つ反応, つまりアルドラーゼおよびフルクトース-1,6-ビスホスファターゼによって触媒される反応は, 糖新生経路に登場したのでなじみ深い (§12.1). 他の反応の多くは, 二つのトランスケトラーゼ反応を含めて, 通常のペントースリン酸経路に登場する (§12.4). カルビン回路の正味の結果は以下の通りである.

$$3\ CO_2 + 9\ ATP + 6\ NADPH + 5\ H_2O \longrightarrow$$
$$グリセルアルデヒド\ 3\text{-}リン酸\ +$$
$$9\ ADP + 8\ P_i + 6\ NADP^{\oplus} + 2\ H^{\oplus} \quad (15.2)$$

ATP と NADPH の両者がカルビン回路における炭酸固定に要求される. これらは光化学系の明反応の主要な産物である. ATP 要求が NADPH を上回っていることが, 光合成における PS I からシトクロム *bf* への循環的な電子の流れが重要であることの一つの理由である. 循環的な電子の流れは, NADPH に比べて ATP の生産を増加させる.

CO_2 からの糖質の合成にかかるコストと, 解糖系とクエン酸回路を介しての糖の分解から獲得したエネルギーとを比較してみよう. 15.2 式の反応を, クエン酸回路の基質であるアセチル CoA の合成にかかるコストを見積もるのに使うことができる. グリセルアルデヒド 3-リン酸からアセチル CoA への経路は, NADH 2 分子と ATP 2 分子の合成と共役していた (§11.2, §13.1). グリセルアルデヒド 3-リン酸をつくるコストからこれら

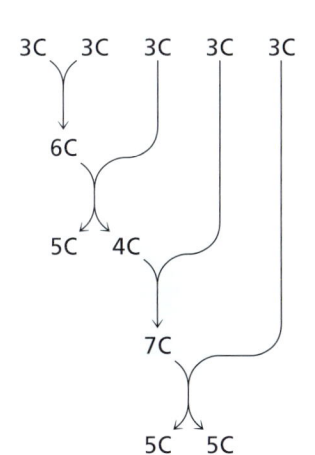

◀ 図 15.26　カルビン回路の再生段階の概略図

を差し引くと, CO_2 からアセチル CoA の合成にかかるコストは, 7 ATP + 4 NAD(P)H になる. NADH は 2.5 ATP に相当するので (§14.11), これは 17 ATP 当量と表すことができる. クエン酸回路によるアセチル CoA の完全酸化によって得られる正味の収量は 10 ATP なので (§13.5), この生合成経路は, 異化反応によって得られるエネルギーに比べてずっと高価である. この場合, アセチル CoA 酸化の"効率"はわずか約 60 % (10/17 = 59 %) であるが, この値は誤解を招く. というのも実際, これは複雑で非能率的な生合成経路 (17 ATP も費やされる) だからである.

グルコース合成のコストの見積もりは可能である. なぜならこれは単純に 2 分子のグリセルアルデヒド 3-リン酸の合成コストだからである. それは, 18 分子の ATP と 12 分子の NADPH, すなわち 48 ATP 当量に相当する. 解糖系とクエン酸回路を介したグルコースの完全酸化から得られる正味のエネルギーは 32 ATP 当量であった (§13.5). この場合, 生合成過程で使用された ATP 当量の 2/3 が異化反応によって回収されたことになる.

15.5　植物のスクロースとデンプンの代謝

グリセルアルデヒド 3-リン酸 (G3P) は, 大部分の光合成生物の炭酸固定の主要な産物である. グリセルアルデヒド 3-リン酸は, 後に, 糖新生経路によってグルコースに転換される. 新たに合成されたヘキソースは, 多くの生合成経路で基質として直ちに利用しうる. あるいはそれは, 後の使用のために多糖として貯蔵される. 細菌や藻類, いくつかの植物では, 貯蔵多糖は哺乳類と同じようにグリコーゲンである. 維管束植物では, 貯蔵多糖はデンプンである.

> デンプンとグリコーゲンの構造は §8.6 A で述べた.

デンプンは葉緑体の中で, 糖新生の産物であるグルコース 6-リン酸から合成される (§12.1 D). 最初の段階で, グルコース 6-リン酸は, ホスホグルコムターゼの触媒反応で, グルコース 1-リン酸に変換される (図 15.27). これはグリコーゲン合成経路で登場した酵素と同じものである (§12.5 A). 第二段階は, ADP グルコースの合成によるグルコースの活性化である. この反応は, ADP グルコースピロホスホリラーゼによって触媒される. この代謝戦略は, グリコーゲン合成の中心的中間体が UDP グルコースであることを除けば, グリコーゲン合成の場合に似ている. デンプン生合成における重合反応は, デンプンシンターゼによって遂行される. この経路では, 伸長しつつある多糖鎖に付加する残基当たり, 1 分子の ATP と 1 分子の二リン酸が消費される. ATP は光合成反応で供給される.

> ヌクレオチド糖の ADP グルコースはある種の細菌によってグリコーゲンの合成にも必要とされている (§12.5 A).

デンプンは日中に合成される. このとき, 光合成は活発で, 葉緑体の中に ATP 分子が蓄積されている. 夜間にはデンプンは植物の炭素源とエネルギーになる. デンプン分子はデンプンホスホリラーゼの作用で切断され, グルコース 1-リン酸が生じる. これが解糖によりトリオースリン酸に変換される. このトリオースリン酸は葉緑体から細胞質に輸送される. あるいは, デンプンはアミラーゼ作用でデキストリンに加水分解され, ついにはマルトースに, そしてグルコースに分解される. この経路で形成されるグルコースは, ヘキソキナーゼ作用でリン酸化され, 解糖系に入っていく.

▲ 図 15.27　葉緑体におけるデンプンの生合成　この反応では 1 個のヘキソース単位が伸長しつつあるデンプン分子を延ばしている.

スクロースは，植物では可動型糖である．それは葉緑体を含む細胞（たとえば，葉の細胞）の細胞質で合成され，植物の導管によって輸送され，非光合成細胞（たとえば，根の細胞）に取込まれる．このように，スクロースは，循環系を有する動物（§12.7）の可動型糖であるグルコースと機能的に等価である．

スクロース合成の経路を図 15.28 に示した．4 分子のトリオースリン酸から 1 分子のスクロースが合成される．トリオースリン酸は糖新生経路をたどり，縮合してフルクトース 1,6-ビスリン酸を形成し，それが加水分解によってフルクトース 6-リン酸になる．つぎに，フルクトース 6-リン酸は異性化されてグルコース 6-リン酸に変換され，糖新生経路からそれて α-D-グルコース 1-リン酸に転換する．グルコース 1-リン酸は UTP と反応して，UDPグルコースになり，それが 1 分子のフルクトース 6-リン酸にグルコシル基を供給して，スクロース 6-リン酸が合成される．最終段階は，スクロース 6-リン酸の加水分解で，スクロースが形成される．

スクロース合成経路において，フルクトース 1,6-ビスホスファターゼとスクロースリン酸ホスファターゼの触媒反応で無機リン酸（P_i）がつくられる．そして UDP グルコースピロホスホリラー

BOX 15.5　Mendel のしわの寄ったエンドウ

Gregor Mendel が研究した遺伝形質の一つは，丸形（R）としわ形（r）のエンドウであった．しわ形エンドウの表現型は，デンプン枝分かれ酵素の遺伝子の障害に起因する．この酵素が欠けると，デンプン合成は部分的に阻害されて，できたエンドウは高い濃度のスクロースを含むことになる．これが正常なエンドウより多量の水を吸い込む原因となって，大きく膨張する．種子が乾燥し始めると，しわ形エンドウは水を多量に失うので，外表面がしわの寄った形になる．

この突然変異は遺伝子へのトランスポゾンの挿入に起因する．それは劣性機能喪失突然変異である．なぜなら，異型接合体中の 1 コピーの正常な野生型対立遺伝子がデンプン粒を合成するのに十分なデンプン枝分かれ酵素を生産するからである．

▲ さやの中の丸形としわ形のエンドウ

▲ メープルシロップ　カエデの木からスクロースの豊富な上澄みを集めて濃縮し，メープルシロップを作る．

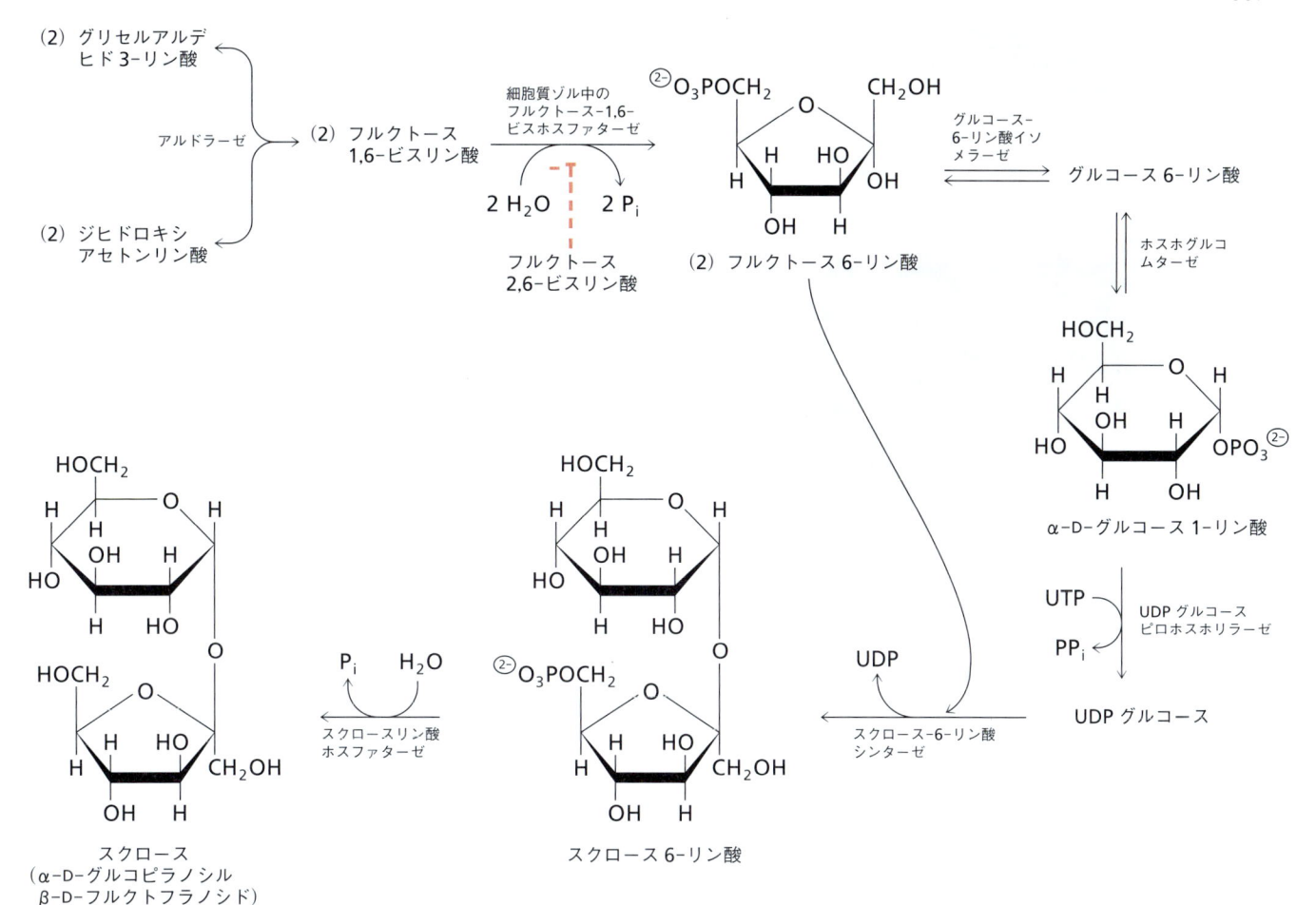

▲ 図 15.28 細胞質ゾル中でのグリセルアルデヒド 3-リン酸とジヒドロキシアセトンリン酸からのスクロースの生合成　4 分子のトリオースリン酸（4 C_3）が 1 分子のスクロース（C_{12}）に変換される.

ゼの触媒反応で二リン酸（PP_i）がつくられる. この反応で 1 個の ATP 当量（UTP として）が消費される. スクロース合成とグリコーゲン合成では，UDP グルコースの形で活性化されたグルコースが要求される. 一方，デンプン合成では ADP グルコースが要求された.

スクロース生合成における経路で代謝的に不可逆な最初の段階は，フルクトース 1,6-ビスリン酸が加水分解されてフルクトース 6-リン酸と P_i が形成する所である. フルクトース-1,6-ビスホスファターゼの活性は，アロステリックエフェクターであるフルクトース 2,6-ビスリン酸（図 12.9）によって阻害される. このことは，解糖と糖新生で学んだ通りである. 植物では，フルクトース 2,6-ビスリン酸の濃度は，スクロース合成の条件が最適になるように，多くの代謝産物によって調節されている.

スクロースは非光合成細胞に取込まれ，そこで，解糖とクエン酸回路を介してエネルギーを供給するグルコースとフルクトースに分解される（§11.6 A）. これらのヘキソースは，将来の使用のために糖を貯蔵する組織の中でもデンプンに変換される. たとえば，根の細胞はスクロースをヘキソース単量体に変換し，これらの糖は**アミロプラスト**（amyloplast）とよばれる特殊な細胞小器官によって取込まれる. アミロプラストは葉緑体の変形したもので，光合成複合体はないがデンプンシンターゼはもっている. ジャガイモ，カブ，ニンジンのような植物はデンプンを巨大な貯蔵物質として蓄えることができる.

! 異化経路で回収されるエネルギーは，通常，生合成で使用されるエネルギーのおよそ 2/3 である.

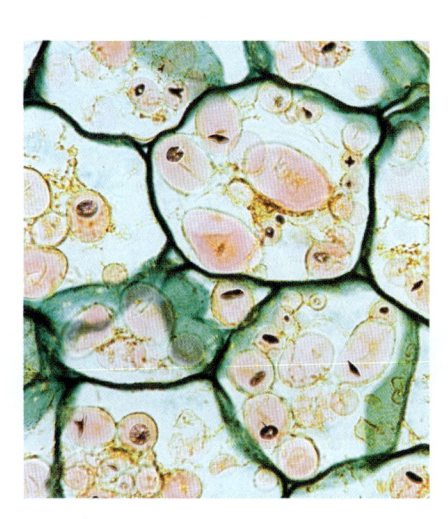

▲ ジャガイモの細胞のアミロプラスト

15.6　付加的な炭酸固定経路

先にも述べたように，炭酸固定に関する最も重要な問題は Rubisco の効率の悪さであり，特に，酸化反応は作物の収量を大きく制限する（§15.4 C）. いろいろな生物種がこの問題を克服するためにさまざまな方法を進化させた.

▲ ジャガイモは良質のデンプン源である　カナダケベック州ではグレイビーソースとチェダーチーズをかけたフライドポテトが出てくる．この料理をプーティンという．

A. 細菌における区画化

細菌は，Rubisco をカルボキシソームとよばれる特別な区画に閉じ込めることで光呼吸の問題を避けた．カルボキシソームは酸素を透過させないタンパク質の殻で囲まれている．Rubisco とともに炭酸デヒドラターゼもカルボキシソームに局在する．後者は，炭酸水素イオン（HCO_3^-）を CO_2 に変換する酵素である（図7.2）．区画化が有利な点は，Rubisco に CO_2 が豊富に供給される一方で Rubisco が O_2 から守られることである．このようにして光呼吸による効率の悪さが避けられている．

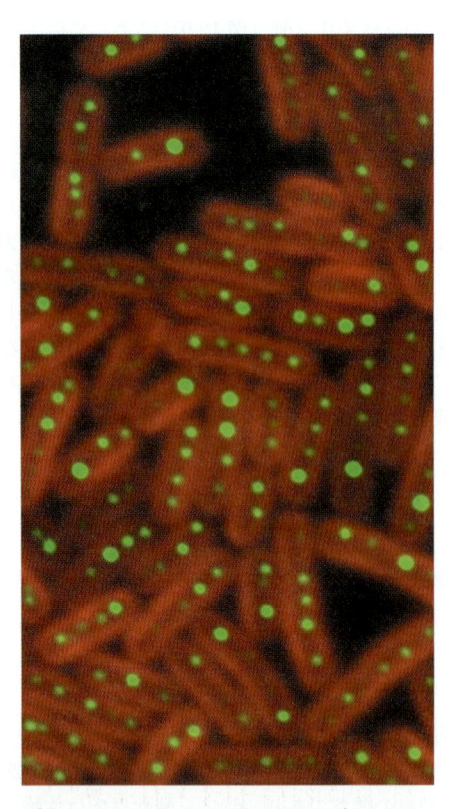

B. C_4 経路

種々の植物種において，炭酸固定の二次経路によって無駄な光呼吸が避けられている．この二次経路の正味の効果は，Rubisco 活性の高い細胞において O_2 に比べて CO_2 の局所的濃度を高めることである．これらの経路のうちの一つは4炭素中間体を含むことから C_4 経路とよばれている．C_4 植物は，高い温度と高い光度の下で成育する傾向がある．これには，トウモロコシ，モロコシ，サトウキビのような経済的に重要な種，ならびに厄介な雑草の多くが含まれている．熱帯植物が光呼吸を避けることは重要である．なぜなら Rubisco による酸素添加とカルボキシ化の比率は温度とともに上昇するからである．

C_4 経路は CO_2 を濃縮して，それを葉の内部にあるカルビン回路の活発な細胞に運ぶ．この経路での炭酸固定の最初の産物はカルビン回路のような3炭素酸ではなく4炭素酸（C_4）である．C_4 経路では葉中の異なる二つの型の細胞が関与する．最初に，CO_2 は水和されて炭酸水素イオンになり，葉肉細胞（葉の出口近くにある）で C_3 化合物であるホスホエノールピルビン酸と反応して C_4 酸を形成する．この反応はホスホエノールピルビン酸（PEP）カルボキシラーゼ（§13.7）のアイソザイムによって触媒される．ついで C_4 酸は，葉の内部にある維管束鞘細胞に輸送され，そこで脱炭酸される．維管束鞘細胞は大気に直接さらされていないので，この細胞の酸素濃度は葉肉細胞に比べてずっと低い．遊離した CO_2 は Rubisco により再固定され，カルビン回路に取込まれる．ホスホエノールピルビン酸は残りの C_3 産物から再生される．図15.29 に C_4 経路反応の概略を示した．

維管束鞘細胞の細胞壁は気体を通しにくい．C_4 酸の脱炭酸によって細胞内の CO_2 濃度が大きく上昇し，CO_2/O_2 の比が高くなる．葉肉細胞には Rubisco はわずかしか存在せず，維管束鞘細胞の CO_2/O_2 比がきわめて高くなるので，Rubisco のオキシゲナーゼ活性は最小に抑えられる．それゆえ，C_4 植物には基本的に光呼吸活性が存在しないことになる．C_4 炭酸固定に必要なホスホエノールピルビン酸を形成するための余分なエネルギー消費はあるものの，光呼吸は必要ないことから，C_4 植物は C_3 植物に比べて非常に有利である．

▲ カルボキシソーム　シアノバクテリア（*Synechococcus elongatus*）細胞を蛍光色素で染色し，チラコイド膜（赤）とカルボキシソーム（緑）を示した．

▲ フィールド・オブ・ドリームス　この野球選手たちは，多分，トウモロコシ畑で炭酸固定の勉強をしていたのだろう．［1989年公開のアメリカ映画］

15.6 付加的な炭酸固定経路

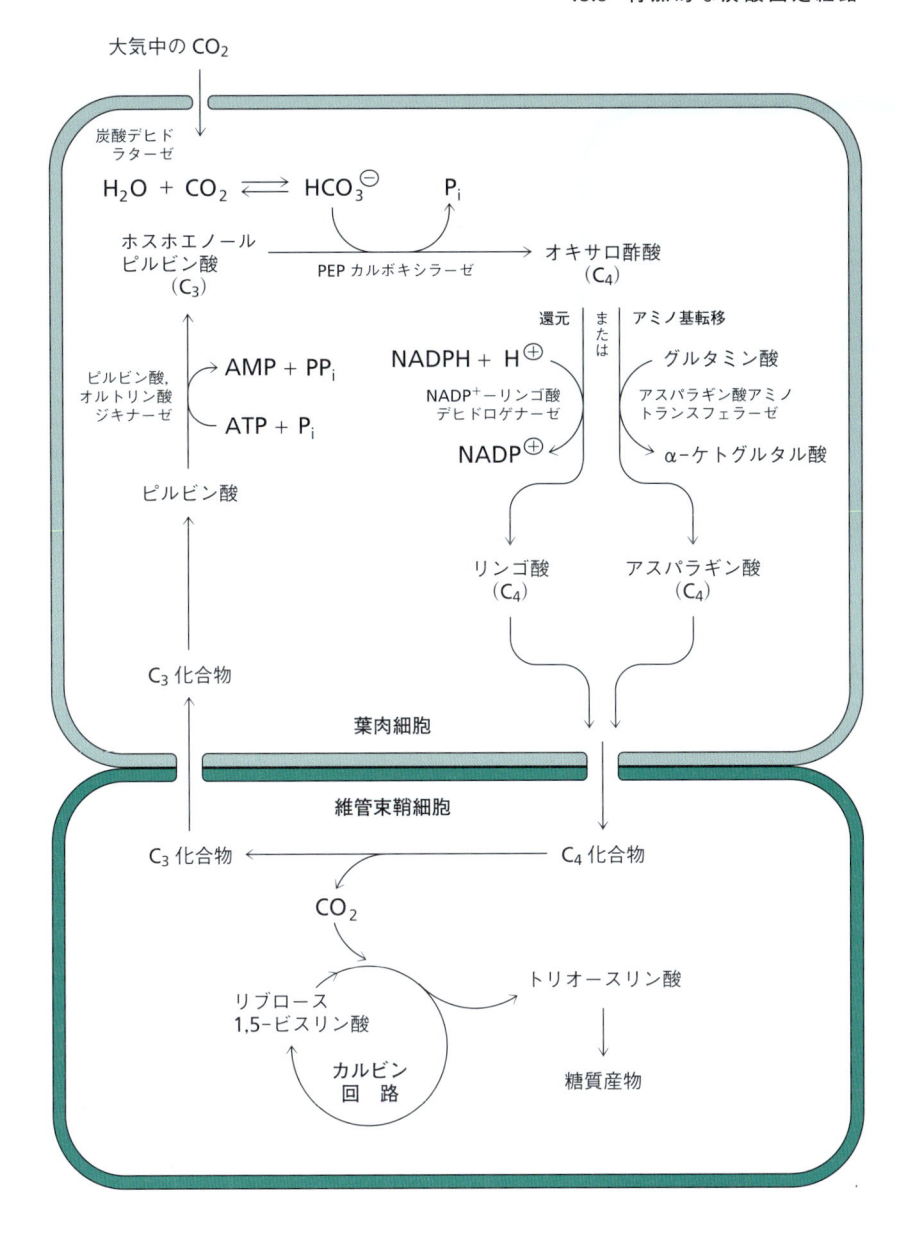

図15.29 C₄経路 葉肉細胞の細胞質ゾル中でCO₂は水和され，炭酸水素イオン（HCO₃⁻）になる．炭酸水素イオンは，ホスホエノールピルビン酸（PEP）カルボキシラーゼで触媒されるカルボキシ化反応でホスホエノールピルビン酸と反応する．この酵素は細胞質ゾルの酵素で，オキシゲナーゼ活性をもたない．生物種によって異なるが，生成したオキサロ酢酸は還元されて4炭素カルボン酸になるか，あるいはアミノ基転移を受けてアミノ酸になる．それらは隣の維管束鞘細胞に運ばれ，脱炭酸される．遊離したCO₂はRubisco反応で固定され，カルビン回路に入る．残存する3炭素化合物はCO₂受容体分子であるホスホエノールピルビン酸に戻される．

C. ベンケイソウ型有機酸代謝（CAM）

多くのサボテンのような多肉多汁植物種は，おもに乾燥した環境で成育する．そこには水分不足という難問がある．炭酸固定の間，葉の組織から大量の水が失われる．なぜなら，細胞は大気中CO₂にさらされていなければならないが，そうすると水は表面から蒸散してしまうからである．これらの植物は，夜間に炭素を取込むことで光合成における水分損失を最小にする．この経路は，最初ベンケイソウ（Crassulaceae）の仲間で発見されたので，ベンケイソウ型有機酸代謝（crassulacean acid metabolism；CAM）とよばれている．

陸生維管束植物の葉の表面は，しばしば，非透過性のろうのようなコーティングで覆われていて，CO₂は**気孔**（stomata）とよばれる構造を通って光合成細胞に到達する．気孔は，葉の表面にある二つの隣合った細胞からできている．これら見張り細胞は，葉緑体を含む細胞の並んだ洞穴への入り口になっている．見張り細胞の間の間隙はイオンの流れと，その結果起こる浸透圧による水の取込みによって変化する．見張り細胞を横断するイオン流入は，温度や水の利用のような炭酸固定に影響を与える条件によって調節される．気温の高い日中，CAM植物は水の損失を最小にするため気孔を閉じておく．夜間に開いた気孔からCO₂を葉肉

▲サボテンはCAM植物である．

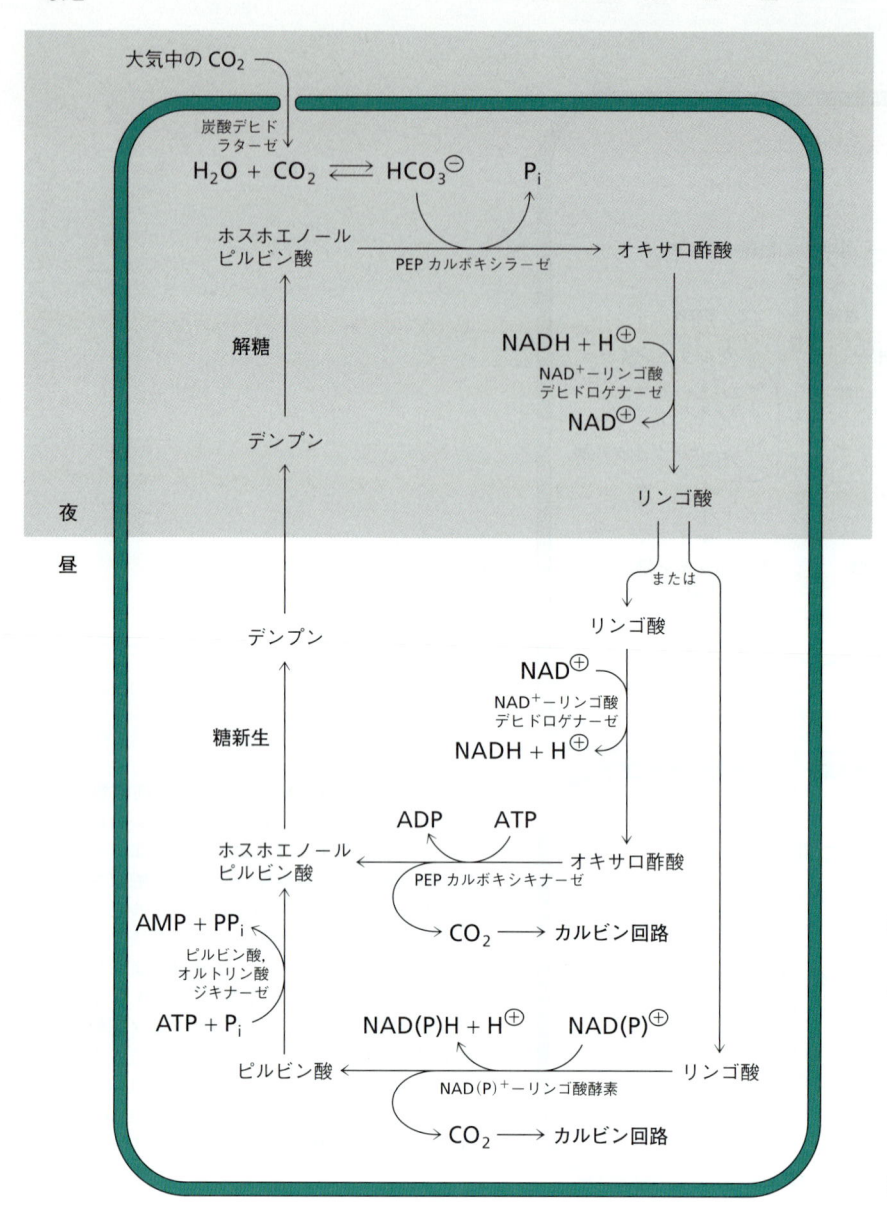

◀図 15.30　ベンケイソウ型有機酸代謝（CAM）
夜間に CO_2 が取込まれ，PEP カルボキシラーゼと NAD^+-リンゴ酸デヒドロゲナーゼの触媒作用でリンゴ酸が形成される．リンゴ酸合成に必要なホスホエノールピルビン酸はデンプンに由来する．翌日，NADPH と ATP が明反応で合成されると，リンゴ酸が脱炭酸されて，カルビン回路のための CO_2 の細胞内濃度が上昇する．生物種によってリンゴ酸の脱炭酸は二つの経路のいずれかで起こる．生成したホスホエノールピルビン酸は糖新生によってデンプンに変換される．

細胞に取込む．気孔からの水の損失は，気温の低い夜間では昼間に比べてはるかに少ない．CO_2 はホスホエノールピルビン酸カルボキシラーゼ反応で固定され，形成したオキサロ酢酸はリンゴ酸に還元される（図 15.30）．

細胞質ゾルの pH を中性付近に保つためリンゴ酸は液胞に貯蔵される．夜が明ける頃にはリンゴ酸の細胞内濃度が 0.2 M にも達するためである．CAM 植物の液胞は細胞の全容積の 90％以上を占める．日中，ATP と NADPH が明反応で合成されると，リンゴ酸は液胞から遊離され，脱炭酸される．このように，夜間に蓄積されたリンゴ酸の大きなプールが，昼間に炭酸固定のために CO_2 を供給するのである．リンゴ酸の脱炭酸過程で，葉の気孔は固く閉じられるため，水も CO_2 も葉から逃げることはない．細胞内の CO_2 濃度は，大気中の CO_2 濃度よりはるかに高くなる．C_4 植物と同様，内部の高い CO_2 濃度が光呼吸を大きく減少させる．

CAM 植物では，リンゴ酸合成に必要なホスホエノールピルビン酸は解糖系を介してデンプンから由来する．リンゴ酸の脱炭酸（ホスホエノールピルビン酸カルボキシキナーゼにより直接かあるいはリンゴ酸酵素とピルビン酸ジキナーゼを介して）によって生じたホスホエノールピルビン酸は，糖新生によってデンプンに変換され，葉緑体に蓄えられる．

CAM と C_4 代謝とでは，ホスホエノールピルビン酸カルボキシラーゼの作用でつくられた C_4 酸が脱炭酸されてカルビン回路に CO_2 を供給するところが類似する．回路のカルボキシ化と脱炭酸の過程が，C_4 経路では異なる細胞に空間的に分離されているのに対し，CAM では昼間と夜間のサイクルで時間的に分けられている．

CAM 経路の調節の重要な特徴は，リンゴ酸と低 pH によるホスホエノールピルビン酸カルボキシラーゼの阻害である．昼間では，細胞質ゾルのリンゴ酸濃度が高く，pH が低いため，ホスホエノールピルビン酸カルボキシラーゼは強く阻害されている．この阻害は，ホスホエノールピルビン酸カルボキシラーゼによる CO_2 とリンゴ酸の無駄な回転を防ぎ，またホスホエノールピルビン酸カルボキシラーゼと Rubisco が CO_2 をめぐって競合するのを避けるために重要である．

要　約

1. クロロフィルは光合成で主要な集光性色素である．クロロフィル分子の特殊ペアが光子を吸収すると，電子が高エネルギー分子軌道に上昇する．この電子は，電子伝達系に伝達され，電子

欠乏クロロフィル分子が発生する．
2. 補助色素は，共鳴エネルギー伝達でクロロフィル分子の特殊ペアにエネルギーを伝達する．
3. 光化学系II（PSII）複合体は，II型反応中心を含む．電子は，クロロフィル分子の特殊ペアから，クロロフィル，フェオフィチン，結合キノン，可動性キノンから構成される短い電子伝達系に伝達される．
4. ある種の細菌では，PSIIからのQH$_2$分子はシトクロムbc_1複合体に結合している．電子はシトクロムcに伝達される．この過程は，Qサイクルを介した膜を横断するプロトン輸送と共役している．つぎにシトクロムcはPSIIに結合し，回路になった電子伝達経路にある電子欠乏特殊ペアに電子を戻す．形成されたプロトン勾配がATP合成を駆動する．
5. 光化学系I（PSI）複合体はI型反応中心を含む．電子伝達系は2個のクロロフィル，1個のフィロキノン，3個のFe-Sクラスター，フェレドキシン（あるいはフラボドキシン）から構成されている．
6. 還元型フェレドキシンは，フェレドキシン：NADP$^+$レダクターゼの基質になり，NADPHが，非循環的電子伝達におけるPSI光合成の産物になる．ある状況では，電子はフェレドキシンからシトクロムbc_1複合体に渡され，電子伝達の循環経路でシトクロムcを介してPSIに戻される．
7. シアノバクテリアならびに葉緑体は，PSI，PSII，それにシトクロムbc_1の光合成版であるシトクロムbfから構成される共役した光化学系を含んでいる．PSIIが光子を吸収すると，電子はPSIIからシトクロムbf，そしてプラストシアニンに伝達される．プラストシアニンは電子をPSIに再供給する．PSIが光子を吸収すると，励起電子はNADPHの合成に使われる．共役した光化学系では，PSIIは酸素発生複合体と結合している．この複合体は，水のO_2への酸化を触媒し，電子をPSII特殊ペアに供給する．
8. Z型模式図は，電子伝達系のさまざまな成分の還元力の変化として，光合成における電子の流れを描いている．
9. 光合成複合体は，シアノバクテリアのチラコイド膜に濃縮されている．葉緑体はチラコイド膜の複雑な内膜系を含んでいる．
10. カルビン回路は，CO_2を固定して糖にする役割をもっている．中心の酵素はRubisco（リブロース-1,5-ビスリン酸カルボキシラーゼ/オキシゲナーゼ）である．Rubiscoは，リブロース1,5-ビスリン酸のカルボキシ化反応を触媒するが，非効率的である．それはまた，酸素添加反応を触媒する．
11. スクロースとデンプンは，植物の光合成的糖合成の主要な産物である．
12. ある種の植物では，付加的な炭酸固定経路が，カルビン回路の反応の場でCO$_2$濃度を高めるために働いている．

問　題

1. 植物では，P680からNADPHへの1対の電子の輸送が内腔の6個のプロトンの蓄積と連動している．結果として1.5分子のATPの合成をもたらす（§14.11）．NADPH=2.5 ATPと仮定すると，このことは光合成で複合体を通しての1対の電子の輸送が1.5+2.5=4 ATP当量を合成することを意味する．この経路が呼吸における電子伝達よりはるかに効率が良いのはなぜか．
2. ワニトカゲギスは深海魚で，赤い生物発光で獲物を照らす．通常，魚類の網膜に存在する視覚色素は赤色光に対して鈍感であるが，ワニトカゲギスにはクロロフィル由来の667 nmを吸収する色素が別に存在する．ワニトカゲギスは他の魚類には見えない赤色光線を用いて獲物を認知するが，このクロロフィル色素はどのようにして光受容体として機能するか説明せよ．
3. （a）Rubiscoは"世界を養う酵素"と言われてきた．その根拠は何か．
   （b）Rubiscoは，基礎代謝を行う酵素の中ではこの世で最も無能な酵素であり，最も非能率的な酵素であると非難されてきた．その根拠は何か．
4. 光合成＋カルビン回路はしばしば以下のように表記されている．

$$6\,CO_2 + 6\,H_2O \xrightarrow{光} C_6H_{12}O_6 + 6\,O_2$$

同様の反応式を紅色細菌および緑色硫黄細菌について記せ．
5. （a）ある種の光合成細菌はH_2Sを水素供与体として用い単体の硫黄をつくる．一方，エタノールを用いてアセトアルデヒドをつくるものもいる．これらの細菌の正味の光合成反応の式を記せ．
   （b）これらの細菌が酸素をつくらないのはなぜか．
   （c）H_2Aを水素供与体に用いたCO_2の糖質への光合成的固定反応の一般式を記せ．
6. 暗所で葉緑体の懸濁液はCO_2とH_2Oからグルコースを合成することができるか．もしできなければ，グルコース合成が起こるためには何を加えなければならないか．カルビン回路の成分はすべて含まれていると仮定せよ．
7. （a）光合成においてO_2分子が生産されるたびごとに何個の光子が吸収されるか．
   （b）1分子のトリオースリン酸を合成するのに必要なNADPH還元力を発生させるために何個の光子が吸収されなければならないか．
8. 除草剤である3-（3,4-ジクロロフェニル）-1,1-ジメチル尿素はPSIIからシトクロムbf複合体への光合成的電子伝達を阻害する．
   （a）単離した葉緑体に3-（3,4-ジクロロフェニル）-1,1-ジメチル尿素を加えた場合，O_2の発生と光リン酸化反応は停止するだろうか．
   （b）外からP680*を再酸化する電子受容体を加えた場合，このものはO_2の発生と光リン酸化反応にどのような影響を与えるか．
9. （a）pH 4.0の溶液に懸濁した葉緑体の内腔のpHは，数分間でpH 4.0に到達する．外部の溶液のpHを速やかに8.0に上げ，ADPとP_iを加えた場合，即座にATP合成が起こるが，それはなぜか説明せよ．
   （b）もし大量のADPとP_iを加えた場合，数秒後にATP合成が止まるのはなぜか．
10. 葉緑体のある条件下では，循環電子伝達が非循環電子伝達と同時に起こる．循環電子伝達においてATP，O_2，NADPHの形成はそれぞれどのようになっているか．
11. ある植物を遺伝子工学的に改変して葉緑体のチラコイド膜の不飽和脂肪酸含量を通常より低くした．この遺伝子組換え植物は高温に耐えるようになり，光合成の効率が高まり，40℃でも成育した．チラコイド膜の脂質組成を変えることによって光合成系のどの成分がおもに影響を受けるだろうか．
12. ある化合物を単離したホウレンソウ葉緑体に加え，光合成

的光リン酸化反応，プロトンの取込み，非循環電子伝達に与える影響を調べた．この化合物の添加によって光合成的光リン酸化反応（ATP合成）とプロトンの取込みが阻害され，非循環電子伝達は促進された．この化合物の機能を推定せよ．

13. (a) 植物の光合成における炭酸固定で1分子のグルコースを合成するとき，および (b) 1個のグルコース残基がデンプンに取込まれていくとき，それぞれ何分子のATP（あるいはATP当量）とNADPHが必要か．

14. カルビン回路が完全に1回転した場合，$^{14}CO_2$ の標識炭素原子は，(a) グリセルアルデヒド3-リン酸，(b) フルクトース6-リン酸，(c) エリトロース4-リン酸のどこに現れるか．

15. (a) CO_2 からグルコースを合成する場合，C_3 植物に比べて C_4 植物はどの程度多量のATP当量を必要とするか．
    (b) C_4 植物は C_3 植物に比べて，余分のATPが必要であるにもかかわらず，有効に CO_2 を固定することができる．それはどうしてか説明せよ．

16. 代謝条件をつぎのように変えたとき，カルビン回路はどのように変化するか．(a) ストロマ中のpHを上昇させた場合．(b) ストロマの Mg^{2+} 濃度を減少させた場合．

参 考 文 献

色 素
Armstead, I., Donnison, I., Aubry, S., Harper, J., Hörtensteiner, S., James, C., Mani, J., Moffet, M., Ougham, H., Roberts, L., Thomas, A., Weeden, N., Thomas, H., and King, I. (2007). Cross-species identification of Mendel's I locus. *Science* 315:73.

Sato Y., Morita R., Nishimura M., Yamaguchi H., and Kusaba M. (2007). Mendel's green cotyledon gene encodes a positive regulator of the chlorophyll-degrading pathway. *Proc. Natl. Acad, Sci. (USA)* 104: 14169-14174.

光合成的電子伝達
Allen, J. F. (2004). Cytochrome b_6f: structure for signalling and vectorial metabolism. *Trends in Plant Sci.* 9:130-137.

Allen, J. P., and Williams, J. C. (2010). The evolutionary pathway from anoxygenic to oxygenic photosynthesis examined by comparison of the properties of photosystem II and bacterial reaction centers. *Photosynth. Res.* Published online May 7 , 2010: Doi 10.1007/s 11120-010-9552 -x

Amunts, A., Toporik, H., Borovikova, A. B., and Nelson, N. (2010). Structure determination and improved model of plant photosystem I. *J. Biol. Chem.* 285:3478-3486.

Barber, J., Nield, J., Morris, E. P., and Hankamer, B. (1999). Subunit positioning in photosystem II revisited. *Trends Biochem. Sci.* 24:43-45.

Cramer, W. A., Zhang, H., Yan, J., Kurisu, G., and Smith, J. L. (2004). Evolution of photosynthesis: time-independent structure of the cytochrome b_6f complex. *Biochem.* 43:5921-5929.

Cramer, W. A., Zhang, H., Yan, J., Kurisu, G., and Smith, J. L. (2006). Transmembrane traffic in the cytochrome b_6f complex. *Annu. Rev. Biochem.* 75:769-790.

Ferreira, K. N., Iverson, T. M., Maghlaoui, K., Barber, J., and Iwata, S. (2004). Architecture of the photosynthetic oxygen-evolving center. *Science* 303:1831-1838.

Golbeck, J. H. (1992). Structure and function of photosystem I. *Annu. Rev. Plant physiol. Plant Mol. Biol.* 43:293-324.

Kühlbrandt, W., Wang, D. N., and Fujiyoshi, Y. (1994). Atomic model of plant light-harvesting complex by electron crystallography. *Nature* 367:614-621.

Leslie, M. (2009). On the origin of photosynthesis. *Science* 323:1286-1287.

Müller, M. G., Slavov, C., Luthra, R., Redding, K. E., and Holzwarth, A. R. (2010). Independent initiation of primary electron transfer in the two branches of the photosystem I reaction center. *Proc. Natl. Acad. Sci (USA)* 107:4123-4128.

Nugent, J. H. A. (1996). Oxygenic photosynthesis. Electron transfer in photosystem I and photosystem II. *Eur. J. Biochem.* 237:519-531.

Rhee, K.-H., Morris, E. P., Barber, J., and Kühlbrandt, W. (1998). Three-dimensional structure of the plant photosystem II reaction center at 8 Å resolution. *Nature* 396:283-286.

Staehlin, L. A., and Arntzen, C. J., eds. (1986). *Photosynthesis III: Photosynthetic Membranes and Light Harvesting Systems*. Vol. 19 of *Encyclopedia of Plant Physiology* (New York: Springer-Verlag).

光リン酸化
Bennett, J. (1991). Phosphorylation in green plant chloroplasts. *Annu. Rev. Plant Physiol. Plant Mol. Biol.* 42:281-311.

光合成的炭素代謝
Andrews, T. J., and Whitney, S. M. (2003). Manipulating ribose bisphosphate carboxylase/oxygenase in the chloroplasts of higher plants. *Arch. Biochem. Biophys.* 414:159-169.

Bassham, J. A., and Calvin M. (1957). *The Path of Carbon in Photosynthesis* (Englewood Cliffs, NJ: Prentice Hall).

Edwards, G. E., and Walker, D. (1983). C_3 C_4: *Mechanisms and Cellular and Environmental Regulation of Photosynthesis* (Berkley: University of California Press).

Hartman F. C., and Harpel, M. R. (1994). Structure, function, regulation, and assembly of D-ribulose-1,5-bisphosphate carboxylase/oxygenase. *Annu. Rev. Biochem.* 63:197-234.

Savage, D. F., Afonso, B., Chen, A. H., and Silver, P. A. (2010). Spatially ordered dynamics of the bacterial carbon fixation machinery. *Science* 327:1258-1261.

Schnarrenberger, C., and Martin, W. (1997). The Calvin cycle —— a historical perspective. *Photosynthetica* 33:331-345.

16 CHAPTER

脂 質 代 謝

脂質の複雑な合成や代謝が混乱すると，多くの場合，特に心臓血管系の重大な疾患をもたらす．脂質代謝機構の詳細な知識がこれらの医学的問題を合理的に処置するのに必要である．
Konrad Bloch と Feodor Lynen が
1964 年ノーベル生理学・医学賞を受賞したときの
S. Bergström の記念講演

脂質は細胞膜の必須の成分であるため，脂質合成は細胞代謝にとって不可欠である．本章では，9 章で述べた主要な脂質の合成経路について述べる．脂肪酸がトリアシルグリセロールに必要なことから，この経路で最も重要なことは脂肪酸合成である．他の重要な生合成経路に，コレステロール合成，エイコサノイド合成，スフィンゴ脂質の合成がある．

脂質はまた，正常な細胞代謝として分解される．最も重要な異化経路は脂肪酸酸化（β酸化）である．この経路で長鎖脂肪酸がアセチル CoA に分解される．脂肪酸生合成と脂肪酸酸化という反対向きの経路は，細胞がいかに熱力学の基礎に従ってエネルギー生産と使用を執り行っているかについて，また新たな例を付け加えることになる．

脂質代謝の異化経路は，動物にとって基礎的な燃料代謝の一部である．トリアシルグリセロールとグリコーゲンは貯蔵エネルギーの二つの主要な形態である．グリコーゲンは短時間の筋肉収縮に ATP を供給することができる．一方，渡り鳥の移動やマラソン走者の運動のような持続した激しい運動には，トリアシルグリセロールの代謝が燃料を供給する．トリアシルグリセロールは無水物であるため，その脂肪酸は，アミノ酸や単糖に比べてより還元された状態にある．これが脂肪酸を有効なエネルギー貯蔵庫にしている（§9.3）．エネルギー要求が高まるとトリアシルグリセロールが酸化される．グルコースのような他のエネルギーが利用できない場合，ほとんど脂肪のみが使われる．

すべての生物種に存在する脂質代謝の基本経路をまずみていこう．必要に応じて細菌と真核生物の間の違いを指摘する．これらの違いは小さい．つぎに，哺乳類の食物脂質の吸収と利用について，脂質代謝のホルモン調節も含めて記述していこう．

> 脂質代謝の調節については §16.9 で述べる．

16.1 脂肪酸合成

脂肪酸は，炭化水素鎖の延長末端に 2 炭素単位を繰返し付加することで合成される．延長している鎖は，タンパク質補酵素（§7.6）のアシルキャリヤータンパク質（ACP）に共有結合している．これはアセチル CoA と同様にチオエステル結合である．脂肪酸合成の全体像を図 16.1 に示した．

脂肪酸合成経路の第一段階は，アセチル CoA からのアセチル ACP とマロニル ACP の合成である．（マロン酸は標準的な C_3 ジカルボン酸の名称である．）初期段階で，アセチル基とマロニル基が縮合して 4 炭素前駆体と CO_2 を与える．この前駆体が脂肪酸合成のプライマーになる．延長段階で，ACP に結合したアシ

(a) 初期段階

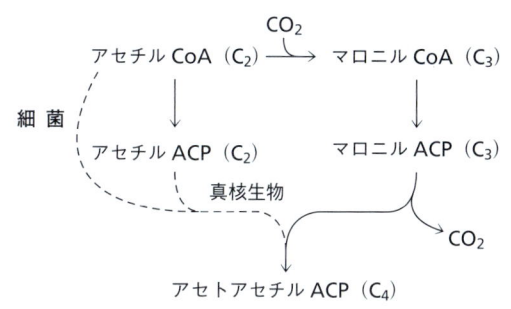

アセチル CoA (C_2) →[CO_2] マロニル CoA (C_3)
↓ (細菌) ↓
アセチル ACP (C_2) マロニル ACP (C_3)
(真核生物) ↘ ↙
→ CO_2
アセトアセチル ACP (C_4)

(b) 延長段階

→ 3-オキソアシル ACP (C_{n+2})
3-オキソアシル ACP (C_n)
(C_{n+2}) ↓ 還元
↑ ↓ 脱水
CO_2 ↓ 還元
マロニル ACP (C_3) → アシル ACP (C_n)

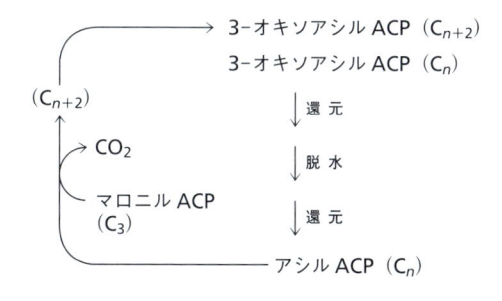

▲図 16.1　脂肪酸合成の概略

---
* カット：ホッキョクグマは 1 年のほとんどを貯蔵した脂肪で生き抜く．一方，渡り鳥は脂肪の蓄えを長く飛ぶために使う．

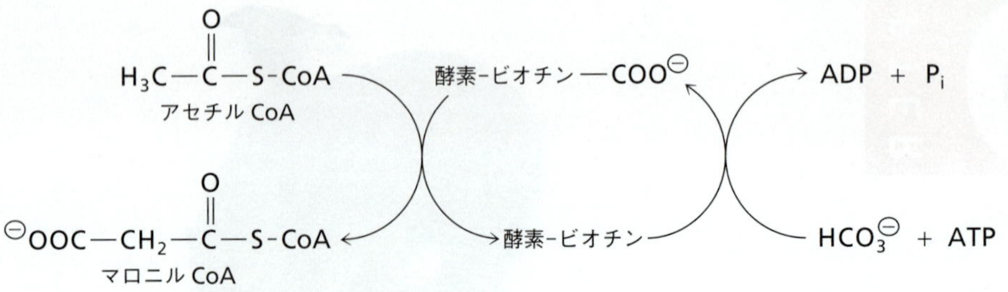

◀図 16.2 アセチル CoA カルボキシラーゼが触媒するアセチル CoA のマロニル CoA へのカルボキシ化反応

ル基（アシル ACP）がマロニル ACP の供与する 2 炭素単位によって延長される．この最初の縮合産物（3-オキソアシル ACP）が，二つの還元反応と一つの脱水反応で変化し，より長鎖のアシル ACP になる．そしてそのアシル ACP がさらなる縮合反応の基質になる．

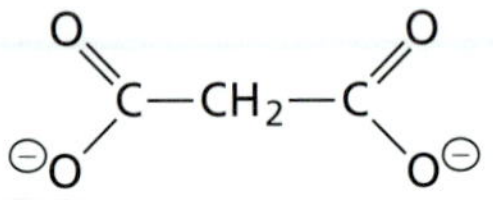

脂肪酸合成はすべての生物種で細胞質ゾルの中で行われる．成育した哺乳類では，おもに肝細胞と脂肪細胞で行われる．ある種の脂質合成は，授乳期の乳腺のような特殊な細胞で行われる．

A. マロニル ACP とアセチル ACP の合成

マロニル ACP は脂肪酸生合成の基質である．それは二つの段階でつくられる．第一段階で，細胞質ゾルにおいてアセチル CoA がカルボキシ化され，マロニル CoA が生成する（図 16.2）．このカルボキシ化反応はビオチン依存性酵素であるアセチル CoA カルボキシラーゼが触媒する．これはピルビン酸カルボキシラーゼが触媒する反応に似ている（図 7.23）．ATP に依存した HCO_3^- の活性化により，カルボキシビオチンが形成される．反応後，活性化された CO_2 がアセチル CoA に転移し，マロニル CoA が形成される．真核生物では，この反応は二機能酵素により触媒される．ビオチン基は可動性アームの上にあり，二つの活性部位間を移動する．アセチル CoA カルボキシラーゼの細菌版は，ビオチンカルボキシラーゼ，ビオチンカルボキシラーゼキャリヤータンパク質，トランスカルボキシラーゼのヘテロ二量体を含むオリゴマー酵素複合体である．すべての生物種で，アセチル CoA カルボキシラーゼは脂肪酸合成の鍵となる調節酵素であり，カルボキシ化反応は代謝的に不可逆である．

マロニル ACP 合成の第二段階は，補酵素 A から ACP へのマロニル基の転移である．この反応は，ACP *S*-マロニルトランスフェラーゼによって触媒される（図 16.3）．ACP *S*-アセチルトランスフェラーゼとよばれる類似の酵素がアセチル CoA をアセチル ACP に変換する．これらの酵素は，ほとんどの生物種ではマロニル CoA かあるいはアセチル CoA に特異的な別々の酵素であるが，哺乳類ではこの二つの活性は結合して二機能酵素であるマロニル/アセチルトランスフェラーゼという大きな複合体になっている．

! アセチル CoA からつくられるマロニル ACP はすべての脂肪酸合成の前駆体である．

B. 脂肪酸合成の初期反応

長鎖脂肪酸合成は ACP に結合した 4 炭素単位の形成から始まる．アセトアセチル ACP とよばれるこの分子は，2 炭素基質（アセチル CoA あるいはアセチル ACP）と 3 炭素基質（マロニル ACP）の縮合によってつくられる．このとき CO_2 の放出が伴う．この反応は 3-オキソアシル ACP シンターゼ（縮合酵素）によって触媒される．

細菌細胞にはいろいろな型の縮合酵素が存在する．この酵素のある型（縮合酵素Ⅲ）は初期反応で使用され，他の型（縮合酵素Ⅰと縮合酵素Ⅱ）はその後の延長反応で使用される．細菌の縮合酵素Ⅲは，初期の縮合にマロニル ACP とともにアセチル CoA を使う（図 16.4）．

この反応で，アセチル CoA の 2 炭素単位がこの酵素に転移して，チオエステル結合を介して共有結合で結合する．つぎに，酵素は，2 炭素単位をマロニル ACP の末端に転移する反応を触媒し，結果として 4 炭素中間体が生成して，CO_2 が遊離する．3-オキソアシル ACP シンターゼの真核生物版は，アセチル CoA の代わりに初期の基質としてアセチル ACP を使用する以外は，同

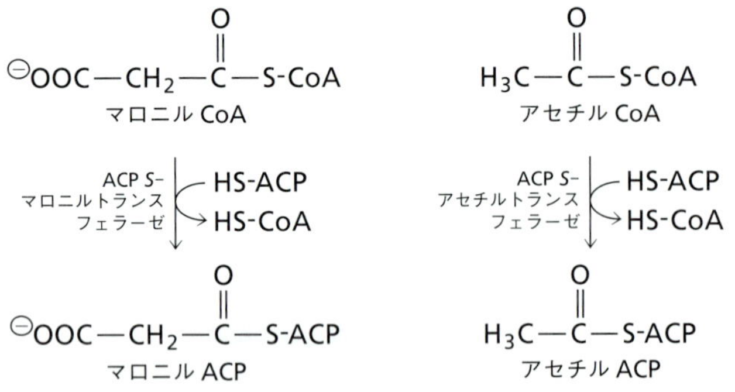

▲図 16.3 マロニル CoA からマロニル ACP の合成，ならびにアセチル CoA からアセチル ACP の合成

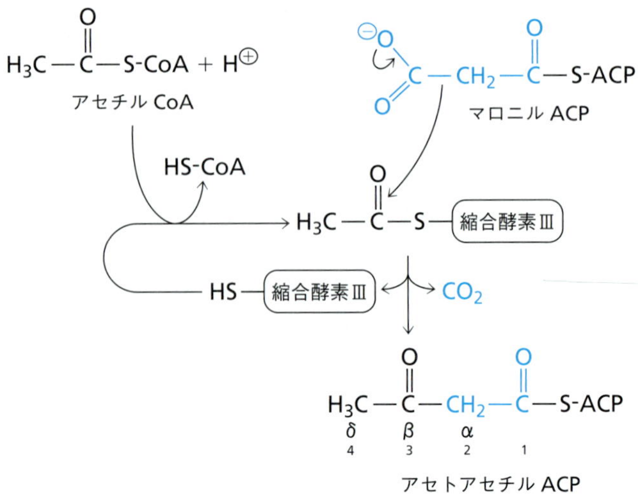

▲図 16.4 細菌のアセトアセチル ACP の合成

じ反応を遂行する．

マロニル CoA の合成には，アセチル CoA の ATP 依存カルボキシ化が含まれていることに注意してほしい（図 16.2）．合成反応に使われる化合物の，最初のカルボキシ化と続く脱カルボキシという戦略は，結果として，カルボキシ化段階で消費される ATP を費やすことで，この過程における自由エネルギー変化を有利にする．類似の戦略は哺乳類のグルコース新生反応でみられた．そこでは，ピルビン酸（C_3）が最初にカルボキシ化されてオキサロ酢酸（C_4）を生成し，つぎにオキサロ酢酸が脱カルボキシされて C_3 分子のホスホエノールピルビン酸を生成した（§12.1）．

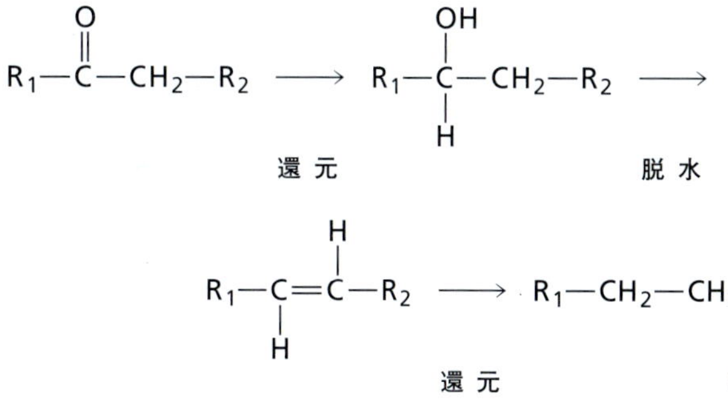

C. 脂肪酸合成の延長反応

アセトアセチル ACP は最も小さい 3-オキソアシル基を含む．この名称の"3-オキソ"は C-3 位にケト基が存在することを表している．3 位の炭素は β 炭素ともいうので（BOX 13.5），縮合酵素も β-ケトアシル ACP シンターゼとよばれていた．

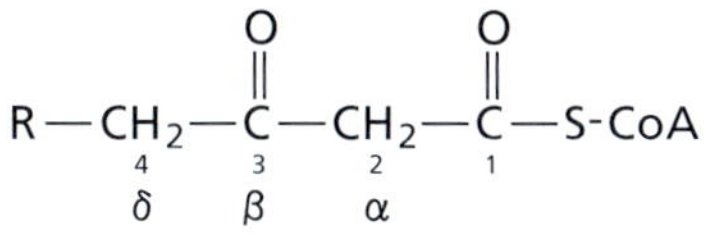

$$R-CH_2-\underset{\underset{\delta}{4}}{C}-\underset{\underset{\beta}{3}}{C}H_2-\underset{\underset{\alpha}{2}}{C}-\underset{1}{S\text{-}CoA}$$
（O は 4 位と 2 位の C に二重結合）

▲ 3-オキソアシル CoA（β-ケトアシル CoA）

ひき続く縮合反応を準備するために，この酸化された 3-オキソアシル基は，電子（およびプロトン）の 3 炭素位への転移によってアシル型へと還元されなければならない．三つの分離した反応が必要である．

$$R_1-\underset{\underset{}{\overset{O}{\parallel}}}{C}-CH_2-R_2 \xrightarrow{\text{還元}} R_1-\underset{\underset{H}{|}}{\overset{\overset{OH}{|}}{C}}-CH_2-R_2 \xrightarrow{\text{脱水}}$$

$$R_1-\underset{\underset{H}{|}}{\overset{\overset{H}{|}}{C}}=\underset{\underset{}{|}}{C}-R_2 \xrightarrow{\text{還元}} R_1-CH_2-CH_2-R_2 \quad (16.1)$$

最初の還元で，ケトンはアルコールに変換される．第二段階は，デヒドラターゼによる水の除去で，C=C 二重結合が生成する．最後に，2 度目の還元が水素原子を付加して，完全に還元したアシル基をつくり出す．これは，生化学反応における通常の酸化-還元戦略である．逆の反応をクエン酸回路でみてきたが，そこではコハク酸がオキサロ酢酸に変換された（図 13.5）．

延長回路に特有の反応を図 16.5 に示した．最初の還元は 3-オキソアシル ACP レダクターゼにより触媒される．第二の還元段階はエノイル ACP レダクターゼが触媒する．合成過程で，3-ヒドロキシ中間体の D 異性体が，NADPH 依存反応でつくられることに注意せよ．§16.7 C で，脂肪酸の分解過程における L 異性体の形成をみることになる．

還元，脱水，還元段階の最終産物は，2 個の炭素だけ長くなったアシル ACP である．このアシル ACP は 3-オキソアシル ACP シンターゼ（縮合酵素 I と縮合酵素 II）の延長型の基質になる．

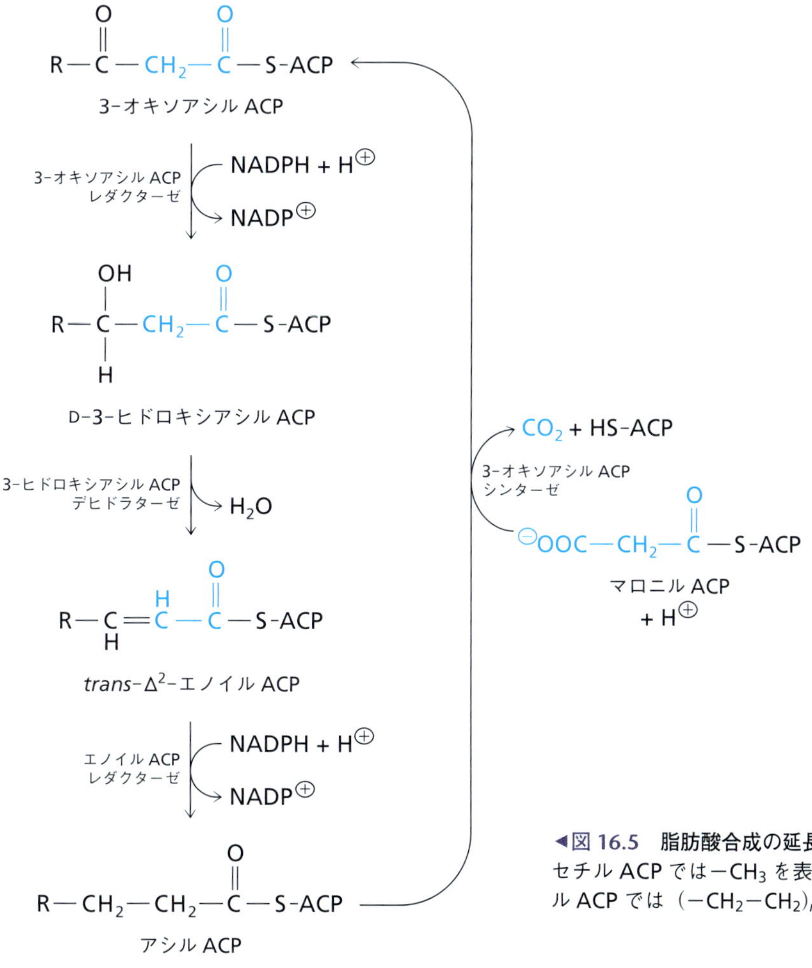

◀ 図 16.5 脂肪酸合成の延長段階　R は，アセトアセチル ACP では $-CH_3$ を表し，他の 3-オキソアシル ACP では $(-CH_2-CH_2)_n-CH_3$ を表す．

すべての生物種は縮合反応における炭素供与体としてマロニルACPを使う．この延長反応が何度も繰返されて，さらに長い脂肪酸鎖がつくり出される．

脂肪酸の合成が充足したときの最終産物は，16炭素か18炭素の脂肪酸である．これより長い鎖長は縮合酵素の結合部位に適合することができない．完成した脂肪酸はチオエステラーゼの作用でACPから離脱する．この酵素は切断反応を触媒して，HS-ACPを生成する．たとえば，パルミトイルACPは，パルミチン酸とHS-ACPの生成を触媒するチオエステラーゼの基質になる．

$$\text{パルミトイル ACP} \xrightarrow[\text{チオエステラーゼ}]{H_2O} \text{パルミチン酸 (C}_{16}) + HS\text{-ACP} + H^{\oplus} \tag{16.2}$$

アセチルCoAとマロニルCoAからパルミチン酸が合成されるときの全体の化学量論は，以下の通りである．

$$\text{アセチル CoA} + 7\text{ マロニル CoA} + 14\text{ NADPH} + 20\text{ H}^{\oplus} \longrightarrow$$
$$\text{パルミチン酸} + 7\text{ CO}_2 + 14\text{ NADP}^{\oplus} + 8\text{ HS-CoA} + 6\text{ H}_2\text{O} \tag{16.3}$$

細菌では，脂肪酸合成のそれぞれの反応は，別々の単一機能の酵素によって触媒される．この型の経路は，II型脂肪酸合成系（FAS II）として知られる．菌類や動物では，さまざまな酵素活性が大きな多機能酵素のドメイン中に局在し，I型脂肪酸合成系（FAS I）といわれる．

哺乳類のこの大きなポリペプチドは，約2500アミノ酸残基（270 kDa）から成る．脂肪酸シンテラーゼは二量体で，二つの単量体が固く結び付いて二つの部位をもつ酵素を形成し，二量体の軸の両側で脂肪酸が合成される（図16.6）．図16.6に示した酵素の基底部分にマロニル/アセチルトランスフェラーゼと3-オキソアシルACPシンテラーゼの活性が固まって存在し，延長しつつある鎖に新しい2炭素単位を付加する．酵素は，脂肪酸の鎖をACPのホスホパンテテイン補欠分子族に付着させる．ACPは可動性ループ上に位置している．このACP結合脂肪酸が変換活性の活性部位に入り込む．そこには3-オキソアシルACPレダクターゼ，3-ヒドロキシアシルACPデヒドラターゼ，エノイルACPレダクターゼ活性がある．脂肪酸鎖は，最終的にチオエステラーゼ作用を受けて遊離する．

ACPドメインとチオエステラーゼドメインの構造は結晶構造からは解析されていない．なぜなら，それらが酵素の本体に，天然変性した短い残基でつながっているためである（§ 4.7 D）．反応中に動けるように，可動性ドメインは自由でなければならない．

D．脂肪酸の活性化

チオエステラーゼ反応（16.2式）により遊離の脂肪酸が放出されるが，ひき続く脂肪酸の変換と膜脂質への取込みには活性化段階が必要である．脂肪酸は，アシルCoAシンテラーゼが触媒するATP依存反応で補酵素Aのチオエステルに変換される（図16.7）．この反応で二リン酸が，ピロホスファターゼの作用で2分子のリン酸に加水分解される．その結果，脂肪酸のCoAチオエステルをつくるために，2個のリン酸無水物結合，すなわち2個のATP当量が消費される．細菌は一般に単一のアシルCoAシンテラーゼをもつが，哺乳類には，少なくとも4個の違ったアシルCoAシンテラーゼ異性体が存在する．異なる酵素のそれぞれは，特定の脂肪酸の鎖長に特異的である．すなわち，短鎖（<C_6），中間鎖（C_6〜C_{12}），長鎖（>C_{12}），超長鎖（>C_{16}）に対応する．活性化反応の機構は，酢酸とCoAからアセチルCoAを合成する反応と同じである（図10.16）．脂肪酸を膜脂質に取込むためには脂肪酸の活性化が必要である（§ 16.2）．

◀図16.7 脂肪酸の活性化

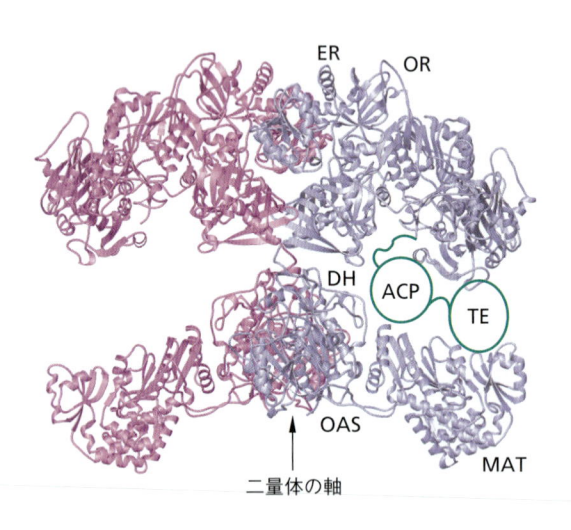

▲図16.6 哺乳類の脂肪酸シンテラーゼ ブタ（*Sus scrofa*）の酵素の構造を示す．大きな二量体で，以下の酵素活性をもつ．マロニル/アセチルトランスフェラーゼ（MAT），3-オキソアシルACPシンテラーゼ（OAS），3-オキソアシルACPレダクターゼ（OR），3-ヒドロキシアシルACPデヒドラターゼ（DH），エノイルACPレダクターゼ（ER），チオエステラーゼ（TE）．脂肪酸の鎖は結合しているACPに付着する．ACPドメインとチオエステラーゼドメインの構造は解析されていない．なぜなら，それらが可動性領域に連なっているためである．［PDB 2VZ9］

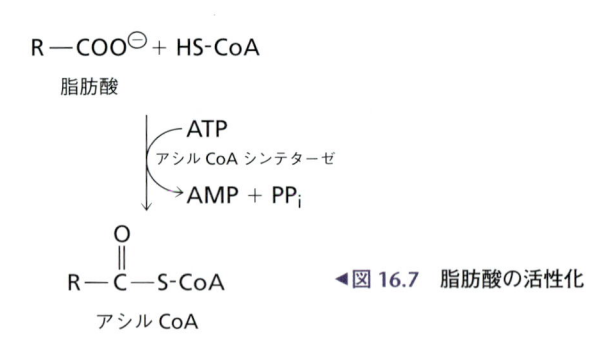

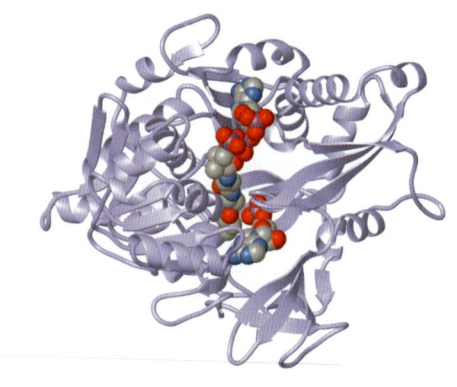

▲ヒト中間鎖アシルCoAシンテラーゼ 反応の産物であるAMPとアシルCoAは活性中心に結合している．酵素は二量体であるが一つのサブユニットだけを示した．［PDB 3EQ6］

E．脂肪酸の延長と不飽和化

脂肪酸シンテラーゼは，16あるいは18炭素（C_{16}あるいはC_{18}）より長い脂肪酸をつくることはできない．より長鎖の脂肪酸は，

別の延長反応でパルミトイル CoA あるいはステアロイル CoA を延長することでつくられる．このような延長を触媒する酵素はエロンガーゼ（延長酵素）として知られていて，2 炭素延長単位の供給源としてマロニル CoA（マロニル ACP でない）が使われる．エロンガーゼ反応の例は，図 16.8 の第二段階に示されている．C_{20} や C_{22} 脂肪酸のような長鎖脂肪酸はよくあるが，C_{24} や C_{26} 脂肪酸は珍しい．

不飽和脂肪酸は，細菌でも真核生物でも合成されるが，その経路は異なる．II 型脂肪酸合成系（細菌）では，延長中の鎖が 10 炭素原子の長さになると，二重結合が付加される．この反応は，C_{10} 中間体を認識する特別な酵素によって触媒される．たとえば，3-ヒドロキシデカノイル ACP デヒドラターゼは，脂肪酸合成過程の通常のデヒドラターゼ反応におけるのと同じように 2 位に特異的に二重結合を導入する（図 16.5）．しかしながら，特異的な C_{10} デヒドラターゼは，trans ではなく cis-2-デカノイル ACP をつくり出す．エノイル ACP レダクターゼの基質になるのはトランス配置である．

このような不飽和脂肪酸のさらなる延長は，縮合反応で 3-オキソアシル ACP シンターゼの特別な酵素が不飽和脂肪酸を認識することの他は，通常の脂肪酸シンターゼ経路をたどって行われる．最終産物は，16:1Δ^8 と 18:1Δ^{10} 不飽和脂肪酸である．これらの産物は細菌内で，多不飽和脂肪酸をつくり出すためにさらに変化する．鎖はエロンガーゼによって延長し，二重結合はさらにデサチュラーゼ（不飽和化酵素）とよばれる酵素によって導入される．細菌は，低温にさらされたときに膜の流動性を高めるため，きわめて多種類の多不飽和脂肪酸を含む（§9.9）．たとえば，海洋細菌の多くの種では，20:5 と 22:6 の多不飽和脂肪酸が合成される．これらの種では，膜脂肪酸の 25% 以上が多不飽和脂肪酸である．

不飽和脂肪酸の命名法は §9.2 で述べた．

真核生物は I 型脂肪酸シンターゼを使うため，脂肪酸合成過程で二重結合を導入することができない．真核生物の脂肪酸シンターゼは，大きな多機能タンパク質の一部として単一の 3-オキ

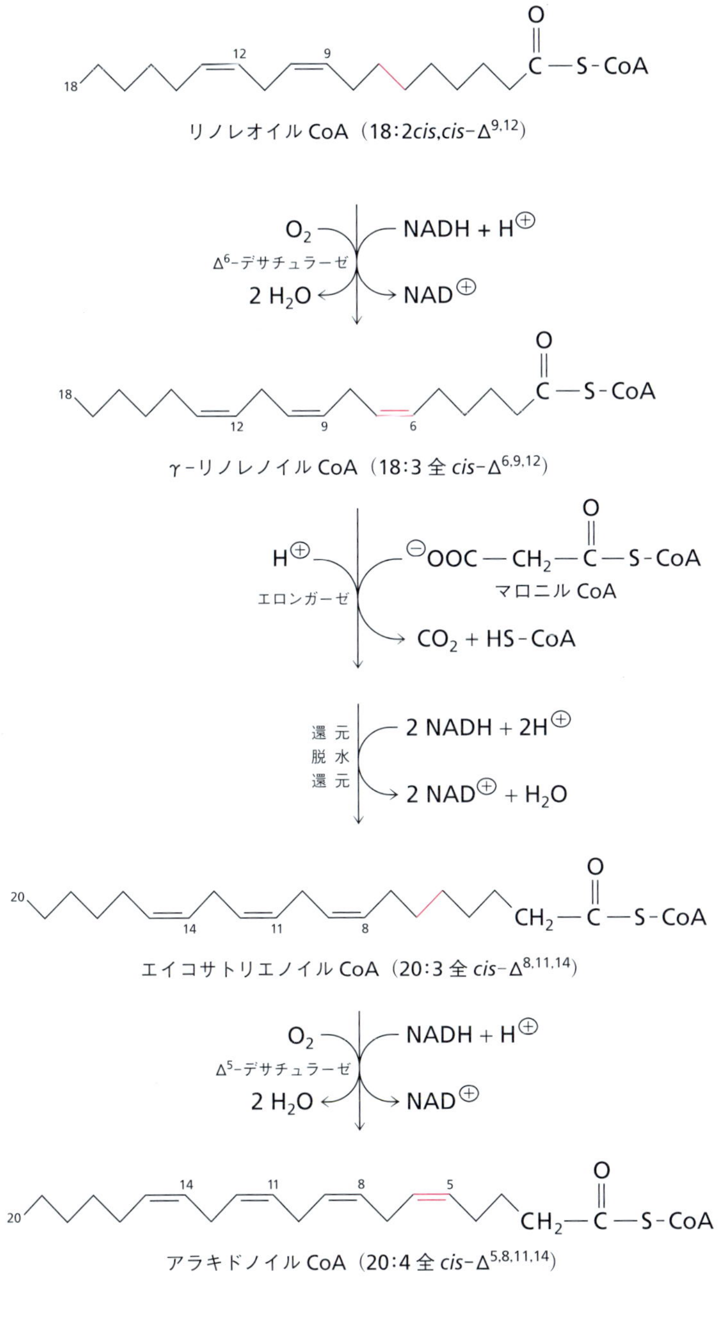

◀図 16.8 リノレオイル CoA からアラキドノイル CoA へ変換するときの延長と不飽和化の反応

ソアシル ACP シンターゼ（縮合酵素）活性を含んでいる．この真核生物の縮合酵素の活性部位は不飽和脂肪酸中間体を認識できず，もし細菌のように二重結合が C_{10} 段階でできたとしたら，延長することができなくなるだろう．それゆえ，真核生物は不飽和脂肪酸をもっぱらデサチュラーゼによって合成している．この酵素は，完成した脂肪酸誘導体のパルミトイル CoA とステアロイル CoA に作用する．

ほとんどの真核生物はさまざまなデサチュラーゼをもっている．脂肪酸のカルボキシ末端から 15 炭素も離れた所にある二重結合の形成を触媒するものもある．たとえば，パルミトイル CoA は，類似体の $16:1\Delta^9$ に酸化され，加水分解されて通常の脂肪酸，パルミトレイン酸になる．多不飽和脂肪酸は，特異性の高い異なるデサチュラーゼの連続的な作用によって合成される．ほとんどの場合，植物の α-リノレン酸合成のように 3 炭素ごとに二重結合が導入される．

$18:0$（ステアロイル CoA）$\longrightarrow$ $18:1\Delta^9$ $\longrightarrow$
$18:2\Delta^{9,12}$（リノレオイル CoA）$\longrightarrow$
$18:3\Delta^{9,12,15}$（α-リノレノイル CoA）　　　(16.4)

哺乳類には C-9 位を越えて作用するデサチュラーゼがないので，リノール酸や α-リノレン酸は合成されない．しかしながら，生存のためには，12 位に二重結合をもつ多不飽和脂肪酸が必須である．なぜなら，これらはプロスタグランジンのような重要なエイコサノイド合成の前駆体だからである．哺乳類には Δ^{12} デサチュラーゼがないので，食物からリノール酸を摂取しなければならない．これはヒトの食物にとって必須である．ほとんどの食物に十分量含まれているので α-リノレン酸欠乏は珍しい．たとえば，植物は多不飽和脂肪酸の豊富な供給源である．それにもかかわらず，多くの"ビタミン"サプリメントの成分にリノール酸が入っている．

> 哺乳類は必須脂肪酸のほかに，多くの必須ビタミン（7 章），さまざまな必須アミノ酸（17 章）を食物から摂取しなければならない．

哺乳類では食物のリノール酸はリノレオイル CoA に活性化された後に，一連の不飽和化と延長反応の経路を経て，アラキドノイル CoA (20:4) に変換される（図 16.8）．〔リン脂質から生じたアラキドン酸はエイコサノイドの前駆体である（§16.3）．〕この経路に，複雑な多不飽和脂肪酸の合成におけるエロンガーゼとデサチュラーゼ活性の典型例が示されている．アラキドン酸経路における中間体の γ-リノレノイル CoA (18:3) は，延長および不飽和化されて，C_{20} と C_{22} の多不飽和脂肪酸になる．多不飽和脂肪酸の二重結合は共役せずにメチレン基で分断されていることに注意してほしい．たとえば，Δ^9 二重結合は隣の二重結合が Δ^6 位または Δ^{12} 位に入るように指示している．

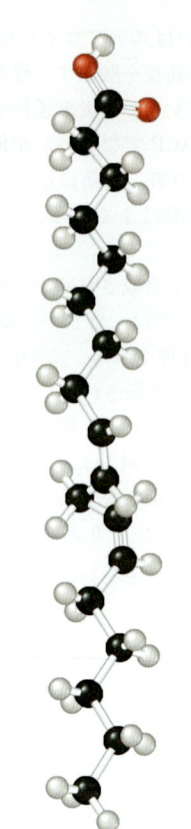

◀ リノール酸　リノール酸はヒトの食事の必須成分である．

16.2　トリアシルグリセロールと　　　　グリセロリン脂質の合成

大部分の脂肪酸はトリアシルグリセロールあるいはグリセロリン脂質のようにエステル化された形で見いだされる（§9.3 および 9.4）．ホスファチジン酸は，トリアシルグリセロールとグリセロリン脂質合成の中間体である．このものは脂肪酸アシル CoA 分子のアシル基をグリセロール 3-リン酸の C-1 と C-2 へ転移させることでつくられる（図 16.9）．グリセロール 3-リン酸はグリセロール-3-リン酸デヒドロゲナーゼによる還元反応でジヒドロキシアセトンリン酸から合成される．この酵素については §14.12 で NADH シャトル機構の説明で述べた．

脂質合成反応は，アシル基供与体として脂肪酸アシル CoA 分

> 以前の生化学文献ではトリアシルグリセロールはトリグリセリドとよばれていた（§9.3）

▲ 図 16.9　ホスファチジン酸の合成　グリセロール-3-リン酸アシルトランスフェラーゼは，グリセロール 3-リン酸の C-1 のエステル化を触媒し，おもに飽和アシル鎖に作用する．1-アシルグリセロール-3-リン酸アシルトランスフェラーゼは，C-2 のエステル化を触媒し，不飽和のアシル鎖により強い親和性がある．

子を用いる二つの別々のアシルトランスフェラーゼによって触媒される．最初のアシルトランスフェラーゼはグリセロール-3-リン酸アシルトランスフェラーゼで，グリセロール3-リン酸のC-1におけるエステル化を触媒して1-アシルグリセロール3-リン酸（リゾホスファチジン酸）を生成する．この酵素は飽和脂肪酸アシル鎖に親和性をもつ．第二のアシルトランスフェラーゼは1-アシルグリセロール-3-リン酸アシルトランスフェラーゼで，1-アシルグリセロール3-リン酸のC-2におけるエステル化を触媒する．この酵素は不飽和鎖に親和性をもつ．二つの反応の産物はホスファチジン酸で，結合したアシル基に依存した特別な性質をもつ一群の分子の一つである．

ホスファチジン酸からトリアシルグリセロールと中性リン脂質を合成する過程は，ホスファチジン酸ホスファターゼが触媒するホスファチジン酸の脱リン酸から始まる（図16.10）．この反応の産物である1,2-ジアシルグリセロールは，直接にアシル化されてトリアシルグリセロールになる．これとは別に，1,2-ジアシルグリセロールはCDPコリンやCDPエタノールアミンのようなヌクレオチド-アルコール誘導体と反応して，それぞれホスファチジルコリンあるいはホスファチジルエタノールアミンになる．これらの誘導体はつぎの一般的な反応でCTP（シチジン5′-三リン酸）から合成される．

CTP ＋ アルコールリン酸 ⟶ CDP アルコール ＋ PPi　　(16.5)

ホスファチジルコリンはS-アデノシルメチオニン（§7.3）によるホスファチジルエタノールアミンのメチル化でも合成される．

酸性リン脂質の直接の前駆体もホスファチジン酸である．この経路では，ホスファチジン酸は最初にCTPと反応して活性化され，二リン酸を遊離してCDPジアシルグリセロールが形成される（図16.11）．いくつかの細菌では，セリンがCMPと置換してホスファチジルセリンが生成する．原核生物および真核生物では，イノシトールがCMPと置換してホスファチジルイノシトールになる．連続したATP依存性リン酸化反応を介して，ホスファチジルイノシトールがホスファチジルイノシトール4-リン酸（PIP）およびホスファチジルイノシトール4,5-ビスリン酸（PIP$_2$）に変換される．前述したように，PIP$_2$はジアシルグリセロールとセカンドメッセンジャーであるイノシトール1,4,5-トリスリン酸（IP$_3$）の前駆体である（§9.11 D）．

大部分の真核生物はホスファチジルセリンの合成に別の経路を使用する．ホスファチジルセリンは，セリンがエタノールアミン

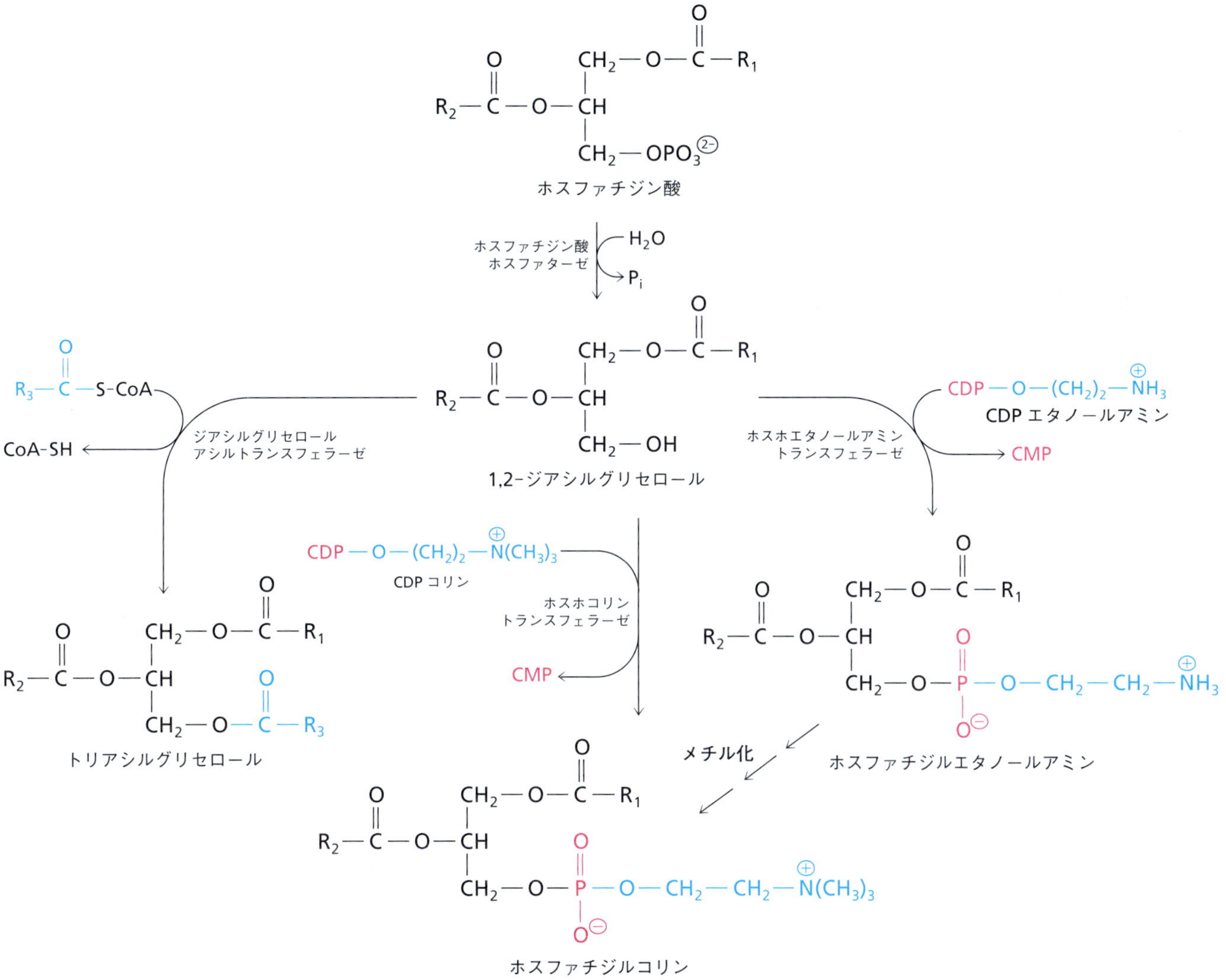

▲図16.10　**トリアシルグリセロールと中性リン脂質の合成**　トリアシルグリセロール，ホスファチジルコリン，ホスファチジルエタノールアミンの合成は，ジアシルグリセロール中間体を経て進行する．シトシンヌクレオチド誘導体がリン脂質の極性頭部の供与体になる．酵素的なメチル化反応が3回行われて，ホスファチジルエタノールアミンをホスファチジルコリンに変換する．このときのメチル基供与体はS-アデノシルメチオニンである．

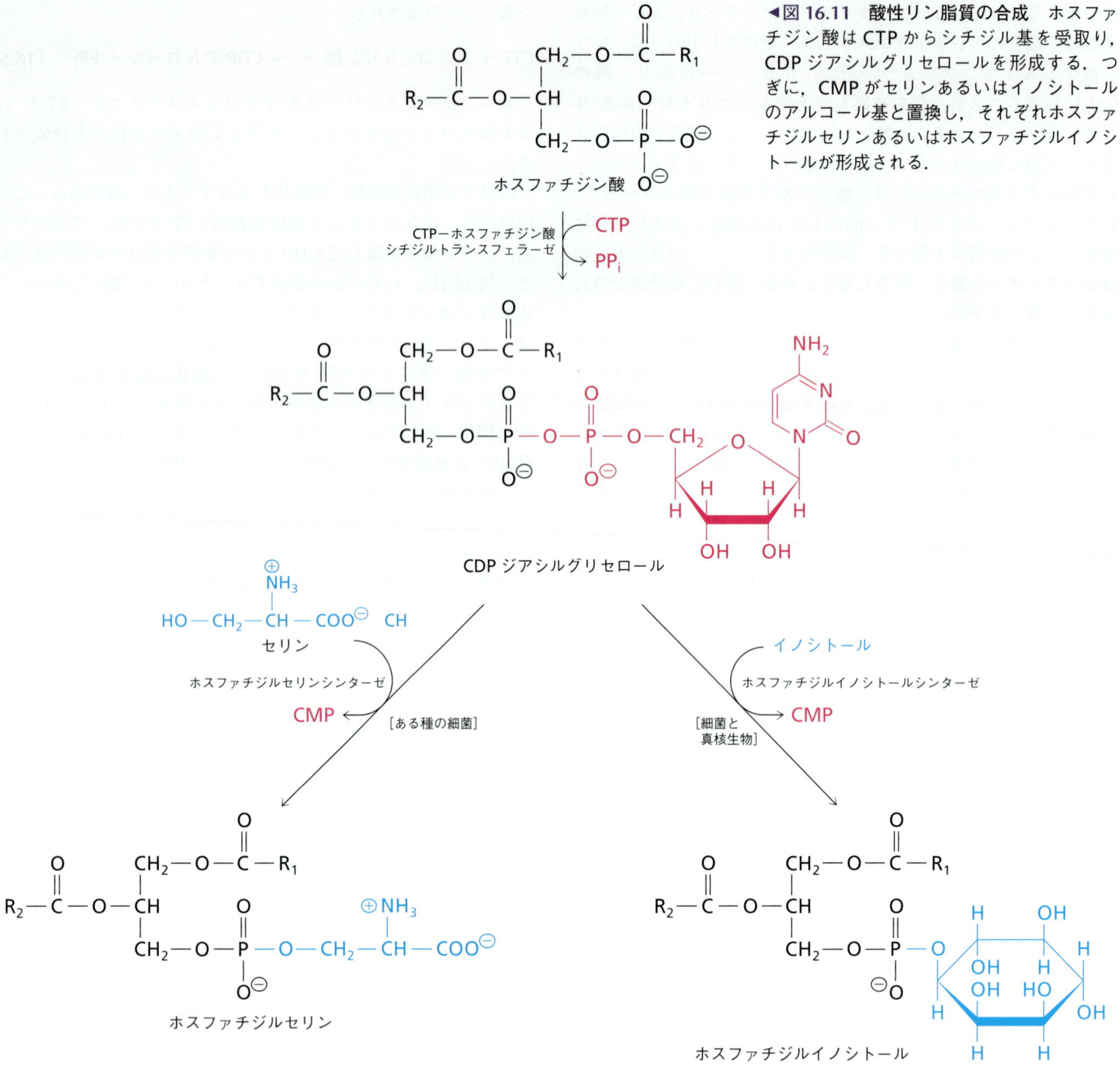

◀ 図 16.11 **酸性リン脂質の合成** ホスファチジン酸は CTP からシチジル基を受取り，CDP ジアシルグリセロールを形成する．つぎに，CMP がセリンあるいはイノシトールのアルコール基と置換し，それぞれホスファチジルセリンあるいはホスファチジルイノシトールが形成される．

BOX 16.1 *sn*-グリセロール 3-リン酸

トリアシルグリセロール合成の前駆体の一つは，図16.9 のフィッシャー投影式に示したようなグリセロール 3-リン酸である．この分子をそのまま上下に逆転させると，グリセロール 1-リン酸として表すこともできる．立体化学命名法では L から D への変更である．D-グリセロール 3-リン酸と L-グリセロール 1-リン酸は同一分子に対する異なる名称である．

同じ分子が異なる名称をもつことで混乱が生じる．なぜなら，グリセロールリン酸前駆体はプロキラル分子なので，L-グリセロール 3-リン酸か D-グリセロール 1-リン酸のどちらでスタートするかで合成された脂質が違う立体化学的名称をもつことになるからである．これを避けるために，炭素原子の番号に新しい規則が導入された．フィッシャー投影式で，C-2 のヒドロキシ基が左にあるとき，"上の"炭素原子を C-1 とし，"下の"炭素原子を C-3 とする．このようにすると，L-グリセロール 3-リン酸は *sn*-グリセロール 3-リン酸になる．ここで *sn* は stereospecific numbering（特異的番号付け）を表す．

ほとんどの生物種にみられるトリグリセリド前駆体の正式名称は，*sn*-グリセロール 3-リン酸である．古細菌では前駆体は *sn*-グリセロール 1-リン酸である（BOX 9.5）．

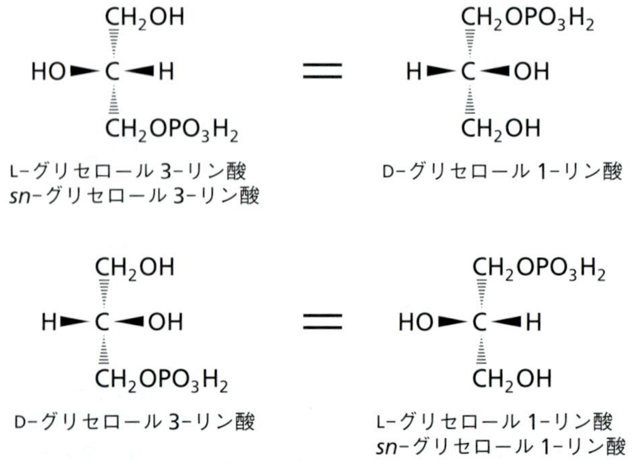

L-グリセロール 3-リン酸
sn-グリセロール 3-リン酸

D-グリセロール 1-リン酸

D-グリセロール 3-リン酸

L-グリセロール 1-リン酸
sn-グリセロール 1-リン酸

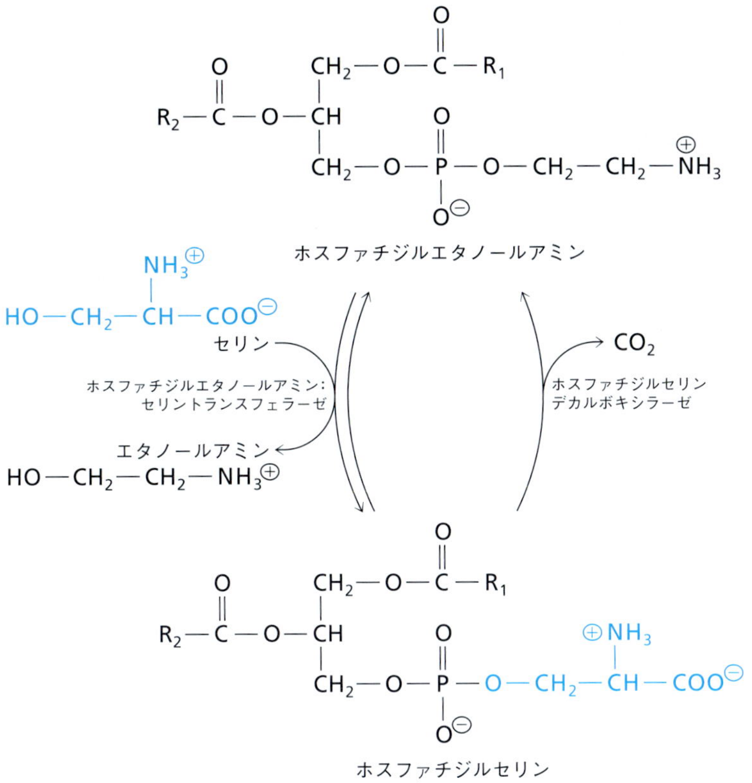

◀図 16.12 ホスファチジルエタノールアミンとホスファチジルセリンの相互変換

と可逆的置換反応を行うことでホスファチジルエタノールアミンから合成される．この反応はホスファチジルエタノールアミン：セリントランスフェラーゼが触媒する（図16.12）．ホスファチジルセリンは，ホスファチジルセリンデカルボキシラーゼに触媒される脱炭酸反応で，もとのホスファチジルエタノールアミンに変換される．

16.3 エイコサノイドの合成

エイコサノイドには，プロスタグランジン＋トロンボキサンならびにロイコトリエンの大きな二つのグループがある．アラキドン酸（$20:4\ \Delta^{5,8,11,14}$）は多くのエイコサノイドの前駆体である．

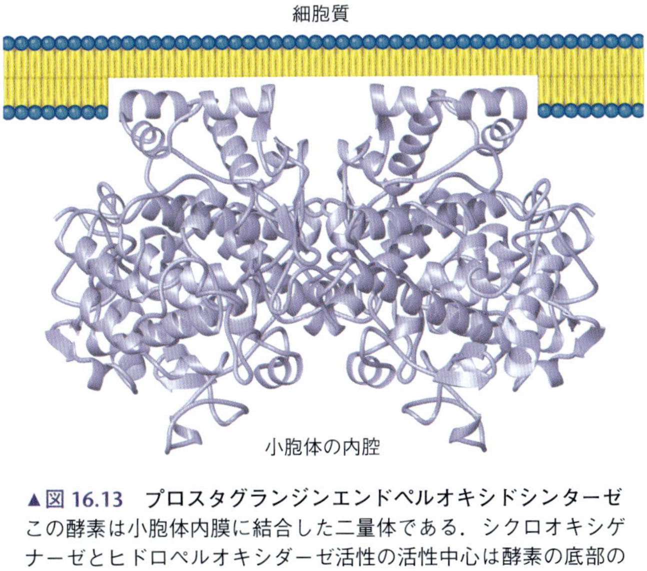

▲図 16.13 プロスタグランジンエンドペルオキシドシンターゼ
この酵素は小胞体内膜に結合した二量体である．シクロオキシゲナーゼとヒドロペルオキシダーゼ活性の活性中心は酵素の底部の大きな裂け目にある．［ヒツジ（*Ovis aries*）の酵素，PDB 1PRH］

アラキドン酸は，図16.8に示したΔ^6デサチュラーゼ，エロンガーゼ，Δ^5デサチュラーゼを要求する経路で，リノレオイルCoA（$18:2\ \Delta^{9,12}$）から合成される．

プロスタグランジン類は，プロスタグランジンエンドペルオキシドシンターゼとよばれる二機能酵素の触媒反応でアラキドン酸が閉環されて合成される．この酵素は，脂質二重層部分に挿入された疎水的αヘリックスを介して小胞体の内膜に結合している（図16.13）．酵素のシクロオキシゲナーゼ活性がヒドロペルオキシド（プロスタグランジンG_2）の合成を触媒する．プロスタグランジンエンドペルオキシドシンターゼは第二の活性部位をもち，そのヒドロペルオキシダーゼ活性によって不安定なヒドロペルオキシドが速やかにプロスタグランジンH_2に変換される（図16.14）．この産物は，プロスタサイクリン，プロスタグランジン類，トロンボキサンA_2を含む種々の短寿命の調節分子に変換される．内分泌腺において合成され，血流で作用部位に運ばれるホルモンとは違って，エイコサノイドは合成された細胞のごく近傍で機能する典型的な調節因子である．たとえば，血液の血小板で合成されるトロンボキサンA_2は血小板を凝集させ，動脈壁の平滑筋を収縮させて，局部的な血流の変化をもたらす．子宮は出産時に収縮を誘導するプロスタグランジンを生産する．エイコサノイドはまた，疼痛，炎症，浮腫をひき起こす．

リノール酸は，アラキドン酸とエイコサノイドの合成を支えるために，通常は植物から食物として供給されなければならなかったことを思い出してほしい．リノール酸が必須である一つの理由は，それがプロスタグランジンの合成に必要で，プロスタグランジンは生存に必須だからである．

アスピリンはいくつかのプロスタグランジンの合成を止め，痛みの症状を緩和して熱を下げる．アスピリンの活性成分であるアセチルサリチル酸がアセチル基を二機能酵素の活性部位であるセリン残基に転移され，不可逆的にシクロオキシゲナーゼ活性を阻害するからである．シクロオキシゲナーゼ活性を阻害すること

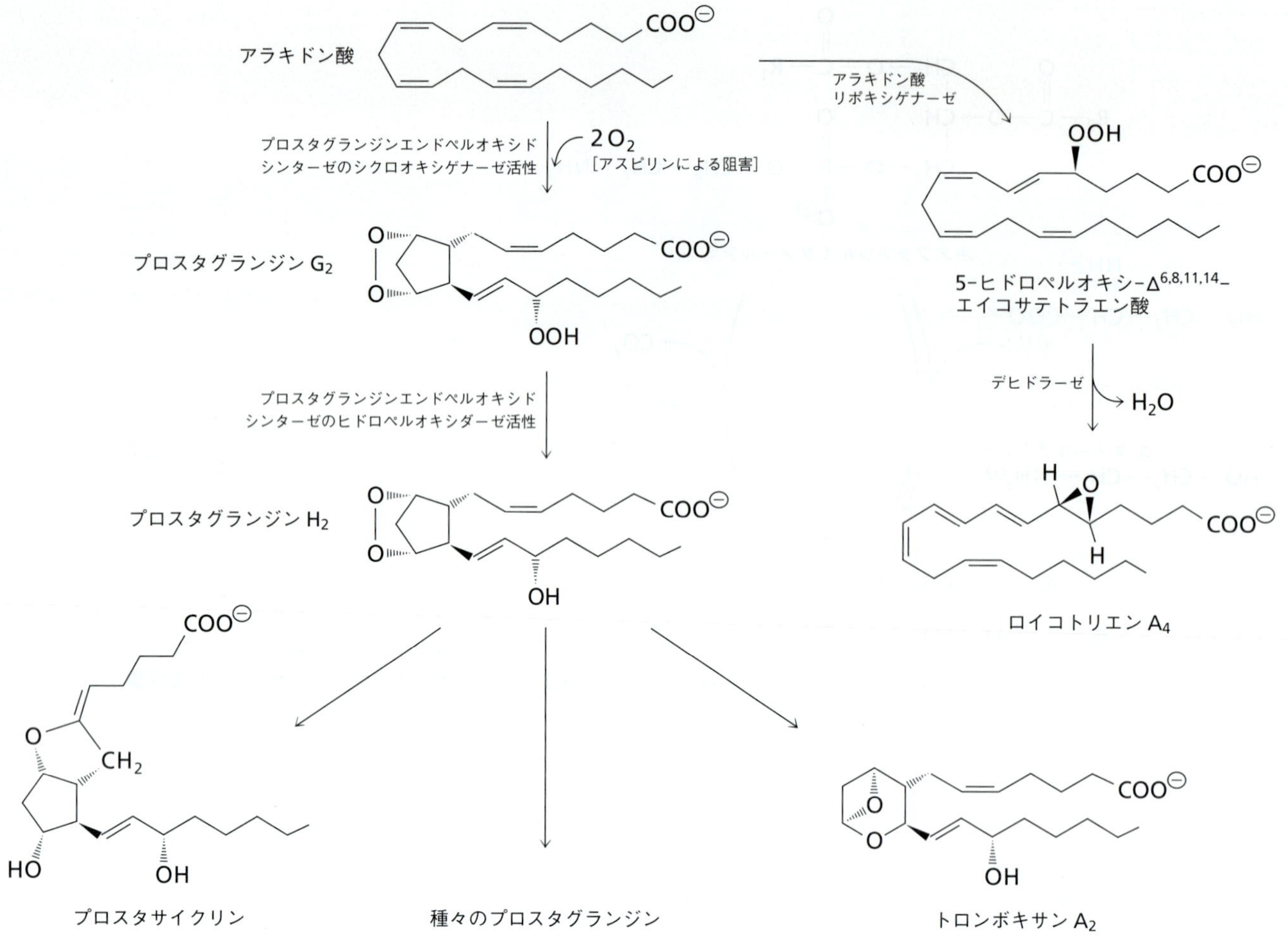

16. 脂質代謝

▲図16.14　エイコサノイド合成の主要経路　プロスタグランジンエンドペルオキシドシンターゼ経路は，プロスタサイクリンやトロンボキサン A_2，種々のプロスタグランジン類に変換されるプロスタグランジン H_2 を導く．一方，リポキシゲナーゼ経路は，他のロイコトリエン類の前駆体になるロイコトリエン A_4 を形成する．プロスタグランジンエンドペルオキシドシンターゼのシクロオキシゲナーゼ活性はアスピリンで阻害される．

BOX 16.2　アスピリン置換体の研究

ほとんどの天然サリチル酸塩には重大な副作用があり，口腔，咽喉，胃に炎症を起こし，不快な味がする．アスピリンはこれらの副作用の大部分を除去したため，導入されると直ちに薬として普及した．しかしながら，アスピリンは，浮動性めまい，耳鳴り，胃内側の出血や潰瘍をひき起こす．プロスタグランジンエンドペルオキシドシンターゼのシクロオキシゲナーゼ活性（COX）には二つの異なる型がある．COX-1は胃のムチンの分泌を調節する構成的酵素で，消化器壁を保護する．COX-2は炎症，疼痛，発熱を促進する誘導酵素である．アスピリンは両方のアイソザイムを阻害する．

他にも多くのCOX活性を阻害する非ステロイド系抗炎症薬（nonsteroidal anti-inflammatory drug, NSAID）がある．アスピリンは酵素の共有結合修飾で阻害する唯一のものである．その他の薬はCOXの活性部位へのアラキドン酸の結合と拮抗することで作用する．たとえば，イブプロフェンは活性部位に弱いながらも速やかに結合し，その阻害は薬物濃度が低下すると直ちに解消する．アセトアミノフェンは細胞内でCOX活性の有効な阻害剤として機能する．

医師は，COX-1ではなく，COX-2を選択的に阻害する薬を求めている．そのような化合物は胃を刺激することはないだろう．多くの特異的COX-2阻害薬が合成され，今や多くのものが患者に使われている．これらの薬は高価ではあるが，日常的に鎮痛薬を必要としている関節炎患者にとって価値がある．NSAIDの新薬には心臓血管系疾患への危険性が増加していることが判明し，市場から回収されることがときどきある（たとえば，ロフェコキシブ）．COX-2のX線結晶解析の研究とこれらの阻害剤との相互作用が，さらによりよいアスピリン置換体を探し求める研究に役立っている．

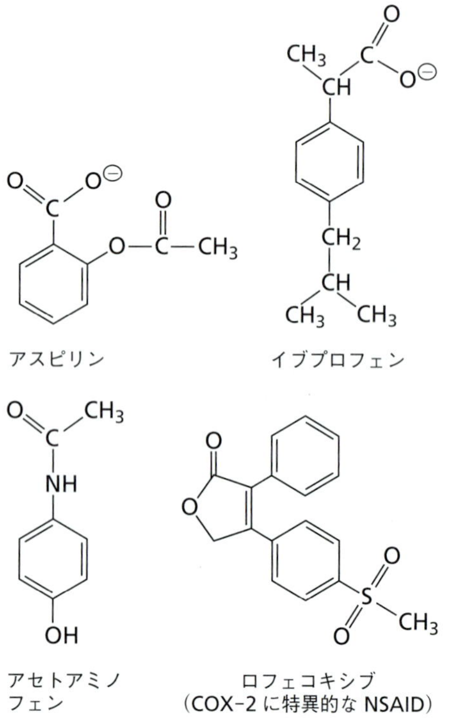

16.4 エーテル脂質の合成

で，アスピリンはシクロオキシゲナーゼ反応に続くエイコサノイド合成を阻害する．アスピリンは1897年に市販薬として初めて開発されたが，それまで他のサリチル酸塩が鎮痛剤として長く使われていた．たとえば，古代ギリシャでは鎮痛にヤナギの木の皮が使われたが，ヤナギの皮はサリチル酸塩の天然の原料である．

第二のエイコサノイドは，リポキシゲナーゼに触媒される反応でつくられる．図16.14に，アラキドン酸リポキシゲナーゼがロイコトリエン A_4 につながる経路の第一段階を触媒することが示されている．〔トリエン（triene）という用語は3個の共役二重結合の存在を示す．〕これに続く反応でその他のロイコトリエン類が合成される．その中には，抗原投与によりしばしば致命的な副作用をひき起こすことのある"アナフィラキシーの遅延反応性物質"（アレルギー反応）とかつてよばれた化合物が含まれている．

◀ヤナギの木の皮が天然のサリチル酸塩の原料になる．

16.4 エーテル脂質の合成

エーテル脂質（§9.4）では，通常のエステル結合の一つがエーテル結合に置き換わっている．エーテル脂質形成の経路はジヒドロキシアセトンリン酸から出発する（図16.15）．初めに，脂肪酸アシルCoAのアシル基が，ジヒドロキシアセトンリン酸のC-1の酸素にエステル結合し，1-アシルジヒドロキシアセトンリン

▲図16.15 エーテル脂質の合成　プラズマローゲンは赤の矢印で示した位置で二重結合を形成することで，エーテル脂質から合成される．

酸が形成される．つぎに，脂肪アルコールが脂肪酸を置換し，1-アルキルジヒドロキシアセトンリン酸になる．ついで，この化合物のカルボニル基がNADPHにより還元され，1-アルキルグリセロ-3-リン酸になる．還元の後，グリセロール残基のC-2がエステル化され，1-アルキル-2-アシルグリセロ-3-リン酸が生成する．その後の反応，脱リン酸と（コリンあるいはエタノールアミンの）極性頭部の付加は，先に図16.10で示したものと同じである．プラスマローゲンは，グリセロール骨格のC-1にビニルエーテル結合をもち（図9.9），アルキルエーテル結合の酸化によりアルキルエーテルから合成される．反応は，NADHとO_2を要求するオキシダーゼにより触媒される．このオキシダーゼは，脂肪酸に二重結合を挿入するデサチュラーゼ（図16.8）に類

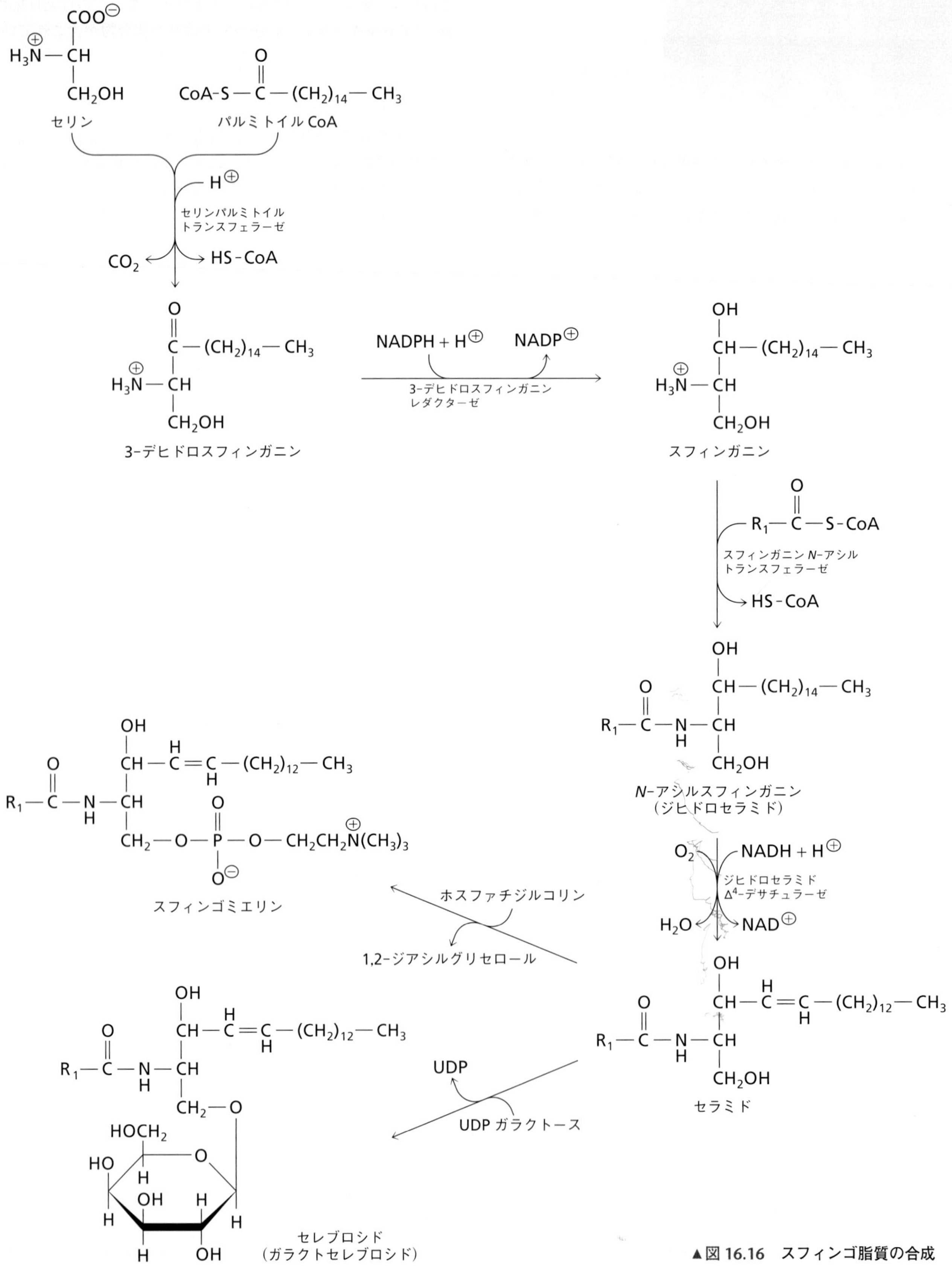

▲図16.16 スフィンゴ脂質の合成

似する.

真核生物では，ある種の生物や組織にプラスマローゲンに富んだ膜があるが，エーテル脂質はエステル結合を有するグリセロリン脂質ほどには一般的ではない．エーテル脂質は細菌には多く，特に古細菌の膜脂質の多くはエーテル脂質である（BOX 9.5）．

16.5 スフィンゴ脂質の合成

スフィンゴ脂質は構造骨格としてスフィンゴシン（C_{18} 不飽和アミノアルコール）をもつ膜脂質である（図 9.10）．スフィンゴ脂質生合成経路の第一段階で，セリン（C_3 単位）がパルミトイル CoA と縮合し，3-デヒドロスフィンガニンと CO_2 を生成する（図 16.16）．NADPH による 3-デヒドロスフィンガニンの還元で，スフィンガニンが生成する．つぎに，N-アシル化反応において，脂肪酸アシル基がアシル CoA からスフィンガニンのアミノ基に転移する．この反応の産物はジヒドロセラミド，つまり典型的なスフィンゴシンの C-4 と C-5 の間の特徴的な二重結合の欠けたセラミドである．二重結合はジヒドロセラミド Δ^4-デサチュラーゼの酵素反応で導入される．この酵素は，これまでみてきた他のデサチュラーゼに類似する．最終産物はセラミド（N-アシルスフィンゴシン）である．

セラミドはすべての他のスフィンゴ脂質の原材料である．それはホスファチジルコリンと反応して，スフィンゴミエリンになるか，UDP 糖と反応してセレブロシドを形成する．ガングリオシドとよばれる複雑な糖-脂質複合体が，さらにセレブロシドと UDP 糖ならびに CMP-N-アセチルノイラミン酸とが反応して合成される（図 9.12）．ガングリオシドは主要な糖脂質として細胞膜外層の成分になっている．

16.6 コレステロールの合成

ステロイドの一種であるコレステロール（§9.6）は，多くの哺乳類において膜の重要な成分であり，ステロイドホルモンならびに胆汁酸の前駆体である．コレステロールのすべての炭素原子はアセチル CoA に由来する．これは，初期の放射性同位元素標識実験で明らかにされたことである．C_{30} 直鎖炭化水素であるスクアレンは 27 炭素コレステロール分子の生合成の中間体である．また，スクアレンは 5 炭素単位から形成される．コレステロール生合成の各段階は以下の通りである．

$$\text{酢酸}(C_2) \longrightarrow \text{イソプレノイド}(C_5) \longrightarrow$$
$$\text{スクアレン}(C_{30}) \longrightarrow \text{コレステロール}(C_{27}) \qquad (16.6)$$

A. 第一段階：アセチル CoA からイソペンテニル二リン酸へ

コレステロール合成の第一段階は，3 分子のアセチル CoA の連続的縮合である．この縮合反応はアセチル CoA C-アセチルトランスフェラーゼ（アセトアセチル CoA チオラーゼ，チオラーゼ I）と HMG-CoA シンターゼにより触媒される．産物の 3-ヒドロキシ-3-メチルグルタリル CoA（HMG-CoA）は HMG-CoA レダクターゼの触媒反応で還元されてメバロン酸になる（図 16.17）．これはコレステロール合成に関与する最初の段階である．メバロン酸は，2 回のリン酸化とそれに続く脱炭酸を経て，C_5 化合物のイソペンテニル二リン酸に変換される．3 分子のアセチル CoA からイソペンテニル二リン酸への転換には，エネルギーとして 3 ATP と 2 NADPH が要求される．コレステロール合成に加えて，イソペンテニル二リン酸は多くの合成反応におけるイソペンテニル単位の重要な供与体である．

> アセチル CoA C-アセチルトランスフェラーゼと HMG-CoA シンターゼのミトコンドリアアイソザイムは，ケトン体の合成に関与する（§16.11）．

細菌の多くの種には，イソペンテニル二リン酸の合成のために，まったく別のメバロン酸非依存経路がある．この経路の最初の前駆体はグリセロアルデヒド 3-リン酸 + ピルビン酸で，アセチル CoA ではない．このメバロン酸非依存経路は，ここに示したメバロン酸依存経路よりもっと古い時代から存在した．

> ! イソペンテニル二リン酸はすべてのイソプレノイド合成の前駆体である．

B. 第二段階：イソペンテニル二リン酸からスクアレンへ

イソペンテニル二リン酸は，イソペンテニル二リン酸イソメラーゼとよばれる特別なイソメラーゼによってジメチルアリル二リン酸に変換される．これら二つの異性体が，プレニルトランスフェラーゼに触媒される頭-尾縮合反応で連結する（図 16.18）．反応産物は C_{10} 分子（ゲラニル二リン酸）で，ピロリン酸が遊離する．2 番目の縮合反応もプレニルトランスフェラーゼに触媒され，重要な C_{15} 中間体であるファルネシル二リン酸が生成する．イソプレニル単位の縮合で，分岐点ごとに規則的な間隔で二重結合をもつ特徴ある分岐炭化水素がつくられる．これらのイソプレン単位（図 9.13）は多くの重要な補因子に存在する．

2 分子のファルネシル二リン酸が頭-頭様式で縮合し，C_{30} 分子のスクアレンが生成する．ピロリン酸の加水分解によって反応の平衡が完了する方向にずらされるが，それがスクアレン合成経

▲ Konrad Bloch（1912～2000）（上）と Feodor Lynen（1911～1979）（下）は，"コレステロールと脂肪酸の代謝の機構と調節に関する研究"で 1964 年度ノーベル生理学・医学賞を受賞した．

▲図 16.17 **コレステロール合成の第一段階：イソペンテニル二リン酸の合成** 3個のアセチル CoA 分子の縮合から HMG-CoA が形成され，還元されてメバロン酸になる．ついで，メバロン酸は2回のリン酸化反応と1回の脱炭酸反応により，5炭素分子であるイソペンテニル二リン酸に変換される．

路において3箇所で発生する．スクアレンの二重結合はすべてトランスであることに注意せよ．

C. 第三段階：スクアレンからコレステロールへ

スクアレンから，完全に環化した中間体であるラノステロールに至る段階には，1個の酸素原子の付加と，それに続く鎖の閉環があり，それによって四つの環をもつステロイド核が形成される（図 16.19）．ラノステロールは，コレステロール合成が活発な細胞中で，かなりの量蓄積される．ラノステロールからコレステロールへの変換は，数多くの段階を含む二つの経路で行われる．

D. イソプレノイド代謝の他の生成物

多数のイソプレノイドがコレステロールとその前駆体から合成される．スクアレンの C_5 前駆体であるイソペンテニル二リン酸は，キノン，脂溶性ビタミンの A, E, K, カロテノイド，テルペン，ある種のシトクロムヘム基の側鎖，クロロフィルのフィトール側鎖のような多数の産物の前駆体でもある（図 16.20）．これらのイソプレノイドの多くが，コレステロール合成のできない細菌でもつくられる．イソペンテニル二リン酸の生合成の二つの経路（§16.6 A）は，今日のコレステロール生合成経路よりはるか古い時代から存在する．

コレステロールはつぎのような化合物の前駆体である．すなわち，脂肪の消化を助ける胆汁酸，腸管からの Ca^{2+} の吸収を促進するビタミン D, テストステロンや β-エストラジオールのような性の特徴を調節するステロイドホルモン，塩のバランスを調節するステロイド類などである．哺乳類におけるステロイド合成の主要な生成物はコレステロールそのものであり，それは膜の流動性を調節し，動物細胞の細胞膜の主要な構成成分になる．

▲**クマの胆汁** ベトナムではクマが，ときに惨めな状態で閉じ込められ，その胃から胆汁が定期的に採取される．クマの胆汁は発熱や弱視に有効な薬と考えられている．

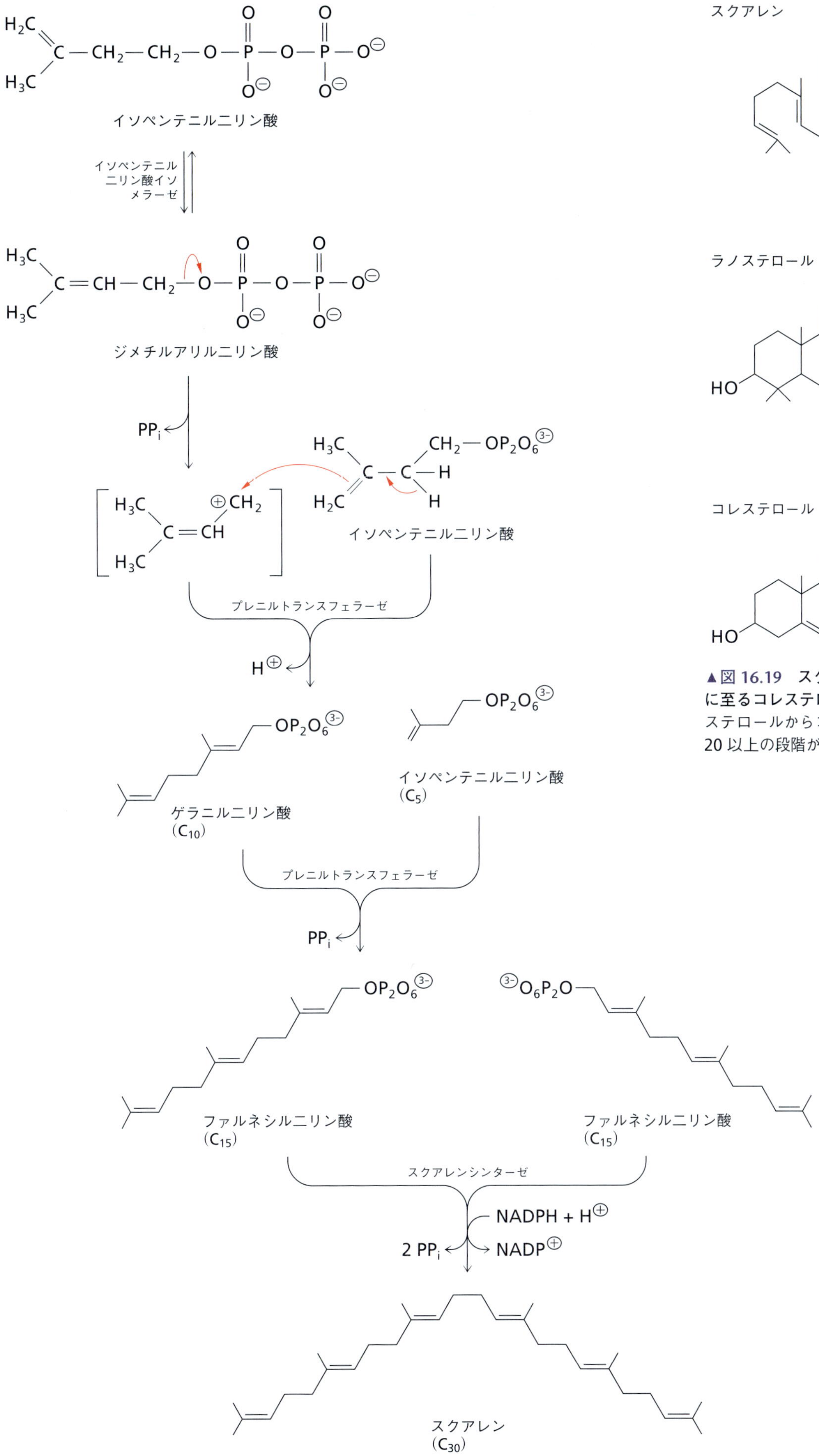

16.6 コレステロールの合成

▲図 16.18 コレステロール合成の第二段階における縮合反応

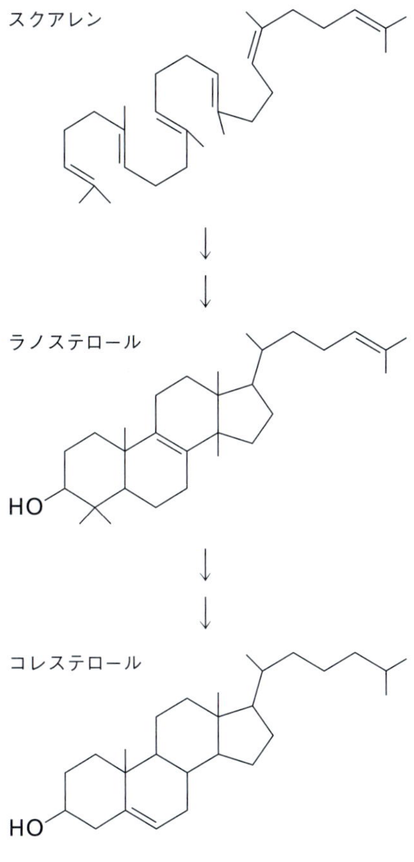

▲図 16.19 スクアレンからコレステロールに至るコレステロール合成の最終段階　ラノステロールからコレステロールへの変換には20以上の段階が必要である．

16. 脂質代謝

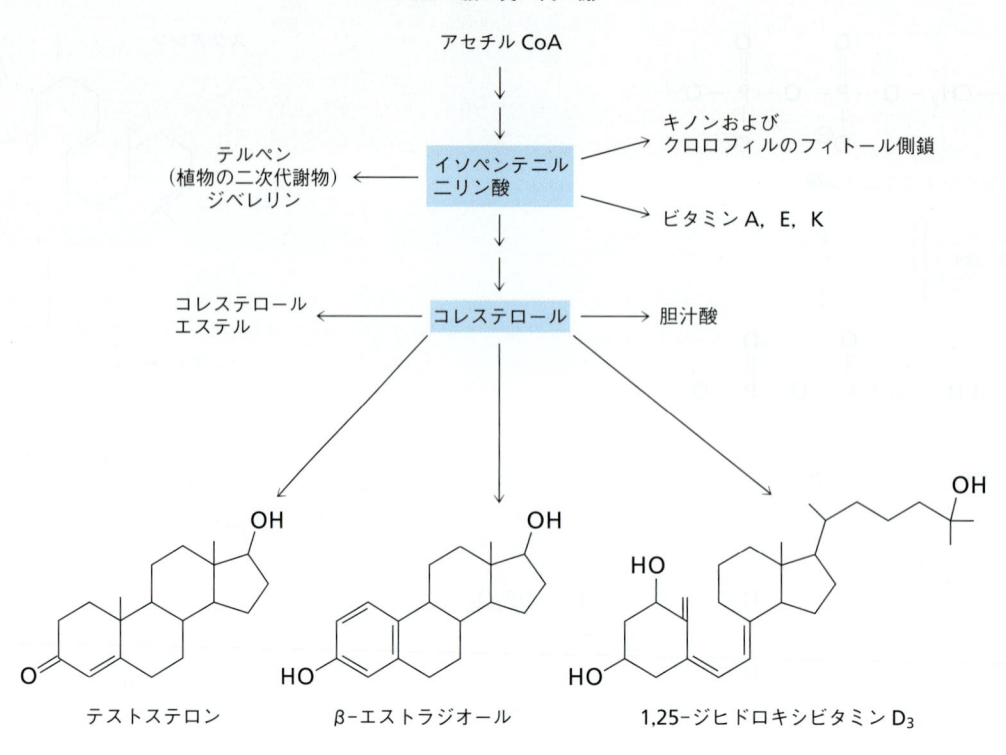

▲図 16.20　イソペンテニル二リン酸からの産物とコレステロール代謝

BOX 16.3　コレステロール濃度の調節

　HMG-CoA レダクターゼ反応がコレステロール合成の調節の重要な部位であることが明らかになった．HMG-CoA レダクターゼは三つの調節機構をもつ．すなわち，共有結合修飾，転写の抑制，分解の調節である．短期の調節は共有結合修飾による．HMG-CoA レダクターゼは，リン酸化によって不活性化される相互変換酵素である．このリン酸化は珍しい AMP 活性化プロテインキナーゼによって触媒される．このキナーゼはまた，アセチル CoA カルボキシラーゼのリン酸化と付随する不活性化を触媒することもできる（§16.9）．このキナーゼ作用は，AMP レベルが上昇したとき，コレステロールと脂肪酸の合成というどちらも ATP を消費する反応を低下させると思われる．細胞の HMG-CoA レダクターゼの量は，また，厳密に調節されている．コレステロール（血漿リポタンパク質で運ばれた内部コレステロール，あるいはキロミクロンで運搬された食物のコレステロール）は，HMG-CoA レダクターゼをコードしている遺伝子の転写を抑制することができる．さらに，高濃度のコレステロールとその誘導体は HMG-CoA レダクターゼの分解速度を上昇させる．それはおそらく，膜結合性酵素の分解部位への輸送速度が上昇するからであろう．

　血清コレステロール濃度の低下は，冠動脈性心疾患の危険性を低下させる．スタチンとよばれる多くの薬は HMG-CoA レダクターゼの強力な拮抗阻害剤である．スタチンはしばしば，高コレステロール血症の治療の一環として使われる．これらは血中のコレステロール濃度を有効に下げる．他の有用な手段は，小腸で胆汁酸を樹脂粒に結合させ，再吸収を押さえることである．こうすれば過剰なコレステロールが胆汁酸に変換されることになる．HMG-CoA レダクターゼの阻害は，コレステロール濃度の調節の最善策ではないだろう．なぜなら，メバロン酸はユビキノンのような重要な分子の合成に必要だからである．

▲ HMG-CoA と 2 個の一般的なスタチンの構造

16.7 脂肪酸の酸化

トリアシルグリセロールから遊離した脂肪酸（§16.9）は各段階ごとに炭素2個分を分解する経路で酸化される．2炭素単位は補酵素Aに転移され，アセチルCoAになり，残りの脂肪酸は再び酸化経路に入る．この分解経路は，脂肪酸のβ炭素原子（C-3）が酸化されるので，β酸化経路とよばれる．脂肪酸酸化はつぎの2段階に分かれる．すなわち，脂肪酸の活性化と2炭素単位（アセチルCoAとして）への分解である．脂肪酸酸化で生じたNADHとユビキノール（QH_2）は呼吸電子伝達系で酸化され，アセチルCoAはクエン酸回路に入る．

アセチルCoAはクエン酸回路で完全酸化され，他の生化学経路で使用できるエネルギー（ATPの形で）を供給する．脂肪酸の炭素原子は，また，アミノ酸合成の基質として使用することができる．それは，クエン酸回路の中間体のいくつかがアミノ酸生合成経路に振り向けられるからである（§13.7）．グリオキシル酸経路（§13.8）をもつ生物では，脂肪酸酸化に由来するアセチルCoAは，グルコース新生経路を介してグルコース合成に使うことができる．

脂肪酸の酸化は，膜脂質の正常な代謝回転の一部として行われる．したがって，細菌，原生生物，植物，菌類，動物はすべてβ酸化経路をもつ．正常な細胞代謝における役割に加えて，脂肪酸酸化は動物の燃料代謝にとって重要である．食物のかなりの比率を膜脂質と脂肪が占めている．そしてこの豊富なエネルギー源が脂肪酸を酸化することで活用される．本節では，脂肪酸酸化の基本的な生化学経路を述べる．§16.8からは，哺乳類の燃料代謝における脂肪酸酸化の役割について述べる．

! β酸化は，古い時代から広範に存在した脂肪酸分解経路である．

A. 脂肪酸の活性化

酸化に先立つ脂肪酸の活性化は，アシルCoAシンテターゼによって触媒される（図16.7）．これは，多不飽和脂肪酸の合成と複合脂質の合成に必要な活性化段階と同じである．

B. β酸化反応

真核生物では，β酸化はミトコンドリアならびにペルオキシソームとよばれる特殊化された細胞小器官の中で行われる．細菌では，この反応は細胞質ゾル中で行われる．脂肪酸アシルCoAからアセチルCoAがつくられるためには，4段階が必要である．すなわち，酸化，水和，第二の酸化，チオール開裂である（図16.21）．初めに，偶数個の炭素原子をもつ飽和脂肪酸の酸化について述べる．

最初の酸化段階で，アシルCoAデヒドロゲナーゼが，アシル

◀図16.21 飽和脂肪酸のβ酸化　1回のβ酸化は4種の酵素触媒反応から構成される．1回ごとに，QH_2，NADH，アセチルCoAが1分子ずつ形成され，最初の分子より2炭素原子短い1分子の脂肪酸アシルCoA分子が生成する．（ETFは，水溶性タンパク質補酵素の電子伝達フラビンタンパク質である．）

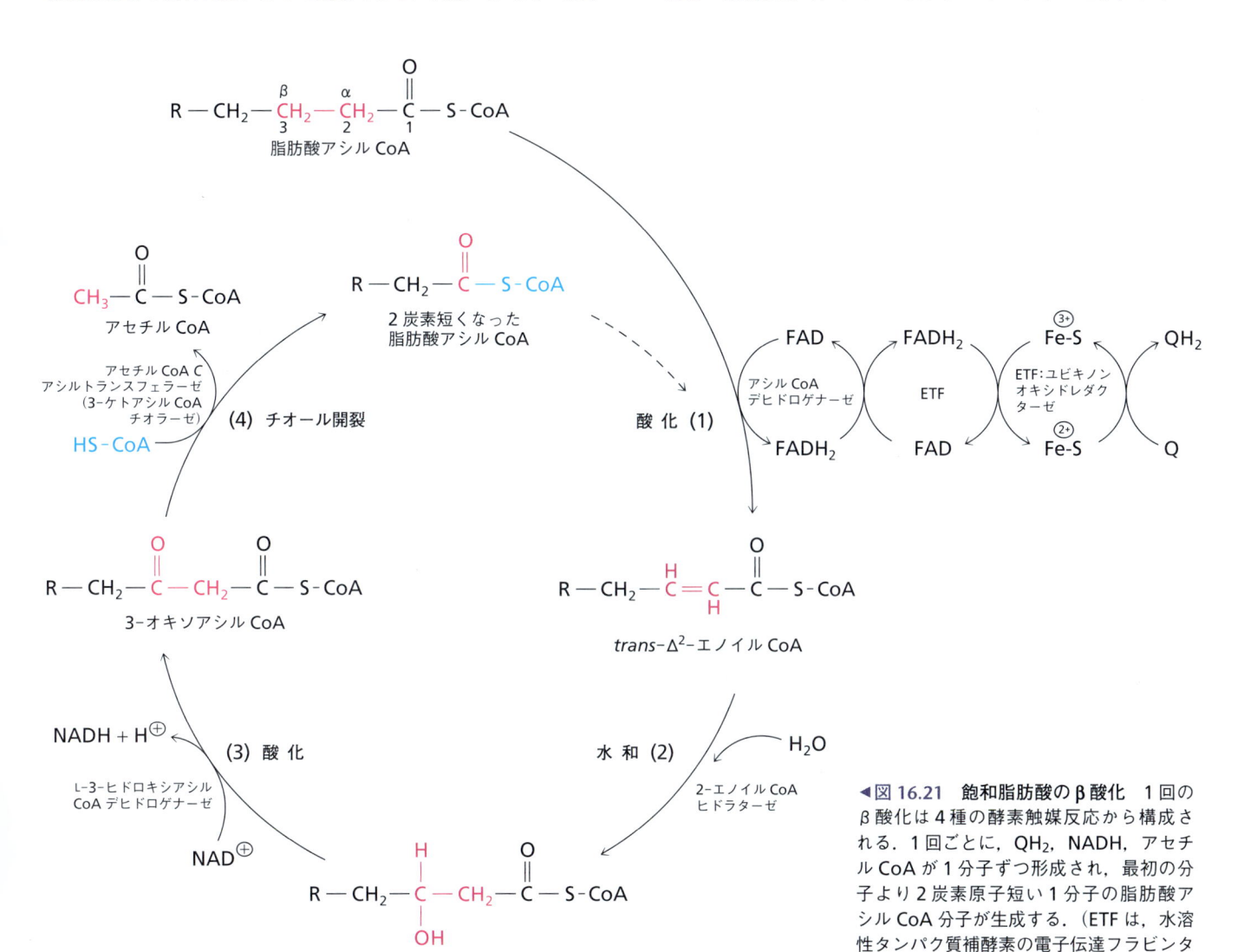

基の C-2 と C-3 炭素の間に二重結合を形成させ，trans-Δ^2-エノイル CoA ができる．数種の異なるアシル CoA デヒドロゲナーゼアイソザイムがあり，それぞれ短鎖，中間鎖，長鎖，超長鎖の異なる鎖長を選択する．

二重結合が形成されると，脂肪酸アシル CoA からの電子がアシル CoA デヒドロゲナーゼの FAD 補欠分子族へ移動し，つづいて電子伝達フラビンタンパク質（electron transferring flavoprotein；ETF，図 16.22）とよばれる水溶性タンパク質に結合した別の FAD 補欠分子族に移動する．（ETF は脂肪酸代謝とは無関係のいくつかのフラビンタンパク質からも電子を受取る．）つぎに電子は，ETF：ユビキノンオキシドレダクターゼの触媒反応で Q に渡される．この酵素は膜に埋め込まれていて，脂肪酸からの QH_2 は，膜会合電子伝達系によって酸化される QH_2 プールに入る．

第二段階は水和反応である．水は最初の段階でつくられる不飽和 trans-Δ^2-エノイル CoA に付加され，3-ヒドロキシアシル CoA の L 異性体となる．この酵素は 2-エノイル CoA ヒドラターゼである．

第三段階は第二の酸化で，L-3-ヒドロキシアシル CoA デヒドロゲナーゼによって触媒される．3-ヒドロキシアシル CoA からの 3-オキソアシル CoA の形成は，NAD^+ 依存反応である．生じた還元当量（NADH）は生合成経路で直接使用されるか，あるいは膜会合電子伝達系で酸化される．

最後に，第四段階で HS-CoA の求核性 SH 基が，アセチル CoA C アシルトランスフェラーゼ（3-ケトアシル CoA チオラーゼ）によって触媒されるチオール開裂反応で，3-オキソアシル CoA のカルボニル炭素を攻撃する．チオラーゼ II ともよばれるこの酵素は，イソペンテニル二リン酸経路（§16.6 A）でみたアセチル CoA C アセチルトランスフェラーゼ（アセトアシル CoA チオラーゼ，チオラーゼ I）と関係している．アセチル CoA C アセチルトランスフェラーゼはアセトアセチル CoA に特異的である．一方，アセチル CoA C アシルトランスフェラーゼは長鎖脂肪酸誘導体に作用する．アセチル CoA が遊離すると，2 炭素だけ短くなった脂肪酸アシル CoA 分子が残される．このアシル CoA 分子が，つぎの回の 4 段階反応の基質になり，全部の分子がアセチル CoA に変換されるまでこのらせん状の代謝が続く．

脂肪酸アシル鎖が短くなると，第一の段階は短鎖に選択的なアシル CoA デヒドロゲナーゼのアイソザイムにより触媒されるようになる．面白いことに，脂肪酸酸化の最初の三つの反応はクエン酸回路にある 3 段階と化学的な類似性がある．つまり，エチレン基（コハク酸の $-CH_2CH_2-$）が酸化されて，カルボニル基（オキサロ酢酸の $-COCH_2-$）をもつ 2 炭素単位になるのとよく似ている．この段階は脂肪酸合成経路（§16.1 C）と逆の反応になっている．

真核生物では，脂肪酸酸化はまた，ペルオキシソームで行われる．実際，大部分の真核生物でペルオキシソームが脂肪酸 β 酸化の唯一の部位になっている（ただし哺乳類は別）．ペルオキシソームでは，最初の酸化段階はアシル CoA オキシダーゼによって触媒される．この酵素は，ミトコンドリアの中の最初の酸化を触媒するアシル CoA デヒドロゲナーゼに相同である．このペルオキシソームの酵素は O_2 に電子を伝達し，H_2O_2 がつくられる．

$$\text{脂肪酸アシル CoA} + O_2 \xrightarrow{\text{アシル CoA オキシダーゼ}} \textit{trans}\text{-}\Delta^2\text{-エノイル CoA} + H_2O_2 \quad (16.7)$$

細菌とミトコンドリアの β 酸化では，最初の酸化段階の産物は QH_2 で，これは呼吸電子伝達系に与えられる．その結果，ATP が合成される．それぞれの QH_2 分子は 1.5 分子の ATP に等価である（§14.11）．ペルオキシソームには膜会合電子伝達系は存在しない．これがペルオキシソーム中で異なる型の酸化-還元が行われる理由である．それはまた，ペルオキシソームの β 酸化過程で生産される ATP が少ない理由でもある．哺乳類には，ミトコンドリア経路とペルオキシソーム経路の両方が存在する

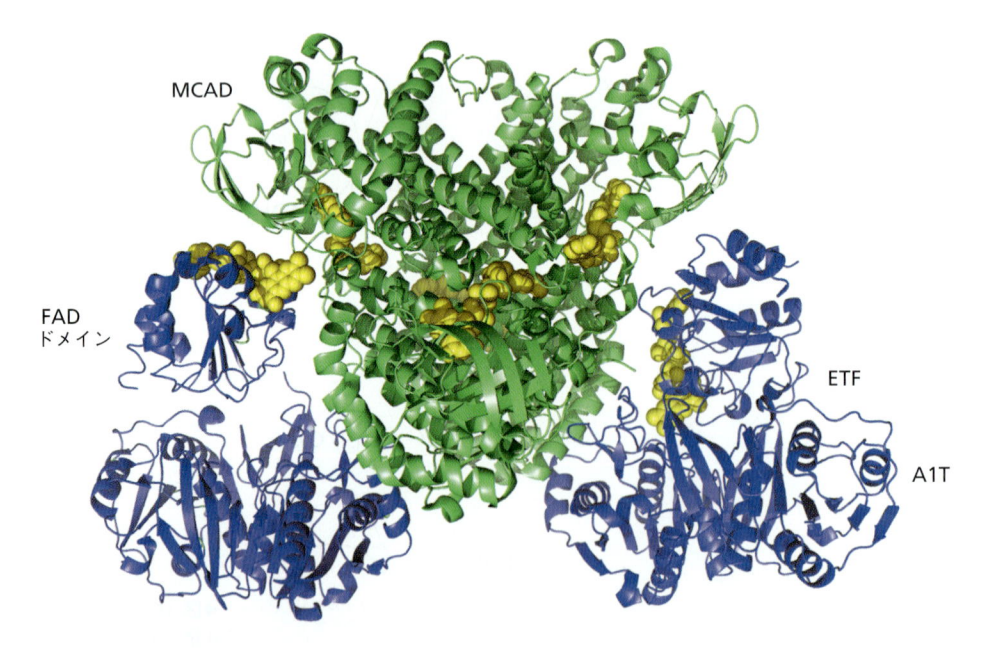

▲図 16.22　**ETF に結合した中間鎖アシル CoA デヒドロゲナーゼ（MCAD）のモデル**　MCAD のサブユニットは緑，ETF のサブユニットは青で示した．結合した FAD は空間充塡モデルで表した（黄色）．このモデルはプロテインデータバンク ［PDB 2A1T］にある構造に基づいている．これは ETF の FAD ドメインの動きがブロックされた変異タンパク質である．二量体の左側は，電子が MCAD から ETF へ流れていく際に想定される FAD ドメインの位置を示す．一方，右側は，ETF に結合していない遊離の FAD ドメインの位置を示す．野生型 ETF：MCAD 結晶構造の解像度が低いのは，FAD ドメインが一つの状態から他の状態に移行する際にこのドメインが固定した形をとらないためである．［Toogood et al., 2004；Toogood et al, 2005］

が，ペルオキシソームのβ酸化経路は，超長鎖脂肪酸，分枝脂肪酸，長鎖ジカルボン酸，そしておそらくトランス不飽和脂肪酸などを分解し，分泌可能な，より小さい極性のある化合物にする．通常の脂肪酸のほとんどはミトコンドリアで分解される．

> §16.7 E で，脂肪酸合成のコストをβ酸化で回収されるエネルギーと比較する．

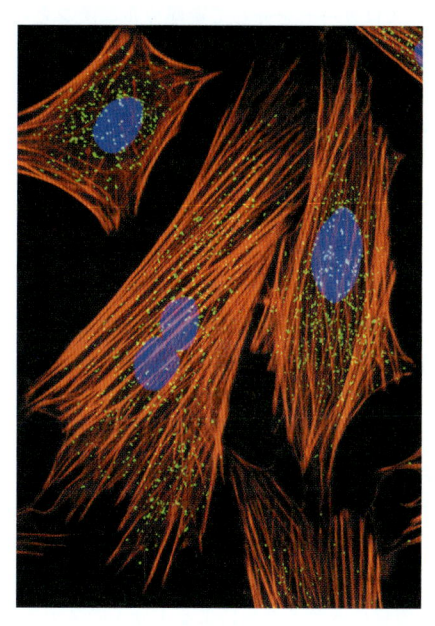

C. 脂肪酸合成とβ酸化

脂肪酸合成は炭素-炭素結合の形成（縮合）を含み，つぎの縮合反応のために，還元，脱水，還元段階が続く．逆反応（酸化，水和，酸化，炭素-炭素結合の開裂）がβ酸化の分解反応を構成する．図 16.23 で二つの反応を比較した．

脂肪酸酸化の活性チオエステルは CoA 誘導体であるが，一方，脂肪酸合成の中間体はアシルキャリヤータンパク質（ACP）にチ

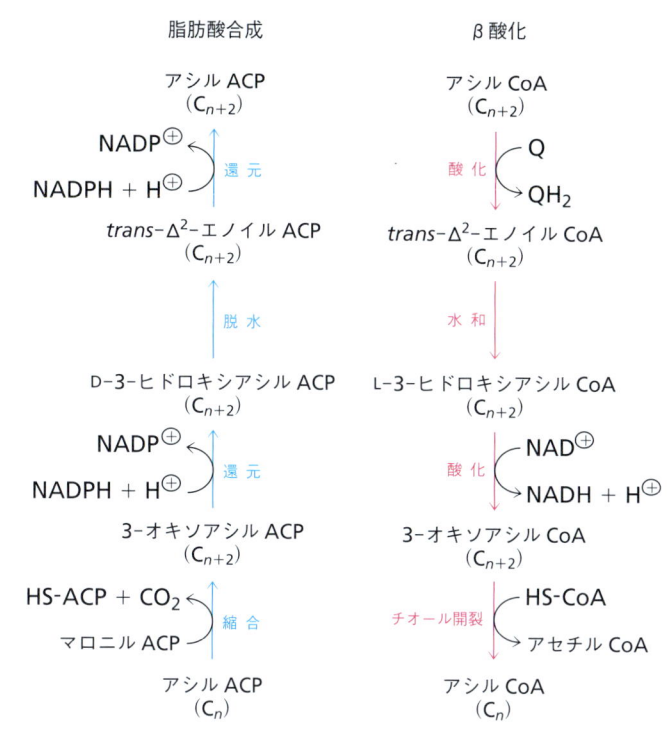

▲ペルオキシソーム　インドホエジカ（*Muntiacus muntjak*）の繊維芽細胞をペルオキシソームを示すために緑色色素で染色した．アクチン繊維は赤，核 DNA は紫に染まっている．小さなペルオキシソームが細胞質全体に散らばっている．[http://www.microscopyu.com/staticgallery/fluorescence/muntjac.html]

脂肪酸合成

アシル ACP (C_{n+2})
↑ 還元 （NADP$^{\oplus}$ ← NADPH + H$^{\oplus}$）
trans-Δ^2-エノイル ACP (C_{n+2})
↑ 脱水
D-3-ヒドロキシアシル ACP (C_{n+2})
↑ 還元 （NADP$^{\oplus}$ ← NADPH + H$^{\oplus}$）
3-オキソアシル ACP (C_{n+2})
↑ 縮合 （HS-ACP + CO_2 ←　マロニル ACP）
アシル ACP (C_n)

β酸化

アシル CoA (C_{n+2})
↓ 酸化 （Q → QH$_2$）
trans-Δ^2-エノイル CoA (C_{n+2})
↓ 水和
L-3-ヒドロキシアシル CoA (C_{n+2})
↓ 酸化 （NAD$^{\oplus}$ → NADH + H$^{\oplus}$）
3-オキソアシル CoA (C_{n+2})
↓ チオール開裂 （HS-CoA → アセチル CoA）
アシル CoA (C_n)

▲図 16.23　脂肪酸合成とβ酸化

BOX 16.4　β酸化の三機能酵素

多くの生物種はβ酸化のために，三機能酵素をもっている．2-エノイル CoA ヒドラターゼ（ECH）と L-3-ヒドロキシアシル CoA デヒドロゲナーゼ（HACD）活性が 1 本のポリペプチド鎖（αサブユニット）の上にある．アセチル CoA C アシルトランスフェラーゼ（3-ケトアシル CoA チオラーゼ；KACT）活性はβサブユニットの上にある．この二つのサブユニットが結合して，$\alpha_2\beta_2$ 四次構造をもつタンパク質を形成する．

細菌酵素の構造を右図に示した．β酸化の過程で，最初の産物，*trans*-Δ^2-エノイル CoA は三機能酵素の ECH 部位に結合する．つぎに，二量体のそれぞれのサブユニットに存在する ECH, HACD, KACT の活性部位によって形成されたくぼみの中で，基質は連続した三つの反応を通過する．この反応で二つの中間体は遊離しない．なぜなら，中間体は CoA 末端に結合しているからである．これは多酵素複合体による代謝チャネルの一つの例である．

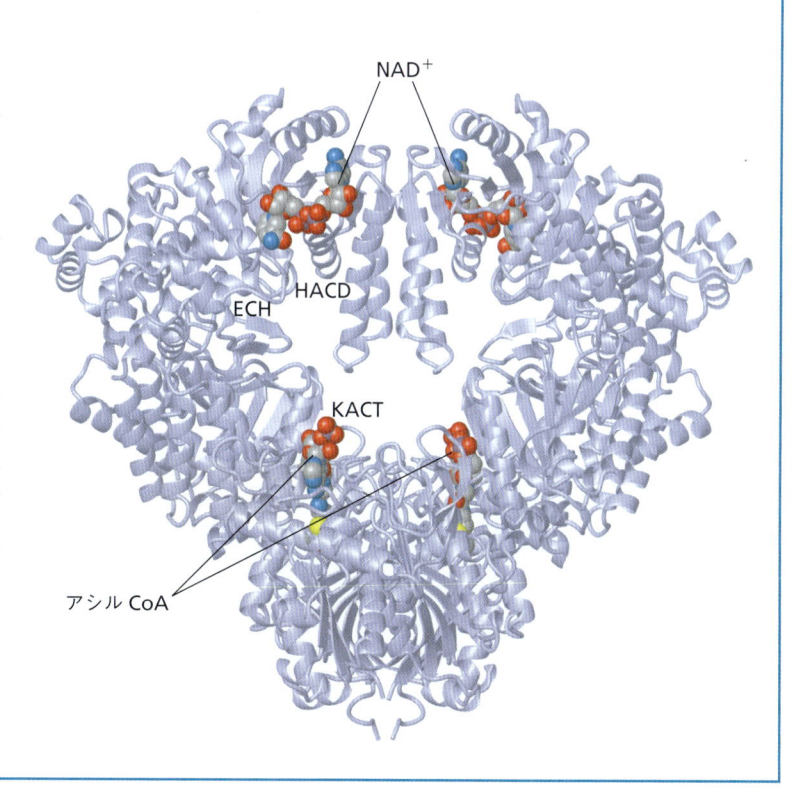

細菌 *Pseudomonas fragi* の脂肪酸β酸化多酵素複合体の構造▶　この構造ではアシル CoA はそれぞれの KACT 部位に 1 分子ずつ結合している．[PDB 1WDK]

オエステルとして結合している．両者で，アシル基はホスホパンテテインに結合している．合成と分解はともに 2 炭素単位で進行する．しかしながら，酸化では，2 炭素産物のアセチル CoA ができるのに対して，合成では，3 炭素基質のマロニル ACP が要求される．マロニル ACP は延長しつつある鎖に 2 炭素単位を転移し，CO_2 が遊離する．生合成の還元力は NADPH で供給されるが，酸化は（電子を輸送するフラビンタンパク質を介して）NAD^+ とユビキノンに依存する．最後に，脂肪酸合成の中間体は D-3-ヒドロキシアシル ACP であるが，一方，β 酸化過程では，L 異性体（L-3-ヒドロキシアシル CoA）が生産される．

生合成と異化経路は，まったく違った酵素群によって触媒され，それらの中間体は，それぞれ異なる補因子（CoA と ACP）に結合していることから別々のプールを形成する．真核生物細胞では，これら二つの反対経路は物理的に分離している．生合成酵素は細胞質ゾルにあり，β 酸化酵素はミトコンドリアとペルオキシソームに閉じ込められている．

! 糖新生と解糖の場合とは異なり，脂肪酸の合成と分解の経路はまったく違う．

D. 脂肪酸アシル CoA のミトコンドリアへの輸送

細胞質ゾルでつくられた長鎖脂肪酸アシル CoA は，拡散によってミトコンドリア内膜を横断して，哺乳類の β 酸化反応の場であるミトコンドリアマトリックスに直接入ることはできない．カルニチンシャトル系とよばれる輸送系が，脂肪酸をミトコンドリアに効率良く輸送する（図 16.24）．細胞質ゾルで，脂肪酸アシル CoA のアシル基はカルニチンアシルトランスフェラーゼ I（カルニチンパルミトイルトランスフェラーゼ I ともいう）の触媒反応でカルニチンのヒドロキシ基に移され，アシルカルニチンが形成する．この酵素はミトコンドリア外膜に結合している．

この反応は，細胞内脂肪酸酸化の調節における中心的位置を占めている．アシルカルニチンのアシルエステルは "高エネルギー" 分子で，加水分解による自由エネルギーはチオエステルの場合に匹敵する．つぎに，アシルカルニチンは，カルニチン：アシルカルニチントランスロカーゼを介して遊離カルニチンとの交換でミトコンドリアマトリックスに入っていく．ミトコンドリアマトリックスでは，アイソザイムであるカルニチンアシルトランスフェラーゼ II が，カルニチンアシルトランスフェラーゼ I で触媒される反応の逆反応を触媒する．カルニチンシャトル系の効果は，細胞質ゾルから脂肪酸アシル CoA を移動させることと，ミトコンドリアマトリックスで脂肪酸アシル CoA を再生することである．

大部分の真核生物では，脂肪酸酸化がペルオキシソームで行われるため，カルニチンシャトル系は使われていない．もちろん脂肪酸は異なる機構でペルオキシソームに輸送される．原核生物ではこれらの反応はすべて細胞質で行われるため輸送機構は必要ない．

E. 脂肪酸酸化による ATP 生成

脂肪酸の完全酸化は，当量のグルコースの酸化より多くのエネルギーを供給する．解糖の場合のように，脂肪酸酸化のエネルギー収量は，ATP の全体の理論的収量から求められる（§13.5）．例として，β 酸化の 8 サイクルによる 1 分子のステアリン酸（C_{18}）の完全酸化の等式を考えてみよう．ステアリン酸は 2 個の ATP 当量を費やしてステアロイル CoA に変換され，ステアロイル CoA の酸化により，アセチル CoA と還元型補酵素 QH_2 ならびに NADH が生成する．

ステアロイル CoA ＋ 8 HS–CoA ＋ 8 Q ＋ 8 $NAD^⊕$ ⟶

9 アセチル CoA ＋ 8 QH_2 ＋ 8 NADH ＋ 8 $H^⊕$

(16.8)

9 分子のアセチル CoA が，CO_2 に完全酸化されるクエン酸回路に入っていくとすると，その理論収量を計算することができる．これらの反応で，アセチル CoA の分子当たり 10 ATP 当量が生産される．ステアリン酸酸化の正味の収量は，120 ATP 分子である．

β 酸化の 8 サイクルの収量	
8 QH_2	≈ 12 ATP
8 NADH	≈ 20 ATP
アセチル CoA 9 分子	≈ 90 ATP
ステアリン酸の活性化	≈ −2 ATP
計	＝ 120 ATP

一方，グルコースから CO_2 と水への酸化では，ATP 収量は約 32 である．ステアリン酸は 18 炭素あるのに対してグルコースは 6 炭素しかない．そこで，グルコースと脂肪酸の ATP 収量を直接比較するために，グルコース 3 分子の酸化と比較すると，3×32＝96 ATP になる．この理論的な ATP 収量は，ステアリン酸の収量のたかだか 80 %（96/120）にすぎない．脂肪酸は，炭素当たりで糖質より多くのエネルギーを生産することになる．それは，糖質はすでに部分的に酸化されているからである．さらに，脂肪酸部分は疎水性なので，糖質のように大量の結合水を含むことなく，トリアシルグリセロールとして大量に貯蔵することがで

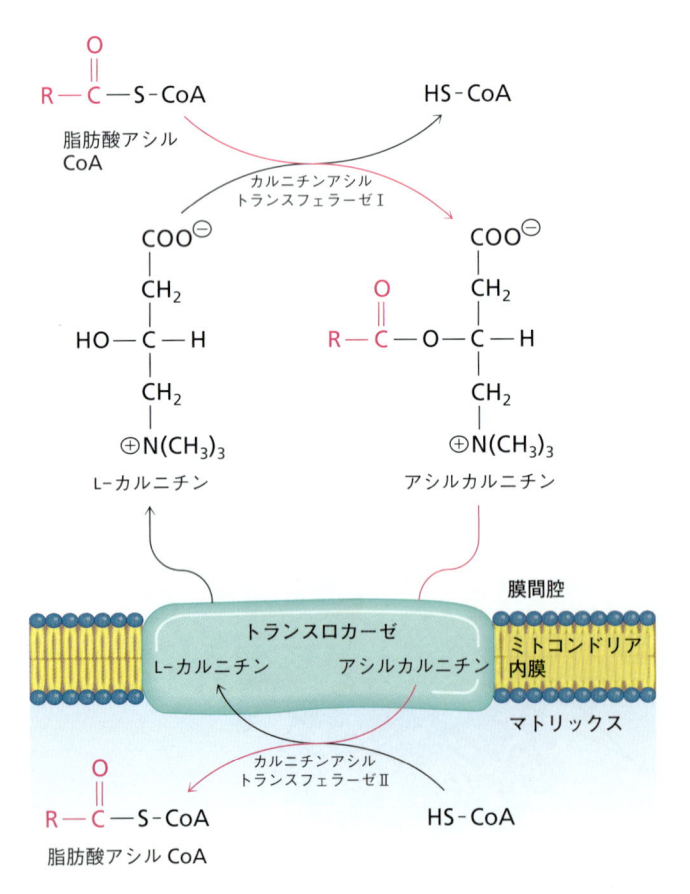

▲図 16.24　ミトコンドリアマトリックスへの脂肪酸アシル CoA の輸送のためのカルニチンシャトル　アシル基の経路は赤で示した．

16.7 脂肪酸の酸化

▲ラクダのこぶには，食糧が不足したときエネルギーを生産するために脂肪が蓄えられている　ラクダのこぶはエネルギー供給に使われる脂肪を含む．水を蓄えているわけではない．ラクダが水なしでも長い時間歩けるのは脂肪代謝とは無関係で，それとはまったく違う適応の結果である．ここに示したラクダはアラビアラクダ（ヒトコブラクダ，*Camelus dromedarius*）である．

きる．無水的貯蔵により，体重当たり非常に多くのエネルギーを貯蔵することになる．

β酸化の過程で回収されるエネルギーと比較するため，ステアリン酸合成にかかるコストもまた計算することができる．この計算のために，CO_2 からのアセチル CoA の合成にかかるコストを知る必要がある．この値（17 ATP 当量）は植物の炭酸固定の反応で得られる（§15.4 D）．

8 アセチル CoA → 8 マロニル CoA		≈ 8 ATP
8 合成段階	16 NADPH ≈	40 ATP
9 アセチル CoA	9 × 17	≈ 153 ATP
計		= 201 ATP

ステアリン酸分解で回収されるエネルギーは，合成に要求される理論的エネルギー全体の約 60％（120/201）である．これは生化学的効率の一つの典型例である．

F. 奇数鎖脂肪酸と不飽和脂肪酸の β 酸化

自然界で見いだされる大部分の脂肪酸は偶数の炭素原子をもつ．細菌とある種の生物が奇数鎖脂肪酸を合成する．奇数鎖脂肪酸は偶数鎖脂肪酸と同一の反応経路によって酸化される．しかしながら，最終のチオール開裂の産物は，アセチル CoA（C_2 アシル基と結合した CoA）ではなく，プロピオニル CoA（C_3 アシル基と結合した CoA）である．哺乳類では，プロピオニル CoA は，3 段階の経路でスクシニル CoA に変換される（図 16.25）．

最初の反応はプロピオニル CoA カルボキシラーゼによって触媒される．プロピオニル CoA カルボキシラーゼはビオチン依存性酵素であり，炭酸水素イオンをプロピオニル CoA に取込む反応を触媒して，(*S*)-メチルマロニル CoA を生産する．メチルマロニル CoA ラセマーゼは，(*S*)-メチルマロニル CoA からその *R* 異性体への変換を触媒する．最後に，メチルマロニル CoA ムターゼがスクシニル CoA の形成を触媒する．

メチルマロニル CoA ムターゼは，補酵素としてアデノシルコ

▲図 16.25　プロピオニル CoA からスクシニル CoA への変換

バラミンを要求する数少ない酵素の一つである．§7.12 でみたように，アデノシルコバラミン依存性酵素が分子内転位を触媒し，水素原子と隣接炭素原子上の置換基とが置き換わる．メチルマロニル CoA ムターゼにより触媒される反応で，−C(O)−SCoA 基がメチル基の水素原子と置換する（図 7.28）．

メチルマロニル CoA ムターゼの作用で形成されたスクシニル CoA は，代謝されてオキサロ酢酸になる．オキサロ酢酸は糖新生の基質になるため，奇数鎖脂肪酸の β 酸化で生じたプロピオニル基はグルコースに変換可能である．

不飽和脂肪酸の酸化には，飽和脂肪酸の酸化に必要な酵素に加えてさらに 2 種類の酵素が必要である．リノール酸（18:2 *cis*, *cis*-$\Delta^{9,12}$-オクタデカジエン酸）の CoA 誘導体の酸化を例にしてこの変換経路を説明しよう（図 16.26）．

すべての多不飽和脂肪酸のように，リノレオイル CoA には，

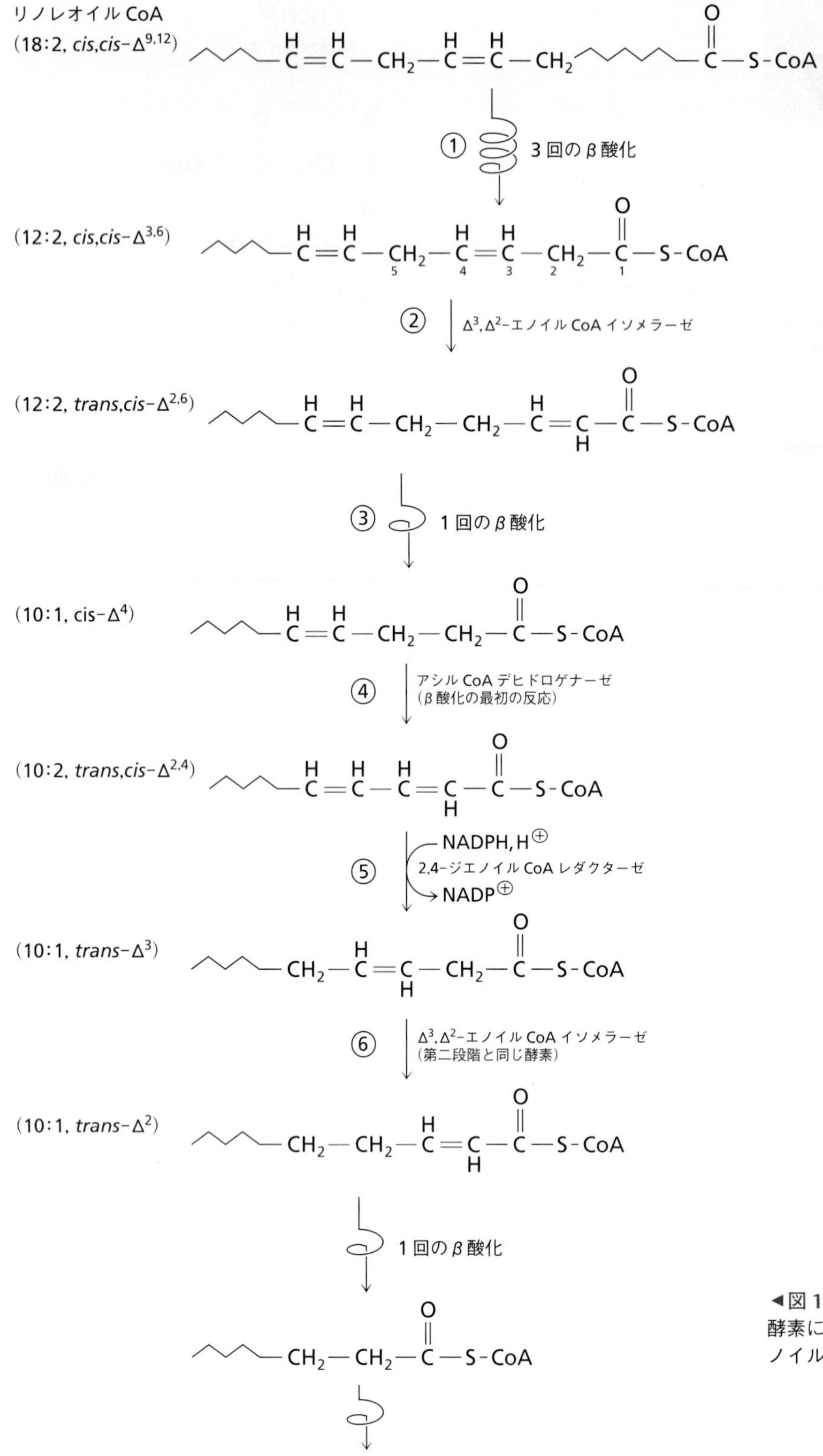

リノレオイル CoA
(18:2, cis,cis-Δ^{9,12})

(12:2, cis,cis-Δ^{3,6})

① 3回のβ酸化

② Δ^3,Δ^2-エノイル CoA イソメラーゼ

(12:2, trans,cis-Δ^{2,6})

③ 1回のβ酸化

(10:1, cis-Δ^4)

④ アシル CoA デヒドロゲナーゼ
(β酸化の最初の反応)

(10:2, trans,cis-Δ^{2,4})

⑤ NADPH, H$^+$
2,4-ジエノイル CoA レダクターゼ
→ NADP$^+$

(10:1, trans-Δ^3)

⑥ Δ^3,Δ^2-エノイル CoA イソメラーゼ
(第二段階と同じ酵素)

(10:1, trans-Δ^2)

1回のβ酸化

◀図 16.26　リノレオイル CoA の酸化　β酸化経路の酵素に加えて，エノイル CoA イソメラーゼと 2,4-ジエノイル CoA レダクターゼが要求される．

奇数番号と偶数番号の炭素にそれぞれ一つずつ二重結合がある（この二重結合はメチレン基で分断されている）．不飽和脂肪酸は，脂肪酸鎖の奇数位にある二重結合が触媒作用を妨害するまで，β酸化経路の酵素の正常な基質である．この例では，3 サイクルのβ酸化によってリノレオイル CoA が C$_{12}$ 分子の 12:2 cis, cis-Δ^{3,6}-ジエノイル CoA に変換される（段階 1）．この分子は，飽和脂肪酸のβ酸化でできる通常の trans-2,3 二重結合ではなく，cis-3,4 二重結合をもつ．この cis-3,4 中間体は 2-エノイル CoA ヒドラターゼの基質にはならない．なぜなら，正常なβ酸化酵素はトランスのアシル CoA に対して特異的であり，さらに，二重結合は水和のためには不適当な位置にある．

Δ^3,Δ^2-エノイル CoA イソメラーゼの触媒反応で，不適切な二重結合が Δ^3 から Δ^2 に移動し，C$_{12}$ 分子の 12:2 trans, cis-Δ^{2,6}-ジエノイル CoA が生成する（段階 2）．この生成物は再びβ酸化経路に入り，もう 1 サイクルのβ酸化を完了し，C$_{10}$ 分子の 10:1 cis-Δ^4-エノイル CoA になる（段階 3）．この分子は，β酸化経路の最初の酵素であるアシル CoA デヒドロゲナーゼの作用を受け，C$_{10}$ 分子の 10:2 trans, cis-Δ^{2,4}-ジエノイル CoA になる（段階 4）．このジエンは共鳴安定化二重結合をもち，水和しにくい．2,4-ジエノイル CoA レダクターゼが，ジエンの NADPH 依存的還元

を触媒し，1個の二重結合をもつ C_{10} 分子の 10:1 trans-Δ^3-エノイル CoA が形成される（段階5）．この生成物は（段階2の基質と同様に），Δ^3,Δ^2-エノイル CoA イソメラーゼの基質になり，ひき続き β 酸化経路に入っていく化合物に変換される．このイソメラーゼは，cis-Δ^3 と trans-Δ^3 の二重結合の両方を trans-Δ^2 中間体に変換することができることに注目せよ．

奇数番号の炭素に1個のシス二重結合をもつ不飽和脂肪酸（たとえばオレイン酸）は，β 酸化の酵素以外にイソメラーゼを必要とするが，レダクターゼは不要である．オレオイル (18:1 cis-Δ^9) CoA は3回の β 酸化で，3分子のアセチル CoA と (12:1 cis-Δ^3) 酸の CoA エステルになる．つぎにエノイル CoA イソメラーゼの触媒作用で，12 炭素 cis-Δ^3 エノイル CoA が 12 炭素 trans-Δ^2 エノイル CoA に変換され，それが β 酸化される．

16.8 真核生物の脂質はさまざまな部位で合成される

真核生物の細胞は高度に区画化されている．各区画はきわめて異なる機能をもち，取囲む膜もきわめて特異なリン脂質と脂肪酸成分をもっている．真核細胞の脂質生合成の大部分は小胞体で行われる．たとえば，ホスファチジルコリン，ホスファチジルエタノールアミン，ホスファチジルイノシトール，ホスファチジルセリンなど，すべて小胞体で合成される．生合成酵素は膜結合性で，活性部位は細胞質ゾルに向いているので細胞質ゾルにある水溶性化合物が接近できる．主要なリン脂質は小胞体膜に取込まれる．小胞のリン脂質は，そこから細胞の他の膜へと輸送される．小胞は，小胞体とゴルジ体の間を，そしてゴルジ体とさまざまな他の膜標的部位の間を行き来する．可溶性の輸送タンパク質がリン脂質とコレステロールを他の膜に運ぶのに関与している．

小胞体は細胞における脂質代謝の主要な部位であるが，脂質代謝酵素は他の部位にも存在する．たとえば，膜脂質は個々の細胞小器官に適合するように裁断される．細胞膜では，アシルトランスフェラーゼ活性がリゾリン脂質のアシル化を触媒する．ミトコンドリアはホスファチジルセリンデカルボキシラーゼをもっていて，ホスファチジルセリンがホスファチジルエタノールアミンに変換される．ミトコンドリアはまた，その内膜に特有な分子であるジホスファチジルグリセロール（カルジオリピン，表 9.2）の合成に関与する酵素をもっている．リソソームはさまざまな加水分解酵素をもっていて，リン脂質とスフィンゴ脂質を分解する．ペルオキシソームはエーテル脂質合成の初期段階に関与する酵素をもつ．ペルオキシソーム形成の欠如はプラスマローゲン合成の低下を招き，死に至らしめる可能性がある．

中枢神経系の組織は特に障害を受けやすい．これらの組織ではプラスマローゲンはミエリン鞘の脂質の実質的な部分を構成している．しばしば，さまざまな細胞区画に，それぞれ違った脂質プールの生合成に関与するそれぞれ異なる酵素群（アイソザイム）が分かれて存在する．それぞれのプールは独自の生物学的機能をもっている．

16.9 哺乳類の脂質代謝はホルモンによって調節される

エネルギー供給が生物の当座の必要性を満たしている場合，ミトコンドリアにおいて必要以上の脂肪酸酸化は生じない．代わりに，脂質は脂肪組織に輸送され，そこでエネルギーが必要になるまで（たとえば，食料不足）蓄えられる．脂質代謝のこの状況は，糖代謝における戦略と類似する．糖代謝では，特別な細胞中にグリコーゲン（動物）あるいはデンプン（植物）として蓄えられる．

脂質の代謝と蓄積には，異なる組織間の連絡が必要である．血管中を循環するホルモンは，細胞間のシグナルとして機能するのに適している．脂質代謝は糖代謝と協同しているので，同一のホルモンが，糖の合成・分解・蓄積にも作用しているのも驚くべきことではない．

グルカゴン，アドレナリン，インスリンは，脂肪酸代謝の主要なホルモン性調節因子である．グルカゴンとアドレナリンは絶食時では高濃度に存在する．一方，インスリンは摂食時に高濃度に存在する．循環グルコース濃度は常にかなり狭い範囲に保たれていなければならない．絶食時には糖の蓄積は枯渇するので，血中のグルコースレベルを保つために糖合成が起きなければならない．制限されたグルコース供給の圧力を緩和するため，脂肪酸が燃料になるように駆動される．多くの組織で糖利用が減少し，脂肪酸利用が上昇する．摂食時では逆のことが起きる．燃料として，また脂肪酸合成の前駆体として，糖が利用される．

> ホルモンのシグナル経路については §9.11 で述べた．

脂肪酸合成の中心酵素はアセチル CoA カルボキシラーゼである．食後の高インスリンレベルは，貯蔵トリアシルグリセロールの加水分解を抑制し，アセチル CoA カルボキシラーゼによるマロニル CoA の形成を促進する．マロニル CoA は，カルニチンアシルトランスフェラーゼ I をアロステリックに阻害する．その結果，脂肪酸は，酸化のためにミトコンドリアに輸送されるのではなく，細胞質ゾルにとどまる．脂質の合成と分解の調節は逆になっていて，一方の経路の代謝高進は，他方の経路の活性抑制でバランスがとられる．動物での調節は，酵素の活性に間接的に影響するホルモンによって行われている．

トリアシルグリセロールは血漿中を循環するリポタンパク質の形で脂肪組織に運ばれる（§16.10 B）．脂肪組織に到着すると，トリアシルグリセロールは加水分解を受けて，脂肪酸とグリセロールが遊離し，脂肪細胞に入る．加水分解はリポタンパク質リパーゼが触媒するが，これは細胞外酵素で脂肪組織の毛細血管の内皮細胞に結合している．脂肪酸は脂肪細胞に入ると，トリアシルグリセロールとして貯蔵されるために再エステル化される．

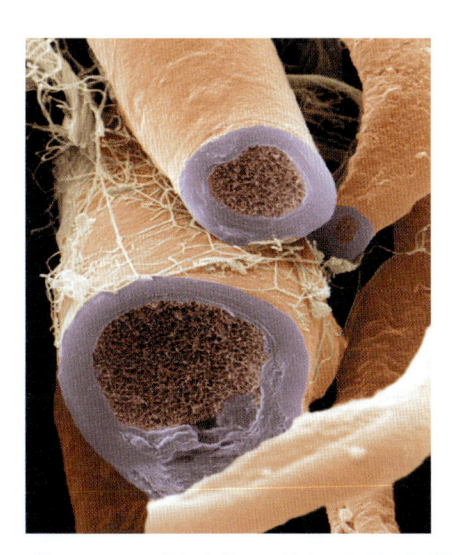

▲ミエリン鞘　これらの神経繊維は，軸索の周囲の保護鞘を形成する何層ものミエリン膜（紫）で覆われている．プラスマローゲンはミエリン膜の重要な成分である．多発性硬化症の症状は脳と脊髄のミエリンの崩壊に起因し，運動調節機能を失う．

BOX 16.5 リソソーム蓄積病

スフィンゴ脂質生合成経路の欠陥に関係する代謝病は知られていない．生合成酵素遺伝子の突然変異は致死的なのだろう．なぜなら，スフィンゴ脂質は必須の細胞膜成分だからである．一方，スフィンゴ脂質分解の障害は，重大な疾病をひき起こす．スフィンゴ脂質異化の大半は細胞のリソソームで行われる．リソソームには，スフィンゴ脂質のオリゴ糖鎖から糖を順次加水分解的に除去するさまざまな酵素が含まれている．特定のリソソーム内分解酵素の欠損がリソソーム蓄積病をひき起こすが，その原因となる遺伝的欠陥をもつ先天性代謝異常がある．副産物である非分解性脂質の蓄積がリソソームを膨潤させ，細胞を，そしてついには組織を肥大させる．このことは，ほとんど膨潤する余地のない中枢神経組織にとって特に有害である．神経細胞の細胞体に蓄積した膨潤したリソソームは神経死をひき起こす．これはおそらく細胞中にリソソーム酵素が漏出するためであろう．その結果として，失明したり，精神遅滞を生じたり，死亡したりする．テイ・サックス病の例ではヘキソサミニダーゼAが欠損している．この酵素はガングリオシドのオリゴ糖鎖から N-アセチルガラクトサミンの除去を触媒する．この糖が除去されないと，ガングリオシドの解体が抑制され，非分解性副産物のガングリオシド G_{M2} がつくられてしまう．（ガングリオシド G_{M2} の完全な構造式は図 9.12 に示した．）

種々のスフィンゴ脂質の合成，分解経路の概略を下図に示した．表に示したように，スフィンゴリピドーシスという用語でよばれる臨床症状を呈する多くのスフィンゴ脂質代謝異常がある．

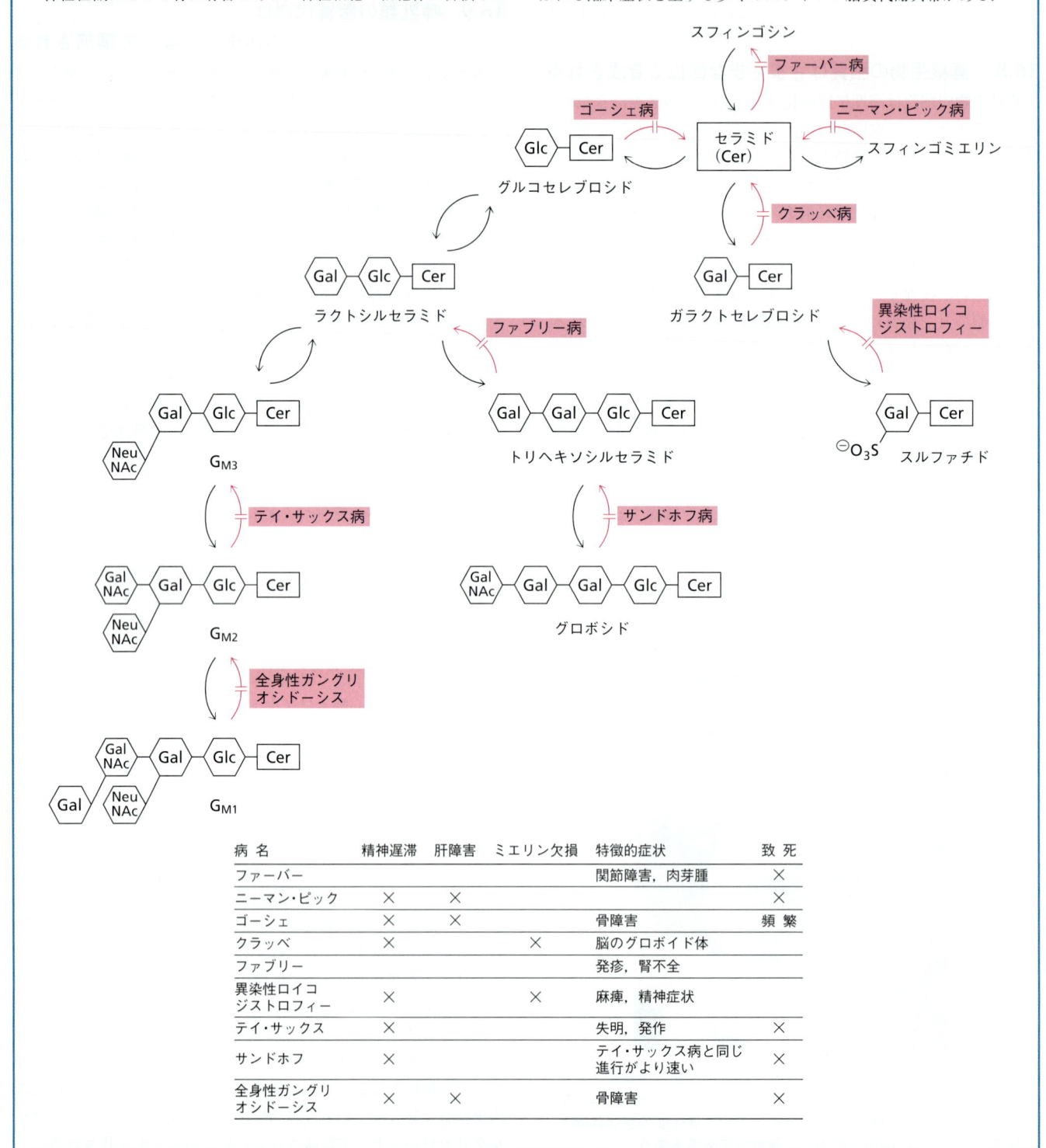

病名	精神遅滞	肝障害	ミエリン欠損	特徴的症状	致死
ファーバー				関節障害，肉芽腫	×
ニーマン・ピック	×	×			×
ゴーシェ	×	×		骨障害	頻繁
クラッベ	×		×	脳のグロボイド体	
ファブリー				発疹，腎不全	
異染性ロイコジストロフィー	×		×	麻痺，精神症状	
テイ・サックス	×			失明，発作	×
サンドホフ	×			テイ・サックス病と同じ進行がより速い	×
全身性ガングリオシドーシス	×	×		骨障害	×

ひき続いて起きる脂肪細胞からの脂肪酸の動員，すなわち放出は，代謝の必要性に依存する．ホルモン感受性リパーゼの触媒作用で，トリアシルグリセロールは遊離脂肪酸とモノアシルグリセロールに加水分解される．ホルモン感受性リパーゼはモノアシルグリセロールをさらにグリセロールと遊離脂肪酸とに変換することもできるが，大部分の触媒活性はそれよりさらに特異的で活性の高いモノアシルグリセロールリパーゼが担っていると思われる．

摂食中はインスリン濃度が高く，それによってトリアシルグリセロールの加水分解は阻害される．糖質の貯蔵が枯渇し，インスリン濃度が低下すると，アドレナリン濃度が上昇し，トリアシルグリセロールの加水分解が促進される．アドレナリンが脂肪細胞のアドレナリン β レセプターに結合すると，cAMP依存性プロテインキナーゼAが活性化される．プロテインキナーゼAがリン酸化を触媒し，ホルモン感受性リパーゼを活性化する（図16.27）．

グリセロールと遊離脂肪酸は脂肪細胞の細胞膜を通して拡散し，血流に入る．グリセロールは肝臓で代謝され，そこで大部分が糖新生経路でグルコースに変換される．脂肪酸は水溶液にはほとんど溶けないが，血清アルブミンと結合して血中を移動する（§16.10 C）．脂肪酸は，心臓，骨格筋，肝臓などの組織に運ばれ，ミトコンドリアで酸化されて，エネルギーを放出する．脂肪酸は絶食状態（たとえば睡眠中）のときのおもなエネルギー源になっている．

同時に，グルカゴンレベルの上昇は，アセチル CoA カルボキシラーゼを不活性化する．この酵素は，肝臓中のマロニル CoA の合成を触媒する．その結果，ミトコンドリアへの脂肪酸の輸送が上昇し，β 酸化への流れが高進する．脂肪酸酸化で生産されるアセチル CoA と NADH の濃度が高まると，ピルビン酸デヒドロゲナーゼ複合体が阻害されて，グルコースとピルビン酸の酸化が低下する．このように，脂肪酸の酸化と蓄積が互いに逆向きに調節されているだけでなく，満腹時（食後すぐのような）には蓄積に有利なように，そしてグルコース節約時に脂肪酸酸化が進行するように，脂肪酸代謝は調節されている．

クエン酸（細胞質ゾルのアセチル CoA の前駆体）は試験管内でアセチル CoA カルボキシラーゼを活性化する．しかし，この活性化の生理的関連性はまだ十分に解明されていない．アセチル CoA カルボキシラーゼは脂肪酸アシル CoA によって阻害される．脂肪酸誘導体がアセチル CoA カルボキシラーゼを調節するという活性は，生理学的に適切である．脂肪酸濃度の上昇が，脂肪酸合成の最初の段階の速度を低下させる．アセチル CoA カルボキシラーゼ活性は，また，ホルモンの調節下にある．グルカゴンは肝臓中で酵素のリン酸化を促し，結果としてアセチル CoA カルボキシラーゼを不活性化する．アドレナリンは脂肪細胞でリン酸化による不活性化を促す．種々のプロテインキナーゼがリン酸化を触媒し，アセチル CoA カルボキシラーゼが阻害される．AMP活性化プロテインキナーゼは，脂肪酸合成の阻害（アセチル CoA カルボキシラーゼ段階の阻害）も，AMP/ATP 比が高い場合のステロイド合成の阻害も行う．

16.10 哺乳類における燃料脂質の吸収と代謝

哺乳類が代謝燃料として使用する脂肪酸やグリセロールは，食物あるいは脂肪貯蔵細胞の脂肪細胞に含まれるトリアシルグリセロールから得られる．脂肪細胞に貯蔵された脂肪には糖質やアミノ酸の代謝から合成された脂肪が含まれている．遊離の脂肪酸は細胞中にはほんの痕跡量しか含まれていない．これは好都合である．なぜなら，脂肪酸陰イオンは界面活性剤であり，高濃度にあると細胞膜が破壊されてしまうからである．ここではまず，哺乳類における食物からの脂肪酸の摂取，輸送，新陳代謝について述べる．

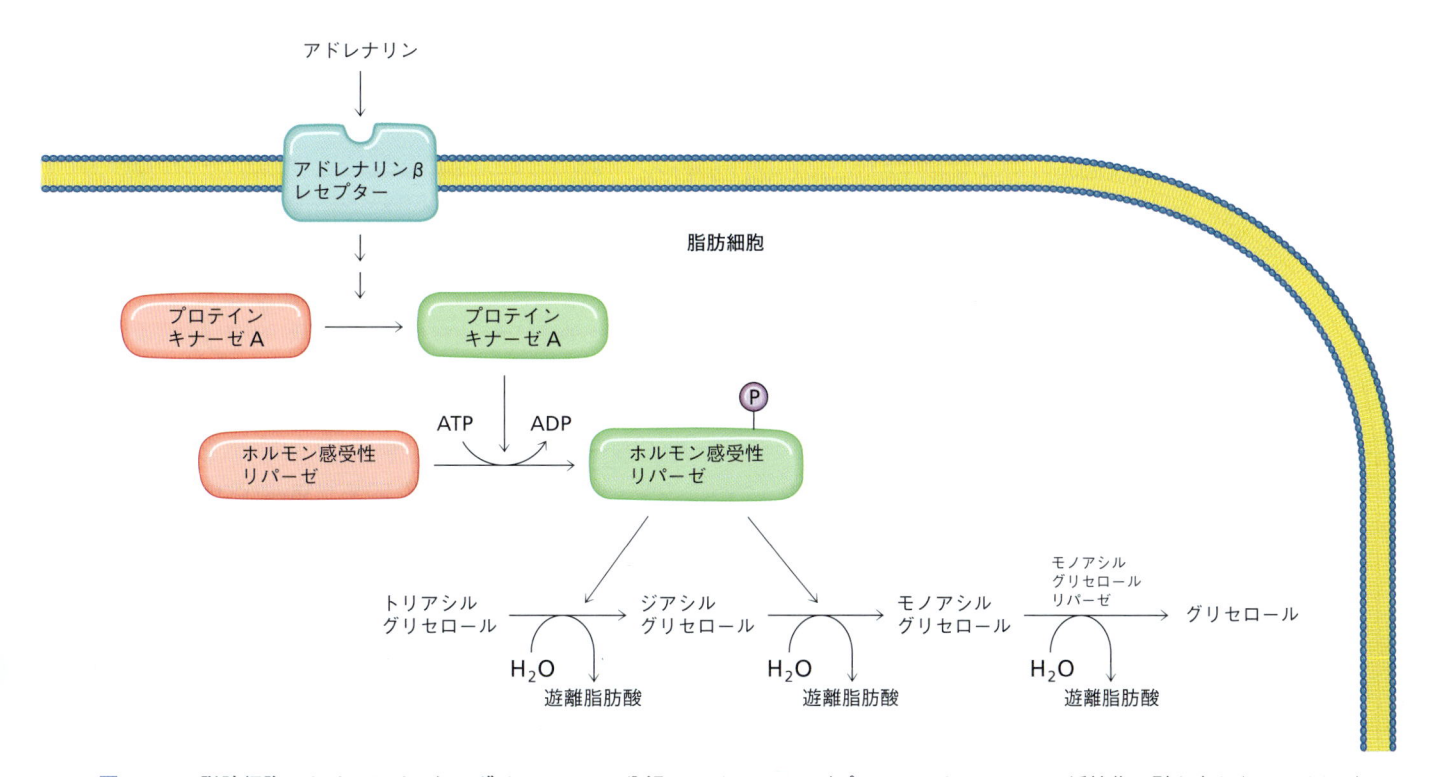

▲図16.27 **脂肪細胞におけるトリアシルグリセロールの分解** アドレナリンがプロテインキナーゼAの活性化の引き金となり，それがホルモン感受性リパーゼのリン酸化と活性化を触媒する．このリパーゼがトリアシルグリセロールをモノアシルグリセロールと脂肪酸へ加水分解する．モノアシルグリセロールの加水分解はモノアシルグリセロールリパーゼにより触媒される．

LIPID METABOLISM

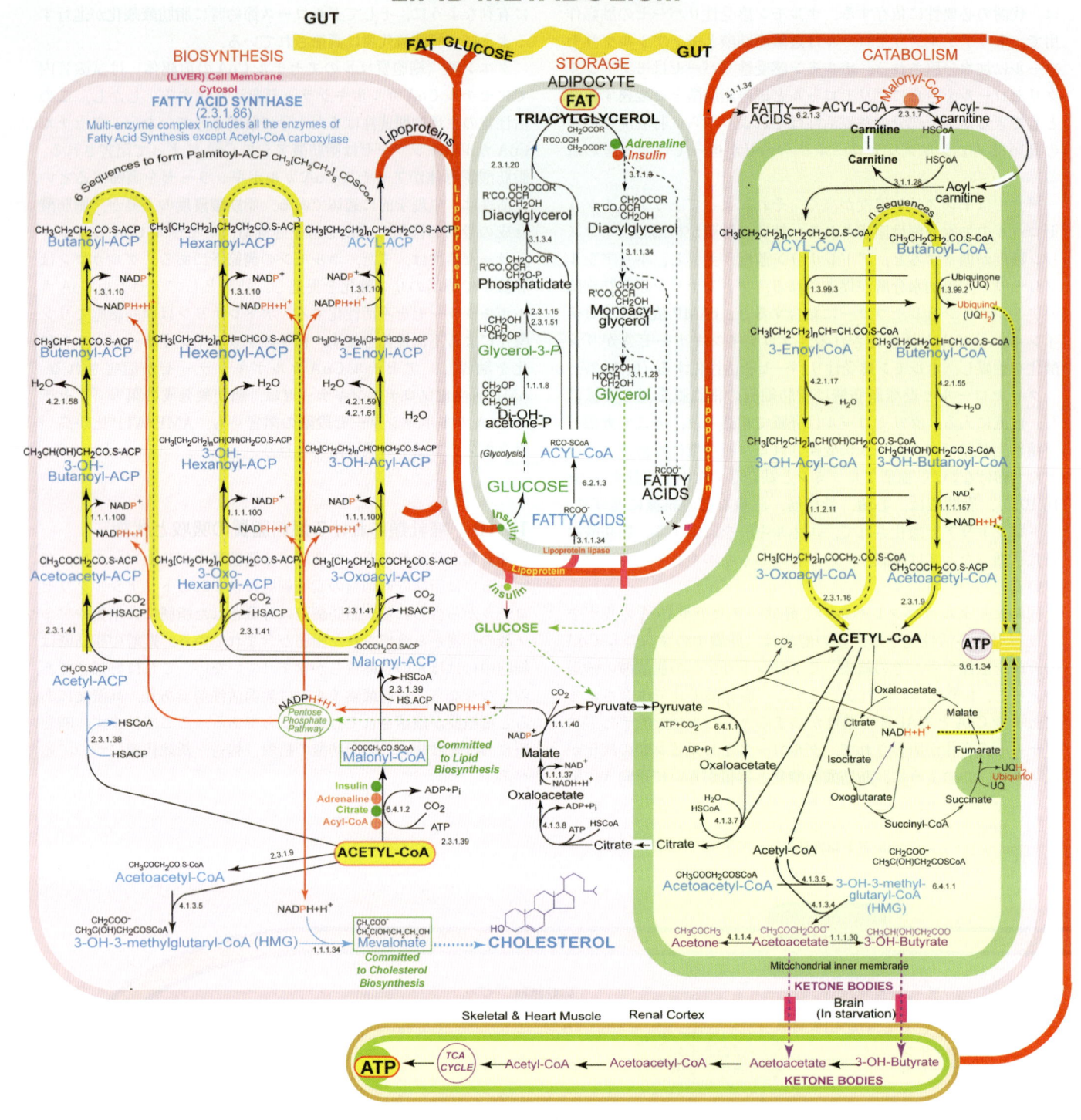

ANABOLISM
$8CH_3CO.SCoA + 14NADPH + 14H^+ + 7ATP \longrightarrow CH_3[CH_2CH_2]_7CO.SCoA + 14NADP^+ + 7HSCoA + 7ADP + 7P_i$
Acetyl-CoA → Palmitoyl-CoA

CATABOLISM
$CH_3[CH_2CH_2]_7CO.SCoA + 7\text{Ubiquinone} + 7H_2O + 7NAD^+ + 7HSCoA \longrightarrow 8CH_3CO.SCoA + 7\text{Ubiquinol} + 7NADH + 7H^+$
Palmitoyl-CoA → Acetyl-CoA

COMPLETE (AEROBIC) OXIDATION OF PALMITOYL CoA
$CH_3[CH_2CH_2]_7CO.SCoA + 23O_2 + \sim(106\ ADP + 106\ P_i) \longrightarrow 16CO_2 + 119H_2O + HSCoA + \sim106\ ATP$

This is a fascinating equation which explains how some animals, such as camels and polar bears can survive in the most adverse environments. They can use fat, not only as the sole source of energy, but also of water. The killer whale cannot utilise sea-water but creates its own from fat.

ENZYMES

1.1.1.8	Glycerol-3-P-dehydrogenase	1.3.1.10	Enoyl-[ACP]-reductase	2.3.1.51	1-Acylglycerol-3-P O-acyl transferase
1.1.1.34	HMG-CoA reductase	1.3.99.2	Butyryl-CoA dehydrogenase	3.1.1.3	Triacylglycerol lipase
1.1.1.35	3-OH-acyl-CoA dehydrogenase	1.3.99.3	Acyl-CoA dehydrogenase	3.1.1.23	Acylglycerol lipase
1.1.1.37	Malate dehydrogenase	2.3.1.7	Carnitine-O-acyltransferase	3.1.1.28	Acylcarnitine hydrolase
1.1.1.40	Malate dehydrogenase (oxaloacetate)	2.3.1.9	Acetyl-CoA-C-acetyl transferase	3.1.1.34	Lipoprotein lipase
1.1.1.100	3-Oxoacyl-[ACP]	2.3.1.15	Glycerol-3-P O-acyl transferase	3.1.3.4	Phosphatidate phosphatase
1.1.1.157	3-OH-butyryl-CoA	2.3.1.16	Acetyl-CoA C-acyltransferase	4.1.1.4	Acetoacetate decarboxylase
1.1.1.211	Long-chain 3-OH-acyl-CoA	2.3.1.20	Diacylglycerol O-acyltransferase	4.1.1.9	Malonyl-CoA decarboxylase
1.2.4.1	Pyruvate dehydrogenase	2.3.1.38	[ACP] S-acyl transferase	4.1.3.4	OH-Methylglutaryl-CoA lyase
		2.3.1.39	[ACP] S-malonyl transferase	4.1.3.5	OH-Methylglutaryl-CoA synthase
				4.1.3.7	Citrate synthase
				4.1.3.8	ATP Citrate lyase
				4.2.1.17	Enoyl-CoA hydratase
				4.2.1.55	3-OH-Butyryl-CoA dehydratase
				4.2.1.58	Crotonyl-[ACP] hydratase
				4.2.1.59	3-OH-octanoyl-[ACP] dehydratase
				4.2.1.61	3-OH-Palmitoyl-[ACP] dehydratase
				6.2.1.3	Long-chain-fatty.-acid-CoA ligase
				6.4.1.1	Pyruvate carboxylase
				6.4.1.2	Acetyl-CoA carboxylase

▲ IUBMB-Nicholson の哺乳類脂質代謝の代謝地図　作図 Donald Nicholson ©2002 IUBMB.

A. 食物脂質の吸収

哺乳類の食物中の大部分の脂質はトリアシルグリセロールであり，それに少量のリン脂質とコレステロールが含まれる．食物脂質の消化はおもに小腸で始まる．そこでは懸濁された脂肪滴が胆汁酸に包み込まれる（図16.28）．胆汁酸は肝臓で合成される両親媒性コレステロール誘導体で，胆嚢に集められ，腸管の内腔に分泌される．胆汁酸のミセルは脂肪酸とモノアシルグリセロールを可溶化し，それらが小腸壁の細胞に拡散して吸収できるようにする．脂質は，リポタンパク質して知られる脂質-タンパク質複合体の形で体内をめぐる．

▲図16.28 **胆汁酸** コレステロールの誘導体であるタウロコール酸とグリココール酸はヒトで最も多い胆汁酸である．胆汁酸は両親媒性である．分子の親水性部分は青で，疎水性部分は黒で示した．

BOX 16.6 エキストラバージンオリーブオイル

オリーブオイルの成分のほとんどはトリアシルグリセロールである．化学的処置を何もせずに，オリーブを砕いてオリーブオイルを製造した場合，国際オリーブオイル協会からバージンオリーブオイルと認定される．

オリーブオイルの品質は，製造過程でトリアシルグリセロールの分解によって生じる遊離脂肪酸の存在によって決められる．バージンオリーブオイルの遊離脂肪酸（酸味）は2%以下で，エキストラバージンオリーブオイルでは0.8%以下である．

▲エキストラバージンオリーブオイル エキストラバージンオリーブオイルが含む遊離脂肪酸は0.8%以下である．[http://www.examiner.com/fountain-of-youth-in-atlanta/extra-virgin-olive-oil-benefits]

トリアシルグリセロールは小腸でリパーゼの作用で分解される．これらの酵素は膵臓の中でチモーゲン（酵素前駆体）として合成され，小腸に分泌されて，そこで活性化される．膵臓リパーゼはトリアシルグリセロールのC-1とC-3位の根元にあるエステル結合の加水分解を触媒し，遊離脂肪酸と2-モノアシルグリセロールが生成する（図16.29）．コリパーゼという小さなタンパク質が水溶性の膵臓リパーゼと基質である脂質の結合を助ける．コリパーゼは，リパーゼの活性部位を開いたコンホメーションに保つことで，リパーゼを活性化する．食物のトリアシルグリセロールに由来する脂肪酸は主として長鎖の分子である．

大部分の胆汁酸は小腸下部，肝門脈血，肝臓を再循環する．1回の食餌を消化する間，胆汁酸は肝臓と腸管を何度も循環する．小腸細胞で，脂肪酸は脂肪酸アシルCoA分子に変換される．こ

れらの分子の3個がグリセロールに結合する，あるいは2個がモノアシルグリセロールに結合すると，トリアシルグリセロールが形成される．後述するように，これら水に不溶性のトリアシルグリセロールは，コレステロールおよび特別なタンパク質と結合してキロミクロンを形成し，他の組織に運ばれる．

食物からとったリン脂質の運命はトリアシルグリセロールのそれに似ている．小腸に分泌された膵臓ホスホリパーゼが，ミセル状に凝集したリン脂質を加水分解する（図9.8）．膵臓の分泌物に含まれるホスホリパーゼは主としてホスホリパーゼA_2である．これはグリセロリン脂質のC-2のエステル結合を加水分解し，リゾホスホグリセリドと脂肪酸を生成する（図16.30）．脂質が結合したホスホリパーゼA_2のモデルを図16.31に示す．リゾホス

▲図16.29 **膵臓リパーゼの作用** C-1とC-3のアシル鎖を除去し，遊離脂肪酸と2-モノアシルグリセロールを生成する．中間体の1,2-および2,3-ジアシルグリセロールは示していない．

◀ 図 16.30 **ホスホリパーゼ A_2 の作用** X は極性頭部を示す. R_1 と R_2 は疎水性の長い鎖で, リン脂質分子の多くの部分を構成する.

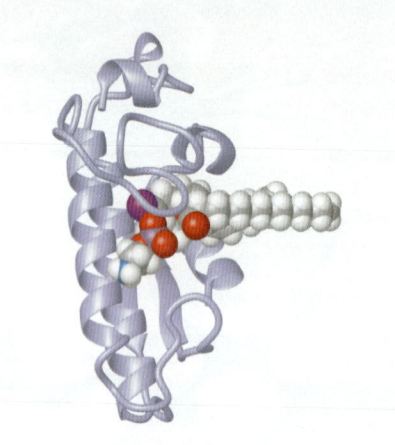

▲ 図 16.31 **コブラ毒のホスホリパーゼ A_2 の構造** ホスホリパーゼ A_2 は脂質−水の界面でリン脂質の加水分解を触媒する. このモデルは, リン脂質(ジミリストイルホスファチジルエタノールアミンの空間充填モデル)がどのように水溶性酵素の活性部位に適合するかを示している. 活性部位のカルシウムイオン(紫)が, おそらく陰性頭部の結合を助けているのだろう. 脂質の疎水性部分の約半分は脂質凝集体に埋もれている. 哺乳類ホスホリパーゼの構造はこのヘビ毒の酵素に似ている. [PDB 1POB]

ホグリセリドは腸管で吸収され, 腸管細胞でグリセロリン脂質に再エステル化される.

リゾホスホグリセリドは通常は細胞中に低濃度でしか存在しない. 高濃度に存在すると界面活性剤として働き, 細胞膜を破壊する. たとえば, ヘビ毒のホスホリパーゼ A_2 が赤血球のリン脂質に作用すると赤血球膜が溶解する. クレオパトラが死んだのは多分このせいだろう.

大部分の食物中のコレステロールは, 他の脂質と異なり脱エステルされる. 食物中のコレステロールエステルは腸管内腔でエステラーゼ作用により加水分解される. 遊離のコレステロールは水に不溶であり, 胆汁酸ミセルで可溶化されて吸収される. 大部分のコレステロールは腸管細胞内でアシル CoA と反応してコレステロールエステル(図 9.16)になる.

B. リポタンパク質

トリアシルグリセロール, コレステロール, コレステロールエステルは水に不溶なので, 遊離分子として血液やリンパ液を介して輸送することはできない. 代わりに, これらの脂質はリン脂質および両親媒性脂質結合タンパク質と結合して, リポタンパク質として知られる高分子性の粒子を形成する. リポタンパク質は, トリアシルグリセロールとコレステロールエステルを含む疎水性のコア, ならびに両親媒性分子であるコレステロール, リン脂質, タンパク質の層から構成される親水性の表面とから構成される(図 16.32).

最も大きなリポタンパク質はキロミクロンで, トリアシルグリセロールを腸管からリンパ液や血液を介して, (酸化してエネルギーを得るために)筋肉や(貯蔵のために)脂肪組織のような組織に運ぶ(図 16.33). キロミクロンが血中に存在するのは食後だけである. コレステロールに富んだ残存キロミクロン(トリアシルグリセロールのほとんどを失っている)がコレステロールを肝臓に運ぶ. 肝細胞は, 血流中に入る新生コレステロールの大部分の合成に関与しているが, ほとんどすべての型の細胞は自身に必要なコレステロールを合成することができる. リポタンパク質は, 食物からのコレステロールも肝臓由来のものも, 体の他の組織に運搬する. コレステロール生合成はホルモンと血中コレステロールレベルによって調節される.

血漿は他に種々の型のリポタンパク質を含んでいる. それらは相対的な密度と脂質の型によって分類される(表 16.1). タンパク質は脂質に比べて密度が高いので, リポタンパク質中のタンパク質含量が高ければ, 密度が高くなる. 超低密度リポタンパク質(very low density lipoprotein ; VLDL)は約 98 % の脂質とわずか 2 % のタンパク質から成っている. VLDL は肝臓でつくられ, 肝臓で合成された脂質, あるいは肝臓で不要になった脂質を脂肪組織のような他の組織に運ぶ. 筋肉や脂肪組織の毛細管にあるリパーゼは, VLDL やキロミクロンを分解する. VLDL がトリアシ

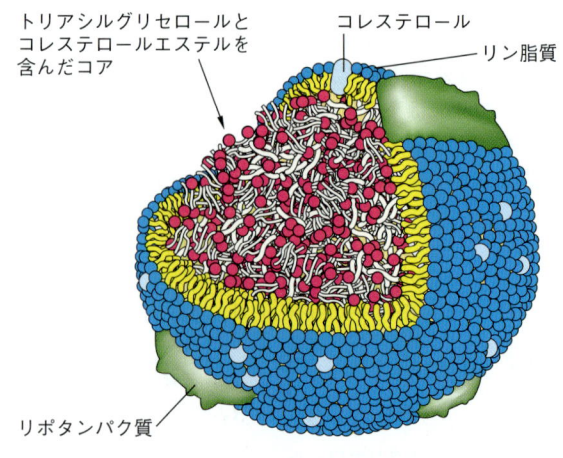

▲ 図 16.32 **リポタンパク質の構造** 中性脂質のコアはトリアシルグリセロールとコレステロールエステルから成り, アポリポタンパク質とコレステロールを埋め込んだリン脂質で覆われている.

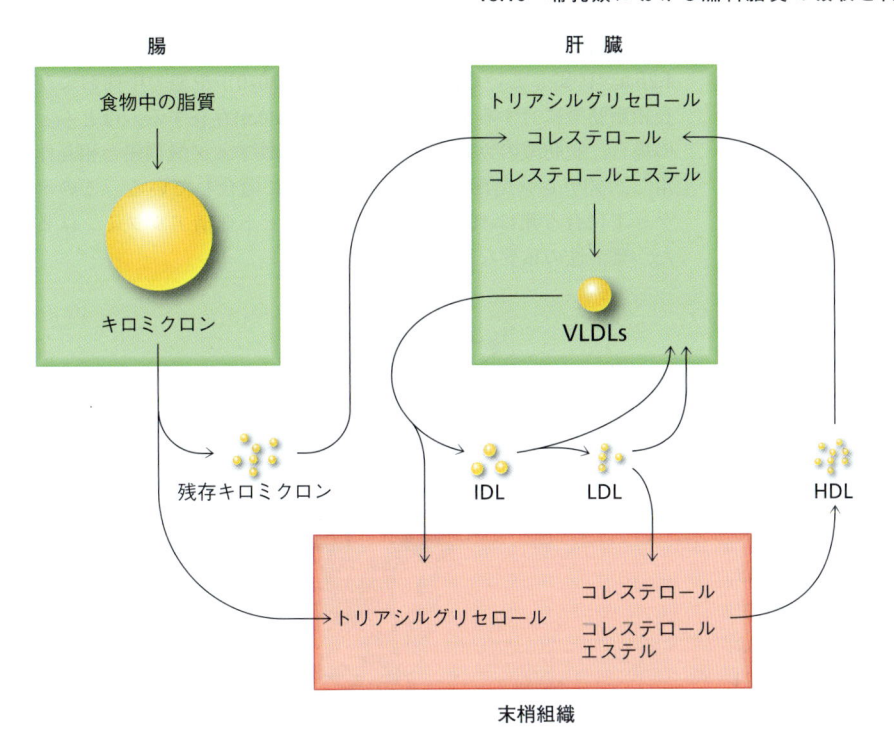

▲ 図 16.33 **リポタンパク質代謝の概略** 腸管細胞で形成されたキロミクロンは，筋肉や脂肪組織を含む末梢組織に食物からのトリアシルグリセロールを運ぶ．残存キロミクロンはコレステロールエステルを肝臓に運ぶ．VLDL は肝臓内でつくられ，内部の脂質を末梢組織に運ぶ．VLDL が分解されると（IDL を介して），それらは HDL からコレステロールとコレステロールエステルを取込んで LDL になり，その LDL がコレステロールを肝臓以外の組織に運ぶ．HDL は末梢組織から肝臓にコレステロールを運搬する．

▲ キロミクロン

ルグリセロールを組織細胞に渡すと，脂質量は減少し，残りは分解されて中間密度リポタンパク質（intermediate density lipoprotein；IDL）になる．VLDL の分解途中につくられた IDL の一部は肝臓に受取られ，また一部は低密度リポタンパク質（low density lipoprotein；LDL）へと分解される．LDL はコレステロールとコレステロールエステルに富み，これらの脂質を末梢組織に運ぶ．高密度リポタンパク質（high density lipoprotein；HDL）は血漿中でタンパク質に富む粒子として合成される．それは，末梢組織，キロミクロン，あるいは VLDL の残渣からコレステロールを受取り，コレステロールエステルに変換する．HDL はコレステロールとコレステロールエステルを肝臓に戻す．HDL からのコレステロールエステルは IDL に受取られ，LDL になる．

大きなリポタンパク質粒子は多くの異なる脂質結合タンパク質を含んでいる．これらはしばしばアポリポタンパク質とよばれている．"アポ"という接頭語は，7 章で述べたように緊密に関連する補因子に結合したポリペプチドを表している．2 種類のアポリポタンパク質が大きな疎水性の単量体タンパク質として存在する．アポ B-100（分子量 513000）は，VLDL, IDL, LDL の外層に固く結合している．VLDL と IDL に含まれる比較的小さなアポリポタンパク質は緩く結合していて，大部分はリポタンパク質の分解過程で離れてしまい，LDL の主要なタンパク質成分としてアポ B-100 が残る．アポ B-48（分子量 241000）はキロミクロンにだけ存在するが，その一次構造はアポ B-100 の N 末端側 48％と同一である．

それぞれのリポタンパク質の疎水性コアを覆う両親媒性の殻の多くは，アポ B-100 とアポ B-48 からできている．アポ B-100 は LDL をレセプターに付けるタンパク質である．アポ B-48 にはこの性質はない．他のアポリポタンパク質はアポ B-48 より小さい．これらにはいろいろな機能があり，脂質代謝に関係するある種の酵素活性を調節したり，細胞表面のレセプターと相互作用したりする．

真核生物細胞膜の必須成分であるコレステロールは，LDL によって周辺組織に運ばれる．このリポタンパク質は細胞表面上で LDL レセプターに結合する．LDL とレセプターの複合体は，エ

表 16.1 ヒト血漿中のリポタンパク質

	キロミクロン	VLDL	IDL	LDL	HDL
分子量 $\times 10^{-6}$	>400	10〜80	5〜10	2.3	0.18〜0.36
密度 [$g\cdot cm^{-3}$]	<0.95	0.95〜1.006	1.006〜1.019	1.019〜1.063	1.063〜1.210
化学組成（％）					
タンパク質	2	10	18	25	33
トリアシルグリセロール	85	50	31	10	8
コレステロール	4	22	29	45	30
リン脂質	9	18	22	20	29

ンドサイトーシスで細胞に入り，リソソームと融合する．リソソームのリパーゼとプロテアーゼがLDLを分解し，遊離したコレステロールは細胞膜に取込まれるか，コレステロールエステルとして貯蔵される．細胞内コレステロールが豊富にあると，コレステロール生合成の主要な酵素であるHMG-CoAレダクターゼの合成が抑制され，LDLレセプターの合成も阻害される．LDLレセプターが欠如すると家族性高コレステロール血症にかかり，コレステロールが皮膚や動脈中にたまってくる．このような患者は若年で心疾患で死亡する．

HDLは，血漿および肝臓以外の組織の細胞からコレステロールを除去し，肝臓に戻す．HDLは肝臓表面でSR-B1とよばれるレセプターに結合し，コレステロールとコレステロールエステルを肝細胞内に移す．脂質を失ったHDL粒子は血漿中に戻る．肝臓でコレステロールは胆汁酸に変換され，胆汁酸は胆嚢に分泌される．

動脈における脂質堆積物の形成（アテローム性動脈硬化症）は，心臓発作を起こす可能性のある冠動脈性心疾患（虚血性心疾患）の危険性を増す．高レベルのLDL（"悪玉"コレステロール）は，アテローム性動脈硬化症になる可能性を増加させる．一方，高レベルのHDL（"善玉"コレステロール）は，心臓発作の危険性を減少させる．スタチン（BOX 16.3）は肝臓中のコレステロールの合成を阻止してLDLレベルを低下させる．

C. 血清アルブミン

コレステロールやトリアシルグリセロールのような複合脂質に加えて，遊離の脂肪酸もまた血漿によって輸送される．脂肪酸は，豊富に存在する血漿タンパク質である血清アルブミンに結合する．このタンパク質，特にウシ血清アルブミンは40年以上に渡ってよく研究されてきた．最近，ヒト血清アルブミンの構造がさまざまな鎖長の脂肪酸と結合した形でX線結晶解析によって解明された（図16.34）．

ヒト血清アルブミンはオールαクラスの三次構造（§4.7B，図4.25a）に属している．パルミチン酸（16:0）や他の中間および長鎖脂肪酸に対する7個の異なる結合部位が存在する．ほとんどの場合，脂肪酸のカルボキシ末端が塩基性アミノ酸側鎖と相互作用し，メチレン尾部が疎水性ポケットに適合している．このポケットに合う鎖は10〜18炭素である．ヒト血清アルブミンはまた，難溶性の重要な薬物を結合する．

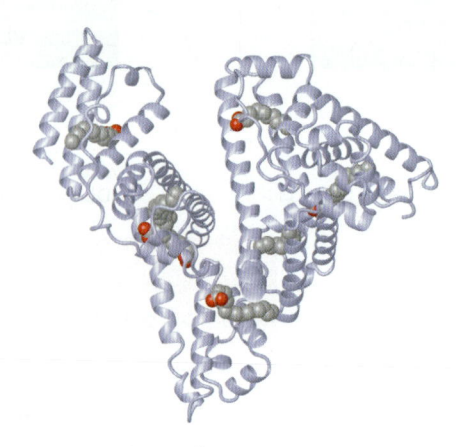

▲図 16.34　ヒト血清アルブミン　7個の結合したパルミチン酸が示されている．[PDB 1E7H]

16.11　ケトン体は燃料分子である

肝臓で脂肪酸酸化により生成したアセチルCoAの大部分はクエン酸回路に入る．しかしながら，一部は別の経路にも入る．絶食の間，解糖は低下し，糖新生経路が活発化している．このような状態では，オキサロ酢酸プールは一時的に枯渇する．高進したβ酸化からのアセチルCoAの量は，クエン酸回路の必要量を上回ってしまう（クエン酸回路の第一段階でオキサロ酢酸がアセチルCoAと反応する）．過剰のアセチルCoAは，ケトン体〔3-ヒドロキシ酪酸，アセト酢酸（3-オキソ酪酸），アセトン〕の合成に回される．構造的にはすべてのケトン体がケトンというわけではない（図16.35）．ケトン体として量的に意味があるのは3-ヒドロキシ酪酸とアセト酢酸である．アセトンは3-ケト酸（3-オキソ酸）であるアセト酢酸の非酵素的脱炭酸によってごく少量生じるのみである．

BOX 16.7　リポタンパク質リパーゼと冠動脈性心疾患

リポタンパク質リパーゼ（§16.9）はリポタンパク質のトリアシルグリセロールから脂肪酸を遊離させる酵素である．それは血漿からトリアシルグリセロールを除去するのに重要な役割を果たしている．高濃度のトリアシルグリセロールは冠動脈性心疾患に関与する．

ヒト集団には，リポタンパク質リパーゼ（LPL）遺伝子のさまざまな変異体がある．これらの中に，LPL活性の低いものがある．一例がD9N変異体で，これは9番残基の通常のアスパラギン酸がアスパラギンに置換している．この変異体をもつ人は，血漿中でリポタンパク質を含むトリアシルグリセロールができるため，冠動脈性心疾患にかかりやすい．

S447X変異体では，447番目で通常のセリンコドンが変異して終止コドン（X）になっている．その結果，正常なタンパク質に比べて短く切り詰められたタンパク質になる．集団の約17%が少なくとも1個の変異体遺伝子をもっていて，集団の1%がこの変異体がホモ接合体になっている．S447X酵素は野生型酵素より活性が高く，その結果血漿中のトリアシルグリセロールレベルが低下する．この変異体をもつ男性（女性はもたない）は心疾患になる可能性が低くなる．これは，ヒト集団で発生する有利な対立遺伝子の一つの例である．

[Online Mendelian Inheritance in Man (OMIM) MIM= 609708]

◀図 16.35　ケトン体

3-ヒドロキシ酪酸とアセト酢酸は燃料分子である．脂肪酸に由来するケトン体は，脂肪酸より代謝エネルギーが少ないにもかかわらず，これらは欠乏を埋め合わせる"水溶性脂肪"として，

16.11 ケトン体は燃料分子である

血漿中で速やかに運ばれる．飢餓状態ではケトン体が大量に生産され，脳細胞の主要な燃料としてグルコースの代替になるほどである．ケトン体は飢餓状態で骨格筋や腸管でも代謝される．

A. ケトン体は肝臓で合成される

哺乳類ではケトン体は肝臓で合成され，他の組織に送られて使用される．ケトン体合成の経路，すなわちケト新生を図 16.36 に示す．初めに，アセチル CoA C アセチルトランスフェラーゼの触媒反応で 2 分子のアセチル CoA が縮合し，アセトアセチル CoA と HS-CoA が形成する．つぎに，3 番目のアセチル CoA 分子がアセトアセチル CoA に付加し，3-ヒドロキシ-3-メチルグルタリル CoA（HMG-CoA）が生成する．この反応は，HMG-CoA シンターゼにより触媒される．これらの段階は，イソペンテニル二リン酸生合成経路の最初の 2 段階と同じである（図 16.17）．しかしながら，ケトン体の合成はミトコンドリアで行われ，イソペンテニル二リン酸（そしてコレステロール）の合成は細胞質ゾルで行われる．哺乳類は，ミトコンドリアと細胞質にアセチル CoA C アセチルトランスフェラーゼと HMG-CoA シンターゼの異なるアイソザイムを有している．HMG-CoA シンターゼは，肝細胞のミトコンドリアだけにあって他のどの細胞型のミトコンドリアにも存在しない．

つぎの段階で，HMG-CoA リアーゼは HMG-CoA の開裂を触媒し，アセト酢酸とアセチル CoA ができる．HMG-CoA リアーゼは細胞質ゾルには存在しない．これが，なぜ細胞質ゾル HMG-CoA がイソペンテニル二リン酸合成にのみ使用され，ケトン体が細胞質ゾルでつくられないかの理由である．アセト酢酸は 3-ヒドロキシ酪酸デヒドロゲナーゼにより NADH 依存的に還元され，3-ヒドロキシ酪酸が生成する．アセト酢酸と 3-ヒドロキシ酪酸はともに，肝細胞のミトコンドリア内膜と細胞膜を通過して輸送され，その後血流に入り，他の細胞の燃料として利用される．血流中でアセト酢酸の一部が非酵素的に脱炭酸され，アセトンが生じる．

脂肪酸アシル CoA とアセチル CoA がミトコンドリアにあるのなら，ケト新生のおもな調節点は HMG-CoA シンターゼのミトコンドリアアイソザイムであることになる．スクシニル CoA はこの酵素を共有結合修飾でスクシニル化することで阻害する．これは短期的阻害で，自然に起きる脱スクシニルで頻繁に再活性化される．グルカゴンはミトコンドリアのスクシニル CoA の濃度を低下させ，ケト新生を促進する．長期的調節は遺伝子発現の

▲ 図 16.36 3-ヒドロキシ酪酸，アセト酢酸，アセトンの生合成

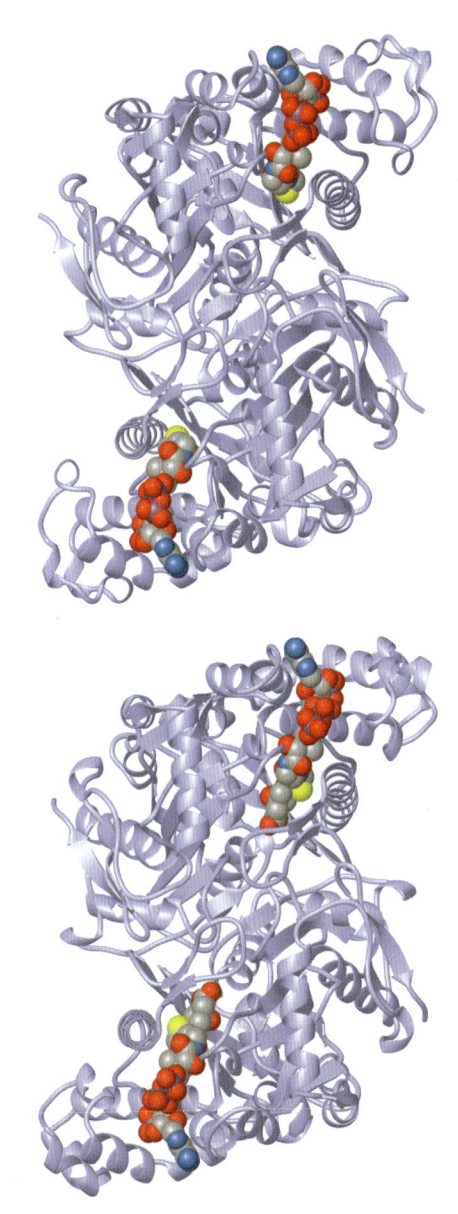

▲ **HMG-CoA シンターゼ** HMG-CoA の結合したヒトのアイソザイムが示されている．細胞質の酵素（上：PDB 2P8U）とミトコンドリアの酵素（下：PDB 2WYA）はとてもよく似ている．

制御で行われている．絶食で HMG-CoA シンターゼ（およびそのmRNA）のレベルが上昇する．摂食あるいはインスリン投与により酵素活性とmRNAの両方が減少する．

B. ケトン体はミトコンドリアで酸化される

3-ヒドロキシ酪酸およびアセト酢酸をエネルギー源として利用する細胞では，これらはミトコンドリアに入り，アセチル CoA に変換され，クエン酸回路で酸化される．3-ヒドロキシ酪酸は，肝臓の酵素とは別の 3-ヒドロキシ酪酸デヒドロゲナーゼのアイソザイムによる触媒反応でアセト酢酸に変換される．アセト酢酸はスクシニル CoA と反応して，アセトアセチル CoA になる．反応はスクシニル CoA トランスフェラーゼ（スクシニル CoA：3-オキソ酸 CoA トランスフェラーゼ）により触媒される（図 16.37）．このトランスフェラーゼは肝臓以外のすべての組織に存在するので，ケトン体は肝臓以外の組織でのみ分解されることになる．スクシニル CoA トランスフェラーゼ反応は，一定量のスクシニル CoA をクエン酸回路から吸い上げる作用をする．本来なら，スクシニル CoA シンテターゼの触媒する基質レベルのリン酸化で GTP として捕捉されるエネルギー（§13.3.5）が，アセト酢酸を CoA エステルに活性化するために利用される．アセトアセチル CoA は，アセチル CoA C アセチルトランスフェラーゼの作用によって2分子のアセチル CoA に変換され，クエン酸回路で酸化される．

> 飢餓状態における糖質代謝の変化については §12.7 で述べた．

要　約

1. 脂肪酸合成経路は，アセチル CoA カルボキシラーゼの触媒反応でマロニル CoA の合成から始まる．マロニル CoA はマロニル ACP に変換され，1分子のマロニル ACP がアセチル CoA（あるいはアセチル ACP）と縮合し，アセトアセチル ACP ができる．

2. 3-オキソアシル ACP 前駆体からの長鎖脂肪酸の形成は，4段

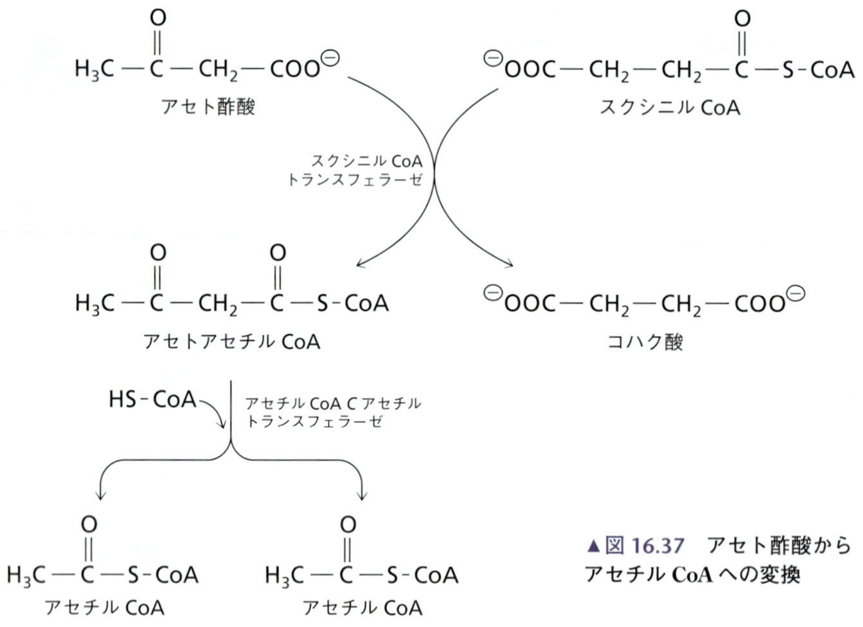

▲図 16.37　アセト酢酸からアセチル CoA への変換

BOX 16.8　糖尿病における脂質代謝

インスリンは脂肪分解を阻害しないので，脂肪の分解が起こり，他のホルモンが脂肪細胞からの脂肪酸の遊離をひき起こす．肝臓が利用しうる脂肪酸が大量になるため，アセチル CoA が過剰になり，それがケトン体の合成に回っていく．II 型糖尿病（§12.7）では血中にグルコースが蓄積するが，その理由は末梢組織でグルコースが吸収されにくくなるからである．肥満になると II 型糖尿病にきわめてかかりやすくなることから，脂質によるインスリン感受性低下について多くの研究がなされている．血中の遊離脂肪酸濃度が高くなると，組織にグルコースを取込ませるためにインスリンが発するシグナルが妨害される．

未治療の I 型糖尿病患者では，末梢組織が利用する量をはるかに超えた異常に多量のケトン体がつくられる．アセトンの匂いが呼気から感じられるほどである．実際，血中のアセト酢酸や 3-ヒドロキシ酪酸の濃度は非常に高く，血清の pH が低下するほどで，これは糖尿病性ケトアシドーシスとよばれる危険な症状である．I 型糖尿病の治療ではインスリンの連続投与とグルコース摂取の制限が必要である．

II 型糖尿病の急性症状はまれではあるが，過血糖症になると，特に眼や心臓血管系，腎臓系などの組織が損傷を受ける．II 型糖尿病を抑制するには食事の調節で十分なことが多い．さらに，経口薬でインスリン分泌を促進し，末梢組織でインスリンの作用を高めることも可能である．

II 型糖尿病治療の新しい試みはチロシンホスファターゼ PTP-1B の阻害である．PTP-1B は，インスリン結合時にレセプターに付加されるリン酸の除去を触媒することでインスリンレセプターを不活性化する．PTP-1B 欠損マウスにインスリンを注射すると肝臓や筋肉のインスリンレセプターのリン酸化が高進し，インスリンに対する感受性が増した．このようなマウスは食後も血中グルコース濃度が正常に保たれた．興味深いことに，PTP-1B 欠損マウスは高脂肪食を食べても体重増加の抑制がみられた．それゆえ，PTP-1B は肥満治療の標的にもなるだろう．

階で起きる．すなわち，還元，脱水，2回目の還元，縮合である．これら四つの段階は長鎖脂肪酸をつくるために繰返される．18炭素より長い脂肪酸と不飽和脂肪酸の生成には追加の反応が必要である．

3. トリアシルグリセロールとグリセロリン脂質はホスファチジン酸から誘導される．トリアシルグリセロールと中性リン脂質の合成は 1,2-ジアシルグリセロール中間体を経由して進行する．酸性リン脂質は CDP ジアシルグリセロール中間体を経て合成される．

4. 多くのエイコサノイドはアラキドン酸から誘導される．シクロオキシゲナーゼ経路で，プロスタサイクリン，プロスタグランジン類，トロンボキサン A_2 ができる．リポキシゲナーゼ経路の産物の中にロイコトリエンがある．

5. スフィンゴ脂質はセリンとパルミトイル CoA から合成される．還元，アシル化，酸化により，セラミドが合成され，そこに極性頭部と糖残基が付加される．

6. コレステロールは，メバロン酸とイソペンテニル二リン酸につながる経路でアセチル CoA から合成される．コレステロールもイソペンテニル二リン酸ももとに多くの他の化合物の前駆体である．

7. 脂肪酸は連続した 2 炭素単位が離脱する β 酸化により，アセチル CoA に分解される．最初に，脂肪酸は CoA へのエステル化によって活性化され，脂肪酸アシル CoA は四つの酵素触媒段階（酸化，水和，2 回目の酸化，チオール開裂）の繰返しにより酸化される．脂肪酸はグラム当たりグルコースより多くの ATP を生産する．

8. 奇数鎖脂肪酸の β 酸化では，アセチル CoA と 1 分子のプロピオニル CoA が形成される．大部分の不飽和脂肪酸の酸化には，飽和脂肪酸の酸化に必要な酵素に加えて，イソメラーゼとレダクターゼの 2 種の酵素が必要である．

9. 動物の脂肪酸酸化は生体に必要なエネルギーに応じてホルモンで調節される．

10. 食物脂肪は小腸で消化されて，脂肪酸とモノアシルグリセロールに加水分解され，吸収される．リポタンパク質は血液中で脂質を運ぶ．脂肪細胞の中で脂肪酸はエステル化されて，トリアシルグリセロールとして貯蔵される．脂肪酸はホルモン感受性リパーゼにより代謝される．

11. ケトン体である 3-ヒドロキシ酪酸とアセト酢酸（3-オキソ酪酸）は，アセチル CoA 分子の縮合により肝臓中で合成される水溶性の燃料分子である．

問　題

1. (a) 家族性高コレステロール血症は LDL レセプターが欠損するヒトの遺伝病で，血中コレステロール濃度が非常に高くなり，幼児期に重いアテローム性動脈硬化症になる．この病気ではなぜ血中コレステロール濃度が高くなるのか．
   (b) この病気の患者において，高い血中コレステロール濃度は細胞コレステロール合成に影響を与えているか．
   (c) タンジール病の患者は HDL によるコレステロール取込みに必要な細胞タンパク質 ABC1 を欠いている．この病気はコレステロール輸送にどのような影響を与えているか．

2. 筋肉中のカルニチン濃度が異常に低い患者は，軽い運動でも筋力が弱まってしまう．さらに，筋肉中のトリアシルグリセロール濃度が非常に高くなる．
   (a) 二つの現象はなぜ生じるか．
   (b) このような患者は好気的条件で筋グリコーゲンを代謝できるか．

3. つぎの化合物が完全酸化された場合にできる ATP はどれくらいか．(a) ラウリン酸（ドデカン酸），(b) パルミトレイン酸 (cis-Δ^9-ヘキサデカン酸)．この場合，クエン酸回路が機能していると仮定せよ．

4. テトラヒドロリプスタチンは肥満の治療薬である．これは膵臓リパーゼの阻害剤である．テトラヒドロリプスタチンが肥満の治療に使われる根拠を述べよ．

5. つぎの脂肪酸をアセチル CoA，あるいはアセチル CoA とスクシニル CoA に分解するのに，β 酸化の酵素に加えてどのような酵素が必要か．
   (a) オレイン酸 (cis $CH_3(CH_2)_7CH=CH(CH_2)_7COO^-$)
   (b) アラキドン酸
   （全 cis $CH_3(CH_2)_4(CH=CHCH_2)_4(CH_2)_2COO^-$)
   (c) cis $CH_3(CH_2)_9CH=CH(CH_2)_4COO^-$

6. 動物は偶数鎖脂肪酸をそのままの形でグルコースに変換することはできない．一方，奇数鎖脂肪酸のいくつかの炭素はグルコースへの糖新生経路の前駆体になることができる．なぜか．

7. つぎの化合物をパルミチン酸を合成している肝臓ホモジネートに加えたとき，標識炭素はどこに見いだされるか．
   (a) $H^{14}CO_3^{\ominus}$　　(b) $H_3{}^{14}C-\overset{\overset{O}{\|}}{C}-S\text{-CoA}$

8. トリクロサン（2,4,4-トリクロロ-2-ヒドロキシジフェニルエーテル）は有効な抗微生物薬である．これは，石けん，歯磨き粉，おもちゃ，ボール紙等の消費材に広く使用されている．トリクロサンは，細菌やマイコバクテリアの広い範囲に有効であり，II 型脂肪酸合成系のエノイル ACP レダクターゼの阻害剤である．
   (a) エノイル ACP レダクターゼによってどんな反応が触媒されるか．
   (b) なぜ，エノイル ACP レダクターゼが抗微生物薬の標的になるのか．
   (c) ある化合物がヒトではなく細菌の脂肪酸合成を選択的に阻害する理由を述べよ．

9. マロニル CoA は食欲刺激を減少させる脳のシグナルの一つと考えられてきた．マウスに C75 と命名されたセルレニン（カビに含まれるエポキシド）の誘導体を与えると，食欲減退と迅速な体重減少が認められた．セルレニンとその誘導体は脂肪酸シンターゼの強力な阻害剤である．C75 は体重減少薬として作用しうるか，考察せよ．

10. (a) 肝細胞中で，糖質から脂肪酸に変換する一般経路を書け．その場合，細胞質ゾルにある経路とミトコンドリアにある経路がわかるように記せ．
    (b) 脂肪酸合成に必要な還元物質の約半分が解糖系で生成する．脂肪酸合成で，これらの還元物質がどのように使用されるか説明せよ．

11. (a) 脂肪酸合成の中心的な調節因子であるアセチル CoA カルボキシラーゼは異なる二つの相互変換形として存在する．(1) 繊維状の活性型ポリマー（脱リン酸），(2) 不活性型プロトマー（リン酸化）．クエン酸とパルミトイル CoA はそれぞれ異なる型のアセチル CoA カルボキシラーゼに特異的に堅く結合し，安定化させる．これらの調節因子がそれぞれア

セチルCoAカルボキシラーゼと相互作用してどのように機能するか説明せよ．

繊維状ポリマー（活性型）⇌ プロトマー（不活性型）

(b) グルカゴンやアドレナリンは脂肪酸合成でどのような役割を果たしているか．

12. 肥満は，食物摂取の増加と身体活動の低下などによって世界的に深刻な健康問題になっている．肥満は，Ⅱ型糖尿病や心臓血管の疾患を含めてヒトの多くの病気に関係している．アセチルCoAカルボキシラーゼの選択的かつ特異的阻害剤が，抗肥満薬の候補にあげられてきた．

(a) アセチルCoAカルボキシラーゼの阻害剤は脂肪酸合成や脂肪酸酸化にどのような効果をもつのか．

(b) このようなアセチルCoAカルボキシラーゼ阻害剤の一つとしてCABI（構造は下）がある．どのような構造上の特徴がCABIをアセチルCoAカルボキシラーゼ阻害剤の候補にしているのか．

[Levert, K. L., Waldrop, G. L., Stephens, J. M. (2002). *J. Biol. Chem.* A biotin analog inhibits acetyl-CoA carboxylase activity and adipogenesis. 277:16347-16350.]

13. 8個のアセチルCoAのパルミチン酸への変換式を書け．

14. (a) 心臓発作やリウマチ性関節炎のような傷害で組織が損傷を受けた場合，炎症細胞（たとえば単核球や好中球）が傷害を受けた組織に浸潤し，アラキドン酸の合成を促進する．この応答の理由を説明せよ．

(b) エイコサノイドの生合成は，アスピリンやイブプロフェンのような非ステロイド系抗炎症薬，ならびに（特別なホスホリパーゼを阻害する）ヒドロコルチゾンやプレドニゾンのようなステロイド薬剤によって影響を受ける．ステロイド薬剤がプロスタグランジンとロイコトリエンの両方を阻害するのに対して，アスピリン関連薬剤がプロスタグランジンの生合成しか阻害しないのはなぜか．

15. 以下の複合脂質の構造を正確に記せ．

(a) ホスファチジルグリセロール
(b) エタノールアミンプラスマローゲン（1-アルキル-2-グリセロ-3-ホスホエタノールアミン）
(c) グルコセレブロシド（1-β-D-グルコセラミド）

16. 食物中の過剰な脂肪は，肝臓中でコレステロールに変換される．すべての偶数番号炭素を^{14}Cで標識したパルミチン酸を肝臓ホモジネートに加えた場合，メバロン酸のどこが標識されるか．

17. アスピリンの抗炎症治療効果は，酵素シクロオキシゲナーゼ-2（COX-2）の阻害に起因する．COX-2は炎症，疼痛，発熱をひき起こすプロスタグランジンの合成にかかわっている．アスピリンは，酵素の活性中心でアセチル基をセリン残基に共有結合させることでCOX-2を不可逆的に阻害する．しかしながら，胃炎という望ましからざる副作用がある．それはアスピリンが，腸管にある関連した酵素のCOX-1を不可逆的に阻害するからである．COX-1は，胃を酸から保護する胃液ムチンの分泌を調節するプロスタグランジンの合成に関与する．アスピリンのアナログであるAPHSが合成されたが，これはCOX-1に比べてCOX-2の阻害剤として60倍以上も選択的であることが示された．APHSは胃腸に対する副作用がきわめて低い抗炎症薬になる可能性がある．APHSにより不活性化されたCOX-2酵素-阻害剤複合体の構造を記せ．アスピリンと構造アナログはCOX酵素の活性中心に作用するが，これは競合阻害といえるか．

参考文献

一般

Nicholson, D. E. (2001). IUBMB-Nicholson metabolic pathway charts. *Biochem. Mol. Bio. Educ.* 29:42-44.

Vance, J. E., and Vance, D. E., eds. (2008). *Biochemistry of Lipids, Lipoproteins, and Membranes* (Amsterdam: Elsevier Science).

脂質合成

Athenstaedt, K., and Daum, G. (1999). Phosphatidic acid, a key intermediate in lipid metabolism. *Eur. J. Biochem.* 266:1-16.

Frye, L. L., and Leonard, D. A. (1999). Lanosterol analogs: dual-action inhibitors of cholesterol biosynthesis. *Crit. Rev. Biochem. Mol. Biol.* 34:123-124.

Kent, C. (1995). Eukaryotic phospholipid synthesis. *Annu. Rev. Biochem.* 64:315-343.

Leibundgut, M., Maier, T., Jenni, S., and Ban, N. (2008). The multienzyme architecture of eukaryotic fatty acid synthases. *Curr. Opin. Struct. Biol.* 18:714-726.

Simmons, D. L., Botting, R. M., and Hla, T. (2004). Cyclooxygenase isozymes: the biology of prostaglandin synthesis and inhibition. *Pharmacol. Rev.* 56:387-437.

Sommerville, C., and Browse, J. (1996). Dissecting desaturation: plants prove advantageous. *Trends in Cell Biol.* 6:148-153.

Wallis, J. G., Watts, J. L., and Browse, J. (2002). Polyunsaturated fatty acid synthesis: what will they think of next? *Trends Biochem. Sci.* 27:467-473.

White, S. W., Zheng, J., Zhang, Y-M., and Rock, C. O. (2005). The structural biology of type II fatty acid biosynthesis. *Ann. Rev. Biochem.* 74:791-831.

脂質異化

Bartlett, K., and Eaton, S. (2004). Mitochondrial β-oxidation. *Eur. J. Biochem.* 271:462-469.

Candlish, J. (1981). Metabolic water and the camel's hump — a textbook survey. *Biochem. Ed.* 9:96-97.

Ishikawa, M., Tsuchiya, D., Oyama, T., Tsunaka, D., and Morikawa, K. (2004). Structural basis for channelling mechanism of a fatty acid β-oxidation multienzyme complex. *EMBO J.* 23:2745-2754.

Kim, J-J., and Battaile, K. P. (2002). Burning fat: the structural basis of fatty acid β-oxidation. *Curr. Opin. Struct. Biol.* 12:721-728.

Toogood, H. S., van Thiel, A., Basran, J., Sutcliffe, M. J., Scrutton, N. S., and Leys, D. (2004). Extensive domain motion and electron transfer in the human electron transferring flavoprotein medium chain acyl-CoA dehydrogenase complex. *J. Biol. Chem.* 279:32904-32912.

Toogood, H. S., van Thiel, A., Basran, J., Scrutton, N. S., and Leys, D. (2005). Stabilization of non-productive conformations underpins rapid electron transfer to electron-transferring flavoprotein. *J. Biol. Chem.* 280:30361-30366.

Wanders, R. J. A., and Waterman, H. R. (2006). Biochemistry of mammalian peroxisomes revisited. *Ann. Rev. Biochem.* 75:295-332.

リポタンパク質

Bhattacharya, A. A., Grüne, T., and Curry, S. (2000). Crystallographic analysis reveals common modes of binding of medium- and long-chain fatty acids to human serum albumin. *J. Mol. Biol.* 303:721-732.

Fidge, N. H. (1999). High density lipoprotein receptors, binding proteins, and ligands. *J. Lipid Res.* 40:187-201.

Gagné, S. E., Larson, M. G., Pimstone, S. N., Schaefer, E. J., Kastelein, J. J. P., Wilson, P. W. F., Ordovas, J. M., and Hayden, M. R. (1999). A common truncation variant of lipoprotein lipase (S447X) confers protection against coronary heart disease: the Framingham Offspring Study. *Clin. Genet.* 55:450-454.

Kreiger, M. (1998). The "best" of cholesterols, the "worst" of cholesterols: a tale of two receptors. *Proc. Natl. Acad. Sci. USA* 95:4077-4080.

17 アミノ酸代謝

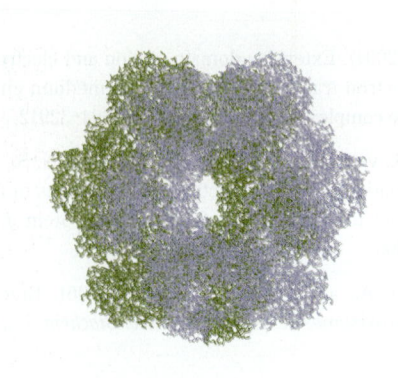

われわれは今,"細菌の時代"に生きている.地球は,今を去る35億年以上前,最初の化石——もちろん細菌——が岩石に埋め込まれて以来,常に"細菌の時代"であり続けた.考えうる,合理的な,あるいは公正などんな基準に照らしても,細菌は地球上で支配的な生命形態であるし,常にそうあり続けた.

Stephen Jay Gould (1996), *Full House*, p.176

アミノ酸代謝の記述はきわめて困難な作業である.どのように表現しても不完全になってしまう.20種の異なるアミノ酸と多くの中間体のそれぞれに生合成と分解の経路がある.さらに,組織や細胞小器官,生物の違いによって異なる経路が使用される.しかしながら,アミノ酸の合成・分解の生物学的原理を表すおおまかな代謝的特徴がある.本章ではアミノ酸代謝の原理を描くために,それらの特徴のいくつかを示す.

アミノ酸代謝においては,低分子化合物が数百もの酵素触媒によって相互変換する.これらの多くの反応に窒素原子が関与する.中間体のいくつかは,これまでの章で述べた代謝経路にすでに登場した.しかし,ここで述べる多くは初めて登場するものである.タンパク質分解で生じるアミノ酸はエネルギー源として使われることから,分解経路は重要である.しかし,アミノ酸の生合成についてもっと多くの関心が払われるべきである.タンパク質合成に際して,すべてのアミノ酸が同時に存在しないと生物は生きていけない.20種の標準アミノ酸の代謝をつぎの2点から考察する.すなわち,アミノ酸窒素原子の起源と運命,およびアミノ酸炭素骨格の起源と運命である.

アミノ酸合成能力は生物ごとに大きく異なる.N_2と単純な炭素化合物をアミノ酸に取込むことができる生物種は少ない.これらの生物はアミノ酸合成を完全に自分自身で賄う.他の生物種は,アミノ酸の炭素鎖は合成できるが,窒素はアンモニアの形で要求する.まず窒素代謝の原理を概観しよう.

生物によっては炭素骨格を合成できないアミノ酸をもつものがある.たとえば,哺乳類は必要なアミノ酸のうちのたかだか半分しか合成できない.残りは,**必須アミノ酸**(essential amino acid)とよばれ,食物から摂取しなければならない.食物タンパク質から十分量摂取できるとしても,哺乳類が多量に合成できるアミノ酸は**非必須アミノ酸**(nonessential amino acid)とよばれる.

アミノ酸代謝の含窒素老廃物の廃棄経路も生物種によって異なる.たとえば,過剰の窒素は,水生動物ではアンモニアとして,鳥や大部分の爬虫類では尿酸として,その他多くの陸生脊椎動物では尿素として分泌される.本章の最後に,哺乳類の窒素排出過程である尿素回路について述べる.

17.1 窒素循環と窒素固定

アミノ酸(およびヌクレオチドの複素環塩基;18章)に必要なおもな窒素源にはつぎの二つがある.大気中の窒素ガス(N_2)と土壌や水中の硝酸(NO_3^-)である.しかしながら,生物的窒素の究極的原料は大気の約80%を占めるN_2である.このN_2分子を代謝(固定)できるのはごく少数の細菌種である.N_2とNO_3^-を代謝に用いるためには,アンモニア(NH_3)にまで還元しなければならない.生成したアンモニアは,グルタミン酸,グルタミン,カルバモイルリン酸を経てアミノ酸に取込まれる.

$N\equiv N$の三重結合はきわめて強いので,N_2は化学的に不活性である.ある種の細菌に,**窒素固定**(nitrogen fixation)という過程でN_2からアンモニアへの還元を触媒するきわめて特異的で精巧な酵素(ニトロゲナーゼ)が存在する.アンモニアは生命にとって必須であり,細菌は大気の窒素からアンモニアを合成することのできる唯一の生物である.すべての生物学的窒素固定の半分は,大洋中のさまざまな種のシアノバクテリアによってなされている.他の半分は土壌細菌に由来する.

生物学的な窒素固定に加えて,二つの付加的な窒素変換経路がある.一つは雷光の高電圧放電で,それはN_2から硝酸(NO_3^-)と亜硝酸(NO_2^-)への酸化を触媒する.もう一つは植物肥料用の工業的なアンモニア合成である.これには,高温,高圧,H_2によるN_2還元を促進する特別な触媒などが要求され,エネルギー的に高価な過程である.植物の成育には,生物的に利用できる形の窒素供給がしばしば律速段階になるため,高い収穫を得るには窒素肥料の利用が重要となる.いまや人間はこの惑星における窒素固定全体のかなりの部分を担っていることになる.窒素固

---

* カット:ネズミチフス菌(*Salmonella typhimurium*)のグルタミンシンテターゼ.12個の同一のサブユニットが6回対称形をつくっている.[PDB 2GLS]

17.1 窒素循環と窒素固定

▲ **Trichodesmium の花** Trichodesmium はシアノバクテリアの主要な窒素固定種に属する．細菌の大きな花がオーストラリア沿岸から離れた大洋に巨大な縞模様を描く．この写真はスペースシャトルから撮影したものである．大洋中の窒素固定細菌の平均濃度は 1 リットル当たり約 100 万細胞である．

▲ **雷光** 雷光は窒素ガスを硝酸に変換させる．これは生物にとって使用可能な窒素源として重要である．この写真は 1908 年に撮影された．

定に直接由来する窒素は窒素代謝のうちのわずかな部分でしかないが，窒素固定は大気中 N_2 の巨大なプールを生物が利用できる唯一の過程である．

おもな含窒素化合物の相互変換の全体像を図 17.1 に示した．N_2 から酸化窒素，アンモニア，含窒素生体分子への窒素の流れと，再び N_2 に戻る過程を**窒素循環**（nitrogen cycle）とよぶ．大部分の窒素はアンモニアと硝酸の間を行き来する．腐敗した生物からのアンモニアは土壌細菌によって硝酸に酸化される．この硝酸形成は硝化とよばれる．嫌気性細菌のあるものは硝酸あるいは亜硝酸を N_2 に還元する（脱窒）．大部分の緑色植物とある種の微生物は，硝酸レダクターゼと亜硝酸レダクターゼをもつ．これらの酵素はともに酸化窒素をアンモニアに還元する．

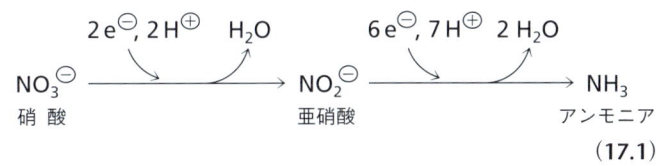

$$NO_3^- \xrightarrow{2e^-, 2H^+ \quad H_2O} NO_2^- \xrightarrow{6e^-, 7H^+ \quad 2H_2O} NH_3$$
硝 酸 　　　　　亜硝酸 　　　　　アンモニア

(17.1)

このアンモニアは植物によって利用され，植物のアミノ酸が動物に供給される．還元型フェレドキシン（光合成の明反応で形成，§ 15.2 B）が植物と光合成細菌における還元力の源となる．

つぎに N_2 の酵素的還元を取上げる．生物圏における大部分の窒素固定は，ニトロゲナーゼを合成する数種の細菌によって行われている．このオリゴマータンパク質は，N_2 から 2 分子の NH_3 への変換を触媒する．ニトロゲナーゼは種々の根粒菌（*Rhizobium*）やブラジリゾビウム（*Bradyrhizobium*）に属する種に存在する．これらの細菌は，ダイズ，エンドウ，アルファルファ，クローバーなど多くのマメ科植物の根粒に共生する（図 17.2）．N_2 はまた，アグロバクテリア（*Agrobacteria*），アゾトバクター（*Azotobacter*），クレブシエラ（*Klebsiella*），クロストリジウム（*Clostridium*）のような自生の土壌細菌，ならびに海中に生息するシアノバクテリア（ほとんど *Trichodesmium* spp.）によっても固定される．大部分の植物には，腐敗した動物や植物の組織，微生物が排出する窒素化合物，肥料などによって固定された窒素の供給が必要である．脊椎動物は，植物や動物を食べることで固定窒素を得ている．

ニトロゲナーゼは，二つの異なるポリペプチドサブユニット $\alpha\beta$ から構成された $\alpha_2\beta_2$ 四量体構造のタンパク質複合体である

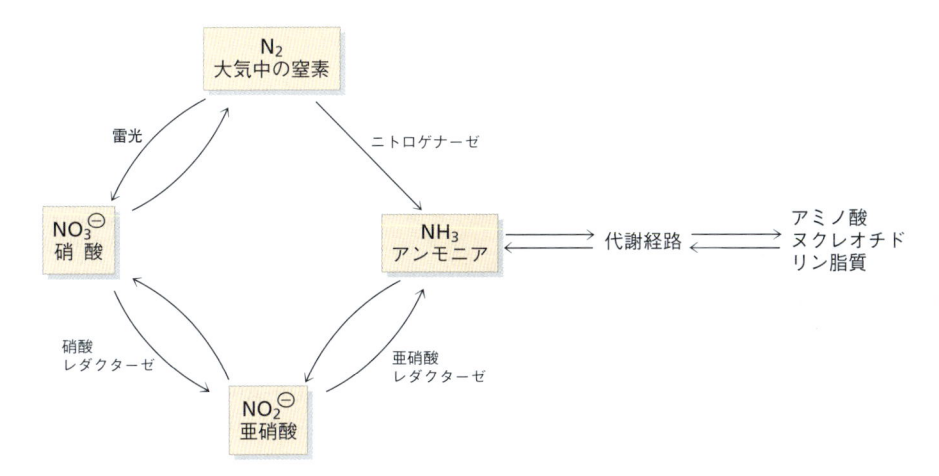

◀ **図 17.1 窒素循環** いくつかの自生あるいは共生微生物が N_2 をアンモニアに変換する．アンモニアはアミノ酸やタンパク質のような生体分子に取込まれる．その後，それらは分解されて，アンモニアが再生される．多くの土壌細菌と植物は亜硝酸を経由して，硝酸をアンモニアに還元する．細菌のいくつかはアンモニアを亜硝酸に変換することができる．亜硝酸を酸化して硝酸にするものもある．またある微生物は硝酸を N_2 に還元する．

▲図 17.2 **クローバーの根粒** 共生細菌の根粒菌(*Rhizobium*)は，これらの根粒中に生息している．根粒中で，大気中の窒素がアンモニアに還元される．

$2H^+$ から H_2 への還元が必須である．全体の化学量論は以下の通りである．

$$N_2 + 8H^{\oplus} + 8e^{\ominus} + 16\,ATP \longrightarrow 2NH_3 + H_2 + 16\,ADP + 16\,P_i \qquad (17.2)$$

この反応はATP当量からするときわめて高価である．同時に生化学的にはきわめて遅い反応で，回転数が1秒当たりわずか5個のアンモニア生産にすぎない．反応の遅さは，窒素からアンモニアへの変換に，8個の還元されたFeタンパク質がMoFeタンパク質についたり離れたりしなければならないからである．

このさまざまな酸化還元中心は O_2 によって速やかに不活性化されるので，ニトロゲナーゼは酸素から保護されていなければならない．絶対嫌気性菌は O_2 のない条件でのみ窒素固定を行う．マメ科植物の根粒中では，レグヘモグロビン(脊椎動物ミオグロビン類似物；§4.13)が O_2 を結合するので，根粒菌の窒素固定酵素の近傍の O_2 濃度はきわめて低く保たれる．シアノバクテリアの窒素固定は，厚い膜が O_2 の流入を妨げている特殊な細胞(異質細胞)によって遂行されている(図10.11)．共生窒素固定微生物は，共生している植物の光合成産物からこの過程に必要な還元力とATPを得ている．

窒素の還元は，MoFeタンパク質の鉄-モリブデン-ホモクエン酸クラスターで行われる．このクラスターはきわめて複雑で，中心のN原子を囲んだFeとS原子のかごから構成されている．1個のMo原子がFe-Sのかごの一端と結合している．これが1分子のホモクエン酸にキレートしていて，$MoFe_7S_9$N-ホモクエン酸クラスターを形成する(図17.4)．

(図17.3)．複合体は，その半分の両方にPクラスターとよばれる[8 Fe-7 S]クラスターを含む．これはこのタンパク質の外部表面に存在する．活性中心は，モリブデン，鉄，ホモクエン酸の複合クラスター[$MoFe_7S_9$-ホモクエン酸]である．αβ二量体単独ではMoFe(モリブデン-鉄)タンパク質とよばれる．

電子は，[4 Fe-4 S]クラスターを含む可動性鉄(Fe)タンパク質によってPクラスターに供給される．ホモ二量体のFeタンパク質はPクラスター近傍にあるMoFeタンパク質の末端に結合し，1個の電子をFeタンパク質からMoFeタンパク質に伝達する．Feタンパク質の鉄の還元はフェレドキシンあるいはフラボドキシンの酸化と共役する．これらの還元反応のそれぞれに2個の結合ATPの加水分解が要求される．電子は，Feタンパク質からPクラスター，MoFeクラスターへと渡される．N_2 から $2NH_3$ への変換に全部で6個の電子が必要で，これらは一度に1個渡されているに違いない．Feタンパク質は，結合と同時に電子を渡し，その後MoFeタンパク質から離れていく．N_2 の還元には

長年にわたる熱心な研究にもかかわらず，ニトロゲナーゼの詳細な反応機構は解明されていない．N≡Nの3本の結合が連続的に切断されて，中間体であるジイミンとヒドラジンを発生するようである．

$$N \equiv N \xrightarrow{2e^{\ominus},\,2H^{\oplus}} \underset{\text{ジイミン}}{H-N=N-H} \xrightarrow{2e^{\ominus},\,2H^{\oplus}} \qquad (17.3)$$

$$\underset{\text{ヒドラジン}}{H_2N-NH_2} \xrightarrow{2e^{\ominus},\,2H^{\oplus}} NH_3 + NH_3$$

必須な共役反応である $2H^+$ から H_2 への還元には，17.2式に示したようにフェレドキシンからの余分な電子対が消費される．

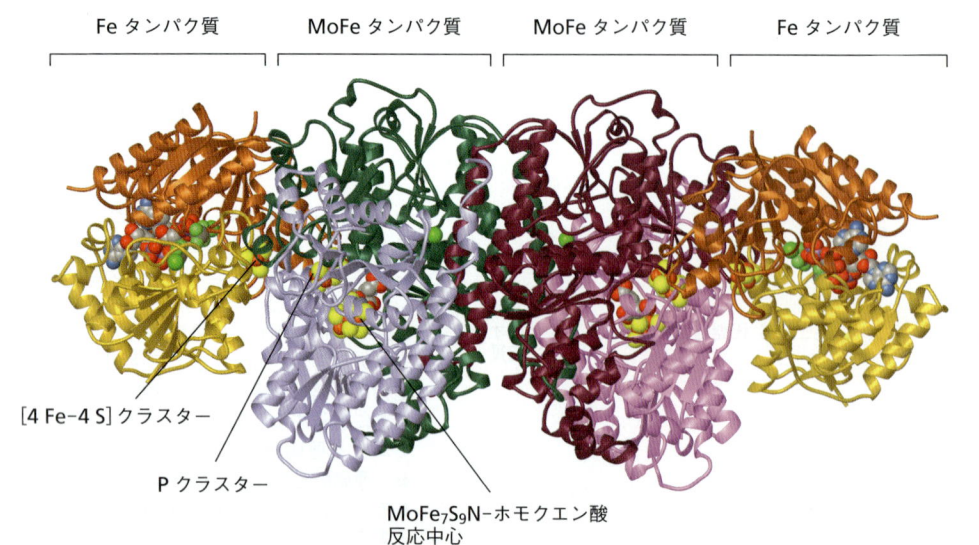

◀図 17.3 ***Azotobacter vinelandii*** **のニトロゲナーゼの構造** Feタンパク質サブユニットは赤とオレンジで，MoFeタンパク質のαとβサブユニットはそれぞれ青/緑と紫/ピンクで示されている．Feタンパク質を結合したこの構造は，ATP結合部位にATPの代わりに遷移状態アナログである $ADP-AlF_4$ を結合させて安定化されている．[PDB 1N2C]

17.2 アンモニアの取込み

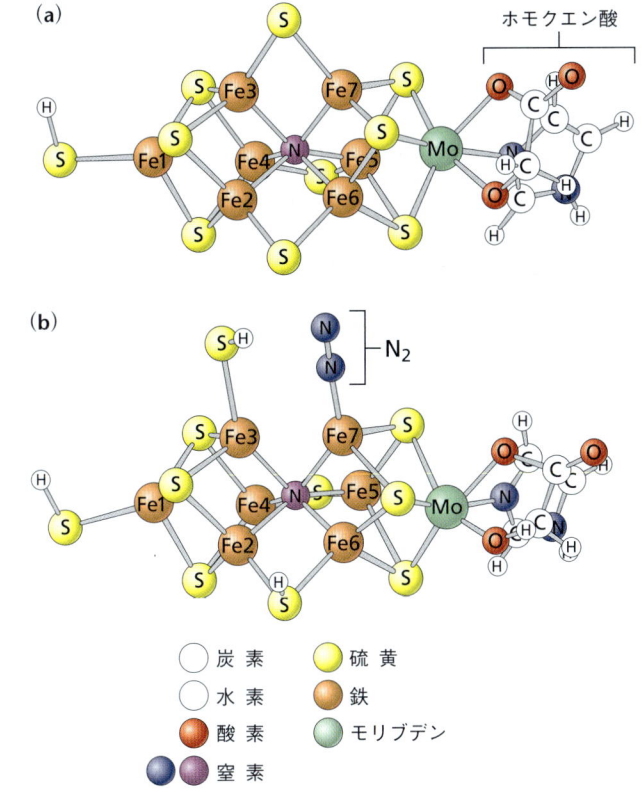

(a) ホモクエン酸

(b) N₂

○ 炭素　● 硫黄
○ 水素　● 鉄
● 酸素　● モリブデン
● 窒素

▲図17.4 *Azotobacter vinelandii* の MoFe₇S₉N-ホモクエン酸活性中心の構造　(a) 休止状態. (b) 可能な N_2 結合構造の一つ. [PDB 2MIN]

> ! 窒素は大気中に最も多量に存在する気体である. しかしながら窒素固定できる細菌種はほんのわずかである.

17.2 アンモニアの取込み

アンモニアは,アミノ酸のグルタミンとグルタミン酸を介して,多数の低分子代謝産物に取込まれる. 生理学的pHでは,アンモニアの大部分のイオン形は,アンモニウムイオンの NH_4^+ ($pK_a = 9.2$) である. しかし,多くの酵素の触媒中心では,プロトン化されていないアンモニア (NH_3) が反応分子になる.

A. アンモニアがグルタミン酸とグルタミンに取込まれる

グルタミン酸デヒドロゲナーゼによる2-オキソグルタル酸からグルタミン酸への還元的アミノ化は,アミノ酸代謝の中心経路へアンモニアを取込む効率の高い経路の一つである (図17.5).

いくつかの生物種や組織のグルタミン酸デヒドロゲナーゼは,NADHに特異的であるが,NADPHに特異的なものもある. また,両方の補因子を利用できるものもある.

グルタミン酸デヒドロゲナーゼ反応は,基質や利用できる補酵素,酵素の特異性などによって異なる生理的役割を演じる. たとえば大腸菌では,NH_4^+ が高濃度に存在する場合,この酵素がグルタミン酸を合成する. アカパンカビ (*Neurospora crassa*) では,NADPH依存性酵素が2-オキソグルタル酸からグルタミン酸への還元的アミノ化に使用され,一方,NAD^+ 依存性酵素は逆反応を触媒する. 哺乳類と植物のグルタミン酸デヒドロゲナーゼはミトコンドリアに存在し,平衡に近い反応で,実質的な流れを通常グルタミン酸から2-オキソグルタル酸に向けている. 哺乳類のグルタミン酸デヒドロゲナーゼのいちばんの役割は,アミノ酸の分解と NH_4^+ の遊離である. 哺乳類はおそらく,遊離のアンモニアの形では窒素を取込まない. 大部分の窒素は食物のアミノ酸やヌクレオチドから得ている.

多くの生物にみられるアンモニア取込みの重要な別の反応は,グルタミン酸と NH_4^+ からのグルタミンの形成である. この反応はグルタミンシンテターゼによって触媒される (図17.5). グルタミンは多くの生合成反応の窒素供与体である. たとえば,グルタミンのアミド窒素は,ヌクレオチドのプリンおよびピリミジン環系の多くの窒素原子の直接の前駆体である (§18.1, 18.3). 哺乳類では,グルタミンは組織間の窒素と炭素の運搬体となって,血流中で有害な NH_4^+ が高濃度になるのを回避している.

グルタミン酸シンターゼが触媒する還元的アミノ化反応において2分子のグルタミン酸をつくるため,グルタミンのアミド窒素が2-オキソグルタル酸に移される (図17.6). グルタミン酸デヒドロゲナーゼのように,グルタミン酸シンターゼは2-オキソグルタル酸を還元的にアミノ化するために,還元されたピリジンヌクレオチドを必要とする. グルタミン酸デヒドロゲナーゼと違って,グルタミン酸シンターゼは窒素供給源としてグルタミンを用いる. 動物はグルタミン酸シンターゼをもっていない.

> 反応様式によらず,合成反応を重視する場合,それを触媒する酵素を○○シンターゼと生成物にシンターゼを付けて慣用的によぶことがある. グルタミン酸シンターゼなどはその例. 一方,ATPなどの加水分解と共役する合成酵素 (リガーゼ) に限ってシンテターゼといってもよい. たとえば,グルタミンシンテターゼなど (§5.1, §13.3.1).

B. アミノ基転移反応

グルタミン酸のアミノ基は,アミノトランスフェラーゼとして知られる酵素の触媒反応で,多くの2-オキソ酸に転移される.

▲図17.5 グルタミン酸とグルタミンへのアンモニアの取込み

▲図 17.6 グルタミン酸シンターゼは 2-オキソグルタル酸の還元的アミノ化を触媒する.

▲図 17.7 アミノトランスフェラーゼ触媒による α-アミノ酸から 2-オキソ酸へのアミノ基の転移　生合成反応では，(α-アミノ酸)$_1$ はしばしばグルタミン酸で，その炭素骨格は 2-オキソグルタル酸〔(2-オキソ酸)$_1$〕になる．(2-オキソ酸)$_2$ は，新たに合成されるアミノ酸である (α-アミノ酸)$_2$ の前駆体を表す．

基本的なアミノ基転移反応を図 17.7 に示す．

アミノ酸生合成において，グルタミン酸のアミノ基は種々の 2-オキソ酸に転移し，対応する α-アミノ酸が生じる．標準アミノ酸の大部分はアミノ基転移によって合成される．アミノ酸異化反応においては，アミノ基転移反応により，2-オキソグルタル酸やオキサロ酢酸からグルタミン酸やアスパラギン酸が生じる．

知られているすべてのアミノトランスフェラーゼは，補酵素ピリドキサールリン酸 (PLP) を要求する (§7.8)．アミノ基転移反応の最初の半反応の化学機構はすでに図 7.18 に示した．アミノ基が完全に転移するためには，転移されるアミノ基を一過的に保持する酵素結合ピリドキサミンリン酸 (PMP) が関与する二つの共役した半反応が必要である．

アミノトランスフェラーゼは平衡に近い反応を触媒し，生体内でのこの反応の方向（流入）は，基質の供給と生産物の除去によって決まる．たとえば，α-アミノ窒素が過剰にある細胞では，アミノ基は一つまたは一連のアミノ基転移反応で 2-オキソグルタル酸に移され，グルタミン酸が生じる．グルタミン酸はグルタミン酸デヒドロゲナーゼの触媒で酸化的脱アミノを受ける．

アミノ酸が活発に合成される場合は，グルタミン酸のアミノ基供与により，反対方向のアミノ基転移反応が行われる．

細菌のグルタミン酸デヒドロゲナーゼ反応の重要な代替反応は，アンモニアのグルタミン酸への取込みにグルタミンシンテターゼとグルタミン酸シンターゼに触媒される共役反応が用いられることである．特に，アンモニア濃度が低いときに重要となる．図 17.8 に，グルタミンシンテターゼとグルタミン酸シンターゼの共役反応によって種々のアミノ酸にアンモニアが取込まれる様子を示した．グルタミン酸形成に続いて，2-オキソ酸へのアミノ基転移反応で，それぞれ対応するアミノ酸が形成される．ほとんどの細菌細胞では NH_4^+ 濃度が低いが，グルタミンシンテターゼ-グルタミン酸シンターゼ経路によって 2-オキソグルタル酸からグルタミン酸への変換が可能となる．なぜなら，グルタミンシンテターゼの NH_4^+ に対する K_m は，グルタミン酸デヒドロゲナーゼの NH_4^+ に対する K_m よりずっと小さいからである．

17.3 アミノ酸の合成

ここではアミノ酸の炭素骨格の起源について考えてみよう．20 種の標準アミノ酸を導く生合成経路が，いかに他の代謝経路と関係しているかを図 17.9 に示した．標準アミノ酸 20 種のうち 11 種は，クエン酸回路の中間体から合成されることに注目せよ．その他は，これまでの章でみてきた単純な前駆体を要求する．

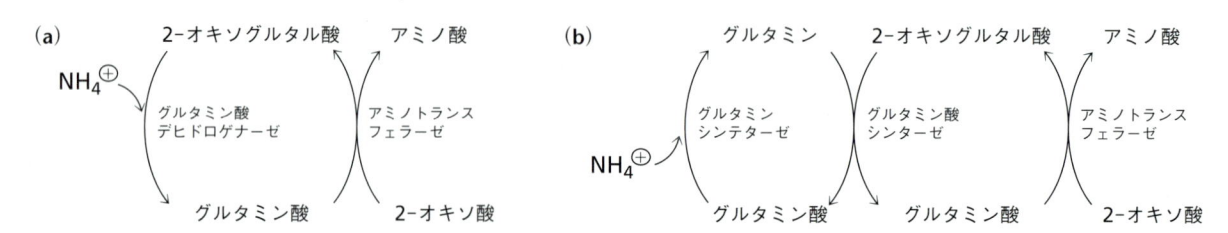

▲図 17.8 アンモニアのアミノ酸への取込み　(a) グルタミン酸デヒドロゲナーゼ経路．(b) NH_4^+ の低濃度条件下でのグルタミンシンテターゼとグルタミン酸シンターゼの複合反応

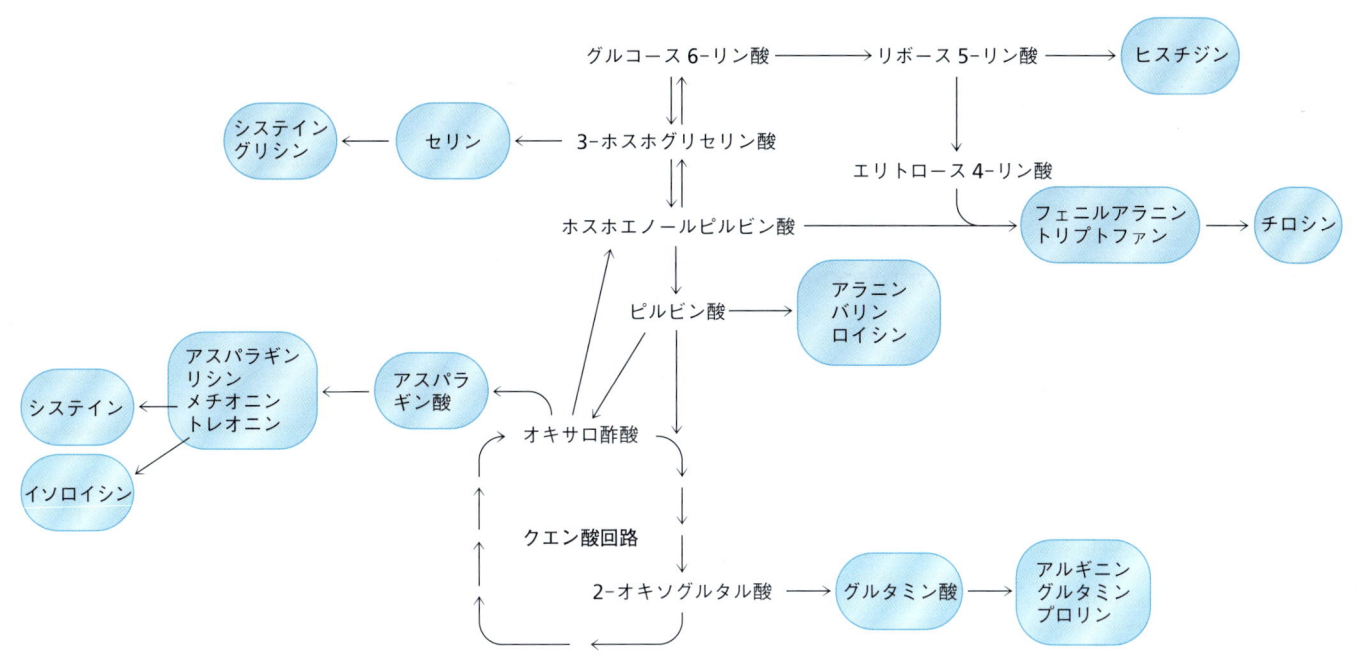

17.3 アミノ酸の合成

▲図 17.9 **アミノ酸の生合成** 解糖系/糖新生とクエン酸回路の関係を示した．

A. アスパラギン酸とアスパラギン

オキサロ酢酸は，アスパラギン酸を生産するアミノ基転移反応のアミノ基受容体である（図 17.10）．この反応を触媒する酵素はアスパラギン酸アミノトランスフェラーゼ（L-アスパラギン酸:2-オキソグルタル酸アミノトランスフェーゼ）である．大部分の生物種で，アスパラギンはアスパラギンシンテターゼの触媒反応でグルタミンのアミド窒素の ATP 依存的転移によって合成される．ある種の細菌では，アスパラギンシンテターゼが，アミド基の供給源としてのグルタミンの代わりにアンモニアを用いて，アスパラギン酸からアスパラギンの合成を触媒する．この反応はグルタミンシンテターゼの触媒反応に類似する．

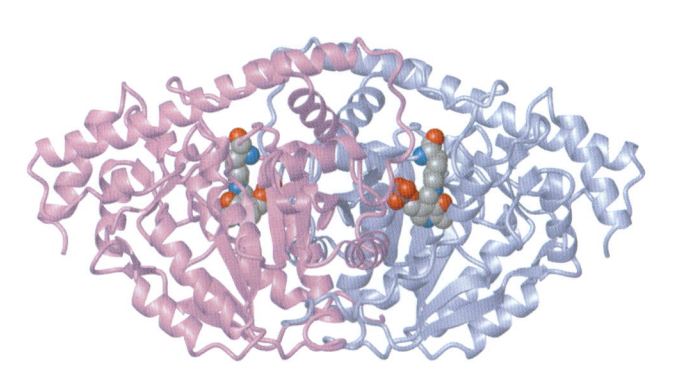

アスパラギンシンテターゼの中には基質としてアンモニアあるいはグルタミンのどちらでも使用できるものがある．この酵素は第一の反応部位で NH_4^+ を使用するが，第二の部位ではグルタミンの加水分解を触媒し，NH_4^+ が遊離する．NH_4^+ 中間体は，二つの活性部位を結ぶタンパク質のトンネルを通って拡散する．この分子チャネリングは，グルタミンの加水分解がアスパラギンの生成に緊密に共役し，細胞中に NH_4^+ が蓄積するのを妨げていることを確実に示した例である．NH_4^+ のチャネリングを手助けする分子トンネルには多くの例がある（BOX 18.2 参照）．

▲ブタ（*Sus scrofa*）細胞質ゾルのアスパラギン酸アミノトランスフェラーゼ この酵素は同一サブユニットの二量体である（それぞれの単量体を紫と青で示した）．1 分子の補酵素ピリドキサールリン酸（空間充塡モデル）がそれぞれの活性部位に示されている．[PDB 1AJR]

B. リシン，メチオニン，トレオニン

アスパラギン酸は，リシン，メチオニン，トレオニンの前駆体である（図 17.11）．経路の最初の段階は，アスパラギン酸キナーゼの触媒反応によるアスパラギン酸のリン酸化である．第二段階は，アスパルチルリン酸のアスパラギン酸 β-セミアルデヒドへの変換である．この段階はアスパラギン酸セミアルデヒドデヒドロゲナーゼによって触媒される．これら二つの酵素は，細菌，原生生物，植物，菌類に存在するが，動物にはない．それゆえ，動物はリシン，メチオニン，トレオニンを合成できない（BOX 17.3 参照）．

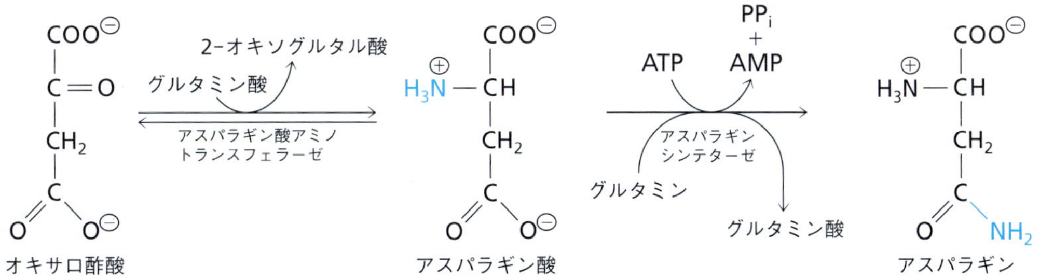

▲図 17.10 **アスパラギン酸とアスパラギンの生合成**

▲ 図17.11 アスパラギン酸からのリシン，トレオニン，メチオニンの生合成

BOX 17.1 小児の急性リンパ芽球性白血病はアスパラギナーゼで治療できる

急性リンパ芽球性白血病（acute lymphoblastic leukemia；ALL）は，多くの場合，T細胞レセプター遺伝子の活性化過程における遺伝的組換えに起因する突然変異で悪性T細胞リンパ芽球が増殖するようになり，発症する．悪性リンパ芽球はアスパラギンシンテターゼのレベルが低く，急速な成長と増殖を維持するために必要な十分量のアスパラギンを合成することができない．そのため，悪性リンパ芽球は，正常細胞と違って，血漿からアスパラギンを獲得しなければならない．

この癌の治療にはアスパラギナーゼの注射が効果的である．大腸菌アスパラギナーゼは，血漿中のアスパラギンを分解する（§17.6 A）．アスパラギンの供給源が断たれることで，悪性細胞は死滅する．アスパラギナーゼだけの治療で小児の急性リンパ芽球性白血病の50％を寛解させることができる．酵素治療を他の化学療法と組合わせると成功率はもっと上がる．この治療が有効でない場合のおもな原因は，癌細胞のアスパラギンシンテターゼ発現が増加することである．

治療中に患者はしばしば大腸菌酵素に対する抗体をつくるようになる．ジャガイモ黒あし病菌（*Erwinia chrysanthemi*）由来のエルウィニア L-アスパラギナーゼに変えると効果が発揮される．これら二つのタンパク質の表面にあるアミノ酸側鎖が異なるためである．ある一つの酵素に対する抗体は，一般的に，他の酵素を認識しない．

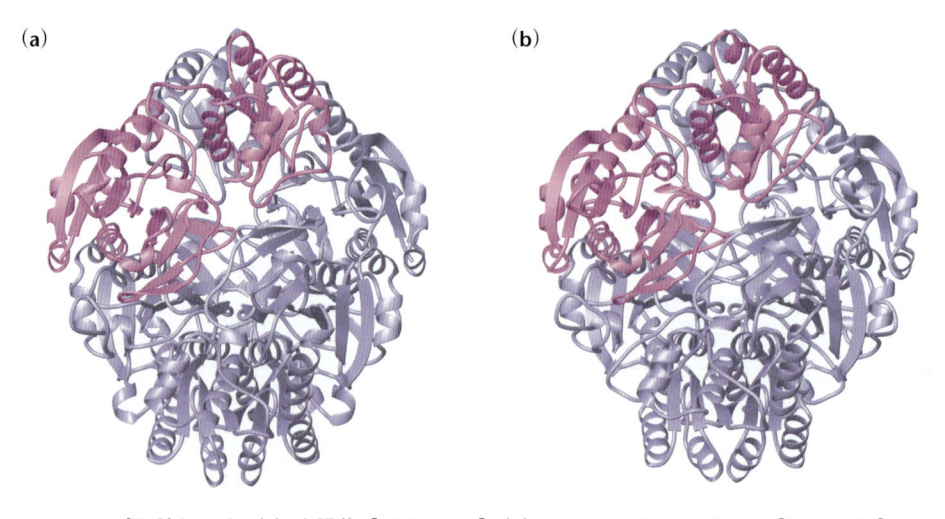

▲ アスパラギナーゼ　(a) 大腸菌［PDB 1NNS］(b) *Erwinia chrysanthemi*［PDB 1O7J］

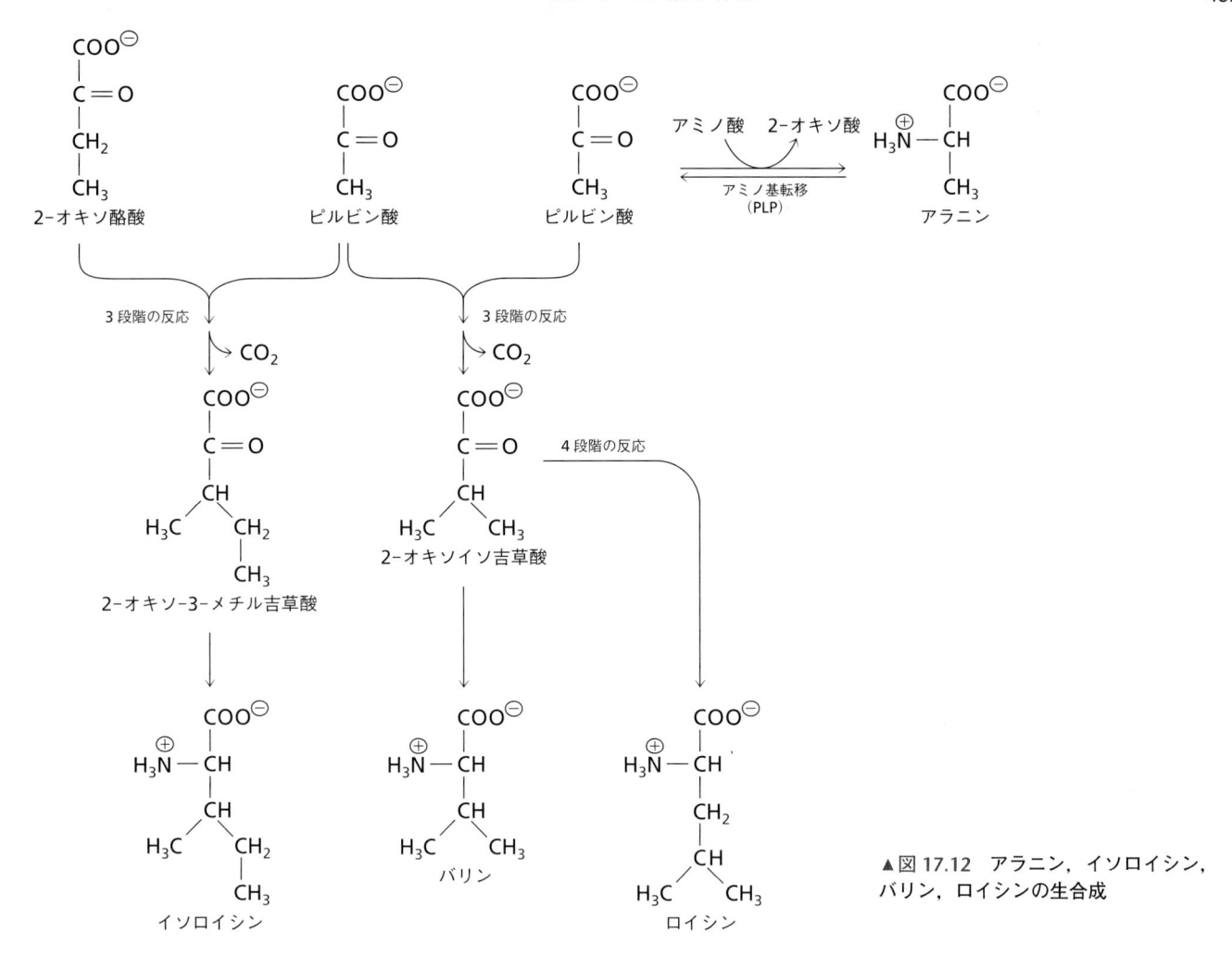

▲図 17.12 アラニン，イソロイシン，バリン，ロイシンの生合成

アスパラギン酸β-セミアルデヒドをつくる最初の二つの反応は，3種のアミノ酸合成のすべてに共通である．リシンに向かう分岐では，ピルビン酸がアスパラギン酸β-セミアルデヒドの骨格に付加される炭素原子の供給源となり，グルタミン酸がε-アミノ基の供給源となる．酵母やある種の藻類では2-オキソグルタル酸に始まるまったく別の経路でリシンが合成される．

ホモセリンがアスパラギン酸β-セミアルデヒドから形成され，トレオニンとメチオニン合成の分岐点になる．トレオニンは2段階でホモセリンから誘導され，そのうちの一つはピリドキサールリン酸（PLP）を要求する．メチオニン合成では，ホモセリンから3段階の反応を経てホモシステインが合成され，つぎに，ホモシステインの硫黄原子が5-メチルテトラヒドロ葉酸によりメチル化されてメチオニンが合成される．この反応を触媒する酵素はホモシステインメチルトランスフェラーゼで，コバラミンを要求する数少ない酵素の一つである（§7.12）．ホモシステインメチルトランスフェラーゼは哺乳類にも存在するが，活性は非常に低く，ホモシステインの供給は制限されている．したがって，メチオニンが哺乳類にとって必須アミノ酸であるのは，おもにこの経路の最初の二つの酵素が欠けているためである．

C. アラニン，バリン，ロイシン，イソロイシン

ピルビン酸は，アミノ基転移反応によるアラニンの合成で，アミノ基の受容体になる（図 17.12）．ピルビン酸はまた，分枝アミノ酸であるバリン，ロイシン，イソロイシンの合成の前駆体でもある．分枝経路の最初の段階は，トレオニンからの2-オキソ酪酸の合成である．

ピルビン酸が2-オキソ酪酸と結合して，連続した3段階の反応を経て分枝中間体の2-オキソ-3-メチル吉草酸が導かれる．この中間体はアミノ基転移反応でイソロイシンに転換される．2-オキソ酪酸とピルビン酸の構造上の類似点に注目せよ．2-オキソ-3-メチル吉草酸の合成を触媒するのと同じ酵素が，1分子のピルビン酸と1分子の2-オキソ酪酸の結合の代わりに，2分子のピルビン酸の結合による2-オキソイソ吉草酸の合成も触媒する．2-オキソイソ吉草酸は，バリンアミノトランスフェラーゼによって直接バリンに転換される．これと同じ酵素が2-オキソ-3-メチル吉草酸からのイソロイシンの合成を触媒する（図17.13）．これらの経路はある重要なことを示唆する．それは異な

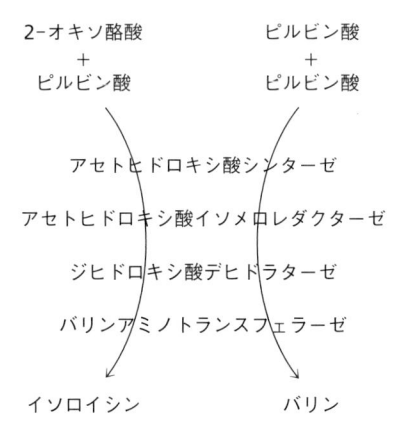

▲図 17.13 イソロイシンとバリンの合成経路は4個の酵素を共有する．

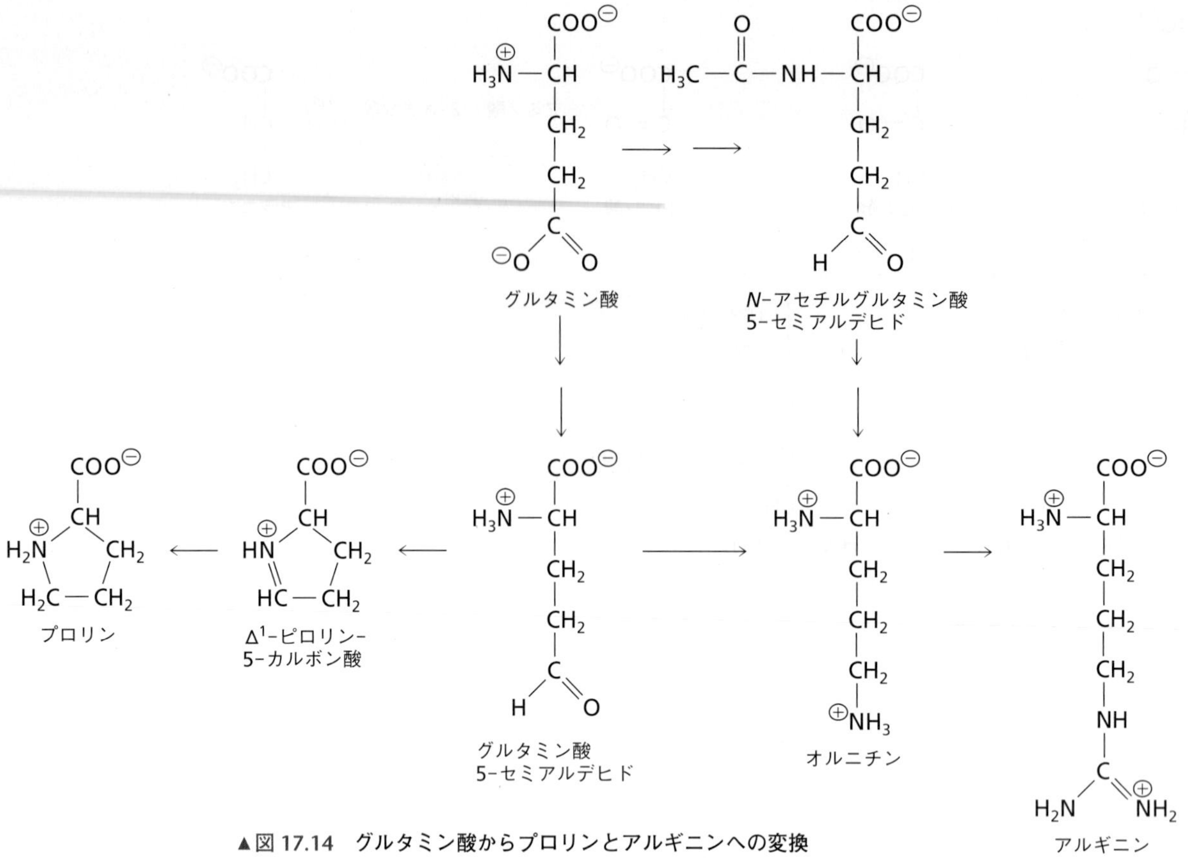

▲図 17.14　グルタミン酸からプロリンとアルギニンへの変換

るが類似している数個の基質を一つの酵素が認識するということである．未来のある時点で，これらの酵素の真核生物遺伝子が重複し，二つのコピーのそれぞれがイソロイシンあるいはバリン経路のいずれかに特異的になるように進化する可能性がある．もしこのようなことが起きれば，遺伝子の重複と分岐による代謝経路の進化の例になるかもしれない（§10.2 D）．アミノ酸代謝の酵素に関連した遺伝子重複による代謝経路の進化については多くの例がある（後述）．基本的要求は，初期の段階で同じ酵素が二つの類似した反応を触媒することである．これはイソロイシンとバリンの生合成経路でみた通りである．

2-オキソイソ吉草酸の炭素骨格が 1 個のメチレン基によって伸長し，バリン生合成から枝分かれする経路でロイシンが形成される．この経路の酵素の二つは，クエン酸回路のアコニターゼとイソクエン酸デヒドロゲナーゼと相同である．このことはクエン酸回路の酵素が，アミノ酸生合成に必要な既存の酵素から進化したという考えを支持する（§13.9）．

D. グルタミン酸，グルタミン，アルギニン，プロリン

これまでグルタミン酸やグルタミンがどのようにしてクエン酸回路の中間体である 2-オキソグルタル酸から形成されるかをみてきた（§17.2 B）．プロリンとアルギニンの炭素原子もグルタミン酸を介して 2-オキソグルタル酸に由来する．プロリンは 4 段階の経路でグルタミン酸から合成される．そこでは，グルタミン酸の 5-カルボキシ基はアルデヒドに還元される．グルタミン酸 5-セミアルデヒド中間体は，非酵素的環状化によってシッフ塩基の 5-カルボン酸になる．それがピリジンヌクレオチド補酵素によって還元されることでプロリンが生成する（図 17.14）．

アルデヒドが形成される前にグルタミン酸の α-アミノ基がアセチル化されることを除けば，アルギニンへの経路は大部分の生物に共通である．この段階はプロリン合成で生じる環状化を阻止する．N-アセチルグルタミン酸 5-セミアルデヒド中間体は，つぎに，N-アセチルオルニチンに，そしてオルニチンに転換される．哺乳類では，グルタミン酸 5-セミアルデヒドはアミノ基転移によってオルニチンになり，オルニチンは尿素回路の反応でアルギニンに転換される（§17.7）．

E. セリン，グリシン，システイン

セリン，グリシン，システインの 3 種のアミノ酸は解糖系/糖新生の中間体である 3-ホスホグリセリン酸に由来する．セリンは 3-ホスホグリセリン酸から 3 段階で合成される（図 17.15）．初めに，3-ホスホグリセリン酸の 2 番目のヒドロキシ基がカルボニル基に酸化され，3-ホスホヒドロキシピルビン酸が生成す

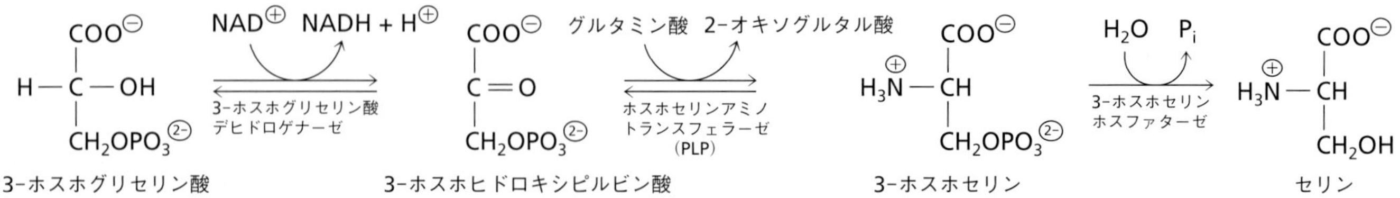

▲図 17.15　セリンの生合成

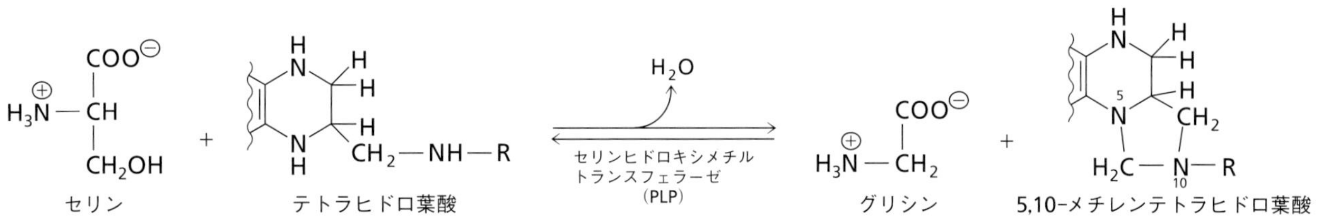

17.3 アミノ酸の合成

▲図 17.16 グリシンの生合成

る．この化合物にグルタミン酸のアミノ基が転移し，3-ホスホセリンと 2-オキソグルタル酸ができる．最後に，3-ホスホセリンが加水分解されて，セリンと P_i になる．

セリンは，セリンヒドロキシメチルトランスフェラーゼに触媒される可逆反応を介して，グリシンのおもな供給源となる（図17.16）．植物ミトコンドリアと細菌では，反応の流れはセリンに向いていて，図 17.15 とは別のセリン供給経路になっている．セリンヒドロキシメチルトランスフェラーゼ反応には，補欠原子団の PLP と補助基質のテトラヒドロ葉酸の二つの補因子が要求される．

大部分の生物種では，セリンからのシステインの生合成は 2 段階で行われる（図 17.17）．初めに，アセチル CoA のアセチル基がセリンの 3-ヒドロキシ基に移され，O-アセチルセリンが生成する．つぎに，スルフィド（S^{2-}）がアセチル基を置換し，システインが生成する．

動物は，図 17.17 に示されているような通常のシステイン生合成経路をもっていない．それにもかかわらず，動物では，メチオニン分解の副産物としてシステインが合成される（§17.6 F）．セリンは，メチオニン分解の中間体であるホモシステインと縮合する．この縮合反応の産物であるシスタチオニンは，2-オキソ酪酸とシステインに分裂する（図 17.18）．

F. フェニルアラニン，チロシン，トリプトファン

芳香族アミノ酸合成経路の解明の鍵は，細菌の突然変異体の中に，単一の遺伝子が変異したにもかかわらず，少なくとも五つの化合物（フェニルアラニン，チロシン，トリプトファン，p-ヒドロキシ安息香酸，p-アミノ安息香酸）を加えないと増殖しないものがある，という観察であった．これらの化合物はすべて芳香環をもつ．突然変異体はこれらの化合物なしでは成育できないが，シキミ酸を加えると成育可能になる．このことは，シキミ酸がこれら芳香族化合物の生合成の中間体であることを示している．

シキミ酸の誘導体であるコリスミ酸は芳香族アミノ酸合成の鍵となる中間体である．シキミ酸とコリスミ酸の経路（図 17.19）は，ホスホエノールピルビン酸とエリトロース 4-リン酸の縮合から始まり，ヘプトース（七炭糖）誘導体と P_i が形成される．シキミ酸の合成には，環化を含めてさらに 3 段階の反応が必要である．シキミ酸からコリスミ酸への経路には，シキミ酸のリン酸化，ホスホエノールピルビン酸からのアセチル基の付加，脱リン酸が含まれる．コリスミ酸からの経路はフェニルアラニン，チロシン，トリプトファンにつながる．動物はコリスミ酸経路の酵素をもっていない．動物はコリスミ酸を合成することができず，それゆえ，芳香族アミノ酸を合成することができない．

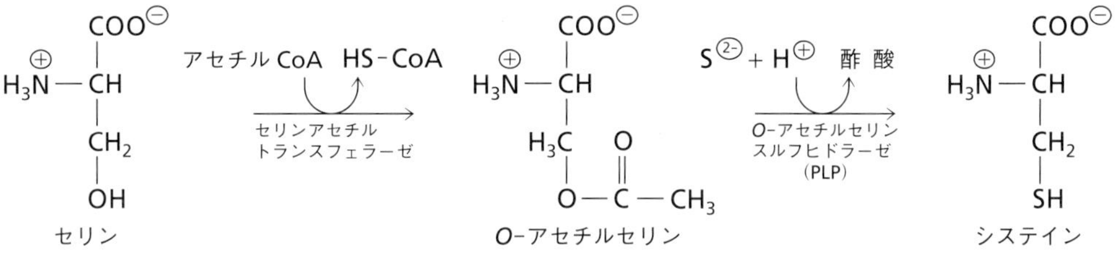

▲図 17.17 細菌と植物におけるセリンからのシステインの生合成

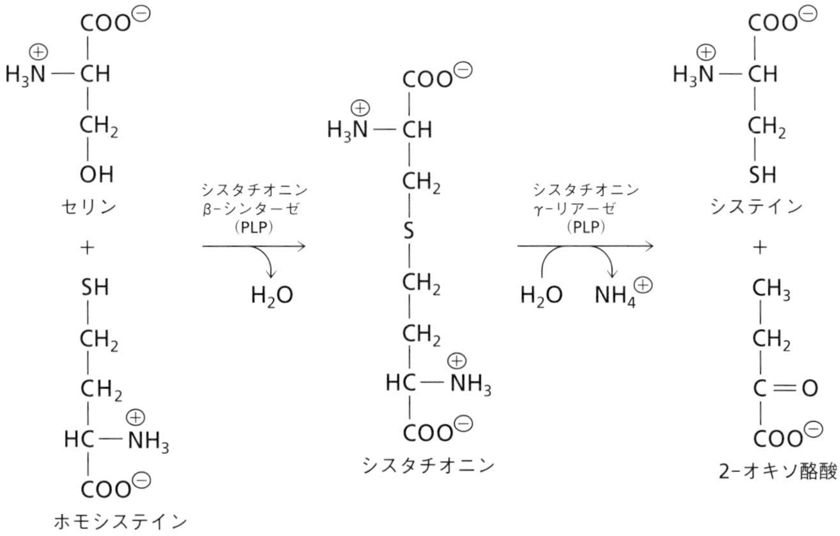

◀図 17.18 哺乳類におけるシステインの生合成

▲ 図 17.19　シキミ酸とコリスミ酸の合成

コリスミ酸からフェニルアラニンあるいはチロシンへ向かう分岐経路がある（図 17.20）．大腸菌のフェニルアラニン合成では，二機能性のコリスミ酸ムターゼ-プレフェン酸デヒドラターゼがコリスミ酸の再配置を触媒し，反応性に富む化合物であるプレフェン酸を生成する．続いて，この酵素が水酸化物イオンと CO_2 をプレフェン酸から除去し，完全な芳香族化合物であるフェニルピルビン酸を生成する．つぎにアミノ基が転移し，フェニルアラニンになる．

同様に二機能性のコリスミ酸ムターゼ-プレフェン酸デヒドロゲナーゼが，チロシン分岐で，プレフェン酸とそれに続く 4-ヒドロキシフェニルピルビン酸の形成を触媒する．この中間体がアミノ基転移を受けて，チロシンが形成される．いくつかの細菌や

ある種の植物では，大腸菌と同じ経路でコリスミ酸からフェニルアラニンとチロシンがつくられる．しかし，それらのコリスミ酸ムターゼやプレフェン酸デヒドラターゼ，あるいはプレフェン酸デヒドロゲナーゼの活性は，別々のポリペプチド鎖に存在する．他の経路を利用する細菌もある．そこでは，プレフェン酸が最初にアミノ基転移を受け，つぎに脱炭酸される．

コリスミ酸からのトリプトファンの生合成には，五つの酵素が関与している．最初の段階でグルタミンのアミド窒素がコリスミ酸に転移される．つぎに，コリスミ酸のヒドロキシ基とピルビン酸の部分が除去され，芳香族化合物のアントラニル酸（図 17.21）が形成される．アントラニル酸は 5-ホスホリボシル 1-二リン酸（ホスホリボシルピロリン酸；phosphoribosyl pyrophosphate;

BOX 17.2　遺伝子組換え作物

コリスミ酸経路は除草剤の有効な標的である．植物のこの経路を特異的に阻害する化合物は動物にはまったく効果がない．最も有効で一般的な除草剤はグリホサートである．グリホサートは，PEP 結合の競合阻害剤としてふるまうことで，5-エノールピルビルシキミ酸-3-リン酸シンターゼ（EPSP シンターゼ）を阻害する（§ 5.7 A）．

グリホサートは，すべての植物を枯らしてしまう除草剤であるラウンドアップ®の有効成分であり，車道や石畳から雑草を除去するのに使われている．これは雑草キラーとしては安価で効果的であるが，作物も含めて植物全部を区別なく枯らすので，成育の盛んな食糧作物への散布には使えない．

$$^{2-}O_3P-CH_2-NH-CH_2-COO^-$$
グリホサート（N-(ホスホノメチル)グリシン）

EPSP シンターゼの耐性株が細菌の多くの種で確認された．*Agrobacterium* sp.CP4 株の酵素が高濃度のグリホサート存在下でも十分活性があるように遺伝子改変された．この細菌 CP4-EPSP シンターゼ遺伝子の特許が取得され，ダイズに導入されて，グリホサート耐性の遺伝子組換え作物がつくられた．ダイズのこの新しい株は，ラウンドアップ・レディーダイズ®として Monsanto 社から市販されている．ラウンドアップ・レディーダイズ®の作物を栽培する農家は，雑草を除去するためにラウンドアップ®（これもまた Monsanto 社から売られている）を散布することができる．農家にとっての経済的利益は大きい．現在北米で栽培されているダイズの大部分は遺伝子組換えである．

その他のラウンドアップ・レディー®作物も，現在使用可能である．遺伝子組換えのトウモロコシ，ワタ，ナタネが広く使われている．

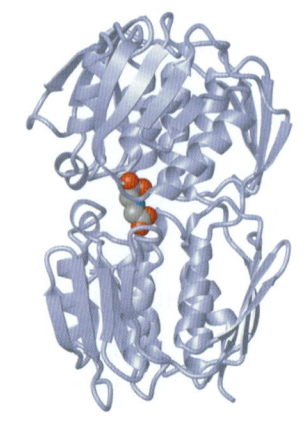

◀ 活性部位にグリホサートが結合した大腸菌の 5-エノールピルビルシキミ酸-3-リン酸シンターゼ．[PDB 2AAY]

17.3 アミノ酸の合成

▼図17.20 大腸菌におけるコリスミ酸からのトリプトファン，フェニルアラニン，チロシンの生合成

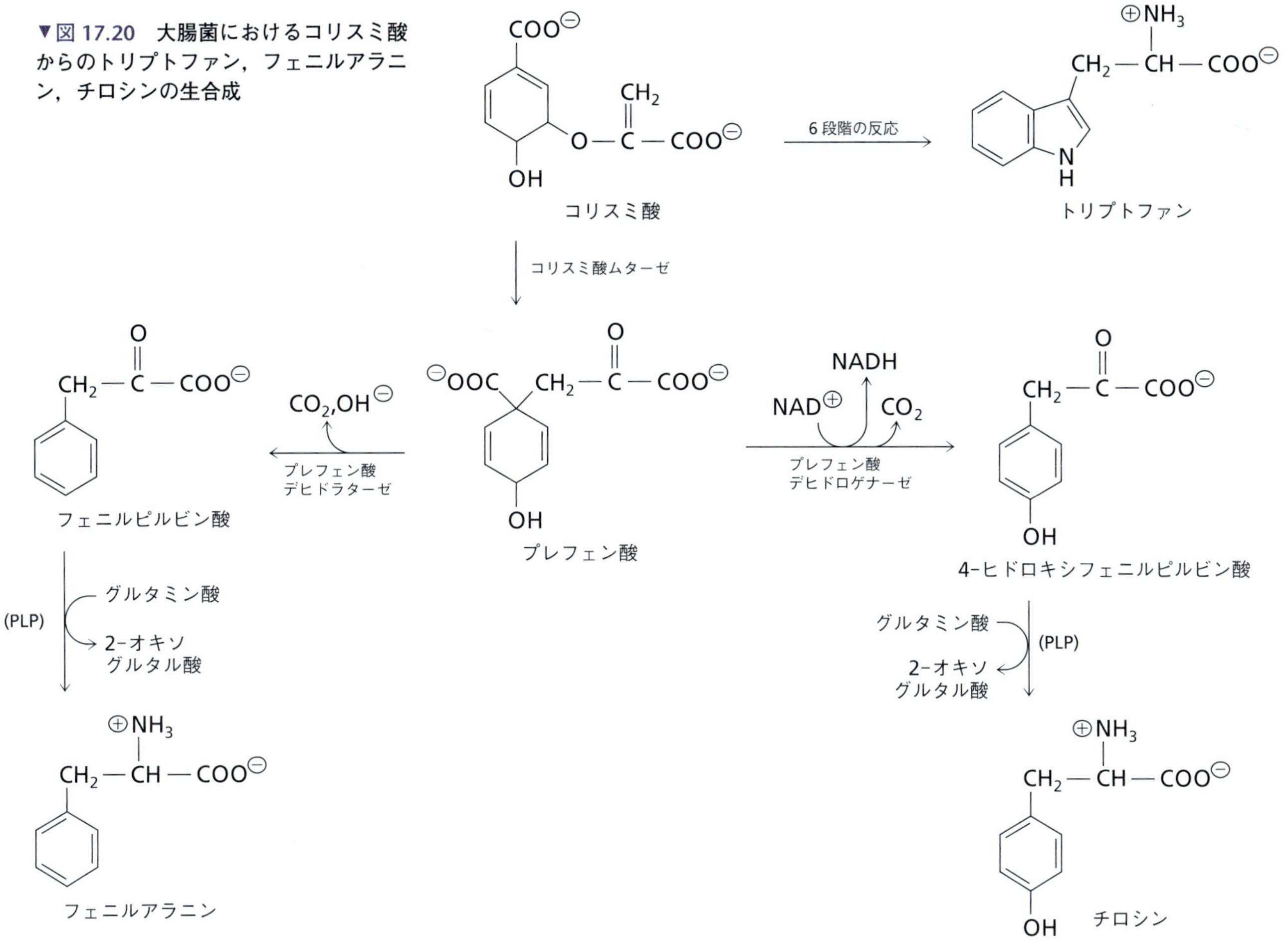

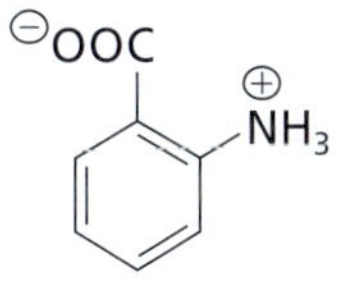

▲図17.21 アントラニル酸

PRPP）からホスホリボシル基を受取り，リボースの再配置，脱炭酸，閉環を経て，インドールグリセロールリン酸が形成される．

トリプトファン生合成の最終の二つの反応は，トリプトファンシンターゼによって触媒される（図17.22）．ある種の生物のトリプトファンシンターゼでは1本のポリペプチド鎖に二つの独立した触媒ドメインが存在する．他の生物の酵素には二つの型のサブユニットがあり，$\alpha_2\beta_2$ 四量体構造をとっている．α サブユニット（ドメイン）は，インドールグリセロールリン酸の分解を触媒し，グリセルアルデヒド3-リン酸とインドールにする．β サブユニット（ドメイン）は，補因子として PLP を要求する反応で，インドールとセリンの縮合を触媒する．$\alpha_2\beta_2$ 四量体の α サブユニットの触媒反応で生成したインドールは，β サブユニットの活性部位にチャネルを通して注ぎ込まれる（すなわち，直接に移される）．X 線結晶解析によって，ネズミチフス菌（*Salmonella typhimurium*）のトリプトファンシンターゼ（$\alpha_2\beta_2$ 四量体構造をもつ）の三次元構造が決定され，α と β の活性部位をつなぐトンネルが発見された．トンネルの直径はインドール分子の大きさに一致するので，インドールがトンネルを通ると考えると，それが溶液中に遊離しないことがうまく説明できる．これは代謝中間体のチャネル形成（§5.10）の初期の例である．ごく最近まで，わずか二，三の例があるのみで，これはまれな現象であると考えられていた．ところが，構造的・遺伝的研究が急速に進展し，多くの例が知られるようになった．この章だけでも半ダースにのぼる．

! 代謝中間体のチャネル形成は速度論的効率を促進させるために進化した．

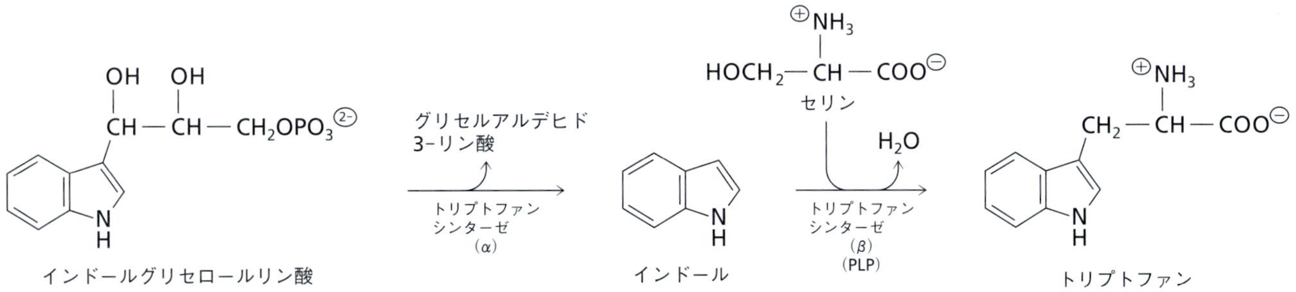

▲図17.22 トリプトファンシンターゼにより触媒される反応

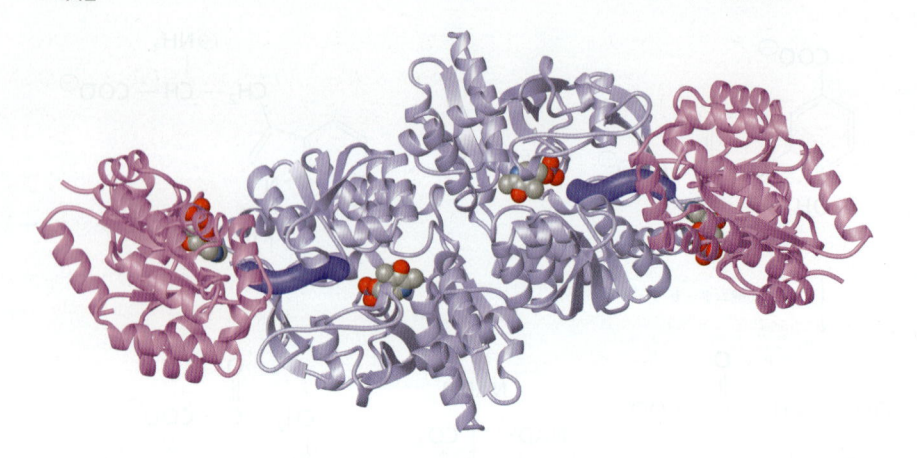

◀ ネズミチフス菌（*Salmonella typhimurium*）のトリプトファンシンターゼ αサブユニット（青）に結合した基質のインドールグリセロールリン酸分子を空間充填モデルで表した．補助因子の PLP は β サブユニット（紫）に結合している．酵素にはチャネルがあって，インドールグリセロールリン酸結合部位と PLP 活性中心をつないでいる．[PDB 1QOQ]

G. ヒスチジン

10 段階から成る細菌のヒスチジン生合成経路は，ATP のプリン塩基のピリミジン環部分に，リボースの誘導体である PRPP が縮合することから始まる（図 17.23）．ひき続く反応で，アデニン部分の六員環が開裂し，グルタミンが窒素原子を供与する．窒素原子は環化を経由して，生産物であるイミダゾールグリセロールリン酸のイミダゾール環に取込まれる．ATP の大部分の炭素と窒素原子は，プリン生合成の中間体であるアミノイミダゾールカルボキサミドリボヌクレオチド（§18.1）として遊離する．この代謝生成物は再環化されて ATP になる．イミダゾールグリセロールリン酸は，脱水，グルタミン酸によるアミノ基転移，リン酸の加水分解的除去，2 段階の連続した NAD^+ 依存性反応による第一級アルコールからカルボン酸への酸化などの段階を経て，ヒスチジンに変換される．

17.4 代謝前駆体としてのアミノ酸

アミノ酸の第一の役割は，タンパク質合成の基質になることである．そこでは，新たに合成されたアミノ酸は tRNA に共有結合することで活性化される．アミノアシル tRNA は，タンパク質合成装置によるポリペプチド合成の基質として使用される．この基本的に重要な生合成経路の説明に 1 章の全部をあてる（22 章）．

いくつかのアミノ酸は，他の生合成経路の必須の前駆体になる．そのリストは長くなるので，全部をあげることは不可能であ

▲ 図 17.23 α-D-ホスホリボシル二リン酸（PRPP）と ATP からのヒスチジンの合成　ヒスチジンは，PRPP（5 C 原子），ATP のプリン環（1 N と 1 C），グルタミン（1 N），グルタミン酸（1 N）から誘導される．

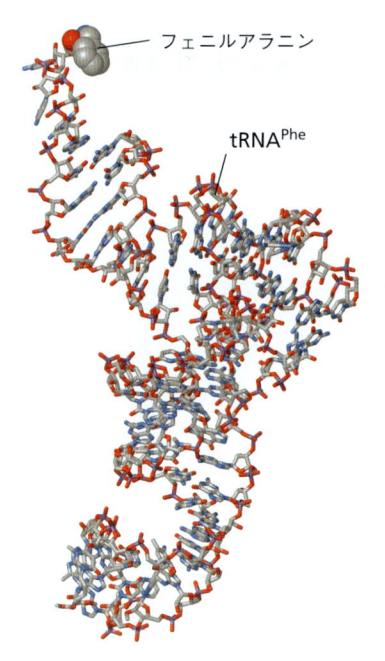

17.4 代謝前駆体としてのアミノ酸

▲ **フェニルアラニル-tRNA^Phe** 新たに合成されたアミノ酸のほとんどは直ちに対応した tRNA に結合し，タンパク質合成に使用される．[PDB 1TTT]

る．いくつかの重要な調節性アミン類については §3.3 で述べた（ヒスタミン，GABA，アドレナリン，チロキシン）．S-アデノシルメチオニンの合成におけるメチオニンの重要な役割については §17.6 F で述べる．

A. グルタミン酸，グルタミン，アスパラギン酸に由来する産物

グルタミン酸やグルタミンが窒素固定において重要な役割を演じていることはすでに述べた．さらに，グルタミン酸やアスパラギン酸は，多くのアミノ基転移反応においてアミノ基供与体になる．グルタミン酸やアスパラギン酸は尿素回路に要求されるが，それは §17.7 で述べる．グルタミンやアスパラギン酸はまた，プリン生合成（§18.1）とピリミジン生合成（§18.3）の両方に要求される．生物学的に活性なテトラヒドロ葉酸の合成では，6個ものグルタミン酸残基がテトラヒドロ葉酸分子に付加したことを思い出してほしい（§7.11）．

B. セリンとグリシン由来の産物

セリンとグリシンは多くの他の化合物の代謝前駆体である（図17.24）．脂質生合成におけるセリンの役割については16章で述べた．グリシンとスクシニル CoA は，ポルフィリン経路の主要な前駆体で，ヘムとクロロフィルを導く．グリシンはまたプリン生合成にも使われる（§18.1）．

セリンからグリシンへの転換は，メチレンテトラヒドロ葉酸の合成と共役している．テトラヒドロ葉酸は，1炭素単位の転移を触媒する多くの反応で重要である（§7.11）．これらの反応で最も重要なのはチミジル酸の合成である（図18.16）．

C. アルギニンからの一酸化窒素の合成

アミノ酸の代謝前駆体の興味深い例の一つが，一酸化窒素合成の基質としてのアルギニンの役割である．一酸化窒素（·N=O）は奇数の電子をもつ窒素の不安定なガス状誘導体である．これは，反応性ラジカルで潜在的には有毒であるが，生理学的に重要

である．実際，Science 誌で 1992 年の"今年の分子"と名付けられたほどである．NO は気体であるため，容易に細胞中に拡散する．水溶液中の一酸化窒素は酸素および水と容易に反応し，硝酸

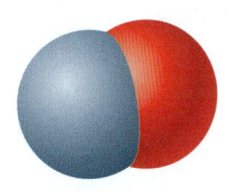

◀ 一酸化窒素

BOX 17.3　動物の必須アミノ酸と非必須アミノ酸

ヒトや動物はすべてのアミノ酸を合成するのに必要な酵素をもっていない．それゆえ，合成できないものはヒトの食物の必須成分になる．一般則として，欠損する経路はほとんどの段階にわたる．経路の複雑性のおおざっぱな目安は，経路に必要な ATP（あるいはその当量）のモル数である．

表に，特定の経路にかかる費用と，アミノ酸が必須かどうかの関係が示されている．共通の前駆体に従ってアミノ酸をまとめた．リシン，メチオニン，トレオニンは共通の前駆体に由来することに注意せよ（§17.3 B）．これら三つのアミノ酸は，動物が前駆体を合成できないので，必須である．バリン，ロイシン，イソロイシンも必須である．なぜなら，これら三つの生合成経路を共有する鍵になる酵素が動物にはないからである（§17.3 C）．

アミノ酸の生合成に必要なエネルギー

アミノ酸	1モル当たりのアミノ酸の生産に要する ATP のモル数[†1]	
	非必須	必 須
アスパラギン酸	21	
アスパラギン	22～24	
リシン		50 か 51
メチオニン		44
トレオニン		31
アラニン	20	
バリン		39
ロイシン		47
イソロイシン		55
グルタミン酸	30	
グルタミン	31	
アルギニン	44[†2]	
プロリン	39	
セリン	18	
グリシン	12	
システイン	19[†3]	
フェニルアラニン		65
チロシン	62[†4]	
トリプトファン		78
ヒスチジン		42

[†1] ATP のモル数には，前駆体の合成に使われるものと前駆体の産物への変換に使われる ATP が含まれている．
[†2] いくつかの動物では必須である．
[†3] システインはホモシステインから合成できる．ホモシステインはメチオニンの分解産物である．システインの生合成は食物中のメチオニンの十分な供給に依存している．
[†4] チロシンは必須アミノ酸のフェニルアラニンから合成できる．

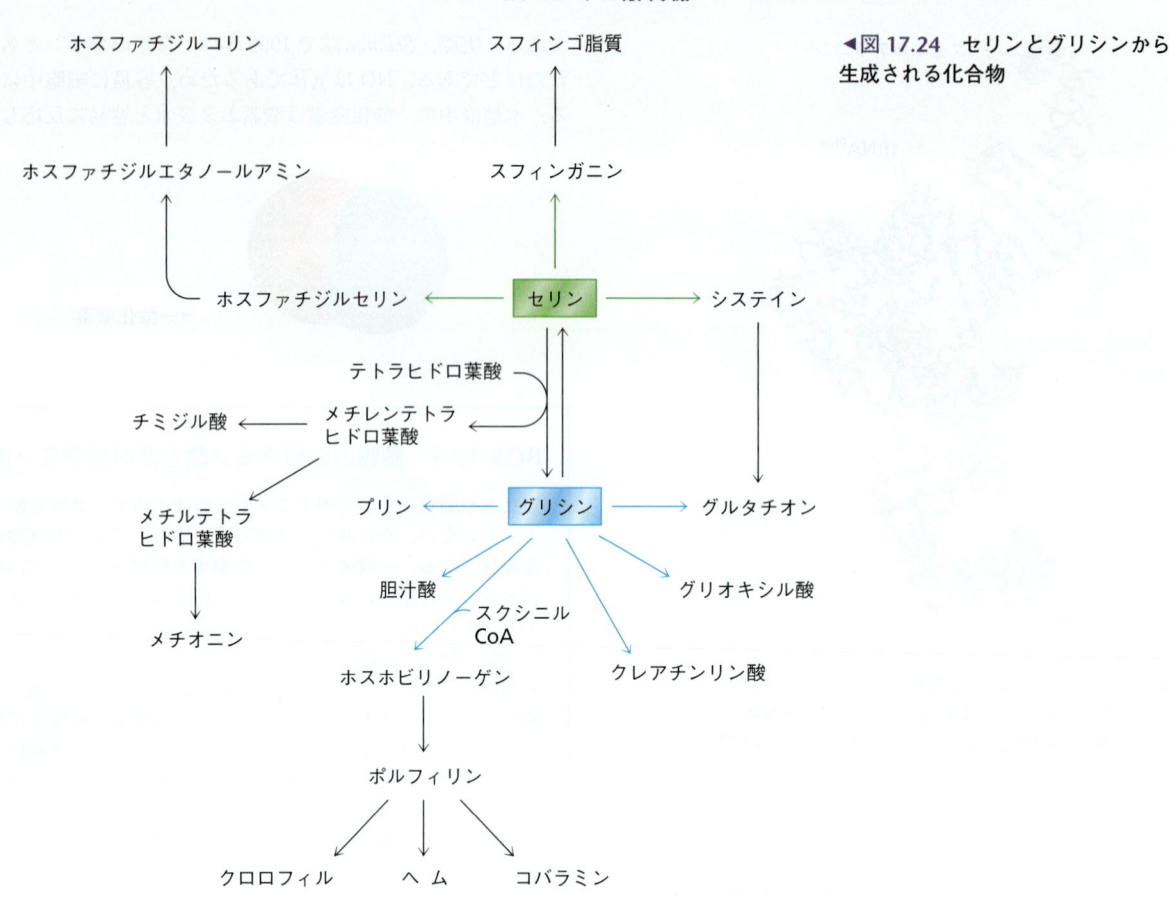

◀ 図 17.24 セリンとグリシンから生成される化合物

と亜硝酸になるため，生体中ではわずか数秒の寿命しかない．

哺乳類に見いだされる一酸化窒素シンターゼは，アルギニンから一酸化窒素とシトルリンを生成する（図17.25）．反応には補因子 NADPH，FMN，FAD，シトクロム P450，およびテトラヒドロビオプテリン（§7.11）が要求される．この反応におけるテトラヒドロビオプテリンの作用機構は不明であるが，アルギニンのヒドロキシ化に必要とされる還元剤であることは明らかである．一酸化窒素シンターゼには二つの型がある．一つは脳や内皮細胞に存在して，構成的（すなわち常に合成）で，カルシウム依存型である．もう一つはマクロファージ（白血球の1種）に存在し，誘導性（すなわちときどき合成）で，カルシウム非依存型である．

一酸化窒素はメッセンジャー分子で，可溶性のグアニル酸シクラーゼと結合して cGMP（§9.11 C）の生成を促進する．また，さまざまな機能をもち，たとえば，マクロファージが刺激されると一酸化窒素が合成される．短寿命の一酸化窒素ラジカルは，マクロファージが細菌や癌細胞を殺すときの武器になる．一酸化窒素はおそらくスーパーオキシドアニオン（$\cdot O^{2-}$）と相互作用し，細胞殺傷活性をもつ毒性の高い反応体になるのであろう．

> 1998年，Robert F. Furchgott, Louis J. Ignarro, Ferid Murad は，"循環器系におけるシグナル伝達分子としての一酸化窒素の役割を発見"したことでノーベル生理学・医学賞を受賞した．

一酸化窒素シンターゼはまた，血管壁に並んでいる細胞にも存在する．ある条件下で一酸化窒素が合成されると，それは血管の平滑筋細胞に拡散し，血管を弛緩させ，血圧を下げる．高血圧や心疾患では血管の弛緩能力が損なわれている．狭心症の治療で冠動脈を拡張させるために使うニトログリセリンは，代謝的に一酸化窒素に変換することで機能を発揮する．

一酸化窒素はまた，脳組織で神経伝達物質として機能する．卒中のときには異常に多量の一酸化窒素が形成され，マクロファージが細菌細胞を殺すのと同じ方法で神経細胞の一部が殺されるらしい．動物に一酸化窒素シンターゼ阻害剤を投与すると，卒中をある程度防御できる．神経伝達物質としての一酸化窒素の役割の一つにペニスの勃起促進がある．バイアグラ®の活性成分であるシルデナフィルは，勃起障害を軽減する薬剤である．シルデナフィルはホスホジエステラーゼの阻害剤で，cGMP の加水分解を阻害し，そのため一酸化窒素の促進効果が持続する．タダラフィルやヴァルデナフィルも同じ酵素を阻害する．

D. フェニルアラニンからリグニンの合成

リグニン（図17.26）はフェニルアラニンから合成される一連

▲ 図 17.25 アルギニンから一酸化窒素とシトルリンへの変換 NADPH が3個の電子の供給源である．

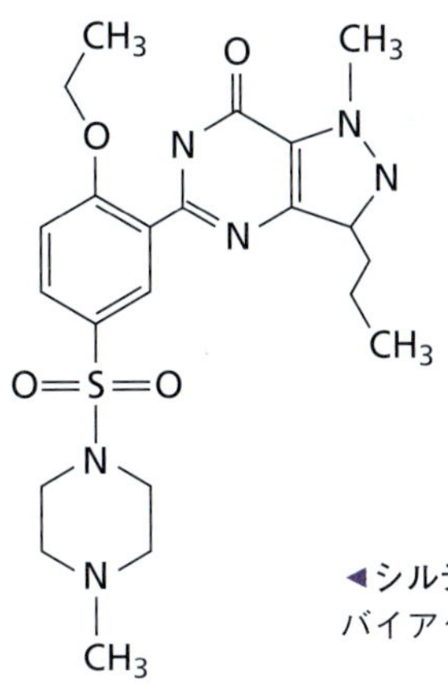

17.4 代謝前駆体としてのアミノ酸

の複雑なポリマーである．それは顕花植物の木質部の重要な成分で，この惑星上でセルロースについで 2 番目に多い生体高分子である．リグニンは消化過程で分解されない．動物はきわめて多量のリグニンを摂取するにもかかわらず，リグニンは代謝的に不活性である．リグニンを分解できる唯一の種は菌類で，森の中の倒木を分解する．

E. メラニンはチロシンから合成される

メラニンは，細菌，菌類，動物に存在する黒色色素で，ヒトでは皮膚や毛髪の色の要因である．メラニンはまたタコがおびえたときに出す墨の主要成分である．

メラニン（ユーメラニン）の構造は複雑ではあるが，その前駆

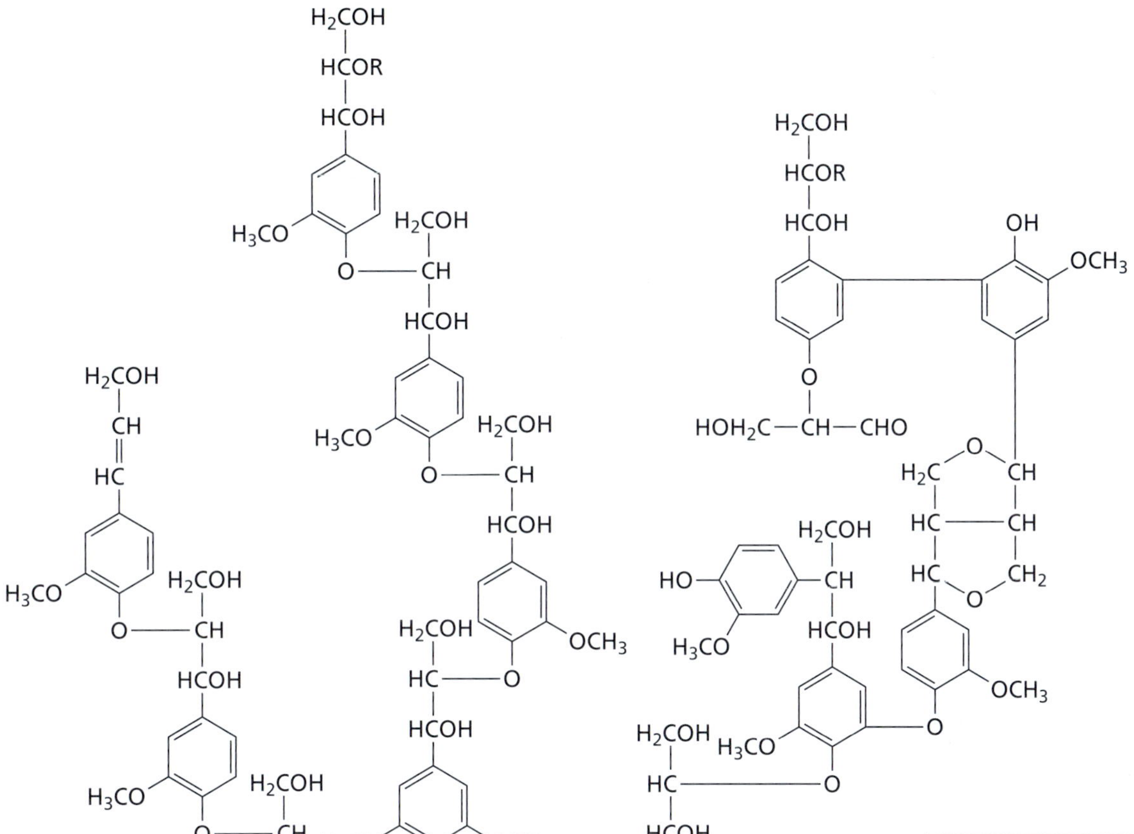

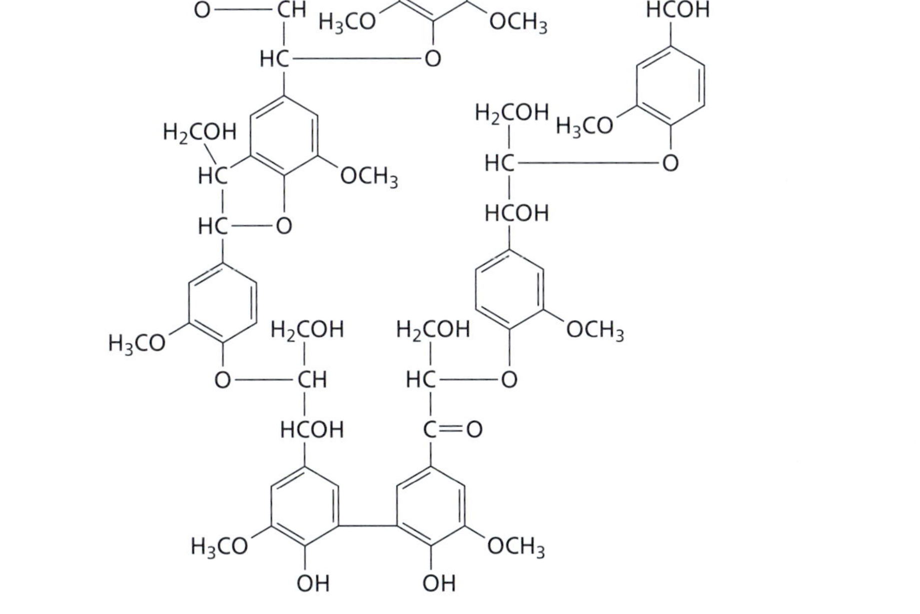

◀ **シルデナフィル** シルデナフィルはバイアグラ®の有効成分である．

▲ **図 17.26 リグニン** 植物リグニンの多くの可能な構造のうちの一つ．

▲ **腐食した木** キノコは落葉林の腐食した木に生える．菌類はリグニンを分解する酵素をもつ唯一の生物である．

◀ タコの墨の大部分は
メラニンである.

体はよく知られていて，合成経路に必要な酵素も多くの種で同定されている．経路の最初の段階が L-チロシンから L-ドーパと L-ドーパキノンへの変換に関与する（図 17.27）.

17.5 タンパク質の代謝回転

　成長あるいは増殖している細胞だけが新しいタンパク質分子（それゆえアミノ酸の供給）を要求すると思われがちだが，必ずしもそうではない．すべての生物は，代謝回転とよばれる過程で，タンパク質を常に合成・分解している．それぞれのタンパク質は異なる速度で代謝回転する．細胞内タンパク質の半減期は数分から数週間に及ぶ．しかし，異なる器官や生物種であっても，ある特定のタンパク質についてはその半減期はおおむね等しい．ある種の調節タンパク質は速やかな代謝回転を受けて分解され，細胞は恒常的に変化する状態に対応することができる．このようなタンパク質は比較的不安定になるように進化した．タンパク質の加水分解速度は三次構造の安定性と逆相関する．その結果，間違って折りたたまれた，あるいは折りたたまれなかったタンパク質は速やかに分解される（§4.11）．

　真核細胞では，ある種のタンパク質はリソソーム中で加水分解されてアミノ酸にまで分解される．崩壊する運命にある分子を含んだ小胞はリソソームと融合し，種々のリソソームプロテアーゼが取込まれたタンパク質を加水分解する．リソソームプロテアーゼは広い基質特異性をもつため，捕らえられたタンパク質のすべてがほぼ完全に分解される．

　タンパク質には，非常に短い半減期しかもたず，特別に分解の対象となっているものがある．異常な（変異した）タンパク質もまた選択的に分解される．真核細胞のこのような選択的タンパク質加水分解には，タンパク質のユビキチンが必要である．標的タンパク質のリシン残基の側鎖アミノ基が，ユビキチン活性化酵素（E1），ユビキチン結合酵素（E2），ユビキチン–タンパク質リガーゼ（E3）を含む複雑な経路で，ユビキチンの C 末端と共有結合

▲ 図 17.27　チロシンと L-ドーパからのユーメラニンの合成　ユーメラニンの上の矢印は他の高分子化合物が結合することを表す.

BOX 17.4　アポトーシス —— プログラム細胞死

　アポトーシスとは細胞死に至る一連の細胞の形態変化である．この変化には，細胞容積の減少，細胞膜の損傷，ミトコンドリアの膨潤，それにクロマチンの断片化などが含まれる．余分な細胞や有害な細胞は，おもにプロテアーゼの作用で除去される．

　ある種の細胞は発生に伴って自然に，あるいは抗体生産の調節下で死滅する．誤ったアポトーシスにより生じる病気の結果，死滅する細胞もある（たとえば，ある種の神経変性による疾患）．アポトーシスの結果，細胞内容物を含んだ小胞ができ，近隣の細胞によって飲み込まれる．小胞中のタンパク質内容物には，他の細胞に蓄えられたり再利用されたりするものもある．

　すべての真核生物が細胞死に関与する一連の細胞内酵素をもっている．これらの酵素（1993 年に初めてアポトーシスに関与すると記載された）には，カスパーゼとよばれる約 1 ダースものプロテアーゼがある．カスパーゼ（caspase）とはアスパラギン酸（aspartate）残基のカルボキシ（carboxyl）側に作用する含システインヒドロラーゼを意味する．

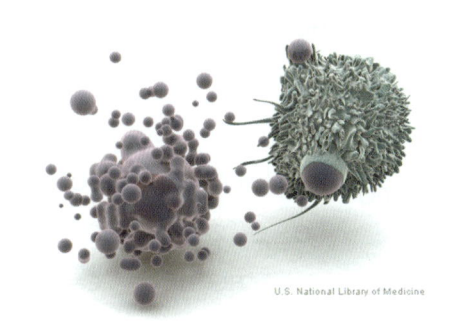

▲ アポトーシス　アポトーシスで死滅した細胞（紫）から出た小胞が白血球（緑）に取込まれる様子を描いた．［米国国立医学図書館のご好意による］

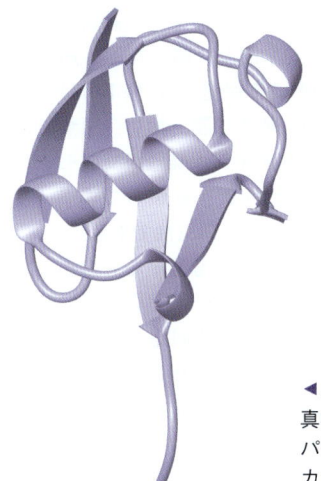

◀ ユビキチン（ヒト）　ユビキチンは，真核生物の高度に保存された小型タンパク質で，タンパク質分解の標的マーカーとして使われる．[PDB 1UBI]

する．この経路はATPの加水分解と共役している．すなわち，ユビキチン分子が標的タンパク質に結合するたびにATP 1分子が加水分解される．このユビキチン化タンパク質がプロテアソームとよばれる多数のタンパク質から成る大きな複合体の作用で分解され，ペプチドになる（図17.28）．この過程は細胞質ゾルでも核でも行われている．こうして生じたペプチドは別のプロテアーゼにより加水分解される．プロテアソームを集合させたり，ユビキチン化タンパク質を分解したりするのに，ATPが要求される．この経路が明らかにされる以前は，多くのタンパク質に関して，それを分解するためにATPが必要だという驚くべき観察を説明することができなかった．（ペプチド結合の加水分解は熱力学的に起こりやすい反応である．§2.6を思い出そう．）

Aaron Ciechanover（1947～），Avram Hershko（1937～），Irwin Rose（1926～）は，"ユビキチン介在タンパク質分解の発見"で2004年ノーベル化学賞を受賞した．

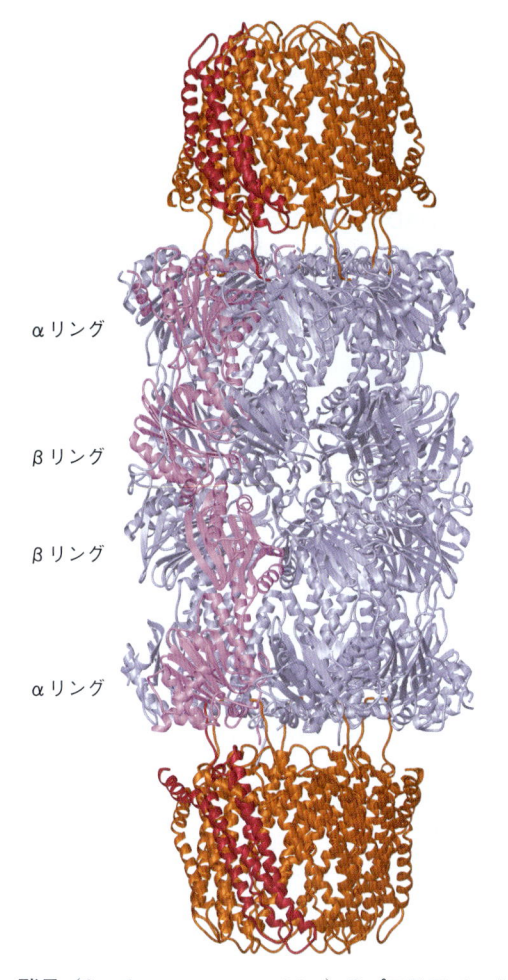

▲ 酵母（*Saccharomyces cerevisiae*）のプロテアソーム　上下にユビキチン認識サブユニット（赤）が結合している．20Sプロテアソーム（青と紫）は，7個のαサブユニットから成るαリング，7個のβサブユニットから成るβリングが，α-β-β-αの順に筒状に積み重なった中空の構造をしている．

17.6　アミノ酸異化

体内のタンパク質の分解で生じるアミノ酸，あるいは食物から摂取したアミノ酸は，新しいタンパク質の合成に使われる．タンパク質合成に不要なアミノ酸は，窒素および炭素骨格を利用するように異化される．アミノ酸分解の第一段階で，しばしばα-アミノ基が除去される．ついで，炭素鎖が特別な経路で変換され，炭素代謝の中心経路に導かれる．最初にさまざまな炭素骨格の代謝的運命について考えてみよう．§17.7でアミノ酸分解から生じたアンモニアの代謝について述べる．これらの異化経路はすべての生物種に存在するが，特に動物において重要である．なぜなら，アミノ酸は燃料代謝の重要な一部だからである．

アミノ酸のα-アミノ基はさまざまな方法で除去される．通常，アミノ酸は2-オキソグルタル酸へのアミノ基転移反応を受け，2-オキソ酸とグルタミン酸が形成される．グルタミン酸は，ミトコンドリアのグルタミン酸デヒドロゲナーゼの作用で2-オキソグルタル酸とアンモニアに酸化される．この二つの反応の

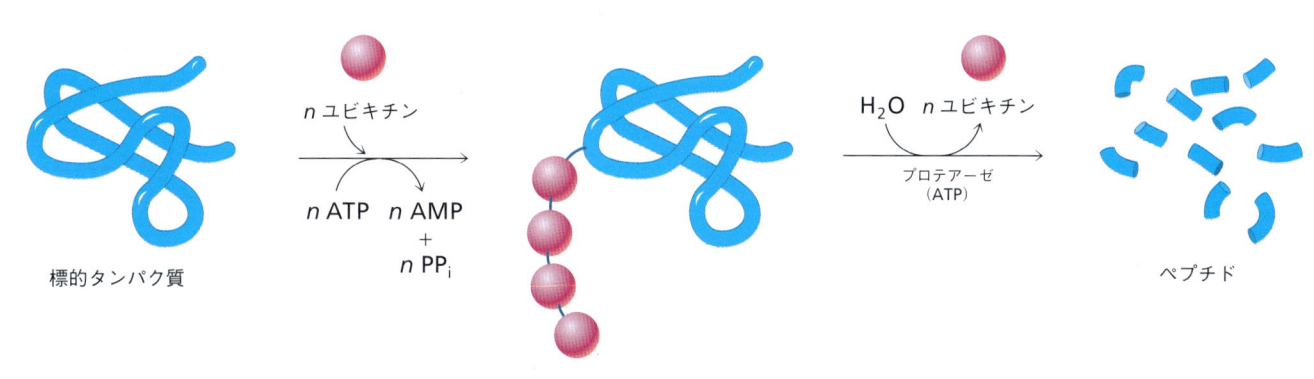

▲ 図17.28　タンパク質のユビキチン化と加水分解　ユビキチン化酵素の触媒作用で，分解される標的タンパク質に多くのユビキチン分子が結合する．プロテアソームはユビキチン化タンパク質のATP依存性の加水分解を触媒し，ペプチドとユビキチンを遊離する．

組合わせで，実質的にはアンモニアの形でα-アミノ基が遊離し，NADHと2-オキソ酸が生成する．これは図17.8（a）に示した経路の逆である．

アミノ酸 + 2-オキソグルタル酸 ⇌
　　　　　　　　　2-オキソ酸 + グルタミン酸
グルタミン酸 + NAD$^⊕$ + H$_2$O ⇌
　　　　　　　　　2-オキソグルタル酸 + NADH + H$^⊕$ + NH$_4^⊕$
―――――――――――――――――――――――――――
計： アミノ酸 + NAD$^⊕$ + H$_2$O ⇌
　　　　　　　　　2-オキソ酸 + NADH + H$^⊕$ + NH$_4^⊕$
(17.4)

グルタミンとアスパラギンのアミド基は，それぞれに特異的なグルタミナーゼおよびアスパラギナーゼにより加水分解され，アンモニアと，ジカルボン酸のアミノ酸であるグルタミン酸とアスパラギン酸になる．アミドおよびアミノ基に由来するアンモニアのうちで合成反応に使用されなかったものは排出される．

アミノ基がいったん除去されると，20種のアミノ酸の炭素鎖は分解され，あるものはクエン酸回路の4中間体の一つに，あるものはピルビン酸に，そしてあるものはアセチルCoAかアセト酢酸に，あるいは他の化合物になる（図17.29）．それぞれのアミノ酸は独自の経路をたどり，これら7個の化合物のいずれかに導かれる．

これらの産物のすべてはCO$_2$とH$_2$Oに酸化されるが，別の代謝的運命をたどることもある．ピルビン酸やクエン酸回路の中間体に分解されたアミノ酸は，糖新生経路に供給されるため，糖原性とよばれる．一方，アセチルCoAやアセト酢酸になるアミノ酸は，脂肪酸あるいはケトン体合成に導かれるため，ケト原性とよばれる．アミノ酸のいくつかは，炭素鎖のいろいろな部分が異なる産物を生成するため，糖原性とケト原性のいずれにもなる．動物では，糖原性とケト原性産物の違いは重要である．なぜなら，アミノ酸は食物中の重要な燃料代謝物だからである．動物にはアセチルCoAからグルコースへ導く効率的な経路がなく，過剰なアセチルCoAの生産はケトン体の形成を促進する（§16.11）．糖原性とケト原性産物の違いは，細菌，原生生物，植物，菌類ではあまり重要ではない．なぜなら，グリオキシル酸経路でアセチルCoAをオキサロ酢酸に転換することができるからである（§13.8）．これらの生物では，アセチルCoAは糖原性である．

本節では，哺乳類のアミノ酸分解経路を最も簡単なものから順にみていこう．それぞれのアミノ酸の炭素原子がどのようにして"糖原性"代謝物（ピルビン酸およびクエン酸回路中間体）あるいは"ケト原性"代謝物（アセチルCoAとアセト酢酸）になっていくか示したい．代謝物の最終的な運命は生物種に依存しており，これまでの章でもふれてきた．

A. アラニン，アスパラギン，アスパラギン酸，グルタミン酸，グルタミン

アラニン，アスパラギン酸，グルタミン酸は可逆的なアミノ基転移反応で合成される（§17.3 A, C, D）．これら3種のアミノ酸の分解には，それらの炭素骨格が由来した経路への再流入が含まれている．最初のアミノ基転移の逆反応で，アラニンからピルビン酸が，アスパラギン酸からオキサロ酢酸が，グルタミン酸から2-オキソグルタル酸が生成する．これら三つのアミノ酸は糖原性である．なぜなら，アスパラギン酸とグルタミン酸はクエン酸回路中間体に変換され，アラニンはピルビン酸に変換されるからである．

グルタミンとアスパラギンの分解は，それぞれグルタミン酸とアスパラギン酸への加水分解で始まる．それゆえ，グルタミンとアスパラギンもともに糖原性である．この加水分解反応は，アスパラギナーゼ（BOX 17.1）とグルタミナーゼという特別な異化酵素によって触媒される．

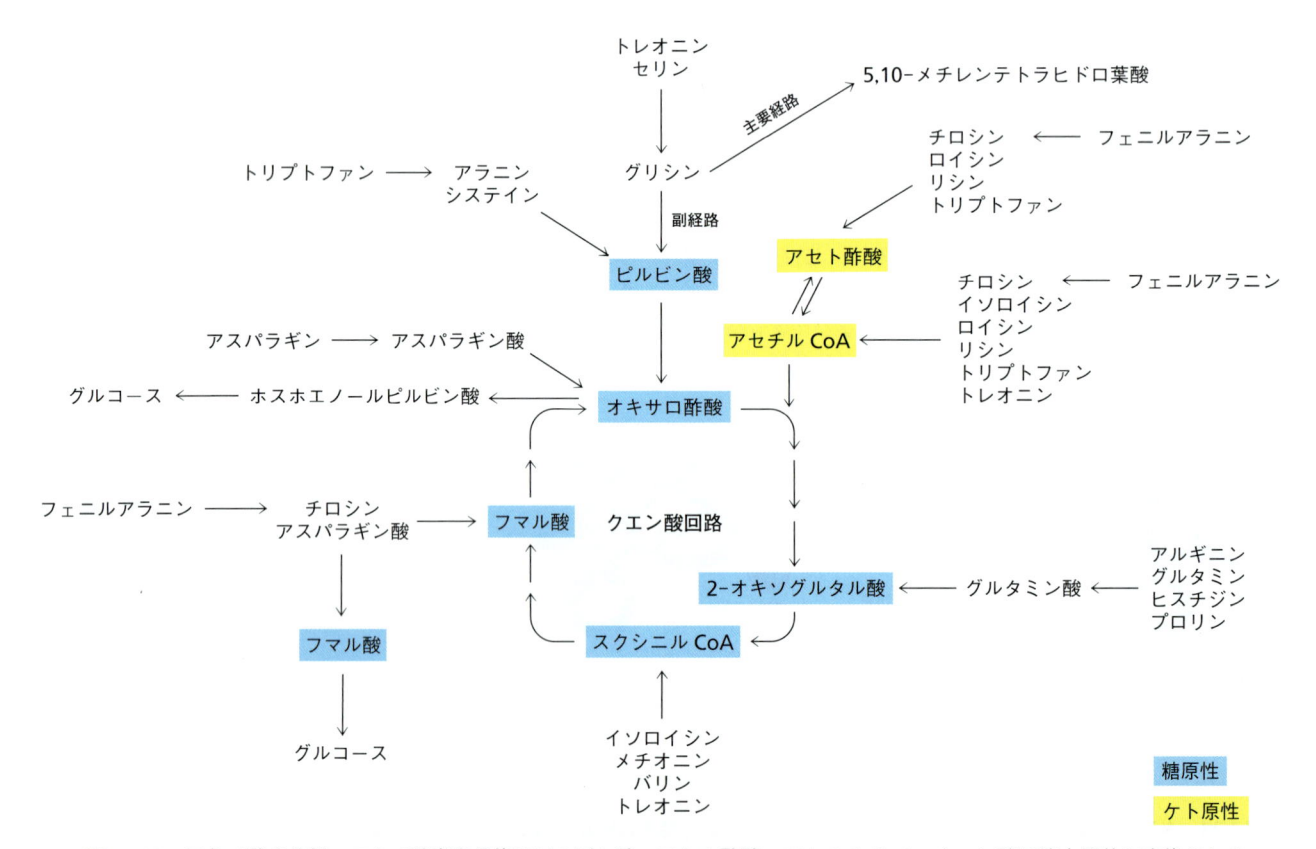

▲図17.29　アミノ酸の分解　アミノ酸炭素骨格はピルビン酸，アセト酢酸，アセチルCoA，クエン酸回路中間体に変換される．

B. アルギニン，ヒスチジン，プロリン

アルギニン，ヒスチジン，プロリンの分解経路はグルタミン酸に収束する（図17.30）．アルギニンとプロリンの場合，分解経路は生合成経路に似ている．アルギニン分解は，アルギナーゼの触媒反応で始まる．生成したオルニチンのアミノ基が転移されてグルタミン酸 5-セミアルデヒドになり，それが酸化されてグルタミン酸になる．

プロリンは3段階でグルタミン酸に変換される．最初の段階はFADを含む酵素のプロリンデヒドロゲナーゼにより触媒される酸化反応である．しばしば分子状酸素が電子受容体になる．分子状酸素以外のものが受容体になる場合もある．最初の反応の産物は Δ^1-ピロリン-5-カルボン酸（Δ^1-pyrroline-5-carboxylate; P5C）で，このものは直鎖状のグルタミン酸 5-セミアルデヒドと平衡状態にある．グルタミン酸 5-セミアルデヒドは，NAD^+ 依存性 P5C デヒドロゲナーゼの作用でグルタミン酸になる．Δ^1-ピロリン-5-カルボン酸からグルタミン酸 5-セミアルデヒドへの転換は，プロリン合成経路の場合のように自発的であることに注意せよ（§17.3 D）．

すべての真核生物と大部分の細菌で，この経路の最初の二つの酵素は個々独立であるが，細菌のある種ではこれらの酵素の二つの遺伝子は融合して，二つの反応を触媒する二機能性の六量体タンパク質がつくり出された．このことは速度論的には有利である．なぜなら，中間体（Δ^1-ピロリン-5-カルボン酸とグルタミン酸 5-セミアルデヒド）はグルタミン酸に転換されるまでは複合体から遊離しないからである．

哺乳類のヒスチジン分解の主要経路においてもグルタミン酸が形成される．ヒスチジンは，非酸化的脱アミノ，水和，開環を経て，N-ホルムイミノグルタミン酸になる．ホルムイミノ基（$-CH=NH_2^+$）は，つぎにテトラヒドロ葉酸（THF）に転移し，5-ホルムイミノテトラヒドロ葉酸とグルタミン酸を形成する．5-ホルムイミノテトラヒドロ葉酸は，酵素的に脱アミノされ，

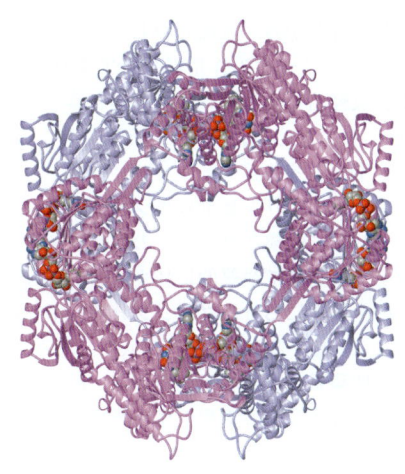

▲**プロリン利用Aフラビンタンパク質** *Bradyrhizobium japonicum* の酵素は，おそらく初めはプロリン分解のための二つの酵素であった．それが後に二機能性タンパク質の6個のサブユニットから成る大きな複合体に統合されたのだろう．2個の同一サブユニットから成る1個のコア二量体を青と紫で示した．全体の構造は，この二量体の3組から構成された環状をなす．結合した FAD と NAD^+ 補酵素は空間充塡モデルで示した．この酵素は，2個の独立した酵素をもつ種にとっても進化的有利さを与えると思われる．それにもかかわらずなぜ真核生物では進化しなかったのだろうか．[PDB 3HAZ]

5,10-メテニルテトラヒドロ葉酸になる．このテトラヒドロ葉酸誘導体の1炭素（メチル）基は，プリン合成のような経路で使用される（§18.6）．

C. グリシンとセリン

セリンの分解には二つの経路がある（図17.31）．ある種の生物や組織では，少量のセリンがピリドキサールリン酸（PLP）依存性酵素であるセリンデヒドラターゼの作用で，直接ピルビン酸に

▲**図17.30 アルギニン，プロリン，ヒスチジン異化の主要経路**

変換される．しかしながら，大部分のセリンはセリンヒドロキシメチルトランスフェラーゼの作用によってグリシンに変換される．これは生合成経路でグリシンの合成へと導く反応と同じである（図17.16）．その反応は，5,10-メチレンテトラヒドロ葉酸（5,10-メチレンTHF）を生産する．

少量のグリシンは，セリンヒドロキシメチルトランスフェラーゼの逆反応でセリンに転換される．このグリシン炭素原子は，セリン分子が脱アミノされて最終的にピルビン酸に入る．しかしながら，すべての生物種におけるグリシン分解の主要経路は，グリシン開裂系による NH_4^+ と HCO_3^- への転換である．

このグリシン開裂系による触媒反応には，同一でない4個のサブユニットから構成される酵素複合体が要求される．補欠分子族としてピリドキサールリン酸，リポアミド，FADが存在し，NAD^+ とテトラヒドロ葉酸が補助基質になる．初めにグリシンが脱炭酸され，つぎに $-CH_2-NH_3^+$ 基がリポアミドに転移される．続いて NH_4^+ が遊離し，残りの1炭素基がテトラヒドロ葉酸に転移して，5,10-メチレンテトラヒドロ葉酸が形成される．還元されたリポアミドがFADにより酸化され，つぎに $FADH_2$ が可動

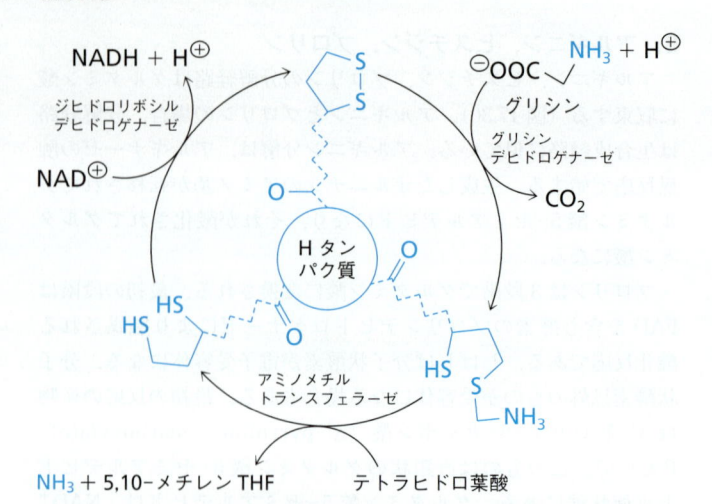

▲ 図17.32 グリシン開裂系　リポアミドの回転アームがコア構造成分（Hタンパク質）に付着している．この回転アームが経路の3個の酵素の活性中心を訪問する．

性担体である NAD^+ を還元する．

図17.32に示すように，グリシン開裂系は，ピルビン酸デヒドロゲナーゼと原理的に類似のリポアミドの回転アーム機構のもう一つの例になっている（§13.1）．グリシンの分解は試験管内では可逆的であるが，細胞内の開裂系は不可逆反応を触媒している．反応経路の不可逆性は，一部分は産物であるアンモニアとメチレンテトラヒドロ葉酸に対する K_m 値が，生体内でのこれらの化合物の濃度よりもはるかに大きいことによる．

D. トレオニン

トレオニン分解にはいくつかの経路があり，主要経路では，トレオニンはトレオニンデヒドロゲナーゼの触媒反応で，2-アミノ-3-オキソ酪酸に酸化される（図17.33）．2-アミノ-3-オキソ酪酸は，チオール開裂を受けてアセチルCoAとグリシンになる．トレオニン異化のもう一つの経路は，トレオニンアルドラーゼの作用によるアセトアルデヒドとグリシンへの開裂である．この酵素は多くの組織や生物では，実際にはセリンヒドロキシメチルトランスフェラーゼの活性の一部である．アセトアルデヒドは，アセトアルデヒドデヒドロゲナーゼの作用により，酢酸に酸化される．そして酢酸は，アセチルCoAシンテターゼでアセチルCoAに変換される．

哺乳類のトレオニン異化の第三の経路には，2-オキソ酪酸への脱アミノ反応が含まれる．この反応はセリンデヒドラターゼに触媒される．この酵素は，セリンからピルビン酸への変換を触媒する酵素と同一である．この反応は，ほとんどの生物種でイソロイシン合成のために2-オキソ酪酸を生産する（§17.3 C）．この分解経路で，2-オキソ酪酸はプロピオニルCoAに変換される．これはクエン酸回路の中間体のスクシニルCoAの前駆体である（§16.7 F）．トレオニンはこのようにして異化経路に依存して，スクシニルCoAか，またはグリシン＋アセチルCoAになる．

> プロピオニルCoAからスクシニルCoAへの経路の詳細は図16.25に示した．

E. 分枝アミノ酸

ロイシン，バリン，イソロイシンなどの分枝アミノ酸は，関連した経路で分解される（図17.34）．すべての経路で，初めの3段

▲ 図17.31 セリンとグリシンの異化

17.6 アミノ酸異化

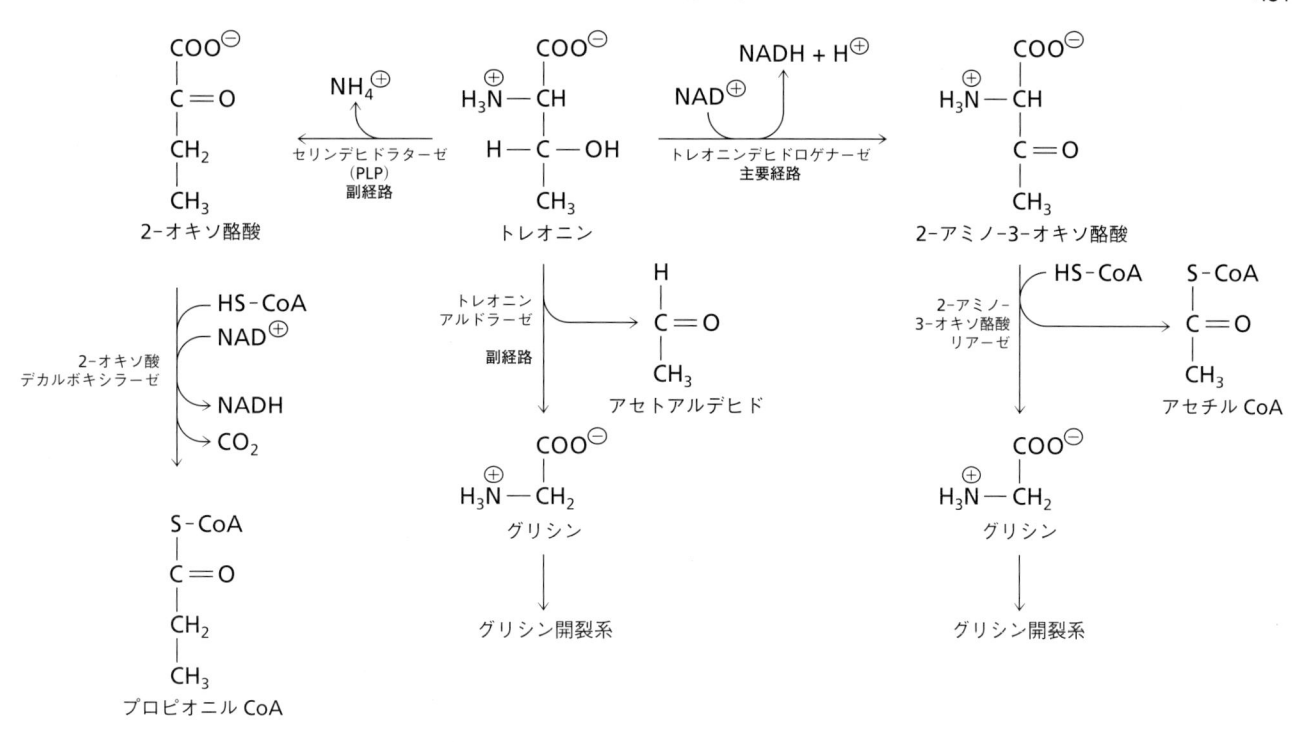

▲図 17.33 トレオニン分解の主要経路と副経路

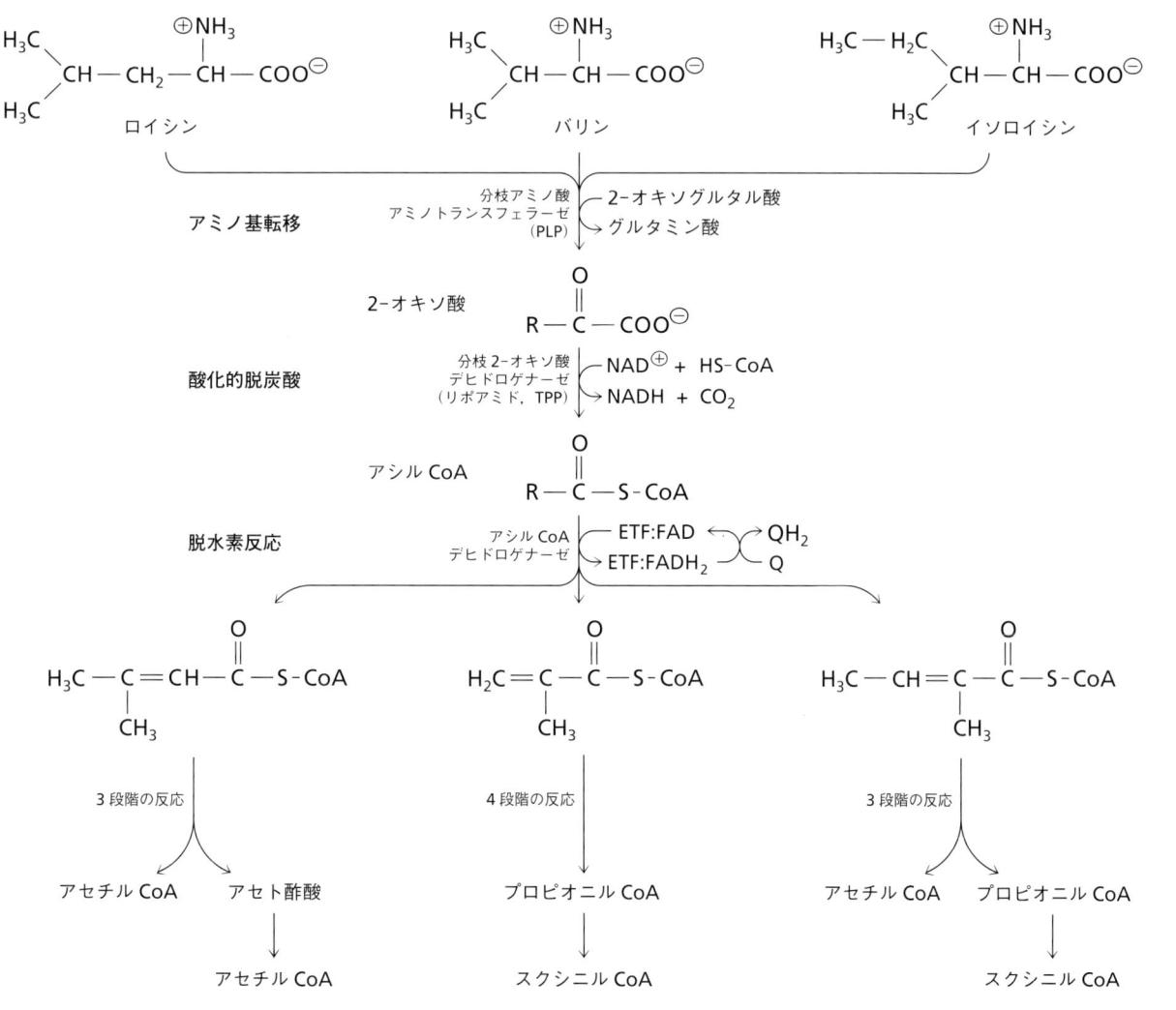

▲図 17.34 分枝アミノ酸の異化　R は，ロイシン，バリン，イソロイシンの側鎖を表す．

階は同じ三つの酵素で触媒される．最初の段階はアミノ基転移で，分枝アミノ酸アミノトランスフェラーゼにより触媒される．

分枝アミノ酸異化の第二段階は，分枝2-オキソ酸デヒドロゲナーゼにより触媒される．この反応で，分枝2-オキソ酸は酸化的脱炭酸を受け，前駆体の2-オキソ酸より1炭素原子短い，分枝アシルCoA分子になる．分枝2-オキソ酸デヒドロゲナーゼは多酵素複合体であり，リポアミドとチアミン二リン酸（TPP）を含み，NAD^+と補酵素Aを要求する．その触媒機構は，ピルビン酸デヒドロゲナーゼ複合体（§13.1）と2-オキソグルタル酸デヒドロゲナーゼ複合体（§13.3.4）の機構に似ている．分枝2-オキソ酸デヒドロゲナーゼは，他の二つのデヒドロゲナーゼ複合体にみられるものと同じジヒドロリポアミドデヒドロゲナーゼ（E_3）サブユニットを含んでいる．

分枝アシルCoA分子は脂肪酸アシルCoA酸化の第一段階に似た反応（図16.21）で，FAD含有アシルCoAデヒドロゲナーゼにより酸化される．この酸化反応で除去される電子は，電子伝達フラビンタンパク質（ETF）を経て，ユビキノン（Q）に転移される．

この段階で，分枝アミノ酸の異化反応は分かれる．ロイシンのすべての炭素は，最終的にはアセチルCoAに変換されるので，ロイシンはケト原性である．バリンは最終的にはプロピオニルCoAに変換される．トレオニン分解と同様，プロピオニルCoAはスクシニルCoAに変換され，クエン酸回路に入る．それゆえ，バリンは糖原性である．イソロイシン分解経路はプロピオニルCoAとアセチルCoAの両方に導かれる．イソロイシンはそれゆえ糖原性（プロピオニルCoAから形成されるスクシニルCoAを経由）と，ケト原性（アセチルCoAを経由）のいずれにもなる．このように，たとえこの三つの分枝アミノ酸の分解の最初の段階が似ていても，少なくとも動物では，それぞれの炭素骨格は異なる運命をたどることになる．

> ケト原性と糖原性の区別は動物においてのみ意味がある．他のすべての生物種ではアセチルCoAはグルコースに転換される．

F．メチオニン

メチオニンのおもな役割の一つに，活性化されたメチル基供与体であるS-アデノシルメチオニンへの転換がある（§7.3）．S-アデノシルメチオニンのメチル基がメチル基受容体に転移すると，S-アデノシルホモシステインが残り，加水分解によりホモシステインとアデノシンに分解される（図17.35）．ホモシステインは5-メチルテトラヒドロ葉酸によりメチル化され，メチオニンを形成するか，あるいはセリンと反応してシスタチオニンを形成する．シスタチオニンはシステインと2-オキソ酪酸に分解さ

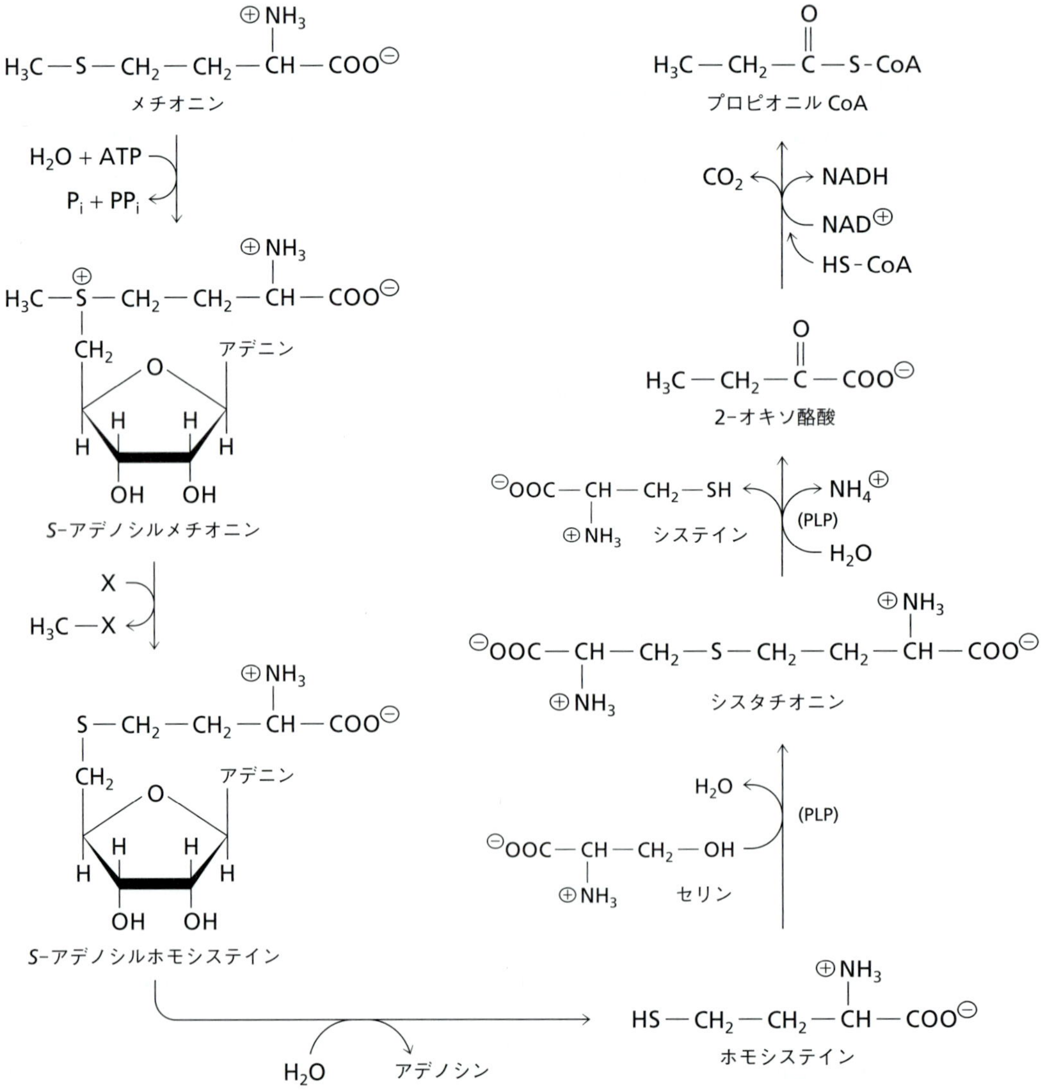

▲図17.35　メチオニンからシステインとプロピオニルCoAへの変換　第二段階での"X"は多くのメチル基受容体の一つを表す．

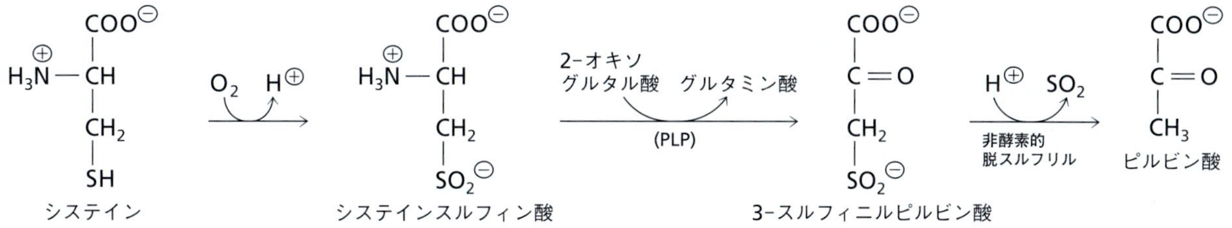

17.6 アミノ酸異化

▲図17.36 システインからピルビン酸への変換

れる．この一連の反応は，システイン合成の経路の一部としてすでに述べた（図17.18）．この経路で，哺乳類は必須アミノ酸のメチオニンに由来する硫黄原子を用いてシステインを合成することができる．2-オキソ酪酸は2-オキソ酸デヒドロゲナーゼの作用でプロピオニルCoAに変換される．プロピオニルCoAはすでに説明したように，さらにスクシニルCoAに代謝される．それゆえメチオニンは糖原性である．

G. システイン

システイン異化の主要経路はピルビン酸に至る3段階から成る（図17.36）．それゆえ，システインは糖原性である．システインは最初にシステインスルフィン酸に酸化され，アミノ基転移によりアミノ基を失い，3-スルフィニルピルビン酸になる．非酵素的脱スルフリルによって，ピルビン酸が生成する．

H. フェニルアラニン，トリプトファン，チロシン

芳香族アミノ酸の異化経路は共通している．一般的に，経路の最初は酸化で，続いてアミノ基転移か加水分解による窒素の脱離が起こり，そして酸化と共役して開環する．

フェニルアラニンヒドロキシラーゼに触媒されるフェニルアラニンからチロシンへの変換は，フェニルアラニン異化の重要な段階である（図17.37）．それはまた，動物におけるチロシンの供給源にもなっている．なぜなら，動物にはチロシン合成のための通常のコリスミ酸経路が欠如しているためである．フェニルアラニ

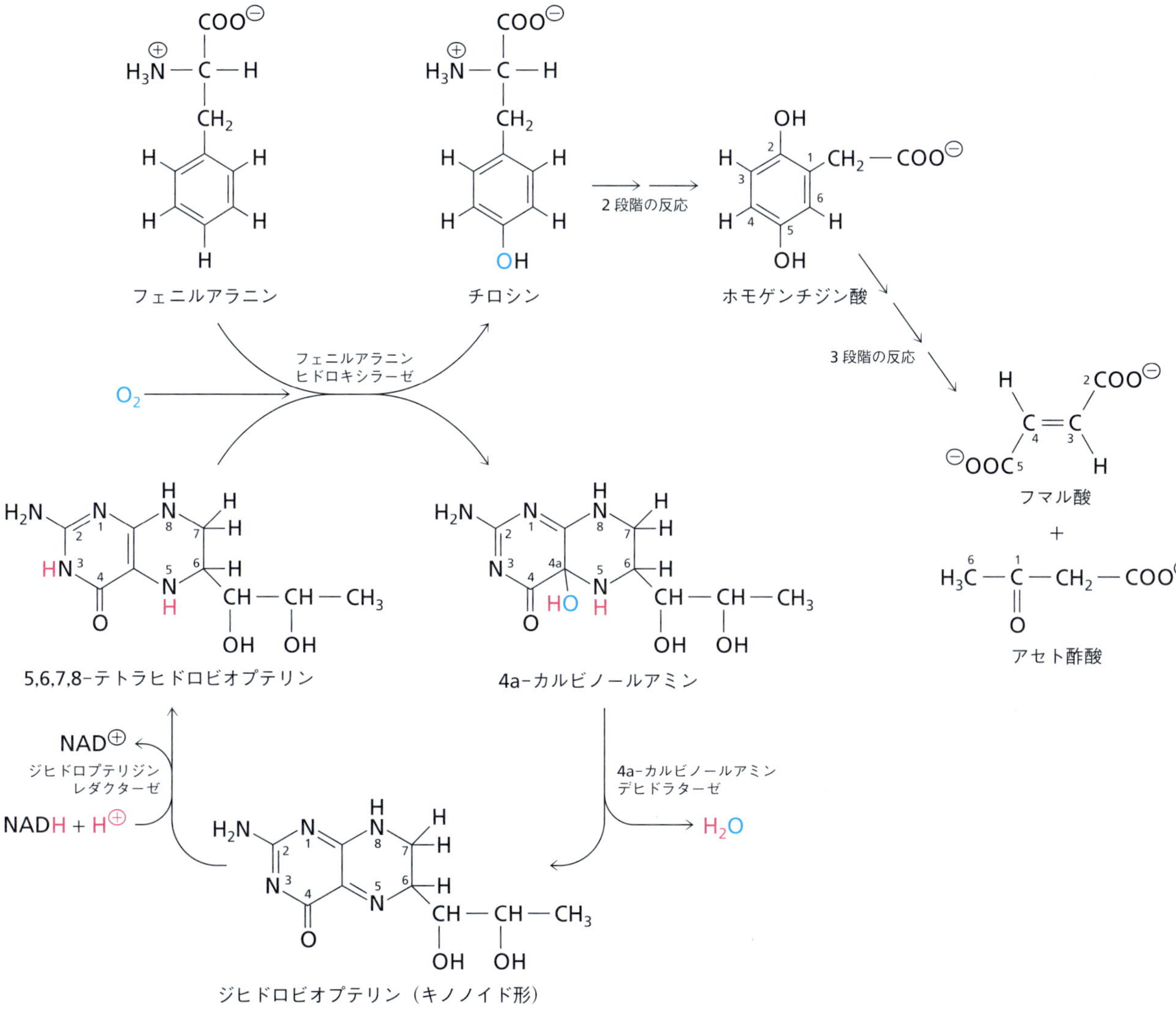

▲図17.37 フェニルアラニンとチロシンからフマル酸とアセト酢酸への変換　テトラヒドロビオプテリン補因子が，脱水とNADH依存の還元を介して再生される．

ンヒドロキシラーゼ反応には，分子状酸素と還元剤テトラヒドロビオプテリンが要求される．O_2 からの1個の酸素原子がチロシンに取込まれ，もう一つは水に変換される．

テトラヒドロビオプテリンは2段階で再生される．4a-カルビノールアミンデヒドラターゼは，最初の酸化産物の脱水を触媒し，不活性型（側鎖が C-6 ではなく C-7 にある）への異性化を阻止する．NADH を要求する反応で，ジヒドロプテリジンレダクターゼは，形成されたジヒドロビオプテリン（キノノイド形）の 5,6,7,8-テトラヒドロビオプテリンへの還元を触媒する．テトラヒドロビオプテリンはまた，アルギニンからの一酸化窒素の生合成の還元剤でもある（§17.4 C）．

チロシンの異化は，2-オキソグルタル酸を用いたアミノ基転移反応により α-アミノ基が除去されるところから始まる．ひき続いて起こる酸化段階で開環され，最終産物であるフマル酸とアセト酢酸に導かれる．このフマル酸も細胞質ゾル中にあり，グルコースに変換される．アセト酢酸はケトン体であるため，チロシンは糖原性でもありケト原性でもある．

トリプトファンのインドール環は，二つの開環反応を含むより複雑な分解経路で分解される．肝臓と多くの微生物におけるトリプトファン異化の主要経路は，2-オキソアジピン酸を経て，最終的にアセチル CoA に導かれる（図 17.38）．トリプトファン異化の初期に形成されるアラニンは，アミノ基転移を受けてピルビン酸になる．このように，トリプトファンはケト原性でも糖原性でもある．

I. リ シ ン

哺乳類と細菌におけるリシンのおもな分解経路では，中間体のサッカロピンができる．サッカロピンは，リシンと 2-オキソグルタル酸の縮合により形成される（図 17.39）．連続的な酸化反応で 2-アミノアジピン酸ができ，それが 2-オキソグルタル酸を受容体とするアミノ基転移反応によりアミノ基を失い，2-オキソアジピン酸になる．2-オキソアジピン酸は，トリプトファンの分解とまったく同じ経路でアセチル CoA に変換される．ロイシンと同様にリシンもケト原性である．（標準アミノ酸のうちで純粋にケト原性であるのはこの二つだけである．）

17.7 尿素回路はアンモニアを尿素に変換する

高濃度のアンモニアは細胞に有毒である．アンモニア廃棄物の除去方法は生物ごとに進化してきた．排出産物の性質は，その生物が水を利用できるかどうかに依存している．多くの水生生物は細胞膜を通して直接にアンモニアを拡散させ，周囲にある大量の

▲ 図 17.38　トリプトファンからアラニンとアセチル CoA への変換

BOX 17.5　チロシン合成欠損によるフェニルケトン尿症

最もよくみられるアミノ酸代謝異常は，フェニルケトン尿症（phenylketonuria；PKU）である．この病気は，フェニルアラニンヒドロキシラーゼをコードする遺伝子の突然変異が原因である〔第 12 染色体長腕（q バンド）の PAH 遺伝子；MIM＝261600（MIM 番号については §12.8 参照）〕．変異の結果，患者はフェニルアラニンからチロシンへの変換能力に障害をもつようになる．この病気をもつ子供の血液は，フェニルアラニン濃度が非常に高く，チロシン濃度が低い．チロシンに転換される代わりに，フェニルアラニンは，図 17.20 に示したアミノ基転移反応の逆反応で代謝されて，フェニルピルビン酸になる．（アミノトランスフェラーゼの K_m はフェニルアラニンの正常濃度よりずっと高いので，健常人ではフェニルアラニンのアミノ基が転移されることはない．）高濃度のフェニルピルビン酸とその誘導体が，重篤で不可逆的な精神異常をひき起こす．

PKU は，通常，誕生直後に尿中のフェニルピルビン酸，あるいは血液中のフェニルアラニンの濃度を測定することで調べられる．最初の 10 年間，食事からのフェニルアラニン摂取を厳重に制限すれば，フェニルアラニンヒドロキシラーゼ欠損患者でも正常に発育することが多い．PKU の女性もまた，胎児の正常な発育のために，妊娠期間中，食事からのフェニルアラニン摂取を厳重に制限しなければならない．高濃度のフェニルアラニンは，ジヒドロプテリジンレダクターゼや 4a-カルビノールアミンデヒドラターゼの異常，あるいはテトラヒドロビオプテリン生合成の欠陥をもつ患者でも観察される．これらの欠陥はそれぞれ，フェニルアラニンのヒドロキシ化に異常をきたすからである．

食事による調節は PKU の治療に効果的であるが，こうした制限は，肉，魚，ミルク，パン，ケーキのような天然の高タンパク質食品を排除することになる．このような制限食は食欲をそそらない．フェニルアラニンをアンモニアと毒性のない炭素化合物へ分解する酵素を PKU 患者に与える試みがなされてきた．この酵素によってフェニルアラニン制限食を完全になくすことはできないが，患者にとって含タンパク質食品が少しは食べやすくなるだろう．

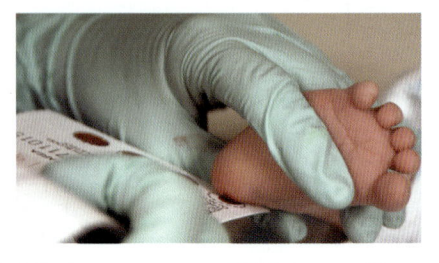

▲ 新生児がフェニルアラニン検査のために足のかかとから採血されている．

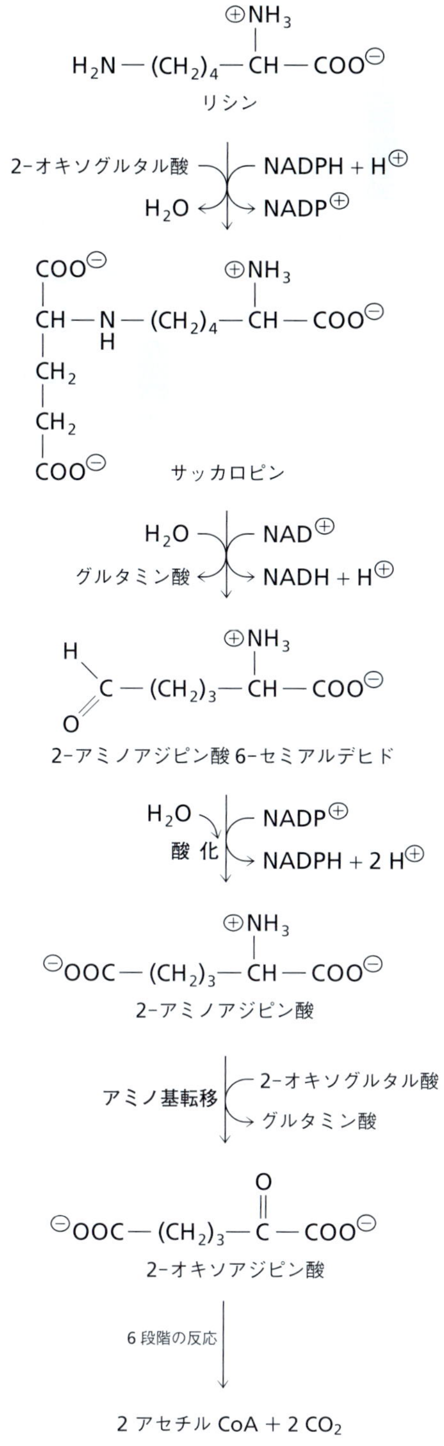

17.7 尿素回路はアンモニアを尿素に変換する 455

[図 17.39 の反応経路：
リシン
↓ 2-オキソグルタル酸、NADPH + H⁺ → H₂O、NADP⁺
サッカロピン
↓ H₂O → NAD、NADH + H⁺、グルタミン酸
2-アミノアジピン酸 6-セミアルデヒド
↓ H₂O、酸化 → NADP⁺、NADPH + 2 H⁺
2-アミノアジピン酸
↓ アミノ基転移：2-オキソグルタル酸 → グルタミン酸
2-オキソアジピン酸
↓ 6段階の反応
2 アセチル CoA + 2 CO₂]

▲図 17.39 リシンからアセチル CoA への変換

BOX 17.6 アミノ酸代謝疾患

単一遺伝子変異が原因である何百ものヒト代謝疾患（しばしば先天性代謝異常といわれる）が知られている．そのうちの多くがアミノ酸代謝に関連する．フェニルアラニンからのチロシン生成異常（フェニルケトン尿症）についてはすでに述べた（BOX 17.5）．ここではさらにいくつかの例を取上げる．ある経路の欠損は重篤で生命の危険さえある．一方，他の経路の欠損はそれほど重くない症状を呈する．この結果は，あるアミノ酸の分解経路はおおむね必要でないが，他の経路は誕生後の生存にとって必須であることを示している．

アルカプトン尿症

遺伝性疾患として知られた最初の代謝疾患はアルカプトン尿症である．これは，フェニルアラニンとチロシンの異化中間体の一つであるホモゲンチジン酸（図 17.37）の蓄積に由来するまれな疾患である．この中間体を酸化的に分解する酵素であるホモゲンチジン酸ジオキシゲナーゼが欠損することで，ホモゲンチジン酸からの代謝が進行しなくなってしまう（第3染色体の *HGD* 遺伝子，MIM＝203500）．ホモゲンチジン酸は色素に転換されるので，この溶液を置いておくと黒ずんでくる．アルカプトン尿症は尿が黒色になることでわかる．アルカプトン尿症の患者は関節炎をひき起こすが，どうしてこの代謝異常がこのような症状を起こすかについてはわかっていない．おそらく骨や結合組織に色素が沈着するためだろう．

シスチン尿症

システインや塩基性アミノ酸の腎臓への輸送が障害を受けた場合，システインが血液に蓄積してシスチンに酸化され，シスチン尿症とよばれる状態になる．シスチンは溶解度が低く，結石を形成する．シスチン尿症の患者はこれらの結石を溶かすために大量の水を飲むか，シスチンと反応して可溶性誘導体にする薬を服用する．（原因遺伝子については MIM＝220100 を見よ．）

脳回転状網脈絡膜萎縮症

オルニチンアミノトランスフェラーゼ活性の欠損は，眼の代謝疾患である脳回転状網脈絡膜萎縮症の原因となる（第10染色体の *OAT* 遺伝子，MIM＝258870）．この病気では視野が狭くなり失明に至る．食事からのアルギニン摂取の制限やピリドキシンの投与によって，病気の進行を抑えることができる．

メープルシロップ尿症

メープルシロップ尿症の患者は，メープルシロップ臭の尿を排泄する．この病気は，分枝 2-オキソ酸デヒドロゲナーゼ複合体が触媒する分枝鎖アミノ酸異化の第二段階が遺伝的に欠損した場合にひき起こされる．食物中の分枝アミノ酸を極端に制限してもこの病気にかかった人は短命である（MIM＝248600）．

非ケトン性高グリシン血症（グリシン脳症）

グリシン開裂を触媒する酵素複合体に欠損があると，体液中に大量のグリシンが蓄積し，非ケトン性高グリシン血症とよばれる病気になる．この欠損をもつほとんどの患者は重篤な精神疾患を起こし，幼時に死亡する．この病気が重篤であることからグリシン開裂系が決定的に重要であることがわかる（MIM＝605899）．

水で希釈してしまう．この経路は大型の陸生多細胞生物にとっては非効率的であり，また，内臓細胞中でのアンモニアの形成は避けなければならない．

大部分の陸上脊椎動物は窒素廃棄物を毒性の少ない産物である尿素に変える（図 17.40）．尿素は電荷のない，非常に水に溶けやすい化合物で，肝臓でつくられ，血液を通して腎臓に運ばれ，尿のおもな溶質として排出される．〔尿素は 1720 年ごろ，尿に必須の塩類として最初に記述された．尿素（urea）の名称は尿（urine）に由来する．〕鳥類や多くの陸上爬虫類は，余分のアンモニアを尿酸に変える．尿酸は比較的難溶性の化合物で，水溶液から沈殿し，半固体のスラリーになる．尿酸は，鳥類，ある種の爬虫類，霊長類などのプリンヌクレオチドの分解産物でもある．

尿素合成はもっぱら肝臓中で行われる．尿素は尿素回路とよば

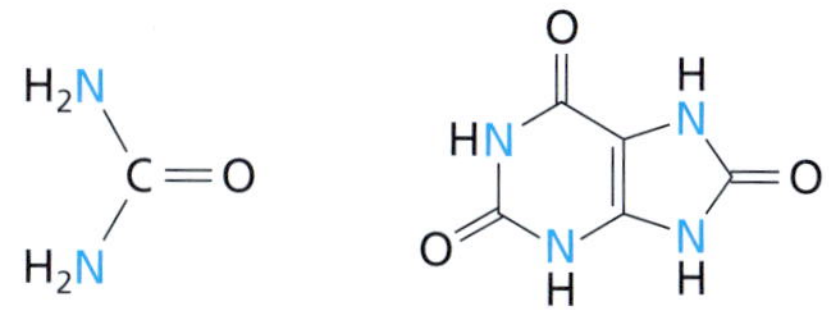

▲図 17.40 尿素（左）と尿酸（右）

> 尿酸のさらなる分解は §18.9 に記述されている．

▲図 17.41 カルバモイルリン酸シンターゼ（アンモニア）により触媒されるカルバモイルリン酸の合成　この反応には，二つのリン酸基転移が含まれる．まず初めに，炭酸水素イオンが ATP を求核攻撃することで，カルボキシリン酸と ADP が生成する．つぎに，カルボキシリン酸とアンモニアが反応し，四面体中間体が生成する．リン酸基の除去でカルバミン酸ができる．もう一つの ATP から 2 番目のリン酸基が転移し，カルバモイルリン酸と ADP が生成する．[ ] 内の構造は，反応中に酵素に結合しているものである．

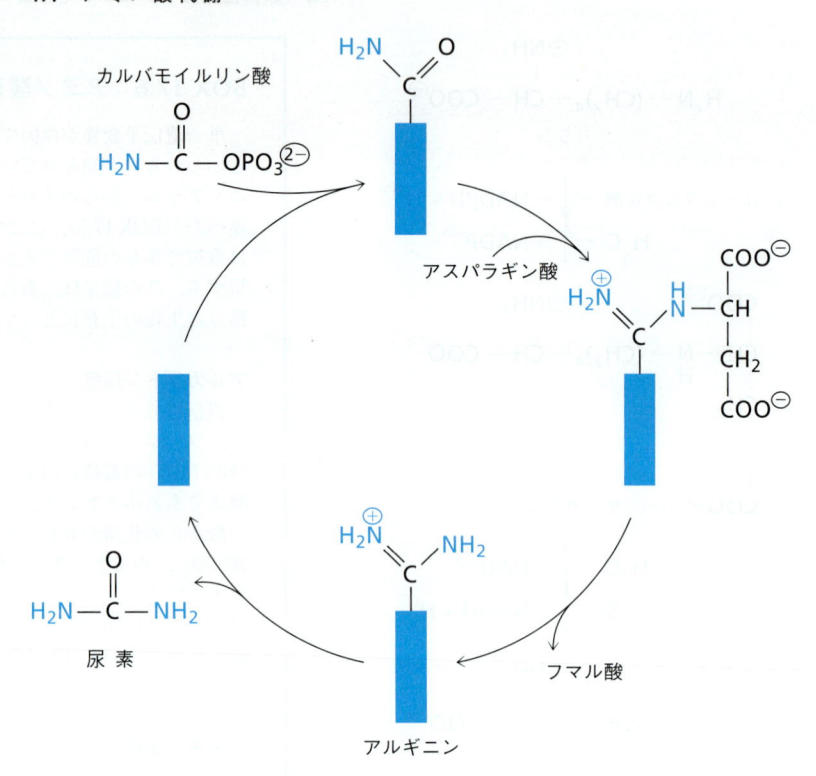

▲図 17.42　尿素回路　青の長方形はオルニチンを表す．

れる一連の反応の生産物である．この経路は Hans Krebs と Kurt Henseleit によって，Krebs がクエン酸回路を発見する数年前の 1932 年に明らかにされた．以下のさまざまな観察から尿素回路が提案された．たとえば，ラット肝臓の切片においてアンモニアが尿素に変換された．この場合，アミノ酸の一種であるオルニチンを加えると尿素合成が非常に促進された．しかも，合成される尿素量は加えたオルニチン量をはるかに越えていた．これは，オルニチンが触媒的に機能することを示している．最終的に，高濃度の酵素アルギナーゼが，尿素を合成するすべての生物の肝臓に存在することがわかった．

A. カルバモイルリン酸の合成

グルタミン酸の酸化的脱アミノ反応により遊離したアンモニアは，炭酸水素イオンと反応し，カルバモイルリン酸が形成される．この反応には 2 分子の ATP が要求され，カルバモイルリン酸シンターゼにより触媒される（図 17.41）．この酵素はすべての生物種に存在する．なぜなら，カルバモイルリン酸は，ピリミジン合成の必須の前駆体であり，尿素回路をもたない生物種のアルギニンの合成にも必要だからである．

カルバモイルリン酸シンターゼには二つの型がある．第一の細胞質ゾル型カルバモイルリン酸シンテターゼ（グルタミン加水分解）は，窒素供与体としてアンモニアの代わりにグルタミンを使用し，ピリミジン合成（§18.3）に使われる．第二のミトコンドリア型カルバモイルリン酸シンターゼ（アンモニア）が尿素回路に含まれているものである．これは肝臓ミトコンドリアに最も多量に存在する酵素で，ミトコンドリアマトリックスタンパク質の 20 ％ にも及ぶ．カルバモイルリン酸の窒素原子は，尿素回路を介して尿素に取込まれる．

B. 尿素回路の反応

尿素の第一の窒素原子はカルバモイルリン酸に由来し，第二はアスパラギン酸に由来する．尿素合成は，中間体がオルニチン骨格に共有結合する間に行われる．尿素が遊離すると，オルニチンが再生され，尿素回路に再び入る．このように，オルニチンは尿素合成で触媒的にふるまう（図 17.42）．オルニチンの炭素，窒素，酸素原子は，尿素回路で交換されない．触媒としてのその役割は，クエン酸回路におけるオキサロ酢酸の役割に比べてより明瞭である（§13.3）．しかし原理は同じである．

17.7 尿素回路はアンモニアを尿素に変換する

実際の尿素回路の反応は，図17.42に示した単純なスキームよりずっと複雑である．その理由は，第一の反応がミトコンドリアマトリックスで行われ，他の三つの反応が細胞質ゾル中で行われるからである（図17.43）．ミトコンドリアマトリックスと細胞質ゾルを連結するために二つの運搬タンパク質，シトルリン-オルニチン交換因子およびグルタミン酸-アスパラギン酸トランスロカーゼが要求される．

1. 最初の反応で，カルバモイルリン酸はミトコンドリア内でオルニチンと反応し，シトルリンになる．反応はオルニチンカルバモイルトランスフェラーゼにより触媒される．この段階で，アンモニアから生じた窒素原子がシトルリンに取込まれる．シトルリンは尿素に導入される窒素の半分を含む．つぎに，シトルリンは細胞質ゾルのオルニチンとの交換反応で，ミトコンドリアから搬出される．

2. 尿素に導入される2番目の窒素原子は，アスパラギン酸に由来する．細胞質ゾル中でシトルリンがアスパラギン酸と縮合してアルギニノコハク酸が生成する．これはATP依存反応で，アルギニノコハク酸シンターゼにより触媒される．細胞の大部分のアスパラギン酸はミトコンドリアでつくられるが，ある条件下では細胞質ゾルでもつくられる．ミトコンドリアのアスパラギン酸は，細胞質ゾルのグルタミン酸と交換して細胞質ゾルに入る．（このトランスロカーゼ反応は§14.12ですでに述べたリンゴ酸-アスパラギン酸シャトルの一部分である．）

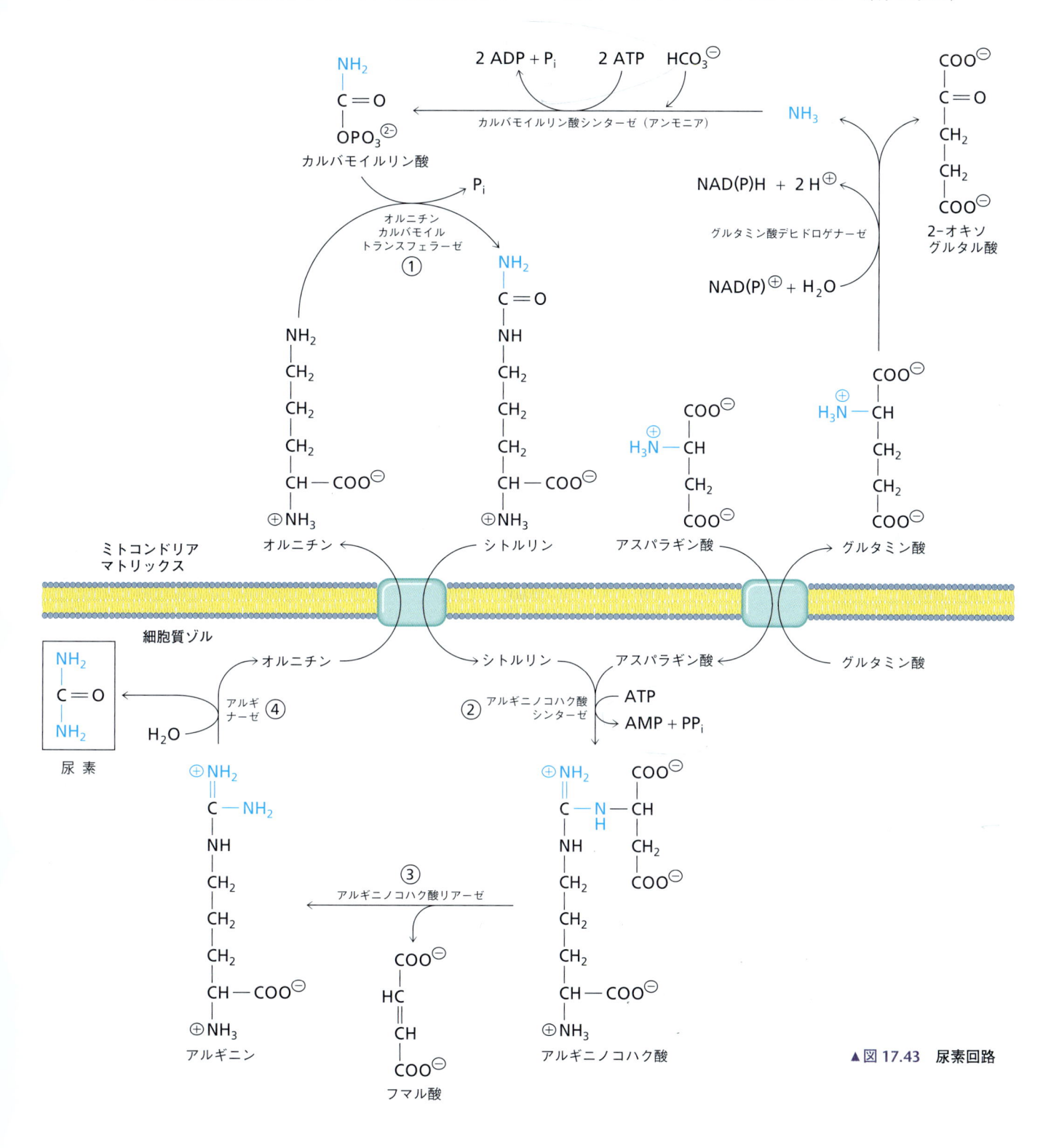

▲図17.43 尿素回路

3. アルギニノコハク酸は，アルギニノコハク酸リアーゼにより触媒される脱離反応で非加水分解的に分解され，アルギニンとフマル酸になる．アルギニンは尿素の直接の前駆体である．(尿素回路の段階2と3は，同時に，アスパラギン酸によるアミノ基供給の戦略となっていて，プリン生合成の一部としてつぎの18章で再び登場する．主要な過程はヌクレオシド三リン酸依存の縮合反応と，それに続くフマル酸の除去である．)
4. 尿素回路の最終反応において，アルギニンのグアニジニウム基がアルギナーゼの触媒反応で加水分解的に開裂し，オルニチンと尿素が生成する．アルギナーゼは活性部位に1対のMn^{2+}をもつ．この二核マンガンクラスターが水分子を結合し，アルギニンのグアニジニウム炭素原子を攻撃する求核性水酸化物イオンを形成する．アルギナーゼの作用で生成したオルニチンは，ミトコンドリア内に輸送される．そして，ミトコンドリアのオルニチンがカルバモイルリン酸と反応し，尿素回路の連続的反応が維持される．

尿素合成の全体の反応は以下の通りである．

$$NH_3 + HCO_3^{\ominus} + \text{アスパラギン酸} + 3\,ATP \longrightarrow$$
$$\text{尿素} + \text{フマル酸} + 2\,ADP + 2\,P_i + AMP + PP_i \quad (17.5)$$

尿素の二つの窒素原子は，アンモニアとアスパラギン酸に由来する．尿素の炭素原子は炭酸水素イオンに由来する．ATP 4当量分が1分子の尿素合成で消費される．つまり3分子のATPが2分子のADPと1分子のAMPになり，無機二リン酸の加水分解が4番目のリン酸無水物結合の分解に相当する．

フマル酸の炭素骨格は，グルコースとCO_2に転換される．フマル酸はクエン酸回路（ミトコンドリアにある）には入らず，その代わりに細胞質ゾルのフマラーゼの作用で水和してリンゴ酸になる．リンゴ酸は，リンゴ酸デヒドロゲナーゼの作用でオキサロ酢酸に酸化され，つぎにオキサロ酢酸は糖新生経路に入る．ここでは，チロシン分解の過程でつくられるフマル酸と運命を共にしている（§17.6 H）．

C. 尿素回路の補助的反応

尿素回路の反応において，アンモニアとアスパラギン酸からの窒素の当量が尿素に転換される．多くのアミノ酸は2-オキソグルタル酸とのアミノ基転移反応を介してアミノ基供与体として機能し，グルタミン酸が形成される．グルタミン酸はオキサロ酢酸にアミノ基を転移してアスパラギン酸を形成するか，あるいは脱アミノ反応でアンモニアを形成するかのいずれかの道をたどる．グルタミン酸デヒドロゲナーゼとアスパラギン酸アミノトランスフェラーゼは肝臓のミトコンドリアに豊富にあり，それぞれ平衡に近い反応を触媒している．アンモニアとアスパラギン酸の濃度は，尿素合成の効率と窒素の排出とほぼ等しくなければならない．

まず，アンモニアが比較的多い理論的な場合を考えてみよう（図17.44 a）．この状態では，グルタミン酸デヒドロゲナーゼに触媒される平衡に近い反応で，グルタミン酸合成の方向に偏るだろう．その結果，高濃度のグルタミン酸がアスパラギン酸アミノトランスフェラーゼの平衡に近い触媒反応でアスパラギン酸の流量を増加させるだろう．逆にアスパラギン酸が過剰の場合，グルタミン酸デヒドロゲナーゼとアスパラギン酸アミノトランスフェラーゼの触媒反応は反対方向に偏り，アンモニアが増加し，尿素形成に向かうだろう（図17.44 b）．

ある量のアミノ酸が，肝臓ではなく筋肉で脱アミノされる．筋肉のおもなエネルギー供給源である解糖系ではピルビン酸ができる．α-アミノ酸からピルビン酸へアミノ基が転移すると，大量のアラニンが生成する．アラニンは血流を通して肝臓に運ばれ，そこで脱アミノされてピルビン酸に戻る．アミノ基は尿素合成に使われ，ピルビン酸は糖新生経路でグルコースに変換される．筋肉中ではこのいずれの経路も働いていないことに注意してほしい．グルコースは筋肉に戻る．また別に，ピルビン酸はオキサロ酢酸に変換され，尿素の窒素原子1個を供与する代謝物であるアスパラギン酸の炭素鎖になる．筋肉と肝臓間のグルコースとアラニンの交換は，グルコース-アラニン回路とよばれ（図17.45），筋肉が窒素を排出し，エネルギーを補充する間接的方法となっている．

(a) NH_3過剰

(b) アスパラギン酸過剰

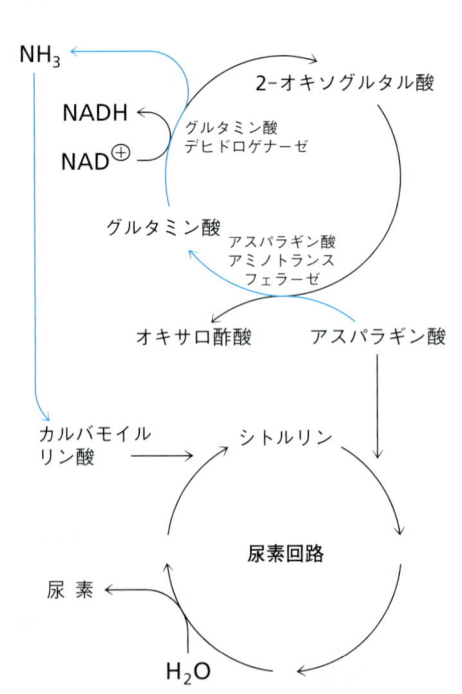

◀図17.44 尿素回路への窒素供給のバランス (a) NH_3過剰と (b) アスパラギン酸過剰の二つの理論的状態を示した．アンモニアとアミノ酸の相対濃度によって，グルタミン酸デヒドロゲナーゼとアスパラギン酸アミノトランスフェラーゼにより触媒される平衡に近い反応のフラックスが逆転する．

▲図 17.45 グルコース-アラニン回路

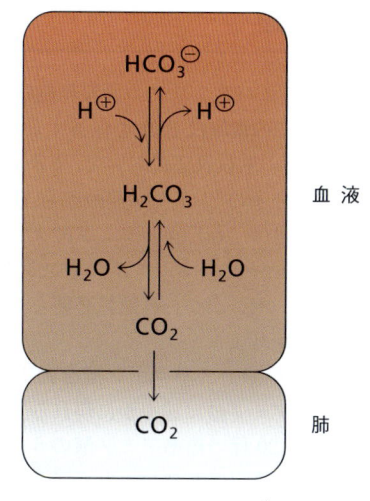

▲図 17.46 血液における H^+ 緩衝作用
H^+ 緩衝系は炭酸水素イオンの欠乏をもたらす.

> ！すべての生物種は分解反応で生じたアンモニアを排泄する必要がある．ある種は直接に分泌するが，別の種は毒性の低い化合物に変換してから分泌する．

17.8 腎臓のグルタミン代謝が炭酸水素イオンをつくる

生体はしばしば代謝の最終産物として酸をつくり出す．生成した陰イオンは尿中に排泄され，プロトンは体内に残る．一つの例は 3-ヒドロキシ酪酸（ケトン体）で，これは適切な治療が行われていない糖尿病患者で大量に生産される．他の例は，含硫アミノ酸のシステインやメチオニンの異化過程で生産される硫酸である．これらの酸代謝物はもちろん分解して，プロトンと相当する陰イオンである 3-ヒドロキシ酪酸イオンや硫酸イオン（SO_4^{2-}）を与える．血液はプロトンに対して有効な緩衝系をもつ——プロトンは炭酸水素イオンと反応して CO_2 と H_2O になり，CO_2 は肺から排泄される（図 17.46）．この系は過剰の水素イオンを中和するのに有効であるが，血中の炭酸水素イオンを消費することになる．炭酸水素イオンは腎臓におけるグルタミン異化によって補充される．

腎臓ではグルタミンの 2 個の窒素原子が，グルタミナーゼとグルタミン酸デヒドロゲナーゼの連続的反応で除去され，2-オキソグルタル酸イオンと $2\,NH_4^+$ ができる．

$$\text{グルタミン} \longrightarrow \longrightarrow \text{2-オキソグルタル酸}^{2-} + 2\,NH_4^{\oplus} \quad (17.6)$$

2 価陰イオンである 2-オキソグルタル酸イオン 2 分子は，中性のグルコース 1 分子と炭酸水素イオン 4 分子に変換される．2-オキソグルタル酸は酸化されてオキサロ酢酸になり，糖新生に導かれてグルコースに変換される．全体の反応は以下の通りである（ATP の関与は無視）．

$$2\,\underset{\text{グルタミン}}{C_5H_{10}N_2O_3} + 3\,O_2 + 6\,H_2O \longrightarrow \underset{\text{グルコース}}{C_6H_{12}O_6} + 4\,HCO_3^{\ominus} + 4\,NH_4^{\oplus} \quad (17.7)$$

NH_4^+ は尿中に排泄され，一方，HCO_3^- は静脈血に入り，代謝で生成する酸を緩衝化するために失われた炭酸水素イオンを補う．排出された NH_4^+ は尿中で最初の酸代謝物の陰イオン（つまり，3-ヒドロキシ酪酸イオンや硫酸イオン）と一緒になる．

要 約

1. 数種の細菌とシアノバクテリアだけが，ニトロゲナーゼ触媒の還元反応によって大気中の N_2 をアンモニアに変換し，窒素を固定することができる．植物と微生物は硝酸と亜硝酸を還元してアンモニアにする．

2. アンモニアの代謝産物への取込みは，2-オキソグルタル酸のグルタミン酸への還元的アミノ化によって行われる．この反応はグルタミン酸デヒドロゲナーゼにより触媒される．多くの生合成反応で窒素供与体になるグルタミンは，グルタミンシンテターゼの作用でグルタミン酸とアンモニアから合成される．

3. グルタミン酸のアミノ基は，可逆的アミノ基転移反応で 2-オキソ酸に転移され，2-オキソグルタル酸と対応する α-アミノ酸が形成される．

4. アミノ酸の炭素骨格の生合成経路は，ピルビン酸とクエン酸回路の中間体のような単純な代謝前駆体から始まる．

5. タンパク質合成における役割に加えて，アミノ酸は多くの他の代謝経路の前駆体にもなっている．

6. すべての生細胞において，タンパク質は常に合成・分解されている．

7. タンパク質分解や食物から得られたアミノ酸は異化される．異化反応は脱アミノから始まることが多く，続いて残りの炭素鎖が変化して，炭素代謝の中心経路に入る．

8. アミノ酸分解の経路は，ピルビン酸，アセチル CoA，あるいはクエン酸回路の中間体へつながる．クエン酸回路中間体に分解されるアミノ酸は糖原性である．アセチル CoA を形成するものはケト原性である．

9. 哺乳類において，大部分の窒素は尿素として排泄される．尿素は肝臓中の尿素回路で形成される．尿素の炭素原子は炭酸水素イオンに由来する．アミノ基の一つはアンモニアに由来し，もう一つはアスパラギン酸に由来する．

10. 腎臓におけるグルタミン代謝により，生体内でつくられる酸を中和するのに必要な炭酸水素イオンが生産される．

問題

1. シアノバクテリアの異質細胞は高濃度のニトロゲナーゼを含む．この細胞はPSⅠを保持するが，PSⅡを含まない．なぜか．
2. 以下の共役反応において，2分子のアンモニアの取込みによって1分子の2-オキソ酪酸から1分子のグルタミンに変換する式を書け．(a) グルタミン酸デヒドロゲナーゼとグルタミンシンテターゼ，(b) グルタミンシンテターゼとグルタミン酸シンターゼ．二つの経路に必要なエネルギーを比較し，違う理由を説明せよ．
3. ^{15}N標識アスパラギン酸を動物に与えた場合，^{15}N標識は多くのアミノ酸に速やかに現れる．この現象を説明せよ．
4. (a) 20種の標準アミノ酸のうち，3種は糖質代謝物への単純なアミノ基転移により合成される．これら3種のアミノ基転移反応の式を書け．
   (b) あるアミノ酸は糖質代謝物の還元的アミノ化により合成される．この反応の式を書け．
5. アミノ酸やその誘導体への硫黄の取込みに関して，動物は植物や微生物に依存している．しかしながら，メチオニンが動物にとって必須アミノ酸なのに，システインはそうではない．植物におけるホモセリンからホモシステインへの転換のための硫黄原子の供与体がシステインであるとして，植物におけるシステインとメチオニンへの硫黄の取込み，ならびに動物におけるシステインへの硫黄の取込みの全体的経路の概略を描いてみよ．
6. セリンはある生合成経路の1炭素単位の源になる．
   (a) いかにしてセリンの2個の炭素原子が生合成に利用されるか．それを示す式を書け．
   (b) セリンの前駆体が解糖系でつくられると仮定すると，グルコースのどの炭素原子がこれらの1炭素単位の最終的な前駆体になるか．
7. 以下のそれぞれの前駆体-生成物に関して，標識が生成物のどこに現れるか示せ．
   (a) 3-[^{14}C]-オキサロ酢酸 → トレオニン
   (b) 3-[^{14}C]-ホスホグリセリン酸 → トリプトファン
   (c) 3-[^{14}C]-グルタミン酸 → プロリン
   (d) コリスミ酸 → フェニルアラニン
8. (a) ホスフィノトリシンは動物にとっては比較的安全な除草剤である．なぜなら，本剤は血流から脳へ移行せず，動物の腎臓で速やかに除去されてしまうからである．ホスフィノトリシンはアミノ酸の基質アナログであるため，植物のアミノ酸代謝を効果的に阻害する．どのアミノ酸がホスフィノトリシンに似ているか．
   (b) 除草剤のアミノトリアゾールはイミダゾールリン酸デヒドロゲナーゼを阻害する．植物で阻害されるアミノ酸経路はどれか．
9. フェニルケトン尿症にかかっている小児は人工甘味料のアスパルテーム（図3.10）を使ってはいけない．なぜか．
10. (a) 2-オキソ酸デヒドロゲナーゼ欠損は分枝アミノ酸異化における最も普通の酵素異常であり，この病気の患者は分枝2-オキソ酸を分泌する．この酵素が欠損した場合，ロイシン，バリン，イソロイシンの異化過程で出現する2-オキソ酸の構造式を描け．
    (b) サッカロピンの蓄積と分泌をもたらすアミノ酸異化の異常がある．どのアミノ酸経路が関係しているか，またどの酵素が異常になっているか．
    (c) シトルリン血症では，シトルリンが血中に蓄積し，尿に分泌される．どの代謝経路が関係しているか，またこの病気で異常になる酵素は何か．
11. アミノ基転移により，どのアミノ酸が以下の2-オキソ酸を与えるか．
12. 動物の筋肉は，アミノ酸の脱アミノで生じた過剰の窒素を除去するために二つの機構を用いる．二つの経路は何か．なぜそれらは必要か．
13. チオシトルリンとS-メチルチオシトルリンは，動物に実験的に誘導した血管拡張，血圧低下，ショックを妨げる効果をもつ．気体状の血管拡張因子をつくり出す酵素が阻害されているが，その酵素は何か．これら二つの分子がこの酵素を阻害するのはなぜか，考えよ．
14. アミノ酸生合成の欠陥に関連した代謝疾患が少ないのはなぜか．
15. 21，22，23番目のアミノ酸の生合成経路（§3.3）は本章で述べられていない．なぜか．これら三つの余分なアミノ酸の直接の前駆体は何か．
16. アミノ酸をつくるコスト（ATP当量）は，それぞれの前駆体をつくるコストとアミノ酸生合成経路のそれぞれの反応にかかるコストとを足した値から計算できる．グリセルアルデヒド3-リン酸をつくるコストを24ATP当量（§15.4C）と仮定して，セリン（図17.15）とアラニン（図17.12）をつくるコストを計算せよ．BOX17.3の値と比較して，計算値はどうであったか．

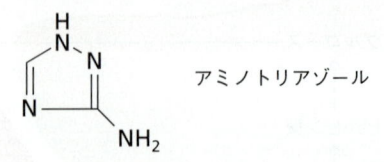

参考文献

窒素サイクル

Dixon, R., and Kahn, D. (2004). Genetic regulation of biological nitrogen fixation. *Nat. Rev. Microbiol.* 2:621-631.

Moisander, P. H., Beinart, R. A., Hewson, I., White, A. E., Johnson, K. S., Carson, C. A., Montoya, J. P., and Zehr, J. P. (2010). Unicellular cyanobacterial distributions broaden the oceanic N_2 fixation domain. *Science* 327:1512-1524.

Montoya, J. P., Holl, C. M., Zehr, J. P., Hansen, A., Villareal, T. A., and Capone, D. G. (2004). High rates of N_2 fixation by unicellular diazotrophs in the oligotrophic Pacific Ocean. *Nature* 430:1027-1031.

Schimpl, J., Petrilli, H. M., and Blöchl, P. E. (2003). Nitrogen binding to the FeMo-cofactor of nitrogenase. *J. Am. Chem. Soc.* 125:15772-15778.

Seefeldt, L. C., Hoffman, B. M., and Dean, D. R. (2009). Mechanism of Mo-dependent nitrogenase. *Annu. Rev. Biochem.* 78:701-722.

アミノ酸代謝

Fitzpatrick, P. F. (1999). Tetrahydropterin-dependent amino acid hydroxylases. *Annu. Rev. Biochem.* 68:355-381.

Häussinger, D. (1998). Hepatic glutamine transport and metabolism. *Adv. Enzymol. Relat. Areas Mol. Biol.* 72:43-86.

Huang, X., Holden, H. M., and Raushel, F. M. (2001). Channeling of substrates and intermediates in enzyme-catalyzed reactions. *Annu. Rev. Biochem.* 70:149-180.

Katagiri, M., and Nakamura, M. (2003). Reappraisal of the 20th-century version of amino acid metabolism. *Biochem. Biophys. Res. Comm.* 312:205-208.

Levy, H. L. (1999). Phenylketonuria: old disease, new approach to treatment. *Proc. Natl. Acad. Sci. USA* 96:1811-1813.

Perham, R. N. (2000). Swinging arms and swinging domains in multifunctional enzymes: catalytic machines for multistep reactions. *Annu. Rev. Biochem.* 69:961-1004.

Purich, D. L. (1998). Advances in the enzymology of glutamine synthesis. *Adv. Enzymol. Relat. Areas Mol. Biol.* 72:9-42.

Raushel, F. M., Thoden, J. B., and Holden, H. M. (2003). Enzymes with molecular tunnels. *Acc. Chem. Res.* 36:539-548.

Richards, N. G., and Kilberg, M. S. (2006). Asparagine synthetase chemotherapy. *Annu. Rev. Biochem.* 75:629-654.

Scapin, G., and Blanchard, J. S. (1998). Enzymology of bacterial lysine biosynthesis. *Adv. Enzymol. Relat. Areas Mol. Biol.* 72:279-324.

Scriver, C. R., Beaudet, A. L., Sly, W. S., and Valle, D., eds. (1995). *The Metabolic Basis of Inherited Disease*, Vols. 1, 2, and 3. (New York: McGraw-Hill).

Srivastava, D., Schuermann, J. P., White, T. A., Krishnan, N., Sanyal, N., Hura, G. L., Tan, A., Henzl, M. T., Becker, D. F., and Tanner, J. J. (2010). Crystal structure of the bifunctional proline utilization A flavoenzyme from *Bradyrhizobium japonicum*. *Proc. Natl. Acad. Sci. USA* 107:2878-2883.

Wu, G., and Morris, S. M., Jr. (1998). Arginine metabolism: nitric oxide and beyond. *Biochem. J.* 336:1-17.

Zalkin, H., and Smith, J. L. (1998). Enzymes utilizing glutamine as an amide donor. *Adv. Enzymol. Relat. Areas Mol. Biol.* 72:87-144.

CHAPTER 18

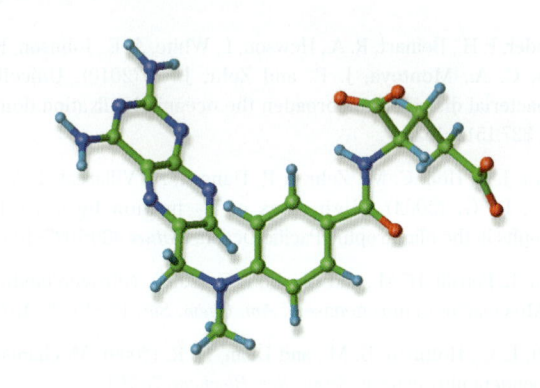

ヌクレオチド代謝

> Sven Furberg は，わずかではあるが自身の X 線研究のデータから，類いまれな才能と幸運を伴った推論で，個々のヌクレオチドの完全な三次元的な形を正しく推定した．"Furberg のヌクレオチドは，われわれにとって決定的に重要だった" と Crick は私に語った．
>
> Horace Freeland Judson (1996),
> *The Eighth Day of Creation*, p.94

ヌクレオチドとその構成成分は本書全体に登場している．ヌクレオチドは DNA と RNA の構造単位として，いちばんよく知られている．しかし，これまでみてきたように，ヌクレオチドは単独で，あるいは他の分子と一緒に，細胞のほとんどすべての活性に関与している．あるヌクレオチド（たとえば ATP）は補助基質として，また別のもの（たとえばサイクリック AMP や GTP）は調節分子として機能している．

ヌクレオチドの構成成分の一つはプリン塩基かピリミジン塩基である．その他の成分は，5 炭素糖のリボースあるいはデオキシリボース，そして 1 個またはそれ以上のリン酸基である．標準塩基であるアデニン，グアニン，シトシン，チミン，ウラシルはヌクレオチドおよびポリヌクレオチドの成分として普遍的に存在する．すべての生物と細胞はプリンおよびピリミジンヌクレオチドを合成する能力をもつ．なぜなら，これらの分子は情報伝達に必須だからである．分裂していない細胞では，ヌクレオチド生合成のほとんどが RNA 合成とさまざまなヌクレオチド補因子に必要なリボヌクレオチドの生産に向けられている．デオキシリボヌクレオチドは分裂している細胞の DNA 複製に要求される．それゆえ，デオキシリボヌクレオチド合成は細胞分裂と密接に関係している．デオキシリボヌクレオチド合成を阻害する多くの合成化合物が癌治療薬として有用であることから，その研究は現代医学にとってとりわけ重要である．

本章ではまず初めに，プリンおよびピリミジンヌクレオチドの新規生合成について述べる．ついで，プリンおよびピリミジンリボヌクレオチドの $2'$-デオキシ型への変換について述べる．この $2'$-デオキシ型が DNA に取込まれていく．つぎに細胞内の核酸の分解や，あるいは食物として外部から得られたプリンやピリミジンが，どのようにして直接ヌクレオチドに取込まれていくかについて述べる．この経路はサルベージ（再利用）とよばれる．サルベージ経路は，核酸分解産物をリサイクルすることでエネルギーの節約に役立っている．最後に，ヌクレオチドの生物的分解を取扱う．プリン分解により有毒な化合物が形成されるが，それらは排泄される．一方，ピリミジンの分解産物は容易に代謝される．

18.1 プリンヌクレオチドの合成

プリンヌクレオチドであるアデノシン $5'$-一リン酸（AMP，$5'$-アデニル酸），ならびにグアノシン $5'$-一リン酸（GMP，$5'$-グアニル酸）の合成経路にかかわる酵素と中間体の同定は，鳥類の窒素代謝の研究に始まる．鳥類と爬虫類の一部での窒素代謝の主要最終産物は，哺乳類とは違って尿素ではなく，プリンの一種である尿酸（図 18.1）である．1950 年代に，尿酸と核酸のプリンが同一の前駆体と反応経路から合成されることが示された．ハト肝臓はプリンを活発に合成している組織であるが，その磨砕物がプリン生合成の各段階を研究する便利な酵素源となった．トリ肝臓における経路は，その後，他の生物においても見いだされた．

◀図 18.1 尿酸

▲おもなプリン

アデニン
（6-アミノプリン）

グアニン
（2-アミノ-6-オキソプリン）

---

* カット：メトトレキセート．最も一般的に使われる抗癌剤の一つ．メトトレキセートは葉酸のアナログで，DNA 合成に必要なチミジル酸を生じる反応回路を阻害する．

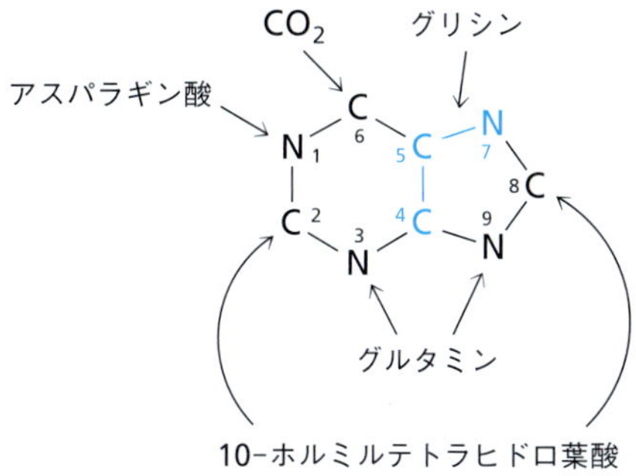

18.1 プリンヌクレオチドの合成

▲図18.2 新規合成におけるプリン環の原子の由来

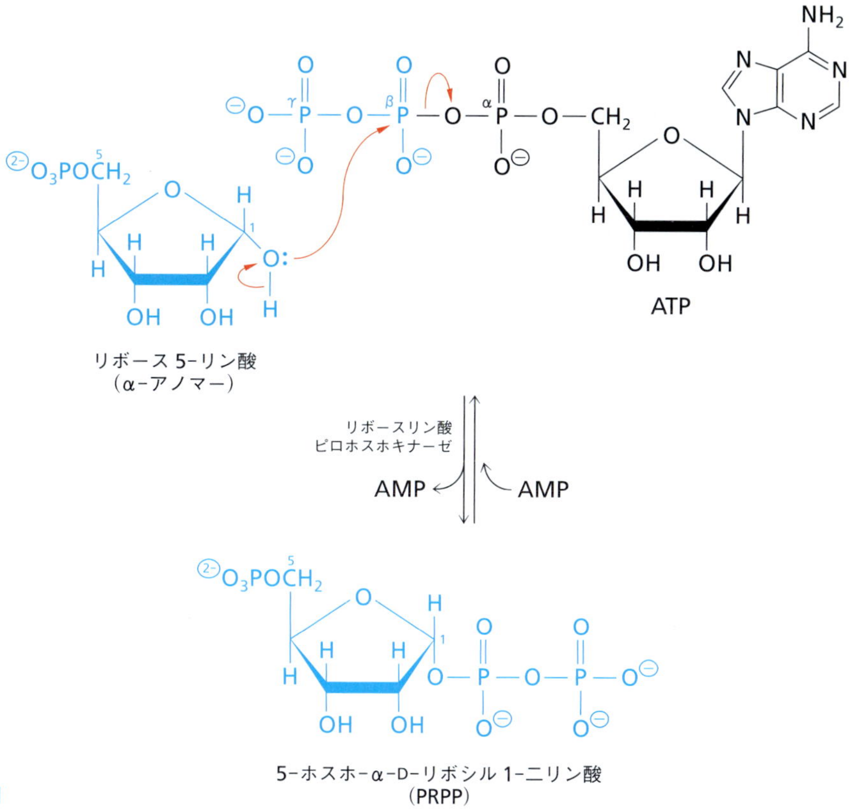

▲図18.3 リボース5-リン酸とATPからの5-ホスホリボシル1-二リン酸（PRPP）の合成　リボースリン酸ピロホスホキナーゼの触媒で，リボース5-リン酸の1-ヒドロキシ基の酸素にATPの二リン酸基が転移する．

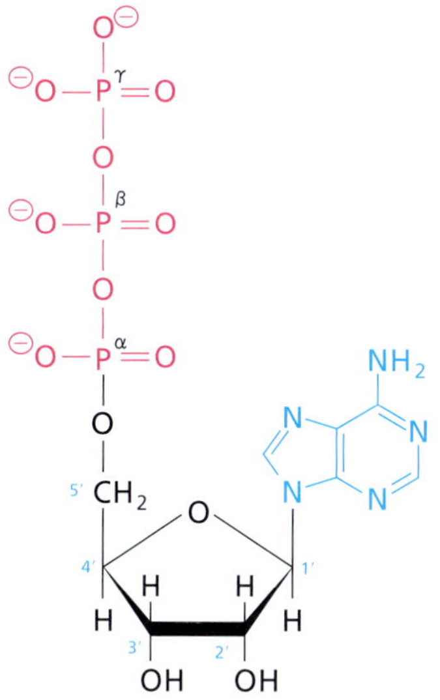

▲アデノシン三リン酸（ATP）の構造　含窒素塩基のアデニン（青）がリボース（黒）に結合している．3個のリン酸基（赤）が5′位でリボースに結合している．

$^{13}CO_2$，$H^{13}COO^-$（ギ酸），$^+H_3N-CH_2-^{13}COO^-$（グリシン）のような同位元素標識化合物をハトやラットに与えた場合，標識された尿酸が排泄された．尿酸を単離し，化学的に分解して，標識炭素と窒素原子の位置が調べられた．二酸化炭素からの炭素はプリンのC-6に取込まれ，ギ酸からの炭素はC-2とC-8に取込まれた．最終的な環原子の供給源は以下の通りであった．N-1: アスパラギン酸；C-2とC-8: 10-ホルミルテトラヒドロ葉酸（§7.11）を介したギ酸；N-3とN-9: グルタミンのアミド基；C-4，C-5，N-7: グリシン；C-6: 二酸化炭素．これらの知見を図18.2に要約した．

プリン環構造は遊離の塩基としてではなく，リボース5-リン酸の置換体として合成される．プリン生合成に必要なリボース5-リン酸部分は，5-ホスホリボシル1-二リン酸（5-ホスホリボシル1-ピロリン酸，PRPP）に由来する．PRPPはリボースリン酸ピロホスホキナーゼの触媒反応で，リボース5-リン酸とATPから合成される（図18.3）．つぎに，PRPPがリボース5-リン酸の土台を提供し，その上にプリン構造が構築される．PRPPはまた，ピリミジンヌクレオチド生合成の前駆体にもなる．ただしその経路では，すでに形成されたピリミジンと反応してヌクレオチドが合成される．さらに，PRPPはサルベージ経路やヒスチジンの生合成にも使用される（図17.23）．

> リボース5-リン酸はペントースリン酸経路（§12.4）で生産される．

プリンヌクレオチド生合成経路の最初の産物はイノシン5′-一リン酸（IMP，5′-イノシン酸，図18.4）である．このものは塩基としてヒポキサンチン（6-オキソプリン）をもつ．10段階にわたるIMPの新規合成経路は，1950年代にJohn M. Buchananのグループおよび G. Robert Greenbergのグループにより発見された．中間体の入念な分離と構造決定におよそ10年が費やされた．

IMPに至る合成経路を図18.5に示した．経路は，グルタミン-PRPPアミドトランスフェラーゼの触媒反応で，PRPPの二リン酸基がグルタミンのアミド窒素と置換するところから始まる（段階1）．アノマー炭素の立体配置が求核置換によって，αからβに変換することに注意してほしい．完成したプリンヌクレオチドにはβ配置が残る．産物であるホスホリボシルアミンのアミノ基は，つぎにグリシンによりアシル化され，グリシンアミドリボ

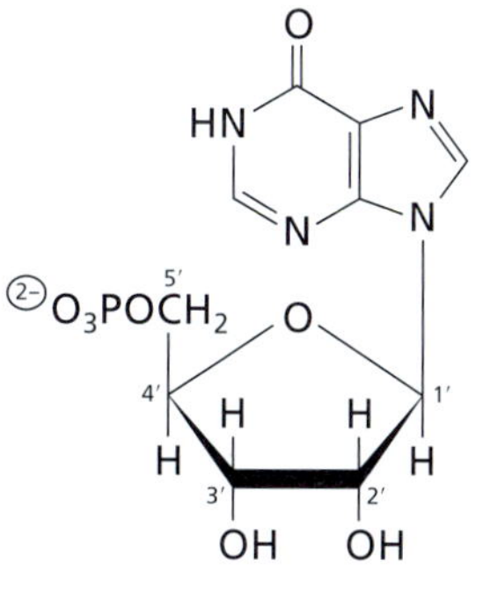

◀図18.4 イノシン5′-一リン酸（IMP，5′-イノシン酸）　IMPは他のプリンヌクレオチドに変換される．トリや霊長類ではIMPの多くは尿酸に分解される．

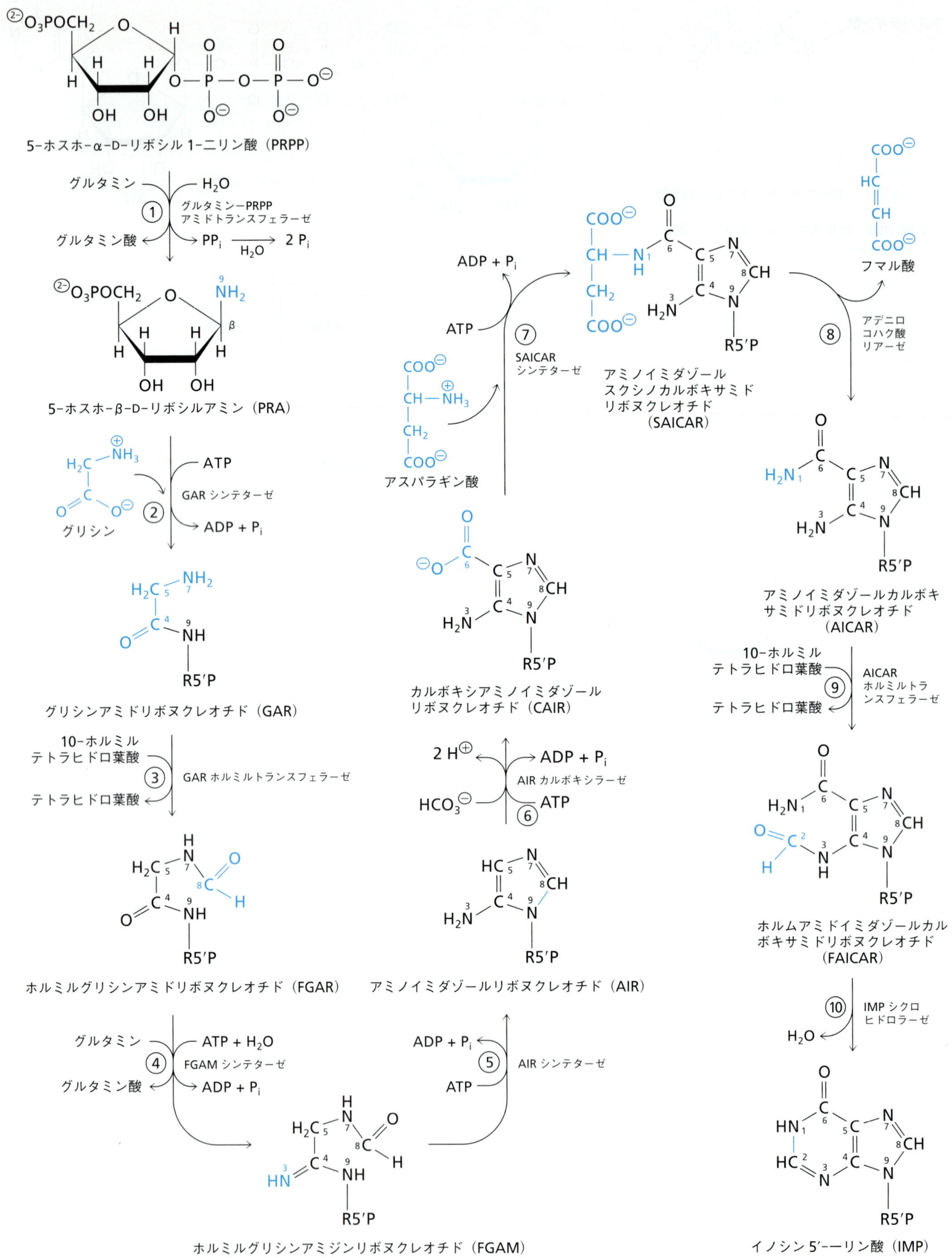

464   18. ヌクレオチド代謝

▲図 18.5 10 段階のイノシン酸（IMP）の新規合成経路　"R5′P" はリボース 5′-リン酸を表す．原子の番号は，完全なプリン環構造の番号に対応する．

BOX 18.1 塩基の慣用名

アデニン adenine ギリシャ語の *adenas*（腺）に由来．膵臓の腺から最初に分離された（1885 年）

シトシン cytosine "容器" のギリシャ語の *cyto-* に由来．細胞を意味する（1894 年）

グアニン guanine "guano" つまり鳥の糞から最初に分離された（1850 年）

ウラシル uracil 語源は不明．多分 "urea"（尿）に由来（1890 年）

チミン thymine 最初に thymus（胸腺）から分離された（1894 年）

キサンチン xanthine "黄色" を意味するギリシャ語の *xanthos* に由来（1857 年）

▲ **G. Robert Greenberg**（1918〜2005） Greenberg の研究グループはプリン生合成経路に関する多くの反応を解明した．

▲ **John M. ("Jack") Buchanan**（1917〜2007） Buchanan のグループはプリン生合成経路の多くの反応を発見した．彼と Greenberg は友好的な競争相手で，多くの研究結果を共有した．

ヌクレオチドができる（段階2）．この反応では，酵素結合グリシルリン酸が形成されるが，その機構は，グルタミル 5-リン酸が中間体となっているグルタミンシンテターゼに似ている（10.17 式）．

段階3では，10-ホルミルテトラヒドロ葉酸のホルミル基が，IMP の N-7 になるアミノ基に転移する．段階4で，アミド基がグルタミンを窒素供与体として，ATP 依存性反応でアミジン（RHN−C=NH）になる．段階5はATP要求性の閉環反応で，

イミダゾール誘導体を形成する．段階6において，CO_2 が IMP の C-5 になる炭素に付加して取込まれる．このカルボキシ化は変わっていて，ビオチンを要求しない．この反応では，炭酸水素イオンがIMPのN-3になるアミノ基にATP依存的に最初に結合する．つぎにカルボキシ化された中間体が再配列され，カルボキシ基がプリン環のC-5になる炭素原子に移動する（図 18.6）．大腸菌ではこれらの段階は二つのタンパク質で触媒される．真核生物では多機能酵素によって触媒されている．この酵素の脊椎動物版は，カルボキシ基をカルボキシアミノイミダゾールリボヌクレオチド（CAIR）の最終位置に直接転移する．脊椎動物の酵素は，はるかに効率的である．他の生物種のこの酵素が，なぜ2段階の反応をしなければならないかについての理由は特にないようである．

段階7と段階8で，アスパラギン酸のアミノ基が形成途上のプリン環系に取込まれる．初めに，アスパラギン酸が新たに付加されたカルボキシ基と縮合し，スクシノカルボキサミドという特別なアミドを形成する．つぎに，アデニロコハク酸リアーゼが，フマル酸を遊離する非加水分解的分解反応を触媒する．この2段階の反応で，IMP の N-1 になる予定の窒素のアミノ基が転移した

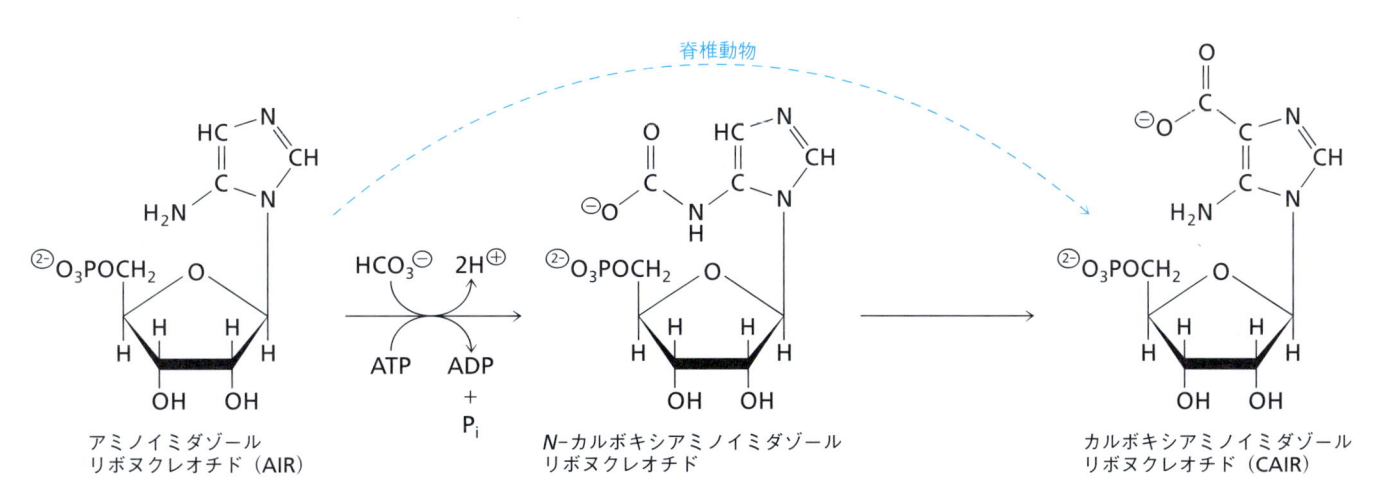

▲ 図 18.6 *N*-カルボキシアミノイミダゾールリボヌクレオチドは，AIR から CAIR への変換の中間体になることもある．

18. ヌクレオチド代謝

ことになる．この2段階は，ATPがAMP+PP$_i$ではなくADP+P$_i$に分解される以外は尿素回路の段階2および段階3に似ている（図17.43）．

段階9は段階3に似ていて，補助基質の10-ホルミルテトラヒドロ葉酸がアミノイミダゾールカルボキサミドリボヌクレオチドの求核性のアミノ基にホルミル基（−CH=O）を供給する．最終中間体にあるアミド窒素は，ホルミル基と縮合して閉環し，IMPのプリン環系が完成する（段階10）．

IMPの合成には，多量のエネルギーが消費される．PRPPの合成過程で，ATPがAMPに変換する．段階2, 4, 5, 6, 7は，ATPからADPへの変換で進行する．さらに，グルタミン酸とアンモニアからのグルタミン合成（§17.2 A）に，余分のATPのエネルギーが要求される．

> ! ヌクレオチド生合成経路はエネルギー的に高価である．

18.2 他のプリンヌクレオチドはIMPから合成される

IMPはAMPやGMPのいずれにも変換される（図18.7）．それぞれの変換に二つの酵素反応が必要である．続いて，AMPやGMPは特異的なヌクレオチドキナーゼ（アデニル酸キナーゼとグアニル酸キナーゼ）ならびに特異性の広いヌクレオシド二リン酸キナーゼの作用で，それぞれ二リン酸および三リン酸にリン酸化される（§10.6）．

IMPからのAMPの生合成には，IMPの生合成の段階7と段階8によく似た2段階が含まれる．初めに，アスパラギン酸のアミノ基がGTP依存性アデニロコハク酸シンテターゼの触媒反応で，IMPの6-オキソ基と結合する．つぎに，アデニロコハク酸リアーゼの触媒で，アデニロコハク酸からフマル酸が除去される．この酵素はIMPの新規合成経路の段階8を触媒する酵素と同じである．

IMPからGMPへの変換の最初の段階で，C-2がNAD$^+$依存性IMPデヒドロゲナーゼの触媒反応で酸化される．この反応では，C-2とN-3の間の二重結合へ水分子が付加した後，この水和物が酸化される．酸化反応の産物はキサントシン一リン酸（XMP）である．つぎに，GMPシンテターゼにより触媒されるATP依存性反応で，グルタミンのアミド窒素がXMPのC-2の酸素と置き換わる．IMPからのAMPの合成ではGTPが補助基質に使用され，また，IMPからGMPの合成ではATPが補助基質に使用されるが，このことがこの二つの産物の形成のバランスを保つのに役立っている．

プリンヌクレオチド合成は，細胞内ではおそらくフィードバック阻害で調節されている．プリンヌクレオチド生合成の各段階を

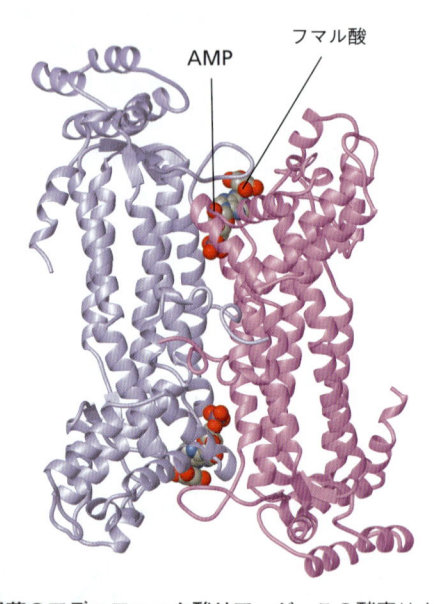

▲ 大腸菌のアデニロコハク酸リアーゼ　この酵素はホモ二量体である．一方のサブユニットを青で，他方を紫で色づけした．これは突然変異酵素（H171N）で，AMPとフマル酸の二つの産物の活性部位への結合が示されている．アデニロコハク酸リアーゼは，IMP合成経路ならびにIMPからAMPへの変換で類似の段階を触媒する．[PDB 2PTQ]

▲ 図18.7　IMPからAMPおよびGMPへの変換経路

触媒するいくつかの酵素は，試験管内でアロステリックな挙動を示す．リボースリン酸ピロホスホキナーゼは種々のプリンリボヌクレオチドにより阻害されるが，細胞内の通常の濃度より高い濃度でなければ阻害されない．PRPPは，1ダース以上もの反応でリボース5-リン酸の供与体になるので，PRPP合成がプリヌクレオチドの濃度だけで調節されるとは考えにくい．一方，プリンヌクレオチド合成経路の最初の不可欠な段階を触媒する酵素であるグルタミン-PRPPアミドトランスフェラーゼ（図18.5の段階1）は，5'-リボヌクレオチドの最終産物（IMP, AMP, GMP）により，それらの細胞内濃度でアロステリックに阻害される．この段階がこの経路の主要な調節点であろう．

　IMPからAMPやGMPへつながる経路はまた，それぞれフィードバック阻害の調節を受ける．アデニロコハク酸シンテターゼは，試験管内で，分岐2段階目の産物であるAMPにより阻害される．IMPデヒドロゲナーゼはXMPとGMPの両方で阻害される．AMPとGMPの合成におけるフィードバック阻害の様子を図18.8に示した．最終産物が，最初の共通経路の二つの段階と，分岐点にあるIMPから導かれる段階を同様に阻害することに注意してほしい．

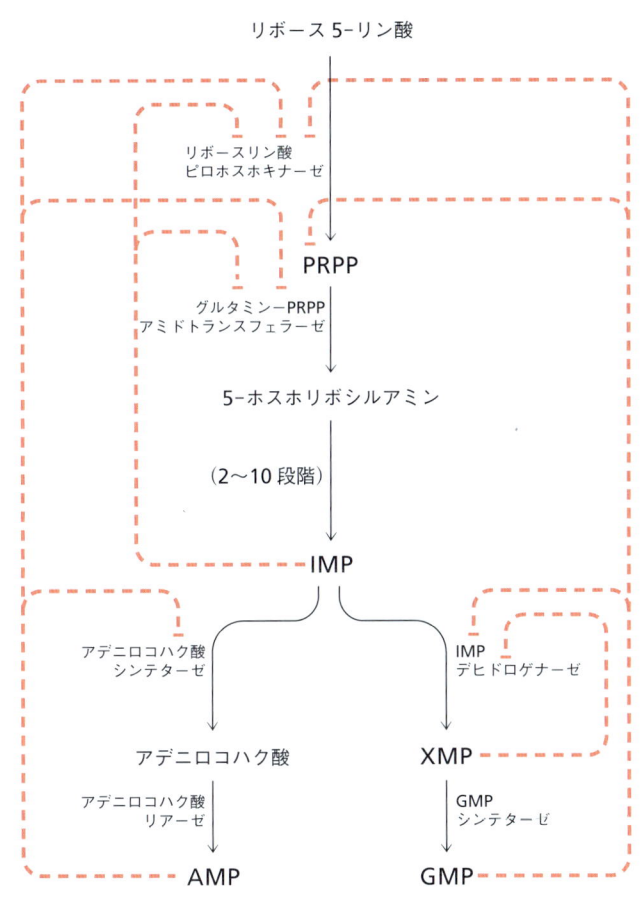

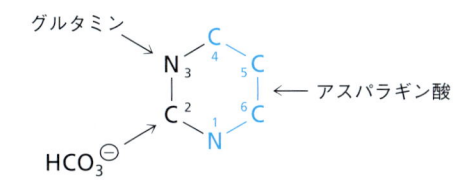

▲図18.9　ピリミジン環の原子の由来　C-2とN-3の直前の前駆体はカルバモイルリン酸である．

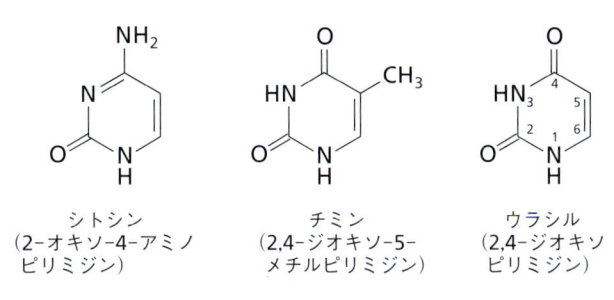

シトシン
(2-オキソ-4-アミノピリミジン)

チミン
(2,4-ジオキソ-5-メチルピリミジン)

ウラシル
(2,4-ジオキソピリミジン)

▲おもなピリミジン

スパラギン酸である（図18.9）．C-2とN-3は中間体であるカルバモイルリン酸の形成後に取込まれる．

　PRPPは，ピリミジンヌクレオチドの生合成にも必要である．しかし，PRPPの糖リン酸は初めの段階で経路に入るのではなく，環が形成された後で供給される．完全なピリミジン環をもつ化合物のオロト酸（6-カルボキシウラシル）がPRPPと反応し，6段階の経路の5段階目でピリミジンリボヌクレオチドが形成される．

A. ピリミジン合成経路

　ピリミジン合成経路の六つの反応を，図18.10に示す．初めの2段階で，ピリミジン環になる運命にあるすべての原子を含む非環状中間体が形成される．中間体であるカルバモイルアスパラギン酸は酵素的に環化される．その産物であるジヒドロオロト酸は，つぎに酸化されてオロト酸になる．オロト酸は，リボヌクレオチドのオロチジン5'-一リン酸（OMP, 5'-オロチジル酸）に変換され，つぎに脱炭酸反応を受けてUMPになる．このピリミジンヌクレオチドが，他のすべてのピリミジンリボヌクレオチドばかりでなくピリミジンデオキシリボヌクレオチドの前駆体になる．以下にみるように，ピリミジン合成に必要な酵素の構成は原核生物と真核生物で異なり，それぞれ別の調節を受ける．

> オロチジン-5'-リン酸デカルボキシラーゼ（OMPデカルボキシラーゼ）は，知られているうちで最も効率の高い酵素である（表5.2）．

　ピリミジン生合成経路の段階1は，炭酸水素イオン，グルタミンのアミド窒素，ATPからカルバモイルリン酸が形成される反応である．カルバモイルリン酸シンターゼ（グルタミン加水分解）により触媒されるこの反応は，2分子のATPを要求する．1分子はC-N結合の形成を促し，他の1分子は産物にリン酸基を供給する．この酵素は，尿素回路で使用されたカルバモイルリン酸シンターゼ（アンモニア）とは異なる．カルバモイルリン酸シンターゼ（アンモニア）は遊離のアンモニアを取入れたが，カルバモイルリン酸シンターゼ（グルタミン加水分解）はグルタミンからアミノ基を転移する．

　UMP生合成の段階2で，カルバモイルリン酸の活性化された

リボース5-リン酸
↓ リボースリン酸ピロホスホキナーゼ
PRPP
↓ グルタミン-PRPPアミドトランスフェラーゼ
5-ホスホリボシルアミン
↓ (2〜10段階)
IMP
├─ アデニロコハク酸シンテターゼ
│　　↓
│　アデニロコハク酸
│　　↓ アデニロコハク酸リアーゼ
│　AMP
└─ IMPデヒドロゲナーゼ
　　↓
　　XMP
　　↓ GMPシンテターゼ
　　GMP

▲図18.8　プリンヌクレオチド生合成のフィードバック阻害

18.3 ピリミジンヌクレオチドの合成

　ウリジン5'-一リン酸（UMP, 5'-ウリジル酸）は他のピリミジンヌクレオチドの前駆体である．UMP生合成の経路は，プリン経路に比べて単純であり，ATP分子の消費もずっと少ない．ピリミジン環の代謝前駆体は三つある．C-2になる炭酸水素イオン，グルタミンのアミド基（N-3），その他の原子を提供するア

カルバモイル基がアスパラギン酸に転移され，カルバモイルアスパラギン酸ができる．この反応はアスパラギン酸カルバモイルトランスフェラーゼ（ATCアーゼ）により触媒される．そこにはアスパラギン酸の窒素がカルバモイルリン酸のカルボニル基を求核攻撃するという機構が含まれる．

ジヒドロオロターゼはUMP生合成の段階3を触媒し，ピリミジン環を可逆的に閉環する．産物であるジヒドロオロト酸は，つぎにジヒドロオロト酸デヒドロゲナーゼの作用で酸化され，オロト酸になる（段階4）．真核生物では，細胞質ゾルにおいて段階1から段階3で形成されたジヒドロオロト酸は，ミトコンドリア外膜を横断して輸送され，ミトコンドリア内膜に結合しているジヒドロオロト酸デヒドロゲナーゼによってオロト酸に酸化される．この酵素の基質結合部位はミトコンドリア内膜の外側に面している．酵素は鉄を含むフラビンタンパク質で，ユビキノン（Q）に電子が伝達されてユビキノール（QH_2）にする反応を触媒する．ついで，この電子は電子伝達系でO_2に渡される．

オロト酸がいったん形成されると，オロト酸ホスホリボシルトランスフェラーゼの触媒反応でPRPPの二リン酸基と置換し，

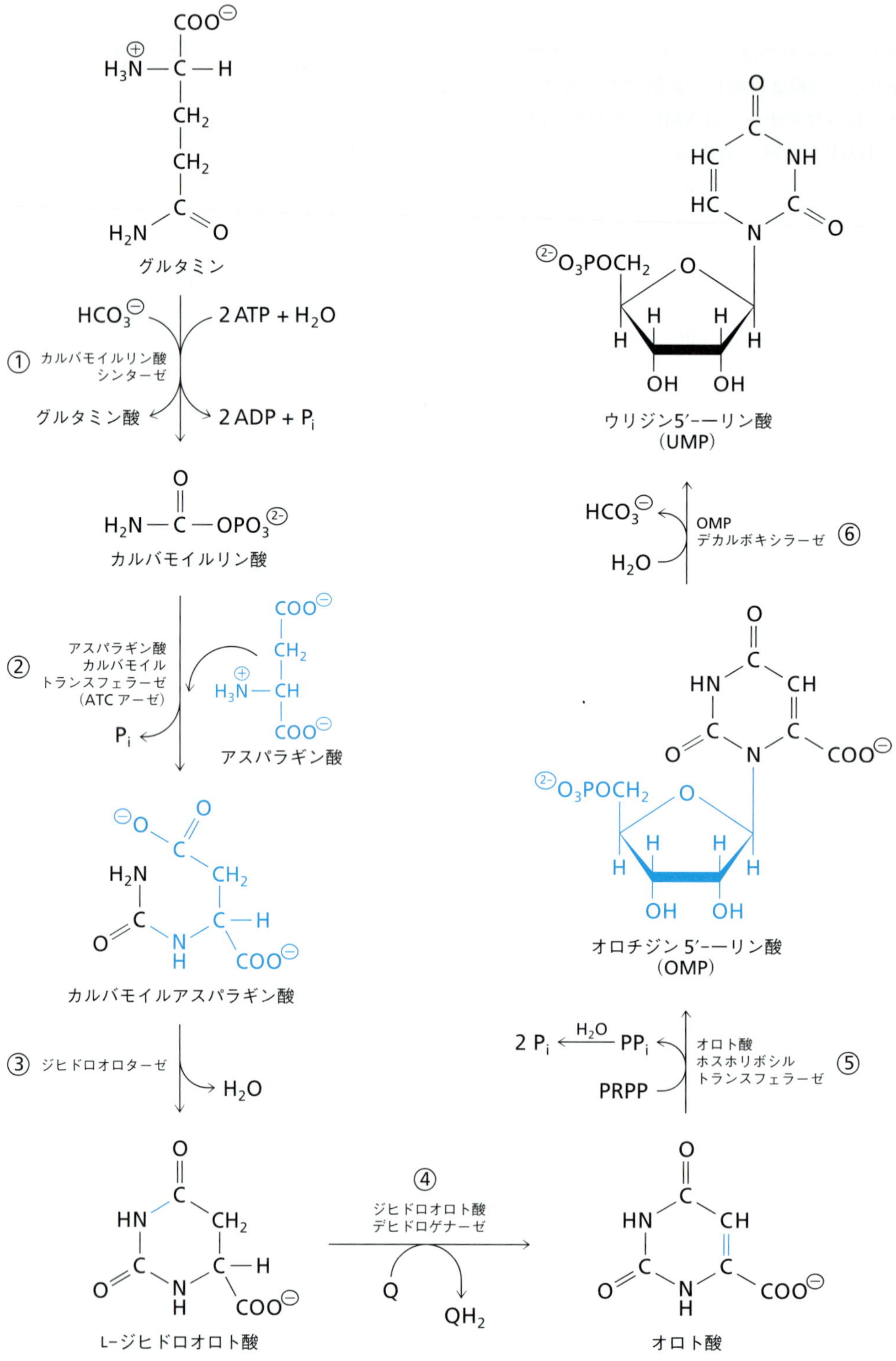

▲図18.10　**原核生物における6段階のUMP合成経路**　真核生物では，段階1から段階3まではジヒドロオロト酸シンターゼとよばれる多機能タンパク質によって触媒される．段階5と段階6は二機能酵素UMPシンターゼによって触媒される．

OMPが生成する（段階5）．このとき形成される二リン酸は加水分解され，段階5は実質的に不可逆になる．

最後に段階6で，OMPデカルボキシラーゼの触媒作用でOMPが脱炭酸されUMPになる．真核生物では，ミトコンドリアで合成されたオロト酸は細胞質ゾルに移行し，そこでUMPに変換される．UMPシンターゼとして知られる二機能酵素が，オロト酸とPRPPとの反応によるOMPの形成，ならびにOMPのUMPへの速やかな脱炭酸反応の両方を触媒する．

哺乳類では，段階1と段階2で形成される中間体（カルバモイルリン酸とカルバモイルアスパラギン酸），およびOMP（段階5で生じる）は通常は溶媒中に遊離せず，酵素に結合したまま存在し，一つの触媒中心からつぎの中心へと運ばれる．複数の段階を触媒する多機能タンパク質が，ある種の生物のプリンヌクレオチド生合成の経路でもいくつか見つかっている．

B. ピリミジン合成の調節

ピリミジン生合成の調節は原核生物と真核生物で異なっている．UMPを導く六つの酵素段階は原核生物と真核生物で同じであるが，酵素の組合わせ方は生物間で異なる．大腸菌では六つの反応が別々の酵素で触媒される．真核生物にはジヒドロオロト酸シンターゼとして知られる細胞質ゾルの多機能タンパク質があるが，そのタンパク質は経路の始めの3段階に対応したそれぞれの触媒部位をもつ（カルバモイルリン酸シンターゼ，ATCアーゼ，ジヒドロオロターゼ）．

ピリミジン合成の中間体であることに加えて，カルバモイルリン酸はシトルリンを経由したアルギニン生合成経路の代謝物でもある（図17.43）．原核生物では，同じカルバモイルリン酸シンターゼが，ピリミジンとアルギニン生合成の両経路で使われている．この酵素は，ピリミジン生合成経路の産物であるUMPのようなピリミジンリボヌクレオチドにより，アロステリックに阻害される．またこの酵素は，シトルリンの前駆体であるL-オルニチンや，（ピリミジンヌクレオチドとともに）核酸合成の基質になるプリンヌクレオチドによって活性化される．真核生物のカルバモイルリン酸シンターゼは，アロステリックに調節される．PRPPとIMPはこの酵素を活性化し，種々のピリミジンは阻害する．

この経路のつぎの酵素はアスパラギン酸カルバモイルトランスフェラーゼ（ATCアーゼ）である．大腸菌のATCアーゼは性質のよくわかったアロステリック酵素である．細菌ではカルバモイルリン酸が，ピリミジンあるいはアルギニンのいずれかにつながる経路に入っていくので，ATCアーゼがピリミジン生合成の最初の段階を触媒する．この酵素はピリミジンヌクレオチドで阻害され，試験管内ではATPで活性化される．大腸菌のATCアーゼは最も強力な阻害剤のCTPでも部分的にしか阻害されないが

BOX 18.2　酵素はいかにしてグルタミンからアンモニアを移動させるか

アミド供与体としてグルタミンを用いるいくつかの酵素にはタンパク質を貫く分子トンネルがある．これは代謝中間体のチャネル形成の例である（§5.10）．これらの中で大腸菌のカルバモイルリン酸シンターゼ（グルタミン加水分解）は最もよく研究された酵素である．この酵素は炭酸水素イオンとグルタミンからカルバモイルリン酸の合成を触媒する．

$$\text{グルタミン} + HCO_3^{\ominus} + 2\,ATP + H_2O$$
$$\downarrow \text{カルバモイルリン酸シンターゼ}$$
$$H_2N-\overset{O}{\underset{\|}{C}}-OPO_3^{2\ominus} + \text{グルタミン酸} + 2\,ADP + P_i$$
カルバモイルリン酸

この反応でできるカルバモイルリン酸はピリミジンヌクレオチドの合成に使われる．（基質としてグルタミン以外にアンモニアを使用する別のカルバモイルリン酸シンターゼについては§17.7Aで述べた．）

大腸菌のカルバモイルリン酸シンターゼは，小サブユニットと大サブユニットから成るヘテロ二量体である（右図を参照）．グルタミンからのカルバモイルリン酸の合成は，それぞれ異なる活性部位で形成された三つの中間体を経由して進行する．これらの部位の2箇所でATPが反応する．これらの三つの部位はトンネルでつながっていて，グルタミン結合部位から始まり，そこではグルタミンからアンモニアが遊離し，第二のATP結合部位に至ってアンモニアがカルボキシ化され，最後に第三の部位でカルバモイルリン酸が形成される．小サブユニットにある活性部位でグルタミンから遊離したアンモニアは溶媒中に拡散することなくトンネルを通って，最終的にカルバモイルリン酸合成の反応に参画する．全体の反応の中間体のいくつかは非常に不安定で，トンネル内で保護されなければ水によって分解されてしまうだろう．

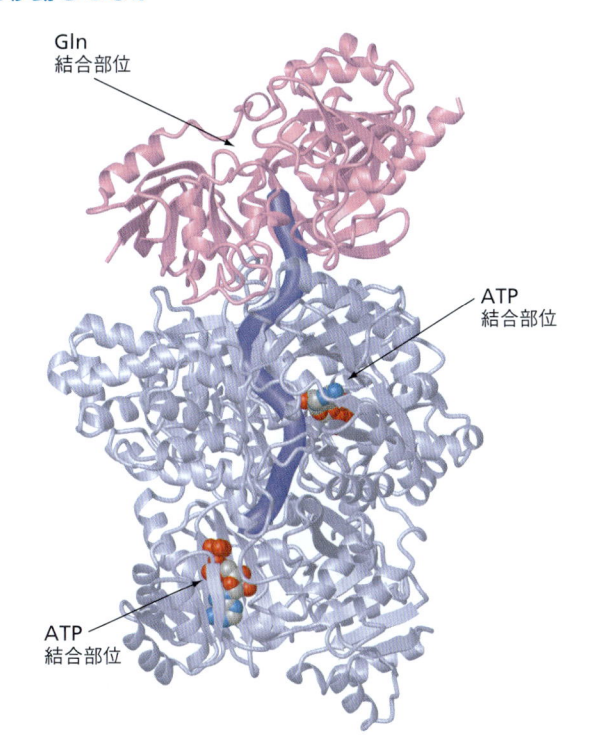

▲**大腸菌カルバモイルリン酸シンターゼのリボン構造**　小サブユニット（N末端ドメイン，紫）に，グルタミンの加水分解でNH_3を遊離する活性部位が存在する．大サブユニットは青で示した．上部のATP結合部位で，NH_3は不安定な中間体であるカルバミン酸（$H_2N-COOH$）に転換され，ついでC末端（下部）のATP結合部位でリン酸化される．この図ではそれぞれのATP結合部位に1分子のADPが結合している．三つの活性部位をつないでいる分子トンネルは青いひもで示した．[PDB 1A9X]

(50〜70％)．CTPとUTPの両方が存在すると阻害はほぼ完全になる．UTP単独ではこの酵素は阻害されない．大腸菌において，カルバモイルリン酸シンターゼとATCアーゼがピリミジンヌクレオチド量とプリンヌクレオチド量のバランスをうまく保つように作用しているが，それはこのアロステリック制御（ピリミジンヌクレオチドによる阻害，およびプリンヌクレオチドであるATPによる活性化）のおかげである．2種のアロステリックエフェクターの濃度比が，ATCアーゼの活性水準を決定する．

大腸菌のATCアーゼは，基質結合部位とアロステリックエフェクター結合部位が別々のサブユニットに存在する複雑な構造をしている．この酵素は2個の三量体を構成する6個の触媒サブユニット，ならびに3個の二量体を構成する6個の調節サブユニットをもつ（図18.11）．触媒三量体のそれぞれのサブユニットは，調節二量体を介してもう一方の触媒三量体のサブユニットと結合している．カルバモイルリン酸存在下で，1分子のアスパラギン酸が結合すると，6個の触媒サブユニットのすべてのコンホメーションが変化し，触媒活性が上昇する．

真核生物のATCアーゼはフィードバック阻害を受けない．フィードバック阻害による調節は，ピリミジン経路では，ATCアーゼの前にあるカルバモイルリン酸シンターゼの調節により制御されているため必要がない．真核生物のATCアーゼの基質は分岐点にある代謝物でない．尿素回路のためのカルバモイルリン酸とシトルリンの合成はミトコンドリアで起こり，ピリミジン合成のためのカルバモイルリン酸の合成は細胞質ゾルで起こる．このように，カルバモイルリン酸のプールが分かれている．

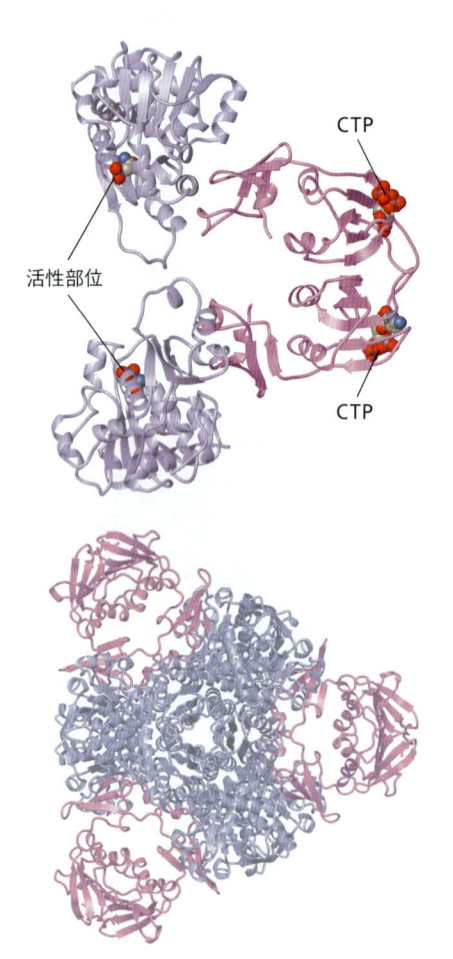

18.4 CTPはUMPから合成される

UMPは3段階でCTPに変換される．初めに，ウリジル酸キナーゼ（UMPキナーゼ）の触媒で，ATPのγ-リン酸基がUMPに転移し，UDPが形成される．つぎに，ヌクレオシド二リン酸キナーゼが第二のATP分子のγ-リン酸基をUDPに転移し，UTPができる．これらの二つの反応で，UMPからUTPが合成される間に2分子のATPが2分子のADPに変換される．

$$\text{UMP} \xrightarrow{\text{ATP} \quad \text{ADP}} \text{UDP} \xrightarrow{\text{ATP} \quad \text{ADP}} \text{UTP} \tag{18.1}$$

つぎに，CTPシンテターゼの触媒作用で，UTPのC-4にグルタミンのアミド窒素がATP依存的に転移し，CTPが形成される（図18.12）．この反応は，プリン生合成の段階4（図18.5），およびGMPシンテターゼに触媒されるXMPからのGMP合成（図18.7）に似ている．

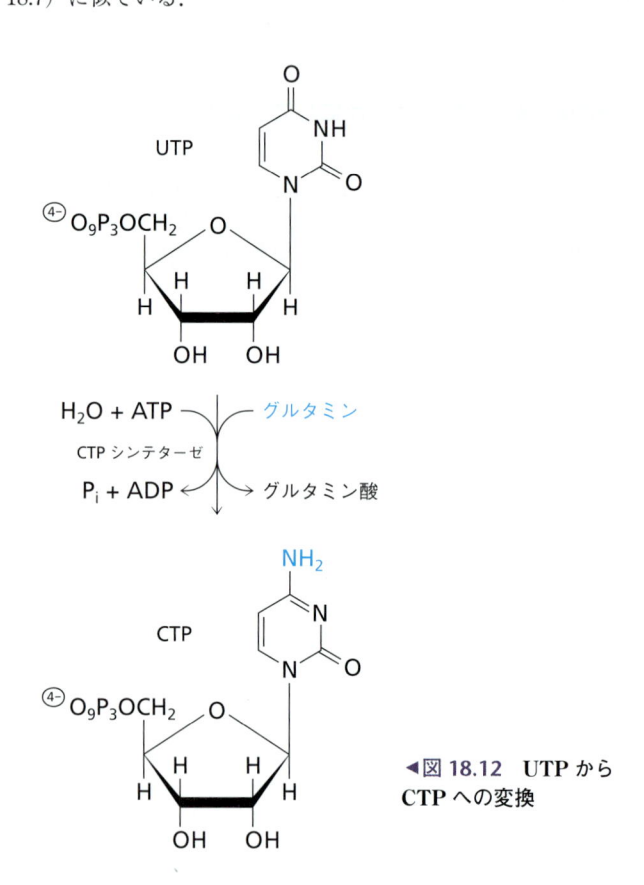

◀図18.12 UTPからCTPへの変換

▲図18.11 大腸菌ATCアーゼ 上の構造はCTPを結合した2個の調節サブユニット（紫）を示す．2個の触媒サブユニット（青）には基質アナログが結合していて，そこが活性部位であることを示す．CTP結合アロステリック部位と酵素の活性中心の間の距離が大きいのに注目せよ．これらの単位が三つ互いに結合して大きな六量体リングを形成し，さらに六量体リングの二つが互いに重なり合って，完全な12サブユニットの酵素になる．[PDB 2FZC（上），9ATC（下）]

CTPシンテターゼは，産物であるCTPによりアロステリックに阻害される．大腸菌では，この酵素はGTPでアロステリックに活性化される（図18.13）．ATCアーゼとCTPシンテターゼは，細胞内ピリミジンヌクレオチド濃度のバランスによって調節される．CTP濃度が高くなると，CTPシンテターゼが抑制されて，それ以上のCTPの合成が阻害される．CTPはATCアーゼを部分的にしか阻害しないので，UMP合成は低下するが，停止はしない．UMPは依然としてRNA合成に使われ続け，dTTPの前駆

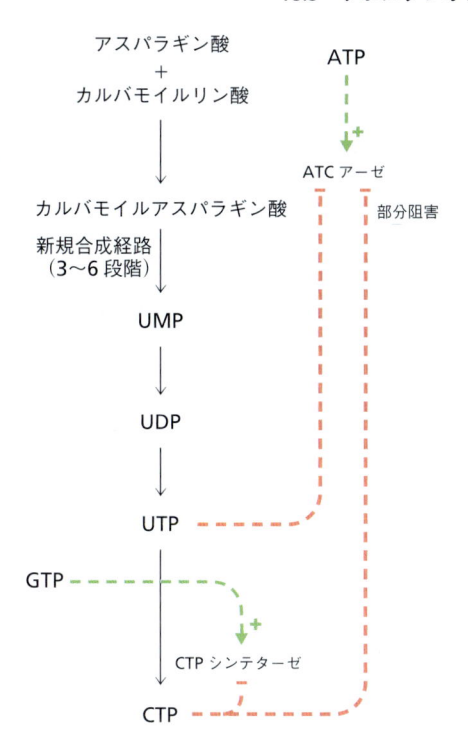

▲図 18.13 大腸菌のピリミジンヌクレオチド合成の調節　プリンヌクレオチドとピリミジンヌクレオチドの両者による ATC アーゼと CTP シンテターゼのアロステリック制御が，ヌクレオチド合成のバランスを取る．

体にもなる（§18.6）．UTP と CTP の両方の濃度が高くなると，ATC アーゼは完全に阻害される．プリンヌクレオチドの ATP と GTP の濃度が上昇すると，ピリミジンヌクレオチドの合成速度が増加し，プリンとピリミジンヌクレオチド供給のバランスが保たれる．

18.5 リボヌクレオチドからデオキシリボヌクレオチドへの還元

2′-デオキシリボヌクレオシド三リン酸は，リボヌクレオチドの酵素的還元により合成される．大部分の生物では，ヌクレオシド二リン酸の段階で還元される．Peter Reichard らは，すべての 4 種のリボヌクレオシド二リン酸（ADP, GDP, CDP, UDP）が，厳密に調節された 1 種類のリボヌクレオシド二リン酸レダクターゼの基質になることを示した．乳酸桿菌（*Lactobacillus*），クロストリジウム（*Clostridium*），根粒菌（*Rhizobium*）のような微生物では，リボヌクレオシド三リン酸が，コバラミン依存性レダクターゼによる還元の基質になっている．両方の型の酵素ともリボヌクレオチドレダクターゼ（クラスⅠおよびクラスⅡ）とよばれるが，より正確な名称は，それぞれリボヌクレオシド二リン酸レダクターゼ，およびリボヌクレオシド三リン酸レダクターゼである．

クラスⅠ酵素では NADPH がデオキシリボヌクレオシド二リン酸を合成するための還元力を与える．リボヌクレオチドレダク

BOX 18.3　リボヌクレオチドの還元におけるラジカル

　リボヌクレオチドレダクターゼの反応は，ラジカル機構により進行する珍しい反応である．反応のラジカル性の最初の証拠は，チロシン残基がラジカルになっているレダクターゼが大腸菌から単離されるという実験により得られた．これはラジカルタンパク質の最初の発見であった．チロシンラジカルの役割は，活性部位のシステイン残基の SH 基を S・ に転換することである．（*Lactobacillus* 酵素では，コバラミンが活性部位の SH をラジカルに転換させる．）

　提案されている機構を図に示した．レダクターゼの活性部位には 3 個のシステイン残基があり，1 個がラジカルを形成し，他の 2 個は酸化還元基となる．S・ がリボヌクレオチドの C-3′ から H を除去することで，基質ラジカルが形成される．この基質ラジカルがまず脱水され（C-2′−OH が除かれる），その後システインの還元対で還元される．H が C-3′ に戻され，S・ が再生する．

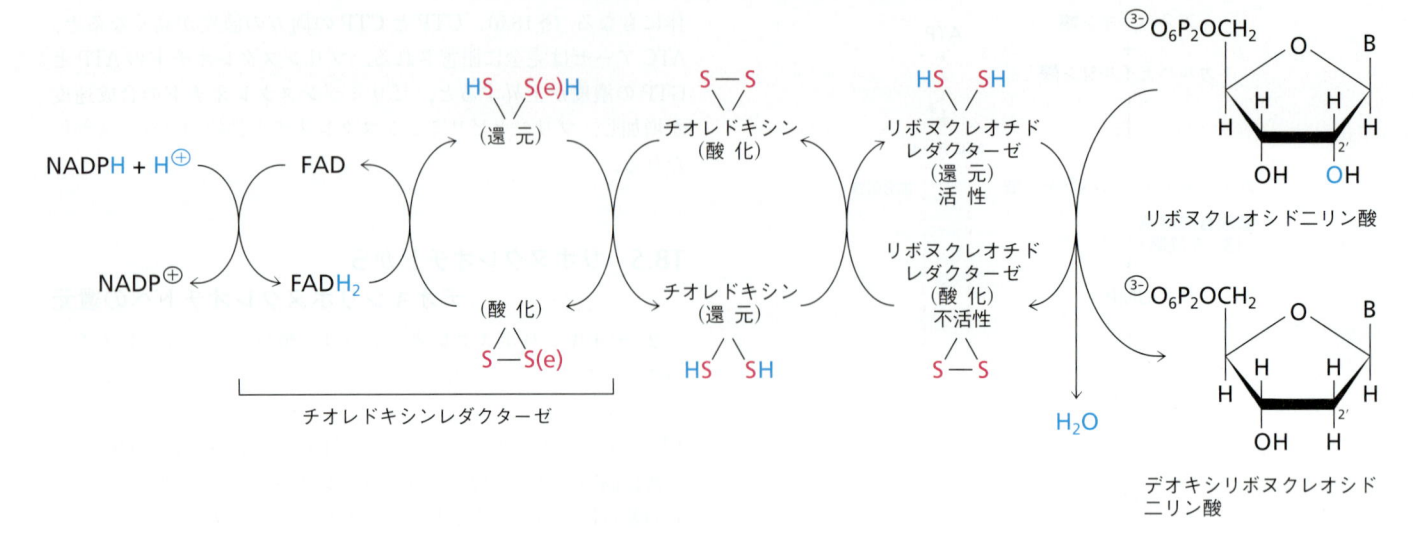

▲ 図 18.14　リボヌクレオシド二リン酸の還元　NADPH 依存性フラビンタンパク質であるチオレドキシンレダクターゼ，チオレドキシン，リボヌクレオチドレダクターゼという 3 種のタンパク質が関係する．B はプリンあるいはピリミジン塩基を表す．S(e) は硫黄またはセレンのいずれかを表す．

ターゼの活性部位にあるジスルフィド結合が還元されて 2 個の SH 基になり，それがつぎに複雑なラジカル機構によってヌクレオチド基質のリボースの C-2′ を還元する．図 18.14 に示すように，電子は NADPH からフラビンタンパク質のチオレドキシンレダクターゼと，ジチオールタンパク質の補酵素チオレドキシン（図 7.35）を経て，リボヌクレオチドレダクターゼに伝達される．原核生物と酵母のチオレドキシンレダクターゼは活性部位にジチオール/ジスルフィド基（システイン対）をもつ．哺乳類のチオレドキシンレダクターゼの酸化還元中心はそれとは異なり，システインとセレノシステインのそれぞれ 1 残基が存在する．dADP，dGDP，dCDP が形成されると，その後それらはヌクレオシド二リン酸キナーゼの作用により三リン酸レベルにリン酸化される．§18.6 でみるように，dUDP は dUMP を経て，dTMP に変換される．リボヌクレオチドレダクターゼの第三の型（クラスⅢ）は S-アデノシルメチオニンを補因子とする．

> 22 番目のアミノ酸であるセレノシステインの構造は §3.3 に示した．

▲ Peter Reichard（1925～）　Reichard はスウェーデンのカロリンスカ研究所で長年研究をしていた．リボヌクレオチドレダクターゼの研究をしていたが，ノーベル賞授賞候補者を選考するノーベル委員会の常任委員でもあった．

リボヌクレオチドレダクターゼは複雑なアロステリック機構をもち，DNA 合成に必要なデオキシヌクレオチドをバランスよく供給している．リボヌクレオチドレダクターゼの基質特異性および酵素触媒速度の両方が，真核細胞内のヌクレオチド代謝物の可逆的結合で調節される．アロステリックエフェクター（ATP，dATP，dTTP，dGTP）が，リボヌクレオチドレダクターゼにある二つの制御部位のいずれかに結合し，作用する．活性調節部位とよばれる第一のアロステリック部位は触媒部位の活性を制御する．特異性部位とよばれる第二のアロステリック部位は触媒部位の基質特異性を調節する（図 18.15）．活性調節部位への ATP の

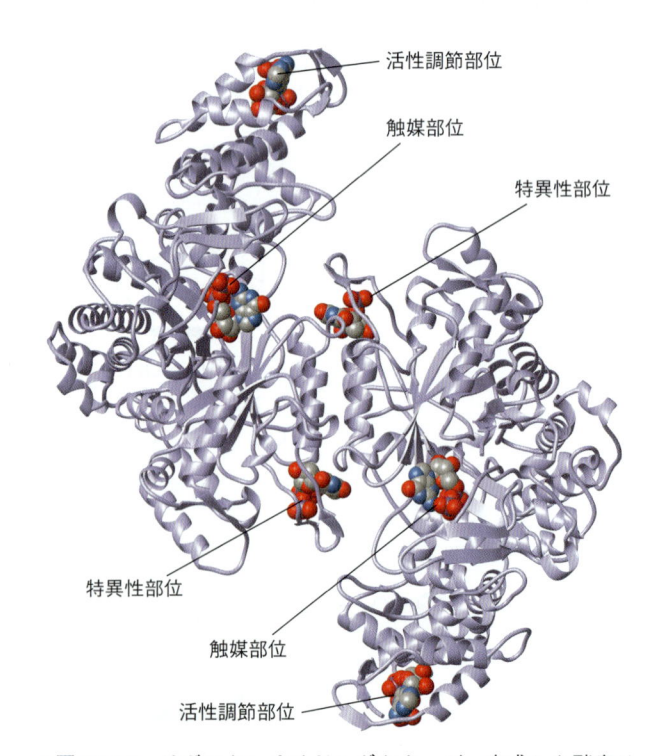

▲ 図 18.15　リボヌクレオチドレダクターゼ　完成した酵素は $\alpha_2\beta_2$ の四量体である．ここでは大腸菌酵素の構造の触媒サブユニットの α_2 二量体のみを示した．活性調節部位に ATP アナログが結合している．特異性部位に dTTP の 1 分子が，触媒部位に GDP の 1 分子が結合している．[PDB 3R1R + 4R1R]

結合はレダクターゼを活性化する．一方，活性調節部位への dATP の結合はすべての酵素活性を阻害する．ATP が活性調節部位に結合し，ATP か dATP のいずれかが特異性部位に結合したとき，レダクターゼはピリミジン特異的になり，CDP と UDP の還元を触媒する．特異性部位に dTTP が結合すると，GDP の還元が活性化される．dGTP の結合は ADP の還元を活性化する．表18.1 に要約したように，リボヌクレオチドレダクターゼのアロステリック制御が酵素活性を調節し，DNA 合成のためのデオキシリボヌクレオチドのバランスのとれた選択を可能にしている．

表 18.1 真核生物のリボヌクレオチドレダクターゼのアロステリック制御

活性調節部位に結合したアロステリックエフェクター	特異性部位に結合したアロステリックエフェクター	触媒部位の活性
dATP		酵素は不活性
ATP	ATP または dATP	CDP または UDP に特異的
ATP	dTTP	GDP に特異的
ATP	dGTP	ADP に特異的

18.6 dUMP のメチル化で dTMP が生成する

デオキシチミジル酸（dTMP）は，4段階で UMP から合成される．UMP がリン酸化されて UDP になり，それが還元されて dUDP になる．つぎに，dUDP が脱リン酸されて dUMP になり，dUMP がメチル化を受けて dTMP になる．

$$\text{UMP} \longrightarrow \text{UDP} \longrightarrow \text{dUDP} \longrightarrow \text{dUMP} \longrightarrow \text{dTMP} \quad (18.2)$$

dUDP から dUMP への変換には二つの経路がある．dUDP はヌクレオシド一リン酸キナーゼの作用で ADP と反応することができ，dUMP と ATP になる．

$$\text{dUDP} + \text{ADP} \rightleftharpoons \text{dUMP} + \text{ATP} \quad (18.3)$$

また，dUDP はヌクレオシド二リン酸キナーゼの作用により，ATP を消費してリン酸化され，dUTP になることもできる．dUTP はつぎにデオキシウリジン三リン酸ジホスホヒドロラーゼ（dUTP アーゼ）の作用で速やかに加水分解され，dUMP + PP_i になる．

$$\text{dUDP} + \text{ATP} \xrightarrow{} \text{dUTP} \xrightarrow{} \text{dUMP} + PP_i \quad (18.4)$$
$$\qquad\qquad \searrow \text{ADP} \qquad \searrow \text{H}_2\text{O}$$

この速やかな dUTP の加水分解は，dTTP の代わりに dUTP が DNA に取込まれる事故を防いでいる．

dCMP はまた，dCMP デアミナーゼで触媒される加水分解で dUMP の供給源にもなる．

$$\text{dCMP} + \text{H}_2\text{O} \longrightarrow \text{dUMP} + \text{HN}_4^{\oplus} \quad (18.5)$$

BOX 18.4 抗癌剤は dTMP 合成を阻害する

dTMP は DNA の必須前駆体であるので，dTMP 濃度を減少させる薬剤は細胞分裂に大きな影響を与える．速やかに分裂している細胞は，特にチミジル酸シンターゼとジヒドロ葉酸レダクターゼの活性に依存しているので，これらの酵素は抗癌剤のおもな標的になってきた．これらの酵素の一方あるいは両方を阻害すると，dTMP 合成が抑制され，その結果，DNA 合成が抑制される．

5-フルオロウラシル，メトトレキセートおよびラルチトレキセドは，ある型の癌治療に有効である．5-フルオロウラシルは，デオキシリボヌクレオチドである 5-フルオロデオキシウリジル酸に変換し，チミジル酸シンターゼに固く結合してこの酵素を阻害し，図 18.16 に示した三つの反応の回路を停止させる．葉酸のアナログであるメトトレキセートは，ジヒドロ葉酸レダクターゼの強力で比較的特異的な阻害剤である．この酵素は，図 18.16 に示した回路の段階 2 を触媒する．酵素が阻害を受けると，テトラヒドロ葉酸濃度が減少し，dTMP の形成が大幅に低下する．それは，dTMP を合成するには，メチレンテトラヒドロ葉酸の濃度が十分に高い必要があるからである．ラルチトレキセドはヒトのチミジル酸シンターゼに対する新しい型の葉酸類似阻害剤で，すでに癌治療薬として承認されている．

▲ フルオロウラシル，メトトレキセートおよびラルチトレキセドは，チミジル酸シンターゼを阻害し癌細胞の迅速な増殖を抑えるよう設計された薬物である．

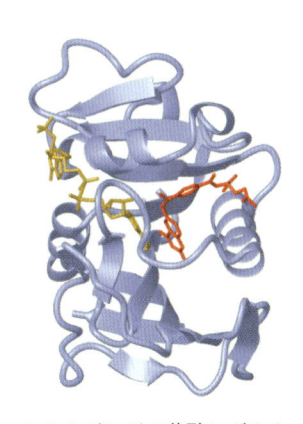

▲ ヒトのジヒドロ葉酸レダクターゼのリボン構造．活性部位に基質アナログのメトトレキセート（赤）と補助基質の NADPH（黄）が結合している．[PDB 1DLS]

dUMP から dTMP への変換は，チミジル酸シンターゼとして知られている酵素が触媒する．(チミンはほぼDNAにだけあるといえるため，デオキシチミジンやデオキシチミジル酸の代わりにチミジンやチミジル酸という名称が慣用的に使われている．) この反応では，5,10-メチレンテトラヒドロ葉酸が1炭素基の供与体になる (図18.16)．dTMPの炭素に結合したメチル基 (C–CH$_3$) は，5,10-メチレンテトラヒドロ葉酸の窒素に挟まれたメチレン基 (N–CH$_2$–N) に比べてより還元されている．後者の酸化状態は，窒素が結合したヒドロキシメチル基 (N–CH$_2$OH) あるいはホルムアルデヒドと等しい．それゆえ，メチレンテトラヒドロ葉酸は1炭素単位を供給する補酵素というだけでなく，反応の還元剤ともなり，水素化物イオンを供給し，自身は7,8-ジヒドロ葉酸に酸化される．これは，テトラヒドロ葉酸誘導体からの1炭素単位の移動で，N-5およびC-6で酸化が起こり，ジヒドロ葉酸ができてくるというただ一つの反応である．

ジヒドロ葉酸が転移反応に必要な1炭素単位を受取るためには，あらかじめテトラヒドロ葉酸に変換されていなければならない．ジヒドロ葉酸の5,6-二重結合は，ジヒドロ葉酸レダクターゼの触媒反応でNADPHにより還元される．つぎに，セリンヒドロキシメチルトランスフェラーゼ (図17.16) の触媒で，セリンの2-CH$_2$OH基がテトラヒドロ葉酸に転移し，5,10-メチレンテトラヒドロ葉酸が再生する．

大部分の生物では，チミジル酸シンターゼとジヒドロ葉酸レダクターゼは異なるポリペプチドである．しかし，原生動物では，この二つの酵素活性が同じポリペプチド鎖に含まれている．最初の反応の生成物のジヒドロ葉酸は，チミジル酸シンターゼの活性部位からジヒドロ葉酸レダクターゼの活性部位にチャネルを通って送られる．二機能酵素の表面の正電荷領域と，ジヒドロ葉酸の負電荷 (γ-グルタミン酸残基をいくつか含むことを思い出そう．§7.11) との間の電荷-電荷相互作用が，ジヒドロ葉酸をつぎの活性部位に向けて進ませている．

dTMP はまた，ATP依存性チミジンキナーゼに触媒される，チミジン (デオキシチミジン) のサルベージ経路を介して合成される (§18.8)．

$$\text{デオキシチミジン (チミジン)} \xrightarrow[\text{チミジンキナーゼ}]{\text{ATP} \quad \text{ADP}} \text{dTMP} \tag{18.6}$$

放射性標識チミジンは，DNAの細胞内合成を調べるためのきわめて特異的なトレーサーとしてしばしば使用される．なぜなら，それは容易に細胞内に入り，ほとんどが代謝的にチミジル酸に変換され，DNAに取込まれるからである．

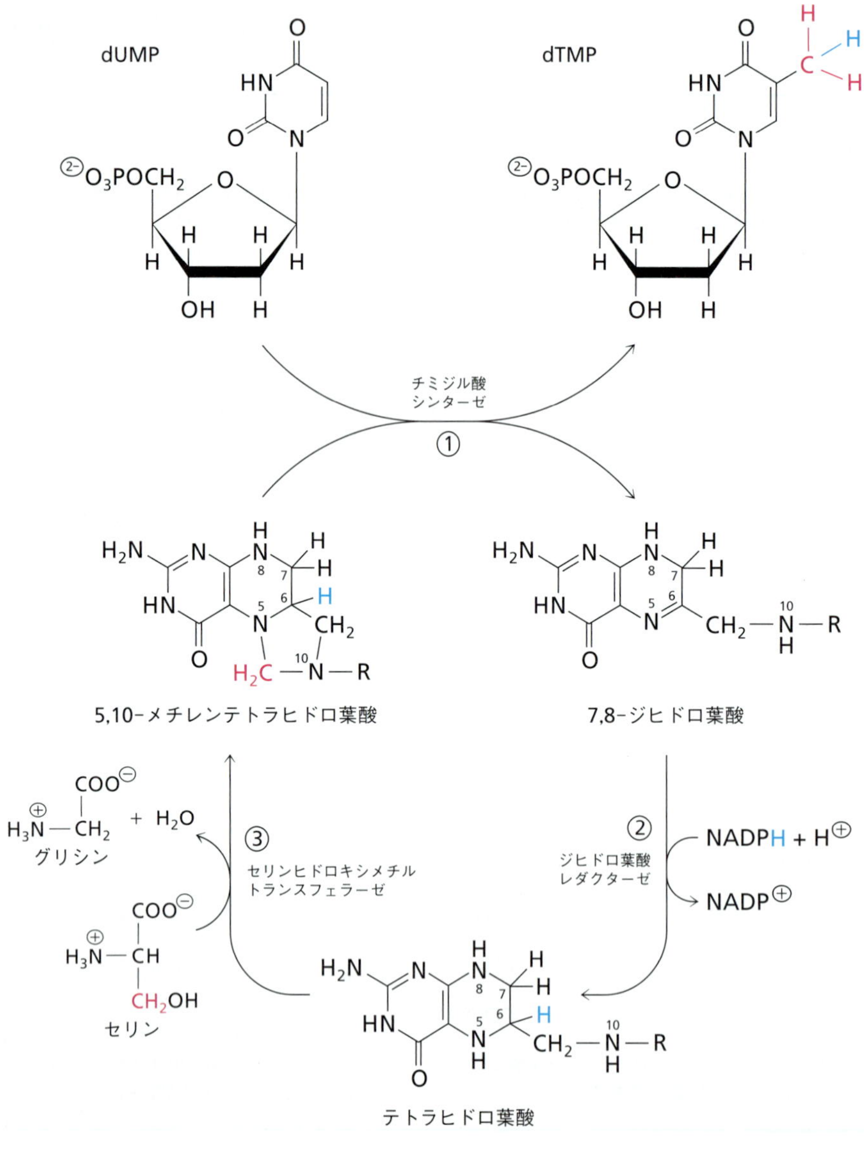

◀ 図18.16 **dUMP からのチミジル酸 (dTMP) 合成回路** チミジル酸シンターゼはこの回路の最初の反応を触媒し，dTMPが合成される．もう一方の反応産物であるジヒドロ葉酸は，メチレン基の付加で5,10-メチレンテトラヒドロ葉酸に再生されるが，それに先立って，ジヒドロ葉酸はジヒドロ葉酸レダクターゼの触媒反応で，NADPHにより還元されなければならない．メチレンテトラヒドロ葉酸はセリンヒドロキシメチルトランスフェラーゼの触媒反応で再生される．

18.7 修飾ヌクレオチド

DNAとRNAは多くの修飾ヌクレオチドを含む．転移RNAに存在する修飾ヌクレオチドは有名であるが（§22.2 A），DNAの修飾ヌクレオチドも重要である．DNA中のよく知られている修飾塩基のいくつかを図18.17に示した．このうちの大部分のものは二，三の生物種かバクテリオファージにしか存在しないが，他のものは広く分布する．

次章の制限酵素についての記述でN^6-メチルアデニンに出会う．5-メチルシトシンはクロマチンの会合や転写調節にかかわっている．哺乳類DNAのすべてのデオキシシチジル酸のおよそ3%が5-メチルシチジンに修飾されている．メチル化はDNA合成後に起こり，修飾塩基はCG配列に存在する．これらすべての修飾塩基はDNA分子の4種の通常のヌクレオチドの1種に作用する酵素でその場でつくられる．

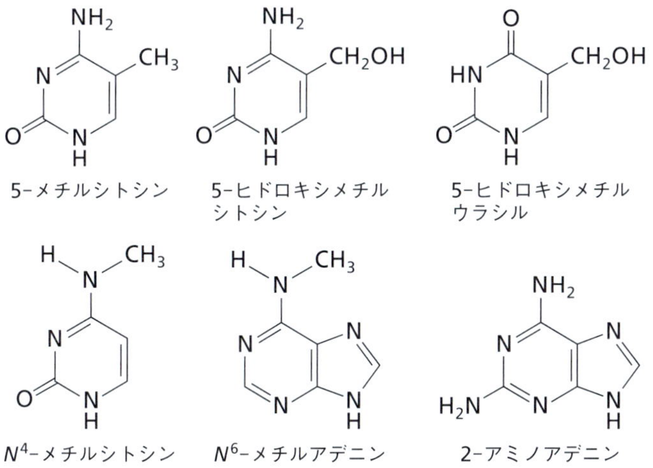

▲図18.17 DNAの修飾塩基

18.8 プリンとピリミジンのサルベージ

細胞の正常な代謝過程で，核酸はモノヌクレオチド，ヌクレオシド，そして最後に複素環塩基に分解される（図18.18）．これらの異化反応は，リボヌクレアーゼ，デオキシリボヌクレアーゼ，さまざまなヌクレオチダーゼ，非特異的ホスファターゼ，ヌクレオシダーゼあるいはヌクレオシドホスホリラーゼなどで触媒される．この経路で形成されるプリンとピリミジンの一部は，さらに分解を受ける（たとえば，プリンは尿酸や他の排泄産物に変換される）．しかし通常は，かなりの部分が5′-モノヌクレオチドへ直接に変換されてサルベージされる．PRPPはサルベージ経路に必要な5-ホスホリボシル基の供与体になる．サルベージ経路と分解経路は，動物の燃料代謝の一部である．消化の過程で形成されたプリンとピリミジンはおそらく分解されるが，細胞内で形成されたものは通常サルベージされる．完全な形の塩基をリサイクルすれば細胞内エネルギーの節約になる．

プリンヌクレオチドのおのおののプリンへの分解と，PRPPとの反応を経由するサルベージの概略を図18.19に示した．アデニンホスホリボシルトランスフェラーゼがアデニンとPRPPとの反応を触媒し，AMPとPP$_i$が生成する．ピロホスファターゼが触媒するPP$_i$の加水分解がこの反応を代謝的に不可逆にする．ヒポキサンチン-グアニンホスホリボシルトランスフェラーゼが上と同様の反応を触媒し，PP$_i$の生成を伴いながら，ヒポキサンチンをIMPに，グアニンをGMPにそれぞれ変換する．

ピリミジンはオロト酸ホスホリボシルトランスフェラーゼの作用でサルベージされる．この酵素は，生合成経路の段階5を触媒し（図18.10），同時に，オロト酸以外のピリミジンを相当するピリミジンヌクレオチドへ変換する触媒機能をもつ．

ヌクレオチドとそれらの構成成分が多くの反応で相互変換する．そのいくつかはすでにみたとおりである．ホスファターゼ，ヌクレオチダーゼ，ヌクレオシダーゼあるいはヌクレオシドホスホリラーゼがヌクレオチドから塩基を遊離させる．ホスホリボシルトランスフェラーゼあるいはヌクレオシドホスホリラーゼにより触媒される反応は，塩基やヌクレオシドをヌクレオチドに変換してサルベージが可能になるようにしている．サルベージされない塩基は，異化される．プリンヌクレオチドとそれらの構成成分の相互変換を図18.20に要約した．また，ピリミジンヌクレオチドとそれらの構成成分の相互変換は図18.21に要約した．

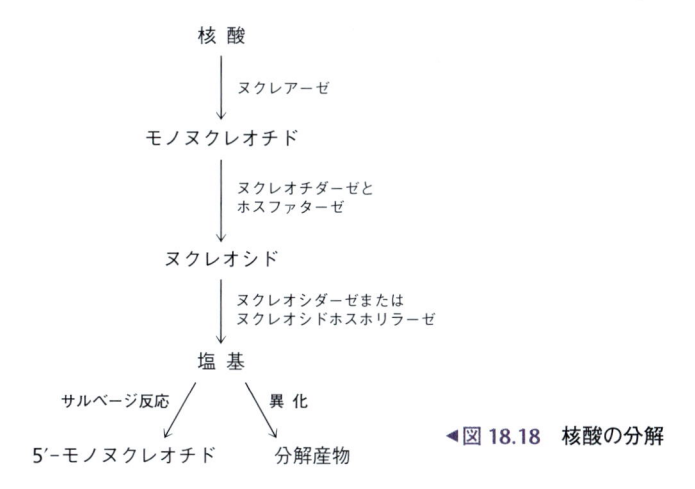

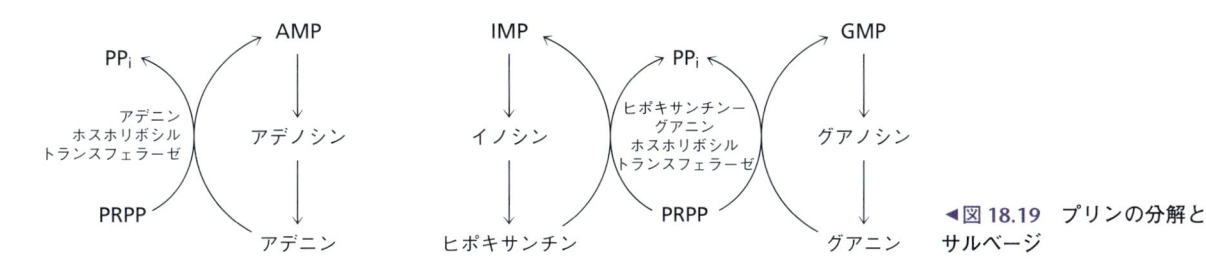

◀図18.18 核酸の分解

◀図18.19 プリンの分解とサルベージ

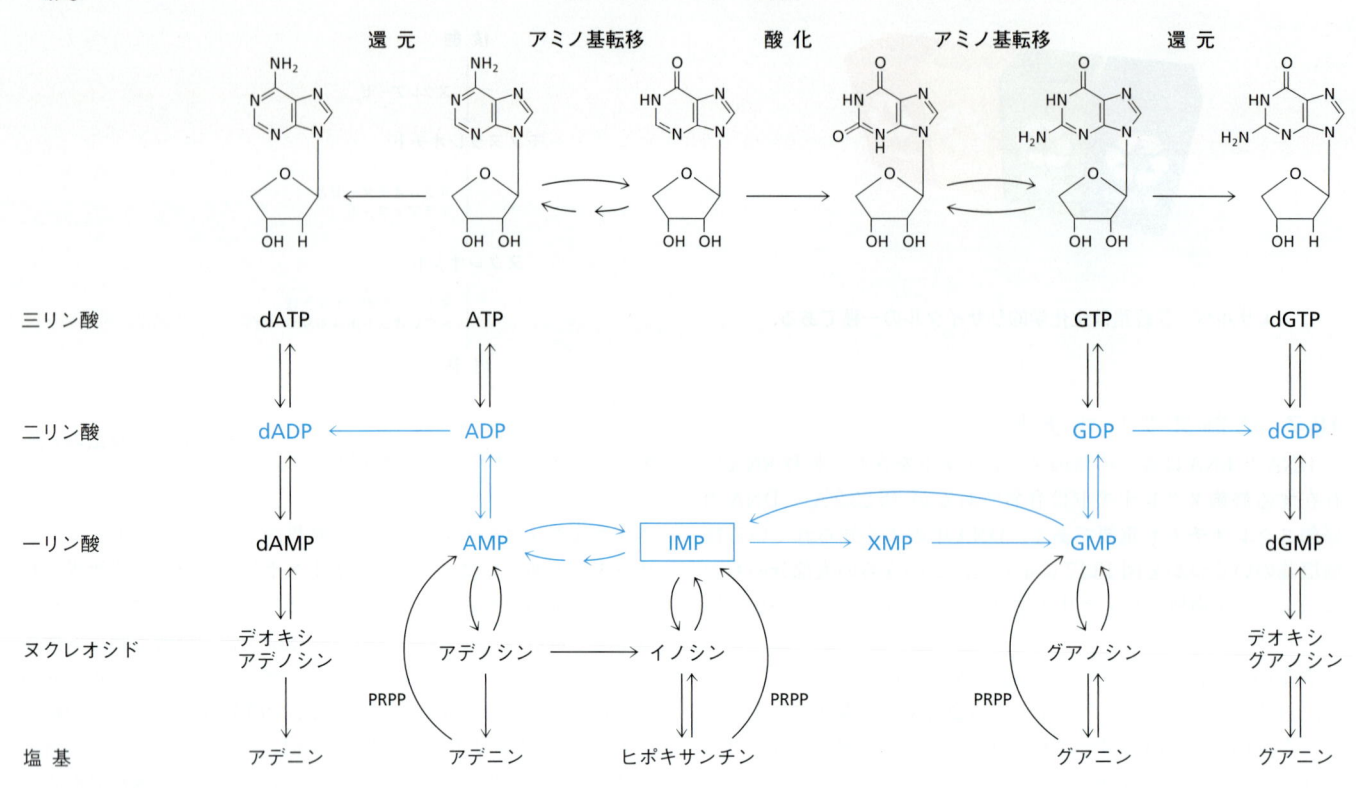

▲図 18.20　**プリンヌクレオチドとその構成成分の相互変換**　新規生合成経路の最初の産物のヌクレオチドである IMP は，AMP と GMP，それらの二および三リン酸，およびそれらのヌクレオチドのデオキシ体に速やかに変換される．5′-リン酸基は省略構造式では示してない．[Traut, T. W. (1988). Enzymes of nucleotide metabolism: the significance of subunit size and polymer size for biological function and regulatory properties. *Crit. Rev. Biochem.* 23:121–169 より改変.]

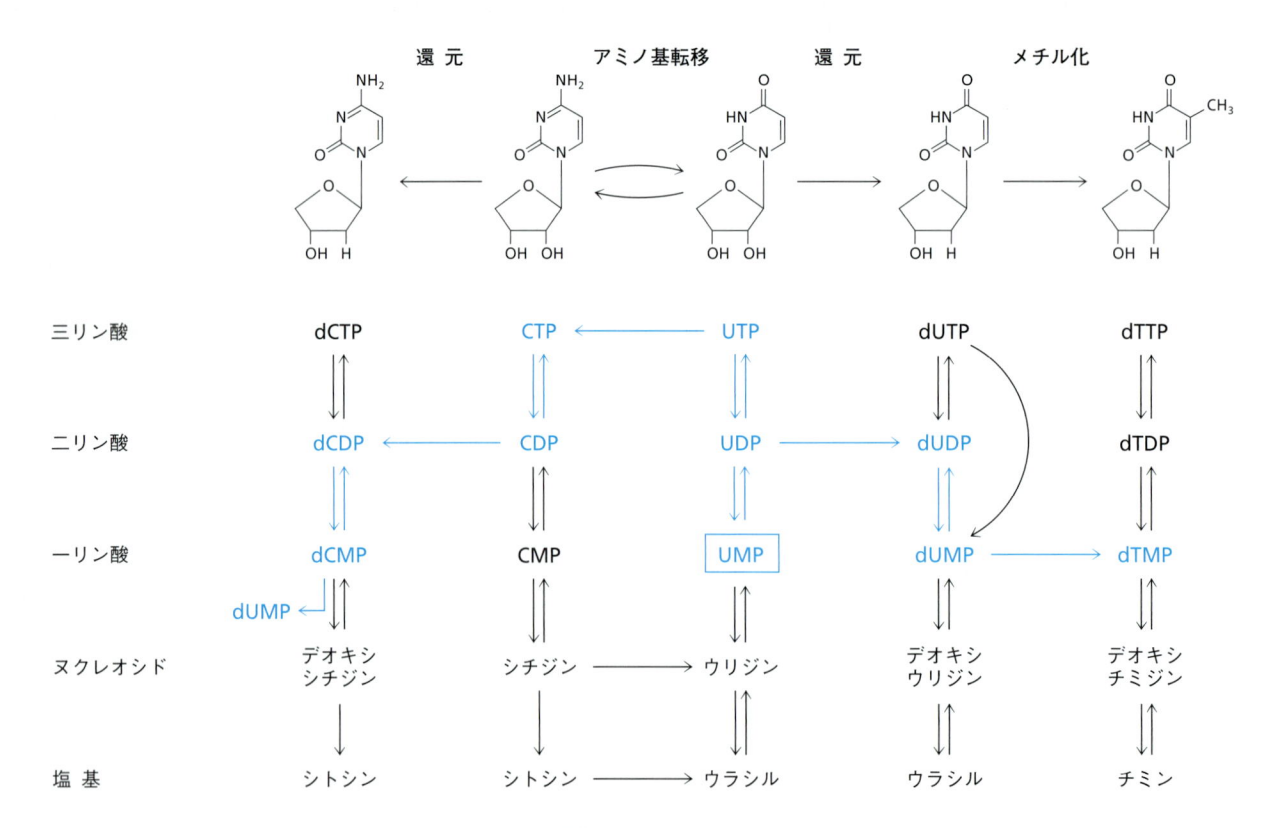

▲図 18.21　**ピリミジンヌクレオチドとその構成成分の相互変換**　新規生合成経路で合成された UMP は，シチジル酸およびチミジル酸，ならびに他のウリジン誘導体に変換される．5′-リン酸基は省略構造式では示していない．[Traut, T. W. (1988). Enzymes of nucleotide metabolism: the significance of subunit size and polymer size for biological function and regulatory properties. *Crit. Rev. Biochem.* 23:121–169 より改変.]

18.9 プリンの異化

遊離のプリンとピリミジン分子の大部分はサルベージされるが，いくらかは異化される．後述するように，鳥類，ある種の爬虫類，霊長類（ヒトを含む）では，プリンヌクレオチドは尿酸に変換され，排泄される．鳥類と爬虫類では，アミノ酸異化反応でも尿酸ができる．哺乳類では，アミノ酸異化で生じる過剰な窒素は，尿素の形で排泄される．鳥類と爬虫類は，尿酸をそれ以上に分解する酵素をもたないが，多くの生物は尿酸を分解して他の産物にする．

図18.20に示したように，AMPはヒポキサンチンに分解され，GMPはグアニンに分解される．AMPとGMPからリン酸が加水分解で除去され，アデノシンとグアノシンになる．アデノシンはアデノシンデアミナーゼの作用で脱アミノされ，イノシンになる．あるいは，AMPがAMPデアミナーゼの作用で脱アミノされ，IMPになる．IMPは，つぎに加水分解され，イノシンになる．イノシンの加リン酸分解でヒポキサンチンが生成し，グアノシンの加リン酸分解でグアニンが生成する．どちらの反応も（種々のデオキシヌクレオシドの加リン酸分解も同様に）プリンヌクレオシドホスホリラーゼにより触媒され，α-D-リボース1-リン酸（あるいはデオキシリボース1-リン酸）と遊離のプリン塩基が生じる．

$$\text{(デオキシ)ヌクレオシド} + P_i \rightleftharpoons \text{塩基} + \text{(デオキシ)-α-D-リボース1-リン酸} \quad (18.7)$$

アデノシンは哺乳類のプリンヌクレオシドホスホリラーゼの基質にはならない．

> アデノシンデアミナーゼの反応機構は§6.5Dで述べた．

イノシンから形成されたヒポキサンチンは酸化されてキサンチンになる．キサンチンは酸化されて尿酸になる（図18.22）．キサンチンオキシダーゼあるいはキサンチンデヒドロゲナーゼのいずれもがこの両方の反応を触媒する．キサンチンオキシダーゼの触媒反応で電子はO_2に転移され，過酸化水素H_2O_2が形成される．（このH_2O_2はカタラーゼの作用でH_2OとO_2に変換される．）哺乳類のキサンチンオキシダーゼは細胞外酵素であるが，細胞内酵素のキサンチンデヒドロゲナーゼが形を変えたものと考えられる．キサンチンデヒドロゲナーゼはキサンチンオキシダーゼと同じ産物をつくるが，電子をNAD^+に転移し，NADHにする．これら二つの酵素活性は自然界で広くみられ，広い基質特異性をもち，活性部位には，鉄-硫黄クラスター，モリブデンの結合したプテリン補酵素，FADなどを含む複雑な電子伝達系を構成する．

大部分の細胞では，グアニンはグアニンデアミナーゼの触媒反応で脱アミノされ，キサンチンになる（図18.22）．グアニンデアミナーゼを欠く動物はグアニンを排泄する．たとえば，ブタはグアニンを排泄するが，アデニン誘導体は代謝して，大部分の哺乳類と同様にプリン異化の主要な最終産物であるアラントインにする．

大部分の生物で，尿酸はさらに酸化される．最近まで尿酸オキシダーゼが直接尿酸をアラントインに変換すると考えられていたが，いまではこの経路はかなり複雑であることがわかっている．立体特異的(S)-アラントインへの尿素の変換には，図18.23に示したように尿酸オキシダーゼとさらに二つの酵素が要求される．この一連の反応で過酸化水素(H_2O_2)とCO_2が遊離する．アラントインは，大部分の哺乳類のプリン分解の主要な最終産物である（ヒトでは尿酸が最終産物である）．アラントインはまた，カメ，いくつかの昆虫，カタツムリで排泄される．

他の生物では，アラントイナーゼがアラントインのイミダゾール環の加水分解的開環を触媒し，アラントイン酸の共役塩基，アラントインイオンを生産する．硬骨魚類の中にはアラントイナーゼ活性をもち，プリン分解の最終産物として，アラントイン酸を排泄するものもいる．

魚類の大部分，両生類，淡水産軟体動物は，アラントイン酸をさらに分解することができる．これらの種はアラントイカーゼをもつ．この酵素はアラントイン酸の加水分解を触媒し，1分子のグリオキシル酸と2分子の尿素にする．このように，尿素はこれらの生物ではプリン異化の最終産物である．

最後に，植物，甲殻類，多くの海産無脊椎動物のような生物は，ウレアーゼの触媒反応で，尿素を加水分解することができる．二酸化炭素とアンモニアがこの反応の産物である．ウレアーゼは尿素の加水分解で生じるアンモニアが毒性を発揮しない生物にだけ存在する．たとえば，植物では尿素から生じたアンモニアは，グルタミンシンテターゼの作用で速やかに吸収される．海産生物で

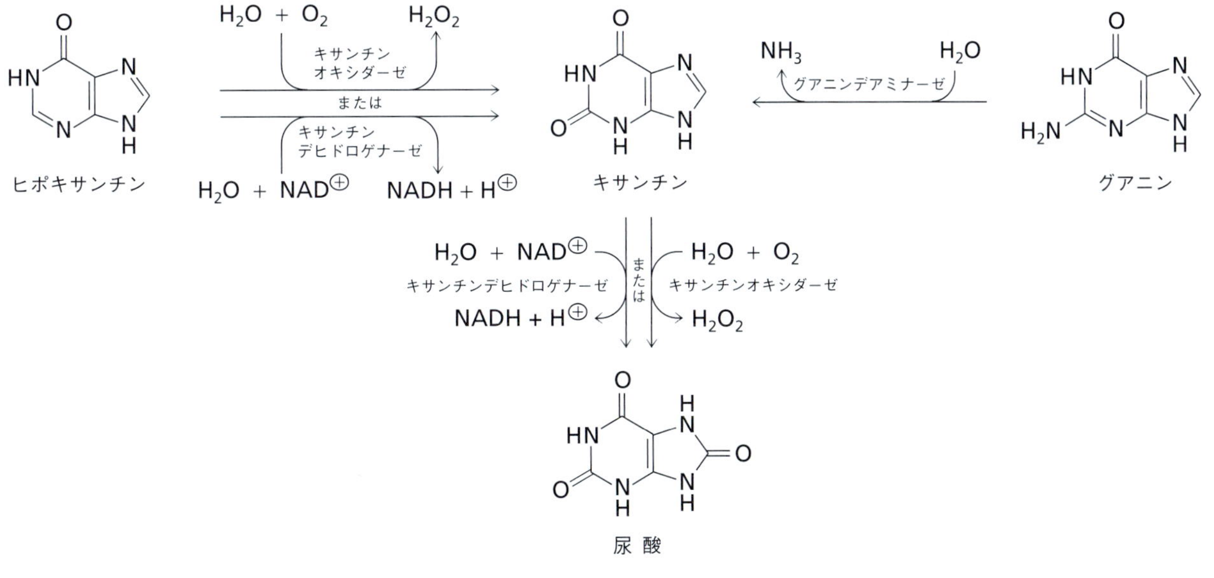

▲図18.22　ヒポキサンチンならびにグアニンの尿酸への分解

▲図 18.23　酸化と加水分解による尿酸の異化　化合物の右あるいは下の囲みに，それを最終産物として排泄する生物名をあげた．

は，アンモニアは鰓のような体表器官で合成され，毒性レベルにまで濃度が上がる前に放散される．大部分の陸生生物にとって，最終の含窒素化合物であるアンモニアは有害である．尿酸の異化を触媒する酵素は，多分，進化の過程で，尿酸を排泄する生物から失われていったのだろう．

▲カタツムリが生きているときには尿酸をアラントインに変換する．ヒトはできない．

18.10　ピリミジンの異化

ピリミジンヌクレオチドの異化は，5′-ヌクレオチダーゼの触媒作用で，相当するヌクレオシドと P_i への加水分解から始まる（図18.21）．CMPの場合，初めシチジンに加水分解され，続いてシチジンデアミナーゼの触媒反応で脱アミノされてウリジンになる．ウリジンとチミジンのグリコシド結合は，ウリジンホスホリラーゼとチミジンホスホリラーゼが触媒する反応で加リン酸分解され，切断される．デオキシウリジンもまた，ウリジンホスホリラーゼの触媒で加リン酸分解を受ける．これらの加リン酸分解反応の産物は，α-D-リボース 1-リン酸あるいはデオキシリボース 1-リン酸，チミン，そしてウラシルである．

ピリミジン塩基の異化は，中心代謝経路の中間体で終了するため，特に排泄物は生じない．ウラシルとチミンの分解には，いろいろの段階がある（図18.24）．初めに，ピリミジン環はジヒドロウラシルデヒドロゲナーゼの触媒反応で5,6-ジヒドロピリミジンに還元される．還元された環は，つぎに，ジヒドロピリミジナーゼに触媒される反応で，N-3—C-4 結合が加水分解的に切断され，開環する．生じたカルバモイル-β-アミノ酸誘導体（ウレイドプロピオン酸あるいはウレイドイソ酪酸）は，さらに NH_4^+, HCO_3^-, β-アミノ酸に加水分解される．β-アラニン（ウラシル由来）とβ-アミノイソ酪酸（チミン由来）は，おのおのアセチル CoA とスクシニル CoA に変換されてクエン酸回路に入り，他の化合物に変わる．細菌では，β-アラニンは補酵素 A の構成成分であるパントテン酸の合成に使われる．

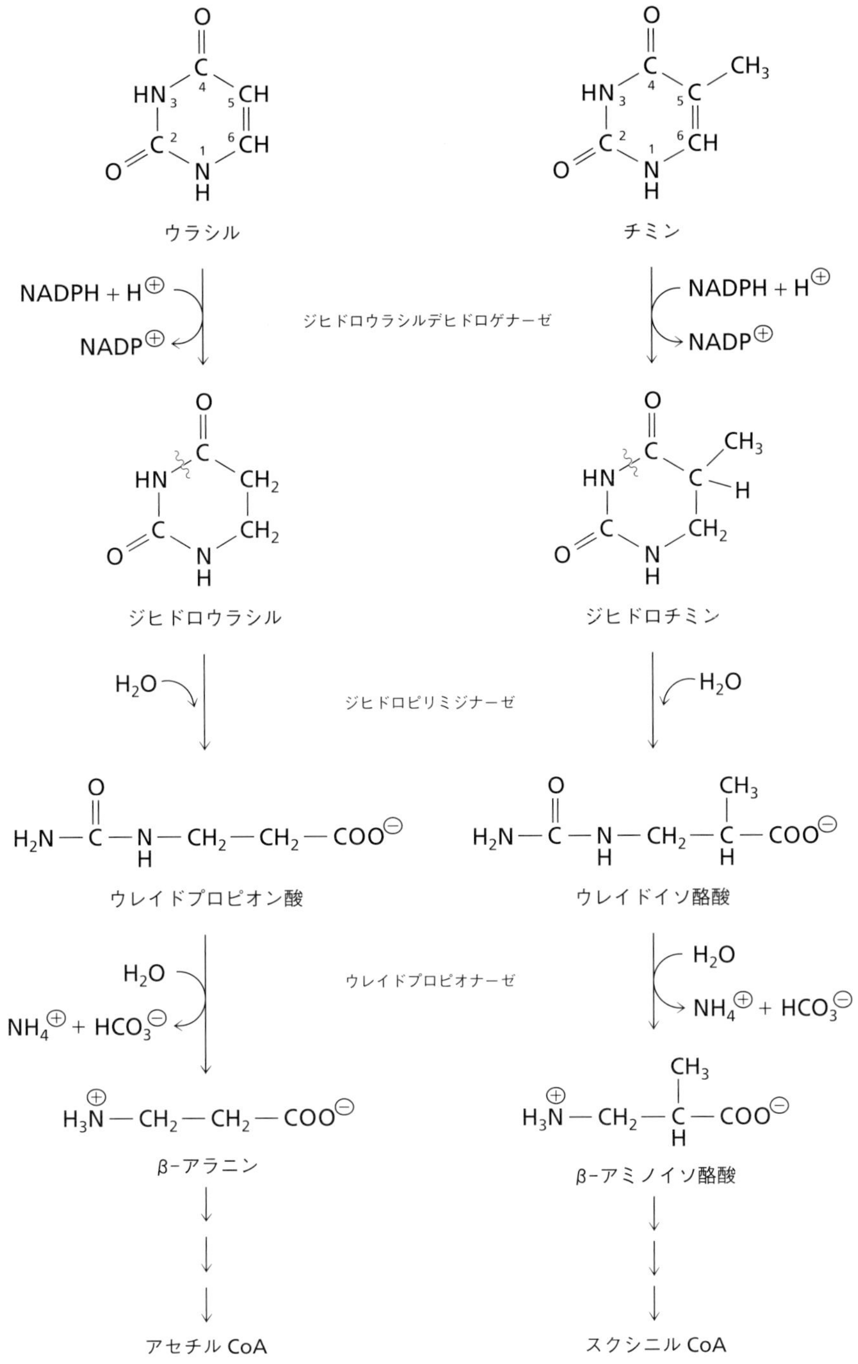

◀図 18.24 ウラシルとチミンの異化

要　約

1. プリンヌクレオチドの合成は，IMP（イノシン酸）の合成に至る10段階の経路で行われる．プリンは，5-ホスホリボシル1-二リン酸（PRPP）から供与されるリボース 5-リン酸の土台の上に構築される．
2. IMP は，AMP あるいは GMP に変換される．
3. ピリミジンヌクレオチドである UMP の6段階にわたる合成では，PRPP は環構造の完成後に経路に入る．
4. CTP は UTP のアミノ化反応により形成される．
5. デオキシリボヌクレオチドはリボヌクレオチドの C-2′ の還元により合成される．この反応はリボヌクレオチドレダクターゼが触媒する．
6. チミジル酸（dTMP）は，メチル化反応でデオキシウリジル酸（dUMP）から形成される．この反応では，5,10-メチレンテトラヒドロ葉酸が，1炭素基と水素化物イオンの両方を供与する．このメチル化反応のもう一方の産物である 7,8-ジヒドロ葉酸は，NADPH 依存性還元によってリサイクルされ，活性補酵素テトラヒドロ葉酸になる．
7. PRPP はサルベージ経路でピリミジンおよびプリンと反応し，ヌクレオシド一リン酸を与える．ヌクレオチドとそれらの構成成分は，種々の酵素で相互変換する．
8. 鳥類およびある種の爬虫類では，アミノ酸とプリンヌクレオチドからの窒素は尿酸として排泄される．霊長類はプリンを尿酸に分解する．大部分の他の生物は，尿酸をさらに異化して，アラントイン，アラントイン酸，尿素，アンモニアにする．
9. ピリミジンは，アンモニア，炭酸水素イオン，およびアセチル CoA（シトシンあるいはウラシル由来）あるいはスクシニル CoA（チミン由来）に異化される．

BOX 18.5 レッシュ・ナイハン症候群と痛風

他の代謝経路と同様に,プリン代謝の欠損も病気の原因になる.Michael Lesch と William Nyhan は,1964年,精神遅滞,中風様けいれん症,異様な自傷行為傾向などの特徴をもつ重篤な代謝疾患を報告した.レッシュ・ナイハン症候群とよばれるこの病気の患者は,多くは幼児期で死亡する.病気の際立った生化学的特徴は,通常量の6倍以上もの尿酸を分泌し,プリンの生合成速度がきわめて増加していることである.

この病気は,先天的なヒポキサンチン-グアニンホスホリボシルトランスフェラーゼ(§18.8)の欠損により生じる.この酵素の遺伝子はX染色体にあるため,発病は普通男児に限られる.通常,レッシュ・ナイハン患者の酵素活性は正常の1%以下で,ほとんどは完全に活性を示さない.ヒポキサンチン-グアニンホスホリボシルトランスフェラーゼが存在しないと,ヒポキサンチンとグアニンがIMPとGMPに変換されずに,尿酸に分解されるのである.ヒポキサンチンとグアニンをサルベージするために普通用いられているPRPPが,IMPを過剰に合成するのに使われてしまい,過剰になったIMPが尿酸に分解される.なぜ,この単一の酵素の欠損がさまざまな行動的症状の原因になるのかはわかっていない.この欠損がこのようなきわめて重大な結果をもたらすことは,ある種の細胞ではヒトのプリンサルベージ経路が,エネルギー節約のためだけにプリンヌクレオチド代謝の中心経路に追加された反応ではないことを示している.

痛風は,尿酸の過剰生産,あるいは排泄不全によりひき起こされる病気である.尿酸ナトリウムは比較的不溶性であり,血中濃度が上がると軟骨や軟組織,特に腎臓,足指,関節で(しばしば尿酸とともに)結晶化する.痛風にはいろいろな原因があるが,その中にヒポキサンチン-グアニンホスホリボシルトランスフェラーゼ活性の欠損がある.それはプリンのサルベージを低下させ,尿酸の異化生産を高進させる.痛風とレッシュ・ナイハン症候群との間の違いは,痛風患者が10%以上もの酵素活性を保持していることによる.痛風はまた,プリン生合成の調節が不完全なときにも起こる.

痛風はアロプリノールの投与で治療できる.アロプリノールはヒポキサンチンの位置異性体で,C-7,N-8をもつ合成品である.アロプリノールは細胞中で,キサンチンデヒドロゲナーゼの強力な阻害剤であるオキシプリノールに変換される.アロプリノールを投与すると,尿酸が異常に高い濃度にまで合成されるのが阻止される.ヒポキサンチンとキサンチンは尿酸ナトリウムよりずっと溶けやすく,もしそれらがサルベージ反応で再利用されない場合は,排泄される.

ヒポキサンチン

アロプリノール → (キサンチンデヒドロゲナーゼ, $H_2O + NAD^{\oplus} \to NADH + H^{\oplus}$) → オキシプリノール

▲アロプリノールとオキシプリノール キサンチンデヒドロゲナーゼはヒポキサンチンの異性体であるアロプリノールの酸化を触媒する.産物のオキシプリノールはキサンチンデヒドロゲナーゼに強く結合し,酵素活性を阻害する.

尿酸ナトリウム

問題

1. 以下の前駆体-生成物の組合わせで,生成物のどこに標識が現れるか示せ.
   (a) ^{15}N-アスパラギン酸 → AMP
   (b) 2-[^{14}C]-グリシン → AMP
   (c) δ-[^{15}N]-グルタミン → GMP
   (d) 2-[^{14}C]-アスパラギン酸 → UMP
   (e) H^{14}CO$_3^-$ → UMP

2. リボース5-リン酸から出発すると,1分子のIMPの合成にどのくらいのATP当量が必要か.この経路に必要なすべての前駆体は存在するものとせよ.

3. プリンとピリミジンの新規合成経路における1炭素単位の取込みには,テトラヒドロ葉酸(THF)誘導体が供与体として要求される.THF誘導体を要求する反応をあげ,THF供与体を示せ.また,プリンとピリミジンの炭素がTHFのどこに由来するかを示せ.

4. 強力な抗癌剤である,グルタミンアナログのアシビシンは,ヌクレオチド生合成を阻害することで細胞の速やかな増殖を遅らせる.
   (a) アシビシンは構造的にどのようにグルタミンに似ているか示せ.
   (b) アシビシンが存在する場合,プリン生合成経路でどのような中間体が蓄積するか.
   (c) アシビシンが存在する場合,ピリミジン生合成経路でどの酵素が阻害されるか.

   アシビシン

5. アスパラギン酸の代わりにβ-アラニンを使用する以外は,大腸菌と似た経路でUMPを合成することのできる仮想的細菌がいるとする.

   $H_3^{\oplus}N-CH_2-CH_2-COO^{\ominus}$ β-アラニン

(a) この経路が大腸菌の経路より短いのはなぜか．
(b) それぞれの炭素原子が ^{14}C で標識された β-アラニンを使用した場合，標識は UMP のどこに現れるか．

6. (a) 酵素 dCMP デアミナーゼはシチジンヌクレオチドからウリジンヌクレオチドへのおもな経路で機能している．dCMP デアミナーゼが dCMP に作用したときの生成物は何か．
(b) このアロステリック酵素は dTTP で阻害され，dCTP で活性化される．細胞全体のヌクレオシド三リン酸の要求性の観点から考えて，このことが合理的であるのはなぜか説明せよ．

7. 真核生物において，HCO_3^-，アスパラギン酸，グルタミン，リボース 5-リン酸から 1 分子の UMP が合成される場合，どれだけの ATP 当量が必要か．（この経路で起こる QH_2 の酸化によって生じる ATP は無視せよ．）

8. 重症複合免疫不全症候群は，感染症に対する免疫応答の欠如が特徴である．多くの重症複合免疫不全症候群患者では，アデノシンデアミナーゼが欠損している．この酵素はアデノシンとデオキシアデノシンを脱アミノして，それぞれイノシンとデオキシイノシンにする反応を触媒する．酵素の欠損により dATP 濃度が上昇するが，他のデオキシヌクレオチドの濃度は減少する．それにより特定の活発に分裂している細胞で DNA 複製や細胞分裂が阻害される．アデノシンデアミナーゼ欠損がどのようにデオキシヌクレオチドの濃度に影響を与えるか説明せよ．（ヒトで最初に成功した遺伝子治療は，正常なアデノシンデアミナーゼ遺伝子による患者の T 細胞の形質転換である．）

9. 痛風の一つの原因は，ヒポキサンチン−グアニンホスホリボシルトランスフェラーゼ活性の欠損である（BOX 18.5）．もう一つの原因にリボースリン酸ピロホスホキナーゼ活性の上昇がある．もし PRPP がヒトでグルタミン−PRPP アミドトランスフェラーゼの正の調節因子であるなら，PRPP はどのようにしてプリン合成に影響を与えるか．

10. 以下の経路に含まれるヌクレオチドを同定せよ．
(a) NAD 合成の基質に必要なヌクレオシド三リン酸
(b) FMN 合成の基質に必要なヌクレオシド三リン酸
(c) 補酵素 A 合成の基質に必要なヌクレオシド三リン酸
(d) G タンパク質の基質
(e) グルコース 6-リン酸からのグリコーゲン合成に用いられるヌクレオチド
(f) 哺乳類スクシニル CoA シンテターゼの触媒反応に要求される補因子
(g) ホスファチジン酸からのホスファチジルセリンの合成に必要な補助基質
(h) セレブロシド生合成におけるガラクトース活性化に必要なヌクレオチド
(i) ヒスチジン生合成に使われるヌクレオチド基質
(j) AMP と GMP の通常の前駆体
(k) ヒポキサンチンの前駆体

11. 脂肪や糖質の異化は ATP の形で大量の代謝エネルギーを供給する．真核細胞において，プリンやピリミジンの分解が重要なエネルギー源になるか．

12. リボースリン酸ピロホスホキナーゼは基質として α-D-リボース 5-リン酸を用いる．細胞内でどのようにして α 異性体が形成されるか．

13. 通常の塩基の体系名は §18.1 と 18.3 に掲げられている．キサンチン，ヒポキサンチン，オロト酸の体系名は何か．

14. アデニルコハク酸シンテターゼとアデニルコハク酸リアーゼの連続した作用で，アスパラギン酸のアミノ基が転移し，フマル酸が遊離する．同じ結果をもたらす他の対になった酵素は何か．

参考文献

プリン代謝

Honzatko, R. B., Stayton, M. M., and Fromm, H. J. (1999). Adenylosuccinate synthetase: recent developments. *Adv. Enzymol. Relat. Areas Mol. Biol.* 73:57-102.

Cendron, L., Berni, R., Folli, C., Ramazzina, I., Percudani, R., and Zanotti, G. (2007). The structure of 2-oxo-4-hydroxy-4-carboxy-5-ureidoimidazoline decarboxylase provides insights into the mechanism of uric acid degradation. *J Biol. Chem.* 282:18182-18189.

Kresge, N., Simoni, R. D., and Hill, R. L. (2006). Biosynthesis of purines: the work of John M. Buchanan. *J. Biol. Chem.* 281:e35-e36.

Ramazzina, I., Folli, C., Secchi, A., Berni, R., and Percudani, R. (2006). Completing the uric acid degradation pathway through phylogenetic comparison of whole genomes. *Nat. Chem. Biol.* 2:144-148.

Tipton, P. A. (2006). Urate to allantoin, specifically (S)-allantoin. *Nat. Chem. Biol.* 2:124-125.

Tsai, M., Koo, J., Yip, P., Colman, R. F., Segall, M. L., Howell, P. L. (2007). Substrate and product complexes of *Escherichia coli* adenylosuccinate lyase provide new insights into the enzymatic mechanism. *J. Mol. Biol.* 370:541-554.

Zhang, R.-G., Evans, G., Rotella, F. J., Westbrook, E. M., Beno, D., Huberman, E., Joachimiak, A., and Collart, F. R. (1999). Characteristics and crystal structure of bacterial inosine-5′-monophosphate dehydrogenase. *Biochem.* 38:4691-4700.

ピリミジン代謝

Blakley, R. L. (1995). Eukaryotic dihydrofolate reductase. *Adv. Enzymol. Relat. Areas Mol. Biol.* 70:23-102.

Carreras, C. W., and Santi, D. V. (1995). The catalytic mechanism and structure of thymidylate synthase. *Annu. Rev. Biochem.* 64:721-762.

Chan, R. S., Sakash, J. B., Macol, C. P., West, J. M., Tsuruta, H., and Kantrowitz, E. R. (2002). The role of intersubunit interactions for the stabilization of the T state of *Escherichia coli* aspartate transcarbamoylase. *J. Biol. Chem.* 277:49755-49760.

Lipscomb, W. N. (1994). Aspartate transcarbamoylase from *Escherichia coli*: activity and regulation. *Adv. Enzymol. Relat. Areas Mol. Biol.* 68:67-151.

Raushel, F. M., Thoden, J. B., and Holden, H. M. (1999). The amidotransferase family of enzymes: molecular machines for the production and delivery of ammonia. *Biochem.* 38:7891-7899.

Stroud, R. M. (1994). An electrostatic highway. *Struct. Biol.* 1:131-134.

リボヌクレオチドの還元

Eriksson, M., Uhlin, U., Ramaswamy, S., Ekberg, M., Regnström, K., Sjöberg, B. M., and Eklund, H. (1997). Binding of allosteric effectors to ribonucleotide reductase protein R1: reduction of active-site cysteines promotes substrate binding. *Structure* 5:1077-1092.

Gorlatov, S. N., and Stadtman, T. C. (1998). Human thioredoxin reductase from HeLa cells: selective alkylation of selenocysteine in the protein inhibits enzyme activity and reduction with NADPH influences affinity to heparin. *Proc. Natl. Acad. Sci. USA.* 95:8520-8525.

Jordan, A., and Reichard, P. (1998). Ribonucleotide reductases. *Annu.*

Rev. Biochem. 67:71-98.

Kresge, N., Simoni, R. D., and Hill, R. L. (2006). Peter Reichard and the reduction of ribonucleosides. *J. Biol. Chem.* 281:e13-e15.

Nordland, P. and Reichard, P. (2006). Ribonucleotide reductases. *Annu. Rev. Biochem.* 75:681-706.

Sjöberg, B. M. (2010). A never-ending story. *Science* 329:1475-1476.

Stubbe, J. (1998). Ribonucleotide reductases in the twenty-first century. *Proc. Natl. Acad. Sci. USA.* 95:2723-2724.

Uppsten, M., Färnegårdh, M., Domkin, V., and Uhlin, U. (2006). The first holocomplex structure of ribonucleotide reductase gives new insight into its mechanism of action. *J. Mol. Biol.* 359:365-377.

IV

生物情報の流れ

Ⅵ

生物種の成立

CHAPTER 19

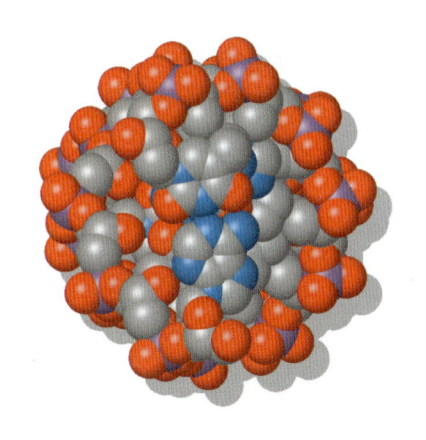

核　　　酸

> デオキシリボ核酸（D. N. A.）の塩の構造を提唱したい．この構造にみられる新奇性は生物学にとってきわめて興味深いものである．
>
> J. D. Watson and F. H. C. Crick (1953)

　Friedrich Miescher は若いスイスの医者で，ドイツの生理化学者 Felix Hoppe-Seyler の研究室で働いていたが，1869 年に，デオキシリボ核酸（DNA）だと後世になって知られることになる物質を発見した．彼は白血球（廃棄した外科用の包帯についていた膿から分離）を塩酸で処理して核を集めた．核を弱アルカリ溶液で抽出し，それをさらに酸で処理すると，沈殿が生じた．それには炭素，水素，酸素，窒素，そのうえ多量のリンが含まれていた．核から得られたので，彼はそれを"ヌクレイン"とよんだ．後になってそれが強い酸性を示すことがわかり，核酸というよび名に変わった．Miescher は知る由もなかったが，DNA を発見していたのである．それからまもなく Hoppe-Seyler も酵母細胞から同じような物質を分離したが，それは今日のリボ核酸（RNA）である．DNA と RNA はともにヌクレオチドのポリマー，つまりポリヌクレオチドである．

　1944 年に，Oswald Avery, Colin MacLeod, Maclyn McCarty が，DNA が遺伝情報を担う分子だということを実証した．このように重要な分子だったのに，当時は立体構造についてはほとんどわかっていなかった．その後の数年の間に，ヌクレオチドの構造が解明され，1953 年には James D. Watson と Francis H. C. Crick が，DNA の二本鎖構造を提案した．

　核酸の生化学はここ二，三十年の間に急速に進歩した．今日では，私たちの遺伝子の配列を決められるばかりでなく，大きな染色体を実験室でつくることもできる．実験室で DNA 分子を取扱うのはいたって日常的なことになった．それによって分子生物学に対する理解や，DNA に含まれる情報の発現機構について理解が劇的に進んだ．

　どの生物も自己の複製をつくるために必要なすべての工程に対する指令をひとそろいもつことが今日ではわかっている．その情報はその生物の遺伝物質，つまり **ゲノム**（genome）の中にある．細胞のゲノムはすべて DNA でできている．しかしある種のウイルスでは，ゲノムが RNA でできている．多くの細菌種では，ゲ

▲ 1953 年，DNA の構造を説明する James D. Watson（1928〜）（左）と Francis H. C. Crick（1916〜2004）（右）．

ノムはただ一つの DNA 分子から成る．真核生物では，ゲノムとは核の中にある DNA 分子 1 セット全体を指す（たとえば，二倍体生物では一倍体染色体の 1 組）．習慣上，一つの種のゲノムにはミトコンドリアと葉緑体の DNA を含めない．一つの種の中の二つの個体がまったく同じゲノム配列であることはほとんどない．もし Miescher や Hoppe-Seyler が生きていたならば，犯罪者が DNA フィンガープリント法で有罪にされたり，ヒトも含めた何千もの種のゲノムの配列が完全に解明されていることにびっくりするだろう．

　タンパク質の一次構造を規定する情報は，普通は DNA のヌクレオチド配列として記号化されている．この情報は酵素が RNA を合成する過程でコピーされる．これが転写である．転写された RNA に含まれる情報の一部が，ポリペプチド鎖合成の過程で翻訳される．ポリペプチド鎖が折りたたまれ，集合してタンパク質分子となる．つまり一般化していうと，細胞の DNA に集積された生物学的情報は，DNA から RNA へ，そしてタンパク質へと流れることになる．

＊　カット：DNA の空間充塡モデルをらせんの軸に沿って眺めたもの．

> 通常の情報の流れと分子生物学のセントラルドグマの間の違いについては，§1.1 と 21 章の序で説明している．

核酸は本書で学ぶ第四の主要な生体高分子である．タンパク質や多糖と同じように，核酸も多数の類似した単量体単位から成り，それが共有結合でつながって大きなポリマーをつくる．本章では核酸の構造，および核酸を細胞の中に格納する仕組みを取上げる．また DNA や RNA を基質とする酵素も取上げる．遺伝情報を正確に伝えるために，さまざまなタンパク質や酵素が DNA および RNA と相互作用しているが，このような情報の流れの生化学と制御については，20〜22 章で述べる．

19.1 ヌクレオチドは核酸を組立てるためのブロックである

核酸はポリヌクレオチド，つまりヌクレオチドのポリマーである．これまでの章でみたようにヌクレオチドは，ペントース（五炭糖），1 ないし数個のリン酸，塩基とよばれる弱い塩基性をもつ窒素化合物の三つの成分からできている（図 19.1）．ヌクレオチドに含まれる塩基は，プリンとピリミジンに置換基が付いたものである．ペントースはリボース（D-リボフラノース），または 2-デオキシリボース（2-デオキシ-D-リボフラノース）である．これらの糖にピリミジンあるいはプリンが N-グリコシド結合でつながったものをヌクレオシドとよぶ．ヌクレオシドのリン酸エステルがヌクレオチドである．普通のヌクレオチドはリン酸基を 1〜3 個含んでいる．糖としてリボースをもつものをリボヌクレオチド，デオキシリボースをもつものをデオキシリボヌクレオチド（§8.5 C）とよぶ．

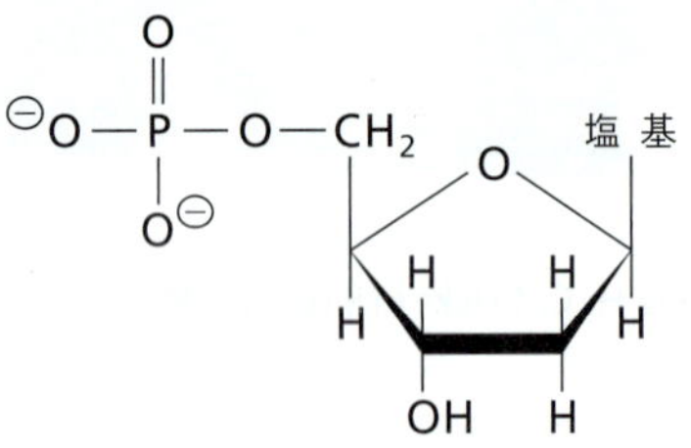

▲図 19.1　ヌクレオチドの化学構造　ヌクレオチドは五炭糖，窒素を含む塩基，少なくとも 1 個のリン酸基から成る．糖としてはデオキシリボース（ここに図示した）あるいはリボースのどちらかである．

A. リボースとデオキシリボース

核酸中に含まれるヌクレオチドの構成糖を図 19.2 に示す．いずれもハース投影式で，フラノース環をもった β 配置のものを描いてある（§8.2）．これがヌクレオチドおよびポリヌクレオチドの中で安定な形である．いずれもフラノース環が 8 章で述べた封筒形などのようないくつかの立体配座をとることができる．二重らせん DNA 中では C-2 エンド形の立体配座（図 8.11）が優勢である．

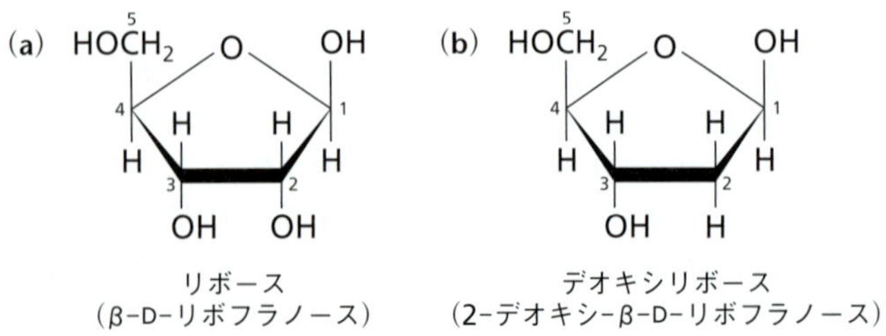

▲図 19.2　ヌクレオチド中に含まれる二つの糖の化学構造　(a) リボース（β-D-リボフラノース），(b) デオキシリボース（2-デオキシ-β-D-リボフラノース）

B. プリンとピリミジン

ヌクレオチドに含まれる塩基はピリミジンまたはプリンの置換体である（18 章）．これらの複素環式化合物の構造と，炭素および窒素原子の番号の付け方を図 19.3 に示した．ピリミジンは 4 個の炭素と 2 個の窒素から成る単環，プリンはピリミジンとイミダゾールの縮合環系である．どちらも共役二重結合を含む不飽和化合物であり，そのため環は平面となり，また紫外線を吸収するようになる．

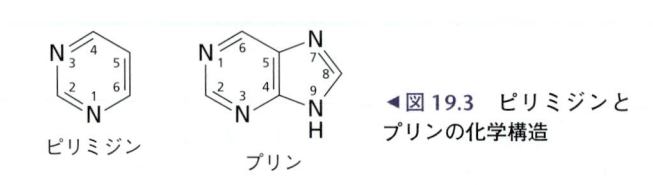

◀図 19.3　ピリミジンとプリンの化学構造

置換基をもつプリン，ピリミジン誘導体は生物界のいたる所でみられるが，置換基がないものはほとんど見つかっていない．ヌクレオチド中にあるおもなピリミジンは，ウラシル（2,4-ジオキソピリミジン，U），チミン（2,4-ジオキソ-5-メチルピリミジン，T），シトシン（2-オキソ-4-アミノピリミジン，C）である．おもなプリンはアデニン（6-アミノプリン，A），グアニン（2-アミノ-6-オキソプリン，G）である．これら五つの塩基の構造式を図 19.4 に示した．チミンはウラシルが置換された誘導体なので，5-メチルウラシルとよんでもよい（§18.6）．アデニン，グアニン，シトシンは，リボヌクレオチドおよびデオキシリボヌクレオチドの両方に含まれているが，ウラシルはおもにリボヌクレオチドに，チミンはおもにデオキシリボヌクレオチドに含まれる．

プリン，ピリミジンはどちらも弱い塩基で，生理的 pH では水

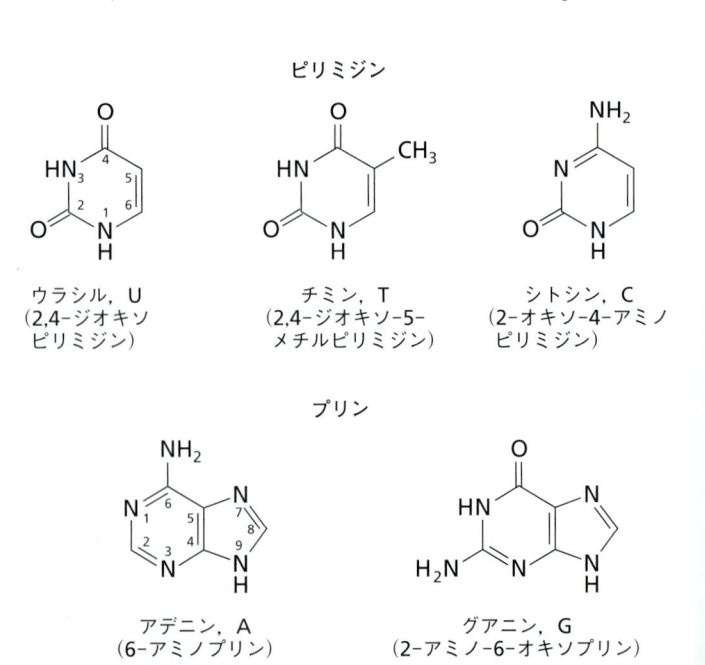

ウラシル，U
(2,4-ジオキソピリミジン)

チミン，T
(2,4-ジオキソ-5-メチルピリミジン)

シトシン，C
(2-オキソ-4-アミノピリミジン)

アデニン，A
(6-アミノプリン)

グアニン，G
(2-アミノ-6-オキソプリン)

▲図 19.4　おもなピリミジンとプリンの化学構造

にあまりよく溶けない．しかし細胞内では，水に溶けやすいヌクレオチドやポリヌクレオチドの構成成分の一つとなっている．

それぞれの複素環塩基は少なくとも二つの互変異性体の状態をとることができる．アデニンとシトシンはアミノ形とイミノ形のいずれにもなりうる．グアニン，チミン，ウラシルはラクタム形（ケト形）とラクチム形（エノール形）のいずれにもなりうる（図19.5）．これらの互変異性体は平衡関係にあるが，アミノ形とラクタム形の方が安定なので，細胞内の条件ではこの形の方が多い．どちらの形であっても，環の炭素は不飽和で平面構造をとっている．

どの塩基も水素結合を形成できる．アデニンとシトシンのアミノ基は水素供与体となり，環の窒素原子（アデニンのN-1，シトシンのN-3）が水素受容体となる（図19.6）．シトシンはC-2にも水素を受容できるOが付いている．グアニン，シトシン，チ

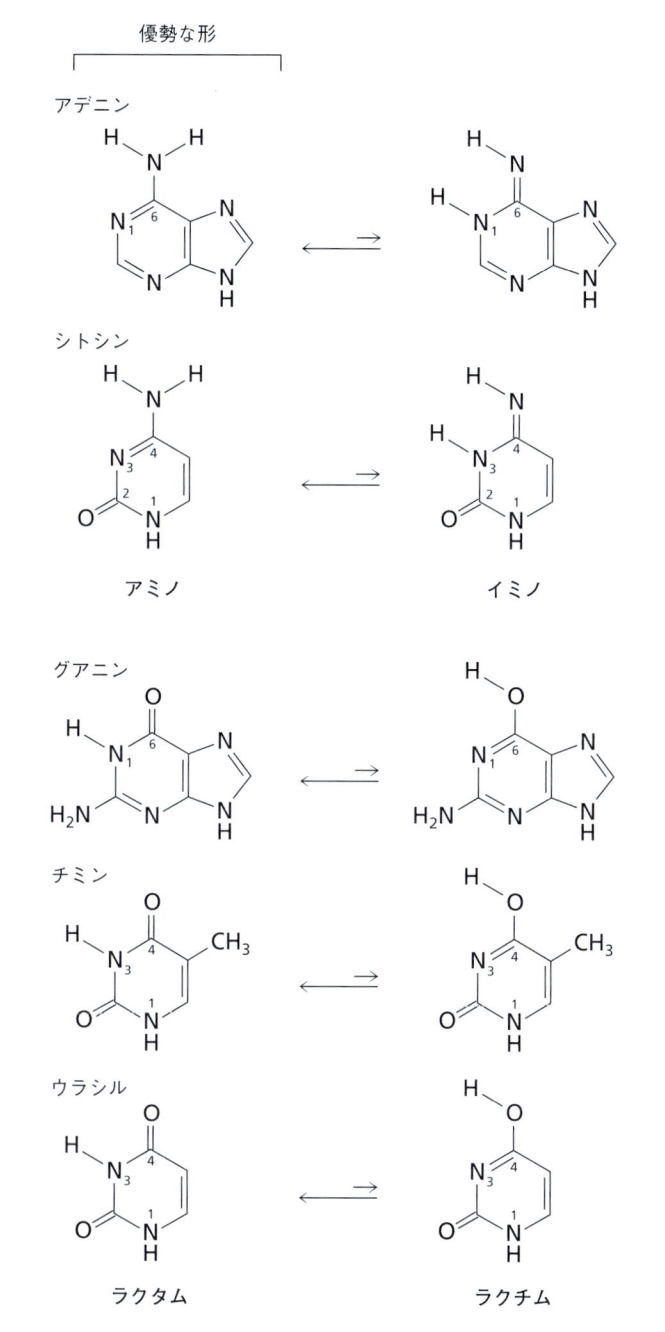

▲図 19.5 アデニン，シトシン，グアニン，チミン，ウラシルの互変異性体　生理的なpHでは，このような互変異性化反応は，アミノ形，ラクタム形の方に大きく偏っている．

▲図 19.6 核酸に含まれる塩基が水素結合をつくる部位　どの塩基にも水素を供与あるいは受容できる原子や官能基がある．塩基の互変異性体のうちで普通にみられるものを示した．もう一つの互変異性体では，水素供与あるいは受容にかかわる基が異なる．Rは糖部分を表す．

ミンは3本の水素結合をつくれる．グアニンではC-6の基が水素受容体となり，N-1とC-2のアミノ基が水素供与体となる．チミンではC-4とC-2に付いたOが水素受容体，N-3が水素供与体となる．（DNA中ではこのうちの二つ，C-4とN-3だけが塩基対形成に使われる．）RNA中にある塩基のウラシルはチミンと同じような水素結合をつくれる．塩基がどのように水素結合をつくるかが，核酸の三次元構造を決める重要な要素である．

1940年代の生化学の教科書では，塩基はイミノ形およびラクチム形で記載されるのが一般的だった．Watsonは1953年にDNAのモデルを組立てようとした際，この構造を使った．Jerry Donohueが教科書の間違いを教えてくれたおかげで，Watsonはかの有名なA·T，G·C塩基対を発見できた．

ある種の核酸で，あるいは核酸とタンパク質が相互作用するとき，これ以外の水素結合ができることがある．たとえば，アデニンやグアニンのN-7が水素受容体になったり，アデニン，グアニン，シトシンのアミノ基の水素原子の両方が水素結合に使われることがある．

C. ヌクレオシド

ヌクレオシドとは，リボースまたはデオキシリボースと複素環塩基が結合したものである．どのヌクレオシドも，糖のC-1がピリミジンのN-1あるいはプリンのN-9とβ-N-グリコシド結合している．つまりヌクレオシドはピリミジンあるいはプリンのN-リボシルまたはN-デオキシリボシル誘導体である．炭素原子と窒素原子の番号については，ヌクレオシド中の塩基とペントースにすでにそれぞれの番号が付いているので，それを使うが，プリンおよびピリミジン部分の番号を優先する．塩基内の原子は1，2，3のように，そのまま番号をよぶが，フラノース環内の原子の番号にはダッシュ（′，英語ではプライムとよぶ）を付ける．したがってβ-N-グリコシド結合は糖部分のC-1′位，つまり1′位の炭素を塩基部分に結び付けている．リボースとデオキシリボースの違いはC-2′位にある．おもなリボヌクレオシドとデオ

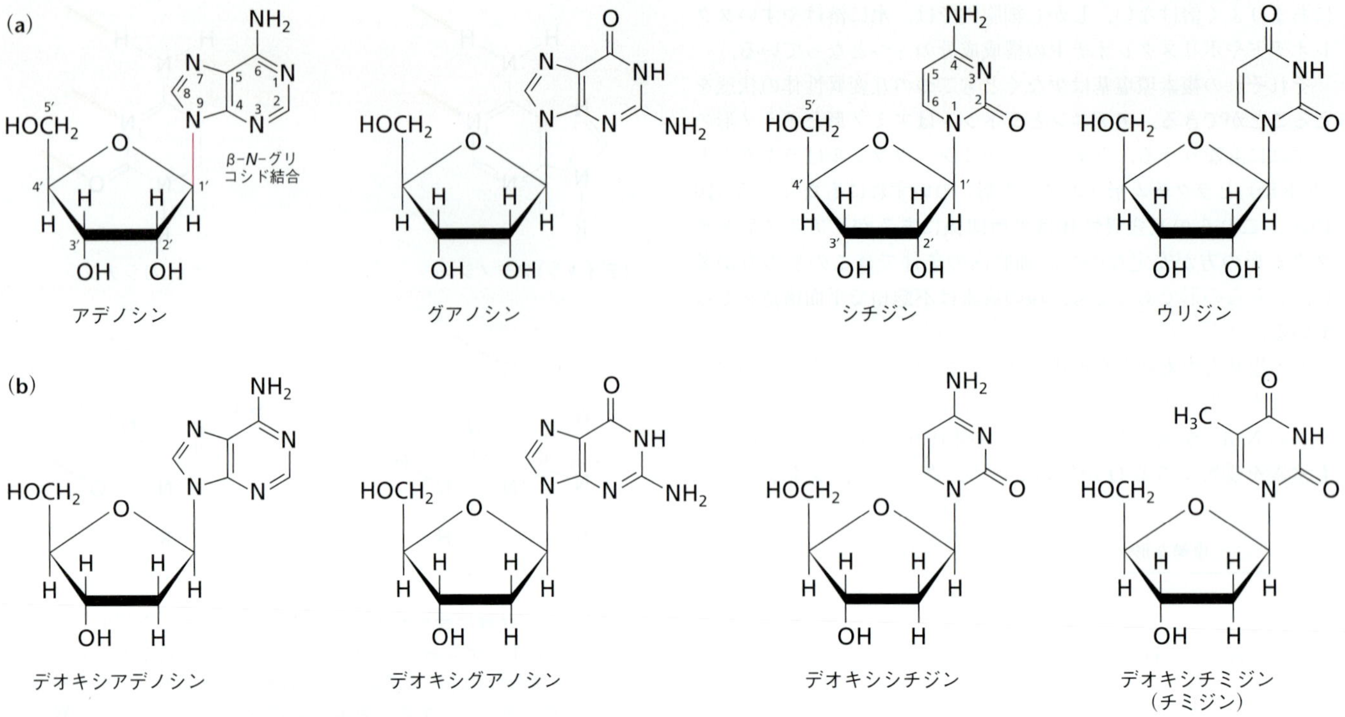

▲図19.7 **ヌクレオシドの化学構造** 糖の炭素原子の番号には，塩基の原子と区別できるようにダッシュ（′）が付いている．(a) リボヌクレオシド．リボヌクレオシドの糖はリボースで，C-2′位にヒドロキシ基がある．アデノシンのβ-N-グリコシド結合を赤で示してある．(b) デオキシリボヌクレオシド．デオキシリボヌクレオシドでは C-2′位にはヒドロキシ基の代わりに水素原子が付いている．

キシリボヌクレオシドの化学構造を図 19.7 に示した．

ヌクレオシドは含まれる塩基名に基づいて命名される．たとえばアデニンを含むリボヌクレオシドはアデノシン（体系名は 9-β-D-リボフラノシルアデニンであるが，実際にはあまり使われない），デオキシリボヌクレオシドならばデオキシアデノシンである．同様に他の塩基ではグアニン，シトシン，ウラシルに対して，グアノシン，シチジン，ウリジンとなる．デオキシリボヌクレオシドなら，グアニン，シトシン，チミンに対して，デオキシグアノシン，デオキシシチジン，デオキシチミジンとなる．チミンがリボヌクレオシドに含まれることはほとんどないので，デオキシチミジンは単にチミジンとよばれることが多い．一般的にはピリミジンおよびプリン塩基に対する 1 文字の略号で，リボヌクレオシドを表す．アデノシン，グアノシン，シチジン，ウリジンに対して，A，G，C，U となる．デオキシリボヌクレオシドは，リボヌクレオシドと区別する必要があるときには dA，dG，dC，dT と表す．

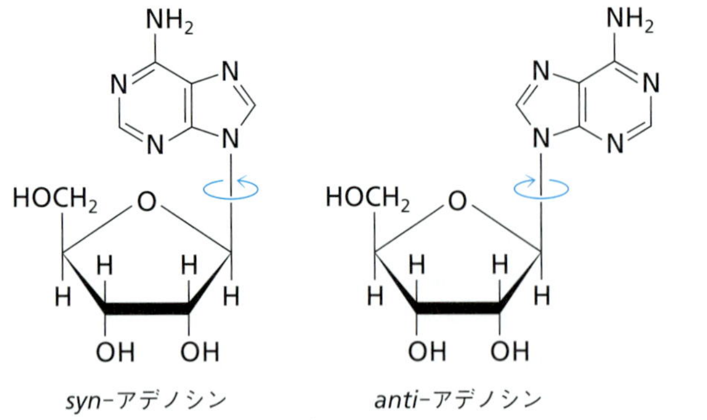

ヌクレオシドやヌクレオチドでは，グリコシド結合は自由回転しにくい．シンとアンチという二つのコンホメーションが比較的安定で，その間で速い平衡が成り立っている（図19.8）．普通のピリミジンヌクレオシドではアンチ形が優勢である．ヌクレオチドが重合した核酸分子内でもほとんどがアンチ形である．

> ！塩基の番号を優先する習わしなので，糖の炭素には 1′（英語では one prime），2′（two prime）のように番号を付ける．

D．ヌクレオチド

ヌクレオチドはヌクレオシドがリン酸化されたものである．リボヌクレオシドにはリン酸化されうるヒドロキシ基が三つ（2′，3′，5′）あるが，デオキシリボヌクレオシドには二つしかない（3′と 5′）．天然のヌクレオチドではリン酸基が 5′に付いているものが多いので，特に断らないかぎりヌクレオチドは 5′-リン酸エステルとみなすことにする．

ヌクレオチドを系統的によぶ場合には，リン酸基の数を示す．たとえばアデノシンの 5′-一リン酸エステルをアデノシン一リン酸（adenosine monophosphate；AMP）とよぶ．もっと簡単にアデニル酸とよぶこともある．デオキシシチジンの 5′-一リン酸エステルならば，デオキシシチジン一リン酸（deoxycytidine monophosphate；dCMP），あるいはデオキシシチジル酸とよぶ．チミンのデオキシリボヌクレオシドの 5′-一リン酸エステルはチミジル酸とよばれることが多いが，あいまいにならないようにデオキシチミジル酸とよばれることもある．表19.1 に塩基，ヌクレオシド，5′-ヌクレオチドのよび方をまとめて示した．5′位でリン酸エステルになっているヌクレオチドを AMP とか dCMP などと書くが，5′位以外でリン酸エステルになっている場合には，

▲図19.8 **アデノシンのシンコンホメーションとアンチコンホメーション** ヌクレオシドはシン形かアンチ形のどちらかになる．ピリミジンヌクレオシドではアンチ形の方が安定である．

表 19.1 塩基，ヌクレオシド，ヌクレオチドの命名

塩基	リボヌクレオシド	リボヌクレオチド (5′-一リン酸)	デオキシリボヌクレオシド	デオキシリボヌクレオチド (5′-一リン酸)
アデニン（A）	アデノシン	アデノシン 5′-一リン酸（AMP）；アデニル酸[†]	デオキシアデノシン	デオキシアデノシン 5′-一リン酸（dAMP）；デオキシアデニル酸[†]
グアニン（G）	グアノシン	グアノシン 5′-一リン酸（GMP）；グアニル酸[†]	デオキシグアノシン	デオキシグアノシン 5′-一リン酸（dGMP）；デオキシグアニル酸[†]
シトシン（C）	シチジン	シチジン 5′-一リン酸（CMP）；シチジル酸[†]	デオキシシチジン	デオキシシチジン 5′-一リン酸（dCMP）；デオキシシチジル酸[†]
ウラシル（U）	ウリジン	ウリジン 5′-一リン酸（UMP）；ウリジル酸[†]		
チミン（T）			デオキシチミジンまたはチミジン	デオキシチミジン 5′-一リン酸（dTMP）；デオキシチミジル酸[†]またはチミジル酸[†]

[†] pH 7.4 ではリン酸エステルの陰イオン形が優勢．

その位置がわかるように 3′-AMP のように位置番号を付けて書く．

ヌクレオシド一リン酸はリン酸の誘導体で，生理的な pH では陰イオンになっている．pK_a がほぼ 1 と 6 にある二塩基酸であり，複素環の窒素原子もイオン化しうる．

ヌクレオシド一リン酸はさらにリン酸化されて，ヌクレオシド二リン酸，ヌクレオシド三リン酸になる．このように後から付け加わったリン酸基は，リン酸無水物結合をつくっている．図 19.9 にデオキシリボヌクレオシド 5′-一リン酸の化学構造を，図 19.10 には dGMP の三次元構造を示した．dGMP の塩基はアンチコンホメーションをとり，糖の環が折り目にあたる位置にある．プリン環の平面はフラノース環の平面とほとんど垂直になっている．5′ 炭素に結合したリン酸基は糖の上の方にあり，塩基からかなり離れている．

ヌクレオシドポリリン酸やヌクレオチドのポリマーは，ヌクレオシドに対する 1 文字略号と，リン酸基を表す p の文字を使って，簡略化して表記できる．ヌクレオシドの略号に対する p の位置関係から，リン酸基の位置がわかる．5′-リン酸の場合には p をヌクレオシドの略号の前に置き，3′-リン酸の場合には p を後に置く．つまり 5′-アデニル酸（AMP）なら pA，3′-デオキシアデニル酸なら dAp，ATP なら pppA となる．

19.2 DNA は二本鎖である

1950 年までには，DNA が 2′-デオキシリボヌクレオチド残基が 3′-5′ ホスホジエステル結合でつながった直鎖状ポリマーだということがはっきりしていた．さらに Erwin Chargaff が，原核生物および真核生物から得たさまざまな DNA 試料のヌクレオチ

2′-デオキシアデノシン 5′-一リン酸（デオキシアデニル酸，dAMP）

2′-デオキシグアノシン 5′-一リン酸（デオキシグアニル酸，dGMP）

2′-デオキシシチジン 5′-一リン酸（デオキシシチジル酸，dCMP）

2′-デオキシチミジン 5′-一リン酸（チミジル酸，dTMP）

▲図 19.9 デオキシリボヌクレオシド 5′-一リン酸の構造

▲図 19.10 デオキシグアノシン 5′-一リン酸（dGMP）わかりやすくするため，水素原子は省いてある．色分けは，黒：炭素，青：窒素，赤：酸素，紫：リンである．

ド組成を調べて、そこにある種の規則性があることを見いだした。特に Chargaff は細胞の DNA が A と T を等モル、G と C も等モル含むことに気づいた。このような量比を示す最新の DNA 組成データの例を表 19.2 に示した。どの生物種でも A=T、G=C であることがわかるが、(G+C) 全量のモルパーセントと (A+T) のそれとは大きく違う場合がある。ある種の生物、たとえば酵母 (*Saccharomyces cerevisiae*) の DNA では (G+C) が少ないのに、他の生物、たとえば結核菌 (*Mycobacterium tuberculosis*) では (G+C) が多い。ウシ、ブタ、ヒトのように近縁の種の DNA では塩基組成が似ているのが普通である。すべての種で、DNA 中のプリンとピリミジンの比は 1:1 になることもわかる。

表 19.2 DNA の塩基組成（モル％）と塩基の比

起源	A	G	C	T	A/T†	G/C†	G+C	プリン/ピリミジン†
大腸菌	26.0	24.9	25.2	23.9	1.09	0.99	50.1	1.04
結核菌	15.1	34.9	35.4	14.6	1.03	0.99	70.3	1.00
酵母	31.7	18.3	17.4	32.6	0.97	1.05	35.7	1.00
ウシ	29.0	21.2	21.2	28.7	1.01	1.00	42.4	1.01
ブタ	29.8	20.7	20.7	29.1	1.02	1.00	41.4	1.01
ヒト	30.4	19.9	19.9	30.1	1.01	1.00	39.8	1.01

† 比が 1:1 からずれているのは実験誤差のため。

Watson と Crick が 1953 年に提案したモデルの土台になっていたのは、既知のヌクレオチドの構造、Rosalind Franklin と Maurice Wilkins が繊維状 DNA で得た X 線回折パターンだった。ワトソン・クリックモデルなら、DNA が二本鎖であること、片方の鎖の塩基がもう片方の鎖の塩基と A·T、G·C のような特異的な対をつくることなどから、プリンとピリミジンが等量であることを説明できる。Watson と Crick が提案した構造は、現在は DNA の B 型コンホメーション、あるいは簡単に B-DNA とよばれている。

DNA の複製（20 章）や転写（21 章）を理解するためには、DNA の構造をよく知っておくことが重要である。DNA こそが生物の情報の保管庫である。どんな細胞にも、DNA に結合してその構造的特徴（たとえば、ヌクレオチド配列）を認識する酵素やタンパク質が何十種類も含まれている。なぜこれらのタンパク質が DNA 中に蓄えられている情報に接することができるのかを、DNA の構造から探っていこう。

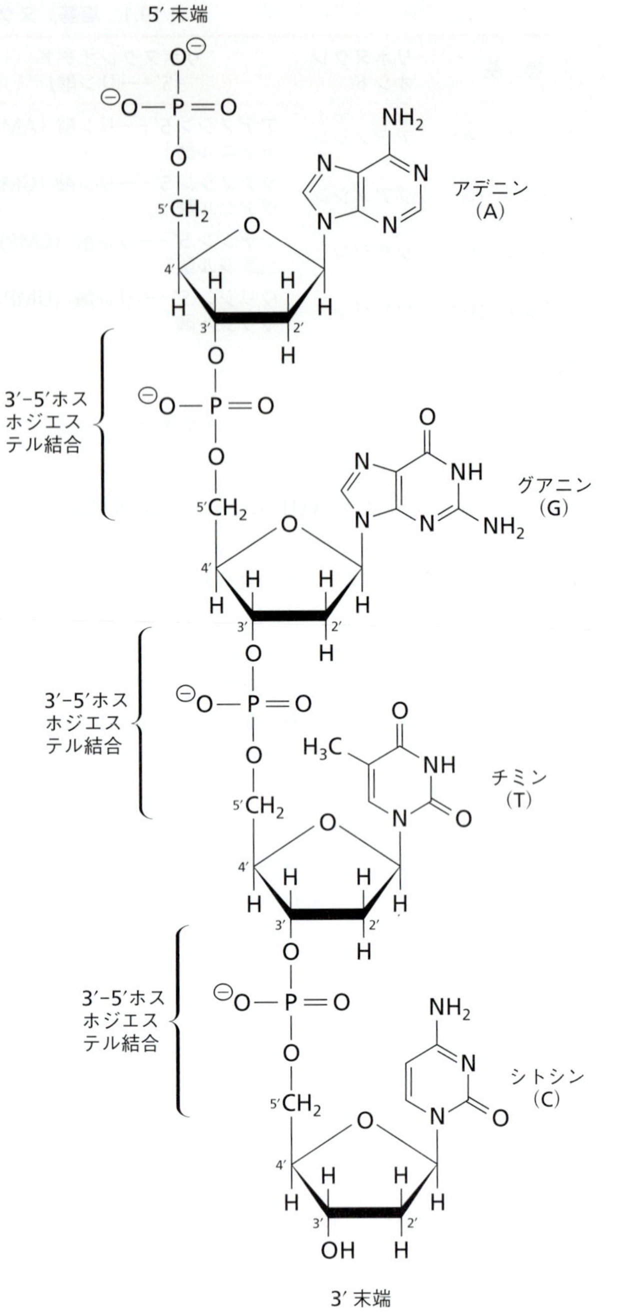

A. ヌクレオチドは 3′-5′ ホスホジエステル結合で連結される

タンパク質の一次構造とは、ペプチド結合でつながったアミノ酸の配列であった。それと同じように、核酸の一次構造とは、3′-5′ ホスホジエステル結合でつながったヌクレオチドの配列である。その結合様式を DNA 鎖中のテトラヌクレオチド断片で代表させて示した（図 19.11）。ポリヌクレオチドの骨格は、リン酸基、各デオキシリボースの 5′、4′、3′ の炭素原子と 3′ の酸素原子で形成されている。これらの骨格原子は伸びたコンホメーションをとっている。すぐに折りたたまれてしまうポリペプチドとは違って、二重らせん DNA が細長い分子となるのはこのためである。

連鎖をつくるには何種類かの共有結合が関与する。

1 本のポリヌクレオチド中では、すべてのヌクレオチド残基が同じ向きで並んでいる。つまりポリペプチド鎖の場合と同じように、ポリヌクレオチド鎖にも方向性がある。直鎖ポリヌクレオチ

▲ **図 19.11 テトラヌクレオチド pdApdGpdTpdC の構造** ヌクレオチド残基は 3′-5′ ホスホジエステル結合でつながっている。遊離の 5′-リン酸基をもつヌクレオチドを 5′ 末端、遊離の 3′-ヒドロキシ基をもつヌクレオチドを 3′ 末端とよぶ。

ド鎖の片方の端を 5′ 末端とよび（この 5′ 炭素には残基が結合していない）、もう一方の端を 3′ 末端とよぶ（この 3′ 炭素には残基が結合していない）。習慣として糖残基を構成する原子を読む順序で鎖の進行方向を定義している。つまり図 19.11 で上から下に向かって進むとき、糖残基の炭素原子を 5′、4′、3′ の順序にたどっていくので、5′→3′ 方向ということになる。同様に、下から上に向かって進むときは 3′→5′ 方向である。

今後は特に断らないかぎり、簡略化した構造を描くときは 5′→3′ の向きにする。リン酸残基は "p" で表すので、図 19.11 のテトラヌクレオチドなら pdApdGpdTpdC と書けばよい。DNA だということがはっきりしていれば、もっと簡略化して AGTC と書いてもよい。

ホスホジエステル結合の構成員であるリン酸基の pK_a は約 2

19.2 DNAは二本鎖である

なので，中性pHでは1個の負電荷をもつ．したがって，核酸は生理的な条件の下では多価の陰イオンである．細胞内ではリン酸基の負電荷は小さな陽イオンや正に荷電したタンパク質で中和されている．

> ! DNA鎖あるいはRNA鎖をたどるには，$5' \rightarrow 3'$ または $3' \rightarrow 5'$ という二つの方向がある．これは糖残基を構成する原子をどの方向に読むかで規定される．

B. 2本の逆平行の鎖が二重らせんをつくる

細胞中のDNAのほとんどは2本のポリヌクレオチド鎖から成る．片方の鎖の各塩基がもう片方の鎖の塩基と水素結合をつくっている（図19.12）．互変異性体のラクタム形とアミノ形の間にできる塩基対がいちばん普通のものである．グアニンはシトシンと，アデニンはチミンと対になったとき，最も多く水素結合をつくることができる．このとき，G·Cの対では3本，A·Tの対では2本の水素結合ができる．二本鎖DNAにこのような属性があることで，Chargaffの発見，つまり広範囲のDNAでAとTの比，GとCの比が1：1だったことの説明がつく．片方の鎖のAがもう片方の鎖のTと対になり，同じことがGとCにもいえることから，2本の鎖は相補的であり，互いに相手の鋳型となりうる関係にある．

二本鎖DNAの相補的な鎖の糖-リン酸骨格は，互いに反対の方向を向いている．つまり逆平行である．これこそWatsonとCrickが1953年にDNAのモデルを確立させたことによりもたらされた最も重要な知見の一つである．

二本鎖DNAのどちらの端にも，片方の鎖の$5'$末端と，もう片方の鎖の$3'$末端がある．二本鎖DNAでは，2本の糖-リン酸骨格間の距離は，どの塩基対をとっても同じである．したがってすべてのDNAは，ヌクレオチド配列がまったく違っていたとしても，同じ規則的構造をとる．

▲図19.12 二本鎖DNAの化学構造 2本の鎖は逆方向に進む．片方の鎖のアデニンがもう片方の鎖のチミンと対をつくり，また，片方の鎖のグアニンがもう片方の鎖のシトシンと対をつくる．

▲ WatsonとCrickが最初につくったDNAモデル

実際のDNAの構造は，二つの重要な点で図19.12に示したものとは違っている．正確に三次元的に描くと，2本の鎖は互いに巻き付いて二本鎖のらせん，つまり二重らせんとなる．また塩基対がつくる平面は回転して紙面にほぼ垂直になる．（図19.10でdGMPの塩基の平面が糖に対してほぼ垂直であることを示したことを思い出してほしい．）

DNAはねじれてらせん状になった"はしご"のように見える．塩基対がはしごの段に，糖-リン酸骨格が枠に対応する．それぞれの相補鎖が相手方に対する完全な鋳型の役割を果たす．このような相補性が，二本鎖DNAの全長にわたって規則構造が保たれることの理由である．しかし，相補的な塩基対をつくることだけでらせん構造ができるわけではない．B-DNAでは，塩基対はつぎつぎと積み重なって，分子の長軸にほぼ垂直に並ぶ．各塩基対の上面と下面との間には，協同的な，非共有結合による相互作用が生じ，塩基対同士を近づけ，内側を疎水性とし，その結果，糖-リン酸骨格をねじれさせる．このような積み重なりによる相互作用（スタッキング相互作用）がなじみあるらせんをつくらせている（図19.13）．積み重なった塩基対の間の相互作用は二重らせんの安定化に大きく貢献している．

糖-リン酸から成る2本の骨格の方は親水性なので，らせんの外側を回ることになり，溶媒である水に露出している．一方，積み重なったやや疎水性の塩基はらせんの内側に入るので，水からはほぼ遮へいされている．このような疎水的環境にあるために，塩基間にできる水素結合は水分子と競合しないですみ，安定性が高まっている．

塩基の積み重なりと糖-リン酸骨格のねじれの関係上，二重らせんには幅が違う溝が2種類できる．これらを**主溝**（major groove）と**副溝**（minor groove）とよぶ（図19.14）．いずれの溝でも，塩基対の縁にある原子は水に露出しているので，塩基対ごとに特徴的な化学基のパターンが溝の中に提示される．特定の塩基対に結合する分子は，溝の中で塩基対に接触することができ，らせんを壊さずにそれらを認識できる．二本鎖DNAに結合して，ある特定の配列を"読む"役割を与えられたタンパク質にとっては，このことが特に大切である．

B-DNAは右巻きらせんで，直径が2.37 nmである．らせんの**ライズ**（rise，ある塩基対からつぎの塩基対までのらせん軸に沿った長さ）は平均0.33 nm，**ピッチ**（pitch，完全に1巻きしたときの長さ）は約3.40 nmである．これらの値は塩基組成によって若干変化する．らせん1巻きごとに約10.4塩基対あるので，1本の鎖についていえば，隣のヌクレオチドとの間の回転角は約34.6°（360°/10.4）となる．

図19.15にB-DNAを二つの見方で示した．球棒モデル（図19.15 a）を見ると塩基対間の水素結合が分子の内部に埋もれており，水が競合的に反応することから保護されていることがわかる．電荷をもつリン酸基（紫と赤の原子）は外側表面にある．この配置は空間充填モデルの方がもっとはっきりする（図19.15 b）．空間充填モデルでは，塩基対にある官能基が溝の中に露出していることもよくわかる．青の窒素原子，赤の酸素原子から，このよ

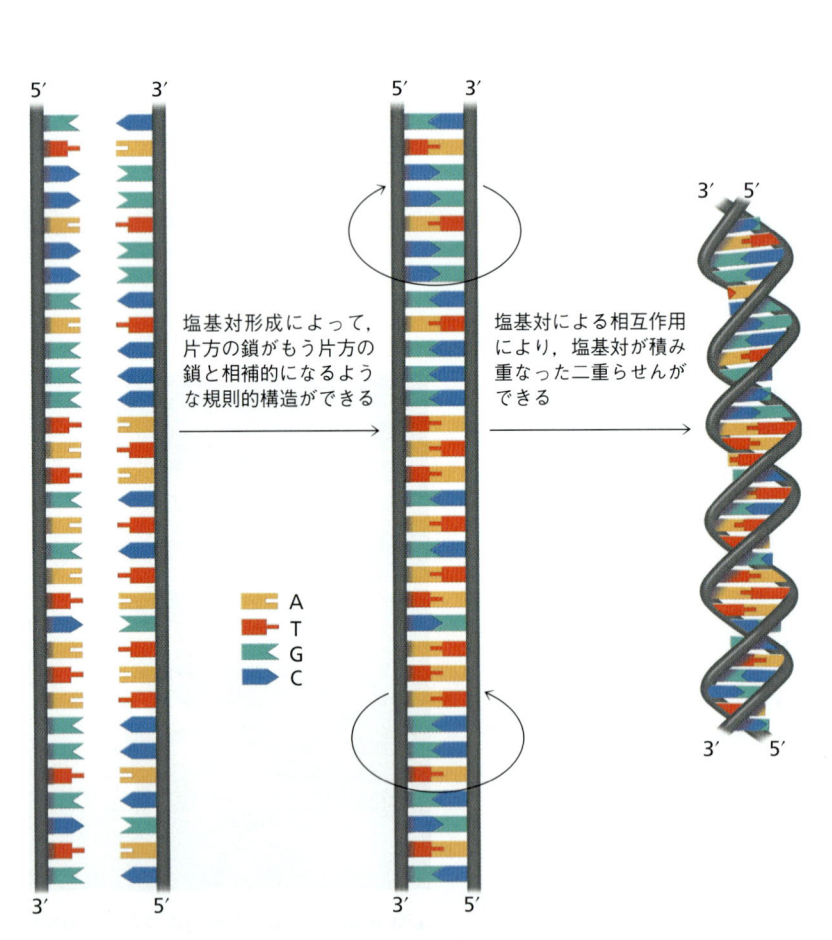

▲図19.13 二本鎖DNA中の相補的塩基対形成と積み重なり

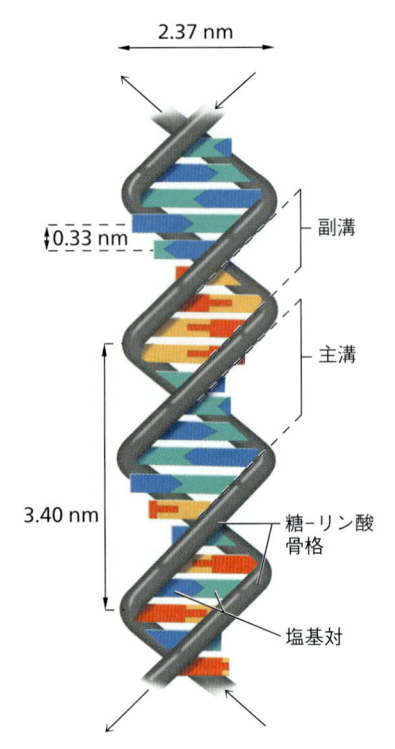

▲図19.14 B-DNAの三次元構造 このモデルでは，塩基対および糖-リン酸骨格の方向，ピリミジンとプリン塩基の相対的な大きさが示されている．糖-リン酸骨格がらせんの外側を回り，塩基が内部空間を占める．塩基対が積み重なることにより，幅が異なる二つの溝，主溝と副溝ができる．らせんの直径は2.37 nm，塩基対の間の距離は0.33 nm．1回完全に回ると3.40 nmの距離になる．（見やすいように，積み重なった塩基の間にすき間を空けて，相補的塩基の間の相互作用は概念的に描いた．）

19.2 DNAは二本鎖である

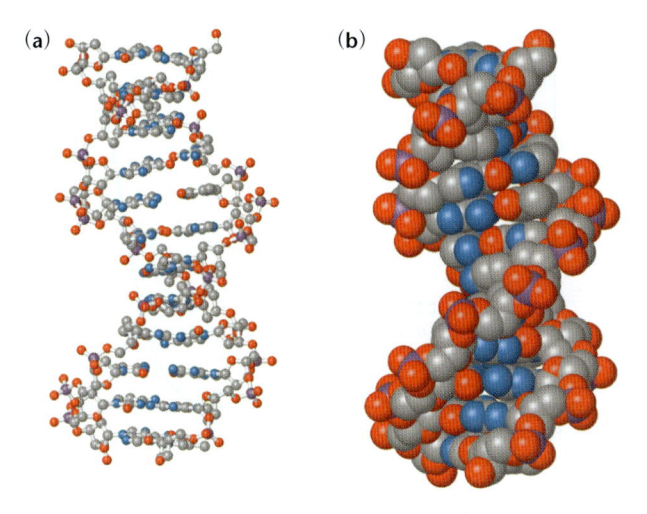

▲図19.15　**B-DNA**　(a) 球棒モデル. 塩基対は糖-リン酸骨格にほぼ垂直. (b) 空間充填モデル. 色分けは灰色: 炭素, 青: 窒素, 赤: 酸素, 紫: リン [NDB (核酸データベース) BD0001]

うな基の存在が確認できる.

二重らせんDNAの長さは塩基対 (bp) の数で表すことが多い. 長い場合には1000塩基対を単位として, **キロ塩基対** (kilobase pair, 普通はkbと省略) で表す方が便利である. 細菌のゲノムは大半が数千 kb の DNA 1本でできている. たとえば大腸菌の染色体は4600 kbである. 哺乳類や顕花植物の染色体中の最大のDNAは, おそらく数十万kbに達するであろう. ヒトのゲノムは 3200000 kb (3.2×10^9 塩基対) のDNAをもっている.

細菌は通常1本の染色体をもち, その両端がつながって環状になっている. 真核細胞のミトコンドリアや葉緑体のDNAも環状である. それに対して, 真核生物の核の染色体は直鎖状である. (細菌には複数の染色体をもつものや, 直鎖状の染色体をもつものもある.)

!　DNAの2本の鎖は逆平行である.

C. 二重らせんは弱い力で安定化されている

細胞内の複雑な構造体が自然状態でもっているコンホメーションは, 構造を維持できる程度には強く, 柔軟性をもたらす程度には弱い力で維持されている. タンパク質や核酸の一次構造を規定するのは, 残基間の共有結合であるが, それらの三次元構造を決めるのは弱い力である. 以下の四つの型の相互作用が二本鎖DNAのコンホメーションに影響を及ぼしている.

1. **スタッキング相互作用**　積み重なった塩基対は, ファンデルワールス力により接触する. 個々の塩基対間の力は弱いが, 大きなDNAでは加算されるので, ファンデルワールス接触は安定化に大きく寄与する.
2. **水素結合**　塩基間の水素結合が安定化に寄与する.
3. **疎水性効果**　プリンとピリミジンの疎水性の環を二重らせんの内側に埋め込んで, らせんの安定性を高める.
4. **電荷-電荷相互作用**　骨格の負に荷電したリン酸基間の静電的反発はDNAらせんの不安定化の原因になりうる. しかし Mg^{2+} のような陽イオンや, 陽イオン性タンパク質 (アルギニンやリシンなどの塩基性残基を多く含むタンパク質) が存在すると, 反発は最小限に抑えられる.

スタッキング相互作用の重要性は, 塩基対のスタッキングエネルギー (表19.3) を見れば明らかである. 二つの塩基対間のスタッキングエネルギーは塩基対の構成 (G·CかA·Cか) およびそれぞれの塩基対の方向で変わる. 平均的なスタッキングエネルギーはほぼ 35 kJ·mol^{-1} である. 二重らせんDNA内に積み重なった疎水性コア内では, 塩基対間の水素結合の強さはほぼ 27 kJ·mol^{-1} である (§2.5 B). しかし, もしもスタッキング相互作用が弱められたら塩基間の水素結合は露出して, 水分子と競合することになり, 二本鎖構造維持に対する貢献度が著しく低下してしまう.

表19.3　二重らせんDNA内に存在しうる10種類のスタッキング相互作用

積み重なった二量体[†]		スタッキングエネルギー [kJ·mol^{-1}]
↑C-G↓ ↑G-C↓		−61.0
↑C-G↓ ↑A-T↓	↑T-A↓ ↑G-C↓	−44.0
↑C-G↓ ↑T-A↓	↑A-T↓ ↑G-C↓	−41.0
↑G-C↓ ↑C-G↓		−40.5
↑G-C↓ ↑G-C↓	↑C-G↓ ↑C-G↓	−34.6
↑T-A↓ ↑A-T↓		−27.5
↑G-C↓ ↑T-A↓	↑A-T↓ ↑C-G↓	−27.5
↑G-C↓ ↑T-A↓	↑T-A↓ ↑C-G↓	−28.4
↑A-T↓ ↑A-T↓	↑T-A↓ ↑T-A↓	−22.5
↑A-T↓ ↑T-A↓		−16.0

[†]　矢印は糖-リン酸骨格の方向と, 一つの糖のC-3′から隣の糖のC-5′へ向かう出発点を表す.

[Omstein, R. L., Rein, R., Breen, D. L., and MacElroy, R. D. (1978). An optimized potential function for the calculation of nucleic acid interaction energies: I. Base stacking. *Biopolymers* 17:2341-2360 より改変.]

生理的条件下では, 1本にばらばらにされたDNA鎖よりも, 二本鎖DNAの方が熱力学的に安定であり, これが生体内では二本鎖構造が圧倒的に多い理由である. しかし, 二重らせん構造の一部分がほどけて壊れることがある. このようなことはDNAの複製, 修復, 組換え, 転写などの過程で起こる. 完全にほどけて, 1本ずつの相補鎖に分かれてしまうことを**変性** (denaturation) という. 変性が起こるのは試験管内に限られる.

二本鎖DNAは, 加熱や, 尿素や塩酸グアニジンなどのカオトロピック試薬で変性させることができる. (§4.10でタンパク質も変性することを述べた.) 熱変性を研究するときには, DNA溶液の温度を少しずつ上げていく. それにつれて, 積み重なっていた塩基が次第にばらばらになり, 塩基対間の水素結合も切れていく. 最後には2本の鎖は完全に分かれてしまう. DNAの半分が一本鎖になってしまう温度を**融解温度** (melting temperature; T_m) という.

どの程度変性しているのかは紫外線吸収からわかる. 核酸の吸収極大波長に近い 260 nm で測定する. 一本鎖DNAは 260 nm で二本鎖DNAよりも 12〜40 % も強く紫外線を吸収する (図19.16).

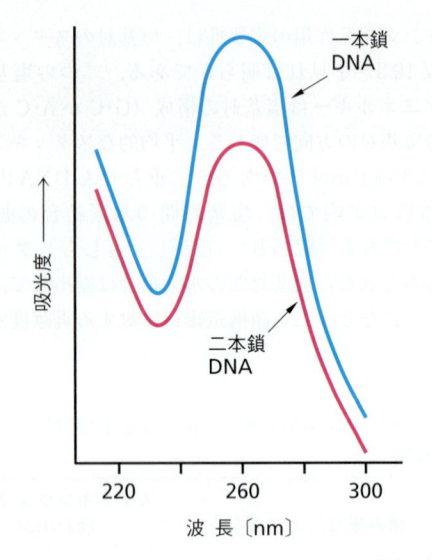

▲図 19.16　二本鎖および一本鎖の DNA の吸収スペクトル　pH 7.0 で二本鎖 DNA は 260 nm 付近に吸収極大がある．変性 DNA は二本鎖 DNA よりも 12〜40% 強く紫外線を吸収する．

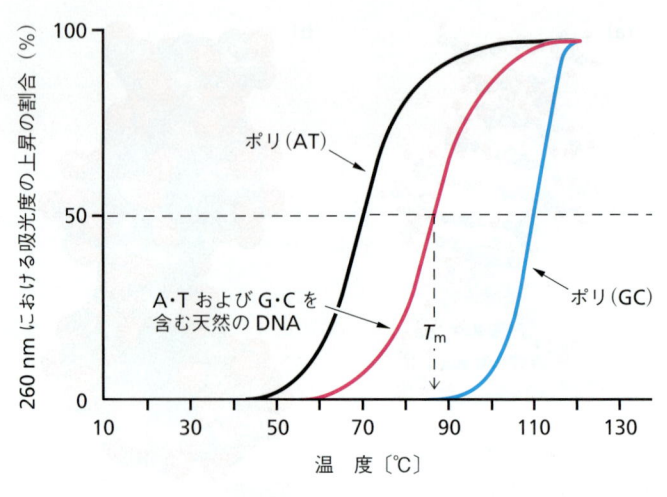

▲図 19.17　DNA の融解曲線　この実験では 260 nm の吸光度を測りながら，DNA 溶液の温度を上げていく．融解温度（T_m）はシグモイド曲線の変曲点に相当する．ここで試料の吸光度は，完全に変性した DNA の吸光度の増加分の 1/2 まで上昇する．ポリ(AT)は，天然の DNA およびポリ(GC) よりも低い温度で融解する．G・C 塩基対を壊す方がエネルギーを余計必要とするからである．

DNA 溶液の吸光度変化を温度に対してプロットしたものを **融解曲線**（melting curve）という（図 19.17）．融解温度の所で吸光度が急に高くなり，狭い温度範囲で二重らせんから一本鎖 DNA へとほどけてしまう．

融解曲線が S 字形（シグモイド）をしていることから，変性はタンパク質でもそうだったように（§4.10），協同的な現象だということがわかる．それは塩基対のスタッキング相互作用および水素結合が，ジッパーを開くようにいっせいに壊れてしまうからである．DNA 鎖の内部の短い部分がほどけて，一本鎖の"バブル"ができると，ジッパーが開き始める．この一本鎖バブルが急速に隣接する塩基対の積み重なりを不安定化し，バブルが大きくなるにつれて，不安定な状態が両方向に伸びていく．

図 19.17 からわかるように，ポリ(GC) はポリ(AT) よりもずっと高い温度で変性する．A・T が多い DNA の方が，G・C が多い DNA よりも融解しやすい．その理由は，A・T 塩基対の方がスタッキング相互作用が弱いからである（表 19.3）．高温で最初に壊されるのはスタッキング相互作用だということを指摘しておきたい．いったん壊れはじめると，積み重なっているときには全体として強かった水素結合が水に露出されて著しく弱まり，DNA は急速に不安定化していく．天然の DNA はさまざまな塩基組成の部分が混じり合っており，A・T が多い部分は G・C が多い部分よりもほどけやすい．

融点よりわずかに下の温度では，普通の DNA は G・C が多い二本鎖領域と A・T が多い部分的一本鎖領域（バブル）から成っている．このような試験管内実験によって，A・T 塩基対が多い領域は，G・C 塩基対が多い領域よりもほどけやすいという重要な発見がもたらされた．転写開始部位が A・T を多く含むことについては 21 章で述べる．

D．二本鎖 DNA のコンホメーション

条件が変わると，二本鎖 DNA のコンホメーションも変化する．配列がはっきりしているさまざまな合成オリゴデオキシリボヌクレオチドで X 線結晶解析を行った結果，細胞内での DNA は "純粋な" B 型コンホメーションをとっているとは限らないことが示唆された．DNA は動的な分子で，実際のコンホメーションはヌクレオチドの配列に多かれ少なかれ依存している．局所的コンホ

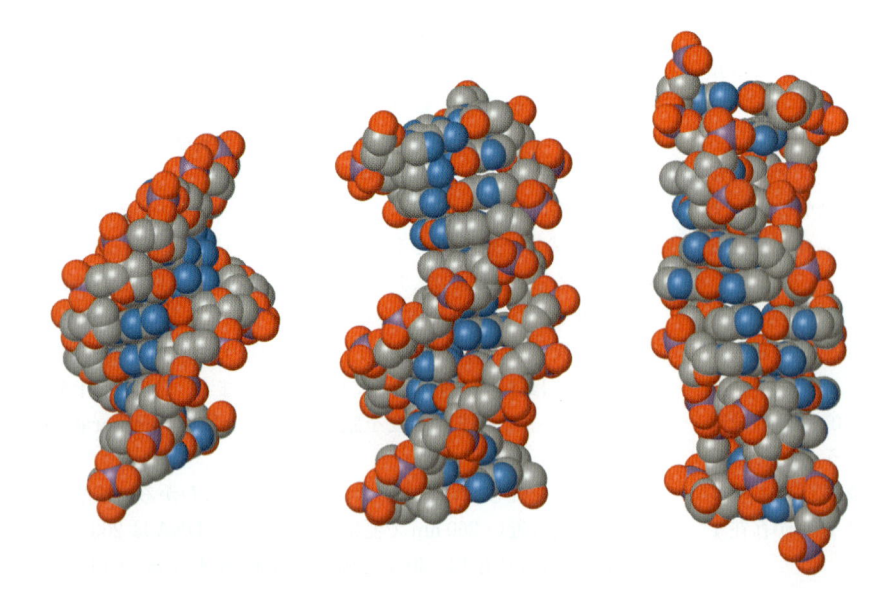

◀図 19.18　A-DNA, B-DNA, Z-DNA　DNA から水を除くと，A-DNA コンホメーション（左）が優勢になる［NDB AD0001］．B-DNA（中央）は細胞内に普通にみられるコンホメーションである［NDB BD0001］．Z-DNA（右）は GC が多い配列で優勢になる［NDB ZDJ050］．

19.3 DNAは超らせんをつくることができる

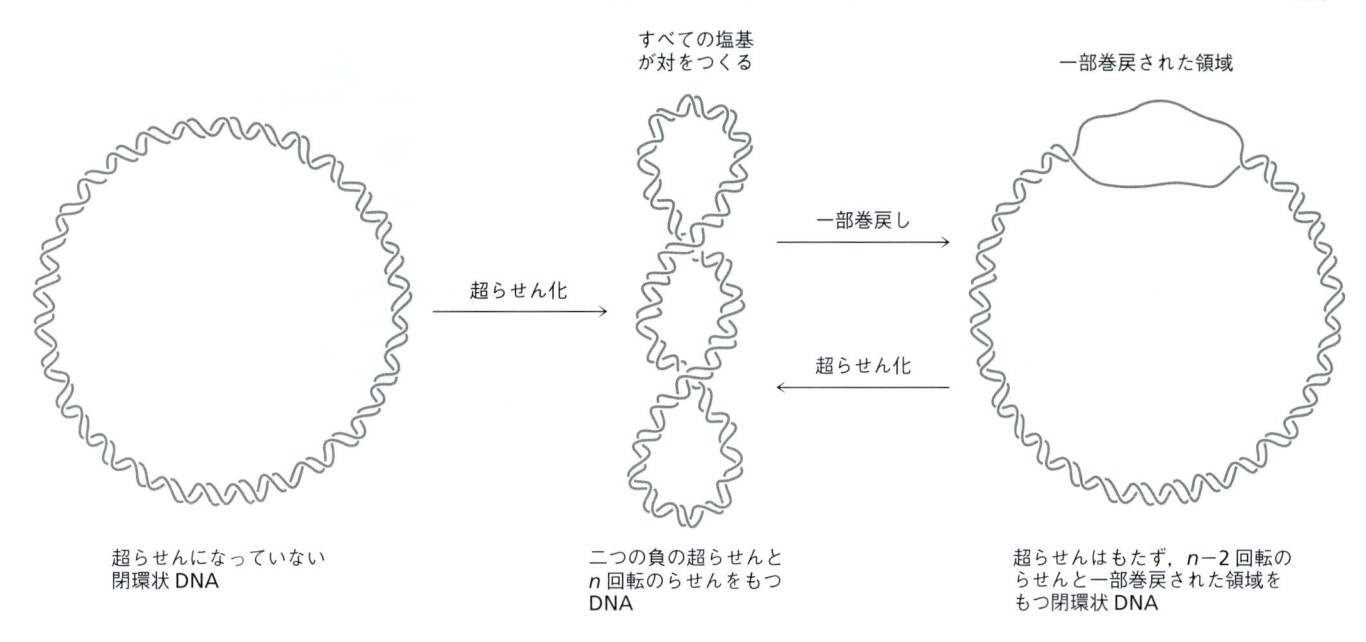

▲図 19.19 **超らせんDNA** 左のDNA分子は閉環状の弛緩型で，普通のB型コンホメーションをもつ．DNAのらせんを切断し，環状に戻す前に2回転分ほどくと，超らせんが二つできる．超らせんになることで，巻き足りない分の影響を解消し，正常のB型コンホメーションを回復するのである．右の分子ではDNAの一部が巻戻されている．このコンホメーションは負の超らせんDNAとトポロジーが等価である．

メーションは，DNA分子中の折れ曲がりや，タンパク質と結合しているかどうかによっても変わる．その結果として，B-DNAのらせん1巻き当たりの塩基対の数は10.2〜10.6の幅で変動する．

さまざまな形のB-DNAの他に，はっきり違う2種類のDNAコンホメーションがある．DNAは脱水によってA-DNA構造になり，特定の塩基配列がある場合にはZ-DNA構造になる（図19.18）．（A型およびB型のDNAは1952年にRosalind Franklinが発見した．）A-DNAはB-DNAよりもらせんがもっときつく巻かれていて，主溝と副溝の幅に差がなくなっている．A-DNAは1巻きごとに11 bpを含み，塩基対はらせんの長軸方向に対して20°傾いている．Z-DNAはさらにB-DNAからかけ離れていて，溝がなくなっているうえに，右巻きではなくて左巻らせんになっている．Z-DNA構造はGC含量が高い部分にみられる．Z-DNAのデオキシグアニル酸残基では糖の立体配座が違っており（C-3エンド），塩基がシン形になっている．A-DNAおよびZ-DNAのいずれのコンホメーションも生体内に存在するが，DNA中の短い領域に限られている．

ほとんどの環状DNA分子は細胞内で超らせんになっているが，もっと長い直鎖状のDNA分子でも部分的に超らせんになった領域をもつことがある．細菌の染色体は，普通はDNA 1000 bp当たり五つの超らせんをもつ．§19.5で述べるが，真核細胞の核内DNAも超らせんになっている．DNAを切断して二重らせんを巻戻したり，あるいはもっときつく巻いたりしてからつなぎ直して位相（トポロジー）を変える酵素が，すべての生物に存在する．このような酵素をトポイソメラーゼとよび，超らせんを増やしたり，減らしたりする役割をもつ．トポイソメラーゼがDNAに結合している例を図19.20に示す．トポイソメラーゼは注目に値する酵素で，DNAの2本の鎖の片方，または両方を切断してから，切断された末端を回転させて，DNAをほどいたりきつく巻いたうえで，もう一度末端をつないで超らせんを新生させたり，解消させたりする．

超らせん形成による重要な結果の一つを図19.19に示した．もしもDNAの巻き方が足りないときには，安定なB型コンホメーションを維持できるように，負の超らせんをつくって埋め合わせ

19.3 DNAは超らせんをつくることができる

B型コンホメーションをもつ環状DNAは1巻き当たり平均10.4 bpを含む．このような分子を平面上に平らに寝かせることができる場合，弛緩型とよぶ．この弛緩型の二重らせんDNA鎖を切断して直鎖状にしてから，その両端を逆向きにねじると，巻き方をもっときつくしたり，あるいはもっと緩くしたりできる．このようにした鎖をつなぎ直して環状に戻したとすると，安定なB型コンホメーションを維持するのに必要な，1巻き当たり10.4 bpという関係が失われてしまう．環状になった分子は巻きすぎた分，あるいは巻き足りない分を補うために超らせんをつくり，これによって二重らせん1巻き当たり10.4 bpという関係が回復する（図19.19）．超らせんになったDNAは平面上に平らに寝かせることはできない．超らせん一つごとに，二重らせん1巻き分が解消される．

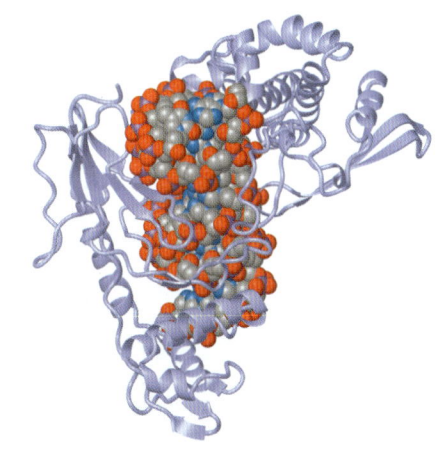

▲図 19.20 **DNAに結合したヒトトポイソメラーゼI** [PDB 1A31]

をする（巻き方が過度な場合は，正の超らせんをつくる）．図19.19 の右に示すような別のコンホメーションをとることもある．この場合，DNA の大半は二重らせんだが，局所的には巻き方が少し足りなくなるために，ほどけた部分ができる．負の超らせんと，一部がほどけたコンホメーションとは平衡関係にあるが，負の超らせんの方がやや安定なので優勢に存在する．これら二つのコンホメーション間の自由エネルギーの差はごく小さい．

　細胞内の大半の DNA は負の超らせんになっている．これは分子内の短い領域，特に AT が多い領域は相対的に巻戻しやすいこ

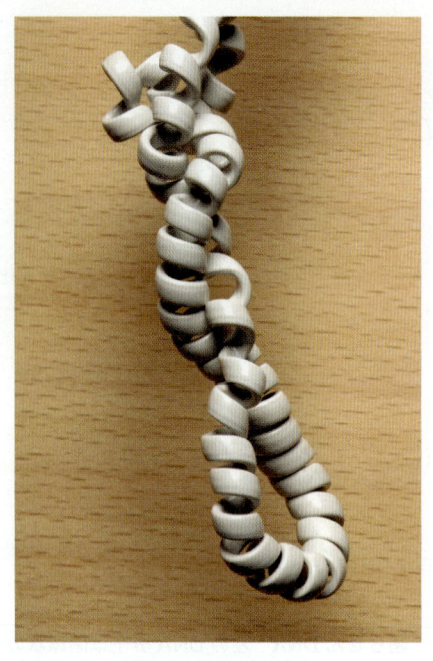

▲電話のコードが超らせんになるとやっかいそのもの

との現れである．先にも述べたが，局所的な巻戻しは，DNA の複製開始，再結合，修復，転写にとって不可欠な第一段階である．だから負の超らせんになっているということは，巻戻しに必要なエネルギーを蓄えておくという意味で，これらの過程にとっての重要な生物学的意味がある．これが，超らせん形成を触媒するトポイソメラーゼがすべての細胞にとって欠かせない理由である．

19.4　細胞は数種類の RNA を含む

　RNA は遺伝情報を発現させるいろいろな段階にかかわっている．細胞内には RNA のコピーが多数あり，またいろいろな形をとる．主要な 4 種類の RNA が生細胞のすべてに存在する．

1. **リボソーム RNA（rRNA）** はリボソーム（細胞内でタンパク質合成の場となるリボ核タンパク質）の構成成分である．細胞の全 RNA の約 80% を占めており，いちばん量が多い RNA 種である．
2. **転移 RNA（tRNA）** は，タンパク質を合成しているリボソームへ活性化アミノ酸を運び，そこで伸長中のペプチド鎖の端に取込ませる．tRNA 分子は短くて，わずか 73〜95 ヌクレオチド残基から成る．細胞の全 RNA の約 15% を占める．
3. **メッセンジャー RNA（mRNA）** は，タンパク質のアミノ酸配列を暗号化したものである．DNA からタンパク質を合成している翻訳複合体へ情報を運ぶ"伝令"である．mRNA は普通は細胞の全 RNA のうちの 3% くらいであり，また細胞内でいちばん不安定な RNA である．
4. **低分子 RNA** もすべての細胞に存在する．触媒活性をもつもの，あるいはタンパク質と結合して触媒活性に寄与するものなどもある．RNA が合成された後で修飾を受ける，いわゆるプロセシング過程に関与するものが多い．遺伝子の発現調節に必要なものもある．

　RNA は一本鎖だが，複雑な二次構造をとることも多い．生理的条件下で，ほとんどの一本鎖ポリヌクレオチドが中途で折り返

BOX 19.1　DNA を引っ張る

　1 分子原子間力分光学は，単一の分子の性質を研究する有力な手段であり，一本鎖 DNA の性質を調べるのに使われてきた．この実験では，一本鎖 DNA の端を固相表面に固定し，もう一方の端に分子ピンセットをつけて分子を引っ張り，そのときの抵抗力を測定する．

　この実験をポリ(dT) に適用したところ，分子が完全に伸びきるまでまったく抵抗がなかった．ポリ(dT) には二次構造がほとんどないためである．しかしポリ(dA) を引っ張ると，最初に抵抗があった後で，完全に引き延ばされるように転換した．ポリ(dA) はアデニル酸残基が積み重なって溶液中でらせんになっており，らせんを壊す段階で最初の抵抗があったのである．

　抵抗力を測定してスタッキングエネルギーを計算すると 15 kJ·mol^{-1} だった．これは他の方法で得られたアデニン残基のスタッキング相互作用の値に近かった．一本鎖のポリヌクレオチドの場合でも，DNA がらせん構造をつくるにはスタッキング相互作用が重要であることがこの実験で実証された．

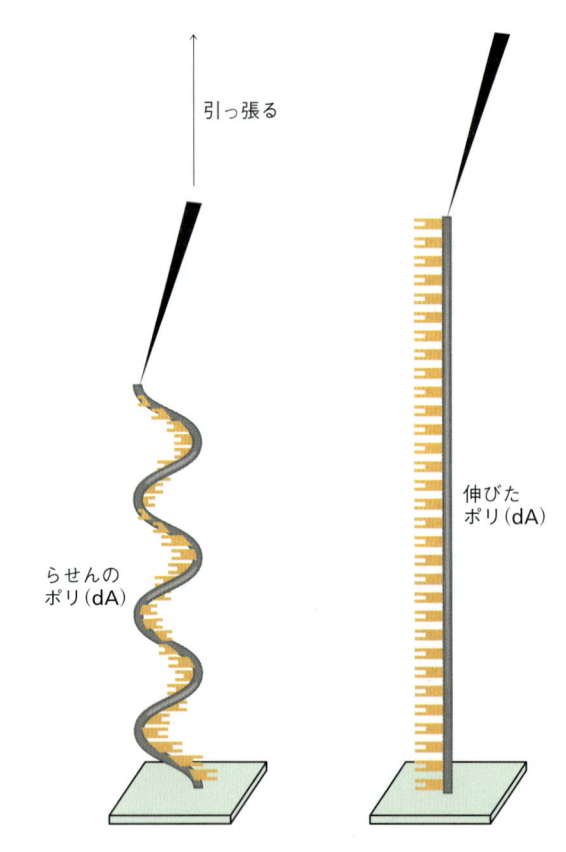

▲ポリ(dA) を引っ張る　[Ke et al. (2007) より改変．]

して，塩基対をもつ二本鎖の安定な領域を自身でつくる．そのような二次構造の一つがヘアピン，すなわちステム-ループであり，相補的配列をもつ短い領域が塩基対をつくったときに形成される（図 19.21）．RNA の二本鎖領域の構造は A 型の二本鎖 DNA に似ている．このような構造が転写の際に重要だということ，tRNA，rRNA，低分子 RNA に共通していることなどを，21 章と 22 章で取上げる．

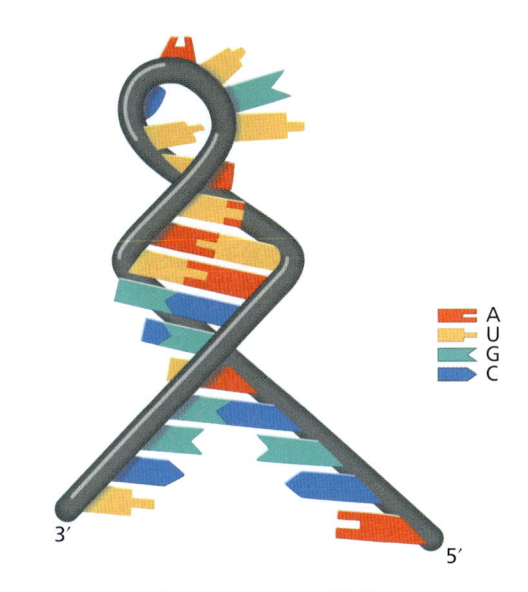

▲図 19.21 **RNA 中のステム-ループ構造** RNA のような一本鎖のポリヌクレオチドでも，相補的な短い配列が塩基対をつくると，ヘアピン，すなわちステム-ループができる．ヘアピンのステム部分は塩基対をつくったヌクレオチドより成り，ループ部分は相補性のないヌクレオチドから成る．ステム中では鎖が逆平行になっていることに注意．

! 一本鎖 RNA は自身の内部で折り返されて DNA に似た安定な二重らせんを部分的につくる．

19.5 ヌクレオソームとクロマチン

Miescher がヌクレインを発見した 10 年後の 1879 年に，Walter Flemming は染色した真核細胞の核内に帯状のものを見つけ，この物質をギリシア語で"色"を表す *chroma* にちなんで**クロマチン**（chromatin；染色質）と名付けた．今日ではクロマチンは，DNA を小さな包みの形で格納する役割をもつタンパク質と DNA との複合体であることがわかっている．原核生物の DNA も，細胞内部で小さくまとまった構造をとれるように，タンパク質と結合している．この構造は真核生物のものとは違うので，クロマチンとはよばない．

休止状態にある正常な細胞では，クロマチンは直径が約 30 nm の細長い糸の状態にあり，これは 30 nm 繊維とよばれる．ヒトの場合，核はこのようなクロマチン繊維，つまり染色体を 46 本も収めなければならない．ヒトでいちばん大きな染色体は 2.4×10^8 bp もあるので，もしも B 型コンホメーションで伸びているとすれば約 8 cm の長さになるはずである．細胞分裂の中期（染色体がいちばん小さくまとまっている時期）では，このいちばん長い染色体は約 10 μm の長さである．中期の染色体と伸びた B 型 DNA の長さとの違いは 8000 倍となる．この値を格納比という．

A. ヌクレオソーム

クロマチンの主要なタンパク質は**ヒストン**（histone）として知られている．ほとんどの真核生物は 5 種類のヒストン，H1，H2A，H2B，H3，H4 をもつ．いずれも小さな塩基性タンパク質で，多数のリシンとアルギニン残基を含み，その正電荷によって DNA の負に荷電した糖-リン酸骨格に結合できる．典型的な哺乳類のヒストンについて，酸性と塩基性の残基数を表 19.4 に示した．H1 以外のどのヒストンも，一次構造はすべての真核生物を通じてきわめて共通している．たとえば，ウシのヒストン H4 とエンドウマメのヒストンの H4 を比べると，102 残基のうちの 2 残基しか違っていない．一次構造がこれほど似ていることは，三次構造や役割も保存されてきたことを示唆している．

クロマチンは低イオン強度の溶液（5 mM 未満）で処理するとほどける．伸びたクロマチン繊維は，電子顕微鏡で"数珠つなぎ"構造に見える（図 19.22）．この"数珠玉（ビーズ）"は DNA-ヒストン複合体で**ヌクレオソーム**（nucleosome）とよばれ，

表 19.4 哺乳類ヒストン中の塩基性および酸性残基

型	分子量	残基の数	塩基性残基の数	酸性残基の数
ウサギ胸腺 H1	21000	213	65	10
仔ウシ胸腺 H2A	14000	129	30	9
仔ウシ胸腺 H2B	13800	125	31	10
仔ウシ胸腺 H3	15300	135	33	11
仔ウシ胸腺 H4	11300	102	27	7

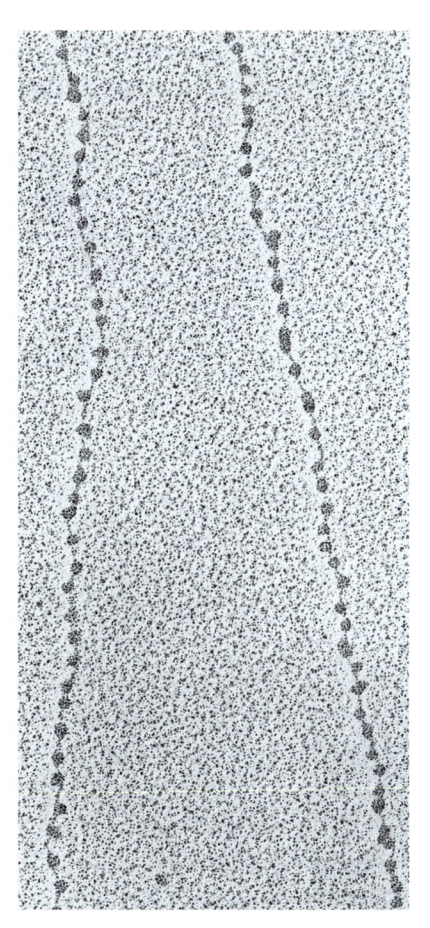

▲図 19.22 **クロマチンの電子顕微鏡写真** 引き伸ばされているので数珠つなぎ構造がわかる．

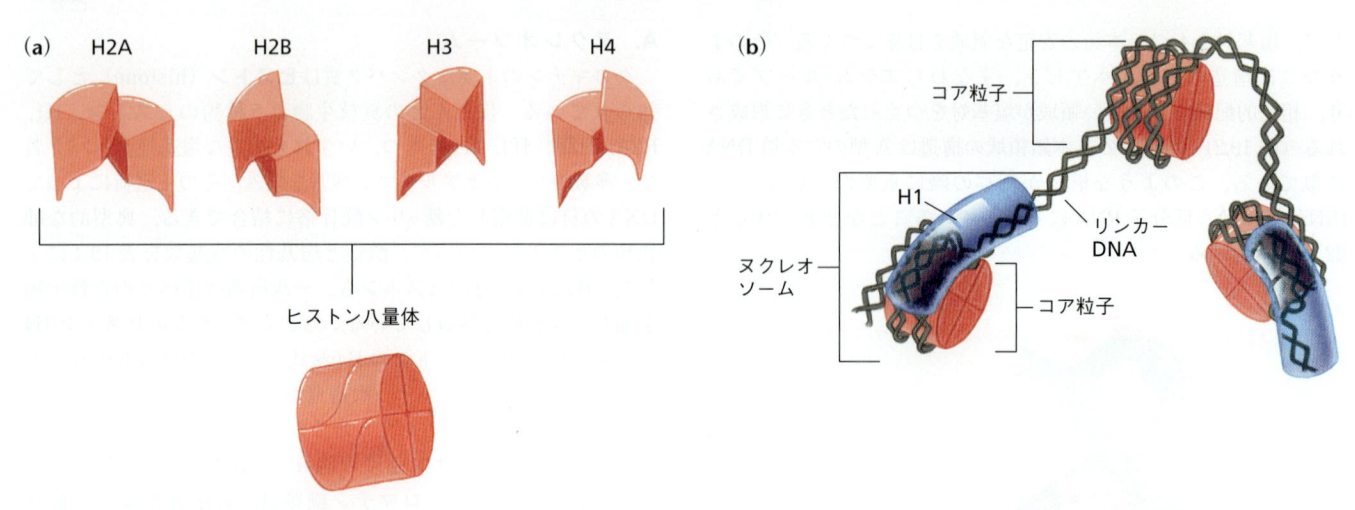

▲ 図 19.23 **ヌクレオソームの構造** （a）ヒストン八量体．（b）ヌクレオソーム．各ヌクレオソームはコア粒子，ヒストン H1，リンカー DNA から成る．ヌクレオソームのコア粒子はヒストン八量体と約 146 bp の DNA から成る．リンカー DNA は約 54 bp である．ヒストン H1 がコア粒子とリンカー DNA に結合している．

"糸"は二本鎖 DNA である．

1 個のヌクレオソームは，ヒストン H1 が 1 分子，H2A，H2B，H3，H4 が各 2 分子，それに約 200 bp の DNA でできている（図 19.23）．H2A，H2B，H3，H4 がヒストン八量体というタンパク質複合体をつくり，その周りに DNA が巻き付いている．約 146 bp の DNA がヒストン八量体と密着しており，**ヌクレオソームコア粒子**（nucleosome core particle）を形成する．各コア粒子の間の DNA をリンカー DNA とよび，約 54 bp の長さがある．ヒストン H1 はリンカー DNA とコア粒子の両方に結合できるが，伸びた形の数珠つなぎ構造には，H1 が含まれないことが多い．クロマチンをさらに高度な構造にまとめるのが H1 の役割である．

ヌクレオソームコア粒子の構造は X 線結晶構造解析により解明された（図 19.24）．8 個のヒストンサブユニットが 4 個の二量体，つまり 2 個の H2A/H2B 二量体と 2 個の H3/H4 二量体となって対称的に配置されている．粒子は円盤のような形をしており，DNA 骨格の糖リン酸部分を収納できるような，正に荷電した溝がある．

DNA はコア粒子の周りを取巻き，ヌクレオソーム 1 個当たりほぼ $1\frac{3}{4}$ 周している．もしこの DNA が伸びていたら，ほぼ 50 nm になるはずであるが，ヌクレオソームコア粒子に結合すると，全体の長さが円盤の直径の 5 nm にまで短縮される．こうしてできた DNA のコイルはトポロジー的には負の超らせんに相当し，これが真核生物のクロマチンからヒストンを取除くと，DNA が超らせんになってしまう理由である．

コアの四つのヒストンのすべての N 末端領域には，正電荷をもつリシン（K）およびアルギニン（R）残基が多い．このような末端領域はコア粒子から外に突き出ていて，DNA や他のタンパク質の負に荷電した部分と相互作用している（図 19.24）．こうした相互作用によって，30 nm 繊維という，より高度に秩序化されたクロマチン構造が安定化されている．

これらの N 末端領域にある特定のリシン残基は，ヒストンアセチルトランスフェラーゼという酵素によってアセチル化される．たとえばヒストン H4 の 5，8，12，16，20 番の残基がアセチル基で修飾される．

$$\overset{\oplus}{S}\,\overset{}{G}\,\overset{\oplus}{R}\,\overset{\oplus}{G}\,\overset{\oplus}{K}\,\overset{}{G}\,\overset{}{G}\,\overset{\oplus}{K}\,\overset{}{G}\,\overset{}{L}\,\overset{\oplus}{G}\,\overset{\oplus}{K}\,\overset{}{G}\,\overset{}{G}\,\overset{}{A}\,\overset{\oplus\oplus\oplus\oplus}{K\,H\,R\,K}\,\overset{}{V}\,\overset{}{L}\,\overset{\oplus\ominus}{R\,D}\ldots\quad (19.1)$$
58121620

アセチル化によってヒストンの N 末端の実効電荷が減少し，他のヌクレオソームやタンパク質との相互作用が弱まる．その結果，高次構造にゆるみが生じる．アセチル化は遺伝子の発現と関係しており，遺伝子を転写するためにクロマチンをほどく必要が生じた部位へヒストンアセチルトランスフェラーゼが優先的に運

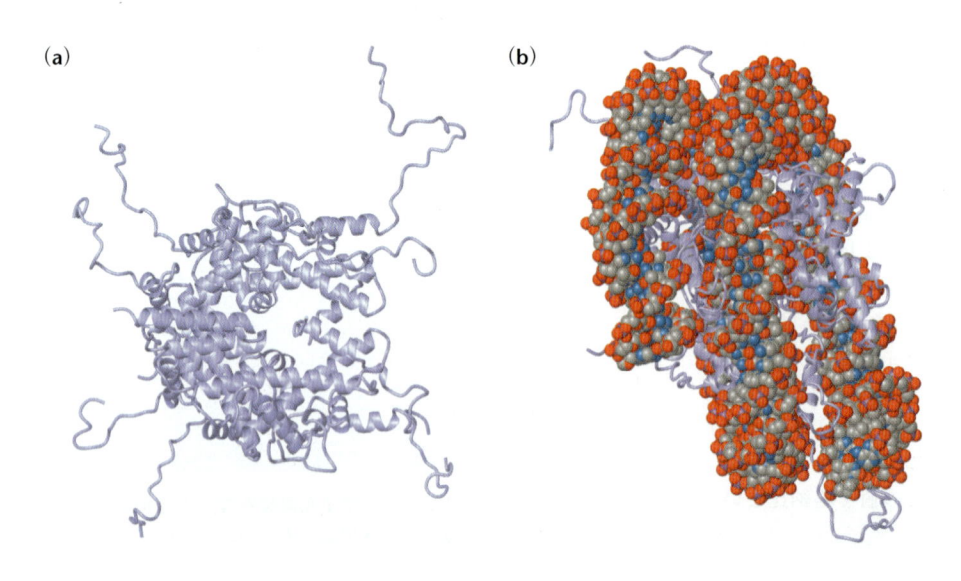

◀ 図 19.24 **ニワトリ（*Gallus gallus*）のヌクレオソームコア粒子の構造** （a）ヒストン八量体．（b）DNA に結合したヒストン八量体．コア粒子が円盤状に見えるように側面から見た図 ［PDB 1EQZ］

ばれる．多くの研究室で，転写活性化とヒストンのアセチル化の関係が活発に追究されている（§21.5 C）．

リシン残基からアセチル基を除去するのがヒストンデアセチラーゼの役割である．この酵素によって正に荷電した側鎖が再生し，ヌクレオソームは遺伝子発現にかかわらない領域と同じようなより凝縮したクロマチン構造をとれるようになる．

$$\sim\!\!\sim\!\!\sim CH_2-CH_2-CH_2-CH_2-\overset{\oplus}{N}H_3$$

$$\text{アセチル化} \updownarrow \text{脱アセチル} \quad (19.2)$$

$$\sim\!\!\sim\!\!\sim CH_2-CH_2-CH_2-CH_2-NH-\overset{O}{\underset{\|}{C}}-CH_3$$

! 真核生物のほとんどの DNA は 200 bp ごとにまとまってヌクレオソームコア粒子に結合している．

B. クロマチンのさらに高度な構造

DNA がヌクレオソームとして格納されると，DNA 分子の長さはほぼ 1/10 になる．DNA の格納をさらに高度化すると，もっと短くなる．たとえば，数珠つなぎ構造そのものがらせんをつくり，30 nm 繊維というソレノイド（円筒コイル）となる．ソレノイドの構造として考えうるモデルの一つを図 19.25 に示した．すべてのヌクレオソームに H1 が 1 分子付いて，この H1 が隣合う H1 との間で協同して結合することによってヌクレオソーム同士を近寄せ，クロマチンをもっと緻密かつ安定な構造にすることで 30 nm 繊維ができあがる．数珠つなぎ構造がソレノイドにまとまると，染色体の長さはさらに 1/4 になる．

最後に RNA とタンパク質でできた台座に，30 nm 繊維が大きなループをつくって付着する．大きな染色体には，このようなループが 2000 も含まれるらしい．ヒストンを取除くと，染色体の RNA-タンパク質台座を電子顕微鏡で見ることができる（図 19.26）．DNA ループを台座に付着させることで，DNA の長さが

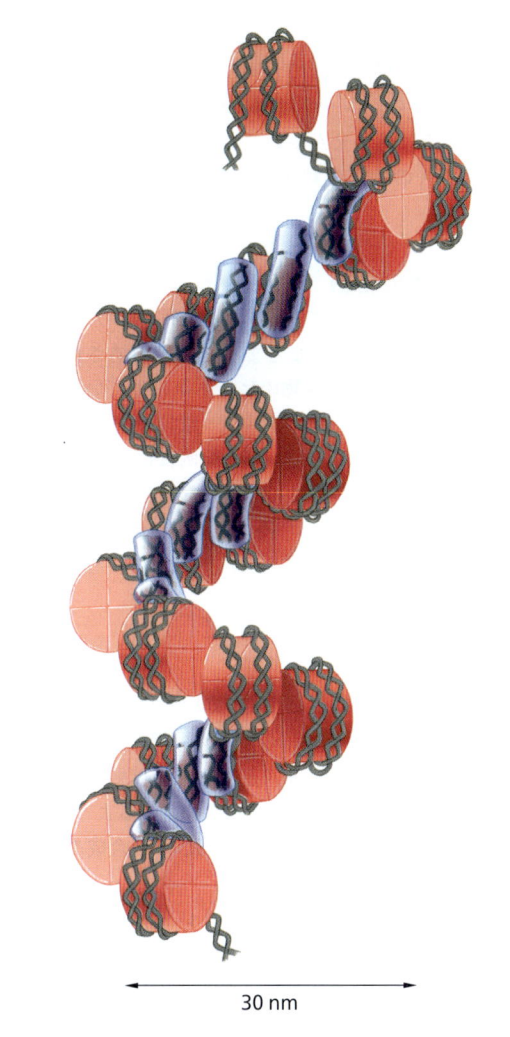

▲図 19.25 **30 nm クロマチン繊維のモデル** このモデルでは 30 nm 繊維を，ヌクレオソームにより形成されたソレノイド（円筒コイル）として表している．ヌクレオソーム同士は隣接するヒストン H1 分子を介してつながっている．

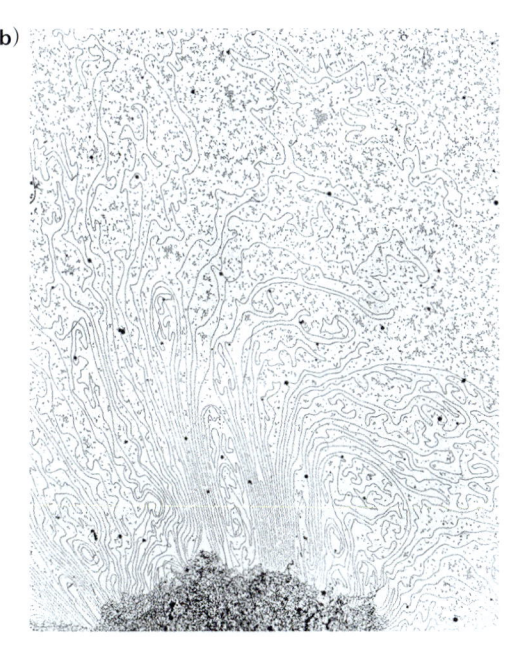

▲図 19.26 **ヒストンを除去した染色体の電子顕微鏡写真** （a）この写真では，タンパク質の台座が見える．（b）（a）の一部分をここまで拡大すると，タンパク質の台座に付着している一つ一つのループが見える．

さらに 1/200 になる.

DNA のループは根元の所で台座に付着している. 末端は自由に回転できないから, ループは超らせんになっているのだろう.〔図 19.26（b）では超らせんがいくつか見える. ヒストンを取除く操作中に DNA の片方の鎖が切れるので, DNA の大半は緩んでいる.〕

C. 細菌の DNA の格納

ヒストンは真核生物以外では発見されていないが, 原核生物の DNA もタンパク質を使ってまとまった形で格納されている. このようなタンパク質は真核生物のヒストンに似ているので, ヒストン類似タンパク質とよばれている. 原核生物ではっきりとしたヌクレオソーム様粒子が見つかった例はほとんどなく, またかなりの DNA はタンパク質と会合していない. 細菌の DNA は 100 kb くらいの大きなループをつくって台座に付着している. 細菌の染色体はこうしてまとめられ, 核様体という構造をつくっている.

19.6 ヌクレアーゼと核酸の加水分解

核酸中のホスホジエステル結合の加水分解を触媒する酵素を総称して**ヌクレアーゼ**（nuclease）とよぶ. すべての細胞にさまざまなヌクレアーゼが存在する. 20 章で取上げるような, DNA の合成や修復に必要なものや, 細胞内の RNA の合成や分解のために必要なものなどがある（21 章）.

RNA と DNA の両方を分解するヌクレアーゼもあるが, RNA だけ, あるいは DNA だけに作用するものも多い. 前者をリボヌクレアーゼ（RN アーゼ）, 後者をデオキシリボヌクレアーゼ（DN アーゼ）とよぶ. ヌクレアーゼはエキソヌクレアーゼとエンドヌクレアーゼに分類される. **エキソヌクレアーゼ**（exonuclease）はポリヌクレオチド鎖のどちらか一方の端からだけ作用して, ホスホジエステル結合を加水分解してヌクレオチドを外していく. 最も普通のエキソヌクレアーゼは 3′→5′ エキソヌクレアーゼであるが, 5′→3′ エキソヌクレアーゼもある. **エンドヌクレアーゼ**（endonuclease）はポリヌクレオチド鎖内部のホスホジエステル結合をあちこちで加水分解する. ヌクレアーゼはヌクレオチド配列に対してさまざまな特異性をもつ.

ヌクレアーゼは 3′-5′ ホスホジエステル結合の 3′-エステル, あるいは 5′-エステルのどちらかを切断する. そこで, 分解産物として 5′ 位にリン酸基, 3′ 位にヒドロキシ基をもつものが得られる場合と, 3′ 位にリン酸基, 5′ 位にヒドロキシ基をもつものが得られる場合とがある（図 19.27）. 一つのヌクレアーゼはどちらか一方の反応だけを触媒でき, 両方の反応を触媒することはできない.

A. RNA のアルカリ加水分解

RNA のリボースと DNA の 2′-デオキシリボースはわずかしか違わないようにみえるが, 核酸の性質には大きな影響を与えている. リボースの 2′-OH はある種の RNA 分子内では水素結合を形成できるし, ある種の化学的反応, 酵素触媒反応にも関与する.

RNA と DNA に対する塩基性（アルカリ）溶液の効果から, 2′ 位にヒドロキシ基があるかないかで, 化学的反応性に違いが生じる理由を説明できる. RNA を室温で 0.1 M の NaOH で処理すると, 数時間以内に 2′-ヌクレオシド一リン酸と 3′-ヌクレオシド一リン酸の混合物にまで分解されてしまう. 一方, DNA はこ

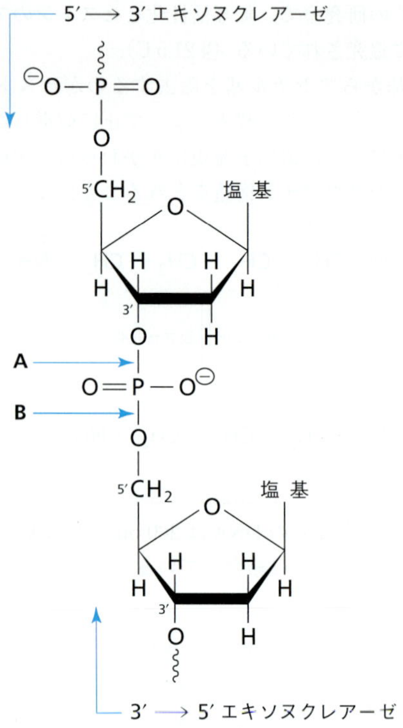

▲ 図 19.27 **ヌクレアーゼが切断する部位** エキソヌクレアーゼは, ポリヌクレオチドの遊離末端のどちらか一方に働いて, 隣のホスホジエステル結合を切断する. エンドヌクレアーゼは, 内部のホスホジエステル結合を切断する. 結合 A を切断すれば, 5′-リン酸と 3′-OH 末端が生じる. 結合 B を切断すれば, 3′-リン酸と 5′-OH 末端が生じる. DNA（図示）も RNA もヌクレアーゼの基質になる.

の条件下で安定である. RNA のアルカリ加水分解（図 19.28）には 2′-OH が必要である. 段階 1 と 2 で, 水酸化物イオンは単に触媒的に働く. 水からプロトンを奪う過程があるので（段階 1 では 5′-OH 形成の際に, 段階 2 では 2′- または 3′-OH 形成の際に）, 水酸化物イオンが 1 個消費されるたびに水酸化物イオンが 1 個再生するからである. 中間体として 2′,3′-環状ヌクレオシド一リン酸が生成することに注目しよう. こうして各ホスホジエステル結合が切断されて, ポリリボヌクレオチド鎖が急速に低分子化する. DNA にはこのような分子内エステル転移反応を開始するのに必要な 2′-OH がないので, 塩基性条件下では加水分解されない. DNA が化学的にはるかに安定なことが, 基本的な遺伝物質としての役割をゆだねられているおもな理由である.

B. リボヌクレアーゼが触媒する RNA の加水分解

ウシ膵臓のリボヌクレアーゼ A（RN アーゼ A）は, 124 個のアミノ酸残基から成る 1 本のポリペプチドで, 4 個のジスルフィド架橋を含む.（4 章でタンパク質のジスルフィド結合形成と折りたたみを取上げたときに例としてあげた酵素である.）最適 pH は 6 付近である. RN アーゼ A は RNA 分子内のホスホジエステル結合を 5′-エステル側で切断する. 鎖を 5′→3′ の方向に描いた場合, ピリミジンヌクレオチド残基の右側で切断が起こる. たとえば, pApGpUpApCpGpU という配列をもつ鎖を RN アーゼ A が触媒して加水分解すれば, pApGpUp+ApCp+GpU が得られる.

RN アーゼ A の活性部位には, Lys-41, His-12, His-119 という三つのイオン性のアミノ酸残基がある（図 19.29）. 多くの研究から, 図 19.30 のような触媒機構が解明された. RN アーゼ A は三つの基本的な触媒機構を使っている. つまり, 近接効果（二

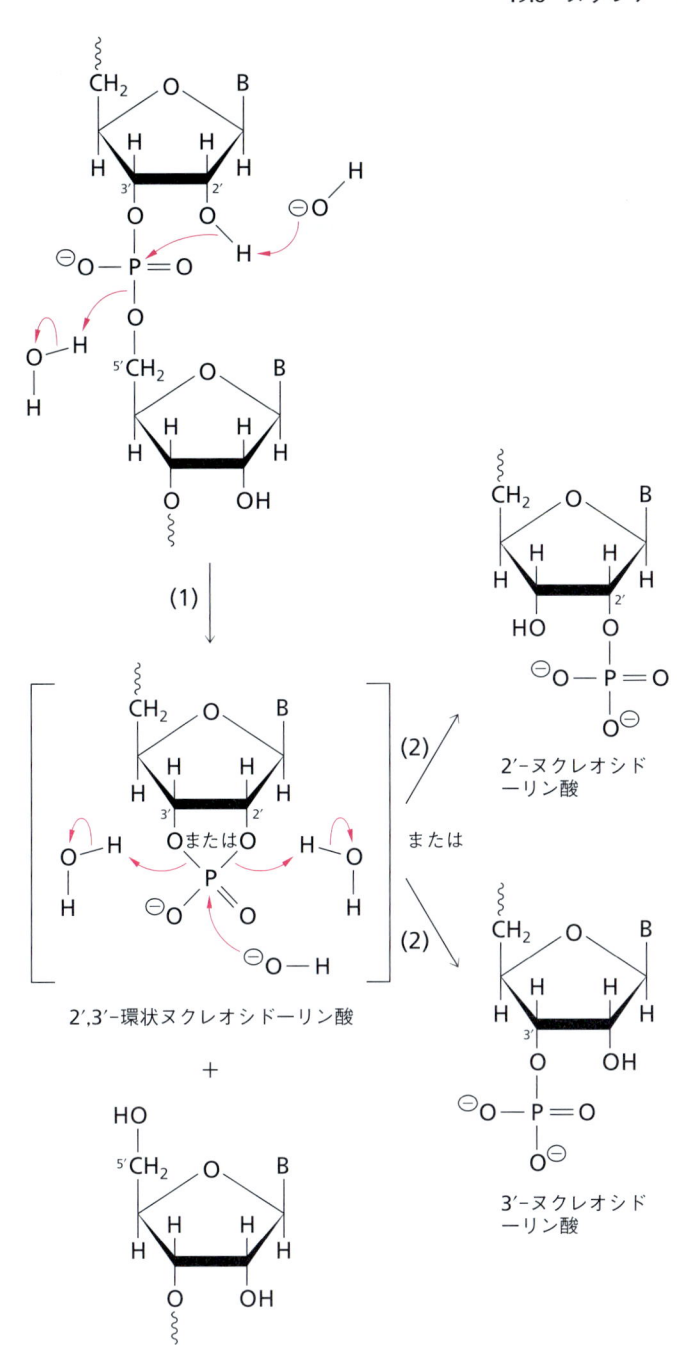

▲ 図 19.28 **RNA のアルカリ加水分解** 段階 1 でヌクレオチド残基の 2′-OH から水酸化物イオンがプロトンを引き抜く. 生じた 2′-アルコキシドは求核性で, 隣のリン原子を攻撃し, 5′-O と置換して, 2′,3′-環状ヌクレオシド-リン酸をつくる. しかし, 環状の中間体は塩基性溶液中では不安定で, 第二の水酸化物イオンの触媒作用により, 2′- あるいは 3′-ヌクレオシド-リン酸のどちらかになる（段階 2）. B はプリンまたはピリミジン塩基を表す.

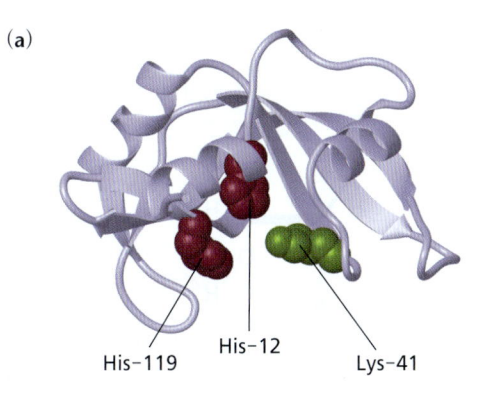

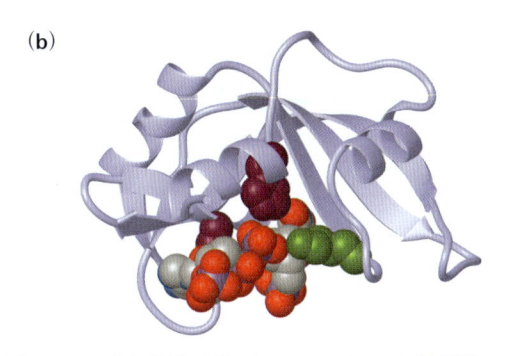

▲ 図 19.29 **ウシ膵臓リボヌクレアーゼ A の活性部位**
(a) この酵素の活性部位には, His-12, His-119, Lys-41 の三つの触媒残基があり, それらの残基の側鎖は RNA が結合する部位を向いている. (b) RNA を真似た人工的基質（3′-ホスホチミジン (3′-5′)-二リン酸アデノシン 3′-リン酸）とリボヌクレアーゼ A の結合. [PDB 1U1B]

RNA のアルカリ加水分解と RN アーゼ A による加水分解は, 二つの重要な点で違っている. 第一に, アルカリ加水分解はすべての残基で起こるが, 酵素反応ではピリミジンヌクレオチドの所だけが分解される. 第二に, 環状中間体の加水分解は, アルカリ加水分解の場合はでたらめに起こるが（2′- と 3′-ヌクレオチドの混合物が生成する）, RN アーゼ A 触媒切断は特異的に起こる（3′-ヌクレオチドだけが生成する）.

C. 制限酵素

制限酵素（restriction enzyme, 制限エンドヌクレアーゼ）は DNA に作用するエンドヌクレアーゼの中で最も重要なグループである. 制限酵素という用語は, ある種の細菌が, 侵入してくるバクテリオファージ DNA を特異的に破壊してバクテリオファージ（ウイルス）の感染を阻止できるという発見に由来している. このような細菌は外来生物の DNA の発現を制限している.

多くの細菌が外来の DNA に結合して切断するエンドヌクレアーゼを生産する. これらのエンドヌクレアーゼは特定の DNA 配列を認識し, 結合した部位で 2 本の DNA 鎖を両方とも切断し, 生成した大きな断片はエキソヌクレアーゼで急速に分解される. バクテリオファージの DNA は, その遺伝子が発現する前に切断, 分解されてしまう.

宿主細胞は自己の DNA が制限酵素で切断されないように保護しておく必要がある. そこで制限酵素が認識する可能性のある部位の塩基を共有結合で修飾しておく. 認識配列中のアデニンあるいはシトシンが特異的にメチル化されることがいちばん多い（§ 18.7）. 宿主 DNA 中の認識されうる配列中にメチル化塩基があると, 制限酵素は切断できない. このようなメチル化反応は, 制限酵素が認識するのと同じ DNA 配列に結合する特異的なメチラー

つのヒスチジン残基の間に適切なホスホジエステルを結合させ, 正しく配置させること）, 酸塩基触媒（His-12 と His-119 による）, 遷移状態の安定化（Lys-41 による）である. RNA のアルカリ加水分解の場合と同様に, RN アーゼ A が触媒する加水分解の場合にも, 5′-OH をもつ脱離基と 3′-ヌクレオシド-リン酸が生成する. 第一の生成物 (P_1) が離れると同時に水分子が活性部位に入る. RN アーゼ A が触媒する反応では, 遷移状態でリン原子が 5 価の共有結合価をもつ. RN アーゼ A の特異性はピリミジン結合ポケットで説明できる.

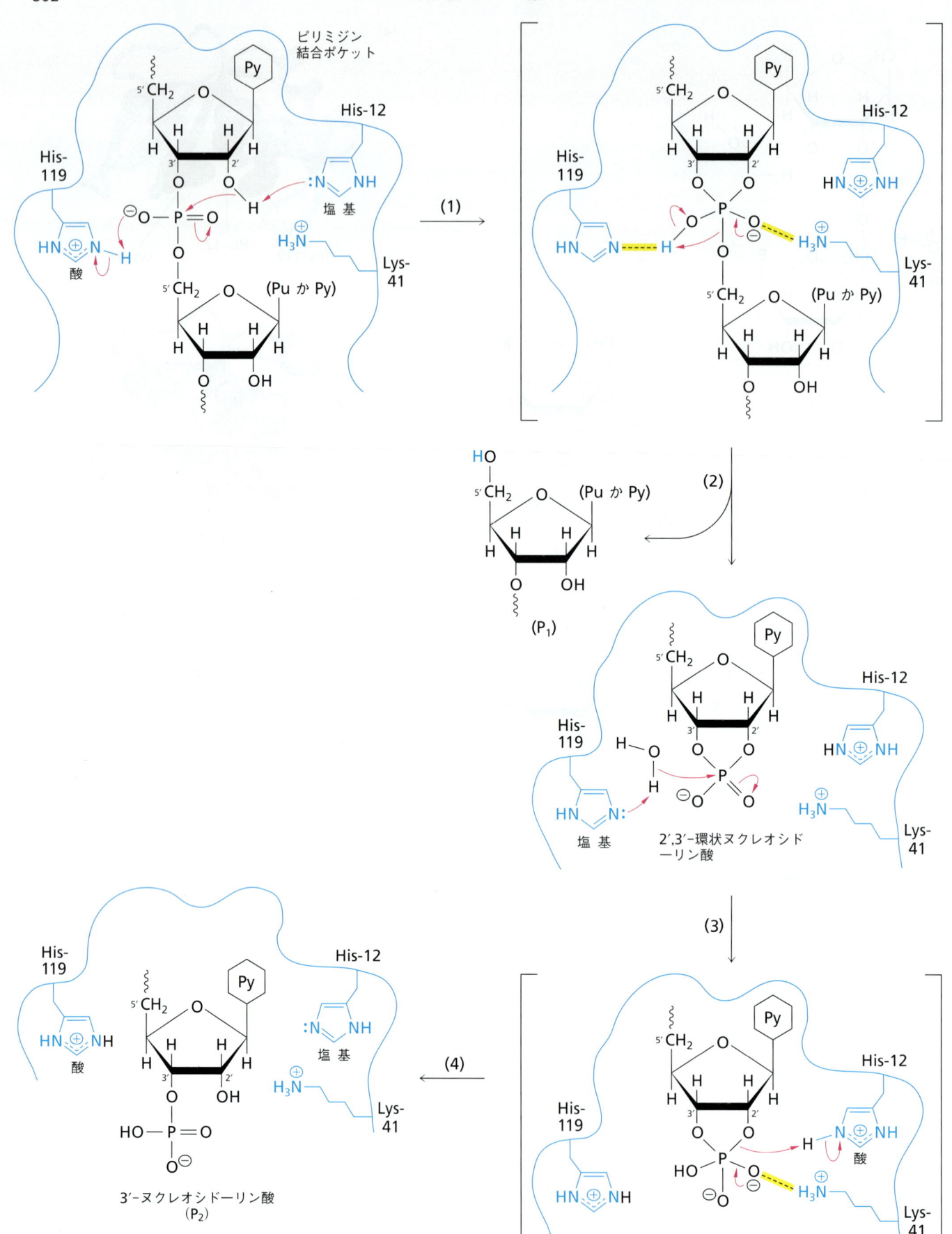

▲図 19.30 **RN アーゼ A による RNA の切断機構** 段階 1 でピリミジンヌクレオチド残基の 2′-OH から His-12 がプロトンを引き抜く．生じた求核性の酸素原子が隣のリン原子を攻撃する．His-119（イミダゾリウムイオンの形）からつぎのヌクレオチド残基の 5′-O にプロトンが供与されて，アルコール性の脱離基，P_1 が生じる．段階 2 で 2′,3′-環状ヌクレオシド-リン酸ができる．活性部位から P_1 が離脱すると，その後に水が入る．段階 3 で His-119（今度は塩基の形）が水からプロトンを引き抜く．残った水酸化物イオンがリン原子を攻撃し，第二の遷移状態をつくる．段階 4 でイミダゾリウム型の His-12 が 2′-O にプロトンを与え，P_2 を生成させる．Py はピリミジン塩基を表す．

19.6 ヌクレアーゼと核酸の加水分解

ゼが触媒する．つまり制限酵素をもつ細胞は，同じ特異性をもつメチラーゼももっている．

通常は宿主細胞のすべてのDNAが特異的にメチル化されており，分解されないように保護されている．細胞内に侵入したDNAでこの部位がメチル化されていないものはすべて，この細胞の制限酵素で切断されてしまう．宿主DNAが複製されると，当該部位はヘミメチル化，つまり一方の鎖の塩基だけがメチル化された状態になる．ヘミメチル化された部位には，メチラーゼが高い親和性で結合するが，制限酵素は認識しない．したがって宿主DNAのヘミメチル化部位は急速に完全メチル化部位へ転換する（図19.31）．

ほとんどの制限酵素は，Ⅰ型かⅡ型のどちらかに分類される．Ⅰ型は特定の認識配列の所で宿主DNAをメチル化することと，メチル化されていないDNAを分解することの両方を行う．Ⅱ型はもっと単純な酵素で，二本鎖DNAのメチル化を受けていない認識配列の箇所，あるいはその近傍を切断する活性だけをもつ．つまりメチラーゼ活性がない．宿主自身のDNA上の同じ認識配列をメチル化するために，それとは別に制限メチラーゼがある．S-アデノシルメチオニンがこの反応のメチル基供与体である．

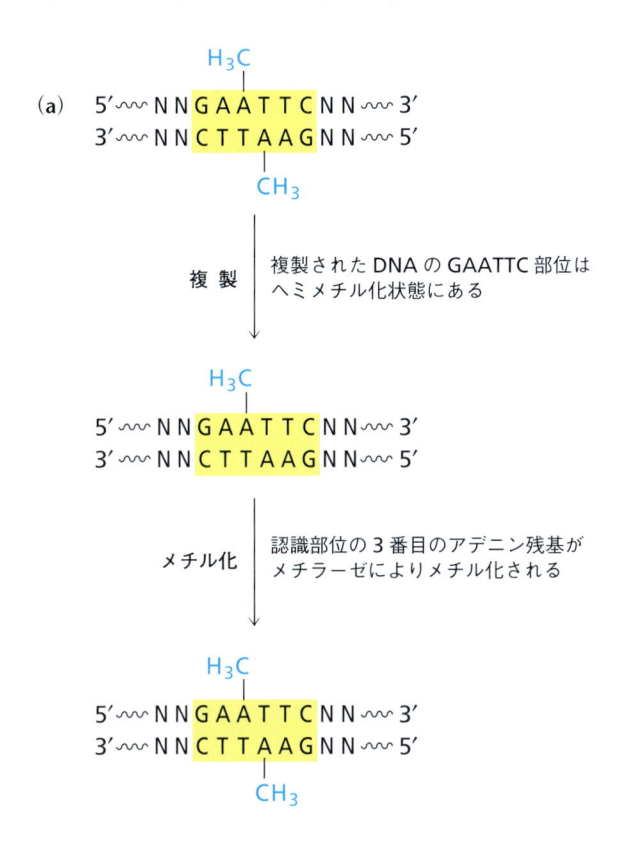

これまでに数百種のⅠ型とⅡ型の制限酵素の性質が明らかにされてきた．代表的ないくつかの制限酵素の特異性を表19.5に示した．ほとんどの場合，認識部位には2回対称軸がある．つまり，DNAのどちらの鎖でも，残基の5′→3′配列が同じになっている．その結果，塩基対をつくっている配列をどちらの方向に読んでも同じ読み方になる．このような配列をパリンドローム（回文）という．（英語でなら，BIB，DEED，RADARなど．句読点と間隔を無視すればMADAM I'M ADAM．日本語では"竹薮焼けた"．）

*Eco*RIは初期に見つかった制限酵素の一つで，種々の大腸菌株がもっている．表19.5と図19.31に示したように，この酵素はパリンドロームになった6 bpの配列を認識する（どちらの鎖でも 5′→3′ の方向に読むとGAATTCとなる）．*Eco*RIはホモ二量体なので，基質と同じく2回対称軸がある（次項参照）．大腸菌の細胞内には*Eco*RIの同僚ともいうべきメチラーゼがあり，この認識配列中の3番目のアデニンを N^6-メチルアデニンに変える．二本鎖DNA分子で，GAATTCという配列がメチル化されていないものは*Eco*RIの基質になる．どちらの鎖でも，GをAと結び付けているホスホジエステル結合が加水分解されるので，DNAは切断されてしまう．

制限酵素の中には位置をずらして切断するものがあり（*Eco*RI，*Bam*HI，*Hin*dⅢなどが含まれる），末端に一本鎖が突出した断片をつくる（表19.5と図19.31）．このような末端は一本鎖の部分が相補的になっていて，二本鎖構造を再生できるので，付着末端とよばれる．*Hae*Ⅲ，*Sma*Iなどの酵素は，一本鎖部分の突出がない平滑末端をつくる．

表19.5 よく使われるⅡ型制限酵素の特異性

起　　源	酵　素[†1]	認識配列[†2]
Acetobacter pasteurianus	*Apa*I	GGGCC↓C
Bacillus amyloliquefaciens H	*Bam*HI	G↓GATCC
Escherichia coli RY13	*Eco*RI	G↓A*ATTC
Escherichia coli R245	*Eco*RⅡ	↓C*CTGG
Haemophilus aegyptius	*Hae*Ⅲ	GG↓CC
Haemophilus influenzae R$_d$	*Hin*dⅢ	*A↓AGCTT
Haemophilus parainfluenzae	*Hpa*Ⅱ	C↓CGG
Klebsiella pneumoniae	*Kpn*I	GGTAC↓C
Nocardia otitidis-caviarum	*Not*I	GC↓GGCCGC
Providencia stuartii 164	*Pst*I	CTGCA↓G
Serratia marcescens S$_b$	*Sma*I	CCC↓GGG
Xanthomonas badrii	*Xba*I	T↓CTAGA
Xanthomonas holcicola	*Xho*I	C↓TCGAG

[†1] 制限酵素の名前は，それを生産する生物の名前に由来する．略称によっては株を表す語尾がつくこともある．ローマ数字は，その株で発見された順番を表す．
[†2] 認識配列は 5′ から 3′ の方向に書く．片方の鎖だけ示してある．矢印は切断する箇所，*印は塩基がメチル化される位置を示す．

▲図19.31 *Eco*RI部位におけるメチル化と制限現象 (a) 認識部位のアデニン残基のメチル化．(b) メチル化されていないDNAの切断．付着末端ができる．

D. *Eco*RIはDNAにしっかりと結合する

特定の配列を認識し，その中の決まった位置で切断するために，制限酵素はDNAにしっかりと結合しなければならない．DNAに結合している*Eco*RIの構造がX線結晶解析で決定された．図19.32に示すように，*Eco*RIのホモ二量体の各サブユニットがそれ

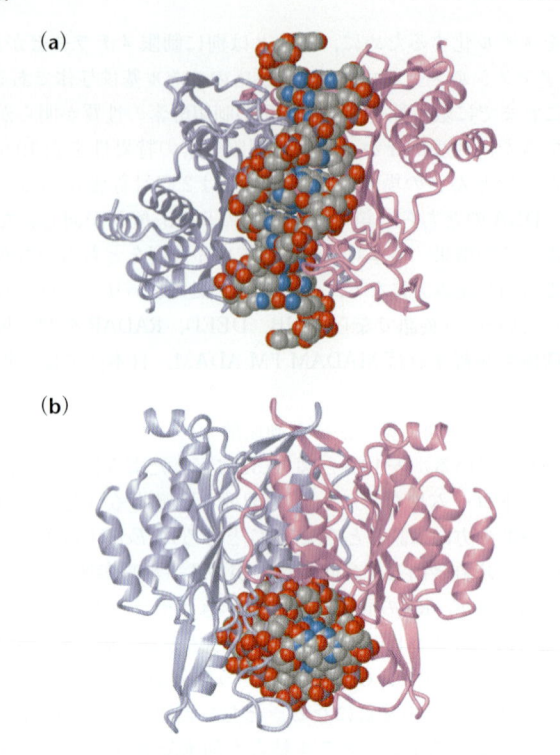

▲図 19.32　DNA に結合した *Eco*RI　*Eco*RI は紫と青で示したまったく同じサブユニット2個でできている．CGC<u>GAATTC</u>GCG（下線は認識配列）という配列の DNA 断片に酵素が結合している．(a) 側面から見た図．(b) 上から見た図．

ぞれ DNA の片側に結合するので，DNA は包み込まれてしまう．酵素は主溝の中で塩基対と接触して，特異的ヌクレオチド配列を認識する．副溝（図 19.32 で示した構造の中央部）は周囲の水に露出している．

　*Eco*RI の二つの単量体の間の裂け目を縁取るように，数個の塩基性アミノ酸残基があり，これらの側鎖が DNA の糖-リン酸骨格と静電的に相互作用する．さらに各 *Eco*RI 単量体の2個のアルギニン残基（Arg-145 と Arg-200）と1個のグルタミン酸残基（Glu-144）が，認識配列中の塩基対と水素結合して，特異的結合を補強する．DNA 骨格との間にはそれ以外にも非特異的な相互作用があり，安定化に寄与している．

　*Eco*RI は特定の DNA 配列を認識して結合するタンパク質の典型的な例である．DNA は B 型コンホメーションを維持しているが，場合によってはらせんがわずかに曲がることもある．特定のヌクレオチド配列を認識するには，溝の中に露出した塩基の官能基とタンパク質の間の相互作用が重要である．一方，核酸に非特異的に結合するタンパク質の例としてヒストンがある．このようなタンパク質との結合は，タンパク質と糖-リン酸骨格との間での弱い相互作用におもに依存しており，塩基との直接的な接触には依存していない．特定の DNA 配列に結合するタンパク質ならどれも，より弱い親和力で DNA に非特異的に結合できるのだろう（§21.3，21.7 A）．

19.7　制限酵素の利用

　制限酵素は40年以上前に発見された．これにより"制限酵素の発見と分子遺伝学の難問への応用"という理由で，1978年にWerner Arbor と Daniel Nathans，Hamilton Smith がノーベル生理学・医学賞を受賞した．最初に精製された酵素は，直ちに DNA を取扱うための重要な道具になった．

A. 制限地図

　まず行われたことの一つが，DNA の制限地図，つまり特異的に切断される位置を示した DNA 分子の図面をつくることだった．特定の遺伝子を含む DNA 断片を確認するには，こうした地図が大いに役立つ．

　例として，λファージの DNA の制限地図を図 19.33 に示す．これは長さが約 48400 bp，つまり 48.4 kb の直鎖状の二本鎖 DNA である．この DNA をいろいろな制限酵素で分解して，生じる断片の長さを測ると，切断箇所の地図をつくることができる．こうして得られる酵素消化断片の例を図 19.34 に示す．いろいろな制限酵素で消化して得られた断片の情報を総合して，完全かつ正確な地図をつくる．

B. DNA フィンガープリント

　制限酵素で切断される部位の地図をつくるために必要な技術は 1970 年代に発達した．そしてこの方法が，ある集団のゲノムについて，どこに突然変異や多様性があるか特定するのに利用できることがすぐにわかった．たとえば異なる株のλファージの間では，DNA 配列にわずかな違いがあるので，制限地図にも微妙

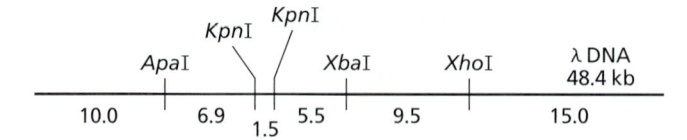

▲図 19.33　λファージの制限地図．いくつかの制限酵素が切断する箇所を示した　たとえば *Apa*I が切断する箇所は一つである．この酵素でλファージの DNA を切断すれば，図 19.34 の最初のレーンに見られるように，10.0 kb と 38.4 kb の2本の断片が生成する．

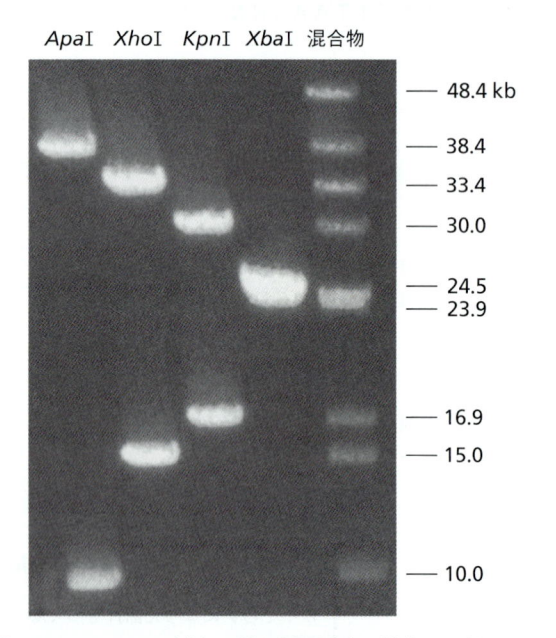

▲図 19.34　λファージを4種の制限酵素で消化した結果　DNA を酵素で処理した後，アガロースゲル内で電気泳動すると，DNA 断片は大きさに従って分離する．最も小さい断片が最も速く泳動するので，ゲルの下端で検出される．（1.5 kb の断片はこの図では見えない．）それぞれの消化物を得るのに使った制限酵素名を各レーンの上に記してある．いちばん右のレーンでは，何も処理していないλファージ DNA と4種の消化物の混合物を泳動させた．*Xba*I 消化物に含まれる 23.9 kb と 24.5 kb の断片は，十分に分離されていない．

な差がみられる．ある株はDNAの左端近くにGGGCCCという配列があるため，*Apa*Iで切断すると図19.34に示したような2本の断片が得られる．別の株では同じ部位がGGACCCになっている．この部位は*Apa*Iで切断されないので，図19.33とは違う制限地図になる．

DNA配列中にみられる多様性は，大きくて不均一な集団に属する個体を特定する目的にも利用できる．たとえばヒトの場合，ゲノム内の変異が特に多い領域からは，あたかも指紋（フィンガープリント）のような，他に似たものがない制限断片が得られる．このようなDNAフィンガープリントを，親子関係を鑑定したり，犯罪捜査で容疑者の特定や無罪証明に利用できる．

図19.35はレイプ犯罪捜査にDNAフィンガープリントを利用した例である．被害者，証拠物件（精液），二人の容疑者からDNAを分離し，制限酵素で消化した．図19.34と同じように，断片をアガロースゲル電気泳動で分離した．分離されたDNAをナイロンの薄膜に転写（ブロット）し，変性させて，ヒトゲノム内でも特に変異の多い領域に由来する小さなDNA断片に放射性標識したもの（DNAプローブ）を接触させる．ナイロン薄膜上にある同じ領域に由来する制限断片に，標識DNAプローブが特異的に結合する（ハイブリダイズする）ので，それをオートラジオグラフィーで検出同定する．

この技術で容疑者Aが犯人だと特定できる．実際の犯罪捜査では，いろいろな制限酵素消化産物といくつものプローブとを組合わせて，検出されたパターンが確かであることを確認している．現代の技術は十分に強力で正確なので，何人もの容疑者の疑いを決定的に晴らし，犯人を特定できる．DNAをポリメラーゼ連鎖反応（PCR）で増幅する技術（§20.6 A）と結び付けることにより，1個の毛包やわずかな血痕からでもDNAフィンガープリントを得ることができる．

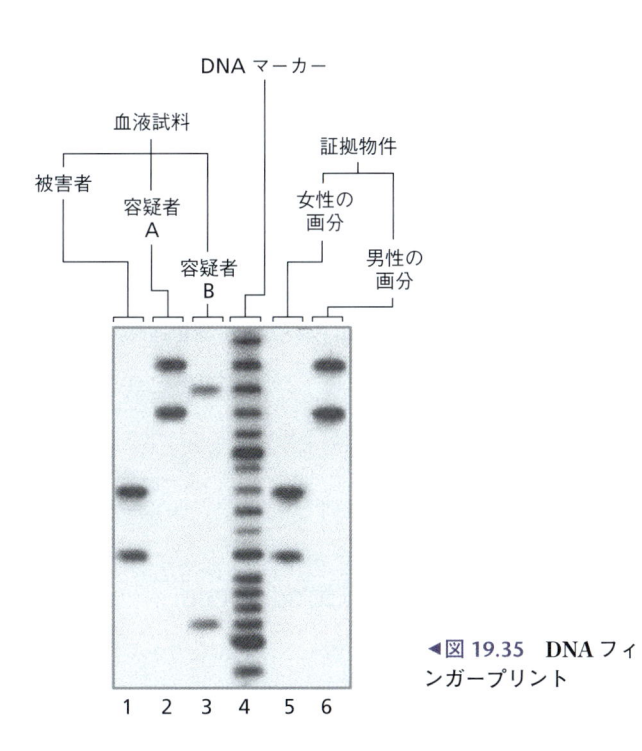

▲ Stanley N. Cohen（1935～）（上）と Herbert Boyer（1936～）（下）．細菌のDNAとプラスミドを使い，初めて組換えDNAを構築した．

DNA断片を切り出して，クローニングベクターの中にはめ込むことである．クローニングベクターとしてはプラスミド，バクテリオファージ，ウイルス，あるいは小さな人工染色体を利用できる．ほとんどのベクターは，適切な宿主細胞に入れば自動的に自身を複製できるようなDNA配列をもっている．

どのクローニング用ベクターにも少なくとも1箇所の特異的クローニング部位があり，そこを制限酵素で切ることにより，異種DNAを部位特異的に挿入できる．数種類の制限部位を1箇所にまとめて複数クローニング部位（ポリリンカー）としたベクターがいちばん役に立っている．

ベクターに挿入したいDNA断片をつくる方法はいろいろある．たとえば長いDNA分子を機械的に引きちぎったり，Ⅱ型の制限酵素でDNAを切断したりして得られる．引きちぎった場合，DNAはランダムに切れる．一方，制限酵素を使えば特異的配列の箇所で切ることができる．クローニングの目的には，このような特異性がきわめて有効である．

よく使われる制限酵素のほとんどが，3′または5′末端に一本鎖の伸長部をもつ断片をつくる．このような付着末端はベクターDNA上にある相補的な付着末端と一時的な塩基対をつくることができるので，DNAリガーゼ（§20.3 Cで述べる）が触媒する反応によって，共有結合でベクターにつなげることができる．組

◀ 図 19.35 DNAフィンガープリント

C. 組換えDNA

制限酵素が発見されるとすぐに，それが切り出したDNA断片をつなげて（再結合させて）組換えDNA分子をつくる新技術が生まれた．この実験に共通しているのは，目的の遺伝子を含む

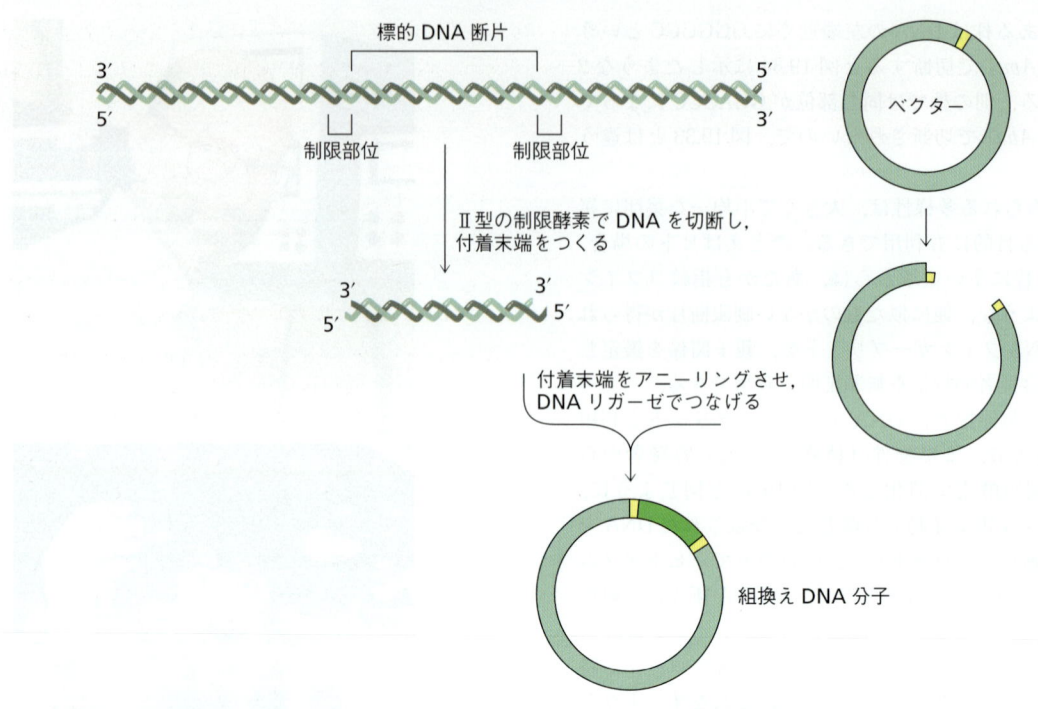

▲ 図 19.36　**組換え DNA をつくるための制限酵素の利用**　ベクター DNA と標的 DNA を，末端同士でつなげられるように制限酵素で切断する．付着末端をつくった場合は，相補的な末端をアニーリング（塩基対形成）させれば二つの分子は一緒になる．そして DNA リガーゼが触媒する反応で，二つの分子は共有結合でつながる．

換え DNA のいちばん簡単なつくり方は，断片を直ちにつなげられるように，ベクターと標的 DNA を同じ制限酵素で切断することである（図 19.36）．

要　約

1. 核酸はヌクレオシドのリン酸エステルであるヌクレオチドが重合したものである．核酸の中では塩基のアミノおよびラクタム互変異性体が水素結合を形成している．
2. DNA はヌクレオチド残基が 3′-5′ ホスホジエステル結合でつながった，2 本の逆平行の鎖から成る．一方の鎖の A と G が，他方の鎖の T と C とそれぞれ対をつくる．
3. DNA の二重らせん構造は水素結合，疎水性効果，スタッキング（積み重なり）相互作用，電荷-電荷相互作用で安定化されている．GC が多い DNA は，AT が多い DNA よりも変性しにくい．A·T 塩基対よりも G·C 塩基対の方がスタッキング相互作用が強いからである．
4. DNA のコンホメーションでは B-DNA がいちばん普通にみられる．それ以外に A-DNA, Z-DNA などのコンホメーションがある．
5. DNA のらせんをさらにきつく巻いたり緩めたりすると，B 型コンホメーションを維持するために超らせんになる．負の超らせん DNA は部分的にほどけた DNA と平衡状態にある．
6. RNA のおもな種類として，リボソーム RNA，転移 RNA，メッセンジャー RNA，低分子 RNA の四つがある．RNA 分子は一本鎖で，二次構造に富んでいる．
7. 真核生物の DNA はヒストンとともに格納されてヌクレオソームとなる．さらにまとめられて染色体の台座に付着することにより，中期の染色体では DNA 分子の長さの 1/8000 にまで短くなる．
8. ヌクレアーゼは核酸のホスホジエステル骨格を加水分解できる．RNA の場合，アルカリ加水分解および RN アーゼ A 触媒による加水分解は，いずれも 2′,3′-環状ヌクレオシド一リン酸の中間体を経て進行する．
9. 制限酵素は特定のパリンドローム配列の位置で DNA を加水分解する．特異的なメチラーゼが，制限部位が切断されないよう保護する．
10. 制限酵素は DNA の制限地図作成，DNA のフィンガープリント分析，組換え DNA 作成に役に立つ．

問　題

1. タンパク質の α ヘリックス中の水素結合と，DNA の二重らせん中の水素結合を比較せよ．水素結合がこれら二つの構造の安定化にどう役立っているかも解答に含めること．
2. 二本鎖 DNA の中に 1000 bp にわたる部分があり，その塩基組成は G+C が 58% だとする．この部分にはチミン残基がどれだけ含まれているか．
3. (a) DNA の 2 本の相補鎖の塩基組成は同じになるか．
   (b) A+G は C+T に等しいか．
4. DNA の一方の鎖が以下の配列であるとき，相補的な鎖の配列を標準的な表記法で書け．

   ATCGCGTAACATGGATTCGG

5. ポリ(A) は一本鎖らせんをつくる．どんな力がこの構造を安定化しているのか．
6. DNA 中ではまれにアデニンのイミノ互変異性体が生じ，これはチミンではなくてシトシンと対をつくる．このような間違った対のために突然変異が起こる．アデニンのイミノ互変異性体とシトシンの塩基対を描け．
7. 1 本鎖のポリ(dA) は 1 本鎖のポリ(dT) とワトソン・クリック型の塩基対をもつ二重らせん DNA を形成する．適切な条件

下では，さらにもう 1 本のポリ (dT) の鎖が主溝に結合し，アデニンのアミノ基の N7 とチミンとの間で水素結合を形成して，三重らせんをつくる．このような三重らせんについて，温度変化に対する 260 nm の吸光度の変化をグラフにすると，どんなプロットになるか．

8. 図 19.21 に示した RNA の配列を書け．それはパリンドロームだろうか．

9. 二重らせん DNA にのみ結合し，一方の鎖を 5′→3′ 方向に分解していくエキソヌクレアーゼを考えよう．基質が 1 kb の直鎖 DNA だとしたら，消化反応が完結したときのおもな生成物は何か．

10. 二本鎖 DNA 中の塩基対の平均分子量は約 650 である．表 19.4 のデータを使い，典型的な 30 nm クロマチン繊維中のタンパク質と DNA の重量比を計算せよ．

11. ヒトの一倍体ゲノムには 3.2×10^9 bp が含まれる．母親から何個のヌクレオソームを受け継いだことになるか．

12. pdApdGpdTpdC という配列の DNA 分子がエキソヌクレアーゼで切断されるとする．以下の酵素が 1 回だけ反応を触媒したときの生成物を書け．
    (a) ホスホジエステル結合の 3′ エステル結合を切断する 3′→5′ エキソヌクレアーゼ
    (b) ホスホジエステル結合の 5′ エステル結合を切断する 5′→3′ エキソヌクレアーゼ
    (c) ホスホジエステル結合の 3′ エステル結合を切断する 5′→3′ エキソヌクレアーゼ

13. コウジカビ (*Aspergillus oryzae*) 由来の配列特異性のないエンドヌクレアーゼは一本鎖 DNA を消化する．負の超らせんをもつプラスミド DNA にこの酵素を加えたらどうなるか予測せよ．

14. ガラガラヘビの毒に含まれるタンパク質の一つにホスホジエステラーゼとよばれる酵素がある．ポリヌクレオチドはこの酵素の基質となりうるか，それともなりえないか．その理由も述べよ．

15. RN アーゼ T₁ は RNA を G 残基の後で切断し，3′-リン酸基を残す．以下の基質を切断したときの生成物を予測せよ．

    pppApCpUpCpApUpApGpCpUpApUpGpApGpU

16. バクテリオファージはどのようにして細菌の制限酵素から逃れることができるか．

17. 土壌中で寄生せずに生活している線虫 (*C. elegans*) は 100 Mb のゲノム全体の配列が決定された最初の生物である．この虫のゲノム全体では，36 % が G+C で，64 % が A+T であった．制限酵素 *Hind* III は AAGCTT という 6 残基のパリンドローム配列を認識して切断し，付着末端を生成させる．
    (a) 線虫ゲノム中におよそ何箇所の *Hind* III 部位があると予測できるか．
    (b) もしも線虫ゲノムが実際には 25 % G と 25 % A を含むとすれば，何箇所の *Hind* III 部位があると予測できるか．

18. 制限酵素 *Bgl* II と *Bam* H1 が認識する部位を以下に示す．標的 DNA を *Bgl* II で，ベクターを *Bam* H1 で切断することによって，なぜ組換え DNA をつくれるのか説明せよ．

    ↓   ↓
    AGATCT   GGATCC
    Bgl II   *Bam* H1

19. 組換え DNA 技術によく使われている大腸菌宿主株は，いくつかの制限酵素を欠損した遺伝子をもつ．なぜこのような株が有用なのか．

参考文献

歴史的展望

Clayton, J., and Denis. C. (eds.) (2003). *50 Years of DNA*. (New York: Nature/Pallgrave/Macmillan).

Judson, H. F. (1996). *The Eighth Day of Creation: Makers of the Revolution in Biology*, expanded ed. (Cold Spring Harbor, NY: Cold Spring Harbor Laboratory Press).

Maddox, B. (2002). *Rosalind Franklin: The Dark Lady of DNA* (New York: Perennial/HarperCollins). 〔『ダークレディと呼ばれて —— 二重らせん発見とロザリンド・フランクリンの真実』，福岡伸一 監訳，鹿田昌美 訳，化学同人 (2005)〕．

Watson, J. D. and Berry, A. (2003). *DNA: The Secret of Life* (New York: Alfred A. Knope). 〔『DNA』，青木 薫 訳，講談社ブルーバックス (2005)〕．

Watson, J. D. (1968). *The Double Helix* (New York: Atheneum). 〔『二重らせん』，江上不二夫，中村桂子 訳，講談社文庫 (1986)〕．

ポリヌクレオチドの構造と性質

Berger, J. M., and Wang, J. C. (1996). Recent developments in DNA topoisomerase II structure and mechanism. *Curr. Opin. Struct. Biol.* 6:84–90.

Ferré-D'Amaré, A. R., and Doudna, J. A. (1999). RNA FOLDS: insights from recent crystal structures. *Annu. Rev. Biophys. Biomol. Struct.* 28:57–73.

Herbert, A., and Rich, A. (1996). The biology of left-handed Z-DNA. *J. Biol. Chem.* 271:11595-11598.

Hunter, C. A. (1996). Sequence-dependent DNA structure. *BioEssays* 18:157–162.

Ke, C., Humeniuk, M., S-Gracz, H., and Marszalek, P. E. (2007). Direct measurements of base stacking interactions in DNA by single-molecule atomicforce spectroscopy. *Phys. Rev. Lett.* 99:018302.

Kool, E. T., Morales, J. C., and Guckian, K. M. (2000). Mimicking the structure and function of DNA: insights into DNA stability and replication. *Angew. Chem. Int. Ed.* 39:990–1009.

Packer, M. J., and Hunter, C. A. (1998). Sequence-dependent DNA structure: the role of the sugar-phosphate backbone. *J. Mol. Biol.* 280:407–420.

Saenger, W. (1984). *Principles of Nucleic Acid Structure* (New York: Springer-Verlag).

Sharma, A., and Mondragón, A. (1995). DNA topoisomerases. *Curr. Biol.* 5:39–47.

Wang, J. C. (2009). A journey in the world of DNA rings and beyond. *Annu. Rev. Biochem.* 78:31–54.

クロマチン

Bendich, A. J., and Drlica, K. (2000). Prokaryotic and eukaryotic chromosome: what's the difference? *BioEssays* 22:481–486.

Burlingame, R. W., Love, W. E., Wang, B.-C., Hamlin, R., Xuong, N.-H., and Moudrianakis, E. N. (1985). Crystallographic structure of the octameric histone core of the nucleosome at a resolution of 3.3 Å. *Science* 228:546–553.

Grigoryev, S. A., Arya, G., Correll, S., Woodcock, C. L., and Schlick, T.

(2009). Evidence for heteromorphic chromatin fibers from analysis of nucleosome interactions. *Proc. Natl. Acad. Sci. (USA)* 106:13317-13322.

Kornberg, R. D. (1999). Twenty-five years of the nucleosome, fundamental particle of the eukaryotic chromosome. *Cell* 98:285-294.

Ramakrishnan, V. (1997). Histone structure and the organization of the nucleosome. *Annu. Rev. Biophys. Biomol. Struct.* 26:83-112.

Richmond, T. J., Finch, J. T., Rushton, D., Rhodes, D., and Klug, A. (1984). Structure of the nucleosome core particle at 7 Å resolution. *Nature* 311:532-537.

Van Holde, K., and Zlatanova, J. (1999). The nucleosome core particle: does it have structural and functional relevance? *BioEssays* 21:776-780.

Workman, J. L., and Kingston, R. E. (1998). Alteration of nucleosome structure as a mechanism of transcriptional regulation. *Annu. Rev. Biochem.* 67:545-579.

制 限 酵 素

Kovall, R. A., and Mathews, B. W. (1999). Type II restriction endonucleases: structural, functional and evolutionary relationships. *Curr. Opin. Chem. Biol.* 3:587-583.

McClarin, J. A., Frederick, C. A., Wang, B.-C., Greene, P., Boyer, H., Grable, J., and Rosenberg, J. M. (1986). Structure of the DNA-*Eco*RI endonuclease recognition complex at 3 Å resolution. *Science* 234:1526-1541.

Ne, M. (2000). Type I restriction systems: sophisticated molecular machines (a legacy of Bertani and Weigle). *Microbiol. Mol. Rev.* 64:412-434.

20 CHAPTER

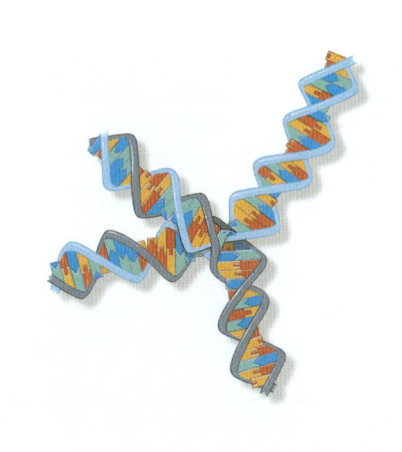

DNA 複製，修復，組換え

Watson と Crick の提案した DNA の構造は，このような分子がどのように複製されるかについて，多大の示唆を与えた．それは親分子に存在する原子が，子孫の分子にどう分配されるかについて具体的に予言するものであった．われわれの論文はこの分配の問題に詳しく解答するとともに，さらに，別の課題へとわれわれの関心を導く．DNA 複製の分子的基礎を完全に理解するには，この問題の解決こそ進歩のつぎのステップになるはずである．
　　　　　Matthew Meselson and Franklin W. Stahl (1958)

　世代から世代への遺伝情報の伝達はアリストテレスの時代から生物学者を不思議がらせてきた．2500 年後の今日，私たちはなぜ"似たものが似たものを生む"かを説明することができるようになった．遺伝情報は DNA で運ばれるので，情報が親の細胞から二つの娘細胞に伝達される際に，DNA が正確に 2 倍になる必要がある．この過程を DNA 複製という．
　DNA の構造は 1953 年，Watson と Crick により提出され，同時に，DNA 複製の方式も示唆された．すなわち，二重らせん DNA の 2 本の鎖が互いに相補的なので，1 本の鎖のヌクレオチド配列が自動的にもう 1 本の配列を規定するということである．Watson と Crick は DNA 複製に際して 2 本のらせんがほどけて，おのおのの鎖が相補鎖を合成するための鋳型になると考えた．この方式によると，DNA 複製により 2 本の娘 DNA 二重らせんが生じ，それぞれが親鎖の 1 本と新たに合成された鎖 1 本とから構成される．この複製方式は半保存的と名付けられた．それは，親 DNA 鎖の 1 本が娘分子の中に必ず保存されるからである（図 20.1）．
　Matthew Meselson と Franklin W. Stahl は 1958 年，一連の巧みな実験によって，Watson と Crick の予言通りに DNA が実際に半保存的に複製されることを示した．それとほぼ時を同じくして，DNA 複製にかかわる酵素の精製と性質が報告され始めた．1958 年，Arthur Kornberg が初めて DNA ポリメラーゼを精製した．彼はこの仕事でノーベル生理学・医学賞を受賞した．しかし，DNA 複製の各段階を触媒するさまざまな酵素が分離されてその性質が明らかにされ，これらの酵素タンパク質をコードする遺伝子が同定されたのはつい最近のことである．実際の複製機構は，図 20.1 に簡単に示した模式図よりずっと複雑で，しかも興味深いものであった．

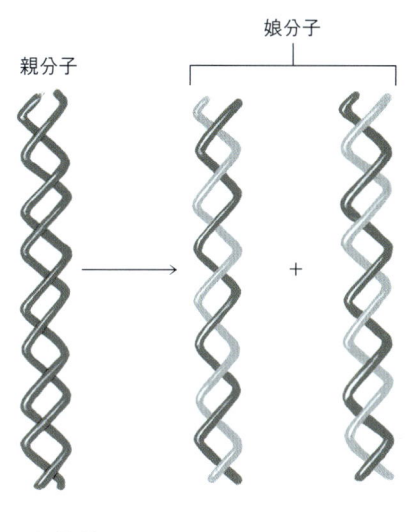

▲ 図 20.1　半保存的 DNA 複製　DNA の 2 本の鎖はいずれも新しい鎖の合成の鋳型として働く．娘 DNA 鎖はいずれも，親鎖の 1 本と新たに合成された鎖 1 本とを含む．

■ 親 鎖
■ 新たに合成された鎖

　複製機構の各段階の解明には，生化学的分析と遺伝的解析の組合わせが必要であった．DNA 複製に関する知識の多くは，大腸菌と，それに寄生するバクテリオファージの酵素についての研究から得られたものである．これらの研究結果から，多くのポリペプチドが複合体を形成することにより，一連の複雑な反応が遂行されることが明らかとなった．DNA を複製する複合体は，各部品がタンパク質からできている一種の機械，または工場のようなものである．一部の構成ポリペプチドは分離された状態でも部分的な活性をもつが，他のポリペプチドは完全なタンパク質装置の中に組込まれたときに初めて機能する．
　DNA 複製には三つの明確な段階がある．(1) 複製タンパク質が DNA 複製の起点に正しく集合することで複製が開始する．(2)

＊　カット：ホリデイ連結．二つの二本鎖 DNA 間の組換えで形成される中間体．

▲ Arthur Kornberg（1918～2007） Kornberg は DNA ポリメラーゼの発見により，1959 年にノーベル生理学・医学賞を受賞した．

鎖伸長の段階で，複合体がヌクレオチドを伸長中の DNA 鎖に取込む反応を触媒し，DNA は半保存的に複製される．(3) 最後は複製終結で，タンパク質装置が分解され，娘分子が分かれ，その結果，それぞれ新しい細胞へと分離される．

一連の生化学反応を遂行するタンパク質装置は，DNA 複製の過程だけに限られず，脂肪酸合成（§16.1），転写（21 章）や翻訳（22 章）でも働いている．これらの過程はすべて開始，伸長，終結の段階を含む．さらに他の細胞内代謝でも，酵素と他の高分子とが緩く会合した複合体が機能している例が数多く見いだされる．

世代から世代へ遺伝情報を継続するためには DNA 複製に迅速さ（細胞分裂のたびにあらかじめ全 DNA の一そろいが複製されていなければならない）と正確さの両方が要求される．すべての細胞は複製の誤りを修正し，傷を受けた DNA を修復するための酵素群をもっている．さらに，すべての細胞は，遺伝的組換えとして知られる過程で，DNA の断片をあちこち移動させることもできる．修復と組換えはいずれも DNA 複製に必要な酵素やタンパク質のうちから，同じものをかなり利用している．

生物種によって一部の酵素は違っているが，DNA の複製，修復，組換えの全体の戦略は，原核生物，真核生物を問わず，ほぼ同じである．それはたとえば，異なるメーカーの 2 台の自動車が，個々の部品は必ずしも交換できないのに，よく似ているようなものである．DNA の複製，修復，組換えの機構も，構成する個々の酵素は若干異なるものの，すべての生物でよく似ている．本章ではこれら三つの生化学機構に関して大腸菌を中心に話を進める．なぜなら多くの酵素が大腸菌でよく研究されているからである．

20.1 DNA の複製は二方向に進む

大腸菌染色体は 4.6×10^3 キロ塩基対（kb）の大きな環状の二本鎖 DNA 分子である．この染色体の複製は複製起点という特別な 1 点に始まり，二方向に進行する．2 個の複製複合体が終結部位で出会い，そこで複製は終了する（図 20.2）．重合反応を行うのはレプリソーム（replisome）というタンパク質装置である．レプリソームは迅速で正確な DNA 複製に必要ないくつもの異な

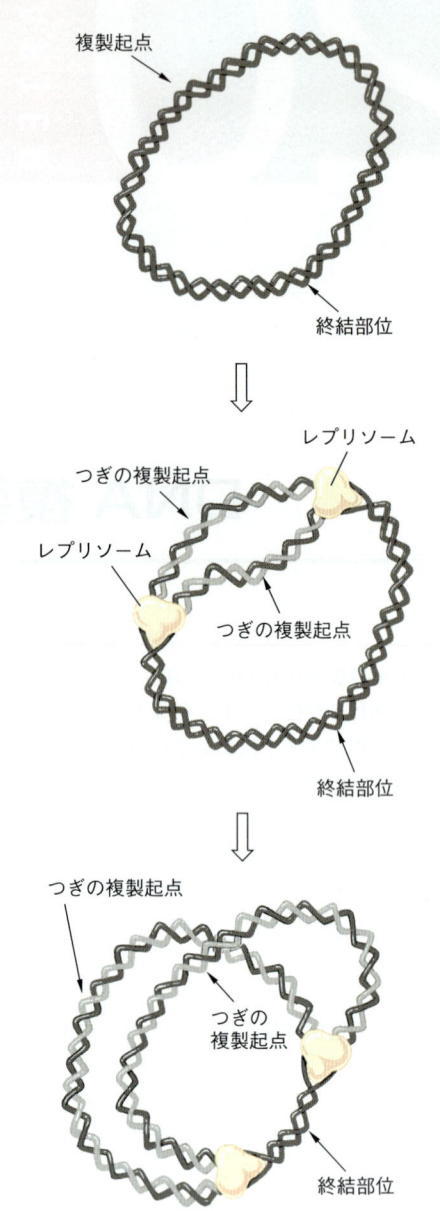

▲ 図 20.2 大腸菌の二方向 DNA 複製　半保存的 DNA 複製は唯一の複製起点で始まり，両方向に進行する．DNA の新しい鎖（薄灰色）の合成は 2 個の複製フォークで起こるが，そこにレプリソームが局在している．複製フォークが終結部位で出会ったときに二つの二本鎖 DNA 分子は離れる．各娘分子は 1 本の親鎖と 1 本の新たに合成された鎖から構成されることに注意してほしい．

るタンパク質を含む．レプリソームは 2 個の複製フォークの両方に一つずつ局在し，そこで親の DNA 鎖が巻戻される．図 20.3 に複製しつつある大腸菌染色体のオートラジオグラフを示す．

親 DNA が複製フォークで巻戻されるにつれて，それぞれの鎖は新しい鎖の合成反応の鋳型として使用される．大腸菌では複製フォークの進行速度は毎秒約 1000 塩基対（bp）である．言い換えれば，2 本の新しい DNA 鎖は毎秒 1000 ヌクレオチドずつ伸長する．2 個の複製フォークがこの速度で進行するので，大腸菌の全染色体は約 38 分で 2 倍に増えることができる．

真核生物の染色体は線状の二本鎖 DNA 分子で，通常，細菌の染色体よりはるかに大きい．たとえば，ショウジョウバエ（Drosophila melanogaster）の巨大染色体は 5.0×10^4 kb であり，大腸菌染色体より 10 倍も大きい．真核生物の複製も二方向性である．しかし，大腸菌染色体の複製起点が 1 個なのに対し，真核生

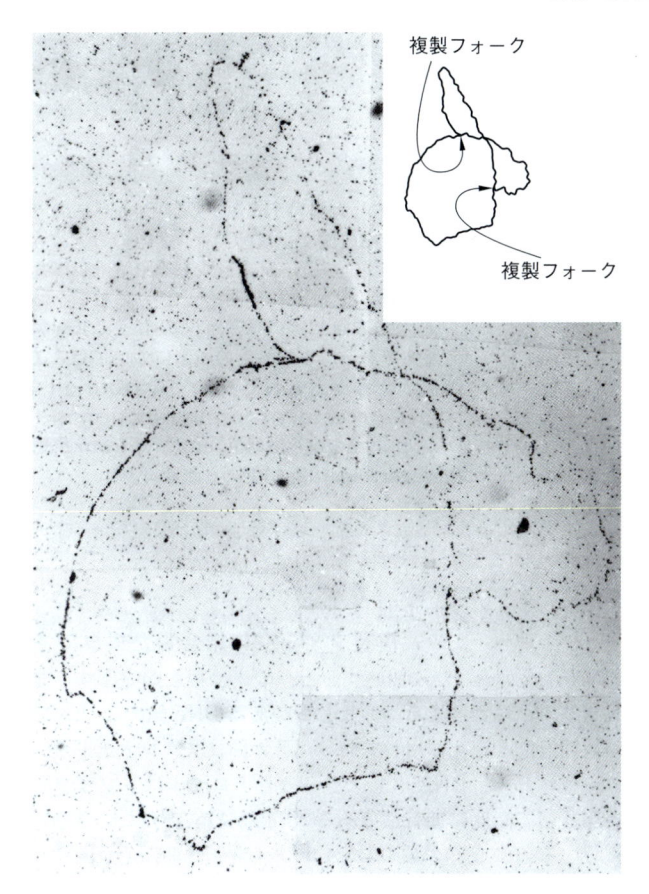

▲図20.3 **複製しつつある大腸菌染色体のオートラジオグラフ** DNAを[^{3}H]デオキシチミジンで標識し，複製中の染色体に写真用エマルジョンを重層することにより，その放射能を検出した．オートラジオグラフは大腸菌染色体が2個の複製フォークをもつことを示している．

物の染色体ではDNA合成開始の部位がいくつもある（図20.4）．真核生物においては複製フォークの移動は細菌より遅いが，真核生物のDNAに数多くの独立の複製起点が存在するため，大きな真核生物ゲノムでも原核生物のゲノムとほぼ同じ時間で複製が行われる．

! 2個の複製フォークは複製起点から互いに反対の方向に進む．

20.2 DNAポリメラーゼ

DNAの新鎖の合成は，伸長しつつある鎖の末端にヌクレオチドをつぎつぎと付加することによっている．この重合反応はDNA依存性DNAポリメラーゼまたは単にDNAポリメラーゼとよばれる酵素により触媒される．大腸菌には3種類の異なるDNAポリメラーゼがあり，発見の順にローマ数字を用いて命名された．DNAポリメラーゼⅠはDNAの修復を行う．また，複製に際しては片方のDNA鎖の合成に関与している．DNAポリメラーゼⅡはDNA修復に働く．DNAポリメラーゼⅢはDNA複製酵素そのもので，DNA複製に際して鎖の伸長を行い，レプリソームの重要な構成員である．

DNAポリメラーゼⅢは10種類の異なるポリペプチドサブユニットから成り，3種類のDNAポリメラーゼの中でこれまでのところ最も大きいものである（表20.1）．図20.5に示すように，精製されたホロ酵素は非対称性の二量体で，各ポリペプチドが2個ずつ会合している．α, ε, θポリペプチドは集合して2個のコア複合体を形成し，これが重合反応を担っている．βサブユニットはスライディングクランプ（滑る留め具）を形成し，複製フォークで2本のDNA鎖をそれぞれ取囲む．その他のサブユニットの大部分はγ複合体または"クランプローダー（クランプ保持器）"といわれる構造を形成する．それはレプリソームの構築を手助けし，連続した重合反応の過程で酵素を親のDNA鎖に結合した状態に保持する機能をもつ．

表20.1 DNAポリメラーゼⅢホロ酵素のサブユニット

サブユニット	分子量		遺伝子	活　　性
α	130000	コア	polC/dnaE	ポリメラーゼ
ε	27000		dnaQ/mutD	3′→5′エキソヌクレアーゼ
θ	8846		holE	?
β	40000		dnaN	スライディングクランプ形成
τ	71000		dnaX	コアの二量体形成の促進；ATPアーゼ
γ	47000	γ複合体	dnaX	進行性の促進；レプリソーム構築の補助
δ	38700		holA	
δ′	36900		holB	
χ	16600		holC	
ψ	15174		holD	

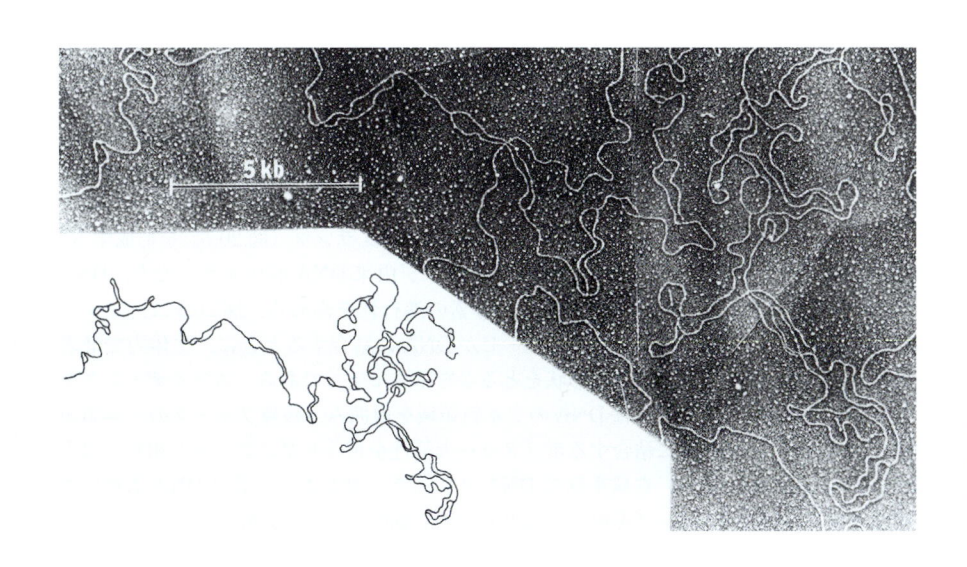

◀図20.4 **ショウジョウバエの胚における複製中のDNAの電子顕微鏡写真** たくさんの複製フォークが二本鎖DNAの"複製バブル"（泡状構造）の両端にあることに注意してほしい．

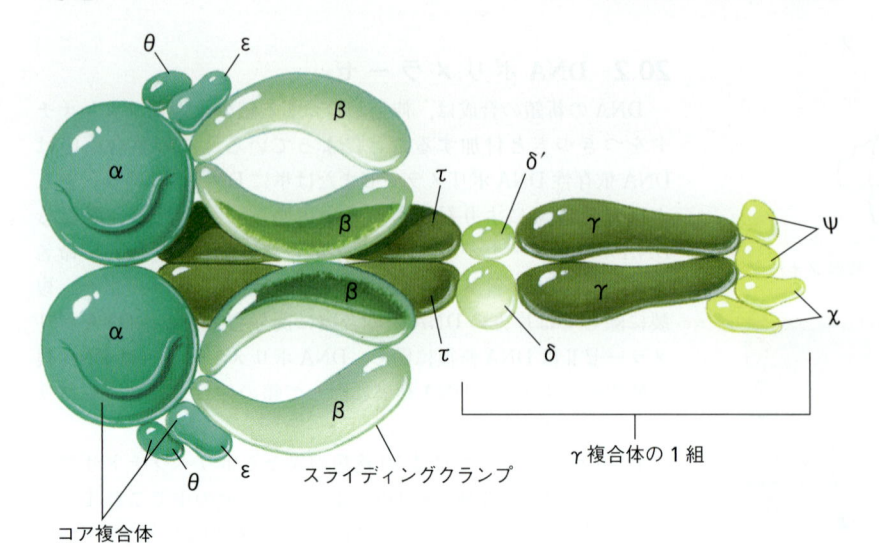

◀図20.5 大腸菌DNAポリメラーゼⅢのサブユニット構成図 ホロ酵素は，2組のコア複合体（α, ε, θを含む），対を形成したβとτ，1組のγ複合体（それぞれ2個のψとχをもつγ₂, δ, δ′）から成る．その構造は図のように非対称の二量体である．ホロ酵素の構造についてはこの他のモデルも提出されている．[O'Donnell, M. (1992). Accessory protein function in the DNA polymerase III holoenzyme from *E. coli*. *BioEssays* 14:105-111 より改変.]

A. 鎖伸長反応はヌクレオチド基転移反応である

DNAポリメラーゼⅢを含むすべてのDNAポリメラーゼは，伸長している鎖の3′末端に一度に1個ずつヌクレオチドを付加してDNAを合成する．基質ヌクレオチドはデオキシリボヌクレオシド5′-三リン酸（dNTP）である．どのヌクレオチドが付加するかは鋳型鎖に対するワトソン・クリック型塩基対合によって決まる．すなわち，アデニン（A）はチミン（T）と対合し，グアニン（G）はシトシン（C）と対合する．細胞内における各dNTPの存在量はほぼ等しい．このことから，鋳型鎖と塩基対合しようと酵素の触媒部位に絶えず浸透してくる間違ったdNTPを識別するため，酵素は平均して反応時間の4分の3をそれに費やすことになる．

DNAポリメラーゼⅢは伸長している鎖とつぎにくるdNTPとの間のホスホジエステル結合をつくる反応を触媒する．つぎにくるdNTPは鋳型鎖の残基と塩基対を形成する（図20.6）．正しい塩基対が形成されると，新生DNA鎖の末端の3′-OH基がつぎにくるdNTPのα-リン原子を求核攻撃する．この反応でヌクレオシド一リン酸が付加され，二リン酸が離脱する．続いてこの二リン酸は，多量に存在する酵素の一つ，ピロホスファターゼにより加水分解を受け，重合反応は重合の方向へと強く推進される．重合（鎖の伸長）の方向は5′→3′に限定され，新たに付加された残基の環状糖の炭素原子をまたいで伸びていく．

> DNA鎖の方向を指定する慣例については§19.2 Aに記載した．

付加反応が起こるたびにDNAポリメラーゼⅢは1残基だけ前に進み，つぎのヌクレオチド基転移反応が起こる．この反応機構のおかげで鋳型鎖との塩基対合によって正しく並べられたヌクレオチドが1個ずつ付加して新しいDNA鎖が伸長していく．DNAポリメラーゼⅢは鋳型なしにはDNAを合成できないし，3′末端をもったプライマー鎖があらかじめ存在しないかぎりヌクレオチドを付加することはできない．すなわちDNAポリメラーゼⅢは，DNA合成のために鋳型とプライマーの両方を必要とする．

先に述べたように，DNA複製反応は細胞内で約1000ヌクレオチド残基/秒の速度で進行する．これは生体内の重合反応のうちで最速である．しかし，精製DNAポリメラーゼⅢを使った試験管内での重合反応ははるかに遅く，酵素は単離される過程で完全な活性を発揮するのに必要な何らかの成分を失ったと考えられる．完全なレプリソームが組立てられれば，試験管内重合反応も細胞内の速度とほぼ同じになるはずである．

B. DNAポリメラーゼⅢは複製フォークに結合したままである

DNA合成がいったん開始すると，酵素は複製が完了するまで複製フォークにとどまる．伸長しつつあるDNA鎖の3′末端は酵素の活性部位と相互作用しており，その間にヌクレオチドがつぎつぎに運ばれる．DNAポリメラーゼⅢホロ酵素はレプリソームの一部として高度に進行性である（§12.5 A）．このため全染色体を複製するのにごく少数のDNAポリメラーゼⅢ分子があればよい．酵素の進行性はまた，DNA複製の速い速度を説明することにもなる．

> 脂肪酸合成における鎖延長反応も，大きな酵素複合体に触媒される進行性重合反応の別な例である（§16.1 C）．グリコーゲンシンターゼ反応は分散性重合反応の一例である（§12.5 A）．

DNAポリメラーゼⅢホロ酵素の進行性は，部分的に酵素のβサブユニットの性質に依存している．このサブユニットは単独では活性を示さないが，会合してホロ酵素の一部になると環状になり，DNA分子の周りを完全に取囲むことができる．この環は2個のβサブユニットからできていて，頭-尾の方向に会合した二量体を形成する．サブユニットはそれぞれ三つのよく似たドメインをもち，各ドメインはサンドイッチ状に折りたたまれたβ鎖と，DNAに相互作用する内側の端には2本のαヘリックスをもつ（図20.7）．こうしてβサブユニットはスライディングクランプとなり，ポリメラーゼを基質DNAの上に固定させる．DNAポリメラーゼⅢを複製フォークにある大きなタンパク質装置に取込むことによって，この酵素は重合反応の過程で常に新生鎖と会合したままでいられるのである．生化学的に研究されたDNA複製装置の多くは，より速い（より効率的な）DNA複製反応を行うために，同じような戦略を採ってきた．たとえば，近縁の二つのファージ，T4とRB69は，ともに複製補助タンパク質であるgp45をコードし，これが円形のクランプ（図20.7）を形成する．このクランプ構造はファージ由来DNAポリメラーゼを，DNA基質の上に固定し，酵素の進行性を高める．図20.8は，ファージDNAポリメラーゼがDNAに結合するときに，生体内で酵素がどういう形状をとるかを示すモデルである．スライディングクランプはDNAの二本鎖領域を取囲み，複製フォークの一本鎖領域に結合するポリメラーゼ活性を担うサブユニットと相互作用する．真核生物のDNAポリメラーゼもまた，そのDNA基質にクランプを固定するときに同じ戦略を採る（§20.6参照）．

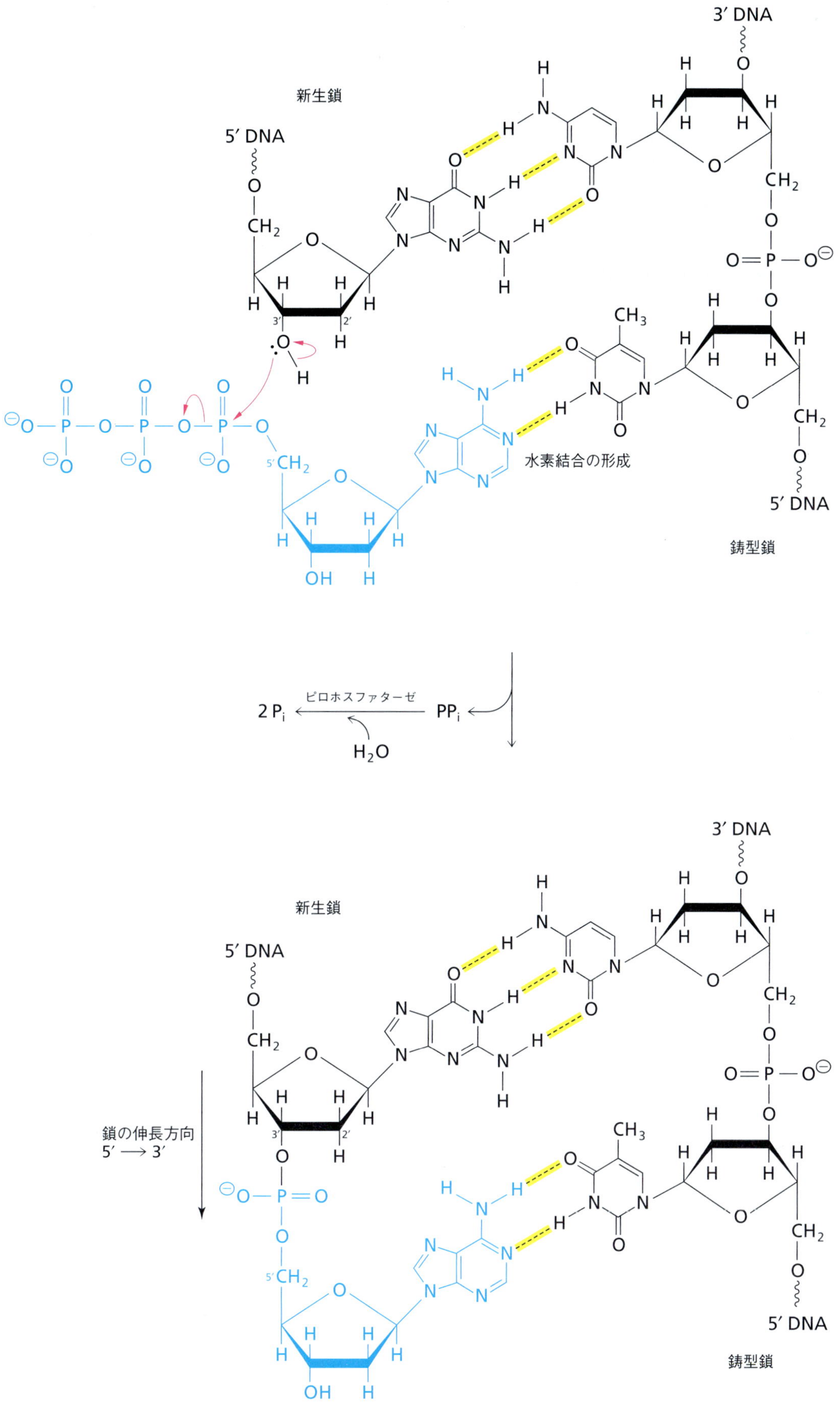

20.2 DNAポリメラーゼ

▲図20.6 **DNA鎖の伸長反応** DNA合成の過程で，つぎにくるデオキシヌクレオシド5′-三リン酸（青）が親鎖の残基との間に水素結合を形成し，塩基対ができる．末端の3′-OH基が入ってきたヌクレオチドのα-リン原子を攻撃するとホスホジエステル結合がつくられる．放出された二リン酸が加水分解されることにより，全体の反応は熱力学的に有利となる．

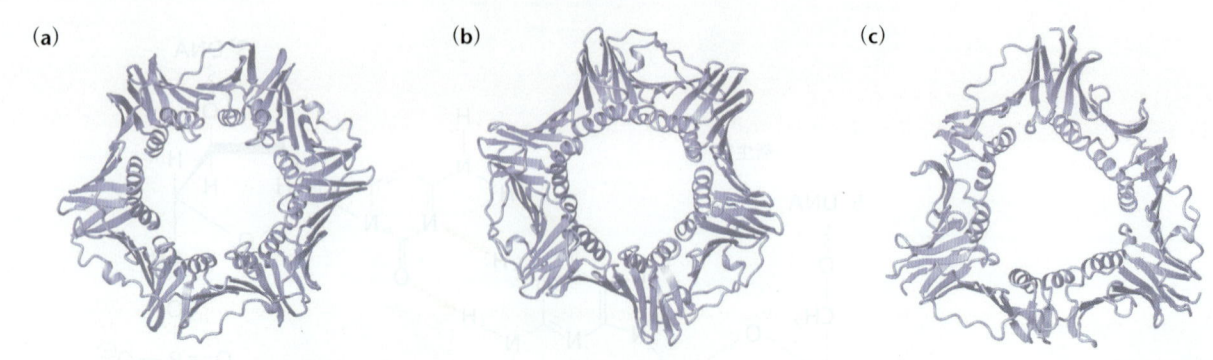

▲ 図 20.7 **DNA ポリメラーゼは酵素の進行性を高めるために，環状のスライディングクランプを利用する** ここに示す 3 種の結晶構造は，酵素の構造と機能の進化の収れんを示す好例である．(a) 大腸菌 DNA ポリメラーゼⅢ β サブユニット［PDB 1MMI］．(b) 増殖細胞核抗原（PCNA）．古細菌でも同様の機能をもつ［PDB 3LX1］．(c) ファージ T4 の gp45 も，やはり，DNA ポリメラーゼをその DNA 基質に固定する環状のスライディングクランプである［PDB 1CZD］．

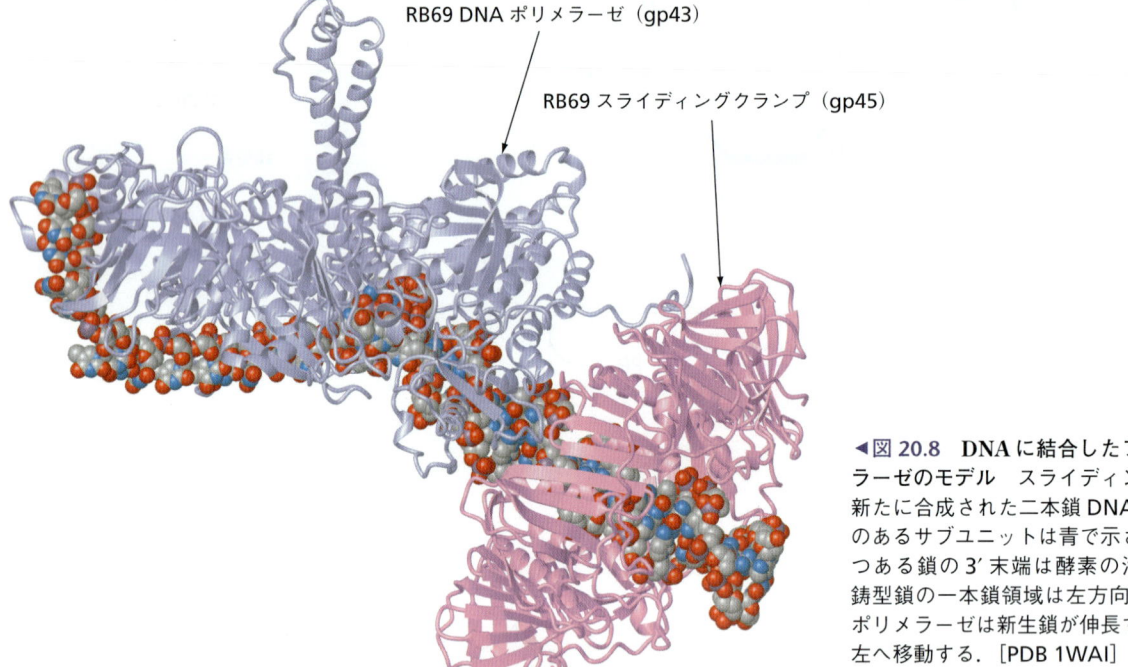

◀ 図 20.8 **DNA に結合したファージ DNA ポリメラーゼのモデル** スライディングクランプ（紫）は新たに合成された二本鎖 DNA を取囲む．活性部位のあるサブユニットは青で示されている．伸長しつつある鎖の 3′ 末端は酵素の活性部位に位置して，鋳型鎖の一本鎖領域は左方向に延びている．DNA ポリメラーゼは新生鎖が伸長するにつれて，右から左へ移動する．［PDB 1WAI］

C. 校正機能が重合反応の誤りを訂正する

DNA ポリメラーゼⅢホロ酵素はまた，3′→5′ エキソヌクレアーゼ活性ももっている．このエキソヌクレアーゼの活性部位はおもに ε サブユニットにあり，3′ 末端残基を新生ポリヌクレオチド鎖に結合させているホスホジエステル結合の加水分解を触媒する．このように，DNA ポリメラーゼⅢホロ酵素は鎖の伸長と分解の両方を触媒することができる．このエキソヌクレアーゼの活性により，ホロ酵素は新たに合成した DNA の誤った塩基対を訂正するために，校正したり，編集したりすることができる．DNA ポリメラーゼⅢは不正確に対合した塩基によって生じた DNA 鎖のゆがみを認識すると，酵素のエキソヌクレアーゼ活性が働いて，重合反応が進行していく前に誤って対合したヌクレオチドを除去する．

> 校正機能が可能であるのは，この重合反応が尾を伸ばすのであって，頭を伸ばすのではないからである（BOX 12.5）．

誤った塩基は 10^5 回の伸長反応当たり約 1 回取込まれる．したがって，誤りの頻度はおよそ 10^{-5} ということになる．3′→5′ 校正エキソヌクレアーゼ活性は誤ったヌクレオチドの 99 % を除くことができる．すなわち，誤りの頻度は 10^{-2} である．これら二つの連続的な反応の組合わせの結果，重合反応全体としての誤りの頻度は 10^{-7} となり，酵素反応の中でも最も誤る確率の低いものの一つとなっている．複製における誤りの大部分は，その後さらに，別の DNA 修復酵素により修復される（§ 20.7）．その結果，DNA 複製反応全体としての誤りの頻度は，10^{-9}～10^{-10} となる．このような驚くほどの正確度にもかかわらず，大きなゲノムが複製するときの誤りは避けがたい．（ヒトゲノムは 3.2×10^9 bp であることを思い出してほしい．それはゲノムが複製するたびに平均 1 個の誤りを生じ，2 個の娘細胞の片方にそれが伝達されることを意味する．）DNA 複製で生じる誤りが突然変異の最も一般的な要因である．言い換えれば，進化の多くが DNA 複製の不正確さによったともいえる．

> ❗ DNA ポリメラーゼの正確さは，その校正機能と修復機能とを合わせて，DNA 複製反応をこれまでに知られた生化学反応のうちで最も正確なものに仕立て上げた．

20.3 DNAポリメラーゼは 2本のDNA鎖を同時に合成する

図20.6に示したように，DNAポリメラーゼは5′→3′方向にのみ鎖伸長反応を触媒する．DNAの2本の鎖は互いに逆平行なので，一方の鋳型鎖を使って5′→3′の方向へ合成する場合はフォークの移動と同じ方向に進むが，もう一方の鋳型鎖を使用する5′→3′合成はフォークの進行と逆向きになる（図20.9）．複製フォークの進行と同じ向きの重合反応により新たに合成された鎖をリーディング鎖とよぶ．複製フォークの進行と逆向きの重合反応により新たに合成された鎖をラギング鎖とよぶ．DNAポリメラーゼIIIホロ酵素二量体が2組のコア複合体をもち，重合反応を触媒することを思い出してほしい．そのうちの1組がリーディング鎖の合成に働き，もう1組がラギング鎖の合成に働いている．

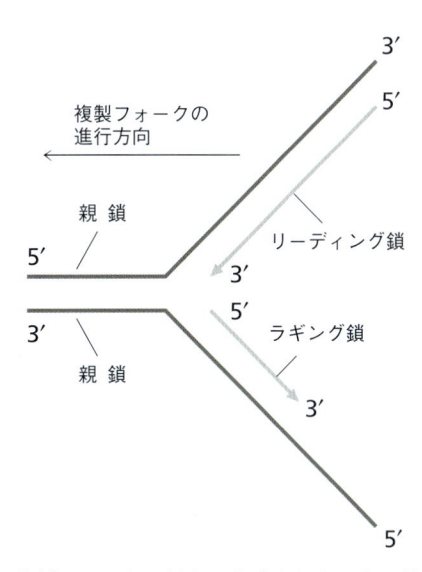

▲図20.9 複製フォーク 新たに合成された2本の鎖は逆向きの方向性をもつ．リーディング鎖では5′→3′合成が複製フォークの進行と同じ方向に進行する．ラギング鎖では逆方向に進行する．

A. ラギング鎖のDNA合成は不連続である

リーディング鎖は1本の連続したポリヌクレオチドとして合成され，複製起点に始まり終結部位で終了する．それに対してラギング鎖は，複製フォークの進行とは逆の向きに短い断片として不連続に合成される．ラギング鎖の個々の断片は，その後，別の反応で結合される．§20.4において，酵素複合体がどのようにして両方のDNA鎖を同時に合成することができるかを説明する複製フォークのモデルを提出する．

図20.10に，不連続DNA合成を証明した実験を示した．[³H]デオキシチミジンをごく短時間与えて大腸菌のDNAを標識した．ついで，新しくできたDNA分子を単離し，変性させ，大きさに従って分離した．この実験から標識されたDNA分子として二つの型が見いだされた．複製しつつあるDNAの放射能の約半分が非常に大きなDNA分子に，残りの半分の放射能がずっと短いおよそ1000残基のDNA断片に取込まれていた．大きなDNA分子はリーディング鎖の連続的な合成から生じ，短い断片はラギング鎖の不連続合成から生じたものである．このラギング鎖DNAの短鎖は発見者岡崎令治にちなんで，**岡崎フラグメント**（Okazaki fragment）と名付けられた．DNA複製全体の反応機構は，2本の鎖の複製が異なる機構で行われることを強調して，半不連続といわれる．

■ 親DNA（標識なし）
■ ³H標識のない新たに合成されたDNA
■ [³H]デオキシチミジンで標識された新たに合成されたDNA

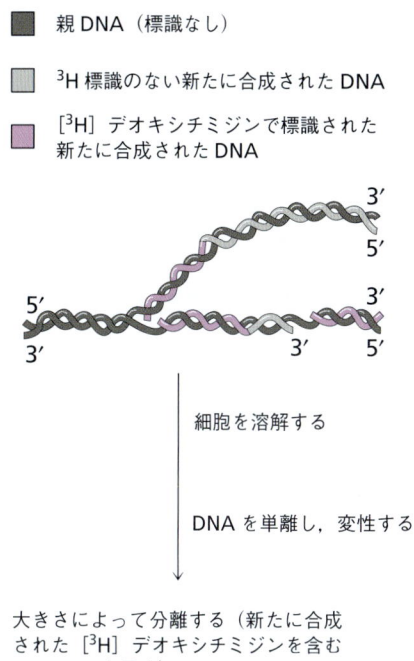

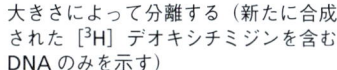

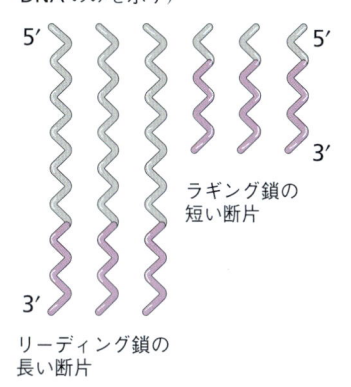

▲図20.10 不連続DNA合成は新たに合成されたDNAの分析から証明された 大腸菌の新生DNA分子を[³H]デオキシチミジンの短時間パルスで標識する．細胞を溶解し，DNAを単離し，一本鎖を大きさに従って分離する．標識されたDNA分子は二つの組に分かれた．すなわち，リーディング鎖の連続合成から生じた長い分子と，ラギング鎖の不連続合成から生じた短い断片である．

B. 岡崎フラグメントはいずれもRNAプライマーから始まる

ラギング鎖の合成が明らかに不連続的であっても，各岡崎フラグメントの合成がどのように始まるかは問題である．問題なのはDNAポリメラーゼが新規の重合反応を開始することはできず，すでに存在しているポリマー分子にヌクレオチドを付加することしかできないという点である．このような制約があってもリーディング鎖の合成には特に問題はなく，いったんDNA合成が始まりさえすればヌクレオチドは連続的に新生鎖に付加される．しかし，ラギング鎖では，岡崎フラグメントの合成にいつも新規の開始反応が必要である．この問題は複製フォークで短いRNA断片ができることによって解決された．このRNAプライマーは鋳型のラギング鎖に相補的である．図20.11に示すように，DNAポリメラーゼによって各プライマーの3′末端から伸長して，岡崎フラグメントが形成される．（リーディング鎖の合成もRNAプライマーで始まるが，全DNA鎖の合成の開始にたった1個のプライマーが必要なだけである．）

短鎖のRNAプライマーを使うことで，DNAポリメラーゼの反応機構に含まれる制限，すなわち，新規のDNA合成を開始でき

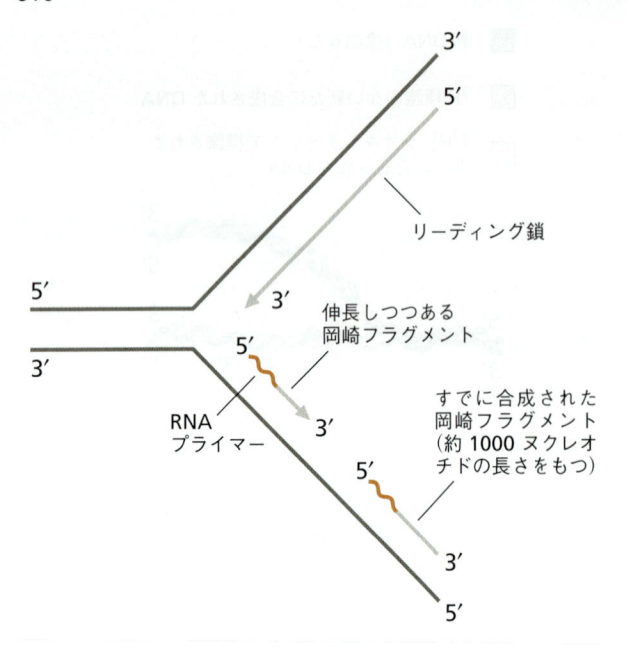

▲図 20.11 **ラギング鎖合成**　RNAの短い断片（赤）が岡崎フラグメント合成のプライマーとして働く．岡崎フラグメントの長さはそのつぎの RNA プライマーとの距離で決まる．

ないという点はうまく解決された．プライマーは**プライマーゼ**（primase）という DNA 依存性 RNA ポリメラーゼにより合成されるが，それは大腸菌では *dnaG* 遺伝子の産物である．DnaG の触媒領域の三次元結晶構造解析によると，その折りたたまれ方，および活性部位は従来よく研究されてきた各種ポリメラーゼと異なっていることが判明し，新規の酵素反応機構が採用されていると思われる．プライマーゼは**プライモソーム**（primosome）という大きな複合体の一成分で，プライマーゼ以外にも多くのポリペプチドが含まれる．プライモソームは DNA ポリメラーゼⅢとともにレプリソームの一部をなす．

複製フォークの進行につれて，親鎖の DNA は巻戻され，一本鎖 DNA が現れてくる．プライマーゼはこの一本鎖 DNA を鋳型にして，毎秒約 1 回，短鎖 RNA プライマー合成を触媒する．プライマーはわずか数ヌクレオチドの長さである．複製フォークは約 1000 ヌクレオチド/秒の速度で進行するので，およそ 1000 ヌクレオチドが取込まれるごとにプライマー 1 個が合成されることになる．DNA ポリメラーゼⅢはその後で各 RNA プライマーを伸長して，5′→3′方向の DNA 合成を触媒する．

C. 岡崎フラグメントは DNA ポリメラーゼ I と DNA リガーゼの作用により連結される

岡崎フラグメントは最後には連結されて，連続的な DNA 鎖が生産される．その反応は 3 段階で進行する．RNA プライマーの除去，それに置き換わる DNA の合成，隣あう DNA 断片の連結である．これらの各段階は，DNA ポリメラーゼ I と DNA リガーゼの共同作業により遂行される．

大腸菌 DNA ポリメラーゼ I は Arthur Kornberg により発見された酵素である．この酵素こそ鋳型鎖を用いて DNA 合成を触媒する酵素のなかで，最初に発見されたものである．DNA ポリメラーゼ I は 1 本のポリペプチドの中に DNA ポリメラーゼⅢホロ酵素の示す二つの活性をもっている．すなわち，5′→3′ポリメラーゼ活性と 3′→5′校正エキソヌクレアーゼ活性である．DNA ポリメラーゼ I にはさらに 5′→3′エキソヌクレアーゼ活性があるが，この活性は DNA ポリメラーゼⅢにはない．

DNA ポリメラーゼ I は特定のタンパク質分解酵素により切断されて，5′→3′エキソヌクレアーゼ活性をもつ小さな断片と，合成活性および校正活性をもつ大きな断片とになる．大きな断片は C 末端側 605 アミノ酸残基から成り，小さな断片は N 末端側 323 アミノ酸残基から成る．大きな断片は**クレノウフラグメント**とよばれ，DNA 塩基配列決定を始め，5′→3′の分解を伴わない DNA 合成を必要とする実験に広く用いられている．さらに，クレノウフラグメントをモデルとして，より複雑な DNA ポリメラーゼによる DNA 合成と校正の反応機構の研究が行われている．

図 20.12 に示すのはクレノウフラグメントの構造で，誤った末端塩基対をもつ DNA 断片と複合体を形成している．新生鎖の 3′末端は酵素の 3′→5′エキソヌクレアーゼ部位に置かれている．合成反応の過程で，図に示すように鋳型鎖はこの構造体の上部にある溝を埋めて，二本鎖 DNA の少なくとも 10 bp が酵素によって捕らえられている．DNA との結合にかかわるアミノ酸残基の多くが，すべての DNA ポリメラーゼでよく似ているが，酵素のそれ以外の三次元構造やアミノ酸配列などはまったく異なる．

DNA ポリメラーゼ I に特有の 5′→3′エキソヌクレアーゼは，各岡崎フラグメントの開始端にある RNA プライマーを除去する活性をもつ．（この 5′→3′エキソヌクレアーゼはクレノウフラグメントには含まれないので，図 20.12 には示していない．しかし，図の構造体の上部で，鋳型鎖と相互作用する溝に隣合って位置すると考えられる．）RNA プライマーが除去かれるにつれて，DNA ポリメラーゼ I が DNA を合成し，各岡崎フラグメント間の間隙を埋める．この過程は**ニックトランスレーション**（nick translation）といわれる（図 20.13）．ニックトランスレーションにおいて DNA ポリメラーゼ I は，岡崎フラグメントの 3′末端とつぎのプライマーの 5′末端との間のニック（切れ目）を認識して結合する．ついで，5′→3′エキソヌクレアーゼが最初の RNA ヌクレオチドを加水分解して除去する．その間に 5′→3′ポリメ

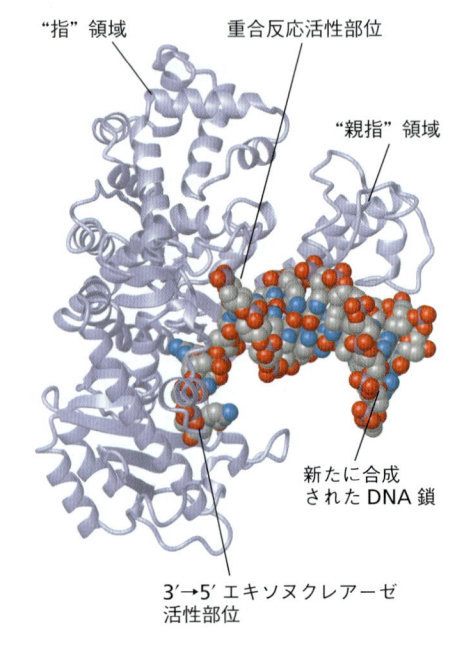

▲図 20.12 **DNA 断片と結合したクレノウフラグメントの構造**　酵素は DNA を包み込む．新生鎖の 3′末端は 3′→5′エキソヌクレアーゼ部位に位置している（左下側）．生体内で DNA 合成が起こるときには，鋳型鎖はこの結晶構造にみられる二本鎖領域をはみ出して伸びている．[PDB 1KLN]

(a) ラギング鎖では，岡崎フラグメントの合成が終了したときに，岡崎フラグメントとそれに先行する RNA プライマーとの間にニックが残る

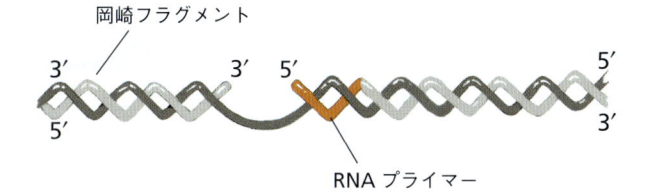

(b) DNA ポリメラーゼ I は岡崎フラグメントを伸長すると同時に，5′→3′ エキソヌクレアーゼ活性が RNA プライマーを取除く．ニックトランスレーションといわれるこの過程では，ニックがラギング鎖に沿って動くことになる

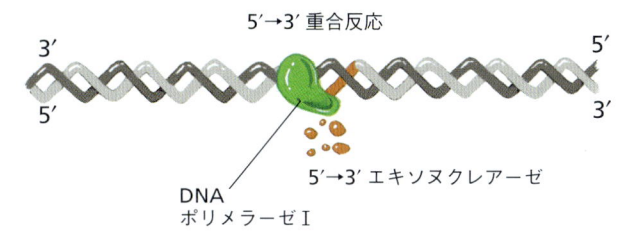

(c) DNA ポリメラーゼ I は岡崎フラグメントが 10〜12 ヌクレオチド伸長したあとで離脱する．DNA リガーゼがニックに結合する

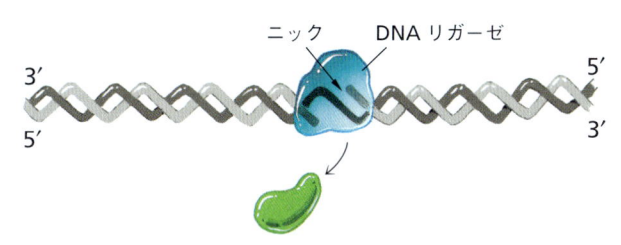

(d) DNA リガーゼはホスホジエステル結合の形成を触媒する．ニックが接続され，連続したラギング鎖ができ上がる．その後，酵素は DNA から離脱する

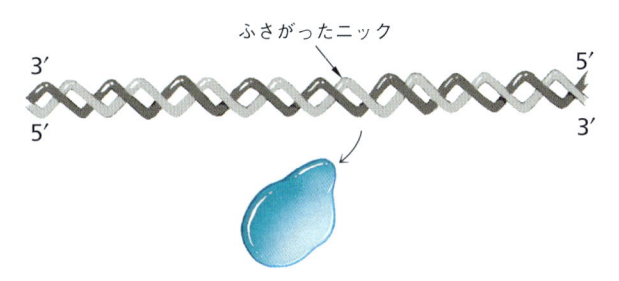

▲図 20.13　DNA ポリメラーゼ I と DNA リガーゼの協同作業による岡崎フラグメントの結合

ラーゼがデオキシリボヌクレオチドを DNA 鎖の 3′ 末端に付加する．このようにして，酵素はラギング鎖に沿ってニックを動かしていく．10〜12 回の加水分解と重合反応を終えると，DNA ポリメラーゼ I は DNA から離れ，ホスホジエステル骨格のニック 1 個によって分かれた 2 本の岡崎フラグメントが後に残される．最終産物は完全に DNA 二本鎖でなければならない．それゆえ，DNA ポリメラーゼ I による RNA プライマーの除去は DNA 複製の重要な過程である．

　DNA ラギング鎖合成の最後の段階は，岡崎フラグメントの端にある 3′-OH 基と，隣合った岡崎フラグメントの 5′-リン酸基との間のホスホジエステル結合の形成である．この段階は DNA リガーゼにより触媒される．真核細胞の DNA リガーゼとファージ感染細胞の DNA リガーゼは，ATP を補助基質として要求する．それに対し，大腸菌 DNA リガーゼは NAD^+ を補助基質として使用する．NAD^+ はヌクレオチド基の供給源であり，最初は酵素へ，ついで DNA へと転移され，ADP-DNA 中間体を形成する．大腸菌 DNA リガーゼの反応機構を図 20.14 に示した．その全反応はつぎの通りである．

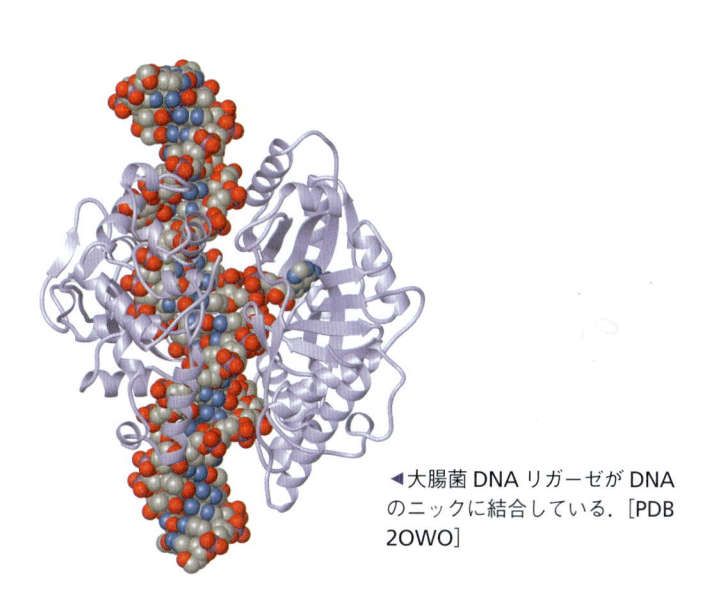

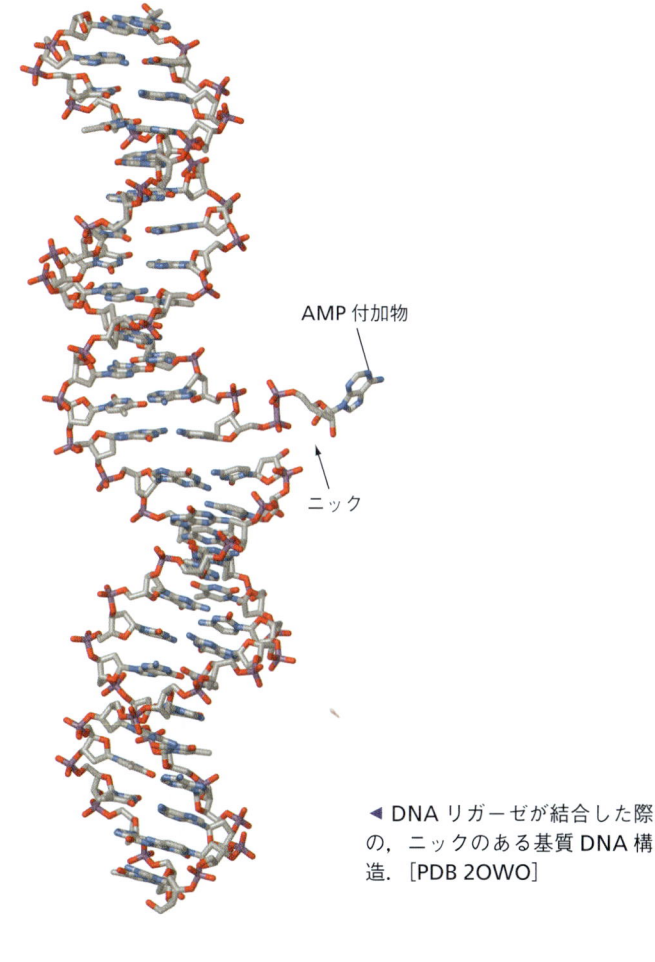

$$\text{DNA (ニックのある)} + NAD^{\oplus} \longrightarrow \text{DNA (つながった)} + NMN^{\oplus} + AMP \quad (20.1)$$

◀大腸菌 DNA リガーゼが DNA のニックに結合している．[PDB 2OWO]

◀DNA リガーゼが結合した際の，ニックのある基質 DNA 構造．[PDB 2OWO]

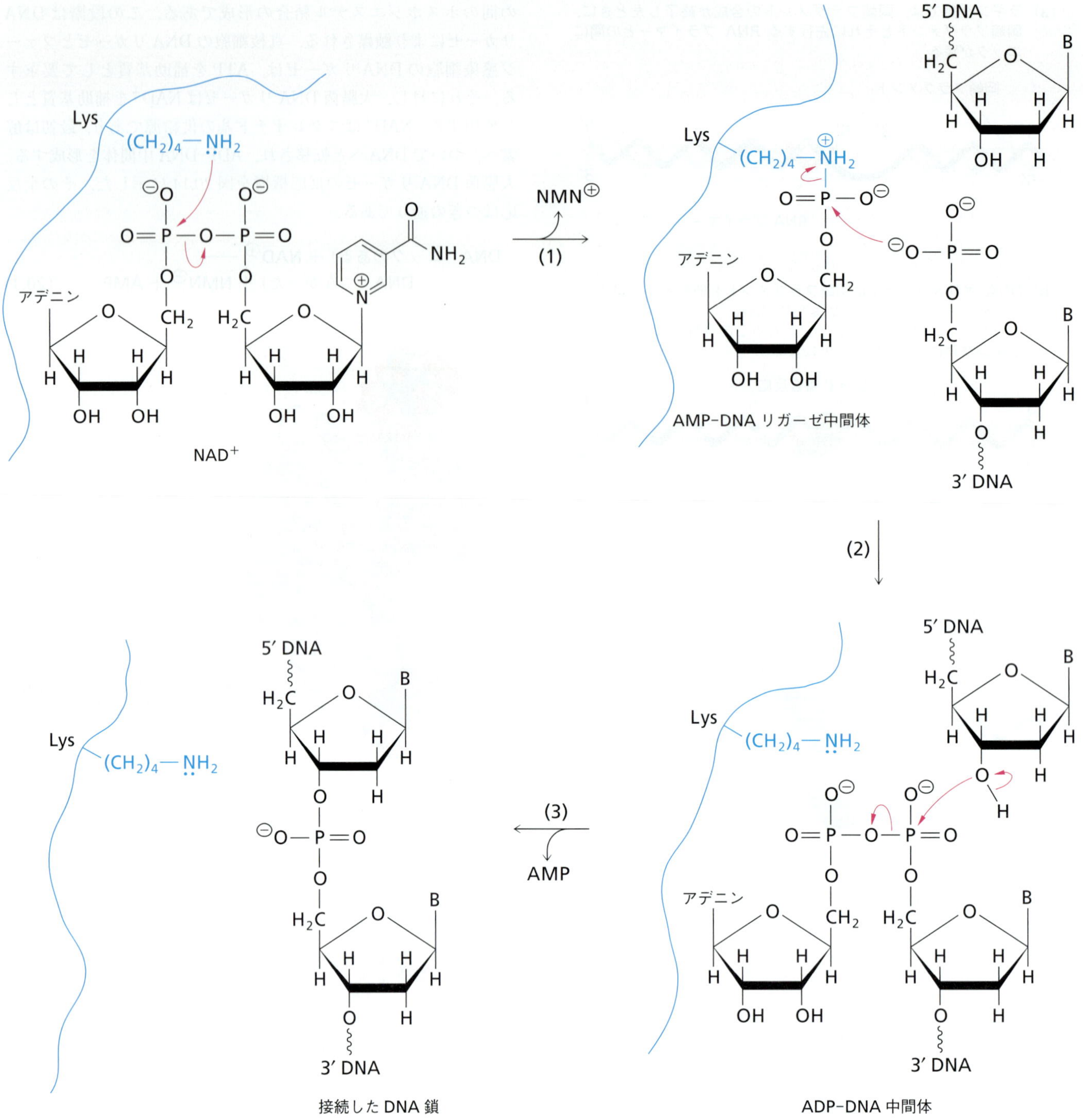

▲図 20.14 **大腸菌 DNA リガーゼについて提案されている反応機構** 大腸菌 DNA リガーゼは NAD^+ を補助基質として用いて，DNA のニックにホスホジエステル結合をつくる反応を触媒する．段階 1 では，DNA リガーゼのリシン残基の ε-アミノ基が，NAD^+ のアデノシン部分の 5′-酸素原子に結合したリン原子を攻撃する．ニコチンアミドモノヌクレオチド（NMN^+）が放出され，AMP-DNA リガーゼ中間体を生成する．（ATP を補助基質として用いる DNA リガーゼの場合，二リン酸が放出される．）段階 2 で，DNA の遊離の 5′-リン酸基の酸素原子が AMP-酵素複合体のリン酸基を攻撃し，ADP-DNA 中間体を形成する．段階 3 では，隣合う DNA 鎖の末端残基の求核性 3′-OH 基が，ADP-DNA の活性化された 5′-リン酸基を攻撃して，AMP を放出し，ホスホジエステル結合を形成して DNA 鎖のニックがふさがれる．B は塩基を示す．

20.4 レプリソームのモデル

レプリソームにはプライモソーム，DNA ポリメラーゼⅢホロ酵素，その他 DNA 複製に必要な補助タンパク質が含まれる．多くのタンパク質が集合して 1 組の装置をつくり上げ，複製フォークでリーディング鎖とラギング鎖の同調した合成を可能にする．

DNA ポリメラーゼⅢの鋳型は一本鎖 DNA である．そのため，親の二重らせんの二本鎖は，複製に際して巻戻され，一本鎖に解離しなければならない．この巻戻しはおもにヘリカーゼとよばれるタンパク質が行う．大腸菌ではヘリカーゼ DnaB が DNA 複製に必須である．DnaB はプライモソームのサブユニットの一つであり，プライモソームはより大きなレプリソームの一部になっている．したがって，レプリソームが染色体に沿って動くとき，DNA の巻戻し速度と重合速度は直接に連動することになる．巻戻しにはいろいろなトポイソメラーゼ（§19.3）の助けが必要で，それらは複製フォークの前後で DNA の超らせんを弛緩させる．

20.4 レプリソームのモデル

これらの酵素はレプリソームには含まれていないが，複製にとって必須なものである．大腸菌で最も重要なトポイソメラーゼは，トポイソメラーゼⅡ，すなわちジャイレースである．この酵素を欠く変異株はDNAを複製することができない．最終的に2本の娘分子が生産されるが，そのどちらも新たに合成された鎖1本と親鎖1本とから成ることは，すでに図20.1で示したとおりである．DNA複製の過程で，ラギング鎖の鋳型鎖以外にかなりの長さの一本鎖部分は存在しない．

レプリソームに含まれるタンパク質の中には，一本鎖結合タンパク質（single-strand binding protein；SSB）があるが，これらはらせん形成阻止タンパク質としても知られている．SSBは一本鎖DNAに結合し，DNAが二本鎖領域を形成して，みずから巻戻ろうとするのを妨げる．SSBは4個の同じ小サブユニットから成る四量体である．各四量体がDNAに結合して，およそ32ヌクレオチドを覆う．SSBのDNAへの結合は協同的である．すなわち，最初の四量体の結合が2番目の結合を促し，同様につぎつぎに結合を促進する．一本鎖DNA上にいくつか隣合ってSSB分子が存在すると，伸びた，比較的曲がりにくいDNA構造ができあがる．SSBで覆われた一本鎖DNAには二次構造がないために，DNA複製に際して，相補鎖合成の理想的な鋳型となる．

レプリソームによるDNA合成のモデルを図20.15に示した．

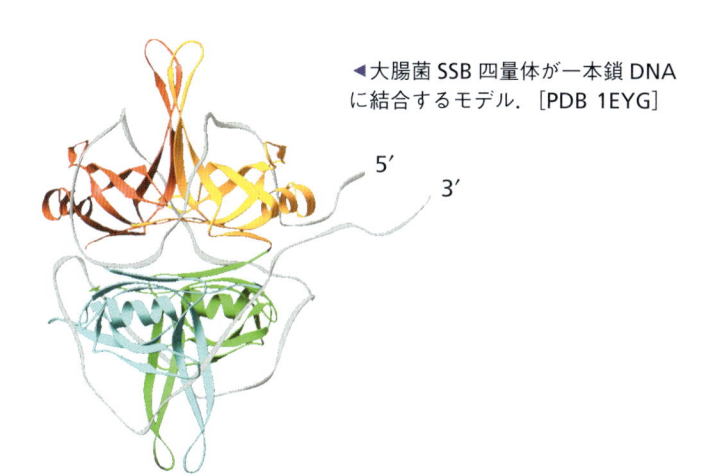

プライモソームはプライマーゼとヘリカーゼを含み，複製フォークの先頭に位置し，その後ろにDNAポリメラーゼⅢホロ酵素がくる．（図では簡略化して，DNAポリメラーゼⅢのコア複合体のみを描いている．）ヘリカーゼがDNAを巻戻すにつれて，プライマーゼは毎秒およそ1回，RNAプライマーを合成する．ホロ酵素二量体の2組のコア複合体のうちの一方はリーディング鎖を5'→3'方向に連続的に合成し，もう一方はRNAプライマーを伸長して岡崎フラグメントを形成する．ラギング鎖の鋳型は大きなループに巻かれていると考えられている．この構造のおかげでリーディング鎖とラギング鎖はともに，複製フォークの進行と同じ方向に合成されるようになる．

モデルではDNAポリメラーゼⅢホロ酵素の二つのコア複合体を同じ形に描いているが，DNA複製におけるその機能は同一ではない．一方はリーディング鎖の鋳型に強く結合したままであるが，もう一方は前もって合成された岡崎フラグメントのRNAプライマーに出会うまでラギング鎖の鋳型に結合している．そしてRNAプライマーに出会った時点で，コア複合体はラギング鎖の鋳型を離す．ラギング鎖の鋳型はつぎのプライマーの部位でホロ酵素と再び結合し，合成が再開される（図20.15 d）．ホロ酵素は全体として高度な進行性を示す．その半分は複製の開始から終結までリーディング鎖に相互作用したままであり，別の半分はラギング鎖の1000ヌクレオチドの長さにわたって進行性の合成を行う．ホロ酵素のγ複合体は，βサブユニットでつくられたスライディングクランプの解離と再集合に関与することによって，ラギング鎖鋳型の結合と解離を助けている．

レプリソームモデルは，リーディング鎖とラギング鎖の合成がどのように同調しているかを説明している．また，レプリソームの構造は，複製に必要な構成員のすべてを，適確な時間に，適切な量だけ，適切な場所で手に入れることができるように構成されている．タンパク質複合体は，しばしばタンパク質装置といわれるように，生化学的仕事を完遂するために協同して機能する．レプリソームはタンパク質装置の一例であり，細菌の鞭毛（4章），ATPシンターゼ複合体（14章），光合成の反応中心（15章），その他この後の章で説明するいくつかもやはりタンパク質装置である．

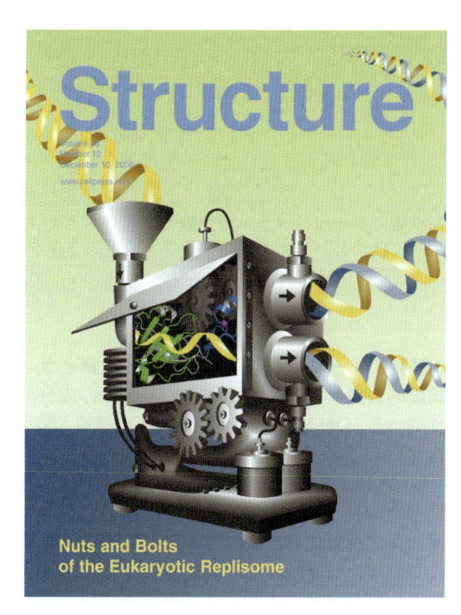

◀ 大腸菌SSB四量体が一本鎖DNAに結合するモデル．[PDB 1EYG]

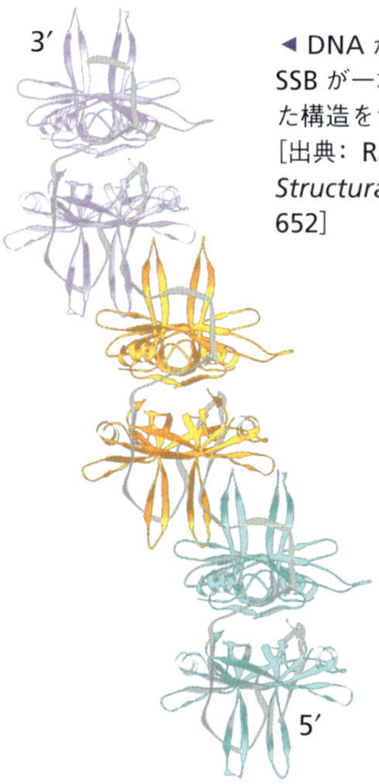

◀ DNAがSSBに結合する図．3個の四量体SSBが一本鎖DNAに協同的に結合し，伸びた構造をつくり上げるモデル．[PDB 1EYG] [出典：Raghunathan et al. (2000). *Nature Structural and Molecular Biology* 7:648-652]

▲ タンパク質装置　時には象徴としての機械が字義通りに受取られて，*Structure*誌をユーモラスな表紙が飾った．

(a) ラギング鎖の鋳型はレプリソームを介してループになっている．その結果，リーディング鎖とラギング鎖は同じ方向に合成される．SSB は一本鎖 DNA に結合する

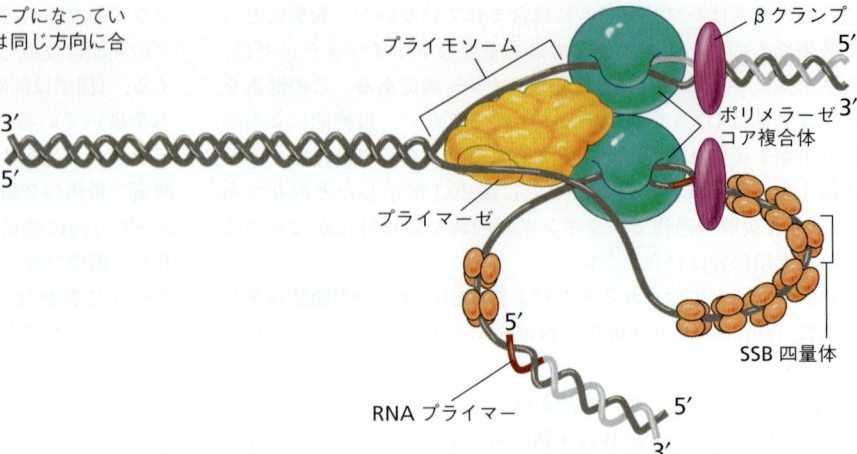

(b) ヘリカーゼが鋳型 DNA を巻戻すにつれて，プライマーゼは RNA プライマーを合成する．ラギング鎖にあるポリメラーゼが岡崎フラグメントを完成する

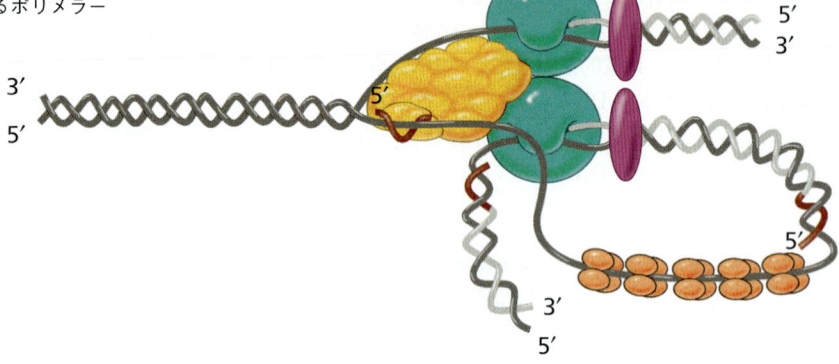

(c) ラギング鎖にあるポリメラーゼが先行する岡崎フラグメントに出会うと，ラギング鎖の鋳型を離す

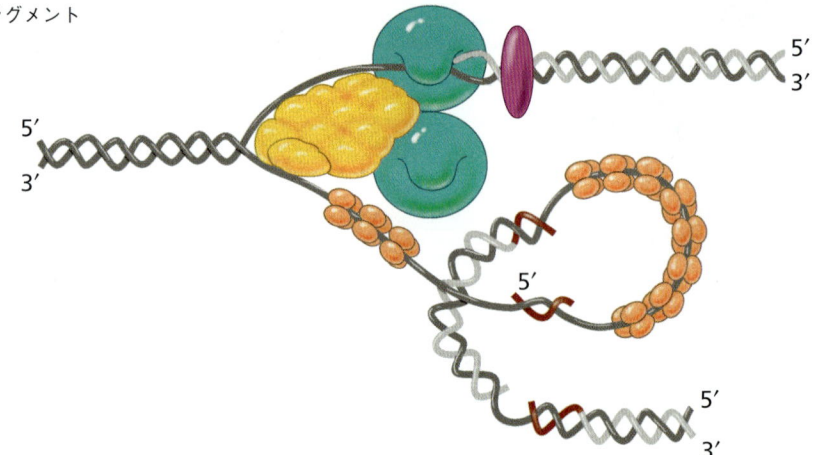

(d) ラギング鎖にあるポリメラーゼが新たに合成された RNA プライマーに結合し，つぎの岡崎フラグメントの合成を始める

▲図 20.15　**複製フォークにおけるリーディング鎖とラギング鎖の同調的合成**　レプリソームはいくつかの成分から構成されている．DNA ポリメラーゼⅢホロ酵素（図にはコア複合体のみを示す）；プライマーゼ，ヘリカーゼ，およびその他のサブユニットを含むプライモソーム；一本鎖結合タンパク質（SSB）などの補助的成分など．ホロ酵素のコア複合体の一方がリーディング鎖を合成し，他方のコア複合体がラギング鎖を合成する．ラギング鎖の鋳型はレプリソームを介してループを描いて戻り，その結果，リーディング鎖とラギング鎖の合成は複製フォークの動きと同じ方向へ動いていく．

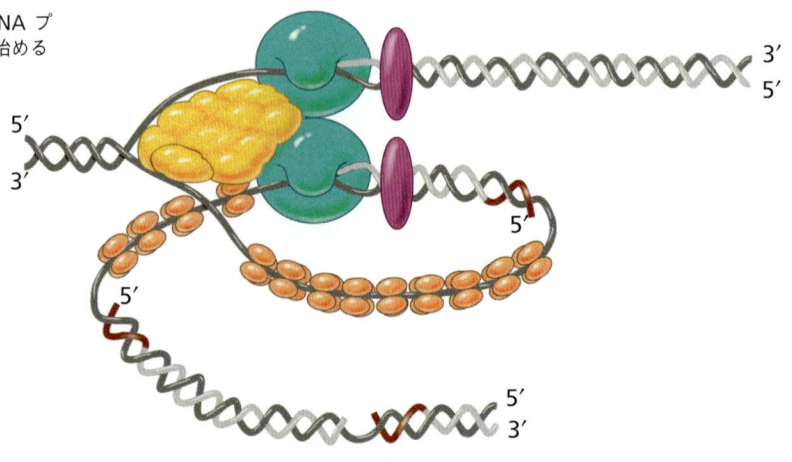

20.5 DNA複製の開始と終結

すでに述べたように，DNA複製は複製起点とよばれる特異的DNA配列で始まる．大腸菌ではこの部位を oriC といい，染色体の遺伝地図上のほぼ10時の位置にある（図20.16）．oriC においてレプリソームを最初に組立てるためには，この部位に結合してDNAを局部的に巻戻すタンパク質が必要である．そのようなタンパク質の一つがDnaAで，複製起点のごく近くに位置するdnaA 遺伝子によりコードされている．DnaAは複製開始の頻度を制御することにより，DNA複製の調節を受け持っている．リーディング鎖合成に必要な最初のRNAプライマーはおそらくプライモソームが複製起点でつくるのだろう．

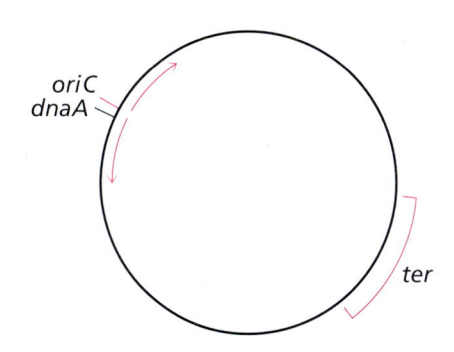

▲図20.16 大腸菌のDNA複製における複製起点（oriC）と終結部位（ter）の位置 遺伝子 dnaA は複製開始に必要なDnaAタンパク質をコードする．oriC と dnaA の距離は約40 kb である．赤の矢印は複製フォークの動く方向を示す．

大腸菌における複製の終結は，環状の染色体上の起点と反対側にある終結部位（ter）で起きる．この領域には終結部位利用因子（terminator utilization substance；Tus）という名のタンパク質が結合するDNA配列がある．一つの終結部位に結合したTusの構造を図20.17に示す．β鎖の領域がDNAの主溝に位置し，アミノ酸側鎖が塩基対に接触して，ter 配列を認識する．Tus はレプリソームのヘリカーゼ活性を阻害することにより，複製フォークがこの終結部位を通過するのを妨げる．終結部位にはまた，DNA複製が完了したときに娘染色体を分離させるのに必要なDNA配列も含まれている．

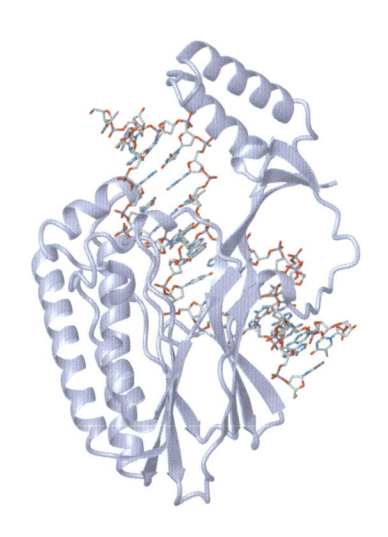

▲図20.17 DNAに結合した大腸菌Tusタンパク質の構造 Tus は DNA 複製の終結部位で特定の塩基配列に結合する．結合した Tus はレプリソームの通過を妨げる．[PDB 1ECR]

20.6 DNA複製を用いる技術

DNA複製の基本原理についての理解から，WatsonとCrickが1953年には予想すらできなかった驚くべき技術の数々が発展してきた．私たちはすでに部位特異的突然変異誘発について学んだ（BOX 6.1）．この節では，DNA配列の増幅と配列決定の技術について考察する．これらの技術は生化学という学問の，否，それどころか生物学全体の，変革をもたらした．この技術により絶滅種（たとえば，*Homo neanderthalensis*）のゲノム配列をつくり出して，さまざまなヒトの特徴や病気に関する遺伝的基礎の発見が導かれた．

A. ポリメラーゼ連鎖反応はDNAポリメラーゼを用いて特定のDNA配列を増幅する

ポリメラーゼ連鎖反応（polymerase chain reaction；PCR）は少量のDNAを増幅する方法として，また，さまざまなDNA分子の混合物の中から，特定のDNA配列だけを増加する方法として，非常に価値の高い技法である．PCR技術が利用できるおかげで，クローニングや塩基配列決定に必要な十分量のDNAを得るために大量の組織試料を処理する必要がなくなった．また，PCRにより，これまでに単離されたことはないが配列のわかっている遺伝子を大量にコピーすることができるようになった．このように，PCRは遺伝子増幅を行うことでクローニングの代わりとなりうる．

図20.18にPCR法を示した．目的の遺伝子座の両側の配列情報から，増幅しようとするDNA配列に隣接するようにオリゴヌクレオチドプライマーをつくる．オリゴヌクレオチドプライマーは対向鎖に相補的であり，3′末端が互いに向きあっている．試料のDNA（通常，細胞内のすべてのDNAを含む）を過剰のオリゴヌクレオチドプライマー存在下で熱変性させる．冷却するにつれてプライマーは選択的に相補的な部位に対合するが，その部位は目的のDNA配列に隣接している．ついで，耐熱性DNAポリメラーゼ（好熱菌 *Thermus aquaticus* から得られた *Taq* ポリメラーゼなど）を使ってプライマーを伸長させる．1サイクルの合成反応の後で，反応液をDNA鎖の解離のために再加熱し，さらにDNAとオリゴヌクレオチドを再対合させるために冷却する．そしてプライマーをまた伸長させる．この2回目のサイクルで，新たに合成された一本鎖（4本）のうちの2本は，正確に2個のプライマーの5′末端に挟まれるDNAの長さになる．このようなサイクルを反応の時間と温度を注意深く調節しながら何回も繰返す．サイクルごとに，プライマー末端で5′および3′末端を指定されたDNA鎖の数は指数関数的に増大する．一方，プライマーを境とする範囲外の配列をもつDNA鎖の数は一次関数的にしか増えない．その結果，目的のDNAが選択的に複製され，20〜30回のサイクルの後には試験管内のDNAの大部分を占めるようになる．こうして，目的のDNA配列がクローニングされ，塩基配列が決定され，組換えDNAライブラリーのスクリーニング用プローブとして使用される．

B. ジデオキシヌクレオチドを使用するDNA塩基配列決定法

1976年，Frederick Sangerは大腸菌DNAポリメラーゼIのクレノウフラグメントを使用して，酵素的にDNA塩基配列を決定する方法を開発した．Sangerはこの業績に対して1980年，2回目のノーベル化学賞を授与された．（彼の最初のノーベル化学賞はタンパク質のアミノ酸配列決定法の開発に対して贈られた．）

系に加えるか，より一般的には高温で成育できる細菌のDNAポリメラーゼを使用することである．このようなポリメラーゼは一本鎖DNAに生じた二次構造が不安定になる温度である60〜70℃でも活性がある．

Sangerの塩基配列決定法には2′,3′-ジデオキシリボヌクレオシド三リン酸（ddNTP）が使用される．このものはDNA合成の基質デオキシリボヌクレオチドと異なり，3′-OH基をもたない（下図）．ddNTPはDNAポリメラーゼの基質になることができて，伸長しつつある鎖の3′末端に付加するが，3′-OH基をもたないためにそのつぎのヌクレオチドが付加できず，ddNTPが取込まれるとDNA鎖の伸長は停止する．特定のddNTPがDNA合成反応液中に少量存在すると，対応するdNTPの代わりに低い頻度で取込まれる．そのとき直ちに反応が停止する．得られるDNA断片の長さは，対応するヌクレオチドが取込まれるべき位置を示す．

▲ 2′,3′-ジデオキシリボヌクレオシド三リン酸（ddNTP）の化学構造．Bは塩基を表す．

ddNTP分子を用いるDNA塩基配列決定法は数段階から成る（図20.19）．配列決定すべきDNAとして一本鎖の分子を用意し，そのDNAの3′末端部分に対して相補的な短いオリゴヌクレオチドと混合する．このオリゴヌクレオチドはDNAポリメラーゼが触媒するDNA合成反応のプライマーとして働く．オリゴヌクレオチドをプライマーとする材料を四つの別々の反応チューブに入れる．各チューブには少量のα-[32P]で標識されたdNTPを加える．この放射能により，新たに合成されたDNAをオートラジオグラフィーで検出できる．各チューブにはさらに過剰量の4種の非放射性dNTP分子と，ddNTPの4種のうちの1種を少量入れる．たとえば，Aの反応チューブには過剰量の非放射性dTTP，dGTP，dCTP，dATPと少量のddATPを入れる．ついで，DNAポリメラーゼを反応液に添加する．ポリメラーゼがDNAを複製する途中で，dATP残基の代わりにddATP残基がたまたま取込まれると，そこでDNA鎖の伸長が止まる．このようにddATPがランダムに取込まれた結果，新たに合成されたいろいろな長さのDNA断片が生じることになる．どのDNA断片もA（すなわち，ddA）で終わっている．断片の大きさは配列内でのプライマーからどれか一つのアデニン残基までの距離に相当する．各反応チューブに加えるddNTPを変えておくことにより，違う組合わせのDNA断片をつくり出すことができる．ddTTPならTで終わる断片，ddGTPならGで終わる断片，ddCTPならCで終わる断片がそれぞれ生じる．それぞれの配列反応で新たに合成された鎖を鋳型DNAから分離する．最後に，反応液を配列決定用ゲルの上に隣合わせに並んだレーンに移して電気泳動を行い，DNA断片を大きさにより分別する．DNA分子の塩基配列はゲルのオートラジオグラフから読みとることができる．

この技術をさらに発展させて，ゲノム配列決定法のような，大量迅速処理（ハイスループット）を目的とした自動化が可能になっ

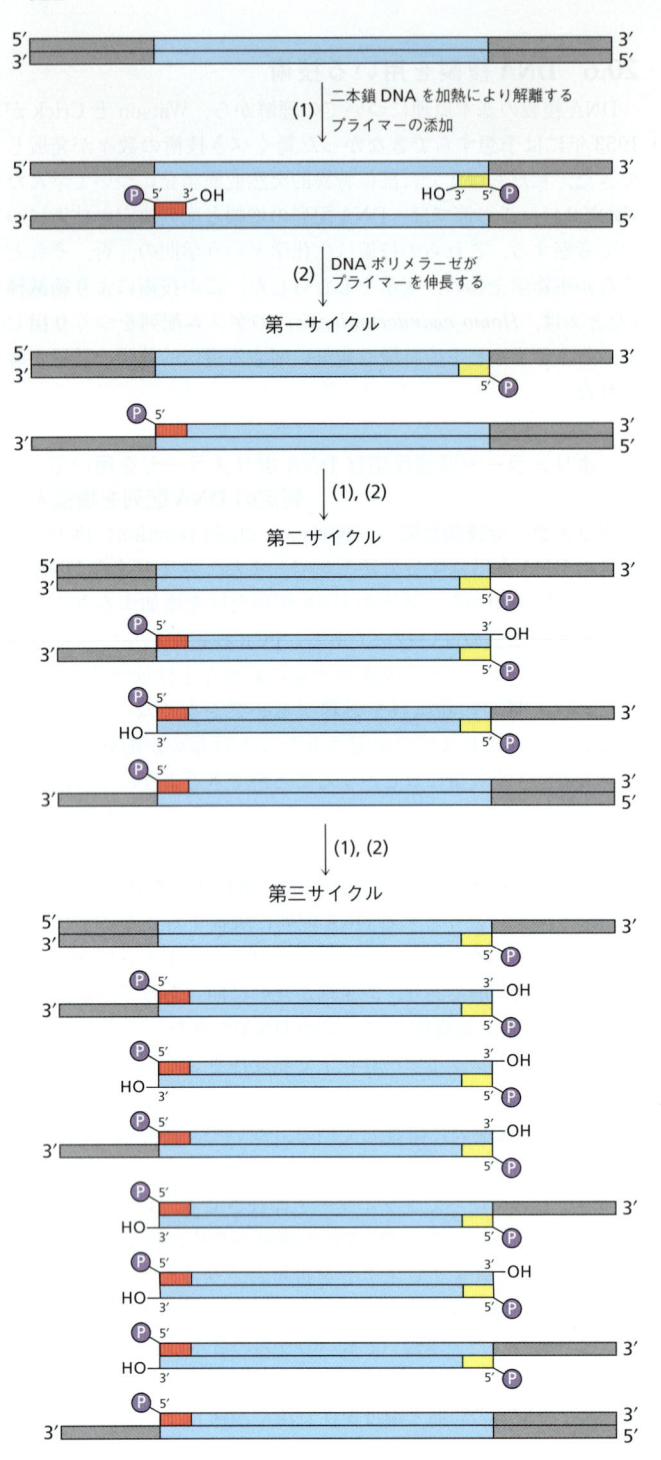

▲ 図20.18 3サイクルのポリメラーゼ連鎖反応　増幅したい配列を青で示した．（1）二本鎖DNAを加熱して解離し，多量の2種のプライマー（赤と黄）の存在下で冷却する．プライマーは目的のDNA領域の端にくる．（2）耐熱性DNAポリメラーゼがこれらのプライマーの伸長を触媒し，各DNA鎖をコピーする．ひき続きプライマー存在下で加熱と冷却のサイクルを繰返し，目的の配列を繰返しコピーする．20〜30サイクル後には反応液のほとんどのDNAは目的の配列だけとなる．

この種の反応にクレノウフラグメントを使用する利点は，この酵素が新しく合成されたDNA鎖を切断する5′→3′エキソヌクレアーゼ活性をもたないことである．しかし欠点もある．その一つはクレノウフラグメントの進行能力が低く，一本鎖の鋳型の中に二次構造ができるとそこで簡単に反応が阻害されることである．この限界を乗り越えるにはSSBまたは類似のタンパク質を反応

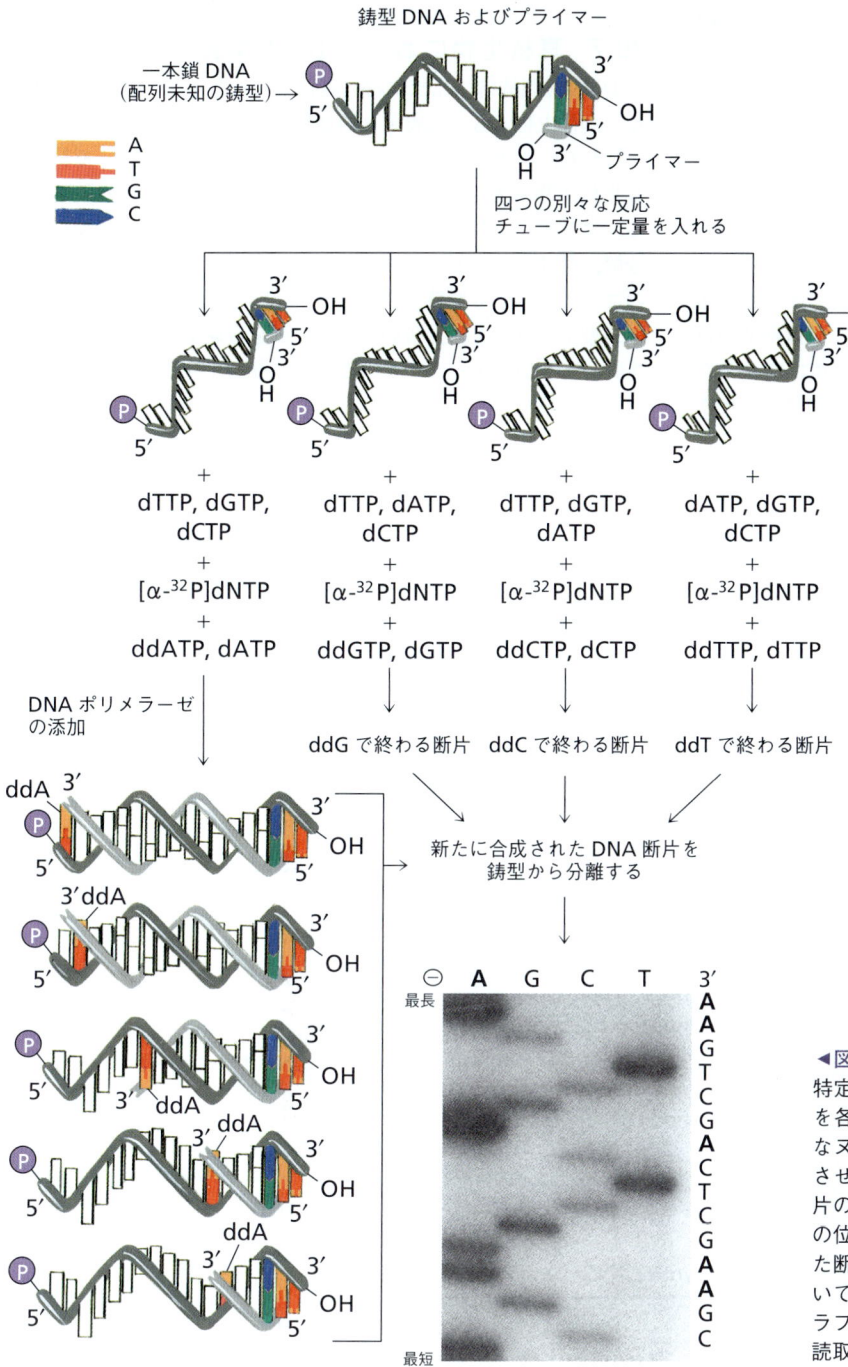

図20.19 サンガー法によるDNA塩基配列の決定
特定のジデオキシリボヌクレオシド三リン酸（ddNTP）を各反応液に少量添加することにより，ddNTPが正常なヌクレオチドの代わりに取込まれてDNA合成を終結させる．取込まれたddNTPの位置は，生じたDNA断片の長さから決定され，塩基配列中のそのヌクレオチドの位置がわかる．各ddNTPにより合成反応途中で生じた断片は配列決定用電気泳動ゲルを用いて大きさに基づいて分離され，DNA塩基配列はゲルのオートラジオグラフから（ゲルの右側に書いた縦列の文字が示すように）読取ることができる．

た．自動化法では放射能を使用する代わりに，蛍光標識したデオキシヌクレオチド（蛍光は4色で，各塩基ごとに1色）を使って，異なるDNA鎖の長さを検出する．このシステムではゲルは蛍光検出装置で"読まれ"，データはコンピューターファイルに格納される．さらに，この配列決定装置では，ゲルが検出装置を通ると，ゲル上の各蛍光ピークの位置と大きさをクロマトグラムで示す．

C. 1塩基合成反応による大量並行DNA配列決定法

ヒトゲノムのDNA配列決定（シークエンシング）に使用された自動化DNA配列決定法は，いまやさまざまな，いわゆる"次世代型"配列決定技術によって，ほとんどが取って代わられた．少しずつ異なる手法を用いることによって，これらの装置は，前節で述べた自動化サンガー法にかかる費用の何分の1かで，はるかに迅速に，100万（あるいは10億）もの塩基対をつくり出す．このような新しい手法の一例として，Illumina社の次世代配列決定法について述べよう．

最初のステップではDNA（典型的には全ゲノム）をシアリングによりランダムに断片化して，短い二本鎖DNA断片をつくる．断片の末端を酵素的に修復して，一本鎖オリゴヌクレオチドプライマーを両方の端につなぐ．目的とする所定の長さの断片をアガロースゲルで精製し，PCRを用いて増幅反応を行う．一方，PCRプライマーに相補的なオリゴヌクレオチドをガラススライドの表面に共有結合で付着させておく．増幅したゲノム断片は一本鎖に変性して，希釈し，スライド上のオリゴヌクレオチドとハイブリダイゼーションを行う．

こうして，何百万という別々のDNA断片を表面に結合した1枚のスライドができ上がる．DNA断片はスライド表面に結合し

た遊離のオリゴヌクレオチドにより囲まれている．個々のDNA断片は，ブリッジ増幅法によりそのままスライド表面で増幅され，配列決定反応の基質となる増幅クラスターをつくり出す．

増幅されたDNA断片から成るクラスターはすべて同時に，かつ並行的に配列決定される．この際，取り外し可能な蛍光試薬（各塩基ごとに異なる色素）で標識し，3′位に可逆的なターミネーターを付けた，4種のdNTPの混合物を用いる．この段階の効率を高めるためには，遺伝子工学的に調製された変異DNAポリメラーゼが使用される．それは深海の熱水噴出孔にすむ古細菌（高度好熱菌）9°N-7株から得られた酵素で，大きな修飾基の付いた基質でも効率よく取込むことができる．鋳型鎖に対合したDNA配列決定用プライマーは3′-OH基をもち，ポリメラーゼがつぎの標識ヌクレオチドを取込む．つぎの塩基の3′位にあるターミネーターはDNA合成が1塩基以上続くことを阻害する．スライドは共焦点レーザー走査型顕微鏡で走査して，各クラスターごとに取込まれた塩基を記録する．ついで，還元剤TCEPを加えて色素とターミネーターを外し，3′-OHを再生する．全サイクルがつぎつぎと繰返される．DNA鎖の伸長は1回に1塩基ずつ，という過程で，長さを伸ばすことができる．

比較的短い配列（100ヌクレオチド以下）は，これまで配列決定されたことのない種のゲノム配列を組立てるには適さない．しかし，以前に配列決定されたことのあるゲノムの再配列では，コンピューターのアルゴリズムの迅速さのおかげで，これらの短い"読取り"も高い精度で並べることができ，珍しい突然変異や試料の多型性を検出することができる．

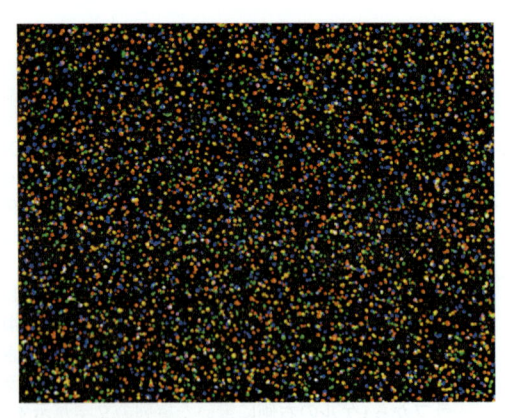

▲ 配列決定途中のクラスター画像　低密度のクラスターで覆われたフローセルの画像の一部を示した．4種のデオキシヌクレオチドの塩基がそれぞれ4色の異なる蛍光試薬（異なる波長の蛍光を発する）で標識されている．ここでは4個の別々の画像を（人工的な着色後に）重ねて示している．DNA合成の各サイクル後に，このような画像が生のデータとして得られ，伸長しつつあるポリヌクレオチド鎖に取込まれた最後の塩基を示す．［出典：Bentley et al. (2008) Nature 456:53-59.］

20.7 真核生物におけるDNA複製

DNA複製機構は原核生物も真核生物も基本的にはよく似ている．真核生物でも，大腸菌と同様にリーディング鎖合成は連続的に行われ，ラギング鎖合成は不連続的である．さらに，原核生物も真核生物もともにラギング鎖の合成にはいくつもの段階がある．プライマー合成，岡崎フラグメントの合成，プライマー加水分解，ポリメラーゼによるギャップの充填などである．真核生物のプライマーゼも原核生物のプライマーゼのように，ラギング鎖の鋳型上で毎秒1回，短いプライマーを合成する．しかし，真核生物では複製フォークがもっとゆっくり動くので，岡崎フラグメントは100～200ヌクレオチド残基の長さしかなく，原核生物でのフラグメントの長さよりかなり短い．興味深いことに，真核生物のDNAプライマーゼは大腸菌のプライマーゼと明確な配列共通性をもたない．そのうえ，DNAポリメラーゼの構造的特徴として古典的といえる"指"領域とか"親指"領域など（図20.12）も真核生物プライマーゼはもたない．この共通性の欠如から，DNAの複製開始のためにRNAプライマーを合成する能力は独立に少なくとも2回進化したことが示唆される．

真核生物の多くは，少なくとも5種類の異なるDNAポリメラーゼ，α, β, γ, δ, εをもつ（表20.2）．DNAポリメラーゼα, δ, εはDNA複製の鎖伸長反応とある種の修復反応を担う．DNAポリメラーゼβは核に見いだされるDNA修復酵素である．DNAポリメラーゼγはミトコンドリアDNAの複製に働く．その他，葉緑体DNAの複製を担う6番目のDNAポリメラーゼもある．

DNAポリメラーゼδは複製フォークでリーディング鎖の合成を触媒する．この酵素は2個のサブユニットから成り，大きい方がポリメラーゼの活性部位をもつ．酵素はまた，3′→5′エキソヌ

表20.2　真核生物のDNAポリメラーゼ

DNAポリメラーゼ	活　性	機　能
α	ポリメラーゼ プライマーゼ 3′→5′エキソヌクレアーゼ[†]	プライマー合成，修復
β	ポリメラーゼ	修　復
γ	ポリメラーゼ 3′→5′エキソヌクレアーゼ	ミトコンドリアDNA合成
δ	ポリメラーゼ 3′→5′エキソヌクレアーゼ	リーディング鎖とラギング鎖の合成，修復
ε	ポリメラーゼ 3′→5′エキソヌクレアーゼ 5′→3′エキソヌクレアーゼ	修復，ラギング鎖のギャップをふさぐ

[†] ポリメラーゼαの3′→5′エキソヌクレアーゼ活性はすべての種で確認できたのではない．

▲ 取外し可能な蛍光試薬で標識し，3′位に可逆的ターミネーターを付けた，3′-O-アジドメチル-2′-デオキシチミン三リン酸の構造．［出典：Bentley et al. (2008) Nature 456:53-59.］

クレアーゼ活性をもつ．真核細胞の DNA 複製はきわめて正確である．誤りの割合が低いことから，真核生物の DNA 複製も効率的な校正反応をもつことが示唆される．

DNA ポリメラーゼ α と DNA ポリメラーゼ δ は協同してラギング鎖合成を行う．DNA ポリメラーゼ α はオリゴマータンパク質で，DNA ポリメラーゼ活性と RNA プライマーゼ活性をもつ．DNA ポリメラーゼ α がつくるプライマーは，短い RNA 部分に DNA が続いたものである．この二相プライマーは DNA ポリメラーゼ δ で伸長され，完成して岡崎フラグメントになる．

DNA ポリメラーゼ ε は大きなオリゴマータンパク質である．そのうちの最大のポリペプチド鎖にポリメラーゼ活性と $3' \rightarrow 5'$ 校正エキソヌクレアーゼ活性の両方がある．大腸菌でそれに相当する機能をもつ DNA ポリメラーゼ I と同様に，DNA ポリメラーゼ ε は，おそらく修復酵素として機能するとともに岡崎フラグメント間のギャップを埋める．

いくつかの補助タンパク質が真核生物の複製フォークと相互作用している．そのようなタンパク質は細菌レプリソームのタンパク質によく似た機能をもつ．PCNA（proliferating cell nuclear antigen；増殖細胞核抗原）は大腸菌 DNA ポリメラーゼ III β サブユニットのスライディングクランプ（図 20.7）によく似た構造をつくる．補助タンパク質 RPC（replication factor C；複製因子 C）は構造的にも機能的にも進化的にも DNA ポリメラーゼ III の γ 複合体に関連している．別のタンパク質 RPA（複製因子 A）は原核生物 SSB の真核生物版である．さらに，真核生物の複製装置には複製フォークで DNA を巻戻すヘリカーゼもある．

真核生物の染色体はいずれも多数の複製起点をもつ（§20.1）．たとえば，ショウジョウバエの最大の染色体は何と約 6000 の複製フォークをもつので，少なくとも 3000 の起点があることになる．複製がそれぞれの起点から 2 方向に進行するにつれて，フォークも続々と動き，それらは合体して絶えず増大し続け，大きな複製バブルが形成される（図 20.4）．個々のフォークの移動速度は原核生物よりずっと遅いにもかかわらず，真核生物には多数の起点があるおかげで，大きな染色体でも 1 時間以内に複製できる．

すべての細胞において DNA 複製は細胞分裂周期の中で一定のプログラムに従って起こる．この細胞周期は，相互に依存しあった一連の段階を経るという，高度に調節された進行方法をとり，少なくとも二つの目標を達成する．(1) 細胞内のすべての DNA を忠実に 2 倍にし，各染色体の 2 個のコピーを正確につくり出す．また，(2) 複製された染色体の 1 コピーずつがそれぞれ正確に分離して，2 個の娘細胞のおのおのに入る．真核生物においては染色体の分離が有糸分裂の間に起こる．この段階は分裂期あるいは M 期とよばれる（図 20.20）．DNA が合成される段階は S 期という．有糸分裂からつぎの DNA 複製期に至るまでの期間（静止期）は G1 期という．DNA 複製の終わりと有糸分裂の開始の間には G2 期も存在すると想定されている．

真核生物の DNA 複製起点は各細胞周期の S 期の間に 1 回，しかもただの 1 回だけ，使用される．私たちはこの過程のオーケストラを演奏する大事な演奏者の何人かを理解しはじめたところだ．前回の M 期の終わりからそれに続いての G1 期の間に，活動性の ori は ORC（origin recognition complex；複製起点認識複合体）と名づけられる，保存されたオリゴマータンパク質複合体の集合部位となる．細胞が G1 期を進行するにつれて，各 ORC には，ヘリカーゼを含むプレ複製複合体（prereplication complex；プレ RC）の形成が促される．プレ RC は S 期タンパク質キナーゼ（S-phase protein kinase；SPK）の活性がある制限値に低下するまでじっとしている．開始複合体が待機しているレプリソームを引き込むと，起点はいわば"発火した"状態になり，2 個の複製フォークが染色体に沿って反対方向に動き始める．酵素 SPK の活性が高いときには，他のプレ RC が新たに起点に来るのを抑え，複製開始が多重に起こるのを抑制する．SPK は分裂期の初めに分解酵素によって切断される．その結果，M 期の後期に生じる各娘染色体上で待機している起点への ORC の結合が可能となる．

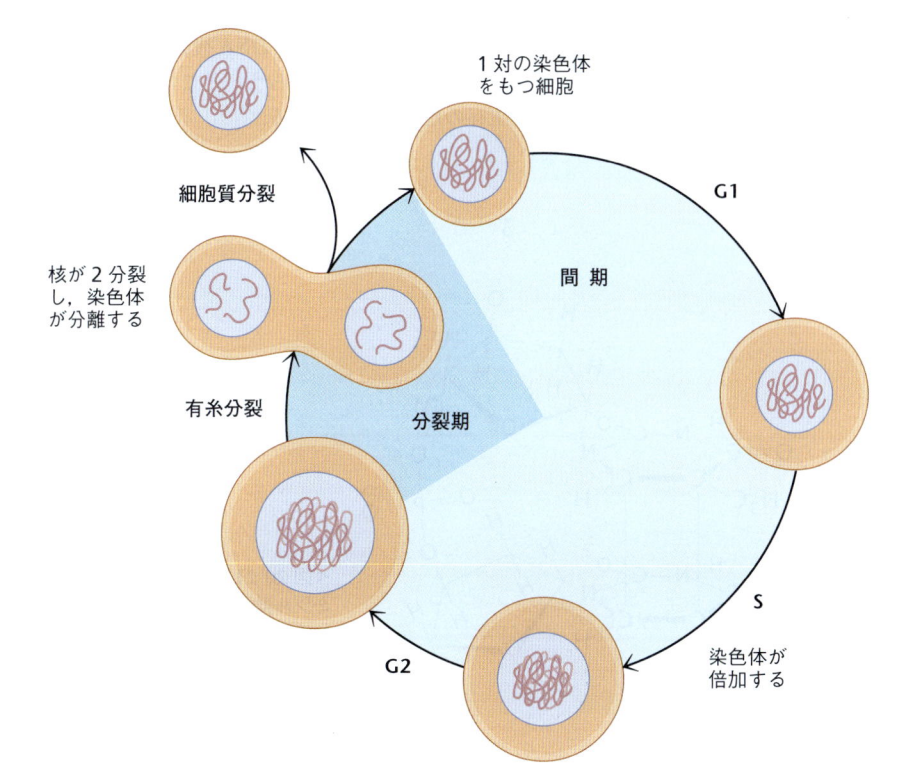

◀図 20.20　**真核生物の細胞分裂周期は DNA 複製と有糸分裂によって調整されている**　DNA 複製は DNA 合成期，すなわち細胞周期の S 期にのみ起こる．分裂期（M 期）における細胞分裂に先立って，2 回のギャップ，つまり G 期に細胞が成長する．

真核細胞の複製起点のすべてがS期の初めに同時に発火するわけではない．なるほど，ある真核細胞ゲノムの転写され，活性化された部位は，S期の早い時期に複製されるようであるが，一方，ゲノムの静止した，いわば抑制された領域に存在する複製起点は，S期の後期になって複製される傾向がある．このような複製のタイミングのずれは，転写に依存するのか，ある"オープン"状態の染色体がORCを複製起点にこさせるのか，これらは将来の研究課題である．

真核生物と原核生物のDNA複製の差異は，真核生物のゲノムの大きさだけでなく，真核生物DNAがクロマチンとして格納されていることにも起因する．DNAのヒストンへの結合とヌクレオソームへの格納（§19.5 A）が，真核生物の複製フォークの動きを遅くする原因の一つであると考えられている．真核生物のDNA複製にはそれに見合ったヒストンの合成が伴っている．DNA複製が一巡するたびにヒストンの数も2倍になる．DNA複製とヒストン合成は細胞内の異なる場所で異なる酵素によって行われるが，どちらもほぼ同じ速度で進行する．すでに合成されていたヒストンはDNA複製の間ずっとDNAに結合したままであり，新たに合成されたヒストンはDNA新鎖の合成直後に複製フォークの後ろでDNAに結合するらしい．

20.8 損傷を受けたDNAの修復

DNAは修復可能な唯一の細胞内高分子である．おそらく，生体にとって変異したり損傷を受けたりしたDNAのコストは，損傷の修復に費やされるエネルギーのコストよりもはるかに大きいのだろう．他の高分子の修復はさほど有益ではない．たとえば，翻訳の誤りの結果として欠陥タンパク質ができたとしても，失うものはほとんどない．そのタンパク質を単に正常な機能をもった新しいタンパク質で置き換えればよいだけである．しかし，DNAが損傷すると，大切な分子の合成の指令そのものが変化するのだから，その個体全体が危機に直面することになる．単細胞生物では，もしDNAの損傷が必須タンパク質を指令する遺伝子の中に起こると，その生物は死んでしまうかもしれない．多細胞生物でも，DNAの損傷が時間とともに蓄積すれば，細胞機能はつぎつぎに失われてしまう．あるいは細胞は癌細胞のように制御されずに増殖してしまう．

DNA損傷にはいろいろな型がある．塩基の修飾，ヌクレオチドの欠失や挿入，DNA鎖の架橋，ホスホジエステル骨格の切断などである．ある種のDNA損傷は化学物質，放射線など環境因子の作用の結果として起こるが，大部分のDNA損傷はDNA複製の過程で生じる誤りの結果である．激しい損傷は致死的であるが，生体内で起こる損傷の多くは修復される．多くの修飾を受けたヌクレオチドや，DNAポリメラーゼの校正機構を逃れたミスマッチ塩基対などは，特別な修復酵素で認識される．この酵素は変異をみつけるためにDNAを常に点検している．損傷の一部は**直接修復**（direct repair）で直されるが，この過程はDNAのホスホジエステル骨格の切断を伴わない．その他の修復ではさまざまな反応が必要になる．

DNA修復機構は個々の細胞だけでなく，後に続く世代をも保護する機構である．単細胞生物では，原核生物，真核生物を問わず，修復されなかったDNAの損傷は突然変異となって，DNA複製と細胞分裂を通して娘細胞へ直接伝わる．しかし，多細胞生物の場合には，突然変異がつぎの世代に伝わるのは生殖細胞に変異が起こった場合だけである．生殖細胞の突然変異はその個体には見るべき影響を与えないが，その変異を受けた遺伝子が特に発生上重要な場合には，子孫に対し深刻な影響をもたらすことになる．一方，突然変異が体細胞に起こった場合には，その傷は子孫に伝達されないが，ときに，抑制のきかない細胞の成長，すなわち，癌化をひき起こすことがある．DNA複製の正確度と高い修復効率にもかかわらず，ヒトは平均して1世代に約130個の新たな突然変異を蓄積する．これらの突然変異の大部分は中立的であるが，その結果，ヒトの集団に大量の変異を生じさせることになる．また，このような変異があってこそ，DNAフィンガープリントによって個人を識別することができる．

A. 光二量化反応後の修復：直接修復の一例

二重らせんDNAは紫外線（UV）によって損傷を受けやすい．紫外線でひき起こされる損傷で最も多いのが，DNA鎖中の隣合ったピリミジンの二量体形成である．この過程は光二量化反応の一例である．二量体は隣合ったチミン間に最もよく形成される（図20.21）．ピリミジン二量体があるとDNA複製は起こらない．二量体が鋳型鎖をゆがませるからであろう．そこで，ピリミジン二量体の除去は生存のために重要となる．

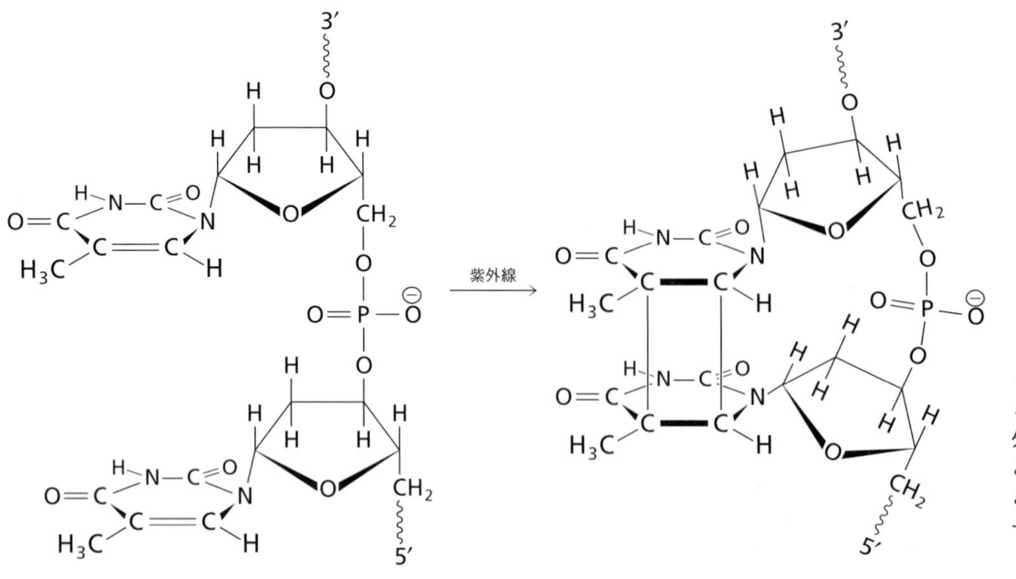

◀図20.21 隣合ったデオキシチミジル酸残基の光二量化反応　紫外線は塩基の二量体形成をひき起こし，DNAの構造をゆがめる．ここでは簡潔にするためDNAの一本鎖のみを示した．

多くの生物でチミン二量体の傷は直接修復により修復される．最も単純な修復反応は，DNAフォトリアーゼ（光回復酵素）という名の酵素が，チミン二量体の生じた部位でゆがんだ二重らせんに結合することによって始まる（図20.22）．DNA-酵素複合体が可視光を吸収すると，二量体は消失する．その後DNAフォトリアーゼが修復されたDNAから離れ，正常なA·T塩基対が再び形成される．この過程は光回復とよばれ，直接修復の一例である．

チドを切離すことで始まる．大腸菌では，UvrABC酵素がこの切断を触媒する．DNAオリゴヌクレオチドの切離しにはヘリカーゼ活性を必要とするが，それは除去修復酵素複合体の構成要素であることが多い．その結果，一本鎖のギャップが残る．このギャップは，原核生物ではDNAポリメラーゼIの作用，真核生物では修復DNAポリメラーゼの作用によって埋められる．ついでDNAリガーゼがニックを接続する（図20.23）．

UvrABCエンドヌクレアーゼも二重らせんをゆがめるピリミジン二量体や修飾塩基を認識する（この方法によりヒトはチミン二量体を修復することができる）．一方，アデニン，シトシン，グアニンが加水分解的に脱アミノされて損傷を受けたDNAは，別の除去修復酵素により認識される（**塩基除去修復**；base excision repair）．チミンはアミノ基をもたないため，脱アミノ反応はない．アミノ基を失った塩基は不適正な塩基対をつくるので，つぎの複製で誤った塩基を取込むことになる．シトシンの自発的脱アミノ反応は最もありふれたDNA損傷の一つである．脱アミノの産物はウラシルで，つぎの回の複製により，容易にアデニンとの塩基対をつくってしまう（図20.24）．

DNAグリコシラーゼとよばれる酵素は，修飾された塩基を糖

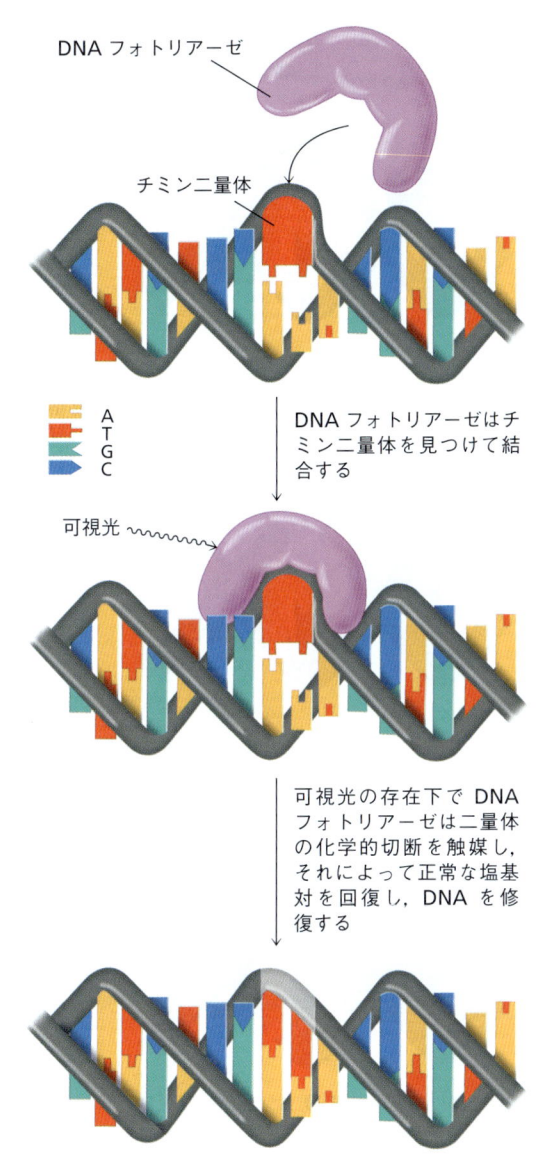

▲図20.22 DNAフォトリアーゼ（光回復酵素）によるチミン二量体の修復

B. 除去修復

紫外線だけでなく，ある種の電離放射線や自然界に存在する化学物質もDNAの損傷をひき起こす．酸や酸化剤などを含む化学物質は，アルキル化，メチル化，脱アミノなどでDNAを修飾してしまう．またDNAでは，自発的な複素環塩基の欠失が起こりやすく，これらは脱プリン，脱ピリミジン反応として知られている．このような損傷の多くは，**ヌクレオチド除去修復**（nucleotide excision repair）で修復される．全体の反応はすべての生物でよく似ている．修復経路は，エンドヌクレアーゼがゆがんだ損傷DNAを認識，傷の両側で切断して12〜13残基のオリゴヌクレオ

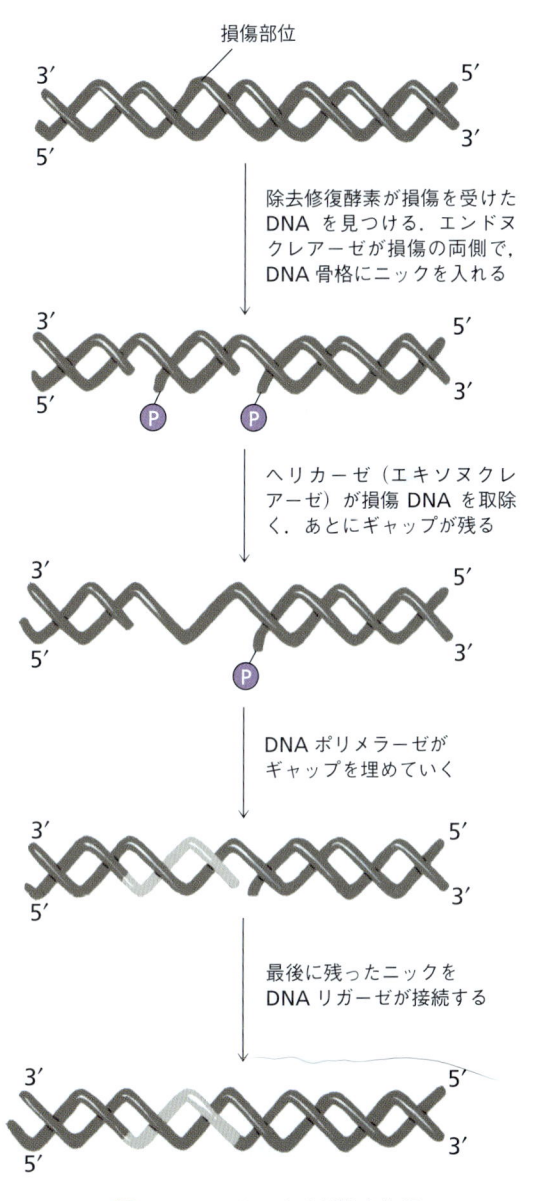

▲図20.23 ヌクレオチド除去修復

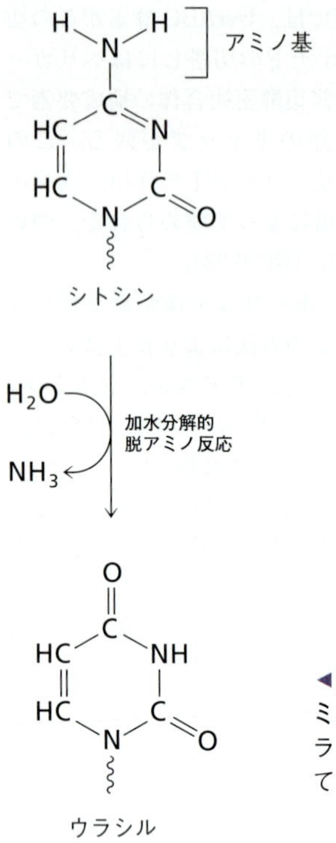

図 20.24 シトシンの加水分解的脱アミノ反応 シトシンは脱アミノされてウラシルになる．それはグアニンではなくてアデニンと対合する．

鎖につないでいる N-グリコシド結合を加水分解して，アミノ基を失った塩基やその他の修飾塩基の除去を触媒する．アミノ基を失ったシトシンの修復をみてみよう．まず，ウラシル N-グリコシラーゼが脱アミノ反応により生じたウラシルを取除く．この酵素は誤った U·G 塩基対を認識して結合し，そのウラシル塩基を外側に反転させて酵素の活性部位に β-N-グリコシド結合がくるようにしむけ，そこで糖鎖から切り離す（図 20.25）．続いて，あるエンドヌクレアーゼが塩基の欠落した部位を認識し，デオキシリボースリン酸を取除く．結果として二本鎖 DNA に 1 個のヌクレオチドギャップが残る．このエンドヌクレアーゼは脱プリンや脱ピリミジン部位（AP 部位）を認識するので，AP エンドヌクレアーゼといわれる．ある種の特異的 DNA グリコシラーゼは二機能酵素であって，同じポリペプチド鎖の中にグリコシラーゼ活性と AP エンドヌクレアーゼ活性をもつ．エキソヌクレアーゼ活性をもつ除去修復酵素がエンドヌクレアーゼのつくったギャップをさらに拡大することも多い．原核生物では，DNA ポリメラーゼ I が露出した DNA の 3′ 末端に結合し，ギャップを埋め，最後に DNA リガーゼが鎖をふさぐ．塩基除去修復の各段階を図 20.26 にまとめた．

アデニンとグアニンの脱アミノ反応はめったに起こらないが，

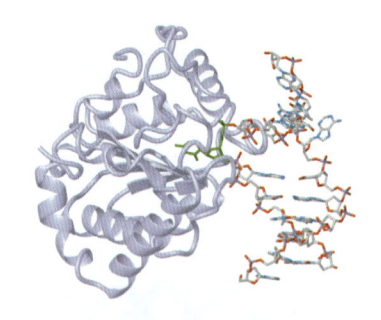

図 20.25 ヒトミトコンドリアのウラシル N-グリコシラーゼ 酵素は，二本鎖 DNA の積み重なり領域からはみ出ているウリジル酸（緑）に結合する．[PDB 1EMH]

シトシンの脱アミノによりウラシルが生じる

ウラシルは N-グリコシド結合を加水分解するウラシル N-グリコシラーゼにより認識され，AP 部位を生じる

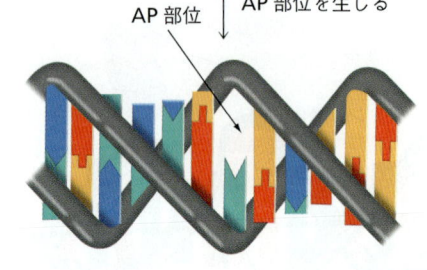

エンドヌクレアーゼが AP 部位を認識して，糖-リン酸骨格を切断し，デオキシリボースリン酸を取除く

生じた 1 個のヌクレオチドギャップは DNA ポリメラーゼ I により埋められ，最後に DNA リガーゼがニックを接続する

▲図 20.26 塩基除去修復 シトシンの脱アミノで生じた損傷の修復

BOX 20.1　メチルシトシンの問題

5-メチルシトシンは真核生物の DNA によく見いだされる塩基である（§18.7）．5-メチルシトシンは脱アミノ反応によりチミンとなり，傷害を受けた DNA 中の G に対合して T を生じる．修復酵素はこの 2 種類の塩基のどちらが誤りなのかわからない．そこで，"修復"の結果として T·A 塩基対をつくってしまうことがよくある．また，傷害を受けた DNA が修復される前に複製されても，同じことが起こるだろう．哺乳類のゲノムでは，CG 配列部位のシトシンがメチル化されることが多い．こうして 5-メチルシトシンの脱アミノ反応によりシトシンが失われがちになる結果，TG，AG，GG に比べて，CG 配列がやや少なくなる傾向がある．

シトシンの脱アミノ反応はかなり頻発する．もしDNAの中でウラシルがチミンに置き換わっていなければ，多数の突然変異をひき起こしたであろう．（チミンは5-メチルウラシルにすぎないことを思い出してほしい．）もしウラシルがRNAの場合のように，DNAの中にも普通に存在していたならば，シトシンの脱アミノ反応により生じたウリジル酸残基を本来のウリジル酸残基と区別することは不可能になる．しかし，実際にはウラシルはDNAを構成する塩基ではないので，シトシンの脱アミノ反応から生じたDNAの損傷として認識でき，修復することができる．このように，DNAにチミンが存在することで，遺伝情報の安定性が増大した．

20.9 相同組換え

組換えは，DNA断片をある染色体と別の染色体の間で，あるいは一つの染色体の内部で，交換したり移動させたりする反応である．組換えの多くは**相同組換え**（homologous recombination）に属する．すなわち，よく似た配列をもつDNA断片の間に起こる．減数分裂の際，1対の相同染色体の間で起こる交換は相同組換えの例である．似ていない配列間で起こる組換えは**非相同組換え**（nonhomologous recombination）といわれる．**トランスポゾン**（transposon）は動く遺伝要素であり，非相同組換え機構を利用して，染色体から染色体へとジャンプする．DNA分子間の組換えはファージが宿主染色体に組込まれるときにも起こる．特定の位置で起こる組換えを**部位特異的組換え**（site specific recombination）という．

突然変異は集団の中に新しい遺伝的変化をつくり出す．組換えは，ゲノムの中に突然変異の異なる組合わせをつくり出す機構である．多くの生物種に個体間で遺伝情報を交換する機構が存在する．原核生物は通常ゲノムを1コピーしかもたない（すなわち一倍体である）ので，その交換には組換えを必要とする．真核生物の中にも一倍体はあるが，多くは二倍体で，その1本ずつが両親に由来する2組の染色体をもつ．二倍体生物では両親のそれぞれに由来する染色体上の遺伝子が遺伝的組換えにより混合するので，つぎの世代ではかなり異なった遺伝子の組合わせが生じることになる．たとえば，あなたの子供の染色体はあなたと同じにはならないし，あなたの染色体もあなたの両親のものと同じではない．（対立遺伝子の混合は組換えの一つの重要な結果ではあるが，そもそもなぜ組換え機構が進化したのかという理由の説明にはなっていない．性の起源の問題は，生物学における難問の一つである．）

▲無性のミジンコ　　▲オスのショウジョウバエ　減数分裂での組換えはない．

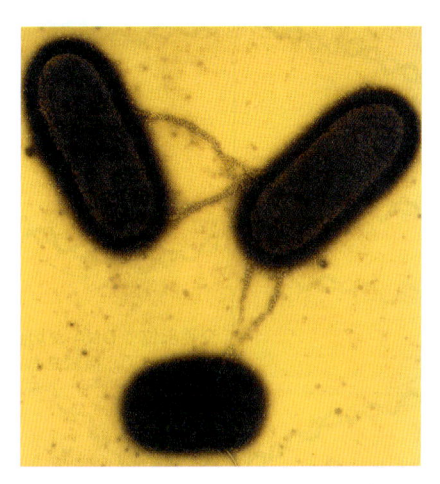

▲細菌の接合（セックス）

組換えには多種の異なる機構がある．組換え反応にかかわるタンパク質や酵素の多くがDNA修復反応にも関与することから，修復と組換えの間には明らかに密接な関係がある．この節では一般組換えに対するホリデイモデルを簡単に述べる．おそらくこの型の組換えが多くの生物種で起こっていると考えられる．

A. 一般組換えのホリデイモデル

相同組換えはDNA分子に一本鎖または二本鎖切断を導入することから始まる．一本鎖の切断を伴う組換えは，しばしば一般組換えといわれる．二本鎖の切断を伴う組換えは，生物種によっては組換え機構として重要であるがここでは述べない．

原核生物の組換えの例として，2本の直鎖状染色体間の一般組換えを考えよう．分子間の情報交換は相同なDNA配列が並ぶことから始まる．つぎに，DNAの相同な領域に一本鎖のニックが入り，鎖侵入とよばれる過程で一本鎖の交換が起こる．このときできる構造はホリデイ連結といわれ，鎖が交差した領域を含む．この名は1964年に初めてこのモデルを提唱したRobin Hollidayにちなんでいる（図20.27）．

染色体は交差した点で2本の侵入鎖を切断して，この段階で分離することもできる．しかし相同なDNA分子の鎖端を回転する

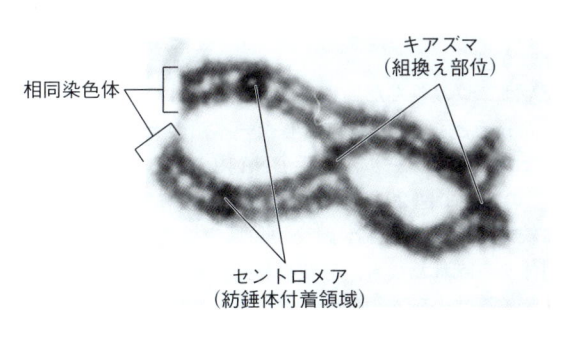

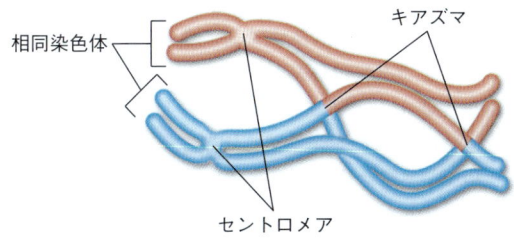

▲減数分裂の際のキアズマ　［出典：© 2008 Sinauer Associates Sadava, D. et al. *Life: The Science of Biology*, 8th ed. (Sunderland, MA: Sinauer Associates and W. H. Freeman & Company), 198］

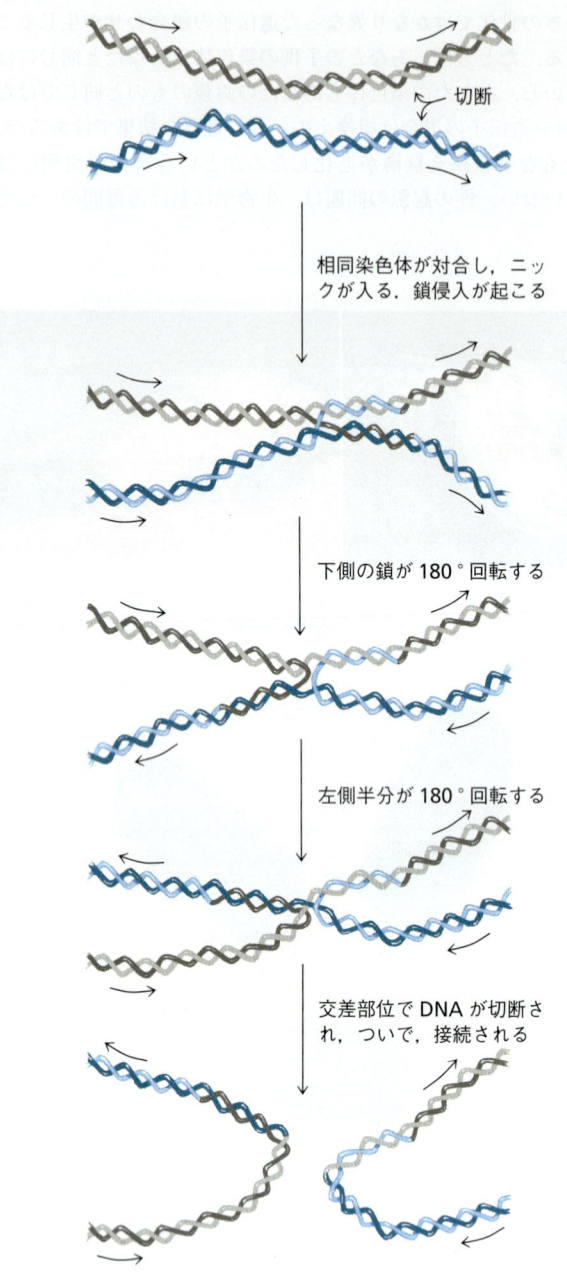

▲ 図20.27 一般組換えのホリデイモデル　まず、両方の分子の相同領域にニックが入る。続いて、鎖侵入、交差部分でのDNA切断、鎖のニックの接続という過程で、染色体の鎖端の交換が起こる。

ことができて、ホリデイ連結という別の立体構造が生じることが重要である。図20.27に示すように、回転とそれに続く切断により、交換された鎖端をもつ2本の染色体が生じる。各種の生物で起こる組換えもおそらく図20.27に示されるような機構であろうと考えられている。

B. 大腸菌における組換え

組換えの最初の段階は、遊離の3′末端をもつ一本鎖DNAの生成である。大腸菌においてこの段階はRecBCDエンドヌクレアーゼにより行われる。この酵素はrecB, recC, recDという三つの遺伝子にコードされるサブユニットから構成されている。これらの遺伝子産物が組換えで重要なことは以前から知られていた。RecBCDはDNAに結合し、鎖の片方を切断する。ついで、ATP加水分解に共役した過程でDNAを巻戻し、3′末端をもつ一本鎖

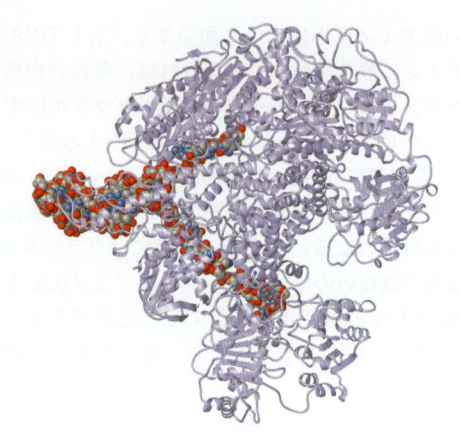

▲ RecBCDはDNAに結合し、二本鎖の解離をひき起こす [PDB 3K70]

DNAを生成する。

組換えの際の鎖交換は、一本鎖DNAが隣にいるDNA分子の二重らせんに侵入することから始まる。鎖交換は熱力学的に起こりやすい出来事ではない。そこで鎖の侵入には、組換えと修復を促進するためのタンパク質の支援が必要である。RecAは鎖交換タンパク質の原型で、これは相同組換えおよびいくつかの型の修復に必須である。RecAタンパク質は単量体として機能し、RecBCDの働きでつくられた一本鎖DNAテールのような一本鎖DNAに協同的に結合していく。各RecA単量体は約5ヌクレオチド残基を覆い、DNA鎖の片側につぎつぎと結合していく。

組換えにおけるRecAの主要な仕事の一つは、塩基配列の類似した領域を認識することである。RecAで覆われた一本鎖DNAと、それと非常によく似た領域の二本鎖DNAとの間で三本鎖中間体が形成される。RecAはその形成を促進する。ついで、RecAは鎖交換を触媒し、一本鎖は二重らせんの対応する鎖と置換する。

鎖交換は2段階で起こる。鎖侵入とそれに続く分枝点移動である（図20.28）。鎖交換反応の間、一本鎖DNAと二本鎖DNAはともに伸びた立体構造をとる。鎖はお互いの周りを回転しなければならない。この過程ではおそらくトポイソメラーゼの助けを借りているだろう。鎖交換は共有結合の切断を伴わないのに、遅い過程である。（生化学における"遅い"過程とは、数分を要する過程をいう。）

RecAは二つの並んだ二本鎖DNA分子間での鎖侵入をも促進する。両分子ともRecAに結合した一本鎖のテールをもたなければならない。そのテールが相手DNA内の対応する相補鎖に巻きつく。この交換で図20.27に示したようなホリデイ連結ができる。それに続いて分枝点移動が鎖交換領域を拡大する。RecAが組換え中間体から離れた後も、分枝点移動は継続可能である。

ホリデイ連結の二本鎖部分における分枝点移動は、すべての生物種に存在する特徴的なタンパク質装置によって推進される。その細菌版はRuvAおよびRuvBサブユニットにより構成されている。これらのタンパク質は連結部に結合し、模式図に示すように分枝点移動を促進する（図20.29）。2本のDNAらせんは、RuvCがホリデイ連結に結合して交差鎖を切断すると分離する。

RuvAとRuvBは複合体を形成する。複合体を構成する4個のRuvAサブユニットがホリデイ連結に結合し、2個の環状六量体RuvBサブユニットがDNA鎖の2本を取り巻く（図20.30）。RuvB部分はDNA複製の際に論じたスライディングクランプ（§20.2 B）に似ている。RuvBはATP加水分解と連動しながら、RuvA・ホリデイ連結複合体を通して、DNA鎖を引っ張ることに

20.9 相同組換え

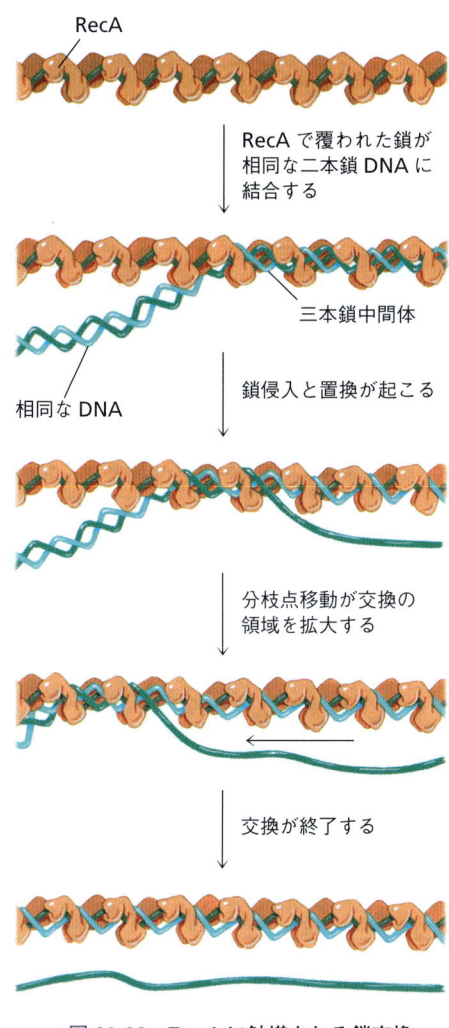

▲図 20.28 **RecA に触媒される鎖交換**

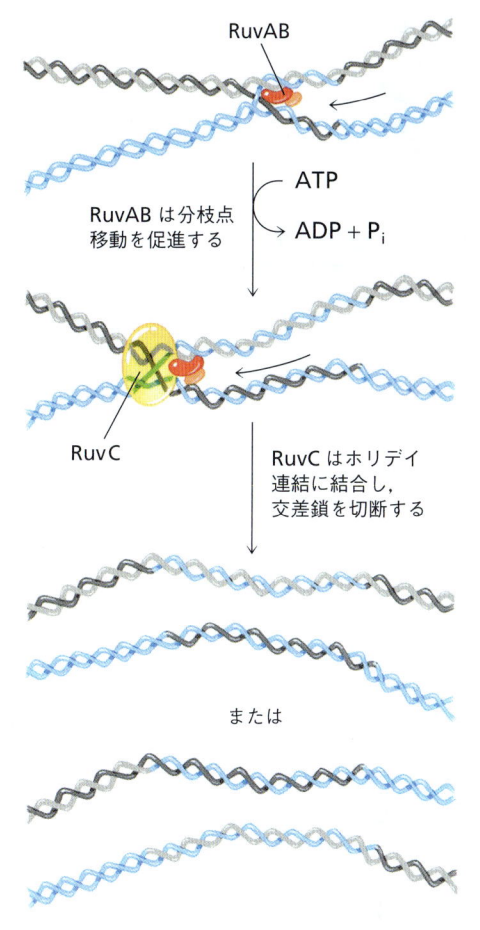

▲図 20.29 **ホリデイ連結における Ruv タンパク質の作用**
RuvAB は ATP の加水分解を伴って分枝点移動を促進する．RuvC はホリデイ連結を切断する．この反応から二つの型の組換え分子が生じる．

より分枝点移動を遂行する（図 20.31）．RuvAB に仲介される分枝点移動の速度は約 100000 bp/秒であり，鎖侵入の速度より少し速い．

　RuvC はホリデイ連結をほどくための交差鎖の切断を触媒する．この切断の結果，二つの型の組換え分子が生じる．一本鎖だけが入れ替わった分子と，染色体の両端が交換された分子である（図 20.29）．

C．組換えは修復の一形態であるらしい

　自然選択は主として個体のレベルで働くので，個体の生き残りに影響を与えない以上，なぜ組換えが進化を遂げたかを理解することは難しい．組換え酵素はおそらく DNA 修復機構で役立ち，それが自然選択の上で有利となって，進化したのであろう．たとえば，DNA に生じた大きな損傷は DNA 複製の際に避けられて，一本鎖の領域をもつ娘鎖が残されると，相同な娘染色体の間で

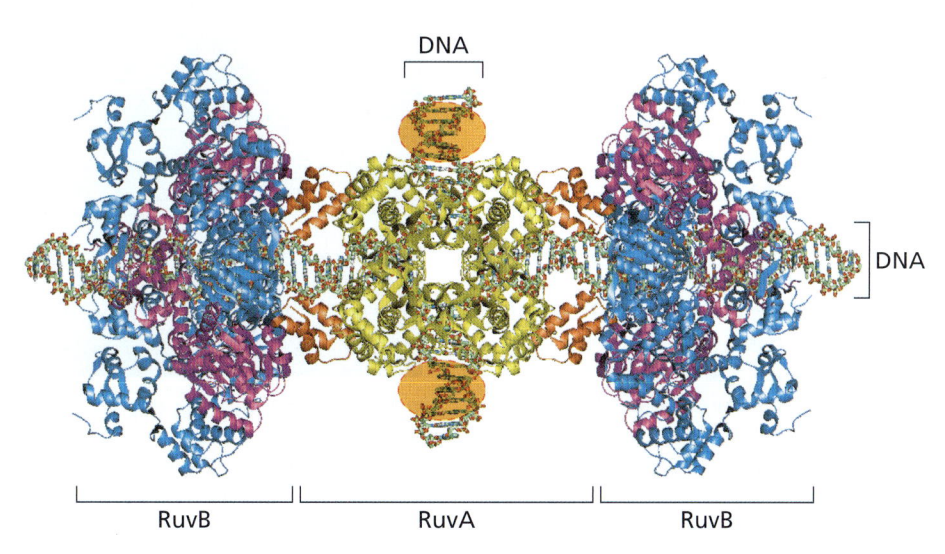

▲図 20.30 **ホリデイ連結に結合した RuvA と RuvB のモデル**

ホリデイ連結への結合　　　　　　　　　　分枝点移動　　　　　　　　　　　　分解

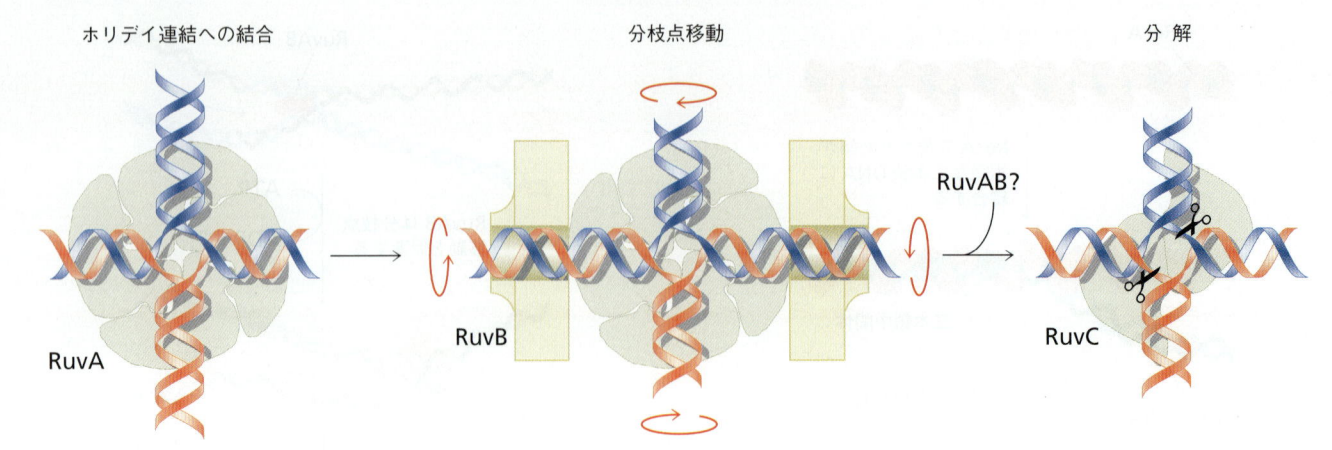

RuvA　　　　　　　　　　　RuvB　　　　　　　　　　RuvAB?　　　RuvC

▲図 20.31　**分枝点移動と分解**　[Rafferty, J. B., et al. (1996). Crystal structure of DNA recombination protein RuvA and a model for its binding to the Holliday junction. *Science* 274:415-421 より改変.]

RecA が仲介する鎖交換が生じ，一方の娘分子からの正常な鎖が他方の娘分子の壊れた鎖の修復の鋳型として機能できたのではないだろうか．

組換えは，染色体上で遺伝子の新しい組合わせをつくり出す．これは集団にとって有益であり，進化上生き残る機会を与える．100 以上の大腸菌遺伝子が組換えと修復に必要とされているし，真核生物の多くではその 2 倍くらいあるだろう．

組換えに関与する遺伝子の全部ではないにしても，大部分は修復にも一定の役割を果たしている．いくつかのヒト遺伝子の突然変異が，DNA 修復と組換えの両方あるいはどちらかの欠陥に由来するまれな遺伝子欠損を生じることがある．たとえば，色素性乾皮症は，紫外線に対しての過度の感受性と皮膚癌の頻度の増大とを伴う遺伝性疾患である．この病気の患者は除去修復に欠陥がある．しかし，その表現型は少なくとも 8 個以上の異なる遺伝子に生じた突然変異に起因すると考えられている．それらの遺伝子のうちの一つが AP エンドヌクレアーゼをもつ DNA グリコシラーゼをコードする．さらに，修復と組換えに必要なヘリカーゼをコードする遺伝子もいくつか含まれている．

修復と組換えの欠陥に関連した遺伝子欠損の多くについて，いまだ解明が進んでいない．それらのあるものは欠陥をもつ患者に癌発生を増大させている．

要　約

1. DNA 複製は半保存的である．DNA の 2 本の鎖はどちらも相補鎖合成の鋳型となる．複製の産物は 2 本の二本鎖娘分子で，

BOX 20.2　DNA 修復と乳癌との分子的関連

北米では毎年約 180000 人の女性が乳癌（breast cancer）と診断される．この数のおよそ 5 分の 1 が家族性または遺伝的素因をもち，その 3 分の 1 すなわち 12000 件は，*BRCA1* および *BRCA2* という 2 個の遺伝子のうちのどちらかの突然変異による．これらの遺伝子はそれぞれ，同じ名前のタンパク質をコードする．

このタンパク質はどちらも二本鎖切断の正常な組換え修復に必要とされる．BRCA2 は真核生物における RecA 相同物質である RAD51 と複合体を形成する．BRCA2 はまた BRCA1 とも特異的に結合してヘテロ三量体をつくる．電離放射線にさらされると，これら 3 種の DNA 修復タンパク質は間期の核の中で，ばらばらの箇所，すなわちフォーカスに局在する（右図参照）．フォーカスはこれらのタンパク質が二本鎖切断の修復を行う場所である．BRCA タンパク質は生命に不可欠であり，遺伝子のどちらかでも損傷を受けると，細胞が傷害を受けやすくなる．*BRCA1* または *BRCA2* 遺伝子の片方または両方の欠陥で，二本鎖切断の修復能力が損なわれ究極的には高頻度の突然変異を生じることになる．このような新たな突然変異のいくつかは，真核生物の細胞周期による厳密な制約を逃れて，ついには細胞を癌化へと導くことになる．BRCA タンパク質は見張り役として働き，常にゲノムを監視して突然変異による損傷になりそうな所を見付けて修復している．実際，ヒトにはファンコニ貧血というまれな常染色体劣性遺伝病があるが，いくつかの変異原物質への感受性が高進し，多種類の型の癌への遺伝的素因をもつとされる．ファンコニ貧血の患者では，DNA 修復に重要とされる 7 個の異なる遺伝子のうちの一つが変異を受けていることが知られている．その遺伝子の一つがまさに *BRCA2* であり，修復過程におけるその必須の役割を示している．

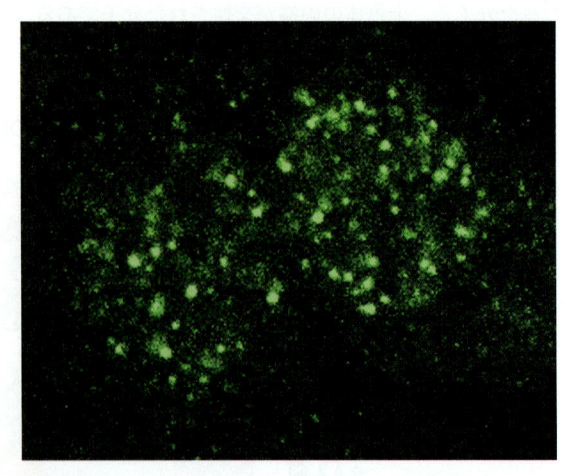

▲電離放射線は核の中に DNA 修復タンパク質 BRCA1 のフォーカスを生じる．高エネルギー γ 線が DNA の二本鎖切断をひき起こし，DNA 修復の引き金を引く．この組織培養細胞の核は放射線照射後に，BRCA1 を認識する抗体で処理したものである（緑に染色）．

それぞれ親鎖の1本と新たに合成された鎖1本からできている．DNA複製は二方向性で，複製起点から両方向に進行する．
2. DNAポリメラーゼはヌクレオチド基転移反応を触媒して，伸長しつつあるDNA鎖にヌクレオチドを付加する．DNA合成は$5'\to3'$方向に進行する．DNA合成における誤りはポリメラーゼのもつ$3'\to5'$エキソヌクレアーゼ活性により除去される．DNAポリメラーゼの中にはさらに$5'\to3'$エキソヌクレアーゼ活性をもつものがある．
3. DNAのリーディング鎖は連続的に合成されるが，ラギング鎖の合成は不連続的で岡崎フラグメントをつくり出す．リーディング鎖の合成も各岡崎フラグメントの合成もRNAプライマーから始まる．大腸菌ではDNAポリメラーゼⅠの作用によりプライマーは除去され，DNAに置換される．DNAリガーゼの作用によりラギング鎖にある個々のフラグメントが連結される．
4. レプリソームは複雑なタンパク質装置であり，複製フォークに会合している．レプリソームは2個のDNAポリメラーゼ分子に加えて，ヘリカーゼやプライマーゼというような補助タンパク質を含む．
5. レプリソームの構築がDNAの2本の鎖の同調的合成を可能にする．大腸菌では，ヘリカーゼが親のDNA鎖を巻戻し，生じた一本鎖にSSBが結合する．ラギング鎖鋳型はレプリソームを介してループになり，その結果，両方の鎖の合成は複製フォークの動きと同じ方向に進行する．DNAポリメラーゼはレプリソームの一部であることで高度の進行性をもつ．
6. DNAの複製開始はDNA上の特定の配列（大腸菌では*oriC*）で起こり，補助タンパク質を要求する．細菌ではDNAの複製終結もまた特定の部位で起こり，補助タンパク質を必要とする．
7. PCRやDNA塩基配列決定法など，新しい技術のいくつかは，DNA複製の知見に基礎を置いている．
8. 真核生物のDNA複製は原核生物のDNA複製に似ている．両者の相違は，真核生物染色体が多数の複製起点をもち，真核生物の岡崎フラグメントがより小さいことである．ヌクレオソームが存在するため，複製フォークの進行は原核生物より真核生物の方が遅い．
9. DNAは放射線や化学物質により損傷を受けるが，直接修復や除去修復の機構により修復される．ヌクレオチド除去修復は誤って取込まれたヌクレオチドを取除く．特定の酵素が損傷や間違いのヌクレオチドを認識する．
10. 組換えは，DNAの一本鎖が二本鎖DNAの相同な鎖と交換し，ホリデイ連結をつくるときに起こる．鎖侵入は大腸菌のRecAにより推進される．大腸菌の場合，分枝点移動とホリデイ連結の分解はRuvABCにより触媒される．
11. 修復と組換えは類似の過程であり，同じ酵素を多く使用する．修復と組換えにかかわるヒト遺伝子の欠損は，紫外線に対する過敏性と癌のリスクの増大の原因となる．

問　題

1. ある細菌染色体は5.2×10^6塩基対の環状二本鎖DNA分子である．この染色体は複製起点を1個もち，複製フォークの移動速度は1000ヌクレオチド/秒である．
   (a) 染色体の複製に要する時間を計算せよ．
   (b) 成育に最も有利な条件下では細菌の世代時間は25分という短い時間になる．どうしてそうなるのか説明せよ．
2. 多くのDNAウイルスで，ウイルス遺伝子は重複のない二つの群に分けることができる．一つは初期遺伝子群で，その産物はウイルスゲノムの複製に先立って検出される．もう一つは後期遺伝子群で，その産物はウイルスゲノムの複製後に感染細胞内に蓄積する．ファージT4やT7のような一部のウイルスは，それ自身のDNAポリメラーゼをコードしている．T4 DNAポリメラーゼの遺伝子は，初期遺伝子群あるいは後期遺伝子群のどちらに属すると考えるか．それはなぜか．
3. (a) 塩基配列決定反応にSSBを添加するとDNAの収量が増えることがある．なぜか．
   (b) 高温で成育できる細菌から分離したDNAポリメラーゼを用いて，塩基配列決定反応を65℃で行う利点は何か．
4. DNAプライマーではなくて，RNAプライマーが大腸菌のDNA複製の正確度を高めるのはどうしてか．
5. DNAの両方の鎖は$5'\to3'$方向に合成される．
   (a) $5'$-dNTPおよび$5'$末端に三リン酸基をもつ伸長しつつあるDNA鎖とを用いて，$3'\to5'$方向にDNAが合成される仮想的反応機構を描いてみよ．
   (b) もしこの仮想的酵素が校正活性をもつとしたら，DNA合成はどのような影響を受けるか．
6. シプロフロキサシンは広範囲の細菌感染で処方される抗生物質である．この物質の標的の一つは大腸菌トポイソメラーゼⅡである．大腸菌感染に対する処方でトポイソメラーゼⅡの阻害が効果的な標的になる理由を説明せよ．
7. ショウジョウバエの全ゲノムは1.65×10^8 bpからできている．一つの複製フォークで複製が30 bp/秒の速度で起こるとして，つぎの場合に全ゲノムを複製するのに要する最小時間を計算せよ．
   (a) 複製が単一の二方向性起点で開始される場合．
   (b) 複製が2000個の二方向性起点で開始される場合．
   (c) 初期胚では複製に5分しかかからない．この複製時間を説明するのに必要な最小の複製起点の数を求めよ．
8. メタンスルホン酸エチルは反応性の高いアルキル化剤であり，DNAにあるグアニンの6位のOをエチル化する．この修飾されたGが除去されず正常なGに置換されなかったなら，1サイクルのDNA複製時に何が起こるか．
9. 細胞が紫外線照射の後に可視光にさらされると，紫外線照射の後に暗所にいるときより生存割合が高くなるのはなぜか．
10. 大腸菌は塩基ウラシルのDNAへの取込みを阻止する機構をいくつかもっている．第一に，*dut*遺伝子にコードされる酵素dUTPアーゼがdUTPを分解する．第二に，*ung*遺伝子にコードされる酵素ウラシル*N*-グリコシラーゼが，DNAに入り込んだウラシルを除去する．その結果生じたアピリミジン酸の部位は修復が必要となる．
    (a) もし*dut*遺伝子に突然変異をもつ大腸菌株からのDNAを調べたら，何が見つかるか．
    (b) もし*dut*と*ung*の両遺伝子に突然変異をもつ大腸菌株からのDNAを調べたら，何が見つかるか．
11. 5-メチルシトシンが脱アミノされてチミンになったとき，ウラシル*N*-グリコシラーゼがこの損傷を修復できないのはなぜか，説明せよ．
12. メチルシトシンを含むDNA領域で高い変異率が観察されるのはなぜか．
13. 大腸菌でレプリソームによる取込みの誤りの頻度は約10^{-5}

であるが，DNA 複製の誤りの頻度が全体として約 10^{-9} であるのはなぜか，説明せよ．

14. 大腸菌の DNA 修復は補助因子 NAD^+ に依存しているか．
15. 大腸菌ピリミジン二量体の修復に用いられる二つの方法を記述せよ．
16. DNA の一本鎖に起こる損傷はいろいろな方法で簡単に修復される．ところが DNA の 2 本の鎖の双方にある損傷は，細胞にとってはるかに修復が難しい．これを説明せよ．
17. 相同組換えが，同じかまたはほとんど同じ塩基配列をもつ DNA 間で起こるのはなぜか．
18. なぜ 2 種類の異なる DNA ポリメラーゼが大腸菌染色体の複製に必要なのか，説明せよ．

参考文献

一般

Adams, R. L. P., Knowler, J. T., and Leader, D. P. (1992). *The Biochemistry of the Nucleic Acids*, 11th ed. (New York: Chapman and Hall).

Aladjem, M. I. (2007). Replication in context: dynamic regulation of DNA replication patterns in metazoans. *Nat. Rev. Genet.* 8:588-600.

Bentley, D. R., et al. (2008). Accurate whole human genome sequencing using reversible terminator chemistry. *Nature* 456:53-59.

Kornberg, A., and Baker, T. (1992). *DNA Replication*, 2nd ed. (New York: W. H. Freeman).

DNA 複製

Beese, L. S., Derbyshire, V., and Steitz, T. A. (1993). Structure of DNA polymerase I Klenow fragment bound to duplex DNA. *Science* 260:352-355.

Bell, S. P. (2002). The origin recognition complex: from simple origins to complex functions. *Genes & Devel.* 16:659-672.

Davey, M. J., Jeruzalmi, D., Kuriyan, J., and O'Donnell, M. (2002). Motors and switches: AAA+ machines within the replisome. *Nat. Rev. Mol. Cell Biol.* 3:1-10.

Gilbert, D. M. (2001). Making sense of eukaryotic DNA replication origins. *Science* 294:96-100.

Keck, J. L., and Berger, J. M. (2001). Primus inter pares (First among equals). *Nat. Struct. Biol.* 8:2-4.

Kong, X.-P., Onrust, R., O'Donnell, M., and Kuriyan, J. (1992). Three-dimensional structure of the β subunit of *E. coli* DNA polymerase III holoenzyme: a sliding DNA clamp. *Cell* 69:425-437.

Kunkel, T. A., and Bebenek, K. (2000). DNA replication fidelity. *Annu. Rev. Biochem.* 69:497-529.

Marians, K. J. (1992). Prokaryotic DNA replication. *Annu. Rev. Biochem.* 61:673-719.

McHenry, C. S. (1991). DNA polymerase III holoenzyme. *J. Biol. Chem.* 266:19127-19130.

Meselson, M., and Stahl, F. W. (1958). The replication of DNA in *Escherichia coli*. *Proc. Natl. Acad. Sci. USA* 44:671-682.

Radman, M. (1998). DNA replication: one strand may be more equal. *Proc. Natl. Acad. Sci. USA* 95:9718-9719.

Waga, S., and Stillman, B. (1998). The DNA replication fork in eukaryotic cells. *Annu. Rev. Biochem.* 67:721-751.

Wake, R. G., and King, G. F. (1997). A tale of two terminators: crystal structures sharpen the debate on DNA replication fork arrest mechanisms. *Structure* 5:1-5.

Wyman, C., and Botchan, M. (1995). A familiar ring to DNA polymerase processivity. *Curr. Biol.* 5:334-337.

DNA 修復

Echols, H., and Goodman, M. F. (1991). Fidelity mechanisms in DNA replication. *Annu. Rev. Biochem.* 60:477-511.

Hanawalt, P. C. and Spivak, G. (2008). Transcription-coupled DNA repair: two decades of progress and surprises. *Nat. Rev. Mol. Cell. Biol.* 9:958-970.

Kogoma, T. (1997). Stable DNA replication: interplay between DNA replication, homologous recombination, and transcription. *Microbiol. Mol. Biol. Rev.* 61:212-238.

McCullough, A. K., Dodson, M. L., and Lloyd, R. S. (1999). Initiation of base excision repair: glycosylase mechanisms and structures. *Annu. Rev. Biochem.* 68:255-285.

Mol, C. D., Parikh, S. S., Putnam, C. D., Lo, T. P., and Taylor, J. A. (1999). DNA repair mechanisms for the recognition and removal of damaged DNA bases. *Annu. Rev. Biophys. Biomol. Struct.* 28:101-128.

Tainer, J. A., Thayer, M. M., and Cunningham, R. P. (1995). DNA repair proteins. *Curr. Opin. Struct. Biol.* 5:20-26.

Yang, W. (2000). Structure and function of mismatch repair proteins. *Mutat. Res.* 460:245-256.

組換え

Ortiz-Lombardia, M., González, A., Ertja, R., Aymami, J., Azorin, F., and Coll, M. (1999). Crystal structure of a Holliday junction. *Nat. Struct. Biol.* 6:913-917.

Rafferty, J. B., Sedelnikove, S. E., Hargreaves, D., Artmiuk, P. J., Baker, P. J., Sharples, G. J., Mahdi, A. A., Lloyd, R. G., and Rice, D. W. (1996). Crystal structure of DNA recombination protein RuvA and a model for its binding to the Holliday junction. *Science* 274:415-421.

Rao, B. J., Chiu, S. K., Bazemore, L. R., Reddy, G., and Radding, C. M. (1995). How specific is the first recognition step of homologous recombination? *Trends Biochem. Sci.* 20:109-113.

West, S. C. (1996). The RuvABC proteins and Holliday junction processing in *Escherichia coli*. *J. Bacteriol.* 178:1237-1241.

West, S. C. (1997). Processing of recombination intermediates by the RuvABC proteins. *Annu. Rev. Genet.* 31:213-244.

West, S. C. (2003). Molecular views of recombination proteins and their control. *Nat. Rev. Mol. Cell Biol.* 4:1-11.

White, M. F., Giraud-Panis, M.-J. E., Pöhler, J. R. G., and Lilley, D. M. J. (1997). Recognition and manipulation of branched DNA structure by junction-resolving enzymes. *J. Mol. Biol.* 269:647-664.

Wuethrich, B. (1998). Why sex? *Science* 281:1980-1982.

CHAPTER 21

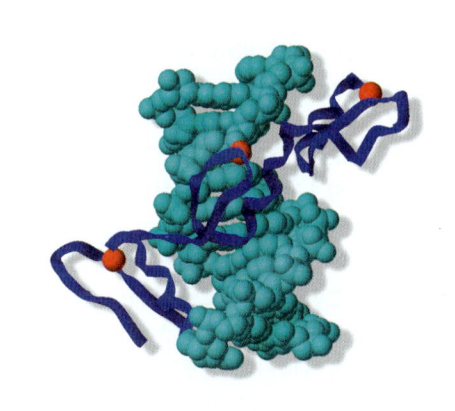

転写と RNA プロセシング

この分画は，われわれが"メッセンジャー RNA（M-RNA）"と名付けることになるのだが，全 RNA のわずか 3％ の量しかなかった．……不安定な中間体であるというメッセンジャーの構造的な特性は，まったく特異的で新奇なつぎのような反応機構を含むものだった．……これは情報伝達のメカニズムに関して新しい概念を導いた．すなわち，タンパク質合成の中心であるリボソームは非特異的構造体として機能すべきものである．そのことにより，M-RNA を介して遺伝子から受取った特異的な指令に従って，あらゆる異なるタンパク質を合成することができる．

　　　　　　　　　François Jacob and Jacques Monod (1961)

先にも述べたように，Watson と Crick が 1953 年に提出した DNA 構造は，同時に，遺伝情報を世代から世代へ伝えるための DNA 複製の方法も示唆するものであった．しかし，生物が遺伝物質に蓄えている情報をどのようにして利用するかまではわからなかった．

George Beadle と Edward Tatum はアカパンカビ（*Neurospora crassa*）の研究から，1 個の遺伝単位，すなわち 1 遺伝子が 1 個の酵素の生産を指令するという説を提唱した．このような遺伝子とタンパク質との関係は，Vernon Ingram が 1956 年に，遺伝病である鎌状赤血球貧血症患者のヘモグロビンと正常のヘモグロビンではアミノ酸が 1 個しか違わないことを示したことで証明された．Ingram の結果は，遺伝的変化がタンパク質のアミノ酸配列の変化として現れることを明らかにした．それを発展させると，ゲノムに含まれる情報が生体のあらゆるタンパク質それぞれの一次構造を規定するはずである，と考えられた．

本章では，**遺伝子**（gene）を転写される DNA 配列と定義する．この定義にはタンパク質をコードしない遺伝子も含まれる（すべての転写産物がメッセンジャーRNAではない）．しかしこれでは，転写の調節に関与するゲノム領域で，それ自身は転写されない部分が定義から排除されてしまう．いずれ，この遺伝子の定義の例外に出会うことになるだろう．結局，完璧に満足な定義というものはないのである．

原核生物の多くは，ゲノムに数千の遺伝子をもつ．より単純な細菌で 500〜600 の遺伝子しかもたないものもある．その遺伝子の大部分は"ハウスキーピング"遺伝子で，生きている細胞のすべての日常の活動に必須なタンパク質や RNA 分子をコードする．たとえば，解糖，アミノ酸合成，DNA 合成など基礎代謝経路に含まれる酵素がハウスキーピング遺伝子にコードされている．転移 RNA やリボソーム RNA も同様である．単細胞真核生物である酵母や藻類のもつハウスキーピング遺伝子の数は，やや複雑な原核生物とほぼ同じ程度である．

すべての生物にはハウスキーピング遺伝子に加えて，細胞分裂期などのような特別な状況下でのみ発現される遺伝子がある．また，多細胞生物では，ある種類の細胞でのみ発現される遺伝子がある．たとえば，カエデの樹のすべての細胞はクロロフィルを合成する酵素群の遺伝子をもつが，この遺伝子は光にさらされる細胞，たとえば葉の表面にある細胞などでしか発現しない．同様に，哺乳類の細胞はすべてインスリン遺伝子をもつが，膵臓の特別な細胞しかインスリンを生産しない．多細胞真核生物の全遺伝子数は，ショウジョウバエ（*Drosophila melanogaster*）のたかだか 15000 から，ある動物種の 50000 以上にまでにわたっている．

本章と次章で，DNA に蓄えられた情報がどのようにしてタンパク質合成を指令するかを述べる．その情報の流れの概要を図 21.1 にまとめた．本章では，転写（DNA に蓄えられた情報を RNA にコピーして，タンパク質合成やその他の細胞機能に利用

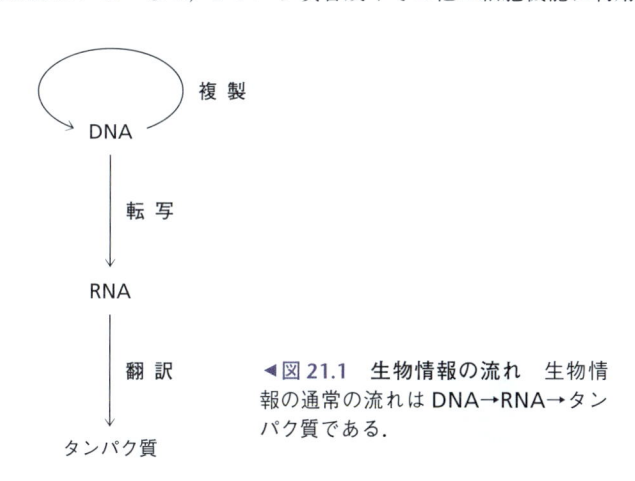

◀図 21.1　**生物情報の流れ**　生物情報の通常の流れは DNA→RNA→タンパク質である．

＊　カット：マウスの転写因子 Zif268 の一部（紫）が DNA（青）に結合する．亜鉛（赤）を含んだ三つのドメインから出る側鎖が DNA の塩基対と相互作用する．

できるようにする過程）と，RNAプロセシング（RNA分子の転写後修飾）について述べる．また，転写開始を制御する因子により遺伝子発現がどのように調節されているかも手短に述べたい．22章では，翻訳（mRNA分子に暗号化されている情報が個々のタンパク質の合成を導く過程）について考察する．

図21.1にまとめた全経路の特徴の一つは，不可逆ということである．特に，タンパク質のアミノ酸配列に含まれる情報が，逆に核酸に翻訳されることはない．この情報の流れの不可逆性は分子生物学の"セントラルドグマ"といわれており，転写や翻訳の機構が解明される何年も前の1958年に，Francis Crickが予言したものである（§1.1）．もともとのセントラルドグマではRNAからDNAへの情報の流れを排除してはいなかった．そのような経路も結局はレトロウイルス感染細胞で発見され，逆転写として知られている．

やmRNAがコードするタンパク質を調節する．

細胞内の全RNA量の大半をrRNAが占め，mRNAの割合はごくわずかである．しかし，RNAを定常状態の量からではなく，細胞のRNA合成の速度から比較すると，まったく様子が違う（表21.1）．mRNAは大腸菌全RNAのたった3%を占めるにすぎないが，大腸菌はそのRNA合成能力のほぼ1/3をmRNAの生産に当てている．実際，もし細胞の増殖が遅くてリボソームやtRNAをつくり直す必要がなければ，この数値は60%にまで増大するだろう．各種RNA分子の定常状態の量と合成される速度との不一致は，RNA分子の安定性の差から説明できる．すなわち，rRNAとtRNA分子は非常に安定であるが，mRNAは翻訳後速やかに分解される．細菌細胞では新たに合成された全mRNAの半分が3分以内にヌクレアーゼで分解される．真核生物ではmRNAの平均半減期は約10倍長い．真核生物mRNAの比較的高い安定性は，真核生物mRNAが転写の場である核から翻訳の場である細胞質へ輸送される間に分解されないように，プロセシングを受けた結果である．

> ❗ 細胞がDNAに蓄えられた遺伝情報を受取るためには，そのDNAはRNAに転写されなければならない．

表21.1 大腸菌細胞のRNA含量

種　類	定常状態の量	合成能力[†1]
rRNA	83%	58%
tRNA	14%	10%
mRNA	3%	32%
RNAプライマー[†2]	<1%	<1%
その他のRNA分子[†3]	<1%	<1%

[†1] ある時点で合成される各種のRNAの相対量．
[†2] RNAプライマーはDNA複製に使われるもので，プライマーゼという特殊なRNAポリメラーゼにより合成される（§20.3 B）．
[†3] その他のRNA分子には，いくつかのRNA酵素，たとえばRNアーゼPのRNA成分なども含まれる．

[Bremer, H., Dennis, P. P. (1987). Modulation of chemical composition and other parameters of the cell by growth rate. In *Escherichia coli and Salmonella typhimurium: Cellular and Molecular Biology*, Vol. 2, F. C. Neidhardt, ed. (Washington, DC: American Society for Microbiology), pp.1527-1542より改変．]

21.1　RNAの種類

数種類のRNA分子が発見された．転移RNA（tRNA）はアミノ酸を翻訳装置に運ぶ．リボソームRNA（rRNA）はリボソームの多くの部分を構成する．第三のRNA分子はメッセンジャーRNA（mRNA）で，おもにパリのパスツール研究所のFrançois JacobとJacques Monod，およびその同僚らによって発見された．1960年代の初頭に，彼らは，リボソームが不安定なRNA分子（mRNA）を翻訳してタンパク質を合成することを示した．JacobとMonodはまた，mRNA分子の配列がDNA鎖の片方の一定部分に相補的であることも発見した．第四のRNAは低分子RNAで，RNAプロセシングを含む多様な代謝反応に関与する．これらの低分子RNAの多くは触媒活性をもつ．一部の低分子RNAは調節分子であって，mRNAに特異的に結合して，そのmRNA

21.2　RNAポリメラーゼ

mRNAが同定されたのと同じころ，複数の研究室で独立に，ATP, UTP, GTP, CTPと鋳型DNA分子の存在下で，RNA合成を触媒する酵素が発見された．新しく発見された酵素がRNAポリメラーゼであり，DNA依存性RNA合成，すなわち**転写**（transcription）を触媒する酵素である．

RNAポリメラーゼは当初リボヌクレオチドの重合を触媒する能力から同定されたが，酵素の研究が進むにつれて，もっと多様な機能が明らかになった．RNAポリメラーゼはより大きな転写複合体の中核となっていた．同じようにDNAポリメラーゼも大きな複製複合体の中核であった．（§20.4）．この転写複合体は転写の開始に際して遺伝子の片方の端で組立てられる．開始の過程では，鋳型DNAが部分的に巻戻され，RNAの短い断片が合成される．転写の伸長では，RNAポリメラーゼはDNAを巻戻し，再び巻直すことを繰返しながら，RNA鎖の進行性の伸長反応を触媒する．そして最後に，転写複合体は特定の転写終結シグナルに応答し，解体される．

転写複合体の組成は生物ごとにかなり異なるが，すべての転写複合体で起こる反応の型は基本的に同じである．そこで，最も詳しく研究されている大腸菌の転写複合体で行われる反応を論じ

▲ **François Jacob**（1920～）　JacobとMonodは酵素合成の遺伝的制御に関する研究で，1965年，ノーベル生理学・医学賞を受賞した．

て，転写の一般的な過程を紹介しよう．より複雑な真核生物の転写複合体については，§21.5で述べる．

A. RNAポリメラーゼはオリゴマータンパク質である

RNAポリメラーゼコア酵素は，4種類の異なるサブユニットで構成される多量体タンパク質として大腸菌細胞から単離された（表21.2）．サブユニット5個が一定比 $\alpha_2\beta\beta'\omega$ で集合し，転写反応の多くにかかわるコア酵素を形成する．大きな β と β' サブユニットは酵素の活性部位を形づくる．β' サブユニットがDNA結合に寄与するのに対し，β サブユニットはポリメラーゼの活性部位の一部を担う．α サブユニットは他のサブユニット集合の台座になる．これらはまた，転写を調節する多くのタンパク質と相互作用する．小さな ω サブユニットの役割はまだよく解析されていない．

表21.2 大腸菌RNAポリメラーゼホロ酵素のサブユニット

サブユニット	分子量
β' [1]	155600
β	150600
σ [2]	70300 [3]
α	36500
ω	11000

[1] β と β' サブユニットは名前は似ているが，直接の関係はない．
[2] このサブユニットはコア酵素には含まれない．
[3] σ サブユニットについて示された分子量は，最も多い型のホロ酵素にみられる σ の値である．

好熱菌（*Thermus aquaticus*）のRNAポリメラーゼホロ酵素とDNAとの複合体の構造を図21.2に示す．β と β' サブユニットの端に大きなへこみができている．ここにDNAが結合し，重合反応が起こる．このへこみは約16 bpの二本鎖B-DNAと相互作用するのに十分な大きさであり，DNAポリメラーゼのDNA結合部位（DNAポリメラーゼIなど，図20.8）によく似た形をしている．1対の α サブユニットは分子の"後方の端"に位置する．この領域はポリメラーゼが遺伝子を活発に転写するときにDNAと接触する．ω サブユニットは β' サブユニットの外側表面に結合する．後の節で，各種の転写因子が，α サブユニットに結合することによりRNAポリメラーゼと相互作用する様子を述べる．ホロ酵素の σ サブユニットは転写開始に重要な役割を果たす．

細菌細胞には数種の異なる型の σ サブユニットが存在する．大腸菌のおもなホロ酵素は σ^{70}（分子量 70300）を含む．σ サブユニットは転写開始に際してDNAと接触し，ω サブユニットの領域でコア酵素と結合する．RNAポリメラーゼの全体としての大きさは，$10\times10\times16$ nmである．これはヌクレオソームよりかなり大きいが，リボソームあるいはレプリソームよりは小さい．

B. 鎖伸長反応

RNAポリメラーゼはDNAポリメラーゼとほぼ同じ機構（図20.6）で鎖伸長を触媒する．伸長中のRNA鎖の一部はDNA鋳型鎖に塩基対合しており，入ってきたリボヌクレオシド三リン酸は，ポリメラーゼの活性部位で鋳型鎖のつぎの未対合ヌクレオチドと正しい水素結合を形成できるかどうか試される．正しい水素結合ができると，RNAポリメラーゼはヌクレオチド基転移反応を触媒し，新しいホスホジエステル結合ができて二リン酸を遊離する（図21.3）．

DNAポリメラーゼIIIと同様に，RNAポリメラーゼも $5'\rightarrow3'$ 方向の重合を触媒し，転写複合体の一部としてDNAに結合しているときには非常に進行性が高い．RNA合成反応の全体は次式にまとめることができる．

$$\text{RNA}_n - \text{OH} + \text{NTP} \longrightarrow \text{RNA}_{n+1} - \text{OH} + \text{PP}_i \quad (21.1)$$

この反応におけるギブズ自由エネルギー変化は，RNAに比べてNTPの濃度が高いために，非常に起こりやすい反応であることを示している．さらに，DNAポリメラーゼ反応と同様に，RNAポリメラーゼ反応の場合も，細胞内でひき続き二リン酸が加水分解されることにより，熱力学的に有利になる．こうしてヌクレオチド1個が伸長中の鎖に付加するたびに，結局，2個の無水リン酸結合が切れることになる．

RNAポリメラーゼがDNAポリメラーゼと異なるのは，デオキシリボヌクレオシド三リン酸（dTTP, dGTP, dATP, dCTP）ではなくて，リボヌクレオシド三リン酸（UTP, GTP, ATP, CTP）を使用することである．もう一つの違いは，伸長中のRNA鎖はごく短い区間でしか鋳型DNA鎖と相互作用しないことである（後述）．転写の最終産物は一本鎖RNAであり，RNA-DNA二本鎖ではない．また，転写はDNA複製よりずっと遅い反応である．大腸菌では転写速度が30～85ヌクレオチド/秒であり，これはDNA複製速度の1/10以下である．

RNAポリメラーゼは，入ってきたリボヌクレオシド三リン酸

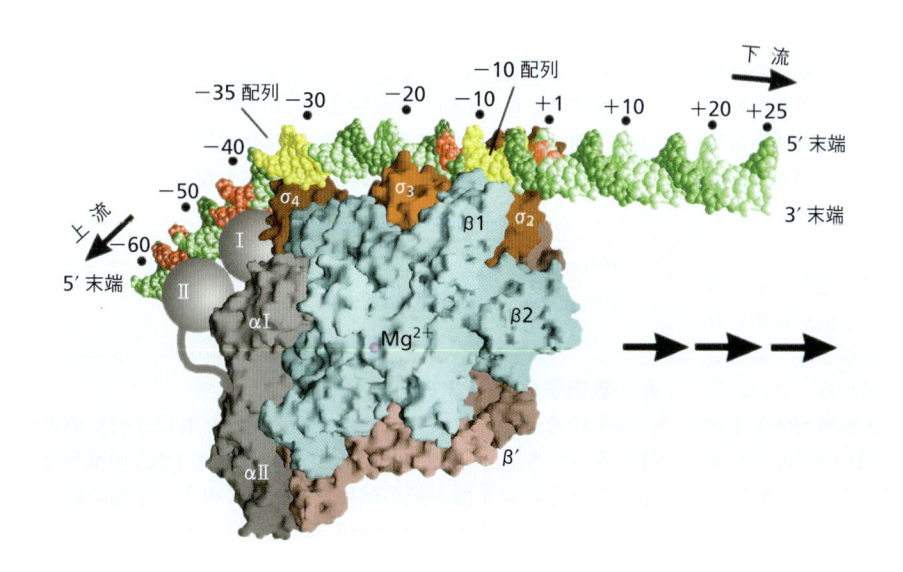

◀図21.2 好熱菌（*Thermus aquaticus*）(*Taq*) RNAポリメラーゼホロ酵素/プロモーターDNA閉鎖複合体　鋳型鎖は濃緑，コード鎖は薄緑，−10領域と−35領域はともに黄で表す．転写開始部位を+1で示した．開放複合体ができると，転写は下流に向かって進行し，矢印に示す右方向に進む．α サブユニットは灰色で描かれている．β サブユニットは青緑色，β' サブユニットはピンク，σ サブユニットは赤褐色である．

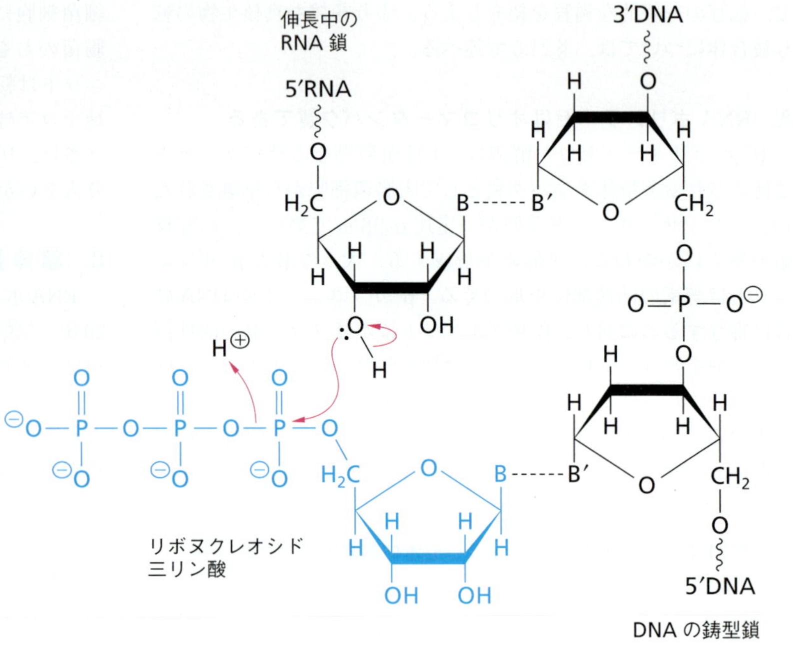

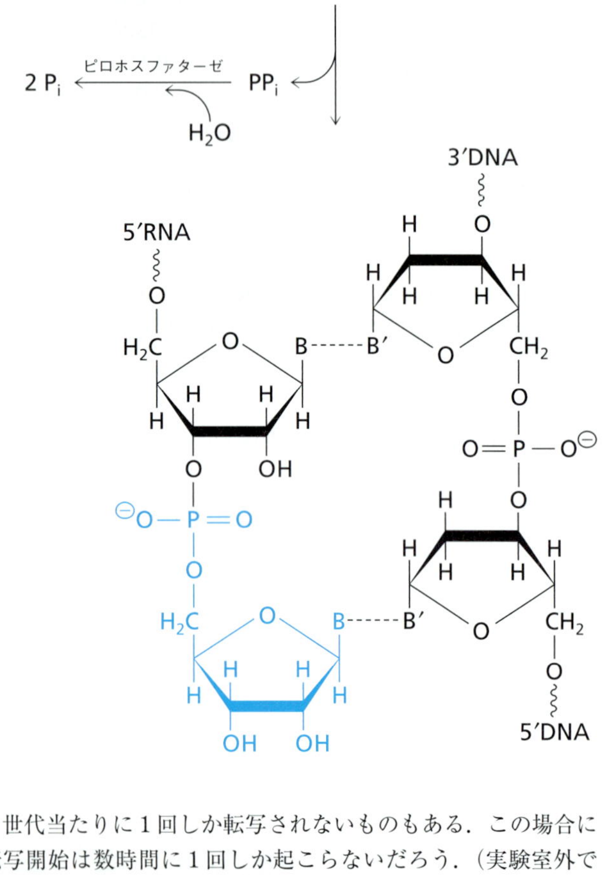

図 21.3 ▶ RNA ポリメラーゼが触媒する反応 入ってきたリボヌクレオシド三リン酸が DNA 鋳型鎖の未対合ヌクレオチドと正確に対合すると，RNA ポリメラーゼは，リボヌクレオシド三リン酸の α-リン原子が伸長中の RNA 鎖の 3′-OH 基により求核攻撃される反応を触媒する．その結果，ホスホジエステル結合ができ，二リン酸が遊離する．続いて，ピロホスファターゼが二リン酸の加水分解を触媒し，反応に対して熱力学的駆動力を供給する．（B と B′ は相補的な塩基を表す．また塩基間の水素結合は 1 本の破線で示す．)

が酵素の活性部位に厳密に適合したときにのみ，新しいホスホジエステル結合を形成する．活性部位へ厳密に適合するためには，塩基の積み重なり（スタッキング）と，入ってきたリボヌクレオシド三リン酸と鋳型ヌクレオチド間の適正な水素結合の形成が必要である．

厳密な適合が強く要求されるにもかかわらず，RNA ポリメラーゼも誤りを犯す．RNA 合成の誤りの頻度は 10^{-6} である（取込まれるヌクレオチド 100 万個に 1 回の誤り）．この割合は DNA 合成全体の誤りの頻度に比べて高い．それは，ほとんどの DNA ポリメラーゼに存在する校正エキソヌクレアーゼ活性が RNA ポリメラーゼにはないためである．DNA 複製の高度な厳密性は，子孫に伝わるかもしれない突然変異を最小にするために必要である．RNA 合成の正確度は生き残りに決定的に重要というほどではない．

21.3 転写開始

RNA 合成の鎖伸長反応に先立って，それとは独立に開始の段階があり，開始部位で転写複合体が組立てられ，短い RNA 鎖が合成される．転写開始の部位として機能する DNA 領域は**プロモーター**（promoter）とよばれる．細菌ではしばしば単一のプロモーターから複数の遺伝子が一緒に転写される．このような転写単位は**オペロン**（operon）とよばれる．真核生物の細胞では通常，各遺伝子がそれ自身のプロモーターをもつ．細菌細胞には数百のプロモーターがあるが，真核細胞には数千のプロモーターがある．

ある一つのプロモーターでの転写開始の頻度は，通常，その遺伝子固有の産物の必要度に関係する．たとえば，細胞が頻繁に分裂しているときには，rRNA の遺伝子は頻繁に転写され，数秒ごとに新しい転写複合体がプロモーターで転写を始める．この過程で図 21.4 に示すような構造が形成され，1 本の大腸菌 rRNA オペロン上に多数の転写複合体が観察される．多数の RNA ポリメラーゼが同時に遺伝子を転写するので，次第に長くなった転写産物が遺伝子に沿って列をなしている．一方，細菌の遺伝子の中に

は 2 世代当たりに 1 回しか転写されないものもある．この場合には転写開始は数時間に 1 回しか起こらないだろう．（実験室外では，多くの細菌の平均世代時間は数時間にもなる.)

!プロモーター配列には，転写複合体に対して"ここで転写を開始せよ"と指示する情報がある．

A. 遺伝子は 5′→3′ の方向性をもつ

§19.2 A で，一本鎖の核酸の配列は左から右に 5′→3′ の方向性をもって書くという約束を紹介した．二本鎖 DNA の配列を表示するときには上側の鎖の配列を 5′→3′ に書き，下側の鎖，すなわち逆平行の鎖の配列を 3′→5′ に（左から右へ）書く．

21.3 転写開始

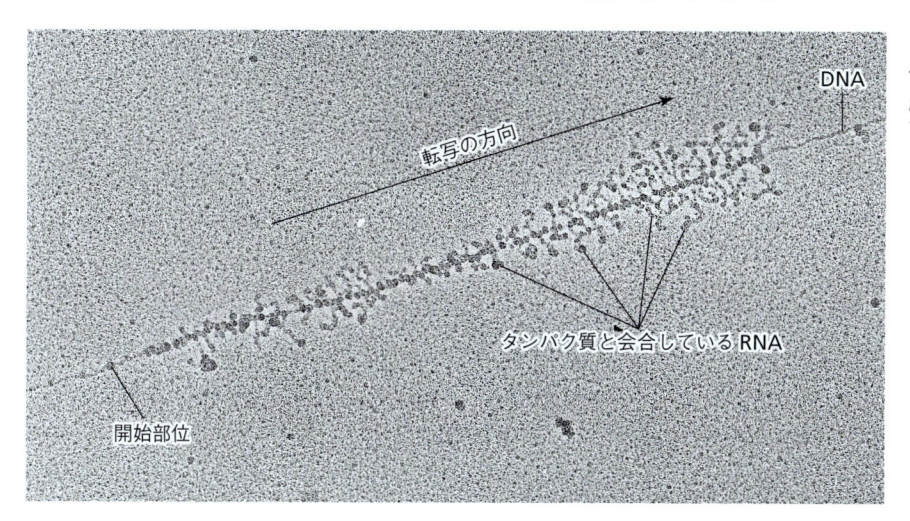

◀図21.4 大腸菌rRNA遺伝子の転写 遺伝子は左から右へと転写される.新生rRNA産物はタンパク質と会合しており,転写が終了する前にヌクレオチド切断反応によりプロセシングを受ける.

本書では,転写されるDNA配列を便宜上遺伝子と定義したので,遺伝子は転写開始部位(+1で表す)から始まり,転写終結部位で終わることになる.塩基配列を書くための約束に従って,遺伝子の始まりを5′末端とよぶ.遺伝子に沿って5′→3′方向に移動するとき"下流"に向かうといい,3′→5′方向の移動は"上流"に向かうという.RNA重合反応は5′→3′方向に進行する.その結果,DNA配列を書き表すときの約束によって,遺伝子の転写開始部位は二本鎖DNAの図の左側にくる.終結部位は右側である.上側の鎖はしばしば**コード鎖**(coding strand)とよばれる.その配列が,あるタンパク質のアミノ酸配列をコードするmRNAのDNA版になっているからである.下側の鎖は**鋳型鎖**(template strand)とよばれるが,それがRNA合成の鋳型として用いられる鎖だからである(図21.5).別の表現として,上側の鎖を**センス鎖**(sense strand)とよんでもよいだろう.これは,翻訳中のリボソームがこの配列をもつmRNAのコドンを"読む"と,正しいタンパク質ができるということを表している.そこで,下側の鎖は**アンチセンス鎖**(antisense strand)となる.この配列をもつmRNAは正しいタンパク質をつくることができないからである.RNAが5′→3′方向に合成されることは,鋳型鎖が3′末端から5′末端へ向けて相補的にコピーされることであるのに注意してほしい.また,TがUに置き換わっている以外は転写されたRNA産物はコード鎖と配列が同じである.

B. 転写複合体はプロモーターで組立てられる

1個以上のタンパク質因子がプロモーター配列とRNAポリメラーゼの両方に結合したとき,転写複合体が形成される.すなわち,これらのDNA結合タンパク質は,RNAポリメラーゼをプロモーター部位に引き寄せる.細菌においては,RNAポリメラーゼσサブユニットがプロモーター認識と転写複合体の形成の両方に必須である.

プロモーターのヌクレオチド配列は遺伝子の転写の頻度に影響する最も重要な因子の一つである.DNA塩基配列決定法の開発以来,たくさんの種類のプロモーターが調べられ,転写が実際に始まる点である開始部位が同定された.そしてさまざまな遺伝子のプロモーター配列が似ているかどうかを確かめるために,開始部位の上流域の塩基配列が決定された.これらの分析から,**コンセンサス配列**(consensus sequence)といわれる配列の共通性が明らかにされた.それは各位置にいちばん多くみられるヌクレオチドを基にした仮想上の配列である.

大腸菌に最も多い型のプロモーターコンセンサス配列を図21.6に示す.このプロモーターは二つに分かれている.すなわち二つの別々の類似配列領域がある.最初の領域は転写開始部位の10 bp上流でA・T塩基対が多く,そのコンセンサス配列はTATAATである.プロモーター配列の2番目の領域は開始部位の35 bp上流に集中している.この領域のコンセンサス配列はTTGACA

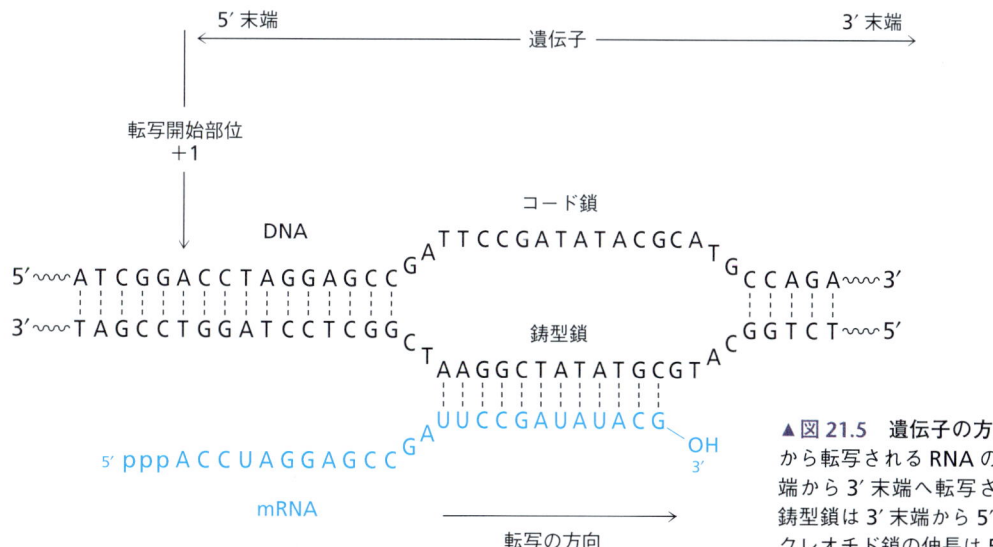

▲図21.5 遺伝子の方向性 仮想的な遺伝子の配列とそれから転写されるRNAの配列を示す.習慣上,遺伝子は5′末端から3′末端へ転写されるといわれるが,実際にはDNA鋳型鎖は3′末端から5′末端へ向けてコピーされる.リボヌクレオチド鎖の伸長は5′→3′方向に進行する.

転写開始部位

```
GTGCGTG TTGACT ATTTTA    CCTCTGGCGGT GATAAT GG   TTGC A TGTACTAAGGA   λPR
GGCGGTG TTGACA TAAATA    CCACTGGCGGT GATACT GA   GCAC A TCAGCAGGACG   λPL
TGAGCTG TTGACA ATTAAT    CATCGAACTAG TTAACT AG   TACG A AGTTCACGTAA   trp
CCAGGC  TTTACA CTTTAT    GCTTCCGGCTCG TATGTT GT  GTGG A ATTGTGAGCGG   lac
CCAGGC  TTTACA CTTTAT    GCTTCCGGCTCG TATAAT GT  GTGG A ATTGTGAGCGG   lacUV5
ATCCTAC CTGACG CTTTTT    ATCGCAACTCTC TACTGT TTCTCCAT A CCCGTTTTTTT   araBAD
TTTCCTC TTGTCA GGCCGG    AATAACTCCC TATAAT GCGCCAC CA CTGACACGGAA    rrnA1
TAAATGC TTGACT CTGTAG    CGGGAAGGCGT TATTAT GC  ACACC C CGCGCCGCTGA  rrnA2
TCCATGT CACACT TTTCGCATCTTTGTTATGC TATGGT TA    TTTC A TACCATAAGCC   galP1
TTATTCC ATGTCA CACTTT    TCGCATCTTTGT TATGCT AT  GGTT A TTTCATACCAT  galP2
```

コンセンサス配列   TTGACA   TATAAT
　　　　　　　　　−35領域   −10領域   +1

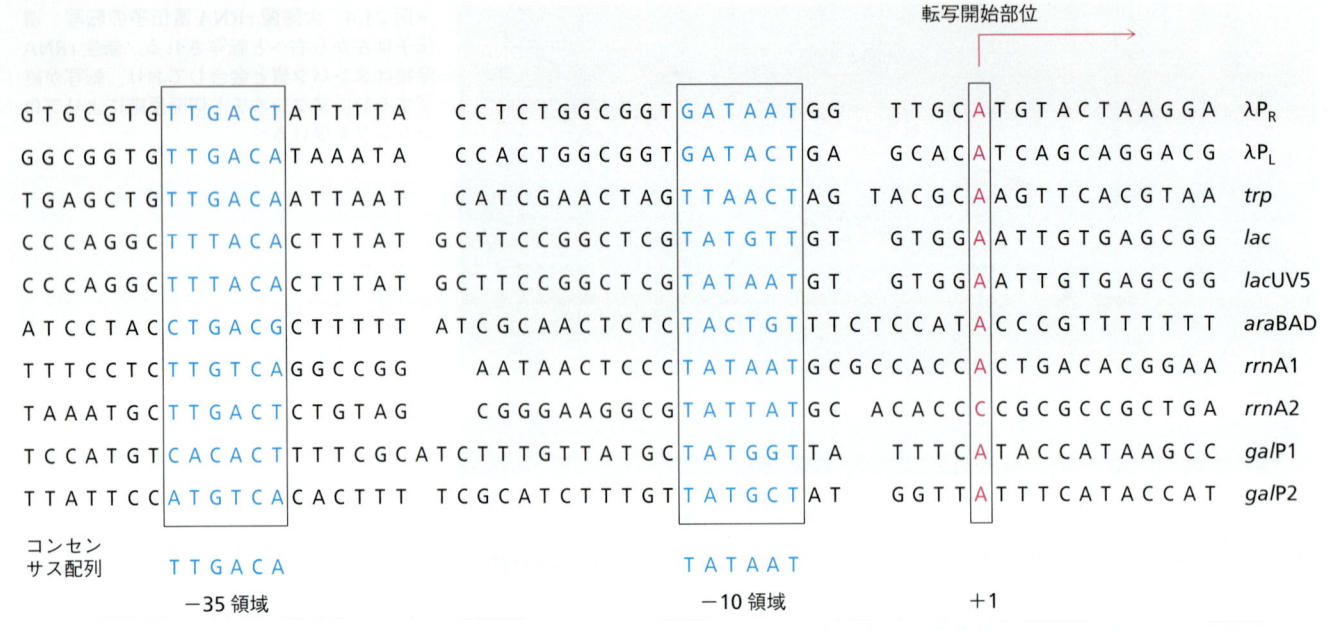

▲図21.6　ファージと細菌の10種類の遺伝子のプロモーター配列の例　これらのプロモーター配列はすべて，大腸菌σ^{70}サブユニットにより認識される．ヌクレオチド配列を+1，−10，−35領域がそろうように並べた．それぞれの位置における配列の変化の程度を見てほしい．コンセンサス配列は300例以上の詳細に解析されたプロモーターのデータベースから得られたものである．

である．プロモーターの二つの領域間の平均距離は17 bpである．

−10領域は**プリブナウボックス**（Pribnow box）として知られ，−35領域は単に**−35領域**（−35 region）といわれる．二つの領域は一緒に，σ^{70}をもつ大腸菌ホロ酵素に対するプロモーターを形づくる．σ^{70}は大腸菌細胞で最もよく使われているσサブユニットである．σ^{70}をもつホロ酵素はコンセンサス配列によく似た配列に対して特異的に結合する．大腸菌の他のσサブユニットはまったく異なるコンセンサス配列をプロモーターとして認識し，結合する（表21.3）．他の原核生物種の正規のσサブユニットも，プロモーターとして異なるコンセンサス配列を認識する可能性がある．

コンセンサス配列は正確に決まった配列というのではなく，ある位置において最も頻繁に見いだされるヌクレオチドを示すものである．コンセンサス配列と完全に合っているプロモーターはほとんどない．時にはこの整合性はかなり弱く，AやTが占めるべき位置にGやCがあったりする．そのようなプロモーターは弱いプロモーターといわれ，通常，転写の頻度の低い遺伝子につながっている．強いプロモーター，たとえばrRNAオペロンのプロモーターなどは，コンセンサス配列にきわめてよく合っていて，そのオペロンは非常に効率良く転写される．これらの観察から，コンセンサス配列はRNAポリメラーゼホロ酵素にとって最も効率の良いプロモーター配列を示していることがわかる．

各遺伝子のプロモーター配列は，細胞の要求に適合するように，自然選択によって最適化されてきたようだ．ある遺伝子にとって産物があまり必要ないときには，効率の悪いプロモーターがむしろ望ましいし，大量の遺伝子産物を生産するには効率の良いプロモーターが必要である．

C. σサブユニットがプロモーターを認識する

σサブユニット（σ因子）のプロモーター認識の効果は，コアポリメラーゼと，σ^{70}をもつホロ酵素のDNAへの結合の性質を比較するとよくわかる．コアポリメラーゼはσサブユニットをもたず，DNAに非特異的に結合する．すなわち，プロモーターに対して特に高い親和性は示さず，それ以外のDNA配列に対するのと変わらない（会合定数K_aは約10^{10} M^{-1}）．このDNA-タンパク質複合体は，いったん形成された後，徐々に解離する（$t_{1/2} \approx$ 60分）．それに対し，ホロ酵素はσ^{70}をもち，プロモーター配列に対してコアポリメラーゼより固く結合し（$K_a \approx 2 \times 10^{11}$ M^{-1}），より安定な複合体を形成する（$t_{1/2} \approx$ 2～3時間）．ホロ酵素はプロモーター配列に選択的に結合するが，細胞内の他のDNAに対してもある程度の親和性をもつ（$K_a \approx 5 \times 10^6$ M^{-1}）．ホロ酵素がDNAと非特異的に結合して形成された複合体は非常に速く解離する（$t_{1/2} \approx$ 3秒）．これらの結合に関するパラメーターからσ^{70}の機能がよくわかる．σ^{70}の機能の一つは非プロモーター配列に

表21.3　大腸菌のσサブユニット

サブユニット	遺伝子	転写される遺伝子	コンセンサス配列 −35	−10
σ^{70}	rpoD	多　数	TTGACA	TATAAT
σ^{54}	rpoN	窒素代謝	なし	CTGGCACNNNNNTTGCA[†]
σ^{38}	rpoS	定常状態	?	TATAAT
σ^{28}	flaI	鞭毛の形成と走化性	TAAA	GCCGATAA
σ^{32}	rpoH	熱ショック	CTTGAA	CCCATNTA[†]
σ^{gp55}	遺伝子55	ファージT4	なし	TATAAATA

[†] Nは4種のヌクレオチドのいずれかを示す．

対するコアポリメラーゼの親和性を減少させることである．同様に重要な機能として，特異的プロモーター配列に対するコアポリメラーゼの親和性を増大させる．

RNAポリメラーゼホロ酵素がプロモーターを見つけ出す機構について，会合定数からは何もわからないが，ホロ酵素は結合と解離を繰返しながらプロモーター配列に出会うまで探索を続けると考えられる．このような結合反応が二次反応であるとすると，その速度はホロ酵素が三次元的に拡散する速度によって制限される．しかしながら，プロモーター結合の速度は拡散が律速段階になっている二次反応の理論値の最大よりさらに100倍も大きい．この驚異的な速度は，RNAポリメラーゼがDNA分子の長さ方向に一次元拡散をすることで達成される．酵素は非特異的に結合している短い時間内にプロモーター配列を探して，2000 bpを走査することができる．その他のいくつかの配列特異的DNA結合タンパク質，たとえば制限酵素（§19.6 C）なども似たような方法で結合部位を見つけている．

> RNAポリメラーゼの結合の性質からすると，数多くのRNAポリメラーゼ分子がDNA鎖上に（そのDNA配列がプロモーター配列に似ているかどうかにかかわらず）ランダムに存在しているのであろう．

D. RNAポリメラーゼのコンホメーションは変化する

ホロ酵素は迅速にプロモーターを探し求めて結合するにもかかわらず，転写の開始はゆっくりしている．実際，開始が転写反応の律速段階になることが多い．開始にはDNAらせんの巻戻しと，短鎖RNAの合成が必要だからである．この短鎖RNAがそれに続く鎖伸長のプライマーとなる．DNA複製ではこの段階はヘリカーゼとプライマーゼによって行われるが，転写の場合はRNAポリメラーゼホロ酵素それ自身が行う．DNAポリメラーゼと異なり，RNAポリメラーゼはσ^{70}などの開始因子の存在下でポリヌクレオチド合成を自分自身で開始することができる．（鋳型DNAとrNTPを基質として使用できるという条件が必要である．）

開始部位におけるDNAの巻戻しはコンホメーション変化の一例であり，RNAポリメラーゼ（R）とプロモーター（P）とが閉鎖複合体（RP_c）から開放複合体（RP_o）へと移行する．閉鎖複合体ではDNAは二本鎖であるが，開放複合体ではDNAの18 bpがほどけて，転写バブルを形成する．開放複合体の形成は通常，開始反応でいちばん遅い段階である．

いったん開放複合体が形成された後では，DNA鋳型鎖が酵素の重合部位に配置される．つぎの段階で，2個のリボヌクレオシド三リン酸の間に，ホスホジエステル結合が形成される．これらはすでに活性部位に入り込んでいて，鋳型DNA鎖の+1および+2ヌクレオチドと水素結合を形成していたものである．この開始反応の速度は類似の重合反応である鎖伸長よりも小さい．鎖伸長は，基質の一方（伸長中のRNA鎖）が短いRNA-DNAらせんをつくって位置が固定される状態で行われる．

続いてつぎのヌクレオチドが最初のジヌクレオチドに付加し，鋳型鎖に対合した短いRNAが生まれる．このRNAの長さが約10ヌクレオチドに達すると，RNAポリメラーゼホロ酵素は開始モードから鎖伸長モードに移行し，転写複合体は鋳型DNAに沿ってプロモーターを通過する．この段階をプロモータークリアランスという．開始反応を以下のようにまとめることができる．

$$R + P \xrightleftharpoons{K_a} RP_c \xrightarrow{\text{コンホメーション変化}} RP_o \xrightarrow{\text{プロモータークリアランス}} \quad (21.2)$$

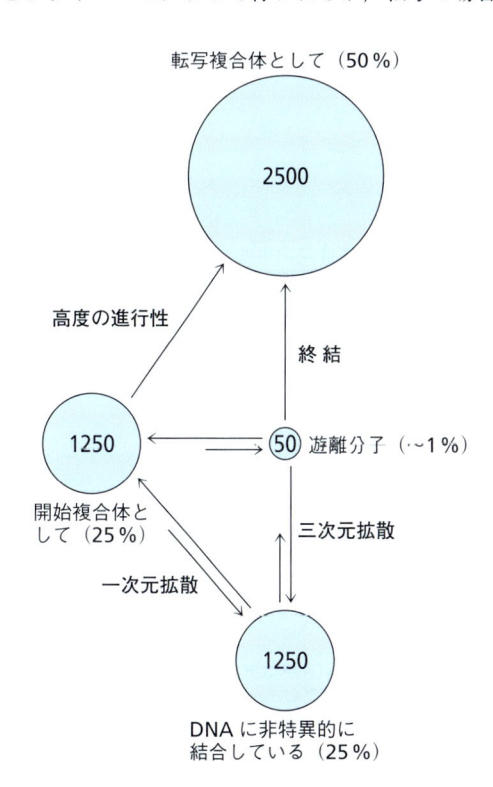

先にも述べたように，σ因子をもつホロ酵素は一般のDNA配列に比べて，プロモーター配列に対してはるかに大きな親和性をもつ．この強い結合性のために酵素は開始部位から容易には離脱しない．一方，鎖伸長ではコアポリメラーゼはすべてのDNA配列に非特異的に結合し，進行性の高い複合体を形成する．転写の開始から鎖伸長への移行は，ホロ酵素のコンホメーション変化を伴い，それがσサブユニットを遊離する原因となる．σがなければ酵素のプロモーターへの結合は特異的でなくなり，開始部位から離れることができる．この時点でいくつかの補助タンパク質がコアポリメラーゼに結合し，RNA鎖伸長に必要なタンパク質装置を完成させることになる．補助タンパク質の一つであるNusAの結合は，RNAポリメラーゼを伸長型に転換させるのを助ける．伸長複合体がRNA合成の大部分を遂行する．NusAはまた別の補助タンパク質とも相互作用し，終結でも一定の働きをする．大腸菌の転写開始を図21.7にまとめた．

21.4 転写終結

転写されるのは，DNAのある一定の領域だけである．転写複合体はプロモーターで組立てられ，細菌では，遺伝子の3′末端にある**終結配列**（termination sequence）という特定の配列で解体される．転写終結配列には2種類ある．いちばん単純な終結の形式は，伸長複合体が不安定になるようなある一定のDNA配列でみられる．そこで転写複合体は自発的に解体していく．別の終結方法としては，分解を促進するρ因子とよばれる特異的なタンパク質を利用する場合がある．ρ因子は転写複合体，鋳型DNA，mRNAへの解体を促進する．

転写終結は**休止部位**（pause site）の近くで起こることが多い．

▲ **RNAポリメラーゼの分布** 約5000個のRNAポリメラーゼ分子が1個の大腸菌細胞にあるとして，その細胞内分布を推定した．細胞質ゾルに遊離している分子はごくわずかしかない．全RNAポリメラーゼの半分ほどが活発に転写を行っている．

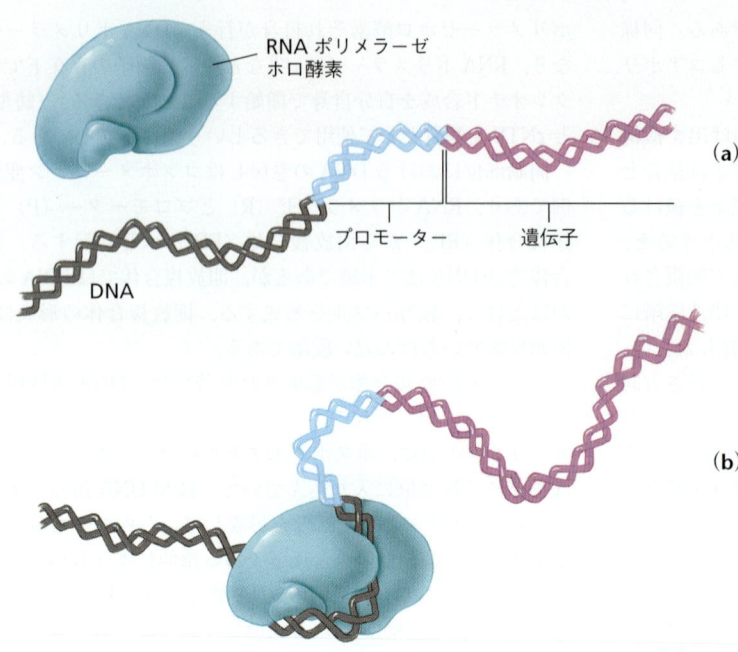

(a) RNA ポリメラーゼホロ酵素は非特異的に DNA に結合する

(b) ホロ酵素はプロモーターを求めて，一次元の探索を遂行する

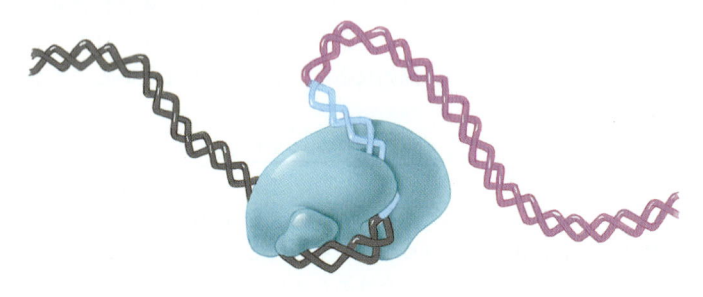

(c) プロモーターを発見すると，ホロ酵素とプロモーターは閉鎖複合体を形成する

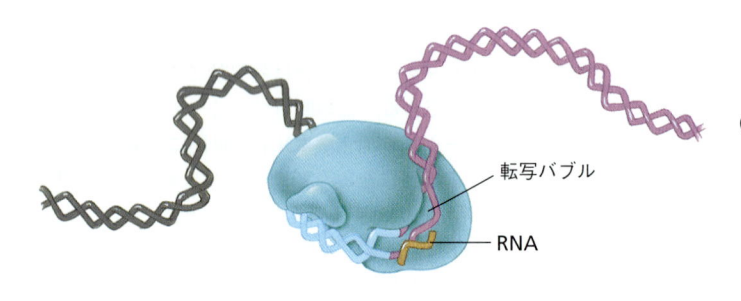

(d) 閉鎖複合体はコンホメーション変化をして，開放複合体となり，開始部位に転写バブルが形成される．ついで，短鎖の RNA が合成される

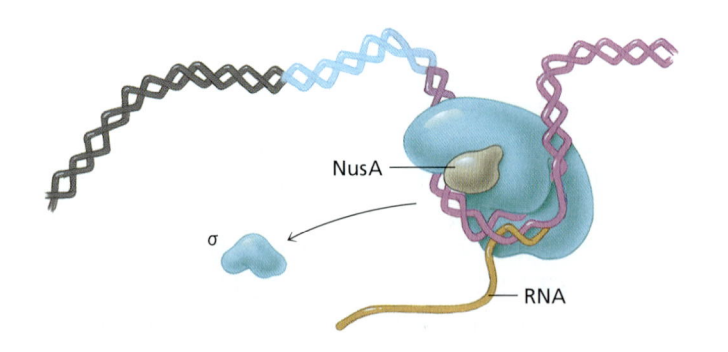

(e) σ サブユニットがコア酵素から解離して，RNA ポリメラーゼはプロモーターから離れる．NusA を含むいくつかの補助タンパク質がポリメラーゼに結合する

▲図 21.7　大腸菌における転写開始

```
                        2回対称
         ←——————————————————————————→
5'~~ACCTG GCTCAGG ACCTT CCTGAGC ACACT~~3'
3'~~TGGAC CGAGTCC TGGAA GGACTCG TGTGA~~5'  DNA
         ←——————————————————————————→

5'~~ACCUG GCUCAGG ACCUU CCUGAGC ACACU~~3'  RNA
                        ⇅

        5'~~ACCU         CACU~~3'
              G         A
              G---C
              C---G
              U---A
              C---G        RNA
              A---U        ヘアピン構造
              G---C
              G---C
              A   U
               C C
                U
```

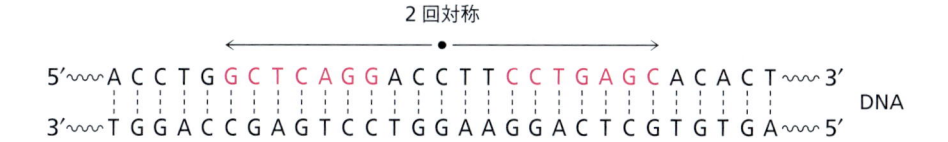

▲図21.8 **RNAヘアピン構造の形成** 転写されるDNA塩基配列が2回対称の領域をもつ．RNAの相補配列は塩基対合することができ，ヘアピン構造を形成する．

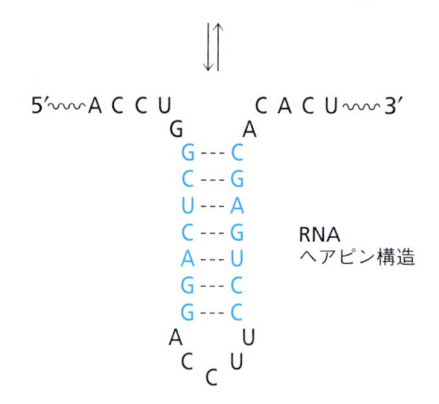

遺伝子のこの領域で伸長の速度が低下したり，一時的に止まったりする．たとえば，G·C塩基対はA·T塩基対より融解しにくいので，転写複合体がGCに富んだ配列に出会うと休止する．

休止は，DNA配列がパリンドロームをつくるか，あるいは2回対称性をもつ部位で起こりやすい（§19.6 C）．このような配列が転写されると，新たに合成されたRNAはヘアピン構造をとる（図21.8）．（この構造の三次元表現は図19.21に示した．）RNAヘアピンが形成すると，伸長複合体上のRNA-DNAハイブリッドが，転写されたばかりのRNAの一部を未完成のまま引きはがして不安定化するらしい．こうして転写バブルの一部が破壊されると，RNA-DNAハイブリッドが再形成されるまで転写複合体は伸長を中止してしまうと考えられる．NusAはおそらくヘアピン構造を安定化することでパリンドローム部位での休止を長びかせるのだろう．転写複合体は，ヘアピン構造にもよるが，10秒から30分ぐらいの間，休止する．

大腸菌では，ある強力な休止部位が終結配列となる．そのような終結部位は遺伝子の3'末端に見いだされるが，それはポリペプチド鎖をコードした領域（タンパク質をコードした遺伝子），あるいは完全な機能RNAをコードした領域（タンパク質以外の遺伝子）を越えた所にある．これらの部位は，短いA·U塩基対で鋳型鎖と弱く結合するRNAヘアピン構造になっている．これは考えられる中で最も弱い塩基対合であり（表19.3），休止の間に簡単に壊れる．壊れると転写複合体からRNAが解離する．

細菌の終結配列の別な形式として，ρ依存性といわれるものがある．ρはある休止部位で転写複合体を解体する．ρは六量体タンパク質で，強いATPアーゼ活性と一本鎖RNAに対する親和性をもつ．ρはまた，RNA-DNAヘリカーゼとしても働くらしい．ρはATP加水分解に共役した反応により，休止中の転写複合体の後方に露出した一本鎖RNAに結合する．このRNAの約80ヌクレオチドがタンパク質の周りに巻き付き，転写複合体から転写されたRNAが解離する（図21.9）．ρ依存性転写終結は，ρのRNAへの結合によるRNA-DNAハイブリッドの不安定化と，転写複合体とρとの直接接触の両方に起因すると考えられる．ρは

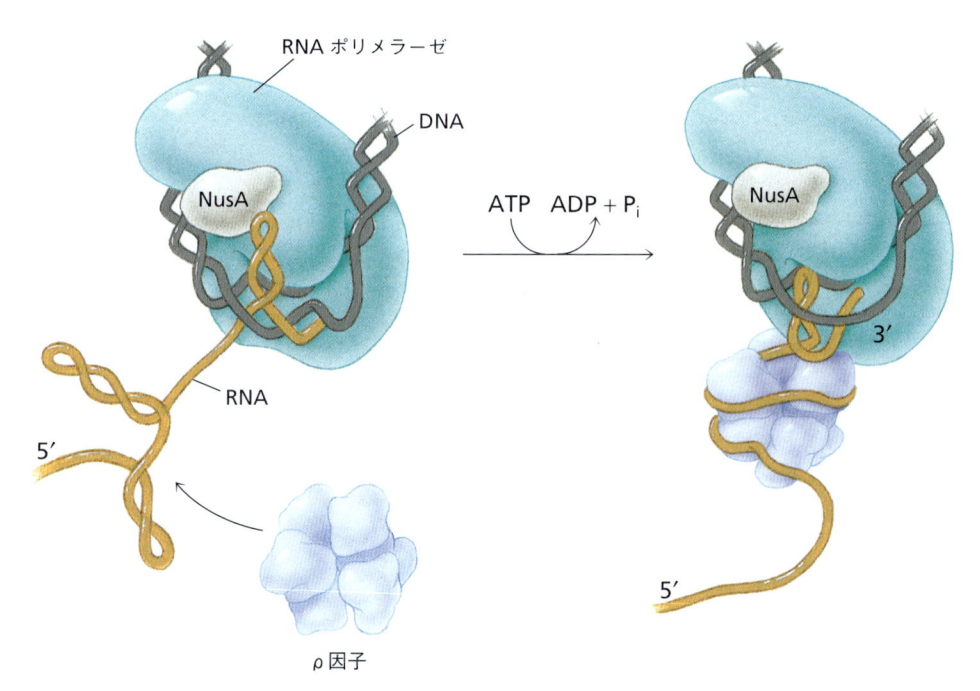

▲図21.9 **大腸菌のρ依存性転写終結** RNAポリメラーゼが休止部位で失速すると，ρ因子が新たに合成されたRNAに結合する．この結合はATPの加水分解を伴う．ρ因子は，おそらく合成されたばかりのRNA鎖を自分の周りに巻き付けて，RNA-DNAハイブリッドを不安定化させ，転写を終結させるのだろう．[Platt, T. (1986). Transcription termination and the regulation of gene expression. *Annu. Rev. Biochem.* 55:339-372 より改変．]

21. 転写とRNAプロセシング

表 21.4 真核生物のRNAポリメラーゼ

ポリメラーゼ	局在性	細胞当たりのコピー数	産物	細胞のポリメラーゼ活性
RNAポリメラーゼI	核小体	40000	35～47S rRNA前駆体	50～70%
RNAポリメラーゼII	核質	40000	mRNA前駆体 U1, U2, U4, U5 snRNA	20～40%
RNAポリメラーゼIII	核質	20000	5S rRNA tRNA U6 snRNA 7S RNA その他の低分子RNA	10%
ミトコンドリアのRNAポリメラーゼ	ミトコンドリア	?	ミトコンドリア遺伝子の全産物	<1%
葉緑体のRNAポリメラーゼ	葉緑体	?	葉緑体遺伝子の全産物	<1%

また，NusAやその他の補助タンパク質に結合することができるので，それらとの相互作用もRNAポリメラーゼのコンホメーションを変化させ，鋳型DNAからの解離を誘起するのかもしれない．

ρ依存性転写終結には一本鎖RNAの露出が必要である．細菌では，タンパク質をコードする遺伝子から転写されたRNAは翻訳中のリボソームに結合していることが多いので，ρの結合は抑制されている．タンパク質合成の終了する点を越えてさらに転写が進むと，一本鎖RNAが露出することになりρが接触できるようになる．転写はつぎの使用可能な休止部位で終了する．言い換えれば，ρ依存性転写終結は，コード領域内の休止部位では起こらず，翻訳終止コドンを過ぎてから出会う休止部位で起こることになる．こうして全体として転写終結と翻訳とが連動するのである．このような協同的な作用機構の利点は，mRNAコード領域の合成が中断されず（したがってタンパク質合成も中断されず），しかもコード領域下流での無駄な転写もされないということである．

21.5 真核生物における転写

大腸菌では単一のRNAポリメラーゼで転写過程が遂行されるが，真核生物では類似した数種類の酵素が働いている．また，真核生物の転写複合体の活性には細菌でみられたよりも多くの補助タンパク質が必要である．

> ! 真核生物の転写複合体は，細菌の転写複合体よりさらに多くの因子をもつことが多い．

A. 真核生物のRNAポリメラーゼ

真核生物では3種類の異なるRNAポリメラーゼが核の遺伝子を転写する．また，ミトコンドリアと葉緑体に別々のRNAポリメラーゼが存在する．3種類の核の酵素はそれぞれ異なる種類の遺伝子を転写する（表21.4）．RNAポリメラーゼIは大きなrRNA分子をコードする遺伝子（クラスI遺伝子）を転写する．RNAポリメラーゼIIは各種のタンパク質をコードする遺伝子と少数の低分子RNAをコードする遺伝子（クラスII遺伝子）を転写する．RNAポリメラーゼIIIはtRNAと5S rRNAを含む大多数の低分子RNAをコードする遺伝子（クラスIII遺伝子）を転写する．（表中に記載したRNA分子のいくつかについては後の節で述べる．）

ミトコンドリアのRNAポリメラーゼは核のゲノムにコードされている単量体酵素である．そのアミノ酸配列はT3およびT7ファージのRNAポリメラーゼにかなりよく似ている．この類似性はこれらの酵素が共通の祖先をもつことを示唆する．ミトコンドリアのRNAポリメラーゼの遺伝子はおそらく始原的なミトコンドリアゲノムから核に移行したのであろう．

葉緑体ゲノムは多くがみずからのRNAポリメラーゼをコードする遺伝子をもつ．葉緑体RNAポリメラーゼをコードする遺伝子の塩基配列は，シアノバクテリアのRNAポリメラーゼ遺伝子に似ている．このことは葉緑体が，ミトコンドリアと同様に，祖先の真核細胞に入り込んで内部共生した細菌を起源とするという論拠になっている．

3種の核RNAポリメラーゼは複雑なオリゴマー酵素である．おのおののサブユニット組成は異なるが，いくつかの小さいポリペプチドを共通に含んでいる．各ポリメラーゼのサブユニットの正確な数は生物種によって異なるが，常に2個の大サブユニットと，7～12個の小サブユニットが含まれる（図21.10）．RNAポリメラーゼIIは，タンパク質をコードするすべての遺伝子と，低分子RNAをコードする少数の遺伝子を転写する．この酵素によりタンパク質をコードするRNAが合成される．このRNAは以前はヘテロ核RNA（hnRNA）といわれたが，今は一般にmRNA前駆体，ある

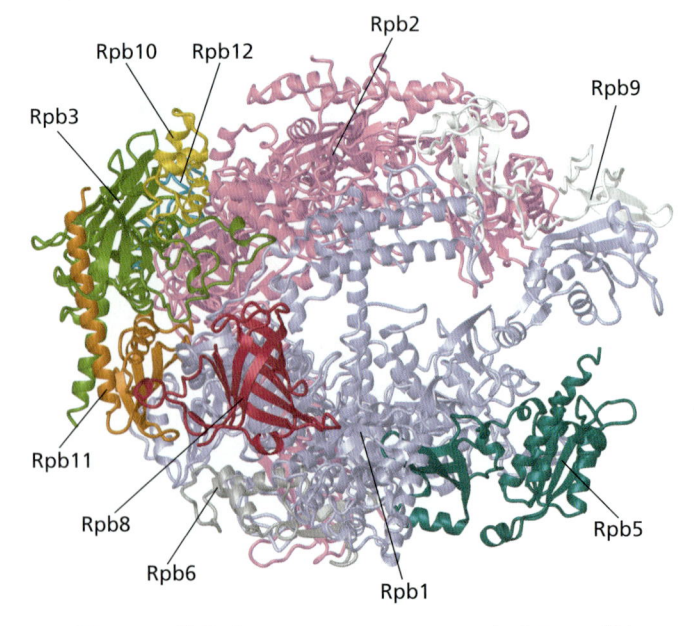

▲図21.10 酵母（*Saccharomyces cerevisiae*）のRNAポリメラーゼII　紫色の大きなサブユニット（Rpb2）は図21.2に示す原核生物のRNAポリメラーゼβサブユニットの相同体である．[PDB 1EN0]

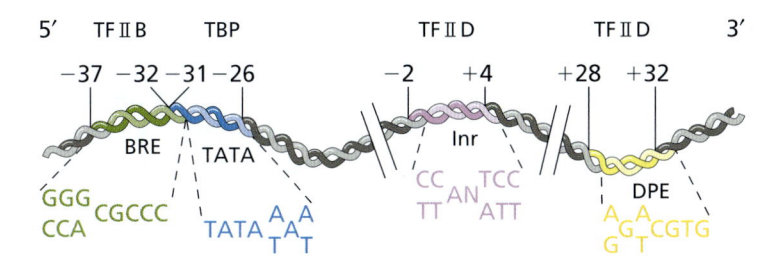

21.5 真核生物における転写

◀図21.11 真核生物特有のプロモーター プロモーター部位の基本構成を示す．TATA ボックスについては本文中に述べる．BRE は TFⅡB 認識部位，Inr は転写開始部位，DPE は下流のプロモーター部位である．各部位に結合する転写因子の名前はプロモーターの上側に書かれている．プロモーター図の下側には，対応するコンセンサス認識配列を書く．

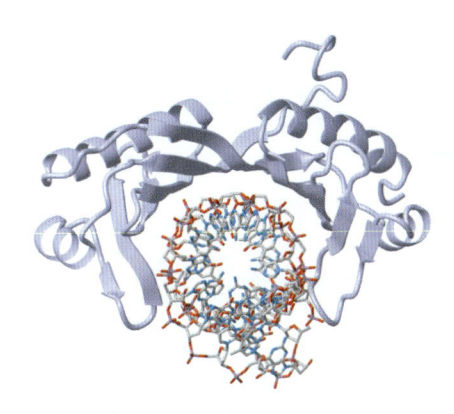

▲図21.12 シロイヌナズナ（*Arabidopsis thaliana*）の TATA 結合タンパク質（TBP）と DNA との結合 TBP（青）は TATA ボックス（5′-TATAAAG-3′）に相当する配列をもつ二本鎖 DNA 断片に結合している．DNA を針金モデルで示した．TBP の β シートが DNA 断片の副溝の中にあることに注意せよ．［PDB 1VOL］

いはプレ mRNA と称される．この前駆体から成熟 mRNA へ転換させるプロセシングについては §21.9 で考察する．

大型の真核細胞には約 40000 分子の RNA ポリメラーゼⅡが存在し，この酵素の活性は細胞内の全 RNA 合成の 20〜40% を占める．真核生物の各 RNA ポリメラーゼがもつ 2 個の大サブユニットは，大腸菌 RNA ポリメラーゼの β および β′ サブユニットの配列に似ており，これらが共通の祖先をもつことを示唆する．真核生物のコア RNA ポリメラーゼも，原核生物 RNA ポリメラーゼと同様，それ自身ではプロモーターに結合しない．RNA ポリメラーゼⅡが，最小の真核生物プロモーター上で転写を開始できる基本転写複合体を形成するためには，5 種の異なる生化学的活性，すなわち転写因子を必要とする（図 21.11）．これらの普遍的転写因子（GTF）は，TFⅡA, TFⅡB, TFⅡD, TFⅡE, TFⅡF, TFⅡH である（表 21.5）．

多くのクラスⅡ遺伝子には，原核生物のプリブナウボックスと機能的に類似した TATA ボックスとよばれる AT に富んだ領域がある．〔特に DNA が負の超らせん構造（§19.3）をとるとき，AT 領域はほどけて開放複合体をつくりやすいことを思い出してほしい．〕真核生物のこの AT 領域は，転写開始部位より 19〜27 bp 上流にある．そして開始複合体の組立て過程でこの部位に RNA ポリメラーゼⅡが結合する．

普遍的転写因子 TFⅡD は多数のサブユニットから成る因子で，そのサブユニットの一つ，TATA 結合タンパク質（TATA-binding protein；TBP）が TATA ボックスを含む領域に結合する．図 21.12 にシロイヌナズナ（*Arabidopsis thaliana*）の TBP の構造を示す．TBP は鞍の形をしたクランプ分子で，TATA ボックスの位置で DNA の周りをほぼ取囲む．TBP と DNA との間のおもな接触方法は，β ストランド中の酸性アミノ酸側鎖と DNA 副溝にある塩基対の側面との相互作用による．TBP が DNA に結合すると，プロモーター DNA が折れ曲がって，標準的な B-DNA 構造がとれなくなる．このような相互作用をする DNA 結合性タンパク質は珍しい．TFⅡD の TBP サブユニットはまた，RNA ポリメラーゼⅠおよびⅢにより転写されるクラスⅠおよびクラスⅢ遺伝子の転写開始にも必要とされる．

原核生物 RNA ポリメラーゼ β′ サブユニットと相同の真核生物 RNA ポリメラーゼⅡサブユニットは，珍しい C 末端領域（carboxy-terminal domain；CTD）をもつ．それは"テール"ともいわれ，アミノ酸 7 個 PTSPSYS の多数回の繰返しからできている．テールにあるセリンとトレオニン残基は核のプロテインキナーゼによるリン酸化の標的になる．高度にリン酸化された CTD をもつ RNA ポリメラーゼⅡ分子は一般に転写活性が高く，活動的であり，逆にリン酸化の程度の低い CTD をもつポリメラーゼⅡは通常静止状態にある．

RNA ポリメラーゼⅡと各普遍的転写因子とを精製し，それらを用いて転写開始を正確に試験管内で再構成できるようになった．しかしこの基本転写複合体は，生体内で重要な役割を果たすことが知られている多種類のトランス作用因子やシス配列を認識する力をもたなかった．試験管内で転写アクチベーターに反応する細胞内物質を検索した結果，大きな RNA ポリメラーゼⅡホロ酵素があらかじめつくられていたことがわかった．それは，5 種の普遍的転写因子以外に，ポリメラーゼⅡと配列特異的 DNA 結合タンパク質との相互作用を仲介する多くのポリペプチドを含むものであった．この真核生物ホロ酵素こそ大腸菌のホロ酵素（コア＋σ）に対応するものであろう．

B. 真核生物の転写因子

TFⅡA と TFⅡB は RNA ポリメラーゼⅡホロ酵素複合体の必須構成員である．どちらの因子も TFⅡD がなければ DNA に結合で

表 21.5 代表的な RNA ポリメラーゼⅡ転写因子

転写因子	特徴
TFⅡA	TFⅡD に結合；DNA がなくても TFⅡD と相互作用できる
TFⅡB	RNA ポリメラーゼⅡと相互作用する
TFⅡD	RNA ポリメラーゼⅡ開始因子
TBP	TATA 結合タンパク質；TFⅡD のサブユニット
TAF	TBP 結合因子；多数のサブユニット
TFⅡE	RNA ポリメラーゼⅡと相互作用する
TFⅡH	開始に必要；ヘリカーゼ活性；転写と DNA 修復を共役させる
TFⅡS[†1]	RNA ポリメラーゼⅡに結合；転写伸長因子
TFⅡF	RNA ポリメラーゼⅡに結合；2 個のサブユニット（RAP30 と RAP74）
SP1	GC に富んだ配列に結合
CTF[†2]	コア配列 CCAAT を認識する一群のタンパク質ファミリー

[†1] sⅡまたは RAP38 ともいう．
[†2] NP1 ともいう．

きない．TFⅡF（因子5またはRAP 30/74 ともいう）が開始の過程でRNAポリメラーゼⅡに結合する（図21.13）．TFⅡFはプロモーター認識には何の役割も果たさないが，二つの点で細菌のσ因子と似ている．すなわち，この因子はプロモーターのないDNAに対するRNAポリメラーゼⅡの親和性を低下させ，また，開放複合体の形成を助ける．TFⅡH，TFⅡE，その他のまだ十分に解明されていない因子なども転写開始複合体の一部を担っている．

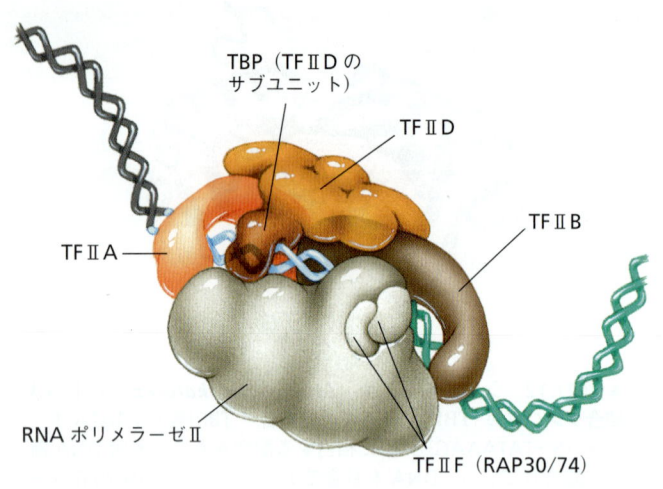

になる．真核生物遺伝子の転写の状態を決める第二の機構は，ヌクレオソームの配置と再構成に関係する．

転写される遺伝子は，転写因子やポリメラーゼⅡホロ酵素，その他の核内タンパク質などが接触しやすいのに対し，転写されない遺伝子は核の中で比較的それらに接触しにくい．遺伝子はこの二つの競合的な状態の間をどのように行き来するのだろうか．その解答は大きなオリゴマータンパク質複合体から得られた．このタンパク質複合体はATPを加水分解して得たエネルギーを，遺伝子を含むヌクレオソームを物理的に再構成することに使い，タンパク質がDNAに接近しやすくする．再構成する複合体の中に，実際に，ヒストンアセチルトランスフェラーゼやヒストンデアセチラーゼなど，ヒストンを修飾する酵素が含まれている．

21.6 遺伝子の転写は調節されている

本章の始めで述べたように，多くの遺伝子がすべての細胞で発現している．これらハウスキーピング遺伝子の発現は**構成的**（constitutive）であるといわれる．一般にこのような遺伝子は強いプロモーターをもち，効率的かつ持続的に転写される．その産物が低レベルでしか必要とされない遺伝子の場合には，通常弱いプロモーターをもち，転写の頻度は低い．また，構成的に発現される遺伝子のほかに，ある状況下では高レベルに発現され，別の場合にはまったく発現されないという遺伝子もある．このような遺伝子は調節されているといわれる．

遺伝子発現の調節は，生物情報の流れの中のいろいろな段階で起こりうるが，いちばん多いのが転写レベルである．細胞が分化や発生に際して遺伝子発現をプログラムしたり，環境の刺激に応答できるように，多彩な機構が進化してきた．

調節されている遺伝子の転写開始は，特定のDNA配列に結合する調節タンパク質により制御される．転写調節は正の場合も負の場合もある．負に調節される遺伝子の転写は**リプレッサー**（repressor）という調節タンパク質により抑制される．負に調節された遺伝子は，活性をもつリプレッサーが存在しない条件下でのみ転写される．正に調節される遺伝子の転写は**アクチベーター**（activator；活性化剤）という調節タンパク質により活性化される．正の調節を受ける遺伝子はアクチベーターのない条件下では少量しか，あるいはまったく転写されない．

リプレッサーとアクチベーターの多くはアロステリックタンパク質であり，その機能はリガンドの結合により変化する．一般に，リガンドはタンパク質のコンホメーションを変化させ，特定のDNA配列に結合する能力に影響を与える．たとえば，あるリプレッサーは異化代謝経路の酵素の合成を制御する．その酵素の基質がないときには，遺伝子は抑制されている．基質があると，リガンドがリプレッサーに結合してリプレッサーをDNAから引き離し，遺伝子が転写されるようにする．リプレッサーに結合してそれを不活性化するリガンドは**誘導物質**（インデューサー；inducer）といわれ，リプレッサーで制御されている遺伝子の転写を誘導する．それに対して，生合成経路の酵素の合成を制御するリプレッサーの中には，リガンドと相互作用しているときにだけDNAに結合するものがある．このリガンドは生合成経路の最終産物であることが多い．このような調節機構のおかげで，経路の最終産物が蓄積したときに遺伝子のスイッチを切ることができる．リプレッサーに結合して活性化するリガンドを**コリプレッサー**（corepressor）という．アロステリック活性化剤であるアクチベーターのDNA結合活性は，リガンドの結合により高くな

▲図21.13　**プロモーターに結合したRNAポリメラーゼⅡホロ酵素複合体**　このモデルでは，プロモーターにおいてRNAポリメラーゼⅡに結合する各種の転写因子を示している．転写因子はこの図に示されるよりずっと大きく，はるかに複雑であることが多い．

開始複合体がプロモーターの部位で組立てられると，つぎの段階は細菌の場合と似ている．開放複合体が形成され，短鎖RNAが合成されると，転写複合体はプロモーターを通過する．いったん伸長反応が始まると，転写因子の大部分がDNAとRNAポリメラーゼⅡから離脱する．しかし，TFⅡFは結合したままらしい．そして特別な伸長因子，TFⅡS（sⅡまたはRAP38ともいう）が転写ポリメラーゼと相互作用する．TFⅡSは細菌におけるNusAの働きに似て，転写の休止と終結の際に機能する．

真核生物がもつ他の2種類のRNAポリメラーゼと相互作用する転写因子は，TBPを除いてRNAポリメラーゼⅡが必要とする因子とは異なる．

C. 真核生物の転写におけるクロマチンの役割

19章で述べたように，真核生物のゲノムは，4種のコアヒストンタンパク質の八量体とともにヌクレオソームとよばれる小さい普遍的ブロックをつくって小さくまとめられている．哺乳類ゲノムでは約35％がタンパク質をコードする遺伝子（イントロンを含む）として転写されるので，細胞内DNAの多くの部分は相対的に不活性である．またこの35％には約20000のタンパク質をコードする遺伝子が含まれるが，その中でさえ配列の大部分が静止状態にある．ある細胞の中で，ある遺伝子が転写されるかどうかの主要な決定はクロマチンの状態によってなされる．この状態は二つの機構により調整される．第一は4種のコアヒストンのアミノ末端の可動アームに対して翻訳後修飾を行ったり，修飾基を取除くことである（§19.5 A）．特異的Lys残基はメチル化あるいはアセチル化の標的であり，特異的Arg残基もメチル化を受ける．SerとThrはリン酸化されうる．修飾の違いがクロマチンにアクチベーターあるいはリプレッサーをよびよせるシグナル

る場合と低くなる場合がある．転写の調節に関する4種類の戦略を図21.14に描いた．これら4種類の戦略の実例はすべて確認されている．

ほとんどの調節機構はここに描いたほど単純ではない．たとえば，多くの遺伝子の転写はリプレッサーとアクチベーターとの組合わせ，あるいは多数のアクチベーターなどにより調節される．転写を調節する精巧な機構が，個々の生物の特殊な要求に直面して進化してきた．多様な機構が協同して転写を調節するようになって，細胞応答が大幅に拡大した．正と負の機構が協力することにより，いかに鋭敏な調節が行われるのか，細菌細胞におけるいくつかの遺伝子の転写調節の研究からまずみていこう．

21.7　*lac* オペロン，正と負の調節機構の一例

ある細菌は，解糖系を経由してペントース（五炭糖）またはヘキソース（六炭糖）を代謝し，成育に必要な炭素を摂取する．たとえば，大腸菌は炭素源としてグルコースを優先的に利用するが，ラクトースなどのβ-ガラクトシドを含むその他の糖も利用することができる．β-ガラクトシドの摂取と異化に必要な酵素群は，基質β-ガラクトシドがなければ合成されない．基質の存在下であっても，優先的な炭素源（グルコース）がともにあるときには，酵素はごく少量しか合成されない．β-ガラクトシド利用に必要な酵素の合成は，転写開始のレベルでリプレッサーとアクチベーターにより調節される．

β-ガラクトシドの摂取と異化には3種類のタンパク質が必要である．*lacY* 遺伝子の産物はラクトースパーミアーゼで，β-ガラクトシドを細胞内に取込む役割をもつ共輸送体である．多くのβ-ガラクトシドは取込まれた後でβ-ガラクトシダーゼの活性により代謝可能なヘキソースに加水分解される．β-ガラクトシダーゼは *lacZ* 遺伝子にコードされる同一サブユニット4個から成る大きな酵素である．加水分解を受けなかったβ-ガラクトシドは，*lacA* 遺伝子産物のチオガラクトシドアセチルトランスフェラーゼによりアセチル化される．アセチル化すれば毒性をもつ物質を細胞から除去しやすくなる．

3種の遺伝子，*lacZ*，*lacY*，*lacA* はオペロンを形成しており，単一のプロモーターから転写され，3種の別個なタンパク質のコード領域を含む大きなmRNA分子を生産する．この章では，タンパク質のコード領域を遺伝子としたが，この場合の用語の使い方は標準的定義から外れることになる．機能上関連しあった遺伝子をオペロンの中に並べておくと，単一のプロモーターからの転写によって一連のタンパク質の濃度を制御することができて効率が良い．タンパク質をコードする遺伝子から構成されるオペロンは，大腸菌やその他の原核生物にはよくあるが，真核生物ではきわめてまれであると考えられてきた．しかし，今ではオペロンがモデル生物であるショウジョウバエや線虫，回虫にはよくみられることがわかってきたので，これらの動物門にはかなり広がっ

(a) リガンドが結合したアクチベーターが転写を促進する

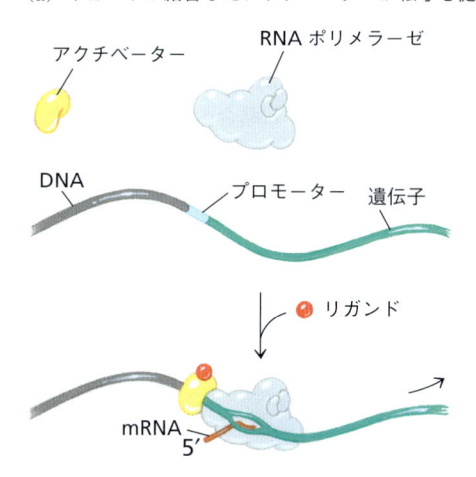

(b) アクチベーターが転写を促進する．リガンドが存在すると，アクチベーターは阻害される

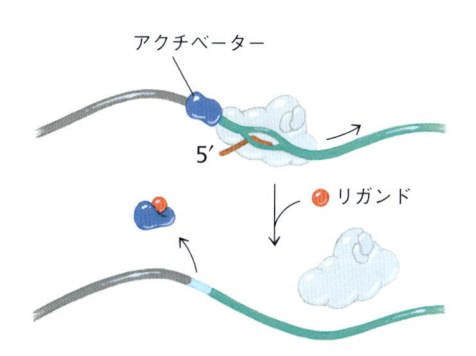

(c) リプレッサーが転写を抑制する．リガンド（誘導物質）がリプレッサーに結合するとリプレッサーを不活性化して，転写が誘導される

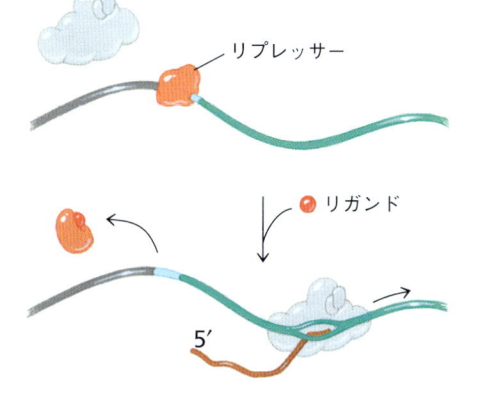

(d) リガンドが存在しないと，リプレッサーはDNAに結合しない．リガンド（コリプレッサー）が存在するときだけ抑制が起こる

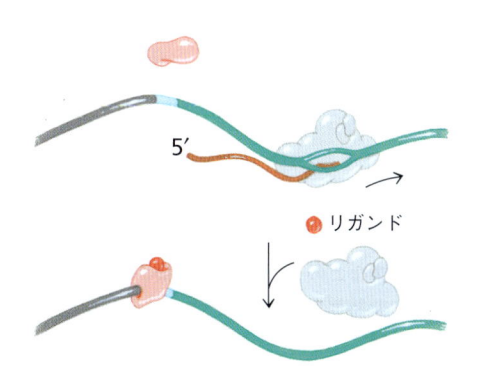

▲図21.14　調節タンパク質による転写開始調節の戦略

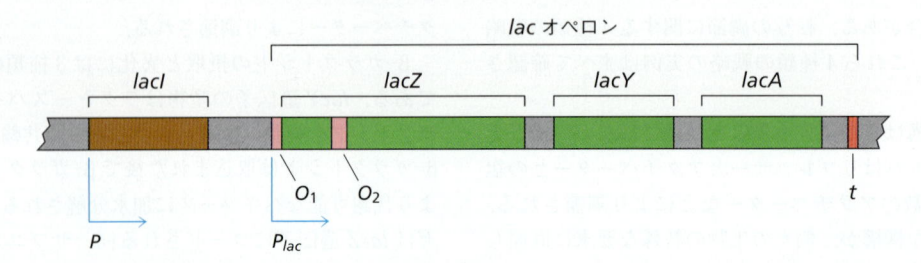

▲図 21.15 ラクトース代謝に必要なタンパク質をコードする遺伝子の構成図　3 種類のタンパク質のコード領域 (*lacZ*, *lacY*, *lacA*) は *lac* オペロンを構成し，単一プロモーター (P_{lac}) から続けて転写される．*lac* リプレッサーをコードする遺伝子 *lacI* は *lac* オペロンの上流に位置し，独自のプロモーター P をもつ．*lac* リプレッサーは P_{lac} に近いオペレーター O_1 と O_2 に結合する．t は転写終結配列を表す．

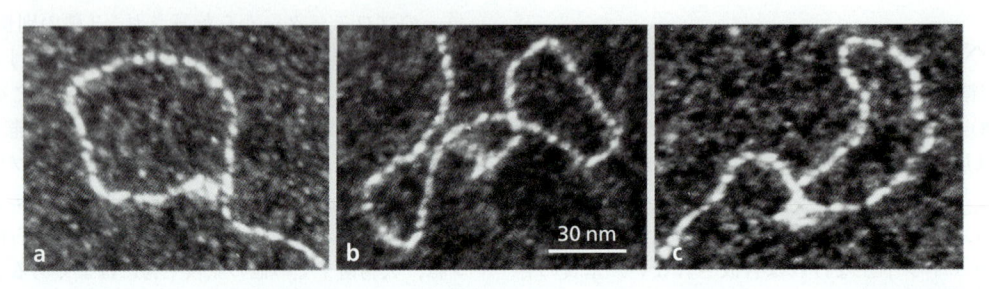

▲図 21.16 DNA ループの電子顕微鏡写真　ループは *lac* リプレッサーと，2 個の *lac* リプレッサー結合部位をもつ合成 DNA 断片とを混合して形成された．一つの結合部位は DNA 断片の端にあり，もう一つは 535 bp 離れた位置にある．四量体であるリプレッサーが 2 個の結合部位に同時に結合したときに，535 bp の DNA ループができる．

ているらしい．オペロンはミトコンドリアや葉緑体のゲノムにも広く存在する．

A. *lac* リプレッサーは転写を抑える

lac オペロンの 3 個の遺伝子の発現は，*lac* リプレッサーという同一サブユニット四量体の調節タンパク質によって制御されている．リプレッサーは 4 番目の遺伝子，*lacI* にコードされている．*lacI* は *lac* オペロンのすぐ上流に位置するが，別個のプロモーターから転写される（図 21.15）．

lac リプレッサーは *lac* オペロンのプロモーター近傍の二つの部位に同時に結合する．リプレッサー結合部位を**オペレーター** (operator) という．オペレーターの片方 (O_1) はプロモーターに隣合っており，もう片方 (O_2) は *lacZ* のコード領域内にある．リプレッサーが両方のオペレーターに結合すると，DNA は安定なループを形成する．その様子は *lac* リプレッサーと DNA とでつくられた複合体の電子顕微鏡写真に見ることができる（図 21.16）．*lac* リプレッサーとオペレーター配列とが相互作用すると，RNA ポリメラーゼの *lac* プロモーターへの結合が抑えられ，その結果，転写が抑制される．しかし，*lac* リプレッサーと RNA ポリメラーゼが，同時にプロモーターに結合する場合があることも知られるようになった．したがって，リプレッサーは開放複合体の形成を阻害し，プロモーターからの離脱（クリアランス）を抑えることによっても，転写開始を抑制するのかもしれない．*lac* リプレッサーが RNA ポリメラーゼの存在下で DNA に結合する模式図を図 21.17 に示す．この図には *lac* オペロンのオペレーター，プロモーター，およびリプレッサーが DNA に結合したときに形成される DNA ループなどの相互の関係が描かれている．

リプレッサーは DNA に非特異的に結合して一次元的な探索を行い，オペレーターに出会う．この非特異的反応の平衡定数は約 10^6 M^{-1} である．この値は RNA ポリメラーゼの反応と同程度であった（§21.3 C）．（§21.3 C で述べたように，RNA ポリメラーゼもこの種の探索機構を利用することを思い出してほしい．）試験管内における *lac* リプレッサーの O_1 に対する特異的結合反応の平衡定数は非常に大きい（$K_a \approx 10^{13} \text{ M}^{-1}$）．その結果，リプレッサーは転写を非常に効率良く抑制することになる．（*lac* リプレッサーの O_2 部位に対する結合の親和性はやや低い．）大腸菌細

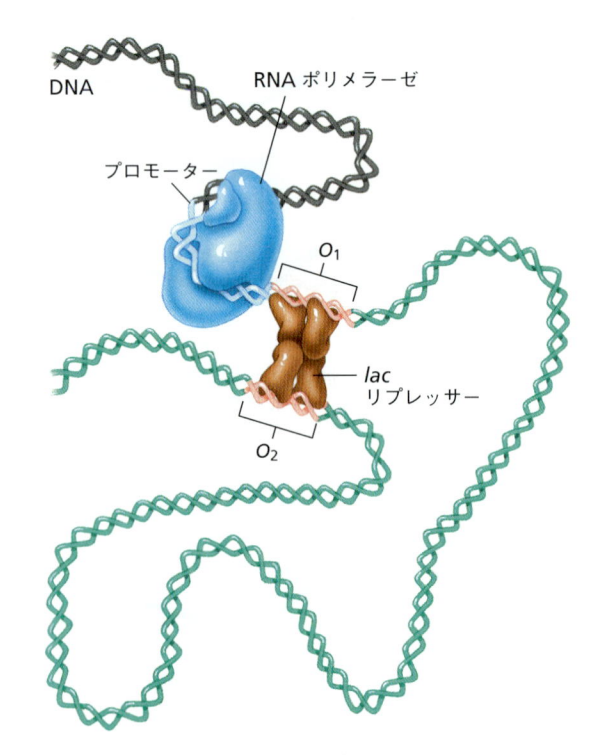

▲図 21.17 *lac* オペロンに結合した *lac* リプレッサー　四量体の *lac* リプレッサーは *lac* オペロンのプロモーターの近くの 2 箇所に同時に相互作用し，その結果，DNA のループが形成される．RNA ポリメラーゼは *lac* リプレッサー–DNA 複合体があってもプロモーターに結合することができる．

胞1個には約10分子の*lac*リプレッサーがあるにすぎないが，リプレッサーは速やかにDNAを探索してオペレーターを見つけ出すので，たとえあるリプレッサーがオペレーターから自発的に解離しても，別のリプレッサーが速やかにその部位を占めることができる．しかし，RNAポリメラーゼがプロモーターで待機しているので，この短い時間内でも1回だけオペロンが転写されてしまう．この低いレベルの転写はエスケープ合成とよばれ，少量のラクトースパーミアーゼとβ-ガラクトシダーゼが細胞内に存在することを保証している．

> どの時間をとっても，リプレッサー1分子は特異的にオペレーターと結合し，残りの9分子はDNAと非特異的に結合している．

ラクトースがないときは*lac*リプレッサーが*lac*オペロンの発現を抑制する．しかし，おもな炭素源としてβ-ガラクトシドがあれば*lac*遺伝子は転写される．いくつかのβ-ガラクトシドは誘導物質として働く．ラクトースが炭素源として利用できる場合，β-ガラクトシダーゼの作用によりラクトースからつくられるアロラクトースが誘導物質になる（図21.18）．アロラクトースは*lac*リプレッサーに固く結合し，コンホメーション変化を誘起し，オペレーターに対するリプレッサーの親和性を低下させる（$K_a \approx 10^{10}\,M^{-1}$）．誘導物質があると*lac*リプレッサーはDNAから離れて，RNAポリメラーゼが転写を開始できるようになる．（オペロンが抑制されていても，エスケープ合成のおかげでラクトースは取込まれ，アロラクトースへと変換されることに注意してほしい．）

> ❗ 細胞の中ではある特定のタンパク質が必要となるまでその合成は行われない．（たとえば，*lac*オペロンは，細胞内のラクトース濃度が高まって*lac*リプレッサーを不活性化したときに転写される．）

B. *lac*リプレッサーの構造

*lac*オペロンの発現調節における*lac*リプレッサーの機能は1960年代から知られていた．しかし，このきわめて重要なタンパク質の構造が解明されたのは1990年代に入ってからで，大き

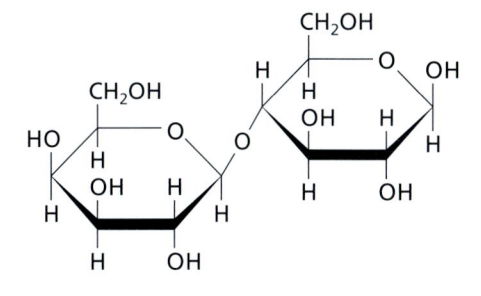

ラクトース
(β-D-ガラクトピラノシル-(1→4)-β-D-グルコピラノース)

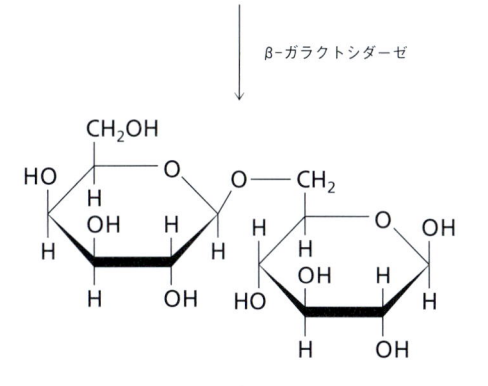

↓ β-ガラクトシダーゼ

アロラクトース
(β-D-ガラクトピラノシル-(1→6)-β-D-グルコピラノース)

▲ 図 21.18 **β-ガラクトシダーゼにより触媒される，ラクトースからアロラクトースの生成** これは重要度の低い，副次的な反応である．β-ガラクトシダーゼの主要な酵素活性は，二糖を単糖に切断して，解糖系の基質に変換することである．

な分子の構造を決定する新しい技術の開発が進んでからのことである．一つのオペレーター配列に結合する*lac*リプレッサーの構造の一部を図21.19に示した．全体のタンパク質は2個ずつの組になった4個の同一サブユニットであり，2個組の1組ずつが異なるオペレーター配列に結合する．細胞内ではDNAのこれら二つの部分は1本のDNA分子の一部であり，リプレッサーの結合が*lac*オペロンの5′末端にDNAのループを一つ形成する．

サブユニット同士はヒンジ（蝶つがい）領域でお互いに結び付いている．サブユニット2個のペアは相互に重なり合って（図

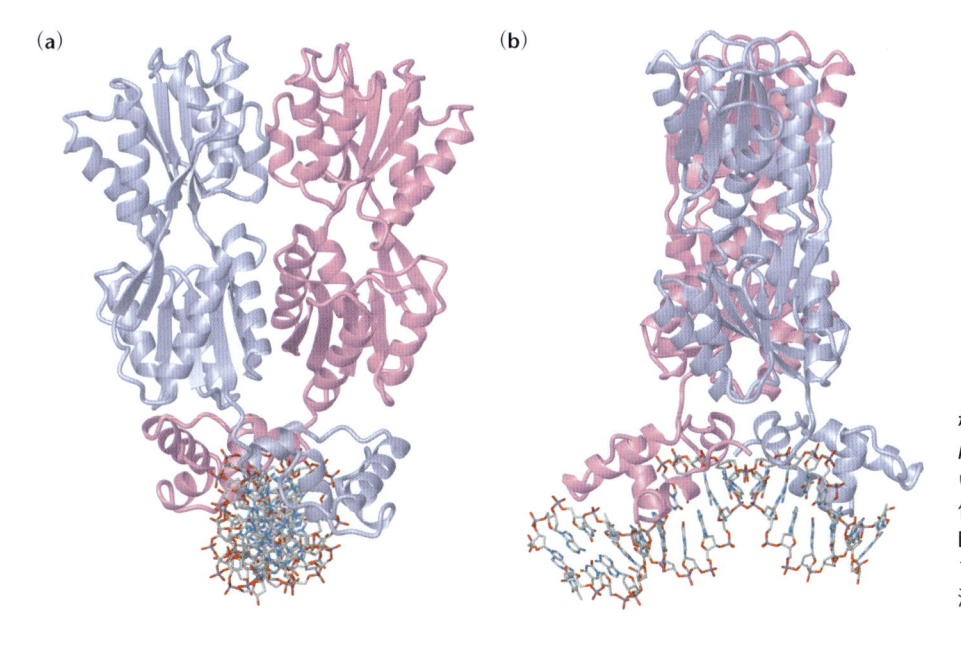

◀ 図 21.19 **大腸菌 *lac* リプレッサーの構造** この図はDNAに結合した二量体*lac*リプレッサーサブユニットを示している．生体内の*lac*リプレッサーは四量体で2個のDNA結合部位をもつ．(a) DNA分子の先端から見た図．(b) *lac*リプレッサーのαヘリックスがDNAの主溝にあることを示す側面図．[PDB 1EFA]

21.17），予想されたほどヒンジ領域から伸びていないことが X 線結晶構造から明らかにされた．そのため，より密に詰まったタンパク質となり，その他の多くの四量体タンパク質と違って，対称性が少ない．

各サブユニットはヒンジ領域から最も遠い端にヘリックス-ターン-ヘリックスモチーフをもつ．DNA に結合すると α ヘリックスの一つは DNA の主溝にはまり込み，そこでアミノ酸側鎖がオペレーター配列の特定塩基対と直接相互作用する．各組のサブユニットにある二つの α ヘリックスは，DNA らせん 1 巻き分（約 10 bp）離れた場所に結合し，それぞれがオペレーター配列の半分と相互作用する．この結合の戦略は制限酵素 *Eco*R I に似ている（§ 19.6 D）．

DNA がないと，*lac* リプレッサーサブユニットのヒンジから離れた領域の構造が乱れてしまう（§ 4.7 D）．それがこの構造を解明するのに長い時間がかかった理由の一つである．ヘリックス-ターン-ヘリックスモチーフはタンパク質が DNA に結合したときだけ見えてくるのである．タンパク質の安定な構造がリガンドの結合によって大きく変化するような相互作用の例は今日多く知られている．アロラクトースや IPTG（イソプロピル 1-チオ-β-D-ガラクトシド）のような誘導物質が存在すると，リプレッサーはわずかに異なるコンホメーションをとり，DNA のオペレーターに結合できなくなる．

C. cAMP 調節タンパク質は転写を活性化する

大腸菌 *lac* オペロンの転写は β-ガラクトシドの存在だけでなく，培養液中のグルコース濃度にも依存する．*lac* オペロンの転写は，ラクトースなどの β-ガラクトシドが唯一の炭素源であるときに最高になる．グルコースが共存すると，転写は 1/50 に減少する．グルコースの存在下でオペロンの転写速度が低下することをカタボライト（異化代謝産物）抑制とよんでいる．

カタボライト抑制は代謝経路の諸酵素をコードするオペロンの多くにみられる性質である．これらのオペロンは特徴として弱いプロモーターをもち，グルコース存在下では転写開始の頻度は低い．ところが，グルコース非存在下では，比較的弱いプロモーターを強いものに変換できるアクチベーターのおかげで，転写開始速度は急激に高まる．カタボライト抑制という言葉を使ってはいるが，そこではリプレッサーは関与しない．この現象は活性化機構に関して詳しく研究された具体例となっている．

アクチベーターはサイクリック AMP（cAMP）調節タンパク質（cyclic AMP regulatory protein；CRP）である．これはカタボライト活性化タンパク質（catabolite activator protein；CAP）という名でも知られている．CRP は二量体タンパク質で，その活性は cAMP により調節される．cAMP がないと，CRP は DNA に対しほとんど親和性をもたない．しかし，cAMP 存在下では cAMP が CRP に結合して，CRP は配列特異的 DNA 結合タンパク質に変換される．CRP-cAMP 複合体は，*lac* オペロンなど 30 以上の遺伝子において，それらのプロモーター近傍の特異的 DNA 配列に結合する．ゲノム上の CRP-cAMP 結合部位は *lac* リプレッサー結合部位よりはるかに多い．そのため細胞当たり *lac* リプレッサーは約 10 分子しかないのに対して，少なくとも 1000 分子の CRP があっても驚くに当たらない．CRP-cAMP 結合部位はそれが活性化させる遺伝子プロモーターの −35 領域のすぐ上流にあることが多い．DNA に結合している間，CRP-cAMP はプロモーター部位で RNA ポリメラーゼに接触することができ，転写開始の頻度を高める（図 21.20）．この場合，タンパク質-タン

(a) CRP-cAMP はプロモーターの近傍のある部位に結合する

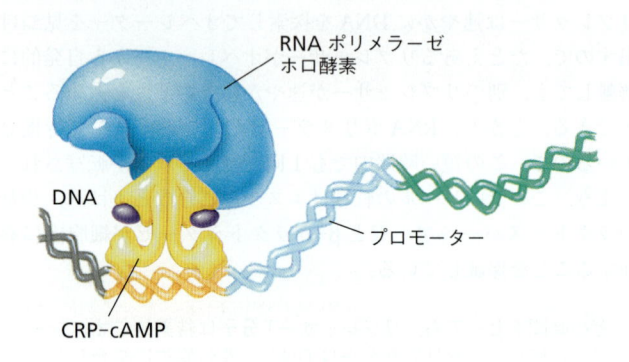

(b) RNA ポリメラーゼホロ酵素はプロモーターに結合し，同時に結合したアクチベーターとも相互作用して，転写開始の頻度を増大させる

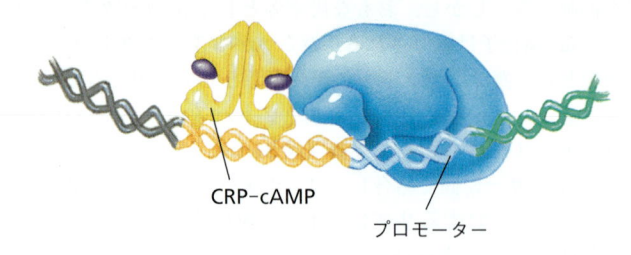

▲ 図 21.20　*lac* プロモーターでの転写開始は CRP-cAMP により活性化される．

パク質相互作用は，DNA と結合状態にある CRP-cAMP と RNA ポリメラーゼ α サブユニットとの間でおもに起きる．これは各種のアクチベーターと RNA ポリメラーゼとの相互作用を表す典型例である．（細菌細胞には多種類の転写アクチベーターがある．）CRP-cAMP の実質的な効果は，グルコース以外の基質を利用する酵素の生産を増やすことである．*lac* オペロンでは β-ガラクトシドが利用できるときにのみ CRP-cAMP による活性化が起こる．それ以外のときはオペロンの転写は抑制されている．

大腸菌では細胞内の cAMP 濃度が細胞外のグルコース濃度によって制御されている．グルコースを利用できるときには，グルコースは輸送タンパク質複合体により細胞内に運ばれ，リン酸化を受ける．この複合体はホスホエノールピルビン酸依存性糖リン酸基転移酵素系といわれている．グルコースを利用できないとき，このグルコース輸送酵素の一つである酵素Ⅲが，ホスホエノールピルビン酸に由来するリン酸基をアデニル酸シクラーゼに転移し，活性化する（図 21.21）．アデニル酸シクラーゼは ATP を cAMP へ変換する反応を触媒し，細胞内の cAMP のレベルを高める．生産された cAMP 分子は CRP に結合し，カタボライト抑制に応答するプロモーターでの転写開始を促進する．真核生物では外界の刺激に応じてこれとよく似た機構が働き，cAMP などの分子がセカンドメッセンジャーとして機能する（§ 9.11 C）．

CRP 二量体の各サブユニットはヘリックス-ターン-ヘリックスの DNA 結合モチーフをもつ．cAMP があると 2 個のヘリックス（各単量体からの 1 個ずつ）は DNA の隣合った主溝にはまり込み，CRP-cAMP 結合部位となっているヌクレオチドと接触する．これは *lac* リプレッサーおよび *Eco*R I で使われる結合の戦略と同じである．cAMP がないと CRP のコンホメーションが変化して，2 個の α ヘリックスは主溝に結合することができなくなる（図 21.22）．CRP-cAMP がアクチベーター配列に結合すると，DNA はタンパク質の表面に添ってわずかに湾曲する（図 21.23）．

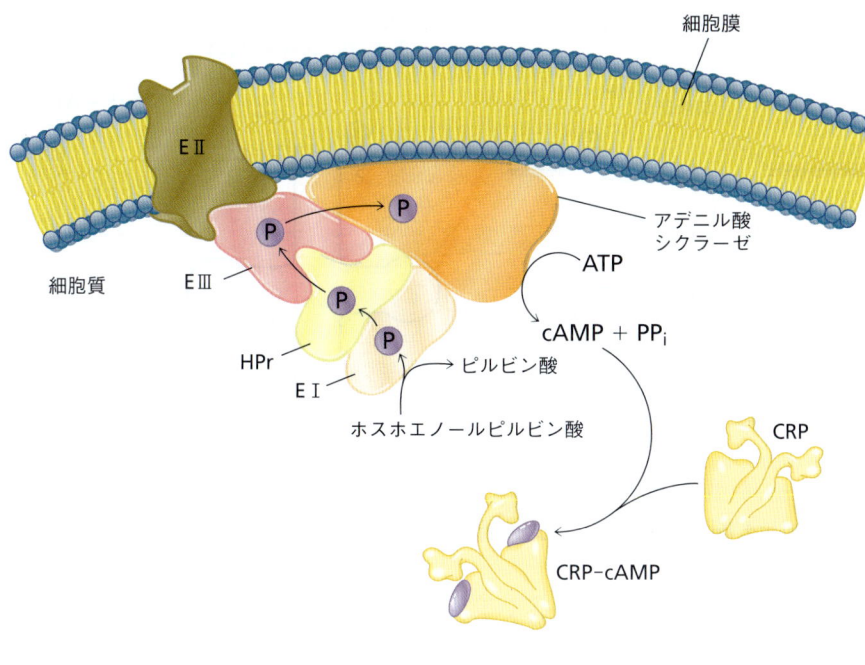

▲図 21.21　**cAMP の生産**　グルコース非存在下で酵素Ⅲ（EⅢ）は，ホスホエノールピルビン酸から得たリン酸基を膜結合アデニル酸シクラーゼへ転移する．リン酸化アデニル酸シクラーゼは ATP を cAMP へ変換する反応を触媒する．cAMP が CRP に結合し，CRP-cAMP は炭素源となるグルコースがない場合に，それを補償する酵素群をコードする多くの遺伝子の転写を活性化する．

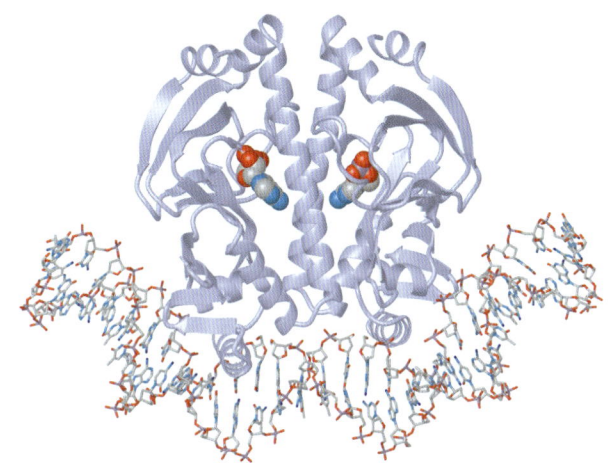

▲図 21.23　**CRP-cAMP と DNA との複合体の構造**　CRP の二つのサブユニットはアロステリック部位に結合した cAMP 1 分子ずつを含む．各サブユニットには α ヘリックスがあり，それが CRP-cAMP 結合部位で DNA の主溝にはまり込んでいる．この結合により DNA が少し折れ曲がることに注目せよ．[PDB 1CGP]

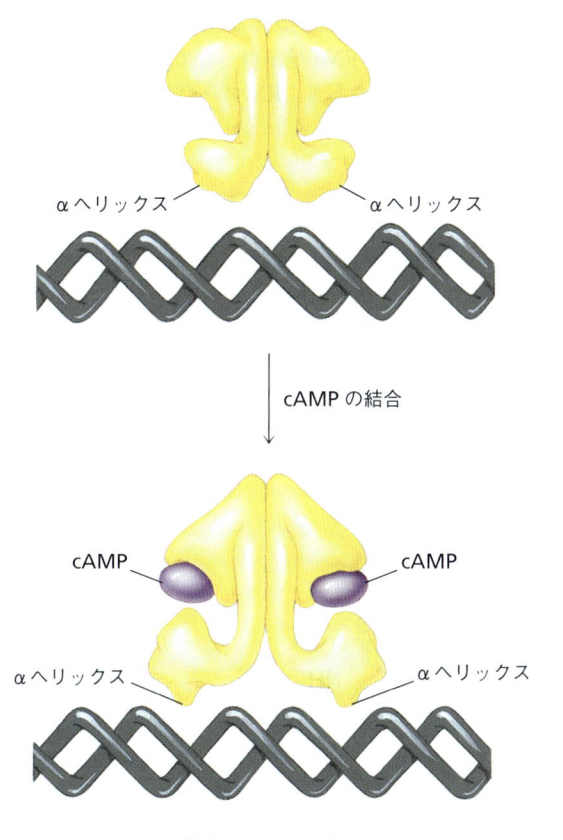

▲図 21.22　**cAMP の結合によりひき起こされる CRP のコンホメーション変化**　CRP 二量体の各単量体はヘリックス-ターン-ヘリックスモチーフをもつ．cAMP 非存在下ではその α ヘリックスは DNA の隣合った主溝に入り込めず，したがって CRP-cAMP 結合部位を認識することができない．cAMP が CRP に結合すると，2 個の α ヘリックスは DNA への結合に適したコンホメーションをとる．

21.8　RNA の転写後修飾

多くの場合，RNA 一次転写産物は構造および機能を成熟させるために，さらに多様な変化を受ける．この変化は一般に三つのカテゴリーに分けられる．(1) RNA 一次転写産物からの一部ヌクレオチドの除去，(2) 対応する遺伝子によってコードされていないヌクレオチドの付加，(3) 特定の塩基の共有結合修飾．RNA 一次転写産物を成熟 RNA 分子に変換するこれらの反応は，まとめて **RNA プロセシング**（RNA processing）といわれる．RNA プロセシングは多くの RNA 分子の機能にとって大切な段階であり，したがって遺伝子発現に必須の反応である．

A. tRNA のプロセシング

真核生物も原核生物もともに，一次転写産物のプロセシングにより成熟 tRNA 分子ができ上がる．原核生物では，一次転写産物はしばしば数種類の tRNA 前駆体を含む．tRNA 前駆体はリボヌクレアーゼ（RN アーゼ）によって大きな一次転写産物から切断され，成熟した分子の大きさへと整えられる．図 21.24 に原核生物の tRNA 前駆体のプロセシングをまとめた．

大部分の tRNA 一次転写産物を最初に切断するエンドヌクレアーゼは RN アーゼ P である．RN アーゼ P は tRNA 塩基配列の 5′ 側において一次転写産物を切断し，その結果，成熟 5′ 末端をもつ単量体の tRNA 前駆体が遊離する．生体内での RN アーゼ P

(a) RNアーゼPおよびその他のエンドヌクレアーゼが一次転写産物を切断する

(b) RNアーゼDが3'末端を削り取る

(c) tRNAヌクレオチジルトランスフェラーゼが3'末端にCCAを付加する

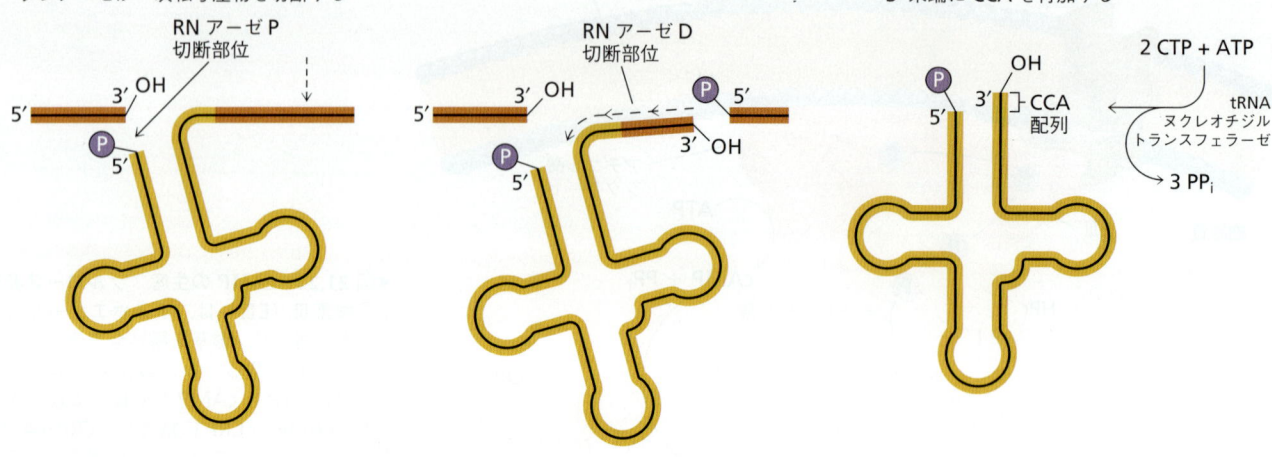

▲図21.24 原核生物のtRNAプロセシングのまとめ

による消化は速く，転写産物が合成されつつある過程ですでに消化が始まっている．

RNアーゼPは詳しく研究された最初の特異的リボヌクレアーゼの一つで，特にその構造についての知見は多い．酵素自身がRNA-タンパク質複合体である．大腸菌の場合，377ヌクレオチドのRNA分子（分子量130000）と小さいポリペプチド（分子量18000）とから成る．RNA成分は試験管内での特定の条件下でタンパク質なしに触媒活性をもつ．これはRNAが酵素活性をもつことがわかった最初のRNA分子の一つであり，§21.1で述べた第四のRNA分子の例である．RNアーゼPのタンパク質成分は

N^6-メチルアデノシン（m^6A）

N^6-イソペンテニルアデノシン（i^6A）

イノシン（I）

7-メチルグアノシン（m^7G）

ジヒドロウリジン（D）

シュードウリジン（Ψ）（C-5にリボース）

5-オキシ酢酸ウリジン（cmo^5U）

3-メチルシチジン（m^3C）

5-メチルシチジン（m^5C）

2'-O-メチル化ヌクレオチド（Nm）

▲図21.25 tRNA分子に広くみられる共有結合修飾の例　修飾は青で示した．

RNA の三次元構造を維持している．Sidney Altman は RN アーゼ P の RNA 成分が触媒活性をもつことを明らかにして，1989 年にノーベル化学賞を受賞した．

つぎに別のエンドヌクレアーゼが tRNA 前駆体を 3′ 末端付近で切断する．さらにそれに続く 3′ 末端のプロセシングには，RN アーゼ D のようなエキソヌクレアーゼの活性が必要である．RN アーゼ D は，tRNA の 3′ 末端に到達するまで単量体 tRNA 前駆体の 3′ 末端から 1 個ずつヌクレオチドを切り離す反応を触媒する．

原核生物，真核生物ともにすべての成熟 tRNA 分子は，その正しい機能を遂行するために 3′ 末端の最後の 3 ヌクレオチドとして CCA 配列をもたねばならない．場合によっては，上のような 3′ 末端プロセシングがすべて終わった後で，CCA が転写後付加される．CCA 付加は tRNA ヌクレオチジルトランスフェラーゼにより触媒される．この反応は遺伝子がコードしていないヌクレオチドを付加する珍しい例の一つである．

ヌクレオチドの塩基に対する共有結合修飾も tRNA 前駆体プロセシングの一種である．成熟 tRNA 分子は，他の種類の RNA 分子よりもずっと広範囲の共有結合修飾を受ける．tRNA 分子の約 80 のヌクレオチドのうち 26〜30 が共有結合で修飾される．普通は，それぞれの型の共有結合修飾が 1 分子に 1 箇所だけ起こる．ヌクレオチドの修飾の例を図 21.25 に示す．

B. rRNA のプロセシング

あらゆる生物の rRNA 分子は大きな一次転写産物として合成されるので，その後のメチル化やエンドヌクレアーゼによる切断などを含むプロセシングを受けて，初めて成熟分子が活性型をとることができるようになる．rRNA のこのプロセシングはリボソームの組立てに共役する．

原核生物の rRNA 分子の一次転写産物はおよそ 30 S の大きさで，16S，23S，5S rRNA が 1 コピーずつ含まれる．この一次転写産物には tRNA 前駆体も含まれる．（S はスベドベリ単位を表す記号である．超遠心機でつくり出された重力場の中を移動する粒子の速度の指標である．S 値が大きいものは質量も大きいが，S と質量の関係には直線性がないので，S 値には加算性がない．）これら 3 種の rRNA は単一の転写産物に由来するので，このプロセシングによりそれぞれ等モル量の成熟 rRNA ができることが説明される．

成熟 rRNA 分子の 5′ および 3′ 末端は，通常，一次転写産物中の塩基対合領域の中にある．原核生物ではエンドヌクレアーゼである RN アーゼⅢがこの領域に結合し，16S と 23S rRNA の末端近くで前駆体を切断する．最初の切断にひき続いて，rRNA 分子の末端は特殊なエンドヌクレアーゼの作用でさらに削り取られる（図 21.26）．

真核生物の rRNA 分子は，もっと大きな前駆体の切断によって生産される．一次転写産物は 35S〜47S の大きさであり，3 種の真核生物の rRNA 分子種である 18S，5.8S，28S の各 1 コピーを含む．（4 番目の真核生物 rRNA である 5S rRNA は RNA ポリメラーゼⅢにより単量体として転写され，別個のプロセシングを受ける．）一次転写産物は核小体という核の一領域でつくられ，そこで最初のプロセシングを受ける．各 rRNA 前駆体は切断に先立って，部分的に折りたたまれたり，一部の対応するリボソームタンパク質と結合したりする．

21.9 真核生物 mRNA のプロセシング

mRNA 前駆体のプロセシングは原核生物と真核生物とを区別する生化学的反応の一例である．原核生物では mRNA 一次転写産物が直接に翻訳され，転写が完了する前に翻訳が始まることも多い．一方，真核生物では転写は核で行われ，翻訳は細胞質で行われる．真核生物の細胞では機能の区画化がなされることにより，翻訳を邪魔することなく，核の中の mRNA 前駆体のプロセシングが進行する．

真核生物の成熟 mRNA 分子は，より大きな一次転写産物に由来するものが多い．ひき続いて起こる一次転写産物のプロセシングにも，§21.8 で述べたのと同じような過程が含まれる．すなわち，前駆体の切断，末端ヌクレオチドの付加，ヌクレオチドの共有結合修飾などである．しばしば，特定のヌクレオチド配列（イントロンあるいは介在配列といわれる）が一次転写産物の途中から切出されて取除かれ，残った断片が連結して，成熟 mRNA がつくり出される．この過程をスプライシング（splicing）といい，多くの真核生物に共通である．スプライシングは真核生物の tRNA および rRNA 前駆体のプロセシングの過程でも生じるが，その転写後修飾の機構は mRNA 前駆体のスプライシングの場合とは異なる．

A. 真核生物の mRNA 分子は修飾末端をもつ

すべての真核生物 mRNA 前駆体は修飾を受ける．それにより，成熟 mRNA の安定性が増し，また翻訳により適した基質となる．mRNA の安定性を増す方法の一つが，RNA を分解する細胞内エ

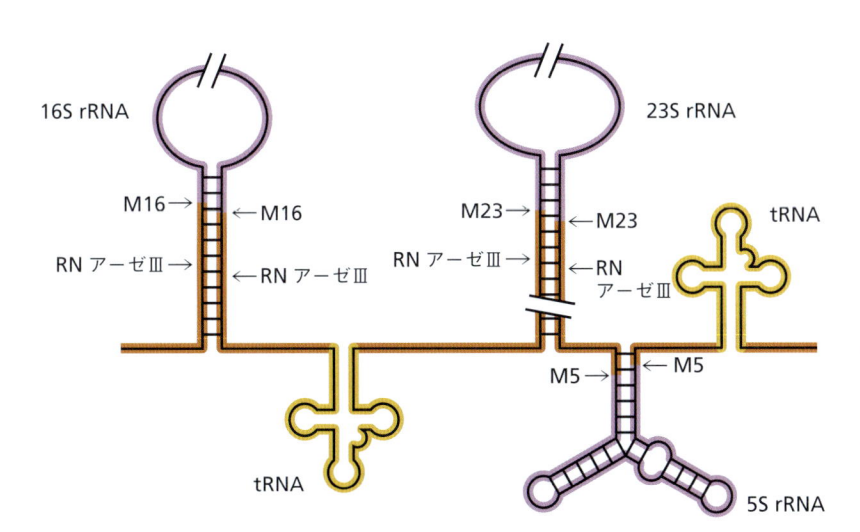

◀図 21.26　大腸菌 rRNA 前駆体の分子内ヌクレオチド切断　一次転写産物は 3 種の rRNA の各 1 コピーと数種の tRNA 前駆体を含む．大きな rRNA 前駆体は RN アーゼⅢの作用により，大きな一次転写産物から切出される．16S，23S，5S rRNA の末端はエンドヌクレアーゼ M16，M23，M5 の作用によりそれぞれ切取られて，整えられる．（2 本の斜線は rRNA 一次転写産物の省略された部分を示す．）

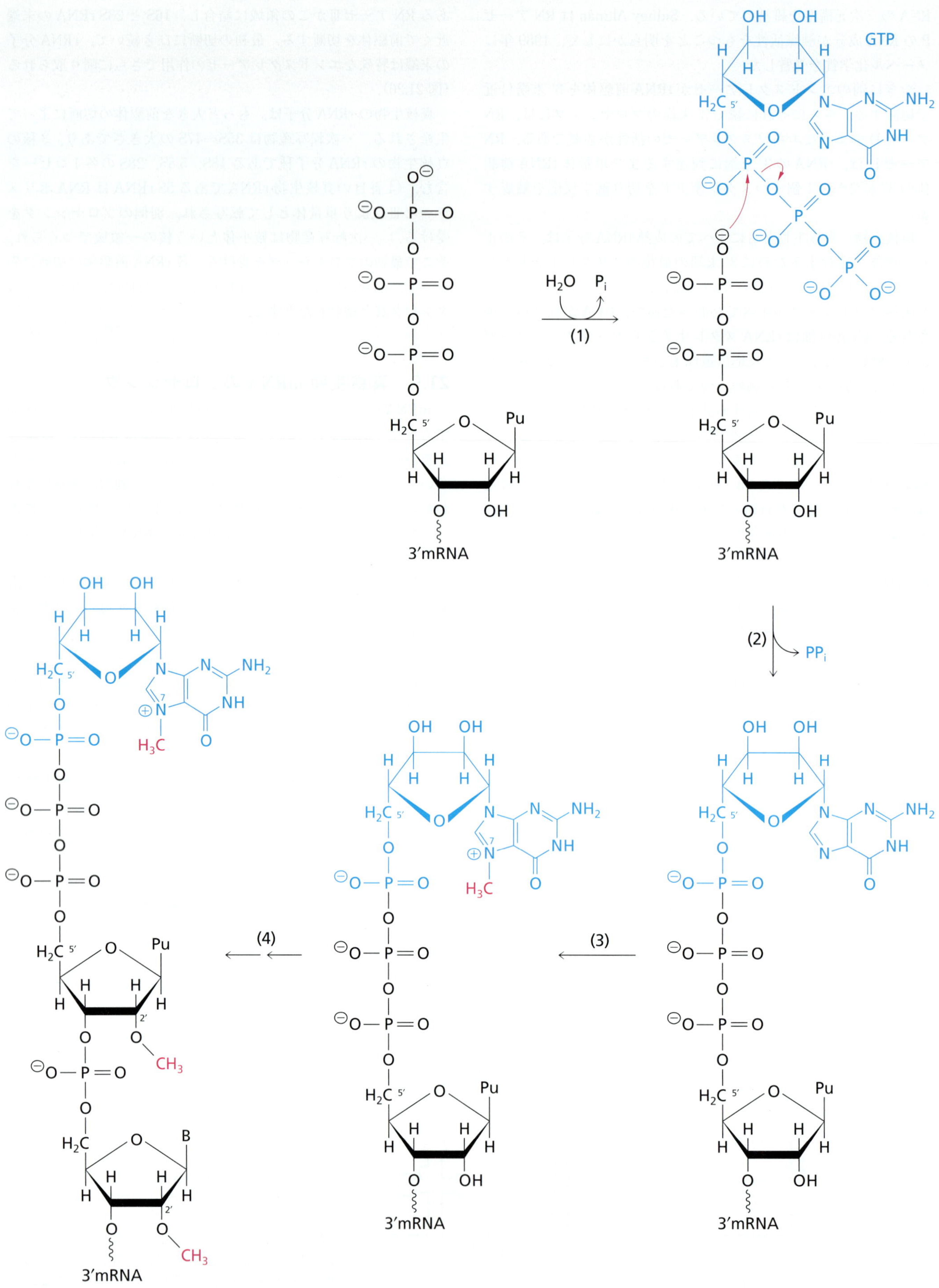

▲図 21.27　**真核生物 mRNA 前駆体の 5′ 末端キャップの形成**　(1) ホスホヒドロラーゼは前駆体の 5′ 末端でリン酸基の離脱を触媒する．(2) つぎに，5′ 末端はグアニリルトランスフェラーゼにより触媒されて，GTP から GMP を受取る．(3) グアニル酸塩基の N-7 位がメチル化される．(4) 前駆体の末端のリボースと末端から 2 番目のリボースの 2′-OH 基がメチル化される場合もある．

21.9 真核生物 mRNA のプロセシング

キソヌクレアーゼの作用を受けないようにその末端を修飾することである．

5′末端の修飾は真核生物 mRNA 前駆体の合成が完了する前になされる．一次転写産物の5′末端はヌクレオシド三リン酸残基（普通はプリン）であり，それは RNA ポリメラーゼⅡにより最初に取込まれたヌクレオチドである．この末端の修飾は，γ-リン酸基がホスホヒドロラーゼの作用で取除かれるところから始まる（図21.27）．残った5′-二リン酸基は GTP 分子の α-リン原子と反応して5′-5′三リン酸結合をつくる．この反応はグアニリルトランスフェラーゼにより触媒され，でき上がった構造は**キャップ**（cap）とよばれる．キャップはさらに修飾されて，新たに付加したグアニル酸がメチル化を受けることも多い．また，元の一次転写産物の最初の2個のヌクレオチドの 2′-OH 基もメチル化されることがある．これらの反応に使われるメチル基は S-アデノシルメチオニンが供給する（§7.3）．

5′-5′三リン酸結合は mRNA 分子の5′末端をふさいで5′エキソヌクレアーゼの作用から分子を保護する．さらに，キャップは mRNA 前駆体を核の中の別なプロセシング酵素，すなわちスプライシングを触媒する酵素の基質へと変換させる．成熟 mRNA ではキャップはタンパク質合成に際してリボソームが結合する部位でもある．キャップ形成は転写に付随して行われ，核の内部でのみ起こる．図21.27に示したキャッピング酵素は RNA ポリメラーゼⅡ転写複合体と直接に相互作用するが，RNA ポリメラーゼⅠ複合体や RNA ポリメラーゼⅢ複合体とは相互作用しない．この相互作用があるために mRNA 前駆体のみにキャップがつくられる（すなわち，tRNA や rRNA はキャップ形成の基質にならない）．

真核生物 mRNA 前駆体は3′末端も修飾される．RNA ポリメラーゼⅡによる転写が DNA のコード領域の3′末端を越えると，新たに合成された RNA はある特別な部位の下流で，エンドヌクレアーゼにより切断される．その部位のコンセンサス認識配列は，AAUAAA である．この配列に切断・ポリアデニル化特定因子（cleavage and polyadenylation specificity factor；CPSF）というタンパク質が結合する．このタンパク質はエンドヌクレアーゼやある種のポリメラーゼと相互作用する（図21.28）．RNA を切断するとエンドヌクレアーゼは解離し，分子の新しい3′末端に多数

(a) ポリアデニル化は RNA ポリメラーゼⅡ転写複合体が mRNA 前駆体の3′末端でポリアデニル化シグナル配列を合成したときに始まる

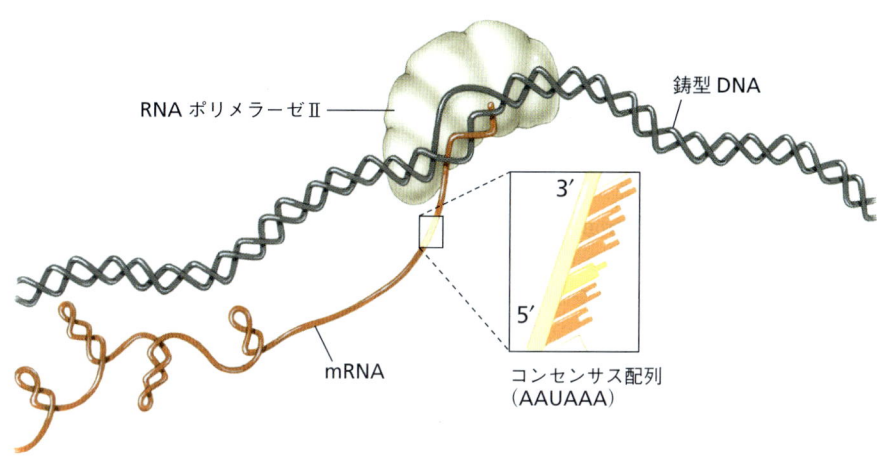

(b) CPSF がコンセンサス配列に結合し，RNA エンドヌクレアーゼを含む複合体を形成する．エンドヌクレアーゼがポリアデニル化配列の下流で転写産物の切断を触媒し，新しい3′末端をつくり出す．続いてポリ(A)ポリメラーゼが mRNA 前駆体の末端に結合する

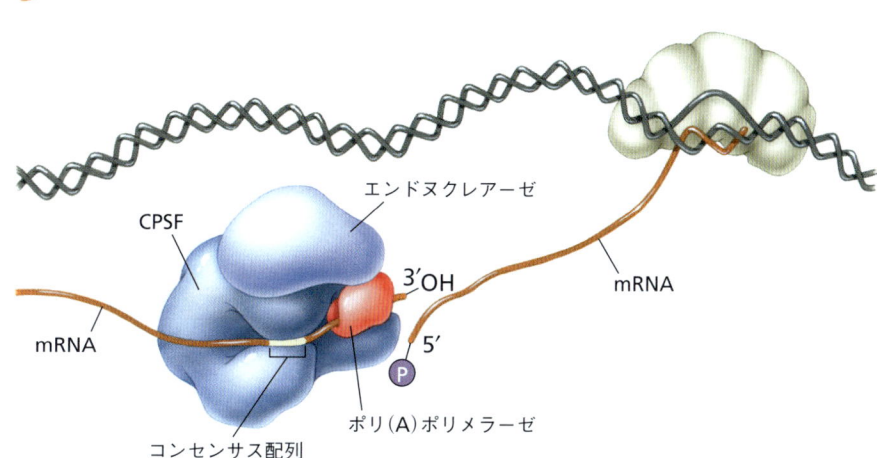

(c) エンドヌクレアーゼが解離すると，RNA の新3′末端はポリ(A)ポリメラーゼの働きでポリアデニル化される

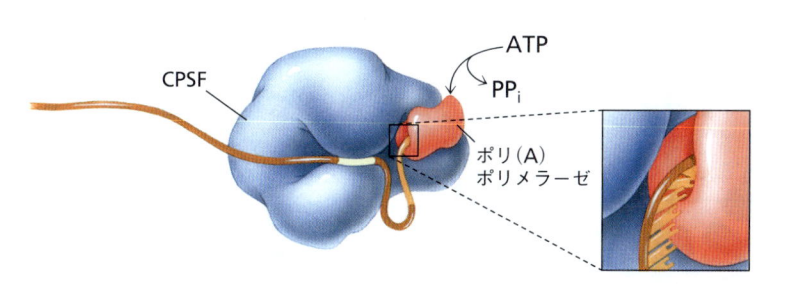

▲図 21.28　真核生物の mRNA 前駆体のポリアデニル化

のアデニル酸残基が付加する．この付加反応はポリ(A)ポリメラーゼにより触媒される．これはATPを基質としてアデニル酸残基を付加する反応である．時には250ヌクレオチドほども付加して，**ポリ(A)テール**(poly A tail)といわれる一つながりのポリアデニル酸を形成する．

少数の例外もあるが，真核生物のすべての成熟mRNA分子はポリ(A)テールをもつ．テールの長さは生物種によっていろいろであり，おそらくmRNAの種類や細胞の発生の時期などと関係があるのだろう．さらに，ポリ(A)テールが3′エキソヌクレアーゼの作用で徐々に短くなるので，その長さはmRNAの寿命とも関係する．実際，成熟mRNAが核膜孔に達するときまでには，テールが50〜100ヌクレオチドほど短くなっている．ポリ(A)テールがあるためエキソヌクレアーゼがコード領域に到達するまでの時間がひき延ばされている．

> ❗ 修飾を受けていないmRNAはもともと細胞内で不安定であり，リボヌクレアーゼの作用により速やかに分解される．
> ❗ 多くの真核生物で，タンパク質をコードする配列にイントロンが介在する．

B. 真核生物のmRNA前駆体にはスプライシングされるものもある

スプライシングは原核生物ではまれであるが，脊椎動物と顕花植物ではそれが常態である．RNA一次転写産物から取除かれる内部配列を**イントロン**(intron)とよぶ．RNA一次転写産物にある配列で，しかも成熟RNA分子にもある配列を**エキソン**(exon)とよぶ．イントロンとエキソンという言葉は，対応するRNAイントロンとRNAエキソンをコードする遺伝子(DNA)の領域にも使われる．DNAイントロンは転写されるので，遺伝子の一部とみなされる．イントロンとエキソンの結合部は**スプライス部位**(splice site)として知られ，そこはmRNA前駆体が切断，再結合される場所である．

成熟mRNAは，イントロンを失うために一次転写産物の大きさの何分の一かになることが多い．たとえば，トウモロコシのトリオースリン酸イソメラーゼ遺伝子は9個のエキソンと8個のイントロンから成り，DNA 3400 bpに及ぶ．ところが，成熟mRNAはポリ(A)テールを含めても1050ヌクレオチドの長さしかない（図21.29）．酵素自身は253アミノ酸残基から成る．

ある遺伝子のイントロン/エキソン構成と，その遺伝子がコードするタンパク質の構造との間には，何らかの関係があると考えられてきた．この仮説によれば，エキソンはタンパク質のドメインをコードしており，イントロンが存在するのは原始的な遺伝子の構成の反映である．言い換えると，イントロンは進化の早い段階に生じたことになる．しかしながら，図21.29(b)で示すように，エキソンとタンパク質構造の間に明確な関連性はみられない．多くの生化学者や分子生物学者は，今では遺伝子の進化の過程でイントロンはランダムな位置に挿入された，と信じている．この"イントロン後発"仮説によれば，多くの原始的遺伝子はイントロンをもたず，イントロンは真核生物の進化の過程でずっと後に出現したということになる．

イントロンの長さは42 bpの小さいものから10000 bpの大きなものまでさまざまである．（最小の数は種によって異なる．たとえば，線虫のイントロンの多くは小さすぎるため，脊椎動物細胞や無細胞抽出液のいずれでも正確に切出せない．）スプライス部位のヌクレオチド配列はすべてのmRNA前駆体でよく似てい

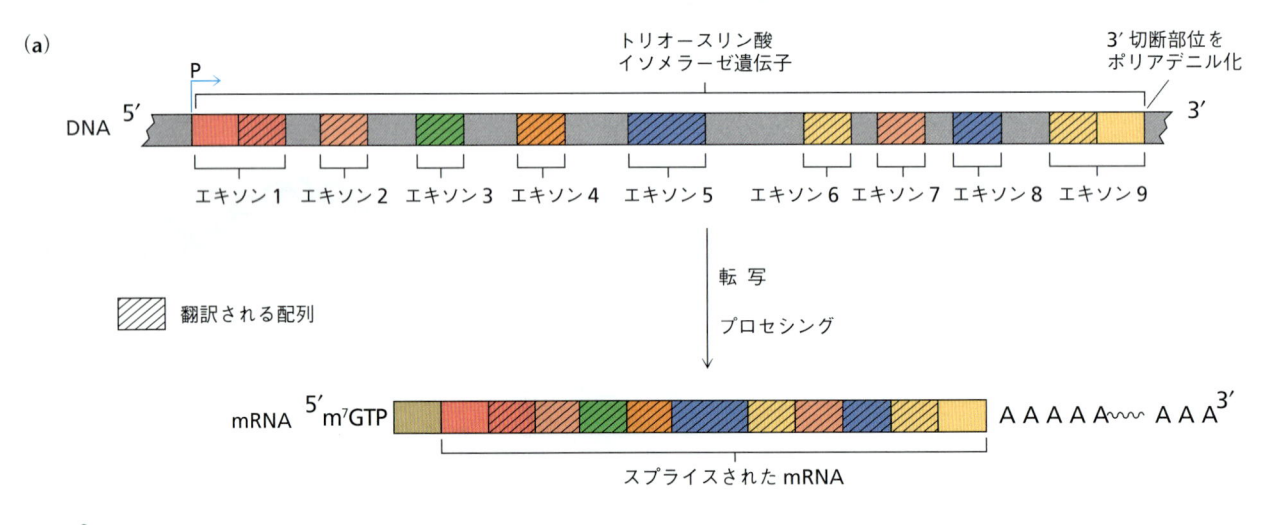

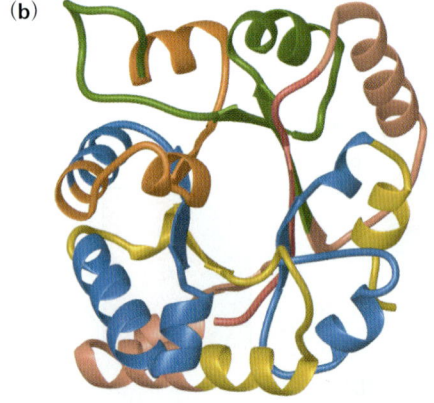

▲ **図21.29 トウモロコシのトリオースリン酸イソメラーゼ遺伝子とコードされる酵素** (a) 遺伝子の構成図には9個のエキソンと8個のイントロンが示されている．一部のエキソンには翻訳される配列と翻訳されない配列の両方がある．(b) 酵素タンパク質の三次元構造．各エキソンにコードされるタンパク質の部分を色分けで示す．

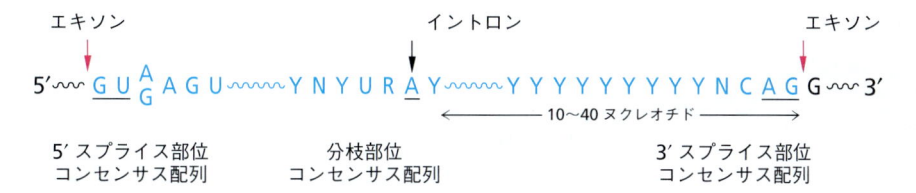

21.9 真核生物 mRNA のプロセシング

▲図 21.30 **脊椎動物のスプライス部位にあるコンセンサス配列** 高度に保存されたヌクレオチドに下線を付した．Y はピリミジン（U または C）を表し，R はプリン（A または G）を表す．N はどのヌクレオチドでもよい．RNA 前駆体が切断，再結合されるスプライス部位は赤い矢印で示し，分枝部位を黒い矢印で示す．イントロンは青字で明示した．

るが，残りのイントロンの配列は保存されていない．脊椎動物の2箇所のスプライス部位にあるコンセンサス配列を図 21.30 に示す．また，別の短いコンセンサス配列がイントロンの 3′ 末端近くに見いだされる．この配列は**分枝部位**（branch site）あるいは分枝点配列として知られ，スプライシングにおいて重要な役割を果たす．

イントロン1個を取除くという mRNA 前駆体のスプライシングには2個のエステル転移反応を必要とする．一つは 5′ スプライス部位と分枝部位のアデニル酸残基の間で起こり，もう一つは 5′ エキソンと 3′ スプライス部位の間で起こる．この二つの反応の産物は，(1) 結合したエキソンと，(2) ラリアット（投げ縄形）分子として切出されたイントロンである．これらのスプライシング反応は**スプライソーム**（spliceosome）といわれる大きなRNA-タンパク質複合体により触媒される．スプライソームはスプライシング反応中間体を保持するだけでなく，エキソンが正確に結合されるようにスプライス部位をうまく配置している（図 21.31）．

スプライソームは多数のサブユニットから成る大きな複合体である．100種以上のタンパク質と5種の RNA 分子から成り，RNA は全部合わせて約 5000 ヌクレオチドである．これらのRNA 分子は核内低分子 RNA（small nuclear RNA；snRNA）とよばれ，タンパク質と会合して核内低分子リボ核タンパク質（small nuclear ribonucleoprotein）または snRNP〔スナープス（snurps）ともいう〕をつくる．snRNP は mRNA 前駆体のスプライシング以外の別な細胞内反応においても重要である．

snRNA には五つの型が存在し，U1, U2, U4, U5, U6 とよばれる．（U はウラシルを表し，低分子 RNA に多い塩基である．）脊椎動物の二倍体細胞核には，全部で 100000 コピー以上のsnRNA が存在する．5種の snRNA 分子はすべて塩基対を多数形成しており，修飾ヌクレオチドをもつ．どの snRNP も 1 個または2個の snRNA 分子と何種ものタンパク質からできている．タンパク質のあるものはすべての snRNP に共通であるが，どれか一つの型の snRNP にしかないものもある．

精製した材料を用いる試験管内生化学実験から，snRNP が順番に集合してスプライソームを形成するモデルが導かれた（図 21.32）．スプライソームの形成は U1 snRNP が mRNA 前駆体の新たに合成された 5′ スプライス部位に結合したときに開始する．この相互作用には 5′ スプライス部位と U1 snRNA の 5′ 末端に近い相補的配列との間で塩基対をつくることが必要である．ついで，U2 snRNP がイントロンの分枝部位に結合し，安定な複合体を形成して約 40 ヌクレオチドを覆う．つぎに U5 snRNP が 3′ スプライス部位に作用する．最後に U4/U6 snRNP が複合体に加わり，すべての snRNP が一緒になってスプライソームを完成する．現在では複数の研究から，これら同じ snRNP が，スプライシングに先立って，もっと大きな複合体としてあらかじめ集合

(a) スプライソームは分枝部位のアデニル酸残基を 5′ スプライス部位の近くに配置する．アデニル酸の 2′-OH 基が 5′ スプライス部位を攻撃する

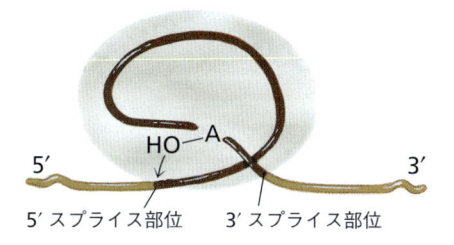

(b) 2′-OH 基はイントロンの 5′ 末端と結合し，新たにつくられたエキソンの 3′-OH 基が 3′ スプライス部位を攻撃する

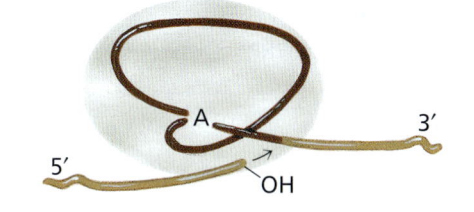

(c) その結果，エキソンの末端同士が連結され，イントロンはラリアット（投げ縄形）分子として離脱する

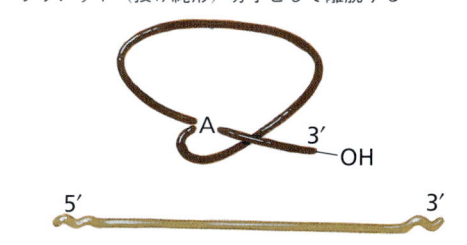

▲図 21.31 **mRNA 前駆体におけるイントロン除去** スプライソームは多数の構成成分を含む RNA-タンパク質複合体であり，スプライシングを触媒する．[Sharp, P. A. (1987). Splicing of messenger RNA precursors. *Science* 235:766-771 より改変．]

することがわかったので，このモデルは生体内のスプライシングサイクルを正確に反映するものではないかもしれない．

U1, U2, U5 snRNP がイントロンの 5′ スプライス部位，分枝部位，3′ スプライス部位にあるコンセンサス配列へそれぞれ結合することにより，この3種の相互作用部位がスプライシング反応に際して正確に配置されるようになる．スプライソームは 5′ エキソンが切断後に拡散するのを防ぎ，3′ エキソンに結合するように位置づける．いったんイントロン上にスプライソームができ上がると，それは非常に安定で細胞抽出物から精製することもできる．

スプライソームはできたばかりの転写産物に見いだされるので，イントロンの除去が RNA プロセシングの律速段階と考えら

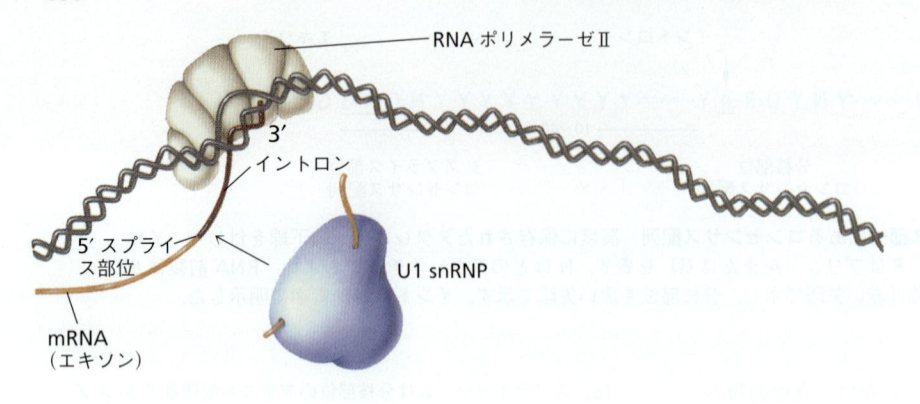

(a) 転写複合体によって，5′スプライス部位が出現するとすぐに，U1 snRNP がそこに結合する

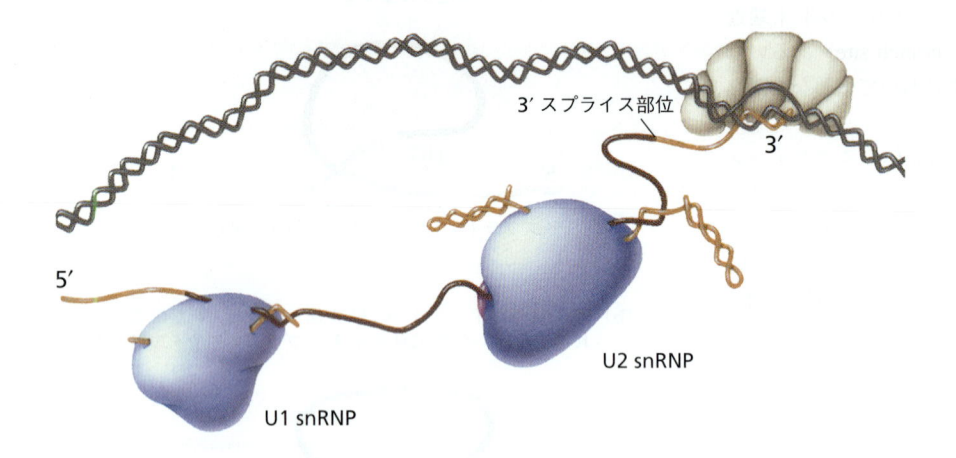

(b) つぎに，U2 snRNP がイントロン内の分枝部位に結合する

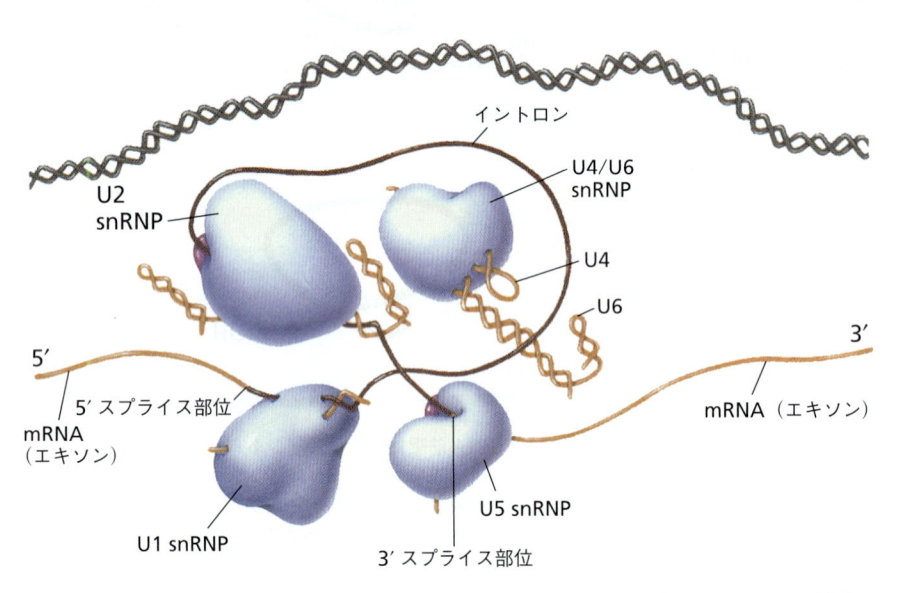

(c) 転写複合体から3′スプライス部位が現れると，U5 snRNP が結合し，U4/U6 snRNP を取巻いてスプライソームが完成する

▲図 21.32 スプライソームの形成

れる．スプライソームはリボソームほどの大きさがあり，核膜孔を通るには大きすぎるので，mRNA 前駆体がプロセシング完了以前に核から出ていくのを防いでいる．いったんイントロンが除去されると，スプライソームはリサイクルされ，つぎに出会ったイントロンに対してその触媒サイクルが繰返される．

要 約

1. 遺伝子とは転写される DNA 配列のことである．ハウスキーピング遺伝子は正常な細胞活動に必須なタンパク質と RNA 分子をコードする．
2. 細胞には転移 RNA，リボソーム RNA，メッセンジャー RNA，低分子 RNA などの数種類の RNA がある．
3. DNA 依存性の RNA 合成，すなわち転写は RNA ポリメラーゼにより触媒される．DNA 鎖を鋳型として用いて，リボヌクレオシド三リン酸がヌクレオチド基転移反応により付加される．
4. 転写はプロモーター配列で始まり，5′→3′方向に進行する．プロモーターコンセンサス配列とは配列の各位置で最も頻繁に見いだされるヌクレオチドを示したものである．大腸菌 RNA

ポリメラーゼのσサブユニットは，プロモーターに対するコアポリメラーゼの親和性を高め，逆に非プロモーター配列への親和性を減じる．転写が開始されるときには転写バブルが形成され，短鎖RNAが合成される．σサブユニットが離れると，転写開始から鎖伸長へと移行する．

5. 大腸菌の転写終結は，休止部位近くでRNAがヘアピン構造をつくるときに起こりやすい．場合によっては終結にρ因子を必要とする．ρ因子は一本鎖RNAに結合する．

6. 真核生物では，数種の異なるRNAポリメラーゼが転写を行う．転写因子がプロモーターと相互作用すると，RNAポリメラーゼが転写を開始する．

7. 遺伝子には構成的に発現される遺伝子もあるが，転写調節される遺伝子もある．転写はリプレッサーやアクチベーターにより調節されることがある．これらはアロステリックタンパク質であることが多い．

8. lacオペロンの3個の遺伝子の転写は，lacリプレッサーがプロモーター近傍の2個のオペレーターに結合すると抑制される．リプレッサーに誘導物質アロラクトースが結合すると，リプレッサーはDNAから解離する．転写はcAMPとCRP（cAMP調節タンパク質）の複合体により活性化される．

9. RNA転写産物はプロセシングにより修飾されることが多い．その中には，ヌクレオチド残基の除去，付加，修飾などが含まれる．原核生物のtRNAとrRNAの一次転写産物は，ヌクレオチド切断と共有結合修飾によりプロセシングされる．

10. 真核生物のmRNAのプロセシングには5′キャップと3′ポリ(A)テールの付加があり，分子をヌクレアーゼの消化から保護する．また，イントロンがスプライシングによって除去される．スプライシングの際に起こる二つのエステル転移反応は，核内低分子リボ核タンパク質(snRNP)を含む，スプライソームという複合体により触媒される．

問 題

1. 細菌のRNAポリメラーゼは毎秒70ヌクレオチドの速度でRNAを伸長する．また，各転写複合体はDNAの70 bpを覆う．
   (a) 6000 bpの遺伝子から最高で毎分何個のRNA分子が生じるか．（転写開始が律速ではないと仮定せよ．）
   (b) この遺伝子に同時に結合できる転写複合体の数は最高でいくつか．

2. 大腸菌ゲノムはおよそ4600 kbの大きさで，約4000個の遺伝子を含む．ある哺乳類のゲノムはおよそ 3.3×10^6 kbの大きさで，約30000個の遺伝子を含む．大腸菌遺伝子の平均鎖長は1000 bpである．
   (a) 大腸菌DNAで転写されない割合を計算せよ．
   (b) 哺乳類の遺伝子の多くは細菌遺伝子より大きいにもかかわらず，哺乳類の遺伝子産物の多くは細菌の遺伝子産物と同じ大きさである．この哺乳類のゲノムにおけるDNAエキソンの割合を計算せよ．

3. 完全長の真核生物遺伝子（たとえば，トリオースリン酸イソメラーゼ遺伝子）を原核細胞に導入する方法はいろいろある．この遺伝子の転写が原核生物のRNAポリメラーゼで適正に行われると考えられるか．逆の場合，すなわち完全長の原核生物遺伝子を真核細胞に導入したときに，真核生物の転写複合体により適正な転写が行われるか．

4. ごくまれな場合として，典型的な真核生物遺伝子であるトリオースリン酸イソメラーゼ遺伝子が，原核細胞の中で正確な転写が可能であるような正しい塩基配列をもつと仮定せよ．転写で得られたRNAは，正常な酵素を生産するように適正に翻訳されるか．

5. 大腸菌を(a) ラクトース＋グルコース，(b) グルコース単独，(c) ラクトース単独の条件下で培養したとき，lacオペロンの転写速度はそれぞれどのようになるか．

6. 大腸菌lacオペロンのプロモーターで，−10領域は配列5′-TATGTT-3′をもつ．UV5と名付けた突然変異ではこの配列が5′-TATAAT-3′に変化している（図21.6）．lac UV5プロモーターから始まる転写ではCRP-cAMP複合体に対する依存性がみられなくなる．なぜか．

7. 転写およびRNAプロセシング活性のある真核生物の細胞抽出液とβ-[^{32}P]-ATPとを保温する．この標識はmRNAのどこに現れるか．

8. DNAポリメラーゼと異なり，RNAポリメラーゼは校正活性をもたない．細胞にとって校正活性をもたないことが不利益とならないのはなぜか，説明せよ．

9. 真核細胞の成熟mRNAは，オリゴ(dT)セルロースカラムを使って細胞内の他の成分から分離精製されることが多い．このカラムは一本鎖のデオキシリボチミジル酸残基の短鎖であるオリゴ(dT)を，セルロース基材に結合させた物である．成熟mRNAを細胞成分の混合物から精製するのに，このカラムを用いる根拠を述べよ．

10. リファンピシンは，細菌 *Streptomyces mediterranei* から単離される抗生物質であるリファマイシンBをもとにつくられた半合成品である．リファンピシンは認可された抗マイコバクテリア薬であり，ペニシリン耐性の結核やブドウ球菌感染に対する多剤併用処方の標準的な成分である．最近の研究によればリファンピシン耐性の結核がかなり増えてきたといわれる．たとえば，ボツワナ共和国における調査で，サンプルの2%がこの薬剤に耐性であることがわかった．下表に大腸菌野生株と大腸菌変異株を用いて得られたある結果を示す．この変異株ではRNAポリメラーゼβサブユニットのアミノ酸1個が変化（アミノ酸516位のAspがTyrに変化）している．表の結果は両者のリファンピシンを含む培地における成育度を調べたものである．[Severinov, K., Soushko, M., Goldfarb, A., and Nikiforov. V. (1993). Rifampicin region revisited. *J. Biol. Chem.* 268:14820-14825.]

大腸菌	リファンピシン† [μg/mL]
野生株	<5
βサブユニットの Asp516 Tyr 変異	>50

† 大腸菌の成育を停止させるリファンピシン濃度．

(a) このデータはどう解釈されるか．
(b) RNAポリメラーゼにおけるβサブユニットの役割は何か．
(c) リファンピシン耐性細菌の生じるメカニズムを一つ述べよ．

11. 大腸菌遺伝子の中のあるDNA断片は，つぎのような配列をもっていた．この配列を両方向に転写してつくられるmRNAの配列を記せ．

CCGGCTAAGATCTGACTAGC

12. 535ページに記した遺伝子の定義を，図21.26に示す一次転

写産物を与える rRNA と tRNA の遺伝子に適用できるか.

13. 一般に，ある遺伝子のゲノム DNA 配列を知れば，その遺伝子からコードされる RNA のヌクレオチド配列を確実に予想できる．このように表現することは原核生物の tRNA においても正しいか．真核生物の tRNA についてはどうか．

14. トウモロコシのトリオースリン酸イソメラーゼ遺伝子（図 21.29）の最初のイントロンが転写されると（すなわち，RNA の約 500 ヌクレオチドが合成された後で），直ちにそこでスプライソソームが組立てられると仮定する．もし，スプライシング反応が転写終結までは起こらないとすると，スプライソソームはどのくらいの時間安定でなければならないか．トウモロコシにおける RNA ポリメラーゼ II の転写速度は 30 ヌクレオチド/秒であるとせよ．

15. CRP-cAMP は *crp* 遺伝子の転写を抑制する．*crp* 遺伝子プロモーターと CRP-cAMP 結合部位の位置的関係を予想せよ．

16. タンパク質をコードする遺伝子のイントロンに起こる変異が時には有害となるのはなぜか．

17. トリオースリン酸イソメラーゼ遺伝子のイントロンの一つに生じた欠失突然変異は，分枝部位を 3′ スプライス受容配列から 7 ヌクレオチド離れた新しい位置に動かした．この欠失突然変異は遺伝子のスプライシングに対して何か影響を与えたか．

参考文献

一　般

Alberts, B., Johnson, A., Lewis, J., Raff, M., Roberts, K., and Walter, P. (2007). *Molecular Biology of the Cell*, 5th ed. (New York: Garland). [『細胞の分子生物学』，第 5 版，中村桂子，松原謙一 監訳，ニュートンプレス（2010）].

Krebs, J., Goldstein, L., and Kilpatrick, S. (2009). *Lewin's Genes X* (New York: Jones & Bartlett).

RNA ポリメラーゼと転写

Ardehali, M. B., and Lis, J. T. (2009). Tracking rates of transcription and splicing *in vivo*. *Nature Structural & Molecular Biology* 16:1123-1124.

Bushnell, D. A., and Kornberg, R. D. (2003). Complete, 12-subunit RNA polymerase II and 4.1-A resolution: implications for the initiation of transcription. *Proc. Natl. Acad. Sci. (U.S.A.)* 100:6969-6973.

Kornberg, R. D. (1999). Eukaryotic transcriptional control. *Trends Cell Biol*. 9:M46-M49.

Lisser, S., and Margalit, H. (1993). Compilation of *E. coli* mRNA promoter sequences. *Nucleic Acids Res*. 21:1507-1516.

Murakami, K. S., Masuda, S., Campbell, E. A., Muzzin, O., and Darst, S. A. (2002). Structural basis of transcription initiation: an RNA polymerase holoenzyme-DNA complex. *Science* 296:1285-1290.

Richardson, J. P. (1993). Transcription termination. *Crit. Rev. Biochem*. 28:1-30.

転写調節

Becker, P. B., and Horz, W. (2002). ATP-dependent nucleosome remodeling. *Annu. Rev. Biochem*. 71:247-273.

Bushman, F. D. (1992). Activators, deactivators and deactivated activators. *Curr. Biol*. 2:673-675.

Fuda, N. J., Behfar, M., and Lis, J. T. (2009). Defining mechanisms that regulate RNA polymerase II transcription *in vivo*. *Nature* 461:186-192.

Harrison, S. C., and Aggarwal, A. K. (1990). DNA recognition by proteins with the helix-turn-helix motif. *Annu. Rev. Biochem*. 59:933-969.

Jacob, F., and Monod, J. (1961). Genetic regulatory mechanisms in the synthesis of proteins. *J. Mol. Biol*. 3:318-356.

Kolb, A., Busby, S., Buc, H., Garges, S., and Adhya, S. (1993). Transcriptional regulation by cAMP and its receptor protein. *Annu. Rev. Biochem*. 62:749-795.

Myers, L. C., and Kornberg, R. D. (2000). Mediator of transcriptional regulation. *Annu. Rev. Biochem*. 69:729-749.

Pan, Y., Tsai, C.-J., Ma, B., and Nussinov, R. (2009). How do transcription factors select specific binding sites in the genome? *Nature Structural & Molecular Biology* 16:1118-1120.

Wolfe, A. P., and Guschin, D. (2000). Review: chromatin structural features and targets that regulate transcription. *J. Struct. Biol*. 129:102-122.

Workman, J. L., and Kingston, R. E. (1998). Alteration of nucleosome structure as a mechanism of transcriptional regulation. *Annu. Rev. Biochem*. 67:545-579.

RNA プロセシング

Apirion, D., and Miczak, A. (1993). RNA processing in prokaryotic cells. *BioEssays* 15:113-120.

Collins, C. A., and Guthrie, C. (2000). The question remains: is the spliceosome a ribozyme? *Nature Struct. Biol*. 7:850-854.

James, B. D., Olsen, G. J., Liu, J., and Pace, N. R. (1988). The secondary structure of ribonuclease P RNA, the catalytic element of a ribonucleoprotein enzyme. *Cell* 52:19-26.

Jurica, M. S., and Moore, M. J. (2003). Pre-mRNA splicing: awash in a sea of proteins. *Molecular Cell* 12:5-14.

McKeown, M. (1993). The role of small nuclear RNAs in RNA splicing. *Curr. Biol*. 5:448-454.

Nilsen, T. W. (2003). The spliceosome: the most complex macromolecular machine in the cell? *BioEssays* 25:1147-1149.

Proudfoot, N. (2000). Connecting transcription to messenger RNA processing. *Trends Biochem. Sci*. 25:290-293.

Shatkin, A. J., and Manley, J. L. (2000). The ends of the affair: capping and polyadenylation. *Nature Struct. Biol*. 7:838-842.

Wahle, E. (1992). The end of the message: 3′-end processing leading to polyadenylated messenger RNA. *BioEssays* 14:113-118.

CHAPTER 22

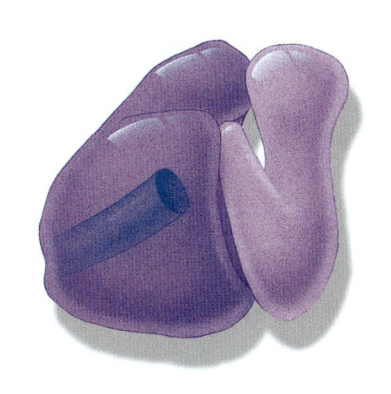

タンパク質合成

> その結果は，ポリウリジル酸に，ポリ-L-フェニルアラニンの特徴を示すタンパク質の合成に関する情報が含まれることを示唆していた．……1個または複数個のウリジル酸残基がフェニルアラニンに対するコードであるようにみえた．コードが1文字語であるか3文字語であるか，などはまだ決まっていなかった．ポリウリジル酸は見かけ上合成の鋳型かメッセンジャーRNAかのように機能した．そして大腸菌の無細胞タンパク質合成系という安定なシステムは，添加したRNAに含まれる情報に対応して，どのようなタンパク質でも合成することができそうだった．
>
> M. Nirenberg and H. Matthaei（1961）

本章では，生物情報の流れの最終段階であるmRNAの翻訳と，アミノ酸のタンパク質への重合について述べる．タンパク質合成の基本的な生化学的特徴は，1955年から1965年の10年間で解明された．ヌクレオチド配列をアミノ酸配列に翻訳するための遺伝暗号が存在することは明らかであった．1955年 Francis Crickは，タンパク質合成の最初の段階はアミノ酸が小型のアダプターRNAに結合することである，と提唱した．ほどなく，今日 tRNAとして知られるアダプターが見つけられた．リボソームとその他の翻訳装置に必須な因子が，細胞を分画し試験管内でタンパク質合成系を再構成する実験によって発見された．DNAからタンパク質への情報の流れの中で，mRNAが重要な仲介者になることはいくつかの研究室から報告されていた．1961年当時，未解決の最大事項は遺伝暗号の性質であった．

本章は遺伝暗号と tRNA の構造から始め，ついでタンパク質合成における mRNA, tRNA, リボソーム，補助タンパク質因子の機能について述べる．さらに，翻訳調節と翻訳後修飾についていくつかの例を取上げる．

22.1 遺 伝 暗 号

遺伝暗号（コード）の基本構成単位を最初に提案したのは，George Gamow である．彼は，DNA "アルファベット" はわずか4 "文字"（A, T, C, G）から成り，この4文字が20種類のアミノ酸をコードするのだから，遺伝暗号は3文字という一定の長さの "単語"，つまり **コドン**（codon）から成るはずであると推論した．4文字のすべての組合わせからできる2文字語では，16（4^2）語の単語表しかつくれず，20種すべてのアミノ酸には足りない．それにひきかえ，4文字語は256（4^4）語の単語表をつくり出せるが，必要を大幅に上回ってしまう．3文字語なら64（4^3）語の単語表が可能なので，20アミノ酸を指定するのに十分で，多すぎるということもない．

遺伝暗号解読の突破口は，Marshall Nirenberg と J. Heinrich Matthaei の偶然の発見によりもたらされた．彼らは，試験管内でポリウリジル酸〔ポリ(U)〕の指令でポリフェニルアラニンが合成されることを発見した．UUU がフェニルアラニンをコードすることを示して，最初のコドンが同定された．

1962年から1965年の間に，Nirenberg や H. Gobind Khorana を始めとする多くの研究者によって残りの暗号が解読された．結局，10年がかりでようやく mRNA がどのようにタンパク質をコードしているかが明らかにされたのである．その後，遺伝子とタンパク質の配列決定法の発達により，タンパク質の一次構造とそれに対応する遺伝子のヌクレオチド配列とが直接比較できるようになった．新たにタンパク質とその遺伝子を調べるたびに，いつも遺伝暗号の正しさが確認された．

tRNA は遺伝暗号を解読し，ヌクレオチド配列をアミノ酸配列へ翻訳するという重要な機能を果たしている．tRNA は mRNAとタンパク質との間のアダプターである．tRNA 分子のある部分が特定のアミノ酸と共有結合し，同じ tRNA 分子の他の部分がmRNA のコドンと相補的塩基対で直接対合する．mRNA の鋳型に指示されてアミノ酸がつぎつぎにつながることでタンパク質が正確に合成される．

原理的には，3文字語でできている暗号は，重複する場合と重複しない場合が考えられる（図22.1）．重複する暗号の場合は，一つの文字が二つ以上の単語に含まれることになり，一つの文字の突然変異がいくつかの単語を同時に変えてしまう．たとえば，図22.1（a）に示されている配列では，それぞれの文字が重複暗号で三つの異なる単語に含まれる．一方，非重複暗号（図22.1 b）の利点の一つは，それぞれの文字が1個の単語にのみ現れ，したがって，1個のヌクレオチドの変異が1個のコドンだけにし

---

* カット：大腸菌のリボソーム．リボソームは RNA とタンパク質の複合体であり，ここで遺伝情報がタンパク質に翻訳される．

22. タンパク質合成

mRNA　　　···AUGCAUGCAUGC···

(a) 重複する3文字暗号で読まれるメッセージ
```
AUG
 UGC
  GCA
   CAU
    ·
    ·
    ·
```

(b) 重複しない3文字暗号で読まれるメッセージ
```
AUG
   CAU
      GCA
         UGC
```

▲図 22.1　遺伝情報が（a）重複する（b）重複しない3文字暗号により読まれる場合　重複する暗号の場合には，（図の中の青字 G で示されるように）どの文字も3種類の異なる3文字語に含まれることになる．重複しない暗号の場合には，どの文字もただ1種類の3文字語に含まれるだけである．

mRNA　　　···AUGCAUGCAUGC···

読み枠1で読まれるメッセージ　···AUGCAUGCAUGC···

読み枠2で読まれるメッセージ　···AUGCAUGCAUGC···

読み枠3で読まれるメッセージ　···AUGCAUGCAUGC···

▲図 22.2　1本の mRNA は3種類の読み枠をもつ　一つながりの文字列が3種類の異なる読み枠で読み出され，3種類の異なる"情報"，すなわちタンパク質配列として翻訳される．したがって情報の正しい翻訳には正しい読み枠の選択が必要である．

か影響しないことである．すべての生物は非重複遺伝暗号を使用している．

非重複暗号でも，ある一つの配列は翻訳開始の位置によっては幾通りにも翻訳される．（後述するように，mRNA の翻訳は必ずしも最初のヌクレオチドから始まるわけではない．）可能性のある中からどこかに翻訳開始点を決めれば，ただ一通りの3文字語の配列，すなわち**読み枠**（reading frame）が mRNA 中に決まる．遺伝暗号で書かれ，転写される"情報"の正確な翻訳は，正確な読み枠の設定に依存する（図 22.2）．

標準遺伝暗号を図 22.3 に示した．わずかな例外はあるが，全生物がこの遺伝暗号を使用している．このことは，すべての現存する生物種は，同じ標準遺伝暗号を使用していたある共通の祖先に由来することを示している．多分，この祖先種は数十億年前に生存し，生命の最古の痕跡である遺伝暗号をつくり上げたのだろう．

便宜的に，すべてのヌクレオチド配列を 5′→3′ 方向に書く．UAC はチロシンを，CAU はヒスチジンを表す．コドンという用語は，普通は，mRNA におけるヌクレオチドのトリプレットをいう．しかし，遺伝子の DNA 配列のヌクレオチドのトリプレットにも使われる．たとえば，チロシンの DNA コドンの一つは TAC である．

コドンは常に 5′→3′ 方向に翻訳される．翻訳は mRNA の 5′ 末端（最初に合成された末端）付近から始まり，コード領域の終点まで進行する．終点は普通 mRNA の 3′ 末端付近にある．正確な読み枠は開始と終止を表す特別な句読点により決定される．

標準遺伝暗号にはいくつかの際立った特徴がある．

1. 暗号にはあいまいさがない．特定の生物種あるいは細胞小器官で，1個のコドンはそれぞれただ1個のアミノ酸に対応する．
2. 大部分のアミノ酸は複数のコドンをもつ．たとえば，ロイシ

▲第二次世界大戦中，ドイツ軍で使用されたエニグマ暗号作成（解読）装置　このタイプライター型の装置は，3個の大きなダイヤルを合わせることによって，電信で送信される前にメッセージを暗号化する．受信者は自分の装置のダイヤルを設定に合わせた上で，そのメッセージを解読する．この型の暗号は判読が非常に難しいとされてきたが，連合国側は無傷の完全な暗号装置を手に入れることにより，敵側の通信をすべて聞き取ることができた．

▲電信で送られる国際モールス符号の一覧表　ラテン文字アルファベットとアラビア数字（算用数字）で書かれたメッセージは，Samuel Morse の発明した符号を用いて，電信で送ることができる．モールス符号では英語の文章の中で最もよく使われる文字が点と線の最も短い配列として符号化されている．こうして，メッセージを最小の符号数で送信することができる．〔ダッシュ（線）の時間の長さは3個の点に等しい．〕

最初の位置 (5′末端)	2番目の位置				3番目の位置 (3′末端)
	U	C	A	G	
U	Phe	Ser	Tyr	Cys	U
	Phe	Ser	Tyr	Cys	C
	Leu	Ser	終止	終止	A
	Leu	Ser	終止	Trp	G
C	Leu	Pro	His	Arg	U
	Leu	Pro	His	Arg	C
	Leu	Pro	Gln	Arg	A
	Leu	Pro	Gln	Arg	G
A	Ile	Thr	Asn	Ser	U
	Ile	Thr	Asn	Ser	C
	Ile	Thr	Lys	Arg	A
	Met	Thr	Lys	Arg	G
G	Val	Ala	Asp	Gly	U
	Val	Ala	Asp	Gly	C
	Val	Ala	Glu	Gly	A
	Val	Ala	Glu	Gly	G

▲図 22.3 **標準遺伝暗号** 標準遺伝暗号は 64 個のトリプレットコドンから成る．左の列はコドンの最初の（5′位）ヌクレオチド，上の行はコドンの2番目の（中央の）ヌクレオチド，右の列はコドンの3番目の（3′位）ヌクレオチドを示す．コドン AUG はメチオニン（Met）を表し，また，タンパク質合成の開始の合図に用いられる．"終止"は翻訳終止のためのコドンである．

ンはタンパク質中にいちばん多量に存在するアミノ酸であるが（表 3.3），6 個のコドンがある．1 種のアミノ酸に対して複数のコドンが存在するために，遺伝暗号は**縮重**（degenerate）しているといわれる．異なるコドンが同じアミノ酸を指定する場合〔たとえば，UCU と AGU はともにセリン（Ser）を表し，ACA，ACC，ACG，ACU はすべてトレオニン（Thr）を表す〕，それらは**同義コドン**（synonymous codon）といわれる．

3. コドンの始めの二つのヌクレオチドだけで特定のアミノ酸を指定できることが多い．たとえば，グリシンに対応する 4 個のコドンはすべて GG で始まり，GGU，GGC，GGA，GGG である．
4. 類似の配列をもつコドンは化学的に類似のアミノ酸を指定する．たとえば，トレオニンに対応するコドンは，セリンに対応する 4 個のコドンと 5′位のヌクレオチド 1 個が異なるだけである．また，アスパラギン酸とグルタミン酸に対するコドンはともに GA で始まり，3′位が異なるだけである．2 番目にピリミジンをもつコドンは，多くが疎水性アミノ酸をコードする．そこで，これらのコドンの 5′または 3′位に変化をもたらす変異は，化学的に類似したアミノ酸をタンパク質に取込ませることになる．
5. 64 個のコドンのうち 61 個がアミノ酸を指定する．残りの 3 個のコドン（UAA，UGA，UAG）は**終止コドン**（termination codon, stop codon）である．終止コドンは正常の場合は細胞内のどの tRNA 分子によっても認識されない．その代わりに特別なタンパク質によって認識され，新たに合成されたペプチド鎖が翻訳装置から遊離する．なお，メチオニンのコドン AUG はタンパク質合成の開始部位も特定するので，**開始コドン**（initiation codon）とよばれることも多い．

2000 年にヒトゲノムの塩基配列決定の最初の報告がなされて以来，一般の新聞紙上では"生命の暗号を解読した"とか"ヒトの遺伝暗号の秘密を解明した"などと書き立てられた．厳密にいえば，ヒトゲノムの情報は"生物界共通の"遺伝暗号を用いてコードされるものとして 50 年前に発見されている．塩基配列決定のプロジェクトは，遺伝子によりコードされるメッセージを実際に解明したのであって，コード（暗号）そのものではない．

22.2 tRNA

tRNA は遺伝暗号の翻訳機として働く．tRNA は mRNA のヌクレオチド配列とそれに対応するポリペプチドのアミノ酸配列とを結び付ける大切な役割をもつ．tRNA がこの役割を果たすためには，あらゆる細胞が少なくとも 20 種の tRNA をもち（どのアミノ酸に対しても 1 種），それぞれの tRNA 分子はいずれも少なくとも 1 個のコドンを認識できるものでなければならない．

A. tRNA 分子の三次構造

多数の生物から得られたさまざまな tRNA 分子のヌクレオチド配列が決定されている．これらの分子のほとんどすべての配列は，図 22.4 に示した二次構造をとっている．この"クローバー葉形"構造はいくつかのアームを含む．アームはループ，つまり水素結合によるステムをもつループからできている．これらアームの二本鎖領域は塩基が積み重なった短い右巻きらせんで，二本鎖 DNA に似ている．

tRNA の 5′末端と，3′末端に近い領域は相互に塩基対を形成しており，アクセプターステム（またはアミノ酸ステム）といわれるステムを形成する．活性化されたアミノ酸が共有結合で結合するのはこのステムの 3′末端である．アミノ酸のカルボキシ基が 3′末端アデニル酸のリボースの 2′または 3′-OH 基に結合する．（§ 21.8 A で述べたように，成熟 tRNA 分子は大きな一次転写産物が切断されてつくられ，成熟 tRNA の 3′末端ヌクレオチドは必ず CCA である．）tRNA 分子の 5′末端ヌクレオチドにはすべてリン酸基が付いている．

クローバー葉形構造で，アクセプターステムの対極にある一本鎖のループはアンチコドンループとよばれる．それは 3 塩基配列から成る**アンチコドン**（anticodon）を含み，mRNA 上の相補的コドンと対合する．tRNA 分子のアンチコドンをもつアームはアンチコドンアームと名付けられている．その他の二つのアームは，アーム内に存在する共有結合で修飾されたヌクレオシドにちなんで名付けられた．（修飾ヌクレオシドの構造は図 21.25 に示した．）アームの一つは常にチミジン（T），プソイドウリジン（Ψ），シチジン（C）から成る 3 文字配列をもち，**TΨC アーム**とよばれる．もう一つはジヒドロウリジン（D）があることから **D アーム**と名付けられた．また，tRNA 分子はアンチコドンアームと TΨC アームの間に可変アームをもっている．可変アームは tRNA によって，その長さが 3〜21 ヌクレオチドの間で変わる．若干の例外を除いて，tRNA 分子の長さは 73〜95 ヌクレオチドの間にある．

tRNA のクローバー葉形構造は，三次元である分子構造を二次元に表現したものである．三次構造では tRNA 分子は横から見た L 字形に折りたたまれている（図 22.5 および 22.6）．L 字形分子の片方の端にアクセプターステムがあり，反対側のループにアンチコドンが位置している．できあがった構造は小さくまとまって，非常に安定なものであるが，その理由の一部は D, TΨC, 可変の各アームに存在するヌクレオチド間の水素結合による．これらの塩基対は，二本鎖を形づくる通常のワトソン・クリック型塩基対とはやや異なっている．tRNA のヌクレオチドの大部分は，

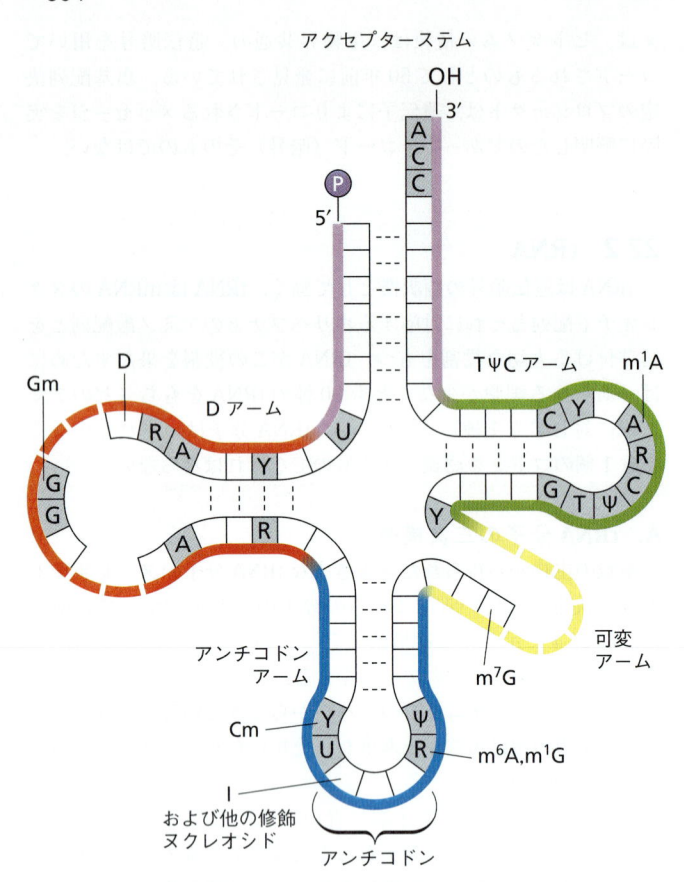

▲図22.4 **tRNAのクローバー葉形二次構造** ワトソン・クリック型塩基対の水素結合をヌクレオチド残基間の破線で示している．分子はアクセプターステムと4本のアームに分かれる．アクセプターステムはアミノ酸の結合部位であり，アンチコドンアームはtRNA分子がmRNAのコドンと相互作用する部位である．DアームおよびTΨCアームは，そのアーム内に保存されている修飾ヌクレオシドにちなんで名付けられた．それぞれのアームに含まれるヌクレオチド残基の数は可変アームを除いてほぼ一定である．保存されている塩基（灰色）と共通に修飾されているヌクレオシドの位置も示してある．略記法は以下の通りである．R: プリンヌクレオシド，Y: ピリミジンヌクレオシド，m^1A: 1-メチルアデノシン，m^6A: N^6-メチルアデノシン，Cm: 2′-O-メチルシチジン，D: ジヒドロウリジン，Gm: 2′-O-メチルグアノシン，m^1G: 1-メチルグアノシン，m^7G: 7-メチルグアノシン，I: イノシン，Ψ: プソイドウリジン，T: チミジンリボヌクレオシド．

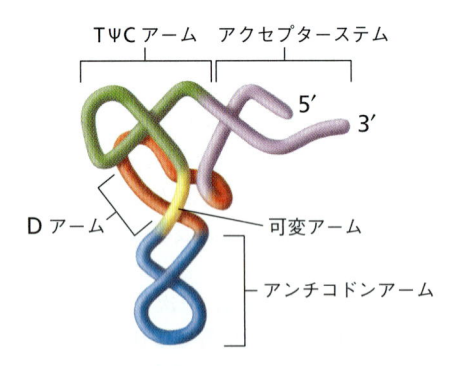

▲図22.5 **tRNAの三次構造** 図22.4に示したクローバー葉形分子構造は，実際はこのように三次元の形に折りたたまれている．tRNAの三次構造は，TΨCループとDループの間の塩基対合および以下の(a), (b) 二つのスタッキング相互作用から導かれる．(a) TΨCアームとアクセプターアームとのスタッキング相互作用．(b) Dアームとアンチコドンアームとのスタッキング相互作用．わかりやすいように，ここではリボース-リン酸骨格だけを示した．

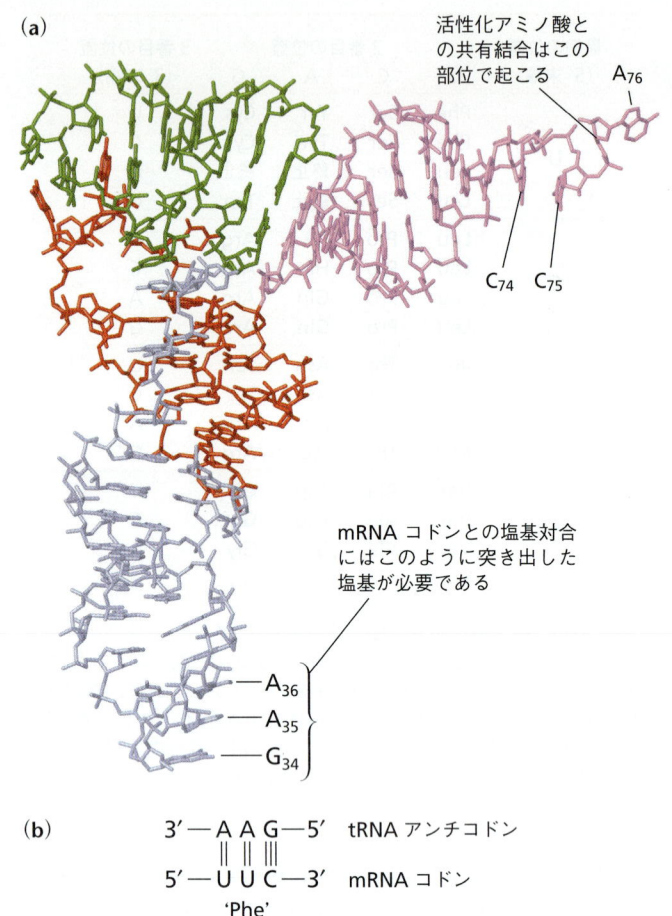

▲図22.6 **酵母 *Saccharomyces cerevisiae* の tRNA^{Phe} の構造** (a) 塩基対合およびDアーム（赤）とTΨCアーム（緑）の相対的位置を示す棒モデル．2個の二本鎖RNAヘリックスがお互いに直角に並び，L字形構造をつくっていることに注意せよ．(b) tRNA^{Phe}とmRNAのPheコドンが相補的に塩基対合することを示す図．解読に際して，二本鎖で逆平行のRNAヘリックスが形成される．〔NDB TRNA10〕

垂直に組合わさった2本のらせんに含まれている．隣接する塩基対が積み重なったときに働く相互作用は相加的であり，tRNAの安定性におおいに寄与している．〔すでに§19.2Cで述べているが，二本鎖DNAの三次元構造における塩基のスタッキング相互作用の役割とよく似ている．〕

B. tRNA のアンチコドンは mRNA のコドンと塩基対合する

mRNA分子に蓄えられている情報の解読をtRNAを介して行うには，tRNAのアンチコドンと相補的なmRNAコドンとの間で塩基対合による相互作用を必要とする．したがって，tRNA分子のアンチコドンは，そのアクセプターステムに結合しているアミノ酸が成長しつつあるペプチド鎖のどこに付加されるかを決定することになる．tRNA分子は結合するアミノ酸に対応して名付けられている．たとえば，図22.6に示したtRNA分子がアンチコドンGAAをもつと，フェニルアラニンコドンUUCに結合する．タンパク質合成に先立ってフェニルアラニンがこのtRNAのアクセプターステムに共有結合する．そこで，このtRNA分子はtRNA^{Phe}と表記される．

コドンとアンチコドンの間の塩基対の多くは，ワトソン・クリック型塩基対合の法則に支配される．AがUと対合し，GがCと対合する．そして，塩基が対合してできた鎖は互いに逆平行

22.5 翻訳の開始

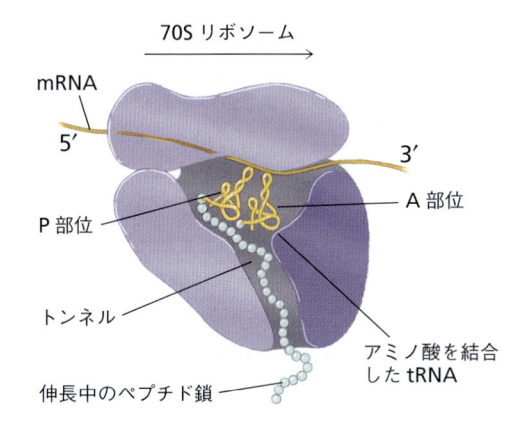

◀図 22.15　原核生物リボソームにおける tRNA 結合部位
タンパク質合成の過程で，伸びかけのポリペプチド鎖の付いた tRNA 分子が P 部位を占めている．A 部位にはアミノアシル tRNA が付いている．伸長しつつあるポリペプチド鎖は大サブユニットのトンネルを通る．

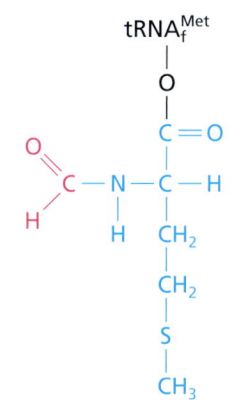

◀図 22.16　fMet-tRNA$_f^{Met}$ の化学構造
ホルミル基（赤）はホルミルトランスフェラーゼの触媒反応によってメチオニル tRNA$_f^{Met}$ のメチオニンの部分（青）に付加される．

リボソームは正しい1個の開始コドン AUG とその他の正しくない AUG とを区別する必要がある．その他の AUG とは，正しい読み枠の中にあるメチオニンの内部コドンであったり，正しい読み枠からずれた2通りの配列の中にあるメチオニンコドンとは無関係の AUG の並びだったりする．また，開始コドンが単純に mRNA の最初の3ヌクレオチドというわけではないことも重要である．開始コドンは mRNA 分子の5′末端からかなり離れた下流にあってもかまわない．

原核生物では開始部位の選択は，リボソーム小サブユニットと鋳型 mRNA 間の相互作用によっている．30S サブユニットは正しい開始コドンのすぐ上流のプリンに富む領域で mRNA に結合する．この領域はシャイン・ダルガーノ（Shine-Dalgarno）配列とよばれ，16S rRNA 分子の3′末端近くのピリミジンに富む領域と相補的である．開始複合体の形成に際して，この相補的なヌクレオチド対が二本鎖 RNA 構造をつくって，mRNA をリボソームに結合する．この相互作用の結果，開始コドンがリボソームの P 部位の位置にくる（図 22.17）．シャイン・ダルガーノ配列は内部のメチオニンコドンのすぐ上流には見当たらないので，開始複合体の組立てはもっぱら開始コドンの上でのみ行われる．

C. 開始因子は開始複合体の形成を助ける

開始複合体の形成には，リボソーム，開始 tRNA，mRNA のほかに，いくつかの**開始因子**（initiation factor）が必要である．原核生物では3種の開始因子，IF-1，IF-2，IF-3 がある．真核生物では少なくとも8種の開始因子（eukaryotic initiation factor）があり，eIF と略記される．原核生物と真核生物のどちらでも，開始因子は開始コドンにおける開始複合体の組立てを促進する．

IF-3 の機能の一つは，リボソームの小サブユニットに結合することによって，リボソームサブユニットを解離状態に維持することである．リボソームサブユニットは開始複合体にそれぞれ別個に結合する．30S に IF-3 が結合していると，30S と 50S サブユニットによる未熟な 70S 複合体の形成が抑制される．IF-3 は

(a)
リボタンパク質	∼∼AUCUA**GAGG**GUAUUAAUA**AUG**AAAGCUACU∼∼
RecA	∼∼GGCAUGAC**AGGA**GUAAAA**AUG**GCUAUCG∼∼
GalE	∼∼AGCCUAU**GGAG**CGAAUU**AUG**AGAGUUCUG∼∼
GalT	∼∼CCCGAU**UAAGGA**ACGACC**AUG**ACGCAAUUU∼∼
LacI	∼∼CAAUUCAG**GGUG**GUGAAU**GUG**AAACCAGUA∼∼
LacZ	∼∼UUCACAC**AGGA**AACAGCU**AUG**ACCAUGAUU∼∼
リボソーム L10	∼∼CAUCA**AGGAG**CAAAGCUA**AUG**GCUUUAAAU∼∼
リボソーム L7/L12	∼∼UAUUC**AGGA**ACAAUUUAAA**AUG**UCUAUCACU∼∼

(b)
16S rRNA の3′末端
HO-A U U C C U C C A C U A G∼∼
　　　　　　: : : : :
∼∼UUCACAC**AGGA**AACAGCU **AUG** ACC AUG AUU∼∼ mRNA
　　　　シャイン・ダルガーノ　　　fMet Thr Met Ile
　　　　配列
　　　　　　　　　　　　　　∼∼UAC∼∼
　　　　　　　　　　　　　fMet-tRNA$_f^{Met}$
　　　　　　　　　　　　　のアンチコドン

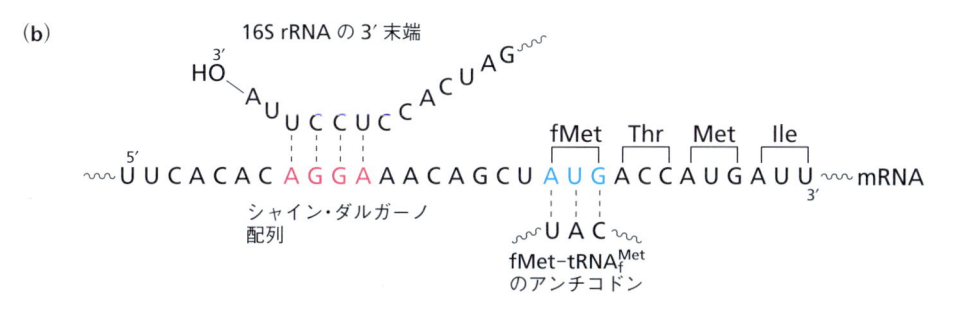

▲図 22.17　大腸菌 mRNA におけるシャイン・ダルガーノ配列　(a) 種々の大腸菌タンパク質の mRNA 5′末端におけるリボソーム結合部位．シャイン・ダルガーノ配列（赤）は開始コドン（青）のすぐ上流にある．(b) 16S rRNA の3′末端と mRNA の5′末端近傍領域の間の相補的塩基対．16S rRNA 3′末端がシャイン・ダルガーノ配列に結合すると，開始コドンがリボソームの P 部位にくるようになり，翻訳の正しい読み枠ができ上がる．（訳注：LacI の開始コドンは GUG であるが，開始 tRNA が結合する．）

また，リボソーム P 部位に fMet-tRNA$_f^{Met}$ と開始コドンを配置する．IF-2 は細胞内でアミノアシル tRNA 分子のプールから開始 tRNA を選び出す．IF-2 と GTP が結合してできた IF-2・GTP 複合体は，開始 tRNA を特異的に識別して，その他のすべてのアミノアシル tRNA 分子を排除する．第三の開始因子である IF-1 は 30S サブユニットに結合して，IF-2 と IF-3 の働きを高める．

いったん 30S 複合体が開始コドンで形成されると，50S リボソームサブユニットが 30S サブユニットに結合する．つぎに，IF-2 に結合していた GTP が加水分解されて P$_i$ を放出し，開始因子は複合体から解離する．結合していた GDP が GTP に置換すると IF-2・GTP は再生される．70S 開始複合体の形成の各段階を図 22.18 にまとめた．

原核生物の開始因子の機能はアミノアシル開始 tRNA（fMet-tRNA$_f^{Met}$）が開始コドンに正しく配置するよう促すことである．また，開始コドンが P 部位にくるように 70S リボソームを再構築し，開始複合体が完成するように助けている．

D. 真核生物における翻訳開始

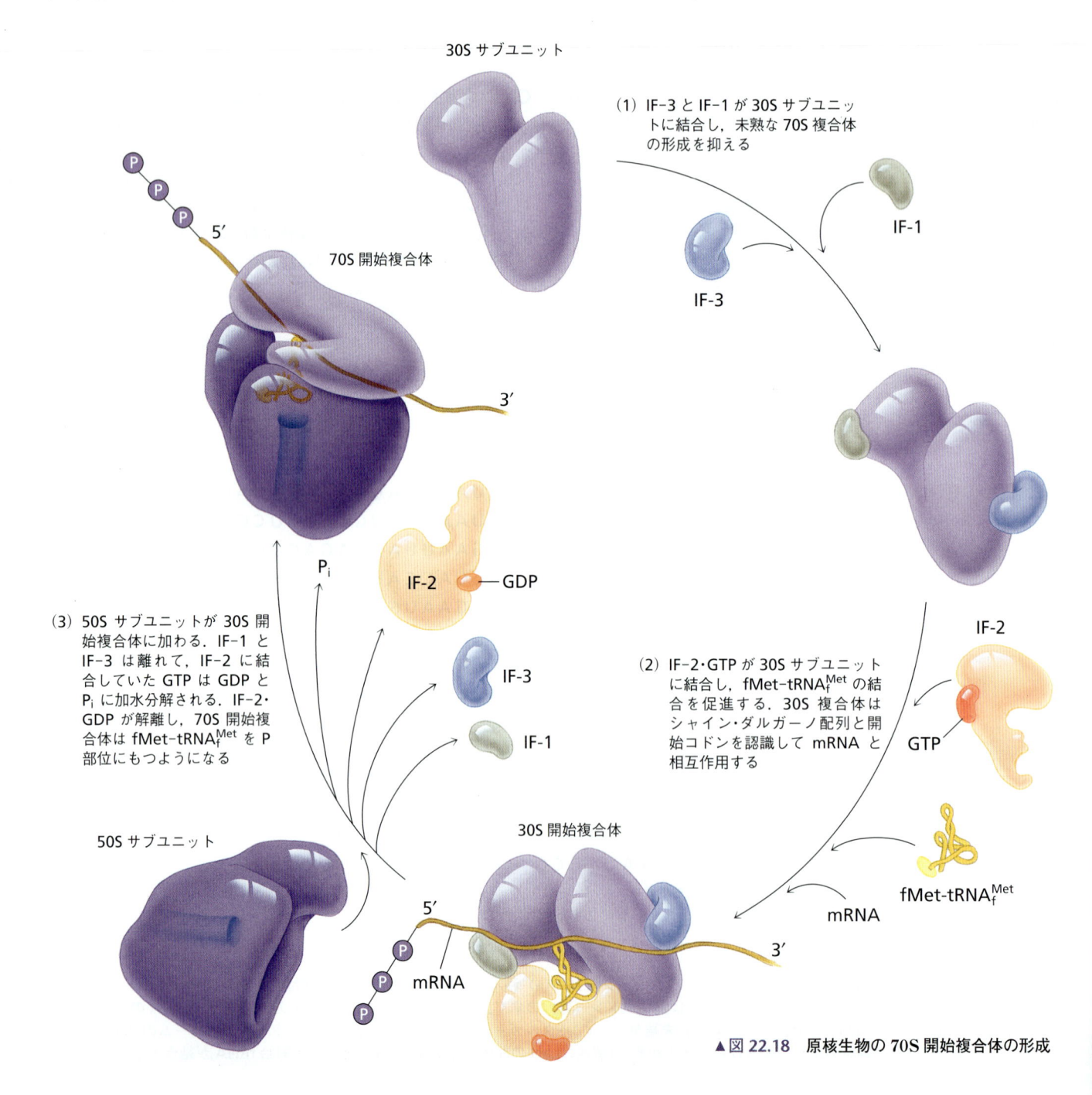

真核生物 mRNA にはリボソーム結合部位となるような，明らかなシャイン・ダルガーノ配列がない．その代わりに mRNA の最初の AUG コドンが開始コドンとして働く．真核生物の開始因子では eIF-4 が重要である．この因子は別名キャップ結合タンパク質（cap binding protein; CBP）という名で知られており，真核生物 mRNA の 5′ 末端 7-メチルグアニル酸キャップ（図 21.27）に特異的に結合する．eIF-4 がキャップ構造に結合することにより 40S リボソームサブユニット，アミノアシル開始 tRNA，数種類の開始因子から構成されるプレ開始複合体が形成される．このプレ開始複合体は mRNA に沿って 5′→3′ 方向に開始コドンに到達するまで移動する．開始コドンを見つけると，リボソーム小サブユニットは，Met-tRNA$_i^{Met}$ が P 部位で開始コドンと相互作用できるような状態になる．最終段階では 60S リボソームサブユニットが結合して完成した 80S 開始複合体となり，そこですべての開始因子が離れる．細菌の IF-2 に対応する真核生物の eIF-2

▲図 22.18 原核生物の 70S 開始複合体の形成

の解離にも，GTPの加水分解を伴う．

多くの真核生物mRNA分子はただ1本のポリペプチドしかコードしていない．開始コドンを選択するために5′末端からmRNAに沿って点検していくので，mRNA当たり1個の開始コドンしか許されない．それに対し，原核生物mRNA分子はしばしば複数のコード領域をもつ．どのコード領域も1個の開始コドンをもち，その上流にはシャイン・ダルガーノ配列がある．複数のポリペプチドをコードするmRNA分子は**ポリシストロン性**（polycistronic）といわれる．

22.6 タンパク質合成における鎖伸長は3段階の小サイクルで行われる

開始段階が終了すると，タンパク質合成は鎖伸長段階に入り，2番目のコドンが翻訳されるようにmRNAが配置される．開始tRNAがリボソームのP部位を占め，A部位はつぎにくるアミノアシルtRNAを受入れる準備をする．鎖伸長の過程では，3段階の小サイクルによって，つぎつぎとアミノ酸が伸長過程のポリペプチド鎖に付加する．この小サイクルの各段階はつぎの通りである．(1) 正しいアミノアシルtRNAがリボソームのA部位に配置される，(2) ペプチド結合が形成される，(3) リボソームに対し1コドンだけmRNAが移動する（リボソームのP部位とA部位にあるtRNAは両方とも動く）．

翻訳装置は，DNA複製を触媒する酵素系に比べて，比較的ゆっくりと作動する．タンパク質は毎秒18アミノ酸残基の速度でしか合成されない．一方，細菌レプリソームは毎秒1000ヌクレオチドの速度でDNA合成を行う．この速度の差は，部分的には，4種類のヌクレオチドが重合して核酸になるのと，20種類のアミノ酸が重合してタンパク質になることとの差を反映している．正しくないアミノアシルtRNA分子をすべてテストし，排除するのに時間がかかるため，タンパク質合成はゆっくりと進行する．

原核生物では転写速度は約55ヌクレオチド/秒であり，これは18コドン/秒にほぼ対応し，mRNAの翻訳速度と同じである．細菌ではmRNAの5′末端が合成されると直ちに翻訳開始となり，翻訳と転写は連携している（図22.19）．真核生物では転写と翻訳は細胞内の別々の区画（それぞれ核と細胞質）で行われるため，このような強い連携は不可能である．真核生物のmRNA前駆体は核の中でプロセシングを受ける（キャップ形成，ポリアデニル化，スプライシングなど）．その後，細胞質に移行し，翻訳される．

1個の大腸菌細胞は20000個のリボソームをもつ．さらに大きい真核生物の細胞は数十万個のリボソームをもつ．大きいmRNA分子は，図22.19に示すように，ポリリボソームつまり**ポリソーム**（polysome）を形成して，多数のタンパク質合成（翻訳）複合体によって同時に翻訳される．mRNAに結合できるリボソームの数は，mRNAの長さとタンパク質合成開始の頻度によって決まる．最高の効率のときは，ポリソーム上の翻訳複合体間の距離は約100ヌクレオチドである．大腸菌では各mRNAは平均30回ほど翻訳される．こうして，1本のmRNA分子にコードされる情報は30倍に効率よく増幅される．

> ❗活発に翻訳の行われるリボソームA部位では，正しいtRNAを求めて，アミノアシルtRNAのプールからランダムに試される19種の適正でないアミノアシルtRNAのために，莫大な時間を費している．

A. 伸長因子はアミノアシルtRNAをA部位に引き込む

最初の鎖伸長反応の小サイクルでは，開始時にA部位は空で，P部位はアミノアシル開始tRNAが占めている．鎖伸長の最初の段階は正しいアミノアシルtRNAをリボソームのA部位に挿入することである．細菌ではこの段階はEF-Tuといわれる伸長因子によって触媒される．EF-Tuは単量体のタンパク質で，GTPを結合する部位をもつ．大腸菌はおよそ135000分子のEF-Tuをもち，EF-Tuは細胞内で最も大量にあるタンパク質の一つである（細胞にとってのタンパク質合成の重要さを強調している）．

EF-Tu・GTPはアミノアシルtRNAと結合して三重複合体を形成し，リボソームのA部位にはまり込む．細胞内にあるほとんどすべてのアミノアシルtRNA分子はこのような三重複合体として存在する（図22.20）．EF-Tuの構造がIF-2（やはりGTP結合性）や各種のGタンパク質（§9.11 B）の構造に似ていることから，これらはみな共通の祖先タンパク質から生じたと考えられる．

EF-Tu・GTP複合体は，tRNA分子に共通した三次構造的特徴を認識して，fMet-tRNA$_f^{Met}$以外のすべてのアミノアシルtRNA分子と固く結合する．fMet-tRNA$_f^{Met}$分子はアクセプターステムの特徴的な二次構造によって，他のすべてのアミノアシルtRNA分子から区別されている．

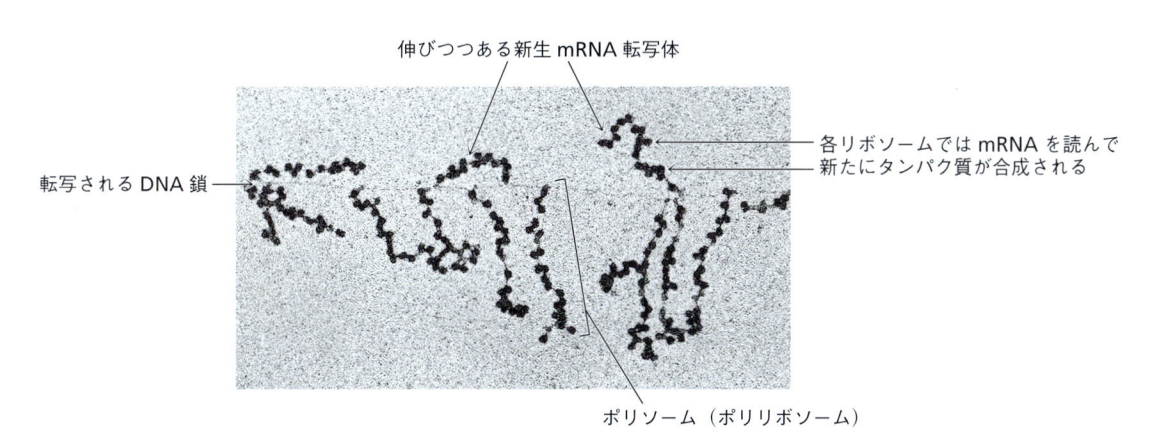

▲図22.19 **大腸菌遺伝子の転写と翻訳の連携** 遺伝子は左から右に転写される．mRNA分子が合成されるとすぐにリボソームがmRNAの5′末端に結合する．右側にある大きなポリソームは転写が終了すると遺伝子から遊離する．

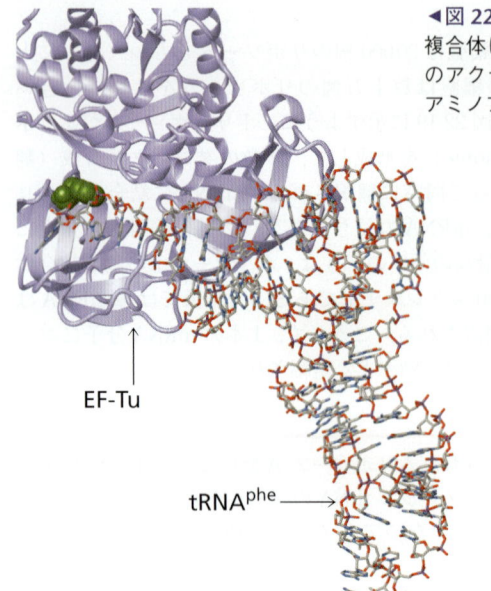

◀図 22.20 **EF-Tu はアミノアシル tRNA に結合する** EF-Tu・GTP 複合体はアミノアシル tRNA（ここではフェニルアラニル tRNA^{Phe}）のアクセプター末端に結合する．フェニルアラニン残基を緑で表す．アミノアシル tRNA は普通このような形で細胞内に存在する．

EF-Tu・GTP・アミノアシル tRNA 三重複合体はリボソーム A 部位に自由に入り込むことができる．アミノアシル tRNA のアンチコドンと，A 部位の mRNA のコドンとの間に正しい塩基対ができると，複合体は安定化される．そして，EF-Tu・GTP はリボソーム上の結合部位および，P 部位上の tRNA と接触できるようになる（図 22.21）．この接触が引き金となって GTP が GDP と P$_i$ へ加水分解され，EF-Tu・GDP のコンホメーションは変化して，結合していたアミノアシル tRNA を解放する．つぎに，EF-Tu・GDP が鎖伸長複合体から解離する．アミノアシル tRNA は A 部位に残り，ペプチド結合形成に向けて配置されたことになる．

EF-Tu・GDP は GDP を離すまでアミノアシル tRNA 分子とは結合できない．EF-Ts というもう一つの伸長因子が結合 GDP を

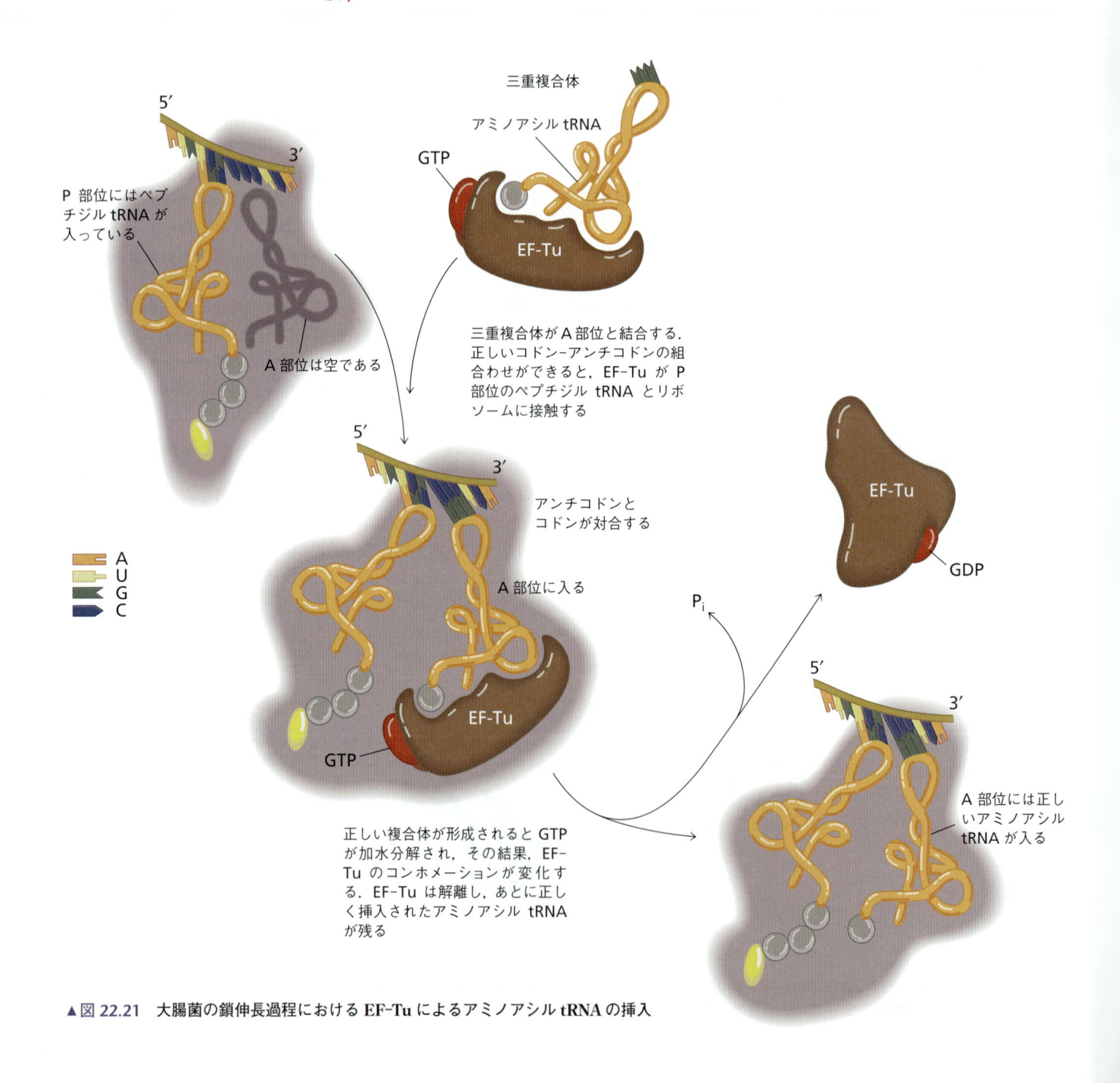

▲図 22.21 大腸菌の鎖伸長過程における EF-Tu によるアミノアシル tRNA の挿入

GTP に交換する反応を触媒する（図 22.22）．アミノアシル tRNA が A 部位に正しく挿入されるたびに GTP 分子が 1 個加水分解されることに注意してほしい．

B. ペプチジルトランスフェラーゼがペプチド結合の形成を触媒する

正しいアミノアシル tRNA が A 部位に結合すると，この活性化アミノ酸の α–アミノ基は，隣の P 部位に存在するペプチジル tRNA のエステル結合カルボニルと整列する．窒素原子の孤立電子対がカルボニル炭素に向かって求核攻撃を行い，置換反応を経て，ペプチド結合を形成することになる．ここではリボソームの活性部位がこれらの基質をどのように並べるかをわかりやすく描いているけれど，リボソームがこの反応の速度をどのように高めるかは，正確にわかっているわけではない．ペプチド鎖は 1 アミノ酸残基だけ長くなって，P 部位の tRNA から A 部位の tRNA へ渡される（図 22.23）．ペプチド結合の形成には高エネルギー性のペプチジル tRNA 結合の加水分解が必要である．なお，伸びかけのポリペプチド鎖は A 部位の tRNA に共有結合し，ペプチジル tRNA を形成していることに注意してほしい．

ペプチド結合形成の役割を担う酵素活性は**ペプチジルトランスフェラーゼ**（peptidyl transferase）とよばれ，その活性はリボソーム大サブユニットにある．23S rRNA と 50S リボソームタンパク質が基質結合部位を構成するが，その触媒活性は RNA 成分にある．このように，ペプチジルトランスフェラーゼは RNA が触媒する反応の一例にもなっている．

! 新たなペプチド結合の形成には，P 部位の tRNA に結合するポリペプチドを，リボソーム A 部位にいるアミノアシル tRNA のアミノ末端に物理的に移動させるという過程が含まれる．

C. リボソームはトランスロケーションの間に 1 コドン分移動する

ペプチド結合形成の後で，新たにつくり出されたペプチジル tRNA は半ば A 部位に，半ば P 部位にいる（図 22.24）．アミノアシル基を失った tRNA は P 部位から少し移動して，リボソームにある脱出部位，**E 部位**（exit site）にいる．つぎのコドンが翻訳されるまでに，アミノアシル基を失った tRNA は放出され，ペプチジル tRNA が完全に A 部位から P 部位に移らなければならない．同時に，mRNA はリボソームに対し 1 コドン分移動しなければならない．この**トランスロケーション**（translocation）が鎖伸長小サイクルの第三段階である．

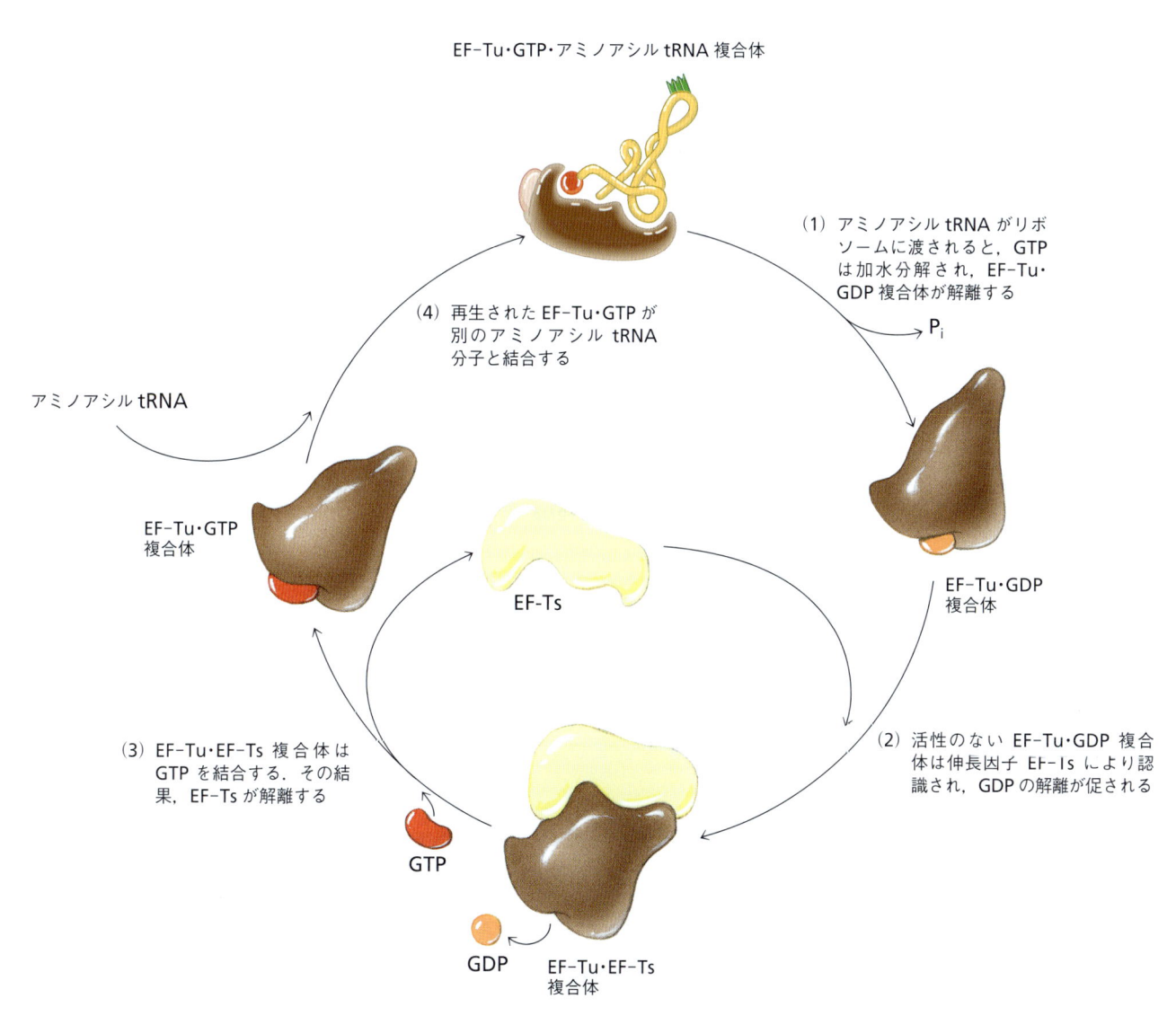

▲ 図 22.22　EF–Tu·GTP の循環

EF–Tu·GTP·アミノアシル tRNA 複合体

（1）アミノアシル tRNA がリボソームに渡されると，GTP は加水分解され，EF–Tu·GDP 複合体が解離する

（2）活性のない EF–Tu·GDP 複合体は伸長因子 EF–Ts により認識され，GDP の解離が促される

（3）EF–Tu·EF–Ts 複合体は GTP を結合する．その結果，EF–Ts が解離する

（4）再生された EF–Tu·GTP が別のアミノアシル tRNA 分子と結合する

アミノアシル tRNA

EF–Tu·GTP 複合体

EF–Ts

EF–Tu·GDP 複合体

GTP

GDP

EF–Tu·EF–Ts 複合体

▲図 22.23 **ペプチド結合の形成** ペプチジル tRNA のカルボニル炭素は，アミノ基の窒素原子により求核攻撃を受ける．このアミノアシル基転移反応によりペプチド鎖は 1 残基だけ伸長し，A 部位の tRNA に新生ペプチドが転移する．

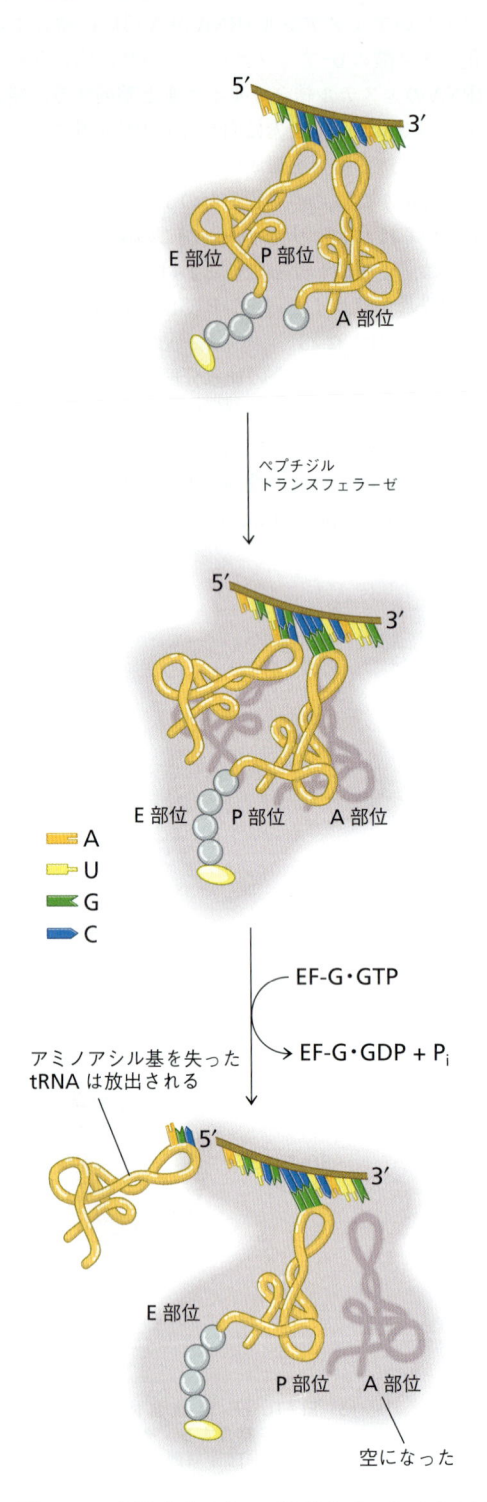

▲図 22.24 **原核生物のタンパク質合成におけるトランスロケーション** 上：アミノアシル tRNA が A 部位に入る．中：ペプチド結合の形成に続いて，新たにつくられたペプチジル tRNA は A 部位と P 部位のどちらにも部分的に結合している．下：トランスロケーションによりペプチジル tRNA は完全に P 部位に入り，A 部位は空になる．アミノアシル基を失った tRNA は E 部位から放出される．

> Ribosomes moving　リボソームは動く
> on messengerRNA　メッセンジャーRNAの上を
> synthesize proteins　タンパク質をつくりながら
> 　　　　　　　　　　Sidney Brenner "haiku" (2002) より

　原核生物では，トランスロケーションの段階に第三の伸長因子，EF-Gが関与する必要がある．他の伸長因子と同様に，EF-Gも大量に存在するタンパク質である．大腸菌は細胞当たり約20000分子のEF-Gをもっている．これはリボソーム当たりおおよそ1分子に相当する．EF-Tuと同様に，EF-GもGTP結合部位をもつ．EF-G・GTPがリボソームに結合すると，ペプチジルtRNAのA部位からP部位へのトランスロケーションが完了し，E部位からアミノアシル基を失ったtRNAが離れる．EF-G自身は，結合GTPがGDPに加水分解され，P_iを放出したときにのみリボソームから離れる．EF-G・GDPの離脱によりリボソームのA部位は空になり，鎖伸長の小サイクルを新たに始めることができるようになる．

　伸びかけのポリペプチド鎖はP部位にあるペプチジルtRNAから伸びてきて，50Sサブユニットにあるトンネルを通り，リボソームの外側表面に出てくる（図22.15）．トランスロケーションの各段階は鎖がトンネルを通り抜ける手助けをする．新たに形成されたポリペプチド鎖は，鎖がトンネルをすっかり出終えてから，最終的な形に折りたたまれる．この折りたたみは，翻訳装置に会合しているHSP70などのシャペロンの働きに助けられる（§4.11 D）．

　伸長反応小サイクルはmRNAのコドンがつぎつぎと翻訳されるたびに繰返される．こうして，数百残基の長さをもつポリペプチド鎖の合成が行われる．翻訳複合体がコード領域の終点のコドンに達したとき，そこで翻訳は終結する．

　真核生物のポリペプチド鎖伸長反応は大腸菌の場合によく似ており，3種の補助タンパク質因子，EF-1α，EF-1β，EF-2が関与する．EF-1αはA部位にアミノアシルtRNAをひき込み，その活性は大腸菌のEF-Tuと同様である．EF-1βは大腸菌のEF-Tsとよく似た働きをし，EF-1αをリサイクルさせる．EF-2は真核生物でのトランスロケーションを行う．EF-TuとEF-1αは高度に保存された相同タンパク質であり，EF-GとEF-2も同様である．真核生物と原核生物のrRNAは，配列も二次構造も非常によく似ている．このような類似性は，原核生物と真核生物の共通の祖先が，現存生物と同じようなやり方でタンパク質合成を行っていたことを示している．このようにタンパク質合成は最も古くから存在する基本的な生化学反応の一つである．

> ポリペプチド合成は，頭を伸ばす機構の一例である（BOX 12.5）．

22.7　翻訳の終結

　大腸菌には3種の終結因子（RF-1，RF-2，RF-3）があり，タンパク質合成の終結に働いている．ポリペプチド鎖の最後のペプチド結合ができると，ペプチジルtRNAは，通常通りA部位からP部位にトランスロケーションする．このとき，3種の終止コドン（UGA，UAG，UAA）の一つがA部位に存在しており，終止コドンはtRNA分子によっては認識されないので，タンパク質合成は終止コドンで立ち往生してしまう．最終的には終結因子の一つがA部位に入り込む．RF-1はUAAとUAGを認識し，RF-2はUAAとUGAを認識する．RF-3はGTPを結合し，RF-1とRF-2の働きを高める．

　終結因子が終止コドンを認識すると，ペプチジルtRNAのエステル結合が加水分解される．最終のポリペプチド産物が放出されるとき，GTPが加水分解され，終結因子がリボソームから離脱する．この時点でリボソームサブユニットはmRNAから解離し，つぎのタンパク質合成に備えて開始因子が30Sサブユニットに結合する．

> ! リボソームA部位にあるmRNAコドンは，あたりに拡散している終結因子によって間断なくテストされている．終結因子は翻訳の終止コドンを探している．

22.8　タンパク質合成はエネルギー的に高価である

　タンパク質合成のコストは非常に高い．タンパク質合成のために，細胞内にある利用可能なATP等価物のかなりの割合を使っている．このエネルギーはみなどこへ行くのだろうか．

　ポリペプチド鎖にアミノ酸1個が付け加わるごとに，4個のリン酸無水物結合が切断される．アミノ酸の活性化でATPがAMP＋$2P_i$に加水分解され，さらに2個のGTP分子が鎖伸長で2GDP＋$2P_i$に加水分解される．GTPの加水分解は翻訳装置のコンホメーション変化と連携している．この意味で，GTPとGDPはアロステリックエフェクターのようにふるまう．しかし，いろいろなアロステリックエフェクターがひき起こすコンホメーション変化と異なるのは，タンパク質合成にみられるコンホメーション変化は大量のエネルギー消費を伴うことである．

　4個のリン酸無水物結合の加水分解は大きなギブズ自由エネルギー変化を示している．これは1個のペプチド結合形成のための必要量をはるかに上回る．タンパク質合成に必要な"余分な"エネルギーの大部分は，タンパク質合成に際してのエントロピーの減少を補償するために用いられる．エントロピーの減少は主として20種の異なるアミノ酸がポリペプチド鎖の中に特定の順番で並ぶことから生じる．さらに，アミノ酸が特定のtRNAに結合するとき，およびアミノアシルtRNAが特定のコドンに対応するとき，エントロピーが減少する．

22.9　タンパク質合成の調節

　一方向性の遺伝子発現はmRNAからタンパク質への翻訳段階で調節することができる．翻訳の調節は開始，伸長，あるいは終結で行われる．一般に，遺伝子発現を翻訳の段階で調節することは，オリゴマー複合体に会合するタンパク質や，細胞内の発現が厳密かつ速やかに調節されなければならないタンパク質を合成する場合によく行われる．

　翻訳速度は鋳型の配列にある程度依存する．たとえば，あまり使われないコドンをたくさんもっているmRNAは，頻繁に使われるコドンをもつmRNAに比べてずっと遅く（つまり低い頻度で）翻訳される．さらに，翻訳開始速度は，開始部位のヌクレオチド配列によって変化する．細菌mRNAの強力なリボソーム結合部位は開始の効率を高める．また，真核生物mRNAの開始コドン周辺のヌクレオチド配列が開始速度に影響するという証拠も得られている．

　翻訳開始と転写開始との違いの一つは，翻訳複合体の形成が

mRNAの二次構造に左右されるということである．たとえば，mRNA分子内に二本鎖領域が形成されると，リボソーム結合部位と開始コドンが隠されてしまう．つまり，mRNAの翻訳頻度は構造に依存しても決まるが，これは厳密には調節とはいえない．ここでは**翻訳調節**という用語を，外部からの因子がmRNAの翻訳頻度を調節する場合に使用することにする．

A. 大腸菌のリボソームタンパク質合成はリボソーム構築と連携する

すべての大腸菌リボソームは少なくとも52種のリボソームタンパク質を含む．これらリボソームタンパク質をコードする遺伝子は，大腸菌ゲノム全体に散らばっていて，13のオペロンと7個の単独遺伝子として存在する．リボソームタンパク質のうちのいくつかをコードした遺伝子を大腸菌に複数コピー挿入すると，それに対応するmRNAの濃度は急激に増加するが，リボソームタンパク質全体の合成速度はほとんど変化しない．さらに，リボソームタンパク質をコードするmRNAの存在量は均等ではないのに，リボソームタンパク質の相対濃度は不変である．これらの結果は，リボソームタンパク質の合成は翻訳段階で厳密に調節されていることを示している．

リボソームタンパク質の翻訳調節は重要である．なぜなら，リボソームはすべてのタンパク質が化学量論的に適正に存在しないかぎり構築されないからである．リボソームタンパク質の生産は，そのmRNAの翻訳効率の調整によって調節されている．リボソームタンパク質遺伝子をもつ大きなオペロンのそれぞれには，ある特定のリボソームタンパク質がコードされている．その

BOX 22.1 抗生物質にはタンパク質合成を抑制するものがある

多くの微生物は抗生物質を生産し，競争相手に対する化学的防衛手段として利用する．抗生物質のあるものはペプチド結合の形成を阻害して細菌の成育を抑制する．たとえば，抗生物質ピューロマイシンはアミノアシルtRNA分子の3′末端と非常によく似た構造をもっている．この構造類似性のためにピューロマイシンはリボソームA部位に入ることができる．ついで，ペプチジルトランスフェラーゼが新生ポリペプチドをピューロマイシンの遊離のアミノ基に転移する反応を触媒する（下図参照）．ペプチジルピューロマイシンはA部位に弱く結合し，ついですぐにリボソームから離れる．その結果，タンパク質合成が終了してしまう．

ピューロマイシンは原核生物で効果的にタンパク質合成を抑制することができるが，医療には役立たない．それは真核生物でもタンパク質合成を抑制し，したがってヒトに対して毒性をもつからである．医療にとって重要な抗生物質に，ストレプトマイシン，クロラムフェニコール，エリスロマイシン，テトラサイクリンなどがある．これらは細菌だけによく効いて，真核生物のタンパク質合成には，ほとんど，あるいはまったく影響を与えない．ストレプトマイシンは30Sリボソームサブユニットのタンパク質の一つに結合し，翻訳開始を阻害する．クロラムフェニコールは50Sサブユニットに作用して，ペプチジルトランスフェラーゼを阻害する．エリスロマイシンも50Sサブユニットに結合し，トランスロケーションの段階を阻害する．テトラサイクリンは30Sサブユニットに結合し，アミノアシルtRNA分子のA部位への結合を抑える．

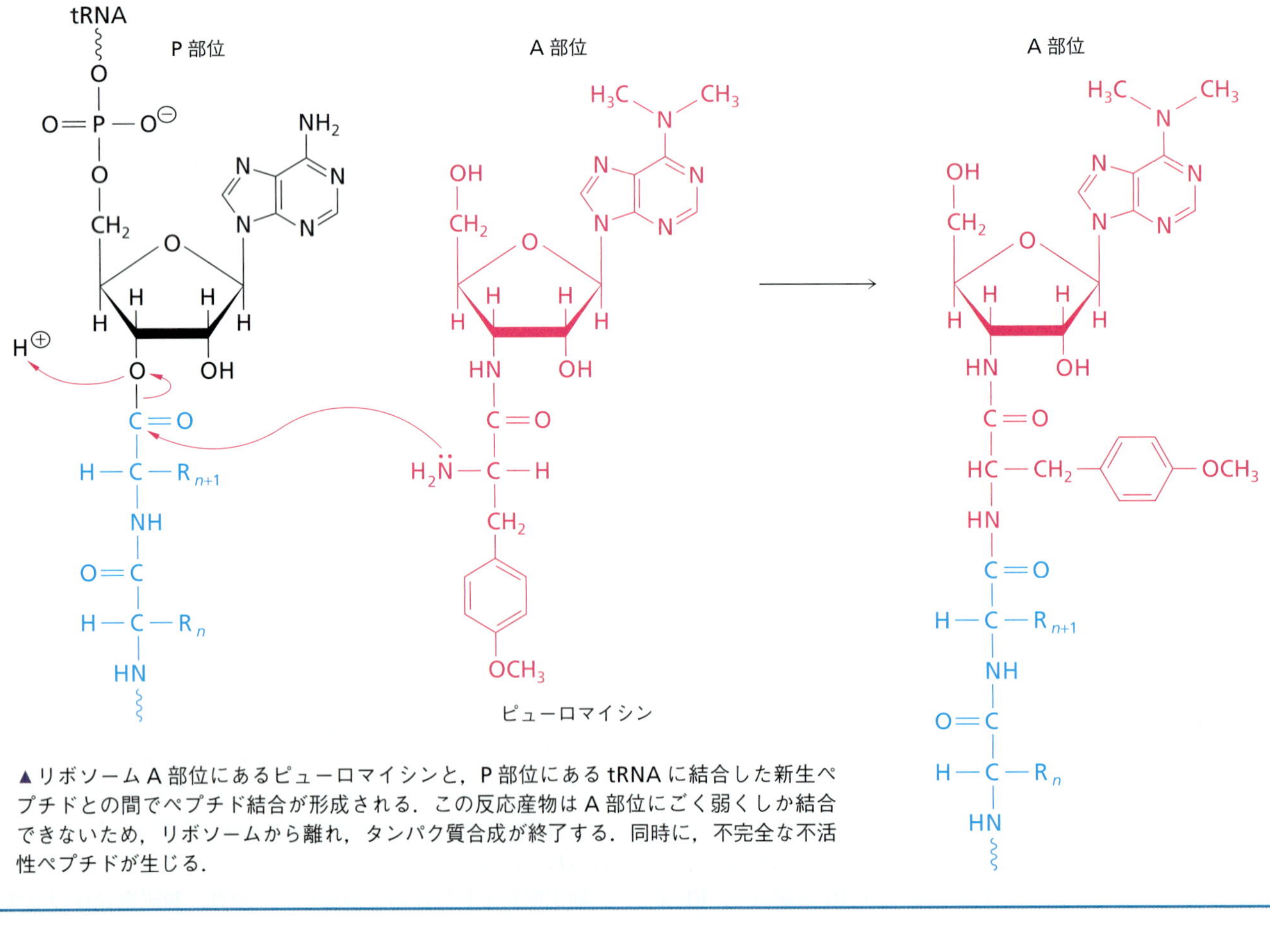

▲リボソームA部位にあるピューロマイシンと，P部位にあるtRNAに結合した新生ペプチドとの間でペプチド結合が形成される．この反応産物はA部位にごく弱くしか結合できないため，リボソームから離れ，タンパク質合成が終了する．同時に，不完全な不活性ペプチドが生じる．

リボソームタンパク質がオペロンの先頭にある一つの遺伝子の開始コドンの近くに結合すると，自身のポリシストロン性mRNAの翻訳が阻害される．

この阻害性のリボソームタンパク質と対応するmRNAとの相互作用は，リボソームタンパク質とrRNAとが集合して成熟したリボソームになるときの相互作用に似ている．たとえば，*str*オペロンの転写産物mRNAは，リボソームタンパク質S7のコード領域を含んでいるが，そこには16S rRNAのS7結合部位にあるのと同じRNA配列をもつ領域がいくつか存在する．さらに，*str* mRNAの予想二次構造が，16S rRNAのS7結合部位の予想二次構造に似ている（図22.25）．S7は*str* mRNA分子のこの領域に結合し，翻訳を阻害する．多分，S7は二つのRNAの類似した構造的特徴を認識するのだろう．同じような機構で他のリボソームタンパク質をコードしているmRNAの翻訳も調節されている．

翻訳を阻害するリボソームタンパク質は，mRNA上の似た領域に比べてrRNAの方にずっと強く結合する．それゆえ，新たに合成されたリボソームタンパク質がリボソームに組込まれていくかぎり，そのmRNAは翻訳を継続する．しかし，リボソーム構築速度が低下し，遊離リボソームタンパク質の濃度が細胞内で上昇すると，阻害性のリボソームタンパク質が自身のmRNAに結合し，さらなるタンパク質合成の進行を阻害する．このようにして，リボソームタンパク質の合成は，リボソーム構築と調和している．

B. グロビン合成はヘム供給に依存する

赤血球の主要タンパク質であるヘモグロビンの合成には，グロビン鎖とヘムが等量必要である（§4.13）．グロビン合成の調節は翻訳の開始でなされている．ヘモグロビンは初めに，前赤芽球とよばれる未成熟赤血球で合成される．哺乳類の前赤芽球は成熟過程で核を失い，最後に網状赤血球になる．これが赤血球の直接の前駆体である．ヘモグロビンは網状赤血球で合成され続ける．この細胞にはグロビンポリペプチドをコードし，すでにプロセシングされた安定なmRNAが詰まっている．

網状赤血球のグロビン合成速度は，ヘム濃度によって決まる．ヘム濃度が減少すると，グロビンmRNAの翻訳が阻害される．グロビンmRNA翻訳に与えるヘムの効果は，ヘム調節阻害剤（heme-controlled inhibitor；HCI）とよばれるプロテインキナーゼが仲介する（図22.26）．活性型HCIは，ATPからリン酸基を翻訳開始因子eIF-2に転移する反応を触媒する．リン酸化されたeIF-2は翻訳開始に参加できず，細胞のタンパク質合成は阻害される．

翻訳開始の過程で，eIF-2はメチオニルtRNA$_i^{Met}$とGTPに結合する．40Sプレ開始複合体が開始コドンに出会うと，メチオニルtRNA$_i^{Met}$はeIF-2からmRNAの開始コドンに移動する．この移動反応にはGTPの加水分解と，eIF-2・GDPの遊離が必要である．グアニンヌクレオチド交換因子（guanine nucleotide exchange factor；GEF）とよばれる酵素がeIF-2のGDPをGTPに交換し，つぎのメチオニルtRNA$_i^{Met}$のeIF-2への結合を触媒する．リン酸化されたeIF-2・GDPに対してGEFは固く結合して，ヌクレオチド交換反応は阻害される．細胞内のすべてのGEFが結合すると，活性のあるeIF-2・GTP複合体が再生されないために，タンパク質合成は完全に阻害される．

ヘムはHCIの活性化に干渉することでグロビン合成を調節する．ヘムが豊富にあればHCIは不活性化され，グロビンmRNAは翻訳される．しかし，ヘムがわずかになるとHCIは活性化され，細胞内のすべてのmRNAの翻訳は阻害される（図22.26）．

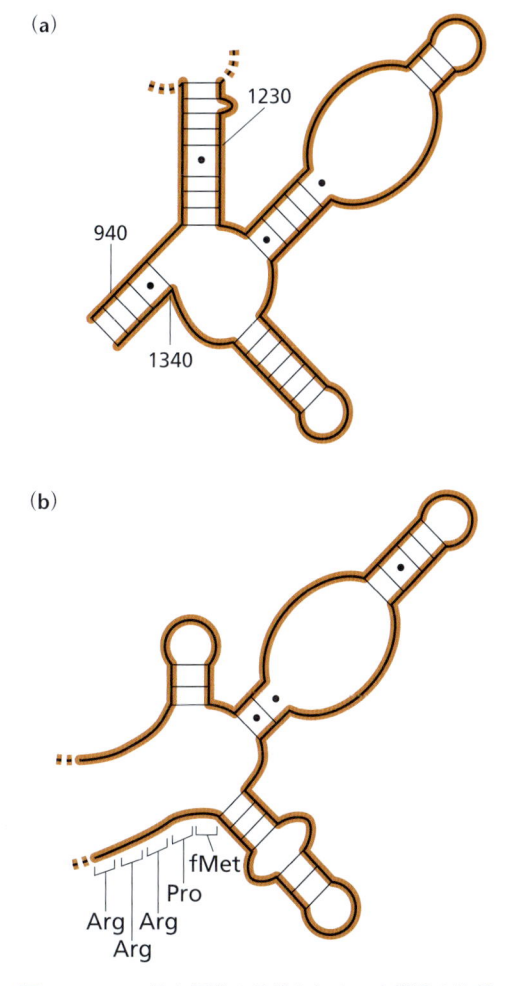

▲図22.25　S7結合部位の予想される二次構造の比較　(a) 16S rRNAのS7結合部位．(b) *str* mRNAのS7結合部位．

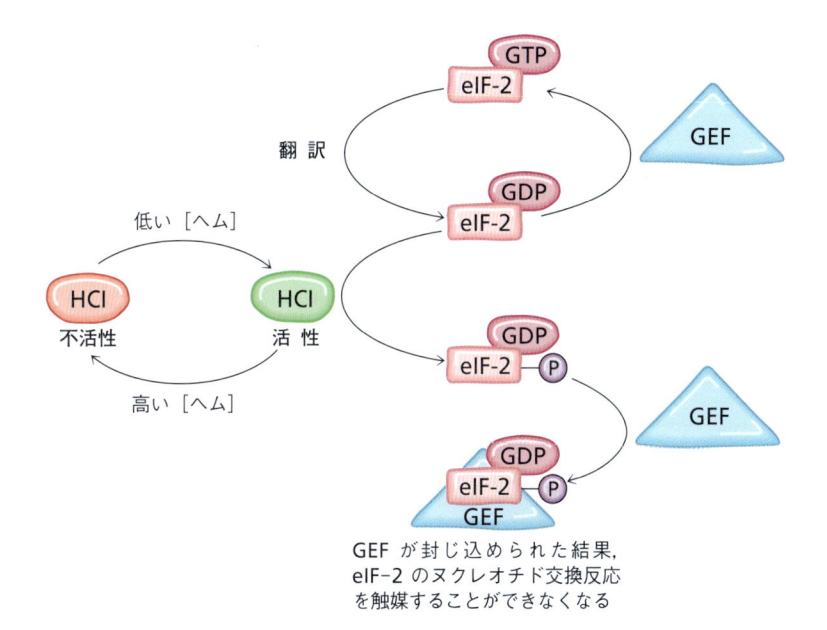

▲図22.26　網状赤血球におけるeIF-2のリン酸化によるタンパク質合成の阻害　ヘム濃度が高い場合，HCIは活性がなく，翻訳は正常に進行する．ヘム濃度が低い場合，HCIはeIF-2のリン酸化を触媒する．リン酸化されたeIF-2は，細胞内に限られた量しかないGEFと固く結合するので，GEFが封じ込められることになり，（グロビンを含めた）細胞内mRNAの翻訳は阻害される．

eIF-2のリン酸化は哺乳類の別の型の細胞でもmRNAの翻訳を調節している．たとえば，ヒト細胞にRNAウイルスが感染すると，二本鎖RNAあるいは5′-リン酸をもつ一本鎖RNAの存在がインターフェロンの生産をひき起こす．インターフェロンはつぎに，eIF-2をリン酸化するプロテインキナーゼを誘導する．この反応によってウイルス感染細胞のタンパク質合成が阻害される．

C. 大腸菌 trp オペロンは抑制と転写減衰により調節される

大腸菌 trp オペロンはトリプトファン生合成に必要なタンパク質をコードしている．たいがいの生物は自身のアミノ酸を合成するが，外来タンパク質を分解して得ることもできる．この理由から，大部分の生物は，外界からアミノ酸を獲得することができるときには，アミノ酸の新規生成に必要な酵素の合成を抑制するという機構を進化させた．たとえば，大腸菌では，トリプトファンはそれ自身の生合成の負の調節因子である．トリプトファン存在下では trp オペロンは発現されない（図22.27）．trp オペロンの発現は，2個の同一サブユニットの二量体である trp リプレッサーにより部分的に阻害される．trp リプレッサーは trpR 遺伝子にコードされている．この遺伝子は大腸菌染色体上の trp オペロンとは別の場所に位置していて，別々に転写される．トリプトファンが豊富にあると，リプレッサー-トリプトファン複合体がプロモーター内に位置するオペレーター trpO に結合する．結合したリプレッサー-トリプトファン複合体は，RNAポリメラーゼのプロモーターへの結合を阻害する．つまり，トリプトファンは trp オペロンのコリプレッサーである．

大腸菌 trp オペロンの調節は，さらに**転写減衰**（transcription attenuation）とよばれる第二の独立した機構によって補助され，より精密になっている．この第二の機構は翻訳に依存して，trp オペロンの転写を進行させるか，未完成のまま打切るかを決定する．RNAポリメラーゼがプロモーターから trpE 遺伝子へ移動する過程は，プロモーターと trpE の間に存在する162ヌクレオチド配列により支配されている．リーダー領域（図22.27）とよばれるこの配列には，リーダーペプチドとよばれる14アミノ酸をコードする45ヌクレオチドが含まれている．リーダー領域のmRNA転写産物は，リーダーペプチドをコードする領域の末端付近に，トリプトファンを特定する二つの連続したコドンをもつ．さらに，このリーダー領域には，GCに富む配列が4箇所ある．トリプトファンのコドンと4箇所のGCに富む配列が，転写終結に影響することでmRNA合成を調節する．

mRNAへの転写の過程で，リーダー領域の4箇所のGCに富

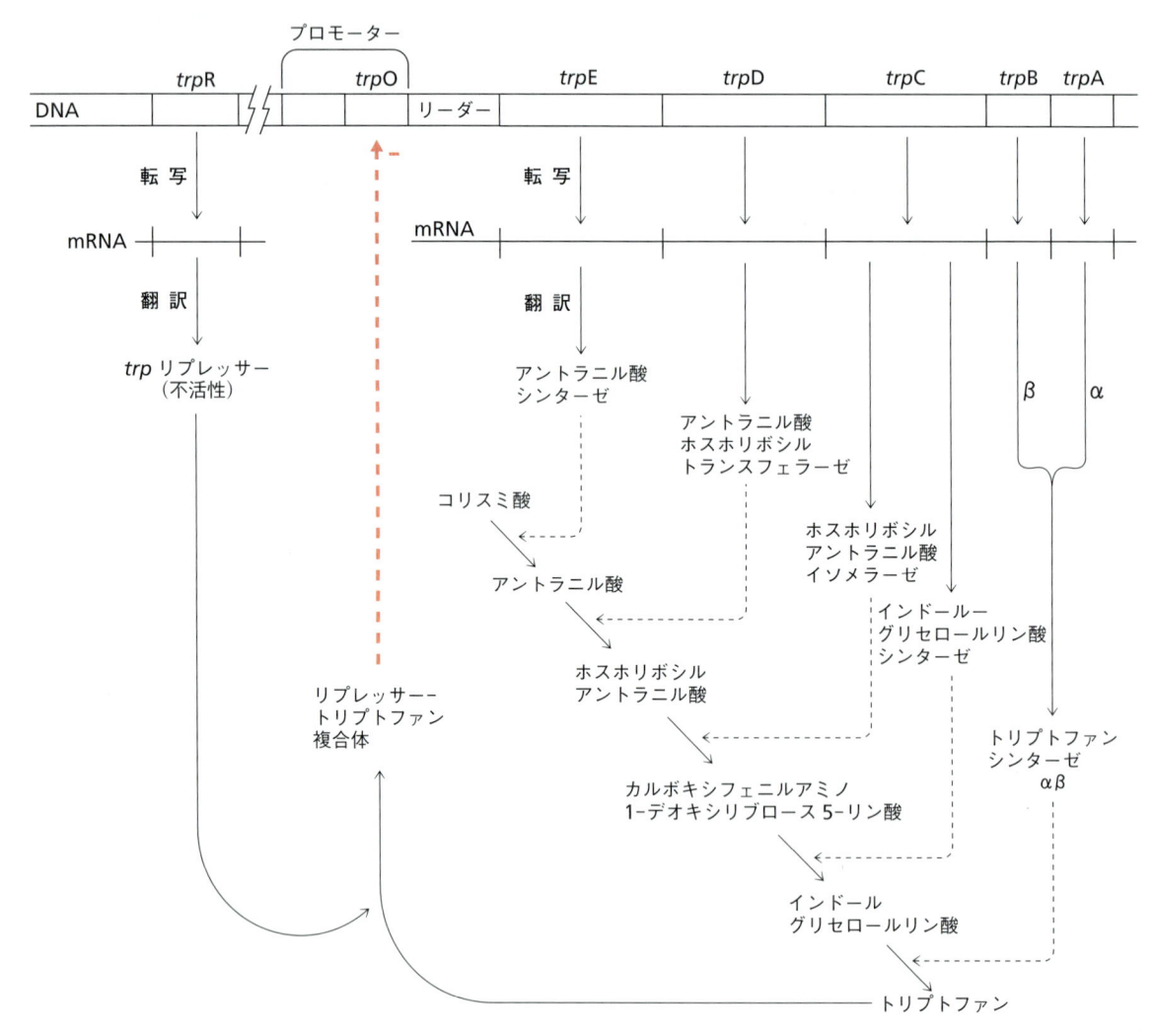

▲図22.27 **大腸菌 trp オペロンの抑制** trp オペロンは，リーダー領域，ならびにコリスミ酸からのトリプトファン生合成に必要な5個の遺伝子で構成される．trpR 遺伝子は trp オペロンの上流にあり，trp リプレッサーをコードしている．trp リプレッサーはコリプレッサーのトリプトファンがないと活性がない．トリプトファンが過剰に存在すると，trp リプレッサーに結合し，リプレッサー-トリプトファン複合体が trp オペレーター（trpO）に結合する．リプレッサー-トリプトファン複合体がオペレーターに結合すると，RNAポリメラーゼはプロモーターから排除されて，trp オペロンの転写が抑制される．

む配列は，塩基対合によってできる2通りの二次構造のうちの一つをとる（図22.28）．第一に可能な二次構造は，二つのRNAヘアピンである．これらのヘアピンは，図22.28（b）にあるように配列1と2の間と，配列3と4の間で形成される．1-2ヘアピンは典型的な転写休止部位となる．3-4ヘアピンに続いてウリジル酸残基が連なるが，これは典型的なρ非依存性終結シグナルである（§21.4）．しかし，このような特別な終結シグナルが *trp* オペロンの最初の遺伝子の上流にあるのは変わっている．もう一つの可能な二次構造は，配列2と3の間にできる一つのRNAヘアピンである（図22.28c）．このヘアピンは3-4ヘアピンよりずっと安定であるが，配列1が配列2とのヘアピン形成に利用できないときにだけ形成される．

リーダー領域の転写の過程で1-2ヘアピンが形成されると，RNAポリメラーゼは休止する．一方，その間にもリボソームはリーダーペプチドをコードしたmRNAの翻訳を開始してしまう．このコード領域は1-2 RNAヘアピンのすぐ上流から始まる．配列1はリーダーペプチドのC末端アミノ酸をコードしていて，終止コドンももっている．リボソームが配列1を翻訳するにつれて，1-2ヘアピンが壊れ，それにより休止していたRNAポリメラーゼが解放されて，配列3を転写するようになる．トリプトファニルtRNA^{Trp}が存在するときは，リボソームとRNAポリメラーゼはほぼ同一速度で移動する．リボソームは，*trp* リーダーmRNAの終止コドンに遭遇すると解離し，1-2ヘアピンが再形成される．リボソームが解離すると，RNAポリメラーゼは配列

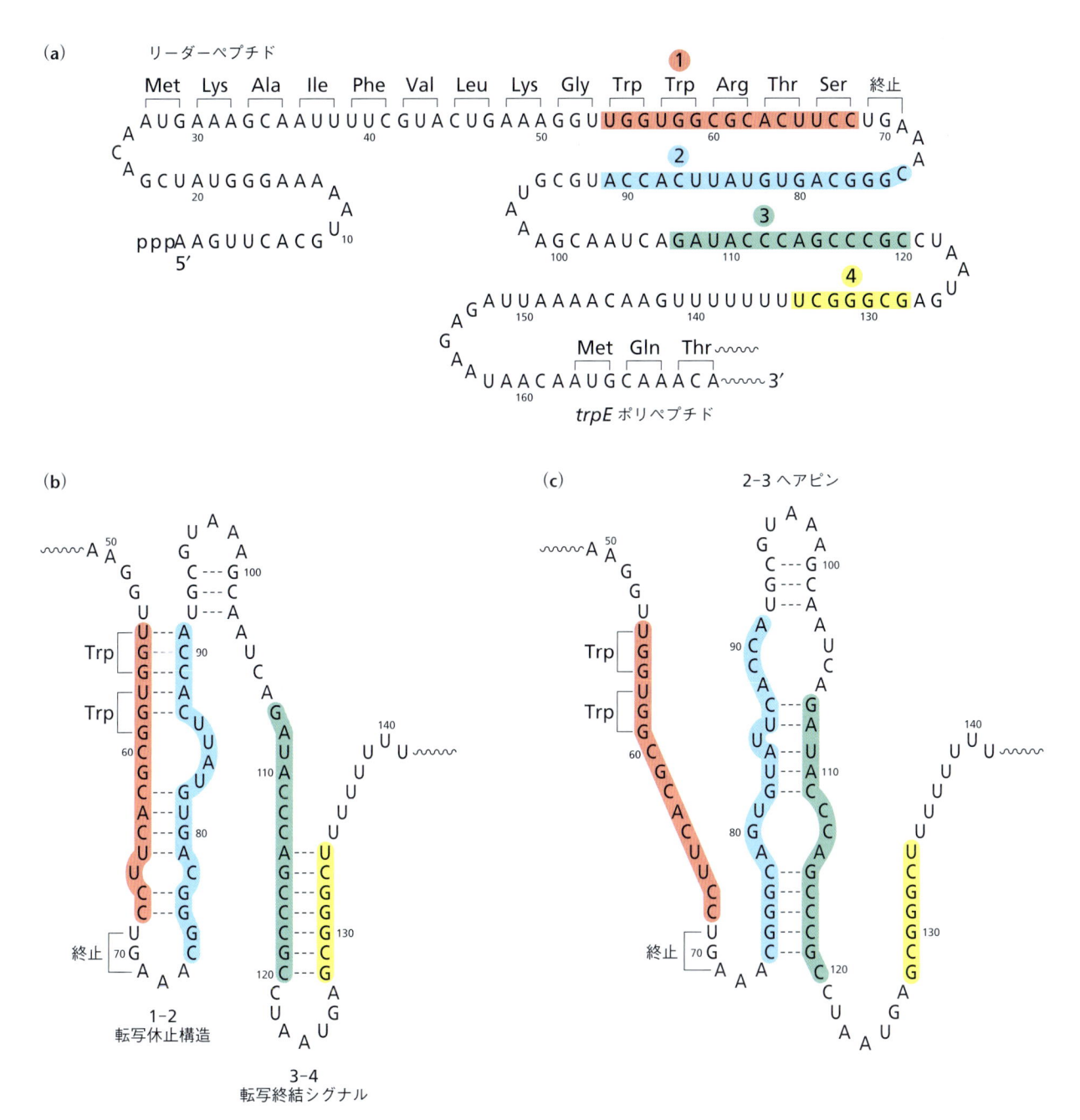

▲ 図22.28 *trp* リーダー領域 （a）*trp* リーダー領域のmRNA転写産物．この162ヌクレオチドのmRNA配列には，4箇所のGCに富む配列と14アミノ酸から成るリーダーペプチドのコード領域が存在する．コード領域にはトリプトファンコドン2個が並んだ所がある．4箇所のGCに富む配列は，塩基対によって二つの異なる二次構造のどちらかを形成することができる．（b）配列1（赤）と配列2（青）は相補的である．塩基が対合すると典型的な転写休止部位を形成する．配列3（緑）と配列4（黄）は相補的であり，塩基が対合するとρ非依存性終結部位を形成する．（c）配列2と3もまた相補的であり，3-4ヘアピンより安定なRNAヘアピンを形成する．配列1が配列2とヘアピンを形成できないときにこの構造ができる．

4を転写するが，それは配列3と転写終結ヘアピンを形成する．この終結シグナルは，*trp*オペロンの遺伝子が転写される前に，転写複合体をDNAから引き離してしまう．

しかし，トリプトファンがわずかしかない場合は，リボソームとRNAポリメラーゼの移動は同調しない．細胞内のトリプトファン濃度が減少すると，細胞のトリプトファニルtRNA^{Trp}は欠乏する．このような状況下では，リボソームがmRNA分子の配列1にある2個のトリプトファンコドンに到着すると，休止してしまう．RNAポリメラーゼはすでに1-2休止部位を通り過ぎて配列3と4を転写している．リボソームが立ち止まって配列1を覆っている間，配列2は配列3とヘアピンループを形成する．2-3ヘアピンは3-4ヘアピンより安定なので，配列3が配列4と対合して転写終結ヘアピンを形成するようなことはない．RNAポリメラーゼは潜在的な終結部位（図22.28 a の UGA）を通り過ぎて，*trp*オペロンの残りを転写する．

転写減衰は，比較的最近に進化した調節機構らしい．それは大腸菌のような腸内細菌にのみ見いだされる．（真核生物では，転写と翻訳が細胞内の別々の場所で行われるから，転写減衰は存在しえない．）*phe*, *thr*, *his*, *leu*, *ile* オペロンを含む種々の大腸菌オペロンは，転写減衰で調節される．*trp*オペロンのようなオペロンでは，転写減衰と抑制が組合わされているが，*his*オペロンでは転写減衰によってのみ調節される．アミノ酸生合成にかかわる遺伝子のオペロンのリーダーペプチドは，7個もの特定アミノ酸を指定するコドンを含んでいる．

22.10 翻訳後のプロセシング

翻訳複合体がmRNAに沿って5′→3′の方向に移動するにつれて，でき上がったばかりのポリペプチド鎖は長く伸びていく．重合したばかりの30個くらいのアミノ酸残基はリボソームに埋まったままであるが，N末端に近いアミノ酸残基はリボソームから突き出てくる．N末端側の残基は，タンパク質のC末端が合成される以前であっても，本来のタンパク質構造を形成するように折りたたみを始める．アミノ酸残基が折りたたまれると，新生鎖を修飾する酵素の作用を受けるようになる．

ポリペプチド鎖が完成する前に行われる修飾は**翻訳に伴う修飾**（cotranslational modification）といわれる．それに対し，鎖が完成した後に行われる修飾は**翻訳後修飾**（posttranslational modification）といわれる．翻訳に伴う修飾および翻訳後修飾は数多く知られており，原核生物タンパク質のN末端残基の脱ホルミル，原核生物および真核生物タンパク質のN末端メチオニンの除去，ジスルフィド結合の形成，プロテイナーゼによる切断，リン酸化，糖鎖の付加，アセチル化などの例がある．

翻訳に伴った，あるいは翻訳後の最も重要な出来事の一つに，タンパク質のプロセシングと膜透過がある．タンパク質合成は細胞質ゾルで起こるが，成熟した多くのタンパク質は膜に埋め込まれているか，膜で囲まれた領域の内部に局在する．たとえば，レセプタータンパク質の多くは細胞の外側の膜に，タンパク質の大部分を細胞の外に向けて埋め込まれている．あるタンパク質は細胞外に分泌される．またあるものは真核生物細胞内のリソソームやその他の細胞小器官に分布する．これらのどの場合も，細胞質ゾルで合成されたタンパク質が膜という障壁を越えて運ばれるはずである．実際，これらのタンパク質は膜結合型リボソームによって合成される．膜結合型リボソームは細菌では細胞膜に，真核生物細胞では小胞体に付着している．

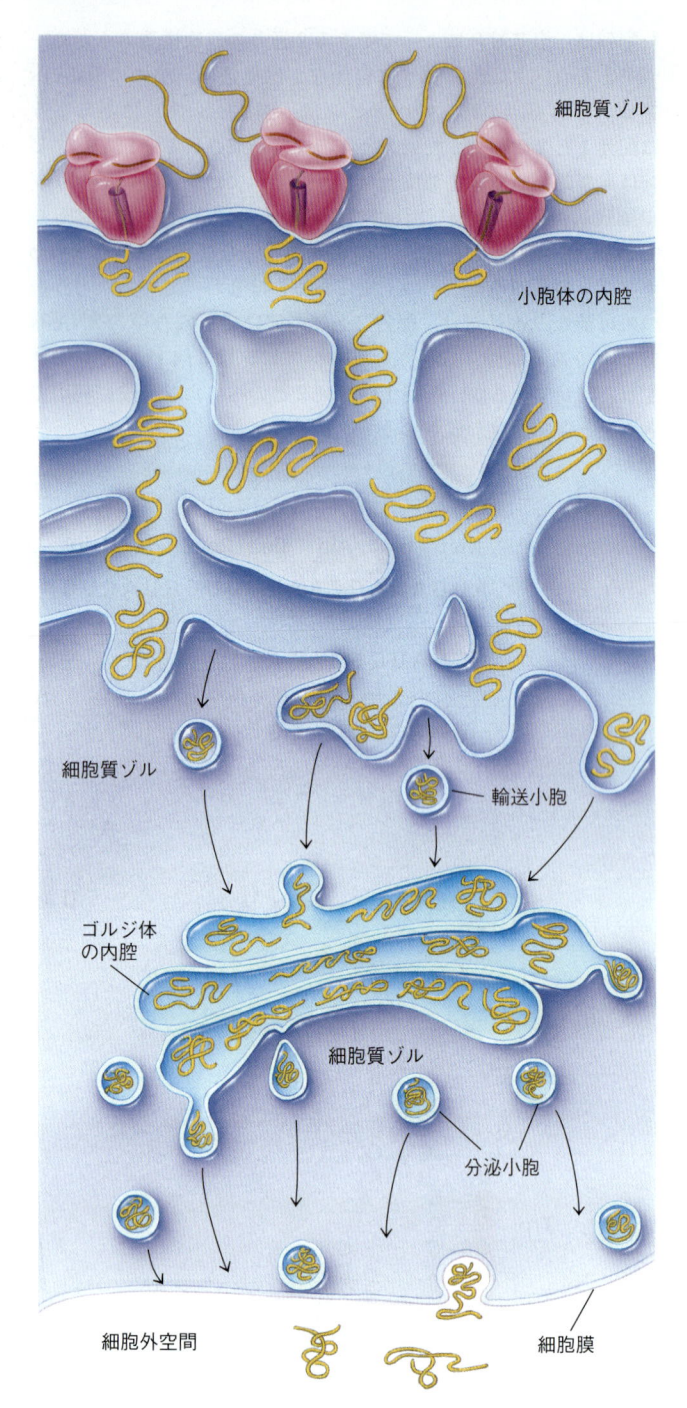

▲**図 22.29 真核生物細胞からタンパク質が分泌される過程** 細胞質ゾルで合成が開始されたタンパク質は小胞体の内腔に輸送される．その後ゴルジ体でさらに修飾を受けて，分泌される．

最も詳しく解明されたタンパク質輸送系は，分泌のために細胞質ゾルから細胞膜にタンパク質を運ぶ系である（図22.29）．真核生物の細胞では分泌されるべきタンパク質は小胞体膜を通過して小胞体の内腔側，トポロジカルには細胞膜の外側と同じ側に輸送される．いったんタンパク質が小胞体に輸送されると，小胞に乗ってゴルジ体を通り細胞膜まで輸送され，細胞外に分泌される．

A. シグナル仮説

分泌タンパク質は小胞体の表面で合成され，新しく合成されたタンパク質は膜を通過して，内腔に運ばれる．大量の分泌タンパク質を合成する細胞では，小胞体膜はリボソームで覆われている（図22.30）．

22.10 翻訳後のプロセシング

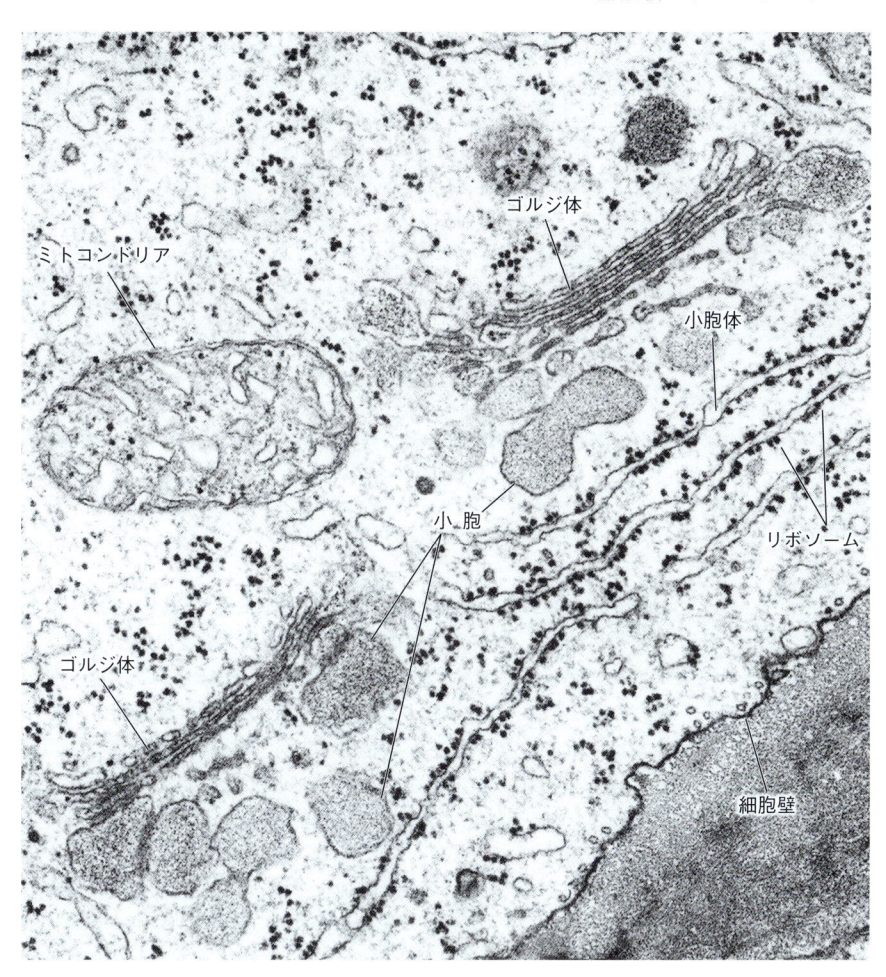

◀図 22.30 トウモロコシ根冠細胞にある分泌小胞 タンパク質を含む大型の分泌小胞はゴルジ体（中央）から出芽する．多くのリボソームが小胞体に結合していることに注目せよ．

（図中ラベル：ミトコンドリア、ゴルジ体、小胞体、小胞、リボソーム、ゴルジ体、細胞壁）

小胞体膜を多くのタンパク質が通過する過程の糸口は，新生ポリペプチド鎖の最初のおよそ20残基にある．大部分の膜結合型および分泌タンパク質においては，これらの残基は新生ポリペプチドにのみ存在し，成熟タンパク質には存在しない．タンパク質前駆体からタンパク質分解で除去されるN末端残基の配列は，**シグナルペプチド**（signal peptide）とよばれる．その理由は，それがタンパク質に膜を通過するように合図する前駆体部分だからである．シグナルペプチドの長さや組成はいろいろだが，典型的なものは16～30残基の長さで，4～15個の疎水性残基を含んでいる（図22.31）．

真核生物では，多くの分泌タンパク質は，図22.32に示しているような過程で小胞体を通って移動する．最初の段階では，80S開始複合体（リボソーム，Met-tRNA$_i^{Met}$，mRNAから成る）が細胞質ゾル中で形成される．つぎに，リボソームがmRNAを翻訳し始め，前駆体のN末端でシグナルペプチドを合成する．シグナルペプチドが合成され，リボソームから出てくると，それは**シグナル認識粒子**（signal recognition particle；SRP）とよばれるタンパク質-RNA複合体に結合する．

SRPは7SL RNAとよばれる300ヌクレオチドのRNA分子と，4種のタンパク質から構成されている．SRPはシグナルペプチド

プレリゾチーム

H$_3\overset{\oplus}{\text{N}}$–Met–Arg–Ser–Leu–Leu–Ile–Leu–Val–Leu–Cys–Phe–Leu–Pro–Leu–Ala–Ala–Leu–Gly↓–Gly～

プレプロアルブミン

H$_3\overset{\oplus}{\text{N}}$–Met–Lys–Trp–Val–Thr–Phe–Leu–Leu–Leu–Leu–Phe–Ile–Ser–Gly–Ser–Ala–Phe–Ser↓–Arg～

アルカリ性ホスファターゼ

H$_3\overset{\oplus}{\text{N}}$–Met–Lys–Gln–Ser–Thr–Ile–Ala–Leu–Ala–Leu–Leu–Pro–Leu–Leu–Phe–Thr–Pro–Val–Thr–Lys–Ala↓–Arg～

マルトース結合タンパク質

H$_3\overset{\oplus}{\text{N}}$–Met–Lys–Ile–Lys–Thr–Gly–Ala–Arg–Ile–Leu–Ala–Leu–Ser–Ala–Leu–Thr–Thr–Met–Met–Phe–Ser–Ala–Ser–Ala–Leu–Ala↓–Lys～

OmpA

H$_3\overset{\oplus}{\text{N}}$–Met–Lys–Lys–Thr–Ala–Ile–Ala–Ile–Ala–Val–Ala–Leu–Ala–Gly–Phe–Ala–Thr–Val–Ala–Gln–Ala↓–Ala～

▲**図 22.31 分泌タンパク質のシグナルペプチド** 疎水性残基を青で示した．矢印はシグナルペプチドが前駆体から切断される箇所を示している．（OmpAは細菌の膜タンパク質である．）

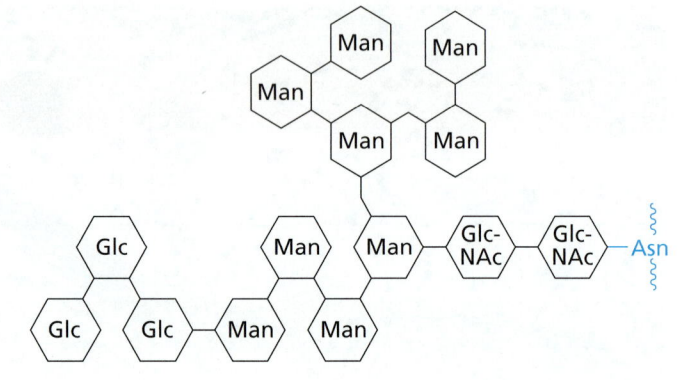

▲ 図 22.33　アスパラギン残基に結合した複合オリゴ糖の構造
Glc：グルコース，GlcNAc：N-アセチルグルコサミン，Man：マンノース．

がリボソームから出現すると，それを認識し，結合する．SRP が結合すると，その先の翻訳は停止する．つぎに，SRP-リボソーム複合体は，小胞体の細胞質ゾル側にある SRP レセプタータンパク質（ドッキングタンパク質ともいう）に結合する．リボソームは，トランスロコンとよばれるリボソーム結合タンパク質によって小胞体の膜に固定される．そして，シグナルペプチドはドッキング部位で小胞体タンパク質で構成された複合体のつくる孔から膜に挿入される．SRP-リボソーム複合体が膜に結合すると翻訳阻害が解かれ，GTP の加水分解と共役した反応で SRP が解離する．このように，SRP の機能はシグナルペプチドをもつ新生ポリペプチドを認識し，小胞体の表面に翻訳複合体を運んでいくことである．

翻訳複合体が膜に結合すると，翻訳が継続され，新生ポリペプチドが膜を通過する．シグナルペプチドはつぎに，シグナルペプチダーゼにより新生ポリペプチドから切断される．この酵素は膜孔複合体に結合した膜貫通タンパク質である．小胞体内腔にあるシャペロンはこの膜を横切るタンパク質輸送を援助している．シャペロンはタンパク質の折りたたみに際して大切な役割を担っているが，トランスロケーションにも必要であり，その活性には ATP の加水分解が要求される．タンパク質合成が終了すると，リボソームは小胞体から解離し，翻訳複合体は崩壊する．

B. タンパク質のグリコシル化

多くの膜貫通タンパク質や分泌タンパク質は，共有結合性のオリゴ糖鎖を含む．タンパク質へのこれらの糖鎖の結合をタンパク質のグリコシル化とよんでいる（§8.7 C）．タンパク質のグリコシル化は，小胞体やゴルジ体の内腔の主要な代謝活性の一つであり，通常のタンパク質生合成過程の延長とみなせる．糖タンパク質には数十の，場合によっては数百もの単糖が含まれている．糖質部分の質量は，糖タンパク質質量の少ない場合で 1％，多い場合で 80％ にものぼる．

通常のグリコシル化反応は，アスパラギン残基の側鎖に複合オリゴ糖を共有結合させることである（図 22.33）．小胞体やゴルジ体を通過する過程で，タンパク質はさまざまな共有結合修飾（ジスルフィド結合の形成やタンパク質分解による切断など）を受ける．タンパク質への複合オリゴ糖の付加は，同様に輸送過程での修飾である．多種類のさまざまなオリゴ糖がタンパク質に共有結合することができる．ある場合にはオリゴ糖の構造がタンパク質を細胞内の特定の場所に向かわせるシグナルとして働く．たとえ

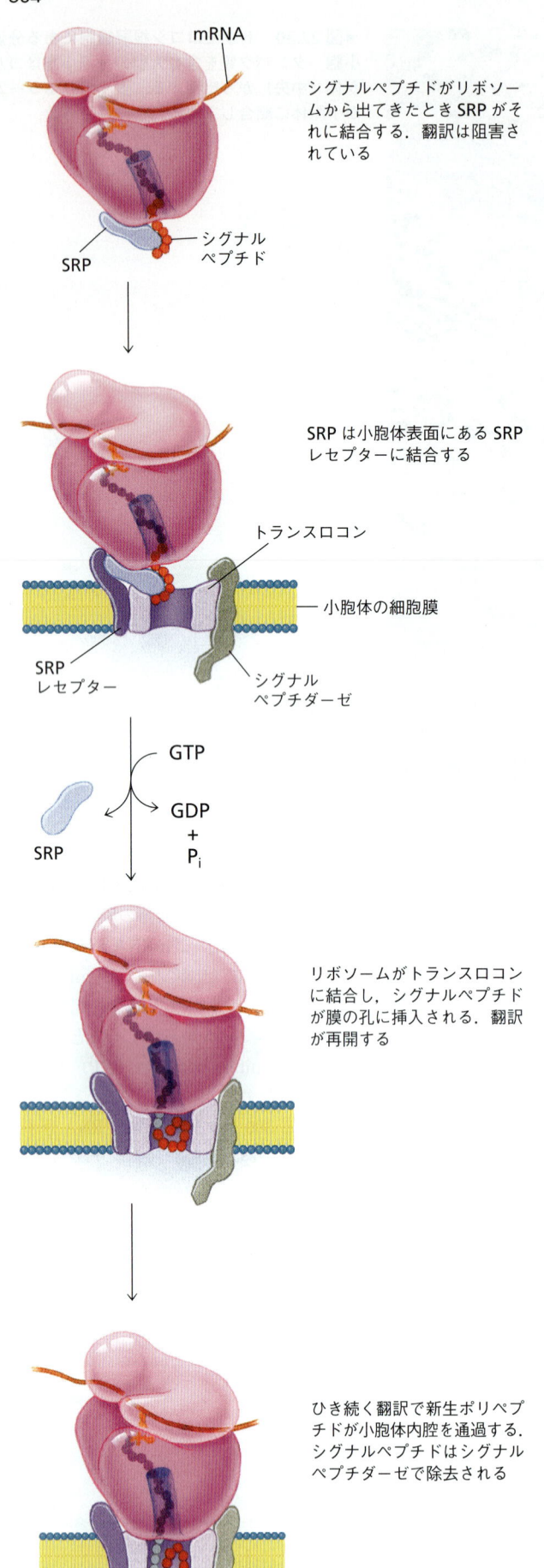

▲ 図 22.32　真核生物タンパク質の小胞体内腔への移動

要 約

1. 遺伝暗号は重複のない3ヌクレオチドのコドンから成る．暗号はあいまいさがなく，縮重している．3文字暗号は最初の2ヌクレオチドで十分なことが多い．似た配列をもつコドンは化学的に類似したアミノ酸を指定する．ペプチド合成の開始と終止のための特別なコドンがある．
2. tRNA分子は，mRNAとタンパク質のアミノ酸との間のアダプターである．すべてのtRNA分子はステムと三つのアームから成る類似したクローバー葉形の二次構造をしている．三次構造はL字形である．構造の一端にアンチコドンループがあり，他端にアクセプターステムがある．tRNAのアンチコドンはmRNAのコドンと塩基対合する．アンチコドンの5′（ゆらぎ）位には構造的な融通性がある．
3. アミノアシル-tRNAシンテターゼは適正なtRNAのアクセプターステムへの特定のアミノ酸の付加を触媒し，アミノアシルtRNAを合成する．いくつかのアミノアシル-tRNAシンテターゼは校正機能をもつ．
4. リボソームはRNA-タンパク質複合体で，アミノアシルtRNAに結合したアミノ酸の重合を触媒する．すべてのリボソームは二つのサブユニットから成る．原核生物リボソームは3種のrRNA分子を含み，真核生物リボソームは4種を含む．伸長しつつあるポリペプチド鎖はリボソームのペプチジル（P）部位にあるtRNAに結合している．新生ポリペプチド鎖に付加されるべきつぎのアミノ酸を運ぶアミノアシルtRNAはアミノアシル（A）部位に結合する．
5. 翻訳は開始複合体の形成で始まる．開始複合体は，開始tRNA，鋳型mRNA，リボソームサブユニット，種々の開始因子から構成される．原核生物では，翻訳はシャイン・ダルガーノ配列のすぐ下流で開始される．真核生物では，通常，mRNAの5′末端に最も近い開始コドンから始まる．
6. 翻訳の伸長段階には，伸長因子とよばれる補助タンパク質が必要である．伸長の3段階は，(1) A部位に正しいアミノアシルRNAを配置すること，(2) ペプチジルトランスフェラーゼでペプチド結合を形成すること，(3) リボソームを1コドンだけ移動させることである．
7. 終結因子は終止コドンを認識し，タンパク質合成の終結と翻訳複合体の解体を触媒する．
8. タンパク質合成には1残基当たり4個のリン酸無水物結合のエネルギーが必要である．
9. mRNAが翻訳開始速度に影響を与えるような二次構造を形成することで翻訳が調節される場合がある．リボソームタンパク質が，自身のmRNAのこのような部位に結合して翻訳を阻害する．開始因子のリン酸化はグロビン合成を調節する．大腸菌 *trp* オペロンの発現は転写減衰によって調節される．転写減衰では，リーダーmRNAの翻訳がオペロンの転写を支配する．
10. 多くのタンパク質が翻訳後修飾を受ける．真核生物のいくつかの分泌タンパク質は小胞体を通過するためのN末端シグナルをもつ．多くの膜タンパク質および分泌タンパク質はグリコシル化されている．

問 題

1. 標準遺伝暗号では3ヌクレオチド長のコドンが読まれる．1本の二本鎖DNA上に読み枠として可能なものはいくつあるか．もし，遺伝暗号が4ヌクレオチド長のコドンで読まれるなら，同じ二本鎖DNA断片の読み枠として可能なものはいくつあるか．
2. 21章の問題11のDNA配列から転写されるmRNAの配列を調べよ．このDNA配列がタンパク質をコードしている遺伝子の中にあると仮定すると，可能なmRNAのうち，実際の転写産物として最も可能性の高いものはどれか．そのコードされるペプチドの配列を記せ．
3. 大腸菌において，600アミノ酸残基から成るタンパク質の合成でいくつのリン酸無水物結合が加水分解されるか計算せよ．アミノ酸，mRNA，tRNA，リボソームのそれぞれの合成に要求されるエネルギーは無視するものとする．
4. リボソーム上におけるポリペプチド鎖伸長反応は三つの明確な段階（小サイクル）に区分することができる．(1) 正しいアミノアシルtRNAのリボソームA部位に対する結合，(2) ペプチド結合形成，(3) トランスロケーション．この小サイクルの第三段階で移動するものは何か，特定せよ．
5. 原核生物のmRNAは多くのAUGコドンをもつ．開始AUGと内部のメチオニンAUGをリボソームはどのようにして区別するか．
6. 遺伝暗号が全生物に共通であるとして，植物mRNAは大腸菌のような原核生物の細胞の中で正確に翻訳されるであろうか．
7. 細菌ゲノムには，通常，多コピーのrRNA遺伝子が存在する．それらはリボソーム構築に必要な多量のrRNAを生産するため非常に効率良く転写される．それにひきかえ，リボソームタンパク質をコードする遺伝子はわずか1コピーである．rRNAとリボソームタンパク質の遺伝子の数の違いを説明せよ．
8. サプレッサー変異は他の突然変異の効果を抑制する．たとえば，ある遺伝子内部の変異で終止コドンUAGが出現した場合，それはtRNA遺伝子の変異で抑制することができる．その場合，変異tRNAのアンチコドンはCUAになる．その結果，変異した終止コドンにアミノ酸が挿入され，タンパク質が合成される（たとえそれが部分的な活性しかもたないとしても）．アンチコドンの1個の塩基の変化によって，UAGサプレッサーに変異することのできるtRNAをすべてあげよ．サプレッサーtRNAをもつ細胞はどうして生存できるのか．
9. tRNAはポリペプチド合成に必要不可欠である．本章で述べた物質を振り返って，tRNA分子に結合（相互作用）することのできる，異なる細胞構成物5種類の名称をあげよ．
10. まれではあるが，適切なtRNAや終結因子がないために，翻訳装置が，即座に解釈できないコドンに出くわすことがある．このような場合，リボソームは立ち止まり，ヌクレオチドを1個シフトして，異なる読み枠で翻訳を始める．このような現象は翻訳フレームシフトとして知られている．大腸菌の終結因子RF-2は，内部にUGA終止コドンをもつmRNAから翻訳されるが，翻訳フレームシフトによって合成される．この現象から，どのようにRF-2合成が調節されるか説明せよ．
11. 転写減衰の機構にはリーダー領域の存在が必要である．以下の変化が *trp* オペロンの調節にどのような効果をもたらすか予想せよ．

(a) リーダー領域が完全に欠如した．

(b) リーダーペプチドをコードする配列が欠如した.
(c) リーダー領域で AUG コドンが変異した.

12. 21章では大腸菌 lac オペロンの転写を制御する調節機構のいくつかについて学んだ. 22章では翻訳調節の機構の一つとして転写減衰のあることを学んだ. lac オペロンの発現量を調節する手段として,転写減衰機構を使用するように進化した lac オペロンをもつ何か別の細菌種の存在を予想することができるか.

13. イソロイシン生合成遺伝子を含むオペロンの遺伝子上流にあるリーダー領域には,イソロイシンだけでなくバリンやロイシンも特定するコドンが複数存在する. この理由を推論せよ.

14. C末端側に細胞質ゾルドメインを,N末端側に細胞外ドメインを有する真核生物の膜貫通型の糖タンパク質の合成とプロセシングの過程の要点を述べよ.

15. 遺伝子を思いのままに切ったり貼ったりできる組換えDNA技術について聞いたことがあるだろう. あるタンパク質の分泌シグナル配列をコードする領域を取除くことができて,それを細胞質ゾルタンパク質(たとえば β-ガラクトシダーゼ)の N末端を占めるようにつないだとする. この新しいハイブリッドタンパク質はその細胞の分泌経路に入ることができると考えられるか.

16. ある種の細菌では,コドン GUG がタンパク質合成を開始する(たとえば LacI, 図22.17a). しかし,完成されたタンパク質の N末端には常にメチオニンが存在する. 開始 tRNA がコドン GUG と塩基対合できるのはなぜか. この現象とゆらぎとの関係はどのようなものか.

参 考 文 献

アミノアシル-tRNA シンテターゼ

Carter, C. W., Jr. (1993). Cognition, mechanism, and evolutionary relationships in aminoacyl-tRNA synthetases. *Annu. Rev. Biochem.* 62:715-748.

Ibba, M., and Söll, D. (2000). Aminoacyl-tRNA synthesis. *Annu. Rev. Biochem.* 69:617-650.

Jakubowski, H., and Goldman, E. (1992). Editing of errors in selection of amino acids for protein synthesis. *Microbiol. Rev.* 56:412-429.

Kurland, C. G. (1992). Translational accuracy and the fitness of bacteria. *Annu. Rev. Genet.* 26:29-50.

Schimmel, P., and Ribas de Pouplana, L. (2000). Footprints of aminoacyl-tRNA synthetases are everywhere. *Trends Biochem. Sci.* 25:207-209.

リボソームと翻訳

Ban, N., Nissen, P., Hansen, J., Moore, P. B., and Steitz, T. A. (2000). The complete atomic structure of the large ribosomal subunit at 2.4Å resolution. *Science* 289:905-919.

Carter, A. P., Clemons, W. M., Brodersen, D. E., Morgan-Warren, R. J., Wimberly, B. T., and Ramakrishnan, V. (2000). Functional insights from the structure of the 30S ribosomal subunit and its interactions with antibiotics. *Nature* 407:340-348.

Garrett, R. A., Douthwate, S. R., Matheson A. T., Moore, P. B., and Noller, H. F., eds. (2000). *The Ribosome: Structure, Function, Antibiotics and Cellular Interactions* (Washington, DC: American Society for Microbiology).

Hanawa-Suetsugu, K., Sekine, S., Sakai, H., Hori-Takemoto, C., Tevader, T., Unzai, S., Tame, J. R. H., Kuramitsu, S., Shirouzu, M., and Yokoyama, S. (2004). Crystal structure of elongation factor P from *Thermus thermophilus* HB8. *Proc. Natl. Acad. Sci.* 101:9595-9600.

Kawashima, T., Berthet-Colominas, C., Wulff, M., Cusack, S., and Leberman, R. (1996). The structure of the *Escherichia coli* EF-Tu·EF-TS complex at 2.5 Å resolution. *Nature* 379:511-518.

Moore, P. B., and Steitz, T. A. (2003). The structural basis of large ribosomal subunit function. *Annu. Rev. Biochem.* 72:813-850.

Nirenberg, M. W., and Matthaei, J. H., (1961). The dependence of cell-free protein synthesis in *E. coli* upon naturally occurring or synthetic polyribonucleotides. *Proc. Natl. Acad. Sci.* 47:1588-1602.

Noller, H. F. (1993). Peptidyl transferase: protein, ribonucleoprotein, or RNA? *J. Bacteriol.* 175:5297-5300.

Pestova, T. V., and Hellen, C. U. T. (1999). Ribosome recruitment and scanning: what's new? *Trends Biochem. Sci.* 24:85-87.

Ramakrishnan, V. (2009). Unravelling the structure of the ribosome. Nobel Lecture 135-160.

Selmer, M., Al-Karadaghi, S., Hirokawa, G., Kaji, A., and Liljas, A. (1999). Crystal Structure of *Thermotoga maritima* ribosome recycling factor: A tRNA mimic. *Science* 286:2349-2352.

Steitz, T. A. (2009). From the structure and function of the ribosome to new antibiotics. Nobel Lecture 179-204.

翻訳調節

Kozak, M. (1992). Regulation of translation in eukaryotic systems. *Annu. Rev. Cell Biol.* 8:197-225.

McCarthy, J. E. G., and Gualerzi, C. (1990). Translational control of prokaryotic gene expression. *Trends Genet.* 6:78-85.

Merrick, W. C. (1992). Mechanism and regulation of eukaryotic protein synthesis. *Microbiol. Rev.* 56:291-315.

Rhoads, R. E. (1993). Regulation of eukaryotic protein synthesis by initiation factors. *J. Biol. Chem.* 268:3017-3020.

Samuel, C. E. (1993). The eIF-2a protein kinases, regulators of translation in eukaryotes from yeasts to humans. *J. Biol. Chem.* 268:7603-7606.

翻訳後修飾

Hurtley, S. M. (1993). Hot line to the secretory pathway. *Trends Biochem. Sci.* 18:3-6.

Parodi, A. J. (2000). Protein glycosylation and its role in protein folding. *Annu. Rev. Biochem.* 69:69-93.

問題の解答

第2章 水

1. 水素結合は窒素，酸素，硫黄などの電気陰性度が強い原子が関与する．

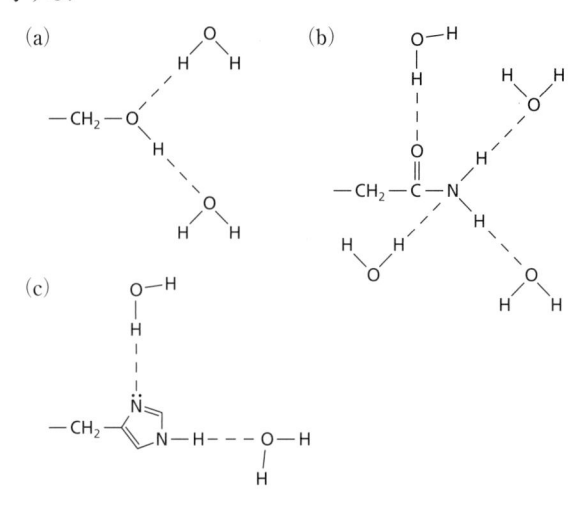

(a), (b), (c) [構造式図]

2. (a) グリセロールは極性で両親媒性ではない．水によく溶ける．(b) ヘキサデカノイルリン酸は極性，両親媒性で，水には溶けにくいが，ミセルをつくる．(c) ラウリン酸は極性，両親媒性で，水には溶けにくいが，ミセルをつくる．(d) グリシンは極性で両親媒性ではない．水によく溶ける．

3. 細胞内の溶質の濃度は細胞外よりずっと高いので，細胞内の浸透圧は外部よりずっと大きい．そのため，水が細胞内に拡散し，細胞は膨れて破裂する．

4. 溶液のpHが特定の解離基のpK_aより低ければ，解離性のプロトンを結合した成分が大部分を占め，溶液のpHが解離基のpK_aより高ければ，解離性のプロトンが外れた成分が大部分になる．
 (a) pH=11．$-COO^-$型が大部分．(b) pH=2．H^+型が大部分．
 (c) pH=2．H^+型が大部分．(d) pH=11．$R-O^-$型が大部分．

5. (a) トマトジュースのpHは4.2．$pH = -\log[H^+]$なので，$[H^+] = 10^{-pH}$，$[H^+] = 10^{-4.2} = 6.3 \times 10^{-5}$ M．水のイオン積定数（K_w）でOH^-とH^+が関係づけられる（2.6式）．$[OH^-] = K_w/[H^+] = 1.0 \times 10^{-14}$ M^2/6.3×10^{-5} M $= 1.6 \times 10^{-10}$ M．(b) ヒト血漿のpHは7.4．したがって，$[H^+] = 10^{-7.4} = 4.0 \times 10^{-8}$ M．$[OH^-] = K_w/[H^+] = 1.0 \times 10^{-14}$ M^2/4.0×10^{-8} M $= 2.5 \times 10^{-7}$ M．(c) 1 MアンモニアのpHは11.6．したがって，$[H^+] = 10^{-11.6} = 2.5 \times 10^{-12}$ M．$[OH^-] = K_w/[H^+] = 1.0 \times 10^{-14}$ M^2/2.5×10^{-12} M $= 4 \times 10^{-3}$ M．

6. [構造式図]

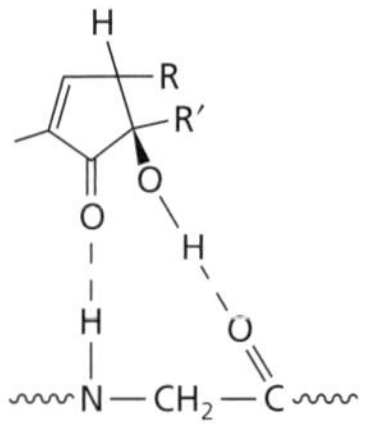

7. 緩衝液の全分子種 = [弱酸（HA）] + [共役塩基（A^-）]
 緩衝液の濃度 = 0.25 M + 0.15 M = 0.4 M

pHはpK_aとヘンダーソン・ハッセルバルヒの式に濃度を入れて求めることができる．

$$pH = pK_a + \log\frac{[A^{\ominus}]}{[HA]} = 3.90 + \log\frac{(0.15\,M)}{(0.25\,M)} = 3.90 - 0.22 = 3.68$$

8. $H_2PO_4^-$のイオン化のpK_aは7.2である．ヘンダーソン・ハッセルバルヒの式（2.20式）から，酸（$H_2PO_4^-$）とその共役塩基（HPO_4^{2-}）の濃度が等しいとき，対数項はゼロ（$\log 1 = 0$）になるので，pHはpK_aに等しくなることがわかる．したがって，溶液A 50 mLと溶液B 50 mLを混ぜるとpH 7.2の緩衝液ができる．両溶液の濃度は0.02 Mなので，等量を混ぜてできる緩衝液のリン酸濃度も0.02 Mになる．この緩衝液が強い緩衝作用をもつのは最終のpHがpK_a値と同じだからである．すなわち，この緩衝液はかなり広い範囲でpHの変化に耐えることができる．

9. 緩衝液の効果的な範囲はpK_aの上下1単位のpHである．したがって，MOPSの緩衝域は6.2〜8.2で，SHSの緩衝域は4.5〜6.5である．ヘンダーソン・ハッセルバルヒの式を使って塩基と酸の比を計算すると，

MOPSについては，

$$pH = pK_a + \log\frac{[R_3N]}{[R_3NH^{\oplus}]}$$

$$6.5 = 7.2 + \log\frac{[R_3N]}{[R_3NH^{\oplus}]}$$

$$\frac{[R_3N]}{[R_3NH^{\oplus}]} = \frac{1}{5}$$

SHSについては，

$$6.5 = 5.5 + \log\frac{[RCOO^{\ominus}]}{[RCOOH]}$$

$$\frac{[RCOO^{\ominus}]}{[RCOOH]} = \frac{10}{1}$$

10. (a) [構造式図：完全にプロトン化 → pK_a 1.2 → 一部イオン化（モノアニオン） → pK_a 6.6 → 完全にイオン化（ジアニオン）]

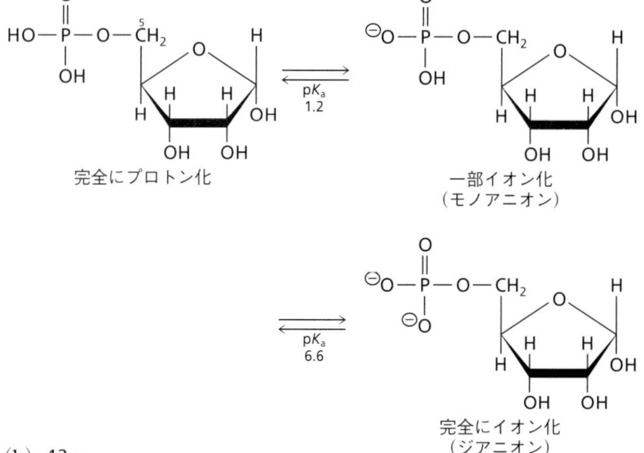

(b) [滴定曲線のグラフ：$pK_1 = 1.2$，第一終点，$pK_2 = 6.6$，第二終点；横軸 $OH^{\ominus}$ の当量 0〜2.0，縦軸 pH 0〜12]

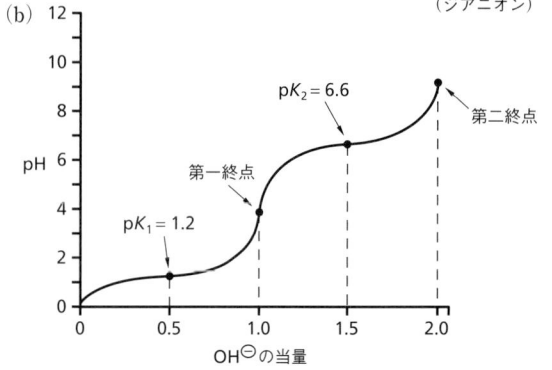

11. 過剰な気相のCO_2は水相CO_2と素早く平衡状態に達し（2.25式），炭酸ができる（2.23式）．炭酸はイオン化してH^+とHCO_3^-になる（2.22式）．過剰な酸はH^+の形で体液中に蓄積してアシドーシスを起こす．

12. 食餌中の乳酸やその他の有機酸の代謝によってCO_2ができる

が，CO_2 は肺から効果的に排出される（呼吸性アシドーシスの場合を除く）．そのため，代謝過程の正味の生成物は塩基である炭酸水素イオン（HCO_3^-）である．代謝性の過剰の H^+ は HCO_3^- と結合して H_2CO_3 ができて除かれ（2.22式），ついで，H_2CO_3 は水相 CO_2 と H_2O になる（2.23式）．

13. アスピリンの酸と共役塩基は RCOOH と $RCOO^-$ と表せる．ヘンダーソン・ハッセルバルヒの式を使って pH 2.0 と pH 5.0 における両分子種の比を計算する．つぎに，非イオン化型で吸収できる分子種の全分子種に対する割合を計算する．胃の中，pH 2.0 では，

$$pH = pK_a + \log \frac{[RCOO^-]}{[RCOOH]}$$

$$2.0 = 3.5 + \log \frac{[RCOO^-]}{[RCOOH]}$$

$$\frac{[RCOO^-]}{[RCOOH]} = \frac{0.03}{1}$$

非解離型の分子種（RCOOH）の百分率は RCOOH の量を RCOOH と $RCOO^-$ の総量で割った値を 100 倍したものに等しい．

$$\frac{[RCOOH]}{[RCOOH] + [RCOO^-]} \times 100\% = \frac{1}{1 + 0.03} \times 100\% = 97\%$$

したがって，アスピリンのほとんどすべては胃の中で吸収できる型である．それに対して，小腸の上部の pH 5.0 では，吸収できる型のアスピリンはごく少量である．

$$5.0 = 3.5 + \log \frac{[RCOO^-]}{[RCOOH]}$$

$$\frac{[RCOO^-]}{[RCOOH]} = \frac{32}{1}$$

$$\frac{[RCOOH]}{[RCOOH] + [RCOO^-]} \times 100\% = \frac{1}{1 + 32} \times 100\% = 3\%$$

アスピリンが吸収されるには溶けていなければならない．そのため，被覆型，あるいは，徐放型のアスピリンでは胃や腸のアスピリンの有効量が変化する．

14. ヘンダーソン・ハッセルバルヒの式を使い，各 pH における二つの分子種の比を計算する．

pH = 7.5 では

$$pH = pK_a + \log \frac{[H_2NCH_2CONH_2]}{[^+H_3NCH_2CONH_2]}$$

$$7.5 = 8.2 + \log \frac{[H_2NCH_2CONH_2]}{[^+H_3NCH_2CONH_2]}$$

$$\log \frac{[H_2NCH_2CONH_2]}{[^+H_3NCH_2CONH_2]} = 7.5 - 8.2 = -0.7$$

$$\frac{[H_2NCH_2CONH_2]}{[^+H_3NCH_2CONH_2]} = \frac{1}{5}$$

$[H_2NCH_2CONH_2]$ と $[^+H_3NCH_2CONH_2]$ の比は 1:5．共役塩基型の百分率を求めるには，$1/(1+5) = 0.17 (17\%)$．したがって，pH 7.5 では 17% が非プロトン化型．

pH = 8.2 では

$$pH = pK_a + \log \frac{[H_2NCH_2CONH_2]}{[^+H_3NCH_2CONH_2]}$$

$$8.2 = 8.2 + \log \frac{[H_2NCH_2CONH_2]}{[^+H_3NCH_2CONH_2]}$$

$$\log \frac{[H_2NCH_2CONH_2]}{[^+H_3NCH_2CONH_2]} = 8.2 - 8.2 = 0$$

$$\frac{[H_2NCH_2CONH_2]}{[^+H_3NCH_2CONH_2]} = \frac{1}{1}$$

$[H_2NCH_2CONH_2]$ と $[^+H_3NCH_2CONH_2]$ の比は 1.0:1.0．共役塩基型の百分率を求めるには：$1/(1+1) = 0.5 (50\%)$．したがって，pH 8.2 では 50% が非プロトン化型．

pH = 9.0 では

$$pH = pK_a + \log \frac{[H_2NCH_2CONH_2]}{[^+H_3NCH_2CONH_2]}$$

$$9.0 = 8.2 + \log \frac{[H_2NCH_2CONH_2]}{[^+H_3NCH_2CONH_2]}$$

$$\log \frac{[H_2NCH_2CONH_2]}{[^+H_3NCH_2CONH_2]} = 9.0 - 8.2 = 0.8$$

$$\frac{[H_2NCH_2CONH_2]}{[^+H_3NCH_2CONH_2]} = \frac{6.3}{1}$$

$[H_2NCH_2CONH_2]$ と $[^+H_3NCH_2CONH_2]$ の比は 6.3:1．共役塩基の百分率を出すには：$6.3/(6.3+1) = 0.86 (86\%)$．すなわち pH 9.0 では 86% が非プロトン化型．

15. この滴定曲線は二つのプラトー（pH 2 と 10 付近）で示される二つの pK_a をもつ化合物を示す．グリシンは 2.4 と 9.8 の二つの pK_a 値をもつ．

16. (a) のビタミン C だけが水に可溶．ビタミン C には数個のヒドロキシ基があり，それぞれが水と水素結合をつくることができる．

17. 0 °C の水のイオン積は 1.14×10^{-15}．中性 pH では，

$$[H^+] = [OH^-] = \sqrt{1.14 \times 10^{-15}} = 3.38 \times 10^{-8}$$

$$pH = -\log(3.38 \times 10^{-8}) = 7.47$$

100 °C では，

$$[H^+] = [OH^-] = \sqrt{4.0 \times 10^{-13}} = 6.32 \times 10^{-7}$$

$$pH = -\log(6.32 \times 10^{-7}) = 6.2$$

水の密度は濃度によって変化するが，$[H^+]$ にはほとんど影響しない．

18. HCl は水中で完全に溶解する．6 M HCl では，$[H^+] = 6$ M．pH は $-\log(6) = -0.78$．標準 pH は 0 から始まる（$[H^+] = 1$ M）．生物学では，これより酸性度の高い溶液に出会うことはない．

第3章　アミノ酸とタンパク質の一次構造

1. ここに示した L-システインのキラルな炭素に結合した 4 個の基の優先順位を L-セリン（S 配置，49 ページ）の場合と比較すれば，優先順位は時計回りとなり，したがって R 配置となる．

$$\begin{array}{c} ③\\ COO^-\\ |\\ ①H_3\overset{+}{N} \blacktriangleright C \blacktriangleleft H\ ④\\ |\\ CH_2SH\\ ② \end{array}$$

2. キラルな炭素のそれぞれについて立体化学を調べ，R 配置か S 配置かを決める必要がある．

$$\begin{array}{cc}
\begin{array}{c}②\\ COO^-\\ |\\ ①H_3\overset{+}{N} \blacktriangleright C \blacktriangleleft H\ ④\\ |\\ CH(OH)CH_3\\ ③\end{array}
&
\begin{array}{c}②\\ CH(\overset{+}{N}H_3)COO^-\\ |\\ ④H \blacktriangleright C \blacktriangleleft OH\ ①\\ |\\ CH_3\\ ③\end{array}
\\
\text{C-2, } S \text{ 配置} & \text{C-3, } R \text{ 配置}
\end{array}$$

他の立体異性体の構造は以下のとおり．

$$\begin{array}{ccc}
\begin{array}{c}COO^-\\ |\\ H-C-\overset{+}{N}H_3\\ |\\ HO-C-H\\ |\\ CH_3\end{array}
&
\begin{array}{c}COO^-\\ |\\ \overset{+}{N}H_3-C-H\\ |\\ HO-C-H\\ |\\ CH_3\end{array}
&
\begin{array}{c}COO^-\\ |\\ H-C-\overset{+}{N}H_3\\ |\\ HO-C-OH\\ |\\ CH_3\end{array}
\\
\text{D-トレオニン} & \text{L-アロトレオニン} & \text{D-アロトレオニン}
\end{array}$$

3. [構造式: ヒスタミン二塩酸塩 — イミダゾール環にCH₂CH₂NH₃⁺Cl⁻側鎖、環NHがプロトン化されCl⁻を伴う]

4. メチオニン

5. (a) セリン；ヒドロキシ基のリン酸化．(b) グルタミン酸；γ-炭素のカルボキシ化．(c) リシン；ε-アミノ基のアセチル化．

6. ペプチドはN末端からC末端に向けて書く決まりになっている．したがって，GluはN末端で，GlyはC末端である．

[構造式: γ-Glu—Cys—Gly（グルタチオン）]

7. メリチンのC末端の6残基は親水性が高い（表3.1）．残りの20アミノ酸残基のほとんどは疎水性で，そのうち9残基は疎水性が高い側鎖（ロイシン，イソロイシン，バリン）をもつ．メリチンの親水性の部分は水に溶けやすく，疎水性の部分は膜脂質に溶けやすい．

8. 表3.2を使って，それぞれのpK_a値における実効電荷を求める．実効電荷が0になるpHは，平均の電荷が+0.5と−0.5になる二つのpK_a値の中点である．

(a) アルギニンの実効電荷はpH 9.0では+0.5で，pH 12.5では−0.5である．したがって，$pI_{Arg}=(9.0+12.5)\div 2=10.8$．(b) グルタミン酸の実効電荷はpH 2.1では+0.5で，pH 4.1では−0.5である．したがって，$pI_{Glu}=(2.1+4.1)\div 2=3.1$．

9. イオン化する基はN末端のシステイン残基の遊離アミノ基（$pK_a=10.7$），グルタミン酸の側鎖（$pK_a=4.1$），およびヒスチジンの側鎖（$pK_a=6.0$）である．

(a) pH 2.0ではN末端とヒスチジンの側鎖は正電荷をもち，グルタミン酸の側鎖は電荷をもたない．実効電荷は+2．(b) pH 8.5ではN末端は正電荷をもち，ヒスチジンの側鎖は電荷がなく，グルタミン酸の側鎖は負電荷をもつ．実効電荷は0．(c) pH 10.7ではN末端の電荷は+0.5で，ヒスチジンの側鎖は電荷がなく，グルタミン酸の側鎖は負電荷をもつ．実効電荷は−0.5．

10. (a) [構造式: Edman分解生成物 — PhNH-C(=S)-NH-CH(CH(CH₃)CH₂CH₃)-C(=O)-NH-CH(CH₃)-COO⁻]

(b) [構造式: PTH-セリン] (c) [構造式: PTH-プロリン]

11. (a) Gly-Ala-Trp-Arg, Asp-Ala-Lys, Glu-Phe-Gly-Gln
    (b) Gly-Ala-Trp, Arg-Asp-Ala-Lys-Glu-Phe, Gly-Gln
    (c) Gly-Ala-Trp-Arg-Asp, Ala-Lys-Glu, Phe-Gly-Gln

12. (a) [ヒスチジンのイオン化平衡図：A ($pK_a=1.8$) → B → C ($pK_a=6.0$) → D ($pK_a=9.3$)]

(b) A: 1, B: 3, C: 5, D: 7. (c) 1, 4, 5, 7. (d) 4. (e) 5. (f) ヒスチジンは三つのpK_a値の上下1 pH単位以内であればいずれも良い緩衝液になる．すなわち，0.8～2.8，5.0～7.0，8.3～10.3．

13. (a) N末端が二つあるので，N末端アスパラギン酸残基をもつ2本のペプチド鎖がある．(b) 2-メルカプトエタノールがジスルフィド結合を還元し，トリプシンがアルギニン残基のカルボキシ基側のペプチド結合の切断を触媒する．アスパラギン酸がFPの2本の鎖のN末端なので，ジペプチドはAsp-Argで，ペンタペプチドの配列はAsp-(Cys, Gly, Met, Phe)である．トリペプチドはCys-(Ala, Phe)で，ペンタペプチドAsp-Arg-Cys-(Ala, Phe)のトリプシンによる分解で得られる．(c) 各ペプチド鎖のC末端はフェニルアラニンである．末端残基がわかったので，片方のペプチドはAsp-(Cys, Gly, Met)-Pheで，もう一方はAsp-Arg-Cys-Ala-Pheの配列である．(d) BrCNはメチオニン残基のカルボニル側を切断し，C末端ホモセリンラクトン残基が生じる．したがって，ペプチドはAsp-Metと(Cys, Gly)-Pheである．グリシンはトリペプチドのN末端なので，ペンタペプチドの配列はAsp-Met-Gly-Cys-Pheである．FPの完全な構造は，

```
Asp — Arg — Cys — Ala — Phe
              |
              S
              |
              S
              |
Asp — Met — Gly — Cys — Phe
```

14. (a) 50位のアスパラギン酸（D）からグルタミン酸（E）への置換は保存的変異の一例である．アスパラギン酸とグルタミン酸にはともに生理的pHで負電荷をもつ酸性の側鎖がある．(b) チロシン（Y）からヒスチジン（H）への置換は非保存的置換の例である．なぜなら，チロシンは芳香環の側鎖をもつのに対し，ヒスチジンはイミダゾール基から成る親水性の側鎖をもつからである．

15. 神経伝達物質セロトニンはアミノ酸のトリプトファンからできる．その生合成過程では，トリプトファンのカルボキシ基が除去され，芳香環にヒドロキシ基が付加される．

[構造式: トリプトファン → セロトニン]

16. (a) TRHには2個のペプチド結合がある．ペプチド結合を破線で示した．(b) TRHはトリペプチドであるGlu-His-Proから生じる．プロリンのカルボキシ基は修飾を受けてアミド（＊で示す）になっている．アミノ末端のGluの側鎖にあるカルボキシ基は同じアミノ酸のα-アミノ基とアミド（＊＊で示す）を形成している．(c) アミノ末端基とカルボキシ末端基はいずれも修飾されてアミドとなり，したがって，電荷がない．

[構造式: TRH (Glu-His-Pro) — Gluの側鎖と主鎖アミノ基が環状アミド(**)、ProのC末端がアミド(*)]

17. (a) L-ドーパはS配置である．(b) 両者ともアミノ酸であるチロシンからできる．

18. 図3.6には三つのイオン型しか示していないが，実際には四つの型が平衡状態にある．中性型はおそらくごく少量しか存在しない．なぜならどのpHでも他の三つの型がずっと安定だからである．二つの荷電しうる基のプロトン化/脱プロトンが独立に起こると仮定すれば，これら四つの型の相対比を計算できる．

$$\text{H}_2\text{N}-\overset{\text{CH}_3}{\underset{|}{\text{CH}}}-\text{COO}^{\ominus}$$
(陰イオン)

$$\text{H}_3\overset{\oplus}{\text{N}}-\overset{\text{CH}_3}{\underset{|}{\text{CH}}}-\text{COO}^{\ominus} \quad \text{H}_2\text{N}-\overset{\text{CH}_3}{\underset{|}{\text{CH}}}-\text{COOH}$$
(両性イオン) (中性)

$$\text{H}_3\overset{\oplus}{\text{N}}-\overset{\text{CH}_3}{\underset{|}{\text{CH}}}-\text{COOH}$$
(陽イオン)

アラニンについては，pH 2.4におけるR−COO$^-$とR−COOHの相対比は，

$$2.4 = 2.4 + \log\frac{[\text{R}-\text{COO}^{\ominus}]}{[\text{R}-\text{COOH}]}, \text{ つまり } \frac{[\text{R}-\text{COO}^{\ominus}]}{[\text{R}-\text{COOH}]} = 1$$

そしてH$_3$N$^+$−RとH$_2$N−Rの比は，

$$2.4 = 9.9 + \log\frac{[\text{H}_2\text{N}-\text{R}]}{[\text{H}_3\overset{\oplus}{\text{N}}-\text{R}]}, \text{ つまり } \frac{[\text{H}_2\text{N}-\text{R}]}{[\text{H}_3\overset{\oplus}{\text{N}}-\text{R}]} = 3.1 \times 10^{-8}$$

したがって，四つの型の相対比はほぼつぎのようになる．

陽イオン：両性イオン：陰イオン：中性 $= 1:1:10^{-8}:10^{-8}$

そして0.01 Mのアラニン溶液中の中性型の濃度はおよそ10^{-10} Mになる．中性型は存在するが，その濃度はほとんど無視できる．

pH 9.9での比は，

陰イオン：両性イオン：陽イオン：中性 $= 1:1:10^{-8}:10^{-8}$

pH 6.6でのR−COO$^-$とR−COOHの相対比は，

$$6.15 = 2.4 + \log\frac{[\text{R}-\text{COO}^{\ominus}]}{[\text{R}-\text{COOH}]}, \text{ つまり } \frac{[\text{R}-\text{COO}^{\ominus}]}{[\text{R}-\text{COOH}]} = 5.6 \times 10^3$$

H$_2$N−RとH$_3$N$^+$−Rの相対比は，

$$6.15 = 9.9 + \log\frac{[\text{H}_2\text{N}-\text{R}]}{[\text{H}_3\overset{\oplus}{\text{N}}-\text{R}]} \quad \frac{[\text{H}_2\text{N}-\text{R}]}{[\text{H}_3\overset{\oplus}{\text{N}}-\text{R}]} = 1.8 \times 10^{-4}$$

$$\frac{[\text{H}_3\overset{\oplus}{\text{N}}-\text{R}]}{[\text{H}_2\text{N}-\text{R}]} = 5.6 \times 10^3$$

両性イオンは陰イオン型，陽イオン型の5600倍存在する．また陰イオン型，陽イオン型のいずれも中性型の5600倍存在する．全体の比は，

両性イオン：陰イオン：陽イオン：中性 $=$
$1 : 1.8 \times 10^{-4} : 1.8 \times 10^{-4} : 3.2 \times 10^{-8}$

0.01 Mのアラニン溶液中の中性型の濃度はほとんど無視できる．

19. 両性イオンと陽イオンの相対濃度は，

$$2.4 = 2.4 + \log\frac{[\text{H}_3\overset{\oplus}{\text{N}}-\overset{\text{CH}_3}{\underset{\text{CH}_3}{\text{C}}}-\text{COO}^{\ominus}]}{[\text{H}_3\overset{\oplus}{\text{N}}-\overset{\text{CH}_3}{\underset{\text{CH}_3}{\text{C}}}-\text{COOH}]} \quad \frac{[\text{H}_3\overset{\oplus}{\text{N}}-\overset{\text{CH}_3}{\underset{\text{CH}_3}{\text{C}}}-\text{COO}^{\ominus}]}{[\text{H}_3\overset{\oplus}{\text{N}}-\overset{\text{CH}_3}{\underset{\text{CH}_3}{\text{C}}}-\text{COOH}]} = 1$$

0.01 Mのアラニン溶液中の中性型の濃度は0.005 Mである．(陰イオン型と中性型の濃度は無視してよい．前問を参照．)

pH 4.0では，

$$4.0 = 2.4 + \log\frac{[両性イオン]}{[陽イオン]} \quad \frac{[両性イオン]}{[陽イオン]} = 40$$

両性イオンの濃度は，$0.01 \text{ M} \times (40/41) = 0.00976 \text{ M}$である．

第4章 タンパク質：三次元構造と機能

1. (a)

$$\text{H}_3\overset{\oplus}{\text{N}}-\overset{\text{R}_1}{\underset{\text{H}}{\text{C}_{\alpha_1}}}-\overset{\text{O}}{\underset{}{\text{C}}}-\overset{\text{H}}{\underset{}{\text{N}}}-\overset{\text{R}_2}{\underset{\text{H}}{\text{C}_{\alpha_2}}}-\overset{\text{H}}{\underset{}{\text{N}}}-\overset{\text{O}}{\underset{}{\text{C}}}-\overset{}{\underset{\text{R}_3}{\text{C}_{\alpha_3}}}-\text{COO}^{\ominus}$$

(b) R基は，アミノ酸残基の側鎖を表す．(c) C−Nアミド結合の部分的に二重結合的な性質が自由な回転を妨げる．(d) このトリペプチドの両方のペプチド原子団は，α炭素原子がペプチド結合の反対側にあるのでトランスコンホメーションである．(e) ペプチド結合は，N−C$_\alpha$結合とC$_\alpha$−C結合の周りを回転できる．

2. (a) (1) αヘリックスでは，ある残基にあるカルボニル酸素と別の残基にあるアミド水素の間で水素結合が鎖内部に形成される．水素結合はヘリックスの軸に対してほぼ平行である(図4.10)．(2) コラーゲンの三本らせんでは，ある鎖のグリシンのアミド水素と隣の鎖のある残基(たいていプロリンである)のカルボニル酸素との間で，鎖の間に水素結合ができる(図4.42)．コラーゲンらせんでは鎖の内部の水素結合は形成されない．(b) αヘリックスの側鎖はヘリックスの円筒から外側へ出ている(図4.11)．コラーゲンでは3本の鎖がお互いにコイルを巻き，ある鎖の残基が3残基ごとに他の二つの鎖にある残基と三本鎖の中心軸に沿って接触するようになっている(図4.40)．グリシンの小さな側鎖だけがこのような場所に適合する．他の側鎖は三本らせんの外側を向いている．

3. (1) αヘリックスにグリシンが存在すると側鎖が小さいため動きの自由度が大きく不安定化する．この理由で，多くのαヘリックスはグリシンで始まったり終わったりする．(2) αヘリックスで，プロリンはその堅い環状の側鎖が隣の残基が普通占めるはずの場所を立体化学的に妨げるので，αヘリックスを壊す傾向がある．そのうえ，プロリンはアミド窒素の水素原子を欠き，通常のヘリックス内部の水素結合の形成に加われない．

4. (a) 小さな側鎖(−H)に由来する柔軟性のためにグリシンは連続した逆平行βシートをつなぐ"ヘアピンループ"によくみられる．Betanovaでは8番目と14番目のグリシン残基(G)が三つのβシートをつなぐ二つのヘアピン部分にある．

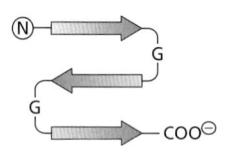

(b) βシート構造はあるシートのカルボニル酸素とその隣にあるシートのアミド窒素の間で形成されている水素結合で安定化されている(図4.16)．

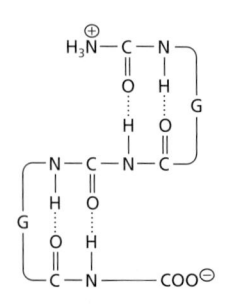

5. ヘリックス-ループ-ヘリックス(HLH)モチーフ(図4.20)．

6. (a) α/β. αヘリックスとβストランドの領域がポリペプチド鎖で交互に現れている．(b) α/βバレル．平行なβストランドが円筒形のαヘリックスの層に囲まれている．(c) 酵母のNADPHデヒドロゲナーゼとトリプトファンの生合成に必要な大腸菌の酵素（それぞれ図4.25 iとj）．

7. プロテインジスルフィドイソメラーゼ（PDI）は活性部位に二つの還元されたシステイン残基をもっており，これらは誤って折りたたまれたタンパク質がよりエネルギーの低い天然型コンホメーションへと折りたたまれるようにするための還元およびジスルフィド交換に関与する．

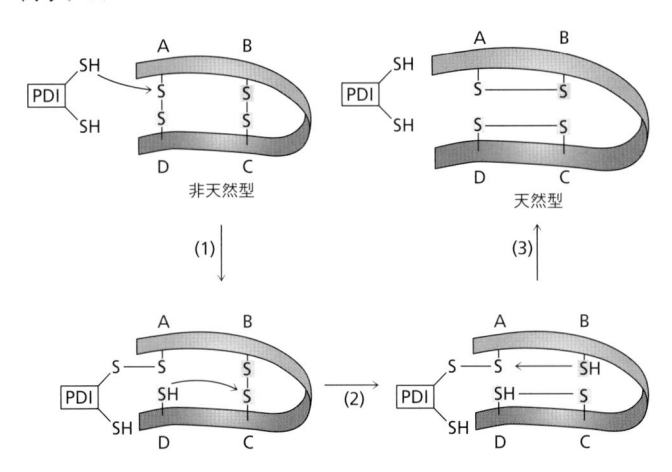

8. メチオニン，ロイシン，フェニルアラニン，イソロイシンの極度に疎水的な側鎖は，ヘリックスのタンパク質の内部を向いた面に存在する可能性が高い．他のほとんどの側鎖は極性をもつか電荷をもっており，これらは，水性溶媒と相互作用できる．αヘリックスは，1回転がおおよそ3.6残基から成る繰返し構造であるので，ヘリックスの片側が疎水的であるためには，疎水基は配列上で，3から4残基ごとに現れなければならない．

9. 共有結合による架橋によって，コラーゲン繊維は明らかに強く堅固になっている．架橋の一つの型は，コラーゲン分子中のアリシン残基が別の分子のリシン残基と縮合してシッフ塩基を形成したものである（図4.44a）．アリシン残基がホモシステインと反応すると，コラーゲン分子の正常な架橋が形成できない．血中のホモシステインの量が多いと，おそらくコラーゲンの構造が異常になったり，骨格の奇形をひき起こしたりすることになる．

10. -Gly-Pro-X-Y- という配列は，コラーゲンによくみられる．コラーゲンは皮膚など体全体に存在する．幼虫の酵素は，コラーゲン鎖の切断を触媒するので，寄生虫は宿主に入ることができる．

11. CO_2 の濃度が上昇するとなぜpHの低下が同時に起こるかは，二酸化炭素と水との反応から説明できる．活発に代謝を行っている組織でつくられる二酸化炭素は水と反応し，炭酸水素イオンとH^+をつくる．

(a) $CO_2 + H_2O \rightleftharpoons H_2CO_3 \rightleftharpoons HCO_3^\ominus + H^\oplus$

この反応でできたH^+は血液のpHを下げ，その結果，ヘモグロビンのデオキシ型（Tコンホメーション）を安定化する．全体としての効果はP_{50}の増加で，言い換えればヘモグロビンの酸素への親和性の低下である．その結果，より多くの酸素が組織に放出される（図4.55）．二酸化炭素は，またヘモグロビンのもつ四つの鎖のN末端とカルバミン酸付加物をつくって酸素への親和性を下げる（図4.56）．この産物はデオキシ（T）コンホメーションの安定化に寄与し，それによってP_{50}が増加し，組織への酸素の放出を促進する．(b) ショックで循環不全を起こした患者は組織への酸素の供給が危機的に不足する．血管内へ炭酸水素イオンを注入すると組織への二酸化炭素源となる．ヘモグロビンの酸素への親和性を低下させることによって，二酸化炭素はオキシヘモグロビンから組織では酸素の遊離を促す．

12. (a) 2,3-BPGは，デオキシヘモグロビンの中央にあるくぼみで正に荷電した側鎖に結合する（図4.54）．HbFは，二つの正に荷電した基（二つのβ鎖のHis-143）をもたないので，2,3-BPGは，HbFにはHbAほど強く結合しない．(b) 2,3-BPGは，ヘモグロビンのデオキシ型を安定化して，デオキシ型の割合を増加させる．HbFは，HbAほど強く2,3-BPGを結合しないので，HbFは血中の2,3-BPGによって影響を受けにくく，オキシ型の分子がより多く存在する．それで，HbFはHbAに比べて酸素に対してどの酸素分圧でも強い親和性を示す．(c) 20〜40 Torrの酸素分圧では，HbFはHbAよりも高い親和性を示す．親和性の差により，母親の血液から胎児へ酸素を効果的に輸送できる．

13. Hb_{Yakima}の低いP_{50}の値は，活動中の筋肉での酸素分圧においても，通常よりも強い親和性をもつことを示している．親和性が増大しているということは，Hb_{Yakima}が活動中の筋肉へ酸素を少ししか渡せないことを意味している．

14. (a) 疎水的な残基（イタリック体）と親水的な残基（下線）は，つぎのとおりである．

E*C*GK*FMW*<u>K</u>*C*<u>KNSND</u>*CC*<u>KD</u>*LV*<u>C</u>*SS*<u>RW</u>*KW*<u>C</u>*VLASPF*

(b) タンパク質の三次元構造では，一次構造上お互いに離れた位置にあるアミノ酸がタンパク質の球状の構造において相互作用できる．それゆえ，疎水性アミノ酸は三次元構造でお互いに近接し，膜と相互作用する"疎水的"な面を与える．

15. (a) セレノプロテインPのヘパリンへの最も高い結合はpH 6以下でみられる．セレノプロテインPのヘパリンへの結合はpHが7へと増加すると減少する．pHが7以上では，セレノプロテインPのヘパリンへの結合はほとんどない．(b) ヘパリンは負に荷電している．もし，セレノプロテインPが正に荷電していれば，ヘパリンへ結合できる．セレノプロテインPには，ヒスチジンが多い．ヒスチジンは，pK_aが6.0であるイミダゾール側鎖を有する．それで，pH 6.0でヒスチジンの50%がプロトン化して，正に荷電しているはずで，50%はプロトンがとれて電荷がないはずである．pH 6.0以下では，ヒスチジン残基が全体として正の荷電をもっているはずで，ヘパリンとの有効な静電的相互作用が起こる．pHが7以上では，ほとんどすべてのヒスチジンがプロトン化せず電荷をもたないはずなので，負に荷電したヘパリンとの有効な相互作用は起こらないだろう．

16. コラーゲンは，三本らせんを形成している3本のポリペプチドからできている．プロテアーゼであるブロメラインは，ポリペプチド鎖のいくつかのペプチド結合を切断する．ゼラチンが冷えて固まった状態には，ポリペプチド鎖が水分子を捕捉するために必要である．もしポリペプチド鎖が切断されると，ゼラチンはうまく固まらない．ブロメラインによるコラーゲンのポリペプチド鎖の切断は，ゼラチンを固化できなくする．もしパイナップルが最初に調理されていると，熱によってタンパク質が変性し酵素活性が失われる．それで，調理されたパイナップルを少し固まったゼラチンに加えても問題はなく，期待通りに固まった状態となる．（熱による変性は不可逆的であると考

えている.)

17. メチオニンでリシンを置換すると,中央の空洞部分でβサブユニットのおのおので正電荷が一つ少なくなる(図4.54). 2,3-BPG の $Hb_{Helsinki}$ への結合はより弱くなる.この結果,変異タンパク質がより多くR状態になる(オキシヘモグロビンが安定化される).曲線は左に移動する(よりミオグロビンに似てくる).より多くがR状態になるので,酸素への親和性が増加する.

第5章 酵素の特性

1. 基質濃度が高いときには,初速度は一定の値に近づくので,V_{max} は 70 mM/min と見積もられる.K_m は最大速度の半分の値を与えるのに必要な [S] と同じなので,35 mM/min(V_{max} の 1/2)という初速度を与える K_m として 0.01 mM と見積もられる.

2. (a) k_{cat}/K_m 比は特異性定数であり,一つの酵素の異なる基質に対する選択性の尺度である.同じ濃度の二つの基質が,一つの酵素の活性部位に競合するとき,基質それぞれに対する $v_0 = (k_{cat}/K_m) \times [E][S]$,ここで [E] と [S] は同じであるから,生成物に変換される二つの速度の比は,k_{cat}/K_m 値の比に等しくなる.

$$\frac{v_0(S_1)}{v_0(S_2)} = \frac{(k_{cat}/K_m)^1 [E][S]}{(k_{cat}/K_m)^2 [E][S]}$$

(b) k_{cat}/K_m 値の上限は,$10^8 \sim 10^9 \, s^{-1}$ であり,この値は,電荷をもたない二つの分子が生理的温度で拡散によって近づく最大の速度である. (c) 酵素の触媒効率は,E と S から ES がつくられる速度を上回ることはない.最も効率的な酵素では,k_{cat}/K_m 値は酵素が基質に出会う速度に近づき,この限界の速度に達したときに,酵素は最大限効率的になる.

3. 触媒定数 (k_{cat}) は,飽和基質濃度において ES が E+P に変換するときの一次速度定数であり (5.24式),基質を生成物に変換するとき,炭酸デヒドラターゼはオロチジン-5′-リン酸カルボキシラーゼよりもずっと高い触媒活性をもっている.しかし,酵素の効率は,対応する非触媒反応に対してどれだけ触媒の加速を与えているか,という指標によっても測ることができる(表5.2の触媒機能効率).酵素なしの状態におけるオロチジン-5′-リン酸カルボキシラーゼの基質の反応は,炭酸デヒドラターゼの基質の酵素なしの反応 ($k_n = 1 \times 10^{-1} \, s^{-1}$) と比較したとき,非常に遅い ($k_n = 3 \times 10^{-16} \, s^{-1}$).したがって,オロチジン-5′-リン酸カルボキシラーゼの反応は,k_{cat} に関しては炭酸デヒドラターゼの反応よりもずっと遅いが,オロチジン-5′-リン酸カルボキシラーゼは最も効率的な酵素の一つであり,それぞれの酵素反応を対応する非触媒反応と比較したとき,炭酸デヒドラターゼよりもずっと高い触媒機能効率を示している.

4. $[S] = 100 \, \mu M$, $[S] \gg K_m$, したがって,$v_0 = V_{max} = 0.1 \, \mu M \cdot min^{-1}$.
(a) 基質濃度が 100 μM 以上のときはすべての濃度で,$v_0 = V_{max} = 0.1 \, \mu M \cdot min^{-1}$. (b) $[S] = K_m$ のとき,$v_0 = V_{max}/2$,つまり,$0.05 \, \mu M \cdot min^{-1}$. (c) K_m と V_{max} は既知であるから,ミカエリス・メンテンの式ですべての基質濃度における v_0 は計算できる.$[S] = 2 \, \mu M$ に対しては,

$$v_0 = \frac{V_{max}[S]}{K_m + [S]} = \frac{(0.1 \, \mu M \cdot min^{-1})(2 \, \mu M)}{(1 \, \mu M + 2 \, \mu M)} = \frac{0.2}{3} \, \mu M \cdot min^{-1}$$
$$= 0.067 \, \mu M \cdot min^{-1}$$

5. (a) まず,$[E]_{total}$ のモル濃度を計算して,つぎに,V_{max} を求める.

$$[E]_{total} = 0.2 \, g \cdot L^{-1} \left(\frac{1 \, mol}{21500 \, g}\right) = 9.3 \times 10^{-6} \, M$$

$$V_{max} = k_{cat}[E]_{total} = 1000 \, s^{-1}(9.3 \times 10^{-6} \, M) = 9.3 \times 10^{-3} \, M \cdot s^{-1}$$

(b) V_{max} は,阻害剤存在下でも変わらないので,競合阻害が起きている.また,阻害剤は,ヘプタペプチドの基質によく似ているので,酵素の活性部位に競合する競合阻害(すなわち,古典的競合阻害)が予想される.

6. 曲線Aは,阻害剤がない場合を示す.競合阻害剤が存在するとき(曲線B),K_m は増加して V_{max} は変わらない.非競合阻害剤が存在するとき(曲線C),V_{max} は減少し,K_m は変わらない.

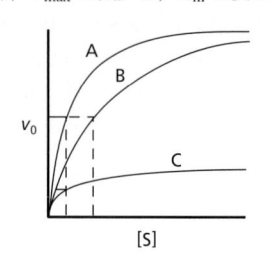

7. 阻害剤であるスルホンアミドは,構造が基質である PABA に似ているので,スルホンアミドは PABA の代わりに酵素の活性部位に結合し,競合阻害剤として作用することが予想される(図5.9).

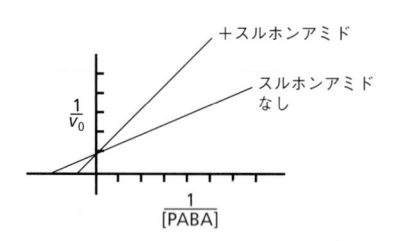

8. (a) フマラーゼの速度論データをプロットするには,まず,基質濃度と生成物の形成の初速度の逆数を計算する(計算のときに単位をそろえてデータをプロットすることが重要であることに注意する).

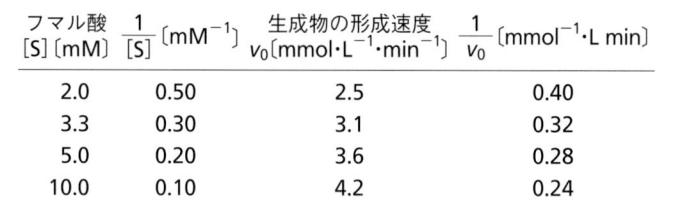

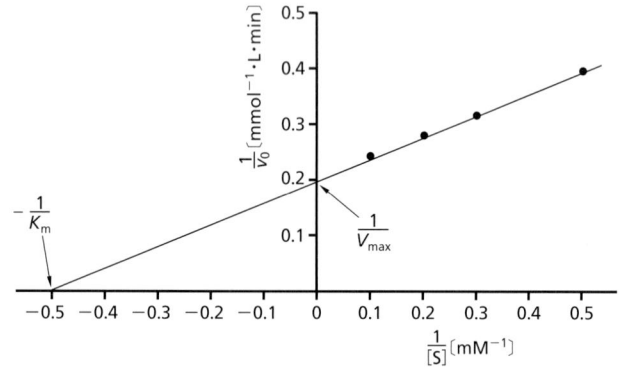

フマル酸 [S][mM]	$\frac{1}{[S]}$ [mM^{-1}]	生成物の形成速度 v_0[mmol·L^{-1}·min^{-1}]	$\frac{1}{v_0}$[mmol^{-1}·L min]
2.0	0.50	2.5	0.40
3.3	0.30	3.1	0.32
5.0	0.20	3.6	0.28
10.0	0.10	4.2	0.24

V_{max} は,y 切片である $1/V_{max}$ の逆数から得られる(図5.6).
$1/V_{max} = 0.20 \, mmol^{-1} \cdot L \cdot min$, $V_{max} = 5.0 \, mmol \cdot L^{-1} \cdot min^{-1}$
K_m は,x 切片 $-1/K_m$ の逆数から得られる.
$-1/K_m = -0.5 \, mM^{-1}$, $K_m = 2.0 \, mM$ または $2 \times 10^{-3} \, M$

(b) k_{cat} 値は,1個の酵素の活性部位が触媒する1秒当たりの反応の数を表す.酵素濃度は $1 \times 10^{-8} \, M$ であるが,フマラーゼは四量体で1分子当たり4個の活性部位をもつので,酵素の活性中心の全濃度 $[E_{total}]$ は $4 \times 10^{-8} \, M$ である.5.26式を用いると以下のようになる.

$$k_{cat} = \frac{V_{max}}{[E_{total}]} = \frac{5.0 \, mmol \cdot L^{-1} \cdot min^{-1}}{4 \times 10^{-5} \, mmol \cdot L^{-1}} \times \frac{1 \, min}{60 \, s} = 2 \times 10^3 \, s^{-1}$$

9. ピルビン酸デヒドロゲナーゼ(図5.22)と同じように,グリコーゲンホスホリラーゼ(GP)の活性は,キナーゼによるリン酸化

とホスファターゼによる脱リン酸によって互換的に制御される．しかし，ピルビン酸デヒドロゲナーゼとは異なり，グリコーゲンホスホリラーゼの活性化型には二つのリン酸化セリン残基があり，グリコーゲンホスホリラーゼの不活性化型では二つのセリン残基はリン酸化されていない．

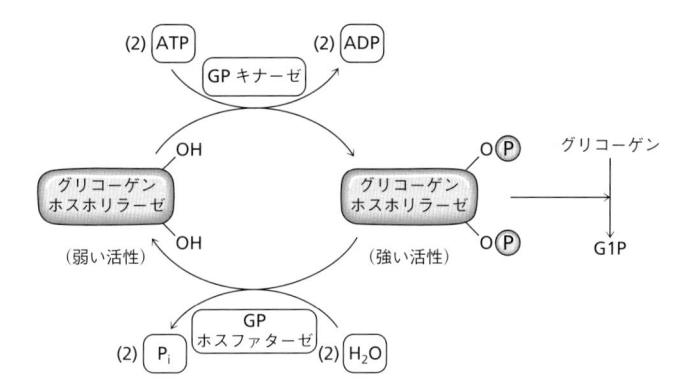

10. 多段階反応経路の最初の拘束段階を阻害することで，その経路を最終生成物が必要なときだけ働かせることができる．もし，最初の拘束段階が調節されていれば，経路の流れを制御できる．この型の調節は，原料とエネルギーの節約になる．

11. ［アスパラギン酸］＝5 mM のとき，$v_0=V_{max}/2$．したがって，アロステリックエフェクターがないときには，$K_m=[S]=5$ mM となる．ATP は v_0 を増加させ，CTP は v_0 を減少させる．

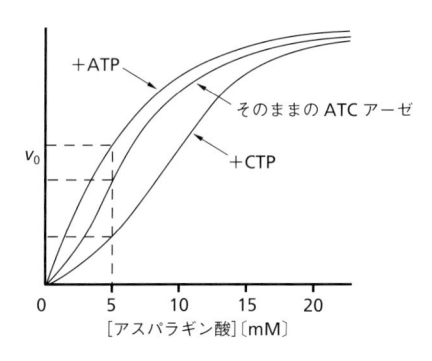

12. (a) P450 3A4 の速度論データをプロットするため，まず，基質濃度と生成物の形成速度の逆数を計算する．この計算結果を，ラインウィーバー・バークプロットにプロットすると図の破線のようになる．

生成物の形成速度

ミダゾラム [S]〔μM〕	1/[S] 〔μM^{-1}〕	v_0〔pmol·L^{-1}·min^{-1}〕	1/v_0 〔pmol^{-1}·L·min〕
1	1	100	0.01
2	0.5	156	0.0064
4	0.25	222	0.0045
8	0.125	323	0.0031

V_{max} は，直線の y 切片である $1/V_{max}$ の値の逆数から得られる（図 5.6）．

$1/V_{max}=0.0025$ pmol^{-1}·L·min，よって $V_{max}=400$ pmo·L^{-1}·min^{-1}
K_m は，直線の x 切片である $-1/K_m$ の値の逆数から計算される．

$-1/K_m=-0.3\,\mu M^{-1}$，よって $K_m=3.3\,\mu M$

(b) 基質濃度とその逆数，およびケトコナゾール存在下における初速度とその逆数は下表のようになる．

ミダゾラム [S]〔μM〕	1/[S] 〔μM^{-1}〕	0.1 μM ケトコナゾール存在下での生成物の形成速度	
		v_0〔pmol·L^{-1}·min^{-1}〕	1/v_0 〔pmol^{-1}·L·min〕
1	1	11	0.091
2	0.5	18	0.056
4	0.25	27	0.037
8	0.125	40	0.025

これをラインウィーバー・バークプロットに描いた結果は (a) の実線のようになる．この図から，y 切片の値が増加していて，x 切片は変化がみられないことがわかる．このラインウィーバー・バークプロットから，ケトコナゾールは非競合阻害剤であると考えられる（図 5.11）．このような非競合阻害剤は，見かけ上の V_{max} 値の減少（1/V_{max} の増加）と，K_m 値に変化がないという性質を示す．

13. (a) 0.1 μM および 5 μM のベルガモッチン存在下で測定した P450 3A4 の活性は，非存在下での活性よりも小さいことから，ベルガモッチンは P450 3A4 の活性を阻害していると考えられる．(b) ベルガモッチン存在下では P450 の活性阻害が起こると予想されるため，患者がグレープフルーツジュースと薬剤を一緒に摂取することは危険となりうる．P450 酵素は薬剤を不活性な形に代謝することが知られているので，ベルガモッチンが P450 活性を減少させると，薬剤を不活性な形に変える時間が増すと予想できる．そのため，薬剤の効果が長引く可能性があり，患者に有害な副作用を起こす可能性がある．

14. (a) ［S］≫K_m のとき，$K_m+[S]\approx[S]$ となる．したがって，基質濃度は速度に影響を与えず，$v_0=V_{max}$ となることは，図 5.4(a) にある曲線の上部分を見ればわかる．

$$v_0=\frac{V_{max}[S]}{K_m+[S]}\approx\frac{V_{max}[S]}{[S]}=V_{max}$$

(b) ［S］≪K_m のとき，$K_m+[S]\approx K_m$ となり，ミカエリス・メンテンの式は，

$$v_0=\frac{V_{max}[S]}{K_m+[S]}\approx\frac{V_{max}[S]}{K_m}$$

のように簡単になる．速度は，定数を伴って［S］に比例し，反応は［S］に関して一次となる．これは，図 5.4(a) にある曲線の下部分に当たる．

(c) $v_0=V_{max}/2$ のとき，$K_m=[S]$ となり，

$$v_0=\frac{V_{max}}{2}=\frac{V_{max}[S]}{K_m+[S]}$$

$$K_m+[S]=2[S]$$

$$K_m=[S]$$

第6章 酵素の反応機構

1. (a) ES 複合体における主要な結合力には，電荷–電荷相互作用，水素結合，疎水性相互作用，そしてファンデルワールス力がある．（酵素のうち約 20 % は，基質か，その一部を共有結合的に結合する．）(b) 基質が酵素に強く結合することは，熱力学的なくぼみに ES 複合体を捕らえることになり，活性化エネルギーを大きくして，その結果，反応を遅くする．しかし，遷移状態への強い結合は，ES‡ 複合体のエネルギーを下げ，その結果，活性化エネルギーを減少させ，反応速度を上げる．

2. 反応の活性化障壁は，(1) 基底状態のエネルギーレベル（ES）

594　　　　　　　　　　　　　　　　　　　　　　　　第6章の解答

を上げることと，(2) 遷移状態のエネルギーレベル（ES‡）を下げることによって小さくなり，反応速度が増加する．

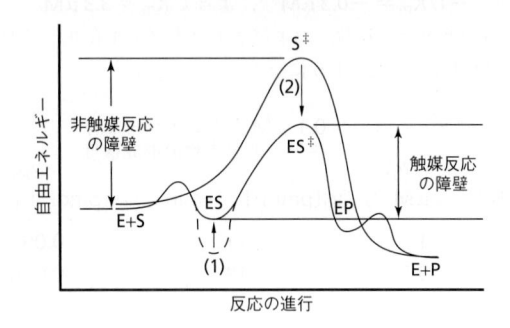

3. 多段階反応の律速段階は最も遅い段階であり，それは，最も活性化エネルギーの大きい段階である．反応1では，2段階目が律速段階である．反応2では，1段階目が律速段階である．

4. 反応2における反応性の基（-OH と -COOH）は，非常に近接した形で保持されている．環に含まれる大きなメチル基が空間的に密になることで，これら二つの基が触媒作用に都合がいいように配置される．反応性の -COOH 基は，反応1のように自由に回転して離れることはできない．こうしたモデル系は，酵素において基質と酵素の触媒基を反応に最適となる位置にもってくることで得られる加速効果の可能性を示しているので，関係しているといえる．

5. (1) 結合効果．リゾチームは，切断を受けるグリコシド結合が二つの酵素触媒基（Glu-35 と Asp-52）の両方に近づくように基質を結合する．また，基底状態の糖環のエネルギーは，半いす形配座にゆがめられるために上昇する．(2) 酸塩基触媒作用．Glu-35 は，最初に脱離する糖（一般酸触媒）の酸素にプロトンを供与し，攻撃する水分子（一般塩基触媒）からプロトンを受容する．(3) 遷移状態の安定化．Asp-52 は，オキソカルボカチオン中間体に発生する正電荷を安定化し，D 部位はこの中間体の半いす形配座に適合する．遷移状態として提出された構造には，この電荷と糖の立体配座が，活性部位残基に対する複数の水素結合とともに含まれている．

6. Ser-195 は，α-キモトリプシンの活性中心において触媒トライアドに加わっている唯一のセリン残基である．Ser-195 の酸素原子の求核性が増す結果，ジイソプロピルフルオロリン酸と迅速に反応する．

7. (a) 触媒トライアドは，アスパラギン酸，ヒスチジン，セリン各1残基から構成される．ヒスチジンは，一般酸塩基触媒として働き，最初の段階でセリン残基からプロトンを奪うことで，セリンを初段階で強力な求核剤に変える．アスパラギン酸は，ヒスチジンと低障壁の水素結合をつくり，遷移状態を安定化する．酸触媒となったヒスチジンは，プロトンを供与してアミン脱離基をつくる．(b) オキシアニオンホールには，四面体中間体の負に荷電した酸素と水素結合をつくる主鎖の -NH- 基を含む．オキシアニオンホールは，基質に対してよりも遷移状態の方により強く結合するので，遷移状態の安定化を仲介している．(c) 触媒作用の間に，アスパラギン酸がヒスチジンのイミダゾリウム型と低障壁の水素結合をつくる．アスパラギンには，安定化にかかわるヒスチジンの水素結合をつくるためのカルボキシ基がないので，酵素活性は大きく低下する．

8. (a) ヒトサイトメガロウイルスプロテアーゼ：His, His, Ser

(b) β-ラクタマーゼ：Glu, Lys, Ser

(c) アスパラギナーゼ：Asp, Lys, Thr

(d) A型肝炎ウイルスプロテアーゼ：Asp, His, Cys

9. チロシンをフェニルアラニンに変異させると，変異酵素の活性は野生型の1%以下になった．したがって，チロシン残基は，ジペプチジルペプチダーゼIVの触媒活性に関係している．チロシンには，-OH 基が側鎖の芳香環に含まれている．すでに述べたように，このチロシンは，活性部位のオキシアニオンホールに存在する．セリンプロテアーゼのオキシアニオンホールにおける水素結合は，四面体中間体を安定化することが知られている．側鎖に -OH 基をもつチロシンは，四面体中間体と水素結合をつくり，安定化することができる．しかし，フェニルアラニンには，水素結合をつくりうる側鎖はない．したがって，四面体中間体が安定化されず，酵素活性が失われるようになったと思われる．

10. (a) アセチルコリンエステラーゼの触媒トライアド：Glu-His-Ser

(b)

11. キャリヤータンパク質に結合した遷移状態アナログは，触媒活性をもつ抗体の産生を誘導するための抗原として用いられる．四面体のホスホン酸エステル分子は，コカインのベンジルエステル部分を加水分解するときの遷移状態における四面体中間体のアナログである．このホスホン酸構造に対して産生した抗体は，コカインのベンジルエステルを加水分解するときの遷移状態を安定化することができ，この反応を効率良く触媒できるであろう．

12. (a) 野生型の α1-プロテイナーゼインヒビターは，アミノ酸配列に置換が生じた α1-プロテイナーゼインヒビターをつくっている患者の治療薬として用いられる．この置換によって，プロテアーゼであるエラスターゼをうまく阻害できないタンパク質になっている．エラスターゼ活性が制御されなくなると，エラスチンの分解が進み，肺の組織が破壊される病気になる．したがって，このような患者に機能的なエラスターゼ阻害剤が用いられるのである．(b) α1-プロテイナーゼインヒビター欠損の治療は，野生型タンパク質を血管内に投与することによって行われる．もし，このタンパク質を経口投与すると，消化管に存在する酵素が α1-プロテイナーゼインヒビターのペプチド結

合を分解すると思われる．この薬剤を直接血流に投与することによって，タンパク質は循環して肺に達し，好中球エラスターゼが存在する部位で作用することができる．

第7章 補酵素とビタミン

1. (a) 酸化；NAD^+, FAD, または FMN（示された反応の補酵素は NAD^+）．(b) 2-オキソ酸の脱炭酸；チアミン二リン酸．(c) 炭酸水素イオンと ATP を要求するカルボキシ化；ビオチン．(d) 分子内転位；アデノシルコバラミン．(e) チアミン二リン酸 (TPP) から CoA へのヒドロキシエチル基転移；リポ酸．

2. (a) NAD^+, $NADP^+$, FAD, FMN, リポアミド, ユビキノン, チオレドキシンやシトクロムなどのタンパク質補酵素．(b) 補酵素 A, リポアミド．(c) テトラヒドロ葉酸, S-アデノシルメチオニン, メチルコバラミン．(d) ピリドキサールリン酸．(e) ビオチン, チアミン二リン酸, ビタミン K．

3. 正しくない．NAD^+ は 2 電子を受取るが，プロトンは 1 個だけ受取る．第二のプロトンは溶液中に放出され，他のプロトン要求性の反応に再利用される．

4.

5. NAD^+, FAD, 補酵素 A はいずれも ADP 部分をもつ（補酵素 A では 3'-リン酸基をもつ ADP）．

6.

7. ビタミン B_6 はピリドキサールリン酸に変化する．ピリドキサールリン酸は，トリプトファンやチロシンからそれぞれセロトニンやノルアドレナリンができる経路の脱炭酸反応を含め，アミノ酸が関与する多数の反応の補酵素となる．ビタミン B_6 が不足すると，ピリドキサールリン酸レベルが低下し，神経伝達物質の合成の低下につながる．

8. チミジル酸 (dTMP) の合成にはテトラヒドロ葉酸（葉酸）誘導体が必要である．葉酸レベルが低下すると DNA 合成に使われる dTMP の量が減る．赤血球前駆体中の DNA 合成が低下すると細胞分裂が遅くなり，大型赤血球ができる．赤血球細胞が壊れて失われると貧血になる．

9. (a) コバラミン．(b) コバラミン誘導体のアデノシルコバラミンはメチルマロニル CoA からスクシニル CoA への分子内転位反応の補酵素である（図 7.28）．アデノシルコバラミンの欠乏はメチルマロニル CoA とその加水分解物メチルマロン酸のレベルを増加させる．もう一つのコバラミン誘導体，メチルコバラミンはホモシステインからメチオニンを合成する際の補酵素で（7.5 式），コバラミンの欠乏でホモシステインが過剰になり，メチオニンが不足する．(c) 植物はコバラミンを合成しないので，このビタミンの供給源にはならない．

10. (a) 機構として提案されているのは，アルコールデヒドロゲナーゼの亜鉛イオンに水分子が結合して，炭酸デヒドラターゼに結合した水と同じような過程で OH^- ができるというものである（図 7.2）．塩基性の水酸化物イオンがエタノールのヒドロキシ基からプロトンを引き抜いて H_2O ができる．（亜鉛がエタノールのアルコール性酸素にも結合して分極させるという機構も提案されている．）

(b) アルギニンのような残基は必要ない．エタノールは，乳酸と違い，アルギニン側鎖に静電的に結合するカルボキシ基をもたない．

11. カルボキシ基はメチルマロニル CoA からビオチンに移ってカルボキシビオチンとプロピオニル CoA ができる．

12. (a)

(b) ラセミ化は起こらない．脱炭酸の場合もラセミ化でもシッフ塩基ができるが，ヒスチジンデカルボキシラーゼの活性部位の反応基はヒスチジンのラセミ化は触媒せず，脱炭酸を特異的に触媒する．

13. (a) 322～323 ページの 13.2～13.4 式を見よ．

(b)

(c) [化学構造式: TPP反応機構]

第8章 糖質

1. (a) D-グルコースとD-マンノース．(b) L-ガラクトース．(c) D-グルコースまたはD-タロース．(d) ジヒドロキシアセトン．(e) エリトルロース（DかLのどちらか）．(f) D-グルコース．(g) N-アセチルグルコサミン．

2. [(a)〜(d) Fischer投影式構造]

3. グリコサミノグリカンは二糖単位が繰返された枝分かれのないヘテログリカンである．二糖の一つの成分はアミノ糖で，もう一つの成分は通常はアルズロン酸である．多くのグリコサミノグリカンのヒドロキシ基およびアミノ基が硫酸化されている．

4. [β-D-フルクトフラノース ⇌ D-フルクトース ⇌ β-D-フルクトピラノース の構造式]

5. (a) α-アノマー．(b) できる．シアル酸は変旋光する．(c) デオキシ糖である．(d) ケトン．(e) キラル炭素は4個．

6. グルコピラノースは5個のキラル炭素をもつので，2^5，つまり32の立体異性体がある．そのうちD糖が16，L糖が16である．フルクトフラノースは4個のキラル炭素をもつので，ありうる立体異性体の数は2^4，つまり16で，そのうちD糖が8，L糖が8である．

7. [(a)〜(d) の構造式]

8. 開環型のアルドースだけが遊離アルデヒド基をもち，タンパク質のアミノ基とシッフ塩基をつくりうる．D-グルコースのごく一部だけが開環構造をとるので，D-グルコースは他のアルドースよりもタンパク質と反応しにくい．

9. 環上のかさ高い置換基がエクアトリアルになっているとき，ピラノースは立体的な反発が最小になるので最も安定になる．β-D-グルコピラノースが最も安定な立体配座をとったときには，すべてのヒドロキシ基および-CH$_2$OH基がエクアトリアルになっている．しかしα-D-グルコピラノースは最も安定な立体配座をとったときでも，C-1ヒドロキシ基はアキシアルになっている．

10. [構造式] 封筒形配座　(B): 塩基

11. グルコースのαとβのアノマーは速い平衡状態にある．グルコースオキシダーゼの反応でβ-D-グルコースが除去されると，α-アノマーからさらにβ-アノマーが生成し，最終的にはすべてのグルコースがグルコノラクトンに変わる．

12. スクラロースは二糖スクロース（図8.20）の誘導体である．フルクトース分子のC-1とC-6の二つのヒドロキシ基が塩素で置換されている．グルコース分子のC-4のヒドロキシ基が除かれて塩素が付加されている．糖からスクラロースを化学合成する際に，グルコース部分のC-4の置換基の立体配置は逆転されている．

13. (a) [構造式]
(b) [構造式]

第9章の解答

15. (a) a, b, c. これらのオリゴ糖は GlcNAc—Asn 結合をもつ. (b) b, c. これらのオリゴ糖は β-ガラクトシド結合をもつ. (c) b. このオリゴ糖はシアル酸をもつ. (d) なし. ここにはフコースをもつオリゴ糖は一つもない.

17. 紙はセルロースでつくられており, β-グルコシダーゼはセルロースを分解してグルコースにする. でも, もし君が β-グルコシダーゼ薬を1錠飲んだとしても, この本はぐちゃぐちゃの紙の歯触りがして, 糊のような味しかしないだろう (オエッ!). それは君の味蕾は口の中にあるのに, 酵素は胃の中にあるからだ. 酵素溶液の中にこの本を漬け込んでおけば, 多分もう少しは甘くなるだろう.

出版社は教科書を味付きインクで印刷する気はない. 諸君がこれから履修する予定のもろもろの上級コースで, この教科書は大事な情報源になるのだから, 大事に持ち続けて欲しいと出版社も著者も願っている. とはいえこの本を売り飛ばすくらいなら, 健康と栄養に良いから食べてしまいなさいと奨励する方がましかもしれない.

第9章　脂質と生体膜

3. (a) ω-3. (b) ω-6. (c) ω-6. (d) その他 (ω-9). (e) ω-6.

5. (b) ドコサヘキサエン酸は ω-3 脂肪酸に分類される.

(c) [構造式]

8. (a) [構造式] (b) [構造式]

9. いずれの温度でもホスファチジルエタノールアミンはグリセロール 3-リン酸骨格の C-2 の位置にドコサヘキサエン酸を含んでいる．低温になると，C-1 の一不飽和脂肪酸の割合が 30°C のときの 14% から，10°C のときの 39% へと増加する．生体にとっては膜の流動性が保たれる必要があるので，膜の脂質組成を変化させて対応している．低温において不飽和脂質を増加させれば，膜の流動性を適切に保つことができるだろう．

10. ファルネシルトランスフェラーゼは Ras タンパク質のシステインの側鎖にファルネシル基あるいは "プレニル" 基を付加する（図 9.23 b）．つぎに Ras タンパク質は細胞膜および小胞体膜に係留されて，細胞内シグナル伝達活性を発揮する．癌細胞のファルネシルトランスフェラーゼを阻害すれば，変異 Ras タンパク質のシグナル伝達活性を失わせる可能性があるので，この酵素が化学療法の標的酵素となっている．ファルネシルトランスフェラーゼ阻害剤が，マウスのがん細胞の増殖を実際に阻止している．

11. 直線 A はチャネルあるいは透過孔を介したグルコースの拡散を表し，曲線 B は受動輸送を表す．チャネルあるいは透過孔を介した拡散は通常飽和することはなく，溶質濃度とともに直線的に速度が上昇する．輸送タンパク質を介した輸送は，酵素が高濃度の基質で飽和するのと同じように，高濃度では飽和する（§9.10 C）．

12. [図: 胃粘液細胞の膜輸送]

13. テオブロミンはカフェインおよびテオフィリンに構造的関連がある（図 9.45）．テオブロミンを含むメチル化プリンは，cAMP を AMP に加水分解する反応（図 9.43）を触媒する可溶性酵素である cAMP ホスホジエステラーゼを阻害する．これらのメチル化プリンは細胞内メッセンジャー cAMP の AMP への分解を阻害する．したがって cAMP の効果が持続する．イヌでは食べたテオブロミンを体内から排出するのが遅いこととあいまって，チョコレートを食べた結果，毒作用が現れる．

14. IP_3 とジアシルグリセロールの二つのセカンドメッセンジャーは，いずれも細胞のキナーゼ類の活性化を相互に補完しつつ促進する．ついでこれらキナーゼが細胞内の標的タンパク質をリン酸化して活性化する．ジアシルグリセロールはプロテインキナーゼ C を直接に活性化するが，IP_3 は小胞体膜の Ca^{2+} チャネルを開き，貯蔵 Ca^{2+} を細胞質ゾルに遊離させて，Ca^{2+} レベルを高める（図 9.48）．Ca^{2+} レベルが高まると別のキナーゼが活性化され，しかるべき標的タンパク質のリン酸化と活性化が進む．

15. インスリンは依然としてインスリンレセプターの α サブユニットに正常に結合できるが，β サブユニットがチロシンキナーゼ活性を失っているので，自己リン酸化あるいはそれ以外のリン酸化反応を触媒できない．したがってインスリンは細胞内応答を誘導できない．インスリンの量が増えても効果はない．

16. G タンパク質は，GTP が結合した活性型と，GDP が結合した不活性型との間で相互変換しうる分子スイッチである（図 9.42）．正常な G タンパク質では，GTP アーゼ活性によって活性型 G タンパク質は不活性型に変わる．変異 Ras タンパク質は GTP アーゼ活性を欠くので，不活性化されることがない．その結果，アデニル酸シクラーゼの活性化状態が持続し，特定の細胞外シグナルに対する応答も持続してしまう．

17. 球の表面積は $4\pi r^2$ だから，卵子の表面積は $4\pi(50)^2$ μm で，3.9×10^5 μm になる．脂質 1 分子の表面積は 10^{-14} cm $= 10^{-6}$ μm^2．膜の 70% のみが脂質なので，脂質分子の総数は，

$$\frac{3.9 \times 10^5}{10^{-6}} \times 0.75 = 2.9 \times 10^{11} \text{ 分子}$$

18. 君の祖母がつくった脂質が，細胞分裂のたびに平等に娘細胞に分けられるとすると，君の母親が 30 回の分裂の後でつくる卵細胞は，最初の脂質分子の $1/2^{30}$ を保持していることになる．君の母親がその母親（君の祖母）から受け継いだ脂質分子の数は 2.9×10^{11} なので（前問を参照），それぞれの卵子に残っている脂質分子の数は，

$$1/2^{30} \times 2.9 \times 10^{11} = 270$$

君は祖母から 270 分子の脂質を受け継いでいる．

第 10 章　代謝についての序論

1. (a) [図: A→B→C→D→E で分岐して F→G および H→I→J]

(b) 共通経路の最初の段階を G または J が阻害すると，経路の中間体が不必要に蓄積するのを防ぐことができる．G や J が多量にあるとき，経路に入る A を少なくできる．枝分かれ以降の酵素を調節すれば，G や J は他の分子の生産に影響を与えることなく，自身の生産を阻害できる．

2. 代謝過程を別々の区画に隔離すれば，それぞれの区画内ごとで独立に，それぞれの経路の基質や生成物の濃度を最適状態に保つことができる．そのうえ，経路の酵素も分けられているので，他の経路に由来する調節因子に干渉されずに，各経路を独立に制御できる．

3. 細菌は真核細胞よりもはるかに小さいので，別々の区画をもつことで有利になるとは必ずしもいえない．クエン酸回路をミトコンドリア内部に局在させたのは，それが真核生物にとって特に有利だったというわけではなく，生命史上の単なる偶発的な出来事だった可能性もある．

4. 複数の酵素から成る段階的な経路では，一つの酵素の生成物が，その経路の次の酵素の基質になる．可溶性で独立している酵素の場合，各酵素の生成物は溶液内を無秩序に拡散しながらつぎの酵素を見つけねばならない．関連した酵素を，多酵素複合体という形，あるいは膜上に配置するなどの手段で，お互いに近づけておけば，各酵素の生成物は直接につぎの酵素に到達でき，基質が溶液中に拡散して失

われることがない．

5. (a)
$\Delta G°' = -RT \ln K_{eq}$
$\ln K_{eq} = -\dfrac{\Delta G°'}{RT} = -\dfrac{-9000 \text{ J·mol}^{-1}}{(8.315 \text{ J·K}^{-1}\text{·mol}^{-1})(298 \text{ K})} = 3.63$
$K_{eq} = 38$

(b)
$\Delta G°' = -RT \ln K_{eq}$
$K_{eq} = \dfrac{[グルコース][P_i]}{[グルコース 6\text{-}P][H_2O]} = \dfrac{(0.1 \text{ M})(0.1 \text{ M})}{(3.5 \times 10^{-5} \text{M})(1)} = 286$
$\Delta G°' = -(8.315 \text{ J·K}^{-1}\text{·mol}^{-1})(298 \text{ K}) \ln 286$
$\Delta G°' = -14000 \text{ J·mol}^{-1} = -14 \text{ kJ·mol}^{-1}$

6. (a)
$\Delta G = \Delta G°' + RT \ln \dfrac{[アルギニン][P_i]}{[ホスホアルギニン][H_2O]}$
$\Delta G = -32000 \text{ J·mol}^{-1} +$
$\quad (8.315 \text{ J·K}^{-1}\text{·mol}^{-1})(298 \text{ K}) \ln \dfrac{(2.6 \times 10^{-3})(5 \times 10^{-3})}{(6.8 \times 10^{-3})(1)}$
$\Delta G = -48 \text{ kJ·mol}^{-1}$

(b) $\Delta G°'$ は反応物および生成物の濃度が 1 M の標準状態のもとで定義されている（水の濃度は 1 とみなす）．ΔG は反応物および生成物の実際の濃度に依存している．(c) ホスホアルギニンやアセチル CoA のように加水分解の自由エネルギーが大きい分子は熱力学的に不安定だが，反応速度論的には安定な場合もある．適当な触媒がない場合には，これらの化合物の加水分解は非常にゆっくりとしている．

7.
$\quad\quad\quad\quad\quad\quad\quad\quad\quad\quad\quad\quad\quad\quad\quad\quad\quad\quad \Delta G°'$
$\quad\quad\quad\quad\quad\quad\quad\quad\quad\quad\quad\quad\quad\quad\quad\quad\quad\quad [\text{kJ·mol}^{-1}]$

	$\Delta G°'$ [kJ·mol^{-1}]
グルコース 1-リン酸 + UTP ⟶ UDP グルコース + PP$_i$	0
PP$_i$ + H$_2$O ⟶ 2 P$_i$	−29
	$\Delta G°'$ −29

8. (a) ATP は筋収縮や膜輸送などエネルギーを必要とする過程により急速に消費されるが，それと同時に，中間代謝経路により ADP と P$_i$ から急速に合成されている．この過程に必要なエネルギーは，糖質，脂質，アミノ酸の分解過程から，あるいは筋肉のクレアチンリン酸（CP+ADP→ATP+C）のようなエネルギー貯蔵分子から供給される．このような速いリサイクルによって，ATP と ADP を合わせて 50 g もあれば，身体が必要とする化学エネルギーとして十分である．(b) ATP の役割は，エネルギー貯蔵分子というよりはむしろ自由エネルギーの伝達体である．(a)で述べたように，ATP は貯蔵はされないで，エネルギーを必要とする反応で急速に消費されている．

9. ATP とクレアチンの反応の $\Delta G°'$ の計算は以下のとおり．

	$\Delta G°'$ [kJ·mol^{-1}]
クレアチン + P$_i$ ⇌ ホスホクレアチン + H$_2$O	+43
ATP + H$_2$O ⇌ ADP + P$_i$	−32
クレアチン + ATP ⇌ ホスホクレアチン + ADP	+11

ホスホクレアチンとクレアチンの比を 20:1 に保つために必要な ATP と ADP の比は，10.13 式から計算できる．平衡状態では，$\Delta G = 0$ なので，
$\Delta G°' = -RT \ln \dfrac{[ホスホクレアチン][ADP]}{[クレアチン][ATP]}$
$\ln \dfrac{(20)[ADP]}{(1)[ATP]} = -\dfrac{\Delta G°'}{RT} = -\dfrac{(11000 \text{ J·mol}^{-1})}{(8.315 \text{ J·K}^{-1}\text{·mol}^{-1})(298 \text{ K})} = -4.44$
$\dfrac{(20)[ADP]}{(1)[ATP]} = 1.2 \times 10^{-2}$
$\dfrac{[ATP]}{[ADP]} = 1667$

10.

$$\underset{\overset{|}{\oplus NH_3}}{R-\overset{H}{\underset{|}{C}}}-\overset{O}{\overset{\|}{C}}-O^{\ominus} + P-P-P-O-アデノシン \longrightarrow$$

$$\xrightarrow{PP_i \searrow \atop \underset{H_2O}{ピロホスファターゼ} \atop 2P_i \nearrow}$$

$$\underset{\overset{|}{\oplus NH_3}}{R-\overset{H}{\underset{|}{C}}}-\overset{O}{\overset{\|}{C}}-O-P-O-アデノシン \xrightarrow{tRNA \quad AMP} \underset{\overset{|}{\oplus NH_3}}{R-\overset{H}{\underset{|}{C}}}-\overset{O}{\overset{\|}{C}}-O-tRNA$$

（アシルアデニル酸）

11. $\Delta G°' = -RT \ln K_{eq}$
$K_{eq} = \dfrac{[フルクトース 6\text{-}リン酸]}{[グルコース 6\text{-}リン酸]} = \dfrac{1}{2}$
$\Delta G°' = -(8.315 \text{ J·K}^{-1}\text{·mol}^{-1})(298 \text{ K}) \ln \dfrac{1}{2}$
$\Delta G°' = 1.7 \text{ kJ·mol}^{-1}$

12. (a)
$\ln K_{eq} = -\dfrac{\Delta G°'}{RT} = -\dfrac{(25000 \text{ J·mol}^{-1})}{(8.315 \text{ J·K}^{-1}\text{·mol}^{-1})(298 \text{ K})} = -10.1$
$K_{eq} = 4.1 \times 10^{-5}$

(b) 共役反応の $\Delta G°'$ の計算は以下の通り．

	$\Delta G°'$ [kJ·mol^{-1}]
A ⟶ B	+25
ATP + H$_2$O ⇌ ADP + P$_i$	−32
A + ATP + H$_2$O ⇌ B + ADP + P$_i$	−7

$\ln K_{eq} = -\dfrac{\Delta G°'}{RT} = 2.8$
$K_{eq} = 17$

共役反応の K_{eq} は (a) の K_{eq} の 180000 倍．

(c) $K_{eq} = 17 = \dfrac{[B][ADP][P_i]}{[A][ATP][H_2O]} = \dfrac{[B][ADP]}{[A][ATP]} = \dfrac{[B](1)}{[A](400)}$

$\dfrac{[B]}{[A]} = 6800$

ATP の加水分解反応に共役させると [B] の [A] に対する比は約 1 億 6600 万倍になる〔$6800 \div (4.1 \times 10^{-5}) = 1.66 \times 10^8$〕．

13. 電子はより負の標準還元電位をもつ分子から，正の標準還元電位をもつ分子へと流れる．
(a) シトクロム b_5 (Fe^{②}) + シトクロム f (Fe^{③}) ⟶
$\quad\quad\quad\quad\quad$ シトクロム b_5 (Fe^{③}) + シトクロム f (Fe^{②})
(b) コハク酸 + Q ⟶ フマル酸 + QH$_2$
(c) イソクエン酸 + NAD$^{\oplus}$ ⟶ 2-オキソグルタル酸 + NADH

14. 表 10.4 に示した標準還元電位は，$S_{ox} + ne^{\ominus} \rightarrow S_{red}$ で示される半反応に対応する．酸化反応と還元反応が共役した場合の値を得るには，還元型分子を含む半反応の方向を反対にし，還元電位の符号を反対にしてから，二つの値を足し合わせればよい．

(a)

	$E°'$ [V]
2 Cyt c(Fe^{③}) + 2 e$^{\ominus}$ ⟶ 2 Cyt c(Fe^{②})	+0.23
QH$_2$ ⟶ Q + 2 H$^{\oplus}$ + 2 e$^{\ominus}$	−0.04
2 Cyt c(Fe^{③}) + QH$_2$ ⟶ 2 Cyt c(Fe^{②}) + Q + 2 H$^{\oplus}$	$\Delta E°' = 0.19$ V

$\Delta G°' = -nF\Delta E°' = -(2)(96.48 \text{ kJ·V}^{-1}\text{·mol}^{-1})(0.19 \text{ V})$
$\Delta G°' = -37 \text{ kJ·mol}^{-1}$

(b)

	$E°'$ [V]
½ O$_2$ + 2 H$^{\oplus}$ + 2 e$^{\ominus}$ ⟶ H$_2$O	+0.82
コハク酸 ⟶ フマル酸 + 2 H$^{\oplus}$ + 2 e$^{\ominus}$	−0.03
½ O$_2$ + コハク酸 ⟶ H$_2$O + フマル酸	$\Delta E°' = 0.79$ V

$$\Delta G^{\circ\prime} = -(2)(96.48\ \mathrm{kJ{\cdot}V^{-1}{\cdot}mol^{-1}})(0.79\ \mathrm{V})$$
$$\Delta G^{\circ\prime} = -150\ \mathrm{kJ{\cdot}mol^{-1}}$$

15. 右側のグラフが予測される結果を示している．NADH が反応液中に生成するので，340 nm の吸光度が上昇する（BOX 10.2）．

16.

	$E^{\circ\prime}$〔V〕
$Q + 2\,H^{\oplus} + 2\,e^{\ominus} \longrightarrow QH_2$	+0.04
$FADH_2 \longrightarrow FAD + 2\,H^{\oplus} + 2\,e^{\ominus}$	+0.22
$Q + FADH_2 \longrightarrow QH_2 + FAD$	$\Delta E^{\circ\prime} = 0.26\ \mathrm{V}$

$$\Delta E = \Delta E^{\circ\prime} - \frac{RT}{nF}\ln\frac{[QH_2][FAD]}{[Q][FADH_2]}$$
$$\Delta E = 0.26\ \mathrm{V} - \frac{0.026\ \mathrm{V}}{2}\ln\frac{(5\times10^{-5})(2\times10^{-4})}{(1\times10^{-4})(5\times10^{-3})}$$
$$\Delta E = 0.26\ \mathrm{V} - 0.013(-3.9) = 0.31\ \mathrm{V}$$
$$\Delta G = -nF\Delta E = -(2)(96.48\ \mathrm{kJ{\cdot}V^{-1}{\cdot}mol^{-1}})(0.31\ \mathrm{V})$$
$$\Delta G = -60\ \mathrm{kJ{\cdot}mol^{-1}}$$

理論的には，ユビキノンによる $FADH_2$ の酸化で，ADP と P_i から ATP を合成するのに必要とされるよりも多い自由エネルギーが放出される．

第11章　解　糖

1.（a）2（図 11.2 と 11.12 式参照）．（b）2（フルクトキナーゼの反応とトリオースキナーゼの反応で ATP が 1 分子ずつ使われ，解糖のトリオース段階で ATP 4 分子がつくられる）．（c）2（ヘキソース段階で ATP 2 分子が使われ，トリオース段階で 4 分子の ATP がつくられる）．（d）5（上の（b）にあるように，フルクトースからは ATP 2 分子が得られ，グルコース部分からは 2 分子ではなく 3 分子の ATP が得られる．これは，スクロースが分解される際にグルコースではなく，グルコース 1-リン酸が生成するためである）．

2.（a）

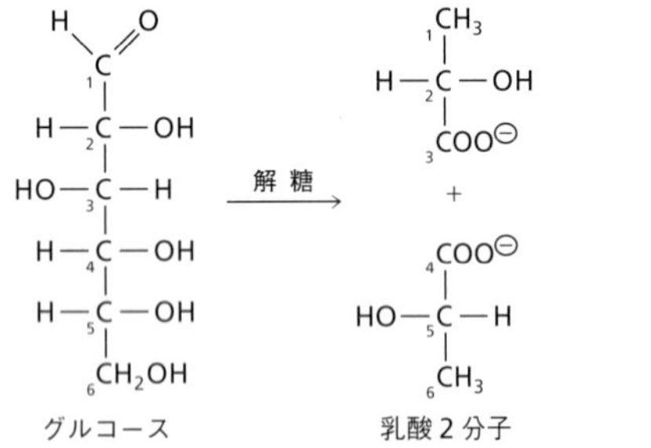

（b）C-3 位あるいは C-4 位が標識されたグルコースは，いずれもピルビン酸の脱炭酸で $^{14}CO_2$ を生じる．

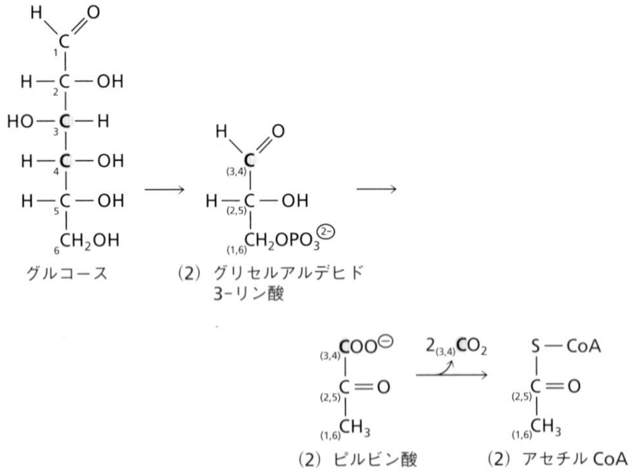

3. 無機リン酸（$^{32}P_i$）は，グリセルアルデヒド-3-リン酸デヒドロゲナーゼ反応によって，1,3-ビスホスホグリセリン酸（1,3-BPG）の C-1 炭素に取込まれ（グリセルアルデヒド 3-リン酸＋NAD^+＋P_i→1,3-BPG），ついで ATP の γ 位に転移される（1,3-BPG＋ADP→ATP＋3-ホスホグリセリン酸）．

4. 脳はエネルギーのほとんどをグルコースのみから得ており，グルコース異化の主要経路である解糖に依存している．ハンチントンタンパク質はグリセルアルデヒド-3-リン酸デヒドロゲナーゼに強く結合するので，解糖にとって決定的に重要な酵素が阻害され，ATP の生産が損なわれる可能性がある．ATP レベルの低下は，脳内の神経細胞にとって有害である．

5.（a）

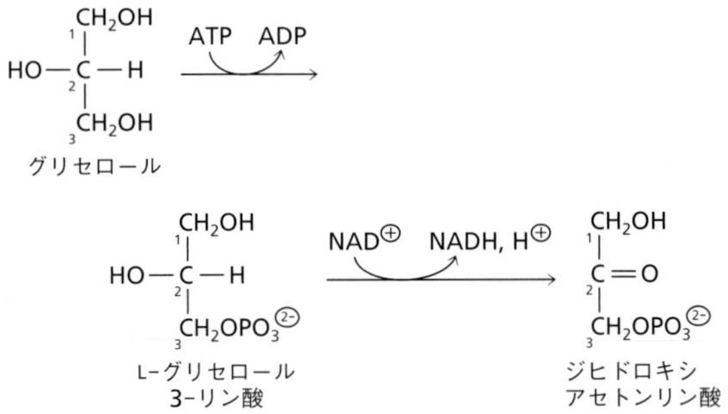

（b）グリセロール 3-リン酸の C-2 位と C-3 位が標識されなければならない．ジヒドロキシアセトンリン酸がグリセルアルデヒド 3-リン酸に変換されると，C-1 位はアルデヒドに酸化され，CO_2 として失われる（問題 2）．

6. 嫌気的な解糖によりグルコースを乳酸に代謝する細胞は，解糖およびクエン酸回路（図 11.1）でグルコースを好気的に CO_2 に代謝する細胞よりもはるかに少ない ATP しか生産しない．細胞が必要とする ATP を嫌気的な解糖で十分に確保するためには，好気的条件下でよりも多量のグルコースを消費せねばならず，またグルコースを乳酸に変える速度もはるかに大きい．嫌気的環境にあるがん細胞は，より多くのグルコースを取込む．また糖質代謝の中で解糖経路の活性を高める必要上，解糖にかかわるいくつかの酵素をおそらく過剰生産している．

7. そうはならない．乳酸デヒドロゲナーゼが触媒するピルビン酸の乳酸への変換に伴って NADH が NAD^+ に酸化される．この NAD^+ は解糖のグリセルアルデヒド-3-リン酸デヒドロゲナーゼ反応に必須である．

8. これらの酵素が触媒する反応では，ATP の γ-リン酸基が転移される際に，γ-リン原子と β-リン酸基の酸素との間の結合が開裂する（図 11.3）．この ATP 類似体はこのように開裂されず，ATP と結合部位を競合するために阻害を起こす．

9. 標準状態でのアルドラーゼ反応に対する自由エネルギー変化（$\Delta G^{\circ\prime}$）は $+22.8\ \mathrm{kJ{\cdot}mol^{-1}}$ である．しかし心筋内のフルクトース 1,6-ビスリン酸，ジヒドロキシアセトンリン酸，グリセルアルデヒド 3-リン酸の濃度は，標準状態で想定されている濃度 1 M からかけ離れている．現実の細胞内濃度における自由エネルギー変化（$\Delta G = -5.9\ \mathrm{kJ{\cdot}mol^{-1}}$）は $\Delta G^{\circ\prime}$ とは大きく異なるので，アルドラーゼ反応は解糖が進行する方向に向かいやすい．（フルクトース 1,6-ビスリン酸→グリセルアルデヒド 3-リン酸＋ジヒドロキシアセトンリン酸．）

10. 標準ギブズ自由エネルギー変化は $+28\ \mathrm{kJ{\cdot}mol^{-1}}$ である．平衡定数は，

$$28 = RT\ln K_{eq} \approx 10^{-5}\quad(1.12\ 式)$$

（a）

$$\frac{[DHAP][G3P]}{[F1,6BP]} = 10^{-5}\qquad \frac{[5\times10^{-6}][5\times10^{-6}]}{[F1,6BP]} = 10^{-5}$$
$$F1,6BP = 2.5\,\mu M$$

（b）250 μM．（c）25000 μM＝25 mM．

11.（a）ATP は 6-ホスホフルクトキナーゼにとっての基質であり，

かつアロステリック阻害剤である．ATP濃度が高いところでは，K_m が増大するので，6-ホスホフルクトキナーゼ活性は低下する．AMP はアロステリック活性化剤であり，ATPによる阻害から回復させるので，ATPとAMPが共存すると，曲線が上の方にずれる．(b) F2,6BPは6-ホスホフルクトキナーゼのアロステリック活性化剤である．F2,6BP存在下ではフルクトース 6-リン酸に対する見かけの K_m の低下のために6-ホスホフルクトキナーゼ活性が上昇する．

12. cAMP濃度の上昇がプロテインキナーゼAを活性化し，プロテインキナーゼAはピルビン酸キナーゼをリン酸化して不活性化する．

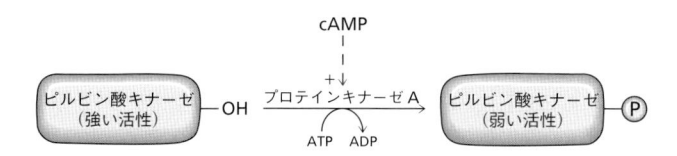

ピルビン酸キナーゼ（強い活性）-OH → [プロテインキナーゼA, cAMP, ATP → ADP] → ピルビン酸キナーゼ（弱い活性）-P

13. (a) 肝臓で解糖が低下すると，より多くのグルコースを他の組織に供給できるようになる．(b) グルカゴンシグナル変換系の活性が下がると，cAMPの生成が低下する．以前につくられたcAMP がホスホジエステラーゼの作用で加水分解されると，cAMP依存性のプロテインキナーゼAの活性が低下する．このような条件下では，6-ホスホフルクト-2-キナーゼ活性が増し，フルクトース-2,6-ビスホスファターゼ活性が下がる．その結果フルクトース2,6-ビスリン酸の濃度が増し，6-ホスホフルクトキナーゼが活性化され，解糖全体の速度が増す（図11.12）．cAMPレベルの低下はピルビン酸キナーゼの活性化にもつながる（問題12）．

14. 化学合成独立栄養生物は，12章で述べるように，グリコーゲン中に蓄えられたグルコース残基からエネルギーを得るために解糖を行う．

第12章 糖新生，ペントースリン酸経路，グリコーゲン代謝

1.

2 ピルビン酸 + 2 NADH + 4 ATP + 2 GTP + 6 H_2O + 2 H^+ → グルコース + 2 NAD^+ + 4 ADP + 2 GDP + 6 P_i

2 NADH ≡ 5 ATP 当量
4 ATP = 4 ATP
2 GTP ≡ 2 ATP
―――――――――
       11 ATP

CO_2 から1分子のグルコース 6-リン酸をつくるのに必要なエネルギーは，12.7式から計算できる．

12 NADPH ≡ 30 ATP

グルコース 6-リン酸からグルコースへの転換では，ATP当量の増減はない．ピルビン酸から糖新生によりグルコースをつくるには，CO_2 からグルコースをつくる場合の1/3の経費しかかからない（11/30）．

2. ピルビン酸からグルコースを合成するには，2 NADHの形での還元力，4 ATP，2 GTPが必要である（12.1式）．NADHとGTPはクエン酸回路の直接的な生産物であり，ATPは酸化的リン酸化の過程で NADH と QH_2（$FADH_2$）からつくることができる．

3. アドレナリンは肝臓のアドレナリンβレセプターと相互作用し，アデニル酸シクラーゼシグナル伝達経路を活性化して，cAMP生産を高め，プロテインキナーゼAを活性化する．プロテインキナーゼAはホスホリラーゼキナーゼを活性化し，これがつぎにグリコーゲンホスホリラーゼを活性化し，グリコーゲンの分解に至る（図12.24）．ついでグルコースは肝臓から血流へ運び出され，血流からエネルギー生産のために筋肉に取込まれる．

肝臓［グリコーゲン →(GP) G1P → G6P → グルコース］→血流→筋肉

4. (a) インスリンが活性化したホスホプロテインホスファターゼ-1は，図12.25にあるように，リン酸エステル結合を加水分解して，グリコーゲンシンターゼを活性化し，グリコーゲンホスホリラーゼとホスホリラーゼキナーゼを不活性化する．したがって，インスリンは筋細胞においてグリコーゲン合成を促進し，グリコーゲン分解を阻害する．(b) 肝細胞だけがグルカゴンレセプターをたくさんもっているので，グルカゴンの作用は肝臓の酵素に選択的に現れる．(c) 肝細胞でグリコーゲンホスホリラーゼとホスホプロテインホスファターゼ-1の複合体にグルコースが結合すると，ホスホプロテインホスファターゼ-1の阻害が解かれ，グリコーゲンホスホリラーゼはホスホプロテインホスファターゼ-1による脱リン酸（不活性化）を受けやすくなる（図12.25）．ホスホプロテインホスファターゼ-1はグリコーゲンシンターゼの脱リン酸も触媒し活性化する．したがって，グルコースは肝臓でのグリコーゲン合成を促進し，グリコーゲン分解を阻害する．

5. フルクトース2,6-ビスリン酸（F2,6BP）の濃度減少は，解糖の速度を下げ，糖新生の速度を上げる．F2,6BPは解糖の酵素6-ホスホフルクトキナーゼの活性化剤であり，F2,6BP濃度が低いと，解糖の速度が下がる．さらに，F2,6BPは糖新生酵素フルクトース-1,6-ビスホスファターゼの阻害剤なので，F2,6BP濃度が下がると阻害程度も下がり，糖新生速度が上がる（図12.8）．

6. グルカゴンがその受容体に結合すると，アデニル酸シクラーゼを活性化する．アデニル酸シクラーゼはATPからのcAMPの合成を触媒する．cAMPはプロテインキナーゼAを活性化する．プロテインキナーゼAは6-ホスホフルクト-2-キナーゼのリン酸化を触媒し，その結果キナーゼ活性が抑制され，ホスファターゼ活性が上昇する．フルクトース-2,6-ビスホスファターゼはフルクトース 2,6-ビスリン酸のリン酸を加水分解により除去し，フルクトース 6-リン酸を生成させる．フルクトース 2,6-ビスリン酸の濃度の低下により，フルクトース-1,6-ビスホスファターゼの阻害が解かれ，糖新生が活性化される．こうして6-ホスホフルクト-2-キナーゼの活性は低下する．

7. (a) 大きい．グルコース 6-リン酸からグリコーゲンを合成するには，リン酸無水物結合1個分のエネルギーが必要である（図12.16の PP_i の加水分解で）．しかしグリコーゲンがグルコース 6-リン酸へ分解される場合には，加リン酸分解反応に無機リン酸（P_i）が使われ，"高エネルギー"リン酸化合物は必要ない．(b) 肝臓のグリコーゲンが筋肉で使われるグルコースの供給源である場合には，グルコース1残基当たりの利用可能なATPは1分子分少なくなる．肝臓のグリコーゲンはATPを使わずに，グルコースリン酸，そしてグルコースへと分解される．グルコースは筋細胞に運ばれた後，ヘキソキナーゼの作用でグルコース 6-リン酸に変えられる．この反応にはATPが必要である．一方，筋肉のグリコーゲンはグリコーゲンホスホリラーゼの作用で，ATPを使わずに直接グルコース 1-リン酸に変換される．グルコース 1-リン酸はホスホグルコムターゼの作用でグルコース 6-リン酸に異性化される．

8. 筋肉にグリコーゲンホスホリラーゼがないとグリコーゲンからグルコースを動員できない．グルコースが足りなくなると，解糖によってATPを生産できなくなる．筋肉収縮で消費されたATPが補給されないので，ADPと P_i のレベルが増加する．グルコースがないので嫌気的な解糖が進まず，乳酸の生成もない．

9. グルコース 1-リン酸を乳酸2分子に変換すると，3 ATP当量が得られる（ATPは6-ホスホフルクトキナーゼの反応で1分子が使われ，ホスホグリセリン酸キナーゼの反応で2分子が生じ，ピルビン酸キナーゼの反応で2分子が生成する）．2分子の乳酸をグルコース 1-リン酸に変換するには6 ATP当量が必要である（ピルビン酸カルボキシラーゼ反応で2 ATP，PEPカルボキシキナーゼ反応で2 GTP，ホスホグリセリン酸キナーゼ反応で2 ATP）．

10. (a) 解糖またはアミノ酸の異化で生じた筋肉のピルビン酸は，

アミノ基転移反応によってアラニンに変えられる．アラニンは肝臓にたどりつき，2-オキソグルタル酸とのアミノ基転移反応よってピルビン酸に戻る．糖新生によってピルビン酸はグルコースに変換され，筋肉へ戻される．(b) コリ回路ではピルビン酸を乳酸に還元するのにNADHが必要だが，グルコース-アラニン回路でピルビン酸をアラニンに変えるのには必要ない．したがって，グルコース-アラニン回路では筋肉におけるNADHの収量が増し，酸化的リン酸化でより多くのATPを生産できる．

11. (a) グルコース-6-ホスファターゼ活性（G6P→グルコース＋P_i）が不十分だと，細胞内にG6Pが蓄積し，グリコーゲンホスホリラーゼを阻害し，グリコーゲンシンターゼを活性化する．これにより肝臓のグリコーゲンの代謝が阻害される．そしてグリコーゲンの貯蔵量が増え（肝臓が肥大し），血中グルコース濃度が低下する（低血糖）．(b) 枝切り酵素欠損により，短い枝をもつ欠陥グリコーゲン分子が蓄積する．このような分子は分解されないので，グリコーゲンのグルコースへの分解効率が下がる．グリコーゲン分解が損なわれるので，血中グルコース濃度は下がる．(c) 肝臓のホスホリラーゼ活性が不十分だと，肝臓のグリコーゲンが蓄積する．なぜなら，この酵素がグリコーゲン鎖の非還元末端からグルコース分子を切出すからである．グリコーゲン分解が妨げられる結果，血中グルコースレベルが低下する．

12. グルコース6-リン酸，グリセルアルデヒド3-リン酸，フルクトース6-リン酸

13. 傷害を受けた組織を修復するには，細胞の増殖と失われた組織の合成が必要である．コレステロールと脂肪酸（細胞膜の成分）の合成にはNADPHが，DNAとRNAの合成にはリボース5-リン酸が必要である．NADPHとリボース5-リン酸はおもにペントースリン酸経路でつくられるので，傷害を受けた組織はペントースリン酸経路の酵素の合成量を増して，これらの分子の要求にこたえる．

14. (a)

(b) グルコース6-リン酸のC-2はキシルロース5-リン酸のC-1になる．キシルロース5-リン酸のC-1とC-2がエリトロース4-リン酸に転移されると，(a)で示したように標識はフルクトース6-リン酸のC-1に現れる．

第13章 クエン酸回路

1. (a) 実質的な合成は不可能．アセチルCoAに由来する炭素2個がクエン酸シンターゼ反応で回路に入り，イソクエン酸デヒドロゲナーゼ反応と2-オキソグルタル酸デヒドロゲナーゼ反応で炭素2個がCO_2の形で回路から出てしまう．(b) オキサロ酢酸はピルビン酸カルボキシラーゼ反応で補給される．この反応でオキサロ酢酸の実質的な合成が行われる．

ピルビン酸 ＋ CO_2 ＋ ATP ＋ H_2O ⟶ オキサロ酢酸 ＋ ADP ＋ P_i

これはある種の哺乳類組織における主要なアナプレロティック反応である．植物の多く，およびある種の細菌は，オキサロ酢酸をホスホエノールピルビン酸カルボキシキナーゼ反応で供給している．

ホスホエノールピルビン酸 ＋ HCO_3^- ⟶ オキサロ酢酸 ＋ P_i

多くの生物種でグリオキシル酸経路により，アセチルCoAをリンゴ酸とオキサロ酢酸に変えることができる．

2. フルオロ酢酸から生成するフルオロクエン酸によりアコニターゼが阻害され，その結果，クエン酸濃度は上昇し，クエン酸回路のそれ以降のイソクエン酸からオキサロ酢酸に至るすべての中間代謝物の濃度が低下するであろう．フルオロクエン酸は競争阻害剤なので，クエン酸が高濃度に存在すれば，フルオロクエン酸によるアコニターゼの阻害は，少なくとも一部は緩和されて，ある程度は回路が進行しうる．

3. (a) 12.5分子．回路から10.0分子とピルビン酸デヒドロゲナーゼ反応から2.5分子．(b) 10.0分子．NADH 3分子の酸化から7.5分子，QH_2 1分子の酸化から1.5分子，スクシニルCoAシンテターゼで触媒される基質レベルのリン酸化から1.0分子．

4. 酸化的リン酸化でつくられるのは87.5％(28/32)で，基質レベルのリン酸化によるのは12.5％(4/32)である．

5. チアミンは補酵素であるチアミン二リン酸の前駆体である．この補酵素はクエン酸回路に関係する二つの酵素複合体，すなわちピルビン酸デヒドロゲナーゼ複合体と2-オキソグルタル酸デヒドロゲナーゼ複合体に含まれている．チアミン二リン酸が不足すると，これらの酵素複合体の活性が低下する．ピルビン酸からアセチルCoA，2-オキソグルタル酸からスクシニルCoAへの転換が低下すると，ピルビン酸と2-オキソグルタル酸が蓄積する．

6. ピルビン酸のC-1はピルビン酸デヒドロゲナーゼ複合体が触媒する反応でCO_2に変換されるので，1-[^{14}C]-ピルビン酸が最初に$^{14}CO_2$を発生する．アセチルCoAのアセチル基の二つの炭素は，いずれもクエン酸回路の1周目ではCO_2に変換されない（図13.4）．しかし，ピルビン酸のC-2に由来するオキサロ酢酸のカルボキシ基の炭素原子は，クエン酸の二つのカルボキシ基になり，回路の2周目にCO_2として除かれる．したがって2-[^{14}C]-ピルビン酸が2番目に$^{14}CO_2$を発生する標識分子である．3-[^{14}C]-ピルビン酸は最後に$^{14}CO_2$を発生し，それは回路の3周目で起こる．

^{14}Cの半分が回路の3周目で除かれる．さらに1/4が4周目で除かれ，1/8が5周目で除かれ，以下同じことが続く．クエン酸回路の中間体からすべての^{14}Cを取除くには長い時間が必要である．

7. (a) クエン酸回路の酸化反応でつくられるNADHは，ピルビン酸デヒドロゲナーゼ反応に必要なNAD^+に戻されなければならない．O_2レベルが低いと，酸化的リン酸化の過程でO_2によって再酸化されるNADHが少なくなり，ピルビン酸デヒドロゲナーゼ複合体の活性が低下する．(b) ピルビン酸デヒドロゲナーゼキナーゼはピルビン酸デヒドロゲナーゼ複合体のリン酸化を触媒し，不活性化する（図

13.19).このキナーゼが阻害されると,ピルビン酸デヒドロゲナーゼ複合体は活性が高い型に変化する.

8. クエン酸回路の酵素フマラーゼが欠損すると,フマル酸,およびそれ以前の回路中間代謝物であるコハク酸,2-オキソグルタル酸などが異常に高濃度となり,これらの分子が排出されるようになる.

9. ピルビン酸デヒドロゲナーゼ複合体の二つの成分に対してアセチルCoAが異なる作用を及ぼす結果,ピルビン酸からアセチルCoAへの反応が阻害される.アセチルCoAはピルビン酸デヒドロゲナーゼ複合体のE_2成分を直接阻害する(図13.18).またアセチルCoAは,ピルビン酸デヒドロゲナーゼ複合体のピルビン酸キナーゼ成分を活性化し,そのピルビン酸キナーゼがピルビン酸デヒドロゲナーゼ複合体のE_1成分をリン酸化して不活性化することにより(図13.19),間接的にE_1成分の阻害の原因になる.

10. ピルビン酸デヒドロゲナーゼ複合体はピルビン酸の酸化を触媒し,アセチルCoAとCO_2を生成させる.この複合体の活性が低下すると,ピルビン酸濃度が高まるであろう.ピルビン酸は乳酸デヒドロゲナーゼの作用により乳酸に転換する.ピルビン酸のアセチルCoAへの酸化が妨げられるので,ATPを合成するために解糖代謝が上昇し,乳酸が蓄積する.さらにピルビン酸は図12.6に示したようにアラニンへも転換される.

11. カルシウムはクエン酸回路内のイソクエン酸デヒドロゲナーゼおよび2-オキソグルタル酸デヒドロゲナーゼの双方を活性化し,異化過程を促進し,より多くのATPを生産させる.さらにCa^{2+}はピルビン酸デヒドロゲナーゼ複合体の酵素ピルビン酸デヒドロゲナーゼホスファターゼを活性化し,これがE_1成分を活性化する(図13.19).ピルビン酸デヒドロゲナーゼ複合体の活性化により,より多くのピルビン酸がアセチルCoAに転換され,クエン酸回路に入り,ATP生産が増強される.

12. (a) アラニンが分解されると,クエン酸回路の中間体が補給される.それはピルビン酸がピルビン酸カルボキシラーゼ反応でオキサロ酢酸に変換されるからで,これは哺乳類におけるおもなアナプレロティック反応である(図13.20).ロイシンの分解はクエン酸回路の中間体の補給にはならない.その理由は,回路に入るアセチルCoA 1分子について2分子のCO_2が失われるからである.(b) アセチルCoAはピルビン酸カルボキシラーゼを活性化することによって,ピルビン酸から直接つくられるオキサロ酢酸の量を増やす.オキサロ酢酸は脂肪酸の分解で生じたアセチルCoAと反応する.その結果,クエン酸回路のフラックスが増して,脂肪酸に蓄えられたエネルギーが回収される.

13. (a), (b), (c) [構造式]

14. (a) 2分子のアセチルCoAはクエン酸回路でATP 20分子を生じ(図13.17),グリオキシル酸回路では6.5分子のATPを生じる(2分子のNADHと,1分子のQH_2の酸化による.(13.18式).(b) クエン酸回路の主要な機能は,アセチルCoAの酸化によって,ATPのような高エネルギー化合物の生成に必要な還元型補酵素を供給することにある.グリオキシル酸回路の主要な機能はATPの生成ではなく,アセチル基をグルコースの生産に利用できる4炭素の分子に変換することにある.

15. 大腸菌のイソクエン酸デヒドロゲナーゼ活性を調節するタンパク質は,同一タンパク質分子内にキナーゼとホスファターゼの両活性をもつ二機能性酵素である.キナーゼ活性はイソクエン酸デヒドロゲナーゼをリン酸化してその活性を抑制する.ホスファターゼ活性はイソクエン酸デヒドロゲナーゼを脱リン酸してその活性を上昇させる.もしも解糖系およびクエン酸回路の代謝中間体の濃度が高いと,イソクエン酸デヒドロゲナーゼはリン酸化されず活性状態にある.リン酸化によってイソクエン酸デヒドロゲナーゼ活性が低下すると,イソクエン酸はグリオキシル酸回路の方へ向けられる.

第14章 電子伝達とATP合成

1. プロトン駆動力を計算する式は,

$$\Delta G = F\Delta\Psi - 2.303\,RT\,\Delta pH$$

$G = -21000$ kJ で $\Delta\Psi = -0.15$ V, 25℃のとき,

$$-21200 = (96485 \times -0.15) - 2.303(8.315 \times 298)\Delta pH$$
$$5707\,\Delta pH = 6727$$
$$\Delta pH = 1.2$$

外部のpHが6.35で,内部は負なので(pHが高い),細胞質のpHは,6.35+1.2=7.55.

2. ヘム基の鉄原子の還元電位は,ヘムを取囲むタンパク質がつくる環境に依存し,シトクロムごとに異なっている.こうした還元電位の違いによって,一連のシトクロムを電子が流れていける.

3. 図14.6参照.(a) 複合体Ⅲ.シトクロムcがないので,電子はこれ以上流れない.(b) NADHから電子を受取る複合体Ⅰがないので,反応は何も起こらない.(c) O_2.(d) シトクロムc.複合体Ⅳがないので,電子はこれ以上流れない.

4. 脱共役タンパク質-2はプロトンをミトコンドリア内に戻らせてしまうので,プロトン駆動力を減少させる.食物の代謝が電子伝達のためのエネルギーを供給し,それによってATP生産のためのプロトン駆動力が発生する.脱共役タンパク質-2量が増えると,組織の代謝効率を低下させる(代謝される食物の重さ当たり生産されるATP量が減少する).その結果,最低限の代謝要求にこたえるためには,もっと多量の糖質,脂肪,タンパク質を代謝することが必要となり,カロリーを"燃やして",体重を減少させうる.

5. (a) メペリジンは複合体Ⅰに作用して,NADHからQへの電子伝達を阻害する.NADHはNAD$^+$に再酸化されないので,濃度が増す.QH_2の電子はO_2に渡されるが,QはQH_2に再還元されないので,Qの濃度が増す.(b) ミクソチアゾールは複合体ⅢにおけるQH_2からシトクロムc_1,ならびにQH_2から(·Q^-を介して)シトクロムb_Lへの電子伝達を阻害する(図14.14).どちらのシトクロムもFe^{3+}がQH_2の電子によって還元されないので,酸化型が優勢になる.

6. (a) 酸素(O_2)が電子を受取るためには,シトクロムa_3のFe^{3+}に結合しなければならないが(図14.19),CN^-が鉄原子に結合するとこの反応が妨害される.(b) 亜硝酸処理で生じたメトヘモグロビン(Fe^{3+})はCN^-に対してシトクロムa_3と競合する.この競合により,複合体Ⅳ中のシトクロムa_3を阻害するシアン化物イオン濃度が効率良く低下し,CN^-存在下での電子伝達鎖の阻害を軽減する.

7. 基質は一般に還元電位がより大きな正の値をとる化合物によって酸化される.脂肪酸の$E°'$は複合体ⅡのFADの$E°'$とほぼ同じなので(0.0 V,表14.1),脂肪酸からFADへの電子伝達はエネルギー的に問題ない.

$\Delta E°' = 0.0\text{ V} - (-0.05\text{ V}) = +0.05\text{ V}$

$\Delta G°' = -nF\Delta E°'$

$\Delta G°' = -(2)(96.48\text{ kJ}\cdot\text{V}^{-1})(0.05\text{ V}) = -9.6\text{ kJ}\cdot\text{mol}^{-1}$

複合体IにおけるNADHの$E°'$は-0.32 Vなので，脂肪酸からNADHへの電子の転移は難しい．

$\Delta E°' = -0.32\text{ V} - (-0.05\text{ V}) = -0.27\text{ V}$

$\Delta G°' = -(2)(96.48\text{ kJ}\cdot\text{V}^{-1}\cdot\text{mol}^{-1})(-0.27\text{ V}) = 52\text{ kJ}\cdot\text{mol}^{-1}$

8. (a) プロトン10個，ATP 2.5分子，P:O比=2.5 (b) プロトン6個，ATP 1.5分子，P:O比=1.5 (c) プロトン2個，ATP 0.5分子，P:O比=0.5

9. (a) ミトコンドリア内膜は細胞質ゾル側（外側）に実効正電荷をもつ．1分子のATP^{4-}が外へ，1分子のADP^{3-}が中へ，交換により移動すれば，中のマトリックス側から，正に荷電した外の細胞質ゾル側へ，1個の負電荷が実質的に移動したことになる．外側が正に荷電した膜電位が存在するので，負に荷電したATPが外向きに確実に輸送されるのである．(b) なる．膜の外側が実効電荷をもつ電気化学的ポテンシャルは，電子伝達系で駆動されるプロトンのくみ出しの結果である．そのためには電子供与体であるNADHとQH$_2$をつくるための代謝中間体の酸化が必要である．

10. ATP合成は普通は電子伝達系と強く結び付いている．ATP合成反応（ADP+P$_\text{i}$→ATP）のために，ADPが継続してミトコンドリアマトリックスに運び込まれなければ，ATP合成は起こりえず，プロトン勾配の減少はない．電子伝達は阻害され膜間腔のプロトン濃度は上昇する．

11. (a)

$\Delta G = F\Delta\Psi + 2.303\ RT\ \Delta pH$ （14.6式）

$\Delta G = ((96485)(-0.18)) + ((2.303)(8.315)(298)(-0.7))$

$\Delta G = -17367 - 3995$

$\Delta G = -21362 = 21\text{ kJ}\cdot\text{mol}^{-1}$

(b) $\Delta G_\text{全体} = 21.36\text{ kJ}\cdot\text{mol}^{-1}$．電位勾配の寄与は$17.367\text{ kJ}\cdot\text{mol}^{-1}$だから，$17.367 \div 21.36 \times 100 = 81.3\%$．pH勾配の寄与は，$3.995\text{ kJ}\cdot\text{mol}^{-1}$だから，$3.995 \div 21.36 \times 100 = 18.7\%$．

12. (a) リンゴ酸-アスパラギン酸シャトルでは，細胞質ゾルでのオキサロ酢酸の還元でプロトンが消費され，マトリックスでのリンゴ酸の酸化の際にそれが放出される（図14.27）．したがって，細胞質ゾルのNADH 1分子が酸化されることによるプロトン勾配への寄与は，プロトン1個分少なくなる（ミトコンドリアNADHの10個に対し，9個）．細胞質NADH 2分子当たりのATP収量は5.0ではなく約4.5になる．

(b) 細胞質内反応

グルコース → 2 ピルビン酸	2.0 ATP
2 NADH →	4.5 ATP

ミトコンドリア内反応

2 ピルビン酸 → 2 アセチル CoA + 2 CO$_2$	2 NADH →	5.0 ATP
2 アセチル CoA → 4 CO$_2$		2.0 GTP
	6 NADH →	15.0 ATP
	2 QH$_2$ →	3.0 ATP
	計	31.5 ATP

第15章 光合成

1. 光合成では2段階で光エネルギーを吸収し，"高エネルギー"電子をつくり出すからである．PS IIは呼吸の10 H$^+$ではなく6 H$^+$を輸送する．しかし，PS Iでは2.5 ATP当量の生産で，呼吸と等しい．

2. 植物クロロフィルはスペクトルの赤色領域でエネルギーを吸収する（図15.2）．ワニトカゲギスのクロロフィル誘導体は赤色光エネルギー（667 nm）を吸収し，植物のアンテナクロロフィルや関連分子ときわめてよく似たやり方でシグナルを視覚色素に伝達する．植物では，捕獲された光エネルギーは反応中心に送られ，そこで電子は活性化状態に励起されて，電子伝達系の受容体に移動する．

3. (a) Rubiscoは地球上で最も豊富に存在するタンパク質で，光合成における中心的な触媒であり，それによって生物は生命活動に必要な炭素を得ている．すべての生物に食物が供給されていることから，その重要性はよく理解できる．(b) 光呼吸の反応で，リブロース1,5-ビスリン酸は浪費され，光反応で発生したNADPHとATPは消費されてしまい，穀物収穫は大きく損なわれている．20〜30％もの固定した炭素が光呼吸で失われる．この過程はRubiscoの特異性の欠如に由来する．この酵素はCO$_2$の代わりにO$_2$を使用して，2分子のトリオースリン酸ではなく2-ホスホグリコール酸と3-ホスホグリセリン酸を生産する（図15.25）．しかも，Rubiscoの触媒活性は低い（$K_\text{cat} \approx 3\text{ s}^{-1}$）．特異性の欠如と活性の低さから，Rubiscoはどちらかというと能力が低く，効率の悪い酵素とみなされる．

4.

$6\text{ CO}_2 + 6\text{ H}_2\text{S} \rightarrow \text{C}_6\text{H}_{12}\text{O}_6 + 3\text{ O}_2 + 6\text{ S}$ （緑色硫黄細菌）

$6\text{ CO}_2 + 12\text{ H}^\oplus \rightarrow \text{C}_6\text{H}_{12}\text{O}_6 + 3\text{ O}_2$ （紅色細菌）

5. (a)

$\text{CO}_2 + 2\text{ H}_2\text{S} \xrightarrow{光} (\text{CH}_2\text{O}) + \text{H}_2\text{O} + 2\text{ S}$

$\text{CO}_2 + 2\text{ CH}_3\text{CH}_2\text{OH} \xrightarrow{光} (\text{CH}_2\text{O}) + \text{H}_2\text{O} + 2\text{ CH}_3\text{CHO}$

エタノール　　　　　　　　　　　　　アセトアルデヒド

(b) H$_2$Oがプロトン供与体なら，産物はO$_2$である．しかし，H$_2$Sやエタノールのようなプロトン供与体が使われるとき，酸素は発生しない．大部分の光合成細菌はO$_2$を発生せず，絶対嫌気性菌にとってO$_2$は毒物である．

(c) $\text{CO}_2 + 2\text{ H}_2\text{A} \xrightarrow{光} (\text{CH}_2\text{O}) + \text{H}_2\text{O} + 2\text{ A}$

6. Rubiscoは暗所では活性がない．なぜなら，アルカリ条件が必要だからである．この状態は光合成が活発に行われているときだけに生じる．それゆえ，カルビン回路を活性化するために，暗所で葉緑体懸濁液に加えられるものは何もない（光を除いて）．

7. (a) 光合成過程で1分子のO$_2$の発生には2分子のH$_2$Oが使われる．合計4個の電子が2 H$_2$Oから引き抜かれ，電子伝達系を通って2 NADPHに渡される．PS IおよびPS IIのそれぞれにおける1電子の移動にはそれぞれ1光子が必要である．それゆえ，二つの反応中心における4電子の移動には全部で8 $h\nu$が必要である（PS Iに4 $h\nu$，PS IIに4 $h\nu$）．(b) カルビン回路での1個のトリオースリン酸の合成には6個のNADPHが必要である（図15.21）．それゆえ，電子伝達系の2個の反応中心では12電子が通過しなくてはならないため，24 $h\nu$が吸収される必要がある．

8. (a) 停止する．（図15.14のZ型模式図を参照せよ．）DCMUが電子の流れを阻止すると，P680*の状態にあるPS IIは再酸化されず，H$_2$Oからの電子受容体として機能するP680$^+$の状態になれない．H$_2$OがP680$^+$で酸化されないと，O$_2$は発生しない．シトクロムbf複合体における電子の流れがなくなると，プロトンは膜を通って移動しなくなる．pH勾配が形成されなければ，光リン酸化（ATP合成）はできなくなる．(b) PS IIに外から電子受容体を加えると，P680がP 680$^+$に再酸化され，O$_2$発生が始まる．しかしながら，シトクロムbf複合体における電子の流れはないので，光リン酸化は生じない．

9. (a) 外部のpHを8.0に上げると，ストロマのpHは速やかに上昇するが，内腔のpHは低いままである．それはチラコイド膜のプロトン透過性が比較的低いからである．チラコイド膜を横切るpH勾配が，葉緑体ATPシンターゼによるプロトン移動を介してのATP合成

を駆動する（図15.18）．(b) プロトンはATPシンターゼによって内腔からストロマに輸送され，ATP合成を行う．膜のpH勾配は，ADPのリン酸化ができなくなるにつれて減少し，ATP合成は停止する．

10. 循環電子伝達の過程では，還元型フェレドキシンがシトクロム*bf*複合体を介して電子をP700に戻す（図15.11）．これらの電子が光化学系Iを介して再び循環すると，シトクロム*bf*複合体によりプロトン勾配が形成され，ATP合成が駆動される．しかしながら，電子はH_2Oからフェレドキシンには実質的には流れないので，NADPHは生成しない．O_2発生の場である光化学系IIは循環電子伝達には関与しないので，O_2は発生しない．

11. 光吸収複合体，電子伝達系，葉緑体ATPシンターゼはみなチラコイド膜に存在し，これら光合成成分の構造や相互作用は膜脂質の物理的性質の変化に影響を受ける．

12. この化合物は脱共役剤として機能する．ATP合成なしに電子伝達が起きる．この化合物は，電子伝達で形成されたプロトン勾配を破壊する．

13. (a) CO_2からのトリオースリン酸1分子の合成に，9分子のATPと6分子のNADPHが必要である（15.2式）．2分子のトリオースリン酸がグルコースに変換するので，グルコース合成には18分子のATPと12分子のNADPHが必要となる．(b) グルコース1-リン酸のデンプンへの取込み過程において，グルコース1-リン酸からADPグルコースへの変換に1ATP当量が要求されるので（図15.27），全部で19分子のATPと12分子のNADPHが必要である．

14. 図15.21を参照のこと．(a) C-1．(b) C-3とC-4．(c) C-1とC-2．フルクトース6-リン酸のC-1とC-2はグリセルアルデヒド3-リン酸に転移し，キシルロース5-リン酸が形成する．フルクトース6-リン酸のC-3とC-4はエリトロース4-リン酸のC-1とC-2になる．

15. (a) C_4経路（図15.29）において，ピルビン酸，オルトリン酸ジキナーゼ反応でそれぞれのCO_2の固定に2ATP当量が消費される．これはPP_iが加水分解されて$2P_i$になるからである．それゆえ，C_4植物は，C_3植物に比べてグルコース1分子当たり12ATP分子余分に必要となる．(b) CO_2を固定する化学反応ではC_4植物は余分にATPを必要とするが，C_4植物は光呼吸を節約しているため，CO_2を糖に固定する際，C_3植物に比べてずっと効率良く光エネルギーを用いている．

16. (a) ストロマpHを上昇させると，つぎのような二つのやり方でカルビン回路の速度が上昇する．(1) ストロマpHが上昇すると，カルビン回路の中心的な調節酵素であるリブロース-1,5-ビスリン酸カルボキシラーゼ/オキシゲナーゼ（Rubisco）の活性，ならびにフルクトース-1,6-ビスホスファターゼとセドヘプツロース-1,7-ビスホスファターゼの活性が上昇する．ホスホリブロキナーゼは，$3PG^{2-}$のイオン化状態では3PG（3-ホスホグリセリン酸）により阻害されるが，高いpHで一般的な$3PG^{3-}$イオン化状態では阻害されない．(2) ストロマpHの上昇は，また，葉緑体のATP合成を駆動するプロトン勾配を増加させる．カルビン回路の反応はATPによって駆動されるので，ATP生産の増加はカルビン回路の速度を増す．(b) ストロマのMg^{2+}濃度の低下は，Rubisco，フルクトース-1,6-ビスホスファターゼ，セドヘプツロース-1,7-ビスホスファターゼの活性の減少をもたらし，カルビン回路の速度が低下する．

第16章 脂質代謝

1. (a) LDLはコレステロールやコレステロールエステルに富み，末梢組織に輸送される．組織へのコレステロールの輸送は細胞膜上のLDLレセプターによって調節される．LDLレセプターが欠如すると，このレセプターによるコレステロールの取込みが起こらなくなる（§16.10 B）．血中からコレステロールが消失しないことから，蓄積してアテローム性動脈硬化症をひき起こす．(b) コレステロール濃度の上昇によって，通常，HMG-CoAレダクターゼの転写が抑制され，同時に，この酵素の分解が促進される．しかしながら，細胞外コレステロールが細胞に取込まれず，細胞内合成が調節されないと，LDLの欠乏状態では血中コレステロール濃度が高いにもかかわらずコレステロール合成は進行する．(c) HDLは血漿や非肝臓細胞からコレステロールを除去して，肝臓に輸送し，そこで排出のために胆汁酸に変換される．タンジール病患者では，コレステロールの乏しい欠陥HDLはコレステロールを吸収できず，肝臓への正常な輸送がうまくいかない．

2. (a) β酸化のために脂肪酸アシルCoAをミトコンドリアのマトリックスに輸送するが，それにカルニチンが必要である（図16.24）．カルニチン欠乏により脂肪酸輸送が阻害されると，筋肉の運動に必要な脂肪からのエネルギー生産が消滅してしまう．筋細胞では，過剰の脂肪酸アシルCoAはトリアシルグリセロールに変換される．(b) 解糖系の産物であるピルビン酸はミトコンドリアに輸送されて酸化されるが，輸送の際にカルニチンは必要ないので，カルニチン欠乏患者の筋グリコーゲン代謝は正常である．

3. (a) C_{12}脂肪酸を脂肪酸アシルCoAに活性化するのに2個のATPが消費される．β酸化が5サイクル進行すると，6個のアセチルCoA，5個のQH_2（酸化的リン酸化で7.5個のATPができる），5個のNADH（12.5個のATPができる）が生じる．クエン酸回路で6個のアセチルCoAが酸化されると，60個のATPができる．それゆえ，正味の収量は78ATP当量である．(b) C_{16}の一不飽和脂肪酸を脂肪酸アシルCoAに活性化するのに2個のATPが消費される．β酸化7サイクルで，8個のアセチルCoA，6個のQH_2（酸化的リン酸化で9個のATPができる），7個のNADH（17.5個のATPができる）が生じる．この脂肪酸には*cis*-β,γ二重結合があるが，それは*trans*-α,β二重結合に変換されるので，QH_2を生じるアシルCoAデヒドロゲナーゼの触媒反応は4回目のサイクルでは飛ばされてしまう．クエン酸回路で8個のアセチルCoAが酸化され，80個のATPができる．それゆえ，正味の収量は104.5ATP当量である．

4. 食物からトリアシルグリセロールを摂取した場合，食物脂質の加水分解はおもに小腸で行われる．膵臓リパーゼはC-1とC-3位でトリアシルグリセロールを加水分解し，遊離の脂肪酸と2-モノアシルグリセロールができる．これらの分子は胆汁酸ミセルになって小腸に輸送される．小腸細胞に吸収されてから脂肪酸は脂肪酸アシルCoA分子に変換され，最終的に他の組織に輸送するためにキロミクロンに取込まれてトリアシルグリセロールになる．膵臓リパーゼが阻害されると，摂取した食物のトリグリセリドは吸収されずに，消化管を通過して排泄されてしまう．

5. (a) オレイン酸は*cis*-Δ^9二重結合を有するので，酸化のためにはエノイルCoAイソメラーゼが必要である（図16.26の段階2）．(b) アラキドン酸にはシス二重結合が奇数番号（Δ^5, Δ^{11}）と偶数番号（Δ^8, Δ^{14}）炭素の両方にあるので，酸化のためにエノイルCoAイソメラーゼと2,4-ジエノイルCoAレダクターゼの両方が必要である（図16.26の段階5）．(c) このC_{17}脂肪酸には，シス二重結合が偶数番号の炭素（Δ^6）にあるので，酸化のために2,4-ジエノイルCoAレダクターゼが必要である．さらに，プロピオニルCoAの産物をスクシニルCoAに変換するために，プロピオニルCoAカルボキシラーゼ，メチルマロニルCoAラセマーゼ，メチルマロニルCoAムターゼの三つの酵素が要求される（図16.25）．

6. 偶数鎖脂肪酸はアセチルCoAに分解されるが，それは糖新生の前駆体にはならない．アセチルCoAの2個の炭素はクエン酸回路に入り2個のCO_2分子になるので，アセチルCoAが直接，ピルビン酸に変換されるわけではない．一方，奇数鎖脂肪酸の最後の三つの炭素は，脂肪酸酸化回路における分解で1分子のプロピオニルCoAになる．プロピオニルCoAはカルボキシ化され，3段階でスクシニルCoAに変換される（図16.25）．スクシニルCoAはクエン酸回路の酵

素でオキサロ酢酸に変換されるが，オキサロ酢酸はグルコース合成のための糖新生前駆体になりうる．

7. (a) 標識炭素は $H^{14}CO_3^-$ に残り，パルミチン酸には取込まれない．$H^{14}CO_3^-$ はマロニル CoA に取込まれるが（図 16.2），同じ炭素が合成回路中の縮合段階であるオキソアシル ACP シンターゼの反応ごとに CO_2 として失われる（図 16.5）．(b) 偶数番号の炭素のすべてが標識される．アセチル CoA は，パルミチン酸の C-15 と C-16 になるもの以外は，マロニル CoA に変換され，ついでマロニル ACP に変換される．マロニル ACP は，CO_2 を失って延長しつつある脂肪酸に取込まれる．

8. (a) エノイル ACP レダクターゼは脂肪酸生合成経路の第二の還元段階を触媒し，補因子として NADPH を使って $trans$-2,3 エノイル部分を飽和アシル鎖に変換する．

$$R-C(H)=C(H)-C(O)-S-ACP \xrightarrow[\text{エノイル ACP レダクターゼ}]{NADPH + H^+ \to NADP^+} R-CH_2-CH_2-C(O)-S-ACP$$

(b) 脂肪酸は細菌の膜に必須である．脂肪酸合成が阻害されると，新規の膜合成も細胞増殖も起こらない．(c) 脂肪酸合成系は動物と細菌で異なる．動物は，大きな多機能酵素でそれぞれのドメインにさまざまな酵素活性を有する I 型脂肪酸合成系 (FAS I) をもっている．細菌では，脂肪酸合成のそれぞれの反応は分離した一機能酵素によって触媒される．これら二つの系の違いのいくつかを理解することで，細菌の FAS II に特異的な阻害剤を設計することができるだろう．

9. 食べることで糖質の代謝（解糖とピルビン酸の分解）および脂肪の代謝（脂肪酸酸化）からアセチル CoA の生産が促進される．通常，アセチル CoA が上昇すると，アセチル CoA カルボキシラーゼ反応によりマロニル CoA 濃度が増加し（図 16.2），それが食欲を阻害するように作用する．脂肪酸シンターゼを阻害することで，C75 は脂肪酸合成に必要なマロニル CoA の減少を抑制し，それによりマロニル CoA 濃度が上昇し，さらに食欲が抑えられる．

10. (a)

```
糖質
 ↓
グルコース          ┌ミトコンドリア─────────┐
 ↓ 解糖            │ クエン酸 ──→ クエン酸  │
ピルビン酸 ───────→│   ↑              ↓    │
                   │ アセチル CoA   アセチル CoA
                   │   ↑            ↓ 脂肪酸合成
                   │ ピルビン酸     脂肪酸
                   └──────────────────────┘
```

(b) 解糖系で生じた NADH は，種々の異なる反応と経路で NADPH に変換される．

11. (a) クエン酸と ATP レベルが高い場合，脂肪酸合成は促進される．クエン酸レベルが高いと，アセチル CoA カルボキシラーゼは活性化される．脱リン酸された活性型繊維状アセチル CoA カルボキシラーゼにクエン酸が優先的に結合するとそれが安定化されるためである．一方，脂肪酸アシル CoA レベルが高くなると，それ以上の脂肪酸合成は必要でなくなる．パルミトイル CoA はリン酸化された不活性型プロトマーに優先的に結合してアセチル CoA カルボキシラーゼを失活させる．(b) グルカゴンとアドレナリンはアセチル CoA カルボキシラーゼを阻害することで脂肪酸合成を抑制する．両方のホルモンが細胞のレセプターに結合すると，cAMP 合成が促進され，プロテインキナーゼが活性化される．アセチル CoA カルボキシラーゼがプロテインキナーゼによってリン酸化されると，不活性型に変換され，脂肪酸合成が阻害される．一方，活性化されたプロテインキナーゼは，トリアシルグリセロールを加水分解するトリアシルグリセロールリパーゼをリン酸化して，それを活性化する．遊離の脂肪酸は β 酸化を受ける．

12. (a) アセチル CoA カルボキシラーゼに対するある阻害剤は脂肪酸合成の中心的調節反応に影響を与える．この阻害剤があると，アセチル CoA カルボキシラーゼで触媒される反応産物であるマロニル CoA の濃度が低下する．このマロニル CoA 濃度の低下は，脂肪酸酸化の中心的調節部位であるカルニチンアシルトランスフェラーゼ I の阻害を解除する．このようにして輸送系が活性化され，脂肪酸は β 酸化の起きる場であるミトコンドリアマトリックスに移動する．アセチル CoA カルボキシラーゼの阻害剤の存在下で，脂肪酸合成は低下し，β 酸化は上昇する．(b) CABI はビオチンの構造類似体である．アセチル CoA カルボキシラーゼはビオチン依存性酵素である．ビオチン類似体はビオチンの代わりに結合し，アセチル CoA カルボキシラーゼを阻害する．

13. アセチル CoA からのパルミチン酸合成の全体の反応は，下の式の二つの過程の和である．1) アセチル CoA カルボキシラーゼ作用による 7 個のマロニル CoA の合成，および 2) 7 サイクルの脂肪酸生合成経路．

14. (a) アラキドン酸は，プロスタグランジン，トロンボキサン，ロイコトリエン（図 16.14）のような"局所の調節因子"であるエイコサノイド合成の前駆体である．これらの因子は，傷害を受けた組織の膨潤や痛み，炎症反応に関係している．(b) プロスタグランジンとロイコトリエンはともにアラキドン酸に由来する．アラキドン酸はホスホリパーゼの作用で膜のリン脂質から遊離する．ステロイド剤はホスホリパーゼを阻害することでプロスタグランジンとロイコトリエンの両方の生合成を阻止する．アスピリン関連薬剤は，シクロオキシゲナーゼを阻害することで，アラキドン酸のプロスタグランジン前駆体への変換を阻止する．しかし，ロイコトリエン合成には影響を与えない．

15.

(a)
```
       O      CH₂—O—CR₁
       ‖       |     ‖
R₂—C—O—CH     O
       |
       CH₂—O—P—O—CH₂
              ‖
              O⁻      CHOH
                      |
                      CH₂OH
```

(b)
```
       O      CH₂—O—C(H)=C(H)—R₁
       ‖       |
R₂—C—O—CH
       |
       CH₂—O—P—O—CH₂CH₂NH₃⁺
              ‖
              O⁻
```

第 16 章　問 13　　7 アセチル CoA + 7 CO_2 + 7 ATP ⟶ 7 マロニル CoA + 7 ADP + 7 P_i

アセチル CoA + 7 マロニル CoA + 14 NADPH + 14 H⁺ ⟶ パルミチン酸 + 7 CO_2 + 14 NADP⁺ + 8 HS-CoA + 6 H_2O

---

8 アセチル CoA + 7 ATP + 14 NADPH + 14 H⁺ ⟶ パルミチン酸 + 7 ADP + 7 P_i + 14 NADP⁺ + 8 HS-CoA + 6 H_2O

(c)

```
           OH
           |    H
       CH—C—(CH₂)₁₂—CH₃
       |    H
 R—C—NH—CH
 ‖        |
 O        CH₂
           |
HOCH₂  O
     \ /
      (sugar ring with OH groups)
   HO   OH
        OH
```

16. パルミチン酸は C-1 の標識されたアセチル CoA 8 分子に変換される．アセチル CoA 3 分子は 1 分子のメバロン酸の合成に使われる（図 16.17）．

$$H_3C-(CH_2CH_2)_7-COO^- \longrightarrow 8\ H_3C-\overset{O}{\underset{\|}{C}}-S\text{-CoA}$$
パルミチン酸　　　　　　　　　　アセチル CoA

$$3\ H_3C-\overset{O}{\underset{\|}{C}}-S\text{-CoA} \longrightarrow {}^-OOC-CH_2-\underset{\underset{CH_3}{|}}{\overset{\overset{OH}{|}}{C}}-CH_2-CH_2-OH$$
アセチル CoA　　　　　　　　　　　　　メバロン酸

17. APHS もアスピリンもアセチル基を COX 酵素のセリン残基に移す．APHS は不可逆的阻害剤なので，COX 酵素の活性中心に作用するが，拮抗阻害の動力学には従わない．

```
(COX-2)—CH₂OH    (structure with acetyl group being transferred)
  活性部位
  のセリン
           APHS

(COX-2)—CH₂O—C—CH₃   +   HO—⟨⟩—S—CH₂C≡C(CH₂)₃CH₃
            ‖
            O
  不可逆的阻害酵素
```

第17章 アミノ酸代謝

1. PS II は酸素発生複合体を含み，光合成で酸素が発生する．酸素はニトロゲナーゼを阻害するので異質細胞中の酸素発生は避けなければならない．PS I は保持されている．その理由は，PS I は循環電子伝達によるプロトン勾配を発生させるが，O_2 の発生は含まないからである．

2. (a)，(b)（下式参照）
共役反応（b）は（a）に比べて ATP を 1 分子多く消費する．NH_3 を基質とするグルタミンシンテターゼの K_m は，NH_4^+ を基質とするグルタミン酸デヒドロゲナーゼの K_m に比べてずっと低いので，NH_4^+ 濃度が低いときは共役反応（b）が優勢である．すなわち，NH_4^+ が欠乏すると，アンモニアの吸収のためには余分のエネルギーが必要となる．

3. アスパラギン酸アミノトランスフェラーゼの触媒作用により，^{15}N 標識アミノ基はアスパラギン酸から 2-オキソグルタル酸に転移し，グルタミン酸が生成する（図 17.10）．アミノトランスフェラーゼは平衡に近い反応を触媒し，多くのアミノトランスフェラーゼは α-アミノ基供与体としてグルタミン酸を用いるので，標識窒素は，グルタミン酸依存性アミノトランスフェラーゼの基質になる他のアミノ酸に速やかに広がっていく．

4. (a)
2-オキソグルタル酸 + アミノ酸 ⇌ グルタミン酸 + 2-オキソ酸
オキサロ酢酸 + アミノ酸 ⇌ アスパラギン酸 + 2-オキソ酸
ピルビン酸 + アミノ酸 ⇌ アラニン + 2-オキソ酸

(b)
$$\text{2-オキソグルタル酸} + NH_4^+ \xrightarrow[\text{グルタミン酸デヒドロゲナーゼ}]{NAD(P)H,\ H^+ \searrow\ NAD(P)^+} \text{グルタミン酸} + H_2O$$

5.
（植物）
$$\text{セリン} \longrightarrow \text{O-アセチルセリン} \xrightarrow{(\text{スルフィド})S^{2-}} \boxed{\text{システイン-SH}}\ (\text{図 17.17})$$
$$\text{ホモセリン} \rightarrow \dashrightarrow \text{ホモシステイン-SH} \longrightarrow \boxed{\text{メチオニン-S-CH}_3}\ (\text{図 17.11})$$

（動物）
$$\text{メチオニン-S-CH}_3 \rightarrow \dashrightarrow \text{ホモシステイン-SH}\quad (\text{図 17.35})$$
$$\text{セリン} \longrightarrow \text{シスタチオニン(S)} \longrightarrow \boxed{\text{システイン-SH}}\quad (\text{図 17.18})$$

6. (a) セリンの C-3 はグリシンの合成過程でテトラヒドロ葉酸に転移し，C-2 は，グリシンがアンモニアと炭酸水素イオンに分解するときテトラヒドロ葉酸に転移する．

$$\underset{\text{セリン}}{H_3\overset{+}{N}-\overset{1\ COO^-}{\underset{\underset{CH_2OH}{|}}{\underset{|}{C}}H}} + \text{テトラヒドロ葉酸} \rightleftharpoons$$

$$\underset{\text{グリシン}}{H_3\overset{+}{N}-\overset{1\ COO^-}{\underset{|}{C}H_2}} + \text{5,10-メチレンテトラヒドロ葉酸} + H_2O$$

$$\underset{\text{グリシン}}{H_3\overset{+}{N}-\overset{COO^-}{\underset{|}{C}H_2}} + \text{テトラヒドロ葉酸} + NAD^+ + H_2O \longrightarrow$$

$$\text{5,10-メチレンテトラヒドロ葉酸} + NADH + HCO_3^- + NH_4^+ + H^+$$

(b) セリンは解糖系の中間体である 3-ホスホグリセリン酸から合成される（図 17.15）．3-ホスホグリセリン酸とセリンの C-3 はともにグルコースの C-1 あるいは C-6 のいずれかに由来し，3-ホスホグリセリン酸とセリンの C-2 はともにグルコースの C-2 あるいは C-5 のいずれかに由来する．

第17章 問2 (a) グルタミン酸デヒドロゲナーゼ + グルタミンシンテターゼ

$$NH_4^+ + \text{2-オキソグルタル酸} + NAD(P)H + H^+ \longrightarrow \text{グルタミン酸} + NAD(P)^+ + H_2O$$
$$NH_3 + \text{グルタミン酸} + ATP \longrightarrow \text{グルタミン} + ADP + P_i$$

$$2\ NH_4^+ + \text{2-オキソグルタル酸} + NAD(P)H + ATP \longrightarrow \text{グルタミン} + NAD(P)^+ + ADP + P_i + H_2O$$

(b) グルタミンシンテターゼ + グルタミン酸シンターゼ

$$2\ NH_3 + 2\ \text{グルタミン酸} + 2\ ATP \longrightarrow 2\ \text{グルタミン} + 2\ ADP + 2\ P_i$$
$$\text{グルタミン} + \text{2-オキソグルタル酸} + NAD(P)H + H^+ \longrightarrow 2\ \text{グルタミン酸} + NAD(P)^+$$

$$2\ NH_3 + \text{2-オキソグルタル酸} + NAD(P)H + 2\ ATP + H^+ \longrightarrow \text{グルタミン} + NAD(P)^+ + 2\ ADP + 2\ P_i$$

7. (a) [構造式：トレオニン] (b) [構造式：トリプトファン] (c) [構造式：プロリン] (d) [構造式：フェニルアラニン]

8. (a) グルタミン酸．ホスフィノトリシンはグルタミンシンテターゼを阻害する．(b) ヒスチジン生合成経路（図17.23）．

9. アスパルテームは，ペプチド結合で結合したアスパラギン酸とフェニルアラニンを含むジペプチドである．ペプチド結合は細胞中で加水分解されてしまいアスパラギン酸とフェニルアラニンが生成する．フェニルケトン尿症の患者は過剰なフェニルアラニンを避けなければならない．

10. (a) [構造式：ロイシン，バリン，イソロイシンの前駆体ケト酸]

(b) リシン分解経路．2-アミノアジピン酸6-セミアルデヒドシンターゼの欠如（図17.39）(c) 尿素回路．アルギニノコハク酸シンターゼの欠如（図17.43）

11. (a) アラニン．(b) アスパラギン酸．(c) グリシン．(d) システイン．

12. 尿素回路は筋肉では機能していないので，アミノ酸の脱アミノ反応で生じるアンモニアは尿素には変換されない．高濃度のアンモニアは有毒であることから，その排泄のためにアンモニアは他の化合物に変えられる．第一の経路では，アンモニアはグルタミンシンテターゼ作用でグルタミンに取込まれ（図17.5），グルタミンは肝臓や腎臓に運ばれる．第二の経路はグルコース-アラニン回路である（図17.45）．アミノ基転移反応によりピルビン酸はアミノ酸のアミノ基を受取り，生成したアラニンは肝臓に輸送され，そこで脱アミノされてピルビン酸に戻る．アミノ基は尿素合成に用いられ，ピルビン酸はグルコースに変換される．

13. 一酸化窒素シンターゼを阻害すると，血管内皮細胞で生産される過剰の一酸化窒素が抑制される．一酸化窒素は血管を弛緩させ，過剰にあると血圧低下を招きショックをひき起こす．チオシトルリンとS-メチルチオシトルリンは一酸化窒素シンターゼの反応産物であるシトルリン（図17.25）の不活性型アナログであるところから，それらは一酸化窒素シンターゼを阻害する．

14. 二つの理由がある．第一は，ヒトにはアミノ酸合成経路の多くが欠けている．存在もしない必須アミノ酸経路に対して，その代謝病はないだろう．第二に，残存している経路は多分発生過程に必須な経路で，そのためそれらの経路の欠陥は致死的になるだろう．これは，スフィンゴ脂質生合成経路（BOX 16.2）における代謝疾患の欠如の説明と同じである．

15. 21番目，22番目，23番目のアミノ酸はN-ホルミルメチオニン，セレノシステイン，ピロリシンである．N-ホルミルメチオニンとセレノシステインはアミノアシル化されたtRNA上での翻訳段階で合成され，本章でふれた標準的な代謝経路では合成されない．ピロリシンもまたアミノアシル化されたtRNA上で合成されるのだろう．これら前駆体はメチオニン，セリン，リシンである．

16. セリン生合成経路の前駆体は3-ホスホグリセリン酸である．この前駆体は解糖系でグリセルアルデヒド3-リン酸（G3P）から誘導され，この変換には1 ATP+1 NADHの利益が伴う．この利益はG3P合成の全体のコストから差し引かなくてはならない．それゆえ，NADHを2.5 ATP当量とすると，3-ホスホグリセリン酸形成のコストは24−3.5=20.5 ATP当量になる．（同じコストはカルビン回路からも得られる．）セリン生合成経路で3-ホスホグリセリン酸が3-ホスホヒドロキシピルビン酸に酸化されるとき，1 NADHが生成するので，セリン合成の次のコストは20.5−2.5=18 ATP当量になる．この値はBOX 17.3にある値と同じである．（セリン生合成経路のアミノ基転移反応にコストはかからないことを想起せよ．）

アラニンはピルビン酸から単純で無償のアミノ基転移反応でつくられる．ピルビン酸形成のコストは，解糖系で3-ホスホグリセリン酸のピルビン酸への変換から求められる．この変換には1 ATPの利益が伴うので，ピルビン酸のコストは20.5−1=19.5 ATP当量になる．このように，アラニン合成のコストは19.5 ATP当量となり，四捨五入すると20 ATP当量になる．この値はBOX 17.3にある値と同じである．

第18章 ヌクレオチド代謝

1. (a) [構造式：アデニン（*印付き）リボース5-リン酸] (b) [構造式：アデニン（*印付き）リボース5-リン酸] (c) [構造式：グアニン（*印付き）リボース5-リン酸]

UMP合成の反応経路は図18.10をみよ．(d) アスパラギン酸はカルバモイルアスパラギン酸に取込まれるが，その標識されたC-2はUMPのウラシルのC-6に現れる．(e) HCO_3^-はカルバモイルリン酸に取込まれるが，その標識された炭素はUMPのピリミジン環のC-2に現れる．

[構造式：UMP、(e) HCO_3^-より→C-2、(d) アスパラギン酸のC-2より→C-6]

2. 7 ATP当量が必要である．PRPP合成でATP 1分子がAMPに分解される（図18.3）．PRPPの二リン酸基がIMP生合成経路の段階1で遊離し，その後，2 P_iに加水分解されるが（図18.5），これを第二のATP当量に勘定する．さらにATP 5分子が，段階2，4，5，6，7で消費される．

3. プリン：反応3：GARホルミルトランスフェラーゼ，10-ホルミルTHF，C8.
反応9：AICARホルミルトランスフェラーゼ，10-ホルミルTHF，C2.

ピリミジン：チミジル酸シンターゼ，5,10-メチレンTHF，チミジル酸の5-CH_3.

4. (a) [構造式：アシビシン，グルタミン]

(b) アシビシンはプリン生合成経路の第一の酵素である，グルタミン−PRPP アミドトランスフェラーゼを阻害する．それゆえ PRPP が蓄積する．(c) アシビシンはジヒドロオロチン酸シンターゼのカルバモイルリン酸シンターゼの活性を阻害する．この酵素はピリミジン生合成経路の段階 1 を触媒する．

5. (a) アスパラギン酸の代わりに β-アラニンが使用されるとき，脱炭酸反応（大腸菌経路の段階 6）は必要でない．

(b) [構造式：ウラシル様の環構造にリボース 5-リン酸が結合し、環上の炭素に * 印が付いている]

6. (a) dUMP+NH_4^+，(b) DNA 合成には一定比率の A, T, G, C が要求される．もし dTTP レベルが必要以上に高いと，dTTP は dCMP デアミナーゼによる dCMP から dUMP への変換を抑制し，結果として自身の合成経路の抑制に作用する．dUMP は dTMP の前駆体であり（チミジル酸シンターゼ，図 18.16），さらに dTDP, dTTP（DNA 合成に必要）へと変換される．一方，dCTP レベルが高いと，dCMP デアミナーゼが活性化され，dCMP から dUMP への変換が上昇する．このようにして dCMP が方向転換される．もしそうでなければリン酸化でさらに多量の dCTP に変換されるであろう（図 18.21）．

7. 4 ATP 当量が必要である．1 ATP 当量がリボース 5-リン酸からの PRPP の合成に必要である（図 18.3）．カルバモイルリン酸合成には ATP 2 分子が必要である（図 18.10，段階 1）．段階 5 で PP_i が $2 P_i$ に加水分解されるとき，1 ATP 当量が消費される．

8. アデノシンデアミナーゼが欠損すると，アデノシンやデオキシアデノシンのヒポキサンチンを経由した尿酸への分解が起こらなくなる（図 18.20 と 18.22）．代わりに過剰のデオキシアデノシンが dATP に変換され，それがリボヌクレオチドレダクターゼの活性調節部位に結合して，阻害してしまう（表 18.1）．リボヌクレオチドレダクターゼの阻害がデオキシヌクレオチド合成を低下させ，DNA 合成が阻害される．

9. グルタミン−PRPP アミドトランスフェラーゼは IMP 新規合成経路の最初の酵素で，おもな調節点である（図 18.5）．ヒトでは PRPP はこの酵素の基質であると同時に正の調節因子である．リボースリン酸ピロホスホキナーゼ活性の上昇による細胞の PRPP 濃度の上昇は，それゆえアミドトランスフェラーゼ活性を高進させる．このことは IMP およびその他のプリンヌクレオシドやヌクレオチドの合成の上昇をもたらす．プリンヌクレオチドが過剰生産され，それに伴って分解されると，痛風に特有の尿酸濃度が上昇する．

10. (a) ATP (b) ATP (c) ATP (d) GTP (e) UTP (f) GTP (g) CTP (h) UTP (i) ATP (j) IMP (k) IMP

11. プリンやピリミジンは重要なエネルギー源にはならない．脂肪酸や糖質の炭素原子は酸化されて ATP を与えるが，窒素を含むプリンやピリミジンには同じようなエネルギー獲得経路が存在しない．しかしながら，ヒポキサンチンが尿酸に変換されるときにできる NADH は酸化的リン酸化を介して間接的に ATP を生産する．ウラシルとチミンの分解は，おのおのアセチル CoA とスクシニル CoA を与え，それらはクエン酸回路を介して代謝され，ATP を生産する．

12. 糖の D-リボースは，α-D-リボピラノース，α-D-リボフラノース，β-D-リボピラノース，β-D-リボフラノースの平衡混合物として存在する．これらの構造は開環構造を介して互いに自由に相互変換する（§8.2）．

13. キサンチンは 2,6-ジオキソプリン，ヒポキサンチンは 6-オキソプリン，オロト酸は 2,4-ジオキソ 6-カルボキシピリミジンである．

14. IMP 生合成経路における SAICAR シンターゼ＋アデニロコハク酸リアーゼ（図 18.5），およびアルギニン合成経路におけるアルギニノコハク酸シンターゼ＋アルギニノコハク酸リアーゼ（尿素回路，図 17.43）．

第 19 章 核 酸

1. α ヘリックスの場合，いずれかの残基のカルボニル酸素と，四つ離れた残基，つまり 1 回転目の残基のアミド水素との間に水素結合ができる．このように骨格の原子間にできる水素結合は，ヘリックスの軸とほぼ平行している．アミノ酸の側鎖は骨格から垂直に突き出しているので，ヘリックス内部の水素結合には寄与しない．二本鎖 DNA では，糖−リン酸骨格は水素結合には関与しない．その代わり，向かい合っている鎖の相補的塩基間に，ヘリックスの軸とほぼ垂直に，2 本ないし 3 本の水素結合ができる．

α ヘリックス内では，個々の水素結合は弱いが，それが蓄積されるとヘリックス構造を安定化できる．特にタンパク質内部の，水が水素結合に干渉できないような疎水的な部分では，その効果が顕著である．DNA では，水素結合のおもな役割は，それぞれの鎖が相手方の鋳型になれるようにすることである．相補的塩基間の水素結合はヘリックスを安定化するのを助けているが，疎水的な内部での塩基対同士のスタッキング相互作用の方が，ヘリックス安定化への寄与が大きい．

2. もし 58% の残基が G+C なら，42% は A+T のはずである．すべての A が相手の鎖の T と対をつくるのだから，アデニン残基の数はチミンの数に等しい．したがって，21%，または 420 の残基がチミンである（2000×0.21＝420）．

3. (a) DNA の相補鎖の塩基組成は，普通はかなり違う．たとえば，もし一方の鎖がポリ (dA)(100% A) だとすれば，もう一方の鎖はポリ (dT)(100% T) のはずである．しかし，2 本の鎖は相補的なので，A+T はどちらの鎖でも同じ値になるはずで，G+C についても同様である．(b) A+G＝T+C．相補的ということから，一方の鎖のプリン（A または G）のいずれに対しても，相補鎖にはピリミジン（T または C）があるはずだということがいえる．

4. DNA の鎖は逆平行なので，相補鎖は逆方向を向いている．二重らせん DNA の配列は以下のようになる．

ATCGCGTAACATGGATTCGG
TAGCGCATTGTACCTAAGCC

習慣として DNA の配列は 5'→3' の方向で書く．したがって相補鎖の配列は以下のようになる．

CCGAATCCATGTTACGCGAT

5. 一本鎖のヘリックスの安定性は，隣同士のプリンの積み重なりに左右されるところが大きい．積み重なった塩基は，水からある程度遮へいされた環境をつくるので，疎水性効果も安定性に寄与している．

6. [構造式：アデニン（イミノ形）とシトシンの塩基対形成。アデニンの N1 位とシトシンの N3 位の間、およびアデニンの 6 位のイミノ基とシトシンのアミノ基の間で水素結合]

アデニン　　　　　　　シトシン
（イミノ形）

7. 融解温度は二つみられ，それらは平担部分ではっきりと分かれているだろう．ポリ(dT) の余分の鎖が離れると，積み重なった塩基が三重らせんの疎水性の内部から離れるので，溶液の 260 nm の吸収が増大する．残る 2 本の鎖が変性すると，2 度目の吸収の増大が起こる．

8. 配列は，

5' ACGCACGUAUAUGUACUUAUACGUGGCU 3'

下線の配列はパリンドロームになっている．

9. おもな生成物はモノヌクレオチドと約500 bpの一本鎖DNA断片との混合物であろう．両端に酵素分子が結合したDNA鎖が，2本の鎖が塩基対をつくれなくなるまで分解される．残った一本鎖はどちらももはや酵素の基質にならない．

10. 30 nm繊維では，DNAはヌクレオソームの中に格納されており，ヌクレオソーム1個当たり約200 bpが収められている．したがってヌクレオソーム中のDNAの分子量は130000（200×650＝130000）．ヌクレオソーム1個当たり1分子のヒストンH1がつくと仮定すると，ヌクレオソームのタンパク質成分の分子量は129800となる．

ヒストンH1	21000
ヒストンH2A（×2）	28000
ヒストンH2B（×2）	27600
ヒストンH3（×2）	30600
ヒストンH4（×2）	22600
計	129800

したがって，タンパク質とDNAの重量比は129800:130000で，ほぼ1:1になる．

11. ヌクレオソームはヒストンと200 bpのDNAから成る．君の染色体の半分は母親ゆずりだから，卵細胞に含まれていたヌクレオソームは，

$$(3.2 \times 10^9 \text{bp}) \times \frac{1 \text{ヌクレオソーム}}{200 \text{bp}} = 16 \times 10^6 \text{ヌクレオソーム}$$

（父親からはヌクレオソームを受け継いでいない．精子が形成される過程で，正電荷をもつポリペプチドがヌクレオソームと置き換わってしまうからである．）

12. (a) pdApdGpdT＋pdC (b) pdAp＋dGpdTpdC (c) pdA＋pdGpdTpdC

13. 超らせん状のプラスミドDNAは，短い巻き戻された領域を含む弛緩DNAと平衡にあるので，Aspergillusの酵素はゆっくりとDNAをニックが入った環状DNAに変えていく．この酵素は最終的には弛緩した環状DNAを，長さのそろった直鎖状の二重らせんDNA断片にするだろう．

14. なりうる．RNAおよびDNAともに，糖-リン酸骨格は糖残基を結び付けるホスホジエステル結合を含む．

15. pppApCpUpCpApUpApGp＋CpUpApUpGp＋ApGp＋U

16. バクテリオファージは，制限酵素から自分のDNAを守るために，いくつかの機構を進化させた．通常バクテリオファージのDNAには制限部位が少ない．制限酵素認識部位は自然選択にさらされ，それを変えるような突然変異が起こりやすい．また認識部位が，細菌の染色体のようにメチル化されていることが多い．おそらく，ファージDNAが切断されるよりも前にメチル化されるという幸運な出来事が，遠い昔にあったのがその理由だろう．

バクテリオファージによっては，そのDNAの中に修飾された塩基を取込むことがある．修飾された塩基（たとえばバクテリオファージT4の5-ヒドロキシメチルシトシン）は制限酵素が認識できない．

制限酵素を阻害する酵素や，制限部位に結合して切断を阻止するようなタンパク質が，ファージのゲノムにコードされていることもあるらしい．

17. (a) HindⅢ制限部位内の各ヌクレオチドの頻度から確率を見積もることができる（G＝C＝0.18およびA＝T＝0.32）．配列AAGCTTは，平均して1/〔(0.32)(0.32)(0.18)(0.18)(0.32)(0.32)〕＝2943 bp当たり1回出現するだろう．したがって，100 Mbのゲノムには平均して，100 000 000/2943＝33 979の部位が予測される．(b) 24414．

18. BglⅡとBamHIに対する認識部位は異なるが，生じる断片の付着末端は同じになる．これらの断片は一つの酵素でつくられた断片と同じように容易に連結できる．

```
BglⅡ   ~~~A         GATCT~~~
       ~~~TCTAG         A~~~

BamHI  ~~~G         GATCC~~~
       ~~~CCTAG         G~~~
```

19. 正常宿主細胞がもつ制限酵素は，新たに入ってきた組換え分子を切断し，DNA断片によってはクローニングが不可能になる可能性がある．制限酵素をつくらない宿主株を使えば，この問題を回避できる．

第20章　DNA複製，修復，組換え

1. (a) 2個の複製フォークが複製起点で形成され，反対向きの2方向に移動し，起点の反対側の点で出会う．したがって，おのおののレプリソームはゲノムの半分（2.6×10^6 bp）を複製する．全染色体の複製に要する時間は次のようになる．

$$\frac{2.6 \times 10^6 \text{bp}}{1000 \text{bp} \cdot \text{秒}^{-1}} = 2600 \text{秒} = 43 \text{分} 20 \text{秒}$$

(b) 複製起点（O）は1箇所であるが，前回の複製フォークが終結部位に達する前に，再度，複製を開始することができる．その結果，染色体は2個以上の複製フォークをもつことになる．1本の染色体の複製にはおよそ43分かかるが，実はもっと短い間隔で，複製開始の速度に応じて，各染色体の完全なコピーが出現する．

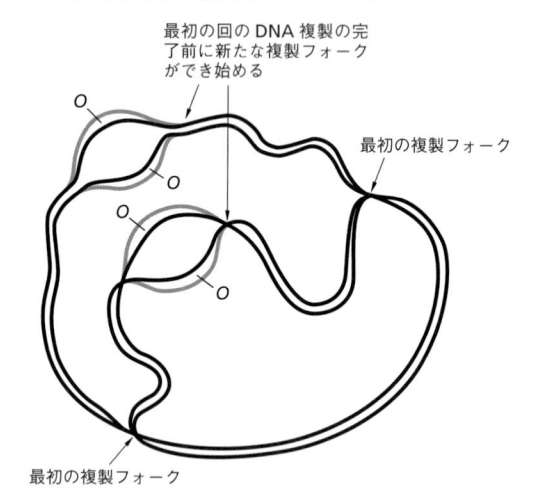

2. T4 DNAポリメラーゼは，このウイルスゲノムの複製に必要であるため初期の遺伝子産物でなければならない．

3. (a) 試験管内DNA合成に用いられる一本鎖DNA鋳型は，ヘアピン様の二次構造を形成してしまう．SSBは一本鎖鋳型に結合して二本鎖構造の形成を抑制する．このようにSSBの作用で，DNAはDNAポリメラーゼのよりよい鋳型となる．(b) 試験管内のDNA合成量は高温で促進される．それは鋳型の二次構造形成がより起こりにくくなるからである．65℃の温度は十分に二次構造形成を抑えるが，新たに合成されたDNAを変性させるほど高くはない．高温で成育する細菌のDNAポリメラーゼが使われるのは，一般の細菌のDNAポリメラーゼが失活する温度である65℃でも活性があるからである．

4. きわめて高度の正確さを誇るDNA複製反応では，その合成反応の過程で起こる誤りを除去するための校正機構を必要とする．プライマーゼによるRNAプライマーの合成は，それ自体校正活性をもたず，DNA合成に比べて誤りを起こしがちである．しかしながら，プライマーがRNAであるために，岡崎フラグメントが連結されるときにDNAポリメラーゼⅠの5′→3′エキソヌクレアーゼにより取除かれ，正確に合成されたDNAと置き換わることができる．もしプライマーがDNAからできていて，校正活性をもたないプライマーゼで合成されると，それはDNAポリメラーゼⅠにより取除かれないので，DNA複製の誤りの頻度はプライマー合成の部位で高くなる．

5. (a) 仮想的なヌクレオチド基転移反応において，つぎにくるヌクレオチドの求核性3′-OH基が伸長しているDNA鎖の5′-三リン酸基を攻撃する．新しいホスホジエステル結合が形成されて，ピロリン酸が放出される．

[反応機構の図：つぎにくるヌクレオシド三リン酸，伸長しつつある鎖，3′ DNA，PP$_i$が脱離する]

(b) もし仮想的酵素が5′→3′校正活性をもつなら，ミスマッチのヌクレオチドの除去により，伸長鎖の末端に5′-一リン酸基が残る．さらにDNA合成が進むには末端に三リン酸基が必要なので，反応はそれ以上進まなくなってしまう．

6. トポイソメラーゼⅡ，すなわちジャイレースは複製フォークの前後の超らせんをほどく．もしこの酵素が阻害されると，親DNAの巻戻しができない．それゆえ，大腸菌DNAは複製できなくなる．

7. (a) ゲノムが1本の大きな線状DNA分子であり，複製起点がこの染色体の中点にあると仮定する．複製フォークは反対向きの2方向に動くので，毎秒60 bpが複製される．全ゲノムの複製に要する時間は，

$$\frac{1.65 \times 10^8 \text{ bp}}{60 \text{ bp} \cdot \text{秒}^{-1}} = 2.75 \times 10^6 \text{秒} = 764 \text{時間} = 32 \text{日}$$

(b) 2000個の二方向性起点がDNA分子に沿って等間隔にあり，複製開始がすべての起点で同時に起こると仮定すると，速度は$2000 \times 2 \times 30$ bp/秒，すなわち1.2×10^5 bp/秒となる．全ゲノムの複製に要する時間は，

$$\frac{1.65 \times 10^8 \text{ bp}}{1.2 \times 10^5 \text{ bp} \cdot \text{秒}^{-1}} = 1375 \text{秒} = 23 \text{分}$$

(c) 起点が等間隔に配置され，すべての起点で同時に複製開始が起こると仮定する．複製に要する速度は，

$$\frac{1.65 \times 10^8 \text{ bp}}{300 \text{秒}} = 5.5 \times 10^5 \text{ bp} \cdot \text{秒}^{-1}$$

おのおのフォークからの二方向複製は60 bp/秒の速度で進行する．最少の複製起点数は，

$$\frac{5.5 \times 10^5 \text{ bp} \cdot \text{秒}^{-1}}{60 \text{ bp} \cdot \text{秒}^{-1} \cdot \text{起点}^{-1}} = 9170 \text{起点}$$

8. 修飾されたGはCと正しいワトソン・クリック塩基対を形成することができなくなりTと対合してしまう．その結果，DNA娘鎖の1本は修飾塩基の対としてTをもつことになる．それ以降の複製ではTはAと塩基対をつくるので，初めはG・C塩基対であったものが変異を起こしてA・T塩基対になってしまう．

9. 紫外線はチミジル酸残基の二量体形成をひき起こしてDNAを損傷する．チミン二量体の修復機構の一つが酵素的光回復反応で，DNAフォトリアーゼにより触媒される．この酵素は可視光のエネルギーを利用して二量体を切断し，DNAを修復する．このような理由で，細胞が紫外線照射の後に可視光にさらされることは，細胞が暗所に置かれるよりDNA修復にとって有利である．

10. (a) Ung酵素が取込まれたウラシルを除去するため，dut^-株のDNAは見かけ上正常である．(b) dut^-, ung^-株のDNAはいくつかのdT残基の代わりにdU残基をもつことになる．

11. DNA修復酵素ウラシルN-グリコシラーゼは，シトシンの加水分解的脱アミノ反応により生じたウラシルを取除く．この酵素はチミンを認識しないし，DNAに普通に存在するその他の3種の塩基も認識しないので，5-メチルシトシンがチミンに脱アミノされたときの損傷を修復することができない．

12. メチルシトシンを含む領域で生じる高い変異率は，5-メチルシトシンの脱アミノ生成物がチミンであり，異物として認識されないことによる．メチルシトシンの脱アミノ反応に由来するミスマッチT・G塩基対を修復するには，修復酵素は異常なチミンと正常なグアニンのどちらかを取除けばよい．グアニンがアデニンで置き換わると，生じたA・T塩基対は突然変異である．

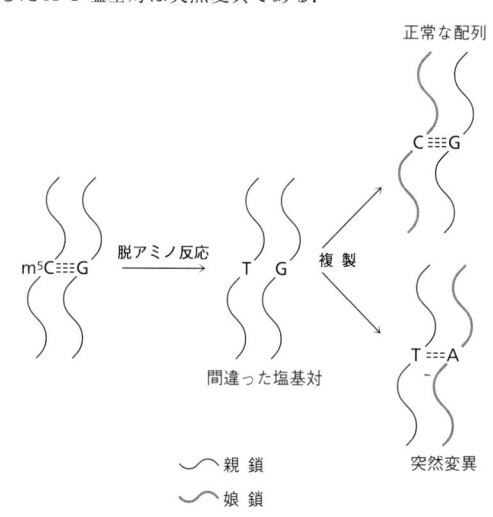

[図：m^{5}C≡G → 脱アミノ反応 → T G（間違った塩基対）→ 複製 → C≡G（正常な配列）または T≡≡≡A（突然変異），親鎖・娘鎖の凡例]

13. 複製過程での校正反応はヌクレオチド取込みの誤りの99%を切り出して修復する．その結果，全エラー率は10^{-7}に低下する．この校正段階を逃れた誤りのうち，さらに99%が修復酵素により修復される．そこで全体として変異率は10^{-9}になる．

14. NAD$^+$に依存して修復される．大腸菌酵素のDNAリガーゼはDNA修復後に残されたDNA鎖のニックを接続するのに必要である．この酵素はNAD$^+$を必須なものとして要求する．

15. 二量体は除去修復で除かれる．UvrABCエンドヌクレアーゼはピリミジン二量体を含む12〜13残基の断片を切離する．DNAオリゴヌクレオチドはヘリカーゼの助けを借りて除かれる．ギャップはDNAポリメラーゼIの作用で埋められ，ニックはDNAリガーゼの

作用で接続される．二量体はまた，直接修復によっても修復される．DNAフォトリアーゼは二量体の場所でゆがんだ二重らせんに結合する．DNA-酵素複合体が光を吸収すると，二量体形成反応が取り消される．

16. 修復酵素は，DNAの突然変異を修復するために無傷の鋳型を必要とする．DNA分子の両方の鎖が損傷を受けると，修復のために使用する鋳型がなくなる．

17. 鎖交換を触媒するタンパク質は相同領域を認識し，侵入鎖を相補鎖に塩基対合させ，三本鎖中間体の形成を促進する．この対合は2本のDNA分子の塩基配列が異なると困難になる．

18. DNAポリメラーゼⅢはレプリソームの構成成分であり，大腸菌染色体の複製過程でリーディング鎖とラギング鎖を合成する．DNAポリメラーゼⅠはラギング鎖の短いRNAプライマーを除去し，DNAに置き換える．

第21章 転写とRNAプロセシング

1. (a) 転写速度は70ヌクレオチド/秒であり，各転写複合体はDNAの70 bpを覆うので，1個のRNAポリメラーゼは毎秒1分子の転写産物を完成し，鋳型DNAから離脱する（複合体は密に詰まっていると仮定する）．そこで，この遺伝子に転写複合体が密に詰まって乗っているとき，毎分RNA 60分子が生産されることになる．

(b) 転写複合体は70 bpを覆うので，複合体の数は最高で次のようになる．

$$\frac{6000 \text{ bp}}{70 \text{ bp/転写複合体}} = 86 \text{ 転写複合体}$$

2. (a) 大腸菌遺伝子は平均1 kb（1000 bp）の鎖長があるから，4000遺伝子ではDNA 4000 kbとなる．転写されないDNAの割合は，

$$\frac{600 \text{ kb}}{4600 \text{ kb}} \times 100\% = 13.0\%$$

転写されないDNAの多くはプロモーターや転写開始の調節領域である．

(b) 哺乳類と細菌の遺伝子産物の大きさがよく似ていることから，典型的な哺乳類遺伝子のエキソンのDNAサイズも1000 bpということになる．エキソンにおける全DNA量は，

$$3.0 \times 10^4 \text{ 遺伝子} \times 1.0 \text{ kb 遺伝子}^{-1} = 3.0 \times 10^4 \text{ kb}$$

このDNAは哺乳類ゲノム全体の0.9%を占める．

$$\frac{3.0 \times 10^4 \text{ kb}}{3.3 \times 10^6 \text{ kb}} \times 100\% = 0.9\%$$

残りの99.1%のDNAはイントロンおよびその他の配列に相当する．

3. 考えられない．真核生物遺伝子のプロモーターが，原核生物のRNAポリメラーゼによって正しく転写開始するのにふさわしい位置にたまたま適した配列をもつとは考えにくい．同様に，原核生物遺伝子のプロモーターが，真核生物のRNAポリメラーゼⅡによって正しく転写開始するのにふさわしい位置に適した配列をもつとも考えられない．

4. 正しく翻訳することはできない．真核生物の典型的なトリオースリン酸イソメラーゼはイントロンをもつ．原核生物の細胞はスプライソソームをもたないので，初期転写産物を正しく処理することができない．それゆえ，このRNAが翻訳されると，異常なタンパク質断片ができてしまう．

5. (a) ラクトースとグルコースがともに存在するとき，lacオペロンは低レベルで転写される．それは，lacリプレッサーがアロラクトース（ラクトース異性体）と複合体を形成するからである．アロラクトース-リプレッサー複合体はlacオペロンのプロモーター領域に結合できないので，そのリプレッサーは転写開始を阻害しない．(b) ラクトースがないときはアロラクトースもつくられない．そこで，lacリプレッサーはlacオペロンプロモーター近傍に結合し，転写開始を阻害する．(c) ラクトースが唯一の炭素源であるときには，lacオペロンは最高速度で転写される．アロラクトースがあるために，lacリプレッサーはlacオペロンプロモーター領域に結合しないので，転写が進行する．また，グルコースのないことも転写速度を増大する．cAMP生産が増加し，lacオペロンのプロモーター領域に結合するためのCRP-cAMPが利用されやすくなるためである．リプレッサーの不在とCRP-cAMPによる転写開始の増大によって，細胞はラクトースが唯一の炭素源であるときに，その成育を支えるのに必要な，多量の酵素群を合成することができる．

6. 野生型lacプロモーターは比較的弱いので，転写が最大になるためにはアクチベーターのCRPが必要である．UV5変異株では-10領域が変化して，-10コンセンサス配列に似るため，強力なプロモーターになる．lacリプレッサーが存在しないとき，このプロモーターはCRPに依存しなくなる．

7. ^{32}PはATPを最初の残基とするmRNA分子の5'末端にのみ現れる．その他の残基にはどこにも現れない．標識β-リン酸基を含む二リン酸が，伸長中のRNA鎖の3'末端にヌクレオシド三リン酸が付加するときに，遊離するからである（図21.3）．

mRNAの5'末端にキャップができるときには，キャップの形成とともに最初の残基のγ-リン酸基が取除かれる．標識されたβ-リン酸基は残ったままで，GTPからGMP基を受取る（図21.27）．

8. RNAポリメラーゼは校正活性をもたないため，転写の誤りの頻度はDNA複製の誤りの頻度よりはるかに大きい．しかしながら，生じた欠陥RNA分子が必ずしも細胞の生存に影響するとは限らない．なぜなら，ある特定の遺伝子から合成されたRNAコピーの大部分は正常だからである．したがって欠陥mRNAがあっても，欠陥をもつタンパク質の数は，合成された全タンパク質のわずかな割合を占めるにすぎない．さらに，多くのmRNA分子の半減期は短いので，転写の間に生じた誤りも速やかに消失していく．

9. 真核生物のmRNA前駆体は，成熟過程でポリ(A)テールの付加により3'末端が修飾される．細胞抽出物にあるさまざまな成分の混合物をこのカラムにかけると，ポリ(A)テールがカラムのオリゴdTに結合する．細胞抽出物中のそれ以外の成分はカラムを素通りする．ポリ(A)テールをもつ成熟したmRNAは緩衝液のpHを変えるかあるいはイオン強度を変えるかしてカラムから回収できる．この操作はAとTの間の水素結合の切断である．

10. (a) 大腸菌野生株の成育を止めるリファンピシン濃度（<5 μg/mL）は，変異株の成育を止めるリファンピシンの濃度（>50 μg/mL）に比べるとはるかに低い．(b) RNAポリメラーゼは$\alpha_2\beta\beta'\omega$のコア酵素から構成され，多くの転写反応に関与している．大きなβとβ'サブユニットはこの酵素の活性部位をつくりあげている．(c) リファンピシン耐性の細菌はRNAポリメラーゼのβサブユニットの遺伝子に生じる変異から発生する．

11. DNAのどちらの鎖も鋳型になりうるので，2本のmRNA分子がこのDNA配列から転写される．下側の鎖が鋳型の場合には，mRNAの配列は下側の鎖に相補的である．

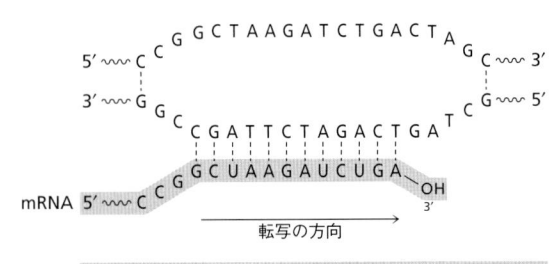

```
        C G GCTAAGATCTGACTA
5'~~~ C C               A G
                          G C ~~~3'
3'~~~ G G               T C
        C G CGATTCTAGACTGAT
              GCUAAGAUCUGA
mRNA 5'~~~ C C                  OH
                              3'
              転写の方向

5'~~~ CCGGCUAAGAUCUGACUAGC ~~~3'
              mRNA
```

上側の鎖が鋳型の場合には，mRNAの配列は上側の鎖に相補的である．

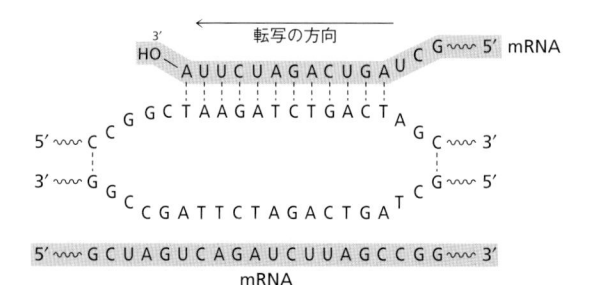

```
                    転写の方向
         3'  ←─────────────
     HO ─ AUUCUAGACUGA        C G ~~ 5'  mRNA
         │││││││││││           │
      C  GGCTAAGATCTGACT      A
5' ~ C C                       G C ~~ 3'
3' ~ G G                       C G ~~ 5'
      C  CGATTCTAGACTGA       T C
                              
5' ~~ GCUAGUCAGAUCUUAGCCGG ~~ 3'
                mRNA
```

12. 遺伝子とは転写されるDNA配列であると定義した．この定義によれば全rRNAオペロンは遺伝子である．しかし，ときには用語gene（遺伝子）をもっと制限して用い，たとえばlacオペロンからコードされる一つの酵素など，ある機能的な産物をコードするDNA領域を遺伝子とする方が便利な場合もあるだろう．図21.26のオペロンにはtRNAと16S，23S，5S rRNAの各遺伝子が含まれるが，これらの遺伝子の間に存在するDNA配列は，転写はされるが，どれかの遺伝子の一部であるとはみなされない．

13. ゲノムDNA配列は定められた通りに一次RNA転写配列に正確に写し取られる．しかしながら，抽出したtRNAの配列では多くのヌクレオチドが特異的な転写後修飾を受けている．真核生物でも同様である．

14. トウモロコシのトリオースリン酸イソメラーゼ遺伝子は約3400 bpから成る．もしスプライソームが最初のイントロンで形成されると，2900 bpが転写を待つことになる．2900 bpの転写に要する時間は97秒である（2900ヌクレオチド÷30ヌクレオチド/秒）．スプライソームの形成が最初のイントロンの転写直後に起こり，スプライシングは全遺伝子の転写が完了した後にしか始まらないとするなら，スプライソームは，少なくとも97秒間は安定であることになる．

15. CRP-cAMP結合部位はこの遺伝子のプロモーターと重なっているらしい．CRP-cAMPが結合すると，プロモーターはふさがれて，転写は起きない．

16. 5'または3'スプライス部位や分枝部位の塩基配列が突然変異により変化すると，正常なスプライシングが起こらず，したがって正常な機能をもつmRNAが生産されない．

17. 影響する．U2 snRNPが分枝部位に結合すると，U5 snRNPを3'スプライス部位から追い出してしまい，スプライシングが阻止される．さらに，欠失によって3'スプライス部位への結合に必要なピリミジン配列の多くが除去される．これら二つの理由から適切なmRNAプロセシングが阻害され，異常なRNAはきちんと翻訳されないことになる．

第22章　タンパク質合成

1. DNAの一つの鎖は3個の異なる重なり合う読み枠をもつことから，二本鎖DNAは6個の読み枠をもつことになる．それぞれの鎖のDNA配列を5'末端から始めて順次トリプレットコドンをマークしていくと，それぞれ1個の読み枠があることがわかる．続いて5'末端の2番目のヌクレオチドから始めてトリプレットコドンをマークすると，読み枠2になる．それぞれの鎖の3番目の読み枠は5'末端の3番目のヌクレオチドから始めればよい．"4番目"の読み枠は1番目のものと同じである．確かめてみよ．

同様の論理で，もし遺伝暗号が4ヌクレオチドのコドンであると，1本のDNA鎖は四つの異なる読み枠で読まれることになり，二本鎖DNAには8個の読み枠が存在する（それぞれの鎖に4個）．

2. それぞれのmRNAの配列は三つの異なる読み枠で翻訳される．最初のmRNA配列に対する可能なコドンとポリペプチドは以下のとおり．

```
読み枠1  5' ~~ CCGGCUAAGAUCUGACUAGC ~~ 3'
              ─Pro─Ala─Lys─Ile 終止

読み枠2  5' ~~ CCGGCUAAGAUCUGACUAGC ~~ 3'
              ─Ala─Leu─Arg─Ser─Asp 終止

読み枠3  5' ~~ CCGGCUAAGAUCUGACUAGC ~~ 3'
              ─Gly 終止
```

2番目のmRNA配列に対する可能なコドンとポリペプチドは以下のとおり．

```
読み枠1  5' ~~ GCUAGUCAGAUCUUAGCCGG ~~ 3'
              ─Ala─Ser─Gln─Ile─Leu─Ala─Gly─

読み枠2  5' ~~ GCUAGUCAGAUCUUAGCCGG ~~ 3'
              ─Leu─Val─Arg─Ser 終止

読み枠3  5' ~~ GCUAGUCAGAUCUUAGCCGG ~~ 3'
              終止
```

終止コドンのない読み枠だけがポリペプチドをコードできるので，2番目のmRNAの配列は実際の転写物に相当する．コードされているポリペプチドの配列は，-Ala-Ser-Gln-Ile-Leu-Ala-Gly-．

3. アミノアシル-tRNAシンテターゼで活性化されるアミノ酸ごとに2個のリン酸無水物結合が加水分解される．

アミノ酸 + tRNA + ATP $\longrightarrow$ アミノアシルtRNA + AMP + PP_i

PP_i + H_2O $\longrightarrow$ 2 P_i

タンパク質合成に必要なその他のエネルギーは，GTPの加水分解より供給される．まず，70S開始複合体の形成で，またリボソームのA部位にアミノアシルtRNAが挿入されるたびに，そして，おのおのの転移の段階ごとに，高エネルギー結合が一つずつ加水分解される．最初のメチオニルtRNAがP部位に挿入されてから，600残基のタンパク質の合成過程で599の新しい挿入と599の転移が生じる．最終的に完成されたポリペプチドがリボソームから遊離する過程で1個のリン酸無水物結合が加水分解される．タンパク質合成で加水分解されるリン酸無水物結合は以下のとおり．

活性化（600×2）	1200
開　始	1
挿　入	599
転　移	599
終　止	1
計	2400

4. 答えは基準の取り方によって変わる．たとえば，リボソームを基準にすると，mRNAと二つのtRNAが1個のトリプレットコドンだけ移動する．mRNAを基準にすると，リボソームが3ヌクレオチド分移動することになる．

5. 開始コドンより上流のmRNAの領域には，プリンに富んだシャイン・ダルガーノ配列がある．この配列は，30Sサブユニット中の16S rRNAの3'末端のピリミジンに富んだ配列と相補的である（図22.17）．シャイン・ダルガーノ配列はmRNA転写物上に30Sサブユニットを正しく位置付けることで，fMet-tRNA$_f^{Met}$を開始コドンに結合させるようにする．いったん，タンパク質合成が開始すると，その後のメチオニンコドンはMet-tRNA^{Met}を認識する．

6. 答えは否である．大腸菌の翻訳開始にはmRNAの5'非翻訳領域にあるシャイン・ダルガーノ配列が必要である．真核生物のリボソームにはその必要がないため，植物由来のmRNAにたまたま正しい位置にシャイン・ダルガーノ配列があるとはとても期待できない．

しかし，もし植物のmRNAをコードしている遺伝子の一部に細菌のシャイン・ダルガーノ配列を融合させると，植物タンパク質の読み枠（オープンリーディングフレーム）は細菌細胞内で正しく翻訳されうる．

7. それぞれのrRNA遺伝子の転写産物は，1個のリボソームに取

込まれる一つのRNA分子である．それゆえ，細胞の必要とする多数のリボソームを組立てるためには多コピーのrRNA遺伝子が必要となる．それにひきかえ，それぞれのリボソームタンパク遺伝子の転写産物は何度も翻訳できる一つのmRNAである．このようにRNAからタンパク質が増幅されるので，rRNAに比べてリボソームタンパク質の方が必要な遺伝子がわずかですんでしまうのである．

8. 可能なサプレッサーtRNA種は，UAGの1個のヌクレオチドが違うコドンを認識するものすべてである．すなわち，それらのtRNAのアンチコドンでは，終止コドンUAGに相補的なCUA配列の1個のヌクレオチドが違う．tRNA^{Gln}, tRNA^{Lys}, tRNA^{Glu}ではすべて第一の位置だけが異なるコドンを認識する（それぞれのコドンは，CAG，AAG，GAG）．tRNA^{Leu}, tRNA^{Ser}, tRNA^{Trp}は，第二の位置だけが異なるコドンを認識する（それぞれUUG，UCG，UGG）．tRNA^{Tyr}は第三の位置だけが異なるコドンを認識する（UAUあるいはUAC）．

サプレッサーtRNAを有する細胞は正常なtRNAが欠けても生存しうる．なぜなら，細胞は同じアミノ酸を結合するイソアクセプターtRNAをもつことになるからである．サプレッサーtRNAは，しばしば正常な終止コドンにアミノ酸を挿入し，正常より大きいタンパク質ができるが，それは細胞にとって，通常，致死的ではない．実際，サプレッサーtRNAをもつ大腸菌が生存している．しかし，しばしば野生株より弱い．

9. （1）アミノアシル-tRNAシンテターゼは，tRNAに結合して，アミノアシル化を触媒する酵素である．（2）細菌のIF-2と真核生物のeIF-2は，アミノアシル化された開始tRNAに結合して，翻訳開始に際して開始tRNAをリボソームのP部位に配置させるタンパク質である．（3）細菌のEF-Tuと真核生物のEF-1αは，アミノ酸結合tRNAに結合して，ポリペプチド伸長過程においてtRNAをリボソームのA部位に配置させるタンパク質である．（4）リボソームはRNAとタンパク質の大きな複合体で，tRNAを特異的に結合する二つの部位を有し，それらはA部位およびP部位とよばれる．（5）mRNA．tRNAはコドン-アンチコドンの水素結合によってmRNAに結合する．

tRNAの成熟過程でそれぞれのtRNAの特別な残基を修飾する酵素もtRNAに結合することができる．

10. 正常な状態で，翻訳機構がRF-2 mRNAのUGAに遭遇したとき，RF-2は終止コドンを認識し，タンパク質合成が止まる．しかしながら，RF-2の細胞内濃度が低くなると，リボソームは終止コドンで立ち止まるが，読み枠がずれて，RF-2 mRNAの翻訳を継続し，全長の機能タンパク質を合成する．このように，終止コドンがあると，RF-2欠乏下で翻訳フレームシフトが生じ，RF-2自身が自分の合成を調節するようになる．

11. （a）もしリーダー領域が完全に欠如すると，転写減衰ができなくなり，転写は完全に trp リプレッサーで調節されるようになる．trp オペロン全体の転写速度は増加する．（b）もしリーダーペプチドをコードする領域が欠如した場合，転写は完全に trp リプレッサーで調節されるようになる．リーダーペプチドをコードする配列の欠如により配列1がなくなり，安定な2-3ヘアピンが形成される．休止部位（1-2ヘアピン）も終結シグナル（3-4ヘアピン）も形成されないので，転写が開始されると trp オペロンはそのまま続けて転写される．（c）もしリーダー領域にAUGコドンがないと，オペロンはほとんど転写されない．開始コドンがないのでリーダーペプチドは合成されず，1-2ヘアピンも3-4ヘアピンも形成されたままになり転写は止まる．

12. 予想できない．転写減衰モデルの重要な特徴は，リーダーペプチドの1個または複数個のコドンがそのオペロンで合成されるアミノ酸をコードしていることである．転写減衰を調節するのは特別なアミノ酸の相対的な涸渇や過剰である．lac オペロンの産物はアミノ酸生合成には直接関係しないので，特定のアミノ酸結合tRNAの濃度がこのオペロンの活性で変化するとは考えられない．

13. イソロイシンオペロンのリーダー領域にバリンやロイシンのコドンが存在することは，これらのアミノ酸の欠乏がイソロイシン生合成の遺伝子の転写を促進することを示唆する．イソロイシン合成に必要な酵素の多くはバリンやロイシンの合成にも必要である（§17.3 C）．このように，たとえイソロイシン濃度が高くても，バリンやロイシン濃度が低いと，イソロイシンオペロンの転写は未成熟のまま停止することはない．

14. 新たに合成されたタンパク質がリボソームから現れると，N末端のシグナルペプチドが認識され，シグナル認識粒子（SRP）に結合する．それ以上の翻訳は，SRPが小胞体の細胞質ゾル側にあるSRPレセプターに結合するまで阻止されている．トランスロコンがリボソームを小胞体につなぎ止める．翻訳が再開すると，ポリペプチド鎖は孔を通って内腔に入る．もしポリペプチドが膜を完全に通過しないと，小胞体の内腔にN末端を，細胞質ゾルにC末端をもつ膜貫通タンパク質ができる．

特定残基へのグリコシル化は小胞体の内腔とゴルジ体で行われる．膜に埋込まれているタンパク質は，小胞体から出芽する輸送小胞で小胞体の内腔とゴルジ体の間を運ばれる．

分泌小胞は完全に糖鎖の結合したタンパク質をゴルジ体から細胞膜に運ぶ．小胞が細胞膜と融合すると，内腔にあるタンパク質のN末端部分は細胞外に露出されるが，C末端部分は細胞質ゾルにとどまる．

15. 考えられる．細胞の分泌過程においてはタンパク質のN末端にある疎水性の分泌シグナル配列が必要不可欠である．

16. 開始tRNAのアンチコドンは，コドンの5′ヌクレオチドとアンチコドンの3′部位との間でG・U塩基対を形成することで，GUGと対合する．

```
開始tRNA アンチコドン    3′      5′
                         U A C
                         ┊ ┊ ┊
mRNA コドン  5′———— G U G ————3′
```

アンチコドンの5′位がゆらぎ位置なので，この相互作用はゆらぎとは無関係である．

用 語 集

アイソザイム isozyme ある一つの生物種由来の異なるタンパク質で，同じ反応を触媒する酵素の一群．イソ酵素ともいう．

アクセプターステム acceptor stem tRNA分子の5′末端配列と3′末端近傍の配列が塩基対合し，ステムを形成する．アクセプターステムはアミノ酸結合部位である．アミノ酸ステムともいう．（アンチコドンアームと比較せよ．）

アクチベーター activator 転写アクチベーターを見よ．

アクチンフィラメント actin filament 二重らせん状にねじれたロープ様のアクチン分子から成るタンパク質フィラメント．アクチンフィラメントは細胞骨格ネットワークの成分で，多くの生物の収縮系の役割を担う．ミクロフィラメントともいう．

アシルキャリヤータンパク質（ACP） acyl carrier protein 脂肪酸合成の活性化中間体がチオエステル結合を介して結合するタンパク質（原核生物），あるいはタンパク質ドメイン（真核生物）．

アスパラギン酸プロテアーゼ aspartic protease 触媒中心に2個のアスパラギン酸残基をもつプロテアーゼ．一方の残基は塩基性触媒として，他方の残基は酸性触媒として機能する．アスパラギン酸プロテアーゼの最適pHは約2〜4である．酸性プロテアーゼともいう．

アデニル酸 adenylate アデノシン一リン酸を見よ．

アデノシン一リン酸（AMP） adenosine monophosphate アデノシンの5′酸素原子に1個のリン酸基が結合しているリボヌクレオシド一リン酸．AMPのリン酸化によってアデノシン二リン酸（ADP）がつくられ，アデノシン三リン酸（ATP）の前駆体となる．アデニル酸ともいう．

アデノシン三リン酸（ATP） adenosine triphosphate アデノシンの5′酸素原子に3個のリン酸基が連続して結合しているリボヌクレオシド三リン酸．ATPのリン酸無水物結合は大きな化学ポテンシャルエネルギーを有する．リン酸基を供与することで，ATPはそのエネルギーを中間体に転移し，中間体を生化学反応に参画させる．

アデノシン二リン酸（ADP） adenosine diphosphate アデノシンの5′酸素原子に2個のリン酸基が連続して結合しているリボヌクレオシド二リン酸．ADPは，リン酸基がアデノシン三リン酸（ATP）からアデノシン一リン酸（AMP）に転移する反応でつくられる．

アナプレロティック反応 anaplerotic reaction 中心的代謝経路から離れた補給的代謝反応．（カタプレロティック反応と比較せよ．）

アニオン→陰イオン

アノード（陽極） anode 正に荷電した電極．電気泳動では陰イオンは陽極側に移動する．〔カソード（陰極）と比較せよ．〕

アノマー anomer アノマー炭素原子の立体配置のみが異なる糖分子の異性体．

アノマー炭素 anomeric carbon 環状単糖のうち最も酸化された炭素原子．アノマー炭素はカルボニル基の化学的反応性を有する．

アフィニティークロマトグラフィー affinity chromatography クロマトグラフィー担体に共有結合したリガンドへの特異的結合を基礎にした方法で，溶液中のタンパク質あるいはその他の高分子化合物の混合物を分離するクロマトグラフィー技術．

アフィニティーラベル試薬 affinity label reagent 酵素（あるいは他の高分子化合物）の活性部位（あるいは他の結合部位）と特異的に結合する分子で，共有結合によって阻害作用を示す．

アポタンパク質（アポ酵素） apoprotein (apoenzyme) 補因子の欠けたタンパク質（酵素）．補因子欠如の状態では，アポタンパク質（アポ酵素）は，対応するホロタンパク質（酵素）が示す生物学的活性をもたない．（ホロタンパク質と比較せよ．）

アポトーシス apoptosis プログラムされた細胞死．

アミノアシルtRNA aminoacyl tRNA アクセプターステムの3′-アデニル酸残基にアミノ酸が共有結合したtRNA．（ペプチジルtRNAと比較せよ．）

アミノアシル-tRNAシンテターゼ aminoacyl-tRNA synthetase 特定のアミノ酸を活性化し，対応するtRNA分子の3′末端に結合させる酵素．

アミノアシル部位 aminoacyl site A部位を見よ．

アミノ酸 amino acid アミノ基，カルボキシ基，水素原子，特定の側鎖（R基）がα炭素原子に結合している有機酸の一つ．アミノ酸はタンパク質の構成単位である．

アミノ酸ステム amino acid stem アクセプターステムを見よ．

アミノ酸分析 amino acid analysis タンパク質の加水分解物中のアミノ酸を分離し定量するためのクロマトグラフィー技術．

アミノトランスフェラーゼ aminotransferase α-アミノ酸から2-オキソ酸へのアミノ基の移動を触媒する酵素．アミノトランスフェラーゼはピリドキサールリン酸を補酵素として要求する．トランスアミナーゼともいわれる．

アミノ末端 amino terminus N末端を見よ．

アミロプラスト amyloplast デンプン合成を担う無色の色素体（白色体）．葉緑体から由来．

rRNA リボソームRNA．リボソームの構成成分であるRNA分子種．rRNAは細胞RNA中で最も多い．（mRNA，tRNAと比較せよ．）

RNA リボ核酸．3′-5′ホスホジエステル結合で連結したリボヌクレオチドから成るポリマー．RNAの糖部分はリボースである．DNAに含まれる遺伝情報はRNAに転写される．そのうちのmRNAはタンパク質に翻訳される．（DNAと比較せよ．）

RNAプロセシング RNA processing RNA一次転写産物を成熟RNA分子に転換する反応．RNAプロセシングには次の三つの型がある．一次転写産物からRNAヌクレオチドを除去する，遺伝子にコードされていないRNAヌクレオチドを付加する，塩基を共有結合修飾する．

R状態 R state アロステリックタンパク質の活性が高い方のコンホメーション．その反対はT状態．（T状態と比較せよ．）

アルドース aldose 最も酸化された炭素原子（C-1）がアルデヒドである単糖．

αヘリックス α helix タンパク質の一般的な二次構造の一つ．それぞれのアミノ酸残基（残基n）のカルボニル酸素がポリペプチド鎖のC末端方向の4番目の残基（残基$n+4$）のアミド水素と水素結合を形成する．典型的な右巻きαヘリックスでは，ヘリックスの長軸に沿って同じ配置が0.54 nmごとに繰返され，各アミノ酸残基がヘリックスを0.15 nm進む．それゆえ1回転当たり3.6残基あることになる．（3_{10}ヘリックス，βシートと比較せよ．）

アロステリックエフェクター allosteric effector アロステリックタンパク質の調節部位に結合し，活性を調節する生体分子．アロステリックエフェクターは活性化剤の場合も阻害剤の場合もある．アロステリックモジュレーター（調節因子）ともいう．

アロステリック相互作用 allosteric interaction ある分子がアロステリックタンパク質の調節部位に結合することで行われるタンパク質活性の調節．

アロステリックタンパク質　allosteric protein　他の分子の結合によって活性が調節されるタンパク質．

アロステリック転移　allosteric transition　タンパク質のコンホメーションが活性（R）状態と不活性（T）状態の間を変動すること．

アロステリック部位　allosteric site　調節部位を見よ．

アロステリックモジュレーター　allosteric modulator　アロステリックエフェクターを見よ．

アンチコドン　anticodon　tRNA分子のアンチコドンループにある3個のヌクレオチドの配列．翻訳過程でアンチコドンはmRNAにある相補的なコドンに結合する．（コドンと比較せよ．）

アンチコドンアーム　anticodon arm　アンチコドンを含むtRNA分子のステム-ループ構造．（アクセプターステムと比較せよ．）

アンチセンスRNA　antisense RNA　mRNA分子に相補的に結合するRNA分子で，二本鎖領域を形成し，mRNAの翻訳を阻害する．

アンチセンス鎖　antisense strand　二重鎖DNAでコドンを含まない方の鎖．鋳型鎖ともいう．反対側の鎖をセンス鎖あるいはコード鎖という．

アンテナ色素　antenna pigment　光合成の反応中心に存在する光吸収色素．これらの色素は独立のアンテナ複合体を形成するか，あるいは反応中心タンパク質に直接結合している．

暗反応　dark reaction　NADPHとATPを用いてCO_2を糖質に還元する光合成反応．光非依存反応ともいう．（明反応と比較せよ．）

イオノホア　ionophore　可動性のイオン担体として，あるいはイオン透過のためのチャネル形成によって，膜の二重層を横断したイオンの拡散を促進する化合物．

イオン交換クロマトグラフィー　ion-exchange chromatography　荷電した担体を用いて，溶液中にあるイオン性物質の混合物を分離するのに使用されるクロマトグラフィー技術．陰イオン交換クロマトグラフィーでは，正に荷電した担体が負に荷電した溶質を結合する．陽イオン交換クロマトグラフィーでは，負に荷電した担体が正に荷電した溶質を結合する．溶媒のpHを徐々に変化させたり塩濃度を増加させることで，結合した物質を順番に担体から溶出させることができる．

イオン対　ion pair　球状タンパク質のような高分子の内部に存在する反対電荷をもつイオン間の静電的相互作用．

鋳型鎖　template strand　遺伝子の二本鎖DNAにおいて，転写されるRNAに相補的なヌクレオチド配列をもつ方の鎖．アンチセンス鎖ともいう．転写過程で，RNAポリメラーゼは鋳型鎖に結合して，3′→5′方向に移動し，5′→3′に向けてRNAの合成を触媒する．反対側の鎖をセンス鎖あるいはコード鎖という．

異化反応　catabolic reaction　生体分子を分解する代謝反応で，生物に低分子の素材とエネルギーを供給する．（同化反応と比較せよ．）

異性化酵素（イソメラーゼ）　isomerase　異性化反応を触媒する酵素．分子の立体構造を変化させる．

イソアクセプタートRNA分子　isoacceptor tRNA molecule　同一のアミノ酸を結合する異なるtRNA分子．

イソ酵素　isoenzyme　アイソザイムを見よ．

イソプレノイド　isoprenoid　イソプレンに構造的に類似した脂質．

イソプレン　isoprene　ステロイドや脂溶性ビタミンを含むすべてのイソプレノイドの基本的な構造単位を形成する枝分かれした不飽和の5炭素分子．

I型反応中心，II型反応中心　type I reaction center, type II reaction center　光化学系Iにみられるクロロフィル分子の特殊ペアとそれに付随する電子伝達系，ならびに光化学系IIにみられる反応中心．

一次構造　primary structure　共有結合でポリマー鎖を形成している残基の配列．（二次構造，三次構造，四次構造と比較せよ．）

一次転写産物　primary transcript　新たに合成されたRNA分子で，プロセシングされる以前のもの．

一次反応　first-order reaction　反応速度が，ただ一つの反応体の濃度に直接比例する反応．（二次反応と比較せよ．）

一倍体（半数体）　haploid　1組の染色体，あるいは1コピーのゲノムをもつもの．（二倍体と比較せよ．）

一不飽和脂肪酸　monounsaturated fatty acid　炭素-炭素二重結合1個をもつ不飽和脂肪酸．

一本鎖結合タンパク質（SSB）　signal-strand binding protein　一本鎖DNAに固く結合するタンパク質．一本鎖DNAが折り返して二本鎖領域を形成しないようにする．

遺伝暗号　genetic code　特定の3ヌクレオチドコドンとそれが指定するアミノ酸の間の対応関係．64個のコドンの標準遺伝暗号はほとんどすべての生物で使用されている．遺伝暗号はmRNAのヌクレオチド配列をタンパク質に翻訳するときに使用される．

遺伝子　gene　大まかにはDNA中の転写される領域として定義される．遺伝子という語は，しばしば，機能的タンパク質のコード領域，あるいは成熟したRNA分子に対応するDNAの領域を指すときにも使用される．

遺伝的組換え　genetic recombination　あるDNAと他のDNAとを交換すること，もしくはあるDNAが他のDNAに移動すること．（相同組換え，非相同組換えを見よ．）

遺伝的形質転換　genetic transformation　細胞が無傷のDNAを細胞外から取込む過程．単に形質転換ともいう．

E部位　E site　出口部位．タンパク質合成の過程で，アミノ酸の外れたtRNAが遊離するリボソーム上の部位．（A部位，P部位と比較せよ．）

陰イオン　anion　全体として陰性電荷を有するイオン．アニオンともいう．（陽イオンと比較せよ．）

インターカレーション剤　intercalating agent　重なり合ったDNA塩基対の間にぴったり入る平坦な環状構造をもつ化合物．インターカレーション剤はDNA構造をゆがめ，二本鎖を部分的にほどく．

イントロン　intron　プロセシングによりRNA一次転写産物から除去される介在ヌクレオチド配列．イントロンは，また，対応するRNAイントロンに相当する遺伝子の領域を指す．（エキソンと比較せよ．）

ウイルス　virus　宿主細胞に侵入することのできる核酸-タンパク質複合体．ウイルスは宿主細胞の転写および複製機構を乗っ取り，自分と宿主の両方の遺伝子産物を用いて自身を複製する．

エイコサノイド　eicosanoid　炭素数20の高度不飽和脂肪酸の酸素化誘導体．エイコサノイドは，種々の生理現象の調節において短寿命のメッセンジャーとして機能する．

エキソサイトーシス　exocytosis　細胞から物質が分泌される過程．物質を包み込んだ脂質小胞が細胞膜に送られて，それと融合し，物質を細胞外空間に放出する．（エンドサイトーシスと比較せよ．）

エキソヌクレアーゼ　exonucleae　ポリヌクレオチド鎖の一端からホスホジエステル結合を順番に加水分解していく酵素．（エンドヌクレアーゼと比較せよ．）

エキソン　exon　RNA一次転写産物と成熟RNA分子に存在するヌクレオチド配列．エキソンは，また，成熟RNAに存在する配列に対応する遺伝子の領域を表す．（イントロンと比較せよ．）

液胞　vacuole　植物細胞中にある液体の充満した細胞小器官．水，イオン，あるいは栄養物を貯蔵する．

X線結晶解析　X-ray crystallography　生体高分子の二次，三次，四次構造の決定に用いられる方法．X線結晶解析では，高分子の結晶にX線を照射し，その回折像を電気的に，あるいはフィルム上に検出する．原子のレベルでの構造が回折像の数学的解析から導かれる．

HPLC→高速液体クロマトグラフィー

A-DNA　精製DNAを脱水したときに通常みられるDNAのコンホ

メーション．A-DNA は右巻き二重らせんで，1 回転約 11 塩基対である．（B-DNA，Z-DNA と比較せよ．）

ATP アーゼ ATPase ATP を ADP＋P_i に加水分解する酵素．イオン輸送 ATP アーゼは細胞膜を横断する Na^+，K^+，Ca^{2+} の輸送に ATP のエネルギーを使用する．

エドマン分解 Edman degradation ポリペプチド鎖の遊離の N 末端側からアミノ酸残基の配列を決定するときに用いられる方法．N 末端残基を化学的に修飾して，鎖から切断し，クロマトグラフィーにより同定した後，残りのポリペプチドを回収する．この反応を何度も繰返すことでそれぞれの切断段階で生じた N 末端残基を同定することができる．

NMR 法 NMR spectroscopy 溶液中の分子構造を研究する技術．振動磁場に置かれた分子が共鳴吸収する電磁波の周波数によって，特定の原子核のスピン状態が決定される．

N 結合型オリゴ糖鎖 N-linked oligosaccharide アスパラギン残基のアミド窒素を介してタンパク質が共有結合したオリゴ糖鎖．N-結合型糖タンパク質のオリゴ糖鎖には，2 個の N-アセチルグルコサミンと 3 個のマンノースから成るコアのオリゴ糖が存在する．（O 結合型オリゴ糖鎖と比較せよ．）

N 末端 N-terminus ペプチド鎖の一端にある遊離の α-アミノ基をもつアミノ酸残基．N 末端がアシル基でふさがれたタンパク質もある．N 末端残基は，通常，1 番目の残基とされる．アミノ末端ともいう．（C 末端と比較せよ．）

エピマー epimer いくつかあるキラル中心のうち，一つの立体配置が異なる異性体．

A 部位 A site アミノアシル部位．タンパク質合成過程でアミノアシル tRNA が結合するリボソーム上の部位．（E 部位，P 部位と比較せよ．）

エフェクター酵素 effector enzyme トランスデューサーのシグナルに応答して細胞内のセカンドメッセンジャーを生産する膜結合タンパク質．

mRNA メッセンジャー RNA．タンパク質合成の鋳型になる RNA 分子種．（rRNA，tRNA と比較せよ．）

mRNA 前駆体 mRNA precursor 真核生物の RNA ポリメラーゼ II によって合成される RNA 分子種．mRNA 前駆体は転写後修飾を受けて成熟したメッセンジャー RNA になる．

MALDI マトリックス支援レーザー脱離イオン化法を見よ．

エレクトロスプレー質量分析法 electrospray mass spectrometry 質量分析法の技術の一つで，標的分子を小さな液滴中の検出器の中にスプレーする．

塩基 base 1) プロトンを受容する物質．塩基はプロトン付加によって共役酸に変換する．〔Lewis によれば塩基は電子対供与体（Lewis 塩基）と定義される．〕（酸と比較せよ．）2) ヌクレオシドあるいはヌクレオチドのピリミジンあるいはプリンの置換体．ヌクレオシドおよびヌクレオチドの複素環塩基が水素結合に関与する．

塩基対 base pairing 一本鎖核酸同士のヌクレオチド塩基間の相互作用．塩基対によって，DNA のような二本鎖分子あるいは二本鎖の二次構造領域が形成される．最も一般的な塩基対は，アデニン (A) とチミン (T)［またはウラシル (U)］との水素結合，およびグアニン (G) とシトシン (C) との水素結合によって形成される．

塩橋 salt bridge 電荷−電荷相互作用を見よ．

エンタルピー (H) enthalpy 系の熱含量を表す熱力学の状態関数．

エンドサイトーシス endocytosis 物質が細胞膜によって飲み込まれ，膜に由来する脂質性小胞とともに細胞に取込まれる過程．（エキソサイトーシスと比較せよ．）

エンドソーム endosome 細胞内の滑面小胞で，エンドサイトーシスで飲み込む物質を受け入れる小胞．

エンドヌクレアーゼ endonuclease ホスホジエステル結合の加水分解を触媒する酵素で，ポリヌクレオチド鎖中のいろいろな部位に作用する．（エキソヌクレアーゼと比較せよ．）

エントロピー (S) entropy 系の乱雑度あるいは無秩序を表す熱力学の状態関数．

岡崎フラグメント Okazaki fragment DNA のラギング鎖の不連続合成に際して合成される比較的短い DNA 鎖．

オキシゲナーゼ oxygenase 酸素添加酵素．基質中への分子状酸素の取込みを触媒する酵素．オキシゲナーゼは IUBMB 分類では酸化還元酵素に属する．

オキシダーゼ oxidase 酸化酵素．酸化反応を触媒する酵素．O_2 が電子受容体になる．オキシダーゼは IUBMB 分類では酸化還元酵素に属する．

O 結合型オリゴ糖鎖 O-linked oligosaccharide タンパク質のセリンあるいはトレオニン残基のヒドロキシ基の酸素原子に共有結合で結合したオリゴ糖鎖．（N 結合型オリゴ糖質と比較せよ．）

オープンリーディングフレーム (ORF) open reading frame 終止コドンを含まない一定の長さのトリプレットの読み枠．タンパク質コード領域はオープンリーディングフレームの一つの例．

オペレーター operator 特異的なリプレッサータンパク質を結合する DNA 配列．リプレッサーの結合が遺伝子やオペロンの転写を阻止する．（リプレッサーと比較せよ．）

オペロン operon 一つのプロモーターから同時に転写される，いくつもの異なるコード領域によって形成されている細菌の転写単位．

オリゴ糖 oligosaccharide 2 から約 20 個の単糖がグリコシド結合で連結した重合体．（多糖と比較せよ．）

オリゴ糖のプロセシング oligosaccharide processing 糖タンパク質の成熟過程で，糖残基を酵素触媒的に付加あるいは除去すること．

オリゴヌクレオチド oligonucleotide いくつかの（約 20 個ぐらいまで）ヌクレオチド残基がホスホジエステル結合で連結した重合体．（ポリヌクレオチドと比較せよ．）

オリゴペプチド oligopeptide いくつかの（約 20 個ぐらいまで）アミノ酸残基がペプチド結合で連結した重合体．（ポリペプチドと比較せよ．）

オリゴマー oligomer サブユニット構成が化学量論的にきちんと決まっていて，ほとんどの場合対称的になっているマルチサブユニット分子．

オングストローム (Å) angstrome 長さの単位で，1×10^{-10} m．0.1 nm．

開始因子 initiation factor 翻訳開始因子を見よ．

開始コドン initiation codon タンパク質合成の開始部位を指定するコドン．メチオニンコドン (AUG) が最も普通の開始コドンである．（終止コドンと比較せよ．）

開始 tRNA initiator-tRNA 開始コドンに対してのみ使われる tRNA 分子．開始 tRNA は，通常，特別なメチオニル tRNA である．

解糖 glycolysis 1 分子のグルコースを 2 分子のピルビン酸に変換する 10 個の酵素触媒反応から成る異化経路．この過程で，ADP＋P_i から 2 分子の ATP が生産され，2 分子の NAD^+ が NADH に還元される．

界面活性剤 detergent 疎水性部分ならびにイオン性あるいは極性の親水性の末端とから成る両親媒性分子．界面活性剤分子は水性溶媒中で凝集し，ミセルを形成する．洗剤ともいう．

カオトロピック試薬 chaotropic agent 水分子中の水素結合の規則性を破壊することで非極性分子の水への溶解性を高める物質．尿素やグアニジニウム塩のようなカオトロピック試薬の高濃度溶液は疎水性効果を弱めるため，タンパク質に対する効果的な変性剤になる．

化学合成従属栄養生物 chemoheterotroph 炭素源として有機分子

を要求し，有機分子の酸化でエネルギーを得る非光合成生物．

化学合成独立栄養生物 chemoautotroph 無機化合物の酸化で化学エネルギーを得る独立栄養生物（光合成独立栄養生物と比較せよ）．

化学浸透圧説 chemiosmotic theory 基質の酸化過程で生じたプロトン勾配が，ADP から ATP を生成する過程を推進するエネルギーを供給するという理論．

核 nucleus 真核細胞の基本的な遺伝物質を含む細胞小器官．RNA 合成とプロセシングの主要な部位として機能する．

核 酸 nucleic acid $3'-5'$ ホスホジエステル結合で直鎖状に連結したヌクレオチドから成るポリマー．DNA と RNA は，それぞれデオキシリボヌクレオチド残基とリボヌクレオチド残基から成る核酸である．

拡散律速反応 diffusion-controlled reaction 反応分子間の衝突だけで起きる反応．酵素触媒反応では，k_{cat}/K_m 値は $10^8 \sim 10^9\ M^{-1}\cdot s^{-1}$ の値に近づく．

核磁気共鳴法 nuclear megnetic resonance spectroscopy NMR 法を見よ．

核小体 nucleolus rRNA 転写物がプロセシングされ，リボソームが構築される真核細胞の領域．

核内低分子リボ核タンパク質（snRNP） small nuclear ribonucleoprotein 1個あるいは2個の特別な snRNA 分子と多数のタンパク質から構成された RNA-タンパク質複合体．snRNP は，mRNA 前駆体のスプライシングやその他の細胞機能に関与している．

核 膜 nuclear envelope 核を取巻く二重膜で，核からの物質の出入りを調節するタンパク質を配列した核孔複合体を含む．核膜の外膜は小胞体と連結している．内膜は核ラミナを構成する繊維状タンパク質と結合している．

核様体領域 nucleoid region 原核細胞における染色体を含む領域．

加水分解 hydrolysis 水の基転移による分子内結合の切断．

加水分解酵素（ヒドロラーゼ） hydrolase 基質の加水分解的切断を触媒する酵素．

ガスクロマトグラフィー gas chromatography 気体相と固定相（液体でも固体でよい）との間の分配に基づいて混合物から成分を分離するクロマトグラフィー技術．

カスケード cascade 種々の成分の連続的な活性化により，シグナル増幅をもたらす．

カソード（陰極） cathode 負に荷電した電極．電気泳動では陽イオンは陰極側に移動する．〔アノード（陽極）と比較せよ．〕

カタプレロティック反応 cataplerotic reaction 特にクエン酸回路の経路から中間体を除去する反応．（アナプレロティック反応と比較せよ．）

カタボライト抑制 catabolite repression グルコースが存在するとき，細菌の多くの遺伝子やオペロンの転写速度が抑制される調節機構．グルコースが存在しないと，cAMP と cAMP 調節因子（CRP）の複合体が転写を活性化する．

カチオン→陽イオン

活性化エネルギー activation energy 化学反応において反応体を基底状態から遷移状態へ移行させるのに要する自由エネルギー．

活性部位 active site 酵素の基質結合部位．基質を生成物に変換する触媒機能に関与するアミノ酸残基を含む．活性部位は，通常，タンパク質のドメイン間やサブユニット間の裂け目，あるいはタンパク質表面のへこみに存在する．

可変アーム variable arm tRNA のアームで，アンチコドンアームと TΨC アームの間にある．可変アームは約 3〜21 ヌクレオチドの長さの範囲内にある．

カラムクロマトグラフィー column chromatography タンパク質を精製する技術の一つ．アフィニティークロマトグラフィー，ゲル沪過クロマトグラフィー，イオン交換クロマトグラフィー，HPLC を見よ．

加リン酸分解 phosphorolysis リン酸の酸素原子に基転移することで起こる分子内結合の切断．

カルニチンシャトル系 carnitine shuttle system アシルカルニチンの形成と輸送によって，細胞質ゾルとミトコンドリア間でアセチル CoA を往復させる回路系．

カルビン回路 Calvin cycle 二酸化炭素の固定ならびにグリセルアルデヒド 3-リン酸の生産に関与する反応回路．通常，光合成に付随する．カルビン-ベンソン回路，C$_3$ 経路，還元的ペントースリン酸（RPP）回路ともいう．

カルビン-ベンソン回路 Calvin-Benson cycle カルビン回路を見よ．

カルボアニオン carbanion 炭素と他の原子との間の共有結合の切断で生じた陰イオン性炭素で，結合に関与した二つの電子が炭素原子に残存している．

カルボカチオン carbocation 炭素と他の原子との間の共有結合の切断で生じた陽イオン性炭素で，炭素原子は結合に関与した二つの電子を失う．

カルボキシ末端 carboxyl terminus C 末端を見よ．

カロリー（cal） calorie 1g の水の温度を 1℃ 上昇させる（14.5〜15.5℃）のに要するエネルギー量．1 cal は 4.184 J に等しい．

ガングリオシド ganglioside N-アセチルノイラミン酸を含むオリゴ糖鎖がセラミドに結合しているスフィンゴ糖脂質の一種．ガングリオシドは細胞表面に存在し，細胞を認識する際の表面マーカーとなり，細胞認識や細胞-細胞コミュニケーションに寄与する．

還 元 reduction ある物質が他の物質（還元剤）から電子を奪うことで電子を得ること．還元には次のようないろいろな形式がある．ある化合物から酸素が失われること．ある化合物の二重結合に水素が付加すること．金属イオンの原子価が減少すること．（酸化と比較せよ．）

還元剤 reducing agent 酸化還元反応で電子を失う物質．自身は酸化される．（酸化剤と比較せよ．）

還元的ペントースリン酸回路（RPP 回路） reductive pentose phosphate cycle（RPP cycle） カルビン回路を見よ．

還元電位（E） reduction potential ある物質が他の物質を還元できる能力の指標．還元電位が負であればあるほど，電子を供与する能力が高くなる．

還元末端 reducing end 多糖の遊離アノマー炭素を含む残基．通常，多糖は複数の還元末端をもつことはない．

緩衝液 buffer 酸とその共役塩基の溶液で，pH 変化が抑制されているもの．

環状 DNA circular DNA 二つの末端が $3'-5'$ ホスホジエステル結合で共有結合的に連結したと考えられる DNA 分子で，閉じた環を形成する．

緩衝能 buffer capacity pH 変化に抵抗する溶液の能力．ある与えられた緩衝液の最大の緩衝能力は，弱酸とその共役塩基の濃度が等しいときの pH（つまり pH=pK_a）で発揮される．

偽遺伝子 pseudogene タンパク質をコードする遺伝子から進化した DNA の非発現配列．偽遺伝子は，しばしばコード領域に変異があり，機能タンパク質を発現することができない．

気 孔 stomata 植物の葉の表面にある構造で，そこを通って二酸化炭素が光合成細胞に拡散していく．

基 質 substrate 化学反応における反応体．酵素反応では基質が酵素の特異的な作用を受ける．酵素は，基質が生成物に変換するのを触媒する．

基質回路 substrate cycle 代謝的に不可逆で互いに反対方向に向いて対になった反応．この触媒作用で二つの経路の代謝中間体の間に回路が形成される．基質回路は高感度の調節部位になる．

基質レベルのリン酸化 substrate-level phosphorylation　リン酸基が非ヌクレオチド基質から転移することでヌクレオシド二リン酸がリン酸化されること．

キチン chitin　N-アセチルグルコサミン残基が β-(1→4) 結合で連結した直鎖状のホモポリマー．キチンは昆虫や甲殻類の外殻, 大部分の菌類や多くの藻類の細胞壁に見いだされ, 地球上で2番目に多い有機化合物である．

基転移反応 group-transfer reaction　置換基あるいは反応基が一つの基質から他の基質へと移動する反応．

基転移ポテンシャル group-transfer potential　リン酸基転位ポテンシャルを見よ．

起電性輸送 electrogenic transport　膜を透過するイオン性溶質の輸送で, 実効電荷輸送を伴うもの．その結果, 膜電位の変化が生じる．

起電力 electromotive force　電池の両極における反応の還元電位差（反応によって生じる電位差）．

キナーゼ kinase　リン酸基の受容体分子への移動を触媒する酵素．プロテインキナーゼはタンパク質基質のリン酸化を触媒する．ホスホトランスフェラーゼともいう．

ギブズ自由エネルギー変化（ΔG） Gibbs free-energy change　熱力学的量で, 定圧条件下で系のエンタルピー（H）とエントロピー（S）の変化で記述した平衡状態の定義．$\Delta G=\Delta H-T\Delta S$．$T$ は絶対温度．自由エネルギーは系が仕事をすることのできるエネルギーのかさを示す．

逆転写酵素 reverse transcriptase　RNA を鋳型とした DNA 鎖の合成を触媒する DNA ポリメラーゼの一種．

逆方向反復配列 inverted repeat　同じポリヌクレオチド鎖中で反対方向に繰返されたヌクレオチド配列．二本鎖 DNA 中の逆方向反復配列は十字形構造をとる．

キャップ cap　真核生物 mRNA 分子の 5' 末端にピロリン酸結合で結合している 7-メチルグアノシン残基．キャップは転写後に付加され, 翻訳効率を高める．共有結合修飾が起きるとさらに別の型のキャップが生じる．

キャップ結合タンパク質（CBP） cap-binding protein　真核生物の翻訳開始因子の一つで, 翻訳開始複合体の構築過程で mRNA 分子の 5' キャップと相互作用する．

求核剤 nucleophile　電子を多くもつ試薬．負に荷電して非共有電子対をもつ．求核剤は, 正に荷電して電子の少ない試薬（求電子剤）に引き付けられる．（求電子剤と比較せよ．）

求核置換 nucleophilic substitution　ある求核剤（Y^-）が他の求核剤（X^-）と置き換わる反応．

休止部位 pause site　転写が抑制される遺伝子の領域．休止はパリンドローム配列で促進される．その領域を転写した RNA は, ヘアピン構造をつくる．（パリンドロームを見よ．）

球状タンパク質 globular protein　タンパク質のうちの主要なもので, その多くは水溶性である．球状タンパク質は, ポリペプチド鎖が固く折りたたまれて密に詰まった球状に近い形状をしている．球状タンパク質には, 通常, 他の化合物を認識し一過的に結合するへこみやくぼみが存在する．（繊維状タンパク質と比較せよ．）

求電子剤 electrophile　正に荷電した電子の少ない試薬．求電子剤は, 負に荷電して非共有電子対をもつ試薬（求核剤）に引き付けられる．（求核剤と比較せよ．）

Q サイクル Q cycle　ミトコンドリアの複合体III, あるいは葉緑体のシトクロム bf 複合体における電子伝達経路とプロトン移動を説明するために提案された回路．2段階の Q サイクルによって以下の結果がもたらされる．2分子の QH_2 あるいはプラストキノール（PQH_2）の酸化．1分子の QH_2 あるいは PQH_2 の形成．2個の電子の移動．ミトコンドリア内膜を横断して膜間間隙へ, あるいはチラコイド膜を横断して内腔へ4個のプロトンが移動する．

競合阻害 competitive inhibition　基質結合を妨害する阻害剤による酵素触媒反応の可逆的な阻害．（非競合阻害, 不競合阻害と比較せよ．）

鏡像異性体 enantiomer　重ね合わすことのできない鏡像関係にある立体異性体．（立体異性体と比較せよ．）

協奏モデル concerted model　オリゴマータンパク質へのリガンドの協同的結合モデル．協奏モデルによると, 基質あるいはアロステリックエフェクターが結合するとタンパク質のコンホメーションが変化し, T（基質親和性の低いコンホメーション）と R（基質親和性の高いコンホメーション）の間の平衡が移動する．このモデルではタンパク質のすべてのサブユニットは同じコンホメーションをとり, すべて T か R のいずれかになる．対称駆動モデルともいう．（逐次モデルと比較せよ．）

協同性 cooperativity　1) タンパク質へ1個のリガンドや基質が結合したとき, 同じリガンドや基質がそれ以上に結合することに対して影響を与える現象．協同性には正と負の両方がある．2) 高分子の一部の構造形成が, その分子の他の部分の構造形成を促進する現象．

共鳴エネルギー移動 resonance energy transfer　電子移動の伴わない分子間励起エネルギーの移動．

共役塩基 conjugate base　酸がプロトンを失うことでできる産物．

共役酸 conjugate acid　塩基がプロトンを得ることでできる産物．

共役反応 coupled reaction　共通の中間体を共有する二つの代謝反応．

共役輸送 cotransport　輸送タンパク質が二つの異なる溶質を共役させて膜を透過させる輸送現象．同方向（共輸送）と逆方向（対向輸送）がある．（単輸送と比較せよ．）

共有結合触媒作用 covalent catalysis　一つの基質あるいはその一部分が触媒と共有結合を形成し, 2番目の基質に受け渡されるような触媒反応．多くの酵素の基転移反応は共有結合触媒で行われる．

共輸送 symport　輸送タンパク質によって二つの異なる種類のイオンや分子が膜を透過して同方向に輸送されること．（対向輸送と比較せよ．）

極性 polar　電荷が不均等分布していること．負電荷の中心が正電荷の中心と一致しない場合, その分子あるいは機能基は極性をもつ．

キラル原子 chiral atom　二つの異なる立体配置をとることのできる不斉置換をもつ原子．

キレート効果 chelate effect　ある分子や原子に対して2個以上の結合部位を有するリガンドの結合定数が, 同じ分子や原子に対する別のリガンドの結合定数より大きい現象．

キロ塩基対（kb） kirobase pair　二本鎖 DNA の長さの単位．1000 塩基対に等しい．

キロミクロン chylomicron　血漿リポタンパク質の一種で, 小腸から組織にトリアシルグリセロール, コレステロール, コレステロールエステルを運搬する．

近接効果 proximity effect　反応体の高い実効濃度によってもたらされる非酵素的, あるいは酵素的反応の速度の上昇．

金属活性化酵素 metal-activated enzyme　特定金属イオンを絶対的に要求する酵素, あるいは特定金属イオンの添加によって活性化される酵素．

金属酵素 metalloenzyme　1個または複数の固く結合した金属イオンをもつ酵素．このような金属イオンは酵素の活性中心の一部を形成し, 触媒作用に積極的に参加していることもある．

クエン酸運搬系 citrate transport system　ミトコンドリアと細胞質ゾルの間をアセチル CoA を往復させる回路系．細胞質ゾル NADH の NAD^+ への酸化と, 細胞質ゾル $NADP^+$ の NADPH への還元を伴

う．この経路を1回転させるのに1〜2分子のATPが消費される．

クエン酸回路 citric acid cycle アセチル基をCO_2へ完全酸化する8個の酵素触媒反応から成る代謝回路．酸化反応で遊離するエネルギーは還元力として保存される．このとき，補酵素のNAD^+とユビキノン（Q）が還元される．クエン酸回路で1分子のクエン酸が酸化されると，3分子のNADH，1分子のQH_2，1分子のGTPまたはATPが発生する．クレブス回路あるいはトリカルボン酸回路ともいう．

鎖交換 strand exchange 相同のヌクレオチド配列をもつ二本のニックの入ったDNA分子において一本鎖が交換すること．鎖侵入を伴う．

組換えDNA recombinant DNA 外来DNAを組込んだDNA分子．

組換えDNA技術 recombinant DNA technology 同定可能な配列をもつDNAを分離し，操作し，増幅させる技術．遺伝子工学ともいう．

グラナ granum 葉緑体にあるチラコイド膜から形成された平坦な嚢胞の重なり．

グラナチラコイド granal thylakoid グラナの中にあり，ストローマには接していないチラコイド膜の領域．

グリオキシソーム glyoxysome グリオキシル酸回路のための特殊な酵素を含む細胞小器官．

グリオキシル酸回路 glyoxylate cycle アセチルCoAからオキサロ酢酸を経由して正味のグルコース生産を行うクエン酸回路の変形．ある種の植物，酵母，細菌にみられる．グリオキシル酸回路はクエン酸回路にある二つのCO_2発生段階を迂回する．

グリカン glycan オリゴ糖あるいは多糖の一般的名称．ホモグリカンは同じ単糖残基のポリマーで，一方，ヘテログリカンは異なる単糖残基のポリマーである．

グリコーゲン glycogen グルコース残基がα-(1→4) 結合でつながり，α-(1→6) 結合の枝分かれ部分をもつグルコースのホモポリマー．グリコーゲンは動物と細菌における貯蔵多糖である．（デンプンと比較と比較せよ．）

グリコサミノグリカン glycosaminoglycan 二糖の繰返しから成る枝分かれのない多糖．二糖の一つの成分はアミノ糖である．もう一つの成分は，通常，ウロン酸である．

グリコシド glycoside 糖のアノマー炭素のヒドロキシ基にアルコール，アミン，チオールなどが縮合して置換した分子．配糖体ともいう．

グリコシド結合 glycosidic bond 糖のアノマー炭素原子が他の分子のヒドロキシ基，アミノ基，SH基などと縮合してできたアセタール結合．最も普通にみられるグリコシド結合は，一つの糖のアノマー炭素と他の糖のヒドロキシ基の間に形成される．ヌクレオシド結合はN-結合グリコシド結合である．

グリコシルホスファチジルイノシトール（GPI）結合糖タンパク質 glycosyl phosphatidylinositol-linked glycoprotein 糖タンパク質の一つの型．脂質のホスファチジルイノシトールが結合した分枝オリゴ糖がホスホエタノールアミン部分に結合し，ホスホエタノールアミン部分がタンパク質に結合した構造をしている．グリコシルホスファチジルイノシトール構造はGPI膜アンカーとしても知られている．

グリコフォーム glycoform アミノ酸配列は等しいが，異なるオリゴ糖鎖をもつ一群の糖タンパク質．

クリステ cristae ひだ状のミトコンドリア内膜．

グリセロリン脂質 glycerophospholipid 2個の脂肪酸基がグリセロール3-リン酸のC-1とC-2に結合した脂質．ほとんどの場合，極性置換基がリン酸に結合している．グリセロリン脂質は生体膜の主要な成分である．

グルコシド glucoside グリコシド（配糖体）の一種で，アノマー

炭素がグルコースに由来する．

クレノウフラグメント Klenow fragment 大腸菌DNAポリメラーゼIの限定タンパク質分解で生じるC末端605残基の断片．クレノウフラグメントには，DNAポリメラーゼIの$5'→3'$ポリメラーゼ活性と$3'→5'$校正エキソヌクレアーゼ活性があるが，元の酵素にある$5'→3'$エキソヌクレアーゼ活性はない．

クレブス回路 Krebs cycle クエン酸回路を見よ．

クローニング cloning ある分子，細胞，あるいは生物について，多数の同一コピーをつくり出すこと．組換えDNAの構築と増幅の全過程を指すことが多い．

クローニングベクター cloning vector 外来DNA断片をもつDNA分子．クローニングベクターは外来DNAを細胞に導入する．DNAは細胞内で複製され，発現されることも多い．

クロマチン chromatin 真核細胞の核に存在するDNA-タンパク質複合体．

クロマトグラフィー chromatography 混合物中の成分を分離する方法の一つ．移動相（気体あるいは液体）と固定相（液体あるいは固体）との間の分配の差に基づく分離法．

クロロフィル chlorophyll 光合成膜に存在する緑色色素で，光合成生物の主要な光捕捉成分である．

クローン clone 1個の分子，細胞，あるいは生物が，複製もしくは増殖してできる同一のコピーの集合．

蛍光 fluorescence 発光の一種で，分子が高いエネルギーの電子状態から低い状態に移行するときに発生する可視光．

経路 pathway 連続した代謝反応．

k_{cat}/K_m 低い基質濃度で，酵素と基質から酵素と生成物へと変換する反応に対する二次反応速度定数．種々の基質で比較する場合，k_{cat}とK_mの比は特異性定数とよばれる．

結合部位転換機構 binding-change mechanism F_oF_1-ATPシンターゼによるADPのリン酸化およびATPの遊離機構に関する仮説．この仮説によるとATPシンターゼには異なるコンホメーションをもつ三つの結合部位が存在する．ATPがすでに遊離しているO（開口）部位，ATPが結合している触媒活性のあるT（束縛）部位，ADPとP_iが結合している触媒活性のないL（緩和）部位の三つである．ATPシンターゼ複合体を通ってミトコンドリアマトリックスへ向かう内向きのプロトンの流れがO部位をL部位に変換する．このときADPとP_iが結合していたL部位はT部位になり，その結果，ATP結合部位はO部位になる．

ケト原性化合物 ketogenic compound アミノ酸などの化合物のうちで，分解されてアセチルCoAを形成し，脂肪酸やケトン体の合成に使われる物質．（糖原性化合物と比較せよ．）

ケトース ketose 最も酸化された炭素原子（多くはC-2）がケト基（カルボニル基）である単糖の一種．

ケトン体 ketone body 肝臓中でアセチルCoAから合成される低分子化合物．絶食中は，ケトン体である3-ヒドロキシ酪酸とアセト酢酸が主たる代謝燃料になる．

ケトン体生成 ketogenesis 動物のミトコンドリアマトリックスに存在するアセチルCoAからのケトン体合成経路．（糖新生と比較せよ．）

ゲノム genome ある生物の完全な一そろいの遺伝情報．ゲノムが1本の染色体である場合も，一そろいの染色体である場合もある（一倍体）．ミトコンドリアや葉緑体は，真核細胞の核とは独立した固有のゲノムをもつ．

ゲノムライブラリー genomic library ある生物のゲノムDNAを全部ばらばらに切断し，クローニングして構築したDNAライブラリー．

ゲル濾過クロマトグラフィー gel-filtration chromatodraphy 多孔性ビーズを充填剤として用い，分子の大きさに基づいて溶液中のタン

用 語 集

パク質や他の高分子化合物を分離するクロマトグラフィー技術．分子排除クロマトグラフィーともいう．

限界デキストリン limit dextrin グルコース多糖がアミラーゼによる加水分解作用，あるいはグリコーゲンホスホリラーゼやデンプンホスホリラーゼによる加リン酸分解作用を受けた結果生成する枝分かれしたオリゴ糖．限界デキストリンは，それ以上アミラーゼやホスホリラーゼによる分解作用を受けない．限界デキストリンの分解は，α-(1→6) 結合が加水分解されたときのみ起こる．

原核生物 prokaryote 通常は単細胞で，核や内膜構造をもたない生物．（真核生物と比較せよ．）

嫌気的 anaerobic 酸素のない状態での事象（好気的と比較せよ）．

原子質量単位 atomic mass unit 炭素の ^{12}C 同位体の質量の1/12に等しい値を原子量の1単位とする．^{12}C の核種の質量は定義上正確に12である．（相対分子質量と比較せよ．）

コア粒子 core particle ヌクレオソームコア粒子を見よ．

高エネルギー化合物 energy-rich compound 加水分解によって大きな負の自由エネルギーを発生する化合物（$ATP \rightarrow ADP+P_i$ の反応で発生する自由エネルギーに等しいか，それより大きい）．

光化学系 photosystem 光合成の光依存電子伝達反応の機能単位．光化学系は膜に埋込まれていて，光化学系の中核をなす反応中心ならびに光吸収性アンテナ色素のプールを含んでいる．

光化学的反応中心 photochemical reaction center 光化学系の中核を形成する複合体．タンパク質，電子伝達補因子，クロロフィル分子の特殊ペアから構成される．反応中心は，光合成の過程で光化学エネルギーが電気化学エネルギーに変換される部位である．

好気的 aerobic 酸素存在下での事象．（嫌気的と比較せよ．）

抗原 antigen 抗体に特異的に結合する分子．

光合成 photosynthesis 光をエネルギー源として利用し，大気中の CO_2 と水から糖質を合成する反応．

光合成栄養生物 phototroph 光エネルギーを化学ポテンシャルエネルギーに変換することのできる生物（光合成のできる生物）．

光合成従属栄養生物 photoheterotroph 炭素源として有機分子を要求する光合成生物．

光合成的炭素還元回路 photosynthetic carbon reduction cycle 還元的ペントースリン酸回路を見よ．

光合成独立栄養生物 photoautotroph 光合成生物で，主要な炭素源として CO_2 が利用できるもの．（化学合成独立栄養生物と比較せよ．）

光子 photon 光エネルギー量子．

合成酵素（リガーゼ） ligase 二つの基質の連結（結合）を触媒する酵素．結合反応にはATPのようなヌクレオチド三リン酸の化学的ポテンシャルエネルギーの投入が必要である．

抗生物質 antibiotic ある生物の生産する化合物で，他の生物に毒性のあるもの．臨床的に有用な抗生物質は病原体に特異的で，宿主のヒトには影響を与えない．

酵素 enzyme 生物的触媒で，大部分はほとんどタンパク質である．活性を発現するためにさらに補因子を必要とする酵素もある．事実上すべての生化学反応は特定の酵素によって触媒されている．（リボザイムと比較せよ．）

酵素アッセイ enzyme assay 酵素試料の活性を分析する方法．一般的に酵素活性は，基質から生成物への変換速度が酵素濃度に比例するように選ばれた条件下で測定される．

酵素基質複合体（ES） enzyme-substrate complex 基質分子が酵素の活性部位に非共有結合で結合したときに形成される複合体．

高速液体クロマトグラフィー（HPLC） high-performance liquid chromatography 混合物を液体溶媒に溶かし，高圧条件下でクロマトグラフィーカラム中を強制的に流すことで混合物中の成分を分離する方法．

酵素阻害剤 enzyme inhibitor 酵素に結合して，ES複合体の形成，あるいはE+Pへの変換のいずれかを阻止して，酵素の活性を阻害する化合物．

酵素反応 enzymatic reaction 生物学的触媒である酵素によって触媒される反応．酵素反応はそれに対応する非触媒反応に比べて $10^3 \sim 10^{17}$ 倍速い．

抗体 antibody 免疫防御機構の一環として，特殊な白血球細胞が生産する糖タンパク質．抗体は抗原とよばれる非自己の化合物に特異的に結合して抗原抗体複合体を形成し，分解されるべき抗原の標識となる．免疫グロブリンともいう．

高密度リポタンパク質（HDL） high density lipoprotein 血漿リポタンパク質の一種．タンパク質に富み，コレステロールとコレステロールエステルを組織から肝臓に運ぶ．（低密度リポタンパク質と比較せよ．）

光リン酸化 photophosphorylation 葉緑体ATPシンターゼに触媒されたADPと P_i からの光依存ATP合成．

呼吸電子伝達系 respiratory electron-transport chain 電子伝達体である酵素複合体および関連する補因子の連鎖．還元された補酵素あるいは基質から，好気的代謝の最終電子受容体である分子状酸素（O_2）に電子を受け渡す．

コスミド cosmid 大きなDNA断片を挿入するのに適したクローニングベクター．コスミドのトランスフェクション効率は高いが，組換えDNAをプラスミドとして増幅することが可能である．

骨格 backbone 1) ポリペプチド鎖のペプチド結合で連結している $N-C_\alpha-C$ の繰返し単位．2) 核酸のホスホジエステル結合で連結している糖-リン酸の繰返し単位．

コード鎖 coding strand 遺伝子のDNA二本鎖のうち，ヌクレオチド配列が転写されてできるRNAと同じ配列をもつ鎖．センス鎖ともいう．RNAのUはDNAではTになる．反対側の鎖を鋳型鎖あるいはアンチセンス鎖という．

コドン codon 遺伝暗号に従って特定のアミノ酸を指定するmRNA（あるいはDNA）の3ヌクレオチド残基の配列．（アンチコドンと比較せよ．）

コリ回路 Cori cycle 肝臓から末梢組織への炭素の再利用とエネルギー運搬を行う器官間の代謝回路．肝臓からグルコースが遊離し，それが他の組織でATPを生産するために代謝される．このとき発生する乳酸は肝臓に戻され，糖新生によってグルコースに再生される．

コリプレッサー corepressor ある遺伝子のリプレッサーに結合するリガンドで，リプレッサーをDNAに結合させて，転写抑制をひき起こす．

ゴルジ体 Golgi body 真核細胞にある溶液の充満した平らな嚢状構造の複合体．しばしば小胞体の近傍に見いだされる．ゴルジ体はタンパク質の修飾，貯蔵，輸送目標の決定に関与している．

混合阻害 mixed inhibition K_m と V_{max} の両方が影響を受ける酵素阻害の形式．

コンセンサス配列 consensus sequence DNAやRNAのある領域で，それぞれの位置で最も多くみられるヌクレオチドを選んで並べた配列．

コンホメーション conformation 単結合の周りの官能基の回転によってもたらされる分子の三次元的構造あるいは空間的配置．単結合では自由回転が可能であるため，分子は多くのコンホメーションが可能となる．糖など低分子化合物の場合は立体配座という．

再生 renaturation 生体高分子が元のコンホメーションに戻ること．通常，生物活性が回復する．

最大速度（V_{max}） maximum velocity 酵素が基質で飽和されたとき，つまり，酵素のすべてが酵素-基質複合体になったときの反応の初速度．

最適pH pH optimum 酵素触媒反応で最大の触媒活性を示す所の

pH.

細胞骨格 cytoskelton 真核細胞の構造や組織化に関与するタンパク質の編目構造.

細胞質 cytoplasm 細胞膜に囲まれた細胞で，核を除いた部分.

細胞質ゾル cytosol 細胞質で細胞内構造を除いた水性部分.

細胞周辺腔 periplasmic space 細菌における細胞膜と細胞壁の間の間隙.

細胞小器官 organelle 真核細胞の中にある膜に囲まれた特殊な構造体．細胞小器官は特殊な機能を遂行するために特徴的な構造をしている.

細胞壁 cell wall ほぼすべての細菌，植物，菌類の細胞膜を取囲む機械的に強固な多孔性外被.

細胞膜 cell membrane, plasma membrane 細胞の細胞質を取囲む膜．細胞の周辺を表す.

サブクローニング subcloning クローン化したDNAを別のベクターに移し換えること.

サルベージ経路 salvage pathway プリンやピリミジンのような主要な代謝中間体を，プリンやピリミジンを含む既成分子から合成することを可能にする経路.

酸 acid プロトンを供与しうる物質．酸はプロトンを失って共役塩基になる．〔Lewisによれば酸は電子対受容体（Lewis酸）と定義される．〕（塩基と比較せよ．）

酸塩基触媒作用 acid-base catalysis プロトン転移により反応が促進される触媒作用.

酸化 oxidation ある物質が他の物質（酸化剤）に電子を与えた結果，電子を失うこと．酸化にはつぎのようないろいろな形式がある．ある化合物に酸素が付加すること．ある化合物から水素が除去されて二重結合が形成されること．金属イオンの原子価が増加すること．（還元と比較せよ．）

酸解離定数（K_a） acid dissociation constant 酸のプロトン解離の平衡定数.

酸化還元酵素（オキシドレダクターゼ） oxidoreductase 酸化還元反応を触媒する酵素．酸化還元酵素には，脱水素酵素，オキシダーゼ，ペルオキシダーゼ，オキシゲナーゼ，レダクターゼなどがある.

酸化剤 oxidizing agent 酸化還元反応で電子を受ける物質．自身は還元される．（還元剤と比較せよ．）

酸化的リン酸化 oxidative phosphorylation NADHや還元型ユビキノン（QH_2）のような化合物が酸化されて，ADPとP_iからATPが発生する一連の反応．酸化的リン酸化は密接に共役した次の二つの反応から成る．一つは電子伝達呼吸鎖による基質の酸化反応に伴って，ミトコンドリア内膜を横断してプロトンが移動し，プロトン勾配が発生する反応．もう一つはF_0F_1-ATPシンターゼのチャネルを通ってのマトリックスへのプロトンの流れで駆動されるATP合成反応.

残基 residue ポリマー中の単一成分．残基の化学式は，対応する単量体から水成分を差し引いたもの.

三次構造 tertiary structure 重合した鎖が密に折りたたまれて形成された高分子内の1個または複数のドメイン構造．タンパク質の三次構造は，側鎖間の疎水性相互作用によって安定化されている．（一次構造，二次構造，四次構造と比較せよ．）

30 nm 繊維 30 nm fiber ヌクレオソームがらせん状の直径30 nmのソレノイドを形成したクロマチンの構造.

3_{10}ヘリックス 3_{10} helix タンパク質の二次構造の一つ．アミノ酸残基（残基n）のカルボニル酸素が，ポリペプチド鎖のC末端に向けて3番目の残基（残基$n+3$）のアミド水素と水素結合することで形成されるらせん構造．（αヘリックスと比較せよ．）

酸性プロテアーゼ acid protease アスパラギン酸プロテアーゼを見よ.

酸性リン脂質 acidic phospholipid ホスホイノシトールなど陰イオン性のグリセロリン脂質．（中性リン脂質と比較せよ．）

酸素添加 oxygenation 高分子への酸素の可逆的結合.

酸無水物 acid anhydride 2分子の酸の縮合で生じた産物.

シグナル伝達 signal transduction 膜結合レセプター，トランスデューサー，およびエフェクター酵素の作用によって細胞外シグナルを細胞内シグナルに変換する過程.

シグナル認識粒子（SRP） signal-recognition particle 新たに合成されたペプチドがリボソームから突出したとき，ペプチドと結合する真核生物のタンパク質-RNA複合体．シグナル認識粒子は，リボソームを小胞体の細胞質ゾル側にとどめておき，タンパク質が小胞体内腔に移動できるようにする.

シグナルペプチダーゼ signal peptidase 小胞体内腔に移動してきたタンパク質のシグナルペプチドの切断を触媒する小胞体の膜貫通タンパク質.

シグナルペプチド signal peptide 新たに合成されたポリペプチドのN末端残基の配列で，膜を横断してタンパク質を移動させるための目印となる.

σ サブユニット σ subunit 原核生物のRNAポリメラーゼのサブユニットの一つ．プロモーターに結合することによって転写開始因子として機能する．さまざまなσサブユニットがさまざまなプロモーターにそれぞれ特異的である．σ因子ともいう.

試験管内 in vitro 生理的状態や生きた生体の中ではなく，実験室内の人工的条件下での出来事．〔生体内（in vivo）と比較せよ．〕

自己スプライシングイントロン self-splicing intron RNA前駆体それ自身が仲介する反応で切り出されるイントロン.

自己リン酸化 autophosphorylation プロテインキナーゼが，自己または他の同一プロテインキナーゼをリン酸化する反応.

C_3経路 C_3 pathway 還元的ペントースリン酸回路（RPP回路）を見よ.

脂質 lipid 生物界にみられる水不溶性（水難溶性）の有機化合物．ある程度非極性の性質をもつ溶媒を用いて抽出される.

脂質アンカー型膜タンパク質 lipid-anchored membrane protein 脂質分子と共有結合することで，膜に挿入される膜タンパク質.

脂質二重層 lipid bilayer 二重の脂質層で，二重層の内側に疎水性尾部が互いに結合し，極性頭部が外向きに水性環境に接している．脂質二重層は生体膜の構造的基礎になっている.

脂質ラフト lipid raft コレステロールとスフィンゴ脂質に富んだ膜の小領域.

ジスルフィド結合 disulfide bond 二つのシステイン残基のSH基の酸化によって生じる共有結合．ジスルフィド結合は，タンパク質によってはその三次元構造を安定化させるのに重要である.

Gタンパク質 G protein グアニンヌクレオチドを結合するタンパク質.

シッフ塩基 Schiff base 第一級アミンとアルデヒド（アルジミンを形成）あるいはケトン（ケチミンを形成）との可逆的縮合によって形成された複合体.

質量作用比（Q） mass action ratio ある反応における生成物の濃度と反応物の濃度の比.

質量分析 mass spectrometry 分子の質量を決定する技術.

cDNAライブラリー cDNA library ある型の細胞全体のmRNAのcDNAから構成されたDNAライブラリー.

シトクロム cytochrome 呼吸や光合成において電子運搬の機能をもつヘム含有タンパク質.

GPI膜アンカー GPI membrane anchor ホスホエタノールアミン残基を介してタンパク質に結合したグリコシルホスファチジルイノシトール（GPI）構造．GPIアンカーの脂肪酸部分が脂質二重層に埋

込まれ，タンパク質が膜に係留されている．

脂肪細胞 adipocyte 動物にみられるトリアシルグリセロール貯蔵細胞．脂肪細胞は，核や細胞小器官を含む細胞質ゾルの中で薄い殻に取囲まれた脂肪滴を含んでいる．

脂肪酸 fatty acid 一端に一つのカルボキシ基をもつ長鎖脂肪族炭化水素．脂肪酸は，最も単純な脂質で，トリアシルグリセロール，グリセロリン脂質，スフィンゴ脂質，ろうなど多くの複雑な脂質の成分である．

脂肪組織 adipose tissue 脂肪細胞とよばれる特殊なトリアシルグリセロール貯蔵細胞から成る動物組織．

C末端 C-terminus ペプチド鎖の一端にある遊離のカルボキシ基をもつアミノ酸．カルボキシ末端ともいう．(N末端と比較せよ．)

シャイン・ダルガーノ配列 Shine-Dalgarno sequence 原核生物mRNAの開始コドンのすぐ上流に存在するプリンに富む領域．シャイン・ダルガーノ配列はrRNA中のピリミジンに富む領域と結合し，開始コドンにリボソームを配置する．

シャトルベクター shuttle vector 原核細胞と真核細胞の両方で複製可能なクローニングベクター．シャトルベクターは，原核細胞と真核細胞の間で組換えDNA分子を移動させるのに用いられる．

シャペロン chaperone 新たに合成されたポリペプチド鎖と複合体を形成し，ポリペプチド鎖が生物学的に機能するコンホメーションをとるように正しく折りたたまれていくのを援助するタンパク質．シャペロンにはさらに以下のような機能がある．誤った折りたたみでできる中間体の形成を阻止する．非会合タンパク質のサブユニットが誤って凝集するのを抑制する．ポリペプチド鎖が膜を横断して移動するのを助ける．大きな多タンパク質構造の会合と解離を助ける．

自由エネルギー変化 free energy change ギブズ自由エネルギー変化を見よ．

終結因子 release factor タンパク質合成の終結に関与するタンパク質．終止コドンを認識する．

終結配列 termination sequence 遺伝子の3′末端の配列で，転写終結を仲介する．

集光性複合体（LHC） light-harvesting complex 光化学系で集光に関与するチラコイド膜中の大きな色素複合体．

十字形構造 cruciform structure 二本鎖DNA内の逆方向反復配列が同一鎖内の相補的領域で塩基対を形成することによってできる十字形の構造．

終止コドン stop codon, termination codon 新たに合成されたペプチドを翻訳装置から離脱させ，翻訳を停止させる特別なタンパク質（終結因子）によって認識されるコドン．3個の終止コドン（UAG，UAA，UGA）がある．(開始コドンと比較せよ．)

集積的フィードバック阻害 cumulative feedback inhibition 種々の生合成経路の初期段階を触媒する酵素がこの経路の中間体，あるいは最終産物によって阻害を受けること．阻害の程度は結合する阻害剤が多ければ多いほど増大する．

従属栄養生物 heterotroph 炭素源として少なくとも一つの有機栄養素（たとえば，グルコース）を要求する生物．(独立栄養生物と比較せよ．)

縮合 condensation 水，アルコール，そのほか単純な物質の除去によって2個以上の分子の結合が起きる反応．

縮重 degeneracy 遺伝暗号における縮重とは，いくつかの異なったコドンが同じアミノ酸を指示することをいう．

主溝 major groove DNA二重らせん表面にみられる深い溝．塩基対の重なりと糖-リン酸骨格のねじれとによってつくられる．(副溝と比較せよ．)

受動輸送 passive transport ある溶質が輸送タンパク質に特異的に結合し，溶質の濃度勾配に従う移動で膜を透過して輸送されること．受動輸送はエネルギーの消費なしに行われる．促進拡散ともいう．(能動輸送と比較せよ．)

ジュール（J） joule 1mの距離を1Nの力がする仕事量，あるいはそれに必要なエネルギー．1Jは0.24calに等しい．

循環電子伝達 cyclic electron transport 葉緑体における変形した電子伝達経路で，NADPHの合成なしにATPを供給する．

条件的嫌気性生物 facultative anaerobe 酸素が存在してもしなくても生存できる生物．(絶対嫌気性生物と比較せよ．)

脂溶性ビタミン fat-soluble vitamin 主として長鎖の炭化水素あるいは縮合環から構成されるポリプレニル化合物．水溶性ビタミンとは異なり，脂溶性ビタミンは動物が貯蔵することができる．脂溶性ビタミンにはビタミンA，D，E，Kがある．(水溶性ビタミンと比較せよ．)

常染色体 autosome 性染色体以外の染色体．

蒸発熱 heat of vaporization 1gの溶液を気化させるに要する熱量．

小胞体 endoplasmic reticulum 真核細胞に存在する小管状あるいは平面状の膜の網状組織で，核の外膜と連続している．リボソームで覆われた小胞体部分は粗面小胞体という．リボソームの結合していない部分は滑面小胞体という．小胞体は，ある種のタンパク質の分別や輸送，脂質の合成に関与している．

除去修復 excision repair 除去修復酵素によるDNA損傷の回復．DNAのヘリックス構造が変化するほどの大きな損傷を受けた場合，損傷の両側を切断して傷害を受けたDNA部分を除去することで修復する．生じた一本鎖ギャップはDNAポリメラーゼで埋められ，DNAリガーゼでふさがれる．(直接修復，ミスマッチ修復と比較せよ．)

除去付加酵素（リアーゼ） lyase 加水分解や酸化によらずに，二重結合の形成を伴って基質の脱離反応を触媒する酵素．逆反応では，除去付加酵素は第一の基質を第二の基質の二重結合に付加する．

触媒機能効率 catalytic proficiency 酵素存在下における反応速度定数のk_{cat}/K_m（特異性定数）と，酵素非存在下における化学反応の速度定数との比．

触媒中心 catalytic center 触媒作用過程で化学変化に参画する酵素の活性部位．

触媒定数（k_{cat}） catalytic constant 基質飽和状態での酵素の反応速度に関する速度論的定数．触媒定数は，最大速度（V_{max}）を酵素の全量で割った値で，飽和状態における酵素の活性部位の1モル当たり1秒間に変化する基質のモル数に等しい．ターンオーバー数ともいう．

初速度（v_0） initial velocity 明確な生成物形成前の酵素反応初期段階における基質から生成物への変換速度．

C_4経路 C_4 pathway CO_2を濃縮することにより光呼吸を抑制させた状態での炭酸固定経路で，さまざまな植物種でみられる．この経路では，CO_2はまず，葉肉細胞でC_4酸に取込まれ，ついでC_4酸は維管束鞘細胞で脱炭酸されてCO_2を遊離し，それを還元的ペントース回路に入れる．

真核生物 eukaryote 一般に，核と内部に膜をもつ細胞から成る生物．(原核生物と比較せよ．)

新規合成経路 de novo pathway 単純な前駆分子から生体分子を合成する代謝経路．

進行性酵素 processive enzyme 重合反応が多数繰返される過程で伸長中のポリマーに結合したままでいる酵素．(分散性酵素と比較せよ．)

親水性 hydrophilicity 化合物または反応基が水と相互作用する程度，あるいは水への易溶性の程度．(疎水性と比較せよ．)

シンターゼ synthase 反応様式によらず，合成反応を触媒する酵素の慣用名．たとえばグルタミン酸シンターゼなど生成物にシンターゼを付けてよぶ．

伸長因子 elongation factor　タンパク質合成過程でペプチド鎖の伸長に関与するタンパク質．

シンテターゼ synthetase　ATPなどの加水分解と共役する合成酵素（リガーゼ）に限って用いてよい慣用名．グルタミンシンテターゼなど生成物にシンテターゼを付けてよぶ．

浸　透 osmosis　溶媒分子が低濃度溶液から近接した高濃度溶液に移動すること．

浸透圧 osmotic pressure　低濃度溶液から高濃度溶液への溶媒の流れを阻止するのに必要な圧力．

水素結合 hydrogen bond　電気陰性度の高い原子に共有結合した水素原子が，他の電気的に陰性な原子の不対電子と結合したときに形成される弱い静電的相互作用．

垂直拡散 transverse diffusion　脂質二重層の一方の層から他方の層に脂質分子やタンパク質分子が移動すること．二重層の一つの層内の水平拡散と異なり，垂直拡散はきわめて遅い．

水平拡散 lateral diffusion　脂質二重層の一層の面の中を脂質やタンパク質分子が素早く移動すること．

水溶性ビタミン water-soluble vitamin　水に可溶な有機の微量栄養素．特に，水溶性ビタミンにはビタミンB群が含まれる．さらに，霊長類や他の二，三の生物ではアスコルビン酸（ビタミンC）が含まれる．（脂溶性ビタミンと比較せよ．）

水　和 hydration　分子やイオンが水に囲まれている状態．

スタッキング（積み重なり）相互作用 stacking interaction　一本鎖あるいは二本鎖核酸において，それぞれ隣同士の塩基あるいは塩基対の間で働く弱い非共有結合．積み重なり相互作用は核酸のヘリックス形成に寄与している．

ステム-ループ stem-loop　ヘアピンを見よ．

ステロイド steroid　4環の融合したイソプレノイド構造を有する脂質．

ステロール sterol　ヒドロキシ基を有するステロイド．

ストロマ stroma　葉緑体の水性のマトリックス．ストロマには還元的ペントースリン酸回路が存在し，二酸化炭素が糖質に還元される．

ストロマチラコイド stromal thylakoid　ストロマに接触しているチラコイド膜の領域．

スフィンゴ脂質 sphingolipid　スフィンゴシン（*trans*-4-スフィンゲニン）を骨格とする両親媒性脂質．スフィンゴミエリン，セレブロシド，ガングリオシドなどを含むスフィンゴ脂質は植物や動物の膜に存在する．特に中枢神経系の組織に豊富に存在する．

スフィンゴ糖脂質 glycosphingolipid　スフィンゴシンと糖質部分を有する脂質．

スフィンゴミエリン sphingomyelin　セラミドのC-1ヒドロキシ基にホスホコリンをもつスフィンゴ脂質．スフィンゴミエリンは大部分の哺乳類細胞の細胞膜に存在し，ミエリン鞘の主要成分である．

スプライシング splicing　イントロンを除去し，エキソンを連結して連続したRNA分子を形成する過程．

スプライス部位 splice site　エキソン-イントロン結合部周辺の保存されたヌクレオチド配列．イントロン切断過程においてRNA分子が切離される部位．

スプライソソーム spliceosome　mRNA前駆体からイントロンを除去する反応を触媒する巨大なタンパク質-RNA複合体．スプライソソームは低分子リボ核タンパク質から構成される．

スベドベリ単位（S） Svedberg unit　沈降係数で，1単位は10^{-13}秒．巨大分子や粒子が超遠心力場で沈降するときの単位．Sが大きければ，通常，質量が大きい．

制限酵素 restriction enzyme　制限エンドヌクレアーゼ．特異的なヌクレオチド配列において二本鎖DNAの加水分解を触媒するエンドヌクレアーゼ．I型制限酵素は次の二つの反応を触媒する．すなわち，宿主DNAのメチル化反応，および非メチル化DNAの切断．一方，II型制限酵素は非メチル化DNAの切断のみを触媒する．

制限断片長多型（RFLP） restriction fragment length polymorphism　制限酵素を異なる個人の遺伝子DNAに作用させて生じたDNA断片の長さの違い．

制限地図 restriction map　あるDNAに種々の制限酵素を作用させて生じた断片の大きさと並びを示した図．

生体エネルギー学 bioenergetics　生物系のエネルギー変換に関する研究．

生体高分子 biopolymer　生物の高分子物質．同一の，あるいは類似した低分子化合物が多数互いに共有結合で連結してできた長鎖の化合物．タンパク質，多糖類，核酸は生体高分子である．

生体内 *in vivo*　生きた細胞あるいは生物の中での出来事．〔試験管内（*in vitro*）と比較せよ．〕

生体膜 biological membrane　膜を見よ．

静電的相互作用 electrostatic interaction　粒子間の電気的相互作用の一般的名称．静電的相互作用には電荷-電荷相互作用，水素結合，ファンデルワールス力がある．

生理的pH physiological pH　ヒト血液の正常なpH．値は7.4．

セカンドメッセンジャー second messenger　細胞外シグナルに応答して細胞内で作用する化合物．

セッケン soap　長鎖脂肪酸のアルカリ金属塩．セッケンは一種の界面活性剤である．

接　合 conjugation　性線毛を通して細菌から細菌へ遺伝物質が移動すること．

絶対嫌気性生物 obligate anaerobe　生存のために無酸素環境を必要とする生物．（条件的嫌気性生物と比較せよ．）

絶対好気性生物 obligate aerobe　生存のために酸素の存在を必要とする生物．

Z型模式図 Z-sheme　光合成の電子伝達体を通過する電子の流れに関連した還元電位を表したジグザグ図．

Z-DNA　デオキシシチジル酸とデオキシグアニル酸が交互に出現する配列をもつオリゴヌクレオチドのコンホメーション．Z-DNAは，1回転約12塩基対を含む左巻き二重らせんである．（A-DNA，B-DNAと比較せよ．）

セラミド ceramide　脂肪酸がアミド結合でスフィンゴシンのC-2アミノ基に結合した分子．セラミドはすべてのスフィンゴ脂質の代謝前駆体である．

セリンプロテアーゼ serine protease　触媒機能に際して求核剤として作用する活性中心セリン残基をもつプロテアーゼ．

セルロース cellulose　グルコース残基がβ-(1→4)グリコシド結合で連結した直鎖の（枝分かれのない）ホモポリマー．セルロースは植物細胞壁の構造多糖で，生物界の有機物の50％以上を占める．

セレブロシド cerebroside　グリコスフィンゴ脂質の一つで，セラミドのC-1にβ-グリコシド結合を介して単糖残基が結合している．セレブロシドは神経組織に多く，ミエリン鞘に見いだされる．

遷移状態 transition state　化学結合の形成，崩壊が生じる不安定でエネルギーの高い原子の配置．遷移状態の構造は，基質と反応生成物のそれぞれの構造の中間である．

遷移状態アナログ transition-state analog　遷移状態に似た化合物．遷移状態アナログは，対応する酵素の活性中心に特異的にきわめて固く結合する．それゆえ強力な阻害剤として機能する．

遷移状態の安定化 transition-state stabilization　酵素が基質や生成物よりも遷移状態に強く結合すること．遷移状態の安定化は活性化エネルギーが減少するので，触媒作用に寄与する．

繊維状タンパク質 fibrous protein　長大な繊維の形成にかかわる主要な非水溶性タンパク質．多くの繊維状タンパク質は物理的に堅牢で，個々の細胞や生物全体の機械的な支持物質になっている．（球

状タンパク質と比較せよ.)

染色体 chromosome 多くの遺伝子を含む1本のDNA. 生物は一つの, あるいは多数の染色体から成るゲノムをもつ.

染色体歩行 chromsome walking ゲノムライブラリー中のDNA断片を整列させる方法. 染色体歩行には, 連続的に重なり合った組換えDNAについて, ハイブリダイゼーション, 制限地図作成, 分離などの手順が含まれる.

センス鎖 sense strand 二重鎖DNAでコドンを含む方の鎖. コード鎖ともいう. 反対側の鎖をアンチセンス鎖あるいは鋳型鎖という.

セントラルドグマ Central Dogma 核酸からタンパク質への情報伝達の不可逆性の概念. この言葉は, しばしば, DNA→RNA→タンパク質への情報伝達の実際の経路として誤って使用される.

層 leaflet 脂質二重層のうちの一層.

走化性 chemotaxis 細菌の鞭毛運動と共役したシグナル伝達機構で, 細菌を化学物質に向けて移動させる(正の走化性), あるいは化学物質から離れるように移動させる(負の走化性).

双極子 dipole 離れて存在する二つの等しい反対電荷. 分子や化学結合中の電荷の不均等な分布によってもたらされる.

増殖因子 growth factor 静止細胞を刺激して細胞分裂に導くように細胞増殖を調節するタンパク質.

相対分子質量(M_r) relative molecular mass ^{12}Cの質量の1/12に対応させた分子の相対的質量. 相対質量の値に関連した単位は存在しない.(原子質量単位と比較せよ.)

相転移温度(T_m) phase-transition temperature 脂質やその他の高分子性凝集体が高度に秩序立った相あるいは状態(たとえば, ゲル)からより秩序の低い状態に移行する温度範囲の中点.

相同 homologous 共通祖先に由来した遺伝子やタンパク質を指す.

相同組換え homologous recombination よく似た配列を有するDNA分子同士(相同DNA)の組換え. 真核細胞の染色体間で生じる典型的な組換え.(非相同組換えと比較せよ.)

相同性 homology 共通祖先からの進化による遺伝子やタンパク質の類似性.

双方向性代謝反応 amphiboric reaction 異化と同化の両面をもつ代謝経路.

相補DNA(cDNA) complementary DNA 逆転写酵素によってmRNAから合成されたDNA.

阻害剤 inhibitor 酵素に結合して活性を阻害する物質.

阻害定数(K_i) inhibition constant 酵素-阻害剤複合体からの阻害剤解離の平衡定数.

促進拡散 facilitated diffusion 受動輸送を見よ.

速度(v) velocity 単位時間当たりに形成される生成物の量で表される化学反応の速度.

速度加速効果 rate acceleration 酵素存在下における反応の速度定数(k_{cat})を酵素非存在下における反応の速度定数(k_n)で割った値. 速度加速効果の値は酵素の効率の指標となる.

速度次数 kinetic order 速度方程式の次数の和で, 反応の最も遅い段階で何個の分子が反応に関与しているかを表す. 反応次数ともいう.

疎水性 hydrophobicity 非極性溶媒に溶ける化合物や反応基の水への難溶性の程度. 水に溶けないか, ほんのわずかしか溶けない.(親水性と比較せよ.)

疎水性効果 hydrophobic effect 疎水性の基や分子が水に排除されること. 疎水性効果は, 疎水性基の周りに秩序だった配列をしている溶媒水分子が解放されるときのエントロピー増加により発揮される.

疎水性相互作用 hydrophobic interaction 非極性分子あるいは置換基の間に作用する弱い非共有結合性相互作用. 水分子同士が強く集合すること(水のかご構造の形成)によって生じる. このような集合が水性環境から非極性分子を隠ぺいし排除する.

対向輸送 antiport 異なる2種のイオンあるいは分子が, 輸送タンパク質によって膜を透過して互いに反対方向に輸送されること.(共輸送と比較せよ.)

代謝 metabolism 生物によってなされる生化学反応全体の総和.

代謝回転 turnover 分子が分解され, 新たに合成された分子と置き換わる動的な代謝の定常状態.

代謝中間体 metabolite 生体高分子やその構成単位の合成あるいは分解の中間体.

代謝中間体のチャネル形成 metabolite channeling 多機能酵素あるいは多酵素複合体の一つの反応の生成物が, 周りの溶媒中に放出されずに直接に隣の活性部位, あるいは酵素へ運ばれること. チャネル形成は, 中間体の隣の酵素への到達時間を短縮させ, 中間体の局所的濃度を高めることで反応経路の速度を上昇させる.

代謝的に不可逆な反応 metabolically irreversible reaction 質量作用比の値が平衡定数の値より2桁あるいはそれより小さい反応. そのような反応の自由エネルギー変化は大きな負の値を示す. すなわち, 反応は基本的に不可逆である.

代謝燃料 metabolic fuel エネルギー放出のために異化される低分子化合物. 多細胞生物では代謝燃料は組織間を移動する.

多酵素複合体 multienzyme complex 複数の代謝反応を触媒するオリゴマー酵素タンパク質.

多糸染色体 polytene chromosome 複製体の分裂なしに多数回複製した染色体. 結果として生じる構造体は, 凝縮した染色糸の領域とパフを形成する拡張した領域とから成る.

TATAボックス TATA box 真核生物遺伝子のプロモーターに見いだされるATに富む領域. 転写開始部位上流の19〜27 bpにある.(プリブナウボックスと比較せよ.)

脱共役剤 uncoupling agent, uncoupler 電子伝達系とADPのリン酸化との間をつなぐ緊密な共役反応を破壊する試薬.

脱水素酵素(デヒドロゲナーゼ) dehydrogenase 基質から水素を除去する反応, すなわち基質の酸化を触媒する酵素. 脱水素酵素はIUBMB分類では酸化還元酵素に属する.

多糖 polysaccharide グリコシド結合で連結した多数の(通常は20以上)単糖残基から成るポリマー. 多糖の鎖は直鎖状あるいは分枝状が可能である.(オリゴ糖と比較せよ.)

多不飽和脂肪酸 polyunsaturated fatty acid 2個以上の炭素-炭素二重結合をもつ不飽和脂肪酸.

ターン turn ループを見よ.

ターンオーバー数 turnover number 代謝回転数ともいう. 触媒定数を見よ.

胆汁 bile 胆汁酸, 胆汁色素, コレステロールの懸濁液で, 肝臓でつくられ, 胆嚢に貯蔵される. 胆汁は消化の際に小腸に分泌される.

炭水化物 carbohydrate 糖質を見よ.

単糖 monosaccharide 実験式が$(CH_2O)_n$になるような3個以上の炭素原子をもつ単純糖.

タンパク質 protein 1個あるいは複数のポリペプチド鎖から成る生体高分子. それぞれのタンパク質分子の生物学的機能は, 共有結合しているアミノ酸残基の配列だけでなく, 三次元構造(コンフォメーション)に依存している.

タンパク質のグリコシル化 protein glycosylation タンパク質への糖質の共有結合的付加. N-グリコシル化では, 糖質はアスパラギン側鎖のアミド基に結合する. O-グリコシル化では, 糖質はセリンあるいはトレオニン側鎖のヒドロキシ基に結合する.

タンパク質補酵素 protein coenzyme それ自身は触媒反応を行わないが, 特定の酵素の機能に必要なタンパク質. 基転移タンパク質と

もいう．

単輸送 uniport　1種類のみの溶質が輸送タンパク質によって膜を透過して輸送されること．（共役輸送と比較せよ．）

単量体 monomer　1）重合のとき残基になる低分子化合物．2）オリゴマータンパク質中の1個のサブユニット．

逐次反応 sequential reaction　生成物が遊離する前にすべての基質が酵素に結合するような酵素反応．

逐次モデル sequential model　オリゴマータンパク質への同一リガンドの協同的結合に関するモデルの一つ．最も単純な逐次モデルによると，一つのリガンドがあるサブユニットに結合すると，その三次構造変化が誘導され，それによって隣接したサブユニットのコンホメーションがいろいろな程度に変化する．サブユニットのコンホメーションのうちの一つのみが特定リガンドに対して高い親和性をもつ．リガンド誘導モデルともいう．（協奏モデルと比較せよ．）

窒素固定 nitrogen fixation　大気中窒素のアンモニアへの還元．生物的な窒素固定は小数種の細菌や藻類でのみ行われている．

窒素循環 nitrogen cycle　N_2 からの酸化窒素（NO_2^- と NO_3^-），アンモニア，含窒素生体分子への窒素の流れと，N_2 への帰還．

チャネル channel　膜内在性タンパク質の一つで，中央を水が通過でき，適当な大きさの分子やイオンが膜の両方向を移動する．

チャネル形成 chanelling　代謝中間体のチャネル形成を見よ．

中間径フィラメント intermediate filament　大部分の真核細胞の細胞質に存在する異なるタンパク質サブユニットから構成された構造体．中間径フィラメントは細胞骨格ネットワークの成分である．

中間代謝 intermediary metabolism　細胞内の低分子化合物が相互変換する代謝反応．

中間密度リポタンパク質（IDL） intermediate density lipoprotein　超低密度リポタンパク質（VLDL）の分解過程で生じる血漿リポタンパク質の一種．

中性溶液 neutral solution　pHの値が7.0である水溶液．

中性リン脂質 neutral phospholipid　ホスファチジルコリンのように実効電荷をもたない糖リン脂質．（酸性リン脂質と比較せよ．）

調節酵素 regulatory enzyme　1個または複数の代謝経路の中で重要な位置を占めると同時に，代謝的必要度に応じて活性を上下させることができる酵素．大部分の調節酵素はオリゴマーである．

調節タンパク質 regulatory protein　遺伝子発現の調節に関与するタンパク質．通常，転写開始を調節する．リプレッサーやアクチベーターは調節タンパク質の例である．

調節部位 regulatory site　調節酵素において，活性部位とは異なるリガンド結合部位．アロステリックエフェクターは，調節部位に結合することで酵素活性を変化させる．アロステリック部位ともいう．

超低密度リポタンパク質（VLDL） very low density lipoprotein　生体内のトリアシルグリセロール，コレステロール，コレステロールエステルを肝臓から組織に運搬する血漿リポタンパク質の一種．

超二次構造 supersecondary structure　モチーフを見よ．

超らせん supercoil　二本鎖DNAが正または負にさらにねじれてできる位相幾何学的構造．二重らせんと逆向きのねじれは負の，同じ向きでは正の超らせんをつくる．

直接修復 direct repair　タンパク質によるDNA損傷の修復．修復タンパク質は，損傷を受けたヌクレオチドやミスマッチした塩基を認識し，DNAを切断したり塩基を切除したりすることなく修復する．（除去修復，ミスマッチ修復と比較せよ．）

チラコイド膜 thylakoid membrane　葉緑体の水性マトリックス中に懸濁している高度に折りたたまれた連続した膜の網目構造．チラコイド膜は光合成の光依存反応の部位であり，NADPHとATPを生産する．チラコイドラメラともいう．

チラコイドラメラ thylakoid lamella　チラコイド膜を見よ．

デアミナーゼ（脱アミノ酵素） deaminase　基質からアミノ基を除去してアンモニアを遊離する反応を触媒する酵素．

Dアーム D arm　ジヒドロウリジル酸（D）残基を含むtRNAのステム-ループ構造．

tRNA 転移RNA．伸長中のペプチド鎖にアミノ酸を付加するために，活性化されたアミノ酸をタンパク質合成部位に運搬するRNA分子種．tRNAにはmRNAの相補的コドンを認識するアンチコドンがある．（rRNA，mRNAと比較せよ．）

DNアーゼ DNase　デオキシリボヌクレアーゼを見よ．

DNA デオキシリボ核酸．デオキシリボヌクレオチド残基が3′-5′ホスホジエステル結合で連結したポリマー．（RNAと比較せよ．）

DNAジャイレース DNA gyrase　トポイソメラーゼを見よ．

DNAフィンガープリント法 DNA fingerprinting　個人ごとの遺伝的多型性の解析方法．

DNAポリメラーゼ DNA polymerase　DNAの一本鎖の3′末端へのデオキシリボヌクレオチド残基の付加を触媒する酵素．

DNAライブラリー DNA library　DNA試料に由来したすべての断片をベクターに結合して作製した組換えDNA分子のセット．

DNAリガーゼ DNA ligase　ホスホジエステル結合の形成を触媒することにより二つのDNAポリヌクレオチド鎖を結合させる酵素．DNAリガーゼは，また，二本鎖DNAのギャップを埋める．

定常状態 steady state　ある化合物の合成速度と，その利用あるいは分解速度が等しい状態．

T状態 T state　アロステリックタンパク質の活性の低いコンホメーション．その反対はR状態．（R状態と比較せよ．）

定序反応 ordered reaction　酵素への基質の結合と酵素からの生成物の遊離が定まった順番に従う反応．

TΨCアーム TΨC arm　tRNA分子のステム-ループ構造で，リボチミジル酸-シュードウリジル酸-シチジル酸（TΨC）の配列をもつもの．

低分子RNA small RNA　RNA分子の一種．ある種の低分子RNAは酵素活性をもつ．ある種の核内低分子RNA（snRNA）は核内低分子リボ核タンパク質（snRNP）の構成成分になる．

低密度リポタンパク質（LDL） low density lipoprotein　血漿リポタンパク質の一つで，IDLの崩壊過程で生じ，コレステロールとコレステロールエステルに富む．（高密度リポタンパク質と比較せよ．）

デオキシリボ核酸 deoxyribonucleic acid　DNAを見よ．

デオキシリボヌクレアーゼ（DNアーゼ） deoxyribonuclease　DNAを加水分解してオリゴデオキシヌクレオチドやモノデオキシヌクレオチドにする反応を触媒する酵素．

テルペン terpene　植物に見いだされる多くのイソプレノイドの一つ．

転移RNA transfer RNA　tRNAを見よ．

電位依存性イオンチャネル voltage-gated ion channel　膜の電気的性質の変化に応答して二重層を通してイオンを通過させる膜タンパク質．（リガンド依存性イオンチャネルと比較せよ．）

転移因子 transposable element　トランスポゾンを見よ．

転移酵素（トランスフェラーゼ） transferase　基転移反応を触媒する酵素．しばしば補酵素を要求する．

電解質 electrolyte　NaClのような分子で，解離してイオンを形成する．

電荷-電荷相互作用 charge-charge interaction　電荷を有する2個の粒子間の非共有結合的な静電的相互作用．

電気泳動 electrophoresis　おもに実効電荷に基づいて電場中を移動させることで分子を分離する方法．

電気的ポテンシャル electrical potential　膜電位を見よ．

電子伝達 electron transport　酸化的リン酸化を見よ．

電子伝達系 electron transport chain　呼吸電子伝達系を見よ．

転　写　transcription　二本鎖DNAから一本鎖RNAへ生物学的情報が転写されること．RNAポリメラーゼとそれに会合した因子から構成される転写複合体によって触媒される．

転写アクチベーター　transcriptional activator　調節性のDNA結合タンパク質．特別なプロモーターでRNAポリメラーゼの活性を上昇させ，転写速度を上げる．

転写因子　transcription factor　転写複合体の構築過程で，プロモーター領域に，あるいはRNAポリメラーゼに，あるいはその両方に結合するタンパク質．いくつかの転写因子はRNA鎖の伸長過程で結合したままの状態にある．

転写開始複合体　transcription initiation complex　転写開始にあたってプロモーターに集合するRNAポリメラーゼおよびその他の因子から成る複合体．

転写減衰　attenuation　翻訳と転写を共役させる遺伝子発現の調節機構．一般的に，原核生物のオペロンの始まりの短い読み枠の翻訳によって，残余のオペロンの転写前に転写終結が起こるか否かが決定される．

転写後プロセシング　posttranscriptional processing　転写完了後に起きるRNAプロセシング．

転写バブル　transcription bubble　転写過程でRNAポリメラーゼによってほどかれた二本鎖DNAの短い領域．

デンプン　starch　植物の貯蔵多糖．グルコース残基のホモポリマー．デンプンには二つの型が存在する．一つはアミロースで，グルコース残基がα-(1→4)結合で連結した非分枝ポリマー．他はアミロペクチンで，分枝点にα-(1→6)結合をもつα-(1→4)結合で連結したグルコース残基のポリマー．（グリコーゲンと比較せよ．）

同化反応　anabolic reaction　細胞の維持と成長に必要な分子を合成する代謝反応．（異化反応と比較せよ．）

同義コドン　synonymous codon　同じアミノ酸を指定する異なるコドン．

凍結割断法　freeze-fracture technique　生体膜の構造を観察する技術の一つ．凍結割断法では，膜試料を素早く凍結し，脂質二重層の層の間の接触面に沿って割断する．露出した膜表面を薄い金属被膜で覆った後，層表面のレプリカを作製し，電子顕微鏡を用いて観察する．

糖原性化合物　glucogenic compound　動物が糖新生に利用できるアミノ酸などの化合物．（ケト原性化合物と比較せよ．）

糖　質　saccharide　炭素の水酸化物で，C:H:O＝1:2:1の比をもつ化合物の総称．糖質は単量体の糖やそのポリマーを含む．炭水化物ともいう．

糖新生　gluconeogenesis　非糖質前駆体からグルコースを合成する経路．ピルビン酸からの糖新生には，解糖系を逆行する7個の平衡に近い反応が含まれている．解糖系にはない4個の酵素反応により解糖系の3個の代謝的に不可逆な反応を迂回する．（ケトン体生成と比較せよ．）

透　析　dialysis　試料中の低分子性溶質を半透性の障壁を介した拡散によって除去し，周囲の溶液と溶質とを入れ換える方法．

糖タンパク質　glycoprotein　共有結合した糖質残基をもつタンパク質．

等電点（pI）　isoelectric point　正味の電荷がゼロのため，両性イオンをもつ分子が電場中を移動できなくなるpH．

等電点電気泳動　isoelectric focusing　ポリアクリルアミドゲル中にpH勾配を形成しうる緩衝液を用いた電気泳動の変形版．それぞれのタンパク質は自身の等電点（pI）まで移動する．勾配中の等電点pHではタンパク質の移動の原因になる正負の正味の電荷は存在しない．

特異性定数　specificity constant　k_{cat}/K_mを見よ．

特殊ペア　special pair　反応中心にあるクロロフィル分子の特殊化されたペア．光合成の光依存的反応の過程で最初の電子供与体になる．

独立栄養生物　autotroph　唯一の必須栄養素として無機化合物（たとえば，CO_2）だけを利用して成長し増殖できる生物．（従属栄養生物と比較せよ．）

突然変異　mutation　遺伝情報の永続的変化をもたらすDNAのヌクレオチド配列の遺伝的変化．

突然変異誘発物質　mutagen　DNA損傷をもたらす試薬．

ドデシル硫酸ナトリウム-ポリアクリルアミドゲル電気泳動（SDS-PAGE）　sodium dodecyl sulfate-polyacrylamide gel eletrophoresis　ドデシル硫酸ナトリウムの存在下で行うポリアクリルアミドゲル電気泳動．SDS-PAGEによって，タンパク質が電荷と大きさの両方ではなく，大きさのみに基づいて分離されるようになった．

トポイソメラーゼ　topoisomerase　超らせんDNA鎖の一方あるいは両方のホスホジエステル結合を切断して，DNAを巻戻し，切れ目を再縫合することで超らせんを変化させる酵素．いくつかのトポイソメラーゼはDNAジャイレースともいわれている．

トポロジー　topology　1）膜貫通タンパク質における膜貫通部分と接続ループの配置．2）核酸分子の全体的形態．

ドメイン　domain　タンパク質の三次構造中の独立した個別の折りたたみの単位．ドメインは，通常，特徴的な折りたたみを形成している種々のモチーフの組合わせである．

トランスジェニック生物　transgenic organism　すべての細胞に安定的に組込まれた組換えDNAをもつ生物個体．

トランスデューサー　transducer　レセプター-リガンド結合と，エフェクター酵素により触媒されるセカンドメッセンジャーの生成とを共役させるシグナル伝達経路の構成員．

トランスフェクション　transfection　ウイルスあるいはファージベクターを介して細胞中に外来DNAを導入すること．

トランスポゾン　transposon　組換え機構を利用して，染色体間あるいは染色体内部をジャンプする可動性の遺伝因子．転移因子ともいう．

トランスロケーション　translocation　1）mRNAに沿ってリボソームが1コドン移動すること．2）膜を通過してポリペプチドが移動すること．

トリアシルグリセロール　triacylglycerol　グリセロールにエステル化された3個の脂肪酸を含む脂質．脂肪と油は，トリアシルグリセロールの混合物である．以前はトリグリセリドといった．

トリオース　triose　三炭糖

トリカルボン酸回路　tricarboxylic acid cycle　クエン酸回路を見よ．

トリグリセリド　triglyceride　トリアシルグリセロールを見よ．

ドルトン　dalton　ダルトンともいう．質量の単位．原子質量単位と同じ．

内　腔　lumen　小胞体やチラコイド膜のような生体膜で囲まれた水性領域．

内在性膜タンパク質　intrinsic membrane protein　膜貫通タンパク質を見よ．

ナンセンス変異　nonsense mutation　1個のヌクレオチドの置換によりあるアミノ酸を指定するコドンが終止コドンに変化するようなDNAの変異．ナンセンス変異によりタンパク質合成が途中で終了する．（ミスセンス変異と比較せよ．）

二次構造　secondary structure　高分子内の局所的コンホメーションの規則性．タンパク質の二次構造は，骨格のカルボニル基とアミド基の間の水素結合によって維持されている．核酸の二次構造は，塩基間の水素結合ならびに積み重なり相互作用によって維持されている．（一次構造，三次構造，四次構造と比較せよ．）

二次反応　second-order reaction　反応速度が2個の反応体の濃度に依存している反応．（一次反応と比較せよ．）

二重逆数プロット double-reciprocal plot 酵素触媒反応において，初速度の逆数に対して基質濃度の逆数をプロットしたもの．x軸とy軸の切片は，それぞれミカエリス定数と最大速度の逆数を表す．二重逆数プロットでミカエリス・メンテンの式を直線に変換することができる．ラインウィーバー・バークプロットともいう．

二重らせん double helix 二つの逆平行ポリヌクレオチド鎖が互いに巻き付いて二本鎖らせん構造をとる核酸のコンホメーション．この構造は，おもに，隣合う水素結合塩基対の間の積み重なり相互作用によって，安定化されている．

ニックトランスレーション nick translation この反応では，まず，DNAポリメラーゼが伸長中のDNA鎖の3′末端とつぎのRNAプライマーの5′末端の間のギャップに結合する．つぎに，5′→3′エキソヌクレアーゼ活性がリボヌクレオチドを加水分解的に除去する．つづいて5′→3′ポリメラーゼ活性がデオキシリボヌクレオチドに置き換えていく．

二倍体 diploid 2組の染色体，あるいは2コピーのゲノムをもつもの．（一倍体と比較せよ．）

尿素回路 urea cycle アンモニア窒素とアスパラギン酸が尿素に転換していく代謝回路で，四つの酵素触媒反応から成る．1分子の尿素の形成には4ATP当量が消費される．

ヌクレアーゼ nuclease ポリヌクレオチド鎖のホスホジエステル結合の加水分解を触媒する酵素．ヌクレアーゼはエンドヌクレアーゼとエキソヌクレアーゼに分類される．

ヌクレオシド nucleoside リボースあるいはデオキシリボースのプリンまたはピリミジンN-グリコシド．

ヌクレオソーム nucleosome クロマチンの基礎単位を形成するDNA-タンパク質複合体．ヌクレオソームは，ヌクレオソームコア粒子（DNAの約146 bpとヒストンオクタマー），リンカーDNA（約54 bp），ヒストンH1（コア粒子とリンカーDNAに結合）から構成されている．

ヌクレオソームコア粒子 nucleosome core particle DNAの約146 bpがヒストンオクタマー（それぞれ2個のH2A，H2B，H3，H4）に巻き付いた構造をしているDNA-タンパク質複合体．

ヌクレオチド nucleotide ヌクレオシドのリン酸エステル．ペントースリン酸に結合した含窒素塩基を含む．ヌクレオチドは核酸の単量体単位である．

ねじれ twist らせん状高分子において隣合う残基間の回転角．

熱ショックタンパク質 heat-shock protein 高温のようなストレスに応答して合成が増加するタンパク質．多くの熱ショックタンパク質はシャペロンで，ストレスのない状態でも発現する．

熱力学 thermodynamics 熱とエネルギーの相互転換を研究する物理学の一分野．

ネルンストの式 Nernst equation 観察される還元電位の変化（ΔE）と，反応の標準還元電位（$\Delta E°'$）との関係式．

嚢 cisterna ゴルジ体の小胞の内腔．

能動輸送 active transport 溶質が輸送タンパク質に特異的に結合し，溶質の濃度勾配に逆らって膜を横断して輸送される過程．能動輸送を駆動するためにはエネルギーが必要．一次能動輸送のエネルギー源は光，ATP，電子伝達である．二次能動輸送はイオン濃度勾配によって駆動される．（受動輸送と比較せよ．）

ハウスキーピング遺伝子 housekeeping gene 生細胞の通常の活動に必要不可欠なタンパク質やRNAをコードしている遺伝子．

バクテリオファージ bacteriophage 細菌細胞に感染するウイルス．ファージともいう．

パスツール効果 Pasteur effect 酸素存在下で解糖反応が遅くなる現象．

ハース投影式 Haworth projection 環状の糖分子を紙面に垂直に投影した平坦な環として表す表示法．分子の中で観察者に向かって突き出している部分を太線で表す．（フィッシャー投影式と比較せよ．）

発現ベクター expression vector クローニングベクターの一つ．挿入したDNAは転写され，タンパク質へと翻訳される．

発酵 fermentation エネルギー生産をもたらす代謝物の嫌気的異化．アルコール発酵では，ピルビン酸がエタノールと二酸化炭素に変換される．

パリンドローム palindrome 回文配列ともいう．二本鎖DNA中の対称構造で，自己相補的配列．

反応機構 reaction mechanism 化学反応において段階的に生じる原子あるいは分子の変化．

反応速度式 rate equation 反応の速度と反応体それぞれの濃度との間の観察された関係を表したもの．

反応速度論 kinetics 化学反応のような変化の速度に関する研究．

反応速度論的機構 kinetic mechanism 多基質酵素触媒反応において各段階の順序を記述する体系．

反応特異性 reaction specificity 酵素が無駄な副産物を生成しないこと．反応特異性は基本的には100％の生成物収率をもたらす．

半保存的複製 semiconservative replication それぞれのDNA鎖が相補鎖の合成の鋳型として機能するDNA複製様式．結果としてそれぞれが親鎖の1本を含む2分子の二本鎖DNAが形成される．

pH 溶液の酸性度，すなわち水溶液のオキソニウムイオンの濃度を示す対数の値．pHはオキソニウムイオン濃度の負の対数として定義される．

P/O比 P:O ratio リン酸化されたADP分子と，酸化的リン酸化の過程で還元された酸素原子との比．

光依存反応 light-dependent reaction 明反応を見よ．

光回復 photoreactivation 可視光によって活性化された酵素による損傷DNAの直接修復．

光呼吸 photorespiration 主としてC_3光合成植物で行われているO_2の光依存吸収とそれにひき続くホスホグリコール酸代謝．光呼吸が生じる理由は，還元的ペントースリン酸回路の最初の段階を触媒する酵素であるリブロース-1,5-ビスリン酸カルボキシラーゼ/オキシゲナーゼの活性部位をO_2とCO_2が奪い合うからである．

光非依存反応 light-independent reaction 暗反応を見よ．

非競合阻害 noncompetitive inhibition 酵素と酵素-基質複合体のいずれにも結合する可逆的阻害剤によってひき起こされる酵素触媒反応の阻害．（競合阻害，不競合阻害と比較せよ．）

非繰返し構造 nonrepetitive structure 単純な繰返しコンホメーションをもたない配列を含むタンパク質の構造要素．

pK_a 酸の強さを表す対数値．pK_aは，酸の解離定数K_aの負の対数として定義される．

微小管 microtubule αおよびβチューブリンのヘテロ二量体から構成されるタンパク質フィラメント．微小管は細胞骨格ネットワークの成分で，方向付けられた移動を可能にする構造を形成する．

ヒストン histone DNAに結合してクロマチンを形成するタンパク質．真核細胞にはH1，H2A，H2B，H3，H4の5種のヒストンが存在する．

非相同組換え nonhomologous recombination 配列類似性が低く，互いに無関係な配列同士の組換え．（相同組換えと比較せよ．）

ビタミン vitamin 動物が合成することができず，食物から摂取しなければならない有機の微量栄養素．多くの補酵素はビタミンの誘導体である．

ビタミン由来の補酵素 vitamin-derived coenzyme ビタミンから合成される補酵素．

必須アミノ酸 essential amino acid 動物が合成できないアミノ酸で，食物から摂取しなければならない．（非必須アミノ酸と比較せよ．）

必須イオン essential ion ある種の酵素の触媒活性に補因子として

必要なイオン．ある種の必須イオンは活性化イオンとよばれ，酵素に可逆的に結合して，しばしば基質の結合に関与する．固く結合する金属イオンは，触媒反応に直接関与する場合が多い．

必須脂肪酸 essential fatty acid　動物が合成できない脂肪酸で，食物から摂取しなければならない．

ピッチ pitch　ヘリックス構造の1回転に必要な軸方向の距離．（ライズと比較せよ．）

B-DNA　最も一般的なDNAの構造で，WatsonとCrickによって提唱された．B-DNAは右巻きの二重らせんで，直径は2.37 nm，1回転当たり約10.4塩基対．（A-DNA，Z-DNAと比較せよ．）

ヒドロパシー hydropathy　アミノ酸側鎖の疎水性の尺度．ヒドロパシー値が高ければ高いほど，疎水性は大きくなる．

比熱容量 specific heat capacity　1gの物質の温度を1℃上昇させるに必要な熱量．

非必須アミノ酸 nonessential amino acid　動物が代謝的な必要性に迫られたとき十分量合成できるアミノ酸．（必須アミノ酸と比較せよ．）

P部位 P site　ペプチジル部位．タンパク質合成過程で，伸長中のポリペプチド鎖の結合したtRNA分子（ペプチジルtRNA）が結合するリボソームの部位．（A部位，E部位と比較せよ．）

表在性膜タンパク質 peripheral membrane protein　膜の内側あるいは外側表面に弱く結合した膜タンパク質．イオン性相互作用および水素結合によって膜脂質の極性頭部あるいは膜貫通タンパク質と結合している．外因性膜タンパク質ともいう．（膜貫通タンパク質と比較せよ．）

標準還元電位（$E^{\circ\prime}$） standard reduction potential　生化学的標準状態においてある物質が他の物質を還元する強さの指標．

標準ギブズ自由エネルギー変化（$\Delta G^{\circ\prime}$） standard Gibbs free-energy change　生化学的標準状態における反応の自由エネルギー変化．

標準状態 standard state　化学反応における1組の基準状態．生化学では，標準状態は，温度298 K（25℃），圧力1気圧，溶質濃度1.0 M，pH 7.0である．

ピラノース pyranose　分子内でのヘミアセタール形成の結果できる六員環の単糖構造．（フラノースと比較せよ．）

ピリミジン pyrimidine　4個の炭素原子と2個の窒素原子から構成される複素環を有する含窒素塩基．シトシン，チミン，ウラシルは核酸に存在するピリミジン置換体である．（シトシンはDNAとRNAに，ウラシルはRNAに，チミンは原則としてDNAに存在する．プリンと比較せよ．）

微量元素 trace element　生物の生存に要求される微量な元素．たとえば，銅，鉄，亜鉛，など．

ピンポン反応 ping-pong reaction　酵素が一つの基質を結合して生成物を遊離すると置換型酵素になる．それが第二の基質を結合し，第二の生成物を遊離する．このとき酵素は最初の型に戻る．

φ phi　ペプチド原子団のα炭素と窒素との間の結合の周りの回転角．（ψと比較せよ．）

ファージ phage　バクテリオファージを見よ．

ファンデルワールス半径 van der Waals radius　原子の実効半径．引力が最大になるところで2個の非結合原子の核間距離はそれらのファンデルワールス半径の和になる．

ファンデルワールス力 van der Waals force　一過的な静電的相互作用によって中性原子間に発生する弱い分子間力．ファンデルワールス引力は，原子がそれらのファンデルワールス半径の和によって隔てられているとき最も強い．緊密な接近は，ファンデルワールス反発が強いため妨げられている．

部位特異的組換え site-specific recombination　ゲノムの特異的部位で発生する組換えの一形式．

部位特異的突然変異誘発 site-directed mutagenesis　試験管内で，遺伝子のある特別なヌクレオチド残基を別の残基に置き換えて，変異したタンパク質のアミノ酸配列をつくり出す方法．

フィッシャー投影式 Fischer projection　糖とその関連化合物の三次元構造の二次元表示．フィッシャー投影式では，炭素骨格はいちばん上にC-1をもつように垂直に描く．キラル中心では，水平な結合は観察者に向かって突き出ていて，垂直な結合は観察者から向こうに押し込まれている．（ハース投影式と比較せよ．）

フィードバック阻害 feedback inhibition　代謝経路の最終産物によって，同じ代謝経路の初期段階を触媒する酵素が阻害されること．

フィードフォワード活性化 feed-forward activation　代謝経路の初期段階で生産される代謝物によって，その経路の酵素が活性化されること．

フィンガープリント法 fingerprinting　DNAフィンガープリント法を見よ．

フォールド fold　タンパク質ドメインの核を形成する二次構造の組合せ．多くの異なるフォールドが知られている．

不可逆的阻害 irreversible inhibition　酵素阻害の一形式で，阻害剤が酵素に共有結合で結合する．

不競合阻害 uncompetitive inhibtion　遊離の酵素ではなく酵素-基質複合体のみに結合する可逆的阻害剤によってひき起こされる酵素触媒反応の阻害．（競合阻害，非競合阻害と比較せよ．）

副溝 minor groove　DNA二重らせん表面にみられる狭い溝．塩基対の重なりと糖-リン酸骨格のねじれとによってつくられる．（主溝と比較せよ．）

複合糖質 glycoconjugate　ペプチド鎖，タンパク質，脂質などに共有結合で連結した糖鎖が含まれる糖質誘導体．

複合ミセル mixed micell　複数の両親媒性分子を含むミセル．

複製 replication　二重らせんDNAの倍加．このとき，親鎖は分離し，新しい鎖の鋳型となる．複製はDNAポリメラーゼとその関連因子によって遂行される．

複製起点 origin of replication　複製が開始されるDNA配列．

複製フォーク replication fork　複製過程で，二本鎖の鋳型DNAが巻戻され新しいDNA鎖が合成される場所でみられるY形連結．

複素環式分子 heterocyclic molecule　2種類以上の原子からできている環構造を含む分子．

ψ psi　ペプチド原子団のα炭素とカルボニル炭素との間の結合の周りの回転角．（φと比較せよ．）

付着末端 sticky end　二本鎖DNA末端にある数個のヌクレオチドの一本鎖突出部．（平滑末端と比較せよ．）

不飽和脂肪酸 unsaturated fatty acid　少なくとも1個の炭素-炭素二重結合をもつ脂肪酸．1個だけの炭素-炭素二重結合をもつ脂肪酸は一不飽和脂肪酸とよばれる．2個以上の炭素-炭素二重結合をもつ脂肪酸は多不飽和脂肪酸とよばれる．一般的に，不飽和脂肪酸の二重結合はシスの立体配置をとり，それらは互いにメチレン基（$-CH_2-$）によって隔てられている．（飽和脂肪酸と比較せよ．）

プライマーゼ primase　10残基程度の短いRNA断片の合成を触媒するプライモソーム中の酵素．合成されたオリゴヌクレオチドが岡崎フラグメント合成のプライマーになる．

プライモソーム primosome　多タンパク質複合体で，大腸菌の場合，プライマーゼとヘリカーゼを含み，ラギング鎖の不連続DNA合成に必要な短いRNAプライマーの合成を触媒する．

プラスマローゲン plasmalogen　グリセロール3-リン酸のC-1にビニルエステル結合で結合した炭化水素をもつグリセロリン脂質．プラスマローゲンは中枢神経系と末梢神経，および筋肉組織に見いだされる．

プラスミド plasmid　染色体外の比較的小さなDNA分子．自己複製可能である．プラスミドは，通常，閉じた環状の二本鎖DNA分

フラックス flux　代謝経路を通る物質の流れ．フラックスは，経路に含まれる基質の供給，生成物の除去，酵素の触媒能力に依存する．

フラノース furanose　分子内ヘミアセタール形成の結果，五員環を形成した単糖の構造．（ピラノースと比較せよ．）

プリブナウボックス Pribnow box　原核生物遺伝子の転写開始点の上流約10 bp の領域にある AT に富む塩基配列．同じく転写開始点の上流約35 bp に出現する塩基配列（−35領域）とともに，細菌のプロモーターを構成する．（TATA ボックスと比較せよ．）

フリーラジカル free radical　非共有電子をもつ分子，あるいは原子．

プリン purine　ピリミジンがイミダゾールと融合した二環構造をもつ含窒素塩基．アデニンとグアニンは DNA と RNA の両方にみられるプリン置換体である．（ピリミジンと比較せよ．）

プリンヌクレオチド回路 purine nucleotide cycle　筋肉中でアスパラギン酸がフマル酸とアンモニアに変換する回路．（アンモニアは AMP デアミナーゼによる AMP から IMP への脱アミノ反応により生じる．フマル酸はアスパラギン酸と IMP との縮合により放出される．）

プレニル化タンパク質 prenylated protein　タンパク質 C 末端のシステイン残基の硫黄原子を介して，イソプレンが共有結合した脂質アンカー型タンパク質．

フレームシフト変異 frameshift mutation　3で割り切れない数のヌクレオチドの挿入，あるいは欠失によって生じる DNA の変化．フレームシフト変異は対応する mRNA の読み枠を変化させ，変異以降のすべてのコドンの翻訳に影響する．

プロキラル原子 prochiral atom　多数の置換基をもつ原子で，置換基のうちの二つが同じであるようなもの．同一の置換基の一つが置き換わるとプロキラル原子はキラルになる．

プロスタグランジン prostaglandin　シクロペンタン環をもつエイコサノイド．プロスタグランジンは，合成される細胞のごく近傍で作用する代謝調節因子である．

プロテアーゼ protease　ペプチド結合の加水分解を触媒する酵素．プロテアーゼの生理的基質はタンパク質である．

プロテオグリカン proteoglycan　タンパク質とグリコサミノグリカン鎖との複合体．アノマー炭素原子を介して共有結合している．プロテオグリカン質量の95％以上をグリコサミノグリカンが占める場合がある．

プロテオミクス proteomics　ある種の細胞，組織，器官，生物の生産するすべてのタンパク質に関する研究．

プロトン駆動力（Δp） protonmotive force　膜で仕切られたプロトン勾配に蓄積されたエネルギー．

プロモーター promoter　転写開始段階で RNA ポリメラーゼが結合する DNA の領域．

分散性酵素 distributive enzyme　分散性酵素は，伸長しつつあるポリマーに単量体を付加した後，ポリマーから解離し，重合を進行させるために再び結合する．（進行性酵素と比較せよ．）

分子クラウディング molecular crowding　分子が相互に衝突するときに生じる拡散速度の減少．

分子シャペロン molecular chaperon　シャペロンを見よ．

分枝点移動 branch migration　交差，すなわち分枝点が移動すること．これにより組換え過程にある DNA 鎖がさらに交換する．

分枝部位 branch site　mRNA 前駆体のスプライシング過程で，イントロンの5′末端が結合するイントロン内部の部位．

分子量 molecular weight　相対分子質量を見よ．

分泌小胞 secretory vesicle　分泌タンパク質を含む小胞．分泌小胞はゴルジ体から出芽して細胞膜に至り，小胞の内容物がエキソサイトーシスで遊離する．

ヘアピン hairpin　1）一本鎖ポリヌクレオチドにみられる二次構造で，短い領域が折返して相補的塩基間で水素結合を形成するときに生じる．ステム-ループともいう．2）ポリペプチドの二つの連続したβストランドをつなぐ小さい折返し．

平滑末端 blunt end　一本鎖突出部をもたない二本鎖 DNA 分子の末端．（付着末端と比較せよ．）

平衡 equilibrium　基質から生成物への変換速度が生成物から基質への変換速度に等しいような系の状態．平衡状態では，反応や系の自由エネルギー変化はゼロである．

平衡定数（K_{eq}） equilibrium constant　平衡状態における生成物の濃度と反応物の濃度の比．平衡定数は反応の標準自由エネルギー変化に比例する．

平衡に近い反応 near-equilibrium reaction　質量作用比の値が平衡定数の値に近い反応．このような反応の自由エネルギー変化は小さい．それゆえ，反応は可逆的である．

ヘキソースリン酸回路 hexose monophosphate shunt　ペントースリン酸経路を見よ．

β酸化経路 β-oxidation pathway　脂肪酸をアセチル CoA に分解する代謝経路．NADH と QH_2 を生産し，それによって大量の ATP が発生する．脂肪酸のβ酸化の1回転は，酸化，水和，さらなる酸化，チオール開裂の4段階から成る．

βシート β sheet　タンパク質の一般的な二次構造の一つ．同一の，あるいは隣接したポリペプチド鎖上の一つのペプチド結合のカルボニル酸素と他のペプチド結合のアミド水素との間の水素結合で伸びたポリペプチド鎖が安定化されている構造．水素結合は伸びたポリペプチド鎖におおむね垂直になっている．ポリペプチド鎖は，平行（N 末端から C 末端への方向が同じ）にも逆平行（反対方向）にもなりうる．（αヘリックスと比較せよ．）

βストランド β strand　βシート二次構造内の伸びたポリペプチド鎖，あるいはβシート内の鎖と同じコンホメーションをとるポリペプチド鎖．

βターン β turn　ターンを見よ．

βプリーツシート β pleated sheet　βシートを見よ．

ヘテログリカン（ヘテロ多糖） heteroglycan (heteropolysaccharide)　残基が2種類以上の異なる単糖から構成されている糖のポリマー．（ホモグリカンと比較せよ．）

ヘテロクロマチン heterochromatin　高度に凝集したクロマチンの領域．

ペプチジル tRNA peptidyl-tRNA　タンパク質合成過程で伸長中のペプチド鎖を結合した tRNA．（アミノアシル tRNA と比較せよ．）

ペプチジルトランスフェラーゼ peptidyltransferase　タンパク質合成過程でペプチド結合形成に関与する酵素活性．リボソーム大サブユニットの rRNA が活性を担う．

ペプチジル部位 peptidyl site　P 部位を見よ．

ペプチド peptide　2個以上のアミノ酸がペプチド結合で共有結合的に直鎖状に結合したもの．

ペプチドグリカン peptidoglycan　さまざまな組成でペプチドに架橋した N-アシルグルコサミンと N-アセチルムラミン酸の繰返しのヘテログリカン鎖を含む高分子物質．ペプチドグリカンは多くの細菌の細胞壁の主要な要素である．

ペプチド結合 peptide bond　ペプチドやタンパク質において，一つのアミノ酸残基のカルボニル基が他のアミノ酸残基のアミノ窒素に結合した共有第二級アミド結合．

ペプチド原子団 peptide group　ペプチド結合に関与する窒素および炭素原子，ならびに4個の置換基（カルボニル酸素原子，アミド水素原子，近傍の2個のα炭素原子）．

ヘモグロビン hemoglobin　赤血球に存在する四量体のヘム含有球

状タンパク質．他の細胞や組織に酸素（O_2）を運ぶ．

ヘリカーゼ helicase DNAの巻戻しに関与する酵素．

ペルオキシソーム peroxisome すべての動物と多くの植物細胞にある酸化反応をつかさどる細胞小器官．毒性化合物である過酸化水素（H_2O_2）を発生する．ペルオキシソームは酵素カタラーゼを含むので，毒性のある H_2O_2 は水と O_2 に分解される．

ペルオキシダーゼ peroxidase 過酸化水素（H_2O_2）が酸化剤になる反応を触媒する酵素．ペルオキシダーゼはIUBMB分類では酸化還元酵素に属する．

ベンケイソウ型有機酸代謝（CAM） Crassulacean acid metabolism 乾燥した環境に適した光合成反応で，おもに水分損失を防ぐために用いられる変形炭酸固定反応．この反応では CO_2 は夜間に吸収され，リンゴ酸が生成する．日中，リンゴ酸の脱炭酸により CO_2 が遊離し，それがカルビン回路に入る．

変性 denaturation 1）生体高分子の本来のコンホメーションが壊れて高分子の生物活性が失われること．2）DNAが完全に巻戻されて相補鎖が解離すること．

ヘンダーソン・ハッセルバルヒの式 Henderson-Hasselbalch equation 弱酸や弱塩基の溶液のpHを pK_a およびプロトン供与体とプロトン受容体の濃度で表す式．

ペントースリン酸経路 pentose phosphate pathway グルコース6-リン酸が代謝されて NADPH とリボース5-リン酸のできる反応．経路の酸化的段階では，グルコース6-リン酸はリブロース5-リン酸と CO_2 に変換され，2分子の NADPH が発生する．非酸化的段階で，リブロース5-リン酸は，リボース5-リン酸に異性化されるか，あるいは解糖系の中間代謝物に変換される．ヘキソースリン酸回路ともいう．

ボーア効果 Bohr effect 二酸化炭素にさらされると，細胞内pHが低下し，赤血球ヘモグロビンの酸素結合能が低下する現象．

補因子 cofactor アポ酵素からホロ酵素への転換に必要な無機イオンあるいは有機分子．補因子には必須イオンと補酵素の二つの型がある．

飽和脂肪酸 saturated fatty acid 炭素-炭素二重結合を含まない脂肪酸．（不飽和脂肪酸と比較せよ．）

補欠分子族 prosthetic group 酵素に固く結合する補酵素．補助基質とは異なり，補欠分子族は酵素の触媒サイクルを通じて酵素の特異的部位に結合している．

補酵素 coenzyme 酵素が完全な活性を発揮するのに必要な有機分子．補酵素はさらに補助基質と補欠分子族に分類される．

補酵素A coenzyme A アシル基輸送に用いられる大きな補酵素．

補助基質 cosubstrate 酵素触媒反応で基質となる補酵素．補助基質は反応過程で変化し，酵素の活性部位から離脱する．ひき続く酵素触媒反応で補助基質の元の形が再生される．

補助色素 accessory pigment 光合成膜に存在するクロロフィル以外の色素．補助色素にはカロテノイドやフィコビリンなどがある．

ホスファゲン phosphagen 動物の筋細胞に見いだされる高エネルギーリン酸を含む分子．ホスファゲンはリンアミドで，ATPより高いリン酸基転移ポテンシャルを有する．

ホスファターゼ phosphatase リン酸基の加水分解的除去を触媒する酵素．

ホスファチジン酸 phosphatidate グリセロール3-リン酸のC-1とC-2に2個のアシル基がエステル結合したグリセロリン脂質．ホスファチジン酸はさらに複雑なグリセロリン脂質の合成や分解の代謝中間体になる．

ホスホジエステル結合 phosphodiester linkage 核酸などの分子にみられる結合．2個のアルコール性ヒドロキシ基がリン酸基を介して結合する．

ホスホトランスフェラーゼ phosphotransferase キナーゼを見よ．

ホスホリラーゼ phosphorylase 無機リン酸（P_i）による求核攻撃を介した基質の分解（加リン酸分解）を触媒する酵素．

ホモグリカン（ホモ多糖） homoglycan (homopolysaccharide) 残基が1種類の単糖から構成されている糖のポリマー．（ヘテログリカンと比較せよ．）

ポリアクリルアミドゲル電気泳動（PAGE） polyacrylamide gel electrophoresis 異なる電荷あるいは大きさをもつ分子が高度に架橋したゲル担体中で電場を移動するときに生じる差違に基づいて分子を分離する技術．

ポリ(A)テール poly A tail 転写後に真核生物 mRNA 分子の3′末端に付加されるポリアデニル酸の鎖．長さは250ヌクレオチドまで．

ポリシストロン性mRNA polycistronic mRNA 複数のコード領域を含む一つの mRNA 分子．多くの原核生物 mRNA はポリシストロン性である．（モノシストロン性 mRNA と比較せよ．）

ポリソーム polysome 多数の翻訳複合体が1本の長い mRNA に結合したときに形成される構造体．ポリリボソームともいう．

ホリデイ連結 Holliday junction 二つの相同二本鎖 DNA 分子間の組換えの結果生じる鎖が交差した領域．

ポリヌクレオチド polynucleotide ホスホジエステル結合で連結した多数の（通常は20以上）ヌクレオチド残基から成るポリマー．（オリゴヌクレオチドと比較せよ．）

ポリペプチド polypeptide ペプチド結合で連結した多数の（通常は20以上）アミノ酸残基から成るポリマー．（オリゴペプチドと比較せよ．）

ポリメラーゼ連鎖反応（PCR） polymerase chain reaction ある試料中のDNAを増幅する方法．これは同時に，あるDNA分子集団の中から特定のDNAだけを濃縮する方法でもある．ポリメラーゼ連鎖反応では，目的とするDNA配列の両末端に相補的なオリゴヌクレオチドが多数回のDNA合成のプライマーとして使用される．

ポリリボソーム polyribosome ポリソームを見よ．

ホルモン hormone ある種の細胞あるいは内分泌腺で合成され，他の細胞や組織に運ばれる調節分子．標的細胞や組織は対応するホルモンレセプターをもち，細胞外ホルモン（一次メッセンジャー）に応答する．

ホルモン応答配列 hormone-response element ステロイドホルモン-レセプター複合体から成る転写活性化因子を結合するDNA配列．

ホロタンパク質（ホロ酵素） holoprotein (holoenzyme) 補因子とサブユニットのすべてを含む活性タンパク質（酵素）．（アポタンパク質と比較せよ．）

翻訳 translation mRNA のヌクレオチド配列を反映した配列をもつポリペプチドの合成．アミノ酸は活性化 tRNA によって供給され，リボソーム，その他の因子を含む翻訳複合体がペプチド結合の形成を触媒する．

翻訳開始因子 translation initiation factor タンパク質合成の開始時に翻訳開始複合体の形成に関与するタンパク質．

翻訳開始複合体 translation initiation complex リボソームサブユニット，鋳型 mRNA，開始 tRNA，開始因子から構成される複合体．タンパク質合成の開始時に組立てられる．

翻訳後修飾 posttranslational modification ポリペプチド合成の完了後に行われるタンパク質の共有結合修飾．

翻訳に伴う修飾 cotranslational modification ポリペプチド伸長終了前に行われるタンパク質の共有結合修飾．

翻訳複合体 translation complex 生体内でmRNAの翻訳を遂行するリボソームとタンパク質因子の複合体．

翻訳フレームシフト translational frameshifting mRNAの翻訳過程で生じる読み枠の移動．ある種のタンパク質の合成に翻訳フレームシフトが要求される．

−35領域 プリブナウボックスを見よ．

膜 membrane タンパク質を含んだ脂質二重層で，細胞や細胞小器官の輪郭をつくり，局在を定める．生体膜は，また，エネルギー転換や細胞内シグナル伝達に関連した多くの重要な生化学反応の部位である．

膜会合電子伝達 membrane-associated electron transport 酸化的リン酸化を見よ．

膜貫通タンパク質 integral membrane protein 脂質二重層の疎水性中心部に入り込み，通常，二重層を完全に貫通する膜タンパク質．内在性膜タンパク質ともいう．（表在性膜タンパク質と比較せよ．）

膜電位（$\Delta\Psi$） membrane potential 膜の両側のイオン濃度の差による膜を横断した電位差．

マトリックス支援レーザー脱離イオン化法 matrix-assisted laser desorption ionization 質量分析法の技術の一つで，レーザー光線で標的分子を個体のマトリックスから離脱させる．

ミカエリス・メンテンの式 Michaelis-Menten equation 酵素反応の初速度（v_0）と基質濃度（[S]），最大速度（V_{max}），ミカエリス定数（K_m）との間に成立する反応速度式．

ミカエリス定数（K_m） Michaelis constant ある反応で，初速度（v_0）が最大速度（V_{max}）の半分になる基質濃度．

ミクロフィラメント microfilament アクチンフィラメントを見よ．

ミスセンス変異 missense mutation あるヌクレオチドが他のヌクレオチドに置き換わることでDNAが変化し，結果として先のコドンが指定したアミノ酸が変化する変異．（ナンセンス変異と比較せよ．）

水のイオン積（K_w） ion product for water 水性溶液中のオキソニウムイオンの濃度と水酸化物イオンの濃度の積．$1.0\times10^{-14}\,M^2$に等しい．

ミスマッチ修復 mismatch repair ミスマッチした塩基を含むDNA分子を正常なヌクレオチド配列に戻すこと．ミスマッチ修復において，正しい方の鎖が認識され，一方の鎖の誤った部分が切り取られ，DNAポリメラーゼとDNAリガーゼの作用により正しい塩基対をもつ二本鎖DNAが合成される．（除去修復，直接修復と比較せよ．）

ミセル micelle 両親媒性分子の集合体で，分子の親水性部分が水性環境に表出し，疎水性部分が水分子との接触を最低にするように構造の内部で互いに集合する．

ミトコンドリア mitochondrion 大部分の真核細胞の酸化的エネルギー代謝を行う細胞小器官．ミトコンドリアは外膜と内膜を有し，内膜は特異的に折りたたまれてクリステを形成する．

ミトコンドリアマトリックス mitochondrial matrix ミトコンドリア内膜によって囲まれたゲル状の部分．好気的エネルギー代謝に関連する多くの酵素を含む．

ムチン mucin 質量にして80％以上もの糖を含む高分子量のO-結合型糖タンパク質．ムチンは負に荷電した伸びた分子で，胃腸系，泌尿生殖器系，呼吸器系の粘液に粘度を与えている．

明反応 light reaction 光合成反応において，水に由来したプロトンがADP+P_iからATPへの化学浸透圧的合成に使われ，同時に，水に由来する水素化物イオンがNADP$^+$をNADPHに還元する反応．光依存反応ともいう．（暗反応と比較せよ．）

メッセンジャーRNA messenger RNA mRNAを見よ．

免疫グロブリン immunoglobulin 抗体を見よ．

免疫蛍光顕微鏡 immunofluorescnce microscopy 特異的な蛍光リガンドあるいは抗体を用いて一次標識することで細胞成分を視覚化する技術．

モチーフ motif 多くのタンパク質に見いだされる二次構造の組合わせ．

モノシストロン性mRNA monocistronic mRNA 1本のポリペプチドだけをコードするmRNA分子．真核生物の大部分のmRNAはモノシストロン性である．（ポリシストロン性mRNAと比較せよ．）

モル質量 molar mass 化合物の1モルのグラム重量．

融解温度（T_m） melting temperature 二本鎖DNAが一本鎖DNAに変換する，あるいは，タンパク質が元の形から変性状態に変換する際の温度領域の中点．

融解曲線 melting curve 温度に対するDNA分子の吸収変化のプロット．吸収変化は二重らせんがほどけるのを表す．

誘導適合 induced fit 基質に触発されたコンホメーション変化による酵素の活性化モデル．

誘導物質 inducer リプレッサーに結合し，不活性化するリガンド．リプレッサーで調節される遺伝子の転写を促進する．

ユビキチン ubiquitin タンパク質の分解に関与する真核細胞の高度に保存されたタンパク質．1個または複数のユビキチンがタンパク質に結合すると，そのタンパク質は細胞内で加水分解を受ける標的になる．

ゆらぎ位置 wobble position mRNAのヌクレオチドと非ワトソン・クリック型塩基対の許されるアンチコドンの5′位．ゆらぎ位置はtRNAによる複数コドンの認識を可能にする．

陽イオン cation 全体として正に荷電したイオン．カチオンともいう．（陰イオンと比較せよ．）

溶媒圏 solvation sphere イオンや溶質を囲んでいる溶媒分子の核．

溶媒和 solvation 分子やイオンが溶媒分子によって囲まれている状態．

葉緑体 chloroplast 藻類や植物細胞のクロロフィルを含む細胞小器官で，光合成の場となる．

四次構造 quaternary structure オリゴマータンパク質を構成する複数のポリペプチド鎖から成る構造．（一次構造，二次構造，三次構造と比較せよ．）

読み枠 reading frame アミノ酸配列を指定するmRNAの非重複コドンの配列．mRNAの読み枠は翻訳開始部位によって決まる．通常はAUGコドンである．

ライズ rise らせん状高分子の軸に沿った一つの残基から隣の残基までの距離．（ピッチと比較せよ．）

ラインウィーバー・バークプロット Lineweaver-Burk plot 二重逆数プロットを見よ．

ラギング鎖 lagging strand 複製フォークと反対方向に新たに合成されるDNA鎖で，不連続の5′→3′重合が起きる．（リーディング鎖と比較せよ．）

ラマチャンドランプロット Ramachandran plot ポリペプチド鎖中のアミノ酸残基についてψ対ϕ値をプロットしたもの．特定のϕとψの値がコンホメーションの違いを特徴づける．

リガンド ligand 他の分子や原子に非共有結合で結合する分子，基，イオン．

リガンド依存性イオンチャネル ligand-gated ion channel 特異的なリガンドの結合に応答して開閉する膜のイオンチャネル．（電位依存性イオンチャネルと比較せよ．）

リソソーム lysosome 真核細胞において消化を担う特別な細胞小器官．リソソームには，タンパク質や核酸，多糖のような細胞の生体高分子の分解を触媒する酵素や，細胞が取込んだ細菌のような大きな粒子を消化する酵素など多様な酵素が含まれている．

リゾホスホグリセリド lysophosphoglyceride グリセロリン脂質の二つの脂肪酸部分の一つが加水分解で除去されたときに生じる両親媒性脂質．低濃度のリゾホスホグリセリドは代謝中間体であるが，高濃度になると膜を壊し，細胞を融解させる．

リーダーペプチド leader peptide 特定の調節オペロンのリーダー領域の一部によってコードされているペプチド．転写減衰機構によるオペロン全体の転写調節は，リーダーペプチドの合成に基づいている．

リーダー領域 leader region オペロンの転写開始部位と最初のコード領域との間のヌクレオチド配列.

律速段階 rate-determining step 化学反応で最も遅い段階. 基質から生成物ができる各段階中, 律速段階で活性化エネルギーが最も高い.

立体異性体 stereoisomer 同一の分子式で表されるが, 原子の空間的配置の異なる化合物. (鏡像異性体と比較せよ.)

立体特異性 stereopecificity 基質の立体異性体のただ一つだけを認識し作用する酵素の能力.

立体配座→コンホメーション

立体配置 configuration 原子の空間的配置で, 共有結合の切断・再結合なしには変化しない.

リーディング鎖 leading strand 複製フォークと同一方向に新たに合成されるDNA鎖で, 連続した5′→3′重合が起きる. (ラギング鎖と比較せよ.)

リパーゼ lipase トリアシルグリセロールの加水分解を触媒する酵素.

リプレッサー repressor RNAポリメラーゼによる転写を阻止する調節性DNA結合タンパク質. (オペレーターと比較せよ.)

リボ核酸 ribonucleic acid RNAを見よ.

リボ核タンパク質 ribonucleoprotein RNAとタンパク質の両方を含む複合体.

リボザイム ribozyme 酵素活性を有するRNA分子.

リボース ribose 5個の炭素を含む単糖 ($C_5H_{10}O_5$). RNA, ATP, 多くの補酵素の糖質成分.

リボソーム ribosome 種々のrRNAとタンパク質から構成された巨大なリボ核タンパク質複合体. リボソームはタンパク質合成の場である.

リポソーム liposome 水性部分を包み込んだリン脂質二重層から成る合成小胞.

リボソームRNA ribosomal RNA rRNAを見よ.

リポ多糖 lipopolysaccharide リピドA (リン酸化されたグルコサミンの二糖に脂肪酸が結合している) と多糖から成る高分子化合物. リポ多糖はグラム陰性菌の外膜に見いだされる. これらの化合物は溶菌過程で細菌から遊離し, ヒトや他の動物に毒性を示す. 内毒素ともいう.

リポタンパク質 lipoprotein 脂質とタンパク質の高分子性集合体で, 疎水性のコアと親水性の表面をもつ. 脂質はリポタンパク質を介して輸送される.

リボヌクレアーゼ (RNアーゼ) ribonuclease RNAの加水分解を触媒する酵素. オリゴヌクレオチドあるいはモノヌクレオチドにする.

流動モザイクモデル fluid mosaic model 生体膜の構造について提案されたモデル. このモデルでは, 膜の脂質とタンパク質 (膜貫通および表在性のいずれも) は回転可能で, 横方向に拡散することのできる動的な構造として描かれている.

両親媒性分子 amphipathic molecule 疎水性領域と親水性領域の両方をもつ分子.

両性イオン zwitterion 負および正に荷電した基をもつ分子.

リンカーDNA linker DNA 二つの近傍のヌクレオソームコア粒子間の伸びたDNA鎖 (約54 bp).

リン酸エステル結合 phosphoester linkage リン酸基がアルコール性酸素あるいはフェノール性酸素に結合してできる結合.

リン酸基転移ポテンシャル phosphoryl-group-transfer potential ある化合物が他の化合物にリン酸基を転移する能力の指標. 標準状態では, 基転移ポテンシャルは, 加水分解の標準自由エネルギーの符号を反対にした値に等しい.

リン酸無水物 phosphoanhydride 2個のリン酸基の縮合で生じた化合物.

リン脂質 phospholipid リン酸部分をもつ脂質.

ループ loop タンパク質分子内の二次構造をつなぐ繰返しのないポリペプチド領域. 球状タンパク質が密な構造をとるために必要な方向転換を行う. ループは2～16残基を含む. 5残基ほどの短いループはしばしばターンとよばれる.

零次反応 zero-order reaction 反応速度が反応物の濃度に無関係な反応.

レクチン lectin 糖タンパク質などの糖を結合するタンパク質.

レセプター receptor ホルモンのようなある細胞反応をひき起こす特定のリガンドを結合するタンパク質.

レダクターゼ reductase 還元酵素. 酸化還元酵素を見よ.

レトロウイルス retrovirus 真核生物に感染するRNAウイルスの一種で, 逆転写酵素をもつウイルス.

レプリソーム replisome DNAポリメラーゼ, プライマーゼ, ヘリカーゼ, 一本鎖結合タンパク質, その他の因子を含む多タンパク質複合体. 複製フォークのそれぞれに局在するレプリソームは細菌の染色体DNA複製の重合を遂行する.

ロイシンジッパー leucine zipper DNA結合タンパク質などにみられる構造モチーフ. 同一あるいは異なるポリペプチド鎖からの二つの両親媒性αヘリックスの疎水面 (しばしばロイシン残基を含む) が相互作用してコイルドコイル構造を形成したときにロイシンジッパーができる.

ろう wax 長鎖の第一級アルコールと長鎖の脂肪酸から成る非極性エステル.

掲載図出典

表紙 Quade Paul, Echo Medical Media（サルは Simone van den Berg/Shutterstock より改変.）

第1章 p.3 Science Photo Library/Photo Researchers, Inc.; p.4 左上 Photos 12/Alamy; p.4 左下 Science Photo Library/Photo Researchers, Inc.; p.4 右 Corbis; p.5 Shutterstock; p.11 Shutterstock; p.12 Manuscripts & Archives－Yale University Library; p.14 左 SSPL/The Image Works; p.14 右 Richard Bizley/Photo Researchers, Inc.; p.16 上 Lee D. Simon/Photo Researchers, Inc.; p.16 下 National Library of Medicine Profiles in Science; p.18 Matthew Daniels, Wellcome Images; p.20 上 Dr. Torsten Wittmann/Photo Researchers, Inc.; p.20 下 David S. Goodsell, the RCSB Protein Data Bank. Coordinates from PDB entry 1atn.

第2章 章頭図 NASA; p.25 Michael Charters; p.27 iStockphoto; p.28 NOAA; p.31 Valley Vet Supply; p.32 Travel Ink/Getty Images; p.35 Elemental-Imaging/iStockphoto; p.36 Edgar Fahs Smith Memorial Collection; p.37 Fotolia; p.40 Library of Congress.

第3章 p.47 Thomas Deerinck, NCMIR/Photo Researchers, Inc.; p.49 上 Argonne National Laboratory; p.49 下 Pascal Goetgheluck/Photo Researchers, Inc.; p.52 iStockphoto; p.58 iStockphoto; p.60 MARKA/Alamy; p.61 上 Bio-Rad Laboratories, Inc.; p.61 下左 REUTERS/William Philpott WP/HB; p.61 下右 AFP Photo/Newscom; p.66 Bettmann/CORBIS.

第4章 章頭図 Shutterstock; p.73 Swiss Institute of Bioinformatics; p.74 下 Lisa A. Shoemaker; p.75 上 Bror Strandberg; p.75 下 Hulton Archive/Getty Images; p.77 Custom Life Science Images/Alamy; p.79 Bettmann/Corbis; p.81 Julian Voss-Andreae; p.91 From Kühner et al., "Proteome Organization in a Genome-Reduced Bacterium" *Science* 27 Nov 2009 Vol. 326 no. 5957 pp.1235-1240. American Association for the Advancement of Science.; p.92 Howard Ochman; p.93 From Butland et al., "Interaction network containing conserved and essential protein complexes in Escherichia coli," *Nature* 433 (2005), 531-537; p.95 National Library of Medicine; p.99 Laurence A. Moran; p.100 Easawara Subramanian, http://www.nature.com/nsmb/journal/v8/n6/full/nsb0601_489.html; p.101 Danielle Anthony; p.103 上, SSPL/The Image Works; p.103 下 Janice Carr/Centers for Disease Control; p.104 Ed Uthman, licensed via Creative Commons http://creativecommons.org/licenses/by/2.0/; p.107 Julian Voss-Andreae.

第5章 p.115 上 Dorling Kindersley; p.115 下 Jonathan Elegheert; p.116 Michael P. Walsh/IUBMB; p.117 Leonardo Da Vinci; p.120 左 Rockefeller Archives Center; p.120 中 University of Pittsburgh, Archives Service Center; p.120 右 Laurence A. Moran; p.125 AP Photo/Paul Sakuma.

第6章 p.141 Ronsdale Press, photo copyright Dina Goldstein; p.145 Bettmann/CORBIS; p.152 Paramount/Photofest; p.155 Shutterstock.

第7章 p.166 左 Shutterstock; p.166 右 Library of Congress; p.170 Heath Folp/Industry & Investment NSW; p.175 History Press; p.177 Christian Heintzen, University of Manchester; p.179 iStockphoto; p.180 John Olive; p.181 Stephanie Schuller/Photo Researchers, Inc.; p.182 上 Meg and Raul via Flickr/CC-BY-2.0 http://creativecommons.org/licenses/by/2.0/deed.en; p.182 下, p.183 Shutterstock; p.186 ®The Nobel Foundation.

第8章 章頭図, p.198, p.200 Shutterstock; p.202 Image Source/Alamy; p.203 左 Jack Griffith; p.203 右 Jakob Jeske/Fotolia; p.204 Jens Stougaard; p.206 左 Eric Erbe, Christopher Pooley, Beltsville Agricultural Research/USDA; p.206 右 Robert Hubert, Microbiology Program, Iowa State University; p.208 Christine Ortlepp.

第9章 p.215 imagebroker/Alamy; p.218 Steve Gschmeissner/Photo Researchers, Inc.; p.220 Shutterstock; p.223 右下右 Shutterstock; p.225 John Ross; p.228 右 Professors Pietro M. Motta & Tomonori Naguro/Photo Researchers, Inc.; p.228 右 Biophoto Associates/Photo Researchers, Inc.; p.230 Lisa A. Shoemaker; p.231 右 Julie Marie/Fotolia; p.236 M. M. Perry; p.237 Shutterstock.

第10章 章頭図 Quade Paul, Echo Medical Media; p.250 Charles Boone, From Costanzo et al. "The Genetic Landscape of a Cell" *Science* 327; (2010): 425-432; p.251 Roche Applied Science; p.256 Shutterstock; p.257 University of Edinburgh/Wellcome Images; p.258 Biophoto Associates/Photo Researchers, Inc.; p.261 National Library of Medicine.

第11章 章頭図 Barton W. Spear－Pearson Education; p.277 左 Super-Stock, Inc;. p.277 右 Bettmann/CORBIS; p.282 Warner Bros./Photofest; p.285 ChinaFotoPress/Zuma/ICON/Newscom; p.291 dreambigphotos/Fotolia.

第12章 p.298 CBS/Landov; p.308 左 A. Jones/Photo Researchers, Inc.; p.308 右 Laura Van Niftrik; p.309 United States Postal Service; p.314 Tim Crosby/Getty Images.

第13章 p.322 上 From Zhou, Z. H. et al. (2001) *Proc. Natl. Acad. Sci. USA* 98, pp.14802-14807; p.322 下 Science Photo Library/Photo Researchers, Inc.; p.324 From Zhou, Z. H. et al. (2001) *Proc. Natl. Acad. Sci. USA* 98, pp.14802-14807; p.325 NASA; p.329, p.334 Shutterstock.

第14章 章頭図 上と左 Shutterstock; 章頭図 下 Dirk Freder/iStockphoto; p.347 Lisa A. Shoemaker; p.348 左 上と下 Shutterstock; p.348 右 Roberto Danovaro; p.349 Milton Saier; p.353 Michael Radermacher; p.359 Alexander Tzagoloff; p.363 NASA/Sandra Joseph and Kevin O'Connell.

第15章 章頭図 Mary Ginsburg; p.368 Arizona State University－Plant Bio Department; p.369 Makoto Kusaba; p.371 上 Shutterstock; p.371 中 CHINE NOUVELLE/SIPA/Newscom; p.371 下 Robert Lucking; p.375 Niels Ulrik Frigaard; p.379 左 Michelle Liberton, Howard Berg, and Himadri Pakrasi, of the Donald Danforth Plant Science Center and of Washington University, St. Louis; p.379 右 Andrew Syred/Photo Researchers, Inc.; p.380 左 NSF Polar Programs/NOAA; p.380 右 Lisa A. Shoemaker; p.383 Lawrence Berkeley National Laboratory; p.388 左 From Bhattacharyya et al, "The wrinkled-seed ..." *Cell*, Vol 60, No 1, 1990, pp 115-122; p.388 右 Shutterstock; p.389 Peter Arnold/Photolibrary; p.390 左上 Fotolia; p.390 左下 From David F. Savage et al., "Spatially Ordered Dynamics of the Bacterial Carbon Fixation Machinery," 2011. American Association for the Advancement of Science; p.390 右 AP Photo/Charlie Neibergall; p.391 Shutterstock.

第16章 章頭図 Kennan Ward/Corbis; p.405 Shutterstock; p.407 上 Bettmann/CORBIS; p.407 下 Hulton Archive/Getty Images; p.408 Environmental Justice Foundation, Ltd.; p.412 David Leys, Toodgood et al., 2004; p.413 Eric Clark/Molecular Expressions; p.415 Shutterstock; p.417 Steve Gschmeissner/SPL/Alamy; p.420 Donald Nicholson/IUBMB; p.421 Shutterstock; p.423 Robin Fraser.

第17章 p.431 左 NASA Visible Earth; p.431 右 NOAA; p.432 Inga

Spence/Photo Researchers, Inc.; p.445 iStockphoto.com; p.446 上 Shutterstock; p.446 下 National Library of Medicine; p. U.S Air Force photo/Staff Sgt Eric T. Sheler.

第18章 p.465 左 G. Robert Greenberg; p.465 右 National Library of Medicine; p.472 Peter Reichard; p.475 Shutterstock; p.478 Fotolia.

第19章 p.485 National Cancer Institute; p.491 SSPL/The Image Works; p.496 Andrew Paterson/Alamy; p.497 Lisa A. Shoemaker; p.499 Ulrich K. Laemmli; p.504, p.505 左 Lisa A. Shoemaker; p.505 右上 Stanford University School of Medicine; p.505 右下 Steve Northup/Time & Life Images/Getty Images.

第20章 p.510 Regional Oral History Office, The Bancroft Library, University of California, Berkeley; p.511 上 John Cairns; p.511 下 David S. Hogness; p.519 左 Timothy Lohman; p.519 右 From *Structure*, 6, Dec. 2008 Copyright Elsevier. Original artwork by Glass Egg Design, Jessica Eichman, www.glasseggdesign.com; 618, Lisa A. Shoemaker; p.523 David Bentley; p.524 Laguna Design/Photo Researchers, Inc.; p.529 右上左 Paul Sabatier/Art Life Images/Superstock; p.529 右上右 James Kezer/Stanley Sessions; p.529 右下 Dr. L. Caro/Photo Researchers, Inc; p.532 Institute of Molecularbiology and Biophysics, From Yamada et al., *Molecular Cell* Vol 10 p 671 (2002). Figure 4b (right), with permission from Elsevier.; p.532 Vanderbilt University, Genes and Development. From Wang et al. *BASC, a super complex of BRCA1-associated proteins involved in the recognition and repair of aberrant DNA structures.* Vol. 14, No. 8, pp.927-939, April 15, 2000 Fig 3M.

第21章 p.536 Marc Gantier/Getty Images; p.537 From Murakami. et al., *Science* 296: 1285-1290 (2002) Fig5A (left) American Association for the Advancement of Science; p.539 Oscar L. Miller, Jr.; p.548 Lisa A. Shoemaker.

第22章 p.562 左 National Security Agency; p.562 右 US Navy Office of Information; 675, David Goodsell; p.571 Stanford University School of Medicine; p.574 下 Oscar L. Miller, Jr.; p.583 H. H. Mollenhauer/USDA.

和 文 索 引

あ

IF-1, IF-2, IF-3　571
IMP(イノシン 5′-一リン酸, イノシン酸)　463
IMP シクロヒドロラーゼ　464
アイソザイム　276
IDL(中間密度リポタンパク質)　423
IUPAC(国際純正・応用化学連合)　48,214
IUBMB(国際生化学分子生物学連合)　48,115
アカパンカビ(Neurospora crassa)　177,535
アガロースゲル電気泳動　505
アキシアル　195
アクアポリン　233
悪性貧血　179
アクセプターステム　563
悪玉コレステロール　424
アクチベーター　546
アクチン　20
アクチンフィラメント　20
アグレカン　205
アグロバクテリア(Agrobacteria)　431
アコニターゼ(アコニット酸ヒドラターゼ)　327,330,343
cis-アコニット酸　330
アシドーシス　285
アシビシン　480
亜硝酸レダクターゼ　431
アシルカルニチン　414
アシル基
　——の転移　136
アシルキャリヤータンパク質(ACP)　171
1-アシルグリセロール-3-リン酸アシルトランスフェラーゼ　400
アシル CoA オキシダーゼ　412
アシル CoA デヒドロゲナーゼ　411,416,451
N-アシルスフィンガニン　406
アスコルビン酸(ビタミン C)　102,175,198
　——の生合成　176
アスパラギナーゼ　436,448
アスパラギン(Asn, N)　53,435,448
アスパラギン酸(Asp, D)　53,301,336,435,448
アスパラギン酸アミノトランスフェラーゼ　362,435
アスパラギン酸カルバモイルトランスフェラーゼ(ATCアーゼ)　134,468
アスパラギン酸キナーゼ　435
アスパラギン酸セミアルデヒドデヒドロゲナーゼ　435
アスパラギン酸プロテアーゼ　90
アスパラギンシンテターゼ　435
アスパルテーム　58,200
アスピリン　43,403
アスピリン置換体　404
アセタール結合　198
アセチル ACP　395

アセチル化
　ヒストンの——　498
N-アセチルガラクトサミニルトランスフェラーゼ　209
N-アセチル-α-D-ガラクトサミン(GalNAc)　197
N-アセチルグルコサミン(GlcNAc)　203
アセチル CoA　321,326,340,395
　——の合成　264
　ピルビン酸から——　283,322
アセチル CoA C-アシルトランスフェラーゼ　411,425
アセチル CoA C-アセチルトランスフェラーゼ　407
アセチル CoA カルボキシラーゼ　396,417
アセチル CoA シンテターゼ　264
アセチルコリンエステラーゼ(AChE)　128,162
アセチルジヒドロリポアミド　323
N-アセチルノイラミン酸(NeuNAc)　197
アセトアセチル ACP　396
アセトアミノフェン　404
アセト酢酸　424
アセトン　424
アゾトバクター(Azotobacter)　431
頭を伸ばす機構　310
アデニル酸(アデノシン 5′-一リン酸, AMP も見よ)　489(表)
アデニル酸キナーゼ　89,466
アデニル酸シクラーゼ　239
アデニル酸シクラーゼシグナル伝達経路　239,314
アデニロコハク酸シンテターゼ　466
アデニロコハク酸リアーゼ　464
アデニン(A)　9,462,465,486,489(表)
　——のメチル化　501
アデニンヌクレオチドトランスロカーゼ　361
アデニンホスホリボシルトランスフェラーゼ　475
アデノシルコバラミン　180,415
S-アデノシルホモシステイン　452
S-アデノシルメチオニン(SAM)　54,167,452,503
アデノシン　489(表)
アデノシン 5′-一リン酸 → アデニル酸, AMP
アデノシン 5′-三リン酸 → ATP
アデノシンデアミナーゼ　151,477
アテローム性動脈硬化症　424
アトラクチロシド　365
アトルバスタチン　410
アドレナリン(エピネフリン)　54,167,314,417
アドレナリン α₁ レセプター　315
アドレナリン β レセプター　314
アニオン(陰イオン)　28
アノマー　193
アノマー炭素　192
亜ヒ酸　282
アビジン　178
アフィニティークロマトグラフィー　60
アブラヤシ　215
アポ酵素　164

アポトーシス　446
アポリポタンパク質　423
アミグジン　465
アミド結合 → ペプチド結合
アミノアシル tRNA　566
アミノアシル-tRNA シンテターゼ　566
アミノアシル部位(A 部位)　569
p-アミノ安息香酸(PABA)　439
アミノイミダゾールカルボキサミドリボヌクレオチド(AICAR も見よ)　442,464
アミノイミダゾールスクシノカルボキサミドリボヌクレオチド(SAICAR も見よ)　464
アミノイミダゾールリボヌクレオチド(AIR も見よ)　464
アミノ形　487
アミノ酸　48
　——のイオン化　55
　——の慣用名　53
　——の構造　7,47
　——の疎水性　54
　——の pKa 値　56(表)
　——の分子量　63(表)
　——のラセミ化　49
　HPLC による——の分離　63
アミノ酸残基　58
　——の配列決定　63
アミノ酸ステム　563
アミノ酸組成
　タンパク質の——　63(表)
アミノ酸配列
　ヒト血清アルブミンの——　67
アミノ酸分析　62
アミノ糖　197
アミノトランスフェラーゼ　174,336,434
　——の反応機構　175
アミノトリアゾール　460
アミノ末端(N 末端)　58
γ-アミノ酪酸(GABA)　54
α-アミラーゼ　201
β-アミラーゼ　201
アミロ-1,6-グルコシダーゼ活性　311
アミロース　201
アミロ-(1,4 → 1,6)-トランスグリコシラーゼ　310
アミロプラスト　389
アミロペクチン　201
アラキジン酸　214(表)
アラキドン酸　214(表),215,224,400
アラキドン酸リポキシゲナーゼ　404
アラニン(Ala, A)　50,53,299,437,448
　——の滴定曲線　55
　ピルビン酸から——　283
アラニンラセマーゼ　49
アラビノース　191
L-アラビノース結合タンパク質　89
アラントイカーゼ　477
アラントイナーゼ　477
アラントイン　477
アラントイン酸　477
アリシン残基　102
rRNA(リボソーム RNA)　10,496,536
　——のプロセシング　553
RS 表示法　50

RN アーゼ(リボヌクレアーゼも見よ)　500
RN アーゼⅢ　553
RN アーゼ A → リボヌクレアーゼ A
RN アーゼ D　553
RN アーゼ P　551
RN アーゼ T₁　507
RNA(リボ核酸)　5,485
　——含量　536(表)
　——のアルカリ加水分解　500
RNA-タンパク質台座　499
RNA プライマー　515
RNA プロセシング　551
RNA ポリメラーゼ　536,544
RNA ポリメラーゼⅠ　544
RNA ポリメラーゼⅡ　544
RNA ポリメラーゼⅢ　544
RNA ポリメラーゼコア酵素　537
RNA ポリメラーゼⅡ転写因子　545(表)
RNA ポリメラーゼホロ酵素　537(表),541
RF-1, RF-2, RF-3　577
アルカプトン尿症　455
アルカリ加水分解
　RNA の——　500
アルギナーゼ　449,457
アルギニノコハク酸シンターゼ　457
アルギニノコハク酸リアーゼ　457
アルギニン(Arg, R)　47,52,438,449
アルギニンキナーゼ　160
1-アルキルグリセロリン酸アシルトランスフェラーゼ　405
1-アルキルジヒドロキシアセトンリン酸オキシドレダクターゼ　405
1-アルキルジヒドロキシアセトンリン酸シンターゼ　405
アルコールデヒドロゲナーゼ　169,187
アルコール発酵　277
R コンホメーション　107,129,312
アルズロン酸　197
1-アルセノ-3-ホスホグリセリン酸
　——の加水分解　282
アルドース　189
　——のフィッシャー投影式　191
アルドース 1-エピメラーゼ(ムタロターゼ)　195
アルドースレダクターゼ　300
アルドテトロース　190
アルドトリオース　190
アルドラーゼ　274,278
アルドン酸　197
R 配置　50
α 炭素原子　48
α+β クラス　86
α1-プロテイナーゼインヒビター　162
α/β クラス　86
α/β バレル　86
α ヘリックス　73
　——のコンホメーション　79
　右巻きの——　80
α ヘリックスバンドル　226
Rubisco → ルビスコ
RuvA, RuvB, RuvC　530
アロイソロイシン　50

和文索引

あ

アロース 191
アロステリックエフェクター（アロステリック調節因子，アロステリックモジュレーター） 107,129
アロステリック活性化剤 289
アロステリック酵素 128
アロステリック制御 254,288,313
アロステリック相互作用 107
アロステリックタンパク質 107
アロステリック転移 130
アロステリック部位 129
アロプリノール 480
アロラクトース 549
アンダーソン病 318
アンチコドン 563
アンチコドンアーム 563
アンチコドンループ 563
アンチコンホメーション 488
アンチセンス鎖（鋳型鎖） 539
アンテナクロロフィル 370
アンテナ分子 370
アントラニル酸 440
暗反応 367
アンモニア 477
　　──の排泄 429

い

eIF 571
eIF-2 579
eIF-4 572
EF-G 577
EF-Ts 574
EF-Tu 573
EF-Tu・GTP
イオン化
　アミノ酸の── 55
　ヒスチジンの── 56
　水の── 35
イオン化アミノ酸 139(表)
イオン交換クロマトグラフィー 60
イオン勾配 235
イオン積
　水の── 36
イオン対 32
異化（反応） 249
　分枝アミノ酸の── 451
異化経路
　──の全体像 256
鋳型鎖（アンチセンス鎖） 539
維管束鞘細胞 390
EcoR I 503
異質細胞
　シアノバクテリアの── 257
いす形配座 195
異性化酵素（イソメラーゼ） 116
異染性ロイコジストロフィー 418
イソアクセプター tRNA 分子 565
イソアロキサジン 170
イソクエン酸 327,330
イソクエン酸デヒドロゲナーゼ 327,330,338,341
　　──の共有結合修飾による調節 343
イソクエン酸リアーゼ 341
イソニアジド 187
イソプレノイド 213,224,408
イソプレン 183,222
イソペンテニル二リン酸 407,410
イソペンテニル二リン酸イソメラーゼ（IPI） 409
イソメラーゼ（異性化酵素） 116,305
イソロイシル-tRNA シンテターゼ 567

イソロイシン（Ile，I）50,53,437,450
I 型脂肪酸合成系（FAS I ） 398
I 型制限酵素 503
I 型糖尿病 317,426
I 型反応中心 371
一次構造 57,73
　　──と進化の関係 67
一次性能動輸送 235
一不飽和脂肪酸 214
1 分子原子間力分光学 496
一酸化窒素 443
一酸化窒素シンターゼ 444
一般酸塩基触媒作用 140
一本鎖結合タンパク質（SSB）519
ETF（電子伝達フラビンタンパク質） 412
ETF : ユビキノンオキシドレダクターゼ 411
遺伝暗号（コード） 561
遺伝子 535
遺伝性高胎児ヘモグロビン血症 104
イドース 191
myo-イノシトール 197,218(表)
イノシトール 1,4,5-トリスリン酸（IP$_3$） 241,401
イノシトール-リン脂質シグナル伝達経路 241
イノシン（I） 565
イノシン 5′-一リン酸 → IMP
イノシン酸 → IMP
E 部位 575
イブプロフェン 126,404,408
イミダゾリウムイオン 39,56
イミダゾール 39,56
イミダゾールグリセロールリン酸 442
イミノ形 487
イムノアッセイ（免疫測定法） 110
陰イオン（アニオン） 28
インスリン 243,287,298,314,417,426
インスリン依存性糖尿病 317
インスリン非依存性糖尿病 317
インスリンレセプター 243
インスリンレセプター基質 243
インターフェロン 580
インタラクトーム 93
インドールグリセロールリン酸 440
イントロン 556
インベルターゼ 290

う，え

ウイルス 3,16
ウラシル（U） 9,465,467,486,489(表)
ウラシル N-グリコシラーゼ 528
ウリジル酸 → UMP
ウリジン 489(表)
ウリジン 5′-一リン酸 → UMP
ウリジン 5′-三リン酸 → UTP
ウリジン 5′-二リン酸 → UDP
ウレアーゼ 477
ウレイドプロピオナーゼ 479
ウロポルフィリノーゲンデカルボキシラーゼ 123
ウワバイン 244

AIR（アミノイミダゾールリボヌクレオチド） 464
AIR カルボキシラーゼ 464
AIR シンテターゼ 464
AICAR（アミノイミダゾールカルボキサミドリボヌクレオチド） 442,464
AICAR ホルミルトランスフェラーゼ 464
エイコサノイド 223,400,403
栄養物代謝 249
AMP（アデノシン 5′-一リン酸，アデニル酸も見よ） 489(表)
　　──による調節 289
液晶相 230
エキソグリコシダーゼ 201
エキソサイトーシス 236
エキソヌクレアーゼ 500
エキソン 556
エクアトリアル 195
$EcoR$ I 503
A 抗原 209
A 酵素 209
ACP（アシルキャリヤータンパク質） 171
ACP S-アセチルトランスフェラーゼ 396
ACP S-マロニルトランスフェラーゼ 396
SI 単位 24
SRP（シグナル認識粒子） 583
SRP レセプタータンパク質 584
SAICAR（アミノイミダゾールスクシノカルボキサミドリボヌクレオチド） 464
SAICAR シンテターゼ 464
SSB（一本鎖結合タンパク質） 519
snRNA（核内低分子 RNA） 557
snRNP（核内低分子リボ核タンパク質） 557
S 期タンパク質キナーゼ（SPK） 525
SDS（ドデシル硫酸ナトリウム） 30,60
SDS-ポリアクリルアミドゲル電気泳動（SDS-PAGE） 60
β-エストラジオール 408
S 配置 50
SPK（S 期タンパク質キナーゼ） 525
枝切り酵素 201
エタノール
　ピルビン酸から── 283
エタノールアミン 218(表)
XMP（キサントシン一リン酸） 466
X 線結晶解析 74
HS-CoA 322
HSP60，HSP70 99
hnRNA（ヘテロ核 RNA） 544
HMG-CoA（3-ヒドロキシ-3-メチルグルタリル CoA）407,425
HMG-CoA シンターゼ 407,425
HMG-CoA リアーゼ 425
HMG-CoA レダクターゼ 407,410
H 抗原 209
HDL（高密度リポタンパク質） 423
HPLC（高速液体クロマトグラフィー） 60
　　──によるアミノ酸の分離 63
A-DNA 494
ATC アーゼ（アスパラギン酸カルバモイルトランスフェラーゼ） 134,468
ATP（アデノシン 5′-三リン酸）166,167(表),363,463
　　──とマグネシウムイオンの複合体 260
　　──による調節 289
　　──の加水分解 259
　　──の合成 346
　　──の構造 9
　　──の生産 256,337
ATP アーゼ 350
ATP-クエン酸-リアーゼ 336
ADP グルコース 310
ADP グルコースピロホスホリラーゼ 387

ATP シンターゼ 346,350,358
　　──の結合部位転換機構 360
エーテル脂質 405
エドマン分解法 64
NAD$^+$（ニコチンアミドアデニンジヌクレオチド） 167(表),168,322,326
　　──の紫外線吸収スペクトル 268
NAD 依存性デヒドロゲナーゼ 169
NADH 322,326
　　──からの電子伝達 267
　　──の紫外線吸収スペクトル 268
NADH シャトル機構 361
NADH デヒドロゲナーゼ 353
NADH : ユビキノンオキシドレダクターゼ 353
NADP$^+$（ニコチンアミドアデニンジヌクレオチドリン酸）167(表),168
NADPH デヒドロゲナーゼ 89
NMR（核磁気共鳴） 76
NMN（ニコチンアミドモノヌクレオチド） 168
N-グリコシド結合 207
N-結合型オリゴ糖鎖 207
N 末端（アミノ末端） 58
エネルギーダイヤグラム 137
エネルギープロフィル 137
エノイル ACP レダクターゼ 397
Δ^3,Δ^2-エノイル CoA イソメラーゼ 416
2-エノイル CoA ヒドラターゼ 411
エノラーゼ 275,281
5-エノールピルビルシキミ酸-3-リン酸シンターゼ 440
AP エンドヌクレアーゼ 528
ABO 血液型 209
エピネフリン → アドレナリン
エピマー 190
エピメラーゼ 305
A 部位（アミノアシル部位） 569
エフェクター（モジュレーター） 114
エフェクター酵素 237
FAD（フラビンアデニンジヌクレオチド） 167(表),170,323,333,354
FADH$_2$ 323
FMN（フラビンモノヌクレオチド） 167(表),170,353
FMNH$_2$ 353
F$_o$F$_1$-ATP アーゼ 358
F 型 ATP アーゼ 358
FGAM（ホルミルグリシンアミジンリボヌクレオチド） 464
FGAM シンテターゼ 464
F$_1$-ATP アーゼ 358
mRNA（メッセンジャー RNA） 10,496,536
　　──のプロセシング 553
mRNA 前駆体 544
MALDI（マトリックス支援レーザー脱離イオン化法） 61
MALDI-TOF 61
エムデン・マイヤーホフ・パルナス経路 272
エラスターゼ 152
エリスロマイシン 578
エリトルロース 192
エリトロース 191
エリトロース 4-リン酸 304
lac → ラック
L 形 48,190
エルゴステロール 222
LDL（低密度リポタンパク質） 423
エレクトロスプレー質量分析法 61
エロンガーゼ（延長酵素） 399
塩基 35
　　──の慣用名 465
　　──の命名 489(表)

和文索引

え

塩基除去修復 527
塩基組成
　DNAの―― 490（表）
塩基対（bp） 493
塩基配列決定法
　Sangerの―― 522
塩橋 32
エンタルピー変化（ΔH） 12
延長酵素（エロンガーゼ） 399
エンテロペプチダーゼ 152
エンドグリコシダーゼ 201
エンドサイトーシス 236
エンドソーム 236
エントナー・ドゥドロフ経路 292
エンドヌクレアーゼ 500
エンドルフィン 58
エントロピー駆動型 258
エントロピートラップ 147
エントロピー変化（ΔS） 12

お

oriC 521
ORC（複製起点認識複合体） 525
黄色ブドウ球菌（Staphylococcus aurens） 64,205
　――のペプチドグリカンの構造 206
OMP（オロチジン 5′――リン酸, 5′-オロチジル酸） 467
OMPデカルボキシラーゼ 468
岡崎フラグメント 515
O型 209
オキサロコハク酸 330
オキサロ酢酸 297,301,321,326,334
　――ピルビン酸から 283
オキシアニオンホール 155
オキシトシン 70
オキシドレダクターゼ（酸化還元酵素） 115
オキシプリノール 480
オキシヘモグロビン 105
オキシミオグロビン 103,105
2-オキソアジピン酸 454
3-オキソアシル ACP シンターゼ 396
3-オキソアシル ACP レダクターゼ 397
2-オキソイソ吉草酸 437
2-オキソグルタル酸（α-ケトグルタル酸） 300,327,330,434
2-オキソグルタル酸デヒドロゲナーゼ 332,343
2-オキソグルタル酸デヒドロゲナーゼ複合体 327,332,338,452
2-オキソ酸（α-ケト酸） 433
2-オキソ酸デヒドロゲナーゼファミリー 325
2-オキソ-3-メチル吉草酸 437
2-オキソ酪酸 437
O-グリコシド結合 207
O-結合型オリゴ糖鎖 207
オートラジオグラフィー 505
オペレーター 548
オペロン 538
オリゴ糖 189
　――のプロセシング 210
オリゴペプチド 58
オリゴマー酵素 129
オリゴマータンパク質 87,92（表）
折りたたみ
　タンパク質の―― 96
オリーブオイル 421
オール α クラス 86

オルニチン 438,456
オルニチンアミノトランスフェラーゼ 455
オルニチンカルバモイルトランスフェラーゼ 457
オール β ドメイン 86
オレイン酸 214（表）,216
オロチジン 5′――リン酸（OMP, 5′-オロチジル酸） 467
オロチジン-5′-リン酸デカルボキシラーゼ 161
オロト酸 467
オロト酸ホスホリボシルトランスフェラーゼ 468,475
尾を伸ばす機構 310

か

壊血病 175
開口状態 359
会合定数（K_a）
　タンパク質の―― 92
開始因子 571
開始コドン 563
開始 tRNA 569
開始複合体 569
回転アーム機構
　リポアミドの―― 323,450
回転子 359
解糖 272,297
　――の酵素反応 273（表）
　――の調節 286
　――の標準ギブズ自由エネルギー変化 286（表）
解糖系 273
外部アルジミン 174
界面活性剤 94
解離定数（K_d）
　タンパク質の―― 92
カオトロピック試薬 94
カオトロープ 31
化学合成従属栄養生物 256
化学合成独立栄養細菌 363
化学合成独立栄養生物 255
化学浸透圧説 348
化学的様式
　触媒作用の―― 139
化学電池 266,350
鍵と鍵穴説 4,118,150
可逆的阻害剤 125（表）
核 17,257
核 酸 9,485
拡 散 29
拡散律速反応 143
核磁気共鳴（NMR） 76
核内低分子 RNA（snRNA） 557
核内低分子リボ核タンパク質（snRNP） 557
格納比 497
核 膜 225,257
過酸化水素 146,364
加水分解
　ATPの―― 259
加水分解酵素（ヒドロラーゼ） 116
カスケード 238
カスパーゼ 446
化 石
　――の年代測定 49
家族性高コレステロール血症 427
カタプレロティック反応 339
カタボライト抑制 550
カタラーゼ 20,146
カチオン（陽イオン） 28

脚 気 166,344
褐色脂肪組織 360
活性化エネルギー 13,137
活性化剤イオン 164
活性化障壁 137
活性部位 139
可動性キノン 372
カフェイン 240
カプサイシン 237
カプセル 205
可変アーム 563
CAM（ベンケイソウ型有機酸代謝） 391
ガラクトキナーゼ 290
β-ガラクトシダーゼ 290,547
β-ガラクトシド 547
ガラクトシドパーミアーゼ 236
β-D-ガラクトシル 1-グリセロール 199
ガラクトシルトランスフェラーゼ 209
ガラクトース 191,291
ガラクトース血症 292
ガラクトース 1-リン酸 292
ガラクトース-1-リン酸ウリジリルトランスフェラーゼ 290
ガラクトセレブロシド 200,220,418
カラムクロマトグラフィー 59
カリウムチャネル 233
カリウムチャネルタンパク質 90
加リン酸分解 310
カルシウム依存性プロテインキナーゼ 241
カルジオリピン 218（表）
カルニチン：アシルカルニチントランスロカーゼ 414
カルニチンアシルトランスフェラーゼ I 414
カルニチンアシルトランスフェラーゼ II 414
カルニチンシャトル系 414
カルバミン酸付加物 109
カルバモイルリン酸 456,469
カルバモイルリン酸シンターゼ 456,467,469
4a-カルビノールアミンデヒドラターゼ 454
カルビン回路（還元的ペントースリン酸回路, C_3 経路） 367,383
カルボアニオン 49,137
カルボカチオン 137
カルボキシアミノイミダゾールリボヌクレオチド（CAIR） 464
2-カルボキシアラビニトール 1-リン酸 385
γ-カルボキシグルタミン酸 183
カルボキシソーム 390
カルボキシ末端（C末端） 58
カロテノイド 370
β-カロテン 181,370
環 192
ガングリオシド 220
ガングリオシド G_{M2} 220,239,418
還 元 137
還元型シトクロム c 357
還元型フェレドキシン 325
還元型補酵素 266,337,346
還元的経路 343
還元的ペントースリン酸回路 → カルビン回路
還元電位 266,351
還元糖 199
緩衝液 40
　――の調製 41
2′,3′-環状ヌクレオシド―リン酸 500

緩衝能
　血液の―― 41
完全酵素 145
肝 臓 316
冠動脈性心疾患 424
官能基 6
甘味受容器 200
慣用名
　アミノ酸の―― 53
　塩基の―― 465
　脂肪酸の―― 215
緩和状態 359

き

機械論者 114
気 孔 391
キサンチン 465,477
キサンチンオキシダーゼ 477
キサンチンデヒドロゲナーゼ 477,480
キサントシン―リン酸（XMP） 466
キサントフィル 370
基 質 114
基質アナログ 126
基質結合 146
基質結合ポケット 153
基質特異性 114
　セリンプロテアーゼの―― 153
基質レベルのリン酸化 256,280,327,332
キシルロース 192
キシルロース 5-リン酸 304
キシロース 191
奇数鎖脂肪酸 415
キチン 203
基転移反応 136
起電力 266,350
キナーゼ（リン酸基転移酵素） 261
キノン型 171
ギブズ自由エネルギー（G） 12
ギブズ自由エネルギー変化（ΔG） 12,258,262,285,350
キモトリプシノーゲン 152
キモトリプシン 64,152
逆ターン 83
逆平行 491
逆平行 β シート 82
キャップ 557
キャプシドタンパク質 90
旧黄色酵素 89
求核攻撃 136
求核剤（求核試薬） 34,136,140
求核性 136
求核置換 137
休止部位 541
吸収スペクトル
　NADの―― 268
　光合成色素の―― 369
　シトクロムの―― 184
　タンパク質の―― 51
球状タンパク質 72
急性リンパ芽球性白血病（ALL） 436
求電子剤（求電子試薬） 34,136,140
求電子性 136
Qサイクル 356
競合阻害 125
競合阻害剤 151
共 生 347
鏡像異性体 48,190
協奏モデル 131
協同性
　結合の―― 131
　正の―― 106

和文索引

共鳴エネルギー移動　370
共鳴構造
　　ペプチド結合の——　76
共鳴による安定化　261
共役塩基　37
共役酸　37
共役反応　262
共有結合修飾　132,552
共有結合触媒作用　140
共輸送　234
極性アミノ酸残基　139
キラル　48
キラル中心　50
キロ塩基対(kb)　493
キロミクロン　422
筋細胞　321
近接効果　146,500
金属イオン　164
金属活性化酵素　164
金属酵素　164

く

グアニジニウムイオン　57
グアニル酸(グアノシン5′-
　　一リン酸，GMPも見よ)　489(表)
グアニル酸キナーゼ　466
グアニン(G)　9,462,465,486,489(表)
グアニンデアミナーゼ　477
グアニンヌクレオチド交換因子
　　　　　　　　　　(GEF)　579
グアノシン　199,489(表)
グアノシン5′-一リン酸 → GMP
クエン酸　321,326,329
クエン酸回路　251,272,321,326
　　——全体の反応式　326(表)
　　——におけるエネルギー生産
　　　　　　　　　　337(表)
　　——の進化　342
　　——の調節　337
クエン酸シンターゼ　328,338
区画化
　　代謝経路の——　257
鎖交換　530
クーマジン®　183
組換えDNA分子　505
クモ毒　112
クモの糸　101
クラッベ病　418
グラナ　19,380
グラナチラコイド　380
グラム陰性細菌　205
グラム染色法　205
グラム陽性細菌　205
グリオキシル酸　340
グリオキシル酸経路　301,340
グリカン　189
グリコーキー　85
グリコゲニン　202,308
グリコーゲン　8,201,387
　　——の合成　307
　　——の動員　317
　　——の分解　310
グリコーゲン枝切り酵素　311
グリコーゲン顆粒　307
グリコーゲンシンターゼ　308,315
グリコーゲン代謝　296
グリコーゲンプライマー　307
グリコーゲンホスホリラーゼ
　　　　　　　　　　134,310
　　——の阻害　311
　　——の調節　312
グリコーゲンホスホリラーゼa　312

グリコーゲンホスホリラーゼb　312
グリココール酸　421
グリコサミノグリカン　203
グリコシド(配糖体)　198
N-グリコシド　200
グリコシド結合　198,486
N-グリコシド結合　207
O-グリコシド結合　207
グリコシル化
　　タンパク質の——　584
グリコシルトランスフェラーゼ　208
グリコシルホスファチジルイノシ
　　　　　　トール(GPI)　227
グリコールアルデヒドトランス
　　　　　　　　フェラーゼ　307
グリシン(Gly, G)　50,53,438,444,
　　　　　　　　　　449
グリシンアミドリボヌクレオチド
　　　　　　　　　(GAR)　464
グリシン開裂系　450
グリシン脳症　455
γ-クリスタリン　88
クリステ　347
グリセルアルデヒド　190
グリセルアルデヒド3-リン酸
　　　　　　(G3P)　274,290,304,386
　　フルクトース1,6-ビスリン酸
　　　　　　から——　278
グリセルアルデヒド-3-リン酸
　　デヒドロゲナーゼ　169,275,279,387
グリセロリン脂質　10,218
グリセロール　197,217,218(表),301
グリセロールキナーゼ　301
グリセロール3-リン酸　10,301
sn-グリセロール1-リン酸　228
sn-グリセロール3-リン酸　402
グリセロール-3-リン酸アシル
　　　　　トランスフェラーゼ　400
グリセロールリン酸シャトル　361
グリセロール-3-リン酸デヒドロ
　　　　　　　　　ゲナーゼ　362,400
グリセロール-3-リン酸デヒドロ
　　　　　　　ゲナーゼ複合体　301
グリホサート　440
グルカゴン　289,314,417
　　絶食による——　298
グルカゴンレセプター　314
グルカノトランスフェラーゼ活性
　　　　　　　　　　311
グルクロン酸(GlcUA)　197
グルコキナーゼ　274,277,288
α-D-グルコサミン(GlcN)　197
α-グルコシダーゼ　202
β-グルコシダーゼ　202
グルコシド　198
α-(1→4)グルコシド結合　201
α-(1→6)グルコシド結合　201
グルコース　8,191,274
　　——のピルビン酸への変換　274
グルコース-アラニン回路　300,458
グルコースオキシダーゼ　211
グルコース恒常性　317
グルコース-6-ホスファターゼ　299
グルコース輸送体　276,317
グルコース1-リン酸　291,389
グルコース6-リン酸(G6P)　273,
　　　　　　　　　　287,299
グルコース-6-リン酸イソメラーゼ
　　　　　　　　　　274,276
グルコース-6-リン酸デヒドロ
　　　　　　ゲナーゼ(G6PDH)　293,305
グルコース-6-リン酸デヒドロ
　　　　　　ゲナーゼ欠損症　306
グルコース6-リン酸輸送体　299
グルコセレブロシド　418
グルコノラクトナーゼ　304

D-グルコノ-δ-ラクトン　197
α-D-グルコピラノース　198
グルコン酸　197
グルタチオン　70
グルタミナーゼ　448
グルタミニル-tRNAシンテ
　　　　　　　　ターゼ　567
グルタミン(Gln, Q)　53,438,448
グルタミン酸(Glu, E)　53,438,448
グルタミン酸-アスパラギン酸
　　　　　トランスロカーゼ　362,457
グルタミン酸シンターゼ　433
グルタミン酸5-セミアルデヒド
　　　　　　　　　　438,449
グルタミン酸デヒドロゲナーゼ
　　　　　　　　　　433,447
グルタミンシンテターゼ　263,433
グルタミン-PRPPアミドトランス
　　　　　　フェラーゼ　464,467
グルタミンリピート　294
クレアチンキナーゼ　264
クレノウフラグメント　516
クレブシエラ(Klebsiella)　431
クレブス回路 → クエン酸回路
グロース　191
クロストリジウム(Clostridium)　431
クローニング　521
クローニングベクター　505
L-グロノ-γ-ラクトンオキシダーゼ
　　　　　　　　　→ GLO
クローバー葉形構造
　　tRNAの——　563
グロビン　102
グロビン遺伝子　104
グロボシド　418
クロマチン　497
クロラムフェニコール　578
クロロフィル　367
クロロフィルa(chl a)　367
クロロフィルb(chl b)　367
2-クロロ-4-メチルチオ酪酸　70

け

K_i(阻害定数)　124
系統樹
　　シトクロムcの——　69
　　真核生物の——　17
K_a(酸解離定数)　38
K_a(タンパク質の会合定数)　92
K_m(ミカエリス定数)　120
K_m^{app}(見かけ上のk_m値)　126,131
k_{cat}(触媒定数)　121
血液
　　——の緩衝能　41
血液凝固系　182
結核菌(Mycobacterium tuberculosis)
　　　　　　　　　　249
結合の協同性　131
結合部位転換機構　359
　　ATPシンターゼの——　360
結合様式
　　触媒作用の——　146
血漿　31
血小板活性化因子(PAF)　244
血清アルブミン　88,424
血中グルコース濃度(血糖値)
　　　　　　　　　　287,316
K_d(タンパク質の解離定数)　92
β-ケトアシルACPシンターゼ　397
α-ケトグルタル酸 → 2-オキソ
　　　　　　　　　グルタル酸
ケト原性　448

α-ケト酸 → 2-オキソ酸
ケト新生　425
ケトース　189
2-ケト-3-デオキシ-6-ホスホ
　　　　　　　　　グルコン酸　293
ケトトリオース　190
ケトン体　424
ゲノム　485
kb(キロ塩基対)　493
ケラタン硫酸　205,211
ゲラニル二リン酸　407
ゲル電気泳動　73
ゲル濾過クロマトグラフィー　60
限界デキストリン　201,311
原核細胞　16
原核生物
　　——のリボソーム　568
原繊維(フィブリル)　202
玄米　166

こ

コアタンパク質　205
コイルドコイル　85
高エネルギー化合物　261,266,328
抗壊血病因子　175
光化学系　90,367
光化学系Ⅰ(PSⅠ)　371
　　——の反応　374(表)
光化学系Ⅱ(PSⅡ)　371
　　——の反応　373(表)
抗脚気物質　166
抗血栓症薬　183
抗原　109
抗原抗体複合体　109
光合成　11,367
光合成色素
　　——の吸収スペクトル　369
光合成従属栄養生物　256
光合成独立栄養生物　255
光合成反応　378(表)
光呼吸　386
甲状腺刺激ホルモン放出ホルモン
　　　　　　　　　　71
紅色細菌　371
校正　514,567
合成酵素(リガーゼ)　117
構成的　546
抗生物質　578
酵素　4,114
　　——の分類　115
酵素アッセイ　118
構造生物学　4
構造多糖　201
酵素-基質複合体(ES)　118
高速液体クロマトグラフィー
　　　　　　　　　(HPLC)　60
酵素前駆体　152
酵素阻害剤　124
酵素番号(EC番号)　116
酵素反応
　　解糖の——　273(表)
酵素反応速度論　117
抗体　109
高度好熱菌　28
好熱菌(Thermus aquaticus)　521,537
酵母(Saccharomyces cerevisiae)　250
高マンノース型オリゴ糖鎖　208
高密度リポタンパク質(HDL)　423
合理的創薬　127
CoA → 補酵素A
氷の構造　27
呼吸　349

和文索引

呼吸電子伝達 346
国際純正・応用化学連合(IUPAC)
　　　　　　　　　　　48,214
国際生化学分子生物学連合(IUBMB)
　　　　　　　　　　　48,115
国際単位 24
古細菌(アーキア) 15,228
ゴーシェ病 418
50S サブユニット 568
枯草菌 155
5′-3′エキソヌクレアーゼ活性 516
5′末端 490
COX 403,428
固定子 359
古典的競合阻害 125
コード(遺伝暗号) 561
コード鎖(センス鎖) 539
コドン 561
　メチオニンの―― 563
コハク酸 326,333,340,355
コハク酸チオキナーゼ→
　　　スクシニル CoA シンテターゼ
コハク酸デヒドロゲナーゼ 187,333
コハク酸デヒドロゲナーゼ複合体
　　　　　　　　327,333,354
コハク酸:ユビキノンオキシド
　　　　レダクターゼ 354
コバラミン(ビタミン B_{12}) 167(表),
　　　　　　　　　　　　179
コバルト 179
互変異性体 487
コラーゲン 100,208
　――の三本らせん 101
　――のヒドロキシ化 175
コリエステル 310
コリ回路 300,317
コリスミ酸 439
コリスミ酸ムターゼ 440
コリパーゼ 421
コリ病 318
コリプレッサー 546
コリン 218(表)
コリン環 179
コール酸ナトリウム 222
ゴルジ体 18,257
コレカルシフェロール(ビタミン
　　　　　　　　　D_3) 182
コレステロール 222,231,407
コレステロールエステル 223
コレラ感受性 209
コレラ毒素 222,239
コンカナバリン A 88
混合阻害 127
混成型オリゴ糖鎖 208
コンセンサス配列 539
コンドロイチン硫酸 205
コンホメーション 7,72
　αヘリックスの―― 79
　ペプチド原子団の―― 76
根粒菌(Rhizobium) 204,431
根粒形成因子 204

さ

細菌細胞壁 158,205
細菌細胞膜 224
細菌反応中心 372
サイクリックアデノシン 3′,5′一リ
　　ン酸(サイクリック AMP) → cAMP
サイクリック AMP 調節タンパク質
　　　　　　　　　　　(CRP) 550
サイクリックグアノシン 3′,5′-
　　一リン酸(サイクリック GMP,
　　　　　　　　　　cGMP) 239

最終電子受容体 346,363
再　生
　タンパク質の―― 94
細　胞 15
細胞骨格 20
細胞質 15
細胞質ゾル 16,257
細胞小器官 16
細胞壁 16
細胞膜 16,257,417
細胞レベルのホメオスタシス 252
酢　酸 302
　――の滴定曲線 39
サッカリン 200
サッカロピン 454
雑種細胞 230
サプレッサー変異 585
サーモゲニン 360
サルベージ経路 462,474
酸 35
酸塩基触媒 501
酸塩基触媒作用 138,140
酸　化 137,411
酸解離定数(K_a) 38
酸化還元酵素(オキシドレダク
　　　　ターゼ) 115
酸化還元反応 137,266
酸加水分解
　ペプチドの―― 62
酸化的経路 343
酸化的脱炭酸 327
酸化的段階
　ペントースリン酸経路の―― 305
酸化的リン酸化 328,346
Sanger の塩基配列決定法 522
残　基 7
三次構造 73,84
30S サブユニット 568
30 nm 繊維 497,499
酸素結合曲線 105
　ヘモグロビンの―― 105
　ミオグロビンの―― 105
酸素添加 105
酸素発生複合体 376
残存キロミクロン 422
3′-5′エキソヌクレアーゼ活性 514
3′末端 490
三炭糖 → トリオース
サンドホフ病 418
3_{10} ヘリックス 81
3.6_{13} ヘリックス 79
三本らせん
　コラーゲンの―― 101
三量体(トリマー) 92(表)

し

ジアシルグリセロール 241
シアノバクテリア 343,371,431
　――の異質細胞 257
　――の内部構造 379
GroE 99
CRP(サイクリック AMP 調節
　　　　タンパク質) 550
GEF(グアニンヌクレオチド
　　　　交換因子) 579
ジイソプロピルフルオロリン酸 128
GAR(グリシンアミドリボ
　　　　ヌクレオチド) 464
GAR シンテターゼ 464
GAR ホルミルトランスフェラーゼ
　　　　　　　　　　　　464
CAM(ベンケイソウ型有機酸代謝)
　　　　　　　　　　　　391

cAMP(サイクリックアデノシン
　　3′,5′一リン酸, サイクリック
　　　　　　　AMP) 239,315
cAMP ホスホジエステラーゼ 240
2,4-ジエノイル CoA レダクターゼ
　　　　　　　　　　　　416
GABA(γ-アミノ酪酸) 54
ジェミナルジアミン中間体 174
CMP(シチジン 5′一リン酸,
　　　　シチジル酸) 489(表)
GMP(グアノシン 5′一リン酸,
　　　グアニル酸も見よ) 489(表)
GLO(L-グロノ-γ-ラクトンオキシ
　　　　ダーゼ) 176
GLO 遺伝子 176
GLUT4 286,314,317
GLUT ファミリー 276,286
CorA 233
CoA → 補酵素 A
COX → コックス
紫外線吸収スペクトル
　NAD^+の―― 268
　NADH の―― 268
　タンパク質の―― 51
ジカルボン酸トランスロカーゼ 362
弛緩型 DNA 495
色素性乾皮症 532
シキミ酸 439
シークエネーター(配列決定装置)
　　　　　　　　　　　　64
シグナルカスケード 254
シグナル仮説 582
シグナル伝達 237
シグナル認識粒子(SRP) 583
シグナルペプチド 583
σ 因子 540
σ サブユニット 539,540(表)
シグモイド(S 字形)曲線 129
シクロオキシゲナーゼ 403,428
ジクロロ酢酸 339
3-(3,4-ジクロロフェニル)-1,1-
　　　　ジメチル尿素 393
自己リン酸化 243
C_3 経路 → カルビン回路
cGMP(サイクリックグアノシン
　　3′,5′一リン酸, サイクリック
　　　　　　　GMP) 239
脂　質 10,213
　――の構造的関係 214
脂質アンカー 227
脂質アンカー型膜タンパク質 226
脂質性ビタミン → 脂溶性ビタミン
脂質二重層 10,225,228
脂質ラフト 231
シスコンホメーション
　ペプチド原子団の―― 77
シスタチオニン 452
シスチン 52
シスチン尿症 455
システイン(Cys, C) 52,438,453
シス/トランススイッチ 77
ジスルフィド結合 52,84,94
G タンパク質 238
G タンパク質サイクル 239
シチジル酸(シチジン 5′一リン酸,
　　　　　　　　CMP) 489(表)
シチジン 489(表)
シチジン 5′一リン酸(シチジル酸,
　　　　　　　　CMP) 489(表)
実効モル濃度 147
シッフ塩基 102,174,279
質量作用比 259
質量分析法 60
CTD(C 末端領域) 545
GTP(グアノシン 5′-三リン酸)
　　　　　　　　　　238,332

GDP(グアノシン 5′-二リン酸)
　　　　　　　　　　238,332
GTP アーゼ活性 238
CDP ジアシルグリセロール 401
CTP シンテターゼ 470
CTP-ホスファチジン酸シチジル
　　　　トランスフェラーゼ 402
2′,3′-ジデオキシヌクレオシド
　　　三リン酸(ddNTP) 522
シトクロム 184
　――の吸収スペクトル 184
シトクロム a 184(表)
シトクロム b 184(表),354
シトクロム b_{562} 88
シトクロム c 67,184(表),352,355
　――の系統樹 69
　――の配列 68
　――の保存された構造 86
　還元型―― 357
シトクロム c_1 355
シトクロム f 380
シトクロム c オキシダーゼ 357
シトクロム P450 ファミリー 134
シトクロム bc_1 複合体 355,372
シトクロム bf 複合体 375
シトシン(C) 9,465,467,486,489(表)
　――の脱アミノ反応 528
　――のメチル化 501
シトラール 224
シトリル CoA 328
シトルリン-オルニチン交換因子
　　　　　　　　　　　　457
ジヌクレオチド
　――の構造 9
GPI(グリコシルホスファチジル
　　　　イノシトール) 227
CPSF(切断・ポリアデニル化特定
　　　　因子) 555
ジヒドロウラシルデヒドロ
　　　　ゲナーゼ 479
ジヒドロオロターゼ 468
ジヒドロオロト酸シンテターゼ 469
ジヒドロオロト酸デヒドロ
　　　　ゲナーゼ 468
ジヒドロキシアセトン 192
ジヒドロキシアセトントランス
　　　　フェラーゼ 307
ジヒドロキシアセトンリン酸
　　　　　　　　(DHAP) 274
　フルクトース 1,6-ビスリン酸
　　　　から―― 278
ジヒドロキシアセトンリン酸
　　　アシルトランスフェラーゼ 405
1,25-ジヒドロキシコレカルシ
　　　　フェロール 182
ジヒドロセラミド Δ^4-デサチュ
　　　　ラーゼ 406
ジヒドロピリミジナーゼ 479
ジヒドロプテロイン酸シンテターゼ
　　　　　　　　　　　　134
ジヒドロ葉酸レダクターゼ 178,474
ジヒドロリポアミドアセチル
　　　　トランスフェラーゼ 322
ジヒドロリポアミドスクシニル
　　　　トランスフェラーゼ 332
ジヒドロリポアミドデヒドロゲ
　　　　ナーゼ 322,332,452
シプロフロキサシン 533
ジペプチジルペプチダーゼ-IV 161
ジペプチド 58
　――の構造 7
ジベレリン 224
脂肪細胞 218,419
脂肪酸 213,395
　――の慣用名 215
　――の生合成 251

脂肪酸(つづき)
——の命名法 214
ジホスファチジルグリセロール
218(表)
C末端(カルボキシ末端) 58
C末端領域(CTD) 545
ジャイレース 519
シャイン・ダルガーノ配列 571
弱 酸
——のpHの計算 39
——のpKa値 38(表)
シャペロニン 99
シャペロン 584
臭化シアン 64
周期表 5
終結因子 577
終結配列 541
終結部位(ter) 521
終結部位利用因子(Tus) 521
集光性色素 367
終止コドン 563
修飾ヌクレオチド 475
従属栄養生物 255
修 復
 DNAの—— 526
縮合酵素 396
縮 重 563
主 溝 492
数珠つなぎ構造 497
受動輸送 234
硝 化 431
硝酸レダクターゼ 431
ショウジョウバエ(Drosophila melanogaster) 72,250
脂溶性ビタミン(脂質性ビタミン) 166,181
蒸発熱 28
小胞体 18,257,417
小胞体膜 225
除去付加酵素(リアーゼ) 116
食 塩 28
触 媒 4
触媒アミノ酸残基 140(表)
触媒機能効率 122,123(表)
触媒抗体 162
触媒作用
 ——の化学的様式 139
 ——の結合様式 146
触媒中心 143
触媒定数(k_{cat}) 121
触媒トライアド 154
初速度(v_0) 117,119
ショ糖 → スクロース
C_4経路 390
cリング 359
シルデナフィル 444
シロアリ 203
シロイヌナズナ(Arabidopsis thaliana) 77,545
進 化
 一次構造と——の関係 67
 代謝経路の—— 254
真核細胞 17
真核生物 17
 ——の系統樹 17
 ——のDNAポリメラーゼ 524(表)
 ——のリボソーム 568
進行性 310,512
シンコンホメーション 488
親水性 10,28
真正細菌(バクテリア) 15,228
シンターゼ 117,328
シンテターゼ 117,328
浸 透 29
浸透圧 29

す

水酸化物イオン 35
膵臓リパーゼ 421
水素供与体 487
水素結合 26,32,97,147,493
 タンパク質の——の例 98(表)
水素受容体 487
垂直拡散 228
水平拡散 228
水溶性ビタミン 166
水 和 29,411
スクアレン 222,407,409
スクアレンシンターゼ 409
スクシニル CoA 265,301,327,332
スクシニル CoA:3-オキソ酸 CoA トランスフェラーゼ 426
スクシニル CoA シンテターゼ (コハク酸チオキナーゼ) 327,332
スクシニル CoA トランスフェラーゼ 426
スクシノカルボキシアミド 465
スクラーゼ 290
スクラロース 200,211
スクロース(ショ糖) 198,388
スクロースホスホリラーゼ 290
スクロースリン酸ホスファターゼ 388
スズメバチ 220
スタチン 424
スタッキングエネルギー 493(表)
スタッキング相互作用 33,493
スチグマステロール 222
ステアリン酸 214(表),216,414
ステム 563
ステム-ループ 497
ステロイド 222
ステロイドホルモン 238,408
ステロール 223
ストレプトマイシン 578
ストロマ 380
ストロマチラコイド 380
スーパーオキシドアニオン 364
スーパーオキシドジスムターゼ 145,364
スーパーオキシドラジカル 364
スフィンガニン 406
スフィンガニン N-アシルトランスフェラーゼ 406
trans-4-スフィンゲニン 220
スフィンゴ脂質 220,407
スフィンゴシン 220,242,407,418
スフィンゴシン 1-リン酸 242
スフィンゴ糖脂質 213
スフィンゴミエリン 220,406,418
スフィンゴリピドーシス 418
ズブチリシン 155
スプライシング 553
スプライス部位 556
スプライソソーム 557
スライディングクランプ 512
スルファチド 418

せ

制御酵素 114,128
制御部位 129
生気論者 114
制限酵素(制限エンドヌクレアーゼ) 501
制限地図 504

λファージの—— 504
生体エネルギー論 11
生体膜 225
 ——の構造 10
静電的相互作用 32
静電的反発 261
正の協同性 106
生物触媒 114
生命の網 15
セカンドメッセンジャー 238
赤色筋肉組織 347
赤血球 103
切断反応 137
切断・ポリアデニル化特定因子 (CPSF) 555
Z型模式図 377
Z-DNA 494
セドヘプツロース 7-リン酸 304
セミキノン型 171
セミキノン中間体 353
ゼラチン 112
セラミド 220,242,406,418
セリン(Ser, S) 48,52,218(表), 438,444,449
 ——の生合成 251
セリンデヒドラターゼ 449
セリン-トレオニンプロテインキナーゼ → プロテインキナーゼA
セリンパルミトイルトランスフェラーゼ 406
セリンヒドロキシメチルトランスフェラーゼ 439,450,474
セリンプロテアーゼ 151,155
 ——の基質特異性 153
セルラーゼ 202
セルレニン 427
セルロース 8,202
セレノシステイン 54
セレノタンパク質P 112
セレブロシド 220,406
セロトニン 70,187
セロビオース 198
遷移状態 137
 ——の安定化 150,501
遷移状態アナログ 150
繊維状タンパク質 73
染色体 497
全身性ガングリオシドーシス 222,418
センス鎖(コード鎖) 539
善玉コレステロール 424
線虫(Caenorhabditis elegans) 250
セントラルドグマ 5,536
線 毛 17

そ

走化性 237
双極子 26
増殖細胞核抗原(PCNA) 525
双性イオン → 両性イオン
相対分子質量 7
相転移 230
相 同 67
相同組換え 529
双方向代謝反応 249
創 薬 127
阻害定数(K_i) 124
促進拡散 234
促進性Gタンパク質(G_s) 239
促進性レセプター 239
速度(v) 117
速度定数 118
速度論実験 117

束縛状態 359
疎水性 10,30
 アミノ酸の—— 54
疎水性コア 493
疎水性効果 30,84,97,493
疎水性相互作用 34,147
ソルビトール 300
ソルボース 192
ソーレー帯 184
ソレノイド 499

た

大球性貧血 187
対向輸送 234
代 謝 249
 ——的に不可逆な反応 259
代謝異常症 269
代謝回転 251
代謝回転数 → ターンオーバー数
代謝経路 251
 ——の区画化 257
 ——の形式 252
 ——の進化 254
 ——の制御 252
代謝研究
 ——のための実験法 268
代謝中間体のチャネル形成 133
代謝物(代謝中間体) 249
代謝マップ 251
大腸菌(Escherichia coli) 16,72
 ——のフォーク状経路 342
耐熱性DNAポリメラーゼ 521
大量並行DNA配列決定法 523
タウロコール酸 421
タガトース 192
多基質反応 124
多機能酵素 133
多酵素複合体 133,257
TATA結合タンパク質(TBP) 545
TATAボックス 545
多段階経路 253
脱アミノ反応
 シトシンの—— 528
脱共役剤 349
脱共役タンパク質 360
Taqポリメラーゼ 521
脱水素酵素(デヒドロゲナーゼ) 115,169
脱 窒 431
脱リン酸 315,338
多 糖 8,189,200(表)
多糖ホスホリラーゼ 310
田中耕一 61
多不飽和脂肪酸 214
タルイ病 318
タロース 191
ターン 73,83
ターンオーバー数(代謝回転数) 121
短鎖アルコール
 ——の溶解度 30(表)
炭酸固定 325
炭酸水素イオン 298,459
炭酸デヒドラターゼ 133,164
胆汁酸 408,421
タンジール病 427
炭水化物 → 糖質
単 糖 8,189
 ——の誘導体 196(表)
 ——の略号 196(表)
タンパク質 7
 ——のアミノ酸組成 63(表)
 ——の折りたたみ 96

和文索引

――の会合定数（K_a） 92
――の解離定数（K_d） 92
――のグリコシル化 584
――の構造の階層 74
――の再生 94
――の紫外線吸収スペクトル 51
――の水素結合の例 98（表）
――の精製 59
――の生物機能 47
――の配列決定 64
――の変性 94
――の融解温度（T_m） 94
タンパク質装置 91,519
タンパク質-タンパク質相互作用 92
――のネットワーク 250
タンパク質補酵素 183
単量体（モノマー） 7,87,92（表）

ち

チアミン（ビタミン B_1） 167（表）,172
チアミン二リン酸（TPP） 167（表）,172,322
チオエステラーゼ 398
チオエステル 265
チオエステル結合 326,328
チオール開裂 411
チオレドキシン 89,184
チオレドキシンレダクターゼ 472
逐次反応 124
逐次モデル 131
窒素固定 204,430
窒素循環 431
チマーゼ 277
チミジル酸（デオキシチミジン 5′-一リン酸，dTMP） 489（表）
チミジル酸シンターゼ 474
チミジン（デオキシチミジン） 489（表）
チミジンキナーゼ 474
チミン（T） 9,465,467,486,489（表）
チミン二量体 527
チモーゲン 152
チャネル 233
中間径フィラメント 20
中間代謝 249
中間密度リポタンパク質（IDL） 423
調節酵素 128
調節部位 129
超低密度リポタンパク質（VLDL） 422
腸内細菌 181
超二次構造 84
超らせん 495
直接修復 526
貯蔵多糖 200,296
直角双曲線 119
チラコイド膜 19,379
チロキシン 54
チロシン（Tyr, Y） 51,53,439,453
チロシンキナーゼ型レセプター 238
チロシンホスファターゼ 426

つ，て

痛風 480
D アーム 563
tRNA（転移RNA） 496,536
――のクローバー葉形構造 563

――のプロセシング 551
trp オペロン 580
trp リプレッサー 580
ter（終結部位） 521
dAMP（デオキシアデノシン 5′-一リン酸） 489（表）
Taq ポリメラーゼ 521
DsbA 89
DN アーゼ（デオキシリボヌクレアーゼ） 500
DNA（デオキシリボ核酸） 4,485
――の塩基組成 490（表）
――の修復 526
――の伸長 513
――の変性 493
DNA グリコシラーゼ 527
DnaK 99
$dnaG$ 遺伝子 516
DNA ジャイレース 519
DNA フィンガープリント 504,526
DNA フォトリアーゼ（光回復酵素） 527
DNA 複製 509
DNA ポリメラーゼ 511
　真核生物の―― 524（表）
DNA ポリメラーゼ I 511,516
DNA ポリメラーゼ II 511
DNA ポリメラーゼ III 511
DNA ポリメラーゼ III ホロ酵素 511（表）
DNA リガーゼ 505,516
DNA ループ 499
T_m（融解温度） 493
D 形 48,190
T コンホメーション 107,129,312
テイ・サックス病 222,418
TCA 回路 → クエン酸回路
dCMP（デオキシシチジン 5′-一リン酸，デオキシシチジル酸） 489（表）
dGMP（デオキシグアノシン 5′-一リン酸，デオキシグアニル酸） 489（表）
dCMP デアミナーゼ 473
定常状態 120,253
定序機構 124
ddNTP（2′,3′-ジデオキシヌクレオシド三リン酸） 522
dTMP（デオキシチミジン 5′-一リン酸，チミジル酸も見よ） 489（表）
TBP（TATA 結合タンパク質） 545
TΨC アーム 563
低分子 RNA 496
低密度リポタンパク質（LDL） 423
Tus（終結部位利用因子） 521
dUTP アーゼ（デオキシウリジン三リン酸ジホスホヒドロラーゼ） 473
デオキシアデニル酸（dAMP，デオキシアデノシン 5′-一リン酸） 489（表）
デオキシアデノシン 489（表）
デオキシアデノシン 5′-一リン酸（dAMP，デオキシアデニル酸） 489（表）
デオキシウリジン三リン酸ジホスホヒドロラーゼ（dUTPアーゼ） 473
デオキシグアニル酸（dGMP，デオキシグアノシン 5′-一リン酸） 489（表）
デオキシグアノシン 489（表）
デオキシグアノシン 5′-一リン酸（dGMP，デオキシグアニル酸） 489（表）

デオキシシチジル酸（dCMP，デオキシシチジン 5′-一リン酸） 489（表）
デオキシシチジン 489（表）
デオキシシチジン 5′-一リン酸（dCMP，デオキシシチジル酸） 489（表）
デオキシチミジル酸（dTMP，チミジル酸も見よ） 489（表）
デオキシチミジン（チミジン） 489（表）
デオキシチミジン 5′-一リン酸（dTMP，チミジル酸） 489（表）
デオキシ糖 196
デオキシヘモグロビン 105
デオキシミオグロビン 105
デオキシリボ核酸 → DNA
2-デオキシ-D-リボース 9,196,486
デオキシリボヌクレアーゼ（DN アーゼ） 500
デオキシリボヌクレオチド 9,486
デオキシリボフラノース 199
テオフィリン 240
テオブロミン 245
滴定曲線
　アラニンの―― 55
　酢酸の―― 39
　ヒスチジンの―― 56,70
　リン酸の―― 40
デサチュラーゼ（不飽和化酵素） 399
テストステロン 222,408
鉄-硫黄クラスター（Fe-S クラスター） 165,184,330,333,353,374
テトラサイクリン 578
5,6,7,8-テトラヒドロビオプテリン 178,454
テトラヒドロ葉酸 167（表）,178
テトラヒドロリプスタチン 427
テトロース 190
デヒドロアスコルビン酸 175
デヒドロゲナーゼ → 脱水素酵素
7-デヒドロコレステロール 182
3-デヒドロスフィンガニン 406
3-デヒドロスフィンガニンレダクターゼ 406
テール 545
ΔG → ギブズ自由エネルギー変化
テルペン 213,224
転移 RNA → tRNA
転移酵素（トランスフェラーゼ） 116,140,328
電解質 28
電荷-電荷相互作用 32,98,147,493
電気泳動 60
電子伝達 346
　NADH からの―― 267
電子伝達系 346
　――の複合体 351
電子伝達フラビンタンパク質（ETF） 412
転写 536
転写開始 538,542
転写減衰 580
転写後修飾 551
転写終結 541
転写終結シグナル 536
転写複合体 536,538
天然変性タンパク質 87
デンプン 8,201,387
デンプンシンターゼ 387
デンプンホスホリラーゼ 310,387

と

糖アルコール 197

同化（反応） 238,249
同化経路
　――の全体像 255
透過孔 233
糖加水分解酵素 160
同義コドン 563
凍結割断電子顕微鏡法 230
糖原性 448
糖原病 318
糖 酸 197
銅酸化還元中心 357
糖質（炭水化物） 8,189
糖新生 272,296
　――の調節 302
透 析 59
糖タンパク質 207
糖尿病 317,426
糖尿病性ケトアシドーシス 426
糖リン酸 196
特殊塩基触媒作用 140
特殊酸触媒作用 140
特殊ペア 369
独立栄養生物 255
α-トコフェロール（ビタミン E） 182
ドッキングタンパク質 584
突然変異
　――の誘発 269
ドデシル硫酸ナトリウム（SDS） 30,60
L-ドーパ 71,446
L-ドーパキノン 446
ドーパミン 71
トポイソメラーゼ 495,519
ドメイン 74,85
ドメイン（超界） 15,228
ドメインフォールド 86
ドラッグデザイン 127
トランスアルドラーゼ 304,307
トランスケトラーゼ 172,188,304,307
トランスコンホメーション
　ペプチド原子団の―― 77
トランス脂肪酸 217
トランスデューサー 237
トランスフェラーゼ（転移酵素） 116,140,328
トランスペプチダーゼ 193
トランスポゾン 529
トランスロケーション 575
トランスロコン 584
トリアシルグリセロール（トリグリセリド） 217
　――の分解 419
トリオース（三炭糖） 190
トリオースキナーゼ 290
トリオース段階 273,297
トリオースリン酸イソメラーゼ 90,143,145,275,279,290
トリオースリン酸イソメラーゼ遺伝子 556
トリオレイン 217
トリカルボン酸回路 → クエン酸回路
トリグリセリド → トリアシルグリセロール
トリクロサン 427
ドリコール 210
トリス緩衝液 40
トリパノソーマ 227
トリパルミチン 217
トリプシノーゲン 152
トリプシン 64,152
トリプトファン（Trp, W） 51,53,439,453
トリプトファンシンターゼ 133,441
トリプトファン生合成酵素 89

な, に

トリヘキソシルセラミド 418
トリペプチド 58
トリヨードチロニン 54
ドルトン 7
トレオース 191
トレオニン(Thr, T) 52,435,450
トレオニンアルドラーゼ 450
トレオニンデヒドロゲナーゼ 450
トロンボキサン 403
トロンボキサン A_2 225,403

ナイアシン(ニコチン酸) 167(表), 168
内 腔 379
内蔵タイマー 239
内部アルジミン 174
内部共生 20
Na^+, K^+-ATPアーゼ 236
70Sリボソーム 568
軟 骨 204

二核中心 357
Ⅱ型脂肪酸合成系(FAS Ⅱ) 398
Ⅱ型制限酵素 503(表)
Ⅱ型糖尿病 317,426
Ⅱ型反応中心 371
ニコチンアミド 168
ニコチンアミドアデニンジヌクレオチド → NAD^+
ニコチンアミドアデニンジヌクレオチドリン酸 → $NADP^+$
ニコチンアミドモノヌクレオチド (NMN) 168
ニコチン酸(ナイアシン) 168
二次構造 73
二次性能動輸送 235
二次反応速度定数 143(表)
二重逆数プロット 123
二重らせん 492
ニックトランスレーション 516
二 糖 198
ニトログリセリン 444
ニトロゲナーゼ 430
二方向DNA複製 510
二本鎖DNA 491
ニーマン・ピック病 418
乳 癌 532
乳 酸 300
　　ピルビン酸から── 283
乳酸アシドーシス 344
乳酸イオン 285
乳酸デヒドロゲナーゼ
　　　　169,187,284,300,335
　　──の構造 86
　　──の反応機構 170
乳酸デヒドロゲナーゼ遺伝子 343
乳糖 → ラクトース
尿 酸 455,462,477
尿酸オキシダーゼ 477
尿酸ナトリウム 480
尿 素 455,477
　　──の合成 3
尿素回路 454
二量体(ダイマー) 92(表)

ぬ～の

ヌクレアーゼ 500
ヌクレイン 485
ヌクレオシド 199,487
　　──の命名 489(表)
ヌクレオシド一リン酸 489
ヌクレオシド一リン酸キナーゼ 473
ヌクレオシド三リン酸 489
ヌクレオシド二リン酸 489
ヌクレオシド二リン酸キナーゼ 470
ヌクレオソーム 497,546
ヌクレオソームコア粒子 498
ヌクレオソーム様粒子 500
ヌクレオチド 9,486,488
　　──の命名 489(表)
ヌクレオチド基転移 264
ヌクレオチドキナーゼ 466
ヌクレオチド除去修復 527
ねじれ形配座 195
熱ショックタンパク質 99
熱変性 94
熱力学 12
　　膜輸送の── 232
熱力学的落とし穴 149
ネルンストの式 267
脳回転状網脈絡膜萎縮症 455
能動輸送 235,361
ノックアウトマウス 269
ノルアドレナリン(ノルエピネフリン) 54,167,187

は

バイアグラ® 444
バイオインフォマティクス 75
配糖体(グリコシド) 198
ハイブリダイズ 505
ハウスキーピング遺伝子 535
麦芽糖(マルトース) 198
白色脂肪組織 347
バクテリオクロロフィル a (BChl a) 367,372
バクテリオクロロフィル b (BChl b) 367
バクテリオファージ(ファージ) 16
バクテリオフェオフィチン(BPh) 368,372
バクテリオロドプシン 226,382
バクトプレノール 225
白内障 300
パスツール効果 289
ハース投影式 8,194
ハーズ病 318
80Sリボソーム 568
蜂 蜜 210
バニリングルコシド 200
パパイン
　　──のpH-速度プロフィル 142
バリン(Val, V) 50,53,437,450
バリンアミノトランスフェラーゼ 437
パリンドローム配列 503
パルミチン酸 214(表),215
パルミチン酸ミリシル 223
パルミトイルACP 398
パルミトイルCoA 400
パルミトレイン酸 214(表)
反芻動物 203
ハンチントン病 294
パントテン酸 167(表)
反応機構 136
反応座標 137
反応速度 11,13
反応速度式 117
反応速度論機構 124
反応体(反応物) 114
反応中心 164
反応特異性 114
半反応
　　──の標準還元電位 267(表)
半保存的DNA複製 509

ひ

PRPP(5-ホスホ-α-D-リボシル 1-二リン酸) 440,463
ヒアルロン酸 204
ヒアレクタン 205
PAGE(ポリアクリルアミドゲル電気泳動) 60
PS Ⅰ → 光化学系 Ⅰ
PS Ⅱ → 光化学系 Ⅱ
pH 36
　　弱酸溶液の──の計算 39
pH-速度プロフィル
　　パパインの── 142
ビオチン 167(表),176,297
P/O比 361
B型コンホメーション 490
光回復酵素 → DNAフォトリアーゼ
光二量化反応 526
非還元糖 199
非競合阻害 126
非共有結合性相互作用 32
pK_a値 139(表)
　　アミノ酸の── 56(表)
　　弱酸の── 38(表)
非ケトン性高グリシン血症 455
B抗原 209
B酵素 209
非古典的競合阻害 125
ヒ 酸 282
非酸化的段階
　　ペントースリン酸経路の── 305
PCR(ポリメラーゼ連鎖反応) 521
PCNA(増殖細胞核抗原) 525
微小管 20
微小不均一性 207
ヒスタミン 54,187
ヒスチジン(His, H) 52,442,449
　　──のイオン化 56
　　──の滴定曲線 56,70
非ステロイド系抗炎症薬 404
ヒストン 497
　　──のアセチル化 498
ヒストンアセチルトランスフェラーゼ 498
ヒストンデアセチラーゼ 499
ヒストン八量体 498
1,3-ビスホスホグリセリン酸 (1,3-BBG) 275,279
2,3-ビスホスホグリセリン酸 (2,3-BPG) 108,281
ヒ 素 282
非相同組換え 529
ビタミン 166
ビタミン A → レチノール
ビタミン B_1(チアミン) 167(表),172
ビタミン B_2(リボフラビン) 167(表),170
ビタミン B_6群 167(表)
ビタミン B_{12}(コバラミン) 167(表),179
ビタミン C → アスコルビン酸
ビタミン D 408
ビタミン D_2 182
ビタミン D_3(コレカルシフェロール) 182
ビタミン D 欠乏症 182
ビタミン E(α-トコフェロール) 182
ビタミン K(フィロキノン) 167(表),182
ビタミン過剰症 166
ビタミン欠乏症 166(表)
ビタミン K レダクターゼ 183
必須アミノ酸 430,443
必須アミン 166
必須イオン 164
必須脂肪酸 215
ピッチ 80,492
B-DNA 490,494
PTCアミノ酸誘導体 62
PDB(プロテインデータバンク) 75
P糖タンパク質 235
ヒト血清アルブミン
　　──のアミノ酸配列 67
ヒト抗体 109
L-3-ヒドロキシアシルCoAデヒドロゲナーゼ 411
p-ヒドロキシ安息香酸 439
ヒドロキシエチルチアミン二リン酸(HETPP) 173,322
ヒドロキシ化
　　コラーゲンの── 175
β-ヒドロキシデカノイルACPデヒドラーゼ 399
ヒドロキシプロリン 55,101
3-ヒドロキシ-3-メチルグルタリルCoA → HMG-CoA
3-ヒドロキシ酪酸 424
3-ヒドロキシ酪酸デヒドロゲナーゼ 425
ヒドロキシラジカル 364
5-ヒドロキシリシン 102,208
ヒドロキソニウムイオン 35
ヒドロキノン 183
ヒドロキノン型 171
ヒドロパシー 54
　　──の尺度 54(表)
ヒドロラーゼ(加水分解酵素) 116
P700 374
比熱容量 28
P870 373
bp(塩基対) 493
非必須アミノ酸 430,443
P部位(ペプチジル部位) 569,573
ヒポキサンチン 463,477
ヒポキサンチン-グアニンホスホリボシルトランスフェラーゼ 90,475,480
百日咳毒素 239
ピューロマイシン 578
表在性膜タンパク質 226
標準アミノ酸(共通アミノ酸) 47,50
標準遺伝暗号 563
標準還元電位($E^{\circ\prime}$) 266,351
　　半反応の── 267(表)
標準ギブズ自由エネルギー変化 258,260(表),264(表), 285,351,352(表)
　　解糖の── 286(表)
ピラノース 192
ピラン 193
ピリドキサミン 174
ピリドキサミンリン酸(PMP) 175
ピリドキサール 174
ピリドキサール 5′-リン酸(PLP) 167(表),174,310
ピリドキシン 167(表),174
ピリミジン 9,467,486
ピリミジン二量体 526

和文索引

ピリミジンヌクレオチド 467
　——の相互変換 476
微量栄養素 166
ピリン 89
ピルビン酸 275,283,296,300,302
　——からアセチル CoA 322
　——の運命 283
　グルコースの——への変換 274
ピルビン酸カルボキシラーゼ 177, 297,339
ピルビン酸キナーゼ 275,283,297
　——の調節 289
ピルビン酸デカルボキシラーゼ 173
　——の反応機構 173
ピルビン酸デヒドロゲナーゼ 132, 322
ピルビン酸デヒドロゲナーゼ
　キナーゼ 132,338
ピルビン酸デヒドロゲナーゼ
　複合体 181,188,322,452
　——の構造モデル 324
　——の調節 338
ピルビン酸デヒドロゲナーゼホス
　ファターゼ 132,338
ピルビン酸:フェレドキシン 2-オキ
　シドレダクターゼ 325
ピルビン酸輸送体 335
ピロホスファターゼ 265
ピロリシン 54
Δ^1-ピロリン-5-カルボン酸 449
ピンポン反応 124

ふ

ファージ(バクテリオファージ) 16
ファーバー病 418
ファブリー病 418
ファルネシルトランスフェラーゼ 244
ファルネシル二リン酸 407
ファンデルワールス半径 33(表)
ファンデルワールス力 33,98,147, 493
v(速度) 117
V-ATP アーゼ 359
VLDL(超低密度リポタンパク質) 422
フィコエリトリン 371
フィコシアニン 371
フィコビリン 371
v_0(初速度) 117,119
フィッシャー投影式 8,189
部位特異的組換え 529
部位特異的突然変異誘発 141,269
フィードバック阻害 253,305,312
フィードフォワード活性化 254,289
V8 プロテアーゼ 64
フィブリル(原繊維) 202
フィラメント 20
V_{max}(最大速度) 119
フィロキノン(ビタミン K) 182,374
封筒形配座 195
フェオフィチン(Ph) 368
フェニルアラニン(Phe, F) 51,53, 439,453
フェニルアラニンヒドロキシ
　ラーゼ 453
フェニルイソチオシアネート
　(PITC) 62
フェニルケトン尿症 454
フェニルチオカルバモイル
　アミノ酸 62
フェレドキシン 184,325,374

還元型—— 325
フェレドキシン:NADP$^+$オキシド
　レダクターゼ 374
フェレドキシン:NADP$^+$レダク
　ターゼ 374,382
フェレドキシン:キノンオキシド
　レダクターゼ 374
フェレドキシン:キノンレダク
　ターゼ 374
フォーク状経路
　大腸菌の—— 342
フォールド 86
フォンギールケ病 318
不可逆的阻害 127
不競合阻害 126
副溝 492
複合型オリゴ糖鎖 208
複合体
　電子伝達系の—— 351
複合体 I 353
複合体 II 354
複合体 III 355,362
複合体 IV 357
複合体 V 358
複合糖質 189,203
複製 509
複製因子 A(RPA) 525
複製因子 C(RPC) 525
複製起点 510,521
複製起点認識複合体(ORC) 525
複製フォーク 510,515
フコース 196
プシコース 192
付着末端 503
プテリン 178
舟形配座 195
負の超らせん 495
不飽和化酵素(デサチュラーゼ) 399
不飽和脂肪酸 214,415
フマラーゼ(フマル酸ヒドラターゼ) 134,327,334,343
フマル酸 327,333,355
フマル酸レダクターゼ 364
プライマーゼ 516
プライモソーム 516
ブラジリゾビウム(Bradyrhizobium) 431
プラストキノン 183,375
プラストシアニン 375
プラスマローゲン 219,417
フラックス 253
フラノース 192
フラビンアデニンジヌクレオチド
　(FAD) 167(表),170,323,333,354
フラビン酵素 170
フラビンタンパク質 170,333
フラビンモノヌクレオチド(FMN) 167(表),170,353
フラボドキシン 89,374
フラン 193
フリップ・フロップ 228
プリブナウボックス 540
フリーラジカル 137
プリン 9,462,486
プリンヌクレオシドホスホ
　リラーゼ 127
プリンヌクレオチド 462
　——の相互変換 476
5-フルオロウラシル 473
フルオロ酢酸 344
フルクトキナーゼ 290
フルクトース 192,290
フルクトース-1,6-ビスホスファ
　ターゼ 299,302,315,388
フルクトース 2,6-ビスホスファ
　ターゼ 303,315

フルクトース 1,6-ビスリン酸 274, 289,297,302,388
　——からグリセルアルデヒド
　3-リン酸 278
フルクトース 2,6-ビスリン酸 286, 289,299,303,315,389
フルクトース 1-リン酸 291
フルクトース 6-リン酸 274,292, 302,304
フルクトース 1-リン酸アルド
　ラーゼ 290
β-フルクトフラノシダーゼ 290
プレ mRNA 545
プレニル化タンパク質 227
プレニルトランスフェラーゼ 407
プレフェン酸デヒドラターゼ 440
プレフェン酸デヒドロゲナーゼ 440
不連続 DNA 合成 515
プロエラスターゼ 152
プロキラルな分子 331,334
プロスタグランジン 223,400,403
プロスタグランジン E$_2$ 224
プロスタグランジンエンドペル
　オキシドシンターゼ 403
プロスタサイクリン 403
プロセシング 551
　rRNA の—— 553
　mRNA の—— 553
　オリゴ糖の—— 210
　tRNA の—— 551
ブロット 505
プロテアーゼ 64,155
プロテアソーム 447
プロテインキナーゼ 132,254,338
プロテインキナーゼ A(セリン-
　トレオニンプロテインキナーゼ)
　240,289,315
プロテインキナーゼ C 241
プロテインジスルフィドイソメ
　ラーゼ 96,111
プロテインデータバンク(PDB) 75
プロテインホスファターゼ 132,254, 289,338
プロテオグリカン 203
プロテオバクテリア 343
プロテオミクス 72
プロトポルフィリン IX 102
プロトン
　——の漏れ 360
H$^+$, K$^+$-ATP アーゼ 244
プロトン緩衝作用 459
プロトン供与体 140
プロトン駆動力 350
プロトン勾配 347,349
プロトン受容体 140
プロトンチャネル 358
プロトン転移 140
プロトン輸送 354
プロピオニル CoA 301
プロピオニル CoA カルボキシ
　ラーゼ 415
プロピオン酸 301
プロモーター 538
プロモータークリアランス 541
プロモーター配列 539
プロリン(Pro, P) 51,53,438,449
プロリンデヒドロゲナーゼ 449
分散性 310
分枝アミノ酸 51,450
　——の異化 451
分枝アミノ酸アミノトランス
　フェラーゼ 451
分枝 2-オキソ酸デヒドロゲ
　ナーゼ 451
分子クラウディング 29
分枝酵素 310

分子シャペロン 99
分枝部位 557
分子量 7
　アミノ酸の—— 63(表)
分泌タンパク質 583

へ

ヘアピン 85,497,543
平滑末端 503
平　衡 11
平衡に近い反応 259
平行 β シート 82
ヘキソキナーゼ 149,273,276,286, 290,297
　——の調節 288
ヘキソース 190
ヘキソース段階 273,297
ヘキソース輸送 286
βαβ 単位 85
β 酸化経路 411
β サンドイッチ 85
β シート 82
β ストランド 73,82,226
β ターン 83
β バレル 86,226
β プリーツシート 82
β ヘリックス 86
β メアンダー 85
ヘテロ核 RNA(hnRNA) 544
ヘテロカリオン 230
ヘテログリカン(ヘテロ多糖) 189, 200
ペニシリン 207
ヘビ毒 219
ペプシノーゲン 152
ペプシン 152
ペプチジルトランスフェラーゼ 575
ペプチジル部位(P 部位) 569,573
ペプチジルプロリン cis-trans-
　イソメラーゼ 77,88
ペプチド
　——の酸加水分解 62
ペプチドグリカン 205
　黄色ブドウ球菌の——の構造 206
ペプチド結合 7,57
　——の共鳴構造 76
ペプチド原子団 76
　——のコンホメーション 76
ベヘン酸 214(表),215
ヘミアセタール 192
ヘミケタール 192
ヘミメチル化 503
ヘム a 357
ヘム a$_3$ 357
ヘム b 354
ヘム b$_H$ 356
ヘム b$_L$ 356
ヘム基 165,167(表),185
ヘム調節阻害剤(HCI) 579
ヘム補欠分子族 102,353
ヘモグロビン(Hb) 102,579
　——の酸素結合曲線 105
ペラグラ 168
ヘリカーゼ 518
ヘリカルホイール 81
ヘリックス-ターン-ヘリックス 84, 550
ヘリックスバンドル 85
ヘリックス-ループ-ヘリックス 85
ペルオキシソーム 20,411,413,417
ベンケイソウ型有機酸代謝(CAM) 391

和文索引

変性
　タンパク質の―― 94
　DNAの―― 493
ペンタグリシン 205
ヘンダーソン・ハッセルバルヒの式 38,57
ペントース（五炭糖） 190,490
ペントースリン酸経路 296,304
　――の酸化的段階 305
　――の非酸化的段階 305
鞭毛 92

ほ

ボーア効果 108
補因子 164
芳香族アミノ酸 51,453
放射性同位元素 268
紡錘糸 47
飽和 118
飽和脂肪酸 214
補欠分子族 102,165
補酵素 164,167（表）
補酵素A（CoA） 167（表），171,322
補酵素Q 183
補助基質 165
補助色素 370
ホスファゲン 264
ホスファターゼ 405
ホスファチジルイノシトール 218（表），401
ホスファチジルイノシトール3-キナーゼ 243
ホスファチジルイノシトールシンターゼ 402
ホスファチジルイノシトール3,4,5-トリスリン酸（PIP$_3$） 243
ホスファチジルイノシトール4,5-ビスリン酸（PIP$_2$） 241,401
ホスファチジルイノシトール4-リン酸（PIP） 401
ホスファチジルエタノールアミン 218（表），219,403
ホスファチジルグリセロール 218（表）
ホスファチジルコリン 218（表），219
ホスファチジルセリン 218（表），219,401
ホスファチジルセリンシンターゼ 402
ホスファチジルセリンデカルボキシラーゼ 403
ホスファチジン酸 218,242,401
ホスファチジン酸ホスファターゼ 401
ホスフィノトリシン 460
ホスホアルギニン 264
ホスホイノシチド特異的ホスホリパーゼC 241
ホスホエタノールアミン：セリントランスフェラーゼ 403
ホスホエノールピルビン酸（PEP） 129,264,275,281,297,302,335
ホスホエノールピルビン酸依存性糖リン酸基転移酵素系 276,550
ホスホエノールピルビン酸カルボキシキナーゼ（PEPCK） 298,335,392
ホスホエノールピルビン酸カルボキシラーゼ 339,390
ホスホエノールピルビン酸シンターゼ 298
2-ホスホグリコール酸 150
2-ホスホグリセリン酸 275,280
3-ホスホグリセリン酸 275,280,438

ホスホグリセリン酸キナーゼ 275,280,297
2-ホスホグリセリン酸デヒドラターゼ 281
ホスホグリセリン酸ムターゼ 275,280
ホスホグルコースイソメラーゼ 276
6-ホスホグルコノラクトナーゼ 293,305
6-ホスホグルコノラクトン 304
ホスホグルコムターゼ 290,308,387
6-ホスホグルコン酸 293,304
6-ホスホグルコン酸デヒドロゲナーゼ 304
ホスホクレアチン 264
ホスホコリントランスフェラーゼ 405
ホスホジエステラーゼ 507
ホスホジエステル結合（リン酸ジエステル結合） 9,489
ホスホパンテテイン 171
3-ホスホヒドロキシピルビン酸 438
6-ホスホフルクトキナーゼ 129,274,277,286,297,315
　――の調節 288
6-ホスホフルクト-2-キナーゼ 303
ホスホプロテインホスファターゼ-1 314
ホスホマンノースイソメラーゼ 292
ホスホメバロン酸キナーゼ 408
ホスホリパーゼ 219,421
ホスホリパーゼA$_2$ 421
5-ホスホ-β-D-リボシルアミン（PRA） 464
5-ホスホ-α-D-リボシル1-二リン酸 → PRPP
ホスホリラーゼキナーゼ 315
ホスホン酸アナログ 162
ホメオスタシス
　細胞レベルの―― 252
ホモグリカン 189
ホモグリカン（ホモ多糖） 200
ホモゲンチジン酸 455
ホモシスチン尿症 111
ホモシステイン 111,436
ホモシステインメチルトランスフェラーゼ 437
ホモセリン 436
ポリアクリルアミドゲル電気泳動（PAGE） 60
ポリウリジル酸 561
ポリ（A）テール 556
ポリ（A）テリメラーゼ 556
ポリオールデヒドロゲナーゼ 300
ポリシストロン性 573
ポリソーム 573
ホリデイモデル 529
ポリヌクレオチド 9,486
ポリペプチド 7,9,58
ポリメラーゼ連鎖反応（PCR） 521
ポリリンカー 505
ポーリン 226,233,347
ホルボール 43
ホルミルグリシンアミジンリボヌクレオチド（FGAM） 464
ホルミルグリシンアミドリボヌクレオチド（FGAR） 464
10-ホルミルテトラヒドロ葉酸 465
N-ホルミルメチオニン 54
ホルムアミドイミダゾールカルボキサミドリボヌクレオチド（FAICAR） 464
N-ホルムイミノグルタミン酸 449
ホルモン応答部位 238
ホルモン感受性リパーゼ 419
ホルモン-レセプター複合体 239

ホロ酵素 164
ポンペ病 318
翻訳後修飾 582
翻訳調節 578
翻訳に伴う修飾 582

ま

-35領域 540
マーガリン 217
膜会合電子伝達 346
膜間腔 347
膜貫通タンパク質 225
膜結合ヒドロゲナーゼ 364
膜電位（ΔΨ） 232,350
マグネシウムイオン
　ATPと――の複合体 260
マグネシウムポンプ 233
膜輸送 231
　――の熱力学 232
膜輸送系 232（表）
マーチソン隕石 49
マッカードル病 318
マトリックス 347
マトリックス支援レーザー脱離イオン化法（MALDI） 61
マルトース（麦芽糖） 198,311
マロニル/アセチルトランスフェラーゼ 396
マロニルACP 395
マロニルCoA 396
マロン酸 334,396
マンソン住血吸虫（*Schistosoma mansoni*） 111
マンノース 191,292
マンノース6-リン酸 292

み

ミエリン鞘 417
ミオグロビン（Mb） 102
　――の酸素結合曲線 105
ミカエリス定数（K_m） 120
ミカエリス・メンテンの式 120
味覚受容体 200
見かけ上のK_m値（K_m^{app}） 126,131
右巻きαヘリックス 80
ミクソチアゾール 365
ミクロフィラメント 20
水
　――のイオン化 35
　――のイオン積 36
　――の濃度 35
　――分子の構造 26
ミセル 30
ミトコンドリア 19,257,346,417
ミトコンドリア外膜 347
ミトコンドリアゲノム 358
ミトコンドリア内膜 347
ミトコンドリア膜 224
ミリスチン酸 214（表），215

む～も

無細胞系
ムチン 208
明反応 367
命名法
　脂肪酸の―― 214

メタンスルホン酸エチル 533
メチオニン（Met, M） 52,435,452
　――のコドン 563
メチラーゼ 503
N^6-メチルアデニン 475,503
5-メチルウラシル 486
メチル化
　アデニンの―― 501
　シトシンの―― 501
メチルα-D-グルコピラノシド 198
メチルβ-D-グルコピラノシド 198
メチルコバラミン 180
5-メチルシチジン 475
5-メチルシトシン 475,528
5-メチルテトラヒドロ葉酸 452
メチルマロニルCoAカルボキシトランスフェラーゼ 187
メチルマロニルCoAムターゼ 180,415
メチルマロニルCoAラセマーゼ 415
メチルマロン酸尿症 187
メッセンジャーRNA → mRNA
メトトレキセート 473
メナキノン 333,364
メバロン酸 407
メバロン酸キナーゼ 408
メバロン酸5-二リン酸デカルボキシラーゼ 408
メープルシロップ尿症 455
メペリジン 365
メラニン 445
メリチン 70
免疫グロブリン 109
免疫グロブリンフォールド 109
免疫測定法（イムノアッセイ） 110
モチーフ 84
モルテングロビュール 97
門脈 316

や行

ヤシ油 215
融解温度（T_m） 493
　タンパク質の―― 94
融解曲線 494
有糸分裂 18
誘導適合 149
誘導物質（インデューサー） 546
遊離脂肪酸 213
UMP（ウリジン5'-一リン酸，ウリジル酸） 489（表）
UMPキナーゼ 470
UMPシンターゼ 469
油脂 216
輸送体 348
輸送タンパク質 231
UDP（ウリジン5'-二リン酸） 168
UDP N-アセチルグルコサミンアシルトランスフェラーゼ 88
UDPガラクトース 291
UDPグルコース 167（表），168,291,308
UDPグルコース4-エピメラーゼ 291
UDPグルコースピロホスホリラーゼ 168,308,388
ユビキチン 446
ユビキノール（QH$_2$） 183,328,354
ユビキノール：シトクロムcオキシドレダクターゼ 355,362,372

ユビキノン(Q) 183,352,354
UvrABC エンドヌクレアーゼ 527
ゆらぎ 565(表)
ゆらぎ位置 565

陽イオン(カチオン) 28
溶解度
　短鎖アルコールの── 30(表)
葉酸 167(表),178
幼若ホルモン I 225
葉肉細胞 390
溶媒 29
溶媒和 29
溶媒和効果 261
葉緑体 19,380
抑制性 G タンパク質(G$_i$) 239
四次構造 74,87
読み枠 562
40S サブユニット 568
四量体(テトラマー) 92(表)

ら

ライズ 80,492
ラインウィーバー・バークプロット
　　　123
ラウリン酸 214(表)
ラウンドアップ® 125,440
ラギング鎖 515
ラクターゼ 290
ラクタム形 487
ラクチム形 487
ラクトシルセラミド 418
ラクトース(乳糖) 198,235,291
ラクトースパーミアーゼ 236,547
ラクトース不耐症 292
ラクトン構造 198
ラセミ化
　アミノ酸の── 49
lac オペロン 547
lac リプレッサー 548
ラノステロール 408
ラマチャンドランプロット 78
λ ファージ
　──の制限地図 504
ラルチトレキセド 473
ランダム機構 124

り

リアーゼ(除去付加酵素) 116
リガーゼ(合成酵素) 117
リキソース 191
リグニン 445
リグノセリン酸 214(表),215
リシン(Lys, K) 52,435,454
リスケ鉄-硫黄タンパク質 355,375
リソソーム 20,236,257,417
リソソーム蓄積病 418
リソソームプロテアーゼ 446
リゾチーム 7,158,205
　──の反応機構 159
リゾホスホグリセリド 421
リゾレシチン 244
リーダーペプチド 580
リーダー領域 580
立体異性体 48
立体特異性 114
立体配座 8,194
立体配置 48,72,194
リーディング鎖 515
リノール酸 214(表),215,400,415
リノレオイル CoA 415
リノレン酸 214(表),216
α-リノレン酸 400
γ-リノレン酸 400
リパーゼ 421
リビトール 170,197
リファンピシン 559
リプレッサー 546
リブロース 192
リブロース 1,5-ビスリン酸 383
リブロース-1,5-ビスリン酸
　カルボキシラーゼ/オキシ
　　ゲナーゼ → Rubisco
リブロース 5-リン酸 304
リブロース-5-リン酸 3-エピメ
　　ラーゼ 304
リポアミド 167(表),181,323
　──の回転アーム機構 323,450
リボオリゴ糖 204
リボ核酸 → RNA
リポ酸 181
リボース 191,486
　──の構造 8

リボースピロホスホキナーゼ 463
リボース 5-リン酸 304
リボース-5-リン酸イソメラーゼ
　　　304
リボソーム 10,17,568
　原核生物の── 568
　真核生物の── 568
リボソーム 227
リボソーム RNA → rRNA
リポタンパク質 422,423(表)
リボヌクレアーゼ(RN アーゼも
　　　見よ) 500
リボヌクレアーゼ A(RN アーゼ A)
　　　75,95,500
リボヌクレオシド三リン酸レダク
　　ターゼ 471
リボヌクレオシド二リン酸レダク
　　ターゼ 471
リボヌクレオチド 486
リボヌクレオチドレダクターゼ
　　　471,473(表)
リボフラノース 199
リボフラビン(ビタミン B$_2$)
　　　167(表),170
リモネン 225
硫安(硫酸アンモニウム) 59
流動モザイクモデル 229
両親媒性 30
両親媒性膜脂質 225
両性イオン 48
緑色硫黄細菌 374
緑色蛍光タンパク質 88
緑色繊維状細菌 372
リンクタンパク質 205
リンゲル液 31
リンゴ酸 327,334,340
リンゴ酸 -アスパラギン酸
　　シャトル 336,361
リンゴ酸シンターゼ 341
リンゴ酸デヒドロゲナーゼ 169,327,
　　　334,336,362
　──の構造 86
リンゴ酸デヒドロゲナーゼ遺伝子
　　　343
リン酸
　──の滴定曲線 40
リン酸化 132
　基質レベルの── 256,280,327,332
　酸化的── 328
リン酸基供与体 261

リン酸基転移 263,276
リン酸基転移酵素(キナーゼ) 261
リン酸基転移ポテンシャル 263
リン酸ジエステル結合(ホスホ
　　ジエステル結合) 9
リン酸無水物結合 259
リン酸輸送体 299,361
リン脂質 213

る～わ

Rubisco(リブロース 1,5-ビス
　　リン酸カルボキシラーゼ/
　　オキシゲナーゼ) 383
Rubisco 活性化酵素 385
ループ 83,563
レグヘモグロビン 432
レセプター 237
レセプターチロシンキナーゼ 242
レチナール 167(表),181
レチノイン酸 181
レチノール(ビタミン A) 167(表),
　　　181
レチノール結合タンパク質 88
RecA 530
RecBCD エンドヌクレアーゼ 530
レッシュ・ナイハン症候群 480
レプリソーム 510,518
レンネット 115
ロイコトリエン 403
ロイコトリエン A$_4$ 405
ロイコトリエン D$_4$ 225
ロイシン(Leu, L) 50,53,437,450
ロイシンジッパー 81
ρ 依存性転写終結 543
ρ 因子 541
ろう 223
60S サブユニット 568
Rossmann フォールド 169
ロドプシン 181
ロバスタチン 410
ρ 非依存性終結シグナル 581
ロフェコキシブ 404

ワトソン・クリック型塩基対合 512
ワルファリン 183

欧文索引

A

accessory pigment（補助色素） 370
acid（酸） 35
acid dissociation constant（酸解離定数） 38
ACP 171,395
activator（アクチベーター） 546
active transport（能動輸送） 235
ADP 471
affinity chromatography（アフィニティークロマトグラフィー） 60
Agre, Peter 233
Agrobacteria（アグロバクテリア） 431
aldose（アルドース） 189
allosteric effector（アロステリックエフェクター） 107,129
allosteric interaction（アロステリック相互作用） 107
allosteric modulator（アロステリックモジュレーター） 107
allosteric protein（アロステリックタンパク質） 107
allosteric site（アロステリック部位） 129
Altman, Sidney 553
amino acid（アミノ酸） 48
amino acid analysis（アミノ酸分析） 62
aminoacyl-tRNA（アミノアシルtRNA） 566
AMP 462,489
amphibolic reaction（双方向代謝反応） 249
amphipathic（両親媒性） 30
amyloplast（アミロプラスト） 389
anabolic reaction（同化反応） 249
anaplerotic reaction（アナプレロティック反応） 339
Anfinsen, Christian B. 95
anomer（アノマー） 193
anomeric carbon（アノマー炭素） 192
antibody（抗体） 109
anticodon（アンチコドン） 563
antigen（抗原） 109
antiport（対向輸送） 234
antisense strand（アンチセンス鎖） 539
Arabidopsis thaliana（シロイヌナズナ） 77,545
Arbor, Werner 504
Arge, Peter 233
A site（A 部位） 569
ATP 9
autotroph（独立栄養生物） 255
Avery, Oswald 4,485
Azotobacter（アゾトバクター） 431

B

Bacillus subtilis（枯草菌） 155
base（塩基） 35
base excision repair（塩基除去修復） 527
Beadle, George 177,535
β pleated sheet（β プリーツシート） 82
β sheet（β シート） 82
β strand（β ストランド） 82
β turn（β ターン） 83
Bloch, Konrad 407
Boyer, Herbert 505
Boyer, Paul D. 186,359
bp 493
Bradyrhizobium（ブラジリゾビウム） 431
branch site（分枝部位） 557
Briggs, George E. 120
Buchanan, John M. 463
Buchner, Eduard 4,277
buffer（緩衝液） 40

C

Caenorhabditis elegans（線虫） 250
CAIR 465
Calvin, Melvin 383
CAM 391
cap（キャップ） 555
carbanion（カルボアニオン） 137
carbocation（カルボカチオン） 137
cascade（カスケード） 238
catabolic reaction（異化反応） 249
catalytic constant（触媒定数） 121
catalytic proficiency（触媒機能効率） 122
cataplerotic reaction（カタプレロティック反応） 339
CBP 572
CDP 471
ceramide（セラミド） 220
cerebroside（セレブロシド） 220
Chance, Britton 349
Changeux, Jean-Pierre 131
chaotrope（カオトロープ） 31
Chargaff, Erwin 489
charge-charge interaction（電荷-電荷相互作用） 32
chemiosmotic theory（化学浸透圧説） 348
chemoautotroph（化学合成独立栄養生物） 255
chemoheterotroph（化学合成従属栄養生物） 256
chemotaxis（走化性） 237
chiral（キラル） 48
chromatin（クロマチン） 497
Ciechanover, Aaron 447
citric acid cycle（クエン酸回路） 321
Cleland, W. W. 124
Clostridium（クロストリジウム） 431
CMP 489
CoA 171
coding strand（コード鎖） 539
codon（コドン） 561
coenzyme（補酵素） 164
cofactor（補因子） 164
Cohen, Stanley N. 505
column chromatography（カラムクロマトグラフィー） 59
competitive inhibition（競合阻害） 125
concerted model（協奏モデル） 131
configuration（立体配置） 48,72
conformation（コンホメーション） 72
conjugate acid（共役酸） 37
conjugate base（共役塩基） 37
consensus sequence（コンセンサス配列） 539
constitutive（構成的） 546
corepressor（コリプレッサー） 546
Corey, Robert 79
Cori, Carl 309,313
Cori, Gerty 309,313
Cori cycle（コリ回路） 300
cosubstrate（補助基質） 165
cotranslational modification（翻訳に伴う修飾） 582
Crick, Francis H. C. 4,485,561
CRP 550
CTD 545

D

Da（ドルトン） 7
Dam, Henrik Carl Peter 186
dAMP 489
dark reaction（暗反応） 367
Darwin, Charles 14
dCMP 489
degenerate（縮重） 563
dehydrogenaze（脱水素酵素） 115
Delbrück, Max 16
denaturation（変性） 94,493
dGMP 489
Dickerson, Dick 75
diffusion controlled reaction（拡散律速反応） 143
direct repair（直接修復） 526
distributive（分散性） 310
DNA 485
Dobzhansky, Theodosius 14
Doisy, Edward Adelbert 186
domain（ドメイン） 85
Drosophila melanogaster（ショウジョウバエ） 72,250
dTMP 473,489

E

Edidin, Michael A. 230
Edman, Pehr 63
Edman degradation procedure（エドマン分解法） 64
effector enzyme（エフェクター酵素） 237
eicosanoid（エイコサノイド） 223
Eijkman, Christiaan 166,186
electrolyte（電解質） 28
electromotive（起電力） 266
electrophile（求電子剤） 34
electrophilicity（求電子性） 136
electrospray mass spectrometry（エレクトロスプレー質量分析法） 61
electrostatic interaction（静電的相互作用） 32
Embden, Gustav 277
enantiomer（鏡像異性体） 48
endocytosis（エンドサイトーシス） 236
endonuclease（エンドヌクレアーゼ） 500
energy-rich compound（高エネルギー化合物） 261
epimer（エピマー） 190
Escherichia coli（大腸菌） 16,72
essential amino acid（必須アミノ酸） 430
essential ion（必須イオン） 164
ETF 412
exit site（E 部位） 575
exocytosis（エキソサイトーシス） 236
exon（エキソン） 556
exonuclease（エキソヌクレアーゼ） 500

F, G

facilitated diffusion（促進拡散） 234
FAD 170
$FADH_2$ 170
fatty acid（脂肪酸） 213
feedback inhibition（フィードバック阻害） 253
feedforward activation（フィードフォワード活性化） 254
Fenn, John B. 61
fibrous protein（繊維状タンパク質） 73
Filmer, David 131
Fischer, Edmond H. 313
Fischer, Emil 4,118,150
Flemming, Walter 497
fluid mosaic model（流動モザイクモデル） 229
flux（フラックス） 253
FMN 170
$FMNH_2$ 170
Franklin, Rosalind 490
free radical（フリーラジカル） 137
Frye, L. D. 230
Funk, Casimir 166
furanose（フラノース） 192
Furchgott, Robert F. 444

Gamow, George 561
ganglioside（ガングリオシド） 220
GDP 471
gel-filtration chromatography（ゲル沪過クロマトグラフィー） 60
gene（遺伝子） 535
genome（ゲノム） 485
Gibbs, J. Willard 12
globular protein（球状タンパク質） 72

glucoside(グルコシド) 198
glycerophospholipid(グリセロリン脂質) 218
glycoprotein(糖タンパク質) 207
glycosaminoglycan(グリコサミノグリカン) 203
glycoside(グリコシド) 198
glycosidic bond(グリコシド結合) 198
glycosphingolipid(スフィンゴ糖脂質) 213
GMP 462, 489
Golgi, Camillo 19
G protein(Gタンパク質) 238
Gram, Christian 205
grana(グラナ) 380
Greenberg, G. Robert 463
group transfer reaction(基転移反応) 136

H

Haldane, J. B. S. 120
Hanson, Richard 298
Harden, Arthur 277
Haworth, Walter Norman 186, 194
Hayyān, Abu Musa Jābir ibn 329
HDL 423
Henderson-Hasselbalch equation(ヘンダーソン・ハッセルバルヒの式) 38
Henseleit, Kurt 455
Hershko, Avram 447
heteroglycan(ヘテログリカン) 200
heterotroph(従属栄養生物) 255
high energy(高エネルギー) 261
high-performance liquid chromatography(高速液体クロマトグラフィー) 60
histone(ヒストン) 497
HMG-CoA 407
Hodgkin, Dorothy Crowfoot 74, 180, 186
Holliday, Robin 529
homoglycan(ホモグリカン) 200
homologous(相同) 67
homologous recombination(相同組換え) 529
Hopkins, Frederic Gowland 186
Hoppe-Seyler, Felix 485
HPLC 60
HS-CoA 171
hydration(水和) 29
hydrogen bond(水素結合) 26
hydrolase(加水分解酵素) 116
hydropathy(ヒドロパシー) 54
hydrophilic(親水性) 28
hydrophobic(疎水性) 30
hydrophobic interaction(疎水性相互作用) 33

I

I 124
IDL 423
Ignarro, Louis J. 444
IMP 463
induced fit(誘導適合) 149
inducer(誘導物質) 546
inhibition constant(阻害定数) 124
inhibitor(酵素阻害剤) 124
initial velocity(初速度) 119

initiation codon(開始コドン) 563
initiation factor(開始因子) 571
International Union of Biochemistry and Molecular Biology(国際生化学分子生物学連合) 48, 115
International Union of Pure and Applied Chemistry(国際純正・応用化学連合) 48
intron(イントロン) 556
ion-exchange chromatography(イオン交換クロマトグラフィー) 60
ion pair(イオン対) 32
ion product for water(水のイオン積) 36
irreversible inhibition(不可逆的阻害) 127
isoacceptor tRNA molecule(イソアクセプタートRNA分子) 565
isomerase(異性化酵素) 116
isoprenoid(イソプレノイド) 213
isozyme(アイソザイム) 276
IUBMB 48, 115
IUPAC 48

J〜L

Jacob, François 536
Johnson, W. A. 321

K_a 38
Karrer, Paul 186
kb 493
k_{cat} 121
Kendrew, John C. 4, 75
ketose(ケトース) 189
Khorana, H. Gobind 561
K_i 124
kilobase pair(キロ塩基対) 493
kinetic mechanism(反応速度論機構) 124
Klebsiella(クレブシエラ) 431
K_m 120
Knowles, Jeremy 145
Kornberg, Arthur 152, 509, 516
Koshland, Daniel 131
Krebs, Edwin G. 313
Krebs, Hans 321, 455
Kuhn, Richard 186

Landsteiner, Karl 209
LDL 423
Leloir, Luis F. 186
Lesch, Michael 480
Levinthal, Cyrus 98
ligase(合成酵素) 117
light reaction(明反応) 367
limit dextrin(限界デキストリン) 201
Lind, James 175
lipid(脂質) 213
lipid bilayer(脂質二重層) 225
lipid raft(脂質ラフト) 231
Lipmann, Fritz Albert 186, 261
loop(ループ) 83
lumen(内腔) 379
Luria, Salvador 16
lyase(除去付加酵素) 116
Lynen, Feodor 407

M

MacKinnon, Roderick 234

MacLeod, Colin 4, 485
major groove(主溝) 492
MALDI 61
MALDI-TOF 61
mass action ratio(質量作用比) 259
mass spectrometry(質量分析法) 60
matrix-assisted laser desorption ionization(マトリックス支援レーザー脱離イオン化法) 61
Matthaei, J. Heinrich 561
McCarty, Maclyn 4, 485
melting curve(融解曲線) 494
melting temperature(融解温度) 493
Mendel, Gregor 225, 369, 388
Menten, Maud 120
Meselson, Matthew 509
metabolically irreversible reaction(代謝的に不可逆な反応) 259
metabolic pathway(代謝経路) 251
metabolite(代謝物) 249
metabolite channeling(代謝中間体のチャネル形成) 133
metal-activated enzyme(金属活性化酵素) 164
metalloenzyme(金属酵素) 164
Meyerhof, Otto 277
Michaelis, Leonor 120
Michaelis constant(ミカエリス定数) 120
Michaelis-Menten equation(ミカエリス・メンテンの式) 120
Miescher, Friedrich 485
minor groove(副溝) 492
−35 region(−35領域) 540
Mitchell, Peter 349
mixed inhibition(混合阻害) 127
molecular chaperone(分子シャペロン) 99
molecular crowding(分子クラウディング) 29
molecular weight(分子量) 7
Monod, Jacques 131, 536
monosaccharide(単糖) 189
monounsaturated fatty acid(一不飽和脂肪酸) 214
motif(モチーフ) 84
mRNA 496, 536
Murad, Ferid 444
Mycobacterium tuberculosis(結核菌) 249

N, O

NAD$^+$ 168
NADH 168
NADP$^+$ 168
NADPH 168
Nathans, Daniel 504
near-equilibrium reaction(平衡に近い反応) 259
Némethy, George 131
Neurospora crassa(アカパンカビ) 177, 535
nick translation(ニックトランスレーション) 516
Nicolson, Garth L. 229
Nirenberg, Marshall 561
nitrogen cycle(窒素循環) 431
nitrogen fixation(窒素固定) 430
N-linked oligosaccharide(N-結合型オリゴ糖鎖) 207
NMN 168
NMR 76

noncompetitive inhibition(非競合阻害) 126
nonessential amino acid(非必須アミノ酸) 430
nonhomologous recombination(非相同組換え) 529
nuclear magnetic resonance(核磁気共鳴) 76
nuclease(ヌクレアーゼ) 500
nucleophile(求核剤) 34
nucleophilicity(求核性) 136
nucleophilic substitution(求核置換) 137
nucleosome(ヌクレオソーム) 497
nucleosome core particle(ヌクレオソームコア粒子) 498
nucleotide excision repair(ヌクレオチド除去修復) 527
Nyhan, William 480
Ogston, Alexander 331
Okazaki fragment(岡崎フラグメント) 515
oligosaccharide(オリゴ糖) 189
O-linked oligosaccharide(O-結合型オリゴ糖鎖) 207
OMP 467
Online Mendelian Inheritance in Man(OMIM) 318
operator(オペレーター) 548
operon(オペロン) 538
ordered mechanism(定序機構) 124
osmosis(浸透) 29
osmotic pressure(浸透圧) 29
oxidation(酸化) 137
oxidoreductase(酸化還元酵素) 115
oxygenation(酸素添加) 105

P

PAGE 60
Parnas, Jacob 277
passive transport(受動輸送) 234
Pasteur, Louis 4, 277
Pasteur effect 289
Pauling, Linus 79
pause site(休止部位) 541
Pavlov, Ivan 152
PCR 521
PDB 75
peptide bond(ペプチド結合) 57
peptidoglycan(ペプチドグリカン) 205
peptidyl transferase(ペプチジルトランスフェラーゼ) 575
Perutz, Max 4, 75, 79
pH 36
phosphagen(ホスファゲン) 264
phospholipid(リン脂質) 213
phosphoryl group transfer potential(リン酸基転移ポテンシャル) 263
photoautotroph(光合成独立栄養生物) 255
photoheterotroph(光合成従属栄養生物) 256
photon(光子) 368
photosystem(光化学系) 367
photosystem I(光化学系I) 371
photosystem II(光化学系II) 371
ping-pong reaction(ピンポン反応) 124
pitch(ピッチ) 492
pK_a 38

plasmalogen（プラスマローゲン） 219
polyacrylamide gel electrophoresis（ポリアクリルアミドゲル電気泳動） 60
poly A tail（ポリ(A)テール） 556
polycistronic（ポリシストロン性） 573
polymerase chain reaction（ポリメラーゼ連鎖反応） 521
polysaccharide（多糖） 189
polysome（ポリソーム） 573
polyunsaturated fatty acid（多不飽和脂肪酸） 214
posttranslational modification（翻訳後修飾） 582
Pribnow box（プリブナウボックス） 540
primary structure（一次構造） 57,73
primase（プライマーゼ） 516
primosome（プライモソーム） 516
processive（進行性） 310
promoter（プロモーター） 538
prostaglandin（プロスタグランジン） 223
prosthetic group（補欠分子族） 165
protein coenzyme（タンパク質補酵素） 183
Protein Data Bank（プロテインデータバンク） 75
proteoglycan（プロテオグリカン） 203
proteomics（プロテオミクス） 72
protonmotive force（プロトン駆動力） 350
PRPP 441
PS I 371
PS II 371
P site（P 部位） 569
pyranose（ピラノース） 192

Q, R

Q 183
quaternary structure（四次構造） 74
Racker, Efraim 350,382
Ramachandran, G. N. 78,100
Ramachandran prot（ラマチャンドランプロット） 78
random mechanism（ランダム機構） 124
rate equation（反応速度式） 117
reaction specificity（反応特異性） 114
reactive center（反応中心） 164
reading frame（読み枠） 562
reduction（還元） 137
reduction potential（還元電位） 266
regulated enzyme（制御酵素） 128
regulatory enzyme（調節酵素） 128
regulatory site（制御部位） 129
Reichard, Peter 471
relative molecular mass（相対分子質量） 7
replisome（レプリソーム） 511
repressor（リプレッサー） 546
resonance energy transfer（共鳴エネルギー移動） 370
restriction enzyme（制限酵素） 501
reverse turn（逆ターン） 83
Rhizobium（根粒菌） 431
rise（ライズ） 492
RNA 485
RNA processing（RNA プロセシング） 551
Rose, Irwin 447
Rossmann, Michael 169
rRNA 496,536
Rubisco 383

S

Saccharomyces cerevisiae（酵母） 250
salt bridge（塩橋） 32
Sanger, Frederick 66,521
saturated fatty acid（飽和脂肪酸） 214
Schiff base（シッフ塩基） 102
SDS-PAGE 60
secondary structure（二次構造） 73
second messenger（セカンドメッセンジャー） 238
sense strand（センス鎖） 539
sequential model（逐次モデル） 131
sequential reaction（逐次反応） 124
signal peptide（シグナルペプチド） 583
signal transduction（シグナル伝達） 237
Singer, S. Jonathan 229
site specific recombination（部位特異的組換え） 529
Smith, Hamilton 504
Smith, Michael 141
snRNA 557
snRNP 557
solvation（溶媒和） 29
Sørensen, Søren Peter Lauritz 37
special pair（特殊ペア） 369
sphingolipid（スフィンゴ脂質） 220
sphingomyelin（スフィンゴミエリン） 220
spliceosome（スプライソソーム） 557
splicing（スプライシング） 553
SRP 583
SSB 519
Stahl, Franklin W. 509
Staphylococcus aureus（黄色ブドウ球菌） 64
steady state（定常状態） 253
stereoisomer（立体異性体） 48
stereospecificity（立体特異性） 114
steroid（ステロイド） 222
sterol（ステロール） 223
stomata（気孔） 391
stop codon（終止コドン） 563
Strandberg, Bror 75
stroma（ストロマ） 380
substrate（基質） 114
substrate level phosphorylation（基質レベルのリン酸化） 280
Sumner, James B. 115
symport（共輸送） 234
synonymous codon（同義コドン） 563
Szent-Györgyi, Albert 186,321

T

Tatum, Edward 177,535
TBP 545
template strand（鋳型鎖） 539
termination codon（終止コドン） 563
termination sequence（終結配列） 541
tertiary structure（三次構造） 73
Thermus aquaticus（好熱菌） 521,537
thylakoid membrane（チラコイド膜） 379
T_m 493
transcription（転写） 536
transcription attenuation（転写減衰） 580
transducer（トランスデューサー） 237
transferase（転移酵素） 116
transition state（遷移状態） 137
transition-state analog（遷移状態アナログ） 150
translocation（トランスロケーション） 575
transposon（トランスポゾン） 529
triacylglycerol（トリアシルグリセロール） 217
Trichodesmium spp. 431
triose（トリオース） 190
tRNA 496,536
turn（ターン） 83
turnover number（ターンオーバー数） 121
type II reaction center（II 型反応中心） 371
type I reaction center（I 型反応中心） 371

U〜Z

UDP 471
UMP 467,489
uncompetitive inhibition（不競合阻害） 126
uncoupler（脱共役剤） 349
uniport（単輸送） 234
unsaturated fatty acid（不飽和脂肪酸） 214

V 117
v_0 119
van der Waals, Johannes Diderik 33
van der Waals force（ファンデルワールス力） 33
velocity（速度） 117
vitamin（ビタミン） 166
VLDL 422
V_{max} 119
Walker, John E. 186
Watson, James D. 4,485
Wilkins, Maurice 490
Williams, Ronald 349
Windaus, Adolf Otto Reinhold 186
Wöhler, Friedrich 3
Wyman, Jeffries 131

XMP 466

Young, William John 277

Z-scheme（Z 型模式図） 377
zwitterion（両性イオン） 48

鈴木紘一 (1939〜2010)
　1939年 東京に生まれる
　1962年 東京大学理学部 卒
　元東京大学教授
　専攻 生化学，分子生物学
　理学博士，医学博士

笠井献一
　1939年 北海道に生まれる
　1962年 東京大学理学部 卒
　帝京大学名誉教授
　専攻 生物化学，分子生物学
　理学博士

宗川吉汪
　1939年 神奈川県に生まれる
　1962年 東京大学理学部 卒
　現 生命生物人間研究事務所
　京都工芸繊維大学名誉教授
　専攻 生化学，分子生物学，ウイルス学
　理学博士

第2版 第1刷 1998年 4月 1日 発行
第3版 第1刷 2003年 9月11日 発行
第4版 第1刷 2008年 4月10日 発行
第5版 第1刷 2013年 9月17日 発行
　　　第4刷 2017年 8月 1日 発行

ホートン 生化学（第5版）

ⓒ 2013

監訳者　鈴木紘一
　　　　笠井献一
　　　　宗川吉汪

発行者　小澤美奈子
発　行　株式会社 東京化学同人
　　　　東京都文京区千石3丁目36-7 (〒112-0011)
　　　　電話 (03) 3946-5311・FAX (03) 3946-5317
　　　　URL: http://www.tkd-pbl.com/

印刷・製本　株式会社 アイワード

ISBN 978-4-8079-0834-9
Printed in Japan
無断転載および複製物（コピー，電子データなど）の配布，配信を禁じます．